Stoßzahl

$$e = \frac{(v_B)_2 - (v_A)_2}{(v_A)_1 - (v_B)_1}$$

Drehimpulserhaltung

$$\sum(\mathbf{H})_1 = \sum(\mathbf{H})_2$$

Drallsatz

Massenpunkt

$$(\mathbf{H}_O)_1 + \sum \int \mathbf{M}_O dt = (\mathbf{H}_O)_2$$

wobei $H_O = d(mv)$

starrer Körper (ebene Bewegung)

$$(\mathbf{H}_S)_1 + \sum \int \mathbf{M}_S dt = (\mathbf{H}_S)_2$$

wobei $H_S = J_S\omega$

$$(\mathbf{H}_O)_1 + \sum \int \mathbf{M}_O dt = (\mathbf{H}_O)_2$$

wobei $H_O = J_O\omega$

SI-Präfixe

Dezimale Vielfache	Exponentialschreibweise	Präfix	SI-Zeichen
1 000 000 000	10^{9}	Giga	G
1 000 000	10^{6}	Mega	M
1 000	10^{3}	Kilo	k
Dezimale Teile	**Exponentialschreibweise**	**Präfix**	**SI-Zeichen**
0,001	10^{-3}	milli	m
0,000 001	10^{-6}	mikro	µ
0,000 000 001	10^{-9}	nano	n

Technische Mechanik 3

Dynamik

12., aktualisierte Auflage

Russell C. Hibbeler

Technische Mechanik 3
Dynamik

12., aktualisierte Auflage

Übersetzung aus dem Amerikanischen:
Georgia Mais, Frank Langenau

Fachliche Betreuung und Erweiterungen:
Jörg Wauer, Wolfgang Seemann

Higher Education
München • Harlow • Amsterdam • Madrid • Boston
San Francisco • Don Mills • Mexico City • Sydney
a part of Pearson plc worldwide

Bibliografische Information Der Deutschen Nationalbibliothek
Die Deutsche Nationalbibliothek verzeichnet diese Publikation in der Deutschen Nationalbibliografie; detaillierte bibliografische Daten sind im Internet über *http://dnb.dnb.de* abrufbar.

10 9 8 7 6 5 4 3 2 1

14 13 12

ISBN 978-3-86894-127-2

www.pearson.de
A part of Pearson plc worldwide
Programmleitung: Birger Peil, bpeil@pearson.de
Fachlektorat: Prof. Dr.-Ing. Dr. h.c. Jörg Wauer und Prof. Dr.-Ing. Wolfgang Seemann,
Karlsruher Institut für Technologie (KIT)
Übersetzung: Dipl.-Ing. Dipl.-Übers. Georgia Mais, Hamburg (www.georgia-mais.de)
Dipl.-Ing. Frank Langenau, Chemnitz
Development: Alice Kachnij
Einbandgestaltung: adesso 21, Thomas Arlt
Herstellung: Philipp Burkart, pburkart@pearson.de
Satz: mediaService, Siegen (www.mediaservice.tv)
Druck und Verarbeitung: Firmengruppe APPL, aprinta-druck, Wemding

Printed in Germany

Inhaltsverzeichnis

Einleitung

E

ÜBERBLICK

Vorwort zur deutschen Neuauflage

Die dreibändige englischsprachige Ausgabe von Hibbeler zur Technischen Mechanik gehört zu den klassischen Lehrbüchern dieses Sektors und ist bereits seit vielen Jahren in ständig wiederkehrenden hohen Auflagen auf dem Markt etabliert.

Ergänzungen und Erweiterungen

Die vorliegende deutsche Neuauflage orientiert sich insbesondere an der deutschen Vorgängerauflage, aber auch an der englischsprachigen 12. Auflage. Das erfolgreich eingeführte deutschsprachige Konzept mit der Übernahme bewährter Inhalte aus dem englischsprachigen Original sowie den Erweiterungen der deutschsprachigen Ausgabe um ein Kapitel zu analytischen Methoden bei der Herleitung von Bewegungsgleichungen und der Verbreiterung des Kapitels über Schwingungen wurde konsequent beibehalten. Auch die aufwändige Verbesserung, sämtliche Beispiele auf der Basis von Größengleichungen zu bearbeiten und erst ganz zum Schluss auf Zahlenwertgleichungen überzugehen, ist in der vorliegenden Auflage beibehalten worden, natürlich auch bei den zahlreichen neuen Beispielen, die diese Neuauflage bereichern.

Neu in der deutschen Ausgabe

Daneben ist in der deutschen Neuauflage in Anlehnung an das englischsprachige Original eine didaktische Optimierung der Kapitelzusammenfassungen durch eine übersichtlichere Struktur und zusätzliche Abbildungen vorgenommen worden. Schließlich ist durch die neu hinzukommende Ergänzung einer Bereichszusammenfassung zu den Kapiteln Kreiseldynamik, analytische Prinzipien und Schwingungen eine weitere kleine Unebenheit der Vorgängerauflage behoben worden.

Die vermittelten Kenntnisse genügen damit voll und ganz dem Curriculum deutschsprachiger Diplom- aber auch Bachelor- und Masterstudiengängen in den Ingenieurwissenschaften. Aber auch zum Nachschlagen in der Praxis über die Grundlagen der Dynamik bleiben keine Wünsche offen.

Zugang zur Companion Website (CWS)

Auf der begleitenden Companion Webside (CWS) unter *www.pearson-studium.de* finden Studenten und Dozenten die ausführlichen Lösungswege zu ausgesuchten Aufgaben der Originalausgabe, zusätzliche Übungsaufgaben, teilweise in Anlehnung an die englischsprachige zwölfte Auflage in Form grundlegender Übungsaufgaben mit etwas ausführlicheren Lösungshinweisen. Bei manchen der Übungsbeispiele ist der Rechengang durch Computeranimation zur Visualisierung von Konzepten ergänzt und schließlich die Konstruktionsaufgaben des Buches durch analog aufgebaute Entwurfsaufgaben erweitert worden. Bitte berücksichtigen Sie, dass trotz größter Sorgfalt bei der Erstellung und Übersetzung der Aufgaben es leider hin und wieder zu fehlerhaften Angaben bei den Ergebnissen kommen kann. Das Autorenteam, der Verlag als auch das Fachlektorat sind dankbar für jeden Hinweis, den Sie unter *info@pearson.de* einreichen können. Wir prüfen alle Hinweise und werden auf der Webseite zum Buch gegebenenfalls eine aktuelle Lösungs-PDF einstellen. Vielen Dank und viel Erfolg!

Karlsruhe

Jörg Wauer und *Wolfgang Seemann*

Prof. Dr.-Ing. Dr. h.c. Jörg Wauer
Institut für Technische Mechanik
Fakultät für Maschinenbau
Karlsruher Institut für Technologie (KIT)

Prof. Dr.-Ing. W. Seemann
Institut für Technische Mechanik
Fakultät für Maschinenbau
Karlsruher Institut für Technologie (KIT)

Zum Inhalt

Das wichtigste Anliegen des Buches bleibt wie in der Vorgängerauflage eine klare und gründliche Darstellung von Theorie und Anwendung der Kinematik und Kinetik, d.h. der Dynamik. Sämtliche eingegangenen Kommentare und Vorschläge sind in dieser Neuauflage berücksichtigt.

Die unveränderte Anzahl von 12 Kapitel des Buches stellen zunächst die Anwendung der Prinzipien der Kinematik und Kinetik auf einfache, dann auch auf kompliziertere Probleme dar. Die Prinzipien werden zunächst für einen Massenpunkt formuliert und auf dessen Bewegung unter allgemeinen Kräftesystemen angewandt. Es folgen entsprechende Betrachtungen für starre Körper bei ebener Bewegung, und schließlich werden starre Körper bei allgemein räumlicher Bewegung unter Kraft- und Momentenwirkung untersucht.

Kapitelfolge

In *Kapitel 1* wird die Kinematik von Massenpunkten diskutiert, anschließend die Kinetik von Massenpunkten in *Kapitel 2* (Bewegungsgleichungen), *Kapitel 3* (Arbeitssatz und Energieerhaltung), *Kapitel 4* (Impuls- und Drallsatz). Im *Wiederholungskapitel 1* werden die Begriffe der Dynamik des Massenpunktes aus den vier ersten Kapiteln zusammengefasst. In ähnlicher Weise wird die ebene Bewegung (symmetrischer) Starrkörper behandelt: *Kapitel 5* (ebene Kinematik), *Kapitel 6* (Bewegungsgleichungen), *Kapitel 7* (Arbeitssatz und Energieerhaltung), *Kapitel 8* (Impuls- und Drallsatz) und abschließend das *Wiederholungskapitel 2* als Zusammenfassung der „ebenen Scheibenbewegung“. Die Kinematik und die Kinetik der räumlichen Bewegung starrer Körper werden in *Kapitel 9* und *Kapitel 10* behandelt. *Kapitel 11* gibt einen Überblick über analytische Methoden der Dynamik, mit denen die Herleitung der Bewegungsgleichungen aus Energieausdrücken mittels Differenzialrechnung geleistet werden kann. Das abschließende *Kapitel 12* behandelt den heute in den Ingenieurwissenschaften immer wichtiger werdenden Problemkreis Schwingungen in der gebührenden Ausführlichkeit. Das *Wiederholungskapitel 3* fasst die 3 letzten Kapitel zusammen. Abschnitte mit weiterführenden Themen – mit einem Stern (*) gekennzeichnet – können zusätzlich besprochen werden, gehören an Universitäten im deutschsprachigen Raum aber häufig auch zum Pflichtprogramm in der Dynamik. Sie können auch als Grundlage für weiterführende Unterrichtsveranstaltungen dienen. In Anhang A finden sich mathematische Ausdrücke, in Anhang B einige Grundlagen zur Vektorrechnung. Es folgen zum Schluss die bis auf kenntlich gemachte (*) Ausnahmen angegebenen Aufgabenlösungen.

Reihenfolge

Nach freiem Ermessen des Dozenten können einige Themen in anderer Reihenfolge behandelt werden. Kapitel 1 und 5 (Kinematik), Kapitel 2 und 6 (Bewegungsgleichungen), Kapitel 3 und 7 (Arbeitssatz und Energieerhaltung) und Kapitel 4 und 8 (Impuls- und Drallsatz) lassen sich auch auf diese Weise in aufeinanderfolgenden Kapiteln zusammenstellen.

Neu in dieser Auflage

Abbildungen
Aufgaben
Zusammenfassungen

Beispiele und Aufgaben mit den illustrierenden Abbildungen sind vielerorts überarbeitet worden; eine Reihe neuer Beispiele zur breiteren Darstellung auch moderner Anwendungen sind hinzu gekommen. Am Ende der Kapitel werden die wichtigsten Punkte zur Wiederholung des Lehrstoffs zusammengefasst. Die wesentlichen Formeln werden in herausgehobener Form genannt und durch zahlreiche Abbildungen besser als bisher verdeutlicht. Durchgängig ist in allen Beispielen das benutzte Koordinatensystem mit den entsprechenden Vorzeichenkonventionen bei den Grundgleichungen der Mechanik aufgeführt und das zugehörige Freikörperbild gezeichnet. In drei Bereichszusammenfassungen werden Punktmassendynamik, ebene Scheibenbewegung sowie räumliche Bewegung starrer Körper, analytische Methoden der Dynamik und Schwingungen nochmals kompakt und prägnant hintereinander gestellt.

Hinweise zur Buchstruktur

Aufbau

Der Inhalt der Kapitel wird wie bisher in thematisch abgegrenzten Abschnitten dargelegt. Es finden sich darin eine ausführliche Erklärung der verwendeten Prinzipien und Methoden, zusammen mit anschaulichen, ausführlich durchgerechneten Beispielen. Eine Vielzahl von Übungsaufgaben zum eigenständigen Rechnen wird an das Ende des Kapitels gerückt.

Kapitelinhalt

Jedes Kapitel beginnt mit der Darstellung einer praktischen Anwendung des Themas. Im Kasten „Lernziele“ werden die Inhalte des Kapitels aufgelistet und ein allgemeiner Überblick gegeben.

Die Themen innerhalb der Abschnitte sind weiter unterteilt und mit fest gedruckten Stichworten gekennzeichnet. So wird eine strukturierte Einführung für neue Definitionen und Begriffe gegeben, die nachgeschlagen und wiederholt werden können.

Freikörperbilder

Der erste Schritt zur synthetischen Lösung der allermeisten Mechanikaufgaben ist das Zeichnen eines Freikörperbildes. Auf diese Weise wird geübt, alle notwendigen Größen nacheinander einzutragen und sich auf die physikalischen und geometrischen Aspekte der Problemstellung zu konzentrieren. Erfolgt dieser Schritt korrekt, können die entsprechenden Grundgleichungen im Sinne dynamischer Kräfte- und Momentenbilanzen unter Berücksichtigung der Trägheitswirkungen systematisch ausgewertet werden. Daher wird auf das Zeichnen von Freikörperbildern besonderer Wert gelegt. In einigen Abschnitten werden vor der Angabe konkreten Lösungswegen die wesentlichen Punkte für die Anwendung der Theorie beim eigentlichen Lösen der Aufgaben zusammengefasst.

Lösungswege

Dann folgt am Ende der meisten Abschnitte eine zusammenfassende Darstellung des eigentlichen Lösungsweges für die anschließend zu behandelnden Beispiele, der eine logische und systematische Methode zur Umsetzung der theoretischen Grundlagen darstellt. In den Beispielaufgaben wird die vorgestellte Methodik zu deren Lösung eingesetzt, der Rechengang wird so bei steigendem Schwierigkeitsgrad erläutert und geübt. Werden die entsprechenden Grundsätze beherrscht, kann natürlich eine abgewandelte, eigene Methodik entwickelt werden. Zur Unterstützung des didaktischen Konzepts werden viele Fotografien benutzt, welche die Anwendung der mechanischen Gesetze in der realen Welt erläutern. Es wird gezeigt, wie Ingenieure ein ideales Modell zur Berechnung aufstellen und dann dieses Modell einer Lösung zuführen. Sie helfen, dass Interesse am Inhalt zu wecken, dienen dem Verständnis der Beispiele und unterstützen das Lösen von Übungsaufgaben. Die Breite der Übungsaufgaben ist einzigartig. Viele veranschaulichen realistische Situationen der Praxis, einige beziehen sich sogar auf industrielle Produkte. Ziel ist es, die Motivation des Lesers zum Erlernen der Grundlagen der Mechanik – hier der Dynamik – zu erhöhen und seine Fähigkeit, solche praxisnahen Aufgabenstellungen auf ein Modell zu reduzieren und darauf die Gesetze der Mechanik anzuwenden, breit zu entwickeln.

Die Lösungen zu ausgewählten Aufgaben finden sich am Ende des Buches, jedoch nicht die Lösungen der mit einen farbigen Stern (*) gekennzeichneten Aufgaben. Die durch ein ausgefülltes Quadrat (■) gekennzeichneten Aufgaben erfordern Rechnerunterstützung mittels Taschenrechner oder gar PC. Die einzusetzenden numerischen Verfahren müssen an dieser Stelle bekannt sein. Ergänzend werden am Ende einiger Kapitel Konstruktionsaufgaben gestellt. Diese sollten erst gelöst werden, wenn ein Grundverständnis für den Stoff vorliegt. Die Aufgabenstellungen enthalten Spielräume für unterschiedliche Lösungsansätze mit unterschiedlichen Konsequenzen.

Die Webseite zum Buch

Zusätzliches Lernmaterial

Auf der Webseite zum Buch finden Sie Lösungswege zu ausgewählten Aufgaben, weitere zusätzliche Aufgaben mit ausführlichen Lösungswegen aus der alten und der neuen US-Auflage, so dass Ihnen Tausende Aufgaben zum Nachrechnen zur Verfügung stehen. Ebenfalls finden Sie Datenblätter, die Sie mit der Software Mathcad und in einigen Fällen auch mit Matlab bearbeiten können. Am schnellsten gelangen Sie zur Seite des Buches, indem Sie unter *www.pearson-studium.de* in die Schnellsuche **4127** eingeben.

Kinematik eines Massenpunktes

1

ÜBERBLICK

Auch wenn die Flugzeuge recht groß sind, können sie bei Betrachtung aus großer Entfernung so modelliert werden, als ob jedes Flugzeug ein Massenpunkt ist.

Lernziele

- Einführung der Begriffe „Lage", „Verschiebung", „Geschwindigkeit" und „Beschleunigung".
- Untersuchung der Bewegung eines Massenpunktes entlang einer Geraden und grafische Darstellung dieser Bewegung.
- Untersuchung der räumlichen Bewegung eines Massenpunktes entlang einer gekrümmten Bahn unter Verwendung unterschiedlicher Koordinatensysteme.
- Berechnung der abhängigen Bewegung von zwei Massenpunkten.
- Untersuchung der Gesetze der relativen Bewegung zweier Massenpunkte in rein translatorisch bewegten Bezugssystemen.

1.1 Einführung

Die *Mechanik* ist der Teil der Physik, der sich mit dem Zustand der Ruhe oder der Bewegung von Körpern unter der Einwirkung von Kräften beschäftigt. Die Mechanik starrer Körper wird in die Bereiche Statik und Dynamik unterteilt. Die *Statik* befasst sich mit dem Gleichgewicht eines Körpers, der sich in Ruhe befindet oder sich mit konstanter Geschwindigkeit bewegt. Weitergehende Untersuchungen berühren die *Dynamik*, die beschleunigte Bewegungen eines Körpers behandelt. In diesem Buch wird die Dynamik in zwei Teilen vorgestellt, nämlich der *Kinematik*, die allein die geometrischen Aspekte der Bewegung betrachtet, und der *Kinetik*, die Bewegungen unter dem Einfluss von Kräften untersucht. Dazu wird zunächst die Dynamik eines Massenpunktes diskutiert, dann die Dynamik starrer Körper in der Ebene und im Raum.

Die Gesetze der Dynamik wurden aufgestellt, nachdem eine genaue Messung der Zeit möglich war. Galileo Galilei (1564–1642) war einer der ersten, der zu diesem Gebiet wichtige Beiträge lieferte. Er führte Experimente mit Pendeln und fallenden Körpern durch. Die wichtigsten Erkenntnisse in der Dynamik stammen jedoch von Isaac Newton (1643–1727), der die drei Grundgesetze der Bewegung und das Gravitationsgesetz aufstellte. Kurz darauf wurden weitere wichtige Verfahren für die Anwendung dieser Gesetze von Euler, d'Alembert, Lagrange und anderen entwickelt.

In der Technik gibt es viele Probleme, bei deren Lösung die Gesetze der Dynamik angewendet werden müssen. Die Konstruktion von Fahrzeugen, wie Autos oder Flugzeugen, erfordert natürlich die Untersuchung ihrer Bewegung. Dies gilt auch für viele Maschinenelemente und Baugruppen, wie Motoren, Pumpen, bewegliche Werkzeuge; industrielle

Manipulatoren und Maschinen. Auch die Berechnung der Bewegung von künstlichen Satelliten, Projektilen und Raumschiffen beruht auf der Theorie der Dynamik. Mit der Weiterentwicklung dieser Technologien wird in Zukunft das Wissen um die Anwendung der Gesetze der Dynamik sogar noch wichtiger werden.

Lösen von Aufgaben Die Dynamik ist komplizierter als die Statik, denn es werden sowohl die Kräfte auf einen Körper als auch seine Bewegung betrachtet. Bei vielen Rechnungen werden nicht nur Algebra und Trigonometrie, sondern Differenzial- und Integralrechnung benötigt. Der effektivste Weg, die Gesetze der Dynamik zu lernen, ist das *Lösen von Aufgaben*. Dabei ist es erforderlich, schrittweise, logisch und systematisch vorzugehen:

1. Lesen Sie die Aufgabenstellung gründlich durch und versuchen Sie, die physikalische Situation mit der gelernten Theorie zu verknüpfen.
2. Zeichnen Sie die notwendigen Diagramme und tragen Sie die Parameterwerte in Tabellen ein.
3. Führen Sie ein Koordinatensystem ein und wenden Sie die entsprechenden Gesetze zuerst in allgemeiner mathematischer Form an.
4. Lösen Sie die notwendigen Gleichungen so weit wie möglich als Größengleichungen und erst zum Schluss numerisch als Zahlenwertgleichungen unter Verwendung einheitlicher Dimensionen. Schreiben Sie die Lösung mit nicht mehr Stellen Genauigkeit als die gegebenen Werte an.
5. Prüfen Sie die Lösung auf technische und allgemeine Plausibilität. Ist sie „vernünftig"?
6. Nach Berechnung der Lösung betrachten Sie die Aufgabe noch einmal. Versuchen Sie andere Lösungswege zu finden.

Arbeiten Sie so sorgfältig wie möglich. Sorgfältiges Arbeiten fördert das systematische Denken und umgekehrt.

1.2 Geradlinige Bewegung

Wir beginnen mit der Diskussion der Kinematik eines Massenpunktes, der sich entlang einer Geraden bewegt. Ein Massenpunkt hat, wie bereits in Band 1 festgestellt, eine Masse, aber vernachlässigbare Ausdehnungen. Daher müssen wir die Anwendung auf Gegenstände begrenzen, deren Abmessungen keine Auswirkung auf die Berechnung der Bewegung haben. In den meisten Aufgaben geht es um Körper endlicher Größe, wie Raketen, Projektile oder Fahrzeuge. Diese Gegenstände können als Teilchen oder Massenpunkte betrachtet werden, wenn die Bewegung des Körpers durch die Bewegung seines Massenmittelpunktes beschrieben und die Drehung des Körpers vernachlässigt wird.

Geradlinige Kinematik Die Kinematik eines Massenpunktes wird durch Angabe der Lage, der Geschwindigkeit und der Beschleunigung zu jedem Zeitpunkt beschrieben.

Lage Der geradlinige Weg, den ein Massenpunkt zurücklegt, wird durch eine einzige Koordinate s auf seiner Bahn entlang der Geraden definiert, siehe Abbildung 1.1a. Der Ursprung O auf der Bahnkurve ist ein fester Punkt; bezüglich dieses Punktes wird mit dem *Ortsvektor* **r** die Position des Massenpunktes P zu jedem Zeitpunkt angegeben. Die Richtung von **r** liegt *immer* entlang der s-Achse auf der Geraden, seine Richtung ändert sich also nie. Es verändern sich aber sein Betrag und sein Richtungssinn. Für Rechnungen ist es daher praktisch, den Vektor **r** durch einen Skalar s, die Ortskoordinate des Massenpunktes, wiederzugeben, siehe Abbildung 1.1a. Der Betrag von s (und **r**) ist der Abstand von O nach P, die Richtung und der Richtungssinn von **r** werden durch das Vorzeichen von s angegeben. Die Wahl ist zwar beliebig, im vorliegenden Fall ist s aber positiv, denn die Koordinatenachse ist nach rechts positiv. Wenn der Massenpunkt links von O liegt, ist s dementsprechend negativ.

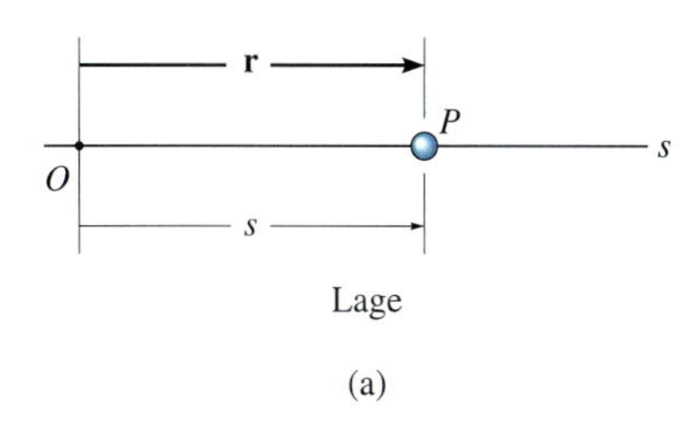

Lage

(a)

Verschiebung Die *Verschiebung* des Massenpunktes ist definiert als *Lageänderung*. Wenn der Massenpunkt sich von P nach P' verschiebt, Abbildung 1.1b, beträgt die Verschiebung $\Delta\mathbf{r} = \mathbf{r}' - \mathbf{r}$. In skalarer Schreibweise erhalten wir

$$\Delta s = s' - s$$

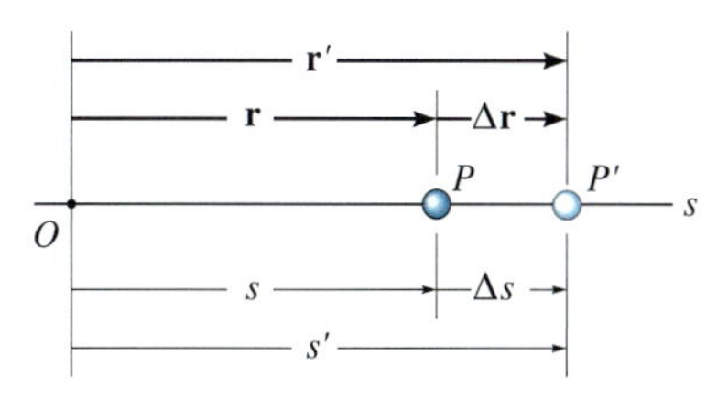

Verschiebung

(b)

Da die Endposition des Massenpunktes *rechts* von seinem Ausgangsort liegt, also $s' > s$ gilt, ist Δs hier *positiv*. Liegt die Endposition *links* vom Ausgangsort, ist Δs *negativ*.

Da die Verschiebung eine *Vektorgröße* ist, darf man sie nicht mit dem Weg verwechseln, die der Massenpunkt zurücklegt. Der *zurückgelegte Weg* ist ein *positiver Skalar*, der die Gesamtlänge des vom Massenpunkt zurückgelegten Weges angibt.

Geschwindigkeit Erfährt der Massenpunkt im Zeitintervall Δt eine Lageänderung $\Delta\mathbf{r}$ von P nach P', siehe Abbildung 1.1c, beträgt die *mittlere Geschwindigkeit* des Massenpunktes in diesem Zeitintervall

$$\mathbf{v}_{mittel} = \frac{\Delta\mathbf{r}}{\Delta t}$$

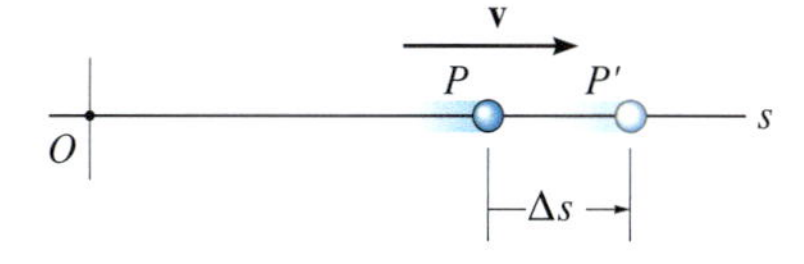

Geschwindigkeit

(c)

Abbildung 1.1

Bei immer kleineren Werten von Δt wird der Betrag von $\Delta\mathbf{r}$ auch immer kleiner. Folglich ist die *momentane Geschwindigkeit* der Grenzwert, definiert als $\mathbf{v} = \lim_{\Delta t \to 0}(\Delta\mathbf{r}/\Delta t)$, d.h.

$$\mathbf{v} = \frac{d\mathbf{r}}{dt}$$

In skalarer Schreibweise, siehe Abbildung 1.1c, erhalten wir

$$v = \frac{ds}{dt} \tag{1.1}$$

Da mit dem Begriff Geschwindigkeit sowohl der Vektor **v** als auch die skalare Größe v gemeint sein kann, wird **v** oft auch als Geschwindigkeitsvektor bezeichnet und v entspricht dann dem Betrag von **v**. Im Gegensatz zum Deutschen unterscheiden sich die englischsprachigen Begriffe „velocity" für **v** und „speed" für v explizit.

Da Δt bzw. dt immer eine positive Größe ist, sind der *Richtungssinn* der Geschwindigkeit und der Richtungssinn von Δs bzw. ds gleich. Bewegt sich der Massenpunkt z.B. nach *rechts*, wie in Abbildung 1.1c, ist die Geschwindigkeit *positiv*; bewegt er sich aber nach *links*, ist die Geschwindigkeit *negativ*. Die Geschwindigkeit wird in der SI-Einheit [m/s] gemessen.

Gelegentlich wird der Begriff „durchschnittliche Geschwindigkeit" benutzt. Die *durchschnittliche Geschwindigkeit* ist stets ein positiver Skalar und ist als die gesamte Strecke s_{ges} definiert, die der Massenpunkt zurücklegt, dividiert durch die verstrichene Zeit Δt, d.h.

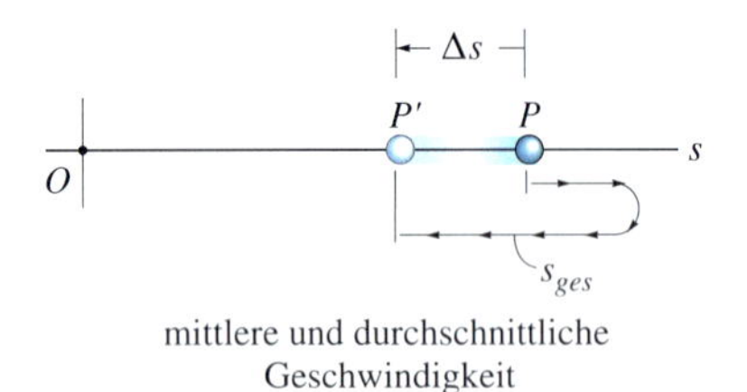

mittlere und durchschnittliche Geschwindigkeit

(d)

$$(v)_{durchschnittl} = \frac{s_{ges}}{\Delta t}$$

Der Massenpunkt in Abbildung 1.1d legt die Strecke s_{ges} in der Zeit Δt zurück, er hat somit die durchschnittliche Geschwindigkeit $(v)_{durchschnittl} = s_{ges}/\Delta t$, seine mittlere Geschwindigkeit ist aber $v_{mittel} = -\Delta s/\Delta t$.

Beschleunigung Ist die Geschwindigkeit eines Massenpunktes in den beiden Punkten P und P' bekannt, dann ist die *mittlere Beschleunigung* des Massenpunktes im Zeitintervall Δt definiert als

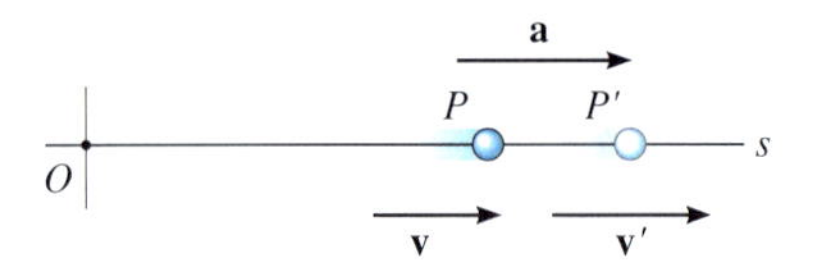

Beschleunigung

(e)

$$\mathbf{a}_{mittel} = \frac{\Delta \mathbf{v}}{\Delta t}$$

Dabei ist $\Delta\mathbf{v}$ die Differenz der Geschwindigkeit im Zeitintervall Δt, d.h. $\Delta\mathbf{v} = \mathbf{v}' - \mathbf{v}$, siehe Abbildung 1.1e.

Die *momentane Beschleunigung* zum Zeitpunkt t wird ermittelt, indem man immer kleinere Werte von Δt und dementsprechend immer kleinere Werte von $\Delta\mathbf{v}$ nimmt und als Grenzwert dann $\mathbf{a} = \lim_{\Delta t \to 0}(\Delta\mathbf{v}/\Delta t)$, d.h. in skalarer Schreibweise

$$a = \frac{dv}{dt} \tag{1.2}$$

erhält. Setzt man Gleichung (1.1) ein, ergibt sich

$$a = \frac{d^2 s}{dt^2}$$

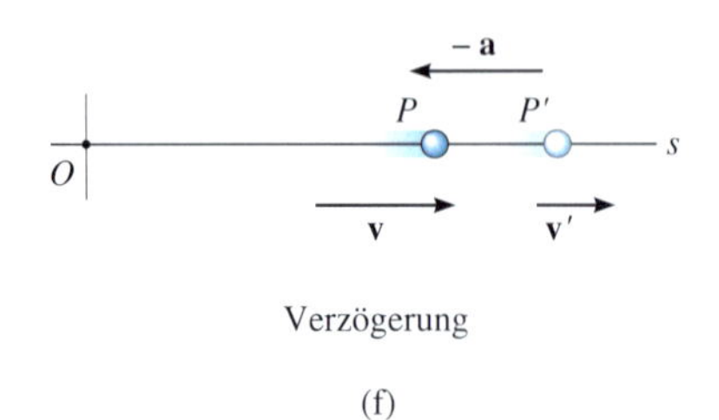

Verzögerung

(f)

Abbildung 1.1

Die mittlere und die momentane Beschleunigung können positiv oder negativ sein. *Verlangsamt* sich die Bewegung des Massenpunktes, nimmt seine Geschwindigkeit ab und er wird *verzögert* (d.h. gebremst). In diesem Fall ist v' in Abbildung 1.1f kleiner als v und $\Delta v = v' - v$ ist negativ. Folglich ist auch a negativ und wirkt nach *links*, in entgegengesetztem Richtungssinn zu v. Ist die *Geschwindigkeit konstant*, dann ist die *Beschleunigung* null, denn $\Delta v = v - v = 0$. Die SI-Einheit der Beschleunigung ist [m/s²].

Eine differenzielle Beziehung zwischen Lage, Geschwindigkeit und Beschleunigung entlang der Bahnkurve erhält man aus den Gleichungen (1.1) und (1.2) nach Elimination von dt. Diese Gleichung ist allerdings nicht unabhängig von den Gleichungen (1.1) und (1.2). Zeigen Sie, dass

$$a\,ds = v\,dv \tag{1.3}$$

gilt.

Konstante Beschleunigung, $a = a_0$ Bei konstanter Beschleunigung können die drei kinematischen Gleichungen $a_0 = dv/dt$, $v = ds/dt$ und $a_0 ds = v\,dv$ integriert und Beziehungen zwischen a_0, v, s und t aufgestellt werden.

Geschwindigkeit als Funktion der Zeit Integration von $a_0 = dv/dt$ unter der Annahme, dass zu Anfang bei $t = 0$ die Geschwindigkeit $v = v_0$ vorliegt, führt auf

$$\int_{v_0}^{v} d\bar{v} = \int_{0}^{t} a_0 d\bar{t}$$

$$v = v_0 + a_0 t$$
für konstante Beschleunigung (1.4)

Lage als Funktion der Zeit Integration von $v = ds/dt = v_0 + a_0 t$ unter der Annahme, dass bei $t = 0$ der Weg $s = s_0$ ist, führt auf

$$\int_{s_0}^{s} d\bar{s} = \int_{0}^{t} \left(v_0 + a_0 \bar{t}\right) d\bar{t}$$

$$s = s_0 + v_0 t + \frac{1}{2} a_0 t^2$$
für konstante Beschleunigung (1.5)

Geschwindigkeit als Funktion des Ortes Auflösen nach t in Gleichung (1.4) und Einsetzen in Gleichung (1.5) oder Integration von $v\,dv = a_0\,ds$ unter der Annahme, dass zur Anfangslage $s = s_0$ die Anfangsgeschwindigkeit $v = v_0$ vorliegt, führt auf

$$\int_{v_0}^{v} \bar{v}\,d\bar{v} = \int_{s_0}^{s} a_0 d\bar{s}$$

$$v^2 = v_0^{\,2} + 2a_0\left(s - s_0\right)$$
für konstante Beschleunigung (1.6)

Diese Gleichung ist nicht unabhängig von den Gleichungen (1.4) und (1.5), denn sie ergibt sich aus den beiden Gleichungen nach Elimination von t.

Die Beträge und Vorzeichen von s_0, v_0 und a_0 in den erhaltenen drei Gleichungen ergeben sich aus dem gewählten Ursprung und der positiven Richtung der s-Achse. Wichtig ist, dass diese Gleichungen *nur bei konstanter Beschleunigung und $s = s_0$, $v = v_0$ für $t = 0$* gelten. Ein Beispiel für eine konstant beschleunigte Bewegung ist der freie Fall eines Körpers auf die Erde. Bei Vernachlässigung des Luftwiderstandes und kurzer Fallhöhe ist die Beschleunigung des Körpers *nach unten* nahe der Erde konstant und beträgt ungefähr 9,81 m/s². Der Beweis dafür wird in Beispiel 2.2 geführt.

Wichtige Punkte zur Lösung von Aufgaben

- In der Dynamik werden beschleunigte Bewegungen von Körpern betrachtet.
- Die Kinematik behandelt die Geometrie der Bewegungen.
- Die Kinetik untersucht Bewegungen unter der Einwirkung von Kräften.
- Die geradlinige Kinematik betrachtet geradlinige Bewegungen.
- Die durchschnittliche Geschwindigkeit ist die Gesamtstrecke dividiert durch die Gesamtzeit. Im Gegensatz dazu ist die mittlere Geschwindigkeit die Lageänderung dividiert durch die benötigte Zeitspanne.
- Die Beschleunigung $a = dv/dt$ ist negativ, wenn der Massenpunkt langsamer wird.
- Ein Massenpunkt kann eine Beschleunigung und eine Geschwindigkeit von null haben.
- Die Beziehung $a\ ds = v\ dv$ wird aus $a = dv/dt$ und $v = ds/dt$ hergeleitet, indem dt eliminiert wird.

Während der geradlinigen Bewegung der Rakete kann ihre Höhe über der Erde als Funktion der Zeit gemessen und geschrieben werden: $s = s(t)$. Ihre Geschwindigkeit kann aus $v = ds/dt$ und ihre Beschleunigung aus $a = dv/dt$ bestimmt werden.

Lösungsweg

Die Gleichungen der geradlinigen Kinematik werden folgendermaßen angewandt.

Koordinatensystem

- Legen Sie eine Ortskoordinate s entlang der geraden Bahn fest und führen Sie einen *festen Ursprung* und eine positive Richtung ein.
- Da die Bewegung entlang einer Geraden verläuft, können die Lage des Massenpunktes, die Geschwindigkeit und die Beschleunigung einfach skalar geschrieben werden. Der Richtungssinn von s, v und a wird aus dem *Vorzeichen* bestimmt.

Kinematische Gleichungen

- Ist eine Beziehung zwischen *zwei* der *vier* Variablen a, v, s und t bekannt, kann eine dritte Variable aus den kinematischen Gleichungen $a = dv/dt$, $v = ds/dt$, $a\ ds = v\ dv$ in einer Weise bestimmt werden, die alle drei Variablen verknüpft.
- Bei der Durchführung der Integration müssen Lage und Geschwindigkeit zu einem bestimmten Zeitpunkt bekannt sein, damit die Integrationskonstante bei unbestimmter Integration bzw. die Integrationsgrenzen bei bestimmter Integration ermittelt werden können.[1]
- Die Gleichungen (1.4) bis (1.6) gelten nur für *konstante Beschleunigungen*.

1 Einige Differenziations- und Integrationsformeln sind in *Anhang A* aufgeführt.

Beispiel 1.1 Das Auto in Abbildung 1.2 bewegt sich entlang der Horizontalen und für kurze Zeit gilt für seine Geschwindigkeit $v = (bt^2 + ct)$. Bestimmen Sie seine Position und seine Beschleunigung für $t = t_1$. Für $t_0 = 0$ ist $s_0 = 0$.

$b = 0{,}9\ \text{m/s}^3$, $c = 0{,}6\ \text{m/s}^2$, $t_1 = 3\ \text{s}$

Abbildung 1.2

Lösung

Koordinatensystem Die Ortskoordinate beginnt beim raumfesten Ursprung O und reicht bis zum Auto, nach rechts ist sie positiv.

Lage Da $v = f(t)$ gilt, kann die Position des Autos aus $v = ds/dt$ bestimmt werden, denn diese Gleichung verknüpft v, s und t. Mit $s_0 = 0$ bei $t_0 = 0$ erhalten wir*

$$v = \frac{ds}{dt} = \left(bt^2 + ct\right)$$

$$\int_0^s d\bar{s} = \int_0^t \left(b\bar{t}^2 + c\bar{t}\right) d\bar{t}$$

$$\bar{s}\Big|_0^s = \left(\frac{1}{3}b\bar{t}^3 + \frac{1}{2}c\bar{t}^2\right)\Bigg|_0^t$$

$$s = \frac{1}{3}bt^3 + \frac{1}{2}ct^2$$

Für $t = t_1 = 3\ \text{s}$ ergibt sich

$$s_1 = [1/3(0{,}9)(3^3)]\ \text{m} + 1/2(0{,}6)(3^2)\ \text{m} = [0{,}3(3^3) + 0{,}3(3^2)]\ \text{m}$$
$$= 10{,}8\ \text{m}$$

Beschleunigung Mit der bekannten Funktion $v = f(t)$ wird die Beschleunigung aus $a = dv/dt$ ermittelt, denn diese Gleichung verknüpft a, v und t.

$$a = \frac{dv}{dt} = \frac{d}{dt}\left(bt^2 + ct\right) = 2bt + c$$

Für $t = t_1 = 3\ \text{s}$ erhalten wir

$$a_1 = [2(0{,}9)(3) + 0{,}6]\ \text{m/s}^2 = [1{,}8(3) + 0{,}6]\ \text{m/s}^2 = 6\ \text{m/s}^2$$

Die Formeln für konstante Beschleunigung können zur Lösung dieser Aufgabe *nicht* benutzt werden. Warum?

* Das *gleiche Ergebnis* erhält man durch Berechnung der Integrationskonstanten C nach unbestimmter Integration $ds = (bt^2 + ct)\,dt$. Dies führt auf $s = ((b/3)t^3 + (c/2)t^2) + C$. Mit der Bedingung $s_0 = 0$ bei $t_0 = 0$ ergibt sich, dass $C = 0$ ist.

Beispiel 1.2

Ein kleines Projektil wird mit der Anfangsgeschwindigkeit v_0 senkrecht *nach unten* in ein flüssiges Medium geschossen. Aufgrund des Widerstandes des Mediums wird das Projektil mit $a = (cv^3)$ abgebremst. Bestimmen Sie seine Geschwindigkeit und seine Lage zur Zeit $t = t_1$.

$v_0 = 60\ \mathrm{m/s}$, $c = -0{,}4\ \mathrm{s/m^2}$, $t_1 = 4\ \mathrm{s}$

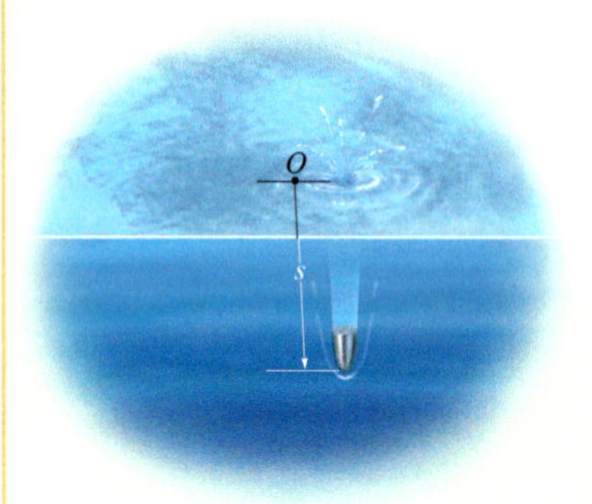

Abbildung 1.3

Lösung

Koordinatensystem Da die Bewegung nach unten gerichtet ist, wird die Ortskoordinate nach unten als positiv eingeführt, der Ursprung liegt in O, siehe Abbildung 1.3.

Geschwindigkeit Da $a = f(v)$ ist, muss die Geschwindigkeit als Funktion der Zeit aus $a = dv/dt$ ermittelt werden, denn diese Gleichung verknüpft v, a und t. (Warum können wir nicht die Gleichung $v = v_0 + a_0 t$ verwenden?) Wir trennen die Variablen und integrieren, wobei $v_0 = 60\ \mathrm{m/s}$ bei $t_0 = 0$ verwendet wird:

$$a = \frac{dv}{dt} = cv^3 \qquad \int_{v_0}^{v} \frac{d\bar{v}}{c\bar{v}^3} = \int_{t_0=0}^{t} d\bar{t}$$

$$\left(-\frac{1}{2}\right)\frac{1}{c\bar{v}^2}\bigg|_{v_0}^{v} = t - 0 \qquad \left(-\frac{1}{2c}\right)\left[\frac{1}{v^2} - \frac{1}{v_0^2}\right] = t$$

$$v = \left[\frac{1}{v_0^2} - 2ct\right]^{-1/2}$$

Die positive Wurzel wird gewählt, denn das Projektil bewegt sich nach unten. Für $t_1 = 4\ \mathrm{s}$ erhalten wir

$$v_1 = 0{,}559\ \mathrm{m/s}$$

Lage Mit der bekannten Funktion $v = f(t)$ wird die Position des Projektils aus $v = ds/dt$ bestimmt, denn diese Gleichung verknüpft s, v und t:

$$v = \frac{ds}{dt} = \left[\frac{1}{v_0^2} - 2ct\right]^{-1/2}$$

$$\int_{s_0=0}^{s} d\bar{s} = \int_{t_0=0}^{t} \left[\frac{1}{v_0^2} - 2c\bar{t}\right]^{-1/2} d\bar{t}$$

$$s = -\frac{2}{2c}\left[\frac{1}{v_0^2} - 2c\bar{t}\right]^{1/2}\Bigg|_0^t$$

$$= -\frac{1}{c}\left\{\left[\frac{1}{v_0^2} - 2ct\right]^{1/2} - \frac{1}{v_0}\right\}$$

Für $t_1 = 4\ \mathrm{s}$ erhalten wir

$$s_1 = 4{,}43\ \mathrm{m}.$$

Beispiel 1.3 Während eines Tests fliegt eine Rakete mit der nach oben gerichteten Geschwindigkeit v_A. In der Höhe s_A fällt das Triebwerk aus. Bestimmen Sie die maximale Höhe s_B, die die Rakete erreicht und ihre Geschwindigkeit kurz vor ihrem Aufschlag auf den Boden. Während der Bewegung wirkt auf die Rakete die konstant nach unten gerichtete Beschleunigung durch die Schwerkraft. Vernachlässigen Sie den Luftwiderstand.

$v_A = 75\ \mathrm{m/s}$, $v_B = 0$, $s_A = 40\ \mathrm{m}$, $g = 9{,}81\ \mathrm{m/s^2}$

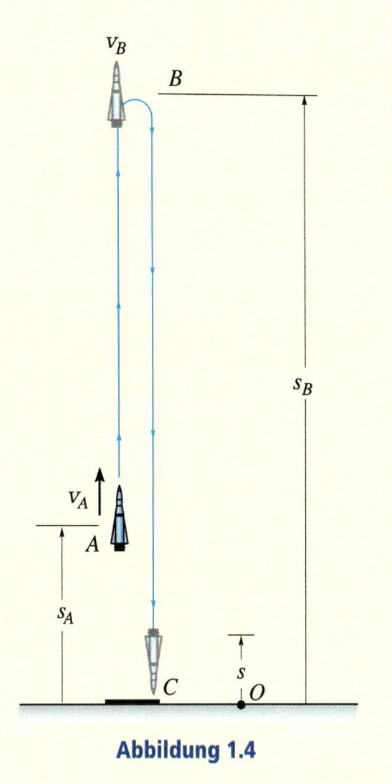

Abbildung 1.4

Lösung

Koordinatensystem Der Ursprung O für die Ortskoordinate s liegt auf der Erdoberfläche, nach oben ist s positiv, siehe Abbildung 1.4.

Maximale Höhe Da die Rakete sich *nach oben* bewegt, gilt bei $t = 0$ $v_A = +75\ \mathrm{m/s}$. In der maximalen Höhe $s = s_B$ ist $v_B = 0$. Für die gesamte Bewegung ist die Beschleunigung $a_0 = -g$ (sie ist negativ, weil sie der positiven Geschwindigkeit oder der positiven Lage entgegengerichtet ist). Da a_0 *konstant* ist, kann die Position der Rakete mit Hilfe von Gleichung (1.6) in Beziehung zur ihrer Geschwindigkeit in den beiden Punkten A und B der Bahn gesetzt werden:

$$
\begin{aligned}
v_B^2 &= v_A^2 + 2a_0(s_B - s_A) \\
s_B &= \frac{v_B^2 - v_A^2}{2a_0} + s_A \\
&= 327\ \mathrm{m}
\end{aligned}
$$

Geschwindigkeit Zur Ermittlung der Geschwindigkeit der Rakete kurz vor ihrem Aufschlag wenden wir Gleichung (1.6) zwischen den Punkten B und C an, siehe Abbildung 1.4:

$$
\begin{aligned}
v_C^2 &= v_B^2 + 2a_0(s_C - s_B) \\
v_C &= \sqrt{v_B^2 + 2a_0(0 - s_B)} \\
&= -80{,}1\ \mathrm{m/s}
\end{aligned}
$$

Die negative Lösung ist richtig, da sich die Rakete nach unten bewegt.

In ähnlicher Weise kann Gleichung (1.6) zwischen den Punkten A und C angewendet werden:

$$
\begin{aligned}
v_C^2 &= v_A^2 + 2a_0(s_C - s_A) \\
v_C &= \sqrt{v_A^2 + 2a_0(0 - s_A)} \\
&= -80{,}1\ \mathrm{m/s}
\end{aligned}
$$

Hinweis: Die Rakete wird von A nach B durch g abgebremst und dann von B nach C mit g *beschleunigt*. Auch wenn die Rakete in B zur Ruhe kommt ($v_B = 0$) hat die Beschleunigung in Punkt B den Wert g und ist nach unten gerichtet.

Beispiel 1.4

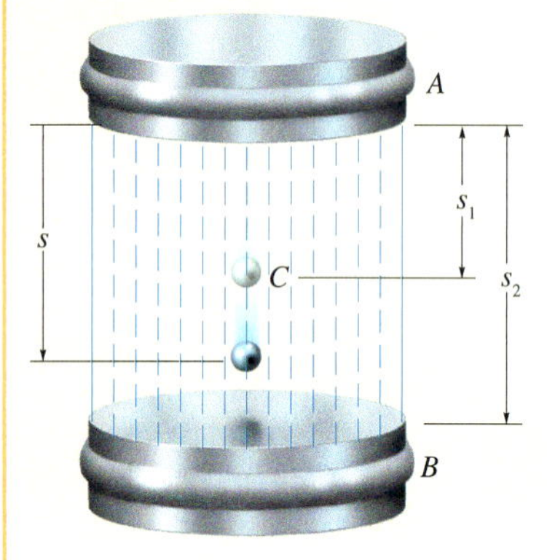

Abbildung 1.5

Das Metallteilchen in Abbildung 1.5 bewegt sich unter dem Einfluss eines magnetischen Feldes zwischen den Platten A und B durch eine Flüssigkeit nach unten. Das Teilchen startet im Mittelpunkt C bei $s = s_1$, seine Beschleunigung beträgt $a = cs$. Bestimmen Sie seine Geschwindigkeit beim Erreichen der Platte B, d.h. bei $s = s_2$, und die Zeit, die das Teilchen für die Strecke CB benötigt.

$s_1 = 100 \text{ mm}$, $s_2 = 200 \text{ mm}$, $c = 4/\text{s}^2$

Lösung

Koordinatensystem Wie in Abbildung 1.5 gezeigt, ist s nach unten positiv und beginnt bei A.

Geschwindigkeit Da $a = f(s)$ ist, kann die Geschwindigkeit als Funktion der Lage aus $v\,dv = a\,ds$ bestimmt werden. Warum gelten die Gleichungen für konstante Beschleunigung nicht? Mit $v_1 = 0$ bei $s_1 = 100 \text{ mm} = 0{,}1 \text{ m}$ erhalten wir

$$v\,dv = a\,ds$$

$$\int_0^v \bar{v}\,d\bar{v} = \int_{s_1}^s c\bar{s}\,d\bar{s}$$

$$\left.\frac{\bar{v}^2}{2}\right|_0^v = \left.\frac{c}{2}\bar{s}^2\right|_{s_1}^s \tag{1}$$

$$v = \left[c\left(s^2 - s_1^2\right)\right]^{1/2}$$

Für $s = s_2 = 200 \text{ mm} = 0{,}2 \text{ m}$ erhalten wir

$$v_B = 0{,}346 \text{ m/s} = 346 \text{ mm/s}$$

Die positive Wurzel wird gewählt, denn das Teilchen bewegt sich nach unten, d.h. in positive s-Richtung.

Zeit Die Zeit, die das Teilchen für die Strecke CB benötigt, wird mit $v = ds/dt$ und Gleichung (1) bestimmt, wobei $s_1 = 100 \text{ mm} = 0{,}1 \text{ m}$ für $t_1 = 0$ gilt. Aus *Anhang A* ergibt sich

$$ds = v\,dt = \left[c\left(s^2 - s_1^2\right)\right]^{1/2} dt$$

$$\frac{1}{\sqrt{c}}\int_{s_1}^s \frac{d\bar{s}}{\left(\bar{s}^2 - s_1^2\right)^{1/2}} = \int_{t_1}^t d\bar{t}$$

$$\left.\frac{1}{\sqrt{c}}\ln\left(\sqrt{\bar{s}^2 - s_1^2} + \bar{s}\right)\right|_{s_1}^s = \left.\bar{t}\right|_{t_1}^t$$

$$\frac{1}{\sqrt{c}}\left[\ln\left(\sqrt{s^2 - s_1^2} + s\right) - \ln s_1\right] = t$$

Für $s = s_2 = 200 \text{ mm} = 0{,}2 \text{ m}$:

$$t = \left[\ln\frac{\sqrt{s_2^2 - s_1^2} + s_2}{s_1}\right]\frac{1}{\sqrt{c}} = 0{,}658 \text{ s}$$

Beispiel 1.5 Ein Massenpunkt bewegt sich mit der Geschwindigkeit $v = (bt^2 + ct)$ entlang einem horizontalen Weg. Der Ausgangspunkt liegt in O. Bestimmen Sie den zurückgelegten Weg nach der Zeit $t = t_2$ und die durchschnittliche Geschwindigkeit des Massenpunktes in diesem Zeitintervall.

$b = 3\ \mathrm{m/s^3}$, $c = -6\ \mathrm{m/s^2}$, $t_2 = 3{,}5\ \mathrm{s}$

Lösung

Koordinatensystem Die positive Richtung wird nach rechts angenommen und vom Ursprung O aus gemessen, siehe Abbildung 1.6a.

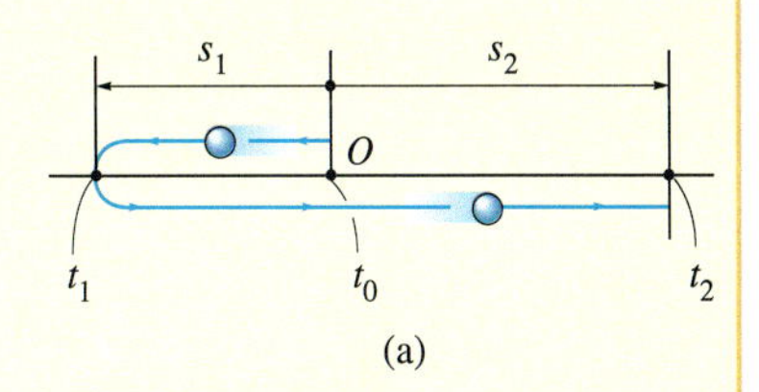

(a)

Lage Da $v = f(t)$ gilt, kann die Position als Funktion der Zeit durch Integration von $v = ds/dt$ mit $s_0 = 0$ bei $t_0 = 0$ bestimmt werden:

$$ds = v\,dt = \left(bt^2 + ct\right)dt$$

$$\int_0^s d\bar{s} = b\int_0^t \bar{t}^2\,d\bar{t} + c\int_0^t \bar{t}\,d\bar{t} \qquad (1)$$

$$s = \frac{1}{3}bt^3 + \frac{1}{2}ct^2$$

Zur Bestimmung des zurückgelegten Weges bis zum Zeitpunkt $t_2 = 3{,}5\ \mathrm{s}$ muss die Bahnkurve untersucht werden. Der Graph der Geschwindigkeitsfunktion, siehe Abbildung 1.6b, zeigt, dass im Zeitintervall von t_0 bis t_1 die Geschwindigkeit *negativ* ist. Das bedeutet, dass sich der Massenpunkt nach *links* bewegt, für $t > t_1$ ist die Geschwindigkeit *positiv* und der Massenpunkt bewegt sich nach *rechts*. Für $t = t_1$ ist $v_1 = 0$. Aus $v(t_1) = (bt_1^2 + ct_1) = 0$ folgt $t_1 = -\,c/b = 2\ \mathrm{s}$. Der Ort des Massenpunktes bei t_0, t_1, t_2 wird mit Gleichung (1) bestimmt. Dies führt auf

$$s_0 = 0,\ s_1 = -4{,}0\ \mathrm{m},\ s_2 = 6{,}125\ \mathrm{m}$$

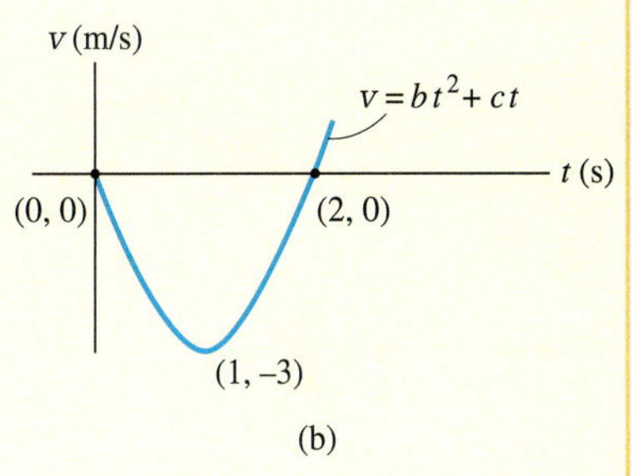

(b)

Abbildung 1.6

Die Bahn ist in Abbildung 1.6a dargestellt. Die in der Zeit t_2 zurückgelegte Strecke s_{ges} ist also

$$s_{ges} = (4{,}0 + 4{,}0 + 6{,}125)\ \mathrm{m} = 14{,}1\ \mathrm{m}$$

Geschwindigkeit Die zwischen t_0 und t_2 auftretende *Lageänderung* beträgt

$$\Delta s = s_2 - s_0 = (6{,}12 - 0)\ \mathrm{m} = 6{,}12\ \mathrm{m}$$

und damit die mittlere Geschwindigkeit

$$v_{mittel} = \frac{\Delta s}{\Delta t} = \frac{6{,}12\mathrm{m}}{(3{,}5-0)\mathrm{s}} = 1{,}75\ \mathrm{m/s}$$

Die durchschnittliche Geschwindigkeit wird mit der insgesamt zurückgelegten Strecke s_{ges} ermittelt. Dieser positive Skalar ist

$$v_{durchschnittl} = \frac{s_{ges}}{\Delta t} = \frac{14{,}125\mathrm{m}}{(3{,}5-0)\mathrm{s}} = 4{,}04\ \mathrm{m/s}$$

1.3 Geradlinige, bereichsweise definierte Bewegung

Bei der Bewegung eines Massenpunktes kann es schwierig sein, dessen Bewegung und damit die Lage, die Geschwindigkeit und die Beschleunigung für beliebige Zeiten durch eine einzige mathematische Funktion zu beschreiben. Häufig sind die Größen bereichsweise definiert oder aus Experimenten grafisch durch Diagramme vorgegeben. Beschreibt ein derartiges Diagramm die Beziehung zwischen zwei der Variablen a, v, s, t, so können mittels der kinematischen Gleichungen $a = dv/dt$, $v = ds/dt$ bzw. $a\,ds = v\,dv$ die anderen Variablen bestimmt werden. Dabei gibt es die folgenden Möglichkeiten:

Bekanntes s-t-Diagramm, Aufstellen des v-t-Diagramms Kann die Lage eines Massenpunktes im Zeitintervall t *experimentell bestimmt werden*, kann das s-t-Diagramm für den Massenpunkt gezeichnet werden, siehe Abbildung 1.7a. Zur Ermittlung seiner Geschwindigkeit als Funktion der Zeit, also des v-t-Diagramms, wird die Gleichung $v = ds/dt$ verwendet, da sie v, s und t miteinander in Beziehung setzt. Die Geschwindigkeit zu einem beliebigen Zeitpunkt wird somit durch die Steigung der s-t-Kurve bestimmt:

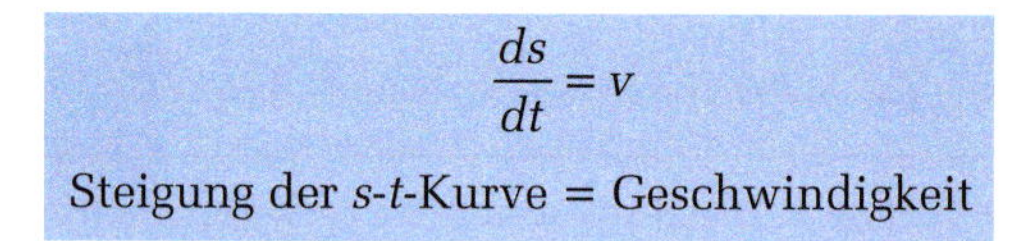

$$\frac{ds}{dt} = v$$

Steigung der s-t-Kurve = Geschwindigkeit

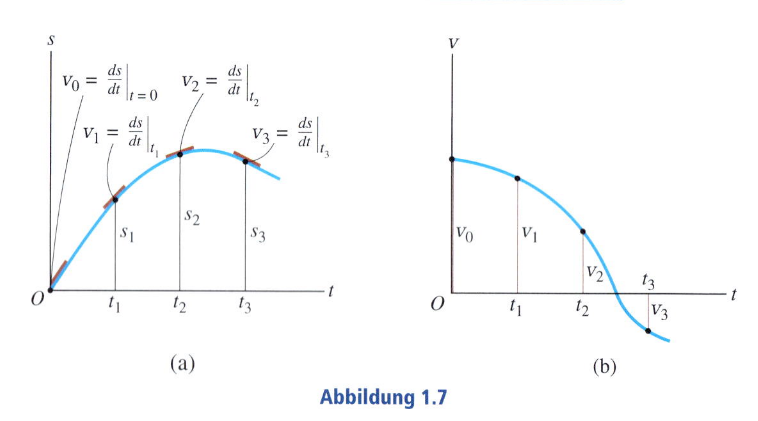

Abbildung 1.7

Die Bestimmung der Steigungen v_0, v_1,v_2,v_3 in den Punkten (0,0), (t_1,s_1), (t_2,s_2), (t_3,s_3) auf der s-t-Kurve, siehe Abbildung 1.7a, führt zu den entsprechenden Punkten auf der v-t-Kurve in Abbildung 1.7b.

Es ist auch möglich, das v-t-Diagramm *mathematisch* zu ermitteln, wenn gewisse Abschnitte der s-t-Kurve durch Gleichungen $s = f(t)$ beschrieben werden können. Die entsprechenden Gleichungen, die das v-t-Diagramm beschreiben, werden dann durch *Differenziation* ermittelt, da $v = ds/dt$ gilt.

Bekanntes v-t-Diagramm, Aufstellen des a-t-Diagramms Ist das v-t-Diagramm des Massenpunktes wie in Abbildung 1.8a bekannt, so kann die Beschleunigung als Funktion der Zeit, d.h. das a-t-Diagramm, über $a = dv/dt$ bestimmt werden. (Warum?) Die Beschleunigung zu einem beliebigen Zeitpunkt wird also durch die Steigung der v-t-Kurve ermittelt:

$$\frac{dv}{dt} = a$$

Steigung der v-t-Kurve = Beschleunigung

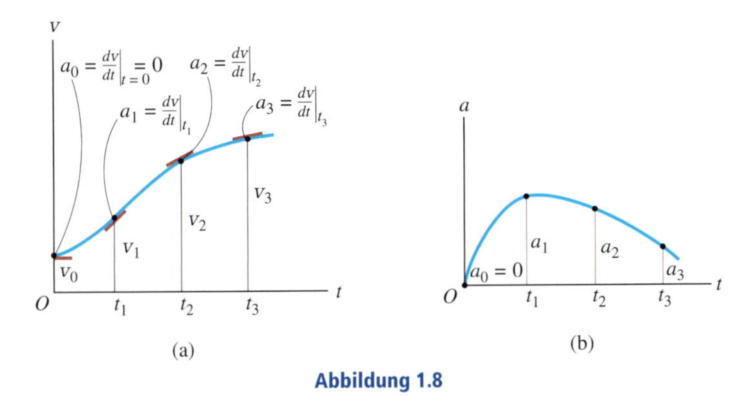

Abbildung 1.8

Die Bestimmung der Steigungen a_0, a_1, a_2, a_3 in den Punkten $(0,v_0)$, (t_1,v_1), (t_2,v_2), (t_3,v_3) auf der v-t-Kurve, siehe Abbildung 1.8a, führt zu den entsprechenden Punkten auf der a-t-Kurve in Abbildung 1.8b.

Die a-t-Kurve kann bereichsweise *mathematisch* ermittelt werden, wenn die Gleichungen $v = g(t)$ der entsprechenden Abschnitte der v-t-Kurve bekannt sind. Dazu werden diese einfach nach der Zeit differenziert, da $a = dv/dt$ ist.

Wie bekannt, führt die Differenziation eines Polynoms n-ten Grades auf ein Polynom $(n-1)$-ten Grades. Ist das s-t-Diagramm eine Parabel (Polynom zweiten Grades), ist das v-t-Diagramm eine Gerade (Polynom ersten Grades) und das a-t-Diagramm eine Konstante, d.h. eine horizontal verlaufende Gerade (Polynom nullten Grades).

Beispiel 1.6

Ein Fahrrad fährt entlang einer geraden Straße. Seine Position wird durch die bereichsweise definierte Funktion in Abbildung 1.9a beschrieben. Erstellen Sie das v-t- und das a-t-Diagramm im Zeitintervall $0 \leq t \leq 30$ s.

$c = 0{,}3\ \mathrm{m/s^2}$, $d = 6\ \mathrm{m/s}$, $e = 30\ \mathrm{m}$

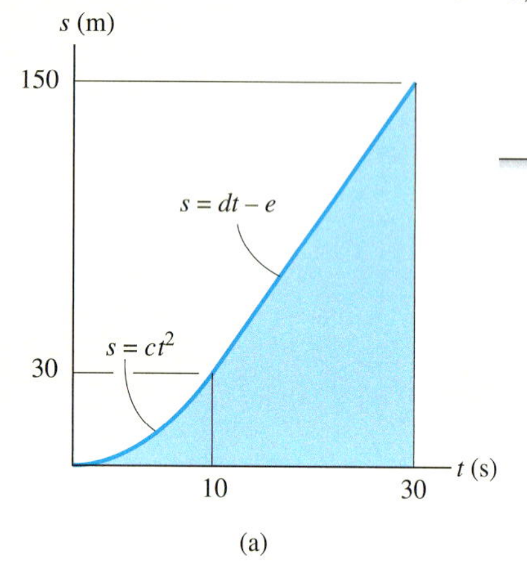

(a)

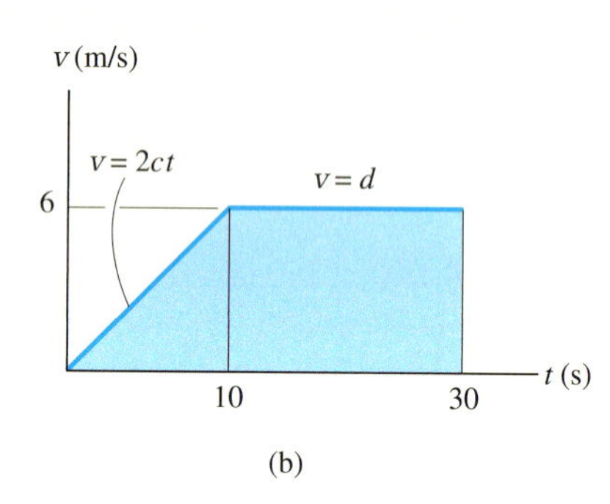

(b)

Abbildung 1.9

Lösung

v-t-Diagramm Da $v = ds/dt$ gilt, kann das v-t-Diagramm durch Ableitung der Gleichungen ermittelt werden, die das s-t-Diagramm beschreiben, siehe Abbildung 1.9a:

$$0 \leq t < 10\ \mathrm{s}; \qquad s = ct^2 \quad v = \frac{ds}{dt} = 2ct = 0{,}6t\frac{\mathrm{m}}{\mathrm{s}^2}$$

$$10\ \mathrm{s} < t < 30\ \mathrm{s}; \qquad s = dt - e \quad v = \frac{ds}{dt} = d = 6\frac{\mathrm{m}}{\mathrm{s}}$$

Die Ergebnisse sind in Abbildung 1.9b dargestellt. Werte von v erhalten wir mit der *Steigung* der s-t-Kurve zu einem bestimmten Zeitpunkt. Bei $t = 20$ s wird die Steigung aus der Geraden im Zeitintervall $10\ \mathrm{s} \leq t \leq 30$ s ermittelt:

$$t = 20\ \mathrm{s}; \qquad v = \frac{\Delta s}{\Delta t} = \frac{(150-30)\mathrm{m}}{(30-10)\mathrm{s}} = 6\ \frac{\mathrm{m}}{\mathrm{s}}$$

a-t-Diagramm Da $a = dv/dt$ gilt, kann das a-t-Diagramm durch Ableitung der Gleichungen, welche die Geraden des v-t-Diagramms beschreiben, ermittelt werden. Dies führt auf

$$0 \leq t < 10\ \mathrm{s}; \qquad v = 2ct \quad a = \frac{dv}{dt} = 2c = 0{,}6\frac{m}{s^2}$$

$$10\ \mathrm{s} < t < 30\ \mathrm{s}; \qquad v = d \quad a = \frac{dv}{dt} = 0$$

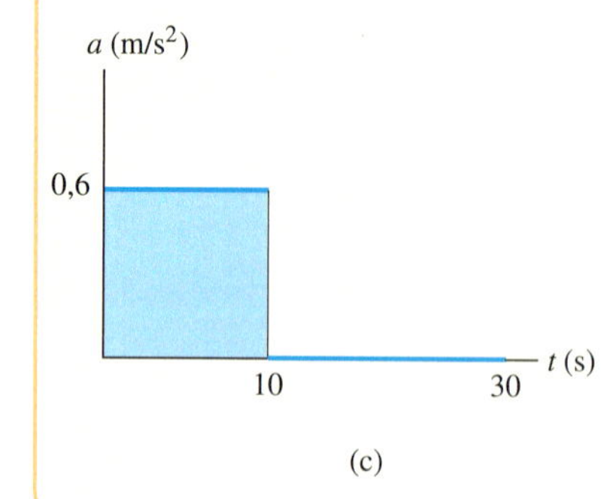

(c)

Die Ergebnisse sind in Abbildung 1.9c dargestellt.

Zeigen Sie, dass für $t = 5$ s die Beschleunigung $a = 0{,}6\ \mathrm{m/s^2}$ ist, indem Sie die Steigung der v-t-Kurve bestimmen.

Bekanntes *a*-*t*-Diagramm, Aufstellen des *v*-*t*-Diagramms Ist das *a*-*t*-Diagramm bekannt, siehe Abbildung 1.10a, wird das *v*-*t*-Diagramm aus $a = dv/dt$ ermittelt. Diese Gleichung lautet als Integral:

$$\Delta v = \int_{(\Delta t)} a dt$$

Änderung der Geschwindigkeit = Fläche unter dem *a*-*t*-Diagramm

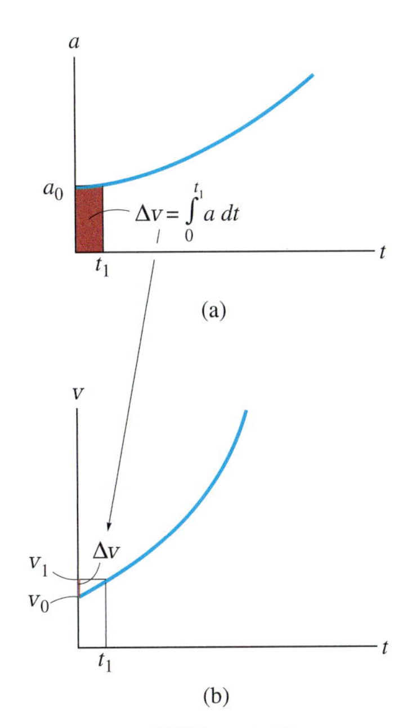

Abbildung 1.10

Zur Aufstellung des *v*-*t*-Diagramms beginnen wir mit der bekannten Anfangsgeschwindigkeit v_0 und addieren dazu kleine Flächeninkremente (Δv), die aus dem *a*-*t*-Diagramm bestimmt werden. Auf diese Weise werden nacheinander die Punkte, z.B. $v_1 = v_0 + \Delta v$, des *v*-*t*-Diagramms bestimmt, siehe Abbildung 1.10b. Beachten Sie, dass eine algebraische Addition der Flächeninkremente erforderlich ist, denn die Flächen oberhalb der *t*-Achse entsprechen einer Zunahme von *v* („positiver" Bereich) und Flächen unterhalb der Achse bedeuten eine Abnahme von *v* („negativer" Bereich).

Wenn das *a*-*t*-Diagramm bereichsweise durch eine Reihe von Gleichungen beschrieben wird, kann jede der Gleichungen *integriert* werden. So erhält man die entsprechenden Bereiche des *v*-*t*-Diagramms. Ist das *a*-*t*-Diagramm linear (Polynom erster Ordnung), dann erhält man bei der Integration ein parabelförmiges *v*-*t*-Diagramm (Polynom zweiter Ordnung), usw.

Bekanntes *v*-*t*-Diagramm, Aufstellen des *s*-*t*-Diagramms Ist das *v*-*t*-Diagramm bekannt, wie in Abbildung 1.11a, so kann das *s*-*t*-Diagramm aus $v = ds/dt$ bestimmt werden. Als Integral schreiben wir

$$\Delta s = \int_{(\Delta t)} v\, dt$$

Lageänderung = Fläche unter dem *v*-*t*-Diagramm

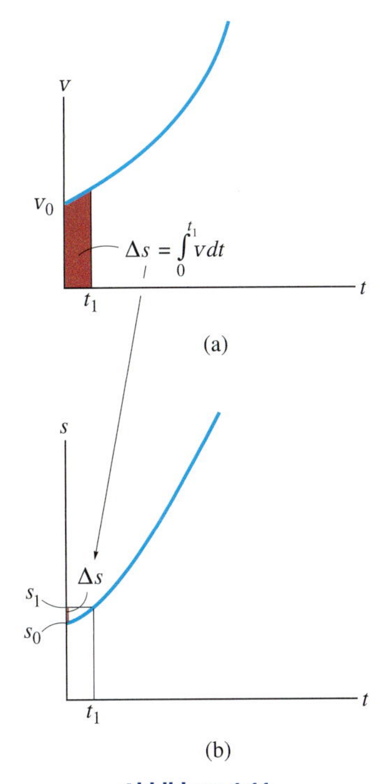

Abbildung 1.11

Ebenso wie zuvor beginnen wir mit der bekannten Anfangsposition s_0 und addieren (algebraisch) kleine Flächeninkremente Δs hinzu, die aus der *v*-*t*-Kurve, siehe Abbildung 1.11b, ermittelt werden.

Kann die *v*-*t*-Kurve bereichsweise durch eine Reihe von Gleichungen beschrieben werden, so kann jede dieser Gleichungen *integriert* werden und man erhält die entsprechenden Bereiche der *s*-*t*-Kurve.

Beispiel 1.7

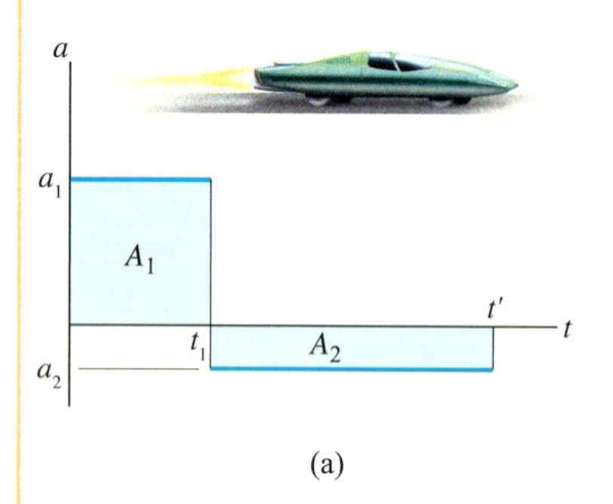

(a)

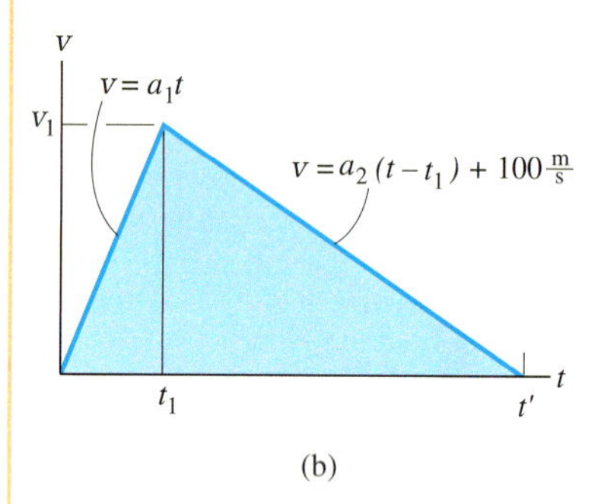

(b)

Abbildung 1.12

Das Testfahrzeug in Abbildung 1.12a startet aus dem Stand und fährt auf einer geraden Bahn. Es beschleunigt im Zeitraum bis zu t_1 konstant mit a_1 und bremst dann mit a_2 konstant ab. Zeichnen Sie das v-t- und das s-t-Diagramm und bestimmen Sie die erforderliche Zeit t', bis das Fahrzeug zum Stehen kommt. Welche Strecke hat das Fahrzeug zurückgelegt?

$t_1 = 10\ \text{s}$, $a_1 = 10\ \text{m/s}^2$, $a_2 = -2\ \text{m/s}^2$

Lösung

v-t-Diagramm Da $dv = a\ dt$ gilt, wird das v-t-Diagramm durch Integration der Geradenstücke des a-t-Diagramms ermittelt. Mit der *Anfangsbedingung* $v_0 = 0$ für $t_0 = 0$ erhalten wir

$$0 \le t < t_1; \quad a = a_1; \quad \int_0^v d\overline{v} = \int_0^t a_1\ d\overline{t}, \quad v = a_1 t = 10t\frac{\text{m}}{\text{s}^2}$$

Für $t = t_1 = 10\ \text{s}$ gilt $v_1 = 10t_1\ \text{m/s}^2 = 100\ \text{m/s}$. Dies ist die *Anfangsbedingung* für das nächste Zeitintervall:

$$t_1 \le t < t'; \quad a = a_2; \quad \int_{v_1}^v d\overline{v} = \int_{t_1}^t a_2\ d\overline{t}, \quad v = a_2(t - t_1) + v_1 = -2t\frac{\text{m}}{\text{s}^2} + 120\frac{\text{m}}{\text{s}}$$

Für $t = t'$ wird gefordert, dass $v' = 0$ ist. Dies führt gemäß Abbildung 1.12b auf

$$t' = 60\ \text{s}$$

Eine direktere Lösung für t' erhält man, wenn man sich klar macht, dass die Fläche unter dem a-t-Diagramm gleich der Änderung der Fahrzeuggeschwindigkeit ist. Es wird $\Delta v' = 0 = A_1 + A_2$ gefordert, siehe Abbildung 1.12a. Somit ergibt sich

$$0 = a_1 t_1 + a_2(t' - t_1) = 0$$

$$t' = \left(1 - \frac{a_1}{a_2}\right) t_1 = 60\ \text{s}$$

s-t-Diagramm Da $ds = v\ dt$ gilt, führt die Integration der Funktionsgleichungen des v-t-Diagramms auf die entsprechenden Funktionsgleichungen des s-t-Diagramms. Mit der *Anfangsbedingung* $s_0 = 0$ für $t_0 = 0$ erhalten wir

$$0 \le t < t_1; \quad v = a_1 t; \quad \int_0^s d\overline{s} = \int_0^t a_1 \overline{t}\ d\overline{t}, \quad s = \frac{1}{2}a_1 t^2 = 5\left(\text{m/s}^2\right)t^2$$

Für $t = t_1 = 10\ \text{s}$ gilt $s_1 = 5(\text{m/s}^2)\ t_1{}^2 = 500\ \text{m}$. Diese *Anfangsbedingung* für das zweite Zeitintervall führt mit $C_2 = v_1 - a_2 t_1$ auf

$$t_1 \le t < t'; \quad v = a_2 t + C_2; \quad \int_{s_1}^s d\overline{s} = \int_{t_1}^t \left(a_2 \overline{t} + C_2\right) d\overline{t}$$

$$s = \frac{1}{2}a_2 t^2 + C_2 t - \left[\frac{1}{2}a_2 t_1^2 + C_2 t_1\right] + s_1$$

$$= \left(-1\text{m/s}^2\right)t^2 + \left(120\text{m/s}\right)t - 600\text{m}$$

Für $t = t' = 60$ s ist die Position somit

$$s = [-(60)^2 + 120(60)^2 - 600]\ \text{m} = 3\ 000\ \text{m}$$

Das s-t-Diagramm ist in Abbildung 1.12c dargestellt. Für $t' = 60$ s ist übrigens eine direkte Lösung möglich, denn die *dreieckige Fläche* unter dem v-t-Diagramm führt für das Zeitintervall von $t_0 = 0$ bis $t' = 60$ s auf $\Delta s = s - 0$. Somit ergibt sich

$$\Delta s = [(1/2)(60)(100)]\ \text{m} = 3\ 000\ \text{m}$$

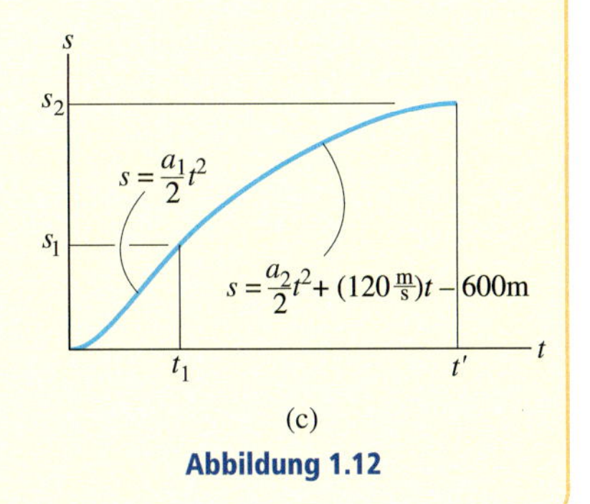

(c)

Abbildung 1.12

Bekanntes a-s-Diagramm, Aufstellen des v-s-Diagramms Kann ein a-s-Diagramm für den Massenpunkt aufgestellt werden, so können Punkte im v-s-Diagramm mit $v\,dv = a\,ds$ ermittelt werden. Durch Integration dieser Gleichung in den Grenzen von $v = v_0$ für $s = s_0$ und $v = v_1$ für $s = s_1$ ergibt sich

$$\frac{1}{2}\left(v_1^2 - v_0^2\right) = \int_{s_0}^{s_1} a\,ds$$
$$= \text{Fläche unter dem } a\text{-}s\text{-Diagramm}$$

Das in Abbildung 1.13a rot gekennzeichnete kleine Flächenelement unter dem a-s-Diagramm

$$\int_{s_0}^{s_1} a\,ds$$

ist gleich der Hälfte der Differenz der Quadrate der Geschwindigkeit: $\frac{1}{2}\left(v_1^2 - v_0^2\right)$. Nach Ermittlung der Fläche und bei bekanntem Anfangswert von v_0 für $s = 0$ gilt dann (siehe Abbildung 1.13b)

$$v_1 = \left(2\int_{s_0}^{s_1} a\,ds + v_0^2\right)^{\frac{1}{2}}$$

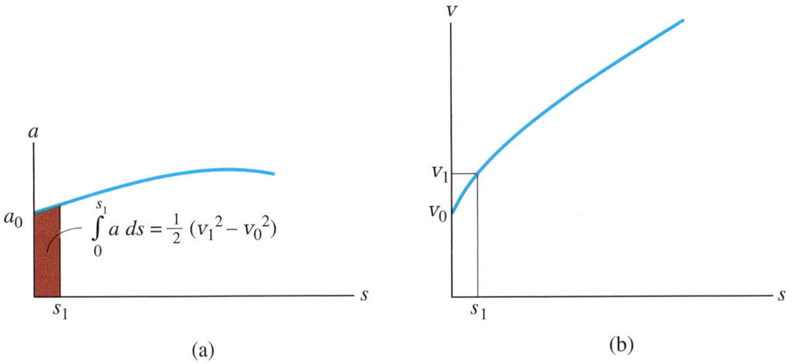

(a)

(b)

Abbildung 1.13

Ausgehend von der Anfangsgeschwindigkeit v_0 können auf diese Weise nacheinander Punkte im v-s-Diagramm ermittelt werden.

Zur Aufstellung des v-s-Diagramms können auch zunächst die Gleichungen ermittelt werden, welche die Bereiche des a-s-Diagrammes beschreiben. Die Funktionsgleichungen der entsprechenden Bereiche des v-s-Diagramms erhält man dann direkt durch Integration von $v\,dv = a\,ds$.

Bekanntes v-s-Diagramm, Aufstellen des a-s-Diagramms Ist das v-s-Diagramm bekannt, so kann die Beschleunigung a in jedem Punkt s aus $a\,ds = v\,dv$ bestimmt werden. Wir schreiben

$$a = v\left(\frac{dv}{ds}\right)$$

Beschleunigung = Geschwindigkeit mal Steigung des v-s-Diagramms

In jedem Punkt (s,v) in Abbildung 1.14a wird also die Steigung dv/ds der v-s-Kurve bestimmt. Sind v und dv/ds bekannt, wird der Wert von a berechnet, Abbildung 1.14b.

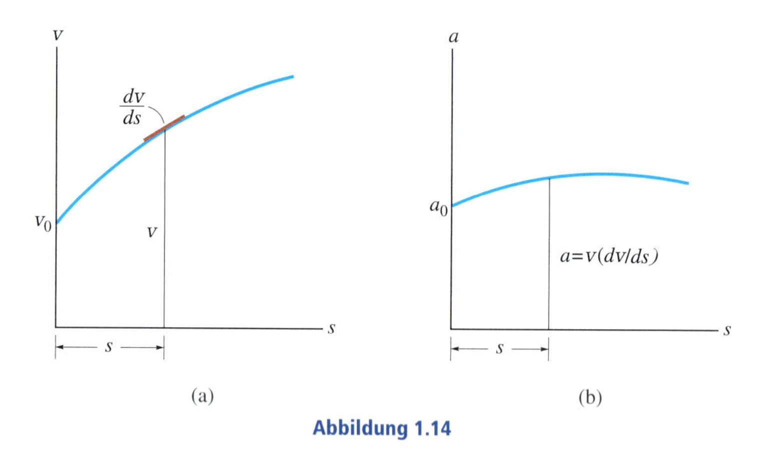

Abbildung 1.14

Die Bereiche des a-s-Diagramms können berechnet werden, wenn die entsprechenden Bereiche der v-s-Kurve bekannt sind. Auch hier ist die Integration von $a\,ds = v\,dv$ erforderlich.

Beispiel 1.8 Das v-s-Diagramm, das die Fahrt des Motorrades beschreibt, ist in Abbildung 1.15a dargestellt. Zeichnen Sie das a-s-Diagramm und bestimmen Sie die erforderliche Zeit t_3, bis das Motorrad die Strecke s_2 zurückgelegt hat.

$v_0 = 3$ m/s, $v_1 = 15$ m/s, $s_0 = 0$, $s_1 = 60$ m, $s_2 = 120$ m

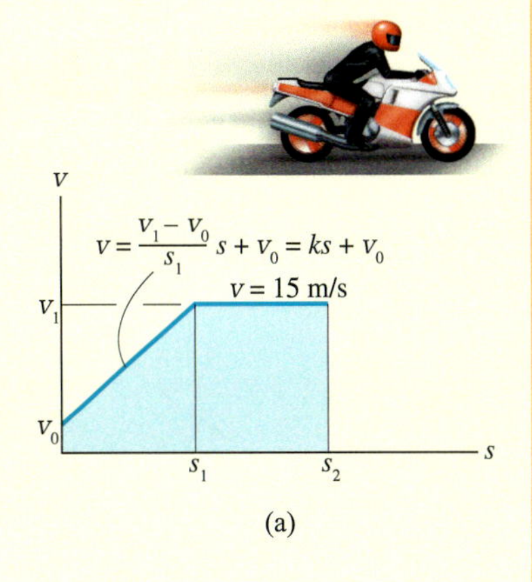

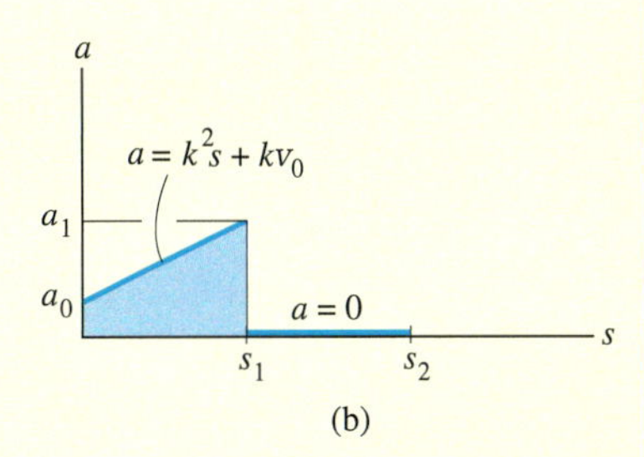

Abbildung 1.15

Lösung

a-s-Diagramm Zunächst ergeben sich die Funktionsgleichungen für die Geschwindigkeit zu

$$0 \le s \le s_1; \quad v = v_0 + \frac{v_1 - v_0}{s_1} s = ks + v_0 = (0{,}2 \cdot 1/\mathrm{s})s + 3\,\mathrm{m/s}$$

$$s_1 \le s \le s_2; \quad v = v_1 = 15\,\mathrm{m/s}$$

Mit diesen bekannten Abhängigkeiten wird das a-s-Diagramm aus $a\,ds = v\,dv$ bestimmt:

$$0 \le s < s_1; \quad v = ks + v_0 \qquad a = v\frac{dv}{ds} = (ks + v_0)\frac{d}{ds}(ks + v_0) = k^2 s + kv_0$$

$$= (0{,}2 \cdot 1/\mathrm{s})^2 s + 0{,}6\,\mathrm{m/s^2}$$

$$s_1 \le s < s_2; \quad v = v_1 \qquad a = v\frac{dv}{ds} = (v_1)\frac{d}{ds}(v_1) = 0$$

Die Ergebnisse sind in Abbildung 1.15b dargestellt.

Zeit Die Zeit wird mit Hilfe des v-s-Diagramms und $v = ds/dt$ ermittelt, denn diese Gleichung setzt v, s und t in Beziehung. Für den ersten Bereich erhalten wir mit $s_0 = 0$ für $t_0 = 0$

$$0 \le s < s_1; \quad v = ks + v_0; \quad dt = \frac{ds}{v} = \frac{ds}{ks + v_0} \qquad \int_0^t d\bar{t} = \int_0^s \frac{d\bar{s}}{k\bar{s} + v_0}$$

$$t = \frac{1}{k}\left[\ln(ks + v_0) - \ln v_0\right] = \frac{1}{k}\left[\ln\left(\frac{ks}{v_0} + 1\right)\right]$$

Für $s = s_1$ ist $t = t_1 = 5\ln[12/3 + 1]\,\mathrm{s} = 8{,}05\,\mathrm{s}$. Für das zweite Segment gilt

$$s_1 \le s < s_2; \quad v = v_1; \qquad dt = \frac{ds}{v} = \frac{ds}{v_1} \qquad \int_{t_1}^t d\bar{t} = \int_{s_1}^s \frac{d\bar{s}}{v_1}$$

$$t - t_1 = \frac{s}{v_1} - \frac{s_1}{v_1}$$

$$t = \frac{s}{v_1} + 4{,}05\,\mathrm{s}$$

Für $s = s_2 = 120$ m ergibt sich somit

$$t = \frac{s_2}{v_1} + 4{,}05\,\mathrm{s} = 12{,}05\,\mathrm{s}$$

1.4 Allgemeine räumliche Bewegung

Eine *allgemeine räumliche Bewegung* tritt auf, wenn sich der Massenpunkt auf einer beliebigen, gekrümmten Bahnkurve bewegt. Liegt tatsächlich eine räumliche Bewegung vor, wird zweckmäßig die Vektorrechnung zur Formulierung der Lage, der Geschwindigkeit und der Beschleunigung herangezogen.[2] In diesem Abschnitt werden allgemeine Aspekte der krummlinigen Bewegung diskutiert, und in den folgenden Abschnitten werden die am häufigsten zur Berechnung dieser Bewegung verwendeten Koordinatensysteme eingeführt.

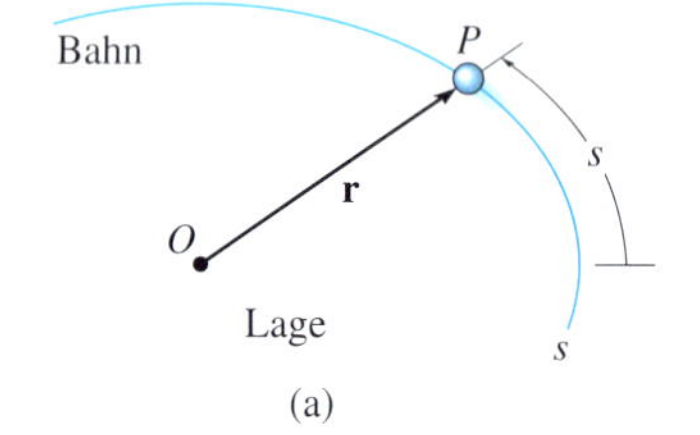

(a)

Lage Betrachten wir einen Massenpunkt in Punkt P auf einer räumlichen Kurve, die durch die Wegfunktion s beschrieben wird, siehe Abbildung 1.16a. Die Lage des Massenpunktes bezüglich eines festen Punktes O wird durch den Ortsvektor $\mathbf{r} = \mathbf{r}(t)$ bezeichnet. Dieser Vektor ist eine Funktion der Zeit, denn im Allgemeinen ändern sich sein Betrag und seine Richtung mit der Bewegung des Massenpunktes entlang der Kurve.

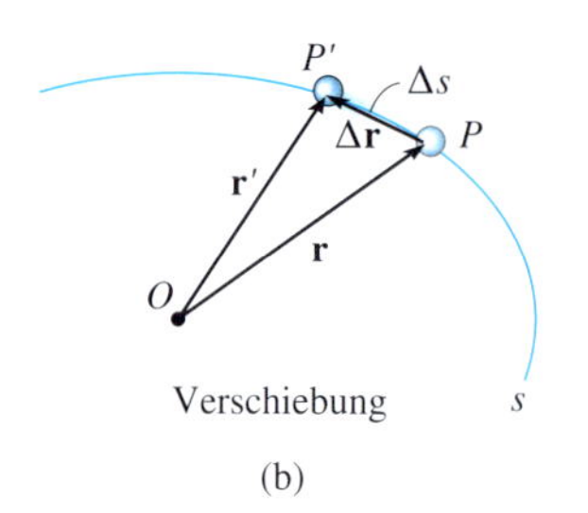

(b)

Verschiebung Nehmen wir an, dass in einem kleinen Zeitintervall Δt der Massenpunkt einen Weg Δs entlang der Kurve bis zu einer neuen Lage $\mathbf{r} = \mathbf{r} + \Delta\mathbf{r}$ bei P' zurücklegt, siehe Abbildung 1.16b. Die *Verschiebung* $\Delta\mathbf{r}$ ist die Lageänderung des Massenpunktes und wird durch Vektorsubtraktion ermittelt, also $\Delta\mathbf{r} = \mathbf{r}' - \mathbf{r}$.

Geschwindigkeit In der Zeit Δt gilt für die *mittlere Geschwindigkeit* des Massenpunktes

$$\mathbf{v}_{mittel} = \frac{\Delta\mathbf{r}}{\Delta t}$$

Die *momentane Geschwindigkeit* wird aus dieser Gleichung ermittelt, indem im Grenzübergang $\Delta t \to 0$ strebt und somit die Richtung von $\Delta\mathbf{r}$ sich der *Tangente* der Kurve in Punkt P annähert. Also gilt

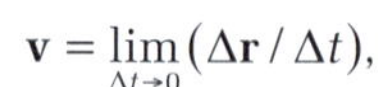

$$\mathbf{v} = \lim_{\Delta t \to 0} (\Delta\mathbf{r} / \Delta t),$$

d.h.

$$\mathbf{v} = \frac{d\mathbf{r}}{dt} \tag{1.7}$$

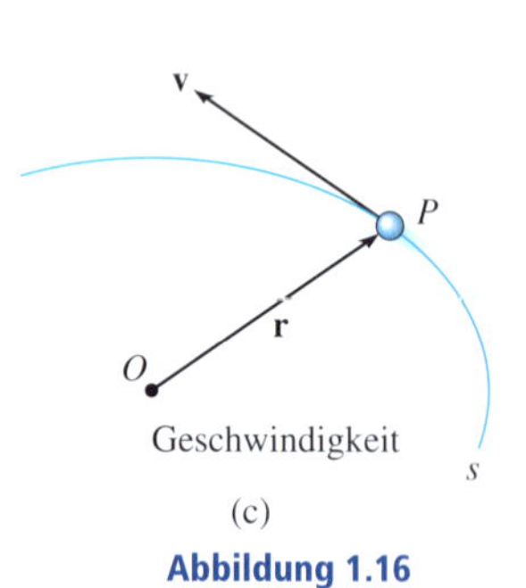

(c)

Abbildung 1.16

Da $d\mathbf{r}$ mit der Tangente der Kurve in P zusammenfällt, ist die *Richtung* von $\mathbf{v}$ ebenfalls *tangential zur Bahnkurve*, siehe Abbildung 1.16c. Der *Betrag* der Geschwindigkeit $\mathbf{v}$ wird über den Betrag der Verschiebung $\Delta\mathbf{r}$ ermittelt, die gleich der Länge der geraden Verbindung von P nach P' ist, siehe Abbildung 1.16b. Diese Länge Δr nähert sich für $\Delta t \to 0$ der Bogenlänge Δs und es ergibt sich in skalarer Schreibweise

$$v = \lim_{\Delta t \to 0} (\Delta r / \Delta t) = \lim_{\Delta t \to 0} (\Delta s / \Delta t),$$

d.h.

$$v = \frac{ds}{dt} \tag{1.8}$$

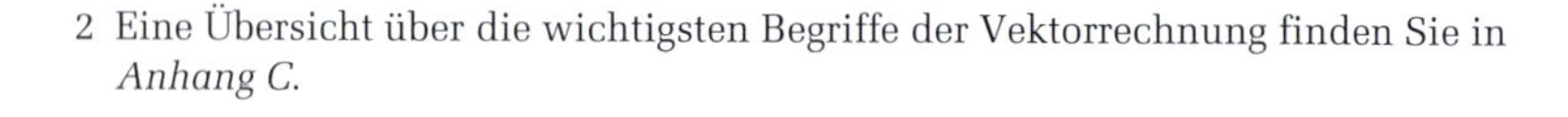

2 Eine Übersicht über die wichtigsten Begriffe der Vektorrechnung finden Sie in *Anhang C*.

In skalarer Form erhält man die Geschwindigkeit also durch Ableitung der Wegfunktion s nach der Zeit.

Beschleunigung Hat der Massenpunkt zum Zeitpunkt t die Geschwindigkeit $\mathbf{v}$ und zum Zeitpunkt $t + \Delta t$ die Geschwindigkeit $\mathbf{v}' = \mathbf{v} + \Delta\mathbf{v}$, siehe Abbildung 1.16d, dann ist die *mittlere Beschleunigung* des Massenpunktes im Zeitintervall Δt

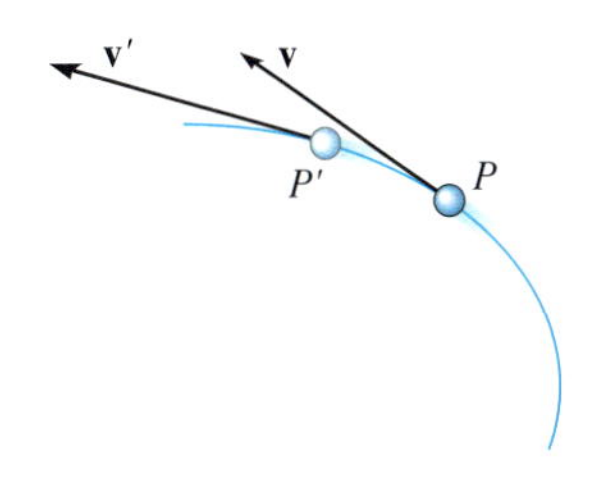

(d)

$$\mathbf{a}_{mittel} = \frac{\Delta\mathbf{v}}{\Delta t}$$

Dabei ist $\Delta\mathbf{v} = \mathbf{v}' - \mathbf{v}$. Zur Untersuchung dieser zeitlichen Änderung sind die beiden Geschwindigkeitsvektoren in Abbildung 1.16e so eingetragen, dass ihre Anfangspunkte von einem Fixpunkt O' ausgehen und ihre Spitzen eine bestimmte Kurve beschreiben. Diese Kurve wird als *Hodograph* bezeichnet, der den geometrischen Ort der Geschwindigkeit darstellt analog zur *Bahnkurve s*, die der geometrische Ort des Lagevektors ist, Abbildung 1.16a.

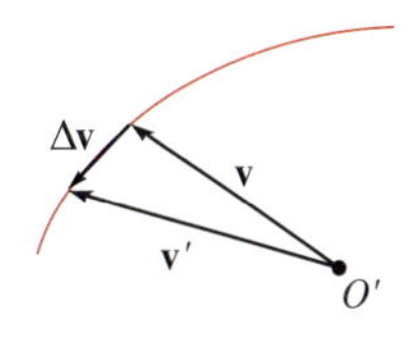

(e)

Mit $\Delta t \to 0$ wird die *momentane Beschleunigung* ermittelt. Im Grenzübergang nähert sich $\Delta\mathbf{v}$ der *Tangente des Hodographen* und somit gilt $\mathbf{a} = \lim_{\Delta t \to 0}(\Delta\mathbf{v} / \Delta t)$, d.h.

$$\mathbf{a} = \frac{d\mathbf{v}}{dt} \tag{1.9}$$

Einsetzen von Gleichung (1.7) führt auf

$$\mathbf{a} = \frac{d^2\mathbf{r}}{dt^2}$$

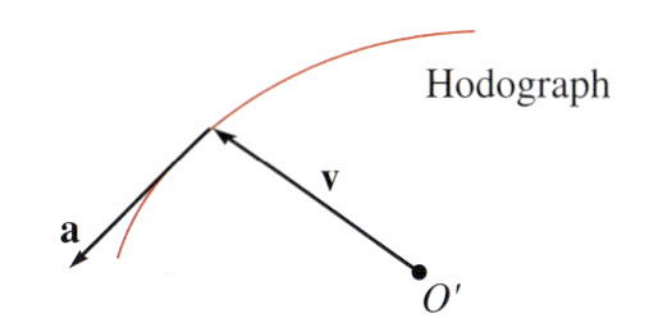

(f)

Gemäß der Definition der Ableitung wirkt $\mathbf{a}$ *tangential zum Hodographen*, siehe Abbildung 1.16f, somit ist die Beschleunigung $\mathbf{a}$ *im Allgemeinen nicht tangential an die Bahnkurve gerichtet*, siehe Abbildung 1.16g. Machen Sie sich hierzu klar, dass $\Delta\mathbf{v}$ und somit $\mathbf{a}$ die Änderungen von Betrag *und* Richtung der Geschwindigkeit repräsentieren muss, wenn sich der Massenpunkt von P nach P' bewegt, siehe Abbildung 1.16d. Eine alleinige Änderung des Betrages erhöht (oder erniedrigt) nur die „Länge“ von $\mathbf{v}$, sodass $\mathbf{a}$ in diesem Fall tangential zur Bahnkurve bleibt. In Wirklichkeit folgt der Massenpunkt jedoch einer gekrümmten Bahn, somit ändert der Geschwindigkeitsvektor im Allgemeinen ständig seine Richtung (nach „innen“, zur konkaven Seite der Bahn) und daher *kann* $\mathbf{a}$ nicht tangential zur Bahnkurve sein. Also ist $\mathbf{v}$ immer tangentential zur *Bahn* und $\mathbf{a}$ immer tangentential zum *Hodographen* gerichtet.

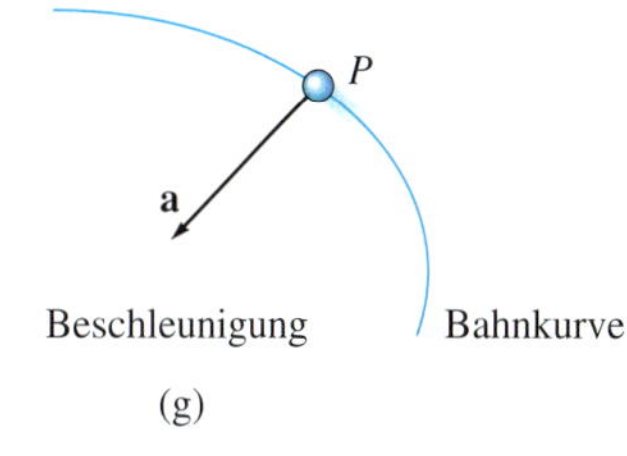

(g)

Abbildung 1.16

1.5 Auswertung in kartesischen Koordinaten

Sehr häufig lässt sich die (räumliche) Bewegung eines Massenpunktes entlang einer gekrümmten Bahn am besten in einem raumfesten x,y,z-Koordinatensystem beschreiben.

Lage Befindet sich der Massenpunkt P zu einer bestimmten Zeit im Punkt (x,y,z) auf der Bahnkurve, die durch die Bogenlänge s beschrieben wird, siehe Abbildung 1.17a, dann ist seine Lage durch den *Ortsvektor*

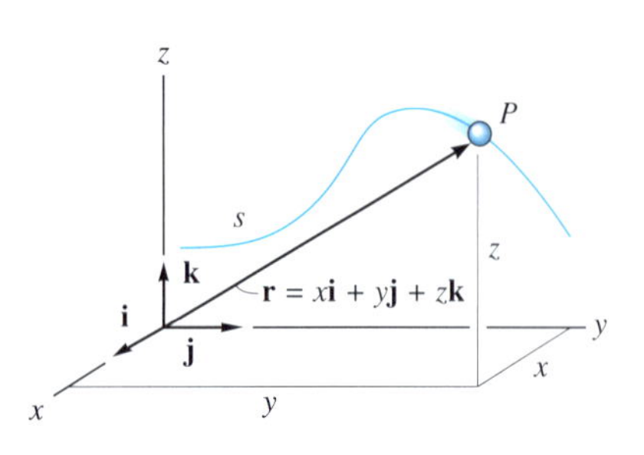

Lage

(a)

Abbildung 1.17

$$\mathbf{r} = x\mathbf{i} + y\mathbf{j} + z\mathbf{k} \tag{1.10}$$

festgelegt.

Aufgrund der Bewegung des Massenpunktes und der Form des Weges sind alle x-, y- und z-Koordinaten von $\mathbf{r}$ im Allgemeinen Funktionen der Zeit, d.h. $x = x(t)$, $y = y(t)$ und $z = z(t)$. Somit gilt auch $\mathbf{r} = \mathbf{r}(t)$.

Der Betrag eines Vektors ist bekanntlich ein positiver Skalar (siehe auch *Anhang C*) und damit gilt für den *Betrag* von $\mathbf{r}$ gemäß *Gleichung (C.3)*

$$|\mathbf{r}| = r = \sqrt{x^2 + y^2 + z^2}$$

Die *Richtung* von $\mathbf{r}$ wird durch die Koordinaten des Einheitsvektors $\mathbf{u}_r = \mathbf{r}/r$ festgelegt.

Geschwindigkeit Die erste Ableitung von $\mathbf{r}$ nach der Zeit führt auf die Geschwindigkeit $\mathbf{v}$ des Massenpunktes:

$$\mathbf{v} = \frac{d\mathbf{r}}{dt} = \frac{d}{dt}(x\mathbf{i}) + \frac{d}{dt}(y\mathbf{j}) + \frac{d}{dt}(z\mathbf{k})$$

Bei der Ableitung müssen die Änderungen in Betrag *und* Richtung jeder Vektorkomponente berücksichtigt werden. Die Ableitung der $\mathbf{i}$-Komponente von $\mathbf{v}$ ist somit

$$\frac{d}{dt}(x\mathbf{i}) = \frac{dx}{dt}\mathbf{i} + x\frac{d\mathbf{i}}{dt}$$

Der zweite Term auf der rechten Seite ist null, da das x,y,z-Koordinatensystem als *raumfest* eingeführt wurde und sich *Richtung* (und *Betrag*) von $\mathbf{i}$ demnach nicht mit der Zeit ändern. Ähnlich werden die $\mathbf{j}$- und die $\mathbf{k}$-Komponenten abgeleitet, sodass sich insgesamt

$$\mathbf{v} = \frac{d\mathbf{r}}{dt} = v_x\mathbf{i} + v_y\mathbf{j} + v_z\mathbf{k} \tag{1.11}$$

mit

$$v_x = \dot{x} \quad v_y = \dot{y} \quad v_z = \dot{z} \tag{1.12}$$

ergibt.

Der hochgestellte Punkt auf den Variablen $\dot{x}$, $\dot{y}$ $\dot{z}$ bedeutet die erste Ableitung der Parametergleichungen $x = x(t)$, $y = y(t)$ bzw. $z = z(t)$ nach der Zeit.

Der *Betrag* der Geschwindigkeit berechnet sich aus

$$v = \sqrt{v_x^2 + v_y^2 + v_z^2}$$

und ihre *Richtung* ist durch die Koordinaten des Einheitsvektors $\mathbf{u}_v = \mathbf{v}/v$ gegeben. Die Richtung zeigt *immer tangential* zur Bahnkurve, wie in Abbildung 1.17b dargestellt.

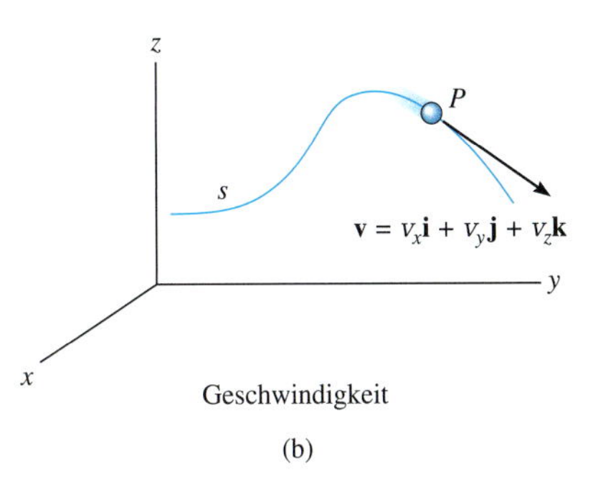

Geschwindigkeit

(b)

Beschleunigung Die Beschleunigung des Massenpunktes ergibt sich aus der ersten Ableitung der Gleichung (1.11) nach der Zeit (oder der zweiten Ableitung von Gleichung (1.10)). Wir erhalten

$$\mathbf{a} = \frac{d\mathbf{v}}{dt} = a_x\mathbf{i} + a_y\mathbf{j} + a_z\mathbf{k} \tag{1.13}$$

mit

$$\begin{aligned} a_x &= \dot{v}_x = \ddot{x} \\ a_y &= \dot{v}_y = \ddot{y} \\ a_z &= \dot{v}_z = \ddot{z} \end{aligned} \tag{1.14}$$

a_x, a_y und a_z sind also die ersten Ableitungen der Parametergleichungen $v_x = v_x(t)$, $v_y = v_y(t)$ und $v_z = v_z(t)$ nach der Zeit.
Der *Betrag* der Beschleunigung ist

$$a = \sqrt{a_x^2 + a_y^2 + a_z^2}$$

und die *Richtung* ergibt sich erneut aus den Koordinaten des entsprechenden Einheitsvektors, d.h. $\mathbf{u}_a = \mathbf{a}/a$. Da $\mathbf{a}$ die zeitliche *Änderung* des Geschwindigkeitsvektors darstellt, ist $\mathbf{a}$ im Allgemeinen *nicht tangential* zur Bahnkurve, siehe Abbildung 1.17c.

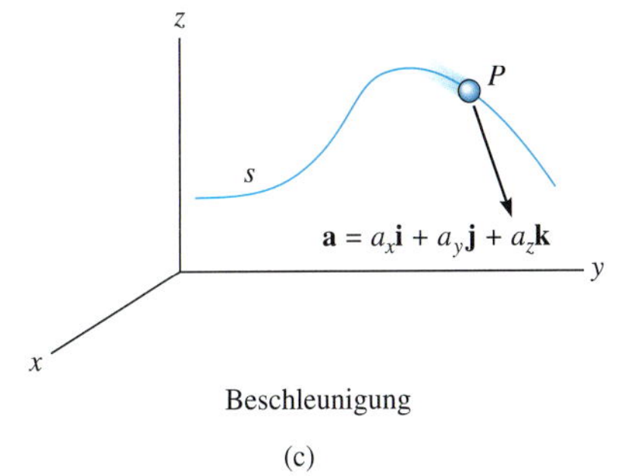

Beschleunigung

(c)

Abbildung 1.17

Wichtige Punkte zur Lösung von Aufgaben

- Krummlinige Bewegungen können Änderungen in Betrag *und* Richtung der Orts-, Geschwindigkeits- und Beschleunigungsvektoren verursachen.
- Der Geschwindigkeitsvektor ist immer *tangential* zur Bahnkurve.
- Im Allgemeinen ist der Beschleunigungsvektor *nicht* tangential zur Bahnkurve, sondern tangential zum Hodographen.
- Wird die Bewegung in kartesischen Koordinaten beschrieben, ändern die zugehörigen Komponenten entlang der Koordinatenachsen nicht ihre Richtung, sondern nur Betrag und Richtungssinn (Vorzeichen).
- Bei einer skalaren Rechnung in Koordinaten wird die Bewegungsrichtung des Massenpunktes durch das Vorzeichen im Ergebnis automatisch ermittelt.

Hebt das Flugzeug ab, wird seine Bahnkurve durch seine horizontale Position $x = x(t)$ und seine vertikalen Höhe $y = y(t)$ charakterisiert. Beide werden mit Navigationsgeräten bestimmt. Die Ergebnisse aus diesen Gleichungen werden aufgezeichnet und durch die erste und zweite Ableitung der Funktionen werden Geschwindigkeit und Beschleunigung des Flugzeugs zu jedem Zeitpunkt berechnet.

Lösungsweg

Koordinatensystem

- Aufgaben, bei denen die Bewegung am besten durch Komponenten bezüglich eines rechtwinkligen x,y,z-Koordinatensystems ausgedrückt werden kann, werden mit Hilfe dieses Koordinatensystems gelöst.

Kinematische Größen

- Weil entlang *jeder* Koordinatenachse eine *geradlinige Bewegung* stattfindet, kann die Bewegung jeder Komponente mit den skalaren Gleichungen $v = ds/dt$ und $a = dv/dt$ ermittelt werden. Soll die Bewegung nicht als Funktion der Zeit beschrieben werden, wird die zeitfreie Gleichung $a\,ds = v\,dv$ verwendet.
- Nach Ermittlung der x-, y- und z-Koordinaten von $\mathbf{v}$ und $\mathbf{a}$ wird der Betrag dieser Vektoren mit dem Satz von Pythagoras, *Gleichung (C.3)*, und ihre Richtung mit den Koordinaten ihrer Einheitsvektoren, *Gleichungen (C.4)* und *(C.5)*, ermittelt.

Beispiel 1.9 Die horizontale Lage des Wetterballons in Abbildung 1.18a wird zu jedem beliebigen Zeitpunkt durch die Funktion $x = v_0 t$ beschrieben. Die Gleichung für die Bahnkurve ist $y = x^2/b$. Ermitteln Sie (a) den Abstand des Ballons vom Punkt A bei $t = t_1$; (b) den Betrag und die Richtung der Geschwindigkeit für $t = t_1$ und c) den Betrag und die Richtung der Beschleunigung für $t = t_1$.
$v_0 = 9 \text{ m/s}$, $b = 30 \text{ m}$, $t_1 = 2 \text{ s}$

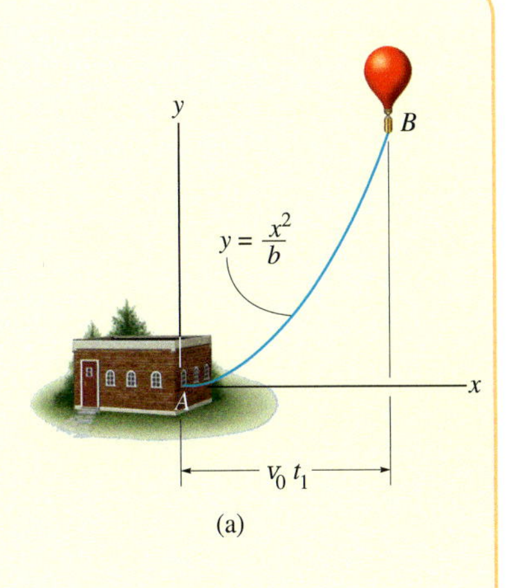

(a)

Lösung

Lage Für $t = t_1$ gilt $x = v_0 t_1 = 9(2) \text{ m} = 18 \text{ m}$. Damit ergibt sich

$$y = x^2/b = (18)^2/30 \text{ m} = 10{,}8 \text{ m}$$

Der Abstand von A und B ist also

$$r = \sqrt{x^2 + y^2} = \sqrt{(18 \text{ m})^2 + (10{,}8 \text{ m})^2} = 21 \text{ m}$$

Geschwindigkeit Mit den Gleichungen (1.12) und der Kettenregel zur Berechnung der Geschwindigkeitskoordinaten für $t = t_1$ erhalten wir

$$v_x = \dot{x} = \frac{d}{dt}(v_0 t) = v_0 = 9 \text{ m/s} \qquad v_y = \dot{y} = \frac{d}{dt}(x^2/b) = 2x\dot{x}/b = 10{,}8 \text{ m/s}$$

Für $t = t_1$ ist der Betrag der Geschwindigkeit somit

$$v = \sqrt{v_x^2 + v_y^2} = \sqrt{(9 \text{ m/s})^2 + (10{,}8 \text{ m/s})^2} = 14{,}1 \text{ m/s}$$

Die Richtung liegt tangential zur Bahnkurve, siehe Abbildung 1.18b:

$$\theta_v = \arctan\frac{v_y}{v_x} = \arctan\frac{10{,}8}{9} = 50{,}2°$$

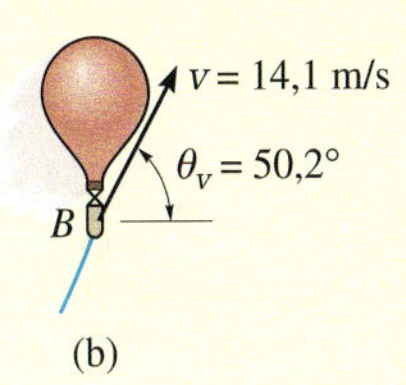

(b)

Beschleunigung Die Koordinaten der Beschleunigung werden aus den Gleichungen (1.14) ermittelt. In Anwendung der Kettenregel und mit

$$\ddot{x} = \frac{d^2(v_0 t)}{dt^2} = 0$$

erhalten wir

$$a_x = \dot{v}_x = 0 \qquad a_y = \dot{v}_y = \frac{d}{dt}(2x\dot{x}/b) = 2\dot{x}\dot{x}/b + 2x(\ddot{x})/b$$
$$= \left[2(9)^2/30 + 2(18)(0)/30\right] \text{m/s}^2 = 5{,}4 \text{ m/s}^2$$

Somit ist

$$a = \sqrt{a_x^2 + a_y^2} = \sqrt{(0)^2 + (5{,}4 \text{ m/s})^2} = 5{,}4 \text{ m/s}^2$$

Die Richtung von $\mathbf{a}$, siehe Abbildung 1.18c, wird bestimmt über

$$\theta_a = \arctan\left(\frac{a_y}{a_x}\right) = \arctan\left(\frac{5{,}4}{0}\right) = 90°$$

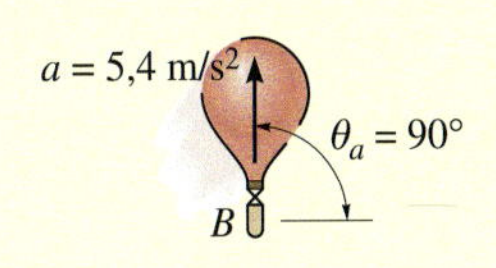

(c)

Abbildung 1.18

Hinweis: v_y und a_y kann man auch ermitteln, indem man zunächst $y = f(t) = (v_0 t)^2/b = (v_0/b)t^2$ aufstellt und dann nacheinander die Ableitungen nach der Zeit bildet.

Beispiel 1.10

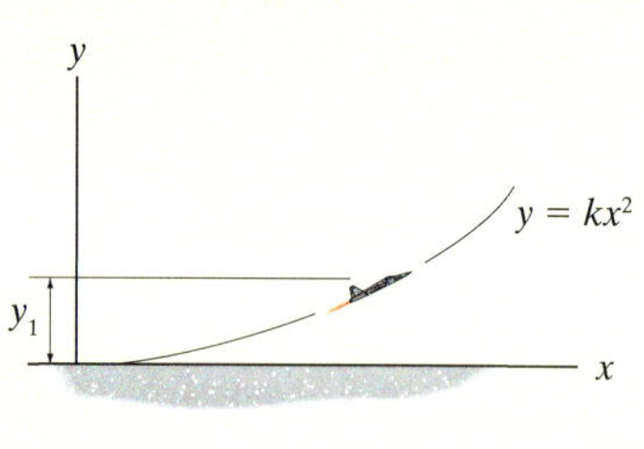

(a)

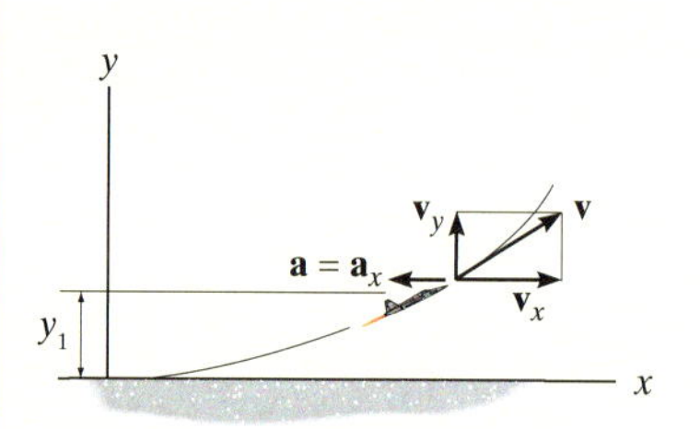

(b)

Abbildung 1.19

Für einen kurzen Zeitraum lässt sich der Weg des Flugzeugs wie in Abbildung 1.19a gezeigt durch die Funktion $y = f(x) = kx^2$ beschreiben. Bestimmen Sie den Betrag von Geschwindigkeit und Beschleunigung des Flugzeugs, wenn es mit konstanter Geschwindigkeit v_0 steigt.

$k_1 = 0{,}001 \cdot 1/\mathrm{m}$, $y_1 = 100\ \mathrm{m}$, $v_0 = 10\ \mathrm{m/s}$

Lösung

Für $y = y_1$ gilt

$$y_1 = kx^2$$

oder

$$x = \sqrt{\frac{y_1}{k}} = 316{,}2\ \mathrm{m}$$

Da v_y gegeben ist, gilt außerdem

$$y = v_y t$$

und damit

$$t = y/v_y = 10\ \mathrm{s}$$

Geschwindigkeit Mithilfe der Kettenregel (siehe Anhang C) lässt sich die Beziehung zwischen den Geschwindigkeitskomponenten ermitteln:

$$v_y = \dot{y} = \frac{d}{dt}kx^2 = 2kx\dot{x} = 2kxv_x \qquad (1)$$

Somit ist

$$v_x = \frac{v_y}{2kx} = 15{,}81\ \mathrm{m/s}$$

Der Betrag der Geschwindigkeit ist demzufolge

$$v = \sqrt{{v_x}^2 + {v_y}^2} = \sqrt{(15{,}81\ \mathrm{m/s})^2 + (10\ \mathrm{m/s})^2} = 18{,}7\ \mathrm{m/s}$$

Beschleunigung Mithilfe der Kettenregel liefert die Ableitung von Gleichung (1) nach der Zeit die Beziehung zwischen den Beschleunigungskomponenten:

$$a_y = \dot{v}_y = 2k\dot{x}v_x + 2kx\dot{v}_x = 2k\left({v_x}^2 + xa_x\right)$$

$$a_x = \frac{1}{x}\left(\frac{a_y}{2k} - v_x^2\right)$$

Mit $x = 316{,}2\ \mathrm{m}$, $v_x = 15{,}81\ \mathrm{m/s}$ und $\dot{v}_y = a_y = 0$ ergibt sich

$$a_x = -0{,}791\ \mathrm{m/s^2}$$

Der Betrag der Beschleunigung des Flugzeugs ist also

$$a = \sqrt{{a_x}^2 + {a_y}^2} = \sqrt{\left(-0{,}791\ \mathrm{m/s^2}\right)^2 + \left(0\ \mathrm{m/s^2}\right)^2}$$
$$= 0{,}791\ \mathrm{m/s^2}$$

Diese Ergebnisse sind in Abbildung 1.19b dargestellt.

Beispiel 1.11 Die Bewegung der Kiste B entlang dem Transportband in Form einer Schraubenfläche gemäß Abbildung 1.20 wird durch den Ortsvektor $\mathbf{r} = \{b\sin(ct)\mathbf{i} + b\cos(ct)\mathbf{j} + v_0 t\mathbf{k}\}$ beschrieben. Ermitteln Sie den Ort der Kiste für $t = t_1$ sowie Betrag und Richtung ihrer Geschwindigkeit und Beschleunigung zu diesem Zeitpunkt.

$b = 0{,}5$ m, $v_0 = -0{,}2$ m/s, $c = 2$ s^{-1}, $t_1 = 0{,}75$ s

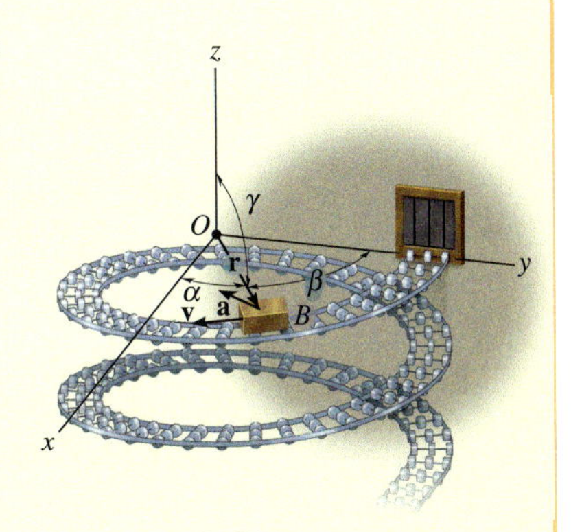

Abbildung 1.20

Lösung

Lage Der Ortsvektor $\mathbf{r}$ wird für $t = t_1$ berechnet:

$$\mathbf{r}\big|_{t=t_1} = b\sin(ct_1)\mathbf{i} + b\cos(ct_1)\mathbf{j} + v_0 t_1\mathbf{k}$$
$$= \{0{,}499\mathbf{i} + 0{,}0354\mathbf{j} - 0{,}150\mathbf{k}\}\ \mathrm{m}$$

Der Abstand der Kiste vom Ursprung O ist

$$r = \sqrt{(0{,}499)^2 + (0{,}0354)^2 + (-0{,}150)^2}\ \mathrm{m} = 0{,}522\ \mathrm{m}$$

Die Richtung von $\mathbf{r}$ wird aus den Koordinaten des Einheitsvektors ermittelt:

$$\mathbf{u}_r = \frac{\mathbf{r}}{r} = \frac{0{,}499}{0{,}522}\mathbf{i} + \frac{0{,}0354}{0{,}522}\mathbf{j} - \frac{0{,}150}{0{,}522}\mathbf{k} = 0{,}955\mathbf{i} + 0{,}0678\mathbf{j} - 0{,}287\mathbf{k}$$

Die Koordinatenrichtungswinkel α, β, γ in Abbildung 1.20 sind somit

$$\alpha = \arccos(0{,}955) = 17{,}2°$$
$$\beta = \arccos(0{,}0678) = 86{,}1°$$
$$\gamma = \arccos(-0{,}287) = 107°$$

Geschwindigkeit Für die Geschwindigkeit gilt

$$\mathbf{v} = \frac{d\mathbf{r}}{dt} = \frac{d}{dt}\left[b\sin(ct)\mathbf{i} + b\cos(ct)\mathbf{j} + v_0 t\mathbf{k}\right]$$
$$= cb\cos(ct)\mathbf{i} - cb\sin(ct)\mathbf{j} + v_0\mathbf{k}$$

Für $t = t_1$ ist der Betrag der Geschwindigkeit somit

$$v = \sqrt{v_x^2 + v_y^2 + v_z^2} = \sqrt{\left(cb\cos(ct_1)\right)^2 + \left(-cb\sin(ct_1)\right)^2 + (v_0)^2} = 1{,}02\ \mathrm{m/s}$$

Die Richtung ist tangential zur Bahnkurve, siehe Abbildung 1.20. Ihre Koordinatenrichtungswinkel können aus $\mathbf{u}_v = \mathbf{v}/v$ ermittelt werden.

Beschleunigung Die Beschleunigung $\mathbf{a}$ der Kiste in Abbildung 1.20 ist *nicht* tangential zur Bahnkurve.

Zeigen Sie, dass

$$\mathbf{a} = \frac{d\mathbf{v}}{dt} = -c^2 b\sin(ct)\mathbf{i} - c^2 b\cos(ct)\mathbf{j}$$

gilt.

Für $t = t_1 = 0{,}75$ s ist $a = 2$ m/s^2.

1.6 Schiefer Wurf

Der freie Flug eines Massenpunktes (z.B. eines Projektils) wird zweckmäßig in kartesischen Koordinaten ausgewertet, denn die Beschleunigung im Schwerkraftfeld wirkt *immer* senkrecht zur Erdoberfläche. Betrachten wir zur Erläuterung einen Massenpunkt, der im Punkt (x_A, y_A) abgeschossen wird, siehe Abbildung 1.21. Die Bahnkurve soll in der x-y-Ebene liegen, sodass die Anfangsgeschwindigkeit $\mathbf{v}_A$ die Komponenten $\mathbf{v}_{Ax}$ und $\mathbf{v}_{Ay}$ hat. Wird der Luftwiderstand vernachlässigt, so wirkt nur die Gewichtskraft auf den Massenpunkt. Sie bewirkt eine *konstante, nach unten gerichtete Beschleunigung* von $a_0 = g = 9{,}81\ \text{m/s}^2$.[3]

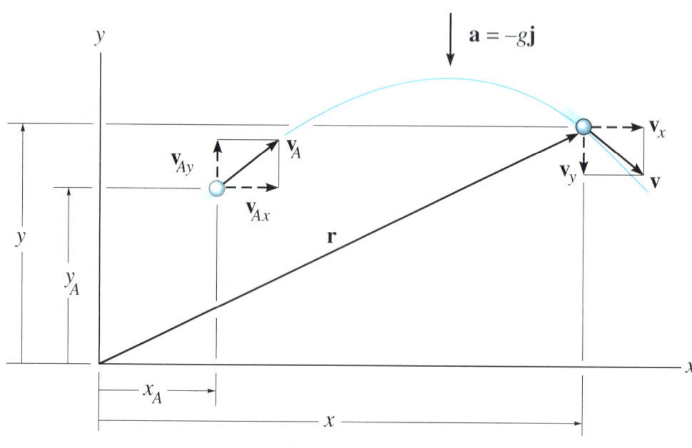

Abbildung 1.21

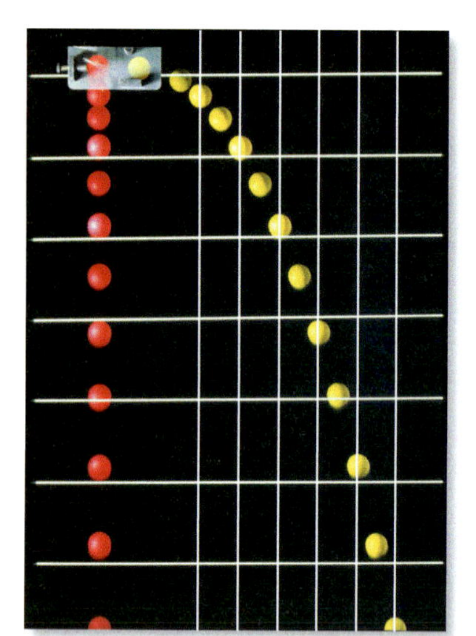

Jedes Einzelbild in dieser Bildfolge wurde in regelmäßigen Zeitabständen aufgenommen. Der rote Ball fällt aus der Ruhe heraus nach unten, der gelbe Ball erhält beim Loslassen zusätzlich einen horizontal gerichteten Geschwindigkeitsanteil. Auf beide Bälle wirkt die gleiche, nach unten gerichtete Beschleunigung, denn sie sind zu jedem Zeitpunkt immer auf gleicher Höhe. Aufgrund dieser Beschleunigung werden die Abstände in der Höhe in jedem Zeitintervall größer. Die horizontalen Abstände beim gelben Ball sind in jedem Zeitintervall konstant, denn die Geschwindigkeit in der horizontalen Richtung bleibt konstant.

Horizontale Bewegung Die Beschleunigung a_x ist null. Deshalb folgt aus den Gleichungen (1.4) bis (1.6) mit $a_x = a_0 = 0$ und $v_x = v$, $s = x$

$$v = v_0 + a_0 t; \qquad v_x = v_{Ax}$$

$$s = s_0 + v_0 t + \frac{1}{2} a_0 t^2; \qquad x = x_A + v_{Ax} t$$

$$v^2 = v_0^2 + 2a_0 (s - s_0); \quad v_x^2 = v_{Ax}^2$$

Die erste und die letzte Gleichung zeigen, dass *die horizontale Koordinate der Geschwindigkeit während der Bewegung immer konstant bleibt.*

Vertikale Bewegung Da die positive y–Achse nach oben weist, gilt $a_y = -g$. Mit den Gleichungen (1.4) bis (1.6) erhält man mit $a_0 = a_y$, $v = v_y$, $s = y$ und $v_0 = v_{Ay}$

$$v = v_0 + a_0 t; \qquad v_y = v_{Ay} - gt$$

$$s = s_0 + v_0 t + \frac{1}{2} a_0 t^2; \qquad y = y_A + v_{Ay} t - \frac{1}{2} g t^2$$

$$v^2 = v_0^2 + 2a_0 (s - s_0); \quad v_y^2 = v_{Ay}^2 - 2g(y - y_A)$$

3 Dies gilt unter der Annahme, dass das Gravitationsfeld der Erde sich mit der Höhe nicht ändert.

Wie bereits erwähnt, ergibt sich die letzte Gleichung aus den ersten beiden, wenn die Zeit t eliminiert wird. Somit sind *nur zwei der drei Gleichungen unabhängig voneinander.*

Zusammenfassend kann man sagen, dass Aufgaben zum schiefen Wurf von Massenpunkten höchstens drei Unbekannte haben, denn nur drei unabhängige Gleichungen können angeschrieben werden: *eine* für die *horizontale Richtung* und *zwei* für die *vertikale Richtung*. Nach Bestimmung von $\mathbf{v}_x$ und $\mathbf{v}_y$ ergibt sich die resultierende Geschwindigkeit $\mathbf{v}$, die *immer eine Tangente* an die Bahnkurve ist, aus der *Vektorsumme* in Abbildung 1.21.

Lösungsweg

Aufgaben zum schiefen Wurf von Massenpunkten können folgendermaßen gelöst werden:

Koordinatensystem

- Legen Sie die raumfesten x-, y- und z-Koordinatenachsen fest und zeichnen Sie die Bewegungsbahn des Massenpunktes ein. Geben Sie zwischen *zwei* beliebigen *Punkten* auf der Bahn die bekannten kinematischen Größen und die *drei Unbekannten* an. Die Anfangs- und die Endgeschwindigkeit des Massenpunktes werden mittels der x- und der y-Koordinaten dargestellt.
- Positive und negative Werte für Lage, Geschwindigkeit und Beschleunigung sind immer in Übereinstimmung mit den entsprechenden Koordinatenrichtungen.

Kinematische Gleichungen

- Je nachdem, welche bekannten und gesuchten Kinematikgrößen vorliegen, werden für die vertikale Bewegung zwei der drei unten stehenden Gleichungen ausgewählt, mit denen man am einfachsten die Aufgabe lösen kann.

Horizontale Bewegung

- Die *Geschwindigkeit* in der horizontalen x-Richtung ist *konstant*, d.h. $v_x = v_{0x}$ und $x = x_0 + v_{0x}t$.

Vertikale Bewegung

- In der vertikalen y-Richtung können für die Lösung *nur zwei* der folgenden drei Gleichungen verwendet werden:

$$v_y = v_{0y} - a_0 t$$

$$y = y_0 + v_{0y}t - \frac{1}{2}a_0 t^2$$

$$v_y^2 = v_{0y}^2 - 2a_0\left(y - y_0\right)$$

- Ist z.B. die Endgeschwindigkeit des Massenpunktes v_y nicht gefragt, sind die erste und die dritte dieser Gleichungen (für y) nicht nützlich.

Der Bewegungsbahn des Kieses, der am Ende dieses Transportbandes herunterfällt, kann mit den Gleichungen des schiefen Wurfes bei konstanter Beschleunigung berechnet werden. Auf diese Weise kann man die Lage der resultierenden Aufschüttung ermitteln. Zur Berechnung werden zweckmäßigerweise kartesische Koordinaten verwendet, denn die Beschleunigung wirkt nur in vertikaler Richtung.

Beispiel 1.12

Ein Sack rutscht mit der horizontal gerichteten Geschwindigkeit v_0 von der Rampe, siehe Abbildung 1.22. Ermitteln Sie die Zeitspanne, bis der Sack auf den Boden auftrifft und die Entfernung R von der Rampe, in der sich die Säcke auftürmen werden.

$v_0 = 12 \text{ m/s}$, $h = 6 \text{ m}$, $g = 9{,}81 \text{ m/s}^2$

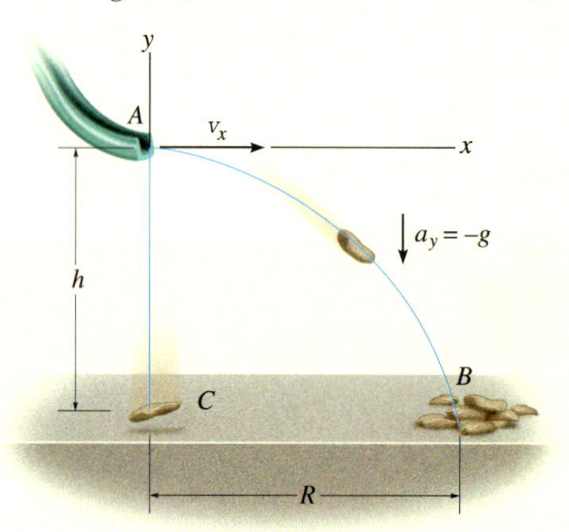

Abbildung 1.22

Lösung

Koordinatensystem Der Ursprung des Koordinatensystems wird in den Anfangspunkt der Bahn, Punkt A, gelegt, siehe Abbildung 1.22. Die Anfangsgeschwindigkeit eines Sackes hat die Koordinaten $v_{Ax} = v_0$ und $v_{Ay} = 0$. Zwischen den Punkten A und B ist die Beschleunigung $a_y = -g$. Da $v_{Bx} = v_{Ax} = v_0$ gilt, sind die drei Unbekannten v_{By}, R und die Flugzeit t_{AB}. v_{By} muss nicht bestimmt werden.

Vertikale Bewegung Der vertikale Abstand zwischen A und B ist bekannt. Somit erhalten wir eine direkte Lösung mit

$$y = y_0 + v_{0y} t_{AB} + \frac{1}{2} a_0 t_{AB}^2$$

Mit $v_{0y} = 0$ und $y_0 = 0$ wird

$$y = \frac{1}{2} a_0 t_{AB}^2, \text{ d.h. } -h = \frac{1}{2}(-g) t_{AB}^2$$

$$t_{AB} = \sqrt{\frac{2h}{g}} = 1{,}11 \text{ s}$$

Diese Berechnung zeigt auch, dass ein aus in A aus der Ruhe fallender Sack die gleiche Zeit braucht, bis er auf dem Boden in C auftrifft, siehe Abbildung 1.22.

Horizontale Bewegung Nach Ermittlung von t wird R folgendermaßen bestimmt:

$$x = x_0 + v_{0x} t$$

$$R = 0 + v_0 t_{AB} = (12 \text{ m/s})(1{,}11 \text{ s})$$

$$R = 13{,}3 \text{ m}$$

Beispiel 1.13 Der Häcksler wirft Holzspäne mit der Geschwindigkeit v_O aus, siehe Abbildung 1.23. Das Rohr ist gegen die Horizontale um den Winkel α geneigt. Ermitteln Sie die Höhe h, in der die Späne den Haufen treffen, der x_A vom Rohr entfernt ist.

$v_O = 7{,}5\ \mathrm{m/s}$, $h_O = 2{,}1\ \mathrm{m}$, $\alpha = 30°$, $x_A = 6\ \mathrm{m}$, $g = 9{,}81\ \mathrm{m/s^2}$

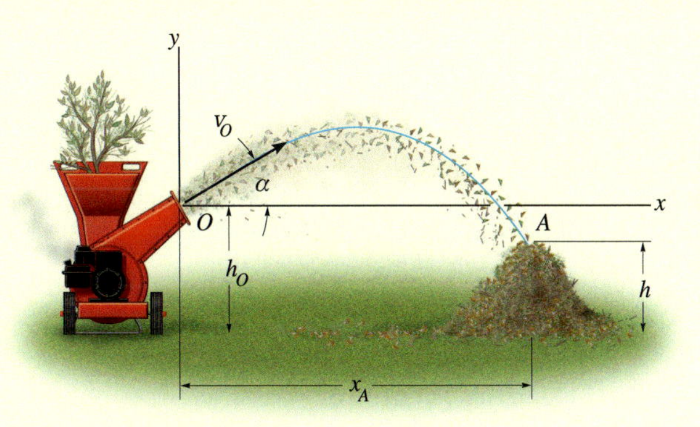

Abbildung 1.23

Lösung

Koordinatensystem Wird die Bewegung zwischen den Punkten O und A untersucht, sind die drei Unbekannten die Höhe h, die Flugzeit t_{OA} und die vertikale Koordinate der Geschwindigkeit v_{Ay}. Beachten Sie, dass $v_{Ax} = v_{Ox}$ gilt. Der Ursprung des Koordinatensystems befindet sich in O, siehe Abbildung 1.23 und die Anfangsgeschwindigkeit eines Spans hat die Koordinaten

$$v_{Ox} = (v_O)\cos\alpha = 6{,}5\ \mathrm{m/s}$$

$$v_{Oy} = (v_O)\sin\alpha = 3{,}75\ \mathrm{m/s}$$

Außerdem gilt $v_{Ax} = v_{Ox}$ und $a_y = -g$. Da v_{Ay} nicht ermittelt werden muss, ergibt sich folgender Lösungsgang:

Horizontale Bewegung Nach Ermittlung von $x(t)$ wird t_{OA} folgendermaßen bestimmt:

$$x_A = x_O + v_{Ox} t_{OA}$$

$$t_{OA} = \frac{x_A - x_O}{v_{Ox}} = 0{,}9231\ \mathrm{s}$$

Vertikale Bewegung Wir setzen t_{OA} mit der Anfangs- und Endhöhe eines Spans in Beziehung und erhalten mit $y_O = 0$

$$y_A = y_O + v_{Oy} t_{OA} + \frac{1}{2} a_0 t_{OA}^2$$

$$h - h_O = v_{Oy} t_{OA} - \frac{1}{2} g t_{OA}^2$$

$$h = h_O + v_{Oy} t_{OA} - \frac{1}{2} g t_{OA}^2 = 1{,}38\ \mathrm{m}$$

Beispiel 1.14

Die Bahn für dieses Rennen wurde so angelegt, dass die Fahrer unter dem Winkel α in der Höhe h_A abspringen. Während eines Rennens wurde beobachtet, dass der Fahrer in Abbildung 1.24a die Zeitspanne T in der Luft blieb. Ermitteln Sie die Geschwindigkeit, mit der er die Rampe verließ, die horizontale Strecke, die er zurücklegte, bevor er auf dem Boden auftraf, und die maximale Höhe, die er erreichte. Vernachlässigen Sie die Größe von Fahrer und Motorrad.

$h_A = 1$ m, $T = 1{,}5$ s, $\alpha = 30°$

(a)

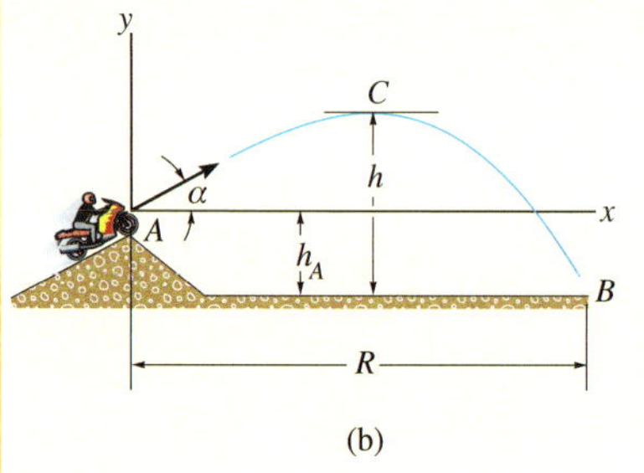

(b)

Abbildung 1.24

Lösung

Koordinatensystem Wie in Abbildung 1.24b gezeigt, wird der Ursprung des Koordinatensystems in den Punkt A gelegt. Zwischen den Endpunkten der Strecke AB sind die drei Unbekannten die Anfangsgeschwindigkeit v_A, der Abstand R und die vertikale Koordinate der Auftreffgeschwindigkeit v_B.

Vertikale Bewegung Da die Flugzeit und der vertikale Abstand zwischen den Endpunkten A und B bekannt sind, können wir v_A ermitteln:

$$y_B = y_A + v_{Ay} t_{AB} + \frac{1}{2} a_0 t_{AB}^2$$

$$y_B = y_A + v_A \sin\alpha\, T - \frac{1}{2} g T^2$$

$$v_A = \frac{y_B - y_A + \frac{1}{2} g T^2}{\sin\alpha\, T} = 13{,}4 \text{ m/s}$$

Horizontale Bewegung Jetzt kann der Abstand R ermittelt werden:

$$x_B = x_A + v_{Ax} t_{AB}$$

$$x_B = R = v_A \cos\alpha\, T$$

$$R = 17{,}4 \text{ m}$$

Zur Bestimmung der maximalen Höhe h betrachten wir die Bahnkurve AC in Abbildung 1.24b. Die drei Unbekannten sind hier die Flugzeit t_{AC}, der horizontale Abstand von A nach C und die Höhe h. Bei Erreichen der maximalen Höhe ist $v_{Cy} = 0$. Da v_A bekannt ist, können wir h *direkt* mit den folgenden Gleichungen bestimmen, ohne dass t_{AC} bekannt ist:

$$v_{Cy}^2 = v_{Ay}^2 + 2a_0 \left[y_C - y_A \right]$$

$$v_{Cy}^2 = v_{Ay}^2 - 2g \left[(h - h_A) - y_A \right]$$

$$h = h_A + y_A + \frac{1}{2g} \left[(v_A \sin\alpha)^2 - v_{Cy}^2 \right]$$

$$= 1 \text{ m} + 0 + \frac{(13{,}38 \sin\alpha)^2 - 0}{2 \cdot 9{,}81} \text{ m} = 3{,}28 \text{ m}$$

Zeigen Sie, dass das Motorrad im Punkt B auf den Boden auftrifft. Seine Geschwindigkeit hat dann die Koordinaten

$v_{Bx} = 11{,}6$ m/s, $v_{By} = -8{,}02$ m/s

1.7 Auswertung in natürlichen Koordinaten

Wenn die (gekrümmte) Bahn des Massenpunktes *bekannt* ist, ist es oft bequem, die Bewegung in einem mitgeführten n- und t-Koordinatensystem zu beschreiben, dessen Einheitsvektoren normal bzw. tangential zur Bahnkurve gerichtet sind und seinen *Ursprung im bewegten Massenpunkt hat.*

Ebene Bewegung Betrachten wir den Massenpunkt P in Abbildung 1.25a, der sich in einer Ebene entlang einer raumfesten Kurve bewegt. Er befindet sich zu einem gegebenen Zeitpunkt am Ort s gegenüber dem Ausgangspunkt O. Wir wollen jetzt ein Koordinatensystem betrachten, das zu Beginn der Bewegung seinen Ursprung in diesem *festen* Ausgangspunkt hat und zum betrachteten Zeitpunkt mit dem Massenpunkt *zusammenfällt.* Die t-Achse ist die Tangente zur Kurve im Punkt P und positiv in Richtung *zunehmender Bogenlänge s.* Wir bezeichnen diese positive Richtung mit dem Einheitsvektor $\mathbf{u}_t$. Eine eindeutige Wahl für die *Normalenachse* kann erfolgen, wenn man bedenkt, dass die Kurve aus einer Reihe differenzieller Kreisabschnitte ds zusammengesetzt werden kann. Jeder Abschnitt ds besteht aus dem Bogen eines entsprechenden Kreises mit dem *Krümmungsradius* ρ und dem *Krümmungsmittelpunkt* O'. Die Normalenachse n steht senkrecht auf der t-Achse und ist von P *zum* Krümmungsmittelpunkt O' gerichtet, siehe Abbildung 1.25b. Diese positive Richtung befindet sich *immer* auf der konkaven Seite der Kurve und wird mit dem Einheitsvektor $\mathbf{u}_n$ gekennzeichnet. Die Ebene, welche die n- und die t-Achse enthält, wird als *Schmiegebene* bezeichnet, und bei einer ebenen Bewegung liegt sie genau in der Bewegungsebene[4].

Geschwindigkeit Da sich der Massenpunkt bewegt, ist s eine Funktion der Zeit. Wie in *Abschnitt 1.4* dargelegt, ist die Geschwindigkeit v *immer tangenial* zur Bahnkurve *gerichtet*, siehe Abbildung 1.25c, und ihr *Betrag* wird durch die Ableitung der Bogenlänge $s = s(t)$ nach der Zeit bestimmt, d.h. $v = ds/dt$ (*Gleichung* (*1.8*)). Somit gilt

$$\mathbf{v} = v\mathbf{u}_t \tag{1.15}$$

wobei

$$v = \dot{s} \tag{1.16}$$

ist.

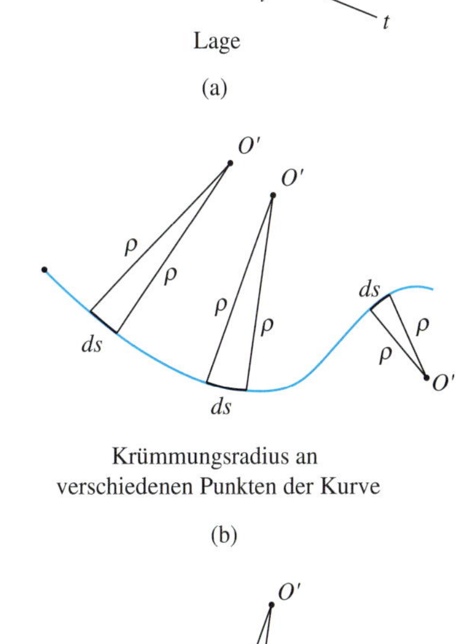

Abbildung 1.25

4 Die Schmiegebene kann auch als die Ebene definiert werden, die den größten Kontakt mit der Kurve in einem Punkt hat. Im Grenzübergang berührt sie sowohl den Punkt als auch den Kreisabschnitt ds. Wie oben festgestellt, fällt die Schmiegebene immer mit einer ebenen Kurve zusammen. Jeder Punkt einer räumlichen Kurve hat jedoch genau eine Schmiegebene.

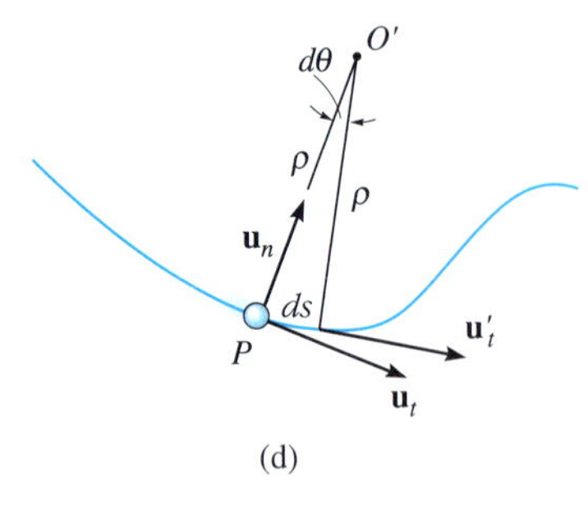

(d)

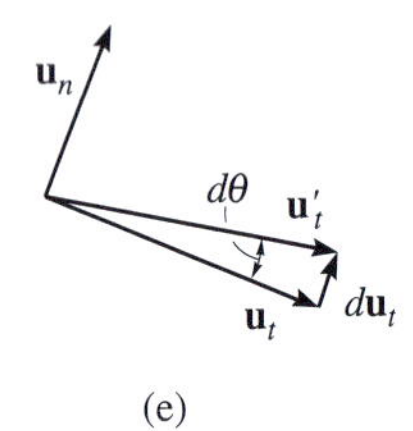

(e)

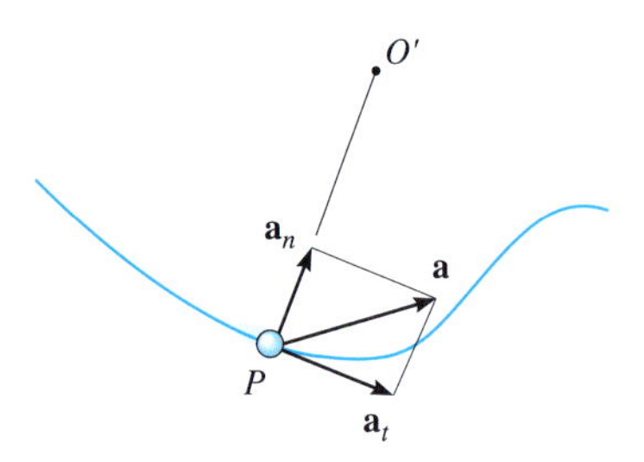

Beschleunigung

(f)

Abbildung 1.25

Beschleunigung Die Beschleunigung des Massenpunktes ist die zeitliche Änderung der Geschwindigkeit, also

$$\mathbf{a} = \dot{\mathbf{v}} = \dot{v}\mathbf{u}_t + v\dot{\mathbf{u}}_t \tag{1.17}$$

Zur Bestimmung der Zeitableitung $\dot{\mathbf{u}}_t$ ist zu beachten, dass bei der Bewegung des Massenpunktes entlang dem Kreisbogen ds in der Zeit dt der Einheitsvektor $\mathbf{u}_t$ seinen Betrag behält, aber seine Richtung ändert und zu $\mathbf{u}'_t$ wird, siehe Abbildung 1.25d. Wie in Abbildung 1.25e dargestellt, wird $\mathbf{u}'_t = \mathbf{u}_t + d\mathbf{u}_t$ gefordert, wobei $d\mathbf{u}'_t$ von der Spitze des Vektors $\mathbf{u}_t$ zur Spitze des Vektors $\mathbf{u}'_t$ weist, die beide auf dem infinitesimalen Kreisbogen mit dem Radius $u_t = 1$ liegen. Somit hat $d\mathbf{u}_t$ den *Betrag* $du_t = 1 \cdot d\theta$ und seine *Richtung* wird von $\mathbf{u}_n$ festgelegt. Es gilt folglich $d\mathbf{u}_t = d\theta\,\mathbf{u}_n$ und die Ableitung nach der Zeit ist $\dot{\mathbf{u}}_t = \dot{\theta}\mathbf{u}_n$. Aus $ds = \rho\, d\theta$, siehe Abbildung 1.25d, folgt $\dot{\theta} = \dot{s}/\rho$ und es ergibt sich

$$\dot{\mathbf{u}}_t = \dot{\theta}\,\mathbf{u}_n = \frac{\dot{s}}{\rho}\mathbf{u}_n = \frac{v}{\rho}\mathbf{u}_n$$

Nach Einsetzen in Gleichung (1.17) kann **a** als Summe seiner beiden Komponenten

$$\mathbf{a} = a_t\mathbf{u}_t + a_n\mathbf{u}_n \tag{1.18}$$

geschrieben werden, wobei

$$a_t = \dot{v} \quad \text{oder} \quad a_t\, ds = v\, dv \tag{1.19}$$

und

$$a_n = \frac{v^2}{\rho} \tag{1.20}$$

gilt. Die beiden senkrecht aufeinander stehenden Komponenten sind in Abbildung 1.25f dargestellt. Der zugehörige *Betrag* der Beschleunigung ist der positive Wert von

$$a = \sqrt{a_t^2 + a_n^2} \tag{1.21}$$

Zur Zusammenfassung dieser Begriffe werden die folgenden beiden Sonderfälle der Bewegung betrachtet.

1 Bewegt sich der Massenpunkt entlang einer Geraden, dann gilt $\rho \to \infty$ und aus Gleichung (1.20) folgt $a_n = 0$. Somit gilt $a = a_t = \dot{v}$ und wir können schließen, dass *der tangentiale Beschleunigungsanteil gleich der zeitlichen Änderung der Geschwindigkeit* ist.

2 Bewegt sich der Massenpunkt mit konstanter Bahngeschwindigkeit entlang einer Kurve, dann gilt $a_t = \dot{v} = 0$ und $a = a_n = v^2/\rho$. Daher ist *der normale Beschleunigungsanteil gleich der zeitlichen Änderung der Geschwindigkeitsrichtung*. Da $\mathbf{a}_n$ *immer* in Richtung des Krümmungsmittelpunktes weist, wird diese Komponente zuweilen *Zentripetalbeschleunigung* genannt.

Als Ergebnis dieser Auswertung hat ein Massenpunkt, der sich auf der gekrümmten Bahn in Abbildung 1.26 bewegt, Beschleunigungen mit den dargestellten Richtungen.

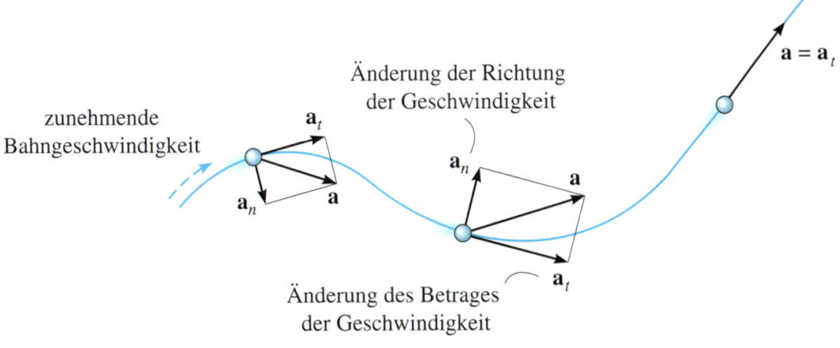

Abbildung 1.26

Räumliche Bewegung Bewegt sich ein Massenpunkt auf einer räumlichen Kurve, siehe Abbildung 1.27, dann ist die t-Achse eindeutig festgelegt. Es können jedoch unendlich viele Geraden senkrecht zur Tangentenachse in P gezogen werden. Wie bei der ebenen Bewegung wählen wir die positive n-Achse in Richtung von P zum Krümmungsmittelpunkt. Diese Achse heißt *Hauptnormale* zur Bahnkurve in P. Mit den so definierten n- und t-Achsen können $\mathbf{v}$ und $\mathbf{a}$ mit Hilfe der Gleichungen (1.15) bis (1.21) bestimmt werden. Da $\mathbf{u}_t$ und $\mathbf{u}_n$ immer senkrecht aufeinander stehen und in der Schmiegebene liegen, legt ein dritter Einheitsvektor, $\mathbf{u}_b$, eine *binormale Achse b* fest, die senkrecht auf $\mathbf{u}_t$ *und* $\mathbf{u}_n$ steht, siehe Abbildung 1.27, die keine Geschwindigkeits- und Beschleunigungsanteile enthält.

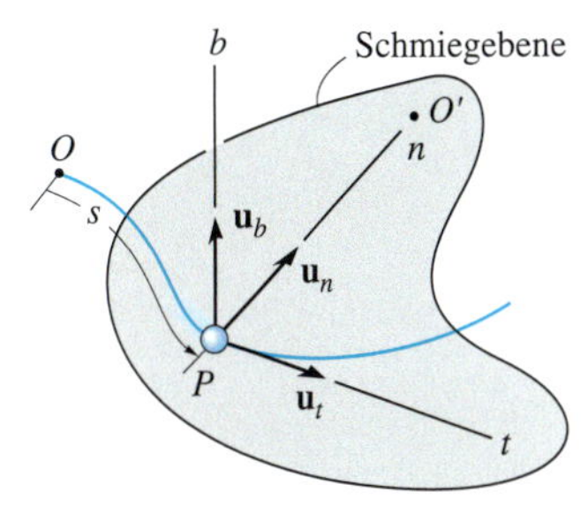

Abbildung 1.27

Da die drei Einheitsvektoren über das Vektorkreuzprodukt, z.B. $\mathbf{u}_b = \mathbf{u}_t \times \mathbf{u}_n$, siehe Abbildung 1.27, miteinander verknüpft sind, kann mit dieser Beziehung die Richtung einer der Achsen ermittelt werden, wenn die Richtungen der anderen beiden bekannt sind. Wenn z.B. in Richtung $\mathbf{u}_b$ keine Bewegung erfolgt, und diese Richtung sowie $\mathbf{u}_t$ bekannt sind, so kann $\mathbf{u}_n$ bestimmt werden. In diesem Falle lautet die Gleichung: $\mathbf{u}_n = \mathbf{u}_b \times \mathbf{u}_t$, siehe Abbildung 1.27. Beachten Sie allerdings, dass $\mathbf{u}_n$ immer auf der konkaven Seite der Kurve liegt.

Lösungsweg

Koordinatensystem

- Wenn die *Lage* des Massenpunktes *bekannt* ist, dann können wir n- und t-Koordinatenachsen mit einem *Ursprung* einführen, der mit dem Massenpunkt zum betrachteten Zeitpunkt zusammenfällt.
- Die positive Tangentenachse weist in Bewegungsrichtung und die positive Normalenachse in Richtung des Krümmungsmittelpunktes der Bahnkurve.
- Die n- und t-Koordinatenachsen sind für die Untersuchung der Geschwindigkeit und der Beschleunigung von besonderer Bedeutung, da die n- und t-Koordinaten von $\mathbf{a}$ durch die Gleichungen (1.19) bzw. (1.20) definiert werden.

Autofahrer, die dieses Autobahnkreuz durchfahren, erfahren eine Normalbeschleunigung aufgrund der Änderung der Richtung ihrer Geschwindigkeit. Eine tangentiale Komponente der Beschleunigung tritt auf, wenn die Bahngeschwindigkeit des Autos erhöht oder erniedrigt wird.

Geschwindigkeit

- Die *Geschwindigkeit* des Massenpunktes ist immer tangential zur Bahnkurve gerichtet.
- Der Betrag der Geschwindigkeit wird aus der Ableitung der Bogenlänge nach der Zeit ermittelt:

$$v = \dot{s}$$

Tangentiale Beschleunigung

- Die tangentiale Komponente der Beschleunigung ist das Ergebnis der zeitlichen Veränderung der Bahngeschwindigkeit. Diese Komponente weist in positive s-Richtung, wenn die Bahngeschwindigkeit des Massenpunktes zunimmt, bzw. in entgegengesetzte Richtung, wenn sie abnimmt.
- Die Beziehungen zwischen a_t, v, t und s sind die gleichen wie für die geradlinige Bewegung, nämlich

$$a_t = \dot{v} \quad a_t ds = v\, dv$$

- Bei konstantem a_t gilt $a_t = a_{t0}$ und die Integration der angegebenen Gleichungen führt auf

$$s = s_0 + v_0 t + \frac{1}{2} a_{t0} t^2$$
$$v = v_0 + a_{t0} t$$
$$v^2 = v_0^2 + 2a_{t0}(s - s_0)$$

Normalbeschleunigung

- Die normale Komponente der Beschleunigung ist das Ergebnis der zeitlichen Änderung der Richtung der Geschwindigkeit des Massenpunktes. Diese Komponente ist *immer* zum Krümmungsmittelpunkt der Bahnkurve gerichtet, d.h. entlang der positiven n-Achse.
- Die Koordinate dieser Komponente wird aus

$$a_n = \frac{v^2}{\rho}$$

bestimmt.

- Wird im ebenen Fall der Weg über eine Kurve $y = f(x)$ geschrieben, so wird der Krümmungsradius ρ auf einem beliebigen Punkt der Bahnkurve aus der Gleichung

$$\rho = \frac{\left[1 + (dy/dx)^2\right]^{3/2}}{\left|d^2y/dx^2\right|}$$

ermittelt. Die Ableitung dieses Ergebnisses findet sich in jedem Lehrbuch zur Differenzialrechnung.

Beispiel 1.15 Wenn der Skifahrer Punkt A auf dem parabelförmigen Weg in Abbildung 1.28a erreicht, hat er die mit $\dot{v}_A$ zunehmende Bahngeschwindigkeit v_A. Ermitteln Sie die Richtung seiner Geschwindigkeit sowie die Richtung und den Betrag seiner Beschleunigung zu diesem Zeitpunkt. Vernachlässigen Sie bei der Berechnung die Größe des Skifahrers. Die Bahn zwischen dem Koordinatenursprung und dem Punkt A hat den Verlauf $y = k\,x^2$.

$v_A = 6$ m/s, $x_A = 10$ m, $y_A = 5$ m, $\dot{v}_A = 2$ m/s^2

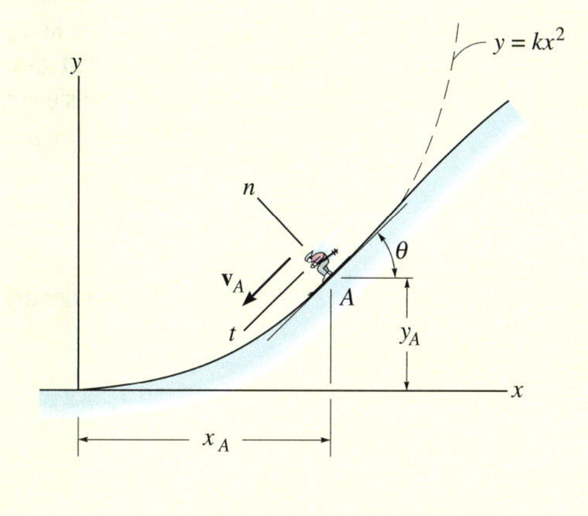

(a)

Abbildung 1.28

Lösung

Koordinatensystem Auch wenn die Bahnkurve in den Größen x und y ausgedrückt wird, können wir den Ursprung der n- und t-Achse im Punkt A auf der Bahnkurve festlegen und die Koordinaten von $\mathbf{v}$ und $\mathbf{a}$ entlang dieser Achsen ermitteln, siehe Abbildung 1.28a. Zunächst wird jedoch der Verlauf der Bahnkurve bestimmt. Aus $y = k\,x^2$ folgt mit $y = y_A$ bei $x = x_A$

$$k = \frac{y_A}{x_A^{\,2}} = 0{,}05\frac{1}{\text{m}}$$

Geschwindigkeit Gemäß ihrer Definition ist die Geschwindigkeit immer tangential an die Bahnkurve gerichtet. Aus $y = k\,x^2$ und $dy/dx = 2k\,x$ folgt

$$dy/dx\big|_{x_A} = 1$$

Im Punkt A schließt $\mathbf{v}$ demnach einen Winkel $\theta = \arctan 1 = 45°$ mit der x-Achse ein, siehe Abbildung 1.28. Daher ergibt sich

$$v_A = 6 \text{ m/s}, \theta = 45°$$

Beschleunigung Die Beschleunigung wird aus $\mathbf{a} = \dot{v}\mathbf{u}_t + \left(v^2/\rho\right)\mathbf{u}_n$ ermittelt. Zunächst muss aber der Krümmungsradius der Bahnkurve im Punkt $A(x_A, y_A)$ bestimmt werden. Aus $d^2y/dx^2 = 2k$ folgt

$$\rho = \left.\frac{\left[1+\left(dy/dx\right)^2\right]^{3/2}}{\left|d^2y/dx^2\right|}\right|_{x=x_A} = \left.\frac{\left[1+(2kx)^2\right]^{3/2}}{|2k|}\right|_{x=x_A}$$

$$= \left.\frac{\left[1+\left(0,1x\cdot\frac{1}{\mathrm{m}}\right)^2\right]^{3/2}}{|0,1|}\right|_{x=10\,\mathrm{m}} \mathrm{m}$$

$$= 28,28\ \mathrm{m}$$

Die Beschleunigung ist dann

$$\mathbf{a}_A = \dot{v}\mathbf{u}_t + \frac{v^2}{\rho}\mathbf{u}_n$$

$$= 2\left(\mathrm{m/s^2}\right)\mathbf{u}_t + \frac{(6\ \mathrm{m/s})^2}{28,29\ \mathrm{m}}\mathbf{u}_n$$

$$= \left\{2\mathbf{u}_t + 1,273\mathbf{u}_n\right\}\ \mathrm{m/s^2}$$

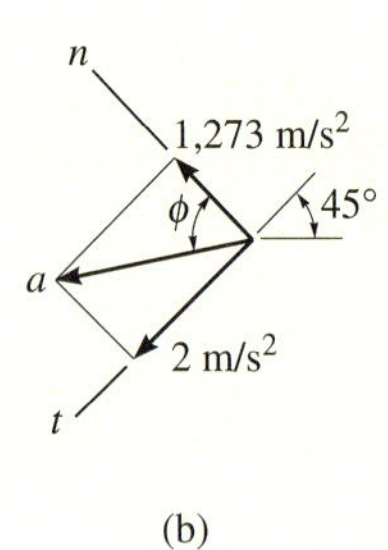

(b)

Abbildung 1.28

Wie in Abbildung 1.28b dargestellt, gilt

$$a = \sqrt{a_t^2 + a_n^2} = \sqrt{(2)^2 + (1,273)^2}\,\mathrm{m/s^2} = 2,37\ \mathrm{m/s^2}$$

$$\phi = \arctan\frac{a_t}{a_n} = \arctan\frac{2}{1,273} = 57,5°$$

sodass mit $57,5° - 45° = 12,5°$ auch der Neigungswinkel von $\mathbf{a}$ gegen die Horizontale festgelegt ist.

Hinweis: Mit natürlichen Koordinaten können wir diese Aufgabe leicht lösen, denn diese zeigen *voneinander unabhängig* die Änderungen in Betrag und Richtung von $\mathbf{v}$.

Beispiel 1.16 Ein Rennauto fährt auf einer horizontalen runden Bahn mit dem Radius r, siehe Abbildung 1.29. Das Auto erhöht seine Bahngeschwindigkeit mit konstanter Bahnbeschleunigung a_t und startet aus dem Stand. Ermitteln Sie die erforderliche Zeit, bis es eine resultierende Beschleunigung a erreicht hat. Wie groß ist dann seine Bahngeschwindigkeit?

$a_t = a_{t0} = 2{,}1\ \mathrm{m/s^2}$, $a = 2{,}4\ \mathrm{m/s^2}$, $r = 90\ \mathrm{m}$

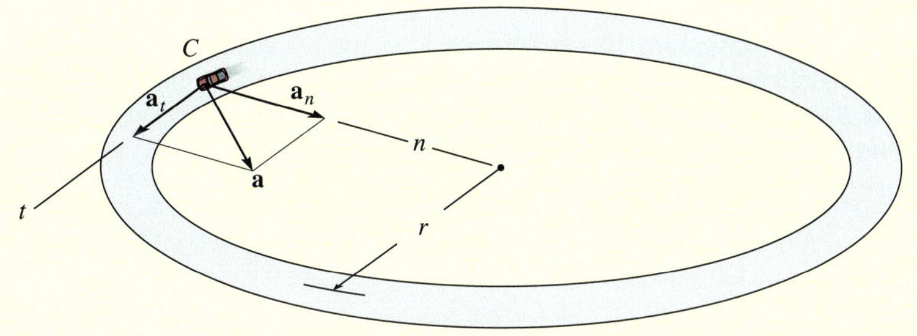

Abbildung 1.29

Lösung

Koordinatensystem Der Ursprung des natürlichen Koordinatensystems liegt zum betrachteten Zeitpunkt im Auto. Die Richtung der t-Achse und die Bewegungsrichtung fallen zusammen, die positive n-Achse weist zum Mittelpunkt der Kreisbahn. Dieses Koordinatensystem wird gewählt, weil die Bahnkurve bekannt ist.

Beschleunigung Der Betrag der Beschleunigung kann über die Gleichung

$$a = \sqrt{a_t^2 + a_n^2}$$

mit ihren Koordinaten in Beziehung gesetzt werden. Mit $a_t = \dot{v} = a_{t0}$ erhalten wir für die Geschwindigkeit als Funktion der Zeit

$$v = v_0 + a_{t0}t = a_{t0}t\ ,$$

denn zum Zeitpunkt $t = 0$ ist $v = 0$. Somit wird

$$a_n = \frac{v^2}{\rho} = \frac{(a_{t0}t)^2}{r}$$

Die Zeit bis zum Erreichen der Beschleunigung a ist daraus berechenbar:

$$a = \sqrt{a_t^2 + a_n^2} = \sqrt{a_{t0}^2 + \left(\frac{a_{t0}^2}{r}t^2\right)^2}$$

$$\frac{a_{t0}^2}{r}t^2 = \sqrt{a^2 - a_{t0}^2}$$

Wir lösen nach dem positiven Wert von t auf und erhalten $t = 4{,}87\ \mathrm{s}$.

Geschwindigkeit Die Bahngeschwindigkeit zur Zeit t ist dann

$$v = a_{t0}t = 2{,}1(4{,}87)\ \mathrm{m/s} = 10{,}2\ \mathrm{m/s}$$

Beispiel 1.17

Die Kisten in Abbildung 1.30a werden auf einem Förderband transportiert. Eine Kiste bewegt sich aus der Ruhe in A, siehe Abbildung 1.30b, und wird immer schneller, wobei a_t gegeben ist. Ermitteln Sie den Betrag der Beschleunigung beim Erreichen von B.

$a_t = kt$, $l = 3$ m, $r = 2$ m, $k = 0{,}2$ m/s^3

(a)

(b)

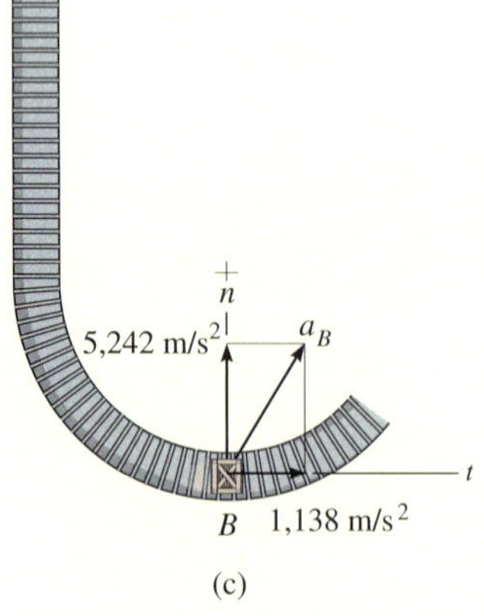

(c)

Abbildung 1.30

Lösung

Koordinatensystem Die Position der Kiste wird zu jeder Zeit bezüglich des raumfesten Punktes A durch die Bogenlänge s festgelegt, siehe Abbildung 1.30b. Die Beschleunigung soll für eine Position der Kiste in B bestimmt werden, der Ursprung der n- und t-Achse liegt also dort.

Beschleunigung Der Beschleunigungsanteil $a_t = \dot{v}$ ist vorgegeben. Zur Ermittlung des Normalanteils $a_n = v^2/\rho$ müssen zunächst die Gleichungen für v und $\dot{v}$ aufgestellt und im Punkt B ausgewertet werden. Mit $v_A = 0$ für $t = 0$ erhalten wir

$$a_t = \dot{v} = kt \tag{1}$$

$$\int_0^v d\bar{v} = \int_0^t k\bar{t}\, d\bar{t}$$

$$v = kt^2/2 \tag{2}$$

Die erforderliche Zeit, in der die Kiste B erreicht, wird folgendermaßen ermittelt, siehe Abbildung 1.30b:

$$s_B = l + \frac{2\pi\, r}{4}$$

Mit $s_A = 0$ für $t = 0$ ergibt sich

$$v = \frac{ds}{dt} = kt^2/2$$

$$\int_0^{s_B} ds = \int_0^{t_B} \left(kt^2/2\right) dt$$

$$s_B = \frac{k}{6} t_B^3$$

$$t_B = \sqrt[3]{6 s_B / k} = 5{,}690 \text{ s}$$

Einsetzen in die Gleichungen (1) und (2) führt auf

$$a_{Bt} = \dot{v}_B = k t_B = 1{,}138 \text{ m/s}^2$$

$$v_B = k t_B^2/2 = 3{,}238 \text{ m/s}$$

Mit $\rho_B = 2$ m für Punkt B erhalten wir

$$a_{Bn} = \frac{v_B^2}{\rho_B} = 5{,}242 \text{ m/s}^2$$

und für den Betrag von $\mathbf{a}_B$, siehe Abbildung 1.30c,

$$a_B = \sqrt{{a_{Bt}}^2 + {a_{Bn}}^2} = \sqrt{(1{,}138)^2 + (5{,}242)^2} \text{ m/s}^2 = 5{,}36 \text{ m/s}^2$$

1.8 Auswertung in Zylinderkoordinaten

Bei manchen technischen Problemen kann es günstig sein, die Bahnkurve in Zylinderkoordinaten r, θ, z auszudrücken. Bei einer ebenen Bewegung werden die Zylinder- dann zu Polarkoordinaten r und θ.

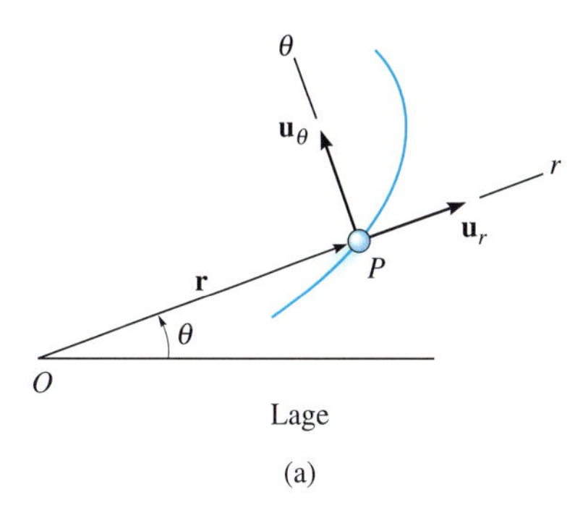

Polarkoordinaten Die Lage des Massenpunktes P in Abbildung 1.31a wird durch die *Radialkoordinate* r (vom festen Ursprung O zum Massenpunkt) und eine *„Quer"koordinate* θ (Winkel zwischen der raumfesten Referenzlinie und der r-Achse) beschrieben. Der Winkel wird in Grad oder im Bogenmaß angegeben; 1 rad = 180°/π. Die positiven Richtungen der r- und θ-Koordinaten werden durch die Einheitsvektoren $\mathbf{u}_r$ bzw. $\mathbf{u}_\theta$ festgelegt. In diesem Fall verläuft $\mathbf{u}_r$ bzw. die positive Richtung $+r$ von P in Richtung zunehmender radialer Entfernung r, wobei θ festgehalten wird. Dagegen verläuft $\mathbf{u}_\theta$ bzw. $+\theta$ von P in Richtung eines zunehmenden Winkels θ, wobei r festgehalten wird. Beachten Sie, dass diese Richtungen senkrecht aufeinander stehen.

Lage Zu einer allgemeinen Zeit wird die Lage des Massenpunktes, siehe Abbildung 1.31a, vom Ortsvektor

$$\mathbf{r} = r\mathbf{u}_r \tag{1.22}$$

festgelegt.

Geschwindigkeit Die momentane Geschwindigkeit $\mathbf{v}$ ergibt sich wie bekannt durch Differenziation von $\mathbf{r}$ nach der Zeit:

$$\mathbf{v} = \dot{\mathbf{r}} = \dot{r}\mathbf{u}_r + r\dot{\mathbf{u}}_r$$

Bei der Berechnung von $\dot{\mathbf{u}}_r$ ist erneut zu beachten, dass $\mathbf{u}_r$ seine Richtung mit der Zeit ändert, sein Betrag ist per Definition immer eins. Im Zeitintervall Δt führt eine Änderung von Δr allerdings nicht zu einer Richtungsänderung von $\mathbf{u}_r$; allein eine Änderung $\Delta\theta$ führt dazu, dass $\mathbf{u}_r$ zu $\mathbf{u}'_r$ wird, wobei $\mathbf{u}'_r = \mathbf{u}_r + \Delta\mathbf{u}_r$ gilt, siehe Abbildung 1.31b. Die Änderung von $\mathbf{u}_r$ ist dann $\Delta\mathbf{u}_r$. Für kleine Winkel $\Delta\theta$ hat dieser Vektor den Betrag $|\Delta\mathbf{u}_r| \approx 1\cdot\Delta\theta$ und weist in Richtung von $\mathbf{u}_\theta$. Somit gilt $\Delta\mathbf{u}_r = \Delta\theta\,\mathbf{u}_\theta$ und man erhält

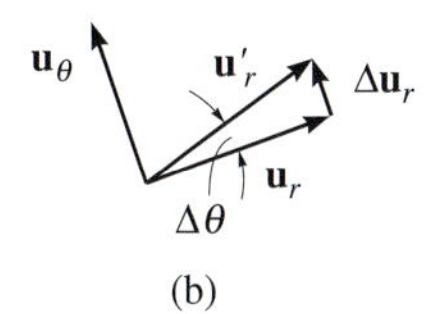

Abbildung 1.31

$$\dot{\mathbf{u}}_r = \lim_{\Delta t\to 0}\frac{\Delta\mathbf{u}_r}{\Delta t} = \left(\lim_{\Delta t\to 0}\frac{\Delta\theta}{\Delta t}\right)\mathbf{u}_\theta$$

$$\dot{\mathbf{u}}_r = \dot{\theta}\,\mathbf{u}_\theta \tag{1.23}$$

Durch Einsetzen von $\mathbf{v}$ kann die Geschwindigkeit in Vektorschreibweise

$$\mathbf{v} = v_r\mathbf{u}_r + v_\theta\mathbf{u}_\theta \tag{1.24}$$

angegeben werden, worin die radiale und die quer gerichtete Koordinate durch

$$\begin{aligned} v_r &= \dot{r} \\ v_\theta &= r\dot{\theta} \end{aligned} \tag{1.25}$$

bezeichnet sind.

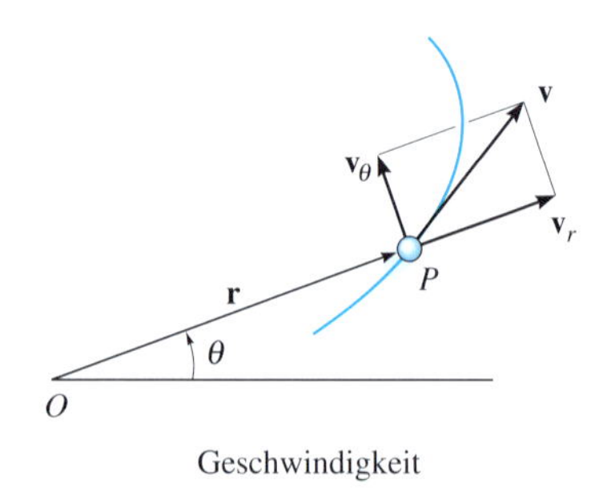

Geschwindigkeit

(c)

Die Komponenten sind in Abbildung 1.31c grafisch dargestellt. Die *radiale Komponente* $\mathbf{v}_r$ ist ein Maß für die Zu- oder Abnahme $\dot{r}$ der Länge der radialen Koordinate r; dagegen gibt die *Querkomponente* $\mathbf{v}_\theta$ die Änderung der Lage mit der Zeit entlang dem Umfang eines Kreises mit dem Radius r an. Der Term $\dot{\theta} = d\theta/dt$ heißt *Winkelgeschwindigkeit*, denn er gibt die zeitliche Veränderung des Winkels θ an. Diese Größe wird üblicherweise in rad/s gemessen.

Da $\mathbf{v}_r$ und $\mathbf{v}_\theta$ senkrecht aufeinander stehen, ist der *Betrag* der Geschwindigkeit einfach der positive Wert von

$$v = \sqrt{(\dot{r})^2 + (r\dot{\theta})^2} \tag{1.26}$$

und die *Richtung* von $\mathbf{v}$ ist natürlich tangential zur Bahnkurve in P, Abbildung 1.31c.

Beschleunigung Wir leiten die Gleichung (1.24) mit Gleichung (1.25) nach der Zeit ab und erhalten die momentane Beschleunigung des Massenpunktes

$$\mathbf{a} = \dot{\mathbf{v}} = \ddot{r}\mathbf{u}_r + \dot{r}\dot{\mathbf{u}}_r + \dot{r}\dot{\theta}\mathbf{u}_\theta + r\ddot{\theta}\mathbf{u}_\theta + r\dot{\theta}\dot{\mathbf{u}}_\theta$$

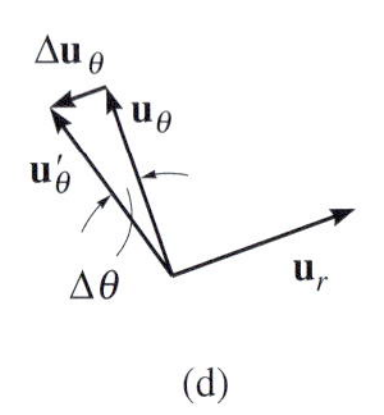

(d)

Zur Berechnung des Terms mit $\dot{\mathbf{u}}_\theta$ muss die Änderung der Richtung von $\mathbf{u}_\theta$ bestimmt werden, denn der Betrag ist immer eins. Im Zeitintervall Δt führt eine Verschiebung Δr in radialer Richtung nicht zu einer Richtungsänderung von $\mathbf{u}_\theta$, Allerdings führt eine Winkeländerung $\Delta\theta$ den Vektor $\mathbf{u}_\theta$ über in $\mathbf{u}'_\theta$, wobei $\mathbf{u}'_\theta = \mathbf{u}_\theta + \Delta\mathbf{u}_\theta$ gilt, siehe Abbildung 1.31d. Die Änderung von $\mathbf{u}_\theta$ ist deshalb $\Delta\mathbf{u}_\theta$. Für kleine Winkel $\Delta\theta$ hat dieser Vektor den Betrag $\Delta\mathbf{u}_\theta \approx 1 \cdot \Delta\theta$ und weist in Richtung $-\mathbf{u}_r$. Somit gilt $\Delta\mathbf{u}_\theta = -\Delta\theta\, \mathbf{u}_r$ und man erhält

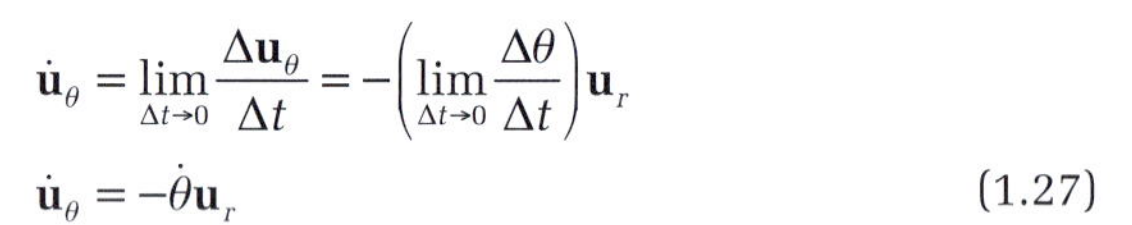

$$\dot{\mathbf{u}}_\theta = \lim_{\Delta t \to 0} \frac{\Delta \mathbf{u}_\theta}{\Delta t} = -\left(\lim_{\Delta t \to 0} \frac{\Delta\theta}{\Delta t}\right)\mathbf{u}_r$$

$$\dot{\mathbf{u}}_\theta = -\dot{\theta}\mathbf{u}_r \tag{1.27}$$

Durch Einsetzen dieses Ergebnisses und von Gleichung (1.23) in die erhaltene Gleichung für $\mathbf{a}$ kann die Beschleunigung in Vektorschreibweise als

$$\mathbf{a} = a_r\mathbf{u}_r + a_\theta\mathbf{u}_\theta \tag{1.28}$$

gefunden werden, wobei für die Koordinaten

$$a_r = \ddot{r} - r\dot{\theta}^2$$
$$a_\theta = r\ddot{\theta} + 2\dot{r}\dot{\theta} \tag{1.29}$$

zu nehmen ist.

Der Term $\ddot{\theta} = d^2\theta/dt^2 = d/dt(d\theta/dt)$ heißt *Winkelbeschleunigung*, denn er gibt die Veränderung der Winkelgeschwindigkeit zu einer bestimmten Zeit an. Sie wird in rad/s² gemessen.

Da $\mathbf{a}_r$ und $\mathbf{a}_\theta$ immer senkrecht aufeinander stehen, ist der *Betrag* der Beschleunigung wieder einfach der positive Wert von

$$a = \sqrt{(\ddot{r} - r\dot{\theta}^2)^2 + (r\ddot{\theta} + 2\dot{r}\dot{\theta})^2} \tag{1.30}$$

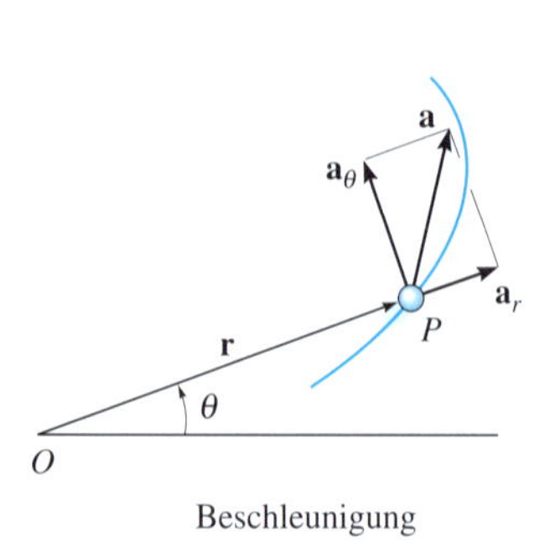

Beschleunigung

(e)

Abbildung 1.31

Die *Richtung* wird aus der Vektoraddition ihrer beiden Komponenten bestimmt, **a** ist im Allgemeinen *nicht* tangential zur Bahnkurve gerichtet, Abbildung 1.31e.

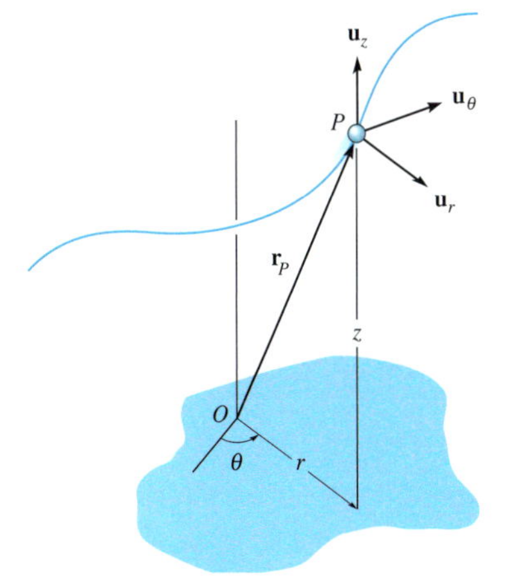

Abbildung 1.32

Zylinderkoordinaten Bewegt sich der Massenpunkt P auf einer Kurve im Raum, siehe Abbildung 1.32, kann seine Lage durch die drei *Zylinderkoordinaten r, θ, z* angegeben werden. Die z-Koordinate ist die gleiche wie bei den bekannten kartesischen Koordinaten. Da der zugehörige Einheitsvektor $\mathbf{u}_z$ raumfest ist und den Betrag eins hat, sind die Ableitungen dieses Vektors nach der Zeit gleich null. Somit können Lage, Geschwindigkeit und Beschleunigung des Massenpunktes in Zylinderkoordinaten wie folgt geschrieben werden:

$$\mathbf{r}_P = r\,\mathbf{u}_r + z\,\mathbf{u}_z$$
$$\mathbf{v} = \dot{r}\,\mathbf{u}_r + r\dot{\theta}\,\mathbf{u}_\theta + \dot{z}\,\mathbf{u}_z$$
$$\mathbf{a} = \left(\ddot{r} - r\dot{\theta}^2\right)\mathbf{u}_r + \left(r\ddot{\theta} + 2\dot{r}\dot{\theta}\right)\mathbf{u}_\theta + \ddot{z}\,\mathbf{u}_z$$

Ableitungen nach der Zeit Die Gleichungen der Kinematik fordern, dass zur Berechnung der r- und θ-Komponenten von **v** und **a** die Ableitungen nach der Zeit $\dot{r}, \ddot{r}, \dot{\theta}, \ddot{\theta}$ bestimmt werden. Dabei gibt es zwei Arten von Aufgaben:

1 Werden die Koordinaten als Funktionen der Zeit, $r = r(t)$ und $\theta = \theta(t)$, vorgegeben, dann können die Ableitungen nach der Zeit direkt bestimmt werden. Betrachten wir beispielsweise

$$r = 4t^2 \qquad \theta = \left(8t^3 + 6\right)$$
$$\dot{r} = 8t \qquad \dot{\theta} = 24t^2$$
$$\ddot{r} = 8 \qquad \ddot{\theta} = 48t$$

2 Sind diese Funktionen nicht gegeben, so muss die Lage $r = f(\theta)$ angegeben und die *Beziehung* zwischen den Ableitungen nach der Zeit mit Hilfe der Kettenregel der Differenzialrechnung aufgestellt werden. Wir betrachten folgende Beispiele:

$$r = 5\theta^2$$
$$\dot{r} = 10\theta\dot{\theta}$$
$$\ddot{r} = 10\left[\left(\dot{\theta}\right)\dot{\theta} + (\theta)\ddot{\theta}\right]$$
$$= 10\dot{\theta}^2 + 10\theta\ddot{\theta}$$

und

$$r^2 = 6\theta^3$$
$$2r\dot{r} = 18\theta^2\dot{\theta}$$
$$2\left[(\dot{r})\dot{r} + r(\ddot{r})\right] = 18\left[\left(2\theta\dot{\theta}\right)\dot{\theta} + \theta^2\left(\ddot{\theta}\right)\right]$$
$$\dot{r}^2 + r\ddot{r} = 9\left(2\theta\dot{\theta}^2 + \theta^2\ddot{\theta}\right)$$

Die schraubenförmige Bewegung dieses Jungen auf der Rutschbahn kann mittels Zylinderkoordinaten einfach beschrieben werden. Die radiale Koordinate r ist hier konstant, die Querkoordinate θ wird bei der Rotation des Jungen um die Vertikale mit der Zeit zunehmen, seine Höhe z nimmt mit der Zeit ab.

Sind zwei der *vier* Ableitungen $\dot{r}, \ddot{r}, \dot{\theta}, \ddot{\theta}$ nach der Zeit *bekannt*, können die anderen beiden aus den Gleichungen für die erste und zweite Ableitung von $r = f(\theta)$ nach der Zeit bestimmt werden, siehe dazu Beispiel 1.20. Sind diese beiden Ableitungen nach der Zeit allerdings *nicht* bekannt, aber der Betrag der Geschwindigkeit oder der Beschleunigung des Massenpunktes ist gegeben, können mit den Gleichungen (1.26) und (1.30)

$$v^2 = \dot{r}^2 + \left(r\dot{\theta}\right)^2 \quad \text{und} \quad a^2 = \left(\ddot{r} - r\dot{\theta}^2\right)^2 + \left(r\ddot{\theta} + 2\dot{r}\dot{\theta}\right)^2$$

die notwendigen Beziehungen zwischen $\dot{r}, \ddot{r}, \dot{\theta}, \ddot{\theta}$ aufgestellt werden. Betrachten Sie hierzu Beispiel 1.21.

Lösungsweg

Koordinatensystem

- Polarkoordinaten sind für die Lösung von Aufgaben geeignet, bei denen Werte bezüglich der Winkelbewegung als Funktion der radialen Koordinate r zur Beschreibung der Bewegung eines Massenpunktes gegeben sind. Auch die Bahnkurve kann mit diesen Koordinaten beschrieben werden.
- Für Polarkoordinaten muss der Ursprung in einen festen Punkt gelegt werden und die Radiallinie r muss zum Massenpunkt gerichtet sein.
- Die Querkoordinate θ wird von einer festen Referenzlinie zur Radiallinie gemessen.

Geschwindigkeit und Beschleunigung

- Werden r und die vier Zeitableitungen $\dot{r}, \ddot{r}, \dot{\theta}, \ddot{\theta}$ für den betrachteten Zeitpunkt berechnet, dann können diese Werte in die Gleichungen (1.25) und (1.29) eingesetzt und die Radial- und Querkoordinaten von $\mathbf{v}$ und $\mathbf{a}$ bestimmt werden.
- Bei der Bestimmung der Ableitungen von $r = f(\theta)$ nach der Zeit muss die Kettenregel der Differenzialrechnung verwendet werden.
- Für eine räumliche Bewegung ist eine einfache Erweiterung des oben beschriebenen Verfahrens zur Einbeziehung von $\dot{z}$ und $\ddot{z}$ erforderlich.

Neben den folgenden Beispielen finden sich weitere Beispiele zur Berechnung von a_r und a_θ in den „Kinematik"-Abschnitten der *Beispiele 2.10 bis 2.12*.

Beispiel 1.18 Bei dem Fahrgeschäft eines Jahrmarktes in Abbildung 1.33a dreht sich ein Sitz auf einer horizontalen Kreisbahn (Radius r). Der Arm OB hat die Winkelgeschwindigkeit $\dot{\theta}$ und die Winkelbeschleunigung $\ddot{\theta}$. Ermitteln Sie die Radial- und die Querkoordinaten von Geschwindigkeit und Beschleunigung des Fahrgastes. Vernachlässigen Sie bei der Berechnung seine Größe.

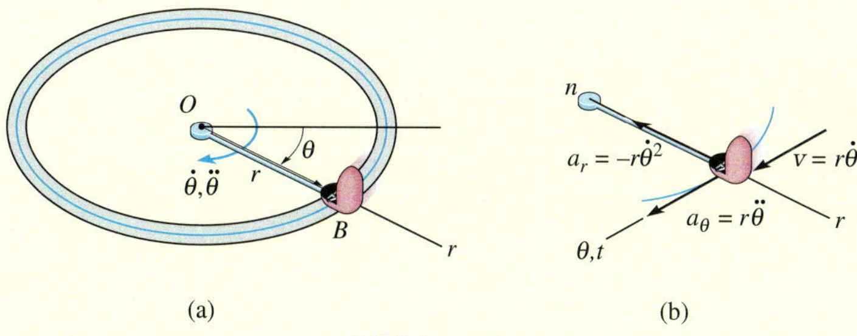

Abbildung 1.33

Lösung

Koordinatensystem Da die Winkelbewegung des Arms gegeben ist, werden für die Lösung Polarkoordinaten gewählt, siehe Abbildung 1.33a. In diesem Fall wird θ nicht in Beziehung zu r gesetzt, da der Radius für alle θ konstant ist.

Geschwindigkeit und Beschleunigung Für die Lösung werden die Gleichungen (1.25) und (1.29) verwendet. Daher müssen zuerst die erste und die zweite Ableitung von r und θ nach der Zeit bestimmt werden. Da r *konstant* ist, gilt

$$r = r \quad \dot{r} = 0 \quad \ddot{r} = 0$$

und wir erhalten

$$v_r = \dot{r} = 0$$
$$v_\theta = r\dot{\theta}$$
$$a_r = \ddot{r} - r\dot{\theta}^2 = -r\dot{\theta}^2$$
$$a_\theta = r\ddot{\theta} + 2\dot{r}\dot{\theta} = r\ddot{\theta}$$

Diese Ergebnisse sind in Abbildung 1.33b dargestellt. Auch sind die n- und die t-Achsen eingetragen, die in diesem Sonderfall der kreisförmigen Bewegung *kollinear* zu der r- bzw. θ-Achse sind. Beachten Sie insbesondere, dass $v = v_\theta = v_t = r\dot{\theta}$ gilt. Entsprechend ist

$$-a_r = a_n = \frac{v^2}{\rho} = \frac{\left(r\dot{\theta}\right)^2}{r} = r\dot{\theta}^2$$

$$a_\theta = a_t = \frac{dv}{dt} = \frac{d}{dt}\left(r\dot{\theta}\right) = \frac{dr}{dt}\dot{\theta} + r\frac{d\dot{\theta}}{dt} = 0 + r\ddot{\theta} = r\ddot{\theta}$$

Beispiel 1.19

Die Stange OA in Abbildung 1.34a dreht sich in der horizontalen Ebene so, dass $\theta = \theta(t)$ gilt. Gleichzeitig gleitet der Ring B auf OA gemäß $r = r(t)$ nach außen. Bestimmen Sie die Geschwindigkeit und die Beschleunigung des Ringes für $t = t_1$.

$\theta(t) = (t/t_1)^3$, $r(t) = kt^2$, $t_1 = 1$ s, $k = 100\ \mathrm{mm/s^2}$

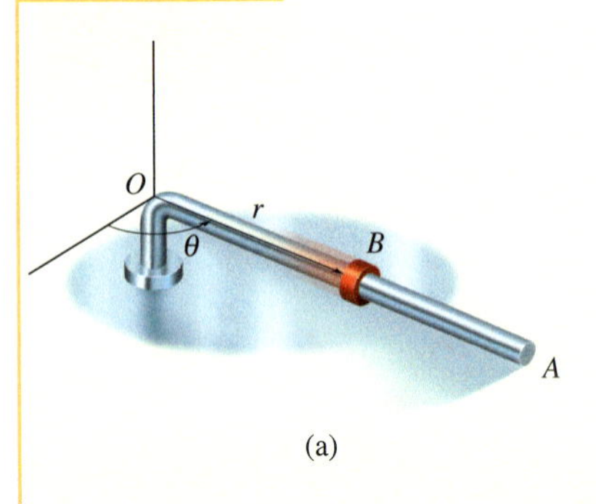

(a)

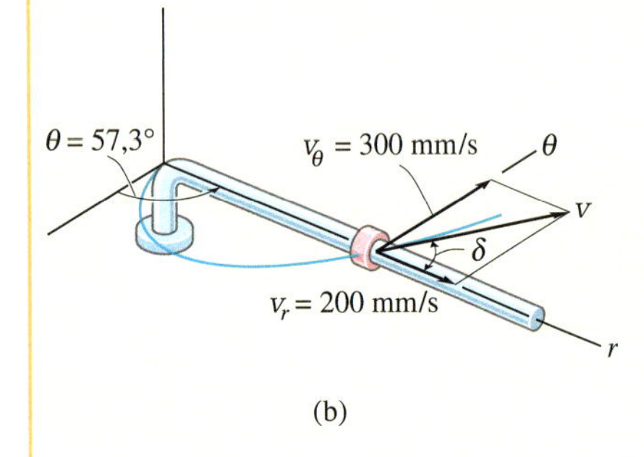

(b)

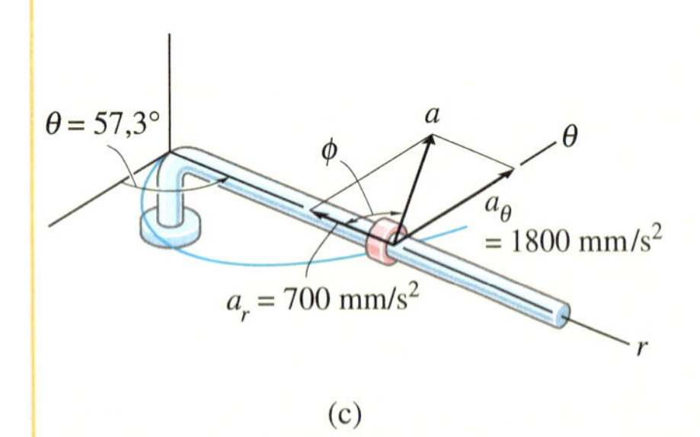

(c)

Abbildung 1.34

Lösung

Koordinatensystem Da die Lagekoordinaten in Abhängigkeit von der Zeit gegeben sind, braucht die Beziehung zwischen r und θ nicht aufgestellt zu werden.

Geschwindigkeit und Beschleunigung Wir leiten nach der Zeit ab und berechnen für t_1

$$r = kt^2\Big|_{t=t_1} = 100\ \mathrm{mm} \qquad \theta = (t/t_1)^3\Big|_{t=t_1} = 1\ \mathrm{rad} = 57{,}3°$$

$$\dot{r} = 2kt\Big|_{t=t_1} = 200\ \mathrm{mm/s} \qquad \dot{\theta} = 3t^2/t_1^{\,3}\Big|_{t=t_1} = 3\ \mathrm{rad/s}$$

$$\ddot{r} = 2k\Big|_{t=t_1} = 200\ \mathrm{mm/s^2} \qquad \ddot{\theta} = (6t/t_1^{\,3})\Big|_{t=t_1} = 6\ \mathrm{rad/s^2}$$

Wie in Abbildung 1.34b dargestellt, gilt

$$\begin{aligned}\mathbf{v} &= \dot{r}\mathbf{u}_r + r\dot{\theta}\mathbf{u}_\theta\\ &= 200(\mathrm{mm/s})\mathbf{u}_r + 100(3)(\mathrm{mm/s})\mathbf{u}_\theta\\ &= \{200\mathbf{u}_r + 300\mathbf{u}_\theta\}\ \mathrm{mm/s}\end{aligned}$$

Der Betrag von $\mathbf{v}$ ist

$$v = \sqrt{(200)^2 + (300)^2}\ \mathrm{mm/s} = 361\ \mathrm{mm/s}$$

$$\delta = \arctan\left(\frac{300}{200}\right) = 56{,}3°$$

$$\delta + \theta = 56{,}3° + 57{,}3° = 114°$$

Gemäß Abbildung 1.34c ergibt sich

$$\begin{aligned}\mathbf{a} &= \left(\ddot{r} - r\dot{\theta}^2\right)\mathbf{u}_r + \left(r\ddot{\theta} + 2\dot{r}\dot{\theta}\right)\mathbf{u}_\theta\\ &= \left(200 - 100(3)^2\right)\left(\mathrm{mm/s^2}\right)\mathbf{u}_r + \left(100(6) + 2(200)3\right)\left(\mathrm{mm/s^2}\right)\mathbf{u}_\theta\\ &= \{-700\mathbf{u}_r + 1\,800\mathbf{u}_\theta\}\ \mathrm{mm/s^2}\end{aligned}$$

Der Betrag von $\mathbf{a}$ ist

$$a = \sqrt{(700)^2 + (1\,800)^2}\ \mathrm{mm/s^2} = 1\,930\ \mathrm{mm/s^2}$$

$$\phi = \arctan\left(\frac{1\,800}{700}\right) = 68{,}7°$$

$$(180° - \phi) + \theta = 169°$$

Beispiel 1.20 Der Suchscheinwerfer in Abbildung 1.35a wirft in der Entfernung b einen Lichtpunkt auf eine Wand. Ermitteln Sie den Betrag von Geschwindigkeit und Beschleunigung des Lichtpunkts auf der Wand für $\theta = \theta_1$. Der Scheinwerfer schwenkt mit der Winkelgeschwindigkeit $\dot{\theta}$.

$\theta_1 = 45°$, $\dot{\theta} = 4\ \mathrm{rad/s}$, $b = 100\ \mathrm{m}$

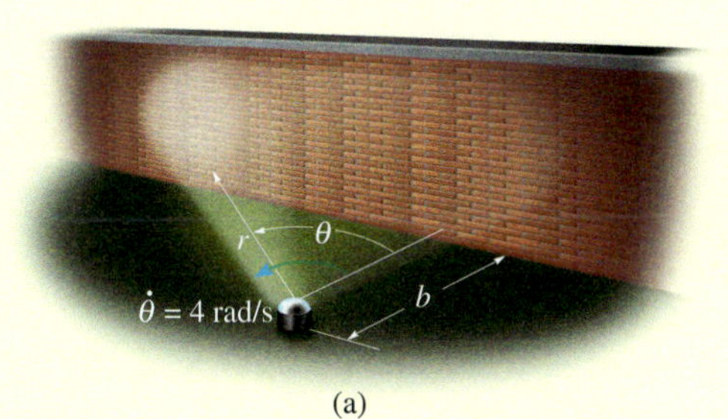

(a)

Abbildung 1.35

Lösung

Koordinatensystem Zur Lösung werden Polarkoordinaten verwendet, da die Winkelgeschwindigkeit des Scheinwerfers gegeben ist. Zur Ermittlung der notwendigen Ableitungen müssen zunächst r und θ in Beziehung gesetzt werden. Aus Abbildung 1.35a leiten wir

$$r = b/\cos\theta = b\sec\theta$$

ab.

Geschwindigkeit und Beschleunigung Mit der Kettenregel, $d(\sec\theta) = \sec\theta\tan\theta\ d\theta$ und $d(\tan\theta) = \sec^2\theta\ d\theta$ erhält man

$$\dot{r} = b(\sec\theta\tan\theta)\,\dot{\theta}$$

$$\ddot{r} = b(\sec\theta\tan\theta)\,\dot{\theta}(\tan\theta)\,\dot{\theta} + b\sec\theta\left(\sec^2\theta\right)\dot{\theta}\left(\dot{\theta}\right) + b\sec\theta\tan\theta\left(\ddot{\theta}\right)$$

$$= b\sec\theta\tan^2\theta\left(\dot{\theta}\right)^2 + b\sec^3\theta\left(\dot{\theta}\right)^2 + b(\sec\theta\tan\theta)\,\ddot{\theta}$$

Da $\dot{\theta}$ eine Konstante ist, gilt $\ddot{\theta} = 0$, und aus obigen Gleichungen ergibt sich für $\theta = \theta_1$

$$r = b\sec\theta = 100\ \mathrm{m}\left(\sec\theta_1\right) = 141{,}4\mathrm{m}$$

$$\dot{r} = b(\sec\theta\tan\theta)\,\dot{\theta} = 100\mathrm{m}\left(\sec\theta_1\tan\theta_1\right)4\cdot 1/\mathrm{s} = 565{,}7\mathrm{m/s}$$

$$\ddot{r} = b\sec\theta\tan^2\theta\left(\dot{\theta}\right)^2 + b\sec^3\theta\left(\dot{\theta}\right)^2 + b(\sec\theta\tan\theta)\,\ddot{\theta}$$

$$= 100\mathrm{m}\sec\theta_1\tan^2\theta_1\,(4)^2\cdot 1/\mathrm{s}^2 + 100\mathrm{m}\sec^3\theta_1\,(4)^2\,1/\mathrm{s}^2 + 0$$

$$= 6788{,}2\ 1/\mathrm{s}^2$$

Wie in Abbildung 1.35b gezeigt, ist

$$\mathbf{v} = \dot{r}\,\mathbf{u}_r + r\dot{\theta}\,\mathbf{u}_\theta$$
$$= 565{,}7\,\mathrm{m/s}\;\mathbf{u}_r + 141{,}4(4)\,\mathrm{m/s}\;\mathbf{u}_\theta$$
$$= \left\{565{,}7\,\mathbf{u}_r + 565{,}7\,\mathbf{u}_\theta\right\}\,\mathrm{m/s}$$
$$v = \sqrt{v_r^2 + v_\theta^2} = \sqrt{(565{,}7)^2 + (565{,}7)^2}\,\mathrm{m/s}$$
$$= 800\;\mathrm{m/s}$$

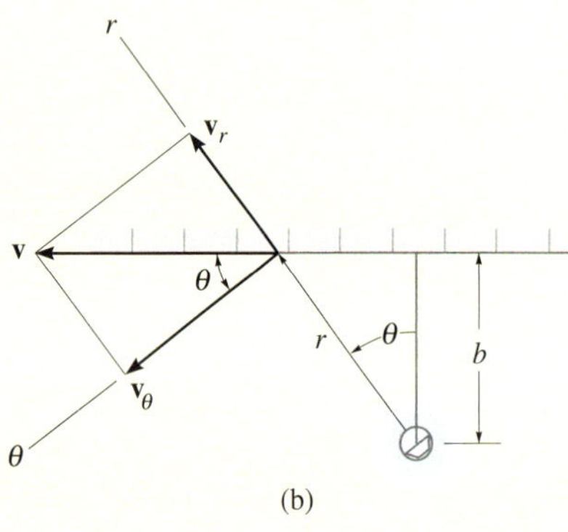

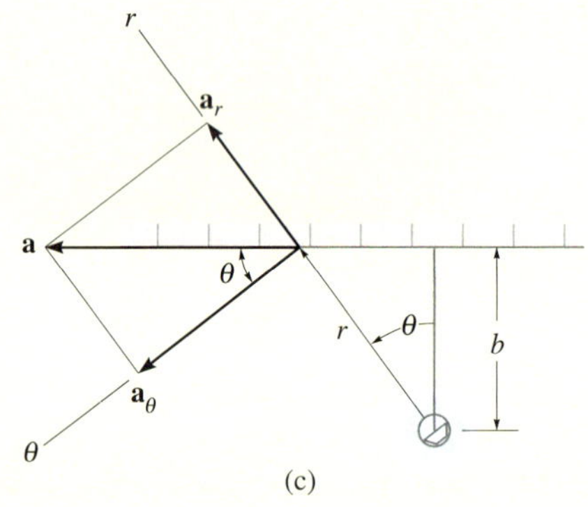

Abbildung 1.35

Wie Abbildung 1.35c zu entnehmen ist, gilt

$$\mathbf{a} = \left(\ddot{r} - r\dot{\theta}^2\right)\mathbf{u}_r + \left(r\ddot{\theta} + 2\dot{r}\dot{\theta}\right)\mathbf{u}_\theta$$
$$= \left[6788{,}2 - 141{,}4(4)^2\right]\mathrm{m/s^2}\;\mathbf{u}_r + \left[141{,}4(0) + 2(565{,}7)4\right]\mathrm{m/s^2}\;\mathbf{u}_\theta$$
$$= \left\{4525{,}5\,\mathbf{u}_r + 4525{,}5\,\mathbf{u}_\theta\right\}\,\mathrm{m/s^2}$$
$$a = \sqrt{a_r^2 + a_\theta^2} = \sqrt{(4525{,}5)^2 + (4525{,}5)^2}$$
$$= 6400\;\mathrm{m/s^2}$$

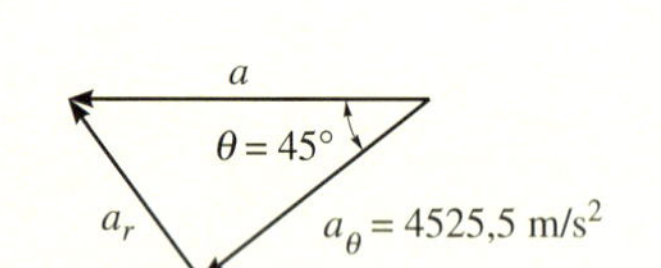

(d)

Hinweis: Der Betrag a der Beschleunigung kann auch ohne Berechnung von $\ddot{r}$ (oder a_r) ermittelt werden. Wie in Abbildung 1.35d gezeigt, erhält man durch Vektorzerlegung: $a = a_\theta/\cos\theta = 6\,400\ \mathrm{m/s^2}$

Beispiel 1.21 Aufgrund der Drehung der Gabel durchläuft der Ball A in Abbildung 1.36a den gekrümmten Schlitz als Bahnkurve. Der überwiegende Teil dieser Bahnkurve wird durch die gestrichelt gezeichnete „Herzkurve" $r(\theta)$ wiedergegeben. Die Geschwindigkeit v_1 des Balles und die Beschleunigung a_1 für $\theta = \theta_1$ ist gegeben. Ermitteln Sie die Winkelgeschwindigkeit $\dot{\theta}$ und die Winkelbeschleunigung $\ddot{\theta}$ der Gabel in dieser Position.

$r(\theta) = b(1 - \cos\theta)$, $b = 0{,}15$ m, $\theta_1 = 180°$, $v_1 = 1{,}2$ m/s, $a_1 = 9$ m/s^2

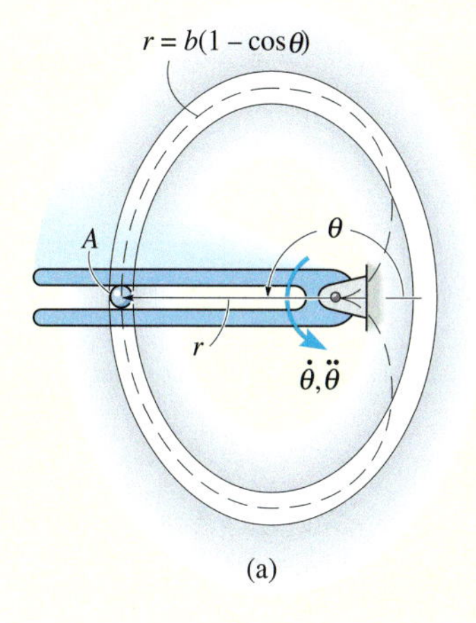

(a)

Lösung

Koordinatensystem Die analytische Wegfunktion ist sehr ungewöhnlich und wird mathematisch am besten mittels Polarkoordinaten (anstelle kartesischer Koordinaten) beschrieben. Darüber hinaus müssen die Größen $\dot{\theta}, \ddot{\theta}$ ermittelt werden, wozu die Polarkoordinaten r und θ auch besonders geeignet sind.

Geschwindigkeit und Beschleunigung Mit der Kettenregel ergeben sich die Ableitungen von r:

$$r = b(1 - \cos\theta)$$
$$\dot{r} = b(\sin\theta)\,\dot{\theta}$$
$$\ddot{r} = b(\cos\theta)\,\dot{\theta}(\dot{\theta}) + b(\sin\theta)\,\ddot{\theta}$$

Für $\theta_1 = 180°$ erhalten wir

$$r = 0{,}3\ \text{m} \qquad \dot{r} = 0 \qquad \ddot{r} = -b\dot{\theta}^2$$

Mit $v = v_1$ und Gleichung (1.26) kann dann auch $\dot{\theta}$ berechnet werden:

$$v = \sqrt{(\dot{r})^2 + (r\dot{\theta})^2} \qquad v^2 = (\dot{r})^2 + (r\dot{\theta})^2$$

$$(r\dot{\theta})^2 = v^2 - (\dot{r})^2 \qquad \dot{\theta} = \frac{\sqrt{v_1^2 - (\dot{r})^2}}{r} = \frac{\sqrt{(1{,}2)^2 - 0}}{0{,}3}\ \text{rad/s} = 4\ \text{rad/s}$$

Schließlich kann mit Gleichung (1.30) $\ddot{\theta}$ bestimmt werden:

$$a = \sqrt{(\ddot{r} - r\dot{\theta}^2)^2 + (r\ddot{\theta} + 2\dot{r}\dot{\theta})^2}$$
$$a^2 = (\ddot{r} - r\dot{\theta}^2)^2 + (r\ddot{\theta} + 2\dot{r}\dot{\theta})^2$$
$$a^2 - (\ddot{r} - r\dot{\theta}^2)^2 = (r\ddot{\theta} + 2\dot{r}\dot{\theta})^2$$
$$r\ddot{\theta} + 2\dot{r}\dot{\theta} = \sqrt{a^2 - (\ddot{r} - r\dot{\theta}^2)^2}$$
$$r\ddot{\theta} = \sqrt{a^2 - (\ddot{r} - r\dot{\theta}^2)^2} - 2\dot{r}\dot{\theta}$$
$$\ddot{\theta} = \frac{\sqrt{a^2 - (\ddot{r} - r\dot{\theta}^2)^2} - 2\dot{r}\dot{\theta}}{r} = 18\ \text{rad/s}^2$$

Die Vektoren **a** und **v** sind damit wie in Abbildung 1.36b gezeigt darstellbar.

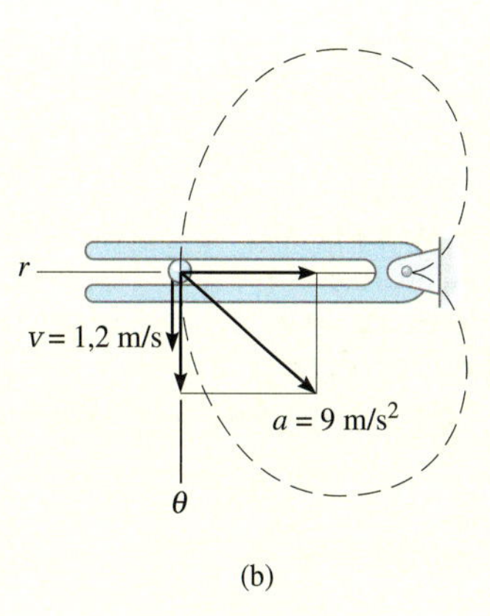

(b)

Abbildung 1.36

1.9 Abhängige Bewegung zweier Massenpunkte

Zuweilen ist die Bewegung eines Massenpunktes von der entsprechenden Bewegung eines anderen Massenpunktes *abhängig*. Diese Abhängigkeit kommt in der Regel dann zustande, wenn die Massenpunkte mit undehnbaren Seilen verbunden sind, die über Rollen laufen. Die Abwärtsbewegung von Klotz A auf der schiefen Ebene in Abbildung 1.37 hat eine entsprechende Aufwärtsbewegung von Klotz B nach oben zur Folge. Dies kann mathematisch gezeigt werden, indem wir zunächst die Lage der Klötze in *Lagekoordinaten* s_A und s_B angeben. Jede Koordinatenachse hat 1.) einen *festen* Bezugspunkt (O) oder eine *feste* Bezugslinie, wird 2.) entlang den schiefen Ebenen in Bewegungsrichtung von Klotz A und Klotz B gemessen und hat 3.) den positiven Richtungssinn von C nach A und von D nach B. Mit l_{ges} als gesamter Seillänge gilt für die Lagekoordinaten der Zusammenhang

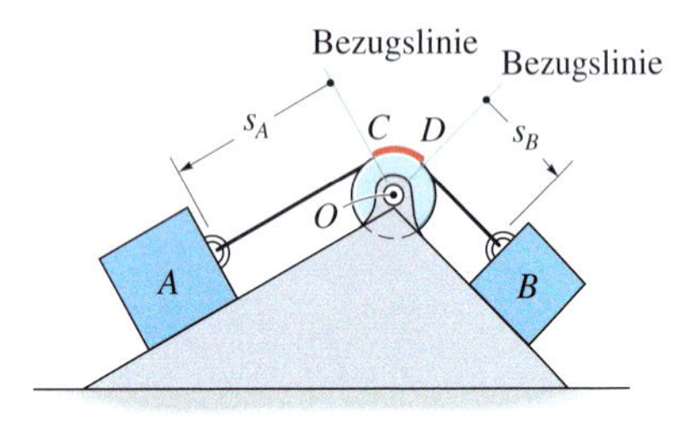

Abbildung 1.37

$$s_A + l_{CD} + s_B = l_{ges}$$

Dabei ist l_{CD} die Länge des Seiles auf der Seilrolle CD. Die Ableitung dieses Ausdruckes nach der Zeit, wobei l_{ges} und l_{CD} *konstant sind* und s_A sowie s_B die Länge der veränderlichen Seilabschnitte bezeichnen, führt auf

$$\frac{ds_A}{dt} + \frac{ds_B}{dt} = 0 \quad \text{oder} \quad v_B = -v_A$$

Das negative Vorzeichen bedeutet, dass eine nach unten, d.h. in Richtung der positiven Lagekoordinate s_A gerichtete Geschwindigkeit eine entsprechende nach oben gerichtete Geschwindigkeit von Klotz B zur Folge hat, d.h. B bewegt sich in negative s_B-Richtung. Ebenso ergibt die Ableitung der Geschwindigkeiten nach der Zeit die Beziehung zwischen den Beschleunigungen, d.h. $a_B = -a_A$. Ein weiteres Beispiel zur abhängigen Bewegung zweier Massen ist in Abbildung 1.38a dargestellt. In diesem Fall wird die Lage von Klotz A durch s_A angegeben, die Lage des Seilendes, an dem Klotz B aufgehängt ist, durch s_B beschrieben. In diesem Fall haben wir Koordinatenachsen gewählt, die 1.) einen festen Bezugspunkt oder eine feste Bezugslinie haben, 2.) in Bewegungsrichtung jedes Klotzes gemessen werden und 3.) nach rechts (s_A) bzw. nach unten (s_B) positiv sind. Während der Bewegung bleibt die Länge der in Abbildung 1.38 rot dargestellten Seilabschnitte *konstant*. Die Länge l ist die Gesamtlänge des Seiles minus dieser Abschnitte, somit gilt für die Lagekoordinaten $2s_B + h + s_A = l$. Da l und h während der Bewegung konstant sind, führen zwei Ableitungen nach der Zeit auf

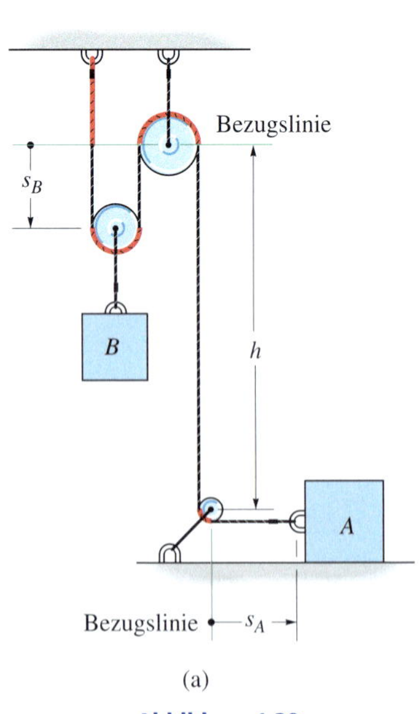

(a)

Abbildung 1.38

$$2v_B = -v_A \quad \text{und} \quad 2a_B = -a_A$$

Senkt sich B ab ($+s_B$), bewegt sich A mit der doppelten Geschwindigkeit nach links ($-s_A$).

Dieses Beispiel kann auch in anderer Weise behandelt werden. Dazu gibt man die Lage des Klotzes B in Bezug auf den Mittelpunkt der unteren Rolle (einem festen Punkt) an, siehe Abbildung 1.38b. In diesem Fall gilt

$$2(h - s_B) + h + s_A = l$$

Die Ableitung nach der Zeit führt auf

$$2v_B = v_A \quad \text{und} \quad 2a_B = a_A$$

Die Vorzeichen sind hier gleich. Warum?

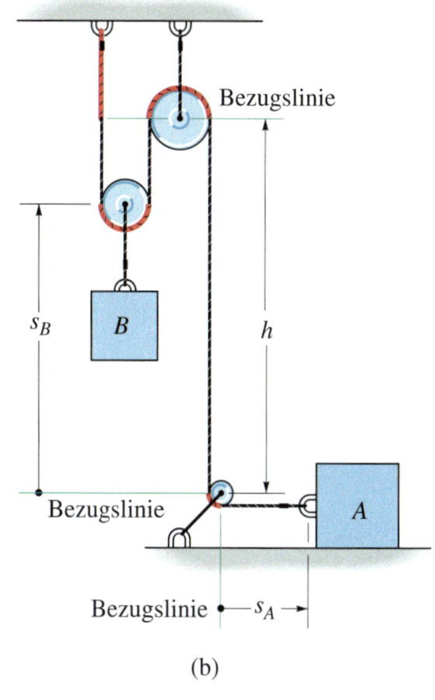

Abbildung 1.38

Lösungsweg

Die Bewegung eines Massenpunktes, die von der Bewegung eines zweiten Massenpunktes abhängig ist, wird mittels entsprechender Lagekoordinaten in Beziehung gesetzt, wenn jeder Massenpunkt eine geradlinige Bewegung ausführt. In diesem Fall verändern sich nur die Beträge von Geschwindigkeit und Beschleunigung, und nicht ihre Richtung. Im Folgenden wird das Verfahren dazu beschrieben:

Zusammenhang der Lagekoordinaten

- Legen Sie die beschreibenden Lagekoordinaten fest, deren Ursprung in einem *raumfesten* Punkt oder auf einer *raumfesten* Referenzlinie liegen.
- Die Koordinaten weisen entlang der Bewegungsbahn der Massenpunkte zu Punkten, die sich wie die einzelnen Massenpunkte bewegen.
- Der *Ursprung muss* für diese Koordinaten *nicht derselbe* sein; es ist jedoch *wichtig*, dass die gewählten Koordinatenachsen *entlang der Bewegungsbahn* der Massenpunkte weisen.
- Mittels Geometrie oder Trigonometrie werden die Koordinaten mit der Gesamtlänge des Seiles l_{ges} in Beziehung gesetzt, oder mit dem Seilabschnitt l *ohne* die Abschnitte, deren Länge sich während der Bewegung des Massenpunktes nicht ändern – dies sind z.B. Bogenabschnitte über Rollen.
- Geht es um ein *System* mit zwei oder mehr Seilen, die um Rollen laufen, muss – mit Hilfe der oben beschriebenen Methode – die Lage eines Punktes auf einem Seil mit der Lage eines Punktes auf dem anderen Seil in Beziehung gesetzt werden. Separate Gleichungen werden für eine feste Länge jedes Seiles des Systems angeschrieben, und die Lagen der beiden Massenpunkte werden dann mit diesen Gleichungen in Beziehung gesetzt (*siehe dazu die Beispiele 1.23 und 1.24*).

Ableitungen nach der Zeit

- Durch zwei aufeinander folgende Ableitungen der Gleichungen, die den Zusammenhang der Lagekoordinaten beschreiben, ergeben sich die erforderlichen Zusammenhänge auf Geschwindigkeits- und Beschleunigungsebene, welche die Bewegungen der Massenpunkte verknüpfen.
- Die Vorzeichen der Geschwindigkeiten und Beschleunigungen in diesen Gleichungen sind zu denen des Richtungssinnes der Lagekoordinaten konsistent.

Die Bewegung des Flaschenzugblocks dieser Ölbohranlage hängt von der Bewegung des Seiles auf der Winde ab. Diese Bewegungen müssen zur Ermittlung des Energiebedarfs der Winde und der Seilkraft aufgrund der auftretenden Beschleunigungen miteinander verknüpft werden können.

Beispiel 1.22

Bestimmen Sie die Geschwindigkeit des Klotzes A in Abbildung 1.39, wenn Klotz B sich mit v_B nach oben bewegt.

$v_B = 2\ \mathrm{m/s}$

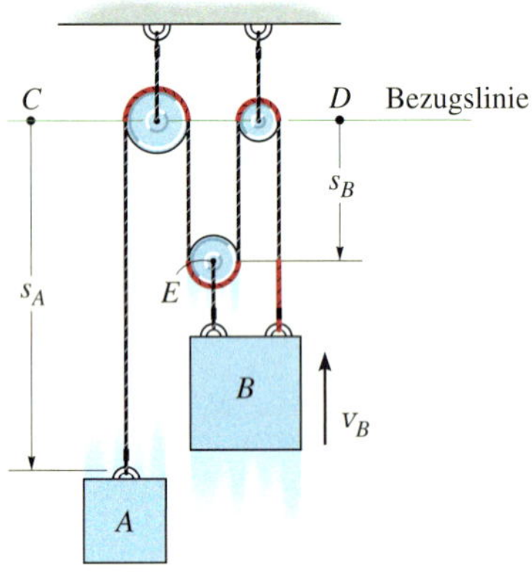

Abbildung 1.39

Lösung

Zusammenhang der Lagekoordinaten In diesem System gibt es *ein Seil*, dessen Abschnitte veränderliche Längen haben. Wir verwenden die Lagekoordinaten s_A und s_B, die von einem raumfesten Punkt (C oder D) aus gemessen werden und jeweils entlang der vertikalen Bewegung in Richtung der Massen weisen. Beispielsweise zeigt s_B zum Punkt E, denn die Bewegungen von B und E sind *gleich*.

Die Längen der in Abbildung 1.39 rot gekennzeichneten Seilabschnitte verändern sich nicht und brauchen bei der Bewegung der Klötze nicht betrachtet zu werden. Die verbleibende Seillänge l ist ebenfalls konstant und wird mit der Gleichung

$$s_A + 3s_B = l$$

mit den veränderlichen Lagekoordinaten s_A und s_B in Beziehung gesetzt.

Ableitung nach der Zeit Die Ableitung der Gleichung nach der Zeit führt auf

$$v_A + 3v_B = 0$$

Es ist also $v_B = -2\ \mathrm{m/s}$ (nach oben), d.h. wir erhalten eine (nach unten gerichtete) Geschwindigkeit des Klotzes A

$$v_A = 6\ \mathrm{m/s}$$

Beispiel 1.23 Bestimmen Sie die Geschwindigkeit des Klotzes A in Abbildung 1.40, wenn Klotz B sich mit v_B nach oben bewegt.

$v_B = 2\ \text{m/s}$

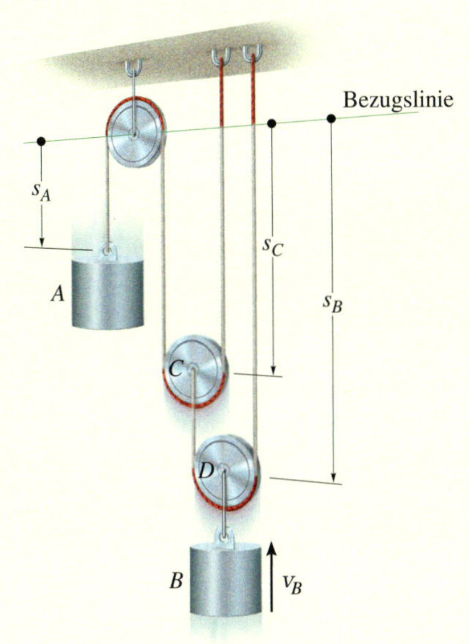

Abbildung 1.40

Lösung

Zusammenhang der Lagekoordinaten Wie dargestellt, werden die Lage von Klotz A und die Lage von Klotz B durch die Koordinaten s_A und s_B beschrieben. Im System gibt es *zwei* Seile, deren Längenabschnitte sich ändern, somit müssen wir eine dritte Koordinate s_C einführen, die s_A und s_B in Beziehung setzt. Die Länge eines Seiles kann dann mit s_A und s_C, die des anderen Seiles mit s_B und s_C ausgedrückt werden.

Die in Abbildung 1.40 rot gekennzeichneten Seilabschnitte werden bei der Berechnung nicht berücksichtigt. Warum? Für die verbleibenden Seillängen l_1 und l_2 erhalten wir

$$s_A + 2s_C = l_1 \qquad s_B + (s_B - s_C) = l_2$$

Nach Elimination von s_C ergibt sich eine Gleichung, welche die Lage beider Klötze verknüpft, nämlich

$$s_A + 4s_B = 2l_2 + l_1$$

Ableitung nach der Zeit Die Ableitung der Gleichung nach der Zeit führt auf

$$v_A + 4v_B = 0$$

Ist also $v_B = -2\ \text{m/s}$ (nach oben), so erhalten wir für die Geschwindigkeit des Klotzes A

$$v_A = 8\ \text{m/s}$$

(nach unten).

Beispiel 1.24

Bestimmen Sie die Geschwindigkeit des sich nach oben bewegenden Klotzes B in Abbildung 1.41, wenn das Seilende A mit v_A nach unten gezogen wird.
$v_A = 2\ \mathrm{m/s}$

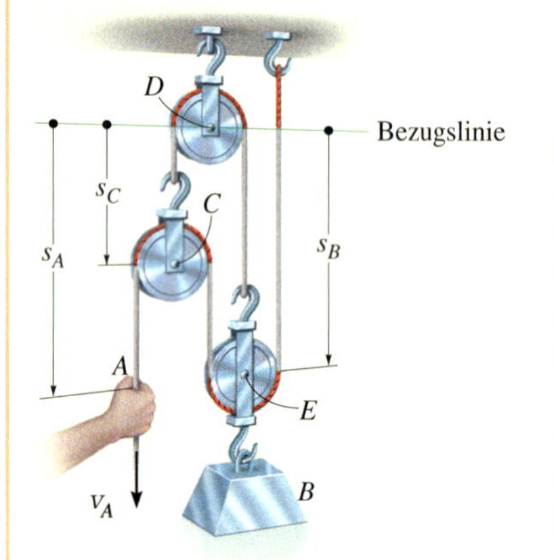

Abbildung 1.41

Lösung

Zusammenhang der Lagekoordinaten Die Lage von Punkt A wird mit s_A angegeben, die Lage von Klotz B mit s_B, denn der Punkt E auf der Rolle bewegt sich *genau so* wie der Klotz. Beide Koordinaten werden von einer horizontalen Bezugslinie durch den *raumfesten* Lagerpunkt der Rolle D aus gemessen. Im System gibt es *zwei* Seile, und die Koordinaten s_A und s_B können nicht direkt miteinander verknüpft werden. Deshalb führen wir eine dritte Koordinate s_C ein und können die Länge des einen Seiles mit s_B und s_C, und die Länge des anderen Seiles mit s_A, s_B und s_C ausdrücken.

Die in Abbildung 1.41 rot gekennzeichneten Seilabschnitte werden bei der Berechnung nicht berücksichtigt und für die verbleibenden konstanten Seillängen l_1 und l_2 (zusammen mit den Abmessungen von Haken und Verbindungsstücken) erhalten wir

$$s_C + s_B = l_1$$
$$(s_A - s_C) + (s_B - s_C) + s_B = l_2$$

Die Elimination von s_C liefert

$$s_A + 4s_B = l_2 + 2l_1$$

Wie gefordert, verknüpft diese Gleichung die Lage s_B von Klotz B mit der Lage s_A von Punkt A.

Ableitung nach der Zeit Die Ableitung nach der Zeit führt auf

$$v_A + 4v_B = 0$$

Ist also $v_A = 2\ \mathrm{m/s}$ (nach unten), so erhalten wir

$$v_B = -0{,}5\ \mathrm{m/s}$$

d.h. eine Geschwindigkeit nach oben.

Beispiel 1.25

Ein Mann in A zieht eine Kiste S nach oben, indem er mit konstanter Geschwindigkeit v_A nach rechts geht, siehe Abbildung 1.42. Bestimmen Sie die Geschwindigkeit und die Beschleunigung der Kiste in der Höhe h_E. Das Seil der Länge l läuft über eine kleine Rolle in D.

$v_A = 0{,}5\ \text{m/s}$, $h_E = 10\ \text{m}$, $h_D = 15\ \text{m}$, $l = 30\ \text{m}$

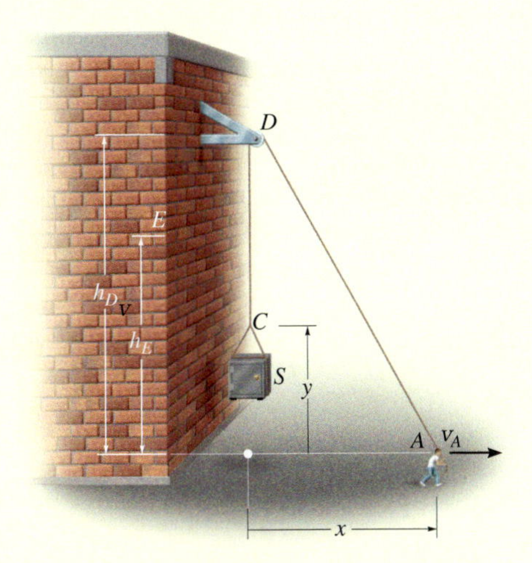

Abbildung 1.42

Lösung

Zusammenhang der Lagekoordinaten Dieses Beispiel unterscheidet sich vom vorigen dadurch, dass der Seilabschnitt DA Richtung und Betrag ändert. Die Seilenden in S und A werden durch die x- und y-Koordinaten beschrieben, die bezüglich eines raumfesten Punktes gemessen werden und deren *Richtungen entlang der jeweiligen Wege* der Seilenden weisen.

Die x- und y-Koordinaten können in Beziehung gesetzt werden, da das Seil eine konstante Länge l hat, die zu jeder Zeit gleich der Summe der Länge des Seilabschnitts DA und der Länge des Seilabschnittes CD ist. Mit dem Satz des Pythagoras berechnen wir die Länge l_{DA} mit

$$l_{DA} = \sqrt{(h_D)^2 + x^2} \text{ und } l_{CD} \text{ zu } l_{CD} = h_D - y$$

Somit erhalten wir

$$l = l_{DA} + l_{CD}$$

$$l = \sqrt{(h_D)^2 + x^2} + h_D - y$$

$$y = \sqrt{(h_D)^2 + x^2} + h_D - l \qquad (1)$$

Ableitung nach der Zeit Die Ableitung nach der Zeit mit der Kettenregel und $v_S = dy/dt, v_A = dx/dt$ führt auf

$$v_S = \frac{dy}{dt} = \left[\left(\frac{1}{2}\right)\frac{2x}{\sqrt{(h_D)^2 + x^2}}\right]\frac{dx}{dt} = \frac{x}{\sqrt{(h_D)^2 + x^2}} v_A \tag{2}$$

Für $y = 10$ m erhalten wir mit Gleichung (1) $x = 20$ m.
Aus Gleichung (2) berechnen wir dann mit $v_A = 0{,}5$ m/s den Wert für v_S zu

$$v_S = \frac{x}{\sqrt{(h_D)^2 + x^2}} v_A = 0{,}4 \text{ m/s} = 400 \text{ mm/s}$$

Die Beschleunigung wird durch Ableitung von Gleichung (2) nach der Zeit ermittelt. Da v_A konstant ist, gilt zunächst $a_A = dv_A/dt = 0$. Damit folgt

$$a_S = \frac{d^2y}{dt^2} = \left[\frac{-x(dx/dt)}{\left((h_D)^2 + x^2\right)^{3/2}}\right] x v_A + \left[\frac{1}{\sqrt{(h_D)^2 + x^2}}\right]\left(\frac{dx}{dt}\right) v_A$$
$$+ \left[\frac{1}{\sqrt{(h_D)^2 + x^2}}\right] x \frac{dv_A}{dt} = \frac{(h_D)^2 v_A^2}{\left((h_D)^2 + x^2\right)^{3/2}}$$

Mit $v_A = 0{,}5$ m/s ergibt sich für die Beschleunigung bei $x = 20$ m

$$a_S = \frac{(h_D)^2 v_A^2}{\left((h_D)^2 + x^2\right)^{3/2}} = 0{,}00360 \text{ m/s}^2 = 3{,}60 \text{ mm/s}^2$$

Beachten Sie, dass die konstante Geschwindigkeit in A zu einer Beschleunigung des Seiles am anderen Ende C führt, denn durch $\mathbf{v}_A$ werden die Richtung und die Länge von Seilabschnitt DA verändert.

1.10 Relativbewegung in translatorisch bewegten Bezugssystemen

Bisher wurde im vorliegenden Kapitel die Absolutbewegung eines Massenpunktes in einem einzigen raumfesten Referenzsystem bestimmt. Es gibt jedoch viele Fälle, bei denen die Bewegungsbahn eines Massenpunktes komplizierter ist und seine Bewegung zweckmäßig in mehreren Schritten mit zwei oder mehr Referenzsystemen berechnet wird. Die Bewegung eines Massenpunktes an der Spitze des Propellers eines fliegenden Flugzeuges wird einfacher beschrieben, wenn man zunächst die Bewegung des Flugzeugs bezüglich eines raumfesten Referenzsystems betrachtet und dann die Kreisbewegung des Massenpunktes bezüglich eines flugzeugfesten Referenzsystems (vektoriell) überlagert. Jede Art von Koordinaten – kartesisch oder zylindrisch beispielsweise – kann gewählt werden, um die beiden Teilbewegungen zu beschreiben.

In diesem Abschnitt werden ausschließlich *translatorisch bewegte Referenzsysteme* für die Rechnung betrachtet. Translatorisch bedeutet dabei, dass sich die Koordinatenachsen des feststehenden Koordinatensystems und die Koordinatenachsen des bewegten Bezugssystems während der Bewegung nicht verdrehen. Die relative Orientierung der Koordinatenachsen beider Systeme ändert sich deshalb während der Bewegung nicht. Die Berechnung der Relativbewegung mit rotierenden oder translatorisch plus rotatorisch bewegten Referenzsystemen wird in den *Abschnitten 5.8 bzw. 9.4* behandelt, da die entsprechende Rechnung erheblich komplizierter ist.

Lage Betrachten wir die Massenpunkte A und B, die sich auf den beliebigen Bahnkurven *aa* bzw. *bb* bewegen, siehe Abbildung 1.43. Die *absolute Lage* jedes Massenpunktes, $\mathbf{r}_A$ und $\mathbf{r}_B$, wird bezüglich des gemeinsamen Ursprungs O des *raumfesten* x,y,z-Referenzsystems bestimmt. Der Ursprung des zweiten x',y',z'-Referenzsystems ist an dem Massenpunkt A befestigt und bewegt sich mit diesem mit. Die Koordinatenachsen des zweiten Systems dürfen *nur translatorisch* relativ zum raumfesten System *verschoben* werden. Die *relative Position* von „B bezüglich A" wird mit dem *Vektor der relativen Lage* $\mathbf{r}_{B/A}$ bezeichnet. Mittels Vektoraddition können die drei Vektoren aus Abbildung 1.43a über die Gleichung[5]

$$\mathbf{r}_B = \mathbf{r}_A + \mathbf{r}_{B/A} \tag{1.31}$$

verknüpft werden.

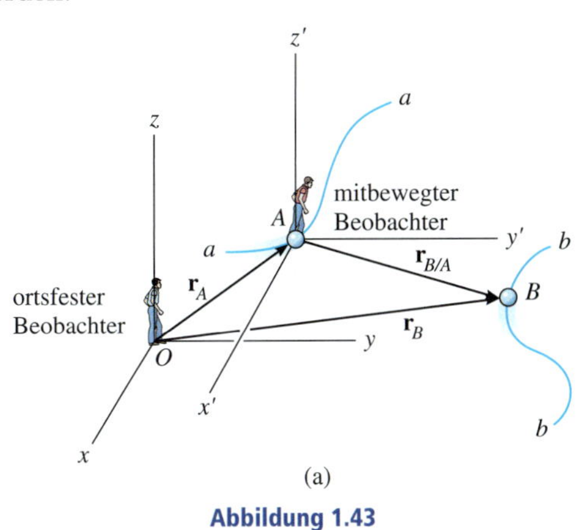

(a)

Abbildung 1.43

Geschwindigkeit Die Beziehung zwischen den Geschwindigkeiten der Massenpunkte erhält man durch Ableitung der Gleichung (1.31) nach der Zeit:

$$\mathbf{v}_B = \mathbf{v}_A + \mathbf{v}_{B/A} \tag{1.32}$$

5 Man kann sich diese und ähnliche Gleichungen leicht merken: Der Index A „verschwindet" zwischen den beiden Termen, d.h. $\mathbf{r}_B = \mathbf{r}_A + \mathbf{r}_{B/A}$.

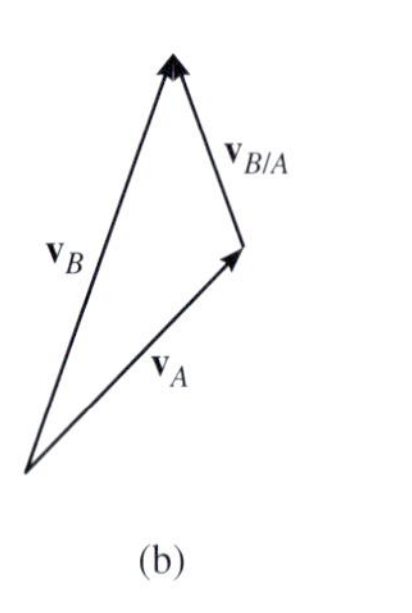

(b)

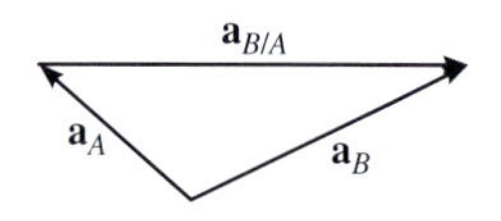

(c)

Abbildung 1.43

In diesem Fall bezeichnen wir $\mathbf{v}_B = d\mathbf{r}_B/dt$ und $\mathbf{v}_A = d\mathbf{r}_A/dt$ als *absolute Geschwindigkeiten*, denn sie beziehen sich auf ein ortsfestes Referenzsystem, während sich die *relative Geschwindigkeit* $\mathbf{v}_{B/A} = d\mathbf{r}_{B/A}/dt$ auf ein bewegtes System bezieht. Wichtig ist, dass bei der Translation der x',y',z'-Achsen die Komponenten von $\mathbf{r}_{B/A}$ *nicht* die Richtung ändern, daher berücksichtigt die Ableitung der *Komponenten* dieses Vektors nur die Veränderung des Betrages des Vektors. Gleichung (1.32) bedeutet also, dass die Geschwindigkeit von B gleich der Geschwindigkeit von A plus (vektoriell) der relativen Geschwindigkeit von „B bezüglich A", gemessen vom *bewegten Beobachter* im x',y',z'-System ist, siehe Abbildung 1.43b.

Beschleunigung Die Ableitung von Gleichung (1.32) nach der Zeit führt auf eine ähnliche Vektorbeziehung zwischen der *absoluten* und der *relativen* Beschleunigung der Massenpunkte A und B:

$$\mathbf{a}_B = \mathbf{a}_A + \mathbf{a}_{B/A} \qquad (1.33)$$

In diesem Fall ist $\mathbf{a}_{B/A}$ die Beschleunigung von B, wie sie der Beobachter in Punkt A im bewegten x',y',z'-Bezugssystem wahrnimmt. Die Vektoraddition ist in Abbildung 1.43c dargestellt.

Die Piloten dieser dicht beieinander fliegenden Düsenflugzeuge müssen ständig auf ihre relative Lage und relative Geschwindigkeit achten, um einen Zusammenstoß zu vermeiden.

Lösungsweg

- Zur Anwendung der Lagebeziehung $\mathbf{r}_B = \mathbf{r}_A + \mathbf{r}_{B/A}$ in translatorisch gegeneinander bewegten Bezugssystemen müssen zunächst die Lage der raumfesten x,y,z- und die der bewegten x',y',z'-Achsen bestimmt werden.
- Normalerweise befindet sich der Ursprung A des bewegten Referenzsystems in einem Punkt mit *bekannter Lage* $\mathbf{r}_A$, siehe Abbildung 1.43.
- Die Vektoraddition $\mathbf{r}_B = \mathbf{r}_A + \mathbf{r}_{B/A}$ sollte grafisch dargestellt werden, wobei die bekannten und die unbekannten Größen eingetragen werden.
- Da die Vektoraddition ein Dreieck bildet, gibt es maximal *zwei Unbekannte*, die durch die Beträge oder Richtungen der Vektorgrößen repräsentiert werden.
- Diese Unbekannten können grafisch unter Verwendung trigonometrischer Beziehungen (auf der Basis des Sinus- oder Kosinussatzes) oder durch Zerlegen der drei Vektoren $\mathbf{r}_B$, $\mathbf{r}_A$ und $\mathbf{r}_{B/A}$ in kartesische Komponenten und skalare Auswertung in Koordinaten gelöst werden.
- Die Gleichungen $\mathbf{v}_B = \mathbf{v}_A + \mathbf{v}_{B/A}$ und $\mathbf{a}_B = \mathbf{a}_A + \mathbf{a}_{B/A}$ der Relativbewegung werden wie beschrieben verwendet, allerdings muss hier der Ursprung O des raumfesten Referenzsystems nicht explizit angegeben werden, siehe Abbildung 1.43b und c.

Beispiel 1.26 Ein mit konstanter Geschwindigkeit v_Z fahrender Zug Z überquert eine Straße, siehe Abbildung 1.44a. Ein Auto A fährt mit v_A auf der Straße. Bestimmen Sie den Betrag und die Richtung der relativen Geschwindigkeit des Zuges bezüglich des Autos.

$v_Z = 90$ km/h, $v_A = 67{,}5$ km/h, $\gamma = 45°$

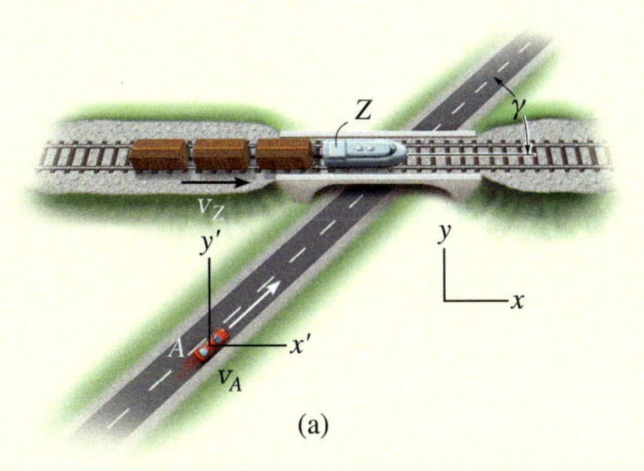

Abbildung 1.44

Lösung I

Vektorrechnung Die relative Geschwindigkeit $\mathbf{v}_{Z/A}$ wird bezüglich der bewegten am Auto befestigten x',y'-Achsen gemessen. Sie wird mit Hilfe der Gleichung $\mathbf{v}_Z = \mathbf{v}_A + \mathbf{v}_{Z/A}$ berechnet. Richtung *und* Betrag von $\mathbf{v}_Z$ und $\mathbf{v}_A$ sind bekannt. Unbekannt sind die x- und die y-Komponente von $\mathbf{v}_{Z/A}$. Mit den x- und y-Achsen in Abbildung 1.44a und einer Rechnung in kartesischen Koordinaten erhalten wir

$$\mathbf{v}_Z = \mathbf{v}_A + \mathbf{v}_{Z/A}$$

$$v_Z\mathbf{i} = (v_A \cos\gamma\, \mathbf{i} + v_A \sin\gamma\, \mathbf{j}) + \mathbf{v}_{Z/A}$$

$$\mathbf{v}_{Z/A} = (-v_A \cos\gamma + v_Z)\,\mathbf{i} - v_A \sin\gamma\, \mathbf{j}$$

$$= (42{,}3\,\mathbf{i} - 47{,}7\,\mathbf{j})\text{ km/h}$$

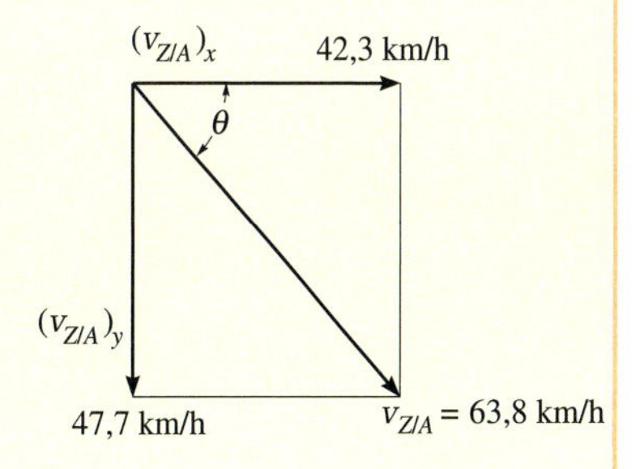

Der Betrag von $\mathbf{v}_{Z/A}$ ist also

$$v_{Z/A} = \sqrt{(42{,}3)^2 + (-47{,}7)^2}\text{ km/h} = 63{,}8\text{ km/h}$$

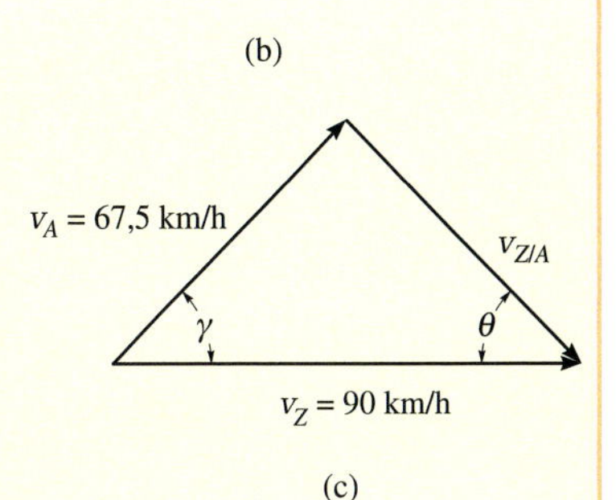

Aus der Richtung jeder Komponente, siehe Abbildung 1.44b, ergibt sich die Richtung von $\mathbf{v}_{Z/A}$ bezüglich der x-Achse:

$$\tan\theta = \frac{(v_{Z/A})_y}{(v_{Z/A})_x} = \frac{47{,}7}{42{,}3}$$

$$\theta = 48{,}40°$$

Die Vektoraddition in Abbildung 1.44c zeigt den korrekten Richtungssinn von $\mathbf{v}_{Z/A}$. Diese Abbildung nimmt die Antwort vorweg und kann zur Kontrolle verwendet werden.

Lösung II

Skalare Rechnung Die unbekannten Komponenten von $\mathbf{v}_{Z/A}$ können auch innerhalb einer skalaren Rechnung bestimmt werden. Wir nehmen an, dass die maßgebenden Koordinaten in *positive* x- und y-Richtung weisen:

$$\mathbf{v}_Z = \mathbf{v}_A + \mathbf{v}_{Z/A}$$

Jeder Vektor wird in seine x- und y-Komponenten zerlegt, woraus in skalarer Schreibweise

$$v_Z = v_A \cos\gamma + \left(v_{Z/A}\right)_x$$
$$0 = v_A \sin\gamma + \left(v_{Z/A}\right)_y$$

folgt. Wir lösen auf und erhalten die Ergebnisse von oben:

$$\left(v_{Z/A}\right)_x = v_Z - v_A \cos\gamma = 42{,}3 \text{ km/h}$$
$$\left(v_{Z/A}\right)_y = -v_A \sin\gamma = -47{,}7 \text{ km/h}$$

Beispiel 1.27

Flugzeug A in Abbildung 1.45a fliegt auf einer geraden Bahn, Flugzeug B dagegen auf einer Kreisbahn mit dem Krümmungsradius ρ_B. Ermitteln Sie die Geschwindigkeit und Beschleunigung von B, wie sie vom Pilot des Flugzeugs A gemessen werden.

$v_A = 700$ km/h, $a_A = 50$ km/h^2, $v_B = 600$ km/h, $(a_B)_t = 100$ km/h^2, $\rho_B = 400$ km, $d = 4$ km

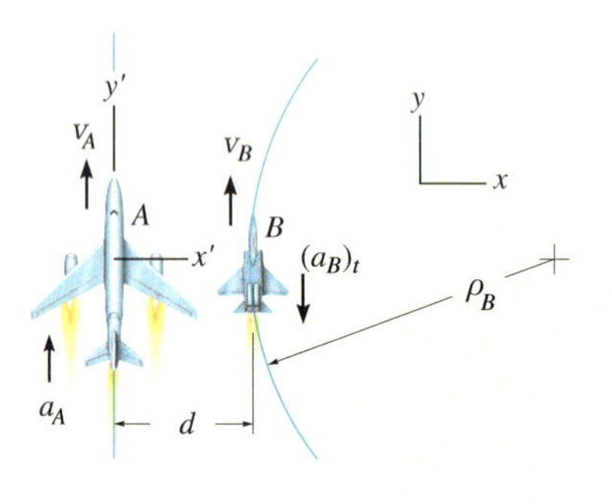

(a)

Abbildung 1.45

Lösung

Geschwindigkeit Die x- und y-Achsen werden in einen beliebigen raumfesten Punkt gelegt. Da die Relativbewegung von A zu ermitteln ist, legen wir das *bewegte Referenzsystem* in dieses Flugzeug A, siehe Abbildung 1.45a. Mit der Geschwindigkeitsgleichung der Relativbewegung in skalarer Form – denn die Geschwindigkeitsvektoren beider Flugzeuge sind zum dargestellten Zeitpunkt parallel – erhalten wir

$$v_B = v_A + v_{B/A}$$
$$v_{B/A} = v_B - v_A = -100 \text{ km/h}$$

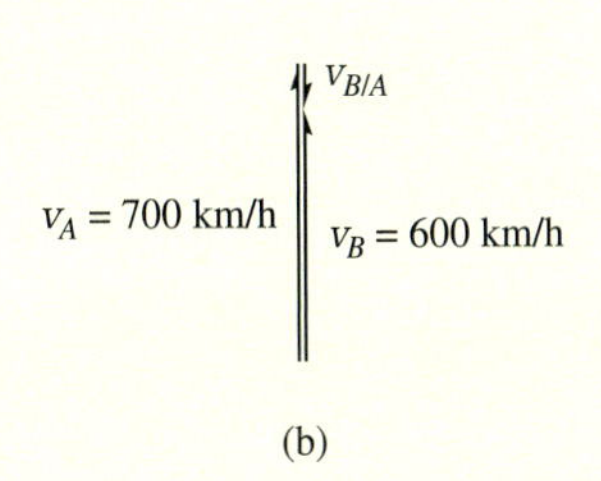

(b)

Die Vektoraddition ist in Abbildung 1.45b dargestellt. Die Richtung der Geschwindigkeit $\mathbf{v}_{B/A}$ verläuft entlang der negativen y'-Achse.

Beschleunigung Das Flugzeug B hat eine tangentiale und eine normale Komponente der Beschleunigung, denn es fliegt auf einer *kreisförmigen Bahn*. Mit Gleichung (1.20) berechnet sich die Normalkoordinate zu

$$a_{Bn} = \frac{v_B^2}{\rho} = \frac{(600 \text{ km/h})^2}{400 \text{ km}} = 900 \text{ km/h}^2$$

Durch Auswertung der Beschleunigungsgleichung der Relativmechanik ergibt sich

$$\mathbf{a}_B = \mathbf{a}_A + \mathbf{a}_{B/A}$$
$$\mathbf{a}_{B/A} = \left[(\mathbf{a}_B)_n + (\mathbf{a}_B)_t\right] - \mathbf{a}_A$$
$$= \left\{\left[900\mathbf{i} - 100\mathbf{j}\right] - 50\mathbf{j}\right\} \text{ km/h}^2$$
$$= \left\{900\mathbf{i} - 150\mathbf{j}\right\} \text{ km/h}^2$$

Gemäß Abbildung 1.45c ermitteln wir den Betrag und die Richtung von $\mathbf{a}_{B/A}$:

$$a_{B/A} = 912 \text{ km/h}^2$$
$$\theta = \arctan\left(\frac{150}{900}\right) = 9{,}46°$$

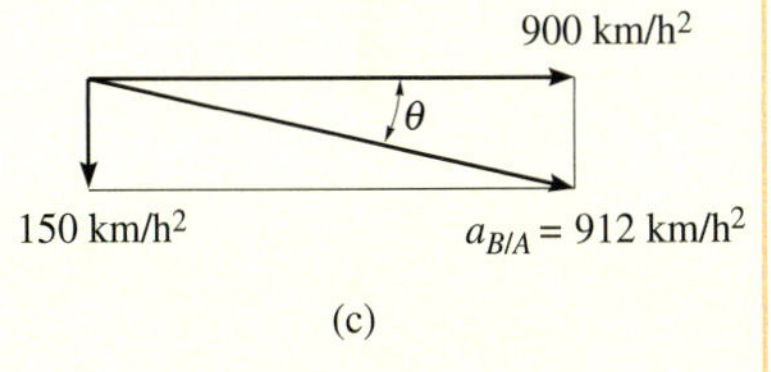

(c)

Abbildung 1.45

Die Lösung dieses Beispiels ist in einem translatorisch bewegten Referenzsystem möglich, denn der Pilot in Flugzeug A bewegt sich rein translatorisch. Die Beobachtung des Flugzeuges A vom Flugzeug B aus muss jedoch in einem rotierenden Achsensystem in B ermittelt werden. (Das setzt allerdings voraus, dass der Pilot von B fest im rotierenden System sitzt und seine Augen nicht bewegt, um der Bewegung von A zu folgen.) Die Rechnung dazu wird in *Beispiel 5.22* gezeigt.

Beispiel 1.28

Zum dargestellten Zeitpunkt fahren die Autos A und B in Abbildung 1.46 mit der Geschwindigkeit $\mathbf{v}_A$ bzw. $\mathbf{v}_B$. Zu diesem Zeitpunkt hat A die Beschleunigung a_A und B die Beschleunigung a_B. Ermitteln Sie die Geschwindigkeit und Beschleunigung von B bezüglich A.

$v_A = 18$ m/s, $a_A = 2$ m/s², $v_B = 12$ m/s, $(a_B)_t = 3$ m/s², $\rho_B = 100$ m, $\gamma = 60°$

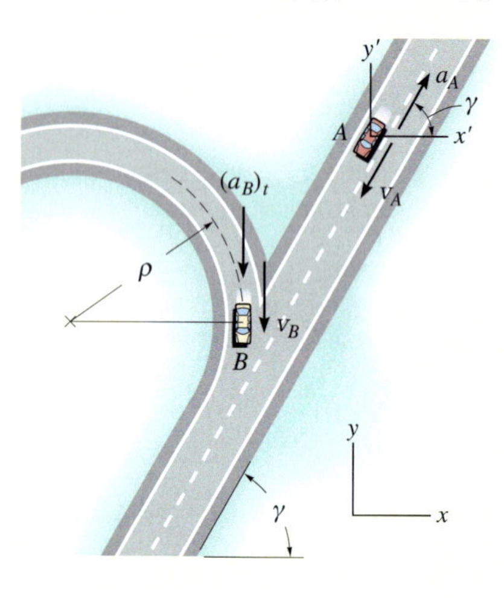

(a)

Abbildung 1.46

Lösung

Geschwindigkeit Die x- und y-Achsen werden in einem Punkt auf dem Boden fixiert, die bewegten x'- und y'-Achsen im bewegten Wagen A, siehe Abbildung 1.46a. Warum? Die relative Geschwindigkeit wird aus Gleichung $\mathbf{v}_B = \mathbf{v}_A + \mathbf{v}_{B/A}$ bestimmt. Welches sind die beiden Unbekannten? Die Rechnung mittels kartesischer Vektoren ergibt

$$\mathbf{v}_B = \mathbf{v}_A + \mathbf{v}_{B/A}$$
$$-v_B\mathbf{j} = (-v_A\cos\gamma\,\mathbf{i} - v_A\sin\gamma\,\mathbf{j}) + \mathbf{v}_{B/A}$$
$$\mathbf{v}_{B/A} = v_A\cos\gamma\,\mathbf{i} + (v_A\sin\gamma - v_B)\mathbf{j}$$
$$= (9\,\mathbf{i} + 3{,}588\,\mathbf{j})\ \mathrm{m/s}$$

Der Betrag ist damit

$$v_{B/A} = \sqrt{(9)^2 + (3{,}588)^2}\ \mathrm{m/s} = 9{,}69\ \mathrm{m/s}$$

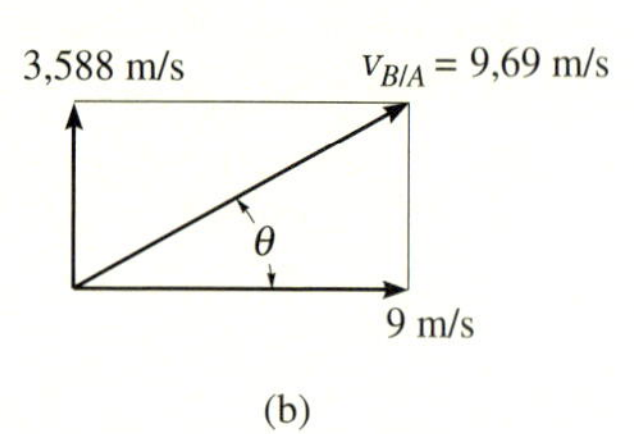

(b)

Da die $\mathbf{i}$- und die $\mathbf{j}$-Koordinate von $\mathbf{v}_{B/A}$ positiv sind, siehe Abbildung 1.46b, gilt für die Richtung von $\mathbf{v}_{B/A}$:

$$\tan\theta = \frac{(v_{B/A})_y}{(v_{B/A})_x} = \frac{3{,}588}{9}$$
$$\theta = 21{,}7°$$

Beschleunigung Das Auto B hat eine tangentiale und eine normale Komponente der Beschleunigung. Warum? Der Betrag der Normalkomponente ist

$$a_{Bn} = \frac{v_B^2}{\rho} = \frac{(12 \text{ m/s})^2}{100 \text{ m}} = 1{,}440 \text{ m/s}^2$$

Durch Anwendung der Beschleunigungsgleichung ergibt sich

$$\mathbf{a}_B = \mathbf{a}_A + \mathbf{a}_{B/A}$$
$$\mathbf{a}_{B/A} = \left[(\mathbf{a}_B)_n + (\mathbf{a}_B)_t\right] - \left[(a_A \cos\gamma)\,\mathbf{i} + (a_A \sin\gamma)\,\mathbf{j}\right]$$
$$= \{-2{,}440\mathbf{i} - 4{,}732\mathbf{j}\} \text{ m/s}^2$$

In diesem Fall hat $\mathbf{a}_{B/A}$ negative $\mathbf{i}$- und $\mathbf{j}$-Koordinaten. Mit Hilfe von Abbildung 1.46c können dann auch Betrag und Richtung bestimmt werden:

$$a_{B/A} = \sqrt{(2{,}440)^2 + (4{,}732)^2} \text{ m/s}^2 = 5{,}32 \text{ m/s}^2$$
$$\tan\phi = \frac{(a_{B/A})_y}{(a_{B/A})_x} = \frac{4{,}732}{2{,}440}$$
$$\phi = 62{,}7°$$

Kann man auf diese Weise die relative Beschleunigung $\mathbf{a}_{A/B}$ bestimmen? Betrachten Sie hierzu den Kommentar zu *Beispiel 1.27*.

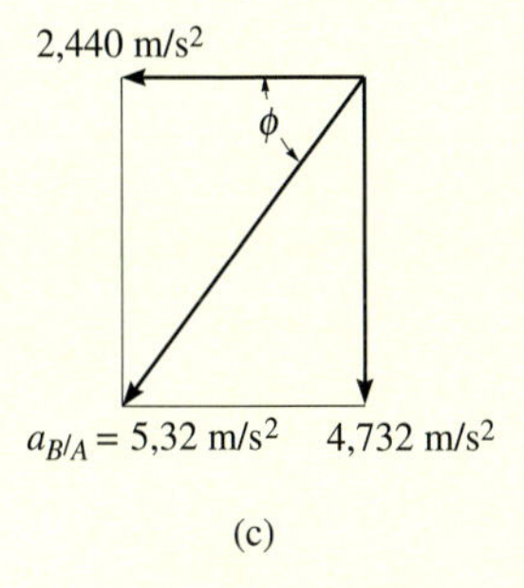

Abbildung 1.46

ZUSAMMENFASSUNG

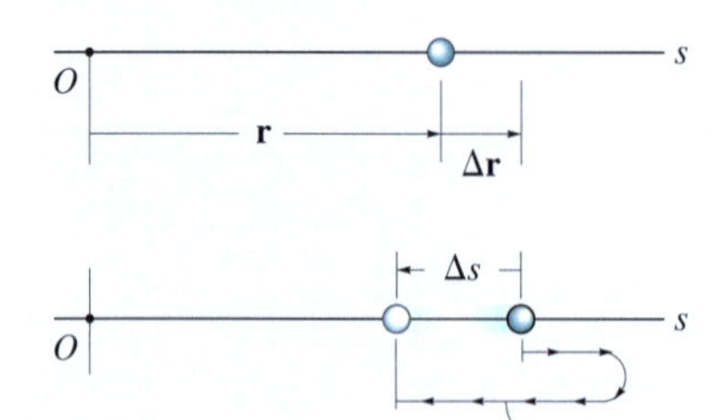

■ ***Geradlinige Kinematik*** Die geradlinige Kinematik befasst sich mit der Bewegung eines Massenpunktes entlang einer Geraden. Eine Ortskoordinate s gibt die Lage des Massenpunktes an. Die Verschiebung Δs ist seine Lageänderung.

Die mittlere Geschwindigkeit ist eine Vektorgröße, die als Verschiebung dividiert durch das Zeitintervall definiert ist:

$$\mathbf{v}_{mittel} = \frac{\Delta \mathbf{r}}{\Delta t}$$

Dies unterscheidet sich von der durchschnittlichen Geschwindigkeit, einer skalaren Größe, die als die Gesamtstrecke dividiert durch die Zeitspanne definiert ist, in der die Bewegung stattfindet:

$$v_{durchschnittl} = \frac{s_{gesamt}}{\Delta t}$$

Zeit, Lage, momentane Geschwindigkeit und momentane Beschleunigung sind über die Differenzialgleichungen

$$v = ds/dt$$
$$a = dv/dt$$
$$a\,ds = v\,dv$$

miteinander verknüpft. Bei bekannter, konstanter Beschleunigung a_0 führt die Integration dieser Gleichungen auf

$$v = v_0 + a_0 t$$
$$s = s_0 + v_0 t + \frac{1}{2} a_0 t^2$$
$$v^2 = v_0{}^2 + 2a_c (s - s_0)$$

■ ***Grafische Lösungen*** Ist die Bewegung abschnittsweise definiert, kann sie oft noch grafisch dargestellt und beschrieben werden oder die kinematischen Abhängigkeiten sind in Intervallen definiert. Wenn eines der Diagramme gegeben ist, können die anderen mit den differenziellen Beziehungen $v = ds/dt$, $a = dv/dt$ oder $a\,ds = v\,dv$ bestimmt werden. Ist das v-t-Diagramm bekannt, so werden die Werte des s-t-Diagramms aus der Gleichung ($\Delta s = \int v\,dt =$ Flächeninkremente unter der v-t-Kurve) ermittelt. Die Werte des a-t-Diagramms werden aus $a = dv/dt =$ Steigung des v-t-Diagramms bestimmt.

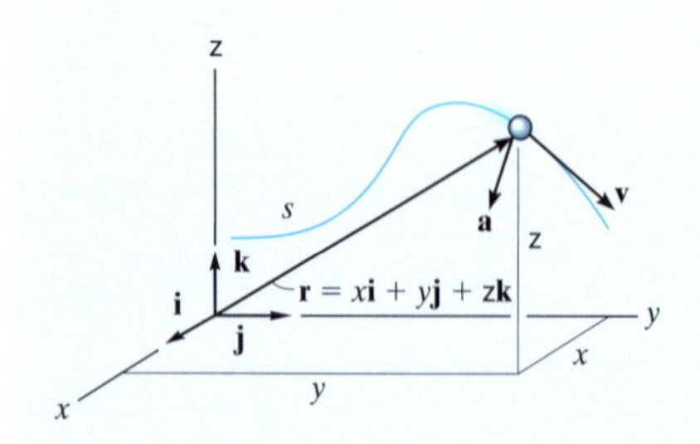

■ ***Krummlinige Bewegung x, y, z*** Für diesen Fall wird die Bewegung entlang dem Weg in geradlinige Bewegungen entlang der x-, y- und z-Achsen zerlegt:

$$v_x = \dot{x} \quad a_x = \dot{v}_x$$
$$v_y = \dot{y} \quad a_y = \dot{v}_y$$
$$v_z = \dot{z} \quad a_z = \dot{v}_z$$

Mit der Gleichung der Bahnkurve verknüpft man die Bewegungen entlang der Achsen.

- ***Schiefer Wurf*** Der freie Flug eines Massenpunktes folgt einer parabolischen Bahn. Der Massenpunkt hat eine konstante Geschwindigkeit in horizontaler Richtung und die konstante Beschleunigung $g = 9{,}81\ \mathrm{m/s^2}$ in vertikaler Richtung. Zwei der drei Gleichungen für die konstante Beschleunigung gelten in vertikaler Richtung, in horizontaler Richtung gilt nur $x = x_0 + v_{0x}t$.

- ***Krummlinige Bewegung n, t*** Werden natürliche Koordinaten für die Rechnung verwendet, weist v immer in die positive t-Richtung. Die Beschleunigung hat zwei Komponenten. Die tangentiale Komponente $\mathbf{a}_t$ mit $a_t = \dot{v}$ bzw. $a_t ds = v dv$ steht für die Änderung des Betrages der Geschwindigkeit, eine Verzögerung wirkt in negative, eine Beschleunigung in positive t-Richtung. Die normale Komponente $\mathbf{a}_n$ mit

$$a_n = \frac{v^2}{\rho}$$

ist ein Maß für die Veränderung der Richtung der Geschwindigkeit. Diese Komponente weist immer in positive n-Richtung zum Krümmungsmittelpunkt.

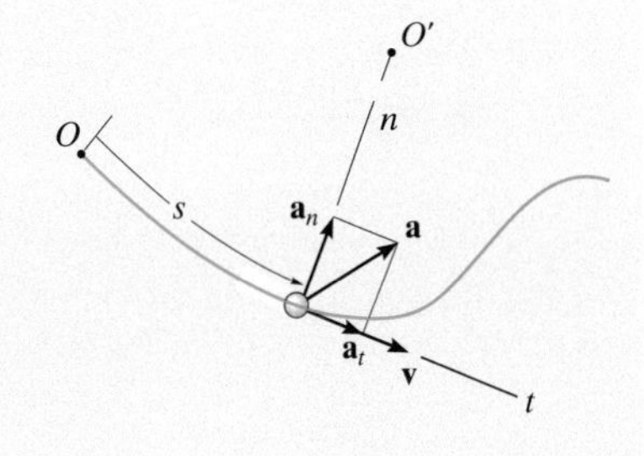

- ***Krummlinige Bewegung r, θ, z*** Wird die Lage über Polarkoordinaten ausgedrückt, so erhält man die Koordinaten von Geschwindigkeit und Beschleunigung zu

$$v_r = \dot{r}\ ,\ a_r = \ddot{r} - r\dot{\theta}^2$$

$$v_\theta = r\dot{\theta}\ ,\ a_\theta = r\ddot{\theta} + 2\dot{r}\dot{\theta}$$

Zur Anwendung dieser Gleichungen werden r, $\dot{r}$, $\ddot{r}$, $\dot{\theta}$ und $\ddot{\theta}$ zum betrachteten Zeitpunkt bestimmt. Ist der Weg $r = f(\theta)$ gegeben, wird zur Ermittlung der Ableitung nach der Zeit die Kettenregel angewendet. Nach Einsetzen der Werte in die Gleichungen zeigen die Vorzeichen die Richtung der Koordinaten von v oder a entlang jeder Achse.

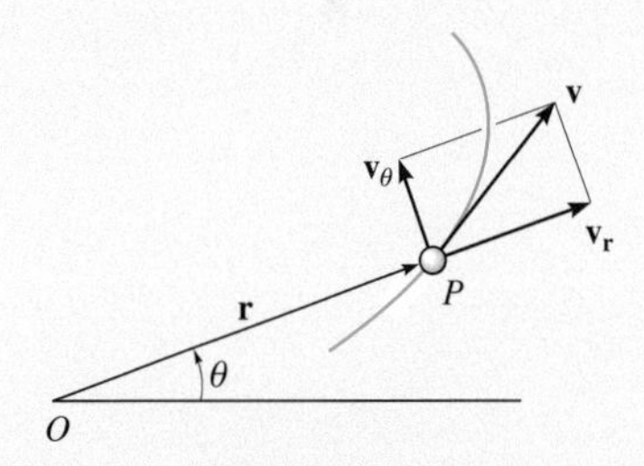

Geschwindigkeit

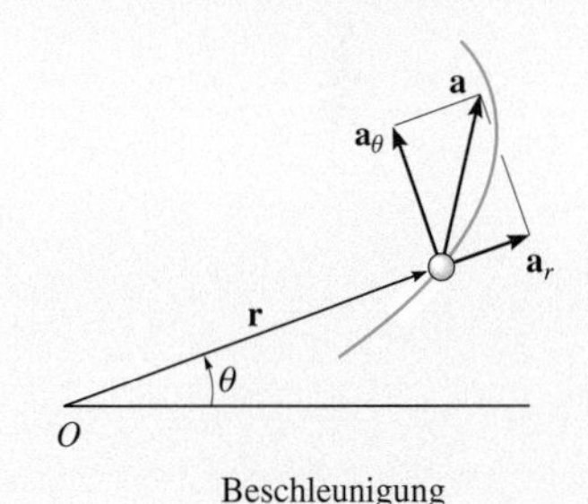

Beschleunigung

- ***Abhängige Bewegung zweier Massenpunkte*** Die gekoppelten Bewegungen von Massen, die über undehnbare Seile und Rollen miteinander verbunden sind, können über geometrische Beziehungen verknüpft werden. Dazu werden zunächst Ortskoordinaten bezüglich eines raumfesten Ursprungs so festgelegt, dass sie entlang der Bewegungsbahn der Massenpunkte gerichtet sind. Geometrisch werden die Koordinaten dann mit der Seillänge in Beziehung gesetzt und ein Zusammenhang der Lagekoordinaten aufgestellt. Die erste Ableitung dieser Gleichung nach der Zeit führt auf eine Beziehung zwischen den Geschwindigkeiten der Massen und die zweite Ableitung nach der Zeit ergibt die Beziehung zwischen den Beschleunigungen.

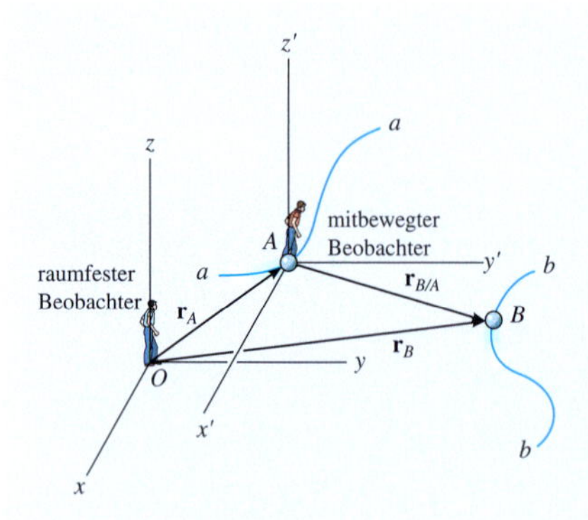

■ ***Untersuchung der Relativbewegung in translatorisch bewegten Bezugssystemen*** Bewegen sich zwei Massenpunkte A und B unabhängig voneinander, können diese Bewegungen mit ihrer relativen Bewegung verknüpft werden. Unter Verwendung eines rein translatorisch bewegten Bezugssystems, befestigt an einem der Massenpunkte (A), erhält man ausgehend von der Verknüpfung auf Lageebene

$$\mathbf{r}_B = \mathbf{r}_A + \mathbf{r}_{B/A}$$

die Geschwindigkeits- und die Beschleunigungsgleichungen

$$\mathbf{v}_B = \mathbf{v}_A + \mathbf{v}_{B/A}$$

$$\mathbf{a}_B = \mathbf{a}_A + \mathbf{a}_{B/A}$$

Bei einer ebenen Bewegung führen diese beiden Beziehungen auf zwei skalare Gleichungen, eine in x-, die andere in y-Richtung. Bei der Lösung können die Vektoren in kartesischer Form geschrieben werden, oder man schreibt sie skalar direkt koordinatenweise.

Aufgaben zu 1.2

Ausgewählte Lösungswege 

Lösungen finden Sie in *Anhang C*.

1.1 Ein Fahrradfahrer fährt aus dem Stillstand los und erreicht auf einem geradlinigen Weg der Länge s die Geschwindigkeit v. Bestimmen Sie die Beschleunigung für den Fall, dass sie *konstant* ist. Wie lange braucht der Fahrradfahrer, um die Geschwindigkeit v zu erreichen?

Gegeben: $v = 30\ \text{km/h}$, $s = 20\ \text{m}$

1.2 Ein Auto fährt aus dem Stillstand los und erreicht nach einer Strecke s auf gerader Straße die Geschwindigkeit v. Bestimmen Sie die konstante Beschleunigung und die benötigte Zeitspanne.

Gegeben: $v = 20\ \text{m/s}$, $s = 125\ \text{m}$

1.3 Ein Ball wird von einem Turm der Höhe h nach unten geworfen. Seine Anfangsgeschwindigkeit beträgt v_A. Bestimmen Sie die Geschwindigkeit des Balles beim Auftreffen auf den Boden und die benötigte Zeitspanne.

Gegeben: $v_A = 4{,}5\ \text{m/s}$, $h = 12{,}5\ \text{m}$

***1.4** Ein Massenpunkt bewegt sich entlang einer geraden Linie und legt im Zeitintervall T_A die Strecke von der Anfangslage s_A bis zur Lage s_B, und danach legt er im Zeitintervall T_B die Strecke von s_B bis s_C zurück. Bestimmen Sie die mittlere Geschwindigkeit des Massenpunktes in der gesamten Zeitspanne.

Gegeben: $T_A = 2\ \text{s}$, $T_B = 4\ \text{s}$, $s_A = 0{,}5\ \text{m}$, $s_B = -1{,}5\ \text{m}$, $s_C = 2{,}5\ \text{m}$

1.5 Ein Auto mit der Anfangsgeschwindigkeit v_A beschleunigt auf einer geraden Straße mit der Beschleunigung a. Wie lange braucht es, um die Geschwindigkeit v zu erreichen? Welche Strecke legt das Auto in diesem Zeitraum zurück?

Gegeben: $v_A = 70\ \text{km/h}$, $a = 6\,000\ \text{km/h}^2$, $v = 120\ \text{km/h}$

1.6 Ein Zug fährt mit der veränderlichen Geschwindigkeit v. Welche Strecke s wird bis zum Zeitpunkt t_1 zurückgelegt und wie groß ist dann die Beschleunigung?

Gegeben: $v(t) = v_0(1 - e^{-3t/t_1})$, $v_0 = 20\ \text{m/s}$, $t_1 = 3\ \text{s}$

Abbildung A 1.6

1.7 Die Lage eines Massenpunktes auf einer geraden Strecke ist gegeben durch die Funktion $s = ct^3 - dt^2 + et$. Bestimmen Sie die maximale Beschleunigung und die maximale Geschwindigkeit im Zeitintervall $0 \le t \le 10\ \text{s}$.

Gegeben: $c = 0{,}3\ \text{m/s}^3$, $d = 2{,}7\ \text{m/s}^2$, $e = 4{,}5\ \text{m/s}$

***1.8** Aus welcher Etage eines Hochhauses muss ein Auto aus der Ruhelage fallen, damit es beim Aufschlag auf den Boden die Geschwindigkeit v_E erreicht? Jede Etage hat die Höhe h. (Denken Sie daran, wenn Sie mit dieser Geschwindigkeit Auto fahren!)

Gegeben: $v_E = 25\ \text{m/s} = 90\ \text{km/h}$, $h = 3{,}6\ \text{m}$

***1.9** Ein Auto soll mit einem Aufzug auf die vierte Etage eines Parkhauses in die Höhe h gebracht werden. Der Aufzug beschleunigt mit a_1, bremst mit a_2 ab und erreicht eine maximale Geschwindigkeit v_{max}. Ermitteln Sie die kürzeste Zeitspanne, in welcher der Aufzug aus der Ruhe losfährt und zur Ruhe kommt.

Gegeben: $a_1 = 0{,}2\ \text{m/s}^2$, $a_2 = -0{,}1\ \text{m/s}^2$, $v_{max} = 2{,}7\ \text{m/s}$

1.10 Ein Massenpunkt bewegt sich auf einer geraden Strecke. Seine Bewegung wird im Zeitintervall $t_1 \le t \le t_3$ durch die Funktion $v = k/a$ beschrieben, wobei a die Beschleunigung ist. Bestimmen Sie die Beschleunigung zum Zeitpunkt $t = t_2$, wenn die Geschwindigkeit bei $t = t_1$ durch v_1 vorgegeben ist.

Gegeben: $t_1 = 2\ \text{s}$, $v_1 = 3\ \text{m/s}$, $t_3 = 6\ \text{s}$, $t_2 = 3\ \text{s}$, $k = 2\ \text{m}^2/\text{s}^3$

1.11 Die Beschleunigung eines sich auf einer geraden Strecke bewegenden Massenpunktes wird durch die Funktion $a = (bt - a_0)$ beschrieben. Bestimmen Sie die Geschwindigkeit und die Lage des Massenpunktes zum Zeitpunkt $t = t_2$, wenn zum Zeitpunkt $t = t_1$ die Strecke durch $s = s_1$ und die Geschwindigkeit durch $v = v_1$ vorgegeben sind. Ermitteln Sie auch die gesamte Länge des Weges in diesem Zeitraum.

Gegeben: $t_1 = 0$, $s_1 = 1\ \text{m}$, $v_1 = 2\ \text{m/s}$, $t_2 = 6\ \text{s}$, $b = 2\ \text{m/s}^3$, $a_0 = 1\ \text{m/s}^2$

***1.12** Ein Zug fährt mit der Geschwindigkeit v auf einer geraden Strecke und beginnt mit $a = kv^{-4}$ zu beschleunigen. Bestimmen Sie die Geschwindigkeit v und die Lage s nach der Zeitspanne t nach dem Beschleunigen.

Gegeben: $t = 3\ \text{s}$, $k = 60\ \text{m}^5/\text{s}^6$

Abbildung A 1.12

1.13 Die Lage eines Massenpunktes auf einer geraden Strecke ist durch die Funktion $s = ct^3 - dt^2 + et$ gegeben. Bestimmen Sie die Lage des Massenpunktes nach der Zeitspanne t und die dann insgesamt zurückgelegte Strecke. *Hinweis:* Zeichnen Sie zur Bestimmung der Strecke den Weg auf.

Gegeben: $t = 6$ s, $c = 0{,}3$ m/s^3, $d = 2{,}7$ m/s^2, $e = 4{,}5$ m/s

1.14 Die Lage eines Massenpunktes auf einer geraden Strecke ist gegeben durch die Funktion $s = ct^3 - dt^2 + et$. Bestimmen Sie die Lage des Massenpunktes nach der Zeitspanne t und die dann insgesamt zurückgelegte Strecke. *Hinweis:* Zeichnen Sie zur Bestimmung der Strecke den Weg auf.

Gegeben: $t = 6$ s, $c = 1$ m/s^3, $d = 9$ m/s^2, $e = 15$ m/s

1.15 Ein Massenpunkt bewegt sich auf einer geraden Strecke mit der Geschwindigkeit $v = k/(b + s)$ nach rechts. Bestimmen Sie seine Lage zum Zeitpunkt $t = t_2$. Bei $t = t_1$ beträgt die Strecke $s = s_1$.

Gegeben: $t_1 = 0$, $s_1 = 5$ m, $t_2 = 6$ s, $k = 5$ m^2/s, $b = 4$ m

***1.16** Ein Massenpunkt bewegt sich auf einer geraden Strecke mit der Geschwindigkeit $v = k/(b + s)$ nach rechts. Bestimmen Sie die Beschleunigung des Massenpunktes bei $s = s_1$.

Gegeben: $s_1 = 2$ m, $k = 5$ m^2/s, $b = 4$ m

1.17 Zwei Massenpunkte A und B beginnen die Bewegung im Ursprung $s = 0$ und bewegen sich auf einer geraden Strecke mit der Beschleunigung $a_A = k_A t - b_A$ und $a_B = k_B t^2 - b_B$ nach rechts. Bestimmen Sie den Abstand der beiden Massenpunkte zum Zeitpunkt $t = t_2$ und die Längen der gesamten Wege, die beide zurückgelegt haben.

Gegeben: $t_1 = 0$, $t_2 = 4$ s, $k_A = 6$ m/s^3, $b_A = 3$ m/s^2, $k_B = 12$ m/s^4, $b_B = 8$ m/s^2

1.18 Ein Auto fährt aus dem Stillstand los und bewegt sich mit der Beschleunigung $a = (ks^{-1/3})$. Bestimmen Sie die Beschleunigung des Autos zum Zeitpunkt t_1.

Gegeben: $t_1 = 4$ s, $k = 3$ m$^{4/3}$/s^2

1.19 Ein Stein A wird aus der Ruhe in einen Brunnen geworfen, nach der Zeit t_1 folgt der Stein B ebenfalls aus der Ruhe. Bestimmen Sie den Abstand der Steine zum Zeitpunkt $t = t_2$.

Gegeben: $t_1 = 1$ s, $t_2 = 2$ s

1.20 Ein Stein A wird aus der Ruhe in einen Brunnen geworfen, nach der Zeit t folgt der Stein B ebenfalls aus der Ruhe. Bestimmen Sie den Zeitraum zwischen den Zeitpunkten, in denen A und B auf das Wasser auftreffen. Ermitteln Sie ebenfalls die Geschwindigkeit der Steine beim Auftreffen.

Gegeben: $t = 1$ s, $h = 80$ m

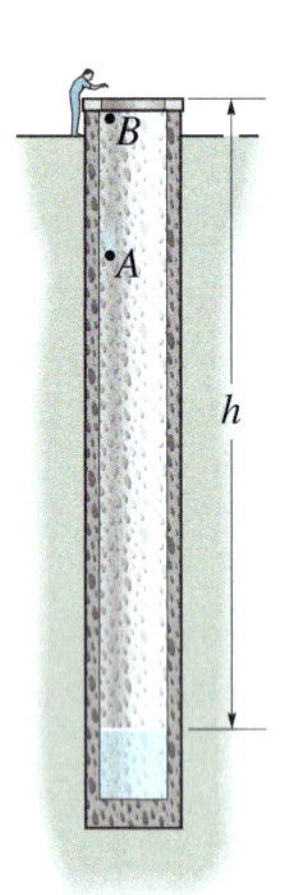

Abbildung A 1.19/1.20

1.21 Ein Massenpunkt bewegt sich auf einer geraden Strecke mit der Beschleunigung $a = -ks$, s ist der Abstand vom Startpunkt und k die zu ermittelnde Proportionalitätskonstante. Bei $s = s_1$ beträgt die Geschwindigkeit v_1 und bei $s = s_2$ beträgt sie v_2. An welcher Stelle s ist $v = 0$?

Gegeben: $s_1 = 2$ m, $v_1 = 4$ m/s, $s_2 = 3{,}5$ m, $v_2 = 10$ m/s

1.22 Die Beschleunigung einer aufsteigenden Rakete ist durch die Funktion $a = a_0 + ks$ gegeben. Bestimmen Sie die Geschwindigkeit v_1 bei $s = s_1$ und die erforderliche Zeit zum Erreichen dieser Höhe. Bei $t = t_0$ ist die Position $s = s_0$ und die Geschwindigkeit $v = v_0$.

Gegeben: $s_1 = 2$ km, $s_0 = v_0 = t_0 = 0$, $a_0 = 6$ m/s^2, $k = 0{,}02$/s^2

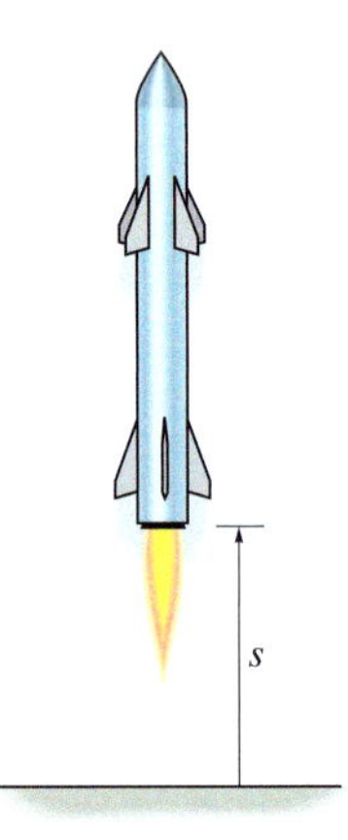

Abbildung A 1.22

1.23 Die Beschleunigung einer aufsteigenden Rakete ist durch die Funktion $a = a_0 + ks$ beschrieben. Bestimmen Sie die erforderliche Zeit zum Erreichen der Höhe s. Bei $t = t_0$ ist die Position $s = s_0$ und die Geschwindigkeit $v = v_0$.

Gegeben: $s_1 = 100$ m, $s_0 = v_0 = t_0 = 0$, $a_0 = 6$ m/s^2, $k = 0{,}02/\text{s}^2$

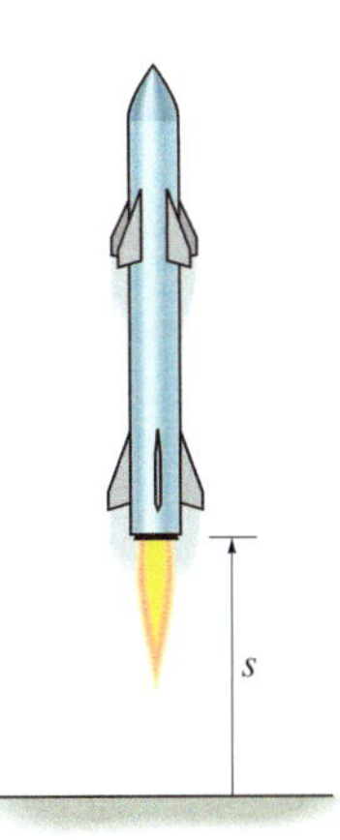

Abbildung A 1.23

***1.24** Bei $t = t_0$ wird eine Kugel A vertikal nach oben mit einer Anfangs-(Mündungs-)geschwindigkeit v_A abgefeuert. Bei $t = t_1$ wird eine Kugel B ebenfalls nach oben mit einer Anfangs-(Mündungs-)geschwindigkeit v_B abgefeuert. Ermitteln Sie die Zeit t nach Abschuss von A, bei der Kugel B Kugel A trifft. In welcher Höhe geschieht dies?

Gegeben: $t_0 = 0$, $v_A = 450$ m/s, $t_1 = 3$ s, $v_B = 600$ m/s

■ 1.25 Ein Massenpunkt bewegt sich mit der Beschleunigung $a = a_0/(bs^{1/3} + cs^{5/2})$. Bestimmen Sie die Geschwindigkeit des Massenpunktes bei $s = s_1$, wenn die Bewegung bei $s = s_0$ aus der Ruhe beginnt. Berechnen Sie das Integral mit der Simpson-Regel.

Gegeben: $s_0 = 1$ m, $s_1 = 2$ m, $a_0 = 5$ m/s^2, $b = 3$ m$^{-1/3}$, $c = 1$ m$^{-5/2}$

1.26 Ein Ball A fällt aus der Ruhe von der Höhe h_A, während der Ball B aus der Höhe h_B in die Höhe geworfen wird. In der Höhe h begegnen sich die beiden Bälle. Ermitteln Sie die Geschwindigkeit v_B, mit der Ball B hoch geworfen wird.

Gegeben: $h_A = 12$ m, $h_B = 1{,}5$ m, $h = 6$ m

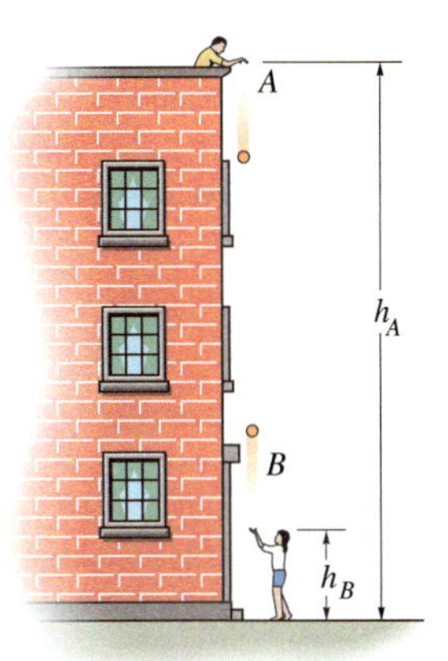

Abbildung A 1.26

***■ 1.27** Ein Projektil bewegt sich vom Ursprung O vertikal entlang einer Geraden durch ein flüssiges Medium nach unten. Seine Geschwindigkeit verändert sich gemäß $v = v_0(ke^{-t/T} + t/T)^{1/2}$. Zeichnen Sie die Lage s des Projektils als Funktion der Zeit für die Zeitspanne bis $t = t_1$. Berechnen Sie s mit inkrementellen Werten von Δt.

Gegeben: $t_1 = 2$ s, $\Delta t = 0{,}25$ s, $v_0 = 3$ m/s, $k = 8$, $T = 1$ s

***1.28** Die Beschleunigung eines Massenpunktes entlang einer Geraden wird durch die Funktion $a = kt - a_0$ beschrieben. Zum Zeitpunkt $t = 0$ sind $s = s_0$ und $v = v_0$. Bestimmen Sie zur Zeit $t = t_1$ (a) die Lage des Massenpunktes, (b) die Länge des gesamten zurückgelegten Weges, (c) die Geschwindigkeit.

Gegeben: $s_0 = 1$ m, $v_0 = 10$ m/s, $t_1 = 9$ s, $k = 2$ m/s^3, $a_0 = 9$ m/s^2

1.29 Ein Massenpunkt bewegt sich entlang einer Geraden und hat bei $s = 0$ die Geschwindigkeit v_0. Er wird mit der geschwindigkeitsabhängigen Beschleunigung $a = -kv^{1/2}$ abgebremst. Bestimmen Sie den Weg, den er zurücklegt bis er anhält.

Gegeben: $k = 1{,}5$ m$^{1/2}$/s$^{3/2}$, $v_0 = 4$ m/s

■ **1.30** Ein Massenpunkt bewegt sich mit der Beschleunigung $a = a_0/(bs^{1/3} + cs^{5/2})$ entlang einer Geraden. Er beginnt die Bewegung bei $s = s_0$ aus der Ruhe. Bestimmen Sie seine Geschwindigkeit bei $s = s_1$. Berechnen Sie das Integral mit der Simpson-Regel.

Gegeben: $s_0 = 1\ \text{m}$, $s_1 = 2\ \text{m}$, $a_0 = 5\ \text{m/s}^2$, $b = 3\ \text{m}^{-1/3}$, $c = 1\ \text{m}^{-5/2}$

1.31 Ermitteln Sie die Zeit, die ein Auto braucht, um die Strecke s zurückzulegen. Das Auto startet aus der Ruhe, erreicht die maximale Geschwindigkeit und hält am Ende der Straße an. Das Auto kann mit a_1 beschleunigen und mit a_2 abbremsen.

Gegeben: $s = 1\ \text{km}$, $a_1 = 1{,}5\ \text{m/s}^2$, $a_2 = -2\ \text{m/s}^2$

***1.32** Die beiden Autos A und B starten von der gleichen Position und fahren mit der Geschwindigkeit v_A bzw. v_B. Während Auto B seine Geschwindigkeit beibehält, bremst Auto A mit der Beschleunigung a_A ab. Ermitteln Sie den Abstand d zwischen den Autos zu dem Zeitpunkt, in dem A zum Stehen kommt.

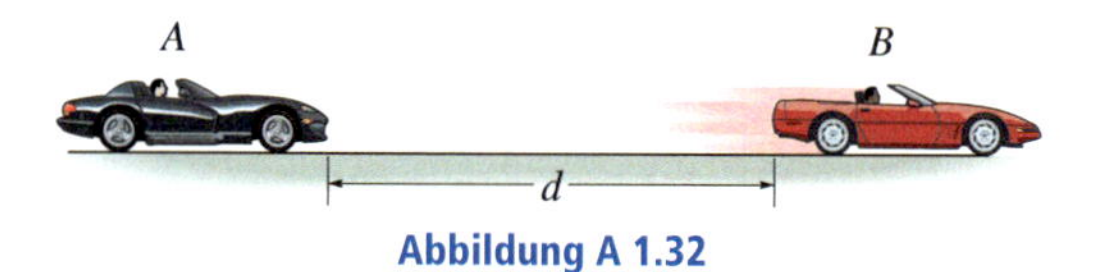

Abbildung A 1.32

1.33 Unter Berücksichtigung des Luftwiderstandes hat ein frei fallender Körper eine Beschleunigung, die der Funktion $a = a_0(1 - kv^2)$ folgt. Die positive Richtung ist nach unten gerichtet. Der Körper fällt aus der Ruhe aus einer *sehr großen Höhe*. Bestimmen Sie (a) die Geschwindigkeit für $t = t_1$ und (b) die Endgeschwindigkeit oder maximal erreichbare Geschwindigkeit (für $t \to \infty$).

Gegeben: $t_1 = 5\ \text{s}$, $a_0 = 9{,}81\ \text{m/s}^2$, $k = 10^{-4}\ \text{s}^2/\text{m}^2$

1.34 Bewegt sich ein Körper in einer sehr großen Höhe über der Erd*oberfläche*, dann muss die Veränderung der Erdbeschleunigung mit der Höhe y berücksichtigt werden. Unter Vernachlässigung des Luftwiderstandes wird die Beschleunigung des Körpers durch die Funktion

$$a = -g_0\left[\frac{R^2}{(R+y)^2}\right]$$

beschrieben, wobei g_0 die Erdbeschleunigung auf Normalnull und R der Erdradius ist. Die positive Richtung ist nach oben gerichtet. Bestimmen Sie die minimale Anfangsgeschwindigkeit (Fluchtgeschwindigkeit), mit der ein Projektil vertikal von der Erdoberfläche geschossen werden muss, damit es nicht auf die Erde zurückfällt. *Hinweis:* Dazu muss $v = 0$ für $y \to \infty$ gelten.

Gegeben: $g_0 = 9{,}81\ \text{m/s}^2$, $R = 6356\ \text{km}$

1.35 Stellen Sie unter Berücksichtigung der Änderung der Erdbeschleunigung mit der Höhe (siehe Aufgabe 1.34) eine Gleichung zur Verknüpfung der Geschwindigkeit eines frei fallenden Massenpunktes mit seiner Höhe auf. Nehmen Sie an, dass der Massenpunkt aus der Ruhe in einer Höhe y_0 in Richtung Erdoberfläche fällt. Mit welcher Geschwindigkeit schlägt der Massenpunkt für den gegebenen Wert y_0 auf der Erde auf?

Gegeben: $g_0 = 9{,}81\ \text{m/s}^2$, $R = 6356\ \text{km}$, $y_0 = 500\ \text{km}$

***1.36** Fällt ein Massenpunkt durch die Luft, nimmt die Anfangsbeschleunigung $a_0 = g$ bis auf null ab. Dann fällt er mit der konstanten Geschwindigkeit v_E. Diese Veränderung der Beschleunigung wird durch die Gleichung

$$a = \left(\frac{g}{v_E^2}\right)\left(v_E^2 - v^2\right)$$

beschrieben. Ermitteln Sie die Zeit, nach der die Geschwindigkeit auf einen Wert $v < v_E$ abgefallen ist. Der Massenpunkt beginnt aus der Ruhe zu fallen.

Aufgaben zu 1.3

Ausgewählte Lösungswege 

Lösungen finden Sie in *Anhang C*.

***1.37** Ein Flugzeug startet aus der Ruhe, rollt die Strecke s auf der Startbahn und hebt nach konstanter (zu berechnender) Beschleunigung mit der Geschwindigkeit v_1 ab. Es steigt dann entlang einer Geraden mit konstanter Beschleunigung a_2 auf, bis es eine konstante Geschwindigkeit v_2 erreicht hat. Zeichnen Sie die s-t-, v-t- und a-t-Diagramme, die seine Bewegung beschreiben.

Gegeben: $s = 1\,500$ m, $v_1 = 260$ km/h, $a_2 = 0{,}9$ m/s^2, $v_2 = 353$ km/h

1.38 Ein Aufzug fährt aus der 1. Etage eines Gebäudes. Er kann mit a_1 beschleunigen und dann mit a_2 abbremsen. Ermitteln Sie das kürzeste Zeitintervall, in dem der Aufzug bis zu einer Etage in der Höhe h kommt. Er fährt aus der Ruhe los und hält an. Zeichnen Sie die s-t-, v-t- und a-t-Diagramme, die seine Bewegung beschreiben.

Gegeben: $h = 12$ m, $a_1 = 1{,}5$ m/s^2, $a_2 = -0{,}6$ m/s^2

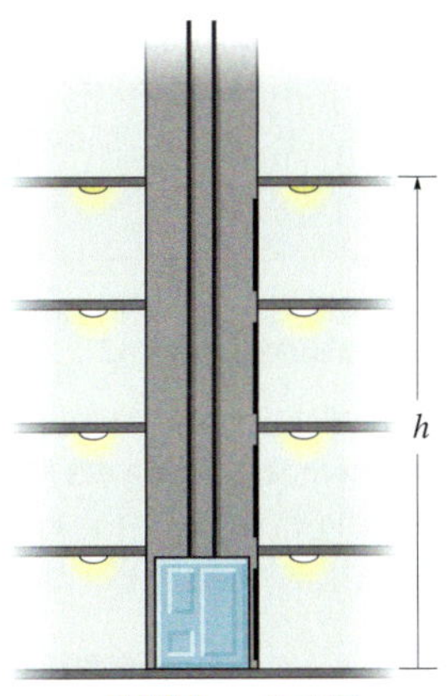

Abbildung A 1.38

1.39 Ein Güterzug fährt aus der Ruhe an und bewegt sich mit konstanter Beschleunigung a. Nach Ablauf der Zeit t' fährt er mit konstanter Geschwindigkeit v weiter und hat nach Ablauf der Zeit t die Strecke s zurückgelegt. Ermitteln Sie t' und zeichnen Sie das v-t-Diagramm der Bewegung.

Gegeben: $a = 0{,}15$ m/s^2, $t = 160$ s, $s = 600$ m

***1.40** Die Lage eines Massenpunktes ist durch $s = b\sin(\omega\, t) + c$ gegeben. Zeichnen Sie die s-t-, v-t- und a-t-Diagramme im Zeitintervall $0 \leq t \leq 10$ s.

Gegeben: $b = 2$ m, $c = 4$ m, $\omega = \pi/5$ s^{-1}

1.41 Dargestellt ist das v-t-Diagramm für einen Massenpunkt, der sich durch ein elektrisches Feld von einer Platte zu einer anderen bewegt. Die Beschleunigungen a_1 und a_2 sind jeweils konstant. Der Abstand zwischen den Platten beträgt s_{max}. Bestimmen Sie die maximale Geschwindigkeit v_{max} des Massenpunktes und die für s_{max} benötigte Zeit t'. Zeichnen Sie das s-t-Diagramm. Zur Zeit $t = t'/2$ hat der Massenpunkt die Strecke s zurückgelegt.

Gegeben: $a_1 = 4$ m/s^2, $a_2 = -4$ m/s^2, $s_{max} = 200$ mm, $s = 100$ mm

***1.42** Dargestellt ist das v-t-Diagramm für einen Massenpunkt, der sich durch ein elektrisches Feld von einer Platte zu einer anderen bewegt. Zeichnen Sie das s-t- und das a-t-Diagramm für den Massenpunkt. Zum Zeitpunkt $t = t'/2$ hat der Massenpunkt die Strecke s zurückgelegt.

Gegeben: $t' = 0{,}2$ s, $v_{max} = 10$ m/s, $s = 0{,}5$ m

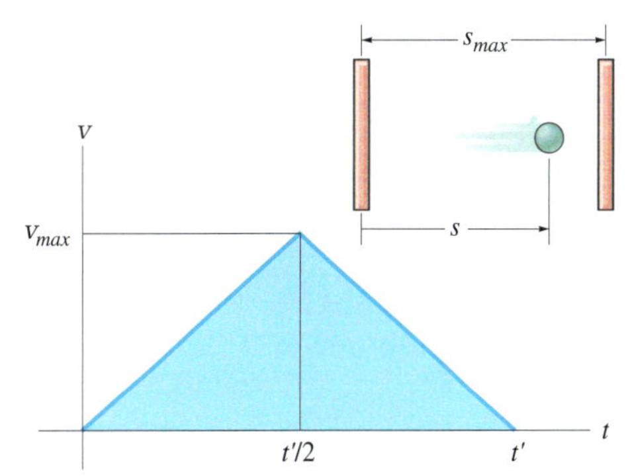

Abbildung A 1.41/1.42

***1.43** Das a-s-Diagramm für einen Geländewagen, der auf einer geraden Straße fährt, ist für die Strecke $s = 0$ bis $s = s_2$ dargestellt. Zeichnen Sie das v-s-Diagramm. Für $s = s_0 = 0$ ist $v = v_0 = 0$.

Gegeben: $s_1 = 200$ m, $s_2 = 300$ m, $a_1 = 2$ m/s^2

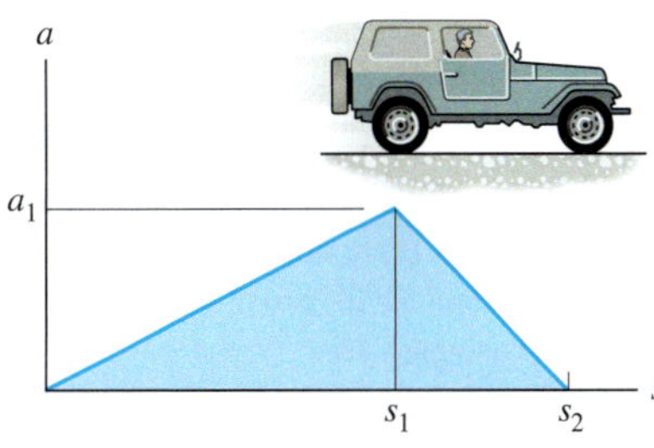

Abbildung A 1.43

***1.44** Ein Motorrad fährt aus der Ruhe bei $s = 0$ los und entlang einer geraden Straße mit der im v-t-Diagramm dargestellten Geschwindigkeit. Ermitteln Sie die Beschleunigungen und die zurückgelegten Wegstrecken des Motorrades zu den Zeitpunkten t_1 und t_2.

Gegeben: $v_1 = 5\ \mathrm{m/s}$, $t_1 = 8\ \mathrm{s}$, $t_2 = 12\ \mathrm{s}$, $t_3 = 4\ \mathrm{s}$, $t_4 = 10\ \mathrm{s}$, $t_5 = 15\ \mathrm{s}$, $k_1 = 1{,}25\ \mathrm{m/s^2}$, $k_2 = -1\ \mathrm{m/s^2}$, $v_B = 15\ \mathrm{m/s}$

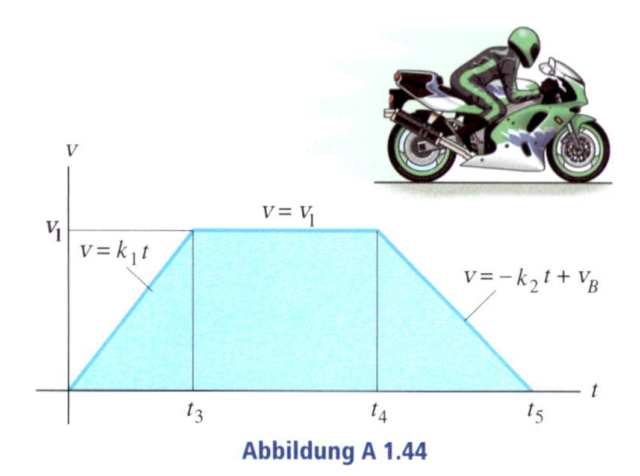

Abbildung A 1.44

1.45 Ein Flugzeug landet auf der geraden Rollbahn und hat bei $s = s_0 = 0$ die Geschwindigkeit v_0. Es wird wie dargestellt abgebremst. Ermitteln Sie die erforderliche Zeit t' bis zum Stillstand des Flugzeugs und zeichnen Sie das s-t-Diagramm der Bewegung.

Gegeben: $a_1 = -0{,}9\ \mathrm{m/s^2}$, $a_2 = -2{,}4\ \mathrm{m/s^2}$, $t_1 = 5\ \mathrm{s}$, $t_2 = 15\ \mathrm{s}$, $t_3 = 20\ \mathrm{s}$, $v_0 = 33\ \mathrm{m/s}$

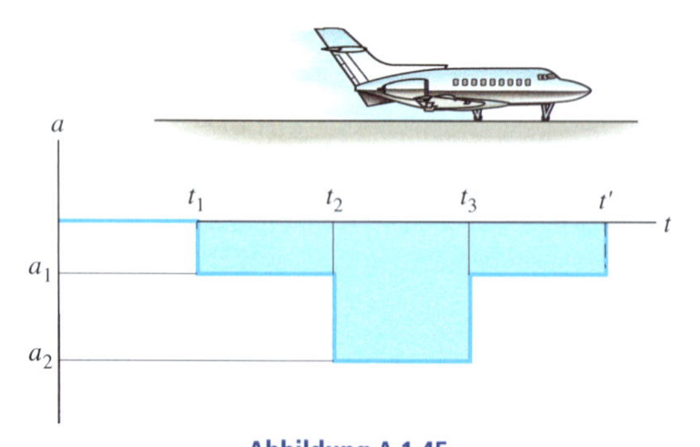

Abbildung A 1.45

1.46 Ein Rennwagen startet aus der Ruhe und fährt mit der dargestellten Beschleunigung eine gerade Straße entlang. Zeichnen Sie das v-t-Diagramm, das seine Bewegung beschreibt und ermitteln Sie bis zum Zeitpunkt $t = t_2$ den im Zeitraum t_2 zurückgelegten Weg.

Gegeben: $a_1 = 6\ \mathrm{m/s^2}$, $t_1 = 6\ \mathrm{s}$, $t_2 = 10\ \mathrm{s}$, $k = 1/6\ \mathrm{m/s^4}$

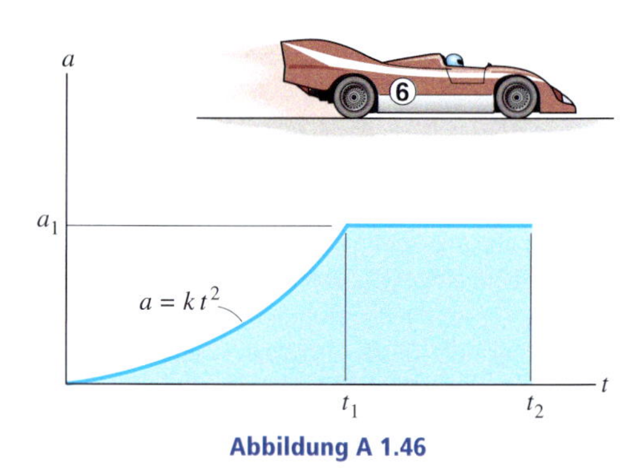

Abbildung A 1.46

1.47 Das v-t-Diagramm eines Zuges, der von Bahnhof A nach Bahnhof B fährt, ist dargestellt. Zeichnen Sie das a-t-Diagramm und ermitteln Sie die mittlere Geschwindigkeit und die Entfernung zwischen den Bahnhöfen.

Gegeben: $v_1 = 12\ \mathrm{m/s}$, $t_1 = 30\ \mathrm{s}$, $t_2 = 90\ \mathrm{s}$, $t_3 = 120\ \mathrm{s}$

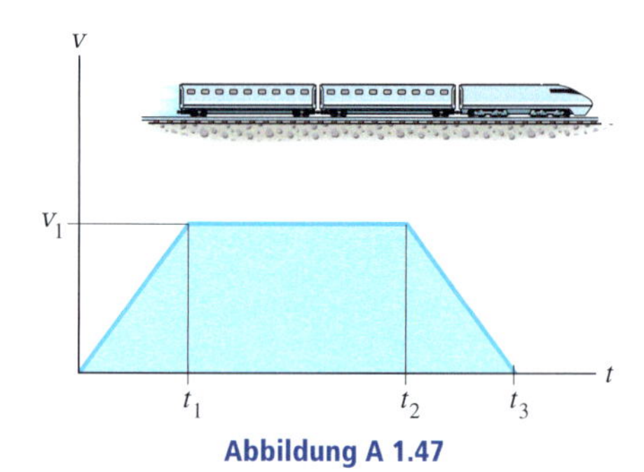

Abbildung A 1.47

***1.48** Die Geschwindigkeit eines Autos ist dargestellt. Ermitteln Sie die gesamte Strecke, die das Auto bis zum Stillstand zurücklegt. Zeichnen Sie das a-t-Diagramm.

Gegeben: $v_1 = 10\ \mathrm{m/s}$, $t_1 = 40\ \mathrm{s}$, $t_2 = 80\ \mathrm{s}$

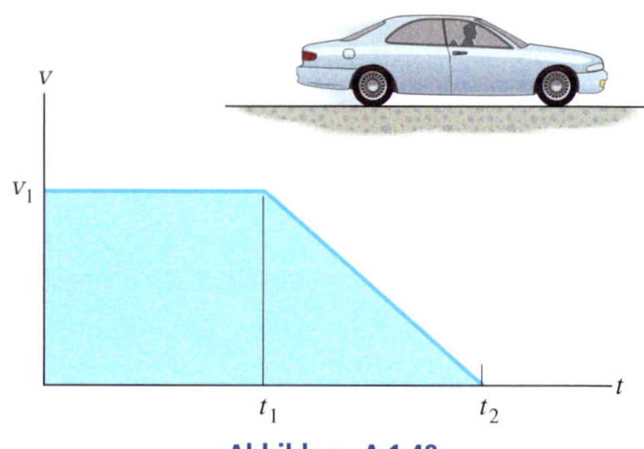

Abbildung A 1.48

1.49 Das v-t-Diagramm für die Bewegung eines Autos auf einer geraden Straße ist dargestellt. Zeichnen Sie das a-t-Diagramm und ermitteln Sie die maximale Beschleunigung im Zeitintervall bis $t = t_2$. Das Auto fährt bei $s = s_0 = 0$ aus der Ruhe los.

Gegeben: $v_1 = 12\ \mathrm{m/s}$, $v_2 = 18\ \mathrm{m/s}$, $t_1 = 30\ \mathrm{s}$, $t_2 = 90\ \mathrm{s}$, $k_1 = 0{,}12\ \mathrm{m/s^3}$, $c = 0{,}3\ \mathrm{m/s^2}$, $d = 9\ \mathrm{m/s}$

1.50 Das v-t-Diagramm für die Bewegung eines Autos auf einer geraden Straße ist dargestellt. Zeichnen Sie das s-t-Diagramm und ermitteln Sie die mittlere Geschwindigkeit im Zeitintervall bis $t = t_3$. Das Auto fährt bei $s = s_0 = 0$ aus der Ruhe los.

Gegeben: $v_1 = 12\ \mathrm{m/s}$, $v_2 = 18\ \mathrm{m/s}$, $t_1 = 30\ \mathrm{s}$, $t_2 = 90\ \mathrm{s}$, $t_3 = 120\ \mathrm{s}$, $k_1 = 0{,}12\ \mathrm{m/s^3}$, $c = 0{,}3\ \mathrm{m/s^2}$, $d = 9\ \mathrm{m/s}$

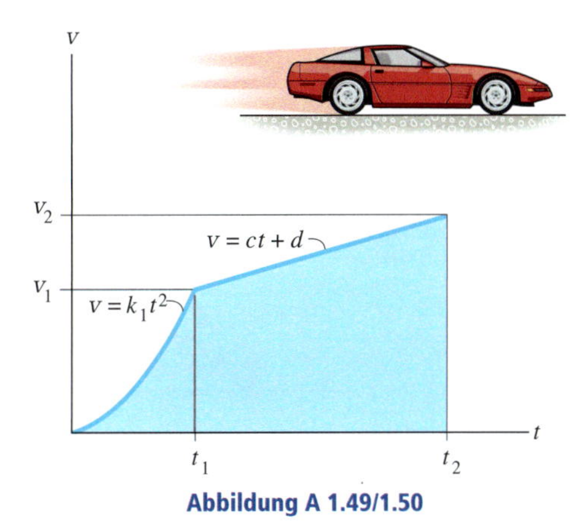

Abbildung A 1.49/1.50

1.51 Ein Auto fährt mit der im v-t-Diagramm dargestellten Geschwindigkeit auf einer geraden Straße. Ermitteln Sie den vom Auto bis zu seinem Stillstand bei $t = t_2$ zurückgelegten Weg. Zeichnen Sie ebenfalls das s-t- und das a-t-Diagramm.

Gegeben: $v_1 = 6\ \mathrm{m/s}$, $t_1 = 30\ \mathrm{s}$, $t_2 = 48\ \mathrm{s}$

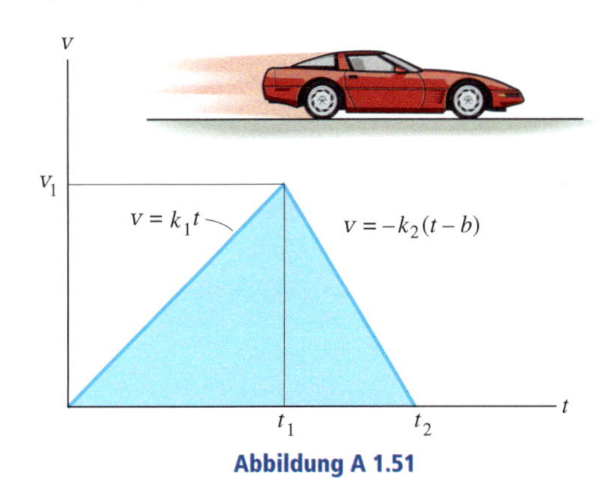

Abbildung A 1.51

***1.52** Ein im Fahrstuhl nach oben fahrender Mann lässt in der Höhe h über dem Boden aus Versehen ein Paket aus dem Aufzug fallen. Der Aufzug fährt mit einer konstanten Geschwindigkeit v weiter nach oben. In welcher Höhe befindet er sich, wenn das Paket auf dem Boden auftrifft? Zeichnen Sie das v-t-Diagramm des Pakets während des Falles. Als es fallen gelassen wurde, hatte es die gleiche nach oben gerichtete Geschwindigkeit wie der Aufzug.

Gegeben: $h = 30\ \mathrm{m/s}$, $v = 1{,}2\ \mathrm{m/s}$

1.53 Zwei Autos fahren nebeneinander aus dem Stand los und entlang einer geraden Straße. Auto A beschleunigt im Zeitintervall von $t = 0$ bis $t = t_1$ mit a_A und fährt dann mit konstanter Geschwindigkeit weiter. Auto B beschleunigt mit a_B, bis eine konstante Geschwindigkeit v_B erreicht ist und fährt dann mit dieser Geschwindigkeit weiter. Zeichnen Sie das s-t-, das v-t- und das a-t-Diagramm für beide Autos bis zur Zeit t_2. Wie groß ist zu dieser Zeit der Abstand der beiden Autos?

Gegeben: $a_A = 4\ \mathrm{m/s^2}$, $a_B = 5\ \mathrm{m/s^2}$, $v_B = 25\ \mathrm{m/s}$, $t_1 = 10\ \mathrm{s}$, $t_2 = 15\ \mathrm{s}$

***1.54** Eine zweistufige Rakete wird senkrecht aus dem Stand bei $s = 0$ mit der dargestellten Beschleunigung abgeschossen. Bei $t = t_1$ ist die erste Stufe ausgebrannt und die zweite Stufe B wird gezündet. Zeichnen Sie das v-t- und das s-t-Diagramm, welche die Bewegung der zweiten Stufe im Zeitintervall $0 \leq t \leq 60\ \mathrm{s}$ beschreiben.

Gegeben: $a_1 = 9\ \mathrm{m/s^2}$, $a_2 = 15\ \mathrm{m/s^2}$, $t_1 = 30\ \mathrm{s}$, $t_2 = 60\ \mathrm{s}$

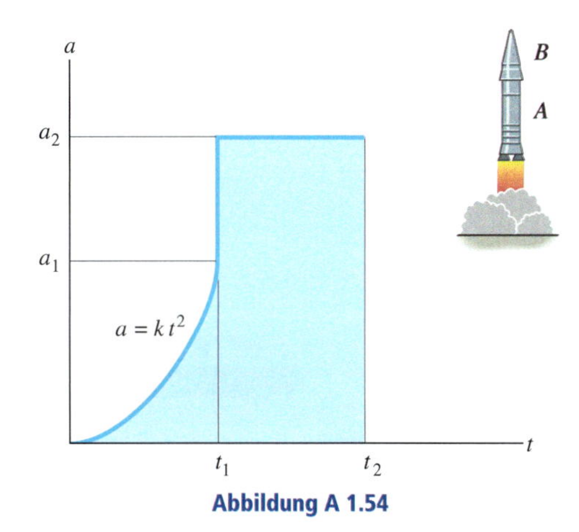

Abbildung A 1.54

■ **1.55** Dargestellt ist das a-s-Diagramm für ein Boot, das geradeaus fährt. Das Boot fährt bei $s = 0$ mit $v = 0$ los. Bestimmen Sie seine Geschwindigkeit bei $s = s_1$ und $s = s_2$. Berechnen Sie v_2 mit der Simpson-Regel ($n = 100$).

Gegeben: $s_1 = 75$ m, $s_2 = 125$ m, $s_3 = 100$ m, $a_3 = 5$ m/s², $k_1 = 1$/s², $k_2 = 6$ m/s², $k_3 = 1$/m, $k_4 = 10$

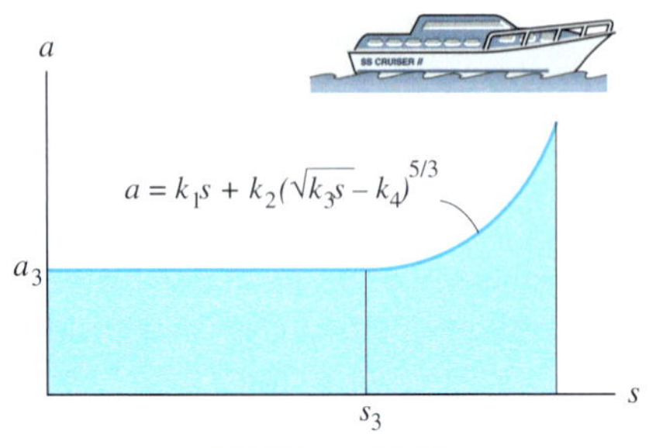

Abbildung A 1.55

***1.56** Das Flugzeug startet aus dem Stand bei $s = 0$ und hat die dargestellte Beschleunigung. Bestimmen Sie die Beschleunigung bei $s = s_1$. Wie lange braucht es für diese Distanz?

Gegeben: $a_0 = 22{,}5$ m/s², $s_1 = 60$ m, $s_E = 150$ m

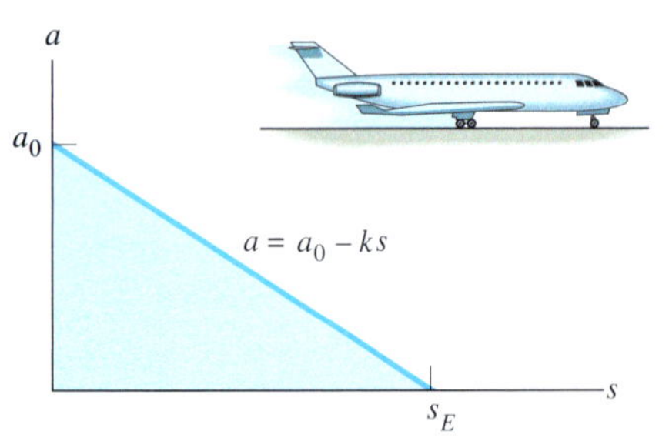

Abbildung A 1.56

***1.57** Das v-t-Diagramm eines Autos auf einer Straße ist dargestellt. Zeichnen Sie das s-t- und das a-t-Diagramm der Bewegung.

Gegeben: $v_1 = 20$ m/s, $t_1 = 5$ s, $t_2 = 20$ s, $t_3 = 30$ s

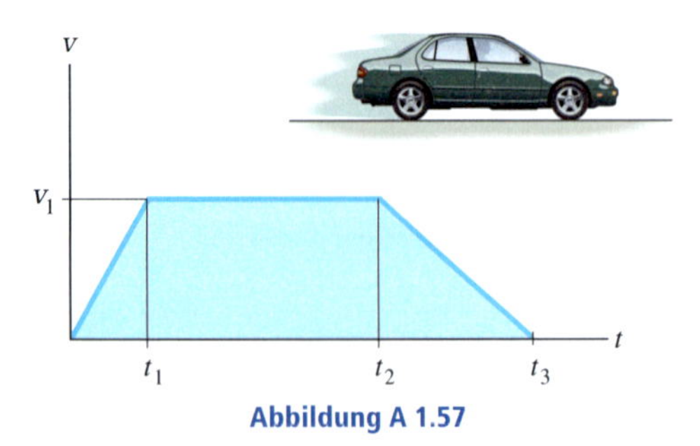

Abbildung A 1.57

1.58 Ein Motorradfahrer fährt mit der Geschwindigkeit v_{M1} und möchte den Lastwagen, der mit der konstanten Geschwindigkeit v_L fährt, überholen. Dazu beschleunigt er mit a_M bis er eine maximale Geschwindigkeit von v_{M2} erreicht hat. Bestimmen Sie für diese Geschwindigkeit die notwendige Zeit, bis er einen Punkt erreicht, der sich im Abstand c vor dem Lastwagen befindet. Zeichnen Sie das v-t- und das s-t-Diagramm des Motorrads für dieses Zeitintervall.

Gegeben: $v_{M1} = 18$ m/s, $v_{M2} = 25{,}5$ m/s, $v_L = 18$ m/s, $d = 12$ m, $b = 15{,}5$ m, $c = 30$ m, $a_M = 1{,}8$ m/s²

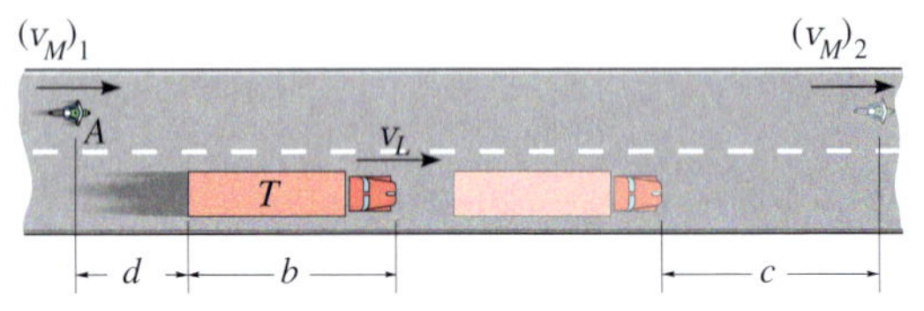

Abbildung A 1.58

1.59 Dargestellt ist v-t-Diagramm für ein Gokart auf einer geraden Straße. Ermitteln Sie seine Beschleunigung bei $s = s_3$ und $s = s_4$. Zeichnen Sie das a-s-Diagramm.

Gegeben: $v_1 = 8$ m/s, $s_1 = 100$ m, $s_2 = 200$ m, $s_3 = 50$ m, $s_4 = 150$ m

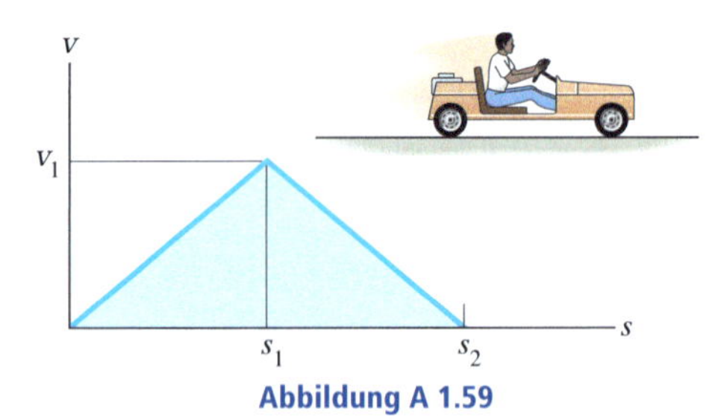

Abbildung A 1.59

***1.60** Das v-s-Diagramm für das Auto zum Durchfahren der Strecke s_1 ist dargestellt. Zeichnen Sie das a-s-Diagramm im Bereich $0 \leq s \leq s_1$. Wie lange braucht das Auto für diese Strecke? Das Auto fährt bei $s = 0$ bei $t = 0$ los.

Gegeben: $v_0 = 3$ m/s, $v_1 = 18$ m/s, $s_1 = 150$ m

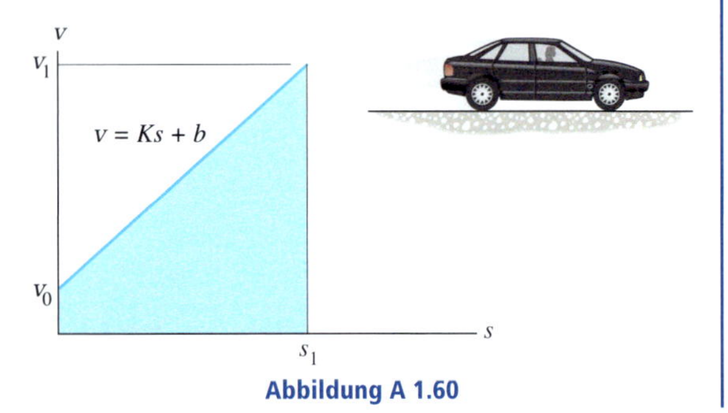

Abbildung A 1.60

***1.61** Das a-s-Diagramm für einen Zug auf einer geraden Strecke ist bis $s = s_2$ dargestellt. Zeichnen Sie das v-s-Diagramm. Bei $s = 0$ ist $v_0 = 0$.

Gegeben: $a_1 = 2\ \mathrm{m/s^2}$, $s_1 = 200\ \mathrm{m}$, $s_2 = 400\ \mathrm{m}$

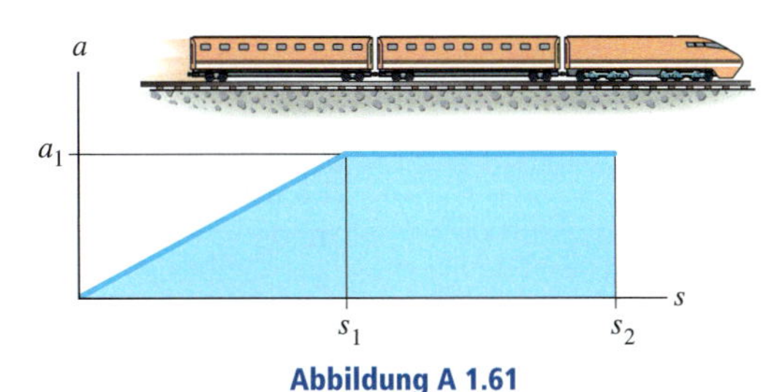

Abbildung A 1.61

1.62 Dargestellt ist das v-s-Diagramm für ein Flugzeug auf einer geraden Rollbahn. Ermitteln Sie die Beschleunigung des Flugzeugs bei $s = s_1$ und bei $s = s_3$. Zeichnen Sie das a-s-Diagramm.

Gegeben: $v_1 = 40\ \mathrm{m/s}$, $v_2 = 50\ \mathrm{m/s}$, $s_1 = 100\ \mathrm{m}$, $s_2 = 200\ \mathrm{m}$, $s_3 = 150\ \mathrm{m}$

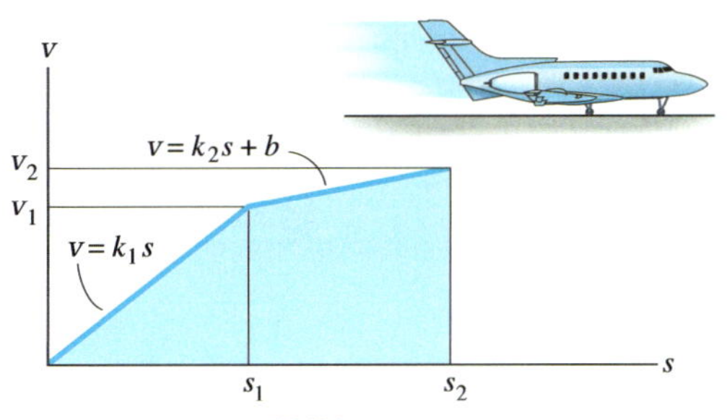

Abbildung A 1.62

1.63 Das Boot fährt aus der Ruhe bei $s = 0$ los und fährt geradeaus mit der im a-s-Diagramm gezeigten Beschleunigung. Ermitteln Sie die Beschleunigung des Bootes bei s_a, s_b, s_c.

Gegeben: $a_0 = 2\ \mathrm{m/s^2}$, $a_1 = 4\ \mathrm{m/s^2}$, $s_1 = 50\ \mathrm{m}$, $s_2 = 150\ \mathrm{m}$, $s_3 = 250\ \mathrm{m}$, $s_a = 40\ \mathrm{m}$, $s_b = 90\ \mathrm{m}$, $s_c = 200\ \mathrm{m}$

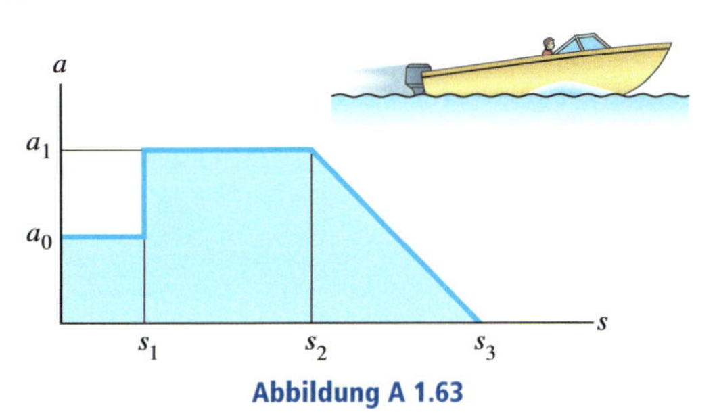

Abbildung A 1.63

***1.64** Das Testauto fährt aus der Ruhe los und beschleunigt im Zeitintervall $0 \leq t \leq t_1$ mit der konstanten Beschleunigung a_0. Dann werden die Bremsen betätigt und das Auto bis zum Stillstand wie dargestellt abgebremst. Ermitteln Sie den maximalen Geschwindigkeitsbetrag, den das Auto erreicht und den Zeitpunkt t_E, zu dem es anhält.

Gegeben: $a_0 = 5\ \mathrm{m/s^2}$, $t_1 = 10\ \mathrm{s}$, $m = -1/6\ \mathrm{m/s^3}$

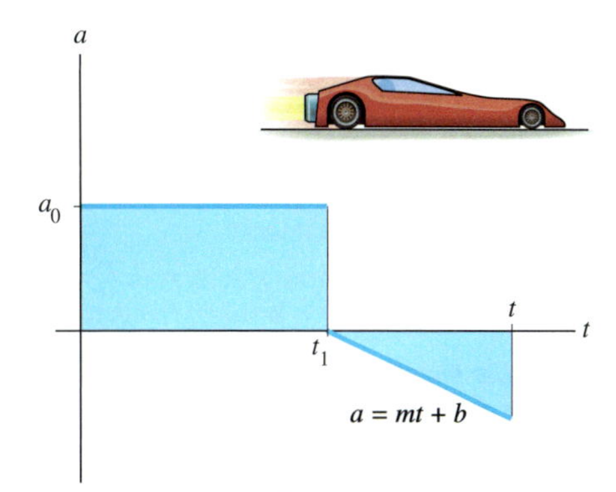

Abbildung A 1.64

1.65 Das a-s-Diagramm für einen Rennwagen auf gerader Strecke wurde experimentell bestimmt. Er fährt bei $s = 0$ aus dem Stand los. Ermitteln Sie seine Geschwindigkeit bei s_a, s_b, s_c.

Gegeben: $a_0 = 1{,}5\ \mathrm{m/s^2}$, $a_2 = 3\ \mathrm{m/s^2}$, $s_1 = 45\ \mathrm{m}$, $s_2 = 60\ \mathrm{m}$, $s_a = 15\ \mathrm{m}$, $s_b = 45\ \mathrm{m}$, $s_c = 60\ \mathrm{m}$

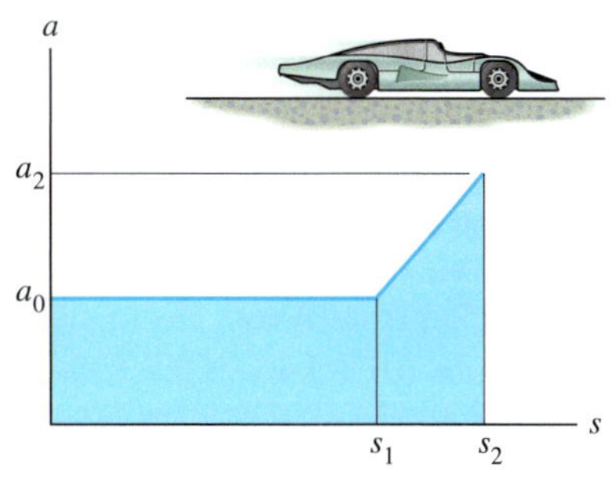

Abbildung A 1.65

Aufgaben zu 1.4 bis 1.6

Ausgewählte Lösungswege 

Lösungen finden Sie in *Anhang C*.

1.66 Ein Massenpunkt wird aus der Ruhe im Punkt P mit der Beschleunigung $\mathbf{a}$ beschleunigt. Bestimmen Sie seine Lage (x,y,z) zum Zeitpunkt $t = t_1$.

Gegeben: $x_p = 3\ \mathrm{m}$, $y_p = 2\ \mathrm{m}$, $z_p = 5\ \mathrm{m}$,
$\mathbf{a} = bt\mathbf{i} + ct^2\mathbf{k}$, $t_1 = 1\ \mathrm{s}$, $b = 6\ \mathrm{m/s^3}$, $c = 12\ \mathrm{m/s^4}$

1.67 Ein Massenpunkt hat die Geschwindigkeit $\mathbf{v}(t)$. Er befindet sich zum Zeitpunkt t_0 im Ursprung. Ermitteln Sie seine Beschleunigung bei $t = t_1$. Bestimmen Sie ebenfalls seine Lage (x,y,z) zu diesem Zeitpunkt.

Gegeben: $\mathbf{v} = ct^2\mathbf{i} + dt^3\mathbf{j} + (et + f)\,\mathbf{k}$, $t_0 = 0$, $t_1 = 2\ \mathrm{s}$,
$c = 16\ \mathrm{m/s^3}$, $d = 4\ \mathrm{m/s^4}$, $e = 5\ \mathrm{m/s^2}$, $f = 2\ \mathrm{m/s}$

*■ **1.68** Ein Massenpunkt hat die Geschwindigkeit $\mathbf{v}(t)$. Bestimmen Sie die Strecke, die der Massenpunkt im Zeitintervall zwischen t_0 und t_1 zurücklegt. Verwenden Sie die Simpson-Regel mit $n = 100$ zur Berechnung der Integrale. Ermitteln Sie ebenfalls den Betrag seiner Beschleunigung zum Zeitpunkt t_1.

Gegeben: $\mathbf{v} = v_1\sqrt{t/T}\,e^{-0{,}2t/T}\,\mathbf{i} + v_2(t/T)e^{-0{,}8(t/T)^2}\mathbf{j}$,
$t_0 = 0$, $t_1 = 2\ \mathrm{s}$, $v_1 = 3\ \mathrm{m/s}$, $v_2 = 4\ \mathrm{m/s}$, $T = 1\ \mathrm{s}$

1.69 Die Lage eines Massenpunktes wird durch den Ortsvektor $\mathbf{r}(t)$ beschrieben. Ermitteln Sie die Beträge seiner Geschwindigkeit und seiner Beschleunigung bei $t = t_1$. Beweisen Sie, dass die Bahnkurve des Massenpunktes eine elliptische Form hat.

Gegeben: $\mathbf{r} = r_1\cos(2t/T)\ \mathbf{i} + r_2\sin(2t/T)\ \mathbf{j}$, $r_1 = 5\ \mathrm{m}$,
$r_2 = 4\ \mathrm{m}$, $t_1 = T = 1\ \mathrm{s}$

1.70 Ein Auto fährt von A nach B und dann von B nach C. Ermitteln Sie den Betrag der eintretenden Verschiebung und die zurückgelegte Strecke des Autos.

Gegeben: $a = 2\ \mathrm{km}$, $b = 3\ \mathrm{km}$

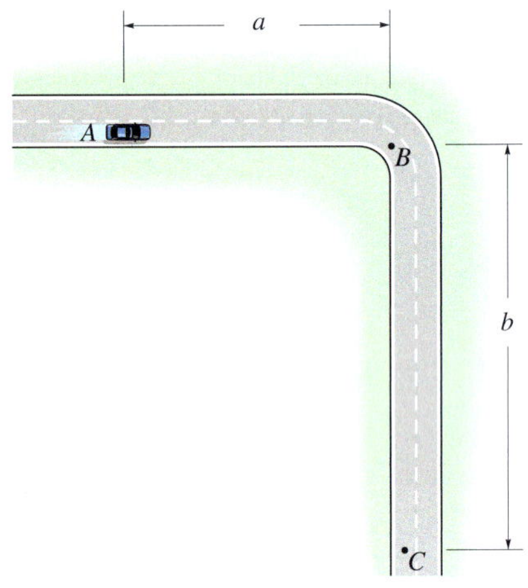

Abbildung A 1.70

1.71 Ein Massenpunkt legt im Zeitintervall T_A die Strecke von A nach B zurück, im Zeitintervall T_B von B nach C und im Zeitintervall T_C von C nach D. Ermitteln Sie den Betrag seiner durchschnittlichen Geschwindigkeit zwischen A und D.

Gegeben: $r_A = 10\ \mathrm{m}$, $T_A = 2\ \mathrm{s}$, $b = 15\ \mathrm{m}$, $T_B = 4\ \mathrm{s}$,
$r_C = 5\ \mathrm{m}$, $T_C = 3\ \mathrm{s}$

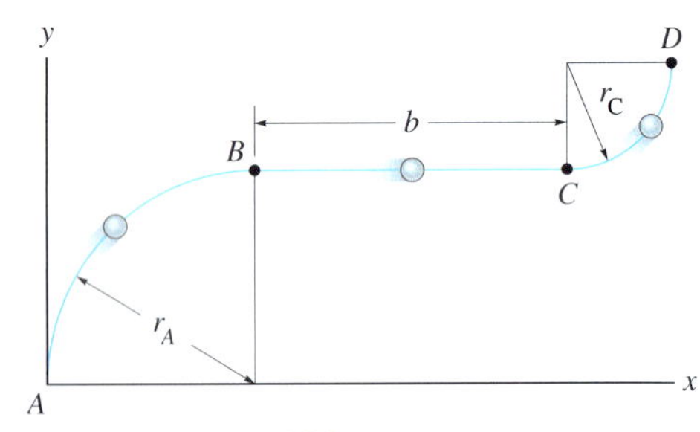

Abbildung A 1.71

***1.72** Ein Auto fährt in einer Zeitspanne T_O die Strecke o nach Osten, dann die Zeitspanne T_N die Strecke n nach Norden und schließlich die Zeitspanne T_W die Strecke w nach Westen. Ermitteln Sie die gesamte zurückgelegte Strecke und den Betrag der resultierenden Verschiebung des Autos. Bestimmen Sie ebenfalls den Betrag der mittleren Geschwindigkeit und die durchschnittliche Geschwindigkeit.

Gegeben: $T_O = 5$ min, $o = 2$ km, $T_N = 8$ min, $n = 3$ km, $T_W = 10$ min, $w = 4$ km

1.73 Ein Auto fährt auf geraden Straßenstücken und hat in den Punkten A, B und C die gegebenen Geschwindigkeiten v_A, v_B bzw. v_C. Es benötigt die Zeit t_A um von A nach B und die Zeit t_B um von B nach C zu fahren. Ermitteln Sie die mittlere Beschleunigung zwischen A und B, sowie zwischen A und C.

Gegeben: $v_A = 20$ m/s, $t_A = 3$ s, $v_B = 30$ m/s, $\beta = 45°$, $v_C = 40$ m/s, $t_B = 5$ s

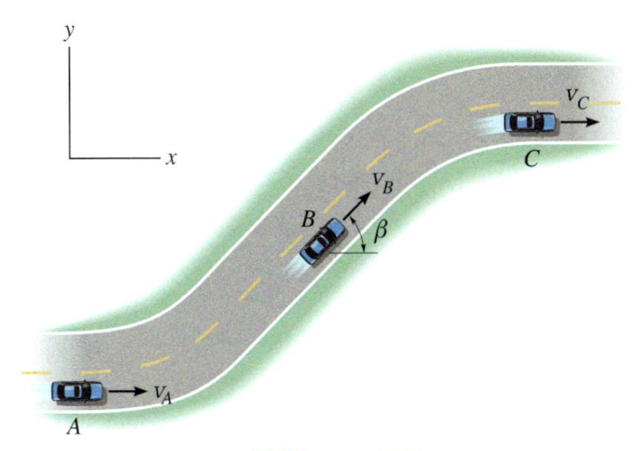

Abbildung A 1.73

1.74 Ein Massenpunkt bewegt sich auf der Kurve $y(x)$ und seine Bahngeschwindigkeit v ist konstant. Ermitteln Sie die x- und y-Koordinaten der Geschwindigkeit, wenn sich der Massenpunkt bei y_1 befindet.

Gegeben: $y = y_0\, e^{2x/x_0}$, $v = 4$ m/s, $y_1 = 5$ m, $y_0 = 1$ m, $x_0 = 1$ m

1.75 Der Weg wird durch die Funktion $y(x)$ beschrieben und die y-Koordinate der Geschwindigkeit ist v_y; k und c sind Konstanten. Ermitteln Sie die x- und y-Koordinaten der Beschleunigung.

Gegeben: $y^2 = 4kx$, $v_y = ct$

***1.76** Ein Massenpunkt bewegt sich auf der Kurve $y(x)$ und seine Geschwindigkeitskoordinate v_x ist *konstant*. Ermitteln Sie den Betrag von Geschwindigkeit und Beschleunigung bei $x = x_1$.

Gegeben: $y = x - kx^2$, $v_x = 2$ m/s, $x_1 = 20$ m, $k = (1/400)$ 1/m

1.77 Ein Motorrad fährt mit der konstanten Bahngeschwindigkeit v_0 auf einer Strecke, die kurzzeitig die Form einer Sinuskurve hat. Ermitteln Sie im gesamten Zeitintervall die x- und y-Koordinaten seiner Geschwindigkeit.

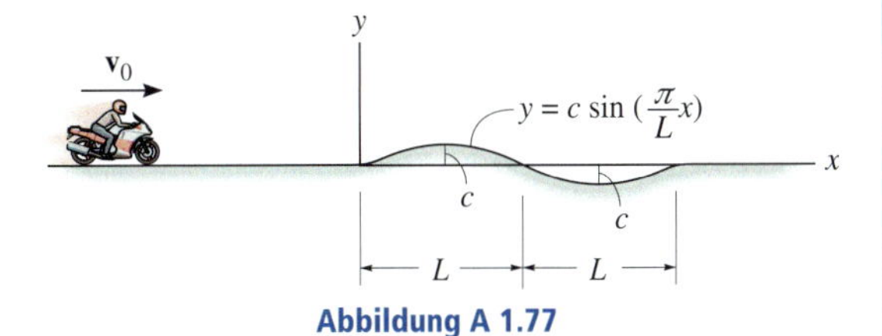

Abbildung A 1.77

1.78 Ein Massenpunkt bewegt sich auf einem Weg, der durch die Parabel $y(x)$ beschrieben wird. Die Geschwindigkeitskoordinate entlang der x-Achse ist $v_x(t)$. Ermitteln Sie die Entfernung des Massenpunktes vom Ursprung O und den Betrag seiner Beschleunigung für $t = t_1$. Bei $t = 0$ ist $x = 0$ und $y = 0$.

Gegeben: $y = kx^2$, $v_x = ct$, $t_1 = 1$ s, $k = 0{,}5$ 1/m, $c = 5$ m/s^2

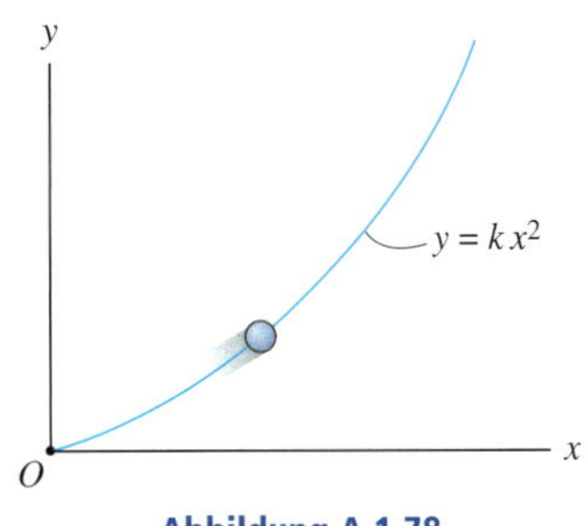

Abbildung A 1.78

1.79 Nach Erreichen der Höhe h_1 beschreibt eine Rakete einen parabelförmigen Weg $(y - h_1)^2 = kx$. Die Geschwindigkeitskoordinate v_y entlang der senkrechten Achse ist konstant. Ermitteln Sie die Beträge ihrer Geschwindigkeit und Beschleunigung nach Erreichen der Höhe h_2.

Gegeben: $v_y = 180\ \mathrm{m/s}$, $h_1 = 40\ \mathrm{m}$, $h_2 = 80\ \mathrm{m}$, $k = 160\ \mathrm{m}$

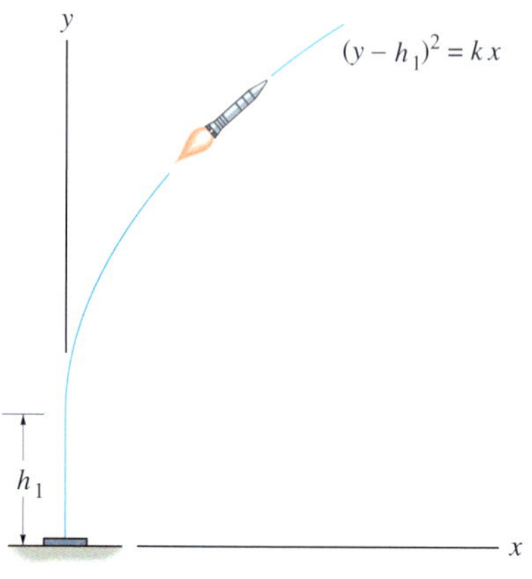

Abbildung A 1.79

***1.80** Das Mädchen wirft die Spielzeuge unter einem Winkel α vom Punkt A. Ermitteln Sie die Zeit zwischen den Würfen, sodass beide Spielzeuge gleichzeitig auf die Ränder B und C des Schwimmbeckens auftreffen. Mit welchem Geschwindigkeitsbetrag muss sie die Spielzeuge jeweils werfen?

Gegeben: $\alpha = 30°$, $h_A = 1\ \mathrm{m}$, $b = 2{,}5\ \mathrm{m}$, $c = 4\ \mathrm{m}$, $t = 0{,}25\ \mathrm{m}$

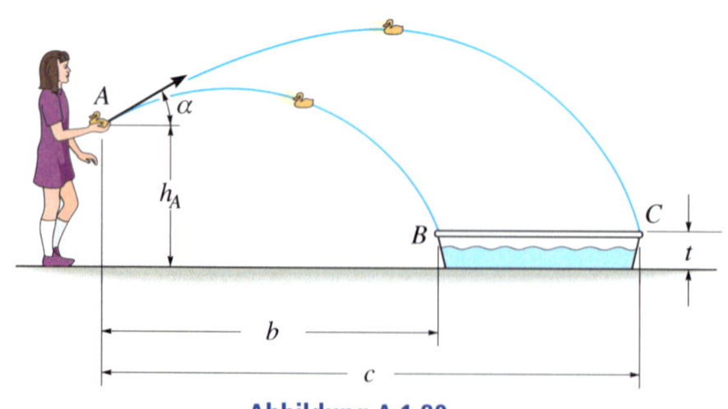

Abbildung A 1.80

1.81 Aus der Düse eines Gartenschlauches spritzt Wasser mit der Geschwindigkeit v. Bestimmen Sie die maximale Höhe, die das Wasser erreicht, sowie die horizontale Entfernung von der Düse, in der das Wasser auf dem Boden auftrifft, wenn die Düse am Boden unter dem Winkel θ gehalten wird.

Gegeben: $\theta = 30°$, $v = 15\ \mathrm{m/s}$

1.82 Der Fesselballon A steigt mit der Geschwindigkeit v_A auf und wird vom Wind horizontal mit der Geschwindigkeit v_W fort getragen. In der Höhe h wird ein Sandsack abgeworfen. Bestimmen Sie die Zeit, bis er auf dem Boden auftrifft. Nehmen Sie an, dass der Sack beim Abwurf die gleiche Geschwindigkeit wie der Ballon besitzt. Mit welchem Geschwindigkeitsbetrag trifft der Sack auf dem Boden auf?

Gegeben: $v_A = 12\ \mathrm{km/h}$, $v_W = 20\ \mathrm{km/h}$, $h = 50\ \mathrm{m}$

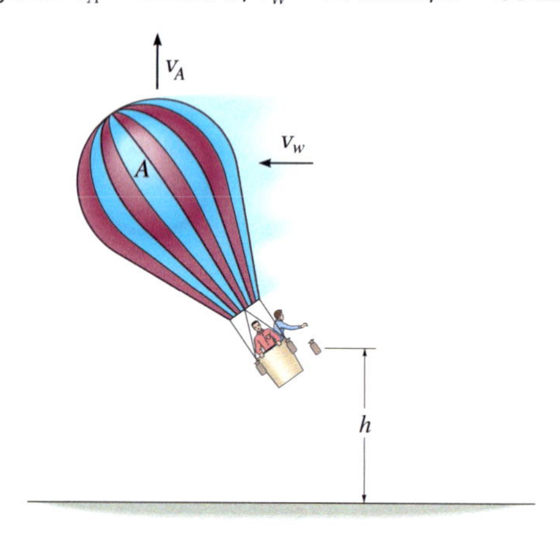

Abbildung A 1.82

1.83 Bestimmen Sie die maximale Höhe, die der Feuerwehrmann mit dem Wasserstrahl auf der Wand erreichen kann. Der Geschwindigkeitsbetrag des Wasser an der Düse beträgt v_C.

Gegeben: $v_C = 16\ \mathrm{m/s}$, $h_C = 1\ \mathrm{m}$, $d = 10\ \mathrm{m}$

*■ **1.84** Bestimmen Sie den kleinsten Winkel θ zur Horizontalen, unter dem der Wasserschlauch ausgerichtet werden muss, sodass der Wasserstrahl in B den Boden der Wand erreicht. Der Geschwindigkeitsbetrag des Wassers an der Düse beträgt v_C.

Gegeben: $v_C = 16\ \mathrm{m/s}$, $h_C = 1\ \mathrm{m}$, $d = 10\ \mathrm{m}$

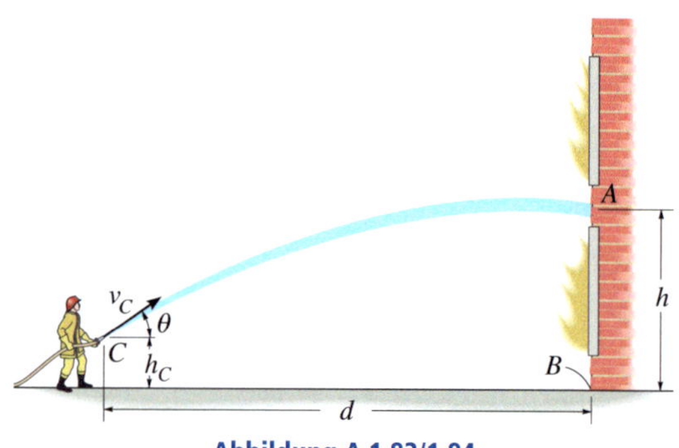

Abbildung A 1.83/1.84

1.85 Auf einem Mitschnitt ist zu sehen, dass ein Footballprofi den Ball so schoss, dass dieser für die Strecke a die Zeitspanne t benötigte. Bestimmen Sie den Betrag der Anfangsgeschwindigkeit des Balles und den Winkel θ, unter dem er geschossen wurde.

Gegeben: $t = 3{,}6$ s, $a = 42$ m

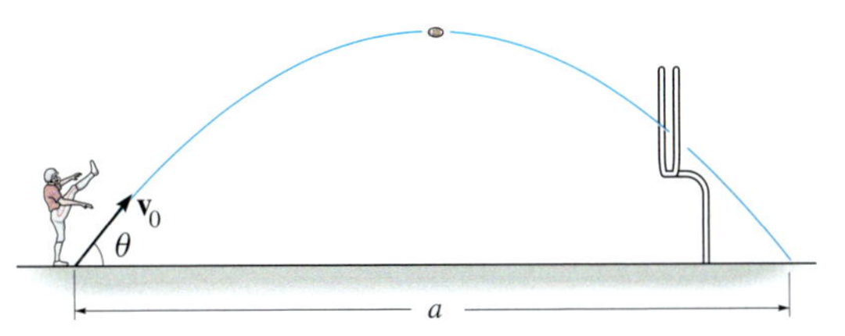

Abbildung A 1.85

1.86 Bei einem Rennen springt eine Geländemaschine unter dem Winkel α über einen kleinen Berg in A. Der Landepunkt ist in der Entfernung d. Ermitteln Sie den ungefähren Geschwindigkeitsbetrag, mit der die Maschine vor dem Abheben gefahren ist. Vernachlässigen Sie bei der Rechnung die Größe der Maschine.

Gegeben: $\alpha = 60°$, $d = 6$ m

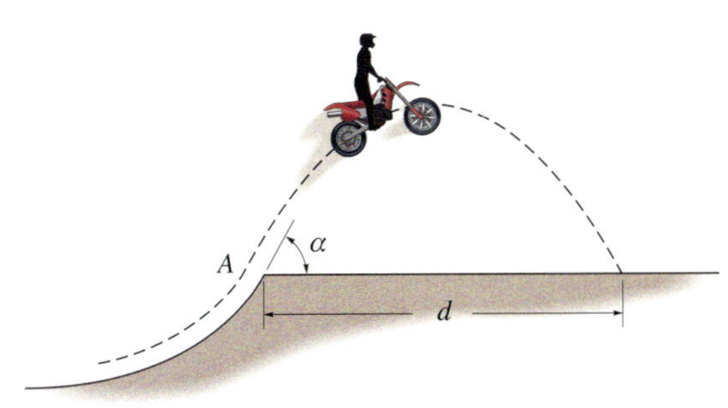

Abbildung A 1.86

1.87 Dargestellt sind die Messungen eines aufgezeichneten Wurfes beim Basketball. Der Ball geht ins Netz, wobei er knapp die Hände von Spieler B streift. Vernachlässigen Sie die Größe des Balles und ermitteln Sie den Betrag seiner Anfangsgeschwindigkeit v_A und die Höhe h des Balles, wenn er über Spieler B in den Korb fliegt.

Gegeben: $\alpha = 30°$, $d = 7{,}5$ m, $b = 1{,}5$ m, $h_A = 2{,}1$ m/s, $h_C = 3$ m

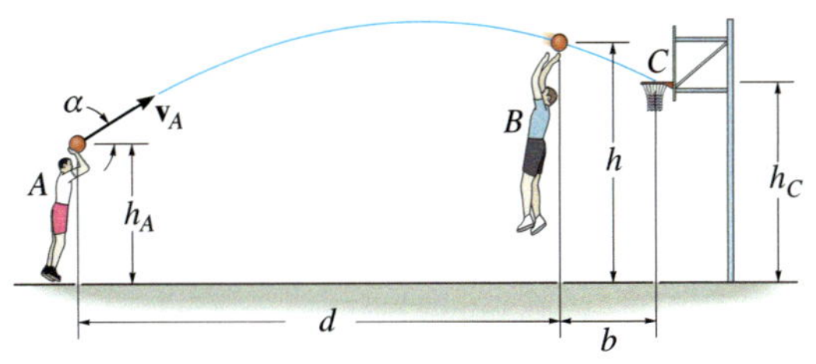

Abbildung A 1.87

***1.88** Ein Motorschlitten verlässt mit der Geschwindigkeit v_S die Aufschüttung in A. Bestimmen Sie die Flugzeit von A nach B und die Strecke R.

Gegeben: $v_S = 10$ m/s, $\alpha = 40°$, $\tan\beta = 3/4$

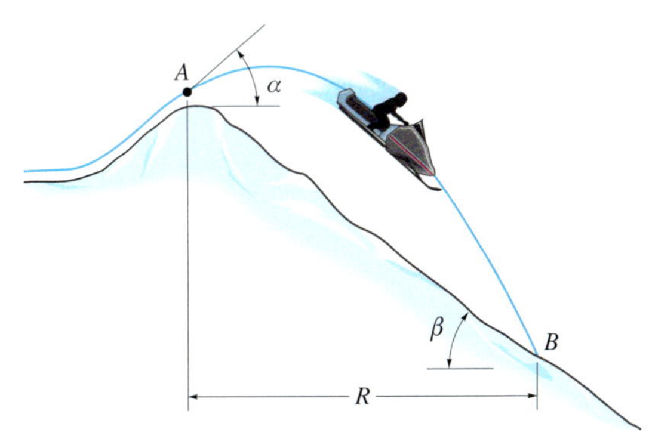

Abbildung A 1.88

1.89 Ein Motorschlitten verlässt mit der Geschwindigkeit v_S die Aufschüttung in A. Bestimmen Sie den Geschwindigkeitsbetrag beim Auftreffen in B und die Beschleunigung auf der Flugbahn AB.

Gegeben: $v_S = 10$ m/s, $\alpha = 40°$, $\tan\beta = 3/4$

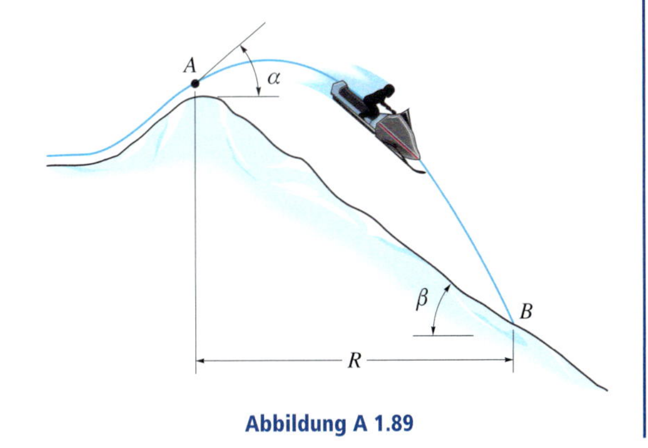

Abbildung A 1.89

1.90 Ein Golfball wird mit der Geschwindigkeit v_A abgeschlagen. Bestimmen Sie die Entfernung d, die er zurücklegt.

Gegeben: $v_A = 24\ \mathrm{m/s}$, $\alpha = 45°$, $\theta = 10°$

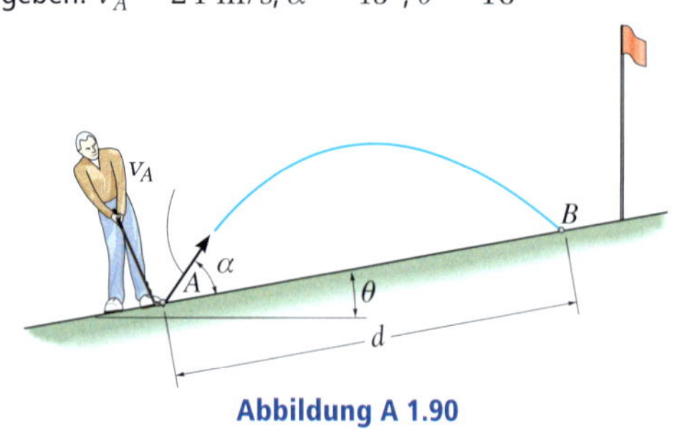

Abbildung A 1.90

1.91 Der Skispringer verlässt die Schanze A unter dem Winkel θ_A zur Horizontalen. Er landet bei B. Ermitteln Sie die Anfangsgeschwindigkeit v_A und die Flugzeit t_{AB}.

Gegeben: $h_A = 4\ \mathrm{m}$, $b = 100\ \mathrm{m}$, $\theta_A = 25°$, $\tan\beta = 3/4$

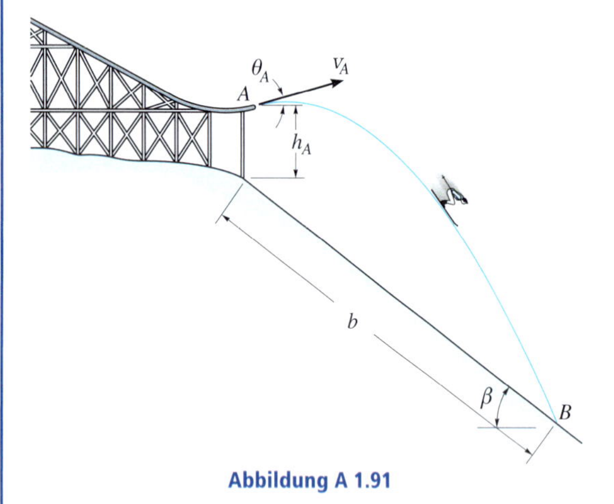

Abbildung A 1.91

***1.92** Ein Mann steht in der Entfernung d von einer Wand und wirft einen Ball mit der Anfangsgeschwindigkeit v_0. Ermitteln Sie den Winkel θ, unter dem der Ball geworfen werden muss, damit er die Wand im höchstmöglichen Punkt trifft. Wie hoch ist das? Die Höhe der Decke beträgt h_D.

Gegeben: $v_0 = 15\ \mathrm{m/s}$, $h_D = 6\ \mathrm{m}$, $h_m = 1{,}5\ \mathrm{m}$, $d = 18\ \mathrm{m}$

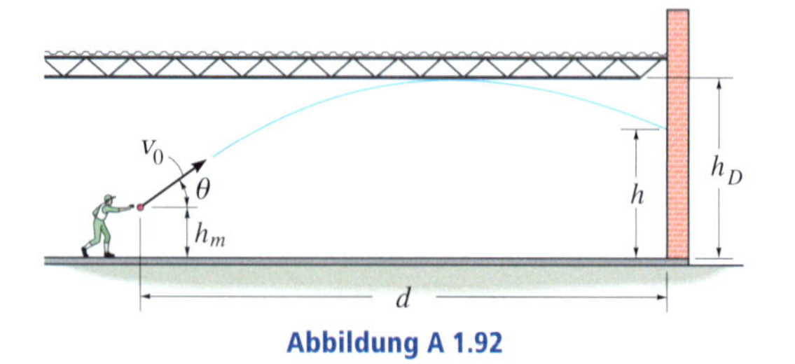

Abbildung A 1.92

1.93 Der Ball in A wird mit einer Geschwindigkeit v_A unter dem Winkel θ_A geschossen. Bestimmen Sie den Punkt $P(x_1,y_1)$, in dem er auf dem Boden auftrifft. Dieser hat die dargestellte Form, die von der Funktion $y(x) = -kx^2$ beschrieben wird.

Gegeben: $v_A = 24\ \mathrm{m/s}$, $\theta_A = 30°$, $k = (0{,}4/3)\ 1/\mathrm{m}$

1.94 Der Ball in A wird unter dem Winkel θ_A geschossen und trifft im Punkt $P(x_1,y_1)$ auf dem Boden auf. Bestimmen Sie den Betrag der Geschwindigkeit, mit der er geschossen wurde, und den Betrag der Geschwindigkeit, mit der er auftrifft.

Gegeben: $\theta_A = 30°$, $x_1 = 4{,}5\ \mathrm{m}$, $y_1 = -2{,}7\ \mathrm{m}$, $k = (0{,}4/3)\ 1/\mathrm{m}$

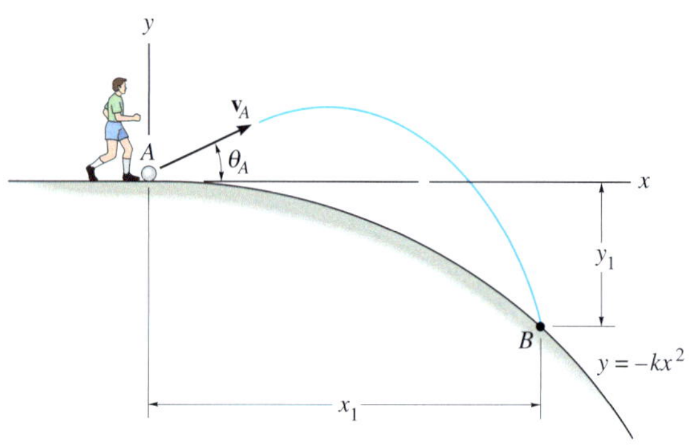

Abbildung A 1.93/1.94

1.95 Ermitteln Sie die horizontale Geschwindigkeit v_A des Tennisballs in A, sodass er in B das Netz streift. Bestimmen Sie ebenfalls die Strecke s, nach der er auf dem Boden auftrifft.

Gegeben: $h_B = 1\ \mathrm{m}$, $h_A = 2{,}5\ \mathrm{m}$, $d = 7\ \mathrm{m}$

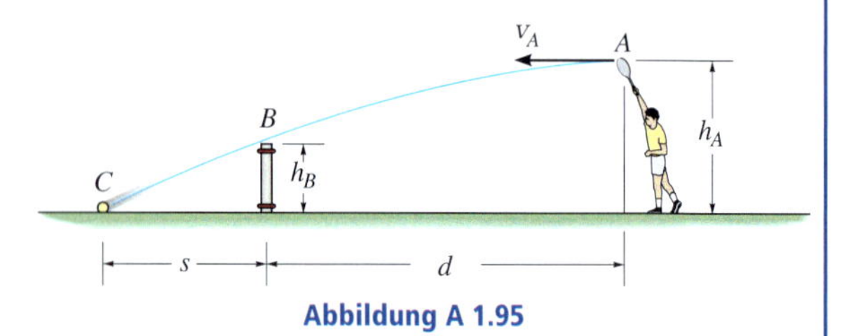

Abbildung A 1.95

***1.96** Ein Junge wirft einen Ball mit der Geschwindigkeit v_0 unter dem Winkel θ_1 in die Luft. Dann wirft er einen zweiten Ball mit der Geschwindigkeit v_0 unter dem Winkel $\theta_2 < \theta_1$ in die Luft. Ermitteln Sie die Zeit zwischen den beiden Würfen, sodass die Bälle sich in der Luft bei B treffen.

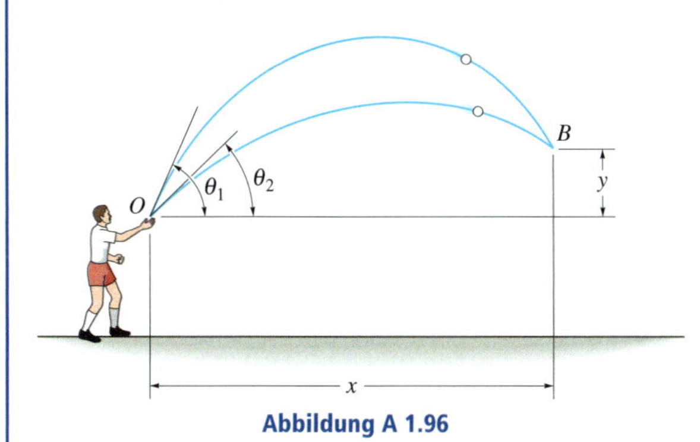

Abbildung A 1.96

1.97 Ein Mann in A möchte zwei Pfeile so auf das Ziel in B werfen, dass sie *gleichzeitig* ankommen. Jeder Pfeil wird mit der Geschwindigkeit v geworfen. Ermitteln Sie die Winkel θ_C und θ_D unter dem die Bälle geworfen werden müssen und die Zeit zwischen den Würfen. Der erste Pfeil wird unter dem Winkel θ_C (> θ_D) und der zweite unter dem Winkel θ_D geworfen.

Gegeben: $v = 10$ m/s, $d = 5$ m

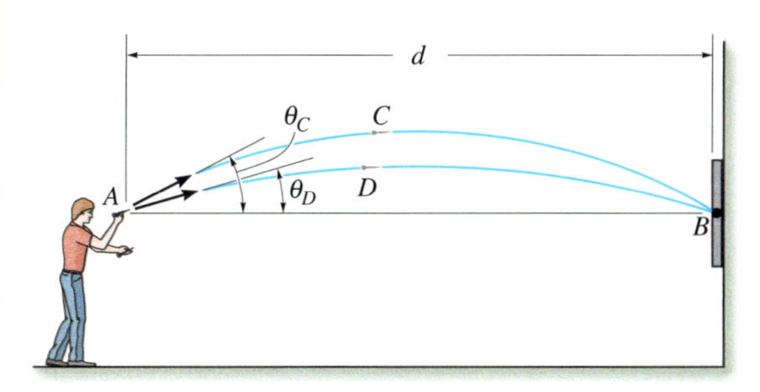

Abbildung A 1.97

1.98 Der Ball wird mit der Geschwindigkeit v_0 vom Turm geworfen. Bestimmen Sie die Koordinaten x und y des Punktes, in dem er auf die schiefe Ebene trifft. Ermitteln Sie ebenfalls den Geschwindigkeitsbetrag beim Auftreffen des Balles.

Gegeben: $v_0 = 6$ m/s, $d = 6$ m, $h = 24$ m, $\tan \alpha = 4/3$, $\tan \beta = 1/2$

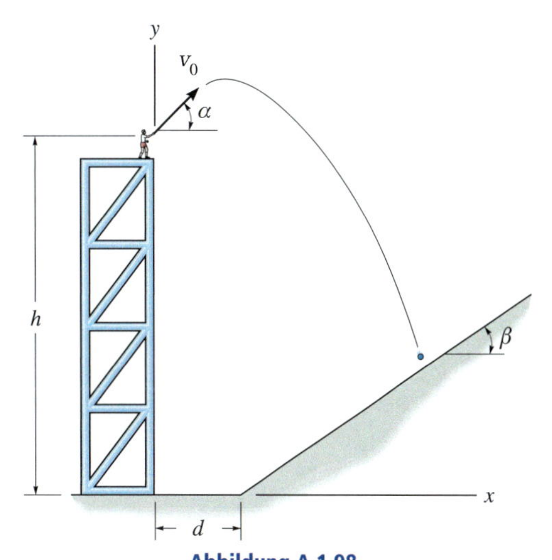

Abbildung A 1.98

1.99 Der Baseballspieler A schlägt den Ball mit v_A und unter dem Winkel θ_A zur Horizontalen. Wenn der Ball sich direkt über dem Kopf von Spieler B befindet, beginnt dieser unter ihm her zu laufen. Ermitteln Sie die konstante Geschwindigkeit, mit der B laufen muss, und die Strecke d derart, dass der Ball in der gleichen Höhe gefangen wird, in der er geschlagen wurde.

Gegeben: $v_A = 12$ m/s, $b = 4{,}5$ m, $\theta_A = 60°$

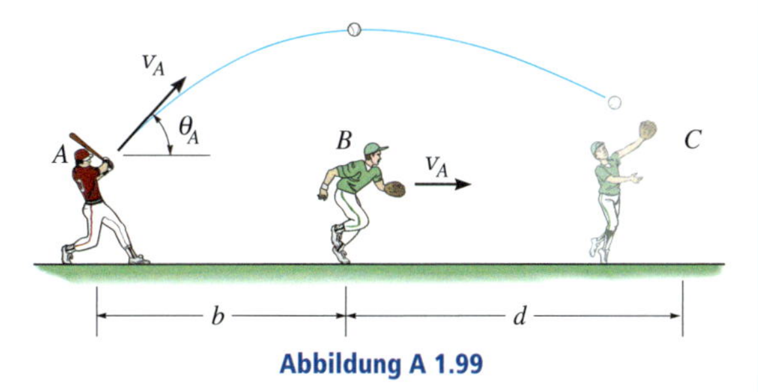

Abbildung A 1.99

Aufgaben zu 1.7

Ausgewählte Lösungswege 

Lösungen finden Sie in *Anhang C*.

***1.100** Ein Auto fährt in einer kreisförmigen Kurve mit dem Radius r. Seine Bahngeschwindigkeit beträgt momentan v und nimmt gleichmäßig mit $\dot{v}$ zu. Ermitteln Sie den Betrag seiner Beschleunigung zum gegebenen Zeitpunkt.

Gegeben: $v = 16\ \text{m/s}$, $\dot{v} = 8\ \text{m/s}^2$, $r = 50\ \text{m}$

1.101 Ein Auto fährt in einer kreisförmigen Kurve mit dem Radius r. Seine Bahngeschwindigkeit wird im Zeitraum t_0 bis t_2 durch die Funktion $v(t)$ beschrieben. Ermitteln Sie den Betrag seiner Beschleunigung zum Zeitpunkt $t = t_1$. Welche Strecke hat es dann zurückgelegt?

Gegeben: $t_0 = 0$, $t_1 = 3\ \text{s}$, $t_2 = 4\ \text{s}$, $r = 75\ \text{m}$, $v = 0{,}9(t/T + t^2/T^2)\ \text{m/s}$, $T = 1\ \text{s}$

1.102 Zu einem gegebenen Zeitpunkt hat ein Flugzeug die Bahngeschwindigkeit v und in der dargestellten Richtung die Beschleunigung a. Ermitteln Sie die Zunahme der Flugzeuggeschwindigkeit und den Krümmungsradius ρ des Weges.

Gegeben: $v = 120\ \text{m/s}$, $a = 21\ \text{m/s}^2$, $\alpha = 60°$

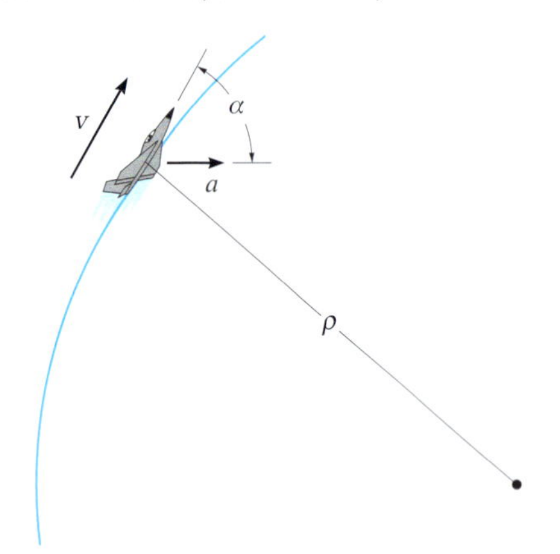

Abbildung A 1.102

1.103 Ein Boot fährt eine kreisförmige Kurve mit dem Radius r. Zum Zeitpunkt t_0 beträgt seine Bahngeschwindigkeit v_0 und nimmt gleichmäßig mit $\dot{v}$ zu. Ermitteln Sie den Betrag seiner Beschleunigung zu diesem Zeitpunkt.

Gegeben: $r = 30\ \text{m}$, $v_0 = 4{,}5\ \text{m/s}$, $t_0 = 0$, $t_1 = 5\ \text{s}$, $\dot{v} = (0{,}24t)\ \text{m/s}^3$

***1.104** Ein Boot fährt eine kreisförmige Kurve mit dem Radius r. Ermitteln Sie den Betrag der Beschleunigung des Bootes, wenn die Bahngeschwindigkeit v und ihre Zunahme $\dot{v}$ betragen.

Gegeben: $r = 20\ \text{m}$, $v = 5\ \text{m/s}$, $\dot{v} = 2\ \text{m/s}^2$

■ **1.105** Ein Radrennfahrer startet aus der Ruhe und fährt auf einer kreisförmigen Bahn mit dem Radius ρ und der Geschwindigkeit $v(t)$. Ermitteln Sie den Betrag von Geschwindigkeit und Beschleunigung an der Stelle $s = s_1$.

Gegeben: $\rho = 10\ \text{m}$, $v = (0{,}09t^2/T^2 + 0{,}1t/T)\ \text{m/s}$, $s_1 = 3\ \text{m}$, $T = 1\ \text{s}$

1.106 Ein Düsenflugzeug fliegt auf einer vertikalen parabolischen Bahn. Im Punkt A hat es die Bahngeschwindigkeit v, die mit $\dot{v}$ zunimmt. Ermitteln Sie den Betrag der Beschleunigung des Flugzeugs im Punkt A.

Gegeben: $y = kx^2$, $\dot{v} = 0{,}8\ \text{m/s}^2$, $x_A = 5\ \text{km}$, $y_A = 10\ \text{km}$, $v = 200\ \text{m/s}$, $k = 0{,}4/\text{km}$

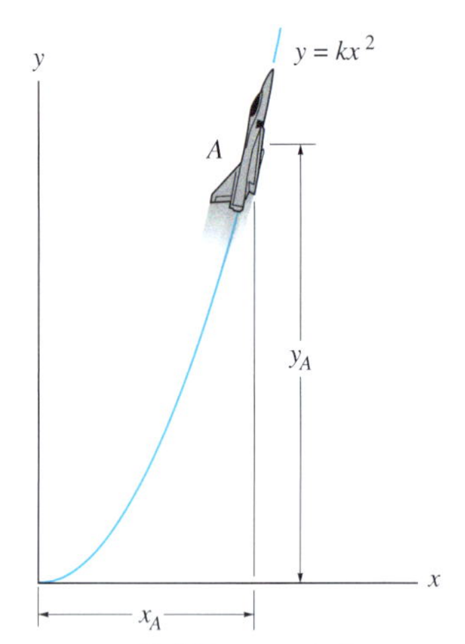

Abbildung A 1.106

1.107 Ein Motorboot startet aus der Ruhe und fährt mit der Bahngeschwindigkeit $v(t)$ auf einer kreisförmigen Bahn mit dem Radius ρ. Ermitteln Sie den Betrag von Geschwindigkeit und Beschleunigung des Bootes nach Zurücklegen der Strecke s_1.

Gegeben: $\rho = 50\ \text{m}$, $v = (kt)$, $s_1 = 20\ \text{m}$, $k = 0{,}8\ \text{m/s}^2$

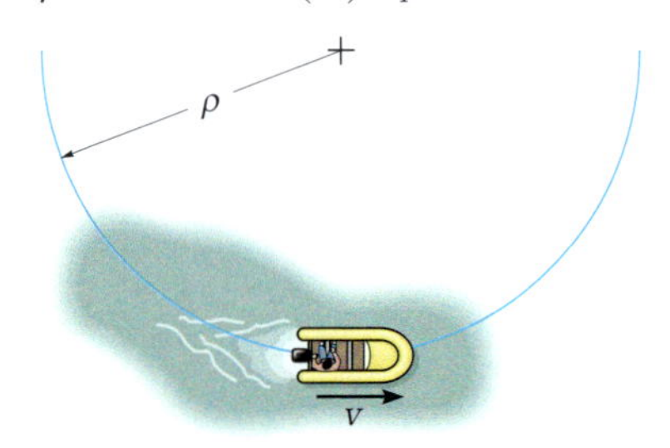

Abbildung A 1.107

***1.108** Ein Motorboot startet aus der Ruhe und fährt mit der Bahngeschwindigkeit $v(t)$ auf einer kreisförmigen Bahn mit dem Radius ρ. Ermitteln Sie den Betrag von Geschwindigkeit und Beschleunigung des Bootes zum Zeitpunkt $t = t_1$.

Gegeben: $\rho = 50$ m, $v = (kt^2)$, $t_1 = 3$ s, $k = 0{,}2$ m/s^3

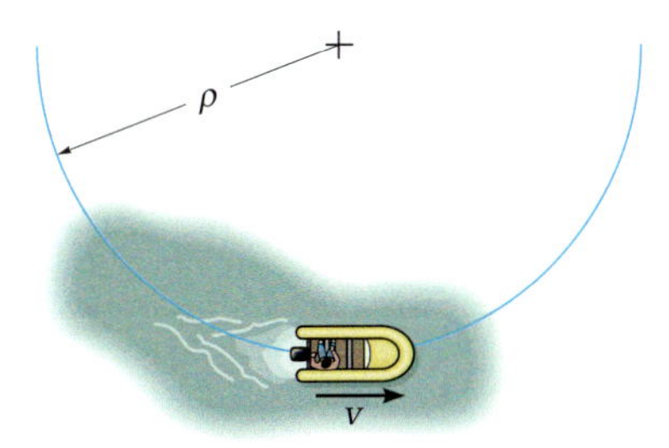

Abbildung A 1.108

1.109 Ein Auto fährt auf einer kreisförmigen Bahn mit dem Radius ρ und seine Bahngeschwindigkeit wird für das Zeitintervall $0 \leq t \leq t_1$ durch die Funktion $v(t)$ beschrieben. Ermitteln Sie die Bahngeschwindigkeit zum Zeitpunkt $t = t_1$. Welche Strecke hat das Auto dann zurückgelegt?

Gegeben: $\rho = 75$ m, $v = 0{,}9(t/T + t^2/T^2)$ m/s, $t_1 = 2$ s, $T = 1$ s

***■ 1.110** Ein Auto fährt aus der Ruhe auf einer nicht geradlinigen Strecke und seine Bahngeschwindigkeit nimmt mit $\dot{v}$ zu. Ermitteln Sie den Betrag von Geschwindigkeit und Beschleunigung des Autos nach Zurücklegen der Strecke s_1.

Gegeben: $\rho = 30$ m, $\dot{v} = \left(0{,}5e^{t/T}\right)$ m/s^2, $s_1 = 18$ m, $T = 1$ s

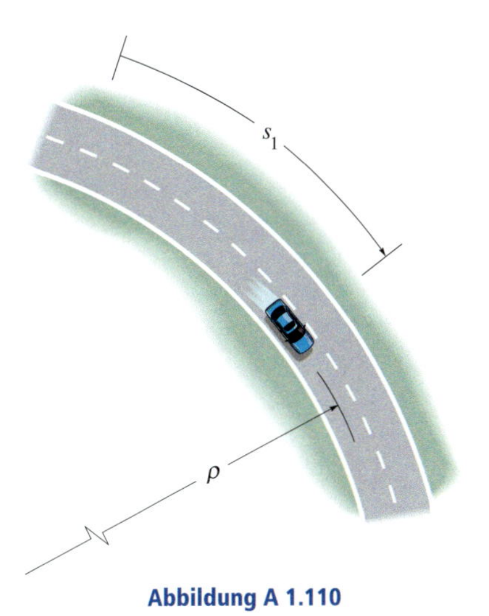

Abbildung A 1.110

1.111 Zu einem gegebenen Zeitpunkt hat die Lokomotive in E die Bahngeschwindigkeit v und die Beschleunigung a in der dargestellten Richtung. Ermitteln Sie die Zunahme der Bahngeschwindigkeit und den Krümmungsradius ρ der Bahn.

Gegeben: $v = 20$ m/s, $a = 14$ m/s^2, $\theta = 75°$

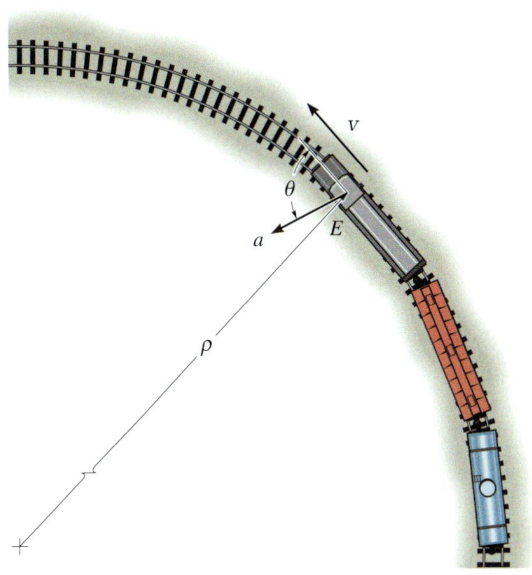

Abbildung A 1.111

***1.112** Ein Rodelschlitten fährt einen Hang herunter, dessen Form durch die Parabel $y(x)$ beschrieben wird. Bestimmen Sie den Betrag seiner Beschleunigung im Punkt A, in dem er die Bahngeschwindigkeit v_A hat, die mit $\dot{v}_A$ zunimmt.

Gegeben: $y = kx^2$, $v_A = 10$ m/s, $\dot{v}_A = 3$ m/s^2, $x_A = 60$ m, $y_A = 36$ m, $k = 0{,}01$/m

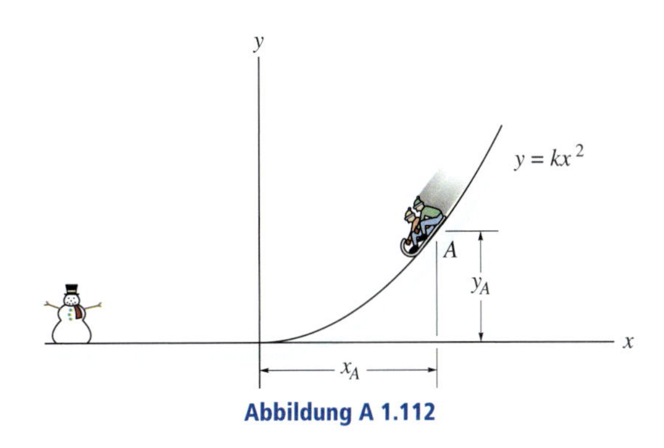

Abbildung A 1.112

1.113 Das Auto ist ursprünglich bei $s = 0$ in Ruhe. Seine Bahngeschwindigkeit erhöht sich mit $\dot{v}$. Bestimmen Sie den Betrag seiner Geschwindigkeit und seiner Beschleunigung zum Zeitpunkt $t = t_1$.

Gegeben: $s_1 = 90\ \text{m}, \rho = 72\ \text{m}, t_1 = 18\ \text{s},$
$\dot{v}_A = \left(0{,}015t^2 / T^2\right)\ \text{m/s}^2, T = 1\text{s}$

1.114 Das Auto ist ursprünglich bei $s = 0$ in Ruhe. Seine Bahngeschwindigkeit erhöht sich mit $\dot{v}$. Bestimmen Sie die Beträge seiner Geschwindigkeit und Beschleunigung an der Stelle $s = s_2$.

Gegeben: $s_1 = 90\ \text{m}, s_2 = 165\ \text{m}, \rho = 72\ \text{m},$
$\dot{v} = \left(0{,}015t^2 / T^2\right)\ \text{m/s}^2, T = 1\ \text{s}$

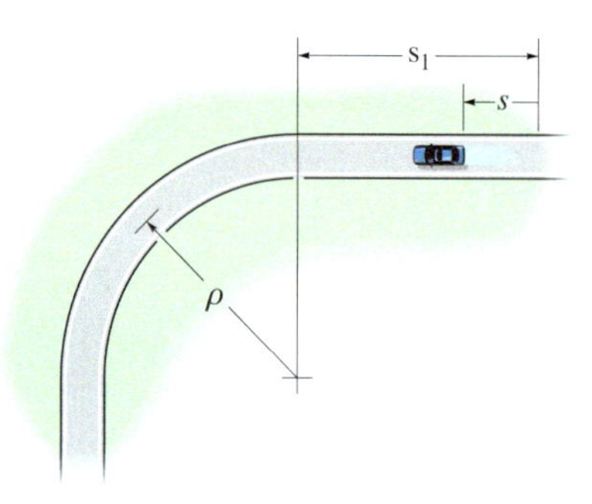

Abbildung A 1.113/1.114

1.115 Ein Lastwagen fährt auf einer Kreisbahn mit dem Radius ρ, und seine Bahngeschwindigkeit beträgt v. Auf seinem Weg vom Ausgangspunkt bei $s = 0$ nimmt seine Bahngeschwindigkeit mit $\dot{v}$ zu. Ermitteln Sie seine Bahngeschwindigkeit und den Betrag seiner Beschleunigung bei $s = s_1$. Welche Strecke hat er dann zurückgelegt?

Gegeben: $\rho = 50\ \text{m}, v = 4\ \text{m/s}, s_1 = 10\ \text{m}, \dot{v} = ks,$
$k = 0{,}05/\text{s}^2$

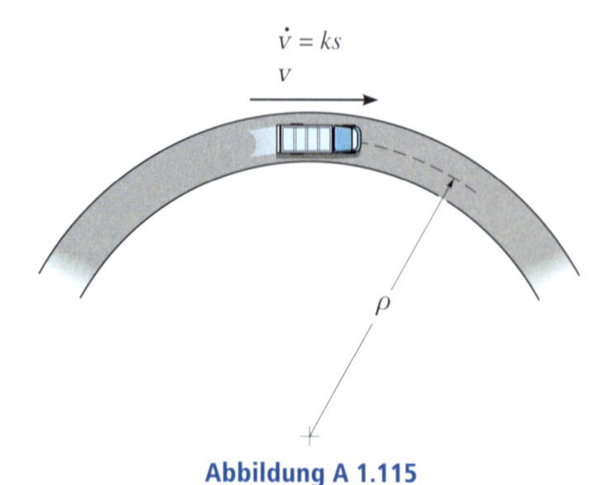

Abbildung A 1.115

***1.116** Ein Düsenflugzeug fliegt mit konstanter Bahngeschwindigkeit v auf einer nicht geradlinigen Bahn, die durch die Funktion $y(x)$ beschrieben wird. Ermitteln Sie den Betrag seiner Beschleunigung bei Erreichen von Punkt $A(x_A,y_A)$.

Gegeben: $y = k \ln\left(\dfrac{x}{x_A}\right)$, $v = 110\ \text{m/s}$, $x_A = 80\ \text{m}$,
$y_A = 0$, $k = 15\ \text{m}$

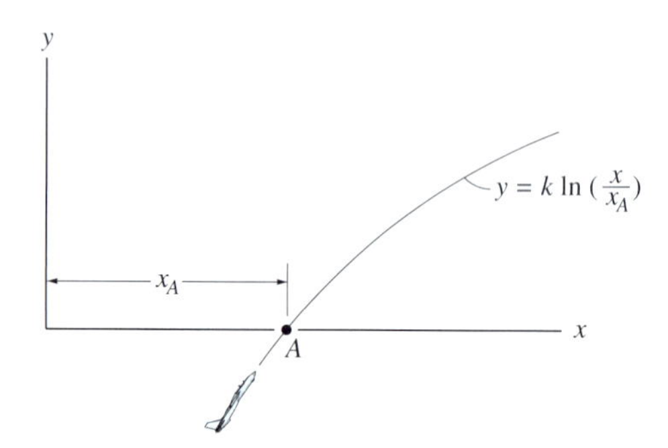

Abbildung A 1.116

1.117 Ein Zug fährt mit konstanter Bahngeschwindigkeit v_t auf einer nicht geradlinigen Strecke, die durch die Funktion $x(y)$ beschrieben wird. Bestimmen Sie den Betrag der Beschleunigung der Front B der Lokomotive bei Erreichen von Punkt $A(x_A,y_A)$.

Gegeben: $x = x_A e^{ky}$, $v_t = 14\ \text{m/s}$, $x_A = 10\ \text{m}$, $y_A = 0$,
$k = 1/(15\text{m})$

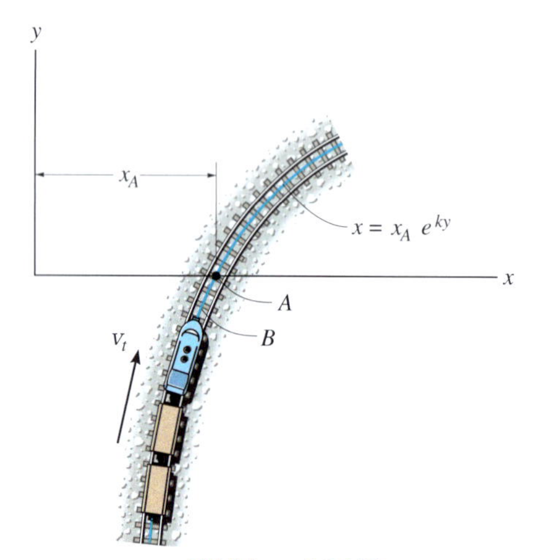

Abbildung A 1.117

1.118 Wenn sich der Motorradfahrer in Punkt A befindet, erhöht er mit $\dot{v}$ seine Bahngeschwindigkeit auf einer vertikalen Kreisbahn. Er startet in A aus dem Stand. Bestimmen Sie die Beträge seiner Geschwindigkeit und Beschleunigung in Punkt B.

Gegeben: $\rho = 100$ m, $\theta = 60°$, $\dot{v} = kt$, $k = 0{,}1$ m/s^3

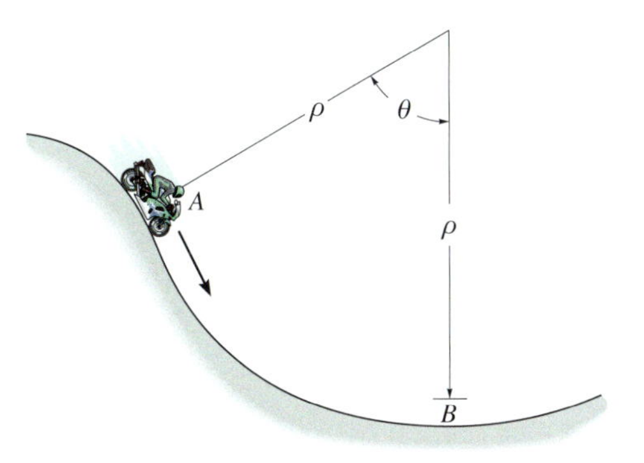

Abbildung A 1.118

■ 1.119 Die Gondel B dreht sich und ihre Bahngeschwindigkeit erhöht sich mit $\dot{v}$. Sie startet bei $\theta = 0$ aus dem Stand. Bestimmen Sie die Beträge ihrer Geschwindigkeit und Beschleunigung, wenn der Arm AB den Winkel θ_E erreicht. Vernachlässigen Sie die Größe der Gondel.

Gegeben: $r = 5$ m, $\theta_E = 30°$, $\dot{v}_B = \left(0{,}5e^{t/T}\right)$ m/s^2, $T = 1$ s

***1.120** Die Gondel dreht sich und ihre Bahngeschwindigkeit erhöht sich mit $\dot{v}_B$. Sie startet bei $\theta = 0$ aus dem Stand. Bestimmen Sie die Beträge ihrer Geschwindigkeit und Beschleunigung zum Zeitpunkt $t = t_1$. Vernachlässigen Sie die Größe der Gondel. Wie groß ist dann der überstrichene Winkel θ?

Gegeben: $r = 5$ m, $t_1 = 2$ s, $\dot{v}_B = \left(0{,}5e^{t/T}\right)$ m/s^2, $T = 1$ s

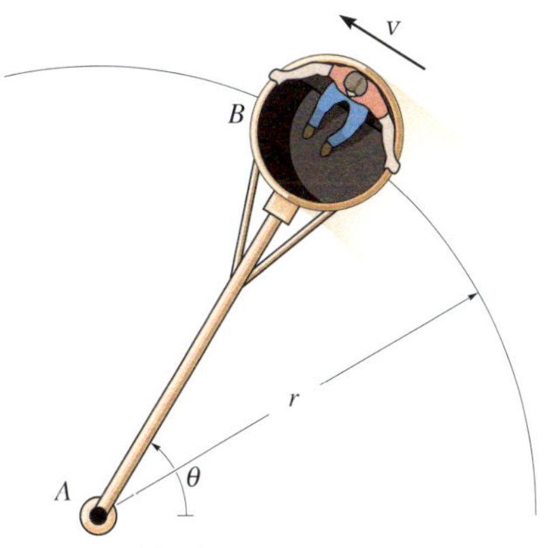

Abbildung A 1.119/1.120

1.121 Eine Kiste vernachlässigbarer Größe rutscht eine gekrümmte Bahn hinunter, die durch die Funktion $y(x)$ beschrieben wird. Im Punkt $A(x_A, y_A)$ beträgt die Bahngeschwindigkeit v_A und ihre Zunahme dv_A/dt. Bestimmen Sie den Betrag der Beschleunigung der Kiste zu diesem Zeitpunkt.

Gegeben: $y = kx^2$, $v_A = 8$ m/s, $dv_A/dt = 4$ m/s^2, $x_A = 2$ m, $y_A = 1{,}6$ m, $k = 0{,}4$/m

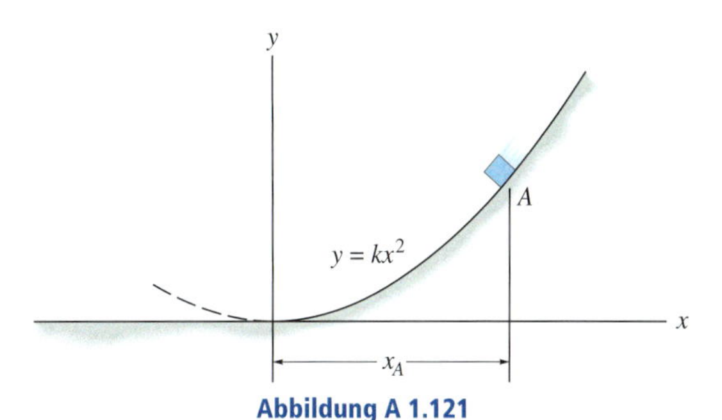

Abbildung A 1.121

1.122 Der Ball verlässt das Rohr in horizontaler Richtung mit der Geschwindigkeit v_A. Ermitteln Sie die Bahnkurve $y = f(x)$ und bestimmen Sie die Geschwindigkeit des Balles sowie die Normal- und Tangentialkoordinaten der Beschleunigung zum Zeitpunkt $t = t_1$.

Gegeben: $v_A = 8$ m/s, $t_1 = 0{,}25$ s

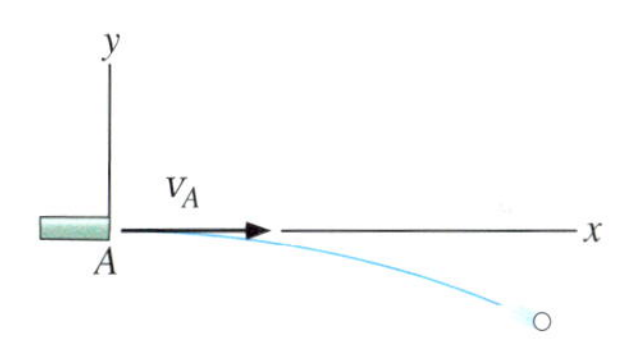

Abbildung A 1.122

1.123 Die Bewegung eines Massenpunktes wird durch die Gleichungen $x(t)$ und $y(t)$ beschrieben. Bestimmen Sie die Normal- und die Tangentialkoordinaten der Geschwindigkeit und der Beschleunigung zum Zeitpunkt $t = t_1$.

Gegeben: $x = (2t/T + t^2/T^2)$ m, $y = (t^2/T^2)$ m, $t_1 = 2$ s, $T = 1$ s

***1.124** Das Motorrad fährt mit konstanter Bahngeschwindigkeit v auf einer elliptischen Bahn. Ermitteln Sie den maximalen Betrag der Beschleunigung für $a > b$.

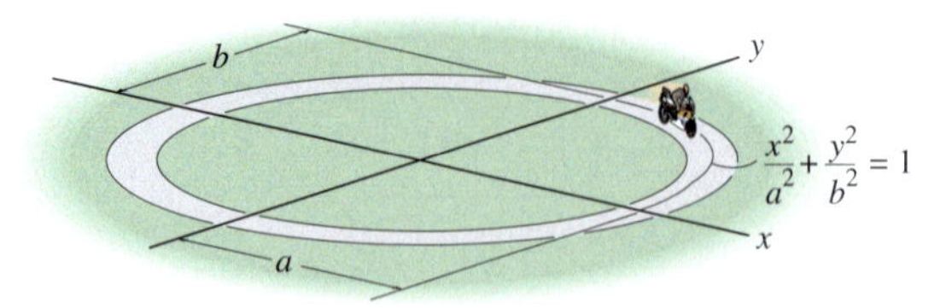

Abbildung A 1.124

1.125 Die beiden Massenpunkte A und B starten im Ursprung O und bewegen sich mit konstanten Bahngeschwindigkeiten v_A bzw. v_B entgegengesetzt auf dem Kreis. Bestimmen Sie zur Zeit $t = t_1$ (a) die Strecke, die jeder Massenpunkt auf dem Kreis zurückgelegt hat, (b) den Ortsvektor für jeden Massenpunkt und (c) die kürzeste Entfernung zwischen den beiden Massenpunkten.

Gegeben: $v_A = 0{,}7\ \mathrm{m/s}$, $v_B = 1{,}5\ \mathrm{m/s}$, $t_1 = 2\ \mathrm{s}$, $r = 5\ \mathrm{m}$

1.126 Die beiden Massenpunkte A und B starten im Ursprung O und bewegen sich mit konstanten Bahngeschwindigkeiten v_A und v_B entgegengesetzt auf dem Kreis. Bestimmen Sie die Zeit bis zum Zusammenstoß der Massenpunkte und den Betrag der Beschleunigung von B kurz vor dem Zusammenstoß.

Gegeben: $v_A = 0{,}7\ \mathrm{m/s}$, $v_B = 1{,}5\ \mathrm{m/s}$, $r = 5\ \mathrm{m}$

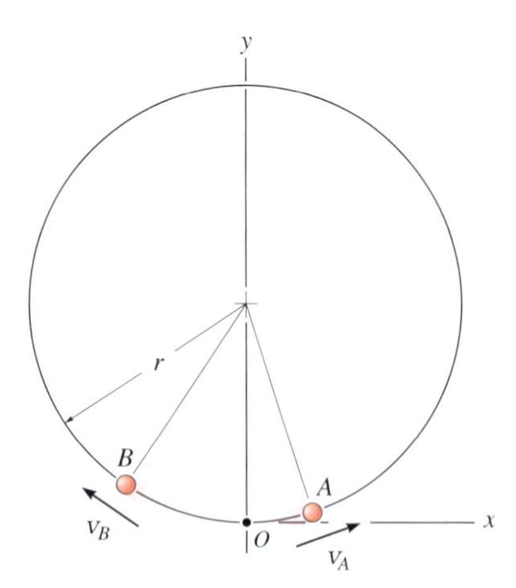

Abbildung A 1.125/1.126

1.127 Das Rennauto hat beim Passieren des Punktes A die Bahngeschwindigkeit v_A. Es erhöht auf der kreisförmigen Bahn seine Geschwindigkeit mit a_t. Bestimmen Sie die Zeit, in der das Auto die Strecke s_E zurücklegt.

Gegeben: $v_A = 15\ \mathrm{m/s}$, $a_t = ks$, $s_E = 20\ \mathrm{m}$, $\rho = 150\ \mathrm{m}$, $k = 0{,}4/\mathrm{s}^2$

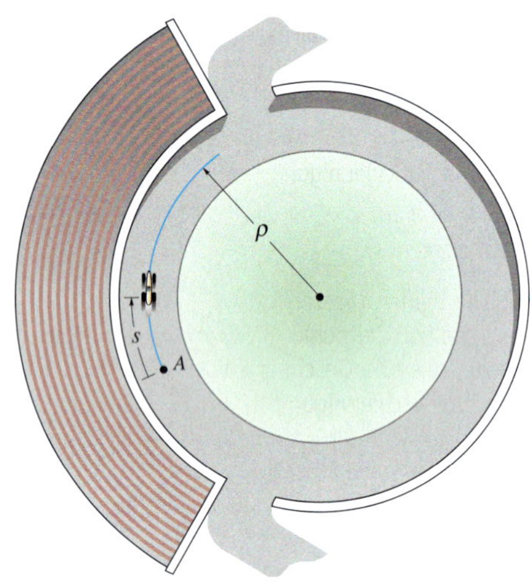

Abbildung A 1.127

***1.128** Ein Junge sitzt auf einem Karussell und hat immer den Abstand r zum Drehpunkt. Das Karussell beginnt die Drehung aus der Ruhe und die Bahngeschwindigkeit des Jungen wird dann mit $\dot{v}$ erhöht. Ermitteln Sie die Zeit, bis die Beschleunigung den Wert a erreicht.

Gegeben: $r = 2{,}4\ \mathrm{m}$, $\dot{v} = 0{,}6\ \mathrm{m/s^2}$, $a = 1{,}2\ \mathrm{m/s^2}$

1.129 Ein Massenpunkt bewegt sich auf einer Bahn, deren Form durch $y = a + bx + cx^2$ beschrieben wird, a, b, c sind Konstanten. Die Geschwindigkeit des Massenpunktes ist konstant, $v = v_0$. Ermitteln Sie die x- und y-Koordinaten der Geschwindigkeit und die Normalkoordinate der Beschleunigung für $x = 0$.

■ **1.130** Der Ball wird mit einer Anfangsgeschwindigkeit v_A unter dem Winkel θ_A abgeschossen. Bestimmen Sie die Wegfunktion $y = f(x)$ und ermitteln Sie die Geschwindigkeit des Balles sowie die Normal- und Tangentialkoordinaten seiner Beschleunigung zur Zeit $t = t_1$.

Gegeben: $v_A = 8\ \mathrm{m/s}$, $\theta_A = 40°$, $t_1 = 0{,}25\ \mathrm{s}$

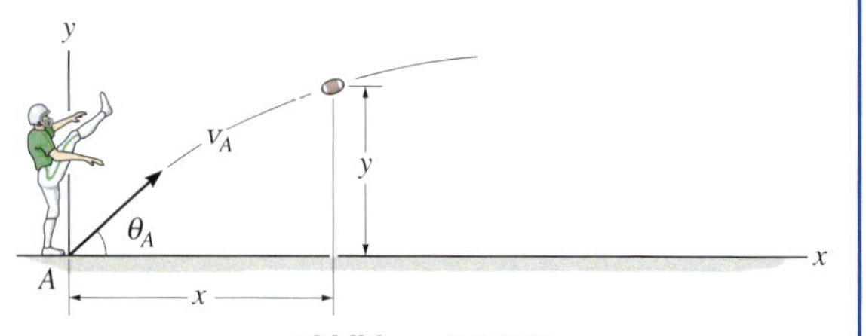

Abbildung A 1.130

■ **1.131** Die beiden Massenpunkte A und B bewegen sich mit konstanter Bahngeschwindigkeit v gegen den Uhrzeigersinn auf dem Kreis. Ab dem dargestellten Zeitpunkt wird die Geschwindigkeit von A mit der Beschleunigung $\dot{v}_A$ erhöht. Bestimmen Sie nach der Zeitspanne t die kreisförmige Bogenlänge von $B(s_B)$ nach $A(s_A)$ auf der Bahn, gegen den Uhrzeigersinn gemessen. Wie groß ist zu diesem Zeitpunkt jeweils der Betrag der Beschleunigung der Massenpunkte?

Gegeben: $v = 8$ m/s, $\dot{v}_A = ks_A$, $t = 1$ s, $r = 5$ m, $\theta = 120°$, $k = 4/\text{s}^2$

***1.132** Die beiden Massenpunkte A und B bewegen sich zum dargestellten Zeitpunkt mit konstanter Geschwindigkeit v auf dem Kreis. Die Geschwindigkeit von B wird anschließend mit der Beschleunigung $\dot{v}_B$ erhöht, die von A mit $\dot{v}_A$. Bestimmen Sie die Zeit bis zum Zusammenstoß. Wie groß ist jeweils der Betrag der Beschleunigung der Massenpunkte kurz vor dem Zusammenstoß.

Gegeben: $v = 8$ m/s, $\dot{v}_B = 4$ m/s², $\dot{v}_A = kt$, $r = 5$ m, $\theta = 120°$, $k = 0{,}8$ m/s³

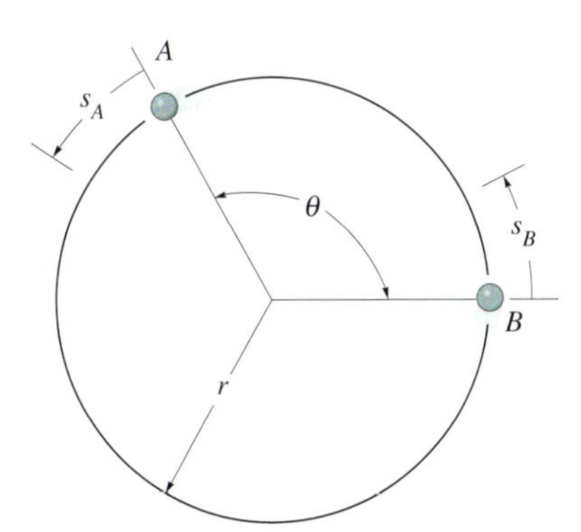

Abbildung A 1.131/1.132

1.133 Der Lastwagen fährt mit einer Geschwindigkeit v auf einer kreisförmigen Straße mit dem Radius r. Bei $s = 0$ wird seine Bahngeschwindigkeit mit $\dot{v}$ erhöht. Bestimmen Sie seine Geschwindigkeit und den Betrag seiner Beschleunigung nach Zurücklegen der Strecke $s = s_1$.

Gegeben: $v = 4$ m/s, $\dot{v} = ks$, $r = 50$ m, $s_1 = 10$ m, $k = 0{,}05/\text{s}^2$

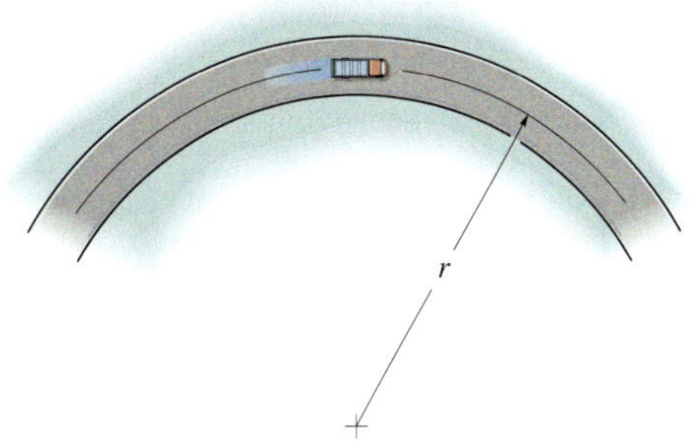

Abbildung A 1.133

■ **1.134** Ein Gokart fährt auf einer kreisförmigen Bahn mit dem Radius r, und seine Geschwindigkeit $v(t)$ ist im Zeitintervall $0 \le t \le t_2$ gegeben. Bestimmen Sie den Betrag seiner Beschleunigung für $t = t_1$. Wenden Sie zur Berechnung des Integrals die Simpson-Regel mit $n = 50$ an.

Gegeben: $v = 18\left(1 - e^{-t^2/T^2}\right)$ m/s, $t_1 = 2$ s, $t_2 = 4$ s, $r = 30$ m, $T = 1$ s

1.135 Ein Massenpunkt bewegt sich auf einer elliptischen schraubenförmigen Strecke, und sein Ortsvektor $\mathbf{r}(t)$ ist gegeben. Ermitteln Sie zur Zeit $t = t_1$ die Koordinatenrichtungswinkel α, β und γ, welche die binormale Achse zur Schmiegebene mit den x-, y- und z-Achsen einschließt. *Hinweis:* Lösen Sie nach der Geschwindigkeit $\mathbf{v}_P$ und der Beschleunigung $\mathbf{a}_P$ des Massenpunktes, dargestellt in den $\mathbf{i}$-, $\mathbf{j}$- und $\mathbf{k}$-Koordinaten, auf. Die Binormale ist parallel zu $\mathbf{v}_P \times \mathbf{a}_P$. Warum?

Gegeben: $\mathbf{r} = \{2\cos(0{,}1t/T)\mathbf{i} + 1{,}5\sin(0{,}1t/T)\mathbf{j} + (2t/T)\mathbf{k}\}$ m, $T = 1$ s, $t_1 = 8$ s

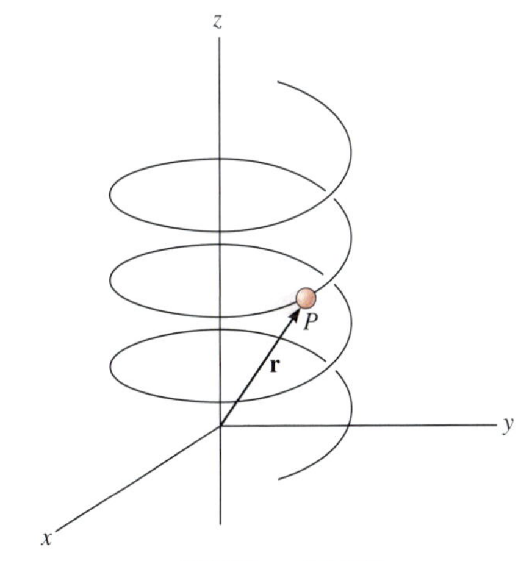

Abbildung A 1.135

Aufgaben zu 1.8

Ausgewählte Lösungswege 

Lösungen finden Sie in *Anhang C*.

***1.136** Die zeitliche Änderung der Beschleunigung wird *Ruck* genannt. Dieser Begriff dient häufig als Maß zur Beschreibung des Fahrgastkomforts. Berechnen Sie diesen Vektor $\dot{\mathbf{a}}$ mittels Zylinderkoordinaten.

1.137 Die Lage eines Massenpunktes wird durch die Polarkoordinaten $r = 4(1 + \sin t/T)$ m und $\theta = (2e^{-t/T})$ rad beschrieben. Ermitteln Sie die Radial- und Querkoordinaten der Geschwindigkeit und der Beschleunigung des Massenpunktes für $t = t_1$.

Gegeben: $t_1 = 2$ s, $T = 1$ s

1.138 Ein Massenpunkt bewegt sich auf einer kreisförmigen Bahn mit dem Radius r, seine Lage wird durch die Funktion $\theta = \cos kt$ beschrieben. Ermitteln Sie den Betrag der Beschleunigung des Massenpunktes für $\theta = \theta_1$.

Gegeben: $r = 4$ m, $\theta_1 = 30°$, $k = 2/\text{s}$

1.139 Ein Auto fährt auf einer kreisförmigen Bahn mit dem Radius r. Zum dargestellten Zeitpunkt beträgt seine Winkelgeschwindigkeit $\dot{\theta}$, die mit $\ddot{\theta}$ zunimmt. Ermitteln Sie die Beträge der Geschwindigkeit und der Beschleunigung des Autos zu diesem Zeitpunkt.

Gegeben: $r = 100$ m, $\dot{\theta} = 0{,}4$ rad/s, $\ddot{\theta} = 0{,}2$ rad/s^2

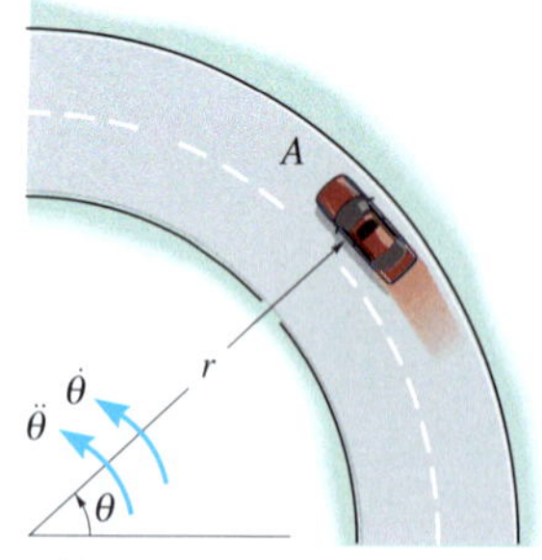

Abbildung A 1.139

***1.140** Ein Massenpunkt bewegt sich auf einer Bahnkurve, die durch $r = 2\cos(t/T)$ m und $\theta = t/(2T)$ beschrieben wird. Zeichnen Sie die Bahnkurve $r = f(\theta)$ und bestimmen Sie die Radial- und Querkoordinaten der Geschwindigkeit und Beschleunigung.

Gegeben: $T = 1$ s

1.141 Die Lage eines Massenpunktes wird durch die Polarkoordinaten $r = r_0 \sin 2\theta$ und $\theta = \omega\, t$ beschrieben. Ermitteln Sie die Radial- und Querkoordinaten seiner Geschwindigkeit und Beschleunigung für $t = t_1$.

Gegeben: $t_1 = 1$ s, $r_0 = 2$ m, $\omega = 4/\text{s}$

1.142 Ein Massenpunkt bewegt sich auf einer kreisförmigen Bahn mit dem Radius r. Seine Lage wird von der Funktion $\theta = kt^2$ beschrieben. Ermitteln Sie den Betrag der Beschleunigung des Massenpunktes für $\theta = \theta_1$. Der Massenpunkt beginnt die Bewegung aus der Ruhe bei $\theta = 0$.

Gegeben: $r = 400$ mm, $\theta_1 = 30°$, $k = 2/\text{s}^2$

1.143 Ein Massenpunkt bewegt sich in der x-y-Ebene und seine Lage wird durch die Funktion $r = \{2t/T\mathbf{i} + 4t^2/T^2\mathbf{j}\}$ m beschrieben. Ermitteln Sie die Radial- und Querkoordinaten der Geschwindigkeit und der Beschleunigung des Massenpunktes für $t = t_1$.

Gegeben: $t_1 = 2$ s, $T = 1$ s

***1.144** Ein Lastwagen fährt mit konstanter Bahngeschwindigkeit v auf einer horizontalen kreisförmigen Bahn mit dem Radius r. Bestimmen Sie die Winkelgeschwindigkeit $\dot{\theta}$ der Radiallinie r und den Betrag der Beschleunigung des Lastwagens.

Gegeben: $r = 60$ m, $v = 20$ m/s

1.145 Ein Lastwagen fährt mit der Bahngeschwindigkeit v auf einer horizontalen kreisförmigen Bahn mit dem Radius r. Die Geschwindigkeit nimmt mit $\dot{v}$ zu. Bestimmen Sie die Radial- und Querkoordinaten der Beschleunigung des Lastwagens.

Gegeben: $r = 60$ m, $v = 20$ m/s, $\dot{v} = 3$ m/s^2

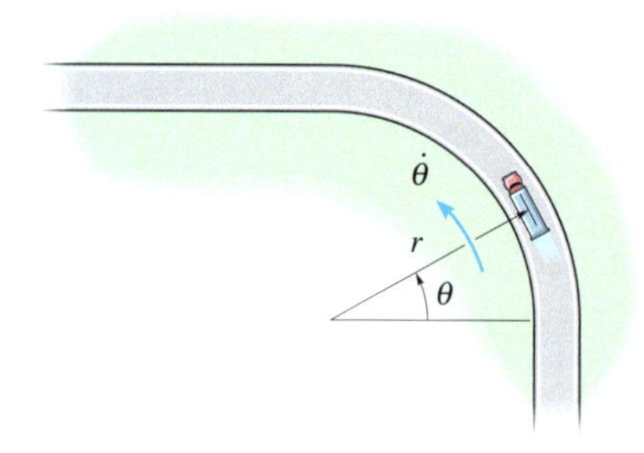

Abbildung A 1.144/1.145

1.146 Ein Massenpunkt bewegt sich auf einer kreisförmigen Bahn mit dem Radius R und seine Lage wird als Funktion der Zeit durch $\theta = \sin 3t/T$ beschrieben. Ermitteln Sie den Betrag der Beschleunigung des Massenpunktes für $\theta = \theta_1$. Der Massenpunkt beginnt die Bewegung aus der Ruhe bei $\theta = 0$.

Gegeben: $R = 6\ \mathrm{cm}$, $\theta_1 = 30°$, $T = 1\ \mathrm{s}$

1.147 Die Kurbelschwinge ist in O drehbar gelagert und bewegt aufgrund der konstanten Winkelgeschwindigkeit $\dot{\theta}$ den Stift P einen gewissen Weg in der spiralförmigen Führung ($r = (0{,}4\theta)\ \mathrm{m}$). Bestimmen Sie die Radial- und Tangentialkoordinaten der Geschwindigkeit und der Beschleunigung von P für $\theta = \theta_1$.

Gegeben: $\theta_1 = \pi/3$, $\dot{\theta} = 3\ \mathrm{rad/s}$

***1.148** Lösen Sie Aufgabe 1.147 für eine gegebene Winkelbeschleunigung $\ddot{\theta}$ und -geschwindigkeit $\dot{\theta}$ bei $\theta = \theta_1$.

Gegeben: $\theta_1 = \pi/3$, $\dot{\theta} = 3\ \mathrm{rad/s}$, $\ddot{\theta} = 8\ \mathrm{rad/s^2}$

1.149 Die Kurbelschwinge ist in O drehbar gelagert und bewegt aufgrund der konstanten Winkelgeschwindigkeit $\dot{\theta}$ den Stift P einen gewissen Weg in der spiralförmigen Führung ($r = (0{,}4\theta)\ \mathrm{m}$). Bestimmen Sie die Geschwindigkeit und die Beschleunigung von P zu dem Zeitpunkt, wenn er die Nut bei $r = r_1$ verlässt.

Gegeben: $r_1 = 0{,}5\ \mathrm{m}$, $\dot{\theta} = 3\ \mathrm{rad/s}$

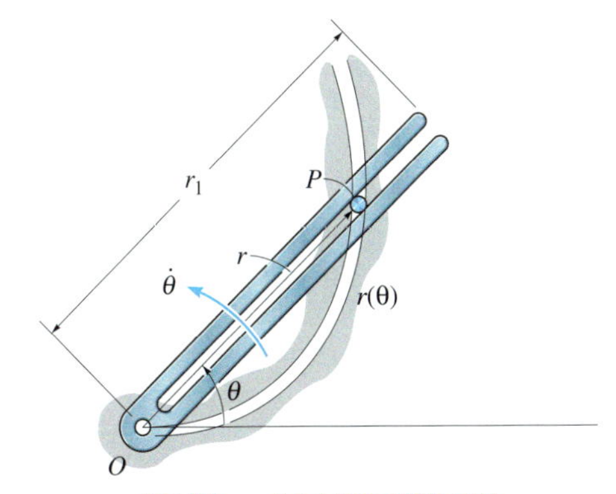

Abbildung A 1.147/1.148/1.149

1.150 In der Nut der Platte bewegt sich der Klotz mit der Geschwindigkeit $\dot{r} = kt$ nach außen. Die Platte dreht sich mit konstanter Winkelgeschwindigkeit $\dot{\theta}$. Der Klotz beginnt die Bewegung aus der Ruhe in der Mitte der Platte. Bestimmen Sie die Beträge von Geschwindigkeit und Beschleunigung des Klotzes für $t = t_1$.

Gegeben: $t_1 = 1\ \mathrm{s}$, $\dot{r} = kt$, $\dot{\theta} = 6\ \mathrm{rad/s}$, $k = 4\ \mathrm{m/s^2}$

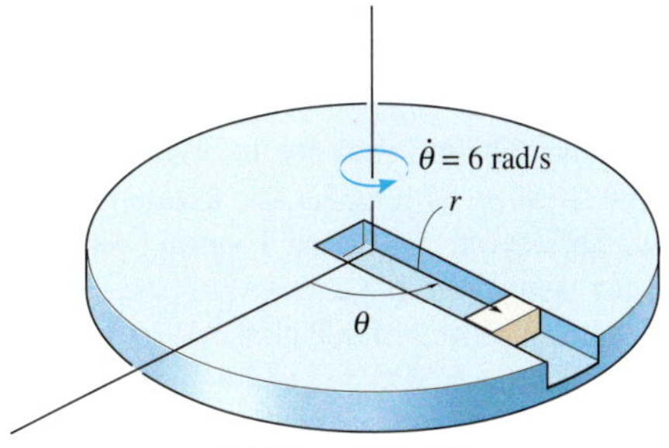

Abbildung A 1.150

1.151 Der kleine Ring gleitet das Seil OA herunter. In der Mitte des Seiles beträgt die Geschwindigkeit v_M und die Beschleunigung a_M. Schreiben Sie die Geschwindigkeit und die Beschleunigung des Ringes in Zylinderkoordinaten.

Gegeben: $v_M = 200\ \mathrm{mm/s}$, $a_M = 10\ \mathrm{mm/s^2}$, $x_A = 300\ \mathrm{mm}$, $y_A = 400\ \mathrm{mm}$, $z_A = 700\ \mathrm{mm}$

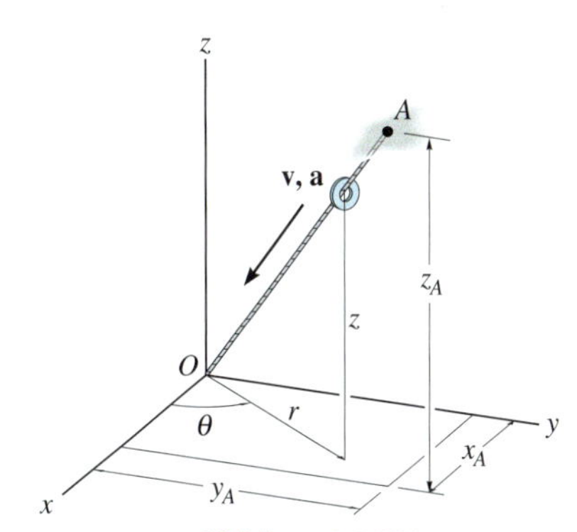

Abbildung A 1.151

***1.152** Zur dargestellten Zeit dreht sich der Rasensprenger mit der Winkelgeschwindigkeit $\dot{\theta}$ und der Winkelbeschleunigung $\ddot{\theta}$. Die Düse liegt in der vertikalen Ebene und durch sie fließt Wasser mit einer konstanten Geschwindigkeit v. Bestimmen Sie den Betrag von Geschwindigkeit und Beschleunigung eines Wasserteilchens beim Verlassen des offenen Endes.

Gegeben: $r = 0{,}2\ \mathrm{m}$, $v = 3\ \mathrm{m/s}$, $\dot{\theta} = 2\ \mathrm{rad/s}$, $\ddot{\theta} = 3\ \mathrm{rad/s^2}$

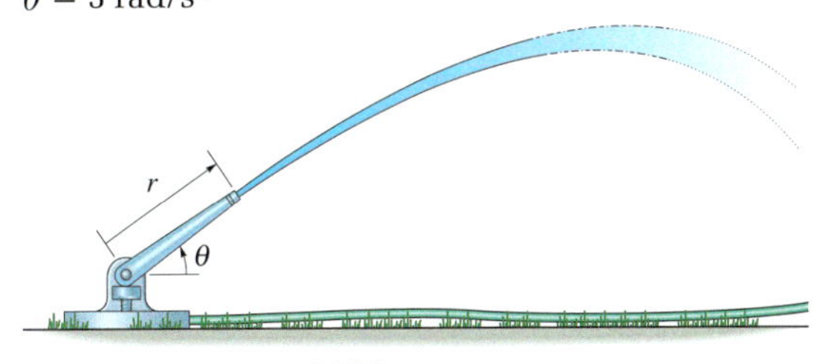

Abbildung A 1.152

1.153 Ein Auto fährt über eine schraubenförmige Rampe eines Parkdecks mit konstanter Geschwindigkeit v herunter. Mit einer vollen Drehung $\theta = 2\pi$ wird ein Höhenunterschied h überwunden. Bestimmen Sie den Betrag der Beschleunigung des Autos beim Herunterfahren. *Hinweis:* Für eine Teillösung ist zu beachten, dass die Tangente der Rampe in einem beliebigen Bahnpunkt unter dem Winkel $\phi = \arctan\left(h/\left[2\pi\, r\right]\right) = 10{,}81°$ zur Horizontalen geneigt ist. Mit diesem Wert lassen sich die *Geschwindigkeitskoordinaten* v_θ und v_z, und dann $\dot{\theta}$ und $\dot{z}$ ermitteln.

Gegeben: $r = 10$ m, $h = 12$ m, $v = 1{,}5$ m/s

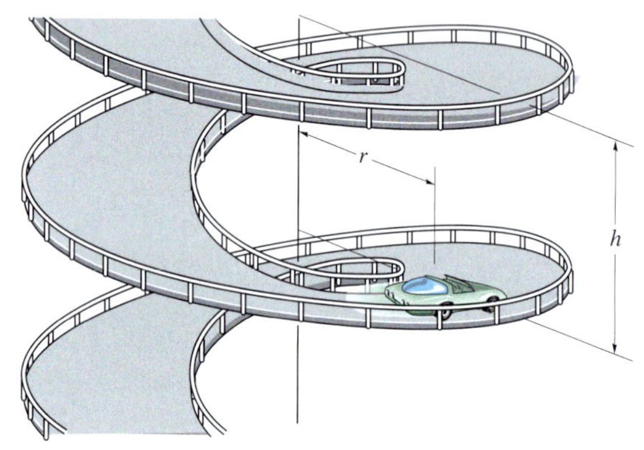

Abbildung A 1.153

1.154 Das Teleskopende des Industrieroboterarms beschreibt die Bahn $r(\theta)$. Zum Zeitpunkt t in der Lage $\theta = \theta_1$ hat der Arm eine Winkelgeschwindigkeit $\dot{\theta}$, die mit $\ddot{\theta}$ zunimmt. Ermitteln Sie die Radial- und Tangentialkoordinaten der Geschwindigkeit und Beschleunigung des Gegenstandes A, der zu diesem Zeitpunkt gehalten wird.

Gegeben: $r = (1 + 0{,}5 \cos\theta)$ m, $\theta_1 = \pi/4$, $\dot{\theta} = 0{,}6$ rad/s, $\ddot{\theta} = 0{,}25$ rad/s^2

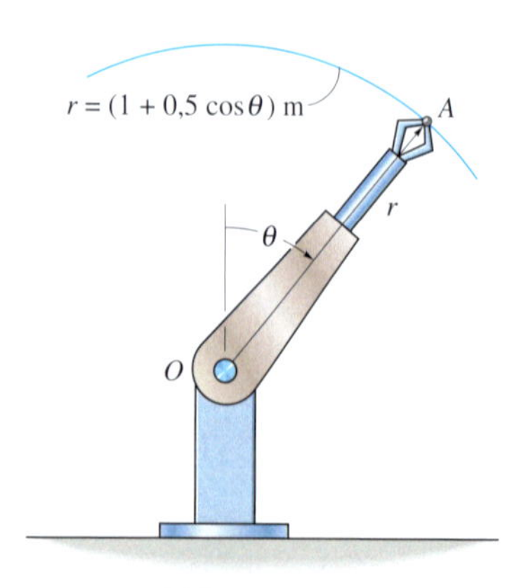

Abbildung A 1.154

1.155 Für eine gewisse Zeit fährt der Zug mit konstanter Bahngeschwindigkeit v auf einer spiralförmigen Bahn $r(\theta)$. Ermitteln Sie die Radial- und Tangentialkoordinaten seiner Geschwindigkeit für $\theta = \theta_1$.

Gegeben: $v = 20$ m/s, $r = (1\,000/\theta)$ m, $\theta_1 = (9\pi/4)$

***1.156** Für eine kurze Strecke fährt der Zug mit konstanter Winkelgeschwindigkeit $\dot{\theta}$ auf einer spiralförmigen Bahn $r(\theta)$. Ermitteln Sie die Radial- und Tangentialkoordinaten seiner Geschwindigkeit für $\theta = \theta_1$.

Gegeben: $v = 20$ m/s, $r = (1\,000/\theta)$ m, $\theta_1 = (9\pi/4)$, $\dot{\theta} = 0{,}2$ rad/s

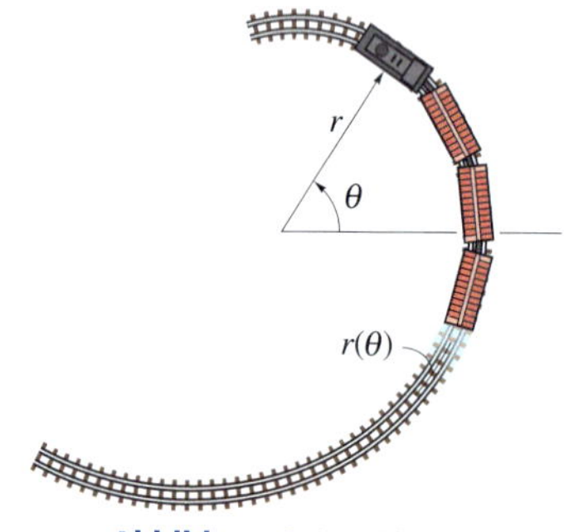

Abbildung A 1.155/1.156

1.157 Der Arm eines Roboters hat eine feste Länge, somit ist r konstant und der Greifer A beschreibt den Weg $z(\theta)$. Berechnen Sie für $\theta = kt$ bei $t = t_1$ die Beträge der Armgeschwindigkeit und -beschleunigung.

Gegeben: $r = 1$ m, $z = (\sin 4\theta)$ m, $t_1 = 3$ s, $k = 0{,}5$/s

1.158 Der Arm eines Roboters verlängert sich mit konstanter Geschwindigkeit. Für $r = r_1$ gilt $\dot{r} = \dot{r}_1$, $z_1 = k_1 t^2$ und $\theta_1 = k_2 t$. Bestimmen Sie für $t = t_1$ den Betrag der Armgeschwindigkeit und -beschleunigung.

Gegeben: $r = 0{,}9$ m, $\dot{r}_1 = 0{,}45$ m/s, $t_1 = 3$ s, $k_1 = 1{,}2$ m/s^2, $k_2 = 0{,}5$/s

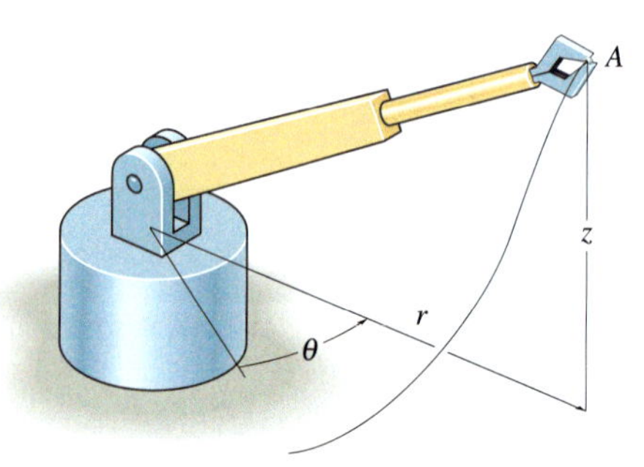

Abbildung A 1.157/1.158

***1.159** Die Teiloberfläche des Nockens ist die einer logarithmischen Spirale $r(\theta)$. Die Nocke dreht sich mit konstanter Winkelgeschwindigkeit $\dot{\theta}$. Bestimmen Sie die Beträge von Geschwindigkeit und Beschleunigung der Nachlaufstange für $\theta = \theta_1$.

Gegeben: $\dot{\theta} = 4 \text{ rad/s}$, $r = \left(40e^{0{,}05\theta}\right) \text{mm}$, $\theta_1 = 30°$

1.160 Lösen Sie Aufgabe 1.159 für eine Winkelbeschleunigung $\ddot{\theta}$, die momentane Winkelgeschwindigkeit $\dot{\theta}$ und für $\theta = \theta_1$.

Gegeben: $\dot{\theta} = 4 \text{ rad/s}$, $\ddot{\theta} = 2 \text{ rad/s}^2$, $\theta_1 = 30°$

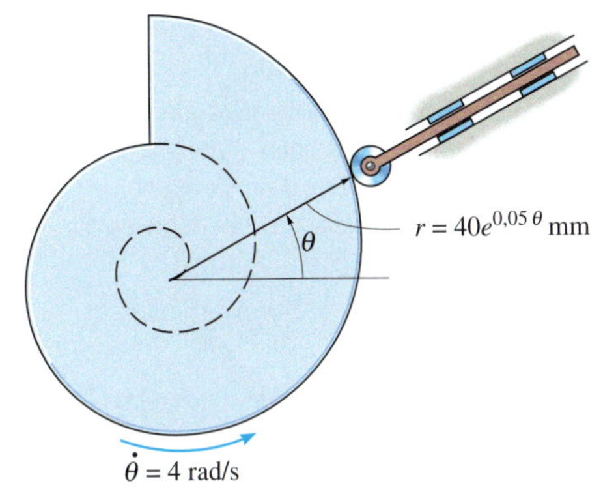

Abbildung A 1.159/1.160

1.161 Der Suchscheinwerfer auf dem Boot, das im Abstand d vor der Küste ankert, richtet sich auf das Auto, das mit konstantem Geschwindigkeitsbetrag v_A die gerade Straße entlangfährt und die Strecke r vom Boot entfernt ist. Ermitteln Sie die Schwenkgeschwindigkeit des Scheinwerfers.

Gegeben: $v_A = 24 \text{ m/s}$, $d = 600 \text{ m}$, $r = 900 \text{ m}$

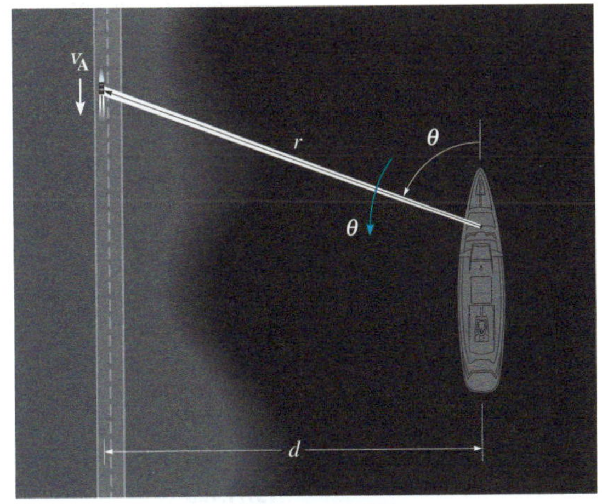

Abbildung A 1.161

1.162 Das Boot aus Aufgabe 1.161 beschleunigt bei $r = r_1$ mit der Beschleunigung a. Ermitteln Sie die dazu erforderliche Winkelbeschleunigung $\ddot{\theta}$ des Scheinwerfers.

Gegeben: $a = 4{,}5 \text{ m/s}^2$, $r_1 = 900 \text{ m}$

1.163 Ein Massenpunkt bewegt sich mit konstanter Bahngeschwindigkeit v auf einer spiralförmigen Bahn $r(\theta)$. Bestimmen Sie die Geschwindigkeitskoordinaten v_r und v_θ als Funktion von θ und berechnen Sie die Werte bei $\theta = \theta_1$.

Gegeben: $v = 6 \text{ m/s}$, $r = (3/\theta) \text{ m}$, $\theta_1 = 1 \text{ rad}$

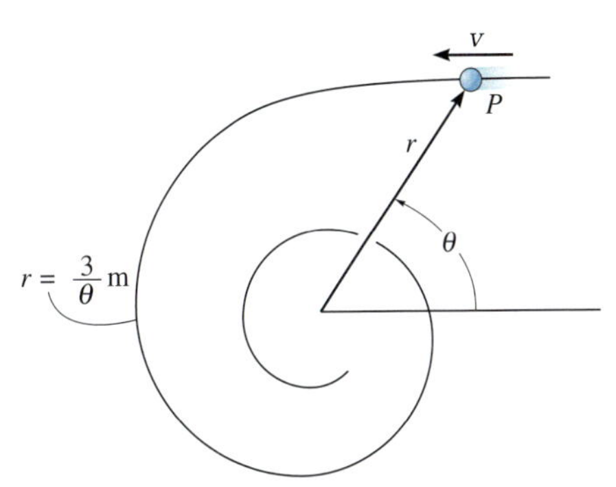

Abbildung A 1.162

***1.164** Ein Massenpunkt bewegt sich auf einer vorgegebenen Bahn, die durch die Funktion $r(\theta)$ beschrieben wird. Die Winkelgeschwindigkeit der radialen Koordinatenlinie beträgt $\dot{\theta} = f(t)$. Ermitteln Sie die Radial- und Tangentialkoordinaten der Geschwindigkeit und Beschleunigung des Massenpunktes für $\theta = \theta_1$. Für $t = 0$ ist $\theta = 0$.

Gegeben: $\theta_1 = 30°$, $r = (5 \cos 2\theta) \text{ m}$, $\dot{\theta} = kt^2$, $k = 3 \text{ rad/s}^3$

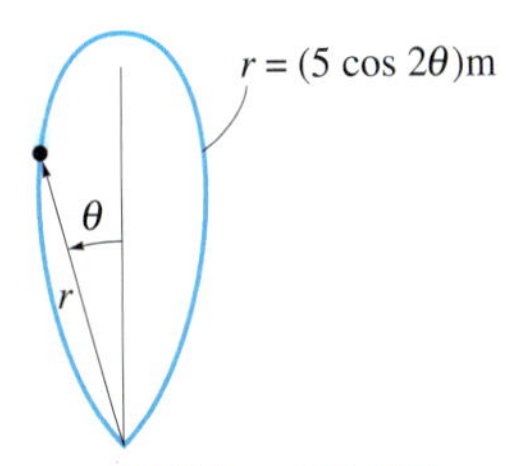

Abbildung A 1.164

■ **1.165** Die zweiteilige Buchse C ist gelenkig verbunden, und gleitet in der gezeigten Weise auf einer Stange mit Ellipsenform und entlang der rotierenden Stange AB. Die Winkelgeschwindigkeit von AB wird durch die Funktion $\dot{\theta} = \left(e^{0{,}5t^2/T^2}\right)/\,\mathrm{s}$ und die elliptische Bahnkurve durch

$$r(\theta) = \frac{\sqrt{2}\sqrt{13+5\cos(2\theta)}+2\sin\theta}{4+2\cos(2\theta)}a$$

beschrieben. Ermitteln Sie die Radial- und Querkoordinaten der Geschwindigkeit und Beschleunigung der Buchse für $t = t_1$. Für $t = 0$ ist $\theta = 0$. Verwenden Sie zur Bestimmung von θ bei $t = t_1$ die Simpson-Regel.

Gegeben: $t_1 = 1\ \mathrm{s}$, $a = 0{,}2\ \mathrm{m}$

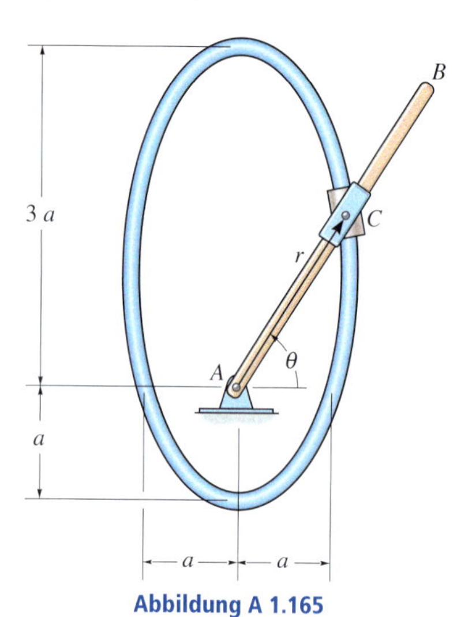

Abbildung A 1.165

1.166 Der Achterbahnwagen fährt mit konstanter Bahngeschwindigkeit v die schraubenförmige Bahn herunter. Mit einer vollen Drehung $\theta = 2\pi$ wird ein Höhenunterschied h überwunden. Bestimmen Sie den Betrag der Beschleunigung des Wagens beim Herunterfahren. *Hinweis:* Für eine Teillösung ist zu beachten, dass die Tangente der Rampe in einem beliebigen Punkt unter dem Winkel $\phi = \arctan\left(h/\left[2\pi\ r\right]\right) = 17{,}66°$ zur Horizontalen geneigt ist. Mit diesem Wert lassen sich die Geschwindigkeitskoordinaten v_θ und v_z und dann $\dot{\theta}$ und $\dot{z}$ ermitteln.

Gegeben: $r = 5\ \mathrm{m}$, $h = 10\ \mathrm{m}$, $v = 6\ \mathrm{m/s}$

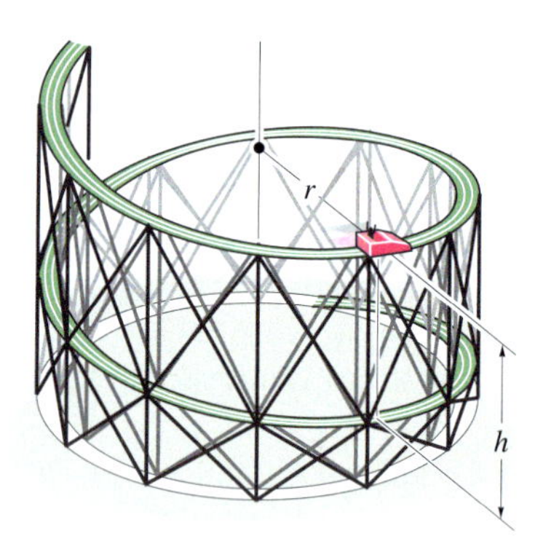

Abbildung A 1.166

1.167 Ein Kameramann in A verfolgt die Bewegung eines Rennautos B, das mit konstanter Bahngeschwindigkeit v_B auf einem Rundkurs fährt. Ermitteln Sie für $\theta = \theta_1$ die erforderliche Winkelgeschwindigkeit $\dot{\theta}$ des Mannes, bei der die Kamera immer auf das Auto gerichtet ist.

Gegeben: $v_B = 30\ \mathrm{m/s}$, $\theta_1 = 30°$, $d = 20\ \mathrm{m}$

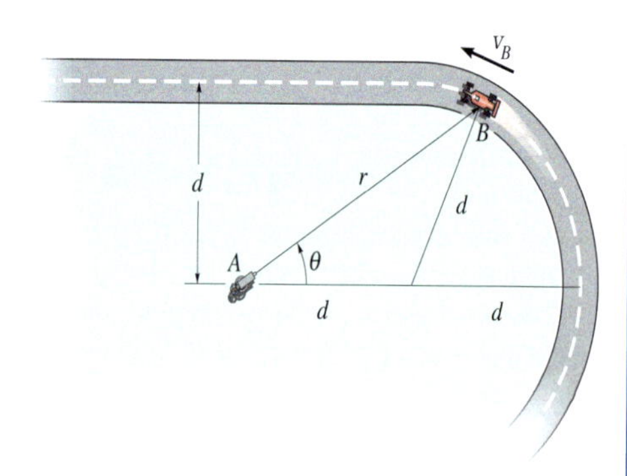

Abbildung A 1.167

***1.168** Der Stift beschreibt den Weg $r(\theta)$. Für $\theta = \theta_1$ beträgt die Winkelgeschwindigkeit $\dot{\theta}$ und die Beschleunigung $\ddot{\theta}$. Ermitteln Sie die Beträge von Geschwindigkeit und Beschleunigung des Stiftes. Vernachlässigen Sie die Größe des Stiftes.

Gegeben: $\dot{\theta} = 0{,}7/\mathrm{s}$, $\ddot{\theta} = 0{,}5/\mathrm{s}^2$, $\theta_1 = 30°$, $r = (0{,}2 + 0{,}15\cos\theta)\ \mathrm{m}$

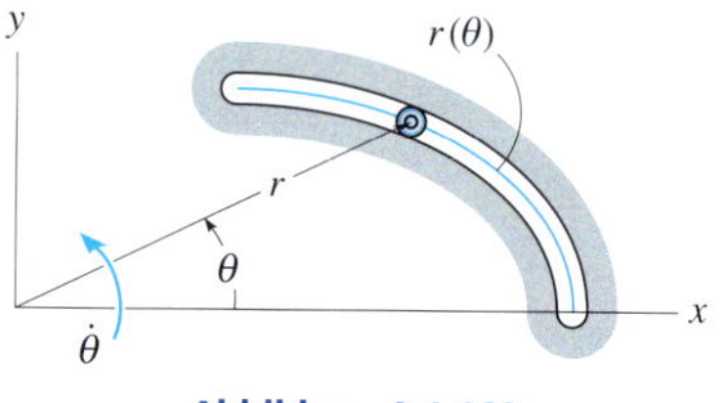

Abbildung A 1.168

1.169 Für eine kurze Zeit wird die Lage des Achterbahnwagens durch r und die Funktionen $\theta = kt$ und $z = (-8 \cos \theta)$ m beschrieben. Bestimmen Sie die Beträge der Geschwindigkeit und der Beschleunigung des Wagens zum Zeitpunkt $t = t_1$.

Gegeben: $r = 25$ m, $t_1 = 4$ s, $k = 0{,}3$/s

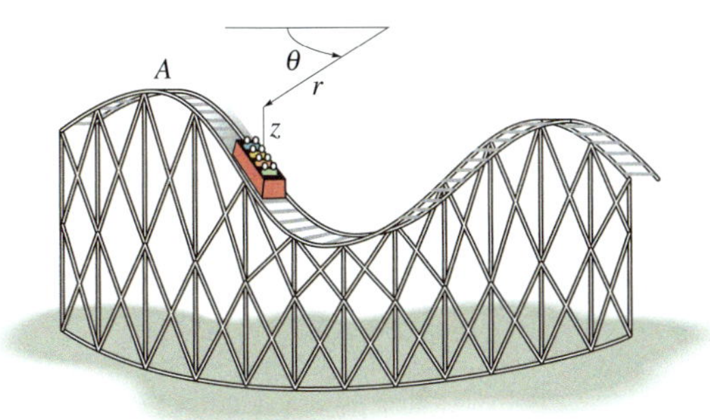

Abbildung A 1.169

1.170 Eine Maschine ist so konstruiert, dass die Rolle in A der Oberfläche eines Nockens folgt, die von der Funktion $r(\theta)$ beschrieben wird. Berechnen Sie für $\theta = \theta_1$ die Beträge der Geschwindigkeit und der Beschleunigung der Rolle. Vernachlässigen Sie die Größe der Rolle. Berechnen Sie auch die Geschwindigkeitskomponenten $(\mathbf{v}_A)_x$ und $(\mathbf{v}_A)_y$ der Rolle zu diesem Zeitpunkt. Die Stange, an der die Rolle befestigt ist, bleibt in der Vertikalen und kann in den Führungen nach oben und unten gleiten, während sich die Führungen horizontal nach links bewegen.

Gegeben: $\theta_1 = 30°$, $r = (0{,}3 + 0{,}2 \cos \theta)$ m,
$\dot{\theta} = 0{,}5$ rad/s, $\ddot{\theta} = 0$

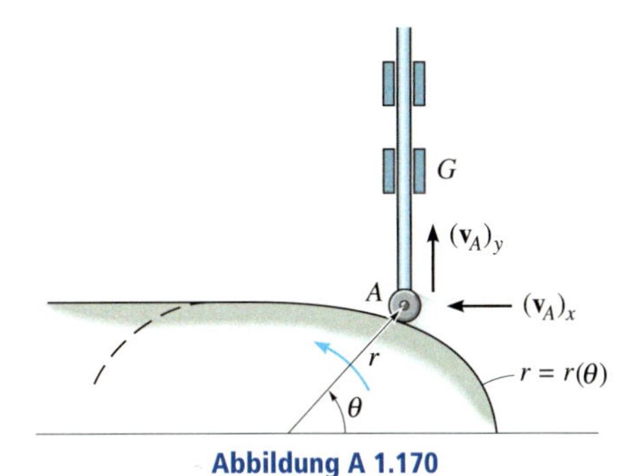

Abbildung A 1.170

1.171 Eine Kiste rutscht eine schraubenförmige Rampe herunter. Dabei ist $r = (0{,}5z)$ und $z = (30 - 0{,}03t^2/T^2)$ m. Für die Winkelgeschwindigkeit um die z-Achse gilt $\dot{\theta} = kt$. Bestimmen Sie den Betrag der Geschwindigkeit und Beschleunigung der Kiste für $z = z_1$.

Gegeben: $z_1 = 3$ m, $T = 1$ s, $k = 0{,}04\pi/\mathrm{s}^2$

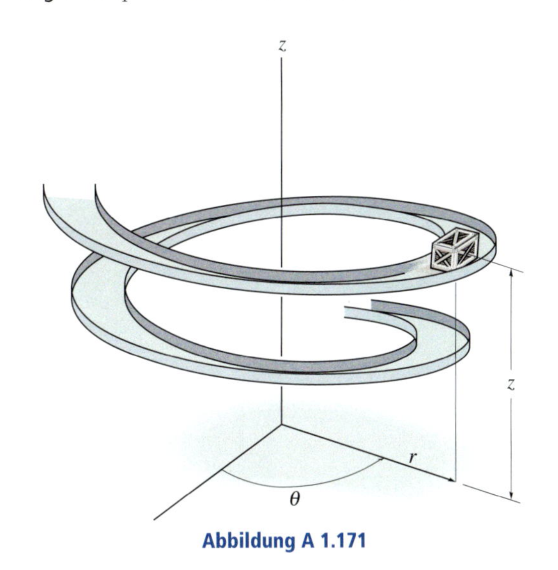

Abbildung A 1.171

Aufgaben zu 1.9 und 1.10

Ausgewählte Lösungswege

Lösungen finden Sie in *Anhang C*.

***1.172** Das Ende des Seiles in A wird mit der Geschwindigkeit v_A nach unten gezogen. Ermitteln Sie den Betrag der Geschwindigkeit, mit der sich Klotz B hebt.

Gegeben: $v_A = 2 \text{ m/s}$

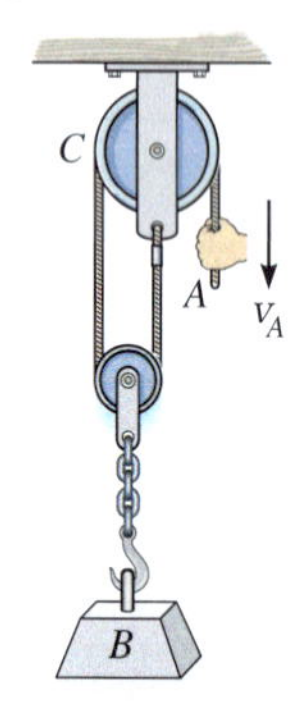

Abbildung A 1.172

1.173 Das Ende des Seiles in A wird mit der Geschwindigkeit v_A nach unten gezogen. Ermitteln Sie den Betrag der Geschwindigkeit, mit der sich Klotz B hebt.

Gegeben: $v_A = 2 \text{ m/s}$

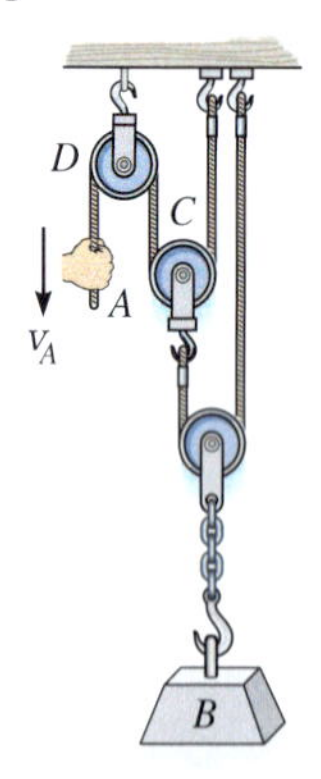

Abbildung A 1.173

1.174 Bestimmen Sie die konstante Geschwindigkeit v_A, mit der das Seil in A vom Motor eingezogen werden muss, um die Last in B in der Zeit t um d zu heben.

Gegeben: $t = 5 \text{ s}$, $d = 5 \text{ m}$

1.175 Bestimmen Sie die erforderliche Zeit, in der die Last in B aus der Ruhe die Geschwindigkeit v_B erreicht. Das Seil wird mit der Beschleunigung a_A vom Motor eingezogen.

Gegeben: $a_A = 0{,}2 \text{ m/s}^2$, $v_B = 8 \text{ m/s}$

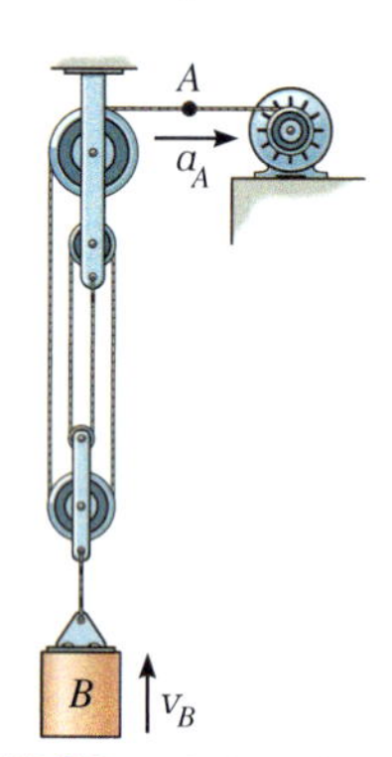

Abbildung A 1.174/1.175

***1.176** Bestimmen Sie die Strecke, die der Baumstamm zurücklegt. Der Wagen in C zieht das Seil die Strecke d nach rechts.

Gegeben: $d = 1{,}2 \text{ m}$

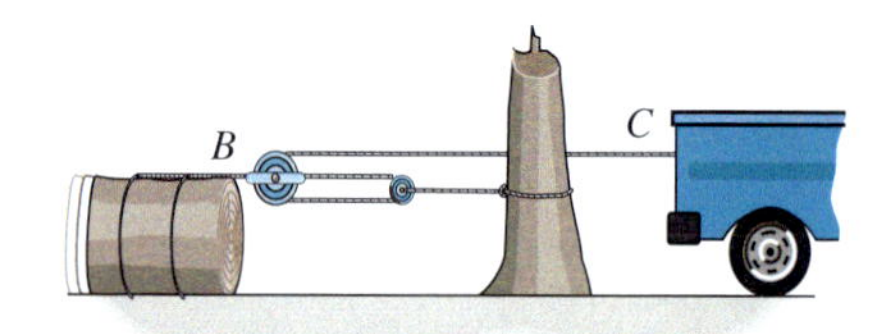

Abbildung A 1.176

1.177 Die Kiste soll mit Hilfe von Motor und Flaschenzug die schiefe Ebene heraufgezogen werden. Bestimmen Sie die Geschwindigkeit, mit welcher der Motor das Seil einzieht, damit sich die Kiste mit der konstanten Geschwindigkeit v_A bewegt.

Gegeben: $v_A = 1{,}2 \text{ m/s}$

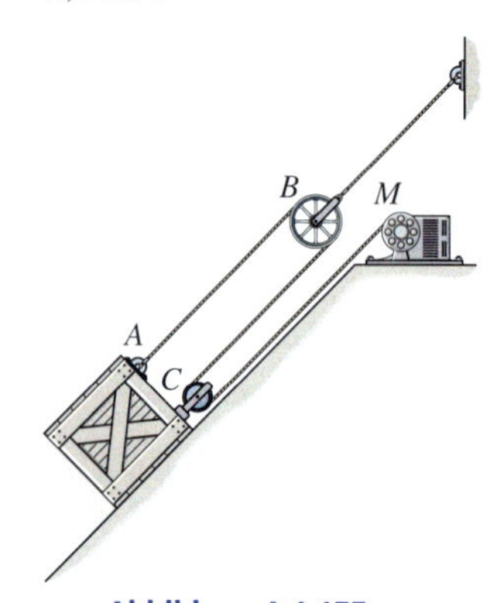

Abbildung A 1.177

1.178 Bestimmen Sie die Strecke, die der Klotz B zurücklegt, wenn das Seilende A die Strecke d herunter gezogen wird.

Gegeben: $d = 1$ m

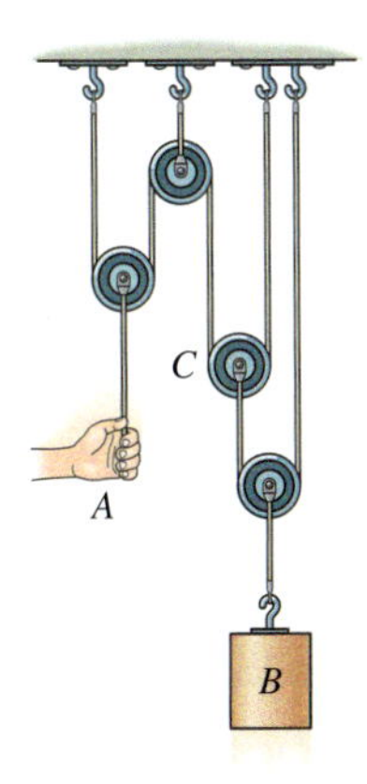

Abbildung A 1.178

1.179 Am Seil in B wird mit der Geschwindigkeit v_B und der Beschleunigung a_B nach unten gezogen. Ermitteln Sie die Geschwindigkeit und Beschleunigung vom Klotz A.

Gegeben: $v_B = 1{,}2$ m/s, $a_B = 0{,}6$ m/s²

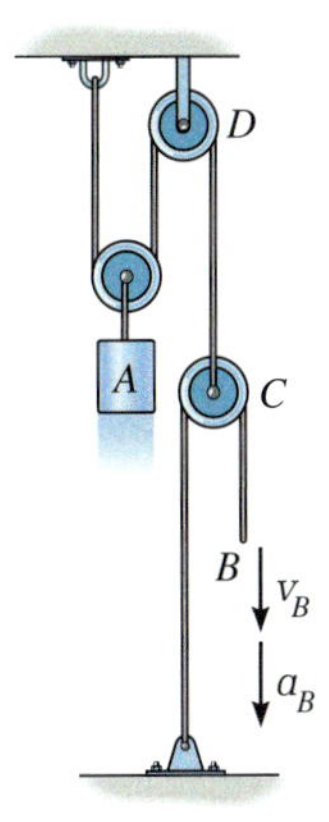

Abbildung A 1.179

***1.180** Der Flaschenzug in der Abbildung dient zum Heben von Lasten. BC bleibt *ortsfest*, während der Bolzen P mit der Geschwindigkeit v_P nach unten gedrückt wird. Bestimmen Sie die Geschwindigkeit der Last in A.

Gegeben: $v_P = 1{,}2$ m/s

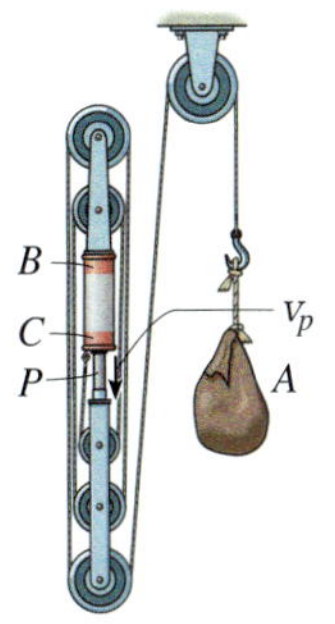

Abbildung A 1.180

1.181 Klotz A senkt sich mit der Geschwindigkeit v_A ab, während Klotz C sich mit v_C hebt. Ermitteln Sie die Geschwindigkeit von Klotz B.

Gegeben: $v_A = 1{,}2$ m/s, $v_C = 0{,}6$ m/s

1.182 Klotz A senkt sich mit v_A und Klotz C mit v_C. Bestimmen Sie die relative Geschwindigkeit von Klotz B bezüglich C.

Gegeben: $v_A = 2$ m/s, $v_C = 6$ m/s

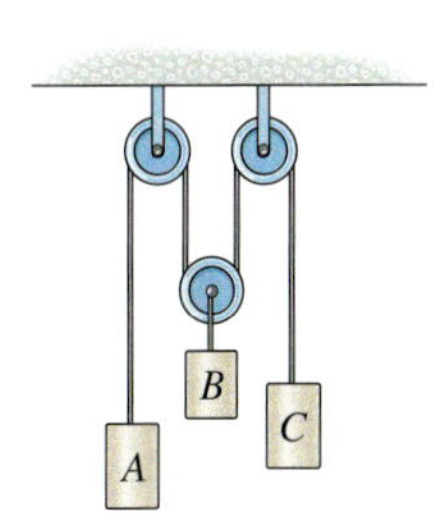

Abbildung A 1.181/1.182

1.183 Das Ende des Seiles A wird mit der Geschwindigkeit v_A nach unten gezogen. Ermitteln Sie die Geschwindigkeit, mit der sich Klotz E hebt.

Gegeben: $v_A = 2$ m/s

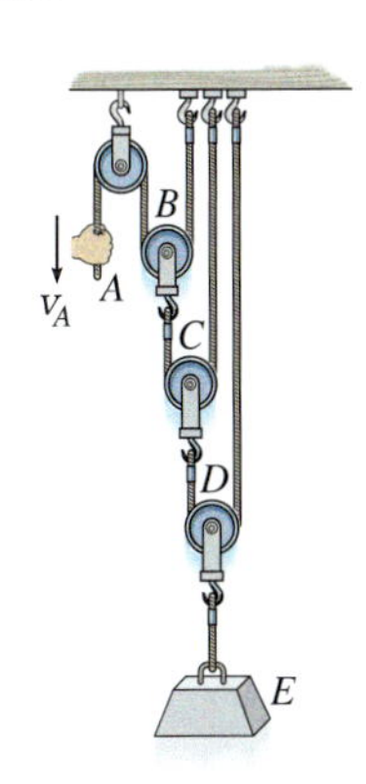

Abbildung A 1.183

***1.184** Klotz A senkt sich mit der Geschwindigkeit v_A, während sich Klotz C mit v_C hebt. Ermitteln Sie die Geschwindigkeit von Klotz B.

Gegeben: $v_A = 1{,}2\ \mathrm{m/s}$, $v_C = 0{,}6\ \mathrm{m/s}$

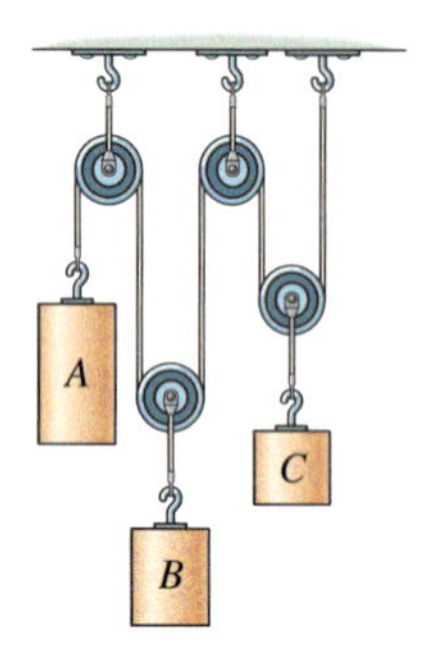

Abbildung A 1.184

1.185 Der Kran dient zum Heben von Lasten. Die Motoren in A und B ziehen das Seil mit der Geschwindigkeit v_A bzw. v_B ein. Bestimmen Sie die Geschwindigkeit der Last.

Gegeben: $v_A = 0{,}6\ \mathrm{m/s}$, $v_B = 1{,}2\ \mathrm{m/s}$

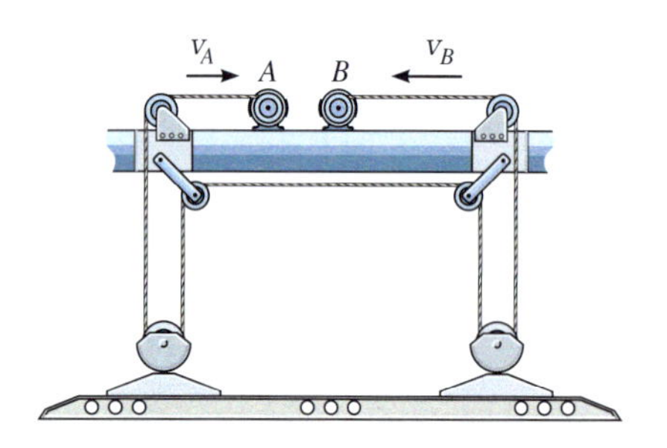

Abbildung A 1.185

1.186 Der Zylinder C wird mit dem Flaschenzug gehoben. Punkt A wird mit der Geschwindigkeit v_A von der Winde nach oben gezogen. Bestimmen Sie die Geschwindigkeit des Zylinders.

Gegeben: $v_A = 2\ \mathrm{m/s}$

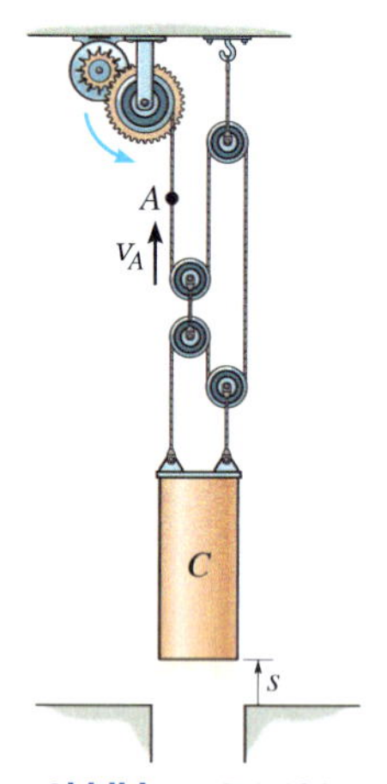

Abbildung A 1.186

1.187 Die Bewegung der Buchse A wird von einem Motor in B gesteuert, sodass sich die Buchse ausgehend von der Lage bei s_A mit der Geschwindigkeit v_A und der Beschleunigung a_A hebt. Bestimmen Sie die Geschwindigkeit und die Beschleunigung des Seiles, mit der es zu diesem Zeitpunkt vom Motor B eingezogen wird.

Gegeben: $s_A = 0{,}9\ \mathrm{m}$, $v_A = 0{,}6\ \mathrm{m/s}$, $a_A = -0{,}3\ \mathrm{m/s^2}$, $d = 1{,}2\ \mathrm{m}$

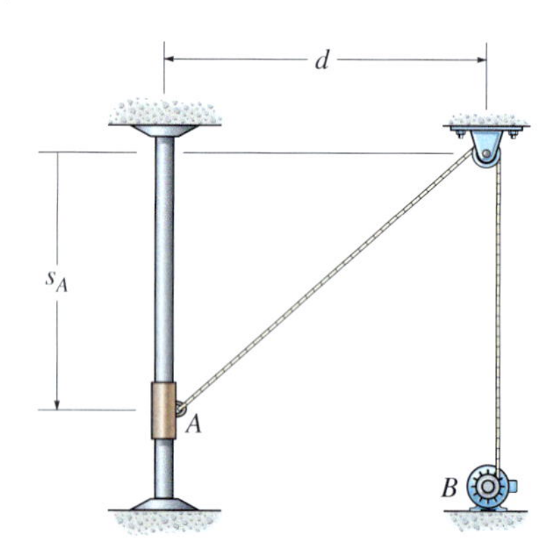

Abbildung A 1.187

***1.188** Die Rolle in A hebt sich mit der Geschwindigkeit v_A und hat bei $s = s_A$ die Beschleunigung a_A. Bestimmen Sie die Geschwindigkeit und Beschleunigung des Klotzes B zu diesem Zeitpunkt.

Gegeben: $s_A = 1{,}2\ \mathrm{m}$, $v_A = 0{,}9\ \mathrm{m/s}$, $a_A = 1{,}2\ \mathrm{m/s^2}$, $d = 0{,}9\ \mathrm{m}$

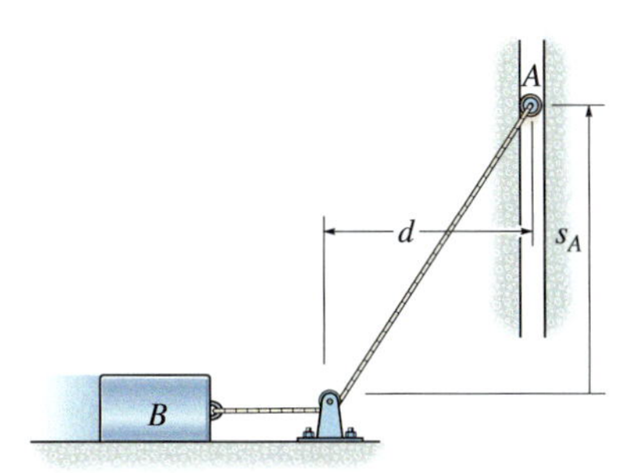

Abbildung A 1.188

1.189 Die Kiste C wird durch Absenken der Rolle A in der Führung mit konstanter Geschwindigkeit v_A gehoben. Bestimmen Sie die Geschwindigkeit und die Beschleunigung der Kiste bei $s = s_C$. Wenn sich die Rolle in B befindet, ruht die Kiste auf dem Boden. Vernachlässigen Sie die Größe der Rolle in der Berechnung. *Hinweis:* Verknüpfen Sie die Koordinaten x_C und x_A mittels geometrischer Beziehungen und leiten Sie dann zweimal nach der Zeit ab.

Gegeben: $v_A = 2\ \mathrm{m/s}$, $s_C = 1\ \mathrm{m}$, $d = 4\ \mathrm{m}$

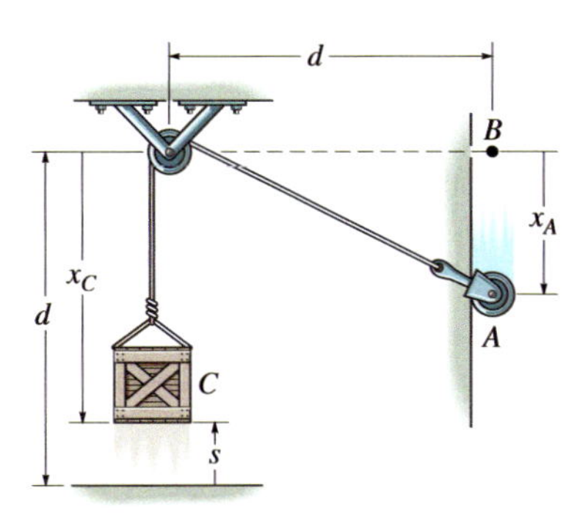

Abbildung A 1.189

1.190 Das Mädchen in C steht am Rande der Pier und zieht *horizontal* mit der konstanten Geschwindigkeit v_C am Seil. Ermitteln Sie, wie schnell sich das Boot dem Pier nähert, wenn die Länge des Seilabschnitts AB den Wert l_{AB} hat.

Gegeben: $v_C = 1{,}8\ \mathrm{m/s}$, $l_{AB} = 15\ \mathrm{m}$, $h_C = 2{,}4\ \mathrm{m}$

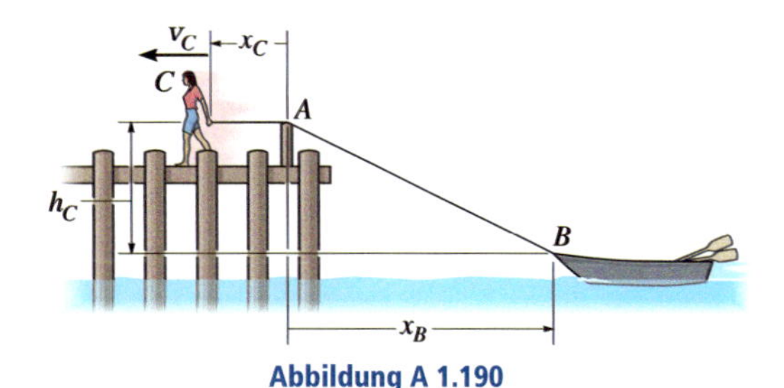

Abbildung A 1.190

1.191 Der Mann zieht den Jungen über den Ast C hoch, indem er rückwärts geht. Er läuft bei $x_A = 0$ los und bewegt sich mit der konstanten Beschleunigung a_A. Bestimmen Sie die Geschwindigkeit des Jungen bei $y = y_B$. Vernachlässigen Sie die Größe des Astes. Für $x_A = 0$ ist $y_A = y_{A0}$ und A und B fallen zusammen, d.h. das Seil hat die Länge l_{AB}.

Gegeben: $a_A = 0{,}2\ \mathrm{m/s^2}$, $y_{A0} = 8\ \mathrm{m}$, $y_B = 4\ \mathrm{m}$, $l_{AB} = 16\ \mathrm{m}$

Abbildung A 1.191

***1.192** Die Buchsen A und B sind über ein Seil verbunden, das über die kleine Rolle in C läuft. Befindet sich die Buchse A in D, dann liegt die Buchse B im Abstand d_B links von D. A bewegt sich mit konstanter Geschwindigkeit v_A nach rechts. Bestimmen Sie die Geschwindigkeit von B, wenn sich A im Abstand d_A rechts von D befindet.

Gegeben: $v_A = 0{,}6\ \mathrm{m/s}$, $d_B = 7{,}2\ \mathrm{m}$, $d_A = 1{,}2\ \mathrm{m}$, $h_C = 3\ \mathrm{m}$

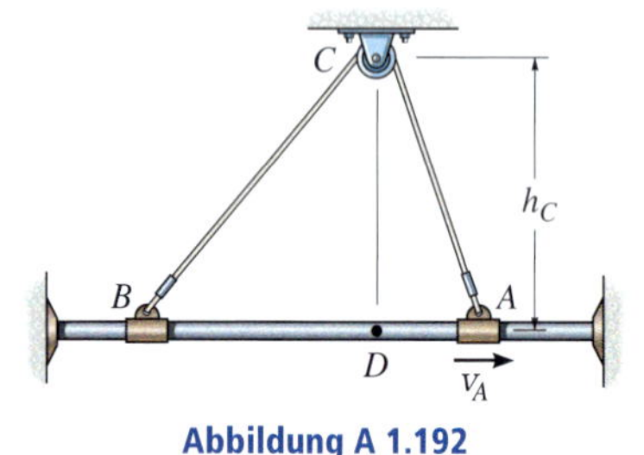

Abbildung A 1.192

1.193 Der Klotz B senkt sich mit der Geschwindigkeit v_B und der Beschleunigung a_B. Bestimmen Sie die Geschwindigkeit und die Beschleunigung von Klotz A als Funktion der dargestellten Parameter.

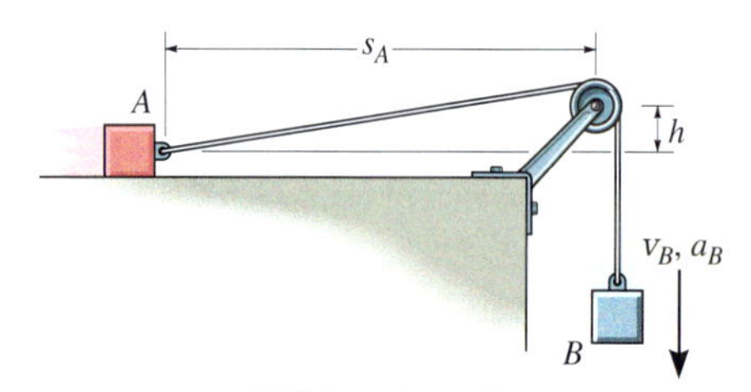

Abbildung A 1.193

1.194 Die vertikale Bewegung der Last wird durch die Bewegung des Kolbens A auf dem Ausleger erzeugt. Bestimmen Sie die Strecke, die der Kolben oder die Rolle in C nach links zurücklegen muss, damit die Last um h gehoben wird. Das Seil ist in B befestigt, läuft über die Rolle in C, dann über D, E, F und erneut über E, das andere Ende ist dann in G befestigt.

Gegeben: $v_C = 1{,}8\ \mathrm{m/s}$, $h = 0{,}6\ \mathrm{m}$

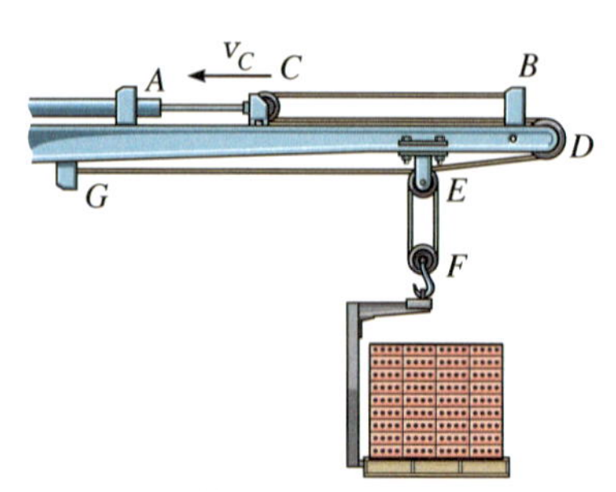

Abbildung A 1.194

1.195 Sand fällt aus der Ruhe aus der Höhe h_A senkrecht auf eine Rinne. Der Sand rutscht dann mit v_C die Rinne herunter. Bestimmen Sie die relative Geschwindigkeit des Sandes, der in A auf die Schurre fällt, bezüglich des Sandes, der die Schurre herunterrutscht. Ihre Neigung mit der Horizontalen beträgt θ.

Gegeben: $v_C = 2\ \mathrm{m/s}$, $h_A = 0{,}5\ \mathrm{m}$, $\theta = 40°$

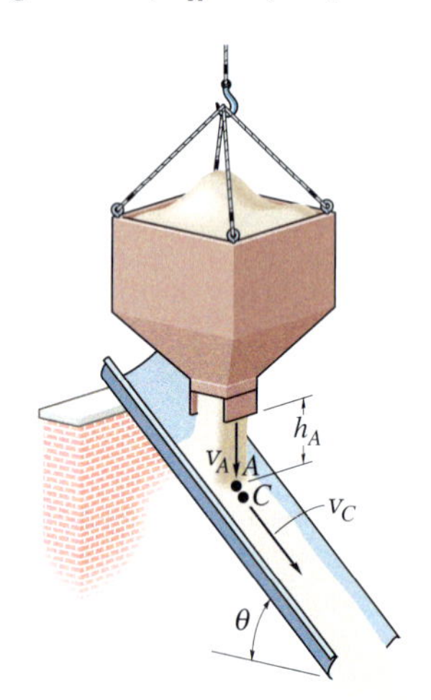

Abbildung A 1.195

***1.196** Zwei Flugzeuge A und B fliegen in gleicher Höhe. Ihre Geschwindigkeiten sind v_A bzw. v_B und der Winkel zwischen ihren geradlinigen Flugbahnen beträgt θ. Ermitteln Sie die relative Geschwindigkeit von Flugzeug B bezüglich Flugzeug A.

Gegeben: $v_A = 600\ \mathrm{km/h}$, $v_B = 500\ \mathrm{km/h}$, $\theta = 75°$

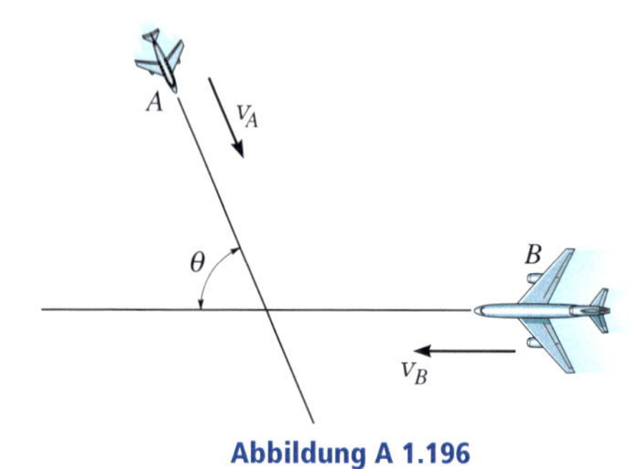

Abbildung A 1.196

1.197 Zwei Autos A und B fahren zum dargestellten Zeitpunkt mit v_A bzw. v_B, die Beschleunigung von B beträgt a_B, Auto A fährt mit konstanter Geschwindigkeit. Bestimmen Sie die Geschwindigkeit und die Beschleunigung von B bezüglich A.

Gegeben: $v_A = 48$ km/h, $v_B = 32$ km/h, $a_B = 1920$ km/h^2, $\beta = 30°$, $b = 0{,}48$ km

1.198 Zwei Autos A und B fahren zum dargestellten Zeitpunkt mit v_A bzw. v_B, die Beschleunigung von A beträgt dann a_A, Auto B bremst mit a_B ab. Bestimmen Sie die Geschwindigkeit und die Beschleunigung von B bezüglich A.

Gegeben: $v_A = 48$ km/h, $v_B = 32$ km/h, $a_A = 640$ km/h^2, $a_B = -1280$ km/h^2, $\beta = 30°$, $b = 0{,}48$ km

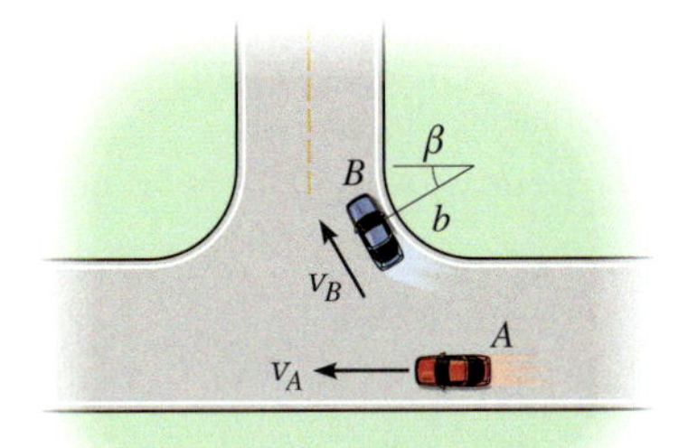

Abbildung A 1.197/1.198

1.199 Zwei Boote fahren zur gleichen Zeit vom Ufer in die dargestellten Richtungen los. Ihre Geschwindigkeiten betragen v_A bzw. v_B. Bestimmen Sie die Geschwindigkeit von Boot A bezüglich Boot B. Nach welcher Zeit befinden sich die Boote im Abstand d?

Gegeben: $v_A = 6$ m/s, $v_B = 4{,}5$ m/s, $\alpha = 30°$, $\beta = 45°$, $d = 240$ m

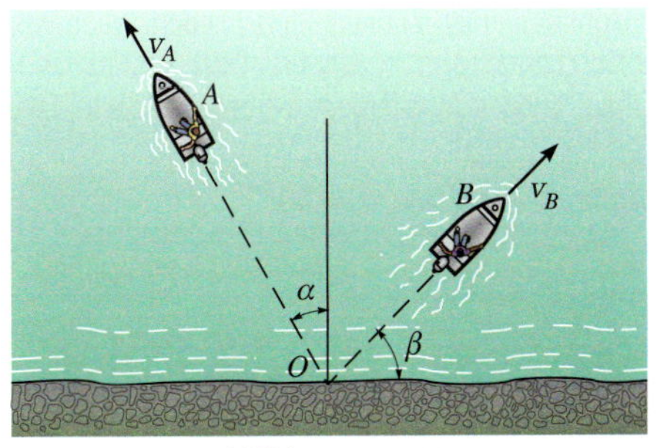

Abbildung A 1.199

***1.200** Zwei Flugzeuge fliegen nebeneinander mit konstanter Geschwindigkeit v. Mit dieser Geschwindigkeit fliegt Flugzeug A dann auf der spiralförmigen Bahn $r(\theta)$, während Flugzeug B weiter geradeaus fliegt. Bestimmen Sie die Geschwindigkeit von Flugzeug A bezüglich Flugzeug B für $r = r_1$.

Gegeben: $v = 900$ km/h, $r = (1500\,\theta)$ km, $r_1 = 750$ km

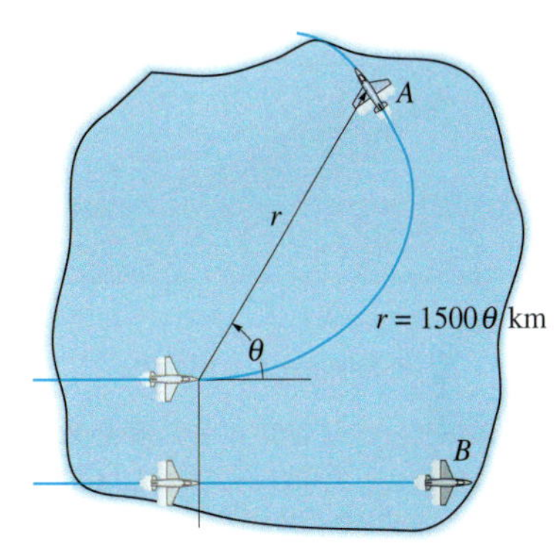

Abbildung A 1.200

1.201 Zum dargestellten Zeitpunkt fährt der Radrennfahrer in A mit der Geschwindigkeit v_A um die Kurve der Bahn und beschleunigt mit a_A. Ein zweiter Radrennfahrer in B fährt mit v_B auf der geraden Strecke und beschleunigt mit a_B. Bestimmen Sie die relative Geschwindigkeit und die relative Beschleunigung von A bezüglich B zu dieser Zeit.

Gegeben: $v_A = 7$ m/s, $v_B = 8{,}5$ m/s, $a_A = 0{,}5$ m/s^2, $a_B = 0{,}7$ m/s^2, $\alpha = 40°$, $b = 50$ m

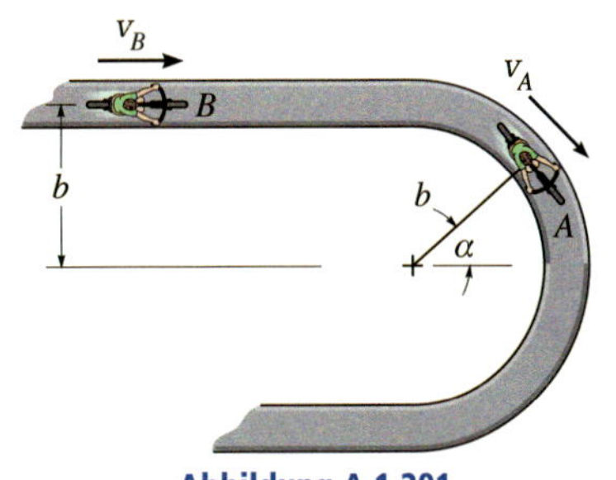

Abbildung A 1.201

1.202 Zwei Autos A und B fahren zum dargestellten Zeitpunkt mit v_A bzw. v_B, die Beschleunigung von B beträgt a_B, Auto A fährt mit konstanter Geschwindigkeit. Bestimmen Sie die Geschwindigkeit und die Beschleunigung von B bezüglich A. Auto B fährt auf einer Kurve mit dem Krümmungsradius ρ.

Gegeben: $v_A = 88$ km/h, $v_B = 64$ km/h, $a_B = 1920$ km/h^2, $\theta = 30°$, $\rho = 0{,}8$ km

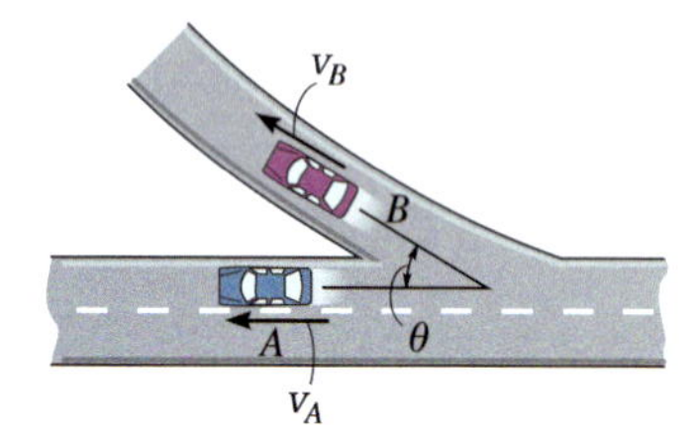

Abbildung A 1.202

1.203 Die Autos A und B fahren auf einer kreisförmigen Rundstrecke. Zum dargestellten Zeitpunkt fährt A mit der Geschwindigkeit v_A und beschleunigt mit a_A, B fährt mit der Geschwindigkeit v_B und bremst mit a_B ab. Bestimmen Sie die relative Geschwindigkeit und die relative Beschleunigung von A bezüglich B zu diesem Zeitpunkt.

Gegeben: $v_A = 27$ m/s, $v_B = 31{,}5$ m/s, $a_A = 4{,}5$ m/s^2, $a_B = -7{,}5$ m/s^2, $r_A = 90$ m, $r_B = 75$ m, $\theta = 60°$

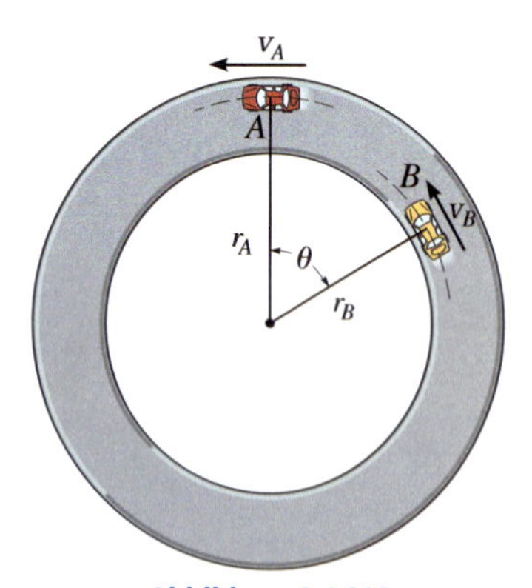

Abbildung A 1.203

***1.204** Zwei Radfahrer fahren mit der gleichen konstanten Geschwindigkeit v. Bestimmen Sie die Geschwindigkeit von A bezüglich B, wenn A auf der kreisförmigen Bahn fährt und B auf der Durchmesserlinie des Kreises.

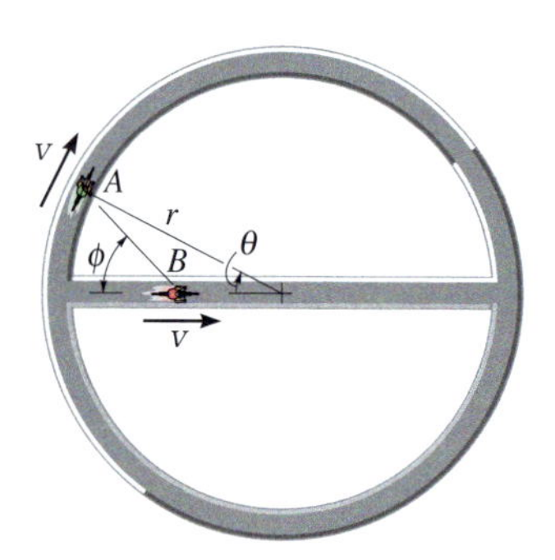

Abbildung A 1.204

1.205 Ein Mann kann ein Boot mit der Geschwindigkeit v_B durch stehendes Wasser rudern. Er möchte einen Fluss der Breite b bis zum Punkt B, im Abstand d flussabwärts, überqueren. Der Fluss fließt mit der Geschwindigkeit v_F. Ermitteln Sie den Betrag der Geschwindigkeit des Bootes und die erforderliche Zeit für die Überquerung.

Gegeben: $v_B = 5$ m/s, $v_F = 2$ m/s, $b = 50$ m, $d = 50$ m

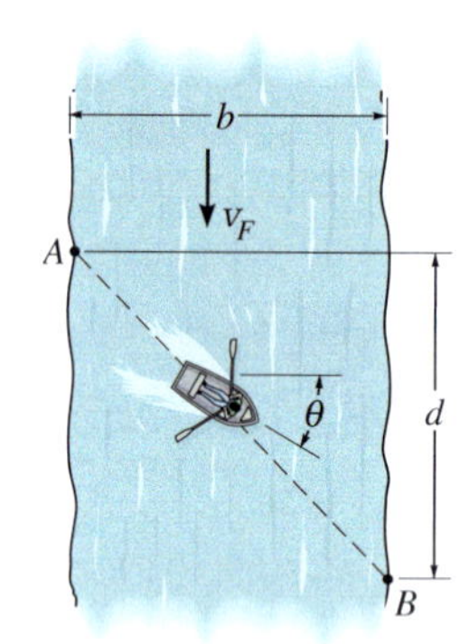

Abbildung A 1.205

1.206 Ein Autoinsasse beobachtet, dass die Regentropfen mit der Horizontalen einen Winkel θ einschließen, wenn das Auto mit der Geschwindigkeit v_a vorwärts fährt. Bestimmen Sie die (konstante) Endgeschwindigkeit v_r des senkrecht fallenden Regens.

Gegeben: $v_a = 60$ km/h, $\theta = 30°$

Abbildung A 1.206

1.207 Zu einem gegebenen Zeitpunkt wirft ein Football-Spieler in A den Ball C mit der Geschwindigkeit v_C in die dargestellte Richtung. Bestimmen Sie die konstante Geschwindigkeit v_B mit der ein zweiter Spieler in B laufen muss, damit er den Ball in Wurfhöhe fangen kann. Berechnen Sie ebenfalls die relative Geschwindigkeit und die relative Beschleunigung des Balls bezüglich B im Moment des Fangens. Spieler B befindet sich in der Entfernung d von A, wenn dieser den Ball wirft.

Gegeben: $v_C = 20\ \mathrm{m/s}$, $\alpha = 60°$, $d = 15\ \mathrm{m}$

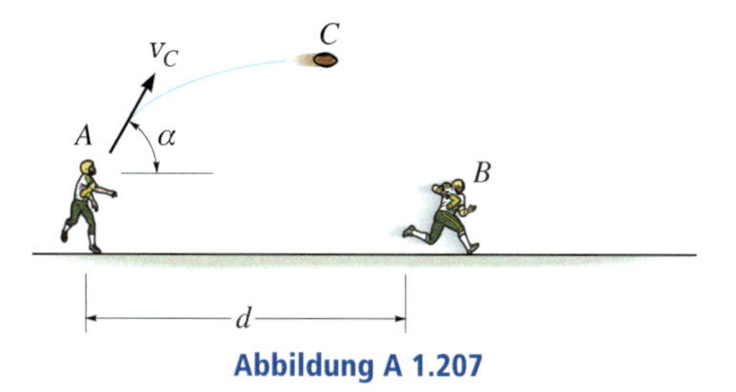

Abbildung A 1.207

***1.208** Ein Mann kann mit der Geschwindigkeit v_M in stehendem Wasser schwimmen. Er möchte einen Fluss der Breite b bis zum Punkt B im Abstand d flussabwärts überqueren. Der Fluss fließt mit der Geschwindigkeit v_F. Ermitteln Sie die Geschwindigkeit des Mannes und die erforderliche Zeit für die Überquerung. *Hinweis:* Der Mann muss im Wasser nicht in Richtung B schwimmen, um dort anzukommen. Warum?

Gegeben: $v_M = 1{,}2\ \mathrm{m/s}$, $v_F = 2\ \mathrm{m/s}$, $b = 12\ \mathrm{m}$, $d = 9\ \mathrm{m}$

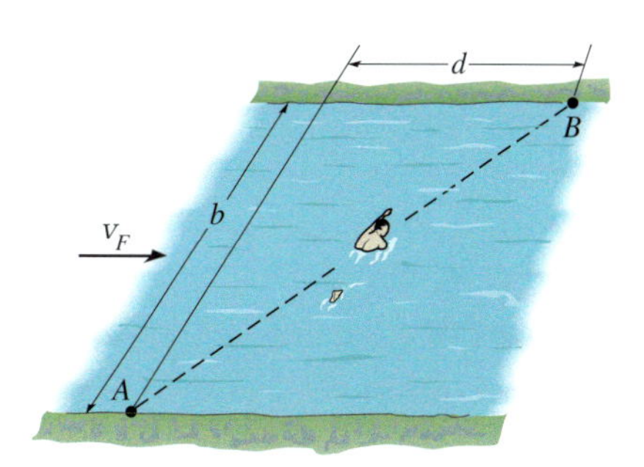

Abbildung A 1.208

Konstruktionsaufgabe

*1.1D Konstruktion einer Sortiervorrichtung

Steine rollen mit der Geschwindigkeit v_{St} aus der Produktionsrinne. Ermitteln Sie den Winkelbereich für die gewählte Entfernung s des Behälters bezüglich des Rinnenendes. Erstellen Sie eine Zeichnung der Vorrichtung und tragen Sie den Weg der Steine dort ein. Der Winkel θ soll zwischen $\theta = 0$ und $\theta = 30°$ liegen.

Gegeben: $v_{St} = 0{,}15\ \mathrm{m/s}$, $h = 0{,}9\ \mathrm{m}$, $b = 0{,}6\ \mathrm{m}$

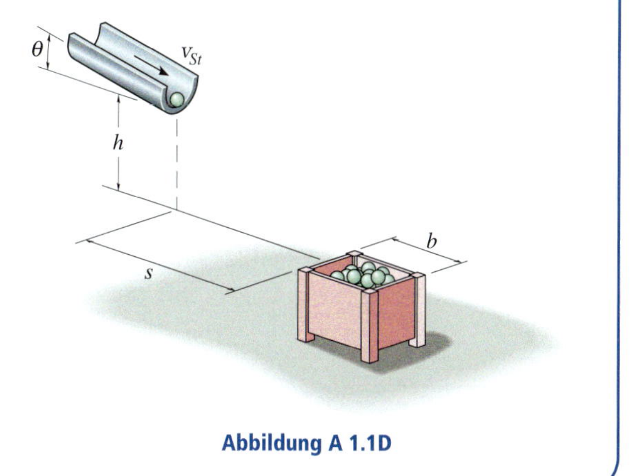

Abbildung A 1.1D

Zusätzliche Übungsaufgaben mit Lösungen finden Sie auf der Companion Website (CWS) unter *www.pearson-studium.de*

Kinetik eines Massenpunktes: Bewegungsgleichung

2

ÜBERBLICK

Die Konstruktion von Förderbändern für die Getränkeindustrie erfordert Kenntnisse zur Ermittlung der wirkenden Kräfte und zur Vorhersage der Bewegung der zu transportierenden Flaschen.

Lernziele

- Aufstellung der Newton'schen Gesetze der Bewegung und der Gravitation und Definition von Masse und Gewicht
- Berechnung der beschleunigten Bewegung eines Massenpunktes mit Hilfe der Bewegungsgleichung in unterschiedlichen Koordinatensystemen
- Untersuchung der Bewegung im so genannten Zentralkraftfeld und ihre Anwendungen in der Himmelsmechanik

2.1 Newton'sche Gesetze der Bewegung

Viele der frühen Vorstellungen über die Dynamik wurden nach 1590 verworfen, als Galileo seine Experimente zur Untersuchung der Bewegung von Pendeln und fallenden Körpern durchführte. Die Schlussfolgerungen aus diesen Experimenten gaben Einblicke in die Wirkungen von Kräften auf sich bewegende Körper. Die allgemeinen Gesetze der Bewegung von Körpern unter Einwirkung von Kräften waren bis 1687 allerdings unbekannt, als Isaac Newton drei Grundgesetze für die Bewegung eines Massenpunktes vorstellte. Die drei Newton'schen Gesetze der Bewegung lauten in leicht abgeänderter Form:

Erstes Gesetz *Ein ursprünglich in Ruhe befindlicher oder sich auf einer geraden Linie mit konstanter Geschwindigkeit bewegender Massenpunkt bleibt in diesem Zustand, wenn keine Kraft an ihm angreift.*

Zweites Gesetz *Ein Massenpunkt, an dem eine Kraft* $\mathbf{F}$ *angreift, erfährt eine Beschleunigung* $\mathbf{a}$ *in die gleiche Richtung wie die Kraft und mit einem Betrag, der direkt proportional der Kraft ist.*[1]

Drittes Gesetz *Reaktionskräfte zwischen zwei Massenpunkten sind betragsmäßig gleich, entgegengesetzt gerichtet und kollinear (actio = reactio).*

Das erste und das dritte Gesetz sind für die Statik wesentlich, werden aber auch in der Dynamik verwendet, allerdings ist das zweite Gesetz in diesem Buch von wesentlich größerer Bedeutung, da hier die beschleunigte Bewegung eines Massenpunktes mit den auf ihn wirkenden Kräften verknüpft wird.

Messungen von Kraft und Beschleunigung können im Labor durchgeführt werden. Damit kann gemäß dem zweiten Gesetz bei Einwirkung einer bekannten Kraft $\mathbf{F}$ auf den Massenpunkt seine Beschleunigung $\mathbf{a}$ bestimmt werden. Da Kraft und Beschleunigung direkt proportional sind, kann damit auch die Proportionalitätskonstante m aus dem Ver-

1 Anders gesagt, die Kraft ist proportional zur zeitlichen Änderung des Impulses des Massenpunktes, siehe Fußnote 3 auf der nächsten Seite.

hältnis[2] $m = F/a$ bestimmt werden. Der positive Skalar m heißt *Masse* des Massenpunktes. Bei jeder Beschleunigung ist m gleich und stellt ein quantitatives Maß für den Widerstand eines Massenpunktes dar, seine Geschwindigkeit zu ändern.

Beträgt die Masse des Massenpunktes m, so kann das zweite Newton'sche Grundgesetz mathematisch als

$$\mathbf{F} = m\mathbf{a}$$

geschrieben werden. Diese Gleichung, die so genannte *Bewegungsgleichung* (bei bekanntem Kraftgesetz), ist eine der wichtigsten Gleichungen der Mechanik.[3] Wie bereits dargelegt, beruht ihre Gültigkeit allein auf einem *experimentellen Nachweis*. Als Albert Einstein im Jahre 1905 seine Relativitätstheorie formulierte, schränkte er jedoch die Anwendung des zweiten Newton'schen Gesetzes auf die Beschreibung der allgemeinen Bewegung von Massenpunkten ein. Experimentell wurde nachgewiesen, dass die *Zeit* keine absolute Größe ist, wie von Newton angenommen. Daher kann die Bewegungsgleichung nicht das genaue Verhalten eines Massenpunktes beschreiben, insbesondere dann nicht, wenn die Geschwindigkeit des Massenpunktes in die Nähe der Lichtgeschwindigkeit ($3 \cdot 10^5$ km/s) kommt. Weiterhin zeigt die Entwicklung der Quantenmechanik durch Erwin Schrödinger und andere, dass Schlussfolgerungen aufgrund dieser Gleichung ebenfalls ungültig sind, wenn die Massenpunkte atomare Größe haben und sich in sehr kurzem Abstand voneinander bewegen. Meist berühren diese Einschränkungen bezüglich Massenpunktgeschwindigkeit und -größe allerdings nicht die Anwendung bei technischen Problemen, daher wird in diesem Buch nicht näher darauf eingegangen.

Newton'sches Gravitationsgesetz Kurz nach der Formulierung der drei Gesetze zur Bewegung postulierte Newton ein weiteres Gesetz zur gegenseitigen Anziehung von zwei Massenpunkten. Mathematisch wird dieses Gesetz als

$$F = c_G \frac{m_1 m_2}{r^2} \tag{2.1}$$

geschrieben, worin

F = die Anziehungskraft zwischen den beiden Massenpunkten,
c_G = die allgemeine Gravitationskonstante, experimentell bestimmt zu $c_G = 66{,}73(10^{-12})\ \mathrm{m^3/kg \cdot s^2}$,
m_1, m_2 = die Massen der beiden Massenpunkte und
r = der Abstand der Mittelpunkte der beiden Massenpunkte

sind.

2 Die Einheit der Kraft [$\mathrm{N = kg \cdot m/s^2}$], siehe *„Statik", Abschnitt 1.3*, wird aus dieser Gleichung abgeleitet. Werden die Einheiten von Kraft, Masse, Länge *und* Zeit zunächst beliebig gewählt, so muss man $F = kma$ mit k einer dimensionslosen Konstante schreiben und die Konstante dann experimentell bestimmen. Dann ist die Gleichheit wieder gewahrt.

3 Da m konstant ist, können wir auch $\mathbf{F} = d(m\mathbf{v})/dt$, schreiben, worin $m\mathbf{v}$ der Impuls des Massenpunktes ist.

Zwei beliebige Massenpunkte oder Körper ziehen sich gegenseitig an. Bei einem Massenpunkt auf oder in der Nähe der Erdoberfläche ist allerdings die einzige messbare Größe die Anziehungskraft zwischen Erde und Massenpunkt. Diese Kraft wird „*Gewicht*" genannt und ist für den betrachteten Zweck die einzige Gravitationskraft, die berücksichtigt wird.

Masse und Gewicht *Masse* ist die Eigenschaft von Stoffen, durch die wir die Reaktion eines Körpers mit der eines anderen vergleichen können. Wie oben dargelegt, zeigt sich diese Eigenschaft als Gravitationskraft zwischen zwei Körpern und ist ein Maß für den Widerstand eines Körpers gegen eine Geschwindigkeitsänderung. Die Masse ist eine *absolute* Größe, denn ihre Messung kann an einem beliebigen Ort erfolgen. Das Gewicht eines Körpers ist jedoch *nicht absolut*, denn es wird im Gravitationsfeld gemessen und sein Betrag hängt vom Ort der Messung ab. Aus Gleichung (2.1) können wir einen allgemeinen Ausdruck für die Bestimmung des Gewichts G eines Massenpunktes mit der Masse $m_1 = m$ herleiten. Dabei soll m_2 die Masse der Erde und r der Abstand zwischen dem Mittelpunkt der Erde und dem Massenpunkt sein. Mit $g = c_G m_2/r^2$ erhalten wir dann

$$G = mg$$

Analog zu $F = ma$ nennen wir g die Beschleunigung aufgrund der Gravitation. Für die meisten technischen Rechnungen wird g an einem Punkt der Erdoberfläche auf Normalnull und auf dem 45. Breitengrad gemessen, dieser Ort heißt „Normalort".

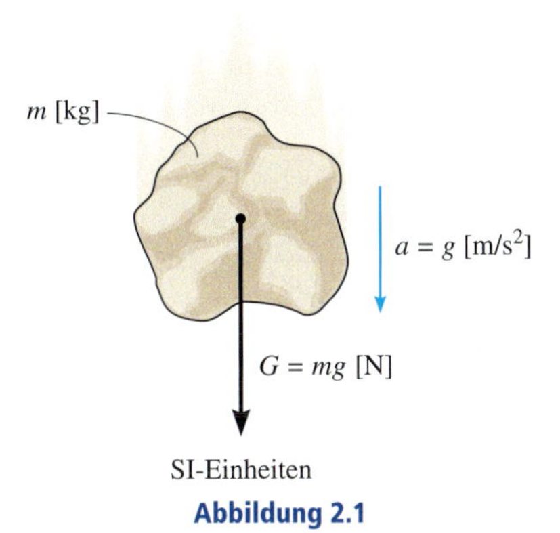

Abbildung 2.1

SI-Einheiten Die SI-Einheit der Masse eines Körpers ist das Kilogramm, das Gewicht muss mit der Bewegungsgleichung, $F = ma$, berechnet werden. Hat ein Körper die Masse m [kg] und befindet sich in einem Punkt, an dem die Beschleunigung aufgrund der Gravitation g [m/s^2] beträgt, wird das Gewicht in *Newton* angegeben, $G = mg$ [N], siehe Abbildung 2.1. Befindet sich der Körper am „Normalort", so beträgt die Beschleunigung aufgrund der Gravitation $g = 9{,}80665\ \text{m/s}^2$. Bei Rechnungen wird der Wert $g = 9{,}81\ \text{m/s}^2$ eingesetzt, somit ergibt sich

$$G = mg = [\text{N}] \tag{2.2}$$

$$g = 9{,}81\ \text{m/s}^2 \tag{2.3}$$

Ein Körper mit der Masse 1 kg hat somit das Gewicht 9,81 N, ein Körper von 2 kg wiegt 19,62 N usw.

2.2 Newton'sches Grundgesetz

Greifen mehrere Kräfte am Massenpunkt an, wird die resultierende Kraft durch eine Vektoraddition aller Kräfte ermittelt: $\mathbf{F}_R = \sum \mathbf{F}$. Für diesen allgemeineren Fall kann die Bewegungsgleichung in der Form

$$\sum \mathbf{F} = m\mathbf{a} \tag{2.4}$$

geschrieben werden. Zur Erläuterung dieser Gleichung betrachten wir den Massenpunkt P in Abbildung 2.2a. Er hat die Masse m und an ihm greifen zwei Kräfte $\mathbf{F}_1$ und $\mathbf{F}_2$ an. Grafisch stellen wir den Betrag und die Richtung jeder Kraft im *Freikörperbild*, Abbildung 2.2b, dar. Da die Resultierende dieser Kräfte auf den Vektor $m\mathbf{a}$ führt, werden ihr Betrag und ihre Richtung grafisch im so genannten *kinetischen Diagramm* dargestellt, siehe Abbildung 2.2c.[4] Das Gleichheitszeichen zwischen beiden Diagrammen steht für die *grafische* Äquivalenz zwischen Freikörperbild und kinetischem Diagramm, d.h. $\sum \mathbf{F} = m\mathbf{a}$.[5] Beachten Sie insbesondere, dass für $\mathbf{F}_R = \sum \mathbf{F} = \mathbf{0}$ die Beschleunigung ebenfalls gleich null ist, sodass der Massenpunkt in *Ruhe* bleibt oder sich mit *konstanter Geschwindigkeit* auf einer Geraden bewegt. Das sind die Bedingungen des *statischen Gleichgewichts*, dem ersten Newton'schen Gesetz.

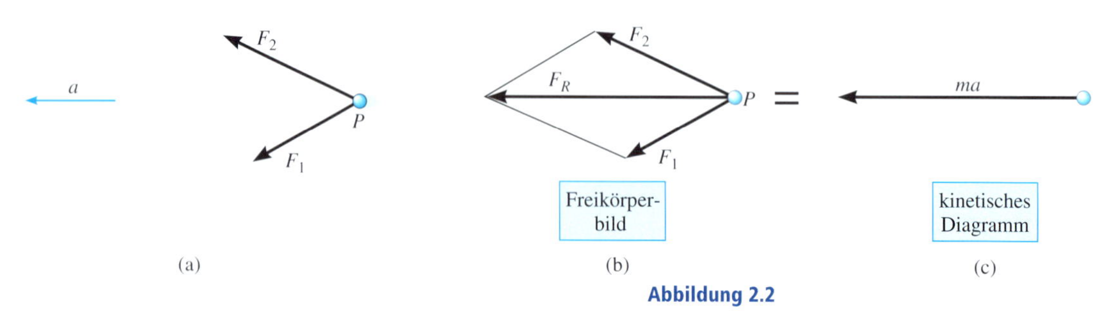

Abbildung 2.2

4 Das Freikörperbild betrachtet den Massenpunkt frei von seiner Umgebung und zeigt alle auf ihn wirkenden Kräfte einschließlich der Reaktionen von der Umgebung auf den Massenpunkt. Das kinetische Diagramm bezieht sich auf die Bewegung, die von den Kräften hervorgerufen wird.

5 Zur Herleitung der Bewegungsgleichung kann auch von der äquivalenten Schreibweise $\sum \mathbf{F} - m\mathbf{a} = \mathbf{0}$ ausgegangen werden. Diese Vorgehensweise wird nach dem französischen Mathematiker Jean le Rond d'Alembert oft *d'Alembert'sches Prinzip* genannt und in *Abschnitt 2.3* besprochen.

Es ist festzuhalten, dass die resultierende Kraft $\sum \mathbf{F}$ alle physikalischen Kräfte enthält, die nach Freischneiden am Massenpunkt angreifen. Dies sind zum einen so genannte *eingeprägte* Kräfte $\mathbf{F}_e$ und zum anderen so genannte *Zwangskräfte* $\mathbf{F}_Z$. Die eingeprägten Kräfte enthalten alle gegebenen äußeren Kräfte, wie Lasten, Antriebskräfte oder auch das Gewicht, aber auch einen Teil der Reaktionskräfte, die durch das Freischneiden sichtbar geworden sind – und zwar solche, die durch physikalische Gesetzmäßigkeiten beschrieben werden können, wie elektrische oder magnetische Kräfte (infolge so genannter Fernwirkung), aber auch Feder- und Dämpfungskräfte oder Gleitreibungskräfte (infolge Nahwirkung). Die verbleibenden Reaktionen von der Umgebung auf den betrachteten Massenpunkt sind Zwangskräfte, die bei der Bewegung des Massenpunktes entlang gewisser Führungsbahnen entstehen und zwingend senkrecht auf der Bewegungsbahn des Massenpunktes stehen.

Die angegebene Vektorgleichung (2.4) ist bei einer räumlichen Bewegung drei skalaren Gleichungen äquivalent. Im Allgemeinen treten nun in Anwendungen nicht nur eingeprägte Kräfte, sondern auch Zwangskräfte in Erscheinung, die nicht bekannt sind, sondern nur als Funktion der gesuchten Bewegungskoordinaten und ihrer Ableitungen und eventuell explizit von der Zeit t angegeben werden können. Sie können deshalb erst nach Ermittlung der Bewegung als Funktion der Zeit berechnet werden. Um die eigentlichen Bewegungsgleichungen zu erhalten, die nur noch die zu berechnenden Bewegungskoordinaten selbst und Ableitungen davon enthalten dürfen, müssen die Zwangskräfte vorab eliminiert werden. Das Newton'sche Grundgesetz liefert also nur dann direkt die Bewegungsgleichung, wenn keine Zwangskräfte angreifen.

Inertialsystem Bei der Anwendung des Newton'schen Grundgesetzes wird gefordert, dass die Messungen in einem so genannten *Newton'schen System*, d.h. *Inertialsystem*, erfolgen. *Dieses Koordinatensystem dreht sich nicht und ist ortsfest oder verschiebt sich in eine bestimmte Richtung mit konstanter Geschwindigkeit (unbeschleunigte Bewegung).* Dadurch wird sichergestellt, dass die *Beschleunigung* des Massenpunktes von zwei Beobachtern in unterschiedlichen Inertialsystemen *gleich* gemessen wird. Betrachten wir beispielsweise den Massenpunkt P, der sich mit der absoluten Beschleunigung $\mathbf{a}_P$ entlang einer geraden Bahn bewegt, siehe Abbildung 2.3. Befindet sich der Beobachter *raumfest* im x-y-Inertialsystem, wird die Beschleunigung $\mathbf{a}_P$ durch ihn unabhängig von Richtung und Betrag der konstanten Geschwindigkeit $\mathbf{v}_O$ des Inertialsystems gemessen. Befindet sich der Beobachter dagegen *fest* im x'-y'-Referenzsystem, siehe Abbildung 2.3, dann misst der Beobachter nicht die Beschleunigung $\mathbf{a}_P$ des Massenpunktes. Beschleunigt das Referenzsystem beispielsweise mit $\mathbf{a}_{O'}$, so wird stattdessen für den Beobachter der Massenpunkt die Beschleunigung $\mathbf{a}_{P/O'} = \mathbf{a}_P - \mathbf{a}_{O'}$ haben. *Dreht* sich das Referenzsystem auch noch, wie durch den gekennzeichneten Richtungssinn angedeutet, scheint sich der Massenpunkt sogar auf einer *krummlinigen Bahn* zu bewegen und er hätte andere Beschleunigungskomponenten (siehe *Abschnitt 5.8*). Jedenfalls kann diese gemessene Beschleunigung nicht in das Newton'sche Gesetz der Bewegung eingesetzt werden, um die Kräfte auf den Massenpunkt zu bestimmen.

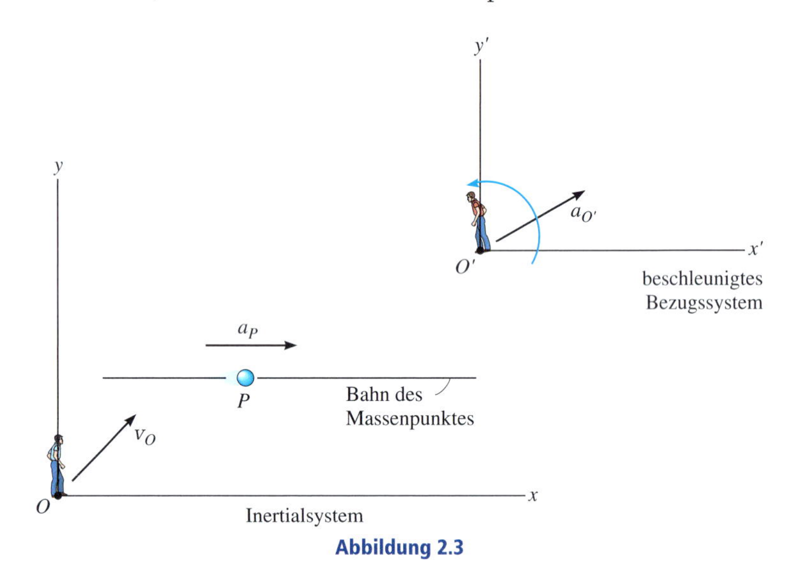

Abbildung 2.3

Bei der Untersuchung der Bewegung von Raketen und Satelliten kann das Inertialsystem als an der Sonne befestigt angesehen werden, während Dynamikprobleme bei der Bewegung auf oder nahe an der Oberfläche der Erde mit einem Inertialsystem gelöst werden können, das als an der Erde befestigt angenommen wird. Auch wenn sich die Erde um sich selbst und um die Sonne dreht, sind die Beschleunigungen aufgrund dieser Drehungen relativ klein und können bei den meisten Rechnungen vernachlässigt werden.

An dieser Stelle sollte man sich klar machen, dass der Begriff Bezugssystem nicht gleichbedeutend mit Koordinatensystem ist. Stattdessen dient ein Koordinatensystem dazu, das Bezugssystem zu beschreiben. Gängige Koordinatensysteme sind kartesische Koordinatensysteme, zylindrische Koordinatensysteme oder auch Kugelkoordinaten. So bietet es sich an, zur Beschreibung einer Bewegung auf der Erdoberfläche z.B. Kugelkoordinaten zu verwenden, unabhängig davon, ob man die Erde als Inertialsystem oder als bewegtes Bezugssystem betrachtet. In diesem Kapitel beziehen wir uns immer auf ein Inertialsystem und verwenden zur Beschreibung in den einzelnen Abschnitten des Kapitels unterschiedliche Koordinatensysteme.

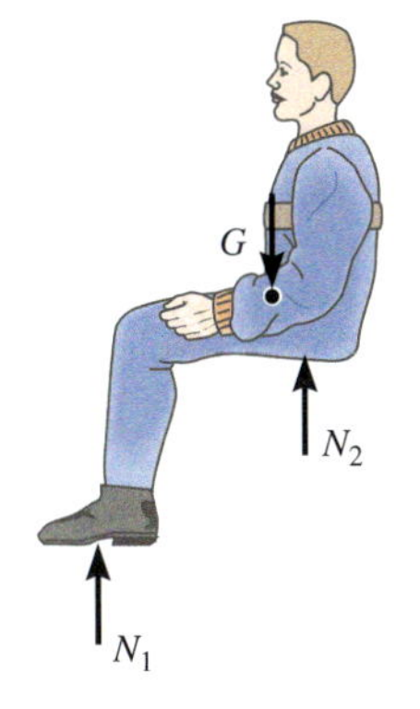

in Ruhe oder bei konstanter Geschwindigkeit

Abbildung 1

Wir kennen alle das Gefühl, in einem vorwärts beschleunigten Auto zu sitzen. Vielfach wird angenommen, dass dies durch eine „Kraft" verursacht wird, die auf die Insassen wirkt und die sie in ihre Sitze drückt. Dies ist allerdings nicht richtig. Dieses Gefühl entsteht aufgrund der Trägheit der Insassen oder dem Widerstand ihrer Masse gegen eine Veränderung ihrer Geschwindigkeit.

Betrachten wir die Person in Abbildung 1, die angeschnallt im Sitz eines Raketenschlittens sitzt. Bewegt sich der Raketenschlitten nicht oder mit konstanter Geschwindigkeit, so wirkt auf den Rücken der Person keine Kraft, wie im Freikörperbild dargestellt.

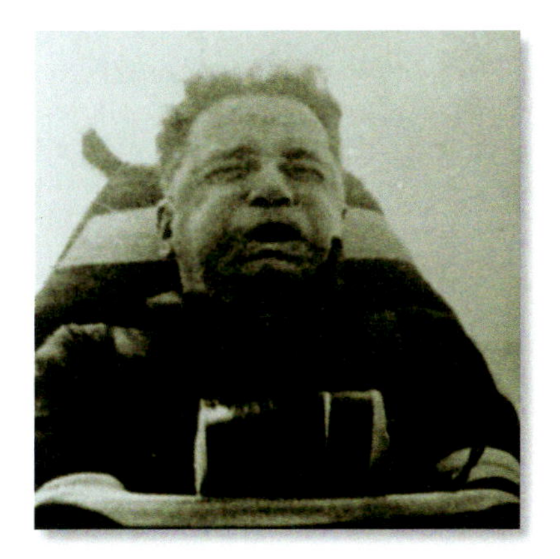

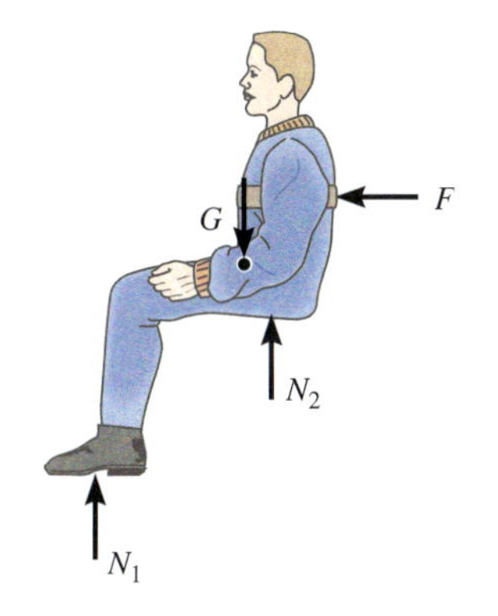

Beschleunigung

Abbildung 2

Wenn der Schub des Raketenantriebs den Schlitten beschleunigt, übt der Sitz die Kraft F auf die Person aus; diese drückt die Person nach vorne, siehe Abbildung 2. Im Foto ist zu sehen, dass der Kopf aufgrund seiner Trägheit der Änderung der Bewegung (Beschleunigung) Widerstand leistet und sich nach hinten gegen den Sitz bewegt; sein Gesicht, das nicht starr ist, verzerrt sich.

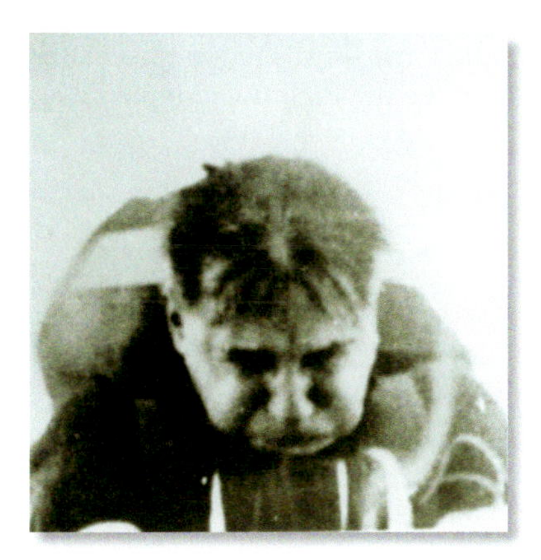

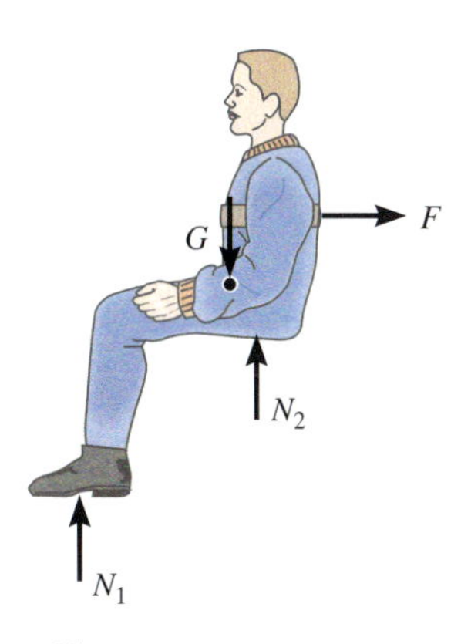

Verzögerung

Abbildung 3

Beim Abbremsen, Abbildung 3, zieht die Kraft des Gurtes F' an der Person, um sie zum Stillstand zu bringen; der Kopf löst sich von der Rückenlehne und das Gesicht verzerrt sich „nach vorne", wiederum aufgrund der Trägheit oder der Neigung, sich weiter vorwärts zu bewegen. Keine Kraft zieht die Person nach vorne, obgleich sie dies so empfindet.

2.3 Prinzip von d'Alembert

Wie bereits erwähnt, kann das Newton'sche Grundgesetz $\sum \mathbf{F} = m\mathbf{a}$ auch in der Form $\sum \mathbf{F} - m\mathbf{a} = \mathbf{0}$ geschrieben werden. Den Vektor $-m\mathbf{a}$, der ja keine reale Kraft darstellt, nennt man *Trägheitskraft,* weil er offensichtlich mit dem realen Kraftvektor $\mathbf{F}$ im Sinne eines verallgemeinerten Gleichgewichts zu null bilanziert werden kann. Die *Scheinkraft* $\mathbf{F}_T = -m\mathbf{a}$ wird wie ein „Kraftvektor" behandelt. Der Zustand des „Gleichgewichts" wird *dynamisches Gleichgewicht* genannt. Diese Modifikation, die den bekannten Gleichgewichtsbegriff der Statik in einem generalisierten Sinne aufgreift, wird nach dem französischen Mathematiker Jean le Rond d'Alembert oft *d'Alembert'sches Prinzip* genannt. Weil der Studierende beim Kennenlernen der Prinzipien der Kinetik üblicherweise mit der Statik bereits wohl vertraut ist, ist es für ihn einfach, die Denkweise der Statik in die Dynamik zu übernehmen. Aus diesem Grund wird in diesem Buch der d'Alembert'schen Vorgehensweise später der Vorzug gegeben und in den Beispielaufgaben dieses Kapitels nach anfänglichem vergleichenden Nebeneinanderstellen des Newton'schen Grundgesetzes und des Prinzips von d'Alembert zur Herleitung der Bewegungsgleichung so verfahren. Bei der zweckmäßigen Begleitung der Rechnung durch ein entsprechendes Freikörperbild werden die Unterschiede beider Varianten besonders deutlich.

Zur Illustration betrachten wir nochmals den Massenpunkt P in Abbildung 2.2a, hier als Abbildung 2.4a wiederholt. Der Massenpunkt hat die Masse m und an ihm greifen zwei Kräfte $\mathbf{F}_1$ und $\mathbf{F}_2$ an. Zur Herleitung der Bewegungsgleichung im Sinne des d'Alembert-Prinzips $\sum \mathbf{F} + \mathbf{F}_T = \mathbf{0}$ mit $\mathbf{F}_T = -m\mathbf{a}$ wird die Kraft $\mathbf{F}_T$ in das Freikörperbild mit den beiden Kräften $\mathbf{F}_1$ und $\mathbf{F}_2$, die $\sum \mathbf{F}$ repräsentieren, gemeinsam eingetragen, Abbildung 2.4b. Das kinetische Diagramm entfällt und das Freikörperbild stellt unmittelbar bereits das dynamische Gleichgewicht im Sinne d'Alemberts dar. Die Bewegungsgleichung wird also unmittelbar durch *ein* Freikörperbild wiedergegeben. Da die Trägheitskraft der Beschleunigung entgegengesetzt gerichtet ist, wird zur Veranschaulichung in den Freikörperbildern jeweils auch die Richtung der positiven Beschleunigung durch einen blauen Pfeil gekennzeichnet.

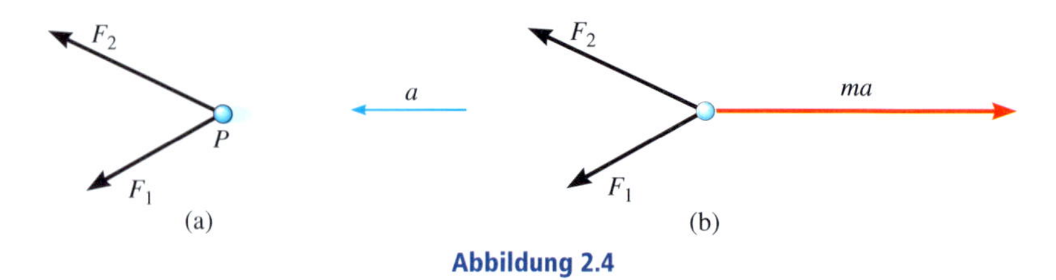

Abbildung 2.4

Mit der Aufteilung der resultierenden äußeren Kraft $\sum \mathbf{F}$ in eingeprägte und Zwangskräfte, $\mathbf{F}_e$ und $\mathbf{F}_Z$, kann das dynamische Kräftegleichgewicht in der Form

$$\mathbf{F}_e + \mathbf{F}_Z + \mathbf{F}_T = \mathbf{0} \text{ mit } \mathbf{F}_T = -m\mathbf{a} \tag{2.5}$$

geschrieben werden.

2.4 Massenpunktsystem

Das Newton'sche Grundgesetz bzw. das Prinzip von d'Alembert werden hier auf ein System von n Massenpunkten erweitert, die sich in einem abgeschlossenen Teilbereich des Raumes innerhalb der gestrichelten Linie befinden, siehe Abbildung 2.5a. Es gibt dabei insbesondere keine Einschränkungen, wie die Massenpunkte verbunden sind oder aufeinander einwirken. Somit gilt die folgende Rechnung gleichermaßen für die Bewegung von festen, flüssigen oder gasförmigen Systemen. Zum betrachteten Zeitpunkt wirken auf den beliebigen Massenpunkt i mit der Masse m_i innere Kräfte und eine resultierende äußere Kraft. Die *resultierende innere Kraft,* symbolisch durch den Vektor $\mathbf{f}_i$ repräsentiert, wird aus den Kräften ermittelt, welche die anderen Massenpunkte auf den i-ten Massenpunkt ausüben. Diese Kräfte können durch direkten Kontakt, aber auch durch andere Effekte, wie magnetische oder elektrische Felder oder Gravitation verursacht werden. Die Summation erfolgt auf jeden Fall über alle durch die gestrichelte Linie eingeschlossenen n Massenpunkte. Die *resultierende äußere Kraft* $\mathbf{F}_i$ enthält wie bereits in *Abschnitt 2.2* angedeutet, z.B. die Gravitationskraft, elektrische bzw. magnetische Kräfte oder Kontaktkräfte zwischen dem i-ten Massenpunkt und der *Umgebung*, aber nicht zwischen den Massenpunkten selbst.

Das klassische Freikörperbild und das kinetische Diagramm sind in Abbildung 2.5b dargestellt. Das Newton'sche Grundgesetz führt auf

$$\sum \mathbf{F} = m\mathbf{a}; \qquad \mathbf{F}_i + \mathbf{f}_i = m_i\mathbf{a}_i$$

Wird die Bewegungsgleichung auf alle anderen Massenpunkte des Systems angewandt, ergeben sich analoge Gleichungen. *Vektorielle* Addition dieser Gleichungen führt auf

$$\sum \mathbf{F}_i + \sum \mathbf{f}_i = \sum m_i\mathbf{a}_i$$

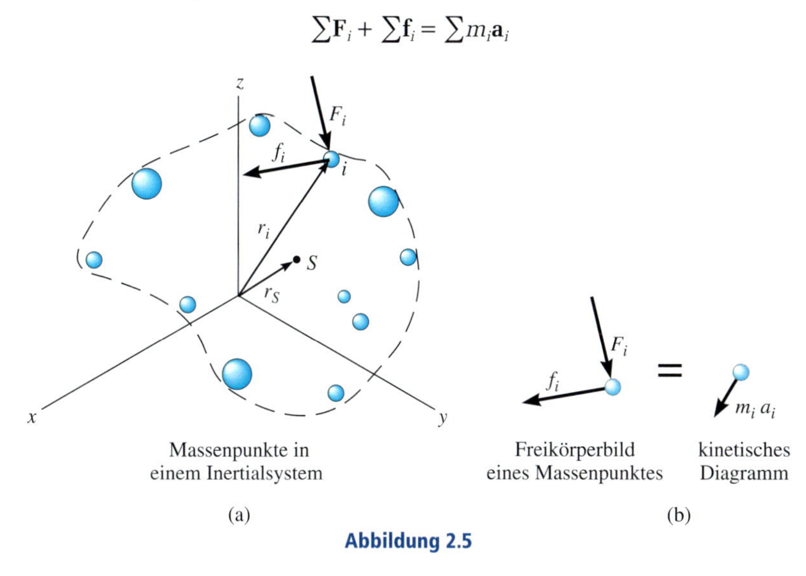

Abbildung 2.5

Bei der Summation der inneren Kräfte ergibt sich null, weil die inneren Kräfte zwischen den Massenpunkten gleiche, aber entgegengesetztgerichtete Paare sind. Folglich bleibt nur die Summe der äußeren Kräfte übrig und die Bewegungsgleichung für das Massenpunktsystem lautet

$$\sum \mathbf{F}_i = \sum m_i \mathbf{a}_i \tag{2.6}$$

Ist $\mathbf{r}_S$ der Ortsvektor zum Massenmittelpunkt S der Massenpunkte, siehe Abbildung 2.5a, dann erhält man aufgrund der Definition des Massenmittelpunktes $m\mathbf{r}_S = \sum m_i \mathbf{r}_i$, worin $m = \sum m_i$ die gesamte Masse aller Massenpunkte darstellt, unter der Annahme, dass keine Masse aus dem betrachteten abgegrenzten System entfernt oder zugefügt wird, nach zweimaliger Differenziation die Beziehung

$$m\mathbf{a}_S = \sum m_i \mathbf{a}_i.$$

Dieses Ergebnis wird in Gleichung (2.6) eingesetzt:

$$\sum \mathbf{F}_i = \sum m\mathbf{a}_S \tag{2.7}$$

Die Summe aller äußeren Kräfte auf das Massenpunktsystem ist somit gleich der Gesamtmasse der Massenpunkte mal der Beschleunigung seines Massenmittelpunktes S. Da in der Realität alle Massenpunkte eine endliche Ausdehnung haben müssen, um Masse zu besitzen, rechtfertigt Gleichung (2.7) die Anwendung der Bewegungsgleichung auf einen *Körper*, der als einzelner Massenpunkt dargestellt wird. Die Schwerpunktbeschleunigung kann nach dem Gesagten durch innere Kräfte nicht beeinflusst werden. Der Zusammenhang gemäß Gleichung (2.7) wird als *Schwerpunktsatz* (gelegentlich auch *1. Schwerpunktsatz*) bezeichnet. Falls die Summe der äußeren Kräfte gleich null ist, folgt aus dem Schwerpunktsatz, dass die Schwerpunktbeschleunigung verschwindet und der Schwerpunkt dann eine gleichförmige geradlinige Bewegung ausführt.

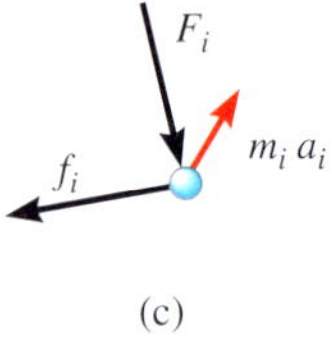

(c)

Abbildung 2.5

Im Sinne d'Alemberts hätte man für jeden frei geschnittenen Massenpunkt ein dynamisches Gleichgewicht, veranschaulicht durch ein generalisiertes Freikörperbild gemäß Abbildung 2.5a oder Abbildung 2.5c, aufgestellt:

$$\sum \mathbf{F} - m\mathbf{a} = \mathbf{0}; \qquad \mathbf{F}_i + \mathbf{f}_i - m_i\mathbf{a}_i = \mathbf{0}$$

Nach Anwendung des Prinzips von d'Alembert auf alle anderen Massenpunkte des Systems und *vektorieller* Addition erhält man

$$\sum \mathbf{F}_i + \sum \mathbf{f}_i - \sum m_i \mathbf{a}_i = \mathbf{0}$$

Mit der gleichen Argumentation wie im vorangehenden Abschnitt entfallen die inneren Kräfte und nur die Summe der äußeren Kräfte bleibt übrig:

$$\sum \mathbf{F}_i - \sum m_i \mathbf{a}_i = \mathbf{0}$$

Auch hier ist die Einführung des Ortsvektors $\mathbf{r}_S$ zum Massenmittelpunkt S der Massenpunkte zweckmäßig und führt schließlich auf

$$\sum \mathbf{F}_i - \sum m\mathbf{a}_S = \mathbf{0} \tag{2.8}$$

In Gleichung (2.7) und Gleichung (2.8) wurde eine allgemeine vektorielle Formulierung verwendet. Deshalb spielt es keine Rolle, ob der Auswertung wie in Abbildung 2.5a oder Abbildung 2.5c ein kartesisches oder ein anderes Koordinatensystem zugrunde liegt.

Wichtige Punkte zur Lösung von Aufgaben

- Das Newton'sche Grundgesetz oder das äquivalente Prinzip von d'Alembert und die daraus hergeleiteten Bewegungsgleichungen beruhen auf experimentellen Ergebnissen und gelten nur dann, wenn sie in einem Inertialsystem formuliert werden.
- Die Bewegungsgleichung besagt, dass eine Kraft (mit bekanntem Kraftgesetz) einen Massenpunkt entsprechend beschleunigt.
- Ein Inertialsystem dreht sich nicht, es besitzt Achsen, die sich mit konstanter Geschwindigkeit (auf einer geraden Bahn) bewegen oder in Ruhe sind.
- Zur Beschreibung des Inertialsystems wird ein Koordinatensystem eingeführt. Dies kann ein kartesisches, ein natürliches oder ein zylindrisches Koordinatensystem sein.
- Die Masse ist eine Stoffeigenschaft, die ein quantitatives Maß des Widerstandes gegen eine Geschwindigkeitsänderung ist. Die Masse ist eine absolute Größe.
- Das Gewicht ist eine Kraft, die von der Anziehungskraft der Erde hervorgerufen wird. Es ist keine absolute Größe, sondern hängt von der Höhe der Masse über der Erdoberfläche ab.

2.5 Auswertung in kartesischen Koordinaten

Wird das Inertialsystem durch ein kartesisches x,y,z-Koordinatensystem repräsentiert, dann werden Vektoren in Komponenten entlang der x,y,z-Koordinatenachsen zerlegt und die auf ihn wirkenden Kräfte und seine Beschleunigung können in kartesischen $\mathbf{i}$-, $\mathbf{j}$-, $\mathbf{k}$-Komponenten geschrieben werden, siehe Abbildung 2.6. Das Newton'sche Grundgesetz erhält die Form

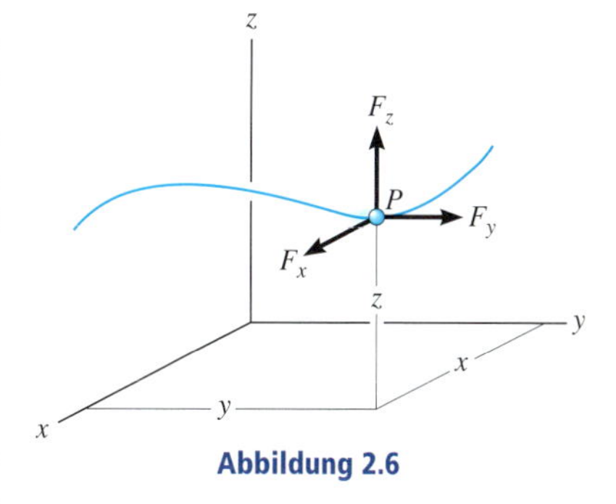

Abbildung 2.6

$$\sum \mathbf{F} = m\mathbf{a}$$

$$\sum F_x\mathbf{i} + \sum F_y\mathbf{j} + \sum F_z\mathbf{k} = m(a_x\mathbf{i} + a_y\mathbf{j} + a_z\mathbf{k})$$

Diese Gleichung ist erfüllt, wenn die $\mathbf{i}$-, $\mathbf{j}$- und $\mathbf{k}$-Koordinaten auf der linken Seite gleich den entsprechenden $\mathbf{i}$-, $\mathbf{j}$- und $\mathbf{k}$-Koordinaten auf der rechten Seite sind. Folglich ergeben sich die folgenden drei skalaren Gleichungen:

$$\begin{aligned} \sum F_x &= ma_x \\ \sum F_y &= ma_y \\ \sum F_z &= ma_z \end{aligned} \tag{2.9}$$

Wenn sich ein Massenpunkt nur in der x-y-Ebene bewegt, beschreiben die ersten beiden Gleichungen seine Bewegung.

Lösungsweg

Mit dem Newton'schen Grundgesetz werden Beziehungen zwischen den einwirkenden Kräften auf den Massenpunkt und der dadurch verursachten Beschleunigung angegeben. Nach Elimination der Zwangskräfte erhält man so die Bewegungsgleichungen des Massenpunktes.

Freikörperbild

- Wählen Sie ein Inertialsystem. Meist werden zu dessen Beschreibung kartesische x,y,z-Koordinaten bei Aufgaben gewählt, bei denen der Massenpunkt eine *geradlinige Bewegung* ausführt.
- Zeichnen Sie danach das Freikörperbild des Massenpunktes in einer allgemeinen Lage. Dies ist *sehr wichtig*, denn es handelt sich um eine grafische Darstellung *aller realen Kräfte* ($\sum \mathbf{F}$) auf den Massenpunkt nach Größe und Richtung. Der Richtungssinn bei den gewählten positiven Lagekoordinaten folgt für die eingeprägten Kräfte eindeutig, während er für die Zwangskräfte unbekannt ist und gewählt werden darf.
- Die Richtung und der Richtungssinn der Beschleunigung $\mathbf{a}$ des Massenpunktes sind ebenfalls festzulegen. Der Richtungssinn ist im Allgemeinen unbekannt; nehmen Sie deshalb aus mathematischen Gründen an, dass die *positiven* Beschleunigungen in die *gleiche Richtung* weisen wie die *positiven* Lagekoordinaten.
- Die rechte Seite des Newton'schen Grundgesetzes $m\mathbf{a}$ wird in das kinetische Diagramm eingetragen.[6]
- Setzen Sie die Aussage des Freikörperbildes und des kinetischen Diagramms gleich und machen Sie sich dabei die Unbekannten der Aufgabe nochmals klar.

Bewegungsgleichungen

- Wenn die Kräfte mit Hilfe des Freikörperbildes einfach koordinatenweise zerlegt werden können, verwenden Sie das Newton'sche Grundgesetz in skalarer Schreibweise.
- Ist die Aufgabe geometrisch komplex – das ist oft bei dreidimensionalen Problemen der Fall – so kann die Rechnung mittels kartesischer Vektoren erfolgen.
- *Reibung*. Berührt ein sich bewegender Massenpunkt eine raue Oberfläche, so kann die Anwendung der Reibungsgleichung erforderlich sein, die den Gleitreibungskoeffizienten μ_g mit den Beträgen der Reibungs- und Normalkraft, $\mathbf{R}$ und $\mathbf{N}$ auf die Kontaktoberfläche verknüpfen, d.h. $R = \mu_g N$. $\mathbf{R}$ greift als eingeprägte Kraft im Freikörperbild entgegengesetzt zur Bewegungsrichtung

6 Das kinetische Diagramm wird in diesem Buch bei der Anwendung des Newton'schen Grundgesetzes bei den Beweisen und der Darstellung der Theorie als grafische Hilfe hin und wieder verwendet. Die Beschleunigungskoordinaten des Massenpunktes werden in den Beispielen immer als blau dargestellte Pfeile neben dem Freikörperbild dargestellt.

des Massenpunktes relativ zur Kontaktfläche an (die durch die positive Wahl der Lagekoordinaten festgelegt ist). Hat die Bewegung des Massenpunktes noch nicht eingesetzt, wird der Haftreibungskoeffizient μ_h verwendet, und man hat die Bewegungstendenz zu ermitteln, wobei $R \leq \mu_h N$ gilt.

- *Feder.* Ist der Massenpunkt an einer *elastischen Feder* vernachlässigbarer Masse befestigt, so kann die Federkraft F_F mit der Verformung der Feder $F_F = cs$ verknüpft werden. Dabei ist c die Federkonstante der Feder mit der Dimension Kraft pro Länge und s die Ausdehnung oder die Stauchung, definiert als Differenz der verformten Länge l und der unverformten Länge l_0, d.h. $s = l - l_0$. Die Federkraft wirkt auf den Massenpunkt immer als Rückstellkraft.
- Eliminieren Sie die unbekannten Zwangskräfte aus den Gleichungen. Die verbleibenden Beziehungen sind die Bewegungsgleichungen

Kinematik

- Soll die Geschwindigkeit oder die Lage eines Massenpunktes bestimmt werden, müssen eventuell noch geeignete kinematische Gleichungen verwendet werden, nachdem die Beschleunigung des Massenpunktes (nach Elimination der Zwangskräfte) aus $\sum \mathbf{F} = m\mathbf{a}$ bestimmt wurde.
- Ergibt sich die *Beschleunigung als explizite Funktion der Zeit*, kann man durch Integration von $a = dv/dt$ bzw. $v = ds/dt$ die Geschwindigkeit und die Lage des Massenpunktes als Funktion der Zeit bestimmen.
- Ist die *Beschleunigung eine Funktion des Weges*, kann man durch Integration von $a\,ds = v\,dv$ die Geschwindigkeit als Funktion der Lage bestimmen.
- Ist die *Beschleunigung konstant*, ergeben sich die Geschwindigkeit und die Lage des Massenpunktes zu $v = v_0 + a_0 t$, $s = s_0 + v_0 t + a_0 t^2$, $v^2 = v_0^2 + 2a_0(s - s_0)$.
- Handelt es sich um ein Problem mit abhängigen Bewegungen mehrerer Massenpunkte, so werden ihre Beschleunigungen mit dem in *Abschnitt 1.9* vorgestellten Verfahren verknüpft.
- Überprüfen Sie immer, ob die positiven Inertialkoordinaten zur Anwendung kinematischer Gleichungen die gleichen sind, wie sie im Newton'schen Grundgesetz verwendet wurden; sonst führt das simultane Lösen der Gleichungen zu Fehlern.
- Ergibt die Berechnung einer Unbekannten einen negativen Wert, bedeutet dies, dass sie in Wirklichkeit entgegengesetzt zu der angenommenen Richtung wirkt.

Geht man alternativ im Sinne des Prinzips von d'Alembert

$$\sum \mathbf{F} + \mathbf{F}_T = \mathbf{0} \text{ mit } \mathbf{F}_T = -m\mathbf{a}$$

vor, dann ergibt sich beispielsweise in Koordinaten

$$\begin{aligned} \sum F_x + F_{Tx} &= 0 \text{ mit } F_{Tx} = -ma_x \\ \sum F_y + F_{Ty} &= 0 \text{ mit } F_{Ty} = -ma_y \\ \sum F_z + F_{Ty} &= 0 \text{ mit } F_{Tz} = -ma_z \end{aligned} \tag{2.10}$$

worin die resultierenden realen Kräfte $\sum F_x$, $\sum F_y$ und $\sum F_z$ noch in eingeprägte Kräfte und Zwangskräfte aufgespaltet werden können.

Lösungsweg

Auch mit Hilfe des Prinzips von d'Alembert gibt man Beziehungen zwischen den einwirkenden Kräften auf den Massenpunkt und der dadurch verursachten Beschleunigung an. Unverändert erhält man nach Elimination der Zwangskräfte die Bewegungsgleichungen des Massenpunktes. Die Vorgehensweise entspricht der beim Newton'schen Grundgesetz mit einigen wenigen, aber wichtigen Modifikationen, welche die Anwendung für den Nutzer, der mit der Statik vertraut ist, erleichtert.

Freikörperbild

- Wählen Sie ein Inertialsystem.
- Zeichnen Sie danach das *verallgemeinerte* Freikörperbild des Massenpunktes in allgemeiner Lage, das beim Prinzip von d'Alembert genauso wichtig ist wie beim Newton'schen Grundgesetz. Beginnen Sie wie dort mit der grafischen Darstellung *aller realen Kräfte* ($\sum \mathbf{F}$) auf den Massenpunkt nach Größe und Richtung. Bezüglich des Richtungssinns gelten die im Rahmen des Newton'schen Grundgesetzes gemachten Aussagen unverändert auch hier. In das Freikörperbild ist ergänzend die Trägheitswirkung $\mathbf{F}_T = -m\mathbf{a}$ einzutragen und zwar entgegengesetzt zur positiven Beschleunigungsrichtung entsprechend den *positiven* Lagekoordinaten.
- Die Bestimmung der rechten Seite des Newton'schen Grundgesetzes und das Eintragen in das kinetische Diagramm entfallen hier; dafür war ja im vorangehenden Punkt das Freikörperbild um die Trägheitskraft zu ergänzen.
- Werten Sie das dynamische d'Alembert-Gleichgewicht aus.
- Machen Sie sich auch dieses Mal die Unbekannten der Aufgabe klar.

Bewegungsgleichungen

- Verwenden Sie wenn möglich das Prinzip von d'Alembert in skalarer Schreibweise.
- Zur Angabe der eigentlichen Bewegungsgleichungen eliminieren Sie die Zwangskräfte.

Kinematik

- Sämtliche Ausführungen, die bei der Anwendung des Newton'schen Grundgesetzes gemacht wurden, gelten sinngemäß auch hier.

Der wesentliche Unterschied beider Vorgehensweisen besteht also darin, dass die Bestimmung der rechten Seite des Newton'schen Grundgesetzes im Rahmen einer konsistenten Festlegung der positiven Beschleunigung und das Eintragen in das kinetische Diagramm ersetzt werden durch ein generalisiertes Freikörperbild im Sinne eines dynamischen Gleichgewichts aller realen Kräfte und der Scheinkraft „Trägheitswirkung“. Der Aufwand ist letztlich auf beiden Wegen gleich, allerdings fällt die Behandlung als Gleichgewichtsproblem oft leichter, wenn man bereits Statikkenntnisse besitzt.

Beispiel 2.1 Die Kiste mit der Masse m in Abbildung 2.7a ruht auf einer horizontalen Ebene mit dem Gleitreibungskoeffizienten μ_g. Bestimmen Sie die Geschwindigkeit der Kiste zur Zeit $t = t_1$ nach dem Start aus der Ruhelage unter Einwirkung der dargestellten Zugkraft P.

$m = 50$ kg, $P = 400$ N, $\alpha = 30°$, $\mu_g = 0{,}3$, $t_1 = 3$ s

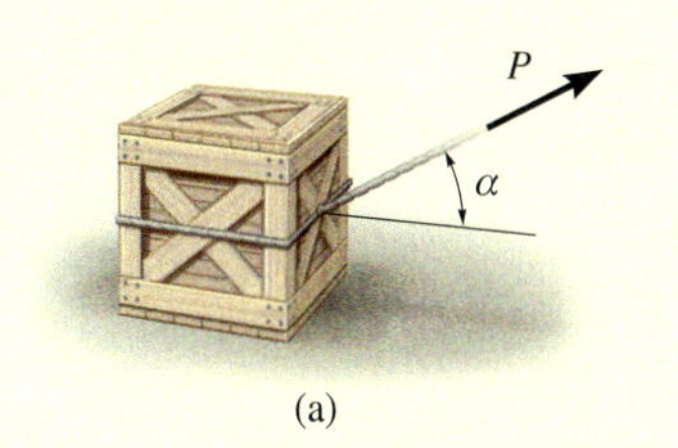

(a)

Lösung

Die Bewegungsgleichung verknüpft die Beschleunigung der Kiste mit der Kraft, welche die Bewegung hervorruft. Die Geschwindigkeit der Kiste wird dann kinematisch ermittelt.

Wir wenden zunächst das Newton'sche Grundgesetz an.

Freikörperbild Es wird das in Abbildung 2.7b oben dargestellte kartesische Koordinatensystem zugrunde gelegt. Das Freikörperbild der Kiste in allgemeiner Lage ist darunter gezeigt. Das Gewicht der Kiste ist $G = mg$. Wie ebenfalls in Abbildung 2.7b zu sehen, hat die Reibungskraft den Betrag $R = \mu_g N$ und wirkt nach links entgegen der Bewegungsrichtung der Kiste. Die Kiste soll während ihrer Bewegung nicht von der Unterlage abheben, deshalb ist die Beschleunigung $\mathbf{a}$ horizontal und wird positiv in positiver x-Richtung angenommen. Es gibt zwei Unbekannte, nämlich die Normalkraft N und $a_x = \ddot{x}$. Das Freikörperbild ist anschließend durch das kinetische Diagramm zu ergänzen, siehe Abbildung 2.7c, um beide dann im Sinne des Newton'schen Grundgesetzes gleichzusetzen.

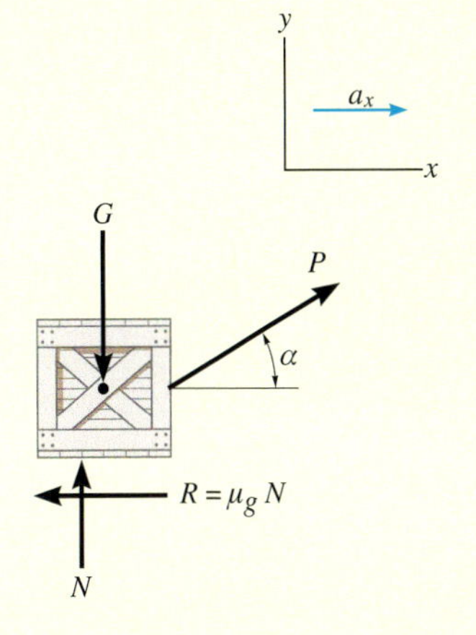

(b)

Abbildung 2.7

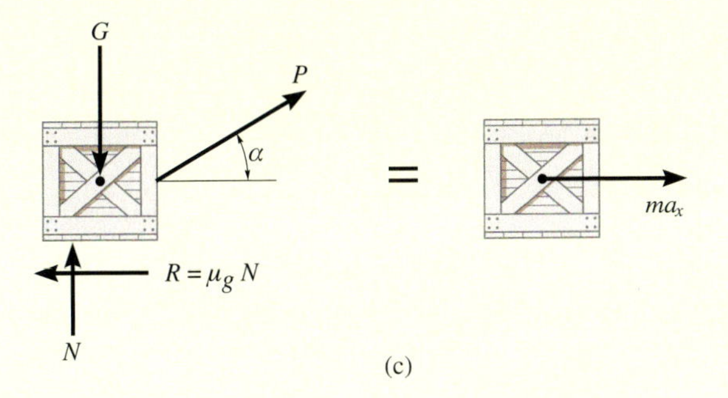

(c)

Bewegungsgleichung Das Newton'sche Grundgesetz liefert in Koordinatenschreibweise

$$\sum F_x = ma_x; \quad P\cos\alpha - \mu_g N = m\ddot{x} \tag{1}$$

$$\sum F_y = ma_y; \quad N - G + P\sin\alpha = 0 \tag{2}$$

Wir eliminieren die Normalkraft durch Auflösen der Gleichung (2) nach N und Einsetzen in Gleichung (1). Damit erhält man eine Bestimmungsgleichung für $\ddot{x}$, d.h. die Bewegungsgleichung:

$$N = G - P\sin\alpha = 290{,}5 \text{ N}$$

$$\ddot{x} = \frac{P\cos\alpha - \mu_g (G - P\sin\alpha)}{m} = a_0 = 5{,}19 \text{ m/s}^2$$

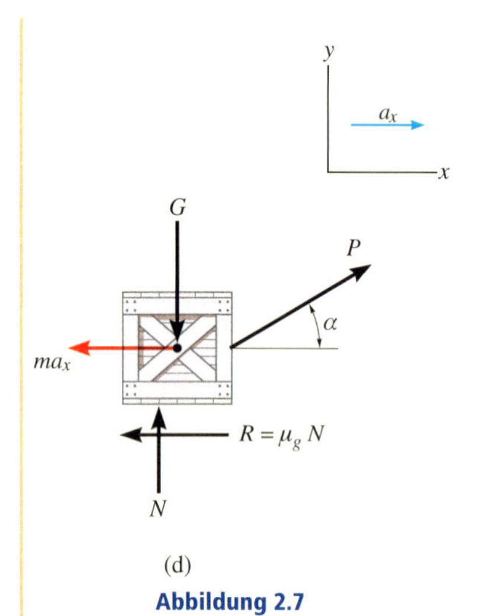

Abbildung 2.7

Alternativ wird jetzt noch das Prinzip von d'Alembert benutzt.

Freikörperbild Es wird das in Abbildung 2.7d oben dargestellte kartesische Koordinatensystem zugrunde gelegt (das mit jenem in Abbildung 2.7b oben übereinstimmt). Das um die Trägheitskraft ergänzte Freikörperbild der Kiste in allgemeiner Lage ist darunter gezeigt. Neben der Gewichtskraft $G = mg$ und der Reibungskraft $R = \mu_g N$ tritt die horizontale Trägheitskraft in negative Beschleunigungsrichtung, d.h. in die negative x-Richtung nach links entgegen der angenommenen Bewegungsrichtung der Kiste ($+x$ nach rechts) auf. Die Unbekannten sind unverändert die Normalkraft N und $a_x = \ddot{x}$.

Bewegungsgleichung Das dynamische Kräftegleichgewicht im Sinne d'Alemberts führt in Koordinatenschreibweise auf

$$\sum F_x = 0; \qquad P\cos\alpha - \mu_g N - m\ddot{x} = 0$$
$$\sum F_y = 0; \qquad N - G + P\sin\alpha = 0$$

und man erhält nach Elimination der Normalkraft dieselbe Bewegungsgleichung

$$\ddot{x} = \frac{P\cos\alpha - \mu_g(G - P\sin\alpha)}{m} = a_0 = 5{,}19 \text{ m/s}^2$$

wie bei der Auswertung des Newton'schen Grundgesetzes.

Kinematik Die Beschleunigung $\ddot{x}$ ist *konstant*, denn die Kraft P ist konstant. Die Anfangsgeschwindigkeit ist null, die Geschwindigkeit als Funktion der Zeit t beträgt damit

$$v = v_0 + a_0 t; \quad \dot{x}(t) = a_0 t$$
$$\dot{x}(t = t_1) = a_0 t_1 = 5{,}19 \text{m/s}^2 \cdot 3\text{s} = 15{,}6 \text{ m/s}$$

Beispiel 2.2 Ein Projektil mit der Masse m wird mit der Anfangsgeschwindigkeit v_0 vom Boden vertikal nach oben abgeschossen, siehe Abbildung 2.8a. Ermitteln Sie die maximale Höhe, die das Projektil erreicht, wenn (a) der Luftwiderstand vernachlässigt wird, (b) der Luftwiderstand durch die Funktion $F_D = cv^2$ beschrieben wird.

$m = 10$ kg, $v_0 = 50$ m/s, $c = 0{,}01$ kg/m

(a)

Lösung

In beiden Fällen kann die bekannte Kraft auf den Massenpunkt über die Bewegungsgleichung mit seiner Beschleunigung verknüpft werden. Anschließend wird kinematisch aus der Geschwindigkeit als Funktion der Lage die Steighöhe h berechnet.

Teilaufgabe a) Es wird das Newton'sche Grundgesetz angewendet.

Freikörperbild Wie in Abbildung 2.8b dargestellt, beträgt das Gewicht des Projektils $G = mg$. Wir nehmen an, dass die unbekannte Beschleunigung $\mathbf{a}$ nach oben in die *positive* z-Richtung wirkt.

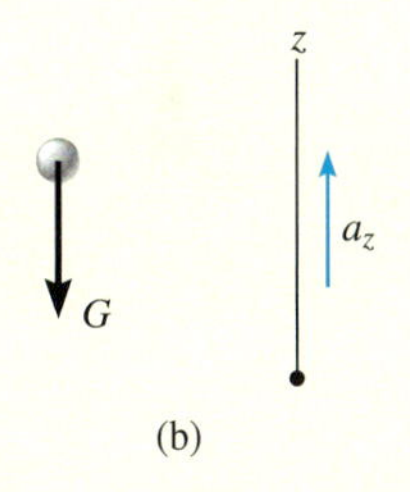

(b)

Bewegungsgleichung

$$\sum F_z = ma_z; \quad -G = m\ddot{z} \rightarrow \ddot{z} = a_0 = -g = -9{,}81 \text{ m/s}$$

Das Ergebnis zeigt, dass das Projektil, wie jeder Körper im freien Flug nahe der Erdoberfläche, *konstant* mit g nach unten beschleunigt wird.

Kinematik Zu Beginn gilt $z = z_0 = 0$ und $v = v_0$, bei der maximalen Höhe $z = h$ ist $v = 0$. Da die Beschleunigung *konstant* ist, lässt sich auf ein entsprechendes Ergebnis für $v = f(z)$ von *Kapitel 1* zurückgreifen:

$$v^2 = v_0^2 + 2a_0(z - z_0)$$

$$0 = v_0^2 + 2a_0(h - 0)$$

$$h = \frac{v_0^2}{2a_0} = 127 \text{ m}$$

Teilaufgabe b) Hier soll das Prinzip von d'Alembert zur Anwendung kommen.

Freikörperbild Da die Kraft $F_D = cv^2 = c\dot{z}^2$ die Aufwärtsbewegung des Projektils verlangsamt, wirkt sie nach unten, wie in Abbildung 2.8c dargestellt. Außerdem wird die Trägheitskraft in negative Beschleunigungsrichtung, d.h. in negative z-Richtung, eingetragen.

Bewegungsgleichung Das dynamische Kräftegleichgewicht liefert

$$\sum F_z = 0; \qquad -c\dot{z}^2 - G - m\ddot{z} = 0 \quad \rightarrow \ddot{z} + \frac{c}{m}\dot{z}^2 = -g$$

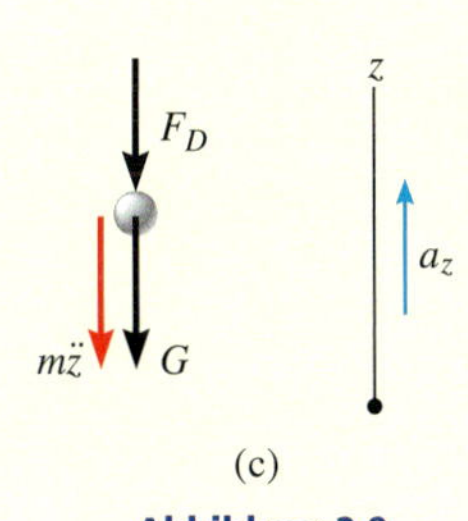

(c)

Abbildung 2.8

Die Beschleunigung ist *nicht konstant*, denn F_D hängt von der Geschwindigkeit $\dot{z}$ ab. Als Folge erhält man hier eine nichtlineare inhomogene Differenzialgleichung in z, deren Lösung $z(t)$ nicht so einfach zu berechnen ist.

Kinematik Da allerdings $a = f(v)$ gilt, können wir eine Beziehung zwischen a und der Lage z aufstellen. Aus $a dz = v dv$ und $a = \ddot{z}$ folgt mit $\ddot{z} = -cv^2/m - g$ die Beziehung

$$\left(-\frac{c}{m}v^2 - g\right)dz = v\,dv$$

Wir trennen die Variablen und integrieren, wobei für $z = 0$ die Geschwindigkeit $v = v_0$ (nach oben positiv) vorliegt und bei $z = h$ die Geschwindigkeit null wird: $v(z = h) = 0$. Damit wird

$$\int_0^h dz = -\int_{v_0}^0 \frac{v\,dv}{\frac{c}{m}v^2 + g}, \quad \text{d.h.}$$

$$h = -\frac{1}{2}\frac{m}{c}\ln\left(v^2 + \frac{mg}{c}\right)\Bigg|_{v_0}^0 = -\frac{1}{2}\frac{m}{c}\left[\ln\frac{mg}{c} - \ln\left(v_0^2 + \frac{mg}{c}\right)\right]$$

$$= -\frac{1}{2}\frac{m}{c}\ln\frac{1}{v_0^2\frac{c}{mg} + 1} = 114\text{ m}$$

Das Ergebnis zeigt, dass aufgrund des Luftwiderstandes eine geringere Höhe als in (a) erreicht wird.

* Wäre das Projektil nach unten abgefeuert worden, hätte man für eine nach unten gerichtete z-Achse die Bewegungsgleichung $-c\dot{z}^2 + G - m\ddot{z} = 0$ erhalten.

Beispiel 2.3

Der Gepäckzug A auf dem Foto hat das Gewicht G_A und zieht einen Wagen B mit dem Gewicht G_B sowie einen Wagen C mit dem Gewicht G_C. Für eine kurze Zeit ist die antreibende Reibkraft an den Rädern des Zuges F_A in der Form $F_A = ct$ eine Funktion der Zeit t. Der Zug fährt aus dem Stand los. Bestimmen Sie seine Geschwindigkeit zum Zeitpunkt $t = t_1$. Wie groß ist die horizontale Kraft auf die Kupplung zwischen dem Zug und dem Wagen B zu diesem Zeitpunkt? Vernachlässigen Sie die Größe von Zug und Wagen.

$G_A = 3\,600$ N, $G_B = 2\,200$ N, $G_C = 1\,300$ N, $c = 160$ kg·m/s³, $t_1 = 2$ s

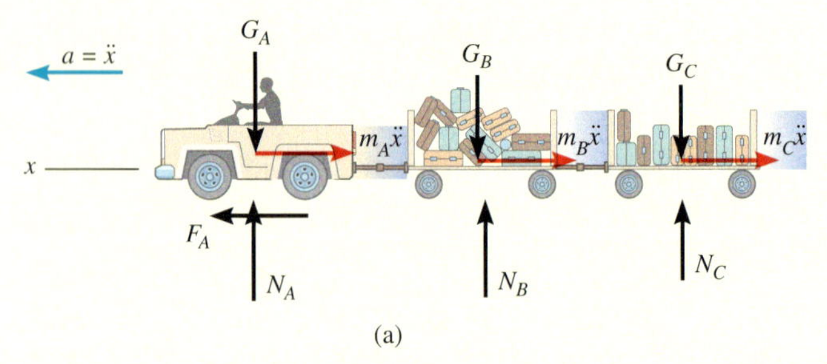

Abbildung 2.9

Lösung

Wir wenden das Prinzip von d'Alembert an.

Freikörperbild Dieses ist in Abbildung 2.9a einschließlich der Ergänzung durch die Trägheitswirkungen dargestellt. Die antreibende Reibungskraft wird Zug und Wagen beschleunigen, wobei man alle drei Körper als einen ansehen kann, da sie keine gegenseitige Relativbewegung ausführen können.

Bewegungsgleichung Nur das dynamische Kräftegleichgewicht in horizontaler Richtung muss betrachtet werden. Mit $m_A = G_A/g$, $m_B = G_B/g$, $m_C = G_C/g$ erhalten wir

$$\sum F_x = 0; \qquad F_A - \left(\frac{G_A + G_B + G_C}{g}\right)\ddot{x} = 0$$

Mit $F_A = ct$ führt dies auf

$$\ddot{x} = a(t) = \left(\frac{cg}{G_A + G_B + G_C}\right)t$$

als Bewegungsgleichung.

Kinematik Da die Beschleunigung eine Funktion der Zeit ist, wird die Geschwindigkeit des Zuges mit $a = dv/dt$ und der Anfangsbedingung $v_0 = 0$ bei $t = 0$ bestimmt:

$$\int_0^v d\overline{v} = \int_0^{t_1} \left(\frac{cg}{G_A + G_B + G_C}\right) t\,dt;$$

$$v = \frac{1}{2}\left(\frac{cg}{G_A + G_B + G_C}\right) t^2 \Bigg|_0^{t_1} = \frac{1}{2}\left(\frac{cg}{G_A + G_B + G_C}\right) t_1^2 = 0{,}442\,\text{m/s}$$

Freikörperbild Zur Ermittlung der Kraft zwischen dem Zugwagen und dem Wagen B betrachten wir das Freikörperbild des Wagens A allein, sodass die Kupplungskraft T als äußere Kraft in Erscheinung tritt, siehe Abbildung 2.9b.

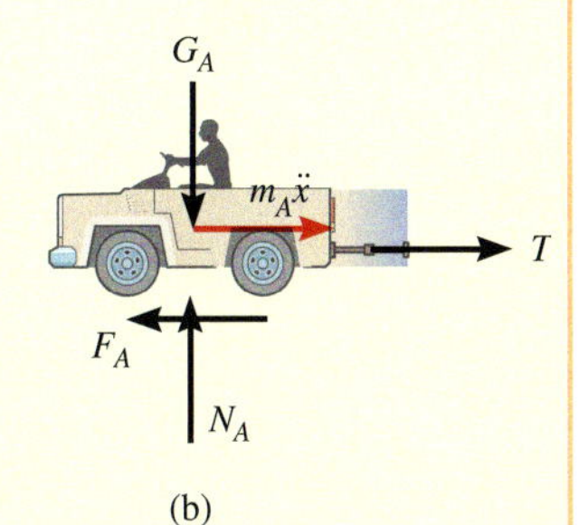

(b)

Abbildung 2.9

Bewegungsgleichung Das dynamische Kräftegleichgewicht in horizontaler Richtung lautet

$$\sum F_x = 0; \qquad F_A - \frac{G_A}{g}\ddot{x} - T = 0$$

und weil die Beschleunigung $\ddot{x} = a(t)$ jetzt bekannt ist, kann die Kupplungskraft als Funktion der Zeit t und damit auch zum Zeitpunkt t_1 berechnet werden:

$$T(t = t_1) = F_A(t = t_1) - \frac{G_A}{g} a(t = t_1)$$

$$T(t_1) = \left[c - \left(\frac{cG_A}{G_A + G_B + G_C}\right)\right] t_1 = 157{,}8\,\text{N}$$

Versuchen Sie, dieses Ergebnis über die Betrachtung des Freikörperbildes der Wagen B und C zu erhalten.

Beispiel 2.4

Die glatte Buchse C mit der Masse m in Abbildung 2.10a ist an einer Feder mit der Steifigkeit c und der ungedehnten Länge l_0 befestigt. Die Buchse wird aus der Ruhe in A losgelassen. Bestimmen Sie die Beschleunigung und die Normalkraft des Rundstabes auf die Buchse an der Stelle $y = y_1$.

$m = 2$ kg, $c = 3$ N/m, $l_0 = 0{,}75$ m, $y_1 = 1$ m

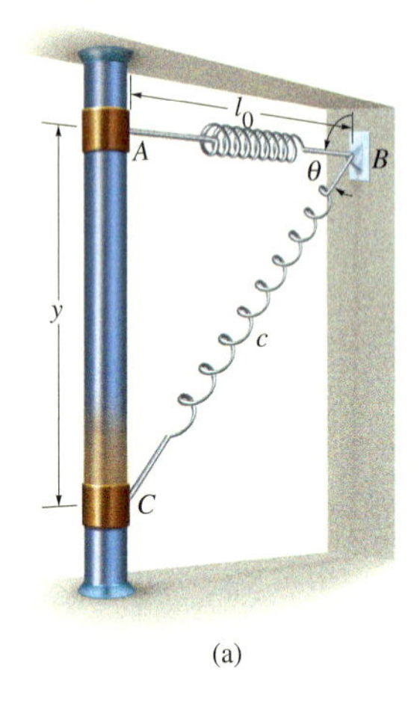

(a)

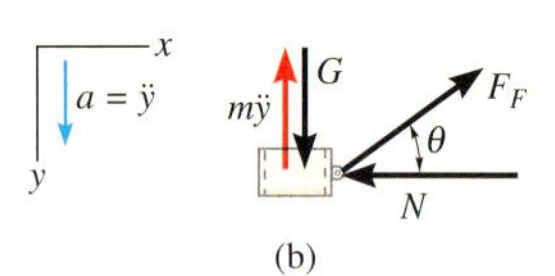

(b)

Abbildung 2.10

Lösung

Freikörperbild Das generalisierte Freikörperbild der Buchse in allgemeiner Lage y (positiv nach unten) ist in Abbildung 2.10b dargestellt. Das Gewicht der Buchse ist $G = mg$. Es wird *angenommen*, dass die positive Beschleunigungsrichtung die gleiche ist wie die positive Lagekoordinate y, sodass die Trägheitskraft $m\ddot{y}$ nach oben (in negative Beschleunigungsrichtung) einzutragen ist Zunächst scheint es so, dass vier Unbekannte, nämlich die Normalkraft N, die Federkraft F_F, der Winkel θ und die Beschleunigung $\ddot{y}$ auftreten.

Der Betrag der Federkraft ist aber eine Funktion der Dehnung s der Feder, d.h. $F_F = cs$. Die ungedehnte Länge ist hier $AB = l_0 = 0{,}75$ m, siehe Abbildung 2.10a. Die Dehnung s berechnet sich somit zu

$$s = CB - AB = \sqrt{y^2 + l_0^2} - l_0$$

und die Federkraft zu

$$F_F = cs = c\left(\sqrt{y^2 + l_0^2} - l_0\right) \tag{1}$$

als Rückstellung in Richtung B. Gemäß Abbildung 2.10a kann der Winkel θ trigonometrisch mit y in Beziehung gesetzt werden:

$$\tan\theta = \frac{y}{l_0} \tag{2}$$

Damit verbleiben zwei Unbekannte, nämlich die Zwangskraft N und die Beschleunigung $\ddot{y}$.

Bewegungsgleichung Das dynamische Kräftegleichgewicht liefert koordinatenweise

$$\sum F_x = 0; \qquad -N + F_F\cos\theta = 0 \tag{3}$$

$$\sum F_y = 0; \qquad G - F_F\sin\theta - m\ddot{y} = 0 \tag{4}$$

Nach Einsetzen der Federkraft gemäß Gleichung (1) und Verwenden der trigonometrischen Beziehung gemäß Gleichung (2) erkennt man, dass Gleichung (4) die Bewegungsgleichung ist und Gleichung (3) die Normalkraft N bestimmt.

Mit

$$\sin\theta = \sqrt{\frac{\tan^2\theta}{1+\tan^2\theta}} = \sqrt{\frac{\left(\frac{y}{l_0}\right)^2}{1+\left(\frac{y}{l_0}\right)^2}}$$

folgt schließlich die Bewegungsgleichung

$$\ddot{y} + \frac{c}{m}y\left(1 - \frac{1}{\sqrt{1+(y/l_0)^2}}\right) = g$$

Sie ist wieder nichtlinear, sodass eine allgemeine Lösung äußerst schwierig sein dürfte. Allerdings kann man die Beschleunigung an der Stelle $y = y_1$ leicht ausrechnen und dann anschließend mit Hilfe der Gleichungen (1), (2) und (3) auch die Normalkraft N an dieser Stelle bestimmen. Als Ergebnis ergibt sich

$$\ddot{y}(y_1) = 9{,}21 \text{ m/s}^2$$

$$N(y_1) = 0{,}900 \text{ N}$$

Beispiel 2.5 Der Klotz A mit der Masse m_A in Abbildung 2.11a wird aus der Ruhe losgelassen. Vernachlässigen Sie die Masse der Rollen und Seile und ermitteln Sie die Geschwindigkeit des Klotzes B mit der Masse m_B zur Zeit $t = t_1$.

$m_A = 100$ kg, $m_B = 20$ kg, $t_1 = 2$ s

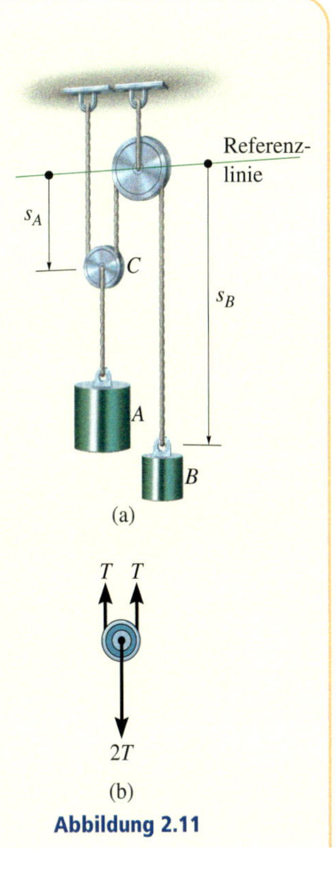

Abbildung 2.11

Lösung

Freikörperbild Da das Gewicht der Rollen *vernachlässigt* wird, gilt für Rolle C die Beziehung $m_C a_C = 0$ und wir können die statische Gleichgewichtsbedingung $\sum F_y = 0$ anschreiben, siehe Abbildung 2.11b. Die Freikörperbilder für die Klötze A und B unter Berücksichtigung der Trägheitswirkungen sind in Abbildung 2.11c bzw. Abbildung 2.11d dargestellt. Man erkennt, dass für den Ruhezustand $T = G_B$ und $T = G_A/2$ gelten muss. Daraus folgt, dass sich ab $t = 0$ Klotz A absenken wird, während Klotz B sich nach oben bewegen muss. Wir *nehmen* hier an, dass beide Klötze nach unten beschleunigen, in die Richtung von $+s_A$ und $+s_B$. Die drei Unbekannten sind T, $\ddot{s}_A$ und $\ddot{s}_B$.

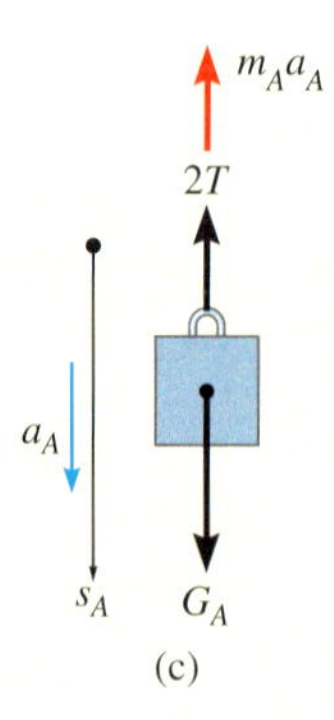

(c)

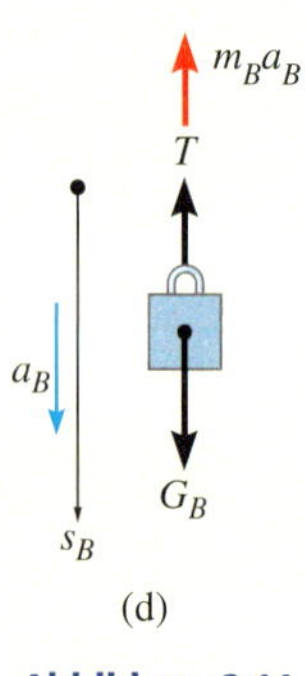

(d)

Abbildung 2.11

Bewegungsgleichungen Ein dynamisches Kräftegleichgewicht für Klotz A (Abbildung 2.11c) liefert

$$\sum F_y = 0; \qquad G_A - 2T - m_A \ddot{s}_A = 0 \tag{1}$$

und für Klotz B (Abbildung 2.11d)

$$\sum F_y = 0; \qquad G_B - T - m_B \ddot{s}_B = 0 \tag{2}$$

Kinematik Die Bewegung der beiden Klötze ist unter der Annahme undehnbarer Seile nicht unabhängig voneinander. Somit erhalten wir eine weitere Gleichung, indem wir gemäß *Abschnitt 1.9* für die Koordinaten s_A und s_B aus den Lagen der Klötze A und B bezüglich einer Referenzlinie die Beziehung

$$2s_A + s_B = l$$

ableiten, siehe Abbildung 2.11a. Dabei ist l die gesamte vertikale Länge des Seiles und eine Konstante. Wir differenzieren diesen Ausdruck zweimal nach der Zeit und erhalten

$$2\ddot{s}_A = -\ddot{s}_B \tag{3}$$

Beim Anschreiben der Gleichungen (1) bis (3) wurde *die positive Richtung immer nach unten gerichtet angenommen*. Es ist sehr wichtig, bei solchen Annahmen immer *konsistent* zu sein, denn die Gleichungen sollen simultan gelöst werden. Die Berechnung der konstanten Beschleunigungen $\ddot{s}_A$ und $\ddot{s}_B$ sowie der damit ebenfalls konstanten Seilkraft T ist damit einfach. Es ergibt sich

$$T = 327{,}0\ \text{N}$$

$$\ddot{s}_A = 3{,}27\ \text{m/s}^2$$

$$\ddot{s}_B = -6{,}54\ \text{m/s}^2$$

Beschleunigt Klotz A *nach unten*, dann beschleunigt Klotz B *nach oben*. Da $\ddot{s}_B = a_B$ konstant ist, gilt für die Geschwindigkeit von Klotz B als Funktion von t somit

$$\begin{aligned} v &= v_0 + a_B t \\ &= 0 + (-6{,}54\ \text{m/s}^2)(2\ \text{s}) \\ &= -13{,}1\ \text{m/s} \end{aligned}$$

Das negative Vorzeichen bedeutet, dass sich Klotz B nach oben bewegt.

2.6 Auswertung in natürlichen Koordinaten

Im Folgenden wird angenommen, dass eine bestimmte Bahnkurve in einem Inertialsystem gegeben ist. Bewegt sich ein Massenpunkt auf diesem *bekannten*, nicht geradlinigen Weg, kann das Newton'sche Grundgesetz bezüglich der tangentialen, normalen und binormalen Richtung angegeben werden. Werden entsprechende Trägheitskräfte in diesen Richtungen eingeführt, so folgt aus dem Newton'schen Grundgesetz wieder das korrespondierende Prinzip von d'Alembert

$$\sum \mathbf{F} + \mathbf{F}_T = \mathbf{0} \quad \text{mit} \quad \mathbf{F}_T = -m\mathbf{a}$$
$$\left(\sum F_t + F_{Tt}\right)\mathbf{u}_t + \left(\sum F_n + F_{Tn}\right)\mathbf{u}_n + \sum F_b \mathbf{u}_b = \mathbf{0}$$
$$\text{mit} \quad F_{Tt}\mathbf{u}_t = -m\mathbf{a}_t \quad \text{und} \quad F_{Tn}\mathbf{u}_n = -m\mathbf{a}_n$$

Dabei sind $\sum F_t$, $\sum F_n$ bzw. $\sum F_b$ die resultierenden äußeren Kraftanteile auf den Massenpunkt in tangentialer, normaler bzw. binormaler Richtung und F_{Tt} bzw. F_{Tn} die entsprechenden Trägheitskräfte, siehe Abbildung 2.12. In *Abschnitt 1.7* wurde gezeigt, dass in binormaler Richtung keine Trägheitswirkung und auch keine Bewegung auftreten, denn die Bahnkurve des Massenpunktes liegt in der Schmiegebene. Die Vektorgleichung ist erfüllt, wenn

$$\begin{aligned} \sum F_t + F_{Tt} &= 0 \quad \text{mit} \quad F_{Tt} = -ma_t \\ \sum F_n + F_{Tn} &= 0 \quad \text{mit} \quad F_{Tn} = -ma_n \\ \sum F_b &= 0 \end{aligned} \tag{2.11}$$

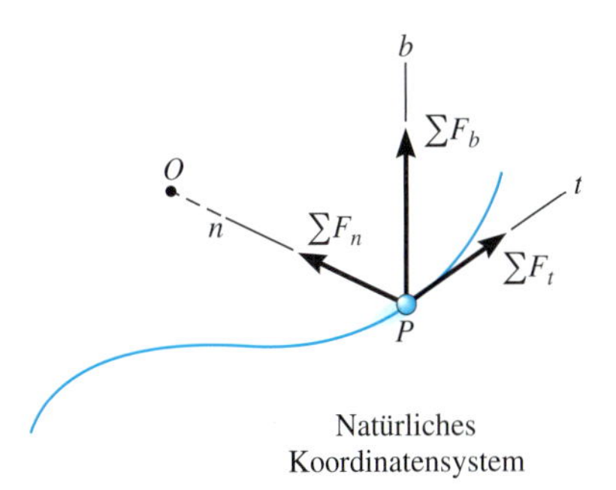

Natürliches Koordinatensystem

Abbildung 2.12

gilt. Da $a_t (= dv/dt = \ddot{s})$ die zeitliche Änderung der Bahngeschwindigkeit ist, nimmt diese für den Massenpunkt zu, wenn $\sum F_t$ in Bewegungsrichtung wirkt; der Massenpunkt wird dagegen abgebremst, wenn sie in umgekehrter Richtung wirkt. Ebenso gibt $a_n (= v^2/\rho = \dot{s}^2/\rho)$ die zeitliche Änderung der Geschwindigkeit infolge einer Richtungsänderung an. Dieser Beschleunigungsanteil wirkt *immer* in positiver n-Richtung, d.h. er ist zum Krümmungsmittelpunkt der Bahnkurve gerichtet, daher wirkt auch $\sum F_n$, welche die Beschleunigung a_n hervorruft, in diese Richtung. Durchläuft der Massenpunkt nur eine kreisförmige Bahn mit konstanter Bahngeschwindigkeit, so muss eine Zwangskraft in Form einer Normalkraft auf den Massenpunkt wirken, um die Richtung seiner Geschwindigkeit zu ändern (a_n). Da diese Zwangskraft immer in Richtung des Mittelpunktes der Kreisbahn wirkt, wird sie *Zentripetalkraft* genannt.

In dieser Zentrifuge werden Insassen großen Beschleunigungen durch hohe Drehzahlen ausgesetzt. Diese Beschleunigung wird durch die Normalkraft verursacht, die vom Sitz der Zentrifuge auf die Insassen wirkt.

Lösungsweg

Beim Lösen von Aufgaben, bei denen sich ein Massenpunkt auf einer *bekannten gekrümmten Bahn* bewegt, sollten sowohl Normal- als auch Tangentialkoordinaten für die Berechnung verwendet werden, denn die Beschleunigungsanteile können in diesen Richtungen leicht formuliert werden. Die Anwendung des Prinzips von d'Alembert, das die Kräfte mit der Beschleunigung in Beziehung setzt, wurde bereits in *Abschnitt 2.3* grundsätzlich erläutert. Für natürliche t-, n- und b-Koordinaten gilt insbesondere:

Freikörperbild

- Legen Sie den Ursprung des natürlichen Koordinatensystems t,n,b in den Massenpunkt und zeichnen Sie das verallgemeinerte Freikörperbild des Massenpunktes einschließlich der Trägheitswirkungen.
- Die Trägheitskraft in Normalenrichtung wirkt *der positiven Beschleunigungsrichtung* $(+n)$ *zum Krümmungsmittelpunkt entgegen* (nach „außen").
- Nehmen Sie die tangentiale Beschleunigung a_t als in positiver t-Richtung weisend an. Die zugehörige Trägheitskraft im Prinzip von d'Alembert zeigt dann in negative t-Richtung.
- Machen Sie sich die Unbekannten der Aufgabe klar.

Bewegungsgleichung

- Verwenden Sie die dynamischen Gleichgewichtsbedingungen (Gleichungen 2.11).

Kinematik

- Formulieren Sie die Tangential- und die Normalbeschleunigung, d.h. $a_t = dv/dt$ oder $a_t = v\, dv/ds$ und $a_n = v^2/\rho$.
- Ist die Lage eine Funktion $y = f(x)$, wird der Krümmungsradius am Ort des Massenpunktes mit

$$\rho = \frac{\left[1+\left(dy/dx\right)^2\right]^{3/2}}{\left|\frac{d^2y}{dx^2}\right|}$$

ermittelt.

Beispiel 2.6 Ermitteln Sie den Neigungswinkel θ der Rennstrecke in Abbildung 2.13a so, dass unabhängig von der Reibung zwischen Rädern und Fahrbahn das Rutschen der Wagen nach außen oder innen verhindert wird. Nehmen Sie an, dass die Wagen die Masse m bei vernachlässigbarer Ausdehnung haben und mit der konstanten Geschwindigkeit v um die Kurve mit dem Radius ρ fahren.

(a)

(b)

Abbildung 2.13

Lösung

Denken Sie zunächst darüber nach, warum es zweckmäßig ist, diese Aufgabe mittels natürlicher t,n,b-Koordinaten zu lösen.

Freikörperbild Wie in Abbildung 2.13b dargestellt und in der Aufgabenstellung dargelegt, wirkt keine Reibungskraft auf den Wagen. Die Normalkraft N ist die *resultierende* Kraft des Bodens auf alle vier Räder. Eine Betrachtung der tangentialen Richtung ist unwichtig, da die Rennwagen eine vorgegebene konstante Bahngeschwindigkeit besitzen. Unbekannte sind die Normalbeschleunigung a_n (die allerdings durch die bekannte Bahngeschwindigkeit ausgedrückt werden kann), die Normalkraft N und der Neigungswinkel θ.

Prinzip von d'Alembert Die dynamischen Gleichgewichtsbedingungen in Richtung der dargestellten n- und b-Koordinatenachsen lauten

$$\sum F_n - ma_n = 0; \qquad N\sin\theta - m\frac{v^2}{\rho} = 0 \qquad (1)$$

$$\sum F_b = 0; \qquad N\cos\theta - mg = 0 \qquad (2)$$

Wir dividieren Gleichung (1) durch Gleichung (2), wodurch N und m herausfallen, und erhalten

$$\tan\theta = \frac{v^2}{g\rho}$$

$$\theta = \arctan\left(\frac{v^2}{g\rho}\right)$$

Das Ergebnis ist offensichtlich unabhängig von der Masse des Wagens. Eine weitere Lösungsmöglichkeit des Beispiels wird in *Aufgabe 10.48* vorgestellt.

Beispiel 2.7

Die Scheibe D mit der Masse m in Abbildung 2.14a ist am Seilende befestigt. Das andere Seilende ist an einem Kugelgelenk in der Mitte der großen Scheibe befestigt. Diese rotiert sehr schnell und nimmt die kleine Scheibe auf ihr aus der Ruhe heraus mit sich. Bestimmen Sie die Zeit, zu der die kleine Scheibe eine Geschwindigkeit erreicht hat, die zum Reißen des Seiles führt. Die maximal mögliche Zugkraft im Seil ist T_{max}, der Gleitreibungskoeffizient zwischen großer und kleiner Scheibe ist μ.

$m = 3$ kg, $T_{max} = 100$ N, $r = 1$ m, $\mu = 0{,}1$

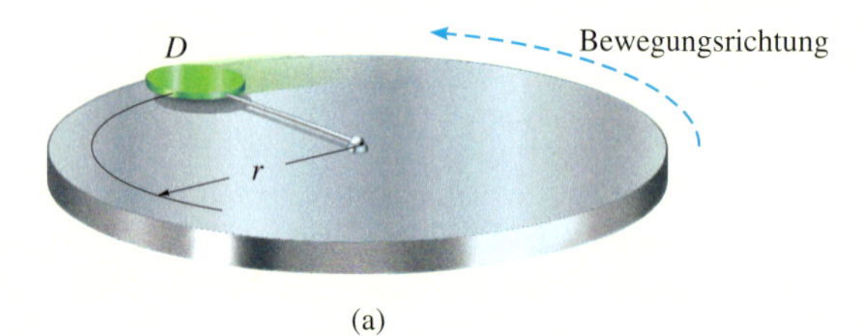

(a)

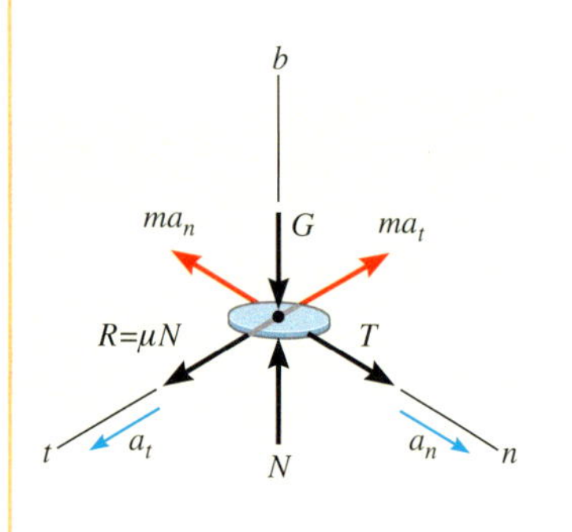

(b)

Abbildung 2.14

Lösung

Freikörperbild Die Reibungskraft hat den Betrag $R = \mu N$. Ihr Richtungssinn ist der *relativen Bewegung* der kleinen Scheibe bezüglich der großen Scheibe entgegengesetzt. Diese Kraft beschleunigt die kleine Scheibe in Umfangsrichtung, sodass die Bahngeschwindigkeit v, und damit die Seilkraft T bis auf T_{max} zunimmt. Das Gewicht der Scheibe beträgt $G = mg$. Da a_n mit v in Beziehung gesetzt werden kann, sind letztlich N, a_t und v die Unbekannten.

Prinzip von d'Alembert Die dynamischen Gleichgewichtsbedingungen sind

$$\sum F_n - ma_n = 0; \qquad T - m\left(\frac{v^2}{r}\right) = 0 \qquad (1)$$

$$\sum F_t - ma_t = 0; \qquad R - ma_t = 0 \qquad (2)$$

$$\sum F_b = 0; \qquad N - G = 0 \qquad (3)$$

Die Zwangskraftgleichung zur Bestimmung von N ist rein statischer Natur. Wir setzen $T = T_{max}$, lösen Gleichung (1) nach der kritischen Geschwindigkeit v_{kr} auf, bei der das Seil reißt, und erhalten als Ergebnis

$$N = G = mg = 29{,}43 \text{ N}$$

$$a_t = \mu N/m = 0{,}981 \text{ m/s}^2$$

$$v_{kr} = \sqrt{T_{max} r / m} = 5{,}77 \text{ m/s}$$

Kinematik Da a_t *konstant* ist, kann die Zeit bis zum Reißen des Seiles aus

$$v_{kr} = v_0 + a_t t_{kr}$$

zu

$$t_{kr} = (v_{kr} - v_0)/a_t = 5{,}89 \text{ s}$$

berechnet werden.

Beispiel 2.8 Zur Konstruktion der auf dem Foto dargestellten Skischanze ist es erforderlich, die Art der Kräfte auf den Skispringer und seine ungefähre Bewegungsbahn auf der Schanze zu kennen. Diese wird näherungsweise durch die angegebene Parabel $y(x)$ in Abbildung 2.15a beschrieben. Ermitteln Sie für diesen Fall die Normalkraft auf den Skispringer mit dem Gewicht G zu dem Zeitpunkt, wenn er am Ende der Schanze A ankommt und seine Geschwindigkeit dort gerade v beträgt. Wie groß ist hier seine Beschleunigung?

$G = 600$ N, $v = 9$ m/s, $h = 15$ m, $y = kx^2 - h$, $k = 1/(60 \text{ m})$

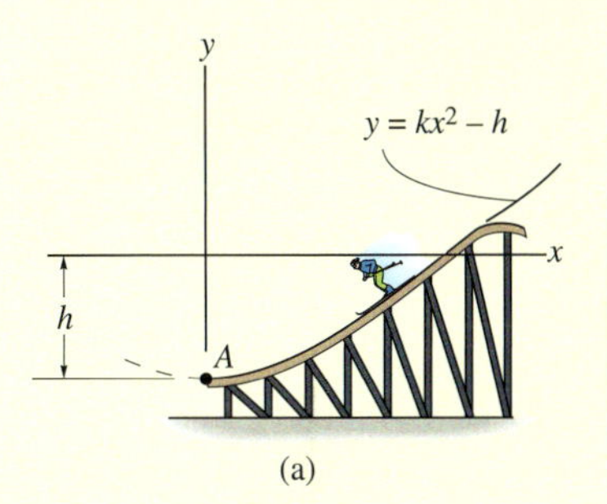

(a)

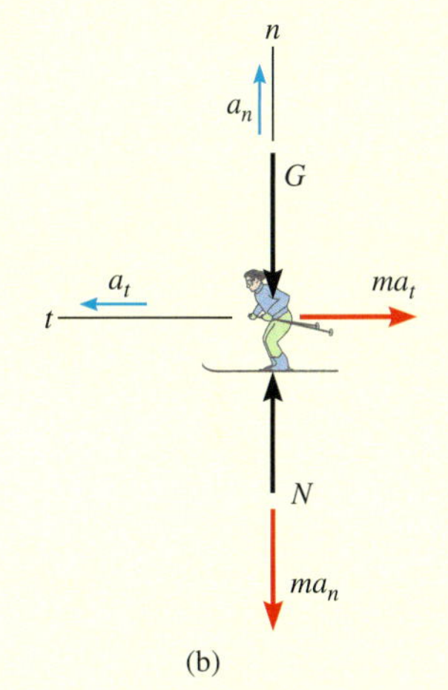

(b)

Abbildung 2.15

Lösung

Warum werden zur Lösung natürliche n, t-Koordinaten verwendet?

Freikörperbild Das Freikörperbild des Skispringers in Punkt A ist in Abbildung 2.15b dargestellt. Da der Weg *nicht geradlinig* ist, gibt es zwei Beschleunigungsanteile a_n und a_t mit korrespondierenden Trägheitskräften. Da a_n berechnet werden kann, sind die beiden Unbekannten letztlich a_t und N.

Prinzip von d'Alembert Die dynamischen Gleichgewichtsbedingungen sind

$$\sum F_n - ma_n = 0; \qquad N - G - m\left(\frac{v^2}{\rho}\right) = 0 \qquad (1)$$

$$\sum F_t - ma_t = 0; \qquad 0 - ma_t = 0 \qquad (2)$$

Der Krümmungsradius ρ muss im Punkt $A(0, -h)$ bestimmt werden. Mit der Parabelgleichung $y = kx^2 - h$ und den Ableitungen $dy/dx = 2kx$, $d^2y/dx^2 = 2k$ erhalten wir bei $x = 0$

$$\rho = \left.\frac{\left[1+(dy/dx)^2\right]^{3/2}}{\left|d^2y/dx^2\right|}\right|_{x=0} = \frac{\left[1+(0)^2\right]^{3/2}}{|2k|} = 30 \text{ m}$$

Wir setzen in Gleichung (1) ein und lösen mit $m = G/g$ nach N auf:

$$N = G + Gv^2/(g\rho) = 765 \text{ N}$$

Kinematik Aus Gleichung (2) ergibt sich

$$a_t = 0$$

und somit

$$a_n = \frac{v^2}{\rho} = \frac{(9\text{m/s})^2}{30\text{m}} = 2{,}7 \text{ m/s}^2$$

$$a = a_n = 2{,}7 \text{ m/s}^2$$

Zeigen Sie, dass die Beschleunigung des Skispringers in der Luft $g = 9{,}81 \text{ m/s}^2$ beträgt.

Beispiel 2.9

Der in Abbildung 2.16a gezeigte Skateboarder mit der Masse m rollt die kreisförmige Bahn hinunter. Er beginnt in Ruhe bei $\theta = \theta_0$. Bestimmen Sie den Betrag der Normalreaktion, welche die Bahn bei $\theta = \theta_1$ auf ihn ausübt. Vernachlässigen Sie in den Berechnungen die Größe des Skateboarders.

$m = 60$ kg, $\theta_0 = 0°$, $\theta_1 = 60°$, $r = 4$ m

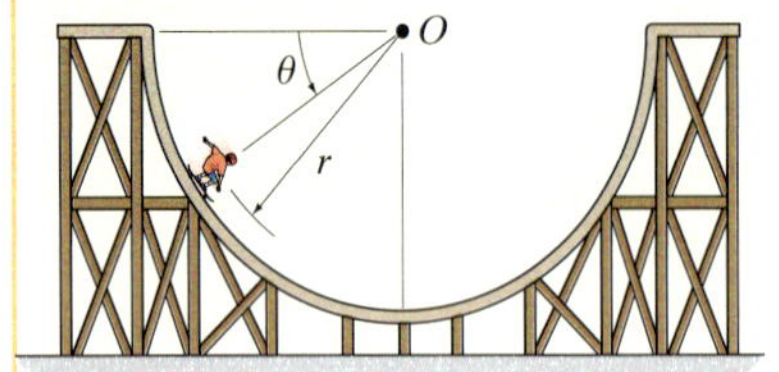

(a)

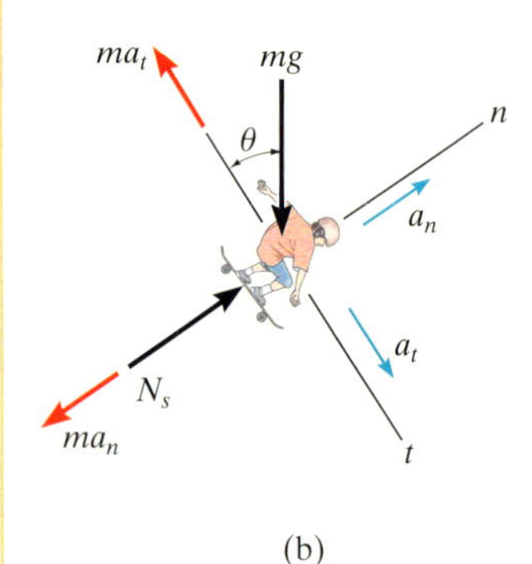

(b)

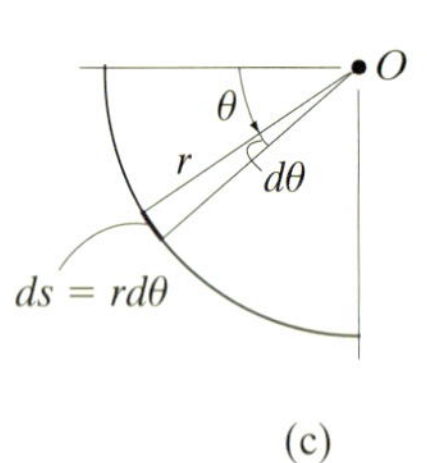

(c)

Abbildung 2.16

Lösung

Freikörperbild Abbildung 2.16b zeigt das Freikörperbild des Skateboarders an einer *willkürlich gewählten Position* θ. Bei $\theta = \theta_1$ gibt es die drei Unbekannten N_S, a_t und a_n (oder v).

Prinzip von d'Alembert

$$\sum F_n - m\,a_n = 0; \qquad N_S - m\,a_n - mg\sin\theta = 0$$

$$N_S = m(a_n + g\sin\theta) \qquad (1)$$

$$\text{mit } a_n = \frac{v^2}{r}$$

$$\sum F_t - ma_t = 0; \qquad -ma_t + mg\cos\theta = 0$$

$$a_t = g\cos\theta$$

Kinematik Da a_t als Funktion von θ ausgedrückt wird, ist die Gleichung $vdv = a_t ds$ zu verwenden, um die Geschwindigkeit des Skateboarders für $\theta = \theta_1$ zu ermitteln. Mit der geometrischen Beziehung $s = \theta r$, wobei $ds = rd\theta$ ist (siehe Abbildung 2.16c), und den Anfangsbedingungen $v = 0$ bei $\theta = \theta_0$ erhalten wir

$$vdv = a_t ds$$

$$\int_0^v \overline{v}d\overline{v} = \int_{\theta_0}^{\theta_1} g\cos\theta(rd\theta)$$

$$\left.\frac{\overline{v}^2}{2}\right|_0^v = gr\sin\theta\Big|_{\theta_0}^{\theta_1}$$

$$\frac{v^2}{2} - 0 = gr\left(\sin\theta_1 - \sin\theta_0\right)$$

$$v^2 = 2gr\left(\sin\theta_1 - \sin\theta_0\right) = 67{,}97\ \mathrm{m^2/s^2}$$

Setzt man dieses Ergebnis und $\theta = \theta_1$ in Gleichung (1) ein, ergibt sich

$$N_S = 1529{,}23\ \mathrm{N} = 1{,}53\ \mathrm{kN}$$

Beispiel 2.10 Pakete mit jeweils der Masse m werden mit der Geschwindigkeit v_0 von einem Förderband auf eine glatte, runde Rampe transportiert, siehe Abbildung 2.17a. Der maßgebliche Radius der Rampe ist mit r gegeben. Wie groß ist der Winkel θ_{max}, bei dem die Pakete von der Rampe abheben?

$m = 2$ kg, $v_0 = 1$ m/s, $r = 0{,}5$ m

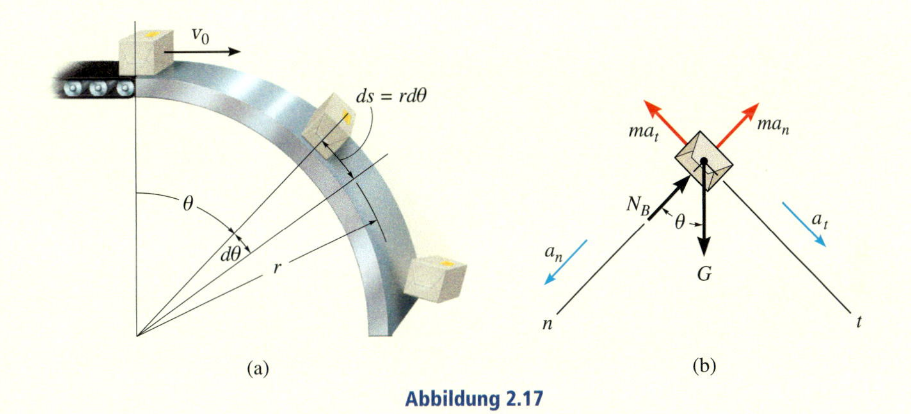

Abbildung 2.17

Lösung

Freikörperbild Das Freikörperbild eines Pakets in der *allgemeinen Position* θ ist einschließlich der Trägheitswirkungen in Abbildung 2.17b dargestellt. Das Paket wird sowohl in Normalenrichtung als auch in Tangentialrichtung beschleunigt, da seine *Geschwindigkeit* beim Heruntergleiten ständig *zunimmt*. Sein Gewicht beträgt $G = mg$. Nennen Sie die drei Unbekannten.

Prinzip von d'Alembert Die dynamischen Gleichgewichtsbedingungen lauten

$$\sum F_n - ma_n = 0; \qquad -N + G\cos\theta - m\left(\frac{v^2}{r}\right) = 0 \tag{1}$$

$$\sum F_t - ma_t = 0; \qquad G\sin\theta - ma_t = 0 \tag{2}$$

Für $\theta = \theta_{max}$ verlässt das Paket die Oberfläche der Rampe, wofür $N = 0$ werden muss. Daher gibt es drei Unbekannte, nämlich v, a_t und θ_{max}.

Kinematik Die dritte Gleichung ergibt sich daraus, dass der tangentiale Beschleunigungsanteil a_t zur Geschwindigkeit v des Pakets und dem Winkel θ in Beziehung gesetzt werden kann. $a_t\, ds = v\, dv$ und $ds = r\, d\theta$, Abbildung 2.17a, führen nämlich auf

$$a_t = \frac{v\, dv}{r\, d\theta} \tag{3}$$

Zur Lösung des Problems setzen wir Gleichung (3) in Gleichung (2) ein und trennen die Variablen:

$$G\sin\theta = ma_t = m\frac{v\,dv}{r\,d\theta}$$

$$v\,dv = \frac{Gr}{m}\sin\theta\,d\theta = gr\sin\theta\,d\theta$$

Wir integrieren beide Seiten und erhalten mit $v = v_0$ für $\theta = 0$

$$\int_{v_0}^{v} \bar{v}\,d\bar{v} = gr\int_{0}^{\theta}\sin\bar{\theta}\,d\bar{\theta}$$

$$\left.\frac{\bar{v}^2}{2}\right|_{v_0}^{v} = -gr\cos\bar{\theta}\Big|_0^{\theta}$$

$$v^2 = v_0^2 + 2gr(1-\cos\theta)$$

Einsetzen in Gleichung (1) mit $N = 0$ und Auflösen nach θ_{max} führt auf

$$G\cos\theta_{max} = \frac{m}{r}\left[v_0^2 + 2gr\left(1-\cos\theta_{max}\right)\right]$$

$$\cos\theta_{max} = \frac{2gr + v_0^2}{3gr} = 0{,}73$$

$$\theta_{max} = 42{,}7°$$

2.7 Auswertung in Zylinderkoordinaten

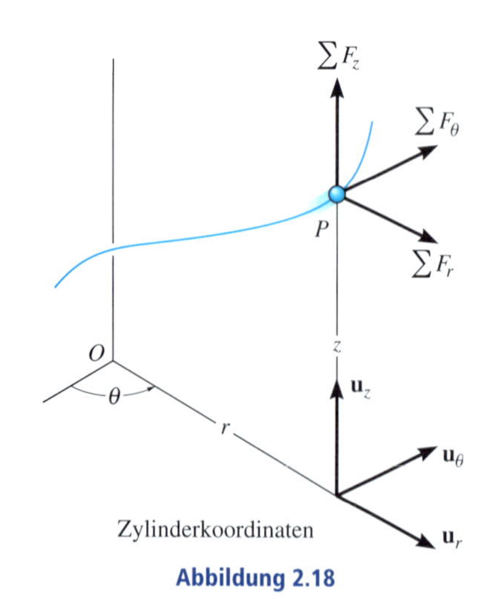

Abbildung 2.18

Werden alle Kräfte auf einen Massenpunkt einschließlich der Trägheitswirkungen entlang der Richtungen der Einheitsvektoren $\mathbf{u}_r$, $\mathbf{u}_\theta$ und $\mathbf{u}_z$ eines zylindrischen Koordinatensystems zerlegt, siehe Abbildung 2.18, so ergeben sich die dynamischen Gleichgewichtsbedingungen im Sinne d'Alemberts zu

$$\sum \mathbf{F} - m\mathbf{a} = \mathbf{0}$$

$$\left(\sum F_r - ma_r\right)\mathbf{u}_r + \left(\sum F_\theta - ma_\theta\right)\mathbf{u}_\theta + \left(\sum F_z - ma_z\right)\mathbf{u}_z = \mathbf{0}$$

Zur Erfüllung dieser Vektorgleichung sind die drei skalaren dynamischen Gleichgewichtsbedingungen

$$\sum F_r - ma_r = 0$$
$$\sum F_\theta - ma_\theta = 0 \qquad (2.12)$$
$$\sum F_z - ma_z = 0$$

auszuwerten. Kann sich der Massenpunkt nur in der r,θ-Ebene bewegen, dann genügen zur Beschreibung der Bewegung die ersten beiden Gleichungen.

Tangential- und Normalkräfte Die einfachste Aufgabe zur Auswertung in Zylinderkoordinaten ist die Bestimmung der notwendigen resultierenden Kräfte $\sum F_r$, $\sum F_\theta$, $\sum F_z$, um einen Massenpunkt mit *bekannter* Beschleunigung zu bewegen. Ist die Beschleunigung des Massenpunktes jedoch zum betrachteten Zeitpunkt nicht vollständig definiert, so müssen Richtung oder Betrag der angreifenden Kräfte bekannt sein oder berechnet werden können, um mit den Gleichungen (2.12) die verbleibenden Unbekannten zu ermitteln. Die Kraft **P** in Abbildung 2.19a z.B. bewirkt die Bewegung des Massenpunktes auf der Bahn $r = f(\theta)$. Die *Normalkraft* **N**, welche die Führung auf den Massenpunkt ausübt, steht immer *senkrecht auf der tangential gerichteten Bewegungsbahn*, während die Reibungskraft **R** immer tangential entgegen der Bewegungsrichtung wirkt. Die *Richtungen* von **N** und **R** können bezüglich des radialen Fahrstrahls mit dem Winkel ψ beschrieben werden (Abbildung 2.19b), indem man den Winkel zwischen der *verlängerten* Radiallinie und der Tangente an die Bahnkurve misst.

Fährt der Wagen mit dem Gewicht G auf schraubenförmiger Bahn abwärts, kann die resultierende Normalkraft, die von den Schienen auf den Wagen ausgeübt wird, durch drei Komponenten in Zylinderkoordinaten dargestellt werden: N_r bewirkt die radiale Beschleunigung a_r, N_θ bewirkt die Querbeschleunigung a_θ, und die Differenz $N_z - G$ die Azimutalbeschleunigung a_z.

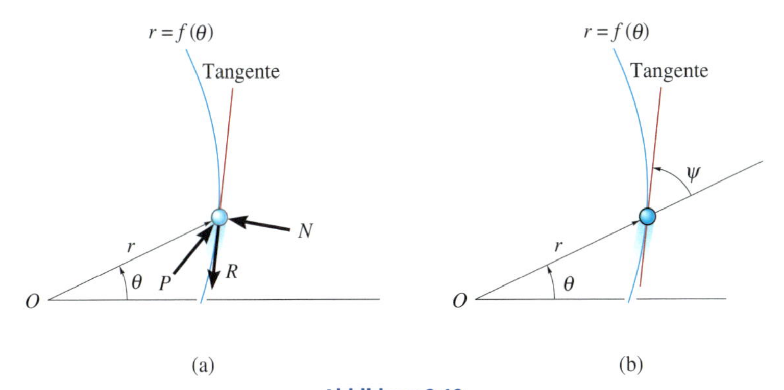

Abbildung 2.19

Dieser Winkel kann bestimmt werden, indem man erkennt, siehe Abbildung 2.19c, dass bei einer Verschiebung ds des Massenpunktes entlang der Bewegungsbahn eine radiale Verschiebung dr und eine Querverschiebung $r\,d\theta$ in θ-Richtung auftritt. Da diese beiden Anteile senkrecht aufeinander stehen, wird der Winkel ψ aus der Beziehung $\tan\psi = r\,d\theta/dr$, d.h.

$$\tan\psi = \frac{r}{dr/d\theta} \tag{2.13}$$

bestimmt. Ergibt sich bei der Berechnung von ψ ein positiver Wert, so wird der Winkel von der *verlängerten Radiallinie* gegen den Uhrzeigersinn oder in positiver θ-Richtung gemessen. Ist der berechnete Wert negativ, ist seine Richtung entgegengesetzt.

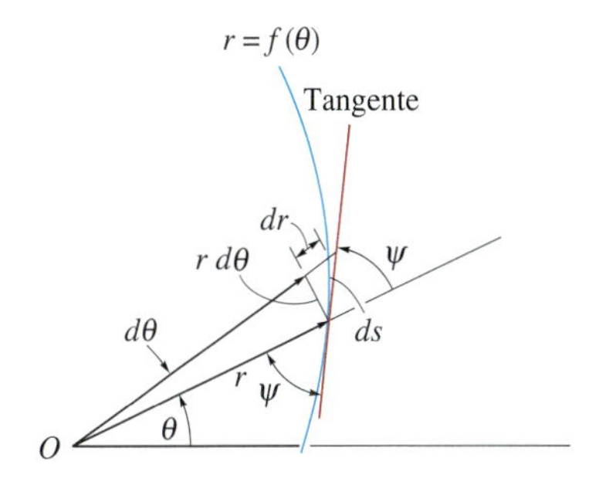

(c)

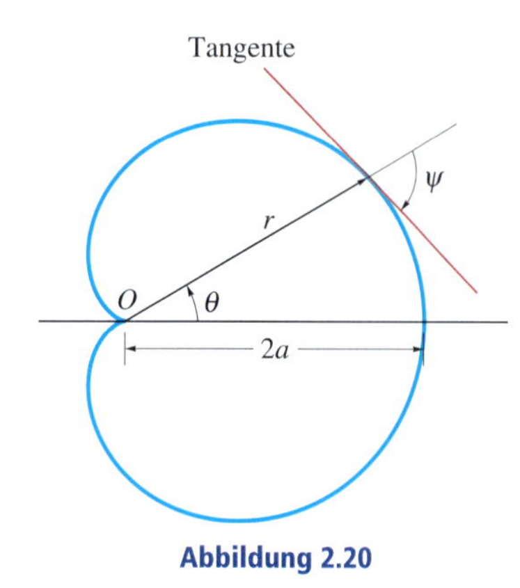

Abbildung 2.20

Betrachten wir die herzförmige Kurve in Abbildung 2.20. Für die radiale Koordinate gilt

$$r = a\,(1 + \cos\theta)$$

und damit

$$dr/d\theta = -a\sin\theta$$

Für $\theta = 30°$ folgt deshalb für den Winkel ψ die Beziehung

$$\tan\psi = a\,(1 + \cos 30°)/(-a\sin 30°) = -3{,}732$$

d.h. $\psi = -75°$, also ein Winkel im Uhrzeigersinn, siehe Abbildung 2.20.

Lösungsweg

Zylinder- oder Polarkoordinaten eignen sich zur Lösung von Aufgaben, bei denen Angaben zur Drehbewegung der Radiallinie r gemacht werden oder bei denen die Bahnkurve einfach durch diese Koordinaten beschrieben werden kann. Nach Einführung dieser Koordinaten können dann mit Hilfe des Prinzips von d'Alembert die auf den Massenpunkt einwirkenden Kräfte mit seinen Beschleunigungskomponenten in Beziehung gesetzt werden. Das Verfahren wird völlig analog zum Lösungsweg in *Abschnitt 2.5* und *2.6* angewendet und lässt sich für eine Rechnung in Zylinderkoordinaten wie folgt zusammenfassen.

Freikörperbild

- Führen Sie das r,θ,z-Zylinderkoordinatensystem ein und zeichnen Sie das Freikörperbild des Massenpunktes unter Berücksichtigung der Trägheitswirkungen.
- Nehmen Sie an, dass im Allgemeinen die Beschleunigungen a_r, a_θ und a_z in *positiver* r-, θ- und z-Richtung wirken, wenn sie unbekannt sind.
- Identifizieren Sie die Unbekannten der Aufgabe.

Bewegungsgleichung

- Verwenden Sie die dynamischen Gleichgewichtsbedingungen, Gleichungen (2.12).

Kinematik

- Bestimmen Sie mit den Verfahren aus *Abschnitt 1.8* die radiale Koordinate r und die Zeitableitungen $\dot r$, $\ddot r$, $\dot\theta$, $\ddot\theta$, $\ddot z$. Ermitteln Sie dann die Beschleunigungen $a_r = \ddot r - r\dot\theta^2$, $a_\theta = r\ddot\theta + 2\dot r\dot\theta$, $a_z = \ddot z$ und führen Sie abschließend die Trägheitskräfte in die negativen Koordinatenrichtungen ein.
- Ergibt sich bei der Berechnung einer Beschleunigung ein negativer Wert, dann weist sie in Wirklichkeit in negative Koordinatenrichtung.
- Leiten Sie $r = f(\theta)$ mit der Kettenregel nach der Zeit ab.

Beispiel 2.11 Die in Abbildung 2.21a gezeigte glatte Doppelhülse der Masse m kann frei auf dem Arm AB und dem kreisförmigen Führungsstab gleiten. Der Arm dreht sich mit der konstanten Winkelgeschwindigkeit $\dot{\theta} = \omega$. Bestimmen Sie die Kraft, die der Arm auf die Hülse bei $\theta = \theta_1$ ausübt.

$m = 0{,}5$ kg, $r_0 = 0{,}4$ m, $\omega = 3$ rad/s, $\theta_1 = 45°$

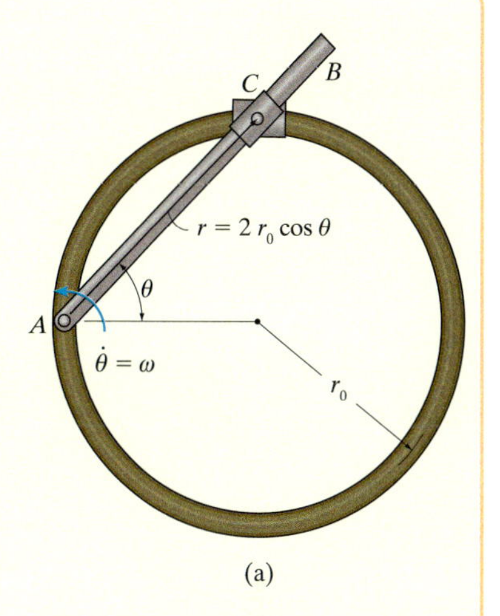

(a)

Lösung

Freikörperbild Die Normalreaktion N_C des kreisförmigen Führungsstabs und die Kraft F des Arms AB wirken auf die Hülse in der Bewegungsebene (siehe Abbildung 2.21b). Die Kraft F wirkt senkrecht zur Achse des Arms AB, d.h. in Richtung der θ-Achse, während N_C senkrecht zur Tangente des Kreisbogens bei $\theta = \theta_1$ wirkt. Die vier Unbekannten sind N_C, F, a_r und a_θ.

Prinzip von d'Alemebert

$$\sum F_r - ma_r = 0; \quad -ma_r - N_C \cos\theta_1 = 0 \qquad N_C = -ma_r/\cos\theta_1 \qquad (1)$$

$$\sum F_\theta - ma_\theta = 0; \quad F - N_C \sin\theta_1 - ma_\theta = 0 \qquad F = N_C \sin\theta_1 + ma_\theta \qquad (2)$$

Kinematik Mithilfe der Kettenregel (siehe Anhang C) erhalten wir die ersten und zweiten Ableitungen von r nach der Zeit

$$r = 2\,r_0 \cos\theta$$

$$\dot{r} = -2r_0 \sin\theta\dot{\theta}$$

$$\ddot{r} = -2r_0[\sin\theta\ddot{\theta} + \cos\theta\dot{\theta}^2]$$

Für $\theta = \theta_1$, $\dot{\theta} = \omega$ und $\ddot{\theta} = 0$ ergibt sich

$$r = 0{,}5657 \text{ m}$$

$$\dot{r} = -1{,}6971 \text{ m/s}$$

$$\ddot{r} = -5{,}091 \text{ m/s}$$

Für die Beschleunigungen a_r und a_θ gilt

$$a_r = \ddot{r} - r\dot{\theta}^2 = -10{,}18 \text{ m/s}^2$$

$$a_\theta = r\ddot{\theta} + 2\dot{r}\dot{\theta} = -10{,}18 \text{ m/s}^2$$

Wenn wir diese Ergebnisse in die Gleichungen (1) und (2) einsetzen, erhalten wir

$$N_C = 7{,}20 \text{ N}$$

$$F = 0$$

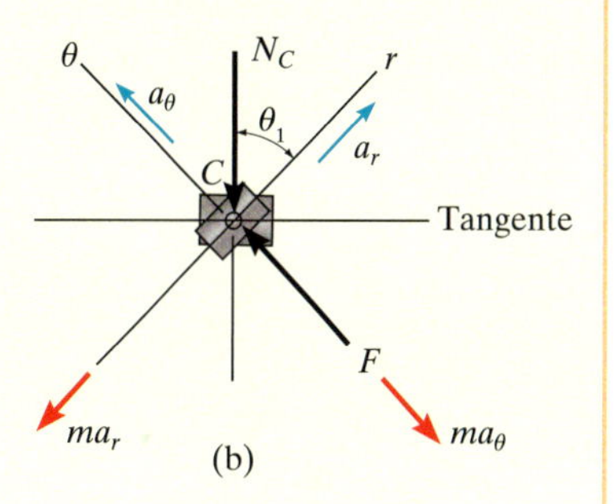

(b)

Abbildung 2.21

Beispiel 2.12

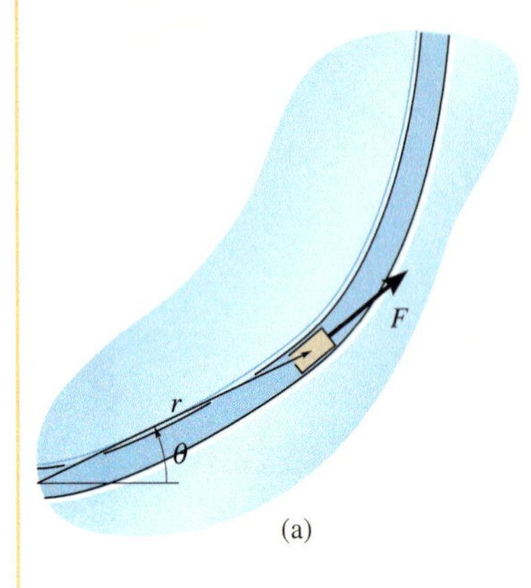

(a)

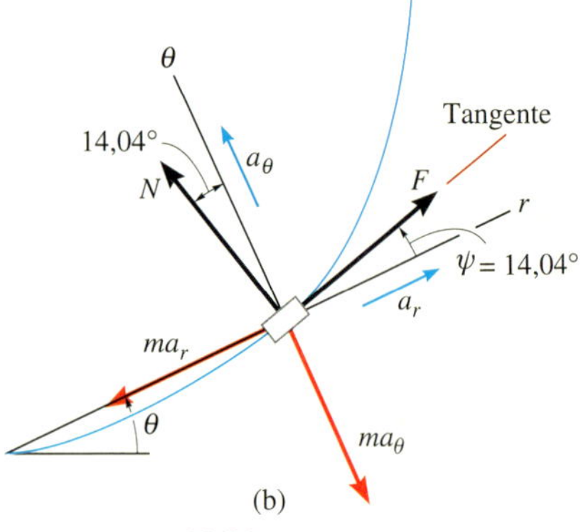

(b)

Abbildung 2.22

Der Klotz der Masse m in Abbildung 2.22a bewegt sich reibungsfrei auf einer horizontalen Bahn. Seine Lage wird in Polarkoordinaten in Parameterdarstellung bezüglich der Zeit durch $r = k_1 t^2$ und $\theta = k_2 t$ beschrieben. Bestimmen Sie den Betrag der Tangentialkraft $F(t_1)$, welche die vorgegebene Bewegung zum Zeitpunkt $t = t_1$ bewirkt.

$m = 2$ kg, $t_1 = 1$ s, $k_1 = 3$ m/s², $k_2 = 0{,}5$/s

Lösung

Freikörperbild

Im Freikörperbild im Sinne d'Alemberts, Abbildung 2.22b, greifen die Normalkraft N von der Unterlage und die antreibende Tangentialkraft F unter dem Winkel ψ zur r- und θ-Achse an. Dieser Winkel wird über Gleichung (2.13) bestimmt. Dazu muss zunächst die Bahnkurve unter Elimination des Parameters t in der Form $r = f(\theta)$ angegeben werden. Dies führt auf $r = k_1\theta^2/k_2^2$. Weil sich zum Zeitpunkt $t_1 = 1$ s der Winkel $\theta_1 = k_2 t_1 = 0{,}5/\mathrm{s}\cdot 1\ \mathrm{s} = 0{,}5$ rad ergibt, wird

$$\tan\psi = \frac{r}{dr/d\theta} = \left.\frac{k_1\theta^2/k_2^2}{k_1(2\theta)/k_2^2}\right|_{\theta_1} = 0{,}25$$

$$\psi = 14{,}04°$$

Da der Winkel ψ positiv ist, wird er gegen den Uhrzeigersinn vom r-Fahrstrahl zur Tangente (in der gleichen Richtung wie θ) gemessen, siehe Abbildung 2.22b. Insgesamt ergeben sich hier vier Unbekannte: F, N, a_r und a_θ.

Prinzip von d'Alembert Die dynamischen Gleichgewichtsbedingungen lauten

$$\sum F_r - ma_r = 0; \quad F\cos\psi - N\sin\psi - ma_r = 0 \qquad (1)$$

$$\sum F_\theta - ma_\theta = 0; \quad F\sin\psi + N\cos\psi - ma_\theta = 0 \qquad (2)$$

Kinematik Mit der gegebenen Bewegung können die Koordinaten und die erforderlichen Ableitungen nach der Zeit berechnet und ihre Werte für $t = t_1$ ermittelt werden:

$$r(t_1) = k_1 t_1^2 = 3\ \mathrm{m} \qquad \theta(t_1) = k_2 t_1 = 0{,}5\ \mathrm{rad}$$

$$\dot r(t_1) = 2k_1 t_1 = 6\ \mathrm{m/s} \qquad \dot\theta(t_1) = k_2 = 0{,}5\ \mathrm{rad/s}$$

$$\ddot r(t_1) = 2k_1 = 6\ \mathrm{m/s^2} \qquad \ddot\theta(t_1) = 0$$

$$a_r(t_1) = \ddot r(t_1) - r(t_1)\dot\theta^2(t_1) = 5{,}25\ \mathrm{m/s^2}$$

$$a_\theta(t_1) = r(t_1)\ddot\theta(t_1) + 2\dot r(t_1)\dot\theta(t_1) = 6\ \mathrm{m/s^2}$$

Einsetzen in die Gleichungen (1) und (2) und Auflösen führt auf

$$F(t_1) = 13{,}10\ \mathrm{N}$$

$$N(t_1) = 9{,}22\ \mathrm{N}$$

Beispiel 2.13 In der Mitte des glatten Zylinders der Masse m in Abbildung 2.23a ist ein Stift befestigt, der durch den Schlitz des Armes OA geführt wird. Der Arm dreht sich mit konstanter Winkelgeschwindigkeit $\dot{\theta}$ in der *vertikalen Ebene*. Welche Kraft übt der Arm bei $\theta = \theta_1$ auf den Stift aus?

$m = 2$ kg, $h = 0{,}4$ m, $\theta_1 = 60°$, $\dot{\theta} = 0{,}5$ rad/s

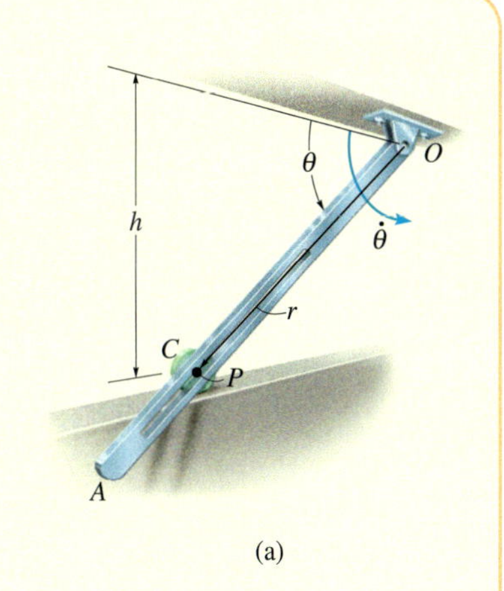

(a)

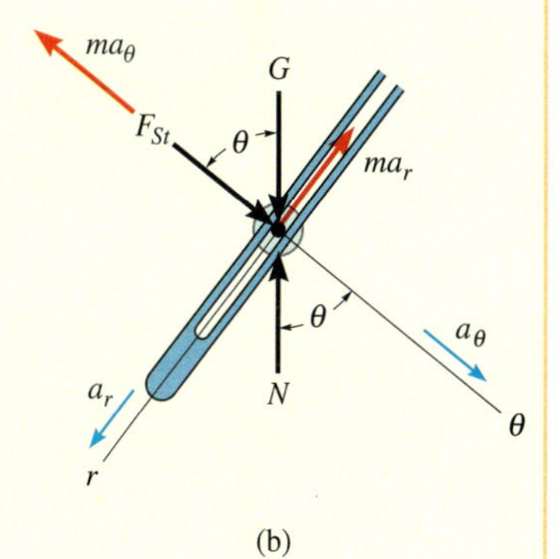

(b)

Abbildung 2.23

Lösung

Warum ist es günstig, diese Aufgabe mit Polarkoordinaten zu lösen?

Freikörperbild Das Freikörperbild des Zylinders unter Berücksichtigung der Trägheitskräfte ist in Abbildung 2.23b dargestellt. Die Reaktionskraft F_{St} der Führung auf den Stift greift senkrecht zum Arm an. Wie üblich wird angenommen, dass a_r und a_θ in Richtung *positiver* Koordinaten r und θ weisen. Nennen Sie die vier auftretenden Unbekannten.

Prinzip von d'Alembert Mit den Angaben gemäß Abbildung 2.23b erhalten wir die dynamischen Gleichgewichtsbedingungen

$$\sum F_r - ma_r = 0; \quad G\sin\theta - N\sin\theta - ma_r = 0 \qquad (1)$$

$$\sum F_\theta - ma_\theta = 0; \quad G\cos\theta + F_{St} - N\cos\theta - ma_\theta = 0 \qquad (2)$$

Kinematik Aus Abbildung 2.23a erhalten wir die Beziehung

$$r = \frac{h}{\sin\theta}$$

zwischen r und θ. Damit ergeben sich für r die Ableitungen

$$\dot{r} = -\frac{h\cos\theta}{\sin^2\theta}\dot{\theta}$$

$$\ddot{r} = -h\frac{\cos\theta}{\sin^2\theta}\ddot{\theta} - h\dot{\theta}\frac{-\sin^3\theta - 2\sin\theta\cos^2\theta}{\sin^4\theta}\dot{\theta}$$

woraus wegen $\ddot{\theta} = 0$

$$\ddot{r} = h\dot{\theta}^2\frac{\sin^2\theta + 2\cos^2\theta}{\sin^3\theta} = h\dot{\theta}^2\frac{1+\cos^2\theta}{\sin^3\theta}$$

folgt. Wir berechnen die Werte für $\theta = \theta_1$ und erhalten (mit $\dot{\theta} = 0{,}5$ rad/s und $\ddot{\theta} = 0$)

$$r = 0{,}462\text{m}$$

$$\dot{r} = -0{,}133\text{m/s}$$

$$\ddot{r} = 0{,}192\text{m/s}^2$$

$$a_r = \ddot{r} - r\dot{\theta}^2 = 0{,}0770\text{m/s}^2$$

$$a_\theta = r\ddot{\theta} + 2\dot{r}\dot{\theta} = -0{,}133\text{m/s}^2$$

Einsetzen in die Gleichungen (1) und (2) für $\theta = \theta_1$ führt nach Auflösen auf

$$N = 19{,}4\ \text{N} \qquad F_{St} = -0{,}356\ \text{N}$$

Das Minuszeichen bedeutet, dass F_{St} entgegengesetzt zur angenommenen Richtung in Abbildung 2.23b angreift.

Beispiel 2.14

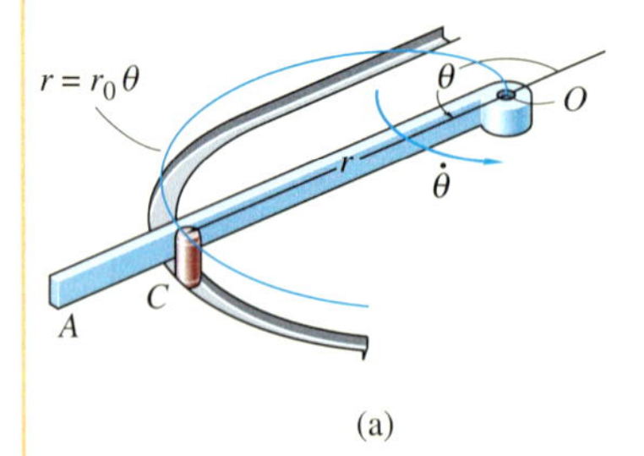

(a)

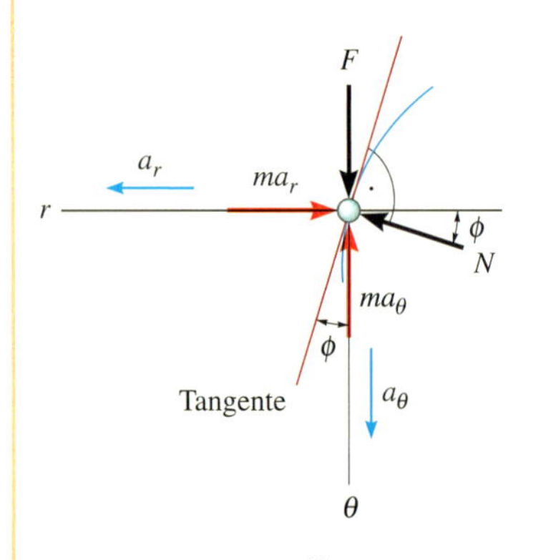

(b)

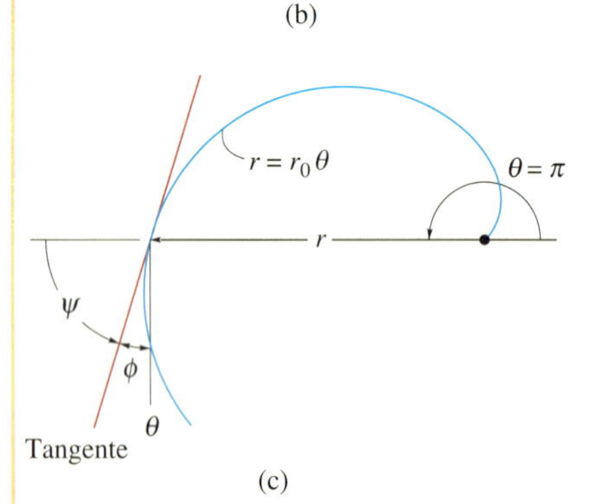

(c)

Abbildung 2.24

Die Dose C der Masse m bewegt sich in einer gekrümmten Nut in einer horizontalen Ebene, siehe Abbildung 2.24a. Die Form der Nut wird durch die Beziehung $r = r_0\theta$ beschrieben. Der Arm OA dreht sich mit konstanter Winkelgeschwindigkeit $\dot{\theta}$ in der horizontalen Ebene. Welche Kraft übt der Arm bei $\theta = \theta_1$ auf die Dose aus? Vernachlässigen Sie Reibungseffekte und die Größe der Dose.

$m = 0{,}5$ kg, $\theta_1 = \pi$, $\dot{\theta} = 4$ rad/s, $r_0 = 0{,}1$ m

Lösung

Freikörperbild Die Antriebskraft F greift senkrecht zum Arm OA an, die Normalkraft N dagegen senkrecht zur Tangente an die gekrümmte Mittellinie der Nut bei $\theta = \theta_1$, Abbildung 2.24b. Wie üblich wird angenommen, dass a_r und a_θ in *positive* r- bzw. θ-Richtung weisen. Da die Bahn gegeben ist, kann der Winkel ψ zwischen der verlängerten Radiallinie r und der Tangente, siehe Abbildung 2.24c, mit Hilfe von Gleichung (2.13) bestimmt werden. Aus $r = r_0\theta$ folgt $dr/d\theta = r_0$. Dies führt auf

$$\tan\psi = \frac{r}{dr/d\theta} = \frac{r_0\theta}{r_0} = \theta$$

Bei $\theta_1 = \pi$ folgt $\psi_1 = \arctan\pi = 72{,}3°$ und somit $\phi_1 = 90° - \psi_1 = 17{,}7°$, siehe Abbildung 2.24c. Nennen Sie die vier Unbekannten in Abbildung 2.24b.

Prinzip von d'Alembert Zunächst erhält man in allgemeiner Lage ϕ und ψ gemäß Abbildung 2.24b als dynamische Gleichgewichtsbedingungen

$$\sum F_r - ma_r = 0; \quad N\cos\phi - ma_r = 0 \qquad (1)$$

$$\sum F_\theta - ma_\theta = 0; \quad F - N\sin\phi - ma_\theta = 0 \qquad (2)$$

Kinematik Die Ableitungen von r und θ nach der Zeit sind

$$r = r_0\theta$$

$$\dot{\theta} = 4 \text{ rad/s} \qquad \dot{r} = r_0\dot{\theta} = 0{,}4 \text{ m/s}$$

$$\ddot{\theta} = 0 \qquad \ddot{r} = r_0\ddot{\theta} = 0$$

Bei $\theta_1 = \pi$ ergibt sich

$$r = 0{,}1 \cdot \pi \text{ m}$$

und damit

$$a_r = \ddot{r} - r\dot{\theta}^2 = -5{,}03 \text{ m/s}^2$$

$$a_\theta = r\ddot{\theta} + 2\dot{r}\dot{\theta} = 3{,}20 \text{ m/s}^2$$

Einsetzen in die Gleichungen (1) und (2) und Auflösen führt auf

$$N(\theta_1) = -2{,}64 \text{ N} \qquad F(\theta_1) = 0{,}800 \text{ N}$$

Was bedeutet das Minuszeichen bei N?

*2.8 Zentralkräfte und Himmelsmechanik

Eine Kraft, deren Wirkungslinie immer auf einen festen Punkt gerichtet ist, heißt *Zentralkraft*. Beispiele für eine derartige Kraft sind elektrostatische Kräfte oder Gravitationskräfte. Die von einer Zentralkraft hervorgerufene Bewegung heißt *Zentralbewegung*.

Zur Untersuchung dieser hier ebenen Bewegung betrachten wir den Massenpunkt P in Abbildung 2.25a. Er hat die Masse m und an ihm greift nur die Zentralkraft F an. Das Freikörperbild des Massenpunktes einschließlich den Trägheitswirkungen ist in Abbildung 2.25b dargestellt. Mit Polarkoordinaten schreiben wir die dynamischen Gleichgewichtsbedingungen, Gleichungen (2.12), an:

$$-F - m\left[\frac{d^2r}{dt^2} - r\left(\frac{d\theta}{dt}\right)^2\right] = 0$$
$$-m\left(r\frac{d^2\theta}{dt^2} + 2\frac{dr}{dt}\frac{d\theta}{dt}\right) = 0 \qquad (2.14)$$

Die zweite Gleichung in (2.14) kann auch in der Form

$$\frac{1}{r}\left[\frac{d}{dt}\left(r^2\frac{d\theta}{dt}\right)\right] = 0$$

dargestellt werden. Eine Integration führt somit auf

$$r^2\frac{d\theta}{dt} = h \qquad (2.15)$$

wobei h eine Integrationskonstante ist. Die blau hinterlegte Fläche in Abbildung 2.25a, die vom „Fahrstrahl" r überstrichen wird, wenn er sich um den Winkel $d\theta$ dreht, beträgt $dA = \frac{1}{2}r^2d\theta$. Aus der *Flächengeschwindigkeit*

$$\frac{dA}{dt} = \frac{1}{2}r^2\frac{d\theta}{dt} = \frac{h}{2} \qquad (2.16)$$

folgt, dass die Flächengeschwindigkeit des Massenpunktes, an dem eine Zentralkraft angreift, *konstant* ist. Anders gesagt: Der Fahrstrahl überstreicht bei der Bewegung auf seiner Bahn gleiche Flächensegmente pro Zeiteinheit. Zur Aufstellung der *Bahngleichung* $r = f(\theta)$ muss die unabhängige Variable t aus Gleichung (2.14) eliminiert werden. Mit der Kettenregel und Gleichung (2.15) können wir die Ableitungen nach der Zeit aus den Gleichungen (2.14) durch

$$\frac{dr}{dt} = \frac{dr}{d\theta}\frac{d\theta}{dt} = \frac{h}{r^2}\frac{dr}{d\theta}$$
$$\frac{d^2r}{dt^2} = \frac{d}{dt}\left(\frac{h}{r^2}\frac{dr}{d\theta}\right) = \frac{d}{d\theta}\left(\frac{h}{r^2}\frac{dr}{d\theta}\right)\frac{d\theta}{dt} = \left[\frac{d}{d\theta}\left(\frac{h}{r^2}\frac{dr}{d\theta}\right)\right]\frac{h}{r^2}$$

ersetzen.

Wir setzen in die zweite Gleichung die neue abhängige Variable $\xi = 1/r$ ein und erhalten

$$\frac{d^2r}{dt^2} = -h^2\xi^2\frac{d^2\xi}{d\theta^2}$$

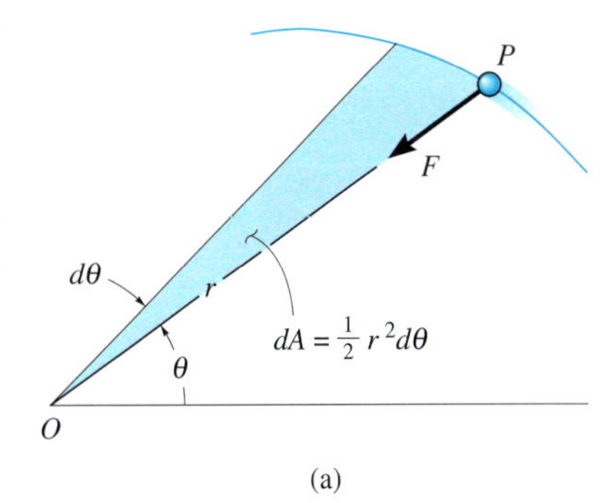

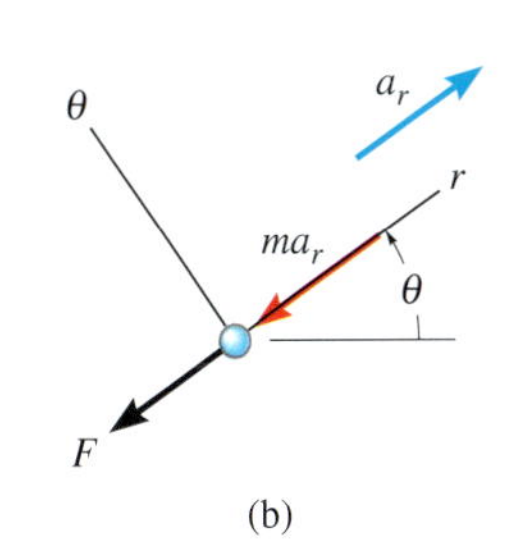

Abbildung 2.25

An dem Satellit greift eine Zentralkraft an und somit kann seine Orbitalbewegung mit den Gleichungen dieses Abschnittes genau vorhergesagt werden.

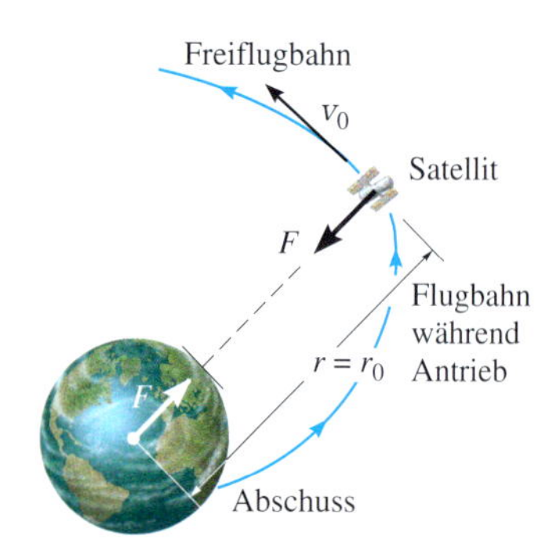

Abbildung 2.26

Aus dem Quadrat in Gleichung (2.15) wird

$$\left(\frac{d\theta}{dt}\right)^2 = h^2\xi^4$$

Einsetzen der beiden letzten Gleichungen in die erste von Gleichung (2.14) führt auf

$$-\frac{F}{m} + h^2\xi^2\frac{d^2\xi}{d\theta^2} + h^2\xi^3 = 0$$

oder

$$\frac{d^2\xi}{d\theta^2} + \xi = \frac{F}{mh^2\xi^2} \tag{2.17}$$

Diese Differenzialgleichung beschreibt die Bahnkurve eines Massenpunktes im Zentralkraftfeld[7] infolge der Zentralkraft F.

Zur Anwendung wird die Gravitationskraft betrachtet. Bekannte Beispiele für Zentralkraftsysteme mit Gravitation sind die Bewegung des Mondes und der Satelliten um die Erde sowie die Bewegung der Planeten um die Sonne. Betrachten wir als typisches Problem der Himmelsmechanik die Bahn eines Satelliten oder Raumfahrzeuges, das mit der Anfangsgeschwindigkeit v_0 auf eine freie Umlaufbahn geschossen wird, siehe Abbildung 2.26. Es wird angenommen, dass die Richtung dieser Geschwindigkeit anfangs *parallel* zur Tangente an der Oberfläche der Erde ist, siehe Abbildung 2.26[8]. Wenn der Satellit frei fliegt, wirkt nur noch die Erdanziehungskraft auf ihn. (Die Anziehungskräfte anderer Körper wie des Mondes werden vernachlässigt, denn für Umlaufbahnen nahe der Erde ist ihre Wirkung im Vergleich zur Erdanziehung klein.) Gemäß dem Newton'schen Gravitationsgesetz wirkt die Kraft F immer zwischen den Massenmittelpunkten von Erde und Satellit, siehe Abbildung 2.26. Diese Anziehungskraft hat gemäß Gleichung (2.1) die Größe

$$F = c_G\frac{M_E\, m}{r^2}$$

worin M_E bzw. m die Masse von Erde bzw. Satellit, c_G die Gravitationskonstante und r der Abstand zwischen den Massenmittelpunkten sind. Wir setzen $\xi = 1/r$ ein und erhalten

$$\frac{d^2\xi}{d\theta^2} + \xi = \frac{c_G M_E}{h^2} \tag{2.18}$$

Diese gewöhnliche Differenzialgleichung zweiter Ordnung hat konstante Koeffizienten und ist inhomogen. Die Lösung wird als Summe der allgemeinen Lösung der homogenen Differenzialgleichung und einer partikulären Lösung dargestellt. Die allgemeine Lösung der homogenen Differenzialgleichung erhält man, wenn die rechte Seite gleich null gesetzt wird.

7 In der Herleitung wird F als positiv betrachtet, wenn sie auf den Punkt O gerichtet ist. Ist die Richtung von F entgegengesetzt, muss die rechte Seite von Gleichung (2.17) negativ sein.

8 Der Fall, dass v_0 einen Anfangswinkel θ zur Tangente aufweist, wird am besten mit der Erhaltung des Drehimpulses beschrieben (siehe Aufgabe 4.103).

Sie ist

$$\xi_h = C\cos(\theta - \phi)$$

wobei C und ϕ Integrationskonstanten sind. Eine partikuläre Lösung ist

$$\xi_p = \frac{c_G M_E}{h^2}$$

Die vollständige Lösung von Gleichung (2.18) ist somit

$$\begin{aligned} \xi \equiv \frac{1}{r} &= \xi_h + \xi_p \\ &= C\cos(\theta - \phi) + \frac{c_G M_E}{h^2} \end{aligned} \tag{2.19}$$

Die Gültigkeit dieses Ergebnisses wird durch Einsetzen in Gleichung (2.18) überprüft.

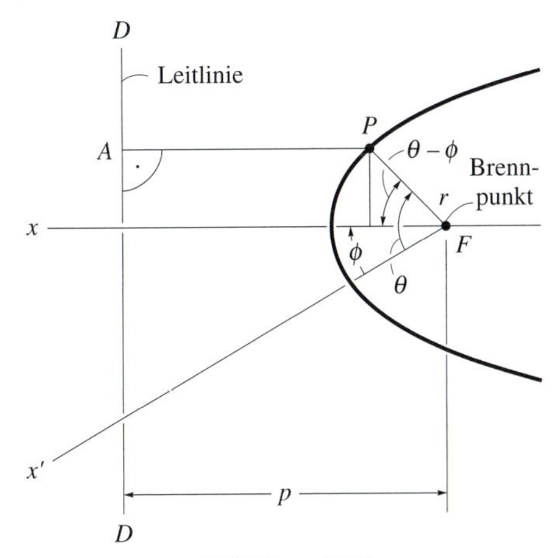

Abbildung 2.27

Gleichung (2.19) beschreibt die *Frciflugbahn* des Satelliten unter alleinigem Einfluss der Gravitationskraft. Sie ist die Gleichung eines Kegelschnittes, hier in Polarkoordinaten geschrieben. Wie in Abbildung 2.27 dargestellt, ist ein *Kegelschnitt* definiert als geometrischer Ort des Punktes P, der sich in einer Ebene so bewegt, dass das Verhältnis seines Abstandes von einem festen Punkt F, dem so genannten *Brennpunkt,* zu seinem Abstand von einer festen Linie, der so genannten *Leitlinie,* konstant ist. Das konstante Verhältnis wird *Exzentrizität* genannt und mit e bezeichnet. Somit ist

$$e = \frac{FP}{PA}$$

auch geschrieben als

$$FP = r = e(PA) = e\left[p - r\cos(\theta - \phi)\right]$$

oder

$$\frac{1}{r} = \frac{1}{p}\cos(\theta - \phi) + \frac{1}{ep}$$

Vergleichen wir diese Gleichung mit Gleichung (2.19), so sehen wir, dass für die Exzentrizität des Kegelschnittes der Bahn die Beziehung

$$e = \frac{Ch^2}{c_G M_E} \tag{2.20}$$

gilt und der feste Abstand vom Brennpunkt zur Leitlinie

$$p = \frac{1}{C} \tag{2.21}$$

beträgt.

Wird der Polarwinkel θ von der x-Achse (einer Symmetrieachse, denn sie steht senkrecht auf der Leitlinie) gemessen, ist der Winkel ϕ gleich null, Abbildung 2.27 und Gleichung (2.19) vereinfachen sich zu

$$\frac{1}{r} = C\cos\theta + \frac{c_G M_E}{h^2} \tag{2.22}$$

Die Konstanten h und C werden aus den Angaben für Position und Geschwindigkeit des Satelliten am Ende der Flugbahn mit Antrieb ermittelt. Ist z.B. der Anfangsabstand des Raumfahrzeuges gleich r_0 (gemessen vom Mittelpunkt der Erde) und seine Anfangsgeschwindigkeit zu Beginn des freien Fluges gleich v_0, Abbildung 2.28, dann kann die Konstante h aus Gleichung (2.15) ermittelt werden. Bei $\theta = \phi = 0$ hat die Geschwindigkeit v_0 keine radiale Komponente. Mit Gleichung (1.25) ergibt sich $v_0 = r_0(d\theta/dt)$ und somit

$$h = r_0^2 \frac{d\theta}{dt}$$

oder

$$h = r_0 v_0 \tag{2.23}$$

Die Konstante C wird aus Gleichung (2.22) für $\theta = 0°$, $r = r_0$ ermittelt. Dabei wird Gleichung (2.23) für h eingesetzt:

$$C = \frac{1}{r_0}\left(1 - \frac{c_G M_E}{r_0 v_0^2}\right) \tag{2.24}$$

Die Gleichung für die Freiflugbahn lautet somit

$$\frac{1}{r} = \frac{1}{r_0}\left(1 - \frac{c_G M_E}{r_0 v_0^2}\right)\cos\theta + \frac{c_G M_E}{r_0^2 v_0^2} \tag{2.25}$$

Die Art der Bahn des Satelliten wird aus dem Wert für die Exzentrizität des Kegelschnittes, Gleichung (2.20), bestimmt. Es gilt

$$\begin{array}{ll} e = 0: & \text{Freiflugbahn ist ein Kreis,} \\ e = 1: & \text{Freiflugbahn ist eine Parabel,} \\ e < 1: & \text{Freiflugbahn ist eine Ellipse,} \\ e > 1: & \text{Freiflugbahn ist eine Hyperbel} \end{array} \tag{2.26}$$

Die verschiedenen Bahnen sind in Abbildung 2.28 dargestellt. Folgt der Satellit einer parabolischen Bahn, so kehrt er „gerade noch" an seinen Startpunkt zurück. Die Abschussgeschwindigkeit v_0, bei welcher der Satellit eine parabelförmige Bahn beschreibt, heißt *Fluchtgeschwindigkeit* v_f. Diese Geschwindigkeit kann mit der zweiten der Gleichungen (2.26) und den Gleichungen (2.20), (2.23) und (2.24) ermittelt werden. Als Übung soll gezeigt werden, dass

$$v_f = \sqrt{\frac{2c_G M_E}{r_0}} \qquad (2.27)$$

gilt.

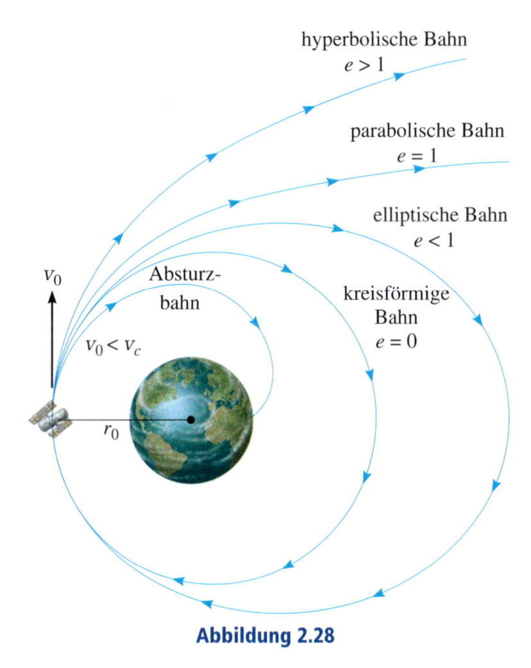

Abbildung 2.28

Die für den Abschuss eines Satelliten in eine *kreisförmige Umlaufbahn* erforderliche Geschwindigkeit v_k kann mit der ersten der Gleichungen (2.26) ermittelt werden. Da in Gleichung (2.20) die Exzentrizität e mit der Größe h, Gleichung (2.23), und der Integrationskonstanten C verknüpft ist, muss C gleich null sein, um diese Gleichung zu erfüllen (gemäß Gleichung (2.23) kann h nicht null sein). Somit ergibt sich mit Gleichung (2.24)

$$v_k = \sqrt{\frac{c_G M_E}{r_0}} \qquad (2.28)$$

Wenn r_0 der minimale Abstand für den Abschuss ist, in der der Reibungswiderstand der Atmosphäre vernachlässigt wird, führt eine geringere Abschussgeschwindigkeit als v_k zum Wiedereintritt des Satelliten in die Erdatmosphäre und zu seinem Verbrennen oder Aufschlagen, Abbildung 2.28.

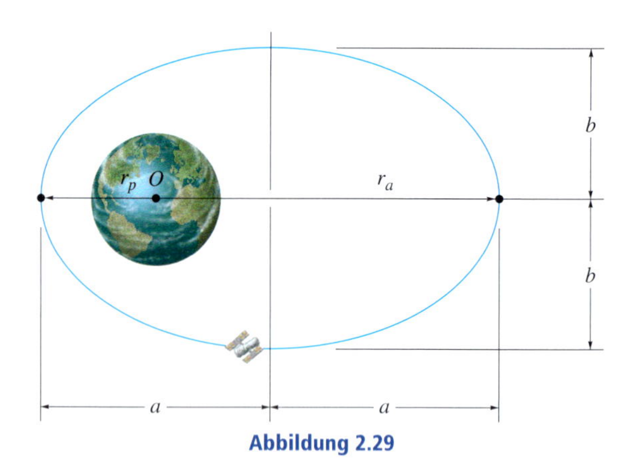

Abbildung 2.29

Die Bahnen aller Planeten und der meisten Satelliten sind elliptisch, siehe Abbildung 2.29. Der *minimale Abstand* der Satellitenumlaufbahn um die Erde zum Mittelpunkt O der Erde (der sich in einem Brennpunkt der Ellipse befindet) beträgt r_p und kann mit Hilfe von Gleichung (2.25) und $\theta = 0$ gefunden werden:

$$r_p = r_0 \tag{2.29}$$

Dieser Mindestabstand wird *Perigäum* der Umlaufbahn genannt. Das *Apogäum* oder der maximale Abstand r_a wird mit Hilfe von Gleichung (2.25) und $\theta = 180°$ ermittelt[9]:

$$r_a = \frac{r_0}{\left(2c_G M_E / r_0 v_0^2\right) - 1} \tag{2.30}$$

Gemäß Abbildung 2.29 ist die große Halbachse a der Ellipse

$$a = \frac{r_p + r_a}{2} \tag{2.31}$$

Mittels analytischer Geometrie kann gezeigt werden, dass die kleine Halbachse b mit der Gleichung

$$b = \sqrt{r_p r_a} \tag{2.32}$$

bestimmt wird. Die Fläche einer Ellipse wird durch Integration ermittelt und beträgt

$$A = \pi ab = \frac{\pi}{2}\left(r_p + r_a\right)\sqrt{r_p r_a} \tag{2.33}$$

Die Flächengeschwindigkeit wurde mit Gleichung (2.16) in der Form $dA/dt = h/2$ definiert. Integration führt auf $A = hT/2$, wobei T die *Zeit* für einen Umlauf ist.

---

9 Die Begriffe *Perigäum* und *Apogäum* beziehen sich nur auf Umlaufbahnen um die *Erde*. Befindet sich ein anderer Himmelskörper im Brennpunkt einer elliptischen Umlaufbahn, heißen die minimalen und maximalen Abstände *Perihel (Sonnennähe)* bzw. *Aphel (Sonnenferne)*.

Aus Gleichung (2.33) ergibt sich

$$T = \frac{\pi}{h}\left(r_p + r_a\right)\sqrt{r_p r_a} \tag{2.34}$$

Die in diesem Abschnitt entwickelte Theorie gilt nicht nur für Umlaufbahnen von Erdsatelliten, sondern auch für die Bewegung der Planeten um die Sonne. Dann wird anstelle der Masse M_E der Erde die Masse M_S der Sonne in die entsprechenden Formeln eingesetzt.

Die elliptischen Umlaufbahnen der Planeten um die Sonne wurden vom deutschen Astronomen Johannes Kepler im frühen 17. Jahrhundert entdeckt. Seine Entdeckung lag zeitlich *vor* der Entwicklung der Newton'schen Gesetze zur Bewegung und zur Gravitation, sodass sie dann ein wichtiger Beweis für die Gültigkeit der Newton'schen Gesetze war. Die Kepler'schen Gesetze wurden nach zwanzigjähriger Planetenbeobachtung entwickelt und können folgendermaßen zusammengefasst werden:

1 Jeder Planet bewegt sich auf seiner Umlaufbahn so, dass seine Verbindungslinie zur Sonne unabhängig von ihrer Länge gleiche Flächen in gleichen Zeitintervallen überstreicht.

2 Die Umlaufbahn jedes Planeten ist eine Ellipse und die Sonne liegt in einem Brennpunkt der Ellipse.

3 Das Quadrat der Umlaufzeit jedes Planeten ist direkt proportional zur dritten Potenz der kleinen Halbachse ihrer Umlaufbahn.

Eine mathematische Formulierung des ersten und des zweiten Gesetzes sind die Gleichungen (2.16) bzw. (2.25). Das dritte Gesetz kann mit den Gleichungen (2.34), (2.31) und (2.32) bestätigt werden.

Beispiel 2.15

Ein Satellit wird in die Höhe H geschossen und bewegt sich dort mit der Geschwindigkeit v_0 parallel zur Tangente der Erdoberfläche, siehe Abbildung 2.30. Der Radius der Erde ist R_E und ihre Masse beträgt M_E. Ermitteln Sie (a) die Exzentrizität der Umlaufbahn und (b) die Geschwindigkeit des Satelliten im Apogäum.

$M_E = 5{,}976(10^{24})$ kg, $R_E = 6378$ km, $H = 600$ km, $v_0 = 30000$ km/h

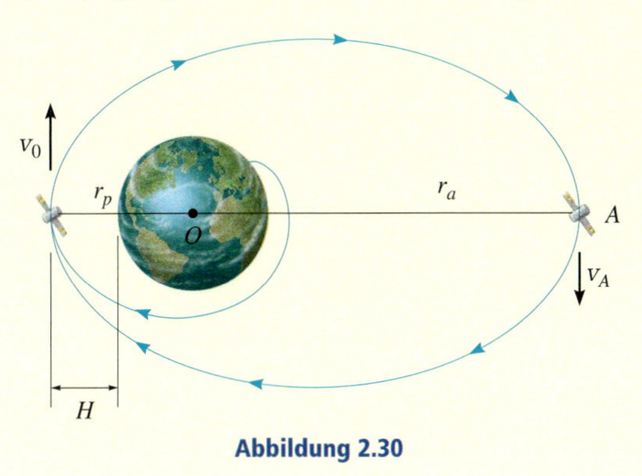

Abbildung 2.30

Lösung

Teilaufgabe a) Die Exzentrizität der Umlaufbahn wird mit Hilfe von Gleichung (2.20) ermittelt. Die Konstanten h und C werden zunächst aus den Gleichungen (2.23) und (2.24) bestimmt. Mit

$$r_p = r_0 = R_E + H = 6{,}978(10^6)\ \mathrm{m}$$

$$v_0 = 30000\ \mathrm{km/h} = 8333{,}3\ \mathrm{m/s}$$

ergibt sich

$$h = r_p v_0 = 6{,}978(10^6)(8333{,}3)\ \mathrm{m^2/s} = 58{,}15(10^9)\ \mathrm{m^2/s}$$

$$\begin{aligned} C &= \frac{1}{r_p}\left(1-\frac{c_G M_E}{r_p v_0^2}\right) \\ &= \frac{1}{6{,}978(10^6)}\left(1-\frac{66{,}73(10^{-12})[5{,}976(10^{24})]}{6{,}978(10^6)(8333{,}3)^2}\right)\mathrm{m}^{-1} \\ &= 25{,}4(10^{-9})\ \mathrm{m}^{-1} \end{aligned}$$

und somit

$$e = \frac{Ch^2}{c_G M_E} = \frac{2{,}54(10^{-8})[58{,}15(10^9)]^2}{66{,}73(10^{-12})[5{,}976(10^{24})]} = 0{,}215 < 1$$

Aus Gleichung (2.26) ergibt sich, dass die Umlaufbahn elliptisch ist.

Teilaufgabe b) Würde der Satellit mit einer Geschwindigkeit v_A in das Apogäum A, siehe Abbildung 2.30, geschossen, würde die gleiche Umlaufbahn erreicht, wenn

$$h = r_p v_0 = r_a v_A = 58{,}15(10^9)\ \mathrm{m^2/s}$$

gilt. Mit Gleichung (2.30) erhalten wir

$$\begin{aligned} r_a &= \frac{r_p}{\dfrac{2c_G M_E}{r_p v_0^2}-1} = \frac{6{,}978(10^6)}{\left\{\dfrac{2[66{,}73(10^{-12})][5{,}976(10^{24})]}{6{,}7978(10^6)(8333{,}3)^2}-1\right\}}\ \mathrm{m} \\ &= 10{,}804(10^6)\ \mathrm{m} \end{aligned}$$

Dies führt auf

$$v_A = \frac{h}{r_a} = \frac{58{,}15(10^9)}{10{,}804(10^6)}\ \mathrm{m/s} = 5382{,}2\ \mathrm{m/s} = 19400\ \mathrm{km/h}$$

ZUSAMMENFASSUNG

- ***Kinetik*** Kinetik ist die Lehre von der Beziehung zwischen Kräften und der von ihnen hervorgerufenen Beschleunigungen. Sie beruht auf dem zweiten Newton'schen Gesetz der Bewegung und wird mathematisch $\sum \mathbf{F} = m\mathbf{a}$ geschrieben. Die Masse m ist die Proportionalitätskonstante zwischen der resultierenden Kraft $\sum \mathbf{F}$ auf den Massenpunkt und der Beschleunigung $\mathbf{a}$ aufgrund dieser Resultierenden. Die Masse ist die Menge an Material im Massenpunkt. Sie gibt den Widerstand gegen eine Bewegungsänderung an.

  Vor der Anwendung des Newton'schen Grundgesetzes sollte zunächst ein Freikörperbild des Massenpunktes gezeichnet werden, in dem alle Kräfte, die auf ihn wirken, eingetragen werden. Wenn das Prinzip von d'Alembert im Sinne eines dynamischen Kräftegleichgewichts, $\sum \mathbf{F} + \mathbf{F}_T = \mathbf{0}$ mit $\mathbf{F}_T = -m\mathbf{a}$, benutzt wird, dann ist es sinnvoll, im Freikörperbild auch die Trägheitswirkungen zu berücksichtigen.

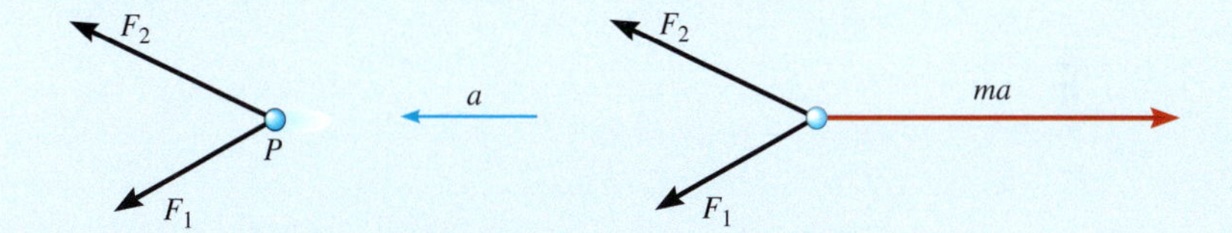

- ***Inertialsystem*** Bei der Herleitung der Bewegungsgleichungen muss die Beschleunigung bezüglich eines raumfesten Bezugssystems oder eines Bezugssystems, das sich mit konstanter Geschwindigkeit bewegt, gemessen werden. Ein derartiges System wird Inertialsystem genannt. Das Bezugssystem selbst kann durch verschiedene Koordinatensysteme repräsentiert werden. Mit kartesischen x,y,z-Koordinaten werden räumliche Bewegungen als geradlinige Bewegungen entlang jeder der Koordinatenachsen beschrieben:

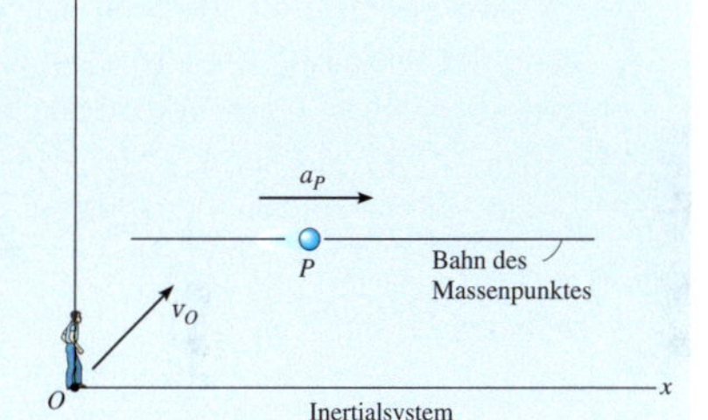

$$\sum F_x - ma_x = 0 \text{ mit } a_x = \ddot{x}$$

$$\sum F_y - may = 0 \text{ mit } a_y = \ddot{y}$$

$$\sum F_z - ma_z = 0 \text{ mit } a_z = \ddot{z}$$

Natürliche Koordinaten n,t und b werden häufig benutzt, wenn die Bahn bekannt ist. Die Richtung von $\mathbf{a}_n$ ist immer die positive n-Richtung. Sie gibt die Veränderung in der Geschwindigkeitsrichtung an. Der Vektor $\mathbf{a}_t$ ist immer tangential zur Bahnkurve. Er gibt die Änderung des Geschwindigkeitsbetrages (der Bahngeschwindigkeit) an:

$$\sum F_t - ma_t = 0 \text{ mit } a_t = \dot{v} \text{ oder } v\frac{dv}{ds}$$

$$\sum F_n - ma_n = 0 \text{ mit } a_n = \frac{v^2}{\rho}, \text{ wobei } \rho \text{ der Krümmungsradius ist}$$

$$\sum F_b = 0$$

Zylinderkoordinaten sind zur Beschreibung von Winkelbewegungen der Radialkoordinate r oder zur zeitfreien Beschreibung der Bahnkurve nützlich:

$$\sum F_r - ma_r = 0 \text{ mit } a_r = \ddot{r} - r\dot{\theta}^2$$

$$\sum F_\theta - ma_\theta = 0 \text{ mit } a_\theta = r\ddot{\theta} + 2\dot{r}\dot{\theta}$$

$$\sum F_z - ma_z = 0 \text{ mit } a_z = \ddot{z}$$

Zuweilen erfordert die Richtung der Kräfte auf dem Freikörperbild die Bestimmung des Winkels ψ zwischen dem verlängerten Fahrstrahl r und der Tangente an die Bahnkurve. Dieser Winkel wird mit

$$\tan\psi = \frac{r}{dr/d\theta}$$

bestimmt.

- ***Zentralkräfte*** Wirkt die resultierende Kraft auf einen Massenpunkt in Richtung eines festen Punktes, wie z.B. beim freien Flug eines Satelliten in einem Gravitationsfeld, heißt die Bewegung Zentralbewegung. Die Umlaufbahn ist von der Exzentrizität e abhängig und kann kreisförmig, parabolisch, elliptisch oder hyperbolisch sein.

Aufgaben zu 2.1 bis 2.5

Ausgewählte Lösungswege 

Lösungen finden Sie in *Anhang C*.

2.1 Der Mond hat die Masse m_M, die Erde die Masse m_E. Die Entfernung ihrer Mittelpunkte beträgt R. Wie groß ist die Anziehungskraft zwischen den beiden Körpern?

Gegeben: $m_M = 73{,}5(10^{21})$ kg, $m_E = 5{,}98(10^{24})$ kg, $R = 384(10^6)$ m

2.2 Der Klotz mit dem Gewicht G hat auf der reibungslosen Ebene eine Anfangsgeschwindigkeit v_0. Für die Zeitspanne $t = T$ wirkt die Kraft F auf den Klotz. Wie groß ist die Endgeschwindigkeit des Klotzes und welche Strecke legt er zurück?

Gegeben: $G = 100$ N, $v_0 = 2$ m/s, $T = 3$ s, $F = (25t)$ N/s

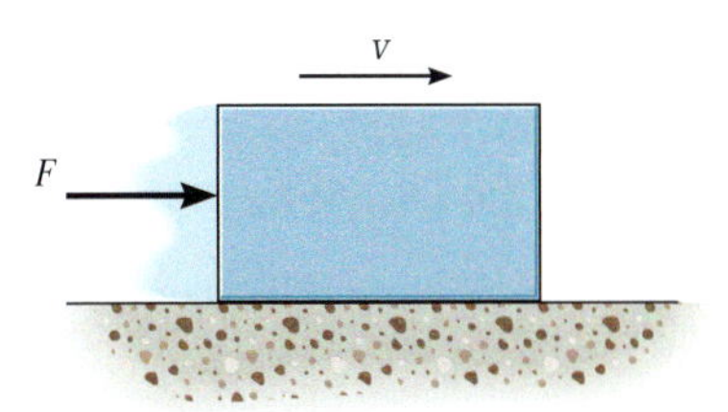

Abbildung A 2.2

2.3 Galileo konnte die Strecke, die ein Körper im freien Fall zurücklegt, experimentell bestimmen, indem er eine schiefe Ebene zur Abbremsung der Bewegung eines fallenden Gegenstandes benutzte. Die zurückgelegte Strecke entlang der schiefen Ebene ist proportional zum Quadrat der Zeit, in der diese Bewegung stattfindet. Zeigen Sie, dass dies richtig ist, d.h. $s \sim t^2$, indem Sie die Zeit t_B, t_C und t_D ermitteln, in der der Klotz mit der Masse m aus der Ruhe bei $t = 0$ zu den Punkten B, C, bzw. D gleitet. Vernachlässigen Sie die Reibung.

Gegeben: $s_D = 9$ m, $s_C = 4$ m, $s_B = 2$ m, $\alpha = 20°$

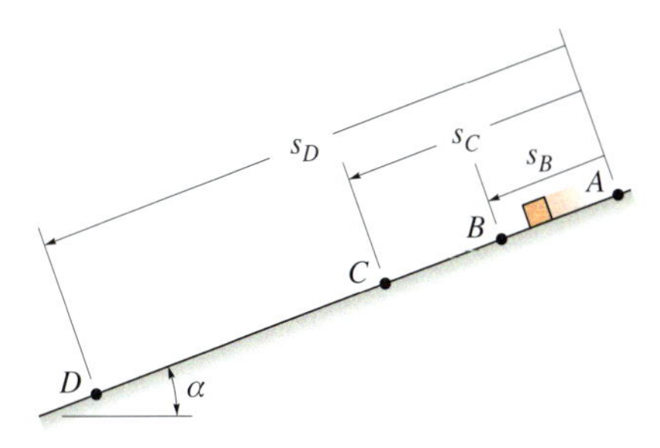

Abbildung A 2.3

***2.4** Der Kleinbus fährt mit der Geschwindigkeit v, als die Kupplung des Anhängers in A versagt. Der Anhänger mit der Masse m_A rollt noch die Strecke s, bevor er zum Stehen kommt. Ermitteln Sie die konstante horizontale Kraft F aufgrund der Rollreibung, die den Anhänger zum Anhalten bringt.

Gegeben: $v = 20$ km/h, $m_A = 250$ kg, $s = 45$ m

Abbildung A 2.4

2.5 Ein Klotz mit der Masse m hängt an einer Federwaage. Diese befindet sich in einem abwärts fahrenden Aufzug. Der Skalenwert, der die Kraft in der Feder angibt, zeigt den Wert F. Bestimmen Sie die Beschleunigung des Aufzuges. Vernachlässigen Sie die Masse der Waage.

Gegeben: $m = 2$ kg, $F = 20$ N

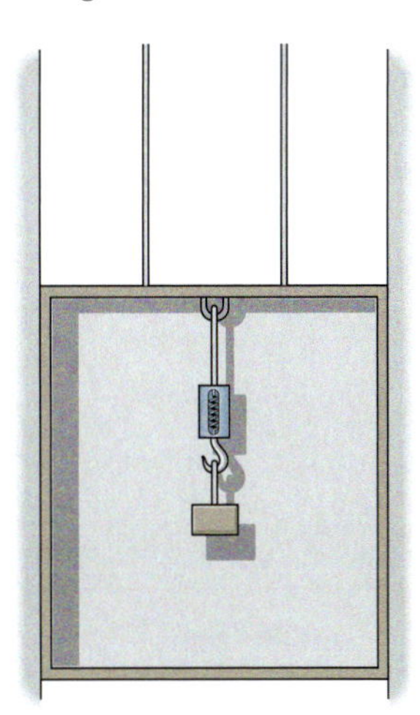

Abbildung A 2.5

2.6 Die Zugmaschine A hat die Masse m_A und zieht zwei fest angekuppelte Gepäckkarren der Masse m_B und m_C. Die Zugkraft F ist gegeben. Bestimmen Sie die Anfangsbeschleunigung des Wagens. Wie groß ist die Beschleunigung der Zugmaschine, wenn die Kupplung in C plötzlich versagt? Die Wagenräder rollen frei. Vernachlässigen Sie die Masse der Räder.

Gegeben: $m_A = 800$ kg, $m_B = m_C = 300$ kg, $F = 480$ N

Abbildung A 2.6

2.7 Das Brennelement der Masse m wird vom dargestellten Flaschenzug mit konstanter Beschleunigung aus einem Kernreaktor gehoben. Bei $t = 0$ ist $s = 0$ und $v = 0$ und bei $t = t_1$ ist $s = s_1$. Ermitteln Sie die Zugkraft im Seil in A während der Bewegung.

Gegeben: $m = 500$ kg, $t_1 = 1{,}5$ s, $s_1 = 2{,}5$ m

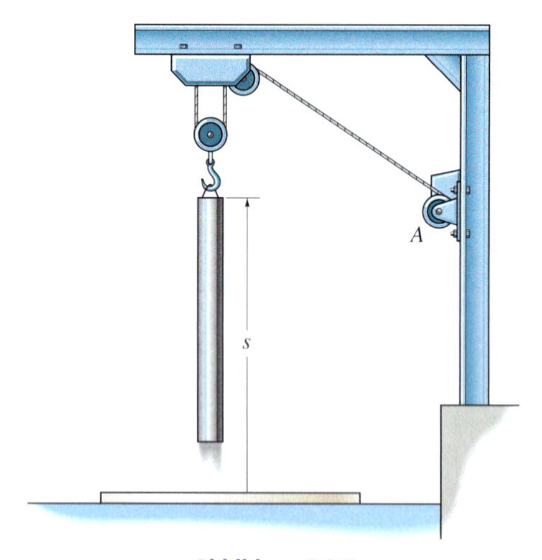

Abbildung A 2.7

***2.8** Der Mann mit dem Gewicht G_M hebt die Hantel mit dem Gewicht G_H. Er hebt sie innerhalb der Zeit t_1 aus der Ruhe um h in die Höhe. Bestimmen Sie die Reaktionskräfte *beider* Füße auf den Boden während des Anhebens. Nehmen Sie an, dass während der Bewegung eine konstante Beschleunigung vorliegt.

Gegeben: $G_M = 900$ N, $G_H = 500$ N, $t_1 = 1{,}5$ s, $h = 0{,}6$ m

Abbildung A 2.8

2.9 Die Kiste mit der Masse m wird von einer Kette unter dem Winkel α zur Horizontalen gezogen. Die Kraft T wird erhöht, bis die Kiste zu gleiten beginnt. Berechnen Sie die Anfangsbeschleunigung der Kiste für die gegebenen Haft- und Gleitreibungskoeffizienten.

Gegeben: $m = 80$ kg, $\alpha = 20°$, $\mu_h = 0{,}5$, $\mu_g = 0{,}3$

2.10 Die Kiste mit der Masse m wird von einer Kette unter dem Winkel α zur Horizontalen gezogen. Berechnen Sie die Beschleunigung der Kiste für $t = t_1$, für die gegebenen Haft- und Gleitreibungskoeffizienten sowie die Zugkraft T.

Gegeben: $m = 80$ kg, $\alpha = 20°$, $\mu_h = 0{,}4$, $\mu_g = 0{,}3$, $t_1 = 2$ s, $T = bt^2$, $b = 90$ N/s^2

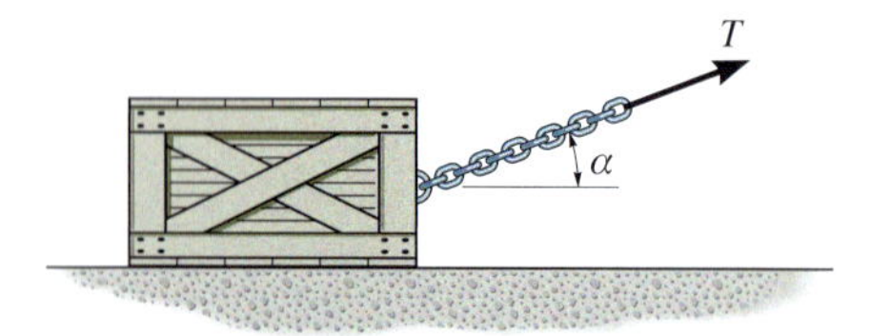

Abbildung A 2.9/2.10

2.11 Der Schlitten der Wasserrutsche hat das Gewicht G und gleitet aus dem Stand eine schiefe Ebene hinunter in das Wasserbecken. Die Reibungskraft auf der schiefen Ebene ist R_E und auf einer kurzen Strecke im Wasserbecken R_W. Wie schnell ist der Schlitten nach der horizontalen Wegstrecke s?

Gegeben: $G = 8$ kN, $R_E = 300$ N, $R_W = 800$ N, $s = 1$ m, $b = 20$ m

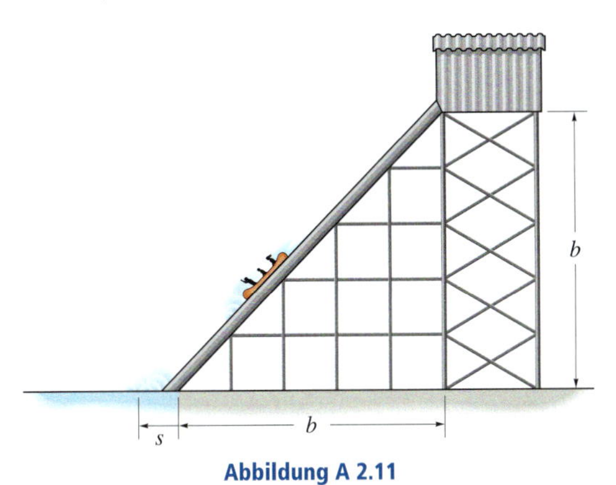

Abbildung A 2.11

***2.12** Am Massenpunkt greifen die Kräfte $\mathbf{F}_1$, $\mathbf{F}_2$ und $\mathbf{F}_3$ sowie sein Gewicht $\mathbf{G}$ in z-Richtung an. Bestimmen Sie seine Lage gegenüber dem Koordinatenursprung zum Zeitpunkt $t = t_1$ nach dem Loslassen.

Gegeben: $\mathbf{F}_1 = \{2\mathbf{i} + 6\mathbf{j} - k_1 t\mathbf{k}\}$ N, $\mathbf{F}_2 = \{k_2 t^2\mathbf{i} + 2k_1 t\mathbf{j} - 1\mathbf{k}\}$ N, $\mathbf{F}_3 = \{-k_1 t\mathbf{i}\}$ N, $G = 6$ N, $t_1 = 2$ s, $k_1 = 2/\text{s}$, $k_2 = 1/\text{s}^2$

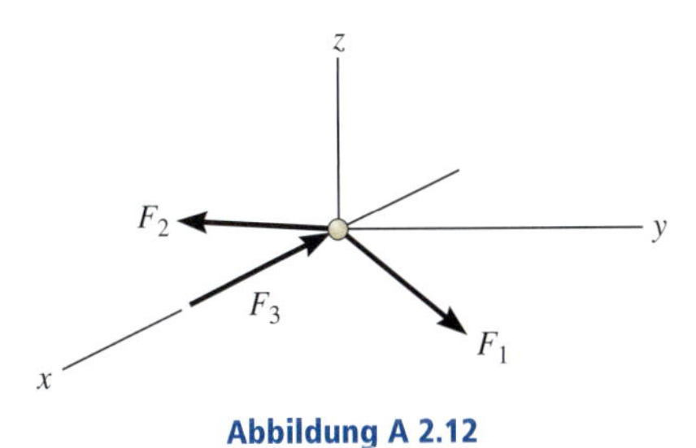

Abbildung A 2.12

2.13 Am Massenpunkt greifen die Kräfte $\mathbf{F}_1$, $\mathbf{F}_2$ und $\mathbf{F}_3$ sowie sein Gewicht $\mathbf{G}$ an. Bestimmen Sie seinen Abstand vom Koordinatenursprung zum Zeitpunkt $t = t_1$, wenn er bei $t = 0$ am Punkt A aus der Ruhe losgelassen wird.

Gegeben: $\mathbf{F}_1 = \{2\mathbf{i} + 6\mathbf{j} - 2\mathbf{k}\}$ N, $\mathbf{F}_2 = \{3\mathbf{i} - \mathbf{k}\}$ N, $\mathbf{F}_3 = \{\mathbf{i} - k_1 t^2\mathbf{j} - 2\mathbf{k}\}$ N, $G = 2$ N, $t_1 = 3$ s, $k_1 = 1/\text{s}^2$, $y_A = 3$ m

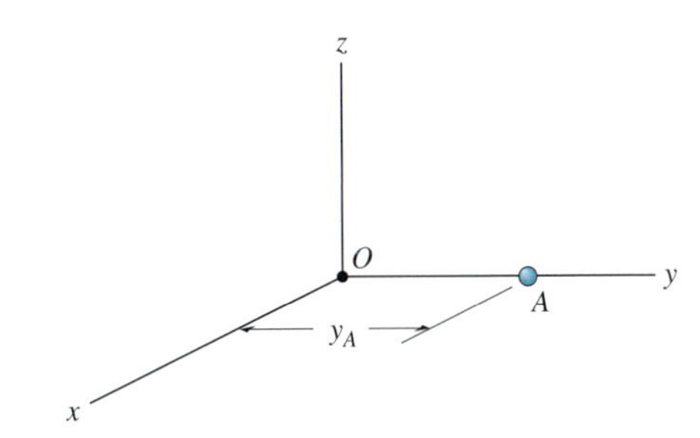

Abbildung A 2.13

2.14 Beide Klötze haben die Masse m. Der Gleitreibungskoeffizient beträgt auf allen Kontaktflächen μ. Eine horizontale Kraft P zieht am unteren Klotz. Bestimmen Sie die Beschleunigung dieses unteren Klotzes für die beiden Fälle (a) und (b).

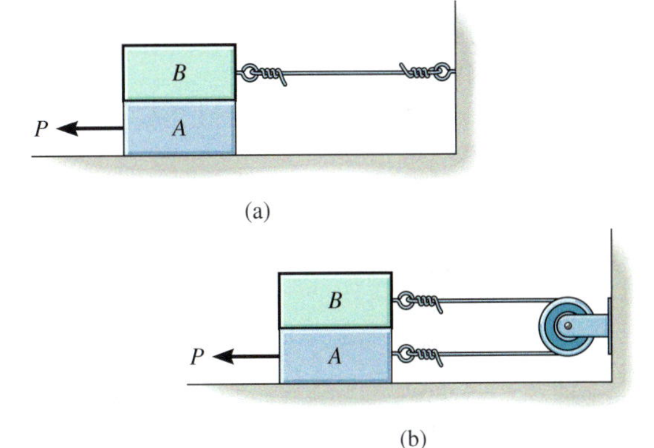

Abbildung A 2.14

2.15 Der Fahrer versucht, die Kiste mit einem Seil zu ziehen, das eine maximale Zugkraft F aufnehmen kann. Ursprünglich befindet sich die Kiste in Ruhe und hat das Gewicht G. Berechnen Sie die größte Beschleunigung, die möglich ist. Haft- und Gleitreibungskoeffizient der Kiste auf der Straße sind gegeben.

Gegeben: $G = 2{,}5$ kN, $F = 1$ kN, $\mu_h = 0{,}4$, $\mu_g = 0{,}3$, $\alpha = 30°$

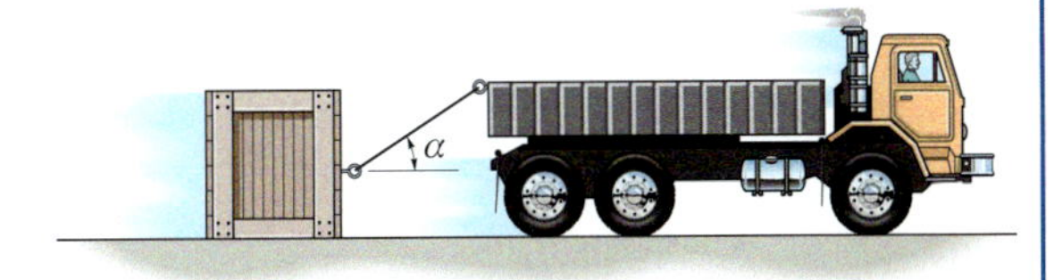

Abbildung A 2.15

***2.16** Auf der zweiseitig schiefen Ebene befinden sich zwei Klötze mit jeweils dem Gewicht G. Der Gleitreibungskoeffizient zwischen den Klötzen und der Ebene ist gegeben. Bestimmen Sie die Beschleunigung der Klötze.

Gegeben: $G = 100 \text{ N}$, $\mu_g = 0{,}1$, $\alpha = 60°$, $\beta = 30°$

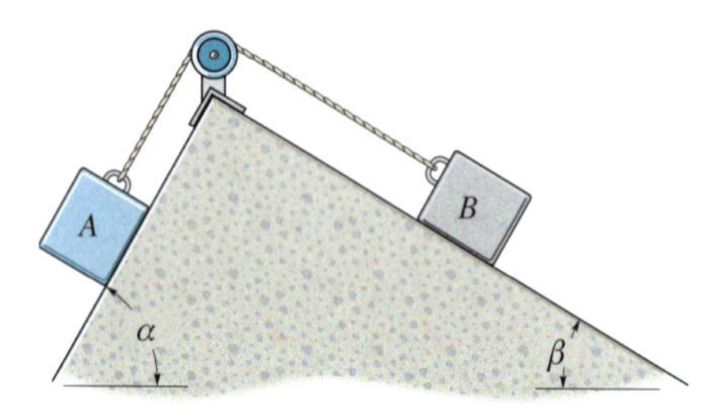

Abbildung A 2.16

2.17 Der Betrag der Geschwindigkeit des Sportwagens mit dem Gewicht G ist im Zeitraum von t_0 bis t_2 im Diagramm aufgetragen. Zeichnen Sie die Funktion der dazu erforderlichen Zugkraft F.

Gegeben: $G = 17{,}5 \text{ kN}$, $t_0 = 0$, $t_1 = 10 \text{ s}$, $t_2 = 30 \text{ s}$, $v_1 = 18 \text{ m/s}$, $v_2 = 24 \text{ m/s}$

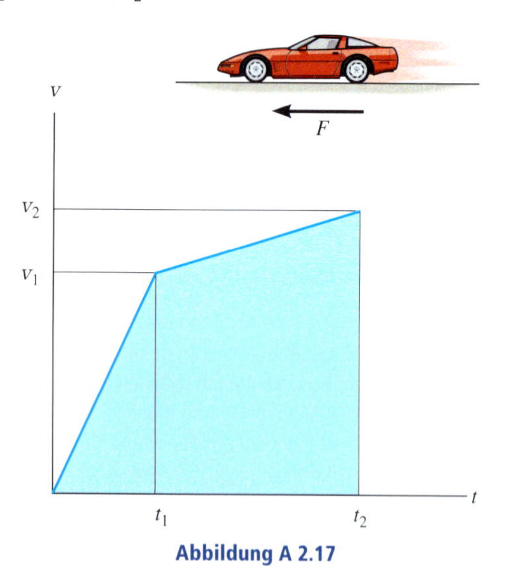

Abbildung A 2.17

2.18 Der Mann drückt mit der Kraft F auf die Kiste mit dem Gewicht G. F wirkt immer unter dem Winkel α zur Horizontalen, siehe die entsprechende Abbildung, und ihr Betrag wird erhöht, bis die Kiste zu gleiten beginnt. Bestimmen Sie die Anfangsbeschleunigung der Kiste für die gegebenen Haft- und Gleitreibungskoeffizienten.

Gegeben: $G = 600 \text{ N}$, $\mu_h = 0{,}6$, $\mu_g = 0{,}3$, $\alpha = 30°$

Abbildung A 2.18

2.19 Der Koffer mit dem Gewicht G gleitet aus der Ruhe eine reibungslose Rampe herunter. Ermitteln Sie den Punkt, wo er in C auf den Boden auftrifft. Wie lange braucht er von A nach C?

Gegeben: $G = 200 \text{ N}$, $\alpha = 30°$, $a = 5 \text{ m}$, $b = 1 \text{ m}$

***2.20** Lösen Sie Aufgabe 2.19 für eine Anfangsgeschwindigkeit v_A des Koffers und eine raue Ebene (Gleitreibungskoeffizient μ_g auf der Strecke AB).

Gegeben: $G = 200 \text{ N}$, $\alpha = 30°$, $a = 5 \text{ m}$, $b = 1 \text{ m}$, $\mu_g = 0{,}2$, $v_A = 2{,}5 \text{ m/s}$

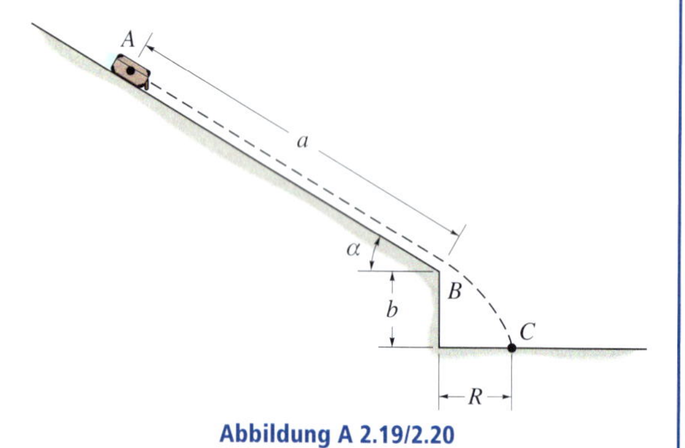

Abbildung A 2.19/2.20

2.21 Die Aufwickeltrommel D beschleunigt das Seil mit der gegebenen Beschleunigung a. Die aufgehängte Kiste hat die Masse m. Bestimmen Sie die Seilkraft.

Gegeben: $a = 5\ \mathrm{m/s^2}$, $m = 800\ \mathrm{kg}$

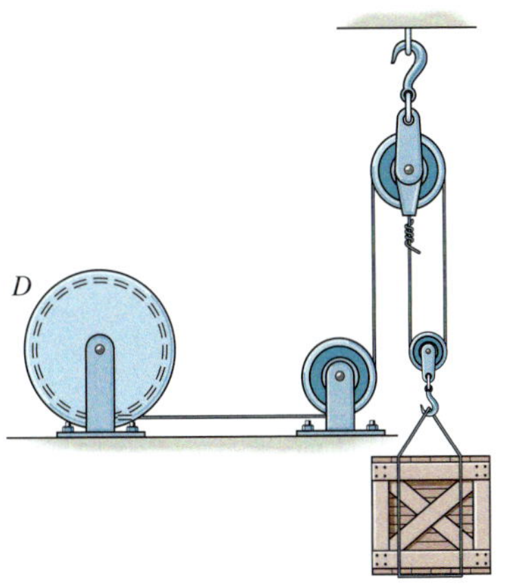

Abbildung A 2.21

2.22 Der Klotz A mit dem Gewicht G_A bewegt sich zum dargestellten Zeitpunkt mit der Geschwindigkeit v_A nach rechts. Der Gleitreibungskoeffizient zwischen dem Klotz und der Ebene ist mit μ_g gegeben. Bestimmen Sie die Geschwindigkeit von A, nachdem er die Strecke s zurückgelegt hat. Der Klotz B hat das Gewicht G_B.

Gegeben: $G_A = 100\ \mathrm{N}$, $G_B = 200\ \mathrm{N}$, $\mu_g = 0{,}2$, $v_A = 1\ \mathrm{m/s}$, $s = 2\ \mathrm{m}$

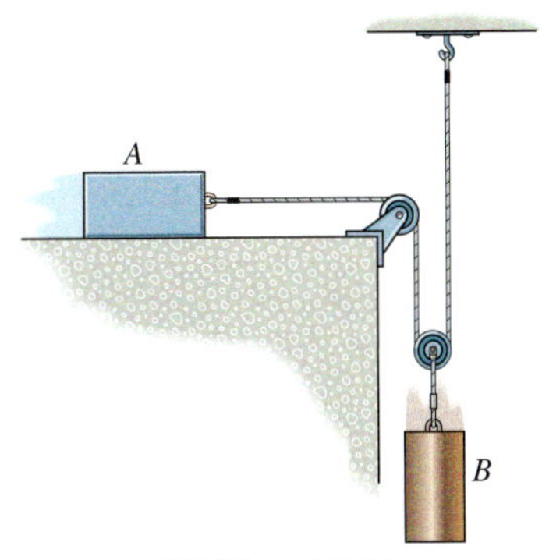

Abbildung A 2.22

2.23 Die Kraft F greift am Seil an. Welche Höhe erreicht der Klotz A mit dem Gewicht G nach der Zeit t? Der Klotz beginnt seine Bewegung aus der Ruhe. Vernachlässigen Sie das Gewicht der Rollen und des Seiles.

Gegeben: $F = 150\ \mathrm{N}$, $G = 300\ \mathrm{N}$, $t = 2\ \mathrm{s}$

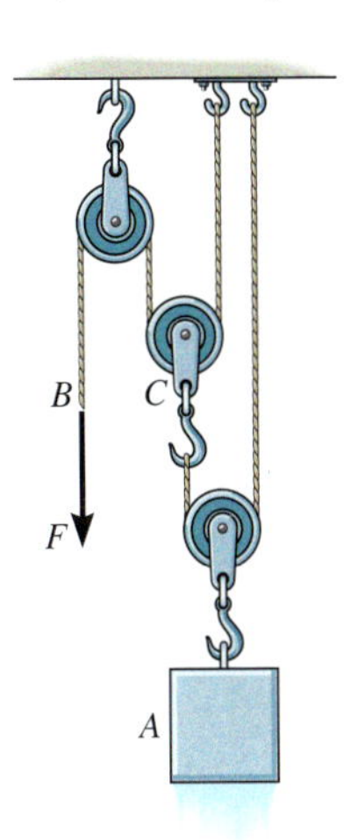

Abbildung A 2.23

***2.24** Zu einem bestimmten Zeitpunkt bewegt sich der Klotz A (Gewicht G_A) mit der Geschwindigkeit v_{A1} nach unten. Bestimmen Sie seine Geschwindigkeit nach der Zeit t. Der Klotz B hat das Gewicht G_B, und der Gleitreibungskoeffizient μ_g zwischen ihm und der horizontalen Ebene ist gegeben. Vernachlässigen Sie das Gewicht der Rollen und des Seiles.

Gegeben: $G_A = 100\ \mathrm{N}$, $G_B = 40\ \mathrm{N}$, $v_A = 2\ \mathrm{m/s}$, $\mu_g = 0{,}2$, $t = 1\ \mathrm{s}$

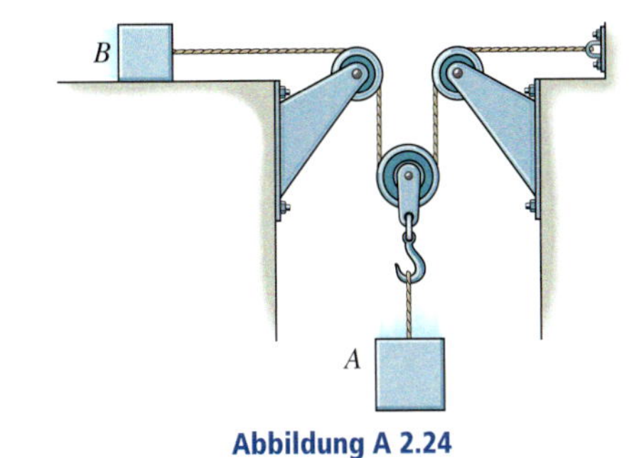

Abbildung A 2.24

2.25 Bestimmen Sie die erforderliche Masse des Klotzes A, sodass bei Freigeben von A dieser den Klotz B mit der Masse m_B in der Zeit t um die Strecke s auf der reibungslosen schiefen Ebene nach oben bewegt. Vernachlässigen Sie das Gewicht der Rollen und des Seiles.

Gegeben: $m_B = 5$ kg, $t = 2$ s, $s = 0{,}75$ m, $\alpha = 60°$

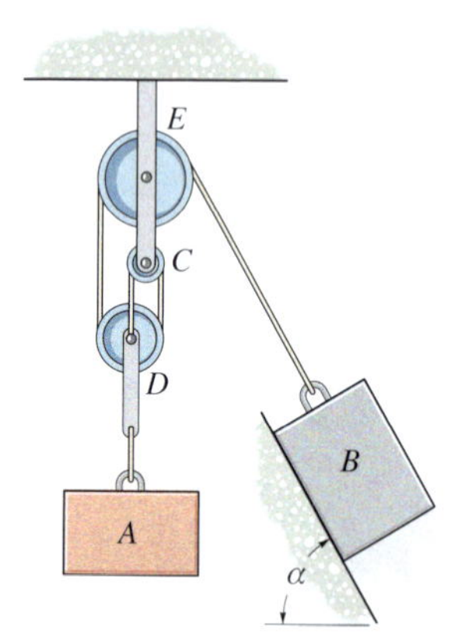

Abbildung A 2.25

2.26 Ein Lastenaufzug mit Ladung hat die Masse m. Die Führung und die seitlich angebrachten Räder verhindern seine Drehung. Aus der Ruhelage zieht der Motor M das Seil nach der Zeit t mit der Geschwindigkeit v *relativ zum Aufzug*. Bestimmen Sie die konstante Beschleunigung des Aufzugs und die Zugkraft im Seil. Vernachlässigen Sie das Gewicht der Rollen und der Seile.

Gegeben: $m = 500$ kg, $t = 2$ s, $v = 6$ m/s

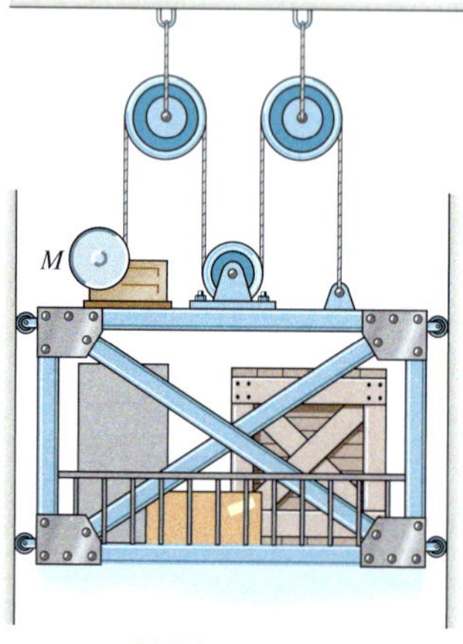

Abbildung A 2.26

2.27 Der Geldschrank S mit dem Gewicht G_S wird vom dargestellten Flaschenzug gehalten. Das Seil wird einem Jungen B mit dem Gewicht G_B gegeben. Ermitteln Sie seine Beschleunigung für den Fall, dass er das Seil nicht loslässt. Vernachlässigen Sie das Gewicht des Flaschenzuges.

Gegeben: $G_S = 1$ kN, $G_B = 450$ N

Abbildung A 2.27

***2.28** Der Grubenwagen mit der Masse m wird mittels Seil und Motor M die schiefe Ebene hinaufgezogen. Für eine kurze Zeit wird die Kraft im Seil durch die Funktion $F = ct^2$ beschrieben. Die Anfangsgeschwindigkeit des Wagens beträgt v_0 für $t = 0$, berechnen Sie seine Geschwindigkeit für $t = t_1$.

Gegeben: $m = 400$ kg, $v_0 = 2$ m/s, $t_1 = 2$ s, $c = 3\,200$ Ns^{-2}, $\tan\alpha = 8/15$

2.29 Der Grubenwagen mit der Masse m wird mittels Seil und Motor M die schiefe Ebene hinaufgezogen. Für eine kurze Zeit wird die Kraft im Seil durch die Funktion $F = ct^2$ beschrieben. Die Anfangsgeschwindigkeit des Wagens beträgt v_0 für $t = 0$ und $s = 0$. Berechnen Sie, wie weit er bis $t = t_1$ gezogen wurde.

Gegeben: $m = 400$ kg, $v_0 = 2$ m/s, $t_1 = 2$ s, $c = 3\,200$ Ns^{-2}, $\tan\alpha = 8/15$

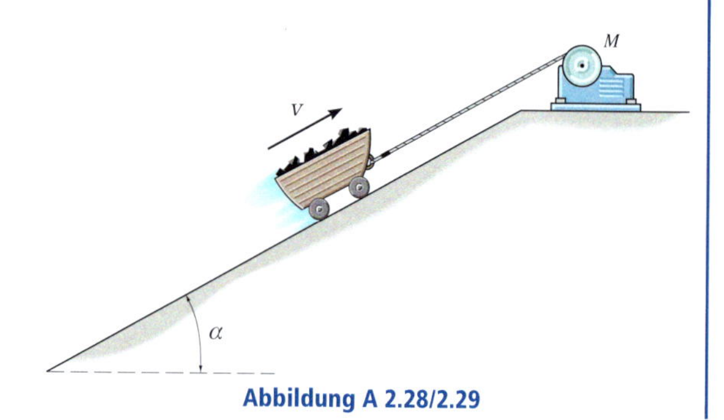

Abbildung A 2.28/2.29

2.30 Bestimmen Sie die Zugkräfte in den Seilen, welche die Klötze halten, und die Beschleunigungen der Klötze. Vernachlässigen Sie das Gewicht des Flaschenzuges.

Gegeben: $m_A = 8\ \text{kg}$, $m_B = 6\ \text{kg}$

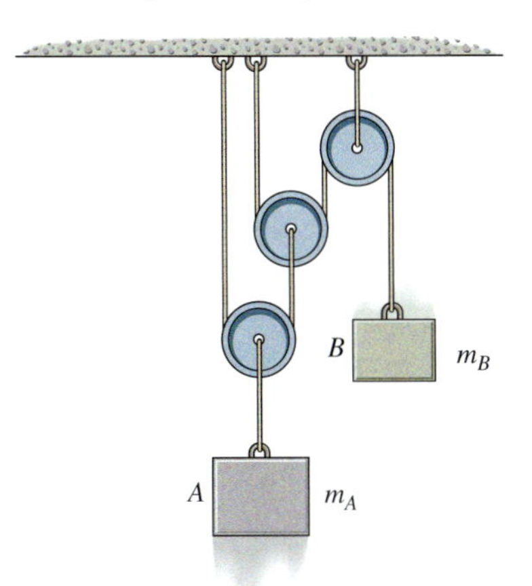

Abbildung A 2.30

2.31 Die Welle CA mit der Masse m ist in B in einem reibungslosen Gleitzapfenlager gelagert. Im Ausgangszustand sind die frei beweglich um die Welle gewundenen Federn ungedehnt, wenn keine Kraft angreift. In dieser Lage gilt $s_0 = s_0'$ und die Welle ist in Ruhe. Bestimmen Sie den Betrag der Geschwindigkeit der Welle für s_1 und s_1', wenn eine horizontale Kraft F angreift. Die Federfußpunkte sind am Lager B und an den Endkappen C und A befestigt.

Gegeben: $m = 2\ \text{kg}$, $F = 5\ \text{kN}$, $c_{CB} = 3\ \text{kN/m}$, $c_{AB} = 2\ \text{kN/m}$, $s_0 = s_0' = 250\ \text{mm}$, $s_1 = 50\ \text{mm}$, $s_1' = 450\ \text{mm}$

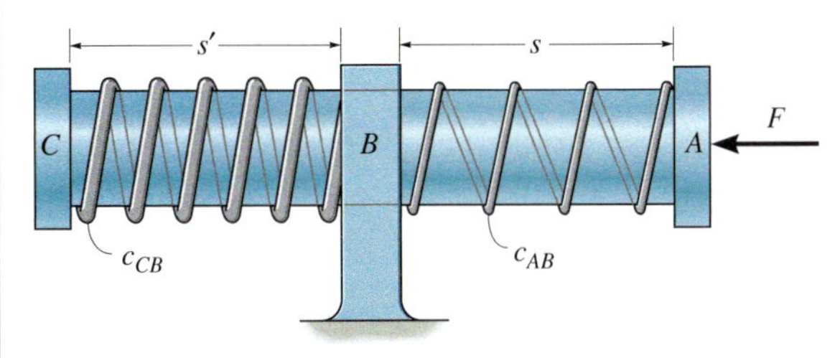

Abbildung A 2.31

***2.32** Die Buchse C mit der Masse m kann auf der glatten Welle AB frei gleiten. Bestimmen Sie die Beschleunigung von Buchse C, wenn (a) die Welle fest eingespannt ist und sich nicht bewegen kann, (b) sich die an Welle AB befestigte Buchse A mit konstanter Geschwindigkeit auf dem senkrechten Stab herunter bewegt, (c) die Buchse A mit a_A nach unten beschleunigt wird. In allen Fällen bewegt sich die Buchse in der Ebene.

Gegeben: $m = 2\ \text{kg}$, $\alpha = 45°$, $a_A = 2\ \text{m/s}^2$

2.33 Die Buchse C mit der Masse m kann auf der glatten Welle AB frei gleiten. Bestimmen Sie die Beschleunigung von Buchse C, wenn die Buchse A mit a_A nach oben beschleunigt wird.

Gegeben: $m = 2\ \text{kg}$, $\alpha = 45°$, $a_A = 4\ \text{m/s}^2$

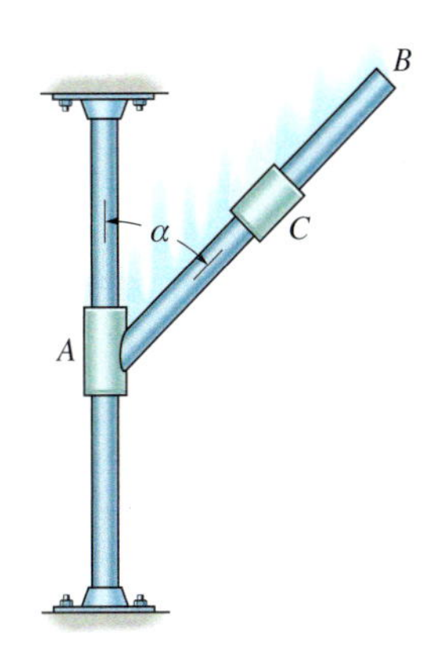

Abbildung A 2.32/2.33

2.34 Der Junge mit dem Gewicht G_J hängt an der Stange. Ermitteln Sie die Kraft in jedem Arm zum Zeitpunkt t, wenn die Stange sich (a) mit der konstanten Geschwindigkeit v_1, (b) mit der zeitabhängigen Geschwindigkeit v_2 nach oben bewegt.

Gegeben: $G_J = 400\ \text{N}$, $t = 2\ \text{s}$, $v_1 = 1\ \text{m/s}$, $v_2 = ct^2$, $c = 1{,}2\ \text{m/s}^3$

Abbildung A 2.34

2.35 Die Kiste mit dem Gewicht G_K wird mit konstanter Beschleunigung a gehoben. Das Gewicht des Tragbalkens AB beträgt G_{AB}. Berechnen Sie die Koordinaten der Lagerreaktionen in A. Vernachlässigen Sie Masse und Maße der Seile und Rollen. *Hinweis:* Bestimmen Sie zunächst die Zugkraft im Seil und berechnen Sie dann mit Hilfe der Statik die Kräfte im Tragbalken.

Gegeben: $G_K = 300$ N, $G_{AB} = 2$ kN, $a = 2$ m/s², $l_{AB} = 2$ m

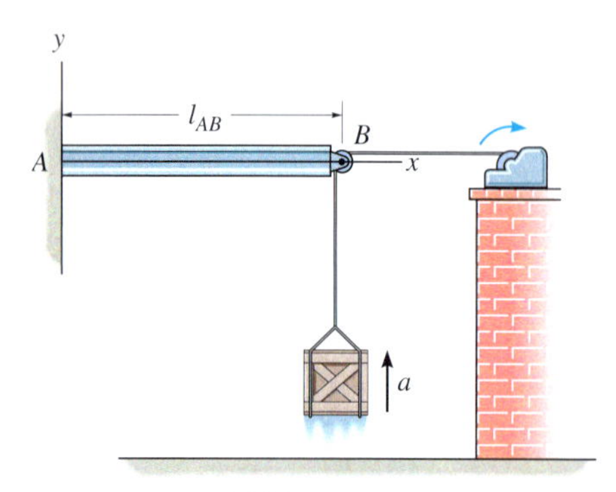

Abbildung A 2.35

***2.36** Die Massen der Zylinder B und C sind gegeben. Bestimmen Sie die erforderliche Masse von A, für die A sich nicht bewegt, wenn alle Zylinder freigegeben werden. Vernachlässigen Sie das Gewicht des Flaschenzuges.

Gegeben: $m_B = 15$ kg, $m_C = 10$ kg

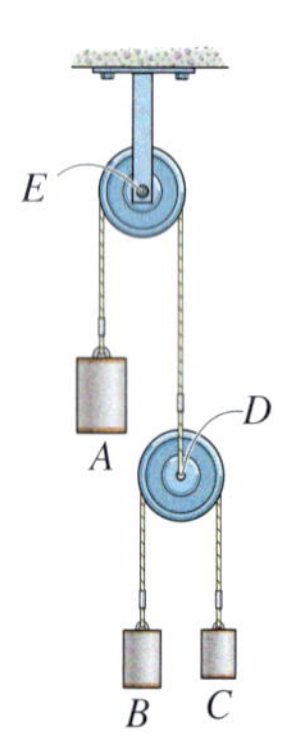

Abbildung A 2.36

2.37 Das Förderband bewegt sich mit der Geschwindigkeit v. Der Haftreibungskoeffizient μ_h zwischen Förderband und dem Paket mit der Masse m ist gegeben. Bestimmen Sie die kürzeste Zeit, in der das Förderband anhalten kann, ohne dass das Paket auf ihm rutscht.

Gegeben: $v = 4$ m/s, $m = 10$ kg, $\mu_h = 0{,}2$

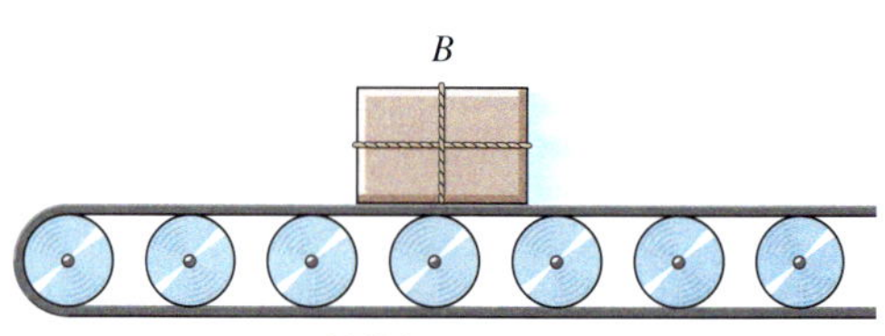

Abbildung A 2.37

2.38 Die Buchse C mit dem Gewicht G passt frei beweglich auf die glatte Welle. Bei $s = 0$ wird die Feder nicht gedehnt und die Buchse erhält die Geschwindigkeit v_0. Bestimmen Sie die Geschwindigkeit der Buchse für $s = s_1$.

Gegeben: $G = 20$ N, $v_0 = 5$ m/s, $s_1 = 0{,}4$ m, $l_0 = 1$ m, $c = 100$ N/m

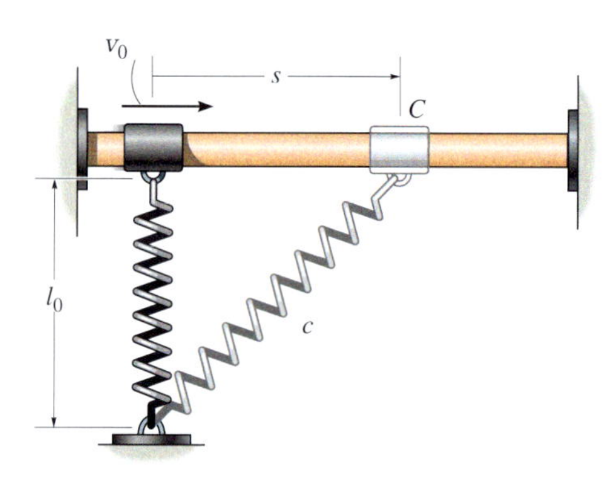

Abbildung A 2.38

2.39 Das Förderband bringt die Kisten der Masse m zur Rampe in A, die Geschwindigkeit der Kisten beträgt dabei v_A und ist *entlang* der Rampe nach unten gerichtet. Der Gleitreibungskoeffizient μ_g zwischen jeder Kiste und der Rampe ist gegeben. Bestimmen Sie unter der Annahme, dass kein Kippen auftritt, den Betrag der Geschwindigkeit, mit der jede Kiste die Rampe in B herunterrutscht.

Gegeben: $m = 12$ kg, $v_A = 2{,}5$ m/s, $\mu_g = 0{,}3$, $\theta = 30°$, $a = 3$ m

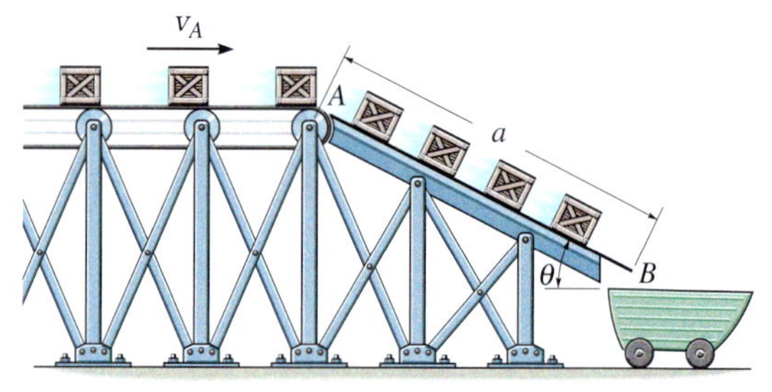

Abbildung A 2.39

***2.40** Der Fallschirmspringer mit der Masse m öffnet in einer Ruhelage in sehr großer Höhe seinen Fallschirm. Bestimmen Sie für die gegebene Luftwiderstandsfunktion $F_D = kv^2$ (k ist eine Konstante) seine Geschwindigkeit zum Zeitpunkt t. Wie groß ist seine Geschwindigkeit bei der Landung? Diese Geschwindigkeit wird *Endgeschwindigkeit* genannt und mit $t \to \infty$ bestimmt.

Abbildung A 2.40

2.41 Eine horizontale Kraft P wirkt auf Klotz A. Bestimmen Sie die Beschleunigung von Klotz B. Vernachlässigen Sie die Reibung.

Gegeben: $P = 120$ N, $G_A = 80$ N, $G_B = 150$ N, $\alpha = 15°$

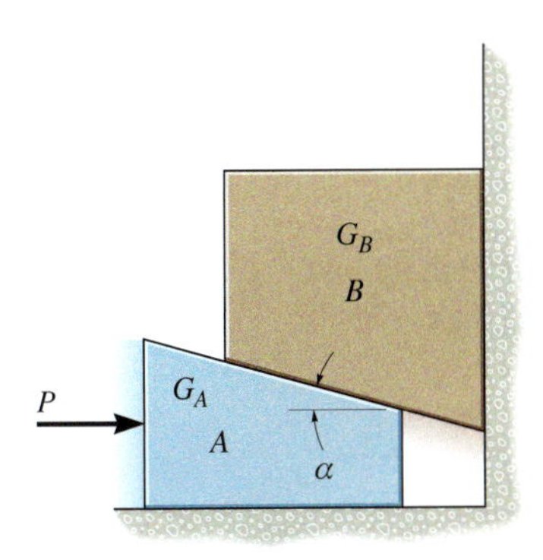

Abbildung A 2.41

2.42 Die Klötze A und B haben die Masse m. Ermitteln Sie die maximale horizontale Kraft P auf B, für die sich Klotz A nicht relativ zu B bewegt. Alle Oberflächen sind reibungsfrei.

2.43 Die Klötze A und B haben die Masse m. Ermitteln Sie die maximale horizontale Kraft P auf B, für die Klotz A nicht B hinaufgleitet. Der Haftreibungskoeffizient zwischen A und B ist μ_h. Vernachlässigen Sie die Reibung zwischen B und C.

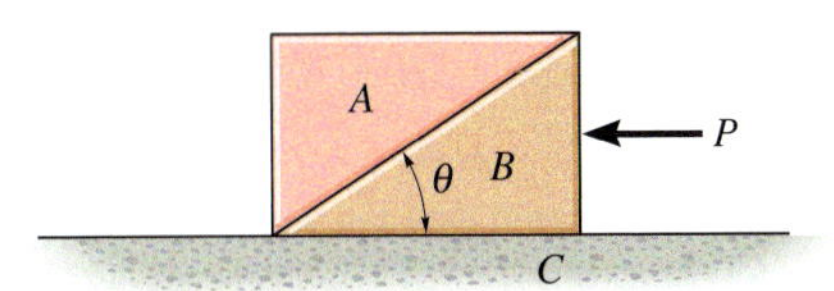

Abbildung A 2.42/2.43

***2.44** Jede der drei Platten hat die Masse m. Haft- und Gleitreibungskoeffizient μ_h bzw. μ_g sind gegeben. Bestimmen Sie die Beschleunigung jeder Platte, wenn die drei dargestellten Kräfte angreifen.

Gegeben: $m = 10$ kg, $\mu_h = 0{,}3$, $\mu_g = 0{,}2$, $F_1 = 18$ N, $F_2 = 15$ N, $F_3 = 100$ N

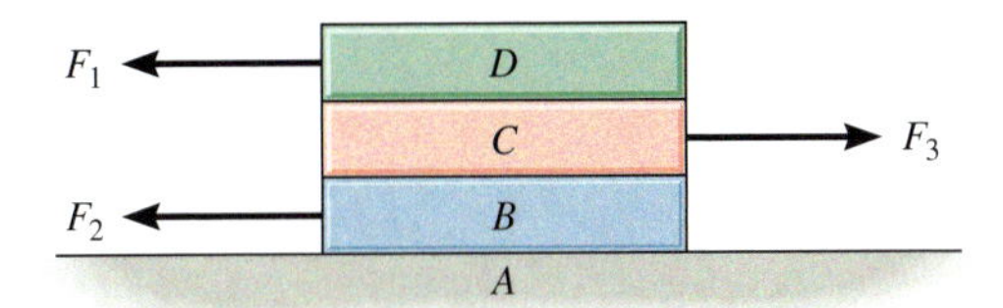

Abbildung A 2.44

2.45 Ein Projektil der Masse m wird mit der Anfangsgeschwindigkeit v_0 unter dem Winkel θ_0 in eine Flüssigkeit geschossen. Die Flüssigkeit bewirkt eine Reibungskraft, die proportional zur Geschwindigkeit ist, also $R = kv$. Bestimmen Sie die x- und die y-Koordinate seiner Lage zu jedem Zeitpunkt. Wie groß ist die maximal zurückgelegte Strecke x_{max}?

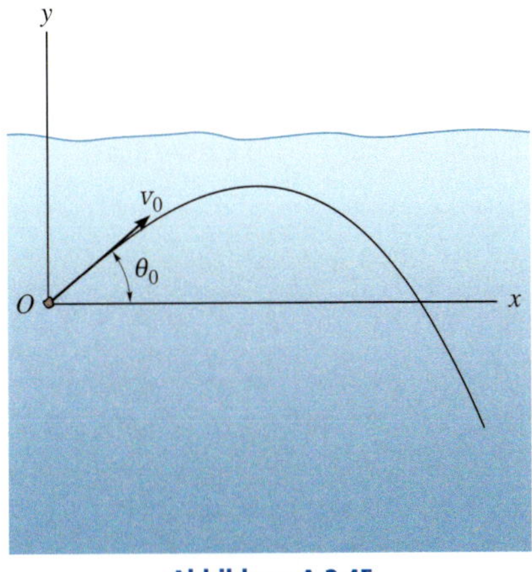

Abbildung A 2.45

■ **2.46** Mit dem Traktor wird die Last B der Masse m mit Hilfe des Seiles der Länge l, des Arms und der Rolle gehoben. Der Traktor fährt mit konstanter Geschwindigkeit v nach rechts. Bestimmen Sie die Zugkraft im Seil für $s_A = s_{A1}$. Für $s_A = 0$ gilt $s_B = 0$.

Gegeben: $m = 150$ kg, $l = 24$ m, $h = 12$ m, $v = 4$ m/s, $s_{A1} = 5$ m

2.47 Mit dem Traktor wird die Last B der Masse m mit Hilfe des Seiles der Länge l, des Arms und der Rolle gehoben. Der Traktor fährt mit konstanter Beschleunigung a und hat bei $s_A = s_{A1}$ die Geschwindigkeit v. Bestimmen Sie die Zugkraft im Seil für diesen Zeitpunkt. Für $s_A = 0$ gilt $s_B = 0$.

Gegeben: $m = 150$ kg, $l = 24$ m, $h = 12$ m, $v = 4$ m/s, $a = 3$ m/s^2, $s_{A1} = 5$ m

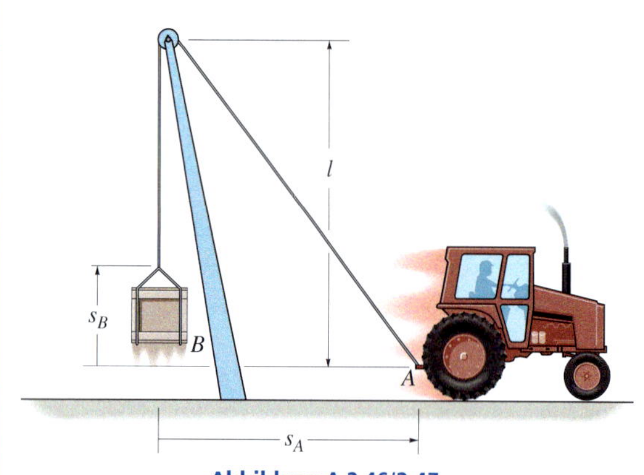

Abbildung A 2.46/2.47

***2.48** Der glatte Klotz B vernachlässigbarer Größe hat die Masse m und ruht auf der horizontalen Ebene. Das Brett AC drückt den Klotz unter dem Winkel θ mit konstanter Beschleunigung a_0. Ermitteln Sie die Geschwindigkeit des Klotzes entlang dem Brett und die Strecke s, die der Klotz zurücklegt, als Funktion der Zeit t. Der Klotz beginnt die Bewegung bei $s = 0$ und $t = 0$ aus der Ruhe.

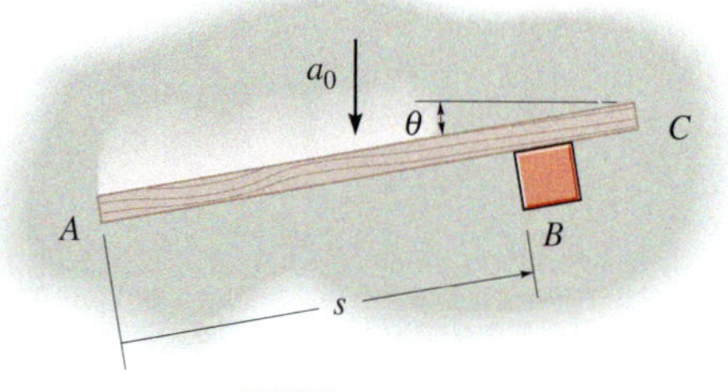

Abbildung A 2.48

2.49 Klotz A hat die Masse m_A und ist an eine Feder mit der Federkonstanten c und der ungedehnten Länge l_0 befestigt. Ein zweiter Klotz B der Masse m_B wird so gegen A gedrückt, dass die Feder sich um die Strecke d verformt. Bestimmen Sie die Strecke, die beide Klötze auf der reibungsfreien Oberfläche gleiten, bevor sie sich auseinander bewegen. Wie groß ist ihre Geschwindigkeit zum Zeitpunkt der Trennung?

2.50 Klotz A hat die Masse m_A und ist an eine Feder mit der Federkonstanten c und der ungedehnten Länge l_0 befestigt. Ein zweiter Klotz B der Masse m_B wird so gegen A gedrückt, dass die Feder sich um die Strecke d verformt. Zeigen Sie, dass $d > 2\mu_g \cdot g(m_a + m_b)/c$ gelten muss, damit eine Trennung der Klötze erfolgt. μ_g ist der Gleitreibungskoeffizient zwischen den Klötzen und der Unterlage. Wie groß ist die Strecke, die beide Klötze auf der Unterlage zurücklegen, bevor sie sich trennen?

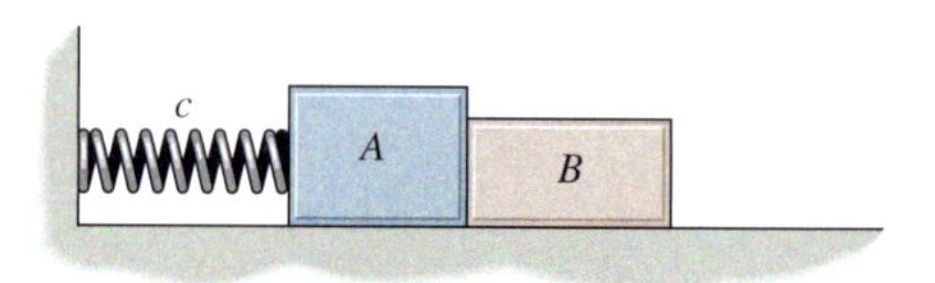

Abbildung A 2.49/2.50

2.51 Klotz A hat die Masse m_A und liegt auf der Schale B der Masse m_B. Beide ruhen auf einer Feder der Federkonstanten c, die unten an der Schale und auf dem Boden befestigt ist. Ermitteln Sie die Strecke d, um die die Schale aus der Gleichgewichtslage heruntergedrückt und dann losgelassen werden muss, damit der Klotz sich von der Oberfläche der Schale in dem Moment trennt, in dem die Feder wieder ihre Ursprungslänge hat.

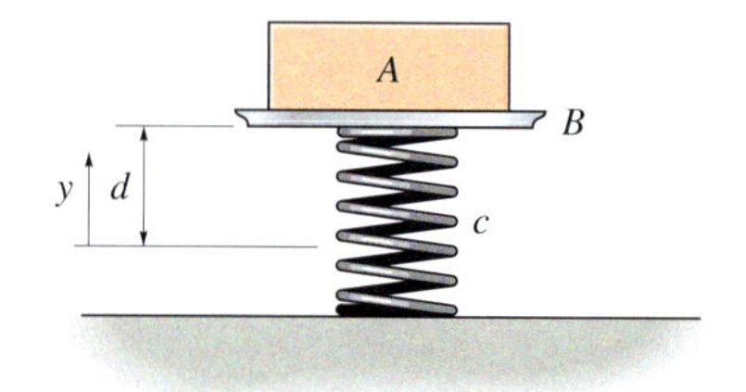

Abbildung A 2.51

Aufgaben zu 2.6

Ausgewählte Lösungswege 

Lösungen finden Sie in *Anhang C*.

***2.52** Bestimmen Sie die Masse m_S der Sonne. Die Entfernung zwischen Erde und Sonne beträgt R. *Hinweis:* Schreiben Sie die Anziehungskraft auf die Erde mit Hilfe von Gleichung (2.1).

Gegeben: $R = 149{,}6(10^6)\ \mathrm{km}$

2.53 Der Sportwagen mit der Masse m fährt horizontal auf einer Fahrbahn mit dem Neigungswinkel θ und dem Krümmungsradius ρ. Der Haftreibungskoeffizient μ_h ist gegeben. Wie groß ist die *maximale konstante Geschwindigkeit* des Autos, bei der es nicht seitlich wegrutscht? Vernachlässigen Sie die Größe des Wagens.

Gegeben: $m = 1700\ \mathrm{kg}$, $\theta = 20°$, $\rho = 100\ \mathrm{m}$, $\mu_h = 0{,}2$

2.54 Bestimmen Sie mit den Werten aus Aufgabe 2.53 die *minimale Geschwindigkeit* des Autos, bei der es die Neigung noch nicht hinunterrutscht.

Abbildung A 2.53/2.54

2.55 Ein Mädchen mit der Masse m sitzt bewegungslos im Abstand r vom Mittelpunkt auf einer horizontaler Scheibe. Die Drehbewegung der Scheibe wird *langsam* erhöht, sodass die Tangentialkomponente der Beschleunigung des Mädchens vernachlässigt werden kann. Bestimmen Sie die *maximale Geschwindigkeit* des Mädchens, bevor es von der Scheibe herunterrutscht. Der Haftreibungskoeffizient μ zwischen Mädchen und Scheibe ist gegeben.

Gegeben: $m = 15\ \mathrm{kg}$, $r = 5\ \mathrm{m}$, $\mu = 0{,}2$

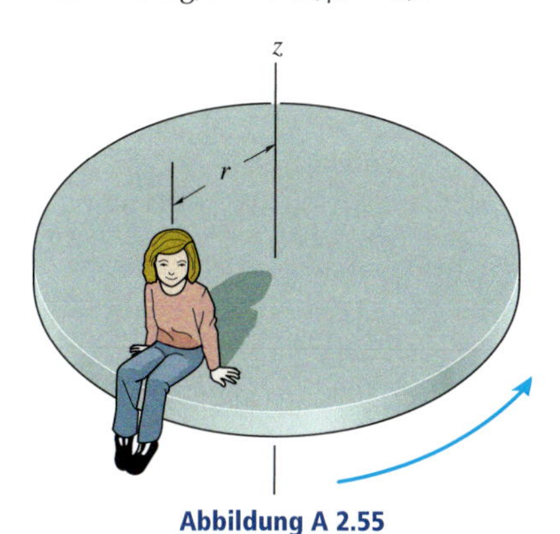

Abbildung A 2.55

***2.56** Lösen Sie Aufgabe 2.55 unter der Annahme, dass die Scheibe sich aus der Ruhe zu drehen beginnt und die Geschwindigkeit des Mädchens gleichmäßig mit $\dot{v}$ zunimmt.

Gegeben: $\dot{v} = 0{,}5\ \mathrm{m/s^2}$

2.57 Die Abrissbirne mit der Masse m hängt an einem Seil vernachlässigbarer Masse vom Kran herab. Am tiefsten Punkt $\theta = 0$ besitzt die Birne die Geschwindigkeit v. Bestimmen Sie in dieser Lage die Zugkraft im Seil. Ermitteln Sie ebenfalls den erreichbaren Auslenkungswinkel θ der Abrissbirne.

Gegeben: $m = 600\ \mathrm{kg}$, $v = 8\ \mathrm{m/s}$, $h = 12\ \mathrm{m}$

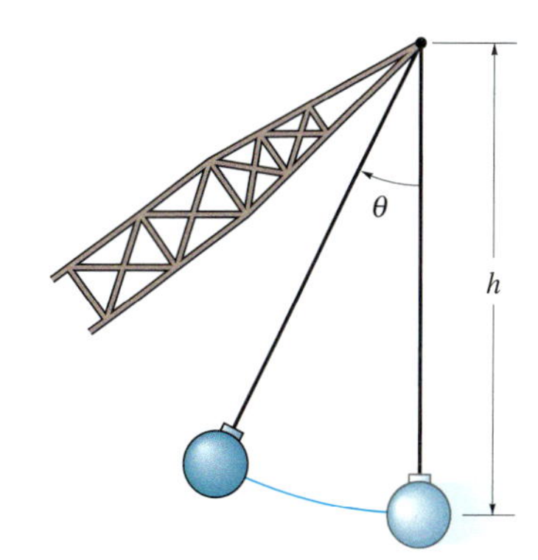

Abbildung A 2.57

***2.58** Der Klotz bewegt sich aus der Ruhe in Punkt B entlang einer glatten Bahn *beliebiger Form*. Beweisen Sie, dass seine Bahngeschwindigkeit in Punkt A gleich der Geschwindigkeit ist, die der Klotz beim freien Fall aus der Höhe h erreicht, d.h. $v = \sqrt{2gh}$.

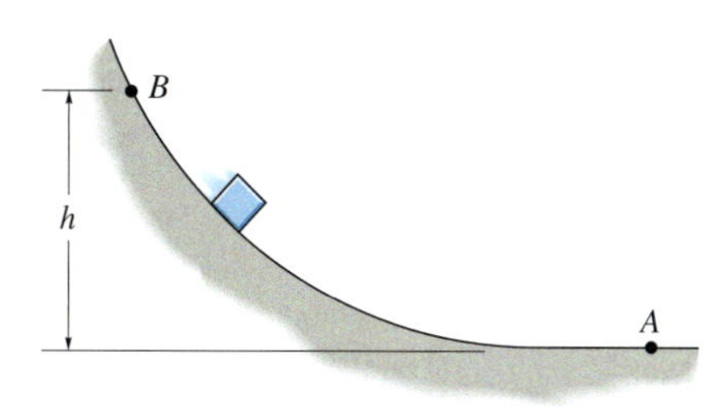

Abbildung A 2.58

2.59 Bei $\theta = \theta_1$ hat der Schwerpunkt S des Jungen die nach unten gerichtete Geschwindigkeit v_S. Bestimmen Sie für diese Winkellage die Geschwindigkeitszunahme und die Zugspannung in den beiden Halteseilen der Schaukel. Das Gewicht des Jungen ist gegeben. Vernachlässigen Sie seine Größe und die Masse von Sitz und Seilen.

Gegeben: $\theta_1 = 60°$, $v_S = 3\ \mathrm{m/s}$, $G = 300\ \mathrm{N}$, $l = 3\ \mathrm{m}$

***2.60** Bei $\theta = \theta_1$ befindet sich der Schwerpunkt S des Jungen momentan in Ruhe. Bestimmen Sie für $\theta = \theta_2$ die Geschwindigkeit und die Zugspannung in den beiden Halteseilen der Schaukel. Das Gewicht des Jungen ist gegeben. Vernachlässigen Sie seine Größe und die Masse von Sitz und Seilen.

Gegeben: $\theta_1 = 60°$, $\theta_2 = 90°$, $G = 300\ \mathrm{N}$, $l = 3\ \mathrm{m}$

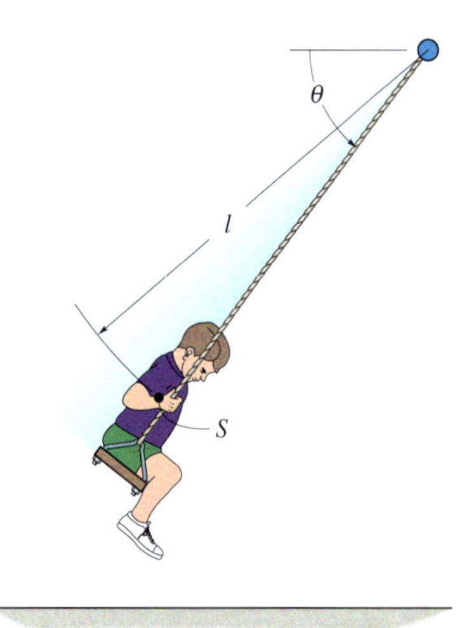

Abbildung A 2.59/2.60

2.61 Ein Akrobat mit dem Gewicht G sitzt auf einem Stuhl oben auf einer Stange wie in der Abbildung dargestellt. Aufgrund eines mechanischen Antriebs neigt sich die Stange aus der Lage $\theta = \theta_0$ so nach unten, dass der Schwerpunkt S des Akrobaten die *konstante Geschwindigkeit* v_a hat. Bestimmen Sie den Winkel θ, bei dem er aus dem Sitz „fliegt". Vernachlässigen Sie die Reibung. Der Abstand vom Drehpunkt O zum Schwerpunkt S beträgt ρ.

Gegeben: $\theta_0 = 0°$, $G = 750\ \mathrm{N}$, $v_a = 3\ \mathrm{m/s}$, $\rho = 3\ \mathrm{m}$

2.62 Lösen Sie Aufgabe 2.61 für den Fall, dass die Geschwindigkeit des Schwerpunktes S von v_{a0} bei $\theta = 0$ stetig mit $\dot{v}_a$ zunimmt.

Gegeben: $v_{a0} = 3\ \mathrm{m/s}$, $\dot{v}_a = 0{,}2\ \mathrm{m/s^2}$, $G = 750\ \mathrm{N}$

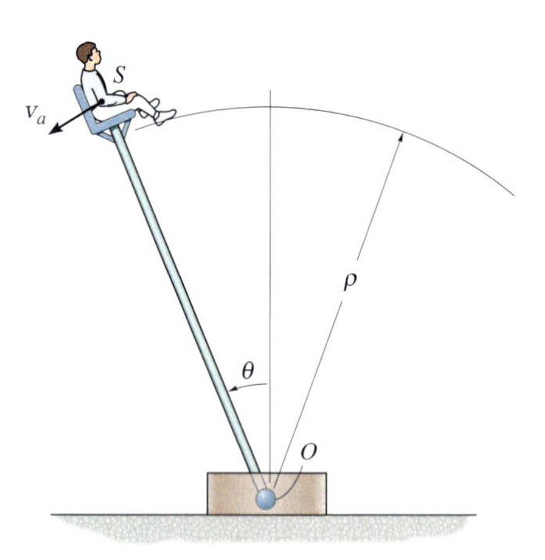

Abbildung A 2.61/2.62

2.63 Der Kamm des Hügels hat den Krümmungsradius ρ. Wie groß ist die maximale konstante Geschwindigkeit, mit der das Auto darüber fahren kann, ohne dass es von der Straßenoberfläche abhebt. Vernachlässigen Sie bei der Berechnung die Größe des Autos. Das Gewicht des Autos ist gegeben.

Gegeben: $\rho = 100\ \mathrm{m}$, $G = 17{,}5\ \mathrm{kN}$

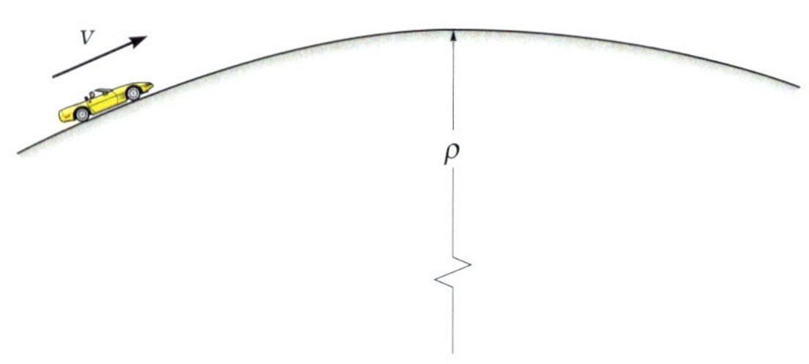

Abbildung A 2.63

***2.64** Das Flugzeug fliegt mit konstanter Geschwindigkeit v eine horizontale Wende. Wegen der Neigung θ des Flugzeugs erfährt der Pilot lediglich eine Normalkraft vom Sitz. Ermitteln Sie den Krümmungsradius ρ der Wende. Wie groß ist die Normalkraft, wenn der Pilot die Masse m hat?

Gegeben: $\theta = 15°$, $v = 50\ \mathrm{m/s}$, $m = 70\ \mathrm{kg}$

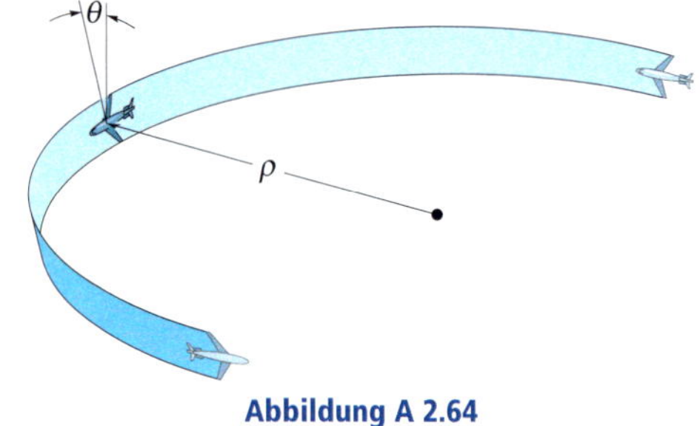

Abbildung A 2.64

2.65 Der Mann mit dem Gewicht G liegt auf der Unterlage. Der Haftreibungskoeffizient beträgt μ_h. Ermitteln Sie die resultierenden Normal- und Reibungskräfte, die die Unterlage auf den Mann ausübt. Er hat aufgrund einer Drehung um die z-Achse eine konstante Geschwindigkeit v. Vernachlässigen Sie die Größe des Mannes.

Gegeben: $G = 750$ N, $\mu_h = 0{,}5$, $v = 6$ m/s, $\theta = 60°$, $r = 3$ m

2.66 Der Mann mit dem Gewicht G liegt auf der Unterlage. Der Haftreibungskoeffizient beträgt μ_h. Er dreht sich mit der konstanten Geschwindigkeit v um die z-Achse. Bestimmen Sie den kleinsten Winkel θ, bei dem er zu gleiten beginnt.

Gegeben: $G = 750$ N, $\mu_h = 0{,}5$, $v = 10$ m/s, $r = 3$ m

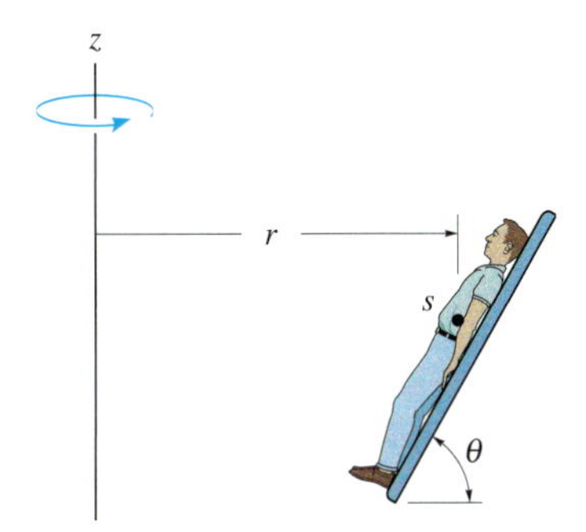

Abbildung A 2.65/2.66

2.67 Wie groß ist die konstante Geschwindigkeit der Fahrgäste auf dem Karussell, wenn die Halteseile um den Winkel θ gegen die Senkrechte geneigt sind? Sitz und Fahrgast haben die Masse m_{ges}. Bestimmen Sie ebenfalls die Kräfte in n-, t- und b-Richtung, die der Sitz auf einen Fahrgast der Masse m während der Bewegung ausübt.

Gegeben: $\theta = 30°$, $r = 4$ m, $l = 6$ m, $m_{ges} = 80$ kg, $m = 50$ kg

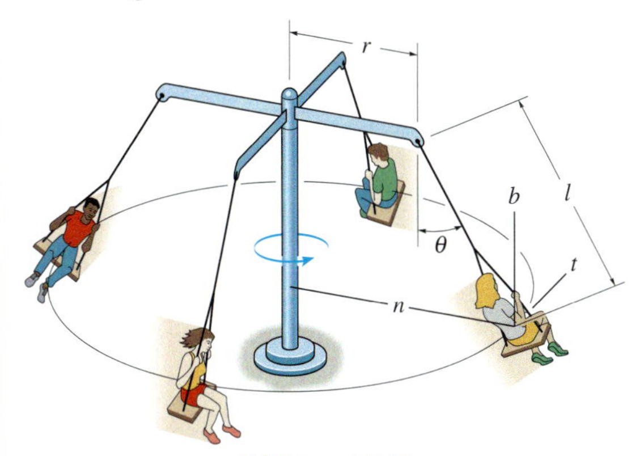

Abbildung A 2.67

***2.68** Der Ball hat die Masse m und am tiefsten Punkt, bei $\theta = 0$, die Geschwindigkeit v. Bestimmen Sie die Zugkraft im Seil in dieser Lage. Ermitteln Sie ebenfalls den Winkel θ, den der Ball bis zur Geschwindigkeitsumkehr erreicht. Vernachlässigen Sie die Größe des Balles.

Gegeben: $m = 30$ kg, $v = 4$ m/s, $h = 4$ m

2.69 Der Ball hat die Masse m und die Geschwindigkeit v am tiefsten Punkt, bei $\theta = 0$. Bestimmen Sie die Zugkraft im Seil und die Abnahme der Ballgeschwindigkeit für $\theta = \theta_1$. Vernachlässigen Sie die Größe des Balles.

Gegeben: $m = 30$ kg, $v = 4$ m/s, $\theta_1 = 20°$, $h = 4$ m

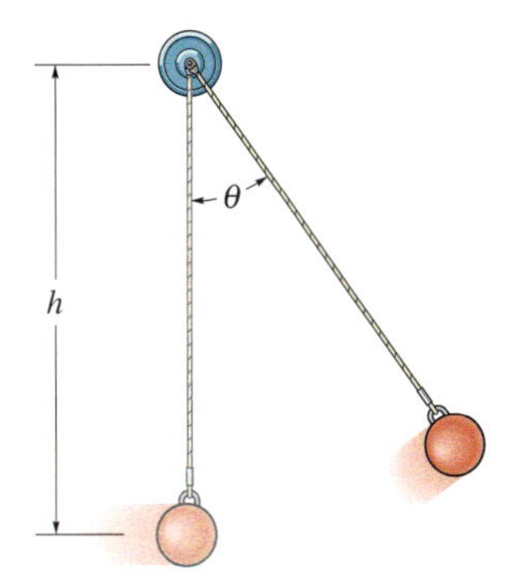

Abbildung A 2.68/2.69

2.70 Das Paket mit dem Gewicht G rutscht die reibungslose Rutsche herunter. Beim Erreichen des gekrümmten Abschnittes, bei $\theta = 0$, hat es die Geschwindigkeit v_0. Wie groß ist seine Geschwindigkeit im Punkt C, bei $\theta = \theta_1$, und im Punkt B, bei $\theta = \theta_2$, wenn es die Horizontale erreicht? Bestimmen Sie ebenfalls die Normalkraft auf das Paket in Punkt C.

Gegeben: $G = 50$ N, $v_0 = 2$ m/s, $\theta_1 = 30°$, $\theta_2 = 45°$, $r = 5$ m

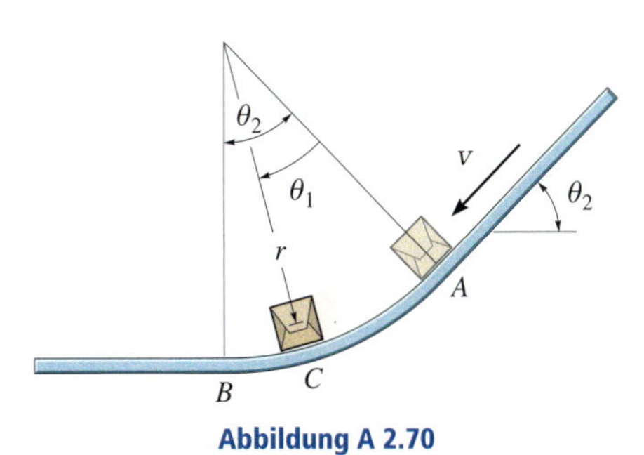

Abbildung A 2.70

2.71 Kartons mit der Masse m sollen sich mit der konstanten Bahngeschwindigkeit v auf dem Förderband bewegen. Welches ist der kleinste Krümmungsradius ρ des Förderbandes, bei dem die Kartons nicht gleiten. Der Haftreibungskoeffizient μ_h und der Gleitreibungskoeffizient μ_g zwischen Karton und Förderband sind gegeben.

Gegeben: $m = 5$ kg, $v = 8$ m/s, $\mu_h = 0{,}7$, $\mu_g = 0{,}5$

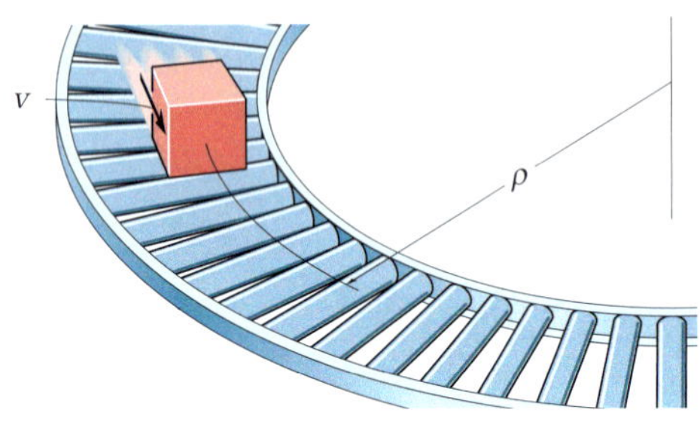

Abbildung A 2.71

***2.72** Der glatte Klotz B der Masse m ist mit einem masselosen Seil an der Spitze A des geraden Kegels befestigt. Der Kegel dreht sich mit konstanter Winkelgeschwindigkeit um die z-Achse, sodass der Klotz eine Bahngeschwindigkeit v erreicht. Bestimmen Sie für diese Geschwindigkeit die Zugspannung im Seil und die Reaktionskraft des Kegels auf den Klotz. Vernachlässigen Sie die Größe des Klotzes.

Gegeben: $m = 0{,}2$ kg, $v = 0{,}5$ m/s, $l = 200$ mm, $R = 300$ mm, $h = 400$ mm

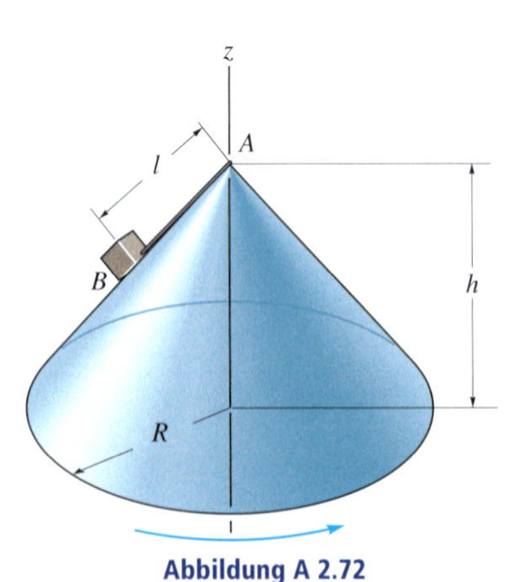

Abbildung A 2.72

2.73 Das Auto mit der Masse m fährt mit konstanter Geschwindigkeit v über den parabelförmigen Hügel. Wie groß sind die resultierende Normalkraft und die resultierende Reibungskraft, die alle Räder des Autos auf die Straße im Punkt A ausüben? Vernachlässigen Sie die Größe des Autos.

Gegeben: $m = 800$ kg, $v = 9$ m/s, $s = 80$ m, $x_0 = 80$ m, $y_0 = 20$ m

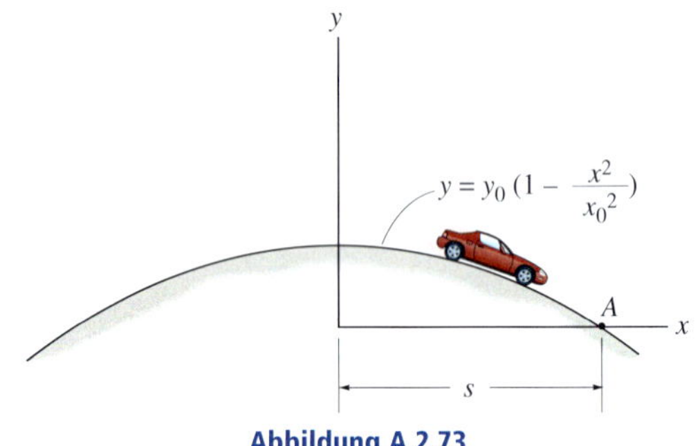

Abbildung A 2.73

2.74 Ein Mädchen mit der Masse m und dem Schwerpunkt S sitzt im Abstand R von der Rotationsachse auf dem Karussell. Die Drehbewegung der Scheibe nimmt *langsam* zu, sodass die tangentiale Komponente der Beschleunigung des Mädchens vernachlässigt werden kann. Ermitteln Sie für diesen Fall die maximale Geschwindigkeit, die das Mädchen haben kann, bevor es vom Karussell zu rutschen beginnt. Der Haftreibungskoeffizient μ_h zwischen Mädchen und Karussell ist gegeben.

Gegeben: $m = 25$ kg, $R = 1{,}5$ m, $\mu_h = 0{,}3$

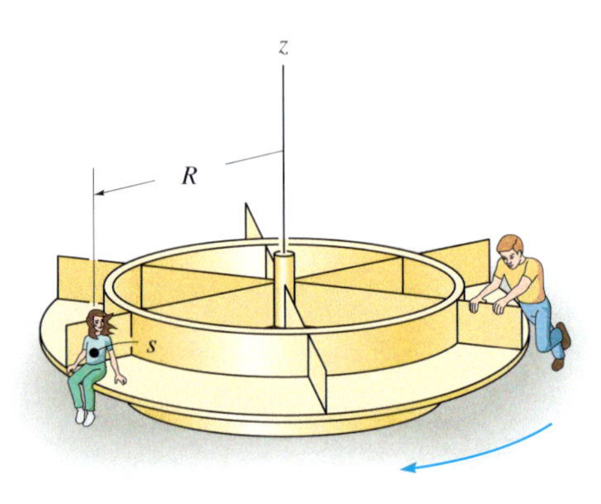

Abbildung A 2.74

2.75 Der Koffer mit dem Gewicht G rutscht die Rutsche herunter. Der Gleitreibungskoeffizient beträgt μ_g. Beim Erreichen von Punkt A hat der Koffer die Geschwindigkeit v. Wie groß sind die Normalkraft auf den Koffer und die Zunahme seiner Geschwindigkeit?

Gegeben: $G = 100$ N, $\mu_g = 0{,}2$, $v = 1$ m/s, $d = 1{,}2$ m, $k = 5/(8\ \text{m})$

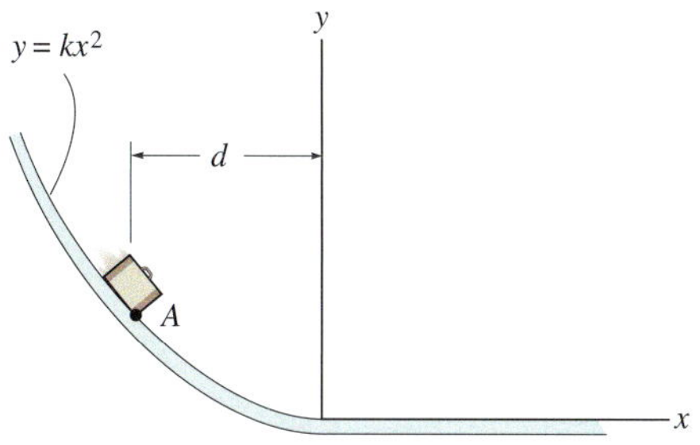

Abbildung A 2.75

***2.76** Die Buchse S (Masse m) passt spielfrei beweglich auf den geneigten Rundstab (Haftreibungskoeffizient μ_h) und befindet sich im Abstand d von Punkt A. Ermitteln Sie die minimale konstante Bahngeschwindigkeit der Buchse um die vertikale Drehachse, sodass sie nicht am Rundstab herunterrutscht.

Gegeben: $m = 2$ kg, $\mu_h = 0{,}2$, $d = 0{,}25$ m, $\tan\alpha = 3/4$

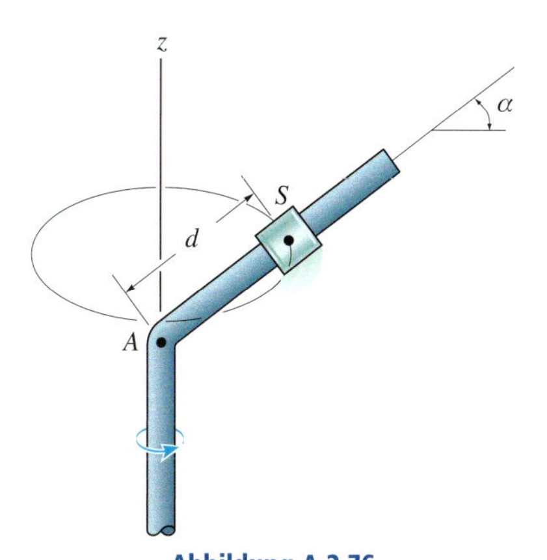

Abbildung A 2.76

2.77 Die Buchse S (Masse m) passt spielfrei beweglich auf den geneigten Rundstab mit dem Haftreibungskoeffizienten μ_h und befindet sich im Abstand d vom Punkt A. Ermitteln Sie die maximale konstante Bahngeschwindigkeit der Buchse um die vertikale Achse, sodass sie nicht am Rundstab hinaufrutscht.

Gegeben: $m = 2$ kg, $\mu_h = 0{,}2$, $d = 0{,}25$ m, $\tan\alpha = 3/4$

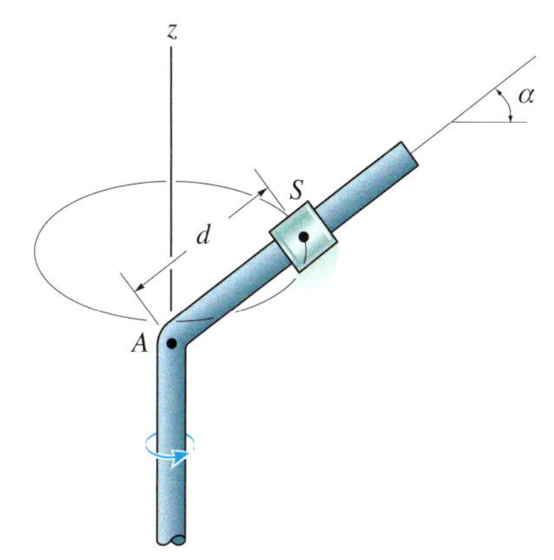

Abbildung A 2.77

2.78 Ein Mann mit der Masse m sitzt im Abstand d vom Mittelpunkt der rotierenden Scheibe. Aufgrund der Drehbewegung nimmt seine Geschwindigkeit aus der Ruhe mit $\dot{v}$ zu. Der Haftreibungskoeffizient μ_h zwischen seinen Kleidern und der Scheibe ist gegeben. Wie lange dauert es, bis er gleitet?

Gegeben: $m = 80$ kg, $d = 3$ m, $R = 10$ m, $\mu_h = 0{,}3$, $\dot{v} = 0{,}4\ \text{m/s}^2$

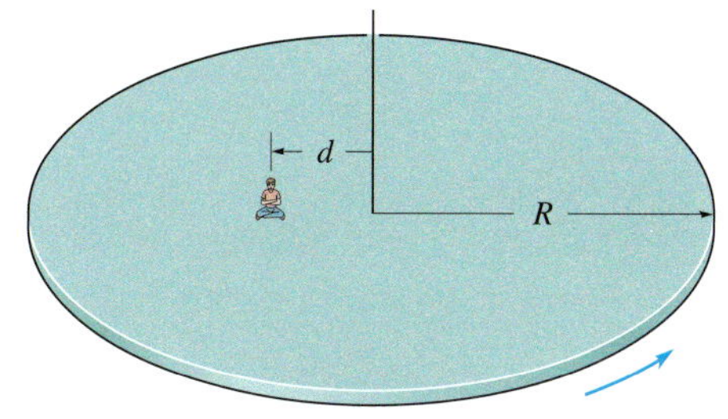

Abbildung A 2.78

2.79 Die Skifahrerin mit der Masse m startet in Punkt A $(x_A,0)$ aus der Ruhe und fährt reibungsfrei den Hang hinunter, der näherungsweise durch eine Parabel beschrieben werden kann. Welche Normalkraft übt sie in Punkt B auf den Boden aus? Vernachlässigen Sie die Größe der Skier. *Hinweis:* Verwenden Sie das Ergebnis aus Aufgabe 2.58.

Gegeben: $m = 52$ kg, $h = 5$ m, $x_A = 10$ m

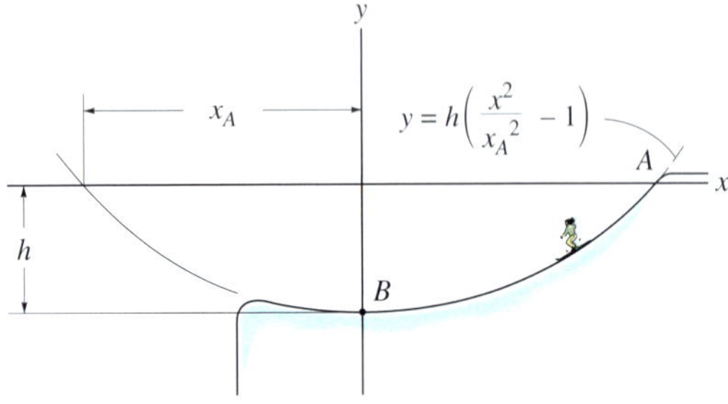

Abbildung A 2.79

***2.80** Der Klotz mit dem Gewicht G bewegt sich reibungsfrei in der horizontalen Nut der rotierenden Scheibe. Die Feder mit der Steifigkeit c hat ungedehnt die Länge l_0. Wie groß ist die Kraft der Feder auf den Klotz und die tangentiale Kraft, die die Nut auf den Klotz ausübt, wenn der Klotz relativ zur Scheibe gerade in Ruhe ist und sich mit konstanter Geschwindigkeit v um die vertikale Achse dreht?

Gegeben: $G = 20$ N, $c = 10$ N/m, $l_0 = 0{,}5$ m, $v = 4{,}8$ m/s

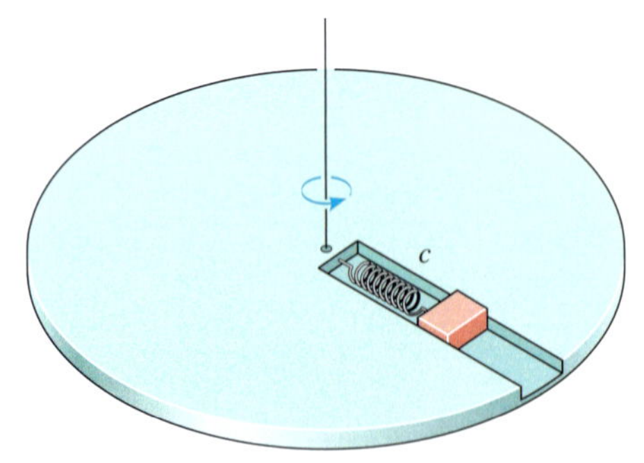

Abbildung A 2.80

2.81 Das Gesamtgewicht von Fahrrad und Fahrer beträgt G. Wie groß ist im Punkt A die resultierende Normalkraft auf das Fahrrad, wenn es gerade mit der Geschwindigkeit v_A reibungsfrei den Abhang hinunter fährt? Berechnen Sie ebenfalls die Geschwindigkeitszunahme des Fahrradfahrers in diesem Punkt. Vernachlässigen Sie den Windwiderstand und die Größe von Fahrrad und Fahrer.

Gegeben: $G = 900$ N, $y_0 = 16$ m, $x_0 = 8$ m, $x_A = 2$ m, $v_A = 2$ m/s

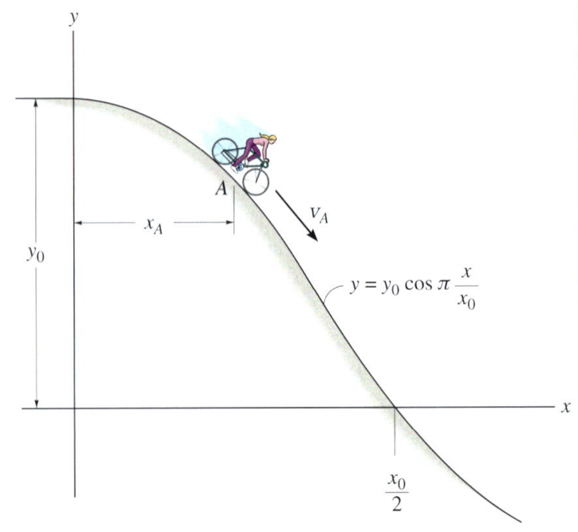

Abbildung A 2.81

2.82 Die Hülse mit der Masse m bewegt sich auf dem reibungslosen kreisförmigen Rundstab in der horizontalen Ebene. Die Feder mit der Federkonstanten c hat ungedehnt die Länge l_0. Bei $\theta = \theta_1$ hat die Hülse die Bahngeschwindigkeit v. Wie groß sind die Normalkraft des Rundstabes auf die Hülse und die Beschleunigung der Hülse?

Gegeben: $m = 5$ kg, $c = 40$ N/m, $l_0 = 200$ mm, $\theta_1 = 30°$, $v = 2$ m/s, $r = 1$ m

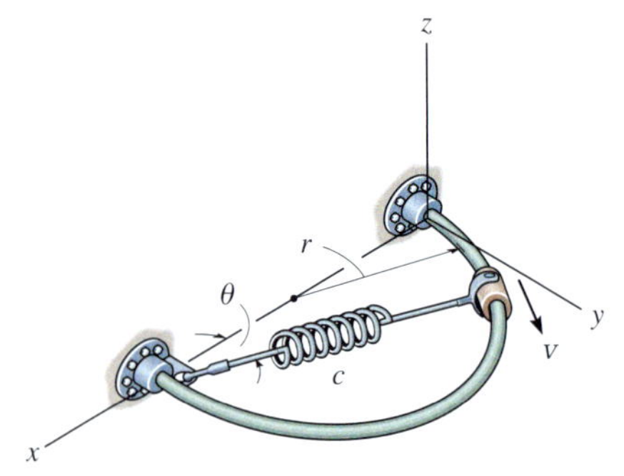

Abbildung A 2.82

Aufgaben zu 2.7

Ausgewählte Lösungswege 

Lösungen finden Sie in *Anhang C.*

2.83 Ein Massenpunkt mit der Masse m bewegt sich auf einer Bahn, die durch die Funktionen $r = r_0(1 + k_1 t/T)$, $\theta = \theta_0(1 + k_2 t^2/T^2)$ und $z = z_0(1 - k_3 t^3/T^3)$ beschrieben wird. Ermitteln Sie die r-, θ- und z-Koordinaten der Kraft, welche die Führung zur Zeit $t = t_1$ auf den Massenpunkt ausübt.

Gegeben: $m = 1{,}5$ kg, $t_1 = 2$ s, $r_0 = 4$ m, $k_1 = 3/4$, $\theta_0 = 2$ rad, $k_2 = 1/2$, $z_0 = 6$ m, $k_3 = 1/6$, $T = 1$ s

***2.84** Der Weg eines Massenpunktes mit dem Gewicht G in der horizontalen Ebene wird in Polarkoordinaten durch die Funktionen $r = r_0 + v_1 t$, $\theta = k_1 t^2 - k_2 t$ beschrieben. Ermitteln Sie den Betrag der resultierenden Kraft auf den Massenpunkt zur Zeit $t = t_1$.

Gegeben: $G = 5$ N, $t_1 = 2$ s, $r_0 = 1$ m, $v_1 = 2$ m/s, $k_1 = 0{,}5$ rad/s^2, $k_2 = 1$ rad/s

2.85 Der von einer Feder gehaltene Taststift AB mit dem Gewicht G bewegt sich beim Nachfahren der Oberflächenform des Nockens hin und her. Der Abstand r des Berührpunktes von der Drehachse des Nockens ist gegeben, die Auslenkung in z-Richtung ist durch $z = z_0 \sin 2\theta$ gegeben. Der Nocken dreht sich mit konstanter Winkelgeschwindigkeit $\dot{\theta}$. Bestimmen Sie bei $\theta = \theta_1$ die Kraft am Ende A des Taststiftes. In dieser Position wird die Feder um $s = s_1$ zusammengedrückt. Vernachlässigen Sie die Reibung in der Lagerung C.

Gegeben: $G = 7{,}5$ N, $r = 0{,}1$ m, $z_0 = 0{,}05$ m, $c = 240$ N/m, $\theta_1 = 90°$, $s_1 = 0{,}2$ m, $\dot{\theta} = 6$ rad/s

2.86 Der von einer Feder gehaltene Taststift AB mit dem Gewicht G bewegt sich beim Nachfahren der Oberflächenform des Nockens hin und her. Der Abstand r des Berührpunktes von der Drehachse des Nockens ist gegeben, die Auslenkung in z-Richtung ist durch $z = z_0 \sin 2\theta$ gegeben. Der Nocken dreht sich mit konstanter Winkelgeschwindigkeit $\dot{\theta}$. Bestimmen Sie die maximale und minimale Kraft, die der Taststift auf den Nocken ausübt. Bei $\theta = \theta_1$ wird die Feder um $s = s_1$ zusammengedrückt.

Gegeben: $G = 7{,}5$ N, $r = 0{,}1$ m, $z_0 = 0{,}05$ m, $c = 240$ N/m, $\theta_1 = 45°$, $s_1 = 0{,}2$ m, $\dot{\theta} = 6$ rad/s

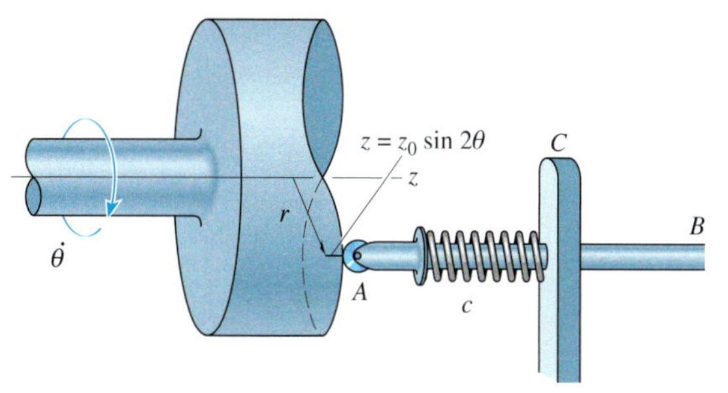

Abbildung A 2.85/2.86

2.87 Die Stange AB mit der Masse m bewegt sich beim Nachfahren der Oberflächenform des Nockens auf und ab. Der Abstand des Berührpunktes von der Drehachse ist r. Die Form der Oberfläche wird durch $z = z_0 \sin 2\theta$ beschrieben. Der Nocken dreht sich mit konstanter Winkelgeschwindigkeit $\dot{\theta}$. Bestimmen Sie die maximale und minimale Kraft, die der Nocken auf den Rundstab ausübt.

Gegeben: $m = 2$ kg, $r = 0{,}1$ m, $z_0 = 0{,}02$ m, $\dot{\theta} = 5$ rad/s

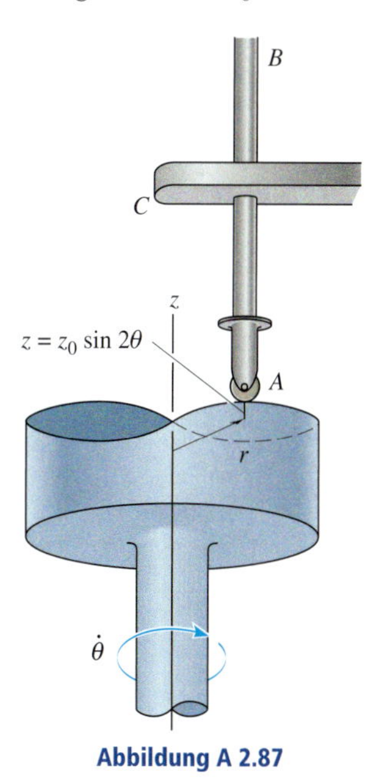

Abbildung A 2.87

***2.88** Der Junge mit der Masse m rutscht mit konstanter Geschwindigkeit die schraubenförmige Rutsche hinunter und seine Bewegung wird, bezogen auf das obere Ende der Rutsche, durch r, θ und z beschrieben. Bestimmen Sie die Komponenten $\mathbf{F}_r$, $\mathbf{F}_\theta$ und $\mathbf{F}_z$ der Kraft, welche die Rutsche zum Zeitpunkt $t = t_1$ auf den Jungen ausübt. Vernachlässigen Sie die Größe des Jungen.

Gegeben: $m = 40$ kg, $r = 1{,}5$ m, $\theta = k_1 t$,
$k_1 = 0{,}7$ rad/s, $z = -v_z t$, $v_z = 0{,}5$ m/s, $t_1 = 2$ s

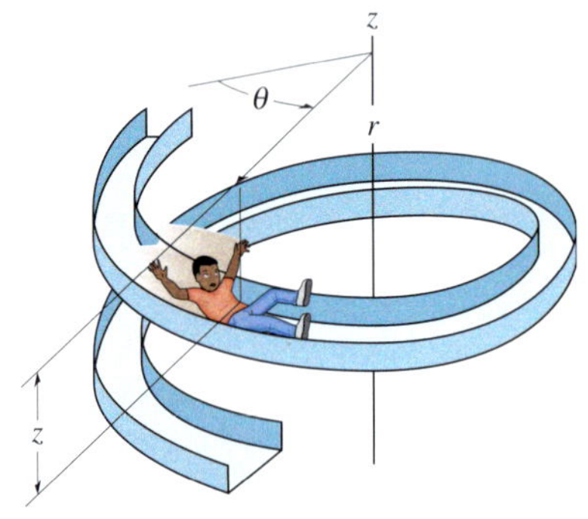

Abbildung A 2.88

2.89 Die Stange OA dreht sich mit konstanter Winkelgeschwindigkeit $\dot{\theta}$ gegen den Uhrzeigersinn. Die Doppelhülse B ist gelenkig so verbunden, dass eine Hülse auf der rotierenden Stange, die andere auf dem *horizontalen* gebogenen Rundstab gleitet. Die Form des Rundstabes wird durch die Funktion $r(\theta) = r_0(2 - \cos\theta)$ beschrieben. Das Gewicht der Hülsen beträgt jeweils G. Bestimmen Sie die Normalkraft, die der gebogene Rundstab bei $\theta = \theta_1$ auf eine Hülse ausübt.

Gegeben: $G = 7{,}5$ N, $\theta_1 = 120°$, $\dot{\theta} = 5$ rad/s, $r_0 = 0{,}5$ m

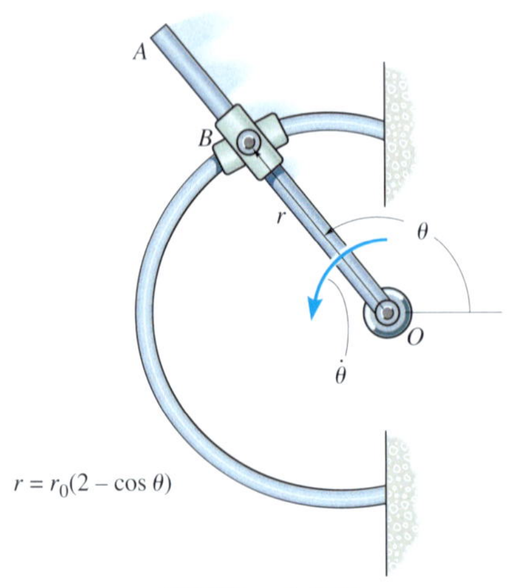

Abbildung A 2.89

2.90 Der punktförmige Führungsstift mit dem Gewicht G wird durch den Arm mit Nut auf einer kreisförmigen Bahn geführt. Die Winkelgeschwindigkeit $\dot{\theta}$ und die Winkelbeschleunigung $\ddot{\theta}$ bei $\theta = \theta_1$ sind gegeben. Bestimmen Sie die Kraft der Führung auf den Massenpunkt. Die Bewegung verläuft in der *horizontalen Ebene*.

Gegeben: $G = 5$ N, $R = 0{,}5$ m, $\theta_1 = 30°$,
$\dot{\theta} = 4$ rad/s, $\ddot{\theta} = 8$ rad/s^2

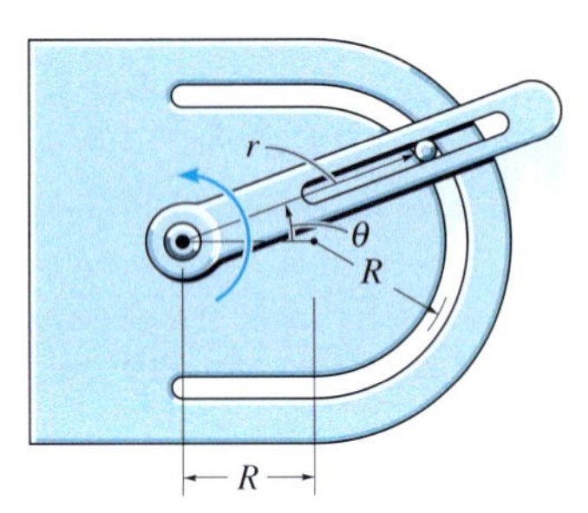

Abbildung A 2.90

2.91 Der Massenpunkt mit der Masse m wird aufgrund der Drehung des Armes OA reibungsfrei entlang einer horizontalen Nut geführt. Bestimmen Sie bei $\theta = \theta_1$ die Kraft des Stabes auf den Massenpunkt und die Normalkraft der Nut auf den Massenpunkt. Der Stab bewegt sich mit konstanter Winkelgeschwindigkeit $\dot{\theta}$. Nehmen Sie an, dass der Massenpunkt immer nur eine Seite der Nut berührt.

Gegeben: $m = 0{,}5$ kg, $R = 0{,}5$ m, $\theta_1 = 30°$,
$\dot{\theta} = 2$ rad/s

***2.92** Lösen Sie Aufgabe 2.91 für die gegebene Winkelbeschleunigung $\ddot{\theta}$ und die gegebene Winkelgeschwindigkeit $\dot{\theta}$. Nehmen Sie an, dass der Massenpunkt immer nur eine Seite der Nut berührt.

Gegeben: $m = 0{,}5$ kg, $R = 0{,}5$ m, $\theta_1 = 30°$,
$\dot{\theta} = 2$ rad/s, $\ddot{\theta} = 3$ rad/s^2

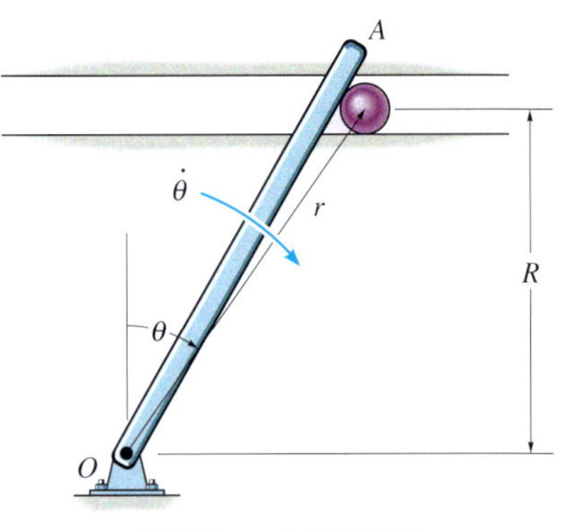

Abbildung A 2.91/2.92

2.93 Die Hülse der Masse m gleitet reibungsfrei auf dem *horizontalen* Rundstab, $r = r_0\theta$. Die Winkelgeschwindigkeit $\dot{\theta}$ ist konstant. Bestimmen Sie die für die gegebene Bewegung erforderliche horizontale Tangentialkraft P und die horizontale Normalkraft N, die die Hülse bei $\theta = \theta_1$ auf den Rundstab ausübt.

Gegeben: $m = 2$ kg, $\theta_1 = 45°$, $\dot{\theta} = 6$ rad/s, $r_0 = 0{,}4$ m/rad

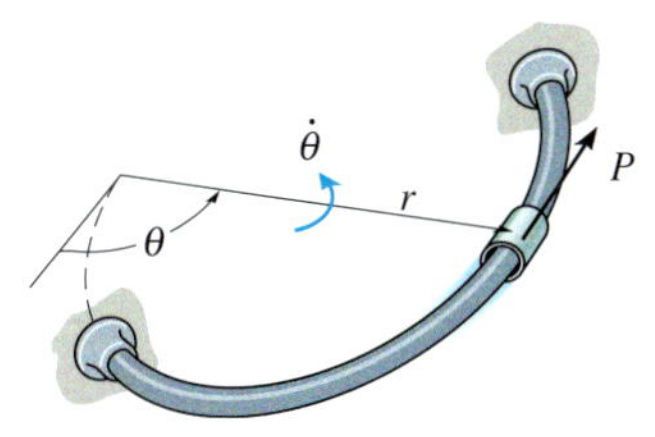

Abbildung A 2.93

2.94 Durch die Nut des gezeigten Stabes wird die Kugel mit dem Gewicht G reibungsfrei auf der horizontalen, schneckenförmigen Bahn $r = h\,(1 + 0{,}5\cos\theta)$ geführt. Ihre Winkelgeschwindigkeit $\dot{\theta}$ ist konstant. Bestimmen Sie bei $\theta = \theta_1$ die Kraft der Stange auf die Kugel. Stange und Führung berühren die Kugel auf nur einer Seite.

Gegeben: $G = 20$ N, $R = 3$ m, $h = 2$ m, $\theta_1 = 90°$, $\dot{\theta} = 5$ rad/s

2.95 Lösen Sie Aufgabe 2.94 für $\theta_1 = 60°$.

***2.96** Durch die Nut des gezeigten Stabes wird die Kugel mit dem Gewicht G reibungsfrei auf der horizontalen, schneckenförmigen Bahn $r = h\,(1 + 0{,}5\cos\theta)$ geführt. Die Winkellage θ wird über $\theta = \alpha t^2$ beschrieben. Bestimmen Sie zum Zeitpunkt $t = t_1$ die Kraft des Pleuels auf die Kugel. Stange und Führung berühren die Kugel auf nur einer Seite.

Gegeben: $G = 20$ N, $R = 3$ m, $h = 2$ m, $t_1 = 1$ s, $\alpha = 0{,}5$ rad/s^2

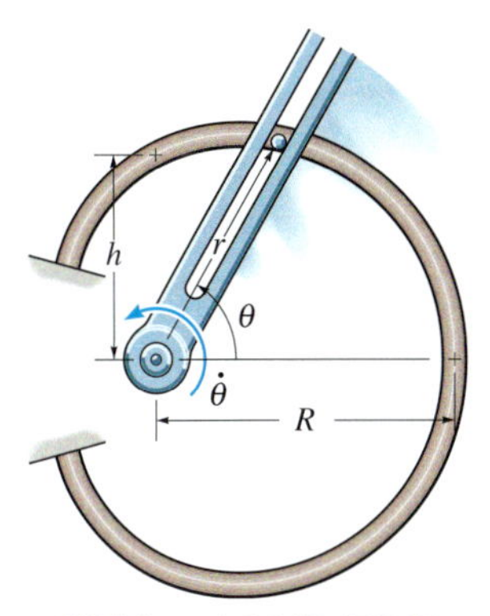

Abbildung A 2.94/2.95/2.96

2.97 Der glatte Massenpunkt mit der Masse m ist an einer elastischen Schnur OP befestigt und wird über die Führungsnut des Armes reibungsfrei auf einer *horizontalen* kreisförmigen Bahn, $r = 2R\sin\theta$, geführt. Die Schnur hat die Federkonstante c und die ungedehnte Länge l. Wie groß ist die Kraft des Führungsarms auf den Massenpunkt bei $\theta = \theta_1$? Der Arm hat die konstante Winkelgeschwindigkeit $\dot{\theta}$.

Gegeben: $m = 80$ g, $R = 0{,}4$ m, $l = 0{,}25$ m, $c = 30$ N/m, $\theta_1 = 60°$, $\dot{\theta} = 5$ rad/s

2.98 Lösen Sie Aufgabe 2.97 für $\ddot{\theta} = 2\text{rad/s}^2$ bei $\dot{\theta} = 5$ rad/s und $\theta = 60°$.

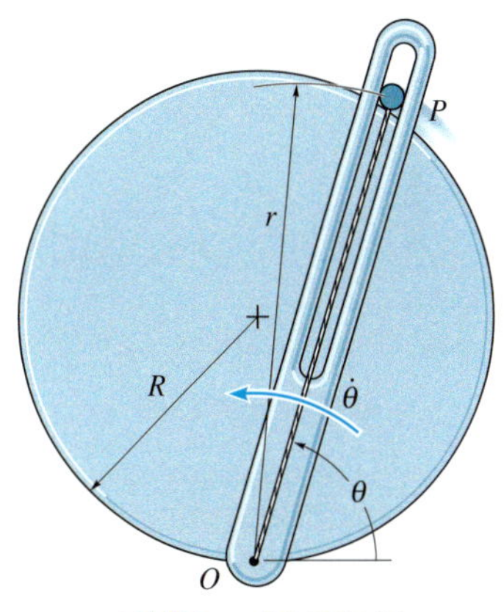

Abbildung A 2.97/2.98

2.99 Der Achterbahnwagen fährt auf der schraubenförmigen Schiene. Seine Bewegung wird für eine bestimmte Zeit durch die Koordinaten $r = r_0$, $\theta = \omega\,t + \alpha$ und $z = -\,v_z\,t$ beschrieben. Bestimmen Sie die Kräfte, die zum Zeitpunkt $t = t_1$ von der Schiene auf den Wagen in den Richtungen r, θ und z wirken. Vernachlässigen Sie das Gewicht des Wagens.

Gegeben: $r_0 = 8$ m, $t_1 = 2$ s, $\omega = 0{,}1$ rad/s, $\alpha = 0{,}5$ rad, $v_z = 0{,}2$ m/s

Abbildung A 2.99

***2.100** Durch die Gabel wird der Zylinder C mit der Masse m reibungsfrei entlang der *vertikalen* Führung $r = r_0\theta$ geführt. Der Winkel θ wird durch die Funktion $\theta = \alpha t^2$ beschrieben. Bestimmen Sie bei $t = t_1$ die Kraft der Gabel auf den Zylinder und die Normalkraft der Führung auf den Zylinder. Der Zylinder ist immer *nur in einseitigem Kontakt* mit Gabel und Führung.

Gegeben: $m = 0{,}5$ kg, $t_1 = 2$ s, $r_0 = 0{,}5$ m/rad, $\alpha = 0{,}5$ rad/s^2

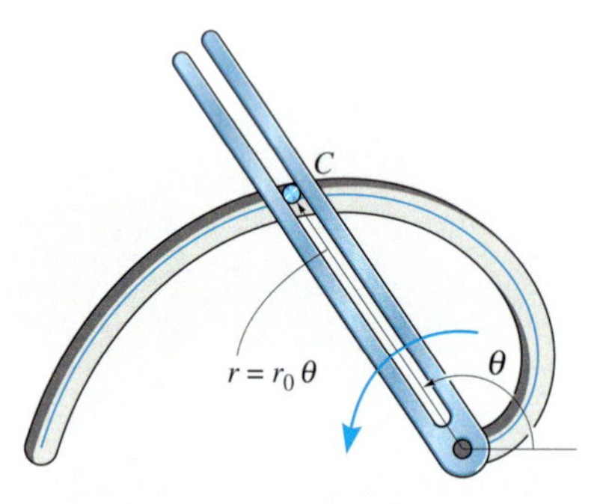

Abbildung A 2.100

2.101 Der Ball hat die Masse m und eine vernachlässigbare Größe und bewegt sich mit der Winkelgeschwindigkeit $\dot{\theta}_0$ auf dem kreisförmigen Weg mit dem Radius r_0. Dann wird das Seil ABC mit konstanter Geschwindigkeit v durch das Loch nach unten gezogen. Wie groß ist bei $r = r_1$ die Zugkraft im Seil? Berechnen Sie ebenfalls die Winkelgeschwindigkeit des Balles, wenn der Bahnradius r_1 erreicht ist. Vernachlässigen Sie die Reibung zwischen Ball und der horizontalen Ebene. *Hinweis:* Zeigen Sie zunächst, dass sich die Bewegungsgleichung (in Richtung θ) durch $a_\theta = r\ddot{\theta} + 2\dot{r}\dot{\theta} = (1/r)(d(r^2\dot{\theta})/dt) = 0$ beschreiben lässt. Integration führt auf $r^2\dot{\theta} = C$, wobei die Konstante C aus den Vorgaben bestimmt werden kann.

Gegeben: $m = 2$ kg, $r_0 = 0{,}5$ m, $\dot{\theta}_0 = 1$ rad/s, $v = 0{,}2$ m/s, $r_1 = 0{,}25$ m

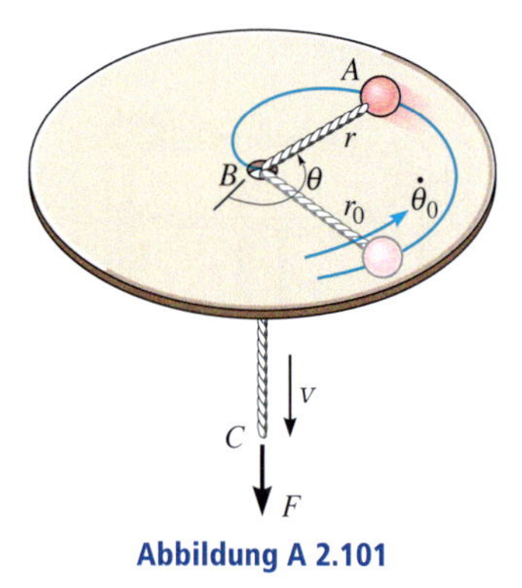

Abbildung A 2.101

2.102 Die Hülse mit der Masse m bewegt sich reibungsfrei auf dem horizontalen Rundstab, der durch die logarithmische Spirale $r = r_0\, e^\theta$ beschrieben wird. Die Kraft F bewirkt eine konstante Winkelgeschwindigkeit $\dot{\theta}$. Wie groß sind die Tangentialkraft F und die Normalkraft N bei $\theta = \theta_1$?

Gegeben: $m = 2$ kg, $\theta_1 = 45°$, $\dot{\theta} = 2$ rad/s, $r_0 = 1$ m

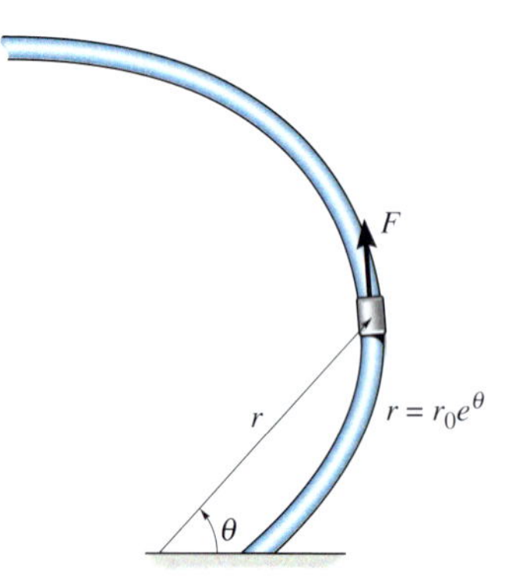

Abbildung A 2.102

2.103 Die Hülse mit der Masse m bewegt sich reibungsfrei auf dem horizontalen Rundstab, der durch die logarithmische Spirale $r = r_0 e^\theta$ beschrieben wird. Die Kraft F bewirkt eine konstante Winkelgeschwindigkeit $\dot{\theta}$. Wie groß sind die Tangentialkraft F und die Normalkraft N bei $\theta = \theta_1$?

Gegeben: $m = 2$ kg, $\theta_1 = 90°$, $\dot{\theta} = 2$ rad/s, $r_0 = 1$ m

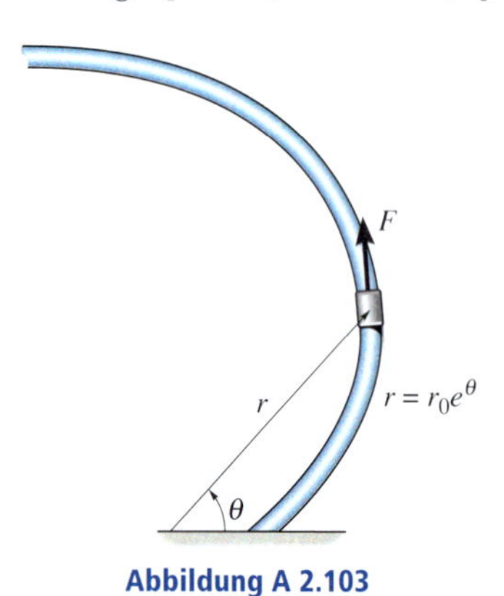

Abbildung A 2.103

***2.104** Mit der Gabel wird der Zylinder P mit der Masse m reibungsfrei auf der *vertikalen* Führung $r = r_0\theta$ geführt. Die Bahngeschwindigkeit des Zylinders beträgt v_Z. Bestimmen Sie für $\theta = \theta_1$ die Kraft der Gabel auf den Zylinder und die Normalkraft der Führung auf den Zylinder. Nehmen Sie an, dass der Zylinder immer *nur in einseitigem Kontakt* mit Gabel und Führung ist. *Hinweis:* Bestimmen Sie die zur Berechnung der Beschleunigungen a_r und a_θ des Zylinders notwendigen Ableitungen nach der Zeit mit Hilfe der ersten und zweiten Ableitung der Gleichung $r = r_0\theta$ und dann mit Gleichung (1.26) die Winkelgeschwindigkeit $\dot{\theta}$. Mit $\dot{v}_Z = 0$ leiten Sie Gleichung (1.26) nach der Zeit ab und ermitteln für $\theta = \theta_1$ die Winkelbeschleunigung $\ddot{\theta}$.

Gegeben: $m = 0{,}4\ \text{kg}$, $v_Z = 2\ \text{m/s}$, $\theta_1 = \pi$, $r_0 = 0{,}6\ \text{m/rad}$

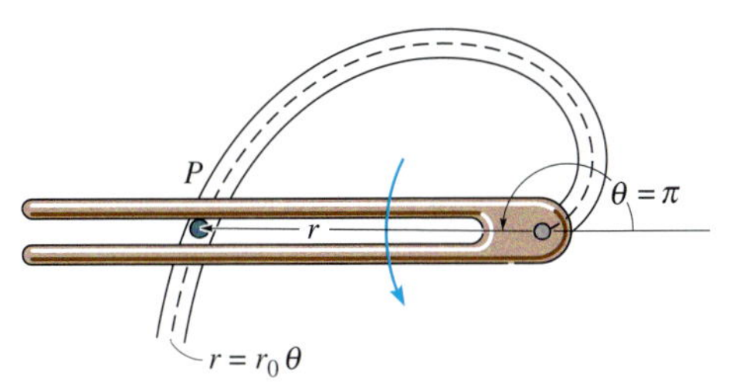

Abbildung A 2.104

2.105 Ein Fahrgeschäft in einem Vergnügungspark hat Wagen auf kleinen Rädern. Zunächst fährt der Wagen mit der Winkelgeschwindigkeit $\dot{\theta}_0$ auf einer Kreisbahn mit dem Radius r_0. Das Seil OC wird dann mit konstanter Geschwindigkeit $\dot{r}$ nach innen gezogen. Wie groß ist bei $r = r_1$ die Zugkraft im Seil? Der Wagen hat mit den Fahrgästen das Gesamtgewicht G. Vernachlässigen Sie die Reibung. *Hinweis:* Zeigen Sie zunächst, dass die Bewegungsgleichung (in Richtung θ) durch $a_\theta = r\ddot{\theta} + 2\dot{r}\dot{\theta} = (1/r)(d(r^2\dot{\theta})/dt) = 0$ wiedergegeben wird. Integration führt auf $r^2\dot{\theta} = C$, wobei die Konstante C aus den Vorgaben bestimmt werden kann.

Gegeben: $G = 2\ \text{kN}$, $r_0 = 6{,}4\ \text{m}$, $\dot{\theta}_0 = 0{,}2\ \text{rad/s}$, $\dot{r} = -0{,}2\ \text{m/s}$, $r_1 = 1{,}6\ \text{m}$

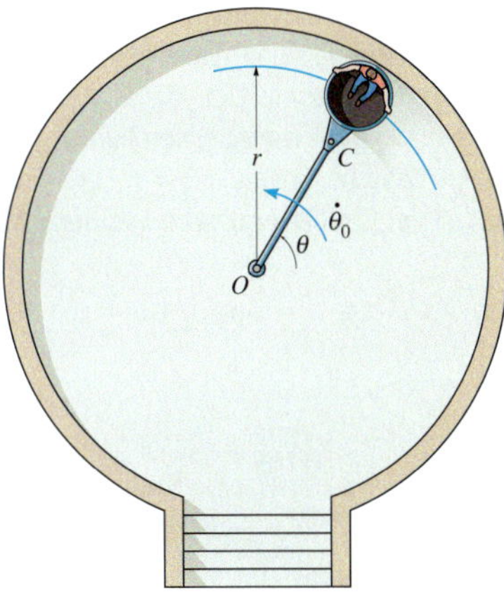

Abbildung A 2.105

2.106 Mittels Druckluft wird der Ball mit der Masse m reibungsfrei durch ein Rohr, das in der *horizontalen Ebene* liegt und die Form einer logarithmischen Spirale hat, befördert. Die von der Druckluft ausgeübte Tangentialkraft auf den Ball ist F. Wie groß ist die Zunahme der Ballgeschwindigkeit $\dot{v}$ bei $\theta = \theta_1$? In welcher Richtung wirkt sie?

Gegeben: $m = 0{,}5\ \text{kg}$, $\theta_1 = \pi/2$, $F = 6\ \text{N}$, $r = r_0\, e^{b\theta}$, $r_0 = 0{,}2\ \text{m}$, $b = 0{,}1/\text{rad}$

2.107 Lösen Sie Aufgabe 2.106 für den Fall, dass das Rohr in der *vertikalen Ebene* liegt.

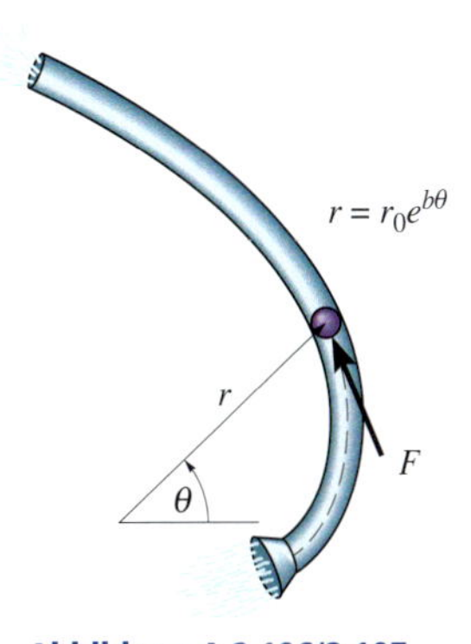

Abbildung A 2.106/2.107

***2.108** Der Arm dreht sich momentan mit der Winkelgeschwindigkeit $\dot{\theta}$, während seine Winkelbeschleunigung $\ddot{\theta}$ und seine Winkellage θ betragen. Der Massenpunkt m bewegt sich dadurch entlang einer *horizontalen* Führung, deren Form durch die hyperbolische Spirale $r\theta = r_0$ beschrieben wird. Welche Normalkraft übt der Arm dabei auf den Massenpunkt aus?

Gegeben: $m = 0{,}5$ kg, $\dot{\theta} = 5$ rad/s, $\ddot{\theta} = 2$ rad/s^2, $\theta = 90°$, $r_0 = 0{,}2$ m rad

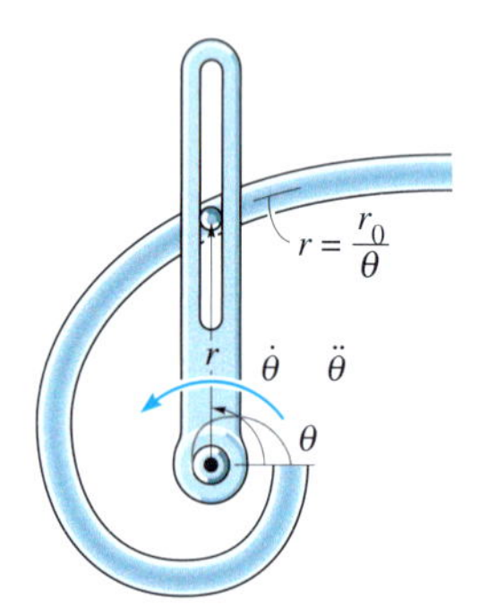

Abbildung A 2.108

2.109 Die Hülse mit dem Gewicht G gleitet auf dem glatten Rundstab, der in der *horizontalen Ebene* liegt und die Form der Parabel $r = r_0/(1 - \cos\theta)$ hat. Die Winkelgeschwindigkeit der Hülse ist konstant und gleich $\dot{\theta}$. Ermitteln Sie die tangentiale Bremskraft P, die die Bewegung bewirkt, und die Normalkraft der Hülse auf den Rundstab bei $\theta = \theta_1$.

Gegeben: $G = 30$ N, $\dot{\theta} = 4$ rad/s, $\theta_1 = 90°$, $r_0 = 2$ m

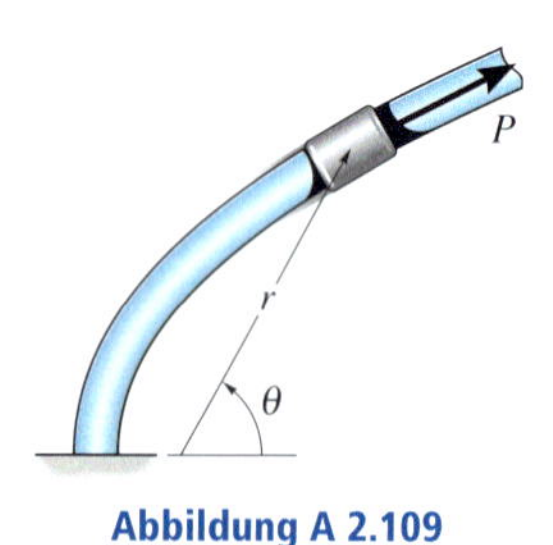

Abbildung A 2.109

2.110 Der Pilot mit dem Gewicht G fliegt mit seinem Flugzeug einen vertikalen Looping, dessen Form teilweise durch die Kardioide $r = r_0(1 + \cos\theta)$ beschrieben wird. Bei A ($\theta = 0$) ist seine Bahngeschwindigkeit v_P konstant. Ermitteln Sie die vertikale Kraft, die sein Sitzgurt auf den Piloten ausübt, wenn das Flugzeug bei A kopfüber fliegt. Siehe Hinweis bei Aufgabe 2.104.

Gegeben: $\dot{\theta} = 4$ rad/s, $\theta_A = 0°$, $v_P = 20$ m/s, $G = 750$ N, $r_0 = 150$ m

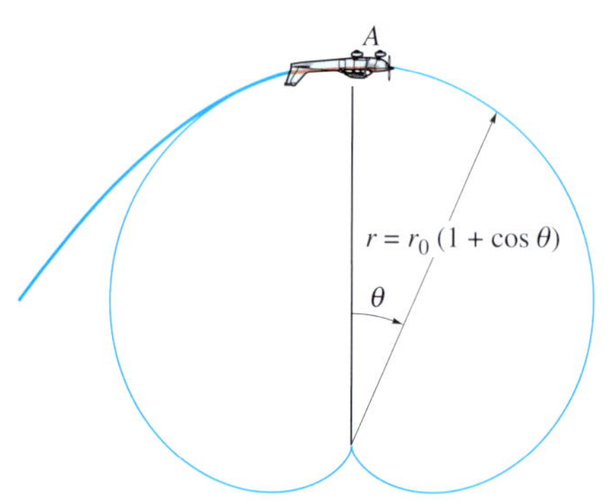

Abbildung A 2.110

2.111 Die Hülse der Masse m gleitet reibungsfrei an dem Rundstab entlang. Der Rundstab hat in der vertikalen Ebene die konstante Winkelgeschwindigkeit $\dot{\theta}$. Zeigen Sie, dass die Bewegungsgleichung der Rolle $\ddot{r} - \dot{\theta}^2 r - g\sin\theta = 0$ und die Zwangskraftgleichung $\dot{r} + N/\left(2m\dot{\theta}\right) - g\cos\theta/\left(2\dot{\theta}\right) = 0$ lauten. N ist der Betrag der Normalkraft des Rundstabes auf die Hülse. Es kann gezeigt werden, dass die Lösung der Bewegungsgleichung $r = C_1 e^{-\dot{\theta}t} + C_2 e^{\dot{\theta}t} - g\sin\dot{\theta}t/\left(2\dot{\theta}^2\right)$ ist. Ermitteln Sie die Konstanten C_1 und C_2. Für $t = 0$ gilt $r_0 = \dot{r}_0 = \ddot{r}_0 = 0$. Wie groß ist r bei $\theta = \theta_1$?

Gegeben: $m = 0{,}2$ kg, $\dot{\theta} = 2$ rad/s, $\theta_1 = \pi/4$

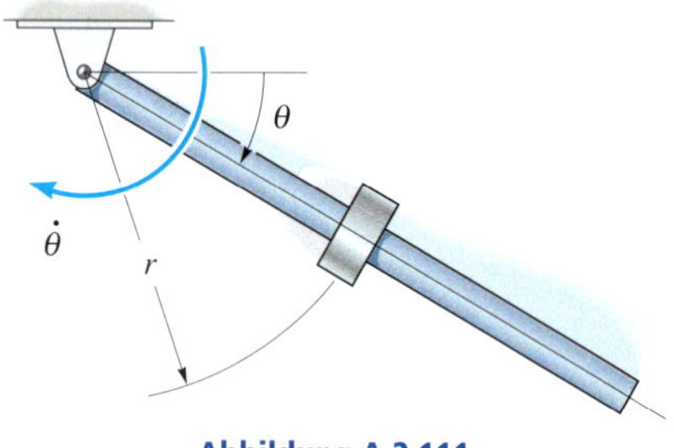

Abbildung A 2.111

Aufgaben zu 2.8

Ausgewählte Lösungswege 

Lösungen finden Sie in *Anhang C*.

Sofern nichts anderes angegeben, gelten für die folgenden Aufgaben die Werte:

Erdradius $R_E = 6378$ km,
Masse der Erde $m_E = 5{,}976(10^{24})$ kg,
Masse der Sonne $m_S = 1{,}99(10^{30})$ kg,
Gravitationskonstante $c_G = 66{,}73(10^{-12})$ m^3/(kg·s^2)

***2.112** Die Rakete befindet sich in der Höhe h in einer kreisförmigen Umlaufbahn um die Erde. Wie groß muss die minimale Zunahme ihrer Geschwindigkeit sein, damit sie aus dem Gravitationsfeld der Erde herauskommt?

Gegeben: $h = 4000$ km

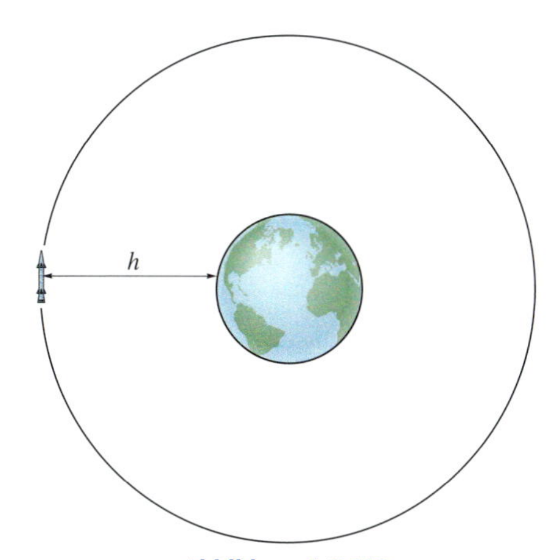

Abbildung A 2.112

***2.113** Beweisen Sie das dritte Kepler'sche Gesetz der Bewegung. *Hinweis:* Verwenden Sie die Gleichungen (2.22), (2.31), (2.32) und (2.34).

2.114 Die Rakete bewegt sich auf einer elliptischen Umlaufbahn mit der Exzentrizität e. Ermitteln Sie ihre Geschwindigkeit, wenn ihr Abstand zur Erde maximal A und minimal B ist.

Gegeben: $e = 0{,}25$, $l = 2000$ km

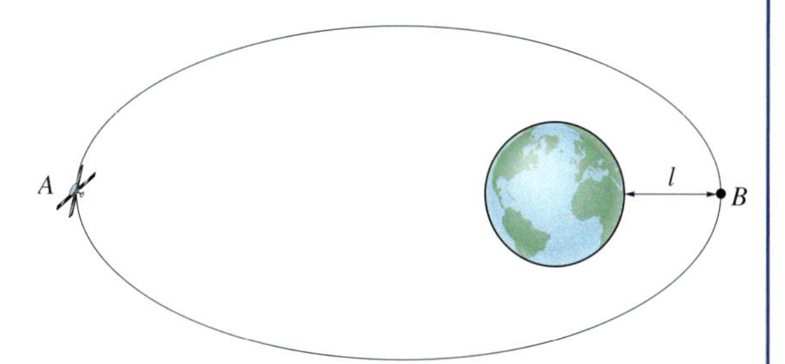

Abbildung A 2.113/2.114

2.115 Die Rakete ist im Freiflug auf der elliptischen Flugbahn $A'A$. Die Masse m des Planeten ist gegeben. Aphel und Perihel der Rakete sind in der Abbildung dargestellt. Bestimmen Sie die Geschwindigkeit der Rakete im Punkt A.

Gegeben: $m = 0{,}6M_E$, $a = 6400$ km, $a' = 16000$ km, $r = 3200$ km

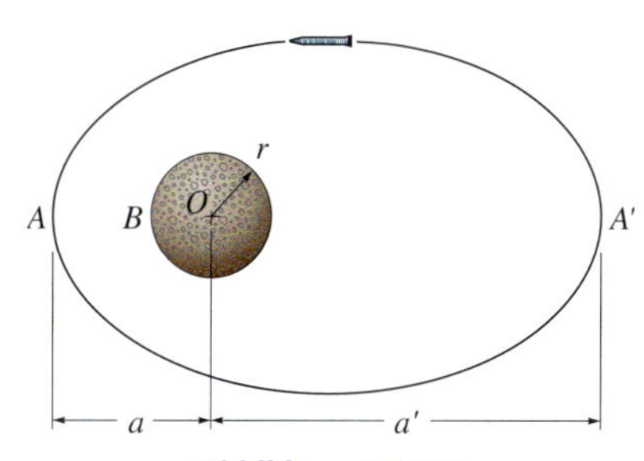

Abbildung A 2.115

***2.116** Die elliptische Bahn eines Satelliten hat die Exzentrizität e. Im Perigäum P hat er die Geschwindigkeit v_P. Wie groß ist seine Geschwindigkeit im Apogäum A? Wie weit ist der Satellit von der Erdoberfläche entfernt, wenn er sich in A befindet?

Gegeben: $e = 0{,}130$, $v_P = 15000$ km/h

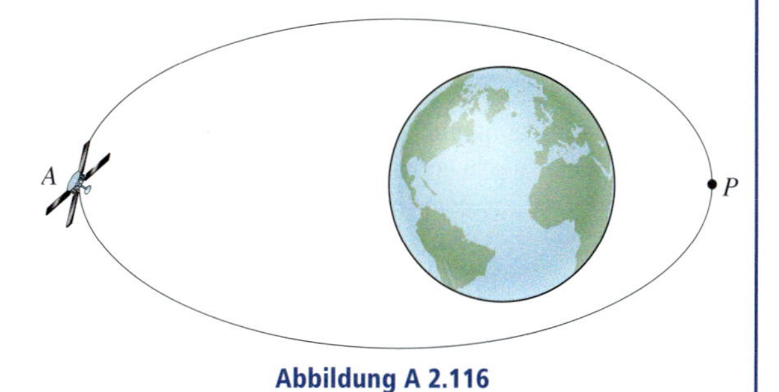

Abbildung A 2.116

2.117 Ein Satellit wird mit der Anfangsgeschwindigkeit v_0 parallel zur Erdoberfläche ausgesetzt. Ermitteln Sie die erforderliche Höhe über der Erdoberfläche beim Aussetzen, wenn die Freiflugbahn (a) kreisförmig, (b) parabolisch, (c) elliptisch und (d) hyperbolisch ist.

Gegeben: $c_G = 66{,}73(10^{-12})\ \mathrm{Nm^2/kg^2}$, $M_E = 5{,}976(10^{24})\ \mathrm{kg}$, $R_E = 6378\ \mathrm{km}$, $v_0 = 4000\ \mathrm{km/h}$

2.118 Eine Rakete ist an einem Satelliten in der Höhe H oberhalb der Erdoberfläche angedockt. Der Satellit befindet sich auf einer kreisförmigen Umlaufbahn. Ermitteln Sie die tangentiale Geschwindigkeit zur Erdoberfläche, welche die Rakete jäh relativ zum Satelliten erfahren muss, damit sie sich im Freiflug vom Satelliten auf der dargestellten parabolischen Bahn entfernt.

Gegeben: $H = 18000\ \mathrm{km}$

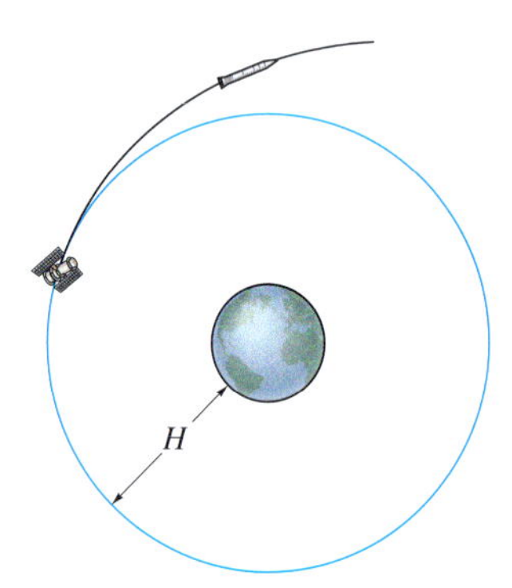

Abbildung A 2.118

2.119 Die Geschwindigkeit eines Satelliten in einer kreisförmigen Umlaufbahn um die Erde wird durch Gleichung (2.28) beschrieben. Wie groß muss die Geschwindigkeit eines Satelliten sein, der parallel zur Erdoberfläche ausgesetzt wird, damit er in eine kreisförmige Umlaufbahn in der Höhe H eintritt?

Gegeben: $H = 800\ \mathrm{km}$

***2.120** Die Rakete befindet sich im Freiflug auf einem elliptischen Orbit um die Erde. Die Exzentrizität des Orbits beträgt e, das Perigäum r_0. Wie groß muss die minimale Zunahme ihrer Geschwindigkeit sein, damit sie in diesem Punkt des Orbits aus dem Gravitationsfeld der Erde herauskommt?

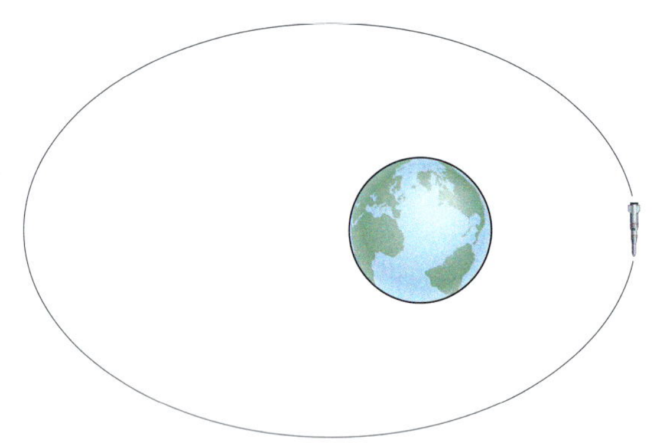

Abbildung A 2.120

2.121 Die Rakete ist im Freiflug auf der elliptischen Flugbahn $A'A$. Der Planet hat keine Atmosphäre, seine Masse m_P ist gegeben. Aphel und Perihel der Rakete sind in der Abbildung dargestellt. Bestimmen Sie die Geschwindigkeit der Rakete im Punkt A.

Gegeben: $m_P = 0{,}7M_E$, $a = 6000\ \mathrm{km}$, $a' = 9000\ \mathrm{km}$, $r = 3000\ \mathrm{km}$

2.122 Die Rakete aus Aufgabe 2.121 soll auf der Planetenoberfläche landen. Wie groß ist die erforderliche Freifluggeschwindigkeit in Punkt A', damit die Rakete in Punkt B auf dem Platen auftrifft. Wie lange braucht sie zur Landung, also von A' nach B, auf einer elliptischen Bahn?

Gegeben: $m_P = 0{,}7M_E$, $a = 6000\ \mathrm{km}$, $a' = 9000\ \mathrm{km}$, $r = 3000\ \mathrm{km}$

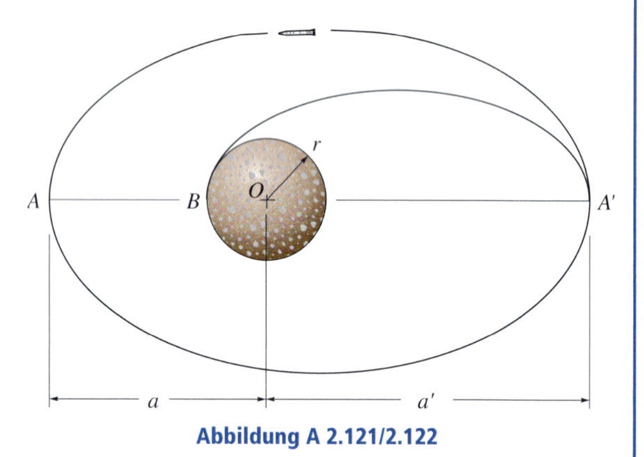

Abbildung A 2.121/2.122

2.123 Ein Satellit S fliegt auf einer kreisförmigen Umlaufbahn um die Erde. Eine Rakete befindet sich im Apogäum ihrer elliptischen Umlaufbahn, mit der gegebenen Exzentrizität e. Ermitteln Sie die jähe Geschwindigkeitsänderung, die in A auftreten muss, damit die Rakete in die Umlaufbahn des Satelliten eintreten kann, während sie sich im Freiflug auf der grau dargestellten elliptischen Bahn befindet. Ermitteln Sie auch die jähe Geschwindigkeitskorrektur in B, die erforderlich ist, damit die Rakete in der kreisförmigen Umlaufbahn bleibt.

Gegeben: $H = 10000$ km, $d = 1{,}2 \cdot 10^5$ km, $e = 0{,}58$

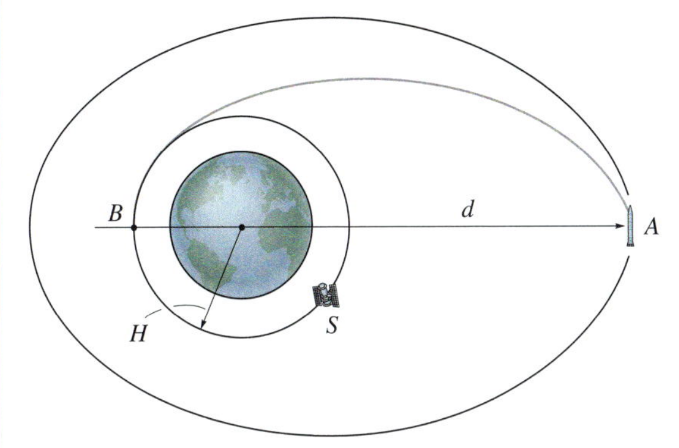

Abbildung A 2.123

***2.124** Ein Asteroid fliegt auf einer elliptischen Umlaufbahn um die Sonne und die Periheldistanz beträgt p. Die Exzentrizität der Umlaufbahn ist e. Ermitteln Sie die Apheldistanz der Umlaufbahn.

Gegeben: $p = 9{,}30(10^9)$ km, $e = 0{,}073$

2.125 Die Rakete befindet sich im Freiflug auf einer elliptischen Umlaufbahn um die Erde, die Exzentrizität beträgt e. Ermitteln Sie die Geschwindigkeit in Punkt A sowie die jähe Geschwindigkeitsänderung der Rakete in B, damit sie in einen Freiflug auf der gestrichelten Umlaufbahn kommt.

Gegeben: $a = 5000$ km, $b = 9000$ km, $c = 8000$ km, $e = 0{,}76$

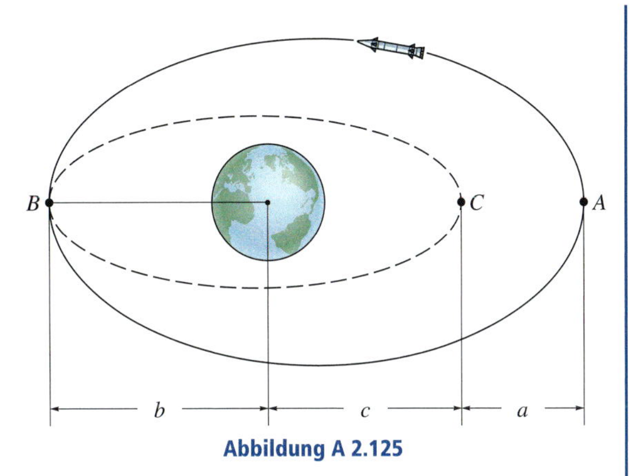

Abbildung A 2.125

2.126 Die Rakete befindet sich im Freiflug auf einer elliptischen Umlaufbahn um die Erde, die Exzentrizität beträgt e und das Perigäum liegt in A. Ermitteln Sie die Geschwindigkeit in Punkt B sowie die jähe Geschwindigkeitsänderung der Rakete in A, damit sie anschließend auf einer kreisförmigen Umlaufbahn um die Erde fliegt.

Gegeben: $a = 9000$ km, $e = 0{,}76$

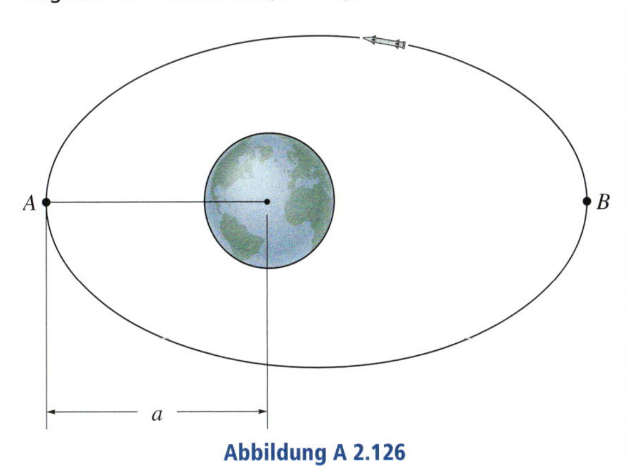

Abbildung A 2.126

2.127 Die Rakete befindet sich ursprünglich auf einer kreisförmigen Umlaufbahn in der Höhe H_A über der Erdoberfläche. Sie soll jedoch auf einer anderen kreisförmigen Bahn in der Höhe $H_{A'}$ fliegen. Dazu erhält die Rakete in Punkt A einen kurzen Energieimpuls, sodass sie auf der grau dargestellten Bahn im Freiflug von der ersten Umlaufbahn auf die zweite gelangt. Ermitteln Sie die notwendige Geschwindigkeit der Rakete in A kurz nach dem Energieimpuls und die Zeit, die sie braucht, auf der Bahn AA' auf die äußere Kreisbahn zu gelangen. Welche Geschwindigkeitskorrektur ist in A' erforderlich, damit die zweite kreisförmige Umlaufbahn gehalten wird?

Gegeben: $H_A = 6000$ km, $H_{A'} = 14000$ km

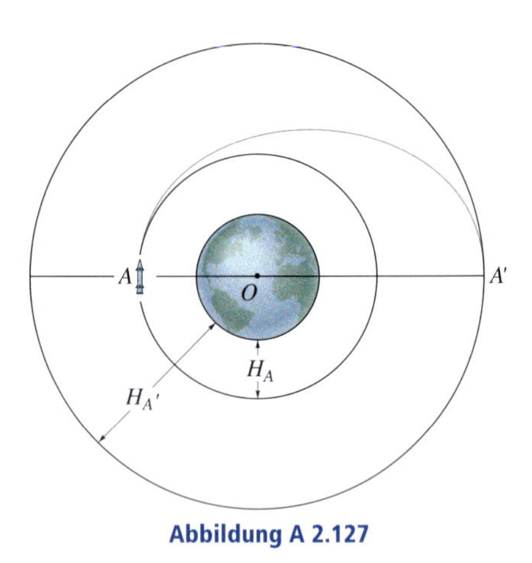

Abbildung A 2.127

Konstruktionsaufgaben

*2.1D Konstruktion einer Katapultrampe

Der Klotz B hat die Masse m und soll vom Tisch katapultiert werden. Konstruieren Sie eine Katapultvorrichtung mit Seilen und Rollen/Flaschenzug, die am Tisch und am Behälter für den Klotz befestigt werden kann. Vernachlässigen Sie die Masse des Behälters und nehmen Sie an, dass der Bediener eine konstante Zugkraft F auf ein Seil aufbringen kann und die maximale Strecke, die sein Arm überstreichen kann, d beträgt. Der Gleitreibungskoeffizient zwischen Tisch und Behälter beträgt μ_g. Erstellen Sie eine Zeichnung und berechnen Sie die maximale Strecke R, bei dem der Klotz auf den Boden auftrifft. Vergleichen Sie Ihren Wert mit dem von Kommilitonen.

Gegeben: $h = 0{,}75$ m, $m = 20$ kg, $F = 120$ N, $d = 0{,}5$ m, $\mu_g = 0{,}2$

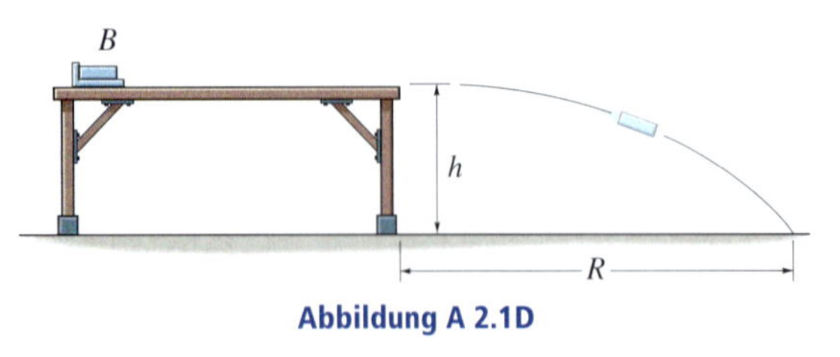

Abbildung A 2.1D

*2.2D Konstruktion einer Abschussvorrichtung für einen Wasserballon

Entwickeln Sie ein Verfahren für das Abschießen von Wasserballons der Masse m. Ermitteln Sie in einem Wettbewerb, wer den Ballon am weitesten schießen oder ein Ziel am besten treffen kann. Verwenden Sie ein Gummiband vorgegebener Länge und Federkonstanten, sowie, falls erforderlich, maximal drei Holzstücke vorgegebener Größe. Stellen Sie Berechnungen an, in welcher Entfernung R von der Abschussstelle der Ballon auf den Boden auftreffen wird. Vergleichen Sie diesen Wert mit dem tatsächlichen Wert für R und diskutieren Sie die Gründe für eventuelle Unterschiede.

Gegeben: $m = 0{,}1$ kg

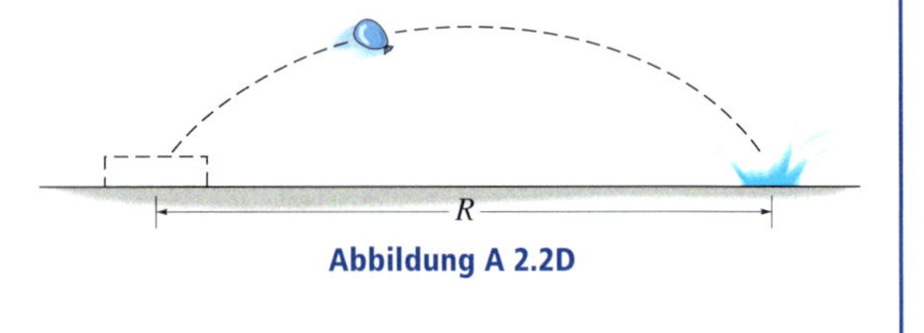

Abbildung A 2.2D

Zusätzliche Übungsaufgaben mit Lösungen finden Sie auf der Companion Website (CWS) unter *www.pearson-studium.de*

Kinetik eines Massenpunktes: Arbeit und Energie

3

ÜBERBLICK

Bei der Dimensionierung des Loopings der Achterbahn muss sichergestellt sein, dass die Wagen genügend Energie zum Durchlaufen des Loopings haben und nicht herunterfallen.

Lernziele

- Herleitung des Arbeitssatzes und seine Anwendung auf Aufgaben zur Berechnung der Geschwindigkeit eines Massenpunktes unter der Einwirkung von Kräften als Funktion des Weges
- Untersuchung von Problemen bezüglich Leistung und Wirkungsgrad
- Einführung des Begriffes einer konservativen Kraft und Anwendung des Energieerhaltungssatzes zur Lösung entsprechender Kinetikaufgaben

3.1 Arbeit einer Kraft

In der Mechanik leistet eine Kraft $\mathbf{F}$ nur dann *Arbeit* an einem Massenpunkt, wenn dieser eine *Verschiebung in Richtung der Kraft erfährt.* Betrachten wir die Kraft $\mathbf{F}$ auf den Massenpunkt in Abbildung 3.1. Bewegt sich der Massenpunkt auf der durch die Bogenlänge s charakterisierten Bahn von einem Anfangspunkt, beschrieben durch den Ortsvektor $\mathbf{r}$ zu einem Nachbarpunkt, beschrieben durch den Ortsvektor $\mathbf{r}'$, dann beträgt die differenzielle Lageänderung $d\mathbf{r} = \mathbf{r}' - \mathbf{r}$. Der Betrag von $d\mathbf{r}$ wird durch ds wiedergegeben, dem differenziellen Bogenlängenelement der Bahn. Der Winkel zwischen $d\mathbf{r}$ und $\mathbf{F}$ ist θ, Abbildung 3.1, und die Arbeit dW von $\mathbf{F}$ ist eine *skalare Größe*, definiert als

$$dW = F\, ds \cos\theta$$

Aufgrund der Definition des Skalarproduktes, siehe Gleichung (C.14), kann diese Gleichung auch in der Form

$$dW = \mathbf{F} \cdot d\mathbf{r}$$

geschrieben werden. Dieses Ergebnis kann auf zweierlei Weise interpretiert werden: als Produkt von F und der Verschiebung $ds \cos\theta$ in Richtung der Kraft oder als Produkt von ds und des Kraftanteils $F \cos\theta$ in Richtung der differenziellen Verschiebung. Für $0° \leq \theta < 90°$ haben die Kraftkomponente und die differenzielle Verschiebung die *gleiche Richtung*, sodass die Arbeit *positiv* ist, während für $90° < \theta \leq 180°$ diese Vektoren *entgegengerichtet* und die Arbeit damit *negativ* ist. Steht die Kraft *senkrecht* auf der Bewegungsbahn, gilt $dW = 0$, denn $\cos 90° = 0$. Die Arbeit dW ist auch dann null, wenn die Kraft an einem *raumfesten Punkt* angreift, denn dann ist der zurückgelegte Weg gleich null.

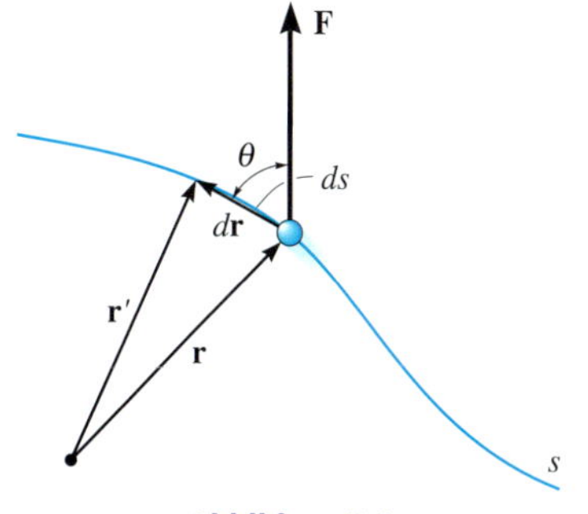

Abbildung 3.1

Die Grundeinheit der Arbeit im SI-System ist das *Joule* [J]. Diese Einheit verknüpft die Einheiten von Kraft und Weg. Ein *Joule* Arbeit wird verrichtet, wenn eine Kraft von einem Newton um einen Meter auf ihrer Wirkungslinie verschoben wird, d.h. 1 [J] = 1 [Nm]. Das Moment einer Kraft hat ebenfalls die Einheit [Nm], die Begriffe *Moment* und *Arbeit* sind jedoch in keiner Weise verknüpft. Ein Moment ist eine Vektorgröße, während die Arbeit ein Skalar ist.

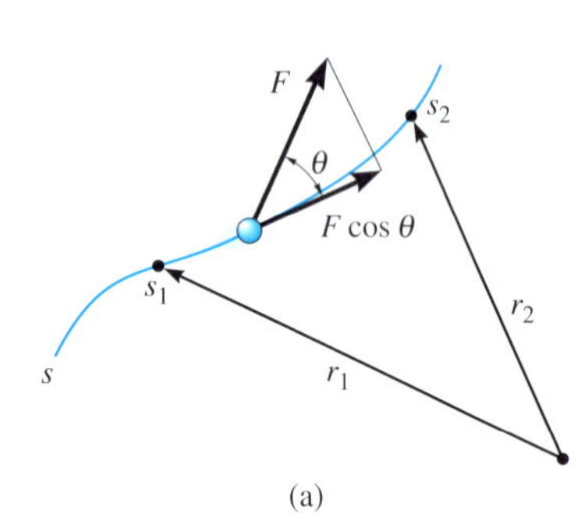

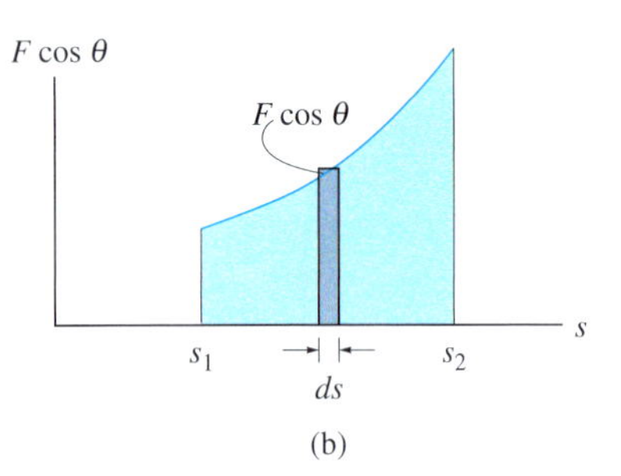

Abbildung 3.2

Arbeit einer variablen Kraft entlang einem endlichen Weg Legt ein Massenpunkt auf seiner Bewegungsbahn eine endliche Strecke, charakterisiert durch die Ortsvektoren $\mathbf{r}_1$ und $\mathbf{r}_2$ bzw. die Bogenlänge von s_1 nach s_2 (gemessen von einem bestimmten Ausgangspunkt auf der Bahnkurve) zurück, siehe Abbildung 3.2a, wird die Arbeit durch Integration berechnet. Mit $\mathbf{F}$ beispielsweise als Funktion des Ortes, $F = F(s)$, ergibt sich unmittelbar

$$W_{1-2} = \int_{r_1}^{r_2} \mathbf{F} \cdot d\mathbf{r} = \int_{s_1}^{s_2} F \cos\theta \, ds \tag{3.1}$$

Wird der Arbeit leistende Anteil der Kraft, $F\cos\theta$, als Funktion von s aufgetragen, Abbildung 3.2b, entspricht das Integral in dieser Gleichung der *Fläche unter der Kurve* zwischen s_1 und s_2.

Arbeit einer konstanten Kraft entlang einer Geraden Hat die Kraft $\mathbf{F}_0$ einen konstanten Betrag und eine Wirkungslinie, die den konstanten Winkel θ mit dieser Wirkungslinie einschließt, Abbildung 3.3a, so beträgt die Koordinate von $\mathbf{F}_0$ in Richtung der Bahn $F_0 \cos\theta$. Die von $\mathbf{F}_0$ geleistete Arbeit für die Strecke des Massenpunktes von s_1 nach s_2 wird mit Gleichung (3.1) bestimmt. Es ergibt sich

$$W_{1-2} = F_0 \cos\theta \int_{s_1}^{s_2} ds,$$

d.h.

$$W_{1-2} = F_0 \cos\theta \left(s_2 - s_1\right) \tag{3.2}$$

Die Arbeit von $\mathbf{F}_0$ entspricht hier der *Fläche des Rechtecks* in Abbildung 3.3b.

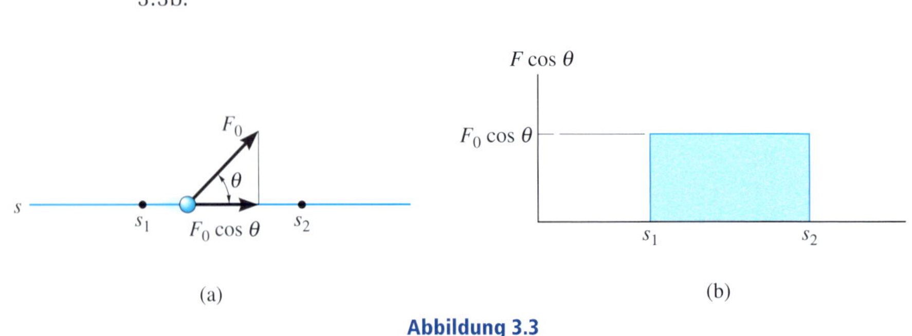

Abbildung 3.3

Arbeit eines Gewichts Betrachten wir einen Massenpunkt, der auf der gekrümmten Bahn, beschrieben durch die Bogenlänge s in Abbildung 3.4 die Strecke von s_1 nach s_2 zurücklegt. Für einen Punkt dazwischen beträgt die zurückgelegte differenzielle Wegstrecke $d\mathbf{r} = dx\mathbf{i} + dy\mathbf{j} + dz\mathbf{k}$. Wir wenden Gleichung (3.1) mit $\mathbf{G} = -G\mathbf{j}$ an und erhalten

$$W_{1-2} = \int_{r_1}^{r_2} \mathbf{F} \cdot d\mathbf{r} = \int_{r_1}^{r_2} (-G\mathbf{j}) \cdot (dx\mathbf{i} + dy\mathbf{j} + dz\mathbf{k})$$

$$= \int_{y_1}^{y_2} -G dy = -G(y_2 - y_1)$$

d.h.

$$W_{1-2} = -G\Delta y \tag{3.3}$$

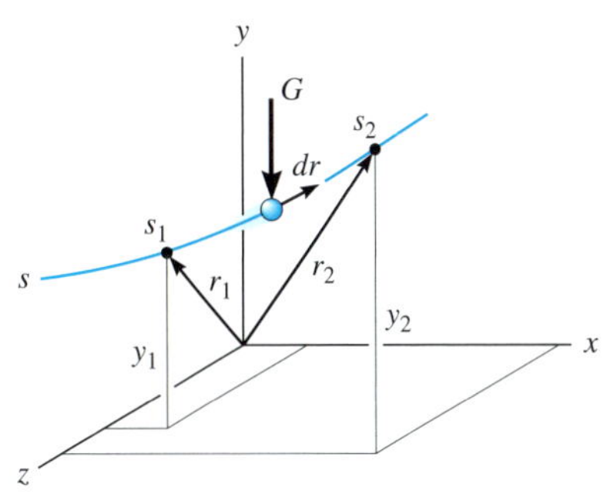

Abbildung 3.4

Die geleistete Arbeit ist also gleich dem Betrag des Gewichts des Massenpunktes mal der von ihm zurückgelegten vertikalen Strecke. Für den in Abbildung 3.4 dargestellten Fall ist die Arbeit *negativ*, denn G ist nach unten und Δy nach oben gerichtet. Wird der Massenpunkt jedoch nach unten verschoben, so ist die Arbeit *positiv*. Warum?

Arbeit einer Federkraft Der Betrag einer äußeren vorgegebenen Kraft, die eine linear elastische Feder um s auslenkt, beträgt $F_F = cs$; c ist die Federkonstante der Feder. Wird die Feder aus der Lage s_1 in die Lage s_2 gedehnt oder gestaucht, Abbildung 3.5a, dann leistet F_F *an der Feder positive* Arbeit, denn in jedem Fall haben Kraft und Auslenkung die *gleiche Richtung*, d.h. es gilt

$$W_{1-2} = \int_{s_1}^{s_2} F_F ds = \int_{s_1}^{s_2} cs\, ds$$

$$= \frac{1}{2}cs_2^2 - \frac{1}{2}cs_1^2$$

Diese Gleichung beschreibt die Trapezfläche unter der Geraden $F_F = cs$, Abbildung 3.5b.

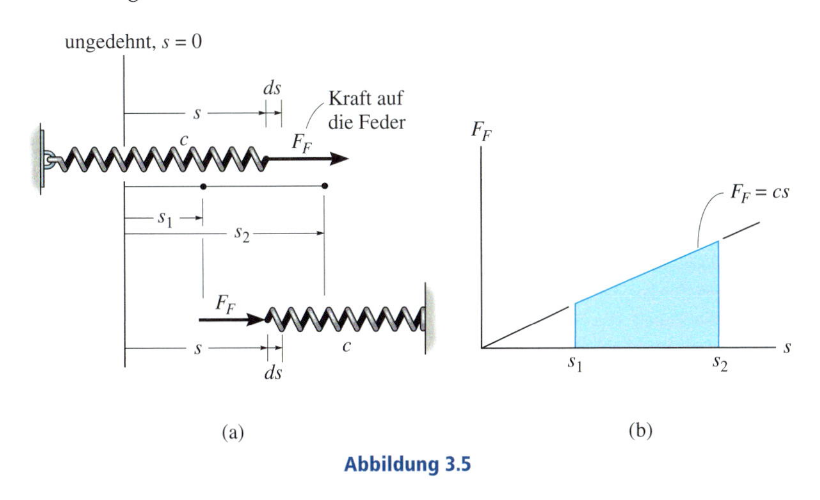

Abbildung 3.5

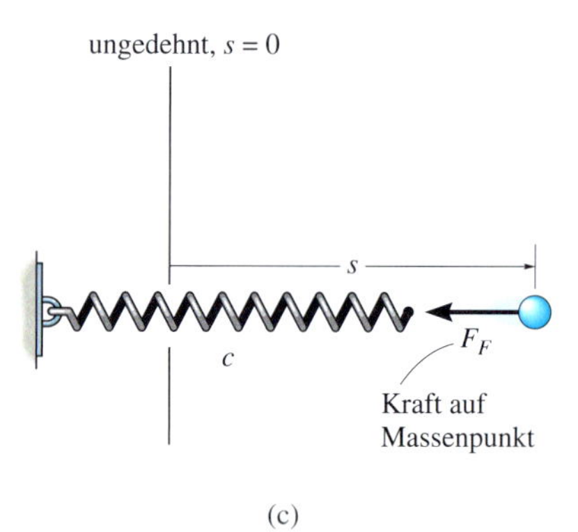

(c)

Abbildung 3.5

Ist ein Massenpunkt (oder ein Körper) an einer Feder befestigt, so entsteht bei seiner Bewegung s eine Kraft F_F von der Feder auf den Massenpunkt, die der Bewegungsrichtung entgegenwirkt, Abbildung 3.5c. Folglich leistet diese Kraft *negative Arbeit* bezüglich des Massenpunktes, wenn dieser sich bewegt und dabei die Feder weiter verlängert (oder gestaucht) wird. Dann ergibt sich

$$W_{1-2} = -\left(\frac{1}{2}cs_2^2 - \frac{1}{2}cs_1^2\right) \tag{3.4}$$

Bei der Anwendung dieser Gleichung wird ein Vorzeichenfehler leicht vermieden, wenn man einfach die Richtung der Federkraft auf den Massenpunkt betrachtet und diese mit der Bewegungsrichtung des Massenpunkts vergleicht. Sind beide *gleich gerichtet*, ist die Arbeit *positiv*, sind sie *entgegengesetzt gerichtet*, dann ist die Arbeit *negativ*.

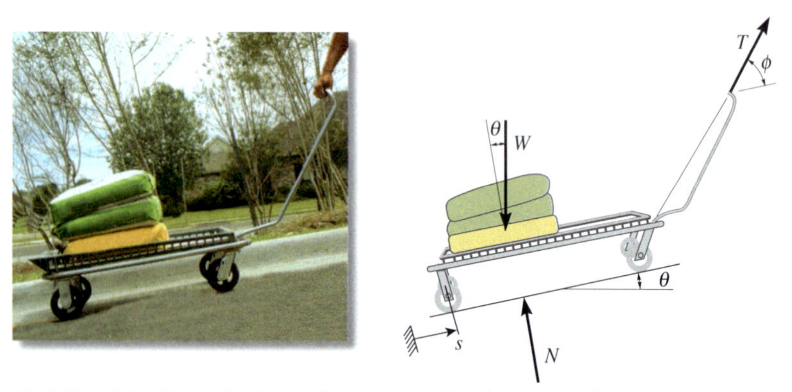

Die Kräfte auf den Karren, der die Strecke s den Hang hinaufgezogen wird, sind im Freikörperbild eingetragen. Die konstante Zugkraft T leistet die positive Arbeit $W_T = (T\cos\phi)\,s$, das Gewicht die negative Arbeit $W_G = -(G\sin\theta)\,s$, die Normalkraft N jedoch keine Arbeit, denn diese Kraft steht senkrecht auf der Bewegungsbahn.

Beispiel 3.1 Die Masse m ruht auf der glatten schiefen Ebene, siehe Abbildung 3.6a. Die Feder ist dabei um s_1 gedehnt. Eine horizontale Kraft P (die größer ist als jene, die im Ruhezustand vorhanden war) schiebt die Masse die schiefe Ebene die zusätzliche Wegstrecke s hinauf. Berechnen Sie die gesamte Arbeit, die alle Kräfte an der Masse leisten.

$m = 10$ kg, $s = 2$ m, $s_1 = 0{,}5$ m, $c = 30$ N/m, $P = 400$ N, $\alpha = 30°$

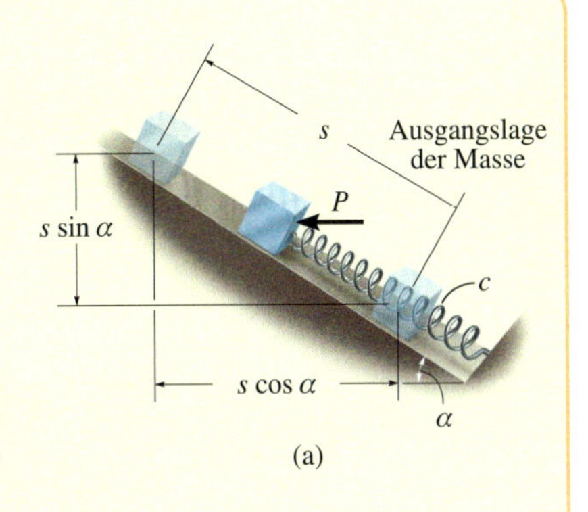

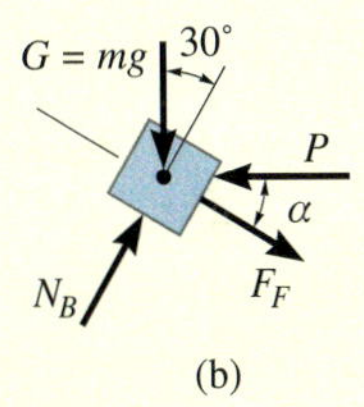

Abbildung 3.6

Lösung

Zunächst wird das Freikörperbild der Masse mit allen realen Kräften (d.h. den eingeprägten Kräften und den Zwangskräften) gezeichnet, um alle Einzelbeiträge auf die am Massenpunkt geleistete Arbeit zu erkennen, Abbildung 3.6b.

Horizontale Kraft P Da diese Kraft *konstant* ist, wird die Arbeit mit Gleichung (3.4) bestimmt. Die Arbeit kann zum einen als Kraft mal Weganteil in Richtung der Kraft berechnet werden, d.h.

$$W_P = P(s\cos\alpha) = 400\text{ N }(2\text{ m}\cos 30°) = 692{,}8\text{ J}$$

oder auch als Verschiebung entlang der schiefen Ebene mal Kraftanteil in Richtung der Bewegung, d.h.

$$W_P = (P\cos\alpha)s = (400\text{ N}\cos 30°)(2\text{ m}) = 692{,}8\text{ J}$$

Federkraft F_F In der Ausgangslage ist die Feder um s_1 gedehnt, in der Endlage um $s_2 = s_1 + s$. Es ergibt sich eine negative Arbeit, denn Kraft und Bewegung haben entgegengesetzte Richtungen. Die Arbeit von F_F ist somit

$$W_F = -\left[\frac{1}{2}c\left(s_1+s\right)^2 - \frac{1}{2}cs_1^2\right]$$

$$= -\left[\frac{1}{2}(30\text{ N/m})(0{,}5\text{ m}+2\text{ m})^2 - (30\text{ N/m})(0{,}5\text{ m})^2\right] = -90\text{ J}$$

Gewicht G Da das Gewicht nach unten, dem vertikalen Anteil der Verschiebung entlang der schiefen Ebene entgegenwirkt, ist die Arbeit negativ, d.h.

$$W_G = -G(s\sin\alpha) = -98{,}1\text{ N }(2\text{ m}\sin 30°) = -98{,}1\text{ J}$$

Es kann auch der Gewichtsanteil in Bewegungsrichtung betrachtet werden:

$$W_G = -(G\sin\alpha)s = -(98{,}1\sin 30°\text{N})\ 2\text{ m} = -98{,}1\text{ J}$$

Normalkraft N Diese Kraft *leistet keine Arbeit*, denn sie steht *immer* senkrecht auf der Bewegungsbahn.

Gesamtarbeit Die Arbeit aller Kräfte bei einer Verschiebung der Masse um die Strecke s ist die Summe:

$$W_{ges} = W_P + W_F + W_G = 692{,}8\text{ J} - 90\text{ J} - 98{,}1\text{ N} = 505\text{ J}$$

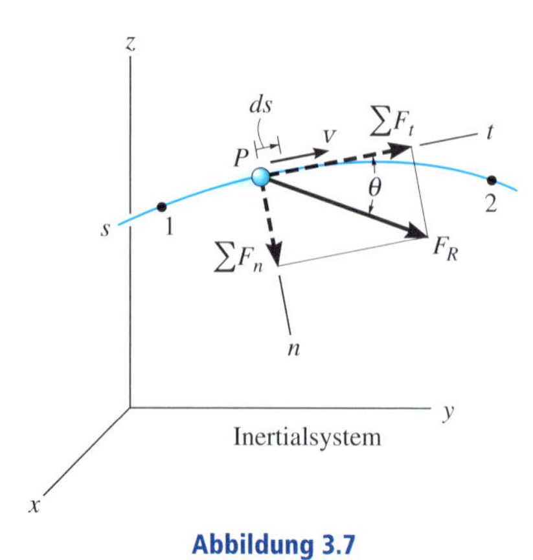

Abbildung 3.7

3.2 Arbeitssatz

Betrachten wir einen Massenpunkt, siehe Abbildung 3.7, der sich zum betreffenden Zeitpunkt – gemessen in einem Inertialsystem – im Punkt P befindet. Der Massenpunkt hat die Masse m und eine Reihe äußerer Kräfte greifen an ihm an, die durch ihre Resultierende $\mathbf{F}_R = \sum \mathbf{F}$ repräsentiert werden. Das Newton'sche Grundgesetz für den Massenpunkt in tangentialer Richtung lautet dann $\sum F_t = ma_t$. Mit der kinematischen Gleichung $a_t = v\, dv/ds$, der Integration beider Seiten und der Annahme, dass der Massenpunkt in der Anfangslage $s = s_1$ die Geschwindigkeit $v = v_1$, aber später in der Lage $s = s_2$ die Geschwindigkeit $v = v_2$ hat, erhalten wir

$$\sum \int_{s_1}^{s_2} F_t ds = \int_{v_1}^{v_2} mv\, dv$$

$$\sum \int_{s_1}^{s_2} F_t ds = \frac{1}{2} mv_2^2 - \frac{1}{2} mv_1^2 \tag{3.5}$$

Gemäß Abbildung 3.7 gilt $\sum F_t = \sum F \cos\theta$ und mit der Definition der Arbeit aus Gleichung (3.1) schreiben wir als Ergebnis

$$\sum W_{1-2} = \frac{1}{2} mv_2^2 - \frac{1}{2} mv_1^2 \tag{3.6}$$

Diese Gleichung als ein erstes Integral des Newton'schen Grundgesetzes bezüglich des Ortes ist der so genannte *Arbeitssatz* für den Massenpunkt. Der Term auf der linken Seite ist die Summe der Arbeit *aller* tatsächlichen Kräfte auf den Massenpunkt, wenn dieser sich von Punkt 1 nach Punkt 2 bewegt. Die beiden Terme auf der rechten Seite in der allgemeinen Form $T = \frac{1}{2} mv^2$ definieren die *kinetische Energie* des Massenpunktes am Anfang und am Ende der betrachteten Bewegung. Diese Terme sind immer *positive* Skalare. Gleichung (3.6) ist offenbar einheitlich in den Dimensionen, die kinetische Energie hat die gleiche Einheit wie die Arbeit, z.B. Joule [J].

Bei Anwendung der Gleichung (3.6) wird diese oft in der Form

$$T_1 + \sum W_{1-2} = T_2 \tag{3.7}$$

geschrieben. Das bedeutet, dass die kinetische Anfangsenergie des Massenpunktes plus die von allen Kräften geleistete Arbeit, wenn der Massenpunkt die Wegstrecke vom Anfangs- zum Endpunkt zurücklegt, gleich seiner kinetischen Energie am Ende der Bewegung ist.

Der Arbeitssatz ist also ein Integral der Beziehung $\sum F_t = ma_t$ unter Verwendung der kinematischen Gleichung $a_t = v\, dv/ds$. Somit ist dieser Satz eine einfache *Substitution* der Bewegungsgleichung $\sum F_t = ma_t$ für den Fall, dass kinetische Aufgaben zu lösen sind, in denen die Geschwindigkeit als Funktion des Weges bei einwirkenden Kräften auf den Massenpunkt gesucht werden, denn genau diese Variablen sind in Gleichung (3.7) miteinander verknüpft. Ist z.B. die Anfangsgeschwindigkeit des Massenpunktes bekannt, und kann die Arbeit aller auf den Massenpunkt wirkenden Kräfte bestimmt werden, dann kann mit Gleichung (3.7) *direkt* die Endgeschwindigkeit v_2 des Massenpunktes nach Zurücklegen

Fährt ein Auto auf diese Stoß-Barrieren, so wird die kinetische Energie des Wagens in Arbeit umgewandelt, welche die Barrieren und in einem gewissen Ausmaß auch das Auto verformt. Ist die Energie bekannt, die jede Tonne aufnimmt, so kann eine Stoßabsorbereinrichtung, wie hier dargestellt, konstruiert werden.

einer bestimmten Wegstrecke berechnet werden. Sollte aber v_2 aus der ursprünglichen Bewegungsgleichung bestimmt werden, so sind in der Tat zwei Schritte erforderlich: Zunächst liefert die Bewegungsgleichung $\sum F_t - ma_t = 0$ die Beschleunigung a_t; anschließend ermittelt man die Geschwindigkeit v_2 durch Integration von $a_t = v\,dv/ds$. Der Arbeitssatz fasst diese beiden Schritte also zusammen.

Beachten Sie, dass der Arbeitssatz nicht zur Berechnung von Kräften verwendet werden kann, die *senkrecht* auf der Bewegungsbahn stehen, denn diese Kräfte verrichten keine Arbeit am Massenpunkt. Zur Berechnung der Normalkraft hat man die Gleichung $\sum F_n = ma_n$ zu verwenden. Bei nicht geradlinigen Bahnkurven ist der Betrag der Normalkraft allerdings eine Funktion der Geschwindigkeit. Es ist dann eventuell einfacher, die Geschwindigkeit mit Hilfe des Arbeitssatzes zu bestimmen, diesen Wert in die Zwangskraftgleichung $\sum F_n = mv^2/\rho$ einzusetzen und die Normalkraft daraus zu berechnen.

Lösungsweg

Der Arbeitssatz dient zur Lösung von kinetischen Aufgaben, in denen die *Geschwindigkeit* eines Massenpunktes unter der Einwirkung von *Kräften* als Funktion des *Weges* gesucht ist. Folgender Lösungsweg wird vorgeschlagen:

Arbeit (Freikörperbild)

- Führen Sie ein Inertialsystem ein und zeichnen Sie ein Freikörperbild des Massenpunktes, um alle *realen* Kräfte zu erfassen, die während der Bewegung am Massenpunkt Arbeit verrichten.

Arbeitssatz

- Wenden Sie den Arbeitssatz an: $T_1 + \sum W_{1\text{-}2} = T_2$.
- Die kinetische Energie am Anfang und am Ende ist immer positiv, denn sie enthält das Quadrat der Geschwindigkeit ($T = \frac{1}{2}mv^2$)
- Eine Kraft verrichtet Arbeit, wenn sie eine Wegstrecke in Kraftrichtung zurücklegt.
- Arbeit ist *positiv*, wenn die Kraft die *gleiche Richtung* hat wie die Verschiebung des Massenpunktes, sonst ist sie negativ.
- Für Kräfte, die wegabhängig sind, ist die Arbeit durch Integration zu erhalten. Grafisch wird die Arbeit durch die Fläche unter der Kraft-Weg-Kurve repräsentiert.
- Die Arbeit des Gewichts ist das Produkt von Gewichtsbetrag und des vertikalen Verschiebungsanteils, $W_G = -G\,y$. Sie ist positiv, wenn sich das Gewicht nach unten bewegt.
- Die Arbeit einer Feder ist $W_F = \frac{1}{2}cs^2$, worin c die Federkonstante und s die Dehnung bzw. Stauchung der Feder gegenüber dem ungedehnten Zustand ist.

Die Anwendung dieses Lösungsweges wird zusammen mit den zu *Abschnitt 3.3* gehörenden Beispielen erläutert.

3.3 Arbeitssatz für ein Massenpunktsystem

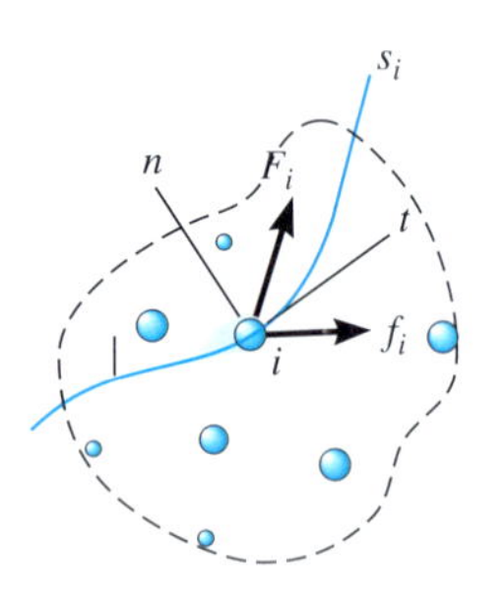

Inertialsystem

Abbildung 3.8

Der Arbeitssatz kann auch auf ein System von n endlich vielen Massenpunkten in einem abgeschlossenen Gebiet des Raums, siehe Abbildung 3.8, erweitert werden. An einem beliebigen i-ten Massenpunkt der Masse m_i greift die resultierende äußere Kraft $\mathbf{F}_i$ und die resultierende innere Kraft $\mathbf{f}_i$, die alle anderen Massenpunkte auf den i-ten Massenpunkt ausüben, an. Mit Gleichung (3.5) in tangentialer Richtung ergibt sich der Arbeitssatz für den i-ten Massenpunkt:

$$\frac{1}{2}m_i v_{i1}^2 + \int_{s_{i1}}^{s_{i2}} (F_i)_t \, ds + \int_{s_{i1}}^{s_{i2}} (f_i)_t \, ds = \frac{1}{2}m_i v_{i2}^2$$

Analoge Gleichungen ergeben sich, wenn der Arbeitssatz auf die anderen Massenpunkte des Systems angewendet wird. Da Arbeit und kinetische Energie skalare Größen sind, kann das Ergebnis algebraisch addiert werden, und man erhält

$$\sum \frac{1}{2}m_i v_{i1}^2 + \sum \int_{s_{i1}}^{s_{i2}} (F_i)_t \, ds + \sum \int_{s_{i1}}^{s_{i2}} (f_i)_t \, ds = \sum \frac{1}{2}m_i v_{i2}^2$$

Diese Gleichung kann auch in der Form

$$\sum T_1 + \sum W_{1-2} = \sum T_2 \tag{3.8}$$

geschrieben werden. Sie besagt, dass die anfängliche kinetische Energie ($\sum T_1$) plus der von allen äußeren und inneren Kräften an den Massenpunkten geleistete Arbeit ($\sum W_{1\text{-}2}$) gleich der kinetischen Energie des Systems von Massenpunkten am Ende der Bewegung ($\sum T_2$) ist. In diese Gleichung muss wirklich die gesamte Arbeit aller äußeren und inneren Kräfte einbezogen werden. Dabei ist zu berücksichtigen, dass, auch wenn die inneren Kräfte zwischen benachbarten Massenpunkten in gleich großen, aber entgegengesetzt wirkenden kollinearen Paaren auftreten, die gesamte Arbeit aller Kräfte sich im Allgemeinen *nicht aufhebt*, denn die Bahnkurven der verschiedenen Massenpunkte sind *unterschiedlich*. Es gibt allerdings zwei wichtige, häufig auftretende Ausnahmen dieser Regel. Befinden sich die Massenpunkte innerhalb eines *translatorisch bewegten starren* Körpers, erfahren alle inneren Kräfte die gleiche Verschiebung und die innere Arbeit wird gleich null. Massenpunkte, die miteinander durch ein undehnbares Seil verbunden sind, bilden ein System mit inneren Kräften, die um gleiche Beträge verschoben werden. In diesem Fall üben benachbarte Massenpunkte gleiche, aber entgegengesetzt gerichtete innere Kräfte aufeinander aus, deren Komponenten gleich verschoben werden. Daher hebt sich die Arbeit dieser Kräfte gegenseitig auf. Geht man andererseits davon aus, dass der Körper *nicht starr* ist, werden die Massenpunkte des Körpers entlang *unterschiedlicher Bahnkurven* verschoben, etwas von der Energie kann bei den Wechselwirkungen der Kräfte abgegeben und als Wärme verloren gehen oder wird im Körper gespeichert, wenn dauerhafte Verformungen auftreten. Diese Effekte werden kurz am Ende dieses Abschnittes und etwas ausführlicher in *Abschnitt 4.4* diskutiert.

Hier wird der Arbeitssatz nur auf Probleme angewendet, bei denen Energieverluste nicht berücksichtigt werden müssen.

Der in *Abschnitt 3.2* dargestellte Lösungsweg stellt auch zur Anwendung der Gleichung (3.8) eine Bearbeitungsmethode zur Verfügung, allerdings gilt diese Gleichung für das gesamte System. Sind Massenpunkte durch Seile verbunden, können im Allgemeinen weitere Gleichungen zur Verknüpfung der Massenpunktgeschwindigkeiten mit den kinematischen Aussagen aus *Abschnitt 1.9* hergeleitet werden, siehe *Beispiel 3.7*.

Reibungsarbeit bei Gleitvorgängen Eine besondere Art von Problemen, die im Folgenden behandelt wird, erfordert eine besonders sorgfältige Anwendung von Gleichung (3.8), wenn nämlich das Gleiten eines Körpers auf einem anderen unter Berücksichtigung der Reibung diskutiert werden soll. Betrachten wir als Beispiel die Masse in Abbildung 3.9a, der auf der rauen Oberfläche die Strecke s zurücklegt. Die aufgebrachte Kraft P soll gerade mit der *resultierenden* Reibungskraft $\mu_g N$ im Gleichgewicht sein, siehe Abbildung 3.9b. Aufgrund des Gleichgewichts wird eine konstante Bewegungsgeschwindigkeit v aufrecht gehalten und Gleichung (3.8) kann wie folgt angewendet werden:

$$\frac{1}{2}mv^2 + Ps - \mu_g Ns = \frac{1}{2}mv^2$$

Diese Gleichung ist für $P = \mu_g N$ erfüllt, die beide auch denselben Weg s zurücklegen. Allerdings sind P und s gleich gerichtet, während $\mu_g N$ und s in entgegengesetzter Richtung weisen. Die antreibende Kraft P führt dem mechanischen System (der Masse) also Energie zu, während die Reibungskraft $\mu_g N$ Energie dissipiert, vom mechanischen System also abführt. Der aus der Erfahrung heraus bekannte Sachverhalt, dass reibungsbehaftetes Gleiten *Wärme erzeugt*, kann damit einfach erklärt werden. Die von P aufgebrachte mechanische Energie wird infolge Gleitreibung dissipiert, sie wird in Wärme an die Umgebung (einschließlich einer Erwärmung der Masse) abgegeben und ist mechanisch nicht mehr zurück zu gewinnen. Für den Klotz kommt es zu einer Zunahme der *inneren Energie*, die zu einer Temperaturerhöhung desselben führt. Deshalb erwärmen sich bei der Vollbremsung eines Autos sowohl die Bremsbeläge als auch die Bremsscheibe ziemlich stark.

Gleichung (3.8) kann also auch auf Aufgaben mit Gleitreibung angewendet werden, wobei jedoch zu beachten ist, dass die Arbeit $\mu_g Ns$ der resultierenden Reibungskraft in andere Formen der inneren Energie wie Wärme umgewandelt wird.[1]

In analoger Weise lassen sich die Überlegungen auch auf Bewegungen anwenden, die beispielsweise durch einen Stoßdämpfer beeinflusst werden. Auch dieses Bauelement entzieht dem mechanischen System Energie in Form von Wärme, die bei Aufrechterhaltung der Bewegung dem System durch einen entsprechenden Antrieb zugeführt werden muss. Oft arbeiten derartige Stoßdämpfer geschwindigkeitsproportional (Dämpferkonstante k), sodass die auf eine bewegende Masse entstehende Rückstellkraft $F_D = kv$ ist, die in die Gegenrichtung der Bewegung weist.

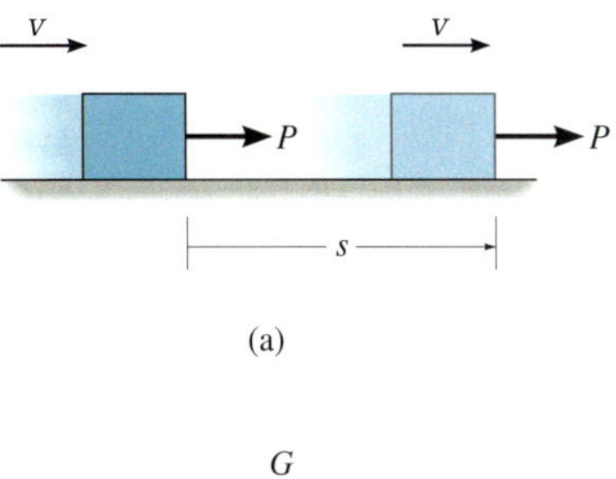

(a)

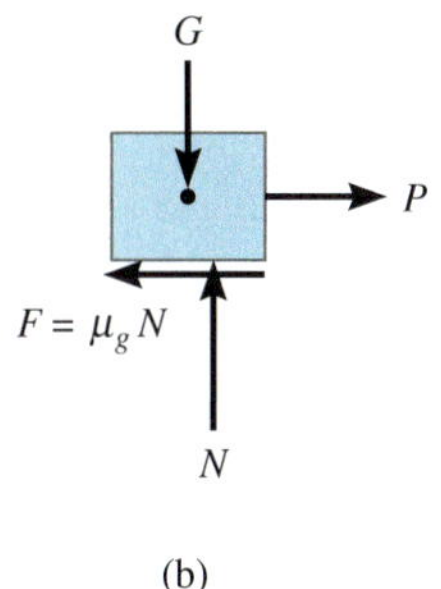

(b)

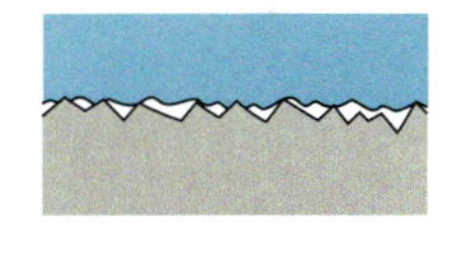

(c)

Abbildung 3.9

1 Vgl. B.A. Sherwood und W.H. Bernard, „Work and Heat Transfer in the Presence of Sliding Friction“, Am.J.Phys. 52, 1001 (1984)

Beispiel 3.2

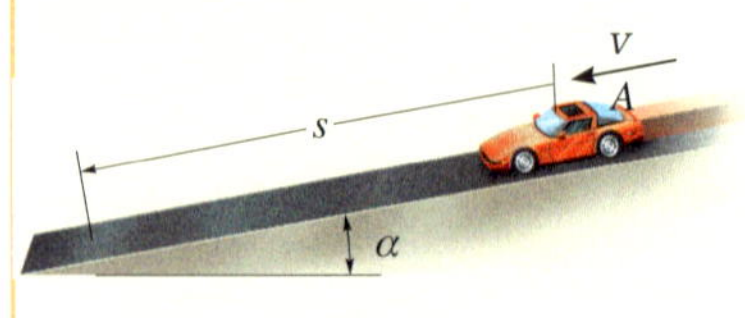

(a)

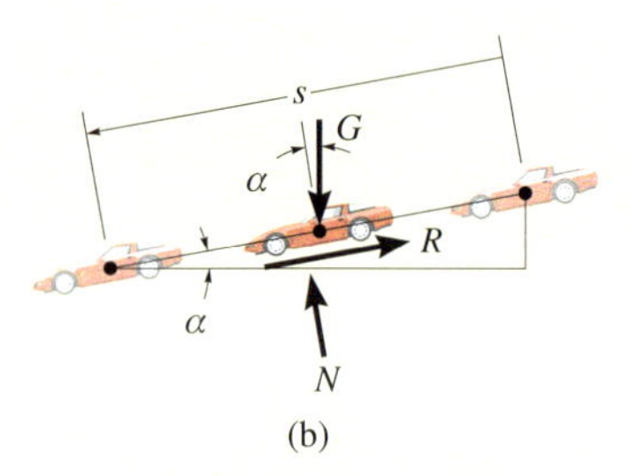

(b)

Das Auto mit dem Gewicht G, siehe Abbildung 3.10a, fährt mit der konstanten Geschwindigkeit v die Straße mit der Neigung α hinunter. Der Fahrer tritt heftig auf die Bremse, sodass die Räder blockieren. Wie weit rutscht das Fahrzeug auf der Straße? Der Gleitreibungskoeffizient μ_g zwischen den Rädern und der Straße ist gegeben.

$G = 17{,}5 \text{ kN}$, $v = 6 \text{ m/s}$, $\alpha = 10°$, $\mu_g = 0{,}5$

Lösung I

Diese Aufgabe kann mit dem Arbeitssatz gelöst werden, da ein Zusammenhang zwischen Kraft, Geschwindigkeit und Weg diskutiert werden soll.

Arbeit (Freikörperbild) Wie in Abbildung 3.10b dargestellt, leistet die Normalkraft N keine Arbeit, denn sie steht senkrecht auf der Bewegungsrichtung entlang der schiefen Ebene. Das Gewicht G wird um $s \sin \alpha$ verschoben und leistet positive Arbeit. Warum? Die Reibungskraft R leistet negative Arbeit, wenn sie die *gedachte* Verschiebung s erfährt, denn sie wirkt der Bewegung entgegen. Die Gleichgewichtsbedingung senkrecht zur schiefen Ebene führt auf

$$\sum F_n = 0; \qquad N - G \cos \alpha = 0$$

$$N = 17234{,}1 \text{ N}$$

Somit ergibt sich

$$R = \mu_g N = 8617{,}1 \text{ N}$$

Arbeitssatz

$$T_1 + \sum W_{1-2} = T_2$$

$$\frac{1}{2}\left(\frac{G}{g}\right)v^2 + \left[G(s \sin \alpha) - Rs\right] = 0$$

Wir lösen nach s auf und erhalten

$$s = \frac{Gv^2}{2g(R - G \sin \alpha)} = 5{,}75 \text{ m}$$

Lösung II

Bei der Lösung auf der Basis der Bewegungsgleichung sind *zwei Schritte* erforderlich. Die Bewegungsgleichung erhält man beispielsweise über das Prinzip von d'Alembert mit dem dynamischen Kräftegleichgewicht entlang der schiefen Ebene gemäß dem generalisierten Freikörperbild in Abbildung 3.10c:

$$\sum F_s - m_A a_s = 0; \qquad G \sin \alpha - R - (G/g)a = 0$$

$$a = -3{,}13 \text{ m/s}^2$$

Mit $a\, ds = v\, dv$ (Kinematik) und der konstanten Beschleunigung a ergibt die Integration

$$v^2 = v_0^2 + 2a_0(s - s_0)$$

$$s = 5{,}75 \text{ m}$$

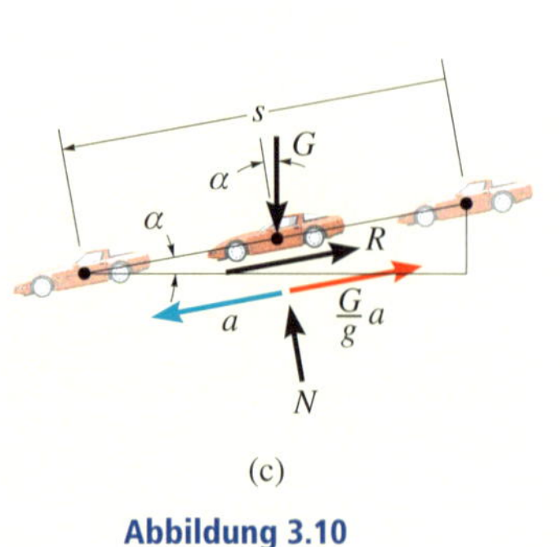

(c)

Abbildung 3.10

Beispiel 3.3 Für eine bestimmte Zeit hebt der Kran in Abbildung 3.11a den Balken der Masse m mit Hilfe der Kraft F hoch. Ermitteln Sie die Geschwindigkeit nach einer vertikalen Wegstrecke s. Wie lange braucht er, um diese Höhe aus der Ruhe zu erreichen?

$m = 2500$ kg, $F = (b + cs^2)$, $s = 3$ m, $b = 28$ kN, $c = 3$ kN/m^2

Lösung

Wir können den ersten Teil der Aufgabe mit dem Arbeitssatz lösen, denn Kraft, Geschwindigkeit und Weg in ihrer Wechselwirkung sind zu diskutieren. Die Zeit wird dann mittels einer kinematischen Aussage bestimmt.

Arbeit (Freikörperbild) Wie in Abbildung 3.11b dargestellt, leistet die Zugkraft F positive Arbeit, die durch Integration bestimmt werden muss, weil die Kraft wegabhängig ist. Das Gewicht ist konstant und leistet negative Arbeit, denn die Verschiebung ist nach oben gerichtet.

Arbeitssatz

$$T_1 + \sum W_{1-2} = T_2$$

$$0 + \int_0^s F d\bar{s} - mgs = \frac{1}{2} m v^2$$

$$v^2 = \frac{2}{m} \int_0^s \left(b + c\bar{s}^2\right) d\bar{s} - 2gs$$

$$= \frac{2}{m} \left(bs + \frac{cs^3}{3}\right) - 2gs$$

Für $s = 3$ m ergibt sich

$$v = 5{,}47 \text{ m/s}$$

Kinematik Da die Geschwindigkeit als Funktion des Weges geschrieben werden kann, wird die Zeit mittels $v = ds/dt$ bestimmt. Es ist

$$\frac{ds}{dt} = \left[\frac{2}{m}\left(bs + \frac{cs^3}{3}\right) - 2gs\right]^{1/2}$$

$$t = \int_0^s \frac{d\bar{s}}{\left[\frac{2}{m}\left(b\bar{s} + \frac{c\bar{s}^3}{3}\right) - 2g\bar{s}\right]^{1/2}}$$

Die Integration wird beispielsweise mit einem Taschenrechner durchgeführt. Das Ergebnis ist

$$t = 1{,}79 \text{ s}$$

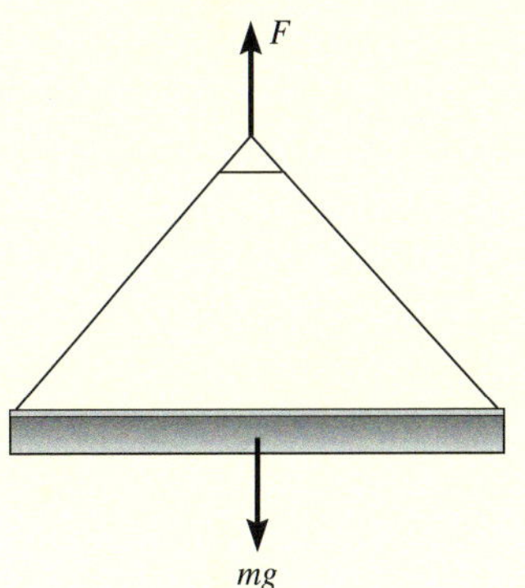

Abbildung 3.11

Beispiel 3.4

Die Plattform P in Abbildung 3.12a hat eine vernachlässigbare Masse und wird so gehalten, dass die undehnbaren Seile der Länge l_S die Feder der Steifigkeit c und der Länge l_F um $s = l_F - l_S$ stauchen, wenn die Plattform *unbelastet* ist. Anschließend wird ein Klotz der Masse m darauf gelegt und die Plattform mit Klotz um d nach unten gedrückt, siehe Abbildung 3.12b. Bestimmen Sie die maximale Höhe h_{max} über dem Boden, die der Klotz nach dem Loslassen aus der Ruhe heraus in die Luft fliegt.

$m = 2$ kg, $l_S = 0{,}4$ m, $l_F = 1$ m, $d = 0{,}1$ m, $c = 200$ N/m

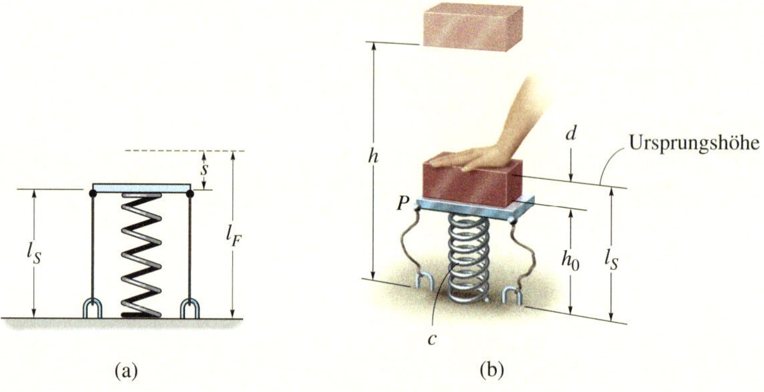

Abbildung 3.12

Lösung

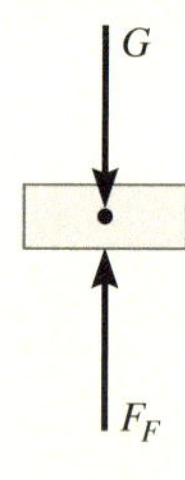

(c)

Arbeit (Freikörperbild) Da die Plattform mit Klotz aus der Ruhe losgelassen wird und später die maximale Höhe erreicht, sind die Anfangs- und die Endgeschwindigkeit gleich null. Das Freikörperbild des Klotzes in Kontakt mit der Bühne ist in Abbildung 3.12c dargestellt. Das Gewicht leistet negative Arbeit, die Federkraft positive Arbeit. Warum? Die *Anfangsstauchung* der Feder beträgt $s_1 = s + d$. Aufgrund der undehnbaren Seile kann die *Stauchung* das Maß $s_2 = s$ nicht unterschreiten. Im Moment des Abhebens des Klotzes von der Plattform ist also die *Endstauchung* der Feder genau $s_2 = s$. Die Unterseite des Klotzes steigt dann von der Höhe $h_0 = l_S - d$ auf die Endhöhe h_{max}.

Arbeitssatz

$$T_1 + \sum W_{1-2} = T_2$$

$$\frac{1}{2}mv_1^2 + \left[-\left(\frac{1}{2}cs_2^2 - \frac{1}{2}cs_1^2\right) - G\Delta y\right] = \frac{1}{2}mv_2^2$$

Da hier $s_1 > s_2$ gilt, ist die mit Gleichung (3.4) berechnete Arbeit der Feder positiv. Das führt auf

$$0 + \left[-\left(\frac{1}{2}cs_2^2 - \frac{1}{2}cs_1^2\right) - G\left(h_{max} - h_0\right)\right] = 0$$

Das ergibt

$$h_{max} = 0{,}963 \text{ m}$$

Beispiel 3.5 Der in Abbildung 3.13a gezeigte Junge mit der Masse m gleitet aus der Ruhe in A auf der glatten Wasserrutsche nach unten. Bestimmen Sie seine Geschwindigkeit, wenn er B erreicht, und die Normalreaktion, welche die Rutsche auf den Jungen in dieser Lage ausübt.

$m = 40$ kg, $k = 0{,}075$ 1/m, $l = 10$ m

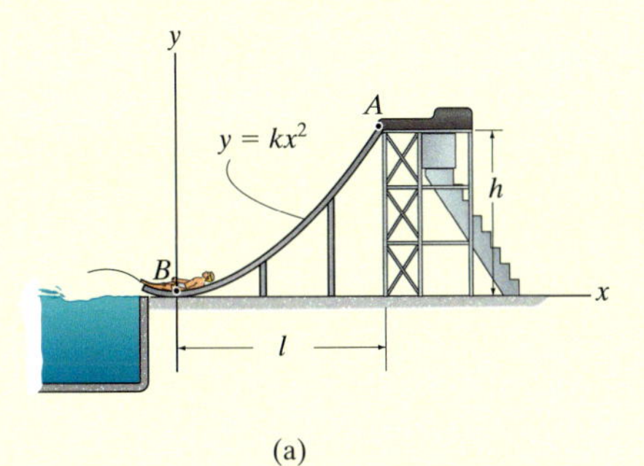

(a)

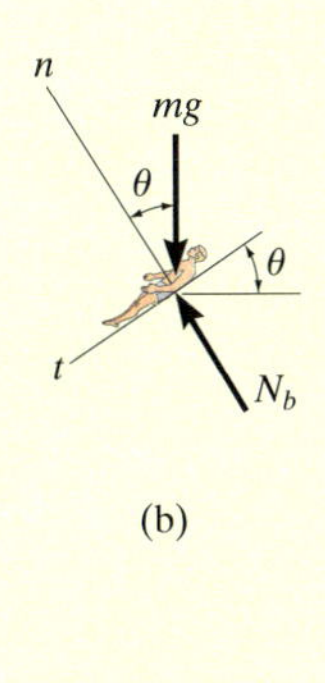

(b)

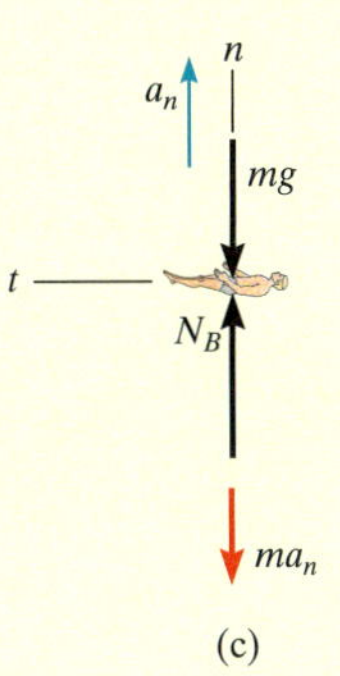

(c)

Abbildung 3.13

Lösung

Arbeit (Freikörperbild) Abbildung 3.13b zeigt das Freikörperbild mit zwei Kräften, die auf den Jungen wirken, während er sich nach unten bewegt. Beachten Sie, dass die Normalkraft keine Arbeit verrichtet

Arbeitssatz

$$T_A + \sum W_{A-B} = T_B$$

$$T_A = 0\,,\; T_B = \frac{1}{2} m v_B^2\,,\; \sum W_{A-B} = mgh$$

$$0 + mgh = \frac{1}{2} m v_B^2$$

$$v_B^2 = 2gh\,,\ \text{d.h.}\ v_B = \sqrt{2gh} = 12{,}1\ \text{m/s}$$

Bewegungsgleichung Entsprechend dem verallgemeinerten Freikörperbild für den Jungen in B (Abbildung 3.13c) kann man jetzt die Normalreaktion N_B erhalten, indem man das Prinzip von d'Alembert in n-Richtung anwendet. Hier beträgt der Radius der gekrümmten Bahn

$$\rho_B = \frac{\left[1 + \left(\frac{dy}{dx}\right)^2\right]^{3/2}}{\left|d^2y/dx^2\right|} = \left.\frac{\left[1 + (2kx)^2\right]^{3/2}}{2k}\right|_{x=0} = \frac{1}{2k}$$

Somit ist

$$\sum F_n - ma_n = 0; \qquad N_B - mg - ma_n = 0$$

$$N_B = mg + m\frac{v^2}{\rho_B}$$

$$N_B = 1275{,}3\ \text{N} = 1{,}28\ \text{kN}$$

Beispiel 3.6

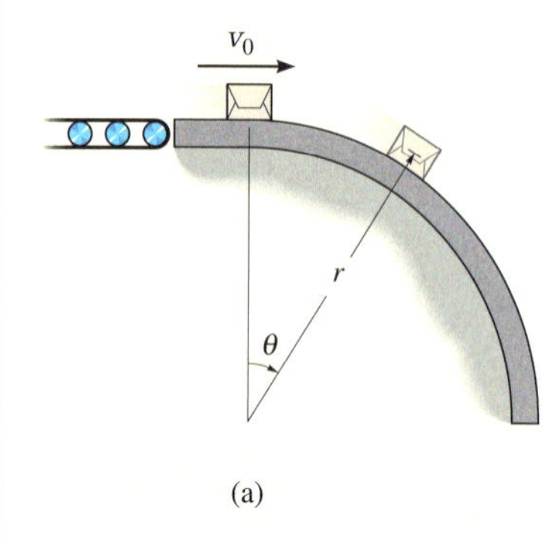

(a)

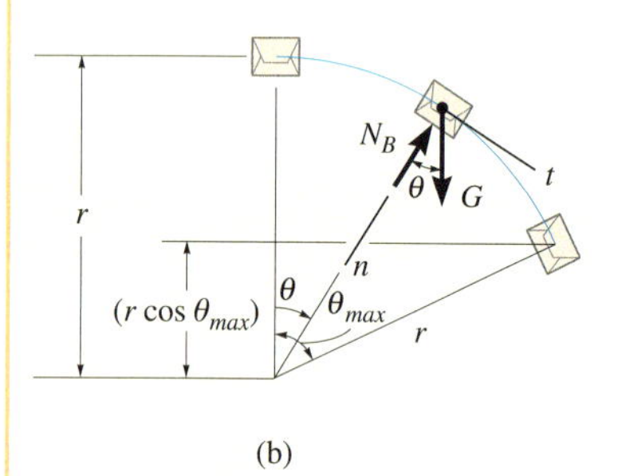

(b)

Abbildung 3.14

Pakete mit der Masse m werden mit der Geschwindigkeit v_0 von einem Transportband auf eine glatte kreisförmige Rampe mit dem Radius r befördert, siehe Abbildung 3.14a. Bestimmen Sie den Winkel θ_{max}, unter dem die Pakete die Oberfläche verlassen.

$m = 2$ kg, $r = 0{,}5$ m, $v_0 = 1$ m/s

Lösung

Arbeit (Freikörperbild) Das Freikörperbild eines Paketes in allgemeiner Lage θ mit allen realen Kräften wird gezeichnet. Das Gewicht G leistet beim reibungsfreien Gleiten auf der Unterlage positive Arbeit. Ein Paket verlässt bei θ_{max} die Rampe, dabei erfährt die Gewichtskraft eine vertikale Verschiebung $(r - r\cos\theta_{max})$, siehe Abbildung 3.14b.

Arbeitssatz

$$T_1 + \sum W_{1-2} = T_2$$

$$\frac{1}{2}mv_0^2 + \left[mg\left(r - r\cos\theta_{max}\right)\right] = \frac{1}{2}mv_2^2$$

$$v_2^2 = 2gr\left(1 - \cos\theta_{max}\right) + v_0^2 \qquad (1)$$

Bewegungsgleichung In Gleichung (1) gibt es zwei Unbekannte, θ_{max} und v_2. Das Newton'sche Grundgesetz (oder das Prinzip von d'Alembert) in *Normalenrichtung* (siehe Freikörperbild) liefert die Verknüpfung dieser beiden Variablen. (Der Arbeitssatz ersetzt ja $\sum F_t = ma_t$, wie bei der Herleitung dargelegt.) Somit ergibt sich

$$\sum F_n = ma_n; \quad -N + mg\cos\theta = m\left(\frac{v^2}{r}\right)$$

Beim Verlassen der Rampe bei θ_{max} ist $N = 0$ und $v = v_2$, und daraus folgt

$$\cos\theta_{max} = \frac{v_2^2}{gr} \qquad (2)$$

Die Unbekannte v_2^2 fällt durch Umformen der Gleichungen (1) und (2) heraus:

$$gr\cos\theta_{max} = 2gr\left(1 - \cos\theta_{max}\right) + v_0^2$$

Somit erhalten wir

$$\cos\theta_{max} = 0{,}735$$
$$\theta_{max} = 42{,}7°$$

Diese Aufgabe wurde bereits in *Beispiel 2.10* gelöst. Beim Vergleich der beiden Wege sieht man, dass der Arbeitssatz eine direktere Lösung liefert.

Beispiel 3.7 Die Massen m_A und m_B sind in Abbildung 3.15a dargestellt. Bestimmen Sie die Strecke, die B zwischen der Höhe, in der sie losgelassen wird, und der Höhe, in der sie die Geschwindigkeit v_B erreicht, zurücklegt.

$m_A = 10$ kg, $m_B = 100$ kg, $v_B = 2$ m/s

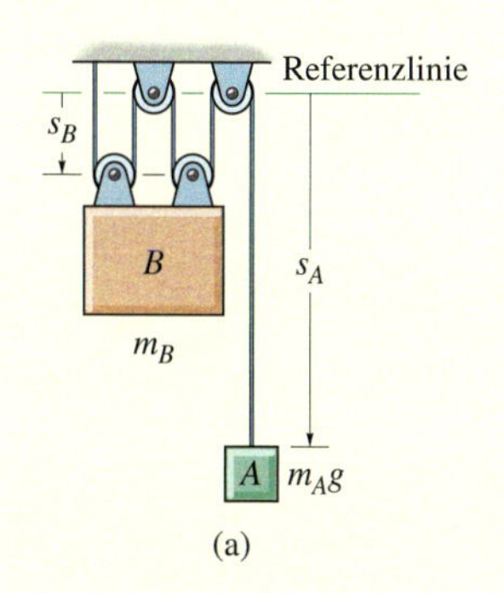

(a)

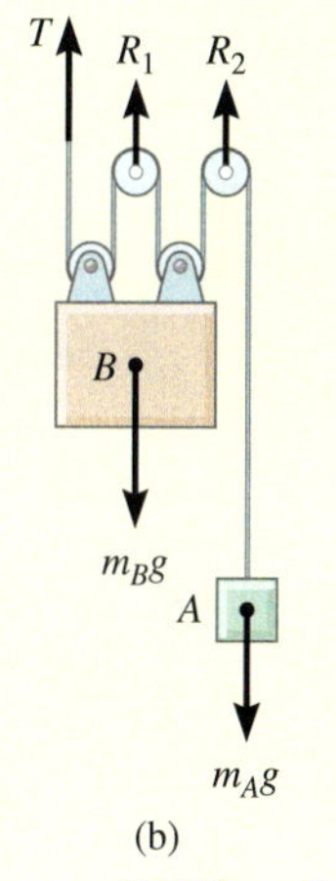

(b)

Abbildung 3.15

Lösung

Die Aufgabe kann durch separates Betrachten der einzelnen Massen und Anwenden des Arbeitssatzes auf jede Masse gelöst werden. Die Arbeit der (unbekannten) Seilkraft fällt heraus, wenn man die beiden Klötze A und B als *System* gemeinsam betrachtet. Die Lösung erfordert die simultane Auswertung des Arbeitssatzes *und* einer kinematischen Beziehung. Für eine konsistente Vorzeichenkonvention nehmen wir an, dass sich beide Massen in *positiver* Richtung nach unten bewegen.

Arbeit (Freikörperbild) Wie im Freikörperbild *des Systems*, Abbildung 3.12b, dargestellt, leisten die Seilkraft T und die Reaktionskräfte F_{R1} und F_{R2} *keine Arbeit*, denn es handelt sich um die Reaktionen von der Decke und den Lagern der Seilrollen, die bei der Bewegung der Massen nicht verschoben werden. Die beiden Gewichtskräfte leisten positive Arbeit, denn – wie oben erläutert – nehmen wir an, dass beide Massen nach unten verschoben werden.

Arbeitssatz Da beide Massen aus der Ruhe losgelassen werden, gilt

$$\sum T_1 + \sum W_{1-2} = \sum T_2$$

$$\left\{\frac{1}{2}m_A\left(v_A\right)_1^2 + \frac{1}{2}m_B\left(v_B\right)_1^2\right\} + \left\{m_A g \Delta s_A + m_B g \Delta s_B\right\}$$

$$= \left\{\frac{1}{2}m_A\left(v_A\right)_2^2 + \frac{1}{2}m_B\left(v_B\right)_2^2\right\} \quad (1)$$

Kinematik Auf der Basis der Verfahren zur Berechnung kinematischer Zusammenhänge bei abhängigen Bewegungen aus *Abschnitt 1.9* zeigt Abbildung 3.15a, dass zu einem beliebigen Zeitpunkt die Gesamtlänge l aller vertikalen Seilsegmente durch die Ortskoordinaten s_A und s_B ausgedrückt werden kann:

$$s_A + 4s_B = l$$

Eine Lageänderung führt demnach zur Beziehung

$$\Delta s_A + 4\Delta s_B = 0$$

$$\Delta s_A = -4\Delta s_B \quad (2)$$

auf Lageebene. Beide Verschiebungen Δs_A und Δs_B sind nach unten positiv. Ableitung nach der Zeit führt zu

$$v_A = -4v_B = -4(2 \text{ m/s}) = -8 \text{ m/s}$$

Beibehalten des negativen Vorzeichens in Gleichung (2) und Einsetzen in Gleichung (1) ergibt

$$\Delta s_B = 0{,}883 \text{ m}$$

d.h. tatsächlich eine Verschiebung der Masse B nach unten (während sich A nach oben bewegt).

3.4 Leistung und Wirkungsgrad

Leistung Die *Leistung* ist definiert als Arbeit pro Zeiteinheit. Somit ist die momentane *Leistung* einer Maschine, welche die Arbeit dW im differenziellen Zeitintervall dt verrichtet,

$$P = \frac{dW}{dt} \tag{3.9}$$

Verwendet man die Arbeit in der Form $dW = \mathbf{F} \cdot d\mathbf{r}$, so lautet die Gleichung

$$P = \frac{dW}{dt} = \frac{\mathbf{F} \cdot d\mathbf{r}}{dt} = \mathbf{F} \cdot \frac{d\mathbf{r}}{dt},$$

d.h.

$$P = \mathbf{F} \cdot \mathbf{v} \tag{3.10}$$

Die abgegebene Leistung dieser Lokomotive entsteht durch die antreibende Reibungskraft F ihrer Räder. Diese Kraft überwindet den Reibwiderstand der angehängten Wagen und kann das Gewicht des Zuges eine Steigung hinaufziehen.

Die Leistung ist also eine *skalare Größe*, $\mathbf{v}$ ist die Geschwindigkeit des Kraftangriffspunktes von $\mathbf{F}$.

Die SI-Grundeinheit der Leistung ist das Watt [W]. Diese Einheit ist definiert als

$$1 \text{ W} = 1 \text{ J/s} = 1 \text{ Nm/s}.$$

Der Begriff der „Leistung“ ist also die Grundlage zur Bestimmung des erforderlichen Maschinentyps, innerhalb einer bestimmten Zeit eine bestimmte Menge Arbeit zu leisten. Zwei Pumpen können beispielsweise einen Behälter leeren, wenn sie genügend Zeit dafür haben. Die Pumpe mit der größeren Leistung wird dies aber in kürzerer Zeit schaffen, wenn nur eine Pumpe allein arbeitet.

Wirkungsgrad Der *mechanische Wirkungsgrad* einer Maschine ist definiert als das Verhältnis der abgegebenen Nutzleistung zur zugeführten Leistung. Es gilt also

$$\eta = \frac{\text{abgegebene Leistung}}{\text{zugeführte Leistung}} \tag{3.11}$$

Geschieht die Energiezufuhr einer Maschine im *gleichen Zeitintervall* wie die Energieabfuhr, kann der Wirkungsgrad auch als Verhältnis von abgegebener und zugeführter Energie geschrieben werden:

$$\eta = \frac{\text{abgegebene Energie}}{\text{zugeführte Energie}} \tag{3.12}$$

Besteht die Maschine aus mehreren beweglichen Teilen, treten in der Maschine immer Reibungskräfte auf, die dann durch zusätzliche Energie überwunden werden müssen. Folglich gilt für den *Wirkungsgrad einer Maschine immer* $\eta < 1$.

Der Leistungsbedarf des Aufzuges hängt von der vertikalen Kraft F ab, die auf ihn wirkt und ihn nach oben bewegt. Bei der Geschwindigkeit v beträgt die abgegebene Leistung $P = Fv$.

Lösungsweg

Die einem Körper zugeführte Energie wird folgendermaßen berechnet:

- Bestimmen Sie zunächst die äußere Kraft $\mathbf{F}$ auf den Körper, welche die Bewegung hervorruft. Die Kraft wird normalerweise durch einen Antrieb erzeugt, der entweder innerhalb oder auch außerhalb des Körpers platziert werden kann.
- Im Falle einer Beschleunigung des Körpers kann es erforderlich sein, sein Freikörperbild zu zeichnen und mit der Bewegungsgleichung ($\sum \mathbf{F} = m\mathbf{a}$) die Antriebskraft $\mathbf{F}$ zu bestimmen.
- Nach Ermittlung von $\mathbf{F}$ und der Geschwindigkeit $\mathbf{v}$ des Punktes, an dem $\mathbf{F}$ angreift, wird die Leistung durch Multiplikation des Kraftbetrages mit dem Geschwindigkeitsanteil in Richtung von $\mathbf{F}$ bestimmt, (d.h. $P = \mathbf{F} \cdot \mathbf{v} = Fv \cos\theta$).
- Die Leistung kann durch Berechnung der Arbeit von $\mathbf{F}$ pro Zeiteinheit ermittelt werden, entweder als mittlere Leistung, $P_{mittel} = \Delta W/\Delta t$, oder als momentane Leistung $P = dW/dt$.

Beispiel 3.8

Der in Abbildung 3.16a gezeigte Mann schiebt die Kiste der Masse m mit der Kraft F. Bestimmen Sie die vom Mann aufgebrachte Leistung für $t = t_1$. Der Gleitreibungskoeffizient zwischen dem Boden und der Kiste beträgt μ_g. Die Kiste befindet sich anfangs in Ruhe.

$m = 50$ kg, $F = 150$ N, $t_1 = 4$ s, $\mu_g = 0{,}2$, $\tan\theta = 3/4$

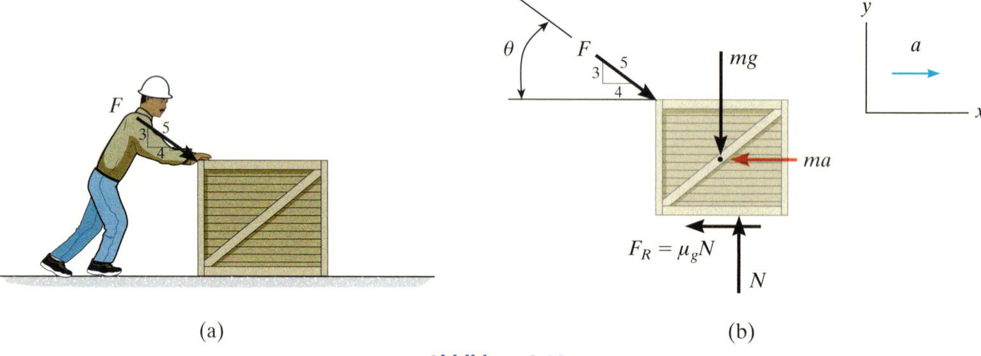

Abbildung 3.16

Lösung

Um die vom Mann aufgebrachte Leistung zu bestimmen, ist zuerst die Geschwindigkeit der Kraft zu berechnen. Abbildung 3.16b zeigt das verallgemeinerte Freikörperbild der Kiste. Das Anschreiben der Gleichgewichtsbedingungen im Sinne d'Alemberts ergibt

$\sum F_y = 0;$ $\quad N - mg - F\sin\theta = 0$

$N = mg + F\sin\theta = 580{,}5 \text{ N}$

$\sum F_x - ma = 0;$ $\quad F\cos\theta - F_R - ma = 0,$

worin $F_R = \mu N = \mu(mg + F\sin\theta)$

Damit ergibt sich

$$a = \frac{1}{m}[F\cos\theta - \mu(mg + F\sin\theta)] = 0{,}078 \text{ m/s}^2$$

Die Geschwindigkeit der Kiste bei $t = t_1$ beträgt demnach

$$v = v_0 + at_1$$
$$v = 0 + (0{,}078 \text{ m/s}^2)(4 \text{ s}) = 0{,}312 \text{ m/s}$$

Folglich berechnet sich die vom Mann an die Kiste übertragene Leistung bei $t = t_1$ zu

$$P = \mathbf{F} \cdot \mathbf{v} = F_x v$$
$$= 37{,}4 \text{ W}$$

Beispiel 3.9 Der Motor M des Hebezeugs in Abbildung 3.17a hat den Wirkungsgrad η. Wie groß muss die zugeführte Leistung sein, um die Kiste K mit dem Gewicht G in dem Moment zu heben, in dem Punkt P des Seiles die Beschleunigung a und die Geschwindigkeit v erfährt. Vernachlässigen Sie die Masse des Flaschenzugs.

$G = 375$ N, $a = 1{,}2$ m/s^2, $v = 0{,}6$ m/s, $\eta = 0{,}85$

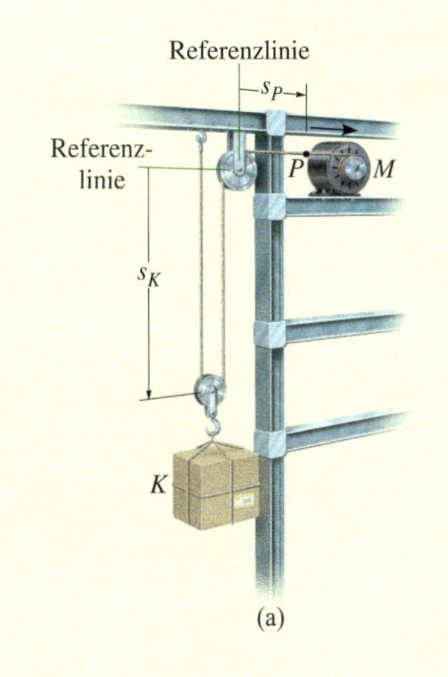

(a)

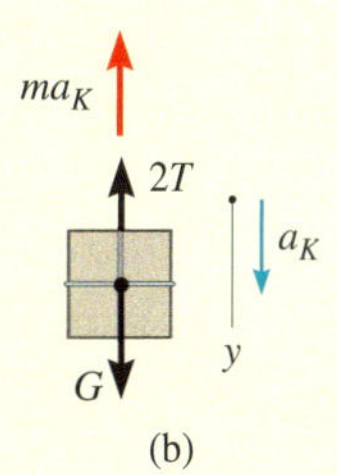

(b)

Abbildung 3.17

Lösung

Zur Berechnung der abgegebenen Leistung muss zunächst die benötigte Zugkraft im Seil ermittelt werden, denn diese Kraft wird vom Motor erzeugt.

Aus dem Freikörperbild der Kiste im Sinne d'Alemberts, Abbildung 3.17b, erhalten wir

$$\sum F_y - ma_y = 0; \quad -2T + G - \frac{G}{g}a_K = 0 \tag{1}$$

Die Beschleunigung a_K der Kiste wird über eine kinematische Beziehung mit der bekannten Beschleunigung von Punkt P, Abbildung 3.17a, verknüpft. Mit den Verfahren aus Abschnitt 1.9 werden zunächst auf Lageebene die Koordinaten s_K und s_P in Abbildung 3.17a unter Berücksichtigung eines konstanten Seillängenabschnitts l in Beziehung gesetzt, der sich aus den Lageänderungen s_K und s_P in vertikaler und horizontaler Richtung zusammensetzt: $2s_K + s_P = l$. Zweimaliges Ableiten führt auf

$$2a_K = -a_P \tag{2}$$

Mit $a_P = a = +1{,}2$ m/s^2 berechnen wir $a_K = -a/2 = -0{,}6$ m/s^2. Was bedeutet das negative Vorzeichen? Wir setzen dieses Ergebnis *unter Berücksichtigung* des negativen Vorzeichens in Gleichung (1) ein – denn die Beschleunigung wird in *beiden* Gleichungen (1) und (2) als nach unten positiv angenommen – und erhalten

$$-2T + G - \frac{G}{g}a_K = 0$$

$$T = \frac{1}{2}\left(-\frac{G}{g}a_K + G\right) = 199{,}0 \text{ N}$$

Die zum Ziehen des Seils mit der momentanen Geschwindigkeit v erforderliche abgegebene Leistung ist somit

$$P = \mathbf{T}\cdot\mathbf{v} = (199 \text{ N})(0{,}6 \text{ m/s}) = 119{,}4 \text{ W}$$

Bei dieser abgegebenen Leistung muss eine *Leistung*

$$P_{zu} = \frac{1}{\eta}P_{ab}$$

$$= \frac{1}{0{,}85}(119{,}4 \text{ W}) = 140{,}5 \text{ W}$$

zugeführt werden. Da die Geschwindigkeit der Kiste sich ständig ändert, gilt dieser Leistungsbedarf *nur für den betrachteten Zeitpunkt*.

Beispiel 3.10

Der Sportwagen mit der Masse m in Abbildung 3.18a fährt mit der Geschwindigkeit v, als er mit allen Rädern abgebremst wird. Der Gleitreibungskoeffizient μ_g ist gegeben. Bestimmen Sie die Leistung der Reibungskraft beim Rutschen des Autos. Ermitteln Sie anschließend die Geschwindigkeit des Autos nach einem Rutschen über die Strecke s.

$m = 2000$ kg, $v_1 = 25$ m/s, $s = 10$ m, $\mu_g = 0{,}35$

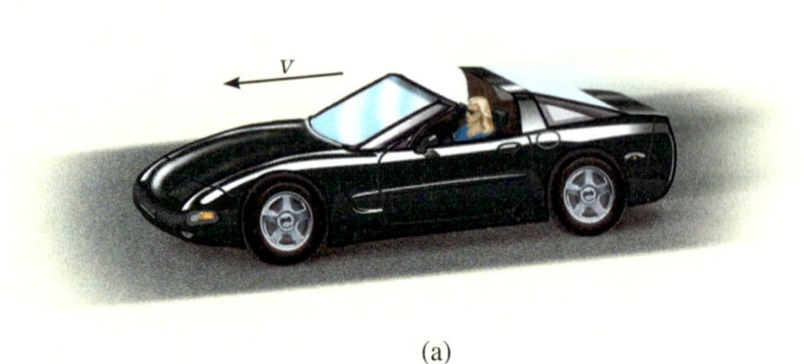

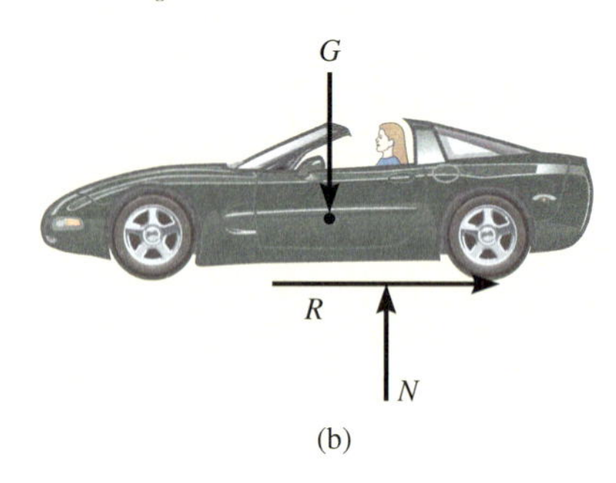

Abbildung 3.18

Lösung

Wie im Freikörperbild, Abbildung 3.17b, gezeigt, sind die Normalkraft N und die Reibungskraft R die resultierenden Kräfte aller vier Räder.

Zur Ermittlung von N wenden wir die (statische) Gleichgewichtsbedingung in y-Richtung an und erhalten

$$\sum F_y = 0; \qquad N = G = mg = 19{,}62 \text{ kN}$$

Die kinetische Reibungskraft ist somit

$$R = \mu_g(mg) = 0{,}35(19{,}62) \text{ kN} = 6{,}867 \text{ kN}$$

Die Geschwindigkeit des Autos nach der Wegstrecke s kann mit dem Arbeitssatz bestimmt werden. Warum?

$$T_1 + \sum W_{1-2} = T_2$$

$$\frac{1}{2} m v_1^2 - Rs = \frac{1}{2} m v_2^2$$

$$v_2 = 23{,}59 \text{ m/s}$$

Die Leistung der Reibungskraft zu Beginn des Bremsvorgangs ist somit

$$P_A = |\mathbf{R} \cdot \mathbf{v}_1| = 6{,}867(10^3)\text{ N}(25 \text{ m/s}) = 172 \text{ kW}$$

und zum Ende

$$P_E = |\mathbf{R} \cdot \mathbf{v}_2| = 6{,}867(10^3)\text{ N}(23{,}59 \text{ m/s}) = 162 \text{ kW}$$

3.5 Konservative Kräfte und potenzielle Energie

Konservative Kräfte Wenn die Arbeit einer Kraft, die einen Massenpunkt verschiebt, *unabhängig von der Bahnkurve* des Massenpunktes ist, und nur von Anfangs- und Endpunkt auf der Bahn abhängt, dann heißt diese Kraft *konservativ.* Das Gewicht des Massenpunktes und die Kraft einer elastischen Feder sind zwei typische Beispiele für konservative Kräfte in der Mechanik. Die Arbeit des Gewichtes eines Massenpunktes ist *unabhängig von der Bahnkurve*, denn sie hängt nur von dem *vertikalen Verschiebungsanteil* ab. Die Arbeit einer Feder *auf einen Massenpunkt* ist ebenfalls *unabhängig von der Bahnkurve* des Massenpunktes, denn sie hängt nur von der Dehnung oder Stauchung s der Feder ab.

Als Gegensatz zu einer konservativen Kraft betrachten wir die Gleitreibungskraft von einer ortsfesten Unterlage auf *ein gleitendes Objekt.* Die Arbeit dieser Reibungskraft *hängt von der Bahnkurve ab* – je länger der Weg ist, desto größer die Arbeit. Folglich sind *Reibungskräfte nicht konservativ.* Die Arbeit wird vom Körper in Form von Wärme dissipiert.

Potenzielle Energie Energie kann definiert werden als Möglichkeit, Arbeit zu leisten. Wenn die Energie von der *Bewegung* des Massenpunktes herrührt, heißt sie *kinetische Energie.* Wenn sie sich auf die *Position* des Massenpunktes bezüglich eines festen Nullniveaus bezieht, heißt sie *potenzielle Energie.* Somit ist die *potenzielle Energie* ein Maß für die Arbeit einer konservativen Kraft, wenn sie sich von einer gegebenen Position zum Nullniveau verschiebt. In der Mechanik spielt die potenzielle Energie infolge Gravitationskraft (Gewicht) oder elastischer Federkraft eine wichtige Rolle.

Schwerepotenzial Befindet sich ein Massenpunkt im Abstand y *oberhalb* eines beliebig gewählten Nullniveaus, siehe Abbildung 3.19, so hat das Gewicht G das positive Schwerepotenzial V_G, denn G hat die Möglichkeit, positive Arbeit zu leisten, wenn der Massenpunkt zurück zum Nullniveau verschoben wird. Befindet sich der Massenpunkt *unterhalb* des Nullniveaus, dann ist V_G negativ, denn das Gewicht leistet negative Arbeit, wenn der Massenpunkt zurück zum Nullniveau verschoben wird. Auf Höhe des Nullniveaus gilt $V_G = 0$.

Im Allgemeinen gilt, wenn y *nach oben positiv* ist, für das Schwerepotenzial eines Massenpunktes mit dem Gewicht[2] G

$$V_G = Gy \tag{3.13}$$

2 Das Gewicht wird hier als *konstant* angenommen. Diese Annahme ist für kleine Höhenunterschiede Δy richtig. Bei großen Höhenunterschieden muss die Veränderung des Gewichtes mit der Höhe allerdings berücksichtigt werden, (siehe *Aufgabe 3.95* und *3.96*).

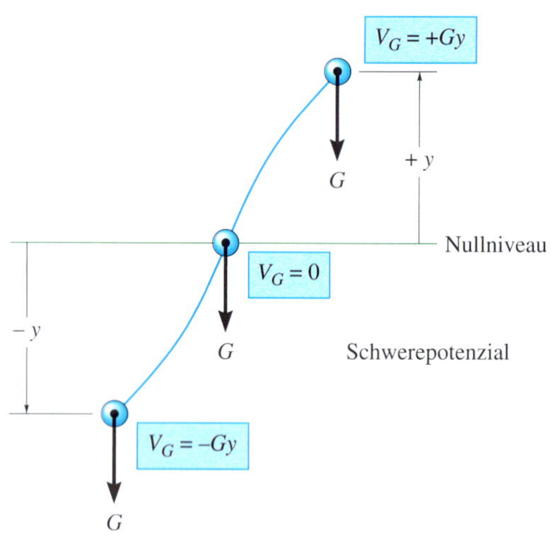

Abbildung 3.19

Elastisches Federpotenzial Wird eine elastische Feder um s verlängert oder gestaucht, so kann die elastische potenzielle Energie V_F als

$$V_F = +\frac{1}{2}cs^2 \tag{3.14}$$

geschrieben werden.

V_F ist *immer positiv*, denn in der verformten Lage hat die Federkraft die *Möglichkeit*, immer positive Arbeit am Massenpunkt zu verrichten, wenn die Feder in ihre Ausgangslage zurückkehrt, siehe Abbildung 3.20.

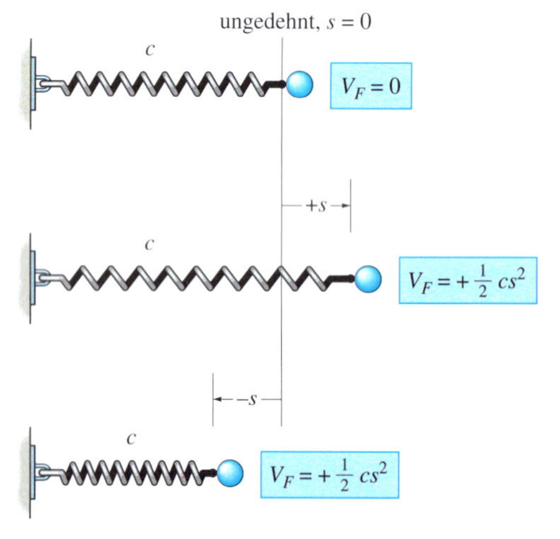

elastisches Federpotenzial
Abbildung 3.20

Potenzialfunktion Greifen an einem Massenpunkt Gewichts- und elastische Federkräfte an, dann wird seine potenzielle Energie durch die algebraische Summe, die so genannte *Potenzialfunktion*, bestimmt:

$$V = V_G + V_F \tag{3.15}$$

Der Betrag von V hängt gemäß den Gleichungen (3.13) und (3.14) von der Position des Massenpunktes bezüglich der Referenzlage ab.

Befindet sich der Massenpunkt an einem beliebigen Punkt (x,y,z) im Raum, so gilt für die Potenzialfunktion $V = V(x,y,z)$. Die von einer konservativen Kraft beim Verschieben des Massenpunktes vom Punkt (x_1,y_1,z_1) nach (x_2,y_2,z_2) geleistete Arbeit wird durch die *Differenz* dieser Funktion angegeben:

$$W_{1-2} = V_1 - V_2 \tag{3.16}$$

Die Potenzialfunktion für einen Massenpunkt mit dem Gewicht G, der an einer Feder hängt, wird in Abhängigkeit von seiner Lage s bezüglich eines Nullniveaus bei ungedehnter Federlänge angegeben, Abbildung 3.21. Es ergibt sich

$$\begin{aligned} V &= V_G + V_F \\ &= -Gs + \frac{1}{2}cs^2 \end{aligned}$$

Senkt sich der Massenpunkt von s_1 nach s_2 ab, dann gilt für die Arbeit von G und F_F

$$\begin{aligned} W_{1-2} = V_1 - V_2 &= \left(-Gs_1 + \frac{1}{2}cs_1^2\right) - \left(-Gs_2 + \frac{1}{2}cs_2^2\right) \\ &= G(s_2 - s_1) - \left(\frac{1}{2}cs_2^2 - \frac{1}{2}cs_1^2\right) \end{aligned}$$

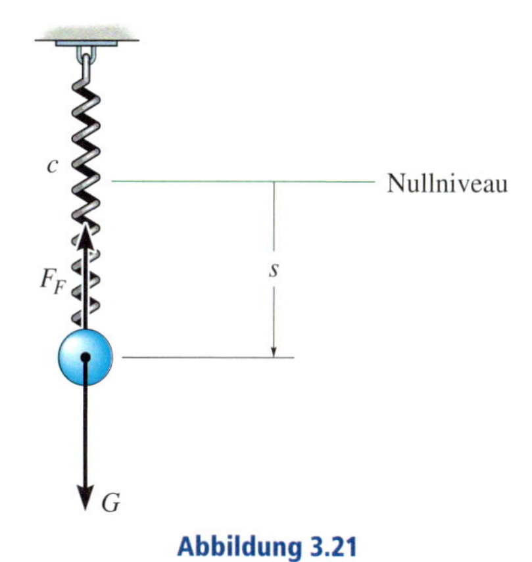

Abbildung 3.21

Wird eine infinitesimale Strecke entlang der Bahnkurve von Punkt (x,y,z) nach $(x + dx, y + dy, z + dz)$ zurückgelegt, dann nimmt Gleichung (3.16) die Form

$$dW = V(x,y,z) - V(x + dx, y + dx, z + dz) = -dV(x,y,z) \tag{3.17}$$

an. Werden Kraft und Verschiebung beispielsweise in kartesischen Koordinaten angegeben, so kann die Arbeit auch als

$$dW = \mathbf{F}\cdot d\mathbf{r} = (F_x\mathbf{i} + F_y\mathbf{j} + F_z\mathbf{k})\cdot(dx\mathbf{i} + dy\mathbf{j} + dz\mathbf{k}) = F_x dx + F_y dy + F_z dx$$

formuliert werden. Setzen wir dieses Ergebnis in Gleichung (3.17) ein und schreiben das totale Differenzial $dV(x,y,z)$ mit seinen partiellen Ableitungen

$$dV = -\left(F_x dx + F_y dy + F_z dz\right) = \frac{\partial V}{\partial x}dx + \frac{\partial V}{\partial y}dy + \frac{\partial V}{\partial z}dz$$

bezüglich V, ist diese Gleichung, da alle Änderungen von x, y und z voneinander unabhängig sind, genau dann erfüllt, wenn

$$F_x = -\frac{\partial V}{\partial x},\quad F_y = -\frac{\partial V}{\partial y},\quad F_z = -\frac{\partial V}{\partial z} \tag{3.18}$$

gilt. Somit ist

$$\begin{aligned}\mathbf{F} &= -\frac{\partial V}{\partial x}\mathbf{i} - \frac{\partial V}{\partial y}\mathbf{j} - \frac{\partial V}{\partial z}\mathbf{k}\\ &= -\left(\frac{\partial}{\partial x}\mathbf{i} - \frac{\partial}{\partial y}\mathbf{j} - \frac{\partial}{\partial z}\mathbf{k}\right)V\end{aligned}$$

oder

$$\mathbf{F} = -\nabla V \tag{3.19}$$

wobei der Nabla-Operator über $\nabla = (\partial/\partial x)\mathbf{i} + (\partial/\partial y)\mathbf{j} + (\partial/\partial z)\mathbf{k}$ erklärt ist.

Gleichung (3.19) verknüpft eine Kraft **F** mit ihrer Potenzialfunktion V und stellt damit ein mathematisches Kriterium zum Nachweis dafür dar, dass **F** konservativ ist. Das Schwerepotenzial eines Körpers mit dem Gewicht G in der Höhe y über dem Nullniveau ist z.B. $V_G = Gy$. Zum Nachweis, dass das Gewicht G konservativ ist, muss gezeigt werden, dass G die Gleichung (3.19) (oder 3.18) erfüllt:

$$F_y = -\frac{\partial V}{\partial y};\quad F_y = -\frac{\partial}{\partial y}(Gy) = -G$$

Offensichtlich ist dies für die nach unten gerichtete Gewichtskraft G, entgegengesetzt zum positiven, nach oben gerichteten y, der Fall.

3.6 Energieerhaltung

Greifen an einem Massenpunkt konservative *und* nichtkonservative Kräfte an, so ist der Anteil der Arbeit, der von *konservativen Kräften* herrührt, gemäß Gleichung (3.16) die Differenz ihrer potenziellen Energien: $(\sum W_{1-2})_{konservativ} = V_1 - V_2$. Der Arbeitssatz lautet folglich

$$T_1 + V_1 + (\textstyle\sum W_{1-2})_{nichtkonservativ} = T_2 + V_2 \tag{3.20}$$

$(\sum W_{1-2})_{nichtkonservativ}$ ist die Arbeit der am Massenpunkt angreifenden, nichtkonservativen Kräfte.

Greifen *nur konservative Kräfte* am Körper an, ist dieser Anteil gleich null und wir erhalten

$$T_1 + V_1 = T_2 + V_2 \tag{3.21}$$

Diese Gleichung spiegelt die *Erhaltung der mechanischen Energie* wider und wird deshalb *Energieerhaltungssatz* genannt. Der Satz besagt, dass während der Bewegung die Summe der kinetischen und der potenziellen Energie *konstant* bleibt. Damit dies zutrifft, muss kinetische Energie in potenzielle Energie umgewandelt werden und umgekehrt. Fällt ein Ball mit dem Gewicht G aus der Höhe h über dem Boden (Nullniveau), Abbildung 3.22, ist die potenzielle Energie des Balles maximal, bevor er fällt. Zu dieser Zeit ist die kinetische Energie gleich null. Die gesamte mechanische Energie des Balles in seiner Ausgangslage ist somit

$$E = T_2 + V_2 = 0 + Gh = Gh$$

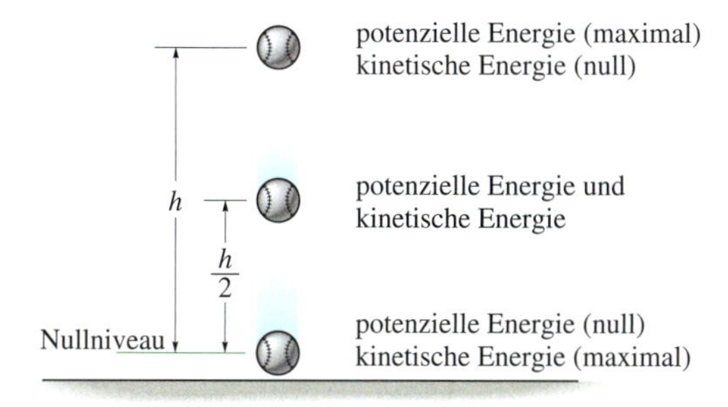

Abbildung 3.22

Das Gewicht der Säcke auf der Hebebühne repräsentiert potenzielle Energie, die in den Stützfedern gespeichert wird. Wird ein Sack entfernt, *hebt* sich die Bühne ein Stück, denn ein Teil der potenziellen Energie der Federn wird in zusätzliche potenzielle Schwereenergie der übrigen Säcke umgewandelt. Mit der Vorrichtung kann man Säcke wegnehmen, ohne sich zu bücken, während sie abgeladen werden.

Hat der Ball die Fallhöhe $h/2$ durchlaufen, so gilt für seine Geschwindigkeit die Gleichung $v^2 = v_0^2 + 2a_0(y - y_0)$. Diese Beziehung führt auf $v = \sqrt{2g(h/2)} = \sqrt{gh}$. Die Energie des Balles in der halben Höhe ist also

$$E = T_2 + V_2 = \frac{1}{2}\frac{G}{g}\left(\sqrt{gh}\right)^2 + G\frac{h}{2} = Gh$$

Unmittelbar bevor der Ball auf den Boden auftrifft, ist seine potenzielle Energie gleich null (für das gewählte Nullniveau) und seine Geschwindigkeit wird $v = \sqrt{2gh}$. Die gesamte Energie des Balles ist dann

$$E = T_3 + V_3 = \frac{1}{2}\frac{G}{g}\left(\sqrt{2gh}\right)^2 + 0 = Gh$$

Wenn der Ball den Boden berührt, so verformt er sich ein wenig, und wenn der Boden hart genug ist, dann prallt er wieder zurück und erreicht die neue Höhe h', die geringer ist als die ursprüngliche Höhe h. Unter Vernachlässigung des Luftwiderstandes entspricht der Höhenunterschied einem Energieverlust $\Delta E = G(h - h')$, der während des Stoßes auftritt. Dieser führt teilweise zu Geräuschen (durch den abgestrahlten Schall infolge des Stoßes), lokaler Verformung des Balles und des Bodens sowie zu Wärme.

Massenpunktsysteme *Greifen* an einem System von Massenpunkten *nur konservative Kräfte an*, dann kann eine Gleichung ähnlich Gleichung (3.14) für die einzelnen Massenpunkte angeschrieben werden. Mit entsprechenden Überlegungen wird dann Gleichung (3.8), $\sum T_1 + \sum W_{1-2} = \sum T_2$, in

$$\sum T_1 + \sum V_1 = \sum T_2 + \sum V_2 \tag{3.22}$$

übergehen. Die Summe der ursprünglichen kinetischen und potenziellen Energien des Systems ist gleich der Summe der kinetischen und der potenziellen Energien des Systems zu einem anderen Zeitpunkt, d.h. es gilt $\sum T + \sum V =$ konstant zu jedem Zeitpunkt.

Wesentlich ist, dass nur Aufgaben mit konservativen Kräftesystemen (Gewichte und Federn) mit dem Energieerhaltungssatz als Sonderfall des Arbeitssatzes gelöst werden können. Wie oben festgestellt, sind Reibung und andere Widerstandskräfte nicht konservativ. Ein Teil der Arbeit dieser Kräfte wird in Wärmeenergie umgewandelt, wird also in die Umgebung abgegeben und kann nicht mehr zurückgewonnen werden.

Lösungsweg

Mit dem Energieerhaltungssatz werden Aufgaben gelöst, bei denen die *Geschwindigkeit* als Funktion des *Weges* unter der Einwirkung *rein konservativer Kräfte* berechnet werden soll. Diese Aufgabe ist im Allgemeinen *einfacher zu behandeln* als der Arbeitssatz, denn für den Energieerhaltungssatz ist lediglich die Angabe der kinetischen und potenziellen Energie des Massenpunktes an nur *zwei Punkten* der Bahn erforderlich, und nicht die Bestimmung der Arbeit, wenn der Massenpunkt eine *Strecke* zurücklegt. Zur Anwendung wird der folgende Lösungsweg vorgeschlagen.

Potenzielle Energie

- Erstellen Sie eine Zeichnung, die den Massenpunkt in seiner Anfangs- und seiner Endlage auf der Bahn zeigt.
- Führen Sie ein ortsfestes horizontales Nullniveau ein, wenn der Massenpunkt eine vertikale Strecke zurücklegt. Das Schwerepotenzial V_G des Massenpunktes wird bezüglich dieses Nullniveaus berechnet.
- Die Höhe des Massenpunktes bezüglich des Nullniveaus und die Dehnung bzw. Stauchung s von auftretenden Federn werden geometrisch aus den beiden Zeichnungen ermittelt.
- Es gilt $V_G = Gy$, worin y bezogen auf das Nullniveau nach oben positiv und nach unten negativ ist. Entsprechend ist $V_F = \frac{1}{2}cs^2$ immer positiv.

Energieerhaltung

- Wenden Sie den Energieerhaltungssatz $T_1 + V_1 = T_2 + V_2$ an.
- Bei der Berechnung der kinetischen Energie, $T = \frac{1}{2}mv^2$, muss die Geschwindigkeit v bezüglich eines Inertialsystems gemessen werden.

Beispiel 3.11 Mit dem Portalkran im Foto wird die Reaktion eines Flugzeugs bei einem Absturz getestet. Wie in Abbildung 3.23a dargestellt, wird das Flugzeug der Masse m bis zum Winkel $\theta = \theta_1$ angehoben. Nachdem das Flugzeug zur Ruhe gekommen ist, wird das Seil AC gekappt. Bestimmen Sie die Geschwindigkeit des Flugzeugs kurz vor dem Auftreffen auf dem Boden bei $\theta = \theta_2$. Wie groß ist die maximale Zugkraft im Halteseil während der Bewegung. Vernachlässigen Sie den Auftrieb durch die Tragflächen während der Bewegung und die Größe des Flugzeuges.

$m = 8000$ kg, $l = 20$ m, $\theta_1 = 60°$, $\theta_2 = 15°$

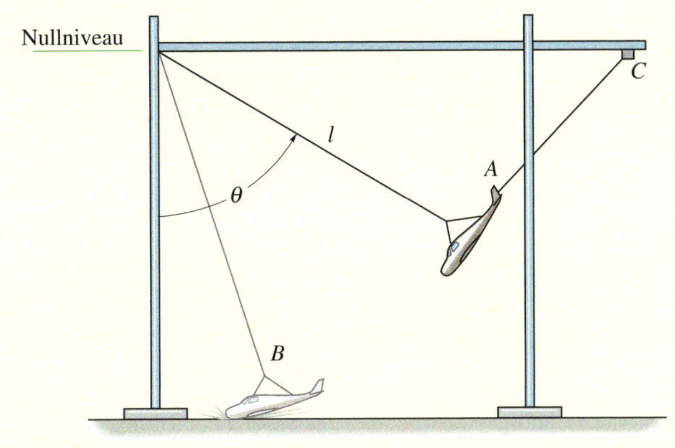

Abbildung 3.23

Lösung

Da die Seilkraft *keine Arbeit* am Flugzeug verrichtet, weil sie immer senkrecht auf der kreisförmigen Bewegungsbahn des Flugzeuges steht, wird diese mittels Newton'schem Grundgesetz oder Prinzip von d'Alembert aus der Zwangskraftgleichung ermittelt. Wir müssen allerdings zunächst die Geschwindigkeit des Flugzeugs in B bestimmen. Dazu kann der Energieerhaltungssatz angewandt werden.

Potenzielle Energie Aus Gründen der Einfachheit wird das Nullniveau in die Höhe der oberen Kante des Portals gelegt.

Energieerhaltung

$$T_A + V_A = T_B + V_B$$

$$\frac{1}{2}mv_A^2 - mgl\cos\theta_1 = \frac{1}{2}mv_B^2 - mgl\cos\theta_2$$

$$v_B = \sqrt{2gl(\cos\theta_1 - \cos\theta_2)} = 13{,}5 \text{ m/s}$$

Zwangskraftgleichung Aus dem Freikörperbild für Punkt B, siehe Abbildung 3.23b, liefert das Newton'sche Grundgesetz in Normalenrichtung

$$\sum F_n = ma_n; \quad T - mg\cos\theta_2 = m\frac{v_B^2}{l}$$

$$T = mg\cos\theta_2 + m\frac{v_B^2}{l} = 149 \text{ kN}$$

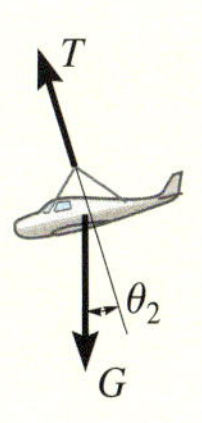

(b)

Beispiel 3.12

Der Rammkolben in Abbildung 3.24a mit der Masse m wird in der Höhe h über der Feder A (Federkonstante c_A) aus der Ruhe freigegeben. Eine zweite Feder B (Federkonstante c_B) ist in A eingebettet. Bestimmen Sie den Federweg s_A von A, bei dem der Rammkolben zur Ruhe kommt. Die ungedehnte Länge jeder Feder ist gegeben. Vernachlässigen Sie die Masse der Federn.

$m = 100$ kg, $l_{0A} = 0{,}4$ m, $l_{0B} = 0{,}3$ m, $h = 0{,}75$ m, $c_A = 12$ kN/m, $c_B = 15$ kN/m

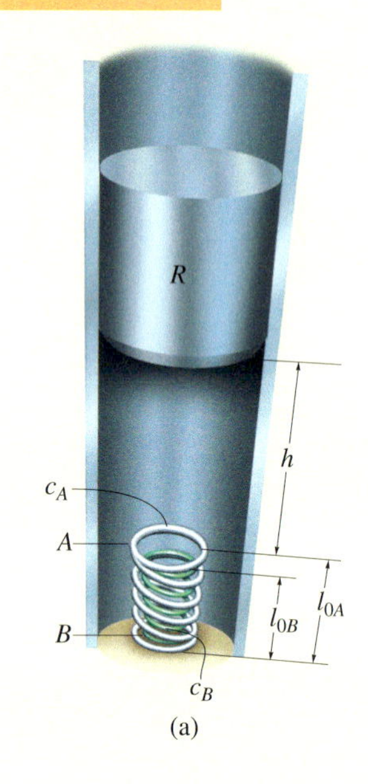

(a)

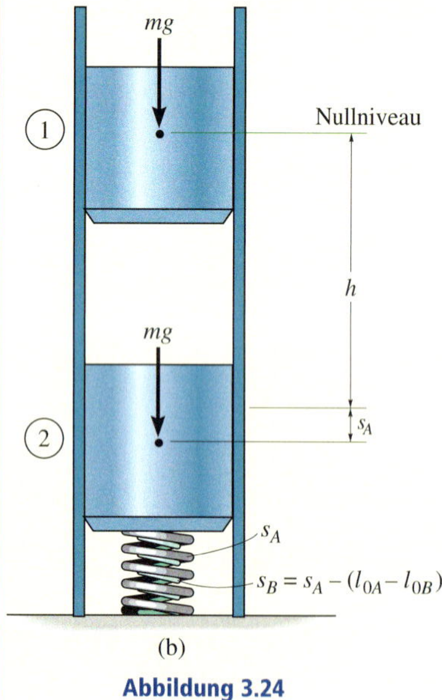

(b)

Abbildung 3.24

Lösung

Potenzielle Energie Wir *nehmen an*, dass der Rammkolben in dem Moment, wenn er zur Ruhe kommt, *beide Federn* staucht. Das Nullniveau liegt in Höhe der Ausgangslage des Kolbens, siehe Abbildung 3.24b. Wenn die kinetische Energie erneut null wird ($v_2 = 0$), dann wird A um s_A und B um $s_B = s_A - (l_{0A} - l_{0B})$ gestaucht.

Energieerhaltung

$$T_1 + V_1 = T_2 + V_2$$

$$\frac{1}{2}mv_1^2 + 0 = \frac{1}{2}c_A s_A^2 + \frac{1}{2}c_B\left(s_A - (l_{0A} - l_{0B})\right)^2 - mg(h + s_A)$$

$$0 = \frac{1}{2}c_A s_A^2 + \frac{1}{2}c_B\left(s_A^2 - 2s_A(l_{0A} - l_{0B}) + (l_{0A} - l_{0B})^2\right) - mgh - mgs_A$$

Wir stellen die Gleichung um und erhalten

$$\left(\frac{1}{2}c_A + \frac{1}{2}c_B\right)s_A^2 + \left(-c_B(l_{0A} - l_{0B}) - mg\right)s_A + \left(\frac{1}{2}c_B(l_{0A} - l_{0B})^2 - mgh\right) - 0$$

Wir lösen die quadratische Gleichung und berechnen die positive Wurzel[3] von s_A zu

$$s_A = 0{,}331 \text{ m}$$

Für s_B ergibt sich $s_B = 0{,}331 \text{ m} - 0{,}1 \text{ m} = 0{,}231 \text{ m}$, also ein positiver Wert. Die Annahme, dass *beide* Federn vom Kolben gestaucht werden, ist also korrekt.

3 Die zweite Wurzel, $s_A = -0{,}148$ m, ist physikalisch sinnlos. Da positive s nach unten gemessen werden, bedeutet ein negatives s, dass die Feder A nach oben gedehnt werden müsste, um den Kolben zum Anhalten zu bringen.

Beispiel 3.13 Die glatte Hülse C in Abbildung 3.25a passt spielfrei auf die vertikale Welle. Die Feder ist ungedehnt, wenn die Hülse in Position A ist. Bestimmen Sie die Geschwindigkeit der Hülse bei $y = y_1$, wenn sie (a) in A aus der Ruhe losgelassen wird, (b) in A mit der Geschwindigkeit v_A *nach oben* gestartet wird.

$m = 2$ kg, $l_0 = 0{,}75$ m, $c = 3$ N/m, $v_A = 2$ m/s, $y_1 = 1$ m

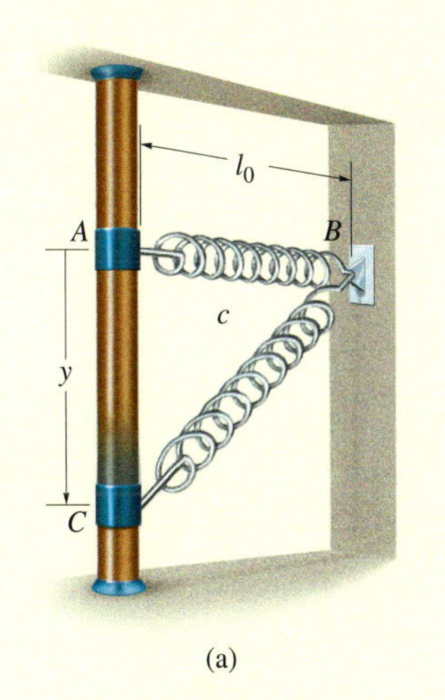

(a)

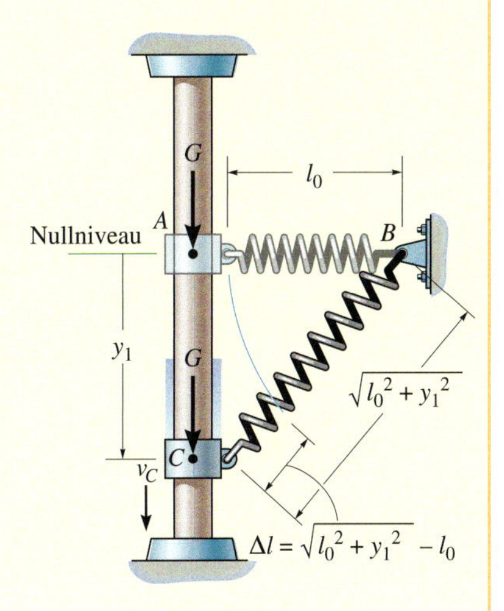

(b)

Abbildung 3.25

Lösung

Teilaufgabe a)

Potenzielle Energie Aus Gründen der Einfachheit wird das Nullniveau durch AB gelegt, Abbildung 3.25b. Befindet sich die Hülse in C, so beträgt das Schwerepotenzial $-(mg)y_1$, denn sie befindet sich *unterhalb* des Nullniveaus, und die potenzielle Federenergie beträgt $\frac{1}{2}c(\Delta l)^2$. Die *Längenänderung* Δl der Feder berechnet sich zu $\Delta l = l - l_0 = 0{,}5$ m, worin die verformte Federlänge mit $l = \sqrt{y_1^2 + l_0^2} = 1{,}25$ m ermittelt werden kann.

Energieerhaltung

$$T_A + V_A = T_C + V_C$$

$$\frac{1}{2}mv_A^2 + 0 = \frac{1}{2}mv_C^2 + \left\{\frac{1}{2}c(\Delta l)^2 - mgy_1\right\}$$

$$0 + 0 = \frac{1}{2}mv_C^2 + \left\{\frac{1}{2}c(\Delta l)^2 - mgy_1\right\}$$

$$v_C = \sqrt{-\frac{2}{m}\left\{\frac{1}{2}c(\Delta l)^2 - mgy_1\right\}} = 4{,}39 \text{ m/s}$$

Diese Aufgabe kann auch durch Auswertung der Bewegungsgleichung oder mit dem Arbeitssatz gelöst werden. Dabei müssen jeweils die Änderung des Betrages und der Richtung der Federkraft berücksichtigt werden (siehe *Beispiel 2.4*). Das oben vorgestellte Lösungsverfahren ist in diesem Fall jedoch deutlich einfacher, denn die Berechnungen hängen *nur* von Werten am Anfangs- und am Endpunkt der Bahn ab.

Teilaufgabe b)

Energieerhaltung Man muss lediglich die kinetische Energie T_A modifizieren, ansonsten bleibt die Rechnung unverändert:

$$T_A + V_A = T_C + V_C$$

$$\frac{1}{2}mv_A^2 + 0 = \frac{1}{2}mv_C^2 + \left\{\frac{1}{2}c(\Delta l)^2 - mgy_1\right\}$$

$$\frac{1}{2}mv_C^2 = \frac{1}{2}mv_A^2 - \left\{\frac{1}{2}c(\Delta l)^2 - mgy_1\right\}$$

$$v_C = \sqrt{v_A^2 - \frac{2}{m}\left\{\frac{1}{2}c(\Delta l)^2 - mgy_1\right\}} = 4{,}82 \text{ m/s}$$

Beachten Sie, dass die kinetische Energie der Hülse nur vom *Quadrat* der Geschwindigkeit und damit nur von ihrem *Betrag* abhängt. Daher ist unerheblich, ob sich die Hülse nach oben oder nach unten bewegt, wenn sie in A mit endlicher Geschwindigkeit gestartet wird.

3.7 Methode Energieintegral

Das Verfahren dient bei konservativen mechanischen Systemen zur Berechnung der Lage $\mathbf{r}(t)$ aus der mit Hilfe des Energieerhaltungssatzes als erstes Integral gefundenen Beziehung $\dot{\mathbf{r}}(\mathbf{r})$ durch *nochmalige* Integration. Dabei wird vorausgesetzt, dass sich die Lage des Massenpunktes durch eine einzige Koordinate, z.B. die Bogenlänge s, beschreiben lässt.

Ausgangspunkt ist der Energieerhaltungssatz für einen einzelnen Massenpunkt in der Form

$$\frac{m}{2}\dot{\mathbf{r}}^2 + V(\mathbf{r}) = E_0, \quad \text{d.h.} \quad \frac{m}{2}\dot{s}^2 + V(s) = E_0$$

Auflösen nach $\dot{s}$ liefert

$$\dot{s} = \frac{ds}{dt} = \sqrt{\frac{2}{m}\left[E_0 - V(s)\right]}$$

und nach *Trennen der Veränderlichen*

$$dt = \frac{ds}{\sqrt{\frac{2}{m}\left[E_0 - V(s)\right]}}$$

kann formal und zwar bestimmt integriert werden:

$$t - t_0 = \int_{s_0}^{s} \frac{d\bar{s}}{\sqrt{\frac{2}{m\left[E_0 - V(\bar{s})\right]}}} \tag{3.23}$$

Nach (numerischer) Auswertung der rechten Seite erhalten wir $t(s)$ und nach Bilden der Umkehrfunktion $s(t)$ und damit auch $\mathbf{r}(t)$.

Als Ergebnis können wir festhalten, dass für ein konservatives *Einmassen*-System, dessen Lage durch *eine* Koordinate beschrieben wird (und nur dann), mit dem Energieerhaltungssatz als Ausgangspunkt die Zeit-Weg-Berechnung auf ein bestimmtes Integral (eine so genannte Quadratur) zurückgeführt werden kann.

Bereits in *Beispiel 3.3* waren wir auf diesen Sachverhalt gestoßen. Dort wurde die hier allgemein gezeigte Prozedur für die geradlinige Bewegung einer Masse im Schwerkraftfeld der Erde durchgeführt.

ZUSAMMENFASSUNG

■ ***Arbeit einer Kraft*** Eine Kraft leistet Arbeit, wenn sie entlang ihrer Wirkungslinie verschoben wird. Ist die Kraft ortsabhängig, dann gilt $W = \int F ds$. Grafisch wird die Arbeit durch die Fläche unter dem F-s-Diagramm repräsentiert. Bei einer konstanten Kraft und der Verschiebung Δs in Richtung der Kraft gilt $W = F\Delta s$.

Ein typisches Beispiel dafür ist die Arbeit des Gewichts, $W = -G\Delta y$. Hier ist Δy die vertikale Verschiebung.

Eine Federkraft $F = cs$ hängt von der Dehnung bzw. Stauchung s der Feder ab. Diese Arbeit wird durch Integration bestimmt und beträgt $W = \frac{1}{2}cs^2$. Bei der Bewegung eines Massenpunktes ist die Kraft am Massenpunkt entgegen der Verschiebung gerichtet. Die Arbeit der rückstellenden Federkraft ist deshalb am Massenpunkt negativ.

■ ***Arbeitssatz*** Wird das Newton'sche Grundgesetz in (tangentialer) Bewegungsrichtung, $\sum F_t = ma_t$, mit der kinematischen Gleichung $a_t ds = v\,dv$ verknüpft, so erhalten wir den Arbeitssatz:

$$T_1 + \sum W_{1-2} = T_2$$

Die kinetische Anfangsenergie $T_1 = \frac{1}{2}mv_1^2$ eines Massenpunktes plus der Arbeit $\sum W_{1-2}$ aller realen Kräfte auf ihn, während er sich von der Anfangslage zur Endlage bewegt, ist gleich der kinetischen Energie $T_2 = \frac{1}{2}mv_2^2$ des Massenpunktes in der Endlage.

Mit dem Arbeitssatz kann man Aufgaben lösen, bei denen die Geschwindigkeit eines Körpers unter der Einwirkung von Kräften als Funktion des Weges gesucht ist. Zur Anwendung sollte ein Freikörperbild gezeichnet werden, um alle physikalischen Kräfte zu erkennen, die Arbeit leisten.

■ ***Leistung und Wirkungsgrad*** Leistung ist Arbeit pro Zeit und wird definiert als $P = dW/dt$, d.h. $P = \mathbf{F} \cdot \mathbf{v}$. Zur Anwendung muss die Kraft $\mathbf{F}$ und die Geschwindigkeit $\mathbf{v}$ ihres Angriffspunktes bekannt sein. Der Wirkungsgrad gibt das Verhältnis von zugeführter und abgeführter Energie an. Aufgrund von Reibungsverlusten ist er immer kleiner 1.

■ ***Energieerhaltung*** Eine konservative Kraft leistet eine von ihrer Bahnkurve unabhängige Arbeit. Zwei Beispiele dafür sind die Gewichtskraft und die Federkraft. Reibung ist eine nichtkonservative Kraft, denn die Arbeit hängt von der Länge der Bahn ab. Je länger die zurückgelegte Wegstrecke ist, desto mehr Arbeit wird geleistet. Die Arbeit einer konservativen Kraft kann durch die zugehörige potenzielle Energie ausgedrückt werden, die von einer Referenzlage abhängt. Für das Gewicht beträgt sie $V_G = G\,y$ und ist positiv oberhalb eines gewählten Nullniveaus. Für eine Feder ist sie $V_F = \frac{1}{2}cx^2$, wenn man annimmt, dass x bei unverformter Feder verschwindet. Das Potenzial einer Feder ist immer positiv.

Bei konservativen Systemen besteht die mechanische Energie aus kinetischer Energie T, potenzieller Energie des Gewichts und potenzieller Federenergie. Gemäß dem Energieerhaltungssatz ist diese Summe konstant und hat an beliebigen Punkten der Bahn den gleichen Wert, d.h. es gilt

$$T_1 + V_1 = T_2 + V_2 = E$$

Wird die Bewegung eines Massenpunktes nur von Gewichts- und Federkräften hervorgerufen, dann können mit Hilfe des Energieerhaltungssatzes Aufgaben gelöst werden, bei denen die Geschwindigkeit als Funktion des Weges bestimmt werden soll.

Aufgaben zu 3.1 bis 3.3

Ausgewählte Lösungswege 

Lösungen finden Sie in *Anhang C*.

3.1 Eine Frau mit der Masse m steht in einem Aufzug, der aus dem Stand mit a nach unten beschleunigt. Bestimmen Sie die Arbeit, die ihr Gewicht leistet, und die Arbeit der Normalkraft vom Boden auf die Frau, wenn der Aufzug eine Strecke d zurücklegt. Erklären Sie, warum die Arbeit dieser Kräfte unterschiedlich ist.

Gegeben: $m = 70$ kg, $a = 4$ m/s^2, $d = 6$ m

3.2 Das Auto mit der Masse m fährt anfänglich mit der Geschwindigkeit v_0. Welche Strecke muss das Auto mit der Kraft F angetrieben werden, damit es die höhere Geschwindigkeit v_1 erreicht? Vernachlässigen Sie Reibung und Masse der Räder.

Gegeben: $m = 2000$ kg, $v_0 = 2$ m/s, $v_1 = 5$ m/s, $F = 4$ kN, $\alpha = 10°$, $\beta = 20°$

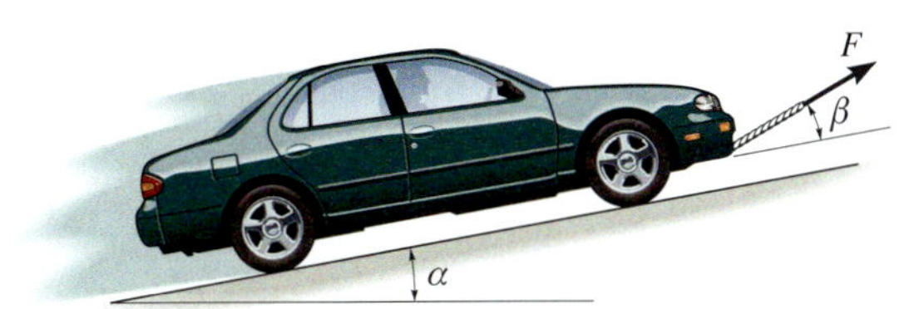

Abbildung A 3.2

3.3 An der Kiste mit der Masse m greift die nach Betrag und Richtung konstante Kraft F an. In der Lage $s = s_1$ bewegt sich die Kiste mit der Geschwindigkeit v_1 nach rechts. Wie groß ist die Geschwindigkeit bei $s = s_2$? Der Gleitreibungskoeffizient μ_g zwischen Kiste und Boden ist gegeben.

Gegeben: $m = 20$ kg, $v_1 = 8$ m/s, $s_1 = 15$ m, $s_2 = 25$ m, $F = 100$ N, $\mu_g = 0{,}25$, $\alpha = 30°$

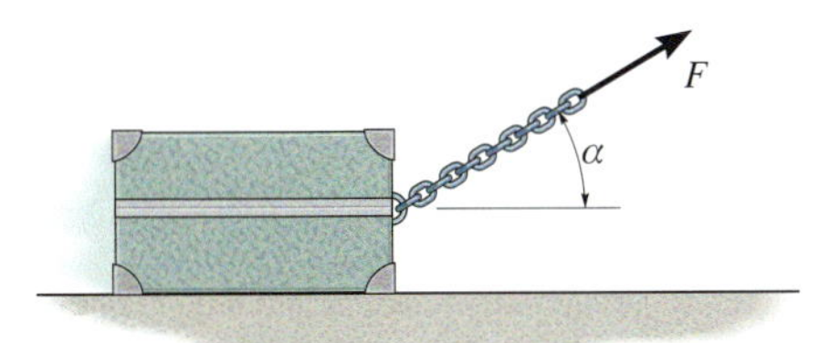

Abbildung A 3.3

***3.4** Mit der Luftfeder A werden die Unterlage B und auch das Spanngewicht C des Transportbandes D geschützt, falls das Band reißt. Die Kraft in der Feder als Funktion der Längenänderung ist grafisch dargestellt. Bestimmen Sie für die angegebenen Werte die maximale Verformung der Feder, wenn das Transportband reißt. Vernachlässigen Sie die Massen der Rolle und des Bandes.

Gegeben: $G = 500$ N, $d = 0{,}3$ m, $F = ks^2$, $k = 2(10^6)$ N/m^2

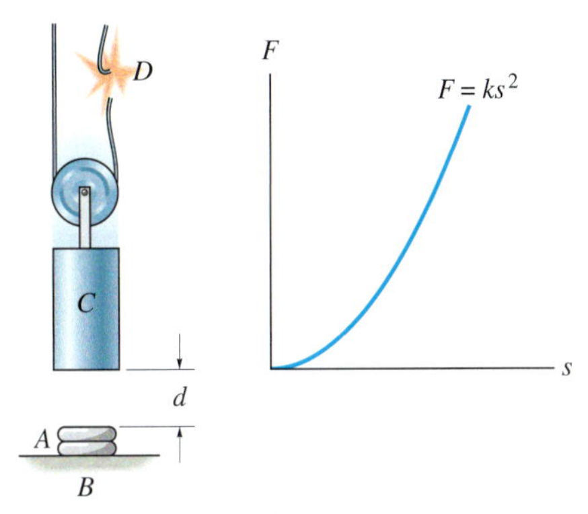

Abbildung A 3.4

3.5 Der glatte Kolben mit dem Gewicht G wird gegen eine Reihe von Tellerfedern gedrückt, die um s zusammengedrückt werden. Die Kraft der zusammengedrückten Federn auf den Kolben ist F. Bestimmen Sie die Geschwindigkeit des Kolbens, nachdem er keinen Kontakt mehr mit den Federn hat. Vernachlässigen Sie die Reibung.

Gegeben: $G = 200$ N, $s = 0{,}01$ m, $F = bs^{1/3}$, $b = 51$ N/m$^{1/3}$

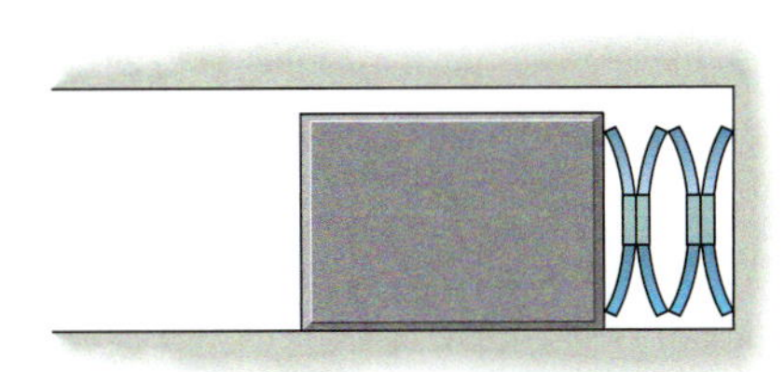

Abbildung A 3.5

3.6 Ein Projektil der Masse m wird aus einem Gewehrlauf der Länge l abgefeuert; dabei verändert sich die Triebkraft auf das Projektil im Lauf gemäß dem dargestellten Kurvenverlauf. Bestimmen sie die Projektilgeschwindigkeit an der Mündung. Vernachlässigen Sie Reibung im Lauf und nehmen Sie an, dass der Lauf horizontal gerichtet ist.

Gegeben: $m = 7\ \text{kg}$, $l = 2\ \text{m}$

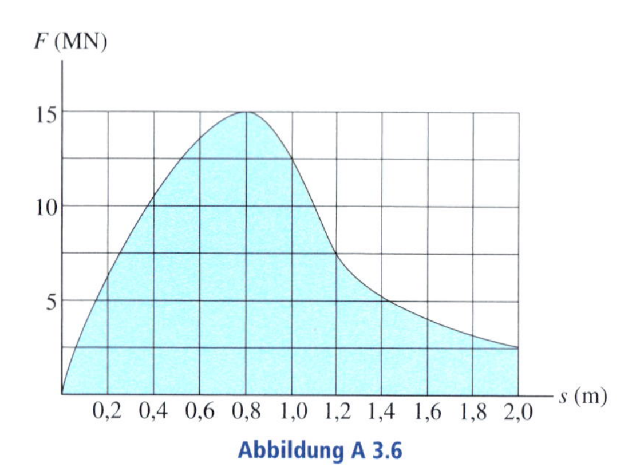

Abbildung A 3.6

3.7 Für die Konstruktion des Puffers B am Eisenbahnwaggon der Masse m ist eine nichtlineare Feder mit der dargestellten Last-Verformungs-Kurve erforderlich. Wählen Sie den Wert k der Federkennlinie, bei dem die maximale Federauslenkung d nicht überschritten wird, wenn der Waggon mit der Geschwindigkeit v auf den Prellbock auffährt. Vernachlässigen Sie die Masse der Waggonräder.

Gegeben: $m = 5000\ \text{kg}$, $d = 0{,}2\ \text{m}$, $v = 4\ \text{m/s}$

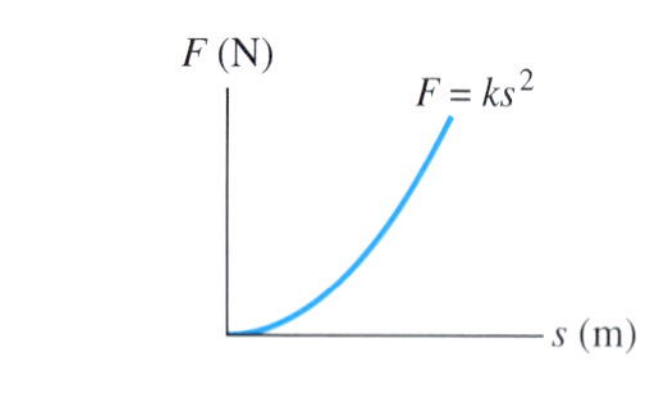

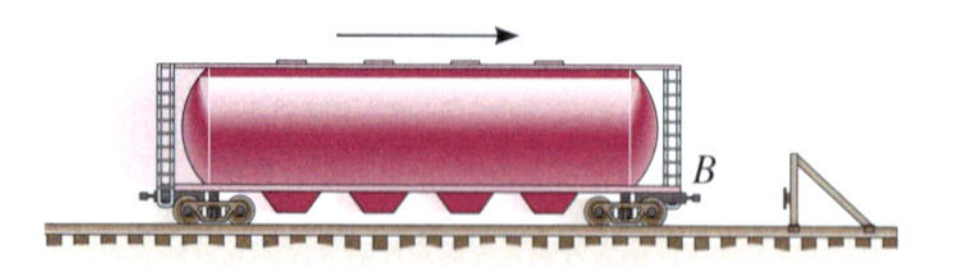

Abbildung A 3.7

***3.8** An der Kiste der Masse m greifen zwei Kräfte an. Bestimmen Sie die Strecke, die sie aus der Ruhe beginnend gleitend zurücklegt, bis sie die Geschwindigkeit v erreicht. Der Gleitreibungskoeffizient μ_g zwischen Kiste und Gleitfläche ist gegeben.

Gegeben: $m = 100\ \text{kg}$, $v = 6\ \text{m/s}$, $F_1 = 800\ \text{N}$, $F_2 = 100\ \text{N}$, $\mu_g = 0{,}2$, $\alpha = 30°$, $\tan\beta = 3/4$

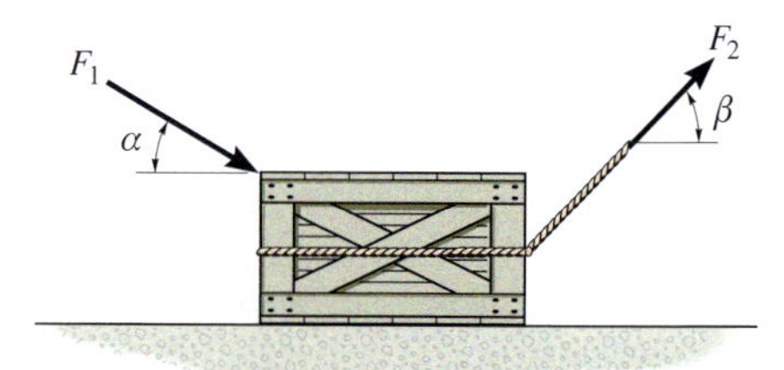

Abbildung A 3.8

3.9 Der Kleinlaster fährt mit der Geschwindigkeit v_1, als der Fahrer die Bremse betätigt. Der Laster rutscht noch die Strecke d, bevor er zum Stehen kommt. Wie weit rutscht er nach der Bremsbetätigung bei einer höheren Fahrgeschwindigkeit v_2, wenn er die Bremse in gleicher Weise betätigt?

Gegeben: $v_1 = 40\ \text{km/h}$, $v_2 = 80\ \text{km/h}$, $d = 3\ \text{m}$

Abbildung A 3.9

3.10 Ein Ball vernachlässigbarer Größe mit der Masse m wird mit einer Spannvorrichtung auf die vertikale kreisrunde Bahn geschossen. Die Spannvorrichtung bewirkt, dass die Feder bei $s = 0$ um d gestaucht bleibt. Wie weit (s_1) muss die Feder mit der Federkonstanten c zurückgezogen und dann losgelassen werden, damit der Ball bei $\theta = \theta_1$ die Bahn verlässt?

Gegeben: $m = 0{,}5\ \text{kg}$, $d = 0{,}08\ \text{m}$, $\theta_1 = 135°$, $r = 1{,}5\ \text{m}$, $c = 500\ \text{N/m}$

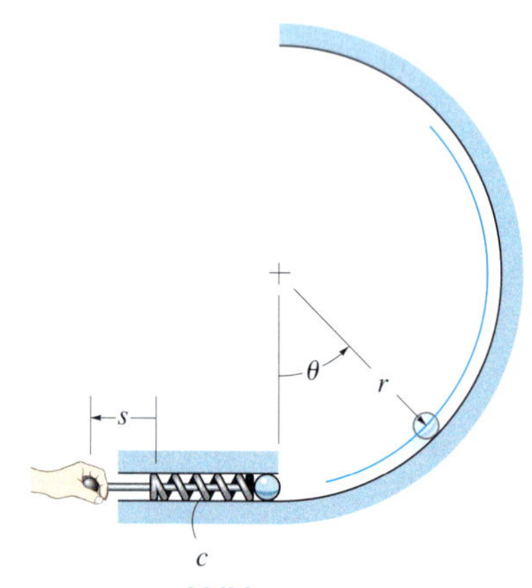

Abbildung A 3.10

■ **3.11** Die Kraft F konstanter Richtung greift am Klotz der Masse m an. Ihre Größe ändert sich mit der Position s des Klotzes. Bestimmen Sie, wie weit sich der Klotz bewegt hat, um die Geschwindigkeit v_1 zu erreichen. Bei $s = 0$ beträgt die Geschwindigkeit des Klotzes v_0 nach rechts. Der Koeffizient der Gleitreibung μ_g zwischen Klotz und Unterlage ist gegeben.

Gegeben: $m = 20$ kg, $v_0 = 2$ m/s, $v_1 = 5$ m/s, $\mu_g = 0{,}3$, $\tan\alpha = 3/4$, $k = 50$ N/m²

***3.12** Die Kraft F konstanter Richtung greift am Klotz mit der Masse m an. Ihre Größe ändert sich mit der Position s des Klotzes. Bestimmen Sie die Geschwindigkeit des Klotzes nach Zurücklegen der Strecke s_1. Bei $s = 0$ beträgt die Geschwindigkeit des Klotzes v_0 nach rechts. Der Koeffizient der Gleitreibung μ_g zwischen Klotz und Gleitfläche ist gegeben.

Gegeben: $m = 20$ kg, $v_0 = 2$ m/s, $s_1 = 3$ m, $\mu_g = 0{,}3$, $\tan\alpha = 3/4$, $k = 50$ N/m²

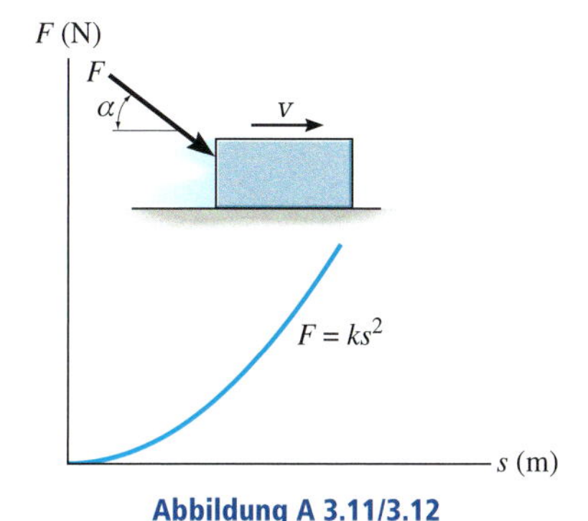

Abbildung A 3.11/3.12

3.13 Wie bei der Herleitung dargelegt, gilt der Arbeitssatz für Beobachter in einem *beliebigen* Inertialsystem. Zeigen Sie, dass dies gilt. Betrachten Sie dazu eine Masse m, die auf einer glatten Oberfläche ruht und an der eine horizontale Kraft F angreift. Befindet sich ein Beobachter A in einem *ortsfesten* System x, bestimmen Sie die Endgeschwindigkeit des Klotzes für die Anfangsgeschwindigkeit v_0, nachdem er die Strecke s, jeweils nach rechts gerichtet und bezüglich des ortsfesten Systems gemessen, zurückgelegt hat. Vergleichen Sie das Ergebnis mit dem des Beobachters B, dessen x'-Achse sich mit konstanter Geschwindigkeit v' relativ zu A nach rechts bewegt. *Hinweis:* Die Strecke, welche die Masse für den Beobachter B zurücklegt, muss zuerst berechnet werden; dann kann der Arbeitssatz angewendet werden.

Gegeben: $m = 10$ kg, $F = 6$ N, $v_0 = 5$ m/s, $s = 10$ m, $v' = 2$ m/s

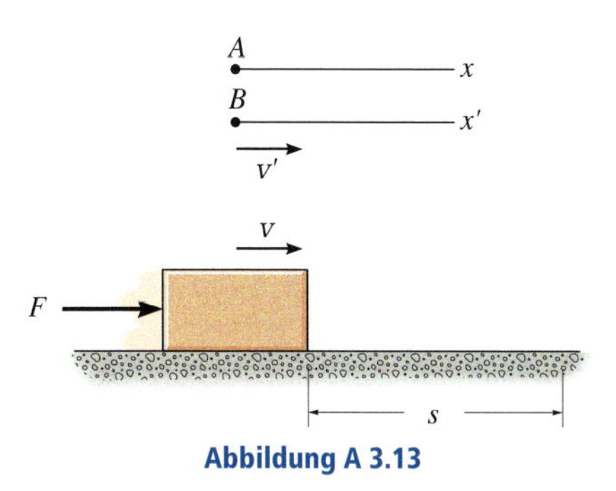

Abbildung A 3.13

3.14 Bestimmen Sie die Geschwindigkeit der Masse m_A nach Loslassen aus der Ruhe und nachdem sie sich um die Strecke s entlang der Ebene nach unten bewegt hat. Der Körper B hat die Masse m_B. Der Koeffizient der Gleitreibung μ_g zwischen Masse A und schiefer Ebene ist gegeben. Wie groß ist die Zugkraft im Seil?

Gegeben: $m_A = 20$ kg, $m_B = 10$ kg, $s = 2$ m, $\mu_g = 0{,}2$, $\alpha = 60°$

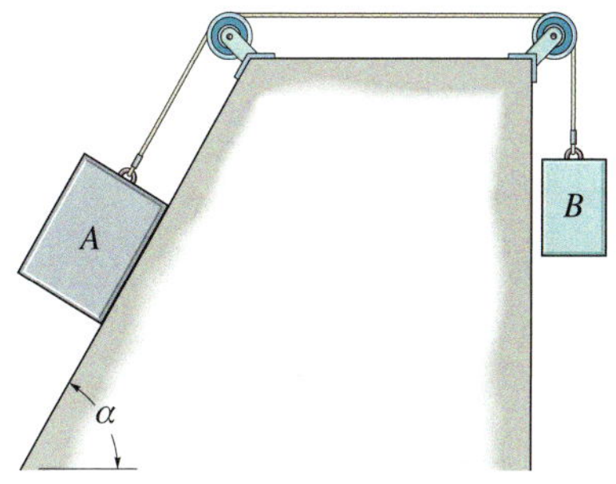

Abbildung A 3.14

3.15 Klotz A hat das Gewicht G_A und Klotz B das Gewicht G_B. Wie groß ist die Geschwindigkeit von Klotz A, nachdem er aus der Ruhe beginnend die Strecke s_A zurückgelegt hat? Vernachlässigen Sie die Reibung und die Masse von Seilen und Rollen.

Gegeben: $G_A = 600$ N, $G_B = 100$ N, $s_A = 1$ m, $\tan\alpha = 3/4$

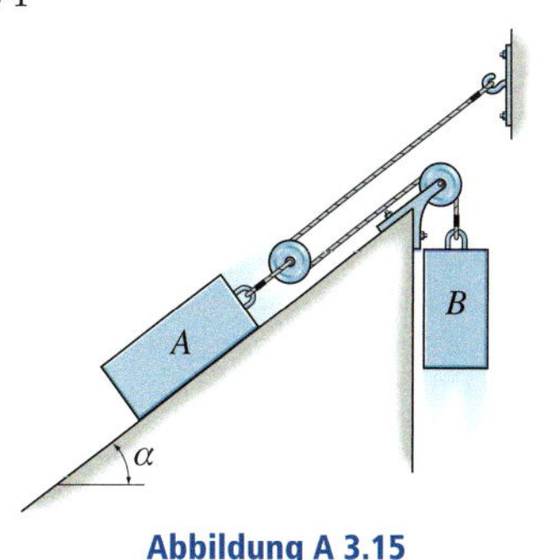

Abbildung A 3.15

***3.16** Der glatte Zylinder mit dem Gewicht G wird gegen eine Reihe von Tellerfedern gedrückt, die um s zusammengedrückt werden. Die Kraft der Feder auf den Zylinder ist $F(s)$. Bestimmen Sie die Geschwindigkeit des Zylinders nach Loslassen gerade in dem Moment, wenn er den Kontakt mit den masselosen Federn wieder verliert, d.h. bei $s = 0$.

Gegeben: $G = 200$ N, $s = 0{,}01$ m, $F = bs^{1/3}$, $b = 1710$ N/m$^{1/3}$

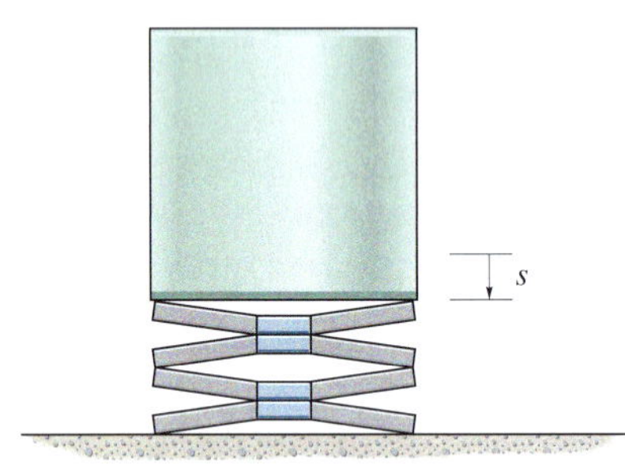

Abbildung A 3.16

3.17 Die Hülse der Masse m befindet sich auf dem glatten Rundstab. Zwei Federn, die an der Hülse befestigt sind, stützen sich gegen die äußere Berandung ab und halten die Hülse ihrer Mittellage. Dabei haben die Federn die ungedehnte Länge l_0. Die Hülse wird um s_1 verschoben und aus der Ruhe losgelassen. Wie groß ist ihre Geschwindigkeit bei der Rückkehr zur Position $s = 0$?

Gegeben: $m = 20$ kg, $l_0 = 1$ m, $c = 50$ N/m, $c' = 100$ N/m, $s_1 = 0{,}5$ m, $b = 0{,}25$ m

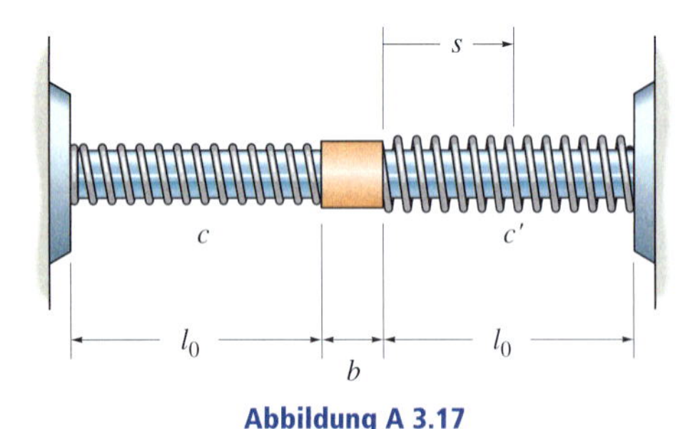

Abbildung A 3.17

3.18 Ermitteln Sie die Höhe h auf der Bahn D, die der Achterbahnwagen der Masse m erreicht, nachdem er in B mit einer Geschwindigkeit gestartet wurde, die gerade für den Überschlag in C ausreichend ist, ohne dass der Wagen aus den Schienen springt. Der Krümmungsradius ρ_C in C ist gegeben.

Gegeben: $m = 200$ kg, $h_C = 35$ m, $\rho_C = 25$ m

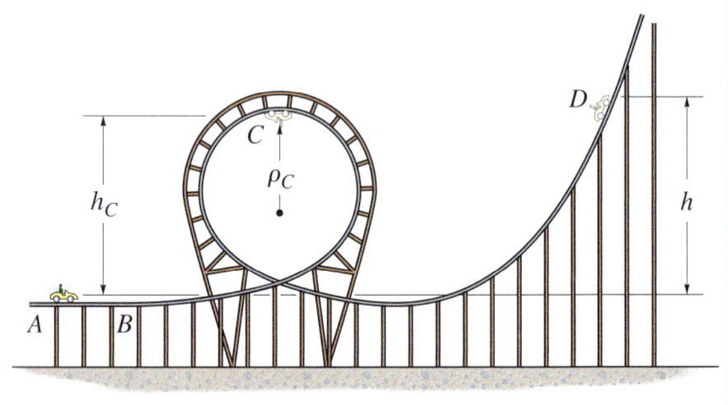

Abbildung A 3.18

3.19 Am Klotz der Masse m greift die Kraft F konstanter Richtung an, ihr Betrag ist eine Funktion des Weges. Bei $s = s_1$ bewegt sich der Klotz gerade mit v_1 nach links. Ermitteln Sie die Geschwindigkeit für $s = s_2$. Der Gleitreibungskoeffizient zwischen Klotz und Unterlage ist μ_g.

Gegeben: $m = 2$ kg, $F = F_0/(1 + s/s_0)$, $F_0 = 300$ N, $s_0 = 1$ m $s_1 = 4$ m, $v_1 = 8$ m/s, $s_2 = 12$ m, $\mu_g = 0{,}25$, $\alpha = 30°$

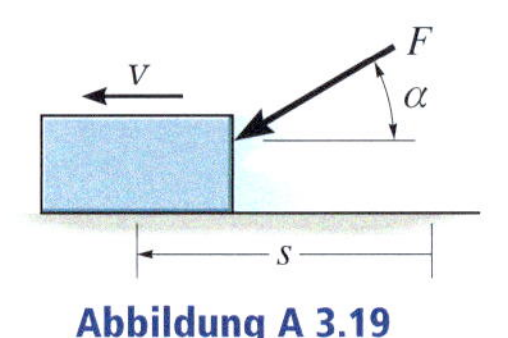

Abbildung A 3.19

***3.20** Die Bewegung eines Lasters wird mittels einer Fahrbahn aus losen Steinen AB und einer Reihe von Aufpralltonnen BC gebremst. Experimentell wird der Fahrwiderstand R pro Rad bestimmt. Die Widerstandskraft F der Aufpralltonnen ist grafisch dargestellt. Bestimmen Sie die Strecke x des Lasters mit dem Gewicht G, die er nach dem Kontakt mit den Aufpralltonnen noch zurücklegt, wenn er sich mit der Geschwindigkeit v dem Beginn der Schlechtwegstrecke A nähert. Vernachlässigen Sie die Größe des Lasters.

Gegeben: $G = 22{,}5$ kN, $s = 10$ m, $v = 12$ m/s, $R = 800$ N, $F = bx^3$, $b = 1{,}25(10^6)$ N/m^3

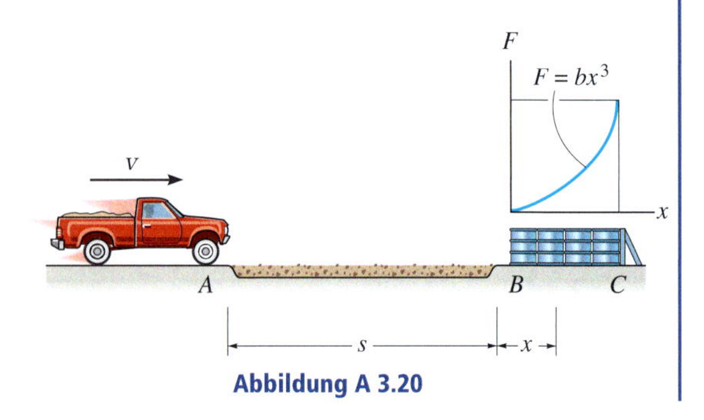

Abbildung A 3.20

3.21 Der Aufprallschutz einer Leitplanke besteht aus einer Gruppe von Tonnen mit einer Füllung aus dämpfendem Material. Die Widerstandskraft F des Aufprallschutzes wird in Abhängigkeit von der Eindringtiefe des Fahrzeugs gemessen. Bestimmen Sie, wie tief ein Auto mit dem Gewicht G in die Leitplanke eindringt. Beim Auftreffen auf die Leitplanke fährt das Auto mit der Geschwindigkeit v.

Gegeben: $G = 20$ kN, $v = 11$ m/s

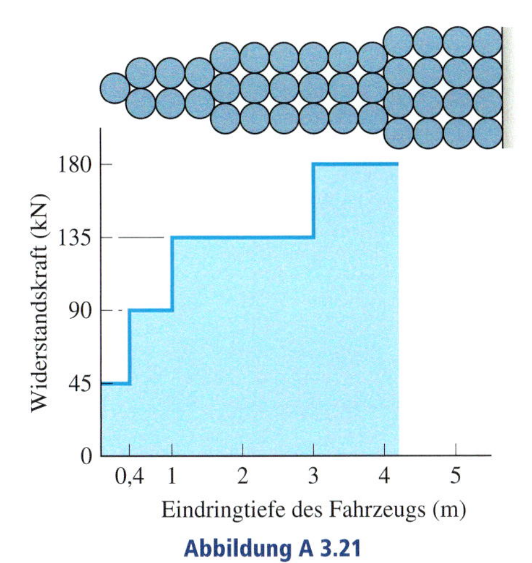

Abbildung A 3.21

3.22 Die Gewichte G_A und G_B der beiden Klötze A und B und der Gleitreibungskoeffizient μ_g zwischen schiefer Ebene und Klotz A sind gegeben. Bestimmen Sie die Geschwindigkeit von A nach Zurücklegen der Strecke s aus der Ruhe. Vernachlässigen Sie die Masse der Seile und der Rollen.

Gegeben: $G_A = 600$ N, $G_B = 100$ N, $s = 1$ m, $\alpha = \tan 3/4$, $\mu_g = 0{,}2$

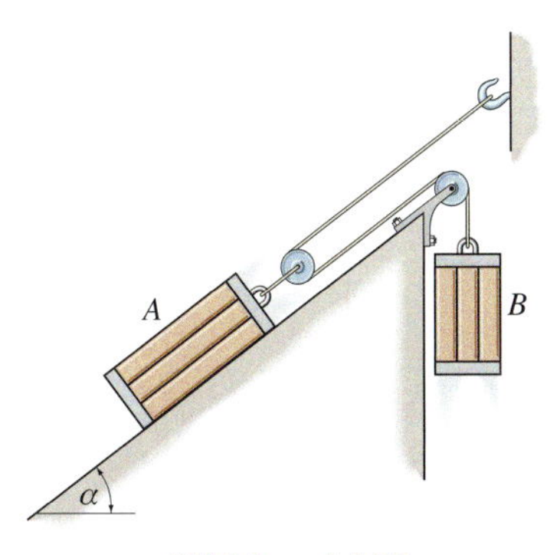

Abbildung A 3.22

3.23 Pakete mit dem Gewicht G werden mit der Geschwindigkeit v_A zur Rutsche transportiert. Bestimmen Sie ihre Geschwindigkeit in den Punkten B, C und D. Berechnen Sie auch die Normalkraft von der Rutsche auf die Pakete in B und C. Vernachlässigen Sie die Reibung und die Größe der Pakete.

Gegeben: $G = 250$ N, $v_A = 0{,}9$ m/s, $r = 1{,}5$ m, $\alpha = 30°$

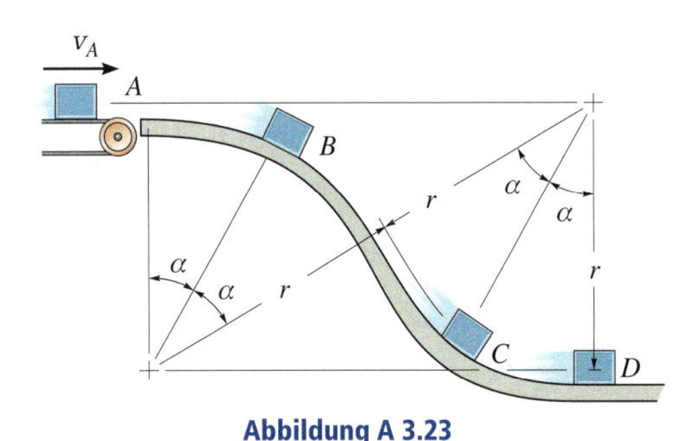

Abbildung A 3.23

***3.24** Der Stahlblock mit der Masse m wird mit der Geschwindigkeit v nach links transportiert, als er auf eine ineinander gebettete Federanordnung auftrifft. Bestimmen Sie die maximale Auslenkung jeder Feder, die zum Anhalten des Stahlblocks erforderlich ist.

Gegeben: $m = 1800$ kg, $v = 0{,}5$ m/s, $c_A = 5$ kN/m, $c_B = 3$ kN/m, $l_{0A} = 0{,}5$ m, $l_{0B} = 0{,}45$ m

3.25 Der Stahlblock mit der Masse m wird mit der Geschwindigkeit v nach links transportiert, als er auf eine ineinander gebettete Federanordnung auftrifft. Bestimmen Sie für die gegebene Federkonstante c_A die erforderliche Federkonstante c_B der inneren Feder, sodass der Stahlblock an der Stelle anhält, wenn sich die Vorderseite C im Abstand d von der Wand befindet.

Gegeben: $m = 1800$ kg, $v = 0{,}5$ m/s, $c_A = 5$ kN/m, $l_{0A} = 0{,}5$ m, $l_{0B} = 0{,}45$ m, $d = 0{,}3$ m

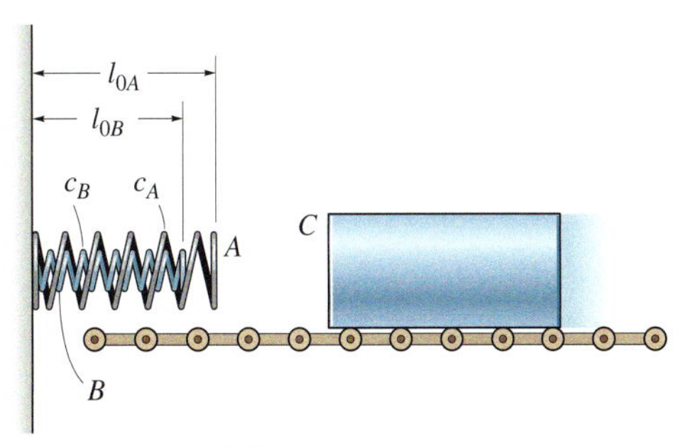

Abbildung A 3.24/3.25

3.26 Der Klotz A hat das Gewicht G_A und Klotz B das Gewicht G_B. Bestimmen Sie die Strecke, die A zurücklegt, bis er aus der Ruhe die Geschwindigkeit v erreicht. Wie groß ist dann die Zugkraft im Seil, das A hält? Vernachlässigen Sie die Masse von Seil und Rollen.

Gegeben: $G_A = 600$ N, $G_B = 100$ N, $v = 2$ m/s

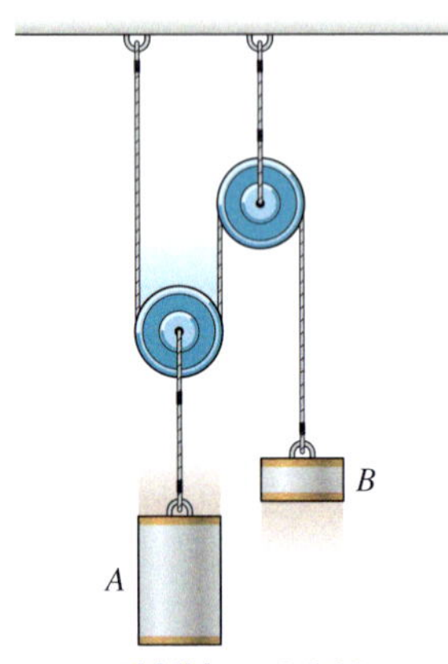

Abbildung A 3.26

3.27 Der Klotz mit dem Gewicht G hat auf der halben Strecke zwischen den Federn A und B die Anfangsgeschwindigkeit v_0. Nach Auftreffen auf Feder B prallt er zurück und bewegt sich auf der horizontalen Ebene in Richtung Feder A usw. Der Gleitreibungskoeffizient μ_g zwischen Ebene und Klotz ist gegeben. Bestimmen Sie die Gesamtstrecke, die der Klotz zurücklegt, bevor er zur Ruhe kommt.

Gegeben: $G = 250$ N, $v_0 = 5$ m/s, $c_A = 100$ N/m, $c_B = 600$ N/m, $l = 1{,}2$ m, $\mu_g = 0{,}4$

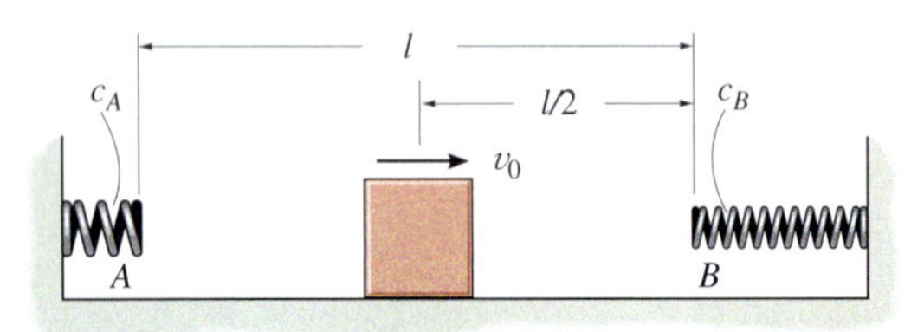

Abbildung A 3.27

***3.28** Der Ziegelstein mit dem Gewicht G gleitet ein glattes Dach herunter und erreicht bei A die Geschwindigkeit v. Wie groß sind die Geschwindigkeit des Steins, unmittelbar bevor er in B die Dachfläche verlässt, der Abstand d des Auftreffpunktes von der Wand und die Geschwindigkeit, mit der er auf dem Boden auftrifft.

Gegeben: $G = 20$ N, $v = 2$ m/s, $a = 12$ m, $\tan\alpha = 3/4$

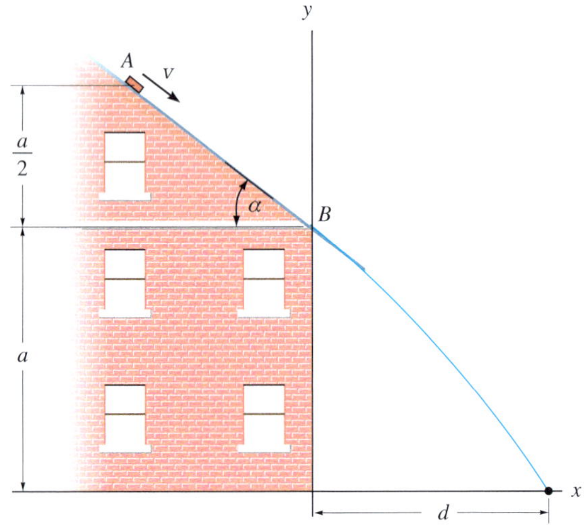

Abbildung A 3.28

3.29 Achterbahnen sind so konstruiert, dass die Fahrgäste maximal das 3,5fache ihres Gewichts als Normalkraft in Richtung ihres Sitzes erfahren. Der Wagen hat am Scheitelpunkt die Geschwindigkeit v. Bestimmen Sie den kleinsten Krümmungsradius ρ der Bahn an ihrem tiefsten Punkt. Vernachlässigen Sie die Reibung.

Gegeben: $v = 1$ m/s, $h_1 = 24$ m, $h_2 = 2$ m

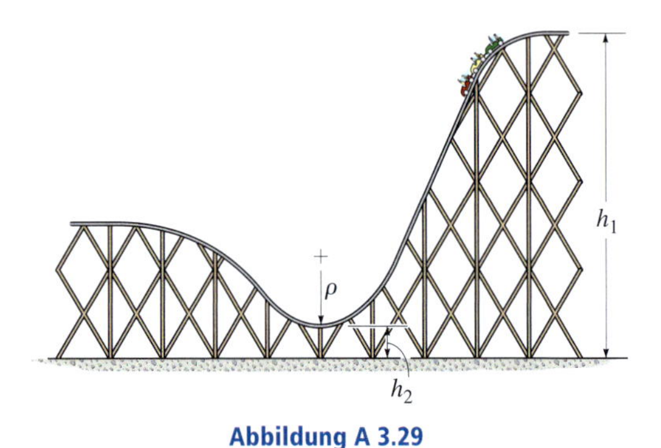

Abbildung A 3.29

3.30 Die Katapultvorrichtung treibt den Körper A der Masse m auf glatter Bahn nach rechts. Dazu wird mit dem Kolben P die Rolle an der Rundstange BC schnell nach links gezogen. Der Kolben bringt auf die Rundstange BC die konstante Kraft F auf, und diese bewegt sich um s. Bestimmen Sie die Geschwindigkeit des Körpers A, der aus der Ruhe die Bewegung beginnt. Vernachlässigen Sie die Masse von Rollen, Seil, Kolben und Rundstange BC.

Gegeben: $m = 10$ kg, $F = 20$ kN, $s = 0{,}2$ m

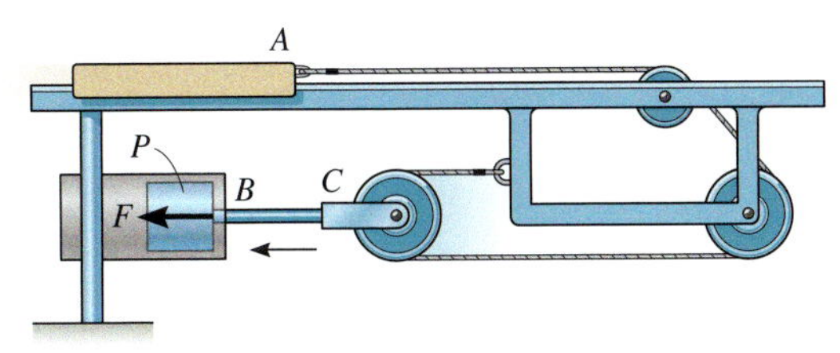

Abbildung A 3.30

3.31 Die Hülse der Masse m gleitet auf dem glatten Rundstab. Zwei Federn, die an der Hülse befestigt sind, stützen sich gegen die äußere Berandung ab und halten die Hülse in ihrer Mittellage. Dabei haben die Federn die ungedehnte Länge l_0. Die Hülse hat bei $s = 0$ die Geschwindigkeit v_0 nach rechts. Wie groß ist die maximale Zusammendrückung der Federn aufgrund der Hin- und Herbewegung der Hülse?

Gegeben: $m = 20$ kg, $l_0 = 1$ m, $c_A = 50$ N/m, $c_B = 100$ N/m, $v_0 = 2$ m/s, $d = 0{,}25$ m

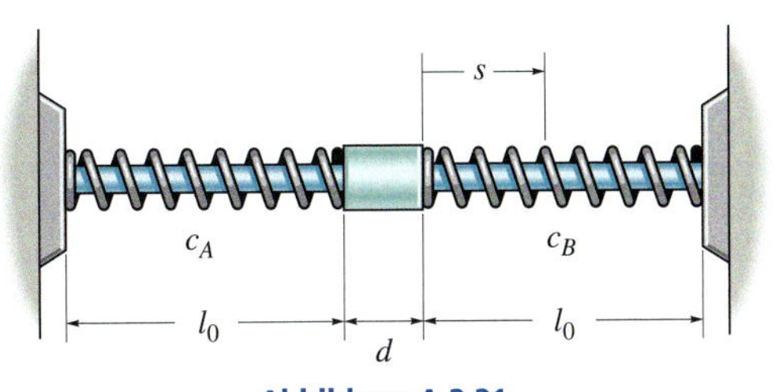

Abbildung A 3.31

***3.32** Der Radfahrer fährt nach links und hat bei Erreichen des Punktes A die Geschwindigkeit v_A. Dann lässt er sich den gekrümmten Abhang hochrollen. Bestimmen Sie die Normalkraft, die er auf die Straße in B ausübt. Die Masse m von Rad und Fahrer ist gegeben. Vernachlässigen Sie die Reibung, die Masse der Räder und die Größe des Fahrrades.

Gegeben: $m = 75$ kg, $v_A = 8$ m/s, $x_A = 4$ m, $y_C = 4$ m, $\alpha = 45°$

3.33 Der Radfahrer fährt nach links und hat bei Erreichen des Punktes A die Geschwindigkeit v_A. Dann lässt er sich den gekrümmten Abhang hochrollen. Bestimmen Sie die Höhe, die der Fahrer erreicht. Wie groß sind die Normalkraft auf die Straße in diesem Punkt und seine Beschleunigung? Die Masse m von Rad und Fahrer ist gegeben. Vernachlässigen Sie die Reibung, die Masse der Räder und die Größe des Fahrrades.

Gegeben: $m = 75$ kg, $v_A = 4$ m/s, $x_A = 4$ m, $y_C = 4$ m, $\alpha = 45°$

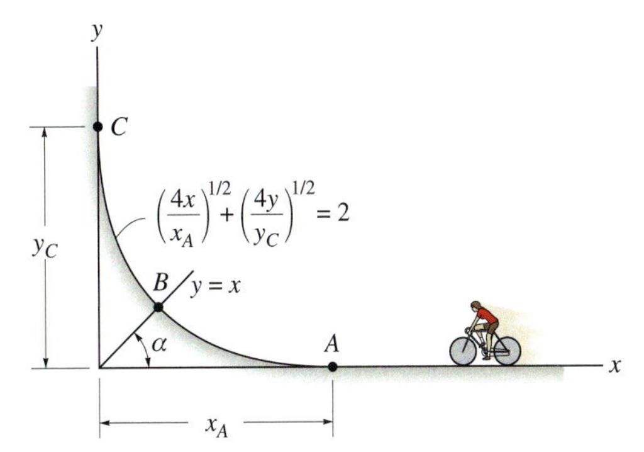

Abbildung A 3.32/3.33

3.34 Die Kiste A mit dem Gewicht G rutscht aus der Ruhe die glatte Rampe herunter und auf die Ladefläche eines Wagens. Dieser ist *befestigt und kann sich nicht bewegen*. Bestimmen Sie den Abstand s des Wagenendes bis zum Punkt, an dem die Kiste zur Ruhe kommt. Der Gleitreibungskoeffizient μ_g zwischen Wagen und Kiste ist gegeben.

Gegeben: $G = 300$ N, $\mu_g = 0{,}6$, $l = 5$ m, $h = 2$ m

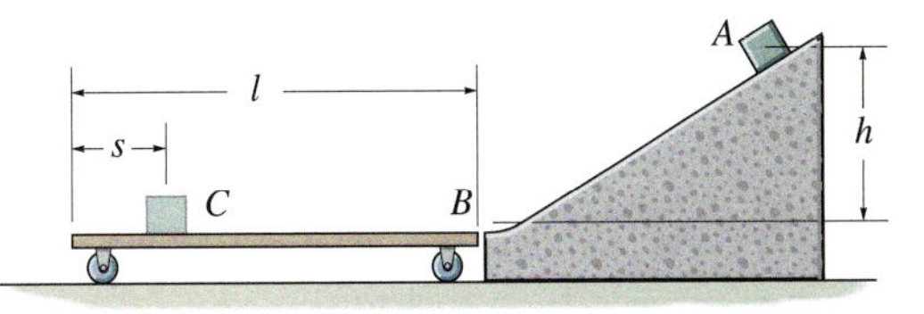

Abbildung A 3.34

3.35 Der Mann am Fenster A möchte einen Sack B der Masse m auf den Boden werfen. Dazu bewegt er ihn an einem masselosen Seil der Länge l aus der Ruhe in B zum Punkt C hinunter und lässt dann dort unter dem Winkel $\theta = \theta_1$ das Seil los. Ermitteln Sie die Geschwindigkeit, mit welcher der Sack auf dem Boden auftrifft und die Strecke R.

Gegeben: $m = 30$ kg, $l = 8$ m, $h = 16$ m, $\theta_1 = 30°$

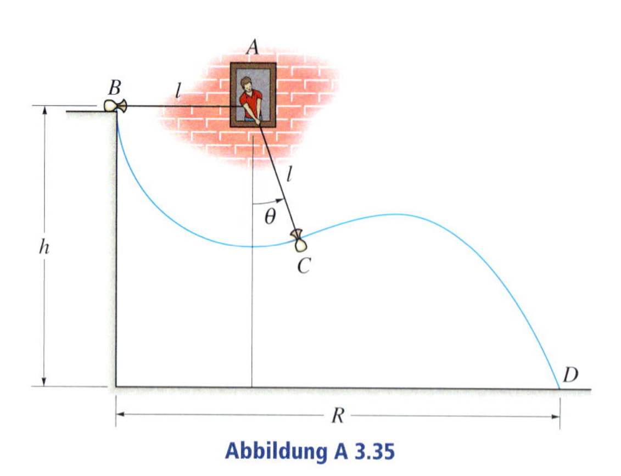

Abbildung A 3.35

***3.36** Ein Klotz B mit dem Gewicht G ruht in $A(\theta = 0)$ auf der glatten halbzylindrischen Oberfläche. Ein elastisches Seil mit der Federkonstanten c ist am Klotz B und an der Basis des Halbzylinders in Punkt C befestigt. Der Klotz wird dann losgelassen. Bestimmen Sie die ungedehnte Länge l_0 des Seiles, für die der Klotz bei einem Winkel $\theta = \theta_1$ die Oberfläche des Halbzylinders verlässt. Vernachlässigen Sie die Größe des Klotzes.

Gegeben: $G = 20$ N, $\theta_1 = 45°$, $r = 0{,}5$ m, $c = 60$ N/m

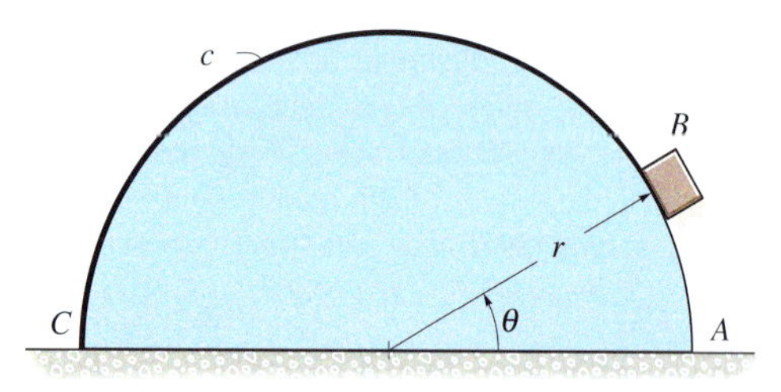

Abbildung A 3.36

3.37 Der Federpuffer stoppt die Bewegung des Klotzes mit dem Gewicht G, der mit der Geschwindigkeit v gegen ihn fährt. Wie dargestellt, wird die Bewegung der Feder von der Platte P und der Wand mittels undehnbarer Seile beschränkt. Ihre vorgespannte Länge ist somit l. Die Federkonstante c der Feder ist gegeben. Bestimmen Sie die erforderliche ungedehnte Länge l_0 der Feder so, dass die Platte um nicht mehr als s verschoben wird, nachdem der Klotz dort auftrifft. Vernachlässigen Sie Reibung, die Massen der Platte und der Feder und den Energieverlust zwischen Platte und Klotz beim Zusammenstoß.

Gegeben: $G = 40$ N, $l = 0{,}5$ m, $d = 2$ m,
$c = 1500$ N/m, $v = 3$ m/s, $s = 0{,}1$ m

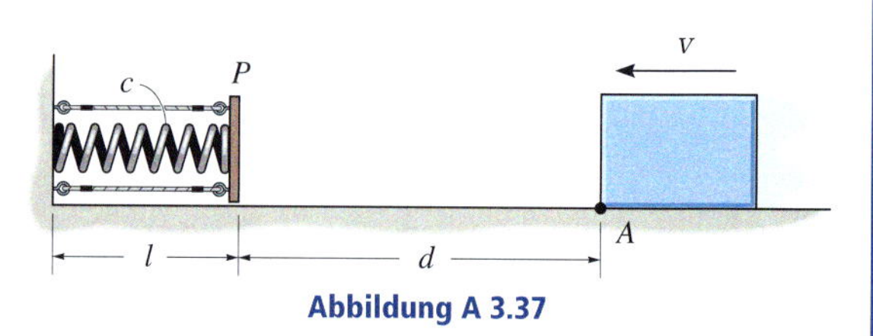

Abbildung A 3.37

3.38 Der Zylinder A hat die Masse m_A und der Zylinder B die Masse m_B. Bestimmen Sie die Geschwindigkeit v_A der Masse m_A nach Zurücklegen der Strecke s aus der Ruhe nach oben. Vernachlässigen Sie die Masse des Flaschenzugs.

Gegeben: $m_A = 3$ kg, $m_B = 8$ kg, $s = 2$ m

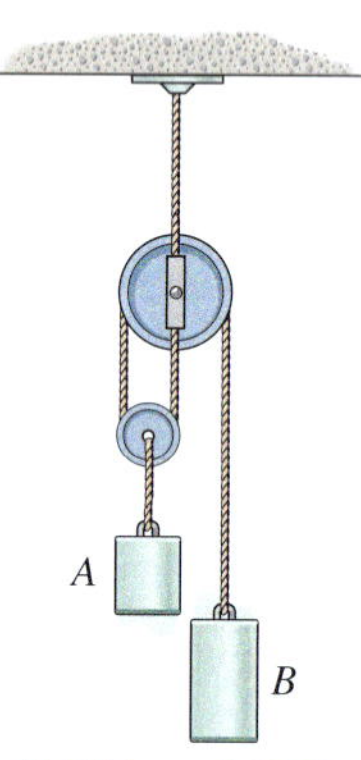

Abbildung A 3.38

3.39 Die Hülse der Masse m wird vom glatten Rundstab geführt und in der Position $d = d_2$, in der die Federn unverformt sind, gehalten. Durch die Kraft F und ihr Eigengewicht kommt die Hülse nach dem Loslassen aus der Ruhe heraus in Bewegung. Bestimmen Sie die Geschwindigkeit der Hülse, nachdem eine Verschiebung der Hülse in die Position $d = d_1$ vorliegt.

Gegeben: $m = 20$ kg, $d_1 = 0{,}3$ m, $d_2 = 0{,}5$ m,
$F = 100$ N, $c = 25$ N/m, $c' = 15$ N/m, $\alpha = 60°$

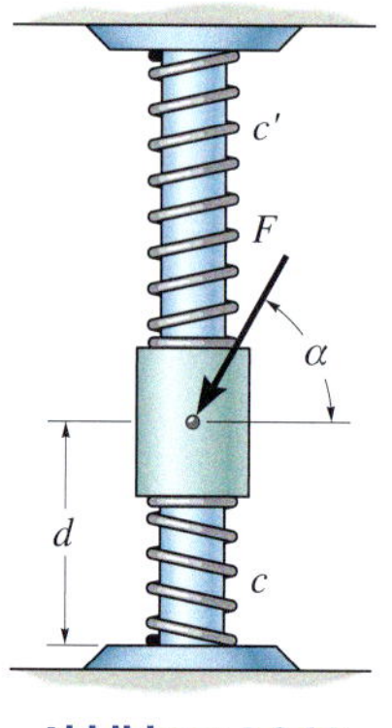

Abbildung A 3.39

***3.40** Der Skispringer fährt bei A aus dem Stand los und fährt die Schanze hinunter. Reibung und Luftwiderstand können vernachlässigt werden. Bestimmen Sie seine Geschwindigkeit v_B in Punkt B. Ermitteln Sie ebenfalls die Strecke s bis zum Punkt C, wo er landet. Er springt in B horizontal ab. Vernachlässigen Sie die Größe des Skispringers, der die Masse m hat.

Gegeben: $m = 70$ kg, $h_A = 50$ m, $h_B = 4$ m, $\alpha = 30°$

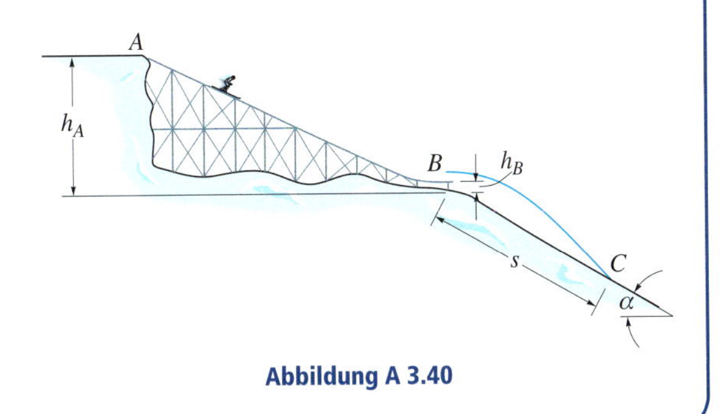

Abbildung A 3.40

Aufgaben zu 3.4

Ausgewählte Lösungswege

Lösungen finden Sie in *Anhang C*.

3.41 Der Dieselmotor eines Zuges der Masse m erhöht in der Zeit t die Zuggeschwindigkeit gleichmäßig auf der horizontalen Bahn aus dem Stand auf v_1. Wie groß ist die mittlere abgegebene Leistung?

Gegeben: $m = 4 \cdot 10^5$ kg, $v_1 = 10$ m/s, $t = 100$ s

3.42 Bestimmen Sie die notwendige zuzuführende Leistung eines Motors, der das Gewicht G mit konstanter Geschwindigkeit v anhebt. Der Wirkungsgrad η des Motors ist gegeben.

Gegeben: $G = 3000$ N, $v = 2$ m/s, $\eta = 0{,}65$

3.43 Eine elektrische Straßenbahn mit dem Gewicht G beschleunigt auf einer horizontalen geraden Straße aus dem Stand so, dass die Leistung immer P beträgt. Wie lange braucht die Straßenbahn, um die Geschwindigkeit v zu erreichen?

Gegeben: $G = 75$ kN, $P = 75$ kW, $v = 10$ m/s

***3.44** Der Jeep mit dem Gewicht G hat einen Motor, der die Leistung P gleichmäßig auf *alle* Räder überträgt. Nehmen Sie an, dass die Räder nicht auf dem Boden rutschen, und ermitteln Sie den Winkel θ der maximalen Steigung, die der Jeep mit konstanter Geschwindigkeit v hinauffahren kann.

Gegeben: $G = 12{,}5$ kN, $P = 75$ kW, $v = 10$ m/s

Abbildung A 3.44

3.45 Ein Auto der Masse m fährt mit konstanter Geschwindigkeit v die Steigung (Winkel θ) hinauf. Vernachlässigen Sie die mechanische Reibung und den Luftwiderstand und ermitteln Sie die Leistung des Motors, der den Wirkungsgrad η hat.

Gegeben: $m = 2000$ kg, $v = 100$ km/h, $\theta = 7°$, $\eta = 0{,}65$

Abbildung A 3.45

3.46 Ein beladener Lastwagen mit dem Gewicht G beschleunigt auf der Straße innerhalb der Zeitspanne Δt gleichmäßig von v_1 auf v_2. Der Reibwiderstand gegen die Bewegung beträgt R. Wie groß ist die notwendige Leistung, die auf die Räder übertragen werden muss?

Gegeben: $G = 80$ kN, $R = 1625$ N, $v_1 = 5$ m/s, $v_2 = 10$ m/s, $\Delta t = 4$ s

3.47 Eine elektrische Straßenbahn mit dem Gewicht G beschleunigt auf einer horizontalen geraden Straße aus dem Stand so, dass die Leistung immer P beträgt. Welche Strecke legt sie zurück, bis sie die Geschwindigkeit v erreicht?

Gegeben: $G = 75$ kN, $P = 75$ kW, $v = 10$ m/s

***3.48** Die Rolltreppe fährt mit konstanter Geschwindigkeit v. Die Höhe h und die Tiefe l der Stufen sind gegeben. Ermitteln Sie die Leistung P des Motors, die zum Heben einer mittleren Masse m pro Stufe erforderlich ist. Es gibt n Stufen.

Gegeben: $m = 150$ kg, $v = 0{,}6$ m/s, $n = 32$, $h = 125$ mm, $l = 250$ mm

3.49 Die Kiste mit dem Gewicht G beginnt die Bewegung aus dem Stand und erreicht zum Zeitpunkt $t = t_1$ die Geschwindigkeit $v = v_1$. Bestimmen Sie bei konstanter Beschleunigung die dem Motor zur Zeit $t = t_2$ zuzuführende Leistung. Der Motor hat den Wirkungsgrad η. Vernachlässigen Sie die Masse des Flaschenzuges.

Gegeben: $G = 250$ N, $v_1 = 3$ m/s, $t_1 = 4$ s, $t_2 = 2$ s, $\eta = 0{,}76$

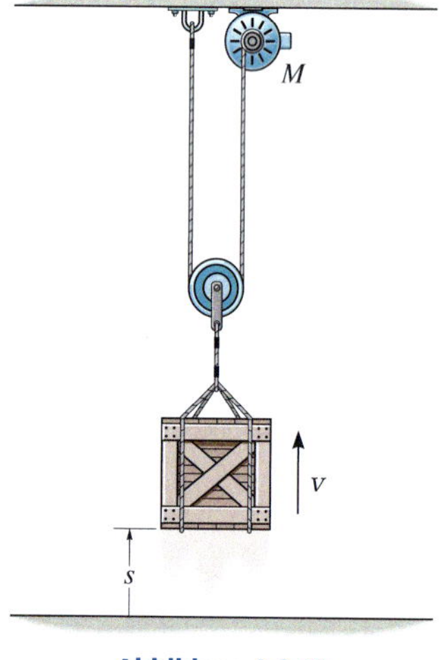

Abbildung A 3.49

3.50 Ein Auto der Masse m beschleunigt auf einer horizontalen geraden Straße aus dem Stand, sodass die Leistung immer konstant P ist. Welche Strecke muss das Auto zurücklegen, um die Geschwindigkeit v zu erreichen.

3.51 Zur Erklärung der großen Energieverluste eines Automobils betrachten Sie ein Auto mit dem Gewicht G, das mit der Geschwindigkeit v fährt. Durch einen Abbremsvorgang wird das Auto zum Stehen gebracht. Wie lange muss eine Glühbirne der Leistung P_G brennen, um die gleiche Energiemenge zu verbrauchen?

Gegeben: $G = 25$ kN, $P_G = 100$ W, $v = 56$ km/h

***3.52** Ein Motor M hebt die Aufzugkabine der Masse m mit der konstanten Geschwindigkeit v_E. Ihm wird die elektrische Leistung P zugeführt. Bestimmen Sie den Wirkungsgrad des Motors. Vernachlässigen Sie die Masse des Flaschenzuges.

Gegeben: $m = 500$ kg, $P = 60$ kW, $v_E = 8$ m/s

3.53 Der Aufzug mit der Masse m fährt aus der Ruhe mit konstanter Beschleunigung a_0 nach oben. Ermitteln Sie die abgegebene Leistung des Motors M zum Zeitpunkt $t = t_1$. Vernachlässigen Sie die Masse des Flaschenzuges.

Gegeben: $m = 500$ kg, $a_0 = 2$ m/s^2, $t_1 = 3$ s

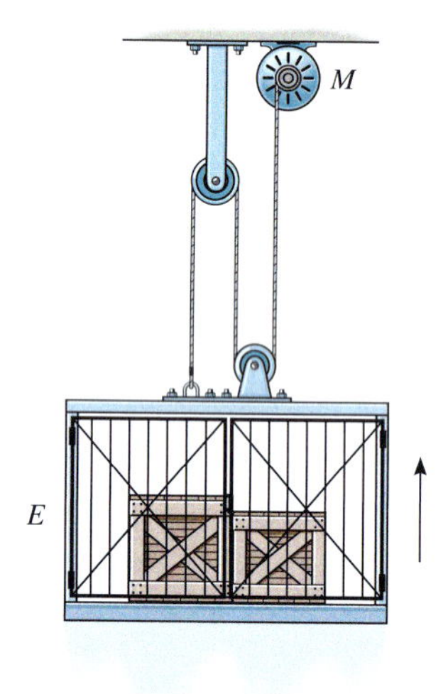

Abbildung A 3.53

3.54 Die Kiste der Masse m ruht auf einer horizontalen Unterlage, für welche der Haft- (μ_h) und der Gleitreibungskoeffizient (μ_g) gegeben sind. Der Motor liefert die Seilkraft F. Bestimmen Sie die vom Motor abgeführte Leistung für $t = t_1$.

Gegeben: $m = 150$ kg, $F = at^2 + b$, $a = 8$ N/s^2, $b = 20$ N, $t_1 = 5$ s, $\mu_h = 0{,}3$, $\mu_g = 0{,}2$

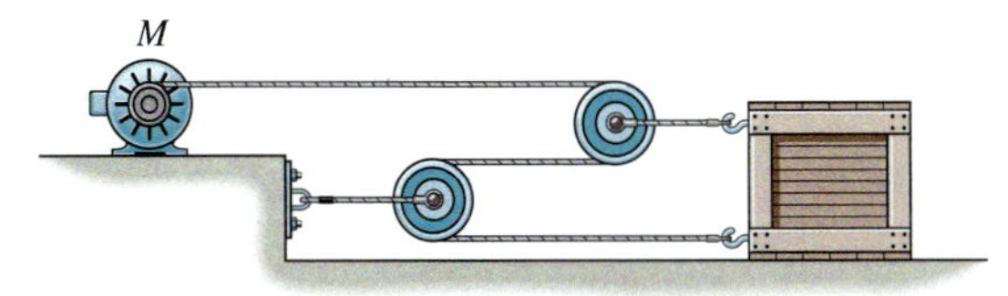

Abbildung A 3.54

3.55 Der Aufzug E hat mit Last die Gesamtmasse m_E und wird vom Motor und dem Gegengewicht C der Masse m_C mit der konstanten Geschwindigkeit v_E gehoben. Bestimmen Sie bei gegebenem Wirkungsgrad η die dem Motor zuzuführende Leistung.

Gegeben: $m_E = 400$ kg, $m_C = 60$ kg, $v_E = 4$ m/s, $\eta = 0{,}6$

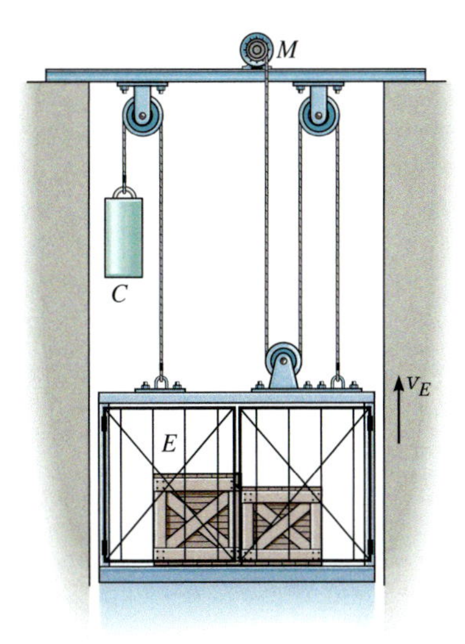

Abbildung A 3.55

***3.56** Die Kiste der Masse m wird mit dem Flaschenzug und dem Motor M aus der Ruhe die Schräge (Winkel α) hinaufgezogen. Die Kiste erreicht mit konstanter Beschleunigung nach der Strecke s die Geschwindigkeit v. Ermitteln Sie die dem Motor zuzuführende Leistung zu dieser Zeit. Vernachlässigen Sie die Reibung auf der Ebene. Der Wirkungsgrad η des Motors ist gegeben.

Gegeben: $m = 50$ kg, $v = 4$ m/s, $s = 8$ m, $\eta = 0{,}74$, $\alpha = 30°$

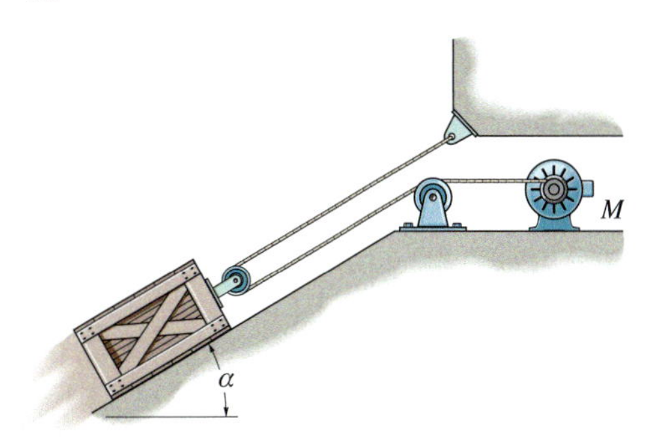

Abbildung A 3.56

3.57 Das Sportauto der Masse m fährt mit der Geschwindigkeit v, während der Fahrer mit a beschleunigt. Der Luftwiderstand auf den Wagen wird durch die Abhängigkeit $F_D(v)$ beschrieben. Berechnen Sie die dem Motor zuzuführende Leistung in diesem Moment. Der Wirkungsgrad η des Motors ist gegeben.

Gegeben: $m = 2300$ kg, $v = 28$ m/s, $a = 5$ m/s^2, $F_D = bv^2$, $b = 0{,}3$ Ns^2/m^2, $\eta = 0{,}68$

3.58 Das Sportauto der Masse m fährt mit der Geschwindigkeit v, während der Fahrer mit a beschleunigt. Der Luftwiderstand auf den Wagen wird durch die Funktion $F_D(v)$ beschrieben. Berechnen Sie die dem Motor zuzuführende Leistung zur Zeit $t = t_1$. Der Wirkungsgrad η des Motors ist gegeben.

Gegeben: $m = 2300$ kg, $a = 6$ m/s^2, $F_D = bv$, $t_1 = 5$ s, $\eta = 0{,}68$, $b = 10$ Ns/m

Abbildung A 3.57/3.58

3.59 Die Last G wird mit dem Flaschenzug und dem Motor M aus der Ruhelage um die Strecke s angehoben. Der Motor übt eine konstante Kraft F auf das Seil aus. Der Wirkungsgrad η des Motors ist gegeben. Welche Leistung muss dem Motor zugeführt werden?

Gegeben: $G = 250$ N, $F = 150$ N, $s = 3$ m, $\eta = 0{,}76$

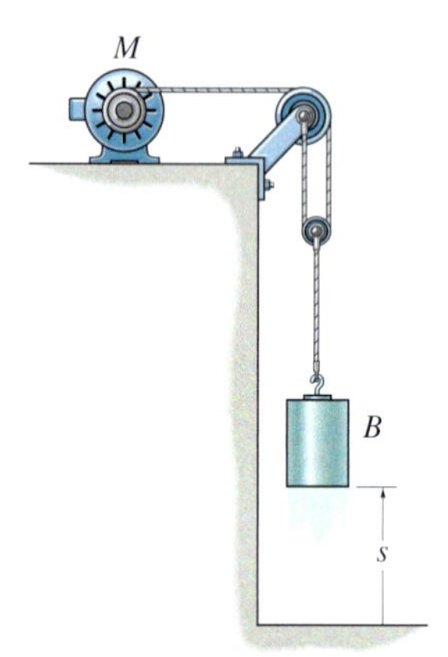

Abbildung A 3.59

***3.60** Der Raketenschlitten der Masse m fährt aus der Ruhe los und eine horizontale raue Bahn mit dem Gleitreibungskoeffizienten μ_g entlang. Der Motor liefert einen konstanten Schub T. Ermitteln Sie die abgegebene Leistung des Motors als Funktion der Zeit. Vernachlässigen Sie den Treibstoffverlust und den Luftwiderstand.

Gegeben: $m = 4000$ kg, $T = 150$ kN, $\mu_g = 0{,}20$

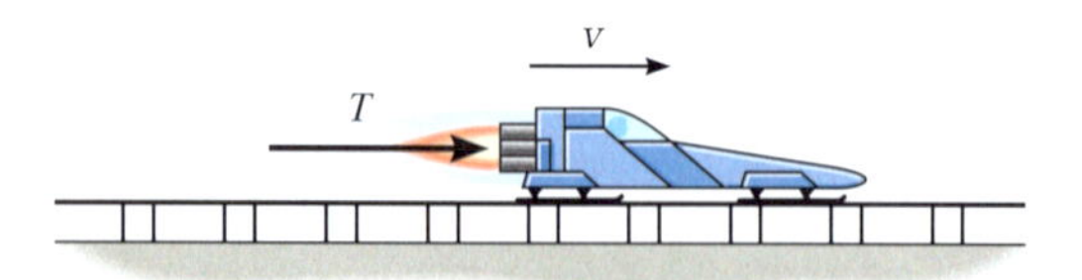

Abbildung A 3.60

3.61 Die Hülse mit dem Gewicht G wird aus der Ruhe durch Aufbringen einer konstanten Kraft F auf das Seil angehoben. Der Rundstab ist glatt. Bestimmen Sie die Leistung der Kraft bei $\theta = \theta_1$.

Gegeben: $G = 50$ N, $F = 125$ N, $\theta_1 = 60°$, $a = 1{,}2$ m, $b = 1$ m

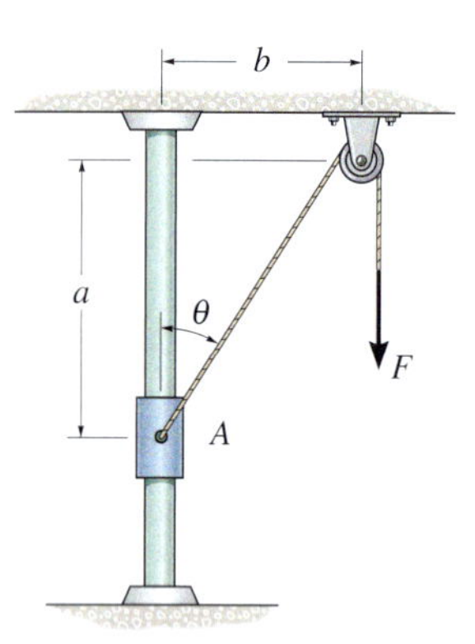

Abbildung A 3.61

3.62 Ein Sportler drückt gegen ein Sportgerät mit einer Kraft, die sich wie in der Abbildung oben dargestellt ändert. Die Geschwindigkeit seines Arms, die in die gleiche Richtung weist wie die Kraft, verändert sich mit der Zeit wie unten dargestellt. Bestimmen Sie die Leistung als Funktion der Zeit und die geleistete Arbeit bis zur Zeit $t = t_2$.

Gegeben: $F_1 = 800$ N, $v_2 = 20$ m/s, $t_1 = 0{,}2$ s, $t_2 = 0{,}3$ s

3.63 Ein Sportler drückt gegen ein Sportgerät mit einer Kraft, die sich wie in der Abbildung oben dargestellt ändert. Die Geschwindigkeit des Arms, die in die gleiche Richtung weist wie die Kraft, ändert sich mit der Zeit wie unten dargestellt. Bestimmen Sie die maximale Leistung im Zeitraum bis zu $t = t_2$.

Gegeben: $F_1 = 800$ N, $v_2 = 20$ m/s, $t_1 = 0{,}2$ s, $t_2 = 0{,}3$ s

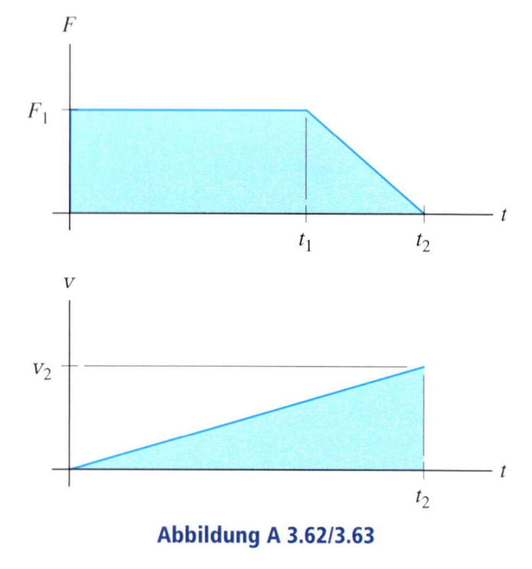

Abbildung A 3.62/3.63

Aufgaben zu 3.5 und 3.6

Ausgewählte Lösungswege

Lösungen finden Sie in *Anhang C*.

***3.64** Lösen Sie Aufgabe 3.18 mit dem Energieerhaltungssatz.

3.65 Lösen Sie Aufgabe 3.15 mit dem Energieerhaltungssatz.

3.66 Lösen Sie Aufgabe 3.17 mit dem Energieerhaltungssatz.

3.67 Lösen Sie Aufgabe 3.31 mit dem Energieerhaltungssatz.

***3.68** Lösen Sie Aufgabe 3.36 mit dem Energieerhaltungssatz.

3.69 Lösen Sie Aufgabe 3.23 mit dem Energieerhaltungssatz.

3.70 Zwei Federn gleicher Länge sind ineinander parallel geschaltet und bilden ein Federbein. Dieses soll die Bewegung einer Masse m anhalten, die in der Höhe h über den Federn aus der Ruhe fallen gelassen wird. Die maximale Stauchung der Federn ist s_{max}. Bestimmen Sie die erforderliche Federkonstante c_B der inneren Feder für eine gegebene Federkonstante c_A der anderen Feder.

Gegeben: $m = 2$ kg, $h = 0{,}5$ m, $s_{max} = 0{,}2$ m, $c_A = 400$ N/m

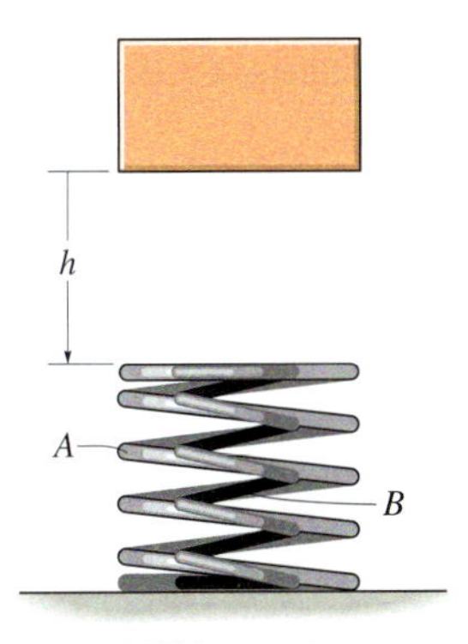

Abbildung A 3.70

3.71 Die Kiste mit dem Gewicht G gleitet aus der Ruhe von A reibungsfrei auf der glatten Rutsche AB. Bestimmen Sie die Geschwindigkeit, mit der sie den Endpunkt B erreicht. Die Koordinaten von A und B sind gegeben.

Gegeben: $G = 15$ N, A (2 m; 0; 4 m), B (0; 3,2 m; 0)

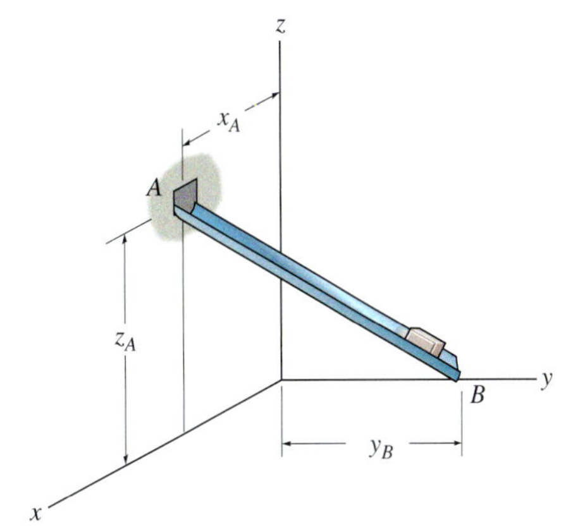

Abbildung A 3.71

***3.72** Das Mädchen der Masse m und dem Schwerpunkt in S schaukelt bis zur maximalen Höhe (Winkel θ_1). Bestimmen Sie die Kräfte in den vier Stützpfosten, z.B. AB, für $\theta = 0$. Die Schaukel ist mittig zwischen den Pfosten aufgehängt.

Gegeben: $m = 40$ kg, $\theta_1 = 60°$, $\alpha = 30°$, $l = 2$ m

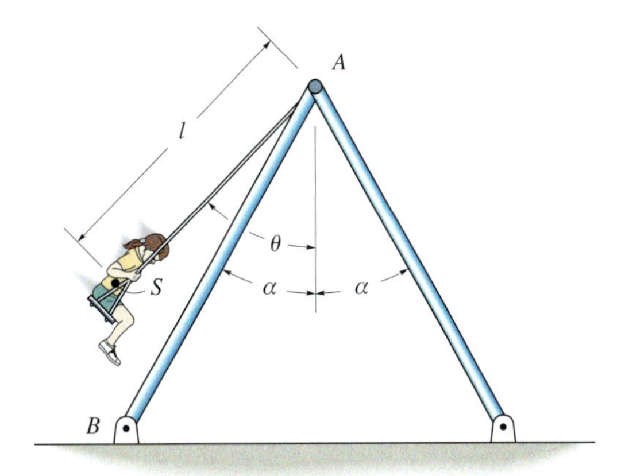

Abbildung A 3.72

3.73 Die Hülse mit dem Gewicht G wird nach unten gedrückt und staucht die Feder um s_1, dann wird sie aus der Ruhe losgelassen ($h = 0$). Bestimmen Sie die Geschwindigkeit der Hülse, wenn sie eine Verschiebung in die Position $h = h_1$ erreicht hat. Die Feder ist nicht an der Hülse befestigt. Vernachlässigen Sie Reibung.

Gegeben: $G = 40$ N, $s_1 = 1$ m, $h_0 = 0$, $h_1 = 2$ m, $c = 450$ N/m

3.74 Die Hülse mit dem Gewicht G wird in der Höhe h_2 über der nicht gestauchten Feder aus der Ruhe losgelassen. Bestimmen Sie die Geschwindigkeit der Hülse während des Fallens bei einer Stauchung der Feder um s_2.

Gegeben: $G = 40$ N, $h_2 = 1$ m, $s_2 = 0{,}1$ m, $c = 450$ N/m

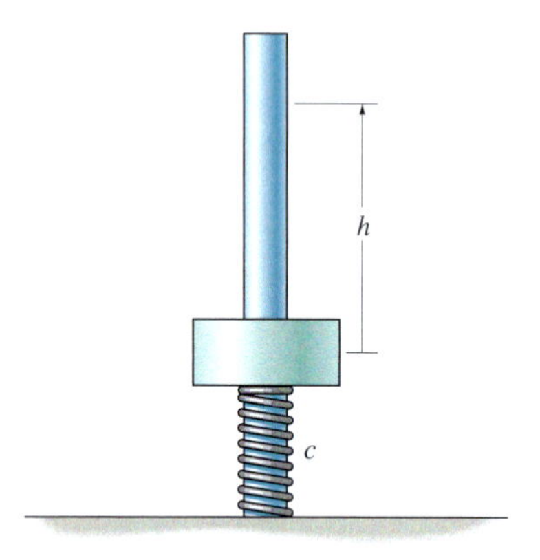

Abbildung A 3.73/3.74

3.75 Die Hülse der Masse m ist an einer Feder (Federkonstante c) der unverformten Länge l_0 befestigt und wird zum Punkt B gezogen und aus der Ruhe losgelassen. Bestimmen Sie die Geschwindigkeit der Hülse am Punkt A.

Gegeben: $m = 2$ kg, $l_0 = 3$ m, $a = 4$ m, $c = 3$ N/m

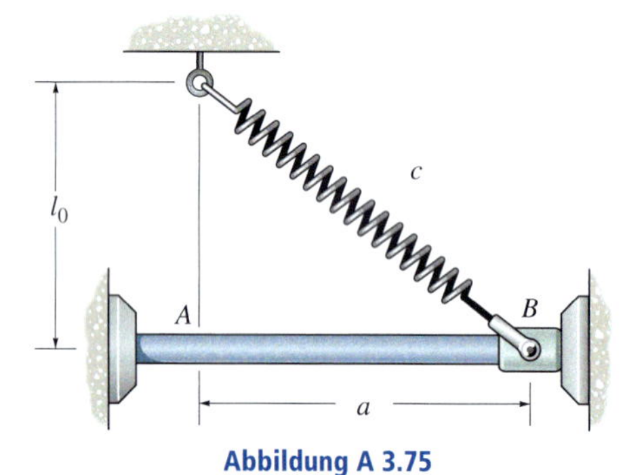

Abbildung A 3.75

***3.76** Die Hülse mit dem Gewicht G wird in A losgelassen und gleitet über die glatte Führung. Bestimmen Sie die Geschwindigkeit der Hülse unmittelbar vor dem Auftreffen im Befestigungspunkt B. Die ungedehnte Länge der Feder mit der Federkonstanten c beträgt l_0.

Gegeben: $G = 25$ N, $l_0 = 30$ cm, $d = 25$ cm, $r = 30$ cm, $c = 4$ N/cm

3.77 Die Hülse mit dem Gewicht G wird in A losgelassen und gleitet über die glatte Führung. Bestimmen Sie die Geschwindigkeit der Hülse, wenn sie Punkt C passiert und die Normalkraft der Hülse auf den Rundstab in diesem Punkt. Die ungedehnte Länge der Feder mit der Federkonstanten c beträgt l_0 und Punkt C ist der Übergang vom gekrümmten zum geraden Teil des Rundstabs.

Gegeben: $G = 25$ N, $l_0 = 30$ cm, $d = 25$ cm, $r = 30$ cm, $c = 4$ N/cm

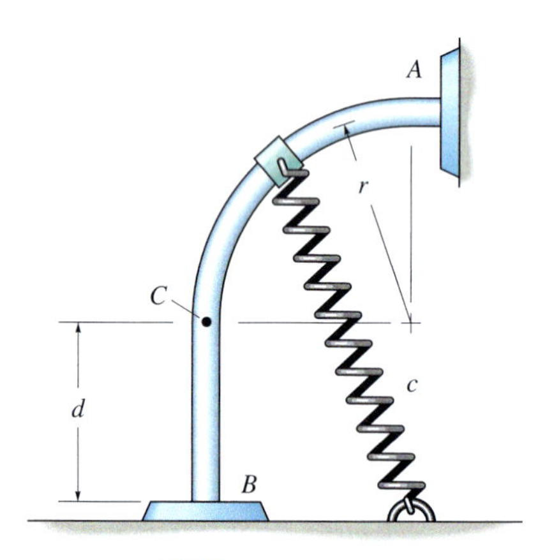

Abbildung A 3.76/3.77

3.78 Der Klotz mit dem Gewicht G erhält in A die Anfangsgeschwindigkeit v_A. Die Feder hat die ungedehnte Länge l_0 und die Federkonstante c. Bestimmen Sie die Geschwindigkeit des Klotzes nach der Wegstrecke s.

Gegeben: $G = 10$ N, $v_A = 10$ m/s, $l_0 = 1$ m, $c = 1000$ N/m, $s = 0{,}5$ m

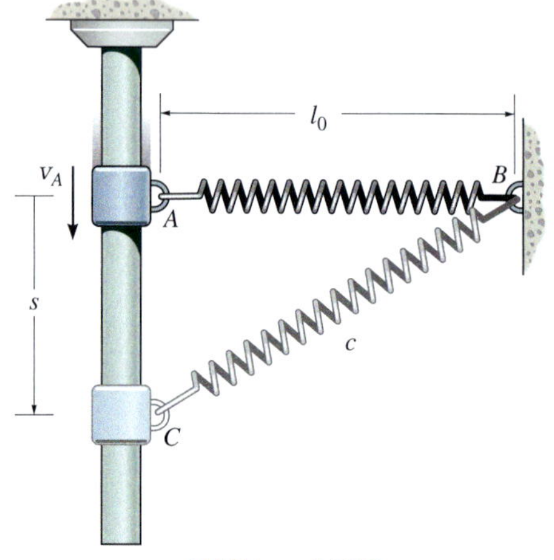

Abbildung A 3.78

3.79 Der Achterbahnwagen hat mit dem Fahrgast die Masse m und startet oben im Punkt A mit der Anfangsgeschwindigkeit v_A. Bestimmen Sie die minimale Höhe h des Scheitelpunktes, bei der der Wagen durch beide Loopings fährt, ohne die Bahn zu verlassen. Vernachlässigen Sie Reibung, die Masse der Räder und die Größe des Wagens. Wie groß ist die Normalkraft auf den Wagen in den Punkten B und C?

Gegeben: $m = 800$ kg, $v_A = 3$ m/s, $r_B = 10$ m, $r_C = 7$ m

***3.80** Der Achterbahnwagen hat mit dem Fahrgast die Masse m und startet aus dem Stand oben im Punkt A. Bestimmen Sie die minimale Höhe h des Scheitelpunktes, bei der der Wagen durch beide Loopings fährt, ohne die Bahn zu verlassen. Vernachlässigen Sie die Reibung, die Masse der Räder und die Größe des Wagens. Wie groß ist die Normalkraft auf den Wagen in den Punkten B und C?

Gegeben: $m = 800$ kg, $r_B = 10$ m, $r_C = 7$ m

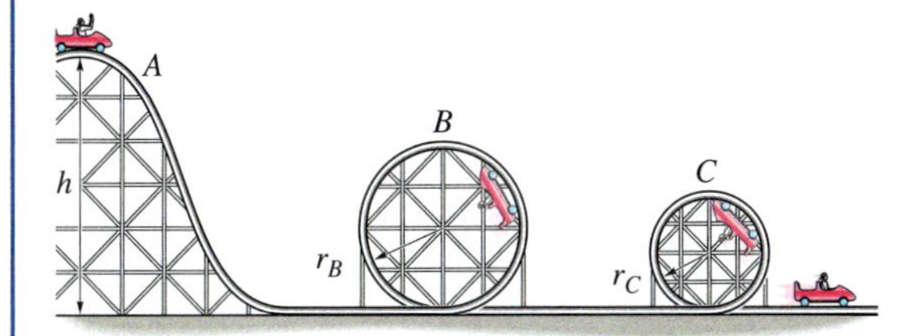

Abbildung A 3.79/3.80

3.81 Tarzan hat die Masse m und schwingt an einer Liane aus dem Stand vom Felsen. Die Länge l der Liane vom Ast A bis zum Schwerpunkt C ist gegeben. Bestimmen Sie seine Geschwindigkeit beim Auftreffen der Liane auf den Ast B. Mit welcher Kraft muss sich Tarzan gerade vor und gerade nach dem Auftreffen in B an der Liane festhalten?

Gegeben: $m = 100$ kg, $l = 10$ m, $a = 7$ m, $\alpha = 45°$

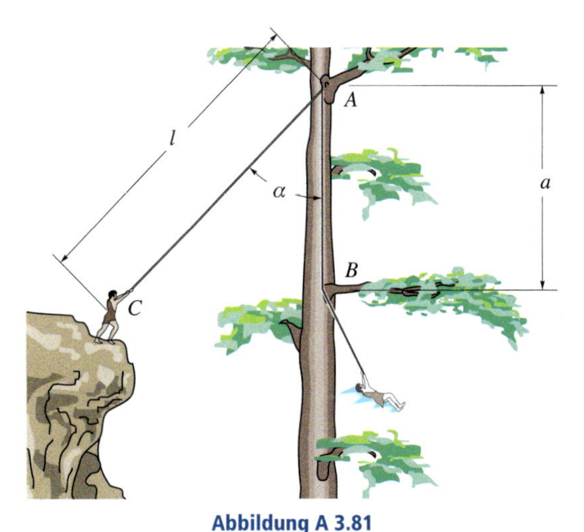

Abbildung A 3.81

3.82 Die Feder hat die Federkonstante c und die ungedehnte Länge l_0. Sie ist an der glatten Hülse mit dem Gewicht G befestigt. Diese wird aus der Ruhe in A losgelassen. Bestimmen Sie die Geschwindigkeit der Hülse kurz vor dem Auftreffen auf das Ende der Rundstange in B. Vernachlässigen Sie die Größe der Hülse.

Gegeben: $c = 30$ N/m, $l_0 = 1$ m, $G = 25$ N, $x_A = 0{,}5$ m, $y_A = 2$ m, $z_A = 3$ m, $x_B = 0{,}5$ m, $y_B = 1{,}5$ m, $z_B = 1$ m

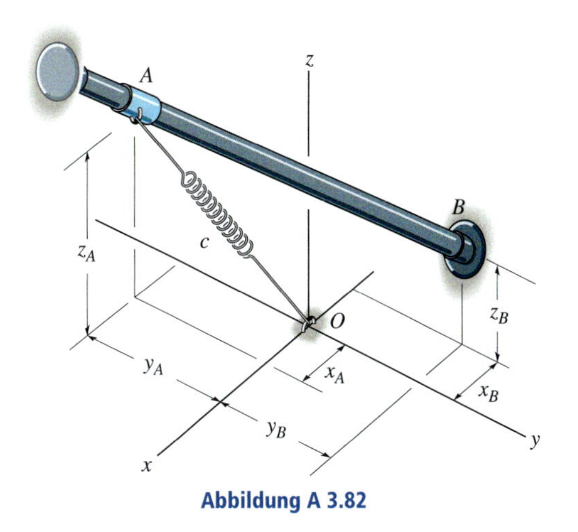

Abbildung A 3.82

3.83 Zwei Ingenieur-Studenten mit jeweils dem Gewicht G wollen aus dem Stand mit einem elastischen Bungee-Seil der Federkonstanten c von der Brücke springen. Sie wollen gerade die Wasseroberfläche des Flusses erreichen, wobei A, der am Seil befestigt ist, B in dem Augenblick loslässt, wenn die beiden das Wasser berühren. Bestimmen Sie die dafür erforderliche ungedehnte Länge des Seils und berechnen Sie die maximale Beschleunigung von Student A und seine maximale Höhe über dem Wasser nach dem Zurückfedern. Diskutieren Sie anhand Ihrer Ergebnisse die Durchführbarkeit dieses Vorhabens.

Gegeben: $G = 750 \text{ N}$, $c = 1200 \text{ N/m}$, $h = 40 \text{ m}$

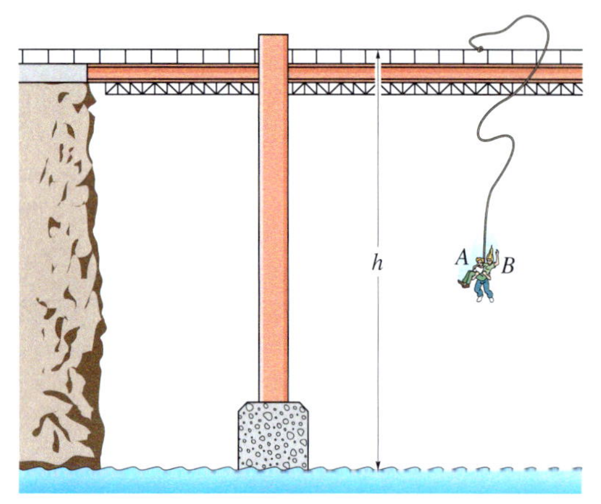

Abbildung A 3.83

***3.84** Zwei Federn gleicher Länge und der Federkonstanten c_A und c_B sind ineinander parallel geschaltet und bilden einen Stoßfänger. Eine Masse m fällt aus der Ruhelage in der Höhe h über den Federn. Bestimmen Sie deren Verformung in dem Moment, wenn die Masse ihre Bewegungsrichtung umkehrt.

Gegeben: $h = 0{,}6 \text{ m}$, $m = 2 \text{ kg}$, $c_A = 300 \text{ N/m}$, $c_B = 200 \text{ N/m}$

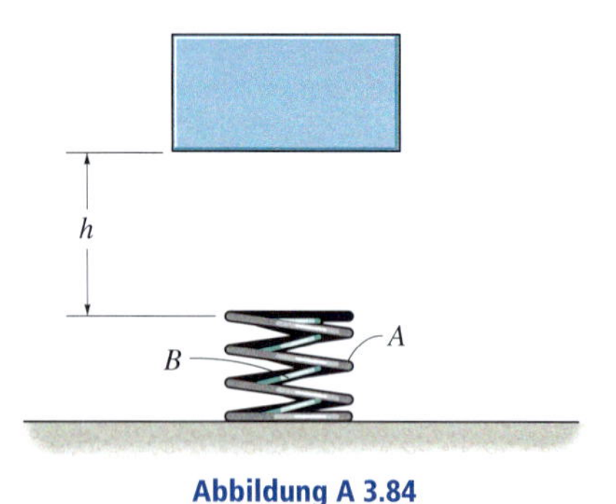

Abbildung A 3.84

3.85 Bei einer Jahrmarktattraktion wird eine Gondel auf die Höhe h in A gehoben. Sie fällt aus der Ruhe entlang der parabolischen Bahn. Bestimmen Sie die Geschwindigkeit sowie die Normalkraft der Bahn auf die Gondel in der Höhe $y = y_1$. Die Gondel mit Passagieren hat ein Gesamtgewicht G. Vernachlässigen Sie Reibung und die Masse der Räder.

Gegeben: $h = 60 \text{ m}$, $G = 2{,}5 \text{ kN}$, $y_1 = 10 \text{ m}$, $a = 1/(130 \text{ m})$

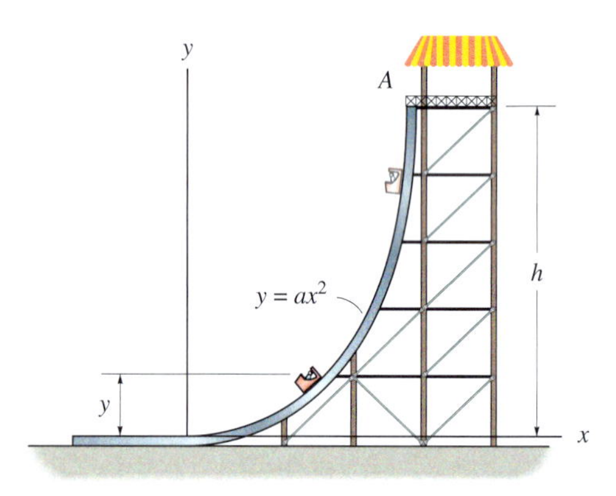

Abbildung A 3.85

3.86 Im Punkt A am Übergang von der schiefen Ebene zur kreisförmigen Bahn hat die Kiste der Masse m die Geschwindigkeit v_A. Bestimmen Sie den Winkel θ, bei dem sie die kreisförmige Bahn verlässt und den Abstand s, bei der sie in den Wagen fällt. Vernachlässigen Sie Reibung.

Gegeben: $r = 1{,}2 \text{ m}$, $m = 6 \text{ kg}$, $v_A = 2 \text{ m/s}$, $\alpha = 20°$

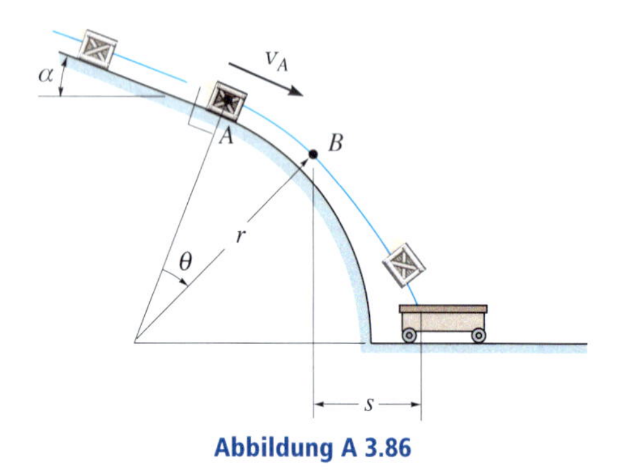

Abbildung A 3.86

3.87 Die Kiste mit dem Gewicht G hat die Geschwindigkeit v_A, als sie die glatte schiefe Ebene in A herunterzurutschen beginnt. Bestimmen Sie den Punkt $C(x_C, y_C)$, wo sie auf die untere schiefe Ebene auftrifft.

Gegeben: $h_A = 7{,}5 \text{ m}$, $h_B = 15 \text{ m}$, $G = 10 \text{ N}$, $v_A = 2{,}5 \text{ m/s}$, $\tan\alpha = 1/2$, $\tan\beta = 3/4$

***3.88** Die Kiste mit dem Gewicht G hat die Geschwindigkeit v_A, als sie die glatte schiefe Ebene in A herunterzurutschen beginnt. Bestimmen Sie die Geschwindigkeit kurz bevor sie in Punkt $C(x_C, y_C)$ auf die untere Ebene auftrifft und die Zeit, die sie für die Bewegung von A bis C benötigt.

Gegeben: $h_A = 7{,}5 \text{ m}$, $h_B = 15 \text{ m}$, $G = 10 \text{ N}$, $v_A = 2{,}5 \text{ m/s}$, $\tan\alpha = 1/2$, $\tan\beta = 3/4$, $x_C = 8{,}83 \text{ m}$, $y_C = 4{,}416 \text{ m}$

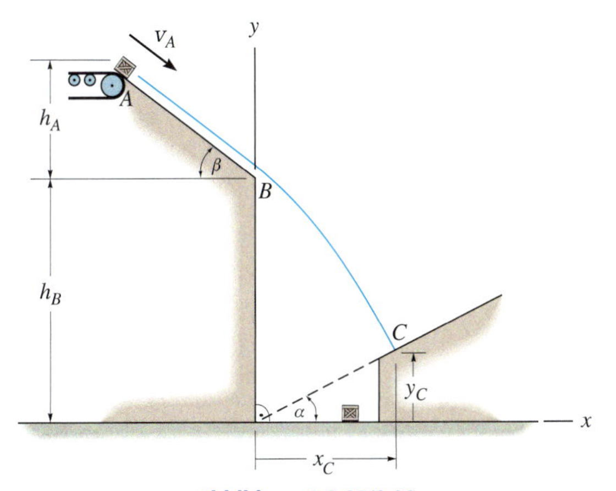

Abbildung A 3.87/3.88

3.89 Der Ball der Masse m und vernachlässigbarer Größe wird von Punkt A mit der Anfangsgeschwindigkeit v_A die glatte schiefe Ebene hinaufgeschossen. Bestimmen Sie den Abstand von C nach D, wo der Ball auf die horizontale Fläche auftrifft. Wie groß ist seine Geschwindigkeit beim Auftreffen?

Gegeben: $m = 2 \text{ kg}$, $v_A = 10 \text{ m/s}$, $a = 2 \text{ m}$, $b = 1{,}5 \text{ m}$

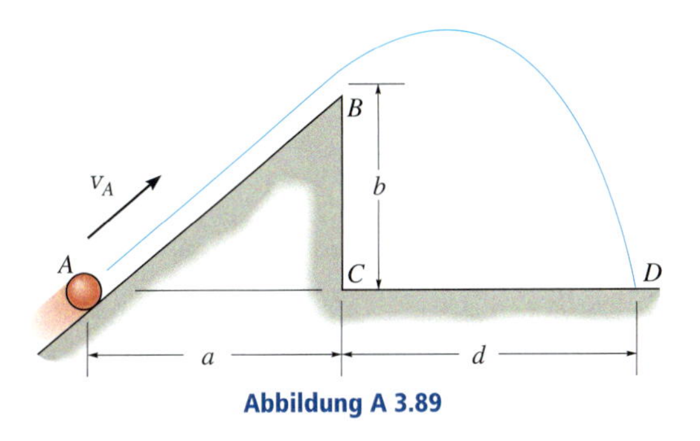

Abbildung A 3.89

3.90 Der Ball mit dem Gewicht G ist an einer Stange vernachlässigbarer Masse befestigt. Bei $\theta = 0$ wird er aus der Ruhe losgelassen. Bestimmen Sie den Winkel $\theta = \theta_1$, bei dem die Druckkraft in der Stange null wird.

Gegeben: $G = 75 \text{ N}$, $l = 1 \text{ m}$

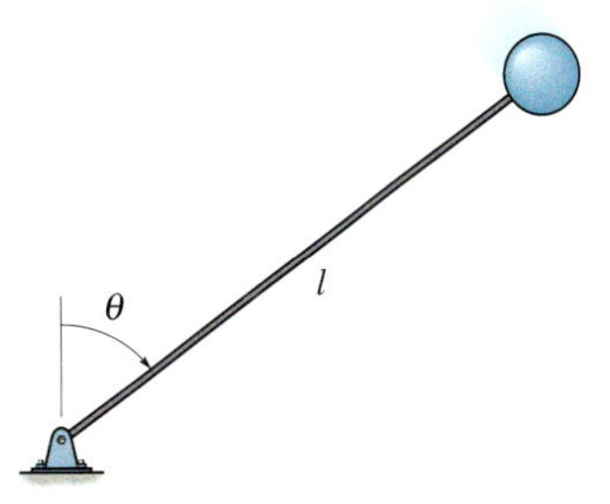

Abbildung A 3.90

3.91 Der Ball mit dem Gewicht G wird mittels der Federvorrichtung abgeschossen. Die Feder hat die Federkonstante c. Die vier Seile C und die Platte P halten die Feder um a gestaucht, wenn keine Last an der Platte wirkt. Die Platte wird um b aus dieser Ausgangslage zurückgedrückt, sodass die Feder weiter gestaucht wird. Dann wird sie dort ($s = 0$) mit dem Ball aus der Ruhe losgelassen. Bestimmen Sie die Geschwindigkeit des Balles, wenn er sich um $s = d$ die glatte schiefe Ebene hinaufbewegt hat.

Gegeben: $G = 5 \text{ N}$, $c = 40 \text{ N/cm}$, $a = 5 \text{ cm}$, $b = 7{,}5 \text{ cm}$, $d = 75 \text{ cm}$, $\alpha = 30°$

***3.92** Der Ball mit dem Gewicht G wird mittels der Federvorrichtung abgeschossen. Bestimmen Sie die minimale Federkonstante c, die erforderlich ist, den Ball die maximale Distanz d die Ebene hinaufzuschießen, wenn die vorgespannte Feder um b zurückgedrückt und der Ball aus der Ruhe losgelassen wird. Die vier Seile C und die Platte P halten die Feder um a gestaucht, wenn keine Last auf die Platte wirkt.

Gegeben: $G = 5 \text{ N}$, $a = 5 \text{ cm}$, $b = 7{,}5 \text{ cm}$, $d = 75 \text{ cm}$, $\alpha = 30°$

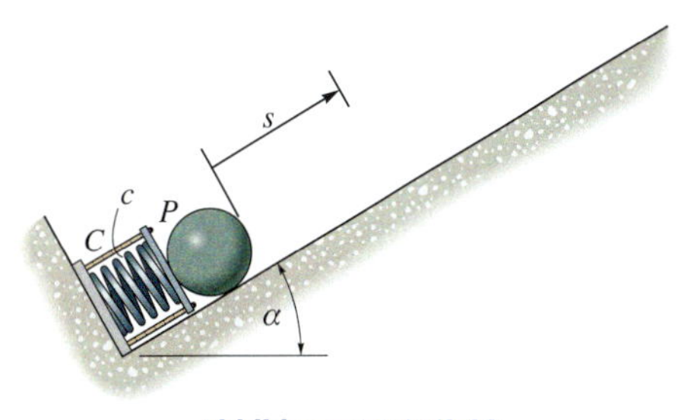

Abbildung A 3.91/3.92

3.93 Vier undehnbare Seile C sind an einer Platte P befestigt und drücken die Feder (Federkonstante c_1) der unverformten Länge l_{01} um s_0 zusammen, wenn sich *kein Gewicht* auf der Platte befindet. In diese vorgespannte Feder ist eine zweite Feder (Federkonstante c_2) mit der unverformten Länge l_{02} eingebettet. Der Klotz mit dem Gewicht G hat die Geschwindigkeit v, wenn er sich im Abstand d über der Platte befindet. Bestimmen Sie die maximale Stauchung der beiden Federn nach Auftreffen auf die Platte. Vernachlässigen Sie die Masse der Platte und der Federn und den Energieverlust beim Zusammenstoß.

Gegeben: $G = 50$ N, $l_{01} = 0{,}4$ m, $l_{02} = 0{,}2$ m, $s_0 = 0{,}1$ m, $d = 0{,}8$ m, $v = 1{,}6$ m/s, $c_1 = 60$ N/cm, $c_2 = 100$ N/cm

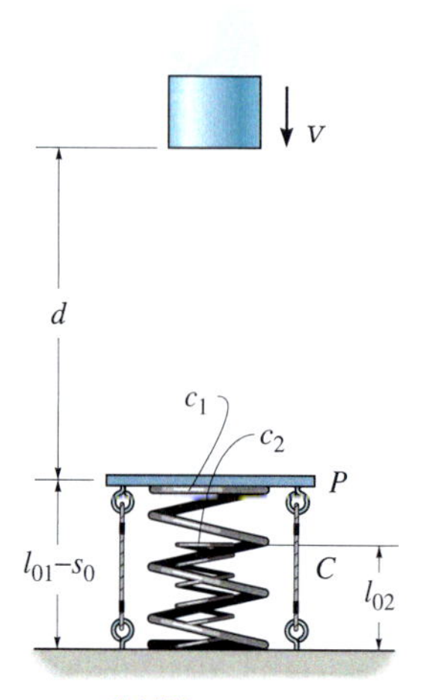

Abbildung A 3.93

3.94 Der Prellbock mit zwei Federn stoppt den Stahlblock mit dem Gewicht G im Hüttenwerk. Bestimmen Sie die maximale Auslenkung der Platte A durch den Block, der mit der Geschwindigkeit v auf den Prellbock auftrifft. Vernachlässigen Sie die Masse der Federn, der Rollen und der Platten A und B.

Gegeben: $G = 7500$ N, $v = 3$ m/s, $c_1 = 5000$ N/m, $c_2 = 7500$ N/m

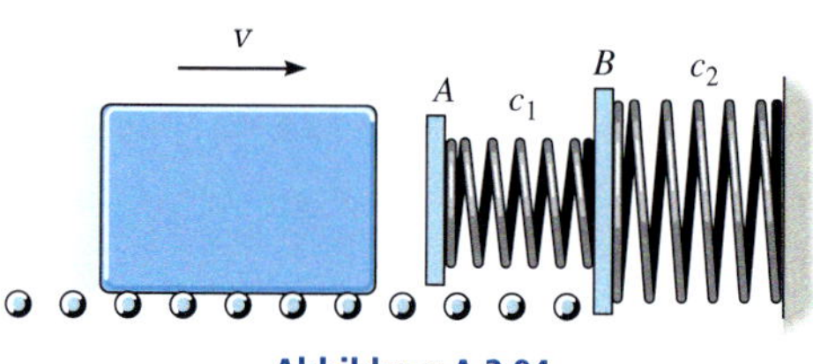

Abbildung A 3.94

***3.95** Zeigen Sie, dass für die Masse der Erde M_E das Gravitationspotenzial eines Körpers der Masse m, der sich im Abstand r vom Erdmittelpunkt befindet, $V_g = -c_G M_E m/r$ ist. Es gilt $F = -c_G(M_E m/r^2)$, Gleichung (2.1). Legen Sie das Nullniveau zur Berechnung in $r \to \infty$. Beweisen Sie, dass F eine konservative Kraft ist.

***3.96** Eine Rakete der Masse m wird vertikal von der Erdoberfläche abgeschossen, d.h. bei $r = r_1$. Nehmen Sie an, dass bei der Aufwärtsbewegung keine Masse verloren geht, und berechnen Sie die Arbeit, die sie gegen die Schwerkraft leisten muss, um die Höhe r_2 zu erreichen. Für die Schwerkraft gilt $F = -c_G(M_E m/r^2)$, Gleichung (2.1). M_E ist die Masse der Erde und r der Abstand der Rakete vom Erdmittelpunkt.

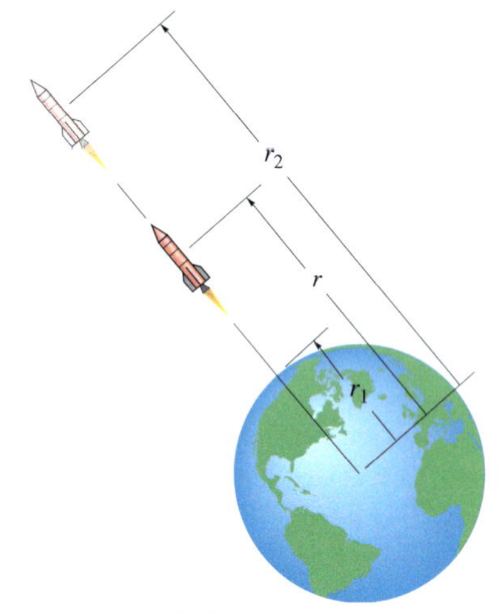

Abbildung A 3.96

Konstruktionsaufgaben

*3.1D Konstruktion eines Stoßfängers

Die Karosserie eines Autos soll von einem Stoßfänger mit Federn geschützt werden, der am Rahmen des Autos befestigt wird. Der Stoßfänger soll ein Auto mit dem Gewicht G und der Geschwindigkeit v zum Anhalten bringen, wobei die Federn um maximal s_{max} verformt werden. Erstellen Sie eine Zeichnung Ihrer Konstruktion und geben Sie darin die Einbaulagen und die Federkonstanten der Federn an. Zeichnen Sie die Last-Verformungs-Kurve des Stoßfängers bei einem direkten Aufprall auf eine starre Wand sowie das Abbremsen des Autos als Funktion der Federzusammendrückung.

Gegeben: $G = 17{,}5\ \text{kN}$, $v = 8\ \text{km/s}$, $s_{max} = 75\ \text{mm}$

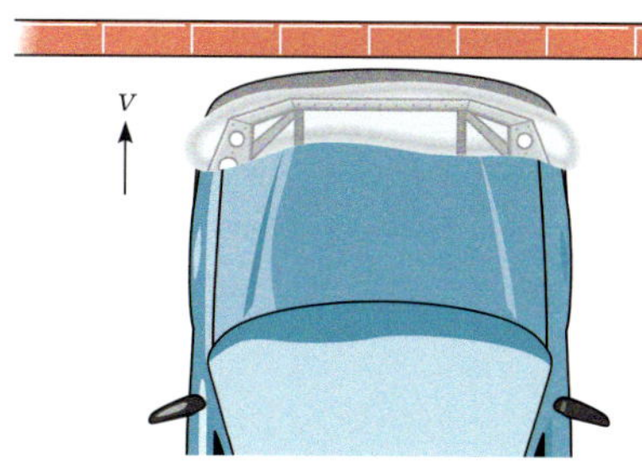

Abbildung A 3.1D

*3.2D Konstruktion eines Lastenaufzuges

Ein Lastenaufzug mit Last (maximales Gewicht G) soll aus der Ruhe um y angehoben werden und dabei nach der Zeitspanne Δt anhalten. Ein Motor und eine Aufwickeltrommel können beliebig angebracht werden. Beim Heben und Senken darf die Beschleunigung a_{max} nicht überschritten werden. Konstruieren Sie ein Flaschenzug-System für den Aufzug und berechnen Sie die Materialkosten für Seile (K_{Seil}) und Rollen (K_{Rolle}). Erstellen Sie eine Zeichnung der Konstruktion und zeichnen Sie die erforderliche Leistungsabgabe des Motors sowie die Aufzugsgeschwindigkeit als Funktion der Höhenkoordinate y.

Gegeben: $G = 2{,}5\ \text{kN}$, $y = 10\ \text{m}$, $\Delta t = 6\ \text{s}$, $a_{max} = 5\ \text{m/s}^2$, $h_A = 3{,}5\ \text{m}$ $h_1 = 10\ \text{m}$, $h_2 = 15\ \text{m}$, $K_{Seil} = 2{,}60\ €/\text{m}$, $K_{Rolle} = 3{,}50\ €$

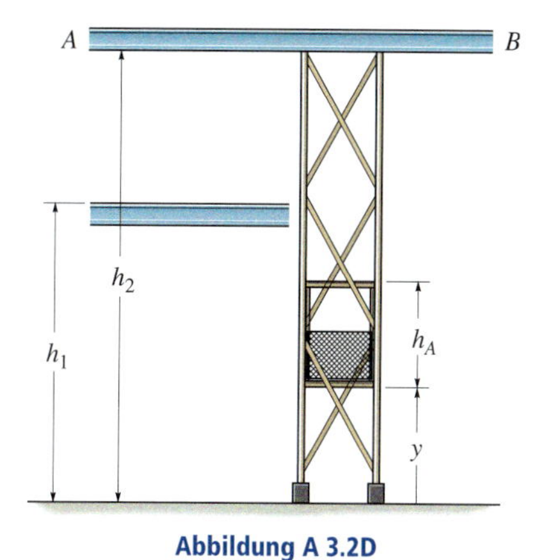

Abbildung A 3.2D

Zusätzliche Übungsaufgaben mit Lösungen finden Sie auf der Companion Website (CWS) unter *www.pearson-studium.de*

Kinetik eines Massenpunktes: Impuls und Drehimpuls

4

ÜBERBLICK

Die Geschwindigkeiten der in diesen Unfall verwickelten Fahrzeuge können mit dem Impulssatz berechnet werden.

Lernziele

- Herleitung des Impulssatzes
- Untersuchungen zur Impulserhaltung
- Analyse von Stoßvorgängen
- Einführung des Begriffes Drehimpuls
- Behandlung von Aufgaben mit stationären Massenströmen und zur Massenzu- und -abfuhr

4.1 Impulssatz

In diesem Abschnitt werden wir das Newton'sche Grundgesetz bezüglich der Zeit integrieren und so den Impulssatz in integraler Form herleiten. Es wird dann gezeigt, dass die sich ergebende Gleichung zur Bestimmung der Geschwindigkeit von Massenpunkten und Massenpunktsystemen unter der Einwirkung von Kräften als Funktion der Zeit hilfreich ist.

Das Newton'sche Grundgesetz für einen Massenpunkt m kann in der Form

$$\sum \mathbf{F} = m\mathbf{a} = m\frac{d\mathbf{v}}{dt} \tag{4.1}$$

geschrieben werden, worin die Beschleunigung $\mathbf{a}$ bzw. die Geschwindigkeit $\mathbf{v}$ bezüglich eines Inertialsystems gemessen werden. Wir stellen die Gleichung um, integrieren von $\mathbf{v} = \mathbf{v}_1$ bei $t = t_1$ bis $\mathbf{v} = \mathbf{v}_2$ bei $t = t_2$ und erhalten

$$\sum \int_{t_1}^{t_2} \mathbf{F}\,dt = m\int_{\mathbf{v}_1}^{\mathbf{v}_2} d\mathbf{v}$$

oder

$$\sum \int_{t_1}^{t_2} \mathbf{F}\,dt = m\mathbf{v}_2 - m\mathbf{v}_1 \tag{4.2}$$

Diese Gleichung heißt *Impulssatz*[1]. Aus der Herleitung wird klar, dass es sich um eine einfache Integration des Newton'schen Grundgesetzes bezüglich der Zeit handelt. Mit dem Impulssatz kann man *direkt* die Endgeschwindigkeit eines Massenpunktes $\mathbf{v}_2$ nach Ablauf einer bestimmten Zeit berechnen, wenn die Anfangsgeschwindigkeit des Massenpunk-

1 Genauer gesagt, handelt es sich um den Impulssatz *in integraler Form*. Unter Verwendung des Impulses $\mathbf{p} = m\mathbf{v}$ kann bereits das Newton'sche Grundgesetz gemäß Gleichung (4.1) in der modifizierten Form $\sum \mathbf{F} = d\mathbf{p}/dt$ angegeben werden, die man auch als Impulssatz *in differenzieller Form* bezeichnet, siehe Gleichung (4.17).

Mit dem Schlagwerkzeug wird die Beule im Kotflügel beseitigt. Dazu wird ein Stangenende zunächst in eine Bohrung des Kotflügels eingeschraubt, dann wird das massebehaftete Griffstück ruckweise nach oben bis an den Anschlagring gezogen. Der so erzeugte Impuls wird durch die Stange des Werkzeugs zum Kotflügel übertragen und zieht ruckartig daran.

tes bekannt ist und die Kräfte auf den Massenpunkt konstant oder als Funktionen der Zeit gegeben sind. Für die Bestimmung von $\mathbf{v}_2$ aus dem Newton'schen Grundgesetz sind dazu zwei Schritte erforderlich: Ermittlung der Beschleunigung $\mathbf{a}$ mittels $\sum\mathbf{F} = m\mathbf{a}$ und dann Integration von $\mathbf{a} = d\mathbf{v}/dt$ zur Berechnung von $\mathbf{v}_2$.

Impuls Beide in Gleichung (4.2) auftretenden Vektoren der Art $\mathbf{p} = m\mathbf{v}$ heißen *Impuls* oder *Bewegungsgröße* des Massenpunktes. Da m ein positiver Skalar ist, hat der Impulsvektor bei fester Richtung der Geschwindigkeit $\mathbf{v}$ die gleiche Richtung wie diese und sein Betrag mv die Einheit Masse mal Geschwindigkeit, also kgm/s.

Kraftstoß Das Integral $\mathbf{I} = \int \mathbf{F}dt$ wird *Kraftstoß* oder einfach auch *Impuls* genannt. Es handelt sich um eine Vektorgröße, die die Wirkung einer Kraft in der Zeit, während die Kraft angreift, angibt. Da die Zeit ein positiver Skalar ist, hat der Kraftstoß bei fester Richtung der Kraft die gleiche Richtung wie diese und sein Betrag hat die Einheit Kraft mal Zeit[2], also Ns. Liegt die Kraft als Funktion der Zeit vor, kann der Kraftstoß direkt durch das Integral berechnet werden. Sein Betrag

$$I = \int_{t_1}^{t_2} F(t)dt$$

ist im Falle unveränderlicher Kraftrichtung gleich der blau unterlegten Fläche unter der Kraft-Zeit-Kurve, Abbildung 4.1. Bei konstantem Betrag F_0 und konstanter Richtung der Kraft erhält man

$$I = \int_{t_1}^{t_2} F_0 dt = F_0(t_2 - t_1),$$

die blau hinterlegte rechteckige Fläche in Abbildung 4.2.

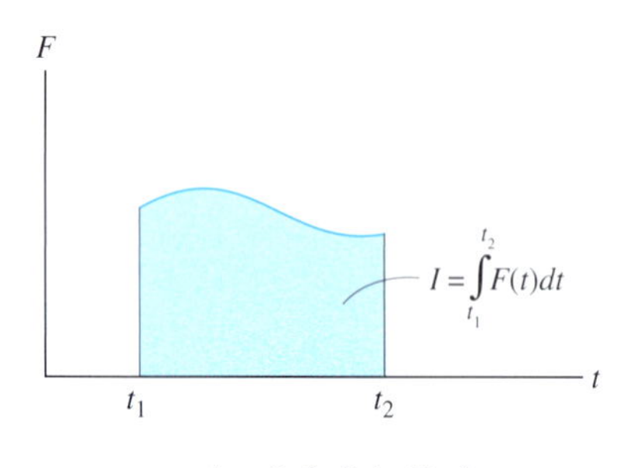

zeitveränderliche Kraft

Abbildung 4.1

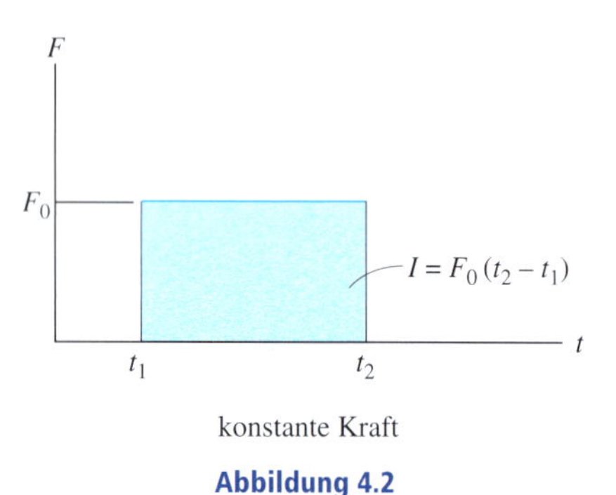

konstante Kraft

Abbildung 4.2

2 Obwohl die Einheiten für Impuls und Kraftstoß mit kgm/s und Ns zunächst unterschiedlich definiert sind, kann man zeigen, dass die Gleichung (4.2) dimensionsmäßig einheitlich ist.

Impulssatz Für das Lösen von Aufgaben wird Gleichung (4.2) in der Form

$$m\mathbf{v}_1 + \sum \int_{t_1}^{t_2} \mathbf{F}\,dt = m\mathbf{v}_2 \tag{4.3}$$

geschrieben. Dies bedeutet, dass der Impuls des Massenpunktes zur Zeit t_1 plus der Summe aller Kraftstöße auf den Massenpunkt im Zeitraum t_1 bis t_2 gleich dem Impuls des Massenpunktes zur Zeit t_2 ist. Diese drei Terme sind in den *Impuls- bzw. Kraftstoßdiagrammen* in Abbildung 4.3 grafisch dargestellt. Die beiden *Impulsdiagramme* sind einfach die Darstellung des Massenpunktes mit der Richtung und dem Betrag des jeweiligen Impulses des Massenpunktes zu den Zeitpunkten t_1 und t_2, nämlich $m\mathbf{v}_1$ bzw. $m\mathbf{v}_2$, siehe Abbildung 4.3. Wie ein Freikörperbild ist das Kraftstoßdiagramm eine Darstellung des Massenpunktes mit allen auf den Massenpunkt einwirkenden Kraftstößen, während er sich in einer Position zwischen Anfangs- und Endlage seines Weges befindet. *Verändert* sich der Betrag oder die Richtung einer Kraft als Funktion der Zeit, so gilt für den Kraftstoß im zugehörigen Kraftstoßdiagramm

$$\int_{t_1}^{t_2} \mathbf{F}(t)\,dt$$

Bei einer *konstanten* Kraft ist der Impuls auf den Massenpunkt gleich $\mathbf{F}_0(t_2 - t_1)$ und wirkt in der gleichen Richtung wie $\mathbf{F}_0$.

Skalare Gleichungen Wird jeder Vektor der Gleichung (4.3) in seine *x*-, *y*- und *z*-Komponenten zerlegt, so erhalten wir koordinatenweise insgesamt drei skalare Gleichungen:

$$\begin{aligned} m(v_x)_1 + \sum \int_{t_1}^{t_2} F_x\,dt &= m(v_x)_2 \\ m(v_y)_1 + \sum \int_{t_1}^{t_2} F_y\,dt &= m(v_y)_2 \\ m(v_z)_1 + \sum \int_{t_1}^{t_2} F_z\,dt &= m(v_z)_2 \end{aligned} \tag{4.4}$$

Diese Gleichungen sind der Impulssatz für einen Massenpunkt in der *x*-, *y*- bzw. *z*-Richtung.

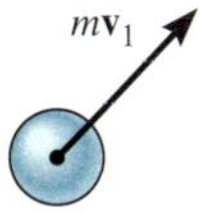

Impuls-diagramm zur Zeit t_1

+

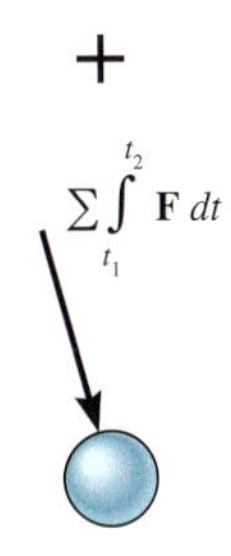

Kraftstoß-diagramm

=

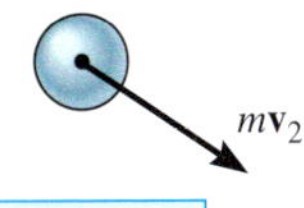

Impuls-diagramm zur Zeit t_2

Abbildung 4.3

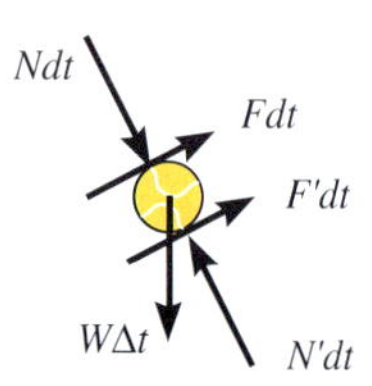

Beim Drehen der Räder dieser Wurfmaschine bringen sie Reibkraftstöße auf den Ball auf und erzeugen so die resultierende Bewegungsgröße. Diese Kraftstöße sind im Kraftstoßdiagramm dargestellt. Die Reib- und die Normalkraftstöße verändern sich in diesem Fall als Funktion der Zeit. Durch Vergleich stellt man fest, dass der Gewichtsimpuls konstant und sehr klein ist, denn die Zeit Δt, während der Ball mit den Rädern in Kontakt ist, ist sehr kurz.

Lösungsweg

Mit dem Impulssatz werden Aufgaben gelöst, die *Kraft*, *Zeit* und *Geschwindigkeit* verknüpfen. Dazu wird folgender Lösungsweg vorgeschlagen.[3]

Freikörperbild

- Führen Sie ein x,y,z-Inertialsystem ein und zeichnen Sie das Freikörperbild des Massenpunktes, um alle physikalischen Kräfte zu erfassen, die Kraftstöße auf den Massenpunkt erzeugen.
- Legen Sie die Richtung der Anfangs- und der Endgeschwindigkeit des Massenpunktes fest.
- Nehmen Sie bei einem unbekannten Vektor an, dass der Richtungssinn seiner Komponenten in Richtung der positiven Koordinatenachsen weist.
- Alternativ können Sie auch die Impuls- und Kraftstoßdiagramme gemäß Abbildung 4.3 zeichnen.

Impulssatz

- Wenden Sie in dem eingeführten Koordinatensystem den Impulssatz an:

$$\sum \int_{t_1}^{t_2} \mathbf{F} dt = m\mathbf{v}_2 - m\mathbf{v}_1$$

Tritt die Bewegung in der x,y-Ebene auf, so können die beiden skalaren Koordinatengleichungen durch direktes Zerlegen der Vektorkomponenten von $\mathbf{F}$ im Freikörperbild oder mit den zugehörigen Werten der Kraftstöße im Kraftstoßdiagramm aufgestellt werden.

- Beachten Sie, dass jede Kraft im Freikörperdiagramm einen Impuls erzeugt, auch wenn sie eventuell keine Arbeit verrichtet.
- Die Kraftstöße zeitabhängiger Kräfte konstanter Richtung berechnen sich durch Integration. Grafisch wird der Kraftstoß durch die Fläche unter dem Kraft-Zeit-Diagramm repräsentiert.
- Treten voneinander abhängige Bewegungen mehrerer Massenpunkte auf, dann werden ihre Geschwindigkeiten gemäß dem Lösungsweg in *Abschnitt 1.9* in Beziehung gesetzt. Dabei ist zu beachten, dass die positiven Koordinatenrichtungen zur Aufstellung dieser kinematischen Gleichungen die *gleichen* sind wie beim Aufstellen der Impulsgleichungen.

3 Dieser Weg wird im Buch auch bei Beweisen und Herleitungen verwendet.

Beispiel 4.1 Der Stein mit der Masse m in Abbildung 4.4a ruht in seiner Ausgangslage auf einer glatten horizontalen Fläche. Dann wird eine konstante Zugkraft P_0 unter dem Winkel α für den Zeitraum Δt aufgebracht. Bestimmen Sie die Geschwindigkeit am Ende des Zeitintervalls und die Normalkraft, die die Fläche auf den Stein in dieser Zeit ausübt.

$m = 100$ kg, $P_0 = 200$ N, $\alpha = 45°$, $\Delta t = 10$ s

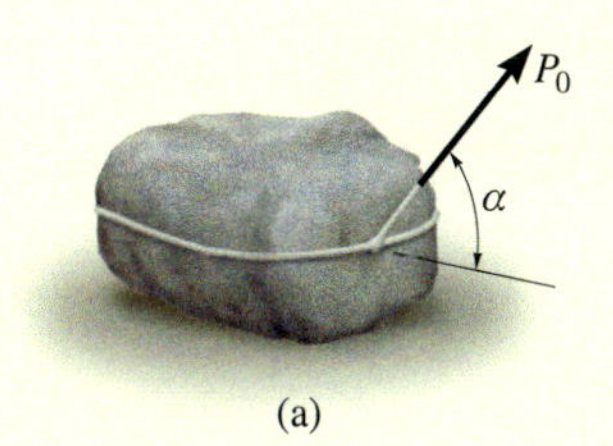

Lösung

Diese Aufgabe kann mit dem Impulssatz gelöst werden, denn dieser verknüpft Kraft, Geschwindigkeit und Zeit.

Freikörperbild Betrachten wir Abbildung 4.4b. Da alle angreifenden Kräfte *konstant* sind, sind die Kraftstöße einfach das Produkt der Kraftbeträge und der Zeitdauer, d.h. es gilt $I = F_0\Delta t$. Das alternative Verfahren der Impuls- und Kraftstoßdiagramme ist in Abbildung 4.4c dargestellt.

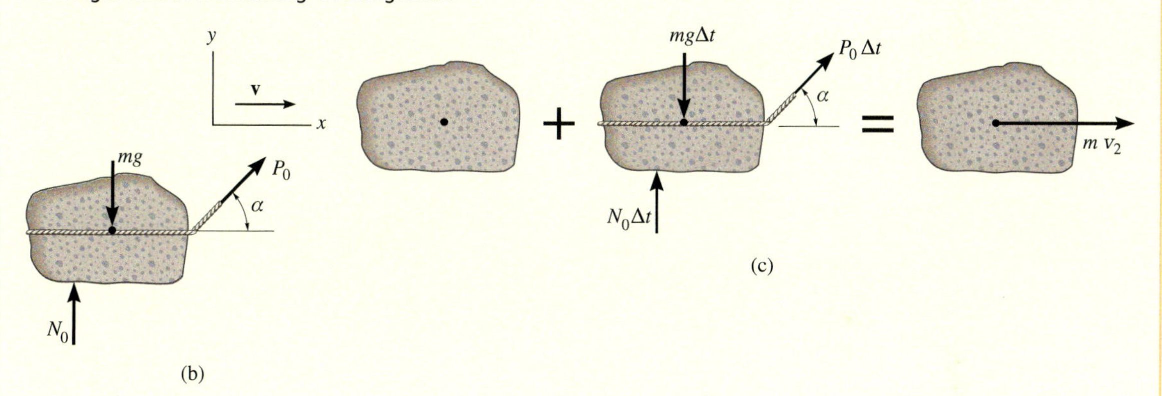

Abbildung 4.4

Impulssatz Zerlegen der Vektoren in Abbildung 4.4b entlang der x- und der y-Achse und Anwenden der Gleichung (4.4) führt auf

$$m(v_x)_1 + \sum \int_{\Delta t} F_x dt = m(v_x)_2$$

$$0 + P_0 \Delta t \cos\alpha = m v_2$$

$$v_2 = \frac{P_0 \Delta t \cos\alpha}{m} = 14{,}1 \text{ m/s}$$

$$m(v_y)_1 + \sum \int_{\Delta t} F_y dt = m(v_y)_2$$

$$0 + N_0 \Delta t - mg\Delta t + P_0 \Delta t \sin\alpha = 0$$

$$N_0 = mg - P_0 \sin\alpha = 840 \text{ N}$$

Da keine Bewegung in der y-Richtung auftritt, führt die direkte Anwendung der Gleichgewichtsbedingung $\sum F_y = 0$ auf das gleiche Ergebnis für N_0.

Beispiel 4.2

An der Kiste mit dem Gewicht G in Abbildung 4.5a wirkt die Kraft P mit zeitabhängigem Betrag. Wie groß ist die Geschwindigkeit der Kiste nach der Zeitspanne $\Delta t = t_2 - t_1$? Die Anfangsgeschwindigkeit v_1 und der Gleitreibungskoeffizient μ_g zwischen Kiste und Ebene sind gegeben.

$G = 250\ \text{N}$, $P = bt$, $b = 100\ \text{N/s}$, $\alpha = 30°$, $t_1 = 0$, $t_2 = 2\ \text{s}$, $v_1 = 1\ \text{m/s}$, $\mu_g = 0{,}3$

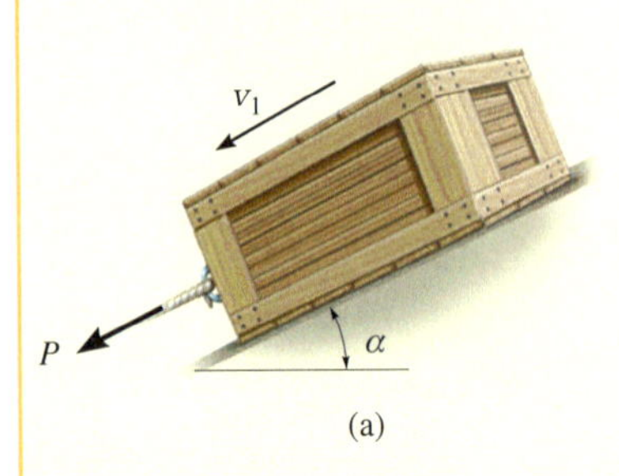

(a)

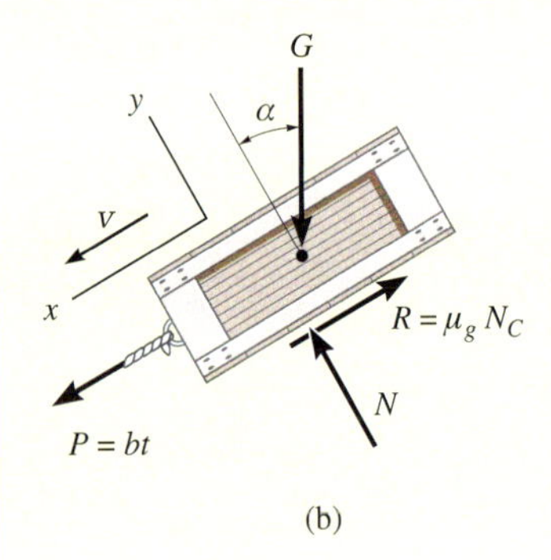

(b)

Abbildung 4.5

Lösung

Freikörperbild Betrachten wir Abbildung 4.5b. Da sich der Betrag der Kraft $\mathbf{P}$ mit der Zeit ändert, muss der erzeugte Kraftstoß durch Integration über den Zeitraum von t_1 bis t_2 bestimmt werden. Das Gewicht, die Normalkraft und die Reibungskraft (die entgegengesetzt zur Bewegungsrichtung wirkt) sind *konstant*, daher sind die entsprechenden Kraftstöße einfach das Produkt aus dem Betrag der Kraft und dem Zeitintervall $\Delta t = t_2 - t_1$.

Impulssatz Gleichung (4.4) in x-Richtung führt auf

$$m(v_x)_1 + \sum \int_{t_1}^{t_2} F_x dt = m(v_x)_2$$

$$\frac{G}{g} v_1 + \int_0^{t_2} bt dt - \mu_g N \Delta t + G \Delta t \sin\alpha = \frac{G}{g} v_2$$

In y-Richtung gilt eine gewöhnliche Gleichgewichtsbedingung, warum?

$\sum F_y = 0; \qquad N - G\cos\alpha = 0$

Wir lösen nach N und v_2 auf und erhalten

$$N = 216{,}5\ \text{N}$$
$$v_2 = 13{,}6\ \text{m/s}$$

Hinweis: Diese Aufgabe kann auch mit dem Newton'schen Grundgesetz oder dem Prinzip von d'Alembert gelöst werden.

Aus Abbildung 4.5b ergibt sich

$$\sum F_x - ma_x = 0;\ bt - \mu_g N + G\sin\alpha - \frac{G}{g}a = 0$$

$$a = \frac{g}{G}bt + \left(g\sin\alpha - \frac{\mu_g g N}{G}\right)$$

Mit der kinematischen Gleichung

$$dv = adt; \qquad \int_{v_1}^{v_2} dv = \int_0^{t_2} \left[\frac{g}{G}bt + \left(g\sin\alpha - \frac{\mu_g g N}{G}\right)\right]dt$$

$$v = 13{,}6\ \text{m/s}$$

Durch die Anwendung des Impulssatzes wird die kinematische Gleichung ($a = dv/dt$) überflüssig und die Lösung damit einfacher.

Beispiel 4.3 Die Klötze A und B in Abbildung 4.6a haben die Massen m_A bzw. m_B. Das System wird aus der Ruhe freigegeben. Bestimmen Sie die Geschwindigkeit von Klotz B nach der Zeit t. Vernachlässigen Sie die Masse der Rollen und des Seiles.

$m_A = 3$ kg, $m_B = 5$ kg, $t = 6$ s

Lösung

Das System ist dasselbe wie in *Beispiel 2.5* aus *Abschnitt 2.5*.

Freikörperbild Betrachten wir Abbildung 4.6b. Da das Gewicht der Klötze konstant ist, ergibt sich bei einer Bewegung unter dem Einfluss der Schwerkraft jeweils eine konstante Beschleunigung, und damit sind auch die Seilkräfte während der Bewegung konstant. Bei Vernachlässigung der Masse von Rolle D gilt für die Seilkraft $T_A = 2T_B$. Wir nehmen an, dass beide Klötze sich in positiver Koordinatenrichtung um s_A bzw. s_B absenken.

Impulssatz

Klotz A:

$$m_A(v_A)_1 + \sum\int_0^t F_y d\bar{t} = m_A(v_A)_2$$

$$0 - 2T_B t + m_A g t = m_A(v_A)_2 \qquad (1)$$

Klotz B:

$$m_B(v_B)_1 + \sum\int_0^t F_y d\bar{t} = m_B(v_B)_2$$

$$0 - T_B t + m_B g t = m_B(v_B)_2 \qquad (2)$$

Kinematik Da die Bewegungen der Klötze voneinander abhängig sind, wird die Geschwindigkeit von A mit Hilfe der kinematischen Berechnung aus *Abschnitt 1.9* mit der von B verknüpft (siehe noch einmal *Beispiel 2.5* in *Abschnitt 2.5*). Die Referenzlinie wird durch den ortsfesten Punkt in C gelegt, Abbildung 4.6a, und die Ortskoordinaten s_B und s_A mit der Gesamtlänge l der vertikalen Seilsegmente in Beziehung gesetzt:

$$2s_A + s_B = l$$

Ableiten nach der Zeit führt auf

$$2v_A = -v_B \qquad (3)$$

Das negative Vorzeichen bedeutet, dass sich A nach oben bewegt, wenn B sich absenkt.[4] Wir setzen dieses Ergebnis in Gleichung (1) ein, lösen die Gleichungen (1) und (2) und erhalten

$$(v_B)_2 = 35{,}8 \text{ m/s}$$

$$T_B = 19{,}2 \text{ N}$$

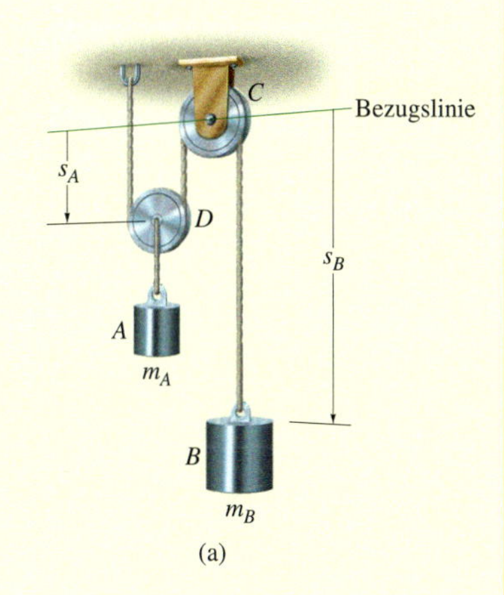

(a)

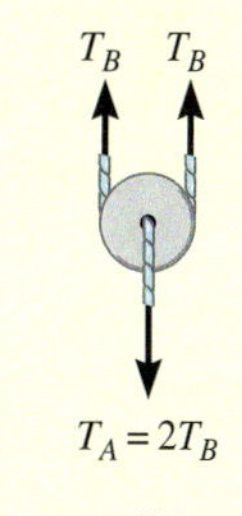

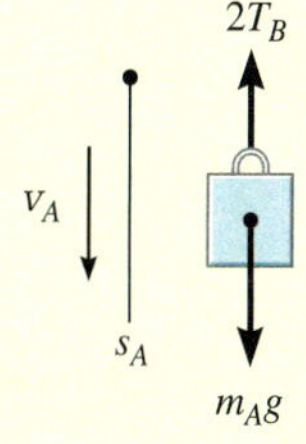

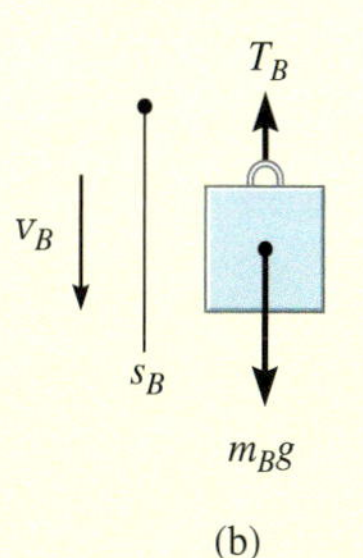

(b)

Abbildung 4.6

4 Beachten Sie, dass die *positive* Richtung (nach unten) für v_A und v_B in Abbildung 4.6a und b sowie in den Gleichungen (1) bis (3) *konsistent* ist. Warum ist das wichtig?

4.2 Impulssatz für ein Massenpunktsystem

Der Impulssatz für ein System aus endlich vielen Massenpunkten, das sich relativ zu einem Inertialsystem bewegt, wird aus dem Newton'schen Grundgesetz für die Gesamtheit der Massenpunkte hergeleitet, d.h.

$$\sum \mathbf{F}_i = \sum m_i \frac{d\mathbf{v}_i}{dt} \tag{4.5}$$

Auf der linken Seite steht lediglich die Summe der *äußeren Kräfte* auf das Massenpunktsystem. Wie bereits in *Abschnitt 2.4* dargelegt, treten die inneren Kräfte $\mathbf{f}_i$ zwischen den Massenpunkten *nicht* in dieser Summe auf, denn sie treten gemäß dem 3. Newton'schen Gesetz in gleichen, aber entgegengesetzt gerichteten Paaren auf und fallen daher heraus. Beide Seiten der Gleichung (4.5) werden mit dt multipliziert und in den Grenzen von $t = t_1$, $\mathbf{v}_i = (\mathbf{v}_i)_1$ bis $t = t_2$, $\mathbf{v}_i = (\mathbf{v}_i)_2$ integriert:

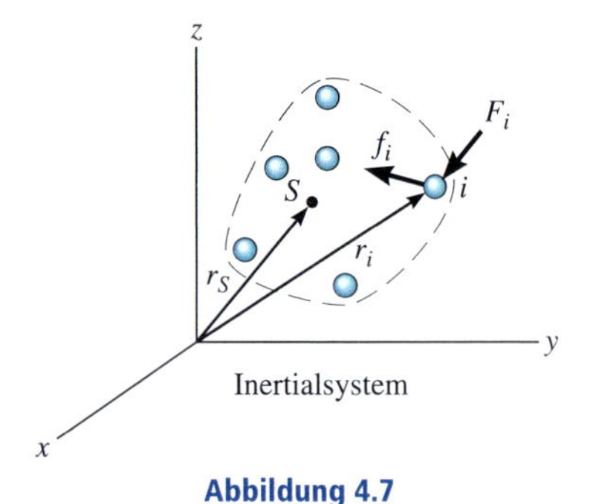

Abbildung 4.7

$$\sum m_i(\mathbf{v}_i)_1 + \sum \int_{t_1}^{t_2} \mathbf{F}_i dt = \sum m_i(\mathbf{v}_i)_2 \tag{4.6}$$

Dies bedeutet, dass die Impulse des Massenpunktsystems zur Zeit t_1 plus die Kraftstöße aller *externen Kräfte* auf das Massenpunktsystem von t_1 bis t_2 gleich den Impulsen des Systems zur Zeit t_2 sind.

Die Gleichung zur Festlegung des Schwerpunktes S des Systems aus Massenpunkten $m\mathbf{r}_S = \sum m_i\mathbf{r}_i$, wobei $m = \sum m_i$ die Gesamtmasse aller Massenpunkte ist, Abbildung 4.7, wird nach der Zeit abgeleitet:

$$m\mathbf{v}_S = \sum m_i\mathbf{v}_i$$

Das bedeutet, dass der gesamte Impuls des Massenpunktsystems äquivalent dem Impuls einer Ersatzmasse ist, für die $m = \sum m_i$ gilt und die sich mit der Geschwindigkeit des Schwerpunktes des Massenpunktsystems bewegt. Einsetzen in Gleichung (4.6) führt auf

$$m(\mathbf{v}_S)_1 + \sum \int_{t_1}^{t_2} \mathbf{F}_i dt = m(\mathbf{v}_S)_2 \tag{4.7}$$

Der Impuls der Gesamtmasse zur Zeit t_1 plus der Kraftstöße aller *externen Kräfte* auf das System der Massenpunkte von t_1 bis t_2 ist gleich dem Impuls der Gesamtmasse zur Zeit t_2. Werden als Massenpunkte differenziell kleine Massenpunkte dm eines starren Körpers aufsummiert, d.h. integriert, dann folgt, dass der Impulssatz auch für einen starren Körper gilt, dessen Masse im Schwerpunkt konzentriert wird.

4.3 Impulserhaltung für ein System aus Massenpunkten

Ist die Summe der *externen Kraftstöße* auf ein Massenpunktsystem gleich *null*, vereinfacht sich Gleichung (4.6) zu

$$\sum m_i (\mathbf{v}_i)_1 = \sum m_i (\mathbf{v}_i)_2 \tag{4.8}$$

Diese Beziehung wird *Impulserhaltungssatz* genannt. Der Impulserhaltungssatz sagt aus, dass der Gesamtimpuls des Massenpunktsystems zu jedem Zeitpunkt konstant ist und sich damit in der Zeit von t_1 bis t_2 nicht verändert. Setzen wir $m\mathbf{v}_S = \sum m_i \mathbf{v}_i$ in Gleichung (4.8) ein, gilt auch

$$(\mathbf{v}_S)_1 = (\mathbf{v}_S)_2 \tag{4.9}$$

Das bedeutet, dass die Geschwindigkeit $\mathbf{v}_S$ des Gesamtschwerpunkts sich nicht verändert, wenn keine äußeren Kraftstöße auf das System der Massenpunkte wirken.

Die Impulserhaltung wird oft verwendet, wenn Stoßvorgänge von Massenpunkten diskutiert werden oder eine anders geartete Wechselwirkung zu untersuchen ist. Dazu muss allerdings das Freikörperbild des *gesamten* Massenpunktsystems sorgfältig betrachtet werden, wobei alle äußeren und inneren Kräfte einzutragen sind, die Kraftstöße hervorrufen. Dies ist wichtig, um auch die Richtung des Gesamtimpulses zu erhalten. Wie bereits festgestellt, fallen die *inneren Kraftstöße* des Systems immer heraus, denn sie treten in gleichen, aber entgegengesetzt gerichteten Paaren auf. Speziell bei Stoßvorgängen ist die Dauer, während der die Bewegung untersucht wird, *sehr kurz*, und es treten Kräfte auf, die sehr groß werden. Trotz der kurzen Zeit werden damit auch deren Impulse im Vergleich zu den Impulsen der anderen äußeren Kräfte groß. Die Kräfte, deren Impulse vergleichsweise groß sind, heißen *impuls-* bzw. *stoßrelevante Kräfte*, während die Kräfte mit vernachlässigbar kleinem Impuls *nicht impuls-* bzw. *nicht stoßrelevante Kräfte* genannt werden.

Impulsrelevante Kräfte treten normalerweise infolge einer Explosion oder eines Stoßes eines Körpers auf einen anderen auf, während Beispiele für nicht impulsrelevante Kräfte das Gewicht eines Körpers, die Kraft einer leicht verformten Feder mit relativ kleiner Federkonstante und schließlich jede Kraft sein kann, die im Vergleich zu anderen, großen impulsrelevanten Kräften sehr klein ist. Bei dieser Unterscheidung zwischen impulsrelevanten und nicht impulsrelevanten Kräften ist allerdings zu beachten, dass dies nur im kurzen Zeitintervall von t_1 bis t_2 gilt. Betrachten wir zur Erläuterung das Schlagen eines Tennisballs mit einem Schläger, siehe Foto. In der *sehr kurzen* Zeit der Wechselwirkung ist die Kraft des Schlägers auf den Ball eine stoßrelevante Kraft, denn sie ändert den Impuls des Balles drastisch. Das Gewicht des Balles hat im Vergleich dazu einen vernachlässigbaren Einfluss und verändert den Impuls des Balles kaum, daher ist sie eine nicht stoßrelevante Kraft. Folglich kann das Gewicht bei der Anwendung des Impulssatzes während dieser Zeitspanne vernachlässigt werden. Wendet man

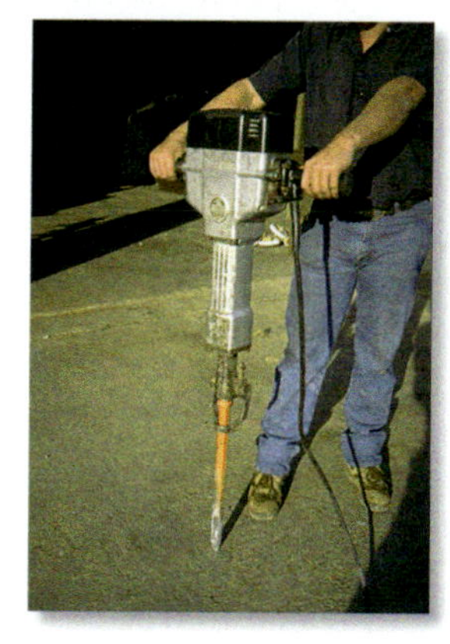

Der Hammer im oberen Foto bringt einen Impuls auf die Stange auf. Während der sehr kurzen Kontaktdauer kann das Gewicht der Stange als nicht impulsrelevante Kraft angenommen werden. Wenn die Stange in einen weichen Untergrund geschlagen wird, kann auch die Reaktionskraft des Bodens auf die Stange als nicht impulsrelevant betrachtet werden. Wird die Stange aber als Meißel in einem Presslufthammer zur Bearbeitung von Beton verwendet, wirken auf ihn zwei stoßrelevante Kräfte: eine am oberen Ende aufgrund des Antriebs durch Druckluft, die andere am unteren Ende aufgrund der Härte des Betons.

dagegen den Impulssatz für die im Allgemeinen längere Flugzeit des Balles nach der Wechselwirkung mit dem Schläger an, ist das Gewicht wichtig, denn es verursacht – neben dem Luftwiderstand – eine Veränderung des Impulses des Balles bei dieser Flugbahnbewegung.

Lösungsweg

Im Allgemeinen wird der Impulssatz bzw. der Impulserhaltungssatz auf *Massenpunktsysteme* angewendet, um die Endgeschwindigkeiten der Massenpunkte *unmittelbar nach dem betrachteten Zeitraum* zu bestimmen. Durch Anwendung des Impulssatzes auf das gesamte System *fallen* innere Impulse, die innerhalb des Systems wirken und eventuell unbekannt sind, aus der Rechnung *heraus*. Für die Anwendung wird der folgende Lösungsweg vorgeschlagen:

Freikörperbild

- Führen Sie ein Inertialsystem (z.B. unter Verwendung eines kartesischen x,y,z-Koordinatensystems) ein und zeichnen Sie das Freikörperbild aller Massenpunkte des Systems, um die inneren und die äußeren Kräfte zu berücksichtigen.
- Die Impulserhaltung gilt für das System in einer bestimmten Richtung, wenn keine äußeren Kräfte oder nur nicht impulsrelevante Kräfte in dieser Richtung angreifen.
- Legen Sie die positive Richtung für die Anfangs- und die Endgeschwindigkeit der Massenpunkte fest. Ist der Richtungssinn unbekannt, nehmen Sie ihn in Richtung der positiven Koordinatenachsen an.
- Alternativ können Sie auch die Impuls- und Kraftstoßdiagramme für jeden Massenpunkt des Systems zeichnen.

Impulsgleichungen

- Wenden Sie den Impulssatz oder den Impulserhaltungssatz in den entsprechenden Koordinatenrichtungen an.
- Wenn der *innere Kraftstoß* $\int F\,dt$ auf nur einen Massenpunkt im System bestimmt werden muss, ist dieser Massenpunkt *frei zu schneiden* (Freikörperbild) und der Impulssatz *auf diesen Massenpunkt* anzuwenden.
- Nach Berechnung des Kraftstoßes und bekannter Zeitspanne Δt der Kraftstoßeinwirkung kann die *mittlere Impulskraft* $F_{mittel} = \int F\,dt/\Delta t$ berechnet werden.

Beispiel 4.4 Der Güterwagen A der Masse m_A rollt mit der Geschwindigkeit v_A auf einem horizontalen Gleis dem Kesselwagen B der Masse m_B entgegen, der mit der Geschwindigkeit v_B rollt, siehe Abbildung 4.8a. Die Wagen treffen aufeinander und kuppeln an. Bestimmen Sie (a) die Geschwindigkeit der beiden Wagen unmittelbar nach dem Ankoppeln und (b) die mittlere Kraft zwischen ihnen für die Ankoppelzeit Δt.

$m_A = 15000$ kg, $m_B = 12000$ kg, $(v_A)_1 = 1{,}5$ m/s, $(v_B)_1 = 0{,}75$ m/s, $\Delta t = 0{,}8$ s

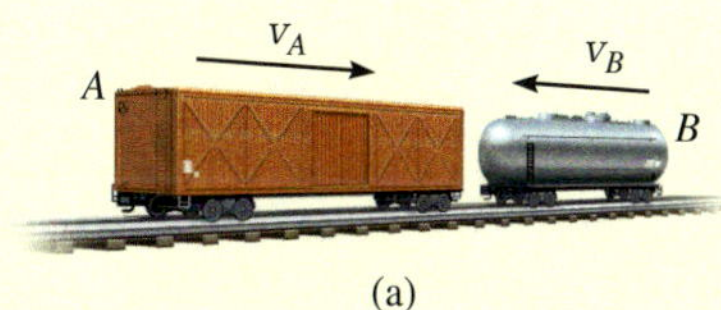

(a)

Abbildung 4.8

Lösung

Teilaufgabe a)

Freikörperbild[5] In Abbildung 4.8b werden *beide* Wagen als ein System von Massenpunkten betrachtet. Anschaulich ist klar, dass die Impulserhaltung in x-Richtung gilt, denn die Ankoppelkraft F ist eine *innere* Kraft und fällt daher aus der Rechnung heraus. Wir nehmen an, dass die zusammengekoppelten Wagen mit v_2 in positiver x-Richtung rollen.

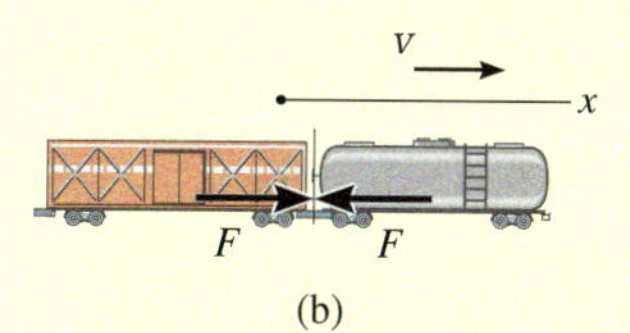

(b)

Impulserhaltung

$$m_A(v_A)_1 - m_B(v_B)_1 = (m_A + m_B)v_2$$

$$v_2 = [m_A(v_A)_1 - m_B(v_B)_1] \,/\, (m_A + m_B)$$

$$v_2 = 0{,}5 \text{ m/s}$$

Teilaufgabe b)

Die mittlere Ankoppelkraft F_{mittel} (Impulskraft) kann mit dem auf *einen* Wagen angewendeten Impulssatz bestimmt werden.

Freikörperbild Bei Betrachten des Güterwagens allein ist die Ankoppelkraft eine *äußere* Kraft, siehe Abbildung 4.8c.

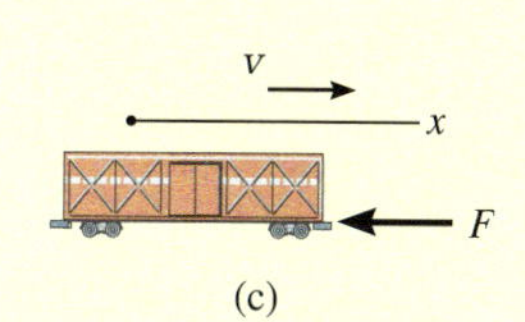

(c)

Impulssatz Mit $\int F\,dt = F_{mittel}\,\Delta t$ erhalten wir

$$m_A(v_A)_1 + \sum\int F\,dt = m_A v_2$$

$$m_A(v_A)_1 - F_{mittel}\,\Delta t = m_A v_2$$

$$F_{mittel} = [m_A(v_A)_1 - m_A v_2]/\Delta t = 18{,}8 \text{ kN}$$

Die Bestimmung der mittleren Impulskraft F_{mittel} war möglich, weil die Endgeschwindigkeit des Güterwagens in Teilaufgabe (a) berechnet wurde. Berechnen Sie F_{mittel} durch Anwendung des Impulssatzes auf den Kesselwagen.

5 Im Freikörperbild sind nur horizontale Kräfte eingetragen.

Beispiel 4.5

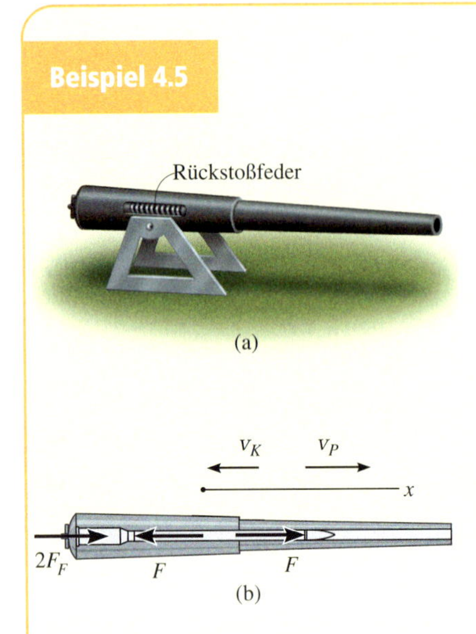

v_P
x
F

(c)

Abbildung 4.9

Die Kanone der Masse m_K in Abbildung 4.9a feuert ein Projektil der Masse m_P mit der Mündungsgeschwindigkeit v_P relativ zum Boden ab. Das Feuern erfolgt während der Zeitspanne Δt. Bestimmen Sie (a) die Rückstoßgeschwindigkeit der Kanone unmittelbar nach Abschluss des Abfeuerns und (b) die mittlere Impulskraft auf das Projektil während Δt. Das Kanonengestell ist am Boden befestigt und der horizontale Rückstoß der Kanone wird von zwei Federn aufgenommen.

$m_K = 600\ \text{kg}$, $m_P = 4\ \text{kg}$, $v_P = 450\ \text{m/s}$, $\Delta t = 0{,}03\ \text{s}$

Lösung

Teilaufgabe a)

Freikörperbild In Abbildung 4.9b werden Projektil und Kanone als ein System betrachtet, denn die Impulskräfte F sind *innere* Kräfte und fallen aus der Rechnung heraus. Weiterhin üben die beiden Rückstoßfedern am Gestell in der Zeit Δt die *nicht impulsrelevante Kraft* F_F auf die Kanone aus, weil Δt sehr kurz ist und somit die Kanone nur eine vernachlässigbar kleine Lageänderung erfährt.[6] Folglich gilt

$$\int_{\Delta t} F_F dt \ll \int_{\Delta t} F dt,$$

woraus wir folgern können, dass die Impulserhaltung für das System in *horizontaler Richtung* gilt. Wir nehmen an, dass die Kanone sich nach links bewegt, während das Projektil nach dem Feuern nach rechts fliegt.

Impulserhaltung

$$m_K(v_K)_1 + m_P(v_P)_1 = -\,m_K(v_K)_2 + m_P(v_P)_2$$

$$0 + 0 = -m_K(v_K)_2 + m_P(v_P)_2$$

$$m_K(v_K)_2 = m_P(v_P)_2$$

$$(v_K)_2 = 3\ \text{m/s}$$

Teilaufgabe b)

Die mittlere Impulskraft der Kanone auf das Projektil kann durch Anwendung des Impulssatzes auf das Projektil (oder die Kanone) bestimmt werden. Warum?

Impulssatz Mit den Werten aus Abbildung 4.9c und $\int F\,dt = F_{mittel}\,\Delta t$ erhalten wir

$$m_P(v_P)_1 + \sum\int F\,dt = m_P(v_P)_2$$

$$0 + F_{mittel}\Delta t = m_P(v_P)_2$$

$$F_{mittel} = m_P(v_P)_2 / \Delta\,t = 60{,}0\ \text{kN}$$

6 Ist die Kanone starr am Gestell befestigt, müssen die Reaktionskräfte auf die Kanone als äußerer Impuls auf das System betrachtet werden, denn das Gestell lässt dann keine Bewegung der Kanone zu. Dabei wird aber die Erdbewegung natürlich vernachlässigt.

Beispiel 4.6 Die in Abbildung 4.10a gezeigten Autoskooter A und B haben jeweils die Masse m und bewegen sich mit den angegebenen Geschwindigkeiten, bevor sie frontal zusammenstoßen. Bestimmen Sie ihre Geschwindigkeiten nach der Kollision, wenn beim Zusammenstoß kein Energieverlust auftritt.

$m = 150\ \mathrm{kg}$, $(v_A)_1 = 3\ \mathrm{m/s}$, $(v_B)_1 = -2\ \mathrm{m/s}$

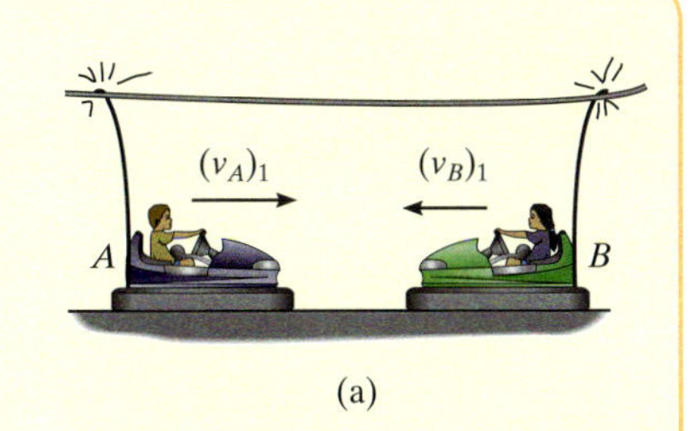

(a)

Lösung

Freikörperbild Die Wagen werden als ein System betrachtet. Abbildung 4.10b zeigt das Freikörperbild.

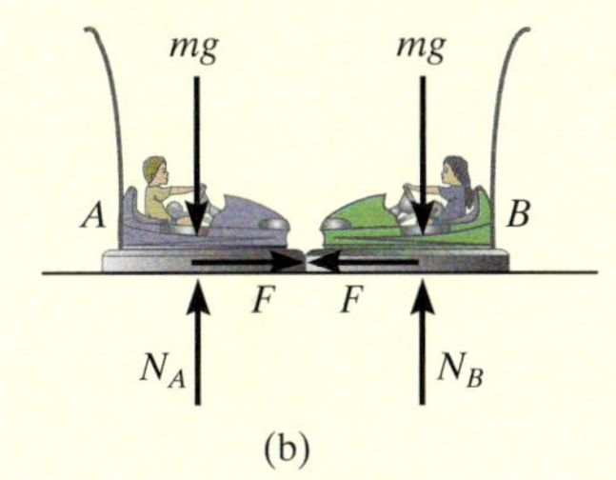

(b)

Abbildung 4.10

Impulserhaltung

$$m_A(v_A)_1 + m_B(v_B)_1 = m_A(v_A)_2 + m_B(v_B)_2$$

$$(v_A)_2 = (v_A)_1 + (v_B)_1 - (v_B)_2 \qquad (1)$$

Energieerhaltung Da keine Energie verlorengeht, liefert der Energieerhaltungssatz

$$T_1 + V_1 = T_2 + V_2$$

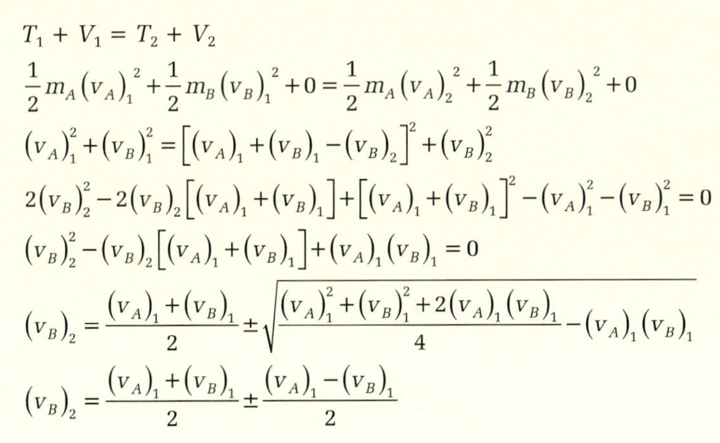

$$\frac{1}{2}m_A(v_A)_1^2 + \frac{1}{2}m_B(v_B)_1^2 + 0 = \frac{1}{2}m_A(v_A)_2^2 + \frac{1}{2}m_B(v_B)_2^2 + 0$$

$$(v_A)_1^2 + (v_B)_1^2 = \left[(v_A)_1 + (v_B)_1 - (v_B)_2\right]^2 + (v_B)_2^2$$

$$2(v_B)_2^2 - 2(v_B)_2\left[(v_A)_1 + (v_B)_1\right] + \left[(v_A)_1 + (v_B)_1\right]^2 - (v_A)_1^2 - (v_B)_1^2 = 0$$

$$(v_B)_2^2 - (v_B)_2\left[(v_A)_1 + (v_B)_1\right] + (v_A)_1(v_B)_1 = 0$$

$$(v_B)_2 = \frac{(v_A)_1 + (v_B)_1}{2} \pm \sqrt{\frac{(v_A)_1^2 + (v_B)_1^2 + 2(v_A)_1(v_B)_1}{4} - (v_A)_1(v_B)_1}$$

$$(v_B)_2 = \frac{(v_A)_1 + (v_B)_1}{2} \pm \frac{(v_A)_1 - (v_B)_1}{2}$$

Als Ergebnis erhält man so die zwei Lösungen

$$(v_B)_2 = (v_A)_1 = 3\ \mathrm{m/s} \quad \text{und} \quad (v_B)_2 = (v_B)_1 = -2\ \mathrm{m/s}$$

Da die zweite Lösung $(v_B)_2 = -2\ \mathrm{m/s}$ mit der gegebenen Geschwindigkeit von B unmittelbar *vor* dem Zusammenstoß übereinstimmt, muss die Geschwindigkeit von B unmittelbar *nach* dem Zusammenstoß tatsächlich $(v_B)_2 = 3\ \mathrm{m/s}$ sein.

Setzen wir dieses Ergebnis in Gleichung (1) ein, erhalten wir

$$(v_A)_2 = 1\ \mathrm{m/s} - 3\ \mathrm{m/s} = -2\ \mathrm{m/s}$$

und damit eine nach links gerichtete Geschwindigkeit.

Beispiel 4.7

Der Schlepper S mit der Masse m_S in Abbildung 4.11a zieht mit dem Tau R den Lastkahn B der Masse m_B. Der Lastkahn ist ursprünglich in Ruhe und der Schlepper fährt bei *nicht gespanntem* Seil frei mit $(v_S)_1$. Bestimmen Sie die Geschwindigkeit des Schleppers *direkt nach* dem Spannen des Seiles. Nehmen Sie an, dass das Seil undehnbar ist. Vernachlässigen Sie Reibungseffekte des Wassers.

$m_S = 3{,}5 \cdot 10^5$ kg, $m_B = 5 \cdot 10^4$ kg, $(v_S)_1 = 3$ m/s

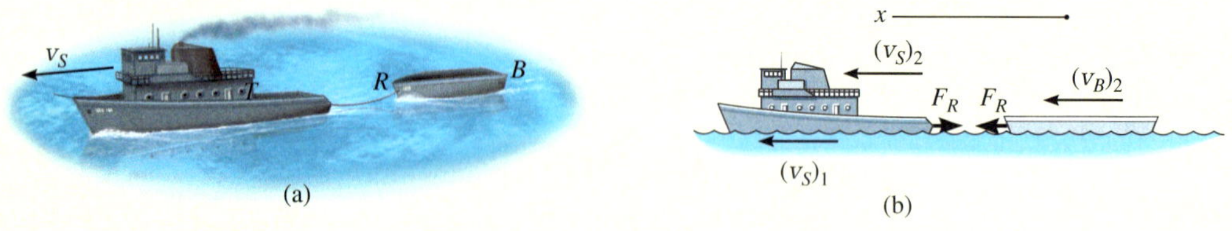

Abbildung 4.11

Lösung

Freikörperbild In Abbildung 4.11b betrachten wir das gesamte System (Schlepper und Lastkahn). Die Impulskraft zwischen Schlepper und Lastkahn ist eine *innere* Kraft des Systems und somit gilt die Impulserhaltung des Systems während des Ziehens.

Alternative Impuls- und Kraftstoßdiagramme sind in Abbildung 4.11c dargestellt.

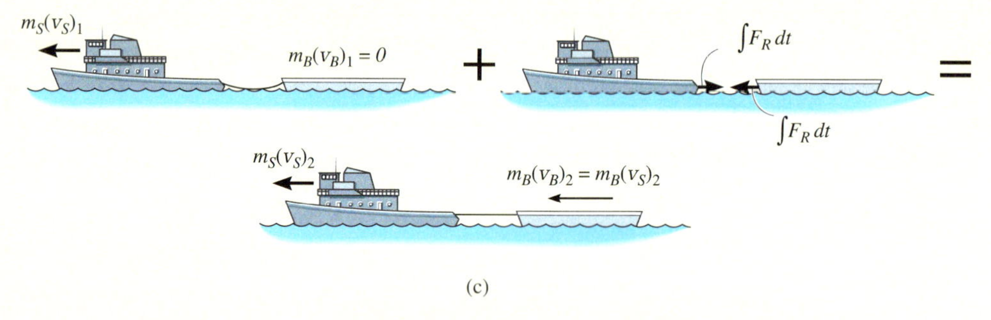

Impulserhaltung Mit $(v_B)_2 = (v_S)_2$ ergibt sich

$$m_S(v_S)_1 + m_B(v_B)_1 = m_S(v_S)_2 + m_B(v_B)_2$$

$$m_S(v_S)_1 + 0 = m_S(v_S)_2 + m_B(v_S)_2$$

$$(v_S)_2 = m_S(v_S)_1 / (m_S + m_B) = 2{,}62 \text{ m/s}$$

Dies ist die Geschwindigkeit des Schleppers kurz *nach* dem Kraftstoß durch das ruckartige Spannen des Seiles. Zeigen Sie mit dem erhaltenen Ergebnis, dass der Kraftstoß den Betrag 131 kNs hat.

Beispiel 4.8 Ein starrer Pfeiler P mit der Masse m_P, siehe Abbildung 4.12a, wird mit dem Hammer H der Masse m_H in den Boden getrieben. Der Hammer fällt aus der Ruhe aus der Höhe y_0 und trifft das obere Ende des Pfeilers. Bestimmen Sie den Kraftstoß des Hammers auf den Pfeiler. Dieser steckt in losem Sand, sodass der Hammer *nicht* vom Pfeiler zurückprallt.

$m_P = 800$ kg, $m_H = 300$ kg, $y_0 = 0{,}5$ m

Lösung

Energieerhaltung Die Geschwindigkeit, mit der der Hammer den Pfeiler trifft, wird durch Anwendung des Energieerhaltungssatzes auf den Hammer bestimmt. Das Nullniveau wird auf die Höhe der Oberkante des Pfeilers gelegt, Abbildung 4.12a. Wir erhalten

$$T_0 + V_0 = T_1 + V_1$$

$$\frac{1}{2} m_H (v_H)_0^2 + m_H g y_0 = \frac{1}{2} m_H (v_H)_1^2 + m_H g y_1$$

$$0 + 300(9{,}81)\mathrm{N}(0{,}5\mathrm{m}) = \frac{1}{2}(300\mathrm{kg})(v_H)_1^2 + 0$$

$$(v_H)_1 = 3{,}13 \text{ m/s}$$

Freikörperbild Aufgrund der physikalischen Gegebenheiten zeigt das Freikörperbild, Abbildung 4.12b, von Hammer und Pfeiler, dass in der *kurzen Zeit vom Beginn bis zum Ende des Stoßkontaktes* zwischen Hammer und Pfeiler die Gewichtskräfte von Hammer und Pfeiler sowie die Widerstandskraft F_S des Sandes *nicht stoßrelevante Kräfte* sind. Die Stoßkraft R ist eine innere Kraft des Systems und geht nicht in den auf das Gesamtsystem angewandten Impulssatz ein. Folglich gilt die Impulserhaltung in diesem kurzen Zeitraum in vertikaler Richtung.

Impulserhaltung Da der Hammer nach dem Auftreffen nicht vom Pfeiler zurückprallt, gilt $(v_H)_2 = (v_P)_2 = v_2$.

$$m_H(v_H)_1 + m_P(v_P)_1 = m_H v_2 + m_P v_2$$

$$m_H(v_H)_1 + 0 = (m_H + m_P)\, v_2$$

$$v_2 = 0{,}854 \text{ m/s}$$

Impulssatz Mit der so ermittelten Geschwindigkeit v_2 kann nun der Kraftstoß des Hammers auf den Pfeiler bestimmt werden. Aus dem Freikörperbild des Hammers, Abbildung 4.12c erhalten wir

$$m_H (v_H)_1 + \sum \int_{t_1}^{t_2} F_y dt = m_H v_2$$

$$m_H (v_H)_1 - \int R dt = m_H v_2$$

$$\int R dt = m_H (v_H)_1 - m_H v_2 = 683 \text{ Ns}$$

Der gleiche, aber entgegengesetzt gerichtete Kraftstoß wirkt auf den Pfeiler. Bestimmen Sie diesen durch Anwendung des Impulssatzes auf den Pfeiler.

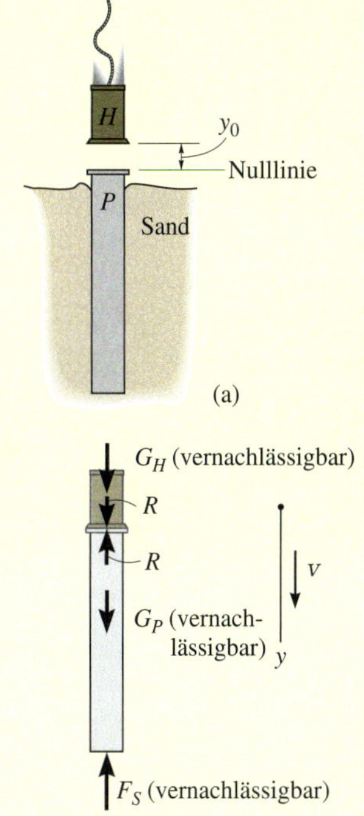

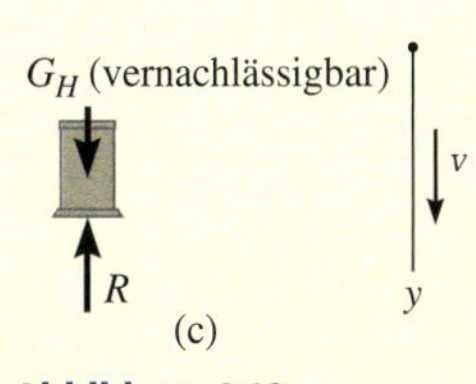

Abbildung 4.12

Beispiel 4.9

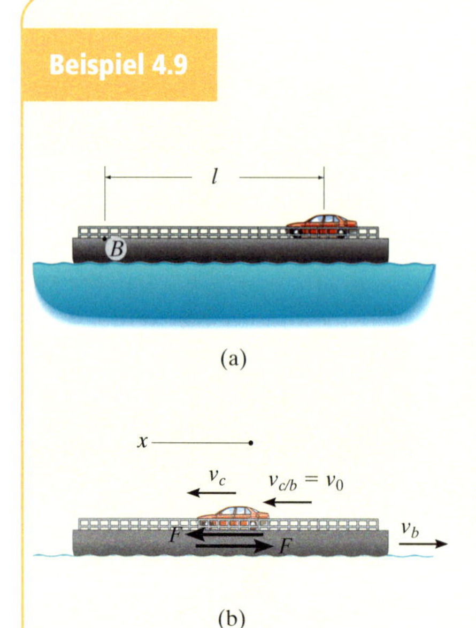

Abbildung 4.13

Das in Abbildung 4.13a gezeigte Auto mit der Masse m_b bewegt sich auf dem Lastkahn, der die Masse m_c hat, mit der konstanten Geschwindigkeit v_0 nach links, gemessen relativ zum Kahn. Bestimmen Sie die Geschwindigkeit und die Verschiebung des Lastkahns, wenn das Auto Punkt B erreicht. Vernachlässigen Sie den Wasserwiderstand. Auto und Kahn befinden sich anfangs in Ruhe relativ zum Wasser.

Lösung

Freikörperbild Wenn man Auto und Frachtkahn als ein System betrachtet, wird die Kraft zwischen dem Wagen und dem Kahn zu einer inneren Kraft des Systems und somit wird der Impuls entlang der x-Achse erhalten (siehe Abbildung 4.13b).

Impulserhaltung Um die Gleichung der Impulserhaltung aufzustellen, sind die Geschwindigkeiten vom selben Inertialsystem zu messen, das hier als raumfest angenommen wird. Außerdem nehmen wir an, dass sich der Lastkahn nach rechts bewegt, während das Auto nach links fährt, wie es in Abbildung 4.13b dargestellt ist.

Die Anwendung der Impulserhaltung auf das Auto und den Lastkahn ergibt

$$0 + 0 = m_c v_c - m_b v_b$$

$$m_c v_c - m_b v_b = 0 \qquad (1)$$

Kinematik Da die Geschwindigkeit des Autos relativ zum Lastkahn bekannt ist, lassen sich die Geschwindigkeiten des Autos und des Lastkahns ebenfalls mithilfe der Gleichung für die Relativgeschwindigkeiten verknüpfen. Da v_c nach links angenommen wurde, folgt

$$-v_c = v_b - v_{c/b}$$

$$v_c = -v_b + v_0 \qquad (2)$$

Das Lösen der Gleichungen (1) und (2) liefert

$$v_b = \frac{m_c}{m_b + m_c} v_0 = 0{,}522 \text{ m/s}$$

$$v_c = \frac{m_b}{m_b + m_c} v_0 = 3{,}478 \text{ m/s}$$

Das Auto legt auf dem Lastkahn die Strecke l bei einer konstanten Geschwindigkeit v_b zurück. Somit berechnet sich die Zeit, die das Auto bis zum Punkt B benötigt, zu

$$l = v_{c/b} t$$

$$t = l / v_{c/b} = l / v_0$$

$$t = 5 \text{ s}$$

Die Verschiebung des Lastkahns ergibt sich damit zu

$$s_b = v_b t = 2{,}61 \text{ m}$$

Beispiel 4.10

Ein Junge der Masse m_J steht auf dem Schlitten der Masse m_S, der sich zunächst in Ruhe befindet, siehe Abbildung 4.14a. Bestimmen Sie die Strecke, die der Schlitten zurücklegt, wenn der Junge auf dem Schlitten nach vorne zum Punkt B geht. Vernachlässigen Sie die Reibung zwischen der Schlittenunterseite und dem Boden (Eis).

$m_J = 40$ kg, $m_S = 15$ kg, $l = 2$ m

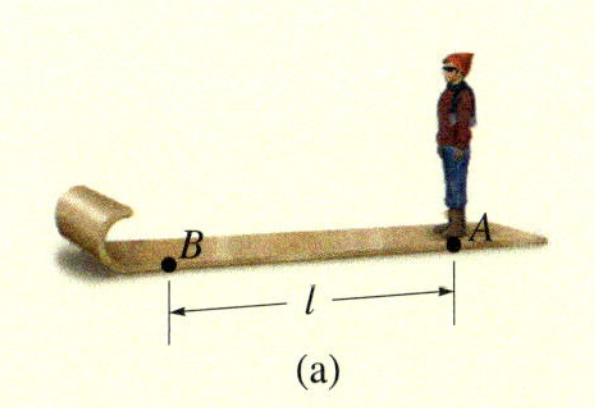

Lösung I

Freikörperbild Die unbekannte Reibungskraft der Schuhe des Jungen auf den Schlitten muss *nicht berücksichtigt* werden, wenn Schlitten und Junge als ein System betrachtet werden. Dann ist die Reibungskraft R eine *innere* Kraft und die Impulserhaltung gilt, Abbildung 4.14b.

Impulserhaltung Da der Anfangs- und Endimpuls gleich null sind (denn die Anfangs- und die Endgeschwindigkeit sind gleich null) muss auch der Impuls des Systems gleich null sein, wenn sich der Junge an einem Punkt zwischen A und B befindet. Somit gilt

$$-m_J(v_J) + m_S(v_S) = 0 \qquad (1)$$

Die beiden Unbekannten v_J und v_S sind die Geschwindigkeit des Jungen nach links und die des Schlittens nach rechts. Beide werden bezüglich eines *ortsfesten Inertialsystems* auf dem Boden gemessen.

Zu jeder Zeit müssen die *Lage* von Punkt A auf dem Schlitten und die *Lage* des Jungen durch Integration bestimmt werden. Aus $v = ds/dt$ folgt $-m_J ds_J + m_S ds_S = 0$. Wir nehmen an, dass die Anfangslage von A im Ursprung des Koordinatensystems liegt, siehe Abbildung 4.14c, und erhalten für die Endlage $-m_J(s_J) + m_S(s_S) = 0$. Mit $s_J + s_S = l$ bzw. $s_J = l - s_S$ ergibt sich

$$-m_J(l - s_S) + m_S s_S = 0 \qquad (2)$$

$$s_S = \frac{l m_J}{m_J + m_S} = 1{,}45 \text{ m}$$

Lösung II

Die Aufgabe kann auch durch Betrachtung der relativen Bewegung des Jungen bezüglich des Schlittens (Relativgeschwindigkeit $\mathbf{v}_{J/S}$) gelöst werden. Diese Geschwindigkeit wird mit der Geschwindigkeit des Jungen und der des Schlittens verknüpft: $\mathbf{v}_J = \mathbf{v}_S + \mathbf{v}_{J/S}$, *Gleichung (1.34)*. Da die Geschwindigkeiten in Gleichung (1) nach rechts positiv angenommen wurden, weisen $\mathbf{v}_J$ und $\mathbf{v}_{J/S}$ beide in negative Richtung, d.h. in skalarer Form gilt

$$-v_J = v_J - v_{J/S}$$

und Gleichung (1) wird

$$m_J(v_J - v_{J/S}) + m_S v_S = 0$$

Integration führt auf

$$m_J(s_S - s_{J/S}) + m_S s_S = 0$$

Da $s_{J/S} = l$ gilt, ergibt sich Gleichung (2).

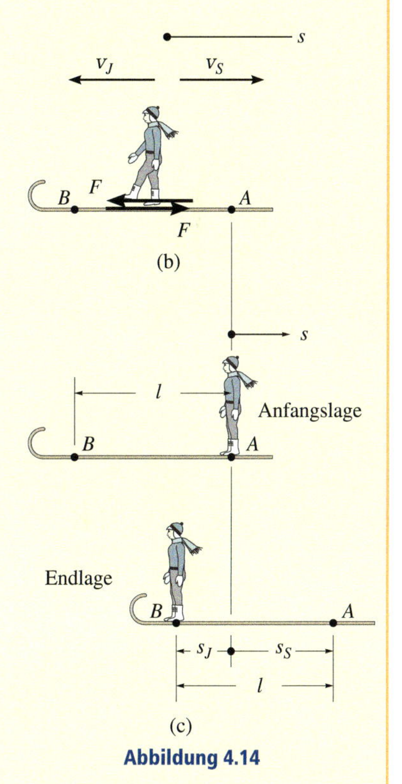

Abbildung 4.14

4.4 Stoßvorgänge

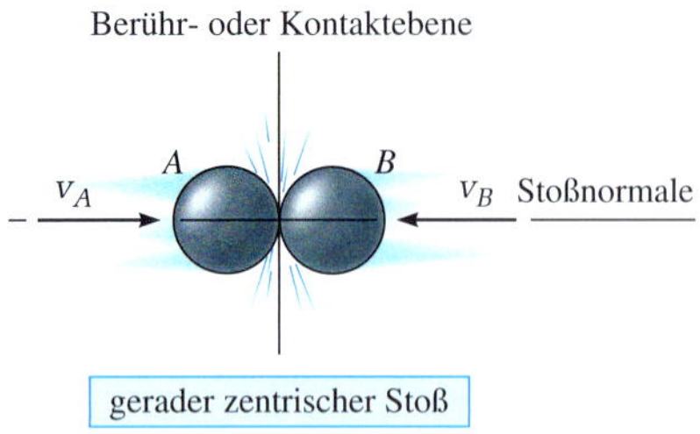

Berühr- oder Kontaktebene

v_A A B v_B Stoßnormale

gerader zentrischer Stoß

(a)

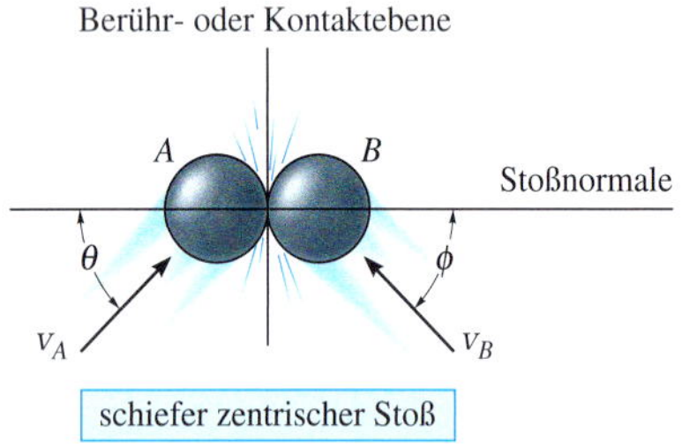

Berühr- oder Kontaktebene

A B Stoßnormale

θ ϕ

v_A v_B

schiefer zentrischer Stoß

(b)

Abbildung 4.15

Beim *Stoß* zweier Körper wird angenommen, dass sie während eines sehr *kurzen* Zeitraumes im Kontakt sind und dabei relativ große (Impuls)kräfte zwischen den Körpern wirken. Bekannte Beispiele für Stoßbelastungen ist das Einschlagen eines Nagels mit einem Hammer oder das Schlagen eines Golfballes mit einem Schläger.

Es gibt zwei unterschiedliche Stoßarten. Bei einem *geraden Stoß* fallen die Bewegungsrichtungen der beiden zusammenstoßenden Massenpunkte unmittelbar vor dem Stoß auf eine *gemeinsame* Gerade, siehe Abbildung 4.15a. Andernfalls, siehe Abbildung 4.15b, handelt es sich um einen *schiefen Stoß*.

Die Stoßsituation selbst ist bei einer „makroskopischen" Betrachtung – wenn die kleinen lokalen Deformationen in der Kontaktzone nicht wahrgenommen werden – durch einen gemeinsamen Stoßpunkt gekennzeichnet, der in der Berühr- oder *Kontaktebene* liegt. Diese steht senkrecht auf der gemeinsamen *Normalen* der beiden sich berührenden Flächen der beteiligten Körper, der so genannten *Stoßnormalen*, siehe nochmals Abbildung 4.15a. Geht diese Stoßnormale durch die beiden Körperschwerpunkte, liegt ein *zentrischer* oder *zentraler Stoß* vor, andernfalls spricht man von einem *exzentrischen* oder *nichtzentralen Stoß*. In Abbildung 4.15a handelt es sich demnach um einen geraden, zentrischen Stoß, während Abbildung 4.15b einen schiefen, zentrischen Stoß zeigt.

Gerader, zentraler Stoß Zur Erläuterung des Lösungsweges zur Behandlung von Stoßvorgängen betrachten wir den geraden Stoß der beiden *glatten* Massenpunkte A und B in Abbildung 4.16.

- Die Massenpunkte haben die in Abbildung 4.16a gezeigten Anfangsimpulse unmittelbar vor dem Stoß. Für $(v_A)_1 > (v_B)_1$ wird ein Stoß tatsächlich eintreten.
- Während des Zusammenstoßes werden die Massenpunkte als lokal *verformbar* und nicht mehr vollkommen starr angenommen. Die Massenpunkte werden während der Kollision *zusammengedrückt*, wobei sie gleiche aber entgegengesetzt gerichtete Kraftstöße $\int K\,dt$ aufeinander ausüben, siehe Abbildung 4.16b.
- Nur zum Zeitpunkt der maximalen Zusammendrückung bewegen sich die beiden Massenpunkte mit der gemeinsamen Geschwindigkeit v, denn ihre relative Bewegung verschwindet dann, siehe Abbildung 4.16c.

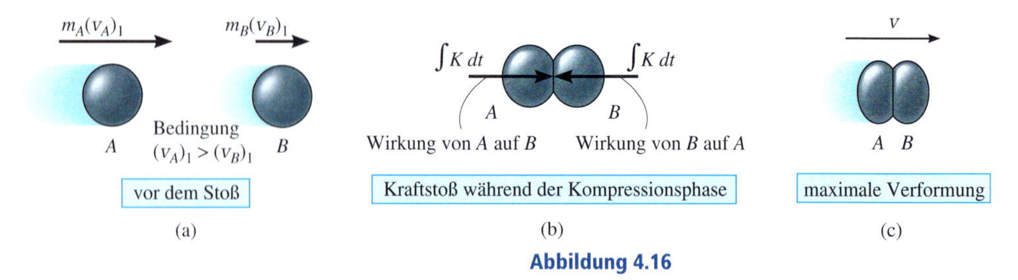

Abbildung 4.16

- Danach erfolgt die Rückbildung der Verformung – Restitution –, wobei die Massenpunkte ihre ursprüngliche Form teilweise zurückgewinnen und in Teilen dauerhaft verformt bleiben. Für die Verformungen nach dem Stoß existieren zwei Grenzfälle.

Im einen nehmen die Massenpunkte ihre ursprüngliche Form wieder vollständig an, im anderen bleiben sie ohne die geringste Rückbildung dauerhaft verformt. Der an beiden Massenpunkten gleich große, aber entgegengesetzt gerichtete Restitutionsimpuls $\int R\,dt$ treibt die Massenpunkte auseinander, siehe Abbildung 4.16d. In der Realität führen die physikalischen Eigenschaften der beiden Körper dazu, dass der Kraftstoß während der Kompressionsphase *immer größer* ist, als jener in der Restitutionsphase, d.h. es gilt $\int K\,dt > \int R\,dt$.

- Unmittelbar nach der Trennung haben die Massenpunkte die in Abbildung 4.16e gezeigten Endimpulse, wobei $(v_B)_2 \geq (v_A)_2$ gilt.

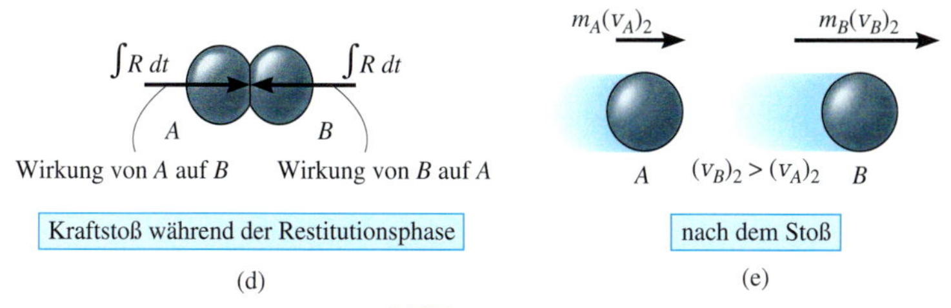

Abbildung 4.16

Bei den meisten Aufgaben sind die Anfangsgeschwindigkeiten der Massenpunkte *bekannt* und die Endgeschwindigkeiten $(v_A)_2$ und $(v_B)_2$ sind zu bestimmen. Davon ausgehend bleibt der *Impuls* des *Gesamtsystems* (aus den beiden beteiligten Massen) während des Stoßvorganges *erhalten*, denn die inneren Kraftstöße während der Kompressions- und der Restitutionsphase *heben sich jeweils gegenseitig auf*. Unter Bezugnahme auf Abbildung 4.16a und e wird also

$$m_A(v_A)_1 + m_B(v_B)_1 = m_A(v_A)_2 + m_B(v_B)_2 \tag{4.10}$$

gefordert. Über den Impulssatz für *jeden der beiden Massenpunkte* kann die zweite der erforderlichen Gleichungen zur Berechnung der beiden Geschwindigkeiten formuliert werden. Während der Kompressionsphase gilt beispielsweise für den Massenpunkt A, Abbildung 4.16a, b und c,

$$m_A(v_A)_1 - \int K\,dt = m_A v$$

In der Restitutionsphase, Abbildung 4.16c, d und e, gilt für denselben Massenpunkt

$$m_A v - \int R\,dt = m_A(v_A)_2$$

Das Verhältnis des Kraftstoßes in der Restitutionsphase zum Kraftstoß während der Kompressionsphase heißt *Restitutionskoeffizient* oder einfach *Stoßzahl e*. Damit ergibt sich aus der Betrachtung des Massenpunktes A

$$e = \frac{\int R dt}{\int K dt} = \frac{v - (v_A)_2}{(v_A)_1 - v}$$

Ebenso erhalten wir e durch Betrachten des Massenpunktes B, Abbildung 4.16:

$$e = \frac{\int R dt}{\int K dt} = \frac{(v_B)_2 - v}{v - (v_B)_1}$$

Das unbekannte v wird aus den beiden Gleichungen eliminiert und für den Restitutionskoeffizienten ergibt sich eine Gleichung mit den Anfangs- und Endgeschwindigkeiten der beiden Massenpunkte:

$$e = \frac{(v_B)_2 - (v_A)_2}{(v_A)_1 - (v_B)_1} \tag{4.11}$$

Bei einem vorgegebenen Wert für e können die Gleichungen (4.10) und (4.11) gleichzeitig gelöst und die Endgeschwindigkeiten $(v_A)_2$ und $(v_B)_2$ berechnet werden. Dabei ist jedoch eine *Vorzeichenkonvention* für die positive Richtung von v_A und v_B einzuführen und beim Anschreiben der *beiden* Gleichungen auch genau einzuhalten. Im vorliegenden Fall haben wir die positive Richtung der Bewegung der Massen A und B nach rechts definiert. Folglich bedeutet ein negatives Ergebnis, dass die betreffende Geschwindigkeit in Wirklichkeit nach links gerichtet ist.

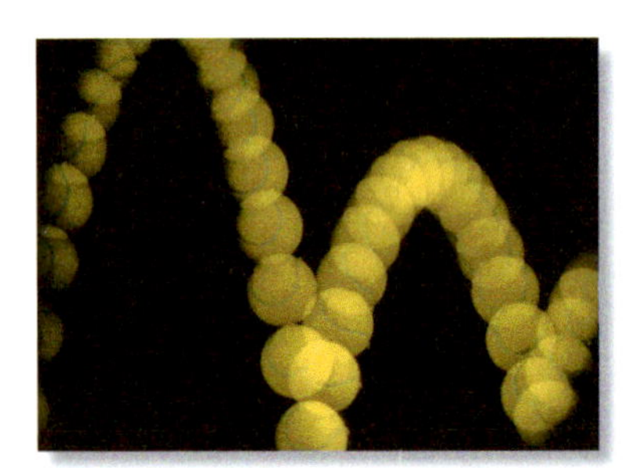

Die Herstellungsgüte eines Tennisballes kann durch die Höhe bestimmt werden, bis auf die er nach einem Aufprall auf den Boden hochspringt. Diese Höhe ist mit dem Restitutionskoeffizienten verknüpft. Auf der Basis der Mechanik des schiefen Stoßes kann ein entsprechendes Separiergerät entwickelt werden, mit dem die Qualitätskontrolle nach der Herstellung durchgeführt werden kann.

Stoßzahl, Restitutionskoeffizient Offensichtlich tritt bei der Untersuchung von Stoßvergängen die typische Situation auf, dass man mit Impulsbilanzen allein nicht zu einem entsprechenden Ergebnis für die gesuchten Geschwindigkeiten kommt. Man muss über die Stoßpaarung Zusatzinformationen haben, um die Stoßzahl e spezifizieren zu können.

Gleichung (4.11) besagt nämlich zunächst einmal, siehe auch Abbildung 4.16a und e, dass e gleich dem Verhältnis der relativen Trennungsgeschwindigkeit $(v_B)_2 - (v_A)_2$ der Massenpunkte *unmittelbar nach dem Stoß* zur relativen Annäherungsgeschwindigkeit $(v_A)_1 - (v_B)_1$ der Massenpunkte *unmittelbar vor dem Stoß* ist. Durch Messen dieser relativen Geschwindigkeiten kann festgestellt werden, dass e deutlich von der eigentlichen Stoßgeschwindigkeit sowie von der Größe, Form und dem Material der zusammenstoßenden Körper abhängt. Daher ist der Restitutionskoeffizient nur dann verlässlich, wenn er mit Daten verwendet wird, die den Messbedingungen sehr nahe kommen. Im Allgemeinen hat e einen Wert zwischen null und eins und die physikalische Bedeutung dieser beiden Grenzfälle sollte hinreichend bekannt sein.

Elastischer Stoß ($e = 1$) Bei einem *rein elastischen* Stoß ist der Kompressionskraftstoß $\int K\,dt$ gleich groß wie der Restitutionskraftstoß $\int R\,dt$. In der Realität kann das nie erreicht werden. Unter der Annahme eines vollelastischen Zusammenstoßes gilt $e = 1$.

Plastischer Stoß ($e = 0$) Ein Stoß heißt *inelastisch* oder *vollplastisch*, wenn $e = 0$ ist. In diesem Fall gibt es keinen Restitutionskraftstoß ($\int R\,dt = 0$) und nach dem Zusammenstoß bleiben die beiden Massenpunkte (in Richtung der Stoßnormalen) *zusammen* und bewegen sich mit gleicher Geschwindigkeit.

Aus der Herleitung wird klar, dass der Arbeitssatz und der Energieerhaltungssatz nicht zur Lösung von Stoßaufgaben, d.h. zur Berechnung der Geschwindigkeiten unmittelbar nach dem Stoß, verwendet werden können, denn die *inneren Kräfte* in der Kompressions- und der Restitutionsphase ändern sich in unbekannter Weise während der Kollision. Sind die Geschwindigkeiten der Massenpunkte vor und nach dem Zusammenstoß jedoch ermittelt, kann der Energieverlust durch den Zusammenstoß mit Hilfe der Differenz der kinetischen Energie des Massenpunktes vor und nach dem Stoß berechnet werden. Dieser Energieverlust $\Delta T = \sum T_1 - \sum T_2$ tritt auf, weil die kinetische Energie der Massenpunkte unmittelbar vor dem Stoß im Verlauf des eigentlichen Stoßvorganges in Wärme, Geräusche und lokale bleibende Verformungen umgewandelt wird. Bei einem *rein elastischen* Stoß geht keine Energie beim Zusammenstoß verloren, bei einem *vollplastischen* Stoß jedoch ist der Energieverlust während des Zusammenstoßes maximal. Wertet man den Energieverlust beim realen Stoß aus, ergibt sich

$$\Delta T = \frac{1-e^2}{2} \frac{m_1 m_2}{m_1 + m_2} \left((v_A)_1 - (v_B)_1 \right)^2 \tag{4.12}$$

womit die eben gemachten Aussagen für den vollelastischen Stoß ($e = 1$) und den vollplastischen Stoß ($e = 0$) bestätigt werden.

Lösungsweg (gerader zentraler Stoß)

Meist müssen die *Endgeschwindigkeiten* von zwei glatten Massenpunkten *unmittelbar nach* dem geraden zentralen Stoß bestimmt werden. Sind der Restitutionskoeffizient, die Massen sowie die Anfangsgeschwindigkeiten beider Massenpunkte *unmittelbar vor* dem Stoß bekannt, wird die Aufgabe mit den folgenden beiden Gleichungen gelöst:

- Die Impulserhaltung $\sum mv_1 = \sum mv_2$ für das Gesamtsystem der beiden Massenpunkte dient als erste Gleichung.
- Die Stoßzahl

$$e = \frac{(v_B)_2 - (v_A)_2}{(v_A)_1 - (v_B)_1}$$

verknüpft die relativen Trennungs- und Annäherungsgeschwindigkeiten der Massenpunkte entlang der Stoßnormalen unmittelbar vor und unmittelbar nach dem Stoß.

Bei der Anwendung dieser beiden Gleichungen kann die Richtung der unbekannten Geschwindigkeiten angenommen werden. Ergibt sich ein negativer Wert, so weist die betreffende Geschwindigkeit in Wirklichkeit in die entgegengesetzte Richtung.

Schiefer zentraler Stoß Bei einem schiefen Stoß zweier *glatter* Massenpunkte bewegen sich die beiden mit Geschwindigkeiten auseinander, deren Betrag und Richtung unbekannt sind. Sind die Anfangsgeschwindigkeiten (nach Betrag und Richtung) bekannt, so bleiben vier Unbekannte, die zu bestimmen sind. Diese sind $(v_A)_2$, $(v_B)_2$, θ_2 sowie ϕ_2 bzw. die x- und y-Koordinaten der beiden Endgeschwindigkeiten, siehe Abbildung 4.17a.

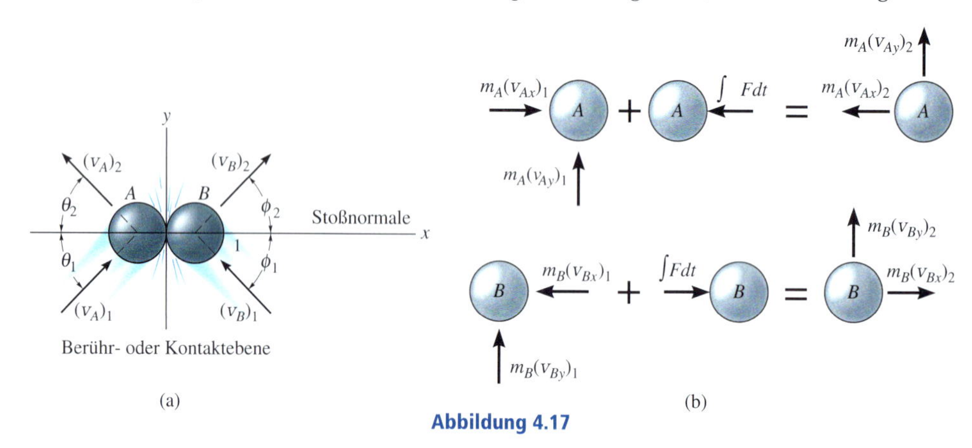

Abbildung 4.17

Lösungsweg (schiefer zentraler Stoß)

Liegt die y-Achse in der Kontaktebene und die x-Achse entlang der Stoßnormalen, wirken die Kraftstöße während der Kompressions- und der Restitutionsphase *nur in x-Richtung*, da die Massenpunkte glatt sind, siehe Abbildung 4.17b. Durch Zerlegen der Geschwindigkeits- oder der Impulsvektoren in Komponenten entlang der x- und der y-Achse, Abbildung 4.17b, können vier unabhängige skalare Gleichungen zur Berechnung von $(v_{Ax})_2$, $(v_{Ay})_2$, $(v_{Bx})_2$, $(v_{By})_2$ angeschrieben werden.

- Die Impulserhaltung für das Massenpunktsystem gilt *entlang der Stoßnormalen*, d.h. entlang der x-Achse: $\sum m(v_x)_1 = \sum m(v_x)_2$.
- Der Restitutionskoeffizient

$$e = \frac{(v_{Bx})_2 - (v_{Ax})_2}{(v_{Ax})_1 - (v_{Bx})_1}$$

  verknüpft die *Koordinaten* der relativen Geschwindigkeiten der Massenpunkte *entlang der Stoßnormalen* (der x-Achse).
- Die Impulserhaltung für den Massenpunkt A gilt entlang der y-Achse, senkrecht zur Stoßnormalen, denn kein Kraftstoß wirkt in dieser Richtung auf den Massenpunkt A.
- Die Impulserhaltung für den Massenpunkt B gilt ebenfalls entlang der y-Achse, senkrecht zur Stoßnormalen, denn auch auf diesen Massenpunkt B wirkt entlang dieser Richtung kein Kraftstoß.

Die Anwendung dieser vier Gleichungen wird in *Beispiel 4.13* gezeigt.

Beispiel 4.11 Der Sack A der Masse m_A wird aus der Ruhe aus der Position $\theta = \theta_0$ losgelassen, siehe Abbildung 4.18a. Er trifft in der Winkellage $\theta = \theta_1$ auf die Kiste B der Masse m_B. Der Restitutionskoeffizient e ist gegeben. Bestimmen Sie die Geschwindigkeit von Sack und Kiste unmittelbar nach dem Zusammenstoß und den Energieverlust während des Zusammenstoßes.

$m_A = 6$ kg, $m_B = 18$ kg, $l = 1$ m, $e = 0{,}5$, $\theta_0 = 0°$, $\theta_1 = 90°$

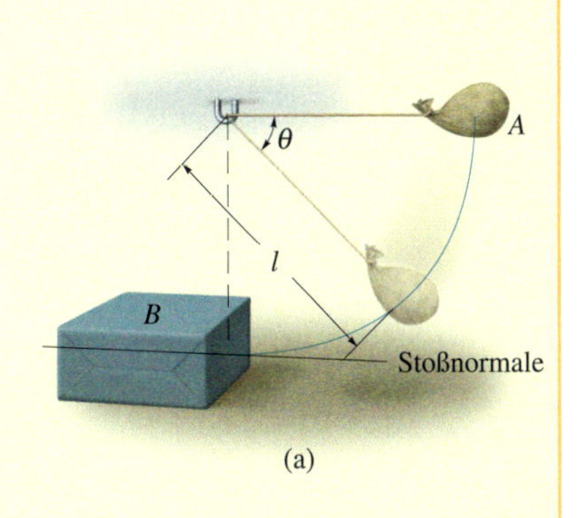

(a)

Lösung

Es handelt sich hier um einen geraden, zentralen Stoß. Warum? Vor der Anwendung der Stoßgesetze muss zunächst die Geschwindigkeit des Sackes *unmittelbar vor* dem Auftreffen auf die Kiste ermittelt werden. Diese Voraufgabe lässt sich am einfachsten mit Hilfe des Energieerhaltungssatzes lösen.

Energieerhaltung Wir legen das Nullniveau in Höhe der Pendelstange bei $\theta = \theta_0$, Abbildung 4.18b, und erhalten

$$T_0 + V_0 = T_1 + V_1$$

$$0 + 0 = \frac{1}{2} m_A (v_A)_1^2 - m_A g l$$

$$(v_A)_1 = \sqrt{2gl} = 4{,}43 \text{ m/s}$$

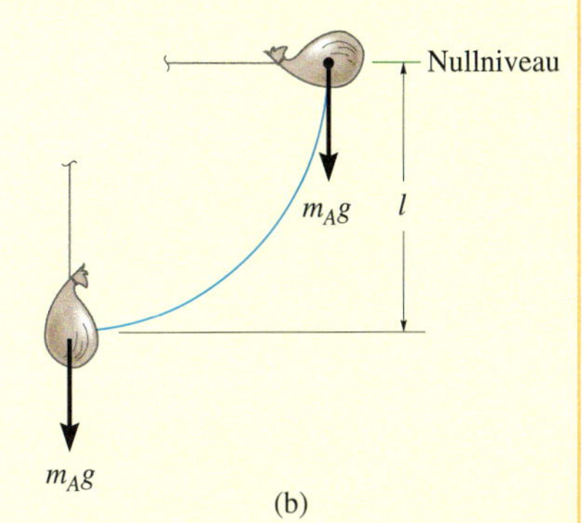

(b)

Impulserhaltung Wir nehmen die Bewegungsrichtung von A und B nach dem Zusammenstoß nach links gerichtet an und wenden den Impulserhaltungsatz an:

$$m_B(v_B)_1 + m_A(v_A)_1 = m_B(v_B)_2 + m_A(v_A)_2$$

$$(v_A)_2 = (v_A)_1 - \frac{m_B}{m_A}(v_B)_2 \qquad (1)$$

Restitutionskoeffizient Für die Geschwindigkeiten nach der Trennung im Anschluss an den Zusammenstoß gilt $(v_B)_2 > (v_A)_2$, Abbildung 4.18c, sodass als Stoßzahlgleichung

$$e = \frac{(v_B)_2 - (v_A)_2}{(v_A)_1 - (v_B)_1}$$

zu nehmen ist, d.h.

$$e((v_A)_1 - 0) = (v_B)_2 - (v_A)_2$$

$$(v_A)_2 = (v_B)_2 - e(v_A)_1 \qquad (2)$$

Wir lösen die Gleichungen (1) und (2) und erhalten

$$(v_A)_2 = -0{,}554 \text{ m/s und } (v_B)_2 = 1{,}66 \text{ m/s}$$

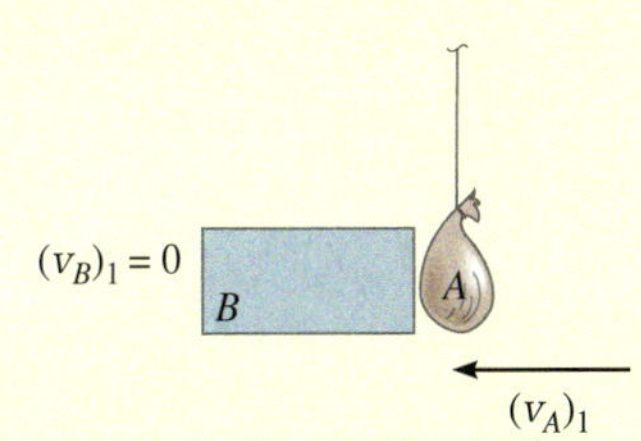

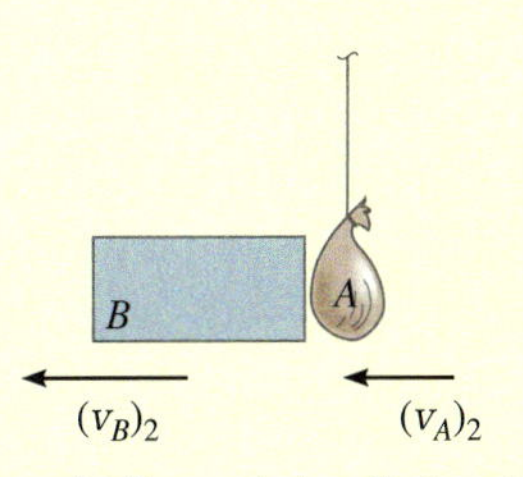

(c)

Abbildung 4.18

Energieverlust Anwendung des Arbeitssatzes auf Sack und Kiste vor und nach dem Stoß führt auf

$$\Delta T = T_1 - T_2$$

$$\Delta T = \left[\frac{1}{2} m_A (v_A)_1^2 + 0\right] - \left[\frac{1}{2} m_B (v_B)_2^2 + \frac{1}{2} m_A (v_A)_2^2\right] = 33{,}1 \text{ J}$$

Warum gibt es einen Energieverlust?

Beispiel 4.12

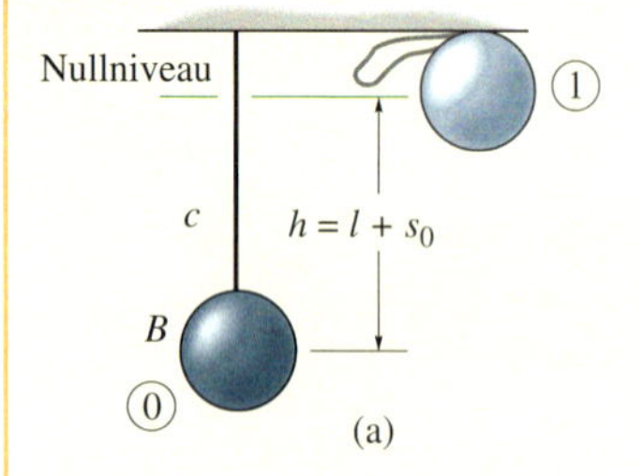

Der Ball B der Masse m_B in Abbildung 4.19a ist mit einem elastischen Seil der unverformten Länge l aufgehängt. Das Seil wird um s_0 nach unten *gedehnt* und der Ball aus der Ruhe losgelassen. Bestimmen Sie die Verlängerung des Seiles nach dem Zurückprallen des Balles von der Decke. Die Federkonstante c des Seiles und der Restitutionskoeffizient e sind gegeben. Es handelt sich um einen geraden, zentralen Stoß.

$m_B = 1{,}5$ kg, $l = 1$ m, $s_0 = 0{,}25$ m, $e = 0{,}8$, $c = 800$ N/m

Lösung

Zunächst müssen wir die Geschwindigkeit des Balles *unmittelbar vor* dem Auftreffen auf der Decke bestimmen, am einfachsten über den Energieerhaltungssatz. Dann betrachten wir den Kraftstoß zwischen Ball und Decke und bestimmen die Verlängerung des Seiles nach dem Rückprall wieder mit Hilfe des Energieerhaltungssatzes.

Energieerhaltung Mit dem in Abbildung 4.19a dargestellten Nullniveau erhält man eine Anfangslage des Balles unterhalb des Nullniveaus, d.h.

$$y = -h = -(l + s_0),$$

und der Energieerhaltungssatz liefert

$$T_0 + V_0 = T_1 + V_1$$

$$0 - m_B gh + \frac{1}{2} c s_0^2 = \frac{1}{2} m_B (v_B)_1^2 + 0$$

$$(v_B)_1 = \sqrt{-2gh + \frac{c s_0^2}{m_B}} = 2{,}97 \text{ m/s}$$

Die Wechselwirkung des Balles mit der Decke wird jetzt mit den Stoßgesetzen behandelt.[7] Da ein unbekannter Anteil der Masse der Decke beim Impuls eine Rolle spielt, wird die Gleichung der Impulserhaltung des Gesamtsystems „Deckenanteil/Ball" nicht angeschrieben. Unter der Annahme, dass die „Geschwindigkeit" dieses Anteils der Decke (der mit der ruhenden Umgebung fest verbunden ist) unmittelbar vor und unmittelbar nach dem Stoß null ist, kann die Stoßzahlgleichung einfach ausgewertet werden. Um alles vorzeichenrichtig zu machen, wird die Geschwindigkeit des Balles sowohl vor als auch nach dem Stoß nach oben positiv angenommen, siehe Abbildung 4.19b.

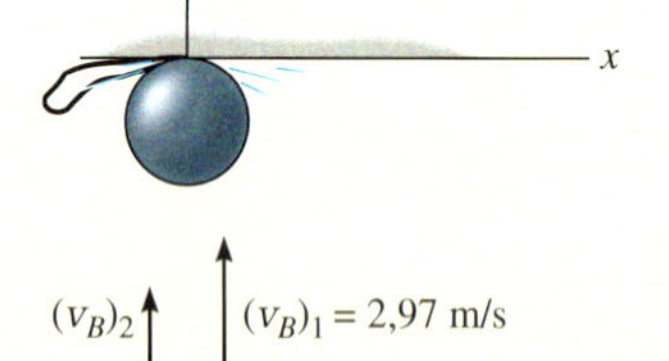

Abbildung 4.19

Restitutionskoeffizient Gemäß Abbildung 4.19b kann man

$$e = \frac{(v_B)_2 - (v_A)_2}{(v_A)_1 - (v_B)_1}$$

schreiben, d.h. es gilt

$$0 - e(v_B)_1 = (v_B)_2 - 0$$

$$(v_B)_2 = -e(v_B)_1 = -2{,}37 \text{ m/s}$$

7 Das Gewicht des Balles wird als nicht stoßrelevante Kraft angesehen.

Energieerhaltung Die maximale Längenänderung s_3 des Seiles wird durch erneute Anwendung des Energieerhaltungssatzes auf den Ball nach dem Zusammenstoß bestimmt. Mit $y = -y_3 = -(l + s_3)$, Abbildung 4.19c, erhält man

$$T_2 + V_2 = T_3 + V_3$$

$$\frac{1}{2} m_B \left(v_B\right)_2^2 + 0 = 0 - m_B g h + \frac{1}{2} c s_3^2$$

$$\frac{1}{2} m_B \left(v_B\right)_2^2 + 0 = 0 - m_B g \left(l + s_3\right) + \frac{1}{2} c s_3^2$$

$$\frac{1}{2} c s_3^2 - m_B g s_3 - m_B g l - \frac{1}{2} m_B \left(v_B\right)_2^2 = 0$$

Wir lösen die quadratische Gleichung und nehmen die positive Wurzel:

$$s_3 = 0{,}237 \text{ m} = 237 \text{ mm}$$

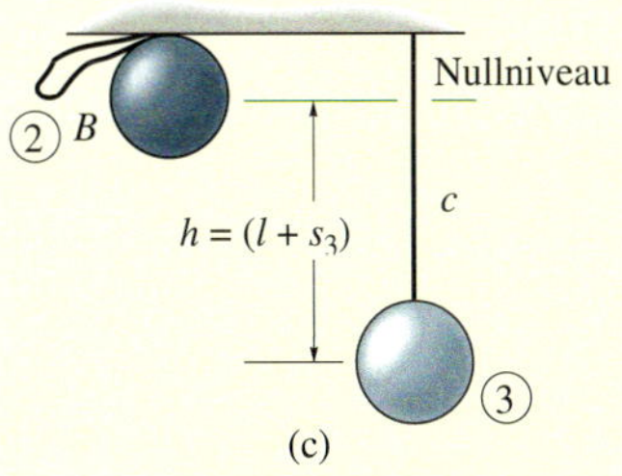

(c)

Abbildung 4.19

Beispiel 4.13 Zwei glatte Kreisscheiben A und B der Masse m_A bzw. m_B, siehe Abbildung 4.20a, stoßen mit den Geschwindigkeiten $(v_A)_1$ bzw. $(v_B)_1$ zusammen. Bestimmen Sie für den gegebenen Restitutionskoeffizienten e die x- und y-Koordinaten der Endgeschwindigkeiten der beiden Scheiben kurz nach dem Zusammenstoß.

$m_A = 1$ kg, $m_B = 2$ kg, $(v_A)_1 = 3$ m/s, $(v_B)_1 = 1$ m/s, $e = 0{,}75$, $\theta_1 = 30°$, $\phi_1 = 45°$

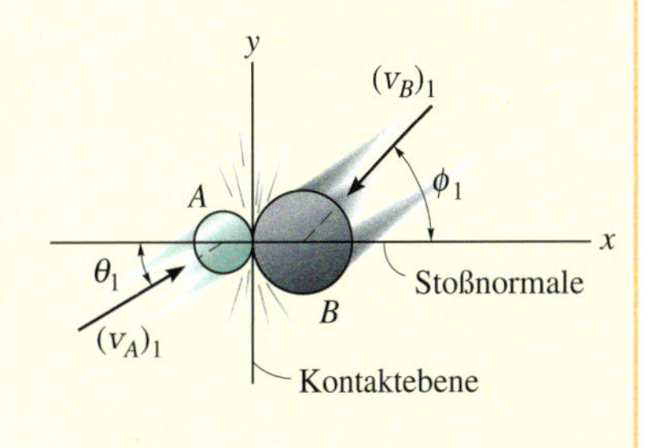

(a)

Abbildung 4.20

Lösung

Es handelt sich um einen *schiefen, zentralen Stoß*. Warum? Zur Lösung legen wir die x-Achse auf die Stoßnormale und die y-Achse in die Kontaktebene, Abbildung 4.20a. Wir zerlegen die Anfangsgeschwindigkeiten in ihre x- und y-Komponenten und erhalten koordinatenweise

$$(v_{Ax})_1 = (v_A)_1 \cos \theta_1 = 2{,}60 \text{ m/s}$$

$$(v_{Ay})_1 = (v_A)_1 \sin \theta_1 = 1{,}50 \text{ m/s}$$

$$(v_{Bx})_1 = -(v_B)_1 \cos \phi_1 = -0{,}707 \text{ m/s}$$

$$(v_{By})_1 = -(v_B)_1 \sin \phi_1 = -0{,}707 \text{ m/s}$$

Es wird angenommen, dass die vier unbekannten Geschwindigkeitskoordinaten nach dem Zusammenstoß jeweils in positive Koordinatenrichtung weisen, Abbildung 4.20b.

(b)

Abbildung 4.20

Erhaltung des Impulses in x-Richtung Unter Bezugnahme auf die Impuls- und die Kraftstoßdiagramme schreiben wir

$$m_A(v_{Ax})_1 + m_B(v_{Bx})_1 = m_A(v_{Ax})_2 + m_B(v_{Bx})_2 \qquad (1)$$

Restitutionskoeffizient (bezüglich x-Richtung) Die *angenommene* Richtung der Geschwindigkeitskoordinaten beider Scheiben nach dem Zusammenstoß ist die positive x-Richtung, siehe Abbildung 4.20b:

$$e = \frac{(v_{Bx})_2 - (v_{Ax})_2}{(v_{Ax})_1 - (v_{Bx})_1}$$

$$(v_{Bx})_2 - (v_{Ax})_2 = e[(v_{Ax})_1 - (v_{Bx})_1] \qquad (2)$$

Wir lösen die Gleichungen (1) und (2) und erhalten

$$(v_{Ax})_2 = [m_A(v_{Ax})_1 + m_B(v_{Bx})_1 - em_B((v_{Ax})_1 - (v_{Bx})_1)]/(m_A + m_B) = -1{,}26 \text{ m/s}$$

$$(v_{Bx})_2 = [m_A(v_{Ax})_1 + m_B(v_{Bx})_1 + em_A((v_{Ax})_1 - (v_{Bx})_1)]/(m_A + m_B) = 1{,}22 \text{ m/s}.$$

Erhaltung des Impulses in y-Richtung Der Gesamtimpuls *jeder der beiden Scheiben* bleibt in y-Richtung (entlang der Kontaktebene) *erhalten*, denn die Scheiben sind glatt und daher wirkt *kein* äußerer Kraftstoß in dieser Richtung. Gemäß Abbildung 4.20b gilt

$$m_A(v_{Ay})_1 = m_A(v_{Ay})_2$$

$$(v_{Ay})_2 = 1{,}50 \text{ m/s}$$

$$m_B(v_{By})_1 = m_B(v_{By})_2$$

$$(v_{By})_2 = -0{,}707 \text{ m/s}.$$

Zeigen Sie, dass die resultierenden Geschwindigkeitsbeträge gleich den Ergebnissen in Abbildung 4.20c sind.

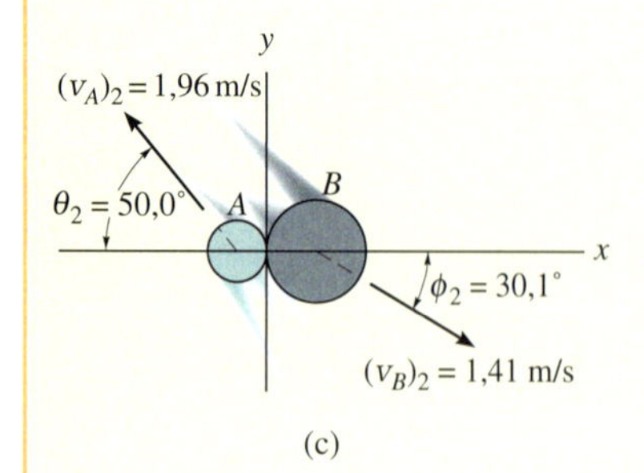

(c)

4.5 Drehimpuls

Der *Drehimpuls* oder *Drall* $\mathbf{H}_O$ *eines Massenpunktes* bezüglich eines Bezugspunktes O ist definiert als das „Moment" des Impulses des Massenpunktes bezüglich O. Dieser Begriff ist analog dem Moment einer Kraft bezüglich eines Punktes. Daher heißt der Drehimpuls $\mathbf{H}_O$ auch *Impulsmoment*.

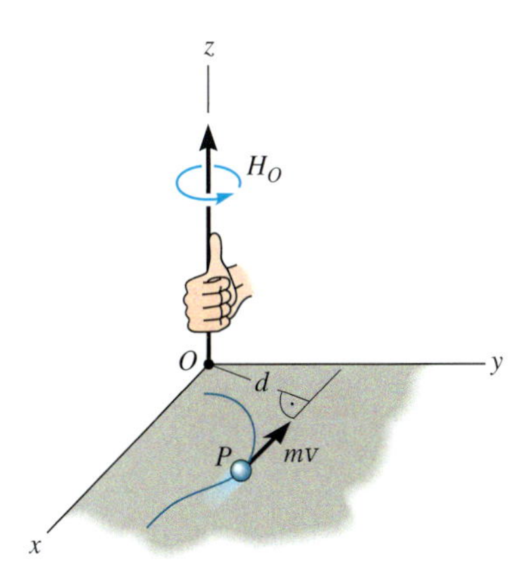

Abbildung 4.21

Skalare Schreibweise Bewegt sich ein Massenpunkt auf einer gekrümmten Bahn in der x-y-Ebene, Abbildung 4.21, kann der Drehimpuls zu einem beliebigen Zeitpunkt um Punkt O (d.h. um die z-Achse) skalar bestimmt werden. Der *Betrag* von $\mathbf{H}_O$ ist

$$(H_O)_z = (d)(mv) \tag{4.13}$$

worin d der Hebelarm, d.h. der senkrechte Abstand von O zur Wirkungslinie von $m\mathbf{v}$ ist. Die SI-Einheit von $(H_O)_z$ ist kg·m²/s. Die *Richtung* von $\mathbf{H}_O$ wird mittels der Rechte-Hand-Regel bestimmt. Wie in Technische Mechanik – Band 1 erläutert, zeigt die Krümmung der Finger der rechten Hand den Drehsinn von $m\mathbf{v}$ um O an. In diesem Fall steht der Daumen senkrecht auf der x-y-Ebene und zeigt entlang der $+z$-Achse.

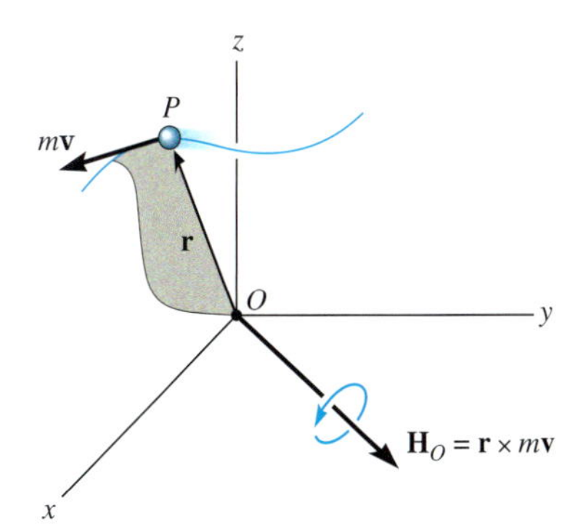

Abbildung 4.22

Vektorschreibweise Bewegt sich ein Massenpunkt auf einer gekrümmten Bahn im Raum, Abbildung 4.22, dann ist eine unmittelbare skalare Auswertung (in Koordinaten) schwierig und man stellt eine vektorielle Darstellung des Drehimpulses um O unter Verwendung des Kreuzproduktes an den Anfang:

$$\mathbf{H}_O = \mathbf{r} \times m\mathbf{v} \tag{4.14}$$

$\mathbf{r}$ ist der Ortsvektor vom Koordinatenursprung O zum Massenpunkt P. Wie dargestellt steht $\mathbf{H}_O$ senkrecht auf der grau unterlegten Ebene, in der $\mathbf{r}$ und $m\mathbf{v}$ liegen.

Zur Auswertung des Kreuzproduktes werden $\mathbf{r}$ und $m\mathbf{v}$ in kartesischen Koordinaten geschrieben und der Drehimpuls durch Berechnung der Determinante

$$\mathbf{H}_O = \begin{vmatrix} \mathbf{i} & \mathbf{j} & \mathbf{k} \\ r_x & r_y & r_z \\ mv_x & mv_y & mv_z \end{vmatrix} \tag{4.15}$$

bestimmt.

4.6 Drehimpulssatz

Die Momente aller äußeren Kräfte auf den Massenpunkt in Abbildung 4.23 um Punkt O sollen mit dem Impulsmoment $\mathbf{H}_O$ bezüglich desselben Punktes in Beziehung gesetzt werden. Ausgangspunkt ist das Newton'sche Grundgesetz

$$\sum \mathbf{F} = m\dot{\mathbf{v}}$$

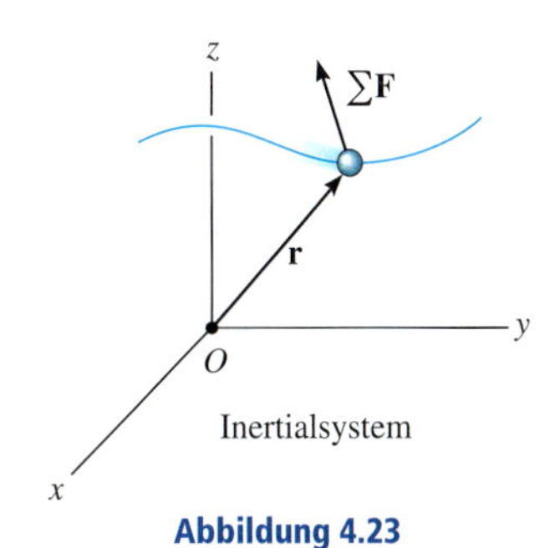

Abbildung 4.23

Dazu bildet man das Kreuzprodukt beider Seiten des Newton'schen Grundgesetzes (von links) mit dem Ortsvektor $\mathbf{r}$. Linksseitig ergibt sich das resultierende Moment $\sum \mathbf{M}_O$ aller Kräfte bezüglich des genannten Punktes O, und insgesamt erhalten wir

$$\sum \mathbf{M}_O = \mathbf{r} \times \sum \mathbf{F} = \mathbf{r} \times m\dot{\mathbf{v}}$$

Gemäß *Anhang C* kann der Differenzialquotient des Impulsmomentes $\mathbf{r} \times m\mathbf{v}$ mittels Produktregel als

$$\dot{\mathbf{H}}_O = \frac{d}{dt}(\mathbf{r} \times m\mathbf{v}) = \dot{\mathbf{r}} \times m\mathbf{v} + \mathbf{r} \times m\dot{\mathbf{v}}$$

geschrieben werden. Der erste Term auf der rechten Seite dieser Beziehung verschwindet, denn es gilt $\dot{\mathbf{r}} \times m\mathbf{v} = m(\dot{\mathbf{r}} \times \dot{\mathbf{r}}) = \mathbf{0}$, weil das Kreuzprodukt eines Vektors mit sich selbst null ist. Das Moment von $m\dot{\mathbf{v}}$ auf der rechten Seite der eingangs formulierten Gleichung kann demnach als Zeitableitung des Drehimpulses geschrieben werden, $\mathbf{r} \times m\dot{\mathbf{v}} = \dot{\mathbf{H}}_O$, sodass sich insgesamt

$$\sum \mathbf{M}_O = \dot{\mathbf{H}}_O \tag{4.16}$$

ergibt. Diese Gleichung besagt, dass *das resultierende Moment aller auf einen Massenpunkt während seiner Bewegung einwirkenden Kräfte bezüglich eines frei wählbaren Punktes O gleich der zeitlichen Änderung des Drehimpulses des Massenpunktes bezüglich dieses Punktes ist.* Die Aussage wird als *Drehimpulsatz* oder *Drallsatz in differenzieller Form* bezeichnet und ist ganz ähnlich dem Ergebnis

$$\sum \mathbf{F} = \dot{\mathbf{p}} \tag{4.17}$$

gemäß Gleichung (4.1) unter expliziter Verwendung des Impulses $\mathbf{p} = m\mathbf{v}$: *Die resultierende Kraft auf einen Massenpunkt während seiner Bewegung ist gleich der Änderung des Impulses des Massenpunktes.*

Aus den Herleitungen wird klar, dass sowohl Gleichung (4.17) als auch Gleichung (4.16) eine andere Schreibweise für das Newton'sche Grundgesetz sind. Bei der Betrachtung einzelner Massenpunkte werden keinerlei Zusatzinformationen über das Newton'sche Grundgesetz hinaus verwendet, es handelt sich eineindeutig um äquivalente Aussagen, die nur durch mathematische Äquivalenzoperationen ein anderes Aussehen angenommen haben. In weiteren Abschnitten des Buches wird gezeigt, dass für Massenpunktsysteme und starre Körper der Drallsatz eine weitergehende Aussage als das Newton'sche Grundgesetz darstellt und als weiteres Axiom zum Newton'schen Grundgesetz (d.h. dem Schwerpunktsatz) hinzutritt.

Beispiel 4.14 Die Kiste in Abbildung 4.24a hat die Masse m, gleitet reibungsfrei die kreisförmige Rampe hinunter und erreicht beim Winkel θ die Geschwindigkeit v. Bestimmen Sie in dieser Position ihren Drehimpuls bezüglich des Punktes O und ihre Beschleunigung a_t.

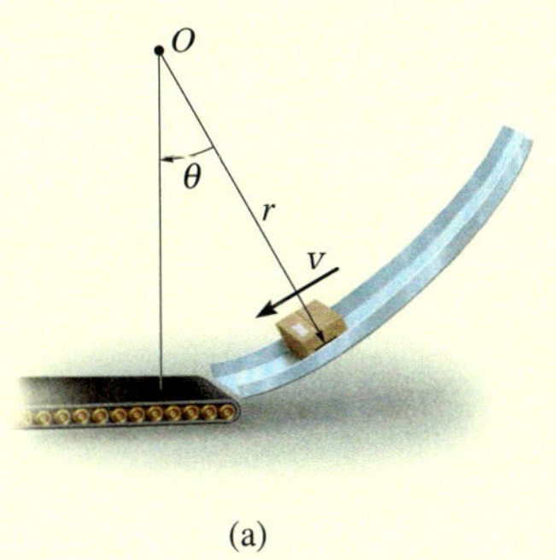

(a)

(b)

Abbildung 4.24

Lösung

Da v tangential zur Bahnkurve verläuft, ergibt sich gemäß Gleichung (4.13) für den Drehimpuls

$$H_O = rmv$$

Die Beschleunigung (dv/dt) wird mit Gleichung (4.16) bestimmt. Dem Freikörperbild der Kiste in Abbildung 4.24b ist zu entnehmen, dass nur das Gewicht $G = mg$ ein Moment bezüglich O bewirkt:

$$\sum M_O = \dot{H}_O; \quad mg(r\sin\theta) = \frac{d}{dt}(rmv)$$

Da r und m konstant sind, erhalten wir

$$mgr\sin\theta = rm\frac{dv}{dt}$$

$$\frac{dv}{dt} = g\sin\theta$$

Auf das gleiche Ergebnis führt natürlich auch die direkte Anwendung des Newton'schen Grundgesetzes in tangentialer Richtung, siehe Abbildung 4.24b:

$$\sum F_t = ma_t; \quad mg\sin\theta = m\left(\frac{dv}{dt}\right)$$

$$\frac{dv}{dt} = g\sin\theta$$

Beispiel 4.15

Das Auto mit der Masse m fährt auf der in Abbildung 4.25a gezeigten kreisförmigen Straße. Die Räder übertragen eine Zugkraft von $F = kt^2$ auf die Straße. Bestimmen Sie die Geschwindigkeit des Autos bei $t = t_1$. Die Anfangsgeschwindigkeit des Autos beträgt $v(t=0) = v_0$. Vernachlässigen Sie die Größe des Autos. $k = 150\ \mathrm{N/s^2}$, $t_1 = 5\ \mathrm{s}$, $v_0 = 5\ \mathrm{m/s}$

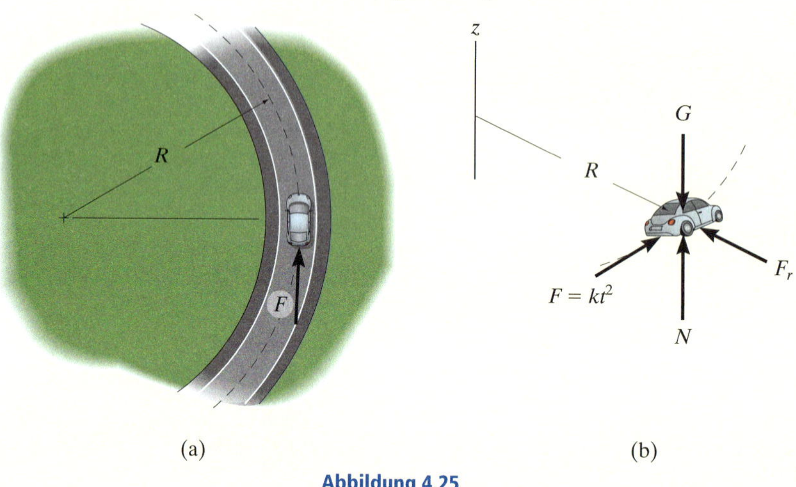

Abbildung 4.25

Lösung

Freikörperbild Abbildung 4.25b zeigt das Freikörperbild des Autos. Wenn wir den Drehimpulssatz um die z-Achse anwenden, lassen sich der vom Gewicht erzeugte Drehimpuls, die Normalkraft und die radiale Reibungskraft eliminieren, da sie parallel zur Achse wirken oder hindurchgehen.

Drehimpulssatz in integraler Form

$$(H_z)_1 + \sum \int_{t_1}^{t_2} M_z dt = (H_z)_2$$

$$Rm\ v_1 + \int_{t_1}^{t_2} RFdt = Rm\ v_2$$

$$v_2 = v_1 + \frac{1}{m}\int_1^2 Fdt = v_1 + \frac{1}{m}\int_1^2 kt^2 dt$$

$$v_2 = v_1 + \frac{1}{3m}kt^3\Big|_1^2 = v_0 + \frac{1}{3m}kt_1^3$$

$$v_2 = 9{,}17\ \mathrm{m/s}$$

Wie bereits der Impulssatz in integraler Form gemäß Gleichung (4.2), (4.3) bzw. (4.4) aus der Formulierung gemäß Gleichung (4.1) bzw. (4.17) in differenzieller Form durch Zeitintegration folgte, kann eine derartige Rechnung auch auf den Drallsatz in differenzieller Form gemäß Gleichung (4.16) angewendet werden. Wird er in der Form $\sum \mathbf{M}_O dt = d\mathbf{H}_O$ geschrieben und integriert, erhält man nämlich unter der Annahme, dass zum Zeitpunkt $t = t_1$ der Drehimpuls $\mathbf{H}_O = (\mathbf{H}_O)_1$ genannt wird und zum Zeitpunkt $t = t_2$ entsprechend $\mathbf{H}_O = (\mathbf{H}_O)_2$ ist,

$$\sum \int_{t_1}^{t_2} \mathbf{M}_O dt = (\mathbf{H}_O)_2 - (\mathbf{H}_O)_1$$

oder

$$(\mathbf{H}_O)_1 + \sum \int_{t_1}^{t_2} \mathbf{M}_O dt = (\mathbf{H}_O)_2 \tag{4.18}$$

Dies ist die integrale Form des *Drehimpulssatzes.* Die Anfangs- und Enddrehimpulse $(\mathbf{H}_O)_1$ und $(\mathbf{H}_O)_2$ sind definiert als Moment des Impulses des Massenpunktes $\mathbf{H}_O = \mathbf{r} \times (m\mathbf{v})$ zu den Zeitpunkten t_1 bzw. t_2. Der zweite Term $\sum \int \mathbf{M}_O\, dt$ auf der linken Seite wird als Momentenstoß (oder ebenfalls als *Drehimpuls*) bezeichnet. Er wird durch Zeitintegration des resultierenden Moments aller auf den Massenpunkt im Zeitraum von t_1 bis t_2 einwirkenden Kräfte bestimmt und wegen $\mathbf{M}_O = \mathbf{r} \times \mathbf{F}$ damit in vektorieller Form

$$\text{Momentenstoß} = \int_{t_1}^{t_2} \mathbf{M}_O dt = \int_{t_1}^{t_2} (\mathbf{r} \times \mathbf{F})\, dt \tag{4.19}$$

geschrieben. Der Ortsvektor $\mathbf{r}$ geht dabei vom Bezugspunkt O zu einem Punkt auf der Wirkungslinie von $\mathbf{F}$.

Vektorielle Schreibweise Mit dem Impuls- und Drehimpulssatz (in integraler Form) können also zwei Gleichungen angegeben werden, die die Bewegung des Massenpunktes beschreiben, nämlich in vektorieller Formulierung die Gleichungen (4.3) und (4.18):

$$\begin{gathered} m\mathbf{v}_1 + \sum \int_{t_1}^{t_2} \mathbf{F} dt = m\mathbf{v}_2 \\ (\mathbf{H}_O)_1 + \sum \int_{t_1}^{t_2} \mathbf{M}_O dt = (\mathbf{H}_O)_2 \end{gathered} \tag{4.20}$$

Skalare Schreibweise Im Allgemeinen können diese Gleichungen in beliebigen Koordinatensystemen ausgewertet werden, z.B. in einem kartesischen x,y,z-Koordinatensystem. Somit ergeben sich bei allgemein räumlicher Bewegung zwei mal drei skalare Gleichungen. Ist die Bewegung des Massenpunktes auf die x-y-Ebene beschränkt, können zur Beschreibung dieser Bewegung $2 + 1 = 3$ skalare Gleichungen angeschrieben werden, nämlich

$$
\begin{aligned}
m(v_x)_1 + \sum \int_{t_1}^{t_2} F_x dt &= m(v_x)_2 \\
m(v_y)_1 + \sum \int_{t_1}^{t_2} F_y dt &= m(v_y)_2 \\
(H_O)_1 + \sum \int_{t_1}^{t_2} M_O dt &= (H_O)_2
\end{aligned}
\tag{4.21}
$$

Die ersten beiden Gleichungen repräsentieren den Impulssatz in der x- und y-Richtung aus *Abschnitt 4.1* und die dritte Gleichung spiegelt den Drehimpulssatz um die z-Achse wider.

Drehimpulserhaltung Sind die Momentenstöße eines Massenpunktes während der Zeitspanne von t_1 bis t_2 gleich null, vereinfacht sich die Gleichung (4.18) auf

$$(\mathbf{H}_O)_1 = (\mathbf{H}_O)_2 \tag{4.22}$$

Diese Beziehung nennt man *Drehimpulserhaltungssatz* und bedeutet, dass der Drehimpuls während des Zeitraumes von t_1 bis t_2 sich nicht ändert, d.h. zu jedem Zeitpunkt konstant bleibt. Liegt kein äußerer Kraftstoß auf den Massenpunkt vor, bleiben Impuls und Drehimpuls erhalten. In bestimmten Fällen kann aber trotz fehlender Impulserhaltung der Drehimpuls erhalten bleiben. Ein Beispiel dafür ist ein Massenpunkt, an dem *nur* ein *zentrales Kräftesystem* angreift (*Abschnitt 2.8*). Wie in Abbildung 4.26 dargestellt, ist die resultierende Impulskraft **F** immer auf O gerichtet, während sich der Massenpunkt auf der gekennzeichneten Bahnkurve bewegt. Der durch die Kraft **F** verursachte Momentenstoß auf den Massenpunkt um die z-Achse durch den Punkt O ist immer null. Daher bleibt der Drehimpuls des Massenpunktes um diese Achse immer erhalten.

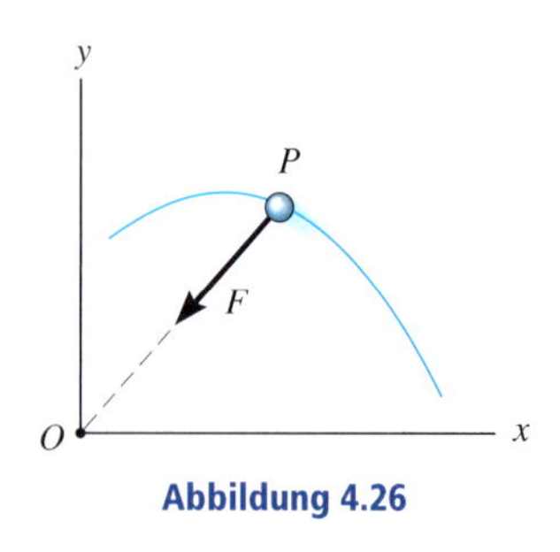

Abbildung 4.26

Es ist abschließend festzuhalten, dass bei der Bewegung eines einzelnen Massenpunktes unter der Einwirkung von Kräften die Aussagen des Impuls- und des Drehimpulssatzes nicht voneinander unabhängig sind. Liegt eine Zentralbewegung vor, ist allerdings die Verwendung des Drehimpulssatzes besonders effizient, weil dieser dann in Form einer Drehimpulserhaltung bezüglich des Drehzentrums verwendet werden kann.

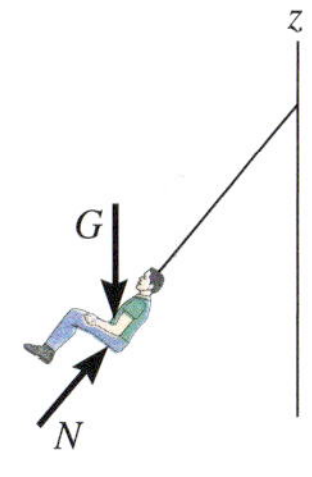

Unter Vernachlässigung des Luftwiderstandes bleibt der Drehimpuls der Fahrgäste eines Kettenkarussells um die Drehachse erhalten. Das Freikörperbild zeigt, dass die Wirkungslinie der Normalkraft N des Sitzes auf den Fahrgast durch diese vertikale Achse geht und das Gewicht G des Fahrgastes parallel dazu ist. Um die z-Achse wirkt demnach keinerlei Momentenstoß.

Lösungsweg

Für die Anwendung der integralen Form des Drehimpulssatzes und des Drehimpulserhaltungssatzes für die Bewegung einzelner Massenpunkte wird der folgende Lösungsweg vorgeschlagen:

Freikörperbild

- Zeichnen Sie ein Freikörperbild zur Ermittlung jener Achsen, bezüglich derer eine Drehimpulserhaltung auftritt. Dazu müssen die Momente aller Kräfte (oder der zugeordneten Kraftstöße) parallel zur betreffenden Achse sein oder durch diese Achse hindurchgehen, damit kein Momentenstoß während der betrachteten Zeitspanne von t_1 bis t_2 erzeugt werden kann.
- Legen Sie positive Koordinatenrichtungen fest, ermitteln Sie damit Betrag und Richtung der Anfangsgeschwindigkeit des Massenpunktes und nehmen Sie die Richtung der gesuchten Endgeschwindigkeit konsistenterweise in positive Koordinatenrichtung an.
- Alternativ können Sie auch Momentenstoß- und Drehimpulsdiagramme für den Massenpunkt zeichnen.

Impulsgleichungen

- Wenden Sie den Drehimpulssatz

$$(\mathbf{H}_O)_1 + \sum \int_{t_1}^{t_2} (\mathbf{r} \times \mathbf{F})\, dt = (\mathbf{H}_O)_2$$

oder gegebenenfalls den Drehimpulserhaltungssatz $(\mathbf{H}_O)_1 = (\mathbf{H}_O)_2$ an.

Beispiel 4.16

Der Klotz vernachlässigbarer Größe ruht auf einer glatten horizontalen Ebene, siehe Abbildung 4.27a. Er ist in A an einem schlanken Rundstab vernachlässigbarer Masse befestigt, dieser wiederum an einem Drehgelenk in B. Es wird das Moment M auf den Rundstab und die Kraft P auf den Klotz aufgebracht. Bestimmen Sie die Geschwindigkeit des Klotzes, die er aus der Ruhe heraus, bei $t = 0$, nach der Zeit $t = t_1$ erreicht.

$M = ct$, $P = 10$ N, $c = 3$ Nm/s, $r_{AB} = 0{,}4$ m, $m = 5$ kg, $t_1 = 4$ s

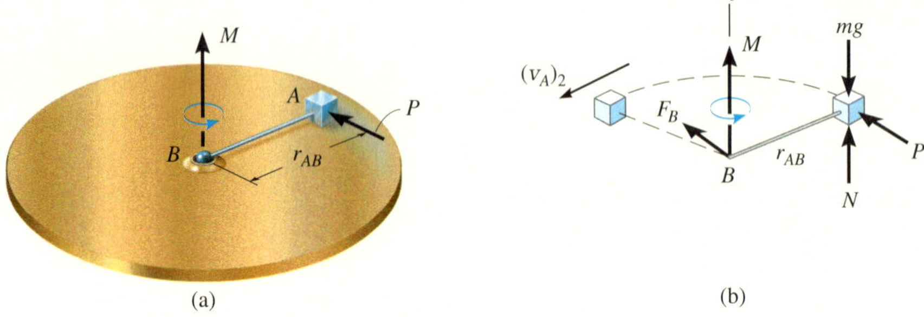

Abbildung 4.27

Lösung

Freikörperbild Wir betrachten das System aus Rundstab und Klotz, Abbildung 4.27b. Die resultierende Reaktionskraft F_B im Drehgelenk fällt dann aus der Betrachtung heraus, wenn der Drehimpulssatz um die z-Achse angewendet wird. Dann fallen auch die vom Gewicht G und der Normalkraft N erzeugten Momentenstöße ebenfalls heraus, denn ihre Wirkungslinien verlaufen parallel zur z-Achse und liefern keine Wirkung bezüglich dieser Achse.

Drehimpulssatz in integraler Form

$$(H_z)_0 + \sum \int_0^{t_1} M_{Bz} dt = (H_z)_1$$

$$0 + \int_0^{t_1} (ct + r_{AB}P) dt = m(v_A)_1 r_{AB}$$

$$(v_A)_1 = \frac{c}{2mr_{AB}} t_1^2 + \frac{P}{m} t_1 = 20 \text{ m/s}$$

Beispiel 4.17 Der Ball B in Abbildung 4.28a ist an einem masselosen, undehnbaren Seil befestigt, das durch ein Loch in A im horizontalen, glatten Tisch geht. In der Entfernung r_1 vom Loch dreht sich der Ball mit der konstanten Geschwindigkeit v_1 auf dem Tisch im Kreis. Durch die Kraft F wird das Seilende mit der konstanten Geschwindigkeit v_0 vertikal nach unten gezogen. Bestimmen Sie (a) die Geschwindigkeit des Balles, wenn sein Bahnradius den Wert $r = r_2$ erreicht, und (b) die von F geleistete Arbeit beim Verkürzen des Radius von r_1 auf r_2. Vernachlässigen Sie die Größe des Balles.

$m = 0{,}4$ kg, $r_1 = 0{,}5$ m, $r_2 = 0{,}2$ m, $v_1 = 1{,}2$ m/s, $v_0 = 2$ m/s

(a)

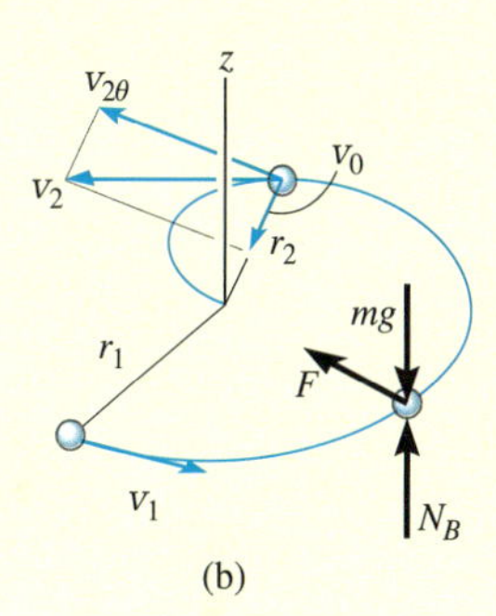

(b)

Abbildung 4.28

Lösung

Teilaufgabe a)

Freikörperbild Während der Ball seinen Bahnradius von r_1 nach r_2 verringert, Abbildung 4.28b, verläuft die Wirkungslinie der Kraft F immer durch die vertikale z-Achse und die des Gewichtes G sowie der Normalkraft N parallel dazu. Somit sind die Momente bzw. die Momentenstöße dieser Kräfte um diese Achse gleich *null*. Es gilt also bezüglich der z-Achse der Drehimpulserhaltungssatz.

Drehimpulserhaltung Die Geschwindigkeit v_2 des Balles zum Zeitpunkt $t = t_2$ wird in ihre beiden Komponenten in radiale Richtung v_{2r} zum Zentrum A und senkrecht dazu ($v_{2\theta}$) zerlegt. Der radiale Anteil ist bekannt, $v_{2r} = v_0$, ruft aber um die z-Achse keinen Drehimpuls hervor. Deshalb verbleibt bei Anwendung des Drehimpulserhaltungssatzes um die z-Achse die Aussage

$$\mathbf{H}_1 = \mathbf{H}_2$$

$$r_1 m_B v_1 = r_2 m_B v_{2\theta}$$

$$v_{2\theta} = (r_1/r_2)\, v_1 = 3 \text{ m/s}$$

Die resultierende Geschwindigkeit v_2 des Balles ist somit

$$v_2 = \sqrt{(v_{2r})^2 + (v_{2\theta})^2} = 3{,}606 \text{ m/s}$$

Teilaufgabe b)

Die einzige relevante Kraft ist F (Normalkraft und Gewicht stehen senkrecht auf der Bewegungsrichtung des Balles auf der horizontalen Unterlage). Die kinetische Energie des Balles am Anfang und am Ende können angegeben werden, sodass aus dem Arbeitssatz für das System aus Seil und Ball

$$T_1 + \sum W_{1-2} = T_2$$

$$\frac{1}{2} m v_1^2 + W_F = \frac{1}{2} m v_2^2$$

$$W_F = 2{,}312 \text{ J}$$

folgt.

Beispiel 4.18

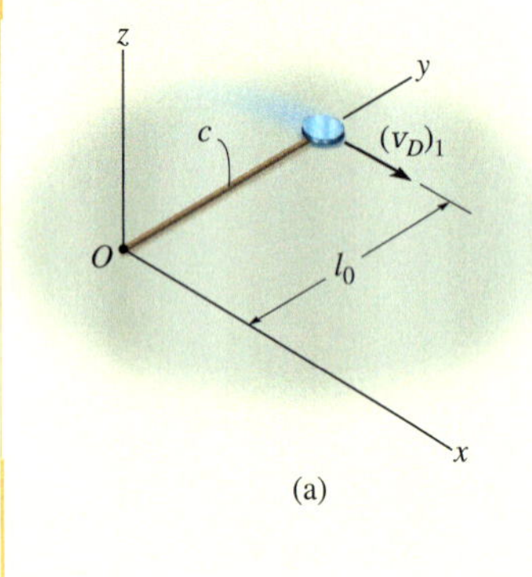

(a)

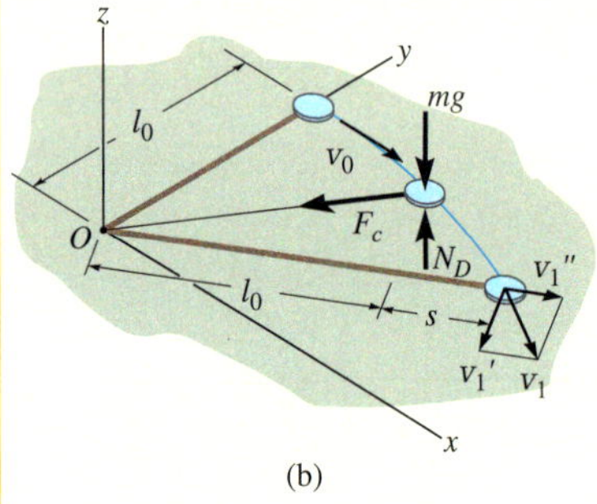

(b)

Abbildung 4.29

Die kleine Scheibe der Masse m in Abbildung 4.29a befindet sich auf einer glatten, horizontalen Oberfläche und ist an einem elastischen Seil (Federkonstante c) befestigt, das anfangs bei der Länge l_0 ungedehnt ist. Die Scheibe erfährt bei noch ungespannter Länge die Anfangsgeschwindigkeit v_0 senkrecht zum Seil. Bestimmen Sie die resultierende Geschwindigkeit der Scheibe in dem Moment, wenn das Seil um s gedehnt ist und die dabei auftretende Dehnungsgeschwindigkeit des Seiles.
$m = 2$ kg, $v_0 = 1{,}5$ m/s, $l_0 = 0{,}5$ m, $s = 0{,}2$ m, $c = 20$ N/m

Lösung

Freikörperbild Zu Anfang gleitet die Scheibe reibungsfrei auf der glatten Unterlage auf einer Kreisbahn; danach wird die Scheibe in radialer Richtung freigegeben und bewegt sich auf einer spiralförmigen Bahnkurve nach außen, siehe Abbildung 4.29b. Der Drehimpuls bezüglich des Punktes O (d.h. um die z-Achse) bleibt *erhalten*, denn keine der Kräfte erzeugt einen Momentenstoß um diese Achse. Ist der Abstand $(l_0 + s)$ erreicht, liefert lediglich der senkrecht auf dem gedehnten Seil stehende Geschwindigkeitsanteil v_1' einen Drehimpuls der Scheibe bezüglich der vertikalen z-Achse durch O.

Drehimpulserhaltung Der Anteil v_1' wird durch Anwendung der Drehimpulserhaltung bezüglich O (um die z-Achse) ermittelt:

$$(\mathbf{H}_O)_0 = (\mathbf{H}_O)_1$$

$$l_0 m v_0 = (l_0+s) m v_1'$$

$$v_1' = [l_0/(l_0+s)]\, v_0 = 1{,}07 \text{ m/s}$$

Energieerhaltung Die resultierende Geschwindigkeit v_2 der Scheibe wird durch Anwendung des Energieerhaltungssatzes auf die Scheibe während der betrachteten Bewegung ermittelt, und zwar vom Anfangspunkt, in dem die Scheibe freigegeben wird, bis zu dem Moment, in dem das Seil um s gedehnt wird.

$$T_0 + V_0 = T_1 + V_1$$

$$\frac{1}{2} m v_0^2 + 0 = \frac{1}{2} m v_1^2 + \frac{1}{2} c s^2$$

$$v_1 = \sqrt{v_0^2 - \frac{c}{m} s^2} = 1{,}36 \text{ m/s}$$

Aus der resultierenden Geschwindigkeit v_1 der Scheibe und ihrem senkrecht auf dem Seil stehenden Anteil v_1' kann der Anteil in radialer Richtung – die Dehnungsgeschwindigkeit v_1'' des Balles – mit dem Satz des Pythagoras bestimmt werden:

$$v_1'' = \sqrt{v_1^2 - v_1'^2} = \sqrt{(1{,}36)^2 - (1{,}07)^2} \text{ m/s} = 0{,}838 \text{ m/s}$$

4.7 Drallsatz für Massenpunktsysteme

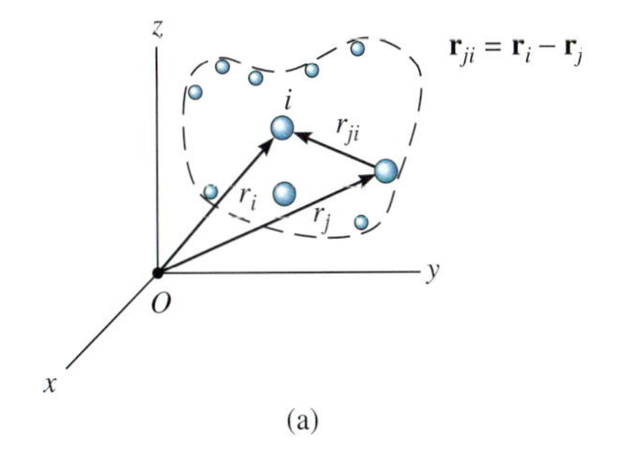

(a)

Das für den einzelnen Massenpunkt eher triviale Ergebnis gemäß Gleichung (4.16) oder (4.18) gewinnt für Systeme von Massenpunkten (und später auch für starre Körper) eine neue Dimension. Dazu erweitern wir sämtliche Betrachtungen des vorangehenden Abschnitts auf Massenpunktsysteme, indem wir aus dem in Abbildung 4.30a dargestellten System von endlich vielen Massenpunkten zunächst einen beliebigen i-ten Massenpunkt herausgreifen und für diesen die gültige Beziehung gemäß Gleichung (4.16) anwenden. Die einwirkenden Kräfte auf diesen i-ten Massenpunkt bestehen aus der resultierenden *äußeren Kraft* $\mathbf{F}_i$ und der resultierenden *inneren Kraft* $\mathbf{f}_i$, herrührend von allen anderen umgebenden Massenpunkten in der Form

$$\mathbf{f}_i = \sum_{j=1}^{n} \mathbf{F}_{ij} \quad \text{mit} \quad \mathbf{F}_{ii} = \mathbf{0} \tag{4.23}$$

wobei $\mathbf{F}_{ij}$ die von Massenpunkt m_j auf Massenpunkt m_i wirkende innere Kraft ist.

Damit nimmt die Gleichung (4.16) folgende Form an:

$$(\mathbf{r}_i \times \mathbf{F}_i) + (\mathbf{r}_i \times \mathbf{f}_i) = (\dot{\mathbf{H}}_i)_O \quad \text{mit} \quad (\mathbf{H}_i)_O = \mathbf{r}_i \times m_i \mathbf{v}_i$$

$\mathbf{r}_i$ ist der Ortsvektor vom Bezugspunkt O des Koordinatensystems zum i-ten Massenpunkt und $(\dot{\mathbf{H}}_i)_O$ ist die zeitliche Drehimpulsänderung des i-ten Massenpunktes bezüglich O. Entsprechende Gleichungen gelten für alle anderen der insgesamt n Massenpunkte des betrachteten Systems. Um zu einer Aussage für das Gesamtsystem zu kommen, addieren wir sämtliche Ergebnisse und erhalten

$$\sum_i (\dot{\mathbf{H}}_i)_O = \sum_i (\mathbf{r}_i \times m_i \mathbf{v}_i)^{\cdot} = \sum (\mathbf{r}_i \times \mathbf{F}_i) + \sum_i \sum_j \mathbf{r}_i \times \mathbf{F}_{ij}$$

Die Reaktionskräfte $\mathbf{F}_{ij}$ von den umgebenden Massenpunkten treten als Wechselwirkungskräfte in entgegengesetzt gleich großen Paaren auf: $\mathbf{F}_{ij} = -\mathbf{F}_{ji}$. Oft tritt der Fall auf, dass die Wirkungslinie dieser beiden Kräfte mit der Verbindungslinie des i-ten und des j-ten Massenpunktes zusammenfällt, d.h. die Kräfte treten in kollinearen Paaren auf, siehe Abbildung 4.30b, sodass die Doppelsumme $\sum_i \sum_j \mathbf{r}_i \times \mathbf{F}_{ij}$ in der Form

$$\begin{aligned}\sum_i \sum_j \mathbf{r}_i \times \mathbf{F}_{ij} &= (\mathbf{r}_1 - \mathbf{r}_2) \times \mathbf{F}_{12} + \ldots + (\mathbf{r}_1 - \mathbf{r}_n) \times \mathbf{F}_{1n} \\ &+ (\mathbf{r}_2 - \mathbf{r}_3) \times \mathbf{F}_{23} + \ldots + (\mathbf{r}_2 - \mathbf{r}_n) \times \mathbf{F}_{2n} \\ &\vdots \\ &+ (\mathbf{r}_n - \mathbf{r}_{n-1}) \times \mathbf{F}_{n,n-1}\end{aligned}$$

geschrieben werden kann. Da der Differenzvektor $\mathbf{r}_i - \mathbf{r}_j$ parallel zum Vektor $\mathbf{F}_{ij}$ ist, verschwindet das Kreuzprodukt und die Doppelsumme ergibt den Nullvektor. Das resultierende Moment aller inneren Kräfte bezüglich Punkt O ist demnach null.

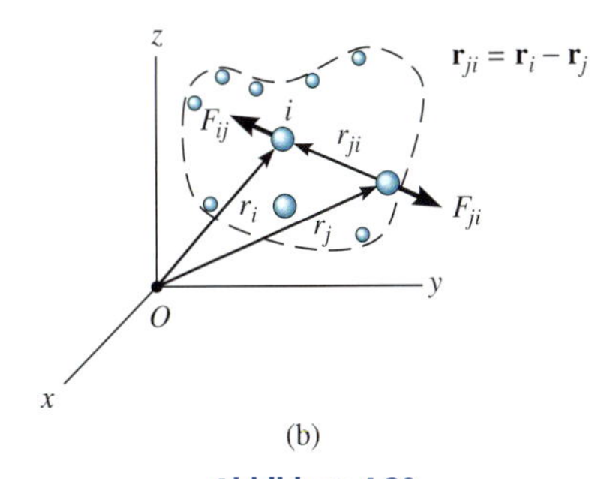

(b)

Abbildung 4.30

Für den Fall dass die genannten Wechselwirkungskräfte nicht in kollinearen Paaren auftreten, kann das Verschwinden des resultierenden Moments der inneren Kräfte $\sum_i \sum_j \mathbf{r}_i \times \mathbf{F}_{ij}$ nur axiomatisch festgestellt werden:

$$\sum_i \sum_j \mathbf{r}_i \times \mathbf{F}_{ij} = \mathbf{0} \quad \text{(Axiom)} \tag{4.24}$$

Ein Beispiel ist in Abbildung 4.30c gezeigt. Für die drei Massenpunkte m_1, m_2 und m_3 auf der masselosen Stange gilt zwar (gemäß actio=reactio) $F_{12y} = F_{21y}$ und $F_{23y} = F_{32y}$, aber die Wirkunglinien dieser Kräfte fallen nicht zusammen, Abbildung 4.30d.

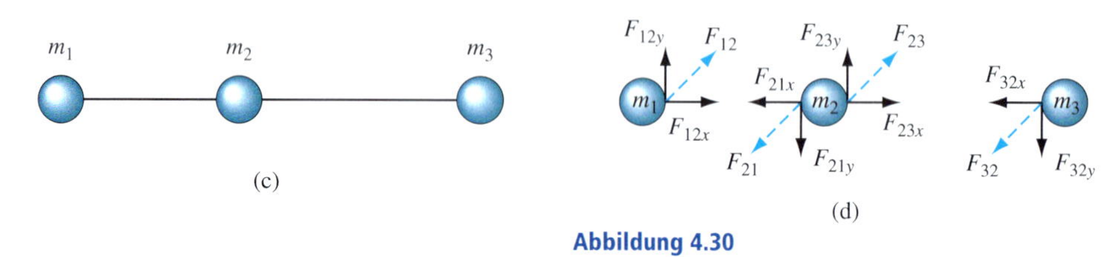

Abbildung 4.30

Im Allgemeinen ist also für Massenpunktsysteme der Drehimpulssatz für das Gesamtsystem

$$\sum_i \left(\dot{\mathbf{H}}_i\right)_O = \sum_i \left(\mathbf{r}_i \times \mathbf{F}_i\right)$$

vom Impulssatz für das Gesamtsystem unabhängig und eine weiteres Axiom der Mechanik. Ohne Indizierung kann diese Gleichung vereinfacht als

$$\sum \mathbf{M}_O = \sum \dot{\mathbf{H}}_O \tag{4.25}$$

geschrieben werden und bedeutet, dass *die Summe der Momente aller auf ein System von endlich vielen Massenpunkten einwirkenden äußeren Kräfte um einen Festpunkt O gleich der zeitlichen Änderung aller Drehimpulse der im Gesamtsystem enthaltenen Massenpunkte bezüglich desselben Punktes O ist.* Der Bezugspunkt kann, wie hier, der Ursprung des zugrunde gelegten Koordinatensystems oder ein beliebiger *ortsfester Punkt* im Inertialsystem sein.

Ganz entsprechend kann – von Gleichung (4.18) für einen einzelnen Massenpunkt ausgehend – der Drehimpulssatz in integraler Form für ein System von Massenpunkten

$$\sum \left(\mathbf{H}_O\right)_1 + \sum \int_{t_1}^{t_2} \mathbf{M}_O dt = \sum \left(\mathbf{H}_O\right)_2 \tag{4.26}$$

formuliert werden. Der erste und der dritte Term sind die Drehimpulse aller Massenpunkte im System, $\sum \mathbf{H}_O = \sum(\mathbf{r}_i \times (m\mathbf{v}_i))$, zu den Zeitpunkten t_1 und t_2. Der zweite Term ist die Summe der Momentenstöße aller auf das Gesamtsystem einwirkenden äußeren Kräfte im Zeitraum von t_1 bis t_2. Für den Momentenanteil der auf den i-ten Massenpunkt einwirkenden äußeren Kraft gilt dabei $(\mathbf{M}_O)_i = \mathbf{r}_i \times \mathbf{F}_i$.

Für ein freies System (ohne äußere Kräfte) oder ein System von Massenpunkten in einem Zentralkraftfeld ergibt sich aus Gleichung (4.20) der Drehimpulserhaltungsatz

$$\sum(\mathbf{H}_O)_1 = \sum(\mathbf{H}_O)_2 \tag{4.27}$$

für Massenpunktsysteme. Die Summe umfasst dann die Drehimpulse aller im System enthaltenen Massenpunkte.

*4.8 Stationäre (eindimensionale) Strömungen

Für die Konstruktion und die Berechnung von Turbinen, Pumpen, Schaufeln und Lüftern ist die Kenntnis der Kräfte, die von einer stationären Strömung erzeugt werden, wichtig. Betrachten wir zur Erläuterung der Anwendung des Impulssatzes auf diese Fälle die Umleitung einer stationären Fluidströmung (eines Gases oder einer Flüssigkeit) durch ein ortsfestes Rohr, Abbildung 4.31a. Das Fluid tritt mit der Geschwindigkeit $\mathbf{v}_A$ in das Rohr ein, jedoch mit der Geschwindigkeit $\mathbf{v}_B$ und unter Umständen anderer Richtung aus ihm heraus. Die Impuls- und Kraftstoßdiagramme für die stationäre Strömung sind in Abbildung 4.31b dargestellt. Die Kraft $\sum\mathbf{F}$ im Kraftstoßdiagramm ist die Resultierende aller äußeren Kräfte auf den Fluidstrom. Diese Last übt einen Kraftstoß auf den Fluidstrom aus, sodass sich Betrag und Richtung des Anfangsimpulses des Fluids ändern. Da es sich um eine stationäre Strömung handelt, ist $\sum\mathbf{F}$ im Zeitintervall dt *konstant.* In dieser Zeit ist der Fluidstrom in Bewegung, d.h. zur Zeit t tritt eine kleine Menge Flüssigkeit der Masse dm mit der Geschwindigkeit $\mathbf{v}_A$ in das Rohr ein. Werden dieses Massenelement und die Fluidmasse im Rohr als „geschlossenes System" betrachtet, so muss zur Zeit $t + dt$ ein entsprechendes Massenelement der Masse dm mit der Geschwindigkeit $\mathbf{v}_B$ aus dem Rohr heraustreten. Daraus folgt, dass der Fluidstrom *im* Rohr die Masse m besitzt und eine *mittlere Geschwindigkeit* $\mathbf{v}$ hat, die im Zeitintervall dt konstant ist. Die Anwendung des Impulssatzes auf die Fluidströmung führt somit auf

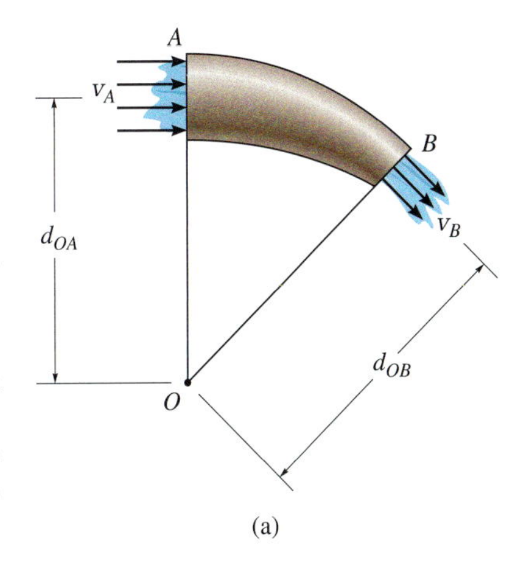

(a)

$$dm\,\mathbf{v}_A + m\mathbf{v} + \sum\mathbf{F}\,dt = dm\,\mathbf{v}_B + m\mathbf{v}$$

(b)

Abbildung 4.31

Das Transportband muss Reibungskräfte auf den darauf fallenden Kies übertragen, um so den Impuls des Kiesstromes zu ändern, damit dieser sich entlang dem Band in Bewegung setzt.

Resultierende Kraft Für die resultierende Kraft ergibt sich also

$$\sum \mathbf{F} = \frac{dm}{dt}(\mathbf{v}_B - \mathbf{v}_A) \tag{4.27}$$

Liegt eine ebene Bewegung des Fluids beispielsweise in der x-y-Ebene vor, ist es üblich, diese Vektorgleichung in Form zweier skalarer Gleichungen koordinatenweise anzuschreiben, d.h.

$$\begin{aligned} \sum F_x &= \frac{dm}{dt}(v_{Bx} - v_{Ax}) \\ \sum F_y &= \frac{dm}{dt}(v_{By} - v_{Ay}) \end{aligned} \tag{4.28}$$

dm/dt ist der *Massenstrom* und definiert die konstante Fluidmenge, die pro Zeiteinheit in das Rohr hinein- oder aus dem Rohr herausfließt. Die Querschnitte und Dichten des Fluids am Eingang A und Ausgang B sind A_A, ρ_A bzw. A_B, ρ_B, siehe Abbildung 4.31c. Die *Massenerhaltung* fordert, dass $dm = \rho\, dV = \rho_A(ds_A A_A) = \rho_B(ds_B A_B)$ gilt. Da $v_A = ds_A/dt$ und $v_B = ds_B/dt$ gilt, erhalten wir für den momentanen Massenstrom

$$\frac{dm}{dt} = \rho_A v_A A_A = \rho_B v_B A_B = \rho_A Q_A = \rho_B Q_B \tag{4.29}$$

$Q = vA$ ist der so genannte *Volumenstrom* und gibt das Fluidvolumen an, das pro Zeiteinheit hindurch fließt.

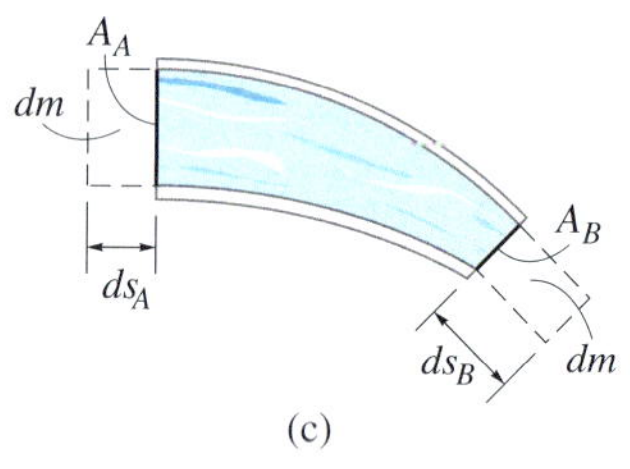

Abbildung 4.31

Die Luft auf einer Seite dieses Lüfters ist im Wesentlichen in Ruhe, ihr Impuls erhöht sich beim Durchgang durch den Lüfter. Dazu müssen die Lüfterflügel einen horizontalen Schub auf den Luftstrom ausüben. Drehen sich die Flügel schnell genug, kann der gleich große, aber entgegengesetzt gerichtete Schub der Luft auf die Flügel den Rollwiderstand der Räder auf den Boden überwinden und das Gehäuse des Lüfters in Bewegung setzen.

Drehimpuls Zuweilen müssen die Auflagerreaktionen der strömungstechnischen Anlage bestimmt werden, durch die das Fluid strömt. Liefert Gleichung (4.27) dazu nicht genügend Angaben, kann der Drehimpulssatz angewendet werden. Die Formulierung dieses Satzes in Bezug auf einen Fluidstrom erhält man aus Gleichung (4.25), $\sum \mathbf{M}_O = \dot{\mathbf{H}}_O$. Diese Beziehung besagt, dass das Moment aller äußeren Kräfte auf das Gesamtsystem um einen Festpunkt O gleich der zeitlichen Änderung des Drehimpulses um denselben Punkt O ist. Für das durchströmte Rohr in Abbildung 4.31a ist die Strömung in der x-y-Ebene stationär und wir erhalten

$$\sum M_O = \frac{dm}{dt}(d_{OB} v_B - d_{OA} v_A) \tag{4.30}$$

Die Hebelarme d_{OA} und d_{OB} sind die kürzesten Abstände der *geometrischen Mittelpunkte*, d.h. der *Schwerpunkte* der Öffnungsquerschnitte in A und B vom Punkt O.

Lösungsweg

Aufgaben zu stationären Strömungen werden folgendermaßen gelöst:

Kinematisches Diagramm

- Bei sich bewegenden Geräten ist ein *kinematisches Diagramm* zur Bestimmung der Eintritts- und Austrittsgeschwindigkeiten des Fluids relativ zum Gerät häufig hilfreich, denn die *Relativgeschwindigkeit des Fluids* ist in der Regel relevant.
- Die Messung der Geschwindigkeiten v_A und v_B muss in einem raumfesten Referenzsystem erfolgen.
- Nach der Bestimmung der Fluidgeschwindigkeit relativ zum Gerät wird der Massenstrom mit Hilfe von Gleichung (4.29) berechnet.

Freikörperbild

- Zeichnen Sie ein Freikörperbild des Geräts, welches das Fluid umschließt, um so die angreifenden Kräfte $\sum \mathbf{F}$ zu ermitteln. Diese äußeren Kräfte umfassen die Auflagerreaktionen, das Gewicht des Geräts und des Fluids sowie den statischen Druck des Fluids im Eintritts- und im Austrittsbereich des Geräts.[8]

Gleichungen der stationären Strömung

- Verwenden Sie die Grundgleichungen (4.28) und (4.30) der stationären Strömung mit den entsprechenden Geschwindigkeiten und Kräften aus den kinematischen Diagrammen und den Freikörperbildern.

Beispiel 4.19

Bestimmen Sie die Reaktionskraft der raumfesten Rohrverbindung in A auf den anschließenden Krümmer in Abbildung 4.32a. Auf das durch das Rohr fließende Wasser wirkt in A der statische Überdruck p_A. In B beträgt der abfließende Volumenstrom Q_B. Die Dichte des Wassers ist ρ_W, die Masse des wassergefüllten Krümmers m. Sein Schwerpunkt S ist gegeben.

$p_A = 100$ kPa, $Q_B = 0{,}2$ m^3/s, $m = 20$ kg, $\rho_W = 1000$ kg/m^3,
$a = 100$ mm, $b = 125$ mm, $c = 300$ mm

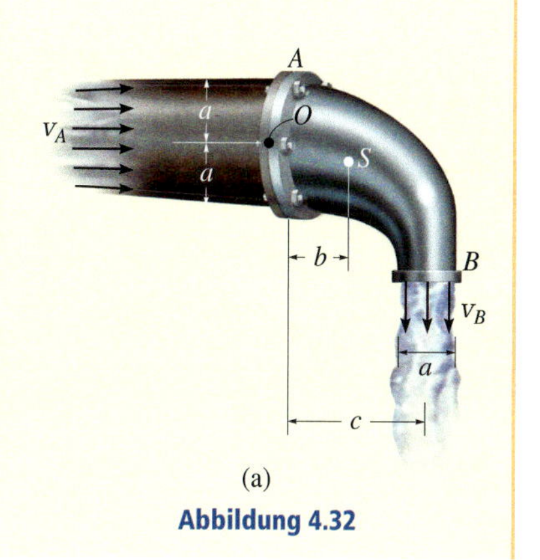

(a)

Abbildung 4.32

8 Die SI-Einheit des Druckes ist *Pascal* (Pa), 1 Pa = 1 N/m^2

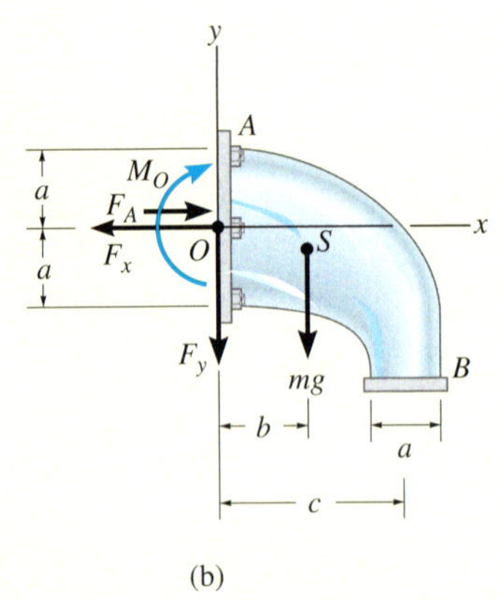

(b)

Abbildung 4.32

Lösung

Die Fließgeschwindigkeiten in A und B sowie der Massenstrom werden aus Gleichung (4.29) bestimmt. Da die Dichte des Wassers konstant ist, gilt $Q_B = Q_A = Q$. Dies führt auf

$$\frac{dm}{dt} = \rho_W Q = \left(1000\ \text{kg/m}^3\right)\left(0{,}2\ \text{m}^3/\text{s}\right) = 200\ \text{kg/s}$$

$$v_B = \frac{Q}{A_B} = \frac{Q}{\pi\left(a/2\right)^2} = \frac{0{,}2\ \text{m}^3/\text{s}}{\pi\left(0{,}05\ \text{m}\right)^2} = 25{,}46\ \text{m/s}$$

$$v_A = \frac{Q}{A_A} = \frac{Q}{\pi\left(a\right)^2} = \frac{0{,}2\ \text{m}^3/\text{s}}{\pi\left(0{,}1\ \text{m}\right)^2} = 6{,}37\ \text{m/s}$$

Freikörperbild Das in Abbildung 4.32b dargestellte Freikörperbild lässt erkennen, dass die *raumfeste* Rohrverbindung in A ein Einspannmoment M_O und die Kräfte F_x und F_y auf den Krümmer überträgt. Aufgrund des statischen Überdrucks des Wassers im Rohr beträgt die Druckkraft auf das Fluid in A $F_A = p_A A_A$, d.h.

$$F_A = p_A A_A = p_A \pi a^2 = [100(10^3)\ \text{Pa}][\pi(0{,}1\ \text{m})^2] = 3141{,}6\ \text{N}$$

In B wirkt kein statischer Überdruck, denn der Abfluss des Wassers erfolgt unter Atmosphärendruck, d.h. es gilt $p_B = 0$.

Gleichungen der stationären Strömung Nennt man die Kräfte infolge der Drücke p_A und p_B im Folgenden F_A und F_B, dann erhält man

$$\sum F_x = \frac{dm}{dt}\left(v_{Bx} - v_{Ax}\right); \qquad -F_x + F_A = \frac{dm}{dt}\left(0 - v_A\right)$$

$$F_x = F_A + \frac{dm}{dt} v_A = 4{,}41\ \text{kN}$$

$$\sum F_y = \frac{dm}{dt}\left(v_{By} - v_{Ay}\right); \qquad -F_y - mg = \frac{dm}{dt}\left(-v_B - 0\right)$$

$$F_y = -mg + \frac{dm}{dt} v_B = 4{,}90\ \text{kN}$$

Das Momentengleichgewicht um Punkt O, siehe Abbildung 4.32b, macht klar, dass F_x, F_y und die Kraft F_A infolge des statischen Überdrucks p_A sowie das Moment des Impulses des in A eintretenden Wassers, Abbildung 4.32a, herausfallen. Es verbleibt

$$\sum M_O = \frac{dm}{dt}\left(d_{OB} v_B - d_{OA} v_A\right)$$

$$M_O + mgb = \frac{dm}{dt}\left(c v_B - 0\right)$$

$$M_O = 1{,}50\ \text{kNm}$$

Beispiel 4.20 Ein Wasserstrahl mit der Geschwindigkeit v_W prallt auf eine einzelne Turbinenlaufschaufel, Abbildung 4.33a. Diese bewegt sich mit der Geschwindigkeit v_S vom Fluidstrahl weg. Bestimmen Sie die horizontalen und vertikalen Kräfte, die die Schaufel auf das Wasser ausübt. Welche Leistung wird durch das Wasser auf die Schaufel übertragen? Das spezifische Gewicht γ_W des Wassers ist gegeben.

$d = 50$ mm, $v_W = 7{,}5$ m/s, $v_S = 1{,}5$ m/s, $\gamma_W = 10$ kN/m³

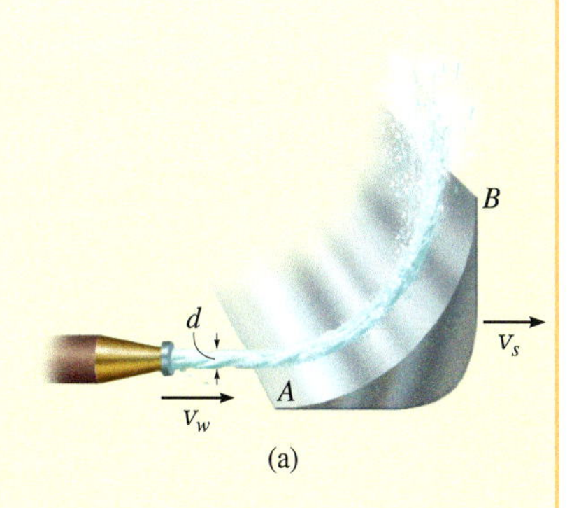

(a)

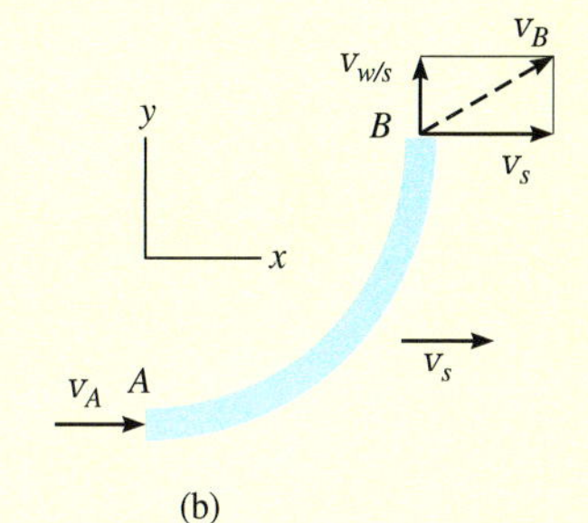

(b)

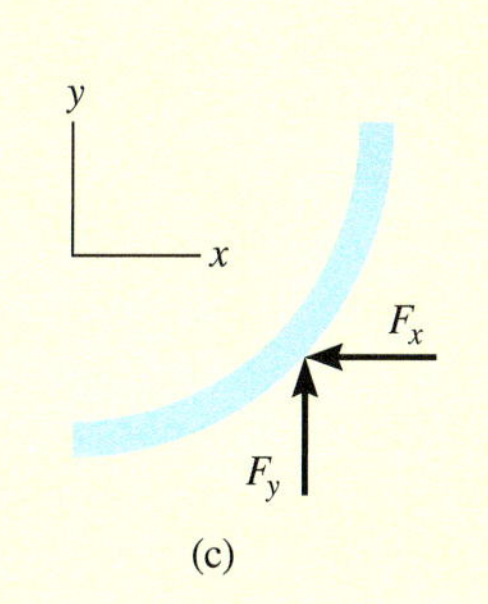

(c)

Abbildung 4.33

Lösung

Kinematisches Diagramm Bezüglich eines raumfesten Inertialsystems, Abbildung 4.33b, beträgt die Auftreffgeschwindigkeit des Wassers auf die Schaufel

$$\mathbf{v}_A = \{v_W\mathbf{i}\}$$

Die *relative Strömungsgeschwindigkeit* des Wassers gegenüber der Schaufel in A ist $\mathbf{v}_{W/S} = \mathbf{v}_W - \mathbf{v}_S = v_W\mathbf{i} - v_S\mathbf{i}$. Mit der Schaufelgeschwindigkeit $\mathbf{v}_S = v_S\mathbf{i}$ erhalten wir die Strömungsgeschwindigkeit in B bezüglich des x,y-Referenzsystems in Abbildung 4.33b:

$$\mathbf{v}_B = \mathbf{v}_W + \mathbf{v}_{W/S} = v_S\mathbf{i} + v_{W/S}\mathbf{j}$$

Der Massenstrom des Wassers *auf* die Schaufel, der eine Impulsänderung erfährt, ist also

$$\frac{dm}{dt} = \rho_W\left(v_{W/S}\right)A_A = \frac{\gamma_W}{g}\left(v_{W/S}\right)\left[\pi\left(\frac{d}{2}\right)^2\right] = \frac{10\left(10^3\right)}{9{,}81}(6)\left[\pi\left(\frac{25}{1000}\right)^2\right]\text{kg/s}$$
$$= 12{,}0\text{ kg/s}$$

Freikörperbild Das Freikörperbild der auf die Laufschaufel einwirkenden Wassermenge ist in Abbildung 4.33c dargestellt. Das Gewicht dieser Wassermenge wird bei der Berechnung vernachlässigt, denn diese Kraft ist im Vergleich zu den Reaktionskräften F_x und F_y klein.

Gleichungen der stationären Strömung

$$\sum\mathbf{F} = \frac{dm}{dt}\left(\mathbf{v}_B - \mathbf{v}_A\right); \qquad -F_x\mathbf{i} + F_y\mathbf{j} = \frac{dm}{dt}\left(v_S\mathbf{i} + v_{W/S}\mathbf{j} - v_W\mathbf{i}\right)$$

Der Koeffizientenvergleich der entsprechenden **i**- und **j**-Koordinaten liefert

$$F_x = \frac{dm}{dt}v_{W/S} = 12{,}0(6)\text{N} = 72{,}0\text{ N}$$
$$F_y = \frac{dm}{dt}\left(v_S - v_W\right) = 12{,}0(6)\text{N} = 72{,}0\text{ N}$$

Das Wasser übt gleich große, aber entgegengesetzt gerichtete Kräfte auf die Laufschaufel aus.

Da die Wasserkraft die Schaufel mit der Geschwindigkeit v_S horizontal vorantreibt, beträgt die ausgeübte Kraft F_x und die Leistung ist gemäß *Gleichung (3.10)*

$$P = \mathbf{F}\cdot\mathbf{v}; \qquad P = (72{,}0\text{ N})(1{,}5\text{ m/s}) = 108\text{ W}$$

4.9 Massenzu- und abfuhr

Im vorhergehenden Abschnitt haben wir den Fall untersucht, dass eine *konstante* Masse dm in ein *„abgeschlossenes System“* eintritt und austritt. Es gibt jedoch auch Fälle, bei denen ein System Masse aufnimmt oder abgibt. In diesem Abschnitt behandeln wir nacheinander diese beiden Probleme des Massenstroms.

Massenabfuhr Betrachten wir z.B. eine Rakete, die zu einem beliebigen Zeitpunkt die Masse m hat und sich mit der Geschwindigkeit $\mathbf{v}$ vorwärts bewegt, siehe Abbildung 4.34a. Zu diesem Zeitpunkt stößt die Rakete die Menge m_a mit der Massenstromgeschwindigkeit $\mathbf{v}_a$ aus. Für die Berechnung enthält das *„abgeschlossene System“ die Masse der Rakete und die abgeführte Masse* m_a. Die Impuls- und Kraftstoßdiagramme des Systems sind in Abbildung 4.34b dargestellt. In der differenziell kleinen Zeitspanne dt steigt die Geschwindigkeit der Rakete von $\mathbf{v}$ auf $\mathbf{v} + d\mathbf{v}$, denn die Masse dm_a wurde abgeführt und dadurch den Abgasen zugefügt. Diese Zunahme an Vorwärtsgeschwindigkeit verändert die Geschwindigkeit $\mathbf{v}_a$ der abgeführten Masse jedoch nicht, denn diese Masse bewegt sich nach dem Ausstoß mit konstanter Geschwindigkeit. Die Kraftstöße werden von $\sum \mathbf{F}_S$ hervorgerufen, der resultierenden Kraft aller *äußeren* Kräfte *auf das System* in Richtung der Bewegung. Diese Resultierende *umfasst nicht* die Kraft, welche die Rakete vorwärts bewegt, denn diese Kraft (der so genannte *Schub*) ist eine *innere Kraft des Systems*. Das bedeutet, dass der Schub mit gleichem Betrag, aber entgegengesetzter Richtung auf die Masse m der Rakete und auf die ausgestoßene Masse m_a wirkt.[9] Mit dem Impulssatz für das System, Abbildung 4.34b, ergibt sich skalar

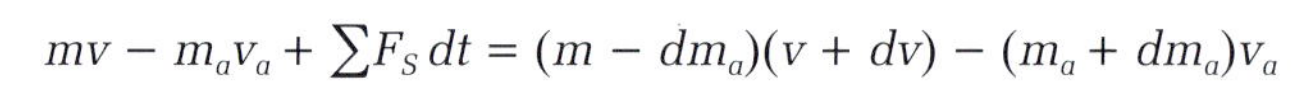

$$mv - m_a v_a + \sum F_S \, dt = (m - dm_a)(v + dv) - (m_a + dm_a)v_a$$

oder

$$\sum F_S \, dt = -v \, dm_a + m \, dv - dm_a \, dv - v_a \, dm_a$$

(a)

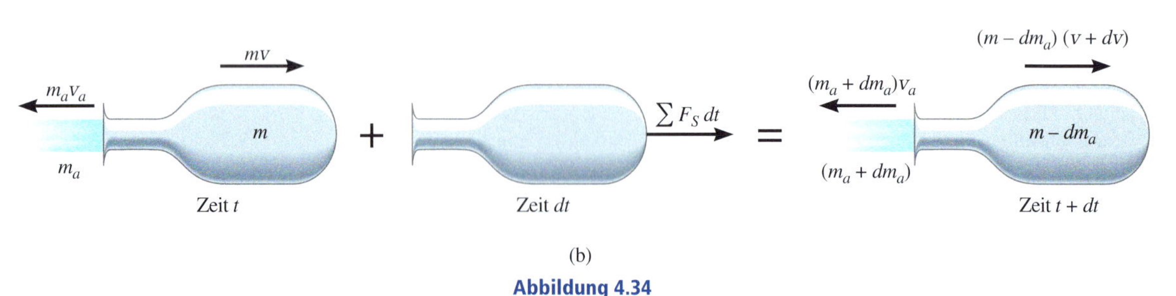

(b)

Abbildung 4.34

9 $\sum \mathbf{F}_S$ ist die äußere resultierende Kraft *auf das System*; sie unterscheidet sich von $\sum \mathbf{F}$, der resultierenden Kraft auf die Rakete.

Der dritte Term auf der rechten Seite kann vernachlässigt werden, denn es ist ein Differenzial 2. Ordnung. Division durch dt führt auf

$$\sum F_S = m\frac{dv}{dt} - (v + v_a)\frac{dm_a}{dt}$$

Für die relative Geschwindigkeit der Rakete bezüglich eines Beobachters, der sich mit den Teilchen der ausgestoßenen Masse bewegt, gilt $v_{R/a} = (v + v_a)$ und das Endergebnis lautet

$$\sum F_S = m\frac{dv}{dt} - v_{R/a}\frac{dm_a}{dt} \tag{4.31}$$

Dabei ist dm_a/dt der stetige Massenstrom der abgeführten Masseteilchen.

Betrachten wir zur Erläuterung der Gleichung (4.31) die Rakete in Abbildung 4.35. Sie hat das Gewicht G und bewegt sich gegen den Luftwiderstand F_W aufwärts. Das zu betrachtende System besteht aus der Masse der Rakete und der Masse des ausgestoßenen Gases m_a. Die Anwendung der Gleichung (4.31) führt auf

$$-F_W - G = \frac{G}{g}\frac{dv}{dt} - v_{R/a}\frac{dm_a}{dt}$$

Der letzte Term dieser Gleichung ist der *Schub S*, der vom Triebwerksausstoß auf die Rakete ausgeübt wird, Abbildung 4.35. Mit $dv/dt = a$ schreiben wir

$$S - F_W - G = \frac{G}{g}a$$

Das Freikörperbild der Rakete zeigt, dass diese Gleichung eine Anwendung des Newton'schen Grundgesetzes $\sum \mathbf{F} = m\mathbf{a}$ auf die Rakete ist.

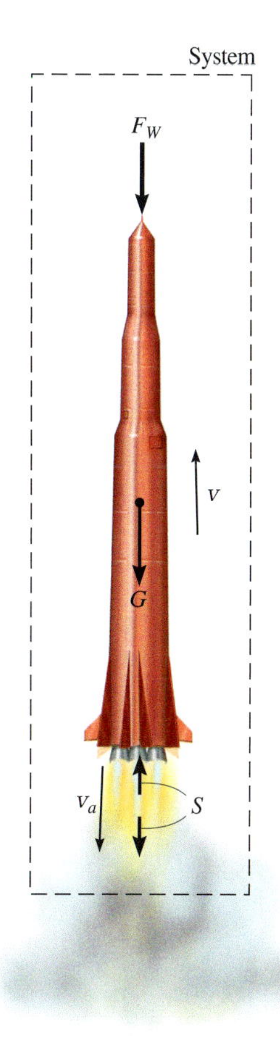

Abbildung 4.35

Massenzufuhr Eine Schöpfkelle beispielsweise nimmt in der Vorwärtsbewegung Masse auf. Das Gerät in Abbildung 4.36a mit der Masse m bewegt sich mit der Geschwindigkeit $\mathbf{v}$. Dabei wird ein Partikelstrom der Masse m_z zugeführt. Die Fließgeschwindigkeit $\mathbf{v}_z$ dieser zuzuführenden Masse ist konstant und unabhängig von der Geschwindigkeit $\mathbf{v}$. Somit gilt $v > v_z$. Impuls- und Kraftstoßdiagramme des Systems sind in Abbildung 4.36b dargestellt. Mit der Massenzunahme dm_z des Gerätes erfolgt im Zeitintervall dt eine Geschwindigkeitszunahme $d\mathbf{v}$. Diese Zunahme wird vom Kraftstoß der Resultierenden aller äußeren Kräfte $\sum \mathbf{F}_S$ *auf das System* in Bewegungsrichtung verursacht. Die Kräftebilanz umfasst nicht die Bremskraft der zugeführten Masse auf das Gerät. Warum? Mit dem Impulssatz ergibt sich

$$mv + m_z v_z + \sum F_S\, dt = (m + dm_z)(v + dv) + (m_z - dm_z)v_z$$

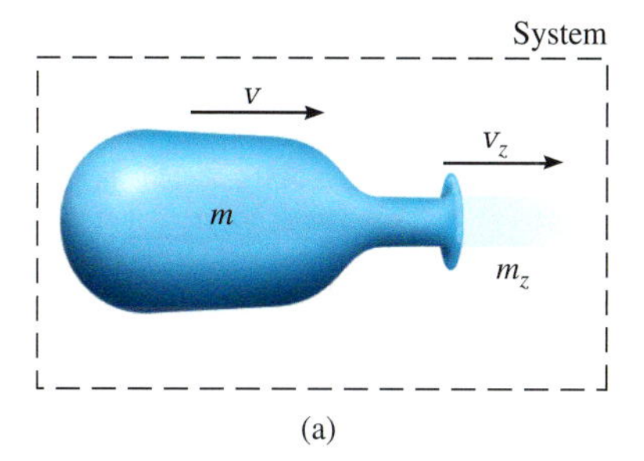

Abbildung 4.36

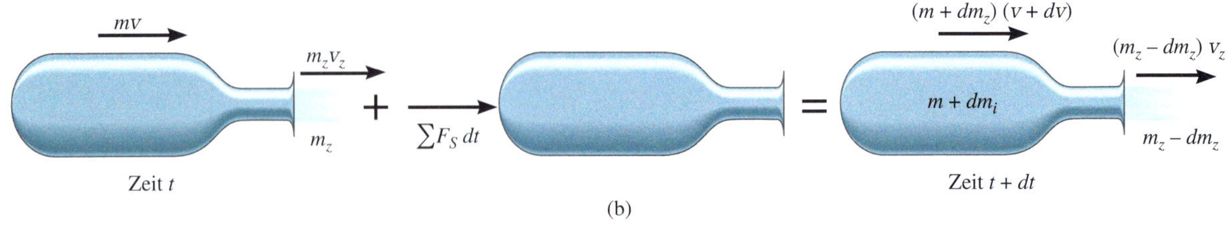

Abbildung 4.36

Wie bei der Behandlung der Massenabfuhr können wir diese Gleichung auch in der Form

$$\sum F_S = m\frac{dv}{dt} + v_{G/z}\frac{dm_z}{dt} \qquad (4.32)$$

schreiben. Dabei ist dm_z/dt der stetige Massenstrom der zugeführten Masseteilchen und $v_{G/z} = v_G - v_z$ die relative Anströmgeschwindigkeit, wobei v_G und v_z in positive Achsenrichtung angenommen sind. Der letzte Term in dieser Gleichung ist der Betrag der Kraft D der zugeführten Masse *auf das Gerät*. Mit $dv/dt = a$ ergibt sich dann für Gleichung (4.32)

$$\sum F_S - D = ma$$

Dies ist die Anwendung des Newton'schen Grundgesetzes $\sum \mathbf{F} = m\mathbf{a}$ auf das Gerät, siehe Abbildung 4.36c.

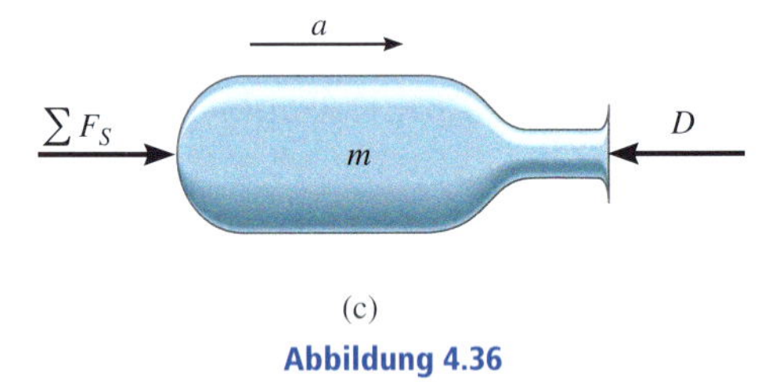

Abbildung 4.36

Der Auffangbehälter am Planierpflug hinter dem Traktor ist das Gerät, das Masse aufnimmt. Fährt der Traktor mit konstanter Geschwindigkeit v, dann gilt $dv/dt = 0$ und $v_{G/z} = v$, denn der Boden ist ständig in Ruhe. Gemäß Gleichung (4.30) beträgt die horizontale Zugkraft auf den Planierpflug somit $T = 0 + v(dm/dt)$, wobei dm/dt die Geschwindigkeit der Erdaufnahme im Behälter ist.

Wie bei stationären Strömungen sollte in Aufgaben, bei denen die Gleichungen (4.31) und (4.32) angewendet werden, ein Freikörperbild gezeichnet werden. Damit wird dann $\sum \mathbf{F}_S$ *auf das System* bestimmt und die Kraft des Teilchenstroms auf das Gerät ermittelbar.

Beispiel 4.21 Die ursprüngliche Gesamtmasse von Rakete und Treibstoff beträgt m_0. Insgesamt wird die Masse m_T Treibstoff mit der konstanten Massenabnahme $dm_a/dt = c$ verbraucht und mit der konstanten Geschwindigkeit u relativ zur Rakete ausgestoßen. Bestimmen Sie die maximale Geschwindigkeit der Rakete, d.h. die Geschwindigkeit zu dem Zeitpunkt, wenn der Treibstoffvorrat zur Neige geht. Vernachlässigen Sie die Veränderung des Raketengewichtes durch die Höhenänderung und den Luftwiderstand. Die Rakete wird aus dem Stand vertikal abgeschossen.

Lösung

Da die Rakete bei der Aufwärtsbewegung Masse verliert, kann Gleichung (4.31) angewendet werden. Die einzige *äußere Kraft* auf das *System* aus Rakete und einem Teil der ausgestoßenen Masse ist das Gewicht G, Abbildung 4.37. Somit ergibt sich

$$\sum F_S = m\frac{dv}{dt} - v_{R/a}\frac{dm_a}{dt}; \qquad -G = m\frac{dv}{dt} - uc \tag{1}$$

Die Raketengeschwindigkeit berechnet sich durch Integration dieser Gleichung. Zu einem beliebigen Zeitpunkt t des Fluges gilt für die Masse der Rakete

$$m = m_0 - (dm_a/dt)t = m_0 - ct$$

Mit $G = mg$ ergibt sich aus Gleichung (1)

$$-(m_0 - ct)g = (m_0 - ct)\frac{dv}{dt} - uc$$

Wir trennen die Variablen und erhalten mit $v = 0$ für $t = 0$

$$\int_0^v d\overline{v} = \int_0^t \left(\frac{uc}{m_0 - c\overline{t}} - g\right) d\overline{t}$$

$$v = \left[-u\ln(m_0 - c\overline{t}) - g\overline{t}\right]_0^t = u\ln\left(\frac{m_0}{m_0 - ct}\right) - gt \tag{2}$$

Zum Abheben der Rakete muss während der Anfangsphase der Bewegung der erste Term auf der rechten Seite größer sein als der zweite. Der Zeitpunkt t_B des so genannten *Brennschlusses*, wenn der gesamte Treibstoff m_T verbraucht ist, ist gegeben durch

$$m_T = \left(\frac{dm_a}{dt}\right)t_B = ct_B$$

$$t_B = \frac{m_T}{c}$$

Einsetzen in Gleichung (2) führt auf

$$v_{max} = u\ln\left(\frac{m_0}{m_0 - m_T}\right) - \frac{gm_T}{c}$$

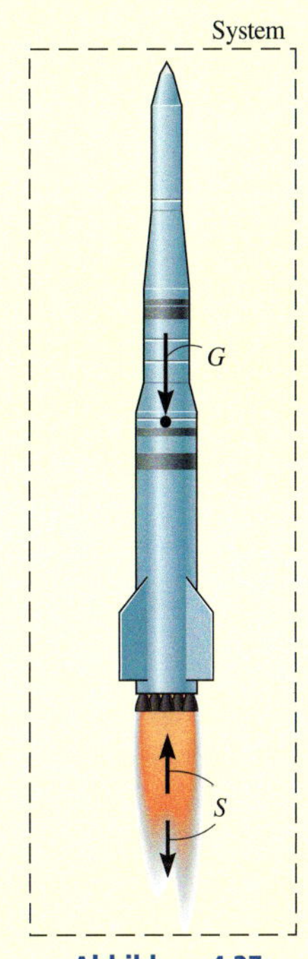

Abbildung 4.37

Beispiel 4.22

Eine Kette der Länge l hat die Masse m, siehe Abbildung 4.38a. Bestimmen Sie die Kraft F, die erforderlich ist, (a) die Kette mit der konstanten Geschwindigkeit v_0 zu heben, beginnend aus der Ruhe bei $y_0 = 0$; und (b) die Kette mit der konstanten Geschwindigkeit v_0 abzusenken, beginnend aus der Ruhe bei $y_0 = l$.

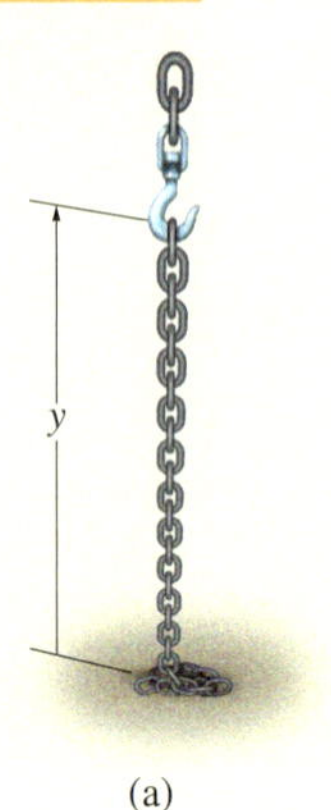

(a)

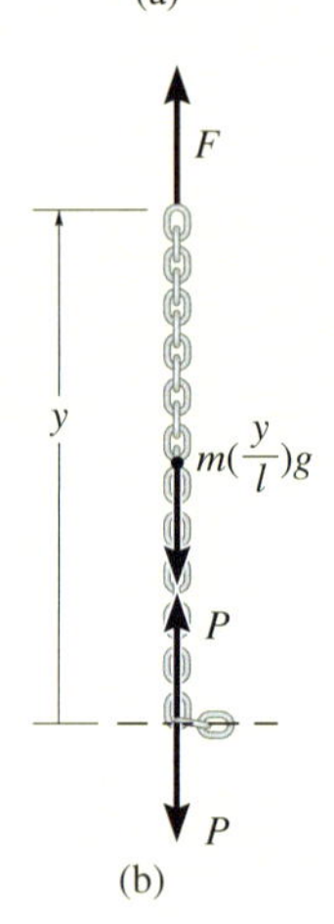

(b)

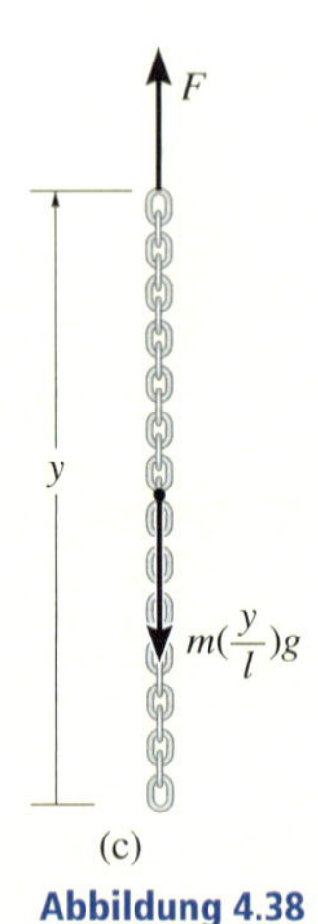

(c)

Abbildung 4.38

Lösung

Teilaufgabe a) Beim Heben der Kette erfahren die hängenden Glieder durch die zusätzlichen Glieder, die vom Boden hochgehoben werden, einen Kraftstoß nach unten. Somit kann der *aufgehängte Teil* der Kette als Gerät betrachtet werden, das *Masse aufnimmt*. Das zu betrachtende System ist die Länge y der Kette, die ständig durch die Kraft F gehalten wird. Dies schließt auch das nächste Glied ein, das gerade angehoben wird, aber noch in Ruhe ist, Abbildung 4.38b. Die Kräfte auf das System schließen *nicht* die inneren Kräfte P ein, die zwischen dem zugeführten Glied und dem aufgehängten Teil der Kette wirken. Es gilt $\sum F_S = F - mg(y/l)$.

Zur Anwendung der Grundgleichung (4.32) für Massenzufuhr muss auch die Geschwindigkeit ermittelt werden, mit der dem System Masse zugeführt wird. Die Geschwindigkeit v_0 der Kette ist äquivalent $v_{G/z}$. Warum? Da v_0 konstant ist, gilt $dv_0/dt = 0$ und $dy/dt = v_0$. Integration mit der Anfangsbedingung $y = 0$ für $t = 0$ führt auf $y = v_0 t$. Die Masse des Systems zu jedem Zeitpunkt ist $m_S = m(y/l) = m(v_0 t/l)$ und somit ergibt sich für die *Geschwindigkeit*, mit der der aufgehängten Kette Masse *zugeführt* wird,

$$\frac{dm_z}{dt} = m\left(\frac{v_0}{l}\right)$$

Damit und mit Gleichung (4.30) erhalten wir

$$\sum F_S = m\frac{dv_0}{dt} + v_{G/z}\frac{dm_z}{dt}$$

$$F - mg\left(\frac{y}{l}\right) = 0 + v_0 m\left(\frac{v_0}{l}\right)$$

Dies führt auf

$$F = \left(\frac{m}{l}\right)\left(gy + v_0^2\right)$$

Teilaufgabe b) Beim Absenken der Kette erzeugen die abgeführten Glieder (mit der Geschwindigkeit null) *keinen* Impuls auf die verbleibenden hängenden Glieder. Warum? Somit kann das System in Teilaufgabe (a) nicht betrachtet werden. Stattdessen wird zur Lösung das Newton'sche Grundgesetz verwendet. Zur Zeit t hat der Teil der Kette, der noch nicht am Boden liegt, die Länge y. Das Freikörperbild für einen aufgehängten Teil der Kette ist in Abbildung 4.38c dargestellt. Es gilt

$$\sum F = ma; \qquad F - mg\left(\frac{y}{l}\right) = 0$$

$$F = mg\left(\frac{y}{l}\right)$$

ZUSAMMENFASSUNG

■ ***Kraftstoß*** Ein Kraftstoß auf einen Massenpunkt ist definiert über das Integral

$$I = \int F\,dt$$

Falls sich die Richtung der Kraft nicht ändert, wird er grafisch durch die Fläche unter dem F-t-Diagramm repräsentiert. Bei konstanter Kraft F_0 ergibt sich ein Kraftstoß

$$I = F_0\,(t_2 - t_1)$$

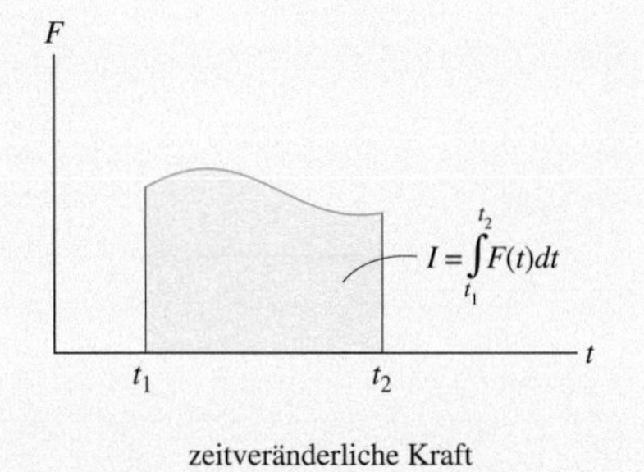

zeitveränderliche Kraft

■ ***Impulssatz*** Die Zeitintegration des Newton'schen Grundgesetzes $\sum \mathbf{F} = m\mathbf{a}$ mit der kinematischen Gleichung $\mathbf{a} = d\mathbf{v}/dt$ führt auf den Impulssatz

$$m\mathbf{v}_1 + \sum \int_{t_1}^{t_2} \mathbf{F}dt = m\mathbf{v}_2$$

Der Anfangsimpuls $m\mathbf{v}_1$ des Massenpunktes plus aller Kraftstöße auf den Massenpunkt in der Zeit von t_1 bis t_2, $\sum \int \mathbf{F}dt$, ist gleich dem Endimpuls $m\mathbf{v}_2$ des Massenpunktes. Diese Vektorgleichung kann in Komponenten zerlegt und in Koordinaten ausgewertet werden und dient zur Lösung von Aufgaben, die Kraft, Geschwindigkeit und Zeit verknüpfen. Dazu sollte ein Freikörperbild gezeichnet werden, um alle Kraftstöße auf den Massenpunkt zu erfassen.

■ ***Impulserhaltung*** Bei der Anwendung des Impulssatzes auf Stoßvorgänge erzeugt der Stoß zwischen den Massenpunkten innere Impulse, die gleich groß, entgegengesetzt gerichtet und kollinear sind und somit aus der Rechnung herausfallen. Weiterhin können Kraftstöße kleiner äußerer Kräfte während kurzer Stoßzeiten oft vernachlässigt werden. Folglich bleibt ohne Führungen, die Stoßreaktionen hervorrufen können, der Gesamtimpuls des betrachteten Massenpunktsystems erhalten, und es gilt

$$\sum(m\mathrm{v}_i)_1 = \sum(m\mathrm{v}_i)_2$$

Mit dieser Gleichung kann die Endgeschwindigkeit eines Massenpunktes bestimmt werden, wenn innere Kraftstöße zwischen zwei Massenpunkten auftreten und eine zusätzliche Annahme beim Stoß getroffen wird. Muss der Kraftstoß selbst bestimmt werden, wird einer der Massenpunkte frei geschnitten und der Impulssatz auf ihn angewendet.

■ ***Stoß*** Stoßen zwei Massenpunkte A und B zusammen, so ist der innere Kraftstoß zwischen ihnen gleich, entgegengesetzt gerichtet und kollinear. Folglich gilt die Impulserhaltung für dieses System entlang der Stoßnormalen[10]:

$$m_A(v_A)_1 + m_B(v_B)_1 = m_A(v_A)_2 + m_B(v_B)_2$$

Sind die Endgeschwindigkeiten unbekannt, wird eine zweite Gleichung für die Lösung benötigt. Häufig wird dann der Restitutionskoeffizient e verwendet. Diese Stoßzahl hängt von den physikalischen Eigenschaften der zusammenstoßenden Massenpunkte und eventuell der Geometrie ab. Sie ist das Verhältnis der relativen Trennungsgeschwindigkeit nach dem Zusammenstoß zur relativen Annäherungsgeschwindigkeit vor dem Zusammenstoß

$$e = \frac{(v_B)_2 - (v_A)_2}{(v_A)_1 - (v_B)_1}$$

Im Falle eines vollelastischen Stoßes geht keine Energie verloren und es gilt $e = 1$. Bei einem vollplastischen Stoß ist $e = 0$.

Bei einem schiefen, glatten Stoß (ohne Führungen) gilt die Impulserhaltung für das System und den Restitutionskoeffizienten entlang der Stoßnormalen. Weiterhin gilt zusätzlich die Impulserhaltung für jeden Massenpunkt senkrecht zu dieser Normalen, denn bei Reibungsfreiheit tritt kein Kraftstoß auf die Massenpunkte in dieser Richtung auf.

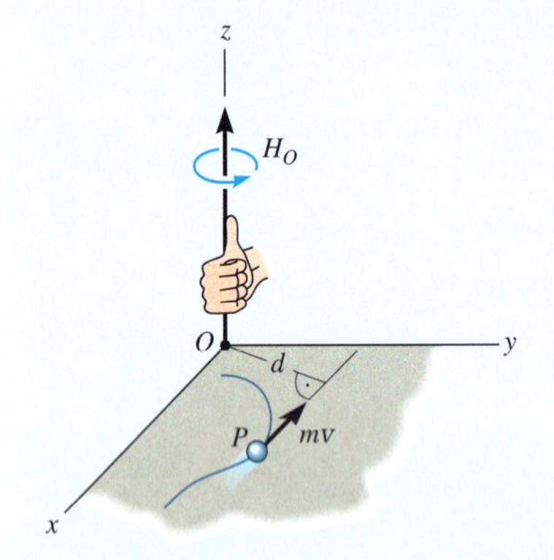

■ ***Drehimpulssatz*** Das Moment des Impulses um eine Achse heißt Drehimpuls. Sein Betrag ist

$$H_O = (d)(mv)$$

Bei räumlichen Problemen wird das Kreuzprodukt genommen:

$$\mathbf{H}_O = \mathbf{r} \times m\mathbf{v}$$

Für einen einzelnen Massenpunkt wird der Drehimpulssatz aus einer Momentenbildung des Newton'schen Grundgesetzes und $\mathbf{a} = d\mathbf{v}/dt$ hergeleitet:

$$(\mathbf{H}_O)_1 + \sum \int_{t_1}^{t_2} \mathbf{M}_O dt = (\mathbf{H}_O)_2$$

Mit dieser Gleichung können unbekannte Momentenstöße eliminiert werden, wenn die Momente bezüglich einer Achse bilanziert werden, bei der diese Kraftstöße kein Moment bewirken. Aus diesem Grund sollte auch bei dieser Lösung ein Freikörperbild gezeichnet werden.

10 Eventuelle Führungen müssen dabei parallel zur Stoßnormalen gerichtet sein, um Stoßreaktionen zu vermeiden.

■ ***Stationäre Strömung*** Mit Impulssatz und Impulserhaltung werden häufig die Kräfte bestimmt, die ein Körper auf den Massenstrom eines Fluids – Flüssigkeit oder Gas – ausübt. Dazu wird ein Freikörperbild der Fluidmasse in Kontakt mit dem betreffenden Körper erstellt und diese Kräfte ermittelt. Zudem wird die Geschwindigkeit des Fluids beim Eintritt in und beim Austritt aus dem Körper berechnet. Die Gleichungen der stationären Strömung enthalten die Summe der Kräfte und der Momente zur Bestimmung dieser Reaktionskräfte. Diese Gleichungen lauten im ebenen Fall

$$\sum F_x = \frac{dm}{dt}(v_{Bx} - v_{Ax})$$

$$\sum F_y = \frac{dm}{dt}(v_{By} - v_{Ay})$$

$$\sum M_O = \frac{dm}{dt}(d_{OB}v_B - d_{OA}v_A)$$

■ ***Antrieb durch veränderliche Masse*** Bestimmte Körper, wie z.B. Raketen, verlieren Masse, während sie vorwärts getrieben werden. Anderen nehmen Masse auf, z.B. Schöpfkellen. Massenabfuhr und Massenzufuhr werden durch Anwendung des Impulssatzes auf den Körper berücksichtigt. Aus dieser Gleichung kann dann die Kraft des Massenstromes auf den Körper bestimmt werden. Bei Massenabfuhr gilt die Gleichung

$$\sum F_S = m\frac{dv}{dt} - v_{G/a}\frac{dm_a}{dt}$$

Für Massenzufuhr erhält man dagegen

$$\sum F_S = m\frac{dv}{dt} + v_{G/z}\frac{dm_z}{dt}$$

Aufgaben zu 4.1 und 4.2

Ausgewählte Lösungswege

Lösungen finden Sie in *Anhang C*.

4.1 Ein Klotz mit dem Gewicht G gleitet mit der Anfangsgeschwindigkeit v_0 auf einer schiefen Ebene der Neigung α. Bestimmen Sie die Geschwindigkeit des Klotzes zum Zeitpunkt $t = t_1$. Der Gleitreibungskoeffizient μ_g zwischen Ebene und Klotz ist gegeben.

Gegeben: $G = 20\ \mathrm{N}$, $v_0 = 2\ \mathrm{m/s}$, $t_1 = 3\ \mathrm{s}$, $\alpha = 30°$, $\mu_g = 0{,}25$

4.2 Der Ball mit dem Gewicht G wird mit der Anfangsgeschwindigkeit v_A in die dargestellte Richtung geworfen. Wie lange braucht er, um seinen höchsten Punkt B zu erreichen? Wie groß ist dann seine Geschwindigkeit? Benutzen Sie zur Lösung den Impulssatz.

Gegeben: $G = 10\ \mathrm{N}$, $v_A = 6\ \mathrm{m/s}$, $\alpha = 30°$

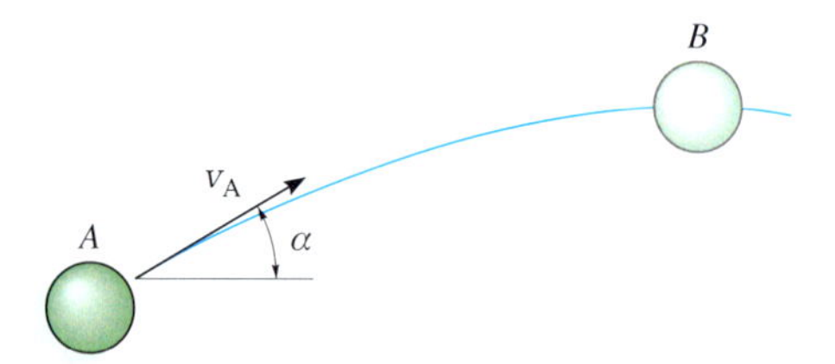

Abbildung A 4.2

4.3 Ein Klotz mit dem Gewicht G erhält die nach oben gerichtete Anfangsgeschwindigkeit v_0 auf einer schiefen, glatten Ebene der Neigung α. Wie lange bewegt er sich, bevor er zum Stehen kommt?

Gegeben: $G = 50\ \mathrm{N}$, $v_0 = 3\ \mathrm{m/s}$, $\alpha = 45°$

***4.4** Der Bauarbeiter mit dem Gewicht G wird von Gurt und Tragseil AB, das am Gerüst befestigt ist, gesichert. Welche mittlere Kraft wird im Tragseil erzeugt, wenn er aus der Höhe s herunterfällt. Vernachlässigen Sie bei der Berechnung seine Größe und nehmen Sie an, dass der Impuls während der Zeitspanne Δt übertragen wird.

Gegeben: $G = 900\ \mathrm{N}$, $s = 2\ \mathrm{m}$, $\Delta t = 0{,}6\ \mathrm{s}$

Abbildung A 4.4

4.5 Der Kurvenverlauf zeigt die vertikale Reaktionskraft F der Schuh-Boden-Wechselwirkung als Funktion der Zeit. Der erste Scheitelwert wirkt auf den Absatz, der zweite auf den vorderen Teil der Sohle. Bestimmen Sie den Gesamtimpuls auf den Schuh während des Auftretens.

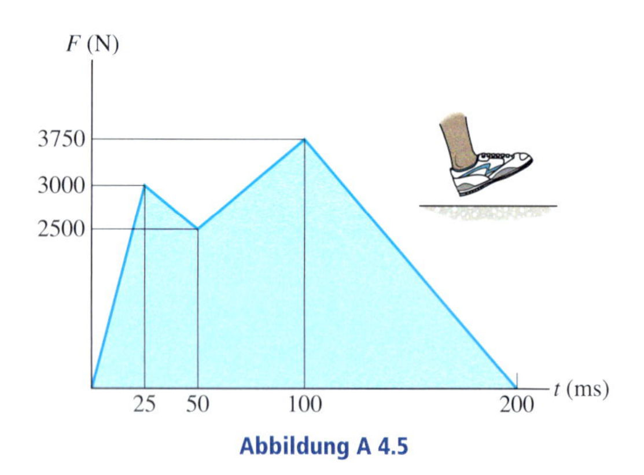

Abbildung A 4.5

4.6 Der Golfball der Masse m wird so geschlagen, dass er die Abschlagstelle unter dem Winkel α zur Horizontalen verlässt und im Abstand d auf der gleichen Höhe wieder auf dem Boden auftrifft. Berechnen Sie den Kraftstoß des Schlägers C auf den Ball. Vernachlässigen Sie den Kraftstoß des Ballgewichtes, während der Schläger den Ball trifft.

Gegeben: $m = 50$ g, $\alpha = 40°$, $d = 20$ m

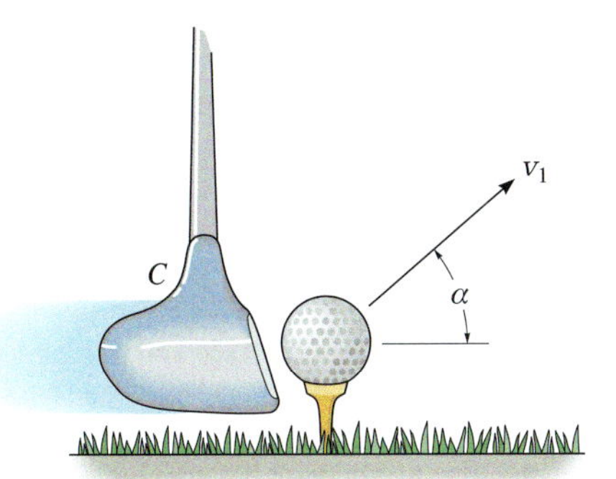

Abbildung A 4.6

4.7 Ein Hammerkopf H mit dem Gewicht G senkt sich mit der Geschwindigkeit v vertikal ab, trifft den Nagelkopf vernachlässigbarer Masse und treibt diesen in einen Holzbalken. Wie groß ist der Kraftstoß auf den Nagel? Nehmen Sie an, dass der Griff in A kräftefrei gehalten wird, der Griff eine vernachlässigbare Masse hat und der Hammer im Kontakt mit dem Nagel bleibt, wenn er zur Ruhe kommt. Vernachlässigen Sie den Kraftstoß durch das Gewicht des Hammerkopfes während des Kontaktes mit dem Nagel.

Gegeben: $G = 1$ N, $v = 10$ m/s

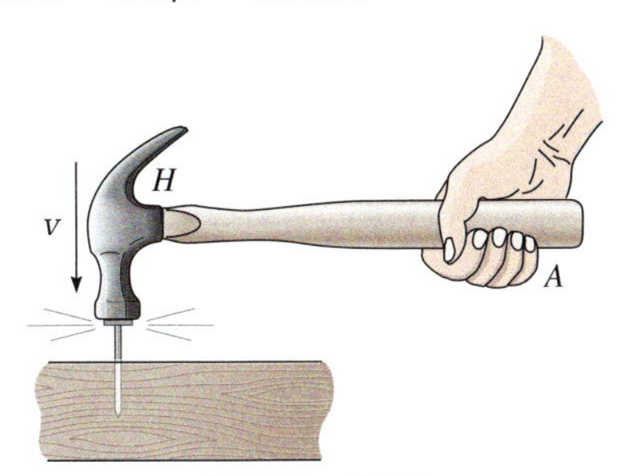

Abbildung A 4.7

***4.8** Im Betrieb erzeugt der Presslufthammer eine Kraft auf die Betonoberfläche, die im Diagramm als Funktion der Zeit dargestellt ist. Dazu wird die Meißelspitze S mit dem Gewicht G mit der Geschwindigkeit v_1 aus der Ruhe gegen die Oberfläche geschossen. Bestimmen Sie die Geschwindigkeit der Meißelspitze kurz nach dem Rückprall.

Gegeben: $G = 10$ N, $v_1 = 60$ m/s

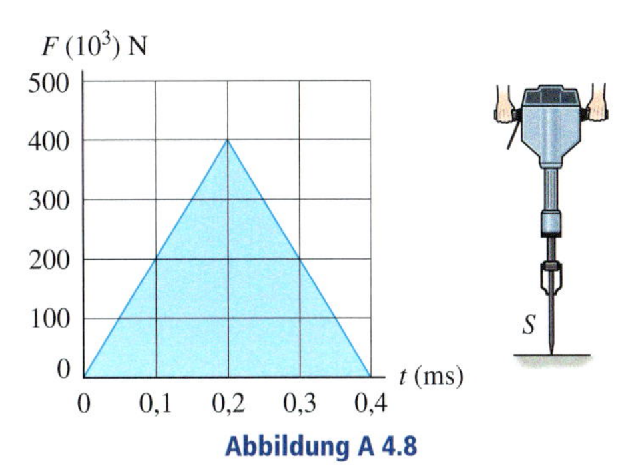

Abbildung A 4.8

4.9 In der Entfernung d von der Wand gleitet die Masse m mit der Geschwindigkeit v_1 auf der horizontalen Unterlage. Der Gleitreibungskoeffizient μ_g zwischen Klotz und Ebene ist gegeben. Bestimmen Sie den zum Anhalten erforderlichen Kraftstoß der Wand auf den Klotz. Vernachlässigen Sie den Reibungskraftstoß auf den Klotz während des Aufpralls.

Gegeben: $m = 5$ kg, $d = 6$ m, $v_1 = 14$ m/s, $\mu_g = 0{,}3$

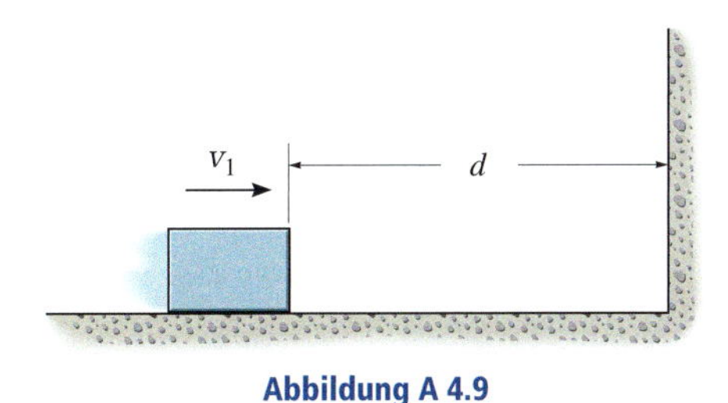

Abbildung A 4.9

4.10 Der Ball der Masse m wird so getreten, dass er den Boden unter dem Winkel α zur Horizontalen verlässt und im Abstand d auf der gleichen Höhe wieder auf dem Boden auftrifft. Berechnen Sie den Kraftstoß des Fußes F auf den Ball. Vernachlässigen Sie den Kraftstoß des Ballgewichtes beim Schuss.

Gegeben: $m = 200$ g, $\alpha = 30°$, $d = 15$ m

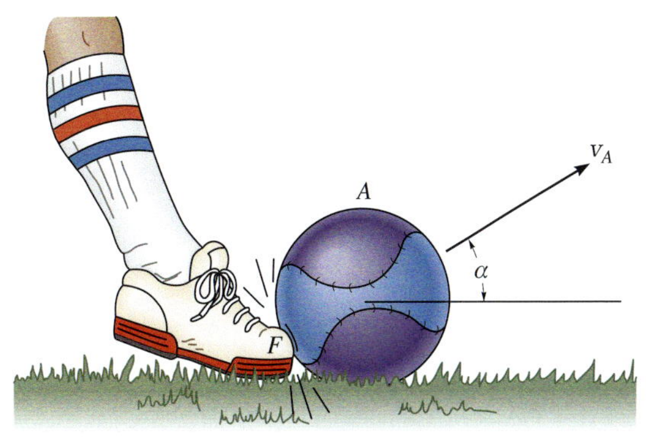

Abbildung A 4.10

4.11 Auf den Massenpunkt P wirkt ab $t = 0$ sein Gewicht G und die Kräfte F_1 und F_2. Er hat dabei die Anfangsgeschwindigkeit v_0. Wie groß ist seine Geschwindigkeit bei $t = t_1$?

Gegeben: $G = 30$ N, $t_1 = 2$ s, $\mathbf{F}_1 = (a\mathbf{i} + 2bt\mathbf{j} + bt\mathbf{k})$, $\mathbf{F}_2 = (ct^2\mathbf{i})$, $\mathbf{v}_0 = (3d\mathbf{i} + d\mathbf{j} + 6d\mathbf{k})$, $a = 5$ N, $b = 1$ N/s, $c = 1$ N/s^2, $d = 1$ m/s

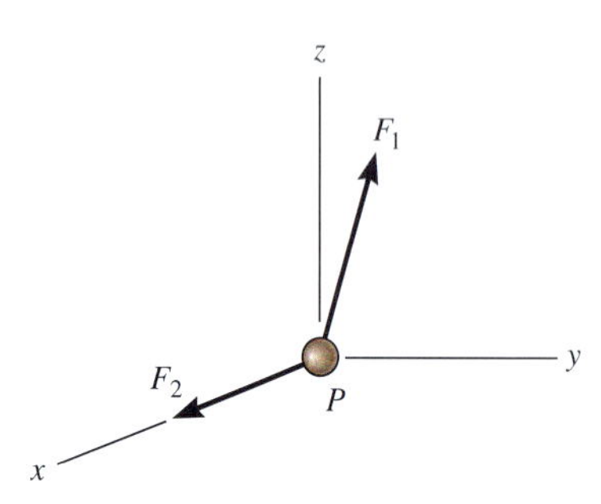

Abbildung A 4.11

***4.12** Das Zucken in einem Armmuskel erzeugt eine Kraft, deren Verlauf im Diagramm als Funktion der Zeit dargestellt ist. Die effektive Kontraktion des Muskels dauert von $t = 0$ bis $t = t_0$. Berechnen Sie den vom Muskel erzeugten Kraftstoß.

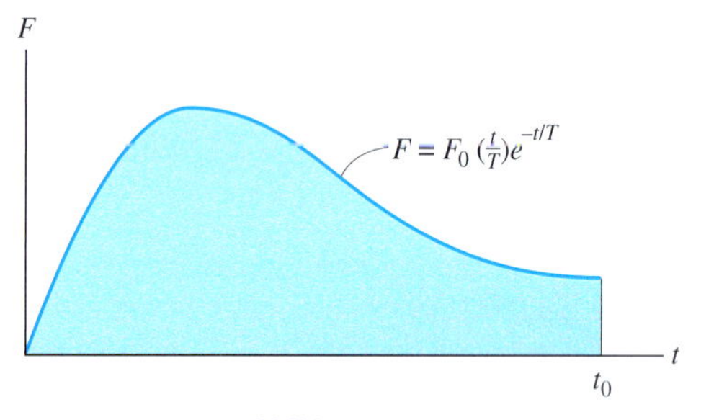

Abbildung A 4.12

4.13 Wir nehmen an, dass die Kraft auf eine Kugel der Masse m, die den Gewehrlauf beim Abfeuern in horizontaler Richtung durchläuft, sich als Funktion der Zeit in der dargestellten Weise ändert. Bestimmen Sie ihr Maximum F_0 zum Zeitpunkt $t = t_0$ beim Abschuss. Die Kugel ist anfänglich in Ruhe, die Mündungsgeschwindigkeit v_1 zum Zeitpunkt $t = t_1$ ist gegeben. Vernachlässigen Sie Reibungseinflüsse zwischen Kugel und Gewehrlauf.

Gegeben: $m = 2$ g, $t_0 = 0{,}5$ ms, $t_1 = 0{,}75$ ms, $v_1 = 500$ m/s

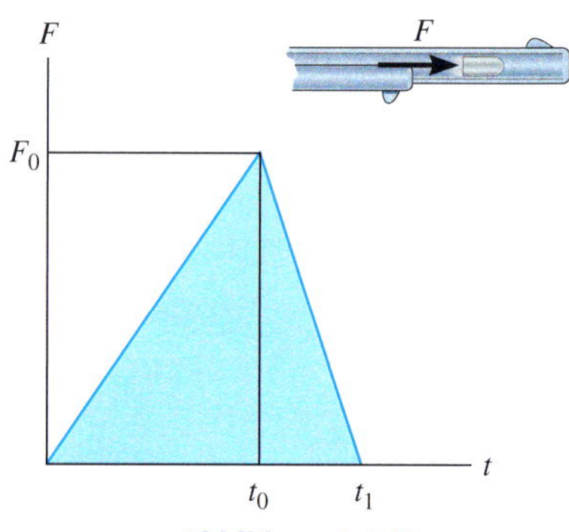

Abbildung A 4.13

4.14 Die Herleitung des Impulssatzes zeigt, dass er für Beobachter in einem *beliebigen* Inertialsystem gilt. Zeigen Sie, dass das richtig ist. Betrachten Sie dazu die Masse m auf der glatten Oberfläche, an der die horizontale Kraft F angreift. Beobachter A befindet sich im *ortsfesten* Referenzsystem x. Bestimmen Sie die Endgeschwindigkeit der Masse zum Zeitpunkt $t = t_1$. Die Anfangsgeschwindigkeit v_0 bezüglich des ortsfesten Systems ist gegeben. Vergleichen Sie das Ergebnis mit dem eines Beobachters B, der sich auf der x'-Achse befindet, die sich relativ zu A mit der Geschwindigkeit $v_{x'}$ bewegt.

Gegeben: $m = 10$ kg, $F = 6$ N, $v_0 = 5$ m/s, $t_1 = 4$ s, $v_{x'} = 2$ m/s

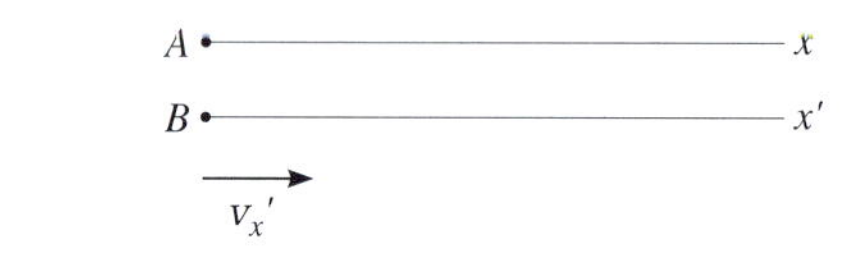

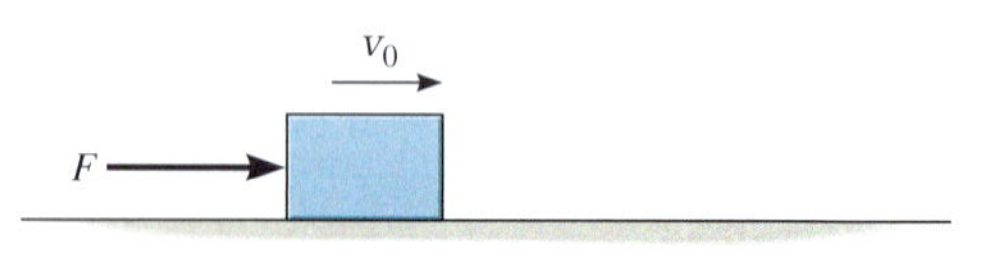

Abbildung A 4.14

4.15 An der Kommode mit dem Gewicht G greift die Kraft F an. Die Anfangsgeschwindigkeit beträgt v_0 und F wirkt immer parallel zur schiefen Ebene. Wie lange dauert es, bis die Kommode zum Stehen kommt? Vernachlässigen Sie die Größe der Rollen.

Gegeben: $G = 20$ N, $F = c/(t + b)^2$, $c = 60$ N/s^2, $b = 1$ s, $v_0 = 3$ m/s, $\alpha = 20°$

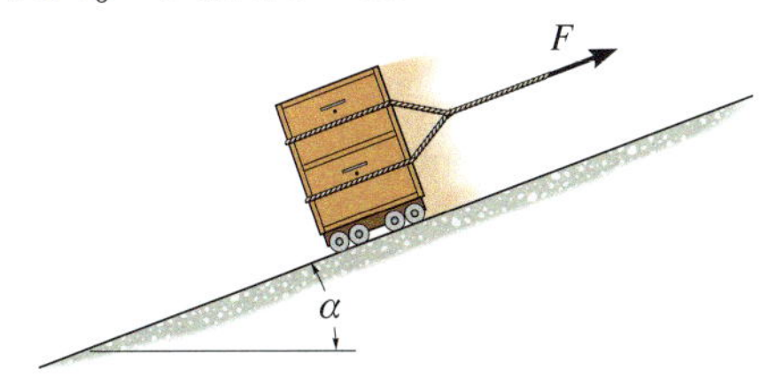

Abbildung A 4.15

***4.16** Der Schlepper mit der Masse m_S braucht die Zeitspanne Δt, um seine Geschwindigkeit aus dem Stand gleichmäßig auf v zu erhöhen. Bestimmen Sie die Seilkraft auf den Schlepper. Die Schiffsschraube erzeugt den Vortrieb F, der die Vorwärtsbewegung des Schleppers bewirkt. Der Lastkahn mit der Masse m_L bewegt sich frei. Bestimmen Sie ebenfalls die Vortriebskraft F auf den Schlepper.

Gegeben: $m_S = 50000$ kg, $m_L = 75000$ kg, $v = 25$ km/h, $\Delta t = 35$ s

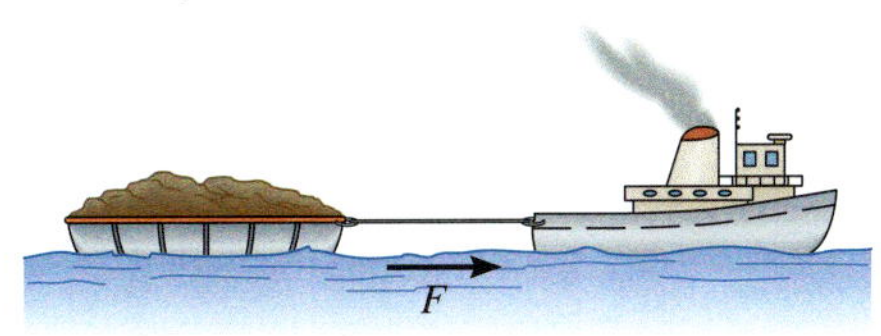

Abbildung A 4.16

4.17 Der Buckelwal mit der Masse m_W ist aufgrund des Gezeitenwechsels gestrandet. Bei der Rettung versucht ein Schlepper mit der Masse m_L mit Hilfe eines undehnbaren Seiles, das an der Schwanzflosse befestigt ist, ihn ins Wasser zu ziehen. Zur Überwindung der Reibungskraft des Sandes auf den Wal bewegt sich der Schlepper zurück, sodass das Seil durchhängt und fährt dann mit der Geschwindigkeit v vorwärts. Bestimmen Sie die mittlere Reibungskraft F auf den Wal, wenn die Motoren des Schleppers dann ausgeschaltet werden und, nachdem das Seil straff wird, für eine Zeitdauer Δt Gleiten auftritt, bevor der Schlepper stoppt. Wie groß ist die mittlere Seilkraft während des Ziehens?

Gegeben: $m_W = 5500$ kg, $m_L = 12000$ kg, $v = 3$ m/s, $\Delta t = 1{,}5$ s

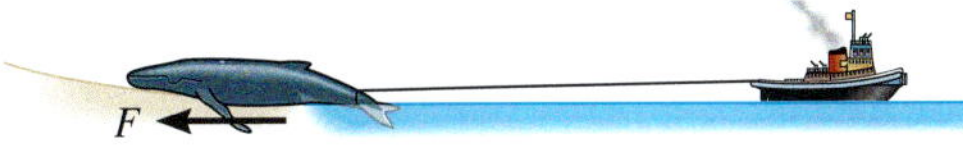

Abbildung A 4.17

4.18 Der homogene Balken mit dem Gewicht G bewegt sich aus der Ruhe und erreicht nach der Zeit t eine Aufwärtsgeschwindigkeit v. Bestimmen Sie die mittlere Zugkraft in den beiden Seilen AB und AC. Vernachlässigen Sie die Masse der Seile.

Gegeben: $G = 25$ kN, $v = 4$ m/s, $t = 1{,}5$ s, $l = 3$ m, $h = 2$ m

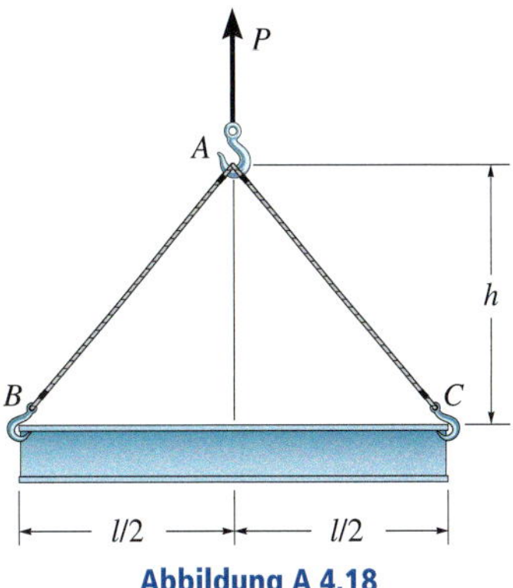

Abbildung A 4.18

4.19 Die Masse m fällt mit der Geschwindigkeit v_1 aus der Höhe h über dem Sandboden. Berechnen Sie den notwendigen Kraftstoß des Sandes auf die Masse, damit er anhält. Vernachlässigen Sie die Tiefe, in die die Masse in den Sand eindringt und nehmen Sie an, dass sie nicht zurückprallt. Vernachlässigen Sie das Gewicht beim Auftreffen auf den Sand.

Gegeben: $m = 5$ kg, $v_1 = 2$ m/s, $h = 8$ m

***4.20** Die Masse m fällt mit der Geschwindigkeit v_1 aus der Höhe h über dem Sandboden. Berechnen Sie die mittlere Impulskraft des Sandes auf die Masse. Die Bewegung der Masse wird in der Zeitspanne Δt nach dem Auftreffen auf den Sand angehalten. Vernachlässigen Sie die Tiefe, in die die Masse in den Sand eindringt und nehmen Sie an, dass sie nicht zurückprallt. Vernachlässigen Sie das Gewicht beim Auftreffen auf den Sand.

Gegeben: $m = 5$ kg, $v_1 = 2$ m/s, $h = 8$ m, $\Delta t = 0{,}9$ s

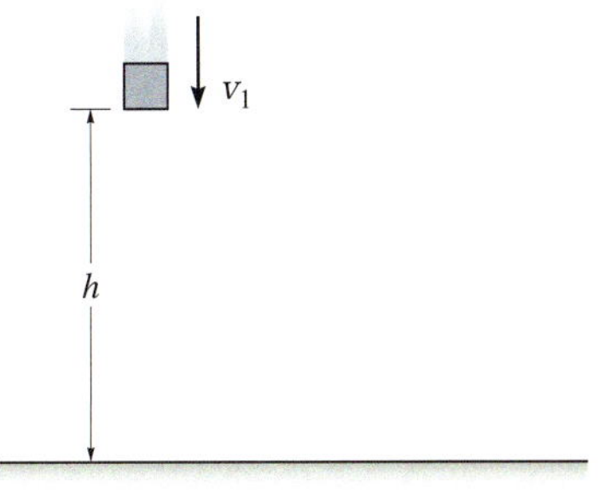

Abbildung A 4.19/4.20

4.21 Ein Klotz mit dem Gewicht G bewegt sich zu Beginn mit der Geschwindigkeit v_1 auf einer glatten horizontalen Ebene nach links. An ihm greift die horizontal gerichtete zeitabhängige Kraft $F(t)$ an. Bestimmen Sie die Geschwindigkeit zum Zeitpunkt $t = 3T/2$.

Gegeben: $G = 300\ \text{N}$, $v_1 = 2\ \text{m/s}$, $F(t) = F_0 \cos\left(\pi \frac{t}{T}\right)$, $T = 10\ \text{s}$, $F_0 = 250\ \text{N}$

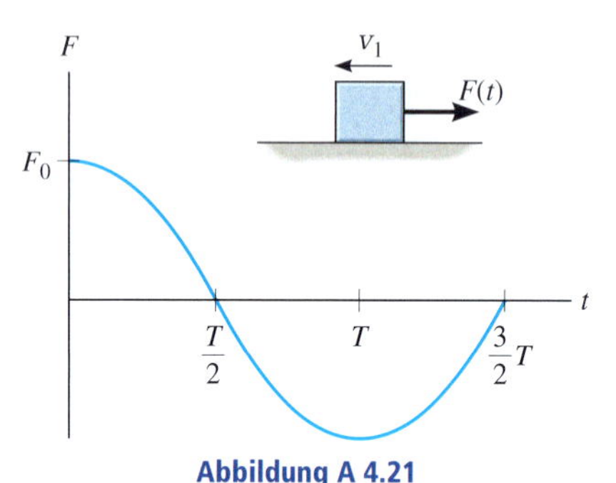

Abbildung A 4.21

4.22 Der Raketenschlitten der Masse m startet aus dem Stand bei $t = 0$. Der Vortrieb T hat den dargestellten Verlauf in Abhängigkeit der Zeit. Bestimmen Sie die Geschwindigkeit des Raketenschlittens zum Zeitpunkt $t = t_1$. Vernachlässigen Sie den Luftwiderstand, die Reibung und den Treibstoffverlust während der Bewegung.

Gegeben: $m = 3000\ \text{kg}$, $t_1 = 4\ \text{s}$, $T(t) = \left(a - be^{ct}\right)$, $a = 40(10^3)\ \text{N}$, $b = 30(10^3)\ \text{N}$, $c = -0{,}1/\text{s}$

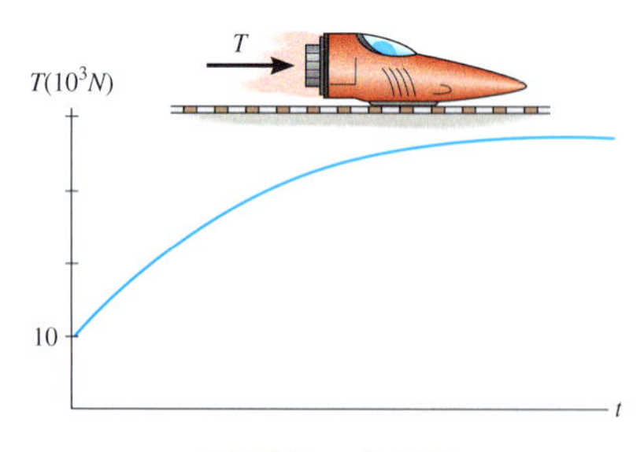

Abbildung A 4.22

4.23 Der Tennisball der Masse m hat die horizontale Geschwindigkeit v_1, als er vom Schläger getroffen wird. Er prallt dann unter dem Winkel α zur Horizontalen zurück und erreicht die maximale Höhe h über dem Schläger. Bestimmen Sie den Betrag des Kraftstoßes des Schlägers auf den Ball. Vernachlässigen Sie das Gewicht des Balles, während der Schläger ihn trifft.

Gegeben: $m = 180\ \text{g}$, $\alpha = 25°$, $v_1 = 15\ \text{m/s}$, $h = 10\ \text{m}$

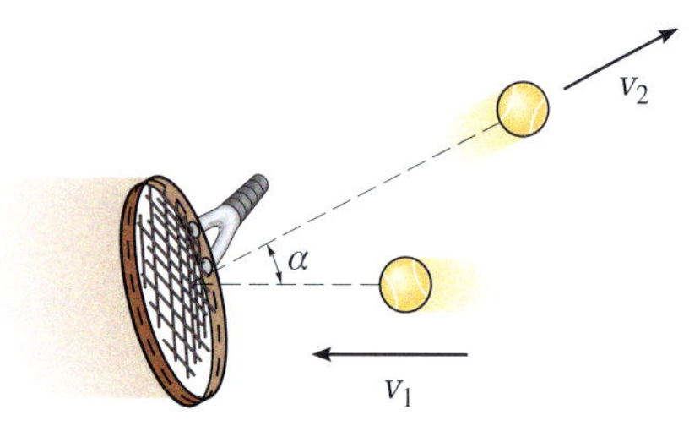

Abbildung A 4.23

***4.24** Ein Klotz der Masse m bewegt sich mit der Geschwindigkeit v_0 nach rechts. Ab $t = 0$ greifen die zeitabhängigen Kräfte F_1 und F_2 mit dem dargestellten Verlauf an den Seilen an. Bestimmen Sie die Geschwindigkeit des Klotzes zum Zeitpunkt $t = 3t_0$.

Gegeben: $m = 40\ \text{kg}$, $v_0 = 1{,}5\ \text{m/s}$, $t_0 = 2\ \text{s}$

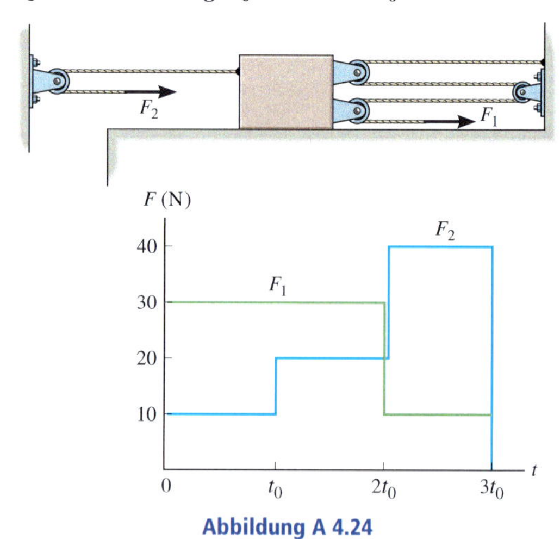

Abbildung A 4.24

4.25 Bestimmen Sie die Geschwindigkeiten der Massen A und B, die aus der Ruhe losgelassen werden, zum Zeitpunkt $t = t_1$. Vernachlässigen Sie die Masse der Rollen und der Seile.

Gegeben: $G_A = 20\ \text{N}$, $G_B = 40\ \text{N}$, $t_1 = 2\ \text{s}$

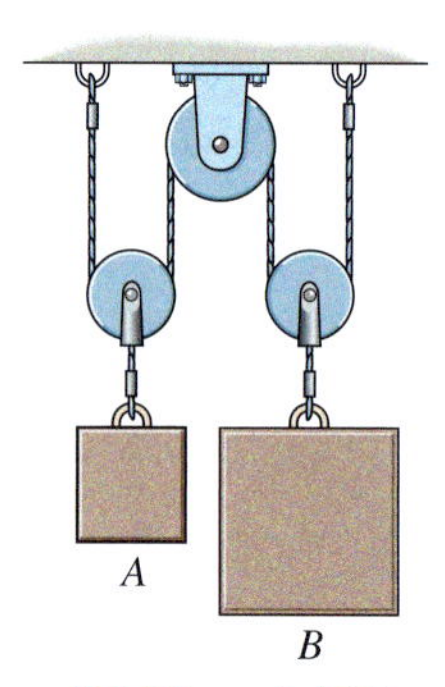

Abbildung A 4.25

4.26 Das Paket der Masse m wird in A aus der Ruhe losgelassen und gleitet auf einer schiefen Ebene der Neigung α herunter. Der Gleitreibungskoeffizient μ_g zwischen der rauen Oberfläche und dem Paket ist gegeben. Bestimmen Sie die Dauer des Gleitvorgangs, bis das Paket zur Ruhe kommt. Vernachlässigen Sie die Größe des Pakets.

Gegeben: $m = 5$ kg, $h = 3$ m, $\alpha = 30°$, $\mu_g = 0{,}2$

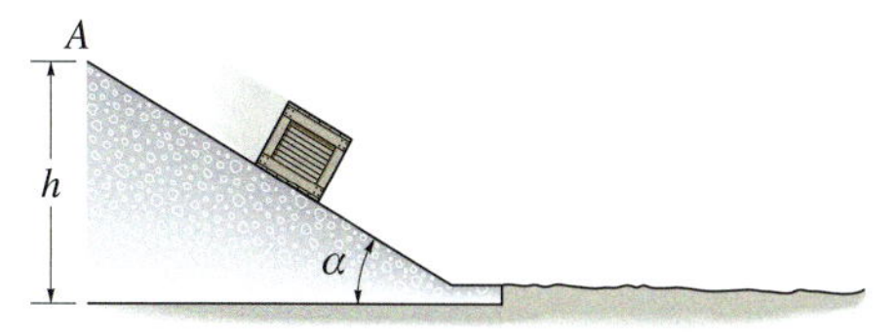

Abbildung A 4.26

4.27 Der Klotz B mit dem Gewicht G_B senkt sich zu Anfang $t = 0$ mit der Geschwindigkeit $(v_B)_0$ ab. Bestimmen Sie die Geschwindigkeit von Klotz A mit dem Gewicht G_A zum Zeitpunkt $t = t_1$. Die horizontale Ebene ist glatt. Vernachlässigen Sie die Masse der Rollen und der Seile.

Gegeben: $G_A = 100$ N, $G_B = 30$ N, $t_1 = 1$ s, $(v_B)_0 = 1$ m/s

***4.28** Der Klotz B mit dem Gewicht G_B senkt sich zu Anfang $t = 0$ mit der Geschwindigkeit $(v_B)_0$ ab. Bestimmen Sie die Geschwindigkeit von Klotz A mit dem Gewicht G_A zum Zeitpunkt $t = t_1$. Der Gleitreibungskoeffizient μ_g zwischen horizontaler Unterlage und Klotz A ist gegeben.

Gegeben: $G_A = 100$ N, $G_B = 30$ N, $t_1 = 1$ s, $(v_B)_0 = 1$ m/s, $\mu_g = 0{,}15$

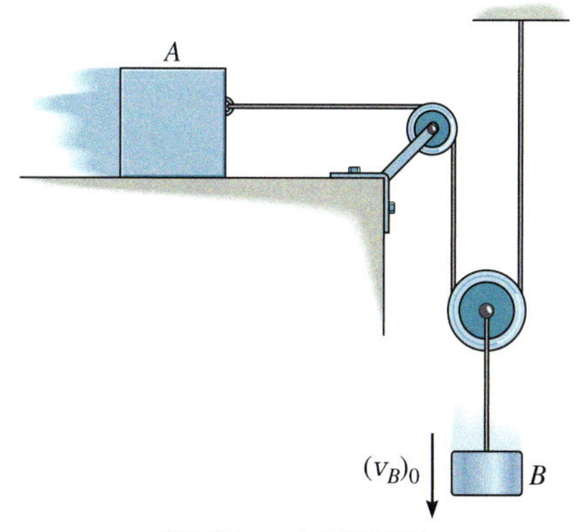

Abbildung A 4.27/4.28

4.29 Die Winde übt eine horizontale zeitabhängige Zugkraft F auf das Seil in A aus. Bestimmen Sie die Geschwindigkeit des Eimers B der Masse m zur Zeit t_2. Die nach oben gerichtete Anfangsgeschwindigkeit v_0 des Eimers ist gegeben.

Gegeben: $m = 70$ kg, $t_1 = 12$ s, $F_1 = 360$ N, $t_2 = 18$ s, $t_3 = 24$ s, $F_3 = 600$ N, $v_0 = 3$ m/s

4.30 Die Winde übt eine horizontale zeitabhängige Zugkraft F auf das Seil in A aus. Bestimmen Sie die Geschwindigkeit des Eimers B der Masse m zum Zeitpunkt $t = t_3$. Die nach unten gerichtete Anfangsgeschwindigkeit v_0 des Eimers ist gegeben.

Gegeben: $m = 80$ kg, $t_1 = 12$ s, $F_1 = 360$ N, $t_3 = 24$ s, $F_3 = 600$ N, $v_0 = 20$ m/s

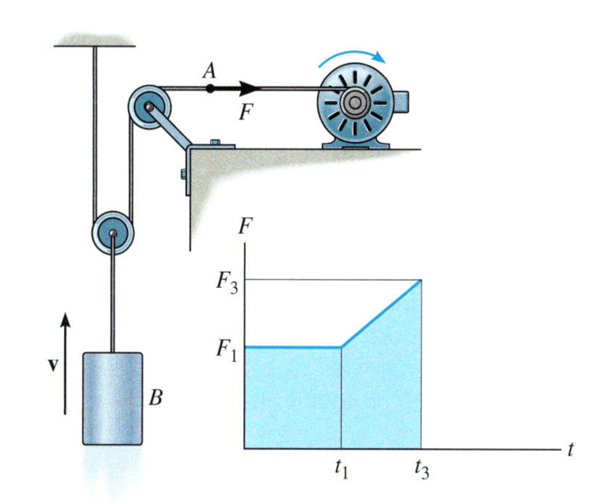

Abbildung A 4.29/4.30

4.31 Der Baumstamm der Masse m ruht auf dem Boden. Der Haft- und der Gleitreibungskoeffizient sind mit μ_h und μ_g gegeben. Die Winde übt eine horizontale zeitabhängige Zugkraft T auf das Seil in A aus. Bestimmen Sie die Geschwindigkeit des Baumstamms zum Zeitpunkt $t = t_1$. Zu Beginn ist die Seilkraft gleich null. *Hinweis:* Berechnen Sie zunächst die Kraft, die erforderlich ist, um den Baumstamm in Bewegung zu setzen.

Gegeben: $m = 500$ kg, $t_1 = 3$ s, $T_1 = 1800$ N, $\mu_h = 0{,}5$, $\mu_g = 0{,}4$, $T(t) = bt^2$ für $0 \le t \le t_1$, $b = 200$ N/s^2

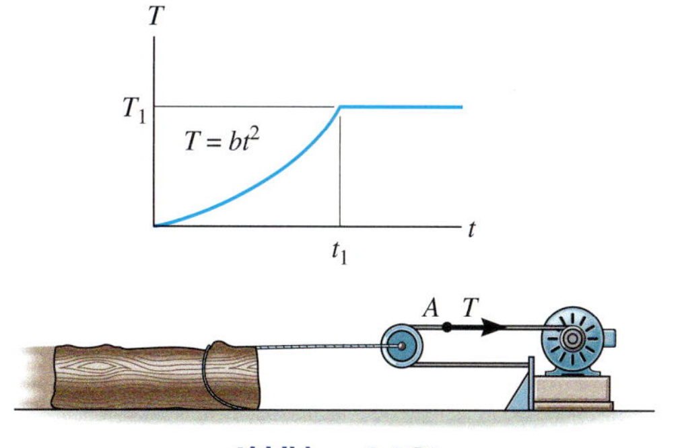

Abbildung A 4.31

Aufgaben zu 4.3

Ausgewählte Lösungswege 

Lösungen finden Sie in *Anhang C*.

***4.32** Ein Eisenbahnwaggon mit der Masse m_A fährt mit der Geschwindigkeit v_A auf einem horizontalen Gleis. Gleichzeitig fährt ein anderer Waggon der Masse m_B mit v_B in die entgegengesetzte Richtung. Die Waggons treffen aufeinander und kuppeln an. Bestimmen Sie die Geschwindigkeit der beiden Waggons unmittelbar nach dem Ankoppeln. Ermitteln Sie die Differenz der kinetischen Gesamtenergie vor und nach dem Ankoppeln und erläutern Sie qualitativ den Grund für die Differenz.

Gegeben: $m_A = 15000$ kg, $v_A = 1{,}5$ m/s, $m_B = 12000$ kg, $v_B = 0{,}75$ m/s

4.33 Das Auto mit der Masse m_A fährt mit der Geschwindigkeit v_A nach rechts. Gleichzeitig fährt das Auto mit der Masse m_B mit v_B nach links. Die Autos stoßen frontal zusammen und verhaken sich. Bestimmen Sie die gemeinsame Geschwindigkeit unmittelbar nach dem Zusammenstoß. Nehmen Sie an, dass die Fahrer beim Zusammenstoß nicht bremsen.

Gegeben: $m_A = 2250$ kg, $v_A = 1$ m/s, $m_B = 1500$ kg, $v_B = 2$ m/s

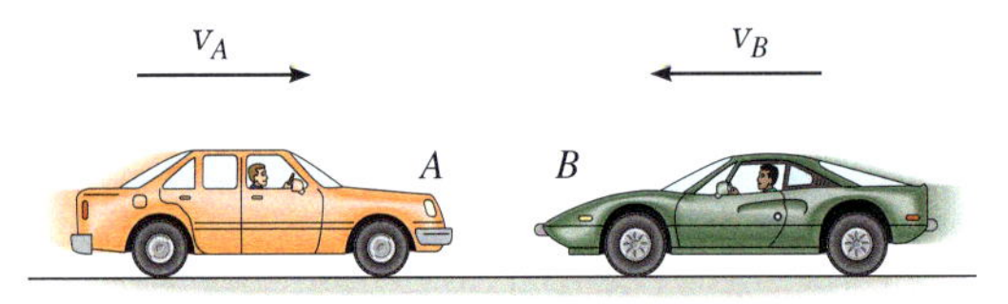

Abbildung A 4.33

4.34 Der Bus B mit der Masse m_B fährt mit der Geschwindigkeit v_B nach rechts. Gleichzeitig fährt das Auto A mit der Masse m_A mit v_A nach links. Die Fahrzeuge stoßen frontal zusammen und verhaken sich. Bestimmen Sie die gemeinsame Geschwindigkeit unmittelbar nach dem Zusammenstoß. Nehmen Sie an, dass die Wagen beim Zusammenstoß frei rollen können.

Gegeben: $m_B = 7500$ kg, $v_B = 2{,}5$ m/s, $m_A = 1500$ kg, $v_A = 2$ m/s

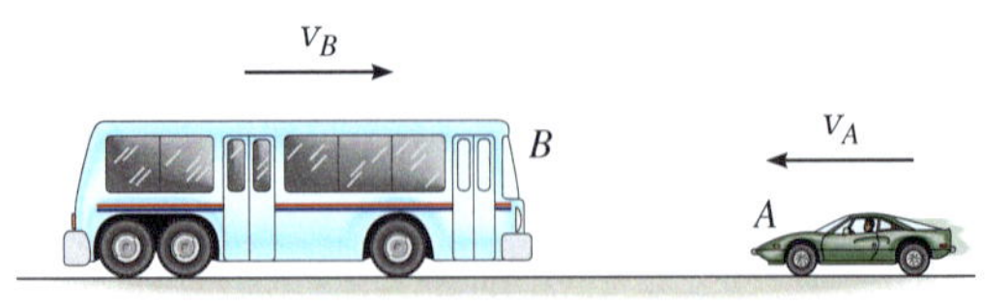

Abbildung A 4.34

4.35 Die beiden Massen A und B sind an parallelen Seilen aufgehängt. Eine Feder mit der Federkonstanten c ist an B befestigt und wird in der gezeigten Anfangslage um s gestaucht. Bestimmen Sie die maximalen Winkel θ und ϕ, welche die Seile erreichen, wenn die Klötze aus der Ruhe losgelassen werden und die Feder nach der Trennung der Massen in den ungedehnten Zustand zurückkehrt.

Gegeben: $m_A = m_B = m = 5$ kg, $c = 60$ N/m, $s = 0{,}3$ m

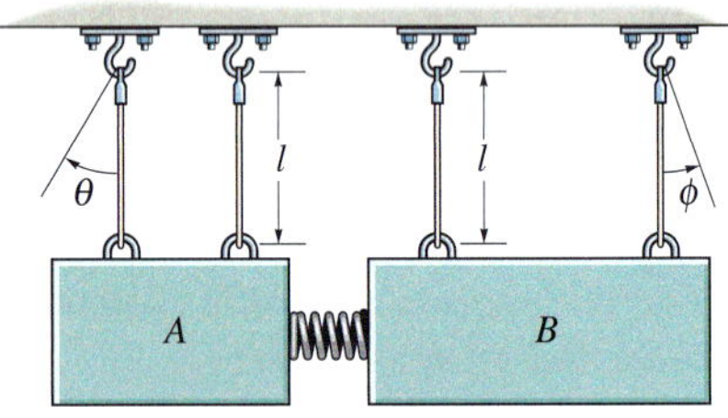

Abbildung A 4.35

***4.36** Die beiden Männer A und B, jeweils mit der Masse m_M, stehen auf dem Wagen mit der Masse m_W. Beide laufen mit der Geschwindigkeit v relativ zum Wagen. Wie groß ist die Endgeschwindigkeit des Wagens, wenn (a) A rennt und abspringt, dann B rennt und am gleichen Ende abspringt und (b) beide gleichzeitig rennen und abspringen. Vernachlässigen Sie die Masse der Räder und nehmen Sie an, dass die Männer horizontal abspringen.

Gegeben: $m_M = 80$ kg, $m_W = 100$ kg, $v = 1$ m/s

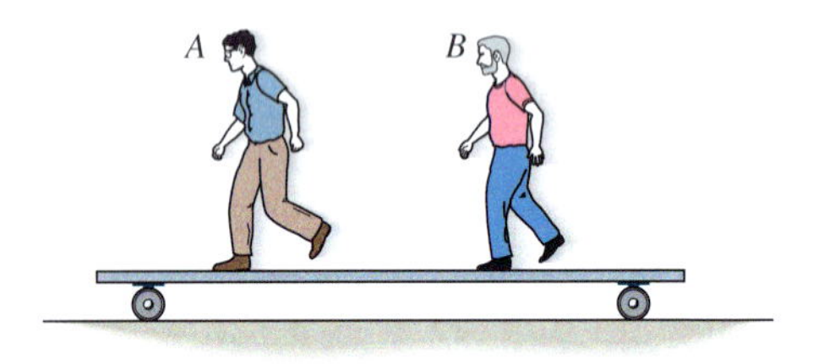

Abbildung A 4.36

4.37 Ein Mann der Masse m_M auf Schlittschuhen wirft eine Masse m_G mit der Anfangsgeschwindigkeit v_1 relativ zu sich in die dargestellte Richtung. Ursprünglich ist er in Ruhe, führt den Wurf innerhalb der Zeitspanne Δt aus und hält dabei die Beine steif. Wie groß ist die Geschwindigkeit des Mannes in horizontaler Richtung kurz nach dem Loslassen der weggeworfenen Masse? Bestimmen Sie die vertikale Reaktionskraft beider Schlittschuhe auf das Eis während des Wurfes. Vernachlässigen Sie die Reibung und die Bewegung der Arme.

Gegeben: $m_M = 70$ kg, $m_G = 8$ kg, $v_1 = 2$ m/s, $\Delta t = 1{,}5$ s, $\alpha = 30°$

Abbildung A 4.37

4.38 Der Lastkahn hat die Masse m_L und transportiert zwei Autos A und B mit der Masse m_A bzw. m_B. Die Autos fahren aus dem Stand los und fahren aufeinander zu. Sie beschleunigen mit a_A bzw. a_B, bis sie die konstante Geschwindigkeit v relativ zum Lastkahn erreichen. Wie groß ist die Geschwindigkeit des Lastkahns kurz vor dem Zusammenstoß? Wie viel Zeit vergeht bis dahin? Ursprünglich ist der Lastkahn in Ruhe. Vernachlässigen Sie den Wasserwiderstand.

Gegeben: $m_L = 22500$ kg, $m_A = 2000$ kg, $m_B = 1500$ kg, $a_A = 2$ m/s^2, $a_B = 4$ m/s^2, $v = 3$ m/s, $d = 15$ m

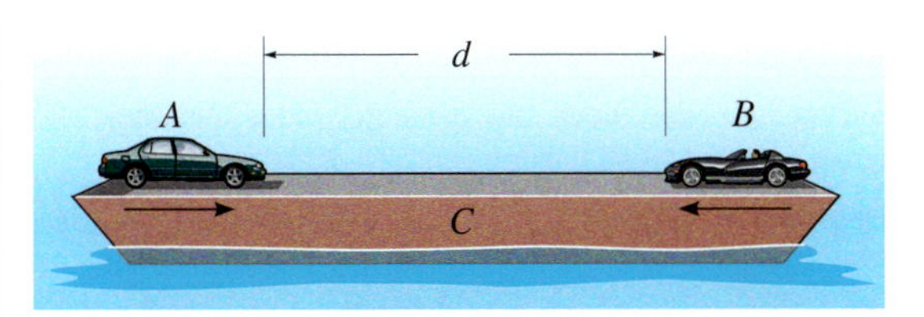

Abbildung A 4.38

4.39 Der Lastkahn B hat die Masse m_B und transportiert ein Auto A mit der Masse m_A. Der Lastkahn ist nicht am Pier P befestigt und das Auto wird zum Entladen an die andere Seite des Lastkahns gefahren. Wie weit entfernt sich der Lastkahn vom Pier? Vernachlässigen Sie den Wasserwiderstand.

Gegeben: $m_B = 15000$ kg, $m_A = 1500$ kg, $d = 100$ m

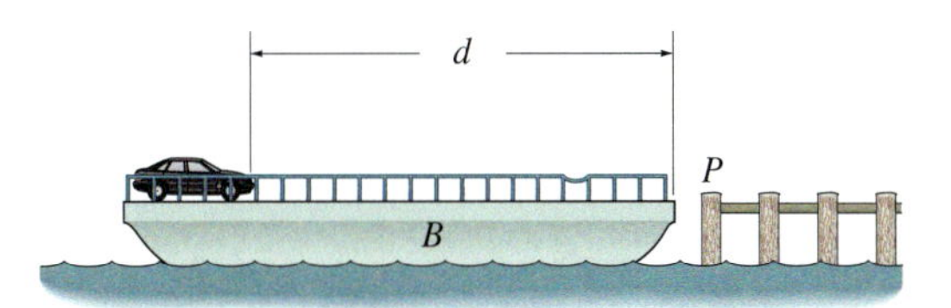

Abbildung A 4.39

***4.40** Der Klotz A der Masse m_A gleitet reibungsfrei mit der Geschwindigkeit v in die Kiste B mit offenem Ende und der Masse m_B, die auf der Platte P der Masse m_P ruht. Bestimmen Sie die Strecke, bis die Platte auf dem Boden nach dem auftretenden Gleitvorgang wieder zur Ruhe kommt. Wie lange dauert es nach Einsetzen des Stoßes, bis alle Komponenten zur Ruhe gekommen sind? Der Gleitreibungskoeffizient zwischen Kiste und Platten ist μ_g, zwischen Platte und Boden μ'_g und der Haftreibungskoeffizient zwischen Platte und Boden ist μ'_h.

Gegeben: $m_A = 2$ kg, $m_B = m_P = 3$ kg, $v = 2$ m/s, $\mu_g = 0{,}2$, $\mu'_g = 0{,}4$, $\mu'_h = 0{,}5$

4.41 Der Klotz A der Masse m_A gleitet reibungsfrei mit der Geschwindigkeit v in die Kiste B mit offenem Ende und der Masse m_B, die auf der Platte P der Masse m_P ruht. Bestimmen Sie die Strecke, bis die Platte auf dem Boden nach dem auftretenden Gleitvorgang wieder zur Ruhe kommt. Wie lange dauert es nach Einsetzen des Stoßes bis alle Komponenten zur Ruhe gekommen sind? Der Gleitreibungskoeffizient zwischen Kiste und Platten ist μ_g, zwischen Platte und Boden μ'_g und der Haftreibungskoeffizient zwischen Platte und Boden ist μ'_h.

Gegeben: $m_A = 2$ kg, $m_B = m_P = 3$ kg, $v = 2$ m/s, $\mu_g = 0{,}2$, $\mu'_g = 0{,}1$, $\mu'_h = 0{,}12$

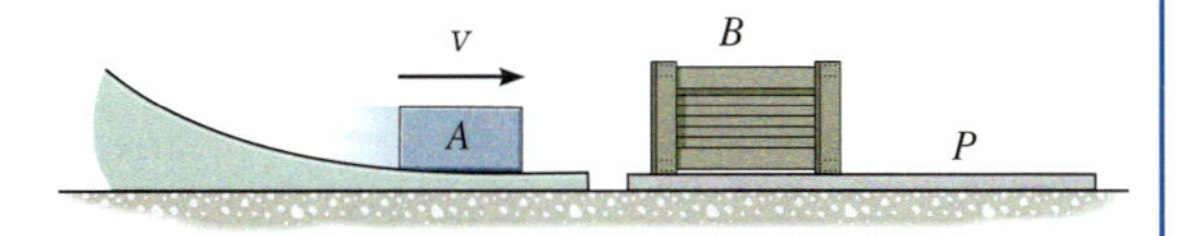

Abbildung A 4.40/4.41

4.42 Der Mann mit der Masse m_M springt auf das Boot B mit der Masse m_B. Der horizontale Geschwindigkeitsanteil v_{Mx} *relativ zum Boot* kurz vor dem Auftreffen auf diesem sowie die Geschwindigkeit v_B, mit der sich das Boot vom Pier beim Absprung bewegt, sind gegeben. Bestimmen Sie die gemeinsame Geschwindigkeit des Mannes und des Bootes, mit der sich beide weiterbewegen.

Gegeben: $m_M = 75$ kg, $m_B = 100$ kg, $v_{Mx} = 1{,}5$ m/s, $v_B = 1$ m/s

4.43 Der Mann mit der Masse m_M springt auf das Boot B, das sich ursprünglich in Ruhe befindet. Sein horizontaler Geschwindigkeitsanteil v_{Mx} kurz vor dem Auftreffen auf dem Boot sowie die gemeinsame Geschwindigkeit v des Bootes, wenn der Mann aufgesprungen ist, sind gegeben. Bestimmen Sie die Masse des Bootes.

Gegeben: $m_M = 75$ kg, $v_{Mx} = 1{,}5$ m/s, $v = 1$ m/s

Abbildung A 4.42/4.43

***4.44** Ein Junge A mit der Masse m_A und ein Mädchen B mit der Masse m_B stehen bewegungslos auf dem zunächst ruhenden Schlitten mit der Masse m_S. A geht zu B und bleibt stehen, dann gehen beide zurück zur Ausgangsposition von A. Bestimmen Sie die Endposition des Schlittens, unmittelbar nachdem er wieder zum Stand gekommen ist. Vernachlässigen Sie Reibungseffekte.

Gegeben: $m_A = 40$ kg, $m_B = 32{,}5$ kg, $m_S = 10$ kg, $d = 2$ m

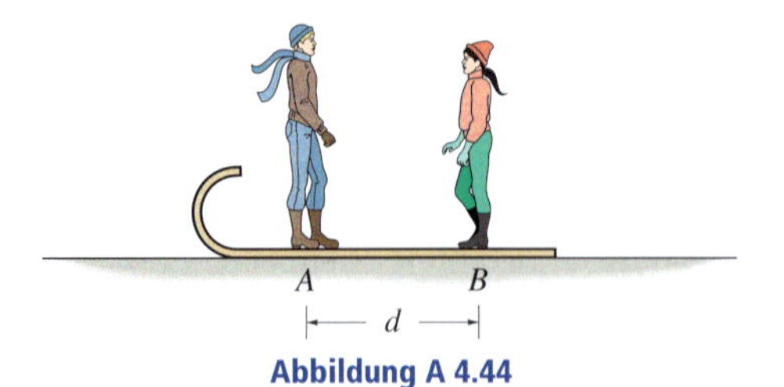

Abbildung A 4.44

4.45 Das Geschoss der Masse m wird mit der Anfangsgeschwindigkeit v_A vom Boden in der dargestellten Richtung abgefeuert. Am höchsten Punkt B explodiert das Geschoss und spaltet sich in zwei Stücke der halben Masse. Ein Stück fliegt mit der Geschwindigkeit v_B vertikal nach oben. Bestimmen Sie den Abstand der beiden Stücke voneinander nach ihrem Auftreffen auf den Boden. Vernachlässigen Sie die Größe der Kanone.

Gegeben: $m = 5$ kg, $v_A = 20$ m/s, $v_B = 3$ m/s, $\alpha = 60°$

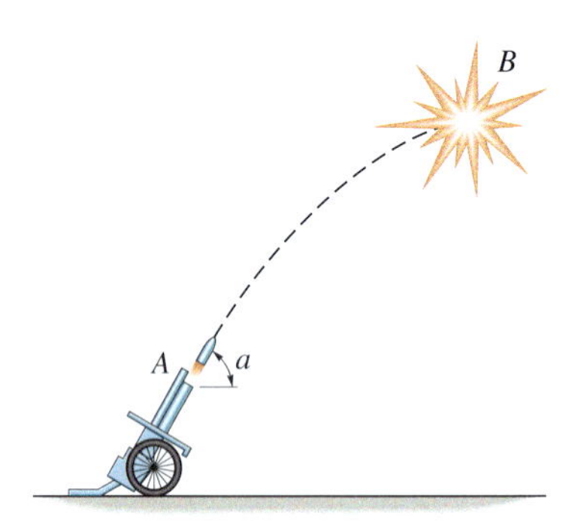

Abbildung A 4.45

4.46 Zwei Kisten A und B mit jeweils der Masse m stehen auf dem frei rollenden Förderer der Masse m_F. Das Band startet aus der Ruhe und erreicht die Geschwindigkeit v_1. Bestimmen Sie die Endgeschwindigkeit, wenn (a) die Kisten nicht aufeinander gestapelt sind und zunächst A und dann B den Förderer verlässt, und (b) A auf B steht und beide zusammen herunterfallen.

Gegeben: $m = 80$ kg, $m_F = 250$ kg, $v_1 = 1$ m/s

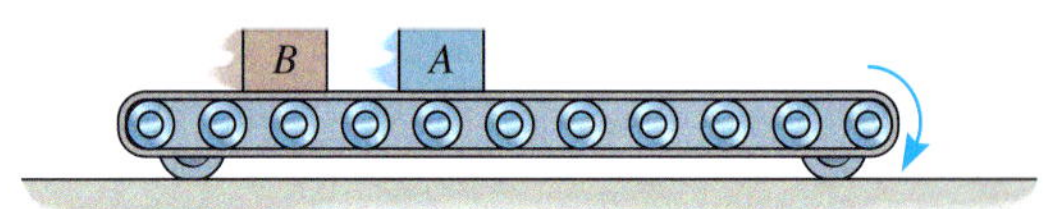

Abbildung A 4.46

4.47 Der keilförmige Block mit der Masse m_B wird auf der glatten schiefen Ebene mit dem Neigungswinkel α vom Bremsklotz A gehalten. Ein Geschoss der Masse m_G trifft die Masse m_B mit der Geschwindigkeit v_G. Bestimmen Sie die Strecke, die der Block die geneigte Ebene hinaufgleitet, bevor er zum Stehen kommt.

Gegeben: $m_B = 10$ kg, $m_G = 10$ g, $v_G = 300$ m/s, $\alpha = 30°$

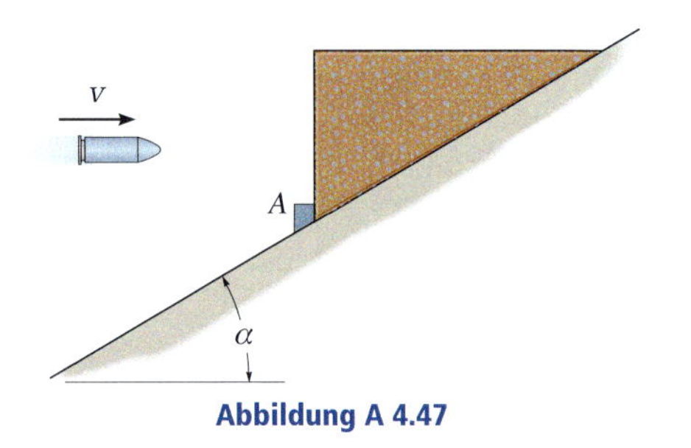

Abbildung A 4.47

***4.48** Der Schlepper T mit der Masse m_T ist mit einem „elastischen" Seil der Federkonstanten c mit dem Lastkahn B der Masse m_B verbunden. Bestimmen Sie die maximale Dehnung des Seiles beim Anziehen. Ursprünglich bewegen sich Schlepper und Lastkahn mit den Geschwindigkeiten v_{T1} bzw. v_{B1}. Vernachlässigen Sie den Wasserwiderstand.

Gegeben: $m_T = 19000$ kg, $m_B = 75000$ kg, $(v_T)_1 = 15$ km/h, $(v_B)_1 = 10$ km/h, $c = 600$ kN/m

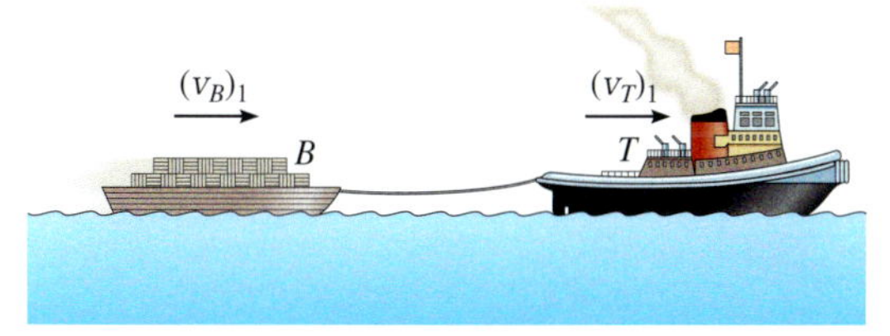

Abbildung A 4.48

4.49 Der Karren B der Masse m_B wird von Rollen vernachlässigbarer Größe gestützt. Ein Koffer A der Masse m_A wird mit der Geschwindigkeit v_A horizontal darauf geworfen. Bestimmen Sie für einen Gleitreibungskoeffizienten μ_g zwischen A und B die Zeitdauer, in der A relativ zu B gleitet, sowie die gemeinsame Endgeschwindigkeit von A und B.

Gegeben: $m_B = 10$ kg, $m_A = 5$ kg, $v_A = 3$ m/s, $\mu_g = 0{,}4$

4.50 Der Karren B der Masse m_B wird von Rollen vernachlässigbarer Größe gestützt. Ein Koffer A der Masse m_A wird mit der Geschwindigkeit v_A horizontal darauf geworfen. Bestimmen Sie für einen Gleitreibungskoeffizienten μ_g zwischen A und B die Zeitspanne und die Strecke, die B zurücklegt, bevor A relativ zu B zur Ruhe kommt.

Gegeben: $m_B = 10$ kg, $m_A = 5$ kg, $v_A = 3$ m/s, $\mu_g = 0{,}4$

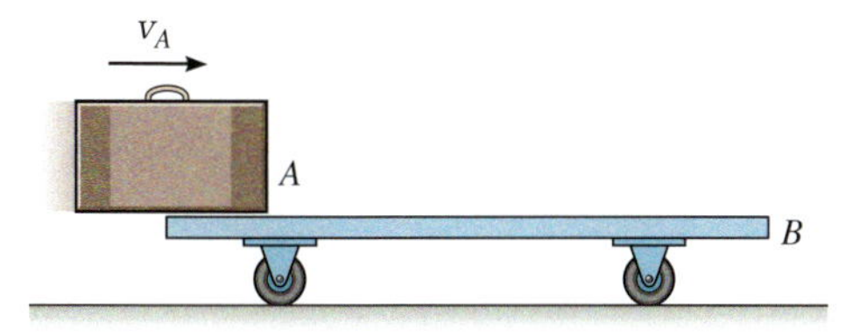

Abbildung A 4.49/4.50

4.51 Die frei rollende Rampe hat die Masse m_R. Eine Kiste mit der Masse m_K gleitet aus der Ruhe von Punkt A die Strecke l bis zum Punkt B. Die Oberfläche der Rampe ist ideal glatt. Bestimmen Sie die Geschwindigkeit der Rampe, wenn die Kiste B erreicht. Wie groß ist dann die Geschwindigkeit der Kiste?

Gegeben: $m_R = 40$ kg, $m_K = 10$ kg, $l = 3{,}5$ m, $\alpha = 30°$

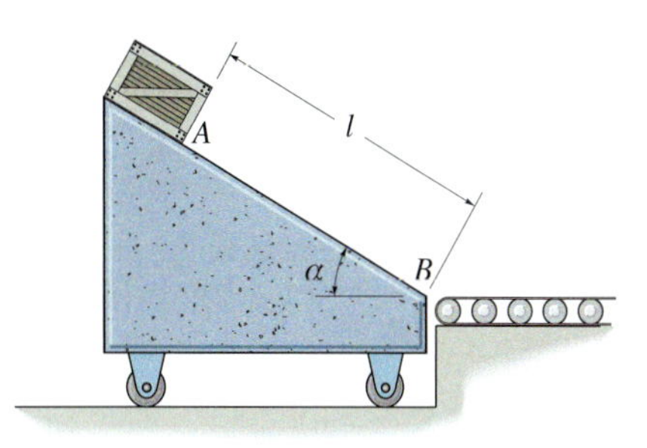

Abbildung A 4.51

***4.52** Die Masse m_B ruht auf dem Karren der Masse m_K. Eine Feder mit der Federkonstanten c ist an der Karre, aber nicht an der Masse befestigt und anfänglich um die Strecke s gestaucht. Dann wird das System aus der Ruhe losgelassen. Wie groß ist die Geschwindigkeit des Klotzes, wenn die Feder ihre ungespannte Länge erreicht hat? Vernachlässigen Sie in der Berechnung die Masse der Räder und der Feder sowie Reibung.

Gegeben: $m_B = 50$ kg, $m_K = 75$ kg, $s = 0{,}2$ m, $c = 300$ N/m

4.53 Die Masse m_B ruht auf dem Wagen der Masse m_W. Eine Feder mit der Federkonstanten c ist an dem Wagen, aber nicht an der Masse befestigt und anfänglich um die Strecke s gestaucht. Dann wird das System aus der Ruhe losgelassen. Wie groß ist die Geschwindigkeit des Klotzes relativ zum Wagen, wenn die Feder die ungespannte Länge erreicht hat? Vernachlässigen sie die Masse der Räder und der Feder in der Berechnung sowie Reibung.

Gegeben: $m_B = 50$ kg, $m_W = 75$ kg, $s = 0{,}2$ m, $c = 300$ N/m

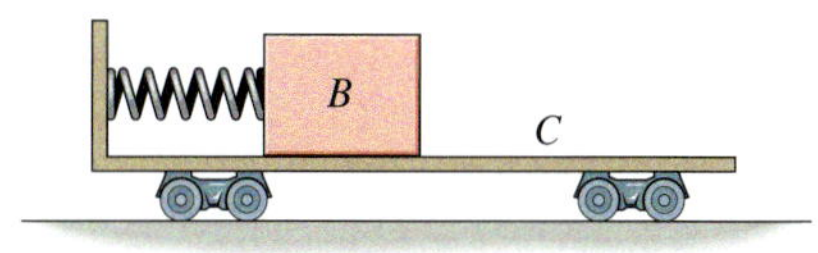

Abbildung A 4.52/4.53

4.54 Die Massen A und B befinden sich in Ruhe auf einer glatten horizontalen Unterlage, und die Feder zwischen ihnen ist um die Strecke s gedehnt. Dann werden sie losgelassen. Wie groß sind die Geschwindigkeiten der Massen, wenn die Feder die ungespannte Länge erreicht hat?

Gegeben: $m_A = 40$ kg, $m_B = 60$ kg, $s = 2$ m, $c = 180$ N/m

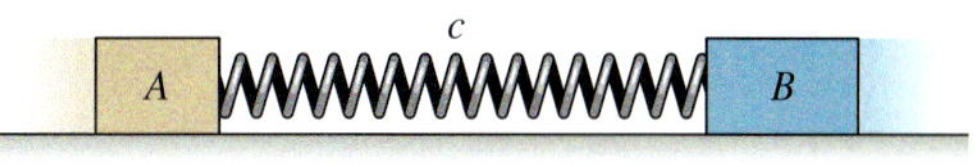

Abbildung A 4.54

Aufgaben zu 4.4

Ausgewählte Lösungswege 

Lösungen finden Sie in *Anhang C*.

4.55 Eine Billardkugel der Masse m wird in der Höhe h_1 über einer sehr großen, unverschiebbar gelagerten Metallfläche aus der Ruhe losgelassen. Die Kugel prallt bis zur Höhe h_2 hoch. Wie groß ist der Restitutionskoeffizient zwischen Ball und Oberfläche?

Gegeben: $m = 200$ g, $h_1 = 400$ mm, $h_2 = 325$ mm

***4.56** Die Masse A gleitet mit der Geschwindigkeit $(v_A)_1$ auf einer rauen horizontalen Unterlage und stößt mit B zusammen, die sich in Ruhe befindet. Der Zusammenstoß ist vollelastisch ($e = 1$). Bestimmen Sie die Geschwindigkeit der beiden Massen kurz nach dem Zusammenstoß und den Abstand voneinander, wenn sie zum Stehen kommen. Der Gleitreibungskoeffizient μ_g zwischen den Klötzen und der Ebene ist gegeben.

Gegeben: $m_A = 3$ kg, $m_B = 2$ kg, $(v_A)_1 = 2$ m/s, $\mu_g = 0{,}3$

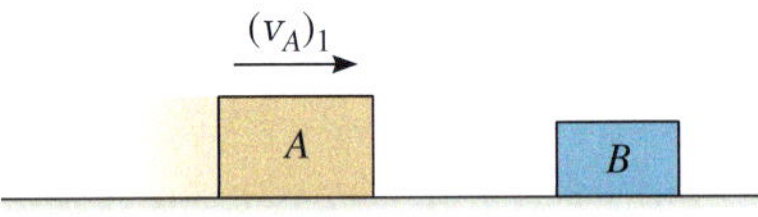

Abbildung A 4.56

4.57 Die Scheibe A der Masse m_A gleitet mit der Geschwindigkeit $(v_A)_1$ auf einer *glatten* Oberfläche und stößt in Form eines geraden zentralen Stoßes mit der Scheibe B der Masse m_B zusammen, die mit $(v_B)_1$ in Richtung A gleitet. Die Stoßzahl zwischen den Scheiben beträgt e. Bestimmen Sie die Geschwindigkeiten der beiden Scheiben unmittelbar nach dem Zusammenstoß.

Gegeben: $m_A = 2$ kg, $m_B = 4$ kg, $(v_A)_1 = 5$ m/s, $(v_B)_1 = 2$ m/s, $e = 0{,}4$

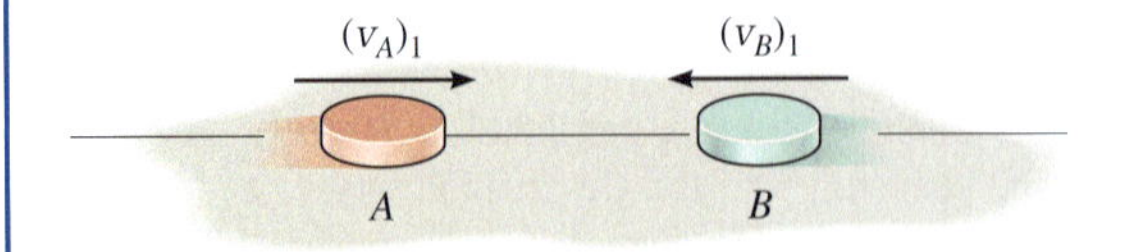

Abbildung A 4.57

4.58 Die drei Bälle haben jeweils die Masse m. Ball A wird aus der Ruhe in der Höhe r losgelassen und stößt mit Ball B zusammen, dann stößt Ball B mit Ball C zusammen. Bestimmen Sie die Geschwindigkeit der drei Bälle nach dem zweiten Zusammenstoß. Die Bälle gleiten reibungsfrei, die Stoßzahl ist e.

Gegeben: $m = 0{,}5$ kg, $e = 0{,}85$, $r = 1$ m

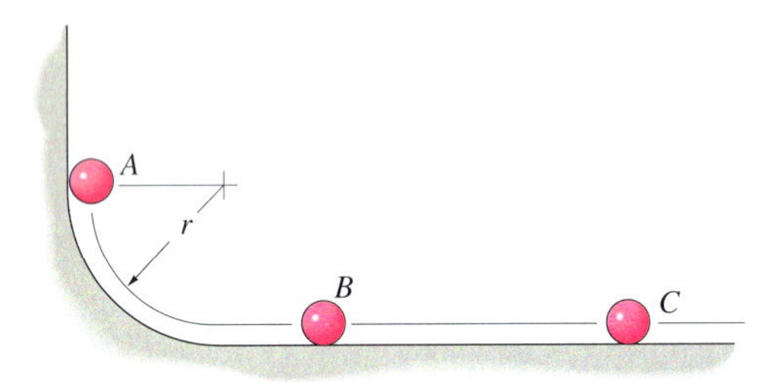

Abbildung A 4.58

***4.59** Die beiden Scheiben A und B der gleichen Masse m stoßen gerade und zentral so zusammen, dass der Zusammenstoß vollelastisch ist ($e = 1$). Beweisen Sie, dass die kinetische Energie vor dem Zusammenstoß gleich der kinetischen Energie nach dem Zusammenstoß ist. Die Gleitfläche ist ideal glatt.

***4.60** Die beiden Bälle A und B haben die gleiche Masse m und der Restitutionskoeffizient e für einen Stoß zwischen ihnen ist gegeben. Sie nähern sich einander mit der jeweiligen Geschwindigkeit v. Bestimmen Sie ihre Geschwindigkeiten nach dem Zusammenstoß. Ermitteln Sie ebenfalls ihre gemeinsame Geschwindigkeit im Zustand der maximalen Deformation. Vernachlässigen Sie die Größe der Bälle.

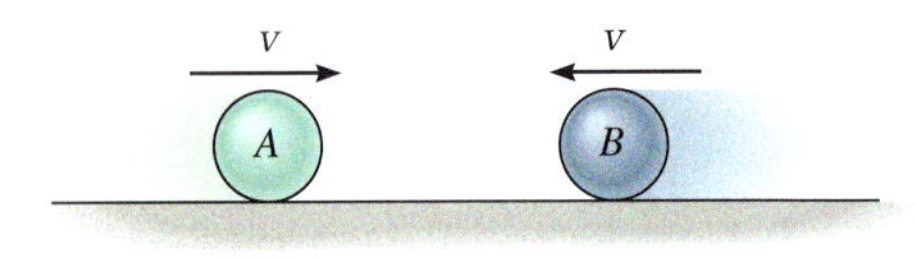

Abbildung A 4.60

4.61 Ein Mann A mit dem Gewicht G_M springt aus dem Stand aus der Höhe h auf eine Bühne P mit dem Gewicht G_P. Die Bühne ruht auf einer Feder der Federkonstanten c. Bestimmen Sie (a) die Geschwindigkeiten von A und P unmittelbar nach dem Auftreffen und (b) die maximale Kompression der Feder durch den Sprung. Die Stoßzahl e ist gegeben. Nehmen Sie an, dass der Mann während des Stoßes als starr angesehen werden kann.

Gegeben: $G_M = 700$ N, $G_P = 240$ N, $c = 3200$ N/m, $e = 0{,}6$, $h = 2$ m

4.62 Ein Mann A mit dem Gewicht G_M springt aus dem Stand auf eine Bühne P mit dem Gewicht G_P. Die Bühne ruht auf einer Feder der Federkonstanten c. Die Stoßzahl e ist gegeben. Nehmen Sie an, dass der Mann während des Stoßes als starr angesehen werden kann. Bestimmen Sie die erforderliche Ausgangshöhe h, um eine Kompression s der Feder zu erreichen.

Gegeben: $G_M = 400$ N, $G_P = 240$ N, $c = 3200$ N/m, $e = 0{,}6$, $s = 0{,}5$ m

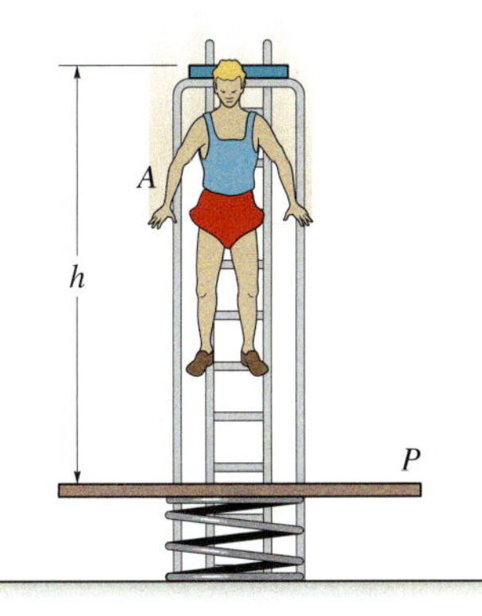

Abbildung A 4.61/4.62

4.63 Die drei Bälle haben jeweils die Masse m. Vor dem geraden, zentralen Zusammenstoß mit B hat A die Geschwindigkeit v. Bestimmen Sie die Geschwindigkeit von C nach dem Zusammenstoß. Die Stoßzahl zwischen den Bällen ist e. Vernachlässigen Sie die Größe der Bälle.

Abbildung A 4.63

***4.64** Das Mädchen wirft den Ball mit der horizontal gerichteten Geschwindigkeit v_A. Bestimmen Sie den Abstand d so, dass der Ball einmal auf der glatten Oberfläche mit dem Restitutionskoeffizienten e aufprallt und dann in die Schale C fällt.

Gegeben: $v_A = 3$ m/s, $h_A = 1$ m, $e = 0{,}8$

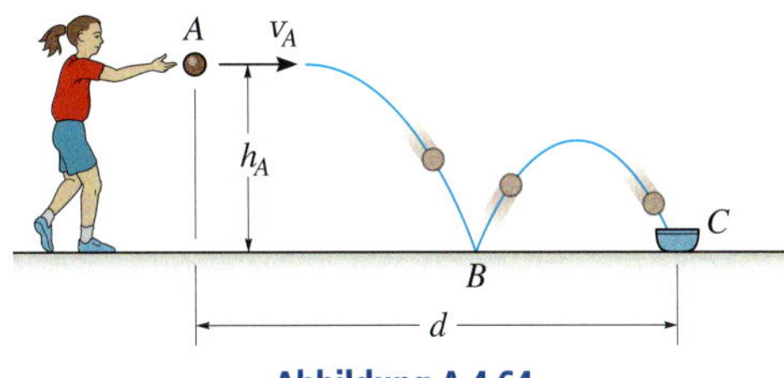

Abbildung A 4.64

4.65 Der Ball der Masse m fällt aus der Ruhe die Strecke a und trifft auf die glatte, geneigte Ebene bei A. Bestimmen Sie bei gegebenem Restitutionskoeffizienten e den Abstand d zum Punkt B, wo der Ball erneut auf die Ebene trifft.

Gegeben: $m = 1$ kg, $a = 2$ m, $e = 0{,}8$, $\tan\alpha = 3/4$

4.66 Der Ball der Masse m fällt aus der Ruhe die Strecke a und trifft auf die glatte, geneigte Ebene bei A. Er prallt ab und fällt nach der Zeitspanne Δt in Punkt B erneut auf die Ebene. Bestimmen Sie die Stoßzahl e zwischen Ball und Ebene. Wie groß ist der Abstand d?

Gegeben: $m = 1$ kg, $a = 2$ m, $\tan\alpha = 3/4$, $\Delta t = 0{,}5$ s

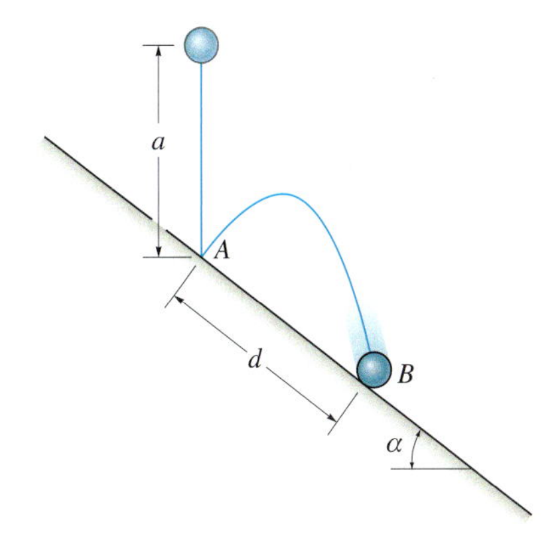

Abbildung A 4.65/4.66

4.67 Der Ball der Masse m_A wird mit der horizontal gerichteten Geschwindigkeit v_A auf den aufgehängten, ruhenden Klotz der Masse m_B geworfen. Die Stoßzahl beträgt e. Wie groß ist die maximale Höhe h, die der Klotz erreicht, bevor er seine Bewegungsrichtung umkehrt?

Gegeben: $m_A = 2$ kg, $m_B = 20$ kg, $v_A = 4$ m/s, $e = 0{,}8$

***4.68** Der Ball der Masse m_A wird mit der horizontal gerichteten Geschwindigkeit v_A auf den aufgehängten, ruhenden Klotz der Masse m_B geworfen. Die Stoßdauer beträgt Δt und der Restitutionskoeffizient e. Wie groß ist die mittlere Impulskraft auf den Klotz im Stoßzeitintervall?

Gegeben: $m_A = 2$ kg, $m_B = 20$ kg, $v_A = 4$ m/s, $\Delta t = 0{,}005$ s, $e = 0{,}8$

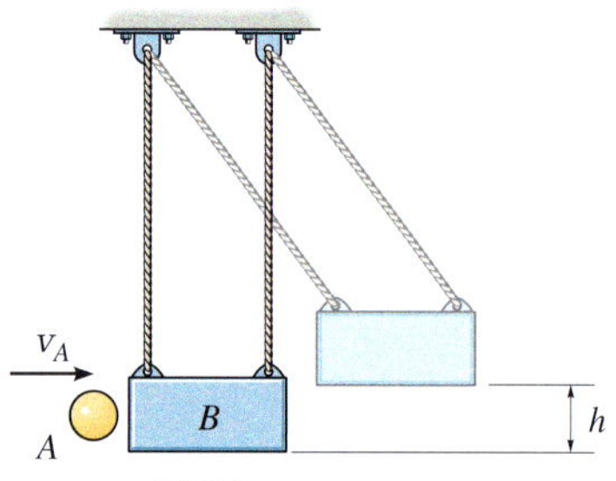

Abbildung A 4.67/4.68

4.69 Der Ball wird unter dem Winkel θ auf einen rauen Boden geworfen. Er prallt unter dem Winkel ϕ zurück, der Gleitreibungskoeffizient beträgt μ. Bestimmen Sie den Restitutionskoeffizienten e. Vernachlässigen Sie die Größe des Balles. *Hinweis:* Zeigen Sie, dass während des Stoßes die mittleren Kraftstöße in x- und y-Richtung über die Beziehung $I_x = \mu I_y$ zusammenhängen. Da die Stoßdauer bezüglich beider Richtungen die gleiche ist, gilt $F_x \Delta t = \mu F_y \Delta t$ und damit $F_x = \mu F_y$.

4.70 Der Ball wird unter dem Winkel θ auf einen rauen Boden geworfen. Er prallt unter dem Winkel ϕ zurück. Bestimmen Sie den Gleitreibungskoeffizienten μ zwischen Boden und Ball. Die Stoßzahl e ist gegeben. *Hinweis:* Zeigen Sie, dass während des Stoßes die mittleren Kraftstöße in x- und y-Richtung über die Beziehung $I_x = \mu I_y$ verknüpft sind. Da die Stoßdauer bezüglich beider Richtungen die gleiche ist, gilt $F_x \Delta t = \mu F_y \Delta t$ und damit $F_x = \mu F_y$.

Gegeben: $\theta = 45°$, $\phi = 45°$, $e = 0{,}6$

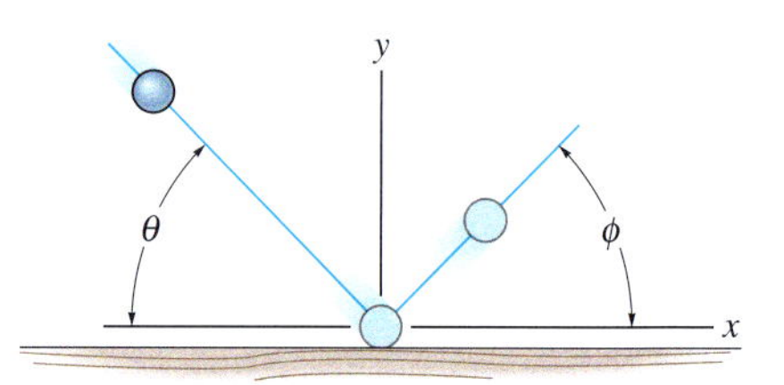

Abbildung A 4.69/4.70

4.71 Die beiden Platten A und B haben jeweils die Masse m und die Dicke d und können sich nur horizontal in den glatten Führungen bewegen. Der Restitutionskoeffizient zwischen den Platten ist e. Bestimmen Sie (a) die Geschwindigkeit der beiden Platten unmittelbar nach dem Zusammenstoß und (b) die maximale Stauchung der Feder. Die Platte A hat unmittelbar vor dem Zusammenstoß die Geschwindigkeit $(v_A)_1$. Die Platte B ist ursprünglich in Ruhe und die Feder mit der Federkonstanten c nicht gedehnt.

Gegeben: $m = 4$ kg, $d = 0{,}1$ m, $b = 0{,}5$ m, $(v_A)_1 = 4$ m/s, $c = 500$ N/m, $e = 0{,}7$

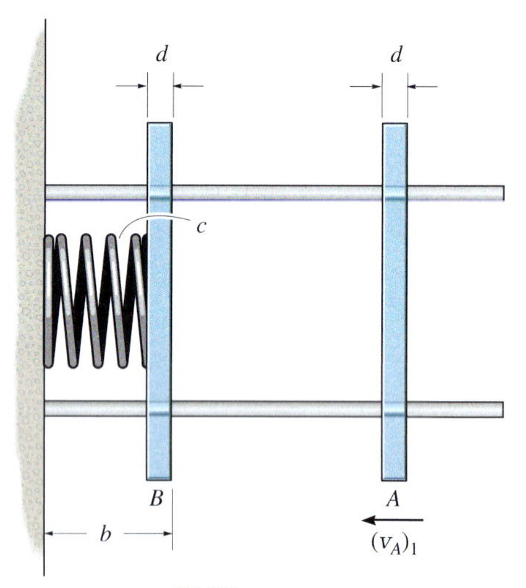

Abbildung A 4.71

***4.72** Der Ball der Masse m_A fällt aus der Ruhe aus der Höhe h auf die glatte Platte P der Masse m_P. Bestimmen Sie für einen vollelastischen Stoß die maximale Stauchung in der Feder mit der Federkonstanten c.

Gegeben: $m_A = 4$ kg, $m_P = 3$ kg, $h = 3$ m, $c = 360$ N/m

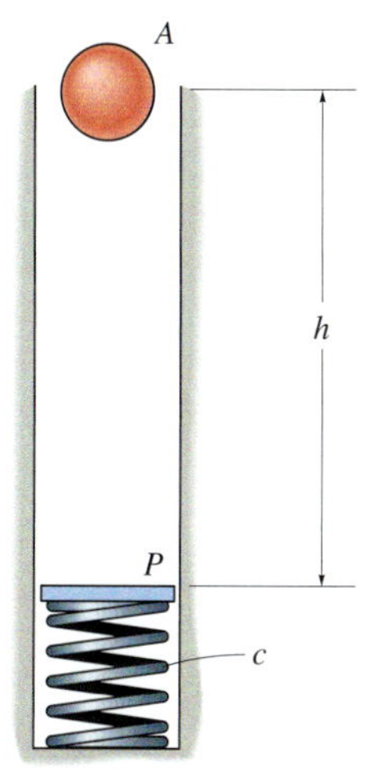

Abbildung A 4.72

4.73 Wird ein Tennisball horizontal in der Höhe h_A über dem Boden aufgeschlagen, so trifft er in der Entfernung d Punkt B auf dem glatten Boden. Für den Stoß gilt der Restitutionskoeffizient e. Bestimmen Sie die Anfangsgeschwindigkeit v_A des Balles und die Ballgeschwindigkeit v_B (sowie θ) nach dem Auftreffen in Punkt B.

Gegeben: $h_A = 2{,}25$ m, $d = 6$ m, $e = 0{,}7$

4.74 Der Tennisball wird in der Höhe h_A mit der horizontalen Geschwindigkeit v_A aufgeschlagen, trifft den glatten Boden in B und springt unter dem Winkel θ nach oben. Bestimmen Sie die Anfangsgeschwindigkeit v_A, die Endgeschwindigkeit v_B und den Restitutionskoeffizienten e zwischen Boden und Ball.

Gegeben: $h_A = 2{,}25$ m, $d = 6$ m, $\theta = 30°$

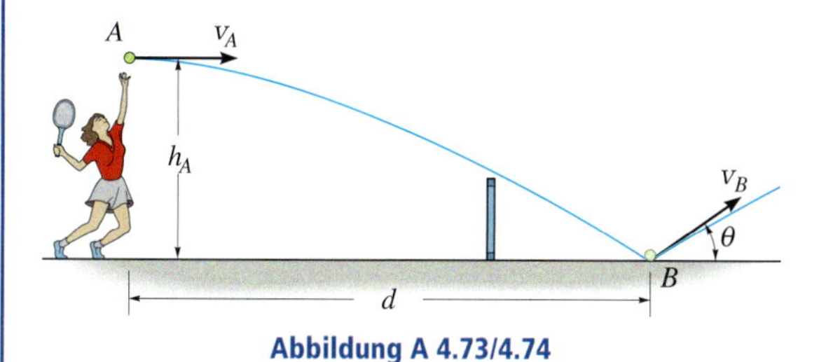

Abbildung A 4.73/4.74

4.75 Der Tischtennisball der Masse m wird mit der Geschwindigkeit v unter einem Neigungswinkel θ zurückgeschlagen. Welche Höhe h erreicht der Ball am Ende der glatten Tischtennisplatte nach dem Aufprallen, wenn die Stoßzahl e ist?

Gegeben: $m = 2$ g, $d = 2{,}25$ m, $b = 0{,}75$ m, $v = 18$ m/s, $\theta = 30°$, $e = 0{,}8$

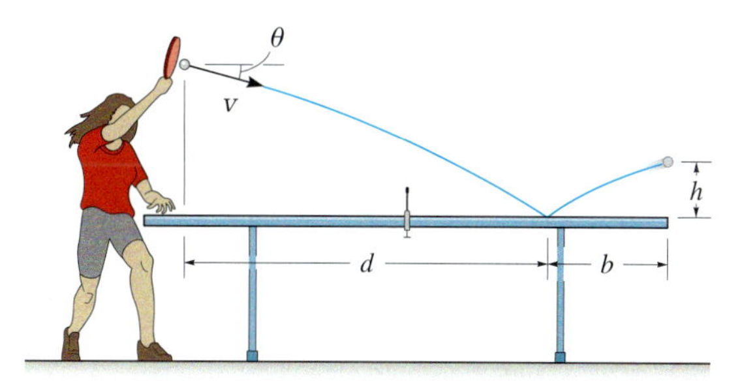

Abbildung A 4.75

***4.76** Der Ball wird mit der horizontalen Geschwindigkeit v_1 aus dem Rohr geschossen. Die Stoßzahl zwischen Ball und Boden beträgt e. Bestimmen Sie (a) die Geschwindigkeit des Balles kurz nach dem Zurückprallen vom Boden und (b) die maximale Höhe, die der Ball nach dem ersten Zurückprallen erreicht.

Gegeben: $v_1 = 3$ m/s, $h_1 = 1$ m, $e = 0{,}8$

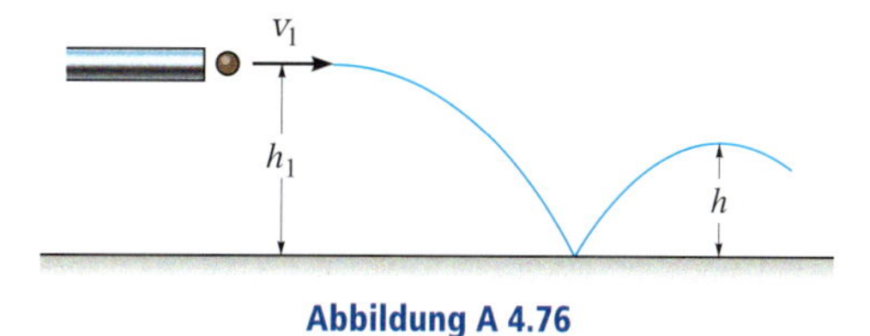

Abbildung A 4.76

4.77 Die Billardkugel A erfährt eine Anfangsgeschwindigkeit $(v_A)_1$ und einen geraden, zentralen Stoß mit dem Ball B, wobei der Restitutionskoeffizient e sein soll. Bestimmen Sie die Geschwindigkeit von B und den Winkel θ unmittelbar nach dem Rückprall von der Bande in C, wobei der Restitutionskoeffizient e' ist. Die Bälle haben jeweils die Masse m. Nehmen Sie an, dass der Ball reibungsfrei gleitet.

Gegeben: $m = 0{,}4$ kg, $(v_A)_1 = 5$ m/s, $e = 0{,}8$, $e' = 0{,}6$, $\phi = 30°$

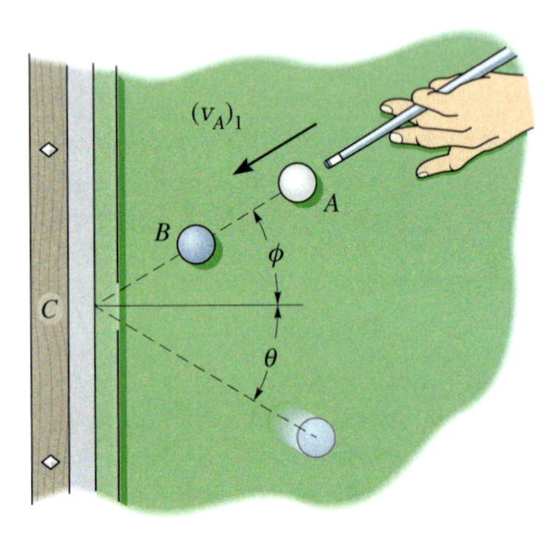

Abbildung A 4.77

4.78 Die Kiste der Masse m_K gleitet auf einer Fläche mit dem Gleitreibungskoeffizienten μ_g. In der Entfernung d vor der Platte hat die Kiste die Geschwindigkeit v. Sie stößt diese glatte Platte der Masse m_P, die von der ungedehnten Feder mit der Federkonstanten c gehalten wird. Bestimmen Sie die maximale Stauchung der Feder. Der Restitutionskoeffizient zwischen Kiste und Platte beträgt e. Nehmen Sie an, dass die Platte reibungsfrei gleitet.

Gegeben: $m_K = 20$ kg, $m_P = 10$ kg, $v = 7{,}5$ m/s, $d = 1$ m, $e = 0{,}8$, $c = 4000$ N/m, $\mu_g = 0{,}3$

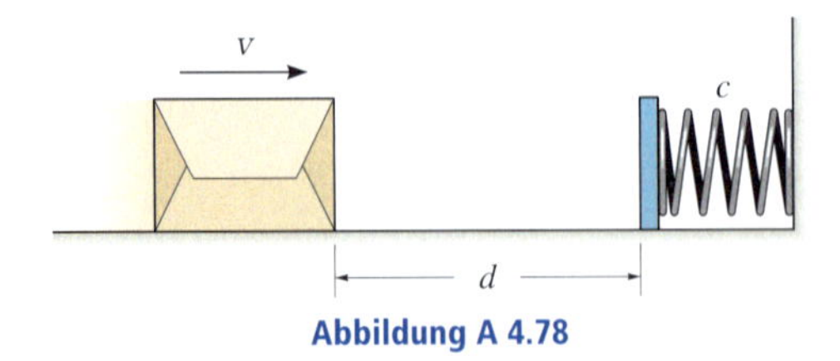

Abbildung A 4.78

4.79 Die Kugel der Masse m fällt mit der vertikalen Geschwindigkeit v auf einen keilförmigen Klotz, der auf einer glatten horizontalen Unterlage ruht und die Masse $3m$ hat. Bestimmen Sie seine Geschwindigkeit kurz nach dem Stoß. Die Stoßzahl beträgt e.

Gegeben: $\alpha = 45°$

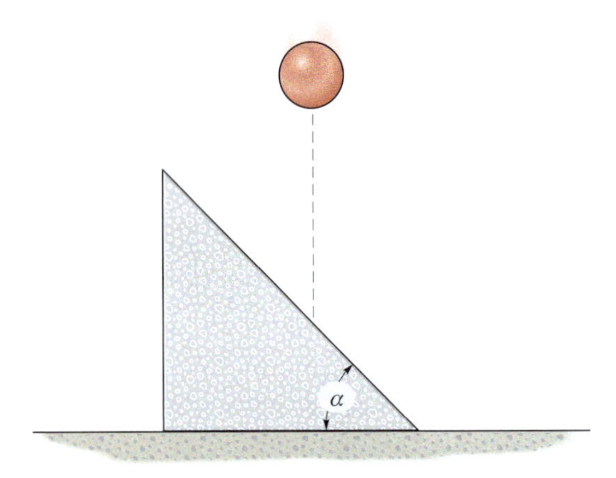

Abbildung A 4.79

***4.80** Der Klotz A der Masse m fällt aus der Ruhe von der Höhe h auf eine Platte B mit der Masse $2m$. Die Stoßzahl zwischen A und B beträgt e und die Federkonstante c. Bestimmen Sie Geschwindigkeit der Platte unmittelbar nach dem Stoß.

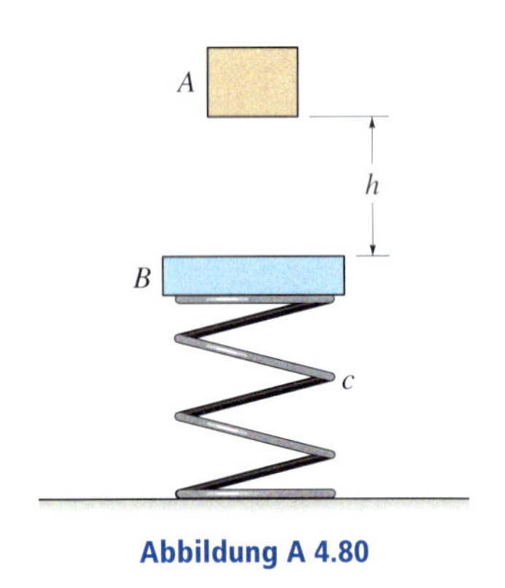

Abbildung A 4.80

4.81 Preiselbeeren werden zur Qualitätskontrolle einem Aufpralltest unterworfen. Der Restitutionskoeffizient der Preiselbeeren bezüglich der Aufprallebene muss mindestens e betragen. Bestimmen Sie die Abmessungen d und h zur Positionierung der Schranke C so, dass eine Preiselbeere, die aus der Ruhe in A herabfällt, in B auf die Platte auftrifft und über die Schranke in C in den Auffangbehälter „springt".

Gegeben: $e = 0{,}8$, $h_A = 1\ \text{m}$, $\tan\alpha = 3/4$

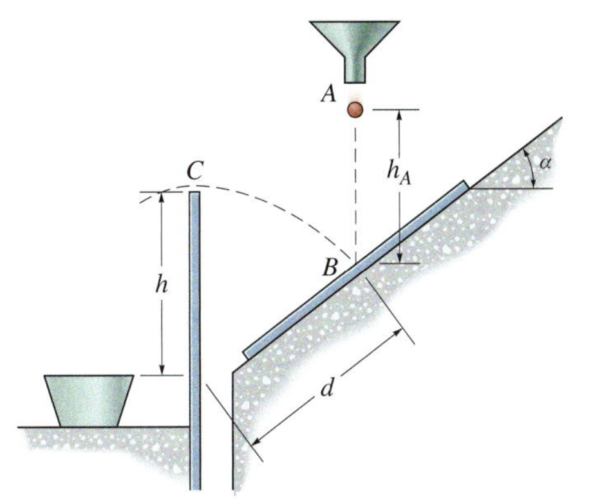

Abbildung A 4.81

4.82 Die Scheibe A bewegt sich entlang der Tangente der Scheibe B auf diese zu und stößt sie mit der Geschwindigkeit v. Bestimmen Sie die Geschwindigkeit von B nach dem Zusammenstoß und berechnen Sie den Verlust an kinetischer Energie beim Stoß. Vernachlässigen Sie Reibungseinflüsse. Die Scheibe B ist ursprünglich in Ruhe. Die Stoßzahl beträgt e und beide Scheiben haben die gleiche Größe und die Masse m.

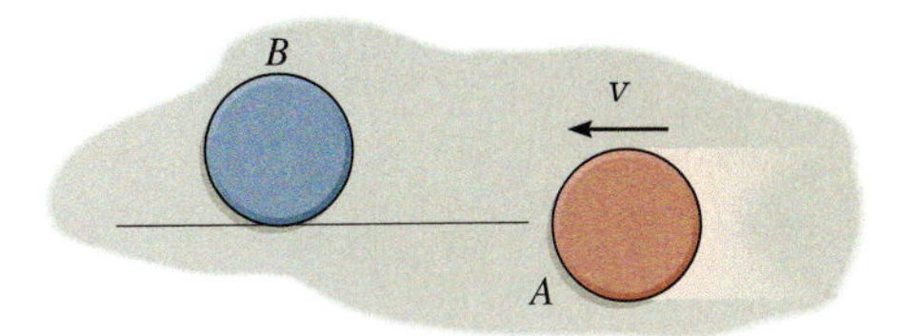

Abbildung A 4.82

4.83 Zwei glatte Münzen A und B der gleichen Masse gleiten auf einer glatten Oberfläche. Bestimmen Sie die Geschwindigkeit beider Münzen nach dem Zusammenstoß, wenn Sie sich auf den blau dargestellten Bahnen weiter bewegen. *Hinweis:* Da die Stoßnormale nicht festgelegt wurde, wenden Sie den Impulserhaltungssatz bezüglich der x- bzw. der y-Achse an.

Gegeben: $(v_A)_1 = 0{,}5\ \text{m/s}$, $(v_B)_1 = 0{,}8\ \text{m/s}$, $\tan\alpha_1 = 3/4$, $\alpha_2 = 45°$, $\beta_1 = 30°$, $\beta_2 = 30°$

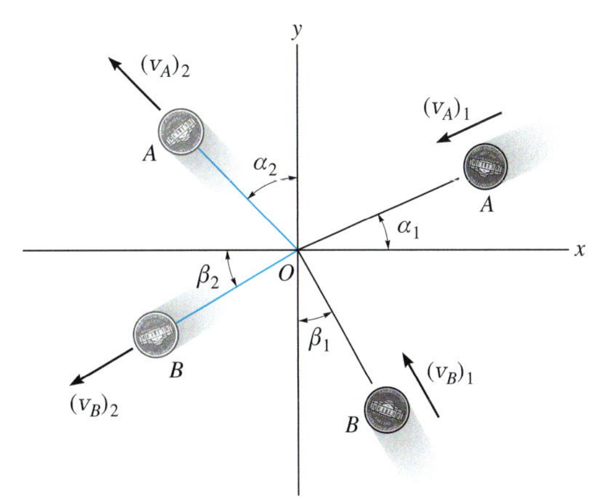

Abbildung A 4.83

***4.84** Zwei Münzen A und B mit den angegebenen Anfangsgeschwindigkeiten unmittelbar vor ihrem Zusammenstoß in O haben die Masse m_A bzw. m_B und gleiten auf einer glatten Oberfläche. Bestimmen Sie ihre Geschwindigkeit unmittelbar nach dem Zusammenstoß. Der Restitutionskoeffizient beträgt e.

Gegeben: $(v_A)_1 = 2\ \text{m/s}$, $(v_B)_1 = 3\ \text{m/s}$, $m_A = 6{,}6\ \text{g}$, $m_B = 3{,}3\ \text{g}$, $e = 0{,}65$, $\beta = 30°$

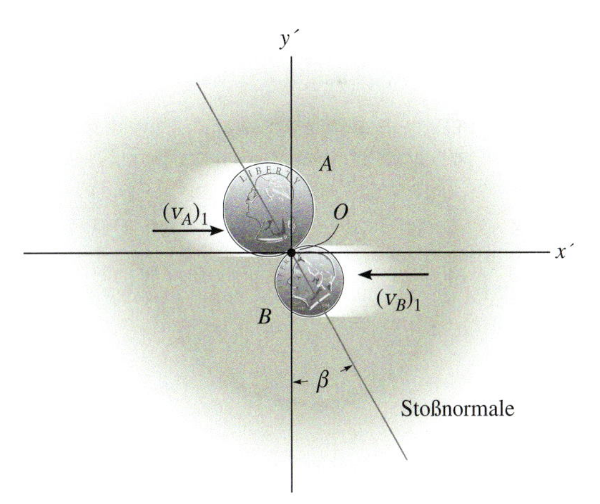

Abbildung A 4.84

4.85 Die beiden glatten Scheiben A und B mit jeweils der Masse m bewegen sich mit den Geschwindigkeiten $(v_A)_1$ und $(v_B)_1$ unmittelbar vor dem Zusammenstoß. Wie groß sind die Endgeschwindigkeiten kurz nach dem Zusammenstoß. Die Stoßzahl beträgt e.

Gegeben: $m = 0{,}5$ kg, $(v_A)_1 = 6$ m/s, $(v_B)_1 = 4$ m/s, $\tan\beta = 4/3$, $e = 0{,}75$

4.86 Die beiden glatten Scheiben A und B mit jeweils der Masse m bewegen sich mit den Geschwindigkeiten $(v_A)_1$ und $(v_B)_1$ unmittelbar vor dem Zusammenstoß. Nach dem Zusammenstoß bewegt sich B auf einer Linie, die gegen den Uhrzeigersinn einen Winkel α mit der y-Achse einschließt. Wie groß ist die Stoßzahl zwischen den Scheiben?

Gegeben: $m = 0{,}5$ kg, $(v_A)_1 = 6$ m/s, $(v_B)_1 = 4$ m/s, $\alpha = 30°$, $\tan\beta = 4/3$

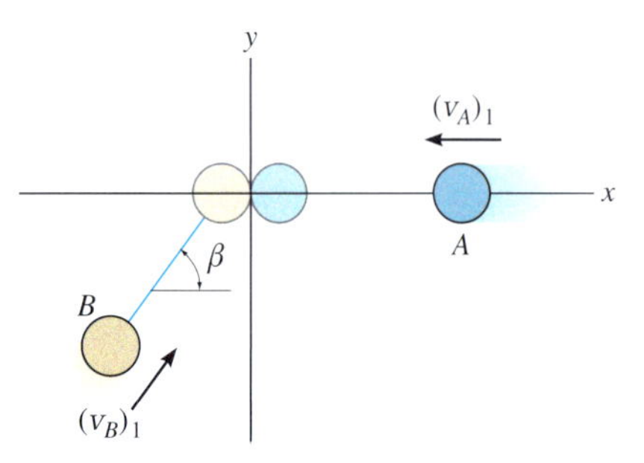

Abbildung A 4.85/4.86

4.87 Die beiden glatten Scheiben A und B mit den Massen m_A und m_B bewegen sich unmittelbar vor dem Zusammenstoß mit den Geschwindigkeiten $(v_A)_1$ und $(v_B)_1$. Wie groß sind die Geschwindigkeiten nach dem Zusammenstoß? Der Restitutionskoeffizient e ist gegeben.

Gegeben: $m_A = 8$ kg, $m_B = 6$ kg, $(v_A)_1 = 7$ m/s, $(v_B)_1 = 3$ m/s, $\tan\alpha = 12/5$, $e = 0{,}5$

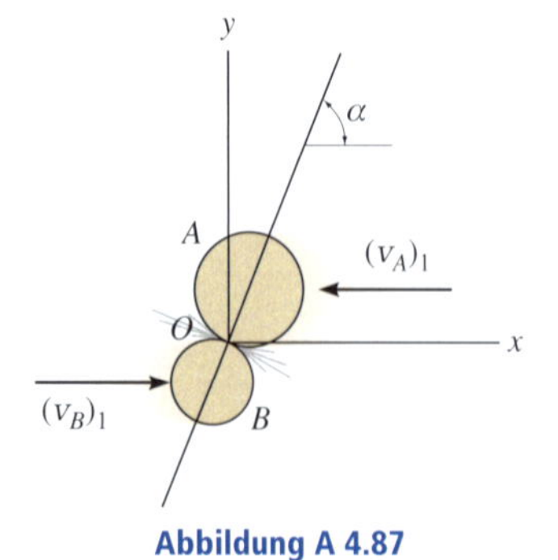

Abbildung A 4.87

***4.88** Beim Curling gleitet der Stein A über das Eis und stößt den Stein B an. Die beiden Steine sind glatt und haben die Masse m, der Restitutionskoeffizient e zwischen den Steinen ist gegeben. Wie groß sind die Geschwindigkeiten kurz nach dem Zusammenstoß? Stein A hat die Anfangsgeschwindigkeit $(v_A)_1$ und B ist in Ruhe. Vernachlässigen Sie Reibungseinflüsse.

Gegeben: $m = 20$ kg, $(v_A)_1 = 3$ m/s, $d = 1$ m, $\alpha = 30°$, $e = 0{,}8$

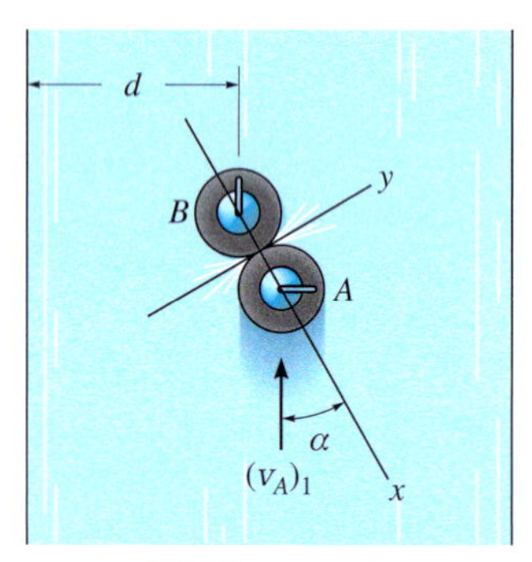

Abbildung A 4.88

4.89 Ball A mit der Anfangsgeschwindigkeit $(v_A)_1$ trifft den ruhenden Ball B. Beide Bälle haben die gleiche Masse, und der Stoß der glatten Bälle ist vollelastisch. Wie groß ist der Winkel θ der Geschwindigkeiten unmittelbar nach dem Zusammenstoß? Vernachlässigen Sie die Größe der beiden Bälle.

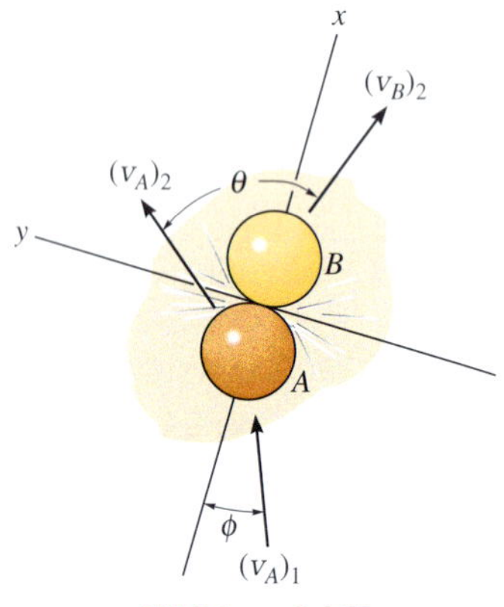

Abbildung A 4.89

Aufgaben zu 4.5 bis 4.7

Ausgewählte Lösungswege 

Lösungen finden Sie in *Anhang C*.

4.90 Bestimmen Sie den Drehimpuls des Massenpunktes der Masse m bezüglich Punkt O. Verwenden Sie kartesische Koordinaten.

Gegeben: $m = 2$ kg, $x_A = 2$ m, $y_{A1} = 2$ m, $y_{A2} = 3$ m, $z_A = 4$ m, $v_A = 12$ m/s

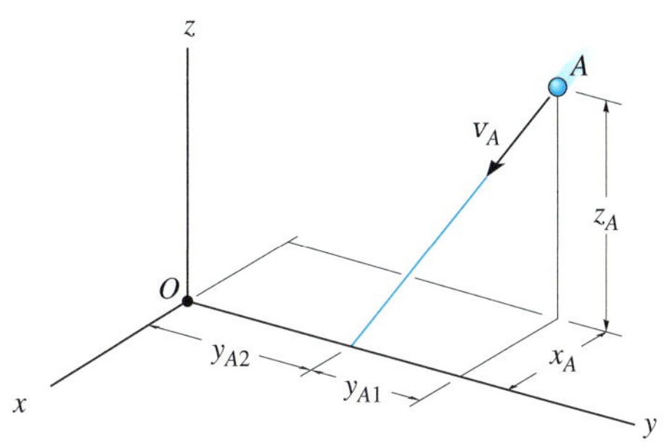

Abbildung A 4.90

4.91 Bestimmen Sie den Drehimpuls $\mathbf{H}_O$ des Massenpunktes bezüglich Punkt O.

Gegeben: $m = 1{,}5$ kg, $x_A = 2$ m, $y_A = 3$ m, $y_B = 4$ m, $z_A = 4$ m, $v_A = 6$ m/s

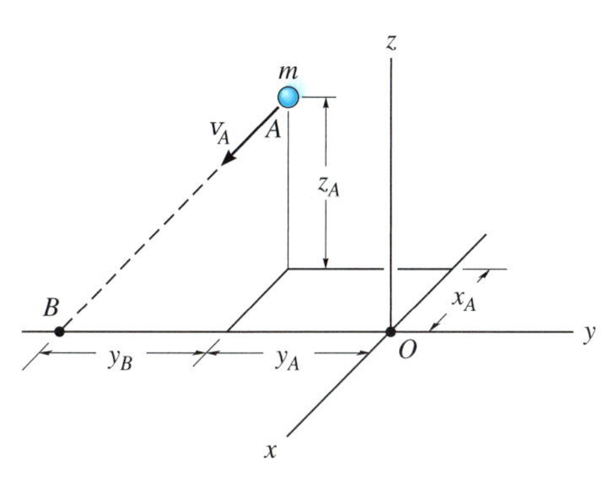

Abbildung A 4.91

***4.92** Bestimmen Sie den Drehimpuls $\mathbf{H}_O$ der Massenpunkte bezüglich Punkt O.

Gegeben: $m_A = 6$ kg, $v_A = 4$ m/s, $x_A = 8$ m, $y_A = 12$ m, $\alpha = 60°$, $m_B = 4$ kg, $v_B = 6$ m/s, $x_B = 2$ m, $y_B = 1{,}5$ m, $\beta = 30°$, $m_C = 2$ kg, $v_C = 2{,}6$ m/s, $x_C = 6$ m, $y_C = 2$ m, $\tan\gamma = 5/12$

4.93 Bestimmen Sie den Drehimpuls $\mathbf{H}_P$ der Massenpunkte bezüglich Punkt P.

Gegeben: $m_A = 6$ kg, $v_A = 4$ m/s, $x_A = 8$ m, $y_A = 12$ m, $\alpha = 60°$, $m_B = 4$ kg, $v_B = 6$ m/s, $x_B = 2$ m, $y_B = 1{,}5$ m, $\beta = 30°$, $m_C = 2$ kg, $v_C = 2{,}6$ m/s, $x_C = 6$ m, $y_C = 2$ m, $\tan\gamma = 5/12$, $x_P = 5$ m, $y_P = 2$ m

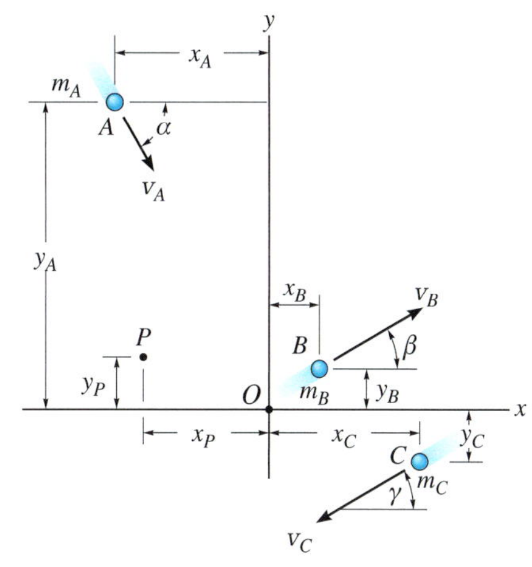

Abbildung A 4.92/4.93

4.94 Bestimmen Sie den Drehimpuls $\mathbf{H}_O$ des Massenpunktes um Punkt O.

Gegeben: $m_A = 10$ kg, $v_A = 14$ m/s, $x_A = 4$ m, $y_A = 5$ m, $z_A = 6$ m, $x_B = 8$ m, $y_B = 9$ m

4.95 Bestimmen Sie den Drehimpuls $\mathbf{H}_P$ des Massenpunktes um Punkt P.

Gegeben: $m_A = 10$ kg, $v_A = 14$ m/s, $x_A = 4$ m, $y_A = 5$ m, $z_A = 6$ m, $x_B = 8$ m, $y_B = 9$ m, $x_P = 3$ m, $y_P = 2$ m, $z_P = 5$ m

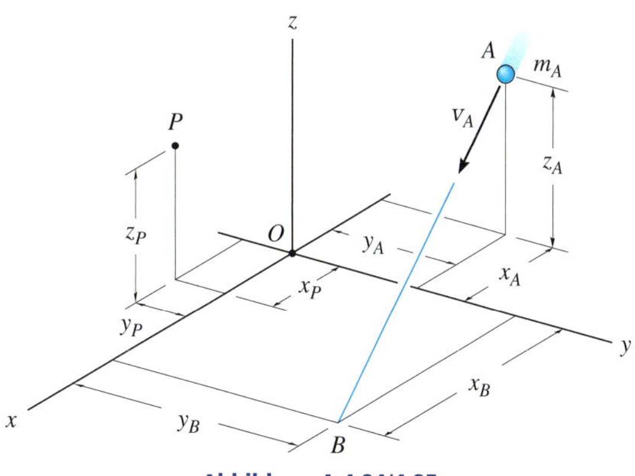

Abbildung A 4.94/4.95

***4.96** Bestimmen Sie den Drehimpuls $\mathbf{H}_O$ der drei Massenpunkte des Massenpunktsystems bezüglich O. Die Massenpunkte bewegen sich in der x-y-Ebene.

Gegeben: $m_A = 1{,}5$ kg, $v_A = 4$ m/s, $x_A = 900$ mm, $m_B = 2{,}5$ kg, $v_B = 2$ m/s, $x_B = 600$ mm, $y_B = 700$ mm, $m_C = 3$ kg, $v_C = 6$ m/s, $x_C = 800$ mm, $y_C = 200$ mm

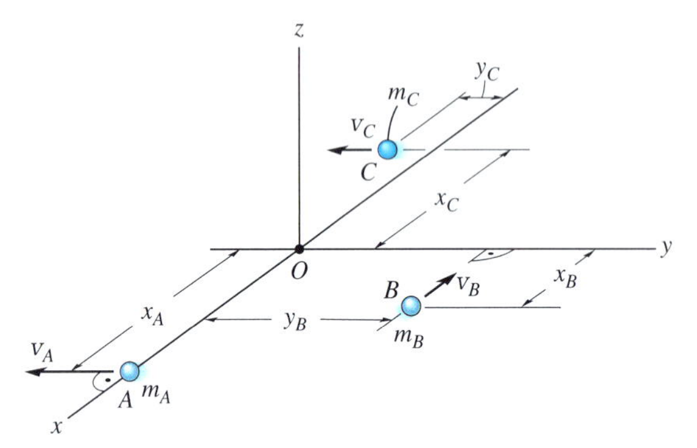

Abbildung A 4.96

4.97 Bestimmen Sie den Drehimpuls $\mathbf{H}_O$ der beiden Massenpunkte bezüglich O. Rechnen Sie skalar.

Gegeben: $m_A = 2$ kg, $v_A = 15$ m/s, $\tan\alpha = 3/4$, $x_A = 2$ m, $y_A = 1{,}5$ m, $m_B = 1{,}5$ kg, $v_B = 10$ m/s, $\beta = 30°$, $x_B = 1$ m, $y_B = 4$ m

4.98 Bestimmen Sie den Drehimpuls $\mathbf{H}_P$ der beiden Massenpunkte bezüglich P. Rechnen Sie skalar.

Gegeben: $m_A = 2$ kg, $v_A = 15$ m/s, $\tan\alpha = 3/4$, $x_A = 2$ m, $y_A = 1{,}5$ m, $m_B = 1{,}5$ kg, $v_B = 10$ m/s, $\beta = 30°$, $x_B = 1$ m, $y_B = 4$ m, $x_P = 5$ m, $y_P = 4$ m

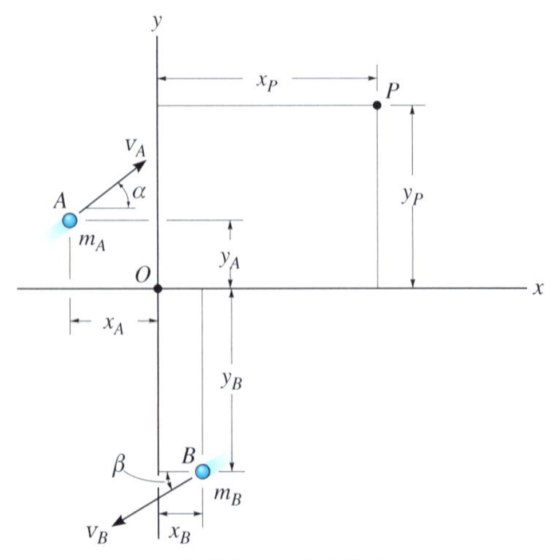

Abbildung A 4.97/4.98

4.99 Der Ball B mit der Masse m_B ist am Ende eines Rundstabes vernachlässigbarer Masse befestigt. Am Rundstab greift das Drehmoment $M(t)$ an. Bestimmen Sie die Geschwindigkeit des Balles zum Zeitpunkt $t = t_1$. Zu Anfang $t = 0$ ist die Geschwindigkeit v_0.

Gegeben: $m_B = 10$ kg, $M(t) = (at^2 + bt + c)$, $a = 3\ \text{Nm/s}^2$, $b = 5$ Nm/s, $c = 2$ Nm, $v_0 = 2$ m/s, $r = 1{,}5$ m, $t_1 = 2$ s

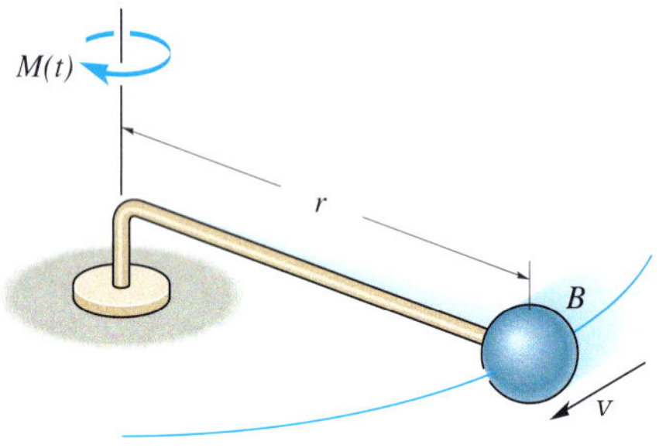

Abbildung A 4.99

***4.100** Der Ball B der Masse m in A beginnt aus der Ruhe die gekrümmte Bahn reibungslos herunterzugleiten. Der Ball übt die Normalkraft N in Punkt B auf die Bahn aus. Bestimmen Sie den Drehimpuls des Balles um den Krümmungsmittelpunkt Punkt O. *Hinweis:* Der Krümmungsradius in Punkt B muss bestimmt werden.

Gegeben: $m = 3$ kg, $h = 3$ m, $N = 50$ N

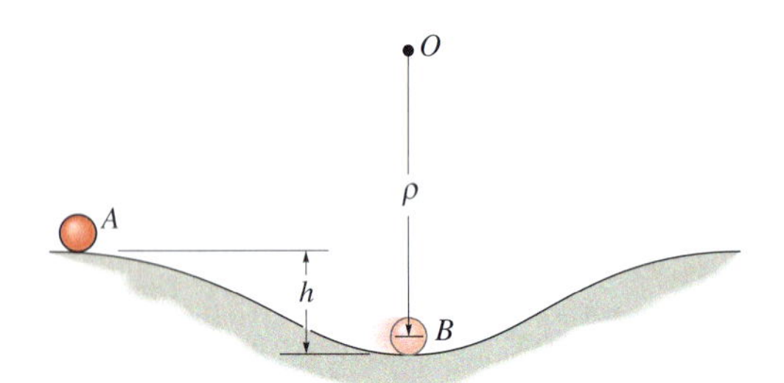

Abbildung A 4.100

4.101 Der kleine Zylinder C hat die Masse m_C und ist am Ende eines Rundstabes vernachlässigbarer Masse befestigt. Am Rahmen greift das Drehmoment $M(t)$ an und am Zylinder die Kraft F mit der gezeigten Richtung. Bestimmen Sie die Geschwindigkeit des Zylinders zum Zeitpunkt $t = t_1$. Zu Anfang, für $t = 0$, hat der Zylinder die Geschwindigkeit v_0.

Gegeben: $m_C = 10$ kg, $M(t) = at^2 + c$, $a = 8$ Nm/s², $c = 5$ Nm, $F = 60$ N, $\tan\gamma = 3/4$, $r = 0{,}75$ m, $v_0 = 2$ m/s, $t_1 = 2$ s

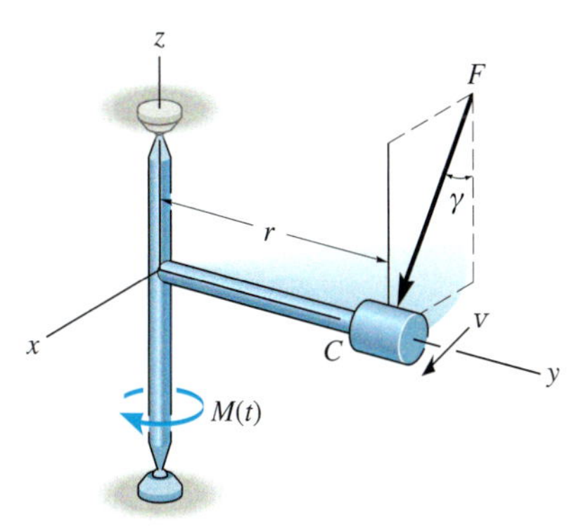

Abbildung A 4.101

4.102 Die vier Kugeln mit jeweils der Masse m sind starr an einem Kreuzrahmen vernachlässigbarer Masse befestigt, an dem ein Drehmoment $M(t)$ angreift. Bestimmen Sie die Geschwindigkeit der Kugeln zum Zeitpunkt $t = t_1$, wenn sie aus der Ruhe heraus in Bewegung gesetzt werden. Vernachlässigen Sie die Größe der Kugeln.

Gegeben: $m = 5$ kg, $M(t) = bt + c$, $b = 0{,}5$ Nm/s, $c = 0{,}8$ Nm, $r = 0{,}6$ m, $t_1 = 4$ s

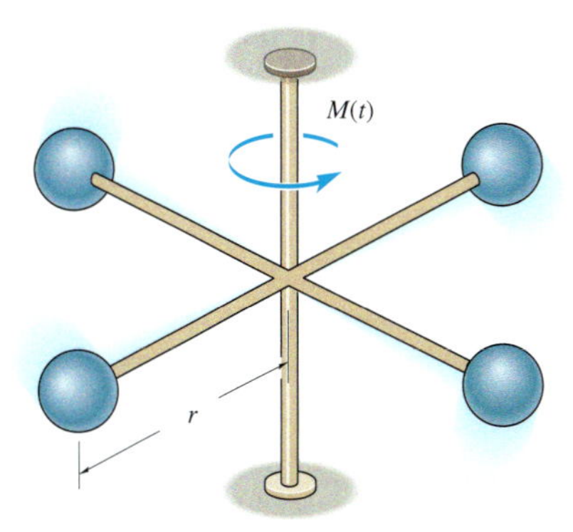

Abbildung A 4.102

4.103 Ein Satellit der Masse m_S wird mit der Geschwindigkeit v_A in einer Freiflugbahn mit dem Radius r_A um die Erde mit der Masse M_E abgesetzt, wobei sich ein Einschwenkwinkel ϕ_A beim Erreichen dieser Position ergibt. Bestimmen Sie die Geschwindigkeit v_B des Satelliten und seine kürzeste Entfernung r_B zum Mittelpunkt der Erde. *Hinweis:* Unter den erläuterten Bedingungen wirkt auf den Satelliten nur die Gravitation der Erde, *Gleichung (2.1)*: $F = c_G M_E m_S / r^2$. Wenden Sie für einen Teil der Lösung den Energieerhaltungssatz an (siehe *Aufgabe 3.97*).

Gegeben: $m_S = 700$ kg, $r_A = 15000$ km, $v_A = 10$ km/s, $\phi_A = 70°$, $M_E = 5{,}976(10^{24})$ kg,

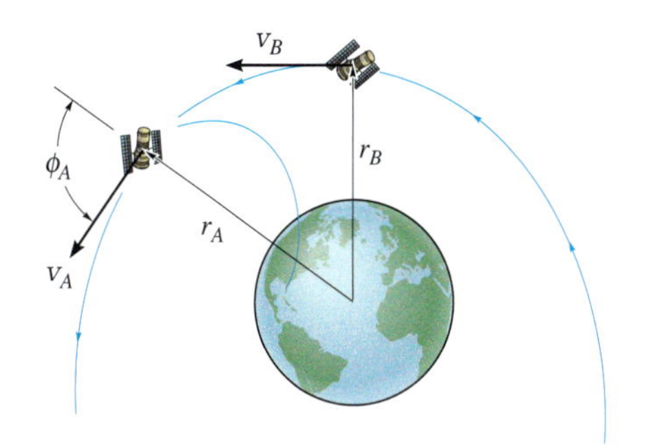

Abbildung A 4.103

***4.104** Der Ball der Masse m dreht sich ursprünglich auf einer Kreisbahn B. Die Länge des undehnbaren Seiles AB beträgt l_{AB} und geht durch das Loch A, das sich in der Höhe h oberhalb der Bewegungsebene befindet. Das Seil wird um die halbe Seillänge durch das Loch gezogen. Bestimmen Sie die Geschwindigkeit des Balles auf der Kreisbahn C.

Gegeben: $m = 5$ kg, $h = 1$ m, $l_{AB} = 1{,}5$ m

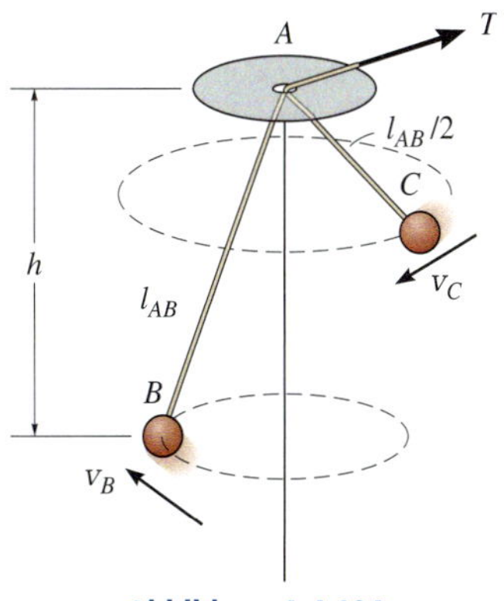

Abbildung A 4.104

4.105 Der Ball B der Masse m bewegt sich mit der Geschwindigkeit $(v_B)_1$ auf der Kreisbahn mit dem Radius r_1. Das Befestigungsseil wird mit der Geschwindigkeit v_r durch das Loch gezogen. Bestimmen Sie die Geschwindigkeit des Balles für eine Kreisbahn mit dem Radius r_2. Wie groß ist die beim Ziehen geleistete Arbeit? Vernachlässigen Sie die Reibung und die Größe des Balles.

Gegeben: $m = 4$ kg, $r_1 = 1{,}5$ m, $(v_B)_1 = 3$ m/s, $v_r = 1$ m/s, $r_2 = 1$ m

4.106 Der Ball B der Masse m bewegt sich mit der Geschwindigkeit $(v_B)_1$ auf der Kreisbahn mit dem Radius r_1. Das daran befestigte Seil wird mit der Geschwindigkeit v_r durch das Loch gezogen. Bestimmen Sie die Zeitspanne, bis der Ball die Geschwindigkeit $(v_B)_2$ erreicht. Wie groß ist dann r_2? Vernachlässigen Sie die Reibung und die Größe des Balles.

Gegeben: $m = 4$ kg, $r_1 = 1{,}5$ m, $(v_B)_1 = 3$ m/s, $v_r = 1$ m/s, $(v_B)_2 = 6$ m/s

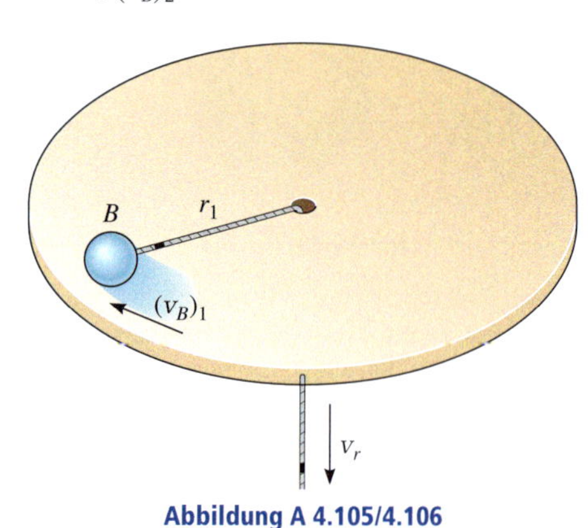

Abbildung A 4.105/4.106

4.107 Bei einer Jahrmarktattraktion ist ein Wagen am Seil OA befestigt. Der Wagen dreht sich auf einer horizontalen Kreisbahn und hat für $t = 0$ beim Bahnradius r die Geschwindigkeit v_0. Dann wird das Seil mit der konstanten Geschwindigkeit v_r eingezogen. Bestimmen Sie die Geschwindigkeit des Wagens zum Zeitpunkt $t = t_1$.

Gegeben: $v_0 = 2$ m/s, $r = 6$ m, $v_r = 0{,}25$ m/s, $t_1 = 3$ s

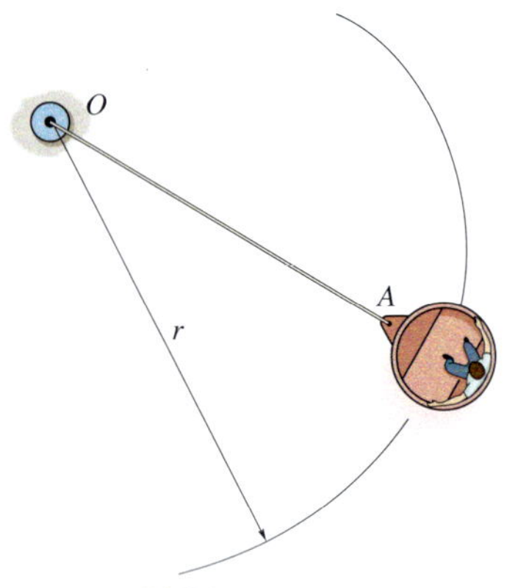

Abbildung A 4.107

***4.108** Ein Kind der Masse m hält beim Schaukeln aus der Ruhe bei θ_1 die Beine, wie dargestellt, hoch. Sein Schwerpunkt liegt dann bei S_1 auf einem Radius l_1. In der unteren Position bei $\theta = 0$ nimmt es *plötzlich* seine Beine herunter und der Schwerpunkt verschiebt sich an die Stelle S_2 auf einem Radius l_2. Bestimmen Sie die Geschwindigkeit des Kindes beim Aufwärtsschwingen aufgrund dieser plötzlichen Änderung der Körpergeometrie und den Winkel θ_2 des oberen Umkehrpunktes, den es erreicht. Betrachten Sie den Körper des Kindes als Massenpunkt.

Gegeben: $m = 50$ kg, $l_1 = 2{,}80$ m, $l_2 = 3$ m, $\theta_1 = 30°$

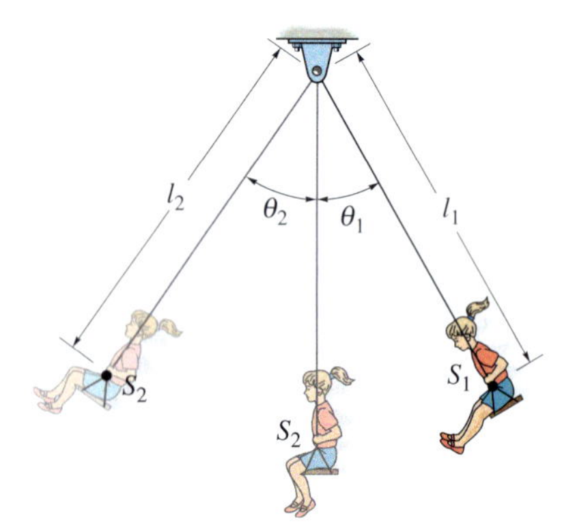

Abbildung A 4.108

4.109 Die Achterbahn fährt aus dem Stand auf der schraubenförmigen Bahn mit dem Radius r los. Bei einer Umdrehung verliert der Wagen das Maß h an Höhe. Bestimmen Sie die Geschwindigkeit des Wagens nach der Zeit $t = t_1$ und den vom Wagen überwundenen Höhenunterschied in dieser Zeit. Vernachlässigen Sie Reibungseinflüsse und die Größe des Wagens.

Gegeben: $h = 4$ m, $r = 4$ m, $m = 400$ kg, $t_1 = 4$ s

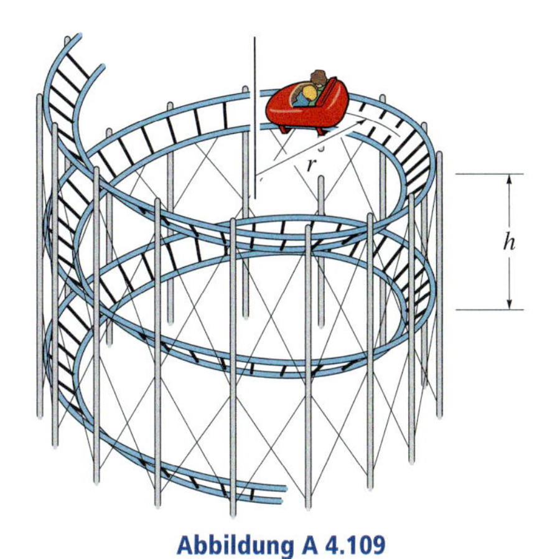

Abbildung A 4.109

4.110 Eine kleine Masse m besitzt beim Radius r_1 die horizontale Geschwindigkeit v_1 und beginnt dann, dabei auf einer glatten konischen Fläche abwärts zu gleiten. Bestimmen Sie den Höhenunterschied h, bei dem sie die resultierende Geschwindigkeit v_2 hat. Wie groß ist der Neigungswinkel, d.h. der Winkel zwischen horizontaler und tangentialer Komponente der Geschwindigkeit?

Gegeben: $m = 0{,}1$ kg, $v_1 = 0{,}4$ m/s, $r_1 = 500$ mm, $v_2 = 2$ m/s, $\alpha = 30°$

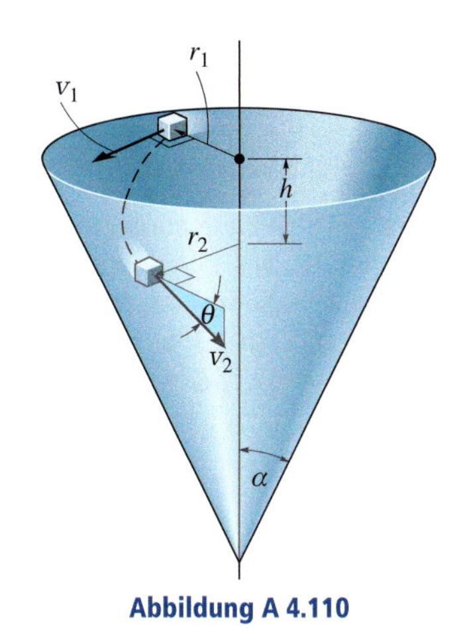

Abbildung A 4.110

Aufgaben zu 4.8 und 4.9

Ausgewählte Lösungswege

Lösungen finden Sie in *Anhang C*.

4.111 Der Feuerwehrmann der Masse m hält einen Schlauch mit dem Düsendurchmesser d_D und dem Schlauchdurchmesser d_S. Die Wassergeschwindigkeit am Düsenaustritt beträgt v. Berechnen Sie die resultierende Normal- und Tangentialkraft auf die Füße des Mannes am Boden. Vernachlässigen Sie das Gewicht des Schlauches mit dem darin befindlichen Wasser.

Gegeben: $d_D = 2{,}5$ cm, $d_S = 5$ cm, $v = 20$ m/s, $m = 75$ kg, $\gamma_W = 10$ kN/m^3, $\alpha = 40°$

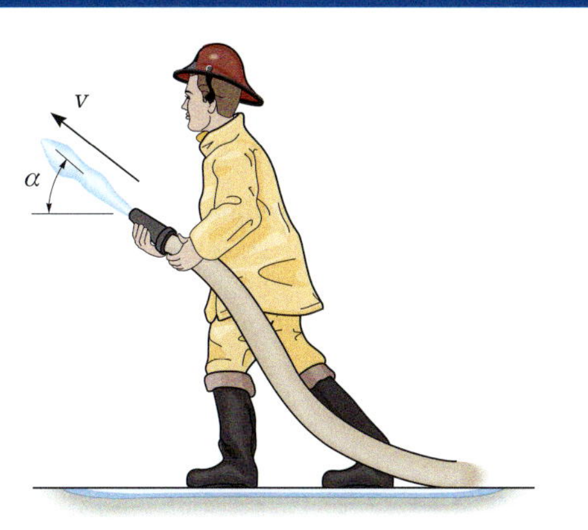

Abbildung A 4.111

***4.112** Ein Wasserstrahl mit der Querschnittsfläche q trifft mit der Geschwindigkeit v auf eine ortsfeste Umlenkschaufel. Bestimmen Sie die horizontalen und vertikalen Komponenten der Reaktionskraft der Schaufel auf das Wasser.

Gegeben: $q = 25\ \text{cm}^2$, $v = 8\ \text{m/s}$, $\gamma_W = 10\ \text{kN/m}^3$, $\alpha = 130°$

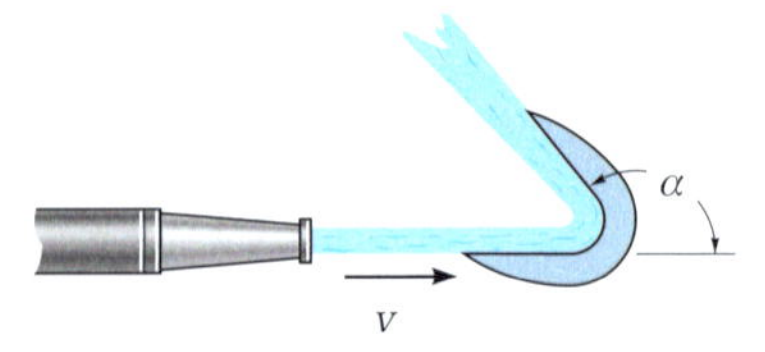

Abbildung A 4.112

4.113 Wasser fließt mit der horizontalen Geschwindigkeit v_B aus einem Hydranten mit dem Durchmesser d_B. Bestimmen Sie die horizontalen und vertikalen Komponenten der Kraft und das Einspannmoment am Sockel A für einen statischen Druck p_A in A. Der Durchmesser des Hydranten in A beträgt d_A.

Gegeben: $h = 500\ \text{mm}$, $v_B = 15\ \text{m/s}$, $d_A = 200\ \text{mm}$, $d_B = 150\ \text{mm}$, $\rho_W = 1000\ \text{kg/m}^3$, $p_A = 50\ \text{kPa}$

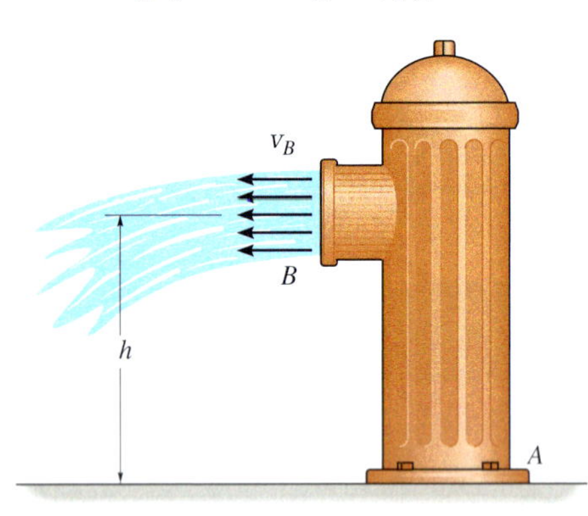

Abbildung A 4.113

4.114 Ein Wasserstrahl mit dem Durchmesser d wird von der Leitschaufel geteilt. Ein Viertel des Wassers fließt nach unten, drei Viertel nach oben, der gesamte Durchfluss beträgt Q. Bestimmen Sie die horizontalen und vertikalen Komponenten der Kraft auf die Schaufel.

Gegeben: $d = 7{,}5\ \text{cm}$, $Q = 0{,}015\ \text{m}^3/\text{s}$, $\gamma_W = 10\ \text{kN/m}^3$

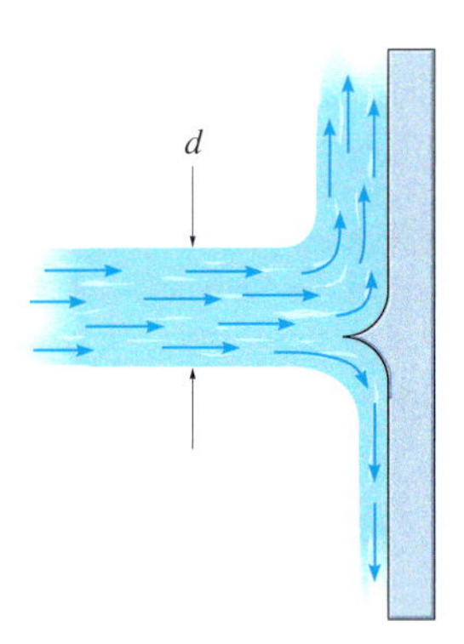

Abbildung A 4.114

4.115 Der Lüfter zieht Luft mit der Geschwindigkeit v durch die Belüftungsöffnung. Diese hat die Querschnittsfläche q. Bestimmen Sie den horizontalen Schub auf den Lüfterflügel. Das spezifische Gewicht γ_L der Luft ist gegeben.

Gegeben: $v = 4\ \text{m/s}$, $q = 0{,}2\ \text{m}^2$, $\gamma_L = 12\ \text{N/m}^3$

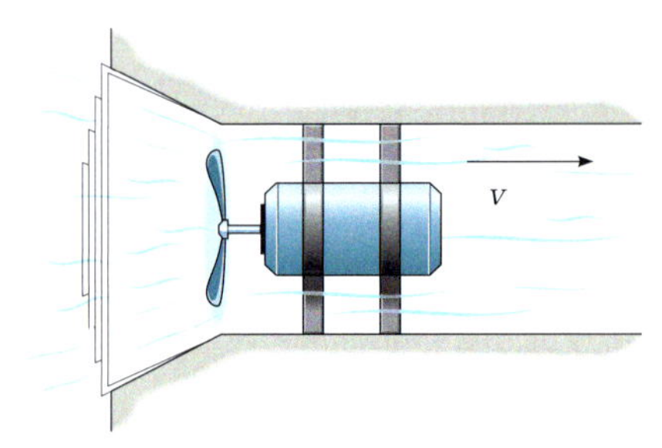

Abbildung A 4.115

***4.116** Auf die Schaufeln des *Peltonrades* trifft ein Wasserstrahl mit dem Durchmesser d und der Geschwindigkeit v_W. Die Schaufeln bewegen sich mit der Geschwindigkeit v_P. Bestimmen Sie die Leistung des Rades.

Gegeben: $d = 5\ \text{cm}$, $v_W = 60\ \text{m/s}$, $v_P = 38\ \text{m/s}$, $\gamma_W = 10\ \text{kN/m}^3$, $\alpha = 20°$

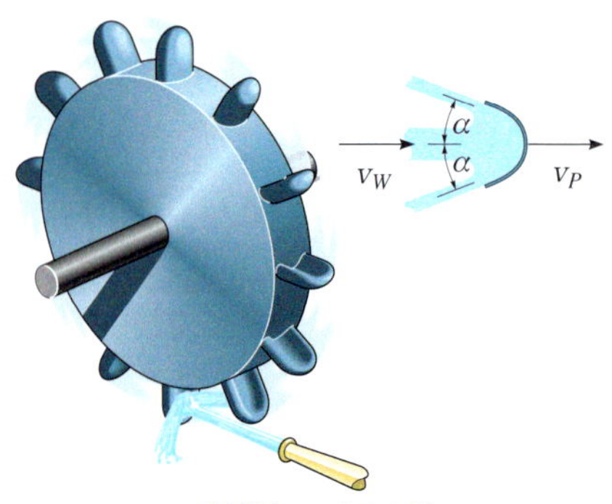

Abbildung A 4.116

4.117 Der statische Druck p_C des Wassers in C ist gegeben. Das Wasser fließt in A und B mit den Geschwindigkeiten v_A bzw. v_B heraus. Bestimmen Sie die horizontalen und vertikalen Komponenten der Kraft auf das Kniestück C, die für das Gleichgewicht der Rohranordnung erforderlich ist. Vernachlässigen Sie das Gewicht des Wassers im Rohr und das Gewicht des Rohres. In C beträgt der Durchmesser des Rohres d_C, in A und B jeweils d_B.

Gegeben: $p_C = 32\ \mathrm{N/cm^2}$, $v_A = 3{,}6\ \mathrm{m/s}$, $v_B = 7{,}5\ \mathrm{m/s}$, $d_B = 1{,}25\ \mathrm{cm}$, $d_C = 2\ \mathrm{cm}$, $\gamma_W = 10\ \mathrm{kN/m^3}$, $\tan\alpha = 4/3$

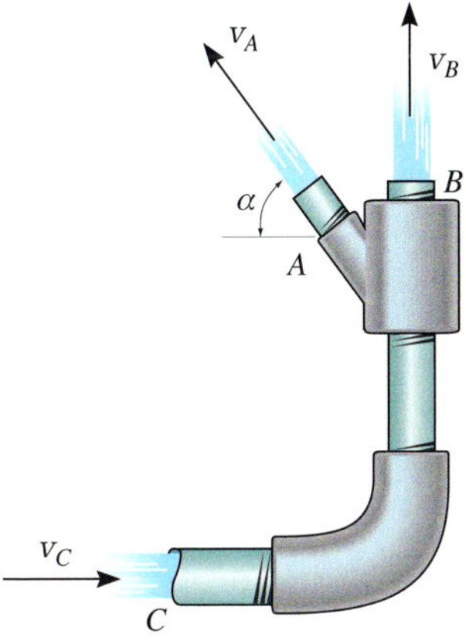

Abbildung A 4.117

4.118 Das Boot der Masse m wird von einem Flügelrad angetrieben, dessen Luftstrahl den Durchmesser d hat. Das Rad stößt die Luft mit der zum Boot relativen Geschwindigkeit v_L aus. Bestimmen Sie die Anfahrtbeschleunigung des Bootes, das aus dem Stand losfährt. Nehmen Sie an, dass die Luft die konstante Dichte ρ_A hat und die eintretende Luft in Ruhe ist. Vernachlässigen Sie den Widerstand des Wassers.

Gegeben: $m = 200\ \mathrm{kg}$, $d = 0{,}75\ \mathrm{m}$, $v_L = 14\ \mathrm{m/s}$, $\rho_a = 1{,}22\ \mathrm{kg/m^3}$

Abbildung A 4.118

4.119 Der Motorrasenmäher schwebt auf einem Luftkissen dicht über dem Boden. Dazu wird Luft mit der Geschwindigkeit v durch die Einlassöffnung A mit der Querschnittsfläche A_A angesaugt und in B mit der Querschnittsfläche A_B gegen den Boden ausgestoßen. Auf die Luft in A wirkt nur der Atmosphärendruck. Bestimmen Sie den Luftdruck, den der Rasenmäher auf den Boden aufbringt, wenn das Gewicht des Mähers frei gehalten und keine Last auf den Griff aufgebracht wird. Der Rasenmäher hat die Masse m und den Schwerpunkt in S. Nehmen Sie an, dass die Luft die konstante Dichte ρ_A hat.

Gegeben: $m = 15\ \mathrm{kg}$, $v = 6\ \mathrm{m/s}$, $A_A = 0{,}25\ \mathrm{m^2}$, $A_B = 0{,}35\ \mathrm{m^2}$, $\rho_A = 1{,}22\ \mathrm{kg/m^3}$

Abbildung A 4.119

***4.120** Am Krümmer des unterirdisch verlegten Rohres mit dem Durchmesser d wirkt der statische Druck p. Die Geschwindigkeit des durchfließenden Wassers beträgt v. Bestimmen Sie unter der Annahme, dass die Rohrverbindungsstücke A und B keine zusätzliche Vertikalkraft auf den Krümmer ausüben, die resultierende vertikale Kraft F_B, die der Boden dann auf den Krümmer ausüben muss, um ihn im Gleichgewicht zu halten. Vernachlässigen Sie das Gewicht des Krümmers und des Wassers darin.

Gegeben: $d = 12\ \mathrm{cm}$, $p = 8\ \mathrm{N/cm^2}$, $v = 4\ \mathrm{m/s}$, $\gamma_W = 10\ \mathrm{kN/m^3}$, $\alpha = 45°$

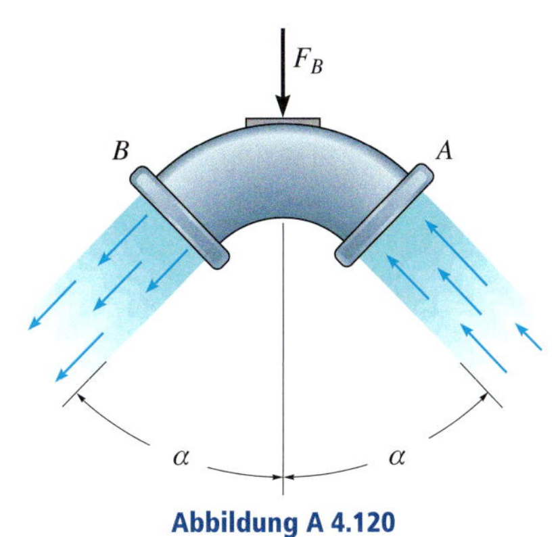

Abbildung A 4.120

4.121 Mit dem Waggon wird das Wasser aus einer Rinne zwischen den Schienen geschöpft. Bestimmen Sie für die drei dargestellten Fälle die erforderliche Kraft, um den Waggon mit der konstanten Geschwindigkeit v_0 vorwärts zu ziehen. Die Querschnittsfläche der Schöpfvorrichtung ist A, die Dichte des Wassers ρ_W.

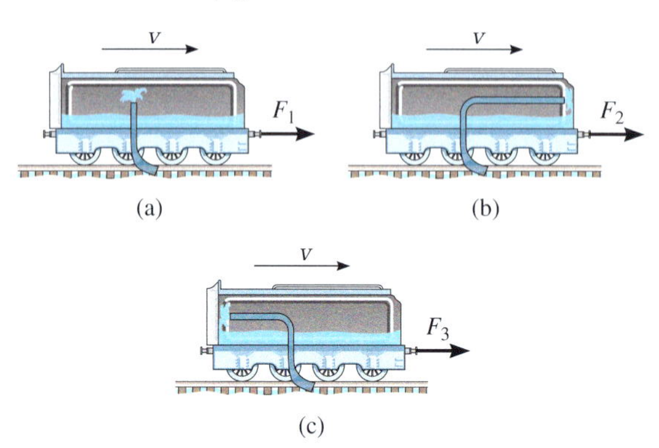

Abbildung A 4.121

4.122 Ein Schneepflug vor einer Lokomotive nimmt den Schnee als konstanten Volumenstrom Q auf und lädt ihn auf den Zug. Die Lokomotive fährt mit der konstanten Geschwindigkeit v_0. Bestimmen Sie den Widerstand gegen die Bewegung aufgrund des Schaufelns. Das spezifische Gewicht des Schnees beträgt γ_S.

Gegeben: $Q = 0{,}4\ \mathrm{m^3/s}$, $v_0 = 4\ \mathrm{m/s}$, $\gamma_S = 1\ \mathrm{kN/m^3}$

4.123 Das Boot der Masse m_B fährt mit der konstanten Geschwindigkeit v_B *relativ* zum Fluss. Der Fluss fließt mit v_F in entgegengesetzter Richtung. Ein Rohr wird ins Wasser gehalten, das in der Zeitspanne Δt die Menge m_W Wasser sammelt. Bestimmen Sie den horizontalen Vortrieb T auf das Rohr, der zur Überwindung des Widerstandes gegen das Sammeln erforderlich ist.

Gegeben: $m_B = 180\ \mathrm{kg}$, $v_B = 70\ \mathrm{km/h}$, $v_F = 5\ \mathrm{km/h}$, $m_W = 40\ \mathrm{kg}$, $\Delta t = 80\ \mathrm{s}$, $\rho_W = 1000\ \mathrm{kg/m^3}$

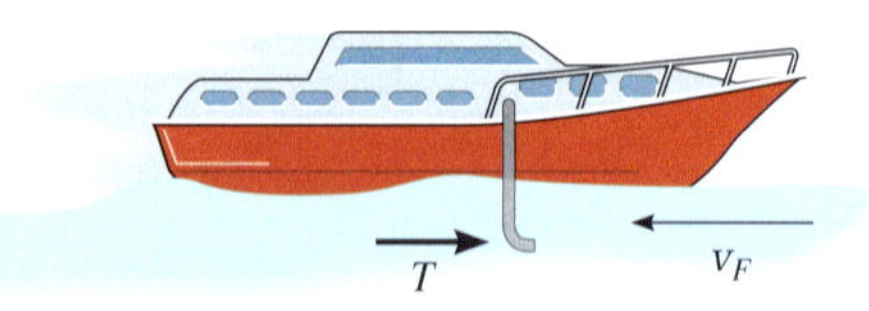

Abbildung A 4.123

***4.124** Die zweite Stufe einer zweistufigen Rakete hat (leer) die Masse m_{R2} und wird mit der Geschwindigkeit v_2 von der ersten Stufe abgestoßen. Der Treibstoff in der zweiten Stufe hat die Masse m_{T2} und wird mit der Massenstromrate r_2 verbraucht und mit der relativen Geschwindigkeit v_{T2} ausgestoßen. Bestimmen Sie die Beschleunigung der zweiten Stufe kurz nach Zünden des zuständigen Treibsatzes. Wie groß ist die Beschleunigung der Raketenstufe kurz bevor der gesamte Treibstoff verbraucht ist? Vernachlässigen Sie den Gravitationseinfluss.

Gegeben: $m_{R2} = 1000\ \mathrm{kg}$, $v_2 = 4800\ \mathrm{km/h}$, $m_{T2} = 500\ \mathrm{kg}$, $v_{T2} = 2400\ \mathrm{m/s}$, $r_2 = 25\ \mathrm{kg/s}$

4.125 Die Rakete hat die Masse m. Das Strahltriebwerk liefert den konstanten Schub T. Zusätzlichen Schub liefern die *beiden* Starttriebwerke B. Der Treibstoff in jedem Starttriebwerk wird mit der konstanten Massenstromrate r_B verbrannt und mit der relativen Ausstoßgeschwindigkeit v_B ausgestoßen. Die Masse des vom Turbostrahltriebwerk verbrauchten Treibstoffs kann vernachlässigt werden. Bestimmen Sie die Geschwindigkeit der Rakete nach der Brenndauer t_B der Starttriebwerke. Die Anfangsgeschwindigkeit der Rakete beträgt v_0.

Gegeben: $m = 20000\ \mathrm{kg}$, $T = 75\ \mathrm{kN}$, $r_B = 75\ \mathrm{kg/s}$, $v_B = 1000\ \mathrm{m/s}$, $t_B = 4\ \mathrm{s}$, $v_0 = 480\ \mathrm{km/h}$

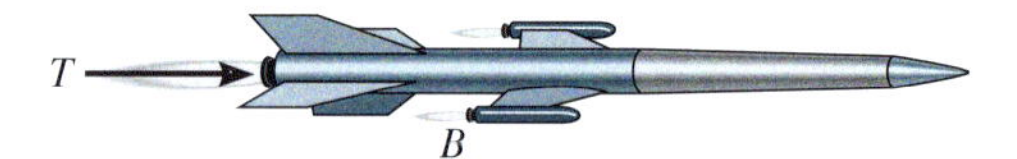

Abbildung A 4.125

4.126 Die Erdbewegungsmaschine hat zu Beginn die Menge V an Sand mit der Dichte ρ geladen. Der Sand wird mit der zur Entladungsöffnung P relativen Massenstromrate r_P horizontal durch P mit dem Querschnitt q_P entladen. Bestimmen Sie die resultierende Zugkraft F an den Vorderrädern der Maschine. Ihre Beschleunigung beträgt $a_{1/2}$, wenn die Hälfte des Sandes entladen wurde. Die Erdbewegungsmaschine hat die Leermasse m. Vernachlässigen Sie den Widerstand gegen die Vorwärtsbewegung und die Masse der Räder. Die Hinterräder können frei rollen.

Gegeben: $m = 30000\ \mathrm{kg}$, $V = 10\ \mathrm{m^3}$, $r_P = 900\ \mathrm{kg/s}$, $q_P = 2{,}5\ \mathrm{m^2}$, $\rho = 1520\ \mathrm{kg/m^3}$, $a_{1/2} = 0{,}1\ \mathrm{m/s^2}$

Abbildung A 4.126

4.127 Der Hubschrauber der Masse m_H trägt einen Eimer Löschwasser der Masse m_W. Er schwebt in einer festen Position über Land und entlädt dann mit v_W (relativ zum Hubschrauber) die Massenstromrate r_W an Wasser. Bestimmen Sie die anfängliche Aufwärtsbeschleunigung des Hubschraubers während der Entladung.

Gegeben: $m_H = 10000$ kg, $m_W = 500$ kg, $r_W = 50$ kg/s, $v_W = 10$ m/s

Abbildung A 4.127

***4.128** Die Rakete hat einschließlich Treibstoff die Masse m. Bestimmen Sie die konstante Massenstromrate, mit der der Treibstoff verbrannt werden muss, damit der Schub der Rakete nach der Zeitspanne Δt die Geschwindigkeit v_R verleiht. Der Treibstoff wird mit der relativen Geschwindigkeit v_T aus der Rakete ausgestoßen. Vernachlässigen Sie den Luftwiderstand und nehmen Sie an, dass die Erdbeschleunigung g konstant ist.

Gegeben: $m = 32500$ kg, $v_R = 60$ m/s, $v_T = 900$ m/s, $\Delta t = 10$ s

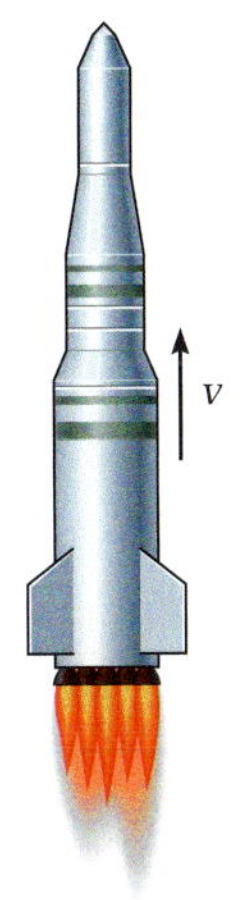

Abbildung A 4.128

4.129 Die Rakete hat einschließlich Treibstoff die Anfangsmasse m_0. Aus praktischen Gründen für die Besatzung soll sie eine konstante Aufwärtsbeschleunigung a_0 erfahren. Der Treibstoff wird mit der relativen Geschwindigkeit v_T aus der Rakete ausgestoßen. Bestimmen Sie die Massenstromrate, mit welcher der Treibstoff verbraucht wird. Vernachlässigen Sie den Luftwiderstand und nehmen Sie an, dass die Gravitationsbeschleunigung konstant ist.

Abbildung A 4.129

4.130 Das Flugzeug mit der Masse m_F fliegt mit der konstanten Geschwindigkeit v_F auf einer horizontalen geraden Bahn. Mit der Volumenstromrate r_L tritt Luft in das Triebwerk S ein. Die Maschine verbrennt den Treibstoff mit der Massenstromrate r_T und das Abgas (Treibstoff und Luft) wird mit der Geschwindigkeit v_A relativ zum Flugzeug ausgestoßen. Bestimmen Sie die Resultierende des Luftwiderstandes auf das Flugzeug. Nehmen Sie an, dass die Luft die konstante Dichte ρ_L hat. *Hinweis:* Da Masse in das Flugzeug eintritt und Masse aus dem Flugzeug ausgestoßen wird, werden die Gleichungen (4.31) und (4.32) verknüpft. Es gilt

$$\sum F_S = m\frac{dv}{dt} - v_{F/a}\frac{dm_a}{dt} + v_{F/z}\frac{dm_z}{dt}$$

Gegeben: $m_F = 12000$ kg, $v_F = 950$ km/h, $r_L = 50$ m³/s, $r_T = 0{,}4$ kg/s, $v_A = 450$ m/s, $\rho_L = 1{,}22$ kg/m³

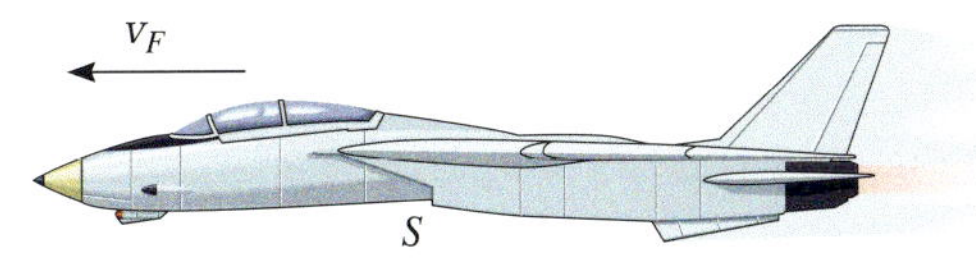

Abbildung A 4.130

4.131 Das Düsenflugzeug fliegt mit der Geschwindigkeit v_F auf einer zur Horizontalen um den Winkel γ geneigten Bahn. Der Treibstoff wird mit der Massenstromrate r_T verbrannt und das Flugzeug saugt Luft mit der Massenstromrate r_L ein, der Abgasausstoß hat die zum Flugzeug relative Geschwindigkeit v_T. Bestimmen Sie die Beschleunigung des Flugzeuges zu diesem Zeitpunkt. Der Luftwiderstand F_D ist eine Funktion der Geschwindigkeit und die Masse des Flugzeuges beträgt m. *Hinweis:* siehe Aufgabe 4.130.

Gegeben: $m = 7500$ kg, $v_F = 800$ km/h, $r_T = 1{,}5$ kg/s, $r_L = 200$ kg/s, $v_T = 9800$ m/s, $\gamma = 30°$, $F_D = bv^2$, $b = 40$ Ns^2/m^2

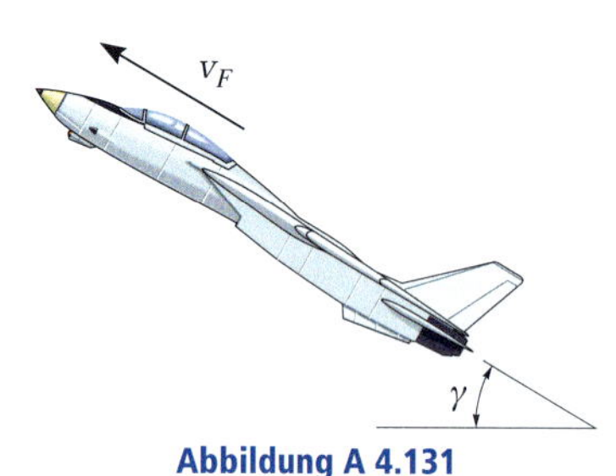

Abbildung A 4.131

***4.132** Die Masse m des unbeladenen Lasters ist gegeben. Die Sandladung V wird mit der konstanten Volumenstromrate r_S entladen, der Sand fließt dann mit der zum Laster relativen Geschwindigkeit v_S in der dargestellten Richtung von der Ladefläche. Der Laster kann frei rollen. Bestimmen Sie seine Anfangsbeschleunigung, wenn die Entladung beginnt. Vernachlässigen Sie die Masse der Räder und den Reibwiderstand. Die Dichte des Sandes beträgt ρ_S.

Gegeben: $m = 50000$ kg, $V = 5$ m^3, $r_S = 0{,}8$ m^3/s, $v_S = 7$ m/s, $\rho_S = 1520$ kg/m^3, $\alpha = 45°$

Abbildung A 4.132

4.133 Mit dem Auto der Masse m_0 wird die glatte Kette der Gesamtlänge l und der Masse pro Längeneinheit q_G gezogen. Die Kette ist ursprünglich aufgerollt. Bestimmen Sie die Zugkraft F, die von den Hinterrädern aufgebracht werden muss, damit eine konstante Geschwindigkeit v beim Ziehen gewährleistet werden kann.

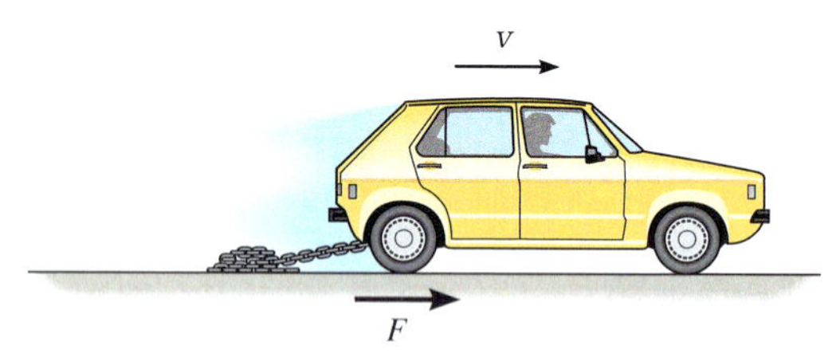

Abbildung A 4.133

4.134 Bestimmen Sie die Kraft F als Funktion der Zeit, die am Seilende A aufgebracht werden muss, um den Haken H mit konstanter Geschwindigkeit v_H hochzuziehen. Ursprünglich ist die Kette am Boden in Ruhe. Vernachlässigen Sie die Masse von Seil und Haken. Die Kette hat die Massenbelegung q_G.

Gegeben: $q_G = 2$ kg/m, $v_H = 0{,}4$ m/s

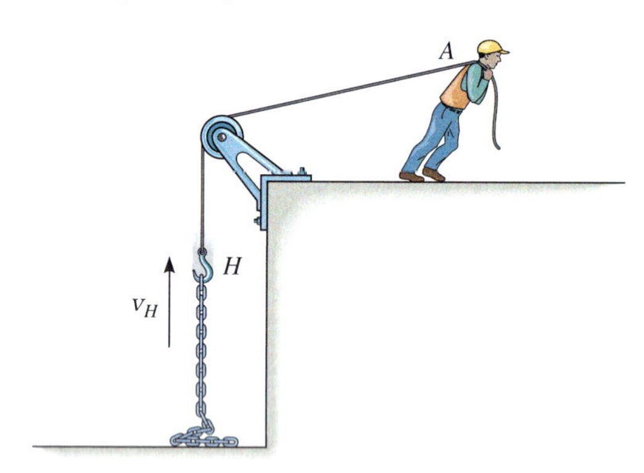

Abbildung A 4.134

Konstruktionsaufgabe

***4.1D Konstruktion einer Preiselbeer-Sortiervorrichtung**

Die Festigkeit einer Preiselbeere hängt von ihrer Qualität ab. Andererseits hängt ihr Hochspringverhalten beim Aufprall auf eine horizontale Unterlage von der Festigkeit ab. Experimentell wird festgestellt, dass Beeren, die nach einem Fall aus der Höhe h_0 in die Höhe h_1 hochspringen, für die Weiterverarbeitung geeignet sind. Bestimmen Sie mit diesen Daten den Wertebereich des erlaubten Restitutionskoeffizienten der Beeren und konstruieren Sie dann eine Sortiervorrichtung zur Trennung von guten und schlechten Beeren. Erstellen Sie eine Zeichnung sowie die Berechnungen zur Trennung und Sammlung der Beeren in Ihrer Vorrichtung.

Gegeben: $h = 1{,}2\ \mathrm{m}$, $0{,}75\ \mathrm{m} \leq h_1 \leq 0{,}975\ \mathrm{m}$

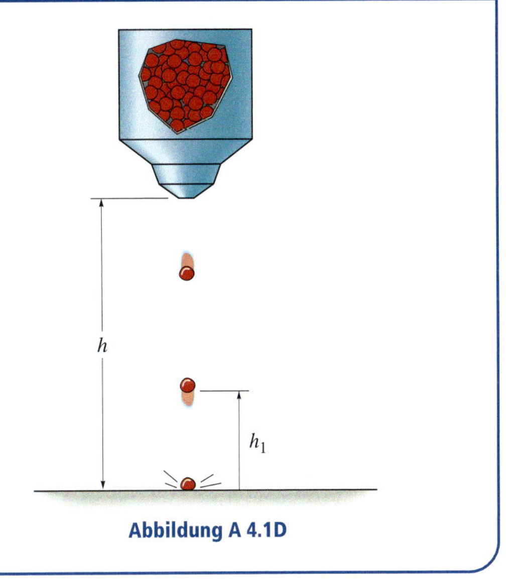

Abbildung A 4.1D

Zusätzliche Übungsaufgaben mit Lösungen finden Sie auf der Companion Website (CWS) unter *www.pearson-studium.de*

Wiederholung 1: Kinematik und Kinetik eines Massenpunktes

Die in den Kapiteln 1 bis 4 behandelten Themen wurden *in vier Kategorien* eingeteilt, um die verschiedenen Problemlösungsverfahren *systematisch erklären* zu können. In der Praxis muss ein Ingenieur das geeignete Verfahren zur Lösung eines bestimmten Problems jedoch selbst *erkennen* und unter den verschiedenen Möglichkeiten *auswählen*. Dazu müssen die Beschränkungen und die Geltungsbereiche der Gleichungen der Dynamik vollkommen verstanden sein, um diese Auswahl zur Lösung des konkreten Problems leisten zu können. Aus diesen Gründen werden sämtliche Gleichungen und Gesetze der Dynamik von Massenpunkten noch einmal zusammengefasst und ihre Anwendung auf verschiedene Aufgaben geübt.

Kinematik Bei kinematischen Aufgaben diskutieren wir nur die Geometrie der Bewegung und betrachten nicht die Kräfte, die Ursache der Bewegung sind. Bei der Anwendung der kinematischen Gleichungen muss immer ein raumfestes Bezugssystem zugrunde gelegt werden, für das dann je nach Bewegungstyp ein geeignetes Koordinatensystem einzuführen ist, mit dem die Lage des Massenpunktes beschrieben wird. Nach Festlegung positiver Koordinatenachsen können Lage, Geschwindigkeit und Beschleunigung nach Betrag und Richtung bestimmt werden.

Geradlinige Bewegung

Zeitabhängige Beschleunigung. Nach Aufstellung einer mathematischen (oder grafischen) Beziehung zwischen *zwei* der *vier* Variablen s, v, a und t kann eine dritte Variable aus einer der folgenden Gleichungen berechnet werden, die jeweils drei Variablen verknüpfen:

$$v = \frac{ds}{dt}$$
$$a = \frac{dv}{dt}$$
$$a\,ds = v\,dv$$

Konstante Beschleunigung. Sind Sie *absolut sicher*, dass eine konstante Beschleunigung vorliegt, verwenden Sie die folgenden Gleichungen:

$$s = s_0 + v_0 t + \frac{1}{2} a_0 t^2$$
$$v = v_0 + a_0 t$$
$$v^2 = v_0^2 + 2a_0 (s - s_0)$$

Krummlinige Bewegung

Kartesisches x,y,z-Koordinatensystem. Dieses Koordinatensystem wird häufig verwendet, wenn die Bewegung einfach in horizontale und vertikale Komponenten zerlegt werden kann. Dies gilt insbesondere auch bei der Untersuchung des schiefen Wurfs, denn die Beschleunigung des betreffenden Massenpunktes ist dann *immer* nach *unten* gerichtet.

$$\begin{aligned} r_x &= x & v_x &= \dot{x} & a_x &= \dot{v}_x \\ r_y &= y & v_y &= \dot{y} & a_y &= \dot{v}_y \\ r_z &= z & v_z &= \dot{z} & a_z &= \dot{v}_z \end{aligned}$$

Natürliches n,t,b-Koordinatensystem. Dieses Koordinatensystem ist besonders geeignet für die Untersuchung der *Beschleunigung* des Massenpunktes auf einer bekannten gekrümmten Bahnkurve, denn die t- und n-Komponenten von **a** geben die Änderung von Betrag und Richtung der Geschwindigkeit an, und diese Komponenten können einfach formuliert werden:

$$v = \dot{s}$$

$$a_t = \dot{v} = v\frac{dv}{ds}$$

$$a_n = \frac{v^2}{\rho}$$

worin

$$\rho = \left| \frac{\left[1 + (dy/dx)^2\right]^{3/2}}{d^2y/dx^2} \right|$$

der Krümmungsradius der bekannten Bahnkurve $y = f(x)$ ist.

Zylindrisches r,θ,z-Koordinatensystem. Dieses Koordinatensystem dient zur Beschreibung der Bewegung des Massenpunktes, wenn Werte bezüglich der Winkelbewegung als Funktion der Radialkoordinate r gegeben sind. Auch Bahnkurven können damit vergleichsweise einfach beschrieben werden.

$$\begin{aligned} v_r &= \dot{r} & a_r &= \ddot{r} - r\dot{\theta}^2 \\ v_\theta &= r\dot{\theta} & a_\theta &= r\ddot{\theta} + 2\dot{r}\dot{\theta} \\ v_z &= \dot{z} & a_z &= \ddot{z} \end{aligned}$$

Relativbewegung Befindet sich der Ursprung eines *rein translatorisch* bewegten Bezugssystems in einem Massenpunkt A, dann gilt für einen zweiten Massenpunkt B

$$\mathbf{r}_B = \mathbf{r}_A + \mathbf{r}_{B/A}$$
$$\mathbf{v}_B = \mathbf{v}_A + \mathbf{v}_{B/A}$$
$$\mathbf{a}_B = \mathbf{a}_A + \mathbf{a}_{B/A}$$

Die Relativbewegung wird in diesem Fall von einem Beobachter im translatorisch bewegten Bezugssystem gemessen.

Kinetik Bei Aufgaben der Kinetik müssen die Kräfte, welche die Bewegung hervorrufen, in die Berechnung einbezogen werden. Bei der Anwendung der kinetischen Grundgleichungen müssen Messungen der Bewegung bezüglich eines *Inertialsystems* erfolgen, d.h. einem Koordinatensystem, das sich nicht dreht, sondern entweder raumfest ist oder sich mit konstanter Geschwindigkeit translatorisch bewegt. Ist eine *gemeinsame Lösung* kinetischer und kinematischer Gleichungen erforderlich, dann müssen *positive Koordinatenrichtungen* für beide Kategorien in *gleicher* Weise festgelegt sein.

Dynamische Gleichgewichtsbedingungen Diese Gleichungen dienen zur Bestimmung der Beschleunigung des Massenpunktes oder von Kräften, welche die Bewegung verursachen. Die eigentlichen Bewegungsgleichungen verknüpfen insbesondere die unbekannte Beschleunigung, aber auch Geschwindigkeits- und Lagegrößen in Abhängigkeit bekannter Systemdaten, nachdem alle unbekannten Zwangskräfte eliminiert sind. Werden mit ihnen nicht nur die Beschleunigung, sondern auch Geschwindigkeit und Lage oder die Bewegungsdauer ermittelt, ist zu integrieren oder es sind vorgefertigte kinematische Gleichungen zu betrachten. Vor Aufstellung der dynamischen Gleichgewichtbedingungen ist zur Erfassung aller Kräfte auf den Massenpunkt einschließlich aller Trägheitskräfte *immer ein verallgemeinertes Freikörperbild im Sinne d'Alemberts zu zeichnen.* Legen Sie dazu die Richtung der Massenpunktbeschleunigung oder ihrer Komponenten fest, um die Trägheitswirkungen im Freikörperbild in negativer Beschleunigungsrichtung einfach eintragen zu können.

$$\sum F_x - ma_x = 0 \qquad \sum F_n - ma_n = 0 \qquad \sum F_r - ma_r = 0$$
$$\sum F_y - ma_y = 0 \qquad \sum F_t - ma_t = 0 \qquad \sum F_\theta - ma_\theta = 0$$
$$\sum F_z - ma_z = 0 \qquad \sum F_b = 0 \qquad \sum F_z - ma_z = 0$$

Arbeit und Energie Der Arbeitssatz ist das Integral der tangentialen Bewegungsgleichung $\sum F_t = ma_t$ zusammen mit der kinematischen Beziehung $a_t\, ds = v\, dv$. *Damit werden Aufgaben zu Kraft, Geschwindigkeit und Lage gelöst.* Vor Anwendung dieser Gleichung *ist immer ein Freikörperbild* zur Erfassung aller eingeprägten Kräfte, die am Massenpunkt Arbeit verrichten, *zu zeichnen.*

$$T_1 + \sum W_{1-2} = T_2$$

Dabei sind

$T = \frac{1}{2}mv^2$	(kinetische Energie)
$W_F = \int_{s_1}^{s_2} F\cos\theta\, ds$	(Arbeit einer variablen Kraft)
$W_{F_0} = F_0\cos\theta(s_2 - s_1)$	(Arbeit einer Kraft mit konstantem Betrag und konstanter Richtung)
$W_G = -G\Delta y$	(Arbeit der Gewichtskraft)
$W_F = -\left(\frac{1}{2}cs_2^2 - \frac{1}{2}cs_1^2\right)$	(Arbeit der Kraft einer elastischen Feder)

Handelt es sich bei den angreifenden Kräften um *konservative Kräfte*, d.h. Kräfte, die *keine* Energie *dissipieren* oder *zuführen*, wie Reibungskräfte oder Antriebskräfte, dann gilt der Energieerhaltungssatz. Die Anwendung dieses Satzes ist einfacher als die des Arbeitssatzes, denn er gilt an *zwei Punkten* der Bahnkurve ohne den Weg dazwischen zu kennen. Die Arbeit einer konservativen Kraft bei der Bewegung des Massenpunktes auf der Bahnkurve muss *nicht* berechnet werden.

$$T_1 + V_1 = T_2 + V_2$$

und es gilt

$V_G = Gy$	(Schwerepotenzial)
$V_F = \frac{1}{2}cs^2$	(elastisches Federpotenzial)

Zur Ermittlung der *Leistung* einer Kraft wird die Gleichung

$$P = \frac{dW}{dt} = \mathbf{F} \cdot \mathbf{v}$$

verwendet, wobei $\mathbf{v}$ die Geschwindigkeit des Massenpunktes ist, an dem die Kraft $\mathbf{F}$ angreift.

Impuls und Drehimpuls Der *Impulssatz* ist die integrierte Form des Newton'schen Grundgesetzes $\sum \mathbf{F} = m\mathbf{a}$ bezüglich der Zeit mit der kinematischen Relation $\mathbf{a} = d\mathbf{v}/dt$. *Mit ihm werden Aufgaben zu Kraft, Geschwindigkeit und Zeitdauer gelöst.* Vor der Anwendung ist *immer ein Freikörperbild zu zeichnen*, um alle physikalischen Kräfte zu erfassen, die Kraftstöße auf den Massenpunkt bewirken. Dem Diagramm sind impulsrelevante und nicht impulsrelevante Kräfte zu entnehmen. Bei der Rechnung können die nicht impulsrelevanten Kräfte während eines Stoßes vernachlässigt werden. Des Weiteren ist auf eine konsistente Festlegung positiver Kraft- und Geschwindigkeitsrichtungen vom Beginn bis zum Ende der Stoßphase zu achten. Impulsdiagramme können die Lösung ergänzen und grafisch die Terme des Impulssatzes in integraler Form erfassen.

$$m\mathbf{v}_1 + \sum \int_{t_1}^{t_2} \mathbf{F}\,dt = m\mathbf{v}_2$$

Geht es um ein System von Massenpunkten, ist eventuell die *Impulserhaltung* auf das System anzuwenden, damit die inneren Kraftstöße aus der Rechnung herausfallen. Dies kann für eine Richtung erfolgen, in der keine äußeren Kraftstöße auf die Massenpunkte einwirken.

$$\sum m\mathbf{v}_1 = \sum m\mathbf{v}_2$$

Werden Stöße behandelt und die Stoßzahl e ist gegeben, dann gilt die Gleichung

$$e = \frac{(v_B)_2 - (v_A)_2}{(v_A)_1 - (v_B)_1} \quad \text{(entlang der Stoßnormalen)}$$

Erinnern Sie sich daran, dass während des Stoßvorganges der Arbeitssatz nicht verwendet werden kann, weil der Verlauf der inneren Kräfte während der Kompressions- und der Restitutionsphase unbekannt ist. Aus der Differenz der kinetischen Energien vor und nach dem Stoß kann jedoch der Energieverlust beim Stoß berechnet werden, wenn Anfangs- und Endgeschwindigkeit des Massenpunktes bestimmt wurden.

Der *Drehimpulssatz* und der *Drehimpulserhaltungssatz* ergeben sich durch Momentenbildung des Impulssatzes bezüglich eines frei wählbaren Bezugspunktes. Insbesondere bei Stoßaufgaben werden sie um eine Achse so angewendet, dass unbekannte Impulse auf den Massenpunkt herausfallen. Eine geeignete Achse wird mit Hilfe des Freikörperbildes ermittelt.

$$(\mathbf{H}_O)_1 + \sum \int_{t_1}^{t_2} \mathbf{M}_O\,dt = (\mathbf{H}_O)_2 \quad \text{(Drehimpulssatz)}$$

$$(\mathbf{H}_O)_1 = (\mathbf{H}_O)_2 \quad \text{(Drehimpulserhaltungssatz)}$$

Die folgenden Aufgaben dienen nochmals der systematischen Anwendung der gelernten Verfahren. Die Aufgaben sind *zufällig* angeordnet, sodass Erfahrungen gewonnen werden können, die unterschiedlichen Aufgabentypen zu erkennen und dann die adäquaten Lösungsverfahren einzusetzen.

Wiederholungs-Aufgaben

Lösungen finden Sie in *Anhang C*.

W1.1 Ein Sportwagen kann mit a_1 beschleunigen und mit a_2 abbremsen. Die maximale Geschwindigkeit, die der Wagen erreichen kann, ist v_{max}. Bestimmen Sie die kürzeste Zeit, die zum Durchfahren einer Strecke s_1 beim Start aus dem Stand und Anhalten nach der Strecke $s = s_1$ erforderlich ist.

Gegeben: $a_1 = 6\ \mathrm{m/s^2}$, $a_2 = 8\ \mathrm{m/s^2}$, $v_{max} = 60\ \mathrm{m/s}$, $s_1 = 900\ \mathrm{m}$

W1.2 Ein Massenpunkt der Masse m ruht auf einer glatten horizontalen Ebene, und an ihm greifen die Kräfte F_x und F_y an. Für $t = 0$ gilt $x = x_0$, $y = y_0$, $v_x = v_{x0}$ und $v_y = v_{y0}$. Ermitteln Sie die Funktion $y = f(x)$ zur Beschreibung der Bahn.

Gegeben: $m = 2\ \mathrm{kg}$, $F_x = 0\ \mathrm{N}$, $F_y = 3\ \mathrm{N}$, $x_0 = 0$, $y_0 = 0$, $v_{x0} = 6\ \mathrm{m/s}$, $v_{y0} = 2\ \mathrm{m/s}$

W1.3 Bestimmen Sie die Geschwindigkeit beider Massen zum Zeitpunkt $t = t_1$, nachdem sie aus der Ruhe freigegeben wurden. Vernachlässigen Sie die Masse der Rollen und des Seiles.

Gegeben: $m_A = 10\ \mathrm{kg}$, $m_B = 50\ \mathrm{kg}$, $t_1 = 2\ \mathrm{s}$

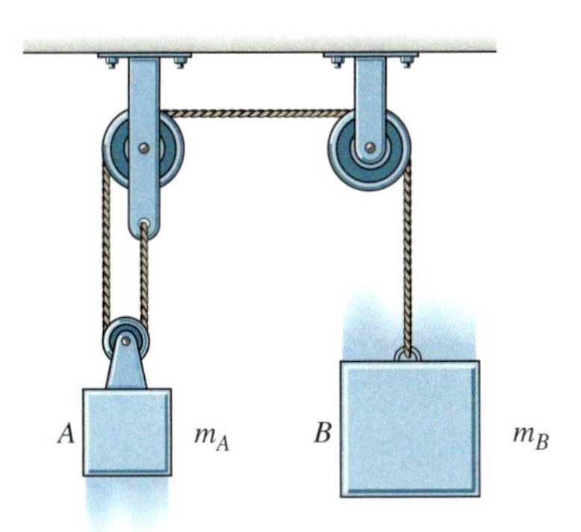

Abbildung W1.3

***W1.4** Zur Überprüfung der Herstelleigenschaften von Stahlbällen der Masse m werden diese aus der Ruhe freigegeben. Sie treffen dann auf die um γ geneigte Oberfläche. Bestimmen Sie mit der gegebenen Stoßzahl e den Abstand s, in dem der Ball auf die horizontale Ebene in A trifft. Mit welcher Geschwindigkeit trifft die Kugel auf?

Gegeben: $m = 2\ \mathrm{kg}$, $a = 2\ \mathrm{m}$, $b = 3\ \mathrm{m}$, $e = 0{,}8$, $\gamma = 45°$

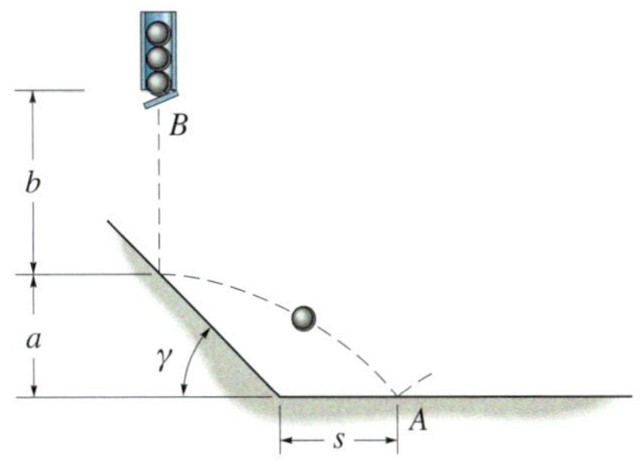

Abbildung W1.4

W1.5 Der Klotz mit dem Gewicht G wird mit konstanter Geschwindigkeit von der Kraft F die *raue* schiefe Ebene hinaufgezogen. Ist Punkt B erreicht, wird die Kraft F entfernt, und der Klotz wird dann aus der Ruhe freigegeben. Bestimmen Sie die Geschwindigkeit des Klotzes beim Heruntergleiten und Erreichen von Punkt A.

Gegeben: $G = 1\ \mathrm{kN}$, $F = 450\ \mathrm{N}$, $s = 24\ \mathrm{m}$, $h = 10\ \mathrm{m}$

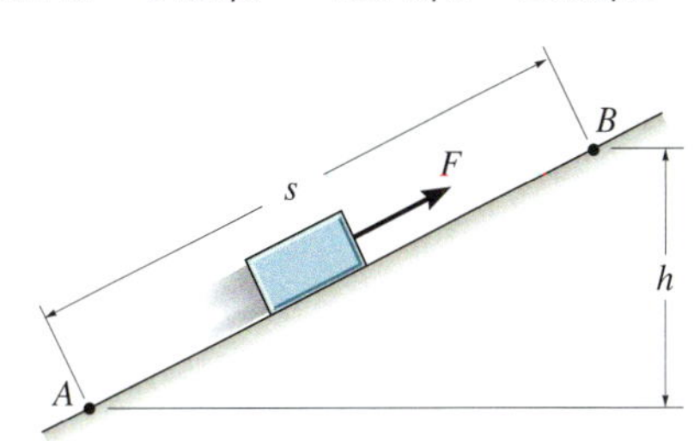

Abbildung W1.5

W1.6 Der Motor in C holt mit der Beschleunigung $a_C(t)$ das Seil ein. Der Motor in D holt das zweite Seil mit der Beschleunigung a_D ein. Beide Motoren starten in der Lage $d = d_1$ zum gleichen Zeitpunkt aus der Ruhe. Bestimmen Sie (a) die erforderliche Zeit bis $d = 0$ wird und (b) die relative Geschwindigkeit der Masse A bezüglich Masse B, wenn der angesprochene Zustand auftritt.

Gegeben: $d_1 = 3\ \mathrm{m}$, $a_D = 5\ \mathrm{m/s^2}$, $a_C = ct^2$, $c = 3\ \mathrm{m/s^4}$

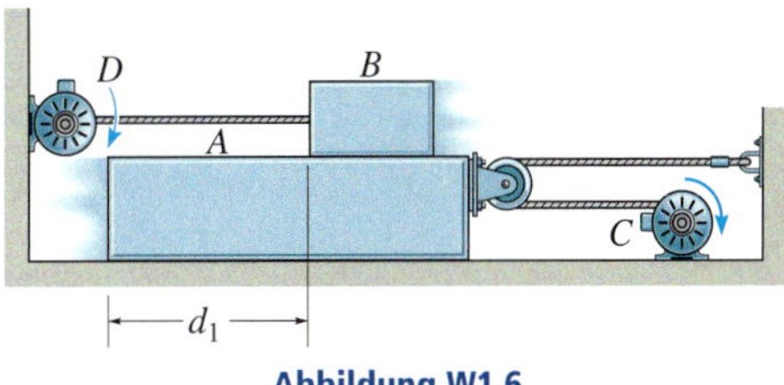

Abbildung W1.6

W1.7 Eine Feder mit der Federkonstanten c wird um s gestaucht. Mit der in der Feder gespeicherten Energie wird eine Maschine angetrieben, die die Leistung P braucht. Wie lange kann die Feder die erforderliche Energie liefern?

Gegeben: $c = 5\ \mathrm{kN/m}$, $s = 400\ \mathrm{mm}$, $P = 80\ \mathrm{W}$

***W1.8** Die Zugmaschine A hat die Masse m_A und zieht zwei Anhänger mit jeweils der Masse m_B. Bestimmen Sie die Zugkraft in den Kupplungen B und C bei gegebener Antriebskraft F des Lastwagens. Wie groß ist die Geschwindigkeit des Wagens zum Zeitpunkt $t = t_1$, wenn bei $t = 0$ aus dem Stand losgefahren wird? Vernachlässigen Sie die Masse der Räder.

Gegeben: $m_A = 800\ \mathrm{kg}$, $m_B = 300\ \mathrm{kg}$, $F = 480\ \mathrm{N}$, $t_1 = 2\ \mathrm{s}$

W1.9 Die Zugmaschine A hat die Masse m_A und zieht zwei Anhänger mit jeweils der Masse m_B. Bestimmen Sie die Zugkraft in den Kupplungen B und C bei gegebener Antriebskraft F des Wagens. Wie groß ist die Anfangsbeschleunigung des Wagens, wenn die Kupplung C plötzlich versagt? Die masselosen Räder der Anhänger rollen frei.

Gegeben: $m_A = 800\ \mathrm{kg}$, $m_B = 300\ \mathrm{kg}$, $F = 480\ \mathrm{N}$

Abbildung W1.8/1.9

W1.10 Ein Massenpunkt der Masse m ruht auf einer glatten horizontalen Ebene, und an ihm greifen die Kräfte $F_x(x)$ und F_y an. Für $t = 0$ gilt $x = x_0$, $y = y_0$, $v_x = v_{x0}$ und $v_y = v_{y0}$. Bestimmen Sie die Bahnkurve $y = f(x)$.

Gegeben: $m = 2\ \mathrm{kg}$, $F_x = cx$, $c = 8\ \mathrm{kg/s^2}$, $F_y = 0$, $x_0 = 0$, $y_0 = 0$, $v_{x0} = 4\ \mathrm{m/s}$, $v_{y0} = 6\ \mathrm{m/s}$

W1.11 Bestimmen Sie die Geschwindigkeit der Masse, wenn das Ende C des Seiles mit der Geschwindigkeit v_C nach unten gezogen wird. Wie groß ist die relative Geschwindigkeit der Masse bezüglich C?

Gegeben: $v_C = 3\ \mathrm{m/s}$

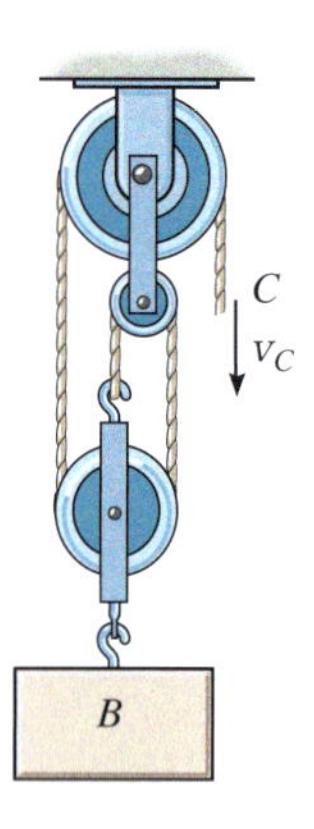

Abbildung W1.11

*■ **W1.12** Päckchen der Masse m bewegen sich auf dem Transportband. Das Band startet aus der Ruhe und beschleunigt gleichförmig innerhalb der Zeitspanne Δt auf die Geschwindigkeit v. Wie groß ist der maximale Neigungswinkel θ, für den kein Päckchen die schiefe Ebene AB herunterrutscht? Der Haftreibungskoeffizient μ_h zwischen Band und Päckchen ist gegeben. Unter welchem Winkel ϕ lösen sich bei konstanter Geschwindigkeit v die Päckchen von der Bandoberfläche?

Gegeben: $m = 2{,}5\ \mathrm{kg}$, $v = 0{,}75\ \mathrm{m/s}$, $\Delta t = 2\ \mathrm{s}$, $\mu_h = 0{,}3$, $r = 350\ \mathrm{mm}$

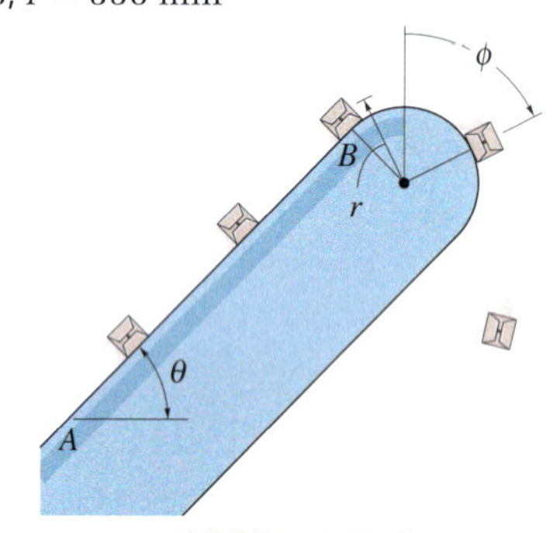

Abbildung W1.12

W1.13 Ein Projektil bewegt sich mit der Geschwindigkeit $v(t)$ aus dem Ursprung des Koordinatensystems auf einer geraden Bahn durch ein flüssiges Medium. Bestimmen Sie für den Zeitraum bis $t = t_1$ den Weg des Geschosses.

Gegeben: $v = c(1 - e^{-bt})$, $c = 1800\ \mathrm{mm/s}$, $b = 0{,}3/\mathrm{s}$, $t_1 = 3\ \mathrm{s}$

W1.14 Die Geschwindigkeit eines Zuges in der ersten Minute der Fahrt ist in der Tabelle gegeben. Zeichnen Sie die v,t-Kurve und approximieren Sie die Kurve als gerade Liniensegmente zwischen gegebenen Punkten. Bestimmen Sie die zurückgelegte Gesamtstrecke.

$t\,[\mathrm{s}]$	0	20	40	60
$v\,[\mathrm{m/s}]$	0	16	21	24

W1.15 Ein Waggon der Masse m fährt mit konstanter Geschwindigkeit eine schiefe Ebene mit der Neigung θ hinauf. Bestimmen Sie die erforderliche Leistung zur Überwindung des Eigengewichts.

Gegeben: $m = 25000\ \mathrm{kg}$, $v = 80\ \mathrm{km/h}$, $\theta = 10°$

***W1.16** Der Arm AB führt den Stift C auf einer spiralförmigen Bahn $r(\theta)$. Der Arm beginnt für $t = 0$ die Bewegung bei $\theta = \theta_0$ und hat die Winkelgeschwindigkeit $\dot{\theta}(t)$. Bestimmen Sie die Radial- und Querkomponenten von Geschwindigkeit und Beschleunigung des Stiftes für $t = t_1$.

Gegeben: $r = c\theta$, $c = 1{,}5\ \mathrm{m/rad}$, $\theta_0 = 60°$, $t_1 = 1\ \mathrm{s}$, $\dot{\theta} = d \cdot t$, $d = 4\ \mathrm{rad/s^2}$

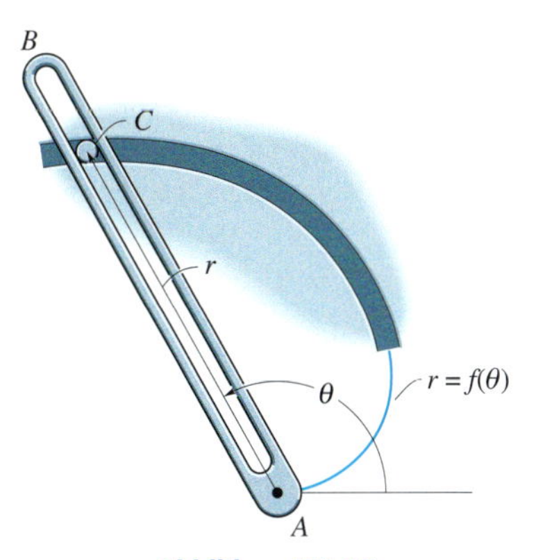

Abbildung W1.16

W1.17 Die Kette hat die Masse m, und der Gleitreibungskoeffizient zwischen Kette und Ebene beträgt μ_g. Bestimmen Sie die Geschwindigkeit des Kettenendes A am Punkt B, wenn die Kette aus der Ruhe freigegeben wird.

Gegeben: $m = 3\ \mathrm{kg/m}$, $\mu_g = 0{,}2$, $\beta = 40°$, $l_{AB} = 2\ \mathrm{m}$

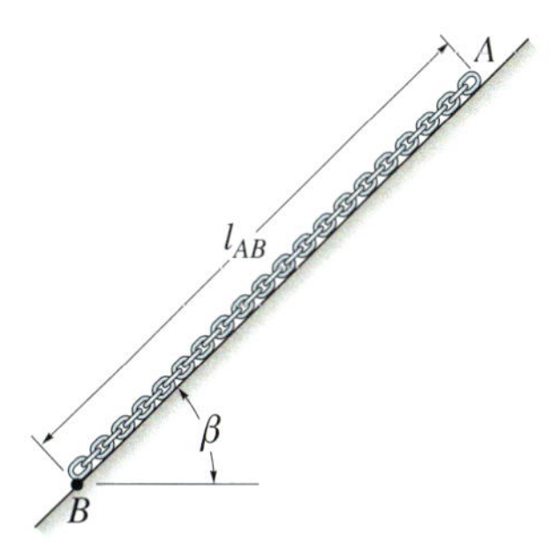

Abbildung W1.17

W1.18 Eine Kugel mit dem Gewicht G wird von einer Feder mit der Federkonstanten c aus einem Rohr geschossen. Wie weit muss die Feder zusammengedrückt werden, damit die Kugel die Höhe h erreicht und dort die Geschwindigkeit v hat?

Gegeben: $G = 30\ \mathrm{N}$, $c = 40\ \mathrm{N/cm}$, $h = 4\ \mathrm{m}$, $v = 3\ \mathrm{m/s}$

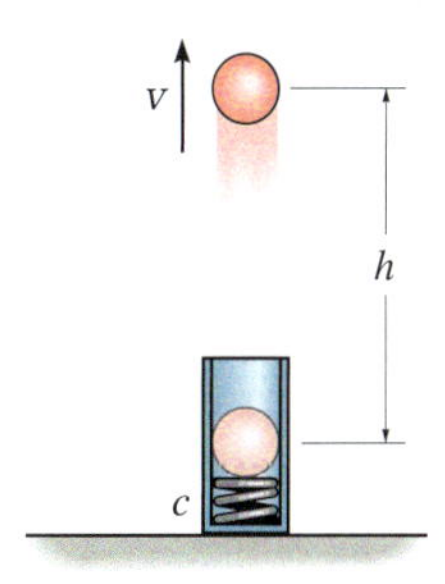

Abbildung W1.18

W1.19 Die Hülse vernachlässigbarer Größe und der Masse m ist an der Feder mit der ungedehnten Länge l_0 und der Federkonstanten c befestigt, wird in A aus der Ruhe freigegeben und gleitet auf der reibungslosen Führung. Bestimmen Sie ihre Geschwindigkeit bei Passieren des Punktes B.

Gegeben: $m = 0{,}25\ \mathrm{kg}$, $c = 150\ \mathrm{N/m}$, $l_0 = 100\ \mathrm{mm}$, $r = 400\ \mathrm{mm}$, $h = 200\ \mathrm{mm}$

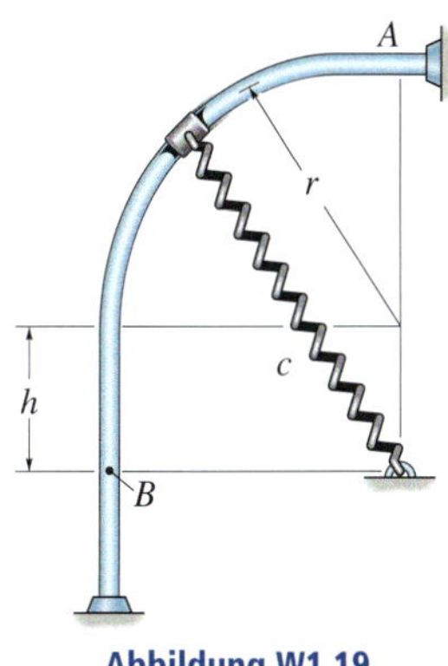

Abbildung W1.19

***W1.20** Eine Kiste mit dem Gewicht G wird die Strecke s mit konstanter Geschwindigkeit auf horizontaler Unterlage entlang gezogen, wobei das Zugseil mit der Horizontalen den Winkel γ einschließt. Bestimmen Sie die Seilkraft und die Arbeit der Zugkraft. Der Gleitreibungskoeffizient μ_g zwischen Kiste und Boden ist gegeben.

Gegeben: $G = 7{,}5$ kN, $\mu_g = 0{,}55$, $\gamma = 15°$, $s = 10$ m

W1.21 Die Scheibe A der Masse m_A gleitet mit der Geschwindigkeit v_1 auf der glatten horizontalen Ebene. Die Scheibe B mit der Masse m_B ist anfangs in Ruhe. Nach dem Zusammenstoß hat A die Geschwindigkeit v_2 in Richtung der positiven x-Achse. Bestimmen Sie die Geschwindigkeit von B nach dem Zusammenstoß. Wie groß ist der Verlust an kinetischer Energie beim Zusammenstoß?

Gegeben: $m_A = 2$ kg, $m_B = 11$ kg, $v_1 = 3$ m/s, $v_2 = 1$ m/s

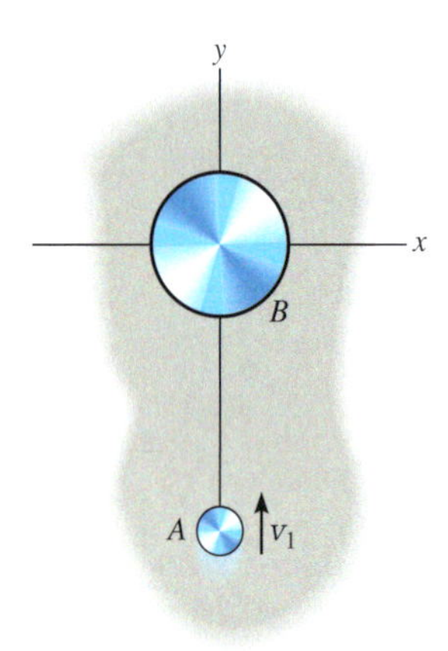

Abbildung W1.21

W1.22 Ein Massenpunkt bewegt sich auf einer Kreisbahn mit dem Radius r, und seine Winkellage wird durch die Zeitfunktion $\theta(t)$ beschrieben. Bestimmen Sie den Betrag der Beschleunigung des Massenpunktes für $\theta = \theta_1$. Die Bewegung beginnt bei $\theta = 0$ aus der Ruhe.

Gegeben: $r = 2$ m, $\theta_1 = 30°$, $\theta = ct^2$, $c = 5$ rad/s^2

W1.23 Das Ende des Seiles in A wird mit der Geschwindigkeit v_A nach unten gezogen. Bestimmen Sie die Geschwindigkeit, mit der sich die Masse B nach oben bewegt.

Gegeben: $v_A = 2$ m/s

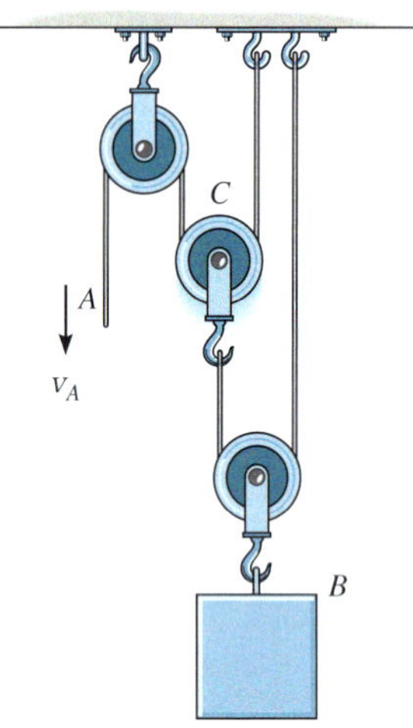

Abbildung W1.23

***W1.24** Ein Gewehr der Masse m_G wird beweglich gehalten, als eine Kugel der Masse m_K mit der horizontalen Mündungsgeschwindigkeit v_M abgefeuert wird. Bestimmen Sie die Rückstoßgeschwindigkeit des Gewehrs kurz nach dem Feuern.

Gegeben: $m_G = 2{,}5$ kg, $m_K = 1{,}5$ g, $v_M = 1400$ m/s

W1.25 Am Trinkbrunnen ist wie abgebildet die Düse am Rand des Beckens angebracht. Bestimmen Sie die maximale und minimale Geschwindigkeit, mit der das Wasser aus der Düse spritzen kann, damit es nicht über die Beckenränder in B und C spritzt.

Gegeben: $a = 50$ mm, $b = 100$ mm, $c = 250$ mm, $\alpha = 40°$

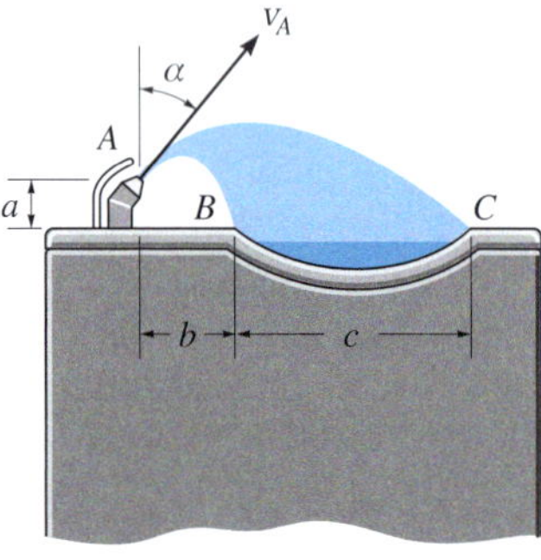

Abbildung W1.25

W1.26 Der Klotz B der Masse m_B ruht auf einem Tisch. Der Gleitreibungskoeffizient zwischen Klotz und Tisch ist μ_g. Bestimmen Sie die Geschwindigkeit des Klotzes A der Masse m_A, nachdem dieser sich aus der Ruhe um s abgesenkt hat. Vernachlässigen Sie die Masse der Rollen und Seile.

Gegeben: $m_A = 10$ kg, $m_B = 20$ kg, $m_C = 6$ kg, $s = 1$ m, $\mu_g = 0{,}1$

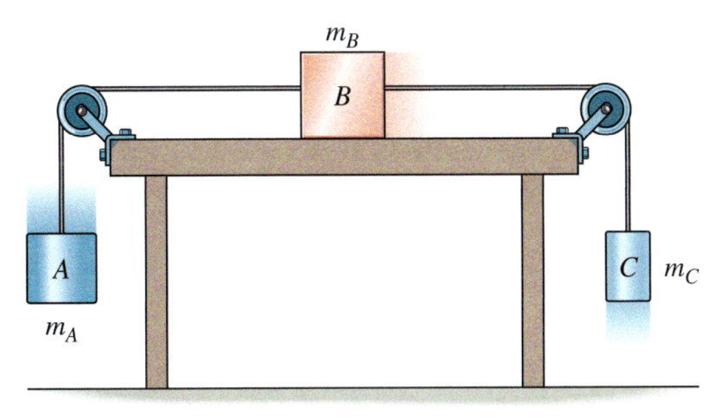

Abbildung W1.26

W1.27 Der Ball der Masse m hängt am Seil und ein Junge schlägt dagegen. Bestimmen Sie die kleinste Geschwindigkeit, mit welcher der Ball in Bewegung gesetzt werden muss, sodass er sich auf einer vertikalen Kreisbahn bewegt und das Seil straff bleibt.

Gegeben: $m = 2$ kg, $l = 1{,}2$ m

Abbildung W1.27

***W1.28** Die Aufwickeltrommel D holt das Seil mit der Beschleunigung a ein. Bestimmen Sie die Seilkraft, wenn eine Kiste der Masse m wie gezeigt angehoben wird.

Gegeben: $m = 800$ kg, $a = 5$ m/s^2

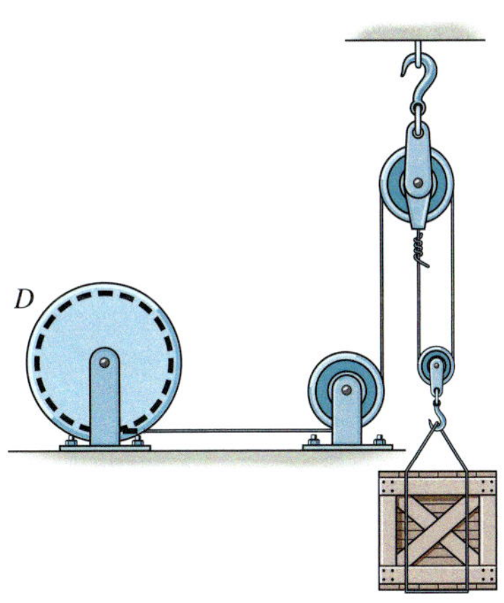

Abbildung W1.28

W1.29 Der Massenpunkt P bewegt sich mit der konstanten Geschwindigkeit v auf der Bahnkurve $y(x)$. Bestimmen Sie die Beschleunigung im Punkt (x_1, y_1).

Gegeben: $v = 300$ mm/s, $y = kx^{-1}$, $k = 20(10^3)$ mm^2, $x_1 = 200$ mm, $y_1 = 100$ mm

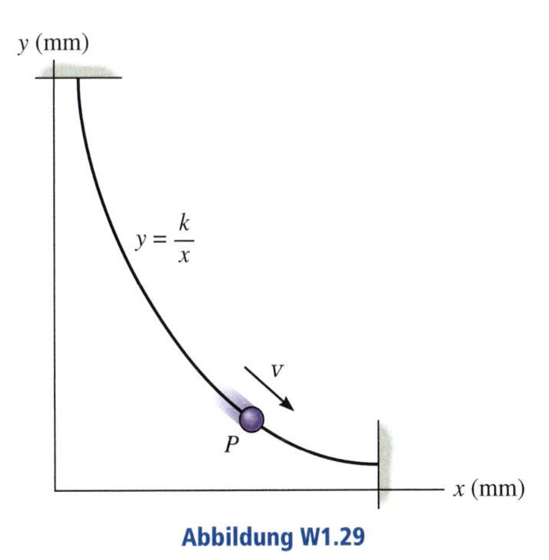

Abbildung W1.29

W1.30 Die Masse m bewegt sich in der reibungsfreien vertikalen Führung. Die Bewegung beginnt aus der Ruhe bei A, wenn die zwischen Masse und Umgebung *befestigte* Feder ungedehnt ist. Bestimmen Sie die *konstante* vertikale Kraft F, die am Seilende angreifen muss, damit die Masse nach der Strecke s_B die Geschwindigkeit v_B erreicht. Vernachlässigen Sie die Masse von Seil und Rolle.

Gegeben: $m = 0{,}5$ kg, $l = 0{,}3$ m, $v_B = 2{,}5$ m/s, $s_B = 0{,}15$ m, $c = 100$ N/m

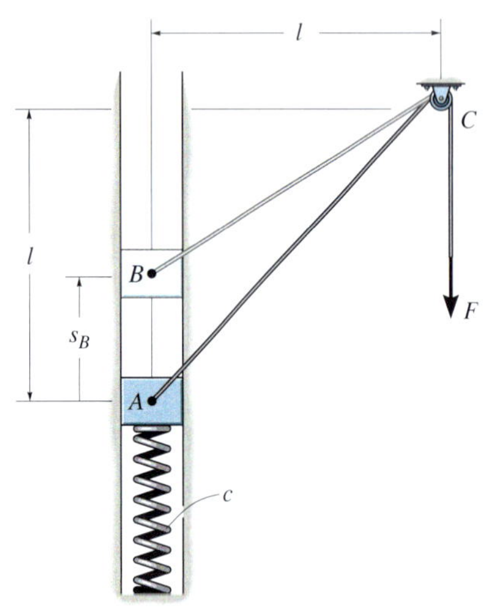

Abbildung W1.30

W1.31 Der Raketenschlitten der Masse m fährt aus dem Stand auf der reibungsfreien horizontalen Spur los und gibt dabei die konstante Leistung P ab. Vernachlässigen Sie den Verlust an Treibstoffmasse und den Luftwiderstand und berechnen Sie, welche Strecke er zurücklegen muss, um die Geschwindigkeit v zu erreichen.

Gegeben: $m = 4000$ kg, $P = 450$ kW, $v = 60$ m/s

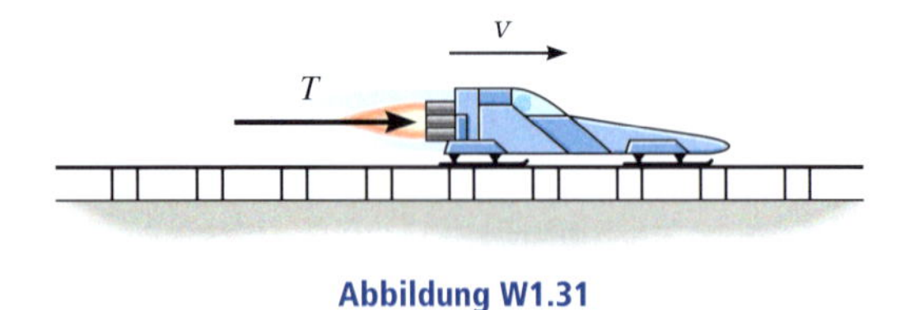

Abbildung W1.31

***W1.32** Die Hülse der Masse m gleitet auf dem rotierenden, horizontalen Stab. Zum dargestellten Zeitpunkt, wenn die Hülse sich im Abstand r befindet, beträgt die Winkelgeschwindigkeit des Stabes $\dot{\theta}$ und die Winkelbeschleunigung $\ddot{\theta}$. Gleichzeitig hat die Hülse die Geschwindigkeit v und die Beschleunigung a, die beide relativ zum Stab gemessen werden und vom Mittelpunkt O nach außen gerichtet sind. Ermitteln Sie die Reibungskraft und die Normalkraft, die zu diesem Zeitpunkt vom Stab auf die Hülse ausgeübt werden.

Gegeben: $m = 4$ kg, $r = 0{,}5$ m, $v = 3$ m/s, $a = 1$ m/s^2, $\dot{\theta} = 6$ rad/s, $\ddot{\theta} = 2$ rad/s^2

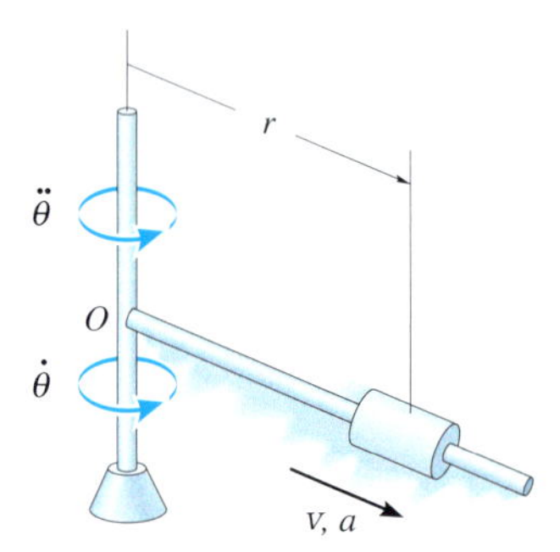

Abbildung W1.32

W1.33 Eine Skifahrerin mit dem Gewicht G fährt aus dem Stand bei $A(x_0,0)$ los und fährt den glatten Abhang hinunter, der durch die Parabel $y(x)$ beschrieben wird. Bestimmen Sie die Normalkraft, die die Skifahrerin auf den Boden ausübt, wenn sie Punkt B erreicht.

Gegeben: $G = 600$ N, $x_0 = 10$ m, $h = 5$ m,

$$y = h\left(\frac{x^2}{x_0^2} - 1\right)$$

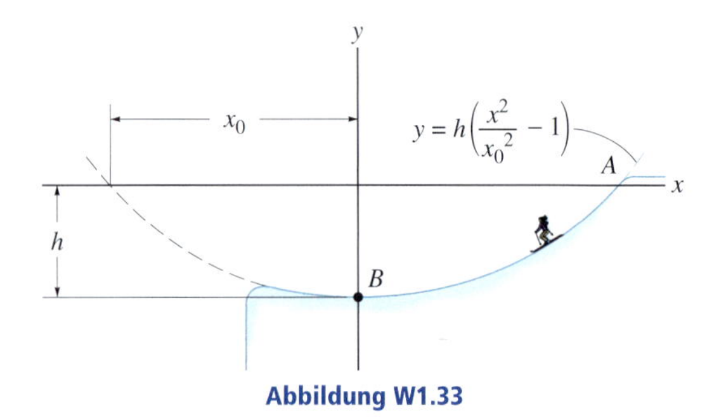

Abbildung W1.33

W1.34 Die kleine Hülse der Masse m gleitet aus der Ruhe von A den glatten Stab herunter. Dabei greift die Kraft $F(y,z)$ an. Bestimmen Sie die Geschwindigkeit der Hülse beim Auftreffen auf die Wand in B.

Gegeben: $m = 2$ kg, $x_A = 4$ m, $z_A = 10$ m, $y_B = 8$ m, $z_B = 1$ m, $\mathbf{F} = \{a\mathbf{i} + by\mathbf{j} + kz\mathbf{k}\}$, $a = 10$ N, $b = 6$ N/m, $k = 2$ N/m

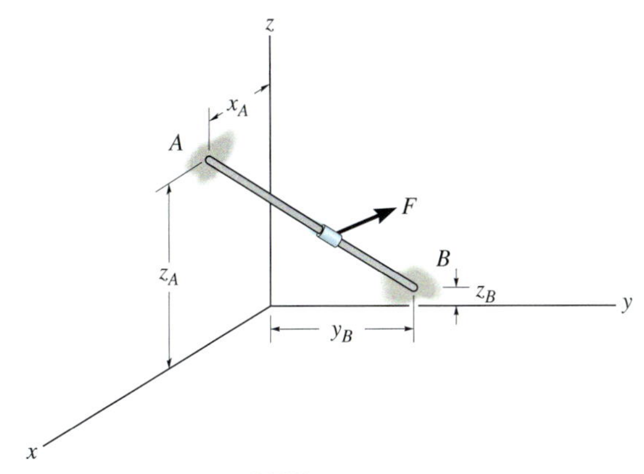

Abbildung W1.34

W1.35 Ein Ball der Masse m wird aus der Höhe h_1 über einer raumfesten Metalloberfläche fallen gelassen. Er prallt zurück und erreicht die Höhe h_2 über der Oberfläche. Bestimmen Sie die Stoßzahl zwischen Ball und Oberfläche.

Gegeben: $m = 200$ g, $h_1 = 400$ mm, $h_2 = 325$ mm

***W1.36** Päckchen der Masse m gleiten die glatte Rampe herunter und treffen horizontal mit der Geschwindigkeit v_P auf der Oberfläche eines Transportbandes auf. Der Gleitreibungskoeffizient μ_g zwischen Band und Päckchen ist gegeben. Bestimmen Sie die Zeit, bis das Päckchen auf dem Band zum Stehen kommt, wenn sich das Band mit der Geschwindigkeit v_B in die gleiche Richtung bewegt.

Gegeben: $m = 6$ kg, $v_P = 3$ m/s, $v_B = 1$ m/s, $\mu_g = 0{,}2$

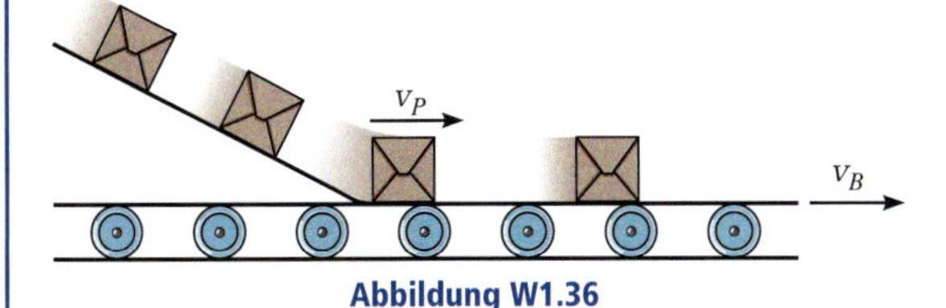

Abbildung W1.36

W1.37 Die Massen m_A und m_B sind mit einem masselosen Seil verbunden und gleiten reibungslos in den Führungen. Bestimmen Sie die Geschwindigkeit jeder Masse, nachdem sich A die Strecke s aufwärts bewegt hat. Die Massen werden aus der Ruhe freigegeben.

Gegeben: $m_A = 10$ kg, $m_B = 30$ kg, $s = 3$ m, $d = 0{,}5$ m, $b = 1{,}5$ m, $h = 7{,}5$ m

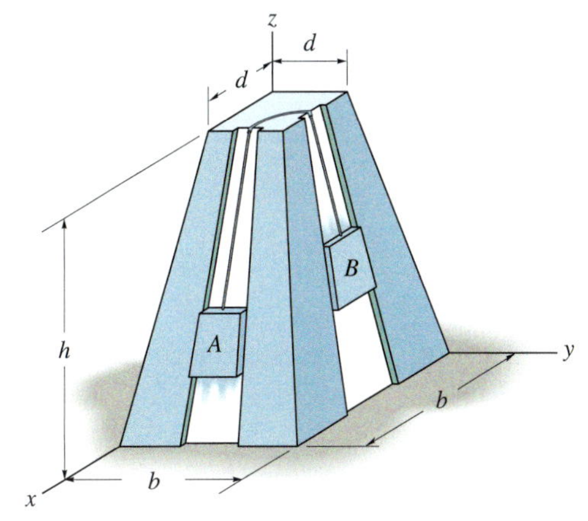

Abbildung W1.37

W1.38 Der Motor M holt mit der Beschleunigung a_P das Seil ein, um die Kiste der Masse m die schiefe Ebene hinaufzuziehen. Bestimmen Sie die Kraft im Seil bei P. Der Gleitreibungskoeffizient zwischen Kiste und Ebene beträgt μ_g. Vernachlässigen Sie die Masse von Rollen und Seil.

Gegeben: $a_P = 6$ m/s^2, $m = 50$ kg, $\mu_g = 0{,}3$, $\theta = 30°$

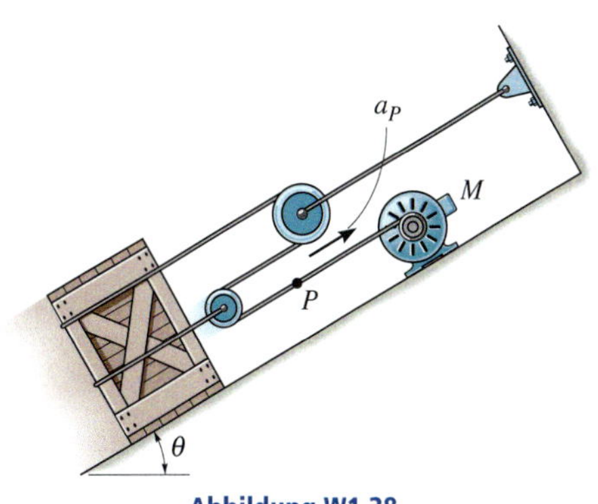

Abbildung W1.38

W1.39 Ein Massenpunkt hat die nach rechts gerichtete Anfangsgeschwindigkeit v_0 und die konstante nach links gerichtete Beschleunigung a_0. Bestimmen Sie die Lageänderung des Massenpunktes im Zeitraum Δt.

Gegeben: $v_0 = 12\ \mathrm{m/s}$, $a_0 = 2\ \mathrm{m/s^2}$, $\Delta t = 10\ \mathrm{s}$

***W1.40** Die Masse m befindet sich anfangs in Punkt A in Ruhe und gleitet auf der glatten parabolischen Oberfläche. Welche Normalkraft greift an der Masse an, wenn sie B erreicht? Vernachlässigen Sie die Größe der Masse.

Gegeben: $m = 3\ \mathrm{kg}$, $y = y_B(\,x^2/x^2{}_A - 1)$, $x_A = 2\ \mathrm{m}$, $y_B = 4\ \mathrm{m}$

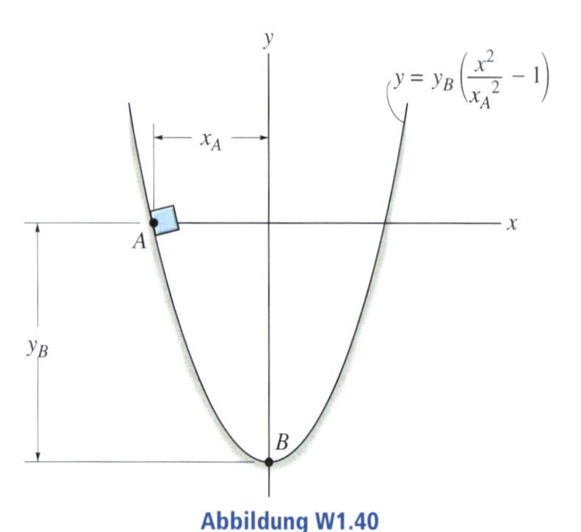

Abbildung W1.40

W1.41 Im betrachteten Moment senkt sich die die Masse A mit der Geschwindigkeit v_1. Wie groß ist ihre Geschwindigkeit um die Zeitspanne Δt später? Die Masse B sowie der Gleitreibungskoeffizient μ_g zwischen B und der horizontalen Unterlage sind gegeben. Vernachlässigen Sie die Masse von Rollen und Seil.

Gegeben: $m_A = 10\ \mathrm{kg}$, $m_B = 4\ \mathrm{kg}$, $v_1 = 2\ \mathrm{m/s}$, $\mu_g = 0{,}2$, $\Delta t = 2\ \mathrm{s}$

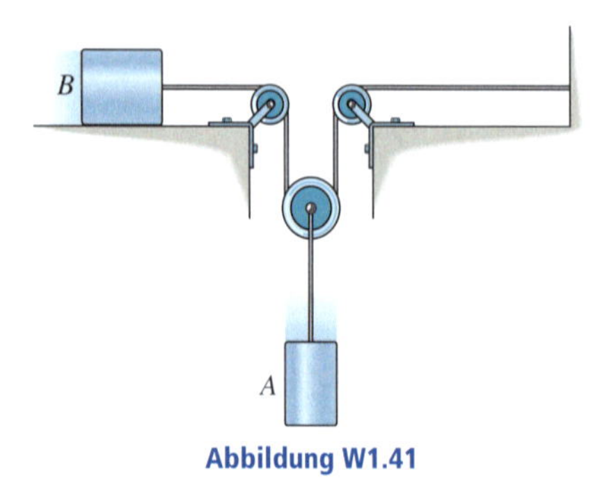

Abbildung W1.41

W1.42 Ein Güterzug fährt aus dem Stand mit der konstanten Beschleunigung a los. Nach der Zeit t' fährt er mit konstanter Geschwindigkeit weiter und hat bei $t = t''$ die Strecke $s = s''$ zurückgelegt. Bestimmen Sie t' und zeichnen Sie das v,t-Diagramm der Bewegung.

Gegeben: $a = 0{,}5\ \mathrm{m/s^2}$, $t'' = 160\ \mathrm{s}$, $s'' = 2000\ \mathrm{m}$

W1.43 Die Kiste mit dem Gewicht G wird über den Flaschenzug von dem Motor M angehoben. Sie ist anfangs in Ruhe und erreicht bei konstanter Beschleunigung die Geschwindigkeit v in der Höhe $s = h$. Welche Leistung muss dort dem Motor zugeführt werden, dessen Wirkungsgrad η gegeben ist?

Gegeben: $G = 500\ \mathrm{N}$, $v = 6\ \mathrm{m/s}$, $h = 5\ \mathrm{m}$, $\eta = 0{,}74$

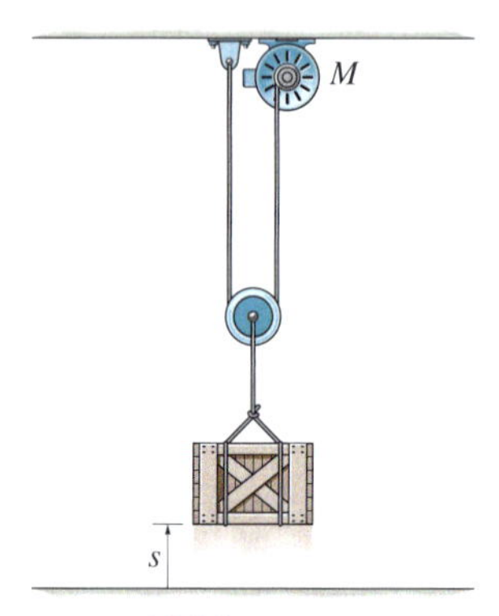

Abbildung W1.43

***W1.44** Ein Auto fährt mit *konstanter Geschwindigkeit* in einer horizontalen Kurve mit dem Krümmungsradius ρ. Bestimmen Sie die Geschwindigkeit des Autos, wenn der Betrag der Beschleunigung den Wert a besitzt.

Gegeben: $a = 2{,}4\ \mathrm{m/s^2}$, $\rho = 225\ \mathrm{m}$

W1.45 Die Klotz B der Masse m_B ruht auf der glatten Unterlage. Ein Klotz A liegt auf der Oberseite von B und wird durch eine horizontal gerichtete Kraft bewegt. Gleit- und Haftreibungskoeffizient zwischen A und B sind gegeben. Bestimmen Sie die Beschleunigungen der Massen für (a) $F = 60\ \mathrm{N}$, (b) $F = 500\ \mathrm{N}$.

Gegeben: $m_A = 20\ \mathrm{kg}$, $m_B = 50\ \mathrm{kg}$, $\mu_h = 0{,}4$, $\mu_g = 0{,}3$

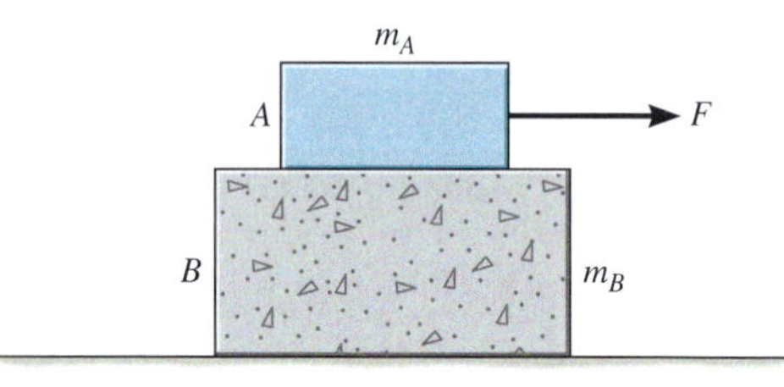

Abbildung W1.45

W1.46 An der Kiste der Masse m, die anfangs in Ruhe ist, greifen wie abgebildet zwei Kräfte, F_1 und F_2 an. Bestimmen Sie die Strecke, die die Kiste zurücklegt, bis sie die Geschwindigkeit v erreicht hat. Der Gleitreibungskoeffizient zwischen Kiste und Oberfläche beträgt μ_g.

Gegeben: $m = 100$ kg, $F_1 = 800$ N, $F_2 = 1{,}5$ kN, $\mu_g = 0{,}2$, $\alpha = 30°$, $\beta = 20°$

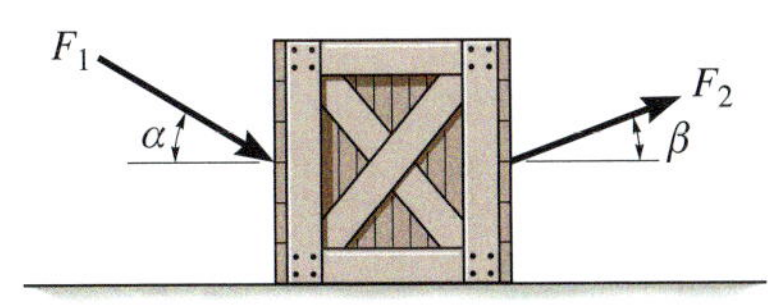

Abbildung W1.46

W1.47 Die Masse m ruht anfangs auf der horizontalen Unterlage. Der Haft- und der Gleitreibungskoeffizient sind gegeben. Eine horizontale, zeitabhängige Kraft $F(t)$ greift an. Welche Geschwindigkeit hat die Masse zum Zeitpunkt $t = t_2$ erreicht? *Hinweis:* Ermitteln Sie zunächst die erforderliche Zeit zur Überwindung der Reibung, bis die Masse sich zu bewegen beginnt.

Gegeben: $m = 20$ kg, $F_1 = 200$ N, $t_1 = 5$ s, $t_2 = 10$ s, $\mu_g = 0{,}5$, $\mu_h = 0{,}6$

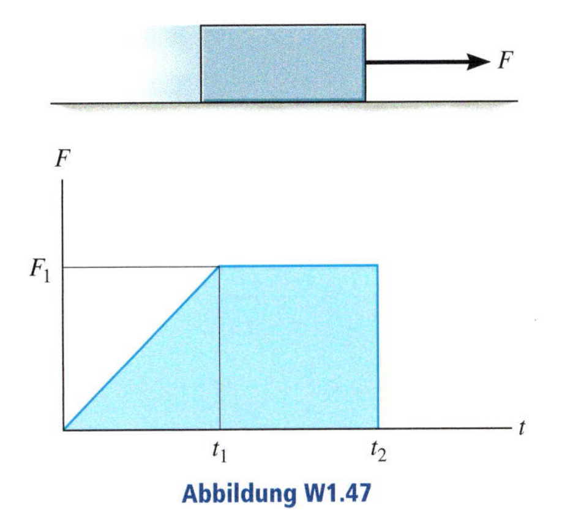

Abbildung W1.47

***W1.48** Zwei glatte Billardkugeln A und B haben jeweils die Masse m. A trifft wie dargestellt mit der Geschwindigkeit $(v_A)_1$ auf B. Wie groß sind die Endgeschwindigkeiten der Kugeln unmittelbar nach dem Stoß? B ist anfangs in Ruhe und die Stoßzahl e ist gegeben.

Gegeben: $m = 200$ g, $(v_A)_1 = 2$ m/s, $e = 0{,}75$, $\alpha = 40°$

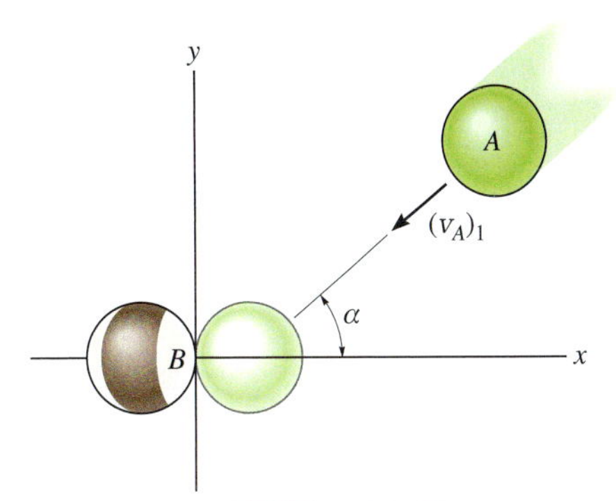

Abbildung W1.48

W1.49 Die Kiste der Masse m wird in A aus der Ruhe freigegeben. Wie groß ist ihre Geschwindigkeit, nachdem sie auf der schiefen Ebene die Strecke s heruntergerutscht ist? Der Gleitreibungskoeffizient μ_g ist gegeben.

Gegeben: $m = 75$ kg, $s = 10$ m, $\mu_g = 0{,}3$, $\alpha = 30°$

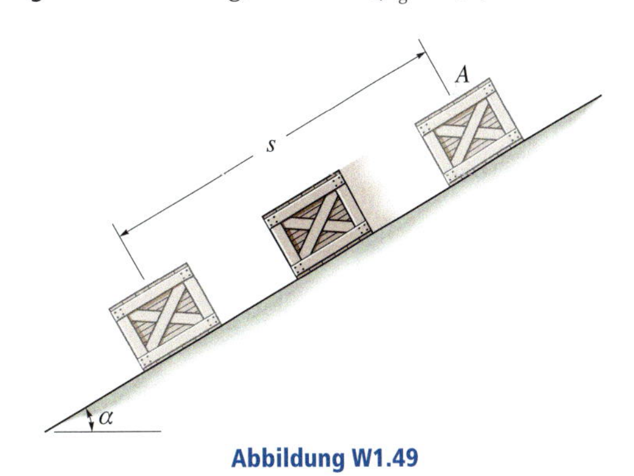

Abbildung W1.49

W1.50 Bestimmen Sie die Seilkraft in den beiden Seilen und die Beschleunigung der beiden Massen. Vernachlässigen Sie die Masse von Rollen und Seilen. *Hinweis:* Das System besitzt *zwei* Seile. Stellen Sie eine Beziehung zwischen der Bewegung der Massen A und C und zwischen der von B und C auf. Dann ergibt sich durch Elimination die Beziehung zwischen A und B.

Gegeben: $m_A = 10$ kg, $m_B = 4$ kg, $h = 3$

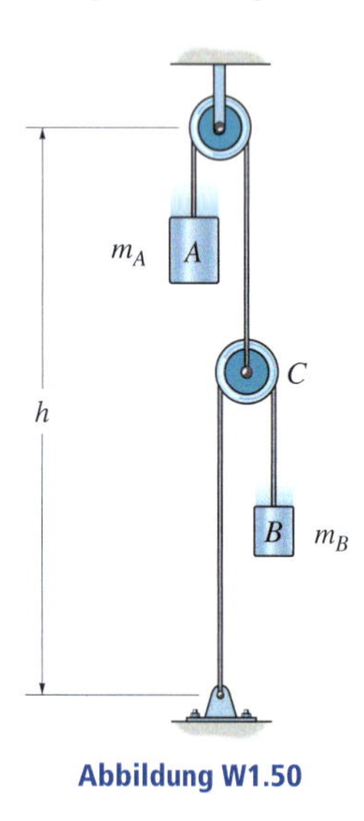

Abbildung W1.50

W1.51 Die Flasche ruht im Abstand d vom Mittelpunkt auf der horizontalen Scheibe. Bestimmen Sie für den Haftreibungskoeffizienten μ_h die maximale Geschwindigkeit, die die Flasche erreichen kann, bevor sie rutscht. Nehmen Sie an, dass die Winkelbewegung der Scheibe langsam zunimmt.

Gegeben: $d = 1{,}5$ m, $\mu_h = 0{,}3$

***W1.52** Bearbeiten Sie Aufgabe W1.51 für den Fall, dass die Platte aus der Ruhe zu drehen beginnt, sodass der Betrag der Geschwindigkeit der Flasche mit der Beschleunigung a zunimmt.

Gegeben: $d = 1{,}5$ m, $\mu_h = 0{,}3$, $a = 1$ m/s^2

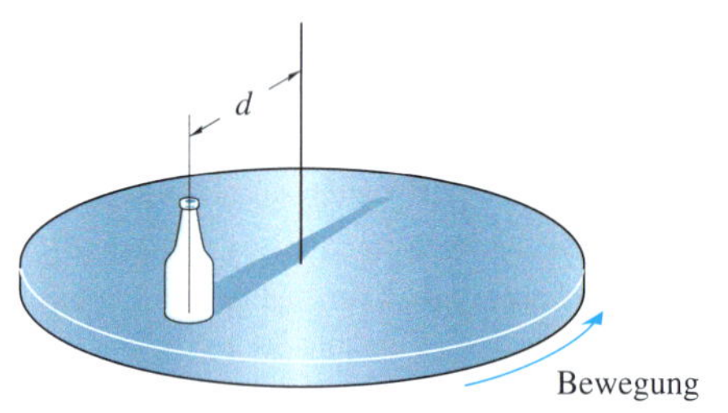

Abbildung W1.51/1.52

Zusätzliche Übungsaufgaben mit Lösungen finden Sie auf der Companion Website (CWS) unter *www.pearson-studium.de*

Ebene Kinematik eines starren Körpers

5

ÜBERBLICK

Die Windturbine rotiert mit veränderlicher Winkelgeschwindigkeit um eine feste Achse.

Lernziele

- Klassifizierung der verschiedenen ebenen Bewegungsarten von starren Körpern
- Untersuchung der ebenen Translation eines starren Körpers und Berechnung der Drehbewegung um eine raumfeste Achse
- Untersuchung der allgemein ebenen Bewegung im Inertialsystem
- Berechnung der Geschwindigkeit und der Beschleunigung mit Bezug auf ein translatorisch bewegtes Bezugssystem
- Bestimmung des Momentanpols und Berechnung der Geschwindigkeit eines allgemeinen Körperpunktes mit Hilfe des Momentanpols
- Berechnung der Geschwindigkeit und der Beschleunigung mit Bezug auf ein translatorisch und rotatorisch bewegtes Bezugssystem

geradlinige Translationsbewegung

(a)

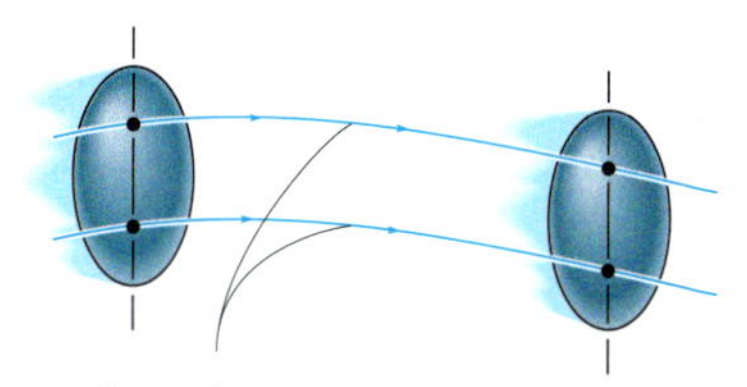

allgemeine Translationsbewegung

(b)

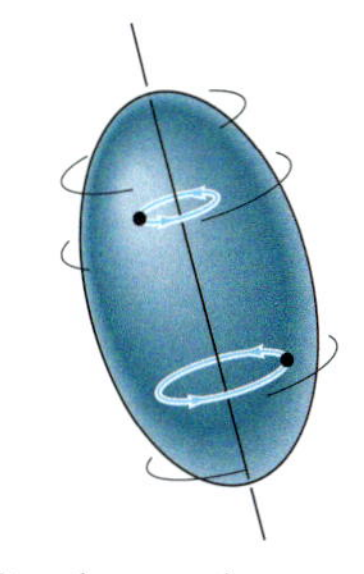

Rotation um eine raumfeste Achse

(c)

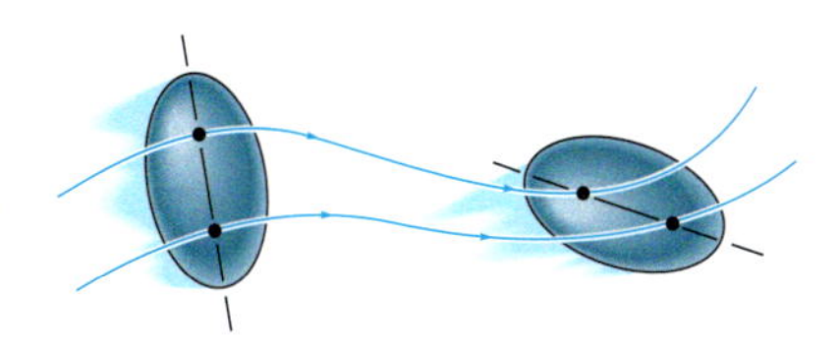

allgemein ebene Bewegung

(d)

Abbildung 5.1

5.1 Bewegung eines starren Körpers

In diesem Kapitel wird die ebene Kinematik starrer Körper diskutiert. Dies ist für die Konstruktion von Getrieben, Kurvenscheiben und allgemeineren Mechanismen wichtig. Ist zudem die Kinematik eines starren Körpers vollständig verstanden, ist es möglich, die dynamischen Grundgleichungen anzugeben, welche die Kräfte auf den Körper mit der Bewegung des Körpers verknüpfen.

Bewegen sich alle Massenpunkte eines starren Körpers auf Bahnen, die äquidistant zu einer raumfesten Ebene sind, so erfährt der Körper eine *ebene Bewegung*. Es gibt drei Arten der ebenen Bewegung von starren Körpern. In zunehmender Komplexität sind dies

1 *Translationsbewegung.* Während dieser Bewegung bleibt jedes Liniensegment im Körper parallel zu seiner ursprünglichen Richtung. Verlaufen die Bahnen zweier beliebiger materieller Punkte des Körpers auf äquidistanten Geraden, so nennt man die Bewegung *geradlinige Translationsbewegung*, Abbildung 5.1a. Verlaufen die Bahnen auf gekrümmten äquidistanten Linien, so heißt die Bewegung *allgemeine Translationsbewegung*, Abbildung 5.1b.

2 *Rotation um eine raumfeste Achse.* Rotiert ein starrer Körper um eine raumfeste Achse, bewegen sich alle Massenpunkte des Körpers auf Kreisbahnen, mit Ausnahme derer, die auf der Rotationsachse liegen, Abbildung 5.1c.

3 *Allgemein ebene Bewegung.* Bei einer allgemeinen ebenen Bewegung erfährt der Körper eine Kombination aus Translations- *und* Rotationsbewegung, Abbildung 5.1d. Die Translationsbewegung erfolgt in einer Bezugsebene, die Rotation um eine Achse senkrecht zur Bezugsebene.

In den folgenden Abschnitten betrachten wir diese Bewegungen genauer. Beispiele für Körper, die solche Bewegungen ausführen, sind in Abbildung 5.2 dargestellt.

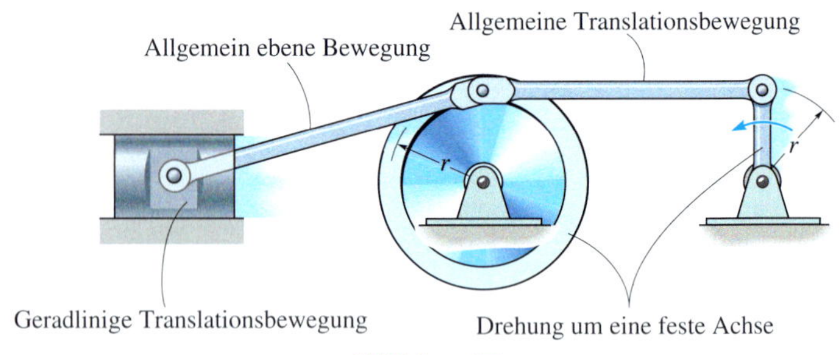

Abbildung 5.2

5.2 Translationsbewegung

Wir betrachten einen starren Körper, der eine geradlinige Bewegung oder eine Translationsbewegung auf krummlinigen Bahnen in der x,y-Ebene ausführt, Abbildung 5.3.

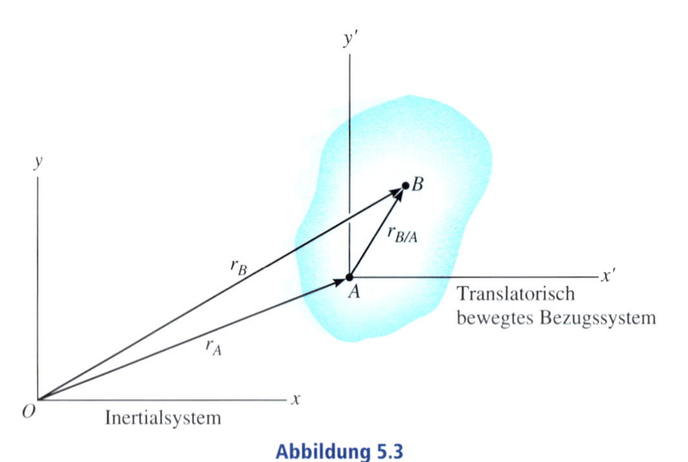

Abbildung 5.3

Ort Die Lage der Punkte A und B wird mit den *Ortsvektoren* $\mathbf{r}_A$ und $\mathbf{r}_B$ bezüglich des raumfesten, hier kartesischen x,y-Koordinatensystems definiert. Das translatorisch bewegte, hier ebenfalls kartesische x',y'-Koordinatensystem ist *fest mit dem Körper verbunden* und hat seinen Ursprung im Körperpunkt A, der im folgenden *Bezugspunkt* genannt wird. Die Lage des Körperpunktes B bezüglich A wird durch den *Relativvektor* $\mathbf{r}_{B/A}$ („$\mathbf{r}$ von B bezüglich A") beschrieben. Durch Vektoraddition ergibt sich

$$\mathbf{r}_B = \mathbf{r}_A + \mathbf{r}_{B/A}$$

Geschwindigkeit Eine Beziehung zwischen den momentanen Geschwindigkeiten von A und B wird durch Zeitableitung der Verknüpfung auf Lageebene hergeleitet. Man erhält $\mathbf{v}_B = \mathbf{v}_A + d\mathbf{r}_{B/A}/dt$. $\mathbf{v}_A$ und $\mathbf{v}_B$ bezeichnen die *absoluten Geschwindigkeiten*, denn diese Vektoren werden durch Ableitung der Ortsvektoren im Inertialsystem gebildet. Es gilt $d\mathbf{r}_{B/A}/dt = 0$, denn der *Betrag* von $\mathbf{r}_{B/A}$ ist aufgrund der Definition des starren Körpers *konstant,* und da der Körper sich rein translatorisch bewegt, ist auch die *Richtung* von $\mathbf{r}_{B/A}$ *konstant*. Somit ergibt sich

$$\mathbf{v}_B = \mathbf{v}_A$$

Beschleunigung Ableiten der Geschwindigkeitsbeziehung nach der Zeit liefert eine ähnliche Beziehung zwischen den momentanen Beschleunigungen von A und B:

$$\mathbf{a}_B = \mathbf{a}_A$$

Diese beiden Gleichungen zeigen, dass sich *alle Punkte eines starren Körpers, der sich rein translatorisch bewegt, sei es geradlinig oder auf krummlinigen Bahnen, mit der gleichen Geschwindigkeit und der gleichen Beschleunigung bewegen.* Folglich gilt die Kinematik des Massenpunktes, die in *Kapitel 1* behandelt wurde, auch für die Kinematik der Körperpunkte eines rein translatorisch bewegten starren Körpers.

Die Fahrgäste in diesem Fahrgeschäft erfahren eine allgemeine Translationsbewegung, denn der Wagen bewegt sich auf einer Kreisbahn und bleibt trotzdem immer in aufrechter Position.

5.3 Rotation um eine feste Achse

Rotiert ein Körper um eine feste Achse, so bewegt sich ein beliebiger Punkt P im Körper auf einer *Kreisbahn*. Zur Betrachtung dieser Bewegung muss zunächst die Drehbewegung des Körpers um die Achse diskutiert werden.

Drehbewegung Weil ein Punkt keine räumliche Ausdehnung hat, kann er keine Drehbewegung sondern nur Translationen ausführen. Allerdings kann ein *Bezugssystem eine Drehbewegung ausführen.* Dies wird deutlich wenn z.B. ein Bezugssystem mit einer *Linie*, einer *Fläche* oder einem *dreidimensionalen Körper* verbunden wird und sich das *Objekt dreht.* Betrachten wir beispielsweise den Körper in Abbildung 5.4a und die Drehbewegung der körperfesten Radiallinie r innerhalb der grau hinterlegten Ebene, die von Punkt O auf der Drehachse zu Punkt P verläuft, als Teil eines zylindrischen Bezugssystems.

Winkellage Zur dargestellten Zeit wird die *Winkellage* von r durch den Winkel θ zwischen der *raumfesten* Bezugslinie und r bestimmt.

Winkeländerung Die Änderung der Winkellage, angegeben als Differenzial $d\boldsymbol{\theta}$, heißt *Winkeländerung*[1]. Dieser Vektor hat den *Betrag* $d\theta$ mit der Einheit Grad, Radian oder Umdrehungen, wobei 1 Umdr = 2π rad ist. Da die Drehbewegung um eine *raumfeste Achse* erfolgt, verläuft die Richtung von $d\boldsymbol{\theta}$ *immer* entlang der betreffenden Achse. Die *Richtung*

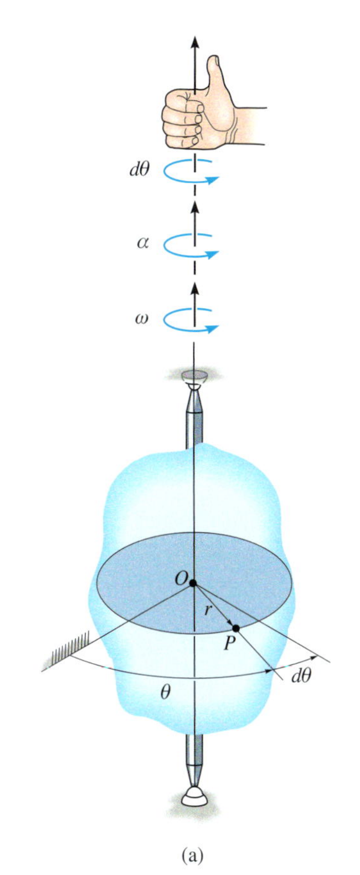

Abbildung 5.4

1 In *Abschnitt 9.1* wird gezeigt, dass finite Drehungen oder finite Winkeldrehungen *keine* Vektorgrößen sind, obwohl die differenziellen Drehungen $d\boldsymbol{\theta}$ Vektoren sind.

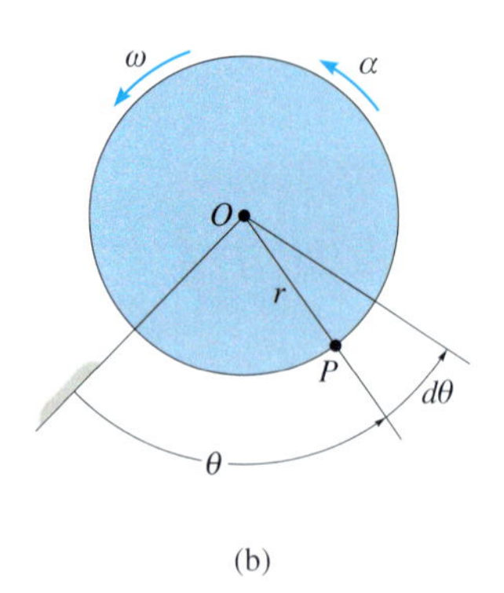

(b)

Abbildung 5.4

wird mit der Rechte-Hand-Regel bestimmt, d.h. die Finger der rechten Hand werden im Drehsinn gekrümmt, sodass – in diesem Fall – der Daumen bzw. $d\boldsymbol{\theta}$ nach oben zeigt, siehe Abbildung 5.4a. In der Draufsicht auf die grau hinterlegte Ebene in Abbildung 5.4b, sind θ und $d\boldsymbol{\theta}$ gegen den Uhrzeigersinn gerichtet und der Daumen zeigt aus der Zeichenebene heraus.

Winkelgeschwindigkeit Die zeitliche Änderung der Winkellage heißt *Winkelgeschwindigkeit* $\boldsymbol{\omega}$. Da $d\boldsymbol{\theta}$ innerhalb der Zeit dt erfolgt, gilt betragsmäßig

$$\omega = \frac{d\theta}{dt} \tag{5.1}$$

Der Betrag ω dieses Vektors $\boldsymbol{\omega}$ wird meist in rad/s angegeben. Wir geben $\boldsymbol{\omega}$ in Gleichung (5.1) skalar an, denn seine *Richtung* weist immer entlang der Drehachse, d.h. in der gleichen Richtung wie $d\boldsymbol{\theta}$ in Abbildung 5.4a. Diese Richtung steht senkrecht auf den Ebenen, in denen sich die Körperpunkte bewegen. Beim Eintragen der Drehbewegung in der grau hinterlegten Ebene, Abbildung 5.4b, verläuft der Drehsinn im Uhrzeigersinn oder gegen den Uhrzeigersinn. In der vorliegenden Darstellung haben wir *willkürlich* die Drehrichtungen gegen den Uhrzeigersinn als *positiv* gewählt. Beachten Sie dabei, dass der Richtungssinn von $\boldsymbol{\omega}$ in diesem Fall aus der Zeichenebene herausweist.

Winkelbeschleunigung Die *Winkelbeschleunigung* $\boldsymbol{\alpha}$ gibt die zeitliche Änderung der Winkelgeschwindigkeit an. Da die Richtung der Winkelgeschwindigkeit sich nicht ändert, kann der *Betrag* dieses Vektors demnach folgendermaßen geschrieben werden:

$$\alpha = \frac{d\omega}{dt} \tag{5.2}$$

Mit Gleichung (5.1) kann man α auch in der Form

$$\alpha = \frac{d^2\theta}{dt^2} \tag{5.3}$$

darstellen. Die Wirkungslinien von $\boldsymbol{\alpha}$ und $\boldsymbol{\omega}$ sind gleich, siehe Abbildung 5.4a, der Richtungssinn von $\boldsymbol{\alpha}$ hängt jedoch davon ab, ob $\boldsymbol{\omega}$ zu- oder abnimmt. Bei abnehmendem $\boldsymbol{\omega}$ heißt $\boldsymbol{\alpha}$ *Winkelverzögerung* und ihr Richtungssinn ist $\boldsymbol{\omega}$ entgegengesetzt.

Durch Elimination von dt aus den Gleichungen (5.1) und (5.2) erhalten wir eine differenzielle Beziehung zwischen Winkelbeschleunigung, -geschwindigkeit und -änderung, nämlich

$$\alpha \, d\theta = \omega \, d\omega \tag{5.4}$$

Die Ähnlichkeit der differenziellen Beziehung für Drehbewegungen und jener für geradlinige Bewegungen eines Massenpunktes ($v = ds/dt$, $a = dv/dt$ und $a\,ds = v\,dv$) ist offensichtlich.

Konstante Winkelbeschleunigung Bei konstanter Winkelbeschleunigung des Körpers, $\alpha = \alpha_0$ führt die Integration der Gleichungen (5.1), (5.2) und (5.4) auf einen Satz von Gleichungen, welche die Winkelgeschwindigkeit und die Winkellage des Körpers als Funktion der Zeit angeben. Diese Gleichungen ähneln den *Gleichungen (1.4) bis (1.6)* zur Beschreibung der geradlinigen Bewegung und lauten

$$\omega = \omega_0 + \alpha_0 t \tag{5.5}$$

$$\theta = \theta_0 + \omega_0 t + \frac{1}{2}\alpha_0 t^2 \tag{5.6}$$

$$\omega^2 = \omega_0^2 + 2\alpha_0(\theta - \theta_0) \tag{5.7}$$

Konstante Winkelbeschleunigung

θ_0 und ω_0 sind die Anfangswerte der Winkellage und der Winkelgeschwindigkeit des Körpers.

Bewegung eines Körperpunktes *P* Wenn sich der starre Körper in Abbildung 5.4c dreht, bewegt sich der beliebige Punkt *P* auf einer *Kreisbahn* mit dem Radius *r* und dem Mittelpunkt im Punkt *O* auf der Drehachse. Diese Bahn liegt in der grau hinterlegten Ebene, deren Draufsicht in Abbildung 5.4d dargestellt ist.

Lage Die Lage von *P* wird durch den Ortsvektor **r** bestimmt, der von *O* nach *P* zeigt.

Geschwindigkeit Der Betrag der Geschwindigkeit von *P* wird beispielsweise aus den Polarkoordinaten, $v_r = \dot{r}$ und $v_\theta = r\dot{\theta}$, *Gleichungen (1.25)*, ermittelt. Da *r* konstant ist, ergibt sich für die radiale Koordinate $v_r = \dot{r} = 0$ und somit $v = v_\theta = r\dot{\theta}$. Mit $\omega = \dot{\theta}$, Gleichung (5.1), gilt

$$v = \omega r \tag{5.8}$$

Wie in Abbildung 5.4c und d gezeigt und in *Aufgabe 1.17* nachgewiesen, verläuft die *Richtung* von **v** *tangential* zur Kreisbahn.

Betrag und Richtung von **v** erhält man auch mit dem Kreuzprodukt von **ω** und $\mathbf{r}_P$ (siehe *Anhang C*). $\mathbf{r}_P$ weist von einem *beliebigen Punkt* auf der Drehachse zu Punkt *P*, siehe Abbildung 5.4c. Es gilt

$$\mathbf{v} = \boldsymbol{\omega} \times \mathbf{r}_p \tag{5.9}$$

Die Reihenfolge der Vektoren in dieser Gleichung ist wichtig, denn das Kreuzprodukt ist nicht kommutativ, d.h. $\boldsymbol{\omega} \times \mathbf{r}_P \neq \mathbf{r}_P \times \boldsymbol{\omega}$. In Abbildung 5.4c ist die korrekte Richtung von **v** durch die Rechte-Hand-Regel dargestellt. Die Finger der rechten Hand werden von **ω** zu $\mathbf{r}_P$ gekrümmt (**ω** kreuz $\mathbf{r}_P$). Der Daumen zeigt die Richtung von **v** an, der Tangente zur Bahn in Bewegungsrichtung. Gemäß Gleichung (C.8) gilt für den Betrag von **v** in Gleichung (5.9) $v = \omega\, r_P \sin\phi$, Abbildung 5.4c, daraus ergibt sich $v = \omega\, r$; und das stimmt mit Gleichung (5.8) überein. Als Sonderfall kann der Ortsvektor **r** für $\mathbf{r}_P$ gewählt werden. Dann liegt **r** in der Bewegungsebene und die Geschwindigkeit von Punkt *P* ist

$$\mathbf{v} = \boldsymbol{\omega} \times \mathbf{r} \tag{5.10}$$

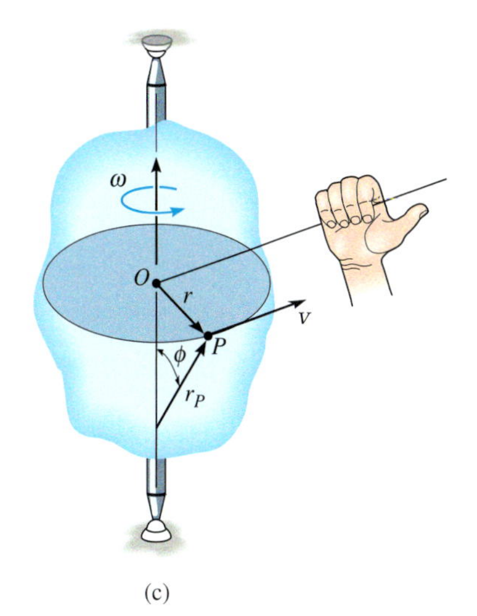

(c)

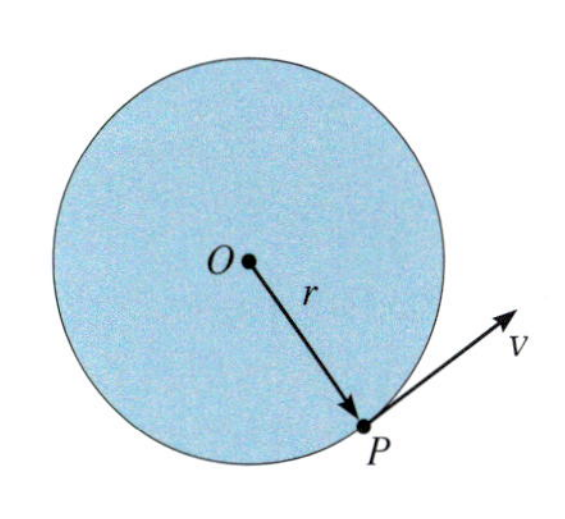

(d)

Abbildung 5.4

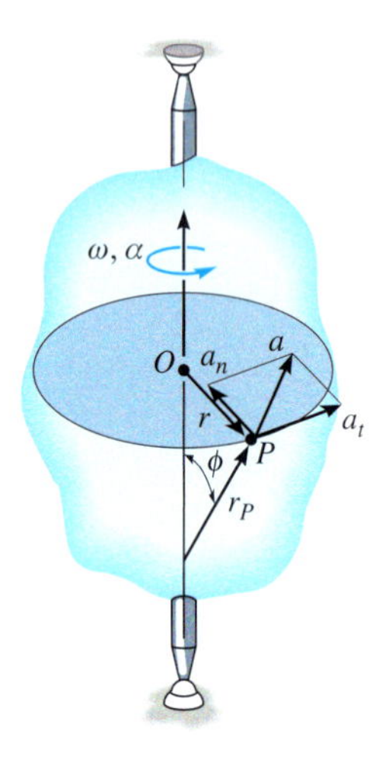

(e)

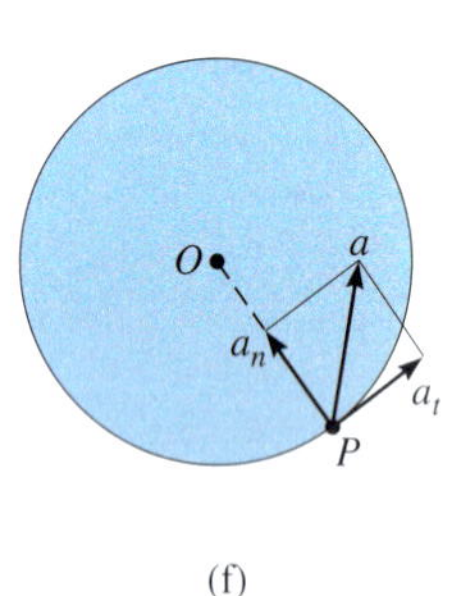

(f)

Abbildung 5.4

Beschleunigung Die Beschleunigung von P wird hier durch ihre normalen und tangentialen Koordinaten repräsentiert[2]. Mit $a_t = dv/dt$ und $a_n = v^2/\rho$ sowie $\rho = r$, $v = \omega\, r$ und $\alpha = d\omega/dt$ erhalten wir

$$a_t = \alpha r \tag{5.11}$$

$$a_n = \omega^2 r \tag{5.12}$$

Die *tangentiale Komponente der Beschleunigung*, Abbildung 5.4e und Abbildung 5.4f, gibt die zeitliche Änderung der Bahngeschwindigkeit (als dem Betrag der Geschwindigkeit) an. Nimmt diese Geschwindigkeit von P zu, so wirkt $\mathbf{a}_t$ in der gleichen Richtung wie $\mathbf{v}$; bei abnehmender Geschwindigkeit wirkt $\mathbf{a}_t$ als Verzögerung entgegengesetzt zu $\mathbf{v}$. Bei konstanter Geschwindigkeit ist $\mathbf{a}_t$ schließlich gleich null.

Die *Normalkomponente der Beschleunigung* gibt die zeitliche Änderung der Richtung der Geschwindigkeit an. $\mathbf{a}_n$ wirkt immer in Richtung auf O, dem Mittelpunkt der Kreisbahn als dem Drehzentrum, Abbildung 5.4e und Abbildung 5.4f.

Wie die Geschwindigkeit kann die Beschleunigung des Punktes P als Vektorkreuzprodukt geschrieben werden. Wir leiten Gleichung (5.9) nach der Zeit ab und erhalten

$$\mathbf{a} = \frac{d\mathbf{v}}{dt} = \frac{d\boldsymbol{\omega}}{dt} \times \mathbf{r}_P + \boldsymbol{\omega} \times \frac{d\mathbf{r}_P}{dt}$$

Mit $\boldsymbol{\alpha} = d\boldsymbol{\omega}/dt$ und Gleichung (5.9) ($d\mathbf{r}_P/dt = \mathbf{v} = \boldsymbol{\omega} \times \mathbf{r}_P$) ergibt sich

$$\mathbf{a} = \boldsymbol{\alpha} \times \mathbf{r}_P + \boldsymbol{\omega} \times (\boldsymbol{\omega} \times \mathbf{r}_P) \tag{5.13}$$

Gemäß der Definition des Kreuzproduktes hat der erste Term der rechten Seite den Betrag $a_t = \alpha\, r_P \sin\phi = \alpha\, r$, und gemäß der Rechte-Hand-Regel sind die Richtungen von $\boldsymbol{\alpha} \times \mathbf{r}_P$ und $\mathbf{a}_t$ gleich, Abbildung 5.4e. Der zweite Term hat den Betrag $a_n = \omega^2 r_P \sin\phi = \omega^2 r$; die Rechte-Hand-Regel wird zweimal angewendet, zunächst zur Ermittlung von $\mathbf{v}_P = \boldsymbol{\omega} \times \mathbf{r}_P$ und dann von $\boldsymbol{\omega} \times \mathbf{v}_P$. Man sieht, dass das Ergebnis die gleiche Richtung hat wie $\mathbf{a}_n$ in Abbildung 5.4e. Dies ist ebenfalls die *gleiche* Richtung wie die von $-\mathbf{r}$ in der Bewegungsebene. So kann $\mathbf{a}_n$ viel einfacher geschrieben werden: $\mathbf{a}_n = -\omega^2\mathbf{r}$. Gleichung (5.12) kann damit aus den beiden Komponenten der modifizierten Form

$$\mathbf{a} = \mathbf{a}_t + \mathbf{a}_n = \boldsymbol{\alpha} \times \mathbf{r} - \omega^2\mathbf{r} \tag{5.14}$$

einfach entnommen werden.

Da $\mathbf{a}_t$ und $\mathbf{a}_n$ senkrecht aufeinander stehen, kann der Betrag der Beschleunigung mit dem Satz des Pythagoras bestimmt werden: $a = \sqrt{a_n^2 + a_t^2}$, Abbildung 5.4f.

2 Polarkoordinaten können ebenfalls verwendet werden. In $a_r = \ddot{r} - r\dot{\theta}^2$ und $a_\theta = r\ddot{\theta} + 2\dot{r}\dot{\theta}$ wird $\dot{r} = \ddot{r} = 0$, $\dot{\theta} = \omega$, $\ddot{\theta} = \alpha$ eingesetzt und wir erhalten die Gleichungen (5.11) und (5.12).

Viele Zahnräder von Getrieben zum Antrieb von Kränen drehen sich um feste Achsen. Ingenieure müssen ihre Drehbewegungen miteinander verknüpfen, um ein Antriebssystem zu konstruieren.

Wichtige Punkte zur Lösung von Aufgaben

- Ein Körper kann zwei Arten translatorischer Bewegung ausführen. Bei geradliniger translatorischer Bewegung folgen alle Punkte parallelen geradlinigen Bahnen, bei allgemeinen translatorischen Bewegungen folgen die Punkte gekrümmten Bahnen, welche die gleiche Form haben und äquidistant zueinander angeordnet sind.
- Alle Punkte eines translatorisch bewegten Körpers bewegen sich mit der gleichen Geschwindigkeit und der gleichen Beschleunigung.
- Punkte eines um eine raumfeste Achse rotierenden Körpers beschreiben Kreisbahnen.
- Die Beziehung $\alpha\ d\theta = \omega\ d\omega$ wird aus $\alpha = d\omega/dt$ und $\omega = d\theta/dt$ durch Elimination von dt hergeleitet.
- Sind die Winkelgeschwindigkeit und -beschleunigung ω und α bekannt, so können Geschwindigkeit und Beschleunigung jedes Körperpunktes berechnet werden.
- Die Geschwindigkeit eines Körperpunktes ist immer tangential zu seiner Bahn gerichtet.
- Die Beschleunigung hat zwei Komponenten. Die tangentiale Beschleunigung gibt die Veränderung des Geschwindigkeitsbetrages an und wird mit $a_t = \alpha\ r$ ermittelt. Die Normalbeschleunigung gibt die Veränderung der Geschwindigkeitsrichtung an und wird mit $a_n = \omega^2 r$ bestimmt.

Lösungsweg

Zur Berechnung der Geschwindigkeit und der Beschleunigung eines Punktes auf einem starren Körper, der um eine raumfeste Achse rotiert, wird folgendermaßen vorgegangen.

Drehbewegung

- Führen Sie ein Bezugssystem so ein, dass eine seiner Achsen zur Kennzeichnung des positiven Richtungssinnes in Richtung der Drehachse zeigt.
- Ist eine Beziehung zwischen *zwei* der vier Variablen α, ω, θ und t bekannt, so kann eine dritte Variable mit jener der kinematischen Gleichungen bestimmt werden, die alle drei Variablen verknüpft:

$$\omega = \frac{d\theta}{dt} \qquad \alpha = \frac{d\omega}{dt} \qquad \alpha\, d\theta = \omega\, d\omega$$

- Ist die Winkelbeschleunigung des Körpers *konstant*, gelten folgende Gleichungen:

$$\omega = \omega_0 + \alpha_0 t$$
$$\theta = \theta_0 + \omega_0 t + \frac{1}{2}\alpha_0 t^2$$
$$\omega^2 = \omega_0^2 + 2\alpha_0(\theta - \theta_0)$$

- Mit dem Ergebnis wird der Richtungssinn von θ, ω und α aus den Vorzeichen der Zahlenwerte ermittelt.

Bewegung von P

- In den meisten Fällen können die Geschwindigkeit von P und die beiden Beschleunigungskomponenten aus den folgenden skalaren Gleichungen bestimmt werden:

$$v = \omega\, r$$
$$a_t = \alpha\, r$$
$$a_n = \omega^2\, r$$

- Bei schwierig darzustellender Geometrie sollten die folgenden Vektorgleichungen verwendet werden:

$$\mathbf{v} = \boldsymbol{\omega} \times \mathbf{r}_P = \boldsymbol{\omega} \times \mathbf{r}$$
$$\mathbf{a}_t = \boldsymbol{\alpha} \times \mathbf{r}_P = \boldsymbol{\alpha} \times \mathbf{r}$$
$$\mathbf{a}_n = \boldsymbol{\omega} \times (\boldsymbol{\omega} \times \mathbf{r}_P) = -\omega^2\, \mathbf{r}$$

  Der Vektor $\mathbf{r}_P$ verläuft von einem beliebigen Punkt der Drehachse zum Punkt P, wobei der Sonderfall $\mathbf{r}_P = \mathbf{r}$ in der Bewegungsebene von P liegt. Einer dieser Vektoren wird zusammen mit $\boldsymbol{\omega}$ und $\boldsymbol{\alpha}$ in den zugehörigen $\mathbf{i}$-, $\mathbf{j}$-, $\mathbf{k}$-Komponenten geschrieben, erforderlichenfalls werden die Kreuzprodukte mittels Determinantenrechnung ausgewertet (siehe *Gleichung (C12)*). Diese Auswertung kann auch in einem mitdrehenden Bezugssystem erfolgen, was in vielen Fällen einfacher ist, als die $\mathbf{i}$-, $\mathbf{j}$-, $\mathbf{k}$-Komponenten eines Inertialsystems zu verwenden.

Beispiel 5.1 Ein undehnbares Seil ist um ein Rad mit dem Radius r gewickelt, das ursprünglich in Ruhe ist, siehe Abbildung 5.5. Eine Kraft wird auf das Seil aufgebracht, sodass das Ende des Seiles die Beschleunigung $a = a(t)$ erfährt. Bestimmen Sie (a) die Winkelgeschwindigkeit des Rades und (b) die Winkellage der Strecke OP als Funktion der Zeit.

$a = c_0 t$

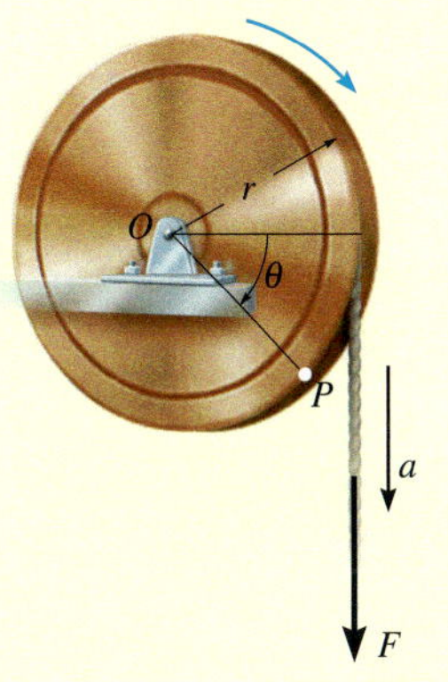

Abbildung 5.5

Lösung

Teilaufgabe a) Das Rad dreht sich um eine raumfeste Achse durch Punkt O. Somit bewegt sich Punkt P auf einer Kreisbahn mit dem Radius r und die Beschleunigung dieses Punktes hat tangentiale *und* normale Komponenten. Die tangentiale Komponente ist $(a_P)_t = c_0 t$, denn das Seil ist um das Rad gewunden und bewegt sich *tangential* dazu. Somit beträgt die Winkelbeschleunigung des Rades

$$(a_P)_t = \alpha\, r$$

$$\alpha = (a_P)_t / r = c_0 t / r$$

Mit diesem Ergebnis wird die Winkelgeschwindigkeit ω des Rades nun aus $\alpha = d\omega/dt$ bestimmt, denn diese Gleichung verknüpft α, t und ω. Integration mit der Anfangsbedingung $\omega = 0$ für $t = 0$ ergibt

$$\alpha = \frac{d\omega}{dt} = \frac{c_0}{r} t$$

$$\int_0^{\omega} d\overline{\omega} = \int_0^{t} \frac{c_0}{r} \overline{t}\, d\overline{t}$$

$$\omega = \frac{c_0}{2r} t^2$$

Warum verwenden wir nicht Gleichung (5.5) ($\omega = \omega_0 + \alpha_0 t$)?

Teilaufgabe b) Mit diesem Ergebnis wird die Winkellage θ von OP aus $\omega = d\theta/dt$ bestimmt, denn diese Gleichung verknüpft θ, ω und t. Integration mit der Anfangsbedingung $\theta = 0$ für $t = 0$ führt auf

$$\omega = \frac{d\theta}{dt} = \frac{c_0}{2r} t^2$$

$$\int_0^{\theta} d\overline{\theta} = \int_0^{t} \frac{c_0}{2r} \overline{t}^2 d\overline{t}$$

$$\theta = \frac{c_0}{6r} t^3$$

Beispiel 5.2

Der im Foto gezeigte Motor dreht ein Rad und über einen Riementrieb das in einem Gehäuse umlaufende Gebläse. Der genaue Aufbau ist in Abbildung 5.6a dargestellt. Die mit dem Motor verbundene Scheibe A beginnt sich mit der konstanten Winkelbeschleunigung α_A aus der Ruhe heraus zu drehen. Bestimmen Sie die Beträge von Geschwindigkeit und Beschleunigung des Punktes P auf der Scheibe B, nachdem diese eine Umdrehung ausgeführt hat. Nehmen Sie an, dass der undehnbare Treibriemen auf den Scheiben nicht rutscht.

$\alpha_A = 2\ \mathrm{rad/s^2}$, $r_A = 0{,}15\ \mathrm{m}$, $r_B = 0{,}4\ \mathrm{m}$

Lösung

Winkelbewegung Zunächst rechnen wir eine Umdrehung in rad um. Eine Umdrehung entspricht 2π rad. Damit können wir den nach einer Umdrehung überstrichenen Winkel θ_B der Scheibe berechnen:

$$\theta_B = 1\ \mathrm{Umdr}\left(\frac{2\pi\ \mathrm{rad}}{1\ \mathrm{Umdr}}\right) = 6{,}282\ \mathrm{rad}$$

Die Winkelgeschwindigkeit der Scheibe A wird nach Ermittlung des aus θ_B folgenden Winkels θ_A dieser Scheibe B bestimmt. Da der Treibriemen nicht rutscht, wird immer die gleiche Länge s des Riemens von den beiden Scheiben abgewickelt. Somit ergibt sich

$$s = \theta_A r_A = \theta_B r_B; \qquad \theta_A = \theta_B r_B / r_A = 16{,}76\ \mathrm{rad}$$

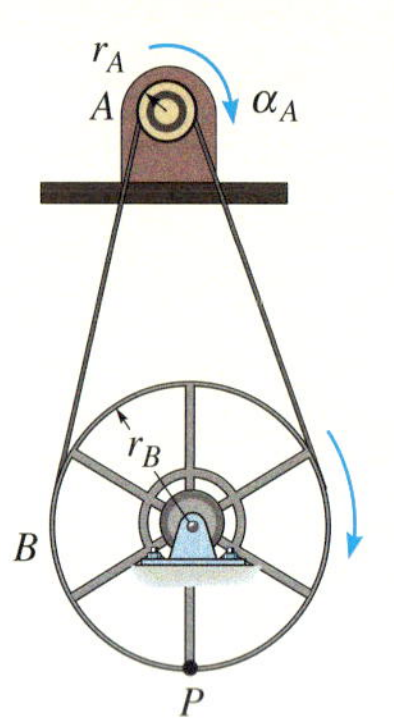

(a)

Mit konstantem α_A erhalten wir für die Winkelgeschwindigkeit der Scheibe A

$$\omega^2 = \omega_0^2 + 2\alpha_0\left(\theta - \theta_0\right)$$

$$\omega_A^2 = 0 + 2\alpha_A\left(\theta_A - 0\right)$$

$$\omega_A = \sqrt{2\left(2\ \mathrm{rad/s^2}\right)\left(16{,}76\ \mathrm{rad}\right)} = 8{,}187\ \mathrm{rad/s}$$

Alle Punkte des Riemens haben denselben Geschwindigkeitsbetrag und die gleiche Tangentialkomponente der Beschleunigung, genauso wie alle Umfangspunkte der beiden Scheiben, weil die Scheiben ohne Rutschen vom Riemen mitgenommen werden. Daher gilt

$$v = \omega_A r_A = \omega_B r_B; \qquad \omega_B = \omega_A r_A / r_B = 3{,}070\ \mathrm{rad/s}$$

$$a_t = \alpha_A r_A = \alpha_B r_B; \qquad \alpha_B = \alpha_A r_A / r_B = 0{,}750\ \mathrm{rad/s^2}$$

Bewegung von P Wie im kinematischen Diagramm, Abbildung 5.6b, dargestellt, erhalten wir

$$v_P = \omega_B r_B = 1{,}23\ \mathrm{m/s}$$

$$(a_P)_t = \alpha_B r_B = 0{,}3\ \mathrm{m/s^2}$$

$$(a_P)_n = (\omega_B)^2 r_B = 3{,}77\ \mathrm{m/s^2}$$

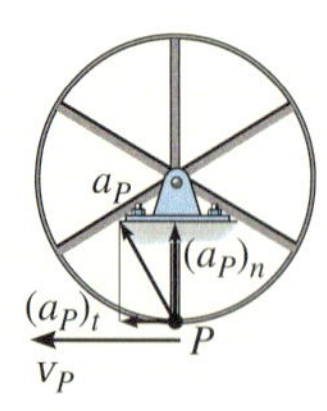

(b)

Abbildung 5.6

Damit ergibt sich

$$a_P = \sqrt{\left(a_P\right)_t^2 + \left(a_P\right)_n^2} = 3{,}78\ \mathrm{m/s^2}$$

5.4 Kinematische Zusammenhänge bei der ebenen Bewegung eines Systems mit einem Freiheitsgrad

Ein Körper in *allgemein ebener Bewegung* erfährt *gleichzeitig* Translation und Rotation. Ein anschauliches Beispiel ist eine dünne Scheibe, die sich translatorisch in einer raumfesten Ebene bewegt und sich dabei um eine Achse senkrecht zur Ebene dreht. Die Bewegung wird vollständig beschrieben durch die Drehbewegung einer körperfesten, zwei Körperpunkte verbindenden Geraden *und* die Bewegung eines Körperpunktes.

Eine Möglichkeit, diese Bewegung zu definieren, besteht darin, die Bogenlänge s entlang der Bewegungsbahn des Körperpunktes und eine Winkelkoordinate θ zur Angabe der Orientierung einer körperfesten Geraden einzuführen. Die beiden Koordinaten werden dann über geometrische Beziehungen verknüpft. In gewissen Sonderfällen, wenn der Körper nur einen Bewegungsfreiheitsgrad besitzt, hängt die Drehbewegung des Körpers eindeutig von der Bewegung des Körperpunktes entlang seiner Bahn ab und umgekehrt. Bei *direkter Anwendung* der Zeit-Differenzialgleichungen $v = ds/dt$, $\mathbf{a} = d\mathbf{v}/dt$, $\omega = d\theta/dt$ sowie $\alpha = d\omega/dt$ können dann Beziehungen zwischen der *Bewegung* des Punktes und der *Drehbewegung* der körperfesten Geraden aufgestellt werden. In manchen Fällen können mit diesem Verfahren auch die Bewegungen zweier verbundener Körper verknüpft werden, oder auch die Drehbewegung eines Körpers um eine raumfeste Achse lässt sich so untersuchen. Wichtig ist nur, dass alle Größen in Abhängigkeit von nur einer Lage- oder Winkelkoordinate ausgedrückt werden können.

Der Kippbehälter auf dem Wagen dreht sich um eine raumfeste Achse durch das Gelenklager in A. Er wird durch das Ein- und Ausfahren des Hydraulikzylinders BC bewegt. Die Winkellage des Behälters wird durch die Winkelkoordinate θ gemessen, die Lage des Punktes C auf dem Behälter durch die Koordinate s. Da a und b konstante Längen sind, können die Koordinaten über den Kosinussatz ($s = \sqrt{a^2 + b^2 - 2ab\cos\theta}$) miteinander in Beziehung gesetzt werden. Mit der Kettenregel erhält man die Ableitung dieser Gleichung nach der Zeit, welche die Ausfahrgeschwindigkeit des Hydraulikzylinders mit der Winkelgeschwindigkeit des Behälters verknüpft, d.h.
$v = \frac{1}{2}\left(a^2 + b^2 - 2ab\cos\theta\right)^{-\frac{1}{2}}(2ab\sin\theta)\omega$

Lösungsweg

In bestimmten Sonderfällen, wenn der Körper nur einen Freiheitsgrad besitzt, hängt die Drehbewegung des Körpers eindeutig von der Bewegung eines Körperpunktes entlang seiner Bahn ab und umgekehrt. Dabei wird folgendermaßen vorgegangen.

Lagekoordinatengleichung

- Geben Sie die Lage des Punktes P mit der Lagekoordinate s bezüglich eines *raumfesten Ursprungs* an. Diese Lagekoordinate verläuft *entlang der Bewegungsbahn* des Punktes P.
- Bestimmen Sie bezüglich einer raumfesten Referenzlinie die Winkellage θ einer körperfesten Geraden.
- Stellen Sie mit den Abmessungen des Körpers und geometrischen und trigonometrischen Beziehungen die Funktion $s = f(\theta)$ auf.

Ableitungen nach der Zeit

- Bestimmen Sie die erste Ableitung von $s = f(\theta)$ nach der Zeit und erhalten Sie so eine Beziehung zwischen v und ω.
- Bestimmen Sie die zweite Ableitung von $s = f(\theta)$ nach der Zeit und erhalten Sie eine Beziehung zwischen a und α.
- In jedem Fall muss die Kettenregel der Differenzialrechnung zur Berechnung der Ableitungen der Lagekoordinatengleichung verwendet werden.

Beispiel 5.3

Das Ende des starren Stabes in R in Abbildung 5.7 wird über eine Feder ständig mit der Nockenscheibe in Kontakt gehalten. Diese dreht sich mit der Winkelbeschleunigung α und der Winkelgeschwindigkeit ω um eine Achse durch den Punkt O. Bestimmen Sie die Geschwindigkeit und Beschleunigung des Stabes für eine beliebige Position θ des Nockens.

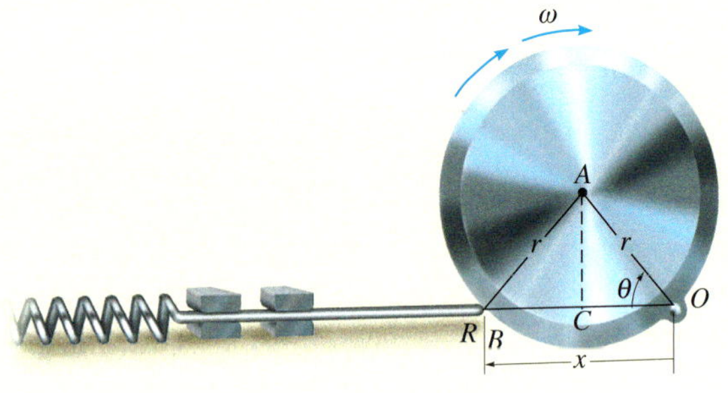

Abbildung 5.7

Lösung

Lagekoordinatengleichung Die Koordinaten θ und x werden gewählt, um die *Drehbewegung* des Liniensegmentes OA auf der Nockenwelle mit der *geradlinigen Bewegung* des Stabes zu verknüpfen. Diese Koordinaten werden bezüglich des *raumfesten Punktes* O angegeben und können miteinander trigonometrisch in Beziehung gesetzt werden. Mit $OC = CB = r\cos\theta$, Abbildung 5.7, ergibt sich

$$x = 2r\cos\theta$$

Ableitungen nach der Zeit Mit der Kettenregel erhalten wir

$$\frac{dx}{dt} = -2r(\sin\theta)\frac{d\theta}{dt}$$

$$v = -2r\omega\sin\theta$$

$$\frac{dv}{dt} = -2r\left(\frac{d\omega}{dt}\right)\sin\theta - 2r\omega(\cos\theta)\frac{d\theta}{dt}$$

$$a = -2r\left(\alpha\sin\theta + \omega^2\cos\theta\right)$$

Die negativen Vorzeichen bedeuten, dass v und a der positiven x-Richtung entgegengesetzt sind.

Beispiel 5.4

Zu einem gegebenen Zeitpunkt hat der Zylinder mit dem Radius r in Abbildung 5.8 die Winkelgeschwindigkeit ω und die Winkelbeschleunigung α. Er rollt ohne Gleiten. Bestimmen Sie die Geschwindigkeit und Beschleunigung des Mittelpunktes S.

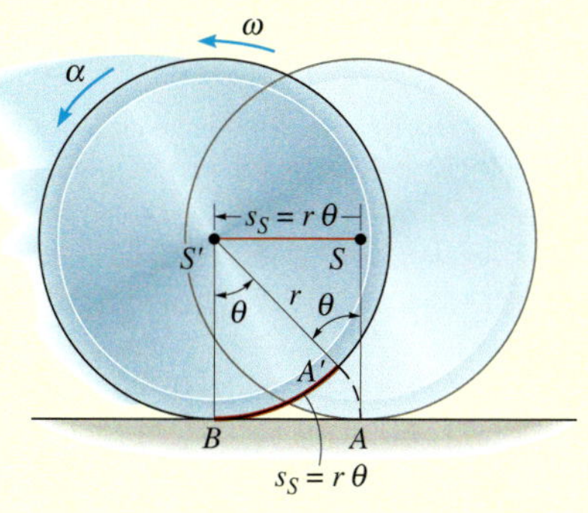

Abbildung 5.8

Lösung

Lagekoordinatengleichung Wie aus Abbildung 5.8 zu entnehmen, bewegt sich Punkt S *horizontal* nach links, von S nach S', wenn der Zylinder rollt. Folglich kann die neue Lage S' durch die Lagekoordinate s_S bezüglich der Ausgangslage (S) des Zylindermittelpunktes angegeben werden. Rollt der Zylinder (ohne Gleiten), berühren die Punkte auf der Oberfläche den Boden derart, dass die Bogenlänge $A'B$ gleich der Strecke s_S sein muss. Folglich erfordert die Bewegung, dass sich die Radiallinie SA um θ bis $S'A'$ dreht. Mit $A'B = r\theta$ ergibt sich die von S zurückgelegte Strecke zu

$$s_S = r\theta$$

Ableitungen nach der Zeit Da der Radius des Rades konstant ist, führen die Zeitableitungen dieser Gleichung mit $\omega = d\theta/dt$ sowie $\alpha = d\omega/dt$ auf die notwendigen Beziehungen

$$s_S = r\theta$$

$$v_S = r\omega$$

$$a_S = r\alpha$$

für Rollen. Diese Gleichungen gelten jedoch nur, wenn der Zylinder (Schreibe, Rad, Ball usw.) *ohne* Gleiten eine reine Rollbewegung ausführt.

Beispiel 5.5

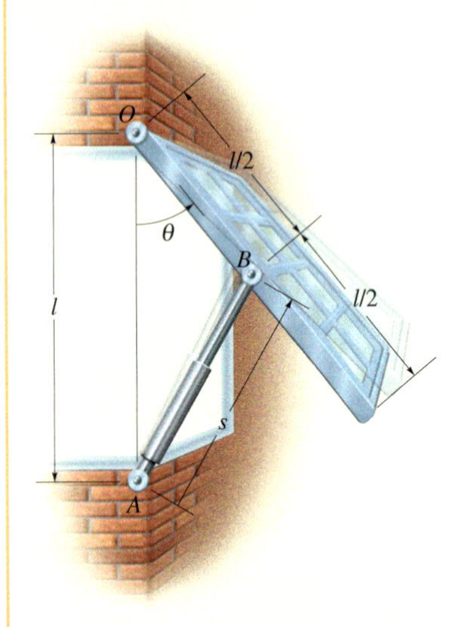

Abbildung 5.9

Das Fenster in Abbildung 5.9 wird mit dem hydraulischen Zylinder AB geöffnet. Der Zylinder fährt mit konstanter Geschwindigkeit v_Z aus. Bestimmen Sie die Winkelgeschwindigkeit und Winkelbeschleunigung des Fensters bei der Winkellage $\theta = \theta_0$.
$l = 2\text{ m}$, $v_Z = 0{,}5\text{ m/s}$, $\theta_0 = 30°$

Lösung

Lagekoordinatengleichung Die Drehbewegung des Fensters wird durch die Koordinate θ beschrieben, wobei das Ausfahren, d.h. die Bewegung *entlang dem hydraulischen Zylinder* durch die Koordinate s, welche die Länge vom raumfesten Punkt A zum sich bewegenden Punkt B angibt, definiert wird. Die Bewegungskoordinaten werden über den Kosinussatz in Beziehung gesetzt und man erhält

$$s = \sqrt{a^2 + b^2 - 2ab\cos\theta}$$

$$s^2 = l^2 + \left(\frac{l}{2}\right)^2 - 2l\left(\frac{l}{2}\right)\cos\theta$$

$$s^2 = l^2\left(\frac{5}{4} - \cos\theta\right) \tag{1}$$

Für $\theta = 30°$ ergibt sich

$$s = 1{,}239\text{ m}$$

Zeitableitungen Die Zeitableitung von Gleichung (1) führt auf

$$2s\frac{ds}{dt} = 0 - l^2(-\sin\theta)\frac{d\theta}{dt}$$

$$s \cdot v_Z = \frac{l^2}{2}(\sin\theta)\omega \tag{2}$$

Mit $v_Z = 0{,}5\text{ m/s}$ und $\theta = 30°$ erhalten wir

$$\omega = \frac{2sv_Z}{l^2\sin\theta} = 0{,}620\text{ rad/s}$$

Die Ableitung von Gleichung (2) nach der Zeit führt auf

$$\frac{ds}{dt}v_Z + s\frac{dv_Z}{dt} = \frac{l^2}{2}(\cos\theta)\frac{d\theta}{dt}\omega + \frac{l^2}{2}(\sin\theta)\frac{d\omega}{dt}$$

$$v_Z^2 + s \cdot a_Z = \frac{l^2}{2}(\cos\theta)\omega^2 + \frac{l^2}{2}(\sin\theta)\alpha$$

Mit $a_Z = dv_Z/dt = 0$ und den gegebenen Werten ergibt sich

$$v_Z^2 + 0 = \frac{l^2}{2}(\cos\theta)\omega^2 + \frac{l^2}{2}(\sin\theta)\alpha$$

$$\alpha = -0{,}415\text{ rad/s}^2$$

Das negative Vorzeichen bedeutet, dass das Fenster eine negative Winkelbeschleunigung, d.h. eine Winkelverzögerung, erfährt.

5.5 Allgemein ebene Bewegung – Geschwindigkeit

Die allgemein ebene Bewegung eines starren Körpers kann wie bereits festgestellt als *Kombination* von Translation und Rotation beschrieben werden. Im allgemeinsten Fall sind für einen starren Körper bei der ebenen Bewegung drei Koordinaten zu deren Beschreibung festzulegen: Die Bewegung eines körperfesten Punktes erfordert die Einführung von zwei Koordinaten *und* die Drehbewegung einer körperfesten Verbindungslinie eine weitere, sodass insgesamt drei Freiheitsgrade vorliegen können.

Um die Translations- und die Rotationsbewegung *separat* zu visualisieren, werden zwei unterschiedliche Bezugssysteme eingeführt. Das x,y-Koordinatensystem ist raumfest und gibt die *absolute* Lage zweier Punkte A und B auf dem Körper an, Abbildung 5.10a. Der Ursprung des x',y'-Koordinatensystems befindet sich im gewählten „Basispunkt" A, der oft eine *bekannte* Bewegung ausführt. Die Achsen dieses Koordinatensystems drehen sich nicht mit dem Körper, sie können sich mit Bezug auf das raumfeste Koordinatensystem nur *translatorisch* bewegen.

Lage Der Ortsvektor $\mathbf{r}_A$ in Abbildung 5.10a gibt die Lage des „Bezugspunktes" A und der Relativvektor $\mathbf{r}_{B/A}$ die Lage des Punktes B bezüglich A an. Durch Vektoraddition ergibt sich für die *Lage* von B

$$\mathbf{r}_B = \mathbf{r}_A + \mathbf{r}_{B/A}$$

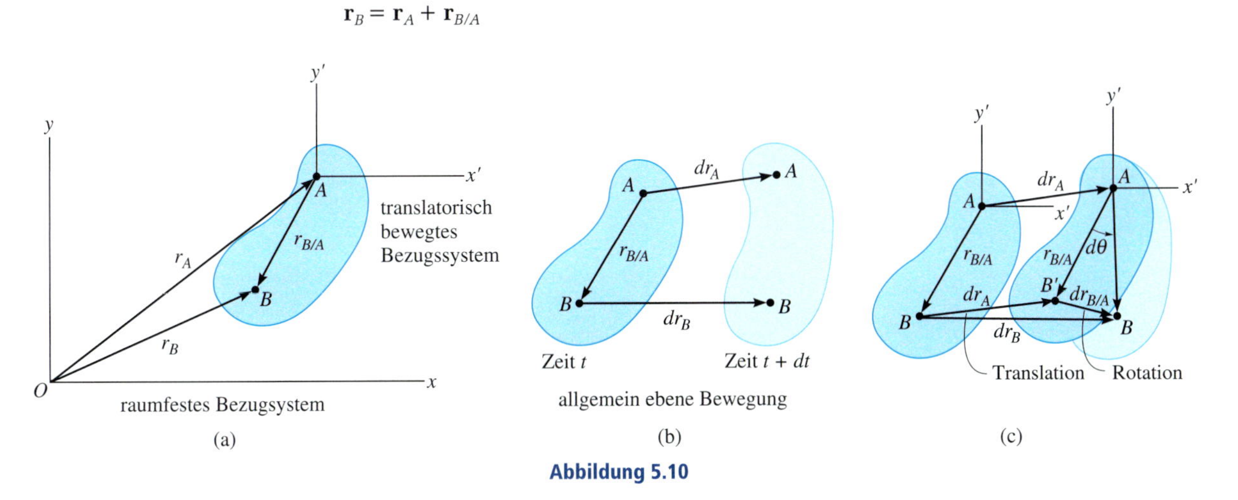

Abbildung 5.10

Verschiebung In der Zeit dt erfahren die Punkte A und B die Lageänderungen $d\mathbf{r}_A$ und $d\mathbf{r}_B$, siehe Abbildung 5.10b. Betrachten wir nunmehr die allgemein ebene Bewegung in ihren einzelnen Anteilen, so *verschiebt* sich der *gesamte Körper* zunächst infolge $d\mathbf{r}_A$. Dabei verschiebt sich der Basispunkt A zu seiner *Endposition* und Punkt B nach B', Abbildung 5.10c. Der Körper wird dann um A um die Winkeländerung $d\theta$ so gedreht, dass B' die *relative Verschiebung* $d\mathbf{r}_{B/A}$ erfährt und zur Endlage B gelangt.

Wenn sich der Schieber A mit der Geschwindigkeit v_A horizontal nach links bewegt, so dreht sich das Verbindungsstück CB gegen den Uhrzeigersinn. Dann ist die Geschwindigkeit v_B tangential zur Kreisbahn, d.h. nach oben links gerichtet. Die Schubstange AB erfährt eine allgemein ebene Bewegung und hat zum dargestellten Zeitpunkt die Winkelgeschwindigkeit ω.

Aufgrund der Rotation um A gilt $dr_{B/A} = r_{B/A} d\theta$ und für die Verschiebung von B ergibt sich

$$d\mathbf{r}_B = d\mathbf{r}_A + d\mathbf{r}_{B/A}$$

- $d\mathbf{r}_{B/A}$: infolge Drehung um A
- $d\mathbf{r}_A$: infolge Translation von A
- $d\mathbf{r}_B$: infolge Translation und Drehung

Geschwindigkeit Zur Bestimmung des Zusammenhanges zwischen den Geschwindigkeiten der Punkte A und B muss die Ableitung der Lagebeziehung nach der Zeit bezüglich des Intertialsystems gebildet oder einfach diese Gleichung durch dt dividiert werden:

$$\frac{d\mathbf{r}_B}{dt} = \frac{d\mathbf{r}_A}{dt} + \frac{d\mathbf{r}_{B/A}}{dt}$$

Die Terme $d\mathbf{r}_B/dt = \mathbf{v}_B$ und $d\mathbf{r}_A/dt = \mathbf{v}_A$ sind die *absoluten Geschwindigkeiten* der Punkte A bzw. B und werden bezüglich der raumfesten x,y-Achsen angegeben. Der Betrag des dritten Terms ist $r_{B/A} d\theta/dt = r_{B/A}\dot{\theta} = r_{B/A}\omega$, wobei ω die Winkelgeschwindigkeit des Körpers zum betrachteten Zeitpunkt ist. Wir nennen den zugehörigen Vektor die *relative Geschwindigkeit* $\mathbf{v}_{B/A}$, denn er gibt die Geschwindigkeit von B bezüglich A im mit A translatorisch bewegten x',y'-Koordinatensystem an. Da der Körper starr ist, sieht ein Beobachter im x',y'-Koordinatensystem nur, dass Punkt B sich auf einer *Kreisbahn* mit dem konstanten Radius $r_{B/A}$ bewegt. Anders gesagt, *der Punkt dreht sich mit der Winkelgeschwindigkeit* ω *um die* z'*-Achse durch* A. Folglich hat $\mathbf{v}_{B/A}$ den Betrag $v_{B/A} = \omega\, r_{B/A}$, und seine Richtung steht senkrecht auf $\mathbf{r}_{B/A}$.

Wir erhalten

$$\mathbf{v}_B = \mathbf{v}_A + \mathbf{v}_{B/A} \qquad (5.15)$$

wobei gilt

$\mathbf{v}_B$ = die Geschwindigkeit des Körperpunktes B,
$\mathbf{v}_A$ = die Geschwindigkeit des Bezugspunktes A auf dem Körper,
$\mathbf{v}_{B/A}$ = die relative Geschwindigkeit von „B bezüglich A".

Diese relative Bewegung erscheint im translatorisch mitbewegten x',y'-Koordinatensystem *kreisförmig*, der *Betrag* ist $v_{B/A} = \omega\, r_{B/A}$ und die *Richtung* steht senkrecht auf $\mathbf{r}_{B/A}$.

Jeder der drei Terme in Gleichung (5.15) ist in den *kinematischen Diagrammen* in Abbildung 5.10e, f und g grafisch dargestellt. Man sieht hier, dass die Geschwindigkeit von B, Abbildung 5.10e, bestimmt ist, wenn man die Translationsbewegung des gesamten Körpers, beschrieben durch die Geschwindigkeit $\mathbf{v}_A$, Abbildung 5.10f und die Drehbewegung mit der Winkelgeschwindigkeit $\boldsymbol{\omega}$, Abbildung 5.10g, überlagert: Eine Vektoraddition dieser beiden Einzelbestandteile bezüglich B führt auf die Geschwindigkeit $\mathbf{v}_B$, siehe Abbildung 5.10h.

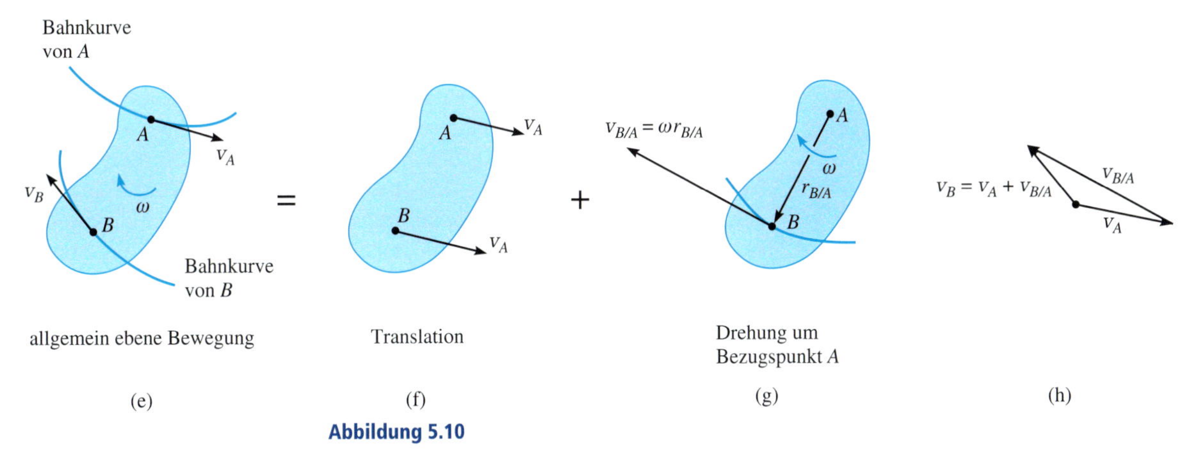

Abbildung 5.10

Da die relative Geschwindigkeit $\mathbf{v}_{B/A}$ die *Drehbewegung* um A repräsentiert, kann dieser Term als Kreuzprodukt $\mathbf{v}_{B/A} = \boldsymbol{\omega} \times \mathbf{r}_{B/A}$ geschrieben werden, Gleichung (5.9). Deshalb können wir zur Anwendung Gleichung (5.15) in der Form

$$\mathbf{v}_B = \mathbf{v}_A + \boldsymbol{\omega} \times \mathbf{r}_{B/A} \qquad (5.16)$$

angeben, wobei gilt:

$\mathbf{v}_B$ = die Geschwindigkeit des Punktes B,
$\mathbf{v}_A$ = die Geschwindigkeit des Bezugspunktes A,
$\boldsymbol{\omega}$ = die Winkelgeschwindigkeit des Körpers,
$\mathbf{r}_{B/A}$ = der relative Lagevektor von „B bezüglich A".

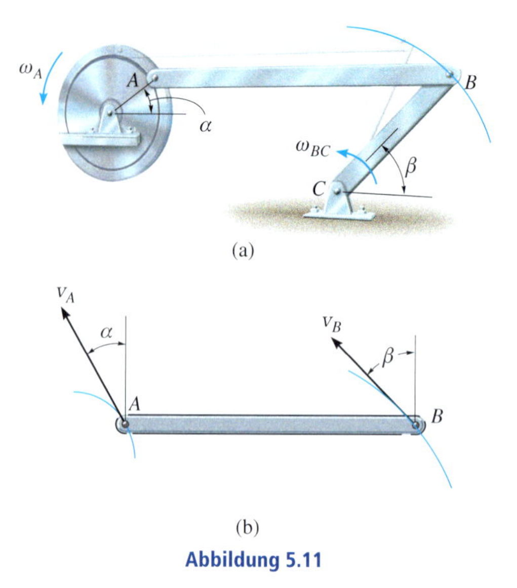

Abbildung 5.11

Die Geschwindigkeitsgleichung (5.16) ist die *kinematische Grundgleichung* zur Untersuchung der allgemein ebenen Bewegung eines starren Körpers. Für den Fall, dass der Körper entweder mit anderen Körpern gelenkig verbunden ist oder andere Körper bei seiner Bewegung berührt, ist diese Gleichung besonders hilfreich. Bei der Anwendung der Gleichung sollten die Punkte A und B so auf dem Körper gewählt werden, dass sie durch die *bekannte Bewegung* von Nachbarkörpern berechenbar werden. Die Punkte A und B auf der Verbindungsstange AB in Abbildung 5.11a beispielsweise bewegen sich auf Kreisbahnen, denn das Rad und die Verbindungsstange CB drehen sich jeweils um einen raumfesten Punkt. Die *Richtungen* von $\mathbf{v}_A$ und $\mathbf{v}_B$ können somit festgelegt werden, denn sie verlaufen immer *tangential* zu ihren Bahnen, Abbildung 5.11b. Für das Rad in Abbildung 5.12, das ohne Gleiten rollt, kann Punkt A auf dem Boden betrachtet werden. A hat hier (momentan) die Geschwindigkeit null, denn der Boden bewegt sich nicht. Weiterhin bewegt sich der Mittelpunkt des Rades B auf einer horizontalen Bahn parallel zur Unterlage, sodass $\mathbf{v}_B$ horizontal gerichtet ist.

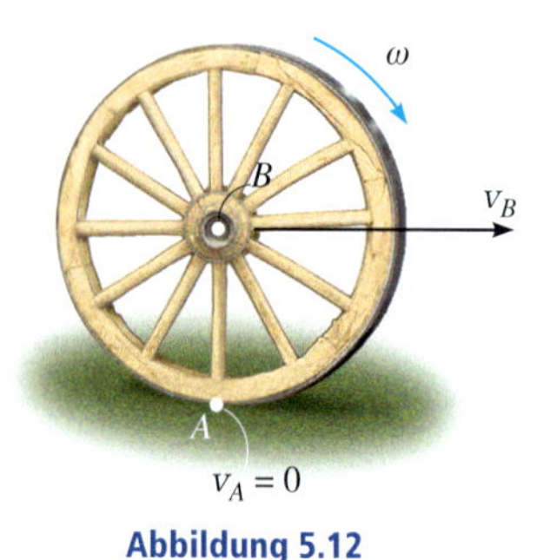

Abbildung 5.12

Lösungsweg

Die Geschwindigkeitsgleichung als kinematische Grundgleichung der ebenen Scheibenbewegung kann mit Hilfe kartesischer Vektoren oder direkt durch Anschreiben der x- und der y-Komponentengleichungen in skalarer Schreibweise ausgewertet werden. Dazu wird der folgende Weg vorgeschlagen.

Vektorrechnung

Kinematisches Diagramm

- Wählen Sie die Richtungen der raumfesten x,y-Koordinaten und zeichnen Sie das kinematische Diagramm des Körpers. Tragen Sie darin die Geschwindigkeiten $\mathbf{v}_A$ und $\mathbf{v}_B$ der Punkte A und B, die Winkelgeschwindigkeit $\boldsymbol{\omega}$ und den relativen Lagevektor $\mathbf{r}_{B/A}$ ein.
- Sind die Beträge von $\mathbf{v}_A$, $\mathbf{v}_B$ oder $\boldsymbol{\omega}$ unbekannt, kann der Richtungssinn dieser Vektoren angenommen werden.

Geschwindigkeitsgleichung

- Zur Auswertung der Gleichung $\mathbf{v}_B = \mathbf{v}_A + \boldsymbol{\omega} \times \mathbf{r}_{B/A}$ schreiben Sie die Vektoren in kartesischer Form und setzen sie diese in die Gleichung ein. Berechnen Sie das Kreuzprodukt und setzen Sie dann zur Aufstellung der beiden maßgebenden skalaren Gleichungen die $\mathbf{i}$- und $\mathbf{j}$-Koordinaten gleich.
- Ergibt sich für einen *unbekannten* Betrag ein *negativer* Wert, dann bedeutet dies, dass der Richtungssinn des Vektors dem im kinematischen Diagramm eingetragenen in Wirklichkeit entgegengesetzt ist.

Skalare Rechnung

Kinematisches Diagramm

- Zur Auswertung der Geschwindigkeitsgleichung in skalarer Form müssen Betrag und Richtung des Vektors $\mathbf{v}_{B/A}$ der relativen Geschwindigkeit von B um A bestimmt werden. Zeichnen Sie ein kinematisches Diagramm wie das in Abbildung 5.10g, das diese relative Bewegung repräsentiert. Da der Körper als im Punkt A momentan „gelenkig gelagert" angesehen werden kann, ist der Betrag $v_{B/A} = \omega\, r_{B/A}$. Der Richtungssinn von $\mathbf{v}_{B/A}$ wird gemäß Diagramm festgelegt, sodass $\mathbf{v}_{B/A}$ gemäß der Drehung $\boldsymbol{\omega}$ senkrecht zu $\mathbf{r}_{B/A}$ des Körpers gerichtet ist.

Geschwindigkeitsgleichung

- Zeichnen Sie die Vektoren gemäß $\mathbf{v}_B = \mathbf{v}_A + \mathbf{v}_{B/A}$, und geben Sie sofort eine skalare Formulierung dieser Geschwindigkeitsgleichung in den zugehörigen Koordinaten an. Die Auswertung der skalaren Gleichungen führt direkt zu den unbekannten Geschwindigkeitsgrößen.

Beispiel 5.6

Die Verbindungsstange in Abbildung 5.13a wird durch die beiden Bolzen in A und B geführt, die sich in raumfesten Nuten bewegen. Die Geschwindigkeit von A beträgt v_A. Bestimmen Sie die Geschwindigkeit von B für die Winkellage $\theta = \theta_0$.

$l = 0{,}2$ m, $v_A = 2$ m/s, $\theta_0 = 45°$

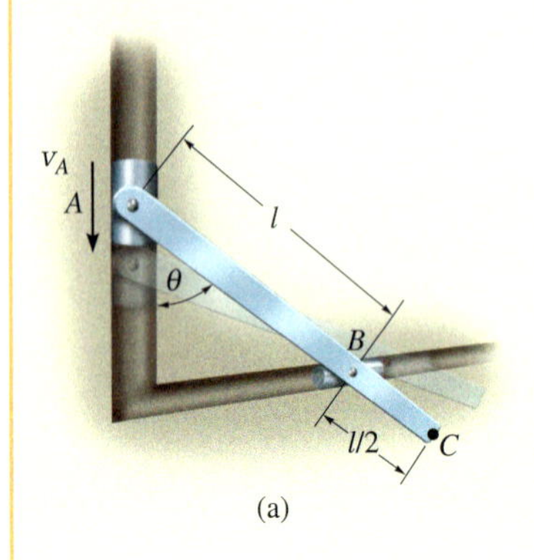

(a)

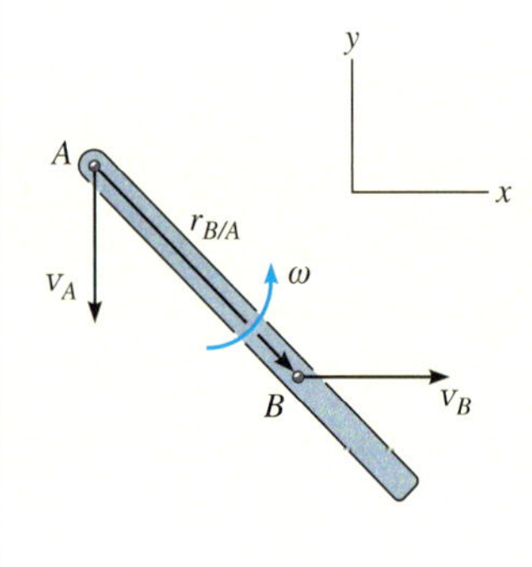

(b)

Abbildung 5.13

Lösung (vektorielle Rechnung)

Kinematisches Diagramm Da die Bewegung der Punkte A und B entlang der raumfesten Führungen stattfindet und $\mathbf{v}_A$ nach unten gerichtet ist, muss die Geschwindigkeit $\mathbf{v}_B$ horizontal nach rechts gerichtet sein. Gemäß der Rechte-Hand-Regel zeigt die Winkelgeschwindigkeit $\boldsymbol{\omega}$ aus der Bewegungsebene heraus und steht senkrecht auf der Bewegungsebene. Mit dem Betrag und der Richtung von $\mathbf{v}_A$ und den Wirkungslinien von $\mathbf{v}_B$ und $\boldsymbol{\omega}$ kann die Geschwindigkeitsgleichung $\mathbf{v}_B = \mathbf{v}_A + \boldsymbol{\omega} \times \mathbf{r}_{B/A}$ auf die Punkte A und B angewendet und nach den beiden unbekannten Beträgen v_B und ω aufgelöst werden. Da $\mathbf{r}_{B/A}$ benötigt wird, ist auch dieser Vektor in Abbildung 5.13b eingetragen.

Geschwindigkeitsgleichung Wir schreiben die Vektoren aus Abbildung 5.13b als $\mathbf{i}$-, $\mathbf{j}$- und $\mathbf{k}$-Komponenten und wenden Gleichung (5.16) auf A, den Basispunkt, und auf B an:

$$\mathbf{v}_B = \mathbf{v}_A + \boldsymbol{\omega} \times \mathbf{r}_{B/A}$$

$$v_B\mathbf{i} = -v_A\mathbf{j} + \omega\mathbf{k} \times (l \sin\theta\, \mathbf{i} - l \cos\theta\, \mathbf{j})$$

$$v_B\mathbf{i} = -v_A\mathbf{j} + l\omega \sin\theta\mathbf{j} + l\omega \cos\theta\mathbf{i}$$

Durch Gleichsetzen der $\mathbf{i}$- und $\mathbf{j}$-Koordinaten erhalten wir

$$v_B = +\, l\, \omega \cos\theta$$

$$0 = -v_A + l\, \omega \sin\theta$$

d.h.

$$\omega = v_A/(l \sin\theta) = 14{,}1 \text{ rad/s}$$

$$v_B = l\omega \cos\theta = 2 \text{ m/s}$$

Da beide Ergebnisse *positiv* sind, sind die *Richtungen* von $\mathbf{v}_B$ und $\boldsymbol{\omega}$ *korrekt* in Abbildung 5.13b eingetragen. Es muss betont werden, dass diese Werte *nur für* $\theta = 45°$ *gelten*, da der Winkel θ explizit in den Ergebnissen auftritt.

Mit der bekannten Geschwindigkeit eines Punktes auf der Verbindungsstange und der Winkelgeschwindigkeit kann die Geschwindigkeit eines beliebigen anderen Punktes auf der Verbindungsstange ermittelt werden. Wenden Sie zur Übung Gleichung (5.16) auf die Punkte A und C oder die Punkte B und C an und zeigen Sie, dass sich für $\theta = 45°$ $v_C = 3{,}16$ m/s mit einem Winkel $\beta = 18{,}4°$ zur Horizontalen ergibt.

Beispiel 5.7 Die Scheibe in Abbildung 5.14a rollt mit der Geschwindigkeit v_C ohne zu gleiten auf der Oberfläche eines Transportbandes. Bestimmen Sie die Geschwindigkeit von Punkt A. Zum dargestellten Zeitpunkt hat der Zylinder die Winkelgeschwindigkeit ω in Richtung des Uhrzeigersinns. $r = 0{,}5\ \text{m}$, $v_C = 2\ \text{m/s}$, $\omega = 15\ \text{rad/s}$

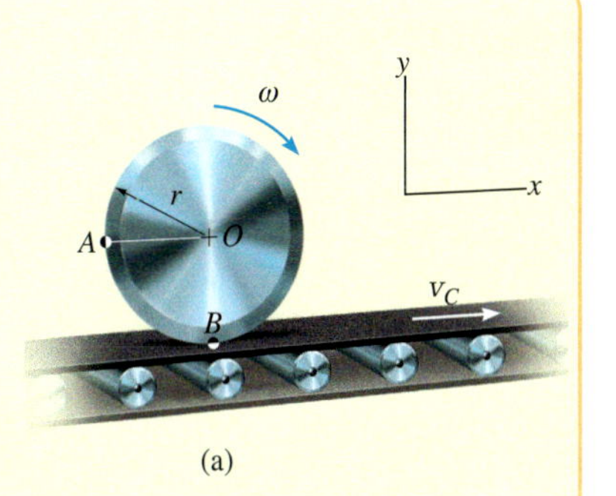

(a)

Lösung I (vektorielle Rechnung)

Kinematisches Diagramm Da kein Gleiten auftritt, hat Punkt B auf dem Zylinder die gleiche Geschwindigkeit wie das Transportband ($v_B = v_C$), Abbildung 5.14b. Da auch die Winkelgeschwindigkeit des Zylinders bekannt ist, kann die Geschwindigkeitsgleichung auf den Basispunkt B und auf A angewendet und $\mathbf{v}_A$ bestimmt werden.

Geschwindigkeitsgleichung

$$\mathbf{v}_A = \mathbf{v}_B + \boldsymbol{\omega} \times \mathbf{r}_{A/B}$$

$$(v_A)_x\mathbf{i} + (v_A)_y\mathbf{j} = v_B\mathbf{i} + (-\omega\mathbf{k}) \times (-r\mathbf{i} + r\mathbf{j})$$

$$(v_A)_x\mathbf{i} + (v_A)_y\mathbf{j} = v_B\mathbf{i} + r\omega\,\mathbf{j} + r\omega\,\mathbf{i}$$

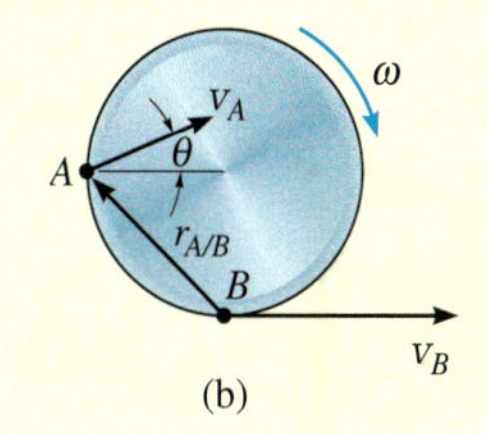

(b)

Damit erhalten wir

$$(v_A)_x = v_B + r\omega = 9{,}50\ \text{m/s} \qquad (1)$$

$$(v_A)_y = r\omega = 7{,}50\ \text{m/s} \qquad (2)$$

und

$$v_A = \sqrt{(v_A)_x^2 + (v_A)_y^2} = 12{,}1\ \text{m/s}$$

$$\theta = \arctan\frac{(v_A)_y}{(v_A)_x} = 38{,}3°$$

Lösung II (skalare Rechnung)

Alternativ können die skalaren Anteile von $\mathbf{v}_A = \mathbf{v}_B + \mathbf{v}_{A/B}$ direkt bestimmt werden. Aus dem kinematischen Diagramm, das die relative Kreisbewegung $\mathbf{v}_{A/B}$, Abbildung 5.14c, von A um B darstellt, ergibt sich

$$v_{A/B} = \omega r_{A/B} = \omega\frac{r}{\cos 45°} = 10{,}6\ \text{m/s}$$

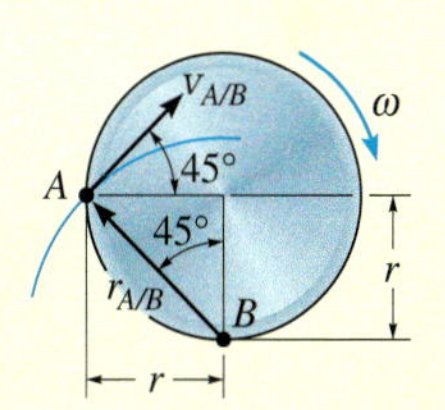

Relativbewegung
(c)

Abbildung 5.14

Somit erhalten wir gemäß der Vektorgleichung

$$\mathbf{v}_A = \mathbf{v}_B + \mathbf{v}_{A/B}$$

koordinatenmäßig

$$(v_A)_x = v_B + (v_{A/B})_x$$

in positive x-Richtung und

$$(v_A)_y = 0 + (v_{A/B})_y$$

in positive y-Richtung.

Die Auswertung der x- und y-Koordinatengleichungen führt natürlich auf die gleichen Ergebnisse wie oben, nämlich

$$(v_A)_x = v_B + v_{A/B}\cos 45° = 9{,}50\ \text{m/s}$$

$$(v_A)_y = v_{A/B}\sin 45° = 7{,}50\ \text{m/s}$$

Beispiel 5.8

Die Hülse C in Abbildung 5.15a bewegt sich mit der Geschwindigkeit v_C nach unten. Bestimmen Sie die Winkelgeschwindigkeiten von CB und AB zu diesem Zeitpunkt.

$l = 0{,}2$ m, $v_C = 2$ m/s

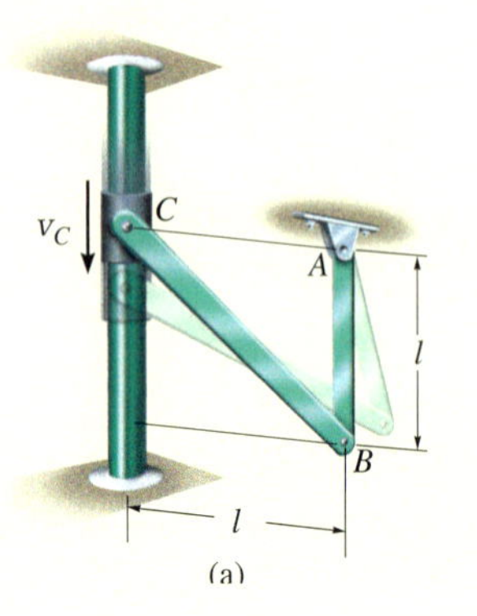

(a)

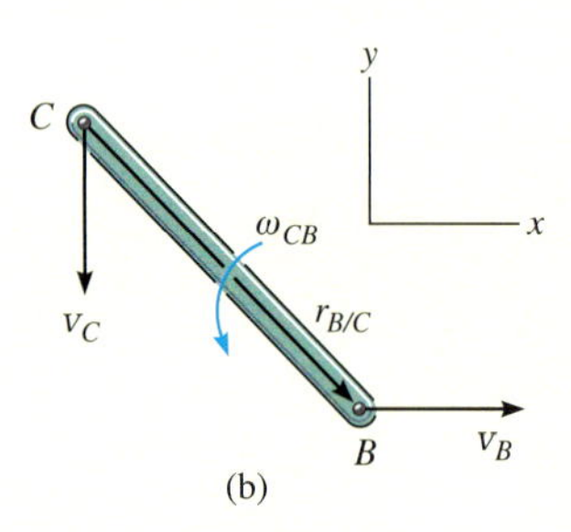

(b)

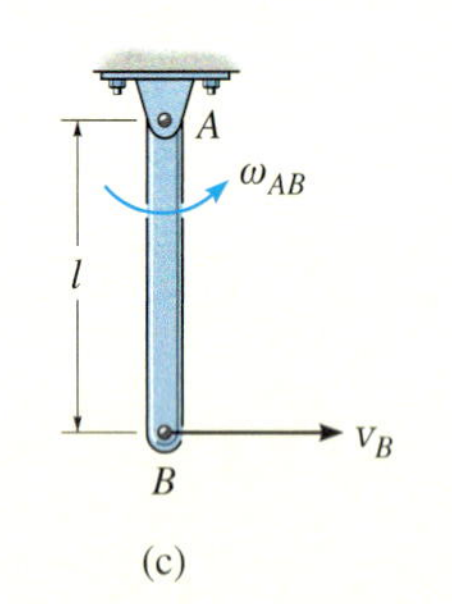

(c)

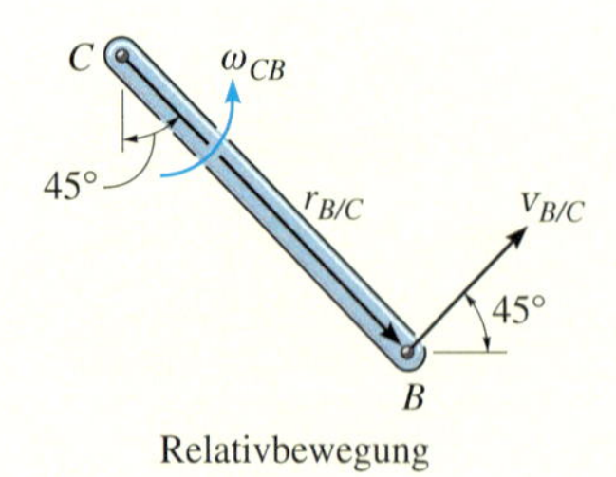

Relativbewegung

(d)

Abbildung 5.15

Lösung I (vektorielle Rechnung)

Kinematisches Diagramm Aufgrund der Abwärtsbewegung von C bewegt sich B nach rechts. Die Stäbe CB und AB drehen sich gegen den Uhrzeigersinn, wenn die Winkelgeschwindigkeiten in Richtung von $\mathbf{k}$ zeigen. Zur Lösung schreiben wir die entsprechende kinematische Gleichung für jeden Verbindungsstab an.

Geschwindigkeitsgleichung *Stab CB* (allgemein ebene Bewegung), siehe Abbildung 5.15b

$$\mathbf{v}_B = \mathbf{v}_C + \boldsymbol{\omega}_{CB} \times \mathbf{r}_{B/C}$$

$$v_B\mathbf{i} = -v_C\mathbf{j} + \omega_{CB}\mathbf{k} \times (l\mathbf{i} - l\mathbf{j})$$

$$v_B\mathbf{i} = -v_C\mathbf{j} + l\omega_{CB}\mathbf{j} + l\omega_{CB}\mathbf{i}$$

$$v_B = l\omega_{CB} \qquad (1)$$

$$0 = -v_C + l\omega_{CB} \qquad (2)$$

$$\omega_{CB} = 10 \text{ rad/s}$$

$$v_B = 2 \text{ m/s}$$

Stab AB (Drehung um eine feste Achse), siehe Abbildung 5.15c

$$\mathbf{v}_B = \boldsymbol{\omega}_{AB} \times \mathbf{r}_B$$

$$v_B\mathbf{i} = \omega_{AB}\mathbf{k} \times (-l\mathbf{j})$$

$$v_B = l\omega_{AB}$$

$$\omega_{AB} = 10 \text{ rad/s}$$

Lösung II (skalare Rechnung)

Die zu $\mathbf{v}_B = \mathbf{v}_C + \mathbf{v}_{B/C}$ gehörenden skalaren Koordinatengleichungen können direkt bestimmt werden. Das kinematische Diagramm in Abbildung 5.15d zeigt die relative Kreisbewegung $\mathbf{v}_{B/C}$ und es ergibt sich

$$\mathbf{v}_B = \mathbf{v}_C + \mathbf{v}_{B/C}$$

$$v_B = 0 + [\omega_{CB}(l\sqrt{2})]_x = \omega_{CB} l\sqrt{2} \cos 45°$$

$$0 = -v_C + [\omega_{CB}(l\sqrt{2})]_y = -v_C + \omega_{CB} l\sqrt{2} \sin 45°$$

d.h.

$$\omega_{CB} = v_C/(l\sqrt{2} \sin 45°) = 10 \text{ rad/s}$$

$$v_B = v_C/(l\sqrt{2} \sin 45°)\,(l\sqrt{2} \cos 45°) = v_C = 2 \text{ m/s}$$

also die gleichen Werte wie aus Gleichung (1) und (2).

Beispiel 5.9

Die Stange AB des Gestänges in Abbildung 5.16a hat in der Winkellage $\theta = 60°$ die Winkelgeschwindigkeit ω_{AB}. Bestimmen Sie die Winkelgeschwindigkeiten von BC und des Rades in der dargestellten Lage.

$l = 0{,}2$ m, $r = 0{,}1$ m, $\omega_{AB} = 30$ rad/s

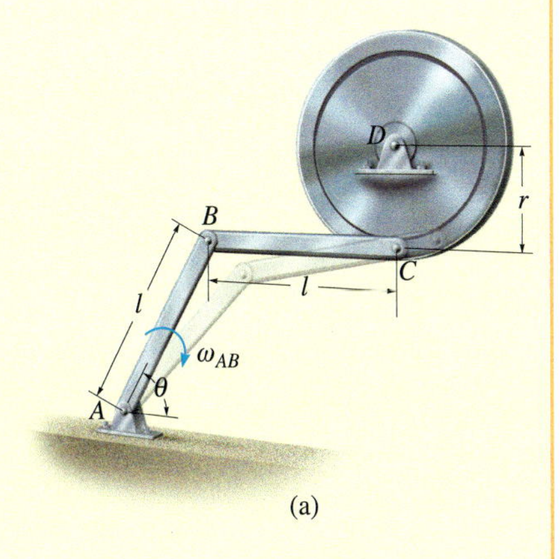

(a)

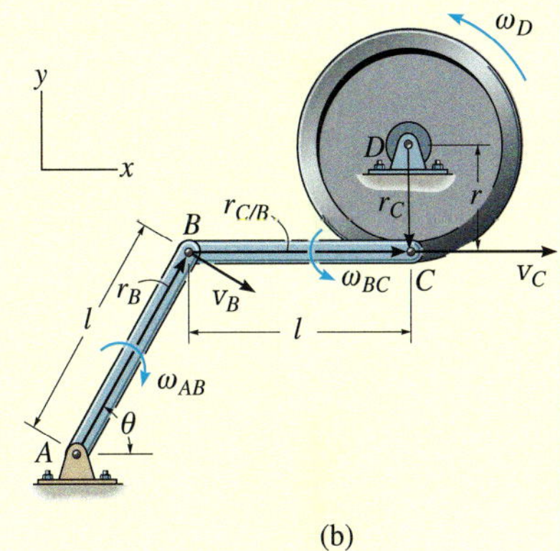

(b)

Abbildung 5.16

Lösung (vektorielle Rechnung)

Kinematisches Diagramm Anschaulich ist klar, dass die Geschwindigkeiten der Punkte B und C durch die Drehung der Kurbel AB und des Rades um ihre raumfesten Achsen gegeben sind. Die Lagevektoren und die Winkelgeschwindigkeit jedes Teils sind im kinematischen Diagramm in Abbildung 5.16b gezeigt. Zur Lösung schreiben wir die entsprechende kinematische Gleichung für jedes Teil an.

Geschwindigkeitsgleichung

Kurbel AB (Drehung um eine raumfeste Achse):

$$\mathbf{v}_B = \boldsymbol{\omega}_{AB} \times \mathbf{r}_B$$

$$= (-\omega_{AB}\mathbf{k}) \times (l\cos\theta\,\mathbf{i} + l\sin\theta\,\mathbf{j})$$

$$= l\omega_{AB}\sin\theta\,\mathbf{i} - l\omega_{AB}\cos\theta\,\mathbf{j}$$

Verbindungsstab BC (allgemein ebene Bewegung):

$$\mathbf{v}_C = \mathbf{v}_B + \boldsymbol{\omega}_{BC} \times \mathbf{r}_{C/B}$$

$$v_C\mathbf{i} = l\omega_{AB}\sin\theta\,\mathbf{i} - l\omega_{AB}\cos\theta\mathbf{j} + (\omega_{BC}\mathbf{k}) \times (l\mathbf{i})$$

$$v_C\mathbf{i} = l\omega_{AB}\sin\theta\,\mathbf{i} + (l\omega_{BC} - l\omega_{AB}\cos\theta)\mathbf{j}$$

$$v_C = l\omega_{AB}\sin\theta = 5{,}20 \text{ m/s}$$

$$0 = l\omega_{BC} - l\omega_{AB}\cos\theta$$

$$\omega_{BC} = \omega_{AB}\cos\theta = 15 \text{ rad/s}$$

Rad (Drehung um eine raumfeste Achse):

$$\mathbf{v}_C = \boldsymbol{\omega}_D \times \mathbf{r}_D$$

$$v_C\mathbf{i} = (\omega_D\mathbf{k}) \times (-r\mathbf{j})$$

$$v_C = r\omega_D$$

$$\omega_D = v_C/r = 52 \text{ rad/s}$$

Abbildung 5.16 ist zu entnehmen, dass $v_B = l\omega_{AB} = 6$ m/s ist und $\mathbf{v}_C$ nach rechts gerichtet ist. Berechnen Sie zur Übung mit diesen Angaben und $\mathbf{v}_C = \mathbf{v}_B + \mathbf{v}_{C/B}$ in skalarer Auswertung ω_{AB}.

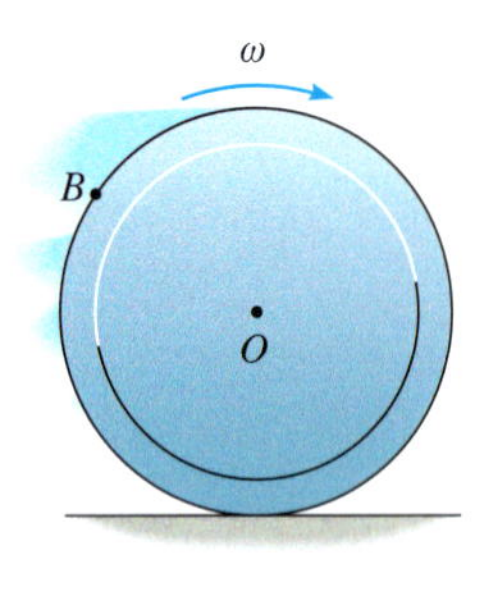

(a)

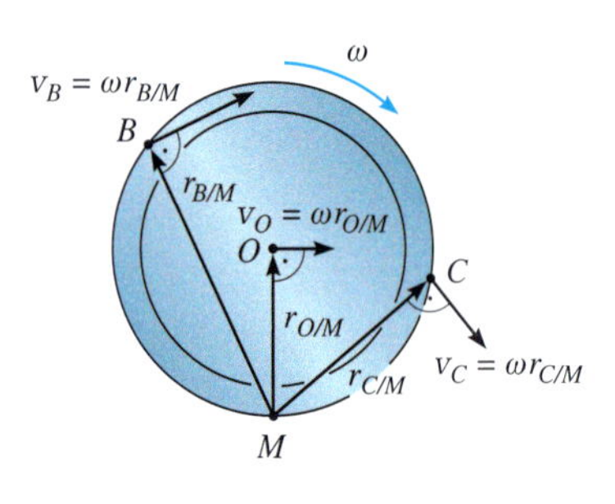

(b)

Abbildung 5.17

5.6 Momentanpol

Die Geschwindigkeit eines beliebigen Punktes B eines starren Körpers kann ganz direkt ermittelt werden, wenn man als Bezugspunkt A einen Punkt wählt, der zum betrachteten Zeitpunkt die *Geschwindigkeit null* hat. Dann gilt $\mathbf{v}_A = \mathbf{0}$ und die Geschwindigkeitsgleichung $\mathbf{v}_B = \mathbf{v}_A + \boldsymbol{\omega} \times \mathbf{r}_{B/A}$ vereinfacht sich auf $\mathbf{v}_B = \boldsymbol{\omega} \times \mathbf{r}_{B/A}$. Für einen Körper in einer allgemein ebenen Bewegung heißt der so gewählte Punkt A *Momentanpol* M, der auf der *Momentanachse verschwindender Geschwindigkeit* liegt. Diese Achse steht immer senkrecht auf der Bewegungsebene und ihr Schnittpunkt mit dieser Ebene definiert den Momentanpol. Da Punkt A mit dem Momentanpol M zusammenfällt, ergibt sich $\mathbf{v}_B = \boldsymbol{\omega} \times \mathbf{r}_{B/M}$ und Punkt B bewegt sich momentan auf einer *Kreisbahn* um den Momentanpol. Der *Betrag* von $\mathbf{v}_B$ ist einfach $v_B = \omega r_{B/M}$ mit ω als Winkelgeschwindigkeit des Körpers. Aufgrund der reinen Drehbewegung muss die *Richtung* von $\mathbf{v}_B$ *immer* senkrecht auf $\mathbf{r}_{B/M}$ stehen.

Betrachten wir als Beispiel die Kreisscheibe in Abbildung 5.17a, die ohne zu gleiten auf der horizontalen Unterlage rollt. Der *Berühr*punkt mit dem Boden hat immer die *Geschwindigkeit null*. Somit ist dieser Punkt der *Momentanpol* des rollenden Rades, Abbildung 5.17b. Mit der Vorstellung, dass das Rad in diesem Punkt momentan gelenkig gelagert ist, werden die Geschwindigkeiten der Punkte B, C, O usw. aus der Gleichung $v = \omega r$ bestimmt. Die Radialabstände $r_{B/M}$, $r_{C/M}$ und $r_{O/M}$ in Abbildung 5.17b werden aus der Geometrie des Rades ermittelt.

Der *Momentanpol M* dieses Rades befindet sich am Boden. Dort sind die Speichen schwach sichtbar, während sie oben wegen der höhren Geschwindigkeiten verwischt sind. Beachten Sie auch, wie sich Punkte auf dem Umfang des Rades bewegen, gekennzeichnet durch ihre Geschwindigkeitsvektoren.

Lage des Momentanpols Zur Bestimmung der Lage des Momentanpols wird die Tatsache verwendet, dass die *Geschwindigkeit* eines beliebigen Körperpunktes *immer senkrecht* auf dem *Verbindungsvektor* vom Momentanpol zum betreffenden Körperpunkt steht.

- *Gegeben ist die Geschwindigkeit* $\mathbf{v}_A$ *eines Körperpunktes* A *und die Winkelgeschwindigkeit* $\boldsymbol{\omega}$ *des Körpers*, Abbildung 5.18a. In diesem Fall liegt der Momentanpol auf der Geraden senkrecht auf $\mathbf{v}_A$ in A und für den Abstand zwischen A und dem Momentanpol gilt $r_{B/M} = v_B/\omega$. Dabei muss der Momentanpol oben rechts von A liegen, denn $\mathbf{v}_A$ muss eine Winkelgeschwindigkeit $\boldsymbol{\omega}$ im Uhrzeigersinn um den Momentanpol bewirken.
- *Gegeben sind die Wirkungslinien der beiden nichtparallelen Geschwindigkeit* $\mathbf{v}_A$ *und* $\mathbf{v}_B$, Abbildung 5.18b. Konstruieren Sie in den Punkten A und B die auf $\mathbf{v}_A$ und $\mathbf{v}_B$ senkrecht stehenden Geraden. Der *Schnittpunkt* ist wie dargestellt der Momentanpol zum betrachteten Zeitpunkt.
- *Gegeben sind Betrag und Richtung der beiden parallelen Geschwindigkeit* $\mathbf{v}_A$ *und* $\mathbf{v}_B$. Die Lage des Momentanpols wird durch ähnliche Dreiecke bestimmt. Charakteristische Beispiele sind in Abbildung 5.18c und d dargestellt. In beiden Fällen gilt $r_{A/M} = v_A/\omega$ und $r_{B/M} = v_B/\omega$. Ist der Abstand d zwischen den Punkten A und B bekannt, dann ergibt sich in Abbildung 5.18c $r_{A/M} + r_{B/M} = d$ und in Abbildung 5.18d $r_{B/M} - r_{A/M} = d$. Ein Sonderfall liegt für $\mathbf{v}_A = \mathbf{v}_B$ vor. Dann liegt der Momentanpol im Unendlichen, es gilt $r_{B/M} = r_{A/M} \rightarrow \infty$ bzw. $\omega = v_B/r_{B/M} = v_B/r_{B/M} \rightarrow 0$, wie erwartet.

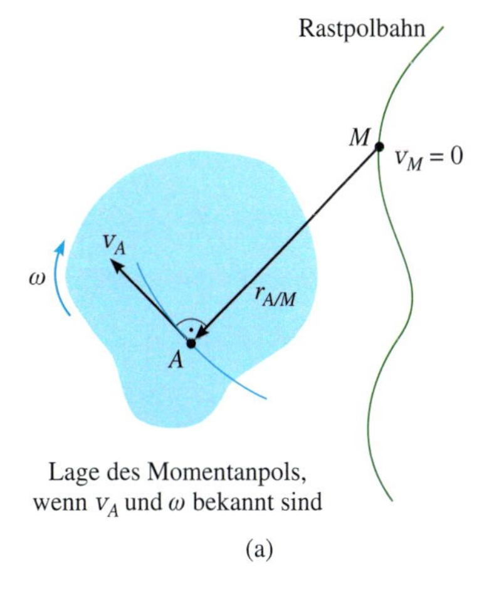

Lage des Momentanpols, wenn v_A und ω bekannt sind

(a)

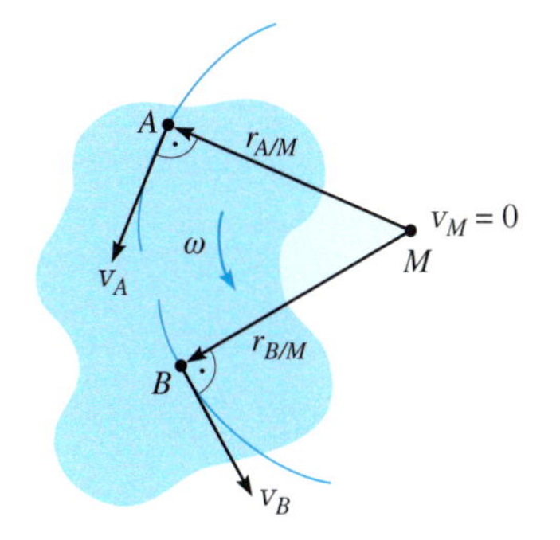

Lage des Momentanpols, wenn die Wirkungslinien von v_A und v_B bekannt sind

(b)

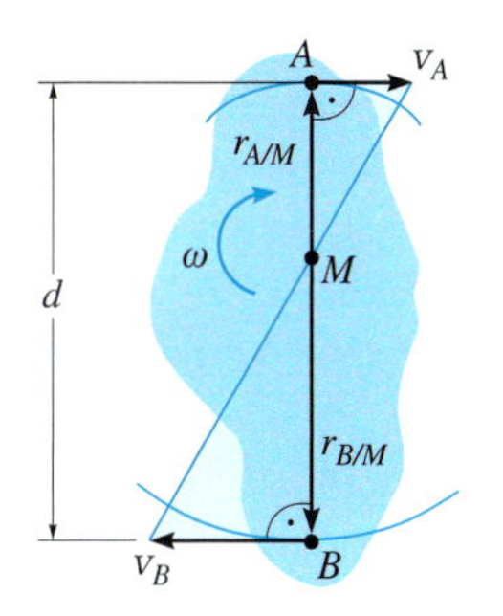

(c)

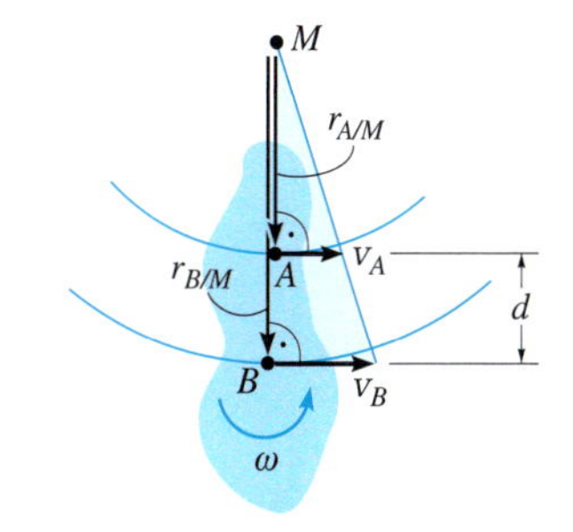

Lage des Momentanpols, wenn von v_A und v_B bekannt sind

(d)

Abbildung 5.18

Der für den Körper als Momentanpol bestimmte Punkt *ist dies nur für den betrachteten Zeitpunkt*, denn der Körper ändert seine Lage ständig. Der geometrische Ort der Punkte, der die Lage des Momentanpols während der Bewegung im raumfesten Bezugssystem definiert, heißt *Rastpolbahn*, Abbildung 5.18a. Jeder Punkt auf der Rastpolbahn ist für einen Augenblick der Momentanpol der Bewegung des betreffenden Körpers. Der geometrische Ort der Punkte, der die Lage des Momentanpols während der Bewegung auf dem bewegten Körper festlegt, heißt *Gangpolbahn*.

Auch wenn über den Momentanpol die Geschwindigkeit eines beliebigen Punktes einfach bestimmt werden kann, hat er im Allgemeinen *keine verschwindende Beschleunigung* und *ist* daher *nicht* bei der Ermittlung der Beschleunigungen von Körperpunkten hilfreich.

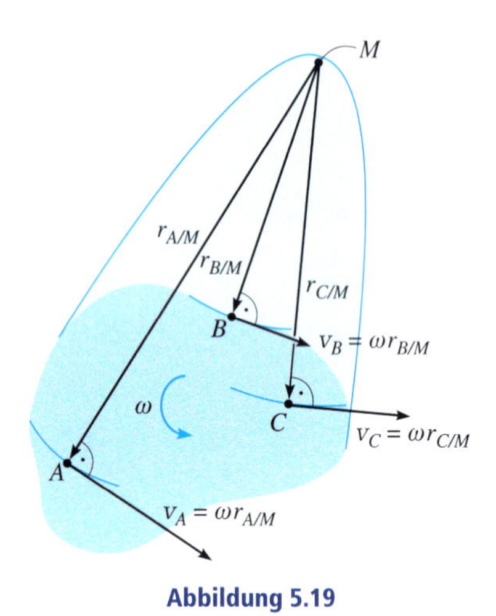

Abbildung 5.19

Lösungsweg

Die Geschwindigkeit eines körperfesten Punktes bei der allgemein ebenen Bewegung starrer Körper kann über den Momentanpol sehr direkt bestimmt werden, wenn die Lage des Momentanpols mit einem der drei oben beschriebenen Verfahren vorab ermittelt wurde.

- Wie im kinematischen Diagramm, Abbildung 5.19, gezeigt, stellt man sich den Körper als im „Aufhängepunkt" Momentanpol „gelenkig gelagert" vor. Zum betrachteten Zeitpunkt dreht er sich um diesen Punkt mit der Winkelgeschwindigkeit $\boldsymbol{\omega}$.
- Der *Betrag* der Geschwindigkeit für jeden beliebigen anderen Punkt A, B oder C auf dem Körper wird aus der Gleichung $v = \omega r$ bestimmt, wobei r der radiale Abstand des Momentanpols zum entsprechenden Punkt A, B oder C ist.
- Die Wirkungslinie eines jeden Geschwindigkeitsvektors $\mathbf{v}$ steht *senkrecht* auf der entsprechenden Radiallinie $\mathbf{r}$. Der *Richtungssinn* der Geschwindigkeit hat die Tendenz, den betrachteten Punkt in einer Weise zu bewegen, die mit der Drehung $\boldsymbol{\omega}$ der Radiallinie, Abbildung 5.19, konsistent ist.

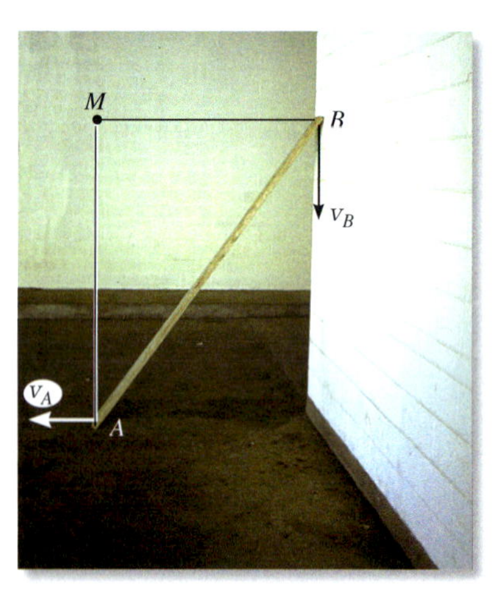

Wenn das Brett nach unten gleitet, führt es eine allgemein ebene Bewegung aus. Da die Richtungen der Geschwindigkeiten der Enden A und B bekannt sind, befindet sich der Momentanpol M an der dargestellten Stelle. In dieser Lage dreht sich das Brett momentan um diesen Punkt. Zeichnen Sie das Brett in mehreren anderen Positionen, ermitteln Sie für jeden Fall den Momentanpol und bestimmen Sie so die Rastpolbahn.

Beispiel 5.10 Ermitteln Sie die Lage des Momentanpols a) für die Pleuelstange BC in Abbildung 5.20a und b) für die Koppelstange BC in Abbildung 5.20b.

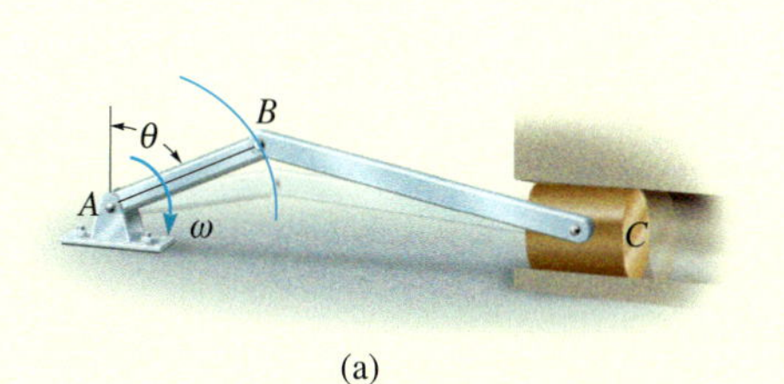

(a)

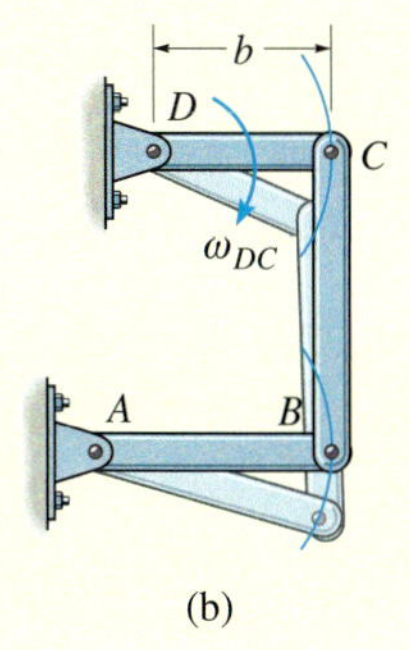

(b)

Abbildung 5.20

Lösung

Teilaufgabe a) Wie in Abbildung 5.20a dargestellt, hat der Punkt B aufgrund der Drehung der Kurbel AB im Uhrzeigersinn die Geschwindigkeit $\mathbf{v}_B$. Punkt B bewegt sich auf einer Kreisbahn, somit steht $\mathbf{v}_B$ senkrecht auf AB und im Winkel θ zur Horizontalen, siehe Abbildung 5.20c. Die Bewegung des Gelenkpunktes B treibt den Kolben mit der Geschwindigkeit $\mathbf{v}_C$ *horizontal* nach rechts. Zu $\mathbf{v}_B$ und $\mathbf{v}_C$ senkrechte Geraden schneiden sich im gesuchten Momentanpol, Abbildung 5.20c.

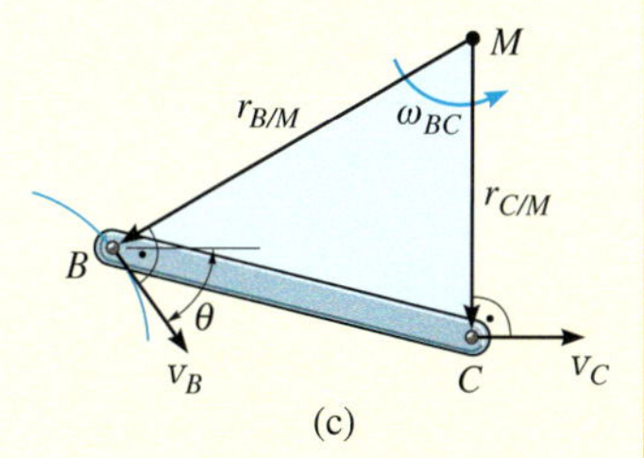

(c)

Teilaufgabe b) Die Punkte B und C bewegen sich auf Kreisbahnen, denn die Kurbeln AB und DC drehen sich jeweils um eine feste Achse, Abbildung 5.20b. Da die Geschwindigkeit immer tangential zur Bahn gerichtet ist, sind zum betrachteten Zeitpunkt die Geschwindigkeiten $\mathbf{v}_C$ auf Stab DC und $\mathbf{v}_B$ auf dem Stab AB senkrecht nach unten gerichtet, entlang der Achse der Koppelstange CB, Abbildung 5.20d. Die Radiallinie senkrecht auf diesen beiden Geschwindigkeiten sind Parallelen, die sich im Unendlichen schneiden. Somit ergibt sich $r_{C/M} \to \infty$ und $r_{B/M} \to \infty$, und es gilt $\omega_{CB} = v_C / r_{C/M} \to 0$. Folglich führt der Stab CB momentan eine *reine Translationsbewegung* aus. Einen Augenblick später bewegt sich jedoch CB in eine geneigte Lage und der Momentanpol bewegt sich in eine Lage in endlichem Abstand.

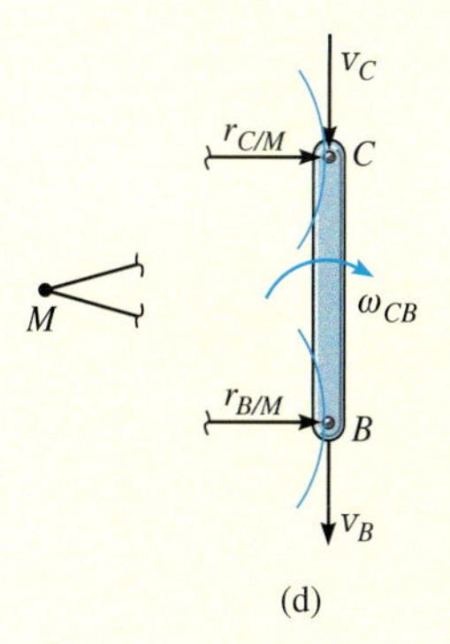

(d)

Beispiel 5.11

Der Kolben D des Schubkurbeltriebes in Abbildung 5.21a bewegt sich mit der Geschwindigkeit v_D. Bestimmen Sie die Winkelgeschwindigkeiten der Pleuelstange BD und der Kurbel AB in der dargestellten Lage.

$l = 0{,}4$ m, $v_D = 3$ m/s, $\alpha = 45°$, $\beta = 90°$

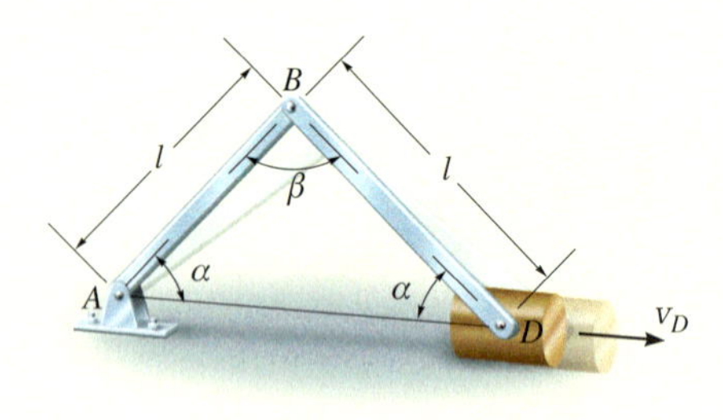

(a)

Abbildung 5.21

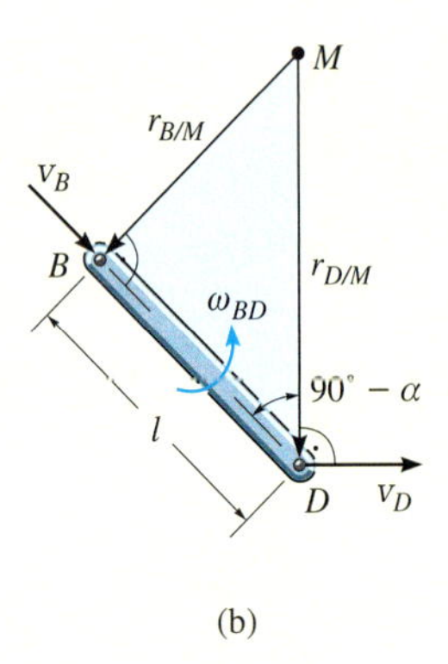

(b)

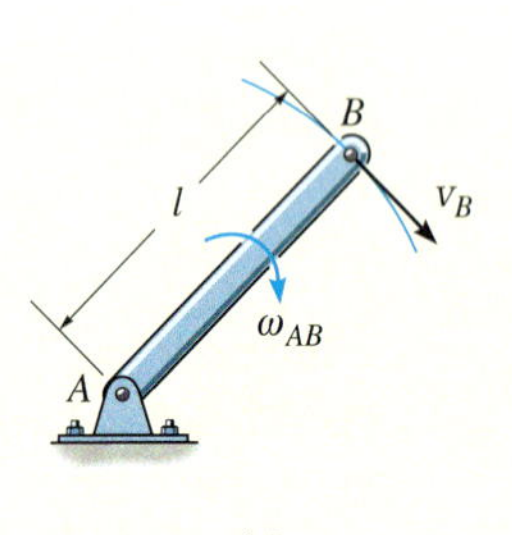

(c)

Lösung

Bewegt sich D nach rechts, so dreht sich die Kurbel AB im Uhrzeigersinn um Punkt A. Daher steht $\mathbf{v}_B$ senkrecht auf AB. Der Momentanpol der Kurbel BD liegt im Schnittpunkt der auf $\mathbf{v}_B$ und $\mathbf{v}_D$ senkrechten Geraden, Abbildung 5.21b. Aus der Geometrie ergibt sich

$$r_{B/M} = l \tan(90° - \alpha) = l = 0{,}4 \text{ m}$$

$$r_{D/M} = l / \cos(90° - \alpha) = 0{,}566 \text{ m}$$

Da der Betrag von $\mathbf{v}_D$ bekannt ist, ergibt sich für die Winkelgeschwindigkeit der Pleuelstange BD

$$\omega_{BD} = \frac{v_D}{r_{D/M}} = \frac{3 \text{ m/s}}{0{,}566 \text{ m}} = 5{,}30 \text{ rad/s}$$

Die Geschwindigkeit von B beträgt daher

$$v_B = \omega_{BD}\, r_{B/M} = 2{,}12 \text{ m/s}$$

Die Winkelgeschwindigkeit der Kurbel AB erhält man aus der Tatsache, dass ihr Momentanpol im Gelenk A liegt. Somit erhalten wir

$$\omega_{AB} = \frac{v_B}{r_{B/M}} = \frac{2{,}12 \text{ m/s}}{0{,}4 \text{ m}} = 5{,}30 \text{ rad/s}$$

Beispiel 5.12 Der Zylinder in Abbildung 5.22a rollt ohne zu gleiten zwischen den beiden sich bewegenden Platten E und D. Bestimmen Sie die Winkelgeschwindigkeit des Zylinders und die Geschwindigkeit seines Mittelpunktes zum dargestellten Zeitpunkt.

$r_B = 0{,}125$ m, $v_D = 0{,}4$ m/s, $v_E = 0{,}25$ m/s

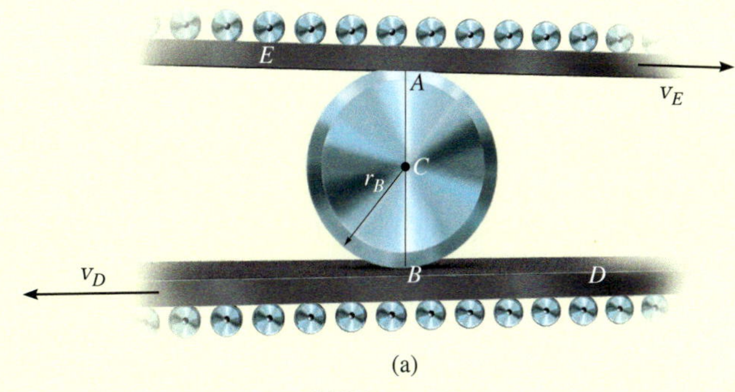

(a)

Abbildung 5.22

Lösung

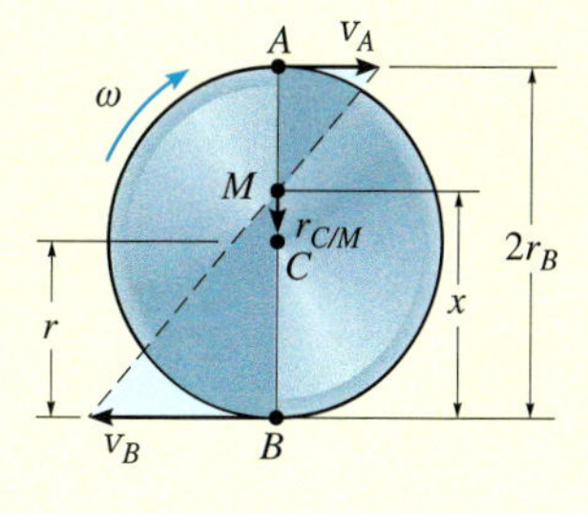

(b)

Da kein Gleiten auftritt, haben die Kontaktpunkte A und B auf der Scheibe die gleichen Geschwindigkeiten wie die Platten E und D. Weiterhin sind die Geschwindigkeit $\mathbf{v}_A$ und $\mathbf{v}_B$ *parallel* und aufgrund der Ähnlichkeit der rechtwinkligen Dreiecke liegt der Momentanpol auf dem Durchmesser AB, Abbildung 5.22b. Mit dem Abstand x des Momentanpols von B ergibt sich

$$v_B = \omega\, x$$

$$v_A = \omega\,(2r_B - x)$$

Wir eliminieren ω, indem wir die Gleichungen dividieren, und erhalten

$$\frac{v_B}{v_A} = \frac{\omega\, x}{\omega(2r_B - x)}$$

$$v_B(2r_B - x) = v_A x$$

$$v_A x + v_B x = 2 v_B r_B$$

$$x = \frac{2 v_B r_B}{v_A + v_B} = 0{,}154 \text{ m}$$

Die Winkelgeschwindigkeit des Zylinders beträgt somit

$$\omega = \frac{v_B}{x} = \frac{0{,}4 \text{ m/s}}{0{,}154 \text{ m}} = 2{,}60 \text{ rad/s}$$

Die Geschwindigkeit von C ist daher

$$v_C = \omega\, r_{C/M} = 2{,}60 \text{ rad/s}(0{,}154 \text{ m} - 0{,}125 \text{ m}) = 0{,}075 \text{ m/s}$$

Beispiel 5.13

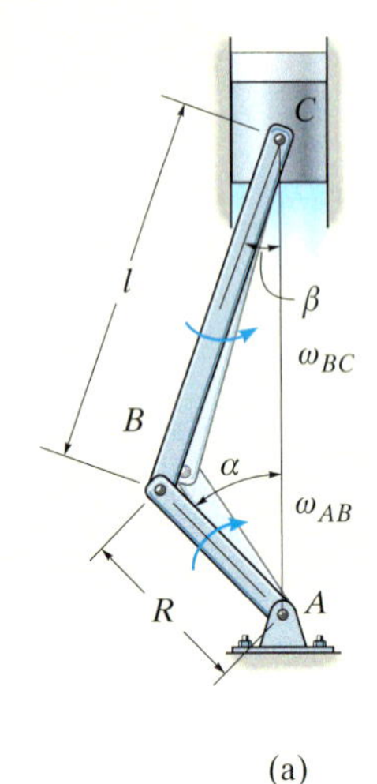

(a)

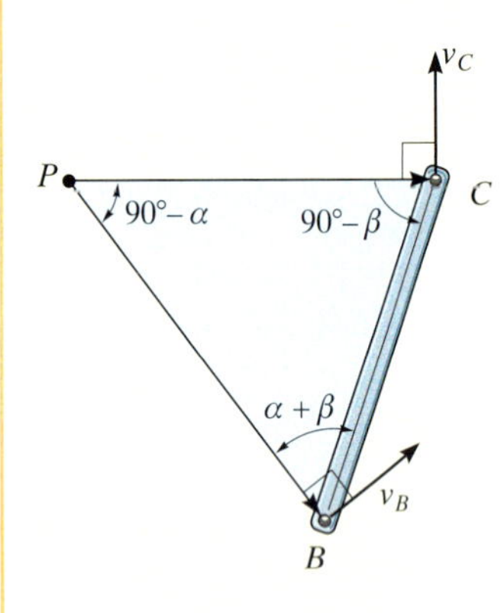

(b)

Abbildung 5.23

Die Kurbelwelle AB (siehe Abbildung 5.23a) dreht sich mit der Winkelgeschwindigkeit ω_{AB} im Uhrzeigersinn. Bestimmen Sie die Geschwindigkeit des Kolbens zum dargestellten Zeitpunkt.

$\omega_{AB} = 10$ rad/s, $R = 0{,}25$ m, $l = 0{,}75$ m, $\alpha = 45°$

Lösung

Die Kurbelwelle dreht sich um eine feste Achse. Somit ist die Geschwindigkeit von Punkt B gleich

$$v_B = \omega_{AB} R = 10 \text{ rad/s}(0{,}25 \text{ m}) = 2{,}50 \text{ m/s}$$

Die Geschwindigkeit v_B steht senkrecht zur Kurbel.

Da die Richtungen der Geschwindigkeiten von B und C bekannt sind, befindet sich der Momentanpol P für die Verbindungsstange BC im Schnittpunkt der Geraden, die sich von diesen Punkten aus erstrecken, senkrecht zu v_B und v_C (siehe Abbildung 5.23b). Die Strecken $r_{B/P}$ und $r_{C/P}$ können aus der Geometrie des Dreiecks und mithilfe des Sinussatzes erhalten werden, also

$$\frac{l}{\sin(90° - \alpha)} = \frac{r_{B/P}}{\sin(90° - \beta)}$$

$$\frac{l}{\sin(90° - \alpha)} = \frac{r_{C/P}}{\sin(\alpha + \beta)}$$

Aus der Geometrie folgt

$$l \sin\beta = R \sin\alpha$$

$$\sin\beta = \frac{R}{l}\sin\alpha$$

$$\beta = 13{,}6°$$

Damit erhalten wir

$$r_{B/P} = 1{,}032 \text{ m}$$

$$r_{C/P} = 0{,}9056 \text{ m}$$

Der Drehsinn von ω_{BC} muss gleich der Drehung sein, die durch v_B um den Punkt P verursacht wird und entgegen dem Uhrzeigersinn gerichtet ist. Somit ist

$$\omega_{BC} = \frac{v_B}{r_{B/P}} = 2{,}423 \text{ rad/s}$$

Mit diesem Ergebnis berechnet sich die Geschwindigkeit des Kolbens zu

$$v_C = \omega_{BC} r_{C/P} = 2{,}20 \text{ m/s}$$

5.7 Allgemein ebene Bewegung – Beschleunigung

Eine Gleichung, welche die Beschleunigungen zweier Punkte auf einem starren Körper bei einer allgemein ebenen Bewegung verknüpft, ergibt sich durch Zeitableitung der Geschwindigkeitsgleichung $\mathbf{v}_B = \mathbf{v}_A + \mathbf{v}_{B/A}$ bezüglich des Inertialsystems:

$$\frac{d\mathbf{v}_B}{dt} = \frac{d\mathbf{v}_A}{dt} + \frac{d\mathbf{v}_{B/A}}{dt}$$

Die Terme $d\mathbf{v}_B/dt = \mathbf{a}_B$ und $d\mathbf{v}_A/dt = \mathbf{a}_A$ werden bezüglich des inertialen x,y-Bezugssystems angegeben und sind die *absoluten Beschleunigungen* der Punkte B und A. Der zweite Term auf der rechten Seite ist die Beschleunigung von B bezüglich A, gemessen im translatorisch bewegten x',y'-Bezugssystem, dessen Ursprung im Bezugspunkt A liegt. In *Abschnitt 5.5* wurde gezeigt, dass sich der Punkt B für diesen Beobachter auf einer *Kreisbahn* bewegt, die den Radius $r_{B/A}$ hat. Folglich kann $\mathbf{a}_{B/A}$ durch seine Tangential- und Normalkomponenten ausgedrückt werden: $\mathbf{a}_{B/A} = (\mathbf{a}_{B/A})_t + (\mathbf{a}_{B/A})_n$, wobei $(a_{B/A})_t = \alpha r_{B/A}$ und $(a_{B/A})_t = \omega^2 r_{B/A}$ gilt. Somit kann die Beschleunigungsgleichung des Punktes B bezüglich des Referenzpunktes A in der Form

$$\mathbf{a}_B = \mathbf{a}_A + (\mathbf{a}_{B/A})_t + (\mathbf{a}_{B/A})_n \tag{5.17}$$

angegeben werden, wobei gilt:

$\mathbf{a}_B$ = die Beschleunigung von Punkt B,

$\mathbf{a}_A$ = die Beschleunigung von Punkt A,

$(\mathbf{a}_{B/A})_t$ = die tangentiale Beschleunigungskomponente von „B bezüglich A“, ihr *Betrag* ist $(a_{B/A})_t = \alpha r_{B/A}$ und ihre *Richtung* steht senkrecht auf $\mathbf{r}_{B/A}$,

$(\mathbf{a}_{B/A})_n$ = die normale Beschleunigungskomponente von „B bezüglich A“, ihr *Betrag* ist $(a_{B/A})_n = \omega^2 r_{B/A}$ und ihre *Richtung* weist immer von B nach A.

Die vier Terme in Gleichung (5.17) sind grafisch in den *kinematischen Diagrammen* in Abbildung 5.24 dargestellt. Man sieht, dass zu einem bestimmten Zeitpunkt die Beschleunigung von B, Abbildung 5.24a, dadurch bestimmt ist, dass sich der Körper mit der Beschleunigung $\mathbf{a}_A$ translatorisch bewegt, Abbildung 5.24b, und sich gleichzeitig mit der momentanen Winkelgeschwindigkeit ω und der Winkelbeschleunigung α um den Bezugspunkt A dreht, Abbildung 5.24c. Durch Vektoraddition dieser beiden Bewegungen angewandt auf B, ergibt sich die gesuchte Beschleunigung $\mathbf{a}_B$, Abbildung 5.24d. Bei Abbildung 5.24a ist zu beachten, dass sich die Punkte A und B entlang *gekrümmter Bahnen* bewegen. Somit haben sowohl die Beschleunigung von A als auch die Beschleunigung von B eine *tangentiale und eine normale Komponente* bezüglich ihrer Bahn. (Wie bereits dargelegt, verläuft die Beschleunigung eines Punktes *nur in Richtung der Bahn*, wenn die Bewegung *geradlinig* ist oder wenn der Punkt ein Wendepunkt der Bahnkurve ist.)

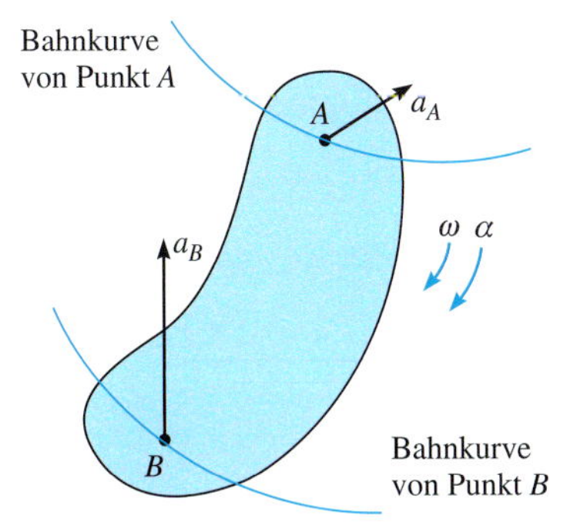

allgemein ebene Bewegung

(a)

=

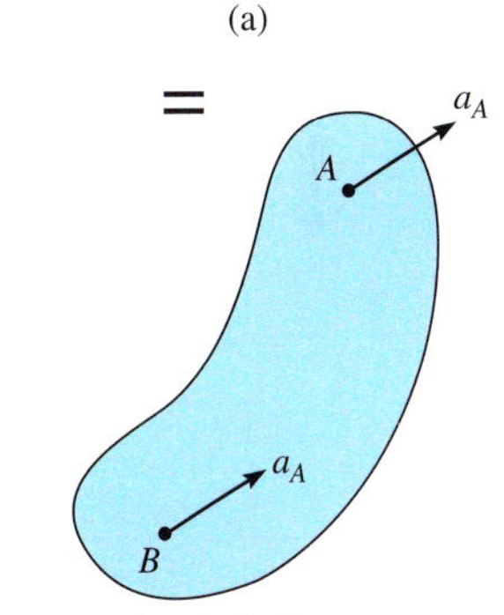

translatorische Bewegung

(b)

+

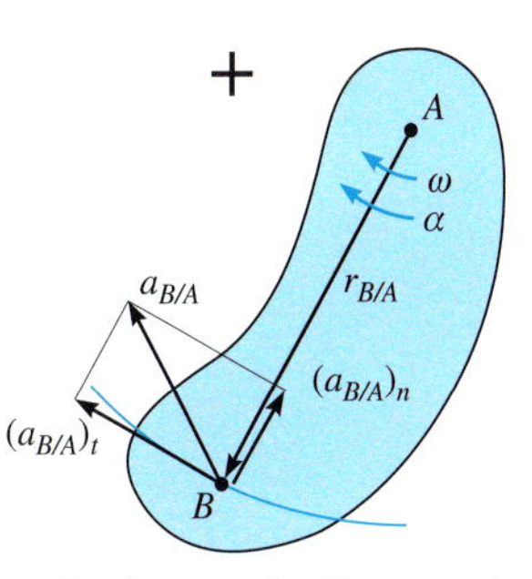

Drehung um den Bezugspunkt A

(c)

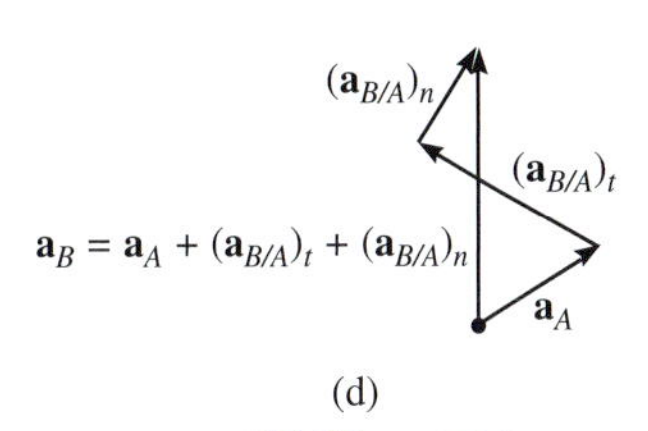

(d)

Abbildung 5.24

Da die Komponenten der Beschleunigung von B um A die *kreisförmige Bewegung* aus der Sicht eines translatorisch mit dem Basispunkt A mitbewegten Beobachters beschreiben, können diese Anteile in der Form $(\mathbf{a}_{B/A})_t = \boldsymbol{\alpha} \times \mathbf{r}_{B/A}$ und $(\mathbf{a}_{B/A})_n = -\omega^2\mathbf{r}_{B/A}$, siehe Gleichung (5.14), geschrieben werden. Damit geht Gleichung (5.17) in

$$\mathbf{a}_B = \mathbf{a}_A + \boldsymbol{\alpha} \times \mathbf{r}_{B/A} - \omega^2\mathbf{r}_{B/A} \tag{5.18}$$

über, wobei gilt:

$\mathbf{a}_B$ = die Beschleunigung von Punkt B,
$\mathbf{a}_A$ = die Beschleunigung von Punkt A,
$\boldsymbol{\alpha}$ = die Winkelbeschleunigung des Körpers,
ω = der Betrag der Winkelgeschwindigkeit des Körpers,
$\mathbf{r}_{B/A}$ = der relative Lagevektor von A nach B.

Werden die Gleichungen (5.17) und (5.18) zur Untersuchung der beschleunigten Bewegung eines starren Körpers angewendet, der mit zwei anderen Körpern gelenkig verbunden ist, ist zu beachten, dass Punkte, die *im Gelenklager* zusammenfallen, sich mit der *gleichen Beschleunigung* bewegen, denn ihre Bewegungsbahnen sind *gleich*. Der Endpunkt B der Kurbel AB und der Punkt B' auf der Pleuelstange BC des Kurbelgetriebes in Abbildung 5.25a z.B. haben die gleiche Beschleunigung, denn die beiden Stangen sind in B gelenkig verbunden. Punkt B bewegt sich auf einer *Kreisbahn* und $\mathbf{a}_B$ wird deshalb zweckmäßig in eine tangentiale und eine normale Komponente zerlegt. Am anderen Ende der Pleuelstange BC bewegt sich Punkt C auf einer *geraden Bahn*, die durch die Führung des Kolbens festgelegt ist. Somit ist $\mathbf{a}_C$ horizontal gerichtet, siehe Abbildung 5.25b.

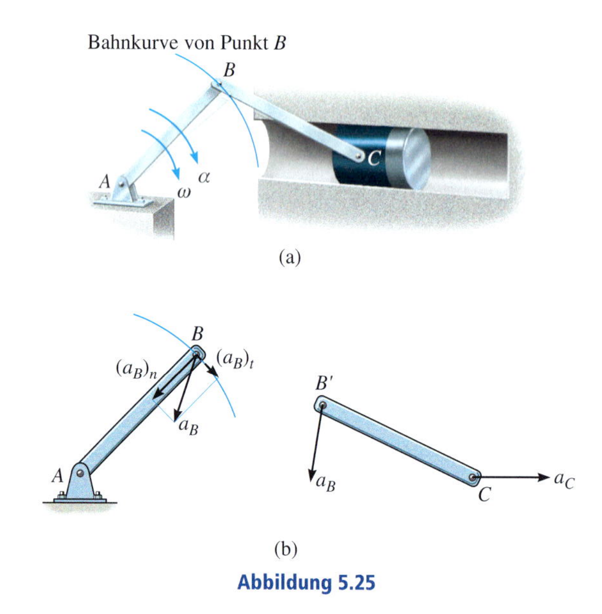

Abbildung 5.25

Berühren sich zwei Körper *ohne Gleiten* und bewegen sich die *Kontaktpunkte* auf *unterschiedlichen Bahnen*, sind die tangentialen Komponenten der Beschleunigung *gleich*, die normalen Komponenten aber *nicht*. Betrachten wir als Beispiel die beiden ineinander greifenden Zahnräder in Abbildung 5.26a. Punkt A liegt auf dem Zahnrad B und der damit zusammenfallende Punkt A' befindet sich auf dem Zahnrad C. Aufgrund der spielfreien Drehbewegung gilt $(\mathbf{a}_A)_t = (\mathbf{a}_{A'})_t$. Da die beiden Punkte sich aber auf unterschiedlichen Bahnen bewegen, gilt $(\mathbf{a}_A)_n < (\mathbf{a}_{A'})_n$ und somit $\mathbf{a}_A < \mathbf{a}_{A'}$, siehe Abbildung 5.26b.

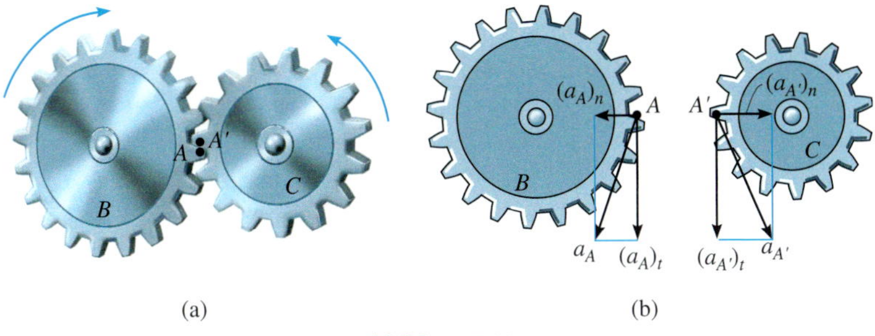

Abbildung 5.26

Lösungsweg

Die Beschleunigungsgleichung kann zweckmäßig bezüglich zweier beliebiger Punkte A und B auf einen Körper entweder mit Hilfe kartesischer Vektoren oder durch Anschreiben der Gleichungen für die x- und die y-Komponenten in skalarer Schreibweise direkt angewendet werden.

Geschwindigkeitsberechnung

- Bestimmen Sie die Winkelgeschwindigkeit ω des Körpers aus der kinematischen Grundgleichung, wie in *Abschnitt 5.5 und 5.6* beschrieben. Bestimmen Sie ebenfalls die Geschwindigkeiten $\mathbf{v}_A$ und $\mathbf{v}_B$ der Punkte A und B, *wenn sich diese Punkte auf gekrümmten Bahnen bewegen*.

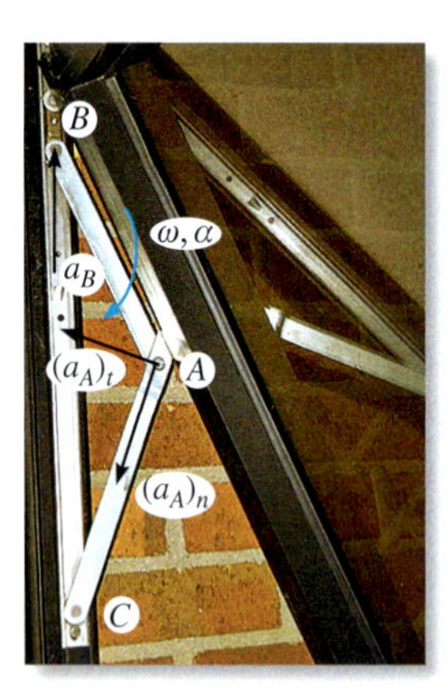

Im Bild ist ein Mechanismus zur Lagerung eines Fensters dargestellt. CA dreht sich um eine feste Achse durch C und AB erfährt eine allgemein ebene Bewegung. Da sich Punkt A auf einer gekrümmten Bahn bewegt, hat er zwei Beschleunigungskomponenten, während Punkt B sich auf einer Geraden bewegt und die Richtung der Beschleunigung somit einfach angegeben werden kann.

Beschleunigung mittels vektorieller Rechnung

Kinematisches Diagramm

- Wählen Sie die Richtungen des raumfesten x,y-Bezugssystems und zeichnen Sie das kinematische Diagramm des Körpers. Zeichnen Sie $\mathbf{a}_A$, $\mathbf{a}_B$, $\boldsymbol{\omega}$, $\boldsymbol{\alpha}$ und $\mathbf{r}_{B/A}$ ein.
- Bewegen sich die Punkte A und B auf *gekrümmten Bahnen*, werden ihre Beschleunigungen durch ihre tangentialen und normalen Komponenten beschrieben, d.h. $\mathbf{a}_A = (\mathbf{a}_A)_t + (\mathbf{a}_A)_n$ und $\mathbf{a}_B = (\mathbf{a}_B)_t + (\mathbf{a}_B)_n$.

Beschleunigungsgleichung

- Schreiben Sie zur Anwendung der Gleichung $\mathbf{a}_B = \mathbf{a}_A + \boldsymbol{\alpha} \times \mathbf{r}_{B/A} - \omega^2 \mathbf{r}_{B/A}$ die Vektoren als kartesische Vektoren und setzen Sie diese in die Gleichung ein. Berechnen Sie das Kreuzprodukt und setzen Sie dann die entsprechenden $\mathbf{i}$- und $\mathbf{j}$-Komponenten gleich. Sie erhalten zwei skalare Gleichungen.
- Ergibt sich ein *negativer* Wert für eine *unbekannte* Größe, dann bedeutet dies, dass der Richtungssinn des Vektors in Wirklichkeit entgegengesetzt zu dem im kinematischen Diagramm eingetragenen ist.

Beschleunigung mittels skalarer Rechnung

Kinematisches Diagramm

- Für die Anwendung der Gleichung $\mathbf{a}_B = \mathbf{a}_A + (\mathbf{a}_{B/A})_t + (\mathbf{a}_{B/A})_n$ müssen Beträge und Richtungen der Komponenten der Beschleunigung $(\mathbf{a}_{B/A})_t$ und $(\mathbf{a}_{B/A})_n$ von B um A festgelegt werden. Dazu wird ein kinematisches Diagramm wie in Abbildung 5.24c gezeichnet. Der Körper wird momentan als im Bezugspunkt A gelenkig gelagert angesehen. Daher gilt für die *Beträge* $(a_{B/A})_t = \alpha\, r_{B/A}$ und $(a_{B/A})_n = \omega^2 r_{B/A}$. Ihr *Richtungssinn* wird gemäß dem Diagramm derart festgelegt, dass $(\mathbf{a}_{B/A})_t$ senkrecht auf $\mathbf{r}_{B/A}$ steht, entsprechend der Winkelbeschleunigung $\boldsymbol{\alpha}$ des Körpers, und $(\mathbf{a}_{B/A})_n$ von B nach A weist.

Beschleunigungsgleichung

- Zeichnen Sie die Vektoren gemäß $\mathbf{a}_B = \mathbf{a}_A + (\mathbf{a}_{B/A})_t + (\mathbf{a}_{B/A})_n$ und geben Sie eine skalare Formulierung der Beschleunigungsgleichung in den zugehörigen Koordinaten an. Die Auswertung der skalaren Gleichungen führt direkt zu den unbekannten Beschleunigungsgrößen.

Beispiel 5.14

Der Stab AB in Abbildung 5.27a wird zwischen den geneigten Ebenen in A und B geführt. Punkt A hat die Beschleunigung a_A und die Geschwindigkeit v_A, die in dem Augenblick, in dem der Stab die horizontale Lage einnimmt, die Ebene herabgerichtet sind. Bestimmen Sie die Winkelbeschleunigung des Stabes zu diesem Zeitpunkt.

$v_A = 2$ m/s, $a_A = 3$ m/s^2, $l = 10$ m, $\beta = 45°$

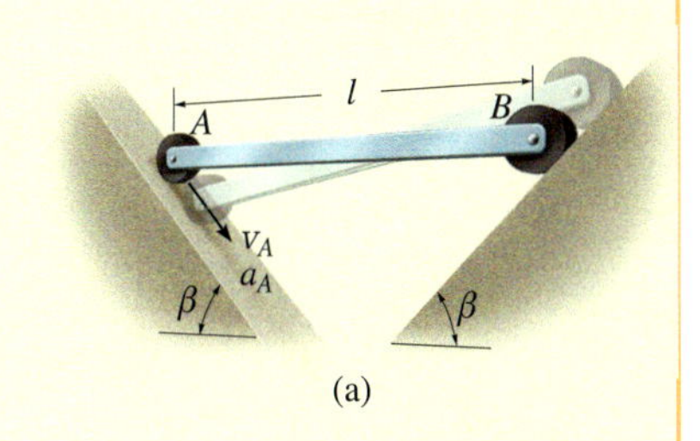

(a)

Lösung I (vektorielle Rechnung)

Wir wenden die Beschleunigungsgleichung auf die Punkte A und B für den Stab an. Dazu muss zunächst die Winkelgeschwindigkeit des Stabes ermittelt werden. Zeigen Sie mit der allgemeinen Geschwindigkeitsgleichung oder mit Hilfe des Momentanpols, dass $\omega = 0{,}283$ rad/s ist.

Kinematisches Diagramm Da sich die Punkte A und B auf geraden Bahnen bewegen, haben sie zur Führung *keine* normalen Beschleunigungskomponenten. Es gibt zwei Unbekannte in Abbildung 5.27b, nämlich a_B und α.

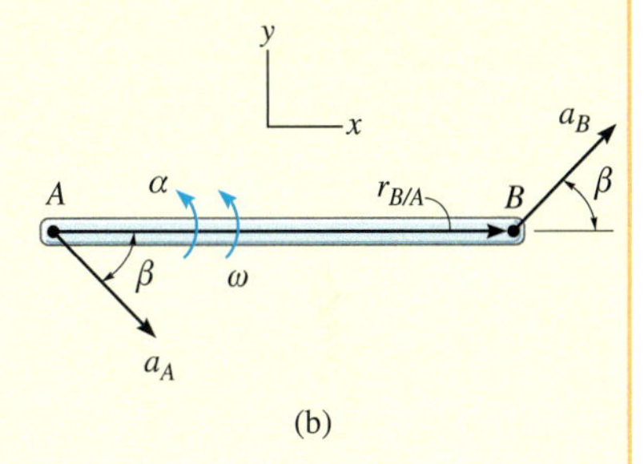

(b)

Beschleunigungsgleichung Anwendung der Gleichung (5.18) auf die Stabpunkte A und B und Anschreiben der Beschleunigungen als kartesische Vektoren führt auf

$$\mathbf{a}_B = \mathbf{a}_A + \boldsymbol{\alpha} \times \mathbf{r}_{B/A} - \omega^2 \mathbf{r}_{B/A}$$

$$a_B \cos\beta\,\mathbf{i} + a_B \sin\beta\,\mathbf{j} = a_A \cos\beta\,\mathbf{i} - a_A \sin\beta\,\mathbf{j} + (\alpha\mathbf{k}) \times (l\mathbf{i}) - (\omega)^2(l\mathbf{i})$$

Wir berechnen das Kreuzprodukt und setzen die $\mathbf{i}$- und die $\mathbf{j}$-Komponenten gleich:

$$a_B \cos\beta = a_A \cos\beta - \omega^2 l \qquad (1)$$

$$a_B \sin\beta = -a_A \sin\beta + \alpha\, l \qquad (2)$$

Somit ergibt sich

$$a_B = a_A - \omega^2 l / \cos\beta = 1{,}87 \text{ m/s}^2$$

$$\alpha = (a_B \sin\beta + a_A \sin\beta)/l = 0{,}344 \text{ rad/s}^2$$

Lösung II (skalare Rechnung)

Alternativ können die Gleichungen (1) und (2) auch direkt skalar aufgestellt werden. Aus dem kinematischen Diagramm mit den Komponenten der relativen Beschleunigung $(\mathbf{a}_{B/A})_t$ und $(\mathbf{a}_{B/A})_n$, Abbildung 5.27c, und dem kinematischen Diagramm für die Beschleunigungsanteile $\mathbf{a}_A$ und $\mathbf{a}_B$, Abbildung 5.27b, kann man die Beschleunigungsgleichung

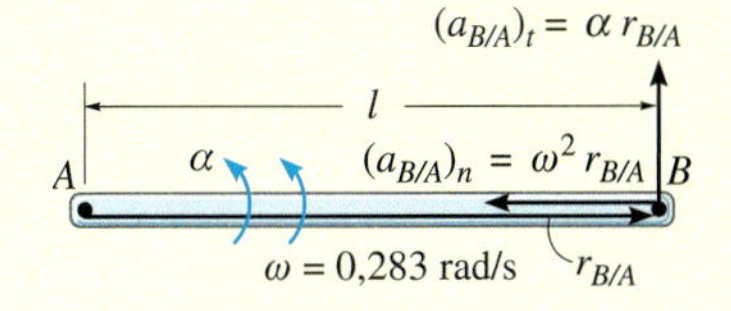

(c)

Abbildung 5.27

$$\mathbf{a}_B = \mathbf{a}_A + (\mathbf{a}_{B/A})_t + (\mathbf{a}_{B/A})_n$$

direkt nach Betrag und Richtung skalar auswerten:

$$(a_B)_x = (a_A)_x - (a_{B/A})_n$$

$$(a_B)_y = -\,(a_A)_y + (a_{B/A})_t$$

d.h.

$$a_B \cos\beta = a_A \cos\beta - \omega^2 l$$

$$a_B \sin\beta = -\,a_A \sin\beta + \alpha l$$

und dies sind wieder die Gleichungen (1) und (2).

Beispiel 5.15

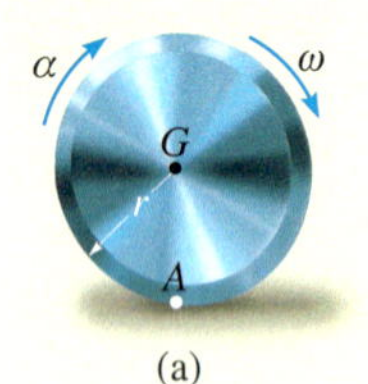

(a)

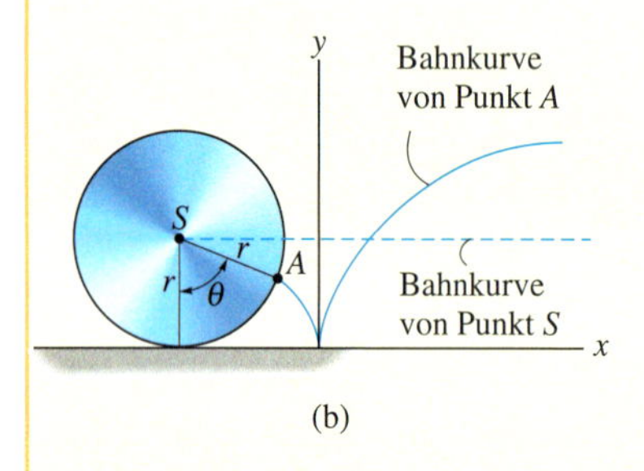

(b)

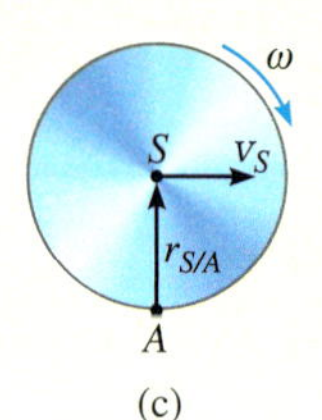

(c)

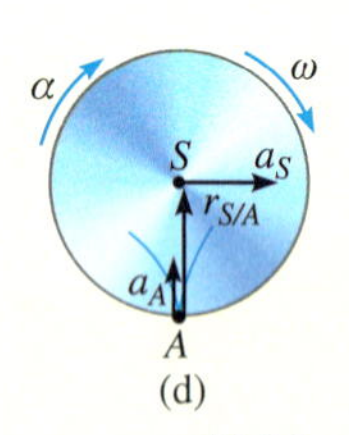

(d)

Abbildung 5.28

Zu einem gegeben Zeitpunkt hat der Zylinder mit dem Radius r in Abbildung 5.28a die Winkelgeschwindigkeit ω und die Winkelbeschleunigung α. Bestimmen Sie Geschwindigkeit und Beschleunigung seines Mittelpunktes S, wenn er ohne zu gleiten auf der horizontalen Unterlage rollt.

Lösung (vektorielle Rechnung)

Beim Rollen des Zylinders bewegt sich Punkt S auf einer Geraden und der Umfangspunkt A auf einer gekrümmten Bahn, einer Zykloide, siehe Abbildung 5.28b. Wir wenden die Geschwindigkeits- und die Beschleunigungsgleichung auf diese beiden Punkte an.

Geschwindigkeitsberechnung Da kein Gleiten auftritt, berührt A zum betrachteten Zeitpunkt den Boden, d.h. A ist Momentanpol, und es gilt $\mathbf{v}_A = \mathbf{0}$. Aus dem kinematischen Diagramm in Abbildung 5.28c ergibt sich

$$\mathbf{v}_S = \mathbf{v}_A + \boldsymbol{\omega} \times \mathbf{r}_{S/A}$$

$$v_S\mathbf{i} = \mathbf{0} + (-\omega\mathbf{k}) \times (r\mathbf{j})$$

$$v_S = \omega\, r \qquad (1)$$

Auf das gleiche Ergebnis kommt man auch direkter, wenn man ausnutzt, dass der Punkt S um den Momentanpol A momentan eine reine Drehbewegung ausführt.

Kinematisches Diagramm für Beschleunigung Die Beschleunigung des Mittelpunktes S ist horizontal, denn dieser Punkt bewegt sich auf einer *Geraden*. *Unmittelbar bevor* Punkt A den Boden berührt, ist seine Geschwindigkeit entlang der y-Achse nach unten gerichtet, Abbildung 5.28b. Unmittelbar nach dem Kontakt ist sie *nach oben* gerichtet. Aus diesem Grund wird Punkt A nach oben beschleunigt, wenn er den Boden in A verlässt, Abbildung 5.28d. Die Beträge von $\mathbf{a}_A$ und $\mathbf{a}_S$ sind unbekannt.

Beschleunigungsgleichung Anwenden der Gleichung (5.18) auf die Punkte A und S auf dem Zylinder und Angabe der Beschleunigungen als kartesische Vektoren führt auf

$$\mathbf{a}_S = \mathbf{a}_A + \boldsymbol{\alpha} \times \mathbf{r}_{S/A} - \omega^2\mathbf{r}_{S/A}$$

$$a_S\mathbf{i} = a_A\mathbf{j} + (-\alpha\mathbf{k}) \times (r\mathbf{j}) - (\omega)^2(r\mathbf{j})$$

Wir berechnen das Kreuzprodukt und setzen die $\mathbf{i}$- und die $\mathbf{j}$-Komponenten gleich:

$$a_S = \alpha\, r \qquad (2)$$

$$a_A = \omega^2\, r \qquad (3)$$

Die aus Gleichung (1) und (2) ersichtlichen Ergebnisse, dass $v_S = \omega\, r$ und $a_S = \alpha\, r$ ist, wurden bereits in *Beispiel 5.4* berechnet. Sie gelten für beliebige Objekte mit kreisförmiger Berandung, wie Ball, Scheibe, Rolle usw., die *ohne* Gleiten rollen. Das Ergebnis $a_A = \omega^2\, r$ von Gleichung (3) zeigt, dass der Momentanpol A *kein* Punkt mit verschwindender Beschleunigung ist.

Beispiel 5.16 Die Kugel rollt ohne zu gleiten auf einer horizontalen Unterlage und führt die in Abbildung 5.29a dargestellte Drehbewegung aus. Bestimmen Sie die Beschleunigung der Punkte B und A in dieser Lage.

$r = 0{,}15\ \mathrm{m/s}$, $\omega = 6\ \mathrm{rad/s}$, $\alpha = 4\ \mathrm{rad/s^2}$

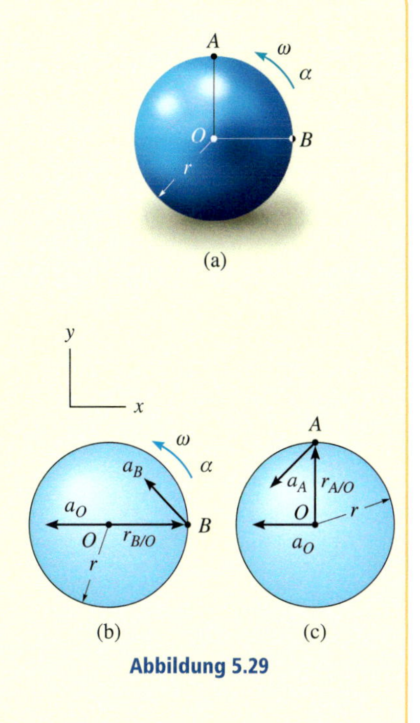

Abbildung 5.29

Lösung (vektorielle Rechnung)

Kinematisches Diagramm Mit den Ergebnissen aus dem *vorhergehenden Beispiel* wird die Beschleunigung des Ballmittelpunktes berechnet. Sie beträgt $a_S = \alpha\, r = (4\ \mathrm{rad/s^2})(0{,}15\ \mathrm{m}) = 0{,}6\ \mathrm{m/s^2}$ in negativer x-Richtung. Die Beschleunigungsgleichung wird auf die Punkte O und B sowie die Punkte O und A angewendet.

Beschleunigungsgleichung Für Punkt B ergibt sich, siehe Abbildung 5.29b,

$$\mathbf{a}_B = \mathbf{a}_O + \boldsymbol{\alpha} \times \mathbf{r}_{B/O} - \omega^2 \mathbf{r}_{B/O}$$

$$\mathbf{a}_B = -a_O\mathbf{i} + (\alpha\mathbf{k}) \times (r\mathbf{i}) - \omega^2 r\mathbf{i}$$

$$\mathbf{a}_B = (-\, a_O - \omega^2 r)\mathbf{i} + (\alpha r\mathbf{j}) = [-\,6\mathbf{i} + 0{,}6\mathbf{j}]\ \mathrm{m/s^2}$$

und für Punkt A, siehe Abbildung 5.29c,

$$\mathbf{a}_A = \mathbf{a}_O + \boldsymbol{\alpha} \times \mathbf{r}_{A/O} - \omega^2 \mathbf{r}_{A/O}$$

$$\mathbf{a}_A = -a_O\mathbf{i} + (\alpha\mathbf{k}) \times (r\mathbf{j}) - \omega^2 r\mathbf{j}$$

$$\mathbf{a}_A = (-\, a_O - \alpha r)\mathbf{i} - (\omega^2 r\mathbf{j}) = [-\,1{,}2\,\mathbf{i} - 5{,}4\mathbf{j}]\ \mathrm{m/s^2}$$

Beispiel 5.17 Die Spule in Abbildung 5.30a wickelt sich von der undehnbaren Schnur ab und hat zum dargestellten Zeitpunkt die Winkelgeschwindigkeit ω und die Winkelbeschleunigung α. Bestimmen Sie die Beschleunigung des Punktes B.

$r_A = 150\ \mathrm{mm}$, $r_B = 225\ \mathrm{mm}$, $\omega = 3\ \mathrm{rad/s}$, $\alpha = 4\ \mathrm{rad/s^2}$

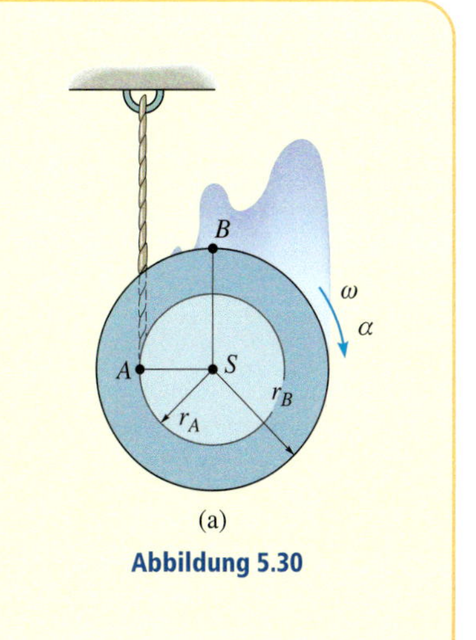

Abbildung 5.30

Lösung I (vektorielle Rechnung)

Die Spule rollt am Punkt A entlang der Schnur ohne zu gleiten herunter. Daher verwenden wir die Ergebnisse aus *Beispiel 5.15* zur Bestimmung der Beschleunigung von Punkt S:

$$a_S = \alpha\, r_A = 4\ \mathrm{rad/s^2}(150\ \mathrm{mm}) = 600\ \mathrm{mm/s^2} = 0{,}6\ \mathrm{m/s^2}$$

in negativer y-Richtung.

Die Beschleunigungsgleichung wird für die Punkte S und B angewendet.

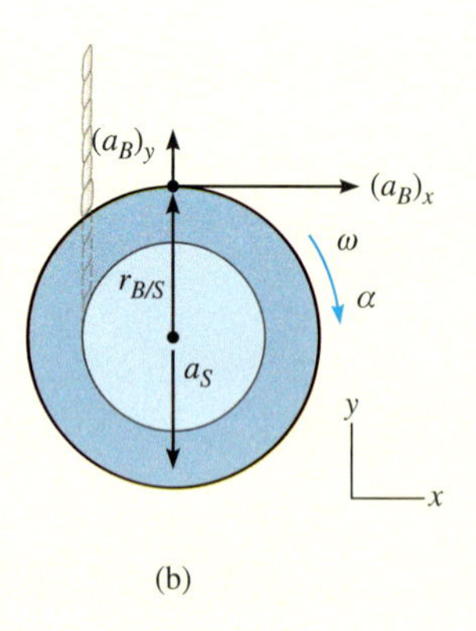

(b)

Kinematisches Diagramm Punkt B bewegt sich auf einer *gekrümmten Bahn* mit einem *unbekannten* Krümmungsradius.[3] Seine Beschleunigung wird durch die unbekannten x- und y-Komponenten in Abbildung 5.30b dargestellt.

Beschleunigungsgleichung

$$\mathbf{a}_B = \mathbf{a}_S + \boldsymbol{\alpha} \times \mathbf{r}_{B/S} - \omega^2 \mathbf{r}_{B/S}$$

$$(a_B)_x \mathbf{i} + (a_B)_y \mathbf{j} = -a_S \mathbf{j} + (-\alpha \mathbf{k}) \times (r_B \mathbf{j}) - (\omega)^2 (r_B \mathbf{j})$$

Wir setzen die $\mathbf{i}$- und die $\mathbf{j}$-Komponenten gleich:

$$(a_B)_x = \alpha\, r_B = 900\ \text{mm/s}^2 = 0{,}9\ \text{m/s}^2 \quad (1)$$

$$(a_B)_y = -a_S - \omega^2 r_B = -2625\ \text{mm/s}^2 = -2{,}625\ \text{m/s}^2 \quad (2)$$

Betrag und Richtung von $\mathbf{a}_B$ sind also

$$a_B = \sqrt{(0{,}9)^2 + (2{,}625)^2}\ \text{m/s}^2 = 2{,}775\ \text{m/s}^2$$

$$\theta = \arctan \frac{2{,}625}{0{,}9} = 71{,}1°$$

Lösung II (skalare Rechnung)

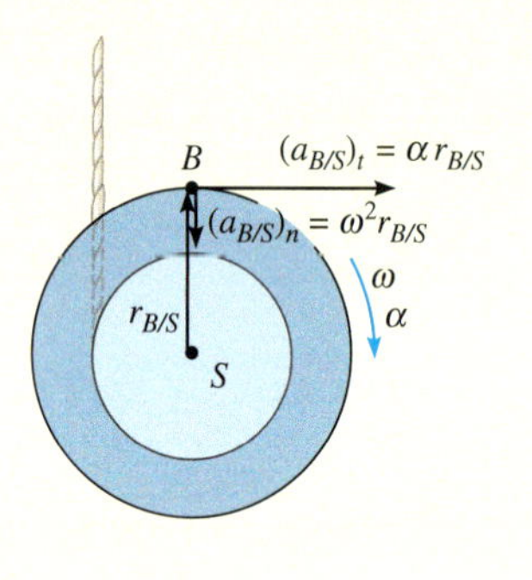

(c)

Abbildung 5.30

Die Aufgabe kann durch skalares Anschreiben der Beschleunigungsgleichung in Koordinaten auch direkt gelöst werden. Das kinematische Diagramm in Abbildung 5.30c stellt die Komponenten der Beschleunigung $(\mathbf{a}_{B/S})_t$ und $(\mathbf{a}_{B/S})_n$ dar, während das kinematische Diagramm in Abbildung 5.30b die Beschleunigungen $\mathbf{a}_B$ und $\mathbf{a}_S$ zur Verfügung stellt. Die Beschleunigungsgleichung

$$\mathbf{a}_B = \mathbf{a}_S + (\mathbf{a}_{B/S})_t + (\mathbf{a}_{B/S})_n$$

lässt sich damit auch unmittelbar skalar formulieren:

$$(a_B)_x = (a_{B/S})_t$$

$$(a_B)_y = -a_S - (a_{B/S})_n$$

Mit den Beschleunigungsbeträgen $(a_{B/S})_t = \alpha r_B$ und $(a_{B/S})_n = \omega^2 r_B$ sind dies wieder die Gleichungen (1) und (2).

3 Beachten Sie, dass der Krümmungsradius ρ der Bahnkurve *nicht* gleich dem Radius der Spule ist, denn diese dreht sich *nicht* um Punkt S. Weiterhin ist ρ *nicht* definiert als Abstand zwischen dem Momentanpol A und B, denn die Lage des Momentanpols hängt nur von der Geschwindigkeit eines Punktes und *nicht* von der Geometrie seiner Bahnkurve ab.

Beispiel 5.18 Die Hülse C in Abbildung 5.31a bewegt sich mit der Beschleunigung a_C nach unten. Zum dargestellten Zeitpunkt hat sie die Geschwindigkeit v_C und die Winkelgeschwindigkeit der Stangen AB und CB stimmen überein: $\omega_{AB} = \omega_{CB} = \omega$ (siehe *Beispiel 5.8*). Bestimmen Sie die Winkelbeschleunigungen der beiden Stangen zu diesem Zeitpunkt.

$a_C = 1\ \text{m/s}^2$, $v_C = 2\ \text{m/s}$, $\omega = 10\ \text{rad/s}$, $r = 0{,}2\ \text{m}$

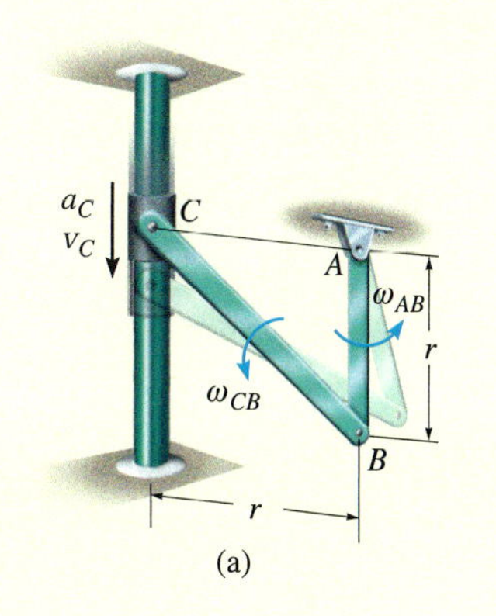

(a)

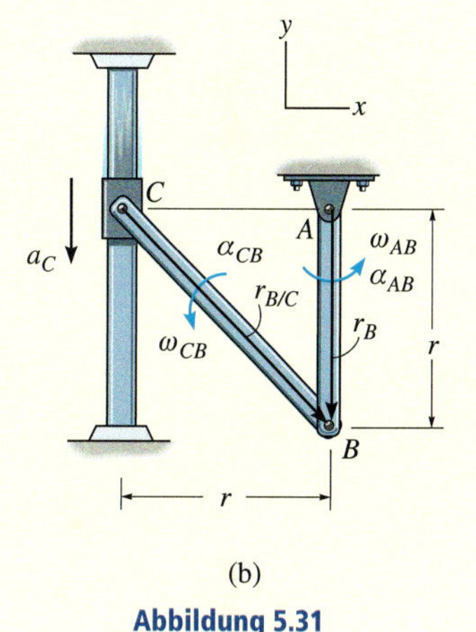

(b)

Abbildung 5.31

Lösung (vektorielle Rechnung)

Kinematisches Diagramm Die kinematischen Diagramme für die *beiden* Verbindungsstäbe AB und CB sind in Abbildung 5.31b dargestellt. Zur Lösung wenden wir die entsprechende kinematische Beschleunigungsgleichung auf jeden Stab an.

Beschleunigungsgleichung

Stange AB (Drehung um eine raumfeste Achse):

$$\mathbf{a}_B = \boldsymbol{\alpha}_{AB} \times \mathbf{r}_B - \omega_{AB}{}^2\mathbf{r}_B$$

$$\mathbf{a}_B = (\alpha_{AB}\mathbf{k}) \times (-r\mathbf{j}) - \omega_{AB}{}^2(-r\mathbf{j})$$

$$\mathbf{a}_B = r\alpha_{AB}\mathbf{i} + r\omega^2\mathbf{j}$$

Beachten Sie, dass $\mathbf{a}_B$ zwei Komponenten hat, da die Bewegung des Endpunktes B auf einer *gekrümmten Kreisbahn* erfolgt.

Stange BC (allgemein ebene Bewegung): Mit dem Ergebnis für $\mathbf{a}_B$ und Gleichung (5.18) erhalten wir

$$\mathbf{a}_B = \mathbf{a}_C + \boldsymbol{\alpha}_{CB} \times \mathbf{r}_{B/C} - \omega_{CB}{}^2\mathbf{r}_{B/C}$$

$$r\alpha_{AB}\mathbf{i} + r\omega^2\mathbf{j} = -a_C\mathbf{j} + (\alpha_{CB}\mathbf{k}) \times (r\mathbf{i} - r\mathbf{j}) - \omega^2(r\mathbf{i} - r\mathbf{j})$$

$$r\alpha_{AB}\mathbf{i} + r\omega^2\mathbf{j} = -a_C\mathbf{j} + r\alpha_{CB}\mathbf{j} + r\alpha_{CB}\mathbf{i} - r\omega^2\mathbf{i} + r\omega^2\mathbf{j})$$

Dies führt auf

$$r\alpha_{AB} = r\alpha_{CB} - r\omega^2$$

$$r\omega^2 = -a_C + r\alpha_{CB} + r\omega^2$$

Damit ergibt sich

$$\alpha_{CB} = a_C / r = 5\ \text{rad/s}^2$$

$$\alpha_{AB} = \alpha_{CB} - \omega^2 = -95\ \text{rad/s}^2$$

Beispiel 5.19

Die Kurbelwelle AB in Abbildung 5.32a dreht sich mit der Winkelbeschleunigung α_{AB} im Uhrzeigersinn. Bestimmen Sie die Beschleunigung des Kolbens, wenn sich Kurbel und Pleuelstange in der dargestellten Winkellage befinden. Für diesen Zeitpunkt sind ω_{AB} und ω_{CB} gegeben.

$\alpha_{AB} = 20\ \text{rad/s}^2$, $\omega_{AB} = 10\ \text{rad/s}$, $\omega_{BC} = 2{,}43\ \text{rad/s}$, $l_{AB} = 0{,}25\ \text{m}$, $l_{BC} = 0{,}75\ \text{m}$, $\gamma = 13{,}6°$, $\beta = 45°$

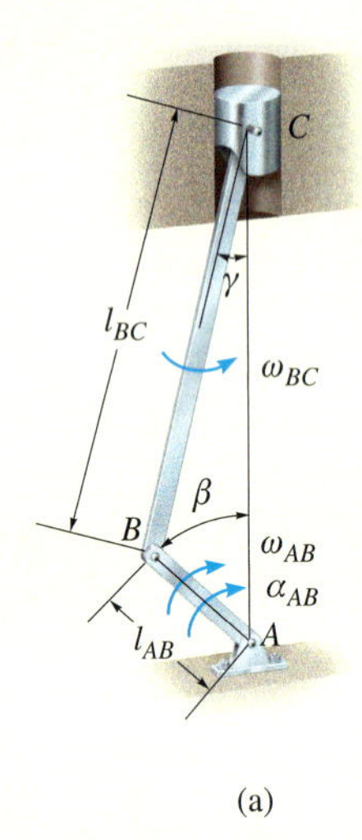

(a)

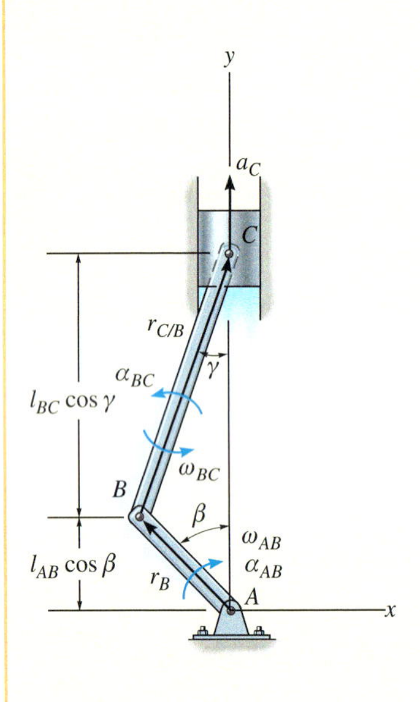

(b)

Abbildung 5.32

Lösung (vektorielle Rechnung)

Kinematisches Diagramm Die kinematischen Diagramme für Kurbel AB und Pleuelstange BC sind in Abbildung 5.32b dargestellt. Die Beschleunigung $\mathbf{a}_C$ weist dabei in vertikale Richtung, denn C bewegt sich auf einer vertikalen Geraden.

Beschleunigungsgleichung Die Lagevektoren werden als kartesische Vektoren geschrieben:

$$\mathbf{r}_B = -l_{AB}\sin\beta\ \mathbf{i} + l_{AB}\cos\beta\ \mathbf{j} = \{-0{,}177\ \mathbf{i} + 0{,}177\ \mathbf{j}\}\ \text{m}$$

$$\mathbf{r}_{C/B} = l_{BC}\sin\gamma\ \mathbf{i} + l_{BC}\cos\gamma\ \mathbf{j} = \{0{,}176\ \mathbf{i} + 0{,}729\ \mathbf{j}\}\ \text{m}$$

Kurbelwelle AB (Drehung um eine feste Achse):

$$\mathbf{a}_B = \boldsymbol{\alpha}_{AB} \times \mathbf{r}_B - \omega_{AB}^2\mathbf{r}_B$$

$$\mathbf{a}_B = (-\alpha_{AB}\mathbf{k}) \times (-l_{AB}\sin\beta\ \mathbf{i} + l_{AB}\cos\beta\ \mathbf{j}) - (\omega_{AB})^2(-l_{AB}\sin\beta\ \mathbf{i} + l_{AB}\cos\beta\ \mathbf{j})$$

$$\mathbf{a}_B = (l_{AB}\cos\beta\ \alpha_{AB} + \omega_{AB}^2\ l_{AB}\sin\beta)\mathbf{i} + (l_{AB}\sin\beta\ \alpha_{AB} - \omega_{AB}^2 l_{AB}\cos\beta\ )\mathbf{j}$$

$$= (a_B)_x\mathbf{i} + (a_B)_y\mathbf{j} = [21{,}21\ \mathbf{i} - 14{,}14\ \mathbf{j}]\ \text{m/s}^2$$

Pleuelstange BC (allgemein ebene Bewegung): Mit dem Ergebnis für $\mathbf{a}_B$ und der vertikalen Richtung von $\mathbf{a}_C$ erhalten wir

$$\mathbf{a}_C = \mathbf{a}_B + \boldsymbol{\alpha}_{BC} \times \mathbf{r}_{C/B} - \omega_{BC}^2\mathbf{r}_{C/B}$$

$$a_C\mathbf{j} = (a_B)_x\mathbf{i} + (a_B)_y\mathbf{j} + (\alpha_{BC}\mathbf{k}) \times (l_{BC}\sin\gamma\ \mathbf{i} + l_{BC}\cos\gamma\ \mathbf{j}) - \omega_{BC}^2(l_{BC}\sin\gamma\ \mathbf{i} + l_{BC}\cos\gamma\ \mathbf{j})$$

$$a_C\mathbf{j} = (a_B)_x\mathbf{i} + (a_B)_y\mathbf{j} + \alpha_{BC}(l_{BC}\sin\gamma\ \mathbf{j} - l_{BC}\cos\gamma\ \mathbf{i}) - \omega_{BC}^2(l_{BC}\sin\gamma\ \mathbf{i} + l_{BC}\cos\gamma\ \mathbf{j})$$

$$0 = (a_B)_x - \alpha_{BC}l_{BC}\cos\gamma - \omega_{BC}^2 l_{BC}\sin\gamma$$

$$a_C = (a_B)_y + \alpha_{BC}l_{BC}\sin\gamma - \omega_{BC}^2\ l_{BC}\cos\gamma$$

Das führt auf

$$\alpha_{BC} = \frac{(a_B)_x - \omega_{BC}^2 l_{BC}\sin\gamma}{l_{BC}\cos\gamma} = 27{,}7\ \text{rad/s}^2$$

$$a_C = (a_B)_y + \frac{(a_B)_x - \omega_{BC}^2 l_{BC}\sin\gamma}{l_{BC}\cos\gamma}\sin\gamma - \omega_{BC}^2 l_{BC}\cos\gamma = -11{,}93\ \text{m/s}^2$$

Da sich der Kolben hebt, zeigt das negative Vorzeichen für a_C an, dass er abbremst, also gilt $\mathbf{a}_C = \{-11{,}93\mathbf{j}\}\ \text{m/s}^2$. Dadurch verringert sich die Geschwindigkeit des Kolbens, bis AB die vertikale Lage erreicht hat, in welcher der Kolben kurzzeitig zur Ruhe kommt, bevor er seine Bewegung umkehrt.

5.8 Relativbewegung in rotierenden Bezugssystemen

Bisher wurde für die allgemein ebene Bewegung starrer Körper die Berechnung der Geschwindigkeit und der Beschleunigung von Punkten auf dem *betreffenden* Körper untersucht. Diese konnten auch auf die Berechnung der Geschwindigkeit und der Beschleunigung von Punkten benachbarter, mit dem Bezugskörper gelenkig verbundener Körper ausgedehnt werden. Zur Herleitung der kinematischen Grundgleichungen für Geschwindigkeit und Beschleunigung, *Gleichungen (5.15)* bzw. *(5.16)* und *(5.17)* bzw. *(5.18)*, war neben einem inertialen Bezugssystem ein translatorisch bewegtes Bezugssystem zweckmäßig. Sein Ursprung wurde in jenen Körperpunkt A des starren Körpers gelegt, der als Bezugspunkt diente. Die Relativbewegung des allgemeinen Körperpunktes B gegenüber dem Bezugspunkt als reine Drehbewegung von B um A konnte so einfach beschrieben werden, weil der Betrag des Verbindungsvektors der beiden körperfesten Punkte auf dem Starrkörper definitionsgemäß konstant ist.

Oft treten bei der ebenen Bewegung von Körpern Probleme auf, bei denen sich die Lage von Punkten in einem mit dem Körper mitbewegten Bezugssystem viel leichter angeben lässt als in einem raumfesten Bezugssystem. Allerdings bewegt sich das körperfeste Bezugssystem dann im Allgemeinen nicht nur *translatorisch*, sondern führt zusätzlich wie der Körper eine *Drehbewegung* aus. Das bewegte Bezugssystem wird häufig *Führungssystem* genannt.

Bei der folgenden Rechnung werden zwei kinematische Grundgleichungen entwickelt, welche die Geschwindigkeit und die Beschleunigung von zwei Punkten in Beziehung setzen, wobei der Bezugspunkt (auf dem Basiskörper) der Ursprung eines sich bewegenden Bezugssystems ist, das als Führungssystem eine translatorische und rotatorische, aber stets ebene Bewegung ausführt.[4] Wegen der Allgemeinheit der folgenden Herleitung können die beiden Punkte zwei Massenpunkte, die sich unabhängig voneinander bewegen, oder zwei Punkte auf unterschiedlichen (im Sonderfall auch gleichen) starren Körpern sein.

Lage Betrachten wir die beiden Punkte A und B in Abbildung 5.33a. Ihre Position wird durch die Lagevektoren $\mathbf{r}_A$ und $\mathbf{r}_B$ bezüglich des raumfesten X,Y,Z-Koordinatensystems gemessen. Der Basispunkt A ist der Ursprung des x,y,z-Koordinatensystems, das bezüglich des X,Y,Z-Koordinatensystems eine allgemein ebene Bewegung mit einer Überlagerung von Translation und Rotation ausführt. Die Lage von B bezüglich A wird durch den relativen Lagevektor $\mathbf{r}_{B/A}$ angegeben. Die Komponenten dieses Vektors können entweder im raumfesten X,Y,Z-Koordinatensystem mit den Einheitsvektoren $\mathbf{I}$ und $\mathbf{J}$ entlang der X,Y-Achsen oder im bewegten x,y,z-Koordinatensystem mit den Einheitsvektoren $\mathbf{i}$ und $\mathbf{j}$ entlang der

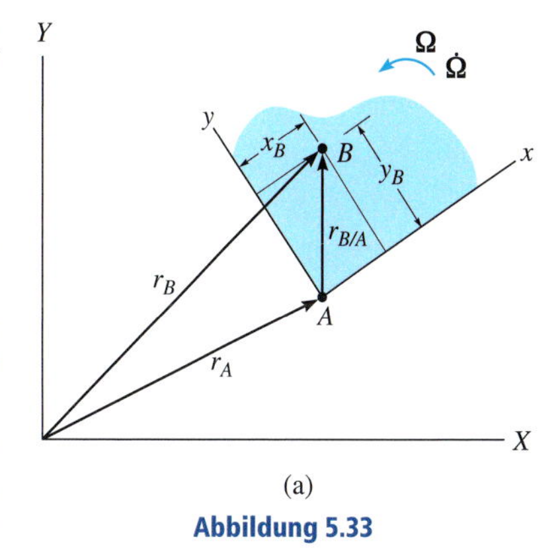

(a)

Abbildung 5.33

4 Die allgemein *räumliche* Bewegung des Führungssystems mit einer Überlagerung von Translation und Rotation wird in *Abschnitt 9.4* behandelt.

x,y-Achsen ausgedrückt werden. Bei der folgenden Herleitung soll $\mathbf{r}_{B/A}$ bezüglich des bewegten x,y,z-Bezugssystems angegeben werden. Hat der Punkt B die Koordinaten (x_B,y_B), Abbildung 5.33a, ergibt sich deshalb

$$\mathbf{r}_{B/A} = x_B\mathbf{i} + x_B\mathbf{j}$$

Mittels Vektoraddition erhält man dann für die drei Lagevektoren in Abbildung 5.33a die Beziehung

$$\mathbf{r}_B = \mathbf{r}_A + \mathbf{r}_{B/A} \tag{5.19}$$

Zum betrachteten Zeitpunkt hat Punkt A die Geschwindigkeit $\mathbf{v}_A$ und die Beschleunigung $\mathbf{a}_A$, während sich das Bezugssystem mit den x,y-Koordinatenachsen mit der Winkelgeschwindigkeit $\mathbf{\Omega}$ und der Winkelbeschleunigung $\dot{\mathbf{\Omega}} = d\mathbf{\Omega}/dt$ rotatorisch bewegt. Die genannten Vektoren werden im X,Y,Z-Koordinatensystem gemessen, obgleich ihre Komponenten sowohl im **I**,**J**,**K**- als auch im **i**,**j**,**k**-Referenzsystem dargestellt werden können. Bei der Vorgabe einer ebenen Bewegung stehen gemäß der Rechte-Hand-Regel $\mathbf{\Omega}$ und $\dot{\mathbf{\Omega}}$ immer *senkrecht* auf der Bewegungsebene, $\mathbf{v}_A$ und $\mathbf{v}_B$ liegen in ihr.

Geschwindigkeit Die *Absolutgeschwindigkeit* von Punkt B wird durch Zeitableitung der Gleichung (5.19) bezüglich des Inertialsystems bestimmt und ergibt sich zu

$$\mathbf{v}_B = \mathbf{v}_A + \frac{d\mathbf{r}_{B/A}}{dt} \tag{5.20}$$

Der letzte Term darin wird wie folgt ausgewertet:

$$\begin{aligned} \frac{d\mathbf{r}_{B/A}}{dt} &= \frac{d}{dt}(x_B\mathbf{i} + y_B\mathbf{j}) \\ &= \frac{dx_B}{dt}\mathbf{i} + x_B\frac{d\mathbf{i}}{dt} + \frac{dy_B}{dt}\mathbf{j} + y_B\frac{d\mathbf{j}}{dt} \\ &= \left(\frac{dx_B}{dt}\mathbf{i} + \frac{dy_B}{dt}\mathbf{j}\right) + \left(x_B\frac{d}{dt}\mathbf{i} + y_B\frac{d}{dt}\mathbf{j}\right) \end{aligned} \tag{5.21}$$

Die beiden Summanden in der ersten Klammer sind die Geschwindigkeitskomponenten des Punktes B, wie sie von einem Beobachter im bewegten x,y,z-Koordinatensystem wahrgenommen werden. Diese Terme stellen damit die *Relativgeschwindigkeit* dar und werden ab jetzt als Vektor $(\mathbf{v}_{B/A})_{xyz}$ bezeichnet. Der zweite Klammerausdruck beschreibt die momentante zeitliche Änderung der Einheitsvektoren **i** und **j**, wie sie ein Beobachter im raumfesten X,Y,Z-Koordinatensystem messen würde. Diese Änderungen $d\mathbf{i}$ und $d\mathbf{j}$ werden *nur* durch die momentane *Winkeländerung* $d\theta$ der x,y,z-Achsen bewirkt, wobei **i** zum gedrehten Einheitsvektor $\mathbf{i}' = \mathbf{i} + d\mathbf{i}$ und **j** zum gedrehten Einheitsvektor $\mathbf{j}' = \mathbf{j} + d\mathbf{j}$ werden, Abbildung 5.33b. Damit sind, wie dargestellt, die *Beträge* von $d\mathbf{i}$ und $d\mathbf{j}$ gleich $1(d\theta)$, denn $i = i' = j = j' = 1$. Die *Richtung* von $d\mathbf{i}$ wird durch $+\mathbf{j}$ bestimmt, denn $d\mathbf{i}$ ist die Tangente der Bahn, beschrieben durch die Pfeilspitze von **i** beim Grenzübergang für $\Delta t \to dt$. Ebenso weist $d\mathbf{j}$ in Richtung $-\mathbf{i}$, Abbildung 5.33b.

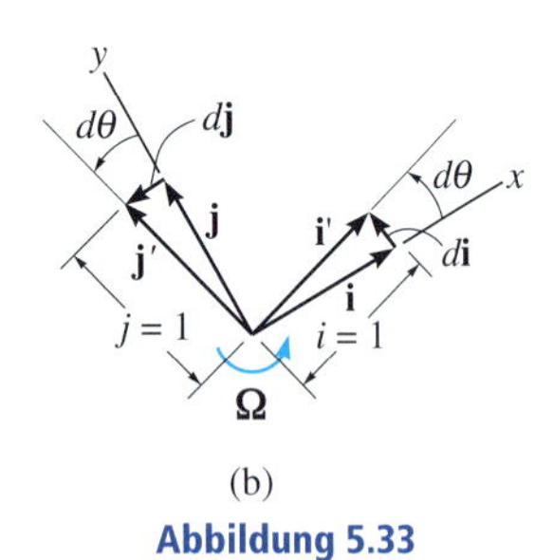

(b)

Abbildung 5.33

Somit ergibt sich

$$\frac{d\mathbf{i}}{dt} = \frac{d\theta}{dt}(\mathbf{j}) = \Omega\mathbf{j} \qquad \frac{d\mathbf{j}}{dt} = \frac{d\theta}{dt}(-\mathbf{i}) = -\Omega\mathbf{i}$$

Betrachtet man die Koordinatensysteme in räumlicher Darstellung, Abbildung 5.33c, mit $\mathbf{\Omega} = \Omega\mathbf{k}$, können diese Ableitungen als Kreuzprodukt geschrieben werden:

$$\frac{d\mathbf{i}}{dt} = \mathbf{\Omega} \times \mathbf{i} \qquad \frac{d\mathbf{j}}{dt} = \mathbf{\Omega} \times \mathbf{j} \quad (5.22)$$

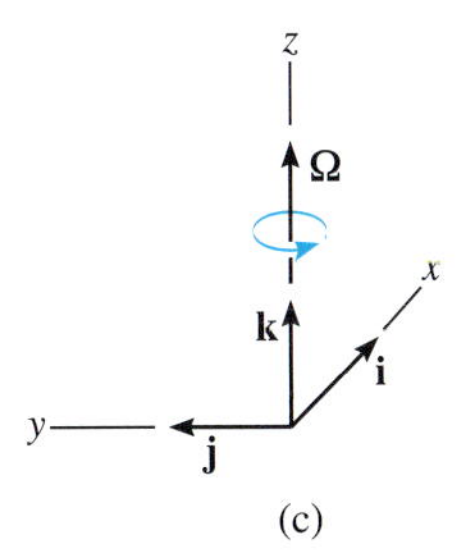

(c)

Abbildung 5.33

Diese Ergebnisse werden in Gleichung (5.21) unter Anwendung des Distributivgesetzes des Vektorkreuzprodukts eingesetzt:

$$\frac{d\mathbf{r}_{B/A}}{dt} = \left(\mathbf{v}_{B/A}\right)_{xyz} + \mathbf{\Omega} \times \left(x_B\mathbf{i} + y_B\mathbf{j}\right) = \left(\mathbf{v}_{B/A}\right)_{xyz} + \mathbf{\Omega} \times \mathbf{r}_{B/A} \qquad (5.23)$$

Aus Gleichung (5.20) ergibt sich somit

$$\mathbf{v}_B = \mathbf{v}_A + \mathbf{\Omega} \times \mathbf{r}_{B/A} + (\mathbf{v}_{B/A})_{xyz} \qquad (5.24)$$

wobei gilt:

$\mathbf{v}_B$ = die Geschwindigkeit von B bezüglich des X,Y,Z-Bezugssystems,

$\mathbf{v}_A$ = die Geschwindigkeit des Ursprungs A des x,y,z-Bezugssystems bezüglich des X,Y,Z-Bezugssystems,

$(\mathbf{v}_{B/A})_{xyz}$ = die Relativgeschwindigkeit von B („bezüglich A“) für einen Beobachter im bewegten, d.h. insbesondere *rotierenden* x,y,z-Bezugssystem,

$\mathbf{\Omega}$ = die Winkelgeschwindigkeit des x,y,z-Bezugssystems bezüglich des X,Y,Z-Bezugssystems,

$\mathbf{r}_{B/A}$ = die relative Lage von B („bezüglich A“).

Stellt man Gleichung (5.24) und Gleichung (5.16) ($\mathbf{v}_B = \mathbf{v}_A + \boldsymbol{\omega} \times \mathbf{r}_{B/A}$) gegenüber, so sieht man, dass der einzige Unterschied zwischen ihnen der Term $(\mathbf{v}_{B/A})_{xyz}$ ist. Dies liegt daran, dass in Gleichung (5.16) der Punkt B ein körperfester Punkt ist, während er in Gleichung (5.24) ein Punkt ist, der sich im Relativsystem und damit bezüglich des Basiskörpers bewegt.

Bei Anwendung von Gleichung (5.24) ist es nützlich, die Bedeutung der einzelnen Terme anschaulich zu verstehen. Dies wird im Folgenden erläutert.

$\mathbf{v}_B$	Absolute Geschwindigkeit von B	Bewegung von B, beobachtet im raumfesten X,Y,Z-Bezugssystem
	(gleich)	
$\mathbf{v}_A$	Absolute Geschwindigkeit des Ursprungs des x,y,z-Bezugssystems	Bewegung des x,y,z-Bezugssystems beobachtet im raumfesten X,Y,Z-Bezugssystem
	(plus)	
$\mathbf{\Omega} \times \mathbf{r}_{B/A}$	Winkelgeschwindigkeitseinfluss infolge Drehung des x,y,z-Bezugssystems	
	(plus)	
$(\mathbf{v}_{B/A})_{xyz}$	Relativgeschwindigkeit von B („bezüglich A")	Bewegung von B, beobachtet im bewegten, insbesondere *rotierenden* x,y,z-Bezugssystem

Hilfreich ist es weiterhin, die so genannte *Führungsgeschwindigkeit* $\mathbf{v}_F = \mathbf{v}_A + \mathbf{\Omega} \times \mathbf{r}_{B/A}$ zu definieren. Diese Geschwindigkeit besitzt der Punkt B offensichtlich genau dann, wenn er mit dem bewegten Bezugssystem fest verbunden ist, d.h. die Relativbewegung „eingefroren" wird. Mit der Führungsgeschwindigkeit wird der betreffende Körperpunkt gewissermaßen geführt. Die Absolutgeschwindigkeit eines Punktes setzt sich demnach aus der Führungs- und der Relativgeschwindigkeit gemäß Vektoraddition zusammen.

Beschleunigung Die *Absolutbeschleunigung* von B, beobachtet vom raumfesten X,Y,Z-Bezugssystem, kann durch Ableitung von Gleichung (5.24) nach der Zeit in Anteilen seiner Bewegung ausgedrückt werden, die in einem allgemein eben bewegten, insbesondere auch rotierenden x,y,z-Koordinatensystem gemessen werden:

$$\frac{d\mathbf{v}_B}{dt} = \frac{d\mathbf{v}_A}{dt} + \frac{d\mathbf{\Omega}}{dt} \times \mathbf{r}_{B/A} + \mathbf{\Omega} \times \frac{d\mathbf{r}_{B/A}}{dt} + \frac{d\left(\mathbf{v}_{B/A}\right)_{xyz}}{dt}$$

$$\mathbf{a}_B = \mathbf{a}_A + \dot{\mathbf{\Omega}} \times \mathbf{r}_{B/A} + \mathbf{\Omega} \times \frac{d\mathbf{r}_{B/A}}{dt} + \frac{d\left(\mathbf{v}_{B/A}\right)_{xyz}}{dt} \tag{5.25}$$

Dabei ist $\dot{\mathbf{\Omega}} = d\mathbf{\Omega}/dt$ die Winkelbeschleunigung des rotierenden x,y,z-Bezugssystems. Bei einer ebenen Bewegung ist $\mathbf{\Omega}$ immer senkrecht zur Bewegungsebene, sodass dies auch für $\dot{\mathbf{\Omega}}$ gelten muss. Deshalb rührt $\dot{\mathbf{\Omega}}$ *nur von der Änderung des Betrages* von $\mathbf{\Omega}$ her. Die Ableitung $d\mathbf{r}_{B/A}/dt$ in Gleichung (5.25) ist durch Gleichung (5.23) definiert und führt auf

$$\mathbf{\Omega} \times \frac{d\mathbf{r}_{B/A}}{dt} = \mathbf{\Omega} \times \left(\mathbf{v}_{B/A}\right)_{xyz} + \mathbf{\Omega} \times \left(\mathbf{\Omega} \times \mathbf{r}_{B/A}\right) \tag{5.26}$$

Die Bestimmung der Zeitableitung von $(\mathbf{v}_{B/A})_{xyz} = (v_{B/A})_x\mathbf{i} + (v_{B/A})_y\mathbf{j}$ ergibt

$$\frac{d(\mathbf{v}_{B/A})_{xyz}}{dt} = \left[\frac{d(v_{B/A})_x}{dt}\mathbf{i} + \frac{d(v_{B/A})_y}{dt}\mathbf{j}\right] + \left[(v_{B/A})_x\frac{d\mathbf{i}}{dt} + (v_{B/A})_y\frac{d\mathbf{j}}{dt}\right]$$

Die beiden Summanden in der ersten Klammer sind die Komponenten der Beschleunigung des Punktes B für einen im x,y,z-Bezugssystem mitbewegten Beobachter. Sie werden als *Relativbeschleunigung* bezeichnet und im Vektor $(\mathbf{a}_{B/A})_{xyz}$ zusammengefasst. Der zweite Klammerausdruck wird mit Hilfe von Gleichung (5.22) vereinfacht:

$$\frac{d(\mathbf{v}_{B/A})_{xyz}}{dt} = (\mathbf{a}_{B/A})_{xyz} + \mathbf{\Omega} \times (\mathbf{v}_{B/A})_{xyz}$$

Diese und Gleichung (5.26) werden in Gleichung (5.25) eingesetzt und umgestellt. Damit erhalten wir endgültig

$$\mathbf{a}_B = \mathbf{a}_A + \dot{\mathbf{\Omega}} \times \mathbf{r}_{B/A} + \mathbf{\Omega} \times (\mathbf{\Omega} \times \mathbf{r}_{B/A}) + 2\mathbf{\Omega} \times (\mathbf{v}_{B/A})_{xyz} + (\mathbf{a}_{B/A})_{xyz} \tag{5.27}$$

wobei gilt:

$\mathbf{a}_B$ = die Beschleunigung von B bezüglich des X,Y,Z-Bezugssystems,

$\mathbf{a}_A$ = die Beschleunigung des Ursprungs A des x,y,z-Bezugssystems bezüglich des X,Y,Z-Bezugssystems,

$(\mathbf{a}_{B/A})_{xyz}$ = die relative Beschleunigung und die relative Geschwindigkeit $(\mathbf{v}_{B/A})_{xyz}$ von Punkt B im bewegten, *rotierenden* x,y,z-Bezugssystem,

$\dot{\mathbf{\Omega}}, \mathbf{\Omega}$ = die Winkelbeschleunigung und die Winkelgeschwindigkeit des x,y,z-Bezugssystems bezüglich des X,Y,Z-Bezugssystems,

$\mathbf{r}_{B/A}$ = die relative Lage von B („bezüglich A").

Stellt man Gleichung (5.27) und Gleichung (5.18) in der Form $\mathbf{a}_B = \mathbf{a}_A + \dot{\mathbf{\Omega}} \times \mathbf{r}_{B/A} + \mathbf{\Omega} \times (\mathbf{\Omega} \times \mathbf{r}_{B/A})$ gegenüber, so sieht man, dass der einzige Unterschied zwischen ihnen die Terme $2\mathbf{\Omega} \times (\mathbf{v}_{B/A})_{xyz}$ und $(\mathbf{a}_{B/A})_{xyz}$ sind. Während also bei der Geschwindigkeit der Unterschied zwischen einem körperfesten Punkt und einem im Relativsystem bewegten Punkt lediglich durch die Relativgeschwindigkeit gegeben war, unterscheiden sich bei der Beschleunigung dagegen beide nicht nur in der Relativbeschleunigung, sondern in einem weiteren Beschleunigungsanteil.

Dieser Vektor $2\mathbf{\Omega} \times (\mathbf{v}_{B/A})_{xyz}$ ist die so genannte *Coriolis-Beschleunigung*, so bezeichnet nach dem französischen Ingenieur G.C. Coriolis, der sie als Erster bestimmte. Die Größe gibt den Unterschied in der Beschleunigung von B bezüglich nicht rotierender und rotierender x,y,z-Achsen an. Das Vektorkreuzprodukt zeigt, dass die Coriolis-Beschleunigung *immer* senkrecht sowohl auf $\mathbf{\Omega}$ als auch auf $(\mathbf{v}_{B/A})_{xyz}$ steht. Sie ist eine wesentliche Komponente der Beschleunigung, die bei rotierenden Bezugssystemen immer betrachtet werden muss. Sie kann z.B. dann auftreten, wenn man sich auf einer drehenden Scheibe bewegt. Die Coriolis-Beschleunigung tritt jedoch auch auf, wenn Raketen oder Langstreckenprojektile sich bezüglich der Erde bewegen und die Position bezüglich der rotierenden Erde gemessen wird. Die Coriolis-Beschleunigung verschwindet, wenn entweder $\mathbf{\Omega} = \mathbf{0}$ oder $(\mathbf{v}_{B/A})_{xyz} = \mathbf{0}$ ist.[5]

Für die Anwendung der Gleichung (5.27) sind die folgenden anschaulichen Erläuterungen hilfreich.

$\mathbf{a}_B$	absolute Beschleunigung von B	Bewegung von B, beobachtet im raumfesten X,Y,Z-Bezugssystem
	(gleich)	
$\mathbf{a}_A$	absolute Beschleunigung des Ursprungs des x,y,z-Bezugssystems	Bewegung des x,y,z-Bezugssystems, beobachtet vom raumfesten X,Y,Z-Bezugssystem (Führungsbeschleunigung)
	(plus)	
$\dot{\mathbf{\Omega}} \times \mathbf{r}_{B/A}$	Einfluss der Winkelbeschleunigung durch Drehung des x,y,z-Bezugssystems	
	(plus)	
$\mathbf{\Omega} \times (\mathbf{\Omega} \times \mathbf{r}_{B/A})$	Einfluss der Winkelgeschwindigkeit durch Drehung des x,y,z-Bezugssystems	
	(plus)	
$2\mathbf{\Omega} \times (\mathbf{v}_{B/A})_{xyz}$	kombinierter Einfluss der Relativgeschwindigkeit von B im x,y,z-Bezugssystem und der Winkelgeschwindigkeit des x,y,z-Bezugssystems	Wechselwirkung der Teilbewegungen (Coriolis-Beschleunigung)
	(plus)	
$(\mathbf{a}_{B/A})_{xyz}$	relative Beschleunigung von B („bezüglich A") im bewegten x,y,z-Koordinatensystem	Bewegung von B, beobachtet im bewegten (rotierenden) x,y,z-Bezugssystem (Relativbeschleunigung)

Mit analoger Bedeutung wie bei der Geschwindigkeit kann man über $\mathbf{a}_F = \mathbf{a}_A + \dot{\mathbf{\Omega}} \times \mathbf{r}_{B/A} + \mathbf{\Omega} \times \left(\mathbf{\Omega} \times \mathbf{r}_{B/A}\right)$ den Begriff der *Führungsbeschleunigung* einführen, sodass sich die Absolutbeschleunigung aus Führungsbeschleunigung, Coriolis-Beschleunigung und Relativbeschleunigung gemäß Vektoraddition zusammensetzt.

5 Die dritte Möglichkeit dafür, $(\mathbf{v}_{B/A})_{xyz}$ ist parallel zu $\mathbf{\Omega}$, kann nur bei räumlichen Problemen auftreten, siehe *Abschnitt 9.4*.

Lösungsweg

Mit den Gleichungen (5.24) und (5.27) werden Aufgaben zur Relativmechanik von Massenpunkten oder starren Körpern in allgemein eben bewegten Bezugssystemen gelöst.

Koordinatenachsen

- Wählen Sie eine geeignete Lage für den Ursprung und die Orientierung der Achsen der beiden Bezugssysteme (X, Y, Z) und (x, y, z).
- Meistens wird die Lösung einfacher, wenn zum betrachteten Zeitpunkt
  1. die Ursprünge der Bezugssysteme zusammenfallen,
  2. die entsprechenden Achsen kollinear sind,
  3. die entsprechenden Achsen parallel sind.
- Das bewegte Referenzsystem sollte am Basiskörper als Führungssystem befestigt werden, gegenüber dem die Relativbewegung eines Punktes oder eines anderen Köpers auftritt.

Kinematische Gleichungen

- Nach Festlegung des Ursprungs A des bewegten Bezugssystems und des interessierenden Punktes B werden die Gleichungen (5.24) und (5.27) in der Form

$$\mathbf{v}_B = \mathbf{v}_A + \mathbf{\Omega} \times \mathbf{r}_{B/A} + (\mathbf{v}_{B/A})_{xyz}$$

$$\mathbf{a}_B = \mathbf{a}_B + \dot{\mathbf{\Omega}} \times \mathbf{r}_{B/A} + \mathbf{\Omega} \times (\mathbf{\Omega} \times \mathbf{r}_{B/A}) + 2\mathbf{\Omega} \times (\mathbf{v}_{B/A})_{xyz} + (\mathbf{a}_{B/A})_{xyz}$$

  angeschrieben.
- Die kartesischen Koordinaten dieser Vektoren können bezüglich der Einheitsvektoren des raumfesten X, Y, Z- oder des bewegten x, y, z-Bezugssystems angegeben werden. Welche Einheitsvektoren als Basis gewählt werden, ist beliebig, allerdings sollte die Entscheidung konsistent durchgehalten werden.
- Die Bewegung des x, y, z-Bezugssystems wird mit Hilfe der Größen $\mathbf{v}_A$, $\mathbf{a}_A$, $\mathbf{\Omega}$ und $\dot{\mathbf{\Omega}}$, die Bewegung des allgemeinen Punktes B bezüglich des bewegten x, y, z-Bezugssystems durch die Größen $\mathbf{r}_{B/A}$, $(\mathbf{v}_{B/A})_{xyz}$ und $(\mathbf{a}_{B/A})_{xyz}$ beschrieben.

Die Drehung der Kippvorrichtung des Lastwagens um Punkt C erfolgt durch das Ausfahren des Hydraulikzylinders AB. Zur Bestimmung der Drehbewegung der Ladefläche können wir die Gleichungen der allgemein ebenen Relativmechanik verwenden. Das x, y-Koordinatensystem wird so auf den Zylinder gelegt, dass die Relativbewegung während des Ausfahrens des Zylinders entlang der y-Achse verläuft.

Beispiel 5.20

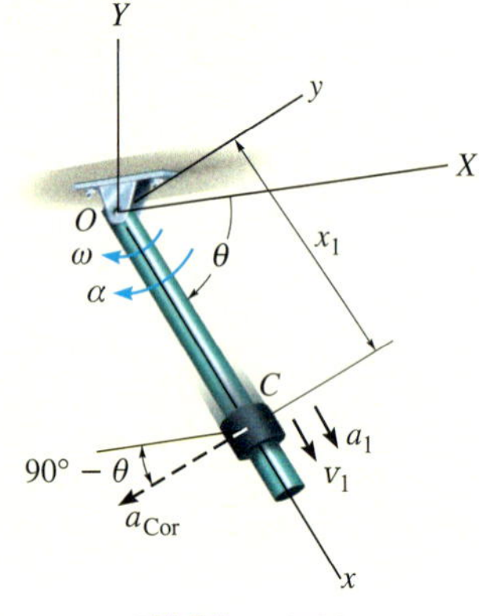

Abbildung 5.34

Bei der Winkellage $\theta = \theta_0$ hat die Rundstange in Abbildung 5.34 die Winkelgeschwindigkeit ω und die Winkelbeschleunigung α. Dabei bewegt sich die Buchse C auf der Stange nach außen, sodass bei $x = x_1$ die Geschwindigkeit $v = v_1$ und die Beschleunigung $a = a_1$, jeweils relativ zur Stange, auftreten. Bestimmen Sie die Coriolis-Beschleunigung sowie die Absolutgeschwindigkeit und -beschleunigung der Hülse C zu diesem Zeitpunkt.

$\theta_0 = 60°$, $\omega = 3\ \text{rad/s}$, $\alpha = 2\ \text{rad/s}^2$, $x_1 = 0{,}2\ \text{m}$, $v_1 = 2\ \text{m/s}$, $a_1 = 3\ \text{m/s}^2$

Lösung

Koordinatensystem Der Ursprung beider Koordinatensysteme wird in den Punkt O gelegt, Abbildung 5.34. Da die Relativbewegung der Buchse entlang der Rundstange erfolgt, wird das bewegte x,y,z-Bezugssystem an der Rundstange *befestigt*.

Kinematische Gleichungen

$$\mathbf{v}_C = \mathbf{v}_O + \mathbf{\Omega} \times \mathbf{r}_{C/O} + (\mathbf{v}_{C/O})_{xyz} \quad (1)$$

$$\mathbf{a}_C = \mathbf{a}_O + \dot{\mathbf{\Omega}} \times \mathbf{r}_{C/O} + \mathbf{\Omega} \times (\mathbf{\Omega} \times \mathbf{r}_{C/O}) + 2\mathbf{\Omega} \times (\mathbf{v}_{C/O})_{xyz} + (\mathbf{a}_{C/O})_{xyz} \quad (2)$$

Es ist einfacher, die Vektoren im $\mathbf{i},\mathbf{j},\mathbf{k}$-System zu schreiben als im $\mathbf{I},\mathbf{J},\mathbf{K}$-System.

Bewegung des bewegten Bezugssystems	Bewegung von C bezüglich des bewegten Bezugssystems
$\mathbf{v}_O = \mathbf{0}$	$\mathbf{r}_{C/O} = x_1\mathbf{i}$
$\mathbf{a}_O = \mathbf{0}$	$(\mathbf{v}_{C/O})_{xyz} = v_1\mathbf{i}$
$\mathbf{\Omega} = -\omega\mathbf{k}$	$(\mathbf{a}_{C/O})_{xyz} = a_1\mathbf{i}$
$\dot{\mathbf{\Omega}} = -\alpha\mathbf{k}$	

Gemäß Gleichung (2) ist die Coriolis-Beschleunigung als

$$\mathbf{a}_{Cor} = 2\mathbf{\Omega} \times (\mathbf{v}_{C/O}) = 2(-\omega\mathbf{k}) \times (v_1\mathbf{i}) = -2\omega v_1\mathbf{j}$$

definiert. Dieser Vektor ist gestrichelt in Abbildung 5.34 dargestellt. Wenn gewünscht, kann er entlang der X, Y-Achsen in die $\mathbf{I},\mathbf{J}$-Komponenten zerlegt werden.

Die Geschwindigkeit und Beschleunigung der Buchse werden durch Einsetzen der Werte in die Gleichungen (1) und (2) unter Berechnung der Vektorkreuzprodukte ermittelt. Dies führt auf

$$\begin{aligned}\mathbf{v}_C &= \mathbf{v}_O + \mathbf{\Omega} \times \mathbf{r}_{C/O} + (\mathbf{v}_{C/O})_{xyz}\\ &= \mathbf{0} + (-\omega\mathbf{k}) \times (x_1\mathbf{i}) + v_1\mathbf{i} = v_1\mathbf{i} - \omega x_1\mathbf{j}\\ &= \{2\mathbf{i} - 0{,}6\mathbf{j}\}\ \text{m/s}\end{aligned}$$

$$\begin{aligned}\mathbf{a}_C &= \mathbf{a}_O + \dot{\mathbf{\Omega}} \times \mathbf{r}_{C/O} + \mathbf{\Omega} \times (\mathbf{\Omega} \times \mathbf{r}_{C/O}) + 2\mathbf{\Omega} \times (\mathbf{v}_{C/O})_{xyz} + (\mathbf{a}_{C/O})_{xyz}\\ &= \mathbf{0} + (-\alpha\mathbf{k}) \times (x_1\mathbf{i}) + (-\omega\mathbf{k}) \times [(-\omega\mathbf{k}) \times (x_1\mathbf{i})]\\ &\quad + 2(-\omega\,\mathbf{k}) \times (v_1\mathbf{i}) + a_1\mathbf{i}\\ &= \mathbf{0} - \alpha x_1\mathbf{j} - \omega^2 x_1\mathbf{i} - 2\omega v_1\mathbf{j} + a_1\mathbf{i}\\ &= [1{,}20\mathbf{i} - 12{,}4\mathbf{j}]\ \text{m/s}^2\end{aligned}$$

Beispiel 5.21 Der Stab AB in Abbildung 5.35 dreht sich im Uhrzeigersinn und hat für die Winkellage $\theta = \theta_0$ die Winkelgeschwindigkeit ω_{AB} und die Winkelbeschleunigung α_{AB}. Bestimmen Sie die Winkelgeschwindigkeit und -beschleunigung des Rundstabes DE zu diesem Zeitpunkt. Die Buchse in C ist gelenkig mit AB verbunden und gleitet über den Rundstab DE.

$d = 0{,}4$ m, $\theta_0 = 45°$, $\omega_{AB} = 3$ rad/s, $\alpha_{AB} = 4$ rad/s^2

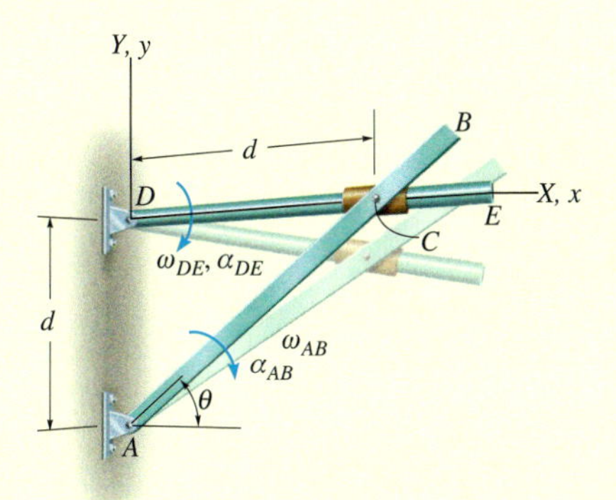

Abbildung 5.35

Lösung

Koordinatensystem Der Ursprung des raumfesten und des bewegten Koordinatensystems werden beide in den Punkt D gelegt, Abbildung 5.35. Das x,y,z-Bezugssystem wird in die Rundstange DE gelegt und dreht sich mit ihr. Damit ist die Relativbewegung der Buchse einfach zu verfolgen.

Kinematische Gleichungen

$$\mathbf{v}_C = \mathbf{v}_D + \mathbf{\Omega} \times \mathbf{r}_{C/D} + (\mathbf{v}_{C/D})_{xyz} \tag{1}$$

$$\mathbf{a}_C = \mathbf{a}_D + \dot{\mathbf{\Omega}} \times \mathbf{r}_{C/D} + \mathbf{\Omega} \times (\mathbf{\Omega} \times \mathbf{r}_{C/D}) + 2\mathbf{\Omega} \times (\mathbf{v}_{C/D})_{xyz} + (\mathbf{a}_{C/D})_{xyz} \tag{2}$$

Alle Vektoren werden durch ihre $\mathbf{i},\mathbf{j},\mathbf{k}$-Komponenten dargestellt.

Bewegung des bewegten Bezugssystems	Bewegung von C bezüglich des bewegten Bezugssystems
$\mathbf{v}_D = \mathbf{0}$	$\mathbf{r}_{C/D} = d\mathbf{i}$
$\mathbf{a}_D = \mathbf{0}$	$(\mathbf{v}_{C/D})_{xyz} = (v_{C/D})_{xyz}\mathbf{i}$
$\mathbf{\Omega} = -\omega_{DE}\mathbf{k}$	$(\mathbf{a}_{C/D})_{xyz} = (a_{C/D})_{xyz}\mathbf{i}$
$\dot{\mathbf{\Omega}} = -\alpha_{DE}\mathbf{k}$	

Bewegung von C. Da die Hülse sich auf einer Kreisbahn bewegt, können ihre Geschwindigkeit und ihre Beschleunigung mit den Gleichungen (5.9) und (5.14) bestimmt werden:

$$\mathbf{v}_C = \boldsymbol{\omega}_{AB} \times \mathbf{r}_{C/A} = (-\omega_{AB}\mathbf{k}) \times (d\mathbf{i} + d\mathbf{j}) = \omega_{AB}d\mathbf{i} - \omega_{AB}d\mathbf{j}$$

$$\mathbf{a}_C = \boldsymbol{\alpha}_{AB} \times \mathbf{r}_{C/A} - (\omega_{AB})^2 \mathbf{r}_{C/A}$$
$$= (-\alpha\mathbf{k}) \times (d\mathbf{i} + d\mathbf{j}) - (\omega_{AB})^2(d\mathbf{i} + d\mathbf{j})$$
$$= d[\alpha - (\omega_{AB})^2]\mathbf{i} - d[\alpha + (\omega_{AB})^2]\mathbf{j}$$

Einsetzen der Werte in die Gleichungen (1) und (2) führt auf

$$\mathbf{v}_C = \mathbf{v}_D + \boldsymbol{\Omega} \times \mathbf{r}_{C/D} + (\mathbf{v}_{C/D})_{xyz}$$
$$\omega_{AB}\, d\mathbf{i} - \omega_{AB}\, d\mathbf{j} = \mathbf{0} + (-\omega_{DE}\mathbf{k}) \times (d\mathbf{i}) + (v_{C/D})_{xyz}\mathbf{i}$$
$$= -\omega_{DE}\, d\mathbf{j} + (v_{C/D})_{xyz}\mathbf{i}$$
$$(v_{C/D})_{xyz} = \omega_{AB}\, d = 1{,}2 \text{ m/s}$$
$$\omega_{DE} = \omega_{AB} = 3 \text{ rad/s}$$

$$\mathbf{a}_C = \mathbf{a}_D + \dot{\boldsymbol{\Omega}} \times \mathbf{r}_{C/D} + \boldsymbol{\Omega} \times (\boldsymbol{\Omega} \times \mathbf{r}_{C/D}) + 2\boldsymbol{\Omega} \times (\mathbf{v}_{C/D})_{xyz} + (\mathbf{a}_{C/D})_{xyz}$$
$$d[\alpha - (\omega_{AB})^2]\mathbf{i} - d[\alpha + (\omega_{AB})^2]\mathbf{j} = \mathbf{0} + (-\alpha_{DE}\mathbf{k}) \times (d\mathbf{i})$$
$$+ (-\omega_{DE}\mathbf{k}) \times [(-\omega_{DE}\mathbf{k}) \times (d\mathbf{i})]$$
$$+ 2(-\omega_{DE}\mathbf{k}) \times [(v_{C/D})_{xyz}\mathbf{i}] + (a_{C/D})_{xyz}\mathbf{i}$$
$$d[\alpha - (\omega_{AB})^2]\mathbf{i} - d[\alpha + (\omega_{AB})^2]\mathbf{j} = -d\alpha_{DE}\mathbf{j} - d(\omega_{DE})^2\mathbf{i}$$
$$- 2\omega_{DE}(v_{C/D})_{xyz}\mathbf{j} + (a_{C/D})_{xyz}\mathbf{i}$$
$$(a_{C/D})_{xyz} = d[\alpha - (\omega_{AB})^2] + d(\omega_{DE})^2 = 1{,}6 \text{ m/s}^2$$
$$\alpha_{DE} = \{ d[\alpha + (\omega_{AB})^2] - 2\omega_{DE}(v_{C/D})_{xyz}\}/d = -5 \text{ rad/s}^2$$

Da sich die Stange DE für die erhaltene positive Winkelgeschwindigkeit ω_{DE} wie angenommen im Uhrzeigersinn dreht, ihre ebenfalls im Uhrzeigersinn positiv angenommene Winkelbeschleunigung aber negativ ist, bedeutet dies, dass DE in der dargestellten Winkellage eine Winkelverzögerung erfährt.

Beispiel 5.22

Zwei Flugzeuge A und B fliegen in der gleichen Höhe und führen die in Abbildung 5.36 dargestellten Bewegungen aus. Bestimmen Sie die vom Piloten des Flugzeuges B wahrgenommene Geschwindigkeit und die Beschleunigung von A.

$d = 4$ km, $r_B = 400$ km, $v_A = 700$ km/h, $a_A = 50$ km/h^2, $v_B = 600$ km/h, $(a_B)_t = -100$ km/h^2

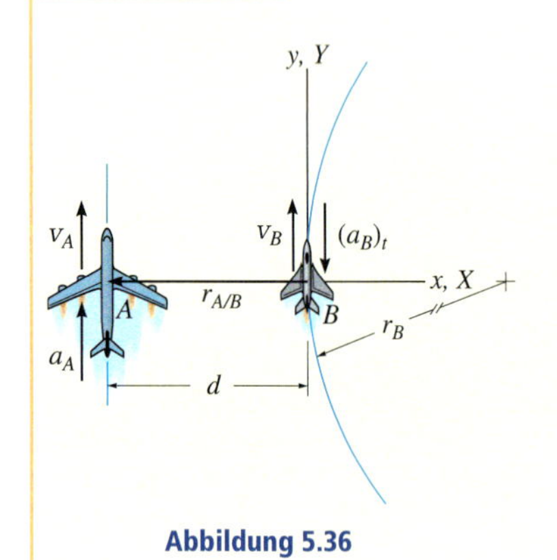

Abbildung 5.36

Lösung

Koordinatensystem Da die Relativbewegung von A bezüglich des Piloten in B gesucht wird, wird das x,y,z-Bezugssystem in das Flugzeug B gelegt, siehe Abbildung 5.36. Zum betrachteten Zeitpunkt wird der Ursprung B des x,y,z-Bezugssystems mit dem Ursprung des raumfesten X,Y,Z-Bezugssystems als zusammenfallend angenommen.

Kinematische Gleichungen

$$\mathbf{v}_A = \mathbf{v}_B + \boldsymbol{\Omega} \times \mathbf{r}_{A/B} + (\mathbf{v}_{A/B})_{xyz} \tag{1}$$

$$\mathbf{a}_A = \mathbf{a}_B + \dot{\boldsymbol{\Omega}} \times \mathbf{r}_{A/B} + \boldsymbol{\Omega} \times (\boldsymbol{\Omega} \times \mathbf{r}_{A/B}) + 2\boldsymbol{\Omega} \times (\mathbf{v}_{A/B})_{xyz} + (\mathbf{a}_{A/B})_{xyz} \tag{2}$$

Geschwindigkeit und Beschleunigung des bewegten Bezugssystems:

$$\mathbf{v}_B = v_B \mathbf{j}$$

$$(a_B)_n = \frac{v_B^2}{r_B}$$

$$\mathbf{a}_B = (\mathbf{a}_B)_n + (\mathbf{a}_B)_t = (v_B^2/r_B)\mathbf{i} + (a_B)_t\mathbf{j}$$

$$\Omega = \frac{v_B}{r_B} \quad \Rightarrow \quad \boldsymbol{\Omega} = \left(-\frac{v_B}{r_B}\right)\mathbf{k}$$

$$\dot{\Omega} = \frac{(a_B)_t}{r_B} \quad \Rightarrow \quad \dot{\boldsymbol{\Omega}} = \left[-\frac{(a_B)_t}{r_B}\right]\mathbf{k}$$

Geschwindigkeit und Beschleunigung von A im bewegten Bezugssystem:

$$\mathbf{r}_{A/B} = -d\mathbf{i}$$

Gesucht: $(\mathbf{v}_{A/B})_{xyz}$ und $(\mathbf{a}_{A/B})_{xyz}$

Einsetzen der Werte in die Gleichungen (1) und (2) führt unter Berücksichtigung von $\mathbf{v}_A = v_A\mathbf{j}$ und $\mathbf{a}_A = a_A\mathbf{j}$ auf

$$\mathbf{v}_A = \mathbf{v}_B + \boldsymbol{\Omega} \times \mathbf{r}_{A/B} + (\mathbf{v}_{A/B})_{xyz}$$

$$v_A\mathbf{j} = v_B\mathbf{j} + (-v_B/r_B)\mathbf{k} \times (-d\mathbf{i}) + (\mathbf{v}_{A/B})_{xyz}$$

$$(\mathbf{v}_{A/B})_{xyz} = (v_A - v_B - dv_B/r_B)\mathbf{j} = \{94\mathbf{j}\}\ \text{km/h}$$

$$\mathbf{a}_A = \mathbf{a}_B + \dot{\boldsymbol{\Omega}} \times \mathbf{r}_{A/B} + \boldsymbol{\Omega} \times (\boldsymbol{\Omega} \times \mathbf{r}_{A/B}) + 2\boldsymbol{\Omega} \times (\mathbf{v}_{A/B})_{xyz} + (\mathbf{a}_{A/B})_{xyz}$$

$$\begin{aligned} a_A\mathbf{j} = {} & [(v_B^2/r_B)\mathbf{i} + (a_B)_t\,\mathbf{j}] + [(-(a_B)_t\,/r_B)\mathbf{k}] \times (-\,d\mathbf{i}) \\ & + [(-v_B/r_B)\mathbf{k}] \times \{[\,(-v_B/r_B)\mathbf{k}] \times (-d\mathbf{i})\} \\ & + 2\{[(-v_B/r_B)\mathbf{k}] \times [(v_A - v_B - dv_B/r_B)\mathbf{j}] + (\mathbf{a}_{A/B})_{xyz} \end{aligned}$$

$$\begin{aligned} (\mathbf{a}_{A/B})_{xyz} = {} & (a_A - (a_B)_t - d(a_B)_t/r_B\,)\mathbf{j} - [v_B^2/r_B + dv_B^2/r_B^2 \\ & + 2(v_B/r_B)(v_A - v_B - dv_B/r_B)]\mathbf{i} \\ = {} & \{\,1191\mathbf{i} + 151\mathbf{j}\}\ \text{km/h}^2 \end{aligned}$$

Vergleichen Sie diese Lösung mit der von *Beispiel 1.27*.

ZUSAMMENFASSUNG

■ ***Ebene Bewegung eines starren Körpers*** Ein starrer Körper kann drei Arten einer ebenen Bewegung ausführen: Translation, Drehung um eine feste Achse und eine allgemein ebene Bewegung.

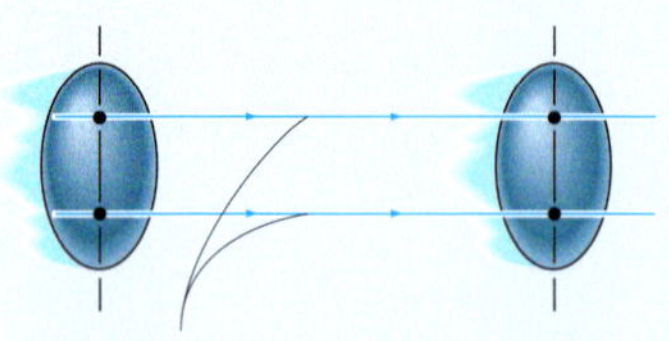

geradlinige Translationsbewegung

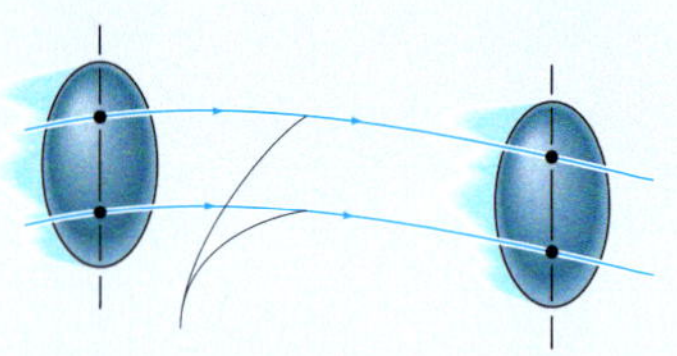

allgemeine Translationsbewegung

■ ***Translation*** Erfährt der Körper eine geradlinige Translation, so bewegen sich alle Körperpunkte auf geraden Bahnen. Haben die gekrümmten Bahnkurven aller Körperpunkte den gleichen Krümmungsradius, so handelt es sich um eine allgemeine Translation. Ist die Bewegung eines Körperpunktes bekannt, so kennen wir auch die Bewegung aller anderen Körperpunkte.

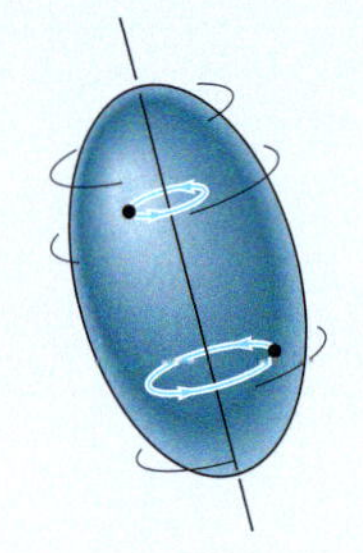

Rotation um eine raumfeste Achse

■ ***Rotation um eine feste Achse*** Bei dieser Art der Bewegung bewegen sich alle Körperpunkte auf Kreisbahnen. Alle Linienelemente im Körper erfahren dabei die gleiche Winkeländerung, die gleiche Winkelgeschwindigkeit und die gleiche Winkelbeschleunigung. Die differenziellen Beziehungen zwischen diesen kinematischen Größen sind

$$\omega = d\theta/dt \qquad \alpha = d\omega/dt \alpha\, d\theta = \omega\, d\omega$$

Ist die Winkelbeschleunigung konstant, gilt also $\alpha = \alpha_0$, können diese Gleichungen integriert werden und führen auf

$$\omega = \omega_0 + \alpha_0 t$$

$$\theta = \theta_0 + \omega_0 t + \alpha_0 t^2/2$$

$$\omega^2 = \omega_0{}^2 + 2\alpha_0(\theta - \theta_0)$$

Ist die Winkelgeschwindigkeit eines Körpers bekannt, so beträgt die Geschwindigkeit eines beliebigen Körperpunktes im Abstand r von der Drehachse

$$v = \omega\, r \qquad \text{oder} \qquad \mathbf{v} = \boldsymbol{\omega} \times \mathbf{r}$$

Die Beschleunigung jedes Körperpunktes hat zwei Komponenten. Die tangentiale Komponente beschreibt die Änderung des Geschwindigkeitsbetrages:

$$a_t = \alpha r \qquad \text{oder} \qquad \mathbf{a}_t = \boldsymbol{\alpha} \times \mathbf{r}$$

Die Normalkomponente beschreibt die Änderung der Geschwindigkeitsrichtung:

$$a_t = \omega^2 r \qquad \text{oder} \qquad \mathbf{a}_n = -\omega^2 \mathbf{r}$$

■ ***Allgemein ebene Bewegung*** Führt ein Körper eine allgemein ebene Bewegung aus, so überlagern sich Translation und Rotation. Ein typisches Beispiel ist ein Rad, das ohne Gleiten rollt. Es gibt verschiedene Verfahren zur Berechnung dieser Bewegung.

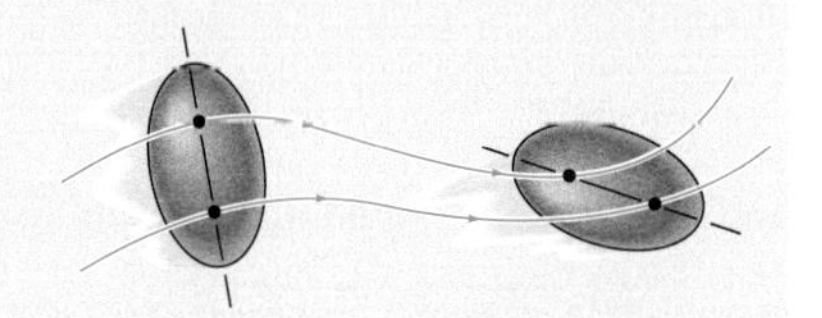

allgemein ebene Bewegung

■ ***Bewegung von Körpern mit einem Freiheitsgrad*** Sind die Bewegung eines Punktes auf einem Körper oder die Winkelbewegung einer Geraden über die Vorgabe einer einzigen Koordinate für ein System mit einem Freiheitsgrad bekannt, kann diese Bewegung mit der eines anderen Punktes oder Liniensegments in einem raumfesten Bezugssystem verknüpft werden. Dazu werden eine Lagekoordinate s oder Winkelkoordinate θ eingeführt (bezüglich eines raumfesten Punktes oder einer Geraden) und über die Geometrie des Körpers mit der gesuchten Bewegungskoordinate in Beziehung gesetzt. Die Zeitableitung dieser Gleichung führt auf die Beziehung zwischen der Geschwindigkeit und der Winkelgeschwindigkeit. Die zweite Zeitableitung ergibt die Relation zwischen der Beschleunigung und der Winkelbeschleunigung.

■ ***Bewegungsanalyse mittels translatorisch bewegtem Bezugssystem*** Die allgemein ebene Bewegung kann auch über die Berechnung der relativen Bewegung zwischen den beiden Körperpunkten A und B erfolgen. Diese Methode betrachtet die Bewegung in Teilschritten: Zunächst wird die ebene Translationsbewegung des gewählten Bezugspunktes A, dann die relative Rotation der die Körperpunkte A und B verbindenden Geraden bezüglich der bewegten Achse durch A betrachtet. Die Geschwindigkeiten der beiden Punkte A und B werden dann über

$$\mathbf{v}_B = \mathbf{v}_A + \mathbf{v}_{B/A}$$

überlagert. Diese Gleichung wird dann üblicherweise in Form kartesischer Vektoren mit dem Drehanteil als Vektorkreuzprodukt formuliert:

$$\mathbf{v}_B = \mathbf{v}_A + \boldsymbol{\omega} \times \mathbf{r}_{B/A}$$

Analog erhält man nach einer Zeitableitung für die Beschleunigung

$$\mathbf{a}_B = \mathbf{a}_A + (\mathbf{a}_{B/A})_t + (\mathbf{a}_{B/A})_n$$

bzw.

$$\mathbf{a}_B = \mathbf{a}_A + \boldsymbol{\alpha} \times \mathbf{r}_{B/A} - \omega^2 \mathbf{r}_{B/A}$$

Da die relative Bewegung als Kreisbewegung um den Bezugspunkt dargestellt wird, hat Punkt B die Geschwindigkeit $\mathbf{v}_{B/A}$ tangential zum Radius. Sie hat zwei Beschleunigungskomponenten $(\mathbf{a}_{B/A})_t$ und $(\mathbf{a}_{B/A})_n$ tangential und normal zum Radius. Es ist wichtig, dass sowohl die Beschleunigung $\mathbf{a}_A$ des Basispunktes als auch $\mathbf{a}_B$ des allgemeinen Körperpunktes zwei Komponenten haben können, wenn diese Punkte sich auf gekrümmten Bahnkurven bewegen.

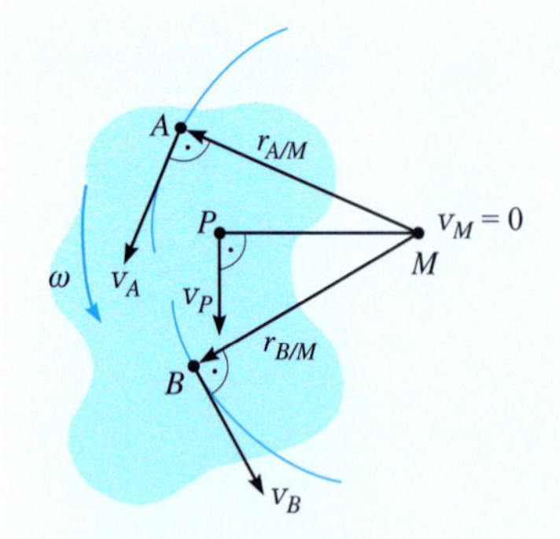

Lage des Momentanpols, wenn die Wirkungslinien von v_A und v_B bekannt sind

■ ***Momentanpol der Geschwindigkeit*** Wird der Bezugspunkt A als Punkt mit verschwindender Geschwindigkeit identifiziert, dann ergibt sich für die Gleichung des allgemeinen Körperpunktes B die Geschwindigkeit

$$\mathbf{v}_B = \boldsymbol{\omega} \times \mathbf{r}_{B/A}$$

In diesem Fall erscheint es, als ob sich der Körper um eine momentan feste Achse dreht.

Der Momentanpol M kann ermittelt werden, wenn die Richtungen der Geschwindigkeiten von zwei Punkten auf dem Körper bekannt sind. Da die Radiallinie r immer senkrecht auf der Geschwindigkeit steht, befindet sich der Momentanpol im Schnittpunkt dieser beiden Radiallinien. Sein Ort wird aus der Geometrie des Körpers bestimmt. Danach kann die Geschwindigkeit eines beliebigen Punktes P auf dem Körper mittels $v = \omega r$ berechnet werden, wobei r vom Momentanpol zum Punkt P reicht.

■ ***Relativbewegung in translatorisch und rotatorisch bewegten Bezugssystemen*** Aufgaben zur kinematischen Analyse für Kontaktpunkte mehrerer Körper, die relativ zueinander gleiten, oder ganz allgemein für die Bewegung von Punkten, die auf unterschiedlichen Körpern liegen, werden zweckmäßig mit den Gesetzen der Relativmechanik bezüglich translatorisch und rotatorisch bewegter Bezugssysteme gelöst. Die kinematischen Gleichungen zur Bestimmung der absoluten Bewegung lauten

$$\mathbf{v}_B = \mathbf{v}_A + \boldsymbol{\Omega} \times \mathbf{r}_{B/A} + (\mathbf{v}_{B/A})_{xyz}$$

$$\mathbf{a}_B = \mathbf{a}_A + \dot{\boldsymbol{\Omega}} \times \mathbf{r}_{B/A} + \boldsymbol{\Omega} \times (\boldsymbol{\Omega} \times \mathbf{r}_{B/A}) + 2\boldsymbol{\Omega} \times (\mathbf{v}_{B/A})_{xyz} + (\mathbf{a}_{B/A})_{xyz}$$

Der Term $2\boldsymbol{\Omega} \times (\mathbf{v}_{B/A})_{xyz}$ ist die so genannte Coriolis-Beschleunigung.

Aufgaben zu 5.1 bis 5.3

Ausgewählte Lösungswege

Lösungen finden Sie in *Anhang C*.

5.1 Ein Rad hat die Anfangswinkelgeschwindigkeit ω_0 im Uhrzeigersinn und die konstante Winkelbeschleunigung α_0. Nach wie vielen Umdrehungen hat das Rad die Winkelgeschwindigkeit ω_1 erreicht? Wie lange dauert das?

Gegeben: $\omega_0 = 10$ rad/s, $\alpha_0 = 3$ rad/s^2, $\omega_1 = 15$ rad/s

5.2 Ein Schwungrad mit dem Durchmesser d erhöht in der Zeit von $t = t_1 = 0$ bis $t = t_2$ die Winkelgeschwindigkeit von ω_1 auf ω_2. Bestimmen Sie die Beträge der normalen und tangentialen Komponenten der Beschleunigung eines Punktes auf dem Umfang des Rades zur Zeit $t = t_2$ und die insgesamt zurückgelegte Strecke des Punktes bis zu diesem Zeitpunkt.

Gegeben: $\omega_1 = 15$ rad/s, $\omega_2 = 60$ rad/s, $d = 0{,}6$ m, $t_2 = 80$ s

5.3 Die Winkelgeschwindigkeit ω der Scheibe mit dem Radius r ist eine Funktion der Zeit. Bestimmen Sie die Beträge von Geschwindigkeit und Beschleunigung von Punkt A auf der Scheibe zur Zeit $t = t_1$.

Gegeben: $\omega = bt^2 + c$, $b = 5$ rad/s^3, $c = 2$ rad/s, $t_1 = 0{,}5$ s, $r = 0{,}8$ m

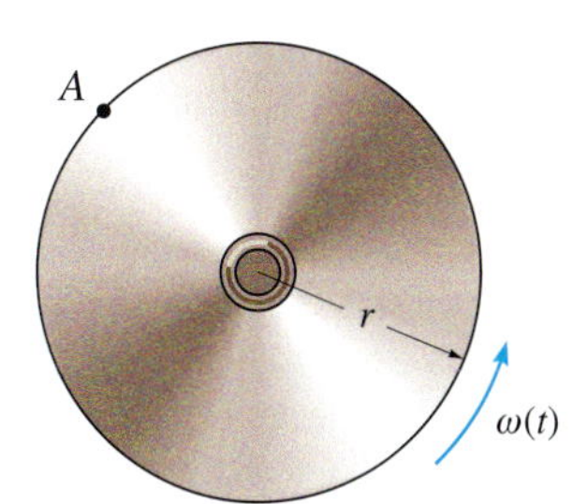

Abbildung A 5.3

***5.4** Nach dem Einschalten des Lüfters setzt der Motor das Lüfterrad mit der Winkelbeschleunigung $\alpha(t)$ in Bewegung. Bestimmen Sie die Geschwindigkeit der Spitze P eines Lüfterblattes zum Zeitpunkt $t = t_1$. Wie viele Umdrehungen hat der Flügel bis dahin ausgeführt? Zur Zeit $t = 0$ ist das Lüfterrad in Ruhe.

Gegeben: $\alpha = ce^{-bt}$, $b = -0{,}6$/s, $c = 20$ rad/s^2, $r = 0{,}5$ m, $t_1 = 3$ s

Abbildung A 5.4

5.5 Aufgrund einer Leistungszunahme dreht der Motor M die Welle A mit der Winkelbeschleunigung $\alpha(\theta)$. Die Anfangswinkelgeschwindigkeit ω_0 ist gegeben. Bestimmen Sie die Winkelgeschwindigkeit des Zahnrades B nach der Winkeldrehung $\Delta\theta$.

Gegeben: $\alpha = b\theta^2$, $b = 0{,}06$ s^{-2}rad^{-1}, $r_B = 60$ mm, $d_A = 24$ mm, $\omega_0 = 50$ rad/s, $\Delta\theta = 10$ Umdr

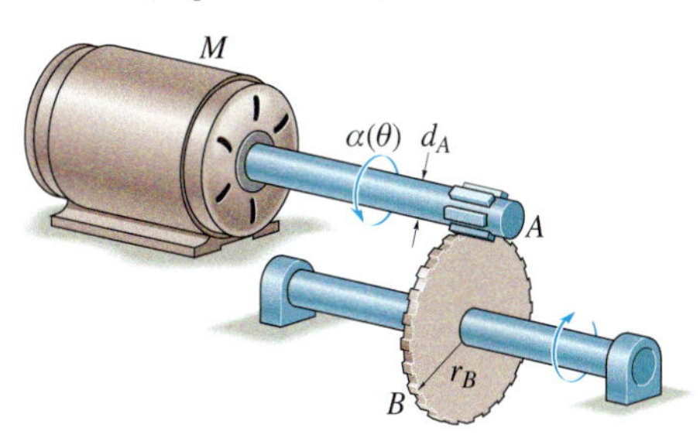

Abbildung A 5.5

5.6 Der Lasthaken bewegt sich mit der Beschleunigung a aus der Ruhe. Er ist an einem undehnbaren Seil befestigt, das um eine Trommel gewickelt ist. Bestimmen Sie die Winkelbeschleunigung der Trommel und ihre Winkelgeschwindigkeit nach n Umdrehungen. Wie viele weitere Umdrehungen führt die Trommel danach noch aus, wenn der Haken sich eine zusätzliche Zeit Δt weiter absenkt?

Gegeben: $a = 10$ m/s^2, $r = 1$ m, $\Delta t = 4$ s, $n = 10$

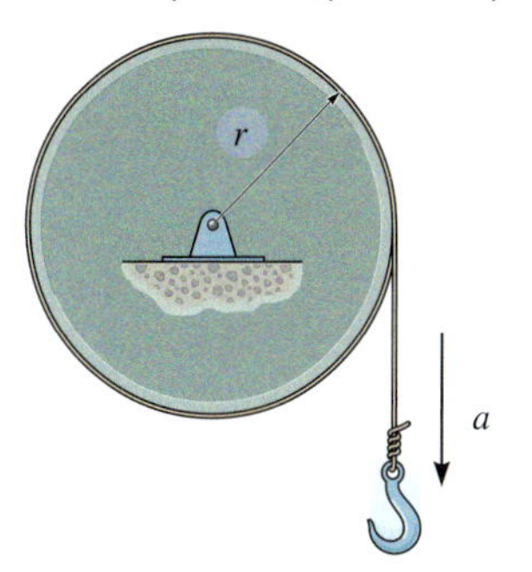

Abbildung A 5.6

5.7 Die Scheibe wird von einem Motor angetrieben und ihre Winkellage wird durch die Funktion $\theta(t)$ angegeben. Bestimmen Sie die Anzahl der Umdrehungen, die Winkelgeschwindigkeit und die Winkelbeschleunigung der Scheibe zur Zeit $t = t_1$.

Gegeben: $\theta = bt + ct^2$, $b = 20\ \text{rad/s}$, $c = 4\ \text{rad/s}^2$, $r = 0{,}5\ \text{m}$, $t_1 = 90\ \text{s}$

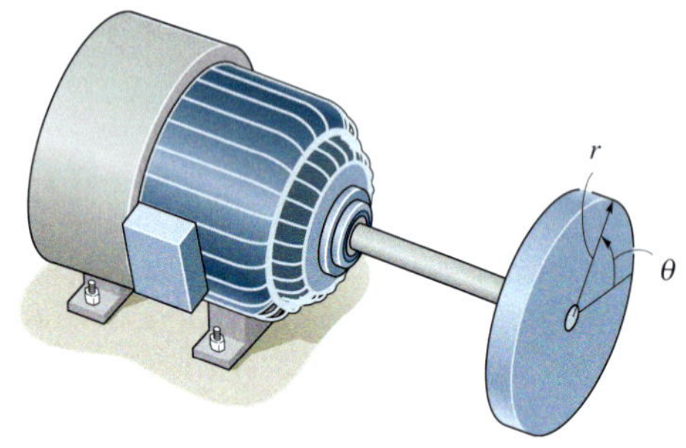

Abbildung A 5.7

***5.8** Das Antriebsrad A auf der Motorwelle erfährt die konstante Winkelbeschleunigung α. Die Abmessungen der Zahnräder A und B sind gegeben. Bestimmen Sie die Winkelgeschwindigkeit und die Winkeldrehung der Welle C, die aus der Ruhe zu drehen beginnt, zur Zeit $t = t_1$. Die Welle ist mit dem Zahnrad B fest verbunden.

Gegeben: $\alpha = 3\ \text{rad/s}^2$, $t_1 = 2\ \text{s}$, $r_A = 35\ \text{mm}$, $r_B = 125\ \text{mm}$

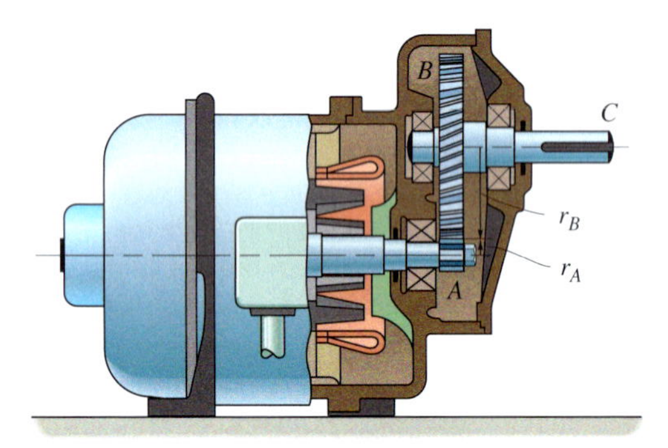

Abbildung A 5.8

5.9 Der Motor M dreht mit der Winkelgeschwindigkeit $\omega(t)$. Die Riemenscheiben und das Lüfterrad haben die angegebenen Radien. Bestimmen Sie die Beträge von Geschwindigkeit und Beschleunigung des Punktes P auf dem Lüfterflügel zur Zeit $t = t_1$. Wie groß ist die maximale Geschwindigkeit dieses Punktes?

Gegeben: $\omega = c(1 - e^{-dt})$, $c = 4\ \text{rad/s}$, $d = 1/\text{s}$, $t_1 = 0{,}5\ \text{s}$, $r_M = 2\ \text{cm}$, $r_R = 8\ \text{cm}$, $r_P = 32\ \text{cm}$

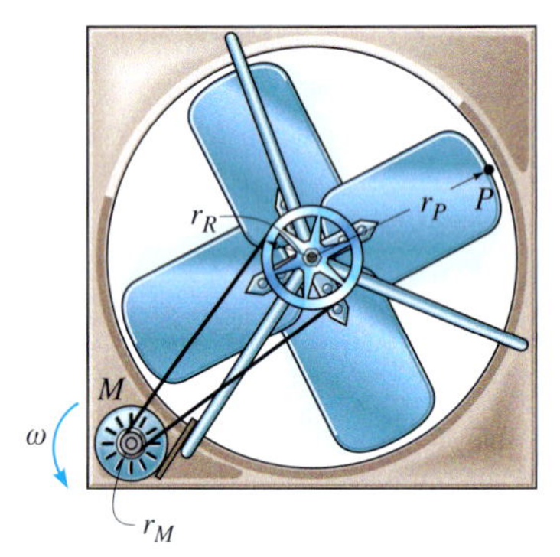

Abbildung A 5.9

5.10 Die Scheibe dreht sich anfangs mit der Winkelgeschwindigkeit ω_0 und erfährt eine konstante Winkelbeschleunigung α. Bestimmen Sie die Beträge der Geschwindigkeit sowie der Normal- und der Tangential-Komponenten der Beschleunigung des Scheibenpunktes A zur Zeit $t = t_1$.

Gegeben: $\omega_0 = 8\ \text{rad/s}$, $\alpha = 6\ \text{rad/s}^2$, $t_1 = 0{,}5\ \text{s}$, $r_A = 2\ \text{m}$

5.11 Die Scheibe dreht sich anfangs mit der Winkelgeschwindigkeit ω_0 und erfährt eine konstante Winkelbeschleunigung α. Bestimmen Sie die Beträge der Geschwindigkeit sowie der Normal- und der Tangential-Komponenten der Beschleunigung des Scheibenpunktes B nach n Umdrehungen.

Gegeben: $\omega_0 = 8\ \text{rad/s}$, $\alpha = 6\ \text{rad/s}^2$, $r_B = 1{,}5\ \text{m}$, $n = 2$

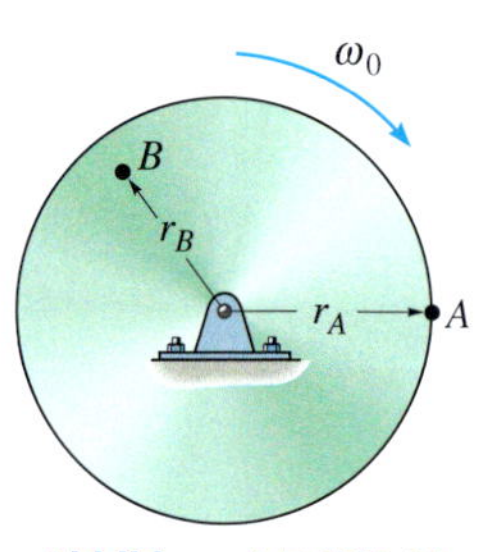

Abbildung A 5.10/5.11

***5.12** Greifen nur die beiden Zahnräder A und B ineinander, so drehen sich das Antriebsrad A und das angetriebene Rad B immer entgegengerichtet. Sollen sie sich in *gleicher Richtung* drehen, wird ein Zwischenrad C eingesetzt. Bestimmen Sie für den dargestellten Fall die Winkelgeschwindigkeit von Zahnrad B zur Zeit $t = t_1$, wenn Rad A die Rotation aus der Ruhe beginnt und eine Winkelbeschleunigung $\alpha_A(t)$ besitzt.

Gegeben: $\alpha_A(t) = bt + c$, $b = 3 \text{ rad/s}^3$, $c = 2 \text{ rad/s}^2$, $r_A = 50 \text{ mm}$, $r_B = 75 \text{ mm}$, $r_C = 50 \text{ mm}$, $t_1 = 5\text{s}$

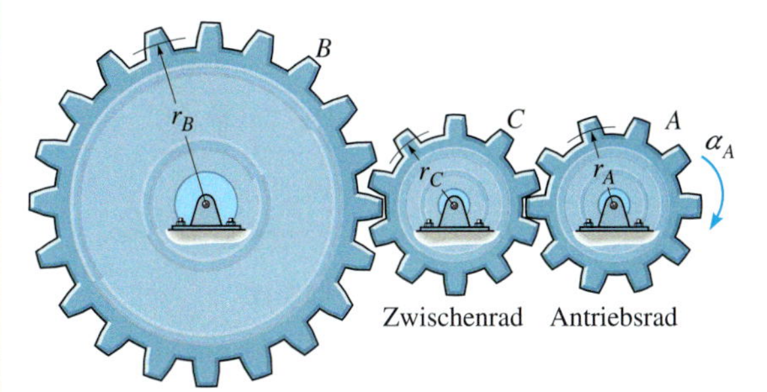

Abbildung A 5.12

5.13 Ein Motor treibt die Scheibe A mit der Winkelbeschleunigung $\alpha(t)$. Die Anfangswinkelgeschwindigkeit ω_0 der Scheibe ist gegeben. Bestimmen Sie die Beträge der Geschwindigkeit und Beschleunigung der Last B zur Zeit $t = t_1$.

Gegeben: $\alpha_A(t) = bt^2 + c$, $b = 0{,}6 \text{ rad/s}^4$, $c = 0{,}75 \text{ rad/s}^2$, $\omega_0 = 6 \text{ rad/s}$, $t_1 = 2 \text{ s}$, $r_A = 0{,}15 \text{ m}$

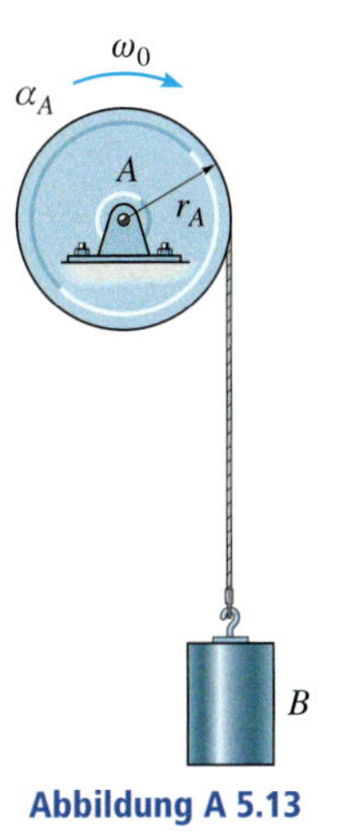

Abbildung A 5.13

5.14 Die Scheibe dreht sich anfangs mit der Winkelgeschwindigkeit ω_0 und erfährt eine konstante Winkelbeschleunigung α_0. Bestimmen Sie die Beträge der Geschwindigkeit sowie der Normal- und der Tangential-Komponenten der Beschleunigung des Scheibenpunktes A zur Zeit $t = t_1$.

Gegeben: $\omega_0 = 8 \text{ rad/s}$, $\alpha_0 = 6 \text{ rad/s}^2$, $t_1 = 3 \text{ s}$, $r = 2 \text{ m}$

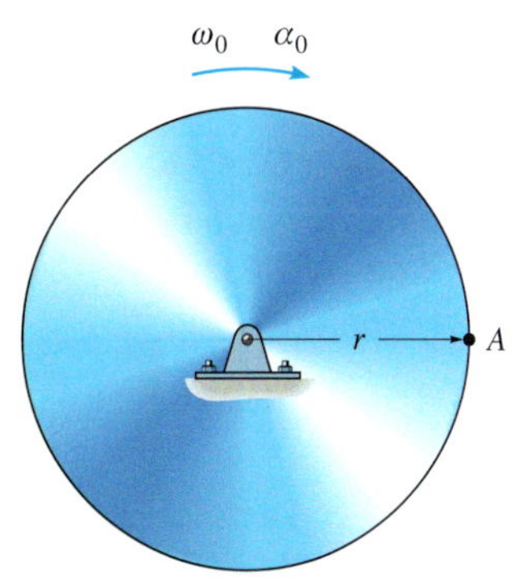

Abbildung A 5.14

5.15 Zahnrad A treibt Zahnrad B wie dargestellt an. A beginnt sich aus der Ruhe zu drehen und hat die konstante Winkelbeschleunigung α_A. Bestimmen Sie den Zeitpunkt, bei dem B die Winkelgeschwindigkeit ω_B erreicht hat.

Gegeben: $\alpha_A = 2 \text{ rad/s}^2$, $\omega_B = 50 \text{ rad/s}$, $r_A = 25 \text{ mm}$, $r_B = 100 \text{ mm}$

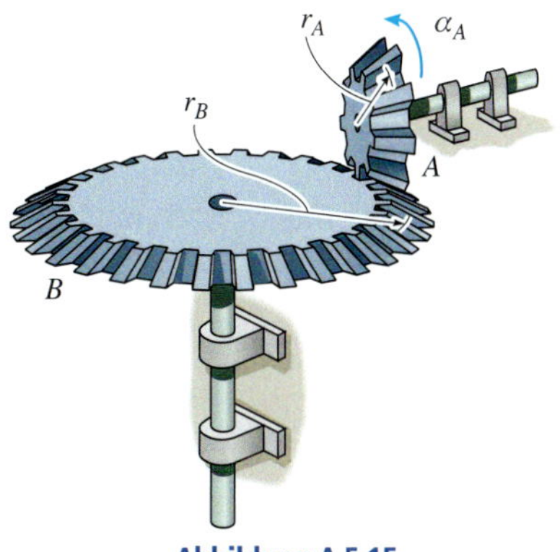

Abbildung A 5.15

***5.16** Das Zahnrad A auf der Antriebswelle des Außenbordmotors hat den Radius r_A und das Zahnrad B auf der Propellerwelle den Radius r_B. Bestimmen Sie die Winkelgeschwindigkeit der Schiffsschraube zur Zeit $t = t_1$ für die Winkelbeschleunigung $\alpha_A(t)$. Die Schiffsschraube ist anfangs in Ruhe und das Motorgehäuse bewegt sich nicht.

Gegeben: $\alpha_A(t) = b\sqrt{t}$, $b = 300\ \mathrm{rad/s^{5/2}}$, $t_1 = 1{,}3\ \mathrm{s}$, $r_A = 2\ \mathrm{cm}$, $r_B = 4\ \mathrm{cm}$

5.17 Bestimmen Sie für den Außenbordmotor aus Aufgabe 5.16 die Beträge von Geschwindigkeit und Beschleunigung des Punktes P auf der Spitze der Schiffschraube zur Zeit $t = t_2$.

Gegeben: $\alpha_A(t) = b\sqrt{t}$, $b = 300\ \mathrm{rad/s^{5/2}}$, $t_2 = 0{,}75\ \mathrm{s}$, $r_A = 2\ \mathrm{cm}$, $r_B = 4\ \mathrm{cm}$, $r_P = 6\ \mathrm{cm}$

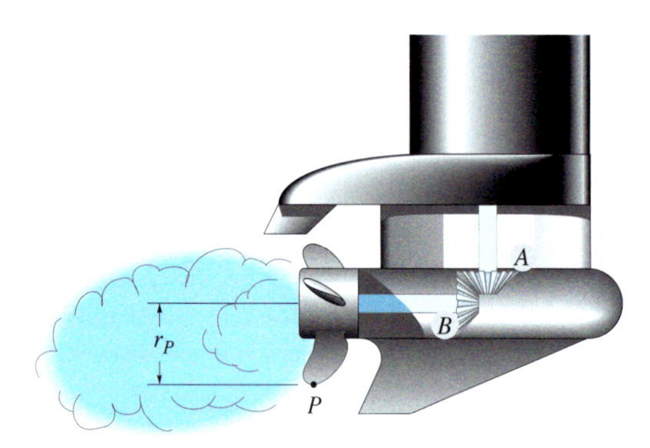

Abbildung A 5.16/5.17

5.18 Die Antriebsscheibe A beginnt bei $s = 0$ die Bewegung aus der Ruhe mit der Winkelbeschleunigung $\alpha_A(\theta)$. Bestimmen Sie die Geschwindigkeit der Last B bei $s = s_1$. Die Seiltrommel D ist mit der Riemenscheibe C fest verbunden.

Gegeben: $\alpha_A(\theta) = b\theta$, $b = 6/\mathrm{s^2}$, $s_0 = 0$, $s_1 = 6\ \mathrm{m}$, $r_A = 50\ \mathrm{mm}$, $r_C = 150\ \mathrm{mm}$, $r_D = 75\ \mathrm{mm}$

5.19 Die Antriebsscheibe A beginnt – dann ist $s = 0$ – die Bewegung aus der Ruhe und erfährt eine konstante Winkelbeschleunigung $\alpha_A = \alpha_0$. Bestimmen Sie die Geschwindigkeit von Klotz B bei $s = s_1$. Die Seiltrommel D ist mit der Riemenscheibe C fest verbunden.

Gegeben: $a_0 = 6\ \mathrm{rad/s^2}$, $s_1 = 6\ \mathrm{m}$, $r_A = 50\ \mathrm{mm}$, $r_C = 150\ \mathrm{mm}$, $r_D = 75\ \mathrm{mm}$

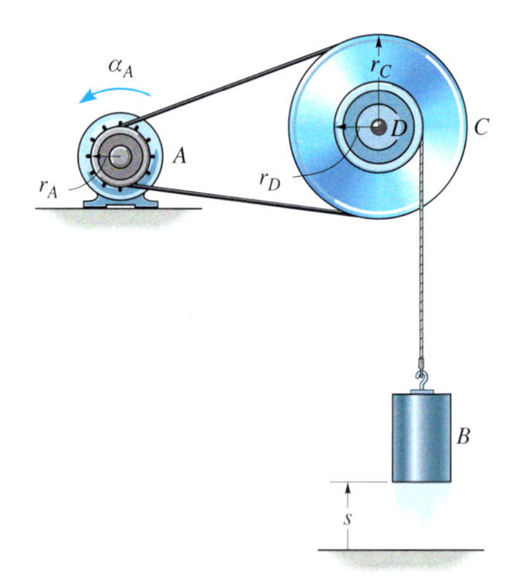

Abbildung A 5.18/5.19

***5.20** Der Motor der Kreissäge dreht die Antriebswelle mit der Winkelgeschwindigkeit $\omega(t)$. Die Radien der Zahnräder A und B sind gegeben. Bestimmen Sie die Geschwindigkeit und die Beschleunigung des Zahnes C auf dem Sägeblatt nach der Drehung θ der Welle, die aus der Ruhe heraus beginnt.

Gegeben: $\omega(t) = bt^{2/3}$, $b = 20\ \mathrm{rad/s^{5/3}}$, $r_A = 1\ \mathrm{cm}$, $r_B = 4\ \mathrm{cm}$, $r_C = 10\ \mathrm{cm}$, $\theta = 5\ \mathrm{rad}$

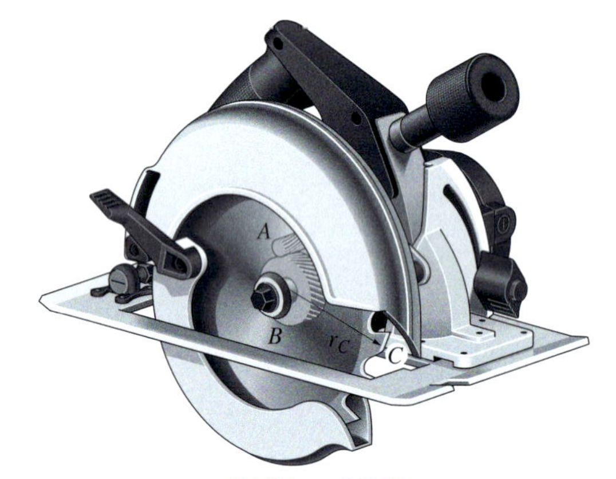

Abbildung A 5.20

5.21 Mit dem Schraubengewinde E erzeugt der Stellantrieb die lineare Bewegung des Armendpunktes F, wenn der Motor das Zahnrad A dreht. Die Zahnräder haben die angegebenen Radien und die Schraube E hat die Gewindesteigung p. Bestimmen Sie die Geschwindigkeit des Punktes F, wenn der Motor A mit der Winkelgeschwindigkeit ω_A umläuft. *Hinweis:* Die Gewindesteigung gibt die Verstellung der Schraube pro volle Umdrehung an.

Gegeben: $p = 2 \text{ mm}, \omega_A = 20 \text{ rad/s}$

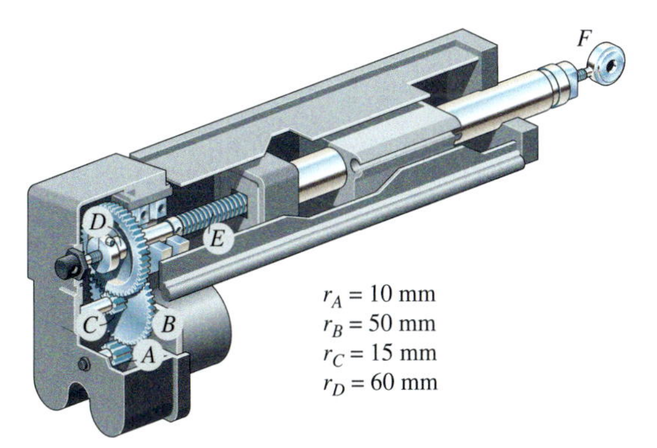

Abbildung A 5.21

5.22 Der Motor treibt die Antriebswelle A mit der Winkelbeschleunigung $\alpha_A(\theta)$ an. Das zugehörige Zahnrad dreht sich anfangs mit der Winkelgeschwindigkeit $(\omega_A)_0$. Bestimmen Sie die Winkelgeschwindigkeit des Zahnrades B nach einer Winkeldrehung $\Delta\theta_A$ von A.

Gegeben: $\alpha_A(\theta) = b\theta^3 + c$, $b = 0{,}25 \text{ (rad s)}^{-2}$, $c = 0{,}5 \text{ rad/s}^2$, $(\omega_A)_0 = 20 \text{ rad/s}$, $r_A = 0{,}05 \text{ m}$, $r_B = 0{,}15 \text{ m}$, $\Delta\theta_A = 10 \text{ Umdr}$

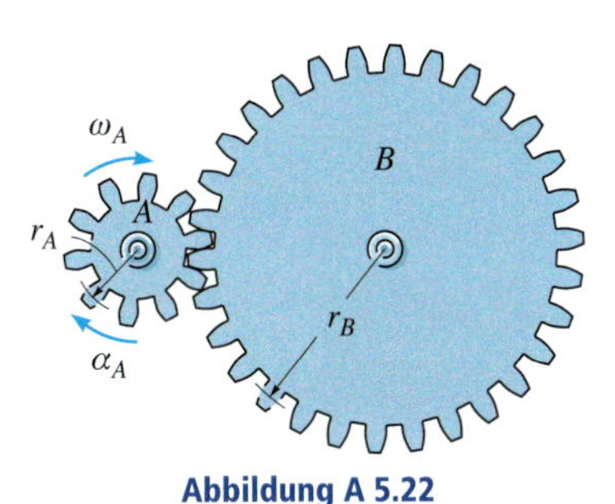

Abbildung A 5.22

5.23 Der Motor dreht die Antriebswelle mit der Winkelbeschleunigung $\alpha_A(t)$. Das zugehörige Zahnrad dreht sich anfangs mit der Winkelgeschwindigkeit $(\omega_A)_0$. Bestimmen Sie die Winkelgeschwindigkeit des Zahnrades B zum Zeitpunkt $t = t_1$.

Gegeben: $\alpha_A(t) = bt^3$, $b = 4 \text{ rad/s}^{-5}$, $(\omega_A)_0 = 20 \text{ rad/s}$, $r_A = 0{,}05 \text{ m}$, $r_B = 0{,}15 \text{ m}$, $t_1 = 2 \text{ s}$

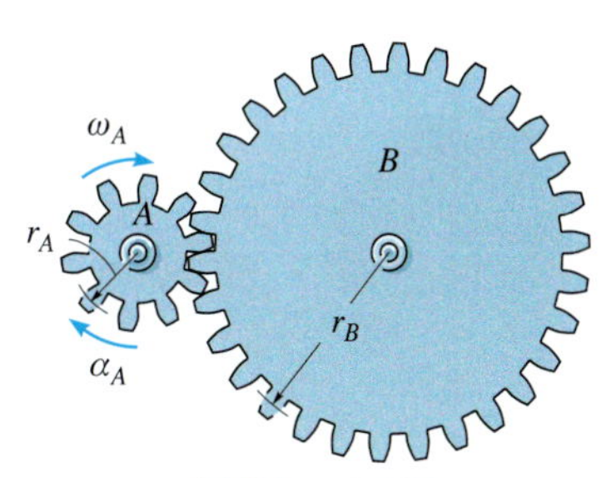

Abbildung A 5.23

***5.24** Die Scheibe beginnt die Drehung aus der Ruhe und erfährt die Winkelbeschleunigung $\alpha(\theta)$. Bestimmen Sie die Winkelgeschwindigkeit der Scheibe und den zum Zeitpunkt $t = t_1$ überstrichenen Winkel.

Gegeben: $\alpha_A(\theta) = b\theta^{1/3}$, $b = 10 \text{ rad}^{2/3}/\text{s}^2$, $r = 0{,}4 \text{ m}$, $t_1 = 4 \text{ s}$

5.25 Die Scheibe beginnt die Drehung aus der Ruhe und erfährt die Winkelbeschleunigung $\alpha(\theta)$. Bestimmen Sie die Beträge der normalen und tangentialen Komponenten der Beschleunigung des Umfangspunktes P der Scheibe zum Zeitpunkt $t = t_1$.

Gegeben: $\alpha_A(\theta) = b\theta^{1/3}$, $b = 10 \text{ rad}^{2/3}/\text{s}^2$, $r = 0{,}4 \text{ m}$, $t_1 = 4 \text{ s}$

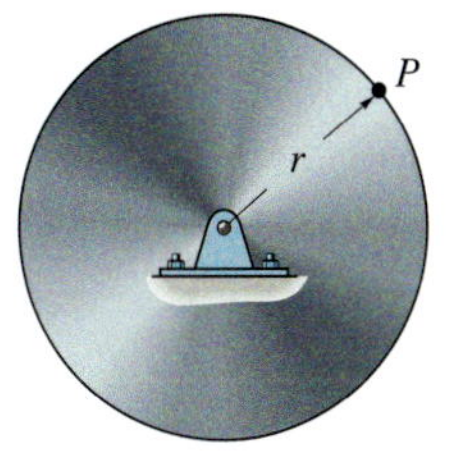

Abbildung A 5.24/5.25

5.26 Die Winkelgeschwindigkeit der Trommel wird gleichmäßig von ω_0 bei $t = 0$ auf ω_2 bei $t = t_2$ erhöht. Bestimmen Sie die Beträge der Geschwindigkeit und der Beschleunigung der Punkte A und B auf dem Riemen für $t = t_1$, wenn sich die Punkte zu diesem Zeitpunkt an den dargestellten Orten befinden.

Gegeben: $\omega_0 = 6\ \mathrm{rad/s}$, $\omega_2 = 12\ \mathrm{rad/s}$, $t_1 = 1\ \mathrm{s}$, $t_2 = 5\ \mathrm{s}$, $r = 10\ \mathrm{cm}$, $\alpha = 45°$

Abbildung A 5.26

5.27 Der Rückwärtsgang eines Dreiganggetriebes ist schematisch dargestellt. Die Kurbelwelle G dreht sich mit der Winkelgeschwindigkeit ω_G. Bestimmen Sie die Winkelgeschwindigkeit der Antriebswelle H. Alle Zahnräder drehen sich jeweils um eine raumfeste Achse. Dabei greifen die Zahnräder A und B, C und D sowie E und F spielfrei ineinander. Die Radien der Zahnräder sind angegeben.

Gegeben: $\omega_G = 60\ \mathrm{rad/s}$

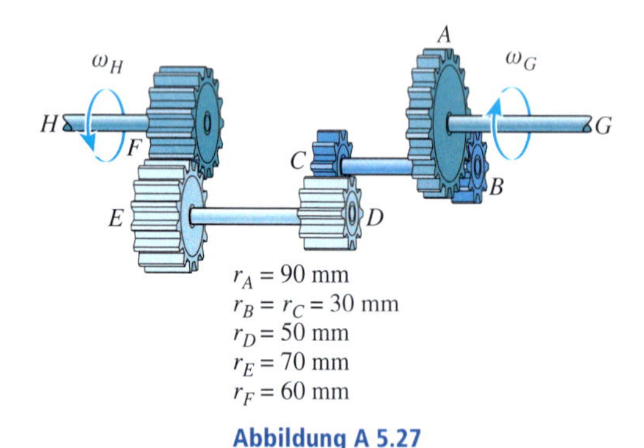

Abbildung A 5.27

***5.28** Die Drehung des Roboterarms wird durch die lineare Bewegung der Hydraulikzylinder A und B erzeugt. Zylinder A fährt mit der konstanten Geschwindigkeit v aus, während B sich mit der gleichen Geschwindigkeit in die entgegengesetzte Richtung bewegt. Bestimmen Sie in der dargestellten Position den Betrag von Geschwindigkeit und Beschleunigung des Teils C, das vom Greifer des Arms gehalten wird. Der Radius r_D des Zahnrades D ist gegeben.

Gegeben: $l_a = 2\ \mathrm{m}$, $l_b = 1\ \mathrm{m}$, $h_a = 1{,}5\ \mathrm{m}$, $r_D = 0{,}05\ \mathrm{m}$, $\alpha = 45°$, $v = 0{,}25\ \mathrm{m/s}$

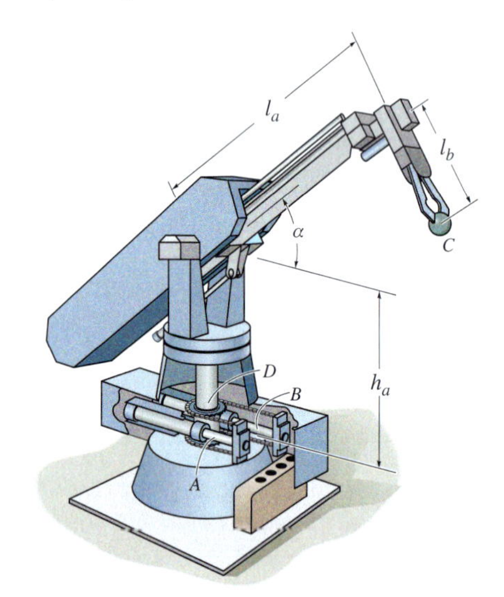

Abbildung A 5.28

5.29 In der dargestellten Lage dreht sich das Zahnrad A mit der konstanten Winkelgeschwindigkeit ω_A. Bestimmen Sie die größte Winkelgeschwindigkeit von B und die maximale Geschwindigkeit von Punkt C.

Gegeben: $a = 100\ \mathrm{mm}$, $\omega_A = 6\ \mathrm{rad/s}$

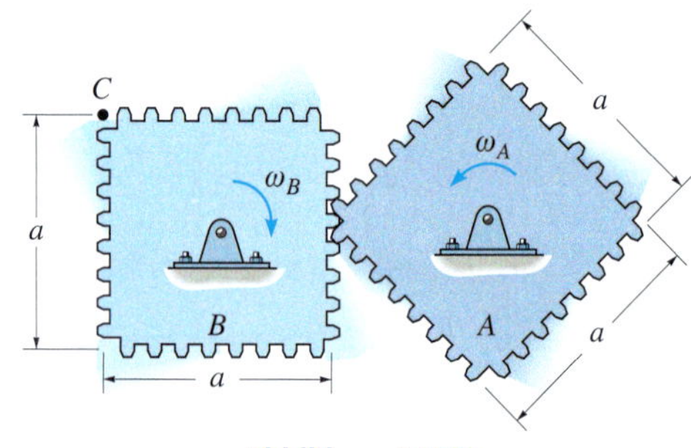

Abbildung A 5.29

5.30 In einem Textilbetrieb wird mit der dargestellten Anordnung Leistung übertragen. Zu Beginn $t = 0$ dreht ein Elektromotor die Riemenscheibe A mit der Winkelgeschwindigkeit ω_A und beschleunigt sie mit der Winkelbeschleunigung α_A. Bestimmen Sie die Winkelgeschwindigkeit der Riemenscheibe B nach n Umdrehungen von B. Die Nabe D ist starr mit der Scheibe C verbunden.

Gegeben: $\omega_A = 5 \text{ rad/s}$, $r_A = 4{,}5 \text{ cm}$, $r_B = 4 \text{ cm}$, $r_C = 5 \text{ cm}$, $r_D = 3 \text{ cm}$, $\alpha_A = 2 \text{ rad/s}^2$, $n = 6 \text{ Umdr}$

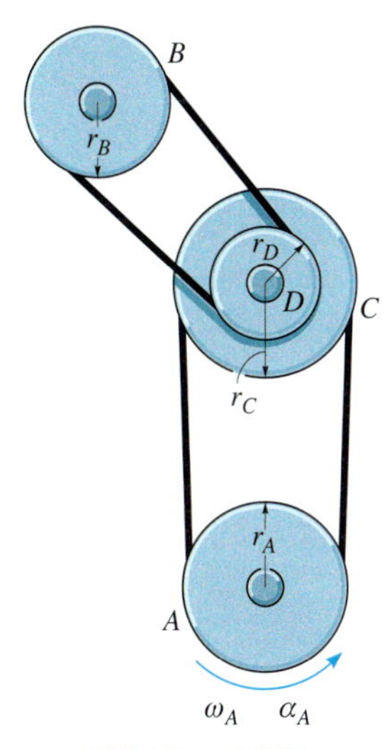

Abbildung A 5.30

5.31 Das undehnbare Seil mit dem Durchmesser d ist um die kegelförmige Trommel mit den dargestellten Abmessungen gewickelt. Die Trommel dreht sich mit der konstanten Winkelgeschwindigkeit ω. Bestimmen Sie die Aufwärtsbeschleunigung der Masse, vernachlässigen Sie dabei ihre kleine horizontale Verschiebung.

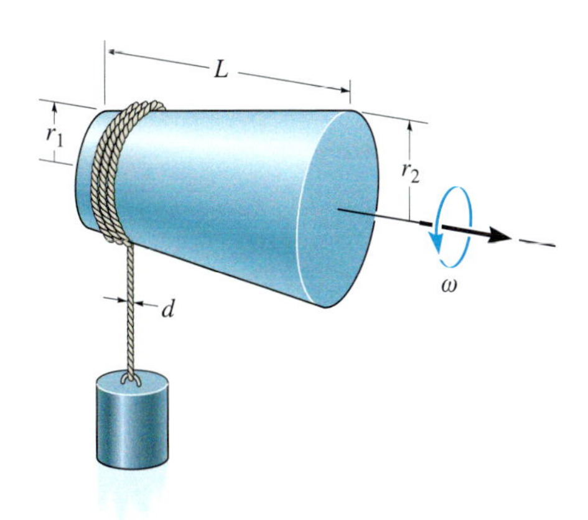

Abbildung A 5.31

***5.32** Der Winkelrahmen wird von den Kugelgelenken in A und B gehalten. Zur dargestellten Zeit dreht er sich um die gelenkverbindende y-Achse mit der Winkelgeschwindigkeit ω und hat die Winkelbeschleunigung α. Bestimmen Sie die Beträge von Geschwindigkeit und Beschleunigung des Punktes C zu dieser Zeit. Lösen Sie die Aufgabe mit kartesischen Vektoren und den Gleichungen (5.9) und (5.13).

Gegeben: $a = 0{,}4 \text{ m}$, $b = 0{,}4 \text{ m}$, $c = 0{,}3 \text{ m}$, $\omega = 5 \text{ rad/s}$, $\alpha = 8 \text{ rad/s}^2$

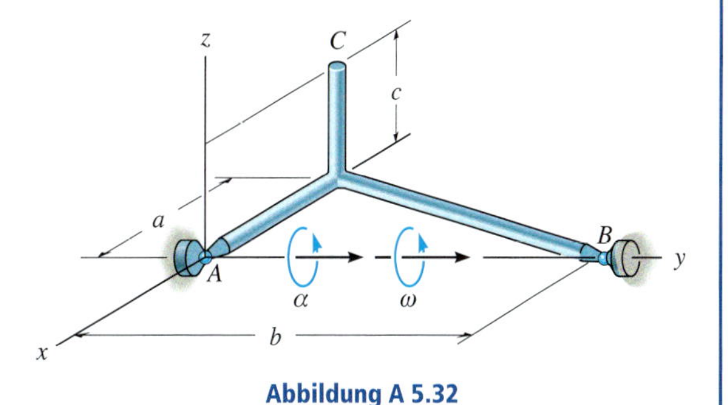

Abbildung A 5.32

Aufgaben zu 5.4

Ausgewählte Lösungswege 

Lösungen finden Sie in *Anhang C*.

5.33 Der Hebel DC rotiert gleichförmig mit konstanter Winkelgeschwindigkeit ω um die Achse D. Bestimmen Sie die Geschwindigkeit und die Beschleunigung des Rahmens AB, der sich in den Führungen vertikal bewegt.

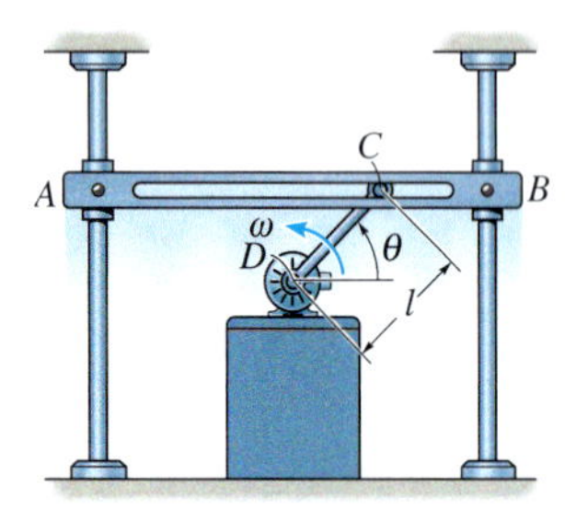

Abbildung A 5.33

5.34 Die Bühne S wird hydraulisch gehoben, indem der Fußpunkt A des Mechanismus $ABCDE$ gegen den feststehenden Gelenkpunkt B gefahren wird. A nähert sich B mit der Geschwindigkeit v_A. Bestimmen Sie die Geschwindigkeit, mit der sich die Bühne hebt, als Funktion von θ. Die Verbindungsstücke AE und BD der jeweiligen Länge l sind in ihrem Mittelpunkt C gelenkig verbunden.

Gegeben: $v_A = 0{,}6$ m/s, $l = 1{,}6$ m

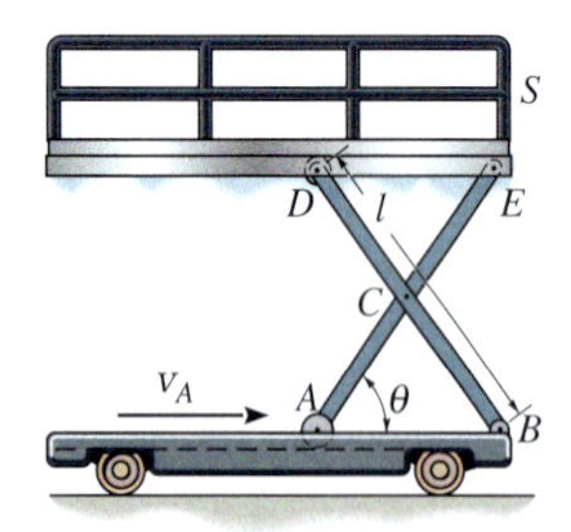

Abbildung A 5.34

5.35 Mit der Vorrichtung wird die konstante Winkelgeschwindigkeit ω der Kurbel AB in eine translatorische Bewegung x der Stange CD umgewandelt. Bestimmen Sie Geschwindigkeit und Beschleunigung von CD als Funktion der Winkellage θ von AB.

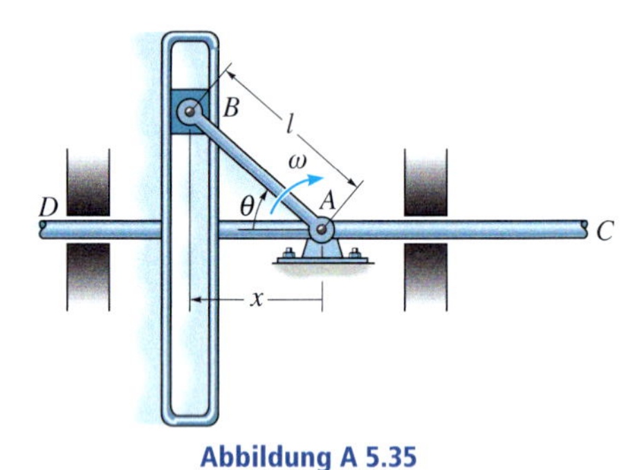

Abbildung A 5.35

***5.36** Der Klotz bewegt sich mit der konstanten Geschwindigkeit v_0 nach links. Bestimmen Sie die Winkelgeschwindigkeit und die Winkelbeschleunigung der Stange als Funktion von θ.

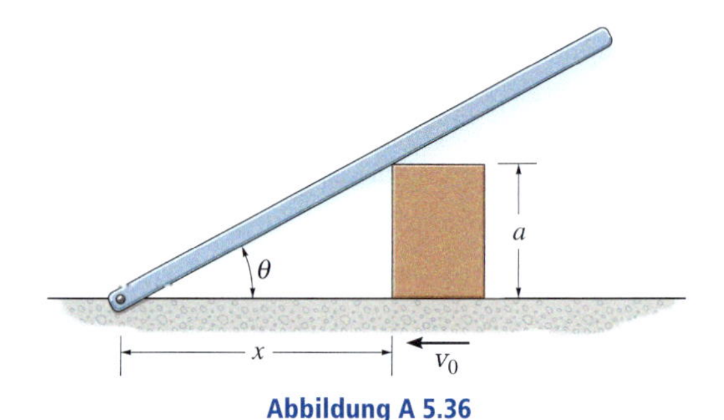

Abbildung A 5.36

5.37 Bestimmen Sie die Geschwindigkeit der Stange R als Funktion des Winkels θ der Nockenwelle C, wenn diese mit konstanter Winkelgeschwindigkeit ω dreht und in O frei drehbar gelagert ist. Durch die Feder kann die Stange bei A nicht von der Nockenscheibe C abheben.

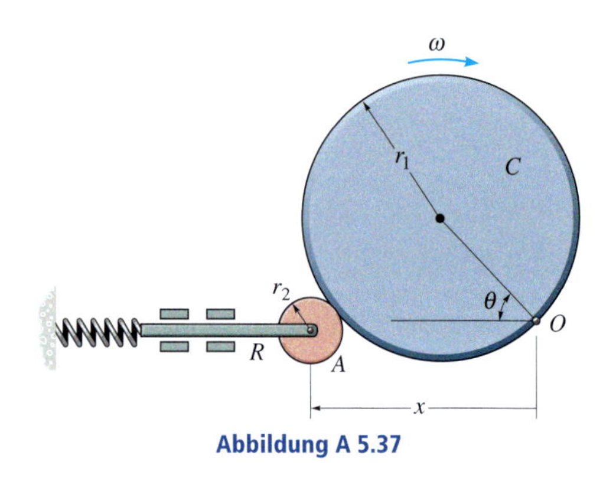

Abbildung A 5.37

5.38 Die Kurbel AB dreht sich mit der konstanten Winkelgeschwindigkeit ω. Bestimmen Sie die Geschwindigkeit des Kolbens P als Funktion der Winkellage $\theta = \theta_1$.

Gegeben: $l_{AB} = 0{,}2$ m, $l_{BP} = 0{,}75$ m, $\theta_1 = 30°$, $\omega = 150$ rad/s

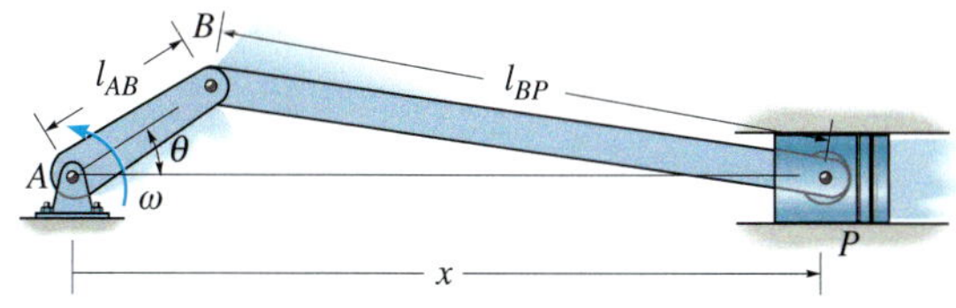

Abbildung A 5.38

5.39 In der Winkellage $\theta = \theta_1$ bewegt sich die geschlitzte Führung mit der Beschleunigung a und der Geschwindigkeit v nach oben. Bestimmen Sie die Winkelbeschleunigung und die Winkelgeschwindigkeit der Kurbel AB für diese Stellung. *Hinweis:* Die Aufwärtsbewegung der Führung geht in negative y-Richtung.

Gegeben: $l_{AB} = 300$ mm, $v = 2$ m/s, $a = 3$ m/s^2, $\theta_1 = 50°$

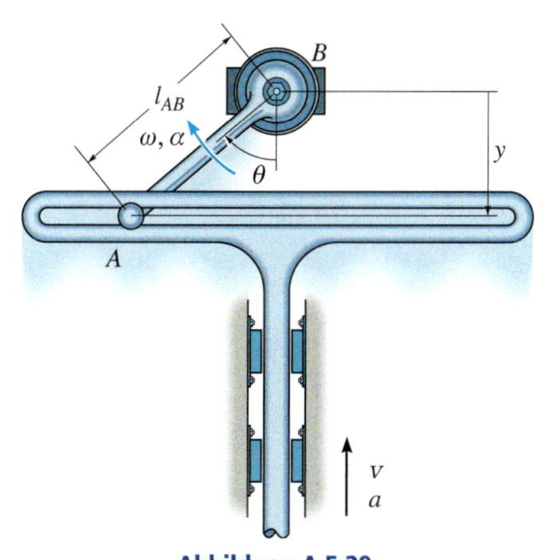

Abbildung A 5.39

***5.40** Die Scheibe A rollt ohne Gleiten auf der Oberfläche des *raumfesten* Zylinders B. Bestimmen Sie die Winkelgeschwindigkeit der Scheibe, wenn ihr Mittelpunkt C die Geschwindigkeit v_C hat. Wie viele Umdrehungen hat A gemacht, wenn das Verbindungsstück DC eine Umdrehung ausgeführt hat?

Gegeben: $r_A = r_B = 150$ mm, $v_C = 5$ m/s

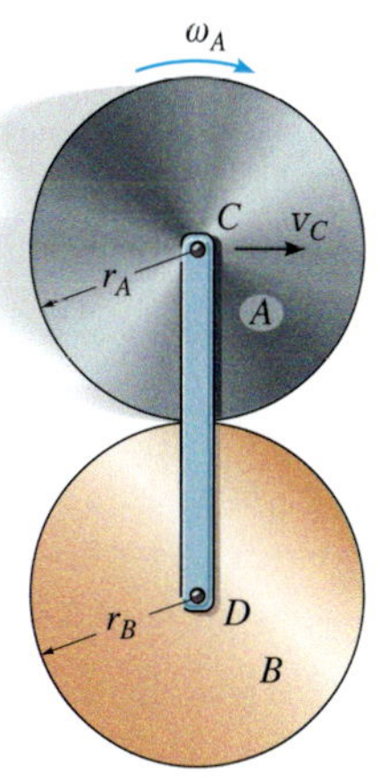

Abbildung A 5.40

5.41 Der Arm AB hat die Winkelgeschwindigkeit ω und die Winkelbeschleunigung α. Die Scheibe rollt innen auf der raumfesten kreisförmig gekrümmten Oberfläche mit dem Radius R ohne zu gleiten. Bestimmen Sie die Winkelgeschwindigkeit und die Winkelbeschleunigung der Scheibe.

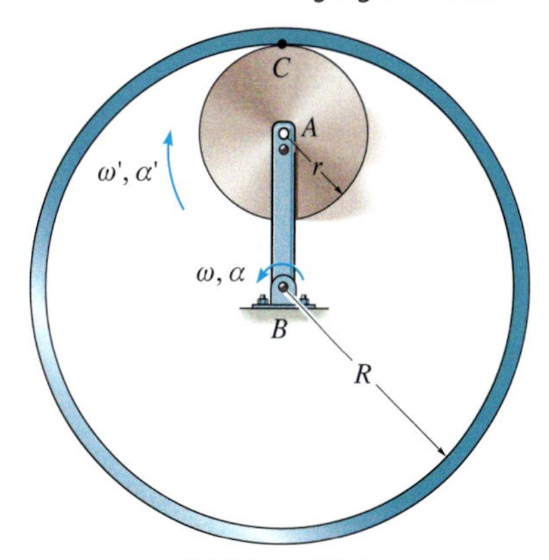

Abbildung A 5.41

5.42 Die geneigte Platte bewegt sich mit konstanter Geschwindigkeit v nach links. Bestimmen Sie die Winkelgeschwindigkeit und die Winkelbeschleunigung der Stange. Die Stange hat die Länge l und dreht sich beim Gleiten auf der Platte um den Absatz C.

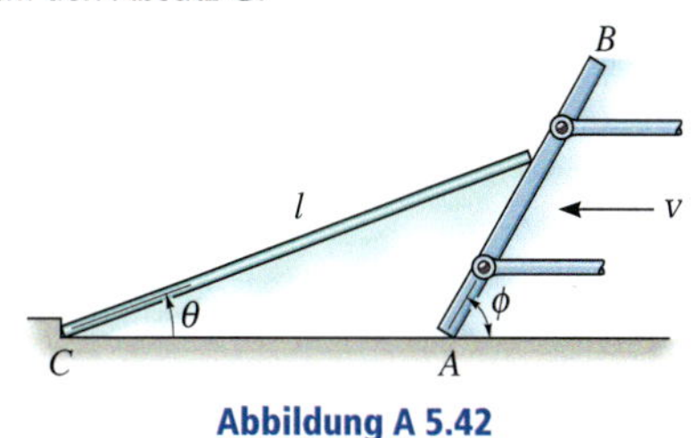

Abbildung A 5.42

5.43 Das Ende A der Stange bewegt sich mit konstanter Geschwindigkeit v_A nach links. Bestimmen Sie die Winkelgeschwindigkeit und die Winkelbeschleunigung der Stange als Funktion des Weges x.

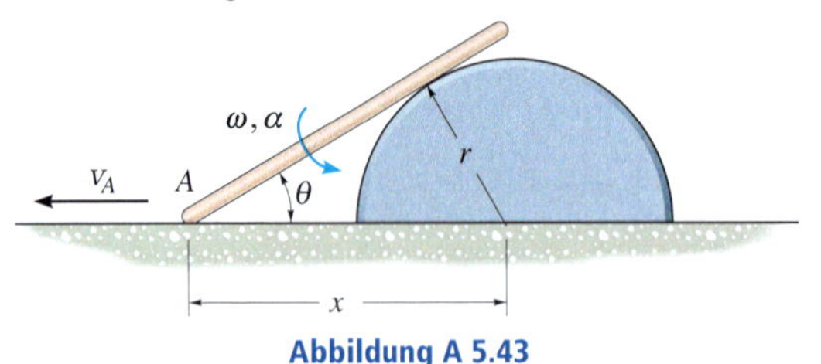

Abbildung A 5.43

***5.44** Die Stifte A und B werden auf den vertikalen und horizontalen Bahnen geführt. Der geschlitzte Winkel bewegt den Stift A mit der Geschwindigkeit v_A nach unten. Bestimmen Sie die Geschwindigkeit von B in der dargestellten Lage.

Gegeben: $\alpha = 90°$

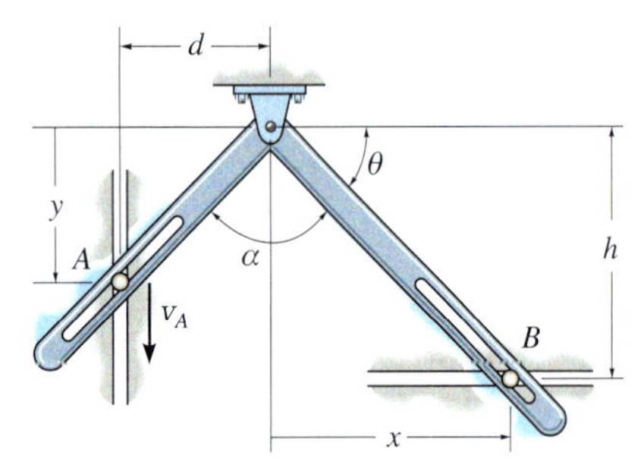

Abbildung A 5.44

5.45 Die Stange AB dreht sich gleichförmig mit konstanter Winkelgeschwindigkeit ω um das raumfeste Gelenklager A. Bestimmen Sie für die Winkellage $\theta = \theta_1$ die Geschwindigkeit und die Beschleunigung der Masse C.

Gegeben: $\theta_1 = 60°$

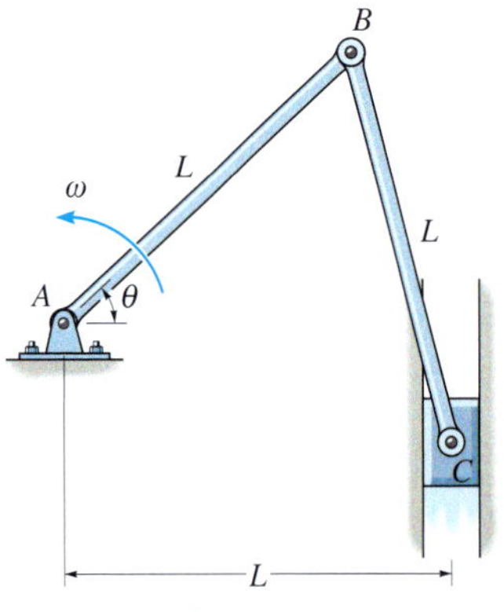

Abbildung A 5.45

5.46 Die Stange wird entlang der vertikalen und der geneigten Ebene geführt. Die Geschwindigkeit der Rolle A für die Winkellage $\theta = \theta_1$ beträgt v_A. Bestimmen Sie die Winkelgeschwindigkeit der Stange und die Geschwindigkeit der Rolle B zu diesem Zeitpunkt.

Gegeben: $l = 5\ \mathrm{m}, \alpha = 30°, \theta_1 = 45°, v_A = 6\ \mathrm{m/s}$

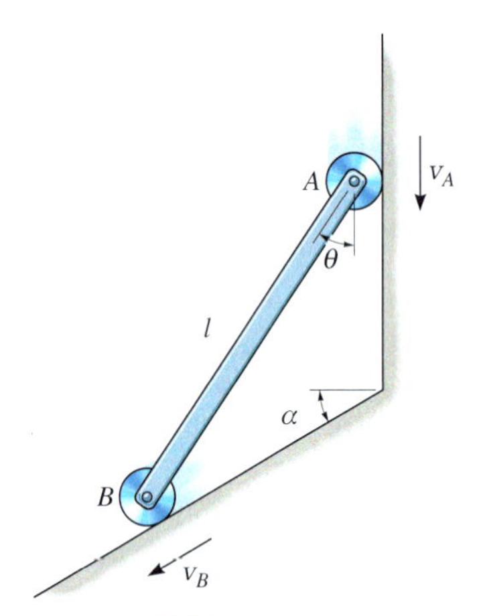

Abbildung A 5.46

5.47 Die Scheibe A dreht sich im dargestellten Zustand (Winkel θ) mit der Winkelgeschwindigkeit ω und der Winkelbeschleunigung α. Bestimmen Sie die Geschwindigkeit und die Beschleunigung des Zylinders B als Funktion von ω, α und θ. Vernachlässigen Sie die Größe der Rolle C.

Gegeben: $r_A = 3\ \mathrm{m}, l = 5\ \mathrm{m}$

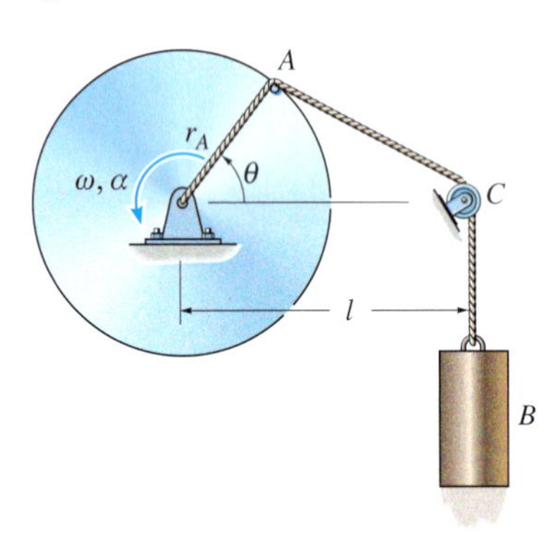

Abbildung A 5.47

***5.48** Die geschlitzte Schwinge ist in A frei drehbar gelagert. Über das andere Ende B wird die Ramme R horizontal bewegt. Die Scheibe dreht sich mit der konstanten Winkelgeschwindigkeit ω. Bestimmen Sie die Geschwindigkeit und die Beschleunigung der Ramme. Der Zapfen C ist fest an der Scheibe befestigt und dreht sich mit ihr.

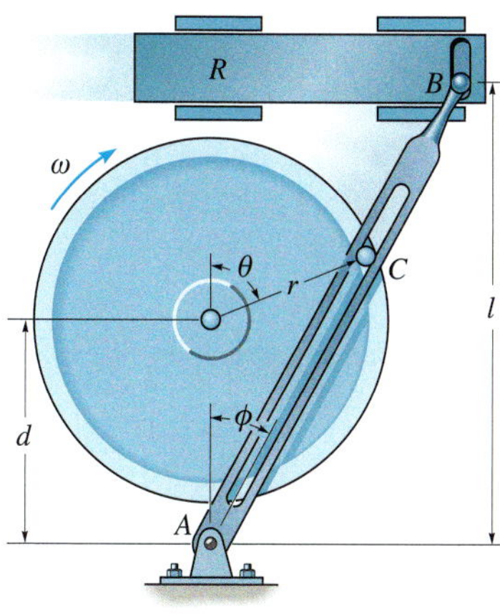

Abbildung A 5.48

5.49 Die Malteserkreuzscheibe A erzeugt eine intermittierende Kreisbewegung ω_A, wenn die Scheibe D sich gleichförmig mit konstanter Winkelgeschwindigkeit ω_D dreht. Für den gegebenen Abstand d hat die Scheibe A die Winkelgeschwindigkeit null, wenn der Stift B in einen der vier Schlitze eintritt oder diesen verlässt. Bestimmen Sie die Winkelgeschwindigkeit ω_A der Malteserkreuzscheibe für beliebige Winkel θ, wenn der Stift B den Schlitz spielfrei berührt.

Gegeben: $r_A = r_D = 100$ mm, $d = 100\sqrt{2}$ mm, $\omega_D = 2$ rad/s

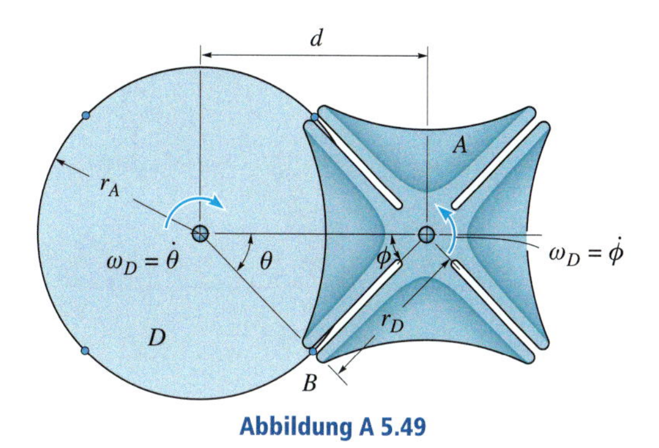

Abbildung A 5.49

Aufgaben zu 5.5

Ausgewählte Lösungswege

Lösungen finden Sie in *Anhang C*.

5.50 Zum dargestellten Zeitpunkt hat der Bumerang die Winkelgeschwindigkeit ω, sein Schwerpunkt S hat die Geschwindigkeit v_S. Bestimmen Sie die Geschwindigkeit von Punkt B zu diesem Zeitpunkt.

Gegeben: $v_S = 12$ cm/s, $r_S = 3$ cm, $l = 10$ cm, $\omega = 4$ rad/s, $\alpha = 30°$, $\beta = 45°$

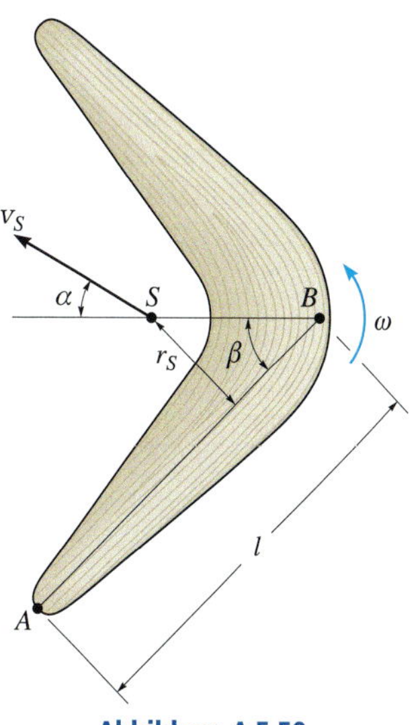

Abbildung A 5.50

5.51 Die Kurbelwelle AB dreht sich mit ω_A um eine raumfeste Achse durch A. Bestimmen Sie die Geschwindigkeit des Kolbens P zum dargestellten Zeitpunkt.

Gegeben: $l = 500\ \text{mm}$, $d = 100\ \text{mm}$, $\omega_A = 500\ \text{rad/s}$, $\beta = 60°$

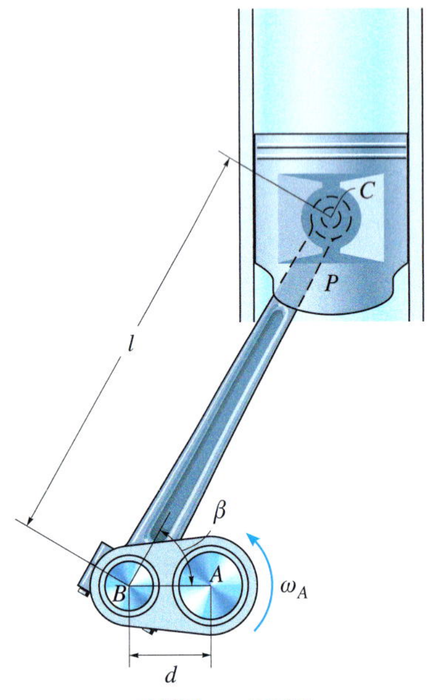

Abbildung A 5.51

***5.52** Das Ritzel A rollt mit der Winkelgeschwindigkeit ω auf der raumfesten Zahnstange B. Bestimmen Sie die Geschwindigkeit der sich horizontal bewegenden Zahnstange C.

Gegeben: $r = 0{,}15\ \text{m}$, $\omega = 4\ \text{rad/s}$

5.53 Das Ritzel rollt zwischen den beiden Zahnstangen. Zahnstange B bewegt sich mit der Geschwindigkeit v_B nach rechts, Zahnstange C mit der Geschwindigkeit v_C nach links. Bestimmen Sie die Winkelgeschwindigkeit des Ritzels und die Geschwindigkeit seines Mittelpunktes A.

Gegeben: $r = 0{,}15\ \text{m}$, $v_B = 4\ \text{m/s}$, $v_C = 2\ \text{m/s}$

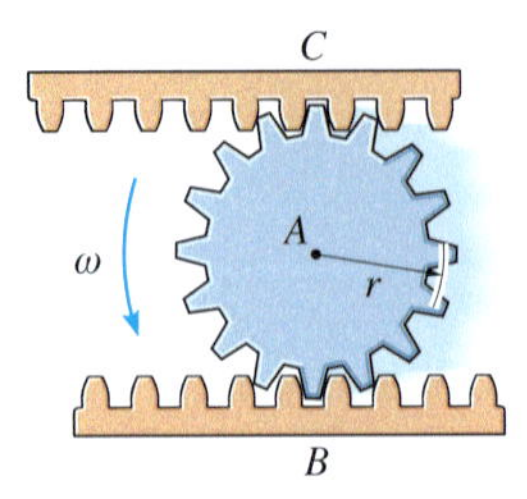

Abbildung A 5.52/5.53

5.54 Der Dreigelenk-Mechanismus der Waagerecht-Stoßmaschine erzeugt einen langsamen Arbeitsvorschub und ein schnelles Zurückkehren der am Gleitstein C befestigten Klinge. Bestimmen Sie die Geschwindigkeit des Gleitsteins C für die Winkellage $\theta = \theta_1$. Die Kurbelstange AB dreht sich mit der Winkelgeschwindigkeit ω_{AB}.

Gegeben: $l_{AB} = 300\ \text{mm}$, $l_{BC} = 125\ \text{mm}$, $\beta = 45°$, $\omega_{AB} = 4\ \text{rad/s}$, $\theta_1 = 60°$

5.55 Bestimmen Sie in Aufgabe 5.54 die Geschwindigkeit des Gleitsteins C für die Winkellage $\theta = \theta_2$.

Gegeben: $l_{AB} = 300\ \text{mm}$, $l_{BC} = 125\ \text{mm}$, $\omega_{AB} = 4\ \text{rad/s}$, $\beta = 45°$, $\theta_2 = 45°$

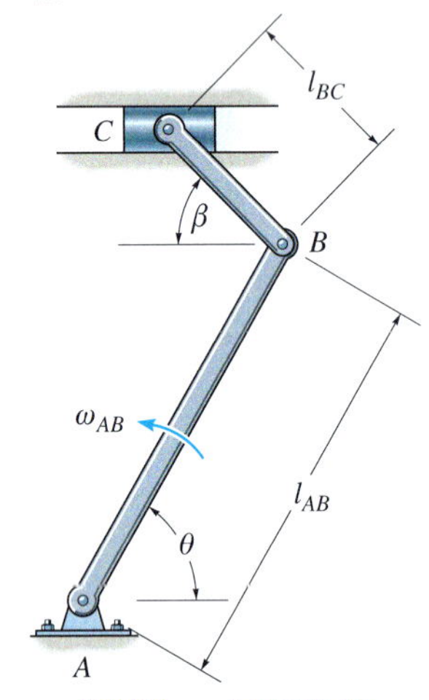

Abbildung A 5.54/5.55

***5.56** Die Geschwindigkeit des Gleitsteins C beträgt v_C. Bestimmen Sie die Winkelgeschwindigkeit der Verbindungsstangen AB und BC sowie die Geschwindigkeit von Punkt B zum dargestellten Zeitpunkt.

Gegeben: $l = 1\ \text{m}$, $v_C = 4\ \text{m/s}$, $\alpha = 45°$

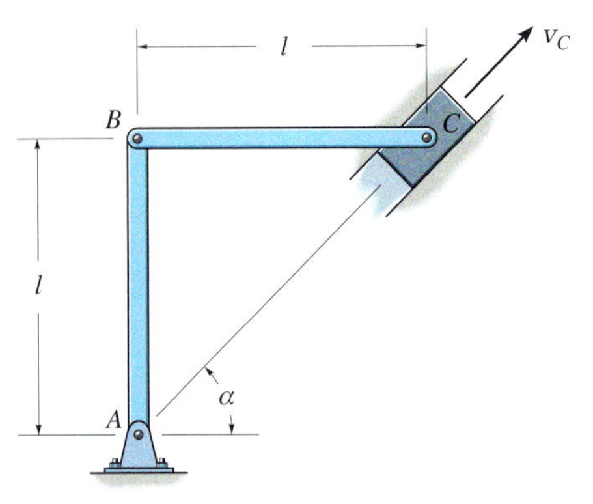

Abbildung A 5.56

5.57 Der Klotz C gleitet mit der Geschwindigkeit v_C entlang der vertikalen Führung nach unten. Bestimmen Sie die Winkelgeschwindigkeit des Stabes AB zum dargestellten Zeitpunkt.

Gegeben: $l_{AB} = 2$ m, $l_{BC} = 3$ m, $\beta = 30°$, $v_C = 4$ m/s

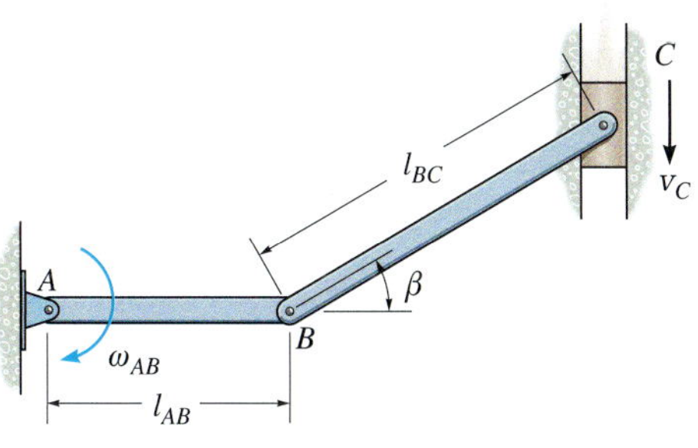

Abbildung A 5.57

5.58 Die Stange AB dreht mit der Winkelgeschwindigkeit ω_{AB}. Bestimmen Sie die Winkelgeschwindigkeit der Stange CD zum dargestellten Zeitpunkt.

Gegeben: $l_{AB} = 6$ cm, $l_{BC} = 8$ cm, $l_{CD} = 4$ cm, $\omega_{AB} = 3$ rad/s, $\beta = 30°$, $\delta = 45°$

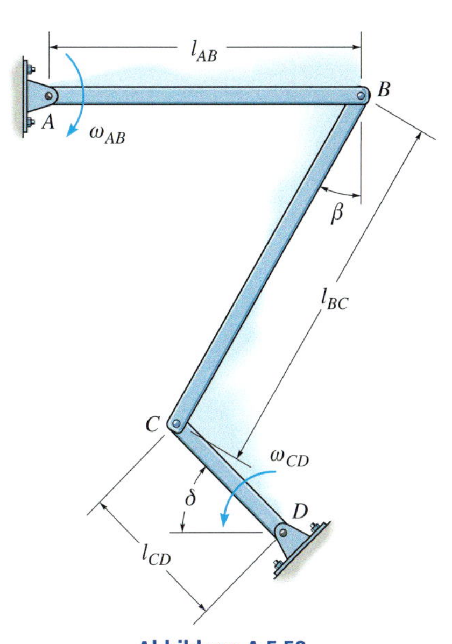

Abbildung A 5.58

5.59 Das Planetenrad A ist in B frei drehbar gelagert. Die Verbindungsstange BC dreht sich im Uhrzeigersinn mit der Winkelgeschwindigkeit ω_{BC}, während das äußere Hohlrad sich gegen den Uhrzeigersinn mit der Winkelgeschwindigkeit ω dreht. Bestimmen Sie die Winkelgeschwindigkeit des Zahnrades A zum dargestellten Zeitpunkt.

Gegeben: $r_D = 0{,}5$ m, $r_B = 0{,}375$ m, $\omega_{BC} = 8$ rad/s, $\omega = 2$ rad/s

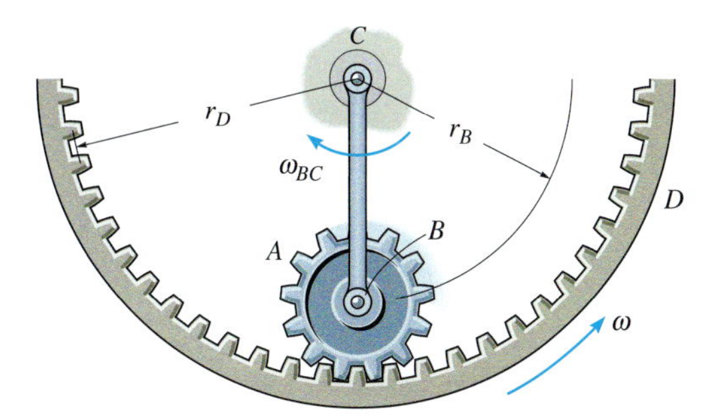

Abbildung A 5.59

***5.60** Die Drehung der Kurbel AB erzeugt eine oszillierende Bewegung des Zahnrades F. AB dreht mit der Winkelgeschwindigkeit ω_{AB}. Bestimmen Sie die Winkelgeschwindigkeit des Zahnrades F zum dargestellten Zeitpunkt. Zahnrad E ist starr am Arm CD befestigt und am raumfesten Punkt D frei drehbar gelagert.

Gegeben: $l_{AB} = 75$ mm, $l_{BC} = 100$ mm, $l_{CD} = 150$ mm, $r_E = 100$ mm, $r_F = 25$ mm, $\omega_{AB} = 6$ rad/s, $\beta = 30°$

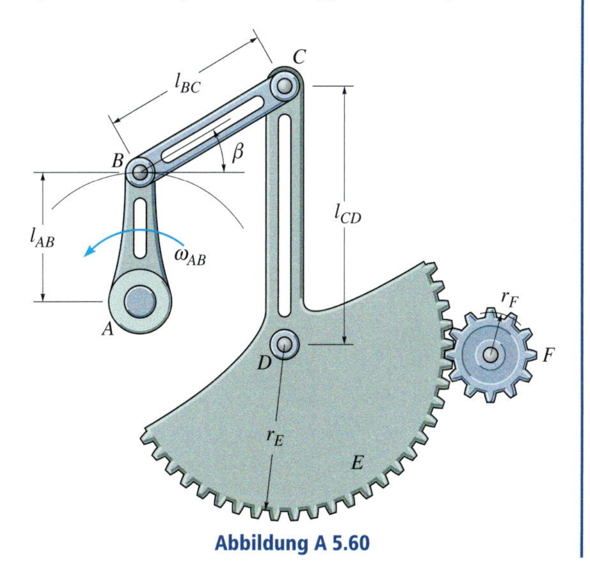

Abbildung A 5.60

5.61 Zum dargestellten Zeitpunkt fährt der Lastwagen mit der Geschwindigkeit v nach rechts, während das Rohr auf der horizontalen Ladefläche mit der Winkelgeschwindigkeit ω im Gegenuhrzeigersinn rollt, ohne in B zu gleiten. Bestimmen Sie die Geschwindigkeit des Rohrschwerpunktes S.

Gegeben: $r = 1{,}5$ m, $v = 3$ m/s, $\omega = 8$ rad/s

5.62 Zum dargestellten Zeitpunkt fährt der Lastwagen mit der Geschwindigkeit v nach rechts. Das Rohr rollt auf der horizontalen Ladefläche ohne in B zu gleiten. Bestimmen Sie seine Winkelgeschwindigkeit, sodass sein Schwerpunkt S einem Beobachter in der Umgebung in Ruhe erscheint.

Gegeben: $r = 1{,}5$ m, $v = 8$ m/s

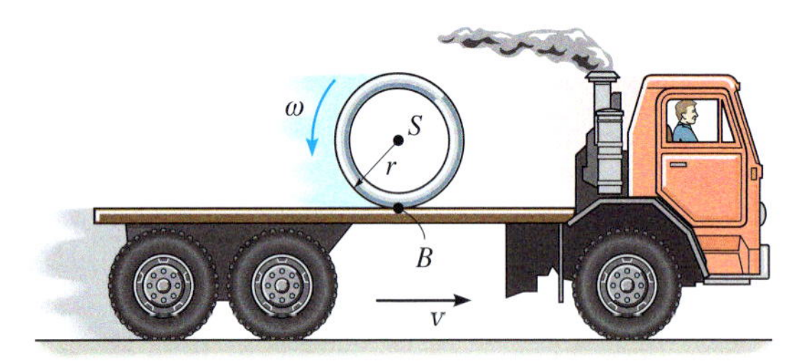

Abbildung A 5.61/5.62

5.63 Das Planetengetriebe wird in einem Automobil eingesetzt. Durch Blockieren oder Freigabe einzelner Zahnräder kann das Auto mit verschiedenen Geschwindigkeiten gefahren werden. Betrachten Sie den Fall, dass das Außenrad R festgehalten wird, $\omega_R = 0$, und das Sonnenrad S mit der Winkelgeschwindigkeit ω_S dreht. Bestimmen Sie die Winkelgeschwindigkeit der Planetenräder P und der Welle A.

Gegeben: $r_S = 80$ mm, $r_P = 40$ mm, $\omega_R = 0$, $\omega_S = 5$ rad/s

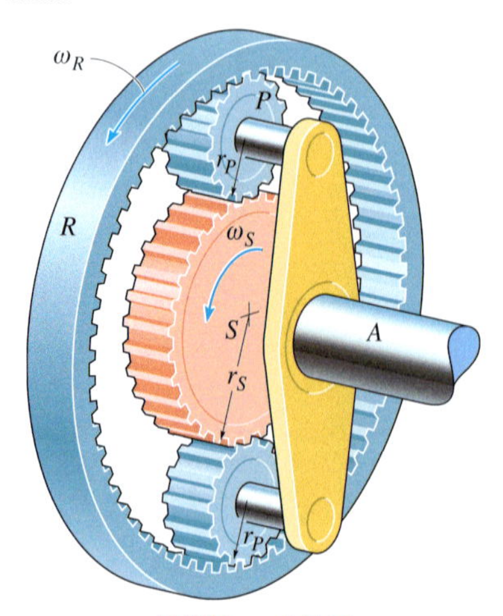

Abbildung A 5.63

***5.64** Die Kurbel AB dreht mit der Winkelgeschwindigkeit ω_{AB} um das Gelenklager A. Bestimmen Sie die Geschwindigkeiten der Kolben C und E zum dargestellten Zeitpunkt.

Gegeben: $l_{AB} = 1$ m, $l_{BC} = 2$ m, $l_{BD} = 3$ m, $l_{DE} = 4$ m, $\omega_{AB} = 5$ rad/s, $\alpha = 30°$, $\beta = 90°$

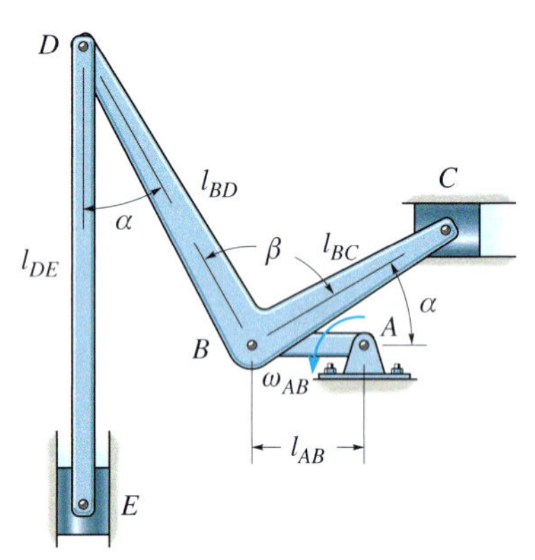

Abbildung A 5.64

5.65 Die Scheibe D hat die konstante Winkelgeschwindigkeit ω_D. Bestimmen Sie die Winkelgeschwindigkeit der Scheibe A für die Winkellage $\theta = \theta_1$.

Gegeben: $l_{BC} = 2$ m, $r_B = 0{,}5$ m, $r_D = 0{,}75$ m, $\omega_D = 2$ rad/s, $\beta = 45°$, $\gamma = 30°$, $\theta_1 = 60°$

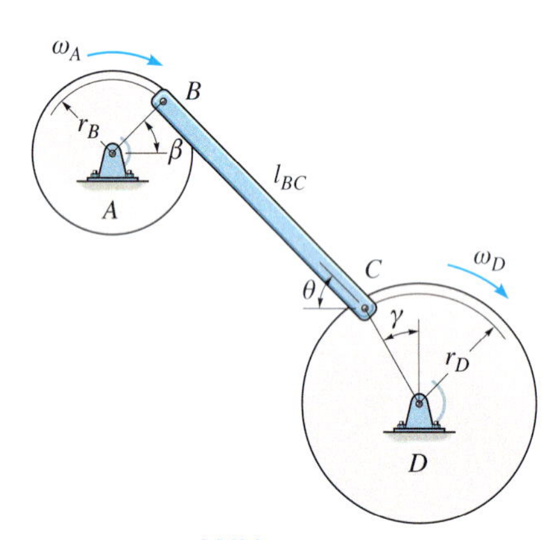

Abbildung A 5.65

5.66 Das Fahrrad hat die Geschwindigkeit v und das Hinterrad zu dieser Zeit die Winkelgeschwindigkeit ω. Dadurch gleitet das Hinterrad am Kontaktpunkt in A mit der horizontalen Straße. Bestimmen Sie die Geschwindigkeit dieses Kontaktpunktes A.

Gegeben: $v = 1\ \text{m/s}$, $r = 650\ \text{mm}$, $\omega = 3\ \text{rad/s}$

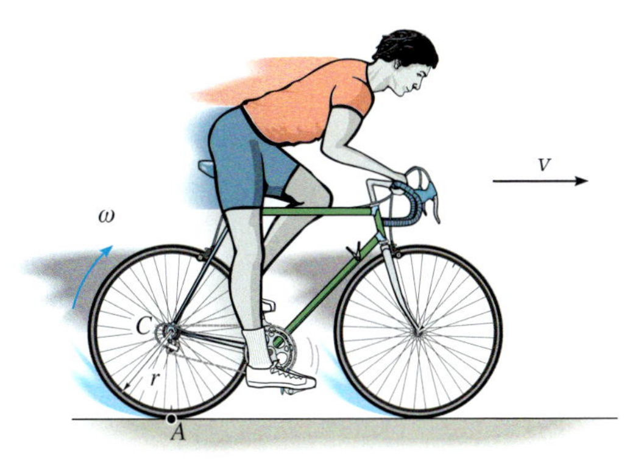

Abbildung A 5.66

5.67 Die Winkelgeschwindigkeit der Kurbel AB beträgt ω_{AB}. Bestimmen Sie die Geschwindigkeit des Kolbens C und die Winkelgeschwindigkeit der Verbindungsstange CB für die Winkellagen $\theta = \theta_1$ und $\phi = \phi_1$.

Gegeben: $l_{AB} = 0{,}667\ \text{m}$, $l_{BC} = 1\ \text{m}$, $\omega_{AB} = 3\ \text{rad/s}$, $\theta_1 = 45°$, $\phi_1 = 30°$

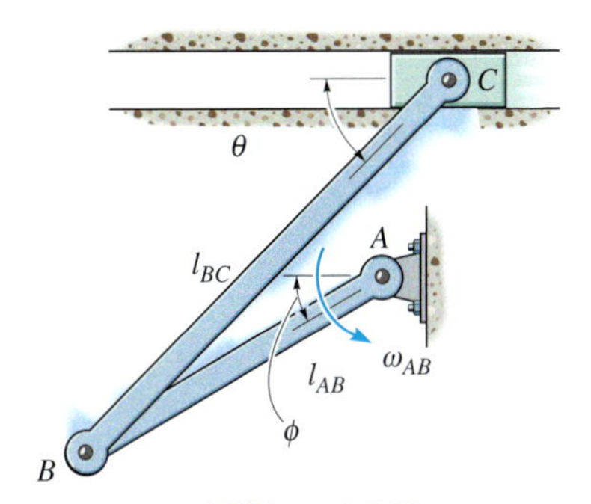

Abbildung A 5.67

***5.68** Das Ende des undehnbaren Seiles wird mit der Geschwindigkeit v_C bewegt. Bestimmen Sie die Winkelgeschwindigkeiten der Seilrollen A und B sowie die Geschwindigkeit der Lastmasse D. Nehmen Sie an, dass das Seil auf den Rollen nicht rutscht.

Gegeben: $r_A = 30\ \text{mm}$, $r_B = 60\ \text{mm}$, $v_C = 120\ \text{mm/s}$

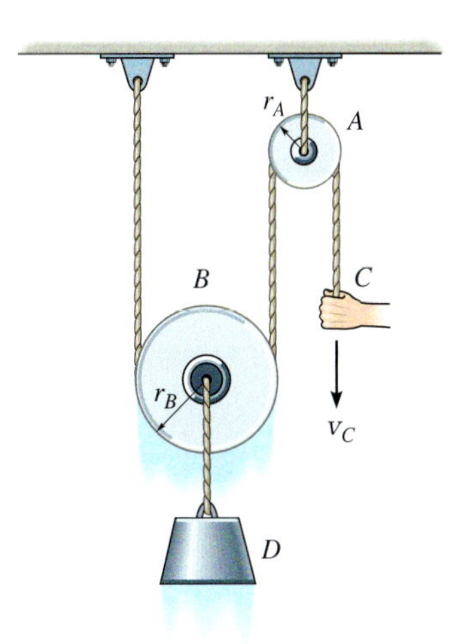

Abbildung A 5.68

5.69 Der Lastwagen fährt mit der Geschwindigkeit $v(t)$ nach rechts, während das Rohr auf der horizontalen Ladefläche mit der Winkelgeschwindigkeit $\omega(t)$ gegen den Uhrzeigersinn rollt, ohne in B zu gleiten. Bestimmen Sie die Geschwindigkeit des Rohrschwerpunktes S als Funktion der Zeit.

Gegeben: $r = 1{,}5\ \text{m}$, $v = bt$, $\omega = ct$, $b = 8\ \text{m/s}^2$, $c = 2\ \text{rad/s}^2$

5.70 Zum dargestellten Zeitpunkt fährt der Lastwagen mit der Geschwindigkeit v nach rechts. Das Rohr rollt ohne im Kontaktpunkt B zu gleiten auf der horizontalen Ladefläche. Bestimmen Sie seine Winkelgeschwindigkeit so, dass sich sein Schwerpunkt S für einen Beobachter in der Umgebung mit v_R nach rechts zu bewegen scheint.

Gegeben: $r = 1{,}5\ \text{m}$, $v = 12\ \text{m/s}$, $v_R = 3\ \text{m/s}$

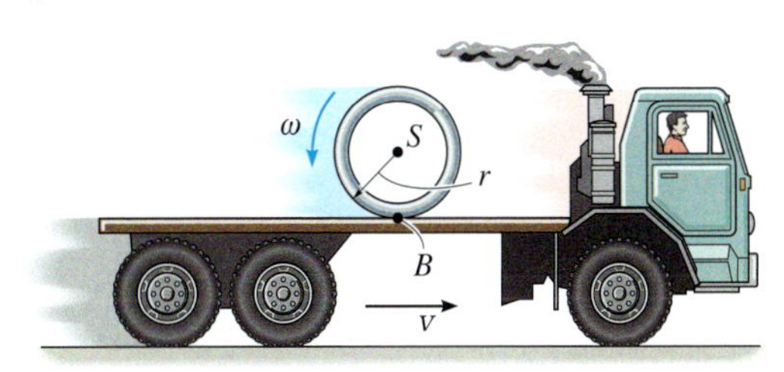

Abbildung A 5.69/5.70

5.71 Die Draufsicht eines automatischen Schalterfensters eines Fast-Food-Restaurants ist in der Abbildung dargestellt. Im Betrieb bewegt ein Motor den gelenkig gelagerten Hebel CB mit der Winkelgeschwindigkeit ω_{CB}. Bestimmen Sie die Geschwindigkeit des horizontal geführten Stangenpunktes A zum dargestellten Zeitpunkt.

Gegeben: $l = 200$ mm, $\omega_{CB} = 0{,}5$ rad/s, $\gamma = 60°$

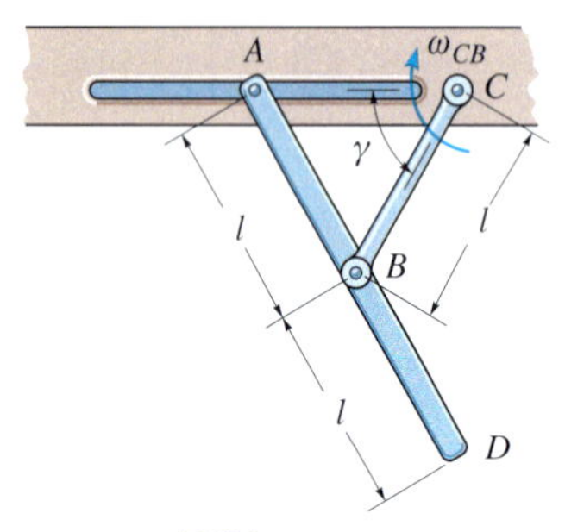

Abbildung A 5.71

***5.72** Ein Teil eines Automatikgetriebes besteht aus einem *raumfesten* Außenrad R, drei gleichen Planetenrädern P, dem Sonnenrad S sowie dem blau hinterlegten Planetenradträger C. Das Sonnenrad dreht sich mit der Winkelgeschwindigkeit ω_S. Bestimmen Sie die Winkelgeschwindigkeit ω_C des *Planetenradträgers*. Beachten Sie, dass der Mittelpunkt jedes Planetenrades auf dem Planetenradträger frei drehbar gelagert ist.

Gegeben: $r = 4$ cm, $\omega_s = 6$ rad/s

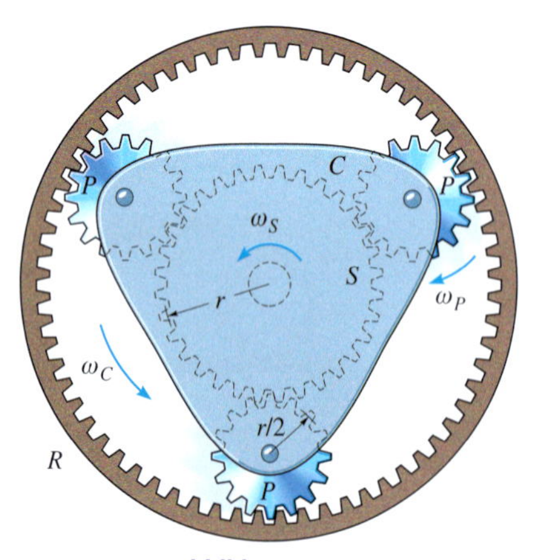

Abbildung A 5.72

5.73 Die dargestellte Vorrichtung wird in einer Nietmaschine verwendet. Sie besteht aus einem Antriebskolben A, drei Verbindungsstäben und einer Nietform, die am Gleitstück D befestigt ist. Bestimmen Sie die Geschwindigkeit von D zum dargestellten Zeitpunkt, wenn sich der Kolben A mit der Geschwindigkeit v_A bewegt.

Gegeben: $v_A = 20$ m/s, $l_{AC} = 300$ mm, $l_{BC} = 200$ mm, $l_{CD} = 150$ mm, $\alpha_1 = 45°$, $\alpha_2 = 30°$, $\beta = 60°$, $\gamma = 45°$

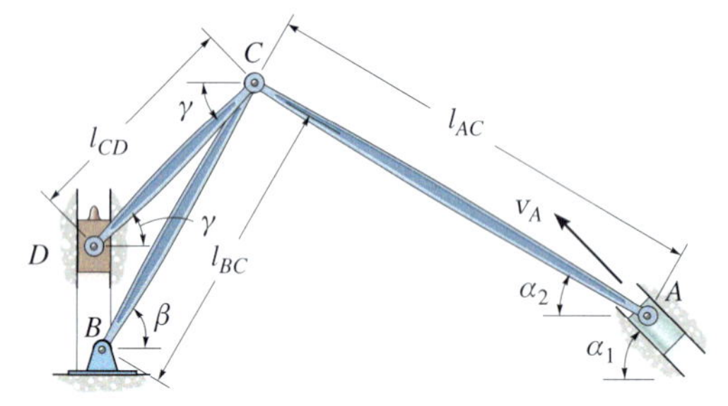

Abbildung A 5.73

5.74 In einem Automatikgetriebe eines Autos drehen sich die Planetenräder A und B auf Lagerbolzen C und D des Planetenträgers CD. Wie dargestellt, ist CD auf einer Welle E frei drehbar gelagert, die mit dem Mittelpunkt des *raumfesten* Sonnenrades S fest verbunden ist. Der Träger CD dreht sich mit der Winkelgeschwindigkeit ω_{CD}. Bestimmen Sie die Winkelgeschwindigkeit des Außenrades R.

Gegeben: $r_S = 75$ mm, $r_C = 50$ mm, $r_D = 125$ mm, $\omega_{CD} = 8$ rad/s

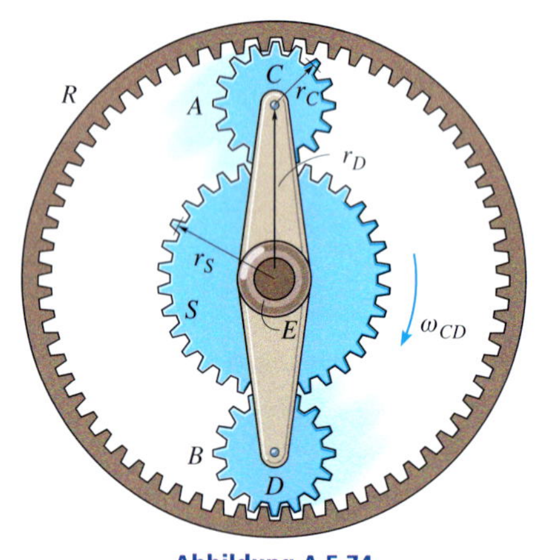

Abbildung A 5.74

5.75 In einem Zweizylindermotor sind die Kolben über das Hauptpleuel ABC und das Nebenpleuel AD mit der Kurbelwelle BE verbunden. Diese dreht mit der Winkelgeschwindigkeit ω. Bestimmen Sie die Geschwindigkeiten der Kolben C und D zum dargestellten Zeitpunkt.

Gegeben: $\omega = 30$ rad/s, $l_{AC} = l_{AD} = 250$ mm, $l_{AB} = l_{BE} = 50$ mm, $\alpha = 45°$, $\beta = 60°$

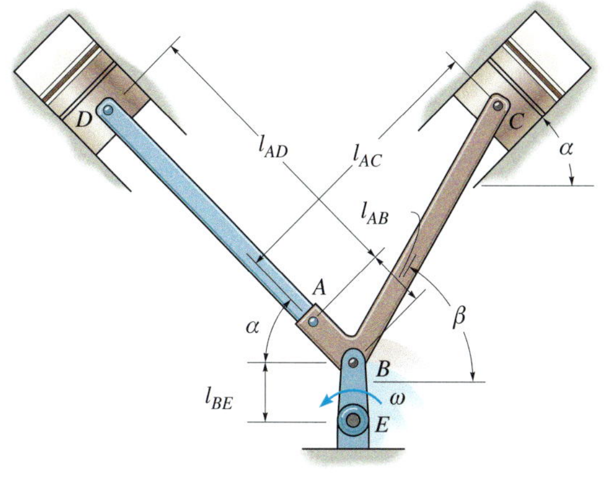

Abbildung A 5.75

***5.76** Der Gleitstein A senkt sich mit der Geschwindigkeit v_A. Bestimmen Sie die Geschwindigkeiten der Klötze B und C zum dargestellten Zeitpunkt.

Gegeben: $l_{AD} = 300$ mm, $l_{BD} = 250$ mm, $l_{CD} = 400$ mm, $l_{DE} = 300$ mm, $\tan\beta = 3/4$, $\gamma = 30°$, $v_A = 4$ m/s

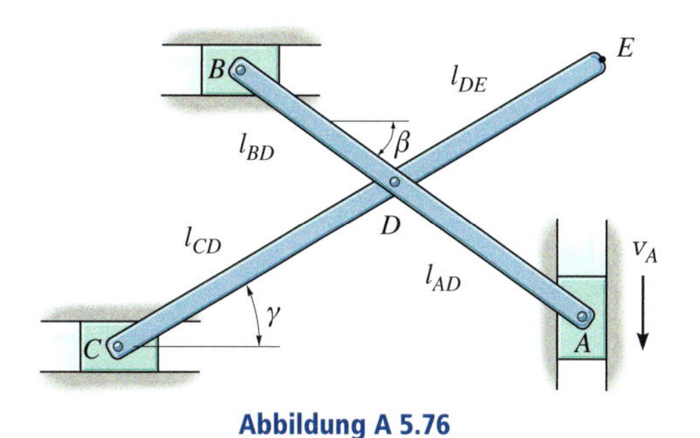

Abbildung A 5.76

5.77 Mechanische Spielzeuge haben oft einen Gehmechanismus, wie er in der Abbildung schematisch dargestellt ist. Die Antriebskurbel AB wird von einem Federmotor getrieben und dreht sich mit der Winkelgeschwindigkeit ω_{AB}. Bestimmen Sie die Geschwindigkeit des Hinterfußes E zum dargestellten Zeitpunkt. Zusätzliche Information, die nicht zur Aufgabe gehört: Das obere Ende des Vorderbeines besitzt einen Schlitz zur Führung durch den raumfesten Bolzen G.

Gegeben: $l_{AB} = 1$ cm, $l_{DE} = 4$ cm, $l_{CD} = 2$ cm, $l_{CB} = 6$ cm, $l_{BF} = 5$ cm, $\alpha = 50°$, $\beta = 60°$, $\gamma = 45°$, $\omega_{AB} = 5$ rad/s

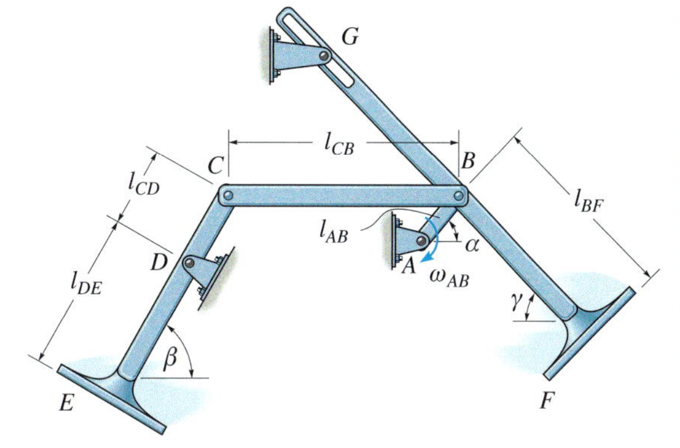

Abbildung A 5.77

Aufgaben zu 5.6

Ausgewählte Lösungswege 

Lösungen finden Sie in *Anhang C*.

5.78 Lösen Sie Aufgabe 5.51 über den Momentanpol.

5.79 Lösen Sie Aufgabe 5.54 über den Momentanpol.

***5.80** Lösen Sie Aufgabe 5.60 über den Momentanpol.

5.81 Lösen Sie Aufgabe 5.61 über den Momentanpol.

5.82 Lösen Sie Aufgabe 5.62 über den Momentanpol.

5.83 Lösen Sie Aufgabe 5.63 über den Momentanpol.

***5.84** Lösen Sie Aufgabe 5.65 über den Momentanpol.

5.85 Lösen Sie Aufgabe 5.66 über den Momentanpol.

***5.86** Zeigen Sie für die dargestellten Fälle, wie der Momentanpol der Stange AB ermittelt wird. Die Geometrie wird als gegeben angenommen.

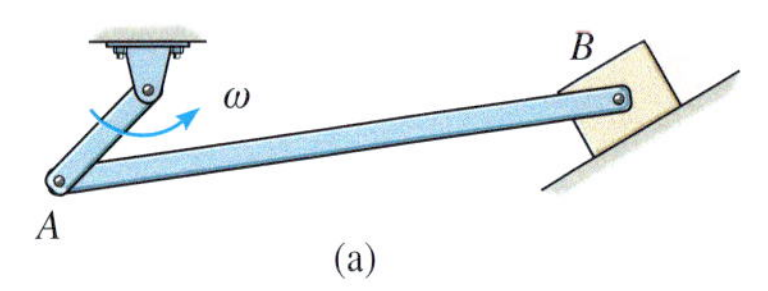

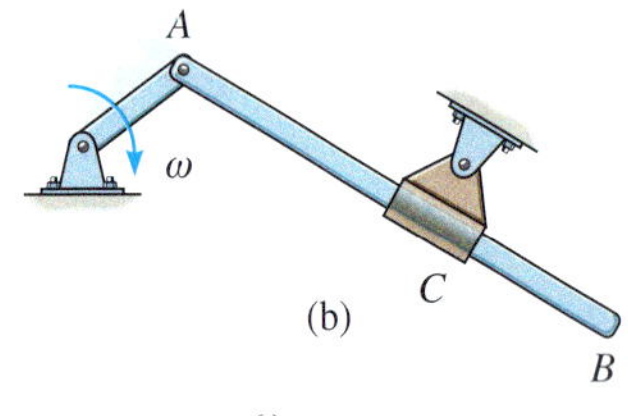

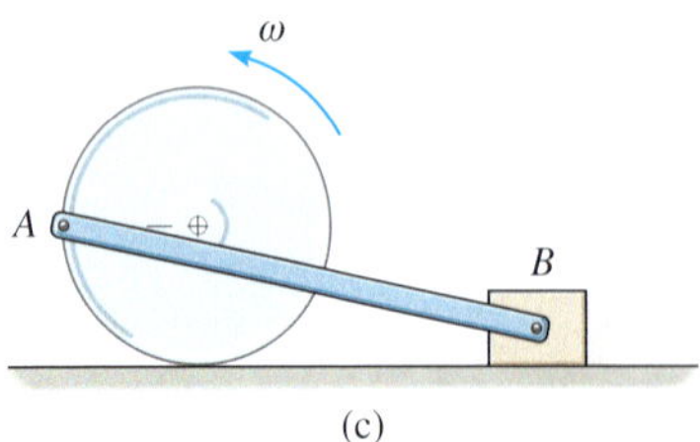

Abbildung A 5.86

5.87 Die Waagerecht-Stoßmaschine erzeugt einen langsamen Arbeitsvorschub und eine schnelle Rückkehr der Klinge, die am Gleitstück C befestigt ist. Bestimmen Sie die Winkelgeschwindigkeit der Verbindungsstange CB zum dargestellten Zeitpunkt und für die angegebene Winkelgeschwindigkeit ω_{AB} der Verbindungsstange.

Gegeben: $\omega_{AB} = 4\ \mathrm{rad/s}$, $l_{AB} = 300\ \mathrm{mm}$, $l_{BC} = 125\ \mathrm{mm}$, $\alpha = 60°$, $\beta = 45°$

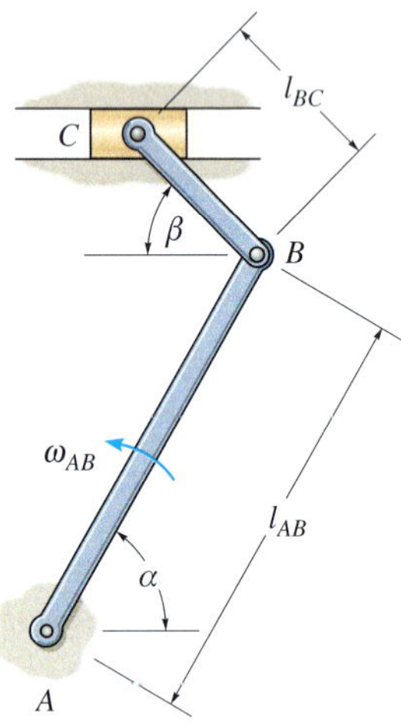

Abbildung A 5.87

***5.88** Zum dargestellten Zeitpunkt dreht sich die Scheibe mit ω. Bestimmen Sie die Geschwindigkeit der Punkte A, B und C.

Gegeben: $\omega = 4\ \mathrm{rad/s}$, $r = 0{,}15\ \mathrm{mm}$

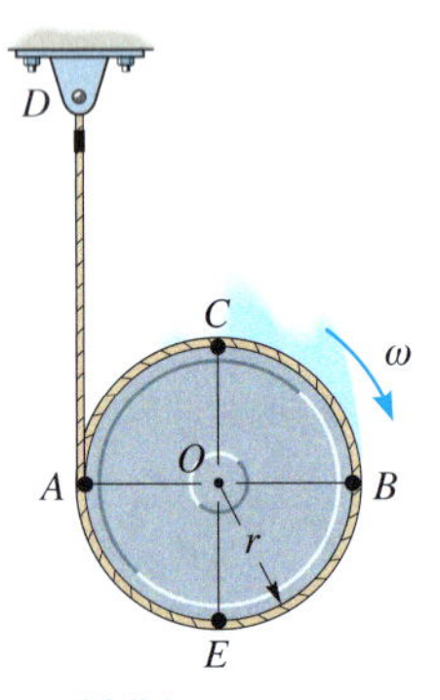

Abbildung A 5.88

5.89 Das Rad rollt auf seiner Nabe ohne auf der horizontalen Unterlage zu gleiten. Die Geschwindigkeit des Radmittelpunktes beträgt v_C und ist nach rechts gerichtet. Bestimmen Sie die Geschwindigkeiten der Punkte A und B zum dargestellten Zeitpunkt.

Gegeben: $r_A = 75\ \text{mm}$, $r_B = 200\ \text{mm}$, $d_B = 25\ \text{mm}$, $v_C = 0{,}6\ \text{m/s}$

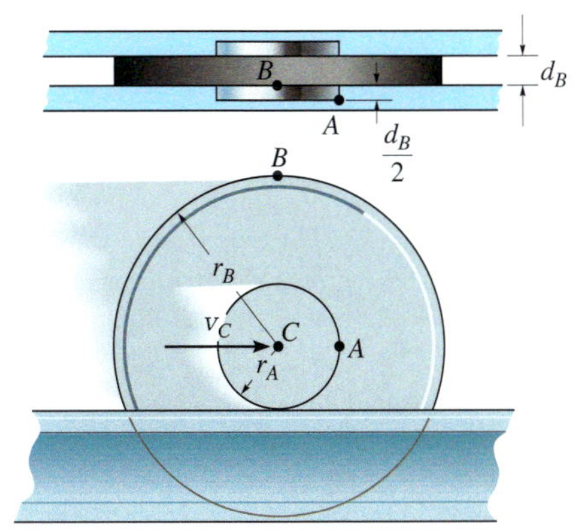

Abbildung A 5.89

5.90 Die Winkelgeschwindigkeit ω_{CD} der Stange CD ist gegeben. Bestimmen Sie die Geschwindigkeit des Punktes E auf der Koppelstange BC und die Winkelgeschwindigkeit der Stange AB zum dargestellten Zeitpunkt.

Gegeben: $\omega_{CD} = 6\ \text{rad/s}$, $l = 0{,}6\ \text{m}$, $\alpha = 30°$

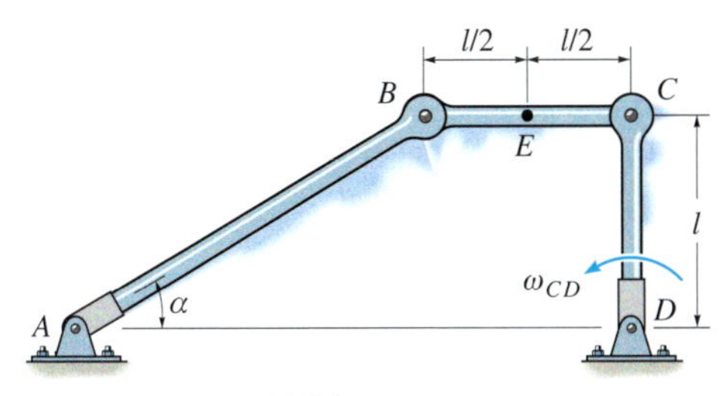

Abbildung A 5.90

5.91 Die Winkelgeschwindigkeit ω_{AB} der Kurbel AB ist gegeben. Bestimmen Sie die Winkelgeschwindigkeit der Verbindungsstücke BC und CD für die Winkellage $\theta = \theta_1$.

Gegeben: $\omega_{AB} = 6\ \text{rad/s}$, $l_{AB} = 250\ \text{mm}$, $l_{BC} = 300\ \text{mm}$, $l_{CD} = 400\ \text{mm}$, $\beta = 30°$, $\theta_1 = 60°$

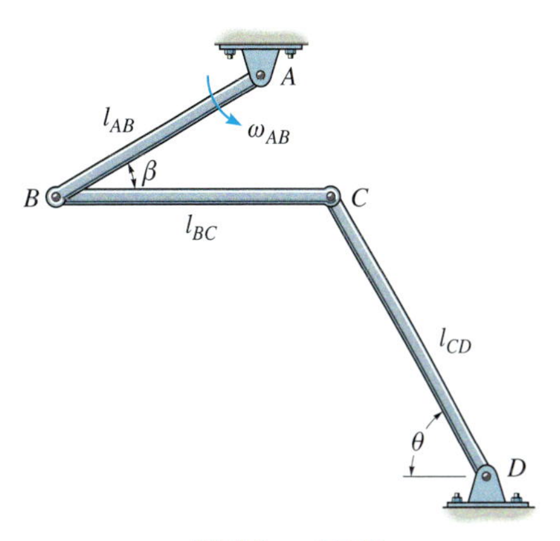

Abbildung A 5.91

***5.92** Bestimmen Sie die Winkelgeschwindigkeit der Kurbel AB zum dargestellten Zeitpunkt. Der Kolben C bewegt sich mit der Geschwindigkeit v_C nach oben.

Gegeben: $v_C = 12\ \text{cm/s}$, $l_{AB} = 5\ \text{cm}$, $l_{BC} = 4\ \text{cm}$, $\alpha = 45°$, $\beta = 30°$

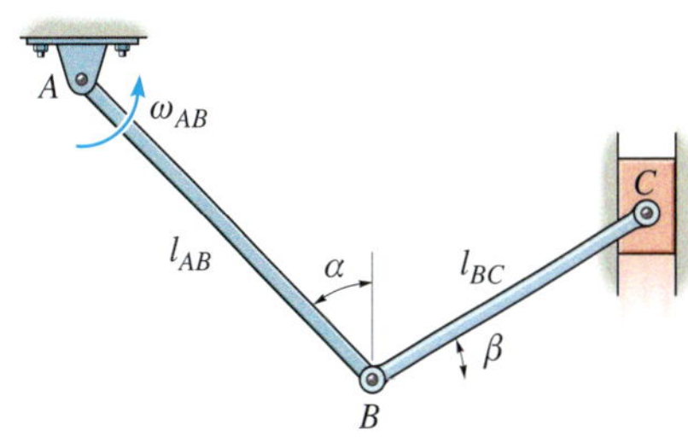

Abbildung A 5.92

5.93 Das Auto rutscht mit der Geschwindigkeit v auf einer nassen Straße. Dabei haben die Hinterräder die Winkelgeschwindigkeit ω. Bestimmen Sie die Geschwindigkeiten der Radpunkte A, B und C während der Bewegung.

Gegeben: $v = 24\ \text{m/s}$, $r = 0{,}42\ \text{m}$, $\omega = 100\ \text{rad/s}$

Abbildung A 5.93

5.94 Die Winkelgeschwindigkeit ω_{AB} der Kurbel AB ist bekannt. Bestimmen Sie die Geschwindigkeit der Hülse C und die Winkelgeschwindigkeit des Verbindungsstücks CB zum dargestellten Zeitpunkt. Das Verbindungsstück CB befindet sich dann gerade in horizontaler Lage.

Gegeben: $\omega_{AB} = 4\ \mathrm{rad/s}$, $l_{AB} = 500\ \mathrm{mm}$, $l_{CB} = 350\ \mathrm{mm}$, $\alpha = 60°$, $\gamma = 45°$

5.95 Die Hülse C bewegt sich mit der Geschwindigkeit v_C nach links unten. Bestimmen Sie die Winkelgeschwindigkeit der Kurbel AB zum dargestellten Zeitpunkt.

Gegeben: $v_C = 8\ \mathrm{m/s}$, $l_{AB} = 500\ \mathrm{mm}$, $l_{CB} = 350\ \mathrm{mm}$, $\alpha = 60°$, $\gamma = 45°$

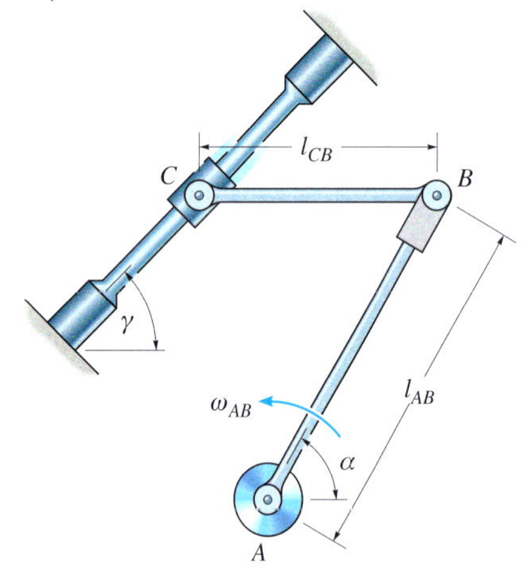

Abbildung A 5.94/5.95

***5.96** Die Punkte A und B auf dem Umfang der Scheibe haben aufgrund von Gleiten im Kontaktpunkt A die angegebenen Geschwindigkeiten. Bestimmen Sie die Geschwindigkeiten des Mittelpunktes C und des Punktes D zu diesem Zeitpunkt.

Gegeben: $v_A = 5\ \mathrm{m/s}$, $v_B = 10\ \mathrm{m/s}$, $r = 0{,}8\ \mathrm{m}$, $\beta = 45°$

5.97 Die Punkte A und B auf dem Umfang der Scheibe haben aufgrund von Gleiten im Kontaktpunkt A die angegebenen Geschwindigkeiten. Bestimmen Sie die Geschwindigkeiten des Punktes E und des Punktes F zu diesem Zeitpunkt.

Gegeben: $v_A = 5\ \mathrm{m/s}$, $v_B = 10\ \mathrm{m/s}$, $r = 0{,}8\ \mathrm{m}$, $\gamma = 30°$

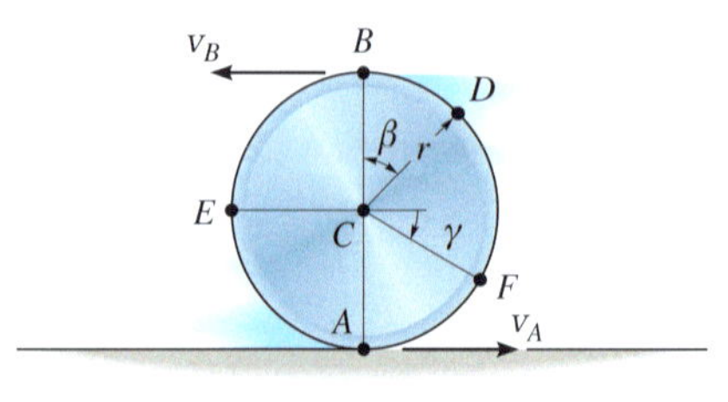

Abbildung A 5.96/5.97

5.98 Der Antrieb eines Bootsmotors besteht aus einer Kurbelwelle AB und zwei Pleuelstangen BC und BD. Bestimmen Sie die Geschwindigkeit des Kolbens C für die dargestellte Lage bei einer Winkelgeschwindigkeit ω_A der Kurbelwelle.

Gegeben: $\omega_A = 5\ \mathrm{rad/s}$, $l_{AB} = 0{,}2\ \mathrm{m}$, $l_{BC} = 0{,}4\ \mathrm{m}$, $\gamma_1 = 30°$, $\gamma_2 = 45°$, $l_{BD} = 0{,}4\ \mathrm{m}$, $\delta_1 = 45°$, $\delta_2 = 60°$

5.99 Der Antrieb eines Bootsmotors besteht aus einer Kurbelwelle AB und zwei Pleuelstangen BC und BD. Bestimmen Sie die Geschwindigkeit des Kolbens D für die dargestellte Lage bei einer Winkelgeschwindigkeit ω_A der Kurbelwelle.

Gegeben: $\omega_A = 5\ \mathrm{rad/s}$, $l_{AB} = 0{,}2\ \mathrm{m}$, $l_{BC} = 0{,}4\ \mathrm{m}$, $\gamma_1 = 45°$, $\gamma_2 = 30°$, $l_{BD} = 0{,}4\ \mathrm{m}$, $\delta_1 = 45°$, $\delta_2 = 60°$

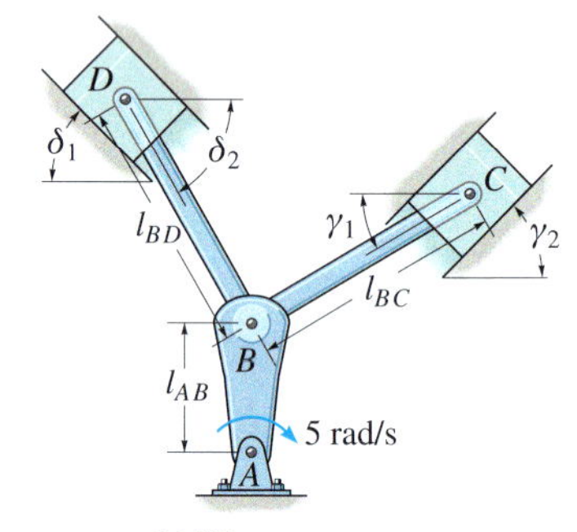

Abbildung A 5.98/5.99

***5.100** Die quadratische Platte wird in den Eckpunkten A und B geführt. Für die Winkellage $\theta = \theta_1$ bewegt sich Punkt A mit der Geschwindigkeit v_A. Bestimmen Sie die Geschwindigkeit des Punktes C zu diesem Zeitpunkt.

Gegeben: $\theta_1 = 30°$, $a = 0{,}3\ \mathrm{m}$, $v_A = 8\ \mathrm{m/s}$

5.101 Die quadratische Platte wird in den Eckpunkten A und B geführt. Für die Winkellage $\theta = \theta_1$ bewegt sich Punkt A mit der Geschwindigkeit v_A. Bestimmen Sie die Geschwindigkeit des Punktes D zu diesem Zeitpunkt.

Gegeben: $\theta_1 = 30°$, $a = 0{,}3\ \mathrm{m}$, $v_A = 8\ \mathrm{m/s}$

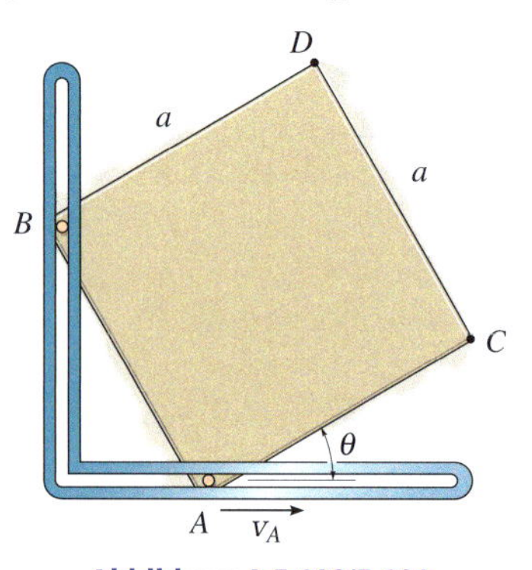

Abbildung A 5.100/5.101

5.102 Das Planetenradgetriebe wird vom rotierenden Radträger DE mit der Winkelgeschwindigkeit ω_{DE} angetrieben. Der Zahnkranz F ist ortsfest. Bestimmen Sie die Winkelgeschwindigkeiten der Zahnräder A, B und C.

Gegeben: $\omega_{DE} = 5\ \text{rad/s}$, $r_A = 50\ \text{mm}$, $r_B = 40\ \text{mm}$, $r_C = 30\ \text{m}$

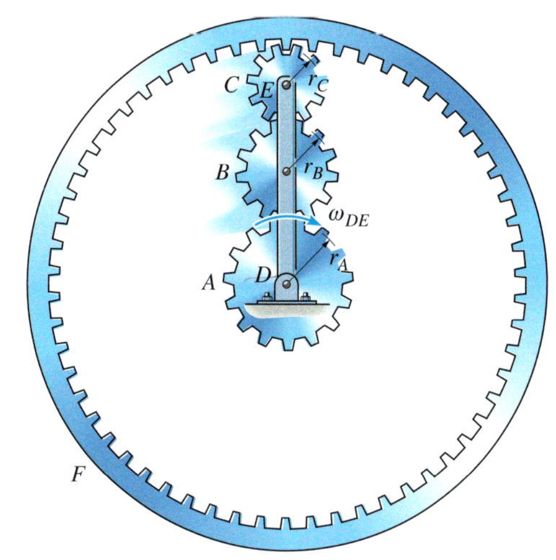

Abbildung A 5.102

5.103 Der Mechanismus erzeugt eine intermittierende Bewegung der Kurbel AB. Das Kettenrad dreht sich mit der Winkelgeschwindigkeit ω_S. Bestimmen Sie die Winkelgeschwindigkeit der Kurbel AB zum dargestellten Zeitpunkt. Das Kettenrad sitzt auf einer Welle, die eine ungehinderte Drehung der Kurbel AB um A erlaubt. Der Gelenkzapfen C ist an einem der Kettenglieder befestigt.

Gegeben: $\omega_S = 6\ \text{rad/s}$, $r_S = 175\ \text{mm}$, $l_{AB} = 200\ \text{mm}$, $l_{BC} = 150\ \text{mm}$, $\alpha = 30°$, $\gamma = 15°$, $r_D = 50\ \text{mm}$

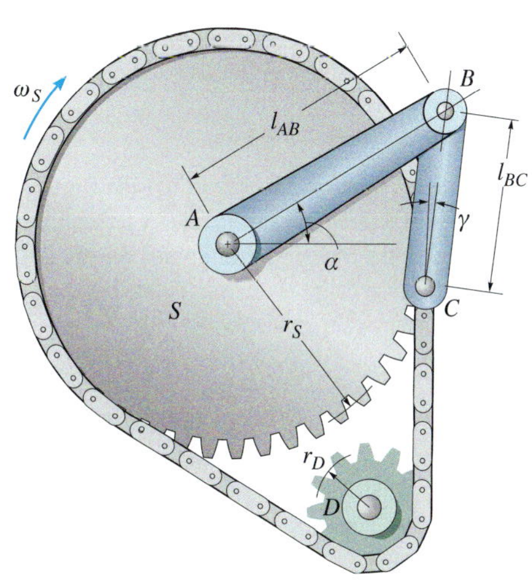

Abbildung A 5.103

***5.104** Die Stangen AB und CD gleicher Abmessungen sind frei drehbar in A und C gelagert. Die Winkelgeschwindigkeit der Stange AB ist in der dargestellten Lage mit ω_{AB} gegeben. Bestimmen Sie die Winkelgeschwindigkeit des T-Stückes BDP und die Geschwindigkeit seines Endpunktes P.

Gegeben: $\omega_{AB} = 8\ \text{rad/s}$, $l = 300\ \text{mm}$, $h = 700\ \text{mm}$, $\alpha = 60°$

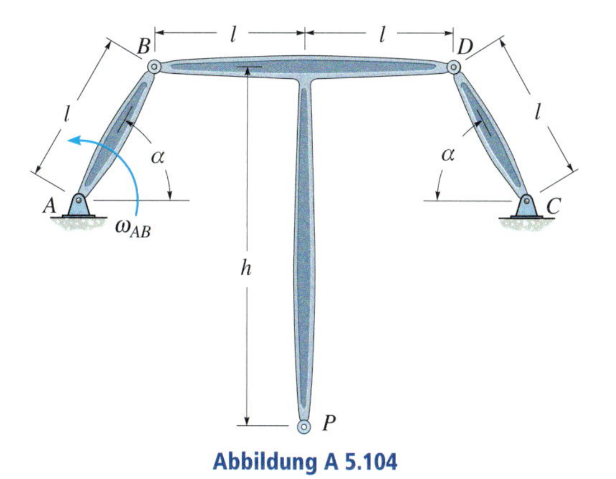

Abbildung A 5.104

Aufgaben zu 5.7

Ausgewählte Lösungswege

Lösungen finden Sie in *Anhang C*.

5.105 Zu einem gegebenen Zeitpunkt hat die Unterkante A der Leiter die Beschleunigung a_A und die Geschwindigkeit v_A, beide sind nach links gerichtet. Bestimmen Sie die Beschleunigung der Leiteroberkante B und die Winkelbeschleunigung der Leiter zu diesem Zeitpunkt.

Gegeben: $l = 8$ m, $a_A = 2$ m/s^2, $v_A = 3$ m/s, $\beta = 30°$

5.106 Zu einem gegebenen Zeitpunkt hat die Oberkante B der Leiter die Beschleunigung a_B und die Geschwindigkeit v_B, beide sind nach unten gerichtet. Bestimmen Sie die Beschleunigung der Leiterunterkante A und die Winkelbeschleunigung der Leiter zu diesem Zeitpunkt.

Gegeben: $l = 8$ m, $a_B = 1$ m/s^2, $v_B = 2$ m/s, $\beta = 30°$

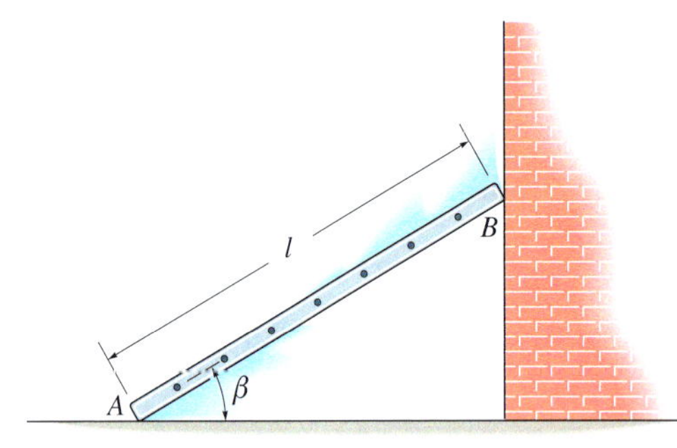

Abbildung A 5.105/5.106

5.107 Zu einem gegebenen Zeitpunkt hat das obere Ende A der Stange die Beschleunigung a_A und die Geschwindigkeit v_A. Bestimmen Sie die Beschleunigung des unteren Stangenendes B und die Winkelbeschleunigung der Stange zu diesem Zeitpunkt.

Gegeben: $l = 10$ m, $a_A = 7$ cm/s^2, $v_A = 5$ cm/s, $\beta = 60°$

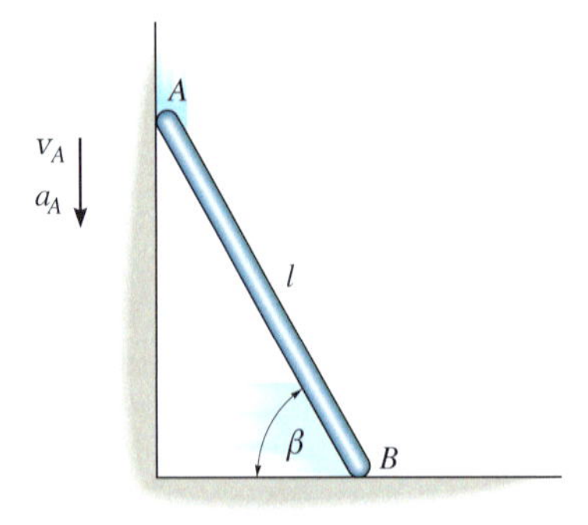

Abbildung A 5.107

***5.108** Zu einem gegebenen Zeitpunkt hat das Gleitstück A die die Geschwindigkeit v_A nach links und die Beschleunigung a_A in die entgegengesetzte Richtung, d.h. eine Verzögerung. Bestimmen Sie die Beschleunigung von B und die Winkelbeschleunigung der Verbindungsstange zu diesem Zeitpunkt.

Gegeben: $l = 300$ mm, $a_A = 16$ m/s^2, $v_A = 1{,}5$ m/s, $\beta = 45°$

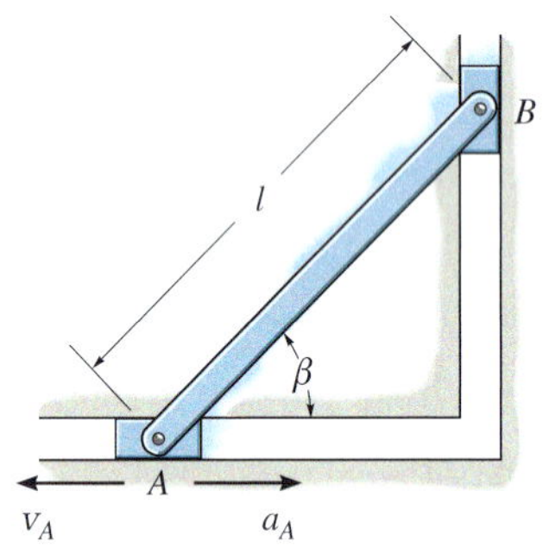

Abbildung A 5.108

5.109 Das Rad bewegt sich nach rechts und hat zum dargestellten Zeitpunkt die Winkelgeschwindigkeit ω und die Winkelbeschleunigung α. In A tritt kein Gleiten auf; bestimmen Sie die Beschleunigung von Punkt B.

Gegeben: $r = 0{,}4$ m, $\alpha = 4$ rad/s^2, $\omega = 2$ rad/s, $\beta = 30°$

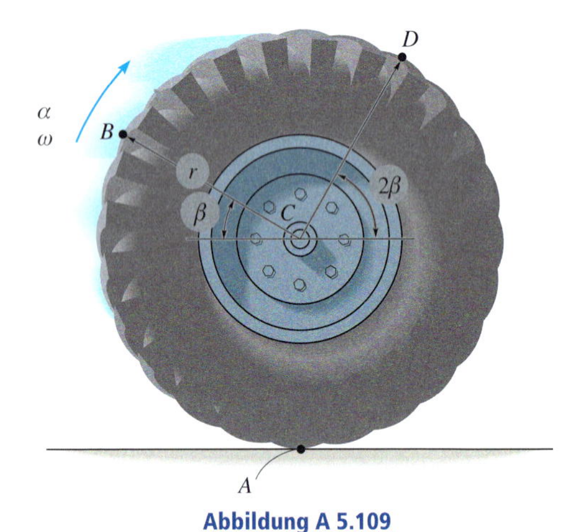

Abbildung A 5.109

5.110 Zum dargestellten Zeitpunkt dreht sich das Rad mit der gegebenen Winkelgeschwindigkeit ω und der Winkelbeschleunigung α. Bestimmen Sie die Beschleunigung der Hülse A zu diesem Zeitpunkt.

Gegeben: $r_B = 150$ mm, $l = 500$ mm, $\alpha = 16$ rad/s², $\omega = 8$ rad/s, $\beta = 30°$, $\gamma = 60°$

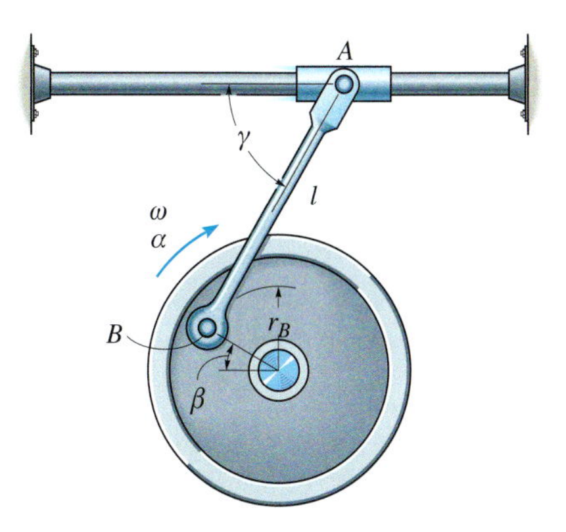

Abbildung A 5.110

5.111 Das Schwungrad dreht sich mit der Winkelgeschwindigkeit ω und der Winkelbeschleunigung α. Bestimmen Sie die Winkelbeschleunigungen der Stangen AB und BC zu diesem Zeitpunkt. Die Neigung β des Stabes AB zu dem betrachteten Zeitpunkt ist gegeben.

Gegeben: $r = 0{,}3$ m, $\alpha = 6$ rad/s², $\omega = 2$ rad/s, $l_{AB} = 0{,}5$ m, $l_{BC} = 0{,}4$ m, $\tan\beta = 3/8$

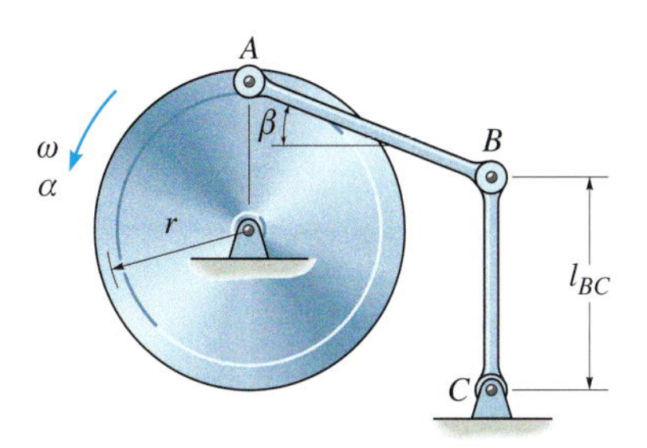

Abbildung A 5.111

***5.112** Zum dargestellten Zeitpunkt dreht sich das Rad mit der gegebenen Winkelgeschwindigkeit ω und der Winkelbeschleunigung α. Bestimmen Sie die Beschleunigung des Kolbens B zu diesem Zeitpunkt.

Gegeben: $r = 0{,}3$ m, $l_{AB} = 0{,}5$ m, $\alpha = 6$ rad/s², $\omega = 2$ rad/s, $\beta = 45°$, $\gamma = 60°$

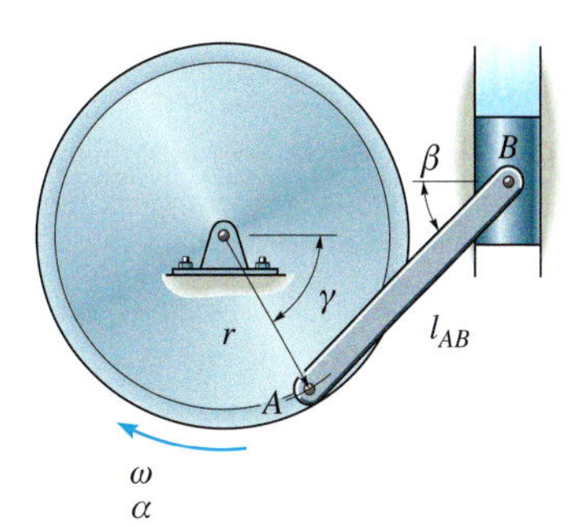

Abbildung A 5.112

5.113 Die Scheibe bewegt sich nach links und hat zum dargestellten Zeitpunkt die Winkelbeschleunigung α und die Winkelgeschwindigkeit ω. In A tritt kein Gleiten auf; bestimmen Sie die Beschleunigung des Punktes B.

Gegeben: $r = 0{,}5$ m, $\alpha = 8$ rad/s², $\omega = 3$ rad/s, $\beta = 30°$

5.114 Die Scheibe bewegt sich nach links und hat zum dargestellten Zeitpunkt die Winkelbeschleunigung α und die Winkelgeschwindigkeit ω. In A tritt kein Gleiten auf; bestimmen Sie die Beschleunigung des Punktes D.

Gegeben: $r = 0{,}5$ m, $\alpha = 8$ rad/s², $\omega = 3$ rad/s, $\gamma = 45°$

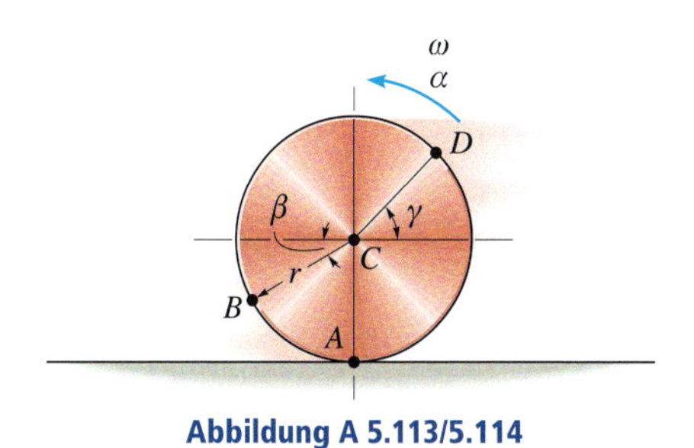

Abbildung A 5.113/5.114

5.115 Der Reifen wird derart auf die raue Oberfläche geworfen, dass er die Winkelgeschwindigkeit ω und die Winkelbeschleunigung α annimmt. Sein Mittelpunkt O hat die Geschwindigkeit v_O und die Verzögerung a_O. Bestimmen Sie die Beschleunigung des Punktes A zu diesem Zeitpunkt.

Gegeben: $v_O = 5\ \mathrm{m/s}$, $a_O = 2\ \mathrm{m/s^2}$, $\alpha = 5\ \mathrm{rad/s^2}$, $\omega = 4\ \mathrm{rad/s}$, $r = 0{,}3\ \mathrm{m}$

***5.116** Der Reifen wird derart auf die raue Oberfläche geworfen, dass er die Winkelgeschwindigkeit ω und die Winkelbeschleunigung α annimmt. Sein Mittelpunkt O hat die Geschwindigkeit v_O und die Verzögerung a_O. Bestimmen Sie die Beschleunigung des Punktes B zu diesem Zeitpunkt.

Gegeben: $v_O = 5\ \mathrm{m/s}$, $a_O = 2\ \mathrm{m/s^2}$, $\alpha = 5\ \mathrm{rad/s^2}$, $\omega = 4\ \mathrm{rad/s}$, $r = 0{,}3\ \mathrm{m}$, $\gamma = 45°$

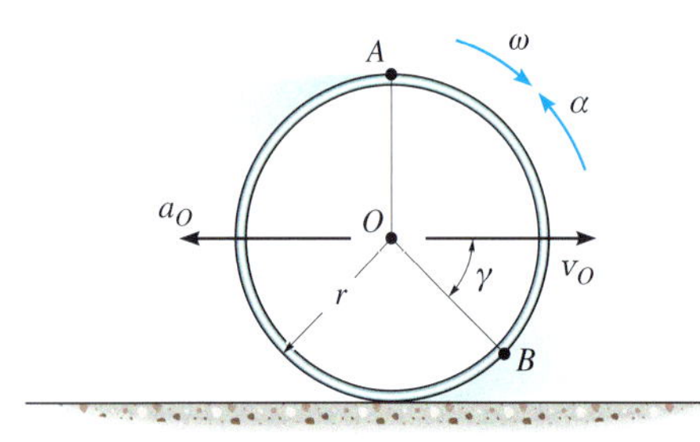

Abbildung A 5.115/5.116

5.117 Die Scheibe dreht sich mit der Winkelgeschwindigkeit ω und beschleunigt dabei mit der Winkelbeschleunigung α. Bestimmen Sie die Winkelbeschleunigung der Stange CB zu diesem Zeitpunkt.

Gegeben: $r = 0{,}5\ \mathrm{m}$, $l_{AB} = 2\ \mathrm{m}$, $l_{BC} = 1{,}5\ \mathrm{m}$, $\alpha = 6\ \mathrm{rad/s^2}$, $\omega = 5\ \mathrm{rad/s}$, $\beta = 30°$

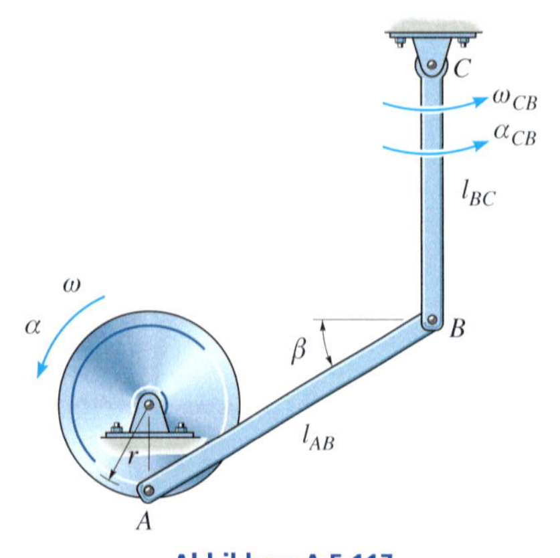

Abbildung A 5.117

5.118 Zu einem gegebenen Zeitpunkt bewegt sich das Gleitstück B mit der gegebenen Geschwindigkeit und Beschleunigung nach rechts. Bestimmen Sie die Winkelbeschleunigung des Rades zu diesem Zeitpunkt.

Gegeben: $l = 20\ \mathrm{cm}$, $a_B = 3\ \mathrm{cm/s^2}$, $v_B = 6\ \mathrm{cm/s}$, $r = 5\ \mathrm{cm}$

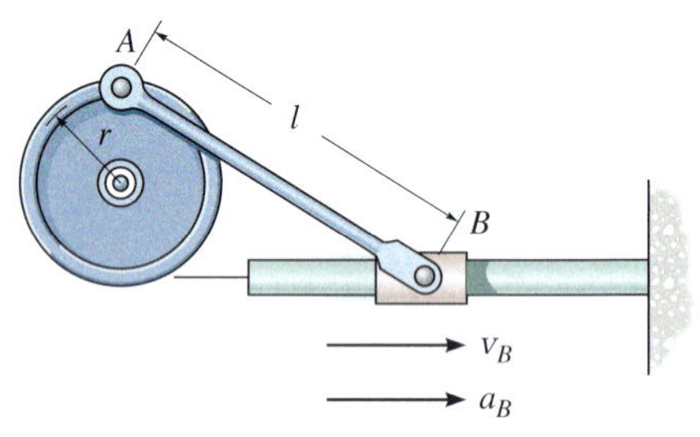

Abbildung A 5.118

5.119 Die Enden des Stabes AB werden auf den dargestellten Bahnkurven geführt. Zu einem gegebenen Zeitpunkt hat A die Geschwindigkeit v_A und die Beschleunigung a_A. Bestimmen Sie die Winkelgeschwindigkeit und die Winkelbeschleunigung des Stabes AB zu diesem Zeitpunkt.

Gegeben: $l = 4\ \mathrm{m}$, $v_A = 8\ \mathrm{m/s}$, $a_A = 3\ \mathrm{m/s^2}$, $\beta = 30°$

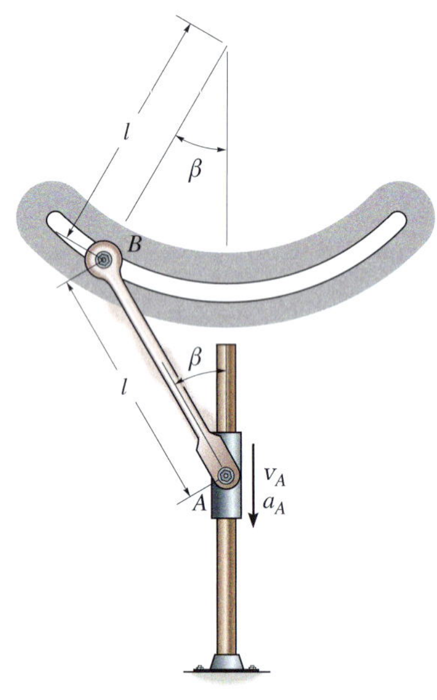

Abbildung A 5.119

***5.120** Der Stab AB hat die gegebene Winkelgeschwindigkeit ω_{AB} und die Winkelbeschleunigung α_{AB}. Bestimmen Sie die Beschleunigung der Hülse C zu diesem Zeitpunkt.

Gegeben: $l_{AB} = 2$ m, $l_{BC} = 2{,}5$ m, $\omega_{AB} = 5$ rad/s, $\alpha_{AB} = 3$ rad/s^2, $\gamma = 60°$, $\beta = 45°$

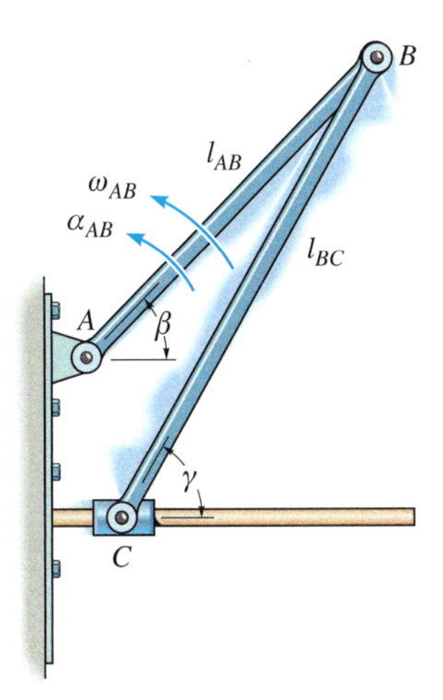

Abbildung A 5.120

5.121 Der Stab AB hat die gegebene Winkelgeschwindigkeit ω_{AB} und die Winkelbeschleunigung α_{AB}. Bestimmen Sie die Geschwindigkeit und Beschleunigung der Masse C zu diesem Zeitpunkt.

Gegeben: $h_B = 7$ m, $h_A = 5$ m, $\omega_{AB} = 3$ rad/s, $\alpha_{AB} = 2$ rad/s^2, $\beta = \tan 3/4$

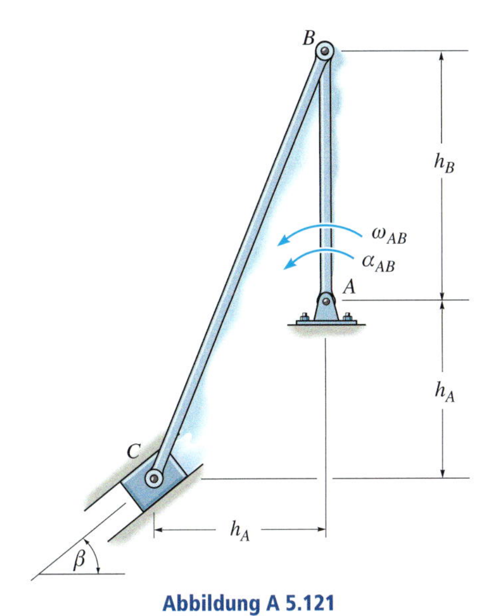

Abbildung A 5.121

5.122 Zu einem gegebenen Zeitpunkt haben die Zahnräder A und B die angegebenen Winkelgeschwindigkeiten und -beschleunigungen. Bestimmen Sie die Winkelgeschwindigkeit des Doppelzahnrades CD und die Beschleunigung seines Mittelpunkts zu diesem Zeitpunkt. Beachten Sie, dass der kleinere Zahnkranz des Zahnrades CD in das Zahnrad A eingreift, und der größere in das Zahnrad B.

Gegeben: $r_A = 5$ cm, $r_B = 20$ cm, $r_C = 10$ cm, $r_D = 5$ cm, $\omega_A = 4$ rad/s, $\alpha_A = 8$ rad/s^2, $\omega_B = 1$ rad/s, $\alpha_B = 6$ rad/s^2

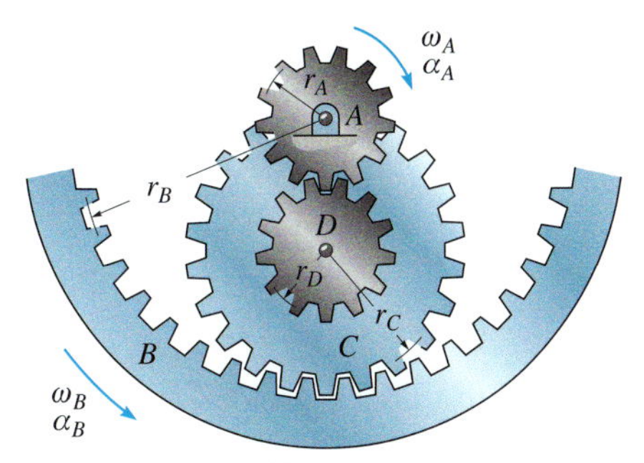

Abbildung A 5.122

5.123 Das Zahnradgetriebe erzeugt eine Schwingbewegung der Kurbelwelle AC, die für den Betrieb einer Druckerpresse notwendig ist. Die Winkelgeschwindigkeit und -beschleunigung der Stange DE sind bekannt. Bestimmen Sie die Winkelgeschwindigkeiten von Zahnrad F und Kurbelwelle AC zu diesem Zeitpunkt sowie die Winkelbeschleunigung der Kurbelwelle AC.

Gegeben: $r_B = 100$ mm, $r_C = 50$ mm, $r_D = 75$ mm, $l_{AB} = 150$ mm, $l_{DE} = 100$ mm, $\omega_{DE} = 4$ rad/s, $\alpha_{DE} = 20$ rad/s^2, $\beta = 30°$

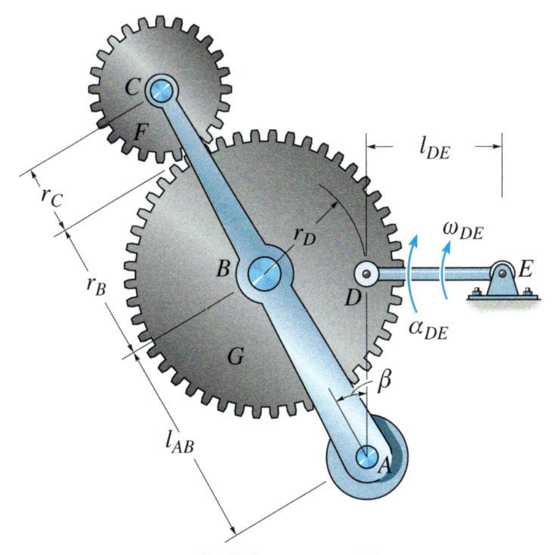

Abbildung A 5.123

***5.124** Beim Abwickeln des Seiles vom Zylinder hat dieser zum gegebenen Zeitpunkt die Winkelbeschleunigung α und die Winkelgeschwindigkeit ω. Bestimmen Sie die Beschleunigungen der Punkte A und B zu diesem Zeitpunkt.

Gegeben: $r = 0{,}75\ \text{m}$, $\omega = 2\ \text{rad/s}$, $\alpha = 4\ \text{rad/s}^2$

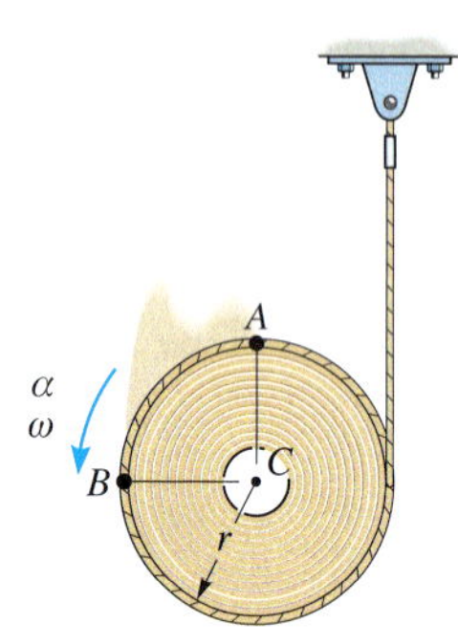

Abbildung A 5.124

5.125 Das Rad rollt ohne Gleiten auf einer horizontalen Unterlage und hat zum dargestellten Zeitpunkt die Winkelgeschwindigkeit ω und die Winkelbeschleunigung α. Bestimmen Sie die Geschwindigkeit und die Beschleunigung des Punktes B zu diesem Zeitpunkt.

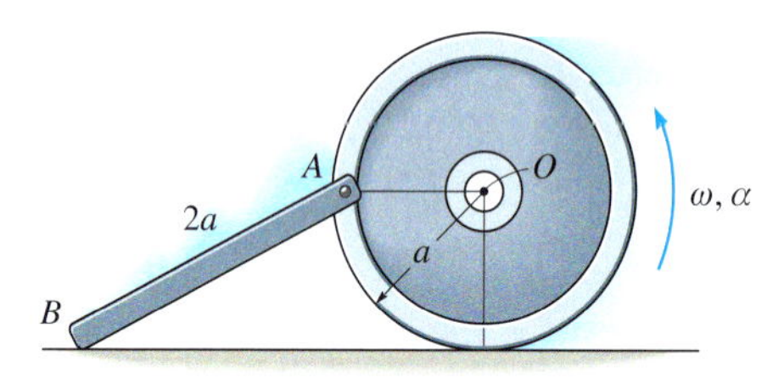

Abbildung A 5.125

5.126 Das Zahnrad führt zum gegebenen Zeitpunkt die angegebene Bewegung aus. Bestimmen Sie die Beschleunigungen der Punkte A und B auf dem Verbindungsstab AB und seine Winkelbeschleunigung zu diesem Zeitpunkt.

Gegeben: $r = 3\ \text{cm}$, $r_A = 2\ \text{cm}$, $l = 8\ \text{cm}$, $\omega = 6\ \text{rad/s}$, $\alpha = 12\ \text{rad/s}^2$, $\beta = 60°$

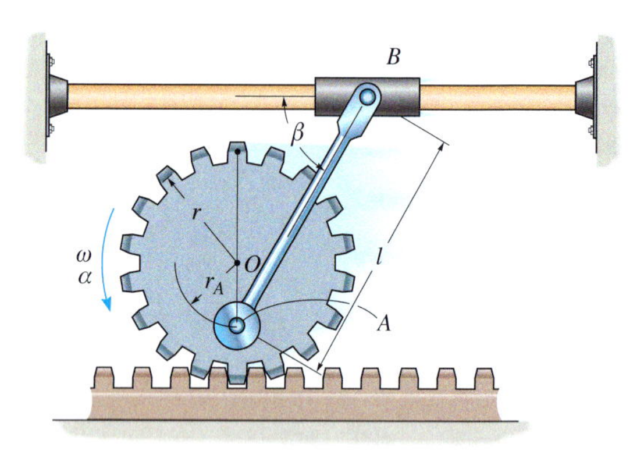

Abbildung A 5.126

5.127 Bestimmen Sie die Winkelbeschleunigung des Stabes AB für die gegebene Winkelgeschwindigkeit und Winkelverzögerung der Stange CD.

Gegeben: $l = 0{,}6\ \text{m}$, $\omega_{CD} = 2\ \text{rad/s}$, $\alpha_{CD} = 4\ \text{rad/s}^2$

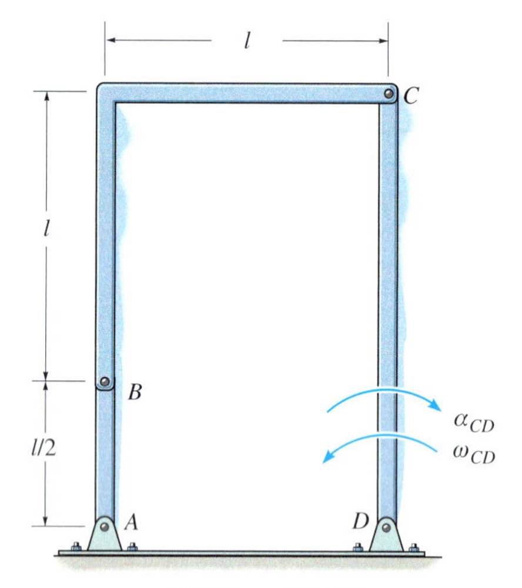

Abbildung A 5.127

***5.128** Das Gleitstück B bewegt sich zu einem gegebenen Zeitpunkt mit der Beschleunigung a_B nach rechts und hat dabei die Geschwindigkeit v_B. Bestimmen Sie die Winkelbeschleunigung der Verbindungsstange AB und die Beschleunigung des Punktes A zu diesem Zeitpunkt.

Gegeben: $l_{AC} = 3$ m, $l_{AB} = 5$ m, $a_B = 2$ m/s^2, $v_B = 6$ m/s

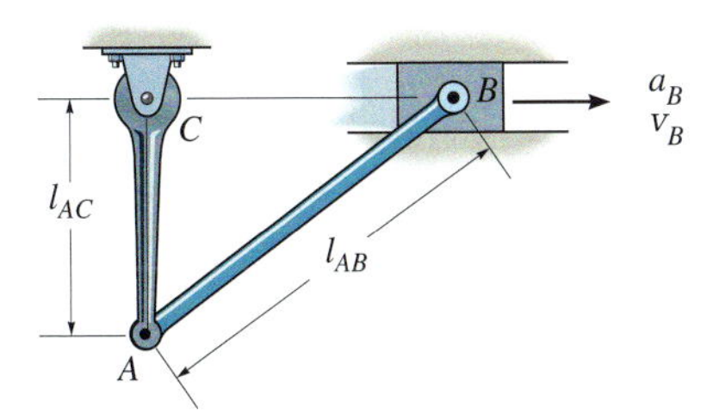

Abbildung A 5.128

5.129 Die Enden der Stange AB werden auf den dargestellten Bahnkurven geführt. Zum gegebenen Zeitpunkt hat A die Geschwindigkeit v_A und die Beschleunigung a_A. Bestimmen Sie die Winkelgeschwindigkeit und die Winkelbeschleunigung der Stange AB zu diesem Zeitpunkt.

Gegeben: $r = 2$ m, $\beta = 60°$, $a_A = 7$ m/s^2, $v_A = 4$ m/s

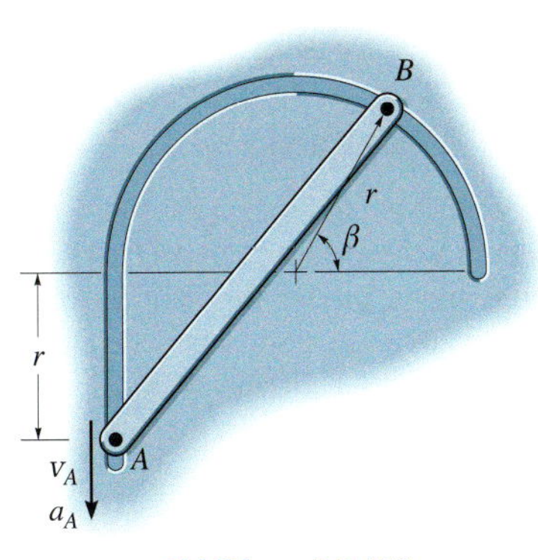

Abbildung A 5.129

5.130 Zum gegebenen Zeitpunkt führen die Seile, die das Rohr schlupffrei umschlingen, die durch die angegebenen Geschwindigkeiten und Beschleunigungen charakterisierten Vertikalbewegungen aus. Bestimmen Sie die Winkelgeschwindigkeit und die Winkelbeschleunigung des Rohres und die Geschwindigkeit und Beschleunigung des Rohrpunktes B.

Gegeben: $r = 2$ cm, $a = 2$ cm/s^2, $v = 6$ cm/s, $a' = 1{,}5$ cm/s^2, $v' = 5$ cm/s

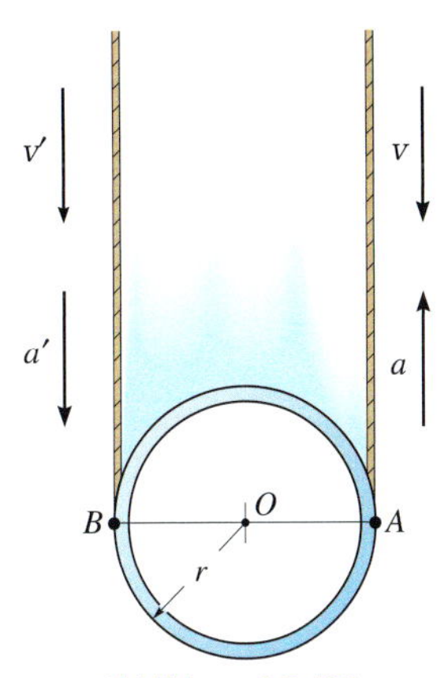

Abbildung A 5.130

Aufgaben zu 5.8

Ausgewählte Lösungswege

Lösungen finden Sie in *Anhang C*.

5.131 Die Masse A, die am Seil befestigt ist, bewegt sich in der Nut der gabelförmigen Führung. Zum dargestellten Zeitpunkt wird das Seil mit der Beschleunigung a und der Geschwindigkeit v durch das Loch der Führung in O gezogen. Bestimmen Sie die Absolutbeschleunigung der Masse zu diesem Zeitpunkt, wenn sich die Führung mit konstanter Winkelgeschwindigkeit ω um O dreht.

Gegeben: $x_1 = 100$ mm, $a = 4$ m/s^2, $v = 2$ m/s, $\omega = 4$ rad/s

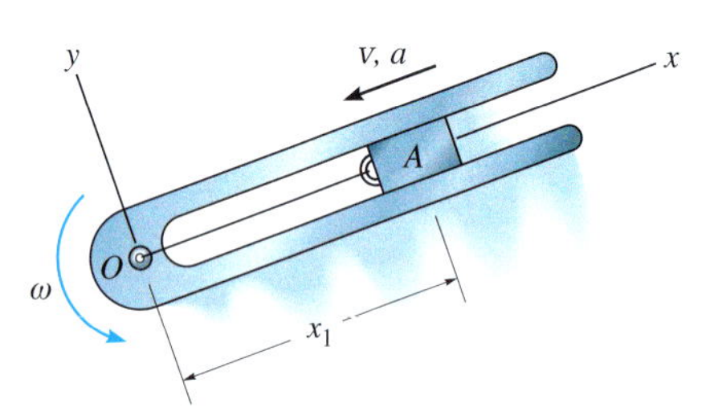

Abbildung A 5.131

***5.132** Die Kugel B vernachlässigbarer Größe bewegt sich horizontal entlang dem gebogenen Rohr und hat zum dargestellten Zeitpunkt die Geschwindigkeit v und die Beschleunigung a relativ zum Rohr. Das Rohr dreht sich dabei mit der momentanen Winkelgeschwindigkeit ω und der Winkelbeschleunigung α um die vertikale Achse. Bestimmen Sie die Absolutgeschwindigkeit und -beschleunigung der Kugel.

Gegeben: $x_1 = 2$ m, $v = 5$ m/s, $a = 3$ m/s^2, $\omega = 3$ rad/s, $\alpha = 5$ rad/s^2

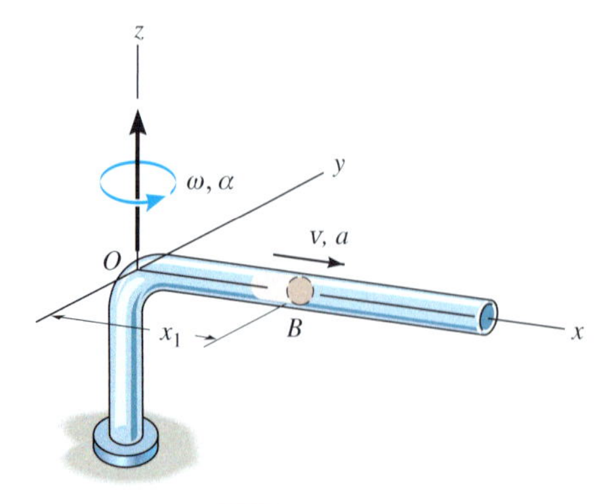

Abbildung A 5.132

5.133 Der Mann läuft auf der Scheibe radial nach außen. In A hat sein Schwerpunkt die Geschwindigkeit v und die Beschleunigung a, beide relativ zur Scheibe und in Richtung der scheibenfesten y-Achse. Die Winkelgeschwindigkeit und -beschleunigung der Scheibe sind gegeben. Bestimmen Sie die Absolutgeschwindigkeit und -beschleunigung seines Schwerpunktes zu diesem Zeitpunkt.

Gegeben: $y = 5$ m, $a = 3$ m/s^2, $v = 2$ m/s, $\omega = 0{,}5$ rad/s, $\alpha = 0{,}2$ rad/s^2

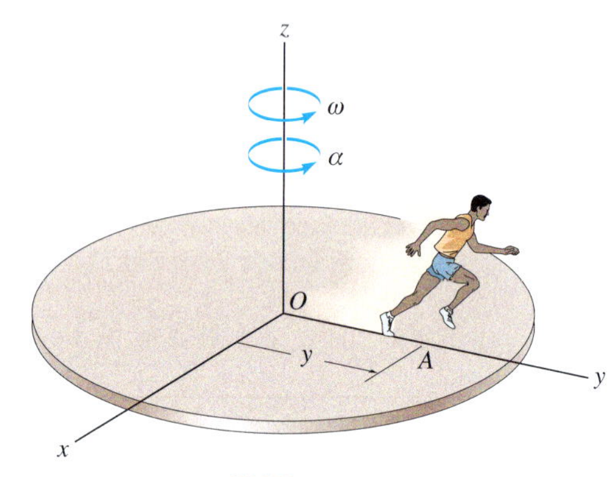

Abbildung A 5.133

5.134 Die Masse B bewegt sich in der Nut der Scheibe mit der konstanten Geschwindigkeit v relativ zur Scheibe in der dargestellten Richtung. Die Scheibe dreht sich mit konstanter Winkelgeschwindigkeit ω. Bestimmen Sie die Absolutgeschwindigkeit und -beschleunigung der Masse für die dargestellte Position θ.

Gegeben: $y_1 = 2$ m, $r = 3$ m, $v = 2$ m/s, $\omega = 5$ rad/s, $\theta = 60°$

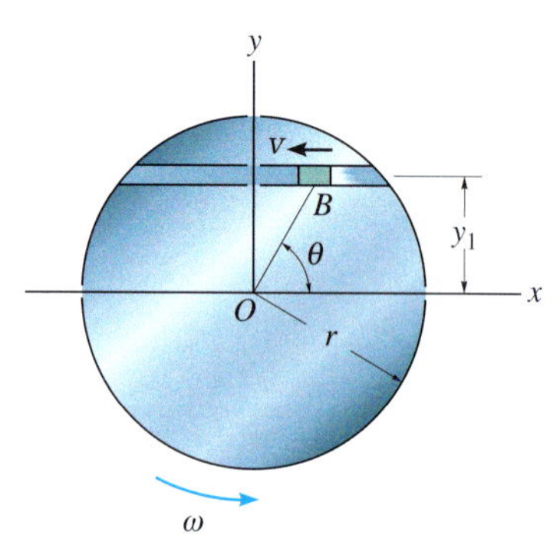

Abbildung A 5.134

5.135 Während sich die Drehbrücke mit konstanter Winkelgeschwindigkeit ω schließt, läuft ein Mann entlang der Fahrbahn mit der konstanten Geschwindigkeit v relativ zur Fahrbahn. Bestimmen Sie seine Absolutgeschwindigkeit und -beschleunigung in der momentanen Position.

Gegeben: $d = 6\ \text{m}$, $v = 2\ \text{m/s}$, $\omega = 0{,}5\ \text{rad/s}$

***5.136** Während sich die Drehbrücke mit konstanter Winkelgeschwindigkeit ω schließt, läuft ein Mann auf der Fahrbahn. In der Position d läuft er mit der Geschwindigkeit v und der Beschleunigung a, relativ zur Fahrbahn nach außen. Bestimmen Sie seine Absolutgeschwindigkeit und -beschleunigung in diesem Moment.

Gegeben: $d = 4\ \text{m}$, $v = 2\ \text{m/s}$, $a = 0{,}8\ \text{m/s}^2$, $\omega = 0{,}5\ \text{rad/s}$

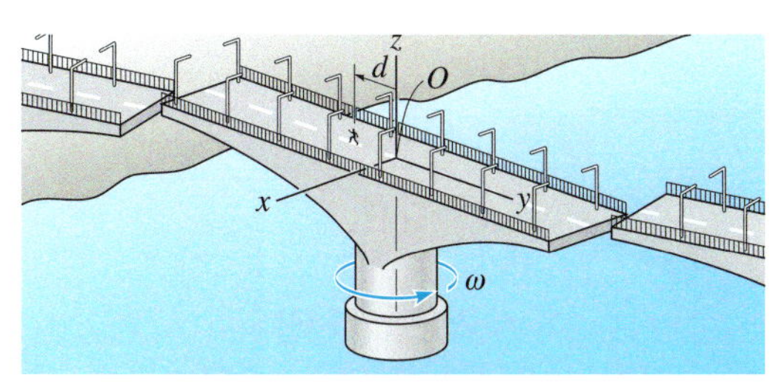

Abbildung A 5.135/5.136

5.137 Ein Mädchen steht zunächst in A auf einer Scheibe, die sich mit konstanter Winkelgeschwindigkeit ω dreht. Sie geht dann mit der konstanten, zur Scheibe relativen Geschwindigkeit v. Bestimmen Sie ihre Absolutbeschleunigung (a) in Punkt D, wenn sie die Bahn ADC im Abstand d vom Mittelpunkt durchläuft und (b) in Punkt B, wenn sie die Bahn ABC mit dem Radius r durchläuft.

Gegeben: $d = 1\ \text{m}$, $r = 3\ \text{m}$, $v = 0{,}75\ \text{m/s}$, $\omega = 0{,}5\ \text{rad/s}$

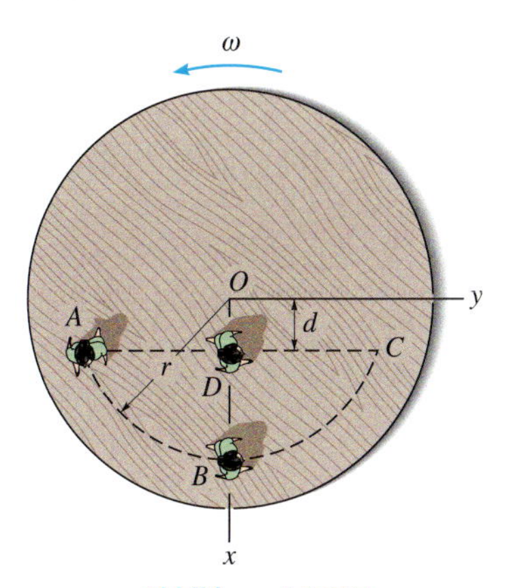

Abbildung A 5.137

5.138 Ein Mädchen steht zunächst in A auf einer Scheibe, die sich mit der Winkelbeschleunigung α dreht und zum betrachteten Zeitpunkt die Winkelgeschwindigkeit ω hat. Sie geht dann mit der konstanten, zur Scheibe relativen Geschwindigkeit v. Bestimmen Sie ihre Beschleunigung (a) in Punkt D, wenn sie die Bahn ADC im Abstand d vom Mittelpunkt durchläuft und (b) in Punkt B, wenn sie die Bahn ABC mit dem Radius r durchläuft.

Gegeben: $d = 1\ \text{m}$, $r = 3\ \text{m}$, $v = 0{,}75\ \text{m/s}$, $\omega = 0{,}5\ \text{rad/s}$, $\alpha = 0{,}2\ \text{rad/s}^2$

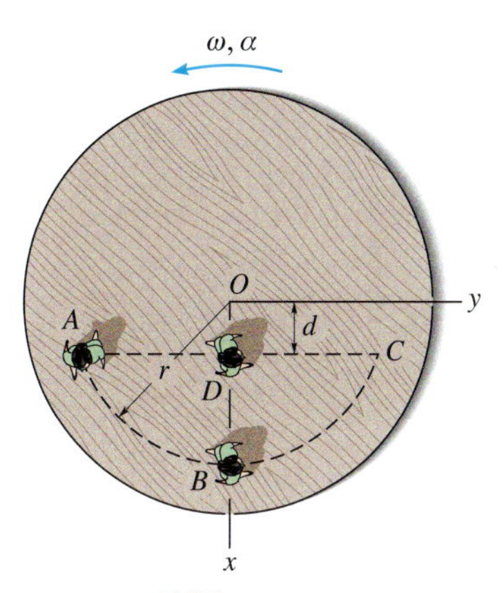

Abbildung A 5.138

5.139 Der Stab AB dreht sich gegen den Uhrzeigersinn mit der konstanten Winkelgeschwindigkeit ω. Bestimmen Sie für die Winkellage $\theta = \theta_1$ die Absolutgeschwindigkeit und -beschleunigung in Punkt C auf der Doppelhülse. Diese besteht aus zwei gelenkig verbundenen Gleitstücken, die entlang der Kreisbahn und auf der Rundstange AB gleiten.

Gegeben: $r = 0{,}4\ \text{m}$, $\omega = 3\ \text{rad/s}$, $\theta_1 = 45°$

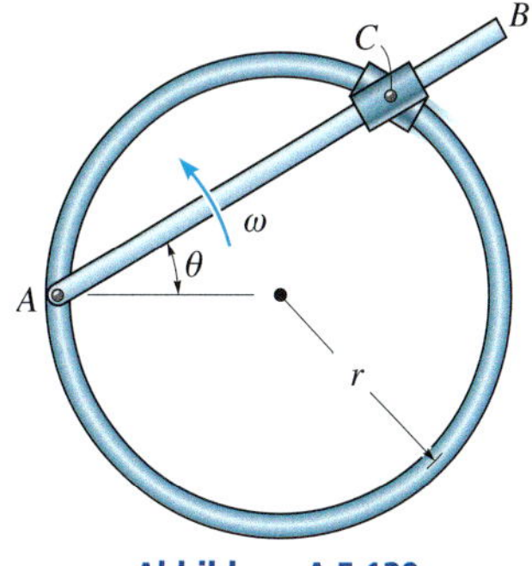

Abbildung A 5.139

***5.140** Das Karussell besteht aus einer mit konstanter Winkelgeschwindigkeit ω_P rotierenden Plattform P und vier auf der Plattform montierten Wagen C, die mit konstanter Winkelgeschwindigkeit $\omega_{C/P}$ relativ zur Plattform umlaufen. Bestimmen Sie die Absolutbeschwindigkeit und -beschleunigung des Fahrgastes in Punkt B in der dargestellten Lage.

Gegeben: $r_C = 0{,}75$ m, $r_P = 3$ m, $\omega_P = 1{,}5$ rad/s, $\omega_{C/P} = 2$ rad/s

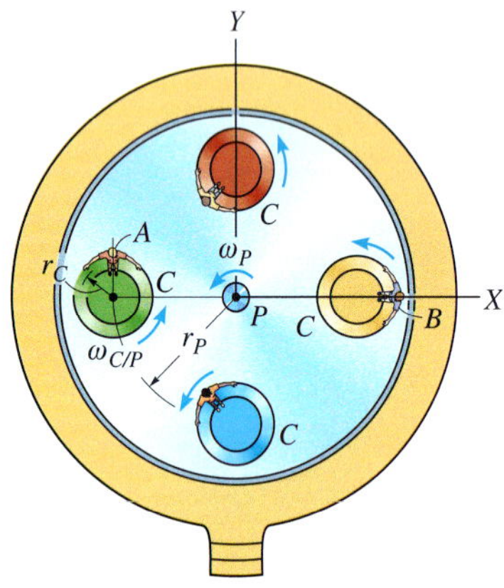

Abbildung A 5.140

5.141 Das Gleitstück B der Vorrichtung wird in dem geschlitzten Stab CD geführt. Die Kurbel AB dreht sich mit konstanter Winkelgeschwindigkeit ω_{AB}. Bestimmen Sie Winkelgeschwindigkeit und Winkelbeschleunigung von CD in der dargestellten Lage.

Gegeben: $l_{AB} = 100$ mm, $l_{BC} = 200$ mm, $\omega_{AB} = 3$ rad/s, $\gamma = 30°$

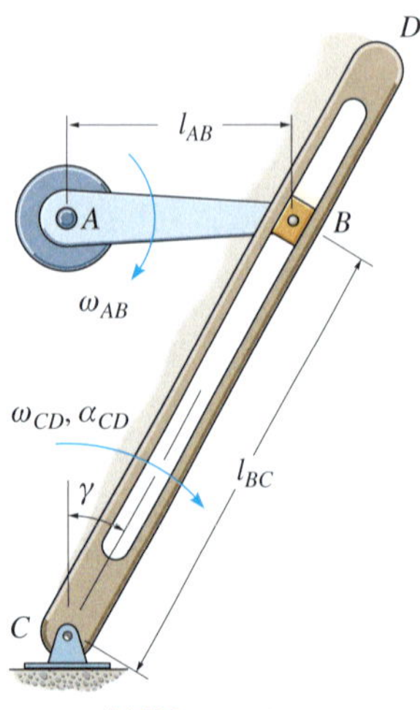

Abbildung A 5.141

5.142 In der dargestellten Position dreht sich der Roboterarm AB mit der Winkelgeschwindigkeit ω und der Winkelbeschleunigung α gegen den Uhrzeigersinn. Gleichzeitig dreht sich der Griff gegen den Uhrzeigersinn mit ω' und α' relativ zu einem *raumfesten* Referenzsystem. Bestimmen Sie die Absolutgeschwindigkeit und -beschleunigung des vom Griff C gehaltenen Gegenstandes.

Gegeben: $l_{AB} = 300$ mm, $l_{BC} = 125$ mm, $\omega = 5$ rad/s, $\alpha = 2$ rad/s^2, $\omega' = 6$ rad/s, $\alpha' = 2$ rad/s^2, $\beta = 30°$, $\gamma = 15°$

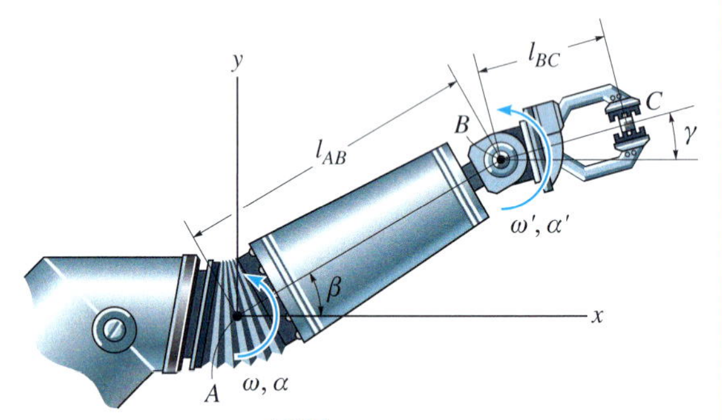

Abbildung A 5.142

5.143 Der Zweistab-Mechanismus „verstärkt" die Drehbewegung. Die Antriebskurbel AB hat in B einen Stift, der im Schlitz des Verbindungsstückes CD geführt wird. In der dargestellten Lage hat AB (zur Leistungsaufnahme) die Winkelgeschwindigkeit ω_{AB} und die Winkelbeschleunigung α_{AB}. Bestimmen Sie die Winkelgeschwindigkeit und -beschleunigung des Abtriebsgliedes CD (zur Leistungsabgabe) zu diesem Zeitpunkt.

Gegeben: $l_{AB} = 200$ mm, $l_{BC} = 150$ mm, $\beta = 45°$, $\gamma = 30°$, $\omega_{AB} = 2{,}5$ rad/s, $\alpha_{AB} = 3$ rad/s^2

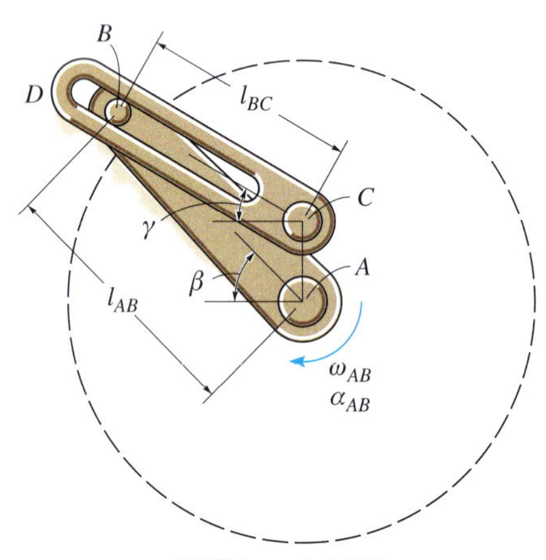

Abbildung A 5.143

***5.144** In der dargestellten Lage hat der Stab AB die Winkelgeschwindigkeit ω_{AB} und die Winkelbeschleunigung α_{AB}. Bestimmen Sie die Winkelgeschwindigkeit und -beschleunigung des Stabes CD zu diesem Zeitpunkt. Die Hülse C ist mit CD gelenkig verbunden und gleitet über AB.

Gegeben: $l_{AC} = 0{,}75\ \mathrm{m}$, $l_{CD} = 0{,}5\ \mathrm{m}$, $\gamma = 60°$, $\omega_{AB} = 3\ \mathrm{rad/s}$, $\alpha_{AB} = 5\ \mathrm{rad/s^2}$

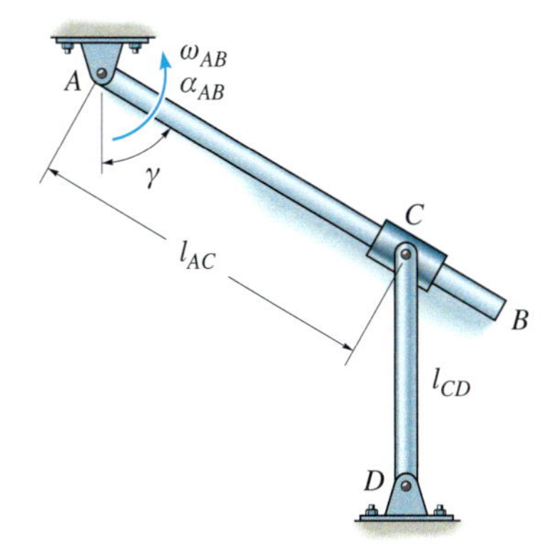

Abbildung A 5.144

5.145 Das Zahnrad führt auf der ruhenden Zahnstange die dargestellte Rollbewegung aus. Bestimmen Sie die Winkelgeschwindigkeit und -beschleunigung des geschlitzten Verbindungsstückes BC in der dargestellten Position. Der Zapfen A ist mit dem Zahnrad fest verbunden.

Gegeben: $l_{AB} = 2\ \mathrm{m}$, $r_A = 0{,}5\ \mathrm{m}$, $r_Z = 0{,}7\ \mathrm{m}$, $\omega = 2\ \mathrm{rad/s}$, $\alpha = 4\ \mathrm{rad/s^2}$

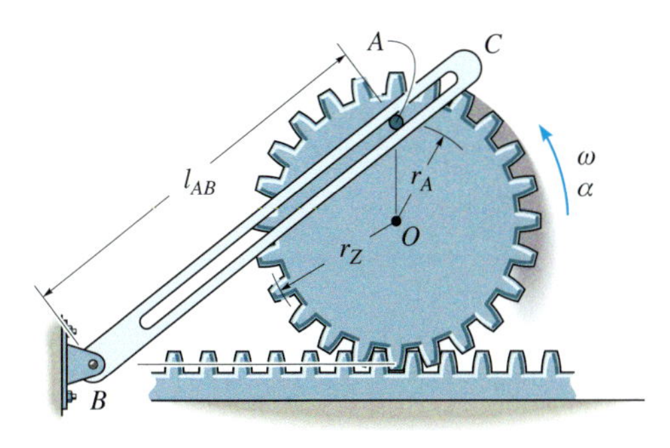

Abbildung A 5.145

5.146 Die Schnellrücklaufvorrichtung besteht aus der Kurbel AB, dem Gleitstück B und der geschlitzten Schwinge CD. Die Winkelgeschwindigkeit und -beschleunigung der Kurbel sind gegeben. Bestimmen Sie die Winkelgeschwindigkeit und -beschleunigung der Schwinge CD in der dargestellten Position.

Gegeben: $l_{AB} = 100\ \mathrm{mm}$, $l_{BC} = 300\ \mathrm{mm}$, $\gamma = 30°$, $\omega_{AB} = 3\ \mathrm{rad/s}$, $\alpha_{AB} = 9\ \mathrm{rad/s^2}$

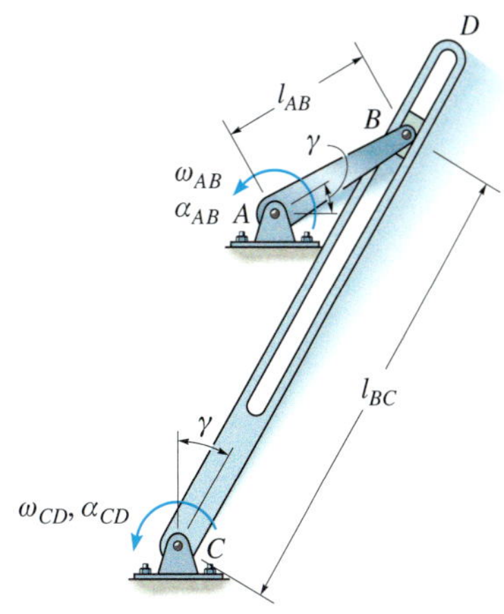

Abbildung A 5.146

5.147 Das Karussell besteht aus einem mit konstanter Winkelgeschwindigkeit ω_{AB} um Punkt A rotierenden Arm AB und einem Wagen am Ende des Arms, der mit der konstanten Winkelgeschwindigkeit ω' relativ zum Arm umläuft. Bestimmen Sie in der dargestellten Lage die Absolutgeschwindigkeit und -beschleunigung des Fahrgastes in C.

Gegeben: $l_{AB} = 5\ \mathrm{m}$, $r_B = 1\ \mathrm{m}$, $\gamma = 30°$, $\beta = 60°$, $\omega_{AB} = 2\ \mathrm{rad/s}$, $\omega' = 0{,}5\ \mathrm{rad/s}$

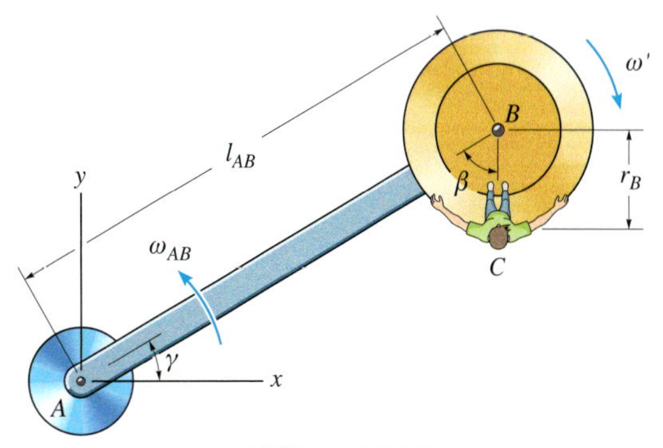

Abbildung A 5.147

***5.148** Das Karussell besteht aus einem mit der Winkelbeschleunigung α_{AB} um Punkt A rotierenden Arm AB, der in der dargestellten Lage die Winkelgeschwindigkeit ω_{AB} besitzt. Der Wagen am Ende des Arms hat zu diesem Zeitpunkt eine relative Winkelbeschleunigung α' bei einer Winkelgeschwindigkeit ω'. Bestimmen Sie im betreffenden Augenblick Absolutgeschwindigkeit und -beschleunigung des Fahrgastes C.

Gegeben: $l_{AB} = 5 \text{ m}$, $r_B = 1 \text{ m}$, $\gamma = 30°$, $\beta = 60°$, $\omega_{AB} = 2 \text{ rad/s}$, $\alpha_{AB} = 1 \text{ rad/s}^2$, $\omega' = 0{,}5 \text{ rad/s}$, $\alpha' = 0{,}6 \text{ rad/s}^2$

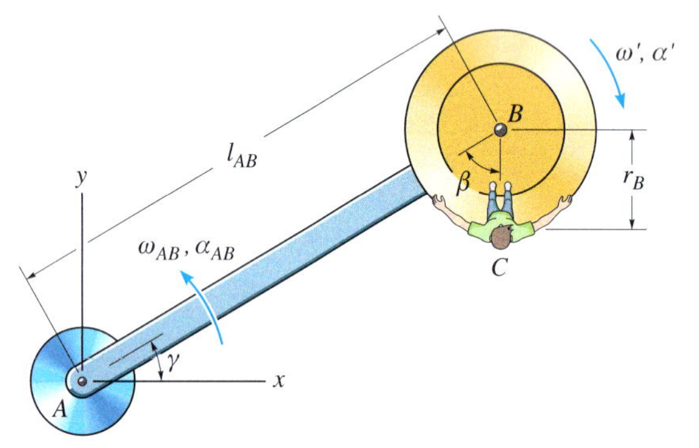

Abbildung A 5.148

5.149 Die Wagen des Karussells drehen sich um die Achse A mit konstanter, zum Führungsarm AB relativen Winkelgeschwindigkeit $\omega_{A/F}$. Gleichzeitig dreht sich der Arm mit konstanter Winkelgeschwindigkeit ω_F um das Hauptlager B. Bestimmen Sie Absolutgeschwindigkeit und -beschleunigung des Fahrgastes in C in der dargestellten Position.

Gegeben: $l_{AB} = 7{,}5 \text{ m}$, $r = 4 \text{ m}$, $\beta = 30°$, $\omega_{A/F} = 2 \text{ rad/s}$, $\omega_F = 1 \text{ rad/s}$

5.150 Die Wagen des Karussells drehen sich um die Achse A mit konstanter, zum Führungsarm AB relativen Winkelgeschwindigkeit $\omega_{A/F}$. Gleichzeitig dreht sich der Arm mit konstanter Winkelgeschwindigkeit ω_F um das Hauptlager B. Bestimmen Sie Absolutgeschwindigkeit und -beschleunigung des Fahrgastes in D in der dargestellten Position.

Gegeben: $l_{AB} = 7{,}5 \text{ m}$, $r = 4 \text{ m}$, $\beta = 30°$, $\omega_{A/F} = 2 \text{ rad/s}$, $\omega_F = 1 \text{ rad/s}$

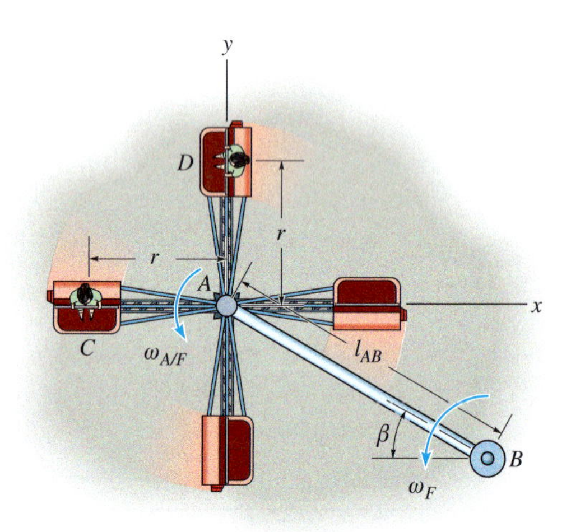

Abbildung A 5.149/5.150

Konstruktionsaufgaben

*5.1D Konstruktion eines Riementriebes

Das Rad A wird in einer Spinnerei benutzt und muss mit der Winkelgeschwindigkeit ω_A gegen den Uhrzeigersinn umlaufen. Dies kann wie dargestellt durch einen Motor auf einer Bühne erfolgen. Die Motorwelle B kann sich im Uhrzeigersinn mit ω_B drehen. Konstruieren Sie ein Getriebe mit Riemen und Scheiben für die Übertragung der Drehbewegung von B auf A. Der verbindende Riementrieb für das Rad A soll auf dem äußeren Radius aufgelegt werden, weitere Scheiben können auf der Motorwelle oder an anderen Zwischenstellen angebracht werden. Die maximale Länge der Riemen soll l_{max} nicht überschreiten. Erstellen Sie eine Zeichnung und führen Sie die kinematischen Berechnungen durch. Bestimmen Sie ebenfalls die Gesamtkosten für Material, die Preise für einen einzelnen Riemen und die Scheiben sind gegeben, wobei die Kosten der Scheiben proportional zu ihrem Radius r sind.

Gegeben: $h = 1{,}5$ m, $d = 2$ m, $r = 0{,}5$ m, $\omega_A = 4$ rad/s, $\omega_B = 50$ rad/s, $l_{max} = 6$ m, $K_R = 2{,}50$ €, $K_S = k_0 r$, $k_0 = 1$ €/m

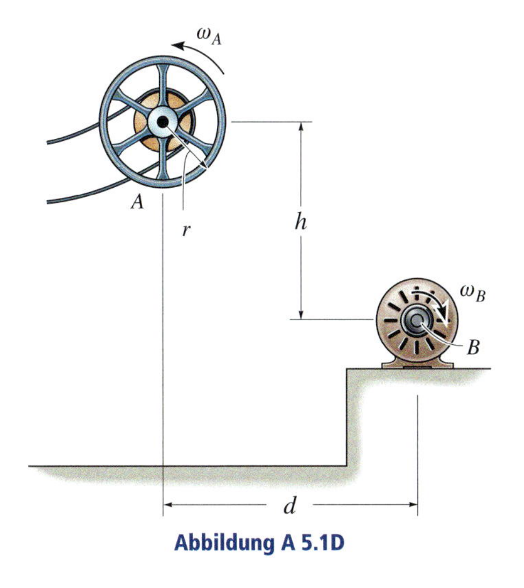

Abbildung A 5.1D

*5.2D Konstruktion eines schwingenden Kurbelmechanismus

Der Betrieb einer Nähmaschine erfordert eine schwingende Hin- und Herbewegung des Stabes der Länge l um den Winkel $\theta = \gamma/2$ während der Zeit T. Ein Motor mit einer Antriebswelle (Winkelgeschwindigkeit ω) liefert die erforderliche Leistung. Geben Sie die Lage des Motors an und konstruieren Sie eine entsprechende Vorrichtung. Erstellen Sie eine Zeichnung mit dem Aufstellungsort des Motors und berechnen Sie Absolutgeschwindigkeit und -beschleunigung des Endes A der Schwinge als Funktion des Drehwinkels θ im Bereich von $0 \leq \theta \leq \gamma$.

Gegeben: $l = 200$ m, $\gamma = 60°$, $\omega = 40$ rad/s, $T = 0{,}2$ s

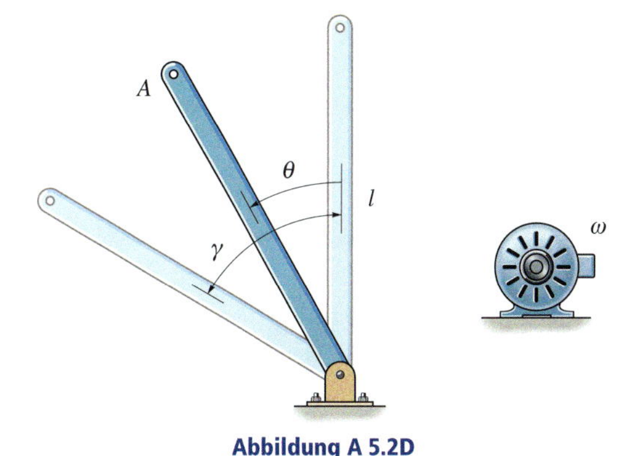

Abbildung A 5.2D

*5.3D Konstruktion eines einziehbaren Flugzeugfahrgestells

Das Bugrad eines Kleinflugzeugs wird von dem Träger AB gehalten, das in B gelenkig am Flugzeugrahmen gelagert ist. Konstruieren Sie eine Vorrichtung, mit der das Rad vollständig nach vorne eingefahren werden kann, d.h. innerhalb der Zeitspanne T um den Winkel γ im Uhrzeigersinn gedreht wird. Verwenden Sie einen Hydraulikzylinder, der eingefahren die Länge l_1 und vollständig ausgefahren die Länge l_2 hat. Stellen Sie sicher, dass bei Ihrer Konstruktion das Rad in einer stabilen Lage gehalten wird, wenn das Rad den Boden berührt. Stellen Sie für $0° \leq \theta \leq 90°$ Winkelgeschwindigkeit und -beschleunigung von AB als Funktion der Winkellage θ dar.

Gegeben: $l_{AB} = 1$ m, $l_1 = 0{,}3$ m, $l_2 = 0{,}8$ m, $T = 4$ s, $\gamma = 90°$

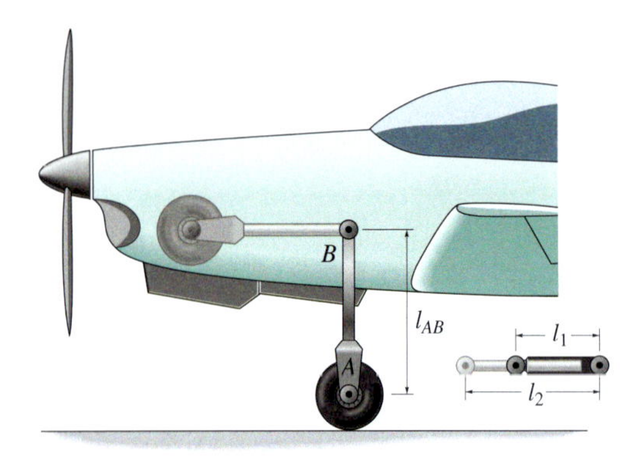

Abbildung A 5.3D

*5.4D Konstruktion einer Sägevorrichtung

Das Sägeblatt in einem Sägewerk muss in der horizontalen Lage bleiben und innerhalb der Zeitspanne T eine vollständige Hin- und Herbewegung ausführen. Ein Elektromotor mit der Winkelgeschwindigkeit ω kann die Säge antreiben und an einem beliebigen Ort positioniert werden. Konstruieren Sie eine Vorrichtung, mit der die Drehbewegung der Motorwelle auf das Sägeblatt übertragen werden kann. Erstellen Sie Zeichnungen Ihrer Konstruktion und führen Sie die entsprechenden kinematischen Berechnungen für das Sägeblatt durch. Tragen Sie die Absolutgeschwindigkeit und die Absolutbeschleunigung des Sägeblatts als Funktion seiner horizontalen Lagekoordinate auf. Beachten Sie, dass sich das Sägeblatt zum vollständigen Durchsägen des Stammes nicht nur hin- und her, sondern auch nach unten bewegen muss.

Gegeben: $T = 2$ s, $\omega = 50$ rad/s

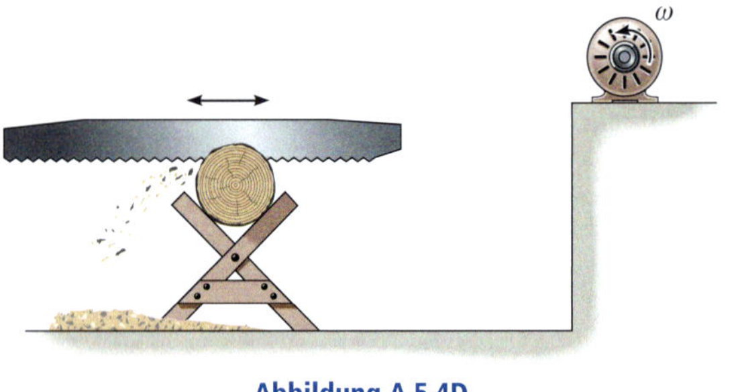

Abbildung A 5.4D

Zusätzliche Übungsaufgaben mit Lösungen finden Sie auf der Companion Website (CWS) unter *www.pearson-studium.de*

Ebene Kinetik eines starren Körpers: Bewegungsgleichungen

6

ÜBERBLICK

Die Kräfte auf diesen Dragster zu Beginn der beschleunigten Bewegung sind ziemlich groß und müssen bei der Konstruktion des Wagens berücksichtigt werden.

Lernziele

- Einführung von Verfahren zur Bestimmung des Massenträgheitsmomentes eines Körpers
- Herleitung der Bewegungsgleichungen der ebenen Bewegung scheibenförmiger starrer Körper
- Anwendung dieser Gleichungen auf Körper bei reiner Translation, bei Rotation um eine feste Achse und für eine allgemein ebene Bewegung

Das Schwungrad auf dem Motor dieses Traktors hat ein großes Massenträgheitsmoment bezüglich seiner Drehachse. Ist es in Bewegung versetzt worden, so ist es schwer, es wieder anzuhalten. Dadurch werden ein Abwürgen des Motors verhindert und eine weitgehend konstante Leistung ermöglicht.

6.1 Massenträgheitsmoment

Da ein Körper eine bestimmte Größe und Form hat, kann ein allgemeines Kräftesystem ihn in eine Translations- und Rotationsbewegung versetzen. Die Aspekte bezüglich einer translatorischen Bewegung wurden bei der Kinetik von Massenpunkten in *Kapitel 2* diskutiert, dafür gilt das Newton'sche Grundgesetz $\mathbf{F} = m\mathbf{a}$. In *Abschnitt 6.2* wird gezeigt, dass bezüglich der rotatorischen Bewegungsanteile aufgrund eines einwirkenden Momentes $\mathbf{M}$ die Gleichung $\mathbf{M} = J\alpha$ gilt. Das Symbol J in der Gleichung steht für das so genannte axiale Massenträgheitsmoment. Das Massenträgheitsmoment ist ein Maß für den Widerstand eines Körpers gegen eine Winkelbeschleunigung ($\mathbf{M} = J\alpha$) in analoger Weise, wie die Masse ein Maß für den Widerstand des Körpers gegen eine Beschleunigung ($\mathbf{F} = m\mathbf{a}$) ist.

Das *axiale Massenträgheitsmoment* ist als Integral eines „quadratisch gewichteten" Momentes aller Massenelemente dm des Körpers um eine bestimmte Achse definiert[1]. Das Massenträgheitsmoment des Körpers gemäß Abbildung 6.1 bezüglich der z-Achse ist

$$J = \int_m r^2 dm \tag{6.1}$$

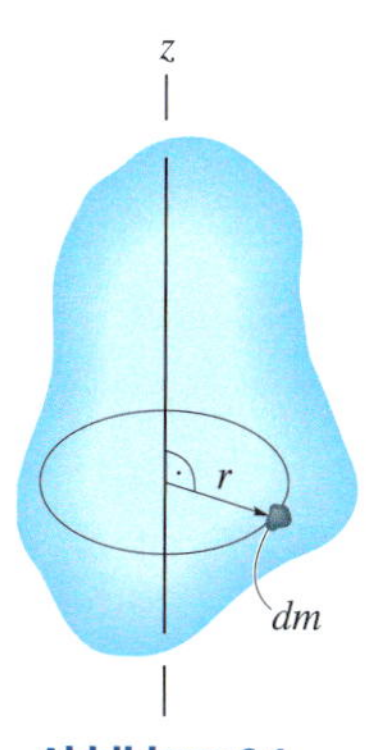

Abbildung 6.1

Der „Hebelarm" r ist der senkrechte Abstand eines beliebigen Massenelementes dm von der z-Achse. Da in der Gleichung der Abstand r von der betreffenden Achse enthalten ist, ist der Wert von J für jede Achse, um die es berechnet wird, verschieden. Bei der Behandlung der ebenen Kinetik geht die Achse, die normalerweise für die Berechnung zugrunde gelegt wird, durch den Schwerpunkt S des Körpers und steht immer senkrecht auf der Bewegungsebene. Das Trägheitsmoment um diese Achse heißt dann J_S. Da r in Gleichung (6.1) quadriert wird, ist das Massenträgheitsmoment immer eine *positive* Größe. Die Einheit ist kgm^2.

1 Eine andere massengeometrische Eigenschaft des Körpers, nämlich das Maß für die Symmetrie der Masse des Körpers bezüglich eines Koordinatensystems, ist das so genannte Deviations- oder Zentrifugalmoment. Diese Eigenschaft tritt bei der räumlichen Bewegung eines Körpers in Erscheinung und wird in *Kapitel 10* diskutiert.

Besteht der Körper aus einem Material mit ortsveränderlicher Dichte, $\rho = \rho(x,y,z)$, wird das Massenelement in Abhängigkeit von Dichte und Volumenelement geschrieben: $dm = \rho\, dV$. Beim Einsetzen von dm in die Gleichung (6.1) berechnet sich das Massenträgheitsmoment des Körpers dann über eine *Volumenintegration*:

$$J = \int_V r^2 \rho\, dV \tag{6.2}$$

Ist ρ eine Konstante, kann dieser Term vor das Integral gezogen werden. Das Integral ist dann nur noch eine Funktion der Geometrie:

$$J = \rho \int_V r^2 dV \tag{6.3}$$

Hat das für die Integration gewählte Volumenelement infinitesimale Ausdehnungen in allen Richtungen, z.B. $dV = dx\, dy\, dz$, Abbildung 6.2a, so muss das Massenträgheitsmoment des Körpers über ein „Dreifach-Integral" ausgewertet werden. Die Integration kann allerdings auf eine *einfache Integration* zurückgeführt werden, wenn das gewählte Volumenelement eine differenzielle Ausdehnung oder Dicke in nur *eine Richtung* hat. Dazu werden häufig Schalen- oder Scheibenelemente benutzt.

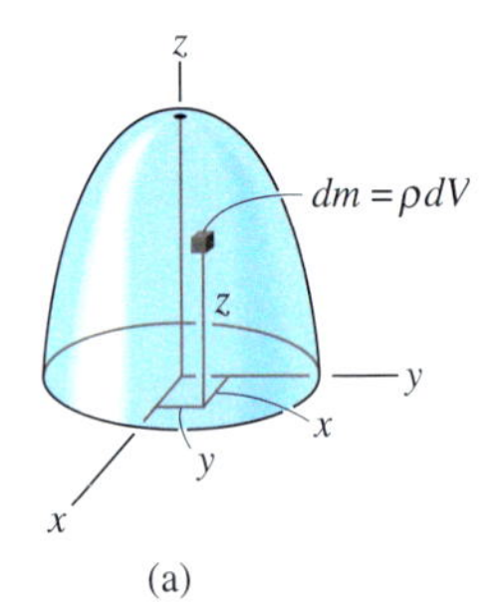

(a)

Lösungsweg

Bei der analytischen Integration betrachten wir nur symmetrische Rotationskörper. Ein Beispiel für einen solchen Körper, der durch Rotation um die z-Achse erzeugt wird, ist in Abbildung 6.2a dargestellt. Zwei Arten differenzieller Elemente können gewählt werden.

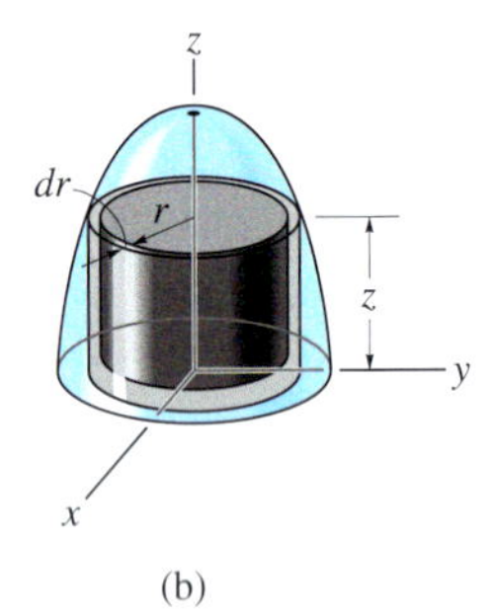

(b)

Schalenelement

- Wird unter Verwendung eines zylindrischen Koordinatensystems ein Schalenelement (Höhe z, Radius r und Dicke dr) für die Integration gewählt, Abbildung 6.2b, dann beträgt das differenzielle Volumen $dV = (2\pi r)(z)dr$.
- Dieses Element wird in Gleichung (6.2) oder (6.3) zur Bestimmung des Massenträgheitsmomentes J_z um die z-Achse benutzt, denn das *gesamte Element* liegt aufgrund seiner geringen Dicke im *gleichen* senkrechten Abstand r von der z-Achse (*siehe Beispiel 6.1*).

Scheibenelement

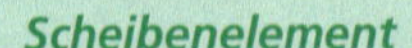

- Wird ein Scheibenelement mit dem Radius r und der Dicke dz für die Integration benutzt, Abbildung 6.2c, dann beträgt das differenzielle Volumen $dV = (\pi r^2)dz$.
- Dieses Element besitzt in radialer Richtung eine *endliche* Ausdehnung; folglich liegen *nicht alle* seiner Teile im *gleichen radialen Abstand* r von der z-Achse. Folglich *kann* mit Gleichung (6.2) oder (6.3) J_z *nicht* direkt bestimmt werden. Bestimmt man stattdessen aber zunächst das Massenträgheitsmoment *des Elementes* um die z-Achse, dann folgt das Massenträgheitsmoment des gesamten Körpers durch die einfach ausführbare Integration bezüglich der Höhenkoordinate z (siehe *Beispiel 6.2*).

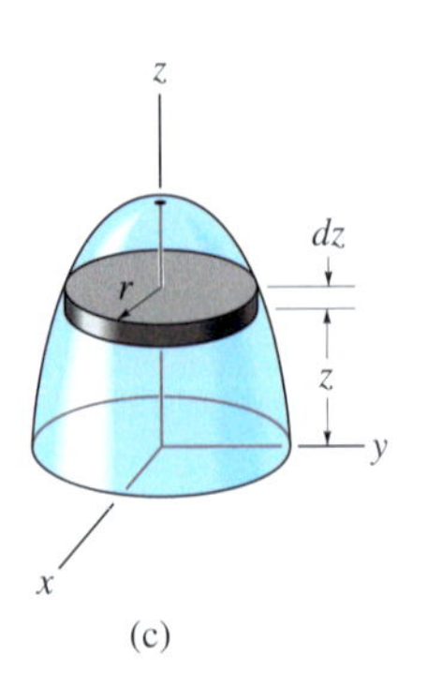

(c)

Abbildung 6.2

Beispiel 6.1

Berechnen Sie das Massenträgheitsmoment des Zylinders in Abbildung 6.3a um die z-Achse. Die Dichte ρ des Materials ist konstant.

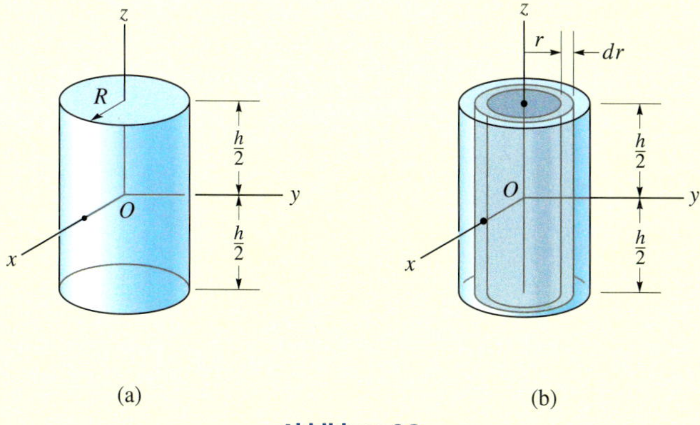

Abbildung 6.3

Lösung

Schalenelement Diese Aufgabe kann durch einfache Integration unter Benutzung eines *Schalenelementes* gemäß Abbildung 6.3b gelöst werden. Das Volumen des differenziellen Elementes beträgt $dV = (2\pi r)(h)dr$, seine Masse ist somit $dm = \rho\, dV = \rho(2\pi\, hr\, dr)$. Da das *gesamte Element* im gleichen Abstand r von der z-Achse liegt, ist das Massenträgheitsmoment *dieses Elementes*

$$dJ_z = r^2 dm = \rho 2\pi\, hr^3 dr$$

Integration über den gesamten Radius des Zylinders führt auf

$$J_z = \int_m r^2 dm = \rho 2\pi h \int_0^R r^3 dr = \frac{\rho\pi}{2} R^4 h$$

Da die Masse des Zylinders

$$m = \int_m dm = \rho 2\pi\, h \int_0^R r\, dr = \rho\pi h R^2$$

beträgt, ergibt sich endgültig

$$J_z = \frac{1}{2} m R^2$$

Beispiel 6.2

Der Rotationskörper bezüglich der y-Achse in Abbildung 6.4a hat die Dichte ρ. Bestimmen Sie das Massenträgheitsmoment um die y-Achse.

$l = 1\ \mathrm{m}, \rho = 5000\ \mathrm{kg/m^3},\ a = 1\ \mathrm{m}$

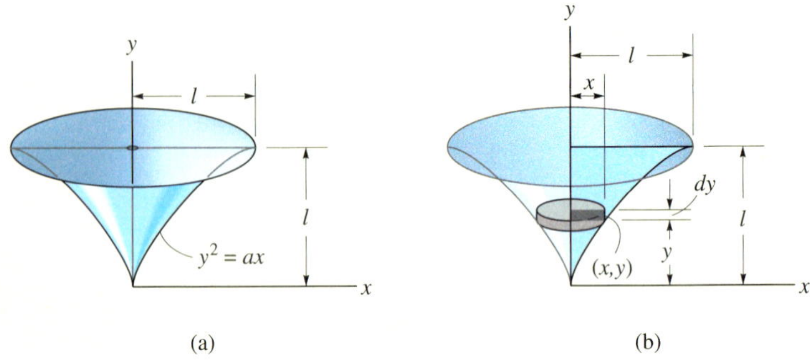

Abbildung 6.4

Lösung

Scheibenelement Das Massenträgheitsmoment wird unter Verwendung des *Scheibenelementes* in Abbildung 6.4b berechnet. Das Element schneidet die Berandungskurve im Punkt (x,y) und hat die Masse

$$dm = \rho\ dV = \rho(2\pi\ x^2)\ dy$$

Auch wenn nicht alle Teile des Elementes sich im gleichen Abstand r von der y-Achse befinden, ist es dennoch möglich, das Massenträgheitsmoment dJ_y *des Elementes* um die y-Achse zu bestimmen. Im vorigen Beispiel wurde gezeigt, dass für Massenträgheitsmoment eines Zylinders um seine Längsachse

$$J = \frac{1}{2} mR^2$$

gilt, wobei m und R Masse und Radius des Zylinders sind. Da die Höhe des Zylinders nicht in die Formel eingeht, können wir uns den Zylinder selbst auch als Scheibe vorstellen. Für das Scheibenelement in Abbildung 6.4b finden wir somit

$$dJ_y = \frac{1}{2}(dm)x^2 = \frac{1}{2}[\rho(\pi x^2)dy]x^2$$

Wir setzen $x = y^2/a$ ein, integrieren von $y = 0$ bis $y = l$ und erhalten das Massenträgheitsmoment für den gesamten Rotationskörper

$$J_y = \frac{\rho\pi}{2}\int_0^l x^4 dy = \frac{\rho\pi}{2}\int_0^l \frac{y^8}{a^4} dy = \frac{1}{18}\rho\pi\frac{l^9}{a^4}$$

Steiner'scher Satz Ist das Massenträgheitsmoment eines Körpers um eine Achse durch den Schwerpunkt bekannt, so kann das Massenträgheitsmoment um eine andere *parallele Achse* mit dem *Steiner'schen Satz* bestimmt werden. Dieser Satz wird durch Betrachtung des Körpers in Abbildung 6.5 abgeleitet. Die z'-Achse geht durch den Schwerpunkt S, während die entsprechende *parallele z-Achse* einen konstanten Abstand d dazu besitzt. Wir wählen das differenzielle Massenelement dm im Punkt (x',y') und schreiben mit dem Satz des Pythagoras, $r^2 = (d + x')^2 + y'^2$, das Massenträgheitsmoment des Körpers um die z-Achse an:

$$J = \int_m r^2 dm = \int_m [(d + x')^2 + y'^2] dm$$
$$= \int_m \left(x'^2 + y'^2\right) dm + 2d \int_m x' dm + d^2 \int_m dm$$

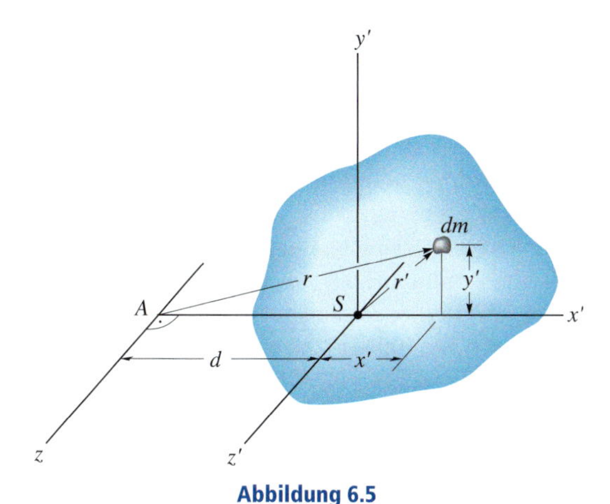

Abbildung 6.5

Da $r'^2 = x'^2 + y'^2$ gilt, ist das erste Integral J_S. Das zweite Integral ist gleich *null*, denn die z'-Achse geht durch den Schwerpunkt des Körpers, d.h. es gilt $\int x' dm = \bar{x}' \int dm = 0$, weil $\bar{x}' = 0$ ist. Das dritte Integral schließlich ist die Gesamtmasse m des Körpers. Das Massenträgheitsmoment um die z-Achse kann also als

$$J = J_S + md^2 \tag{6.4}$$

angegeben werden, wobei bedeutet:

J_S = das Massenträgheitsmoment um die z'-Achse durch den Schwerpunkt S,

m = die Masse des Körpers,

d = der Abstand der parallelen Achsen.

Trägheitsradius Gelegentlich wird das Massenträgheitsmoment eines Körpers um eine Achse in Handbüchern über den Trägheitsradius k repräsentiert. Diese Größe hat die Einheit einer Länge. Sind der Trägheitsradius und die Masse m des Körpers bekannt, wird das Massenträgheitsmoment des Körpers gemäß

$$J = mk^2 \quad \text{d.h.} \quad k = \sqrt{\frac{J}{m}} \tag{6.5}$$

berechnet. Beachten Sie die Ähnlichkeit zwischen der Definition von k in dieser Gleichung und r in der Gleichung $dJ = r^2 dm$, der Definition des Massenträgheitsmomentes eines Massenelementes dm des Körpers um die entsprechende Achse.

Zusammengesetzte Körper Besteht ein Körper aus einer Reihe einfacher Teilkörper, wie Scheiben, Kugeln und Stäben, wird sein Massenträgheitsmoment um die z-Achse durch algebraische Addition der Massenträgheitsmomente aller Teilkörper um diese Achse bestimmt. Bei der Addition wird ein Bestandteil als negative Größe betrachtet, wenn es bereits als Stück eines anderen Bestandteils berücksichtigt wurde. Ein Loch in einem Körper wird als „negative Masse" subtrahiert. Der Steiner'sche Satz wird für Berechnungen verwendet, wenn die Schwerpunkte der Teilkörper nicht auf der z-Achse liegen. Für die Rechnung gilt dann $J = \sum(J_S + md^2)$. In diesem Fall kann J_S für jeden Bestandteil durch Integration oder aus einer Tabelle, wie sie beispielsweise am Ende des Buches angegeben ist, berechnet werden.

Beispiel 6.3

Die Scheibe in Abbildung 6.6a hat die Dichte ρ und die Dicke d. Bestimmen Sie das Massenträgheitsmoment um eine Achse senkrecht auf der Zeichenebene, die allerdings nicht durch den Schwerpunkt S, sondern durch den Punkt O geht.

$d = 10$ mm, $r_a = 250$ mm, $r_i = 125$ mm, $\rho = 8000$ kg/m^3

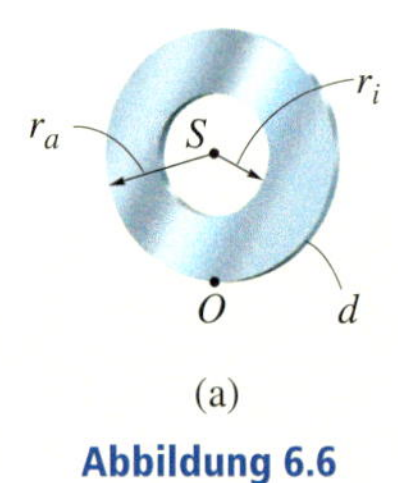

(a)

Abbildung 6.6

Lösung

Die Scheibe ist gelocht und besteht deshalb aus zwei Teilen, nämlich einer Vollscheibe mit dem Radius r_a *abzüglich* dem Scheibenloch mit dem Radius r_i, siehe Abbildung 6.6b. Das Massenträgheitsmoment um O wird durch Berechnung des Massenträgheitsmomentes beider Teile bezüglich O und anschließende *algebraische* Addition der Teilergebnisse bestimmt. Die Berechnungen werden hier mit dem Steiner'schen Satz und den Werten aus der Tabelle am Ende des Buches durchgeführt.

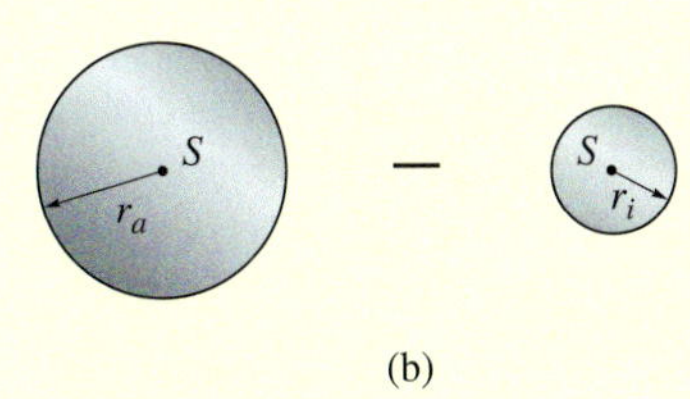

(b)

Abbildung 6.6

Vollscheibe Das Massenträgheitsmoment einer Scheibe um die Schwerpunktsachse senkrecht zur Scheibenebene ist

$$J_S = \frac{1}{2} m r^2$$

Der Schwerpunkt der Scheibe befindet sich im Abstand r_a vom Punkt O. Somit gilt

$$m_S = \rho_S V_S = 8000 \text{ kg/m}^3[\pi(0{,}25 \text{ m})^2(0{,}01 \text{ m})] = 15{,}71 \text{ kg}$$

$$\begin{aligned}(J_{Sch})_O &= \frac{1}{2} m_S r_S^2 + m_S d^2 \\ &= \frac{1}{2} m_S r_a^2 + m_S r_a^2 \\ &= \frac{1}{2}(15{,}71 \text{ kg})(0{,}25 \text{ m})^2 + (15{,}71 \text{ kg})(0{,}25 \text{ m})^2 \\ &= 1{,}473 \text{ kgm}^2\end{aligned}$$

Loch Für die Scheibe mit dem Radius r_i (Loch) ist

$$m_L = \rho_L V_L = 8000 \text{ kg/m}^3[\pi(0{,}125 \text{ m})^2(0{,}01 \text{ m})] = 3{,}93 \text{ kg}$$

$$\begin{aligned}(J_L)_O &= \frac{1}{2} m_L r_L^2 + m_L d^2 \\ &= \frac{1}{2} m_L r_i^2 + m_L r_a^2 \\ &= \frac{1}{2}(3{,}93 \text{ kg})(0{,}125 \text{ m})^2 + (3{,}93 \text{ kg})(0{,}25 \text{ m})^2 \\ &= 0{,}276 \text{ kgm}^2\end{aligned}$$

Das Massenträgheitsmoment der gelochten Scheibe bezüglich Punkt O beträgt demnach

$$\begin{aligned}J_O &= (J_{Sch})_O - (J_L)_O \\ &= 1{,}473 \text{ kgm}^2 - 0{,}276 \text{ kgm}^2 \\ &= 1{,}20 \text{ kgm}^2\end{aligned}$$

Beispiel 6.4

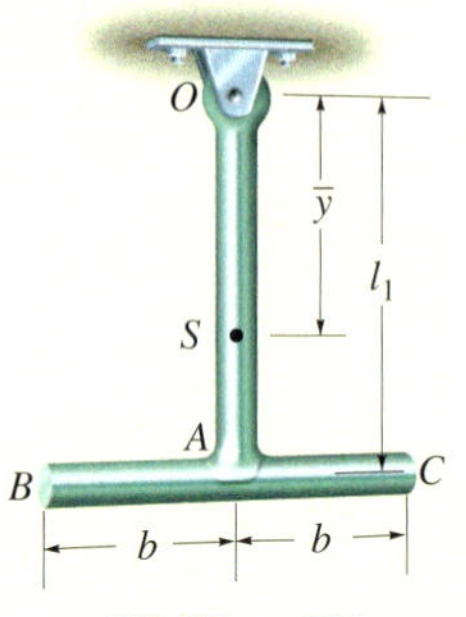

Abbildung 6.7

Das Pendel in Abbildung 6.7a ist in Punkt O aufgehängt und besteht aus zwei dünnen Stäben mit jeweils dem Gewicht G. Bestimmen Sie das Massenträgheitsmoment des Pendels um eine Achse (a) durch das Gelenklager in O und (b) den Schwerpunkt S des Pendels.

$l_1 = 1\ \text{m}$, $b = 0{,}5\ \text{m}$, $G = 50\ \text{N}$

Lösung

Teilaufgabe a) Gemäß der Tabelle am Ende des Buches beträgt das Massenträgheitsmoment eines Stabes OA um die Achse durch den Endpunkt O des Stabes

$$J_O = \frac{1}{3}ml^2$$

Somit gilt

$$(J_{OA})_O = \frac{1}{3}ml_1^2 = \frac{1}{3}\left(\frac{50\ \text{N}}{9{,}81\ \text{m/s}^2}\right)(1\ \text{m})^2 = 1{,}699\ \text{kgm}^2$$

Diesen Wert erhält man auch mit $J_S = \frac{1}{12}ml^2 = \frac{1}{12}ml_1^2$ und dem Steiner'schen Satz:

$$\begin{aligned}(J_{OA})_O &= \frac{1}{12}ml^2 + md^2\\ &= \frac{1}{12}ml_1^2 + m\left(\frac{l_1}{2}\right)^2\\ &= \frac{1}{12}\left(\frac{50\ \text{N}}{9{,}81\ \text{m/s}^2}\right)(1\ \text{m})^2 + \left(\frac{50\ \text{N}}{9{,}81\ \text{m/s}^2}\right)(0{,}5\ \text{m})^2\\ &= 1{,}699\ \text{kgm}^2\end{aligned}$$

Für den Stab BC ist andererseits

$$\begin{aligned}(J_{BC})_O &= \frac{1}{12}ml^2 + md^2\\ &= \frac{1}{12}m(2b)^2 + ml_1^2\\ &= \frac{1}{12}\left(\frac{50\ \text{N}}{9{,}81\ \text{m/s}^2}\right)(1\ \text{m})^2 + \left(\frac{50\ \text{N}}{9{,}81\ \text{m/s}^2}\right)(1\ \text{m})^2\\ &= 5{,}522\ \text{kgm}^2\end{aligned}$$

Das Massenträgheitsmoment des Pendels um O beträgt somit

$$\begin{aligned}J_O &= (J_{OA})_O + (J_{BC})_O\\ &= 1{,}699\ \text{kgm}^2 + 5{,}522\ \text{kgm}^2 = 7{,}22\ \text{kgm}^2\end{aligned}$$

Teilaufgabe b) Die Lage des Schwerpunktes S wird bezüglich des Gelenklagers in O angegeben. Wir nehmen an, dass der Abstand $\bar{y}$ ist, Abbildung 6.7, und verwenden die Formel zur Berechnung des Schwerpunktes:

$$\bar{y} = \frac{\sum \tilde{y} m}{\sum m} = \frac{m\frac{l_1}{2} + ml_1}{2m} = \frac{3}{4} l_1 = 0{,}75 \text{ m}$$

Das Massenträgheitsmoment J_S wird in der gleichen Weise wie J_O berechnet. Dazu muss der Steiner'sche Satz nacheinander angewendet werden, um die Massenträgheitsmomente der Stäbe OA und BC auf S zu übertragen. Eine direktere Lösung ergibt sich mit dem Endergebnis für J_O, d.h.

$$J_O = J_S + md^2;$$

$$J_S = J_O - md^2 = J_O - 2m\left(\frac{3}{4} l_1\right)^2 = 7{,}22 \text{ kg} \cdot \text{m}^2 - \left(\frac{100 \text{ N}}{9{,}81 \text{ m/s}^2}\right)(0{,}75 \text{ m})^2$$

$$= 1{,}486 \text{ kgm}^2$$

6.2 Bewegungsgleichungen

In der folgenden Berechnung beschränken wir die Untersuchung auf starre Körper, die gemeinsam mit der Belastung als *symmetrisch* bezüglich einer raumfesten Referenzebene angesehen werden.[2] In diesem Fall ist die Bahnkurve jedes Massenpunktes des Körpers eine ebene Kurve parallel zu dieser raumfesten Referenzebene. Da die Bewegung des Körpers demnach innerhalb der Referenzebene darstellbar ist, können alle am Körper angreifenden Kräfte (und Momente) auf die betreffende Ebene projiziert werden. Ein Beispiel für einen beliebigen Körper dieser Art ist in Abbildung 6.8a dargestellt.

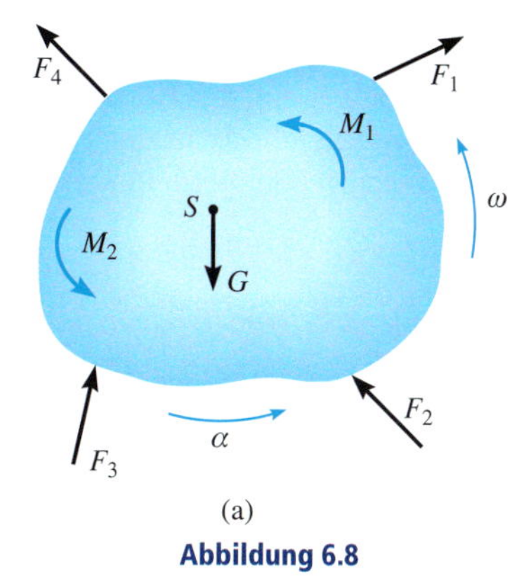

Abbildung 6.8

2 Dadurch wird die Bewegungsgleichung zur Beschreibung der Rotationsbewegung vereinfacht. Der allgemeinere Fall von beliebigen Körperformen und Lasten wird in *Kapitel 10* diskutiert.

Bewegungsgleichung des translatorischen Bewegungsanteils Die äußeren Kräfte auf den Körper in Abbildung 6.8a repräsentieren beispielsweise das Gewicht, mechanische Antriebskräfte, elektrische und magnetische Kräfte sowie Kontaktkräfte von benachbarten Körpern auf den betrachteten Körper. Wir betrachten zunächst das differenziell kleine Massenelement i mit der Masse dm, siehe Abbildung 6.8b. An ihm greifen der differenzielle Anteil $d\mathbf{F}_i$ der *resultierenden äußeren Kraft* und die infolge Wechselwirkung mit den benachbarten Massenelementen auftretende *resultierende innere Kraft* $d\mathbf{f}_i$ an. Für das Massenelement gilt das Newton'sche Axiom

$$\mathbf{a}_i\,dm = d\mathbf{F}_i + d\mathbf{f}_i$$

Eine Integration über alle Massenelemente des Körpers ergibt

$$\int \mathbf{a}_i\,dm = \int d\mathbf{F}_i + \int d\mathbf{f}_i$$

Da die inneren Kräfte immer paarweise mit entgegengesetzter Richtung auftreten, verschwindet das zweite Integral auf der rechten Seite. Das erste Integral auf der rechten Seite ergibt die Summe aller am Körper angreifenden äußeren Kräfte $\sum\mathbf{F}$ und aus der Schwerpunktberechnung wissen wir, dass

$$\int \mathbf{a}_i\,dm = m\mathbf{a}_S$$

gerade die Gesamtmasse des Körpers multipliziert mit der Schwerpunktbeschleunigung im Inertialsystem ist. Als Erstes erhalten wir für die ebene Bewegung eines starren Körpers demnach den *Schwerpunktsatz*

$$\sum\mathbf{F} = m\mathbf{a}_S$$

Diese Gleichung wird auch *translatorische Bewegungsgleichung* für den Schwerpunkt genannt. Sie besagt, dass die *Summe aller äußeren Kräfte auf den Körper gleich der Masse des Körpers mal der Beschleunigung seines Schwerpunktes S* ist. Im Sinne d'Alemberts kann dieser Zusammenhang auch als dynamisches Kräftegleichgewicht

$$\sum\mathbf{F} - m\mathbf{a}_S = \mathbf{0}$$

formuliert werden. Für die Bewegung des Körpers in der x,y-Ebene kann die translatorische Bewegungsgleichung in der Form zweier unabhängiger skalarer Gleichungen geschrieben werden, nämlich entweder

$$\sum F_x = m(a_S)_x$$

$$\sum F_y = m(a_S)_y$$

oder

$$\sum F_x - m(a_S)_x = 0$$

$$\sum F_y - m(a_S)_y = 0$$

Bewegungsgleichung des rotatorischen Bewegungsanteils Wir bestimmen jetzt die Wirkung der Momente des äußeren Kräftesystems und eventueller äußerer Momente um die zur Bewegungsebene senkrechte z-Achse durch einen Punkt P. Wir gehen wieder vom Newton'schen Grundgesetz

$$\mathbf{a}_i\, dm = d\mathbf{F}_i + d\mathbf{f}_i$$

für das Massenelement i aus. Zunächst wählen wir einen raumfesten oder körperfesten Bezugspunkt P, siehe Abbildung 6.8b und c. Mit dem Vektor $\mathbf{r}$ von P zum Massenelement bilden wir das Kreuzprodukt

$$\mathbf{r} \times \mathbf{a}_i\, dm = \mathbf{r} \times d\mathbf{F}_i + \mathbf{r} \times d\mathbf{f}_i$$

Wieder integrieren wir über alle Massenelemente und erhalten

$$\int \mathbf{r} \times \mathbf{a}_i\, dm = \int \mathbf{r} \times d\mathbf{F}_i + \int \mathbf{r} \times d\mathbf{f}_i$$

Um das letzte Integral auszuwerten, führen wir ein kartesisches x,y-Koordinatensystem mit dem Ursprung im Bezugspunkt P ein und betrachten das Massenelement i genauer: Wir tragen alle an ihm wirkenden Normal- und Schubspannungen an, siehe Abbildung 6.8d. Wenn wir voraussetzen, dass korrespondierende Schubspannungen gleich sind (siehe Hibbeler: Technische Mechanik 2 – Festigkeitslehre), dann ergibt ein Momentengleichgewicht bezüglich P

$$\tau \cdot dx\, h\left(y - y - dy\right) + \tau \cdot dy\, h\left(x + dx - x\right) = \tau h\left(dxdy - dxdy\right) = 0$$

wobei die Dicke des Körpers mit h bezeichnet wurde. Das Moment der inneren Kräfte verschwindet und damit auch das Integral. Allerdings wurde die Gleichheit zugeordneter Schubspannungen aus der Bedingung hergeleitet, dass die Summe der Momente am Massenelement null sein soll. Diese Aussage wurde in der Statik als Axiom eingeführt. Anders ausgedrückt: Dass das Integral verschwindet, kann nicht hergeleitet, sondern muss als Axiom formuliert werden.

Das erste Integral auf der rechten Seite entspricht der Summe der Momente aller am Körper angreifenden *äußeren Kräfte* bezüglich des Bezugspunktes P, einschließlich weiterer äußerer Momente und wird $\sum \mathbf{M}_P$ genannt. Somit ergibt sich

$$\int_m \mathbf{r} \times \mathbf{a}_i\, dm = \sum \mathbf{M}_P$$

Dies ist der *Drallsatz in differenzieller Form.*

Um das Integral auf der linken Seite auszuwerten, nehmen wir den Fall an, dass der Bezugspunkt P ein körperfester Punkt ist. Die Beschleunigung des Massenelements i kann dann über

$$\mathbf{a}_i = \mathbf{a}_P + \boldsymbol{\alpha} \times \mathbf{r} - \omega^2 \mathbf{r}$$

ausgedrückt werden. Die Winkelbeschleunigung $\boldsymbol{\alpha}$ und die Winkelgeschwindigkeit ω hängen nicht vom Massenelement ab. Damit erhalten wir

$$\int \mathbf{r} \times \mathbf{a}_P\, dm + \int \mathbf{r} \times (\boldsymbol{\alpha} \times \mathbf{r})\, dm - \int \mathbf{r} \times (-\omega^2 \mathbf{r})\, dm = \sum \mathbf{M}_P$$

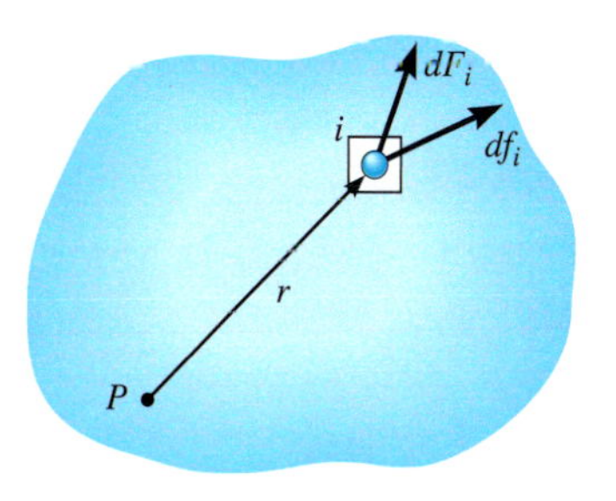

Freikörperbild des Massenpunktes

(b)

=

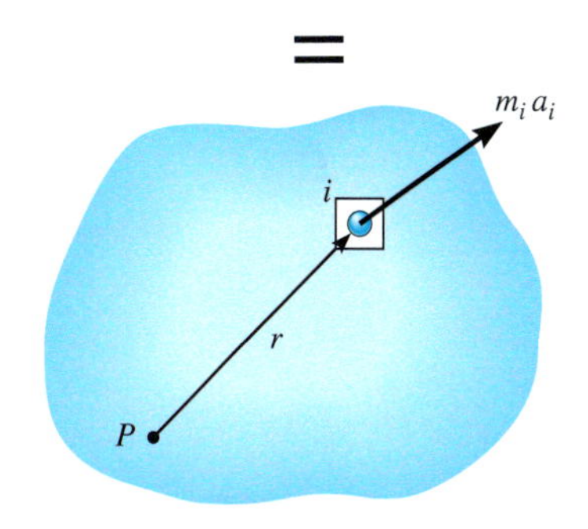

Kinetisches Diagramm des Massenpunktes

(c)

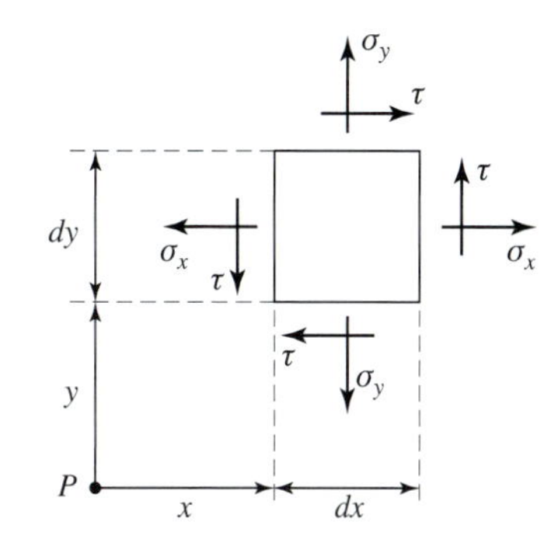

Spannungen am differenziellen Massenelement

(d)

Abbildung 6.8

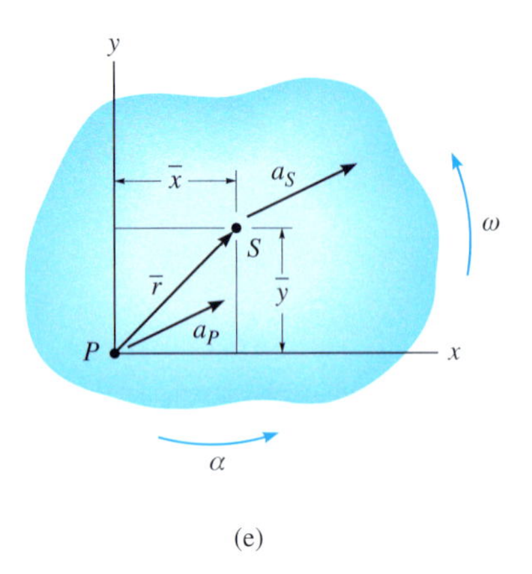

(e)

Abbildung 6.8

Wegen $\mathbf{r} \times \mathbf{r} = \mathbf{0}$ verschwindet das dritte Integral auf der linken Seite und es verbleibt

$$\int \mathbf{r} \times \mathbf{a}_P \, dm + \int \mathbf{r} \times (\boldsymbol{\alpha} \times \mathbf{r}) \, dm = \sum \mathbf{M}_P$$

Zur Auswertung dieser Gleichung verwenden wir das bereits eingeführte kartesische x,y-Koordinatensystem, Abbildung 6.8e. Dabei ist es völlig unwichtig, ob das Koordinatensystem ein raumfestes oder ein körperfestes, d.h. ein mit dem Körper mitrotierendes Koordinatensystem ist.[3] Mit den Einheitsvektoren $\mathbf{i},\mathbf{j},\mathbf{k}$ in Richtung der x,y,z-Koordinatenachsen schreiben wir die beteiligten Vektoren in kartesischen Koordinaten

$$\int (x\mathbf{i} + y\mathbf{j}) \times [(a_P)_x\mathbf{i} + (a_P)_y\mathbf{j})] \, dm + \int (x\mathbf{i} + y\mathbf{j}) \times [\alpha\mathbf{k} \times (x\mathbf{i} + y\mathbf{j})] \, dm = \sum \mathbf{M}_P$$

und berechnen das Kreuzprodukt, d.h.

$$\int [-y(a_P)_x + x(a_P)_y] \, \mathbf{k} \, dm + \int \alpha \, (x^2 + y^2)\mathbf{k} \, dm = \sum \mathbf{M}_P$$

Da auch die Momente der äußeren Kräfte, die in der Bewegungsebene liegen, einschließlich weiterer äußerer Momente in Richtung der $\mathbf{k}$-Achse zeigen, d.h. $\sum \mathbf{M}_P = \sum M_P \mathbf{k}$ gilt, ergibt sich die skalare Gleichung

$$\int [-y(a_P)_x + x(a_P)_y + \alpha(x^2+y^2)] \, dm = \sum M_P$$

Mit den Koordinaten $\bar{x}, \bar{y}$ des Schwerpunkts im x,y-Koordinatensystem,

$$\bar{y}m = \int y \, dm \quad \text{und} \quad \bar{x}m = \int x \, dm$$

sowie der Definition $J_P = \int (x^2+y^2) \, dm = \int r^2 \, dm$ des Massenträgheitsmomentes um die z-Achse erhalten wir

$$-(a_P)_x \, \bar{y}m + (a_P)_y \, \bar{x}m + \alpha J_P = \sum M_P \tag{6.6}$$

An dieser Stelle sollte man sich klar machen, dass P ein beliebiger körperfester Punkt ist, der als Bezugspunkt der Momentenbilanz und der Berechnung des Massenträgheitsmoments verwendet wird. Besonders einfach wird die Beziehung gemäß Gleichung (6.6), wenn der Schwerpunkt S als Bezugspunkt P genommen wird, sodass $\bar{x} = \bar{y} = 0$ gilt. In diesem Fall ergibt sich

$$\sum M_S = J_S \alpha \tag{6.7}$$

bzw. im Sinne d'Alemberts

$$\sum M_S + (M_T)_S = 0 \quad \text{mit} \quad (M_T)_S = -J_S \alpha \tag{6.8}$$

3 Später bei der allgemein räumlichen Bewegung eines Körpers werden wir sehen, dass es sinnvoll ist, ein mitrotierendes Koordinatensystem zu verwenden, da sich sonst die Bereichsgrenzen der Integration bei der Bewegung des Körpers ändern würden.

Das dynamische Grundgesetz des Drehanteils der Bewegung als zweiter Teil der Schwerpunktsätze bedeutet, dass die Summe der Momente aller äußeren Kräfte um den Schwerpunkt S einschließlich weiterer freier Momente gleich dem Produkt des Massenträgheitsmomentes des Körpers um eine Achse durch S und der Winkelbeschleunigung des Körpers ist. Im Sinne d'Alemberts hat man ein entsprechendes dynamisches Momentengleichgewicht des resultierenden äußeren Moments und des Trägheitsmomentes bezüglich S aufzustellen.

Ein weiterer wichtiger Sonderfall von Gleichung (6.6) liegt vor, wenn die Beschleunigung des Punktes P verschwindet. Dies ist insbesondere dann der Fall, wenn der körperfeste Punkt P fest im Raum fixiert wird, z.B. in Form eines Lagerpunktes für ein Pendel. In diesem Fall gilt dann

$$\sum M_P = J_P \alpha \tag{6.9}$$

Diesen Fall betrachten wir später noch ausführlich in *Abschnitt 6.4*.

Jetzt gehen wir zurück auf Gleichung (6.6) und drücken das Massenträgheitsmoment J_P mit Hilfe des Steiner'schen Satzes $J_P = J_S + m\left(\bar{x}^2 + \bar{y}^2\right)$ aus. Damit folgt

$$-(a_P)_x \bar{y}m + (a_P)_y \bar{x}m + \alpha\left[J_S + m\left(\bar{x}^2 + \bar{y}^2\right)\right] = \sum M_P$$

Gemäß dem kinematischen Diagramm in Abbildung 6.8e kann $\mathbf{a}_P$ durch $\mathbf{a}_S$ ausgedrückt werden:

$$\mathbf{a}_S = \mathbf{a}_P + \boldsymbol{\alpha} \times \bar{\mathbf{r}} - \omega^2 \bar{\mathbf{r}}$$
$$(a_S)_x \mathbf{i} + (a_S)_y \mathbf{j} = (a_P)_x \mathbf{i} + (a_P)_y \mathbf{j} + \alpha \mathbf{k} \times (\bar{x}\mathbf{i} + \bar{y}\mathbf{j}) - \omega^2 (\bar{x}\mathbf{i} + \bar{y}\mathbf{j})$$

Wir berechnen das Kreuzprodukt und erhalten zwei skalare Gleichungen

$$(a_S)_x = (a_P)_x - \bar{y}\alpha - \bar{x}\omega^2$$
$$(a_S)_y = (a_P)_y + \bar{x}\alpha - \bar{y}\omega^2$$

Eingesetzt erhalten wir

$$\left[(a_S)_y - \bar{x}\alpha + \bar{y}\omega^2\right]\bar{x}m - \left[(a_S)_x + \bar{y}\alpha + \bar{x}\omega^2\right]\bar{y}m + \alpha\left[J_S + m\left(\bar{x}^2 + \bar{y}^2\right)\right] = \sum M_P$$

d.h.

$$\bar{x}m(a_S)_y - \bar{y}m(a_S)_x + J_S\alpha = \sum M_P$$

Mit den Trägheitskräften

$$T_x = -(a_S)_x m, \quad T_y = -(a_S)_y m$$

und dem Trägheitsmoment

$$(M_T)_S = -\alpha J_S$$

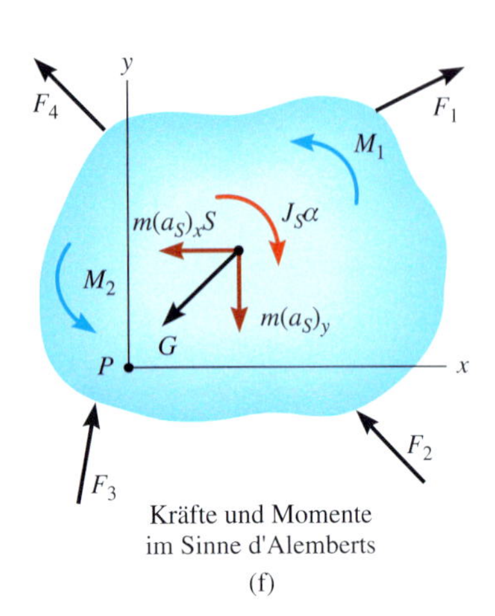

Kräfte und Momente im Sinne d'Alemberts

(f)

Abbildung 6.8

bezüglich des Schwerpunktes S, das als freies Moment betrachtet werden kann, werden wir auf

$$\sum M_P - T_x\overline{y} + T_y\overline{x} + (M_T)_S = 0 \qquad (6.10)$$

geführt. Wenn wir schließlich über

$$(M_T)_P = -T_x\overline{y} + T_y\overline{x} + (M_T)_S$$

das resultierende Trägheitsmoment bezüglich P definieren, ergibt sich wieder die gewohnt einfache Gleichung

$$\sum M_P + (M_T)_P = 0 \qquad (6.11)$$

Wir erkennen, dass dies einem dynamischen Momentengleichgewicht bezüglich eines beliebig gewählten Bezugspunktes P entspricht. Allerdings sind dann, wie die Gleichung zeigt, auch die Momente der Trägheitskräfte, die am Schwerpunkt wirken, mitzuberücksichtigen, siehe Abbildung 6.8f.

Überlagerung der Bewegungsanteile Im allgemeinen Fall werden *drei* unabhängige skalare Gleichungen zur Beschreibung der ebenen Gesamtbewegung eines symmetrischen starren Körpers in der Form

$$\sum F_x = m(a_S)_x$$
$$\sum F_y = m(a_S)_y$$
$$\sum M_S = J_S\alpha \qquad \text{oder} \qquad \sum M_P = -\sum(M_T)_P \qquad (6.12)$$

bzw.

$$\sum F_x - m(a_S)_x = 0$$
$$\sum F_y - m(a_S)_y = 0$$
$$\sum M_S - J_S\alpha = 0 \qquad \text{oder} \qquad \sum M_P + \sum(M_T)_P = 0 \qquad (6.13)$$

aufgestellt.

Bei der Anwendung dieser Gleichung sollte man *immer* ein Freikörperbild zeichnen, um alle äußeren Wirkungen in $\sum F_x$, $\sum F_y$, $\sum M_S$ oder $\sum M_P$ zu erfassen. Zusätzlich ist es dann hilfreich, entweder im Sinne Newtons das *kinetische Diagramm* des Körpers hinzuzufügen oder einfacher und besser, siehe Abbildung 6.8f, im Sinne d'Alemberts das Freikörperbild durch die Trägheitswirkungen in die negativen Beschleunigungsrichtungen zu ergänzen, wodurch wie bereits erwähnt (siehe *Abschnitt 2.3*) ein dynamisches Kräfte- und Momentengleichgewicht repräsentiert wird.

6.3 Reine Translation

Bei einer Verschiebung eines starren Körpers ohne Drehung, Abbildung 6.9a, erfahren alle materiellen Punkte des Körpers *die gleiche Beschleunigung* und es gilt $\mathbf{a}_S = \mathbf{a}$. Weiterhin ist $\alpha = 0$ und somit vereinfacht sich die Bewegungsgleichung des rotatorischen Bewegungsanteils auf ein rein statisches Momentengleichgewicht $\sum M_S = 0$ bezüglich des Punktes S. Die Anwendung dieses Momentengleichgewichts und der Bewegungsgleichungen der rein translatorischen Bewegung wird im Folgenden für beide möglichen Arten der translatorischen Bewegung diskutiert.

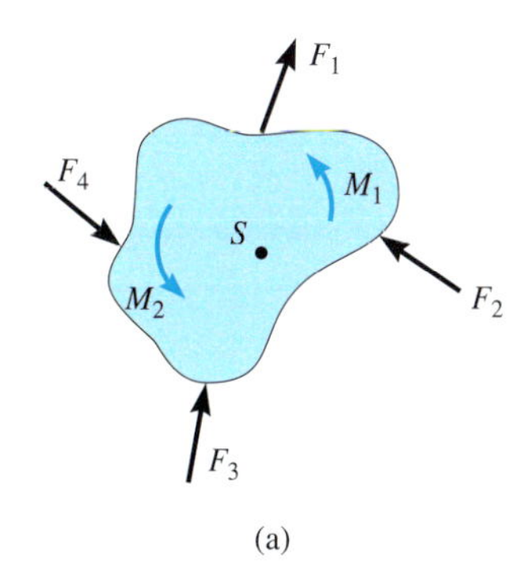

(a)

Geradlinige Bewegung Bei der *geradlinigen Bewegung* eines Körpers bewegen sich alle materiellen Punkte des Körpers (Platte) auf parallelen Geraden. Das verallgemeinerte Freikörperbild einschließlich aller Trägheitswirkungen ist in Abbildung 6.9b dargestellt. Da $J_S\alpha = 0$ ist, wird von den Trägheitswirkungen nur $\mathbf{F}_T = -m\mathbf{a}_S$ eingetragen. Die entsprechenden dynamischen Grundgleichungen[4] lauten

$$\sum F_x - m(a_S)_x = 0$$
$$\sum F_y - m(a_S)_y = 0 \qquad (6.14)$$
$$\sum M_S = 0$$

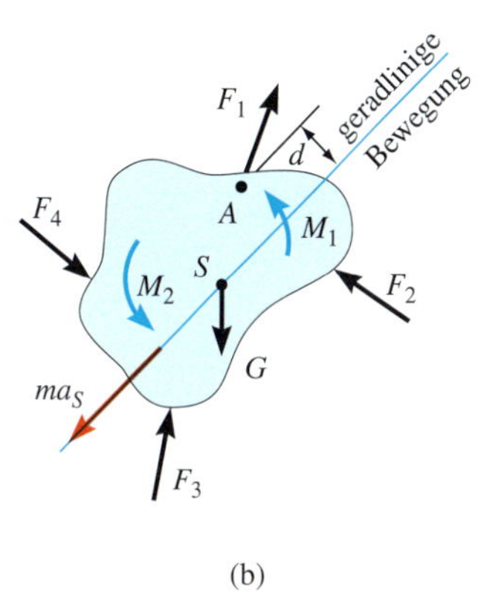

(b)

Die letzte Gleichung fordert, dass die Summe der Momente aller äußeren Kräfte und Momente um den Schwerpunkt S des Körpers gleich null ist. Es ist natürlich möglich, die Momente auch um andere Punkte auf dem Körper oder außerhalb davon zu summieren. Dann muss allerdings das Moment der Trägheitskraft $-m\mathbf{a}_S$ berücksichtigt werden, siehe auch Gleichung (6.11). Für den Punkt A mit dem Abstand d von der Wirkungslinie der Trägheitskraft $-m\mathbf{a}_S$ z.B. gilt statt der dritten Gleichung in (6.13) die modifizierte Beziehung

$$\sum M_A + \sum (M_T)_A = 0\,; \qquad \sum (M_T)_A = -(ma_S)d$$

Die Summe der Momente der äußeren Kräfte und Momente um A (d.h. $\sum M_A$) steht mit dem Moment der Trägheitswirkung, hier der Trägheitskraft $m\mathbf{a}_S$, um A (d.h. $\sum (M_T)_A$) im Gleichgewicht.

Allgemeine translatorische Bewegung Bei der *allgemeinen translatorischen Bewegung* eines starren Körpers bewegen sich alle Massenpunkte des Körpers auf *parallelen gekrümmten Bahnkurven*. Bei der Berechnung ist es oft hilfreich, ein Inertialsystem zu verwenden, dessen Ursprung zum betrachteten Zeitpunkt mit dem Schwerpunkt S des Körpers zusammenfällt und dessen Achsen in normaler und tangentialer Richtung zur Bahnkurve gerichtet sind, Abbildung 6.9c.

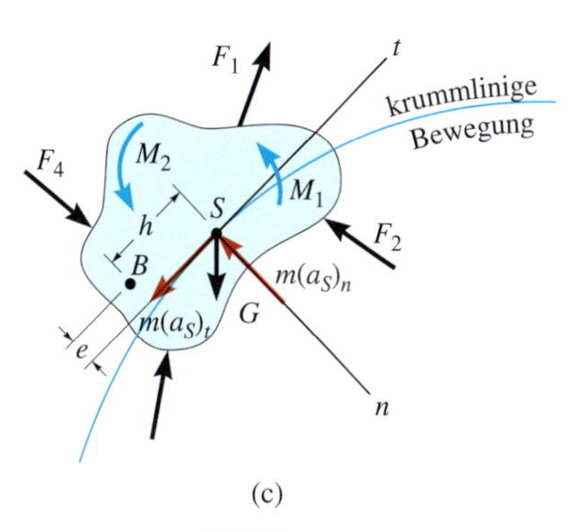

(c)

Abbildung 6.9

4 Erinnern Sie sich daran, dass die eigentlichen Bewegungsgleichungen eventuell vorkommende Zwangskräfte nicht mehr enthalten; diese sind vorab aus den Grundgleichungen zu eliminieren.

Die drei skalaren dynamischen Gleichgewichtsbedingungen lauten dann

$$\sum F_n - m(a_S)_n = 0$$
$$\sum F_t - m(a_S)_t = 0 \qquad (6.15)$$
$$\sum M_S = 0$$

In diesem Fall sind $(a_S)_t$ bzw. $(a_S)_n$ die Koordinaten der tangentialen und normalen Beschleunigung des Schwerpunktes S.

Wird die Momentengleichung $\sum M_S = 0$ durch die Momentensumme um einen anderen Punkt B ersetzt, Abbildung 6.9c, müssen die Momente $\sum(M_T)_B$ der Trägheitswirkungen $m(\mathbf{a}_S)_t$ bzw. $m(\mathbf{a}_S)_n$ um diesen Punkt berücksichtigt werden, worin h und e die Abstände (die Hebelarme) von B zu den Wirkungslinien der erwähnten Trägheitskräfte sind. Das erforderliche Momentengleichgewicht lautet

$$\sum M_B + \sum(M_T)_B = 0; \qquad \sum(M_T)_B = -e[m(a_S)_t] + h[m(a_S)_n]$$

Das verallgemeinerte Freikörperbild einschließlich der Trägheitswirkungen für dieses Boot auf einem Anhänger wird zunächst gezeichnet. Damit werden die Bewegungsgleichungen ermittelt. Die äußeren Kräfte im Freikörperbild werden mit den ebenfalls eingetragenen Trägheitswirkungen in negative Beschleunigungsrichtung im Sinne eines dynamischen Kräfte- und Momentengleichgewichts bilanziert. Bei der Summation der Momente um den Schwerpunkt S gilt vereinfacht $\sum M_S = 0$. Werden die Momente allerdings um Punkt B summiert, gilt $\sum M_B + ma_S\, d = 0$.

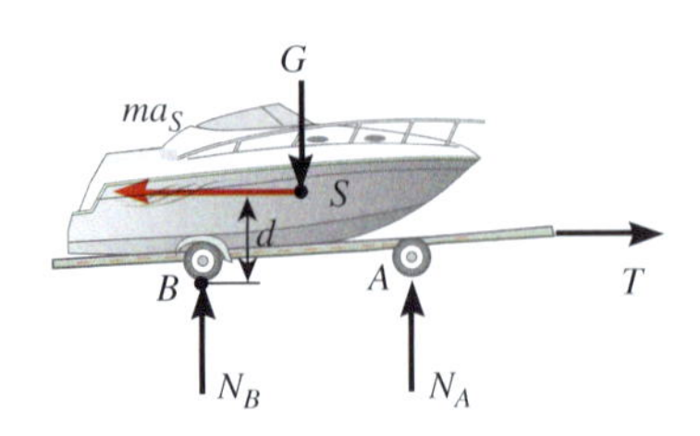

Lösungsweg

Kinetische Aufgaben mit *rein translatorischer Bewegung* eines starren Körpers werden folgendermaßen gelöst.

Freikörperbild

- Wählen Sie ein Inertialsystem, z.B. ein kartesisches x,y-oder ein n,t-System, und zeichnen Sie das Freikörperbild. Tragen Sie zunächst alle äußeren Kräfte und Momente auf den Körper ein.
- Machen Sie Richtung und Richtungssinn der Beschleunigung des Schwerpunktes $\mathbf{a}_S$ kenntlich.
- Zeichnen Sie damit die Trägheitskraft $\mathbf{F}_T = -m\mathbf{a}_S$ ebenfalls in das Freikörperbild ein.
- Soll das Momentengleichgewicht $\sum M_P - \sum(M_T)_P = 0$ ausgewertet werden, ist es eventuell hilfreich, den gewählten Bezugspunkt $P \neq S$ im Freikörperbild besonders zu markieren, denn so sind die Beiträge $m(a_S)_x$, $m(a_S)_y$ bzw. $m(a_S)_t$, $m(a_S)_n$ für $\sum(M_T)_P$ im betreffenden Momentengleichgewicht besonders einfach zu erkennen.

Bewegungsgleichungen

- Werten Sie das verallgemeinerte Kräfte- und Momentengleichgewicht entsprechend der verwendeten Vorzeichenkonvention skalar aus.
- Zur Vereinfachung der Rechnung kann das statische Momentengleichgewicht $\sum M_S = 0$ durch die allgemeinere Beziehung $\sum M_P - \sum (M_T)_P = 0$ ersetzt werden, wobei der Punkt P dann zweckmäßigerweise im Schnittpunkt der Wirkungslinien möglichst vieler unbekannter Kräfte liegt.
- Steht der betrachtete Körper im Kontakt mit einer *rauen Oberfläche* und tritt Gleiten auf, wird zusätzlich eine Reibungsgleichung $R = \mu_g N$ verwendet. Die Reibungskraft $\mathbf{R}$ greift immer so am Körper an, dass sie der Bewegung des betreffenden Körperpunktes relativ zur rauen Umgebung entgegenwirkt.

Kinematik

- Durch Integration oder direkte Anwendung entsprechender kinematischer Gleichungen können Geschwindigkeit und Lage des Körpers bestimmt werden.
- Für eine *geradlinige Bewegung* mit *zeitabhängiger Beschleunigung* gelten die Beziehungen $a_S = dv_S/dt$, $a_S\, ds_S = v_S dv_S$, $v_S = ds_S/dt$.
- Für eine *geradlinige translatorische Bewegung* mit *konstanter Beschleunigung* a_0 gelten die Gleichungen

$$v_S = (v_S)_0 + a_0 t$$

$$s_S = (s_S)_0 + (v_S)_0 t + \frac{1}{2} a_0 t^2$$

$$v_S^2 = (v_S)_0^2 + 2a_0 \left[s_S - (s_S)_0 \right]$$

- Für eine *krummlinige translatorische Bewegung* gilt

$$(a_S)_n = \frac{v_S^2}{\rho} = \omega^2 \rho, \ (a_S)_t = \frac{dv_S}{dt}, \ (a_S)_t\, ds_S = v_S dv_S, \ (a_S)_t = \alpha\rho$$

Beispiel 6.5

Der Wagen in Abbildung 6.10a hat die Masse m und den Schwerpunkt S. Bestimmen Sie die Beschleunigung des Wagens, wenn die Antriebsräder hinten immer gleiten und die Vorderräder mit vernachlässigbarer Masse frei drehen. Vernachlässigen Sie die Masse der Räder. Der Gleitreibungskoeffizient zwischen Rädern und Straße ist mit μ_g gegeben.

$c = 1{,}25$ m, $b = 0{,}75$ m, $h = 0{,}3$ m, $m = 2000$ kg, $\mu_g = 0{,}25$, $g = 9{,}81$ m/s^2

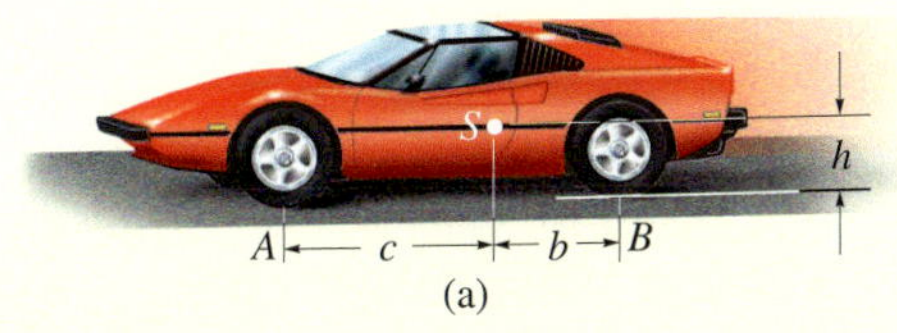

Abbildung 6.10

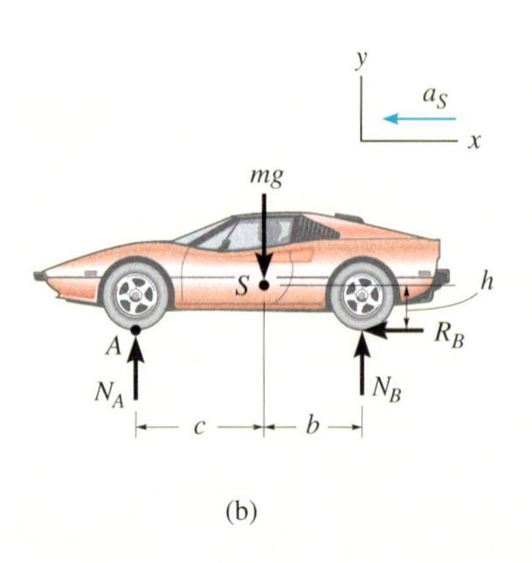

(b)

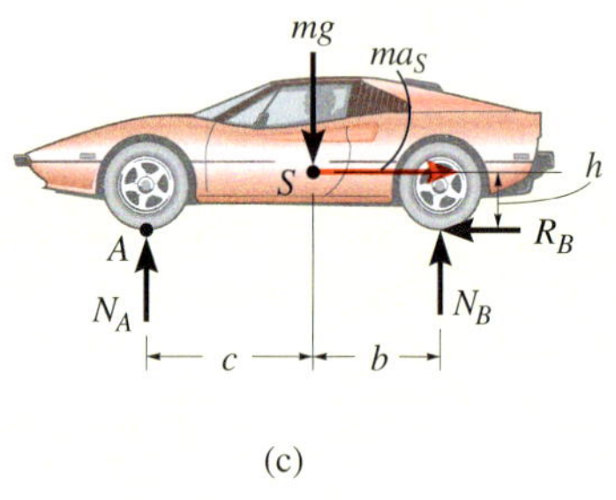

(c)

Abbildung 6.10

Lösung I (Momentenbezugspunkt S)

Freikörperbild Wie in Abbildung 6.10b gezeigt, schiebt die Reibungskraft R_B den Wagen nach vorne. Da *Gleiten auftritt*, gilt $R_B = \mu_g N_B$. Die Reibungskräfte auf *die Vorderräder* sind gleich *null*, denn diese Räder haben eine vernachlässigbare Masse.[5] Das Auto (Punkt S) soll nach links beschleunigen, d.h. in die negative x-Richtung, Abbildung 6.10b. Im Sinne d'Alemberts wird in das Freikörperbild auch die Trägheitskraft ma_S in die negative Beschleunigungsrichtung, d.h. nach rechts, eingetragen. Es gibt in dieser Aufgabe drei Unbekannte, nämlich N_A, N_B sowie a_S. Es wird das Momentengleichgewicht bezüglich des Schwerpunktes ausgewertet.

Dynamische Gleichgewichtsbedingungen

$$\sum F_x - m(a_S)_x = 0; \qquad -\mu_g N_B + ma_S = 0 \tag{1}$$

$$\sum F_y - m(a_S)_y = 0; \qquad N_A + N_B - mg = 0 \tag{2}$$

$$\sum M_S = 0; \qquad -N_A c - \mu_g N_B h + N_B b = 0 \tag{3}$$

Das führt auf die Bewegungsgleichung

$$a_S = \frac{\mu_g g c}{c + b - \mu_g h} = 1{,}59 \text{ m/s}^2$$

und die Zwangskräfte

$$N_A = mg\left(1 - \frac{c}{c + b - \mu_g h}\right) = 6{,}88 \text{ kN}$$

$$N_B = mg\frac{c}{c + b - \mu_g h} = 12{,}7 \text{ kN}$$

Lösung II (Momentenbezugspunkt A)

Freikörperbild Bei Anwendung der Momentengleichung um Punkt A fällt die Unbekannte N_A aus der Berechnung heraus. Im Freikörperbild, siehe Abbildung 6.10c, ist neben dem Schwerpunkt S auch der Punkt A gekennzeichnet, sodass das Moment von ma_S um A einfach angegeben werden kann, siehe Abbildung 6.10c.

Dynamisches Momentengleichgewicht Neben dem Kräftegleichgewicht gemäß Gleichungen (1) und (2) gilt das modifizierte Momentengleichgewicht

$$\sum M_A + \sum (M_T)_A = 0; \qquad N_B(c + b) - mgc - ma_S h = 0$$

Diese Gleichung führt mit Gleichung (1) einfacher zur Lösung für a_S als der erste Lösungsweg mit den Gleichungen (1) bis (3).

5 Bei vernachlässigbarer Radmasse ergibt sich für das Rad $J\alpha = 0$ und die Reibungskraft R_A in A, die zum Drehen des Rades erforderlich ist, wird null. Bei Berücksichtigung der Radmasse wäre die Berechnung der allgemein ebenen Bewegung der Räder erforderlich (*Abschnitt 6.5*).

Beispiel 6.6

Das Motorrad in Abbildung 6.11a hat die Masse m_1 und den Schwerpunkt S_1, der Fahrer hat die Masse m_2 und den Schwerpunkt S_2. Bestimmen Sie den minimalen Haftreibungskoeffizienten μ_h zwischen den Rädern und dem Pflaster, bei dem der Fahrer einen „Kavalierstart" machen kann, d.h. das Vorderrad hebt vom Boden ab, siehe Foto. Welche Beschleunigung ist dazu erforderlich? Vernachlässigen Sie die Masse der Räder und nehmen Sie an, dass das Vorderrad frei drehen kann.

$c = 0{,}7$ m, $b = 0{,}4$ m, $h = 0{,}3$ m, $m_1 = 125$ kg, $m_2 = 75$ kg, $g = 9{,}81$ m/s²

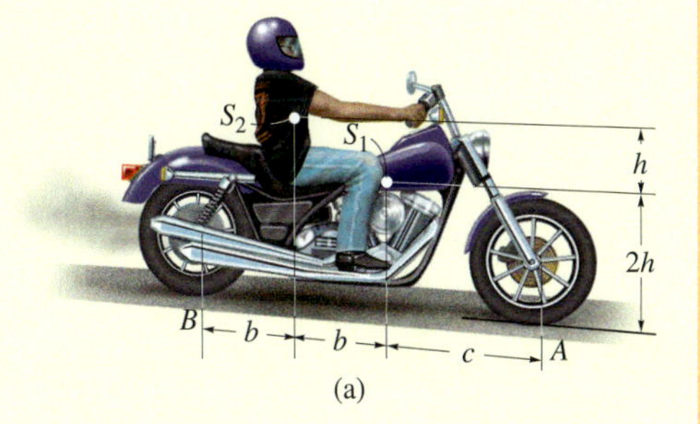

Lösung

Freikörperbild Bei der Lösung betrachten wir das Motorrad und den Fahrer als „System", d.h. als einen starren Körper. Dazu könnte der Schwerpunkt für dieses System aus den Gleichungen $\bar{x} = \sum \tilde{x}m / \sum m$ und $\bar{y} = \sum \tilde{y}m / \sum m$ bestimmt werden. Einfacher ist es jedoch, das Gewicht und die Masse der beiden *Teile* getrennt zu betrachten, wie im verallgemeinerten Freikörperbild dargestellt, Abbildung 6.11b. Beide Teile des Gesamtsystems bewegen sich mit der *gleichen* Beschleunigung nach rechts und wir nehmen an, dass das Vorderrad gerade vom Boden *abhebt*, sodass dort die Normalkraft $N_A \approx 0$ beträgt. Die drei Unbekannten sind N_B, R_B sowie a_S.

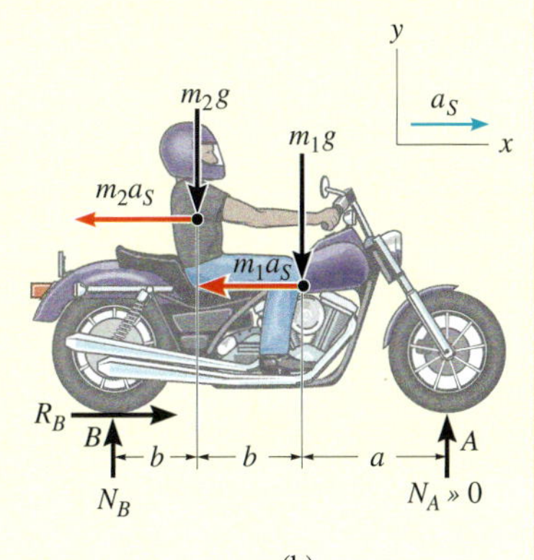

Abbildung 6.11

Dynamische Gleichgewichtsbedingungen

$$\sum F_x - m(a_S)_x = 0; \qquad R_B - (m_1 + m_2)a_S = 0 \qquad (1)$$

$$\sum F_y - m(a_S)_y = 0; \qquad N_B - m_2 g - m_1 g = 0 \qquad (2)$$

$$\sum M_B + \sum (M_T)_B = 0; \quad -m_2 g b - m_1 g(2b) + m_2 a_S(3h) + m_1 a_S(2h) = 0 \qquad (3)$$

Das führt auf

$$N_B = 1962 \text{ N}$$

$$a_S = \frac{gb(2m_1 + m_2)}{(2m_1 + 3m_2)h} = 8{,}95 \text{ m/s}^2$$

$$R_B = \frac{(2m_1 + m_2)(m_1 + m_2)gb}{(2m_1 + 3m_2)h} = 1790 \text{ N}$$

Der minimale Haftreibungskoeffizient beträgt demnach mit $R_B = \mu_h N_B$

$$(\mu_h)_{min} = \frac{R_B}{N_B} = \frac{(2m_1 + m_2)b}{(2m_1 + 3m_2)h} = 0{,}912$$

Beispiel 6.7

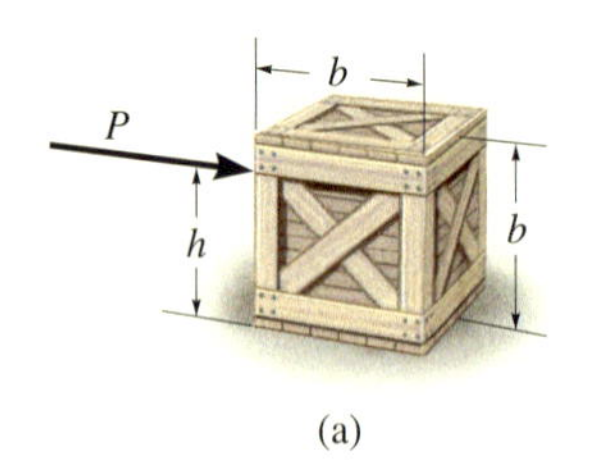

(a)

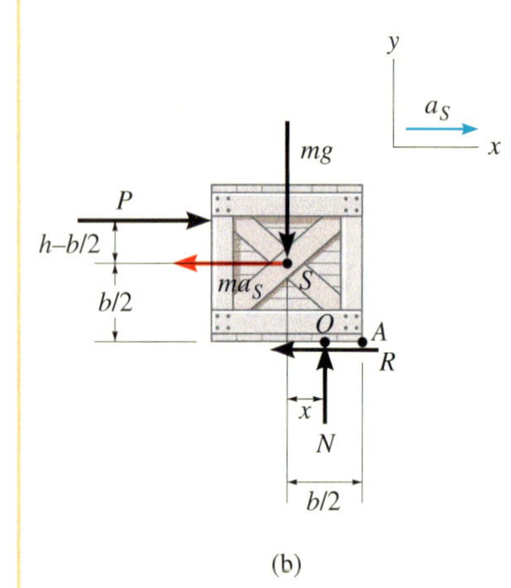

(b)

Abbildung 6.12

Die Kiste mit der Masse m ruht auf der horizontalen Unterlage; der Gleitreibungskoeffizient beträgt μ_g. An der Kiste greift die Kraft P an, siehe Abbildung 6.12a. Bestimmen Sie die Beschleunigung der Kiste.

$b = 1$ m, $h = 0{,}8$ m, $m = 50$ kg, $\mu_g = 0{,}2$, $P = 600$ N, $g = 9{,}81$ m/s²

Lösung

Freikörperbild Die *Kraft* P verursacht Gleiten oder ein Kippen der Kiste. Wie in Abbildung 6.12b gezeigt, wird angenommen, dass die Kiste beschleunigt nach rechts gleitet, sodass $R = \mu_g N$ ist. Die Normalkraft N greift in O, d.h. im Abstand x $(0 < x \leq b/2)$, von der Mittellinie[6] an. Die drei Unbekannten sind N, x sowie a_S.

Dynamische Gleichgewichtsbedingungen

$$\sum F_x - m(a_S)_x = 0; \qquad P - \mu_g N - m a_S = 0 \qquad (1)$$

$$\sum F_y - m(a_S)_y = 0; \qquad N - mg = 0 \qquad (2)$$

$$\sum M_S = 0; \qquad -P\left(h - \frac{b}{2}\right) + N \cdot x - \mu_g N\left(\frac{b}{2}\right) = 0 \qquad (3)$$

Das führt auf

$$N = mg = 490 \text{ N}$$

$$x = \frac{P(h - b/2) + \mu_g mgb/2}{mg} = 0{,}467 \text{ m}$$

$$a_S = \frac{P - \mu_g mg}{m} = 10{,}04 \text{ m/s}^2$$

Das Ergebnis $x = 0{,}467 \text{ m} \leq b/2$ zeigt, dass die Kiste, wie anfangs angenommen, gleitet. Wäre ein Wert $x > b/2$ berechnet worden, so hätte man die gesamte Aufgabe neu rechnen müssen, unter der Annahme, dass die Kiste kippt. Dann würde N an der *Ecke* A angreifen und $R \leq \mu_g N$ gelten (unter der Voraussetzung, dass der Reibungskoeffizient unverändert bleibt).

6 Die Wirkungslinie von N verläuft nicht notwendigerweise durch den Schwerpunkt S $(x = 0)$, denn N muss der Kippwirkung von P entgegenwirken. Siehe dazu *Abschnitt 8.1* der Technischen Mechanik Band 1, Statik.

Beispiel 6.8 Der starre Balken BD mit der Masse m in Abbildung 6.13a wird von zwei gleich langen, starren Stäben vernachlässigbarer Masse pendelnd gehalten. Bestimmen Sie die in jedem Stab wirkende Kraft in der Lage $\theta = \theta_0$ bei einer Winkelgeschwindigkeit ω, wenn Reibungseinflüsse vernachlässigt werden.

$l = 0{,}5$ m, $b = 0{,}8$ m, $m = 100$ kg, $\theta_0 = 30°$, $\omega = 6$ rad/s

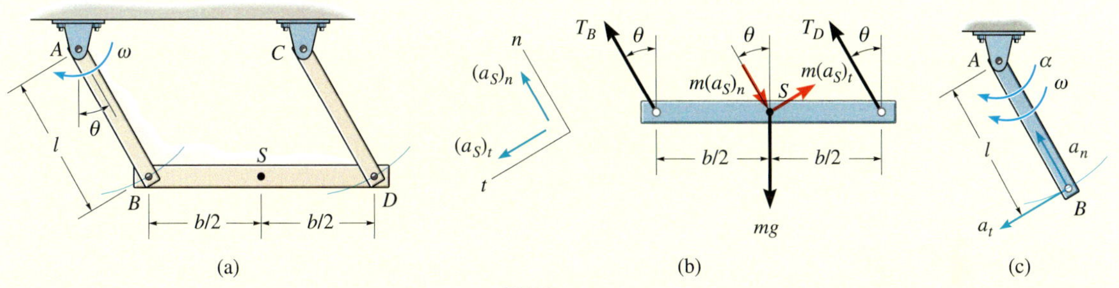

Abbildung 6.13

Lösung

Freikörperbild Der Balken führt eine *krummlinige translatorische Bewegung* aus, denn die Punkte B und D sowie der Schwerpunkt S bewegen sich auf Kreisbahnen mit dem Radius l. In Abbildung 6.13b ist das verallgemeinerte Freikörperbild für den Balken unter Berücksichtigung der Trägheitskräfte in Normal- und Tangentialrichtung dargestellt. Aufgrund der *translatorischen Bewegung* führt S die *gleiche* Bewegung aus wie der Gelenkpunkt B, der die Verbindung von *Stab* AB und Balken BD darstellt. Bei der Untersuchung der Pendelbewegung des Stabes AB, Abbildung 6.13c, kann festgestellt werden, dass die tangentiale Beschleunigungskomponente aufgrund der angenommenen Richtung von α (im Uhrzeigersinn) nach links unten wirkt. Weiterhin ist die normale Beschleunigungskomponente *immer* zum Krümmungsmittelpunkt gerichtet (d.h. für AB *von* B auf A). Da die Winkelgeschwindigkeit ω von AB bekannt ist, ergibt sich

$$(a_S)_n = \omega^2 r = \omega^2 l = (6 \text{ rad/s})^2 (0{,}5 \text{ m}) = 18 \text{ m/s}^2$$

Die drei Unbekannten sind T_B, T_D und $(a_S)_t$. Die Richtungen von $(a_S)_n$ und $(a_S)_t$ wurden festgelegt und sind im Koordinatensystem gekennzeichnet; damit können auch die Trägheitskräfte richtig eingetragen werden.

Dynamische Gleichgewichtsbedingungen

$$\sum F_n - m(a_S)_n = 0; \qquad T_B + T_D - mg\cos\theta - m(a_S)_n = 0 \qquad (1)$$

$$\sum F_t - m(a_S)_t = 0; \qquad mg\sin\theta - m(a_S)_t = 0 \qquad (2)$$

$$\sum M_S = 0; \qquad -(T_B\cos\theta)\left(\frac{b}{2}\right) + (T_D\cos\theta)\left(\frac{b}{2}\right) = 0 \qquad (3)$$

Die Lösung dieser drei Gleichungen führt auf

$$T_B = T_D = m(g\cos\theta + \omega^2 r)/2 = 1{,}32 \text{ kN}$$

$$(a_S)_t = g\sin\theta = 4{,}91 \text{ m/s}^2$$

6.4 Rotation um eine feste Achse

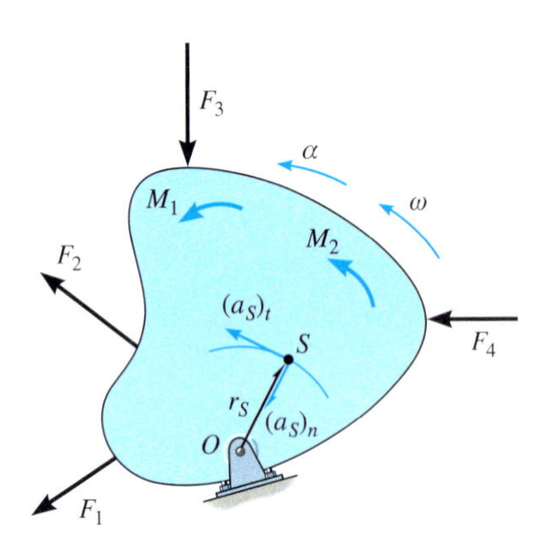

(a)

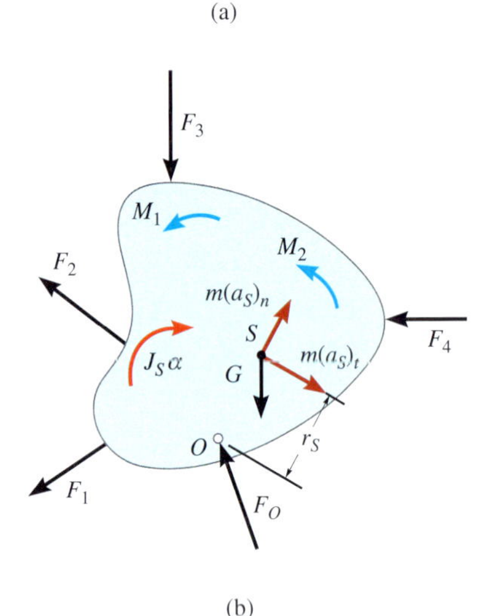

(b)

Abbildung 6.14

Betrachten wir den starren Körper in Form einer Scheibe gemäß Abbildung 6.14a, der sich in der vertikalen Ebene um eine raumfeste Achse senkrecht zu dieser Ebene durch das Gelenklager in O drehen kann. Die Winkelgeschwindigkeit und die Winkelbeschleunigung werden von den äußeren Kräften und Momenten auf den Körper hervorgerufen. Wie jeder andere Körperpunkt bewegt sich der Schwerpunkt S auf einer *Kreisbahn* und seine Beschleunigung wird zweckmäßig durch ihre tangentialen und normalen Komponenten beschrieben. Die *Tangentialkomponente der Beschleunigung* hat den *Betrag* $(a_S)_t = \alpha r_S$ und wirkt in *Richtung* der Winkelbeschleunigung α des Körpers, deren Richtung dieselbe wie die der Winkelgeschwindigkeit ω ist. Der *Betrag* der *Normalkomponente der Beschleunigung* ist $(a_S)_n = \omega^2 r_S$. Diese Komponente weist ungeachtet der Richtung von ω *immer* von S nach O.

Das verallgemeinerte Freikörperbild des Körpers ist in Abbildung 6.14b dargestellt. Das Gewicht des Körpers, $G = mg$, und die Lagerreaktion F_O sind im Freikörperbild eingetragen; hinzu kommen die Trägheitskräfte $m(a_S)_t$ und $m(a_S)_n$, die am Schwerpunkt S in die jeweils negativen Beschleunigungsrichtungen angreifen, und das Trägheitsmoment $J_S\alpha$ entgegen der Winkelbeschleunigung α. J_S ist darin das Massenträgheitsmoment des Körpers um die zur Bewegungsebene senkrechte Achse durch S. Gemäß der Herleitung in *Abschnitt 6.2* können die dynamischen Gleichgewichtsbedingungen für den Körper in der Form

$$\begin{aligned} &\sum F_n - m(a_S)_n = 0, \text{ d.h. } \sum F_n - m\omega^2 r_S = 0 \\ &\sum F_t - m(a_S)_t = 0, \text{ d.h. } \sum F_t - m\alpha r_S = 0 \\ &\sum M_S - J_S\,\alpha = 0 \end{aligned} \tag{6.16}$$

angegeben werden.

Das verwendete dynamische Momentengleichgewicht kann durch eine Momentensumme um einen beliebigen anderen Punkt P auf dem Körper oder außerhalb des Körpers ersetzt werden, wenn die Trägheitsmomente $\sum(M_T)_P$ bezüglich P genommen werden. Neben dem Beitrag $-J_S\,\alpha$ sind dabei die Momente der Trägheitskräfte $m(a_S)_t$ und $m(a_S)_n$ um diesen Punkt einzubeziehen. Bei vielen Problemen ist es günstig, die Momentenbilanz bezüglich des Gelenkpunktes O zu verwenden, damit die nach Betrag und Richtung *unbekannte* Lagerkraft F_O herausfällt, siehe Abbildung 6.14b:

$$\sum M_O + \sum(M_T)_O = 0; \quad \sum M_O - r_S\, m(a_S)_t - J_S\,\alpha = 0 \tag{6.17}$$

Das Moment $m(a_S)_n$ ist ebenfalls nicht in der Summe enthalten, denn die Wirkungslinie dieses Vektors geht immer durch O. Mit $(a_S)_t = \alpha r_S$ ergibt sich anstelle der Gleichung (6.17)

$$\sum M_O - (J_S + m r_S^2)\,\alpha = 0$$

Laut Steiner'schem Satz gilt $J_O = J_S + md^2$, d.h. der Klammerausdruck ist das *Massenträgheitsmoment des Körpers um die feste Drehachse durch O.*[7] Somit ergeben sich die drei dynamischen Gleichgewichtsbedingungen des Körpers

$$\sum F_n - m\omega^2 r_S = 0$$
$$\sum F_t - m\,\alpha\, r_S = 0 \qquad (6.18)$$
$$\sum M_O - J_O\,\alpha = 0$$

Dabei ist zu beachten, dass die beiden ersten Gleichungen in (6.18) nach wie vor unbekannte Lagerreaktionen in die normale und die tangentiale Richtung enthalten, die Momentenbilanz bezüglich O aber gerade nicht mehr. Das Momentengleichgewicht um O stellt damit „automatisch" die eigentliche Bewegungsgleichung der Drehbewegung um eine feste Drehachse dar. Ferner ist offensichtlich, dass die Trägheitswirkung $J_O\alpha$ das Moment von $m(a_S)_t$ um Punkt O *und* den Beitrag $J_S\alpha$ äquivalent ersetzt, Abbildung 6.14b. Anders gesagt gilt gemäß den Gleichungen (6.17) und (6.18) $\sum M_O + \sum(M_T)_O = 0$, d.h. $\sum M_O - J_O\alpha = 0$.

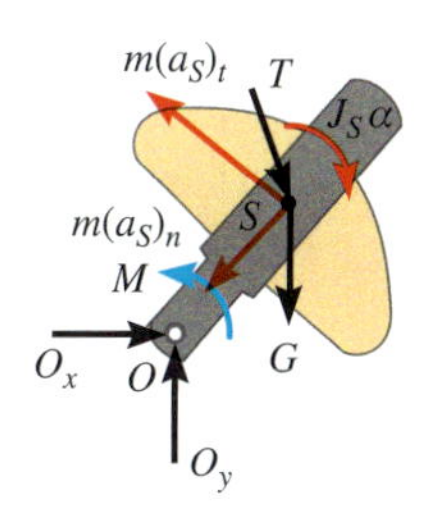

Die Kurbel der Ölförderanlage erfährt aufgrund des Antriebsmomentes M des Motors eine Drehung um eine feste Achse. Die Lasten sind im Freikörperbild eingetragen, ebenso die zugehörigen Trägheitswirkungen. Bei der Bilanzierung der Momente um den Schwerpunkt S ergibt sich $\sum M_S - J_S\alpha = 0$. Werden die Momente jedoch um den Punkt O summiert, so erhalten wir mit $(a_S)_t = d\alpha$ das Momentengleichgewicht $\sum M_O - J_S\alpha - m(a_S)_t d - m(a_S)_n(0) = 0$, d.h. $\sum M_O - (J_S + md^2)\alpha = 0$ oder $\sum M_O - J_O\alpha = 0$.

7 $\sum M_O = J_O\alpha$ ergibt sich auch *direkt* aus *Gleichung(6.6)*, wenn Punkt P so gewählt wird, dass er mit O zusammenfällt. Dabei gilt $(a_P)_x = (a_P)_y = 0$. Dieser Sonderfall hat gerade auf *Gleichung (6.9)* geführt, die mit der dritten Gleichung in (6.18) identisch ist.

Lösungsweg

Kinetische Aufgaben zur Rotation eines Körpers um eine feste Achse können folgendermaßen gelöst werden:

Freikörperbild

- Wählen Sie ein x,y- oder ein n,t-Inertialsystem und geben Sie die Richtung und den Richtungssinn der Beschleunigungen $(\mathbf{a}_S)_t$ und $(\mathbf{a}_S)_n$ sowie der Winkelbeschleunigung α des Körpers an. $(\mathbf{a}_S)_t$ ist gemäß dem Drehsinn von α orientiert, während $(\mathbf{a}_S)_n$ zum Punkt O auf der Drehachse zeigt.
- Berechnen Sie das Massenträgheitsmoment J_S oder J_O.
- Zeichnen Sie das Freikörperbild zur Erfassung sowohl aller äußeren Kräfte und Momente auf den Körper als auch sämtlicher maßgebenden Trägheitswirkungen.
- Kennzeichnen Sie die Unbekannten in der Aufgabe.
- Soll das dynamische Momentengleichgewicht $\sum M_P = \sum (M_T)_P$ derart verwendet werden, dass der Bezugspunkt P nicht mit S oder O zusammenfällt, so wird der Punkt P im Freikörperbild besonders gekennzeichnet, damit die „Momente" der Trägheitskräfte $m(a_S)_t$ und $m(a_S)_n$ neben dem Beitrag $J_S\,\alpha$ für das resultierende Trägheitsmoment $\sum (M_T)_P$ deutlich werden.

Dynamische Gleichgewichtsbedingungen

- Stellen Sie die drei dynamischen Gleichgewichtsbedingungen gemäß der verwendeten Vorzeichenkonvention auf.
- Werden die Momente um den Schwerpunkt S summiert, dann gilt

$$\sum M_S - J_S\,\alpha = 0$$

  denn $(a_S)_t$ und $(a_S)_n$ liefern keine Trägheitsmomente um S.
- Werden die Momente um den Lagerpunkt O auf der Drehachse summiert, dann ergibt $m(a_S)_n$ kein Moment um S, und es kann gezeigt werden, dass $\sum M_O - J_O\,\alpha = 0$ gilt. Dies ist auch die eigentliche Bewegungsgleichung, in der alle Zwangskräfte eliminiert sind.

Kinematik

- Werden Lösungen der Bewegungsgleichungen gesucht, können kinematische Gleichungen verwendet werden.
- Bei *zeitabhängiger Winkelbeschleunigung* gelten die Gleichungen

$$\alpha = \frac{d\omega}{dt}; \quad \alpha\,d\theta = \omega\,d\omega; \quad \omega = \frac{d\theta}{dt}$$

- Bei *konstanter Winkelbeschleunigung* α_0 gilt entsprechend

$$\omega = \omega_0 + \alpha_0 t$$

$$\theta = \theta_0 + \omega_0 t + \frac{1}{2}\alpha_0 t^2$$

$$\omega^2 = \omega_0^2 + 2\alpha_0(\theta - \theta_0)$$

Beispiel 6.9 Die homogene Scheibe der Masse m in Abbildung 6.15a ist im Mittelpunkt O frei drehbar gelagert und beginnt die Bewegung aus der Ruhe. Wie viele Umdrehungen muss sie ausführen, bis sie die Winkelgeschwindigkeit $\omega = \omega_1$ erreicht hat? Ermitteln Sie die Reaktionskräfte im Lager. Auf die Scheibe wirken die konstante Kraft F, die über das um die Scheibe gewickelte undehnbare Seil angreift, sowie das konstante Moment M. Vernachlässigen Sie die Masse des Seils.

$m = 30$ kg, $F = 10$ N, $M = 5$ Nm, $r = 0{,}2$ m, $\omega_1 = 20$ rad/s

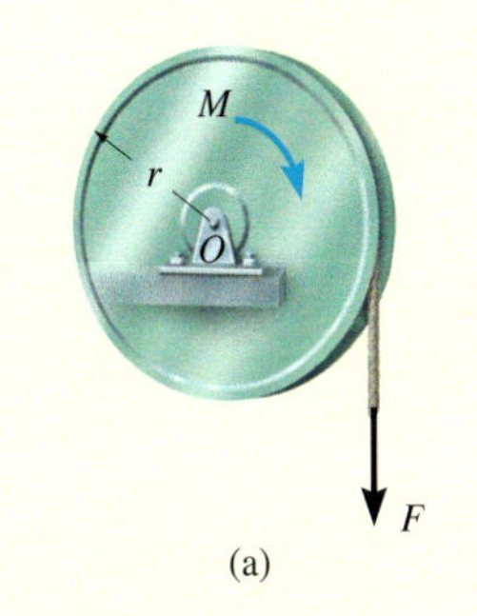

(a)

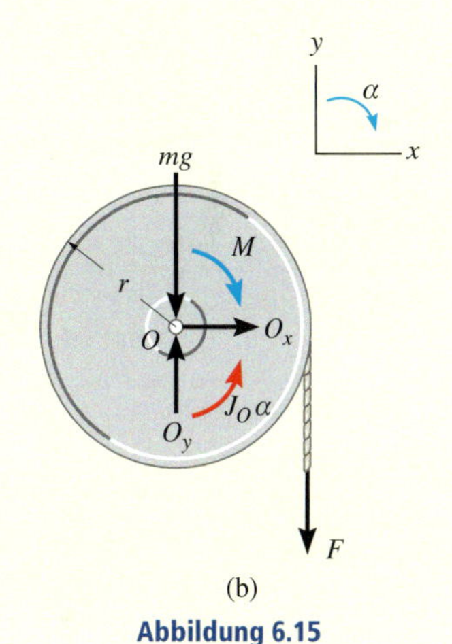

(b)

Abbildung 6.15

Lösung

Freikörperbild Abbildung 6.15b. Beachten Sie, dass der Schwerpunkt S mit dem Lagerpunkt O auf der Drehachse zusammenfällt und deshalb nicht beschleunigt wird, die Scheibe jedoch eine Winkelbeschleunigung im Uhrzeigersinn erfährt. Das Massenträgheitsmoment der Scheibe um den Lagerpunkt beträgt

$$J_S = J_O = \frac{1}{2}mr^2 = \frac{1}{2}(30\text{ kg})(0{,}2\text{ m})^2 = 0{,}6\text{ kgm}^2$$

Die drei Unbekannten sind die Lagerreaktionen O_x, O_y und die Winkelbeschleunigung α.

Dynamische Gleichgewichtsbedingungen

$$\sum F_x - m(a_S)_x = 0; \qquad O_x = 0$$

$$\sum F_y - m(a_S)_y = 0; \qquad O_y - mg - F = 0$$

$$O_y = mg + F = 304\text{ N}$$

$$\sum M_O - J_O\alpha = 0; \qquad Fr + M - J_O\alpha = 0$$

$$\alpha = \alpha_0 = (Fr + M)/J_O = 11{,}7\text{ rad/s}^2$$

Kinematik Da α konstant und im Uhrzeigersinn gerichtet ist, kann die Anzahl der erforderlichen Umdrehungen, bis die Scheibe die Winkelgeschwindigkeit ω im Uhrzeigersinn erreicht, aus der entsprechenden kinematischen Gleichung berechnet werden, die θ, ω und α verknüpft:

$$\omega^2 = \omega_0^2 + 2\alpha_0(\theta - \theta_0)$$

$$\theta = \frac{\omega^2 - \omega_0^2}{2\alpha_0} + \theta_0 = \frac{\omega^2}{2\alpha_0} + \theta_0 = 17{,}1\text{ rad}$$

Damit ergibt sich

$$\theta = 17{,}1\text{ rad}\left(\frac{1\text{ Umdr}}{2\pi\text{ rad}}\right) = 2{,}73\text{ Umdr}$$

Beispiel 6.10

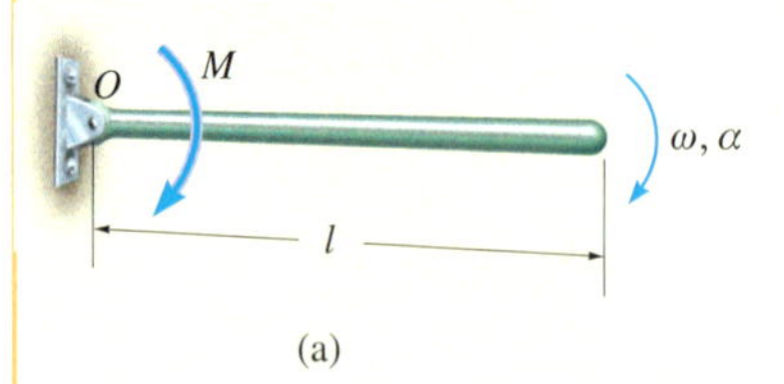

(a)

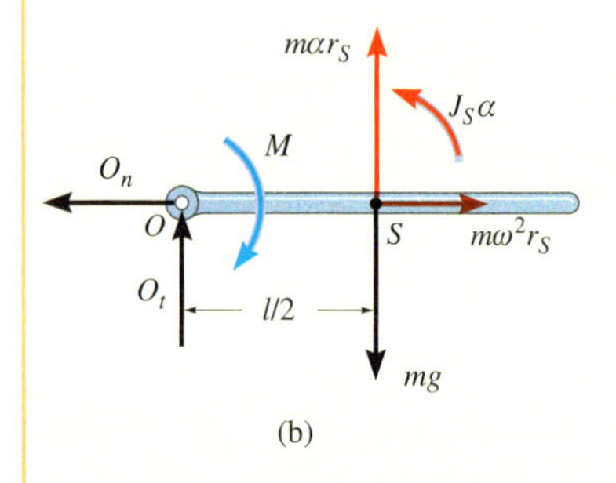

(b)

Abbildung 6.16

Der schlanke, starre Stab der Masse m in Abbildung 6.16a dreht sich in der vertikalen Ebene, und zum dargestellten Zeitpunkt hat die Winkelgeschwindigkeit ω den Wert ω_1. Bestimmen Sie die Winkelbeschleunigung des Stabes sowie die horizontale und vertikale Koordinate der Reaktionskraft im Lager zu diesem Zeitpunkt.

$m = 20$ kg, $l = 3$ m, $M = 60$ Nm, $\omega_1 = 5$ rad/s

Lösung

Freikörperbild Abbildung 6.16b. Wie gezeigt, bewegt sich der Punkt S auf einer Kreisbahn und hat somit zwei Beschleunigungskomponenten. Wichtig ist, dass die tangentiale Komponente $a_t = \alpha r_S$ nach unten gerichtet ist, denn sie ist durch die Richtung der Winkelbeschleunigung α festgelegt. Die drei Unbekannten sind die Lagerreaktionen O_n, O_t und die Winkelbeschleunigung α.

Dynamische Gleichgewichtsbedingungen

$$\sum F_n - m\omega^2 r_S = 0; \qquad O_n - m\omega^2\left(\frac{l}{2}\right) = 0$$

$$\sum F_t - m\alpha r_S = 0; \qquad -O_t + mg - m\alpha\left(\frac{l}{2}\right) = 0$$

$$\sum M_S - J_S\alpha = 0; \qquad O_t\left(\frac{l}{2}\right) + M - \frac{1}{12}ml^2\alpha = 0$$

Die Lösung liefert

$$O_n - m\omega^2\left(\frac{l}{2}\right) = 750\,\text{N}$$

$$O_t = mg - \frac{3(M + mgl/2)}{2l} = 19{,}0\,\text{N}$$

$$\alpha = \frac{M + mgl/2}{ml^2/3} = 5{,}90\,\text{rad/s}^2$$

Eine direktere Lösung dieser Aufgabe ist die Momentenbilanz um Punkt O. Dann fallen O_n und O_t heraus und man erhält *sofort* α:

$$\sum M_O + \sum(M_T)_O = 0; \qquad M + mg(l/2) - J_S\,\alpha - m\,\alpha(l/2)^2 = 0$$

$$\alpha = \frac{M + mgl/2}{ml^2/3} = 5{,}90\,\text{rad/s}^2$$

Man kann natürlich auch direkt das bekannte Ergebnis $J_O = \frac{1}{3}ml^3$ für das Massenträgheitsmoment eines schlanken Stabes bezüglich eines Endpunktes verwenden:

$$\sum M_O - J_O\alpha = 0; \qquad M + mg(l/2) - (1/3)ml^2\alpha = 0$$

$$\alpha = \frac{M + mgl/2}{ml^2/3} = 5{,}90\,\text{rad/s}^2$$

Die letzte Gleichung führt auf direktestem Wege zur Lösung für α.

Beispiel 6.11 Die scheibenförmige Seiltrommel in Abbildung 6.17a hat die Masse m_T und den Trägheitsradius k_O. Ein undehnbares Seil vernachlässigbarer Masse ist um die Trommel gewickelt und trägt eine Lastmasse m_L. Bestimmen Sie die Winkelbeschleunigung der Trommel, wenn die Last freigegeben wird.

$m_T = 60$ kg, $m_L = 20$ kg, $k_O = 0{,}25$ m, $r = 0{,}4$ m

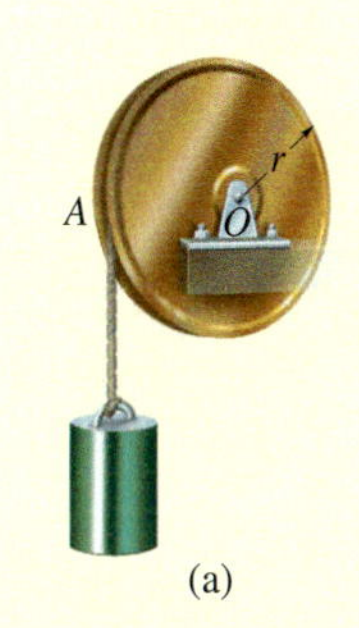

Lösung I (getrennte Betrachtung von Trommel und Last)

Freikörperbild Wir betrachten die Trommel und die Masse, Abbildung 6.17b. Wir nehmen an, dass sich die Masse mit der Beschleunigung a *nach unten* bewegt und somit eine Winkelbeschleunigung α *gegen den Uhrzeigersinn* der Trommel zur Folge hat.

Das Massenträgheitsmoment der Trommel ist

$$J_O = m_T k_O^2 = 3{,}75\ \text{kg}\cdot\text{m}^2$$

Die fünf Unbekannten sind die Zwangskräfte O_x, O_y und T sowie die Beschleunigung a und die Winkelbeschleunigung α.

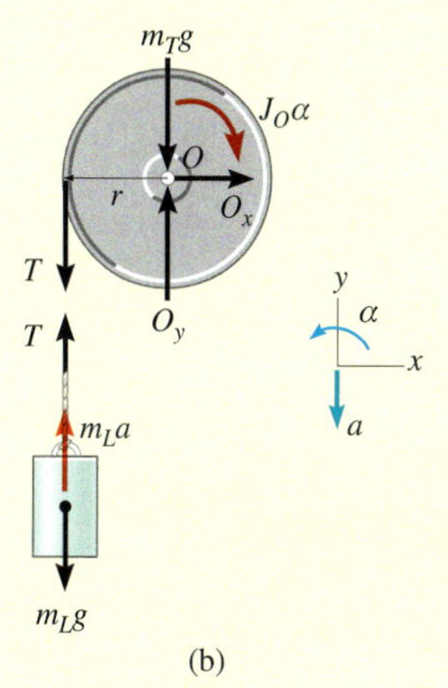

Abbildung 6.17

Dynamische Gleichgewichtsbedingungen Die Gleichgewichtsbedingungen im Sinne d'Alemberts der translatorischen Bewegung $\sum F_x - m(a_S)_x = 0$ und $\sum F_y - m(a_S)_y = 0$ bezüglich der Trommel enthalten nur die Lagerkräfte O_x und O_y und haben somit keine Auswirkung auf die Bewegung. Ausreichend zur Berechnung der übrigen Unbekannten sind die dynamischen Gleichgewichtsbedingungen

$$\sum M_O - J_O\alpha = 0; \qquad Tr - J_O\alpha = 0 \qquad (1)$$

der Trommel und

$$\sum F_y - m(a_S)_y = 0; \qquad -m_L g + T + m_L a = 0 \qquad (2)$$

der Lastmasse.

Kinematik Da der Kontaktpunkt A zwischen Seil und Trommel die tangentiale Beschleunigungskomponente a hat, Abbildung 6.17a, gilt

$$a_t = \alpha r; \qquad a = \alpha r \qquad (3)$$

Als Lösung der obigen Gleichungen erhalten wir

$$T = \frac{J_O m_L g}{J_O + m_L r^2} = 106\ \text{N}$$

$$\alpha = \frac{m_L g r}{J_O + m_L r^2} = 11{,}3\ \text{rad/s}^2$$

$$a = \alpha r = 4{,}52\ \text{m/s}^2$$

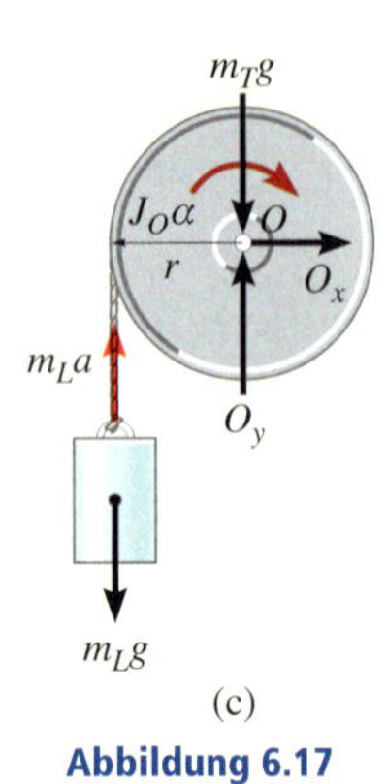

(c)

Abbildung 6.17

Lösung II (gemeinsame Betrachtung von Trommel und Last)

Freikörperbild Werden Trommel und Masse als *ein System* betrachtet, fällt die Seilkraft T aus der Rechnung heraus, Abbildung 6.17c. Das Freikörperbild für die Anwendung des Momentengleichgewichtes um Punkt O ist dargestellt.

Bewegungsgleichungen Mit Gleichung (3) und dem Momentengleichgewicht um O fallen die Unbekannten O_x und O_y heraus und wir erhalten anstelle der Gleichungen (1) und (2) direkt

$$\sum M_O + \sum (M_T)_O = 0; \qquad m_L g r - J_O \alpha - m_L(\alpha r) r = 0$$

$$\alpha = \frac{m_L g r}{J_O + m_L r^2} = 11{,}3 \text{ rad/s}^2$$

Hinweis: Wird die Lastmasse *entfernt* und eine Kraft mg direkt auf das Seil aufgebracht, so gilt $\alpha = 20{,}9 \text{ rad/s}^2$. Beweisen Sie das und erläutern Sie den Grund für den Unterschied.

Beispiel 6.12

Das nicht ausgewuchtete Schwungrad der Masse m in Abbildung 6.18a hat den Trägheitsradius k_S um eine Achse durch den Schwerpunkt S. Zum dargestellten Zeitpunkt hat es die Winkelgeschwindigkeit ω. Bestimmen Sie die horizontale und vertikale Lagerreaktion im Lager O.

$m = 25$ kg, $d = 0{,}15$ m, $k_S = 0{,}18$ m, $M = 120$ Nm, $\omega = 8$ rad/s

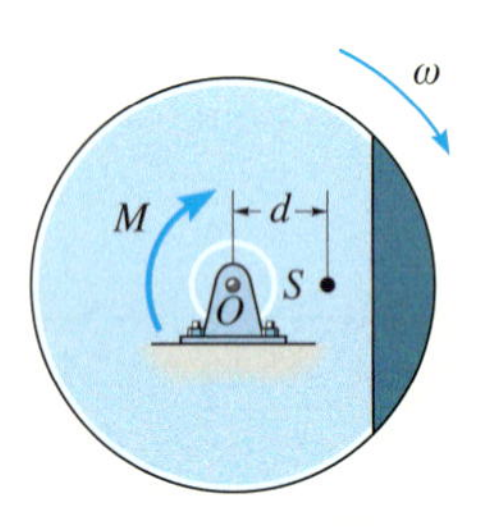

(a)

Abbildung 6.18

Lösung

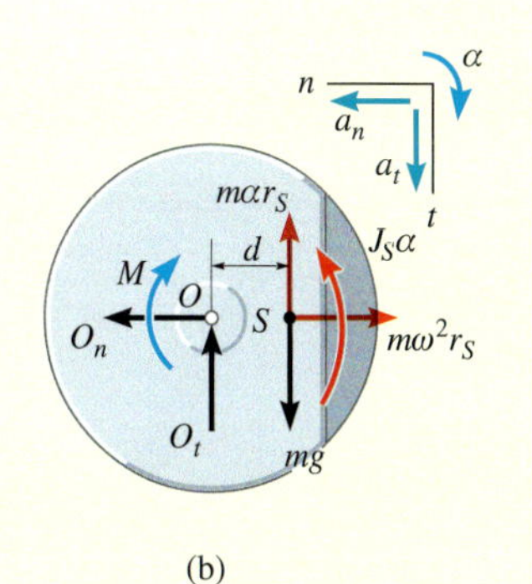

(b)

Abbildung 6.18

Freikörperbild Da sich der Punkt S auf einer Kreisbahn bewegt, hat er eine normale und eine vertikale Beschleunigungskomponente. Die durch das Gewicht des Schwungrades hervorgerufene Winkelbeschleunigung ist α im Uhrzeigersinn, die tangentiale Beschleunigungskomponente ist nach unten gerichtet. Warum? Die Trägheitswirkungen $m(a_S)_t = m\,\alpha\, r_S$, $m(a_S)_n = m\omega^2 r_S$ und $J_S\,\alpha$ sind in das verallgemeinerte Freikörperbild eingetragen, Abbildung 6.18b. Das Massenträgheitsmoment des Schwungrades um seinen Schwerpunkt wird aus dem Trägheitsradius und der Masse des Schwungrades bestimmt: $J_S = mk_S^2 = (25\text{ kg})(0{,}18\text{m})^2 = 0{,}81\text{ kgm}^2$.

Die drei Unbekannten sind die Lagerreaktionen O_n, O_t und die Winkelbeschleunigung α.

Dynamische Gleichgewichtsbedingungen

$$\sum F_n - m\omega^2 r_S = 0; \qquad O_n - m\omega^2 d = 0 \tag{1}$$

$$\sum F_t - m\alpha r_S = 0; \qquad -O_t + mg - m\alpha d = 0 \tag{2}$$

$$\sum M_S - J_S\alpha = 0; \qquad M + O_t d - J_S\alpha = 0 \tag{3}$$

Daraus ergibt sich

$$\alpha = \frac{M + mgd}{J_S + md^2} = 114{,}2\text{ rad/s}^2$$

$$O_n = m\omega^2 d = 240\text{ N}$$

$$O_t = mg - m\frac{M + mgd}{J_S + md^2}d = -183{,}1\text{ N}$$

Die Momentenbilanz kann auch um Punkt O angegeben werden. Dann fallen O_n und O_t heraus und man erhält eine *direkte Lösung* für α, Abbildung 6.18b. Das kann in *zwei* Varianten erfolgen, nämlich mit Hilfe von $\sum M_O + \sum(M_T)_O = 0$ oder direkter über $\sum M_O - J_O\,\alpha = 0$. Bei der ersten Variante erhalten wir

$$\sum M_O + \sum(M_T)_O = 0; \qquad M + mgd - J_S\,\alpha - (m\,\alpha d)d = 0$$

$$\alpha = \frac{M + mgd}{J_S + md^2} \tag{4}$$

Zur Auswertung von $\sum M_O - J_O\,\alpha = 0$ ermitteln wir vorab unter Verwendung des Steiner'schen Satzes das Massenträgheitsmoment des Schwungrades um O

$$\begin{aligned} J_O &= J_S + mr_S^2 \\ &= 0{,}81\text{ kg}\cdot\text{m}^2 + (25)(0{,}15)^2\text{ kg}\cdot\text{m}^2 \\ &= 1{,}3725\text{ kg}\cdot\text{m}^2 \end{aligned}$$

und fordern gemäß Freikörperbild in Abbildung 6.18b

$$\sum M_O - J_O\alpha = 0; \qquad M + mgd - J_O\alpha = 0$$

Das Ergebnis ist das gleiche wie Gleichung (4).

Beispiel 6.13

Der schlanke starre Stab der Masse m und der Länge l in Abbildung 6.19a wird aus der Lage $\theta = 0$ aus der Ruhe freigegeben. Bestimmen Sie die horizontale und die vertikale Lagerreaktion in A auf den Stab für $\theta = \theta_1$.

$\theta_1 = 90°$

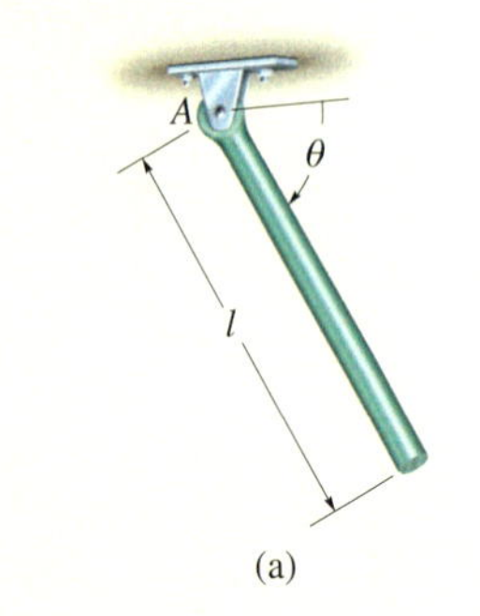

(a)

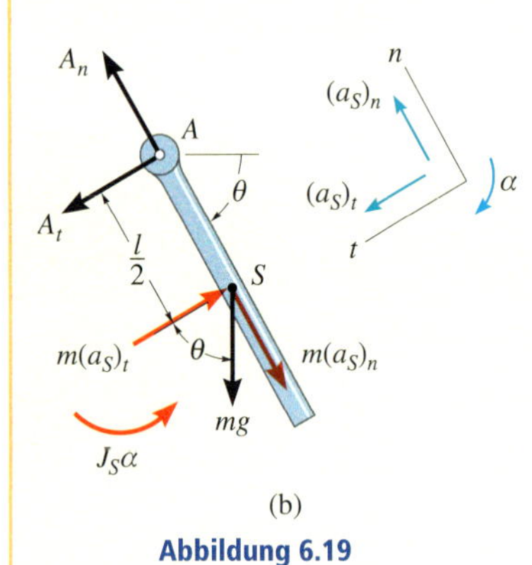

(b)

Abbildung 6.19

Lösung

Freikörperbild Das verallgemeinerte Freikörperbild des Stabes in allgemeiner Lage θ ist in Abbildung 6.16b dargestellt. Aus praktischen Gründen wird die Lagerkraft in A in die n- und die t-Richtung zerlegt.

Das Massenträgheitsmoment des Stabes bezüglich A ist $J_A = \frac{1}{3}ml^2$.

Dynamische Gleichgewichtsbedingungen Das Momentengleichgewicht im Sinne d'Alemberts wird zur Elimination der Reaktionskräfte um Punkt A aufgestellt:[8]

$$\sum F_n - m\omega^2 r_S = 0; \qquad A_n - mg\sin\theta - m\omega^2\left(\frac{l}{2}\right) = 0 \tag{1}$$

$$\sum F_t - m\alpha r_S = 0; \qquad A_t + mg\cos\theta - m\alpha\left(\frac{l}{2}\right) = 0 \tag{2}$$

$$\sum M_A - J_A\alpha = 0; \qquad mg\cos\theta\left(\frac{l}{2}\right) - \frac{1}{3}ml^2\alpha = 0 \tag{3}$$

Kinematik Für einen bestimmten Winkel θ gibt es vier Unbekannte in den drei Gleichungen (1) bis (3): die Lagerreaktionen A_n und A_t, die Winkelgeschwindigkeit $\omega(\theta_1)$ und die Winkelbeschleunigung α. Wie Gleichung (3) zeigt, ist α *nicht konstant*, sondern hängt von der Lage θ des Stabes ab. Die notwendige vierte Gleichung erhält man aus dem bereits mehrfach betrachteten kinematischen Zusammenhang

$$\omega\, d\omega = \alpha\, d\theta \tag{4}$$

Beachten Sie, dass die hier verwendete Vorzeichenkonvention mit der von Gleichung (3) *übereinstimmt*. Dies ist wichtig, denn wir suchen eine konsistente gemeinsame Lösung. Zur Ermittlung von $\omega(\theta_1) = \omega_1$ wird α aus den Gleichungen (3) und (4) eliminiert, das führt auf

$$\omega\, d\omega = [3g\cos\theta/(2l)]d\theta$$

Mit $\omega = 0$ für $\theta = 0$ erhalten wir

$$\int_0^{\omega_1} \omega\, d\omega = \frac{3g}{2l}\int_0^{\theta_1} \cos\theta\, d\theta$$

$$\omega_1^2 = 3\frac{g}{l}\sin\theta\Big|_0^{90°} = 3\frac{g}{l}$$

Einsetzen dieses Wertes in Gleichung (1) mit $\theta = \theta_1$ und Lösen der Gleichungen (1) bis (3) führt auf

$$\alpha(\theta_1) = 0,\ A_t(\theta_1) = 0,\ A_n(\theta_1) = 5mg/2$$

8 Bei der Verwendung von $\sum M_A + \sum (M_T)_A = 0$ müssen die Momente von $J_S\alpha$ und $m(a_S)_t$ um A berücksichtigt werden. Hier haben wir direkt $\sum M_A - J_A\alpha = 0$ verwendet.

6.5 Allgemein ebene Bewegung

Der starre Körper (d.h. die ebene Scheibe) in Abbildung 6.20a führt infolge der an ihm angreifenden äußeren Kräfte und Momente eine allgemein ebene Bewegung aus. Das verallgemeinerte Freikörperbild des Körpers ist in Abbildung 6.20b dargestellt. Im gewählten x,y-Koordinatensystem sind die drei Gleichgewichtsbedingungen im Sinne d'Alemberts durch

$$\begin{aligned} \sum F_x - m(a_S)_x &= 0 \\ \sum F_y - m(a_S)_y &= 0 \\ \sum M_S - J_S\,\alpha &= 0 \end{aligned} \tag{6.19}$$

gegeben, wobei bei einer allgemein ebenen Bewegung die Momentenbilanz um den Schwerpunkt S oft die zweckmäßigste ist. Wie bereits erwähnt, bezeichnet man die dynamischen Grundgleichungen in dieser Form auch als Schwerpunktsätze, welche die allgemein ebene Bewegung eines starren Körpers mit Bezug auf seinen Schwerpunkt vollständig beschreiben.

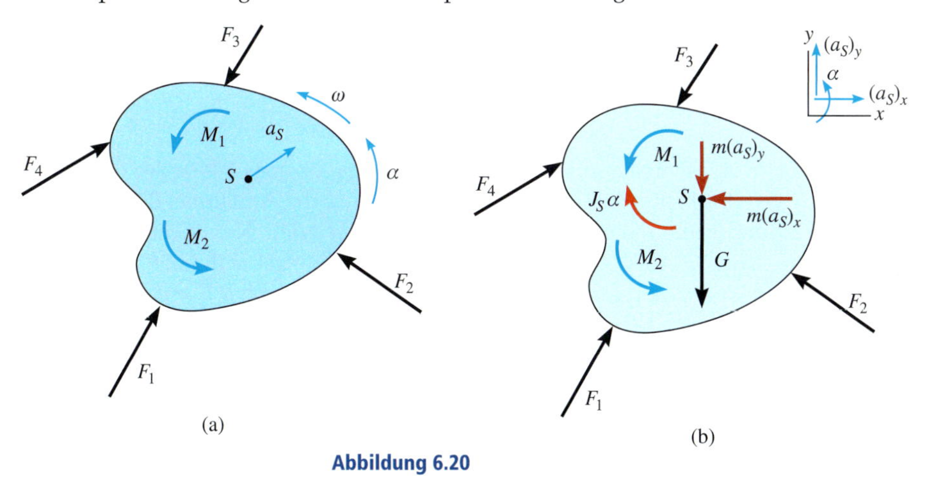

Abbildung 6.20

Manchmal ist es aber auch hier bequemer, die Momentenbilanz um einen Punkt P und nicht um S zu verwenden und zwar immer dann, wenn durch diese Wahl wieder viele unbekannte Kräfte aus der Momentensumme herausfallen. In diesem allgemeineren Sinn nehmen die drei Gleichgewichtsbedingungen die Form

$$\begin{aligned} \sum F_x - m(a_S)_x &= 0 \\ \sum F_y - m(a_S)_y &= 0 \\ \sum M_P + \sum (M_T)_P &= 0 \end{aligned} \tag{6.20}$$

an. $\sum(M_T)_P$ ist die Summe des Beitrages $-J_S\,\alpha$ und des Momentes der Trägheitskräfte $m(a_S)_x$ und $m(a_S)_y$ bezüglich P, siehe Gleichung (6.11).

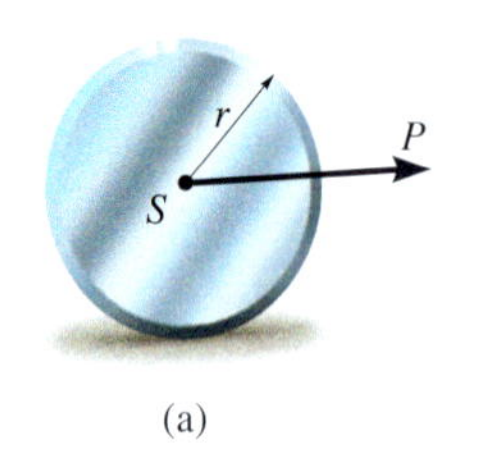

(a)

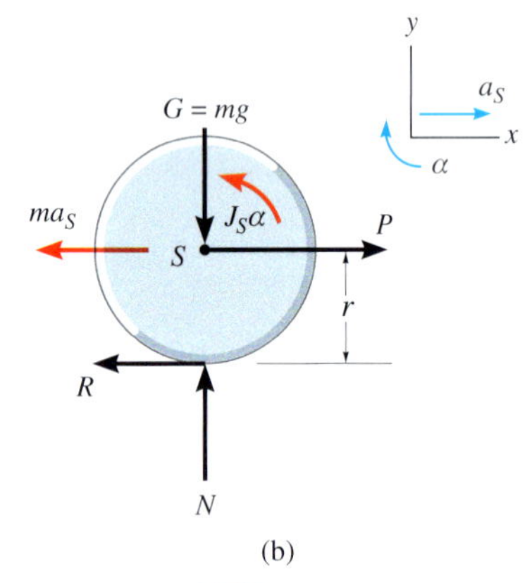

(b)

Abbildung 6.21

Probleme mit Rollreibung Es gibt eine Reihe von ebenen Problemen der Kinetik, die besonderer Erwähnung bedürfen. Es handelt sich dabei um Räder, Zylinder oder Körper ähnlicher Form, die auf *rauen,* ebenen Flächen rollen. Aufgrund der aufgebrachten Lasten ist unbekannt, ob der Körper *ohne Gleiten rollt* oder *ob er beim Rollen auch gleitet.* Betrachten wir beispielsweise die homogene Scheibe mit der Masse m in Abbildung 6.21a, an der die bekannte horizontale Kraft P angreift. Das verallgemeinerte Freikörperbild ist in Abbildung 6.21b dargestellt. Da a_S nach rechts gerichtet ist und α im Uhrzeigersinn, ergibt sich

$$\sum F_x - m(a_S)_x = 0; \qquad P - R - ma_S = 0 \tag{6.21}$$

$$\sum F_y - m(a_S)_y = 0; \qquad N - mg = 0 \tag{6.22}$$

$$\sum M_S - J_S\alpha = 0 \qquad Rr - J_S\alpha = 0 \tag{6.23}$$

Da diese *drei Gleichungen vier Unbekannte* enthalten, nämlich die Reibungskraft R, die Normalkraft N, die Winkelbeschleunigung α und die Schwerpunktbeschleunigung a_S, ist die Aufstellung einer vierten Gleichung erforderlich.

Reines Rollen ohne Gleiten Ist die Reibungskraft R so groß, dass die Scheibe ohne Gleiten rollt, kann a_S über eine entsprechende kinematische Gleichung mit α verknüpft werden[9]:

$$v_S = \omega r \quad \Rightarrow \quad a_S = \alpha r \tag{6.24}$$

Die vier Unbekannten werden durch *gemeinsames Lösen* der Gleichungen (6.21) bis (6.24) ermittelt. Danach muss die Annahme, dass schlupffreies Rollen tatsächlich auftritt, *geprüft* werden. Kein Gleiten tritt auf, wenn $R \leq \mu_h N$ gilt, wobei μ_h der Haftreibungskoeffizient ist. Ist die Ungleichung erfüllt, ist die Aufgabe gelöst. Wenn aber $R > \mu_h N$ resultiert, dann muss die Aufgabe *erneut durchgerechnet* werden, denn dann gleitet die Scheibe beim Rollvorgang.

Rollen mit Gleiten Erfolgt das Rollen nicht mehr schlupffrei, dann sind α und a_S *unabhängig voneinander* und Gleichung (6.24) gilt nicht mehr. Stattdessen wird gemäß Charles Augustin de Coulomb (1736–1806), französischer Physiker, der Betrag der Reibungskraft unter Verwendung des Gleitreibungskoeffizienten μ_g mit dem Betrag der Normalkraft verknüpft:

$$R = \mu_g N \tag{6.25}$$

Dann werden die Gleichungen (6.21) bis (6.23) und (6.25) für die Lösung verwendet. Beachten Sie, dass bei Anwendung der Gleichungen (6.24) oder (6.25) der Richtungssinn der zugehörigen Vektoren konsistent sein muss. Für Gleichung (6.24) muss a_S nach rechts weisen, wenn α im Uhrzeigersinn gerichtet ist, denn das ist für schlupffreies Rollen erforderlich. In Gleichung (6.25) dagegen muss R nach links gerichtet sein, um der angenommenen Gleitbewegung (als eingeprägte Kraft) nach rechts entgegenzuwirken, Abbildung 6.21b. Die *Beispiele 6.15 und 6.16* erläutern die Vorgehensweise im Detail.

9 Siehe *Beispiel 5.4* oder insbesondere *5.15.*

Lösungsweg

Kinetische Aufgaben bei einer allgemein ebenen Bewegung eines starren Körpers können folgendermaßen gelöst werden:

Freikörperbild

- Wählen Sie z.B. ein x,y-Koordinatensystem und zeichnen Sie das Freikörperbild des Körpers.
- Kennzeichnen Sie Richtung und Richtungssinn der Beschleunigung $\mathbf{a}_S$ des Schwerpunktes und der Winkelbeschleunigung α des Körpers.
- Berechnen Sie das Massenträgheitsmoment J_S.
- Kennzeichnen Sie die Unbekannten in der Aufgabe.
- Soll das Momentengleichgewicht $\sum M_P + \sum (M_T)_P = 0$ bezüglich eines Punktes $P \neq S$ verwendet werden, dann wird dieser Punkt im Freikörperbild besonders gekennzeichnet, um die Momente der Trägheitskräfte $m(a_S)_x$ und $m(a_S)_y$ neben dem Beitrag $-J_S\alpha$ für $\sum (M_T)_P$ vorzeichenrichtig zu berücksichtigen.

Dynamische Gleichgewichtsbedingungen

- Stellen Sie die drei Gleichgewichtsbedingungen gemäß der verwendeten Vorzeichenkonvention auf.
- Tritt Reibung auf, so kann schlupffreies Rollen aber auch Kippen auftreten. Alle Möglichkeiten müssen in Betracht gezogen werden.

Kinematik

- Sind Geschwindigkeits- oder Lagegrößen gesucht, so sind die Bewegungsgleichungen zu integrieren oder es werden vorab hergeleitete, kinematische Gleichungen verwendet.
- Ist die Bewegung des Körpers durch die Lager *eingeschränkt*, so erhält man zusätzliche kinematische Gleichungen aus der kinematischen Grundgleichung, hier meistens auf Beschleunigungsebene, $\mathbf{a}_B = \mathbf{a}_A + \mathbf{a}_{B/A}$, womit die Beschleunigungen zweier Punkte A und B auf dem Körper in Beziehung gesetzt werden.
- *Rollt* ein Rad, eine Scheibe oder eine Kugel *ohne Gleiten* auf einer ruhenden Unterlage, so gilt $a_S = \alpha\, r$, wobei r die Entfernung vom Schwerpunkt S zum Abrollpunkt ist.

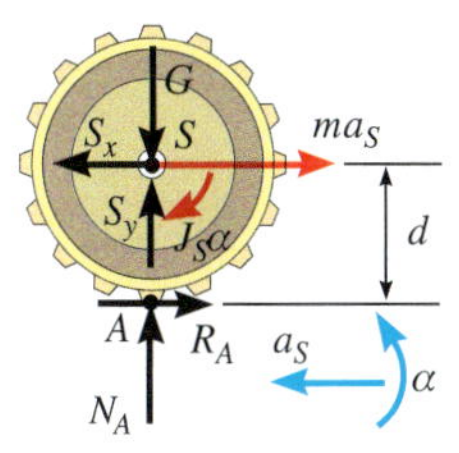

Bei der Vorwärtsbewegung der Planierwalze erfährt die eigentliche Walze eine allgemein ebene Bewegung. Die Kräfte im Freikörperbild der Walze rufen entsprechende Trägheitswirkungen hervor, die im d'Alembert'schen Sinne ebenfalls in das Freikörperbild eingetragen sind. Wird das Momentengleichgewicht um den Schwerpunkt S betrachtet, so ergibt sich $\sum M_S - J_S\alpha = 0$. Werden die Momente jedoch um den Punkt A summiert, so erhalten wir $\sum M_A - J_S\alpha - m(a_S)d = 0$, d.h. $\sum M_A - J_A\alpha = 0$.

Beispiel 6.14

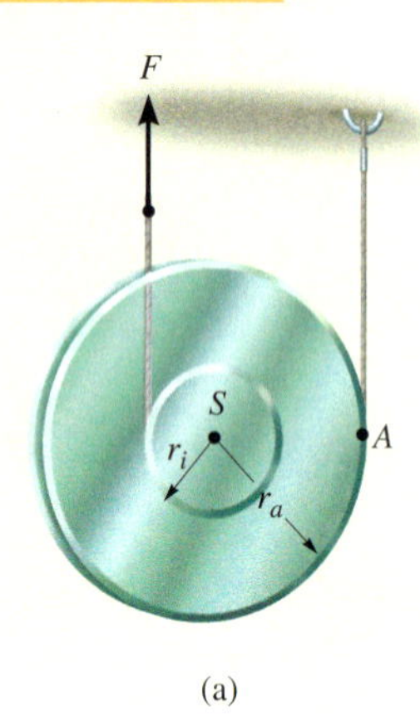

(a)

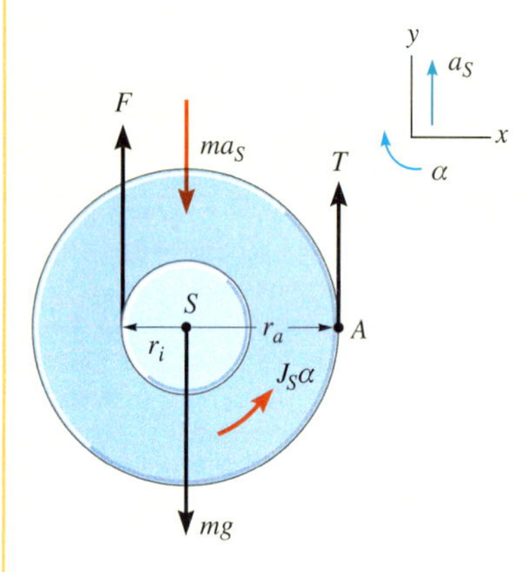

(b)

Abbildung 6.22

Die Seilrolle in Abbildung 6.22a hat die Masse m und den Trägheitsradius k_S. Zwei undehnbare Seile vernachlässigbarer Masse sind wie dargestellt um die Nabe gewickelt und am Außenrand bei A befestigt. Am Ende des über die Nabe laufenden Seiles wirkt die Kraft F. Bestimmen Sie die Winkelbeschleunigung der Seilrolle.

$m = 8$ kg, $k_S = 0{,}35$ m, $r_i = 0{,}2$ m, $r_a = 0{,}5$ m, $F = 100$ N

Lösung I (Momentenbilanz um S)

Freikörperbild Abbildung 6.22b. Aufgrund der Kraft F wird der Schwerpunkt der Seilrolle nach oben beschleunigt; die Winkelbeschleunigung zeigt im Uhrzeigersinn, denn die Rolle wickelt das Seil bei A auf. Alle äußeren Kräfte einschließlich aller Trägheitswirkungen sind in das Freikörperbild entsprechend eingetragen.

Es gibt drei Unbekannte: die Seilkraft T, die Schwerpunktbeschleunigung a_S und die Winkelbeschleunigung α. Das Massenträgheitsmoment der Seilrolle bezüglich des Schwerpunktes beträgt

$$J_S = mk_S^2 = 8\text{ kg}\left(0{,}35\text{ m}\right)^2 = 0{,}980\text{ kgm}^2$$

Dynamische Gleichgewichtsbedingungen

$$\sum F_y - m\left(a_S\right)_y = 0; \qquad T + F - mg - ma_S = 0 \tag{1}$$

$$\sum M_S - J_S\alpha = 0; \qquad Fr_i - Tr_a - J_S\alpha = 0 \tag{2}$$

Kinematik Die vollständige Lösung erhält man über die kinematische Verknüpfung von a_S und α. Da hier die Seilrolle „ohne Gleiten auf dem Seil in A rollt", ergibt sich mit den Ergebnissen aus *Beispiel 5.4* oder *5.15*

$$a_S = \alpha\, r_a \tag{3}$$

Wir lösen die Gleichungen (1) bis (3) und erhalten

$$\alpha = \frac{F\left(r_i + r_a\right) - mgr_a}{J_S + mr_a^2} = 10{,}3\text{ rad/s}^2$$

$$a_S = \alpha\, r_a = 5{,}16\text{ m/s}^2$$

$$T = \frac{1}{r_a}\left(Fr_i - J_S\alpha\right) = 19{,}8\text{ N}$$

Lösung II (Momentenbilanz um Momentanpol A)

Bewegungsgleichung Die Seilkraft T kann direkt eliminiert werden, wenn die Momentenbilanz bezüglich des Punktes A verwendet wird:

$$\sum M_A + \sum (M_T)_A = 0\,; \quad F(r_i + r_a) - mgr_a - J_S\,\alpha - (ma_S)r_a = 0$$

Mit Gleichung (3) ergibt sich für α das gleiche Ergebnis wie oben.

Beispiel 6.15 Das Rad mit der Masse m in Abbildung 6.23a hat den Trägheitsradius k_S. Das Moment M greift am Rad an. Bestimmen Sie die Beschleunigung des Schwerpunktes S. Haft- (μ_h) und Gleitreibungskoeffizient μ_g sind gegeben.

$m = 25$ kg, $k_S = 0{,}2$ m, $r = 0{,}4$ m, $\mu_h = 0{,}3$, $\mu_g = 0{,}25$, $M = 50$ Nm

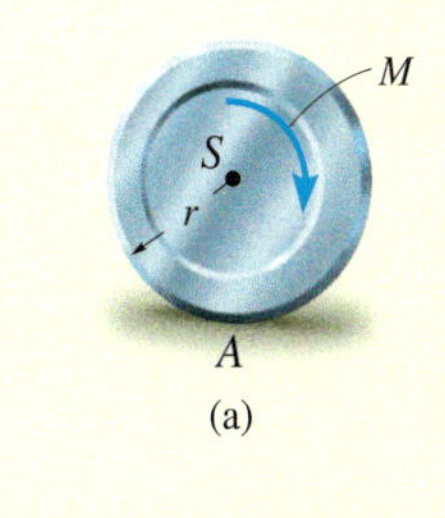

(a)

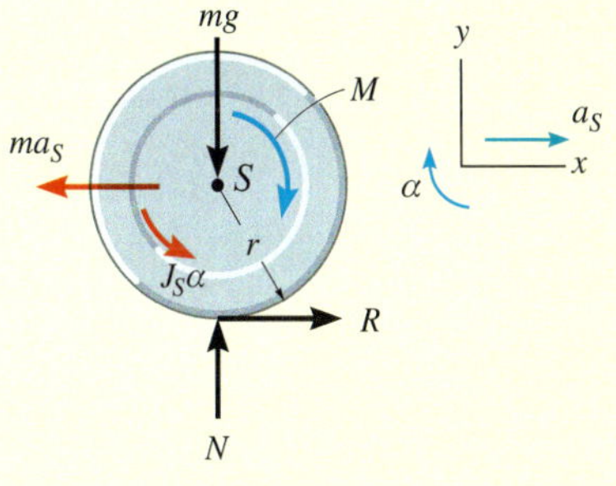

(b)

Abbildung 6.23

Lösung

Freikörperbild Abbildung 6.23b. Das Moment bewirkt eine Winkelbeschleunigung des Rades im Uhrzeigersinn. Folglich ist die Beschleunigung des Schwerpunktes nach rechts gerichtet. Das Massenträgheitsmoment beträgt

$$J_S = mk_S^2 = 25\,\text{kg}(0{,}2\,\text{m})^2 = 1{,}0\,\text{kgm}^2$$

Die Unbekannten sind die Normalkraft N, die Reibungskraft R, die Schwerpunktbeschleunigung a_S und die Winkelbeschleunigung α.

Dynamische Gleichgewichtsbedingungen

$$\sum F_x - m(a_S)_x = 0; \qquad R - ma_S = 0 \qquad (1)$$

$$\sum F_y - m(a_S)_y = 0; \qquad N - mg = 0 \qquad (2)$$

$$\sum M_S - J_S\alpha = 0; \qquad M - rR - J_S\alpha = 0 \qquad (3)$$

Zur vollständigen Lösung ist eine vierte Gleichung erforderlich.

Kinematik

(reines Rollen) Unter dieser Annahme gilt

$$a_S = \alpha r \qquad (4)$$

Wir lösen die Gleichungen (1) bis (4) und erhalten

$$N = mg = 245{,}25\ \text{N}$$

$$\alpha = M/(J_S + mr^2) = 10{,}0\ \text{rad/s}^2$$

$$R = (M - J_S\,\alpha)/r = 100\ \text{N}$$

$$a_S = \alpha r = 4{,}0\ \text{m/s}^2$$

Wenn kein Gleiten auftritt, muss $R \le \mu_h N$ gelten. Dies ist aber nicht erfüllt: $\mu_h N = 73{,}6$ N; somit gleitet das Rad beim Rollen.

(Rollen mit Gleiten) Gleichung (4) gilt nicht mehr, sondern

$$R = \mu_g N \qquad (5)$$

Wir lösen die Gleichungen (1) bis (3) und (5):

$$N = mg = 245{,}25\ \text{N (unverändert)}$$

$$R = \mu_g N = \mu_g mg = 61{,}31\ \text{N}$$

$$\alpha = (M - rR)/J_S = (M - r\mu_g m g)/J_S = 25{,}5\ \text{rad/s}^2$$

$$a_S = R/m = \mu_g g = 2{,}45\ \text{m/s}^2$$

Beispiel 6.16

Der homogene, schlanke Pfosten in Abbildung 6.24b hat die Masse m und das Massenträgheitsmoment J_S bezüglich seines Schwerpunktes S. Haft- (μ_h) und Gleitreibungskoeffizient μ_g zwischen Pfostenende und horizontaler Unterlage sind gegeben. Bestimmen Sie die Winkelbeschleunigung des Pfostens in dem Moment, in dem die horizontale Kraft F aufgebracht wird. Der Pfosten ist ursprünglich in Ruhe.

$m = 100$ kg, $J_S = 75$ kg·m², $h = 3$ m, $d = 0{,}5$ m, $\mu_h = 0{,}3$, $\mu_g = 0{,}25$, $F = 400$ N

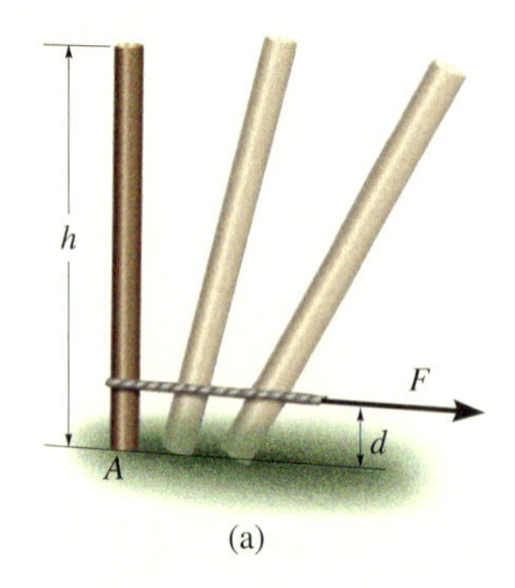

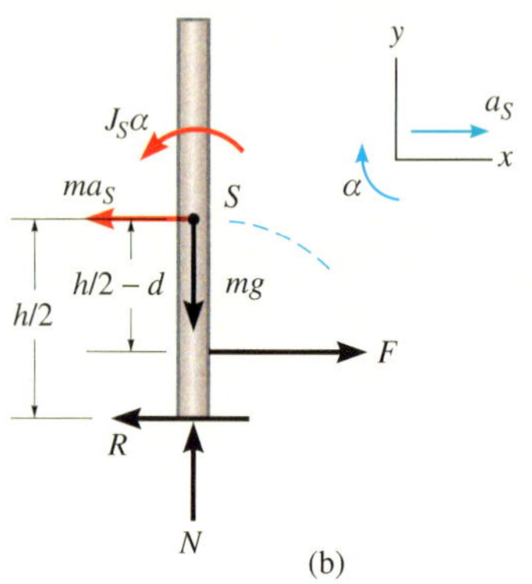

Abbildung 6.24

Lösung

Freikörperbild Abbildung 6.24b. Die unbekannte Bahnkurve des Schwerpunktes S hat den Krümmungsradius ρ, der zu Beginn der Bewegung in der Vertikalen parallel zur y-Achse gemessen werden kann. Es gibt keinen normalen, d.h. keinen y-Anteil der Beschleunigung, denn der Pfosten ist anfangs in Ruhe, d.h. es gilt $\mathbf{v}_S = \mathbf{0}$ und somit $(a_s)_y = v_S^2/\rho = 0$. Wir nehmen an[10], dass der Schwerpunkt nach rechts beschleunigt und der Pfosten eine Winkelbeschleunigung im Uhrzeigersinn besitzt. Die Unbekannten sind die Normalkraft N, die Reibungskraft R, die Schwerpunktbeschleunigung a_S und die Winkelbeschleunigung α.

Dynamische Gleichgewichtsbedingungen

$$\sum F_x - m(a_S)_x = 0; \qquad F - R - ma_S = 0 \qquad (1)$$

$$\sum F_y - m(a_S)_y = 0; \qquad N - mg = 0 \qquad (2)$$

$$\sum M_S - J_S\alpha = 0; \qquad R\frac{h}{2} - F\left(\frac{h}{2} - d\right) - J_S\alpha = 0 \qquad (3)$$

Zur vollständigen Lösung ist eine vierte Gleichung erforderlich.

Kinematik

(kein Gleiten, d.h. Haften) In diesem Fall wirkt Punkt A als Drehlager, sodass a_S nach rechts gerichtet ist, wenn α die angegebene Richtung hat. Es gilt demnach die kinematische Beziehung

$$a_S = \alpha r = \alpha(h/2) \qquad (4)$$

10 Wenn die Richtungen der Beschleunigungen anschaulich klar sind, ist es bequem, die Wahl der Beschleunigungsrichtungen daran zu orientieren, wie dies bisher auch getan wurde. Im Allgemeinen kann man aber immer eine bestimmte, auch für das betreffende Beispiel der Anschauung widersprechende Wahl vornehmen, man hat diese Annahme nur während der ganzen Rechnung beizubehalten. Ein positives Ergebnis sagt dann zum Ende der Rechnung aus, dass die Annahme richtig war.

Wir lösen die Gleichungen (1) bis (4) und erhalten

$$N = mg = 981 \text{ N}$$

$$\alpha = Fd/(J_S + mh^2/4) = 0{,}667 \text{ rad/s}^2$$

$$a_S = \alpha(h/2) = 1 \text{ m/s}^2$$

$$R = F - ma_S = 300 \text{ N}$$

Wenn Haften auftritt, muss $R \leq \mu_h N$ gelten. Dies ist aber nicht erfüllt: $\mu_h N = 294$ N; somit tritt Gleiten auf.

(Gleiten) Dann gilt Gleichung (4) nicht, es ist

$$R = \mu_g N \qquad (5)$$

Wir lösen gemeinsam die Gleichungen (1) bis (3) und (5):

$$N = 981 \text{ N (unverändert)}$$

$$R = \mu_g N = 245 \text{ N}$$

$$a_S = (F-R)/m = 1{,}55 \text{ m/s}^2$$

$$\alpha = [Rh/2 - F(h/2-d)]/J_S = -0{,}428 \text{ rad/s}^2$$

Ersichtlich erhält man eine Winkelbeschleunigung, die in Wirklichkeit entgegen dem Uhrzeigersinn gerichtet ist.

Beispiel 6.17

Der in Abbildung 6.25a gezeigte homogene Balken der Masse m wird durch die Seile AC und BD in der Gleichgewichtsposition gehalten. Bestimmen Sie die Zugkraft in BD und die Winkelbeschleunigung des Balkens unmittelbar nachdem AC durchgeschnitten wurde.
$m = 50$ kg, $l = 3$ m

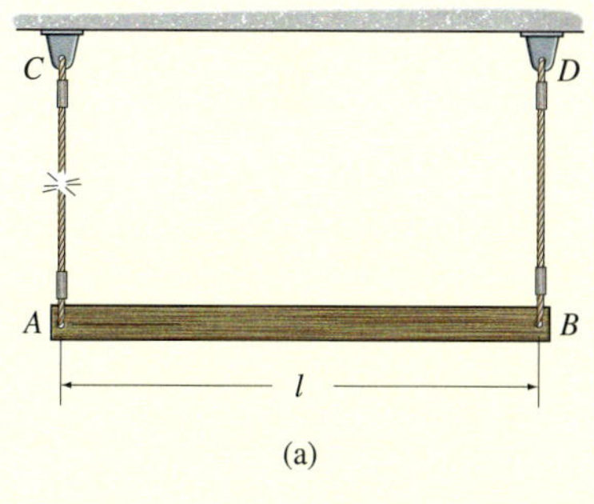

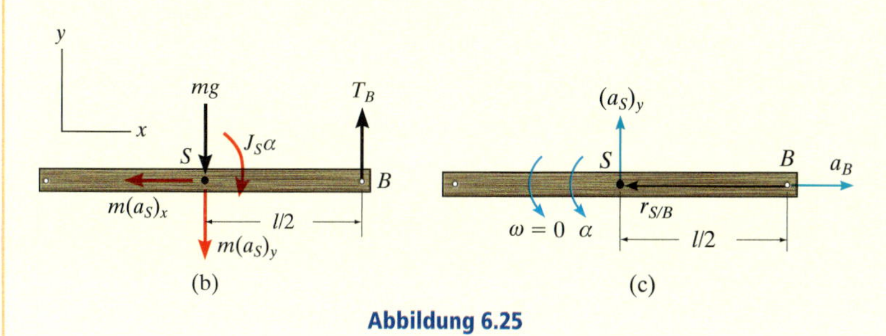

Abbildung 6.25

Lösung

Freikörperbild Abbildung 6.25b zeigt das verallgemeinerte Freikörperbild einschließlich der Trägheitswirkungen. Es gibt die vier Unbekannten T_B, $(a_S)_x$, $(a_S)_y$ und α.

Dynamische Gleichgewichtsbedingungen

$$\sum F_x - m(a_S)_x = 0; \qquad -m(a_S)_x = 0, \text{ d.h. } (a_S)_x = 0$$

$$\sum F_y - m(a_S)_y = 0; \qquad -m(a_S)_y - mg + T_B = 0 \tag{1}$$

$$\sum M_S - J_S\alpha = 0; \qquad -J_S\alpha + T_B\, l/2 = 0 \tag{2}$$

Kinematik Da sich der Balken unmittelbar nach dem Durchschneiden des Seils noch in Ruhe befindet, sind seine Winkelgeschwindigkeit und die Geschwindigkeit von Punkt B in diesem Moment gleich null. Somit gilt $(a_B)_n = v^2\rho_{S/B} = 0$. Deshalb besitzt $\mathbf{a}_B$ nur eine tangentiale Komponente, die entlang der x-Achse gerichtet ist (siehe Abbildung 6.25c). Wir wenden die allgemeine Beschleunigungsgleichung auf die Punkte S und B an und erhalten

$$\mathbf{a}_S = \mathbf{a}_B + \boldsymbol{\alpha} \times \mathbf{r}_{S/B} - \omega^2 \mathbf{r}_{S/B}$$

$$(a_S)_y\,\mathbf{j} = a_B\mathbf{i} + (\alpha\mathbf{k}) \times \left(-\frac{l}{2}\mathbf{i}\right) - \mathbf{0}$$

$$(a_S)_y\,\mathbf{j} = a_B\mathbf{i} - \frac{l}{2}\alpha\mathbf{j}$$

Gleichsetzen der $\mathbf{i}$- und $\mathbf{j}$-Komponenten der beiden Seiten dieser Gleichung ergibt

$$0 = a_B$$

$$(a_S)_y = -\frac{l}{2}\alpha \tag{3}$$

Wir lösen die Gleichungen (1) bis (3) und erhalten

$$\alpha = 4{,}905 \text{ rad/s}^2$$
$$T_B = 123 \text{ N}$$
$$(a_S)_y = -7{,}36 \text{ m/s}^2$$

Beispiel 6.18

Die inhomogene Scheibe der Masse m in Abbildung 6.26a hat den Schwerpunkt in S und den Trägheitsradius k_S bezüglich S. Das Rad ist anfangs in Ruhe und wird in der dargestellten Lage freigegeben. Bestimmen Sie seine Winkelbeschleunigung. Es tritt reines Rollen auf.

$m = 30$ kg, $k_S = 0{,}15$ m, $r = 0{,}25$ m, $d = 0{,}1$ m

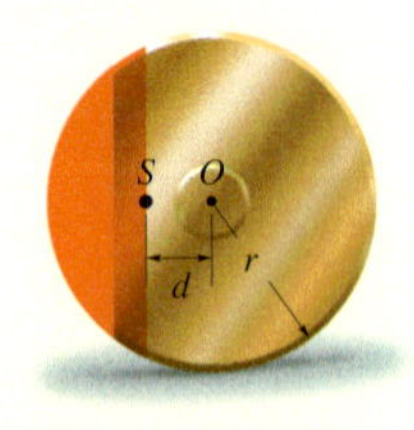

(a)

Abbildung 6.26

Lösung

Freikörperbild Die beiden unbekannten Kontaktkräfte R und N im Freikörperbild fallen aus der Rechnung heraus, wenn die Momentenbilanz um Punkt A vorgenommen wird. Da aus der physikalischen Anschauung keine eindeutige Aussage zu den Richtungen der Beschleunigungen gemacht werden kann, werden diese in positive Koordinatenrichtungen angenommen. Im verallgemeinerten Freikörperbild ist auch der Punkt A gekennzeichnet, sodass die Hebelarme der Trägheitskräfte zur Aufnahme in $\sum(M_T)_A$. einfach abgelesen werden können. Da der Schwerpunkt S sich auf einer Kreisbahn bewegt, sind zwei Anteile $m(a_S)_x$ und $m(a_S)_y$ zu berücksichtigen, siehe Abbildung 6.26b.

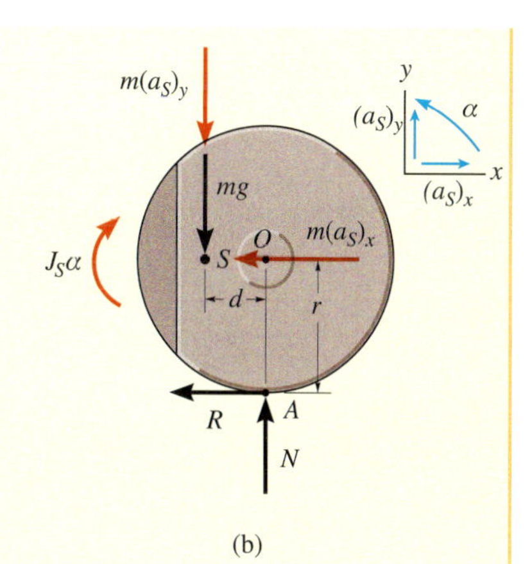

(b)

Das Massenträgheitsmoment beträgt

$$J_S = mk_S^2 = 30\ \text{kg}(0{,}15\ \text{m})^2 = 0{,}675\ \text{kgm}^2$$

Es gibt fünf Unbekannte, nämlich die Normalkraft N, die Haftreibungskraft R, die Beschleunigungen $(a_S)_x$ und $(a_S)_y$ sowie die Winkelbeschleunigung α.

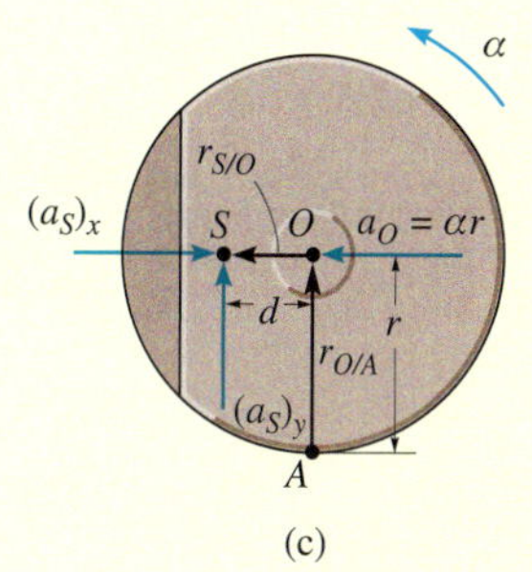

(c)

Abbildung 6.26

Bewegungsgleichung Mit der Momentenbilanz bezüglich Punkt A, sodass N und R herausfallen, ergibt sich

$$\sum M_A + \sum(M_T)_A = 0; \quad mgd - J_S\alpha + m(a_S)_x r + m(a_S)_y d = 0 \tag{1}$$

In dieser Gleichung gibt es drei Unbekannte, $(a_S)_x$, $(a_S)_y$ und α.

Kinematik Mittels der kinematischen Grundgleichung, hier auf Beschleunigungsebene, werden $(a_S)_x$ und $(a_S)_y$ mit α verknüpft. Wie in Abbildung 6.26c dargestellt, müssen diese Vektoren den gleichen Richtungssinn haben wie die entsprechenden im Freikörperbild gekennzeichneten Vektoren, denn wir lösen diese kinematischen Beziehungen gemeinsam mit Gleichung (1). Da kein Gleiten auftritt, ist $a_O = \alpha r$ in negative x-Richtung, Abbildung 6.26c. Außerdem gilt $\omega = 0$, da das Rad zu Beginn in Ruhe ist. Wir wenden die Beschleunigungsgleichung auf Punkt O (Basispunkt) und Punkt S an und erhalten

$$\mathbf{a}_S = \mathbf{a}_O + \boldsymbol{\alpha} \times \mathbf{r}_{S/O} - \omega^2 \mathbf{r}_{S/O}$$

$$(a_S)_x\mathbf{i} + (a_S)_y\mathbf{j} = -\alpha r\mathbf{i} + (\alpha\mathbf{k}) \times (-d\mathbf{i}) - \mathbf{0}$$

Wir werten das Kreuzprodukt aus und setzen die **i**- und **j**-Koordinaten gleich:

$$(a_S)_x = -\alpha r \tag{2}$$

$$(a_S)_y = -\alpha d \tag{3}$$

Wir lösen die Gleichungen (1) bis (3) und erhalten

$$\alpha = mgd/(J_S + mr^2 + md^2) = 10{,}3\ \text{rad/s}^2$$

$$(a_S)_x = -\alpha r = -2{,}58\ \text{m/s}^2$$

$$(a_S)_y = -\alpha d = -1{,}03\ \text{m/s}^2$$

d.h. $(a_S)_x$ bzw. $(a_S)_y$ sind tatsächlich nach links bzw. unten gerichtet.

Zeigen Sie zur Übung, dass $R = 77{,}4\ \text{N}$ und $N = 263\ \text{N}$ ist.

ZUSAMMENFASSUNG

- ***Massenträgheitsmoment*** Das axiale Massenträgheitsmoment ist ein Maß für den Widerstand eines Körpers gegen eine Veränderung der Winkelgeschwindigkeit. Es wird mit

$$J = \int r^2\, dm$$

berechnet und hängt von der Achse ab, bezüglich derer es berechnet wird. Für einen Körper mit axialer Symmetrie erfolgt die Integration normalerweise mit Hilfe von Scheiben- oder Schalenelementen.

Viele Körper sind aus einfachen Formen zusammengesetzt. In diesem Fall können Tabellenwerte für J verwendet werden, wie sie z.B. am Ende dieses Buches angegeben sind. Zur Ermittlung des Massenträgheitsmomentes eines zusammengesetzten Körpers um eine bestimmte Achse werden die Massenträgheitsmomente der einzelnen Bestandteile um diese Achse bestimmt und addiert. Dabei muss häufig der Steiner'sche Satz

$$J = J_S + md^2$$

verwendet werden. In Handbüchern sind häufig die Werte für den Trägheitsradius k von Körpern anstelle von J angegeben. Ist die Masse des Körpers bekannt, so kann das Massenträgheitsmoment aus der Gleichung $J = mk^2$ bestimmt werden.

- ***Dynamische Grundgleichungen bei ebener Bewegung*** Die Grundgleichung für den translatorischen Bewegungsanteil eines starren Körpers ist der Schwerpunktsatz

$$\sum \mathbf{F} = m\mathbf{a}_S$$

Dabei ist $m\mathbf{a}_S$ die Beschleunigung des Schwerpunktes des Körpers.

Der Drallsatz in differenzieller Form als Grundgleichung für den rotatorischen Bewegungsanteil wird durch eine Momentenbetrachtung für alle materiellen Körperpunkte bezüglich einer bestimmten Achse mit anschließender Integration über den gesamten Körper abgeleitet. Geht die Bezugsachse durch den Schwerpunkt S, so erhält man die dynamische Grundgleichung

$$\sum M_S = J_S\, \alpha$$

Für Momente bezüglich eines beliebigen Punktes P gilt

$$\sum M_P = -\sum (M_T)_P$$

Um alle Anteile dieser Gleichungen zu erfassen, ist immer das Freikörperbild zu erstellen, zweckmäßig im Sinne d'Alemberts zur Aufstellung dynamischer Gleichgewichtsbedingungen

$$\sum \mathbf{F} - m\mathbf{a}_S = \mathbf{0} \text{ und } \sum M_S - J_S\, \alpha = 0 \text{ bzw. } \sum M_P + \sum (M_T)_P = 0$$

- ***Translatorische Bewegung*** In diesem Fall gilt $\sum M_S = J_S \alpha = 0$ denn $\alpha = 0$. Bei einer geradlinigen translatorischen Bewegung wird zweckmäßig ein x,y-Koordinatensystem verwendet und die dynamischen Gleichgewichtsbedingungen lauten

$$\sum F_x - m(a_S)_x = 0$$
$$\sum F_y - m(a_S)_y = 0$$
$$\sum M_S = 0$$

Für eine allgemeine translatorische Bewegung wird zweckmäßig ein n,t-Koordinatensystem verwendet und die dynamischen Gleichgewichtsbedingungen sind

$$\sum F_n - m(a_S)_n = 0$$
$$\sum F_t - m(a_S)_t = 0$$
$$\sum M_S = 0$$

- ***Rotation um eine feste Achse*** Bei der Drehung um eine feste Achse liefert die Normalbeschleunigung $m(a_S)_n$ keinen Beitrag zum Moment um die Drehachse und die dynamischen Gleichgewichtsbedingungen vereinfachen sich. Bei einer Momentenbilanz um O ist diese Vereinfachung am stärksten:

$$\sum F_n - m\omega^2 r_S = 0$$
$$\sum F_t - m\,\alpha r_S = 0$$
$$\sum M_S - J_S\,\alpha = 0 \quad \text{oder} \quad \sum M_O - J_O \alpha = 0$$

denn die Momentenbilanz $\sum M_O - J_O\,\alpha = 0$ ist direkt die eigentliche Bewegungsgleichung.

- ***Allgemein ebene Bewegung*** Für die allgemein ebene Bewegung gilt

$$\sum F_x - m(a_S)_x = 0$$
$$\sum F_y - m(a_S)_y = 0$$
$$\sum M_S - J_S\,\alpha = 0 \quad \text{oder} \quad \sum M_P + \sum (M_T)_P = 0$$

Ist die Bewegung des Körpers durch Lager eingeschränkt, erhält man mit $\mathbf{a}_B = \mathbf{a}_A + \mathbf{a}_{B/A}$ zusätzliche kinematische Gleichungen zur Verknüpfung der Beschleunigungen zweier Punkte A und B auf dem Körper.

Aufgaben zu 6.1

Ausgewählte Lösungswege

Lösungen finden Sie in *Anhang C*.

6.1 Bestimmen Sie das Massenträgheitsmoment J_y des schlanken Rundstabes. Die Dichte des Rundstabes ρ und die Querschnittsfläche A sind konstant. Schreiben Sie das Ergebnis als Funktion der Gesamtmasse m des Rundstabes.

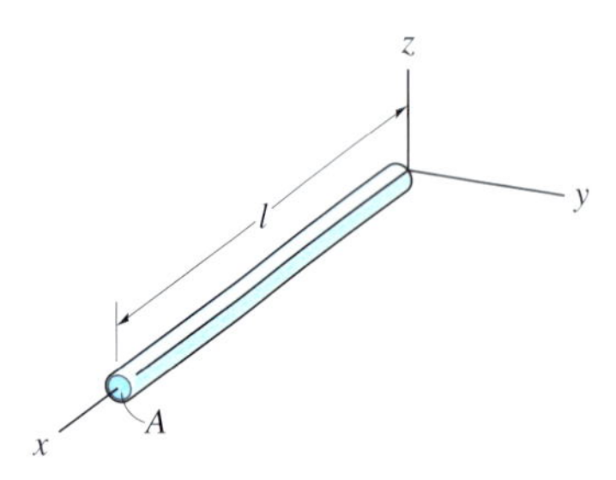

Abbildung A 6.1

6.2 Bestimmen Sie das Massenträgheitsmoment des dünnen Ringes um die z-Achse. Der Ring hat die Masse m.

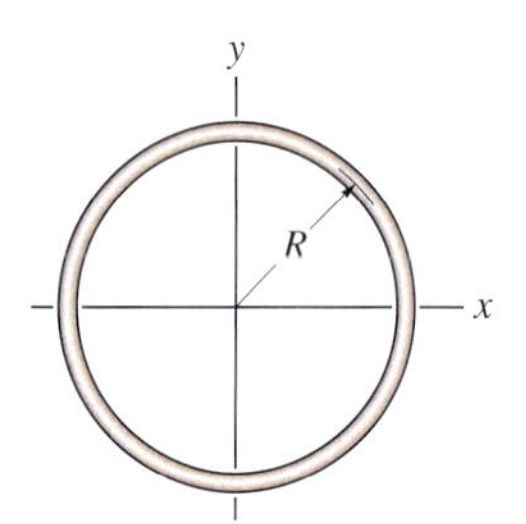

Abbildung A 6.2

6.3 Der gerade Kreiskegel wird durch Rotation der grau hinterlegten Fläche um die x-Achse erzeugt. Bestimmen Sie das Massenträgheitsmoment J_x und schreiben Sie das Ergebnis als Funktion der Gesamtmasse m des Kegels. Der Kegel hat die konstante Dichte ρ.

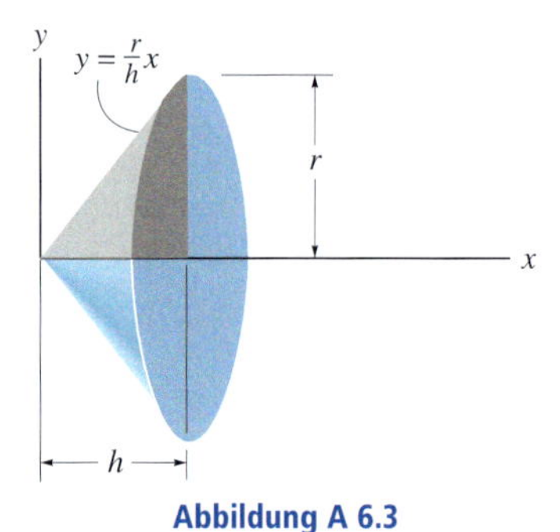

Abbildung A 6.3

***6.4** Ein Halbellipsoid wird durch Rotation der grau hinterlegten Fläche um die x-Achse erzeugt. Bestimmen Sie sein Massenträgheitsmoment bezüglich der x-Achse und schreiben Sie das Ergebnis als Funktion der Gesamtmasse m des Körpers. Der Körper hat die konstante Dichte ρ.

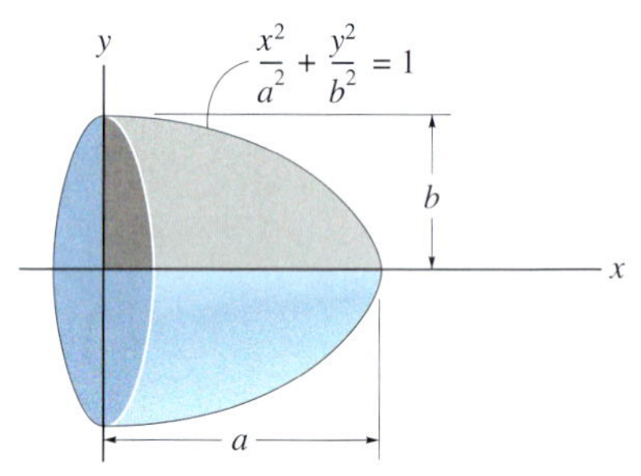

Abbildung A 6.4

6.5 Der Körper wird durch Rotation der grau hinterlegten Fläche um die y-Achse erzeugt. Bestimmen Sie den Trägheitsradius k_y. Der Kegel hat die konstante Dichte ρ.

Gegeben: $R = 3$ cm, $h = 3$ cm, $(y/h)^3 = x/R$

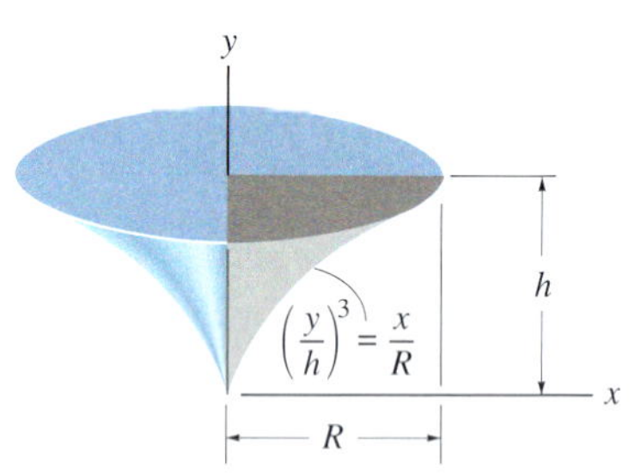

Abbildung A 6.5

6.6 Die Kugel wird durch Rotation der grau hinterlegten Fläche um die x-Achse erzeugt. Bestimmen Sie das Massenträgheitsmoment J_x und schreiben Sie das Ergebnis als Funktion der Gesamtmasse m der Kugel. Der Werkstoff hat die konstante Dichte ρ.

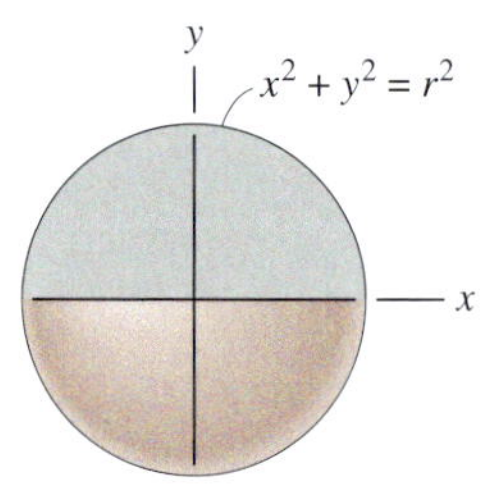

Abbildung A 6.6

6.7 Bestimmen Sie das Massenträgheitsmoment J_z des Torus. Die Masse des Torus beträgt m und die Dichte ρ ist konstant. *Vorschlag:* Verwenden Sie ein Schalenelement.

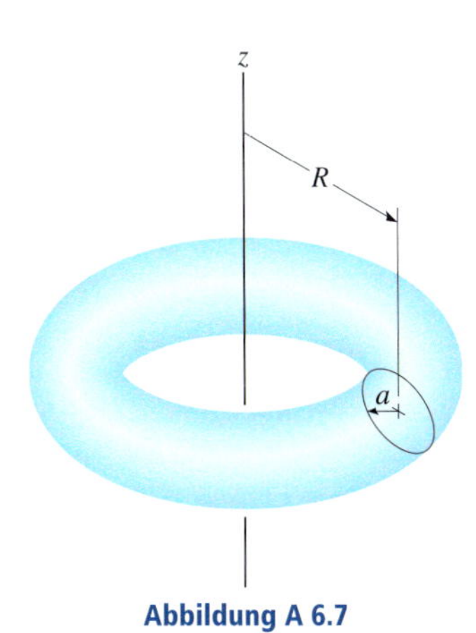

Abbildung A 6.7

***6.8** Der Zylinder hat den äußeren Radius R und die Höhe h und sein Werkstoff hat die variable Dichte $\rho = k + ar^2$, wobei k und a Konstanten sind. Bestimmen Sie die Masse des Zylinders und sein Massenträgheitsmoment um die z-Achse.

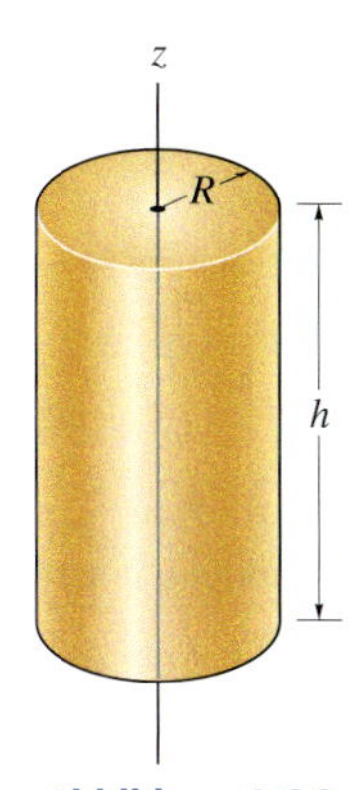

Abbildung A 6.8

6.9 Die Betonform wird durch Rotation der grau hinterlegten Fläche um die y-Achse erzeugt. Bestimmen Sie das Massenträgheitsmoment J_y. Das spezifische Gewicht des Betons beträgt γ.

Gegeben: $r = 6\ \text{cm}$, $d = 4\ \text{cm}$, $h = 8\ \text{cm}$, $\gamma = 24\ \text{kN/m}^3$

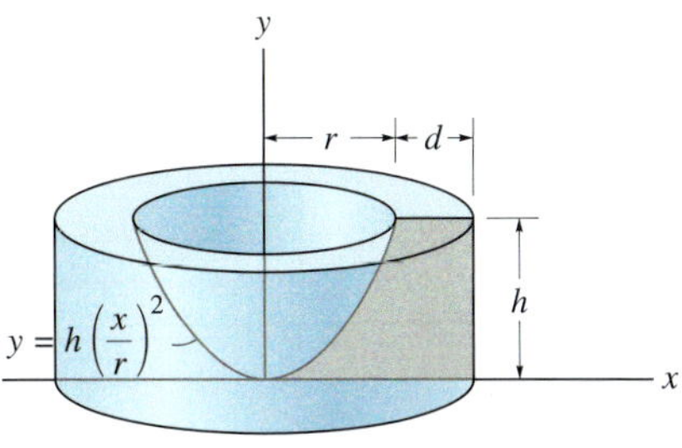

Abbildung A 6.9

6.10 Der Kegelstumpf wird durch Rotation der grau hinterlegten Fläche um die x-Achse erzeugt. Bestimmen Sie das Massenträgheitsmoment J_x und schreiben Sie das Ergebnis als Funktion der Gesamtmasse m des Stumpfes. Seine Dichte ist konstant.

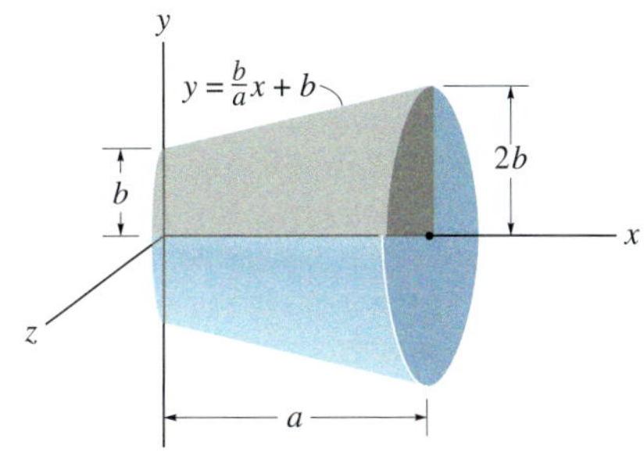

Abbildung A 6.10

6.11 Bestimmen Sie das Massenträgheitsmoment des homogenen, dreieckigen Prismas bezüglich der y-Achse. Schreiben Sie das Ergebnis als Funktion der Gesamtmasse m des Prismas. *Hinweis:* Verwenden Sie zur Integration ein dünnes Plattenelement parallel zur x,y-Ebene mit der Dicke dz.

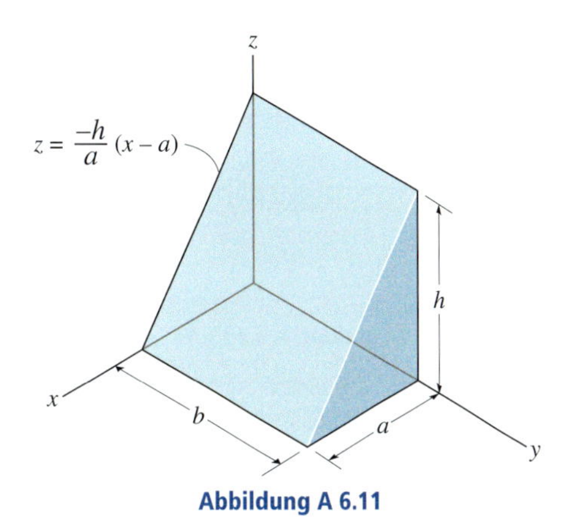

Abbildung A 6.11

***6.12** Bestimmen Sie das Massenträgheitsmoment der gelochten Nabe um die Drehachse des Gelenklagers O. Das spezifische Gewicht des Werkstoffes beträgt γ.

Gegeben: $r_i = 1$ m, $r_a = 2$ m, $d_1 = 0{,}5$ m, $d_2 = 0{,}25$ m, $b = 1$ m, $\gamma = 15$ kN/m³

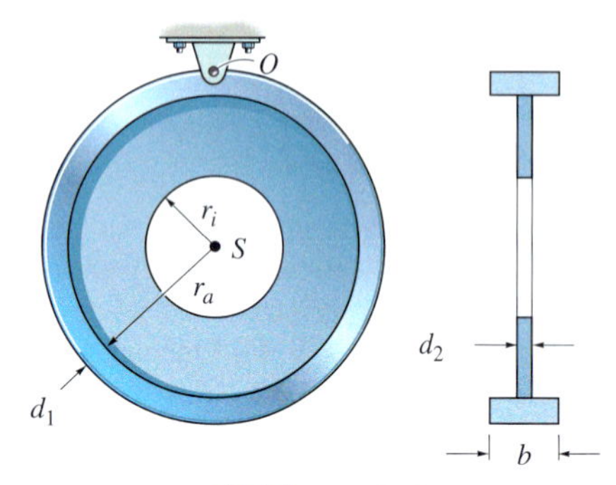

Abbildung A 6.12

6.13 Die Anordnung besteht aus einer Scheibe mit der Masse m_1 und den schlanken Stäben AB und DC mit jeweils der Masse $\overline{m}_2$ pro Länge. Bestimmen Sie die Länge L des Stabes DC so, dass sich der Gesamtschwerpunkt im Lager O befindet. Wie groß ist das Massenträgheitsmoment der Anordnung um die zur Zeichenebene senkrechte Achse durch O?

Gegeben: $m_1 = 6$ kg, $\overline{m}_2 = 2$ kg/m, $l_{AO} = 0{,}8$ m, $l_{BO} = 0{,}5$ m, $r = 0{,}2$ m

6.14 Die Anordnung besteht aus einer Scheibe mit der Masse m_1 und den schlanken Stäben AB und DC mit jeweils der Masse $\overline{m}_2$ pro Länge. Die Länge L ist geben. Bestimmen Sie das Massenträgheitsmoment der Anordnung um die zur Zeichenebene senkrechte Achse durch O.

Gegeben: $m_1 = 6$ kg, $\overline{m}_2 = 2$ kg/m, $l_{AO} = 0{,}8$ m, $l_{BO} = 0{,}5$ m, $L = 0{,}75$ m, $r = 0{,}2$ m

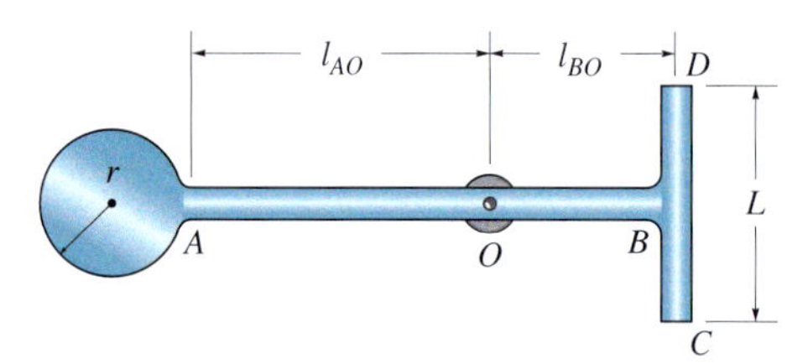

Abbildung A 6.13/6.14

6.15 Das Rad besteht aus einem dünnen Ring mit der Masse m_R und vier stabförmigen Speichen mit jeweils der Masse m_S. Bestimmen Sie das Massenträgheitsmoment des Rades um die zur Zeichenebene senkrechte Achse durch den Punkt A.

Gegeben: $m_R = 10$ kg, $m_S = 2$ kg, $r = 500$ mm

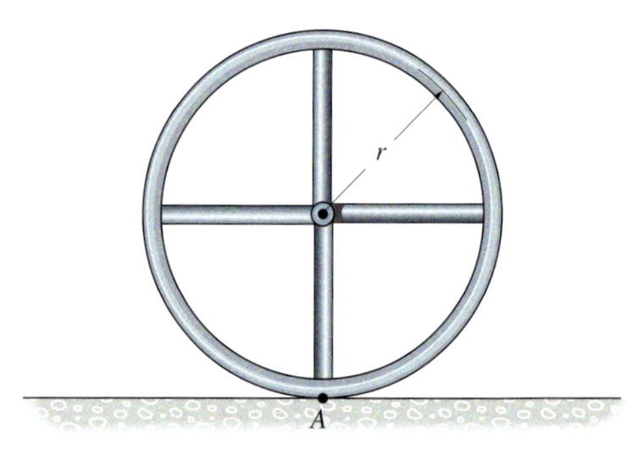

Abbildung A 6.15

***6.16** Das Pendel besteht aus einem schlanken Rundstab der Masse m_S und einer dünnen Platte der Masse m_P. Bestimmen Sie die Lage $\overline{y}$ des Gesamtschwerpunktes S und berechnen Sie dann das Massenträgheitsmoment des Pendels um die zur Zeichenebene senkrechte Achse durch S.

Gegeben: $m_P = 5$ kg, $m_S = 3$ kg, $l = 2$ m, $a = 1$ m, $b = 0{,}5$ m

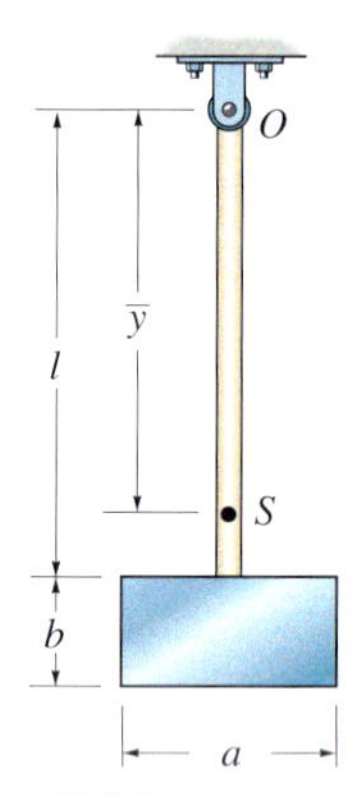

Abbildung A 6.16

6.17 Jeder der drei Stäbe hat die Masse m. Bestimmen Sie das Massenträgheitsmoment der Anordnung um die zur Zeichenebene senkrechte Achse durch den Punkt O.

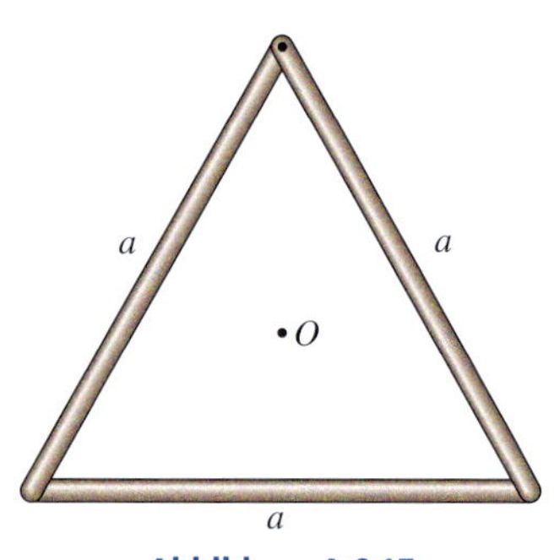

Abbildung A 6.17

6.18 Die schlanken Stäbe haben das Gewicht pro Länge q_G. Bestimmen Sie das Massenträgheitsmoment der Anordnung um die Drehachse des Gelenklagers A.

Gegeben: $q_G = 45$ N/m, $a = 1{,}5$ m, $b = 1$ m

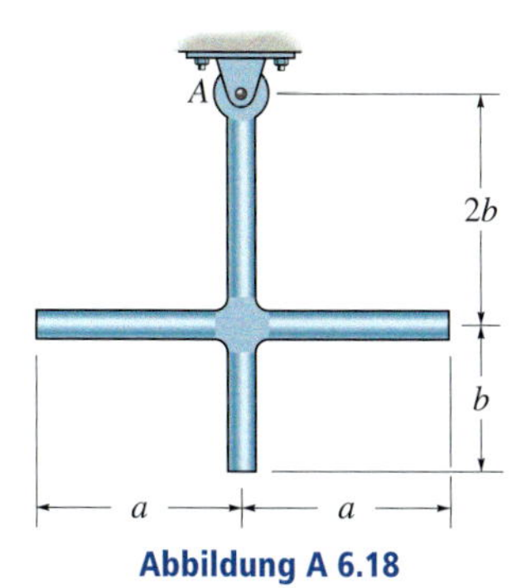

Abbildung A 6.18

6.19 Das Pendel besteht aus einer Platte der Masse m_P und einem schlanken Rundstab der Masse m_S. Bestimmen Sie den Trägheitsradius des Pendels um die Drehachse im Punkt O.

Gegeben: $m_P = 12$ kg, $m_S = 4$ kg, $a = 1$ m

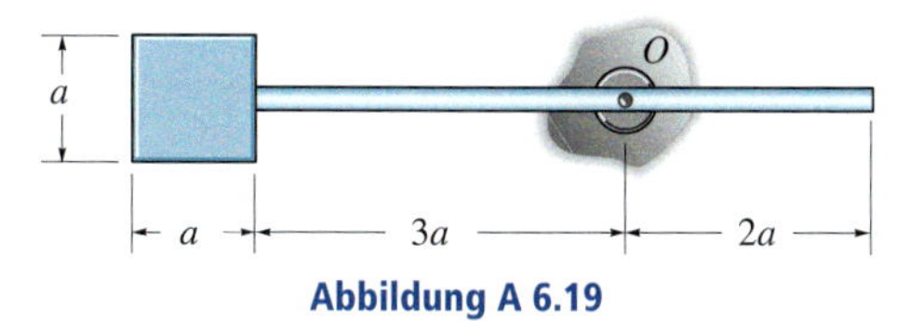

Abbildung A 6.19

***6.20** Das Pendel besteht aus zwei schlanken Stäben AB und OC mit jeweils der Masse pro Länge m_S und einer dünnen gelochten Kreisplatte der Masse pro Fläche m_P. Bestimmen Sie die Lage $\bar{y}$ des Gesamtschwerpunktes S des Pendels und berechnen Sie dann das Massenträgheitsmoment des Pendels um die zur Zeichenebene senkrechte Achse durch S.

Gegeben: $m_S = 3$ kg/m, $m_P = 12$ kg/m², $l_{BC} = 1{,}5$ m, $r_i = 0{,}1$ m, $r_a = 0{,}3$ m, $a = 0{,}4$ m

6.21 Das Pendel besteht aus zwei schlanken Stäben AB und OC mit jeweils der Masse pro Länge m_S und einer dünnen gelochten Kreisplatte der Masse pro Fläche m_P. Bestimmen Sie die Lage $\bar{y}$ des Gesamtschwerpunktes S des Pendels und berechnen Sie dann das Massenträgheitsmoment des Pendels um die Drehachse des Gelenklagers O.

Gegeben: $m_S = 3$ kg/m, $m_P = 12$ kg/m², $l_{BC} = 1{,}5$ m, $r_i = 0{,}1$ m, $r_a = 0{,}3$ m, $a = 0{,}4$ m

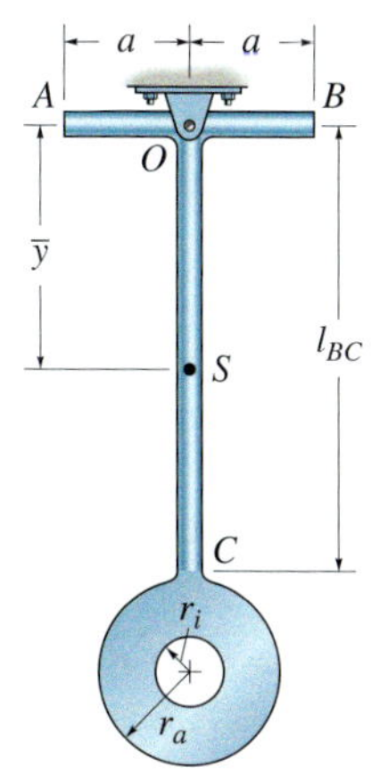

Abbildung A 6.20/6.21

6.22 Bestimmen Sie das Massenträgheitsmoment des Stahlstabes veränderlichen Durchmessers um die x-Achse. Das spezifische Gewicht von Stahl ist γ_S.

Gegeben: $a = 2$ m, $b = 3$ m, $r_1 = 0{,}25$ m, $r_2 = 0{,}5$ m, $\gamma_S = 78$ kN/m³

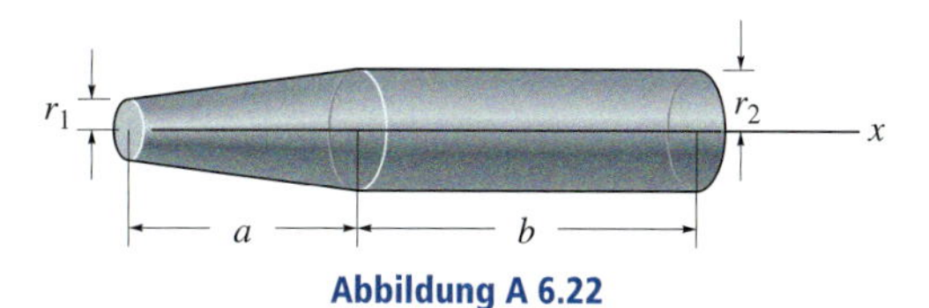

Abbildung A 6.22

6.23 Bestimmen Sie das Massenträgheitsmoment um die Drehachse des Gelenklagers O. Die dünne Platte hat ein Loch in der Mitte und die Dicke d. Der Werkstoff hat die Dichte ρ.

Gegeben: $a = 1{,}40$ m, $r = 150$ mm, $d = 50$ mm, $\rho = 50$ kg/m³

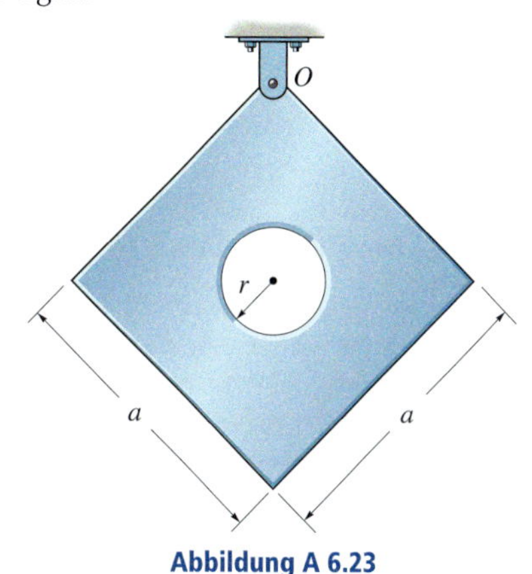

Abbildung A 6.23

Aufgaben zu 6.2 und 6.3

Ausgewählte Lösungswege

Lösungen finden Sie in *Anhang C*.

***6.24** Der Behälter der Masse m_B enthält von Beton umhüllten Atommüll. Die Masse des Greifarms BD beträgt m_{BD}. Bestimmen Sie die Kraft in den Verbindungstücken AB, CD, EF und GH, während das System für eine kurze Zeitdauer mit der Beschleunigung a angehoben wird.

Gegeben: $d = 0{,}40$ m, $b = 0{,}3$ m, $m_B = 4000$ kg, $m_{BD} = 50$ kg, $a = 2$ m/s², $\alpha = 30°$

6.25 Der Behälter der Masse m_B enthält von Beton umhüllten Atommüll. Die Masse des Greifarms BD beträgt m_{BD}. Bestimmen Sie die maximale vertikale Beschleunigung a des Systems, sodass an den Verbindungstücken AB und CD keine Kraft größer F_1 und an den Verbindungsstücken EF und GH keine Kraft größer F_2 angreift.

Gegeben: $d = 0{,}40$ m, $b = 0{,}3$ m, $m_B = 4000$ kg, $m_{BD} = 50$ kg, $F_1 = 30$ kN, $F_2 = 34$ kN, $\alpha = 30°$

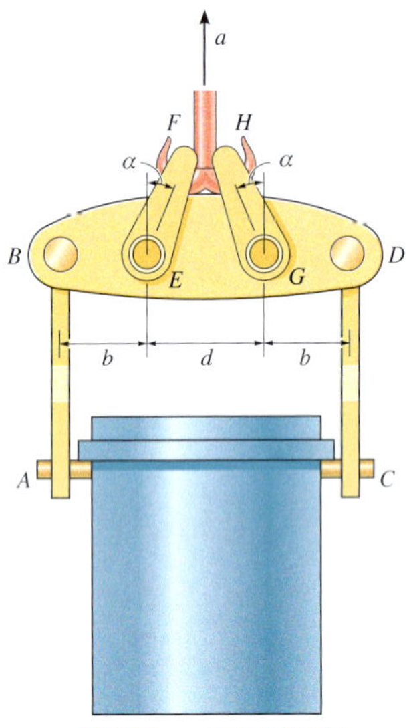

Abbildung A 6.24/6.25

6.26 Die Flasche mit dem Gewicht G ruht auf dem Kassentransportband eines Lebensmittelgeschäftes. Der Haftreibungskoeffizient μ_h ist gegeben. Bestimmen Sie die maximale Beschleunigung des Transportbandes, bei der die Flasche weder kippt noch gleitet. Der Schwerpunkt der Flasche liegt in S.

Gegeben: $r = 3$ cm, $h = 16$ cm, $G = 20$ N, $\mu_h = 0{,}2$

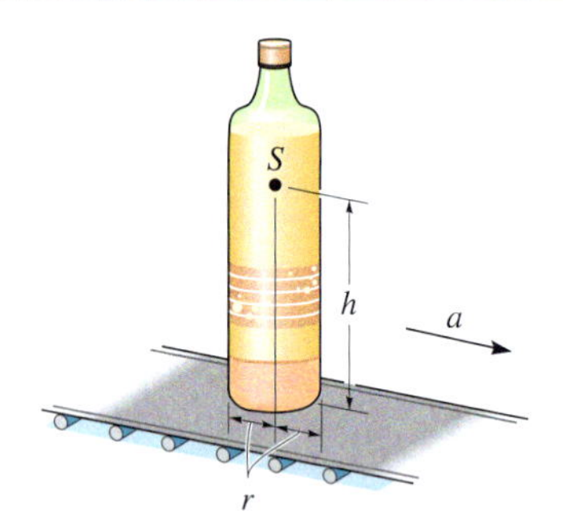

Abbildung A 6.26

6.27 Die Vorrichtung hat die Masse m_V und wird mit dem Ausleger und dem Flaschenzug angehoben. Die Winde B zieht das Seil mit der Beschleunigung a ein. Bestimmen Sie die zum Halten des Auslegers erforderliche Druckkraft im hydraulischen Zylinder. Der Ausleger hat die Masse m_A und den Schwerpunkt in S.

Gegeben: $m_V = 8000$ kg, $m_A = 2000$ kg, $b = 2$ m, $h = 1$ m, $a = 2$ m/s², $\alpha = 60°$

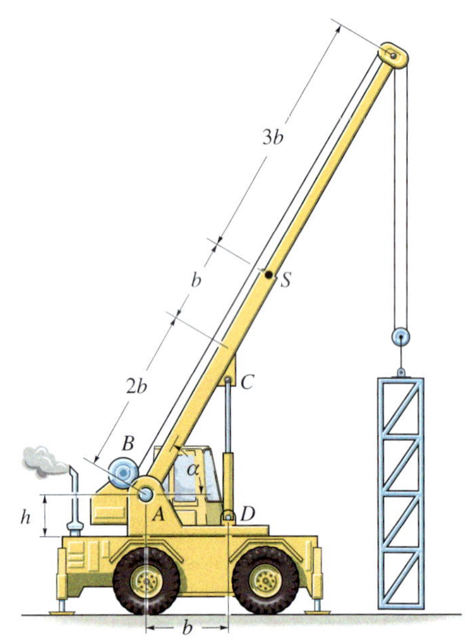

Abbildung A 6.27

***6.28** Das Flugzeug hat die Gesamtmasse m und den Schwerpunkt in S. Beim Start liefern die Motoren den Schub $2T$ und T'. Bestimmen Sie die Beschleunigung des Flugzeuges und die Normalkräfte auf das Bugrad und auf die *beiden* Räder in B. Vernachlässigen Sie die Masse der Räder und aufgrund der geringen Geschwindigkeit auch den Auftrieb durch die Tragflächen.

Gegeben: $m = 22000$ kg, $T = 2$ kN, $T' = 1{,}5$ kN, $b = 3$ m, $h_1 = 1{,}2$ m, $h_2 = 2{,}3$ m, $h_3 = 2{,}5$ m

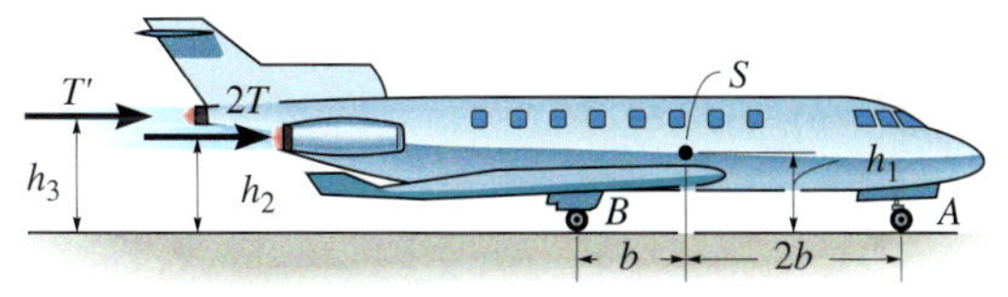

Abbildung A 6.28

6.29 Der Hubwagen hat die Masse m_H und den Schwerpunkt in S. Er hebt die Spule der Masse m_{Sp} mit der Beschleunigung a hoch. Bestimmen Sie die Reaktionskräfte der vier Räder auf den Boden. Die Last ist symmetrisch verteilt. Vernachlässigen Sie die Masse des beweglichen Arms CD.

Gegeben: $m_H = 70$ kg, $m_{Sp} = 120$ kg, $b = 0{,}5$ m, $c = 0{,}75$ m, $h = 0{,}4$ m, $d = 0{,}7$ m, $a = 3$ m/s^2

6.30 Der Hubwagen hat die Masse m_H und den Schwerpunkt in S. Bestimmen Sie die maximale Aufwärtsbeschleunigung a der Spule mit der Masse m_{Sp}, bei der die Reaktionskraft keines Rades auf den Boden F_{max} übersteigt.

Gegeben: $m_H = 70$ kg, $m_{Sp} = 120$ kg, $b = 0{,}5$ m, $c = 0{,}75$ m, $h = 0{,}4$ m, $d = 0{,}7$ m, $F_{max} = 600$ N

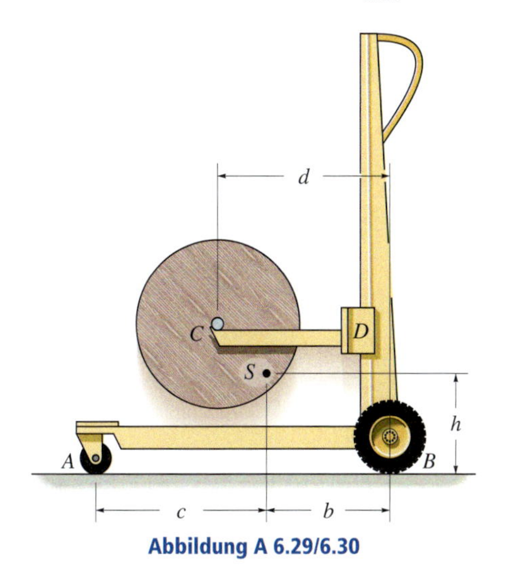

Abbildung A 6.29/6.30

6.31 Die Tür hat das Gewicht G und den Schwerpunkt in S. Bestimmen Sie die Strecke, die die Tür innerhalb der Zeitspanne T aus der Ruhe zurücklegt, wenn ein Mann in C mit der horizontalen Kraft F dagegen drückt. Ermitteln Sie ebenfalls die vertikalen Reaktionskräfte in den Rollen A und B.

Gegeben: $G = 1$ kN, $T = 2$ s, $d = 1{,}8$ m, $h_1 = 3{,}6$ m, $h_2 = 1{,}5$ m, $h_3 = 0{,}9$ m, $F = 150$ N

***6.32** Die Tür hat das Gewicht G und den Schwerpunkt in S. Bestimmen Sie die konstante Kraft F, die auf die Tür aufgebracht werden muss, um sie während der Zeitspanne Δt aus der Ruhe $2d$ weit nach rechts zu öffnen. Ermitteln Sie ebenfalls die vertikalen Reaktionskräfte in den Rollen A und B.

Gegeben: $G = 1$ kN, $\Delta t = 5$ s, $d = 1{,}8$ m, $h_1 = 3{,}6$ m, $h_2 = 1{,}5$ m, $h_3 = 0{,}9$ m

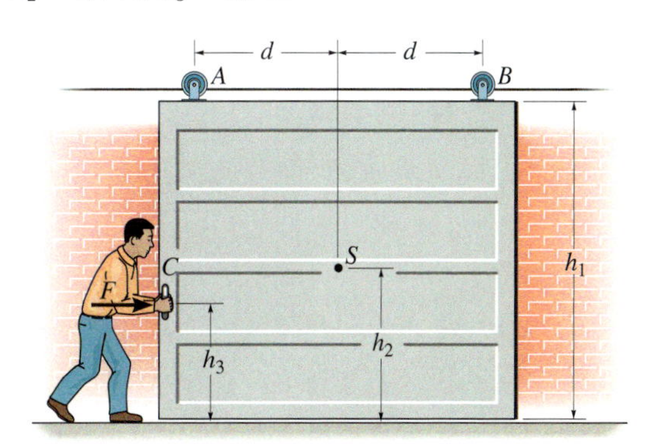

Abbildung A 6.31/6.32

6.33 Das homogene Rohr hat das Gewicht pro Länge q_G und den Durchmesser d. Es wird mit der Beschleunigung a gehoben. Bestimmen Sie das innere Moment im Mittelpunkt A infolge dieses Hebevorganges.

Gegeben: $q_G = 7{,}5$ kN/m, $d = 2$ m, $b = 5$ m, $r = 1$ m, $a = 0{,}5$ m/s^2

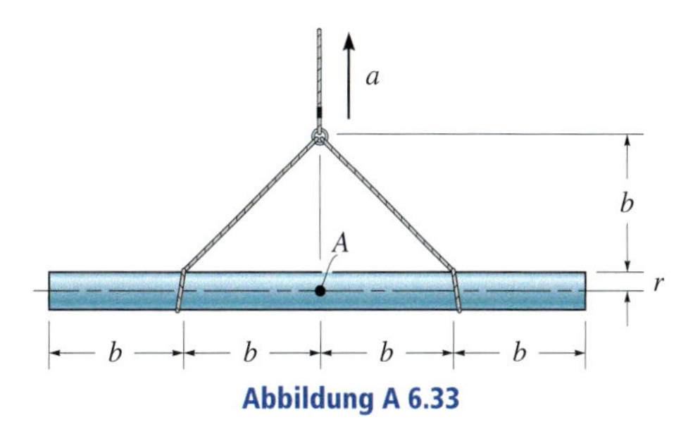

Abbildung A 6.33

6.34 Das Rohr hat die Masse m und wird hinter dem Lastwagen hergezogen. Bestimmen Sie den sich dabei einstellenden Winkel θ und die Zugkraft im Seil, wenn die Beschleunigung des Lastwagens mit a gegeben ist. Der Gleitreibungskoeffizient zwischen Rohr und Boden ist μ_g.

Gegeben: $m = 800$ kg, $r = 0{,}4$ m, $\alpha = 45°$, $a = 0{,}5$ m/s², $\mu_g = 0{,}1$

6.35 Das Rohr hat die Masse m und wird hinter dem Lastwagen hergezogen. Bestimmen Sie die dafür vorliegende Beschleunigung des Lastwagens und die Zugkraft im Seil, wenn der sich dabei einstellende Winkel mit θ gegeben ist. Der Gleitreibungskoeffizient μ_g zwischen Rohr und Boden ist gegeben.

Gegeben: $m = 800$ kg, $r = 0{,}4$ m, $\alpha = 45°$, $\theta = 30°$, $\mu_g = 0{,}1$

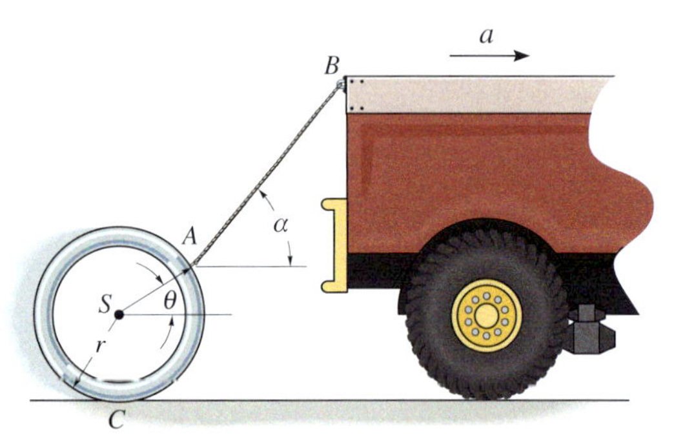

Abbildung A 6.34/6.35

***6.36** Das Rohr hat die Länge l_R und die Masse m. Es ist mit der Kette AB der Länge l_{AB} hinten an einem Lastwagen befestigt. Der Gleitreibungskoeffizient μ_g zwischen Rohr und Boden ist gegeben. Bestimmen Sie die Beschleunigung des Lastwagens für den sich einstellenden Winkel θ.

Gegeben: $m = 500$ kg, $l_R = 3$ m, $l_{AB} = 0{,}6$ m, $h = 1$ m, $\theta = 10°$, $\mu_g = 0{,}4$

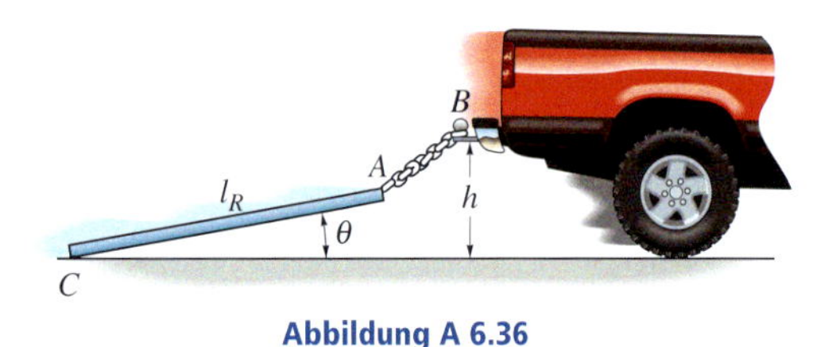

Abbildung A 6.36

6.37 Die Klappe am Ende des Anhängers hat die Masse m und den Schwerpunkt in S. Sie wird vom Seil AB und dem Scharnier in C gehalten. Bestimmen Sie die Zugkraft im Seil, wenn sich der Lastwagen mit a zu beschleunigen beginnt. Ermitteln Sie auch die horizontalen und vertikalen Reaktionskräfte im Scharnier C.

Gegeben: $m = 1250$ kg, $a = 5$ m/s², $b = 1$ m, $c = 1{,}5$ m, $\alpha = 30°$, $\gamma = 45°$

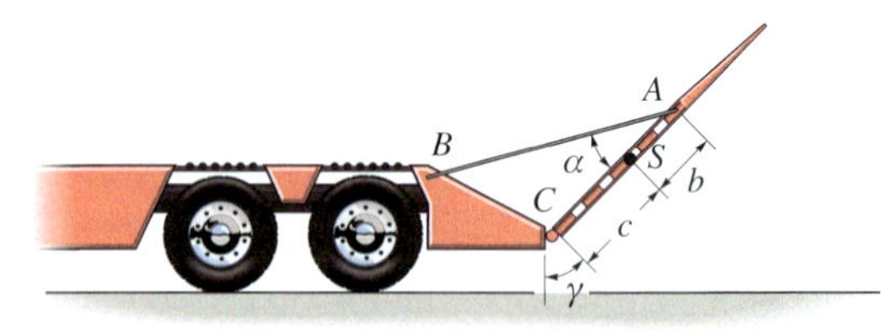

Abbildung A 6.37

6.38 Der Sportwagen hat die Masse m und den Schwerpunkt in S. Bestimmen Sie die kürzeste Zeit, die er braucht, die Geschwindigkeit v aus dem Stand zu erreichen, wenn nur die Hinterräder angetrieben werden und die Vorderräder frei rollen. Der Haftreibungskoeffizient μ_h zwischen Rädern und Straße ist gegeben. Vernachlässigen Sie die Masse der Räder bei der Berechnung. Wie groß ist die kürzeste Zeit, die Geschwindigkeit v zu erreichen, wenn alle vier Räder angetrieben werden?

Gegeben: $m = 1500$ kg, $v = 80$ km/h, $b = 1{,}25$ m, $c = 0{,}75$ m, $h = 0{,}35$ m, $\mu_h = 0{,}2$

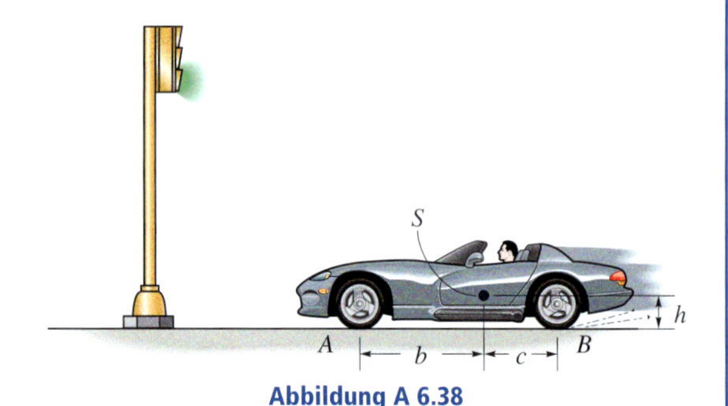

Abbildung A 6.38

6.39 Der Sportwagen hat das Gewicht G und den Schwerpunkt in S. Beim Starten aus dem Stand drehen beim Beschleunigen die Hinterräder durch. Bestimmen Sie die Zeit, die er braucht, die Geschwindigkeit v zu erreichen. Wie groß sind die Normalkräfte *aller* vier Räder auf die Straße? Haft- und Gleitreibungskoeffizient μ_h und μ_g sind gegeben. Vernachlässigen Sie die Masse der Räder bei der Berechnung.

Gegeben: $G = 22{,}5$ kN, $v = 3$ m/s, $b = 0{,}6$ m, $h = 0{,}75$ m, $\mu_h = 0{,}5$, $\mu_g = 0{,}3$

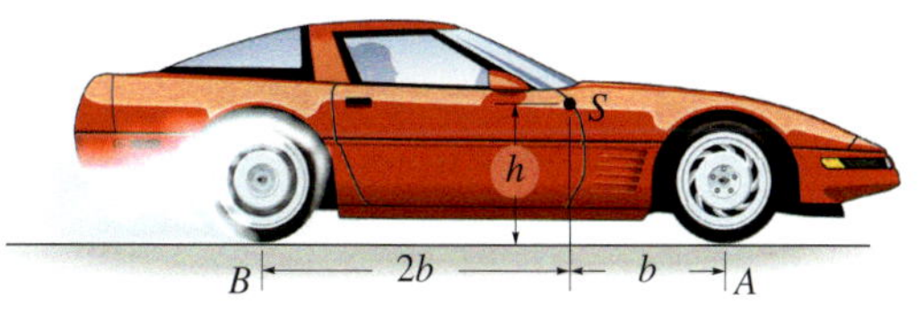

Abbildung A 6.39

***6.40** Der Wagen beschleunigt gleichförmig innerhalb der Zeitspanne Δt aus dem Stand auf die Geschwindigkeit v. Er hat das Gewicht G und den Schwerpunkt in S. Wie groß sind dabei die Normalkräfte *aller Räder* auf die Fahrbahn? Die Vorderräder werden angetrieben und die Hinterräder rollen frei. Vernachlässigen Sie die Masse der Räder. Haft- und Gleitreibungskoeffizient μ_h und μ_g sind gegeben.

Gegeben: $G = 19$ kN, $v = 24{,}6$ m/s, $\Delta t = 15$ s, $b = 0{,}9$ m, $c = 1{,}2$ m, $h = 0{,}75$ m, $\mu_h = 0{,}4$, $\mu_g = 0{,}2$

Abbildung A 6.40

6.41 Die Sackkarre hält eine Trommel mit dem Gewicht G und dem Schwerpunkt in S. Der Arbeiter schiebt sie mit der horizontalen Kraft F. Bestimmen Sie die Beschleunigung der Karre und die Normalkräfte aller vier Räder. Vernachlässigen Sie die Masse der Karre samt den Rädern.

Gegeben: $G = 3$ kN, $F = 100$ N, $b = 0{,}15$ m, $h = 0{,}6$ m

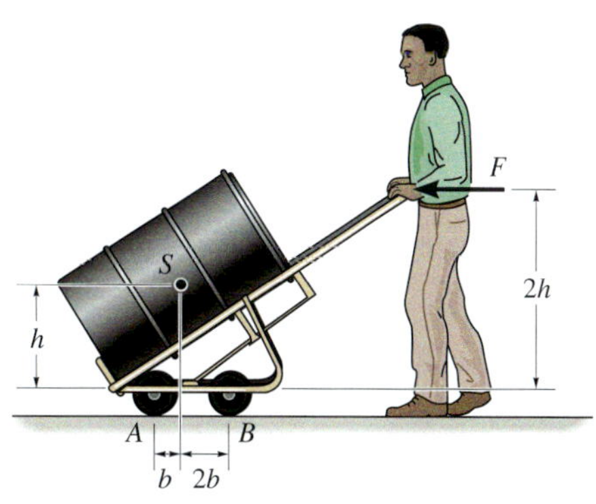

Abbildung A 6.41

***6.42** Die homogene Kiste hat die Masse m und ruht auf einer rauen Palette mit dem Haftreibungskoeffizienten μ_h zwischen Kiste und Palette. Zeigen Sie, dass für $\mu_h = b/h$ die Kiste gleichzeitig kippt und gleitet, wenn die Palette die Beschleunigung a_p erfährt.

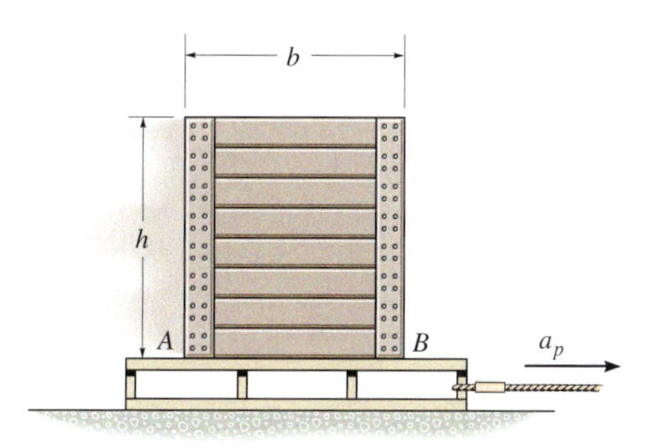

Abbildung A 6.42

6.43 Der Gabelstapler mit Fahrer hat das Gesamtgewicht G und den Schwerpunkt in S. Mit ihm wird ein Betonrohr mit dem Gewicht G_R angehoben. Bestimmen Sie die maximale vertikale Beschleunigung, die der Gabelstapler auf das Rohr aufbringen kann, ohne dass er nach vorne kippt.

Gegeben: $G = 50$ kN, $G_R = 10$ kN, $b = 1{,}5$ m, $c = 1{,}2$ m, $d = 1{,}8$ m

***6.44** Der Gabelstapler mit Fahrer hat das Gesamtgewicht G und den Schwerpunkt in S. Mit ihm wird ein Betonrohr mit dem Gewicht G_R angehoben. Bestimmen Sie für die nach oben gerichtete Beschleunigung a des Rohres die Normalkräfte auf alle vier Räder.

Gegeben: $G = 50$ kN, $G_R = 10$ kN, $b = 1{,}5$ m, $c = 1{,}2$ m, $d = 1{,}8$ m, $a = 1{,}2$ m/s^2

Abbildung A 6.43/6.44

6.45 Der Kleintransporter hat das Gewicht G_T und den Schwerpunkt in S_T und ist mit der Last G_L beladen. Die Ladung hat ihren Schwerpunkt in S_L. Der Transporter fährt mit der Geschwindigkeit v und wird abgebremst. Wie weit rutscht der Transporter, bevor er zum Stehen kommt? Die Bremsen blockieren *alle* Räder. Der Gleitreibungskoeffizient μ_g zwischen Rädern und Fahrbahn ist gegeben. Vergleichen Sie die Länge der Bremsstrecke mit der eines leeren Transporters. Vernachlässigen Sie die Masse der Räder.

Gegeben: $G_T = 22{,}5$ kN, $G_L = 4$ kN, $b = 0{,}6$ m, $c = 0{,}9$ m, $\mu_g = 0{,}3$, $v = 12$ m/s

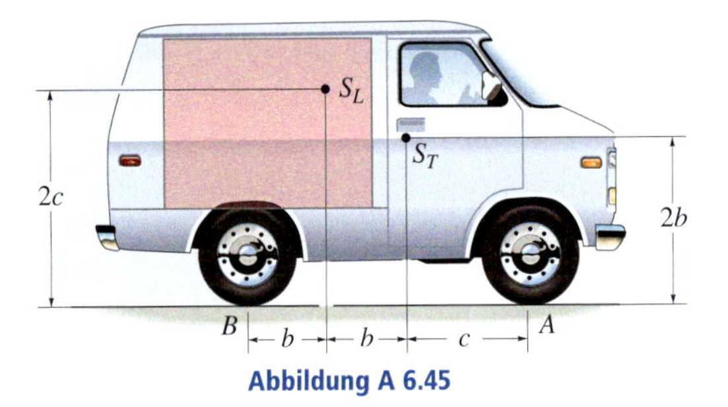

Abbildung A 6.45

6.46 Die Kiste hat die Masse m und ruht auf dem Karren mit geneigter Ladefläche. Wird die Kiste kippen oder relativ zum Karren gleiten, wenn dieser die minimale Beschleunigung erfährt, die für eine dieser relativen Bewegungen erforderlich ist? Wie groß ist diese minimale Beschleunigung? Der Haftreibungskoeffizient μ_h ist gegeben.

Gegeben: $m = 50$ kg, $b = 1$ m, $c = 0{,}6$ m, $\gamma = 15°$, $\mu_h = 0{,}5$

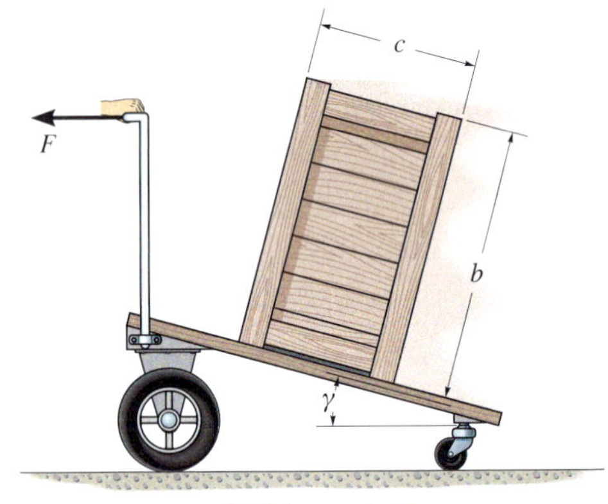

Abbildung A 6.46

6.47 Der Handwagen hat die Masse m und den Schwerpunkt in S. Die Kraft P wird am Griff aufgebracht. Bestimmen Sie die Normalkräfte auf die beiden Räder in A und in B. Vernachlässigen Sie die Masse der Räder.

Gegeben: $m = 200$ kg, $P = 50$ N, $b = 0{,}3$ m, $c = 0{,}2$ m, $h = 0{,}5$ m, $\gamma = 60°$

***6.48** Der Handwagen hat die Masse m und den Schwerpunkt in S. Bestimmen Sie die maximale Kraft P, die auf den Griff aufgebracht werden kann, ohne dass die Räder in A oder B den Kontakt mit dem Boden verlieren. Vernachlässigen Sie die Masse der Räder.

Gegeben: $m = 200$ kg, $b = 0{,}3$ m, $c = 0{,}2$ m, $h = 0{,}5$ m, $\gamma = 60°$

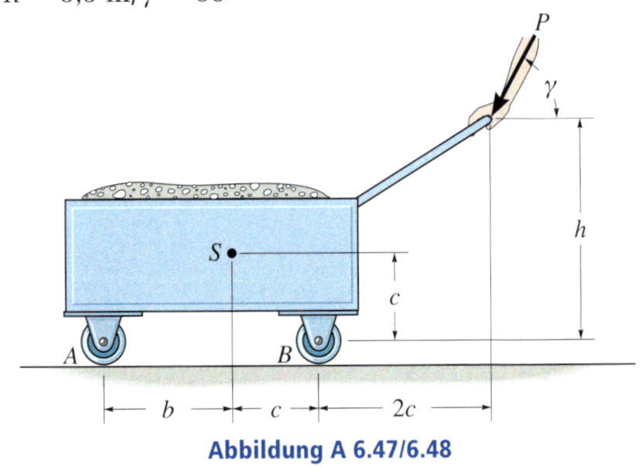

Abbildung A 6.47/6.48

6.49 Das gebogene Rohr hat die Masse m und ruht auf der Hebebühne. Beim Heben von einem Niveau auf ein anderes ist die Winkellage gerade $\theta = \theta_1$, wenn die Winkelbeschleunigung α und die Winkelgeschwindigkeit ω betragen Dabei tritt kein Gleiten auf. Bestimmen Sie die Normalkräfte des Bogens auf die Bühne zu diesem Zeitpunkt.

Gegeben: $m = 80$ kg, $l = 1$ m, $r = 500$ mm, $h = 200$ mm, $\theta_1 = 30°$, $\alpha = 0{,}25$ rad/s^2, $\omega = 0{,}5$ rad/s

6.50 Das gebogene Rohr hat die Masse m und ruht auf der Hebebühne. Der Haftreibungskoeffizient μ_h ist gegeben. Wie groß ist beim Starten aus der Ruhe für eine Winkellage $\theta = \theta_1$ die maximale Winkelbeschleunigung, bei der kein Gleiten auftritt?

Gegeben: $m = 80$ kg, $l = 1$ m, $r = 500$ mm, $h = 200$ mm, $\theta_1 = 45°$, $\mu_h = 0{,}3$, $\omega = 0{,}5$ rad/s

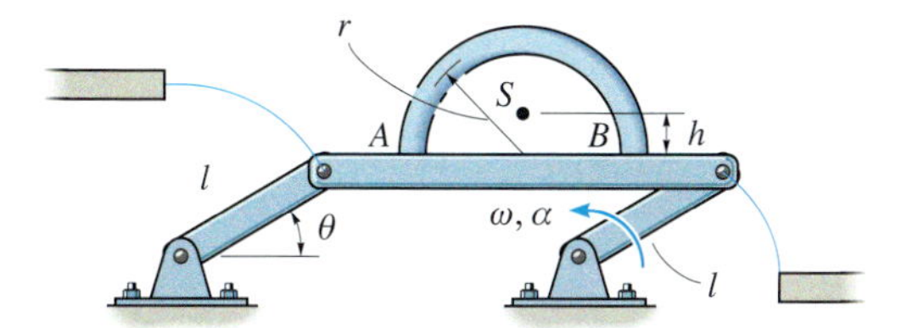

Abbildung A 6.49/6.50

6.51 Die Kiste C hat das Gewicht G und ruht auf dem Hubwagen. Der Haftreibungskoeffizient ist mit μ_h gegeben. Bestimmen Sie die maximale Winkelbeschleunigung α der Schwingen AB und DE beim Starten aus der Ruhe, ohne dass die Kiste gleitet. Kippen tritt nicht auf.

Gegeben: $G = 1500$ N, $b = 0{,}6$ m, $\beta = 30°$, $\mu_h = 0{,}4$

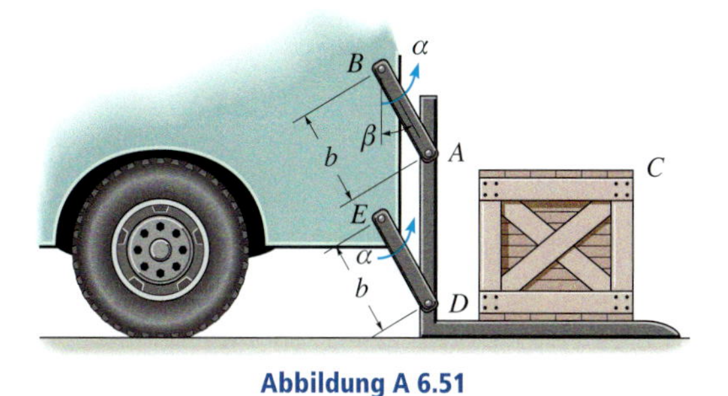

Abbildung A 6.51

***6.52** Der Arm BDE eines Industrieroboters wird durch Aufbringen eines Drehmomentes M auf das Element CD bewegt. Bestimmen Sie die Reaktionskräfte in den Gelenklagern B und D für die dargestellte Lage bei einer Winkelgeschwindigkeit ω der Elemente. Der homogene Greifarm BDE hat die Masse m_1 und den Schwerpunkt in S_1. Der Container im Greifer E hat die Masse m_2 und den Schwerpunkt in S_2. Vernachlässigen Sie die Masse der Elemente AB und CD.

Gegeben: $M = 50$ Nm, $m_1 = 10$ kg, $m_2 = 12$ kg, $l_{AB} = 0{,}600$ m, $l_{BD} = 0{,}220$ m, $b = 0{,}365$ m, $c = 0{,}735$ m, $\omega = 2$ rad/s

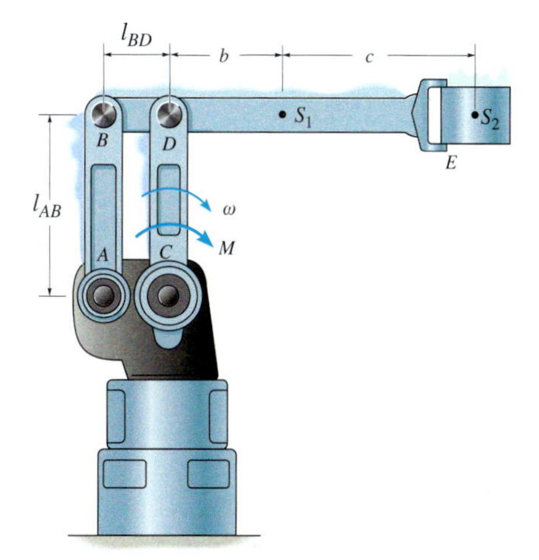

Abbildung A 6.52

Aufgaben zu 6.4

Ausgewählte Lösungswege

Lösungen finden Sie in *Anhang C*.

6.53 Die Scheibe mit der Masse m ist in A frei drehbar gelagert und wird in der dargestellten Lage aus der Ruhe freigegeben. Bestimmen Sie die anfänglichen horizontalen und vertikalen Lagerreaktionen.

Gegeben: $m = 80$ kg, $r = 1{,}5$ m

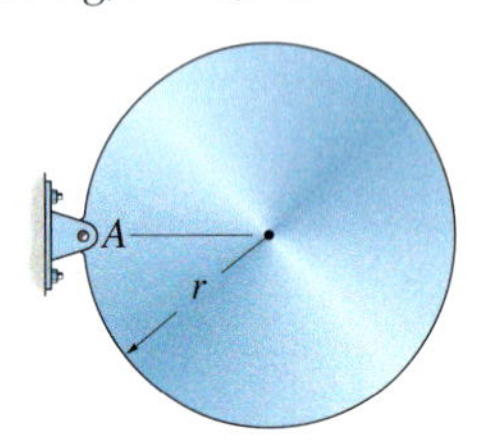

Abbildung A 6.53

6.54 Das Rad der Masse m hat den Trägheitsradius k_A und wird durch ein Moment $M(t)$ angetrieben. Bestimmen Sie die Winkelgeschwindigkeit zum Zeitpunkt $t = t_1$ nach Starten aus der Ruhe bei $t = 0$. Berechnen Sie ebenfalls die Reaktionskräfte des unverschiebbaren Gelenklagers A auf das Rad.

Gegeben: $m = 10$ kg, $k_A = 200$ mm, $M = ct$, $t_1 = 3$ s, $c = 5$ Nm/s

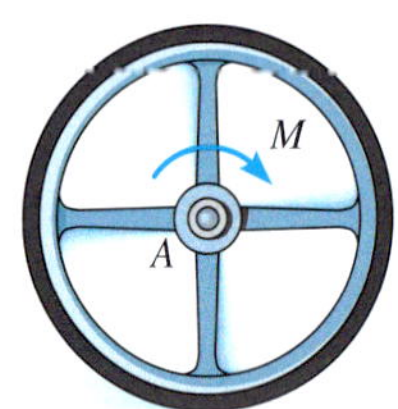

Abbildung A 6.54

6.55 Der Lüfterflügel hat die Masse m und das Massenträgheitsmoment J_O um eine Achse durch den Mittelpunkt O. Ein Moment $M(t)$ treibt den Flügel an. Bestimmen Sie die Winkelgeschwindigkeit zum Zeitpunkt $t = t_1$ nach Starten aus der Ruhe bei $t = 0$.

Gegeben: $m = 2$ kg, $J_O = 0{,}18$ kg·m², $M = c(1 - e^{-bt})$, $c = 3$ Nm, $b = 0{,}2$ s^{-1}, $t_1 = 4$ s

Abbildung A 6.55

***6.56** Die Trommel hat das Gewicht G und den Trägheitsradius k_O. Am undehnbaren Seil um die Trommel greift die vertikale Kraft P an. Bestimmen Sie die erforderliche Zeit, in der die Winkelgeschwindigkeit der Trommel von ω_1 auf ω_2 erhöht wird. Vernachlässigen Sie die Masse des Seiles.

Gegeben: $G = 400$ N, $k_O = 0{,}4$ m, $P = 75$ N, $\omega_1 = 5$ rad/s, $\omega_2 = 25$ rad/s

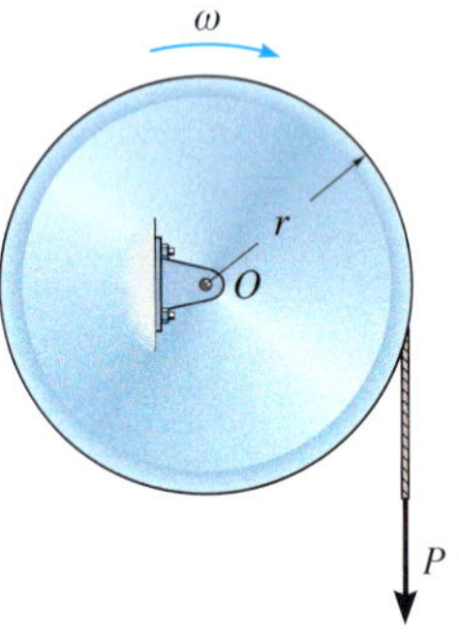

Abbildung A 6.56

6.57 Die Spule wird von kleinen Rollen in A und B gestützt. Bestimmen Sie die konstante Kraft P, die auf das Seil aufgebracht werden muss, um aus der Ruhe startend die Seillänge l innerhalb der Zeitspanne Δt abzuwickeln. Berechnen Sie auch die Normalkräfte in A und B während dieser Zeit. Die Spule hat die Masse m und den Trägheitsradius k_O. Vernachlässigen Sie bei der Berechnung die Masse des Seiles und die Masse der Rollen in A und B.

Gegeben: $m = 60$ kg, $k_O = 0{,}65$ m, $l = 8$ m, $\Delta t = 4$ s, $r_a = 1$ m, $r_i = 0{,}8$ m, $\beta = 15°$

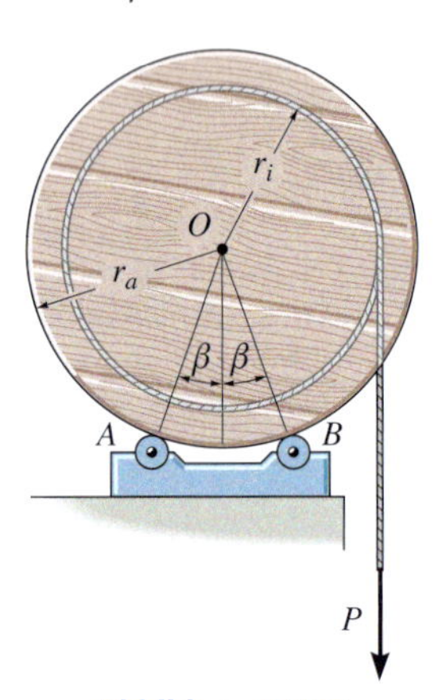

Abbildung A 6.57

6.58 Ein Seil ist um den Kern einer Trommel gewickelt. Am Seil wird mit der konstanten Kraft F gezogen und die Trommel ist ursprünglich in Ruhe. Bestimmen Sie die Winkelgeschwindigkeit der Trommel, nachdem die Länge s des Seiles abgewickelt ist. Vernachlässigen Sie das Gewicht dieses Seilabschnitts. Die Trommel und das gesamte Seil haben das Gewicht G und der Trägheitsradius bezüglich Achse A beträgt k_A.

Gegeben: $G = 4000$ N, $k_A = 0{,}13$ m, $s = 0{,}8$ m, $r = 0{,}25$ m, $F = 300$ N

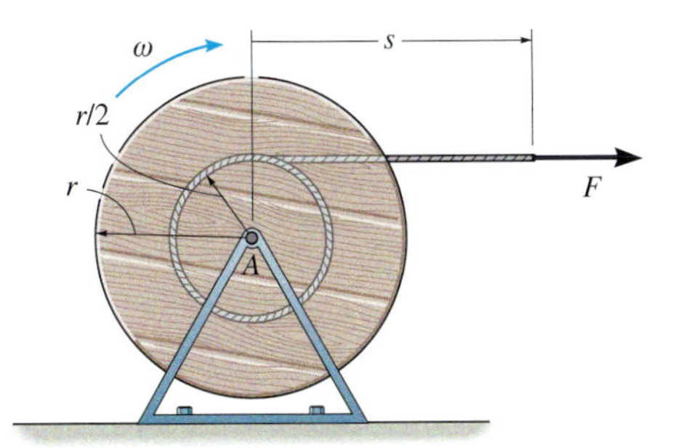

Abbildung A 6.58

6.59 Der homogene Stab mit dem Gewicht G ist im Mittelpunkt O gelenkig gelagert und an einer Torsionsfeder befestigt. Die Feder hat die Federkonstante c_d und erzeugt das Rückstellmoment $c_d\theta$. In der vertikalen Lage $\theta = \theta_1$ wird die Stange aus der Ruhe freigegeben. Bestimmen Sie die Winkelgeschwindigkeit für $\theta = \theta_2$.

Gegeben: $G = 100$ N, $c_d = 50$ Nm/rad, $b = 1$ m, $\theta_1 = 90°$, $\theta_2 = 0°$

***6.60** Der Stab mit dem Gewicht G ist im Mittelpunkt O gelenkig gelagert und an einer Torsionsfeder befestigt. Die Feder hat die Federkonstante c_d und erzeugt das Rückstellmoment $c_d\theta$. In der vertikalen Lage $\theta = \theta_1$ wird die Stange aus der Ruhe freigegeben. Bestimmen Sie die Winkelgeschwindigkeit für $\theta = \theta_2$.

Gegeben: $G = 100$ N, $c_d = 50$ Nm/rad, $b = 1$ m, $\theta_1 = 90°$, $\theta_2 = 45°$

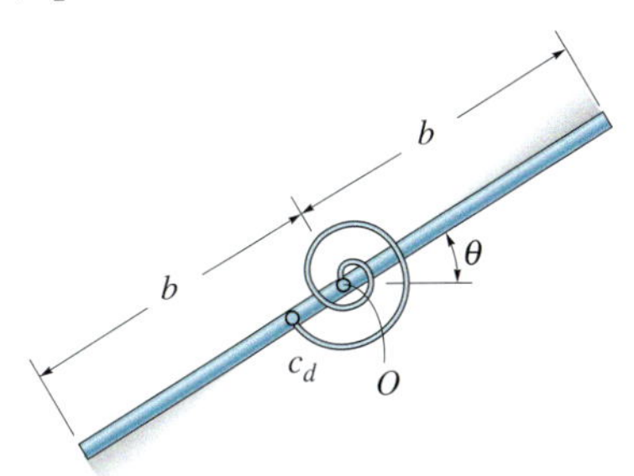

Abbildung A 6.59/6.60

6.61 Die Papierrolle hat die Masse m und den Trägheitsradius k_A um die Achse durch den Punkt A. An den Enden wird sie durch zwei Stützen AB gehalten. Die Rolle ruht an der Wand mit dem Gleitreibungskoeffizienten μ_g und am Papierende wird die Kraft F aufgebracht. Bestimmen Sie die Winkelbeschleunigung der Rolle beim Abwickeln.

Gegeben: $m = 20$ kg, $k_A = 90$ mm, $F = 30$ N, $\mu_g = 0{,}2$, $r = 125$ mm, $h = 300$ mm

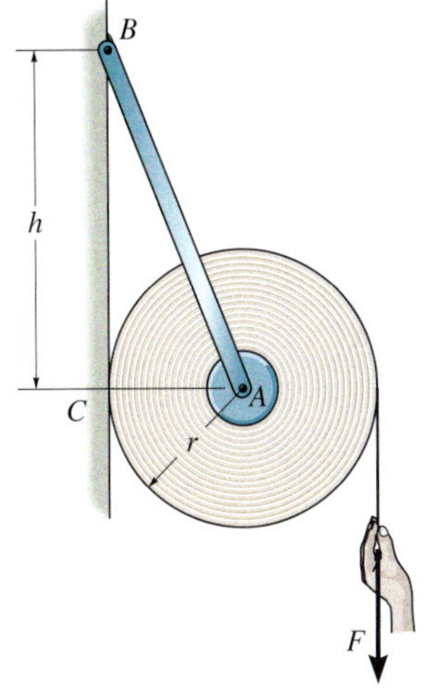

Abbildung A 6.61

6.62 Das undehnbare Seil wird von einer Spule, die auf kleinen Rollen in A und B reibungsfrei gelagert ist, unter Einwirkung der Kraft T in der dargestellten Richtung abgewickelt. Berechnen Sie die erforderliche Zeit, um die Länge l des Seiles abzuwickeln. Die Gesamtmasse von Spule und Seil beträgt m und der Trägheitsradius ist k_O. Vernachlässigen Sie bei der Berechnung die Masse des abgewickelten Seilabschnittes und die Masse der Rollen in A und B.

Gegeben: $m = 600$ kg, $k_O = 1{,}2$ m, $l = 5$ m, $T = 300$ N, $r_a = 1{,}5$ m, $r_i = 0{,}8$ m, $\gamma = 30°$

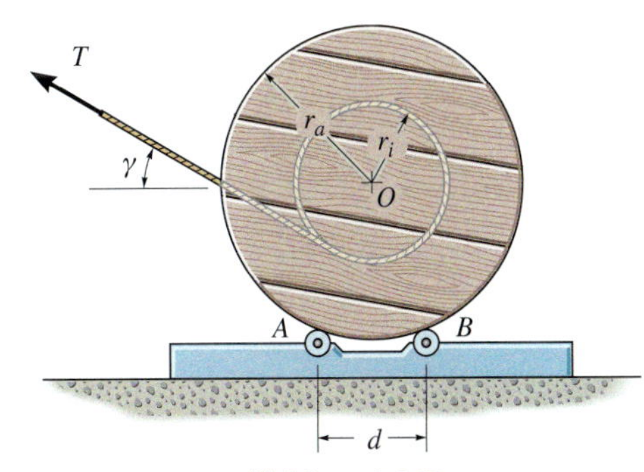

Abbildung A 6.62

6.63 Die Tür schließt sich mittels der Torsionsfedern an den Türangeln automatisch. Die Federn haben die Federkonstante c_d und erzeugen das Rückstellmoment $M = c_d\theta$. In geöffnetem Zustand ($\theta = \theta_1$) wird die Tür aus der Ruhe freigegeben. Bestimmen Sie die Winkelgeschwindigkeit für $\theta = \theta_2$. Betrachten Sie bei der Berechnung die Tür als dünne Platte mit der Masse m.

Gegeben: $m = 70$ kg, $c_d = 50$ Nm/rad, $b = 1{,}2$ m, $c = 0{,}4$ m, $h = 1{,}5$ m, $\theta_1 = 90°$, $\theta_2 = 0°$

***6.64** Die Tür schließt sich mittels der Torsionsfedern an den Türangeln automatisch. Das auf jedes Scharnier wirkende Moment ist $M = c_d\theta$. Bestimmen Sie die Federkonstante so, dass die Tür sich mit der Winkelgeschwindigkeit ω_2 schließt ($\theta = \theta_2$), wenn sie für $\theta = \theta_1$ aus der Ruhe freigegeben wird. Betrachten Sie bei der Berechnung die Tür als dünne Platte mit der Masse m.

Gegeben: $m = 70$ kg, $b = 1{,}2$ m, $c = 0{,}4$ m, $h = 1{,}5$ m, $\theta_1 = 90°$, $\theta_2 = 0°$, $\omega_2 = 2$ rad/s

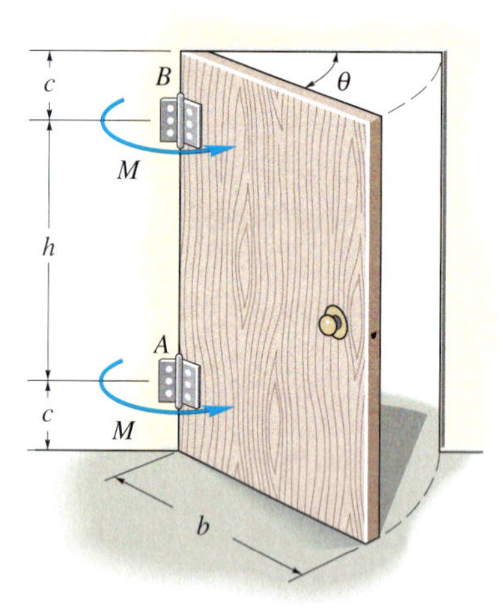

Abbildung A 6.63/6.64

***6.65** Das kinetische Diagramm (siehe Abbildung) zeigt die allgemeine Rotationsbewegung eines starren Körpers um eine feste Achse durch O. Zeigen Sie, dass $J_S\,\alpha$ durch Verschieben der Vektoren $m(\mathbf{a}_S)_t$ und $m(\mathbf{a}_S)_n$ in Punkt P im Abstand

$$r_{SP} = \frac{k_S^2}{r_{OS}}$$

eliminiert werden kann. k_S ist der Trägheitsradius des Körpers bezüglich S. Punkt P ist der so genannte *Stoßmittelpunkt* des Körpers.

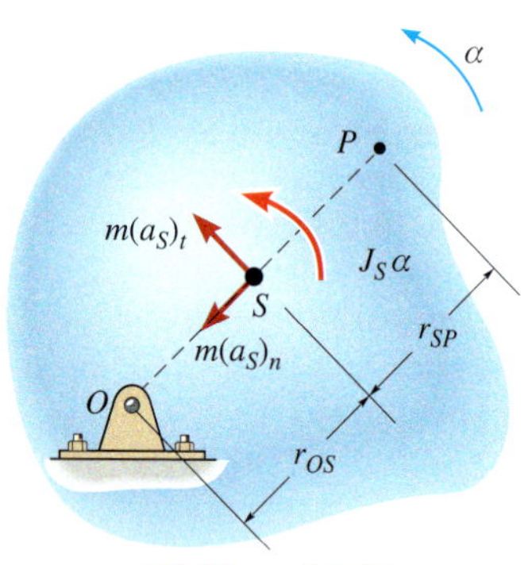

Abbildung A 6.65

6.66 Bestimmen Sie die Lage r_P des Stoßmittelpunktes P (siehe Aufgabe 6.65) des schlanken Rundstabes mit dem Gewicht G. Wie groß ist die horizontale Lagerreaktion A_x in A, wenn ein Stoß durch die Kraft F im Punkt P erfolgt?

Gegeben: $G = 10$ kN, $l = 4$ m, $F = 20$ kN

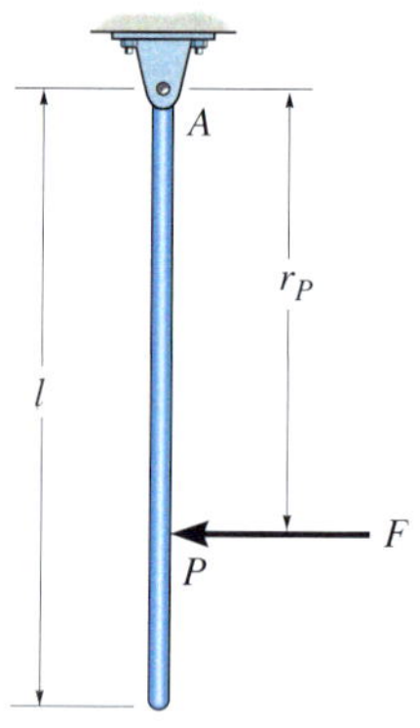

Abbildung A 6.66

6.67 Der schlanke Stab der Masse m wird horizontal von der Feder in A und dem Seil in B gehalten. Bestimmen Sie die Winkelbeschleunigung des Rundstabes und die Beschleunigung seines Schwerpunktes in dem Augenblick, wenn das Seil durchschnitten wird. *Hinweis:* Die Federkonstante der Feder geht in die Berechnung nicht ein.

Gegeben: $m = 4$ kg, $l = 2$ m

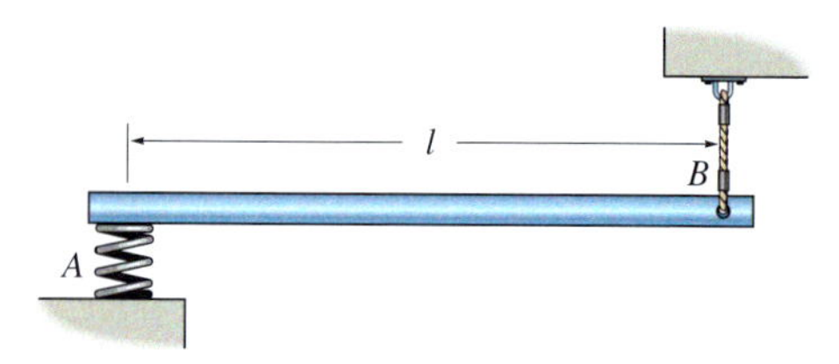

Abbildung A 6.67

***6.68** Die Türklingel wird mit einem Elektromagneten betrieben, der den Eisenklöppel AB anzieht. Dieser ist in A frei drehbar gelagert und besteht aus einem schlanken Rundstab der Masse m_1 mit einer Stahlkugel der Masse m_2 und dem Radius r. Die Anziehungskraft des Magneten in C wirkt sich als Kraft F senkrecht zum Klöppel aus, wenn der Klingelknopf gedrückt wird. Bestimmen Sie die Anfangswinkelbeschleunigung des Klöppels. Die Feder mit der Federkonstanten c ist ursprünglich um s gedehnt.

Gegeben: $m_1 = 0{,}2$ kg, $m_2 = 0{,}04$ kg, $r = 6$ mm, $c = 20$ N/m, $F = 0{,}5$ N, $s = 20$ mm, $a = 50$ mm, $b = 40$ mm, $d = 44$ mm

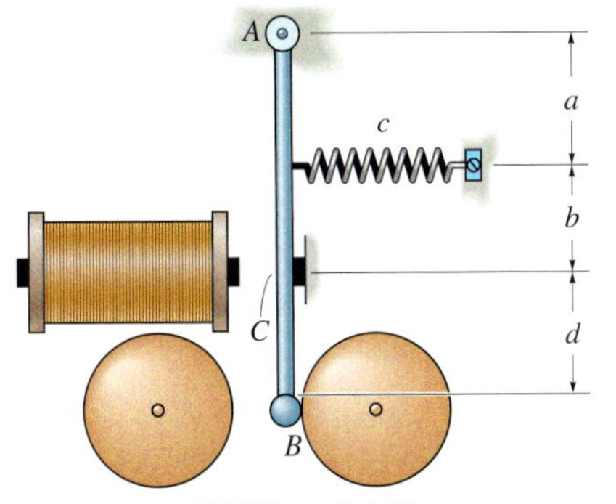

Abbildung A 6.68

6.69 An der Scheibe der Masse m greift das gegen den Uhrzeigersinn gerichtete Moment $M(t)$ an. Bestimmen Sie die Winkelgeschwindigkeit der Scheibe zum Zeitpunkt $t = t_1$ nach Aufbringen des Momentes bei $t = 0$. Aufgrund der Feder übt die Platte P die konstante Kraft F auf die Scheibe aus. Haftreibungs- und Gleitkoeffizient zwischen Scheibe und Platte sind gegeben. *Hinweis:* Bestimmen Sie zunächst die Zeit, bis die Scheibe sich zu drehen beginnt.

Gegeben: $m = 5$ kg, $M = kt$, $k = 10$ Nm/s, $t_1 = 4$ s, $r = 0{,}2$ m, $F = 500$ N, $\mu_h = 0{,}3$, $\mu_g = 0{,}2$

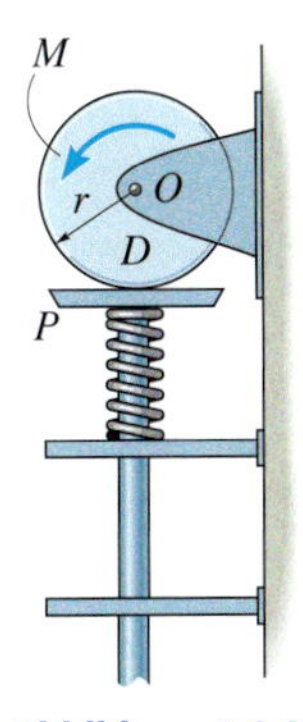

Abbildung A 6.69

6.70 Die Stütze in B wird plötzlich entfernt. Bestimmen Sie die Anfangsreaktionen im Gelenklager A. Das Gewicht G der Platte ist gegeben.

Gegeben: $G = 30$ kN, $b = 2$ m

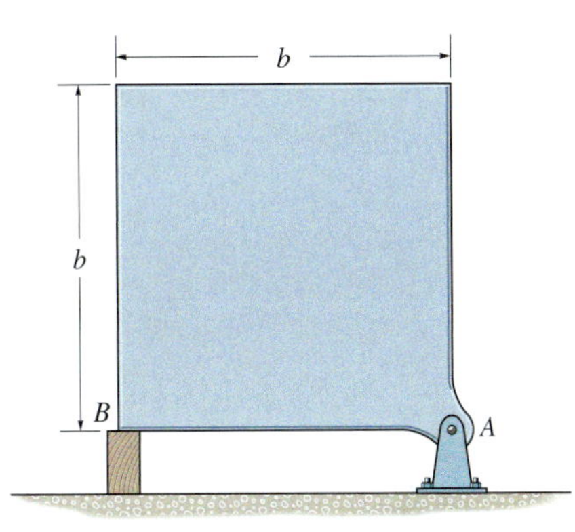

Abbildung A 6.70

6.71 Die Stütze in B wird plötzlich entfernt. Bestimmen Sie die Anfangsbeschleunigung des Punktes C (nach unten). Die Abschnitte AC und CB haben jeweils das Gewicht G.

Gegeben: $G = 10$ N, $l = 3$ m

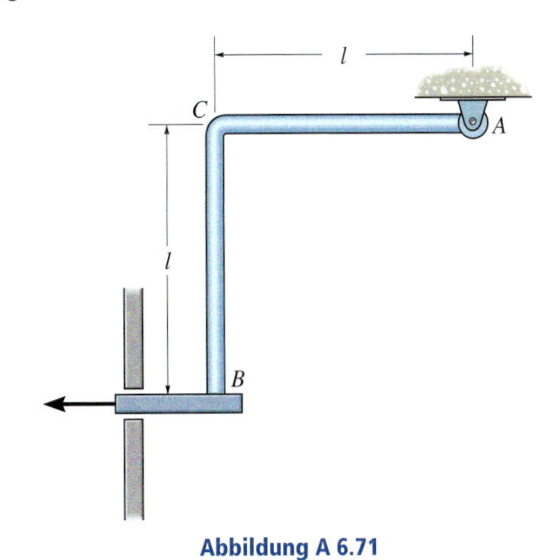

Abbildung A 6.71

***6.72** Bestimmen Sie die Winkelbeschleunigung des Sprungbrettes der Masse m sowie die horizontale und die vertikale Lagerreaktion in A in dem Augenblick, wenn der Mann abspringt. Nehmen Sie an, dass das Brett homogen und starr ist und sich im Moment des Absprungs mit verschwindender Winkelgeschwindigkeit aus der horizontalen Ausgangslage zu drehen beginnt, wobei die Feder maximal um s gestaucht ist. Die Federkonstante c ist gegeben.

Gegeben: $m = 25\ \text{kg}$, $b = 1{,}5\ \text{m}$, $s = 200\ \text{mm}$, $c = 7\ \text{kN/m}$

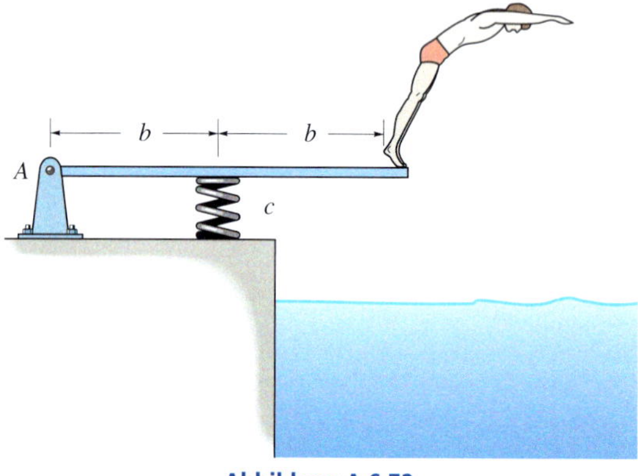

Abbildung A 6.72

6.73 Die Scheibe hat die Masse m und dreht sich anfänglich mit der Winkelgeschwindigkeit ω_0. Sie wird über die Strebe BC gestützt und gegen die Wand gelehnt, wobei dort der Gleitreibungskoeffizient μ_g vorliegt. Bestimmen Sie die Zeitspanne, bis die Scheibe zum Stehen kommt. Wie groß ist die Kraft in der Strebe BC während dieser Zeitspanne?

Gegeben: $m = 20\ \text{kg}$, $r = 150\ \text{mm}$, $\omega_0 = 60\ \text{rad/s}$, $\mu_g = 0{,}3$, $\gamma = 60°$

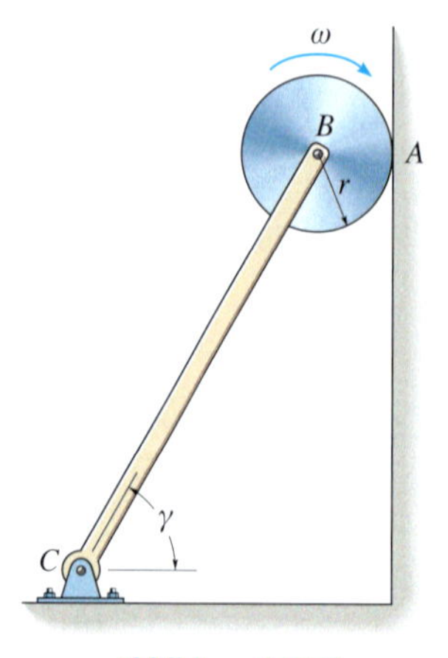

Abbildung A 6.73

6.74 Die Scheibe hat die Masse M und den Radius R. Die Last der Masse m wird am Seil befestigt, das um die Scheibe geschlungen ist. Bestimmen Sie die Winkelbeschleunigung der Scheibe, wenn die Masse aus der Ruhe freigegeben wird. Wie groß ist die Geschwindigkeit der Last, nachdem sie aus der Ruhe die Höhe $2R$ durchlaufen hat?

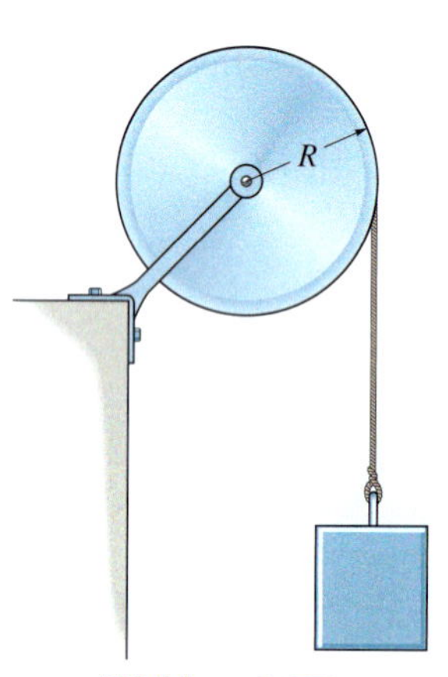

Abbildung A 6.74

6.75 Für die beiden Massen A und B gilt $m_B > m_A$. Die Seilrolle wird als Scheibe der Masse M betrachtet. Bestimmen Sie die Beschleunigung der Masse A. Vernachlässigen Sie die Masse des Seiles und eventuelles Gleiten auf der Rolle.

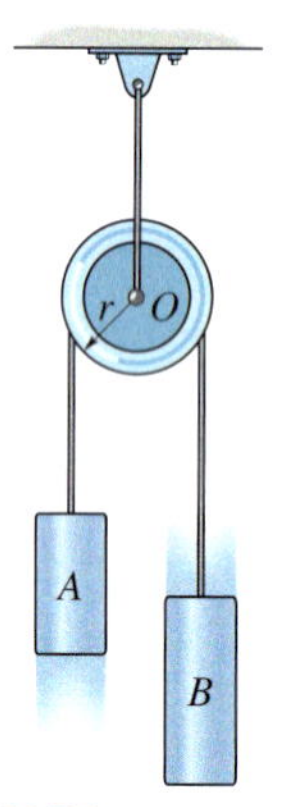

Abbildung A 6.75

***6.76** Die Leichtbauturbine besteht aus einem Rotor, der um seinen Mittelpunkt durch ein Moment angetrieben wird. Befindet sich der Rotor in der horizontalen Lage, hat er die Winkelgeschwindigkeit ω und die Winkelbeschleunigung α im Uhrzeigersinn. Bestimmen Sie die Schnittgrößen Normalkraft, Querkraft und Biegemoment im Schnitt durch A. Nehmen Sie an, dass der Rotor ein schlanker Rundstab der Länge $2R$ und der Masse pro Länge $\overline{m}$ ist.

Gegeben: $\overline{m} = 3$ kg/m, $R = 25$ m, $r_A = 10$ m, $\omega = 15$ rad/s, $\alpha = 8$ rad/s^2

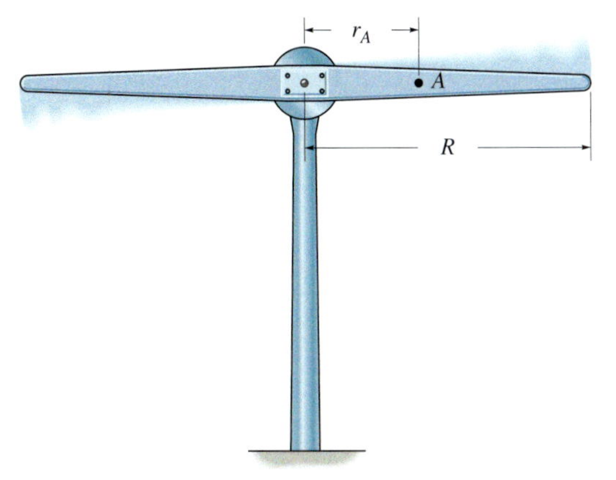

Abbildung A 6.76

6.77 Die Anordnung aus zwei Stäben wird in der dargestellten Lage aus der Ruhe freigegeben. Bestimmen Sie das anfängliche Biegemoment am Punkt B. Die Stäbe haben jeweils die Masse m und die Länge l.

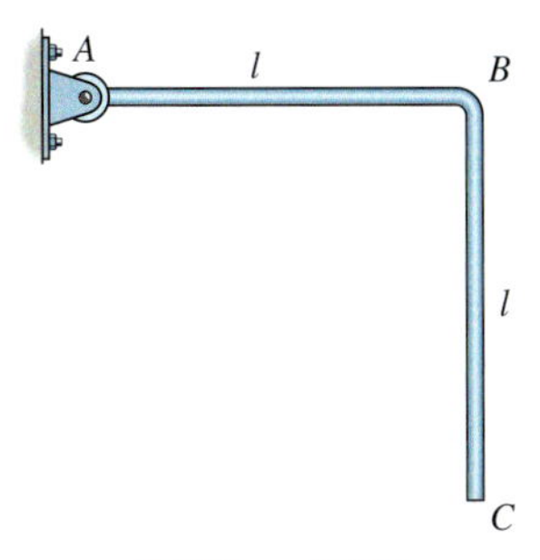

Abbildung A 6.77

6.78 Der Schalter (schlanker Rundstab) AB mit der Masse m ist um das Gelenklager A frei drehbar. Die Bewegung wird vom Elektromagneten E gesteuert, der die horizontale Anzugskraft $F(l)$ auf das Schalterende B ausübt, wobei l die Breite des Spaltes zwischen Stab und Magnet ist. Der Schalter liegt in der horizontalen Ebene und ist ursprünglich in Ruhe. Bestimmen Sie die Geschwindigkeit des Schalterendes in B für $l = l_1$. Zu Anfang gilt $l = l_0$.

Gegeben: $m = 0{,}2$ kg, $l_1 = 0{,}01$ m, $l_0 = 0{,}02$ m, $F_B = kl^{-2}$, $k = 0{,}2(10^{-3})$ Nm^2, $b = 150$ mm

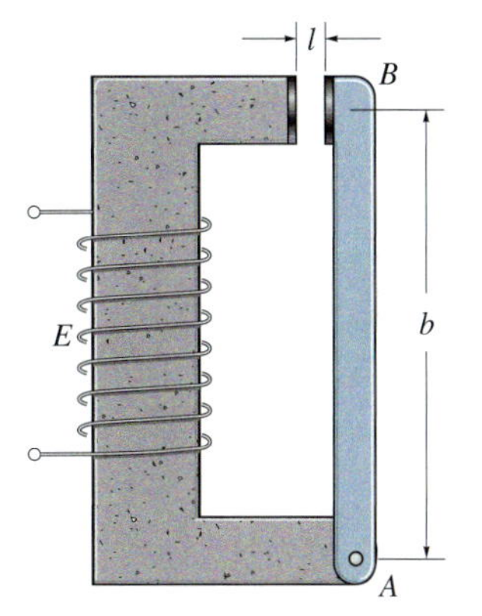

Abbildung A 6.78

6.79 Das Rad der Masse m hat den Trägheitsradius k_B und dreht anfänglich mit der Winkelgeschwindigkeit ω_0. Das Rad wird auf die horizontale Unterlage gesetzt, wobei der Gleitreibungskoeffizient μ_g vorliegt. Bestimmen Sie die Zeit, bis das Rad zum Stehen kommt. Wie groß sind die horizontale und vertikale Lagerreaktion des Lagers A auf den Träger AB während dieser Zeit? Vernachlässigen Sie die Masse von AB.

Gegeben: $m = 25$ kg, $k_B = 0{,}15$ m, $\omega_0 = 40$ rad/s, $\mu_g = 0{,}5$, $r = 0{,}2$ m, $l = 0{,}4$ m, $h = 0{,}3$ m

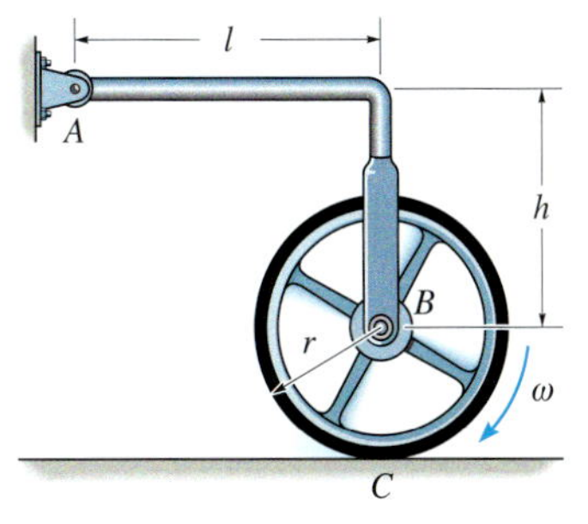

Abbildung A 6.79

***6.80** Das undehnbare Seil ist um die Nabe einer Spule gewickelt. Die Last der Masse m_B wird am Seil aufgehängt und aus der Ruhe freigegeben. Bestimmen Sie die Winkelgeschwindigkeit zum Zeitpunkt $t = t_1$. Vernachlässigen Sie die Masse des Seiles. Die Spule hat das Gewicht G und der Trägheitsradius um die Achse A beträgt k_A. Lösen Sie die Aufgabe auf zwei Arten, indem Sie zunächst das System aus Last und Spule gemeinsam und dann Last und Spule getrennt betrachten.

Gegeben: $m_B = 0{,}5$ kg, $G = 180$ N, $k_A = 0{,}125$ m, $r_i = 0{,}15$ m, $r_a = 0{,}275$ m, $t_1 = 3$ s

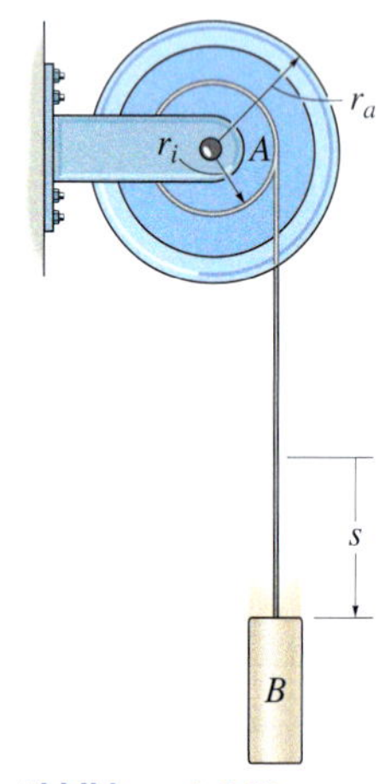

Abbildung A 6.80

■ 6.81 Ein Junge der Masse m_J sitzt auf einem großen Rad der Masse m_R und dem Trägheitsradius k_S. Der Junge startet aus der Ruhe bei $\theta = 0$, indem das Rad sich frei zu drehen beginnt. Bestimmen Sie den Winkel, bei dem der Junge auf dem Rad zu gleiten beginnt. Der Haftreibungskoeffizient zwischen Rad und Junge beträgt μ_h. Vernachlässigen Sie bei der Berechnung die Größe des Jungen.

Gegeben: $m_J = 40$ kg, $m_R = 400$ kg, $k_S = 5{,}5$ m, $\mu_h = 0{,}5$, $r = 8$ m

Abbildung A 6.81

6.82 Die Scheibe D dreht sich mit konstanter Winkelgeschwindigkeit ω. Die Scheibe E mit dem Gewicht G ist in Ruhe, als sie mit D in Kontakt gebracht wird. Bestimmen Sie die Zeit, bis die Scheibe E die gleiche Winkelgeschwindigkeit hat wie D. Der Gleitreibungskoeffizient zwischen den beiden Scheiben beträgt μ_g. Vernachlässigen Sie das Gewicht der Stange BC.

Gegeben: $G = 600$ N, $\omega = 30$ rad/s, $\mu_g = 0{,}3$, $r = 1$ m, $l = 2$ m

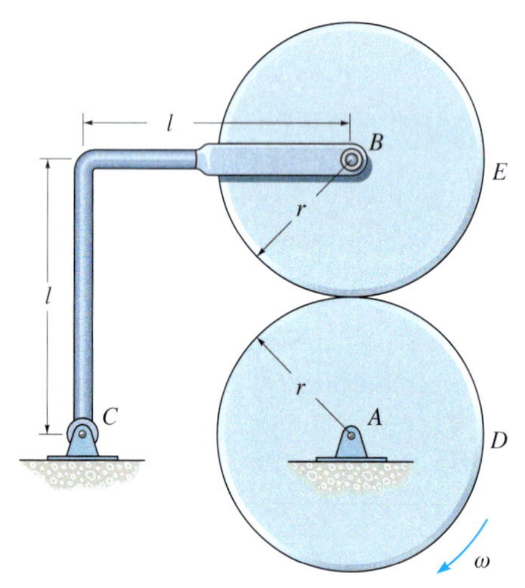

Abbildung A 6.82

6.83 Die Stange mit dem Gewicht pro Länge q_0 dreht mit konstanter Winkelgeschwindigkeit ω um den Punkt O. Bestimmen Sie die Schnittgrößen Normalkraft, Querkraft und Biegemoment in der Stange als Funktion von x und dem Drehwinkel θ.

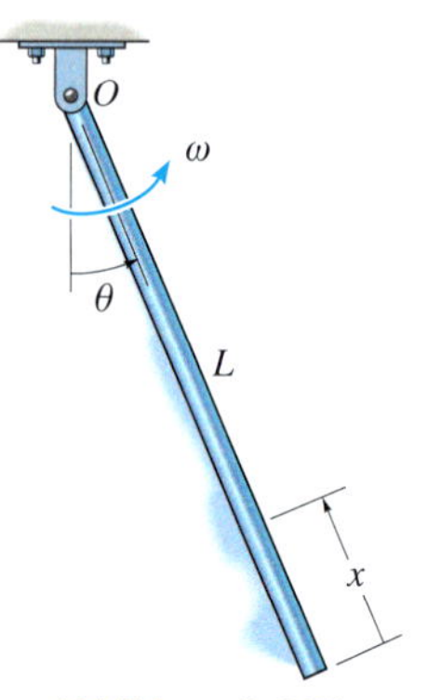

Abbildung A 6.83

***6.84** Eine Kraft F greift senkrecht zur Achse des Stabes mit dem Gewicht G an. Der Kraftangriffspunkt bewegt sich mit der konstanten Geschwindigkeit v von O nach A entlang des Stabes. Die Stange ist anfänglich bei θ_0 in Ruhe und die Kraft F befindet sich dann gerade in O. Bestimmen Sie die Winkelgeschwindigkeit der Stange, wenn sich die Kraft in A befindet. Welchen Winkel hat sie dann überstrichen? Die Stange dreht sich in der *horizontalen Ebene*.

Gegeben: $F = 20$ N, $G = 50$ N, $\theta_0 = 0°$, $t_0 = 0$, $v = 4$ m/s, $l = 4$ m

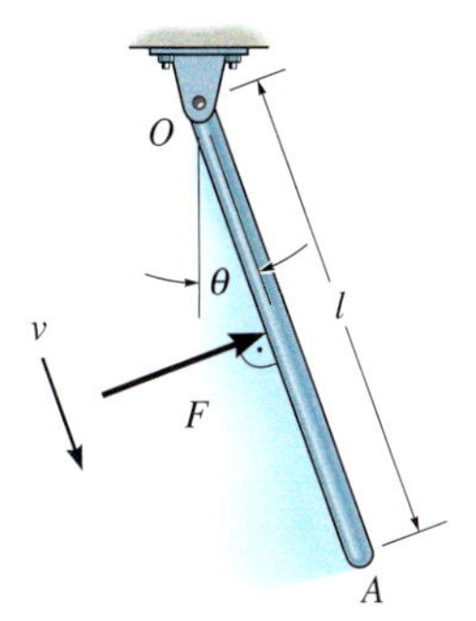

Abbildung A 6.84

6.85 Das Feuerrad besteht aus einem aufgerollten Pulverrohr, das im Mittelpunkt frei drehbar gelagert ist. Das Pulver verbrennt mit der konstanten Rate g, sodass die Abbrenngase eine konstante Kraft mit dem Betrag F bewirken, die tangential zum Rad gerichtet ist. Bestimmen Sie die Winkelgeschwindigkeit des Rades, nachdem 75 % der Masse verbrannt ist. Zu Beginn ist das Rad in Ruhe und hat die Masse m und den Radius r. Betrachten Sie für die Berechnung das Rad als flache Scheibe.

Gegeben: $F = 0{,}3$ N, $g = 20$ g/s, $m = 100$ g, $r = 75$ mm

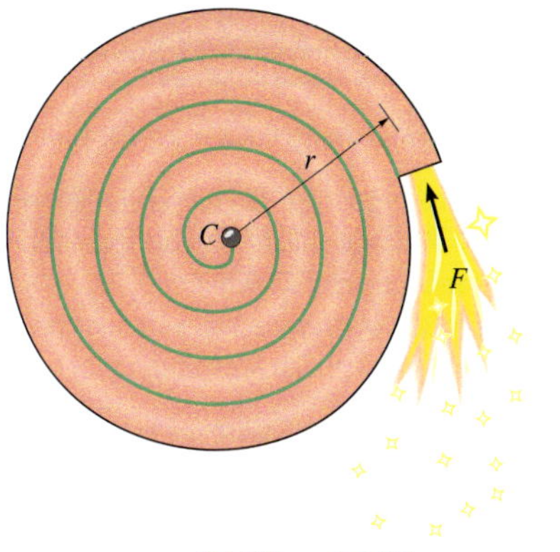

Abbildung A 6.85

***6.86** Die Trommel hat das Gewicht G_T und den Trägheitsradius k_A. Eine Kette mit der Länge l und dem Gewicht pro Länge q_K ist um die Außenfläche der Trommel gewickelt. Ein Kettenabschnitt der Länge $s = s_0$ hängt herunter. Die Trommel ist zu Beginn in Ruhe. Bestimmen Sie die Winkelgeschwindigkeit, wenn die Kette auf $s = s_1$ herabgelassen wurde. Vernachlässigen Sie die Dicke der Kette.

Gegeben: $G_T = 50$ kN, $k_A = 0{,}4$ m, $q_K = 2$ kN/m, $s_0 = 3$ m, $s_1 = 13$ m, $l = 35$ m

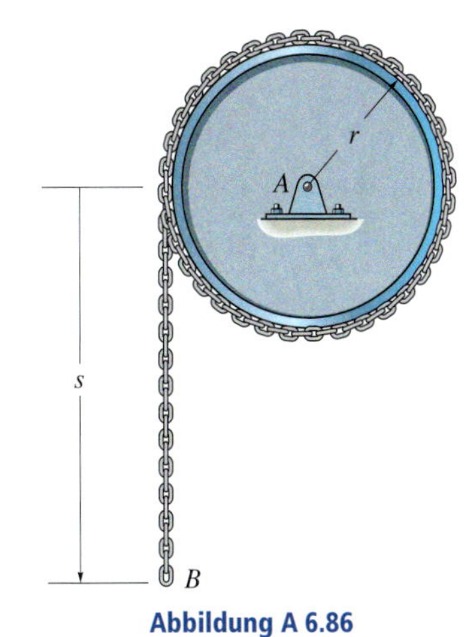

Abbildung A 6.86

Aufgaben zu 6.5

Ausgewählte Lösungswege 

Lösungen finden Sie in *Anhang C*.

6.87 Die Scheibe in Abbildung 6.21a *rollt ohne Gleiten*. Zeigen Sie, dass bei einer Momentenbilanz bezüglich des Momentanpols M die Verwendung der Gleichung $\sum M_M - J_M \alpha = 0$ möglich ist. J_M ist das Massenträgheitsmoment der Scheibe bezüglich einer Achse durch den Momentanpol.

***6.88** Der Sandsack mit der Masse m hat den Trägheitsradius k_S bezüglich des Schwerpunktes S. Er ist zu Beginn in Ruhe und die horizontale Kraft F greift an ihm an. Bestimmen Sie die Anfangswinkelbeschleunigung des Sandsacks und die Zugkraft im Tragseil AB.

Gegeben: $m = 20$ kg, $k_S = 0{,}4$ m, $F = 30$ N, $b = 1$ m, $c = 0{,}3$ m, $d = 0{,}6$ m

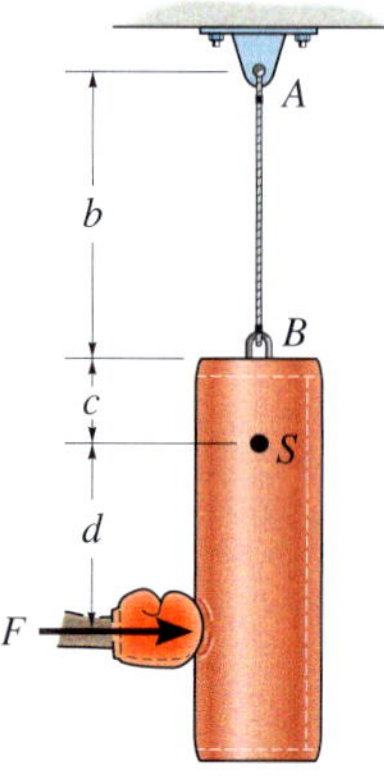

Abbildung A 6.88

6.89 Die halbkreisförmige Scheibe der Masse m dreht sich in der Winkellage $\theta = \theta_1$ mit der Winkelgeschwindigkeit ω. Der Haftreibungskoeffizient μ_h in A ist gegeben. Gleitet die Scheibe zu diesem Zeitpunkt?

Gegeben: $m = 10$ kg, $\mu_h = 0{,}5$, $\omega = 4$ rad/s, $\theta_1 = 60°$, $r = 0{,}4$ m

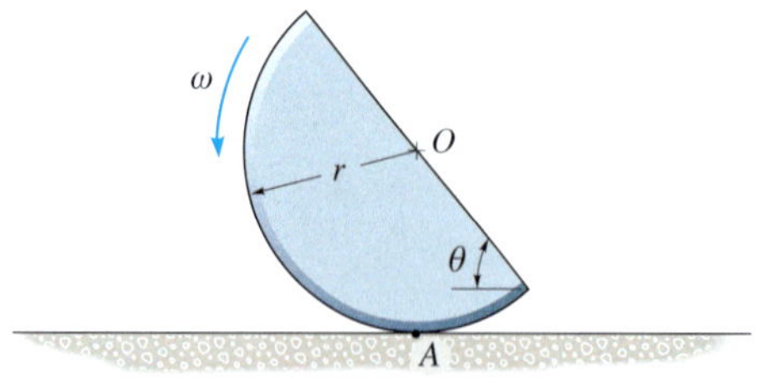

Abbildung A 6.89

6.90 Die Rakete hat beim Start das Gewicht G, den Schwerpunkt in S und den Trägheitsradius k_S bezüglich S. Beide Triebwerke erzeugen den Schub T. Plötzlich fällt das Triebwerk A aus. Bestimmen Sie die Winkelbeschleunigung der Rakete und die Beschleunigung ihrer Spitze B.

Gegeben: $G = 100$ kN, $k_S = 7$ m, $T = 250$ kN, $d = 0{,}5$ m, $h = 10$ m

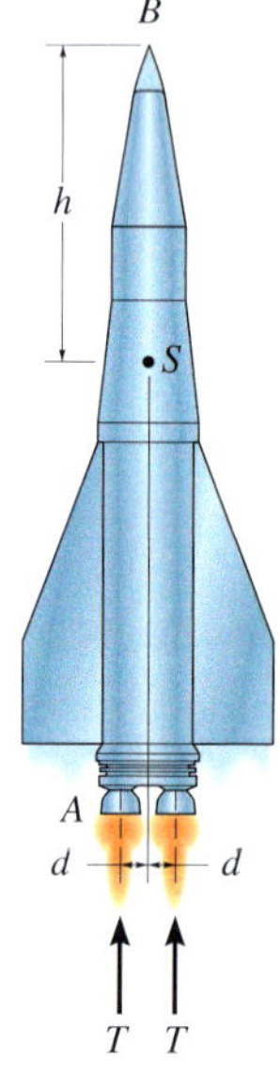

Abbildung A 6.90

6.91 Zwei Männer üben konstante vertikale Kräfte F_A und F_B auf die Enden A und B des homogenen Brettes mit dem Gewicht G aus. Das Brett ist anfangs in Ruhe. Bestimmen Sie die Beschleunigung seines Mittelpunktes und seine Winkelbeschleunigung. Nehmen Sie an, dass das Brett ein schlanker Stab ist.

Gegeben: $G = 250$ N, $F_A = 200$ N, $F_B = 150$ N, $l = 5$ m

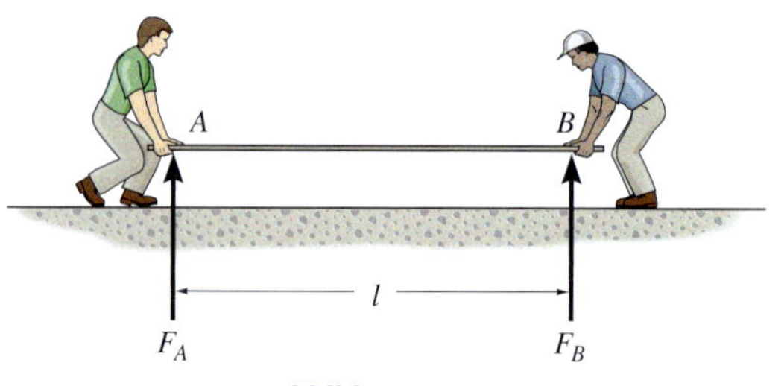

Abbildung A 6.91

***6.92** Das homogene Brett mit dem Gewicht G ist in C und D an Seilen aufgehängt. An diesen wirken die Kräfte F_A und F_B. Bestimmen Sie die Beschleunigung des Brettmittelpunktes und die Winkelbeschleunigung des Brettes. Nehmen Sie an, dass das Brett eine dünne Scheibe ist. Vernachlässigen Sie die Masse der Rollen in E und F.

Gegeben: $G = 500$ N, $F_A = 300$ N, $F_B = 450$ N, $l = 1$ m

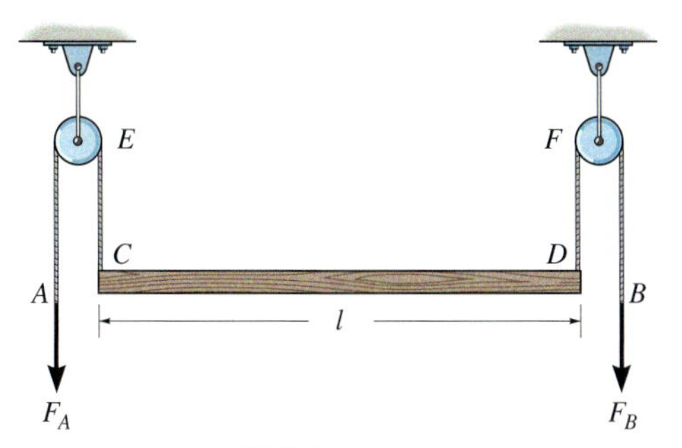

Abbildung A 6.92

6.93 Die Spule hat die Masse m und den Trägheitsradius k_S. Sie ruht auf der Oberfläche eines Transportbandes mit dem Haftreibungskoeffizienten μ_h und den Gleitreibungskoeffizienten μ_g. Das Transportband beschleunigt mit a_B. Bestimmen Sie die Anfangszugkraft im Halteseil und die Winkelbeschleunigung der Spule, die anfänglich in Ruhe ist.

Gegeben: $m = 500$ kg, $k_S = 1{,}30$ m, $a_B = 1$ m/s², $r_a = 1{,}6$ m, $r_i = 0{,}8$ m, $\mu_h = 0{,}5$, $\mu_g = 0{,}4$

6.94 Die Spule hat die Masse m und den Trägheitsradius k_S. Sie ruht auf der Oberfläche eines Transportbandes mit dem Haftreibungskoeffizienten μ_h. Bestimmen Sie die größte Beschleunigung a_B des Transportbandes, sodass die Spule nicht gleitet. Ermitteln Sie ebenfalls die Anfangszugkraft im Halteseil und die Winkelbeschleunigung der Spule, die anfänglich in Ruhe ist.

Gegeben: $m = 500$ kg, $k_S = 1{,}30$ m, $r_a = 1{,}6$ m, $r_i = 0{,}6$ m, $\mu_h = 0{,}5$

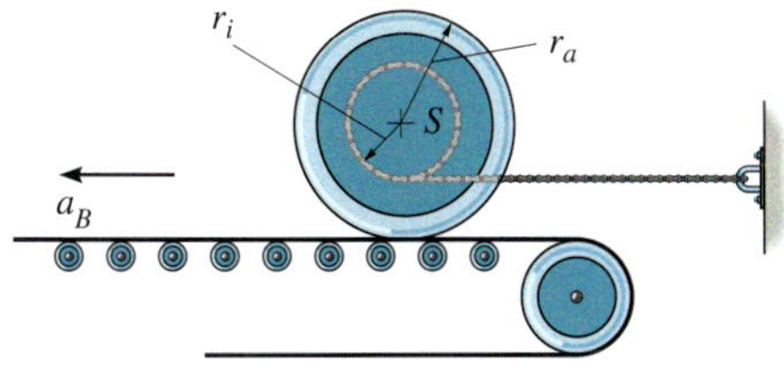

Abbildung A 6.93/6.94

6.95 Die Spule hat die Masse m und den Trägheitsradius k_S. Im Aufstandspunkt A beträgt der Haftreibungskoeffizient μ_h und der Gleitreibungskoeffizient μ_g. Bestimmen Sie die Winkelbeschleunigung der Spule, wenn am horizontal gerichteten Seilende die Horizontalkraft P wirkt.

Gegeben: $m = 100$ kg, $k_S = 0{,}3$ m, $P = 50$ N, $r_a = 400$ mm, $r_i = 250$ mm, $\mu_h = 0{,}2$, $\mu_g = 0{,}15$

***6.96** Lösen Sie Aufgabe 6.95 für den Fall, dass das Seil und die Kraft P vertikal nach oben gerichtet sind.

6.97 Die Spule hat die Masse m und den Trägheitsradius k_S. Im Aufstandspunkt A beträgt der Haftreibungskoeffizient μ_h und der Gleitreibungskoeffizient μ_g. Bestimmen Sie die Winkelbeschleunigung der Spule, wenn am horizontal gerichteten Seilende die Horizontalkraft P wirkt.

Gegeben: $m = 100$ kg, $k_S = 0{,}3$ m, $P = 600$ N, $r_a = 400$ mm, $r_i = 250$ mm, $\mu_h = 0{,}2$, $\mu_g = 0{,}15$

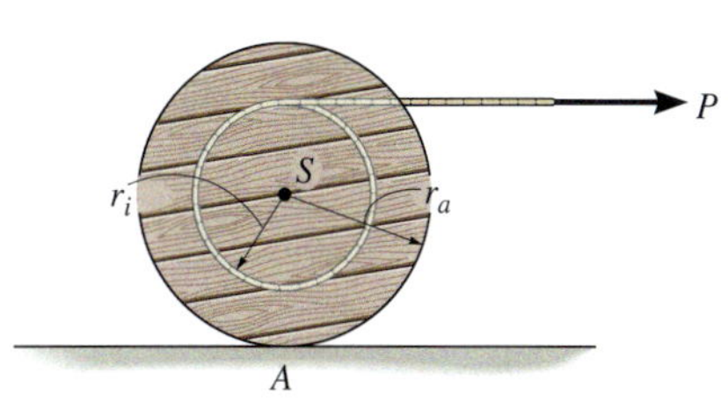

Abbildung A 6.95/6.96/6.97

6.98 Der Oberkörper der Testpuppe hat das Gewicht G, den Schwerpunkt in S und den Trägheitsradius k_S bezüglich S. Aufgrund der Wirkung des Gurtes nehmen wir an, dass dieser Körperabschnitt in A gelenkig gelagert ist. Ein Aufprall verursacht ein Abbremsen mit der Verzögerung a. Bestimmen Sie die Winkelgeschwindigkeit des Körpers bei der Winkellage $\theta = \theta_1$.

Gegeben: $G = 375$ N, $k_S = 0{,}21$ m, $a = 15$ m/s², $d = 0{,}57$ m, $\theta_1 = 30°$

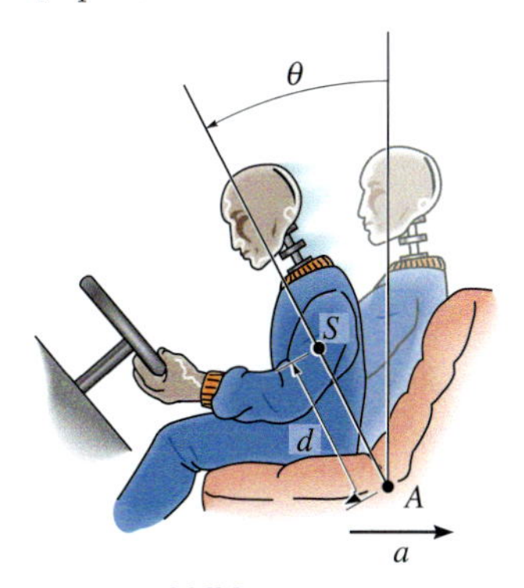

Abbildung A 6.98

6.99 Der schlanke Stab der Masse m wird vom Seil BC gehalten und dann aus der Ruhe in A freigegeben. Bestimmen Sie die Anfangswinkelbeschleunigung des Stabes und die Zugkraft im Seil.

Gegeben: $m = 2$ kg, $l = 300$ mm, $\beta = 30°$

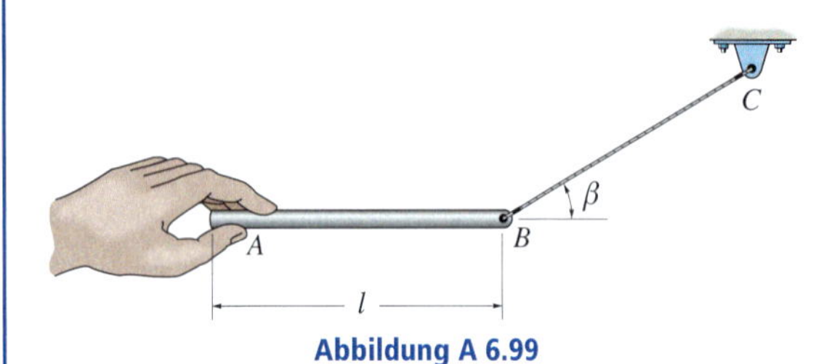

Abbildung A 6.99

***6.100** Eine homogene Stange mit dem Gewicht G ist in A im Mittelpunkt einer kleinen Rolle frei drehbar gelagert. Diese bewegt sich auf einer horizontalen Bahn. Die Stange ist zu Beginn in Ruhe und die Kraft F wird auf die Rolle aufgebracht. Vernachlässigen Sie bei der Berechnung die Masse der Rolle und ihre Größe d. Berechnen Sie die Anfangsbeschleunigung des Punktes A.

Gegeben: $G = 100$ N, $F = 150$ N, $l = 2$ m

6.101 Lösen Sie Aufgabe 6.100 unter der Annahme, dass A durch einen Gleitkörper vernachlässigbarer Masse ersetzt wird. Der Gleitreibungskoeffizient zwischen Gleitkörper und Bahn beträgt μ_g. Vernachlässigen Sie bei der Berechnung d und die Größe des Gleitkörpers. Berechnen Sie die Anfangsbeschleunigung des Punktes A.

Gegeben: $G = 100$ N, $F = 150$ N, $l = 2$ m, $\mu_g = 0{,}2$

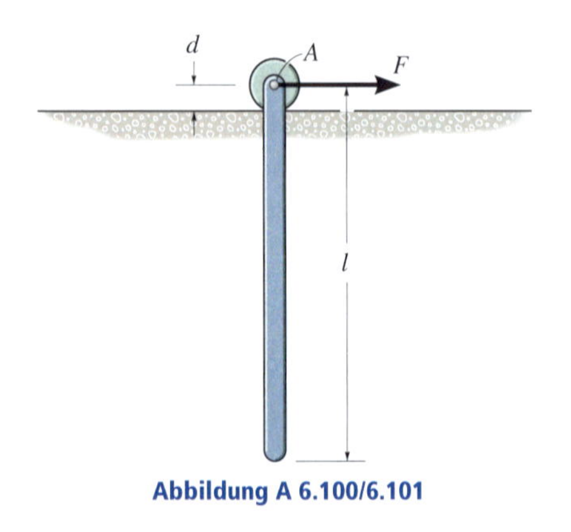

Abbildung A 6.100/6.101

6.102 Der Rasenmäher hat die Masse m und den Trägheitsradius k_S. Er wird mit der Kraft F geschoben, wobei der Griff unter dem Winkel β steht. Bestimmen Sie die Winkelbeschleunigung. Der Haftreibungskoeffizient beträgt μ_h und der Gleitreibungskoeffizient μ_g.

Gegeben: $m = 80$ kg, $k_S = 0{,}175$ m, $F = 200$ N, $r = 200$ mm, $\beta = 45°$, $\mu_h = 0{,}12$, $\mu_g = 0{,}1$

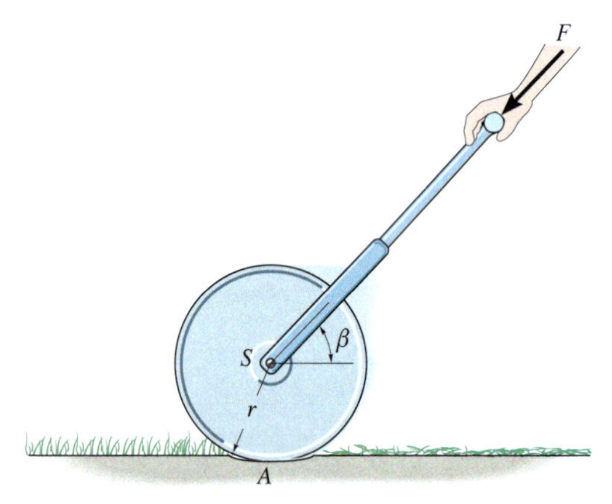

Abbildung A 6.102

6.103 Die beiden gelenkig verbundenen Stäbe haben jeweils ein Gewicht pro Länge q_G. Am Stab AB wirkt das Moment M. Bestimmen Sie die anfängliche vertikale Reaktionskraft in C sowie die horizontale und die vertikale Gelenkreaktion in B. Vernachlässigen Sie die Größe der Rolle C. Die Stäbe sind zu Beginn in Ruhe.

Gegeben: $q_G = 100$ N/m, $M = 600$ Nm, $h = 3$ m, $d = 4$ m

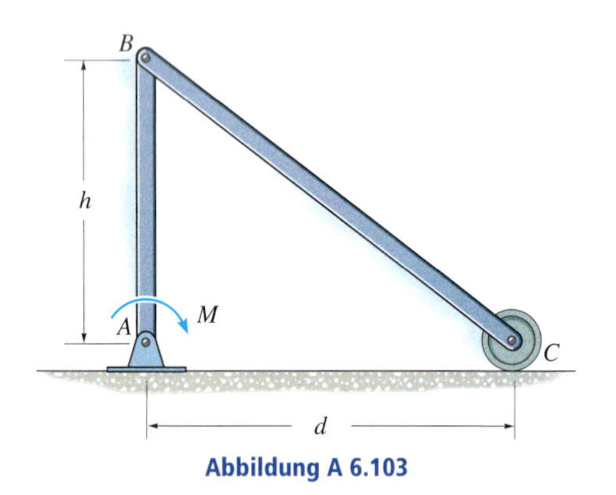

Abbildung A 6.103

***6.104** Ein langer Papierstreifen ist auf zwei Rollen mit jeweils der Masse m gewickelt. Rolle A ist im Mittelpunkt frei drehbar gelagert, Rolle B ist frei. Die Rolle B wird mit A in Kontakt gebracht und aus der Ruhe freigegeben. Bestimmen Sie die Anfangszugkraft im Papier zwischen den Rollen und die Winkelbeschleunigung jeder Rolle. Nehmen Sie für die Berechnung an, dass die Rollen näherungsweise homogene Zylinder sind.

Gegeben: $m = 8 \text{ kg}$, $r = 90 \text{ mm}$

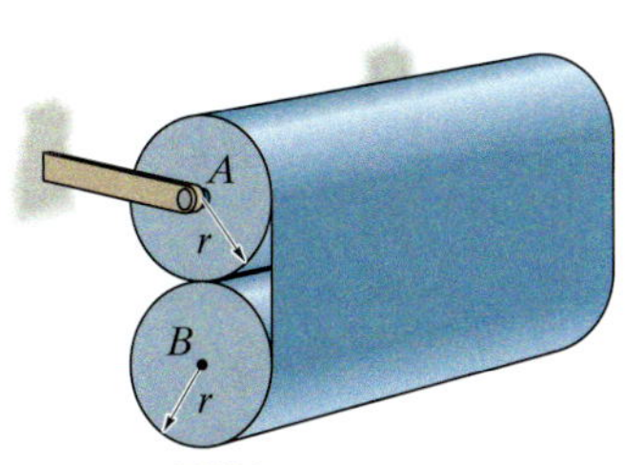

Abbildung A 6.104

6.105 Die homogene Stange der Masse m und der Länge L wird in der vertikalen Lage im Gleichgewicht balanciert. In diesem Zustand wirkt plötzlich die Horizontalkraft P an der Rolle A, die auf horizontaler Unterlage reibungsfrei bewegt werden kann. Bestimmen Sie die Anfangswinkelbeschleunigung der Stange und die Beschleunigung der Stangenspitze B.

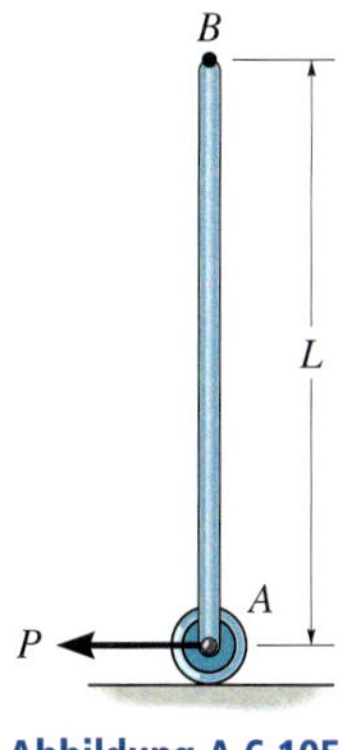

Abbildung A 6.105

6.106 Die Leiter mit dem Gewicht G wird in der gezeichneten Lage auf glattem Boden und an glatter Wand gehalten. Bestimmen Sie die Winkelbeschleunigung der Leiter als Funktion des Lagewinkels θ, wenn diese aus der Ruhe freigegeben wird. Betrachten Sie die Leiter bei der Rechnung als schlanken Stab.

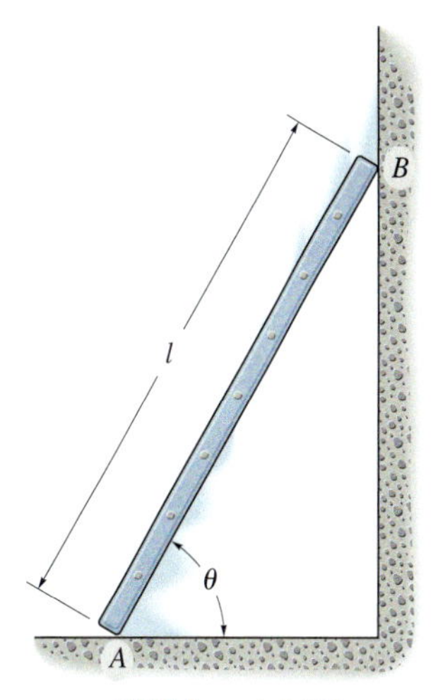

Abbildung A 6.106

6.107 Die Bowlingkugel der Masse m wird mit verschwindender Winkelgeschwindigkeit horizontal auf die Bahn aufgesetzt, wobei ihr Schwerpunkt die Anfangsgeschwindigkeit v_0 besitzt. Der Gleitreibungskoeffizient μ_g ist gegeben. Bestimmen Sie die Strecke, die die Kugel zurücklegt, bevor sie ohne Gleiten rollt. Vernachlässigen Sie bei der Rechnung die Fingerlöcher im Ball und nehmen Sie an, dass die Kugel aus homogenem Material gefertigt ist.

Gegeben: $r = 0{,}1125 \text{ m}$, $v_0 = 2{,}4 \text{ m/s}$, $\mu_g = 0{,}12$, $m = 8 \text{ kg}$

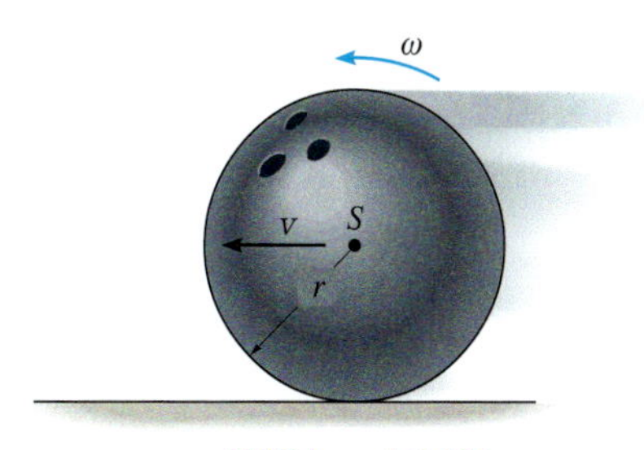

Abbildung A 6.107

***6.108** Der ringförmige dünne Reifen mit dem Gewicht G besitzt beim Aufsetzen auf den Boden die Anfangswinkelgeschwindigkeit ω_0. Der Gleitreibungskoeffizient zwischen Reifen und Unterlage beträgt μ_g. Bestimmen Sie die Strecke, die der Reifen zurücklegt, bevor er zu gleiten aufhört.

Gegeben: $G = 10$ N, $r = 6$ cm, $\omega_0 = 6$ rad/s, $\mu_g = 0{,}3$

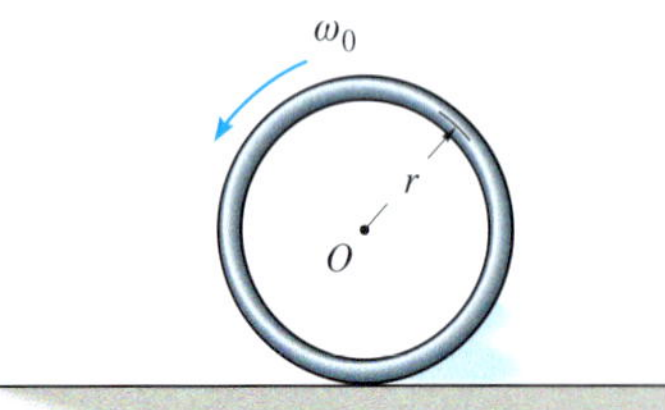

Abbildung A 6.108

6.109 Die runde Scheibe mit dem Gewicht G ist am Bolzen A reibungsfrei drehbar aufgehängt. Dieser ist an einem masselosen Fahrzeug befestigt, das eine Horizontalbeschleunigung a_A erfährt. Bestimmen Sie die horizontalen und vertikalen Reaktionskräfte in A sowie die Beschleunigung des Scheibenschwerpunktes S. Die Scheibe ist zu Beginn in Ruhe.

Gegeben: $G = 150$ N, $r = 2$ m, $a_A = 3$ m/s^3

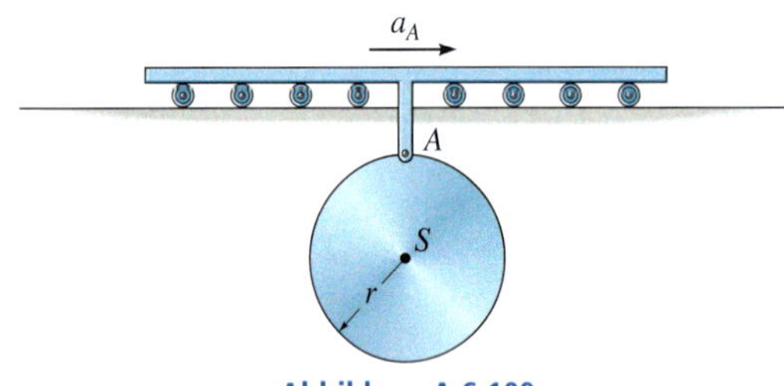

Abbildung A 6.109

6.110 Ein masseloses undehnbares Seil C ist um beide Scheiben der Masse m gewickelt. Die Scheiben werden aus der Ruhe freigegeben. Bestimmen Sie die Zugkraft im ortsfesten Seil AD.

Gegeben: $m = 10$ kg, $r = 90$ mm

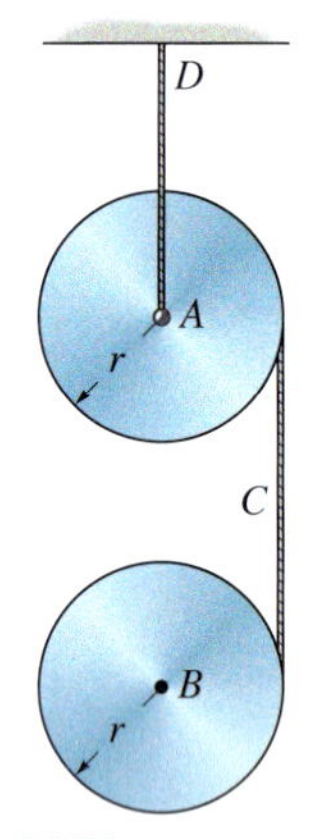

Abbildung A 6.110

■ 6.111 Die Anordnung besteht aus einer Scheibe der Masse m_A und einer damit gelenkig verbundenen Stange der Masse m_B. Das System wird aus der Ruhe freigegeben. Bestimmen Sie die Winkelbeschleunigung der Scheibe. Der Haftreibungskoeffizient μ_h und der Gleitreibungskoeffizient μ_g sind gegeben. Vernachlässigen Sie die Reibung in B.

Gegeben: $m_A = 8$ kg, $m_B = 10$ kg, $l = 1$ m, $r = 0{,}3$ m, $\beta = 30°$, $\mu_h = 0{,}6$, $\mu_g = 0{,}4$

***6.112** Lösen Sie die Aufgabe 6.111 für den Fall, dass die Stange entfernt wird. Der Haftreibungskoeffizient μ_h und der Gleitreibungskoeffizient μ_g bleiben unverändert.

Gegeben: $m_A = 8$ kg, $r = 0{,}3$ m, $\mu_h = 0{,}15$, $\mu_g = 0{,}1$, $\beta = 30°$

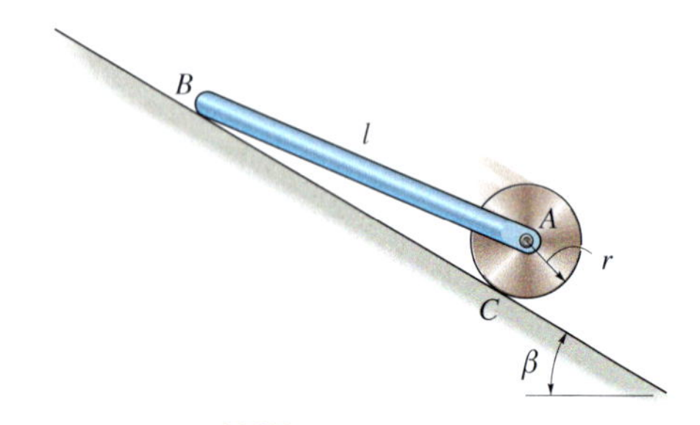

Abbildung A 6.111/6.112

6.113 Der starre, schlanke Balken mit dem Gewicht G ist in A und B gelagert und die geneigte Kraft F greift an ihm an. Das Gelenklager in A versagt plötzlich. Bestimmen Sie die Anfangswinkelbeschleunigung und die Reaktionskraft des Rollenlagers B auf den Balken. Nehmen Sie bei der Rechnung an, dass die Dicke des Balkens vernachlässigbar ist.

Gegeben: $G = 5\ \text{kN}$, $F = 10\ \text{kN}$, $l = 8\ \text{m}$, $b = 2\ \text{m}$, $\tan\beta = 3/4$

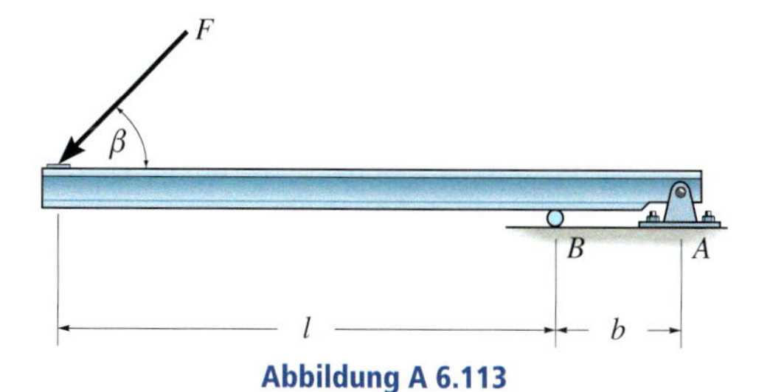

Abbildung A 6.113

6.114 Das System im Schwerkraftfeld der Erde besteht aus einer scheibenförmigen Walze mit der Masse m_W und dem Radius r, einem dünnen Stab der Masse m_S und der Länge l sowie einer Hülse C der Masse m_C. Die Walze rollt ohne Gleiten. Geben Sie die Bewegungsgleichung für den Neigungswinkel θ der Stange an, mit dem die Bewegung des Systems berechnet werden kann.

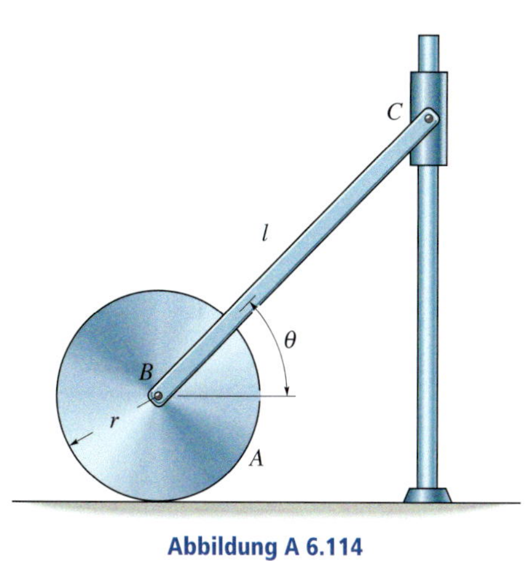

Abbildung A 6.114

6.115 Die Anordnung im Schwerkraftfeld der Erde besteht aus 2 schlanken Stäben mit jeweils der Länge l und der Masse m. sowie einer Scheibe mit dem Radius r und der Masse M. Im Mittelpunkt der Scheibe ist eine Feder mit der Federkonstanten c angebracht, die mit dem Lagerpunkt A verbunden ist. Die Feder ist für $\theta = \pi/4$ entspannt. Die Scheibe rollt ohne Gleiten. Geben Sie die Bewegungsgleichung in θ an.

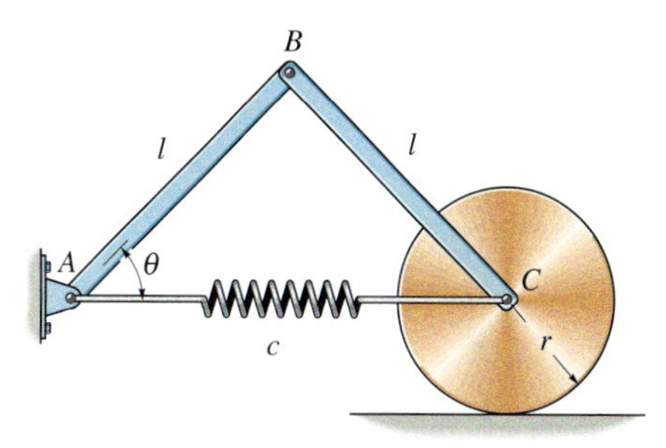

Abbildung A 6.115

6.116 Eine Scheibe mit der Masse m und dem Radius R rollt im Schwerkraftfeld der Erde ohne Gleiten auf einer schiefen Ebene. Die Lage auf der schiefen Ebene wird durch die Koordinate x beschrieben. Im Mittelpunkt der Scheibe ist eine Feder mit der Federkonstanten c befestigt, deren anderes Ende in der Umgebung verankert ist. Für $x = 0$ ist die Feder entspannt. Auf die Scheibe wirkt noch das Antriebsmoment $M(t)$. Geben Sie die Bewegungsgleichung des Systems in x an.

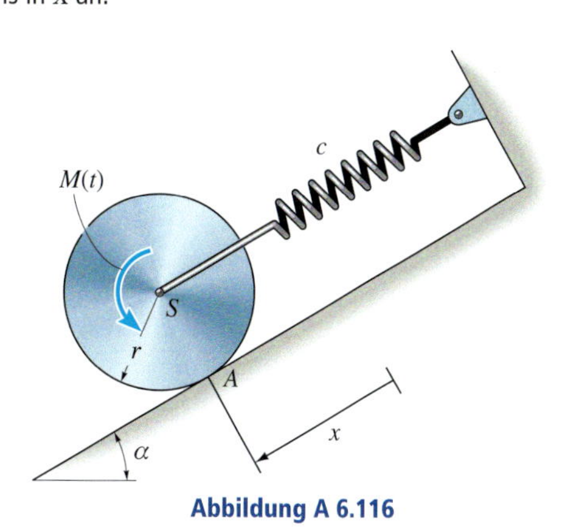

Abbildung A 6.116

6.117 Das Pendel besteht aus einer Scheibe (Masse M, Radius r) und einem schlanken Stab (Masse m, Länge $2a$). In Stabmitte ist eine Feder (Federkonstante c) befestigt, die immer vertikal ausgerichtet ist. Im Mittelpunkt D der Scheibe ist das Pendel reibungsfrei drehbar gelagert. Die Feder ist für $\varphi = 0$ entspannt. Geben Sie die Bewegungsgleichung in φ an, wenn Gewichtskräfte berücksichtigt werden.

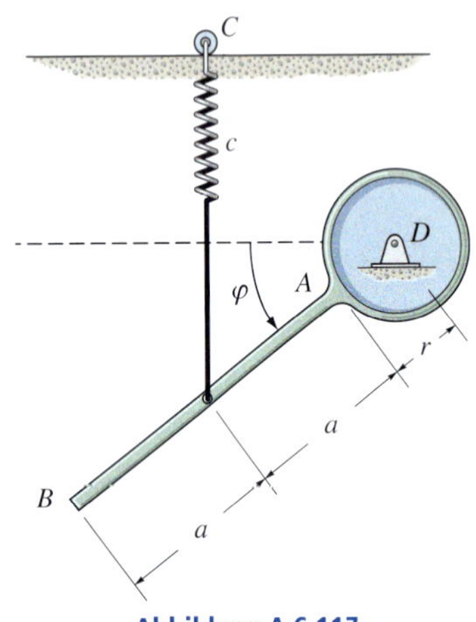

Abbildung A 6.117

6.118 Das System besteht aus 2 Rollen, um die wie abgebildet ein masseloses undehnbares Seil geschlungen ist. Rolle 1 kann sich reibungsfrei um den Lagerpunkt A drehen. Beide Rollen haben die Masse m und den Radius r. Die Bewegung von Rolle 1 wird durch den Winkel φ, die Bewegung der Rolle 2 durch die Koordinate x beschrieben. Geben Sie die Bewegungsgleichungen des Systems in x und φ unter der Annahme an, dass das Seil in C immer gespannt ist.

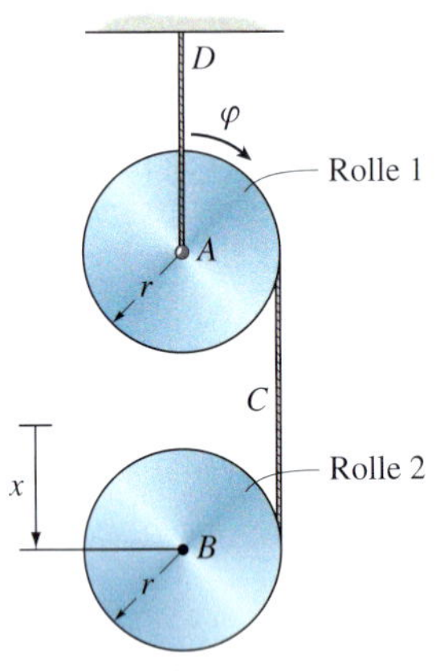

Abbildung A 6.118

6.119 Zwei Bolzen A und B mit jeweils der Masse m_B gleiten reibungsfrei in einer horizontalen beziehungsweise vertikalen Führung. Sie sind gelenkig mit einem schlanken Stab der Masse m_S und der Länge l verbunden. Am Bolzen B ist eine Feder mit der Federkonstanten c befestigt, die am Ende der vertikalen Nut gelagert ist. Die Feder ist für die Stellung $\theta = 0$ entspannt. Geben Sie die Bewegungsgleichung in θ an, mit der die Bewegung des Systems beschrieben werden kann.

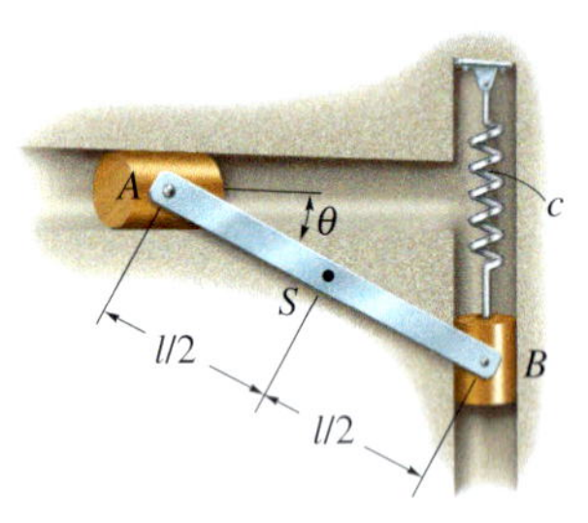

Abbildung A 6.119

Konstruktionsaufgaben

*6.1D Konstruktion eines Kraftmessers

Zur Ermittlung der Dauerfestigkeit von Seilen wird ein *Kraftmesser* verwendet, der die Zugkraft in einem Seil misst, das einen sehr schweren Gegenstand beschleunigt anhebt. Konstruieren Sie das Gerät mit einer oder mehreren Federn für die Verwendung an einem Seil, das ein Rohr der Masse m hält. Das Rohr wird mit a nach oben beschleunigt. Erstellen Sie eine Zeichnung und erläutern Sie das Funktionsprinzip des Kraftmessers.

Gegeben: $m = 300$ kg, $a = 2$ m/s^2

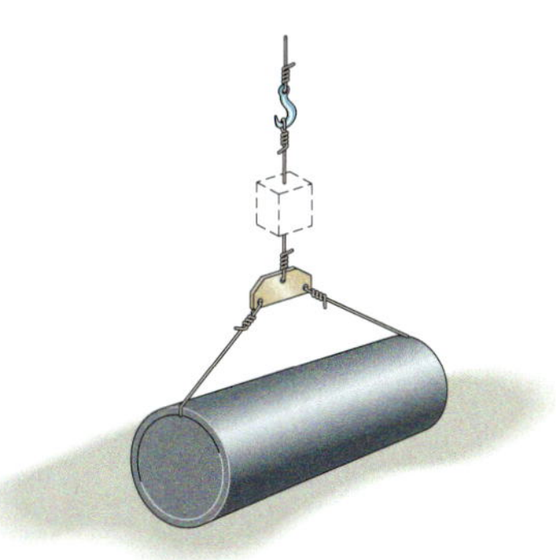

Abbildung A 6.1D

*6.2D Konstruktion einer Bremse für einen kleinen Aufzug

Ein kleiner Hausaufzug wird mit einer Winde betrieben. Aus Sicherheitsgründen muss ein Bremsmechanismus eingebaut werden, der automatisch wirkt, wenn das Seil im Betrieb versagt. Konstruieren Sie einen Bremsmechanismus mit Stahlteilen und Federn. Nehmen Sie an, dass der Aufzug mit Last die Masse m hat und mit der Geschwindigkeit v fährt. Die maximal zulässige Verzögerung soll a betragen. Der Gleitreibungskoeffizient zwischen den Stahlteilen und den Schachtwänden beträgt μ_g. Der Spalt zwischen Aufzuggehäuse und Schachtwand ist d. Erstellen Sie eine maßstäbliche Zeichnung Ihrer Konstruktion mit einer Kraftberechnung und zeigen Sie, dass die Bewegung wie gefordert angehalten wird. Diskutieren Sie Sicherheit und Zuverlässigkeit des Mechanismus.

Gegeben: $m = 300$ kg, $v = 2{,}5$ m/s, $a = 4$ m/s^2, $d = 50$ mm, $\mu_g = 0{,}3$

Abbildung A 6.2D

*6.3D Sicherheit eines Fahrrades

Einer der häufigsten Unfälle beim Fahrrad ist das Fallen über die Lenkstange. Führen Sie die erforderlichen Messungen an einem Standardfahrrad durch, ermitteln Sie seine Masse und den Schwerpunkt. Betrachten Sie sich als Fahrer, mit dem Schwerpunkt im Nabel. Führen Sie einen Versuch zur Bestimmung des Gleitreibungskoeffizienten zwischen Rädern und Fahrbahn durch. Berechnen Sie mit diesen Werten die Wahrscheinlichkeit des Fallens, wenn (a) nur die Hinterradbremsen, (b) nur die Vorderradbremsen und (c) Vorder- und Hinterradbremsen gleichzeitig betätigt werden. Welchen Einfluss hat dabei die Höhe des Sattels? Schlagen Sie eine verbesserte Fahrradkonstruktion vor und erstellen Sie auf der Grundlage der Berechnung einen Bericht zur Sicherheit.

Abbildung A 6.3D

Zusätzliche Übungsaufgaben mit Lösungen finden Sie auf der Companion Website (CWS) unter *www.pearson-studium.de*

Ebene Kinetik eines starren Körpers: Arbeit und Energie

7

ÜBERBLICK

Arbeits- und Energiesatz spielen eine wichtige Rolle für die Bewegung des Hebewerks, das Rohre auf einer Bohrinsel transportiert.

Lernziele

- Herleitung von Formeln für die kinetische Energie eines starren Körpers und Definition der verschiedenen Arten der Arbeit von Kräften und Momenten
- Anwendung des Arbeitssatzes auf ebene kinetische Aufgaben für starre Körper zur Verknüpfung von Kraft, Geschwindigkeit und Lage
- Erläuterung der Energieerhaltung im Rahmen ebener kinetischer Aufgaben für starre Körper

7.1 Kinetische Energie

In diesem Kapitel wenden wir den Arbeits- und den Energiesatz auf Aufgaben zur Verknüpfung von Kraft, Geschwindigkeit und Lage bei der ebenen Bewegung eines starren Körpers an. Dafür müssen wir die kinetische Energie des Körpers aufstellen, wenn dieser eine translatorische Bewegung, eine Drehung um eine feste Achse oder eine allgemein ebene Bewegung ausführt.

Dazu betrachten wir den starren Körper in Abbildung 7.1, der hier durch eine *Scheibe* repräsentiert wird, die sich in der x,y-Referenzebene bewegen kann. Ein beliebiger i-ter materieller Punkt des Körpers mit der Masse Δm_i befindet sich im Abstand r vom Punkt P. Zum dargestellten *Zeitpunkt* hat der Massenpunkt die Geschwindigkeit $\mathbf{v}_i$ und somit die kinetische Energie

$$\Delta T_i = \frac{1}{2}\Delta m_i v_i^2$$

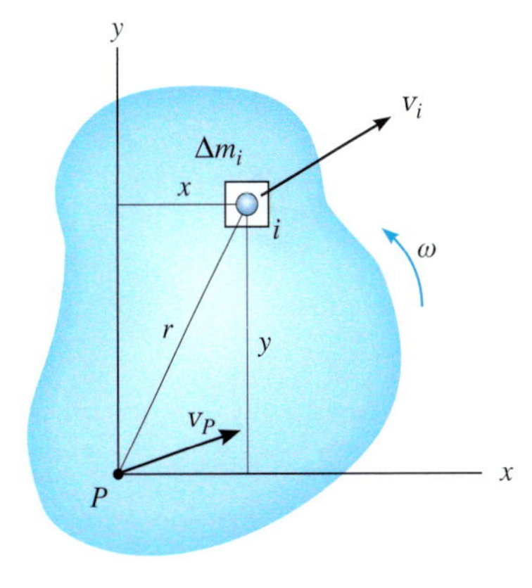

Abbildung 7.1

Die kinetische Energie des gesamten Körpers erhält man aus der Summation entsprechender Ausdrücke aller materiellen Punkte des Körpers im Rahmen eines Grenzübergangs $\Delta m_i \to dm$ und anschließender Integration über den gesamten Körper:

$$T = \frac{1}{2}\int_m v_i^2 dm$$

Diese Gleichung kann auch in Abhängigkeit der Geschwindigkeit des Referenzpunktes P geschrieben werden. Hat der Körper die Winkelgeschwindigkeit $\boldsymbol{\omega} = \omega\mathbf{k}$, so erhalten wir gemäß Abbildung 7.1

$$\begin{aligned}\mathbf{v}_i &= \mathbf{v}_P + \mathbf{v}_{i/P}\\ &= (v_P)_x\mathbf{i} + (v_P)_y\mathbf{j} + \omega\mathbf{k} \times (x\mathbf{i} + y\mathbf{j})\\ &= [(v_P)_x - \omega y]\mathbf{i} + [(v_P)_y + \omega x]\mathbf{j}\end{aligned}$$

Das Quadrat des Betrages von $\mathbf{v}_i$ ist somit

$$\begin{aligned}\mathbf{v}_i \cdot \mathbf{v}_i = v_i^2 &= \left[(v_P)_x - \omega y\right]^2 + \left[(v_P)_y + \omega x\right]^2 \\ &= (v_P)_x^2 - 2(v_P)_x \omega y + \omega^2 y^2 + (v_P)_y^2 + 2(v_P)_y \omega x + \omega^2 x^2 \\ &= v_P^2 - 2(v_P)_x \omega y + 2(v_P)_y \omega x + \omega^2 r^2\end{aligned}$$

Einsetzen in die Gleichung für die kinetische Energie führt auf

$$T = \frac{1}{2}\left(\int_m dm\right)v_P^2 - (v_P)_x \omega\left(\int_m y\, dm\right) + (v_P)_y \omega\left(\int_m x\, dm\right) + \frac{1}{2}\omega^2 \int_m r^2 dm$$

Das erste Integral auf der rechten Seite ist die Gesamtmasse m des Körpers. Mit $\bar{y}m = \int y dm$ und $\bar{x}m = \int x dm$ geben das zweite und dritte Integral die Lage des Schwerpunktes S bezüglich P an. Das letzte Integral ist das Massenträgheitsmoment J_P des Körpers um die z-Achse durch Punkt P. Somit ergibt sich

$$T = \frac{1}{2} m v_P^2 - (v_P)_x \omega \bar{y} m + (v_P)_y \omega \bar{x} m + \frac{1}{2} J_P \omega^2 \qquad (7.1)$$

Wählt man als Referenzpunkt P den Schwerpunkt S des Körpers, dann gilt $\bar{y} = \bar{x} = 0$ und damit

$$T = \frac{1}{2} m v_S^2 + \frac{1}{2} J_S \omega^2 \qquad (7.2)$$

Dann ist J_S das Massenträgheitsmoment des Körpers um eine Achse senkrecht zur Bewegungsebene durch den Massenmittelpunkt bzw. Schwerpunkt S des Körpers. Beide Terme auf der rechten Seite sind *immer positiv*, denn die Geschwindigkeitsgrößen werden quadriert. Weiterhin haben diese Terme die Einheit Kraft mal Länge, d.h. beispielsweise [Nm]. Die Einheit der Energie im SI-System ist das Joule (J), es gilt 1 J = 1 Nm.

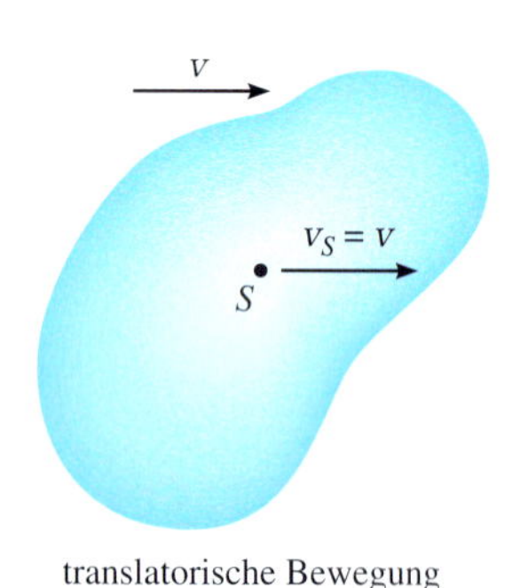

translatorische Bewegung

Abbildung 7.2

Rein translatorische Bewegung Erfährt ein starrer Körper der Masse m eine gerad- oder krummlinige *translatorische* Bewegung, so ist der rotatorische Anteil der kinetischen Energie gleich null, denn es gilt $\omega = 0$. Gemäß Gleichung (7.2) vereinfacht sich die kinetische Energie des Körpers auf

$$T = \frac{1}{2} m v_S^2 \qquad (7.3)$$

wobei v_S der Betrag der Schwerpunktgeschwindigkeit $\mathbf{v}_S$ zum betrachteten Zeitpunkt ist, siehe Abbildung 7.2.

Drehung um eine feste Achse *Rotiert* ein starrer Körper *um eine raumfeste Achse* durch Punkt O, Abbildung 7.3, so hat der Körper gemäß Gleichung (7.2) sowohl kinetische *Translations-* als auch *Rotations*energie.

$$T = \frac{1}{2}mv_S^2 + \frac{1}{2}J_S\omega^2 \tag{7.4}$$

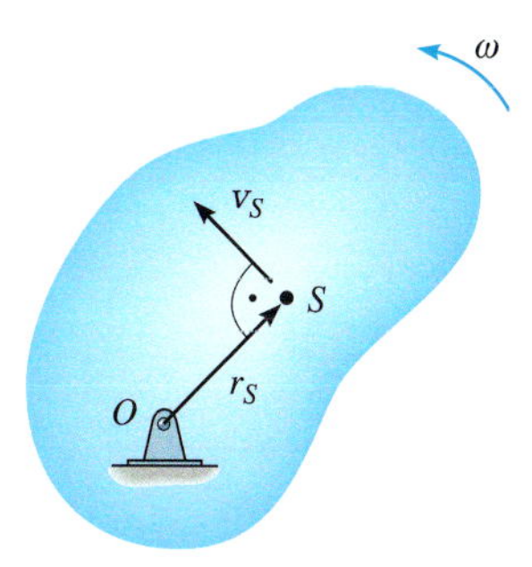

Drehung um eine feste Achse

Abbildung 7.3

Die kinetische Energie des Körpers kann mit dem aus Abbildung 7.3 direkt ablesbaren Zusammenhang $v_S = r_S\omega$ zwischen Schwerpunktgeschwindigkeit und Winkelgeschwindigkeit umformuliert werden. Es ergibt sich nämlich

$$T = \frac{1}{2}\left(J_S + mr_S^2\right)\omega^2$$

Mit dem Steiner'schen Satz beschreiben die Terme in der Klammer das Massenträgheitsmoment J_O des Körpers um die zur Bewegungsebene senkrechte Achse durch den Punkt O. Somit ergibt sich[1]

$$T = \frac{1}{2}J_O\omega^2 \tag{7.5}$$

Die Auswertung dieser Gleichung führt auf das gleiche Ergebnis wie Gleichung (7.4), denn die Translations- *und* Rotationsenergie des Körpers mit Bezug auf den Schwerpunkt S ist zusammen äquivalent der reinen Rotationsenergie um den Fixpunkt O.

Allgemein ebene Bewegung Führt ein starrer Körper eine allgemein ebene Bewegung aus, Abbildung 7.4, dann hat er eine Winkelgeschwindigkeit ω und der Schwerpunkt hat die Geschwindigkeit v_S. Die kinetische Energie ist demnach durch Gleichung (7.2) definiert:

$$T = \frac{1}{2}mv_S^2 + \frac{1}{2}J_S\omega^2 \tag{7.6}$$

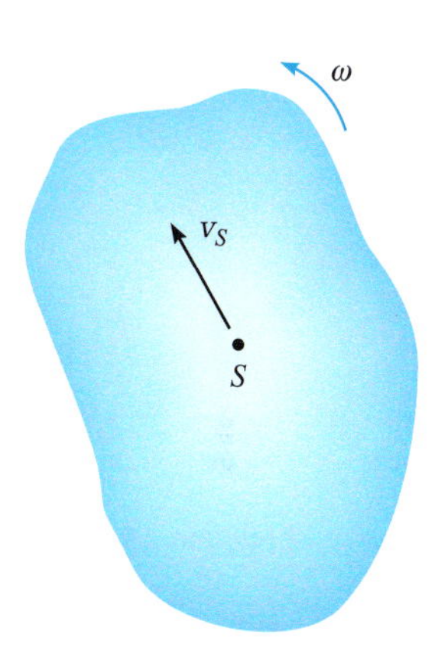

allgemein ebene Bewegung

Abbildung 7.4

Man sieht also, dass die gesamte kinetische Energie des Körpers sich aus der *skalaren* Summe der *Translations*energie $\frac{1}{2}mv_S^2$ mit der Schwerpunktgeschwindigkeit v_S und der *Rotations*energie $\frac{1}{2}J_S\omega^2$ bezüglich des Schwerpunktes zusammensetzt.

Da die Energie eine skalare Größe ist, ist die gesamte kinetische Energie für ein System *verbundener* starrer Körper die Summe der kinetischen Energien aller sich bewegenden Teile. Je nach Bewegungsart, wird die kinetische Energie *eines Körpers* aus Gleichung (7.2) bzw. (7.6) oder den Sonderfällen gemäß Gleichung (7.3) oder (7.5) bestimmt.

Die gesamte kinetische Energie der Verdichtungsmaschine besteht aus der kinetischen Energie des Fahrzeugaufbaus samt Halterahmen aufgrund der translatorischen Bewegung und der kinetischen Translations- und Rotationsenergie der Walze und der Räder aufgrund ihrer allgemein ebenen Bewegung. Wir schließen hier die zusätzliche kinetische Energie durch die sich bewegenden Teile des Motors und des Antriebstranges nicht ein.

1 Die Ähnlichkeit zwischen dieser Herleitung und jener der *Gleichung (6.18)* $[\sum M_O = J_O\alpha]$ ist bemerkenswert. Dieses Ergebnis erhält man übrigens auch direkt aus Gleichung (7.1), wenn man Punkt P in Punkt O legt. Dann ist nämlich $\mathbf{v}_O = \mathbf{0}$.

Beispiel 7.1

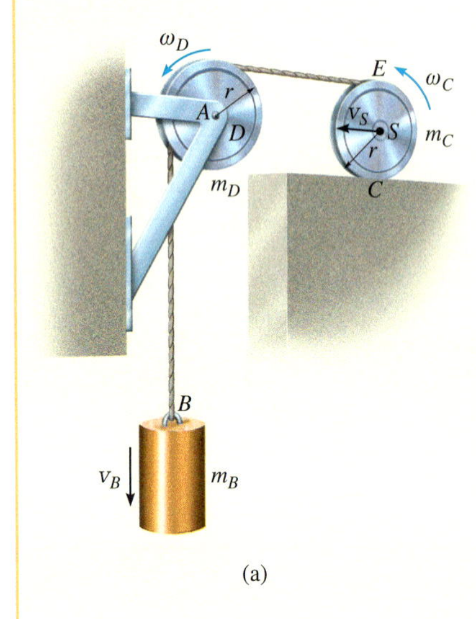

(a)

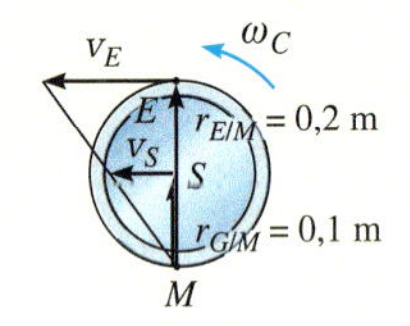

(b)

Abbildung 7.5

Das System aus drei Komponenten in Abbildung 7.5a besteht aus der Lastmasse B, der Seilrolle D und der Scheibe C. Es soll kein Gleiten auftreten. Bestimmen Sie die gesamte kinetische Energie des Systems zum dargestellten Zeitpunkt.

$m_B = 6$ kg, $m_D = 10$ kg, $m_C = 12$ kg, $r = 0{,}1$ m, $v_B = 0{,}8$ m/s

Lösung

Zur Berechnung der kinetischen Energie der Seilrolle und der Scheibe müssen zunächst die Winkelgeschwindigkeiten ω_D, ω_C und die Geschwindigkeit v_S des Scheibenschwerpunktes S bestimmt werden, siehe Abbildung 7.5a. Aus der *Kinematik* der Seilrolle erhalten wir

$v_B = r_D\omega_D; \qquad \omega_D = v_B/r = 8$ rad/s

Da die Scheibe ohne Gleiten rollt, befindet sich der Momentanpol im Kontaktpunkt mit der Unterlage, Abbildung 7.5b, wobei $v_E = v_B$ gilt:

$v_E = r_{E/M}\omega_C; \quad \omega_C = v_E/r_{E/M} = v_B/(2r) = 4$ rad/s

$v_S = r_{S/M}\omega_C; \quad v_S = r_{S/M}\omega_C = r\omega_C = 0{,}4$ m/s

Lastmasse

$$T_B = \frac{1}{2}m_B v_B^2 = 1{,}92 \text{ J}$$

Seilrolle

$$T_D - \frac{1}{2}J_D\omega_D^2 - \frac{1}{2}\left(\frac{1}{2}m_D r_D^2\right)\omega_D^2 = 1{,}60 \text{ J}$$

Scheibe

$$T_C = \frac{1}{2}m_C v_S^2 + \frac{1}{2}J_S\omega_C^2 = \frac{1}{2}m_C v_S^2 + \frac{1}{2}\left(\frac{1}{2}m_C r_C^2\right)\omega_C^2 = 1{,}44 \text{ J}$$

Die gesamte kinetische Energie des Systems beträgt somit

$$T = T_B + T_D + T_C = \frac{1}{2}m_B v_B^2 + \frac{1}{2}J_D\omega_D^2 + \frac{1}{2}\left(m_C v_C^2 + J_C\omega_C^2\right)$$

$$= 1{,}92 \text{ J} + 1{,}60 \text{ J} + 1{,}44 \text{ J} = 4{,}96 \text{ J}$$

7.2 Arbeit einer Kraft

Mehrere Arten von Kräften treten in Kinetikaufgaben mit starren Körpern auf. Die Arbeit dieser Kräfte wurde in *Abschnitt 3.1* vorgestellt und ist hier zusammengefasst:

Arbeit einer variablen Kraft Greift eine äußere Kraft **F** an einem starren Körper an, dann gilt für die Arbeit der Kraft bei Bewegung des Kraftangriffspunktes auf der Bahnkurve *s*, Abbildung 7.6:

$$W_{1-2} = \int_{r_1}^{r_2} \mathbf{F} \cdot d\mathbf{r} = \int_{s_1}^{s_2} F\cos\theta\, ds \tag{7.7}$$

Dabei ist θ der Winkel zwischen dem Kraftvektor und der differenziellen Lageänderung. Normalerweise berücksichtigt die Integration die Veränderung von Kraftrichtung und -betrag.

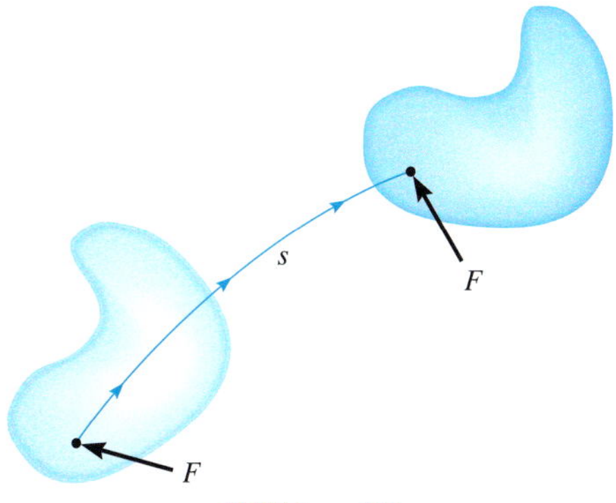

Abbildung 7.6

Arbeit einer konstanten Kraft Greift eine äußere Kraft $\mathbf{F}_0$ mit konstantem Betrag und konstanter Richtung θ an einem starren Körper an, Abbildung 7.7, während der Körper die Strecke *s* zurücklegt, dann kann Gleichung (7.7) integriert werden und für die Arbeit ergibt sich

$$W_{1-2} = \left(F_0 \cos\theta\right)s \tag{7.8}$$

Dabei ist $F_0 \cos\theta$ der Anteil der Kraft in Richtung der Verschiebung.

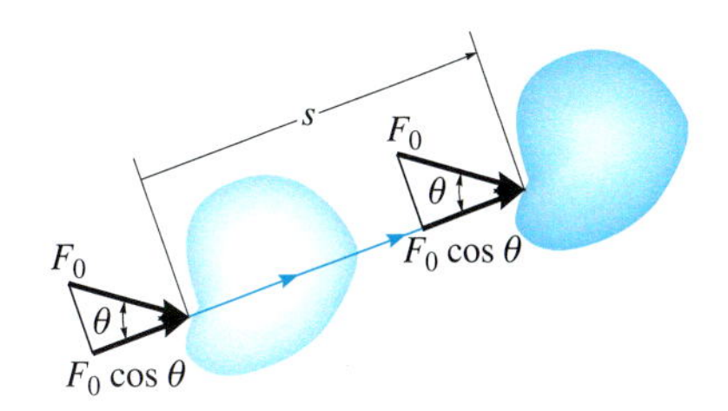

Abbildung 7.7

Arbeit eines Gewichtes Das Gewicht eines Körpers leistet nur Arbeit, wenn der Schwerpunkt *S* des Körpers sich *vertikal um* Δy *verschiebt.* Bei einer Verschiebung *nach oben*, Abbildung 7.8, ist die Arbeit negativ, denn Gewicht und Verschiebung haben unterschiedliche Richtungen:

$$W_{1-2} = -G\Delta y \tag{7.9}$$

Verschiebt sich der Körper *nach unten,* dann ist Δy negativ und die Arbeit ist *positiv.* In beiden Fällen wird die Veränderung der Höhe hinreichend klein angenommen, sodass das durch Gravitation veränderte Gewicht *G* konstant ist.

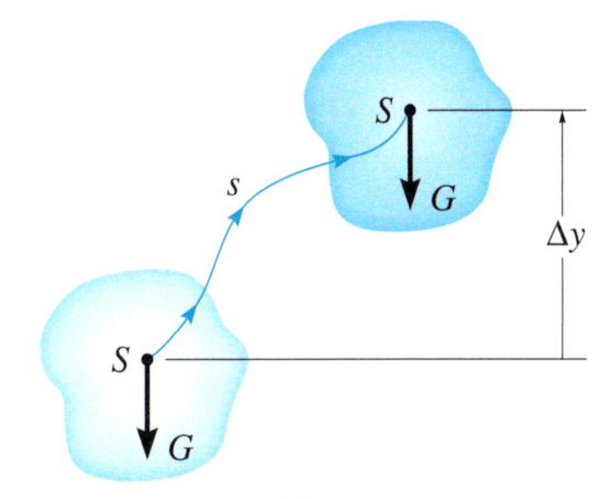

Abbildung 7.8

Arbeit einer Federkraft Ist eine linear elastische Feder an einem Körper befestigt, dann leistet die auf den Körper wirkende Federkraft $F_F = cs$ Arbeit, wenn die Feder aus der Lage s_1 in die Lage s_2 gedehnt oder gestaucht wird. In beiden Fällen ist die Arbeit *negativ*, denn die *Verschiebung des Körpers* erfolgt entgegengesetzt gerichtet zur Kraft, Abbildung 7.9. Die geleistete Arbeit beträgt

$$W_{1-2} = -\frac{1}{2}c\left(s_2^2 - s_1^2\right) \tag{7.10}$$

wobei s_1 und s_2 von der entspannten Lage der Feder aus gemessen werden. Ist $|s_1| < |s_2|$, dann muss an der Feder Arbeit geleistet werden, im anderen Fall $|s_1| > |s_2|$ gibt die Feder Energie ab.

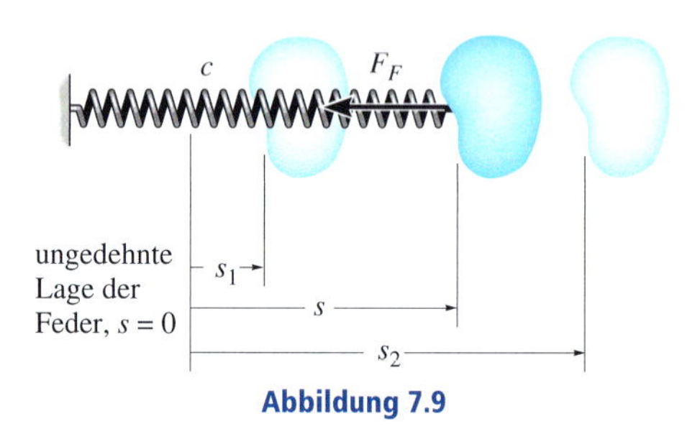

Abbildung 7.9

Kräfte, die keine Arbeit verrichten Wie bereits in *Abschnitt 3.2* erwähnt, gibt es äußere Kräfte, die bei einer Verschiebung des Körpers keine Arbeit verrichten. Diese Kräfte greifen an *ortsfesten Punkten* des Körpers an oder ihre Richtung steht *senkrecht auf der Verschiebung*. Beispiele dafür sind Reaktionskräfte an Gelenklagern, um die sich der Körper dreht, Normalkräfte auf den Körper, der auf einer raumfesten Unterlage gleitet, aber auch das Gewicht des Körpers, wenn sich der Schwerpunkt des Körpers in der *horizontalen Ebene* bewegt, Abbildung 7.10. Die Haftreibungskraft R auf einen zylindrischen Körper beim Rollen ohne Gleiten auf einer rauen Unterlage leistet ebenfalls keine Arbeit, Abbildung 7.10.[2] Das liegt daran, dass R dann immer an einem Punkt des Körpers angreift, dessen *Geschwindigkeit momentan null* ist (Momentanpol M). Daher ist die Arbeit dieser Zwangskraft immer gleich null. Anders ausgedrückt: Der Punkt wird im betrachteten Augenblick nicht in Richtung der Haftreibungskraft verschoben. Da der Reibkontakt für sukzessive Punkte nur jeweils einen Augenblick besteht, ist die Arbeit von R insgesamt gleich null.

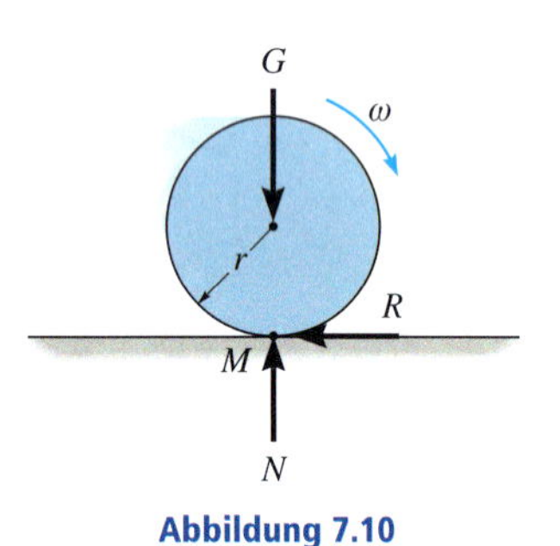

Abbildung 7.10

2 Die Arbeit von Reibungskräften bei *Gleiten des Körpers* wurde in *Abschnitt 3.3* diskutiert.

7.3 Arbeit eines Kräftepaares

Bei der ebenen Bewegung eines starren Körpers, an dem ein Kräftepaar angreift, leisten die beiden Kräfte *nur* dann Arbeit, wenn der Körper *sich dreht.* Zum Beweis betrachten wir den Körper in Abbildung 7.11a, an dem das Kräftepaar $M = Fr$ angreift. Eine allgemeine differenzielle Verschiebung des Körpers kann als eine überlagerte translatorische Bewegung mit Drehung betrachtet werden. Betrachtet man den *translatorischen* Bewegungsanteil, dessen *Verschiebungsanteil* entlang der Wirkungslinie der Kräfte ds_t ist, Abbildung 7.11b, *kompensiert* die „positive" Arbeit der einen Kraft die „negative" Arbeit der anderen. Betrachtet man dagegen den Drehanteil, hier in differenzieller Form $d\theta$ um eine zur Kräftepaarebene senkrechte Achse, die diese Ebene in Punkt O schneidet, Abbildung 7.11c, so verschieben sie die Kräfte jeweils um $ds_\theta = (r/2)d\theta$ in Richtung der Kraft. Die gesamte Arbeit beträgt somit

$$dW = F\left(\frac{r}{2}d\theta\right) + F\left(\frac{r}{2}d\theta\right) = (Fr)d\theta$$
$$= M\,d\theta$$

Man kann diese Beziehung auch über eine differenzielle Verdrehung des Körpers um $d\theta$ um den Momentanpol herleiten:

$$dW = -Fr_1 d\theta \sin\alpha + Fr_2 d\theta \sin\beta$$

Mit

$$r_1 \sin\alpha = a, \quad r_2 \sin\beta = r + a$$

folgt dann

$$dW = -Fad\theta + F(r+a)d\theta = Frd\theta$$

also dasselbe Ergebnis, das sich ergibt, wenn die Drehung um den Punkt O in der Mitte zwischen den Wirkungslinien erfolgt.

Die Wirkungslinie von $d\theta$ ist in diesem Falle gleich der Wirkungslinie von M. Dies *gilt bei allgemein ebener Bewegung immer,* denn der Momentenvektor **M** und der Vektor der differenziellen Winkeländerung $d\boldsymbol{\theta}$ stehen beide senkrecht auf der Bewegungsebene. Weiterhin ist die resultierende Arbeit *positiv,* wenn **M** und $d\boldsymbol{\theta}$ *den gleichen Richtungssinn* haben und *negativ,* wenn diese Vektoren *entgegengesetzt gerichtet* sind.

Rotiert der Körper in der Ebene um einen endlichen Winkel θ von θ_1 bis θ_2, so beträgt die Arbeit des Kräftepaares

$$W_{1-2} = \int_{\theta_1}^{\theta_2} M\,d\theta \tag{7.11}$$

Die hergeleiteten Beziehungen gelten genauso für freie Momente M in der Ebene. Hat das Moment des Kräftepaares oder das freie Moment M einen *konstanten Betrag,* dann gilt

$$W_{1-2} = M(\theta_2 - \theta_1) \tag{7.12}$$

In diesem einfachen Fall ist die Arbeit *positiv,* wenn **M** und $\Delta\boldsymbol{\theta}$ die gleiche Richtung haben.

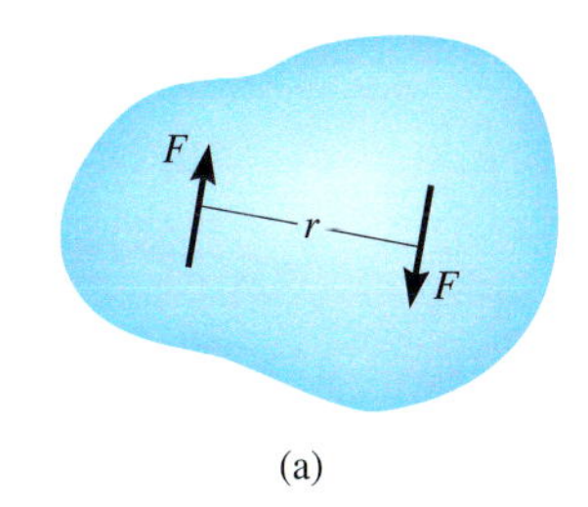

(a)

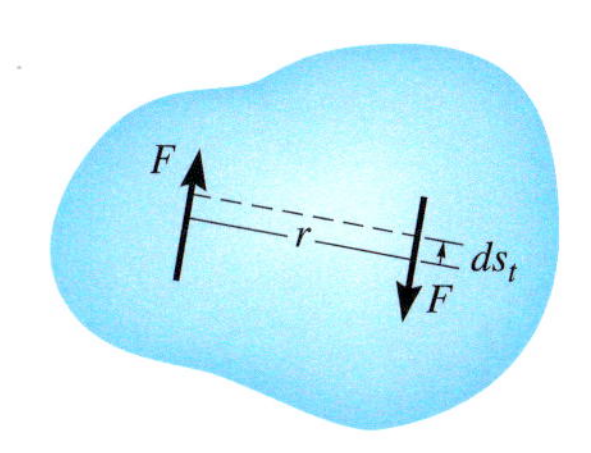

translatorische Bewegung
(b)

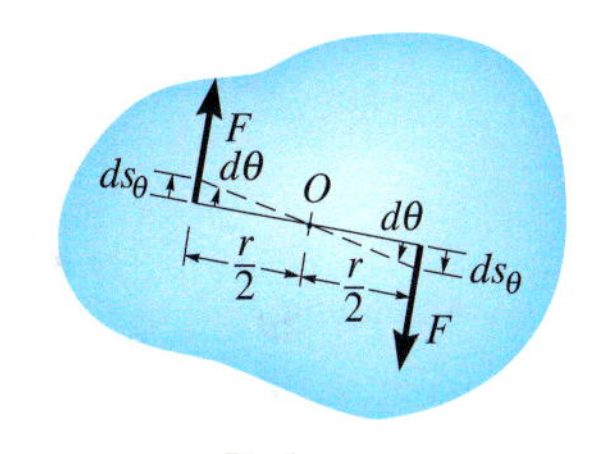

Drehung
(c)

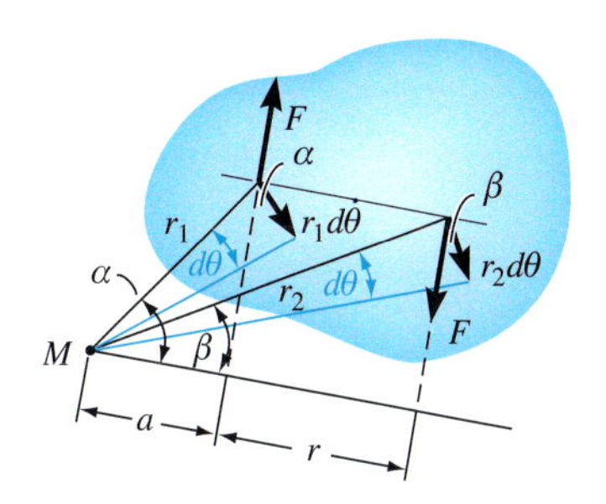

Drehung um den Momentenpol M
(d)

Abbildung 7.11

Beispiel 7.2

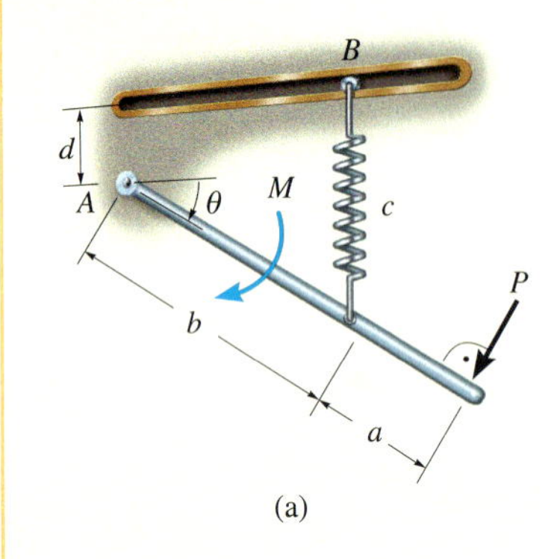

(a)

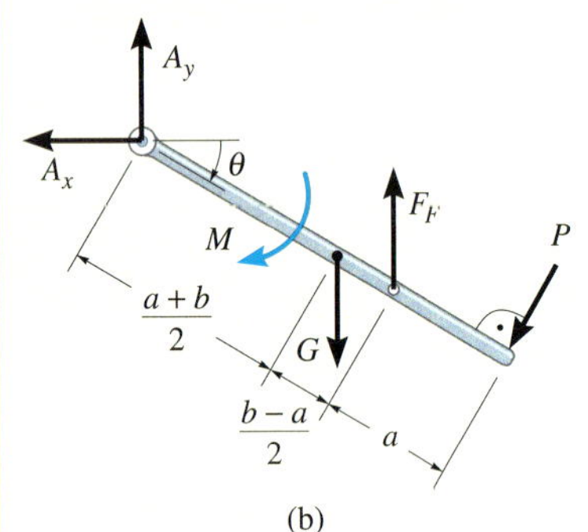

(b)

Abbildung 7.12

Am Stab der Masse m in Abbildung 7.12a greifen das Moment M und die Kraft P, die immer senkrecht zur Stabachse gerichtet ist, an. Die Feder mit der ungedehnten Länge l_0 bleibt aufgrund der Führung des einen Federendes in B immer vertikal ausgerichtet. Bestimmen Sie die gesamte Arbeit aller Kräfte auf den Stab, wenn er sich aus der Winkellage θ_0 nach unten in die Lage θ_1 dreht.

$m = 10$ kg, $M = 50$ Nm, $P = 80$ N, $l_0 = 0{,}5$ m, $d = 0{,}75$ m, $b = 2$ m, $a = 1$ m, $c = 30$ N/m, $\theta_0 = 0$, $\theta_1 = 90°$

Lösung

Zunächst wird das Freikörperbild des Stabes gezeichnet, um alle angreifenden physikalischen Kräfte zu erfassen, siehe Abbildung 7.12b.

Gewicht G Da das Gewicht $G = mg$ um $(b + a) \sin \theta/2$ nach unten verschoben wird, beträgt die Arbeit des Gewichtes:

$$W_G = G[(b+a)/2]\,(\sin\theta_1 - \sin\theta_0) = 98{,}1\text{ N}(1{,}5\text{ m}) = 147{,}2\text{ J}$$

Warum ist diese Arbeit positiv?

Moment M Das Moment dreht um den Winkel $\theta = \pi/2$, und für die Arbeit ergibt sich

$$W_M = M(\pi/2) = 78{,}5\text{ J}$$

Federkraft F_F Bei $\theta = \theta_0$ beträgt die Dehnung der Feder $s_0 = d - l_0$, und bei $\theta = \theta_1$ beträgt sie $s_1 = (b + d) - l_0$. Somit erhalten wir

$$W_F = -\frac{1}{2}c\left(s_1^2 - s_0^2\right) = -\frac{1}{2}c\left[\left(b+d-l_0\right)^2 - \left(d-l_0\right)^2\right] = -75{,}0\text{ J}$$

Die Feder leistet negative Arbeit, denn die Federkraft wirkt entgegengesetzt zur Verschiebung (und es gilt $|s_1| > |s_0|$).

Kraft P Bei der Abwärtsbewegung des Stabes wird die Kraft um die Strecke $(\pi/2)(b + a)$ verschoben. Die Arbeit ist positiv. Warum?

$$W_P = P(\pi/2)(b + a) = 377{,}0\text{ J}$$

Lagerreaktionen Die Kräfte A_x und A_y leisten keine Arbeit, denn sie werden nicht verschoben.

Gesamtarbeit Die gesamte Arbeit aller Kräfte beträgt somit

$$W = W_G + W_M + W_F + W_P$$
$$= 147{,}2\text{ J} + 78{,}5\text{ J} - 75{,}0\text{ J} + 377{,}0\text{ J} = 528\text{ J}$$

7.4 Arbeitssatz

Bei Anwendung des Arbeitssatzes aus *Abschnitt 3.2* auf alle materiellen Punkte eines starren Körpers und Summation bzw. im Grenzübergang Integration der Ergebnisse über den Körper erhält man den Arbeitssatz für einen starren Körper

$$T_1 + \sum W_{1-2} = T_2 \tag{7.13}$$

Diese gegenüber *Abschnitt 3.2 bzw. 3.3* formal unveränderte Gleichung besagt, dass die ursprüngliche kinetische Translations- *und* Rotationsenergie des Körpers zu Beginn plus der Arbeit aller äußeren Kräfte und Momente auf den Körper während seiner Bewegung von der Anfangs- zur Endlage gleich der kinetischen Translations- *und* Rotationsenergie des Körpers am Ende ist. Die *inneren Kräfte* des Körpers müssen im Gegensatz zu allgemeinen Massenpunktsystemen nicht betrachtet werden, denn der Körper ist starr und korrespondierende innere Kräfte verschieben sich nicht *relativ* zueinander. Da innere Kräfte immer paarweise entgegengesetzt auftreten und deren Verschiebungen bei einer Translation gleich sind, leisten die inneren Kräfte bei einer Translation keine Arbeit. Bei einer Rotation des Körpers können von den inneren Kräften nur diejenigen Arbeit leisten, die von den Schubspannungen herrühren. In *Abschnitt 6.2* wurde aber als Axiom der Drallsatz eingeführt, nach dem die von den Schubspannungen herrührenden inneren Kräfte bei einer Drehung keine Arbeit leisten.

Sind mehrere Körper miteinander gelenkig mit undehnbaren Seilen verbunden oder greifen spielfrei ineinander, gilt Gleichung (7.13) für das gesamte System verbundener Körper. In all diesen Fällen leisten die inneren Kräfte, welche die verschiedenen Teile zusammenhalten, keine Arbeit und gehen nicht in die Berechnung ein.

Die Arbeit des Drehmomentes des Getriebes, herrührend von den beiden Motoren, wird in kinetische Rotationsenergie der Mischertrommel umgewandelt.

Lösungsweg

Mit dem Arbeitssatz werden kinetische Aufgaben gelöst, bei denen *Geschwindigkeit*, *Kraft* und *Verschiebung* verknüpft werden, denn genau diese Größen gehen in die Formel ein. Für die Anwendung wird der folgende Lösungsweg vorgeschlagen.

Kinetische Energie (kinematische Diagramme)

- Die kinetische Energie eines Körpers setzt sich im Allgemeinen aus zwei Bestandteilen zusammen. Die Translationsenergie wird über die Geschwindigkeit des Schwerpunktes ausgedrückt, $T = \frac{1}{2} m v_S^2$, und die Rotationsenergie wird mit dem Massenträgheitsmoment bezüglich des Schwerpunktes bestimmt, $T = \frac{1}{2} J_S \omega^2$. Beim Sonderfall der Drehung um eine feste Achse werden diese beiden kinetischen Energien zusammengefasst und in der Form $T = \frac{1}{2} J_O \omega^2$ als reine Drehenergie geschrieben, wobei J_O das Trägheitsmoment um die feste Drehachse ist.
- *Kinematische Diagramme* für die Geschwindigkeit helfen bei der Ermittlung der Schwerpunktgeschwindigkeit v_S und der Winkelgeschwindigkeit ω oder bei der Angabe einer *Beziehung* zwischen den beiden Größen.[3]

Arbeit (Freikörperbild)

- Zeichnen Sie ein Freikörperbild des Körpers in allgemeiner Lage, um alle äußeren Kräfte und Momente zu erfassen, die während der Bewegung des Körpers Arbeit verrichten.
- Eine Kraft leistet Arbeit, wenn der Angriffspunkt der Kraft eine Verschiebung in Richtung der Kraft erfährt.
- Kräfte, die wegabhängig sind, werden zur Bestimmung der Arbeit integriert. Grafisch ist die Arbeit gleich der Fläche unter der Kraft-Verschiebungskurve.
- Die Arbeit von Gewichtskräften ist das Produkt aus ihrem Betrag und der vertikalen Verschiebung, $W_G = -G\Delta y$. Sie ist positiv, wenn sich das Gewicht nach unten verschiebt.
- Die Arbeit einer Federkraft beträgt $W_F = -\frac{1}{2} c s^2$, wobei c die Federkonstante und s die Dehnung oder Stauchung der Feder gegenüber der ungedehnten Länge ist.
- Die Arbeit eines Kräftepaares bzw. eines anderen freien Momentes ist das Produkt aus Moment und dem überstrichenen Drehwinkel im Bogenmaß.
- Aufgrund der *algebraischen Addition* der verschiedenen Arbeitsanteile muss auf das richtige Vorzeichen der Terme geachtet werden. Die Arbeit ist *positiv*, wenn die Kraft (Moment) in die *gleiche Richtung* wirkt, wie die Verschiebung (Drehung). Im anderen Fall ist sie negativ.

3 Eine kurze Wiederholung der *Abschnitte 5.5 bis 5.7* ist für das Lösen der Aufgaben sinnvoll, da Berechnungen der kinetischen Energie eine Berechnung der Geschwindigkeit erfordern.

Arbeitssatz

- Wenden Sie den Arbeitssatz, $T_1 + \sum W_{1-2} = T_2$, an. Da es sich um eine skalare Gleichung handelt, kann sie bei Anwendung auf einen starren Körper nach nur einer Unbekannten aufgelöst werden.

Beispiel 7.3 Die Scheibe in Abbildung 7.13a der Masse m ist im Mittelpunkt frei drehbar gelagert. Bestimmen Sie die Anzahl der Umdrehungen, bis sie aus der Ruhe die Winkelgeschwindigkeit ω erreicht. Die konstante Kraft F, die auf das außen um die Scheibe gewickelte undehnbare Seil aufgebracht wird, und das konstante Moment M wirken auf die Scheibe ein. Vernachlässigen Sie bei der Berechnung die Masse des Seiles.

$m = 30$ kg, $M = 5$ Nm, $F = 10$ N, $r = 0{,}2$ m, $\omega = 20$ rad/s

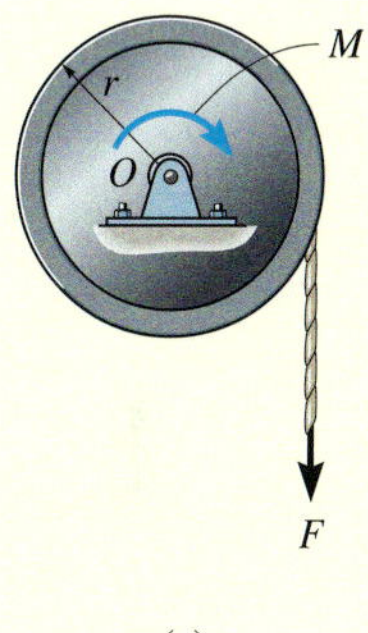

(a)

Lösung

Kinetische Energie Da die Scheibe sich um eine feste Achse dreht, wird die kinetische Energie über die Gleichung $T = \frac{1}{2} J_O \omega^2$ ermittelt, wobei das Massenträgheitsmoment gleich $J_O = \frac{1}{2} m r^2$ ist. Zu Beginn ist die Scheibe in Ruhe, somit ergibt sich

$$T_1 = 0$$

$$T_2 = \frac{1}{2} J_O \omega^2 = \frac{1}{2}\left(\frac{1}{2} m r^2\right)\omega^2 = 120 \text{ J}$$

Arbeit (Freikörperbild) Wie in Abbildung 7.13b gezeigt, leisten die Lagerkräfte O_x und O_y sowie das Gewicht keine Arbeit, denn sie werden nicht verschoben. Das *Moment* leistet die positive Arbeit $W_M = M\theta$, wenn die Scheibe den Winkel θ im Uhrzeigersinn überstreicht. Die *konstante Kraft* F leistet die positive Arbeit $W_F = Fs$, wenn sich das Seil um $s = \theta r$ nach unten bewegt.

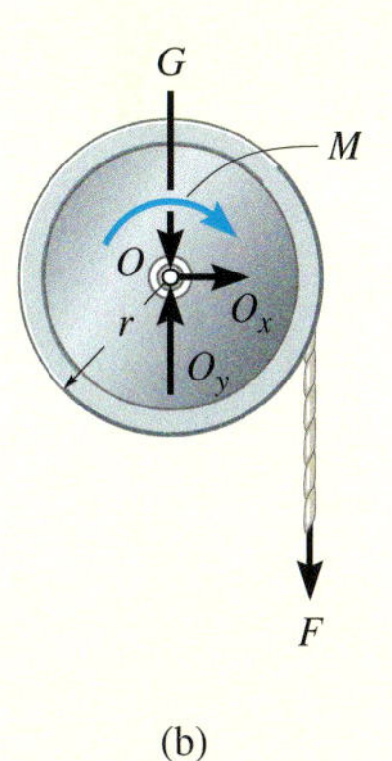

(b)

Abbildung 7.13

Arbeitssatz

$$T_1 + \sum W_{1-2} = T_2$$

$$T_1 + (M\theta + F\theta\, r) = T_2$$

$$\theta = \frac{1}{M + Fr}\left(\frac{1}{4} m r^2 \omega^2 - 0\right) = 17{,}1 \text{ rad}$$

$$= 17{,}1 \text{ rad}\left(\frac{1 \text{ Umdr}}{2\pi \text{ rad}}\right) = 2{,}73 \text{ Umdr}$$

Diese Aufgabe wurde bereits in *Beispiel 6.9* gelöst. Vergleichen Sie die beiden Lösungsverfahren und beachten Sie, dass hier – da der Arbeitssatz Kraft, Geschwindigkeit und Lage θ enthält – dieser eine direkte Lösung bietet.

Beispiel 7.4

Das Rohr der Masse m ist ohne Neigung an den beiden Gabeln des Gabelstaplers aufgehängt, siehe Foto. Es führt eine schwingende Bewegung aus, und es kommt in der Winkellage $\theta = \theta_1$ zu einer Geschwindigkeitsumkehr. Bestimmen Sie die Normal- und die Haftreibungskräfte auf jede Gabel, die zum Halten des Rohres bei $\theta = 0$ erforderlich sind. Die Maße von Rohr und Aufhängevorrichtung sind in Abbildung 7.14a angegeben. Vernachlässigen Sie die Masse der Aufhängevorrichtung und die Dicke des Rohres.

$m = 700$ kg, $d = 0{,}4$ m, $r = 0{,}15$ m, , $\theta_1 = 30°$

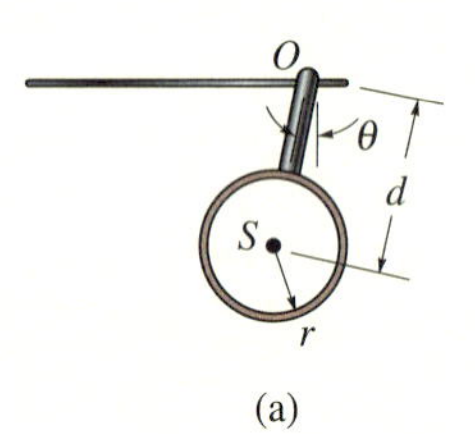

(a)

Abbildung 7.14

Lösung

Die Kräfte auf die Zinken können nicht mit dem Arbeitssatz bestimmt werden, denn diese leisten keine Arbeit, weil der Kontaktpunkt an der Gabel eine feststehende Lagerung darstellt. Zunächst aber wird aber der Arbeitssatz zur Bestimmung der Winkelgeschwindigkeit des Rohres bei $\theta = 0$ verwendet.

Kinetische Energie (kinematisches Diagramm) Da das Rohr bei $\theta = \theta_1$ in Ruhe ist, gilt

$$T_1 = 0$$

Die kinetische Energie beim Durchgang durch die Vertikale ($\theta = 0$) kann mit Bezug auf den raumfesten Punkt O oder den Schwerpunkt S berechnet werden. Für die Rechnung betrachten wir das Rohr als dünnen Ring und verwenden $J_S = mr^2$. Für Punkt S gilt

$$T_2 = \frac{1}{2}m(v_S)_2^2 + \frac{1}{2}J_S\omega_2^2 = \frac{1}{2}m(d\omega_2)^2 + \frac{1}{2}(mr^2)\omega_2^2 = \frac{1}{2}m(d^2 + r^2)\omega_2^2$$

Wird Punkt O betrachtet, so muss J_O mit dem Steiner'schen Satz bestimmt werden:

$$T_2 = \frac{1}{2}J_O\omega_2^2 = \frac{1}{2}(mr^2 + md^2)\omega_2^2 = \frac{1}{2}m(r^2 + d^2)\omega_2^2$$

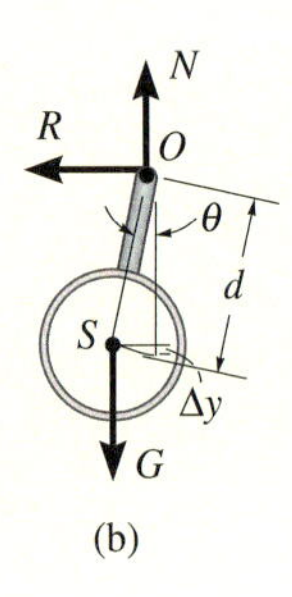

(b)

Arbeit (Freikörperbild) Abbildung 7.14b. Die Normal- und die Reibungskraft von der Gabel auf den Körper leisten keine Arbeit, denn sie werden nicht verschoben, während das Rohr schwingt. Das Gewicht, das im Schwerpunkt S angreift, leistet positive Arbeit, denn das Gewicht bewegt sich um die vertikale Strecke $\Delta y = d - d\cos\theta_1$ nach unten.

Arbeitssatz

$$T_1 + \sum W_{1-2} = T_2$$

$$0 + mg\Delta y = \frac{1}{2} m\left(r^2 + d^2\right)\omega_2^2$$

$$\omega_2 = \sqrt{\frac{2mgd\left(1 - \cos\theta_1\right)}{m\left(r^2 + d^2\right)}} = 2{,}40 \text{ rad/s}$$

Dynamische Gleichgewichtsbedingungen Mit dem verallgemeinerten Freikörperbild im Sinne d'Alemberts gemäß Abbildung 7.14c und dem Ergebnis für ω^2 erhält man die dynamischen Gleichgewichtsbedingungen:

$$\sum F_t - m(a_S)_t = 0; \qquad R - m(a_S)_t = 0$$

$$\sum F_n - m(a_S)_n = 0; \qquad N - mg - m\omega_2^2 d = 0$$

$$\sum M_O - J_O\alpha = 0; \qquad 0 - m\left(r^2 + d^2\right)\alpha = 0$$

Aus der dritten Gleichung ergibt sich mit $(a_S)_t = r\,\alpha$

$$\alpha = 0, \text{ d.h. } (a_S)_t = 0$$

und somit

$$R = 0$$

$$N = mg + md\omega_2^2 = 8{,}48 \text{ kN}$$

Da zwei Gabeln die Last halten, ist

$$R' = 0$$

$$N' = \frac{8{,}48 \text{ kN}}{2} = 4{,}24 \text{ kN}$$

Aufgrund der schwingenden Bewegung werden die Gabeln mit einer *größeren* Normalkraft belastet als im statischen Gleichgewicht, bei dem

$$N'_{stat} = \frac{mg}{2} = \frac{700(9{,}81)\text{ N}}{2} = 3{,}43 \text{ kN}$$

gelten würde.

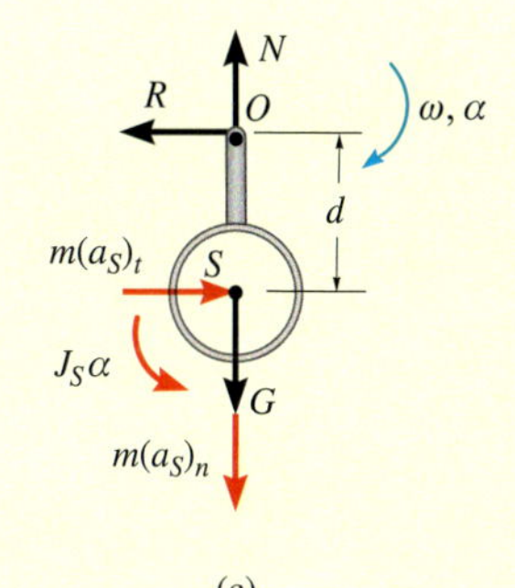

(c)

Abbildung 7.14

Beispiel 7.5

Das Rad in Abbildung 7.15a hat die Masse m und den Trägheitsradius k_S bezüglich des Schwerpunktes S. Ein Moment im Uhrzeigersinn greift am Rad an, das aus der Ruhe ohne Gleiten rollt. Bestimmen Sie die Winkelgeschwindigkeit, nachdem der Mittelpunkt S die Strecke d zurückgelegt hat. Die Feder mit der Federkonstanten c ist im Ruhezustand ungedehnt.

$m = 20$ kg, $k_S = 0{,}18$ m, $M = 22$ Nm, $r = 0{,}24$ m, $c = 160$ N/m, $d = 0{,}15$ m

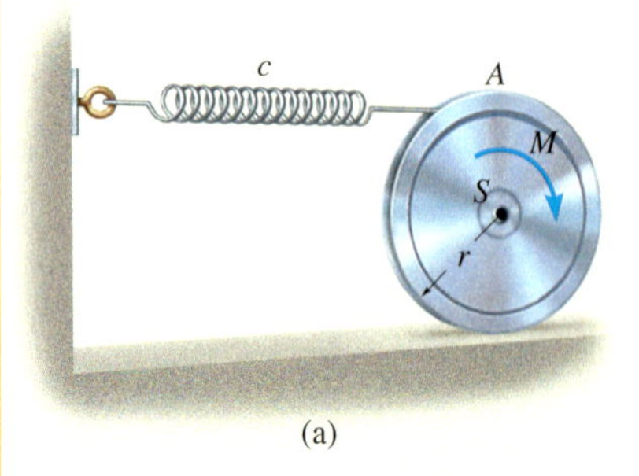

(a)

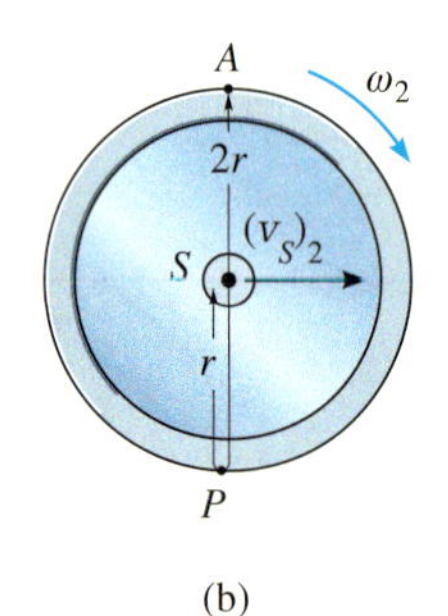

(b)

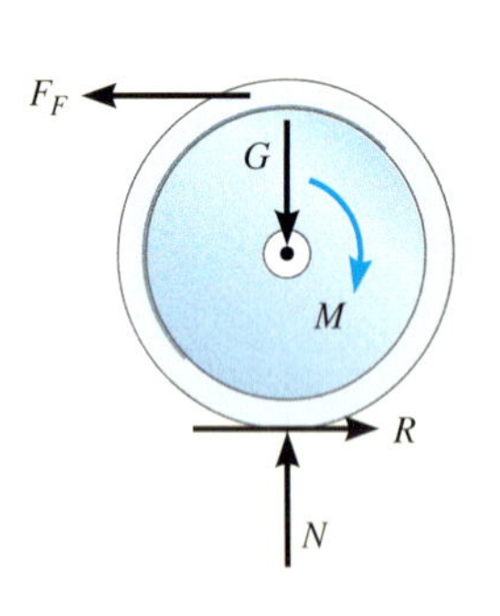

(c)

Abbildung 7.15

Lösung

Kinetische Energie (kinematisches Diagramm) Da das Rad ursprünglich in Ruhe ist, gilt

$$T_1 = 0$$

Das kinematische Diagramm des Rades in der Lage d ist in Abbildung 7.15b dargestellt. Die kinetische Energie dafür beträgt

$$T_2 = \frac{1}{2}m(v_S)_2^2 + \frac{1}{2}J_S\omega_2^2 = \frac{1}{2}m(v_S)_2^2 + \frac{1}{2}mk_S^2\omega_2^2$$

Die Geschwindigkeit des Schwerpunktes kann über den Momentanpol P mit der Winkelgeschwindigkeit in Beziehung gesetzt werden, d.h. $v_S = r\omega_2$. Wir setzen ein und erhalten

$$T_2 = \frac{1}{2}m(r\omega_2)^2 + \frac{1}{2}mk_S^2\omega_2^2$$
$$= \frac{1}{2}m(r^2 + k_S^2)\omega_2^2$$

Arbeit (Freikörperbild) Wie in Abbildung 7.15c gezeigt, leisten nur die Federkraft F_F und das vorgegebene Moment Arbeit. Die Normalkraft und die Reibungskraft leisten *keine Arbeit*, weil das Rad beim Rollen nicht gleitet, sodass beide am Momentanpol angreifen. Zudem ist die Richtung der Normalkraft vertikal, genauso wie die Richtung der Gewichtskraft, die beide somit keine Verschiebung in Kraftrichtung erfahren können und deshalb keine Arbeit verrichten.

Die Arbeit der Federkraft F_F wird über $W_F = -\frac{1}{2}cs^2$ berechnet. Die Arbeit ist negativ, denn F_F ist der Verschiebung entgegengerichtet. Da das Rad nicht gleitet, während der Mittelpunkt S die Strecke d zurücklegt, dreht es sich um $\theta = d/r_{S/M} = d/r$, Abbildung 7.15b. Somit dehnt sich die Feder um $s_A = \theta r_{A/M} = \theta(2r) = 2d = 0{,}3$ m.

Arbeitssatz

$$T_1 + \sum W_{1-2} = T_2$$
$$T_1 + \left(M\theta - \frac{1}{2}cs_A^2\right) = T_2$$
$$0 + \left(M\theta - \frac{1}{2}cs_A^2\right) = \frac{1}{2}m(r^2 + k_S^2)\omega_2^2$$
$$\omega_2^2 = \frac{2\left(M\theta - \frac{1}{2}cs_A^2\right)}{m(r^2 + k_S^2)} \Rightarrow \omega_2 = 2{,}70 \text{ rad/s}$$

Beispiel 7.6 Der Stab der Masse m in Abbildung 7.16a wird an seinen Enden wie dargestellt in Nuten geführt. Der Stab ist in der Winkellage $\theta = 0$ ursprünglich in Ruhe. Am Gleitstück B greift die horizontale Kraft P an. Bestimmen Sie die Winkelgeschwindigkeit des Stabes für $\theta = \theta_2$. Vernachlässigen Sie die Reibung und die Masse der Gleitstücke A und B.

$m = 10$ kg, $\theta_2 = 45°$, $P = 50$ N, $l = 0{,}8$ m

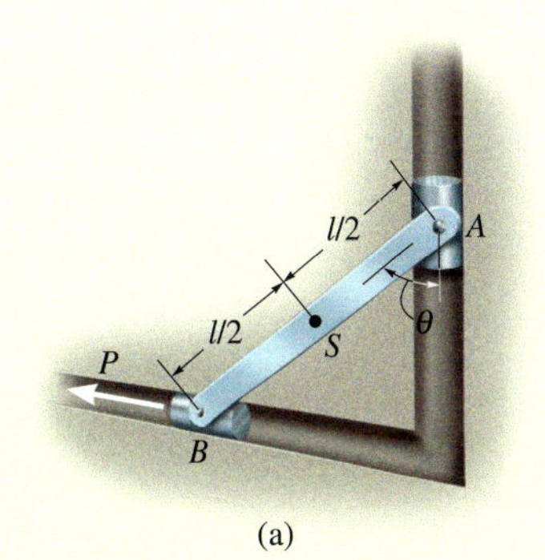

(a)

Lösung

Warum kann zur Lösung der Arbeitssatz verwendet werden?

Kinetische Energie (kinematisches Diagramm) Die beiden kinetischen Diagramme der Stange in der Anfangslage 1 und der Endlage 2 sind in Abbildung 7.16b dargestellt. Für die Lage 1 ist $T_1 = 0$, denn es gilt $(v_S)_1 = \omega_1 = 0$. In der Lage 2 beträgt die Winkelgeschwindigkeit ω_2 und die Geschwindigkeit des Massenschwerpunktes ist $(v_S)_2$. Dann ergibt sich für die kinetische Energie

$$T_2 = \frac{1}{2}m(v_S)_2^2 + \frac{1}{2}J_S\omega_2^2 = \frac{1}{2}m(v_S)_2^2 + \frac{1}{2}\left(\frac{1}{12}ml^2\right)\omega_2^2$$

Die beiden Unbekannten $(v_S)_2$ und ω_2 können z.B. über den Momentanpol M für den Stab in Beziehung gesetzt werden, siehe Abbildung 7.16b. Man sieht, dass A sich mit der Geschwindigkeit $(v_A)_2$ absenkt und B sich mit der Geschwindigkeit $(v_B)_2$ nach links bewegt. Mit diesen Richtungen wird der Momentanpol wie in der Abbildung gezeigt bestimmt, womit die gewünschte Verknüpfung angegeben werden kann:

$$(v_S)_2 = r_{S/M}\omega_2 = \frac{l}{2}(\tan\theta_2)\omega_2 = \frac{l}{2}\omega_2$$

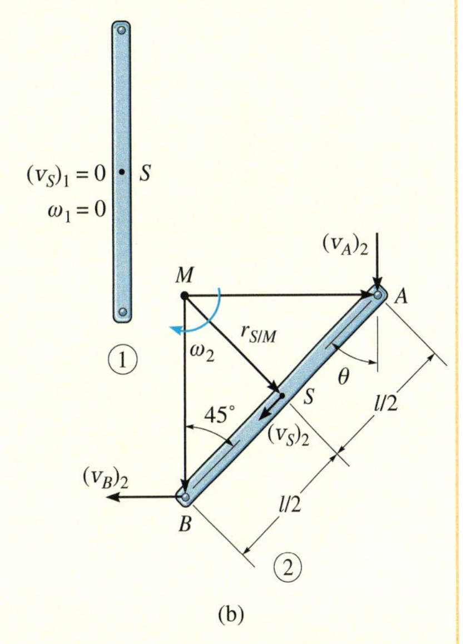

(b)

Damit ergibt sich

$$T_2 = \frac{ml^2}{8}\omega_2^2 + \frac{ml^2}{24}\omega_2^2 = \frac{ml^2}{6}\omega_2^2$$

Arbeit (Freikörperbild) Abbildung 7.16c. Die Normalkräfte N_A und N_B leisten bei der Bewegung des Stabes keine Arbeit. Warum? Das Gewicht G wird um die Strecke $\Delta y = l/2 - (l/2)\cos\theta_2$ vertikal nach unten verschoben, während die Kraft P um die Strecke $s = l\sin\theta_2$ horizontal nach links verschoben wird. Beide Kräfte leisten positive Arbeit. Warum?

Arbeitssatz

$$T_1 + \sum W_{1-2} = T_2$$

$$T_1 + (G\Delta y + Ps) = T_2$$

$$0 + mg\left(\frac{l}{2} - \frac{l}{2}\cos\theta_2\right) + Pl\sin\theta_2 = \frac{ml^2}{6}\omega_2^2$$

Wir lösen nach ω_2 auf und erhalten

$$\omega_2^2 = \frac{3mg(1-\cos\theta_2) + 6P\sin\theta_2}{ml} \Rightarrow \omega_2 = 6{,}11 \text{ rad/s}$$

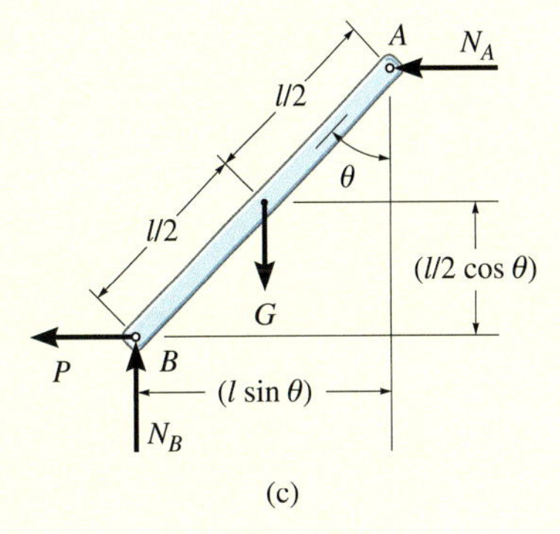

(c)

Abbildung 7.16

7.5 Energieerhaltungssatz

Besteht ein Kräftesystem, das an einem starren Körper angreift, nur aus *konservativen Kräften*, kann die Aufgabe mit dem Arbeitssatz aber auch mit dem Energieerhaltungssatz gelöst werden. Letzterer ist oft einfacher, denn die Arbeit einer konservativen Kraft ist *unabhängig vom Weg* und hängt nur von der Anfangs- und Endlage des Körpers ab. In *Abschnitt 3.5* wurde gezeigt, dass die Arbeit einer konservativen Kraft als Differenz der potenziellen Energie bezüglich eines beliebigen Nullniveaus geschrieben werden kann.

Schwerepotenzial Da das Gesamtgewicht eines Körpers als im Schwerpunkt konzentriert angreifende Kraft betrachtet werden kann, wird das *Schwerepotenzial* aus der Höhe des Schwerpunktes ober- oder unterhalb eines horizontalen Nullniveaus ermittelt:

$$V_G = G y_S \tag{7.14}$$

Die potenzielle Energie ist *positiv*, wenn y_S positiv ist, d.h. sich oberhalb des Nullniveaus befindet, denn das Gewicht leistet *positive Arbeit*, wenn der Körper zum Nullniveau zurückkehrt, siehe Abbildung 7.17. Befindet sich der Körper dagegen *unterhalb* des Nullniveaus (y_S negativ), dann ist das Schwerepotenzial *negativ*, denn das Gewicht leistet *negative Arbeit*, wenn der Körper zum Nullniveau zurückkehrt.

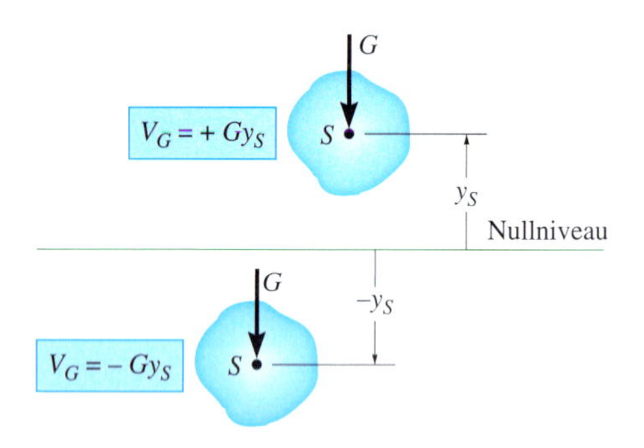

Schwerepotenzial
Abbildung 7.17

Elastisches Federpotenzial Die Kraft einer elastischen Feder ist ebenfalls eine konservative Kraft. Das *elastische Federpotenzial* einer Feder, wenn sie aus der unverformten Anfangslage ($s = 0$) in eine Endlage s gedehnt oder gestaucht wird, siehe Abbildung 7.18, beträgt

$$V_F = +\frac{1}{2}cs^2 \tag{7.15}$$

In der verformten Lage leistet die *auf den Körper wirkende* Federkraft immer positive Arbeit, wenn die Feder in die unverformte Ausgangslage zurückkehrt (siehe *Abschnitt 3.5*).

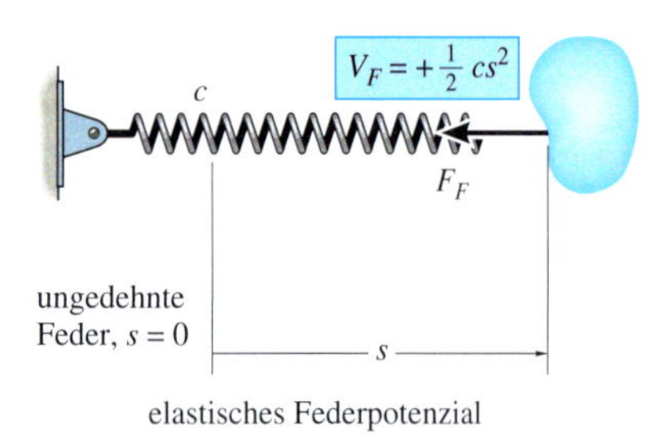

elastisches Federpotenzial
Abbildung 7.18

Energieerhaltung Greifen an einem Körper elastische Federkräfte und Gewichtskräfte an, so wird die gesamte *potenzielle Energie* als Potenzialfunktion V in Form einer Summe geschrieben:

$$V = V_G + V_F \tag{7.16}$$

Der Wert von V hängt dann von der Lage des Körpers bezüglich des gewählten Nullniveaus ab.

Da die Arbeit konservativer Kräfte auch als Differenz ihrer potenziellen Energien angeschrieben werden kann, $(\sum W_{1-2})_{konservativ} = V_1 - V_2$, Gleichung (3.16), erhalten wir für den Arbeitssatz eines starren Körpers

$$T_1 + V_1 + (\sum W_{1-2})_{nichtkonservativ} = T_2 + V_2 \tag{7.17}$$

Dabei ist $(\sum W_{1-2})_{nichtkonservativ}$ die Arbeit der nichtkonservativen Kräfte, wie z.B. der Gleitreibung. Ist dieser Term gleich null, dann ergibt sich

$$T_1 + V_1 = T_2 + V_2 \tag{7.18}$$

Diese Beziehung ist der *Satz von der Erhaltung der mechanischen Energie*. Er besagt, dass die *Summe* der potenziellen und kinetischen Energie eines Körpers *konstant* bleibt, wenn der Körper sich von einer Lage in eine andere bewegt und an ihm nur konservative Kräfte angreifen. Er gilt auch für ein System glatter, beweglich verbundener starrer Körper, für mit undehnbaren Seilen verbundene Körper sowie für Körper, die spielfrei ineinander greifen. In allen diesen Fällen *fallen* die Kontaktkräfte aus der Berechnung *heraus*, denn sie treten in gleichen, aber entgegengerichteten kollinearen Paaren auf. Jedes Kräftepaar wird um die gleiche Strecke verschoben, wenn das System verschoben wird.

Wichtig ist, dass Gleichung (7.18) nur für Probleme mit konservativen Kräftesystemen gilt. Wie in *Abschnitt 3.5* erläutert, sind Reibungskräfte und andere dissipative Wirkungen, die beispielsweise von der Geschwindigkeit abhängen, nichtkonservative Kräfte. Die Arbeit dieser Kräfte wird in Wärmeenergie umgewandelt, die Kontaktflächen erwärmen sich und folglich wird diese Energie an die Umgebung abgegeben und kann nicht zurückgewonnen werden. Daher werden Aufgaben mit Gleitreibungs- oder Dämpfungskräften über die dynamischen Gleichgewichtsbedingungen oder gegebenenfalls direkt mit dem Arbeitssatz in Form der Gleichung (7.17) gelöst.

Die Torsionsfedern oben auf dem Garagentor wickeln sich auf, wenn das Tor abgesenkt wird. Beim Anheben des Tores wird die in den Federn gespeicherte potenzielle Energie in Schwerepotenzial des Torgewichts umgewandelt. Daher ist das Öffnen leicht.

Lösungsweg

Mit dem Energieerhaltungssatz werden Aufgaben gelöst, bei denen *Geschwindigkeit*, *Verschiebung* und *konservative Kräftesysteme* involviert sind. Bei der Anwendung wird folgender Lösungsweg vorgeschlagen:

Potenzielle Energie

- Zeichnen Sie den Körper in der betrachteten Anfangs- und Endlage auf seiner Bahnkurve.
- Wird der Schwerpunkt S *vertikal verschoben*, so führen Sie ein raumfestes, horizontales Nullniveau ein. Bezüglich dieses Nullniveaus wird dann das Schwerepotenzial V_G des Körpers bestimmt.
- Werte für den Abstand y_S des Schwerpunktes des Körpers zum Nullniveau und der Dehnung bzw. Stauchung von Federn erhalten Sie aus der Geometrie.
- Für die potenzielle Energie gilt $V = V_G + V_F$. Dabei sind $V_G = G y_S$ positiv (oberhalb) oder negativ (unterhalb des Nullniveaus) und $V_F = \frac{1}{2} c s^2$ immer positiv.

Kinetische Energie

- Die kinetische Energie des Körpers setzt sich aus der Translationsenergie $T = \frac{1}{2} m v_S^2$ und der Rotationsenergie $T = \frac{1}{2} J_S \omega^2$ zusammen.
- Kinematische Diagramme der Geschwindigkeit können zur Bestimmung von v_S und ω und der Aufstellung einer *Beziehung* zwischen ihnen hilfreich sein.

Energieerhaltung

- Wenden Sie für konservative Systeme den Energieerhaltungssatz

$$T_1 + V_1 = T_2 + V_2$$

an.

Beispiel 7.7 Der Stab AB der Masse m in Abbildung 7.19a wird an den Enden in horizontalen und vertikalen Nuten geführt. Die Feder hat die Federkonstante c und ist bei $\theta = \theta_2$ ungedehnt. AB wird bei $\theta = \theta_1$ aus der Ruhe freigegeben. Bestimmen Sie die Winkelgeschwindigkeit von AB für $\theta = \theta_2$. Vernachlässigen Sie die Masse der Gleitstücke.

$m = 10$ kg, $\theta_1 = 30°$, $\theta_2 = 0$, $c = 800$ N/m, $l = 0{,}4$ m

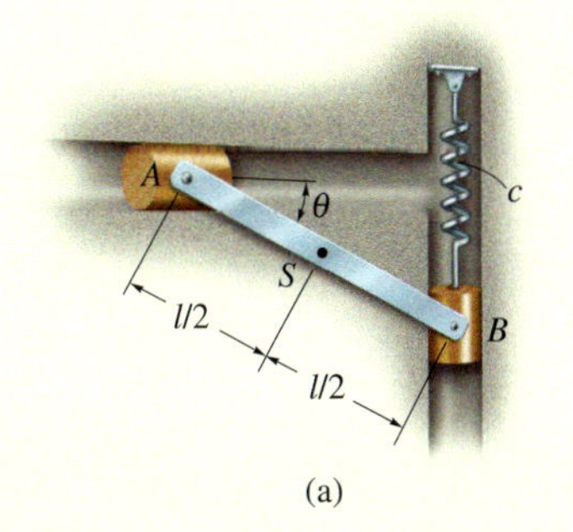

(a)

Lösung

Potenzielle Energie Die beiden Bilder des Stabes für die Anfangs- und die Endlage sind in Abbildung 7.19b dargestellt. Das Nullniveau zur Bestimmung des Schwerepotenzials wird in Höhe der horizontalen Führung gelegt.

Befindet sich der Stab in der Lage 1, so befindet sich sein Schwerpunkt S *unterhalb des Nullniveaus* und das Schwerepotenzial ist *negativ*. Weiterhin liegt eine (positive) elastische Federenergie vor, wenn die Feder um $s_1 = l \sin \theta_1$ gedehnt ist. Es gilt also

$$V_1 = -Gy_1 + \frac{1}{2}cs_1^2$$
$$= -(mg)\left(\frac{l}{2}\sin\theta_1\right) + \frac{1}{2}c\left(l\sin\theta_1\right)^2$$

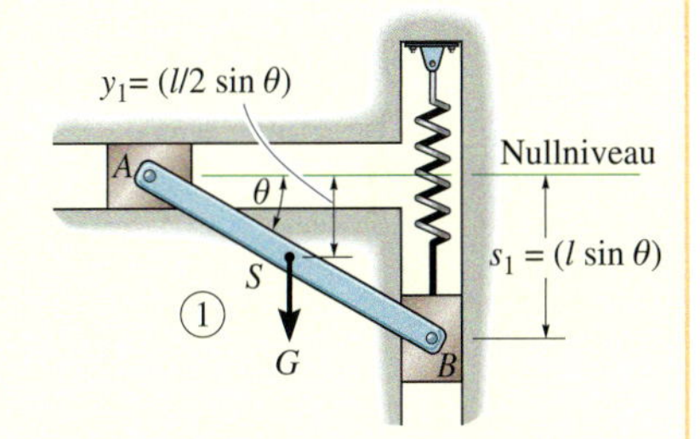

Befindet sich der Stab in der Lage 2, dann ist seine potenzielle Energie gleich null, denn die Feder ist ungedehnt, $s_2 = 0$, und der Schwerpunkt S befindet sich in Höhe des Nullniveaus:

$$V_2 = 0$$

Kinetische Energie Der Stab wird in der Lage 1 aus der Ruhe freigegeben, somit gilt $(v_S)_1 = 0$ und $\omega_1 = 0$, d.h.

$$T_1 = 0$$

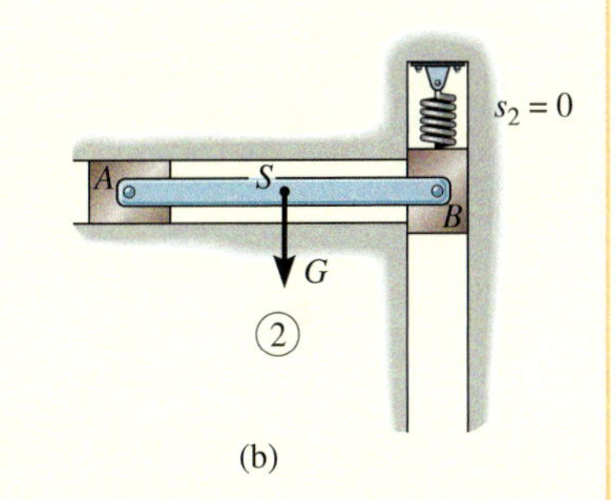

(b)

In der Lage 2 beträgt die Winkelgeschwindigkeit des Stabes ω und die Geschwindigkeit seines Schwerpunktes $(v_S)_2$. Somit ergibt sich

$$T_2 = \frac{1}{2}m\left(v_S\right)_2^2 + \frac{1}{2}J_S\omega_2^2 = \frac{1}{2}m\left(v_S\right)_2^2 + \frac{1}{2}\left(\frac{1}{12}ml^2\right)\omega_2^2$$

Wie in Abbildung 7.19c gezeigt, kann die Geschwindigkeit $(v_S)_2$ *kinematisch* mit ω_2 in Beziehung gesetzt werden. Zum dargestellten Zeitpunkt befindet sich der Momentanpol M des Stabes in Punkt A, also gilt $(v_S)_2 = r_{S/M}\omega_2 = l\omega_2/2$. Einsetzen in die kinetische Energie und Vereinfachen führt auf

$$T_2 = \frac{1}{2}m\left(\frac{l}{2}\right)^2\omega_2^2 + \frac{1}{24}ml^2\omega_2^2 = \frac{1}{6}ml^2\omega_2^2$$

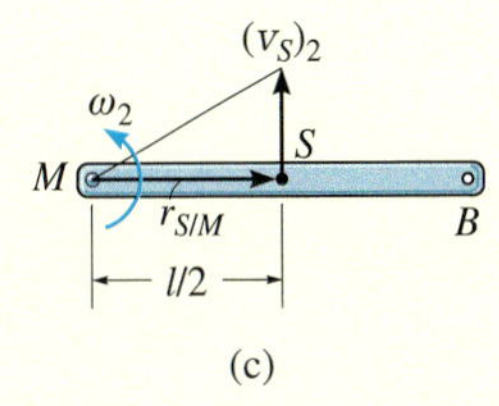

(c)

Abbildung 7.19

Energieerhaltung

$$T_1 + V_1 = T_2 + V_2$$

$$0 + \left[-mg\left(\frac{l}{2}\sin\theta_1\right) + \frac{1}{2}c\left(l\sin\theta_1\right)^2\right] = \frac{1}{6}ml^2\omega_2^2 + 0$$

$$\omega_2 = \sqrt{\frac{3\left[-mgl\sin\theta_1 + c\left(l\sin\theta_1\right)^2\right]}{ml^2}} = 4{,}82 \text{ rad/s}$$

Beispiel 7.8

Die Scheibe in Abbildung 7.20a hat die Masse m und den Trägheitsradius k_S und ist über eine Feder mit der Federkonstanten c und der ungedehnten Länge l_0 an die Umgebung angeschlossen. In der dargestellten Lage wird die Scheibe aus der Ruhe freigegeben und rollt ohne Gleiten. Bestimmen Sie ihre Winkelgeschwindigkeit, wenn S die Strecke s nach links zurückgelegt hat.

$m = 15$ kg, $k_S = 0{,}18$ m, $c = 30$ N/m, $l_0 = 0{,}3$ m, $h = 1{,}2$ m, $s = 0{,}9$ m, $r = 0{,}225$ m

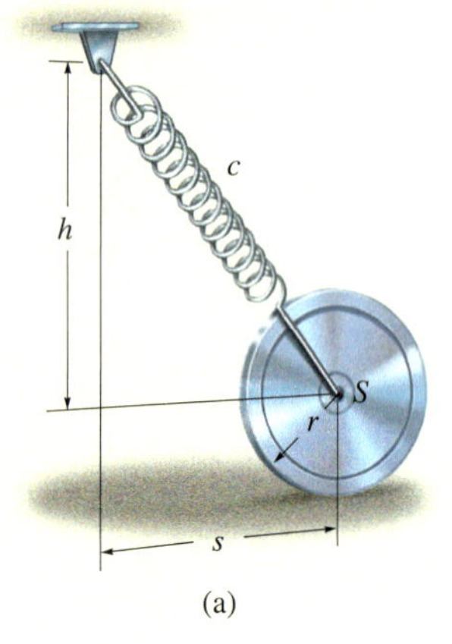

(a)

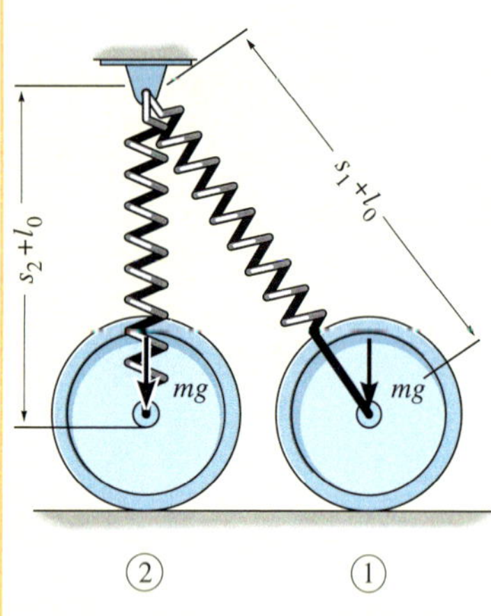

(b)

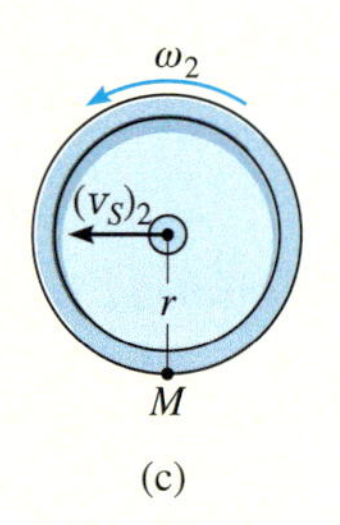

(c)

Abbildung 7.20

Lösung

Potenzielle Energie Die beiden Bilder der Scheibe für die Anfangs- und die Endlage sind in Abbildung 7.20b dargestellt. Ein Nullniveau ist nicht erforderlich, denn das Gewicht wird nicht vertikal verschoben. Aus der Geometrie erhalten wir die Federauslenkungen $s_1 = \sqrt{s^2 + h^2} - l_0$ sowie $s_2 = h - l_0$ für die Anfangs- bzw. die Endlage. Damit wird

$$V_1 = \frac{1}{2}cs_1^2 = \frac{1}{2}c\left(\sqrt{s^2 + h^2} - l_0\right)^2$$
$$V_2 = \frac{1}{2}cs_2^2 = \frac{1}{2}c\left(h - l_0\right)^2$$

Kinetische Energie Die Scheibe wird aus der Ruhe freigegeben, somit gilt $(v_S)_1 = 0$ und $\omega_1 = 0$, d.h.

$$T_1 = 0$$

In der Endlage ist

$$T_2 = \frac{1}{2}m(v_S)_2^2 + \frac{1}{2}J_S\omega_2^2$$
$$= \frac{1}{2}m(v_S)_2^2 + \frac{1}{2}\left(mk_S^2\right)\omega_2^2$$

Da die Scheibe ohne Gleiten rollt, kann $(v_S)_2$ über den Momentanpol mit ω_2 in Beziehung gesetzt werden, Abbildung 7.20c, d.h. $(v_S)_2 = r_{S/M}\omega_2 = r\omega_2$. Einsetzen in die kinetische Energie und Vereinfachen führt auf

$$T_2 = \frac{1}{2}m\left(r^2 + k_S^2\right)\omega_2^2$$

Energieerhaltung

$$T_1 + V_1 = T_2 + V_2$$
$$0 + \frac{1}{2}c\left(\sqrt{s^2 + h^2} - l_0\right)^2 = \frac{1}{2}m\left(r^2 + k_S^2\right)\omega_2^2 + \frac{1}{2}c\left(h - l_0\right)^2$$
$$\omega_2 = \sqrt{\frac{c\left(\sqrt{s^2 + h^2} - l_0\right)^2 - c\left(h - l_0\right)^2}{m\left(r^2 + k_S^2\right)}} = 3{,}90\ \text{rad/s}$$

Beispiel 7.9

Die homogene Scheibe der Masse m_A in Abbildung 7.21a ist an dem homogenen schlanken Stab AB der Masse m_{AB} reibungsfrei drehbar befestigt. Die Anordnung wird bei $\theta = \theta_1$ aus der Ruhe freigegeben. Bestimmen Sie die Winkelgeschwindigkeit des Stabes für $\theta = \theta_2$. Vernachlässigen Sie die Reibung in der vertikalen Führung und die Masse der Hülse in B.

$m_A = 10$ kg, $m_{AB} = 5$ kg, $\theta_1 = 60°$, $\theta_2 = 0$, $r = 0{,}1$ m, $l = 0{,}6$ m

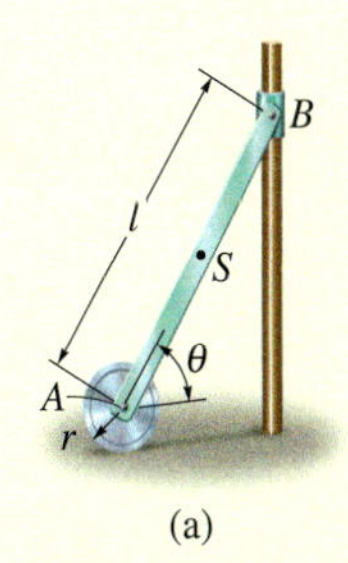

(a)

Lösung

Potenzielle Energie Die beiden Bilder der Scheibe und des Stabes für die Anfangs- und die Endlage sind in Abbildung 7.21b dargestellt. Aus Gründen der Einfachheit wird das Nullniveau in Höhe von A festgelegt.

Befindet sich das System in der Lage 1, so ist das Schwerepotenzial der Scheibe null und das Gewicht des Stabes hat eine positive potenzielle Energie. Es gilt

$$V_1 = G_{AB}\,y_1 = mg(l/2)\sin\theta_1$$

Befindet sich das System in der Lage 2, dann sind die potenziellen Energien der Gewichtskraft des Stabes und der Gewichtskraft der Scheibe gleich null. Warum? Es ist also

$$V_2 = 0$$

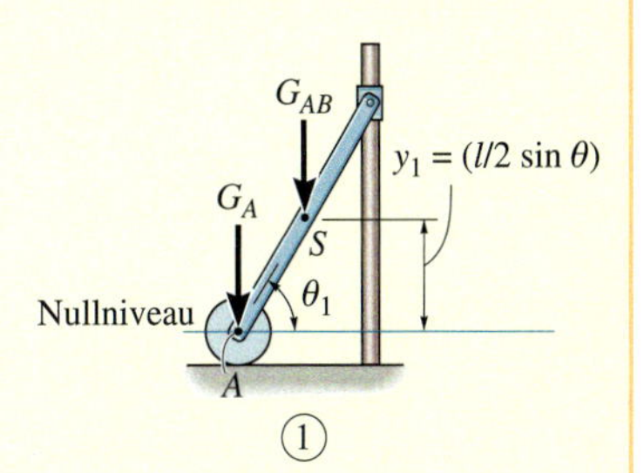

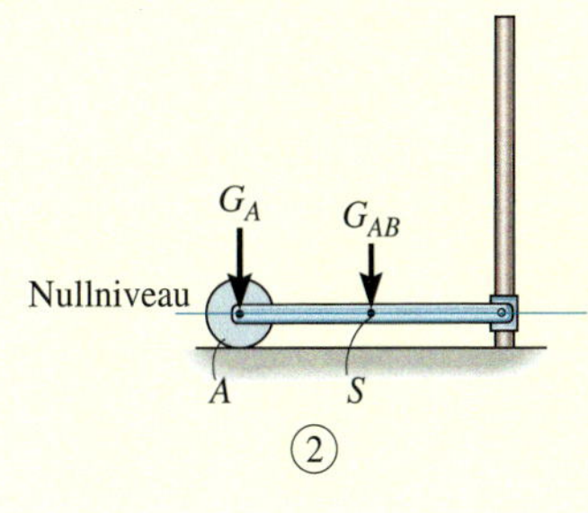

(b)

Kinetische Energie Da sich das gesamte System in der Anfangslage in Ruhe befindet, gilt

$$T_1 = 0$$

In der Endlage hat der Stab die Winkelgeschwindigkeit $(\omega_{AB})_2$ und die Schwerpunktgeschwindigkeit $(v_S)_2$, siehe Abbildung 7.21c. Da der Stab in dieser Lage vollständig horizontal gestreckt ist und die Bewegung der Scheibe eine Richtungsumkehr erfährt, befindet sich die Scheibe momentan in Ruhe. Daher gilt $(\omega_A)_2 = 0$ und $(v_A)_2 = 0$. $(v_S)_2$ wird mit $(\omega_{AB})_2$ über den zugeordneten Momentanpol A der Stange verknüpft, Abbildung 7.21c. Es ergibt sich $(v_S)_2 = r_{S/M}(\omega_{AB})_2 = (l/2)(\omega_{AB})_2$ und daraus

$$T_2 = \frac{1}{2}m_{AB}(v_S)_2^2 + \frac{1}{2}J_S(\omega_{AB})_2^2 + \frac{1}{2}m_A(v_A)_2^2 + \frac{1}{2}J_A(\omega_A)_2^2$$

$$= \frac{1}{2}m_{AB}\left(\frac{l}{2}\right)^2(\omega_{AB})_2^2 + \frac{1}{2}\left(\frac{1}{12}m_{AB}l^2\right)(\omega_{AB})_2^2 + 0 + 0$$

$$= \frac{1}{6}m_{AB}l^2(\omega_{AB})_2^2$$

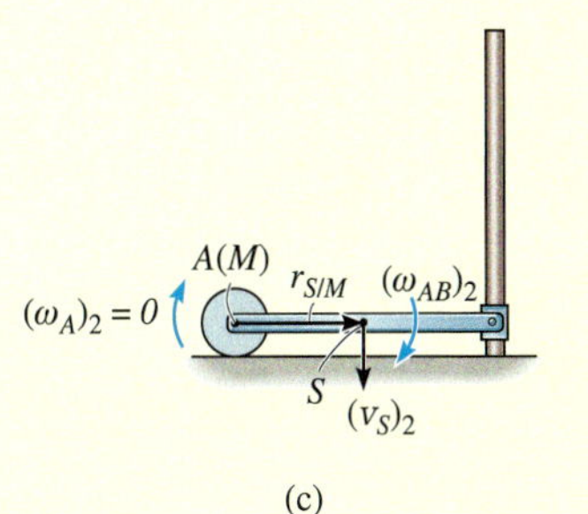

(c)

Abbildung 7.21

Energieerhaltung

$$T_1 + V_1 = T_2 + V_2$$

$$0 + m_A g l \sin\theta_1/2 = \frac{1}{6}m_{AB}l^2(\omega_{AB})_2^2 + 0$$

$$(\omega_{AB})_2 = \sqrt{\frac{3m_A g\sin\theta_1}{m_{AB}l}} = 6{,}52 \text{ rad/s}$$

ZUSAMMENFASSUNG

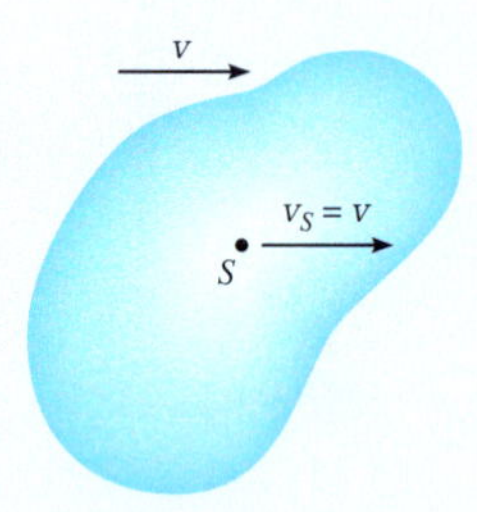

translatorische Bewegung

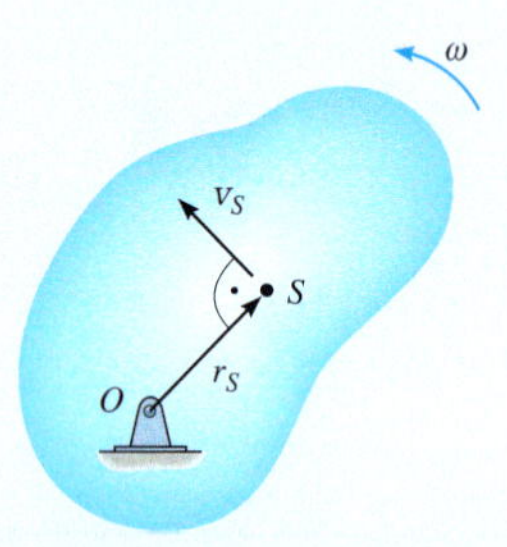

Drehung um eine feste Achse

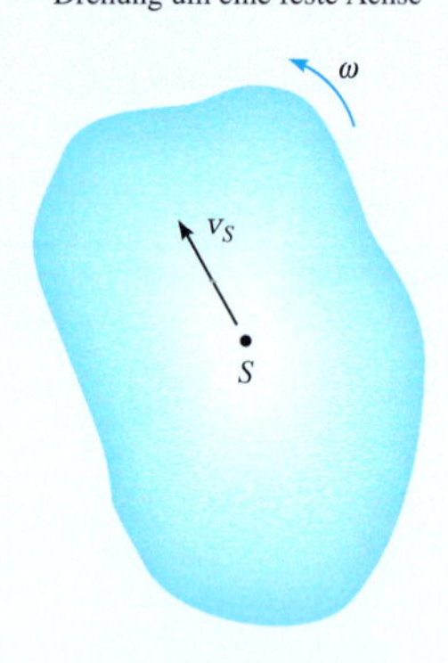

allgemein ebene Bewegung

■ ***Kinetische Energie*** Die kinetische Energie eines starren Körpers bei einer ebenen Bewegung kann bezüglich des Schwerpunktes angegeben werden. Für einen Körper in rein translatorischer Bewegung gilt

$$T = \tfrac{1}{2} m v_S^2.$$

Dreht sich der Körper um eine feste Achse durch Punkt O, so hat sein Schwerpunkt im Allgemeinen eine Translationsgeschwindigkeit und der Körper besitzt eine Winkelgeschwindigkeit. Somit gilt

$$T = \tfrac{1}{2} m v_S^2 + \tfrac{1}{2} J_S \omega^2.$$

Mit $v_S = \omega r$ und dem Steiner'schen Satz können wir die kinetische Energie auch bezüglich des ruhenden Punktes O bestimmen und erhalten vereinfacht

$$T = \tfrac{1}{2} J_O \omega^2.$$

Bei allgemein ebener Bewegung beträgt die kinetische Energie als skalare Summe der Translations- und der Rotationsenergie

$$T = \tfrac{1}{2} m v_S^2 + \tfrac{1}{2} J_S \omega^2.$$

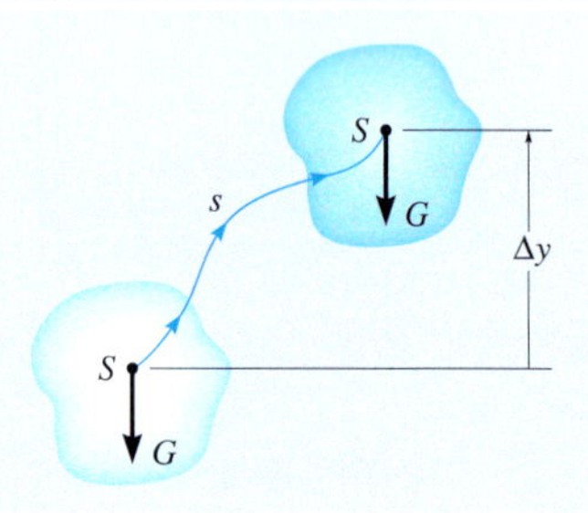

■ ***Arbeit einer Kraft und eines Momentes*** Eine Kraft leistet Arbeit, wenn sie in Richtung der Kraft eine Verschiebung ds erfährt. Die gesamte Arbeit ist dann $W = \int F\, ds$. Bei konstanten Kräften F_0, deren Richtungssinn in Richtung von Δs weist, gilt $W = F_0 \Delta s$. Wird das Gewicht G um Δy nach oben verschoben, dann ist

$$W_G = -G\,\Delta y.$$

Für die Rückstellkraft F_F auf einen Körper, die eine Feder um s dehnt, beträgt die Arbeit

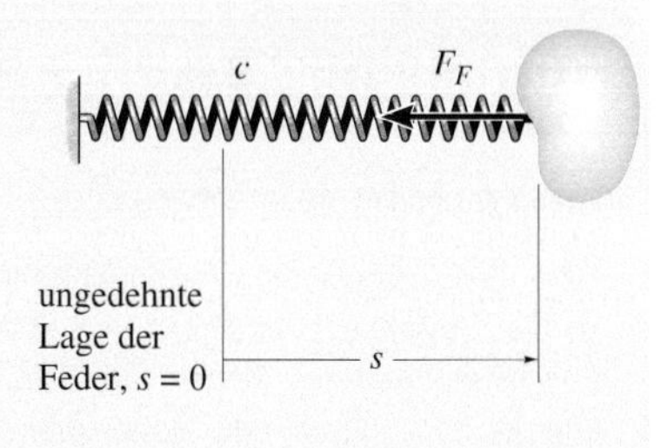

$$W_F = -\tfrac{1}{2}cs^2.$$

Die Reibungs- und die Normalkraft auf einen Zylinder oder eine Kugel, die ohne Gleiten rollen, leisten keine Arbeit, denn die Normalkraft und die Reibungskraft greifen während der gesamten Bewegung am jeweiligen Momentanpol an, der momentan eine verschwindendende Geschwindigkeit besitzt. Ein Moment M leistet Arbeit, wenn es eine Drehung θ in Richtung des Momentes erfährt. Bei konstantem Moment gilt $W = M\theta$.

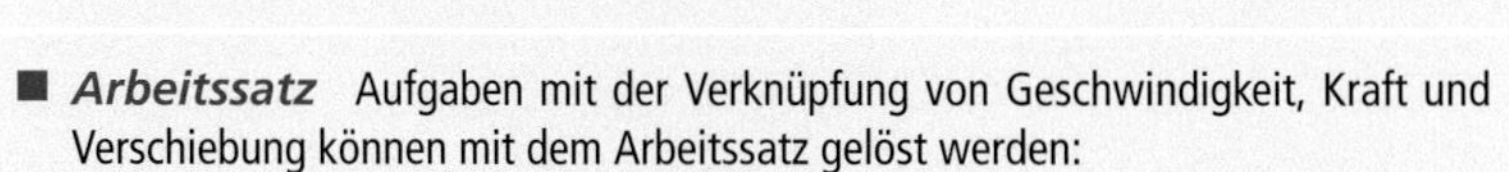

■ ***Arbeitssatz*** Aufgaben mit der Verknüpfung von Geschwindigkeit, Kraft und Verschiebung können mit dem Arbeitssatz gelöst werden:

$$T_1 + \sum W_{1-2} = T_2$$

Die kinetische Energie ist die Summe aus ihren Rotations- und Translationsanteilen. Zur Anwendung sollte ein Freikörperbild gezeichnet werden, um die Arbeit aller äußeren Kräfte und Momente, die am Körper bei seiner Bewegung in einer allgemeinen Lage angreifen, zu erfassen.

■ ***Energieerhaltungssatz*** Greifen an einem starren Körper nur konservative Kräfte an, kann der Energieerhaltungssatz zur Lösung verwendet werden. Dann muss die Summe der potenziellen und der kinetischen Energien in zwei beliebigen Punkten der Bahnkurve gleich sein, d.h.

$$T_1 + V_1 = T_2 + V_2$$

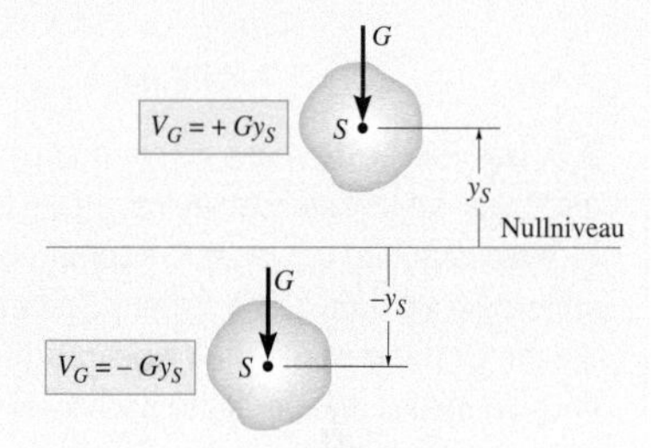

Schwerepotenzial

Die potenzielle Energie ist im Allgemeinen die Summe des Schwere- und des elastischen Federpotenzials

$$V = V_G + V_F$$

Das Schwerepotenzial ist positiv, wenn der Schwerpunkt des Körpers oberhalb des gewählten Nullniveaus liegt. Liegt er darunter, dann ist es negativ. Das elastische Federpotenzial ist immer positiv, unabhängig davon, ob die Feder gedehnt oder gestaucht ist.

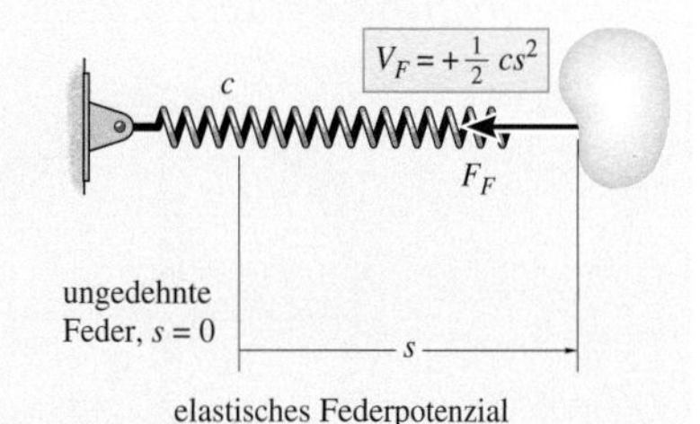

elastisches Federpotenzial

Aufgaben zu 7.1 bis 7.4

Ausgewählte Lösungswege

Lösungen finden Sie in *Anhang C*.

***7.1** Zum dargestellten Zeitpunkt hat der Körper der Masse m die Winkelgeschwindigkeit ω und sein Schwerpunkt die Geschwindigkeit v_S. Zeigen Sie, dass für seine kinetische Energie $T = \frac{1}{2} J_M \omega^2$ gilt, wobei sich das Massenträgheitsmoment J_M auf den Momentanpol M im Abstand $r_{S/M}$ vom Schwerpunkt bezieht, siehe die entsprechende Abbildung.

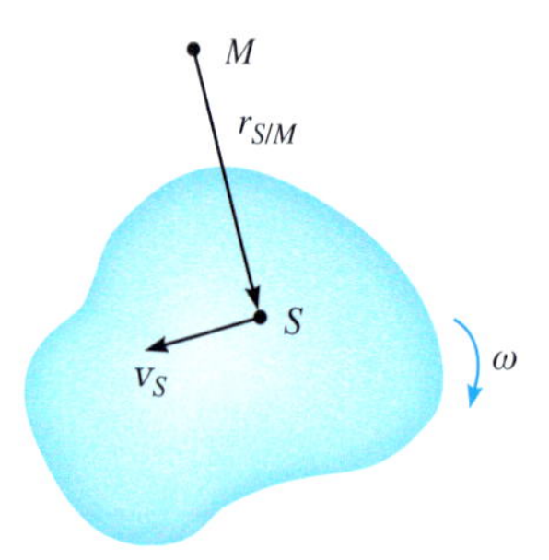

Abbildung A 7.1

7.2 Das Rad besteht aus einem dünnen Ring der Masse m_R und zwei schlanken Stäben m_{St}. Die Torsionsfeder mit der Federkonstanten c_d ist am Radmittelpunkt befestigt und außerdem wird dort das äußere Drehmoment $M(\theta)$ aufgebracht. Bestimmen Sie die Winkelgeschwindigkeit des Rades nach Freigeben aus der Ruhe nach zwei Umdrehungen.

Gegeben: $r = 0{,}5$ m, $m_R = 5$ kg, $m_{St} = 2$ kg, $c_d = 2$ Nm/rad, $M = k\theta$, $k = 2$ Nm/rad

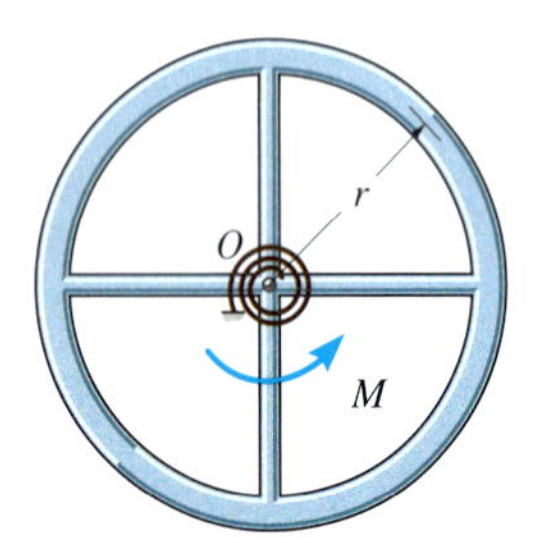

Abbildung A 7.2

7.3 Zum dargestellten Zeitpunkt hat die Scheibe der Masse m die Winkelgeschwindigkeit ω gegen den Uhrzeigersinn und ihr Mittelpunkt die Geschwindigkeit v. Bestimmen Sie die kinetische Energie der Scheibe zu diesem Zeitpunkt.

Gegeben: $r = 1$ m, $m = 30$ kg, $\omega = 5$ rad/s, $v = 10$ m/s

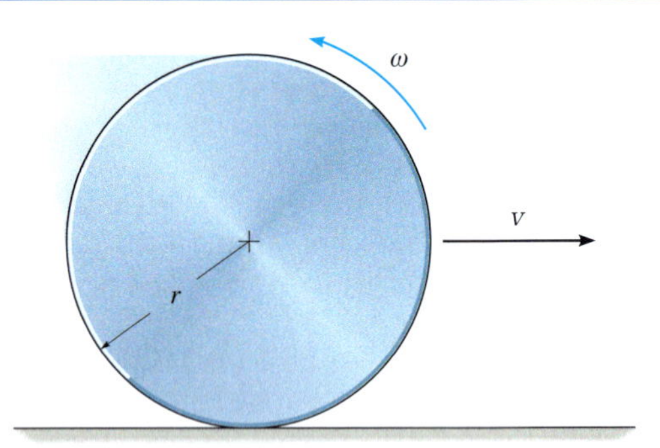

Abbildung A 7.3

***7.4** Die Seiltrommel besteht aus zwei fest miteinander verbundenen Scheiben. Sie hat die Masse m, den Trägheitsradius k_O und dreht mit der Winkelgeschwindigkeit ω im Uhrzeigersinn. Über masselose, undehnbare Seile werden die Klötze A und B bewegt. Bestimmen Sie die kinetische Energie des Systems. Nehmen Sie an, dass keines der Seile auf der Trommel gleitet.

Gegeben: $r_1 = 0{,}5$ m, $r_2 = 1$ m, $m = 50$ kg, $m_A = 20$ kg, $m_B = 30$ kg, $k_O = 0{,}6$ m, $\omega = 20$ rad/s

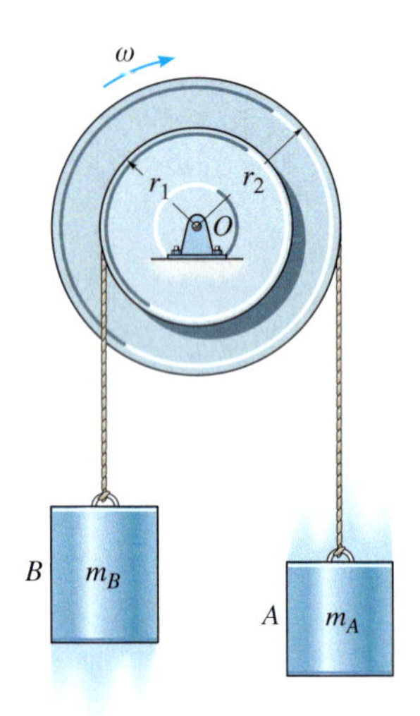

Abbildung A 7.4

7.5 Zum dargestellten Zeitpunkt hat die Stange AB die Winkelgeschwindigkeit ω_{AB}. Sämtliche Stangen sind schlanke Stäbe mit der Masse pro Länge m. Bestimmen Sie die gesamte kinetische Energie des Systems.

Gegeben: $l_{AB} = 3$ cm, $l_{BC} = 4$ cm, $l_{CD} = 5$ cm, $m = 0{,}5$ kg/cm, $\gamma = 45°$, $\omega_{AB} = 2$ rad/s

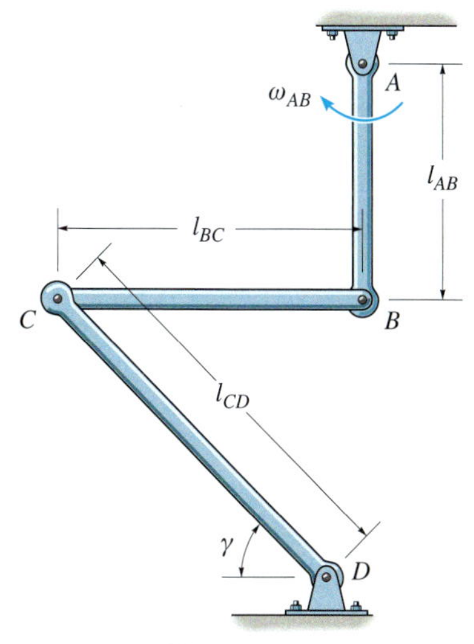

Abbildung A 7.5

7.6 Lösen Sie Aufgabe 6.58 mit dem Arbeitssatz.

7.7 Lösen Sie Aufgabe 6.59 mit dem Arbeitssatz.

***7.8** Lösen Sie Aufgabe 6.63 mit dem Arbeitssatz.

7.9 Die Kraft P greift am Seilende an und erzeugt eine Drehbewegung der Trommel mit der Masse m, die auf den beiden kleinen Rollen A und B ruht. Bestimmen Sie die Winkelgeschwindigkeit der Trommel nach zwei Umdrehungen. Vernachlässigen Sie die Masse der Rollen und die Masse des Seiles. Der Trägheitsradius k_S der Trommel bezüglich des Mittelpunktes ist gegeben.

Gegeben: $r_i = 250$ mm, $r_a = 500$ mm, $P = 20$ N, $d = 400$ mm, $m = 175$ kg, $k_S = 0{,}42$ m, $\gamma = 30°$

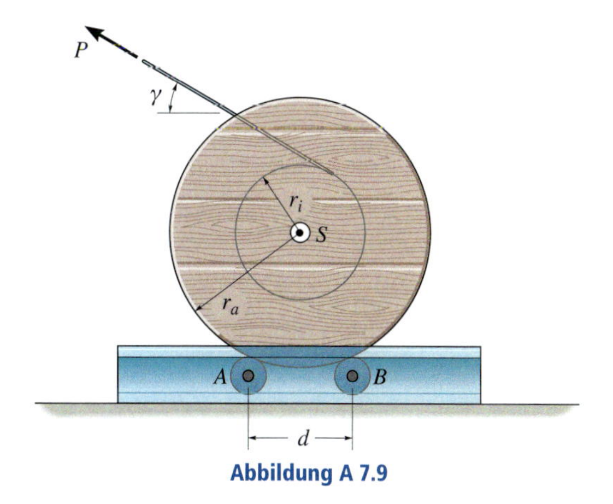

Abbildung A 7.9

7.10 Der Mischerbehälter hat das Gewicht G und den Trägheitsradius k_S bezüglich des Schwerpunktes. Ein konstantes Moment M wird auf das Kipprad aufgebracht. Bestimmen Sie die Winkelgeschwindigkeit der Wanne nach Überstreichen des Winkels von $\theta = 0$ bis $\theta = \theta_1$. Anfangs bei $\theta = 0$ ist die Wanne in Ruhe.

Gegeben: $d = 0{,}4$ m, $G = 350$ N, $M = 300$ Nm, $k_S = 0{,}65$ m, $\theta_1 = 90°$

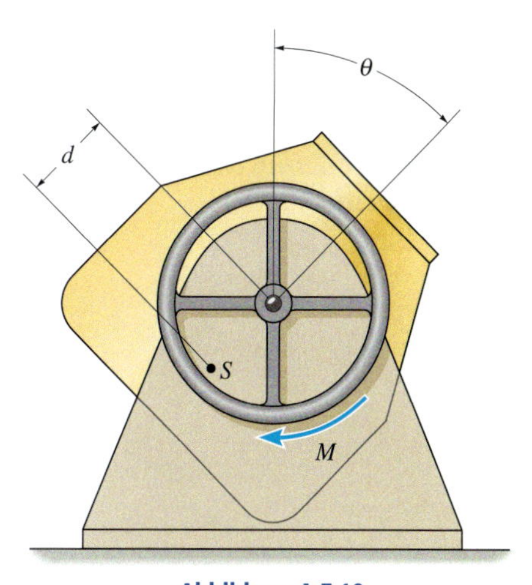

Abbildung A 7.10

7.11 Ein Yo-Yo hat das Gewicht G und den Trägheitsradius k_O. Es wird aus der Ruhe freigegeben. Wie weit muss es sich absenken, um die Winkelgeschwindigkeit ω zu erreichen? Vernachlässigen Sie die Masse der Schnur und nehmen Sie an, dass der mittlere Radius des Abwickelns r ist.

Gegeben: $r = 0{,}01$ m, $G = 3$ N, $k_O = 0{,}03$ m, $\omega = 70$ rad/s

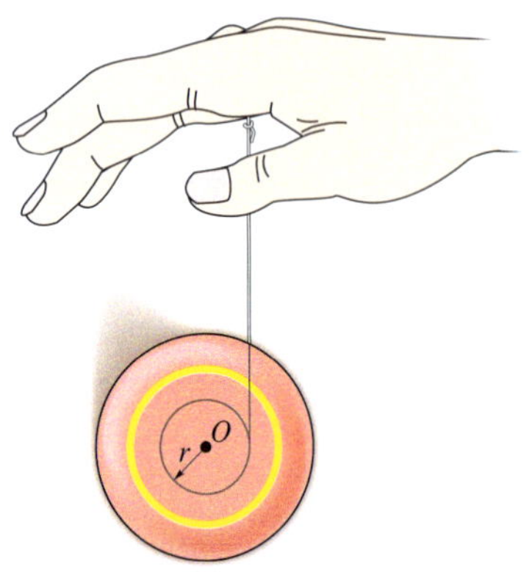

Abbildung A 7.11

***7.12** Die Seifenkiste hat zusammen mit dem Fahrer, aber *ohne* die vier Räder, das Gewicht G_S. Die Räder haben jeweils das Gewicht G_R, den Radius r und den Trägheitsradius k bezüglich ihres Mittelpunktes. Bestimmen Sie die Geschwindigkeit des Wagens nach Zurücklegen der Strecke s aus dem Stand. Die Räder rollen ohne Gleiten. Vernachlässigen Sie den Luftwiderstand.

Gegeben: $G_S = 550$ N, $G_R = 25$ N, $k = 0{,}09$ m, $r = 0{,}15$ m, $\gamma = 30°$, $s = 30$ m

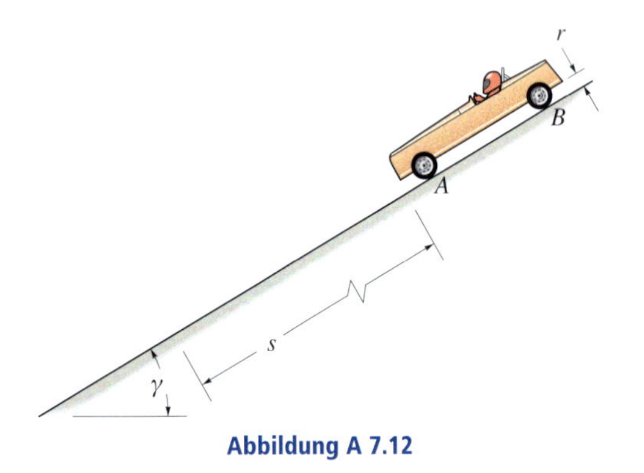

Abbildung A 7.12

7.13 Das Pendel des Kerbschlagbiegehammers hat die Masse m und den Trägheitsradius k_A. Für $\theta = 0$ wird es aus der Ruhe freigegeben. Bestimmen Sie seine Winkelgeschwindigkeit kurz vor dem Auftreffen auf den Probenkörper K bei $\theta = \theta_1$.

Gegeben: $m = 50$ kg, $k_A = 1{,}75$ m, $l = 1{,}25$ m, $\theta_1 = 90°$

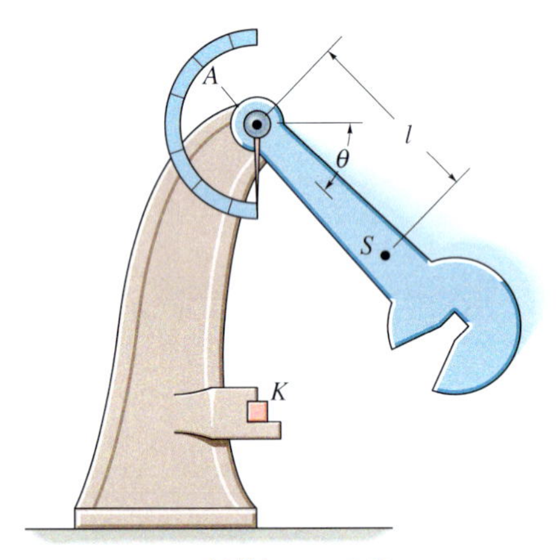

Abbildung A 7.13

7.14 Ein Motor liefert ein konstantes Drehmoment M für die Trommel. Diese hat das Gewicht G_T und den Trägheitsradius k_O. Bestimmen Sie die Geschwindigkeit der Kiste mit dem Gewicht G_K nach Anheben um die Strecke s aus der Ruhe. Vernachlässigen Sie die Masse des Seiles.

Gegeben: $G_T = 30$ kN, $G_K = 15$ kN, $M = 120$ kNm, $k_O = 0{,}8$ m, $s = 4$ m, $r = 1{,}5$ m

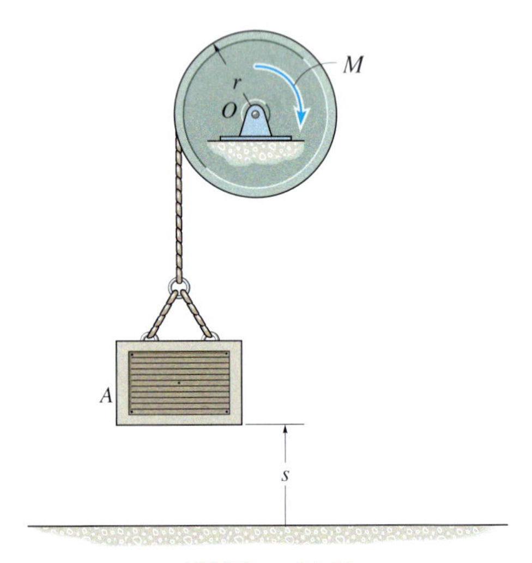

Abbildung A 7.14

7.15 Mit der Handwinde wird die Last m angehoben. Bestimmen Sie die erforderliche Arbeit, um fünf Umdrehungen der Kurbel auszuführen. Das Zahnrad in A hat den Radius r_A.

Gegeben: $m = 50$ kg, $r_A = 20$ mm, $r_B = 130$ mm, $l = 375$ mm, $d = 100$ mm

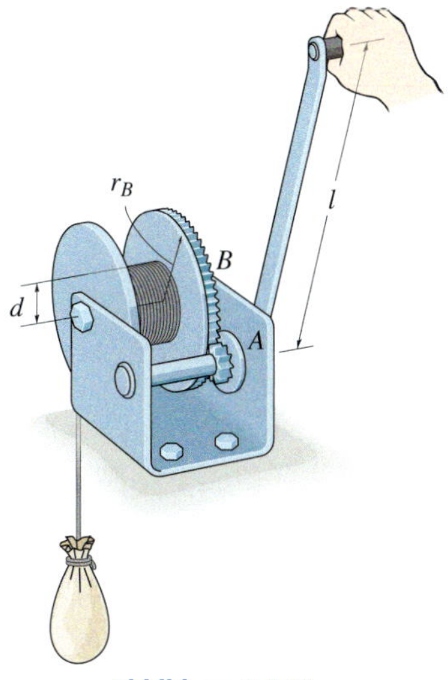

Abbildung A 7.15

***7.16** Am schlanken Stab der Masse m greifen die Kraft F und das Moment M an. In der dargestellten Lage $\theta = 0$ hat er die Winkelgeschwindigkeit ω_1. Bestimmen Sie seine Winkelgeschwindigkeit nach Drehung um $\Delta\theta$ nach unten. Die Kraft wirkt immer senkrecht zur Stabachse. Die Bewegung verläuft in der vertikalen Ebene.

Gegeben: $m = 4$ kg, $\omega_1 = 6$ rad/s, $\Delta\theta = 90°$, $l = 3$ m, $F = 15$ N, $M = 40$ Nm

7.17 Am schlanken Stab der Masse m greifen die Kraft F und das Moment M an. In der dargestellten Lage $\theta = 0$ hat er die Winkelgeschwindigkeit ω_1. Bestimmen Sie seine Winkelgeschwindigkeit nach Drehung um $\Delta\theta$ nach unten. Die Kraft wirkt immer senkrecht zur Stabachse. Die Bewegung verläuft in der vertikalen Ebene.

Gegeben: $m = 4$ kg, $\omega_1 = 6$ rad/s, $\Delta\theta = 360°$, $l = 3$ m, $F = 15$ N, $M = 40$ Nm

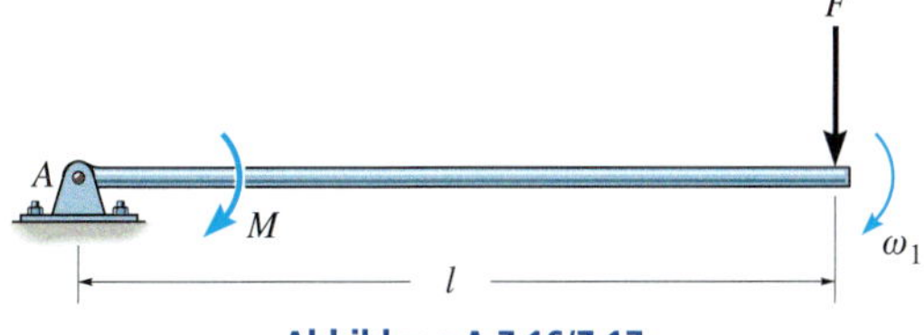

Abbildung A 7.16/7.17

7.18 Der Aufzug E hat die Masse m_E und das Gegengewicht C die Masse m_C. Ein Motor dreht die Treibscheibe A mit dem konstanten Drehmoment M. Bestimmen Sie die Geschwindigkeit des Aufzuges, nachdem er aus dem Stand die Strecke s nach oben gefahren ist. Die Treibscheiben A und B haben jeweils die Masse m_A und den Trägheitsradius k bezüglich ihres Schwerpunktes, der mit dem jeweiligen Lagerpunkt zusammenfällt. Vernachlässigen Sie die Masse des Seiles und nehmen Sie an, dass das Seil nicht auf den Treibscheiben rutscht.

Gegeben: $m_E = 1800$ kg, $m_C = 2300$ kg, $m_A = 150$ kg, $k = 0{,}2$ m, $r = 0{,}35$ m, $M = 100$ Nm, $s = 10$ m

7.19 Der Aufzug E hat die Masse m_E und das Gegengewicht C die Masse m_C. Ein Motor dreht die Treibscheibe A mit dem Drehmoment $M(\theta)$. Bestimmen Sie die Geschwindigkeit des Aufzuges, nachdem er aus dem Stand die Strecke s nach oben gefahren ist. Die Treibscheiben A und B haben jeweils die Masse m_A und den Trägheitsradius k bezüglich ihres Schwerpunktes, der mit dem jeweiligen Lagerpunkt zusammenfällt. Vernachlässigen Sie die Masse des Seiles und nehmen Sie an, dass das Seil nicht auf den Treibscheiben rutscht.

Gegeben: $m_E = 1800$ kg, $m_C = 2300$ kg, $m_A = 150$ kg, $k = 0{,}2$ m, $r = 0{,}35$ m, $M = a\theta^2 + b$, $a = 0{,}06$ Nm/rad², $b = 7{,}5$ Nm, $s = 12$ m

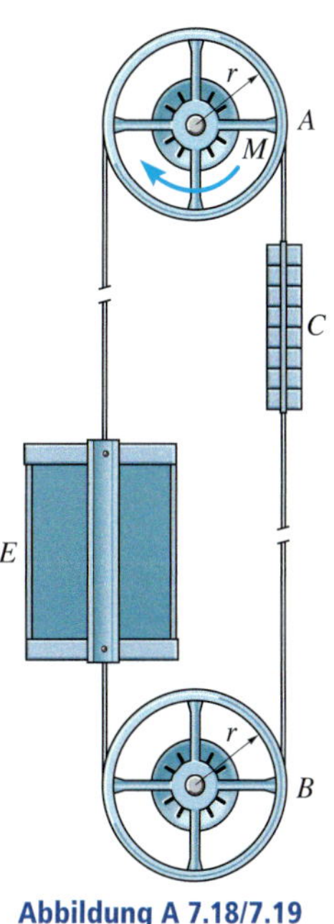

Abbildung A 7.18/7.19

***7.20** Das Pendel besteht aus zwei schlanken Stäben mit jeweils der Masse pro Länge $\overline{m}$. Das Pendel wird in der dargestellten Lage aus der Ruhe durch das Moment M in Bewegung gesetzt. Bestimmen Sie die Winkelgeschwindigkeit nach einer Winkeldrehung um (a) $\Delta\theta$, (b) $2\Delta\theta$. Die Bewegung tritt in der vertikalen Ebene auf.

Gegeben: $\overline{m} = 4$ kg/m, $M = 50$ Nm, $l = 2$ m, $\Delta\theta = 90°$

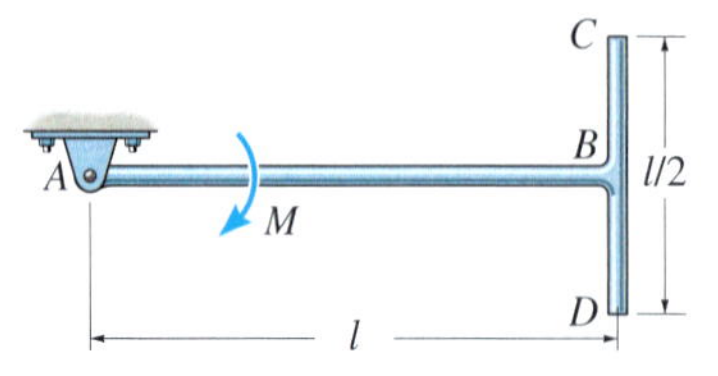

Abbildung A 7.20

7.21 Ein Motor bringt das konstante Moment M auf die Seiltrommel auf, die den Aufzug antreibt. Der Aufzug hat die Masse m_A, das Gegengewicht C die Masse m_C, die Aufwickeltrommel D die Masse m_D und den Trägheitsradius k. Bestimmen Sie die Geschwindigkeit des Aufzuges, nachdem er aus der Ruhe die Strecke s nach oben gefahren ist. Vernachlässigen Sie die Masse der Rolle.

Gegeben: $m_A = 900$ kg, $m_C = 200$ kg, $m_D = 600$ kg, $r = 0{,}8$ m, $k = 0{,}6$ m, $s = 5$ m, $M = 6$ kNm

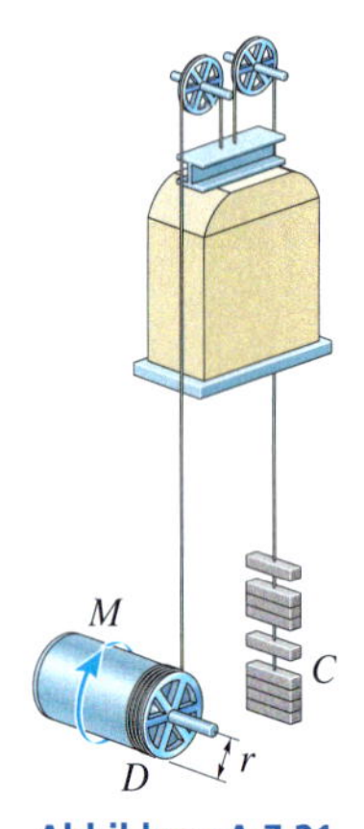

Abbildung A 7.21

7.22 Die Scheibe der Masse m ist anfangs in Ruhe, die Feder mit der Federkonstanten c hält sie im Gleichgewicht. Dann wird das Moment M auf die Scheibe aufgebracht. Bestimmen Sie die Winkelgeschwindigkeit zu dem Zeitpunkt, wenn ihr Schwerpunkt S sich auf der schiefen Ebene um s nach unten bewegt. Die Scheibe rollt ohne Gleiten.

Gegeben: $m = 20$ kg, $M = 30$ Nm, $c = 150$ N/m, $r = 0{,}2$ m, $s = 0{,}8$ m, $\gamma = 30°$

7.23 Die Scheibe der Masse m ist anfangs in Ruhe, die Feder mit der Federkonstanten c hält sie im Gleichgewicht. Dann wird das Moment M auf die Scheibe aufgebracht. Bestimmen Sie die Strecke, die ihr Schwerpunkt S sich auf der schiefen Ebene bezüglich der Gleichgewichtslage nach unten bewegt, bis er wieder anhält. Die Scheibe rollt ohne Gleiten.

Gegeben: $m = 20$ kg, $M = 30$ Nm, $c = 150$ N/m, $r = 0{,}2$ m, $\gamma = 30°$

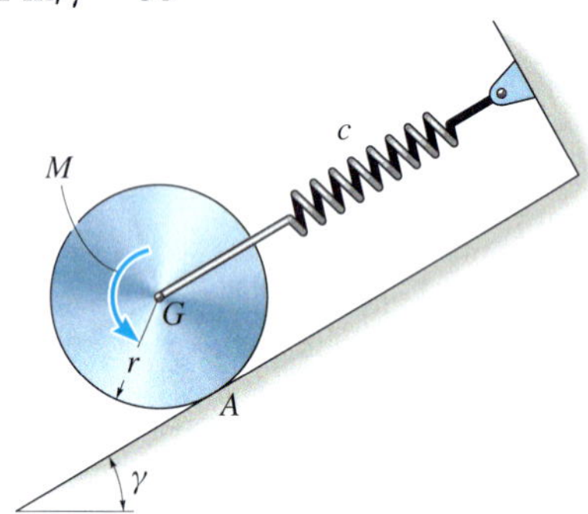

Abbildung A 7.22/7.23

***7.24** Das Gelenkviereck besteht aus zwei Stäben AB und CD mit jeweils der Masse m_A und dem Stab AD mit der Masse m_B. Bei $\theta = 0$ dreht sich AB mit der Winkelgeschwindigkeit $(\omega_{AB})_0$. Am Stab CD greift das Moment M und am Stab AD die horizontale Kraft P an. Bestimmen Sie die Winkelgeschwindigkeit $(\omega_{AB})_1$ für $\theta = \theta_1$.

Gegeben: $m_A = 8$ kg, $l_{AB} = 2$ m, $l_{CD} = 2$ m, $m_B = 10$ kg, $l_B = 3$ m, $M = 150$ Nm, $P = 200$ N, $\theta_1 = 90°$, $(\omega_{AB})_0 = 2$ rad/s

7.25 Das Gelenkviereck besteht aus zwei Stäben AB und CD mit jeweils der Masse m_A und dem Stab AD mit der Masse m_B. Bei $\theta = 0$ dreht sich AB mit der Winkelgeschwindigkeit $(\omega_{AB})_0$. Am Stab CD greift das Moment M und am Stab AD die horizontale Kraft P an. Bestimmen Sie $(\omega_{AB})_1$ für $\theta = \theta_1$.

Gegeben: $m_A = 8$ kg, $l_{AB} = 2$ m, $l_{CD} = 2$ m, $m_B = 10$ kg, $l_B = 3$ m, $M = 150$ Nm, $P = 200$ N, $\theta_1 = 45°$, $(\omega_{AB})_0 = 2$ rad/s

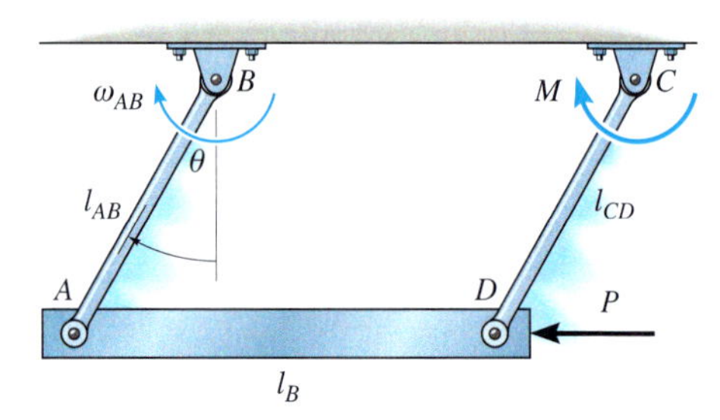

Abbildung A 7.25

7.26 Die Spule mit dem Gewicht G hat den Trägheitsradius k_S und ist ursprünglich in Ruhe. Die horizontale Kraft P greift an dem um den Kern der Spule gewickelten undehnbaren Seil an. Bestimmen Sie die Winkelgeschwindigkeit der Spule, nachdem ihr Schwerpunkt S die Strecke s nach links zurückgelegt hat. Die Spule rollt ohne Gleiten. Vernachlässigen Sie die Masse des Seiles.

Gegeben: $G = 5000$ N, $k_S = 1{,}75$ m, $P = 150$ N, $r_a = 2{,}4$ m, $r_i = 0{,}8$ m, $s = 6$ m

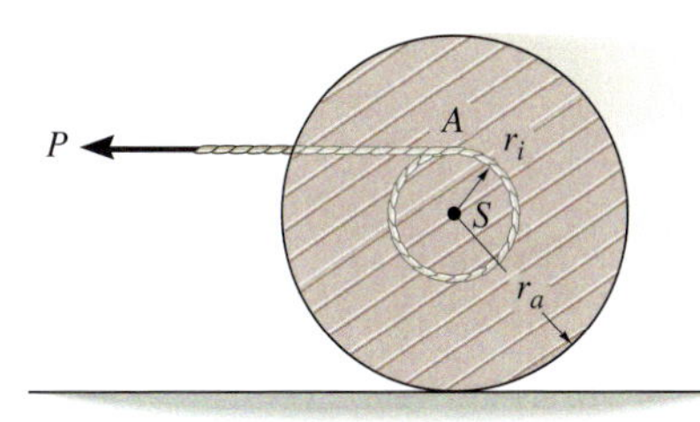

Abbildung A 7.26

7.27 Der homogene Stab der Masse m hat die Länge l. Bei $\theta = 0$ wird er aus der Ruhe freigegeben. Bestimmen Sie den Winkel $\theta = \theta_1$, bei dem der Stab zu gleiten beginnt. Der Haftreibungskoeffizient in O beträgt μ_h.

Gegeben: $\mu_h = 0{,}3$

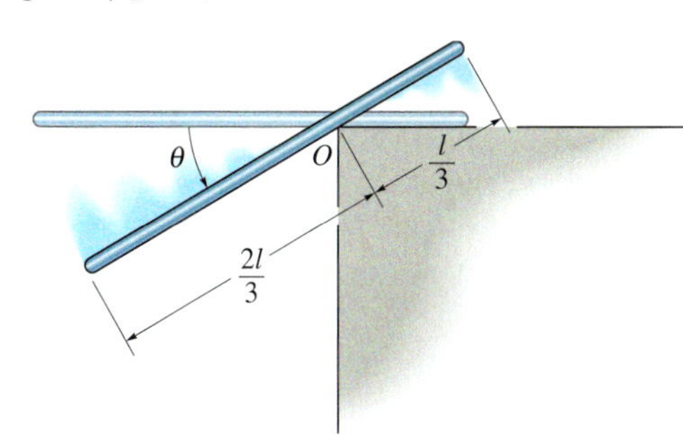

Abbildung A 7.27

***7.28** Das System besteht aus der Scheibe A mit der Masse m_A, dem schlanken Stab BC mit der Masse m_{BC} und der glatten Hülse C mit der Masse m_C. Die Scheibe rollt ohne Gleiten. Bestimmen Sie die Geschwindigkeit der Hülse zu dem Zeitpunkt, wenn die Stange die horizontale Lage erreicht, d.h. $\theta = 0$ wird. Das System wird bei $\theta = \theta_1$ aus der Ruhe freigegeben.

Gegeben: $m_A = 20$ kg, $m_{BC} = 4$ kg, $m_C = 1$ kg, $r = 0{,}8$ m, $l = 3$ m, $\theta_1 = 45°$

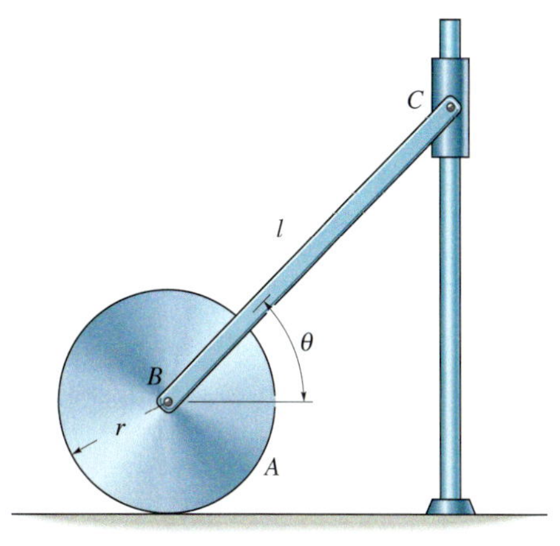

Abbildung A 7.28

7.29 Die beiden Zahnräder A und B mit jeweils der Masse m_A sind an den Enden eines schlanken Stabes der Masse m_S befestigt. Die Zahnräder rollen im raumfesten Zahnkranz C, der sich in der horizontalen Ebene befindet. Im Mittelpunkt des Verbindungsstabes greift das Drehmoment M an. Bestimmen Sie die Anzahl der Umdrehungen, die der Stab aus der Ruhe ausführen muss, bis er die Winkelgeschwindigkeit ω_{AB} erreicht. Nehmen Sie für die Berechnung an, dass die Zahnräder näherungsweise dünne homogene Scheiben sind. Wie lautet das Ergebnis, wenn das Getriebe vertikal aufgestellt ist?

Gegeben: $m_A = 2$ kg, $m_S = 3$ kg, $M = 10$ Nm, $\omega_{AB} = 20$ rad/s, $r = 150$ mm, $d = 400$ mm

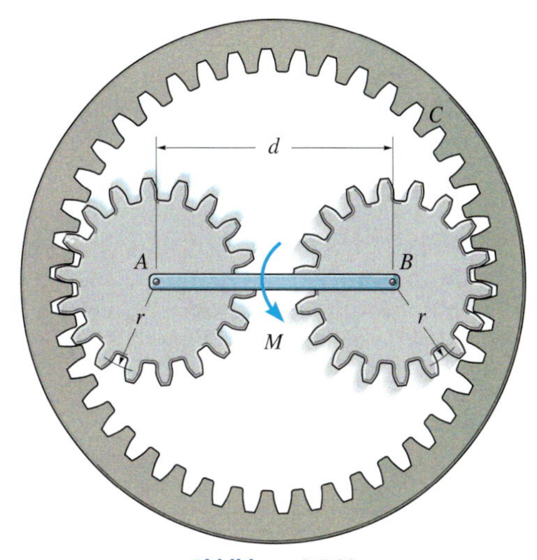

Abbildung A 7.29

7.30 Die Anordnung besteht aus zwei schlanken Stäben mit jeweils dem Gewicht G_{St} und der Scheibe mit dem Gewicht G_{Sch}. Bei $\theta = \theta_1$ ist die Feder ungedehnt und in dieser Lage wird die Anordnung aus der Ruhe freigegeben. Bestimmen Sie die Winkelgeschwindigkeit ω des Stabes AB für $\theta = \theta_2$. Die Scheibe rollt ohne Gleiten.

Gegeben: $G_{St} = 150$ N, $G_{Sch} = 200$ N, $l = 3$ m, $r = 1$ m, $c = 40$ N/m, $\theta_1 = 45°$, $\theta_2 = 0°$

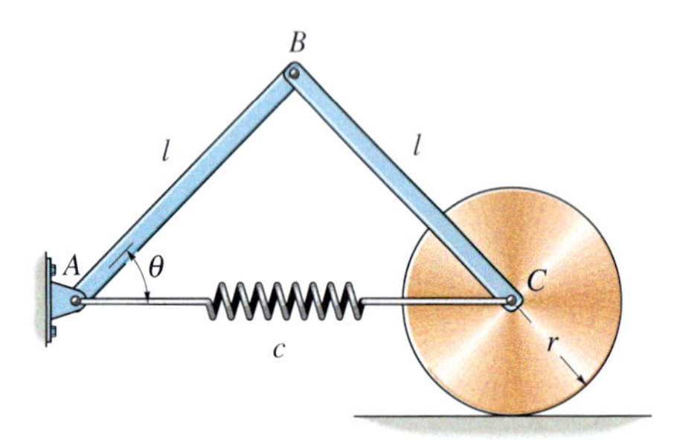

Abbildung A 7.30

7.31 Die homogene Tür hat die Masse m und kann als dünne Platte betrachtet werden. Sie ist in A mit einer Torsionsfeder der Federkonstanten c_d an das Türfutter befestigt. Bestimmen Sie den Winkel, um den die Torsionsfeder bei $\theta = 0$ vorgespannt sein muss, damit die Tür bei $\theta = 0$ mit der Winkelgeschwindigkeit ω schließt, nachdem sie bei $\theta = \theta_1$ aus der Ruhe freigegeben wurde.

Gegeben: $m = 20$ kg, $b = 0{,}8$ m, $h = 2$ m, $c_d = 80$ Nm/rad, $\omega = 12$ rad/s, $\theta_1 = 90°$

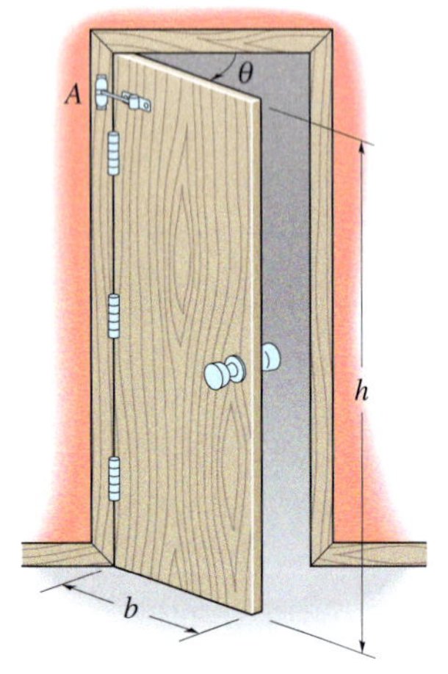

Abbildung A 7.31

***7.32** Die Seilrolle A mit dem Gewicht G_A hat den Trägheitsradius k_O. Bestimmen Sie die Geschwindigkeit des Mittelpunktes O der Rolle, nachdem das System aus der Ruhe freigegeben wurde und der Klotz mit dem Gewicht G_K die Strecke s nach unten zurückgelegt hat. Vernachlässigen Sie die Masse der Rolle in B.

Gegeben: $G_A = 15$ kN, $G_K = 10$ kN, $k_O = 0{,}8$ m, $r_i = 0{,}5$ m, $r_a = 1$ m, $s = 4$ m

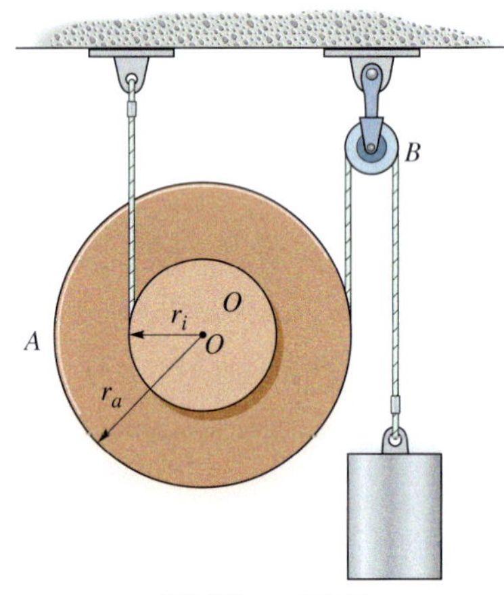

Abbildung A 7.32

7.33 Eine Kugel der Masse m und dem Radius r wird so auf die horizontale Fläche geworfen, dass sie ohne Gleiten rollt. Bestimmen Sie die minimale Geschwindigkeit v_S seines Massenmittelpunktes S, bei der er vollständig die Bahnkurve mit dem Radius $R + r$ durchrollt, ohne herunterzufallen.

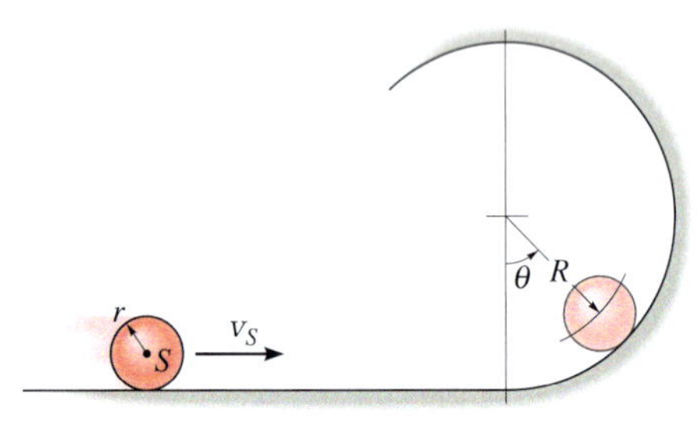

Abbildung A 7.33

7.34 Der starre Balken hat das Gewicht G und wird in eine vertikale Lage gebracht, indem man an seinem unteren Ende A langsam nach links zieht. Das gezogene Seil versagt bei der Winkellage $\theta = \theta_1$, wobei der Balken im Wesentlichen in Ruhe ist. Bestimmen Sie die Geschwindigkeit des Balkenendpunktes A, wenn das Seil BC die vertikale Lage einnimmt. Vernachlässigen Sie die Reibung in A und die Masse der Seile und betrachten Sie den Balken als schlanken Stab.

Gegeben: $G = 7500$ N, $h = 3{,}6$ m, $\theta_1 = 60°$, $l_{AB} = 3{,}6$ m, $l_{BC} = 2{,}1$ m

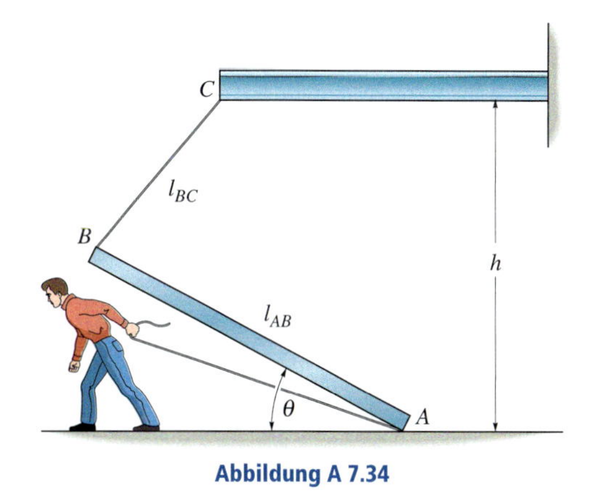

Abbildung A 7.34

Aufgaben zu 7.5

Ausgewählte Lösungswege

Lösungen finden Sie in *Anhang C*.

7.35 Lösen Sie Aufgabe 7.13 mit dem Energieerhaltungssatz.

***7.36** Lösen Sie Aufgabe 7.12 mit dem Energieerhaltungssatz.

7.37 Lösen Sie Aufgabe 7.30 mit dem Energieerhaltungssatz.

7.38 Lösen Sie Aufgabe 7.11 mit dem Energieerhaltungssatz.

7.39 Lösen Sie Aufgabe 7.34 mit dem Energieerhaltungssatz.

***7.40** Lösen Sie Aufgabe 7.28 mit dem Energieerhaltungssatz.

7.41 Die Seiltrommel hat die Masse m_T und den Trägheitsradius k_O. Die über ein Seil angehängte Masse A wird aus der Ruhe freigegeben. Welche Strecke muss die Masse durchlaufen, damit die Trommel die Winkelgeschwindigkeit ω erreicht. Wie groß ist die Seilkraft während der Bewegung der Masse? Vernachlässigen Sie die Masse des Seiles.

Gegeben: $m_T = 50$ kg, $m_A = 20$ kg, $r_i = 0{,}2$ m, $r_a = 0{,}3$ m, $\omega = 5$ rad/s, $k_O = 0{,}280$ m

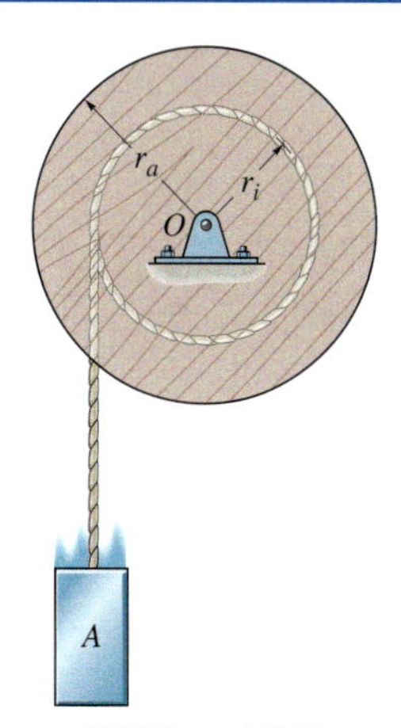

Abbildung A 7.41

7.42 In der horizontalen Lage ist der schlanke Stab AB in Ruhe und die Feder wird nicht gedehnt oder gestaucht. Bestimmen Sie die Federkonstante c so, dass die Bewegung nach Drehung um den Winkel β nach unten zur Ruhe kommt.

Gegeben: $m = 10$ kg, $l = 1{,}5$ m, $\beta = 90°$

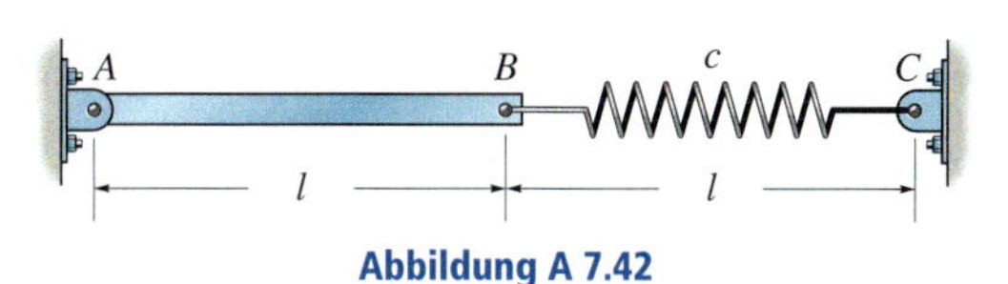

Abbildung A 7.42

7.43 Das Rad mit der Masse m hat den Trägheitsradius k_S bezüglich des Schwerpunktes S. Es rollt ohne Gleiten. Bestimmen Sie seine Winkelgeschwindigkeit nach Drehung aus der dargestellten Lage um β im Uhrzeigersinn. Die Federkonstante c und die ungedehnte Länge l_0 sind gegeben. Das Rad wird aus der Ruhe freigegeben.

Gegeben: $m = 50$ kg, $l = 3$ m, $k_S = 0{,}7$ m, $c = 12$ N/m, $l_0 = 0{,}5$ m, $r = 1$ m, $\beta = 90°$

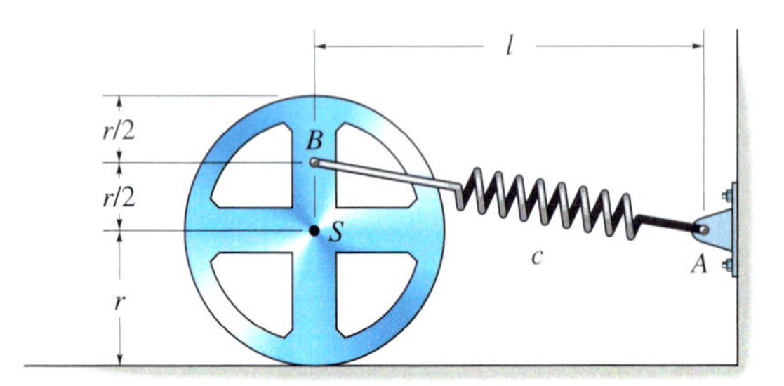

Abbildung A 7.43

***7.44** Das Tor ist aus einem Stück gefertigt und wird an den Enden in horizontalen und vertikalen Nuten geführt. Das Tor befindet sich bei $\theta = 0$ im geöffneten Zustand und wird dann freigegeben. Mit welcher Geschwindigkeit trifft das Ende A auf die Anschlagleiste in C? Nehmen Sie an, dass die Tür eine dünne Platte der Masse m und der Breite b ist.

Gegeben: $m = 90$ kg, $b = 3$ m, $h_1 = 0{,}9$ m, $h_2 = 1{,}5$ m

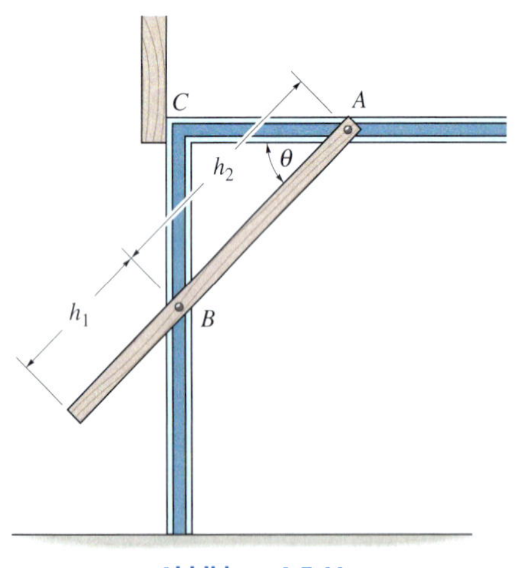

Abbildung A 7.44

7.45 Die beiden Stäbe werden in der Lage θ aus der Ruhe freigegeben. Bestimmen Sie ihre Winkelgeschwindigkeiten, wenn sie die horizontale Lage erreichen. Vernachlässigen Sie die Masse der Rolle in C. Die Stäbe haben jeweils die Masse m und die Länge L.

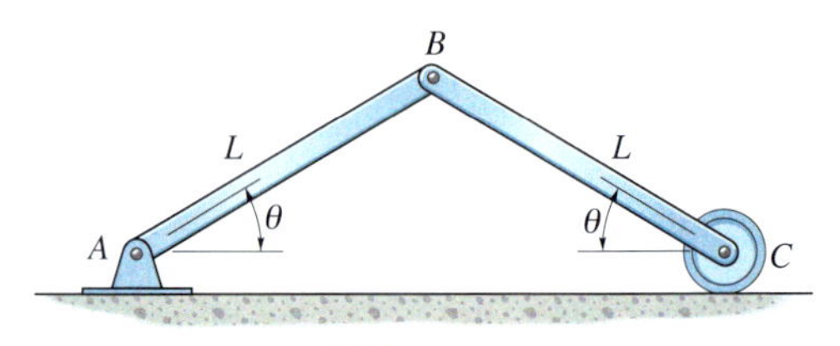

Abbildung A 7.45

7.46 Ein Autoreifen hat die Masse m und den Trägheitsradius k_S. Er rollt aus dem Stand in A los. Wie groß ist seine Winkelgeschwindigkeit beim Erreichen der horizontalen Ebene? Der Reifen rollt ohne Gleiten.

Gegeben: $m = 7$ kg, $k_S = 0{,}3$ m, $r = 0{,}4$ m, $h = 5$ m, $\gamma = 30°$

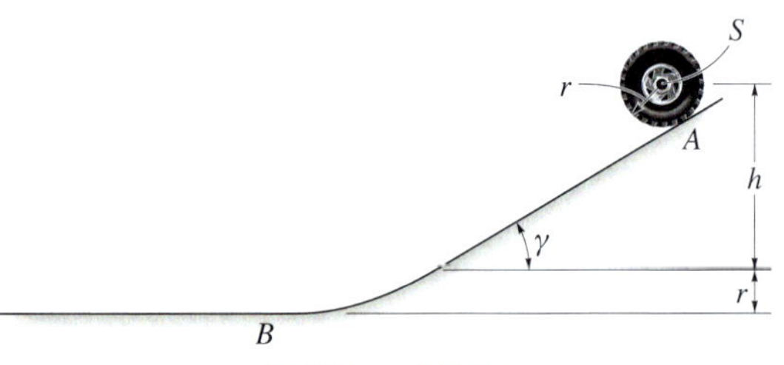

Abbildung A 7.46

7.47 Die Seilscheibe besteht aus Nabe und Trommel und hat die Masse m sowie den Trägheitsradius k_S. Bestimmen Sie die Geschwindigkeit der Last A, wenn sich diese aus der Ruhe um h abwärts bewegt hat. Vernachlässigen Sie die Masse der undehnbaren Seile.

Gegeben: $m_A = m_B = 2$ kg, $m = 3$ kg, $r_i = 30$ mm, $r_a = 100$ mm, $k_S = 45$ mm, $h = 0{,}2$ m

Abbildung A 7.47

***7.48** Zum Zeitpunkt, wenn die Feder ungedehnt ist, hat der Mittelpunkt der Scheibe mit der Masse m die Geschwindigkeit v. Bestimmen Sie die Strecke d, die die Scheibe ohne Gleiten auf der schiefen Ebene herunterrollt, bevor sie wieder zur Ruhe kommt.

Gegeben: $m = 40$ kg, $v = 4$ m/s, $r = 0{,}3$ m, $c = 200$ N/m, $\gamma = 30°$

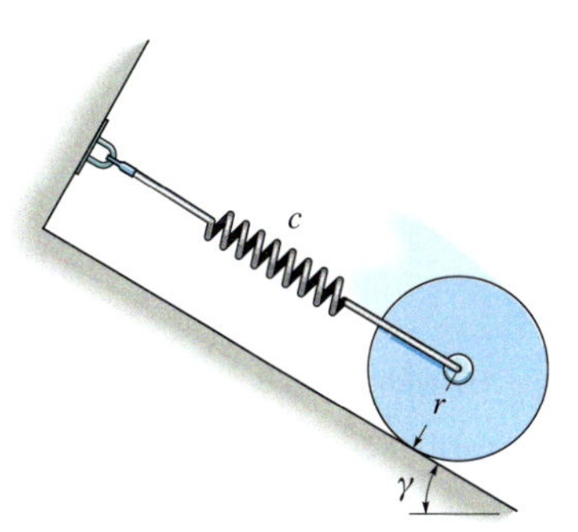

Abbildung A 7.48

7.49 Das Pendel besteht aus dem Stab BA mit dem Gewicht G_{BA} und der Scheibe mit dem Gewicht G_S. Die Feder ist um s_0 gedehnt, wenn sich der Stab in der Waagerechten befindet. Das Pendel wird aus der Ruhe freigegeben und dreht sich um Punkt D. Bestimmen Sie seine Winkelgeschwindigkeit, wenn der Stab die lotrechte Lage erreicht. Die Rolle in C sorgt dafür, dass die Feder beim Drehen des Stabes immer vertikal bleibt.

Gegeben: $G_{BA} = 2$ kN, $G_S = 6$ kN, $s_0 = 0{,}3$ m, $r = 0{,}25$ m, $l = 1$ m, $c = 2$ kN/m

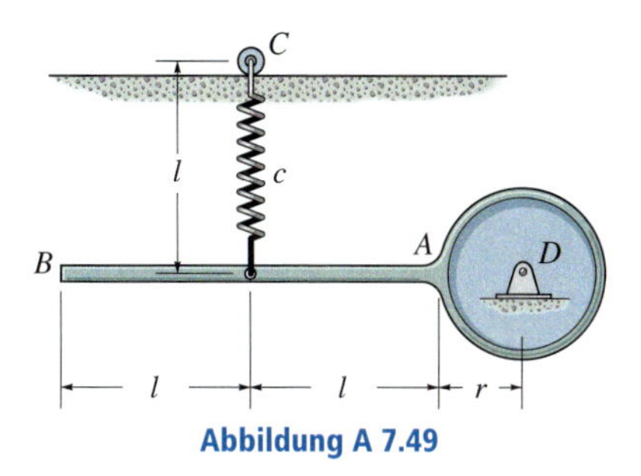

Abbildung A 7.49

7.50 Die Anordnung besteht aus der Rolle A mit der Masse m_A und der Rolle B mit der Masse m_B. Eine Masse C wird am undehnbaren Seil wie gezeigt aufgehängt. Wie groß ist beim Starten aus der Ruhe die Geschwindigkeit der Masse C, nachdem sie die Strecke s nach unten zurückgelegt hat? Vernachlässigen Sie die Masse des Seiles und betrachten Sie die Rollen als dünne Scheiben. Es tritt kein Gleiten auf.

Gegeben: $m_A = 3$ kg, $r_A = 30$ mm, $m_B = 10$ kg, $r_B = 100$ mm, $s = 0{,}5$ m, $m_C = 2$ kg

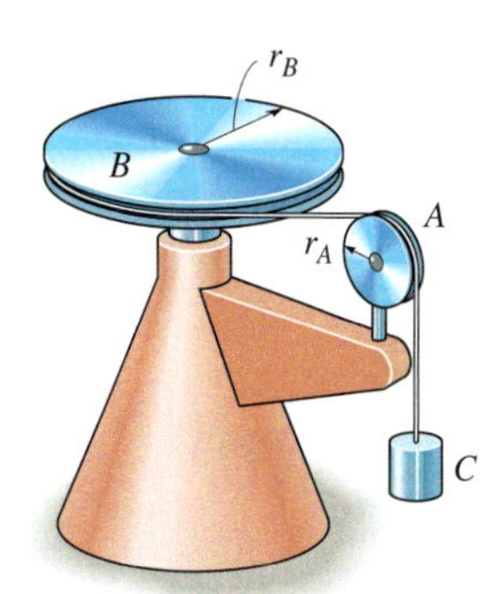

Abbildung A 7.50

7.51 Eine homogene Leiter mit dem Gewicht G wird in der vertikalen Lage aus der Ruhe freigegeben und kann ungehindert fallen. Wie groß ist der Winkel θ, bei dem das untere Ende A vom Boden abhebt? Nehmen Sie bei der Berechnung an, dass die Leiter ein schlanker Stab ist und vernachlässigen Sie die Reibungseinflüsse in A.

Gegeben: $G = 150$ N, $l = 3$ m

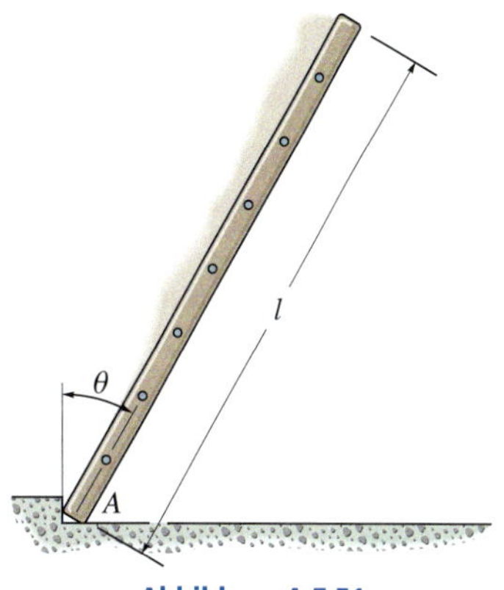

Abbildung A 7.51

***7.52** Der schlanke Stab AB mit der Masse m ist über eine Feder BC mit der ungedehnten Länge l_0 am Lagerpunkt C befestigt. Der Stab wird bei $\theta = \theta_1$ aus der Ruhe freigegeben. Bestimmen Sie seine Winkelgeschwindigkeit für $\theta = \theta_2$.

Gegeben: $m = 25$ kg, $l = l_0 = 0{,}4$ m, $\theta_1 = 30°$, $\theta_2 = 90°$, $c = 500$ N/m

7.53 Der schlanke Stab AB mit der Masse m ist über eine Feder BC mit der ungedehnten Länge l_0 am Lagerpunkt C befestigt. Der Stab wird bei $\theta = \theta_1$ aus der Ruhe freigegeben. Bestimmen Sie seine Winkelgeschwindigkeit, wenn die Feder den ungedehnten Zustand erreicht.

Gegeben: $m = 25$ kg, $l = l_0 = 0{,}4$ m, $\theta_1 = 30°$, $c = 500$ N/m

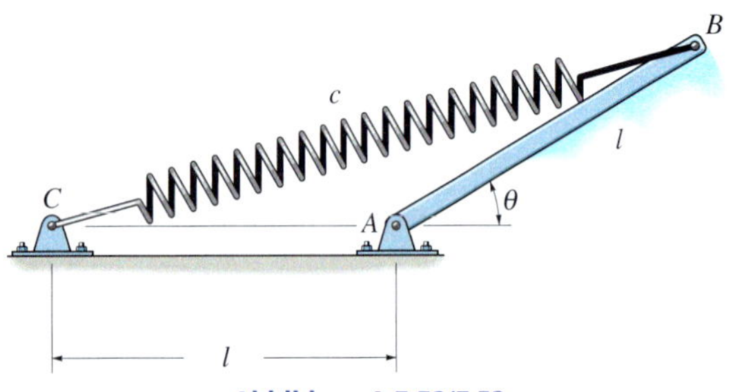

Abbildung A 7.52/7.53

7.54 Eine Kette vernachlässigbarer Masse hängt über einem Zahnrad mit der Masse m_Z und dem Trägheitsradius k_O. Die Masse A wird in der Lage $s = s_1$ aus der Ruhe freigegeben. Bestimmen Sie die Winkelgeschwindigkeit des Zahnrades bei $s = s_2$.

Gegeben: $m_Z = 2$ kg, $k_O = 50$ mm, $m_A = 4$ kg, $r = 100$ mm, $s_1 = 1$ m, $s_2 = 2$ m

7.55 Lösen Sie Aufgabe 7.54 für den Fall, dass die Kette eine Masse pro Länge m_K und die Länge l hat. Vernachlässigen Sie bei der Rechnung den Teil der Kette, der sich auf dem Zahnrad befindet.

Gegeben: $m_Z = 2$ kg, $k_O = 50$ mm, $m_K = 0{,}8$ kg/m, $m_A = 4$ kg, $r = 100$ mm, $s_1 = 1$ m, $s_2 = 2$ m, $l = 2$ m

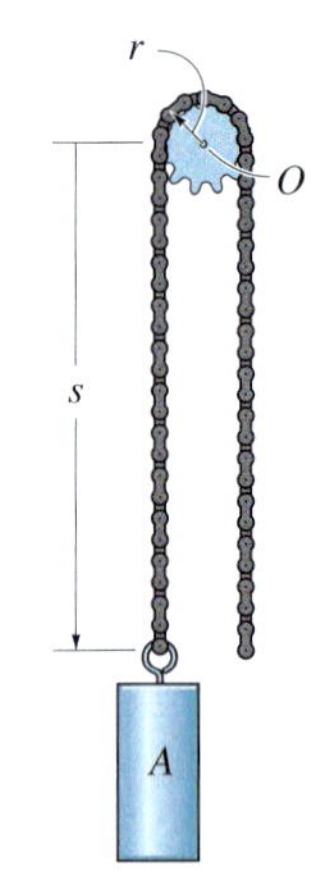

Abbildung A 7.54/7.55

***7.56** Die homogene Scheibe A mit dem Radius $2r$ ist im Mittelpunkt O reibungsfrei drehbar gelagert und hat das Gewicht G_A. Eine Stange mit der Länge r und dem Gewicht G_{St} sowie eine Kugel mit dem Durchmesser r und dem Gewicht G_K sind an die Scheibe geschweißt. Die Feder ist in der dargestellten Lage um s gedehnt, aus der das System aus der Ruhe freigegeben wird. Bestimmen Sie die Winkelgeschwindigkeit der Scheibe nach einer Drehung um den Winkel γ.

Gegeben: $G_A = 150$ N, $G_{St} = 20$ N, $G_K = 100$ N, $r = 1$ m, $s = 1$ m, $c = 40$ N/m, $\gamma = 90°$

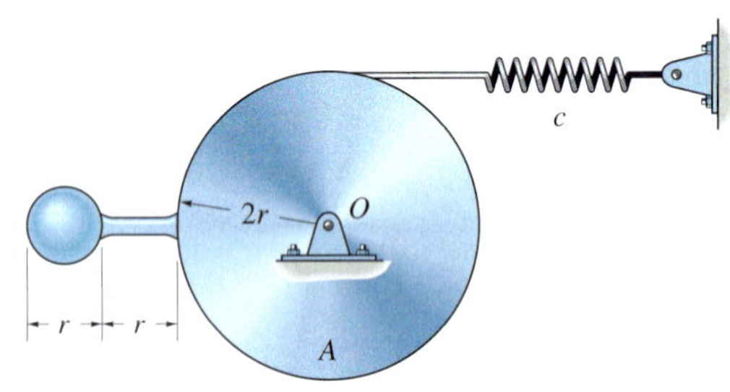

Abbildung A 7.56

7.57 Zum dargestellten Zeitpunkt dreht sich der Stab mit der Masse m mit der Winkelgeschwindigkeit ω nach unten. Die am Ende befestigte Feder befindet sich aufgrund der horizontalen Führung in C immer in vertikaler Lage. Die ungedehnte Federlänge beträgt l_0 und die Federkonstante c. Bestimmen Sie die Winkelgeschwindigkeit des Stabes, nachdem er den Winkel γ zur Horizontalen nach unten überstrichen hat.

Gegeben: $m = 50\ \text{kg}$, $l_0 = 1\ \text{m}$, $l_2 = 2\ \text{m}$, $c = 120\ \text{N/m}$, $l_{AB} = 3\ \text{m}$, $\omega = 2\ \text{rad/s}$, $\gamma = 30°$

7.58 Zum dargestellten Zeitpunkt dreht sich der Stab mit der Masse m mit der Winkelgeschwindigkeit ω nach unten. Die am Ende befestigte Feder befindet sich aufgrund der horizontalen Führung in C immer in vertikaler Lage. Die ungedehnte Federlänge beträgt l_0 und die Federkonstante c. Bestimmen Sie den Winkel θ zur Horizontalen, den der Stab überstreicht, bevor er zur Ruhe kommt.

Gegeben: $m = 50\ \text{kg}$, $l_0 = 1\ \text{m}$, $l_2 = 2\ \text{m}$, $c = 240\ \text{N/m}$, $l_{AB} = 3\ \text{m}$, $\omega = 2\ \text{rad/s}$

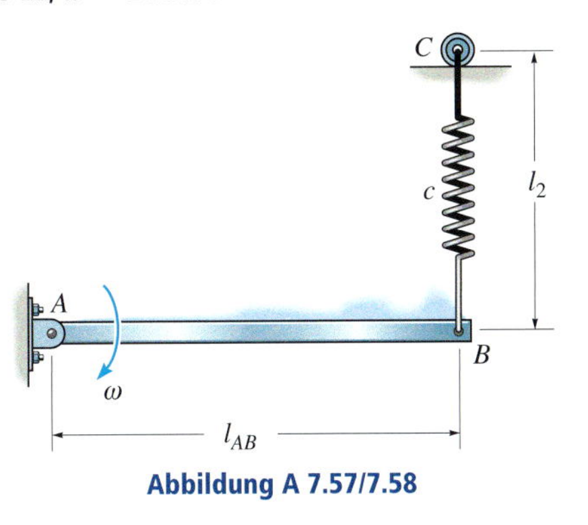

Abbildung A 7.57/7.58

7.59 Das Ende A des Garagentores AB wird in der horizontalen Nut geführt und das Ende der beiden Hebel BC jeweils über eine Feder mit dem zugehörigen Festpunkt D verbunden. Die Federn sind in der gezeigten Ausgangslage ungedehnt. Bestimmen Sie die Federkonstante c der Federn so, dass beim Loslassen das Tores in der Ausgangslage aus der Ruhe das Tor mit verschwindender Winkelgeschwindigkeit in vertikaler Lage schließt. Vernachlässigen Sie die Masse der Hebel BC und nehmen Sie an, dass das Tor eine dünne Platte mit dem Gewicht G sowie der Breite und Höhe jeweils $12b$ ist.

Gegeben: $G = 1000\ \text{N}$, $b = 0{,}3\ \text{m}$, $\gamma = 15°$

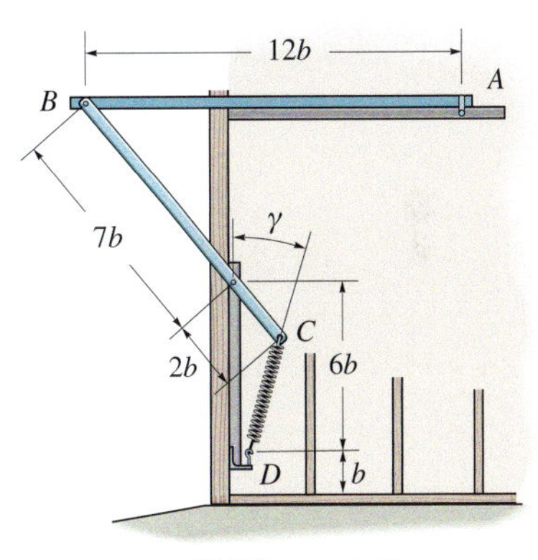

Abbildung A 7.59

Zusätzliche Übungsaufgaben mit Lösungen finden Sie auf der Companion Website (CWS) unter *www.pearson-studium.de*

Ebene Kinetik eines starren Körpers: Impuls und Drehimpuls

8

ÜBERBLICK

Beim Start von Wettersatelliten wie diesem müssen der Impulssatz oder der Drehimpulssatz verwendet werden, um die Umlaufbahn der Satelliten und ihre Ausrichtung zur Erde genau vorherzusagen.

Lernziele

- Herleitung von Beziehungen für den Impuls und den Drehimpuls eines Körpers
- Anwendung des Impulssatzes und des Drallsatzes zur Lösung von Aufgaben der ebenen Kinetik starrer Körper zur Verknüpfung von Kraft bzw. Moment, Geschwindigkeit bzw. Winkelgeschwindigkeit und Zeit
- Anwendung von Impuls- und Drehimpulserhaltung
- Untersuchung der Dynamik von exzentrischen Stößen

8.1 Impuls und Drehimpuls

Ziel dieses Kapitels ist die Lösung von Aufgaben bezüglich der ebenen Bewegung eines starren Körpers mit Hilfe des Impuls- und des Drehimpulssatzes, wenn Kraft bzw. Moment, Geschwindigkeit bzw. Winkelgeschwindigkeit und Zeit involviert sind. Vorher müssen wir aber Verfahren zur Ermittlung des Impulses und des Drehimpulses bei der translatorischen Bewegung, bei der Drehung um eine feste Achse sowie der allgemein ebenen Bewegung eines Körpers formulieren. Wir nehmen dabei an, dass der Körper bezüglich der x,y-Ebene symmetrisch ist.

Impuls Der Impuls eines starren Körpers wird durch vektorielle Addition der Impulse aller materiellen Punkte des Körpers ermittelt. Ausgehend vom Impuls $\mathbf{p} = \sum m_i \mathbf{v}_i$ eines Massenpunktsystems erhält man den Impuls eines starren Körpers durch Integration

$$\mathbf{p} = \int_m \mathbf{v}_i \, dm$$

über alle differenziell kleinen Massenelemente dm. In Analogie zu $\sum m_i \mathbf{v}_i = m\mathbf{v}_S$ (siehe *Abschnitt 4.2*) für Systeme aus endlich vielen Massenpunkten folgt daraus

$$\int_m \mathbf{v}_i \, dm = m\mathbf{v}_S$$

d.h.

$$\mathbf{p} = m\mathbf{v}_S \tag{8.1}$$

Diese Gleichung besagt, dass der Impuls eines Körpers eine vektorielle Größe mit dem *Betrag* mv_S ist, üblicherweise mit der Einheit kgm/s, und der *Richtung* von $\mathbf{v}_S$, der Geschwindigkeit des Schwerpunktes des starren Körpers.

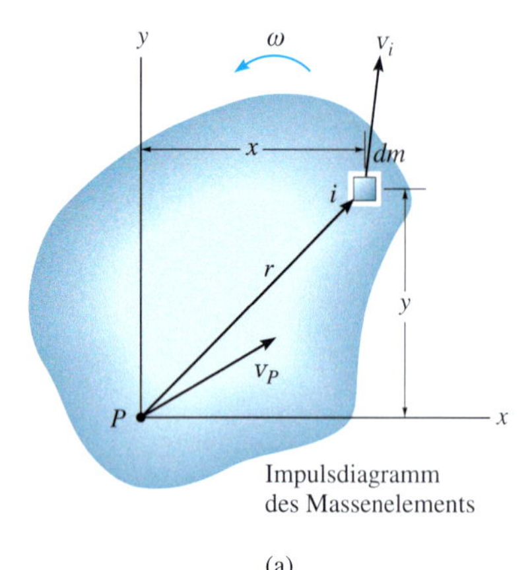

(a)

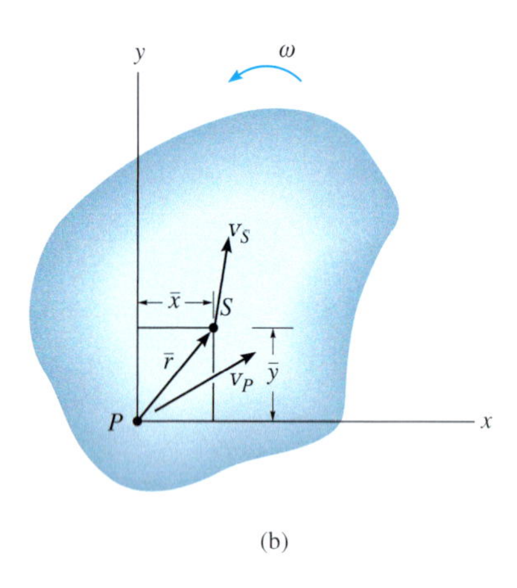

(b)

Abbildung 8.1

Drehimpuls Betrachten wir einen Körper in allgemein ebener Bewegung, siehe Abbildung 8.1a. Zum dargestellten Zeitpunkt hat der frei wählbare körperfeste Bezugspunkt P die Geschwindigkeit $\mathbf{v}_P$ und der Körper die Winkelgeschwindigkeit $\boldsymbol{\omega}$. Soll die Geschwindigkeit des i-ten materiellen Punktes des Körpers bestimmt werden, Abbildung 8.1a, dann ist

$$\mathbf{v}_i = \mathbf{v}_P + \mathbf{v}_{i/P} = \mathbf{v}_P + \boldsymbol{\omega} \times \mathbf{r} \tag{8.1}$$

Der Drehimpuls des i-ten materiellen Punktes bezüglich des Bezugspunktes P ist gleich dem Moment des Impulses des materiellen Punktes um P, siehe Abbildung 8.1a. Somit erhalten wir

$$(\mathbf{H}_P)_i = \mathbf{r} \times dm\mathbf{v}_i$$

Wir schreiben $\mathbf{v}_i$ in Abhängigkeit von $\mathbf{v}_P$ und verwenden kartesische Koordinaten:

$$(H_P)_i\mathbf{k} = dm(x\mathbf{i} + y\mathbf{j}) \times [(v_P)_x\mathbf{i} + (v_P)_y\mathbf{j} + \omega\mathbf{k} \times (x\mathbf{i} + y\mathbf{j})]$$

$$(H_P)_i = -dmy(v_P)_x + dmx(v_P)_y + dm\omega r^2$$

Nach Integration über die gesamte Masse m des Körpers ergibt sich

$$H_P = -\left(\int_m y\,dm\right)(v_P)_x + \left(\int_m x\,dm\right)(v_P)_y + \left(\int_m r^2 dm\right)\omega$$

Dabei ist H_P der Drehimpuls des Körpers um eine Achse (die z-Achse), die senkrecht auf der Bewegungsebene steht und durch den Punkt P geht. Mit $\bar{y}m = \int y\,dm$ und $\bar{x}m = \int x\,dm$ können die ersten Integrale auf der rechten Seite mit Hilfe der Lage des Schwerpunktes S des Körpers bezüglich P angegeben werden, Abbildung 8.1b. Das letzte Integral ist das Massenträgheitsmoment des Körpers um die z-Achse, d.h. $J_P = \int r^2 dm$. Dies führt auf

$$H_P = -\bar{y}m(v_P)_x + \bar{x}m(v_P)_y + J_P\omega \tag{8.2}$$

Diese Gleichung wird einfacher, wenn der Bezugspunkt P in den Schwerpunkt S des Körpers gelegt wird.[1] Dann gilt nämlich

$$H_S = J_S\omega \tag{8.3}$$

Diese Gleichung bedeutet, dass der Drehimpuls des Körpers bezüglich seines Schwerpunktes S gleich dem Produkt aus dem Massenträgheitsmoment des Körpers um eine Achse durch S und der Winkelgeschwindigkeit des Körpers ist. Dabei ist $\mathbf{H}_S$ eine Vektorgröße mit dem *Betrag* $J_S\omega$, gemessen in der Einheit kgm²/s und der von $\boldsymbol{\omega}$ festgelegten *Richtung*, die immer senkrecht auf der Bewegungsebene steht.

Gleichung (8.2) kann auch mit den x- und y-Koordinaten $(v_S)_x$ und $(v_S)_y$ der Schwerpunktgeschwindigkeit des Körpers sowie dem Massenträgheitsmoment J_S geschrieben werden. Beweis: Der Punkt S hat die Koordinaten

1 Sie wird genauso einfach, $H_P = J_P\omega$, wenn Punkt P ein *raumfester Punkt* ist (siehe *Gleichung 8.9*) oder wenn die Richtung der Geschwindigkeit von Punkt P entlang der Linie PS verläuft.

$(\overline{x}, \overline{y})$ und man erhält mit dem Steiner'schen Satz $J_P = J_S + m(\overline{x}^2 + \overline{y}^2)$. Einsetzen in Gleichung (8.2) und Umformen führt auf

$$H_P = \overline{y}m\left[-(v_P)_x + \overline{y}\omega\right] + \overline{x}m\left[(v_P)_y + \overline{x}\omega\right] + J_S\omega \tag{8.4}$$

Gemäß dem kinematischen Diagramm in Abbildung 8.1b kann $\mathbf{v}_S$ durch $\mathbf{v}_P$ ausgedrückt werden:

$$\mathbf{v}_S = \mathbf{v}_P + \boldsymbol{\omega} \times \overline{\mathbf{r}}$$
$$(v_S)_x\mathbf{i} + (v_S)_y\mathbf{j} = (v_P)_x\mathbf{i} + (v_P)_y\mathbf{j} + \omega\mathbf{k} \times (\overline{x}\mathbf{i} + \overline{y}\mathbf{j})$$

Auswerten des Kreuzproduktes und Gleichsetzen der **i**- und der **j**-Komponenten ergibt die beiden skalaren Gleichungen

$$(v_S)_x = (v_P)_x - \overline{y}\omega$$
$$(v_S)_y = (v_P)_y + \overline{x}\omega$$

Wir setzen diese Ergebnisse in Gleichung (8.4) ein und erhalten

$$H_P = -\overline{y}m(v_S)_x + \overline{x}m(v_S)_y + J_S\omega \tag{8.5}$$

was zu zeigen war. *Wird der Drehimpuls des Körpers um Punkt P berechnet, ist dieser äquivalent zum Moment des Impulses* $m\mathbf{v}_S$ *bzw. der Komponenten* $(m\mathbf{v}_S)_x$ *und* $(m\mathbf{v}_S)_y$ *um P plus dem Drehimpuls* $J_S\boldsymbol{\omega}$, siehe auch Abbildung 8.1c. Da $\boldsymbol{\omega}$ ein freier Vektor ist, *kann* $\mathbf{H}_S$ *an jedem beliebigen Punkt des Körpers angetragen* werden, wenn Betrag und Richtung die gleichen bleiben. Da der Drehimpuls gleich dem Moment des Impulses ist, gilt, dass die *Wirkungslinie des Impulses* $\mathbf{p}$ *durch den Schwerpunkt S* gehen muss, um bei der Berechnung der Momente um P den Betrag von $\mathbf{H}_P$ zu ermitteln, Abbildung 8.1c. Betrachten wir als Anwendung dieser Rechnung nun die bereits mehrfach erwähnten drei Arten der Bewegung.

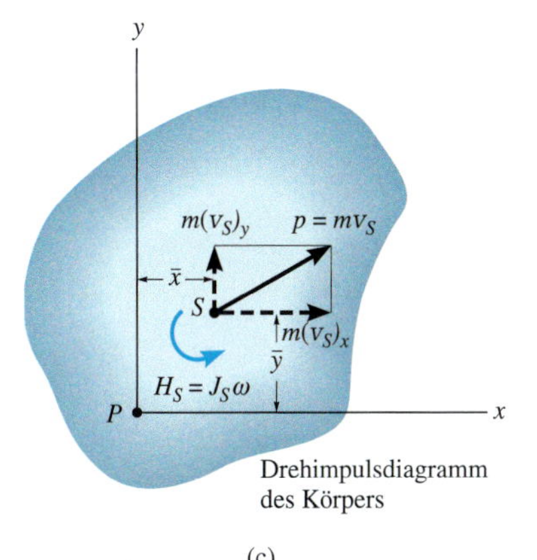

Drehimpulsdiagramm des Körpers

(c)

Abbildung 8.1

Translatorische Bewegung Führt ein starrer Körper der Masse m eine geradlinige oder eine allgemeine *translatorische* Bewegung auf krummliniger Bahn aus, Abbildung 8.2a, so hat sein Schwerpunkt die Geschwindigkeit $\mathbf{v}_S = \mathbf{v}$ und die Winkelgeschwindigkeit des Körpers verschwindet: $\boldsymbol{\omega} = \mathbf{0}$. Für den Impuls und den Drehimpuls bezüglich S ergeben sich

$$p = mv_S$$
$$H_S = 0 \tag{8.6}$$

Wird der Drehimpuls um einen beliebigen anderen Punkt A auf oder außerhalb des Körpers berechnet, Abbildung 8.2a, so muss das Moment von $\mathbf{p}$ bezüglich dieses Punktes bestimmt werden. Da gemäß der Abbildung 8.2a der „Hebelarm" d ist, gilt mit Gleichung (8.5) $H_A = (d)(mv_S)$.

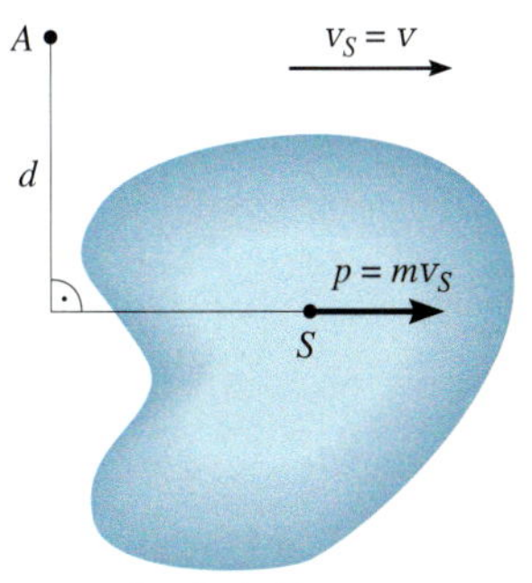

translatorische Bewegung

(a)

Abbildung 8.2

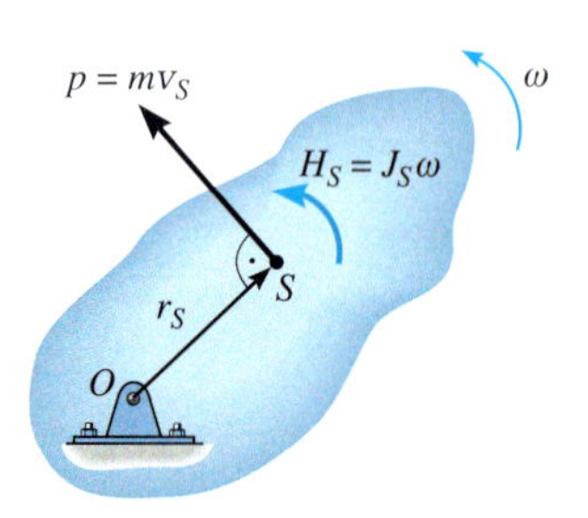

Drehung um eine feste Achse

(b)

Drehung um eine feste Achse *Dreht sich* ein starrer Körper *um eine feste Achse* durch Punkt O, Abbildung 8.2b, gilt für den Impuls und Drehimpuls um S

$$\begin{aligned} p &= mv_S \\ H_S &= J_S\omega \end{aligned} \tag{8.7}$$

Meist ist es dann zweckmäßig, den Drehimpuls des Körpers bezüglich des Festpunktes O zu berechnen. Dann müssen die Impulsmomente von $\mathbf{p}$ bezüglich dieses Punktes *und* der Drehimpuls $\mathbf{H}_S$ berücksichtigt werden. Da $\mathbf{p}$ (bzw. $\mathbf{v}_S$) immer *senkrecht auf* $\mathbf{r}_S$ stehen, ergibt sich

$$H_O = J_S\omega + r_S(mv_S) \tag{8.8}$$

Diese Gleichung kann *vereinfacht* werden, indem zunächst $v_S = r_S\omega$ eingesetzt wird. Dann gilt $H_O = \left(J_S + mr_S^2\right)\omega$. Die Summanden in der Klammer ergeben zusammen das Massenträgheitsmoment J_O des Körpers um die senkrecht auf der Bewegungsebene stehende Achse durch den Drehpunkt O. Mit dem Steiner'schen Satz erhalten wir dann[2]

$$H_O = J_O\omega \tag{8.9}$$

Zur Berechung des Drehimpulses bezüglich des Drehpunktes kann dann Gleichung (8.8) oder (8.9) verwendet werden.

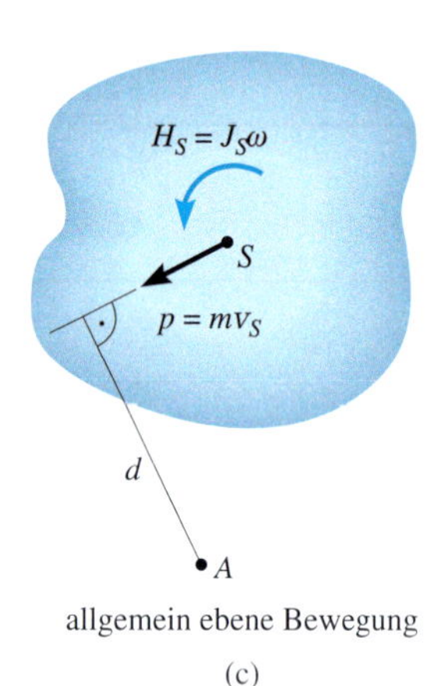

allgemein ebene Bewegung

(c)

Abbildung 8.2

Allgemein ebene Bewegung Führt ein starrer Körper eine allgemein ebene Bewegung aus, Abbildung 8.2c, so gilt für Impuls und Drehimpuls bezüglich S

$$\begin{aligned} p &= mv_S \\ H_S &= J_S\omega \end{aligned} \tag{8.10}$$

Wird der Drehimpuls des Körpers um den Punkt A auf oder außerhalb des Körpers berechnet, Abbildung 8.2c, müssen das Moment von $\mathbf{p}$ bezüglich dieses Punktes *und* der Drehimpuls $\mathbf{H}_S$ gemeinsam beachtet werden. Somit wird

$$H_A = J_S\omega + (d)(mv_S)$$

Dabei ist d der maßgebende Hebelarm, siehe Abbildung 8.2c.

---

2 Beachten Sie die Ähnlichkeit zwischen diesem Ergebnis und dem von Gleichung (6.18) ($\sum M_O = J_O\alpha$) und von Gleichung (7.5) ($T = \frac{1}{2}J_O\omega^2$). Das gleiche Ergebnis ergibt sich mit $(v_O)_x = (v_O)_y = 0$ aus Gleichung (8.2), wenn wir den Bezugspunkt P in den Drehpunkt O legen.

Bei der Abwärtsbewegung des Pendels kann der Drehimpuls bezüglich des Drehpunktes O durch Berechnung des Momentes von $J_S\omega$ und mv_S um O berechnet werden, und zwar mit $H_O = J_S\omega + (mv_S)d$. Mit $v_S = \omega d$ erhält man: $H_O = J_S\omega + m(\omega d)d = (J_S + md^2)\omega = J_O\omega$.

Beispiel 8.1

Zum betrachteten Zeitpunkt führen die Scheibe der Masse m_{Sch} und der Stab der Masse m_{St} die dargestellten Bewegungen aus, siehe Abbildung 8.3a. Bestimmen Sie den Drehimpuls der Scheibe bezüglich ihres Schwerpunktes S_{Sch} und Punkt B sowie den Drehimpuls des Stabes bezüglich seines Schwerpunktes S_{St} und bezüglich des zugehörigen Momentanpols M zu diesem Zeitpunkt.

$m_{Sch} = 10$ kg, $m_{St} = 5$ kg, $v_A = 2$ m/s, $r = 0{,}25$ m, $l = 4$ m, $\omega = 8$ rad/s, $\beta = 30°$

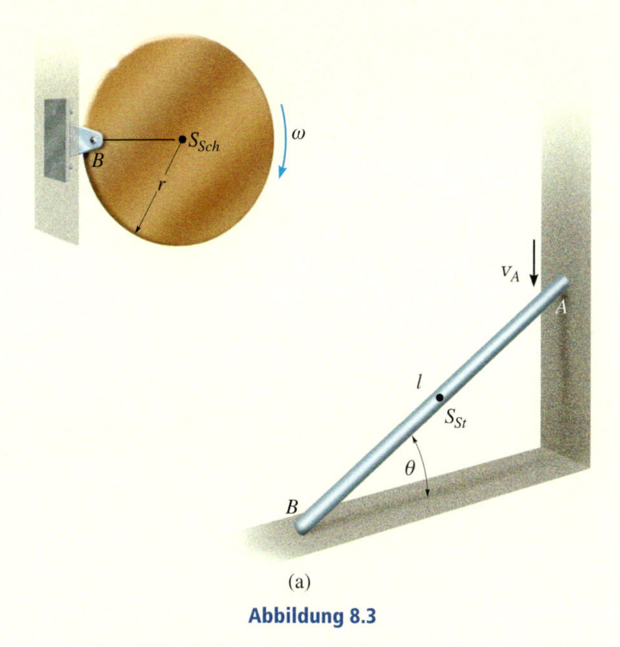

Abbildung 8.3

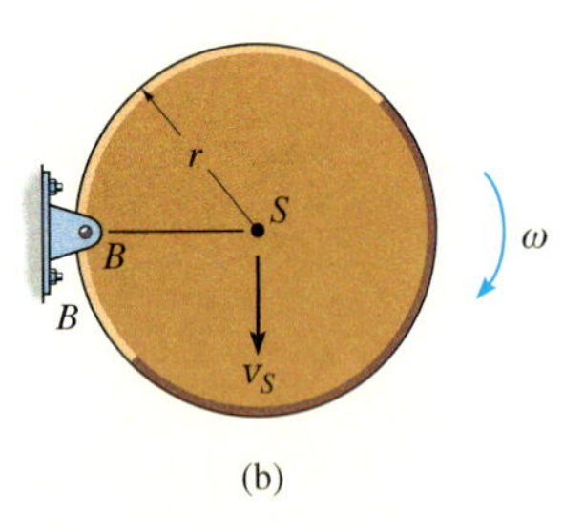

(b)

Lösung

Scheibe Da sich die Scheibe *um eine feste Achse dreht* (durch Punkt B), gilt $(v_S)_{Sch} = \omega\, r =$ (8 rad/s)(0,25 m) = 2 m/s, Abbildung 8.3b. Somit ist

$$(H_S)_{Sch} = (J_S)_{Sch}\,\omega = \frac{1}{2} m r^2 \omega = 2{,}50\ \text{kgm}^2/\text{s}$$

$$H_B = (J_S)_{Sch}\,\omega + m(v_S)_{Sch}(r_S)_{Sch} = (H_S)_{Sch} + m(\omega r)r = 7{,}50\ \text{kgm}^2/\text{s}$$

Der Tabelle am Ende des Buches entnehmen wir $J_B = 3mr^2/2$, sodass wir auch

$$H_B = J_B \omega = \frac{3}{2} m r^2 \omega = 7{,}50\ \text{kgm}^2/\text{s}$$

berechnen können.

Stab Der Stab führt eine *allgemein ebene Bewegung* aus. Der Momentanpol ist in Abbildung 8.3c angegeben und wir erhalten die Winkelgeschwindigkeit bzw. die Schwerpunktgeschwindigkeit des Stabes

$$\omega_{St} = v_A/(l\cos\beta) = (2\ \text{m/s})/(3{,}464\ \text{m}) = 0{,}577\ \text{rad/s}$$

sowie

$$(v_S)_{St} = \omega_{St}\, l/2 = (0{,}577\ \text{rad/s})(2\ \text{m}) = 1{,}155\ \text{m/s}$$

Damit ist

$$(H_S)_{St} = (J_S)_{St}\,\omega = \left(\frac{1}{12} m l^2\right)\omega = 3{,}85\ \text{kgm}^2/\text{s}$$

Die Drehimpulse $(J_S)_{St}\omega$ und das Moment von $m(v_S)_{St}$ um den Momentanpol ergeben

$$H_M = (J_S)_{St}\,\omega + d\left[m(v_S)_{St}\right] = (H_S)_{St} + \frac{l}{2} m\left(\omega_{St}\frac{l}{2}\right) = 15{,}4\ \text{kgm}^2/\text{s}$$

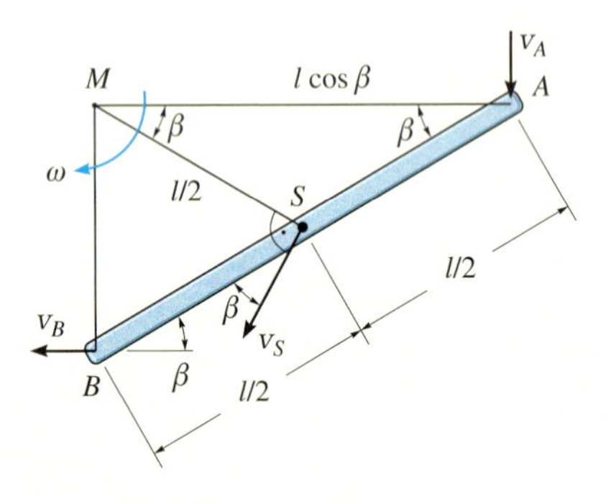

(c)

Abbildung 8.3

8.2 Impuls- und Drallsatz

Wie bei der Untersuchung der Bewegung eines Massenpunktes werden der Impuls- und der Drallsatz für einen starren Körper durch *Kombination* der Bewegungsgleichung mit kinematischen Gleichungen hergeleitet. Das Ergebnis ermöglicht eine direkte Lösung von *Aufgaben zu Zusammenhängen von Kraft, Geschwindigkeit und Zeit.*

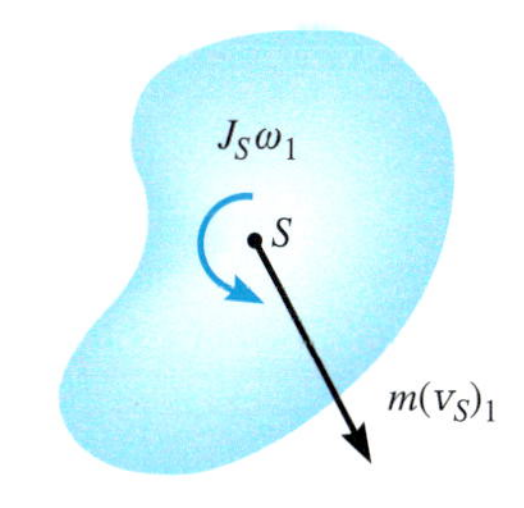

Impuls- und Drehimpulsdiagramm zum Anfangszeitpunkt $t = t_1$

(a)

Impulssatz Die Gleichung für die translatorische Bewegung eines starren Körpers lautet $\sum \mathbf{F} = m\mathbf{a}_S = m(d\mathbf{v}_S/dt)$. Da die Masse des Körpers konstant ist, gilt

$$\sum \mathbf{F} = \frac{d}{dt}(m\mathbf{v}_S) = \frac{d\mathbf{p}}{dt}$$

Multiplizieren beider Seite mit dt und Integrieren von $t = t_1$, $\mathbf{v}_S = (\mathbf{v}_S)_1$ bis $t = t_2$, $\mathbf{v}_S = (\mathbf{v}_S)_2$ führt auf

$$\sum \int_{t_1}^{t_2} \mathbf{F}\,dt = m(\mathbf{v}_S)_2 - m(\mathbf{v}_S)_1 \qquad (8.11)$$

Diese Gleichung ist der *Impulssatz* in integraler Form und bedeutet, dass die Summe aller Kraftstöße des *äußeren Kräftesystems*, das im Zeitintervall t_1 bis t_2 auf den Körper einwirkt, gleich der Veränderung des Impulses des Körpers in diesem Zeitintervall ist, Abbildung 8.4.

+

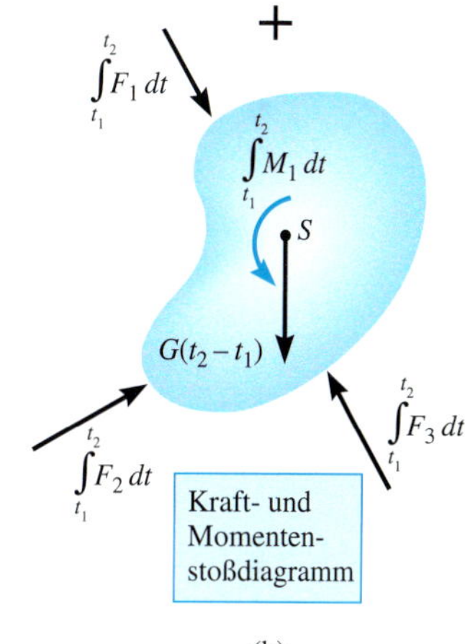

Kraft- und Momentenstoßdiagramm

(b)

Drallsatz Erfährt der Körper eine *allgemein ebene Bewegung*, so gilt $\sum M_S = J_S\alpha = J_S(d\omega/dt)$. Da das Massenträgheitsmoment bezüglich des Schwerpunktes konstant ist, können wir auch

$$\sum M_S = \frac{d}{dt}(J_S\omega) = \frac{dH_S}{dt}$$

schreiben. Multiplizieren beider Seiten mit dt und Integrieren von $t = t_1$, $\omega = \omega_1$ bis $t = t_2$, $\omega = \omega_2$ führt auf

$$\sum \int_{t_1}^{t_2} M_S dt = J_S\omega_2 - J_S\omega_1 \qquad (8.12)$$

=

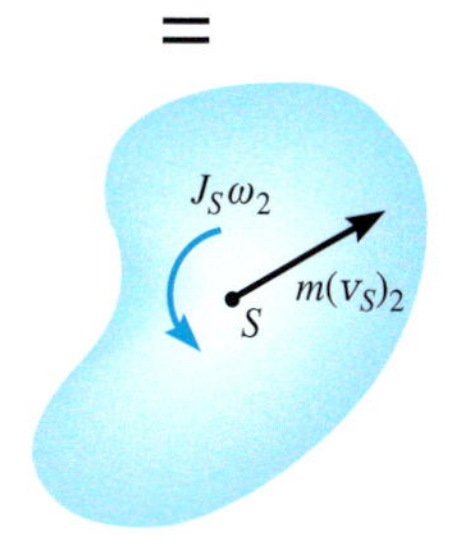

Impuls- und Drehimpulsdiagramm zum Endzeitpunkt $t = t_2$

(c)

Abbildung 8.4

Ebenso erhält man aus Gleichung (6.16) ($\sum M_O = J_O\alpha$) für die *Rotation um eine feste Achse* durch Punkt O nach Zeitintegration

$$\sum \int_{t_1}^{t_2} M_O dt = J_O\omega_2 - J_O\omega_1 \qquad (8.13)$$

Die Gleichungen (8.12) und (8.13) heißen *Drehimpuls-* bzw. *Drallsatz* in integraler Form und bedeuten, dass die Summe aller Momentenstöße, die im Zeitintervall t_1 bis t_2 am Körper bewirkt werden, gleich der Veränderung des Dralles des Körpers in diesem Zeitintervall ist. Der betrachtete Drallsatz wird bei Betrachtung der Momente aller äußeren angreifenden Kräfte bezüglich des Schwerpunktes S oder eines Festpunktes O zusammen mit den äußeren Momenten ausgewertet.

Wir fassen zusammen: Tritt die Bewegung in der x,y-Ebene auf, so gelten die folgenden *drei skalaren Gleichungen* zur Beschreibung der *ebenen Bewegung* des Körpers:

$$
\begin{aligned}
m(v_{Sx})_1 + \sum \int_{t_1}^{t_2} F_x dt &= m(v_{Sx})_2 \\
m(v_{Sy})_1 + \sum \int_{t_1}^{t_2} F_y dt &= m(v_{Sy})_2 \\
J_S\omega_1 + \sum \int_{t_1}^{t_2} M_S dt &= J_S\omega_2
\end{aligned}
\tag{8.14}
$$

Die ersten beiden Gleichungen entsprechen dem Impulssatz in der x,y-Ebene, Gleichung (8.11), die dritte Gleichung ist der Drallsatz um die z-Achse durch den Schwerpunkt S des Körpers, Gleichung (8.12).

Die Terme der Gleichung (8.14) können durch das Zeichnen von Impuls- und Drehimpulsdiagrammen sowie eines Kraft- und Momentenstoßdiagramms für den Körper erfasst werden, siehe Abbildung 8.4. Die Impulse $m\mathbf{v}_S$ werden dabei auf den Massenmittelpunkt des Körpers bezogen, siehe Abbildung 8.4a und c, während der Drehimpuls $J_S\boldsymbol{\omega}$ ein freier Vektor ist und wie ein Drehmoment an einem beliebigen Punkt des Körpers angebracht werden kann. Für das Kraft- und Momentenstoßdiagramm, Abbildung 8.4b, sind die Kräfte $\mathbf{F}$ und Momente $\mathbf{M}$ im Allgemeinen zeitabhängig, und ihre Anteile in den Kraft- und Momentenstößen werden durch Integrale repräsentiert. Sind $\mathbf{F}$ und $\mathbf{M}$ zwischen dem Anfangs- und dem Endzeitpunkt t_1 und t_2 *konstant*, so führt die Integration auf Kraft- und Momentenstöße $\mathbf{F}(t_2 - t_1)$ und $\mathbf{M}(t_2 - t_1)$. Das gilt auch für die Gewichtskraft $\mathbf{G}$, Abbildung 8.4b.

Die Gleichungen (8.14) können unverändert auch auf frei geschnittene, einzelne Körper eines Systems starrer Körper angewendet werden. Die ursprünglich inneren Reaktionskräfte (oder Reaktionsmomente) werden dann durch den Freischnitt zu äußeren Wirkungen an den einzelnen Körpern und müssen in die Impuls- und Drallsätze für diese (unter Berücksichtigung von actio = reactio) einbezogen werden.

Damit ist dann die Basis gelegt, Impuls- und Drallsatz durch Summation über alle beteiligten Körper, gekennzeichnet durch den Summationsindex i, auch auf das Starrkörpersystem als Ganzes anzuwenden. Dies ist insbesondere dann von Interesse, wenn bei dieser Summation alle Reaktionskraft- bzw. Reaktionsmomentenstöße an den Verbindungen zwischen den Körpern herausfallen, wie dies bei *inneren* Zwangskräften und Zwangsmomenten in haftenden Kontakten oder Verbindungsgelenken bzw. -seilen typisch ist. Beim Drallsatz muss dabei für alle beteiligten Einzelkörper *derselbe Bezugspunkt* verwendet werden, sodass nur ein *Festpunkt O* in Frage kommt. Die Gleichungen können damit in der Form

$$
\begin{aligned}
\sum_i \left[m(v_{Sx})\right]_1^{(i)} + \sum_i \Big(\sum \int_{t_1}^{t_2} F_x dt\Big)^{(i)} &= \sum_i \left[m(v_{Sx})\right]_2^{(i)} \\
\sum_i \left[m(v_{Sy})\right]_1^{(i)} + \sum_i \Big(\sum \int_{t_1}^{t_2} F_y dt\Big)^{(i)} &= \sum_i \left[m(v_{Sy})\right]_2^{(i)} \\
\sum_i (J_O\omega)_1^{(i)} + \sum_i \Big(\sum \int_{t_1}^{t_2} M_O dt\Big)^{(i)} &= \sum_i (J_O\omega)_2^{(i)}
\end{aligned}
\tag{8.15}
$$

angegeben werden.

Lösungsweg

Impuls- und Drallsatz werden zur Lösung kinetischer Aufgaben verwendet, wenn *Geschwindigkeit* bzw. *Winkelgeschwindigkeit*, *Kraft* bzw. *Moment* und *Zeit* involviert sind, denn diese Terme treten in den entsprechenden Beziehungen auf.

Freikörperbild

- Wählen Sie ein beispielsweise kartesisches Koordinatensystem und zeichnen Sie das Freikörperbild zur Erfassung aller äußeren Kräfte und Momente, die Kraft- und Momentenstöße auf den Körper bewirken.
- Die Richtung und der Richtungssinn der Anfangs- und Endgeschwindigkeit des Schwerpunktes $\mathbf{v}_S$ und der Winkelgeschwindigkeit $\boldsymbol{\omega}$ des Körpers sollten festgelegt werden. Ist eine der Bewegungen unbekannt, nehmen Sie den Richtungssinn ihrer Komponenten in Richtung der zugehörigen positiven Koordinaten an.
- Berechnen Sie das Massenträgheitsmoment J_S oder J_O.
- Alternativ können Sie Impuls- und Drehimpulsdiagramme sowie Kraft- und Momentenstoßdiagramm des Körpers oder für das System von Körpern zeichnen. Diese Diagramme geben dem Umriss des Körpers mit den erforderlichen Werten für die drei Terme in den Gleichungen (8.14) und (8.15) wieder, siehe Abbildung 8.4. Sie sind insbesondere bei der Visualisierung der Momentenanteile im Drallsatz hilfreich.

Impuls- und Drallsatz

- Wenden Sie die drei skalaren Gleichungen des Impuls- und des Drallsatzes an.
- Der Drehimpuls eines starren Körpers, der sich um eine feste Achse dreht, ist das Moment von $m\mathbf{v}_S$ um diese Achse plus $J_S\boldsymbol{\omega}$. Man kann zeigen, dass die Koordinate dieses Drehimpulses $H_O = J_O\omega$ ist, wobei J_O das Massenträgheitsmoment des Körpers um die betreffende Achse bezeichnet.
- Alle äußeren Kräfte im Freikörperbild des Körpers liefern einen Kraftstoß, einige verrichten jedoch keine Arbeit.
- Zeitabhängige Kräfte müssen zur Ermittlung des Kraftstoßes integriert werden. Grafisch kann der Kraftstoß durch die Fläche unter der Kraft-Zeit-Kurve repräsentiert werden.
- Der Impuls- und der Drallsatz werden häufig zur Elimination unbekannter impulsrelevanter Kräfte verwendet, die zu einer gemeinsamen Achse parallel sind oder diese schneiden, denn das Moment dieser Kräfte um diese Achse verschwindet.

Kinematik

- Sind mehr als drei Gleichungen zur vollständigen Lösung erforderlich, kann es nötig sein, die Geschwindigkeit des Schwerpunktes mit der Winkelgeschwindigkeit des Körpers über *kinematische Gleichungen* zu verknüpfen. Ist die Bewegung kompliziert, helfen bei der Aufstellung der Beziehung kinematische (Geschwindigkeits)diagramme.

Beispiel 8.2

(a)

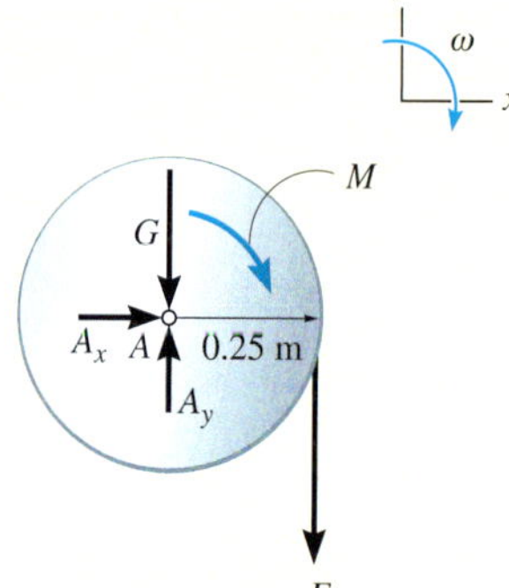

(b)

Abbildung 8.5

Die Scheibe mit dem Gewicht G in Abbildung 8.5a wird als homogen angenommen und ist im Mittelpunkt frei drehbar gelagert. An ihr greifen ein konstantes Drehmoment M und eine Kraft F auf das die Scheibe umschlingende, undehnbare Seil an. Bestimmen Sie die Winkelgeschwindigkeit der Scheibe sowie die Komponenten der Lagerkräfte in A nach der Zeitspanne Δt vom Starten aus der Ruhe.

$G = 100$ N, $M = 6$ Nm, $F = 50$ N, $r = 0{,}25$ m, $\Delta t = 2$ s

Lösung

Da es um Winkelgeschwindigkeit, Kraft und Zeit geht, wenden wir bei der Lösung den Impuls- und den Drallsatz an.

Freikörperbild Abbildung 8.5b. Der Schwerpunkt der Scheibe fällt mit dem Lagerpunkt zusammen und ist deshalb ein Festpunkt, Aufgrund der äußeren Lasten dreht sich die Scheibe im Uhrzeigersinn.

Das Massenträgheitsmoment der Scheibe bezüglich des Festpunktes A ist

$$J_A = \frac{1}{2}mr^2 = \frac{1}{2}\left(\frac{G}{g}\right)r^2 = 0{,}3186 \text{ kgm}^2$$

Impuls- und Drallsatz

$$m(v_{Ax})_1 + \sum\int_{t_1}^{t_2} F_x dt = m(v_{Ax})_2$$

$$0 + A_x\Delta t = 0$$

$$m(v_{Ay})_1 + \sum\int_{t_1}^{t_2} F_y dt = m(v_{Ay})_2$$

$$0 + A_y\Delta t - G\Delta t - F\Delta t = 0$$

$$J_A\omega_1 + \sum\int_{t_1}^{t_2} M_A dt = J_A\omega_2$$

$$0 + M\Delta t + (Fr)\Delta t = J_A\omega_2$$

Diese Gleichungen führen auf

$$A_x = 0$$

$$A_y = G + F = 150 \text{ N}$$

$$\omega_2 = (M + Fr)\Delta t/J_A = 116{,}2 \text{ rad/s}$$

Beispiel 8.3

Die Spule der Masse m in Abbildung 8.6a hat den Trägheitsradius k_S und ist ursprünglich in Ruhe. Ein undehnbares Seil ist um die Nabe gewickelt und eine horizontale, zeitabhängige Kraft $P(t)$ zieht am Seil nach rechts. Bestimmen Sie die Winkelgeschwindigkeit zum Zeitpunkt $t = t_1$. Nehmen Sie an, dass die Spule ohne Gleiten rollt.

$m = 100$ kg, $k_S = 0{,}35$ m, $P = c_1\,t + c_2$, $c_1 = 1$ N/s, $c_2 = 10$ N, $r_i = 0{,}4$ m, $r_a = 0{,}75$ m, $t_1 = 5$ s

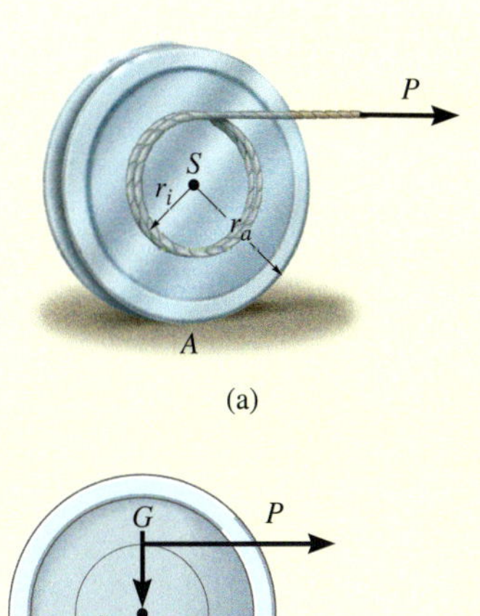

(a)

Lösung

Freikörperbild Gemäß dem Freikörperbild in Abbildung 8.6b erzeugt die *zeitabhängige* Kraft P die zeitabhängige Haftreibungskraft R, und die beiden zugehörigen Kraftstöße müssen durch Integration bestimmt werden. Aufgrund der Kraft P hat der Schwerpunkt die Geschwindigkeit v_S nach rechts und die Spule die im Uhrzeigersinn gerichtete Winkelgeschwindigkeit ω.

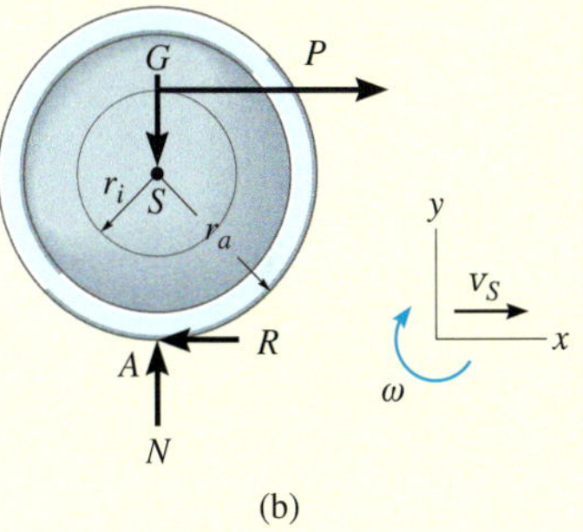

(b)

Das Massenträgheitsmoment der Spule um den Schwerpunkt beträgt

$$J_S = mk_S^2 = 12{,}25\ \text{kgm}^2$$

Impuls- und Drallsatz

$$m(v_S)_1 + \sum\int F_x dt = m(v_S)_2$$

$$0 + \int_0^{t_1}(c_1 t + c_2)dt - \int R\,dt = m(v_S)_2 \tag{1}$$

$$J_S\omega_1 + \sum\int M_S dt = J_S\omega_2$$

$$0 + \int_0^{t_1}(c_1 t + c_2)dt \cdot r_i + \int R\,dt \cdot r_a = J_S\omega_2 \tag{2}$$

Der Impulssatz in y-Richtung ist unnötig, weil er über die bisherigen Unbekannten hinaus nur den Kraftstoß der Normalkraft als weitere Unbekannte ins Spiel bringen würde, die aber hier nicht gesucht ist.

Kinematik Da die Spule eine reine Rollbewegung ausführt, befindet sich der Momentanpol im Kontaktpunkt A, Abbildung 8.6c. Somit kann die Geschwindigkeit von S in Abhängigkeit von der Winkelgeschwindigkeit der Spule geschrieben werden: $(v_S)_2 = r_a\omega_2$. Einsetzen in Gleichung (1) und Elimination des unbekannten Kraftstoßes $\int R\,dt$ liefert

$$\omega_2 = \frac{r_i + r_a}{J_S + mr_a^2}\int_0^{t_1}(c_1 t + c_2)dt = \frac{r_i + r_a}{J_S + mr_a^2}\left(\frac{c_1 t_1^2}{2} + c_2 t_1\right) = 1{,}05\ \text{rad/s}$$

Hinweis: Eine direktere Lösung erhält man durch Anwendung des Drallsatzes um Punkt A allein. Rechnen Sie zur Übung diese Variante durch und zeigen Sie, dass man das gleiche Ergebnis erhält.

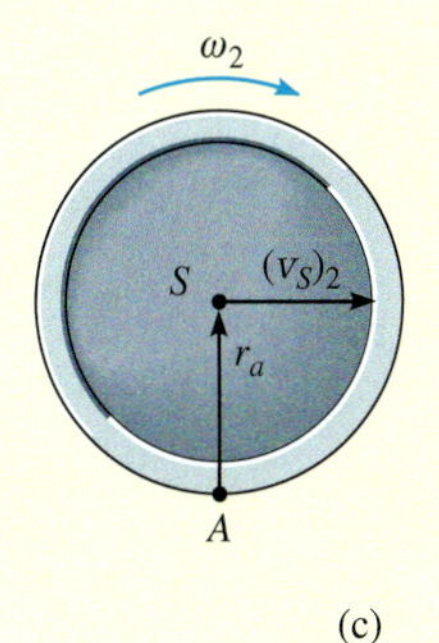

(c)

Abbildung 8.6

Beispiel 8.4

Der Klotz B der Masse m_B in Abbildung 8.7a ist an einem undehnbaren Seil befestigt, das um eine homogene Scheibe mit der Masse m_S und dem Massenträgheitsmoment J_A gewickelt ist. Der Klotz bewegt sich mit der Anfangsgeschwindigkeit $(v_B)_1$ nach unten. Bestimmen Sie seine Geschwindigkeit zum Zeitpunkt t_2. Vernachlässigen Sie bei der Berechnung die Masse des Seiles.

$m_B = 6$ kg, $m_S = 20$ kg, $J_A = 0{,}40$ kgm^2, $r = 0{,}2$ m, $(v_B)_1 = 2$ m/s, $t_2 = 3$ s

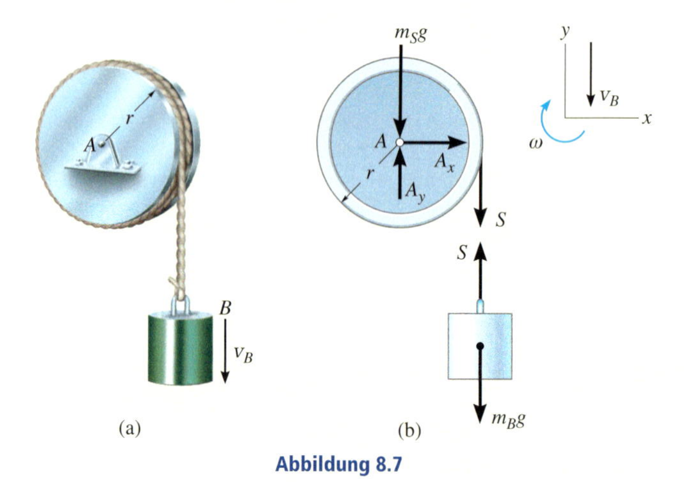

Abbildung 8.7

Lösung I

Freikörperbild Die Freikörperbilder von Klotz und Scheibe sind in Abbildung 8.7b dargestellt. Alle Kräfte sind *konstant*, denn die konstante Gewichtskraft des Klotzes B erzeugt die Bewegung. Die Bewegung des Klotzes ist nach unten gerichtet, daher ist die Winkelgeschwindigkeit ω der Scheibe im Uhrzeigersinn gerichtet.

Impuls- und Drallsatz Durch Anwendung des Drallsatzes auf die Scheibe um Punkt A fallen die Lagerreaktionen A_x und A_y aus der Berechnung heraus. Hinzu kommt der Impulssatz für den Klotz:

Scheibe:

$$J_S\omega_1 + \sum\int M_S dt = J_S\omega_2$$

$$J_A\omega_1 + St_2 r = J_A\omega_2$$

Klotz:

$$m_B\left(v_B\right)_{y1} + \sum\int F_y dt = m_B\left(v_B\right)_{y2}$$

$$-m_B\left(v_B\right)_1 + St_2 - m_B g t_2 = -m_B\left(v_B\right)_2$$

Kinematik Mit $\omega = v_B/r$ ergibt sich $\omega_1 = (v_B)_1/r = 10$ rad/s und $\omega_2 = (v_B)_2/r$. Einsetzen und gemeinsames Lösen der Gleichungen liefert

$$\left(v_B\right)_2 = \left(v_B\right)_1 + \frac{m_B g t_2 r^2}{J_A + m_B r^2} = 13{,}0\,\text{rad/s}$$

Lösung II

Impuls- und Drallsatz Durch Betrachten des *Systems* aus Masse, Seil und Scheibe kann $(v_B)_2$ *direkt* bestimmt werden. Die Impuls- und Drehimpulsdiagramme zu Anfang und Ende des betrachteten Zeitintervalls zusammen mit dem Kraft- und Momentenstoßdiagramm werden gezeichnet, um die Anwendung des Drallsatzes bezüglich Punkt A darzustellen, Abbildung 8.7c.

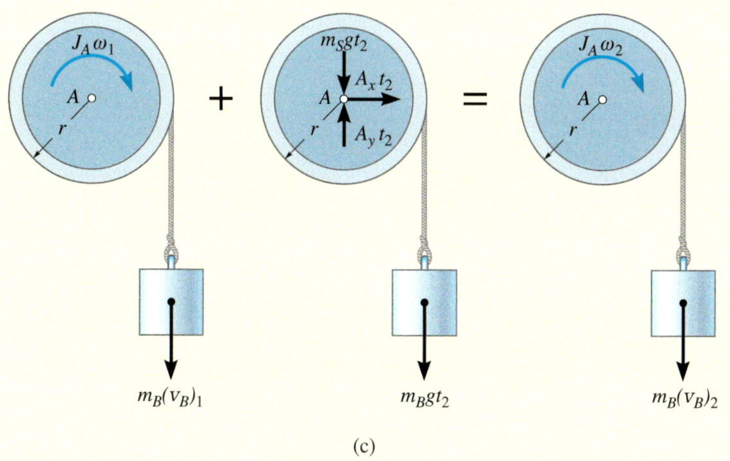

Abbildung 8.7

Drallsatz für System Mit $\omega_1 = (v_B)_1/r = 10\ \mathrm{rad/s}$ und $\omega_2 = (v_B)_2/r$ ergibt sich für das System aus den beiden Körpern „Scheibe" und „Klotz"

$$\sum_i (J_A\omega)_1^{(i)} + \sum_i \left(\sum \int_0^{t_2} M_A dt \right)^{(i)} = \sum_i (J_A\omega)_2^{(i)}$$

$$m_B(v_B)_1 r + J_A\omega_1 + m_B g\, t_2 r = m_B(v_B)_2 r + J_A(v_B)_2/r$$

Die Auswertung führt unmittelbar auf das Ergebnis der Lösung I:

$$(v_B)_2 = 13{,}0\ \mathrm{rad/s}$$

Beispiel 8.5

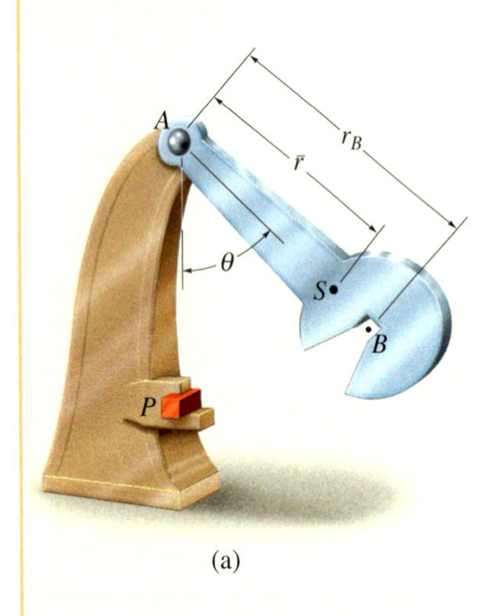

(a)

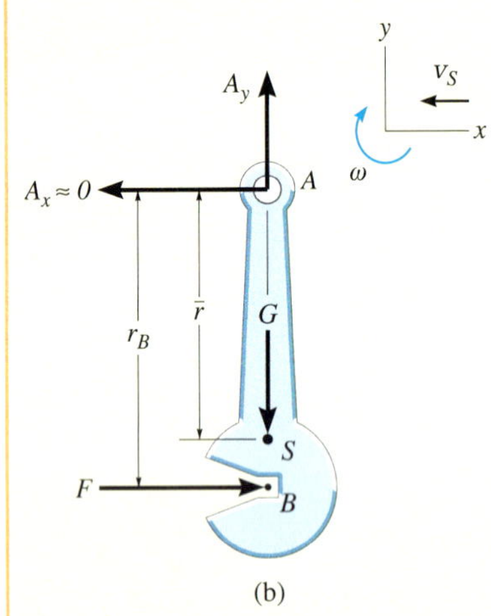

(b)

Abbildung 8.8

In der Materialprüfung werden mit dem so genannten Kerbschlagbiegeversuch die Energieabsorptionseigenschaften von Werkstoffen unter Schlagbeanspruchung untersucht. Der Versuch wird mit dem in Abbildung 8.8a dargestellten Hammer durchgeführt. Er hat die Masse m und den Trägheitsradius k_S bezüglich S. Bestimmen Sie den Abstand r_B zwischen dem Lager A und dem Punkt B, in dem der Schlag auf die Probe P erfolgen muss, damit die horizontale Kraft im Lager während des Schlages gleich null ist. Nehmen Sie für die Berechnung an, dass die Probe die gesamte kinetische Energie des Hammers aus dem Fall aufnimmt und dieser somit bei $\theta = 0$ unmittelbar anhält.

Lösung

Freikörperbild Gemäß Freikörperbild in Abbildung 8.8b wird gefordert, dass der horizontale Kraftstoß in A gleich null ist. Kurz vor dem Schlag hat der Hammer die im Uhrzeigersinn gerichtete Winkelgeschwindigkeit ω_1 und der Schwerpunkt des Hammers bewegt sich mit der Geschwindigkeit $(v_S)_1 = \bar{r}\omega_1$.

Impuls und Drallsatz Wir wenden den Impulssatz und den Drallsatz bezüglich Punkt A an:

$$J_A\omega_1 + \sum \int M_A dt = J_A\omega_2$$
$$J_A\omega_1 - \int F\, dt \cdot r_B = 0$$

$$m(v_S)_1 + \sum \int F\, dt = m(v_S)_2$$
$$-m(\bar{r}\omega_1) + \int F\, dt = 0$$

Elimination des Kraftstoßes $\int F dt$ und Einsetzen von $J_A = mk_S^2 + m\bar{r}^2$ führt auf

$$\left(mk_S^2 + m\bar{r}^2\right)\omega_1 - m(\bar{r}\omega_1)r_B = 0$$

Mit $m\omega_1 \neq 0$ wird daraus

$$r_B = \bar{r} + \frac{k_S^2}{\bar{r}}$$

Der Punkt B heißt *Stoßmittelpunkt*. Wird der Auftreffpunkt P im Stoßmittelpunkt platziert, wird die Kraft im Lager minimal. Viele Sportgeräte, z.B. Tennisschläger, Schlaghölzer usw., sind so gestaltet, dass das Auftreffen des entsprechenden Körpers (des Balles) im Stoßmittelpunkt erfolgt. Folglich fühlt man im Schlagarm keine Stoßreaktion (*siehe Aufgaben 6.65 und 8.1*).

8.3 Impuls- und Drehimpulserhaltung

Impulserhaltung Ist die Summe aller *äußeren Kraftstöße* auf ein System miteinander verbundener, starrer Körper gleich *null*, so ist der Impuls des Systems konstant bzw. wird erhalten. Folglich vereinfachen sich die ersten beiden Gleichungen in (8.15) auf

$$\sum_i \left[m(\mathbf{v}_S)\right]_1^{(i)} = \sum_i \left[m(\mathbf{v}_S)\right]_2^{(i)} \tag{8.16}$$

hier in Vektorform geschrieben. Diese Beziehung heißt *Impulserhaltung*.

Ohne bei der Rechnung einen allzu großen Fehler zu machen, kann Gleichung (8.16) in einer bestimmten Richtung, für welche die Impulse klein, d.h. *nicht impulsrelevant* sind, angewendet werden. Derartige, nicht impulsrelevante Kräfte treten auf, wenn neben sehr großen Kräften, z.B. infolge von Stößen, kleine Kräfte in sehr kurzen Zeitintervallen wirken. Typische Beispiele sind die Kraft einer hinreichend weichen Feder, der Anfangskontakt mit weichem Untergrund und zuweilen das Gewicht eines Körpers während des Stoßvorganges.

Drehimpulserhaltung Die Drehimpulserhaltung eines Systems entsprechend miteinander verbundener, starrer Körper gilt um eine Achse durch einen festen Punkt O, wenn die Summe aller äußeren Momentenstöße durch äußere Kräfte oder freie Momente auf das System bezüglich dieses Punktes null oder hinreichend klein, d.h. nicht impulsrelevant sind. Die dritte der Gleichungen (8.15) lautet dann

$$\sum_i \left(J_O\omega\right)_1^{(i)} = \sum_i \left(J_O\omega\right)_2^{(i)} \tag{8.17}$$

Diese Gleichung heißt *Drehimpulserhaltung*. Bei einem einzelnen starren Körper wird Gleichung (8.17) bei Anwendung bezüglich des Schwerpunktes S zu

$$(J_S\omega)_1 = (J_S\omega)_2$$

Zur Erläuterung der Anwendung dieser Gleichungen betrachten wir einen Schwimmer, der nach dem Abspringen vom Sprungbrett einen Salto macht. Er hält die Arme und Beine nah an der Brust, um das Massenträgheitsmoment des Körpers zu *verringern* und so seine Winkelgeschwindigkeit zu *erhöhen* ($J_S\omega$ muss konstant sein). Kurz vor dem Eintauchen streckt er seinen Körper und seine Winkelgeschwindigkeit *verringert sich*. Da das Gewicht seines Körpers einen Kraftstoß während der Dauer der Bewegung bewirkt, zeigt dieses Beispiel auch, dass der Drehimpuls eines Körpers erhalten werden kann, obwohl der Impuls sich ändert. Weitere Fälle von Drehimpulserhaltung können auftreten, wenn die äußeren Kräfte, die den Impuls erzeugen, ein zentrales Kräftesystem bilden und die Wirkungslinien aller Kräfte durch den Schwerpunkt des betrachteten Körpers oder eine raumfeste Drehachse verlaufen.

Ist die Anfangsgeschwindigkeit oder die Anfangswinkelgeschwindigkeit des Körpers bekannt, so wird mit der Impuls- oder der Drehimpulserhaltung die Endgeschwindigkeit oder die Endwinkelgeschwindigkeit *unmittelbar nach* dem betrachteten Zeitraum ermittelt. Dies gelingt genauso bei Anwendung der entsprechenden Gleichungen auf *Systeme* starrer Körper, bei denen die inneren Kraft- und Momentenstöße des Systems, die eventuell unbekannt sind, aus der Rechnung herausfallen. Müssen *innere impulsrelevante Kräfte* im System bestimmt werden, müssen einer der wechselwirkenden Körper *frei geschnitten* betrachtet werden (Freikörperbild) sowie Impuls- und Drehimpulssatz *auf diesen Körper* angewendet werden. Nach Berechnung des Kraftstoßes $\int F\,dt$ kann die *mittlere impulsrelevante Kraft* F_{mittel} gemäß $F_{mittel} = \int F\,dt/\Delta t$ bestimmt werden, wenn die Zeitdauer Δt der Wirkung des Kraftstoßes bekannt ist.

Lösungsweg

Die Sätze von Impuls- und Drehimpulserhaltung werden folgendermaßen angewendet.

Freikörperbild

- Wählen Sie ein beispielsweise kartesisches x,y,z-Koordinatensystem und zeichnen Sie das Freikörperbild des Körpers oder des Systems von Körpern während der Zeitdauer der Einwirkung der Kraft- und Momentenstöße. Bestimmen Sie mit Hilfe dieses Freikörperbildes die angreifenden impulsrelevanten und nicht impulsrelevanten Kräfte.
- Gemäß dem Freikörperbild gilt die *Impulserhaltung* in einer bestimmten Richtung, wenn *keine* äußeren impulsrelevanten Kräfte oder Momente am Körper oder am System in dieser Richtung angreifen. Dagegen gilt die *Drehimpulserhaltung* ganz allgemein bezüglich eines raumfesten Punktes O oder bei einem Einzelkörper auch bezüglich seines Schwerpunktes S, wenn alle äußeren impulsrelevanten Kräfte und Momente einen verschwindenden resultierenden Momentenstoß entweder ganz allgemein bezüglich O oder bei einem Einzelkörper auch bezüglich S hervorrufen.
- Alternativ können Sie Impuls- und Drehimpuls- sowie Kraft- und Momentenstoßdiagramme des Körpers oder des Systems von Körpern zeichnen. Diese Diagramme sind insbesondere hilfreich bei der Visualisierung der Momentenstoßanteile in der Gleichung der Drehimpulserhaltung, wenn die Momentenstöße bezüglich eines anderen Punktes als dem Schwerpunkt S eines Einzelkörpers berechnet werden.

Impuls- und Drehimpulserhaltung

- Wenden Sie die Impulserhaltung in den entsprechenden Richtungen und die Drehimpulserhaltung an.

Kinematik

- Ist die Bewegung kompliziert, helfen bei der Aufstellung der Beziehungen kinematische (Geschwindigkeits)diagramme.

Beispiel 8.6 Das Rad der Masse m in Abbildung 8.9a hat das Massenträgheitsmoment J_S. Bestimmen Sie die minimale Geschwindigkeit v_S, die das Rad haben muss, um über das Hindernis in A zu rollen. Nehmen Sie an, dass das Rad nicht gleitet oder zurückprallt.

$m = 10$ kg, $J_S = 0{,}156$ kgm^2, $r = 0{,}2$ m, $h = 0{,}03$ m

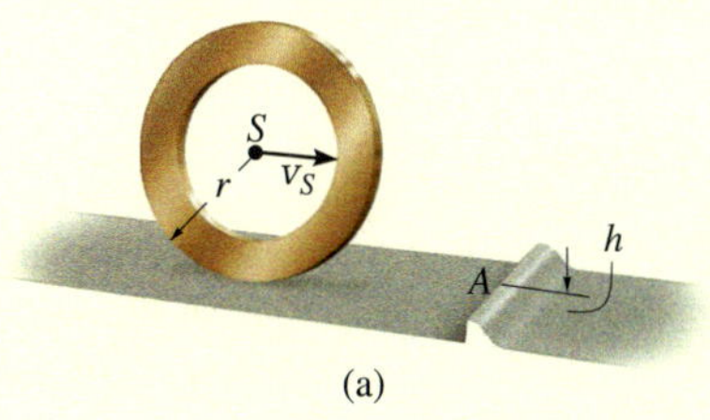

(a)

Abbildung 8.9

Lösung

Impuls- und Drehimpuls- sowie Kraft- und Momentenstoßdiagramme

Da kein Gleiten oder Zurückprallen auftritt, *dreht* sich das Rad beim Kontakt näherungsweise um A. Dies ist in Abbildung 8.9b dargestellt, und zwar Impuls und Drehimpuls des Rades *unmittelbar vor dem Auftreffen*, die hervorgerufenen Kraftstöße auf das Rad während der Kontaktdauer sowie Impuls und Drehimpuls des Rades *unmittelbar nach Lösen des Kontaktes*. Nur zwei Kräfte mit zugehörigen Kraftstößen treten am Rad während des Kontaktes auf. Die Stoßreaktion in A ist viel größer als die Gewichtskraft während des Stoßes und da die Stoßdauer sehr kurz ist, kann die Gewichtskraft als nicht impulsrelevante Kraft angenommen werden. Sowohl Betrag als auch Richtung θ der impulsrelevanten Stoßreaktion $\mathbf{F}$ sind unbekannt. Zur Elimination dieser Kraft nutzen wir aus, dass der Drehimpuls bezüglich des Kontaktpunktes näherungsweise *erhalten* bleibt, da $(mg\Delta t)d \approx 0$ gilt.

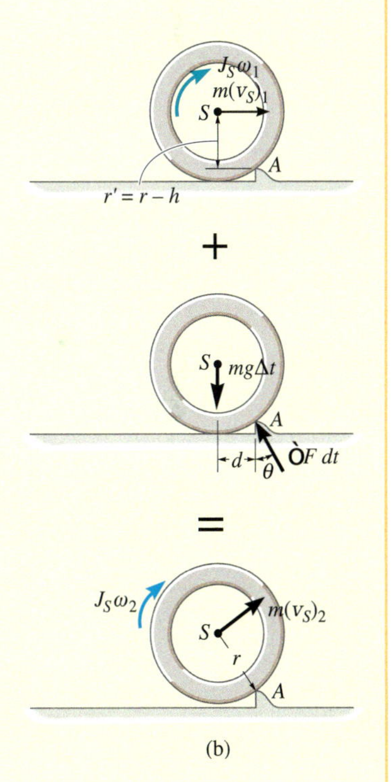

(b)

Drehimpulserhaltung Gemäß Abbildung 8.9b gilt

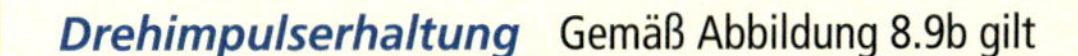

$$(H_A)_1 = (H_A)_2$$

$$r' m(v_S)_1 + J_S\omega_1 = rm(v_S)_2 + J_S\omega_2$$

$$(r-h)m(v_S)_1 + J_S\omega_1 = rm(v_S)_2 + J_S\omega_2$$

Kinematik Da kein Gleiten auftritt, gilt im Allgemeinen $\omega = v_S/r$. Einsetzen in die obige Gleichung und Vereinfachen führt auf

$$(r-h)m(v_S)_1 + J_S\left(\frac{(v_S)_1}{r}\right) = rm(v_S)_2 + J_S\left(\frac{(v_S)_2}{r}\right)$$

$$\left((r-h)m + \frac{J_S}{r}\right)(v_S)_1 = \left(rm + \frac{J_S}{r}\right)(v_S)_2$$

$$(v_S)_2 = \frac{m(r-h)r + J_S}{mr^2 + J_S}(v_S)_1 \qquad (1)$$

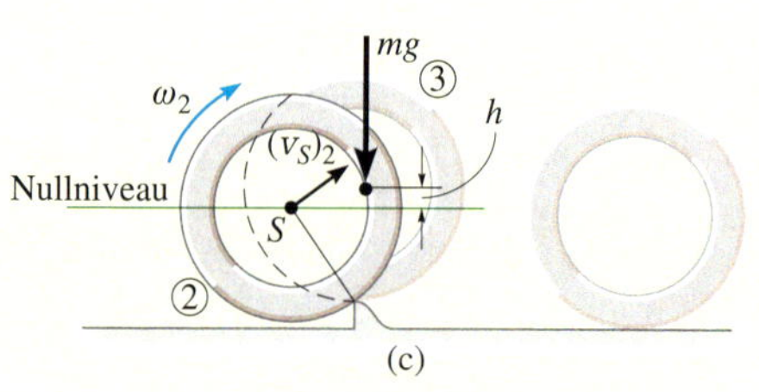

Abbildung 8.9

Energieerhaltung[3] Zur Überwindung des Hindernisses muss das Rad von der Lage 2 in die Lage 3 gelangen, siehe Abbildung 8.9c. Soll $(v_S)_2$ [bzw. $(v_S)_1$] minimal sein, muss die kinetische Energie des Rades in Lage 2 gleich der potenziellen Energie in Lage 3 sein. Wir legen das Nullniveau durch den Schwerpunkt in Lage 2, siehe Abbildung 8.9c, und wenden den Energieerhaltungssatz an:

$$T_2 + V_2 = T_3 + V_3$$

$$\frac{1}{2}m(v_S)_2^2 + \frac{1}{2}J_S\omega_2^2 + 0 = 0 + mgh$$

Einsetzen von $\omega_2 = (v_S)_2/r$ und von $(v_S)_2$ gemäß Gleichung (1) liefert das Ergebnis

$$(v_S)_1 = \frac{J_S + mr^2}{J_S + m(r-h)r}\sqrt{\frac{2mr^2gh}{J_S + mr^2}} = 0{,}729 \text{ m/s}$$

Beispiel 8.7

Der schlanke Stab der Masse m_S in Abbildung 8.10a ist in O gelenkig gelagert und anfangs in Ruhe. Eine Kugel K der Masse m_K wird mit der Geschwindigkeit v_K gegen den Stab geschossen. Bestimmen Sie die Winkelgeschwindigkeit des Stabes kurz nach Eindringen der Kugel.

$m_S = 5$ kg, $m_K = 4$ g, $a = 0{,}25$ m, $v_K = 400$ m/s, $\beta = 30°$

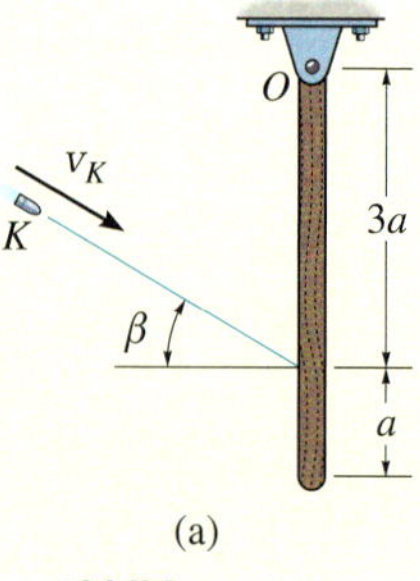

Abbildung 8.10

3 Der Energieerhaltungssatz gilt *nicht* während des *Stoßes*, denn beim Stoß wird Energie abgegeben und in Wärme umgewandelt. Ab dem Zeitpunkt unmittelbar nach dem Stoß in der Lage 2 gilt er jedoch.

Lösung

Impuls- und Drehimpuls- sowie Kraft- und Momentenstoßdiagramme

Der Kraftstoß der Kugel auf den Stab kann aus der Rechnung eliminiert werden. Die Winkelgeschwindigkeit des Stabes unmittelbar nach dem Stoß wird durch Betrachten von Kugel und Stab als ein System bestimmt. Zur Erläuterung der entsprechenden Sätze sind Impuls- und Drehimpuls- sowie Kraftstoßdiagramme in Abbildung 8.10b dargestellt. Die Impuls- und Drehimpulsdiagramme sind *unmittelbar vor* und *unmittelbar nach* dem Auftreffen dargestellt. Während des Auftreffens tauschen Kugel und Stab gleich große, aber *entgegengesetzt gerichtete innere Kraftstöße* im Kontaktpunkt A aus. Dem während des Auftreffens geltenden Kraftstoßdiagramm ist zu entnehmen, dass die Lagerreaktionen in O äußere Impulse für das Gesamtsystem „Stab und Kugel" darstellen. Da die Stoßzeit Δt sehr kurz ist, ändert der Stab seine Lage nur geringfügig und somit ist der Momentenstoß der Gewichtskraft bezüglich Lagerpunkt O praktisch gleich null. Die Drehimpulserhaltung gilt also bezüglich dieses Punktes.

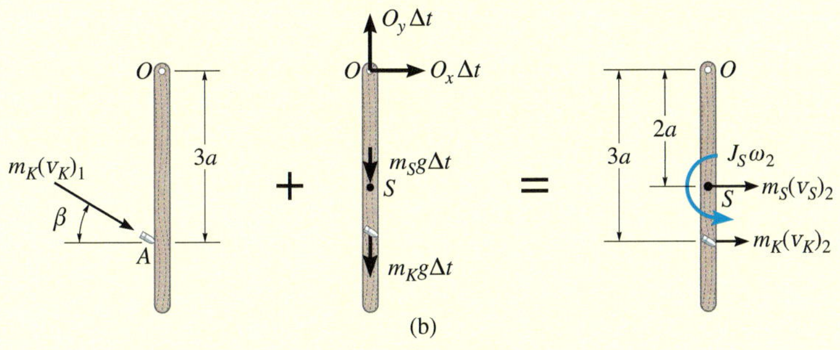

Abbildung 8.10

Drehimpulserhaltung Aus Abbildung 8.10b ergibt sich

$$\sum(H_O)_1 = \sum(H_O)_2$$

$$m_K(v_K)_1 \cos\beta(3a) = m_K(v_K)_2(3a) + m_S(v_S)_2(2a) + J_S\omega_2$$

oder mit $J_S = [m_S(4a)^2]/12$

$$(3a)m_K\cos\beta(v_K)_1 = (3a)m_K(v_K)_2 + (2a)m_S(v_S)_2 + \frac{4}{3}m_S a^2\omega_2 \qquad (1)$$

Kinematik Da der Stab in O gelenkig gelagert ist, erhalten wir aus Abbildung 8.10c

$$(v_S)_2 = (2a)\omega_2 \text{ sowie } (v_K)_2 = (3a)\omega_2$$

Wir setzen diese kinematischen Beziehungen in Gleichung (1) ein, womit

$$\omega_2 = \frac{3am_K\cos\beta}{\frac{16}{3}m_S a^2 + 9m_K a^2}(v_K)_1 = 0{,}623\ \text{rad/s}$$

folgt.

Ein Beispiel für einen exzentrischen Stoß ist das Auftreffen der Bowlingkugel auf den Kegel.

8.4 Exzentrischer Stoß

Die Begriffe „gerader“ und „schiefer Stoß“ von Massenpunkten wurden in *Abschnitt 4.4* erläutert. Es wurden dort bereits auch die Begriffe „zentrischer“ und „exzentrischer“ Stoß erläutert, wobei für Massenpunkte, die keine räumliche Ausdehnung besitzen, die Stöße immer zentral sind.

Der Themenkreis wird jetzt erweitert, indem der exzentrische Stoß zweier Körper diskutiert wird. Erst bei Körpern mit räumlicher Ausdehnung können derartige *exzentrische Stöße* auftreten, die ja bekanntlich dadurch charakterisiert sind, dass die gemeinsame Stoßnormale *nicht* mit der Verbindenden der beiden *Körperschwerpunkte* zusammenfällt.[4] Solche Stöße treten häufig als so genannte *Drehstöße* auf, wenn einer oder beide Körper eine reine Rotation um eine raumfeste Achse ausführen können. Betrachten wir als Beispiel den Stoß der beiden Körper A und B in C, siehe Abbildung 8.11a. Wir nehmen an, dass sich unmittelbar vor dem Zusammenstoß der Körper B mit der Winkelgeschwindigkeit $(\omega_B)_1$ gegen den Uhrzeigersinn dreht und die Geschwindigkeit des Kontaktpunktes C auf dem zweiten Körper A gleich $(\mathbf{u}_A)_1$ ist. Kinematische Diagramme der beiden Körper unmittelbar vor dem Stoß sind in Abbildung 8.11b dargestellt. Bei *glatten* Körpern sind die *impulsrelevanten Kräfte*, die sie aufeinander ausüben, *entlang der gemeinsamen Stoßnormalen* gerichtet, die im gemeinsamen Stoßpunkt C senkrecht auf der *gemeinsamen Kontaktebene* steht.

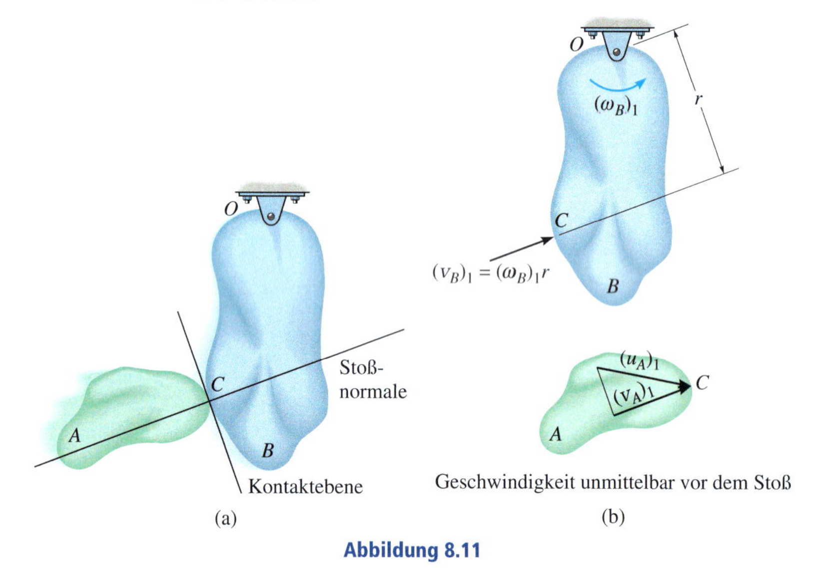

Abbildung 8.11

4 Fallen diese zusammen, dann handelt es sich um einen zentralen Stoß. Auch bei ausgedehnten Körpern können zentrische Stöße auftreten und zwar insbesondere dann, wenn die beteiligten Körper homogene Kugeln oder Kreisscheiben sind. Die Rechnungen dazu können wie in *Abschnitt 4.4* beschrieben ausgeführt werden.

Für den Geschwindigkeitsanteil des Kontaktpunktes C auf dem Körper B entlang der Stoßnormalen gilt die kinematische Beziehung $(v_B)_1 = (\omega_B)_1 r$, siehe Abbildung 8.11b. Ebenso ist der Anteil der Geschwindigkeit $(\mathbf{u}_A)_1$ auf dem Körper A entlang der Stoßlinie gleich $(v_A)_1$. Soll ein Stoß überhaupt auftreten, so muss $(v_A)_1 > (v_B)_1$ gelten.

Während des Stoßes wirkt die gleiche, aber entgegengesetzt gerichtete impulsrelevante Kraft P zwischen den beiden Körpern, die diese während der so genannten Kompressionsphase am Kontaktpunkt *verformt*. Der resultierende Kraftstoß ist in den Kraft- und Momentenstoßdiagrammen beider Körper dargestellt, Abbildung 8.11c. Die impulsrelevante Kraft in Punkt C auf den drehenden Körper B erzeugt impulsrelevante Lagerkräfte in O. Bei den Diagrammen wurde angenommen, dass die Stoßkraft P und die Stoßreaktionen O_x und O_y sehr viel größere Kraftstöße als die nicht dargestellten, nicht impulsrelevanten Gewichtskräfte verursachen. Wenn die Verformung in Punkt C maximal ist, bewegt sich in diesem Augenblick der Kontaktpunkt C in beiden Körpern mit der gemeinsamen Geschwindigkeit v entlang der Stoßnormalen, siehe Abbildung 8.11d. Dann folgt die teilweise oder gar vollständige *Wiederherstellung* der Form beider Körper. In dieser so genannten Restitutionsphase tritt eine gleich große aber entgegengesetzt gerichtete impulsrelevante Kraft R zwischen den beiden Körpern auf, siehe Kraft- und Momentenstoßdiagramme in Abbildung 8.11e. Ist die Restitutionsphase abgeschlossen, entfernen sich die Körper wieder voneinander. Punkt C auf dem Körper B hat die Geschwindigkeit $(v_B)_2$ entlang der Stoßnormalen, Punkt C auf Körper A die Geschwindigkeit $(\mathbf{u}_A)_2$ mit der Projektion $(v_A)_2$ entlang der Stoßnormalen, siehe Abbildung 8.11f, und es gilt $(v_B)_2 > (v_A)_2$.

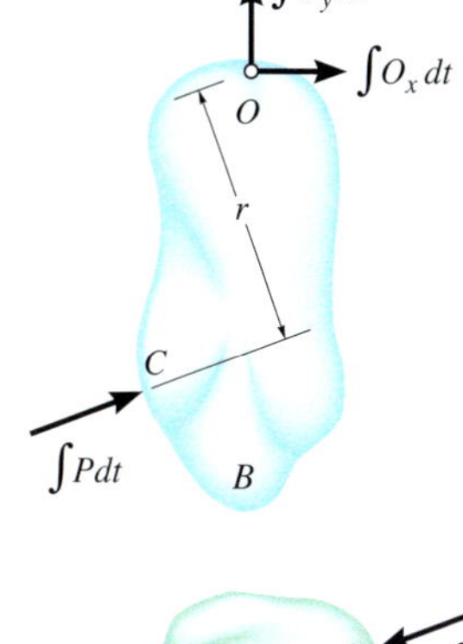

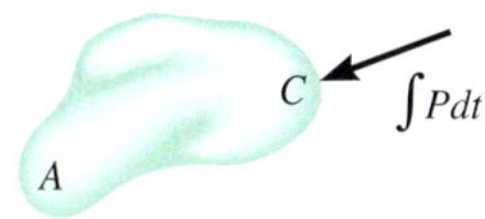

Kompressionskraftstoß

(c)

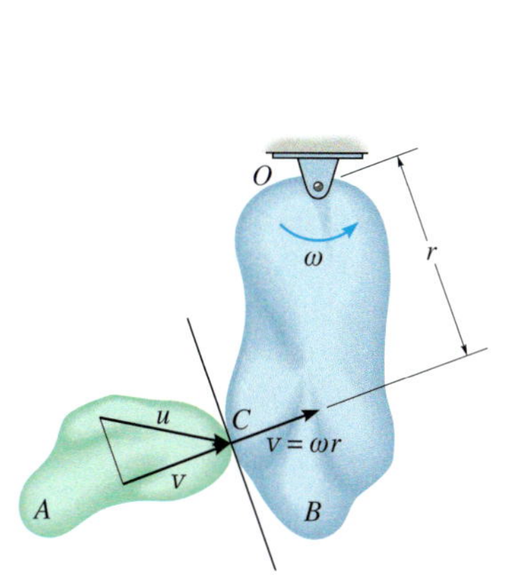

Geschwindigkeit bei maximaler Verformung

(d)

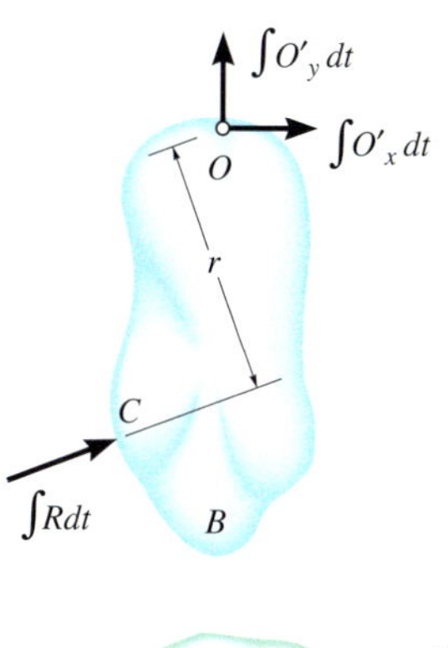

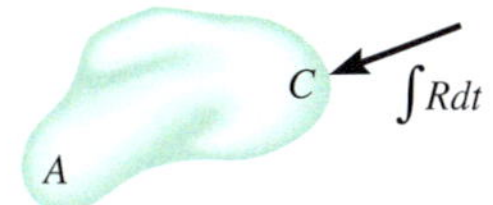

Restitutionskraftstoß

(e)

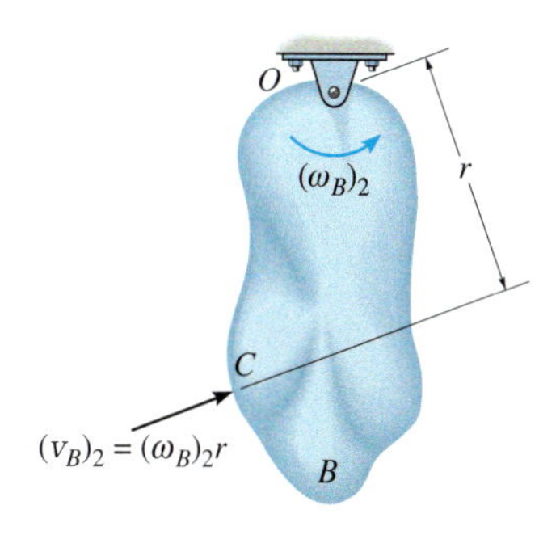

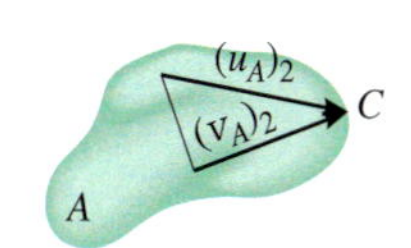

Geschwindigkeit unmittelbar nach dem Stoß

(f)

Abbildung 8.11

Im Allgemeinen müssen bei Stößen zweier Körper die *zwei unbekannten Geschwindigkeiten* $(v_A)_2$ und $(v_B)_2$ ermittelt werden, wenn $(v_A)_1$ und $(v_B)_1$ bekannt sind (oder mit kinematischen Gleichungen, Energiegleichungen oder dynamischen Gleichgewichtsbedingungen ermittelt werden können). Zur Lösung werden dann zwei Gleichungen angeschrieben. Die *erste Gleichung* bezieht sich im Allgemeinen auf die *Drehimpulserhaltung der beiden Körper als System*. Für das System der beiden Körper A und B gilt, dass der Drehimpuls um Punkt O erhalten bleibt, denn die Impulse bei C sind innere Kraftstöße, die sich kompensieren und die Impulse bei O erzeugen einen verschwindenden Momentenstoß bezüglich O. Die zweite Gleichung ergibt sich aus der Definition der *Stoßzahl* e, dem Verhältnis des Restitutionskraftstoßes zum Kompressionskraftstoß. Zur Aufstellung einer passenden Beziehung müssen wir den Drehimpulssatz bezüglich des Punktes O nacheinander auf die beiden Körper B und A anwenden und die erhaltenen Gleichungen entsprechend verknüpfen. Auf diese Weise ergibt der Drehimpulssatz für Körper B vom Zeitpunkt unmittelbar vor dem Stoß bis zum Zeitpunkt der maximalen Verformung, Abbildung 8.11b, c, d eine erste Relation

$$J_O(\omega_B)_1 + r\int P dt = J_O\omega \tag{8.18}$$

Dabei ist J_O das Massenträgheitsmoment des Körpers B bezüglich Punkt O. Ebenso ergibt sich bei Anwendung des Drehimpulssatzes vom Zeitpunkt der maximalen Verformung bis unmittelbar nach dem Stoß, Abbildung 8.11d, e, f eine zweite Gleichung

$$J_O\omega + r\int R dt = J_O(\omega_B)_2 \tag{8.19}$$

Wir lösen die Gleichungen (8.18) und (8.19) nach $\int P dt$ bzw. $\int R dt$ und erhalten für e

$$e = \frac{\int R dt}{\int P dt} = \frac{r(\omega_B)_2 - r\omega}{r\omega - r(\omega_B)_1} = \frac{(v_B)_2 - v}{v - (v_B)_1}$$

Ebenso können wir eine Gleichung anschreiben, die die Geschwindigkeitsbeträge $(v_A)_1$ und $(v_A)_2$ des Körpers A in Beziehung setzt:

$$e = \frac{v - (v_A)_2}{(v_A)_1 - v}.$$

Wir verknüpfen die beiden Bestimmungsgleichungen der Stoßzahl e unter Elimination der gemeinsamen unbekannten Geschwindigkeit v:

$$e = \frac{(v_B)_2 - (v_A)_2}{(v_A)_1 - (v_B)_1} \tag{8.20}$$

Diese Gleichung ist identisch mit Gleichung (4.11) für den zentralen Stoß zwischen zwei Massenpunkten. Gleichung (8.20) bedeutet, dass die Stoßzahl gleich dem Verhältnis der relativen Geschwindigkeit der *Trennung* der Kontaktpunkte (*C*) *unmittelbar nach dem Stoß* entlang der Stoßnormalen zur relativen Geschwindigkeit ist, mit der sich die Punkte *unmittelbar* vor dem Stoß entlang der Stoßnormalen *annähern*. Bei der Herleitung der Gleichung haben wir angenommen, dass sich die Kontaktpunkte beider Körper vor *und* nach dem Stoß nach oben und nach rechts bewegen. Bewegt sich einer der Punkte nach unten und nach links, so ist die Geschwindigkeit des Punktes in Gleichung (8.20) eine negative Größe.

Wie bereits dargelegt, ist Gleichung (8.20) zusammen mit dem Drehimpulserhaltungssatz für das System beider Körper hilfreich bei der Ermittlung der Geschwindigkeiten von zwei Körpern unmittelbar nach einem Stoß.

Bei einem Aufprall sollen Pfosten von Verkehrschildern leicht aus ihren Halterungen brechen und/ oder an den Verbindungsstellen leicht versagen. Dies wird durch die geschlitzten Verbindungen im Fuß und durch Sollbruchstellen im Mittelteil erreicht. Der Konstrukteur berücksichtigt dazu die Gesetze der Mechanik des exzentrischen Stoßes.

Beispiel 8.8

Der schlanke Stab der Masse m_S in Abbildung 8.12a ist in A gelenkig aufgehängt. Ein Ball der Masse m_B wird auf den Stab geworfen und trifft ihn mit der horizontalen Geschwindigkeit v_B. Bestimmen Sie die Winkelgeschwindigkeit des Stabes unmittelbar nach dem Auftreffen. Die Stoßzahl e ist gegeben.

$m_S = 5$ kg, $m_B = 1$ kg, $l = 1$ m, $v_B = 9$ m/s, $e = 0{,}4$

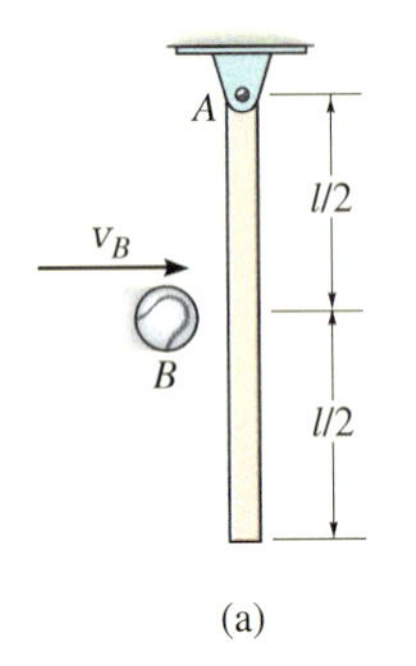

(a)

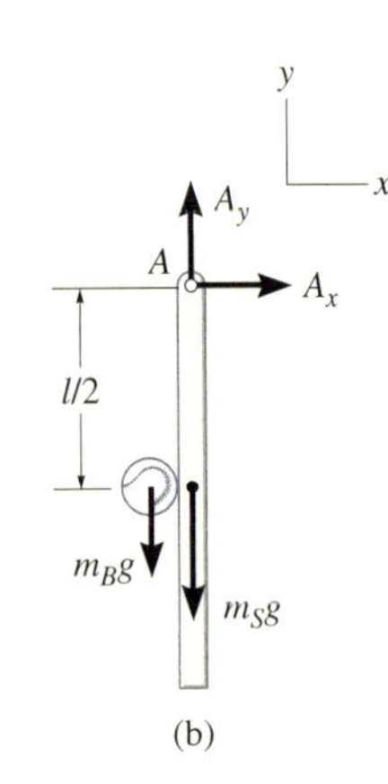

(b)

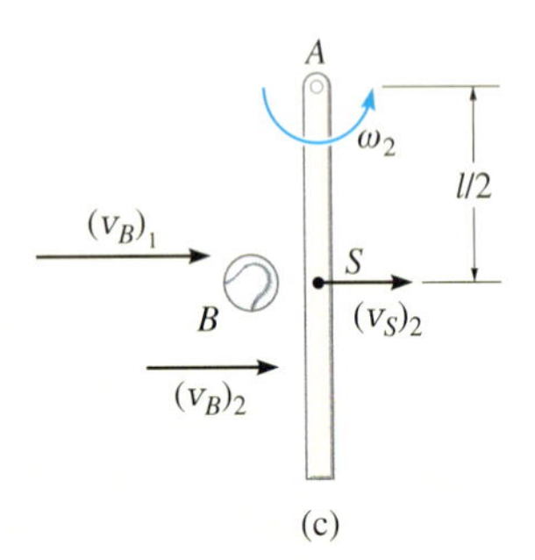

(c)

Abbildung 8.12

Lösung

Drehimpulserhaltung Betrachten wir den Ball und den Stab als System. Der Drehimpuls bleibt bezüglich des Punktes A erhalten, denn die impulsrelevante Kraft zwischen Stab und Ball ist eine *innere* Kraft, die herausfällt. Die *Gewichtskräfte* von Ball und Stab sind *nicht impulsrelevante Kräfte*. Mit den Richtungen der Geschwindigkeiten von Ball und Stab unmittelbar nach dem Stoß, die im kinematischen Diagramm in Abbildung 8.12c dargestellt sind, wird demnach gefordert:

$$(H_A)_1 = (H_A)_2$$

$$m_B (v_B)_1 \left(\frac{l}{2}\right) = m_B (v_B)_2 \left(\frac{l}{2}\right) + m_S (v_S)_2 \left(\frac{l}{2}\right) + J_S \omega_2$$

Mit $(v_S)_2 = (l/2)\omega_2$ und $J_S = ml^2/12$ erhalten wir

$$m_B (v_B)_1 \left(\frac{l}{2}\right) = m_B (v_B)_2 \left(\frac{l}{2}\right) + \frac{1}{3} m_S l^2 \omega_2 \tag{1}$$

Stoßzahl Bezug nehmend auf Abbildung 8.12c nehmen wir

$$e = \frac{(v_S)_2 - (v_B)_2}{(v_B)_1 - (v_S)_1}$$

$$e\big((v_B)_1 - 0\big) = \left(\frac{l}{2}\right)\omega_2 - (v_B)_2$$

Daraus ergibt sich

$$(v_B)_2 = \frac{m_B (v_B)_1 \frac{l}{2} - \frac{2}{3} m_S (v_B)_1 le}{m_B \frac{l}{2} + \frac{2}{3} m_S l} = -1{,}96 \text{ m/s}$$

$$\omega_2 = \frac{2}{l}\left[e(v_B)_1 + (v_B)_2\right] = 3{,}287 \text{ rad/s}$$

Die Ergebnisse bedeuten, dass die Geschwindigkeit $(v_B)_2$ umgekehrt zur Annahme, d.h. in Wirklichkeit nach links gerichtet ist (d.h. es kommt zu einem Rückprall des Balles), während die Winkelgeschwindigkeit der Annahme entsprechend gegen den Uhrzeigersinn weist (d.h. die Pendelstange dreht sich in der Richtung des ankommenden Balles weiter).

ZUSAMMENFASSUNG

- ***Impuls und Drehimpuls*** Der Impuls eines starren Körpers kann über die Geschwindigkeit seines Schwerpunktes S definiert werden: $\mathbf{p} = m\mathbf{v}_S$. Durch Aufsummieren der Impulsmomente aller materiellen Punkte des Körpers um eine Achse durch S kann gezeigt werden, dass für den Drehimpuls des Körpers bezüglich S die Beziehung $\mathbf{H}_S = J_S\boldsymbol{\omega}$ gilt. Soll der Drehimpuls um eine Achse bestimmt werden, die nicht durch S geht, dann erfolgt dies durch Addition des Vektors $\mathbf{H}_S$ und des Momentes des Vektors $\mathbf{p}$ um diese Achse.

- ***Translatorische Bewegung*** Erfährt der Körper eine translatorische Bewegung, dann ist $\omega = 0$ und es ergibt sich

$$p = mv_S \quad \text{sowie} \quad H_S = 0$$

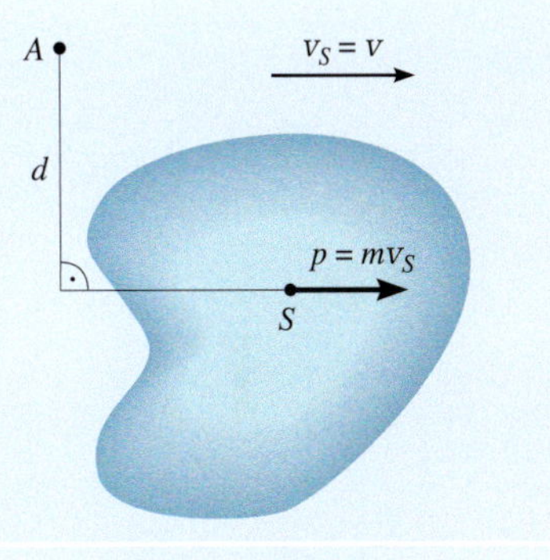

- ***Rotation um eine feste Achse*** In diesem Fall erhalten wir

$$p = mv_S \quad \text{sowie} \quad H_S = J_S\omega$$

Weil $v_S = \omega\, r$ gilt, ergibt sich mit dem Steiner'schen Satz für den Drehimpuls um die Drehachse

$$H_O = J_O\omega$$

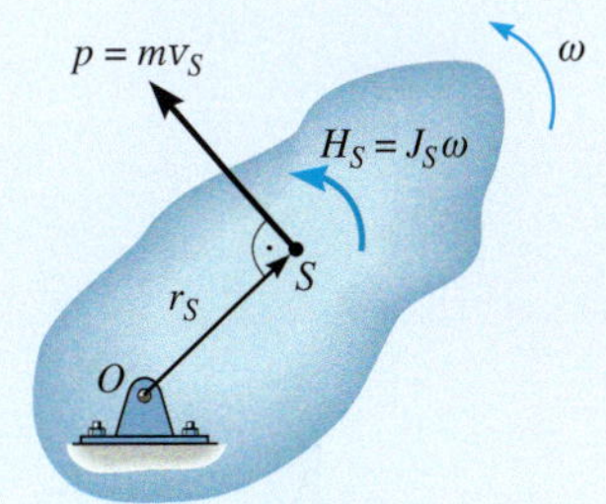

- ***Allgemein ebene Bewegung*** Dann gelten die allgemein hergeleiteten Beziehungen

$$p = mv_S \qquad H_S = J_S\omega$$

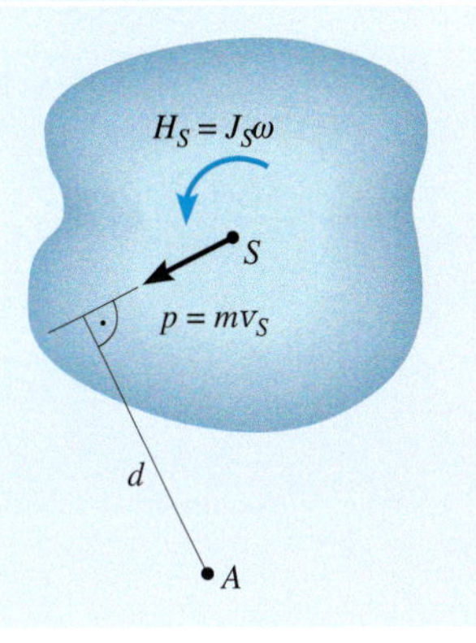

■ ***Impuls- und Drehimpulssatz*** In integraler Form lauten sie

$$m(\mathbf{v}_S)_1 + \sum \int_{t_1}^{t_2} \mathbf{F} dt = m(\mathbf{v}_S)_2$$

$$J_S \omega_1 + \sum \int_{t_1}^{t_2} M_S dt = J_S \omega_2$$

Bevor diese Gleichungen angewendet werden, ist zunächst ein beispielsweise kartesisches x,y,z-Koordinatensystem einzuführen. Das Freikörperbild des Körpers sollte ebenfalls gezeichnet werden, um alle äußeren Kräfte und Momente, die zu Kraft- und Momentenstößen auf den Körper führen, zu erfassen.

■ ***Impulserhaltung*** Ist die Summe der Kraftstöße auf ein System entsprechend verbundener Körper in eine bestimmte Richtung gleich null, dann bleibt der Impuls des Systems in dieser Richtung erhalten. Der Drehimpuls wird erhalten, wenn die Stoßkräfte durch die Bezugsachse gehen oder die Summe ihrer Momente verschwindet. Die Impulserhaltung gilt näherungsweise auch bei hinreichend kleinen äußeren Kräften, die nicht impulsrelevante Kräfte im System darstellen.

Ein Freikörperbild sollte immer erstellt werden, um die auftretenden Kräfte als impulsrelevant oder nichtimpulsrelevant zu klassifizieren und eine Achse zu ermitteln, um welche die Drehimpulserhaltung gilt.

■ ***Exzentrischer Stoß*** Fällt die gemeinsame Stoßnormale nicht mit der Verbindungslinie der Schwerpunkte zweier Körper beim Stoß zusammen, dann handelt es sich um einen exzentrischen Stoß. Soll die Bewegung eines Körpers unmittelbar nach dem Stoß ermittelt werden, dann muss die Impulserhaltungsgleichung für das Gesamtsystem betrachtet und eine Stoßzahlgleichung verwendet werden.

Aufgaben zu 8.1 und 8.2

Ausgewählte Lösungswege 

Lösungen finden Sie in *Anhang C*.

8.1** Die starre Scheibe der Masse m dreht sich mit der Winkelgeschwindigkeit ω um eine Achse durch O. Zeigen Sie, dass die Impulse aller materiellen Punkte des Körpers über einen Vektor mit dem Betrag mv_S durch den ***Stoßmittelpunkt P, der im Abstand $r_{P/S} = k_S^2 / r_{S/O}$ vom Schwerpunkt S liegt, wiedergegeben werden können. Dabei ist k_S der Trägheitsradius des Körpers um die Achse durch S, die senkrecht auf der Bewegungsebene steht.

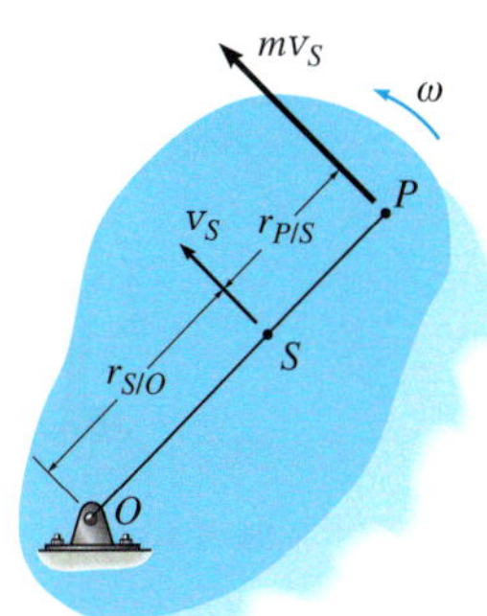

Abbildung A 8.1

***8.2** Zu einem gegebenen Zeitpunkt hat der Körper den Impuls $\mathbf{p} = m\mathbf{v}_S$ und den Drehimpuls $\mathbf{H}_S = J_S\boldsymbol{\omega}$ um den Schwerpunkt. Zeigen Sie, dass für den Drehimpuls des Körpers um den Momentanpol M die Gleichung $\mathbf{H}_M = J_M\boldsymbol{\omega}$ gilt und J_M das Massenträgheitsmoment um die Achse durch den Momentanpol ist. Wie in der Abbildung dargestellt, befindet sich der Momentanpol im Abstand $r_{S/M}$ vom Massenmittelpunkt S.

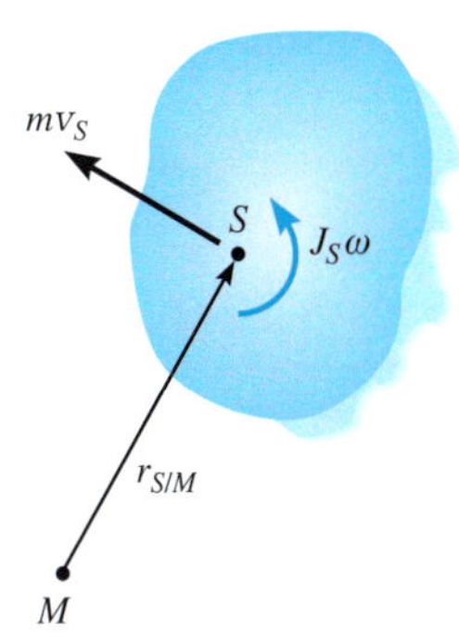

Abbildung A 8.2

***8.3** Zeigen Sie, dass der Drehimpuls einer Scheibe, die sich um eine senkrecht zu ihr stehende, raumfeste Achse durch den Schwerpunkt S dreht, gleich dem um einen beliebigen anderen Punkt P der Scheibe ist.

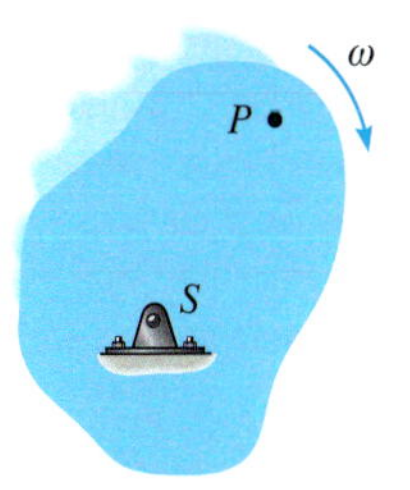

Abbildung A 8.3

***8.4** Die Raumkapsel hat die Masse m und das Massenträgheitsmoment J_S um die Achse senkrecht zur Zeichenebene durch S. Sie fliegt mit der Geschwindigkeit v_S vorwärts und führt mit Hilfe von zwei Düsen, die in der Zeitspanne Δt den konstanten Schub T erzeugen, eine Wende aus. Bestimmen Sie die Winkelgeschwindigkeit der Kapsel kurz nach Ausschalten der Düsen.

Gegeben: $m = 1200$ kg, $J_S = 900$ kgm^2, $v_S = 800$ m/s, $T = 400$ N, $\Delta t = 0{,}3$ s, $r = 1{,}5$ m, $\beta = 15°$

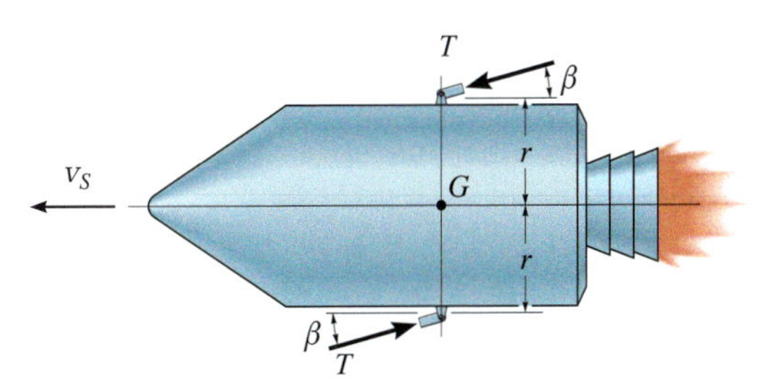

Abbildung A 8.4

8.5 Lösen Sie Aufgabe 6.55 mit Impuls- und Drallsatz.

8.6 Lösen Sie Aufgabe 6.54 mit Impuls- und Drallsatz.

8.7 Lösen Sie Aufgabe 6.69 mit Impuls- und Drallsatz.

***8.8** Lösen Sie Aufgabe 6.80 mit Impuls- und Drallsatz.

8.9 Lösen Sie Aufgabe 6.73 mit Impuls- und Drallsatz.

8.10 Ein Schwungrad hat die Masse m und den Trägheitsradius k_S um die Drehachse durch den Schwerpunkt. Ein Motor liefert ein im Uhrzeigersinn gerichtetes Drehmoment $M(t)$. Bestimmen Sie die Winkelgeschwindigkeit des Schwungrades für $t = t_2$. Anfangs dreht sich das Schwungrad mit ω_1.

Gegeben: $m = 60$ kg, $k_S = 150$ mm, $M = ct$, $c = 5$ Nm/s, $t_2 = 3$ s, $\omega_1 = 2$ rad/s

8.11 Der Pilot eines alten F-15-Jagdflugzeugs steuert die Maschine durch Drosseln der beiden Motoren. Das Flugzeug hat das Gewicht G und den Trägheitsradius k_S bezüglich des Schwerpunktes S. Bestimmen Sie die Winkelgeschwindigkeit des Flugzeuges und die Geschwindigkeit von S für $t = t_1$, wenn der Schub in den beiden Maschinen auf T_1 und T_2 geändert wird. Anfangs fliegt die Maschine mit der Geschwindigkeit v_0 geradeaus. Vernachlässigen Sie den Luftwiderstand und die Mengenabnahme beim Treibstoff.

Gegeben: $G = 85000$ N, $r = 0{,}375$ m, $k_S = 1{,}4$ m, $t_1 = 5$ s, $v_0 = 360$ m/s, $T_1 = 25000$ N, $T_2 = 4000$ N

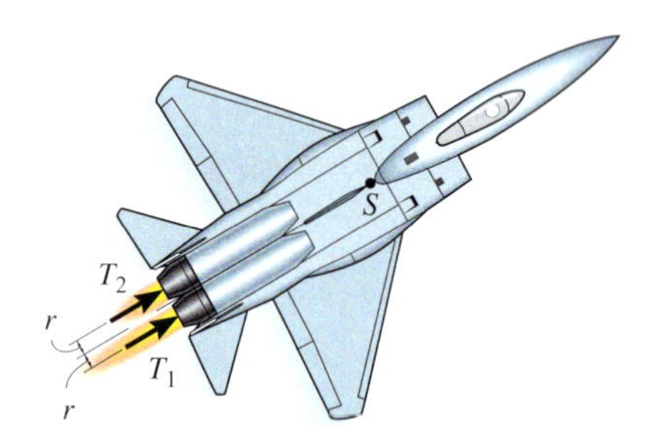

Abbildung A 8.11

***8.12** Die Seilrolle hat die Masse m und den Trägheitsradius k_O. Die Massen A und B werden aus der Ruhe freigegeben. Wie lange braucht A zum Erreichen der Geschwindigkeit v? Vernachlässigen Sie die Masse der Seile.

Gegeben: $m = 30$ kg, $k_O = 0{,}25$ m, $m_A = 25$ kg, $m_B = 10$ kg, $v = 2$ m/s, $r_a = 0{,}3$ m, $r_i = 0{,}18$ m

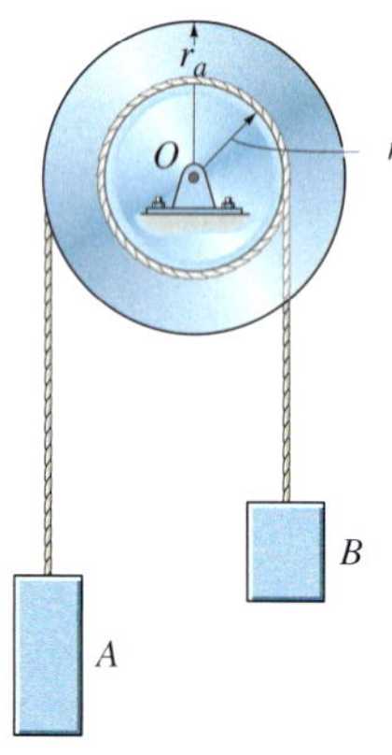

Abbildung A 8.12

8.13 Der Mann zieht mit der konstanten Kraft F das Seil von der Rolle ab. Diese hat das Gewicht G und den Trägheitsradius k_S bezüglich des Drehpunktes A. Bestimmen Sie die Winkelgeschwindigkeit der Rolle zum Zeitpunkt $t = t_1$, wenn diese ihre Bewegung aus der Ruhe beginnt. Vernachlässigen Sie die Reibung und das Gewicht des Seilstückes, das abgewickelt wird.

Gegeben: $F = 40$ N, $G = 1250$ N, $k_S = 0{,}24$ m, $t_1 = 3$ s, $r = 0{,}375$ m, $\beta = 60°$

Abbildung A 8.13

8.14 Die Winkelbewegung wird über Reibung zwischen den Rädern in C vom Antriebsrad A auf das angetriebene Rad B übertragen. A dreht sich mit der konstanten Winkelgeschwindigkeit ω_A und der Gleitreibungskoeffizient zwischen den Rädern beträgt μ_g. Rad B hat die Masse m_B und den Trägheitsradius k_S um die Drehachse. Wann hat Rad B eine konstante Winkelgeschwindigkeit erreicht, wenn der Kontakt der Räder die Normalkraft N bewirkt? Wie groß ist die Endwinkelgeschwindigkeit des Rades B?

Gegeben: $\omega_A = 16$ rad/s, $\mu_g = 0{,}2$, $N = 50$ N, $m_B = 90$ kg, $k_S = 120$ mm, $d = 4$ mm, $b = 40$ mm, $c = 50$ mm

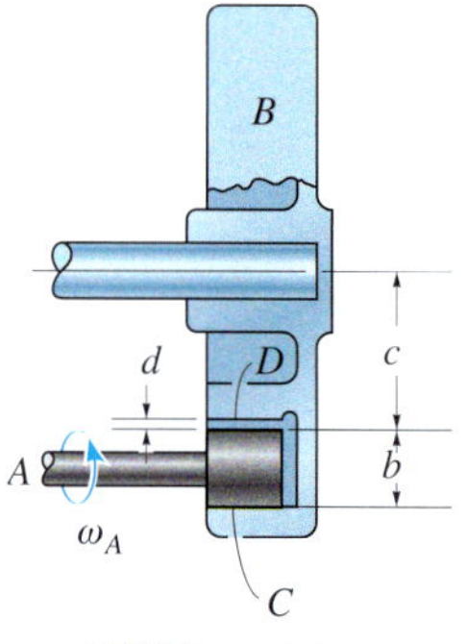

Abbildung A 8.14

8.15 Der Schlagschrauber besteht aus einem schlanken Stab AB der Länge l mit den zylindrischen Gewichten mit jeweils dem Durchmesser d und der Masse m an den Enden. Diese Vorrichtung kann sich frei um den Griff und die Aufnahme drehen, die an der Radmutter eines Autorades befestigt sind. Stab AB besitzt die Winkelgeschwindigkeit ω und trifft den Bügel C ohne abzuprallen. Bestimmen Sie den Momentenstoß auf die Radmutter.

Gegeben: $l = 580$ mm, $r = 300$ mm, $m = 1$ kg, $d = 20$ mm, $\omega = 4$ rad/s

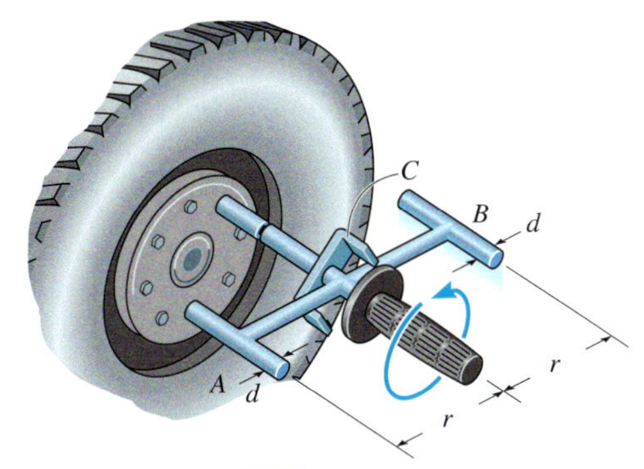

Abbildung A 8.15

***8.16** Die Raumfähre befindet sich im Weltall, in dem die Gravitation vernachlässigt werden kann. Sie hat die Masse m, den Schwerpunkt in S und den Trägheitsradius $(k_S)_x$ um die x-Achse. Anfangs fliegt sie antriebsfrei mit der Geschwindigkeit v vorwärts, dann schaltet der Pilot den Motor in A ein und erzeugt so den Schub $T(t)$. Bestimmen Sie die Winkelgeschwindigkeit der Raumfähre zum Zeitpunkt $t = t_1$.

Gegeben: $m = 120000$ kg, $(k_S)_x = 14$ m, $v = 3$ km/s, $d = 2$ m, $t_1 = 2$ s, $T(t) = c(1 - e^{-bt})$, $c = 600$ kN, $b = 0{,}3/\text{s}$

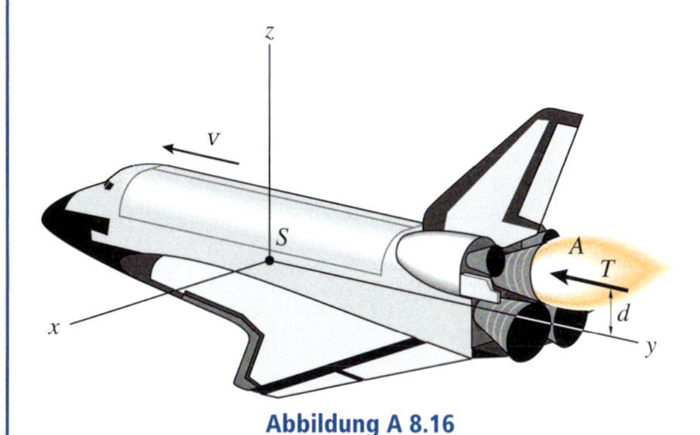

Abbildung A 8.16

8.17 Die Trommel hat die Masse m, den Radius r und den Trägheitsradius k_O. Haft- und Gleitreibungskoeffizient in A sind mit μ_h und μ_g gegeben. Bestimmen Sie die Winkelgeschwindigkeit der Trommel zum Zeitpunkt $t = t_1$ nach einem Start aus der Ruhe.

Gegeben: $m = 70$ kg, $r = 300$ mm, $k_O = 125$ mm, $t_1 = 2$ s, $\theta = 30°$, $\mu_h = 0{,}4$, $\mu_g = 0{,}3$

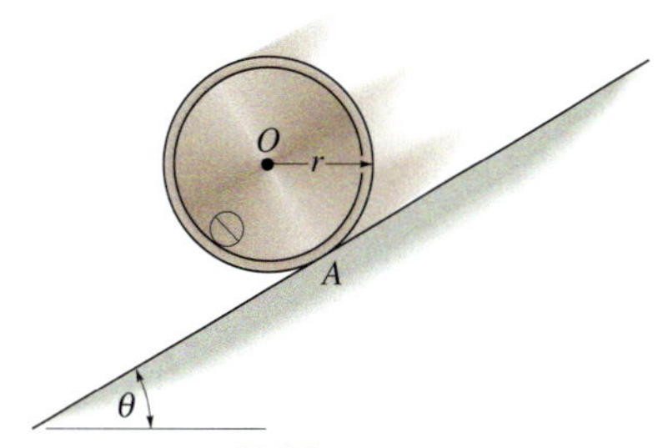

Abbildung A 8.17

8.18 Die Seilrolle mit den Radien r_a und r_i hat die Masse m_R und den Trägheitsradius k_O. Bestimmen Sie die Geschwindigkeit der Last A zum Zeitpunkt $t = t_1$, nachdem die konstante Kraft F auf das Ende des undehnbaren Seiles um die Nabe aufgebracht wird. Die Last ist ursprünglich in Ruhe. Vernachlässigen Sie die Masse des Seiles.

Gegeben: $r_a = 200$ mm, $r_i = 75$ mm, $m_R = 15$ kg, $m_A = 40$ kg, $k_O = 110$ mm, $t_1 = 3$ s, $F = 2$ kN

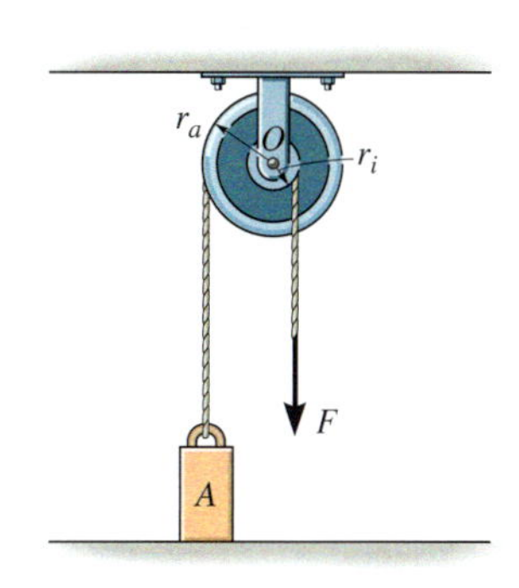

Abbildung A 8.18

8.19 Die Spule hat das Gewicht G und den Trägheitsradius k_O. Ein Seil ist um die Nabe gewickelt, an dessen Ende die horizontale Kraft P angreift. Bestimmen Sie die Winkelgeschwindigkeit der Spule zum Zeitpunkt $t = t_1$, wenn die Spule aus der Ruhe losrollt und auch anschließend reines Rollen vorliegt.

Gegeben: $r_a = 0{,}9$ m, $r_i = 0{,}3$ m, $G = 300$ N, $k_O = 0{,}45$ m, $t_1 = 4$ s, $P = 50$ N

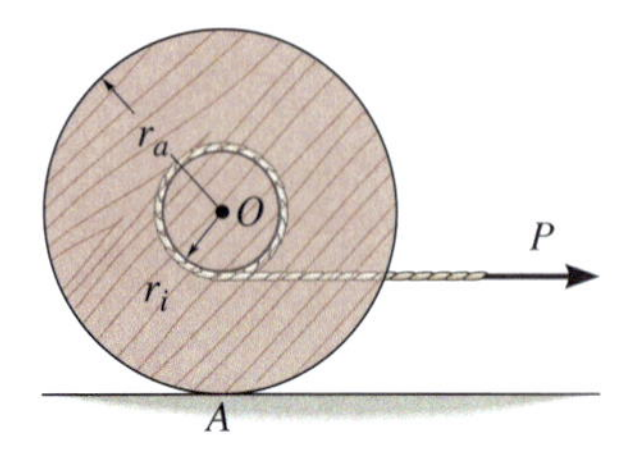

Abbildung A 8.19

***8.20** Die Trommel mit der Masse m, dem Radius r und dem Trägheitsradius k_O rollt auf der schiefen Ebene mit dem Haftreibungskoeffizienten μ_h. Die Trommel wird aus der Ruhe freigegeben. Bestimmen Sie den maximalen Neigungswinkel θ der Ebene, bei dem sie noch ohne Gleiten rollt.

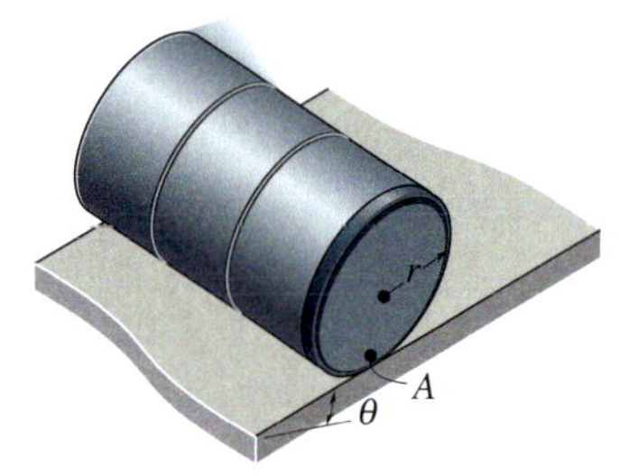

Abbildung A 8.20

8.21 Auf die Scheibe der Masse m mit der Winkelgeschwindigkeit ω wirkt die Bremse ABC, wobei sich die Kraft P gemäß dem dargestellten Kurvenverlauf ändert. Welche Zeit ist zum Anhalten der Scheibe erforderlich? Der Gleitreibungskoeffizient μ_g in B ist gegeben.

Gegeben: $m = 12$ kg, $\omega = 20$ rad/s, $\mu_g = 0{,}4$, $r = 200$ mm, $d = 500$ mm

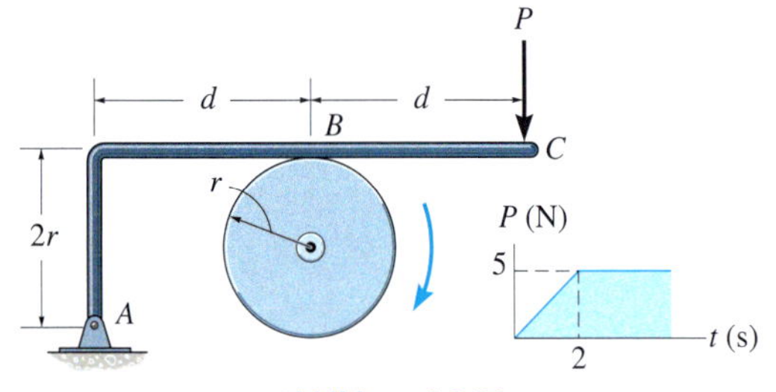

Abbildung A 8.21

8.22 Die Seilrolle mit dem Gewicht G kann als dünne Scheibe betrachtet werden. Ein undehnbares Seil ist um die Rolle gewickelt. Daran greifen die Kräfte T_A und T_B an. Bestimmen Sie die Winkelgeschwindigkeit der Rolle zum Zeitpunkt $t = t_1$, wenn die Rolle bei $t = 0$ die Bewegung aus der Ruhe beginnt. Vernachlässigen Sie die Masse des Seiles.

Gegeben: $G = 8$ kN, $T_A = 4$ kN, $T_B = 5$ kN, $t_1 = 4$ s, $r = 0{,}6$ m

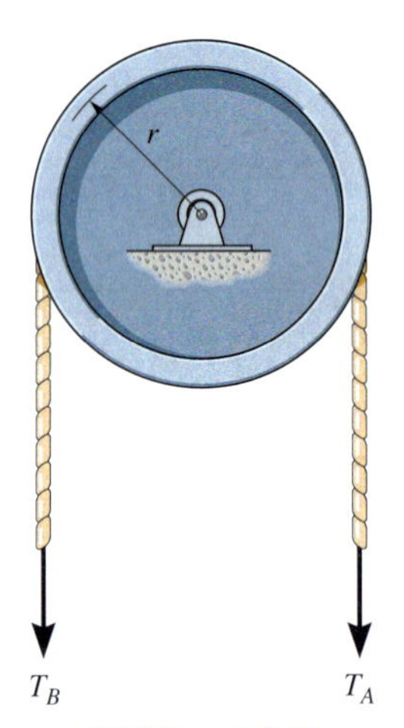

Abbildung A 8.22

8.23 Die Nabe des Rades bewegt sich auf einer horizontalen Bahn, ohne in A zu gleiten. Bestimmen Sie die Geschwindigkeit der Masse m zum Zeitpunkt $t = t_1$, wenn die Masse bei $t = 0$ aus der Ruhe losgelassen wird. Das Rad hat das Gewicht G und den Trägheitsradius k_S. Vernachlässigen Sie die Masse von Umlenkrolle und Seil.

Gegeben: $m = 10$ kg, $t_0 = 0$, $t_1 = 2$ s, $G = 300$ N, $k_S = 0{,}13$ m, $r_i = 0{,}1$ m, $r_a = 0{,}2$ m

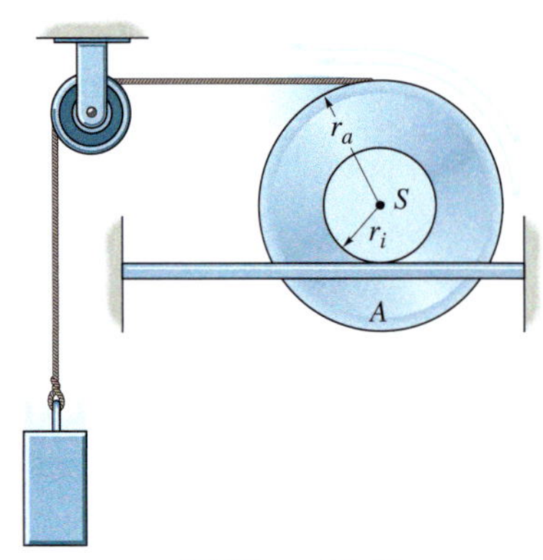

Abbildung A 8.23

***8.24** Aus Gründen der Sicherheit klappt die Stütze eines Verkehrszeichens der Masse m mit vernachlässigbarem Widerstand in B weg, wenn ein Auto dagegen fährt. Die Stütze ist näherungsweise ein in A gelenkig gelagerter Stab. Bestimmen Sie den Kraftstoß, den die Stoßstange des Autos auf die Stütze ausübt, wenn sie nach dem Stoß um den Winkel θ_{max} ausgelenkt wird.

Gegeben: $m = 20$ kg, $h_A = 2$ m, $h_C = 0{,}25$ m, $\theta_{max} = 150°$

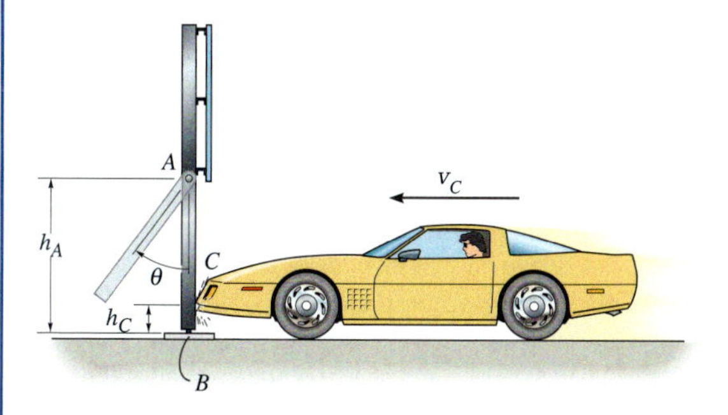

Abbildung A 8.24

8.25 Die rechteckige Platte der Masse m ruht auf einem glatten *horizontalen* Boden und erfährt die angegebenen horizontalen Kraftstöße. Bestimmen Sie die Winkelgeschwindigkeit und die Geschwindigkeit des Schwerpunktes der Platte.

Gegeben: $m = 10$ kg, $I_1 = 200$ Ns, $I_2 = 50$ Ns, $b = 1$ m, $\tan\alpha = 4/3, \beta = 60°$

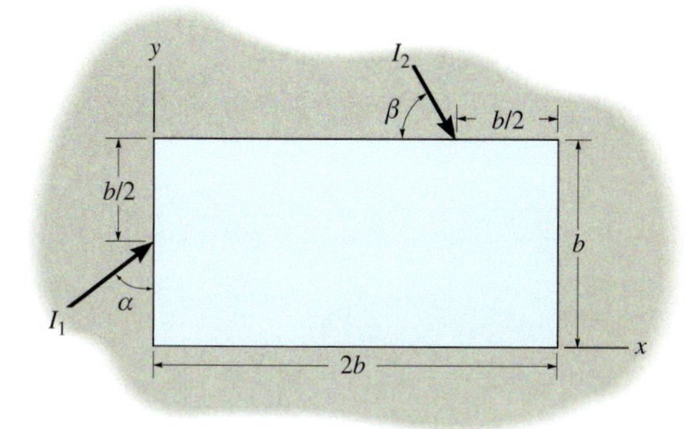

Abbildung A 8.25

8.26 Die Kugel mit der Masse m und dem Radius r rollt auf einer schiefen Ebene mit dem Haftreibungskoeffizienten μ_h. Die Kugel wird aus der Ruhe freigegeben. Bestimmen Sie den maximalen Winkel θ der Neigung, bei dem sie ohne Gleiten rollt.

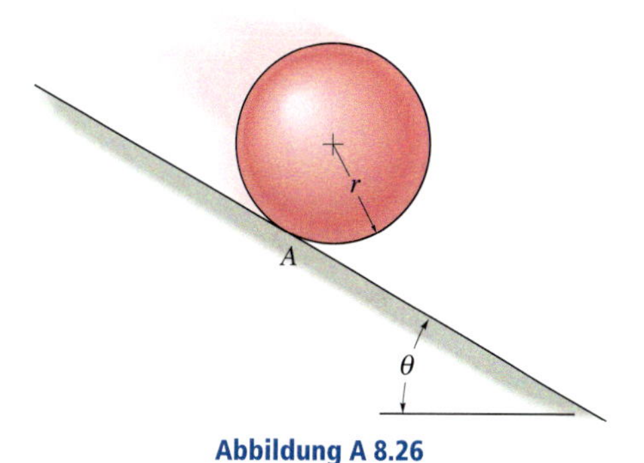

Abbildung A 8.26

8.27 Die Seiltrommel hat das Gewicht G und den Trägheitsradius k_O. Am Ende des Seiles um die Nabe hängt die Last B mit dem Gewicht G_B und am Ende des anderen Seilstückes zieht die horizontale Kraft P. Bestimmen Sie die Geschwindigkeit der Last zum Zeitpunkt $t = t_1$, wenn sie bei $t = 0$ aus der Ruhe freigegeben wird. Vernachlässigen Sie die Masse des Seiles.

Gegeben: $G = 750$ N, $k_O = 0{,}6$ m, $G_B = 600$ N, $P = 250$ N, $t_1 = 5$ s, $r_i = 0{,}375$ m, $r_a = 1$ m

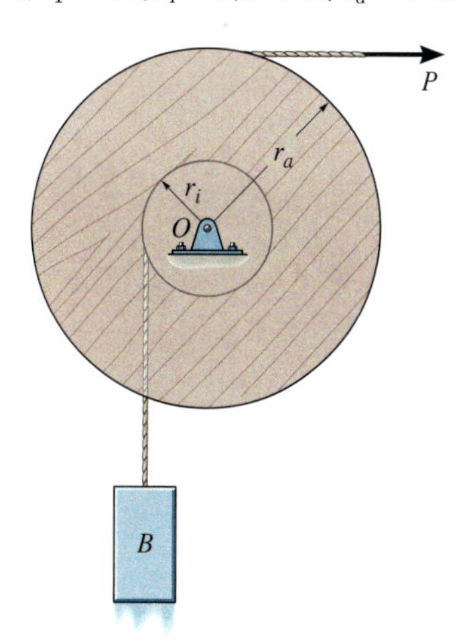

Abbildung A 8.27

***8.28** Der Reifen in Form eines dünnen Kreisrings der Masse m bewegt sich mit der „rückwärts" gerichteten Winkelgeschwindigkeit ω die schiefe Ebene hinunter, wobei sein Schwerpunkt die Geschwindigkeit v_S hat. Der Gleitreibungskoeffizient zwischen Reifen und Ebene beträgt μ_g. Bestimmen Sie, wie lange der Reifen eine gleitende Rollbewegung ausführt, bevor er in reines Rollen übergeht.

Gegeben: $m = 5$ kg, $\omega = 8$ rad/s, $v_S = 3$ m/s, $r = 0{,}5$ m, $\beta = 30°$, $\mu_g = 0{,}6$

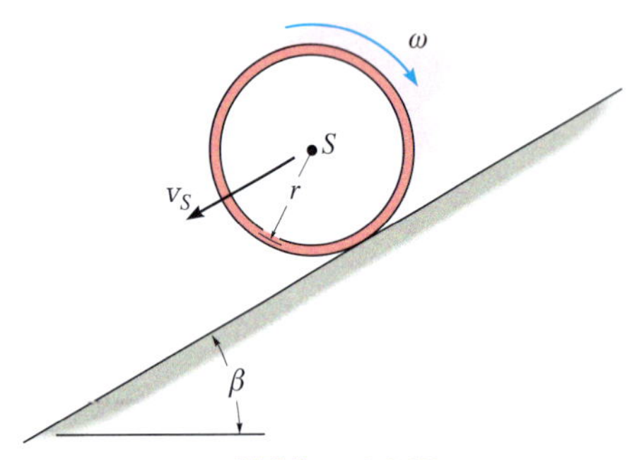

Abbildung A 8.28

8.29 Die Kugel hat das Gewicht G und den Radius r. Sie wird mit der zur Unterlage parallelen Geschwindigkeit v_0 auf diese *raue Ebene* geworfen. Bestimmen Sie den Betrag des „Rückwärtsdralls" ω_0, der vorzugeben ist, damit die Kugel dann momentan mit dem Drehen aufhört, wenn seine Vorwärtsgeschwindigkeit gerade null wird. Für die Rechnung ist der Reibungskoeffizient in A nicht erforderlich.

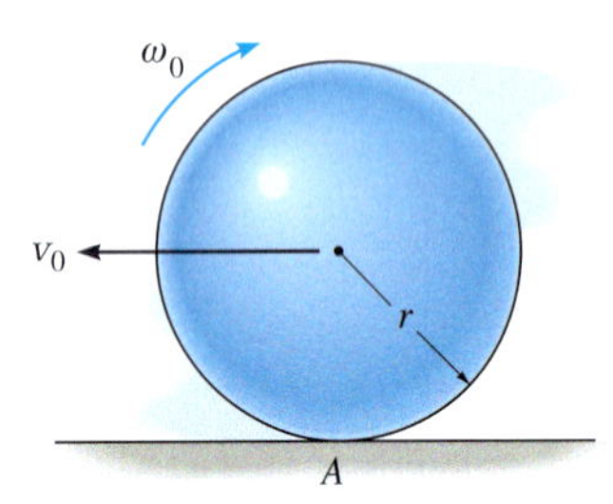

Abbildung A 8.29

8.30 Die quadratische Platte der Masse m ist an der Ecke A aufgehängt. Sie erfährt den horizontalen Kraftstoß I in der Ecke B. Bestimmen Sie die Lage y des Punktes P, um den während des Stoßes die Platte zu rotieren scheint.

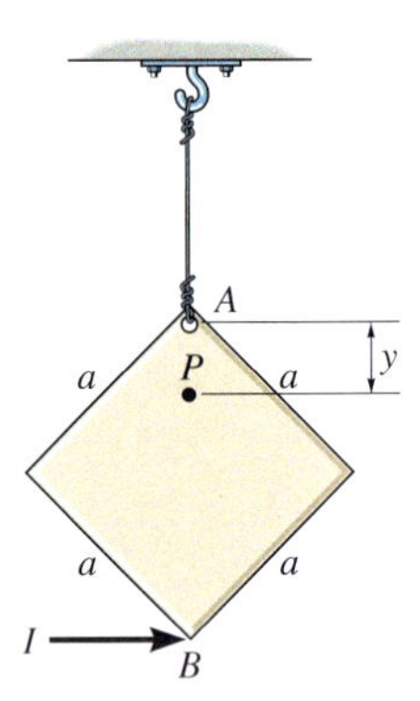

Abbildung A 8.30

8.31 Das Auto fährt gegen einen Lichtmast, der mit vernachlässigbarem Widerstand vom Fundament bricht. In einer Videoaufzeichnung ist zu sehen, dass der Pfosten nach dem Aufprall die Winkelgeschwindigkeit ω hatte, als der Pfosten AB in der vertikalen Ausgangslage war. Der Pfosten hat die Masse m, den Schwerpunkt in S und den Trägheitsradius k_S um die auf der Bewegungsebene des Pfostens senkrechte Achse durch S. Bestimmen Sie den horizontalen Kraftstoß, den der Wagen auf den Pfosten ausübt, wenn er während des Stoßes näherungsweise noch senkrecht stehen bleibt.

Gegeben: $m = 175$ kg, $b = 0{,}5$ m, $l = 4$ m, $k_S = 2{,}25$ m, $\omega = 60$ rad/s

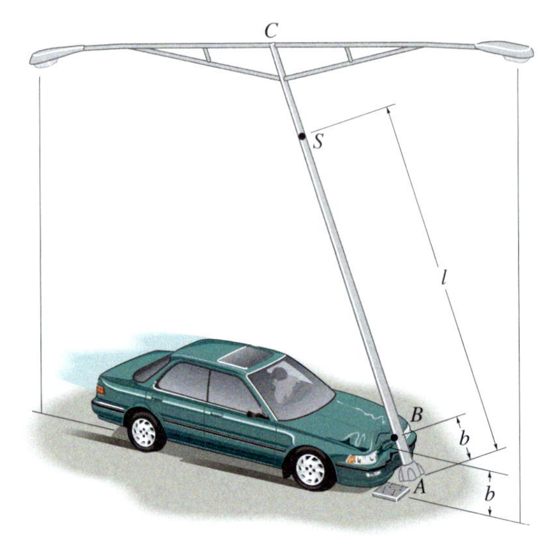

Abbildung A 8.31

***8.32** Das Rad besteht aus zwei fest miteinander verbundenen Scheiben unterschiedlicher Radien, die sich mit der gemeinsamen Winkelgeschwindigkeit drehen können. Das Rad hat die Masse m_O und den Trägheitsradius k_O. Zwei Männer, A mit der Masse m_A und B mit der Masse m_B, greifen die herabhängenden Seilenden und treten gleichzeitig vom Rand. Sie beginnen die Bewegung aus der Ruhe. Bestimmen Sie die Geschwindigkeit der Männer zum Zeitpunkt $t = t_1$. Nehmen Sie an, dass sie sich während der Bewegung nicht relativ zum Seil bewegen. Vernachlässigen Sie die Masse des Seiles.

Gegeben: $m_A = 60$ kg, $m_B = 70$ kN, $m_O = 30$ kg, $k_O = 250$ mm, $t_1 = 4$ s, $r_i = 275$ mm, $r_a = 350$ mm

Abbildung A 8.32

8.33 Die Kiste hat die Masse m_K. Bestimmen Sie die konstante Geschwindigkeit v_0, die sie bei der Abwärtsbewegung auf dem Förderer erfährt. Die Rollen haben jeweils den Radius r, die Masse m und den Abstand d voneinander. Beachten Sie, dass die Reibung dazu führt, dass sich die Rollen beim Kontakt mit der Kiste zu drehen beginnen.

Gegeben: $\gamma = 30°$

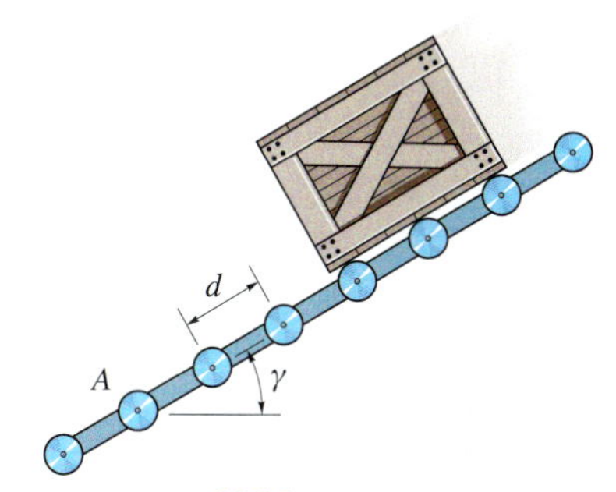

Abbildung A 8.33

Aufgaben zu 8.5

Ausgewählte Lösungswege 

Lösungen finden Sie in *Anhang C*.

8.34 Zwei Räder A und B haben die Massen m_A und m_B sowie die Trägheitsradien k_A und k_B um ihre zentralen vertikalen Achsen. Sie drehen sich mit ω_A und ω_B frei in die gleiche Richtung um die gleiche vertikale Achse. Bestimmen Sie ihre gemeinsame Winkelgeschwindigkeit, nachdem sie in Kontakt gebracht wurden und das Gleiten zwischen ihnen aufgehört hat.

8.35 Eine horizontale kreisrunde Platte hat das Gewicht G_P und den Trägheitsradius k_z um die z-Achse durch den Mittelpunkt O. Die Platte kann sich um die z-Achse frei drehen und ist ursprünglich in Ruhe. Ein Mann mit dem Gewicht G_M beginnt auf einer Kreisbahn mit dem Radius r an der Kante entlangzulaufen. Er hat die konstante Geschwindigkeit v relativ zur Plattform. Bestimmen Sie die Winkelgeschwindigkeit der Platte. Vernachlässigen Sie die Reibung.

Gegeben: $G_P = 1500$ N, $k_z = 2{,}4$ m, $G_M = 750$ N, $r = 3$ m, $v = 1{,}2$ m/s

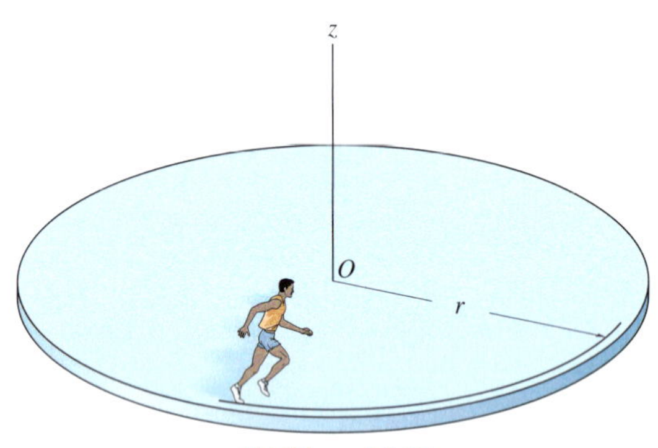

Abbildung A 8.35

***8.36** Eine horizontale Kreisplatte hat das Gewicht G_P und den Trägheitsradius k_z um die z-Achse durch den Mittelpunkt O. Die Platte kann sich um die z-Achse frei drehen und ist ursprünglich in Ruhe. Ein Mann mit dem Gewicht G_M wirft mit der horizontalen Geschwindigkeit v *relativ zur Platte* ein Gewicht G_K von der Platte. Bestimmen Sie die Winkelgeschwindigkeit der Platte, wenn der Klotz (a) tangential zur Platte entlang der $+t$-Achse und (b) entlang einer radialen Linie entlang der $+n$-Achse nach außen geworfen wird. Vernachlässigen Sie die Größe des Mannes.

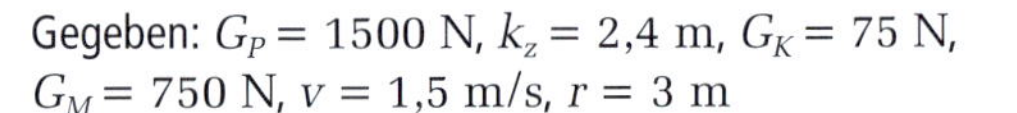

Gegeben: $G_P = 1500$ N, $k_z = 2{,}4$ m, $G_K = 75$ N, $G_M = 750$ N, $v = 1{,}5$ m/s, $r = 3$ m

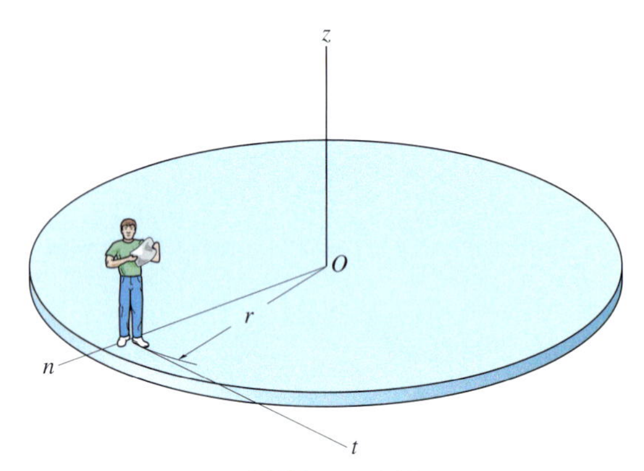

Abbildung A 8.36

8.37 Beide schlanken Stäbe und die Scheibe haben die gleiche Masse m. Ebenso sind die Länge der Stäbe und der Durchmesser d der Scheibe gleich. Die Anordnung dreht sich mit der Winkelgeschwindigkeit ω_1, wenn die Stäbe nach außen gerichtet sind. Bestimmen Sie die Winkelgeschwindigkeit der Anordnung, wenn die Stäbe in die vertikale Lage aufgerichtet werden.

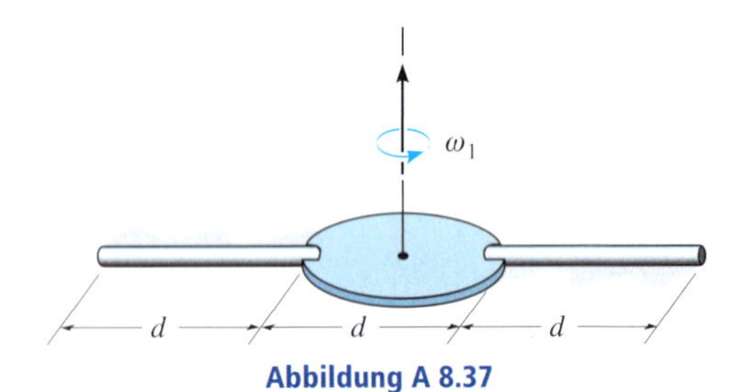

Abbildung A 8.37

8.38 Der Mann sitzt auf einem Drehstuhl und hat zwei Gewichte G_S in den gestreckten Armen. Er dreht sich in dieser Position mit der Winkelgeschwindigkeit ω. Bestimmen Sie seine Winkelgeschwindigkeit, wenn er die Gewichte anzieht und im Abstand d von der Rotationsachse hält. Der Mann hat das Gewicht G_M und den Trägheitsradius k_z um die z-Achse. Vernachlässigen Sie die Masse seiner Arme und die Abmessungen der Gewichte bei der Berechnung.

Gegeben: $G_S = 25$ N, $G_M = 800$ N, $k_z = 0{,}165$ m, $r = 0{,}75$ m, $d = 0{,}09$ m, $\omega = 3$ rad/s

Abbildung A 8.38

8.39 Ein Mann hat das Massenträgheitsmoment J_z um die z-Achse. Er ist ursprünglich in Ruhe und steht auf einer kleinen Platte, die sich frei drehen kann. Er bekommt ein Rad in die Hand, das mit der Winkelgeschwindigkeit ω dreht und das Massenträgheitsmoment J um die Drehachse hat. Bestimmen Sie seine Winkelgeschwindigkeit, wenn er (a) das Rad aufrecht, wie dargestellt, hält, (b) das Rad nach außen ($\theta = 90°$) schwenkt und (c) das Rad nach unten ($\theta = 180°$) neigt.

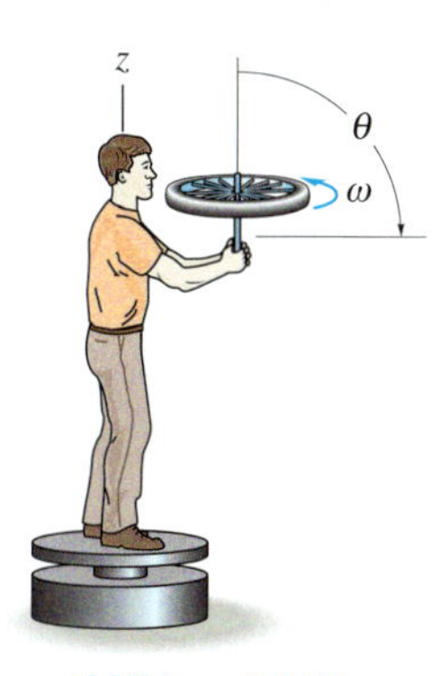

Abbildung A 8.39

***8.40** Ohne die vier Solarzellenplatten A, B, C und D hat der Satellit die Masse m_S und das Massenträgheitsmoment J_z. Die Platten haben jeweils die Masse m_P und können näherungsweise als dünne Platte betrachtet werden. Anfangs dreht sich der Satellit bei einer Solarplattenneigung $\theta = \theta_1$ mit konstanter Winkelgeschwindigkeit ω_z um die z-Achse. Bestimmen Sie die Winkelgeschwindigkeit, wenn alle Solarzellenplatten angehoben werden und gleichzeitig die Lage $\theta = \theta_2$ erreichen.

Gegeben: $m_S = 125$ kg, $J_z = 0{,}940$ kgm^2, $m_P = 20$ kg, $l = 0{,}75$ m, $d = 0{,}2$ m, $\omega_z = 0{,}5$ rad/s, $\theta_1 = 90°$, $\theta_2 = 0°$

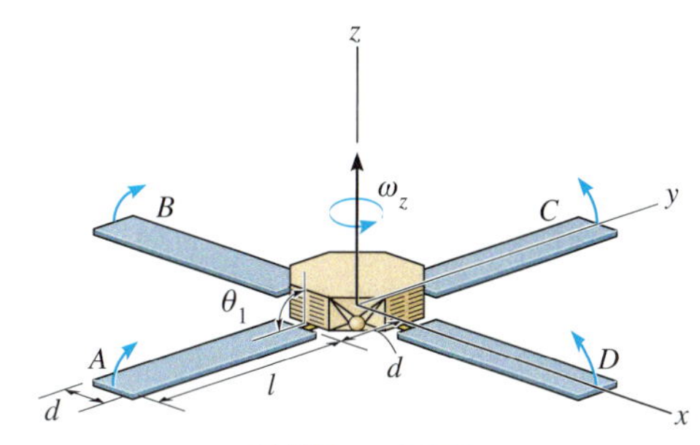

Abbildung A 8.40

8.41 Die homogene Stange AB der Masse m_{AB} hält an den beiden Enden die beiden homogenen Scheiben der Masse m_S. Beide Scheiben erhalten die Winkelgeschwindigkeit $(\omega_A)_1 = (\omega_B)_1 = \omega_1$, während die Stange gehalten und dann freigegeben wird. Bestimmen Sie die Winkelgeschwindigkeit der Stange, nachdem aufgrund des Reibwiderstandes in den Lagern A und B die Drehbewegung der Scheiben relativ zur Stange aufgehört hat. Gewichtskräfte spielen keine Rolle. Vernachlässigen Sie die Reibung im Lager C.

Gegeben: $m_{AB} = 2$ kg, $m_S = 4$ kg, $r = 0{,}15$ m, $l = 1{,}5$ m, $\omega_1 = 5$ rad/s

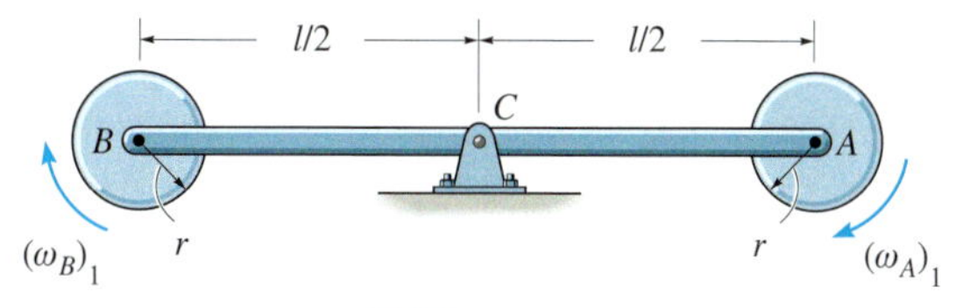

Abbildung A 8.41

8.42 Der Stab AB der Masse m_{AB} hält am Ende die Scheibe der Masse m_A. Die Scheibe erhält die Winkelgeschwindigkeit ω_S, während der Stab festgehalten und dann freigegeben wird. Bestimmen Sie die Winkelgeschwindigkeit des Stabes, nachdem aufgrund der Reibung in Lager A die Drehbewegung der Scheibe relativ zum Stab aufgehört hat. Gewichtskräfte spielen keine Rolle. Vernachlässigen Sie die Reibung im unverschiebbaren Lager B.

Gegeben: $m_{AB} = 50$ kg, $m_A = 30$ kg, $r = 0{,}5$ m, $l = 3$ m, $\omega_S = 8$ rad/s

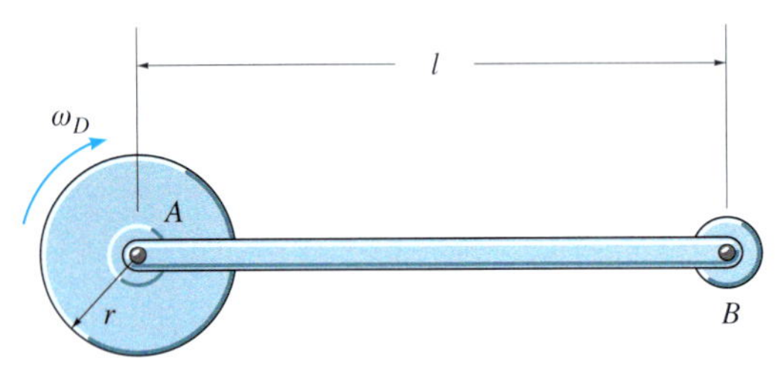

Abbildung A 8.42

8.43 Eine dünne Scheibe der Masse m dreht sich mit der Winkelgeschwindigkeit ω_1 auf der glatten Oberfläche. Bestimmen Sie die neue Winkelgeschwindigkeit, kurz nachdem der Haken an der Seite den Stift P trifft und die Scheibe sich ohne Zurückprallen um P zu drehen beginnt.

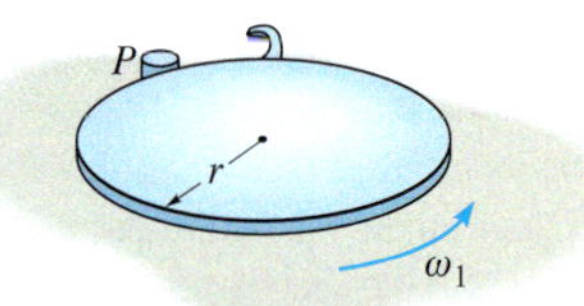

Abbildung A 8.43

***8.44** Das Pendel besteht aus einem schlanken Stab AB mit dem Gewicht G_{AB} und einem quadratischen Klotz B mit dem Gewicht G_B. Ein Projektil mit dem Gewicht G_P wird mit der Geschwindigkeit v in den Mittelpunkt von B geschossen. Das Pendel ist ursprünglich in Ruhe und das Projektil bleibt in B stecken. Bestimmen Sie die Winkelgeschwindigkeit des Pendels unmittelbar nach dem Stoß.

Gegeben: $G_{AB} = 25$ N, $G_B = 50$ N, $G_P = 1$ N, $b = 0{,}3$ m, $v = 300$ m/s

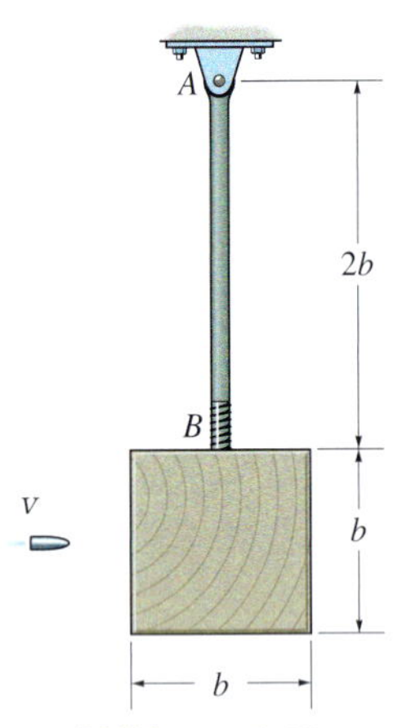

Abbildung A 8.44

8.45 Ein dünner Kreisring der Masse m trifft auf eine Stufe der Höhe h. Bestimmen Sie die maximale Winkelgeschwindigkeit ω_1 des Ringes, bei der dieser beim Auftreffen auf die Stufe in A gerade nicht mehr zurückprallt.

Gegeben: $m = 15$ kg, $r = 180$ mm, $h = 20$ mm

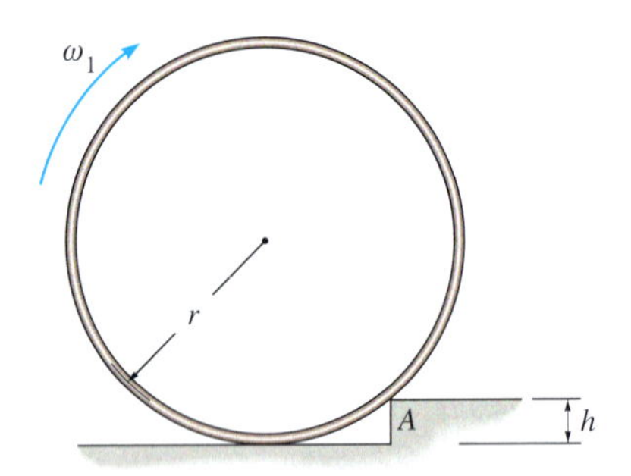

Abbildung A 8.45

8.46 Bestimmen Sie die Höhe h, in der eine Billardkugel der Masse m getroffen werden muss, sodass keine Reibungskraft zwischen ihr und dem Tisch in A entsteht. Nehmen Sie an, dass der Billardstock nur eine horizontale Kraft P auf den Ball ausübt.

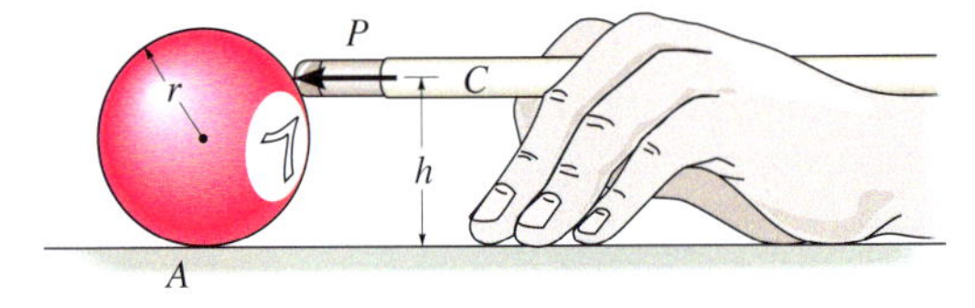

Abbildung A 8.46

8.47 Die Scheibe hat die Masse m und wird in der Lage $\theta = \theta_1$ aus der Ruhe freigegeben. Bestimmen Sie den maximalen Winkel $\theta = \theta_2$ nach dem Stoß gegen die Wand. Die Stoßzahl e ist gegeben. Bei $\theta = 0$ hängt die Scheibe so, dass sie gerade die Wand berührt. Vernachlässigen Sie die Reibung in C.

Gegeben: $m = 15$ kg, $\theta_1 = 30°$, $r = 150$ mm, $e = 0{,}6$

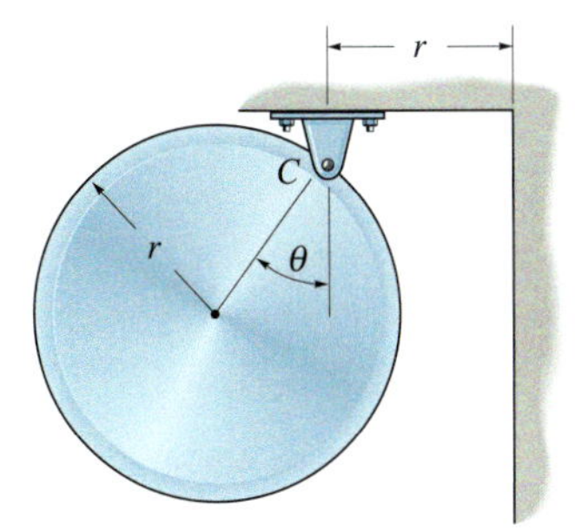

Abbildung A 8.47

***8.48** Der Klotz G gleitet auf einer glatten Oberfläche, als die Ecke D auf den Stopper S auftrifft. Bestimmen Sie die minimale Geschwindigkeit v, die der Klotz haben muss, damit er umkippt und die dargestellte Lage erreicht. Vernachlässigen Sie die Größe des Hindernisses S. *Hinweis:* Betrachten Sie während des Stoßes das Gewicht des Körpers als nicht impulsrelevante Kraft.

Gegeben: $G = 10$ kN, $b = 1$ m

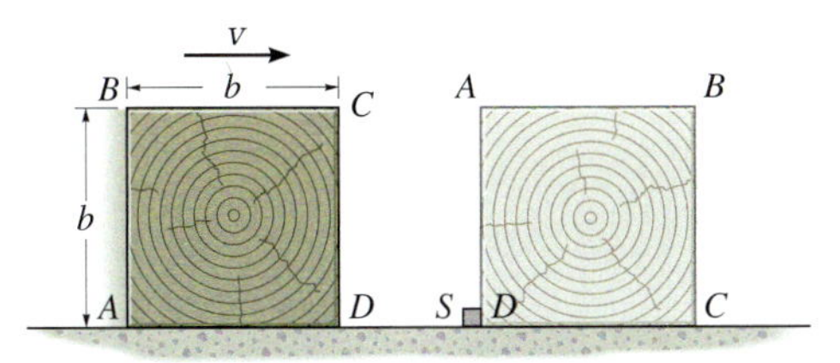

Abbildung A 8.48

8.49 Eine Kugel mit der Masse m_K und der Geschwindigkeit v wird in die Mantelfläche einer Scheibe der Masse m_S geschossen, siehe Abbildung. Bestimmen Sie die Winkelgeschwindigkeit der Scheibe kurz nach Eindringen der Kugel. Berechnen Sie ebenfalls, wie weit die Scheibe schwingt, bevor sie momentan zur Ruhe kommt. Sie ist anfangs ebenfalls in Ruhe.

Gegeben: $m_K = 7$ g, $m_S = 5$ kg, $v = 800$ m/s, $r = 0{,}2$ m, $\alpha = 30°$

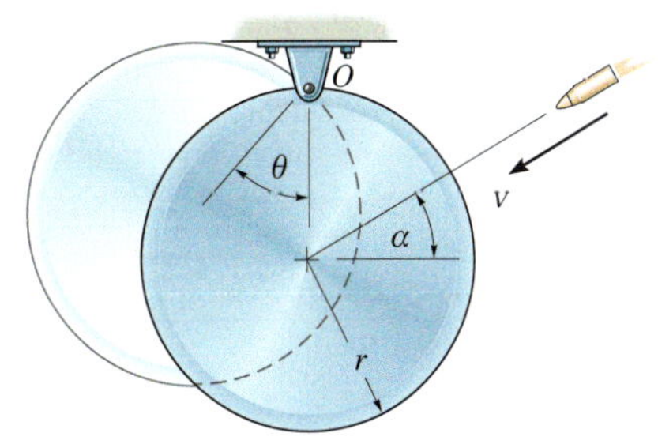

Abbildung A 8.49

8.50 Die beiden Scheiben haben jeweils das Gewicht G und werden aus der Lage $\theta = \theta_1$ aus der Ruhe freigegeben. Bestimmen Sie den Winkel $\theta = \theta_2$ nach dem Stoß, um den die Scheiben auseinander schwingen. Die Stoßzahl e ist gegeben. Bei $\theta = 0$ hängen die Scheiben so, dass sie sich gerade berühren.

Gegeben: $G = 10$ kN, $r = 1$ m, $e = 0{,}75$, $\theta_1 = 30°$

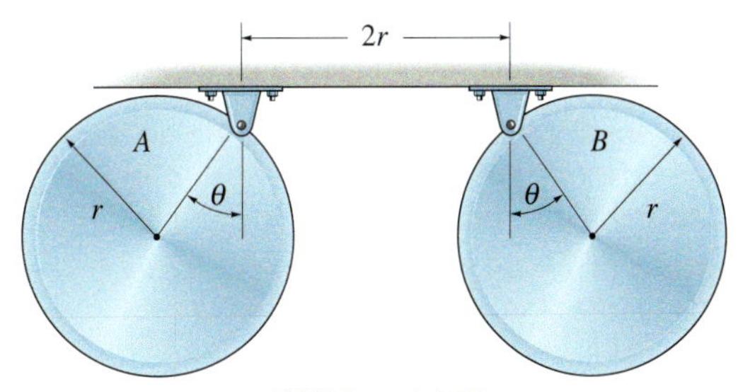

Abbildung A 8.50

8.51 Der Stab AB der Masse m_{AB} hängt in der vertikalen Lage. Der Klotz der Masse m gleitet mit der Geschwindigkeit v auf der glatten horizontalen Unterlage und trifft das Ende B des Stabes. Bestimmen Sie die Geschwindigkeit der Masse unmittelbar nach dem Stoß. Die Stoßzahl e zwischen Masse und Stab ist gegeben.

Gegeben: $m_{AB} = 40$ kg, $m = 20$ kg, $l = 3$ m, $v = 12$ m/s, $e = 0{,}8$

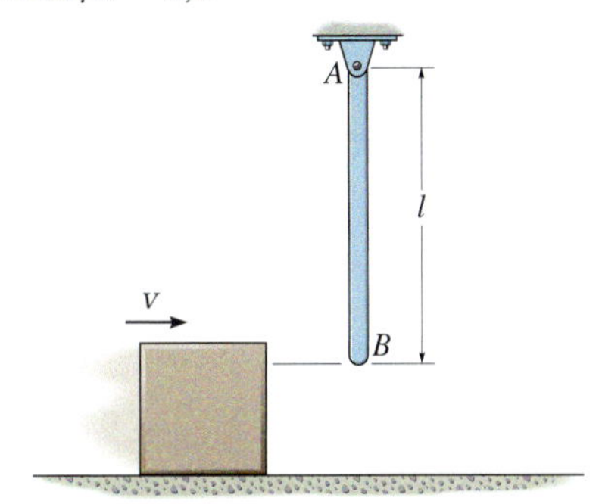

Abbildung A 8.51

***8.52** Das Pendel besteht aus einer Vollkugel mit dem Gewicht G_K und dem schlanken Stab mit dem Gewicht G_S. Das Pendel wird bei $\theta = \theta_1$ aus der Ruhe freigegeben. Bestimmen Sie den Winkel $\theta = \theta_2$, bis zu dem es zurückschwingt, nachdem es an der Wand angestoßen ist. Die Stoßzahl e ist gegeben.

Gegeben: $G_K = 500$ N, $G_S = 200$ N, $l = 2$ m, $r = 0{,}3$ m, $e = 0{,}6$, $\theta_1 = 0°$

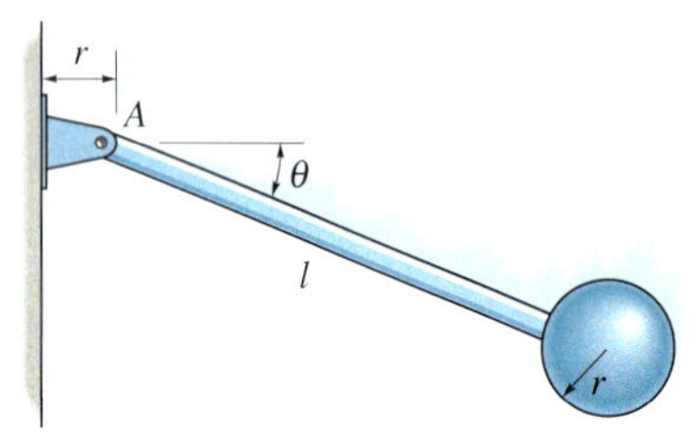

Abbildung A 8.52

8.53 Der schlanke Stab AB mit der Masse m_{AB} ist anfangs in der vertikalen Lage aufgehängt und befindet sich in Ruhe. Die Kugel mit der Masse m_K wird mit der Geschwindigkeit v gegen den Stab geworfen. Bestimmen Sie die Winkelgeschwindigkeit des Stabes unmittelbar nach dem Stoß. Die Stoßzahl e ist gegeben.

Gegeben: $m_{AB} = 6$ kg, $m_K = 1$ kg, $v = 50$ m/s, $l = 3$ m, $d = 2$ m, $e = 0{,}7$

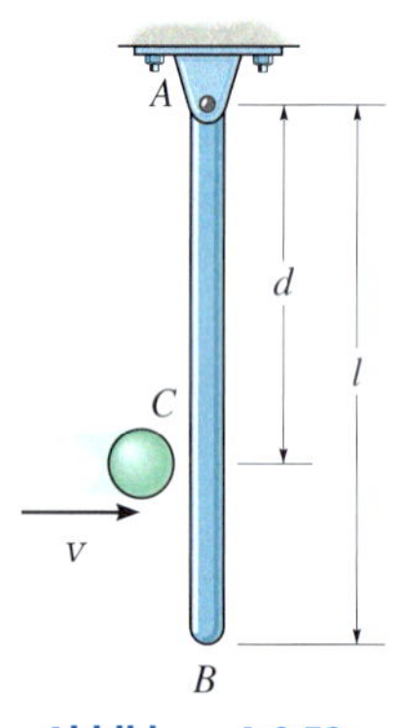

Abbildung A 8.53

8.54 Die Scheibe mit der Masse m und dem Radius r trifft auf die raue Stufe der Höhe $\frac{1}{8}r$. Bestimmen Sie die maximale Winkelgeschwindigkeit der Scheibe ω_1, bei der sie beim Auftreffen nicht zurückprallt.

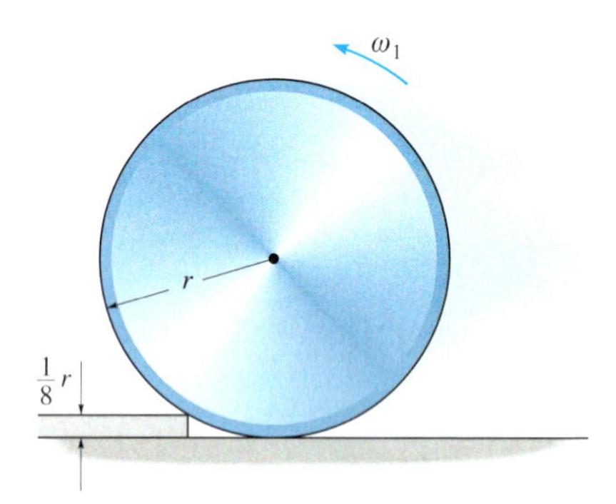

Abbildung A 8.54

8.55 Die Vollkugel der Masse m fällt mit der Geschwindigkeit v_1 auf die Ecke der rauen Stufe und prallt mit der Geschwindigkeit v_2 zurück. Bestimmen Sie den Winkel $\theta = \theta_1$, unter dem die Berührung erfolgt. Nehmen Sie an, dass kein Gleiten auftritt, wenn der Ball die Stufe trifft. Die Stoßzahl beträgt e.

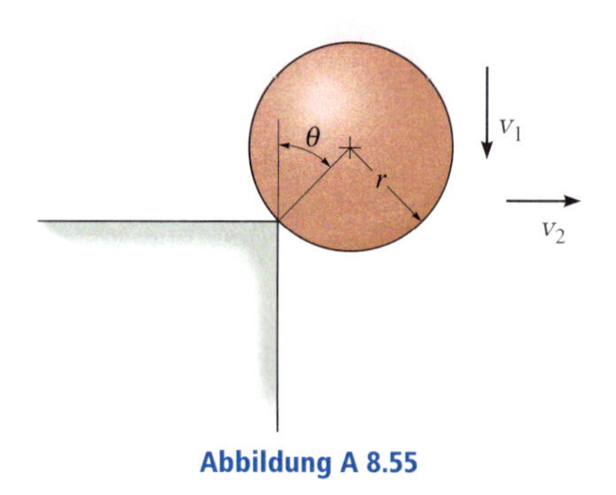

Abbildung A 8.55

***8.56** Die Vollkugel der Masse m wird so auf den Boden geworfen, dass sie unmittelbar vor der Berührung die Winkelgeschwindigkeit ω_1 und die Geschwindigkeitsanteile $(v_S)_{x1}$ und $(v_S)_{y1}$ hat. Der Boden ist so rau, dass kein Gleiten auftritt. Bestimmen Sie die Geschwindigkeitskoordinaten des Schwerpunktes unmittelbar nach dem Stoß. Die Stoßzahl ist mit e gegeben.

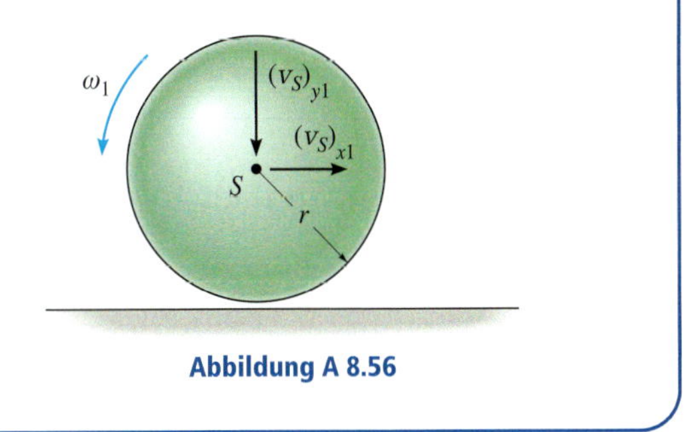

Abbildung A 8.56

Zusätzliche Übungsaufgaben mit Lösungen finden Sie auf der Companion Website (CWS) unter *www.pearson-studium.de*

Wiederholung 2: Ebene Kinematik und Kinetik eines starren Körpers

Die Themen und Sätze der ebenen Kinematik und Kinetik eines starren Körpers, die in den Kapiteln 5 bis 8 behandelt wurden, werden zusammengefasst und durch Anwendung auf verschiedene Aufgaben geübt.

Kinematik Bei kinematischen Aufgaben betrachten wir nur die Geometrie der Bewegung und nicht die Kräfte, die die Bewegung verursachen. Vor dem Lösen von Aufgaben zur ebenen Kinematik eines starren Körpers muss man *zunächst die Art der Bewegung* ermitteln: *geradlinige oder allgemeine* Translationsbewegung, Drehung um eine raumfeste Achse oder allgemein ebene Bewegung. Aufgaben zu allgemein ebenen Bewegungen werden mit Bezug auf die Translationsbewegung eines frei wählbaren Referenzpunktes und die Drehung um den Referenzpunkt gelöst. Besitzt der Körper dabei nur einen Bewegungsfreiheitsgrad, kann die Drehbewegung des Körpers eindeutig durch die Bewegung des Bezugspunktes entlang seiner Bahn ausgedrückt werden und umgekehrt. In jedem Fall ist das Zeichnen eines kinematischen Diagramms hilfreich. Beachten Sie, dass die *Geschwindigkeit* eines Punktes immer *tangential* zur Bahnkurve verläuft und die *Beschleunigung* eines Punktes bei einer *gekrümmten* Bahnkurve *Komponenten* in *normaler* und *tangentialer* Richtung haben kann.

Translatorische Bewegung Erfolgt die Bewegung geradlinig oder allgemein translatorisch auf gekrümmten Bahnen, so führen *alle* Punkte des Körpers *die gleiche Bewegung* aus:

$$\mathbf{v}_B = \mathbf{v}_A \quad \text{und} \quad \mathbf{a}_B = \mathbf{a}_A$$

Drehung um eine raumfeste Achse Dabei ist die eigentliche Drehbewegung des Körpers zu beschreiben, aber auch die Bewegung eines Körperpunktes.

Drehbewegung

Veränderliche Winkelbeschleunigung. Ist eine mathematische Beziehung zwischen *zwei* der *drei* beteiligten Variablen θ, ω, α oder t bekannt, so wird eine dritte Variable mit Hilfe einer der folgenden Gleichungen ermittelt, die diese drei Variablen verknüpfen:

$$\omega = \frac{d\theta}{dt} \qquad \alpha = \frac{d\omega}{dt} \qquad \alpha\, d\theta = \omega\, d\omega$$

Konstante Winkelbeschleunigung. Ist die Winkelbeschleunigung konstant, dann gilt

$$\theta = \theta_0 + \omega_0 t + \frac{1}{2}\alpha_0 t^2 \qquad \omega = \omega_0 + \alpha_0 t \qquad \omega^2 = \omega_0^2 + 2\alpha_0\left(\theta - \theta_0\right)$$

Bewegung eines Punktes *P* Nach Bestimmung der Vektoren $\boldsymbol{\omega}$ und $\boldsymbol{\alpha}$ wird die Kreisbewegung von Punkt P mit Hilfe der folgenden skalaren Gleichungen oder Vektorgleichungen angegeben:

$$v = \omega r \qquad \mathbf{v} = \boldsymbol{\omega} \times \mathbf{r}$$

$$a_t = \alpha r \quad a_n = \omega^2 r \qquad \mathbf{a} = \boldsymbol{\alpha} \times \mathbf{r} + \boldsymbol{\omega} \times (\boldsymbol{\omega} \times \mathbf{r})$$

Berechnung der allgemein ebenen Bewegung, ebene Relativmechanik Mit Bezug auf die Bewegung eines Referenzpunktes A ist die *relative Bewegung* eines allgemeinen Punktes B bezüglich A einfach eine *Kreisbewegung von B um A*. Die nachfolgenden Gleichungen gelten für den Fall, dass die beiden Punkte A und B auf dem *gleichen* starren Körper liegen:

$$\mathbf{v}_B = \mathbf{v}_A + \mathbf{v}_{B/A} = \mathbf{v}_A + \boldsymbol{\omega} \times \mathbf{r}_{B/A}$$

$$\mathbf{a}_B = \mathbf{a}_A + \mathbf{a}_{B/A} = \mathbf{a}_A + \boldsymbol{\alpha} \times \mathbf{r}_{B/A} + \boldsymbol{\omega} \times (\boldsymbol{\omega} \times \mathbf{r}_{B/A})$$

Bewegen sich Massenpunkte oder auch ausgedehnte Körper relativ zu einem anderen Körper, der als so genanntes Führungssystem dient und eine allgemein ebene Bewegung ausführt, dann ist die Bewegung des zweiten Körpers oft in einem *rotierenden Bezugssystem* (z.B. beschrieben durch ein *x,y,z*-Koordinatensystem) einfach zu formulieren, das am Führungssystem befestigt wird. Zur Bestimmung der Absolutgeschwindigkeit und der Absolutbeschleunigung eines Punktes auf dem zweiten Körper dienen dann die Gleichungen

$$\mathbf{v}_B = \mathbf{v}_A + \boldsymbol{\Omega} \times \mathbf{r}_{B/A} + (\mathbf{v}_{B/A})_{xyz}$$

$$\mathbf{a}_B = \mathbf{a}_A + \dot{\boldsymbol{\Omega}} \times \mathbf{r}_{B/A} + \boldsymbol{\Omega} \times (\boldsymbol{\Omega} \times \mathbf{r}_{B/A}) + 2\boldsymbol{\Omega} \times (\mathbf{v}_{B/A})_{xyz} + (\mathbf{a}_{B/A})_{xyz}$$

wobei $\boldsymbol{\Omega}$ die Winkelgeschwindigkeit des Führungssystems im Inertialsystem ist.

Kinetik Die Kräfte, welche die Bewegung hervorrufen, werden mit den Grundgesetzen der Kinetik mit Kinematikgrößen der Bewegung verknüpft. Zur Formulierung der dynamischen Gleichgewichtsbedingungen im Sinne d'Alemberts müssen ein geeignetes Koordinatensystem und entsprechende positive Achsenrichtungen festgelegt werden. Sinnvoll ist es, die *Richtungen* der Koordinatenachsen so zu wählen, dass sie mit den *Richtungen* der Komponenten der zuvor ermittelten Beschleunigungsrichtungen *übereinstimmen*.

Dynamische Gleichgewichtsbedingungen Diese Gleichungen dienen zur Herleitung der eigentlichen Bewegungsgleichungen und der Bestimmungsgleichungen für die Zwangskräfte. Werden mit ihnen Geschwindigkeit, Lage oder Bewegungsdauer ermittelt, ist auch die vorab ermittelte Kinematik einzubeziehen. Vor der Formulierung der dynamischen Gleichgewichtsbedingungen ist zur Erfassung aller Kräfte und Momente auf den Körper einschließlich der Trägheitswirkungen *immer ein verallgemeinertes Freikörperbild zu zeichnen.* Legen Sie dazu auch die Richtung der Schwerpunktbeschleunigung oder ihrer Komponenten und der Winkelbeschleunigung fest. Die maßgebenden drei Bewegungsgleichungen sind

$$\sum F_x - m(a_S)_x = 0$$
$$\sum F_y - m(a_S)_y = 0$$
$$\sum M_S - J_S\alpha = 0 \quad \text{oder} \quad \sum M_P + \sum (M_T)_P = 0$$

Dreht sich der Körper *um eine raumfeste Achse*, können die Momente auch um Punkt O bilanziert werden. Dann ergibt sich

$$\sum M_O - J_O\alpha = 0$$

als eigentliche Bewegungsgleichung.

Arbeit und Energie *Mit dem Arbeitssatz werden Aufgaben gelöst, bei denen Kraft bzw. Moment, Geschwindigkeit bzw. Winkelgeschwindigkeit und Verschiebung bzw. Winkeländerung in Beziehung stehen.* Vor Anwendung dieser Gleichung *ist immer ein Freikörperbild* zur Erfassung der äußeren Kräfte, die Arbeit verrichten, *zu zeichnen*. Die kinetische Energie eines Körpers wird aus der Translationsenergie mit der Geschwindigkeit $\mathbf{v}_S$ des Schwerpunktes *und* der Rotationsenergie des Körpers infolge seiner Winkelgeschwindigkeit $\boldsymbol{\omega}$ additiv zusammengesetzt. Der Arbeitssatz lautet

$$T_1 + \sum W_{1-2} = T_2$$

wobei gilt

$$T = \frac{1}{2} m v_S^2 + \frac{1}{2} J_S \omega^2$$

$$W_F = \int F \cos\theta \, ds \text{ (variable Kraft)}$$

$$W_{F_0} = F_0 \cos\theta (s_2 - s_1) \text{ (konstante Kraft)}$$

$$W_G = -G\Delta y \qquad \text{(Gewicht)}$$

$$W_F = -\left(\frac{1}{2} c s_2^2 - \frac{1}{2} c s_1^2\right) \text{ (Feder)}$$

$$W_M = M(\theta_2 - \theta_1) \text{ (konstantes Moment)}$$

Handelt es sich bei den angreifenden Kräften und Momenten um *konservative Wirkungen*, dann gilt der *Energieerhaltungssatz*. Die Anwendung dieses Satzes ist einfacher als die des Arbeitssatzes, denn er bezieht sich auf *zwei Punkte* der Bahnkurve und die Arbeit einer Kraft bei der Bewegung des Massenpunktes entlang der Bahnkurve vom Anfangs- zum Endpunkt muss *nicht* berechnet werden. Der Energieerhaltungssatz lautet

$$T_1 + V_1 = T_2 + V_2$$

und es gilt

$$V_G = Gy \qquad \text{(Schwerepotenzial)}$$

$$V_F = \frac{1}{2} cs^2 \qquad \text{(elastisches Federpotenzial)}$$

Impuls und Drehimpuls Die *Impuls- und Drehimpulssätze dienen zur Lösung von Aufgaben, die Kraft- bzw. Momentenstöße,* d.h. Zeitintegrale über Kräfte bzw. Momente, mit *Geschwindigkeit bzw. Winkelgeschwindigkeit verknüpfen.* Vor der Anwendung ist *immer das Freikörperbild zu zeichnen,* um alle Kräfte und Momente zu erfassen, die Kraft- und Momentenstöße auf den Körper bewirken. Legen Sie eine positive Richtung der Geschwindigkeits- und Kraftgrößen unmittelbar vor und unmittelbar nach dem Aufbringen der Kraft- und Momentenstöße fest. (Alternativ können Impuls- und Drehimpulsdiagramme sowie ein Kraft- und Momentenstoßdiagramm die Lösung ergänzen und grafisch die Terme der Gleichung erfassen. Diese Diagramme sind insbesondere bei der Berechung von Kraft- und Momentenstößen um einen anderen Punkt als den Schwerpunkt des Körpers hilfreich.)

$$m(\mathbf{v}_S)_1 + \sum \int \mathbf{F} dt = m(\mathbf{v}_S)_2$$

$$(H_S)_1 + \sum \int M_S dt = (H_S)_2$$

bzw.

$$(H_O)_1 + \sum \int M_O dt = (H_O)_2$$

Impulserhaltung Greifen nicht impulsrelevante Kräfte oder keine impulsrelevanten Kräfte in einer bestimmten Richtung an einem Körper oder an einem System aus mehreren Körpern an, dann kann der *Impuls-* oder der *Drehimpulserhaltungssatz* zur Lösung angewendet werden. Mit Hilfe des Freikörperbildes werden die Richtungen ermittelt, für welche die impulsrelevanten Kräfte gleich null sind, oder die Achsen, für welche die impulsrelevanten Kräfte keinen Momentenstoß erzeugen. Dann gilt

$$m(\mathbf{v}_S)_1 = m(\mathbf{v}_S)_2$$

$$(H_O)_1 = (H_O)_2$$

Die folgenden Aufgaben dienen zur Anwendung der gezeigten Verfahren. Sie sind *ohne Systematik* angeordnet, sodass die verschiedenen Aufgabentypen erkannt und die entsprechenden Lösungsverfahren angewandt werden müssen.

Wiederholungs-Aufgaben

Lösungen finden Sie in *Anhang C*.

W2.1 Das Rad dreht sich zum dargestellten Zeitpunkt mit den angegebenen Werten für Winkellage, Winkelgeschwindigkeit und Winkelbeschleunigung. Bestimmen Sie für diesen Zeitpunkt die Beschleunigung der Buchse in A.

Gegeben: $r = 150$ mm, $l = 500$ mm, $\beta = 30°$, $\omega = 8$ rad/s, $\alpha = 16$ rad/s^2, $\gamma = 60°$

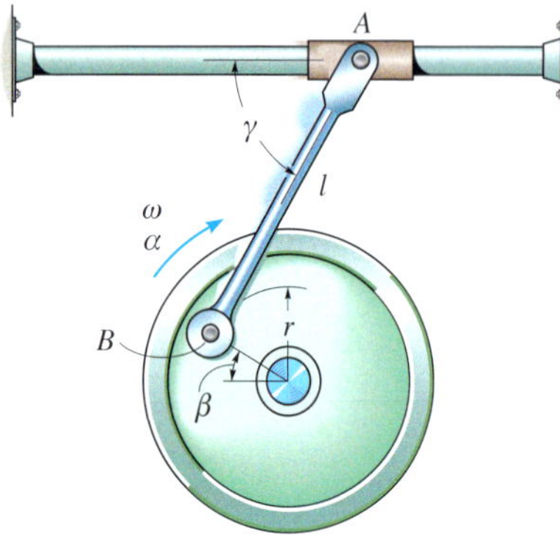

Abbildung W2.1

W2.2 Das Hubwerk A hat die Anfangswinkelgeschwindigkeit ω und die konstante negative Winkelbeschleunigung α. Bestimmen Sie für $t = t_1$ die Geschwindigkeit und die Verzögerung der Masse, die über das um die Nabe auf Zahnrad B geschlungene undehnbare Seil angehoben wird.

Gegeben: $r = 0{,}5$ m, $\alpha = -1$ rad/s^2, $\omega = 60$ rad/s, $t_1 = 3$ s

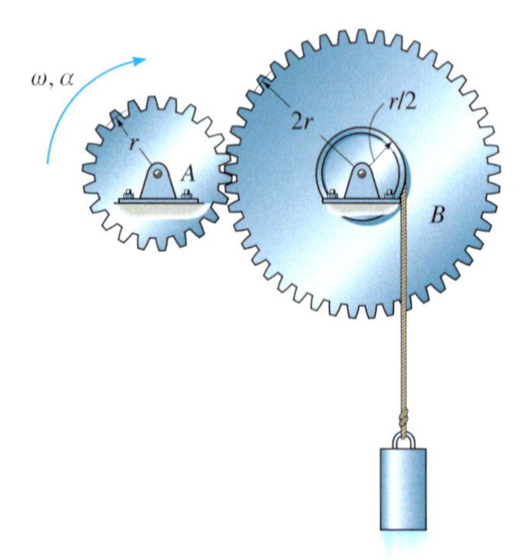

Abbildung W2.2

W2.3 Der Stab wird sinusförmig gebogen und in eine Drehbewegung um die y-Achse versetzt, indem die Spindel S mit einem Motor verbunden wird. Die Bewegung des Stabes beginnt in der dargestellten Lage aus der Ruhe und der Motor treibt ihn mit der Winkelbeschleunigung $\alpha(t)$ an. Bestimmen Sie die Winkelgeschwindigkeit und die Winkeländerung des Stabes zum Zeitpunkt $t = t_1$. Geben Sie den Punkt auf dem Stab an, der die größte Geschwindigkeit und Beschleunigung für $t = t_1$ hat. Die Form des Stabes wird durch die Funktion $z(y)$ beschrieben.

Gegeben: $l = 1$ m, $z = b\sin(\pi y/y_0)$, $b = 0{,}25$ m, $y_0 = 1$ m, $t_1 = 3$ s, $\alpha = c\,e^{-dt}$, $c = 1{,}5$ rad/s^2, $d = 1$/s

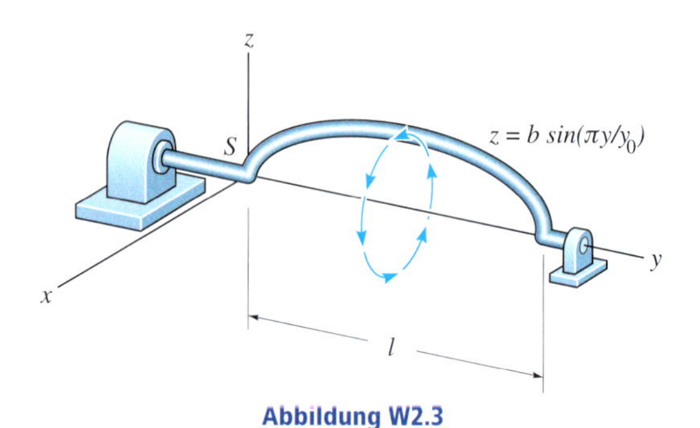

Abbildung W2.3

***W2.4** Ein undehnbares Seil ist um die Nabe des Zahnrades gewickelt. An ihm wird mit der konstanten Geschwindigkeit v gezogen. Bestimmen Sie die Geschwindigkeit und die Beschleunigung der Punkte A und B. Das Zahnrad rollt auf der ortsfesten Zahnstange.

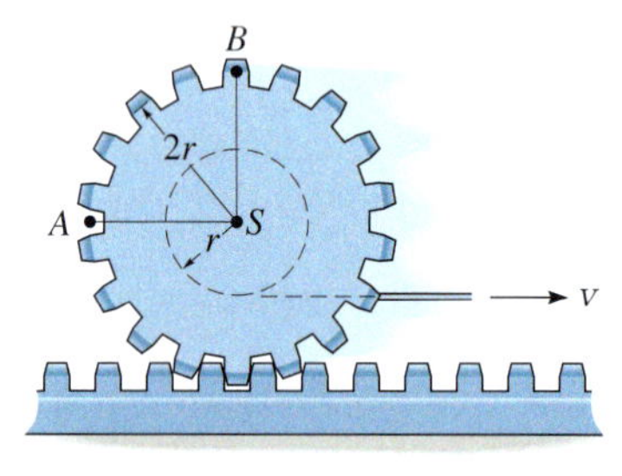

Abbildung W2.4

W2.5 Der Autoreifen der Masse m wird aus dem Stand in A losgelassen, rollt ohne Gleiten zu Punkt B und beginnt dort den freien Flug. Bestimmen Sie die maximale Höhe h, die der Reifen erreicht. Der Trägheitsradius des Reifens bezüglich seines Schwerpunktes beträgt k_S.

Gegeben: $m = 7$ kg, $r = 0{,}4$ m, $h_A = 5$ m, $h_B = 1$ m, $k_S = 0{,}3$ m, $\beta = 30°$

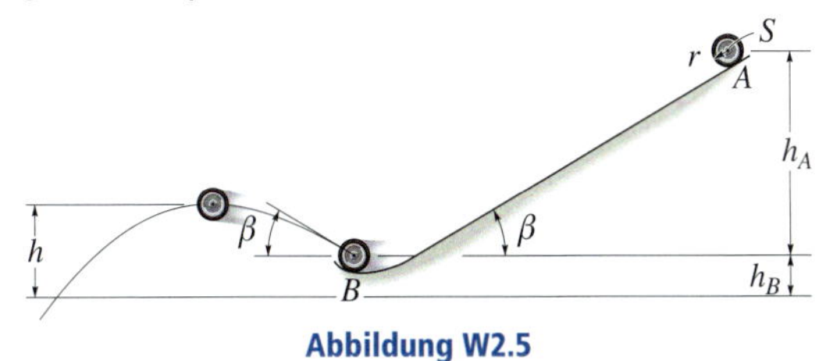

Abbildung W2.5

W2.6 Der Stab OA ist in O gelenkig gelagert und dreht sich aufgrund der Bewegung des Stiftes R in der horizontalen Führung. Der Stift R beginnt für $t = 0$ bei $\theta = 0$ die Bewegung aus der Ruhe und hat die konstante Beschleunigung a_R nach rechts. Bestimmen Sie die Winkelgeschwindigkeit und die Winkelbeschleunigung des Stabes OA zum Zeitpunkt $t = t_1$.

Gegeben: $t_1 = 2$ s, $a_R = 60$ mm/s^2, $h = 400$ mm

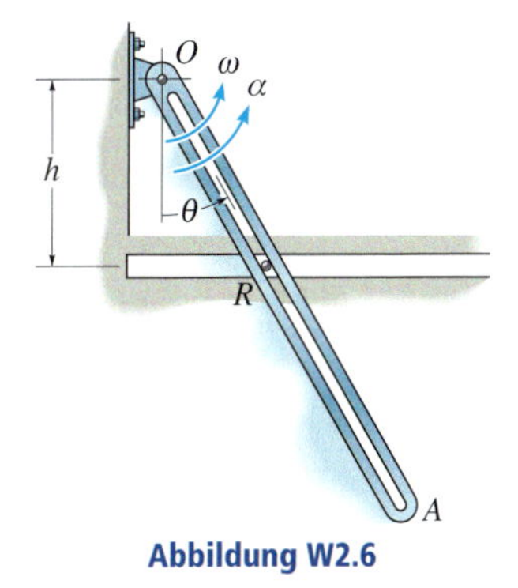

Abbildung W2.6

W2.7 Die homogene Verbindungsstange BC der Masse m ist an den Enden gelenkig gelagert. Bestimmen Sie die vertikalen Kräfte, welche die Gelenklager auf die Enden B und C ausüben, (a) bei $\theta = 0$; (b) bei $\theta = \theta_1$. Die Kurbelwelle dreht mit konstanter Winkelgeschwindigkeit ω_{AB}.

Gegeben: $m = 3$ kg, $r = 200$ mm, $l = 700$ mm, $\theta_1 = 90°$, $\omega_{AB} = 5$ rad/s

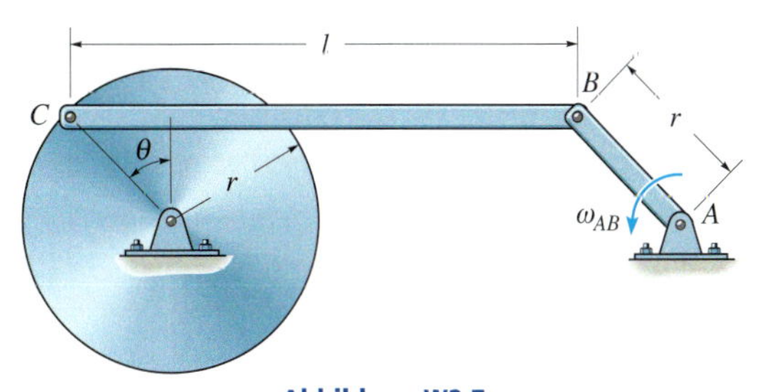

Abbildung W2.7

***W2.8** Der Reifen hat die Masse m und den Trägheitsradius k_O. Er wird aus der Ruhe losgelassen und rollt die Ebene ohne Gleiten hinunter. Bestimmen Sie die Geschwindigkeit des Mittelpunktes O zum Zeitpunkt $t = t_1$.

Gegeben: $r = 300$ mm, $k_O = 225$ mm, $m = 9$ kg, $t_1 = 3$ s, $\beta = 30°$

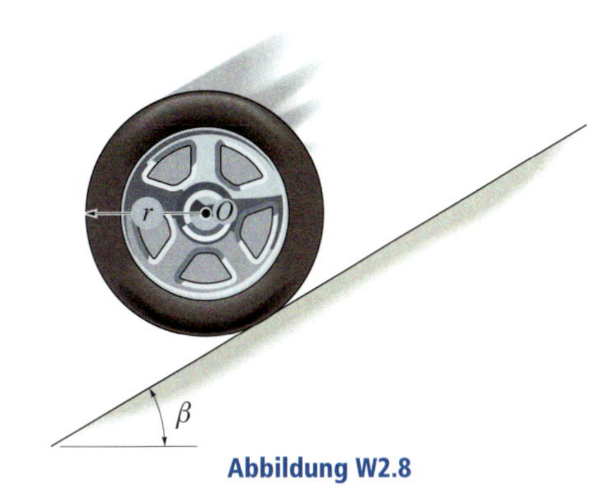

Abbildung W2.8

W2.9 Das Doppelpendel besteht aus zwei Stäben. Stab AB hat die konstante Winkelgeschwindigkeit ω_{AB} und Stab BC die konstante Winkelgeschwindigkeit ω_{BC}. Beide Drehgeschwindigkeiten sind gegen den Uhrzeigersinn gerichtet. Bestimmen Sie die Geschwindigkeit und die Beschleunigung von Punkt C in der dargestellten Lage.

Gegeben: $\omega_{AB} = 3$ rad/s, $\omega_{BC} = 2$ rad/s, $l_{AB} = 2l_{BC} = 8$ cm, $\beta = 45°$

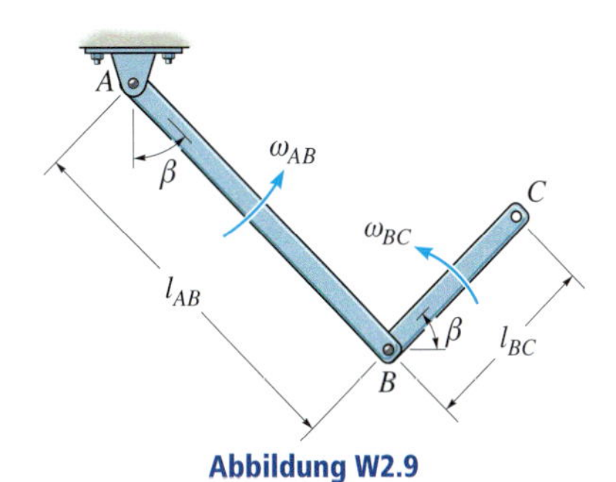

Abbildung W2.9

W2.10 Die Spule mit dem aufgewickelten Draht hat die Masse m und den Trägheitsradius k_S um den Schwerpunkt. Der Gleitreibungskoeffizient zwischen Spule und Unterlage beträgt μ_g. Bestimmen Sie die Winkelbeschleunigung der Spule, wenn das Moment M angreift.

Gegeben: $m = 20$ kg, $k_S = 250$ mm, $\mu_g = 0{,}1$, $M = 30$ Nm, $r = 200$ mm

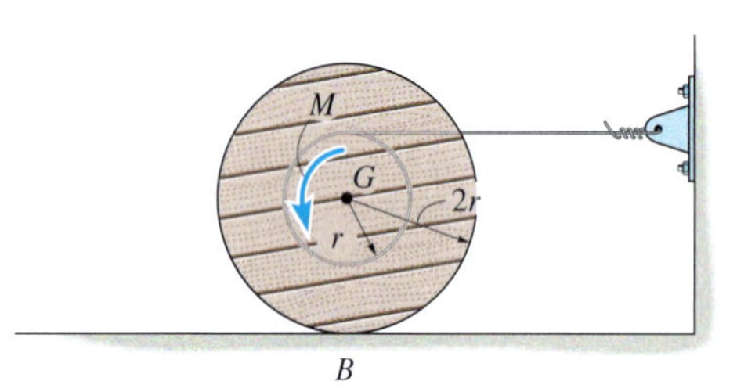

Abbildung W2.10

W2.11 Die Kugel hat das Gewicht G und wird so auf eine *raue, horizontale Unterlage* geworfen, dass ihre Geschwindigkeit parallel zur Unterlage v verläuft. Bestimmen Sie den Betrag des Rückwärtsdralls ω, den die Kugel erfahren muss, damit die Vorwärtsgeschwindigkeit dann verschwindet, wenn die Winkelgeschwindigkeit gleich null ist. Der Gleitreibungskoeffizient in A ist für die Berechnung nicht erforderlich.

Gegeben: $v = 6$ m/s, $r = 0{,}6$ m, $G = 150$ N

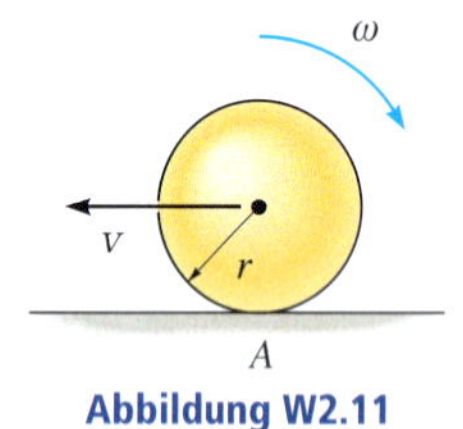

Abbildung W2.11

***W2.12** Bestimmen Sie bei gegebener Seilkraft P mit bekannten Gewichtskräften G_A und G_B der beiden Quader A und B die Normalkraft von A auf B. Vernachlässigen Sie die Reibung und die Gewichte von Rollen, Seil und Stäben des dreieckigen Rahmens.

Gegeben: $P = 100$ N, $G_A = 50$ N, $G_B = 10$ N

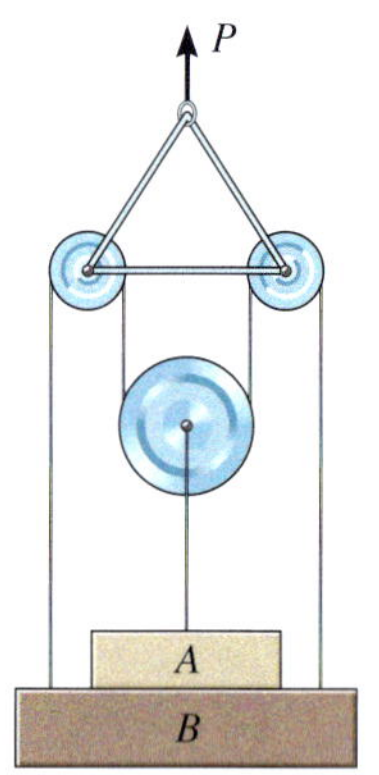

Abbildung W2.12

W2.13 Bestimmen Sie die Geschwindigkeit und die Beschleunigung des Stabes R für beliebige Winkel θ des zylindrischen Mitnehmers C, der sich mit konstanter Winkelgeschwindigkeit ω dreht. Die Lagerung in O hat keinen Einfluss auf die Übertragung der Bewegung von A auf C.

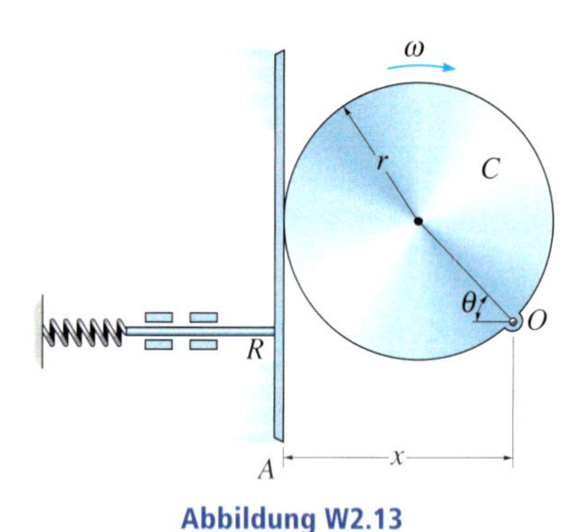

Abbildung W2.13

W2.14 Die homogene Platte mit dem Gewicht G wird von der Rolle in A gehalten. Plötzlich wird die Kraft F auf die Rolle aufgebracht. Bestimmen Sie die Beschleunigung des Rollenmittelpunktes zu diesem Zeitpunkt. Die Platte hat das Massenträgheitsmoment J_S bezüglich des Schwerpunktes. Vernachlässigen Sie das Gewicht der Rolle.

Gegeben: $F = 70$ N, $G = 40$ N, $J_S = 1{,}36$ kgm^2, $b = 0{,}2$ m

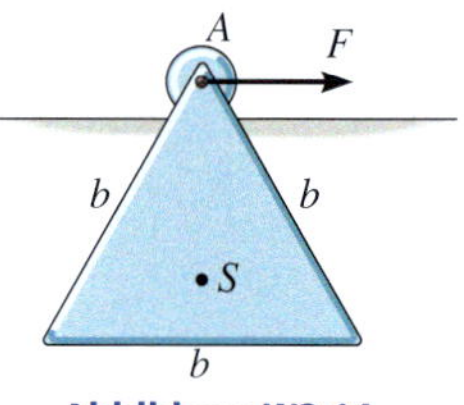

Abbildung W2.14

W2.15 Ein undehnbares Band der Dicke s ist um ein Rad gewickelt, das sich mit der konstanten Winkelgeschwindigkeit ω dreht. Nehmen Sie an, dass der abgewickelte Teil des Bandes horizontal gerichtet ist und bestimmen Sie für den Radius r die Beschleunigung des Punktes P auf dem Band. *Tipp:* Ermitteln Sie die Zeitableitung der Gleichung $v_P = \omega r$ und beachten Sie, dass $dr/dt = \omega(s/2\pi)$ gilt.

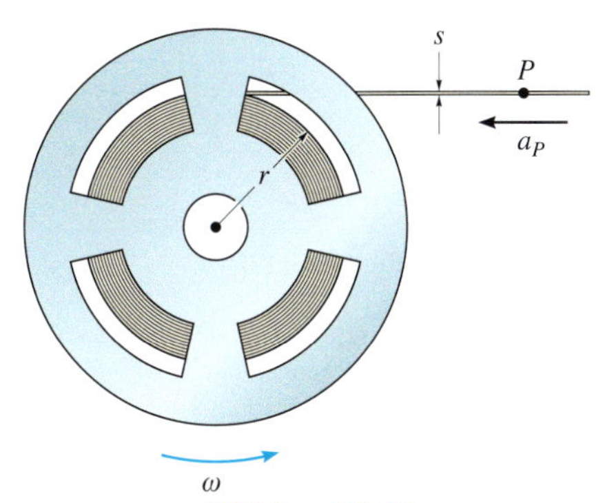

Abbildung W2.15

***W2.16** Der Zylinder der Masse m_Z befindet sich anfangs auf der dargestellten Platte der Masse m_P in Ruhe. Am Zylinder greift das Moment M an. Bestimmen Sie die Winkelbeschleunigung des Zylinders und die Zeit, bis das Ende B die Strecke Δs zurückgelegt hat und gegen die Wand stößt. Nehmen Sie an, dass der Zylinder auf der Platte nicht gleitet und vernachlässigen Sie die Masse der Stützrollen unter der Platte.

Gegeben: $m_Z = 150$ kg, $m_P = 50$ kg, $M = 400$ Nm, $r = 1{,}25$ m, $\Delta s = 3$ m

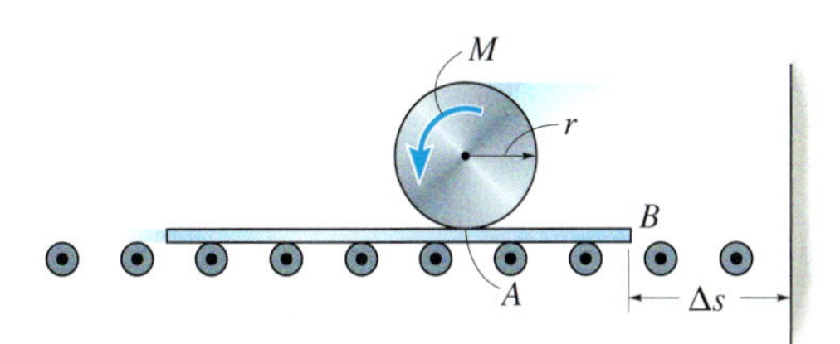

Abbildung W2.16

W2.17 Ohne das Rad hat die Schubkarre mit Inhalt die Masse m_S und den Schwerpunkt in S. Das Rad hat die Masse m_R und den Trägheitsradius k_O. Die Schubkarre wird in der dargestellten Lage aus der Ruhe losgelassen. Bestimmen Sie ihre Geschwindigkeit nach Zurücklegen der Strecke Δs auf der schiefen Ebene. Der Gleitreibungskoeffizient zwischen Ebene und Aufstandspunkt A beträgt μ_g. Das Rad rollt ohne Gleiten in B.

Gegeben: $m_S = 40$ kg, $m_R = 2$ kg, $k_O = 0{,}120$ m, $\mu_g = 0{,}3$, $\beta = 20°$, $\Delta s = 4$ m, $h = 0{,}4$ m, $b = 0{,}1$ m, $r = 0{,}15$ m

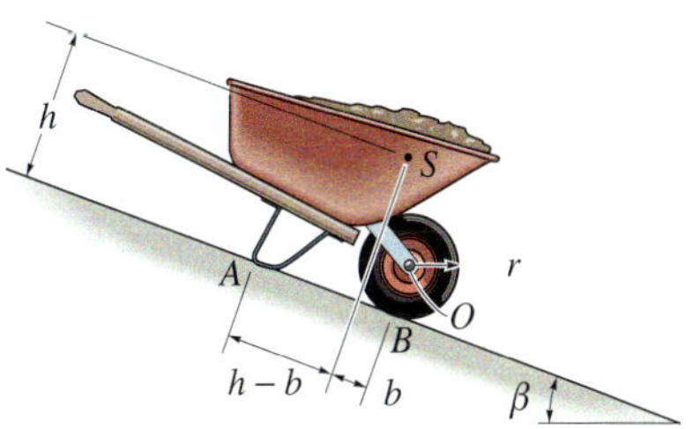

Abbildung W2.17

W2.18 Die Trommel mit der Masse m, dem Radius r und dem Trägheitsradius k_O rollt auf einer schiefen Ebene mit dem Haftreibungskoeffizienten μ. Die Trommel wird aus der Ruhe losgelassen. Bestimmen Sie den maximalen Neigungswinkel θ, bei dem sie ohne Gleiten rollt.

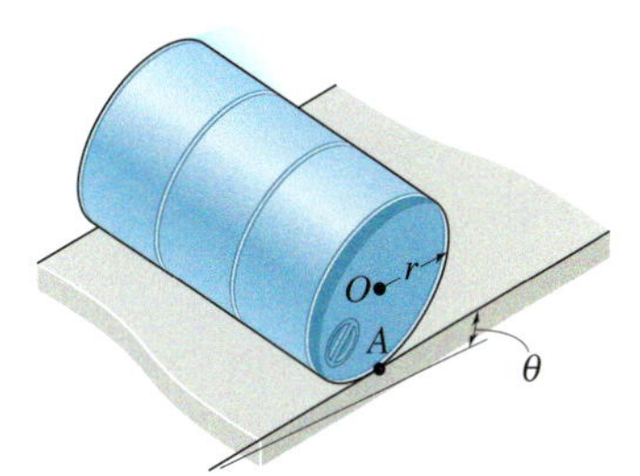

Abbildung W2.18

W2.19 Die Vollkugel der Masse m wird auf den Boden geworfen und erhält dabei den Rückwärtsdrall ω und ihr Mittelpunkt die horizontale Anfangsgeschwindigkeit v_S. Der Gleitreibungskoeffizient zwischen Boden und Kugel beträgt μ_g. Bestimmen Sie die Strecke, welche die Kugel zurücklegt, bevor sie aufhört sich zu drehen.

Gegeben: $m = 20$ kg, $\omega = 15$ rad/s, $v_S = 20$ m/s, $r = 0{,}2$ m, $\mu_g = 0{,}3$

***W2.20** Bestimmen Sie den Rückwärtsdrall ω, den die Kugel der Masse m erhalten muss, damit bei einer horizontalen Anfangsgeschwindigkeit v_S des Schwerpunktes die translatorische Bewegung und die Drehbewegung des Balles gleichzeitig aufhören. Der Gleitreibungskoeffizient beträgt μ_g.

Gegeben: $m = 20$ kg, $v_S = 20$ m/s, $r = 0{,}2$ m, $\mu_g = 0{,}3$

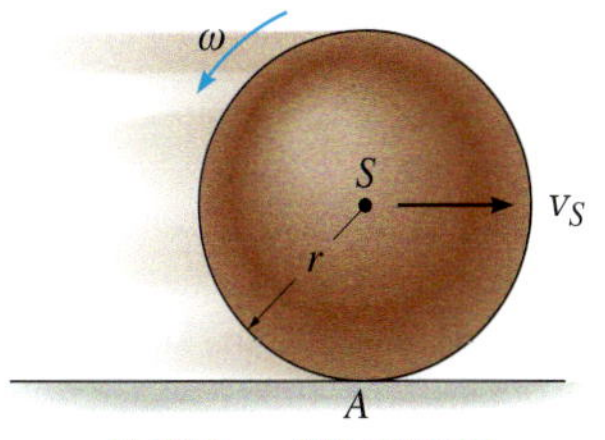

Abbildung W2.19/2.20

W2.21 Die Papierrolle der Masse m ist anfangs in Ruhe und wird bei A von der Stütze AB gehalten, die bei B reibungsfrei drehbar gelagert ist. Die Rolle lehnt sich an die Wand mit dem gegebenen Gleitreibungskoeffizienten μ_g bei C. Die Kraft P wird am Ende des Papierblattes aufgebracht. Bestimmen Sie die Anfangswinkelbeschleunigung der Rolle und die Zugkraft in der Stütze beim Abwickeln des Papiers. Betrachten Sie bei der Berechnung die Rolle als Zylinder.

Gegeben: $m = 20$ kg, $P = 40$ N, $\mu_g = 0{,}3$, $r = 120$ mm, $\gamma = 60°$, $\tan\beta = 5/12$

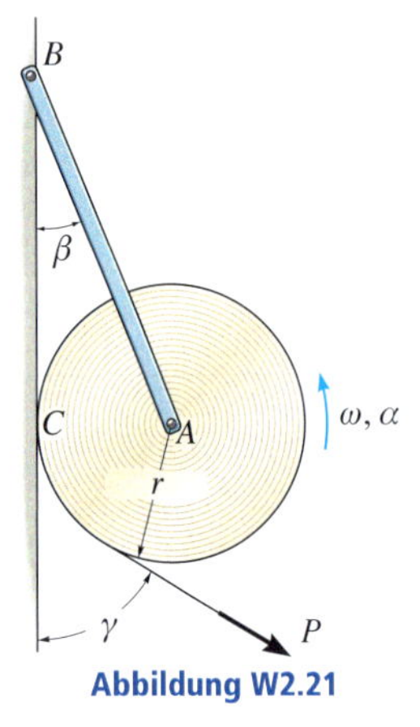

Abbildung W2.21

W2.22 Berechnen Sie die Geschwindigkeit des Stabes R für beliebige Winkel θ des zylindrischen Mitnehmers C, der sich mit konstanter Winkelgeschwindigkeit ω dreht. Die Lagerung in O hat keinen Einfluss auf die Übertragung der Bewegung von A auf C.

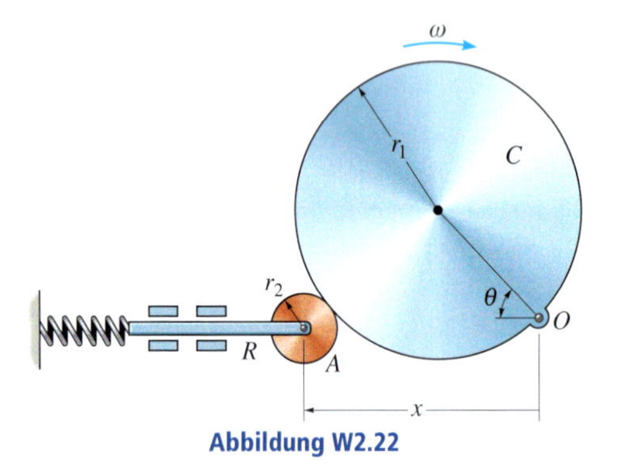

Abbildung W2.22

W2.23 Die Anordnung hat das Gesamtgewicht G und den Trägheitsradius k_S bezüglich ihres Schwerpunktes S. Sie hat in der dargestellten Lage die gegebene kinetische Energie T und rollt ohne Gleiten gegen den Uhrzeigersinn auf der Unterlage. Bestimmen Sie für die dargestellte Lage ihren Impuls.

Gegeben: $G = 10$ kN, $k_S = 0{,}6$ m, $T = 31$ kNm, $r = 1$ m, $b = 0{,}8$ m

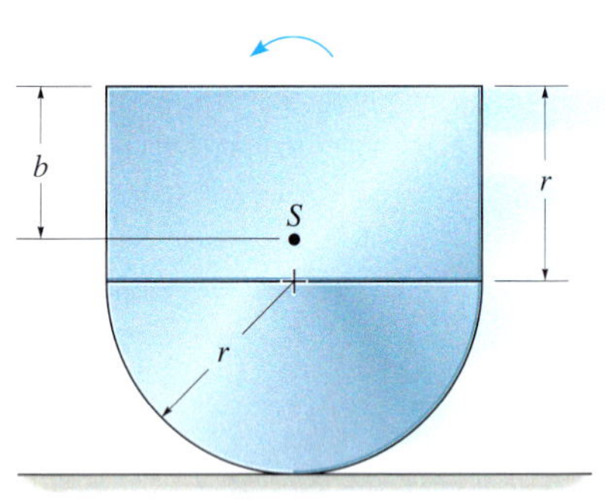

Abbildung W2.23

***W2.24** Das Pendel besteht aus einer Kugel der Masse m_K und dem schlanken Stab m_{St}. Berechnen Sie die Reaktionskraft im Gelenklager O unmittelbar nach Durchschneiden des Seiles AB.

Gegeben: $m_K = 30$ kg, $m_{St} = 10$ kg, $r = 1$ m

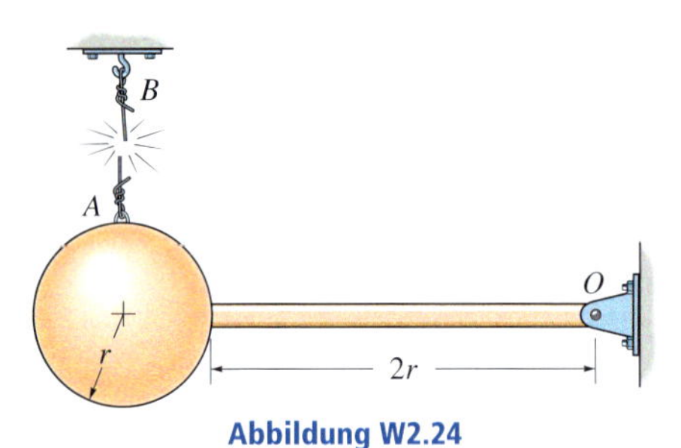

Abbildung W2.24

W2.25 Das Brett ruht auf der Oberfläche zweier Trommeln. In der dargestellten Position hat es die nach rechts gerichtete Beschleunigung a_B. Gleichzeitig haben Punkte auf dem Außenrand beider Trommeln eine Beschleunigung mit dem Betrag a_T. Das Brett gleitet auf den Trommeln nicht. Bestimmen Sie die Geschwindigkeit des Brettes zu diesem Zeitpunkt.

Gegeben: $a_B = 0{,}5$ m/s², $a_T = 3$ m/s², $r = 250$ mm

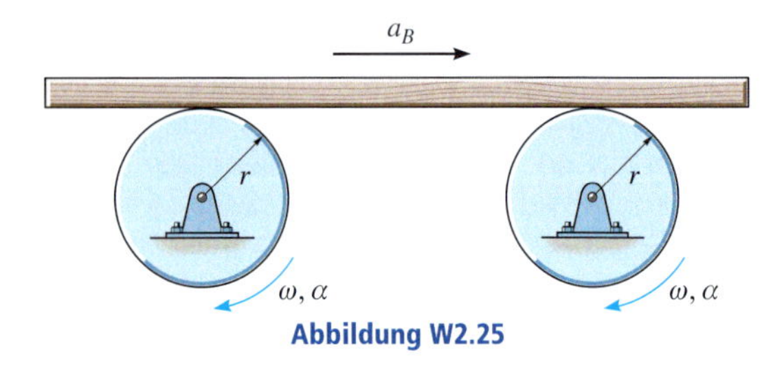

Abbildung W2.25

W2.26 Der Mittelpunkt der Seilrolle wird mit der Beschleunigung a_A vertikal angehoben. Gleichzeitig hat er die Geschwindigkeit v_A. Das undehnbare Seil gleitet nicht auf der Oberfläche der Rolle. Bestimmen Sie die Beschleunigungen der Last B und des Rollenpunktes C.

Gegeben: $a_A = 4\ \mathrm{m/s^2}$, $v_A = 2\ \mathrm{m/s}$, $r = 80\ \mathrm{mm}$

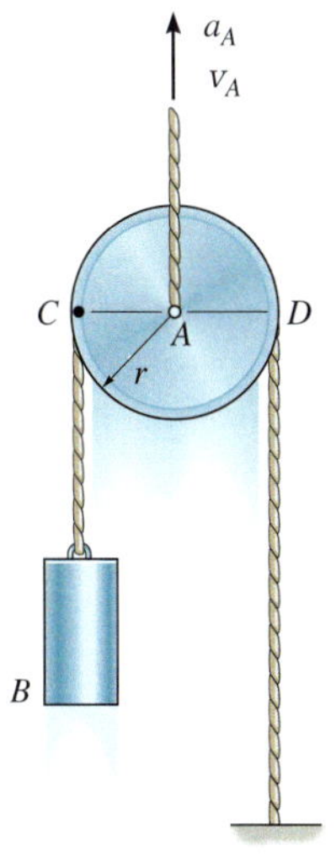

Abbildung W2.26

W2.27 Zum dargestellten Zeitpunkt greifen zwei Kräfte an einem schlanken Stab an, der in O gelenkig gelagert ist. Bestimmen Sie die Kraft F und die Anfangswinkelbeschleunigung α des Stabes so, dass die horizontale Reaktionskraft, die das *Gelenklager auf den Stab ausübt*, O_x beträgt und nach rechts gerichtet ist.

Gegeben: $m = 30\ \mathrm{kg}$, $b = 1\ \mathrm{m}$, $O_x = 50\ \mathrm{N}$, $P = 200\ \mathrm{N}$

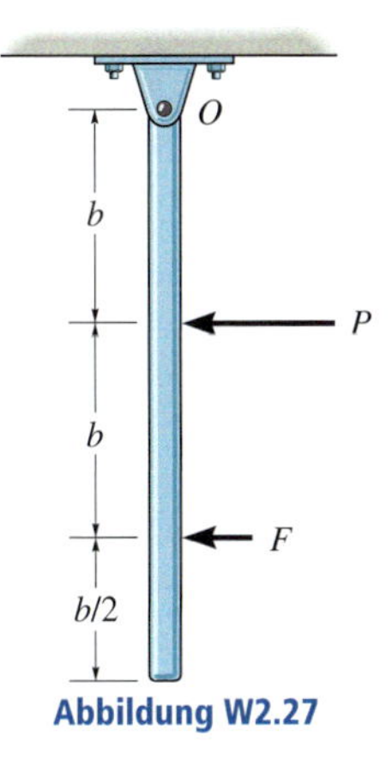

Abbildung W2.27

***W2.28** Der Mischerkübel hat das Gewicht G und den Trägheitsradius k_S bezüglich seines Schwerpunktes S. Ein konstantes Moment M wird auf das Kipprad aufgebracht. Bestimmen Sie die Winkelgeschwindigkeit des Kübels in der Winkellage $\theta = \theta_1$. Anfangs ist der Kübel bei $\theta = 0$ in Ruhe.

Gegeben: $G = 350\ \mathrm{N}$, $b = 0{,}4\ \mathrm{m}$, $k_S = 0{,}65\ \mathrm{m}$, $M = 300\ \mathrm{Nm}$, $\theta_1 = 90°$

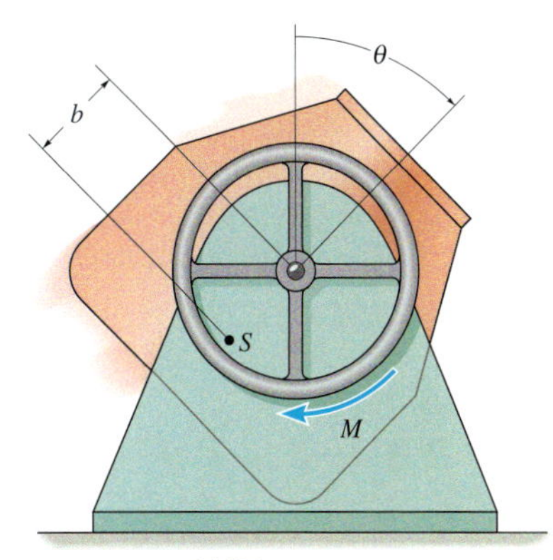

Abbildung W2.28

W2.29 Die Seilrolle hat das Gewicht G und den Trägheitsradius k_O. Die Kraft F greift am Seil in Punkt A an. Bestimmen Sie die Winkelgeschwindigkeit der Seilrolle zum Zeitpunkt $t = t_1$, wenn die Bewegung aus der Ruhe beginnt. Vernachlässigen Sie die Massen von Umlenkrolle und Seil.

Gegeben: $G = 300\ \mathrm{N}$, $r = 0{,}1\ \mathrm{m}$, $k_O = 0{,}065\ \mathrm{m}$, $F = 400\ \mathrm{N}$, $t_1 = 3\ \mathrm{s}$

W2.30 Lösen Sie Aufgabe W2.29, wenn an Stelle der Kraft F ein Gewicht G_1 an das Seilende in A angehängt wird.

Gegeben: $G = 300\ \mathrm{N}$, $r = 0{,}1\ \mathrm{m}$, $k_O = 0{,}065\ \mathrm{m}$, $G_1 = 400\ \mathrm{N}$, $t_1 = 3\ \mathrm{s}$

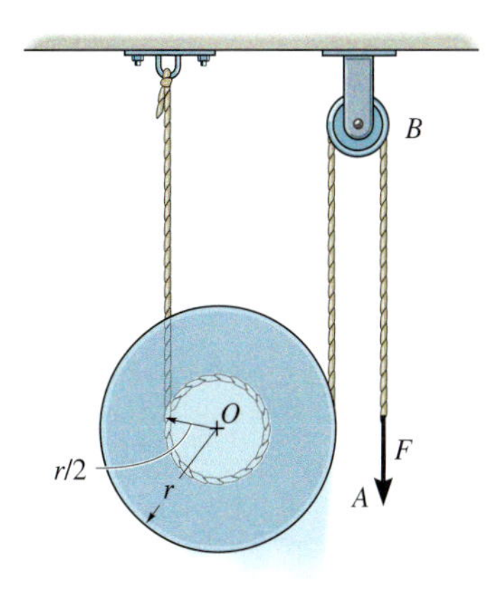

Abbildung W2.29/2.30

W2.31 Die Kommode hat das Gewicht G und wird auf dem Boden geschoben. Haftreibungskoeffizient μ_h und Gleitreibungskoeffizient μ_g zwischen den Füßen der Kommode und der Unterlage in A und B sind gegeben. Bestimmen Sie die minimale horizontale Kraft P, die eine Bewegung hervorruft. Berechnen Sie die Beschleunigung der Kommode, wenn diese Kraft geringfügig erhöht wird. Ermitteln Sie ebenfalls die Normalkräfte in A und B beim Beginn der Bewegung.

Gegeben: $G = 800\ \text{N}$, $b = 0{,}90\ \text{m}$, $h_S = 0{,}75\ \text{m}$, $h_P = 1{,}2\ \text{m}$, $\mu_h = 0{,}3$, $\mu_g = 0{,}2$

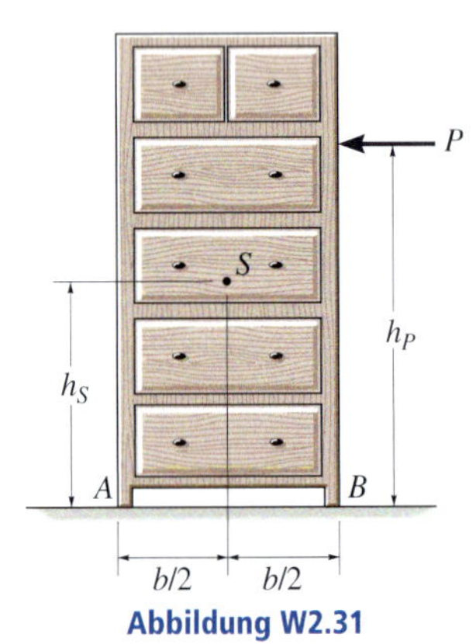

Abbildung W2.31

***W2.32** Dreht sich die Kurbel auf der Doppelwinde, wickelt sich das Seil auf der Welle A ab und auf der Welle B auf. Bestimmen Sie für die Winkelgeschwindigkeit ω die Geschwindigkeit, mit der sich die Lastmasse absenkt. Wie groß ist die Winkelgeschwindigkeit der Rolle in C? Die Seilabschnitte auf beiden Seiten der Rolle sind parallel und vertikal ausgerichtet. Das undehnbare Seil gleitet auf der Rolle nicht.

Gegeben: $r = 25\ \text{mm}$, $\omega = 4\ \text{rad/s}$

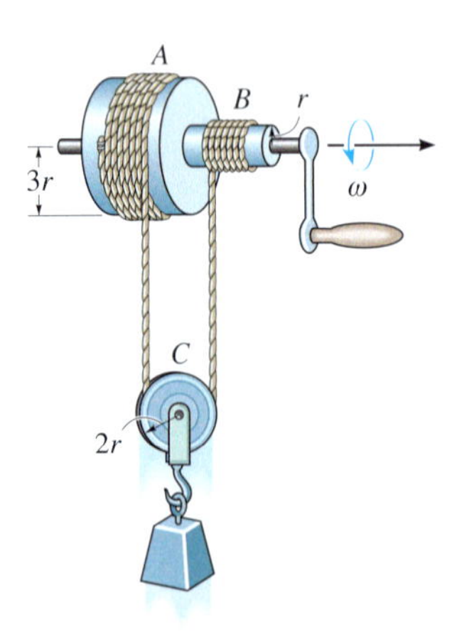

Abbildung W2.32

W2.33 Die halbrunde Scheibe hat die Masse m und wird in der dargestellten Lage aus der Ruhe losgelassen. Haft- und Gleitreibungskoeffizient zwischen Scheibe und Balken sind gegeben. Bestimmen Sie am Anfang der Bewegung im Gelenklager A und im Rollenlager B die Reaktionskräfte, die den Balken halten. Vernachlässigen Sie bei der Berechnung die Masse des Balkens.

Gegeben: $m = 50\ \text{kg}$, $r = 0{,}4\ \text{m}$, $b = 1{,}25\ \text{m}$, $c = 1{,}75\ \text{m}$, $\mu_h = 0{,}5$, $\mu_g = 0{,}3$

W2.34 Die halbrunde Scheibe hat die Masse m und wird in der dargestellten Lage aus der Ruhe freigegeben. Haft- und Gleitreibungskoeffizient zwischen Scheibe und Balken sind gegeben. Bestimmen Sie am Anfang der Bewegung im Gelenklager A und Rollenlager B die Reaktionskräfte, die den Balken halten. Vernachlässigen Sie bei der Berechnung die Masse des Balkens.

Gegeben: $m = 50\ \text{kg}$, $r = 0{,}4\ \text{m}$, $b = 1{,}25\ \text{m}$, $c = 1{,}75\ \text{m}$, $\mu_h = 0{,}2$, $\mu_g = 0{,}1$

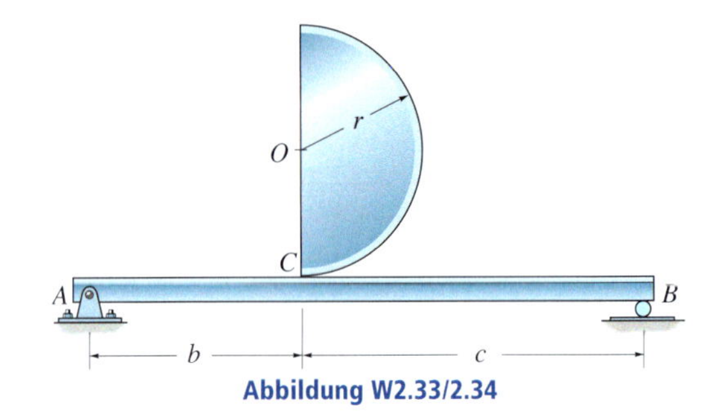

Abbildung W2.33/2.34

W2.35 Der Zylinder der Masse m ist anfangs in Ruhe, wenn er in Kontakt mit der Wand B und dem Rotor in A gebracht wird. Der Rotor dreht sich stetig mit der konstanten Winkelgeschwindigkeit ω im Uhrzeigersinn. Bestimmen Sie die Anfangswinkelbeschleunigung des Zylinders. Der Gleitreibungskoeffizient an den Kontaktpunkten B und C beträgt μ_g.

Gegeben: $m = 5\ \text{kg}$, $r = 125\ \text{mm}$, $\omega = 6\ \text{rad/s}$, $\mu_g = 0{,}2$, $\gamma = 45°$

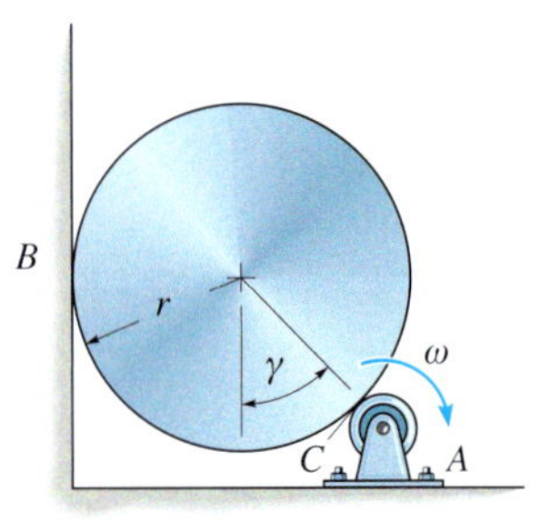

Abbildung W2.35

***W2.36** Der Lastwagen befördert die Kiste mit dem Gewicht G_K und dem Schwerpunkt in S_K. Bestimmen Sie die maximale Beschleunigung des Lastwagens, bei der die Kiste auf der Ladefläche weder gleitet noch kippt. Der Haftreibungskoeffizient μ_h zwischen Kiste und Lastwagen ist gegeben.

Gegeben: $G_K = 4000$ N, $h_K = 1{,}05$ m, $h_L = 1{,}2$ m, $b = 0{,}9$ m, $l = 3$ m, $\mu_h = 0{,}6$

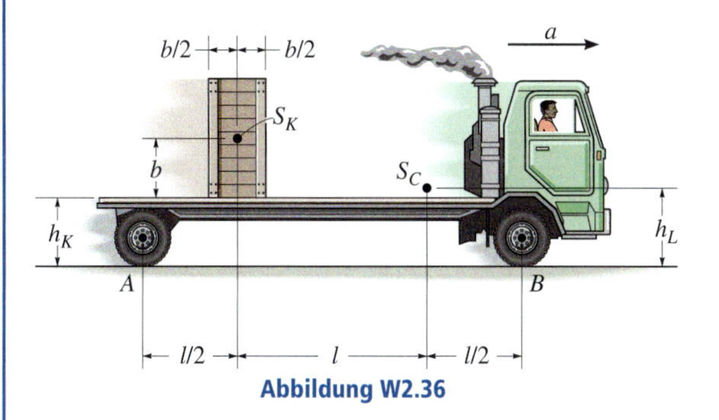

Abbildung W2.36

W2.37 Der Lastwagen hat das Gewicht G_L und den Schwerpunkt in S_L. Er befördert die Kiste mit dem Gewicht G_K und dem Schwerpunkt in S_K. Bestimmen Sie für die gegebene Beschleunigung a des Lastwagens die Normalkräfte an *jedem* der vier Räder. Wie groß ist die Reibungskraft zwischen Kiste und Lastwagen sowie zwischen *jedem* Hinterrad und der Straße. Nehmen Sie an, dass die Leistung nur auf die Hinterräder übertragen wird. Die Vorderräder rollen frei. Vernachlässigen Sie die Masse der Räder. Die Kiste auf der Ladefläche gleitet oder kippt nicht.

Gegeben: $G_K = 4000$ N, $h_K = 1{,}05$ m, $G_L = 40000$ N, $a = 0{,}15$ m/s^2, $h_L = 1{,}2$ m/s, $b = 0{,}9$ m, $l = 3$ m

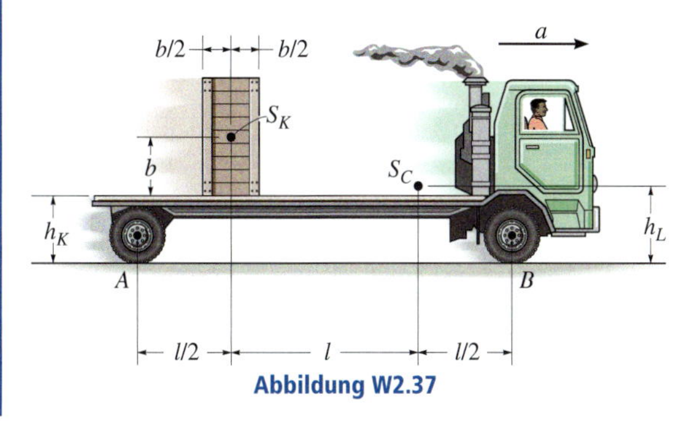

Abbildung W2.37

W2.38 Die Spule B befindet sich in Ruhe und die Spule A dreht mit der Winkelgeschwindigkeit ω_A, als sich das Verbindungsseil zwischen ihnen strafft. Bestimmen Sie die Winkelgeschwindigkeit beider Spulen kurz nach dem Straffen des Seiles. Gewicht und Trägheitsradius der Spulen sind gegeben.

Gegeben: $\omega_A = 6$ rad/s, $G_A = 300$ N, $G_B = 150$ N, $k_A = 0{,}2$ m, $k_B = 0{,}15$ m, $r = 0{,}1$ m

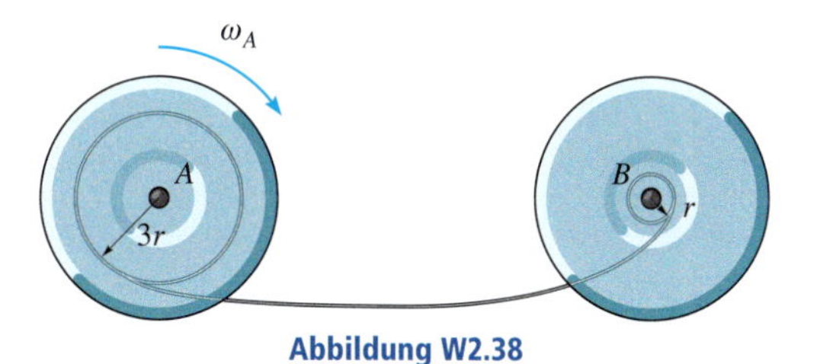

Abbildung W2.38

W2.39 Die beiden stabförmigen Teile EF und HI der jeweiligen Masse m sind in E am Koppelträger AC befestigt (geschweißt). Bestimmen Sie für $\theta = \theta_1$ die innere Normalkraft E_x, die Querkraft E_y sowie das Moment M_E, die der Koppelträger AC in E auf das Teil FE ausüben. Die Stange AB hat dabei die Winkelgeschwindigkeit ω_1 und die Winkelbeschleunigung α_1.

Gegeben: $m = 30$ kg, $\theta_1 = 30°$, $\omega_1 = 5$ rad/s, $\alpha_1 = 8$ rad/s^2, $b = 2$ m, $l = 3$ m

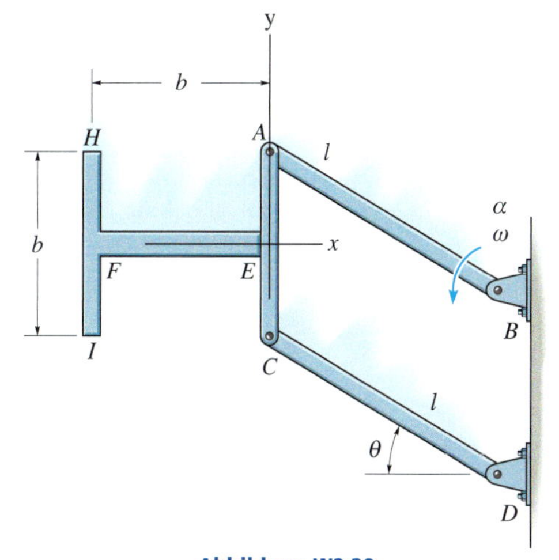

Abbildung W2.39

***W2.40** Der Dragster der Masse m hat den Schwerpunkt in S. Der Gleitreibungskoeffizient zwischen den Hinterrädern und dem Boden beträgt μ_g. Können die Vorderräder vom Boden abheben, wenn die Hinterräder gleiten? Wenn ja, welche Beschleunigung ist dazu notwendig? Vernachlässigen Sie die Masse der Räder und nehmen Sie an, dass die Vorderräder frei rollen.

Gegeben: $m = 1500$ kg, $h_S = 0{,}25$ m, $r_H = 0{,}3$ m, $b = 1$ m, $c = 2{,}5$ m, $\mu_g = 0{,}6$

W2.41 Der Dragster der Masse m hat den Schwerpunkt in S. Kein Gleiten tritt auf. Welche Reibungskraft muss an *jedem* Hinterrad B wirken, damit die Beschleunigung $a = a_1$ beträgt? Wie groß sind die Normalkräfte der Räder auf den Boden? Vernachlässigen Sie die Masse der Räder und nehmen Sie an, dass die Vorderräder frei rollen.

Gegeben: $m = 1500$ kg, $h_S = 0{,}25$ m, $r_H = 0{,}3$ m, $b = 1$ m, $c = 2{,}5$ m, $a_1 = 6$ m/s^2

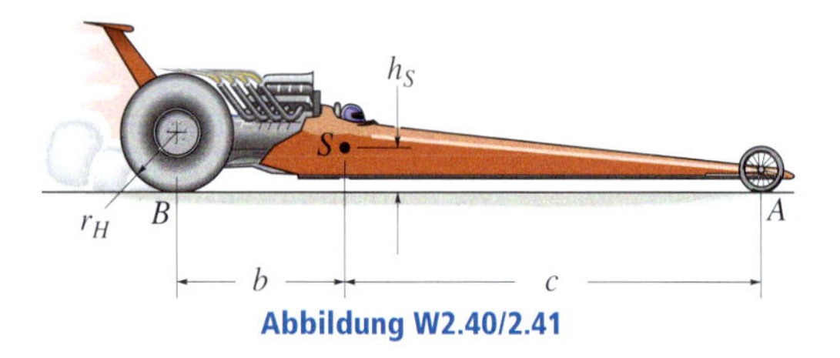

Abbildung W2.40/2.41

W2.42 Das Auto der Masse m wurde durch Erhöhen des Schwerpunktes technisch verändert. Erreicht wurde dies durch Anheben der Federn auf der Hinterachse. Zeigen Sie für den Gleitreibungskoeffizient μ_g zwischen Hinterrädern und Boden, dass der Wagen in diesem Zustand etwas schneller beschleunigt als im Originalzustand ($h = 0$). Vernachlässigen Sie die Masse der Räder und des Fahrers und nehmen Sie an, dass die Vorderräder in B frei rollen können, während die Hinterräder gleiten.

Gegeben: $m = 1600$ kg, $h = 0{,}2$ m, $H = 0{,}4$ m, $b = 1{,}6$ m, $c = 1{,}3$ m, $\mu_g = 0{,}3$

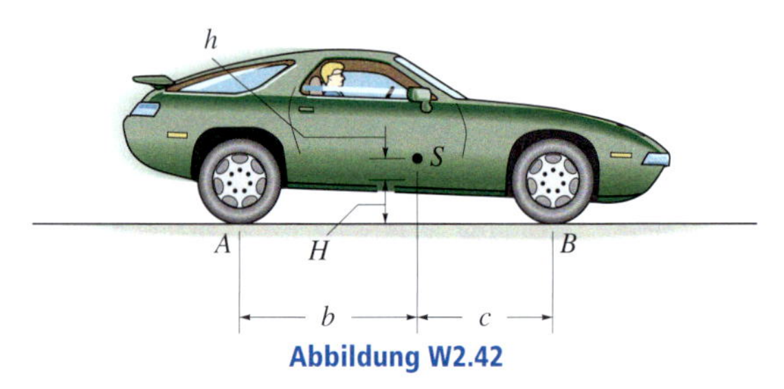

Abbildung W2.42

W2.43 Die Handkarre hat die Masse m und den Schwerpunkt in S. Bestimmen Sie die Normalkraft für *jedes* Rad in A und B, wenn die dargestellte Kraft P am Griff wirkt. Vernachlässigen Sie Masse und Rollwiderstand der Räder.

Gegeben: $m = 200$ kg, $P = 50$ N, $h = 0{,}5$ m, $b = 0{,}3$ m, $c = 0{,}2$ m

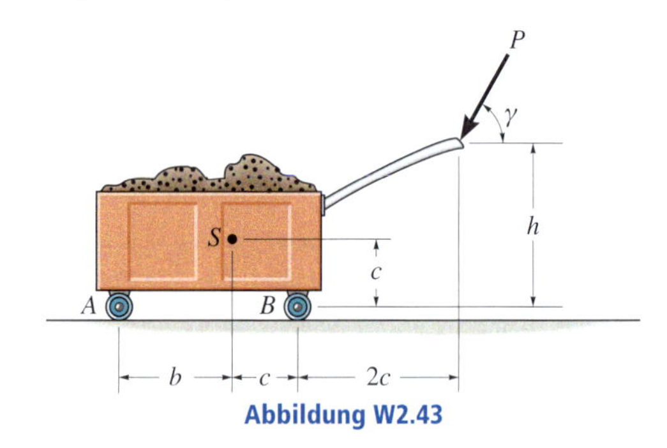

Abbildung W2.43

***W2.44** Die Kurbel AB hat die Winkelgeschwindigkeit ω_{AB}. Bestimmen Sie für die dargestellte Lage die Geschwindigkeit des Gleitstückes C.

Gegeben: $\omega_{AB} = 6$ rad/s, $l_{AB} = 200$ mm, $l_{BC} = 500$ mm, $\gamma = 30°$, $\theta = 45°$

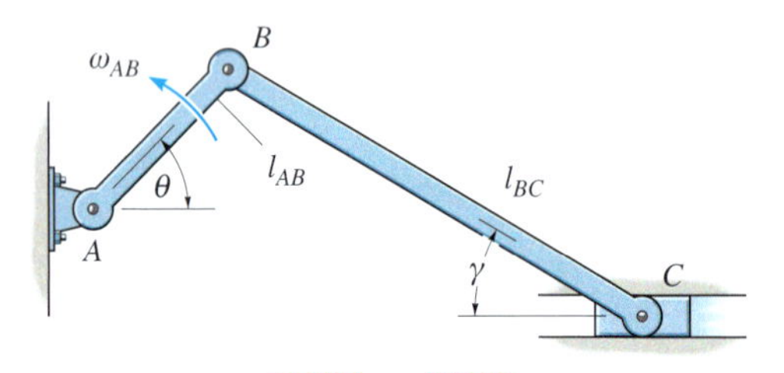

Abbildung W2.44

W2.45 Die Scheibe dreht sich mit der konstanten Winkelgeschwindigkeit ω und beim Fallen hat ihr Mittelpunkt die Beschleunigung g. Bestimmen Sie für die Bewegung die Beschleunigung der Punkte A und B auf dem Scheibenrand.

Gegeben: $\omega = 4 \text{ rad/s}$, $r = 0{,}5 \text{ m}$

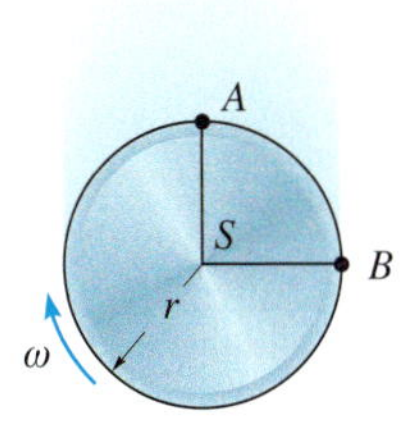

Abbildung W2.45

W2.46 Der Zylinder mit der Masse m_Z ist am schlanken Stab der Masse m befestigt. Dieser ist in Punkt A reibungsfrei drehbar gelagert. Für $\theta = \theta_1$ beträgt die Winkelgeschwindigkeit des Stabes $\omega = \omega_1$. Ermitteln Sie den größten Winkel $\theta = \theta_2$, bis zu dem der Stab schwingt, bevor sich seine Bewegungsrichtung umkehrt.

Gegeben: $m_Z = 800 \text{ kg}$, $m = 100 \text{ kg}$, $\theta_1 = 30°$, $\omega_1 = 1 \text{ rad/s}$, $b = 0{,}3 \text{ m}$, $l = 1{,}5 \text{ m}$

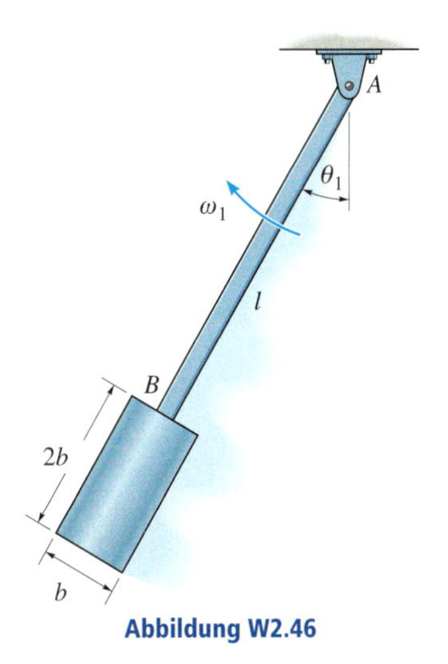

Abbildung W2.46

W2.47 Fahrrad und Fahrer haben die gemeinsame Masse m und den Schwerpunkt in S. Der Gleitreibungskoeffizient zwischen Hinterrad und Boden beträgt μ_B. Bestimmen Sie die Normalkräfte auf die Räder in A und B sowie die Verzögerung des Fahrers, wenn das Hinterrad durch Bremsen blockiert wird. Ermitteln Sie die Normalkraft am Hinterrad, wenn das Fahrrad mit konstanter Geschwindigkeit fährt und nicht gebremst wird. Vernachlässigen Sie die Masse der Räder.

Gegeben: $m = 80 \text{ kg}$, $h = 1{,}2 \text{ m}$, $b = 0{,}55 \text{ m}$, $c = 0{,}4 \text{ m}$, $\mu_B = 0{,}8$

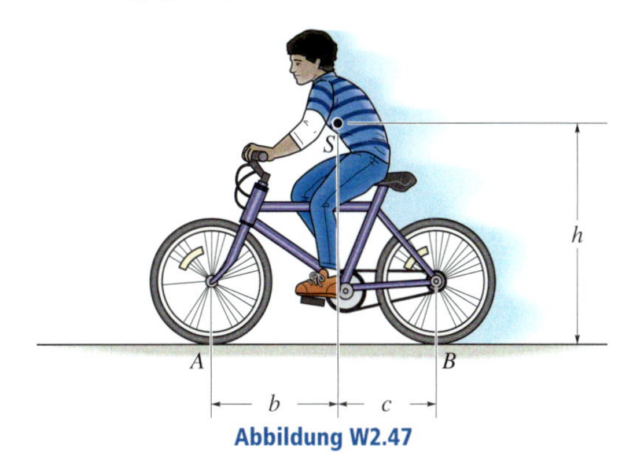

Abbildung W2.47

***W2.48** In der dargestellten Lage $\theta = \theta_1$ hat die Kurbel AB die Winkelgeschwindigkeit ω_{AB} und die Winkelbeschleunigung α_{AB}. Bestimmen Sie die Beschleunigung des Gelenkpunktes C sowie die Winkelbeschleunigung der Verbindungsstange CB.

Gegeben: $\omega_{AB} = 2 \text{ rad/s}$, $\alpha_{AB} = 6 \text{ rad/s}^2$, $l_{AB} = 300 \text{ mm}$, $l_{BC} = 500 \text{ mm}$, $l_{CD} = 175 \text{ mm}$

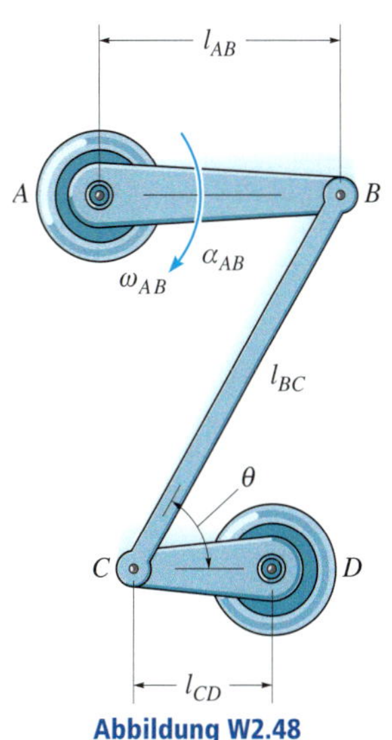

Abbildung W2.48

W2.49 Die Garnrolle hat die Masse m und den Trägheitsradius k_S und wird aus der Ruhe losgelassen. Welche Strecke hat sie auf der glatten Ebene zurückgelegt, wenn sie die Winkelgeschwindigkeit $\omega = \omega_1$ erreicht hat? Vernachlässigen Sie die Reibung und die Masse des um den Kern gewickelten Seilstückes.

Gegeben: $m = 60$ kg, $k_S = 0{,}3$ m, $r_i = 0{,}3$ m, $r_a = 0{,}5$ m, $\omega_1 = 6$ rad/s, $\gamma = 30°$

W2.50 Lösen Sie Aufgabe W2.49 für eine raue Ebene und den Gleitreibungskoeffizienten μ_A zwischen Rolle und Unterlage in A.

Gegeben: $m = 60$ kg, $k_S = 0{,}3$ m, $r_i = 0{,}3$ m, $r_a = 0{,}5$ m, $\omega_1 = 6$ rad/s, $\gamma = 30°$, $\mu_A = 0{,}2$

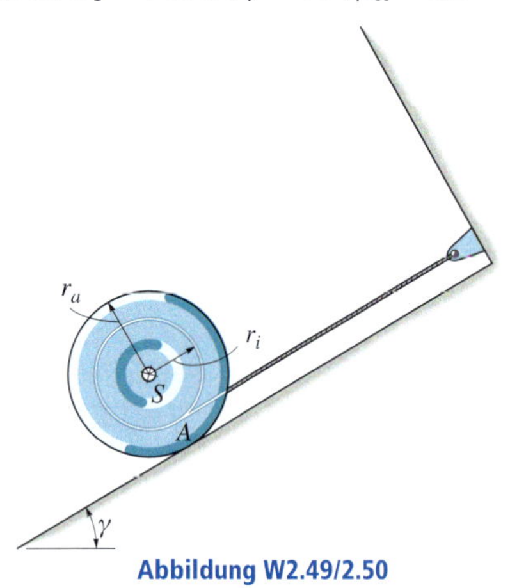

Abbildung W2.49/2.50

W2.51 Die Zahnstange hat die Masse m_Z und die Zahnräder jeweils die Masse m_A und den Trägheitsradius k bezüglich des Mittelpunktes. Anfangs für $s = s_0$ senkt sich die Zahnstange mit der Geschwindigkeit $v = v_0$ ab. Bestimmen Sie die Geschwindigkeit der Zahnstange für $s = s_1$. Die Zahnräder drehen sich frei um ihre ortsfesten Mittelpunkte A und B.

Gegeben: $m_Z = 6$ kg, $m_A = 4$ kg, $r = 50$ mm, $k = 30$ mm, $s_0 = 0$, $s_1 = 600$ mm, $v_0 = 2$ m/s

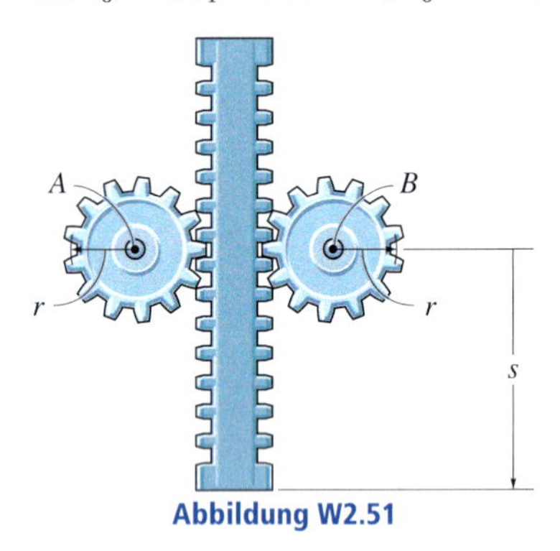

Abbildung W2.51

***W2.52** Der Wagen hat die Masse m und den Schwerpunkt in S. Bestimmen Sie seine maximal mögliche Beschleunigung, wenn (a) die Leistung nur auf die Hinterräder übertragen wird, (b) die Leistung nur auf die Vorderräder wirkt. Vernachlässigen Sie bei der Berechnung die Masse der Räder und nehmen Sie an, dass die Räder, auf die keine Leistung übertragen wird, frei rollen. Nehmen Sie außerdem an, dass die Räder, auf die Leistung übertragen wird, gleiten und der Gleitreibungskoeffizient μ_g beträgt.

Gegeben: $m = 1500$ kg, $\mu_g = 0{,}3$, $h = 0{,}4$ m, $b = 1{,}6$ m, $c = 1{,}3$ m

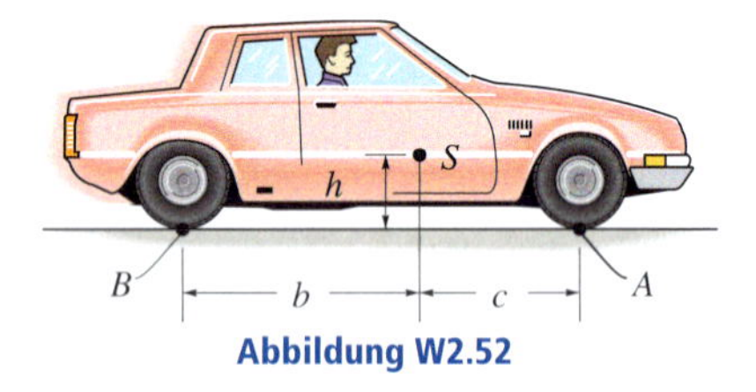

Abbildung W2.52

Zusätzliche Übungsaufgaben mit Lösungen finden Sie auf der Companion Website (CWS) unter *www.pearson-studium.de*

Räumliche Kinematik eines starren Körpers

9

ÜBERBLICK

Die räumliche Bewegung der Industrieroboter bei der Karrosseriemontage muss genau berechnet werden können.

Lernziele

- Untersuchung der Kinematik eines starren Körpers, der sich um einen festen Punkt bzw. eine feste Achse dreht oder eine allgemein räumliche Bewegung ausführt
- Beschreibung der Relativbewegung eines starren Körpers in translatorisch und rotatorisch bewegten Bezugssystemen

9.1 Drehung um einen raumfesten Punkt

Dreht sich ein starrer Körper um einen raumfesten Punkt O, dann ist der Abstand r von diesem Lagerpunkt zu einem beliebigen körperfesten *Punkt* P auf dem Körper für *jede beliebige Lage* des Starrkörpers *gleich*. Somit liegt die Bahnkurve des betrachteten Körperpunktes P auf der *Oberfläche einer Kugel* mit dem Radius r und dem Mittelpunkt im raumfesten Lagerpunkt O. Da diese Bewegung aufgrund verschiedener Rotationen zustande kommen kann, führen wir zunächst die wesentlichen Eigenschaften von allgemeinen räumlichen Drehungen ein.

Der Kranausleger kann sich nach oben und unten neigen. Da sein Endpunkt auf der vertikalen Achse, um die er sich ebenfalls drehen kann, gelagert ist, handelt es sich insgesamt um eine räumliche Drehung des Auslegers um einen festen Punkt.

Euler'scher Satz Der Euler'sche Satz besagt, dass Rotationen, die sich aus zwei Teildrehungen um unterschiedliche Achsen durch einen Punkt zusammensetzen, äquivalent einer resultierenden Drehung um eine Achse durch diesen Punkt sind. Bei mehr als zwei Teildrehungen werden diese paarweise kombiniert, die Paare können so lange weiter zusammengefasst werden, bis schließlich eine resultierende Drehung übrig bleibt.

Endliche Drehungen Sind die Teildrehungen innerhalb des Euler'schen Satzes nicht infinitesimal, sondern *endlich*, dann muss die *Reihenfolge*, in der sie erfolgen, immer beibehalten werden, weil für endliche Drehungen das Gesetz der Vektoraddition *nicht* gilt, da es sich bei endlichen Verdrehungen nicht um Vektorgrößen handelt. Zum Beweis nehmen wir an, dass endliche Drehungen Vektoreigenschaft besitzen und betrachten die beiden endlichen Drehungen $\boldsymbol{\theta}_1$ und $\boldsymbol{\theta}_2$ auf dem Körper in der Reihenfolge $\boldsymbol{\theta}_1 + \boldsymbol{\theta}_2$ gemäß Abbildung 9.1a. Jede Drehung hat den Betrag 90° und die durch die Rechte-Hand-Regel und durch den Pfeil angezeigte Richtung. Die resultierende Orientierung des Körpers ist rechts dargestellt. Werden die beiden genannten Drehungen in der umgekehrten Reihenfolge $\boldsymbol{\theta}_2 + \boldsymbol{\theta}_1$ ausgeführt, siehe Abbildung 9.1b, dann ist offensichtlich die resultierende Lage des Körpers *nicht* die gleiche wie in Abbildung 9.1a. Folglich gilt das Kommutativgesetz der Addition nicht für *endliche Drehungen* ($\boldsymbol{\theta}_1 + \boldsymbol{\theta}_2 \neq \boldsymbol{\theta}_2 + \boldsymbol{\theta}_1$), die demnach *keine Vektoren sein können*. Bei kleineren endlichen Drehungen, z.B. 10°, sind die *resultierenden* Orientierungen des Körpers ebenfalls unterschiedlich, allerdings nimmt der Unterschied mit kleiner werdenden Winkeln ab. Lediglich bei infinitesimal kleinen Winkeldrehungen spielt die Reihenfolge keine Rolle mehr, sodass infinitesimal kleine Drehungen wieder durch Vektorgrößen beschrieben werden können.

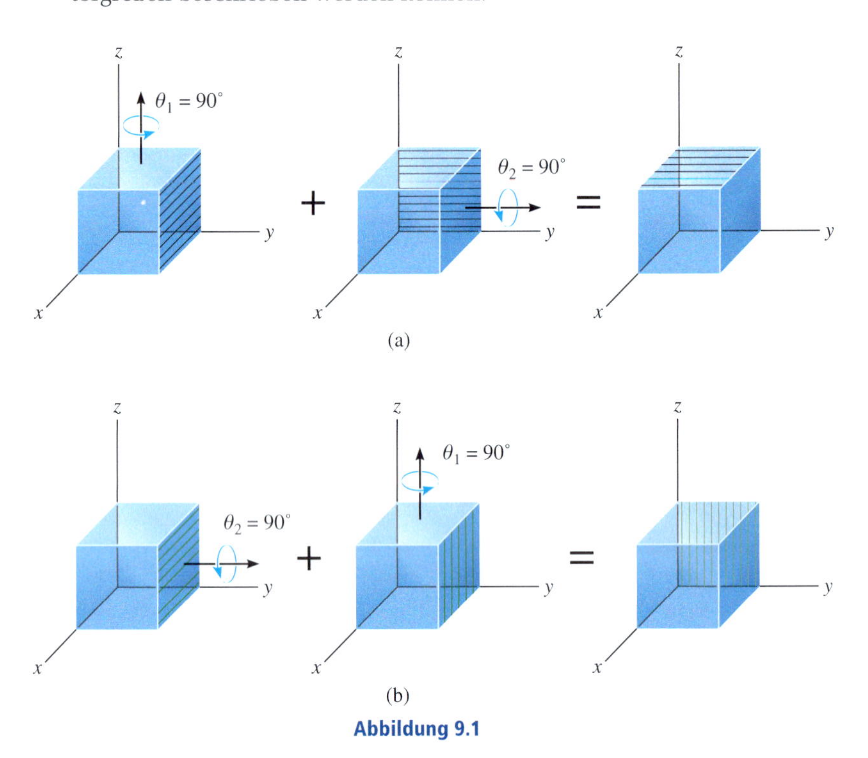

Abbildung 9.1

Konkret gibt es mehrere Möglichkeiten, die resultierende Verdrehung zu beschreiben, wobei das Ziel sein soll, die Verdrehung eines durch das orthogonale Dreibein $\mathbf{e}_i$ beschriebenen Koordinatensystems, das am starren Körper angeheftet wird, in allgemeiner Lage desselben gegenüber einem zweiten raumfesten Koordinatensystem gleichen Ursprungs anzugeben, das durch die Einheitsvektoren $\mathbf{i}_i$ beschrieben wird. In der Ausgangslage des starren Körpers zu einem Anfangszeitpunkt $t = 0$ fallen beide Koordinatensysteme zusammen.

a. Richtungskosinus

Die Gleichung

$$\mathbf{e}_k = m_{k1}\mathbf{i}_1 + m_{k2}\mathbf{i}_2 + m_{k3}\mathbf{i}_3 = m_{kl}\mathbf{i}_l, \quad k,l = 1,2,3 \tag{9.1}$$

mit der Matrix m_{kl} der neun Richtungskosinus

$$m_{kl} = \cos(\mathbf{e}_k, \mathbf{i}_l)$$

legt die Lage der Einheitsvektoren $\mathbf{e}_i$ gegenüber den Einheitsvektoren $\mathbf{i}_i$ fest. Dass es sich bei m_{kl} um den Kosinus des zwischen $\mathbf{e}_k$ und $\mathbf{i}_l$ liegenden Winkels handelt, kann leicht gezeigt werden, wenn Gleichung (9.1) skalar mit $\mathbf{i}_l$ multipliziert wird. Da $\mathbf{e}_k$ und $\mathbf{i}_l$ Einheitsvektoren sind, ergibt sich auf der linken Seite cos $(\mathbf{e}_k,\mathbf{i}_l)$, während auf der rechten Seite m_{kl} verbleibt. In der verwendeten Kurzschreibweise $\mathbf{e}_k = m_{kl}\mathbf{i}_l$ ist die so genannte Einstein'sche Summationskonvention verwendet worden, gemäß derer über doppelt vorkommende Indizes zu summieren ist. In der angegebenen Relation gelten die sechs Nebenbedingungen

$$m_{ki}m_{li} = \delta_{kl} = \begin{cases} 1, & k = l \\ 0, & k \neq l \end{cases}$$

sodass nur *drei* unabhängige Parameter die resultierende Drehung kennzeichnen. Die Beziehung kann verifiziert werden, wenn wir das Skalarprodukt von $\mathbf{e}_k$ und $\mathbf{e}_l$ bilden und Gleichung (9.1) verwenden.

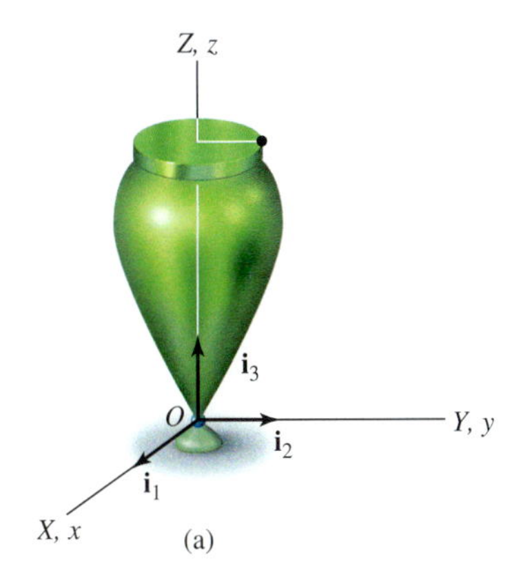

b. Euler'sche Winkel

Anstelle von drei unabhängigen Richtungskosinus können auch drei hintereinander geschaltete Elementardrehungen um einzelne Koordinatenachsen zu einer resultierenden Gesamtdrehung verknüpft werden, Abbildung 9.2.

Als erste Elementardrehung wird eine Winkeldrehung φ um die $\mathbf{i}_3$-Achse ausgeführt. Diese führt auf das durch die Einheitsvektoren $\mathbf{e}_i'$ beschriebene Koordinatensystem. Es gilt

$$\mathbf{e}_i' = m_{il}^{\varphi}\mathbf{i}_l \quad \text{mit} \quad m_{il}^{\varphi} = \begin{bmatrix} \cos\varphi & \sin\varphi & 0 \\ -\sin\varphi & \cos\varphi & 0 \\ 0 & 0 & 1 \end{bmatrix}$$

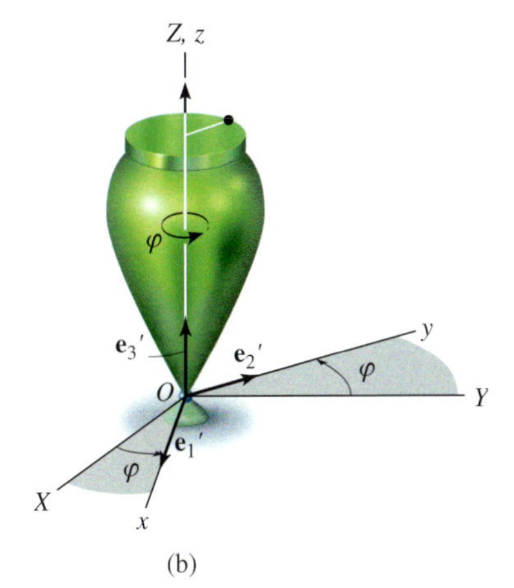

Abbildung 9.2

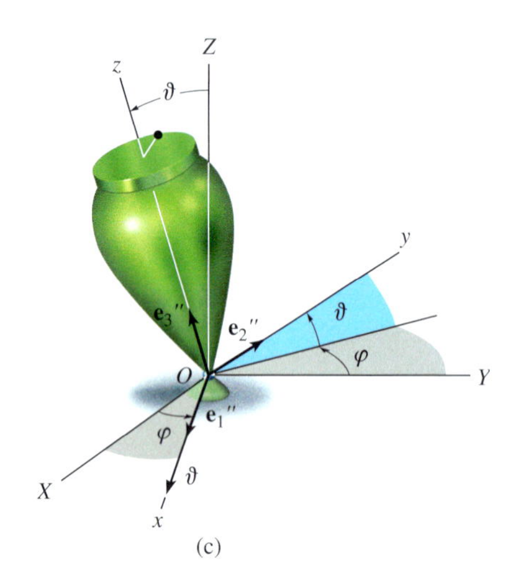

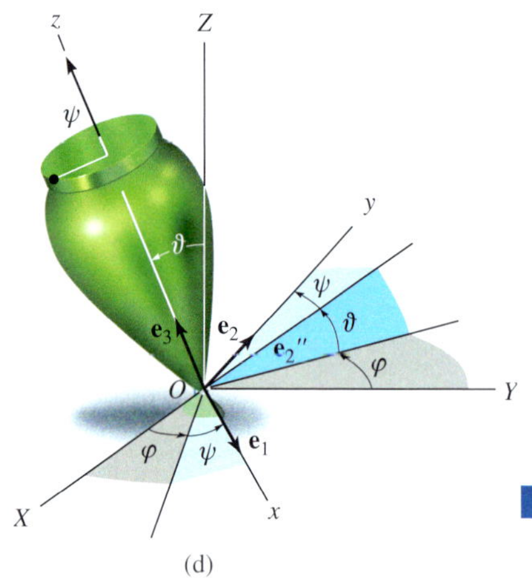

Abbildung 9.2

Danach folgt als zweite Elementardrehung eine Winkeldrehung ϑ um die $\mathbf{e}_1'$-Achse, deren Ergebnis ein Koordinatensystem mit den Einheitsvektoren $\mathbf{e}_j''$ ist:

$$\mathbf{e}_j'' = m_{ji}^{\vartheta}\mathbf{e}_i' \quad \text{mit} \quad m_{ji}^{\vartheta} = \begin{bmatrix} 1 & 0 & 0 \\ 0 & \cos\vartheta & \sin\vartheta \\ 0 & -\sin\vartheta & \cos\vartheta \end{bmatrix}$$

Schließlich wird eine dritte und letzte Elementardrehung ψ um die $\mathbf{e}_3''$-Achse durchgeführt, sodass sich die durch die Einheitsvektoren $\mathbf{e}_k$ beschriebene Orientierung ergibt:

$$\mathbf{e}_k = m_{kj}^{\psi}\mathbf{e}_j'' \quad \text{mit} \quad m_{kj}^{\psi} = \begin{bmatrix} \cos\psi & \sin\psi & 0 \\ -\sin\psi & \cos\psi & 0 \\ 0 & 0 & 1 \end{bmatrix}$$

Durch rekursives Einsetzen lässt sich die resultierende Drehung

$$\mathbf{e}_k = m_{kl}^{E}\mathbf{i}_l$$

aus den drei Elementardrehungen durch eine Matrizenmultiplikation

$$m_{kl}^{E} = m_{kj}^{\psi} \cdot m_{ji}^{\vartheta} \cdot m_{il}^{\varphi}$$

$$= \begin{bmatrix} \cos\varphi\cos\psi - \sin\varphi\cos\vartheta\sin\psi & \sin\varphi\cos\psi + \cos\varphi\cos\vartheta\sin\psi & \sin\vartheta\sin\psi \\ -\cos\varphi\sin\psi - \sin\varphi\cos\vartheta\cos\psi & -\sin\varphi\sin\psi + \cos\varphi\cos\vartheta\cos\psi & \sin\vartheta\cos\psi \\ \sin\varphi\sin\vartheta & -\cos\varphi\sin\vartheta & \cos\vartheta \end{bmatrix}$$

zusammensetzen, wobei für endliche Drehungen streng auf die Reihenfolge der konsekutiven Drehungen φ, ϑ und ψ zu achten ist.

c. Kardanwinkel, Euler-Parameter, etc.

Außer den in *a)* und *b)* vorgestellten Größen zur Beschreibung der Orientierung eines Körpers in einem raumfesten Bezugssystem gibt es noch zahlreiche andere Möglichkeiten, z.B. Kardanwinkel, Euler-Parameter, etc., die hier allerdings nicht behandelt werden sollen.

Infinitesimale Drehungen Oft werden bei der Drehung eines Körpers um einen Fixpunkt oder bei einer allgemein räumlichen Bewegung nur *infinitesimal kleine* Drehungen betrachtet. *Diese Drehungen sind Vektoren, denn sie können in der Tat beliebig vektoriell addiert werden.* Betrachten wir zum Beweis einen kugelförmigen starren Körper, der um den raumfesten Mittelpunkt O rotieren kann, Abbildung 9.3a. Führt er zwei infinitesimal kleine Drehungen in der Reihenfolge $d\boldsymbol{\theta}_1 + d\boldsymbol{\theta}_2$ aus, dann bewegt sich der körperfeste Punkt P aus der Anfangslage auf der Bahnkurve $d\boldsymbol{\theta}_1 \times \mathbf{r} + d\boldsymbol{\theta}_2 \times \mathbf{r}$ bis zu einer Endlage, die durch den Punkt P' gekennzeichnet wird. Treten die beiden Drehungen in der Reihenfolge $d\boldsymbol{\theta}_2 + d\boldsymbol{\theta}_1$ auf, dann erfolgt die Lageänderung des Punktes P gemäß $d\boldsymbol{\theta}_2 \times \mathbf{r} + d\boldsymbol{\theta}_1 \times \mathbf{r}$. Da für das Vektorkreuzprodukt das Distributivgesetz gilt, ergibt sich $(d\boldsymbol{\theta}_1 + d\boldsymbol{\theta}_2) \times \mathbf{r} = (d\boldsymbol{\theta}_2 + d\boldsymbol{\theta}_1) \times \mathbf{r}$. Die infinitesimalen Drehungen $d\boldsymbol{\theta}$ sind in diesem Falle Vektoren, denn diese Größen haben Betrag und Richtung, für welche die Reihenfolge der (Vektor)addition unwesentlich ist, d.h. $d\boldsymbol{\theta}_1 + d\boldsymbol{\theta}_2 = d\boldsymbol{\theta}_2 + d\boldsymbol{\theta}_1$ gilt. Weiterhin zeigt Abbildung 9.3a, dass die Summe der beiden Drehanteile $d\boldsymbol{\theta}_1$ und $d\boldsymbol{\theta}_2$ äquivalent einer einzelnen resultierenden Drehung ist, was aus dem Euler'schen Satz folgt.

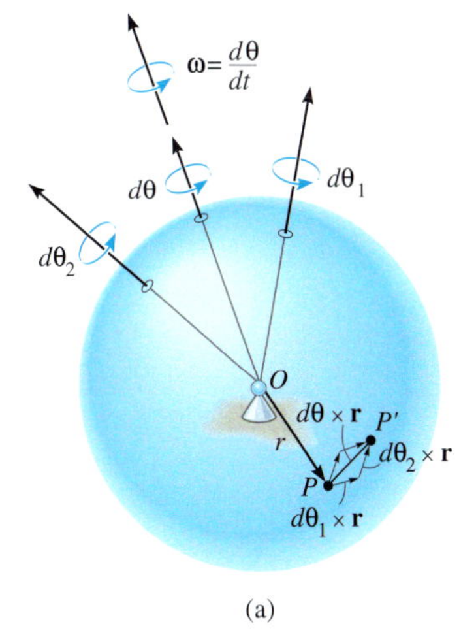

(a)

Abbildung 9.3

Bei Verwendung von infinitesimal kleinen Eulerwinkeln $d\varphi$, $d\vartheta$ und $d\psi$ beispielsweise ergeben sich zunächst die Drehmatrizen

$$m_{il}^{\varphi} = \begin{bmatrix} 1 & d\varphi & 0 \\ -d\varphi & 1 & 0 \\ 0 & 0 & 1 \end{bmatrix}, \quad m_{ji}^{\vartheta} = \begin{bmatrix} 1 & 0 & 0 \\ 0 & 1 & d\vartheta \\ 0 & -d\vartheta & 1 \end{bmatrix}, \quad m_{kj}^{\psi} = \begin{bmatrix} 1 & d\psi & 0 \\ -d\psi & 1 & 0 \\ 0 & 0 & 1 \end{bmatrix}$$

und die Multiplikation ergibt unabhängig von der Reihenfolge

$$m_{kl}^{E} = \begin{bmatrix} 1 & d\varphi + d\psi & 0 \\ -(d\varphi + d\psi) & 1 & d\vartheta \\ 0 & -d\vartheta & 1 \end{bmatrix}$$

wenn quadratische Terme vernachlässigt werden, da es sich um infinitesimal kleine Winkel handelt. Allerdings erkennen wir, dass Eulerwinkel zur Illustration dieses Falles nicht geeignet sind, da in der resultierenden Eulermatrix zwei Drehungen, nämlich $d\varphi$ und $d\psi$, als Drehungen um dieselbe Achse erscheinen.

Winkelgeschwindigkeit Wir beginnen unsere Überlegungen zur Berechnung der Winkelgeschwindigkeit mit infinitesimalen Drehungen. Erfährt der Körper eine derartige Drehung $d\boldsymbol{\theta}$ bezüglich eines raumfesten Punktes, dann wird die Winkelgeschwindigkeit des Körpers aus der Beziehung

$$\boldsymbol{\omega} = \frac{d\boldsymbol{\theta}}{dt} \tag{9.2}$$

bestimmt.

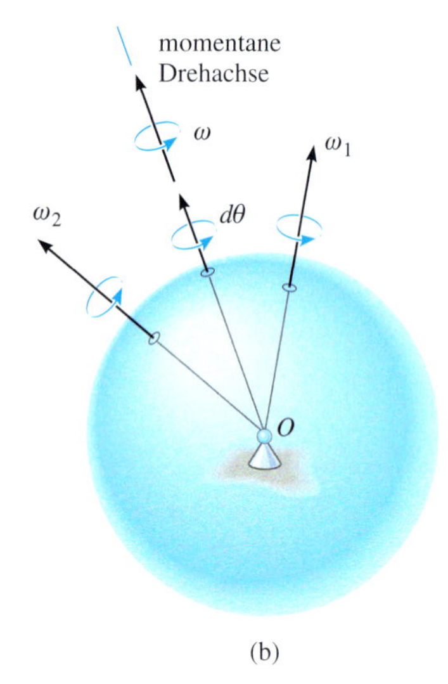

Abbildung 9.3

Die Gerade, welche die Richtung von $\boldsymbol{\omega}$ angibt und die kollinear zu $d\boldsymbol{\theta}$ ist, heißt *momentane Drehachse*, Abbildung 9.3b. Im Allgemeinen ändert diese Achse ständig ihre Richtung. Da $d\boldsymbol{\theta}$ eine Vektorgröße ist, ist es auch $\boldsymbol{\omega}$, und so folgt aus der Vektoraddition, dass bei zwei aufeinander folgenden Winkelbewegungen mit den zugehörigen Winkelgeschwindigkeiten $\boldsymbol{\Omega}_1 = d\boldsymbol{\theta}_1/dt$ und $\boldsymbol{\Omega}_2 = d\boldsymbol{\theta}_2/dt$ die resultierende Winkelgeschwindigkeit $\boldsymbol{\omega} = \boldsymbol{\omega}_1 + \boldsymbol{\omega}_2$ ist.

Für endliche Drehungen kann die Winkelgeschwindigkeit beispielsweise bei Verwendung von Eulerwinkeln analog zur Konstruktion der resultierenden Drehung in der Form

$$\boldsymbol{\omega} = \dot{\varphi}\,\mathbf{i}_3 + \dot{\vartheta}\,\mathbf{e}_1' + \dot{\psi}\,\mathbf{e}_3'' \tag{9.3}$$

unmittelbar angegeben werden. Diese Winkelgeschwindigkeiten werden in der benutzten Reihenfolge als *Präzession*, *Nutation* und *Spin* (*Eigendrehung*) bezeichnet. Die vorgestellte gemischte Schreibweise unter Verwendung von Basisvektoren unterschiedlicher Bezugssysteme ist allerdings bei praktischen Problemen bezüglich der Basisvektoren eines Bezugssystems auszuwerten, wobei in aller Regel die Darstellung im körperfesten Koordinatensystem zu bevorzugen ist. Beachtet man die vereinfachenden Relationen

$$\mathbf{i}_3 = \mathbf{e}_3', \quad \mathbf{e}_1' = \mathbf{e}_1'', \quad \mathbf{e}_3'' = \mathbf{e}_3$$

ist die Umrechnung in das körperfeste Koordinatensystem $\mathbf{e}_i$ etwas erleichtert, weil nur noch $\mathbf{e}_3'$ und $\mathbf{e}_1''$ zu transformieren sind. Die Zwischenrechnung wird hier weggelassen und das Ergebnis lautet

$$\boldsymbol{\omega} = \omega_1\,\mathbf{e}_1 + \omega_2\,\mathbf{e}_2 + \omega_3\,\mathbf{e}_3$$

mit

$$\begin{aligned}
\omega_1 &= \dot{\varphi}\sin\vartheta\sin\psi + \dot{\vartheta}\cos\psi \\
\omega_2 &= \dot{\varphi}\sin\vartheta\cos\psi - \dot{\vartheta}\sin\psi \\
\omega_3 &= \dot{\varphi}\cos\vartheta + \dot{\psi}
\end{aligned} \tag{9.4}$$

Offensichtlich sind die Winkelgeschwindigkeitskoordinaten $\omega_{1,2,3}$ bei endlichen Drehungen keine Zeitableitungen irgendwelcher geometrischer Winkel. Es liegen demnach so genannte Quasikoordinaten vor, eine der markanten Schwierigkeiten bei der Untersuchung der allgemein räumlichen Drehung starrer Körper.

Winkelbeschleunigung Die Winkelbeschleunigung des Körpers wird aus der Zeitableitung der Winkelgeschwindigkeit bestimmt (unabhängig davon, ob endliche oder infinitesimal kleine Drehwinkel zugrunde liegen):

$$\boldsymbol{\alpha} = \frac{d\boldsymbol{\omega}}{dt} = \dot{\boldsymbol{\omega}} \tag{9.5}$$

An dieser Stelle weisen wir ausdrücklich darauf hin, dass bei der Ableitung von Vektoren zu beachten ist, dass bei einer Darstellung z.B. des Vektors $\boldsymbol{\omega}$ in der Form

$$\boldsymbol{\omega} = \omega_1 \mathbf{e}_1 + \omega_2 \mathbf{e}_2 + \omega_3 \mathbf{e}_3$$

nicht nur die Koordinaten ω_i zeitabhängig sein können, sondern eventuell auch die Einheitsvektoren $\mathbf{e}_i$, wenn diese nämlich während der Bewegung ihre Richtung ändern. In *Abschnitt 9.2* gehen wir darauf näher ein.

Auf die Angabe des Ergebnisses für $\boldsymbol{\alpha}$ unter Verwendung von Eulerwinkeln wird hier verzichtet.

Allgemein kann man aber feststellen, dass bei der Drehung um einen raumfesten Punkt in der Winkelbeschleunigung $\boldsymbol{\alpha}$ die Änderung von Betrag *und* Richtung von $\boldsymbol{\omega}$ eingehen muss, sodass im Allgemeinen die Richtung von $\boldsymbol{\alpha}$ nicht entlang der momentanen Drehachse verläuft, Abbildung 9.4.

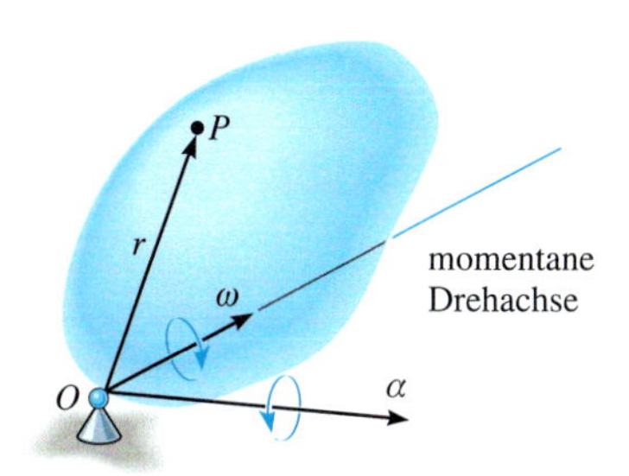

Abbildung 9.4

Da sich die Richtung der momentanen Drehachse (d.h. der Wirkungslinie von $\boldsymbol{\omega}$) im Raum ändert, erzeugt die Ortskurve von durch diese Achse definierten Punkten einen *raumfesten Kegel*. Wird die Änderung dieser Achse bezüglich des rotierenden Körpers betrachtet, erzeugt die Ortskurve der Achse einen *körperfesten Kegel*, Abbildung 9.5. Zu jedem Zeitpunkt berühren sich diese Kegel entlang der momentanen Drehachse. Bewegt sich der Körper, dann scheint der körperfeste Kegel auf der inneren oder äußeren Mantelfläche des raumfesten Kegels zu rollen.[1] Vorausgesetzt, dass die Bahnkurven der offenen Kegelenden durch die Spitze des Winkelgeschwindigkeitsvektors $\boldsymbol{\omega}$ beschrieben werden, muss daraus folgend die Winkelbeschleunigung $\boldsymbol{\alpha}$ immer tangential zu diesen Bahnkurven gerichtet sein, denn die zeitliche Änderung von $\boldsymbol{\omega}$ ist gleich $\boldsymbol{\alpha}$, Abbildung 9.5.

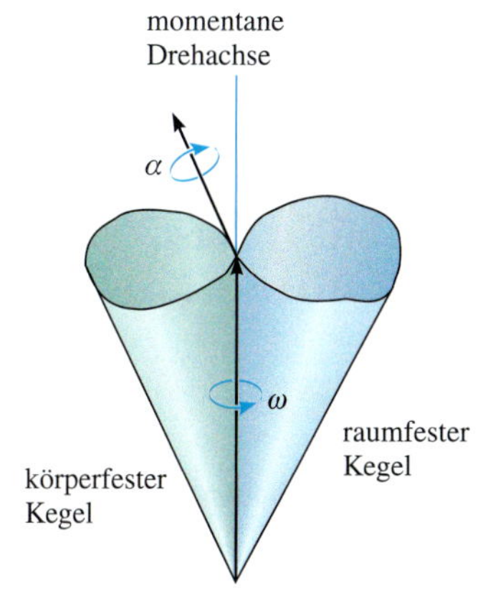

Abbildung 9.5

Geschwindigkeit Ist die Winkelgeschwindigkeit $\boldsymbol{\omega}$ festgelegt, so kann die Geschwindigkeit eines beliebigen Punktes P auf einem starren Körper, der um einen Fixpunkt rotiert, ebenso bestimmt werden wie für einen Körper, der um eine raumfeste Achse rotiert (siehe *Abschnitt 5.3*). Unter Verwendung des Kreuzprodukts ergibt sich

$$\mathbf{v} = \boldsymbol{\omega} \times \mathbf{r} \tag{9.6}$$

Dabei gibt $\mathbf{r}$ die Lage des betrachteten Körperpunktes P bezüglich des raumfesten Punktes O an, Abbildung 9.4.

1 Es ist festzustellen, dass im allgemeinsten Fall die Ortskurve der momentanen Drehachse keine aufeinander abrollenden Kegel mehr erzeugt, sondern Mantelflächen, die sich nicht notwendigerweise schließen. Nur unter gewissen Einschränkungen ergeben sich geschlossene kegelförmige Mantelflächen. Kreiskegel liegen nur in speziellen Sonderfällen vor, wie sie z.B. in *Abschnitt 10.6* behandelt werden.

Beschleunigung Sind die Winkelgeschwindigkeit $\boldsymbol{\omega}$ und die Winkelbeschleunigung $\boldsymbol{\alpha}$ zu einem bestimmten Zeitpunkt bekannt, dann wird die Beschleunigung eines beliebigen Punktes P auf dem Körper durch Zeitableitung von Gleichung (9.6) ermittelt. Es ergibt sich

$$\mathbf{a} = \boldsymbol{\alpha} \times \mathbf{r} + \boldsymbol{\omega} \times (\boldsymbol{\omega} \times \mathbf{r}) \tag{9.7}$$

Die Gleichung stimmt mit der in *Abschnitt 5.3* hergeleiteten Gleichung überein, welche die Beschleunigung eines beliebigen Punktes auf dem um eine feste Achse rotierenden starren Körper beschreibt.

9.2 Zeitableitungen in ruhenden und in bewegten Bezugssystemen

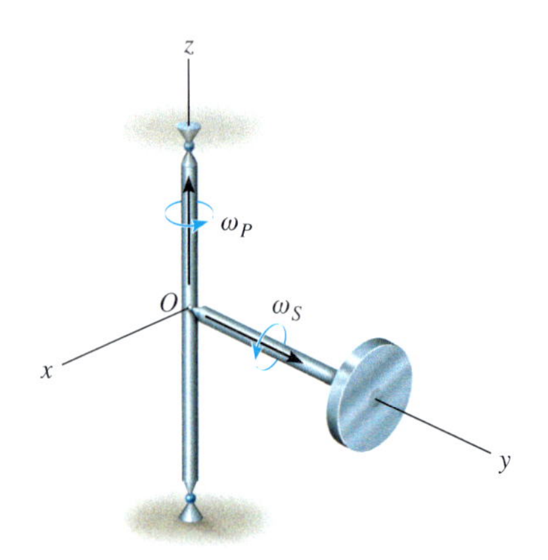

Abbildung 9.6

Bei vielen Problemen mit Bewegungen von Körpern um raumfeste Punkte wird die Winkelgeschwindigkeit $\boldsymbol{\omega}$ in natürlicher Weise mit ihren Komponenten bezüglich dreier ausgewählter Achsrichtungen angegeben, wie dies bereits im vorangehenden Abschnitt in Verbindung mit Eulerwinkeln der Fall war. Die Scheibe in Abbildung 9.6 dreht sich z.B. mit der Winkelgeschwindigkeit ω_S als so genannte *Eigendrehung* um die horizontale y-Achse und gleichzeitig mit der Winkelgeschwindigkeit ω_P als so genannte *Präzessionsdrehung* um die vertikale z-Achse. Daher beträgt ihre resultierende Winkelgeschwindigkeit

$$\boldsymbol{\omega} = \boldsymbol{\omega}_S + \boldsymbol{\omega}_P = \omega_S \mathbf{e}_y + \omega_P \mathbf{e}_z$$

Soll die Winkelbeschleunigung $\boldsymbol{\alpha} = \dot{\boldsymbol{\omega}}$ des Körpers bestimmt werden, ist es zuweilen einfacher, die Zeitableitung von $\boldsymbol{\omega}$ unter Verwendung eines Koordinatensystems zu ermitteln, das mit einer oder mehreren Komponenten der Winkelgeschwindigkeit $\boldsymbol{\omega}$ rotiert.[2] Aus diesem Grund wird – auch für andere Zwecke – eine Gleichung hergeleitet, welche die Zeitableitung eines beliebigen Vektors $\mathbf{A}$ bezüglich eines translatorisch und rotatorisch bewegten Bezugssystems mit seiner Zeitableitung bezüglich eines raumfesten Koordinatensystems verknüpft.

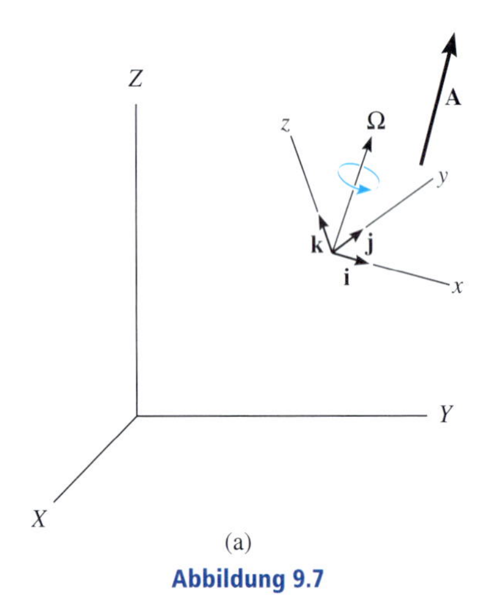

(a)
Abbildung 9.7

Betrachten wir die x,y,z-Achsen des mit der Winkelgeschwindigkeit $\boldsymbol{\Omega}$ bezüglich der raumfesten X,Y,Z-Achsen bewegten Referenzsystems, Abbildung 9.7a. In der folgenden Betrachtung wird stets davon ausgegangen, dass der Vektor $\mathbf{A}$ im bewegten Bezugssystem mit den Einheitsvektoren $\mathbf{i}$,$\mathbf{j}$ und $\mathbf{k}$ in Richtung der bewegten Achsen in der Form

$$\mathbf{A} = A_x\mathbf{i} + A_y\mathbf{j} + A_z\mathbf{k}$$

besonders einfach angegeben werden kann. Die Zeitableitung von $\mathbf{A}$ muss dann die Änderung sowohl des Vektorbetrages als auch der -richtung berücksichtigen. Wird diese Ableitung *bezüglich des bewegten Koordinatensystems* ausgeführt, muss nur die Änderung des Betrags

2 Im Fall der sich drehenden Scheibe, Abbildung 9.6, bietet sich ein rahmenfestes x,y,z-Koordinatensystem an, das mit der Winkelgeschwindigkeit $\boldsymbol{\omega}_P$ um die z-Achse umläuft.

von **A** beachtet werden, denn die Richtungen der Komponenten ändern sich bezüglich des bewegten Koordinatensystems nicht:

$$\left(\dot{\mathbf{A}}\right)_{xyz} = \dot{A}_x\mathbf{i} + \dot{A}_y\mathbf{j} + \dot{A}_z\mathbf{k} \tag{9.8}$$

Wird die Zeitableitung von **A** *bezüglich des raumfesten Koordinatensystems* genommen, so ändern sich infolge der *Rotation* $\mathbf{\Omega}$ (aber *nicht* infolge einer eventuell zusätzlich auftretenden Translation) die *Richtungen* von **i**, **j** und **k**. Im Allgemeinen gilt somit

$$\dot{\mathbf{A}} = \dot{A}_x\mathbf{i} + \dot{A}_y\mathbf{j} + \dot{A}_z\mathbf{k} + A_x\dot{\mathbf{i}} + A_y\dot{\mathbf{j}} + A_z\dot{\mathbf{k}}$$

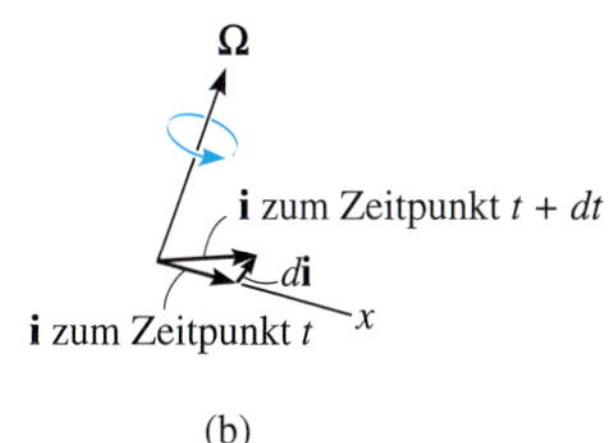

(b)
Abbildung 9.7

Betrachten wir nun die Zeitableitungen der Einheitsvektoren. Dabei repräsentiert $\dot{\mathbf{i}} = d\mathbf{i}/dt$ nur die Änderung der *Richtung* von **i** bezüglich der Zeit, denn **i** hat den festen Betrag 1. Wie in Abbildung 9.7b gezeigt, ist die Änderung $d\mathbf{i}$, die von der Spitze des Einheitsvektors **i** beschrieben wird, wenn er aufgrund der Rotation $\mathbf{\Omega}$ seine Orientierung ändert *tangential zur Bahn* gerichtet. Unter Berücksichtigung von Betrag und Richtung von $d\mathbf{i}$ können wir somit die Zeitableitung von **i** mit Hilfe des Kreuzproduktes $\dot{\mathbf{i}} = \mathbf{\Omega} \times \mathbf{i}$ definieren:

$$\dot{\mathbf{i}} = \mathbf{\Omega} \times \mathbf{i} \qquad \dot{\mathbf{j}} = \mathbf{\Omega} \times \mathbf{j} \qquad \dot{\mathbf{k}} = \mathbf{\Omega} \times \mathbf{k}$$

Diese Formeln wurden bereits in *Abschnitt 5.8* im Rahmen der ebenen Bewegung von Bezugssystemen hergeleitet. Wir setzen die erhaltenen Ergebnisse in die Bestimmungsgleichung für $\dot{\mathbf{A}}$ ein und erhalten mit Gleichung (9.8)

$$\dot{\mathbf{A}} = \left(\dot{\mathbf{A}}\right)_{xyz} + \mathbf{\Omega} \times \mathbf{A} \tag{9.9}$$

Diese Beziehung ist sehr wichtig und spielt in *Abschnitt 9.4* zur Beschreibung der Relativbewegung in allgemein translatorisch und rotatorisch bewegten Bezugssystemen und in *Kapitel 10* bei der Kinetik der allgemein räumlichen Bewegung starrer Körper eine entscheidende Rolle. Sie bedeutet, dass sich die Zeitableitung eines *beliebigen Vektors* **A** bezüglich des raumfesten *X,Y,Z*-Koordinatensystems aus der zeitlichen Änderung von **A** bezüglich des allgemein translatorisch und rotatorisch bewegten *x,y,z*-Koordinatensystems, Gleichung (9.8), und dem Beitrag $\mathbf{\Omega} \times \mathbf{A}$ der Änderung von **A** aufgrund der Drehung des *x,y,z*-Koordinatensystems zusammensetzt. Somit ist Gleichung (9.9) immer dann relevant, wenn eine Winkelgeschwindigkeit $\mathbf{\Omega}$ eine Änderung der Richtung von **A** bezüglich des *X,Y,Z*-Koordinatensystems verursacht. Gibt es keine Änderung, d.h. $\mathbf{\Omega} = \mathbf{0}$, dann gilt

$$\dot{\mathbf{A}} = \left(\dot{\mathbf{A}}\right)_{xyz}$$

und die zeitliche Änderung des Vektors **A** bezüglich beider Koordinatensysteme ist *gleich*.

Beispiel 9.1

Die Scheibe in Abbildung 9.8a dreht sich mit der konstanten Winkelgeschwindigkeit ω_S um die horizontale Achse, während sich die horizontale Plattform, auf der die Scheibe angebracht ist, mit der konstanten Winkelgeschwindigkeit ω_P um die vertikale Achse dreht. Bestimmen Sie die Winkelbeschleunigung der Scheibe sowie die Geschwindigkeit und die Beschleunigung von Punkt A auf der Scheibe in der dargestellten Lage.

$\omega_S = 3$ rad/s, $\omega_P = 1$ rad/s, $d = 1$ m, $r_S = 0{,}25$ m

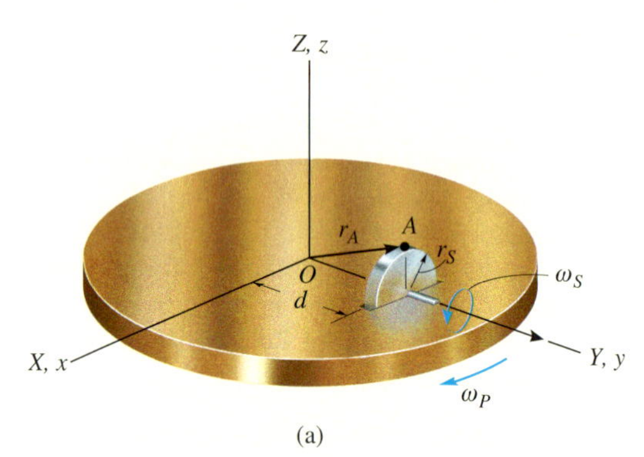

(a)

Abbildung 9.8

Lösung

Punkt O ist ein raumfester Drehpunkt der Scheibe. Zur Bestimmung der Geschwindigkeit und der Beschleunigung von Punkt A müssen zunächst die resultierende Winkelgeschwindigkeit $\boldsymbol{\omega}$ und die Winkelbeschleunigung $\boldsymbol{\alpha}$ der Scheibe ermittelt werden, denn diese Vektoren werden in den Gleichungen (9.6) und (9.7) verwendet.

Winkelgeschwindigkeit Die Winkelgeschwindigkeit, die bezüglich des X,Y,Z-Koordinatensystems beobachtet wird, ist einfach die Vektorsumme der beiden Bewegungskomponenten:

$$\boldsymbol{\omega} = \boldsymbol{\omega}_S + \boldsymbol{\omega}_P = \omega_S \mathbf{j} - \omega_P \mathbf{k}$$

Auf den ersten Blick scheint sich die Scheibe nicht mit dieser Winkelgeschwindigkeit zu drehen, denn im Gegensatz zu Translationsbewegungen ist es im Allgemeinen schwieriger, sich die Resultierende von Drehbewegungen vorzustellen. Zum tieferen Verständnis der Drehbewegung betrachten wir die Scheibe durch einen körperfesten Kegel ersetzt, der auf dem raumfesten Kegel abrollt, Abbildung 9.8b. Die momentane Drehachse liegt auf der Kontaktlinie der beiden Kegel. Diese Achse definiert die Richtung der resultierenden Winkelgeschwindigkeit $\boldsymbol{\omega}$ mit den Komponenten $\boldsymbol{\omega}_S$ und $\boldsymbol{\omega}_P$.

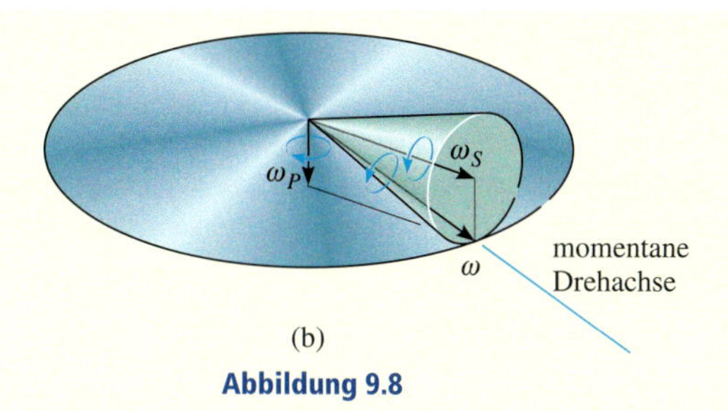

Abbildung 9.8

Winkelbeschleunigung Da der Betrag der Winkelgeschwindigkeit $\boldsymbol{\omega}$ konstant ist, liefert nur eine Änderung der Richtung bezüglich des raumfesten Koordinatensystems die Winkelbeschleunigung $\boldsymbol{\alpha}$ der Scheibe. Eine Möglichkeit zur Ermittlung von $\boldsymbol{\alpha}$ ist die Berechnung der Zeitableitung *beider Komponenten* von $\boldsymbol{\omega}$ mittels Gleichung (9.9). Dazu nehmen wir zum in Abbildung 9.8a dargestellten Zeitpunkt an, dass die beiden Koordinatensysteme (x,y,z und X,Y,Z) zusammenfallen. Wir wählen für das rotierende x,y,z-Koordinatensystem die Winkelgeschwindigkeit $\boldsymbol{\Omega} = \boldsymbol{\omega}_P$, d.h. das x,y,z-Koordinatensystem wird scheibenfest angenommen. Bei dieser Wahl ist $\boldsymbol{\omega}_S$ *immer* entlang der y- (nicht der Y-) Achse gerichtet und die zeitliche Änderung von $\boldsymbol{\omega}_S$ *bezüglich* x,y,z ist *null*, weil nämlich Betrag und Richtung von $\boldsymbol{\omega}_S$ konstant sind, d.h. es gilt $(\dot{\boldsymbol{\omega}}_S)_{xyz} = \mathbf{0}$. Gemäß Gleichung (9.9) ergibt sich also

$$\dot{\boldsymbol{\omega}}_S = (\dot{\boldsymbol{\omega}}_S)_{xyz} + \boldsymbol{\omega}_P \times \boldsymbol{\omega}_S = \mathbf{0} + (-\omega_P \mathbf{k}) \times (\omega_S \mathbf{j}) = \omega_P \omega_S \mathbf{i}$$

Unter Beibehaltung der Wahl $\boldsymbol{\Omega} = \boldsymbol{\omega}_P$ (oder selbst für $\boldsymbol{\Omega} = \mathbf{0}$) gilt für die Zeitableitung $(\dot{\boldsymbol{\omega}}_P)_{xyz} = \mathbf{0}$, denn $\boldsymbol{\omega}_P$ hat einen konstanten Betrag und eine konstante Richtung. Damit kann auch die Zeitableitung der zweiten Winkelgeschwindigkeitskomponente berechnet werden:

$$\dot{\boldsymbol{\omega}}_P = (\dot{\boldsymbol{\omega}}_P)_{xyz} + \boldsymbol{\omega}_P \times \boldsymbol{\omega}_P = \mathbf{0} + \mathbf{0} = \mathbf{0}$$

Damit ist die Winkelbeschleunigung der Scheibe

$$\boldsymbol{\alpha} = \dot{\boldsymbol{\omega}} = \dot{\boldsymbol{\omega}}_S + \dot{\boldsymbol{\omega}}_P = \omega_P \omega_S \mathbf{i} = \{3\mathbf{i}\} \text{ rad/s}^2$$

Geschwindigkeit und Beschleunigung Mit bekannten Größen $\boldsymbol{\omega}$ und $\boldsymbol{\alpha}$ werden die Geschwindigkeit und die Beschleunigung von Punkt A aus den Gleichungen (9.6) und (9.7) berechnet. Mit $\mathbf{r}_A = d\mathbf{j} + r_S\mathbf{k}$, Abbildung 9.8a, ergibt sich

$$\begin{aligned}\mathbf{v}_A &= \boldsymbol{\omega} \times \mathbf{r}_A = (\omega_S \mathbf{j} - \omega_P \mathbf{k}) \times (d\mathbf{j} + r_S\mathbf{k}) = (r_S\,\omega_S + d\,\omega_P)\,\mathbf{i} \\ &= \{1{,}75\mathbf{i}\} \text{ m/s}\end{aligned}$$

$$\begin{aligned}\mathbf{a}_A &= \boldsymbol{\alpha} \times \mathbf{r}_A + \boldsymbol{\omega} \times (\boldsymbol{\omega} \times \mathbf{r}_A) \\ &= \omega_S\omega_P \mathbf{i} \times (d\mathbf{j} + r_S\mathbf{k}) + (\omega_S \mathbf{j} - \omega_P \mathbf{k}) \times [(\omega_S \mathbf{j} - \omega_P \mathbf{k}) \times (d\mathbf{j} + r_S\mathbf{k})] \\ &= -(2r_S\omega_S\omega_P + \omega_P^2 d)\mathbf{j} - \omega_S^2 r_S \mathbf{k} \\ &= \{-2{,}50\mathbf{j} - 2{,}25\mathbf{k}\} \text{ m/s}\end{aligned}$$

Beispiel 9.2

Für die dargestellte Winkellage $\theta = \theta_1$ hat der Kreisel in Abbildung 9.9 drei Winkelgeschwindigkeitskomponenten mit den dargestellten Richtungen und den angegebenen Beträgen, welche die angegebenen zeitlichen Änderungen erfahren. Bestimmen Sie die Winkelgeschwindigkeit und Winkelbeschleunigung des Kreisels.

Eigendrehung, Spin: $\omega_S = 10\ \mathrm{rad/s}$, $\dot{\omega}_S = 6\ \mathrm{rad/s^2}$
Nutation: $\omega_N = 3\ \mathrm{rad/s}$, $\dot{\omega}_N = 2\ \mathrm{rad/s^2}$
Präzession: $\omega_P = 5\ \mathrm{rad/s}$, $\dot{\omega}_P = 4\ \mathrm{rad/s^2}$
$\theta_1 = 60°$

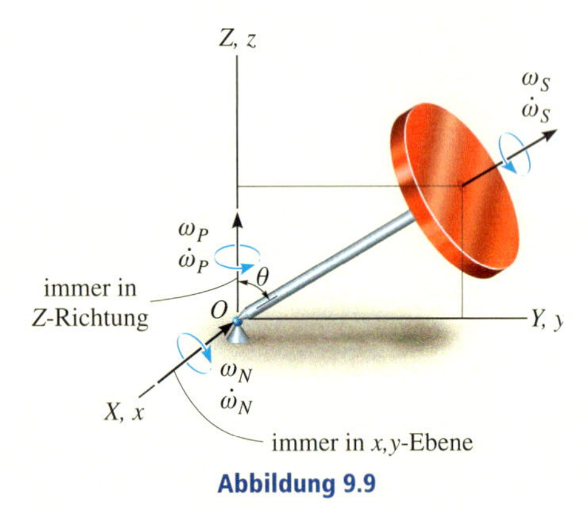

Abbildung 9.9

Lösung

Winkelgeschwindigkeit Der Kreisel dreht sich um den raumfesten Punkt O. In der dargestellten Lage fallen das raumfeste und das bewegte Koordinatensystem zusammen. Damit kann die Winkelgeschwindigkeit mit ihren **i**-,**j**-,**k**-Komponenten im x,y,z-Koordinatensystem angegeben werden:

$$\boldsymbol{\omega} = -\omega_N \mathbf{i} + \omega_S \sin\theta\, \mathbf{j} + (\omega_P + \omega_S \cos\theta)\mathbf{k} = \{-3\mathbf{i} + 8{,}66\mathbf{j} + 10\mathbf{k}\}\ \mathrm{rad/s}$$

Winkelbeschleunigung Wie in der Lösung von *Beispiel 9.1* wird die Beschleunigung $\boldsymbol{\alpha}$ durch getrennte Betrachtung der Zeitableitung *jeder Winkelgeschwindigkeitskomponente* bezüglich des X,Y,Z-Koordinatensystems ermittelt. Wir wählen für das x,y,z-Koordinatensystem ein $\boldsymbol{\Omega}$ so, dass die betrachtete $\boldsymbol{\omega}$-Komponente eine *konstante Richtung* bezüglich x,y,z hat.

Eine sorgfältige Untersuchung der Kreiselbewegung zeigt, dass $\boldsymbol{\omega}_S$ eine *konstante Richtung* relativ zum x,y,z-Koordinatensystem hat, wenn dieses mit $\boldsymbol{\Omega} = \boldsymbol{\omega}_N + \boldsymbol{\omega}_P$ rotiert. Damit ergibt sich

$$\begin{aligned}\dot{\boldsymbol{\omega}}_S &= \left(\dot{\boldsymbol{\omega}}_S\right)_{xyz} + \left(\boldsymbol{\omega}_N + \boldsymbol{\omega}_P\right) \times \boldsymbol{\omega}_S \\ &= \dot{\omega}_S \sin\theta\, \mathbf{j} + \dot{\omega}_S \cos\theta\, \mathbf{k} + \left(-\omega_N \mathbf{i} + \omega_P \mathbf{k}\right) \times \left(\omega_S \sin\theta\, \mathbf{j} + \omega_S \cos\theta\, \mathbf{k}\right) \\ &= -\omega_P \omega_S \sin\theta\, \mathbf{i} + \left(\dot{\omega}_S \sin\theta + \omega_N \omega_S \cos\theta\right)\mathbf{j} + \left(\dot{\omega}_S \cos\theta - \omega_N \omega_S \sin\theta\right)\mathbf{k} \\ &= \{-43{,}30\mathbf{i} + 20{,}20\mathbf{j} - 22.98\mathbf{k}\}\ \mathrm{rad/s^2}\end{aligned}$$

Da $\boldsymbol{\omega}_N$ *immer* in der raumfesten X, Y-Ebene liegt, hat dieser Vektor eine *konstante Richtung* bezüglich eines x,y,z-Koordinatensystems mit der Winkelgeschwindigkeit $\boldsymbol{\Omega} = \boldsymbol{\omega}_P$ (nicht: $\boldsymbol{\Omega} = \boldsymbol{\omega}_S + \boldsymbol{\omega}_P$). Also gilt

$$\dot{\boldsymbol{\omega}}_N = \left(\dot{\boldsymbol{\omega}}_N\right)_{xyz} + \boldsymbol{\omega}_P \times \boldsymbol{\omega}_N = -\dot{\omega}_N \mathbf{i} + \omega_P \mathbf{k} \times \left(-\omega_N \mathbf{i}\right) = -\dot{\omega}_N \mathbf{i} - \omega_P \omega_N \mathbf{j}$$
$$= \left\{-2\mathbf{i} - 15\mathbf{j}\right\} \text{ rad/s}^2$$

Schließlich weist die Komponente $\boldsymbol{\omega}_P$ *immer* in Richtung der Z-Achse, sodass in diesem Fall das zugehörige bewegte x,y,z-Bezugssystem als nicht rotierend betrachtet werden kann, d.h. $\boldsymbol{\Omega} = \mathbf{0}$. Es ergibt sich

$$\dot{\boldsymbol{\omega}}_P = \left(\dot{\boldsymbol{\omega}}_P\right)_{xyz} + \mathbf{0} \times \boldsymbol{\omega}_P = \dot{\omega}_P \mathbf{k} = \left\{4\mathbf{k}\right\} \text{ rad/s}^2$$

Die Winkelbeschleunigung des Kreisels ist damit

$$\boldsymbol{\alpha} = \dot{\boldsymbol{\omega}}_S + \dot{\boldsymbol{\omega}}_N + \dot{\boldsymbol{\omega}}_P = \left\{-45{,}3\mathbf{i} + 5{,}20\mathbf{j} - 19{,}0\mathbf{k}\right\} \text{ rad/s}^2$$

An dieser Stelle weisen wir darauf hin, dass es sich bei den zur Bestimmung der Ableitungen eingeführten Bezugssystemen um Bezugssysteme gehandelt hat, deren Koordinatenachsen *momentan* mit den x,y,z-Achsen übereinstimmen, die aber *verschiedene* Winkelgeschwindigkeiten haben.

9.3 Allgemein räumliche Bewegung

In Abbildung 9.10 ist ein starrer Körper in allgemein räumlicher Bewegung mit der Winkelgeschwindigkeit $\boldsymbol{\omega}$ und der Winkelbeschleunigung $\boldsymbol{\alpha}$ dargestellt. Punkt A hat die bekannte Geschwindigkeit $\mathbf{v}_A$ und die Beschleunigung $\mathbf{a}_A$. Die Geschwindigkeit und die Beschleunigung eines beliebigen anderen Punktes B sollen ermittelt werden. Wie bereits bei der Behandlung der allgemein ebenen Bewegung in *Abschnitt 5.5* wird neben einem raumfesten Bezugssystem ein *translatorisch bewegtes Koordinatensystem* zur Definition der relativen Bewegung des allgemeinen Punktes B gegenüber dem „Basispunkt" A verwendet.

Befindet sich der Ursprung dieses translatorisch bewegten x,y,z-Koordinatensystems ($\boldsymbol{\Omega} = \mathbf{0}$) im Basispunkt A, dann kann die Bewegung des Körpers als Überlagerung einer momentanen translatorischen Bewegung des Körpers mit der Geschwindigkeit $\mathbf{v}_A$ und der Beschleunigung $\mathbf{a}_A$ sowie einer Rotation des Körpers um eine Achse durch den Basispunkt in Richtung der momentanen Winkelgeschwindigkeit betrachtet werden. Da der Körper starr ist, ist die Bewegung von Punkt B bezüglich eines Beobachters in A die gleiche wie *die Bewegung des Körpers um einen raumfesten Punkt*. Die relative Bewegung tritt um die momentane Drehachse auf und wird durch $\mathbf{v}_{B/A} = \boldsymbol{\omega} \times \mathbf{r}_{B/A}$, Gleichung (9.6), sowie $\mathbf{a}_{B/A} = \boldsymbol{\alpha} \times \mathbf{r}_{B/A} + \boldsymbol{\omega} \times (\boldsymbol{\omega} \times \mathbf{r}_{B/A})$, Gleichung (9.7), definiert. Bei translatorisch bewegten Bezugssystemen sind die relativen und absoluten Bewegungen durch $\mathbf{v}_B = \mathbf{v}_A + \mathbf{v}_{B/A}$ und $\mathbf{a}_B = \mathbf{a}_A + \mathbf{a}_{B/A}$, Gleich-

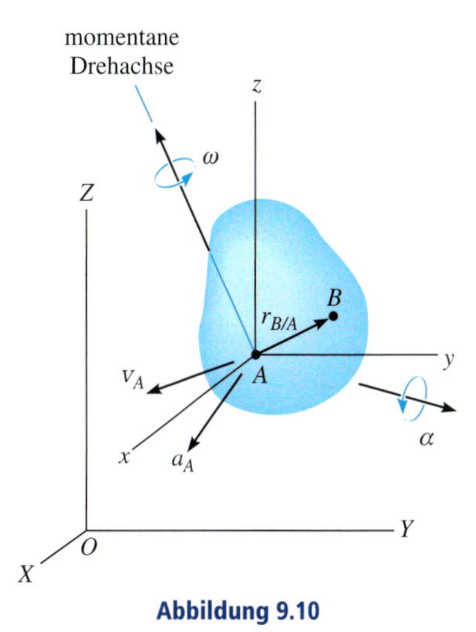

Abbildung 9.10

ung (5.15) sowie (5.17) verknüpft. Somit werden die absolute Geschwindigkeit und die absolute Beschleunigung von Punkt B mit Hilfe der Gleichungen

$$\mathbf{v}_B = \mathbf{v}_A + \boldsymbol{\omega} \times \mathbf{r}_{B/A} \tag{9.10}$$

und

$$\mathbf{a}_B = \mathbf{a}_A + \boldsymbol{\alpha} \times \mathbf{r}_{B/A} + \boldsymbol{\omega} \times (\boldsymbol{\omega} \times \mathbf{r}_{B/A}) \tag{9.11}$$

bestimmt. Diese beiden Gleichungen sind identisch mit denen, welche die allgemein ebene Bewegung eines Körpers beschreiben, Gleichung (5.16) und (5.18). Die Anwendung auf räumliche Probleme ist jedoch schwierig, denn die Winkelbeschleunigung $\boldsymbol{\alpha}$ gibt die Änderung von Betrag *und* Richtung der Winkelgeschwindigkeit $\boldsymbol{\omega}$ an. (Für die allgemein ebene Bewegung sind $\boldsymbol{\alpha}$ und $\boldsymbol{\omega}$ immer parallel oder senkrecht zur Bewegungsebene, daher ergibt sich α dort nur aus der Änderung des Betrages von $\boldsymbol{\omega}$). Bei einigen Aufgaben erfordern Zwangsbedingungen oder Bindungsgleichungen eines Körpers die Festlegung von Richtungen der Drehbewegungen oder von Bahnkurven sich bewegender Körperpunkte. Im folgenden Beispiel wird gezeigt, dass diese Information für die Ermittlung einiger Terme der kinematischen Grundgleichungen (9.10) und (9.11) nützlich ist.

Beispiel 9.3

Eine Hülse am Ende der starren Stange CD in Abbildung 9.11a gleitet auf dem horizontalen Stab AB, die zweite am anderen Stangenende auf dem vertikalen Stab EF. Die Hülse C nähert sich B mit der Geschwindigkeit v_C. Bestimmen Sie die Geschwindigkeit der Hülse D und die Winkelgeschwindigkeit der Stange im dargestellten Zustand. Die Enden der Stange sind mit Kugelgelenken an den Hülsen befestigt.

$b = 1\ \text{m}$, $v_C = 3\ \text{m/s}$

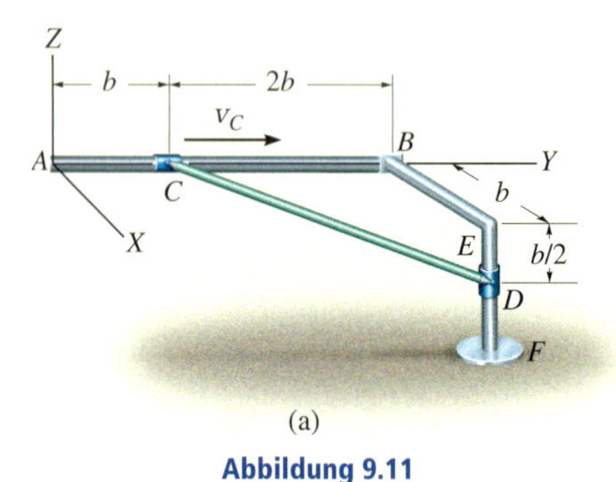

Abbildung 9.11

Lösung

Die Stange CD führt eine allgemein räumliche Bewegung aus. Warum? Die Geschwindigkeit des Stangenpunktes D wird durch die Gleichung

$$\mathbf{v}_D = \mathbf{v}_C + \boldsymbol{\omega} \times \mathbf{r}_{D/C}$$

mit der Geschwindigkeit von Punkt C verknüpft.

Es wird angenommen, dass das raumfeste und das verschiebbare Referenzsystem zum betrachteten Zeitpunkt zusammenfallen, Abbildung 9.11b. Es ergibt sich

$$\mathbf{v}_D = -v_D\mathbf{k} \quad \mathbf{v}_C = v_C\mathbf{j}$$

$$\mathbf{r}_{D/C} = b\mathbf{i} + 2b\mathbf{j} - (b/2)\mathbf{k} \quad \boldsymbol{\omega} = \omega_x\mathbf{i} + \omega_y\mathbf{j} + \omega_z\mathbf{k}$$

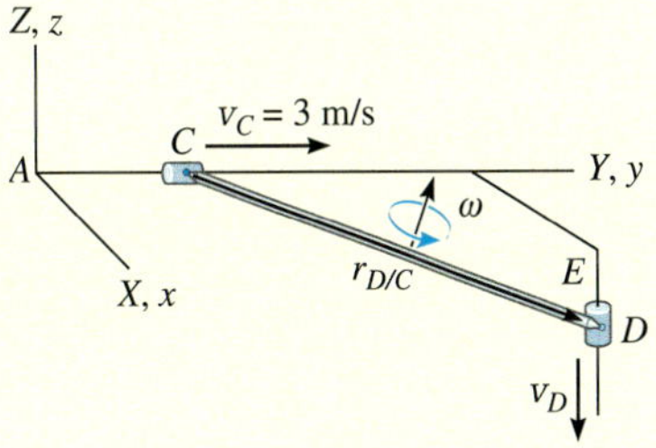

Einsetzen dieser Größen in die kinematische Grundgleichung führt auf

$$-v_D\mathbf{k} = v_C\mathbf{j} + \begin{vmatrix} \mathbf{i} & \mathbf{j} & \mathbf{k} \\ \omega_x & \omega_y & \omega_z \\ b & 2b & -b/2 \end{vmatrix}$$

(b)

Abbildung 9.11

Wir werten das Kreuzprodukt aus und erhalten drei skalare Gleichungen für die entsprechenden $\mathbf{i},\mathbf{j},\mathbf{k}$-Koordinaten:

$$-(b/2)\omega_y - 2b\omega_z = 0 \qquad (1)$$

$$(b/2)\omega_x + b\omega_z + v_C = 0 \qquad (2)$$

$$2b\omega_x - b\omega_y + v_D = 0 \qquad (3)$$

Diese Gleichungen enthalten vier Unbekannte.[3] Eine vierte Gleichung kann angeschrieben werden, wenn die Richtung von $\boldsymbol{\omega}$ angegeben wird. Jede Komponente von $\boldsymbol{\omega}$ entlang der Stabachse hätte keine Wirkung auf die Bewegung der Hülsen, denn die Stange kann sich *frei* um ihre Achse *drehen*. Die Winkelgeschwindigkeit $\boldsymbol{\omega}$ muss also *senkrecht* zur Stangenachse gerichtet sein und einen eindeutigen Betrag haben, um die obigen Gleichungen zu erfüllen. Die senkrechte Ausrichtung zur Stangenachse ist gegeben, wenn das Skalarprodukt von $\boldsymbol{\omega}$ und $\mathbf{r}_{D/C}$ gleich null ist (siehe *Gleichung C.14 des Anhangs C*):

$$\boldsymbol{\omega} \cdot \mathbf{r}_{D/C} = (\omega_x\mathbf{i} + \omega_y\mathbf{j} + \omega_z\mathbf{k}) \cdot [b\mathbf{i} + (2b)\mathbf{j} - (b/2)\mathbf{k}] = 0$$

$$b\omega_x + 2b\omega_y - b\omega_z/2 = 0 \qquad (4)$$

Simultanes Lösen der Gleichungen (1) und (4) ergibt

$$\omega_x = -34v_C/(21b) = -4{,}86\ \text{rad/s}$$

$$\omega_y = 16v_C/(21b) = 2{,}29\ \text{rad/s}$$

$$\omega_z = -4v_C/(21b) = -0{,}571\ \text{rad/s}$$

$$v_D = 4v_C = 12{,}0\ \text{m/s}$$

3 Dennoch kann der Betrag von $\mathbf{v}_D$ bestimmt werden. Lösen Sie z.B. die Gleichungen (1) und (2) nach ω_y und ω_x auf und setzen Sie in Gleichung (3) ein. Dann *fällt ω_z heraus* und v_D kann berechnet werden.

9.4 Relativbewegung in allgemein bewegten Bezugssystemen

Bei der Untersuchung der Kinematik von Körpern oder Massenpunkten tritt häufig der Fall auf, dass die Bewegung in einem Bezugssystem (z.B. mit den Koordinaten x,y,z) sehr einfach beschrieben werden kann, wobei sich dieses Bezugssystem bezüglich eines anderen Bezugssystems, das z.B. durch die X,Y,Z-Koordinatenachsen gekennzeichnet ist, translatorisch und rotatorisch bewegt. So können z.B. die Bewegungen zweier Punkte A und B ermittelt werden, die sich auf verschiedenen Teilen eines Mechanismus befinden, oder die relative Bewegung eines Massenpunktes auf einer gekrümmten Bahnkurve bezüglich eines Fahrzeugs, das eine allgemein räumliche Bewegung (Translation und Rotation) ausführt.

Wie in Abbildung 9.12 dargestellt, wird die Lage der Punkte A und B mit Hilfe der Ortsvektoren $\mathbf{r}_A$ und $\mathbf{r}_B$ relativ zum X,Y,Z-Bezugssystem angegeben. Der Bezugspunkt A ist der Ursprung des x,y,z-Koordinatensystems, das sich relativ zum X,Y,Z-Koordinatensystem translatorisch und rotatorisch bewegt. Zum betrachteten Zeitpunkt hat der Punkt A die Geschwindigkeit $\mathbf{v}_A$ und die Beschleunigung $\mathbf{a}_A$, das x,y,z-Koordinatensystem besitzt gegenüber dem X,Y,Z-Koordinatensystem die Winkelgeschwindigkeit $\mathbf{\Omega}$ und die Winkelbeschleunigung $\dot{\mathbf{\Omega}} = d\mathbf{\Omega}/dt$. Alle diese Vektoren werden bezüglich des X,Y,Z-Koordinatensystems *gemessen*, obwohl sie sich bezüglich beider Bezugssysteme beispielsweise durch kartesische Koordinaten ausdrücken lassen.

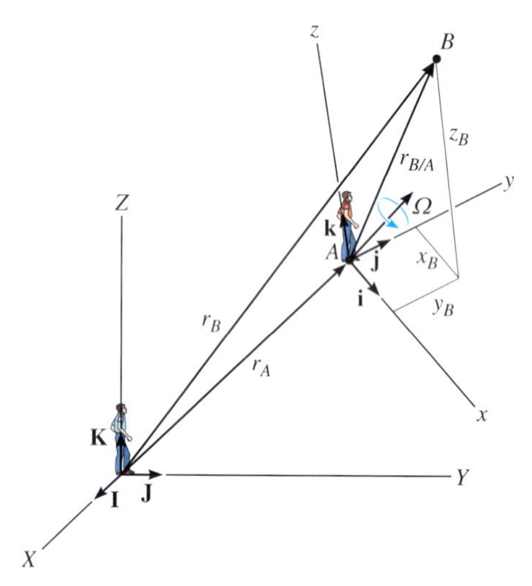

Abbildung 9.12

Lage Wird die Lage von B („bezüglich A") durch den *relativen Lagevektor* $\mathbf{r}_{B/A}$, siehe Abbildung 9.12, angegeben, dann führt eine Vektoraddition auf

$$\mathbf{r}_B = \mathbf{r}_A + \mathbf{r}_{B/A} \tag{9.12}$$

wobei gilt:
$\mathbf{r}_B$ = die Lage von B,
$\mathbf{r}_A$ = die Lage des Ursprungs A des bewegten Bezugssystems,
$\mathbf{r}_{B/A}$ = die relative Lage von B („bezüglich A").

Geschwindigkeit Die Geschwindigkeit von Punkt B bezüglich des X,Y,Z-Koordinatensystems wird durch Ableitung der Gleichung (9.12) nach der Zeit bestimmt:

$$\dot{\mathbf{r}}_B = \dot{\mathbf{r}}_A + \dot{\mathbf{r}}_{B/A}$$

Die ersten beiden Terme sind die Geschwindigkeiten $\mathbf{v}_B$ und $\mathbf{v}_A$, der letzte wird durch Anwenden von Gleichung (9.9) ausgewertet, denn $\mathbf{r}_{B/A}$ wird zwischen zwei Punkten in einem rotierenden Bezugssystem gemessen:

$$\dot{\mathbf{r}}_{B/A} = \left(\dot{\mathbf{r}}_{B/A}\right)_{xyz} + \mathbf{\Omega} \times \mathbf{r}_{B/A} = \left(\mathbf{v}_{B/A}\right)_{xyz} + \mathbf{\Omega} \times \mathbf{r}_{B/A} \tag{9.13}$$

$(\mathbf{v}_{B/A})_{xyz}$ ist darin die relative Geschwindigkeit von B bezüglich A, gemessen im x,y,z-Koordinatensystem. Deshalb erhalten wir insgesamt

$$\mathbf{v}_B = \mathbf{v}_A + \mathbf{\Omega} \times \mathbf{r}_{B/A} + \left(\mathbf{v}_{B/A}\right)_{xyz} \tag{9.14}$$

wobei gilt:
$\mathbf{v}_B$ = die Geschwindigkeit von B im ruhenden X,Y,Z-Bezugssystem,
$\mathbf{v}_A$ = die Geschwindigkeit des Ursprungs A des x,y,z-Koordinatensystems im ruhenden X,Y,Z-Bezugssystem,
$(\mathbf{v}_{B/A})_{xyz}$ = die relative Geschwindigkeit von B („bezüglich A") für einen Beobachter im rotierenden x,y,z-Koordinatensystem,
$\mathbf{\Omega}$ = die Winkelgeschwindigkeit des x,y,z-Koordinatensystems bezüglich des X,Y,Z-Bezugssystems,
$\mathbf{r}_{B/A}$ = die relative Lage von B („bezüglich A").

Beschleunigung Die Beschleunigung von Punkt B bezüglich des X,Y,Z-Koordinatensystems wird durch Ableitung der Gleichung (9.14) nach der Zeit bestimmt:

$$\mathbf{a}_B = \dot{\mathbf{v}}_B = \dot{\mathbf{v}}_A + \dot{\mathbf{\Omega}} \times \mathbf{r}_{B/A} + \mathbf{\Omega} \times \dot{\mathbf{r}}_{B/A} + \frac{d}{dt}\left(\mathbf{v}_{B/A}\right)_{xyz}$$

Der erste Term auf der rechten Seite ist die Absolutbeschleunigung $\mathbf{a}_A$. Der dritte Term auf der rechten Seite der Gleichung wird mit Hilfe der Gleichung (9.13) ausgewertet, während der letzte Term mittels Gleichung (9.9) auf

$$\begin{aligned}\frac{d}{dt}\left(\mathbf{v}_{B/A}\right)_{xyz} &= \left(\dot{\mathbf{v}}_{B/A}\right)_{xyz} + \mathbf{\Omega} \times \left(\mathbf{v}_{B/A}\right)_{xyz} \\ &= \left(\mathbf{a}_{B/A}\right)_{xyz} + \mathbf{\Omega} \times \left(\mathbf{v}_{B/A}\right)_{xyz}\end{aligned}$$

führt. Dabei ist $(\mathbf{a}_{B/A})_{xyz}$ die relative Beschleunigung von B, gemessen im bewegten x,y,z-Koordinatensystem. Einsetzen dieses Ergebnisses und der

Gleichung (9.13) in die Ausgangsgleichung und entsprechendes Ordnen führen auf

$$\mathbf{a}_B = \mathbf{a}_A + \dot{\boldsymbol{\Omega}} \times \mathbf{r}_{B/A} + \boldsymbol{\Omega} \times (\boldsymbol{\Omega} \times \mathbf{r}_{B/A}) + 2\boldsymbol{\Omega} \times (\mathbf{v}_{B/A})_{xyz} + (\mathbf{a}_{B/A})_{xyz} \quad (9.15)$$

wobei gilt:

$\mathbf{a}_B$ = die Beschleunigung von B im ruhenden X,Y,Z-Bezugssystem,
$\mathbf{a}_A$ = die Beschleunigung des Ursprungs A des x,y,z-Koordinatensystems im X,Y,Z-Bezugssystem,
$(\mathbf{a}_{B/A})_{xyz}$ = die relative Beschleunigung und die relative Geschwindigkeit
$(\mathbf{v}_{B/A})_{xyz}$ von B („bezüglich A") für einen Beobachter im rotierenden x,y,z-Koordinatensystem,
$\dot{\boldsymbol{\Omega}}, \boldsymbol{\Omega}$ = die Winkelbeschleunigung und -geschwindigkeit des bewegten x,y,z-Referenzsystems bezüglich des X,Y,Z-Bezugssystems,
$\mathbf{r}_{B/A}$ = relative Lage von B („bezüglich A").

Die Gleichungen (9.14) und (9.15) sind identisch mit denen, die in *Abschnitt 5.8* zur Berechung der allgemein ebenen Relativbewegung hergeleitet wurden.[4] Dort ist allerdings die Anwendung deutlich einfacher, denn $\boldsymbol{\Omega}$ und $\dot{\boldsymbol{\Omega}}$ haben eine *feste Richtung*, die immer senkrecht auf der Bewegungsebene steht. Bei räumlichen Bewegungen muss die Winkelbeschleunigung $\dot{\boldsymbol{\Omega}}$ durch Anwenden der Gleichung (9.9) berechnet werden, denn diese Größe hängt von der Änderung des Betrages *und* der Richtung von $\boldsymbol{\Omega}$ ab.

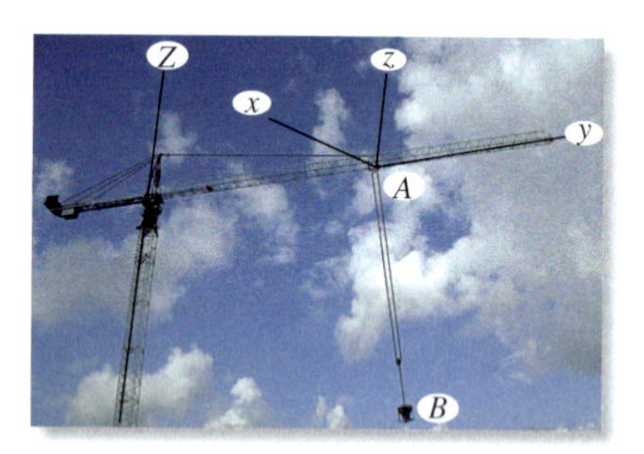

Infolge der Drehung des Auslegers um die Z-Achse, der Bewegung des Fahrgestells A entlang dem Ausleger und der Verlängerung und dem Schwingen des Seils AB kommt es zu einer komplizierten räumlichen Bewegung des Betonkübels B. Ein translatorisch und rotatorisch bewegtes x,y,z-Koordinatensystem kann in das Fahrgestell gelegt werden, um die Berechnung dieser Bewegung mit Hilfe der Relativmechanik durchzuführen.

4 Auch die physikalische Interpretationen zu den Termen der Gleichung finden sich im *Abschnitt 5.8*.

Lösungsweg

Mit Hilfe der Gleichungen (9.14) und (9.15) wird die allgemein räumliche Bewegung von Massenpunkten und starren Körpern folgendermaßen berechnet.

Koordinatenachsen

- Wählen Sie die Lage und die Orientierung des X, Y, Z- und des x, y, z-Koordinatensystems. Meist ist die Lösung einfach, wenn zum betrachteten Zeitpunkt
  - sich beide Ursprünge *in einem Punkt* befinden,
  - die Achsen kollinear oder
  - die Achsen parallel sind.
- Gibt es mehrere Komponenten der Winkelgeschwindigkeit, werden die Rechnungen einfacher, wenn die x, y, z-Achsen so gewählt werden, dass nur eine Komponente $\mathbf{\Omega}_{xyz}$ der resultierenden Winkelgeschwindigkeit in diesem Bezugssystem zu beobachten ist und das Bezugssystem mit der Winkelgeschwindigkeit $\mathbf{\Omega}$ rotiert, die von den restlichen Komponenten der resultierenden Winkelgeschwindigkeit festgelegt wird.

Kinematische Gleichungen

- Nach Festlegen des Ursprungs A des bewegten Koordinatensystems und des Punktes B werden die Gleichungen (9.14) und (9.15) als Größengleichungen wie folgt angeschrieben:

$$\mathbf{v}_B = \mathbf{v}_A + \mathbf{\Omega} \times \mathbf{r}_{B/A} + \left(\mathbf{v}_{B/A}\right)_{xyz}$$

$$\mathbf{a}_B = \mathbf{a}_A + \dot{\mathbf{\Omega}} \times \mathbf{r}_{B/A} + \mathbf{\Omega} \times \left(\mathbf{\Omega} \times \mathbf{r}_{B/A}\right) + 2\mathbf{\Omega} \times \left(\mathbf{v}_{B/A}\right)_{xyz} + \left(\mathbf{a}_{B/A}\right)_{xyz}$$

- *Verändern* $\mathbf{r}_A$ und $\mathbf{\Omega}$ ihre *Richtung*, wenn sie vom raumfesten X, Y, Z-Bezugssystem beobachtet werden, wird ein weiteres x', y', z'-Koordinatensystem, das mit der Winkelgeschwindigkeit $\mathbf{\Omega}' = \mathbf{\Omega}$ rotiert, zur Bestimmung der Winkelbeschleunigung $\dot{\mathbf{\Omega}}$ sowie der Geschwindigkeit $\mathbf{v}_A$ und der Beschleunigung $\mathbf{a}_A$ des Ursprungs des bewegten x, y, z-Koordinatensystems auf der Basis von Gleichung (9.9) eingeführt.
- *Verändern* $(\mathbf{r}_{A/B})_{xyz}$ und $\mathbf{\Omega}_{xyz}$ bei Beobachtung vom bewegten x, y, z-Bezugssystem ihre *Richtung*, werden mit Hilfe eines x', y', z'-Referenzsystems, das mit $\mathbf{\Omega}' = \mathbf{\Omega}_{xyz}$ rotiert, unter Anwendung der Gleichung (9.9) die Winkelbeschleunigung $\dot{\mathbf{\Omega}}_{xyz}$ sowie die relative Geschwindigkeit $(\mathbf{v}_{A/B})_{xyz}$ und Beschleunigung $(\mathbf{a}_{A/B})_{xyz}$ bestimmt.
- Nachdem die Beziehungen zur Bestimmung von $\dot{\mathbf{\Omega}}$, $\mathbf{v}_A$, $\mathbf{a}_A$, $\dot{\mathbf{\Omega}}_{xyz}$, $(\mathbf{v}_{A/B})_{xyz}$ und $(\mathbf{a}_{A/B})_{xyz}$ aufgestellt worden sind, werden sie ausgewertet, wobei wieder erst ganz zum Schluss Zahlenwerte eingesetzt werden. Die Vektoren werden entweder bezüglich der Basisvektoren des x, y, z- oder bezüglich der Basisvektoren des X, Y, Z-Koordinatensystems angegeben. Die Wahl ist beliebig, wenn jeweils ein konsistenter Satz von Einheitsvektoren verwendet wird.

Beispiel 9.4

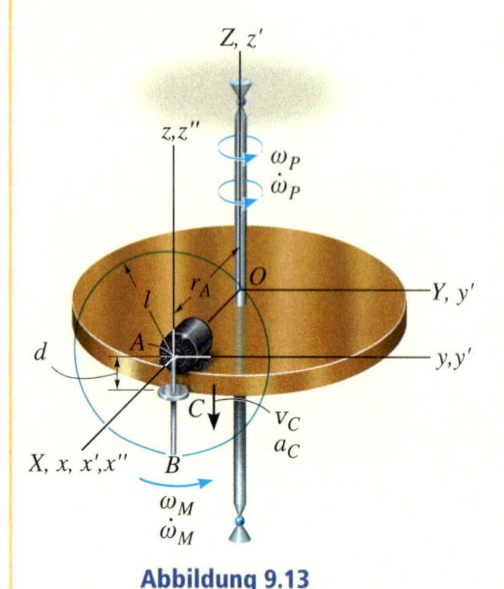

Abbildung 9.13

Der im Abstand r_A vom Mittelpunkt O der Scheibe gelagerte Motor und die auf der Motorwelle befestigte Stange AB der Länge l haben die in Abbildung 9.13 angegebenen Winkelgeschwindigkeiten und -beschleunigungen. Die Hülse C auf der Stange befindet sich gerade im Abstand d von A und senkt sich mit der Geschwindigkeit v_C und der Beschleunigung a_C relativ zu A. Bestimmen Sie die Geschwindigkeit und die Beschleunigung von C in diesem Augenblick.

$d = 0{,}25\ \text{m}$, $r_A = 2\ \text{m}$, $l = 1\ \text{m}$, $v_C = 3\ \text{m/s}$, $a_C = 2\ \text{m/s}^2$, $\omega_M = 3\ \text{rad/s}$, $\dot{\omega}_M = 1\ \text{rad/s}^2$, $\omega_P = 5\ \text{rad/s}$, $\dot{\omega}_P = 2\ \text{rad/s}^2$

Lösung

Koordinatensystem Der Ursprung des raumfesten Bezugssystems mit den X,Y,Z-Koordinaten wird in den Mittelpunkt der Scheibe gelegt und der Ursprung des x,y,z-Koordinatensystems in den Punkt A, Abbildung 9.13. Die Stange mit der Hülse erfährt zwei Winkelgeschwindigkeiten $\boldsymbol{\omega}_P$ und $\boldsymbol{\omega}_M$. Wir wählen das Bezugssystem mit den x,y,z-Koordinatenachsen scheibenfest, sodass es mit der Winkelgeschwindigkeit $\boldsymbol{\Omega} = \boldsymbol{\omega}_P$ rotiert. Die Stange hat bezüglich dieses rotierenden Bezugssystems die Winkelgeschwindigkeit $\boldsymbol{\Omega}_{xyz} = \boldsymbol{\omega}_M$.

Kinematische Gleichungen Die Gleichungen (9.14) und (9.15) werden auf Punkt C mit A als Basispunkt angewendet:

$$\mathbf{v}_C = \mathbf{v}_A + \boldsymbol{\Omega} \times \mathbf{r}_{C/A} + \left(\mathbf{v}_{C/A}\right)_{xyz}$$

$$\mathbf{a}_C = \mathbf{a}_A + \dot{\boldsymbol{\Omega}} \times \mathbf{r}_{C/A} + \boldsymbol{\Omega} \times \left(\boldsymbol{\Omega} \times \mathbf{r}_{C/A}\right) + 2\boldsymbol{\Omega} \times \left(\mathbf{v}_{C/A}\right)_{xyz} + \left(\mathbf{a}_{C/A}\right)_{xyz}$$

Bewegung von A $\mathbf{r}_A$ ändert die Richtung bezüglich X,Y,Z.

Zur Bestimmung der Zeitableitungen von $\mathbf{r}_A$ wird ein scheibenfestes x',y',z'-Koordinatensystem verwendet, das momentan mit dem X,Y,Z-Koordinatensystem zusammenfällt. Dieses rotiert demnach mit $\boldsymbol{\Omega}' = \boldsymbol{\Omega} = \boldsymbol{\omega}_P$. Damit ergibt sich $\boldsymbol{\Omega} = \boldsymbol{\omega}_P = \omega_P \mathbf{k}$ ($\boldsymbol{\Omega}$ ändert die Richtung relativ zu X,Y,Z nämlich nicht.)

$$\dot{\boldsymbol{\Omega}} = \dot{\boldsymbol{\omega}}_P = \dot{\omega}_P \mathbf{k}$$

$$\mathbf{r}_A = r_A \mathbf{i} = \{2\mathbf{i}\}\text{m}$$

$$\begin{aligned}\mathbf{v}_A &= \dot{\mathbf{r}}_A = \left(\dot{\mathbf{r}}_A\right)_{x'y'z'} + \boldsymbol{\omega}_P \times \mathbf{r}_A \\ &= \mathbf{0} + \omega_P \mathbf{k} \times r_A \mathbf{i} = \omega_P r_A \mathbf{j} = \{10\mathbf{j}\}\ \text{m/s}\end{aligned}$$

$$\begin{aligned}\mathbf{a}_A &= \ddot{\mathbf{r}}_A = \left[\left(\ddot{\mathbf{r}}_A\right)_{x'y'z'} + \boldsymbol{\omega}_P \times \left(\dot{\mathbf{r}}_A\right)_{x'y'z'}\right] + \dot{\boldsymbol{\omega}}_P \times \mathbf{r}_A + \boldsymbol{\omega}_P \times \dot{\mathbf{r}}_A \\ &= [\mathbf{0} + \mathbf{0}] + \dot{\omega}_P \mathbf{k} \times r_A \mathbf{i} + \omega_P \mathbf{k} \times \omega_P r_A \mathbf{j} \\ &= \dot{\omega}_P r_A \mathbf{j} - \omega_P^2 r_A \mathbf{i} = \{-50\mathbf{i} + 4\mathbf{j}\}\ \text{m/s}^2\end{aligned}$$

Bewegung von C bezüglich A $(\mathbf{r}_{C/A})_{xyz}$ ändert die Richtung bezüglich x,y,z. Zur Bestimmung der Zeitableitungen von $(\mathbf{r}_{C/A})_{xyz}$ wird ein stangenfestes Bezugssystem mit den x'',y'',z''-Koordinatenachsen eingeführt, das gegenüber dem x,y,z-System mit $\mathbf{\Omega}'' = \mathbf{\Omega}_{xyz} = \boldsymbol{\omega}_M$ rotiert. Damit ergibt sich $\mathbf{\Omega}_{xyz} = \boldsymbol{\omega}_M = \omega_M\mathbf{i}$. Die relative Winkelgeschwindigkeit $\mathbf{\Omega}_{xyz}$ der Bezugssysteme zueinander ändert die Richtung relativ zu x,y,z nicht und es folgt

$$\dot{\mathbf{\Omega}}_{xyz} = \dot{\boldsymbol{\omega}}_M = \dot{\omega}_M\mathbf{i}$$

$$\left(\mathbf{r}_{C/A}\right)_{xyz} = -d\mathbf{k}$$

$$\begin{aligned}\left(\mathbf{v}_{C/A}\right)_{xyz} &= \left(\dot{\mathbf{r}}_{C/A}\right)_{xyz} = \left(\dot{\mathbf{r}}_{C/A}\right)_{x''y''z''} + \boldsymbol{\omega}_M \times \left(\mathbf{r}_{C/A}\right)_{xyz}\\ &= -v_C\mathbf{k} + \left[\omega_M\mathbf{i}\times(-d\,\mathbf{k})\right] = -v_C\mathbf{k} + \omega_M d\,\mathbf{j} = \{0{,}75\mathbf{j} - 3\mathbf{k}\}\ \mathrm{m/s}\end{aligned}$$

$$\begin{aligned}\left(\mathbf{a}_{C/A}\right)_{xyz} &= \left(\ddot{\mathbf{r}}_{C/A}\right)_{xyz}\\ &= \left[\left(\ddot{\mathbf{r}}_{C/A}\right)_{x''y''z''} + \boldsymbol{\omega}_M \times \left(\dot{\mathbf{r}}_{C/A}\right)_{x''y''z''}\right] + \dot{\boldsymbol{\omega}}_M \times \left(\mathbf{r}_{C/A}\right)_{xyz} + \boldsymbol{\omega}_M \times \left(\dot{\mathbf{r}}_{C/A}\right)_{xyz}\\ &= \left[-a_C\mathbf{k} + \omega_M\mathbf{i}\times(-v_C\mathbf{k})\right] + (\dot{\omega}_M\mathbf{i})\times(-d\,\mathbf{k}) + (\omega_M\mathbf{i})\times(\omega_M d\,\mathbf{j} - v_C\mathbf{k})\\ &= \left[-a_C\mathbf{k} + \omega_M v_C\mathbf{j}\right] + d\dot{\omega}_M\mathbf{j} + \left[\omega_M^2 d\,\mathbf{k} + \omega_M v_C\mathbf{j}\right]\\ &= \left(d\dot{\omega}_M + 2\omega_M v_C\right)\mathbf{j} + \left(-a_C + \omega_M^2 d\right)\mathbf{k} = \{18{,}25\mathbf{j} + 0{,}25\mathbf{k}\}\ \mathrm{m/s^2}\end{aligned}$$

Bewegung von C

$$\begin{aligned}\mathbf{v}_C &= \mathbf{v}_A + \mathbf{\Omega}\times\mathbf{r}_{C/A} + \left(\mathbf{v}_{C/A}\right)_{xyz}\\ &= \omega_P r_A\mathbf{j} + \omega_P\mathbf{k}\times(-d\,\mathbf{k}) + (\omega_M d\,\mathbf{j} - v_C\mathbf{k})\\ &= \{10\mathbf{j} + \mathbf{0} + (0{,}75\mathbf{j} - 3\mathbf{k})\}\mathrm{m/s}\\ &= \{10{,}8\mathbf{j} - 3\mathbf{k}\}\ \mathrm{m/s}\end{aligned}$$

$$\begin{aligned}\mathbf{a}_C &= \mathbf{a}_A + \dot{\mathbf{\Omega}}\times\mathbf{r}_{C/A} + \mathbf{\Omega}\times(\mathbf{\Omega}\times\mathbf{r}_{C/A}) + 2\mathbf{\Omega}\times\left(\mathbf{v}_{C/A}\right)_{xyz} + \left(\mathbf{a}_{C/A}\right)_{xyz}\\ &= \left(-\omega_P^2 r_A\mathbf{i} + \dot{\omega}_P r_A\mathbf{j}\right) + \left[\dot{\omega}_P\mathbf{k}\times(-d\mathbf{k})\right] + \omega_P\mathbf{k}\times\left[\omega_P\mathbf{k}\times(-d\mathbf{k})\right]\\ &\quad + 2\omega_P\mathbf{k}\times(\omega_M d\,\mathbf{j} - v_C\mathbf{k}) + \left[\left(d\dot{\omega}_M + 2\omega_M v_C\right)\mathbf{j} + \left(-a_C + \omega_M^2 d\right)\mathbf{k}\right]\\ &= \left(-\omega_P^2 r_A\mathbf{i} + \dot{\omega}_P r_A\mathbf{j}\right) + \mathbf{0} + \mathbf{0} - \left[2\omega_P\omega_M d\mathbf{i}\right]\\ &\quad + \left[\left(d\dot{\omega}_M + 2\omega_M v_C\right)\mathbf{j} + \left(-a_C + \omega_M^2 d\right)\mathbf{k}\right]\\ &= \left(-\omega_P^2 r_A - 2\omega_P\omega_M d\right)\mathbf{i} + \left(\dot{\omega}_P r_A + d\dot{\omega}_M + 2\omega_M v_C\right)\mathbf{j} + \left(-a_C + \omega_M^2 d\right)\mathbf{k}\\ &= \{-57{,}5\mathbf{i} + 22{,}2\mathbf{j} + 0{,}25\mathbf{k}\}\ \mathrm{m/s^2}\end{aligned}$$

Beispiel 9.5

Das Pendel in Abbildung 9.14 besteht aus zwei Stäben: AB ist in A gelenkig gelagert und schwingt nur in der Y,Z-Ebene, während der Stab BD wegen des Lagers in B um AB rotieren kann. Im dargestellten Augenblick haben die Stäbe die angegebenen Winkelgeschwindigkeiten und -beschleunigungen. Die Buchse C im Abstand d von B hat dabei die Geschwindigkeit v_C und die Beschleunigung a_C entlang dem Stab BD. Bestimmen Sie ihre Geschwindigkeit und Beschleunigung in dem betreffenden Augenblick.

$d = 0{,}2$ m, $l = 0{,}5$ m, $v_C = 3$ m/s, $a_C = 2$ m/s², $\omega_1 = 4$ rad/s, $\dot{\omega}_1 = 1{,}5$ rad/s², $\omega_2 = 5$ rad/s, $\dot{\omega}_2 = 6$ rad/s²

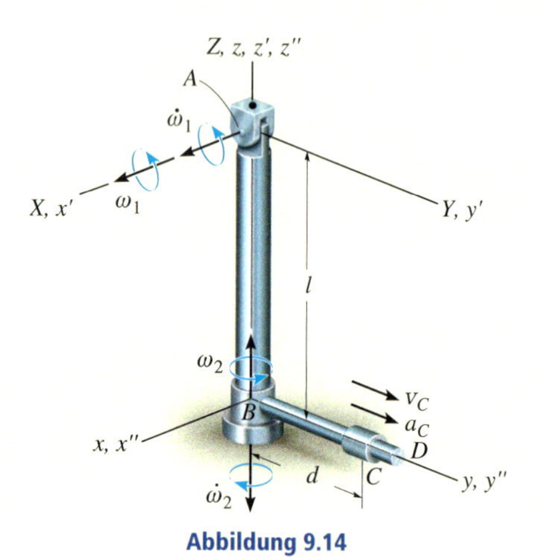

Abbildung 9.14

Lösung I

Koordinatensystem Der Ursprung des raumfesten X,Y,Z-Koordinatensystems wird in den Punkt A gelegt. Die Bewegung der Buchse wird am besten von B aus betrachtet; daher wird der Ursprung des x,y,z-Koordinatensystems dorthin gelegt. Wir wählen $\mathbf{\Omega} = \boldsymbol{\omega}_1$ und $\mathbf{\Omega}_{xyz} = \boldsymbol{\omega}_2$, d.h. das x,y,z-Koordinatensystem wird fest mit der Stange AB verbunden.

Kinematische Gleichungen

$$\mathbf{v}_C = \mathbf{v}_B + \mathbf{\Omega} \times \mathbf{r}_{C/B} + \left(\mathbf{v}_{C/B}\right)_{xyz}$$

$$\mathbf{a}_C = \mathbf{a}_B + \dot{\mathbf{\Omega}} \times \mathbf{r}_{C/B} + \mathbf{\Omega} \times \left(\mathbf{\Omega} \times \mathbf{r}_{C/B}\right) + 2\mathbf{\Omega} \times \left(\mathbf{v}_{C/B}\right)_{xyz} + \left(\mathbf{a}_{C/B}\right)_{xyz}$$

Bewegung von B Zur Ermittlung der Zeitableitungen von $\mathbf{r}_B$ lassen wir die eingeführten x',y',z'-Achsen mit $\mathbf{\Omega} = \boldsymbol{\omega}_1$ drehen. Dann ergibt sich

$$\mathbf{\Omega} = \boldsymbol{\omega}_1 = \omega_1 \mathbf{i}$$

$$\dot{\mathbf{\Omega}} = \dot{\boldsymbol{\omega}}_1 = \dot{\omega}_1 \mathbf{i} = \{1{,}5\mathbf{i}\}\,\mathrm{rad/s^2}$$

$$\mathbf{r}_B = -l\mathbf{k} = \{-0{,}5\mathbf{k}\}\mathrm{m}$$

$$\mathbf{v}_B = \dot{\mathbf{r}}_B = \left(\dot{\mathbf{r}}_B\right)_{x'y'z'} + \boldsymbol{\omega}_1 \times \mathbf{r}_B = \mathbf{0} + \omega_1 \mathbf{i} \times (-l\mathbf{k}) = l\omega_1 \mathbf{j} = \{2\mathbf{j}\}\ \mathrm{m/s}$$

$$\mathbf{a}_B = \ddot{\mathbf{r}}_B = \left[\left(\ddot{\mathbf{r}}_B\right)_{x'y'z'} + \boldsymbol{\omega}_1 \times \left(\dot{\mathbf{r}}_B\right)_{x'y'z'}\right] + \dot{\boldsymbol{\omega}}_1 \times \mathbf{r}_B + \boldsymbol{\omega}_1 \times \dot{\mathbf{r}}_B$$
$$= [\mathbf{0}+\mathbf{0}] + \dot{\omega}_1 \mathbf{i} \times (-l\mathbf{k}) + \omega_1 \mathbf{i} \times l\omega_1 \mathbf{j} = \dot{\omega}_1 l \mathbf{j} + \omega_1^2 l \mathbf{k} = \{0{,}75\mathbf{j} + 8\mathbf{k}\}\ \mathrm{m/s^2}$$

Bewegung von C bezüglich B Zur Bestimmung der Zeitableitungen von $(\mathbf{r}_{C/B})_{xyz}$ rotieren die entsprechend gewählten x'',y'',z''-Achsen mit $\mathbf{\Omega}_{xyz} = \boldsymbol{\omega}_2$ bezüglich des x,y,z-Bezugssystems. Diese Wahl führt auf

$$\mathbf{\Omega}_{xyz} = \boldsymbol{\omega}_2 = \omega_2 \mathbf{k}$$

$$\dot{\mathbf{\Omega}}_{xyz} = \dot{\boldsymbol{\omega}}_2 = -\dot{\omega}_2 \mathbf{k}$$

$$\left(\mathbf{r}_{C/B}\right)_{xyz} = d\mathbf{j}$$

$$\left(\mathbf{v}_{C/B}\right)_{xyz} = \left(\dot{\mathbf{r}}_{C/B}\right)_{xyz} = \left(\dot{\mathbf{r}}_{C/B}\right)_{x''y''z''} + \boldsymbol{\omega}_2 \times \left(\mathbf{r}_{C/B}\right)_{xyz}$$
$$= v_C \mathbf{j} + \omega_2 \mathbf{k} \times d\mathbf{j} = -d\omega_2 \mathbf{i} + v_C \mathbf{j} = \{-1\mathbf{i} + 3\mathbf{j}\}\ \mathrm{m/s}$$

$$\left(\mathbf{a}_{C/B}\right)_{xyz} = \left(\ddot{\mathbf{r}}_{C/B}\right)_{xyz}$$
$$= \left[\left(\ddot{\mathbf{r}}_{C/B}\right)_{x''y''z''} + \boldsymbol{\omega}_2 \times \left(\dot{\mathbf{r}}_{C/B}\right)_{x''y''z''}\right] + \dot{\boldsymbol{\omega}}_2 \times \left(\mathbf{r}_{C/B}\right)_{xyz} + \boldsymbol{\omega}_2 \times \left(\dot{\mathbf{r}}_{C/B}\right)_{xyz}$$
$$= \left[a_C \mathbf{j} + \omega_2 \mathbf{k} \times v_C \mathbf{j}\right] + \left(-\dot{\omega}_2 \mathbf{k} \times d\mathbf{j}\right) + \left[\omega_2 \mathbf{k} \times \left(-d\omega_2 \mathbf{i} + v_C \mathbf{j}\right)\right]$$
$$= \left[a_C \mathbf{j} - \omega_2 v_C \mathbf{i}\right] + \dot{\omega}_2 d\mathbf{i} + \left(-\omega_2 v_C \mathbf{i} - d\omega_2^2 \mathbf{j}\right)$$
$$= \left(\dot{\omega}_2 d - 2\omega_2 v_C\right)\mathbf{i} + \left(a_C - d\omega_2^2\right)\mathbf{j} = \{-28{,}8\mathbf{i} - 3\mathbf{j}\}\ \mathrm{m/s^2}$$

Bewegung von C

$$\mathbf{v}_C = \mathbf{v}_B + \mathbf{\Omega} \times \mathbf{r}_{C/B} + \left(\mathbf{v}_{C/B}\right)_{xyz} = l\omega_1 \mathbf{j} + \omega_1 \mathbf{i} \times d\mathbf{j} - d\omega_2 \mathbf{i} + v_C \mathbf{j}$$
$$= -d\omega_2 \mathbf{i} + \left(v_C + l\omega_1\right)\mathbf{j} + \omega_1 d\mathbf{k} = \{-1\mathbf{i} + 5\mathbf{j} + 0{,}8\mathbf{k}\}\ \mathrm{m/s}$$

$$\mathbf{a}_C = \mathbf{a}_B + \dot{\mathbf{\Omega}} \times \mathbf{r}_{C/B} + \mathbf{\Omega} \times \left(\mathbf{\Omega} \times \mathbf{r}_{C/B}\right) + 2\mathbf{\Omega} \times \left(\mathbf{v}_{C/B}\right)_{xyz} + \left(\mathbf{a}_{C/B}\right)_{xyz}$$
$$= \left(\dot{\omega}_1 l\mathbf{j} + \omega_1^2 l\mathbf{k}\right) + \left(\dot{\omega}_1 \mathbf{i} \times d\mathbf{j}\right) + \left[\omega_1 \mathbf{i} \times \left(\omega_1 \mathbf{i} \times d\mathbf{j}\right)\right]$$
$$+ 2\left[\omega_1 \mathbf{i} \times \left(-d\omega_2 \mathbf{i} + v_C \mathbf{j}\right)\right] + \left[\left(\dot{\omega}_2 d - 2\omega_2 v_C\right)\mathbf{i} + \left(a_C - d\omega_2^2\right)\mathbf{j}\right]$$
$$= \left(\dot{\omega}_2 d - 2\omega_2 v_C\right)\mathbf{i} + \left(\dot{\omega}_1 l - \omega_1^2 d + a_C - \omega_2^2 d\right)\mathbf{j} + \left(\omega_1^2 l + 2\omega_1 v_C + \dot{\omega}_1 d\right)\mathbf{k}$$
$$= \{-28{,}8\mathbf{i} - 5{,}45\mathbf{j} + 32{,}3\mathbf{k}\}\ \mathrm{m/s^2}$$

Lösung II

Koordinatensystem Alternativ lassen wir die x,y,z-Achsen mit

$$\boldsymbol{\Omega} = \boldsymbol{\omega}_1 + \boldsymbol{\omega}_2 = \omega_1\mathbf{i} + \omega_2\mathbf{k}$$

rotieren, d.h. das betreffende Koordinatensystem wird mit dem Stab BD fest verbunden. Dann ist $\boldsymbol{\Omega}_{xyz} = \mathbf{0}$.

Bewegung von B Aufgrund der Zwangsbedingungen ändert sich die Richtung von $\boldsymbol{\omega}_1$ bezüglich X,Y,Z nicht, allerdings verändert sich die Richtung von $\boldsymbol{\omega}_2$ aufgrund von $\boldsymbol{\omega}_1$. Deshalb ergibt die Zeitableitung der Winkelgeschwindigkeit $\boldsymbol{\Omega}$ komponentenweise

$$\begin{aligned}\dot{\boldsymbol{\Omega}} = \dot{\boldsymbol{\omega}}_1 + \dot{\boldsymbol{\omega}}_2 &= \left[(\dot{\boldsymbol{\omega}}_1)_{x'y'z'} + \boldsymbol{\omega}_1 \times \boldsymbol{\omega}_1\right] + \left[(\dot{\boldsymbol{\omega}}_2)_{x'y'z'} + \boldsymbol{\omega}_1 \times \boldsymbol{\omega}_2\right] \\ &= \left[\dot{\omega}_1\mathbf{i} + \mathbf{0}\right] + \left[-\dot{\omega}_2\mathbf{k} + \omega_1\mathbf{i} \times \omega_2\mathbf{k}\right] = \dot{\omega}_1\mathbf{i} - \omega_1\omega_2\mathbf{j} - \dot{\omega}_2\mathbf{k} \\ &= \{1{,}5\mathbf{i} - 20\mathbf{j} - 6\mathbf{k}\}\ \text{rad/s}^2\end{aligned}$$

Da $\boldsymbol{\omega}_1$ auch die Richtung von $\mathbf{r}_B$ ändert, können die Zeitableitungen von $\mathbf{r}_B$ mit dem bereits definierten x',y',z'-Koordinatensystem berechnet werden:

$$\mathbf{v}_B = \dot{\mathbf{r}}_B = (\dot{\mathbf{r}}_B)_{x'y'z'} + \boldsymbol{\omega}_1 \times \mathbf{r}_B = \mathbf{0} + \omega_1\mathbf{i} \times (-l\mathbf{k}) = l\omega_1\mathbf{j} = \{2\mathbf{j}\}\ \text{m/s}$$

$$\begin{aligned}\mathbf{a}_B = \ddot{\mathbf{r}}_B &= \left[(\ddot{\mathbf{r}}_B)_{x'y'z'} + \boldsymbol{\omega}_1 \times (\dot{\mathbf{r}}_B)_{x'y'z'}\right] + \dot{\boldsymbol{\omega}}_1 \times \mathbf{r}_B + \boldsymbol{\omega}_1 \times \dot{\mathbf{r}}_B \\ &= [\mathbf{0} + \mathbf{0}] + \dot{\omega}_1\mathbf{i} \times (-l\mathbf{k}) + \omega_1\mathbf{i} \times l\omega_1\mathbf{j} = \dot{\omega}_1 l\mathbf{j} + \omega_1^2 l\mathbf{k} = \{0{,}75\mathbf{j} + 8\mathbf{k}\}\ \text{m/s}^2\end{aligned}$$

Bewegung von C bezüglich B

$$\boldsymbol{\Omega}_{xyz} = \mathbf{0}$$

$$\dot{\boldsymbol{\Omega}}_{xyz} = \mathbf{0}$$

$$(\mathbf{r}_{C/B})_{xyz} = d\mathbf{j}$$

$$(\mathbf{v}_{C/B})_{xyz} = v_C\mathbf{j}$$

$$(\mathbf{a}_{C/B})_{xyz} = a_C\mathbf{j}$$

Bewegung von C

$$\begin{aligned}\mathbf{v}_C &= \mathbf{v}_B + \boldsymbol{\Omega} \times \mathbf{r}_{C/B} + (\mathbf{v}_{C/B})_{xyz} \\ &= l\omega_1\mathbf{j} + \left[(\omega_1\mathbf{i} + \omega_2\mathbf{k}) \times (d\mathbf{j})\right] + v_C\mathbf{j} = -d\omega_2\mathbf{i} + (v_C + l\omega_1)\mathbf{j} + \omega_1 d\mathbf{k} \\ &= \{-1\mathbf{i} + 5\mathbf{j} + 0{,}8\mathbf{k}\}\ \text{m/s}\end{aligned}$$

$$\begin{aligned}\mathbf{a}_C &= \mathbf{a}_B + \dot{\boldsymbol{\Omega}} \times \mathbf{r}_{C/B} + \boldsymbol{\Omega} \times (\boldsymbol{\Omega} \times \mathbf{r}_{C/B}) + 2\boldsymbol{\Omega} \times (\mathbf{v}_{C/B})_{xyz} + (\mathbf{a}_{C/B})_{xyz} \\ &= (\dot{\omega}_1 l\mathbf{j} + \omega_1^2 l\mathbf{k}) + \left[(\dot{\omega}_1\mathbf{i} - \omega_1\omega_2\mathbf{j} - \dot{\omega}_2\mathbf{k}) \times d\mathbf{j}\right] \\ &\quad + (\omega_1\mathbf{i} + \omega_2\mathbf{k}) \times \left[(\omega_1\mathbf{i} + \omega_2\mathbf{k}) \times d\mathbf{j}\right] + 2\left[(\omega_1\mathbf{i} + \omega_2\mathbf{k}) \times v_C\mathbf{j}\right] + a_C\mathbf{j} \\ &= (\dot{\omega}_2 d - 2\omega_2 v_C)\mathbf{i} + (\dot{\omega}_1 l - \omega_1^2 d + a_C - \omega_2^2 d)\mathbf{j} + (\omega_1^2 l + 2\omega_1 v_C + \dot{\omega}_1 d)\mathbf{k} \\ &= \{-28{,}8\mathbf{i} - 5{,}45\mathbf{j} + 32{,}3\mathbf{k}\}\ \text{m/s}^2\end{aligned}$$

ZUSAMMENFASSUNG

■ ***Rotation um einen festen Punkt*** Dreht sich ein Körper um einen raumfesten Punkt O, dann bewegen sich alle körperfesten Punkte auf Bahnkurven, die auf der Oberfläche einer Kugel liegen. Infinitesimale Drehungen sind Vektorgrößen, endliche Drehungen dagegen nicht.

Zur Beschreibung der Lage bei endlichen Drehungen verwendet man häufig die so genannten Eulerwinkel. Die resultierende Winkellage ergibt sich durch drei hintereinander geschaltete Elementardrehungen um bestimmte Koordinatenachsen.

Die Winkelgeschwindigkeit ist bei infinitesimalen Drehungen einfach die Ableitung des resultierenden Verdrehwinkels nach der Zeit, bei endlichen Drehungen kann man beispielsweise unter Verwendung von Eulerwinkeln die resultierende Winkelgeschwindigkeit aus entsprechenden Anteilen gemäß den Elementardrehungen zusammensetzen, die Auswertung in einem bestimmten orthogonalen Koordinatensystem zeigt jedoch, dass die Winkelgeschwindigkeitskoordinaten keine Ableitungen irgendwelcher Winkel mehr sind.

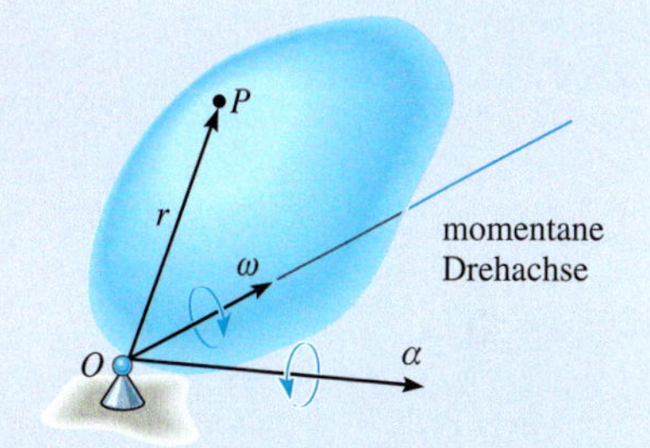

Da die Winkelbeschleunigung die Zeitableitung der Winkelgeschwindigkeit ist, müssen bei der Bestimmung der Ableitung Betrags- und Richtungsänderungen von $\boldsymbol{\omega}$ berücksichtigt werden. Dabei wird die Winkelgeschwindigkeit häufig komponentenweise so angegeben, dass einige Komponenten relativ zum rotierenden x,y,z-Koordinatensystem konstant bleiben. Dann kann die Zeitableitung der Winkelgeschwindigkeit bezüglich eines raumfesten Bezugssystems mit *Gleichung (9.9)* vergleichsweise einfach bestimmt werden.

Sind $\boldsymbol{\omega}$ und $\boldsymbol{\alpha}$ bekannt, können Geschwindigkeit und Beschleunigung eines beliebigen Körperpunktes P mit Hilfe der Beziehungen

$$\mathbf{v} = \boldsymbol{\omega} \times \mathbf{r}$$
$$\mathbf{a} = \boldsymbol{\alpha} \times \mathbf{r} + \boldsymbol{\omega} \times (\boldsymbol{\omega} \times \mathbf{r})$$

bestimmt werden, wobei $\mathbf{r}$ den Vektor vom festen Punkt O zum Punkt P bezeichnet.

■ ***Allgemein räumliche Bewegung*** Führt der Körper eine allgemeine Bewegung mit Translation und Rotation aus, dann kann ein Zusammenhang zwischen der Bewegung eines beliebigen Körperpunktes B und der Bewegung eines Bezugspunktes A mit Hilfe eines im Bezugspunkt A angehefteten, translatorisch bewegten Koordinatensystems aufgestellt werden. Die Beziehungen lauten

$$\mathbf{v}_B = \mathbf{v}_A + \boldsymbol{\omega} \times \mathbf{r}_{B/A}$$
$$\mathbf{a}_B = \mathbf{a}_A + \boldsymbol{\alpha} \times \mathbf{r}_{B/A} + \boldsymbol{\omega} \times (\boldsymbol{\omega} \times \mathbf{r}_{B/A})$$

■ ***Relativbewegung in translatorisch und rotatorisch bewegten Bezugssystemen*** Aufgaben zur Kinematik der Bewegung zweier Punkte A und B auf unterschiedlichen räumlich gekrümmten Bahnkurven oder von Punkten auf unterschiedlichen Körpern werden zweckmäßig mit den Gesetzen der Relativmechanik bezüglich translatorisch und rotatorisch bewegter Bezugssysteme gelöst. Die kinematischen Gleichungen zur Bestimmung der absoluten Bewegung lauten

$$\mathbf{v}_B = \mathbf{v}_A + \mathbf{\Omega} \times \mathbf{r}_{B/A} + (\mathbf{v}_{B/A})_{xyz}$$

$$\mathbf{a}_B = \mathbf{a}_A + \dot{\mathbf{\Omega}} \times \mathbf{r}_{B/A} + \mathbf{\Omega} \times (\mathbf{\Omega} \times \mathbf{r}_{B/A}) + 2\mathbf{\Omega} \times (\mathbf{v}_{B/A})_{xyz} + (\mathbf{a}_{B/A})_{xyz}$$

wenn ein bewegtes Bezugssystem mit Ursprung in A verwendet wird, das sich gegenüber dem raumfesten (absoluten) Bezugssystem mit der Winkelgeschwindigkeit $\mathbf{\Omega}$ dreht und dessen Winkelbeschleunigung $\dot{\mathbf{\Omega}}$ ist.

Bei der Auswertung dieser Gleichungen müssen Betrags- und Richtungsänderungen von $\mathbf{r}_A$, $(\mathbf{r}_{B/A})_{xyz}$, $\mathbf{\Omega}$ und $\mathbf{\Omega}_{xyz}$ berücksichtigt werden, wenn ihre Zeitableitungen zur Berechnung von $\mathbf{v}_A$, $\mathbf{a}_A$, $(\mathbf{v}_{B/A})_{xyz}$, $(\mathbf{a}_{B/A})_{xyz}$ sowie $\dot{\mathbf{\Omega}}$ und $\dot{\mathbf{\Omega}}_{xyz}$ gebildet werden. Die Basis dazu liefert *Gleichung (9.9)*.

Aufgaben zu 9.1 und 9.2

Ausgewählte Lösungswege 

Lösungen finden Sie in *Anhang C.*

9.1 Die Leiter des Feuerwehrwagens dreht sich um die z-Achse mit der Winkelgeschwindigkeit ω_1, die mit $\dot{\omega}_1$ zunimmt. Gleichzeitig dreht sie sich mit der konstanten Winkelgeschwindigkeit ω_2 um die gezeichnete horizontale Achse nach oben. Bestimmen Sie in der dargestellten Lage die Geschwindigkeit und die Beschleunigung des Punktes A am oberen Ende der Leiter.

Gegeben: $l = 12$ m, $\omega_1 = 0{,}15$ rad/s, $\omega_2 = 0{,}6$ rad/s, $\beta = 30°$, $\dot{\omega}_1 = 0{,}8$ rad/s^2

9.2 Die Leiter des Feuerwehrwagens dreht sich um die z-Achse mit der Winkelgeschwindigkeit ω_1, die mit $\dot{\omega}_1$ zunimmt. Gleichzeitig dreht sie sich mit der Winkelgeschwindigkeit ω_2, die mit $\dot{\omega}_2$ zunimmt, um die gezeichnete horizontale Achse nach oben. Bestimmen Sie in der dargestellten Lage die Geschwindigkeit und die Beschleunigung des Punktes A am oberen Ende der Leiter.

Gegeben: $l = 12$ m, $\omega_1 = 0{,}15$ rad/s, $\omega_2 = 0{,}6$ rad/s, $\beta = 30°$, $\dot{\omega}_1 = 0{,}2$ rad/s^2, $\dot{\omega}_2 = 0{,}4$ rad/s^2

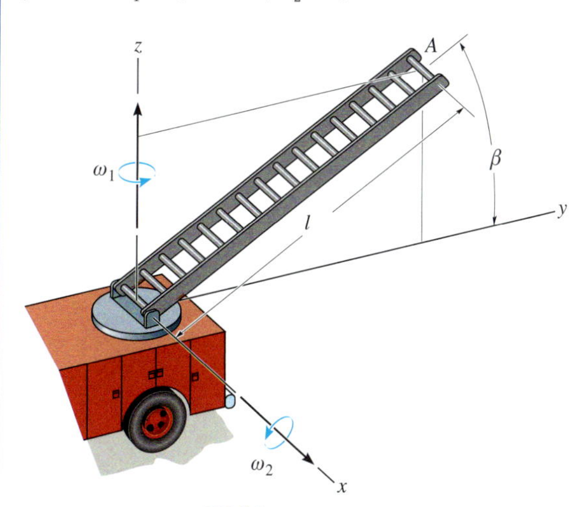

Abbildung A 9.1/9.2

9.3 Im dargestellten Zustand dreht sich der Kreisel mit ω_1 um die z-Achse. Gleichzeitig rotiert er mit ω_2 um die eigene Achse. Bestimmen Sie die momentane Winkelgeschwindigkeit und -beschleunigung des Kreisels. Schreiben Sie das Ergebnis als kartesischen Vektor.

Gegeben: $\omega_1 = 0{,}6$ rad/s, $\omega_2 = 8$ rad/s, $\beta = 45°$

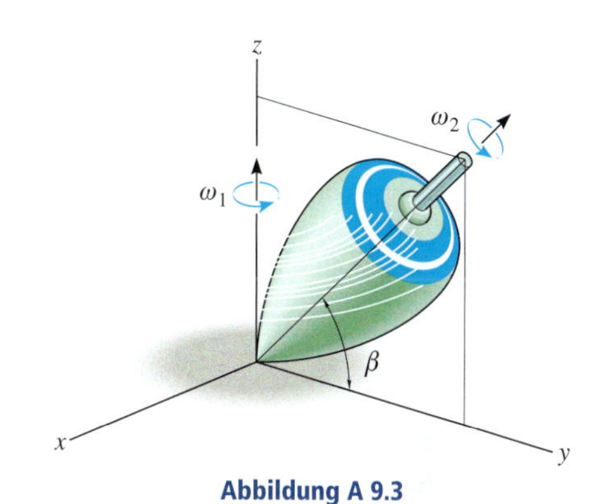

Abbildung A 9.3

***9.4** In der dargestellten Winkellage θ dreht sich die Satellitenschüssel mit ω_1 und $\dot{\omega}_1$ um die z-Achse. Gleichzeitig tritt um die x-Achse eine durch ω_2 und $\dot{\omega}_2$ bestimmte Drehung auf. Bestimmen Sie Geschwindigkeit und Beschleunigung des Signaltrichters A zu diesem Zeitpunkt.

Gegeben: $\theta = 25°$, $r = 1{,}4$ m, $\omega_1 = 6$ rad/s, $\omega_2 = 2$ rad/s, $\dot{\omega}_1 = 3$ rad/s^2, $\dot{\omega}_2 = 1{,}5$ rad/s^2

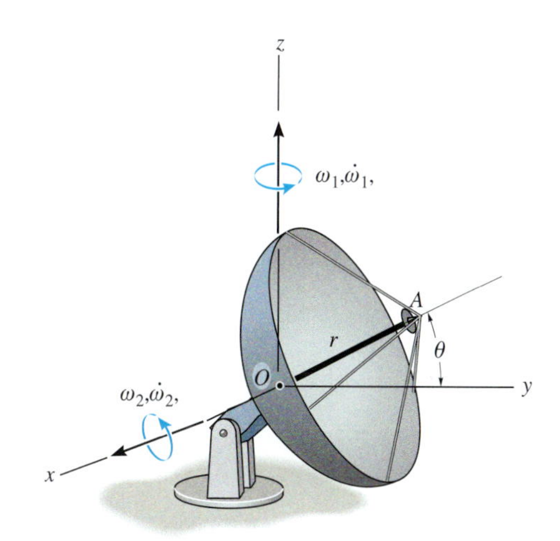

Abbildung A 9.4

9.5 Zahnrad A ist raumfest und Zahnrad B auf der Welle S frei drehbar gelagert. Die Welle dreht sich mit ω_z und $\dot{\omega}_z$ um die z-Achse. Bestimmen Sie Geschwindigkeit und Beschleunigung von Punkt P im dargestellten Zustand.

Gegeben: $r_A = 160\ \text{mm}$, $r_B = 80\ \text{mm}$, $\omega_z = 5\ \text{rad/s}$, $\dot{\omega}_z = 2\ \text{rad/s}^2$

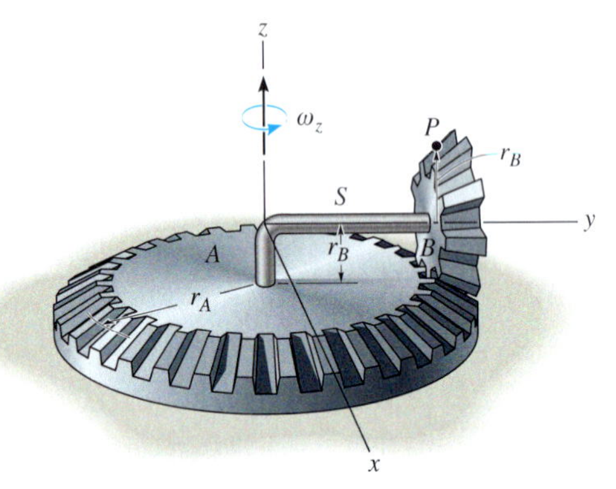

Abbildung A 9.5

9.6 Zahnrad B ist auf der rotierenden Welle frei drehbar gelagert und Zahnrad A raumfest. Die Welle dreht sich mit der konstanten Winkelgeschwindigkeit ω_z um die z-Achse. Bestimmen Sie die Beträge von Winkelgeschwindigkeit und Winkelbeschleunigung des Zahnrades B sowie die Beträge von Geschwindigkeit und Beschleunigung des Punktes P.

Gegeben: $r_A = 200\ \text{mm}$, $r_B = 50\ \text{mm}$, $\omega_z = 10\ \text{rad/s}$

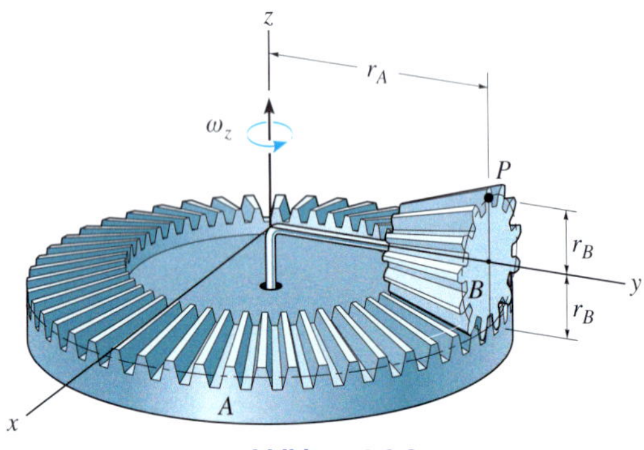

Abbildung A 9.6

9.7 In der momentanen Winkellage $\theta = \theta_1$ dreht sich die Antenne mit der Winkelgeschwindigkeit ω_1 und der Winkelbeschleunigung $\dot{\omega}_1$ um die z-Achse. Gleichzeitig dreht sie sich mit ω_2 und $\dot{\omega}_2$ um die x-Achse. Bestimmen Sie Geschwindigkeit und Beschleunigung des Signaltrichters A. Der Abstand zwischen O und A beträgt d.

Gegeben: $\theta_1 = 30°$, $d = 1\ \text{m}$, $\omega_1 = 3\ \text{rad/s}$, $\omega_2 = 1{,}5\ \text{rad/s}$, $\dot{\omega}_1 = 2\ \text{rad/s}^2$, $\dot{\omega}_2 = 4\ \text{rad/s}^2$

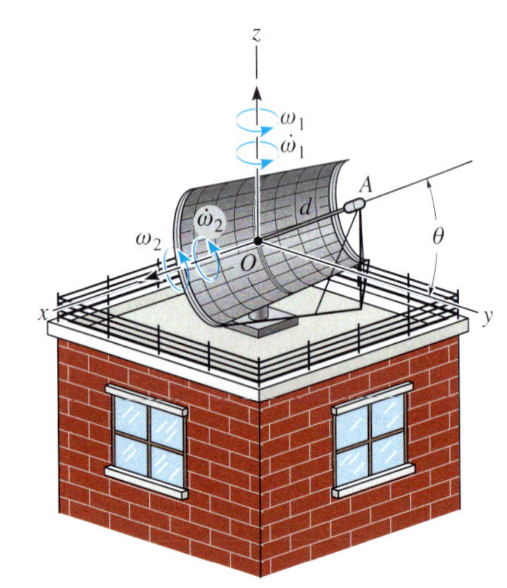

Abbildung A 9.7

***9.8** Der Kegel rollt ohne Gleiten, und im dargestellten Augenblick sind ω_z und $\dot{\omega}_z$ gegeben. Bestimmen Sie die dabei auftretende Geschwindigkeit und Beschleunigung des Punktes A.

Gegeben: $l = 2\ \text{m}$, $\beta = 20°$, $\omega_z = 4\ \text{rad/s}$, $\dot{\omega}_z = 3\ \text{rad/s}^2$

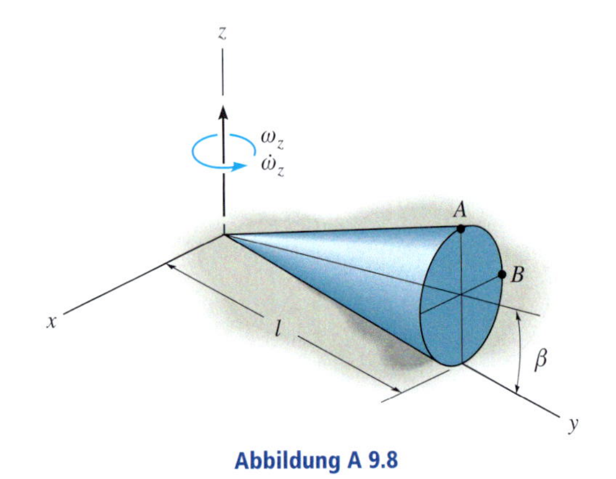

Abbildung A 9.8

9.9 Der Kegel rollt ohne Gleiten, und im dargestellten Augenblick sind ω_z und $\dot{\omega}_z$ gegeben. Bestimmen Sie die dabei auftretende Geschwindigkeit und Beschleunigung des Punktes B.

Gegeben: $l = 2$ m, $\beta = 20°$, $\omega_z = 4$ rad/s, $\dot{\omega}_z = 3$ rad/s^2

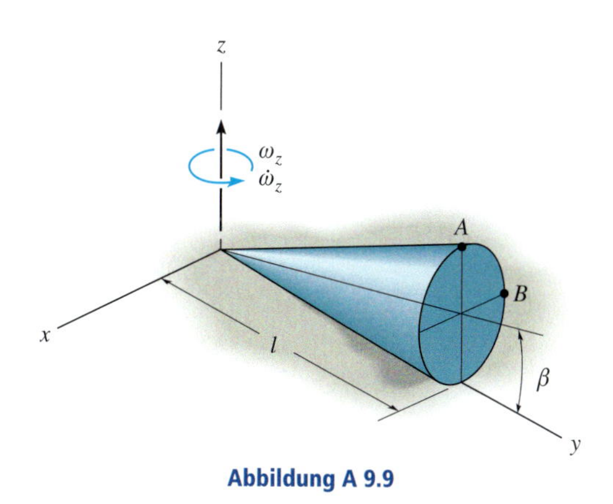

Abbildung A 9.9

9.10 Das obere Zahnrad B dreht sich mit der konstanten Winkelgeschwindigkeit ω. Bestimmen Sie die Winkelgeschwindigkeit des Zahnrades A, das sich frei um die Welle dreht und auf dem raumfesten unteren Zahnrad C abrollt.

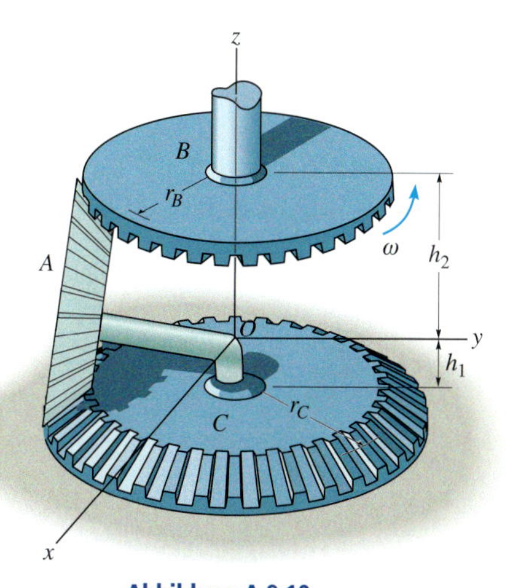

Abbildung A 9.10

9.11 Zahnrad A sitzt auf der Kurbelwelle S, Zahnrad C ist raumfest und B dreht frei. Die Kurbelwelle dreht sich mit ω_S um ihre Achse. Bestimmen Sie die Beträge der Winkelgeschwindigkeit des Propellers und der Winkelbeschleunigung des Zahnrades B.

Gegeben: $r_A = 0{,}4$ m, $r_B = 0{,}1$ m, $\omega_s = 80$ rad/s

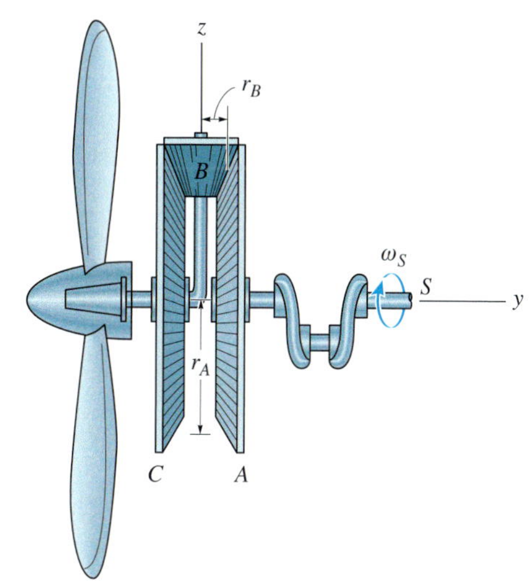

Abbildung A 9.11

***9.12** Die Scheibe B ist frei drehbar auf der Welle S gelagert. Diese rotiert mit ω_z und $\dot{\omega}_z$ um die z-Achse. Bestimmen Sie Geschwindigkeit und Beschleunigung des Punktes A im dargestellten Zustand.

Gegeben: $r = 400$ mm, $\omega_z = 2$ rad/s, $\dot{\omega}_z = 8$ rad/s^2

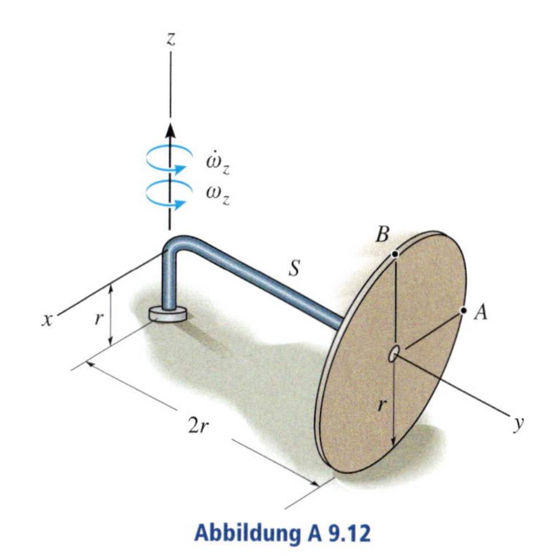

Abbildung A 9.12

9.13 Die Welle BD ist an einem Ende über ein Kugelgelenk in B an der Umgebung befestigt und trägt am anderen Ende das Kegelrad A. Dieses greift in das raumfeste Zahnrad C ein. Welle und Zahnrad A *drehen* sich mit konstanter Winkelgeschwindigkeit ω_1 bezüglich der Wellenachse (Eigendrehung). Bestimmen Sie die Winkelgeschwindigkeit und die Winkelbeschleunigung des Zahnrades A.

Gegeben: $l = 300$ mm, $r_B = 75$ mm, $r_C = 100$ mm, $\omega_1 = 8$ rad/s

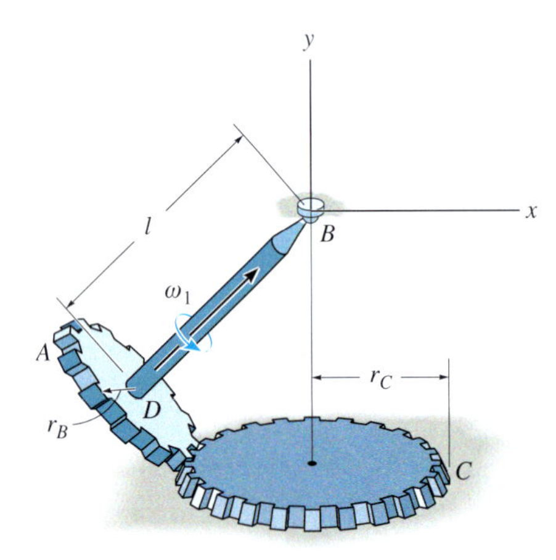

Abbildung A 9.13

9.14 Der doppelte Kegelstumpf dreht sich ohne Gleiten auf der horizontalen Ebene mit konstantem ω_z um die z-Achse. Bestimmen Sie Geschwindigkeit und Beschleunigung des Punktes A auf dem Kegel.

Gegeben: $\omega_z = 0{,}4$ rad/s, $d = 1$ m, $r_A = 1{,}5$ m, $r_E = 0{,}5$ m, $\beta = 30°$

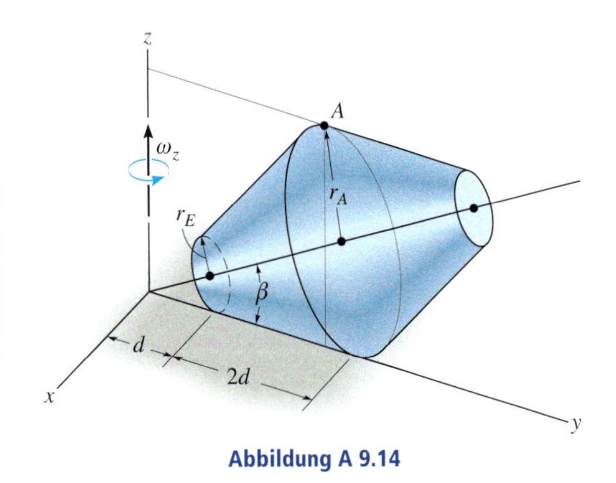

Abbildung A 9.14

9.15 Im dargestellten Zustand dreht sich der Turmkran mit der zunehmenden ($\dot{\omega}_1$) Winkelgeschwindigkeit ω_1 um die z-Achse. Der Ausleger OA dreht sich mit der zunehmenden ($\dot{\omega}_2$) Winkelgeschwindigkeit ω_2 um die gezeichnete horizontale Achse nach unten. Bestimmen Sie die dabei auftretende Geschwindigkeit und Beschleunigung des Auslegerendpunktes A.

Gegeben: $l = 12$ m, $\beta = 30°$, $\omega_1 = 0{,}25$ rad/s, $\omega_2 = 0{,}4$ rad/s, $\dot{\omega}_1 = 0{,}6$ rad/s^2, $\dot{\omega}_2 = 0{,}8$ rad/s^2

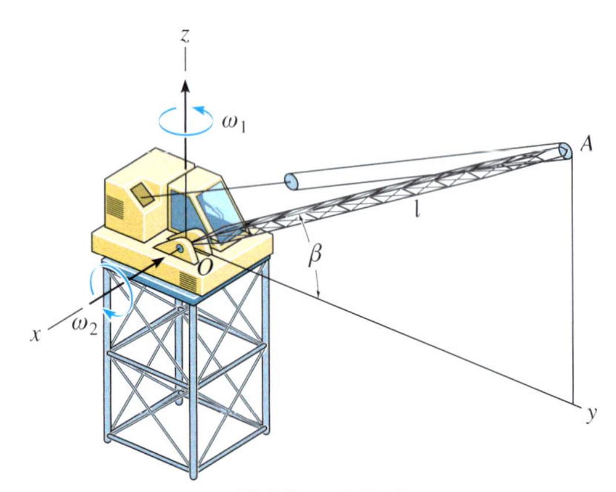

Abbildung A 9.15

***9.16** Der Ausleger des Baukrans dreht sich mit konstanter Winkelgeschwindigkeit ω_1 um die z-Achse und gleichzeitig mit konstanter Winkelgeschwindigkeit ω_2 um die gezeichnete horizontale Achse nach unten. Bestimmen Sie Geschwindigkeit und Beschleunigung des Auslegerendpunktes A in der dargestellten Lage.

Gegeben: $l = 33$ m, $h = 15$ m, $\omega_1 = 0{,}15$ rad/s, $\omega_2 = 0{,}2$ rad/s

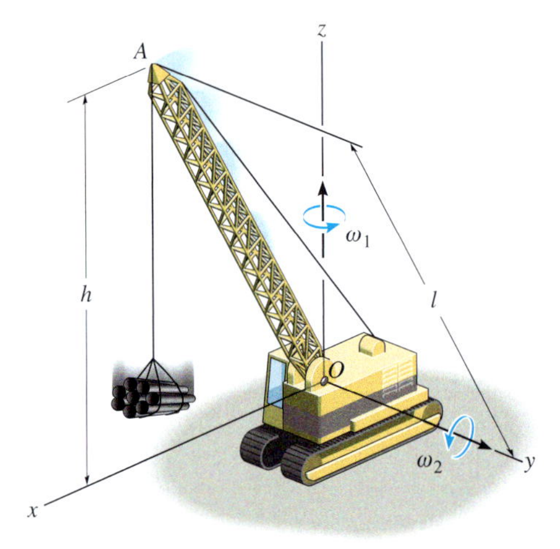

Abbildung A 9.16

9.17 Das Differenzialgetriebe eines Autos ermöglicht es, dass sich beim Kurvenfahren die beiden Hinterräder mit unterschiedlichen Geschwindigkeiten drehen. Dazu ist ein Ende der Hinterachse an den Rädern des Autos, das andere an den Kegelrädern A und B befestigt. Das Differenzialgehäuse D befindet sich über der linken Achse, kann jedoch unabhängig von dieser um C drehen. Es trägt ein Ausgleichskegelrad E auf einer Welle, das in A und B eingreift. Schließlich ist das Zahnrad G am Differenzialgehäuse *befestigt*, sodass das Gehäuse mit diesem Zahnrad umläuft, wenn Letzteres vom Antriebsritzel H angetrieben wird. Auch das Zahnrad G dreht sich, wie das Differenzialgehäuse, frei um die linke Radachse. Die Winkelgeschwindigkeiten ω_H und ω_E von Antriebsritzel und Ausgleichskegelrad sind gegeben. Ermitteln Sie die Winkelgeschwindigkeiten ω_A und ω_B der beiden Wellen der Zahnräder A und B.

Gegeben: $r_C = 60$ mm, $r_E = 40$ mm, $r_G = 180$ mm, $r_H = 50$ mm, $\omega_E = 30$ rad/s, $\omega_H = 100$ rad/s

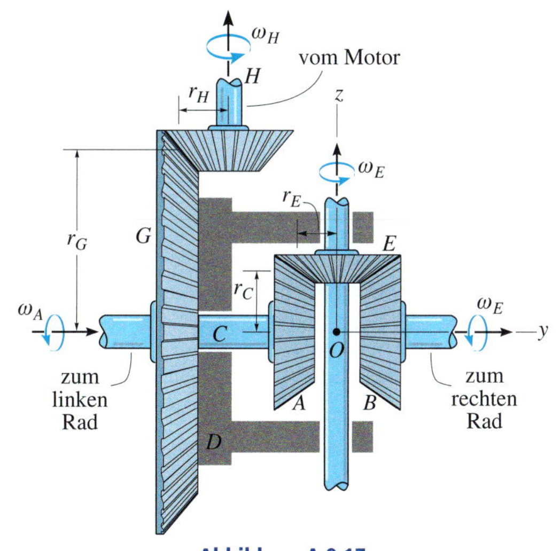

Abbildung A 9.17

9.18 Der Stab AB ist mit Kugelgelenken an den frei drehbar gelagerten Armen AC und BD befestigt. AC dreht sich mit konstanter Winkelgeschwindigkeit ω_{AC} um C. Bestimmen Sie Winkelgeschwindigkeit und -beschleunigung von BD in der dargestellten Lage.

Gegeben: $b = 2$ cm, $c = 3$ cm, $d = 1{,}5$ cm, $h = 6$ cm, $\omega_{AC} = 8$ rad/s

9.19 Der Stab AB ist mit Kugelgelenken an den frei drehbar gelagerten Armen AC und BD befestigt. AC dreht sich mit der Winkelgeschwindigkeit ω_{AC} um C und hat dabei die Winkelbeschleunigung α_{AC}. Bestimmen Sie die momentane Winkelgeschwindigkeit und -beschleunigung von BD in der dargestellten Lage.

Gegeben: $b = 2$ cm, $c = 3$ cm, $d = 1{,}5$ cm, $h = 6$ cm, $\omega_{AC} = 8$ rad/s, $\alpha_{AC} = 6$ rad/s^2

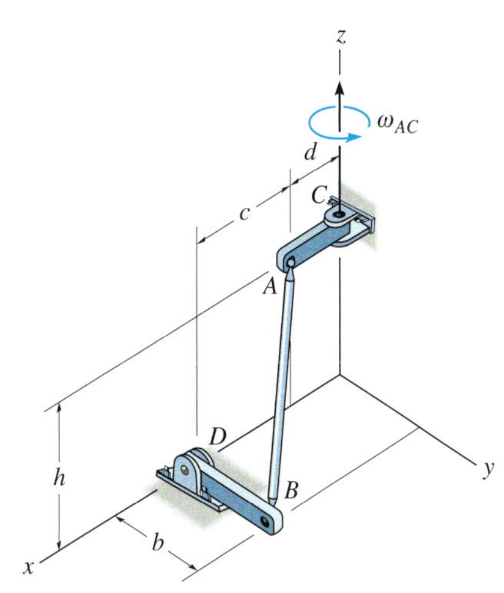

Abbildung A 9.18/9.19

***9.20** Die Enden des Stabes sind mit Kugelgelenken an den glatten Buchsen A und B befestigt. A senkt sich mit der konstanten Geschwindigkeit v_A ab. Wie groß ist im dargestellten Zustand die Geschwindigkeit von B? Wie groß ist die Winkelgeschwindigkeit des Stabes, wenn sie senkrecht zur Stabachse gerichtet ist?

Gegeben: $b = 2$ cm, $c = 3$ cm, $d = 6$ cm, $l = 7$ cm, $v_A = 8$ cm/s

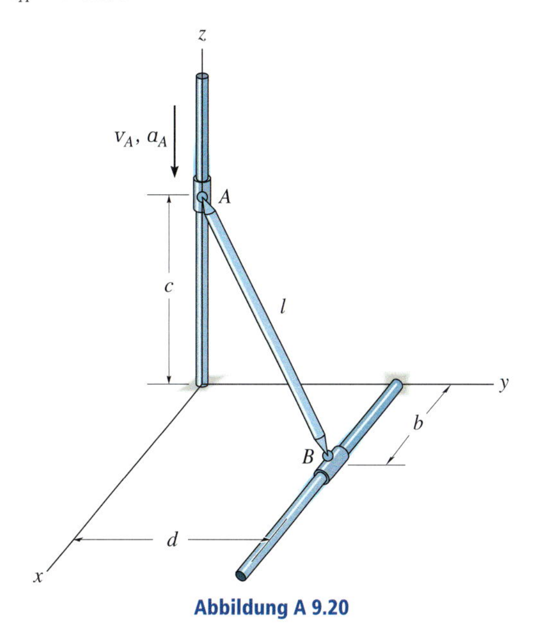

Abbildung A 9.20

9.21 Die Hülse A senkt sich mit der Beschleunigung a_A ab, gleichzeitig hat sie die Geschwindigkeit v_A. Wie groß ist die momentane Beschleunigung der Hülse B?

Gegeben: $b = 2$ cm, $c = 3$ cm, $d = 6$ cm, $l = 7$ cm, $v_A = 8$ cm/s, $a_A = 5$ cm/s^2

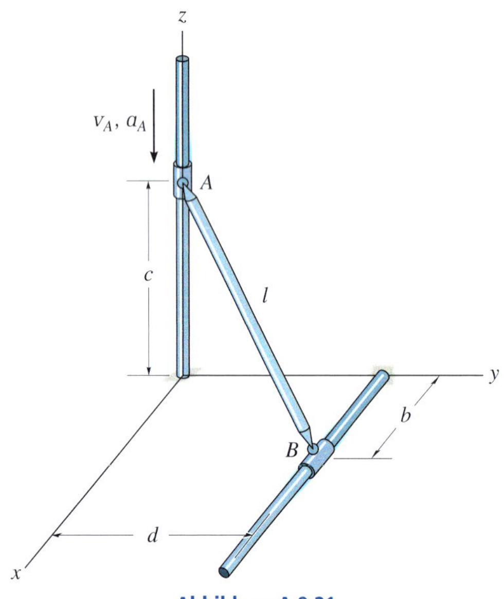

Abbildung A 9.21

9.22 Die Enden des Stabes AB sind mit Kugelgelenken an den Buchsen befestigt. Die Buchse A hat die Geschwindigkeit v_A. Wie groß ist dabei die Geschwindigkeit der Buchse B?

Gegeben: $b = 2$ m, $c = 1$ m, $d = 1{,}5$ m, $v_A = 3$ m/s

9.23 Die Buchse in A hat die Beschleunigung a_A nach unten, gleichzeitig hat sie die Geschwindigkeit v_A. Wie groß ist im dargestellten Zustand die Beschleunigung a_B der Buchse B?

Gegeben: $b = 2$ m, $c = 1$ m, $d = 1{,}5$ m, $v_A = 3$ m/s, $a_A = 2$ m/s^2

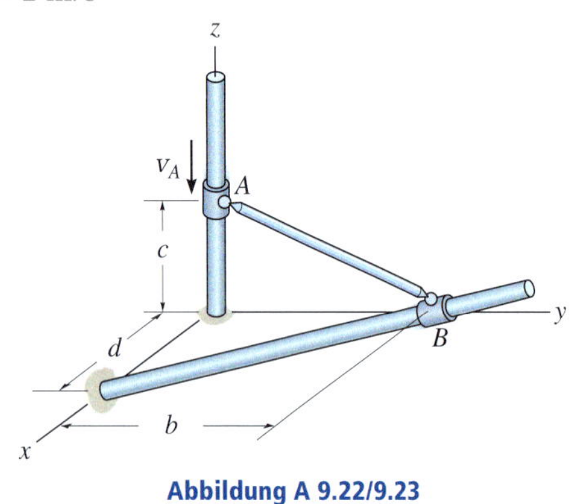

Abbildung A 9.22/9.23

***9.24** Die Enden des Stabes BC sind mit Kugelgelenken an der Buchse B und der Scheibe A befestigt. Die Scheibe A hat die Winkelgeschwindigkeit ω_A. Wie groß sind im dargestellten Zustand die Winkelgeschwindigkeit des Stabes und die Geschwindigkeit der Buchse B? Nehmen Sie an, dass die Winkelgeschwindigkeit des Stabes senkrecht zu ihm gerichtet ist.

Gegeben: $b = 100$ mm, $c = 200$ mm, $d = 500$ mm, $h = 300$ mm, $\omega_A = 10$ rad/s

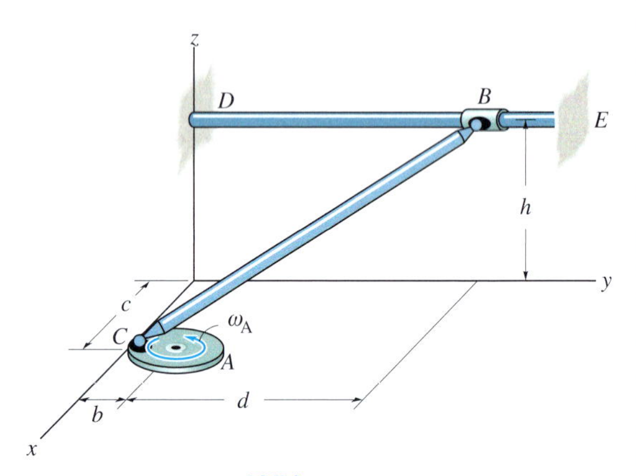

Abbildung A 9.24

9.25 Lösen Sie Aufgabe 9.24 für den Fall, dass die Verbindung in B aus einem Gelenklager anstelle eines Kugelgelenkes besteht, siehe Abbildung A 9.25. *Hinweis:* Die Zwangsbedingung erlaubt die Drehung des Stabes um die Längsachse ($\mathbf{j}$-Achse) und um die Lagerachse ($\mathbf{n}$-Achse). Es gibt keine Rotationskomponente um die $\mathbf{u}$-Achse, d.h. senkrecht zu $\mathbf{n}$ und $\mathbf{j}$, wobei $\mathbf{u} = \mathbf{j} \times \mathbf{n}$ gilt, sodass eine zusätzliche Gleichung aus $\boldsymbol{\omega} \cdot \mathbf{u} = 0$ gewonnen werden kann. Der Vektor $\mathbf{n}$ hat die gleiche Richtung wie $\mathbf{r}_{B/C} \times \mathbf{r}_{D/C}$.

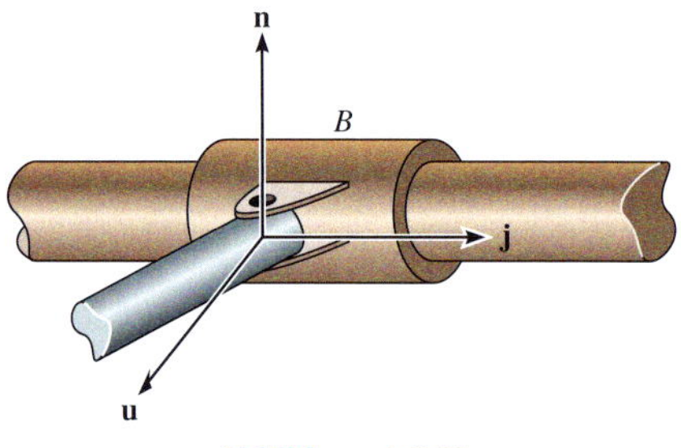

Abbildung A 9.25

9.26 Die Stabanordnung wird über ein Kugelgelenk mit einer Schiebehülse B und über ein Drehgelenk mit der Schiebehülse A verbunden. Die Hülse B bewegt sich mit der Geschwindigkeit v_B in der x-y-Ebene. Bestimmen Sie die Geschwindigkeit der vertikal verschiebbaren Hülse A und des Stabpunktes C im dargestellten Augenblick. *Hinweis:* siehe Aufgabe 9.25.

Gegeben: $b = 4$ cm, $c = 2$ cm, $h = 3$ cm, $v_B = 5$ cm/s, $\beta = 30°$

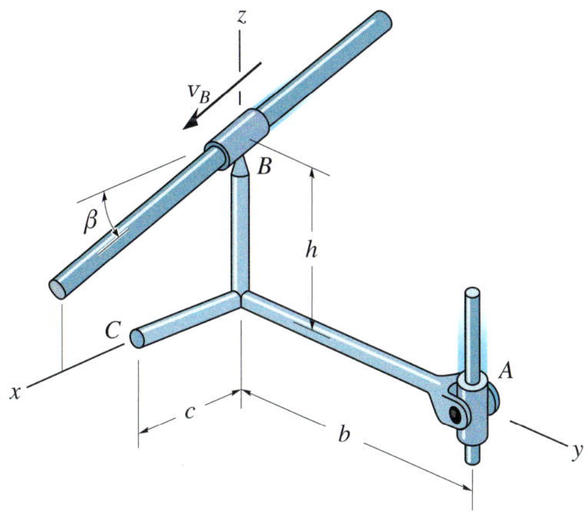

Abbildung A 9.26

9.27 Die Enden des Stabes AB sind mit Kugelgelenken an den beiden Buchsen befestigt. Die Buchse A hebt sich mit der Geschwindigkeit v_A. Wie groß sind in diesem Augenblick die Winkelgeschwindigkeit des Stabes und die Geschwindigkeit von B? Nehmen Sie an, dass die Winkelgeschwindigkeit des Stabes senkrecht zu ihm gerichtet ist.

Gegeben: $b = 2{,}5$ cm, $y_A = 2$ cm, $z_A = 3$ cm, $x_B = 3$ cm, $z_B = 4$ cm, $v_A = 8$ cm/s

***9.28** Die Enden des Stabes AB sind mit Kugelgelenken an den beiden Buchsen befestigt. Die Buchse A hebt sich mit der Beschleunigung a_A. Wie groß sind in diesem Augenblick die Winkelgeschwindigkeit des Stabes AB und die Beschleunigung a_B von B? Nehmen Sie an, dass die Winkelgeschwindigkeit des Stabes senkrecht zu ihm gerichtet ist.

Gegeben: $b = 2{,}5$ cm, $y_A = 2$ cm, $z_A = 3$ cm, $x_B = 3$ cm, $z_B = 4$ cm, $v_A = 8$ cm/s, $a_A = 4$ cm/s^2

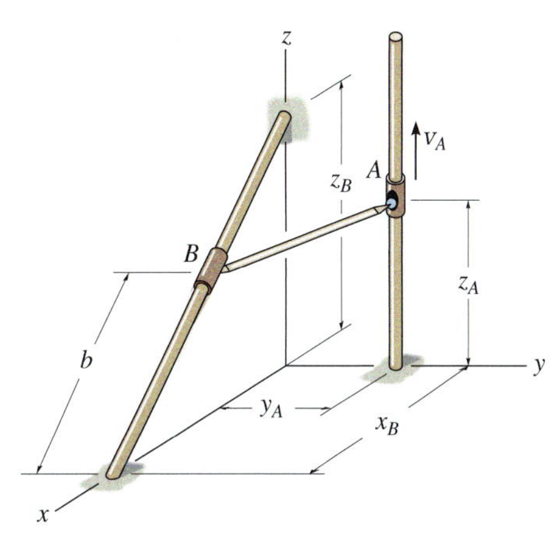

Abbildung A 9.27/9.28

9.29 Die dreieckige Platte ABC wird in A von einem Kugelgelenk gehalten und stützt sich in C an der x-z-Ebene ab. Die Seite AB wird in der x-y-Ebene geführt. Für die Winkellage $\theta = \theta_1$ ist die zugehörige Winkelgeschwindigkeit $\dot{\theta}$, und Punkt C hat die angegebene Position. Bestimmen Sie für diesen Augenblick die Winkelgeschwindigkeit der Platte und die Geschwindigkeit des Plattenpunktes C.

Gegeben: $b = 2{,}5$ m, $c = 3$ m, $h = 4$ m, $\theta_1 = 60°$, $\dot{\theta} = 2$ rad/s

9.30 Die dreieckige Platte ABC wird in A von einem Kugelgelenk gehalten und stützt sich in C an der x-z-Ebene ab. Die Seite AB wird in der x-y-Ebene geführt. Für die Winkellage $\theta = \theta_1$ ist die zugehörige Winkelgeschwindigkeit $\dot{\theta}$ und -beschleunigung $\ddot{\theta}$, und Punkt C hat die angegebene Lage. Bestimmen Sie für diesen Augenblick die Winkelbeschleunigung der Platte und die Beschleunigung des Plattenpunktes C.

Gegeben: $b = 2{,}5$ m, $c = 3$ m, $h = 4$ m, $\theta_1 = 60°$, $\dot{\theta} = 2$ rad/s, $\ddot{\theta} = 3$ rad/s^2

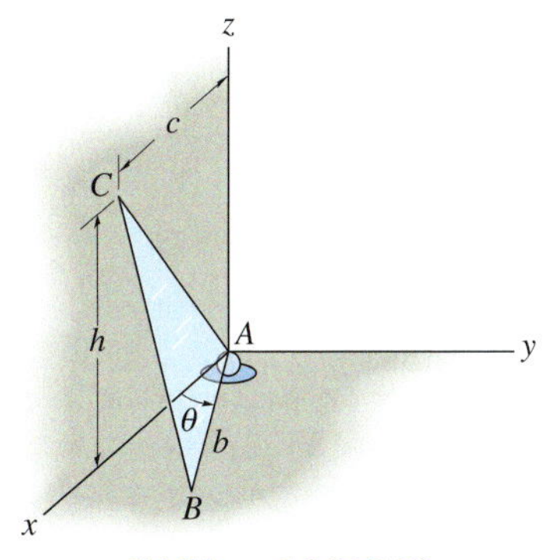

Abbildung A 9.29/9.30

Aufgaben zu 9.3 und 9.4

Ausgewählte Lösungswege

Lösungen finden Sie in *Anhang C*.

9.31 Lösen Sie *Beispiel 9.5* mit einem x,y,z-Koordinatensystem, das eine Translation auf krummliniger Bahnkurve beschreibt, $\mathbf{\Omega} = \mathbf{0}$. Die Buchse C dreht sich dann bezüglich des gewählten x,y,z-Koordinatensystems mit der Winkelgeschwindigkeit $\mathbf{\Omega} = \boldsymbol{\omega}_1 + \boldsymbol{\omega}_2$ und führt gleichzeitig eine radiale Bewegung aus.

***9.32** Lösen Sie *Beispiel 9.5* mit einem x,y,z-Koordinatensystem, das am Stab BD befestigt ist, sodass $\mathbf{\Omega} = \boldsymbol{\omega}_1 + \boldsymbol{\omega}_2$ gilt. In diesem Koordinatensystem bewegt sich die Hülse nur radial entlang BD nach außen, und es ist $\mathbf{\Omega}_{xyz} = \mathbf{0}$.

9.33 Zu einem bestimmten Zeitpunkt rotiert der Stab BD mit der Winkelgeschwindigkeit ω_{BD} und der Winkelbeschleunigung $\dot{\omega}_{BD}$ in der dargestellten Richtung um die y-Achse. Die Pendelstange AC, die in C über ein Drehgelenk mit CD verbunden ist, befindet sich dann gerade in der Winkellage $\theta = \theta_1$ und dreht sich mit $\dot{\theta},\ddot{\theta}$ nach unten. Bestimmen Sie die Geschwindigkeit und die Beschleunigung von Punkt A auf dem Pendel im betrachteten Augenblick.

Gegeben: $l = 3$ m, $\omega_{BD} = 2$ rad/s, $\dot{\omega}_{BD} = 5$ rad/s², $\theta_1 = 60°$, $\dot{\theta} = 2$ rad/s, $\ddot{\theta} = 8$ rad/s²

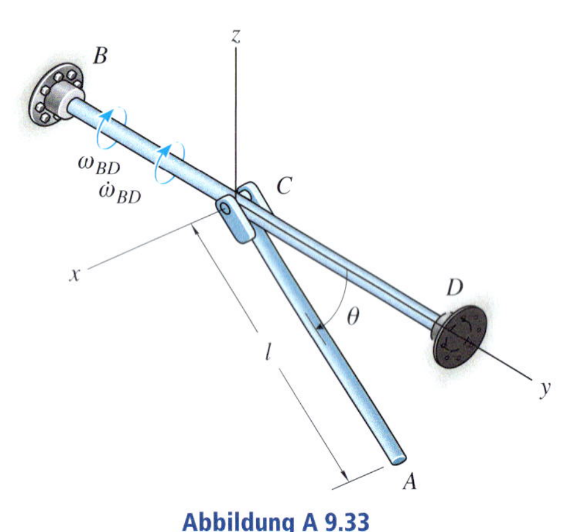

Abbildung A 9.33

9.34 Im dargestellten Augenblick dreht sich das Gehäuse der Röntgenkamera mit ω_z und $\dot{\omega}_z$ um die vertikale Achse. Um die horizontale Achse dreht sich der Arm mit ω_{rel} und $\dot{\omega}_{rel}$ relativ zum Gehäuse. Bestimmen Sie die momentane Geschwindigkeit und Beschleunigung des Kameramittelpunktes C.

Gegeben: $b = 1{,}25$ m, $c = 1$ m, $d = 1{,}75$ m, $\omega_z = 5$ rad/s, $\dot{\omega}_z = 2$ rad/s², $\omega_{rel} = 2$ rad/s, $\dot{\omega}_{rel} = 1$ rad/s²

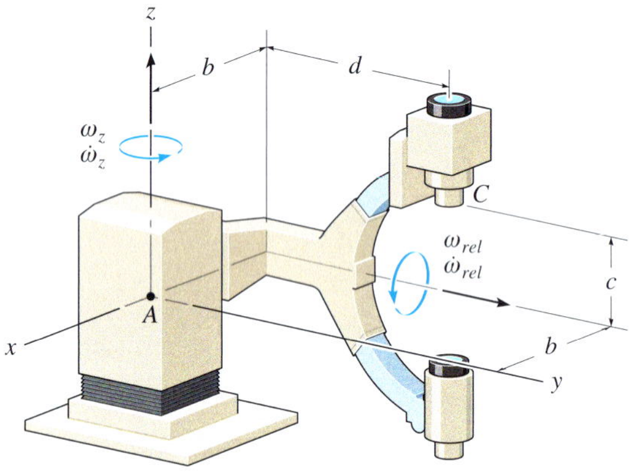

Abbildung A 9.34

9.35 Der Kranausleger AB dreht sich mit der Winkelgeschwindigkeit ω_z und der Winkelbeschleunigung $\dot{\omega}_z$ um die z-Achse. Er hat dabei gerade die Winkellage $\theta = \theta_1$ und richtet sich mit konstanter Winkelgeschwindigkeit $\dot{\theta}$ auf. Bestimmen Sie die momentane Geschwindigkeit und die momentane Beschleunigung der Spitze B.

Gegeben: $l = 12$ m, $c = 1{,}5$ m, $\theta_1 = 60°$, $\omega_z = 0{,}75$ rad/s, $\dot{\omega}_z = 2$ rad/s², $\dot{\theta} = 0{,}5$ rad/s

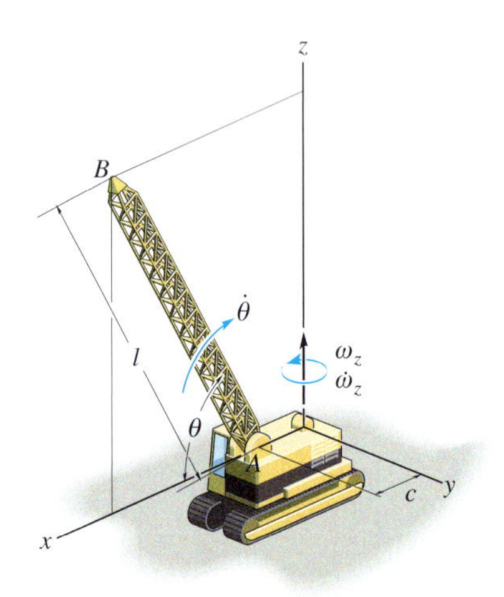

Abbildung A 9.35

***9.36** Der Kranausleger AB dreht sich mit zunehmender ($\dot{\omega}_z$) Winkelgeschwindigkeit ω_z um die z-Achse. Er hat dabei gerade die Winkellage $\theta = \theta_1$ und richtet sich mit $\dot{\theta}$ und $\ddot{\theta}$ auf. Bestimmen Sie die momentane Geschwindigkeit und die momentane Beschleunigung der Spitze B.

Gegeben: $l = 12$ m, $c = 1{,}5$ m, $\theta_1 = 60°$, $\omega_z = 0{,}75$ rad/s, $\dot{\omega}_z = 2$ rad/s², $\dot{\theta} = 0{,}5$ rad/s $\ddot{\theta} = 0{,}75$ rad/s²

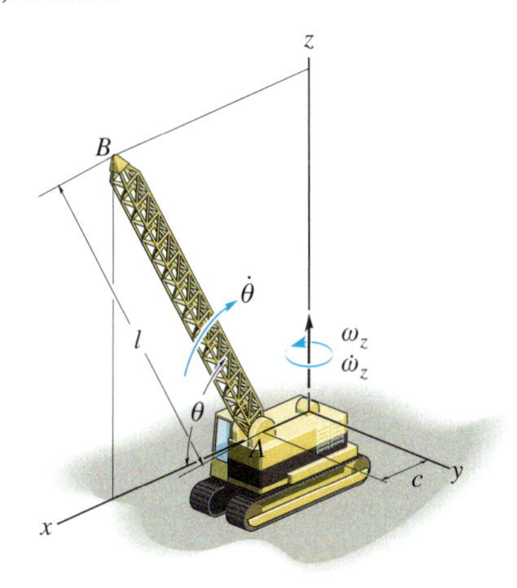

Abbildung A 9.36

9.37 Im dargestellten Augenblick dreht sich der gesamte Ausleger mit der Winkelgeschwindigkeit ω_1 und der Winkelbeschleunigung $\dot{\omega}_1$ um die vertikale z-Achse. Gleichzeitig dreht sich das Endstück AP mit ω_2 und $\dot{\omega}_2$ relativ zum restlichen Ausleger. Bestimmen Sie die momentane Geschwindigkeit und die momentane Beschleunigung des Punktes P auf dem Endstück.

Gegeben: $d_A = 2$ m, $h_A = 3$ m, $x_P = 4$ m, $y_P = 4$ m, $z_P = 3$ m, $\omega_1 = 2$ rad/s, $\omega_2 = 3$ rad/s, $\dot{\omega}_1 = 0{,}8$ rad/s², $\dot{\omega}_2 = 2$ rad/s²

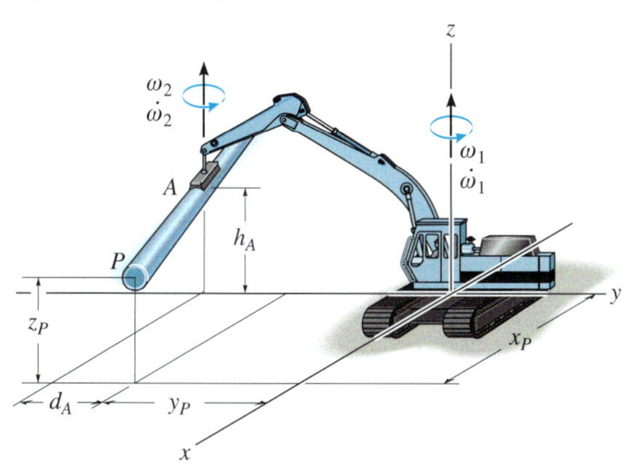

Abbildung A 9.37

9.38 Der Ausleger AB des fahrbaren Krans dreht sich mit der Winkelgeschwindigkeit ω_1 und der Winkelbeschleunigung $\dot{\omega}_1$ um die vertikale Z-Achse. In diesem Augenblick, in der Winkellage $\theta = \theta_1$, richtet sich der Ausleger mit der konstanten Winkelgeschwindigkeit $\dot{\theta}$ auf. Bestimmen Sie die momentane Geschwindigkeit und die momentane Beschleunigung der Spitze B des Auslegers.

Gegeben: $d = 3$ m, $l = 20$ m, $\theta_1 = 30°$, $\dot{\theta} = 3$ rad/s, $\omega_1 = 0{,}5$ rad/s, $\dot{\omega}_1 = 3$ rad/s²

9.39 Der Kran fährt mit der Geschwindigkeit v und der Beschleunigung a nach rechts, während der Ausleger sich mit der Winkelgeschwindigkeit ω_1 und der Winkelbeschleunigung $\dot{\omega}_1$ um die vertikale Z-Achse dreht. In diesem Augenblick, in der Winkellage $\theta = \theta_1$, richtet sich der Ausleger mit der konstanten Winkelgeschwindigkeit $\dot{\theta}$ auf. Bestimmen Sie die Geschwindigkeit und die Beschleunigung der Spitze B des Auslegers zu diesem Zeitpunkt.

Gegeben: $d = 3$ m, $l = 20$ m, $v = 2$ m/s, $a = 1{,}5$ m/s², $\theta_1 = 30°$, $\omega_1 = 0{,}5$ rad/s, $\dot{\omega}_1 = 3$ rad/s², $\dot{\theta} = 3$ rad/s

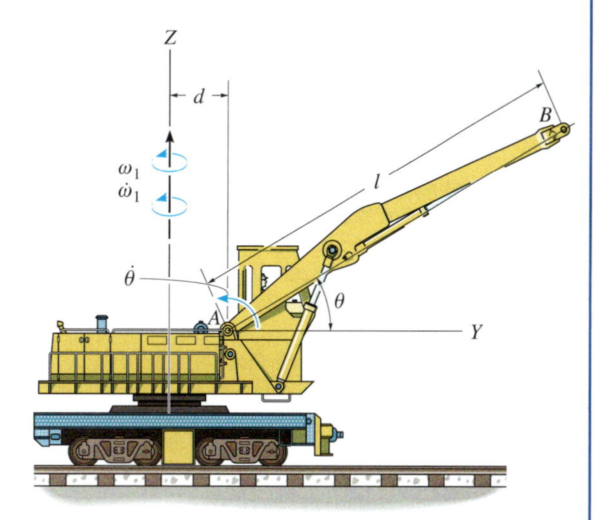

Abbildung A 9.38/9.39

***9.40** Im dargestellten Augenblick steigt der Hubschrauber mit der Geschwindigkeit v_H und der Beschleunigung a_H. Gleichzeitig dreht sich die Kabine mit konstanter Winkelgeschwindigkeit ω_H um die vertikale Achse. Der Heckrotor B dreht mit konstanter Winkelgeschwindigkeit $\omega_{B/H}$ relativ zu H. Bestimmen Sie Geschwindigkeit und Beschleunigung von Punkt P an der Spitze des Heckrotors, wenn sich der Rotor im betrachteten Augenblick in vertikaler Lage befindet.

Gegeben: $d = 6\ \text{m}$, $r_B = 0{,}75\ \text{m}$, $v_H = 1{,}2\ \text{m/s}$, $a_H = 0{,}6\ \text{m/s}^2$, $\omega_H = 0{,}9\ \text{rad/s}$, $\omega_{B/H} = 180\ \text{rad/s}$

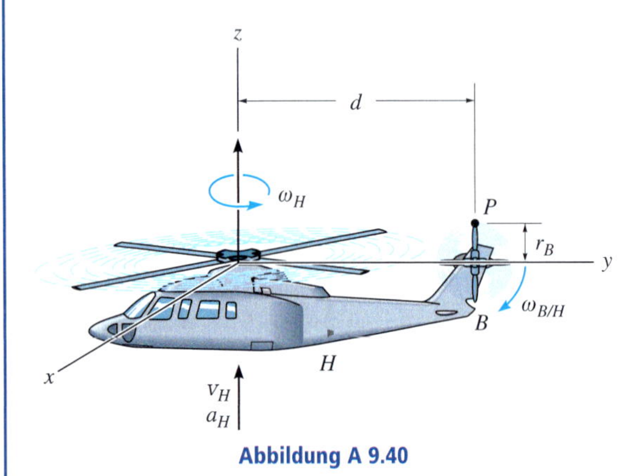

Abbildung A 9.40

9.41 Im dargestellten Augenblick dreht sich der Ausleger OA des Transportbandes mit konstanter Winkelgeschwindigkeit ω_1 um die vertikale z-Achse und richtet sich gleichzeitig mit konstanter Winkelgeschwindigkeit ω_2 auf. Das Transportband selbst läuft mit konstanter Geschwindigkeit $\dot{r}$. Bestimmen Sie die momentane Geschwindigkeit und Beschleunigung des Paketes P. Vernachlässigen Sie die Größe des Paketes.

Gegeben: $r = 6\ \text{m}$, $\theta = 45°$, $\omega_1 = 6\ \text{rad/s}$, $\omega_2 = 4\ \text{rad/s}$, $\dot{r} = 5\ \text{m/s}$

9.42 Im dargestellten Augenblick dreht sich der Ausleger OA des Transportbandes mit konstanter Winkelgeschwindigkeit ω_1 um die vertikale z-Achse und richtet sich gleichzeitig mit konstanter Winkelgeschwindigkeit ω_2 auf. Das Transportband selbst läuft mit der Geschwindigkeit $\dot{r}$ und Beschleunigung $\ddot{r}$. Bestimmen Sie die momentane Geschwindigkeit und Beschleunigung des Paketes P. Vernachlässigen Sie die Größe des Paketes.

Gegeben: $r = 6\ \text{m}$, $\theta = 45°$, $\omega_1 = 6\ \text{rad/s}$, $\omega_2 = 4\ \text{rad/s}$, $\dot{r} = 5\ \text{m/s}$, $\ddot{r} = 8\ \text{m/s}^2$

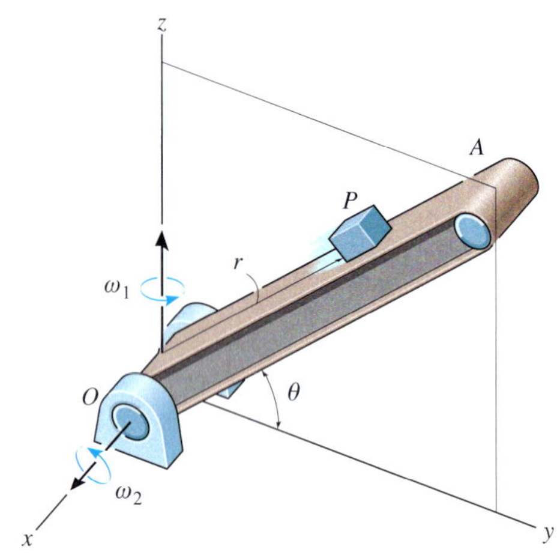

Abbildung A 9.41/9.42

9.43 Der Massenpunkt P gleitet mit konstanter Winkelgeschwindigkeit $\dot{\theta}$ auf dem Ring, während dieser sich mit konstanter Winkelgeschwindigkeit ω um die horizontale x-Achse dreht. Im dargestellten Augenblick befindet sich der Ring in der horizontalen x-y-Ebene und der Massenpunkt in der Winkellage $\theta = \theta_1$. Bestimmen Sie momentane Geschwindigkeit und Beschleunigung des Massenpunktes.

Gegeben: $r = 200\ \text{mm}$, $\theta_1 = 45°$, $\omega = 4\ \text{rad/s}$, $\dot{\theta} = 6\ \text{rad/s}$

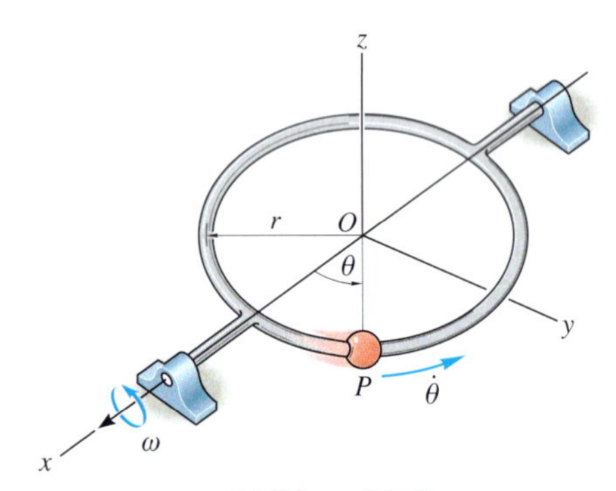

Abbildung A 9.43

***9.44** In der dargestellten Stellung dreht sich die mehrfach abgewinkelte Stange mit der Winkelgeschwindigkeit ω_1 und der Winkelbeschleunigung $\dot{\omega}_1$ um die vertikale z-Achse. Gleichzeitig dreht sich die Scheibe mit der konstanten Winkelgeschwindigkeit ω_2 *relativ* zum horizontalen Stangenendstück. Bestimmen Sie die momentane Geschwindigkeit und die momentane Beschleunigung von Punkt P auf der Scheibe.

Gegeben: $d = 1\ \text{m}$, $h = 1{,}5\ \text{m}$, $l = 3\ \text{m}$, $\omega_1 = 8\ \text{rad/s}$, $\omega_2 = 4\ \text{rad/s}$, $\dot{\omega}_1 = 2\ \text{rad/s}^2$

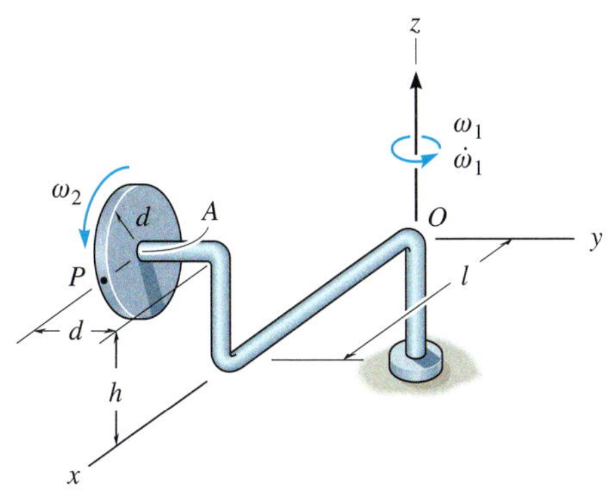

Abbildung A 9.44

9.45 In der dargestellten Stellung dreht sich der Fuß des Roboters mit der Winkelgeschwindigkeit ω_1 und der Winkelbeschleunigung $\dot{\omega}_1$ um die vertikale z-Achse. Der Arm BC dreht sich mit konstanter Winkelgeschwindigkeit ω_{BC} um die horizontale Achse des Fußes. Bestimmen Sie die momentane Geschwindigkeit und die momentane Beschleunigung des Werkstücks C im Griff des Roboterarms.

Gegeben: $h = 0{,}5\ \text{m}$, $l = 0{,}7\ \text{m}$, $\omega_{BC} = 8\ \text{rad/s}$, $\omega_1 = 4\ \text{rad/s}$, $\dot{\omega}_1 = 3\ \text{rad/s}^2$

9.46 Zum dargestellten Zeitpunkt dreht sich der Fuß des Roboters mit der Winkelgeschwindigkeit ω_1 und der Winkelbeschleunigung $\dot{\omega}_1$ um die vertikale z-Achse. Der Arm BC dreht sich mit der Winkelgeschwindigkeit ω_{BC} und der Winkelbeschleunigung $\dot{\omega}_{BC}$ um die horizontale Achse des Fußes. Bestimmen Sie die momentane Geschwindigkeit und die momentane Beschleunigung des Werkstücks C im Griff des Roboterarms.

Gegeben: $h = 0{,}5\ \text{m}$, $l = 0{,}7\ \text{m}$, $\omega_1 = 8\ \text{rad/s}$, $\omega_{BC} = 4\ \text{rad/s}$, $\dot{\omega}_1 = 3\ \text{rad/s}^2$, $\dot{\omega}_{BC} = 2\ \text{rad/s}^2$

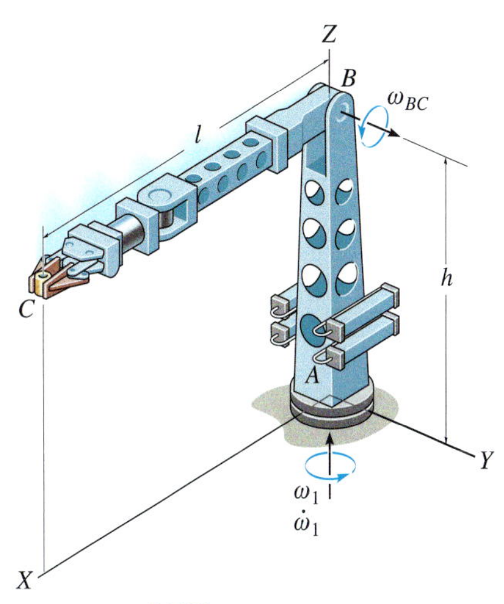

Abbildung A 9.45/9.46

9.47 Zum dargestellten Zeitpunkt dreht sich der gesamte Industrieroboter mit der konstanten Winkelgeschwindigkeit ω_1 um die vertikale z-Achse und der Unterarm mit der konstanten Winkelgeschwindigkeit ω_2 um das Ellbogengelenk B. Bestimmen Sie die momentane Geschwindigkeit und die momentane Beschleunigung des Griffes A mit den gegebenen Werten für ϕ, θ und r.

Gegeben: $l = 1{,}2\ \text{m}$, $\omega_1 = 5\ \text{rad/s}$, $\omega_2 = 2\ \text{rad/s}$, $\phi = 30°$, $\theta = 45°$, $r = 1{,}6\ \text{m}$

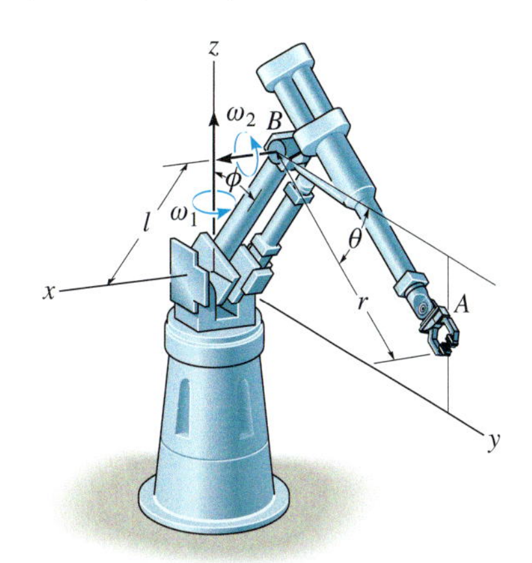

Abbildung A 9.47

Zusätzliche Übungsaufgaben mit Lösungen finden Sie auf der Companion Website (CWS) unter *www.pearson-studium.de*

Räumliche Kinetik eines starren Körpers

10

ÜBERBLICK

Für die Konstruktion von Karussells für den Jahrmarkt ist eine Berechnung der durch die räumliche Bewegung verursachten Kräfte erforderlich.

Lernziele

- Einführung von Verfahren zur Bestimmung der axialen Massenträgheitsmomente und der Deviationsmomente eines Körpers um verschiedene Achsen
- Anwendung von Arbeits- und Energiesatz sowie Impuls- und Drallsatz auf einen starren Körper für allgemein räumliche Bewegungen
- Herleitung und Anwendung der Bewegungsgleichungen bei allgemein räumlicher Bewegung
- Untersuchung der Bewegung eines Kreisels sowie von kräfte- und momentenfreien Bewegungen

10.1 Massenträgheitsmomente

Bei der Untersuchung der ebenen Bewegung eines starren Körpers war das Massenträgheitsmoment J_S wichtig, das um eine Achse senkrecht auf der Bewegungsebene durch den Massenmittelpunkt S berechnet wurde. Zur Kinetik der allgemein räumlichen Bewegung sind im Allgemeinen sechs massengeometrische Größen zu berechnen. Diese Größen, als axiale Massenträgheitsmomente und Deviations- oder Zentrifugalmomente bezeichnet, beschreiben die Massenverteilung eines Körpers bezüglich eines Koordinatensystems, dessen Ausrichtung und Ursprung gegeben sind.

Axiales Massenträgheitsmoment Betrachten wir den starren Körper in Abbildung 10.1. Das *Massenträgheitsmoment* für ein differenzielles Massenelement dm des Körpers um eine der drei Koordinatenachsen ist als Produkt aus der Masse des Elementes und dem Quadrat des Abstandes zwischen Achse und Element definiert. So gilt beispielweise, wie in der Abbildung dargestellt, $r_x = \sqrt{y^2 + z^2}$, und für das Massenträgheitsmoment von dm um die x-Achse ergibt sich

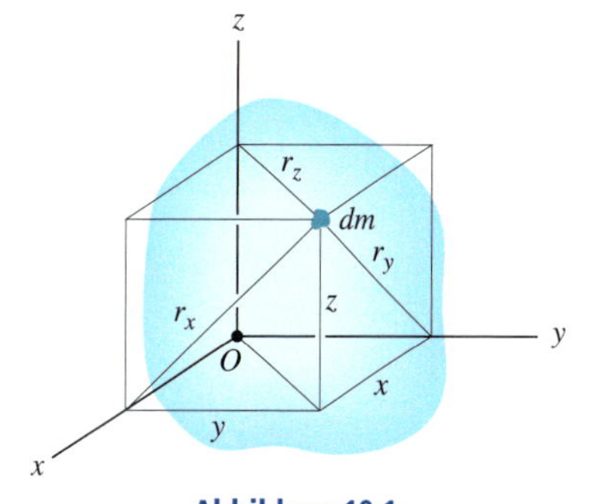

Abbildung 10.1

$$dJ_{xx} = r_x^2 dm = \left(y^2 + z^2\right) dm$$

Das Massenträgheitsmoment J_{xx} des gesamten Körpers erhalten wir durch Integration über die gesamte Masse des Körpers. Somit kann für jede Achse

$$\begin{aligned} J_{xx} &= \int_m r_x^2 dm = \int_m \left(y^2 + z^2\right) dm \\ J_{yy} &= \int_m r_y^2 dm = \int_m \left(x^2 + z^2\right) dm \\ J_{zz} &= \int_m r_z^2 dm = \int_m \left(x^2 + y^2\right) dm \end{aligned} \tag{10.1}$$

angeschrieben werden. Man erkennt, dass das axiale Massenträgheitsmoment *immer eine positive Größe* ist, denn es ist die Summe des Produktes der Masse dm, die immer positiv ist, und dem Quadrat des jeweiligen Abstandes.

Deviationsmoment Das *Deviationsmoment* (auch *Zentrifugalmoment* genannt) für ein differenzielles Massenelement dm ist bezüglich *zweier orthogonaler Ebenen* als Produkt aus der Masse des Elementes und den lotrechten (kürzesten) Abständen zwischen den Ebenen und dem Element definiert. Dieser Abstand beträgt für die y,z-Ebene x und für die x,z-Ebene y, Abbildung 10.1. Das Deviationsmoment dJ_{xy} für das Element dm ist also

$$dJ_{xy} = xy\, dm$$

Es gilt offensichtlich $dJ_{yx} = dJ_{xy}$. Durch Integration über die gesamte Masse ergibt sich für die Deviationsmomente des Körpers für jede Kombination von Ebenen[1]

$$\begin{aligned} J_{xy} &= J_{yx} = \int_m xy\, dm \\ J_{yz} &= J_{zy} = \int_m yz\, dm \\ J_{xz} &= J_{zx} = \int_m xz\, dm \end{aligned} \tag{10.2}$$

Im Gegensatz zum axialen Massenträgheitsmoment, das immer positiv ist, kann das Zentrifugalmoment positiv, negativ oder null sein. Das Ergebnis hängt von den Vorzeichen der beiden definierenden Koordinaten ab, die sich unabhängig voneinander ändern. Sind eine oder beide orthogonalen Ebenen *Symmetrieebenen* bezüglich der Massenverteilung des Körpers, so ist das *Deviationsmoment* bezüglich dieser Ebene gleich *null.* In diesen Fällen treten die Massenelemente in *Paaren* auf beiden Seite der Symmetrieebene auf. Auf einer Seite der Ebene ist das Deviationsmoment des Massenelementes positiv, auf der anderen ist es für das entsprechende Element negativ und somit ergibt die Summe der beiden null. Beispiele dazu sind in Abbildung 10.2 dargestellt. Im ersten Fall, Abbildung 10.2a, ist die y,z-Ebene die Symmetrieebene und demzufolge ist $J_{xy} = J_{xz} = 0$. Die Berechnung von J_{yz} führt auf ein *positives* Ergebnis, denn alle Massenelemente haben positive y- und z-Koordinaten. Für den Zylinder mit dem in Abbildung 10.2b gezeigten Koordinatensystem sind die x,z- und die y,z-Ebene Symmetrieebenen. Dann gilt $J_{xy} = J_{yz} = J_{zx} = 0$.

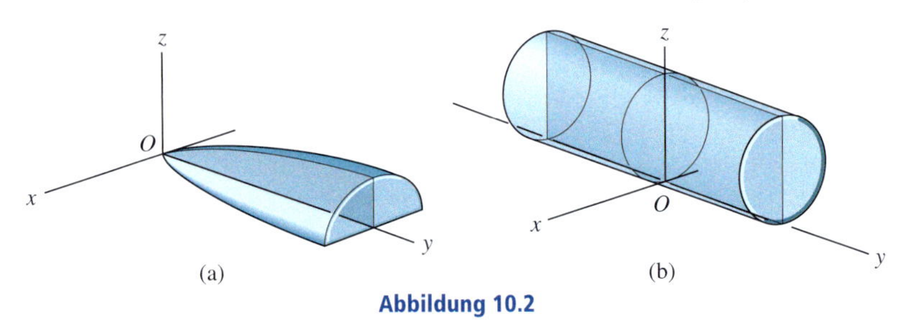

Abbildung 10.2

1 Viele Autoren definieren die Deviationsmomente eines Körpers unter Berücksichtigung eines Minuszeichens. Welcher Konvention man den Vorzug gibt, ist letztendlich belanglos.

Steiner'scher Satz Die Integrationsverfahren zur Ermittlung des axialen Massenträgheitsmomentes von Körpern wurden in *Abschnitt 6.1* vorgestellt. Ebenso wurden Verfahren zur Ermittlung des axialen Massenträgheitsmomentes von zusammengesetzten Körpern diskutiert, d.h. Körpern, die aus einfacheren Teilen zusammengesetzt sind, siehe Tabellen am Ende des Buches. In beiden Fällen wird häufig der *Steiner'sche Satz* zur Berechnung verwendet. Dieser in *Abschnitt 6.1* hergeleitete Satz wird zur Berechnung der Änderung von Massenträgheitsmomenten eines Körpers beim Übergang von einer Achse durch den Körperschwerpunkt S zu einer parallelen Achse durch einen anderen Punkt verwendet. Mit den Achsenabschnitten x_S, y_S und z_S von S, siehe Abbildung 10.3, und dem Steiner'schen Satz werden die Massenträgheitsmomente bezüglich der x-, der y- und der z-Achse wie folgt berechnet:

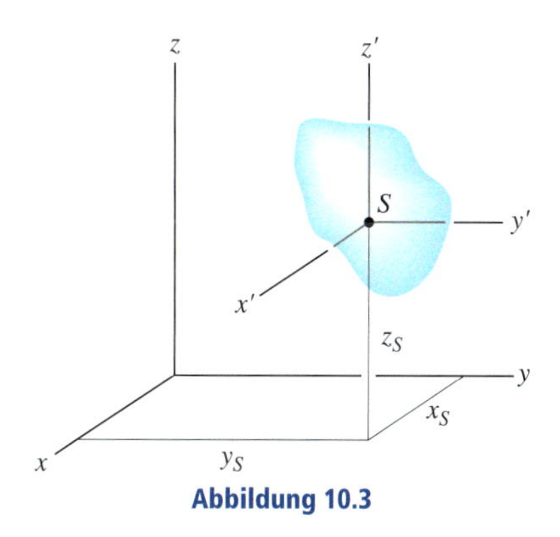

Abbildung 10.3

$$
\begin{aligned}
J_{xx} &= \left(J_{x'x'}\right)_S + m\left(y_S^2 + z_S^2\right)\\
J_{yy} &= \left(J_{y'y'}\right)_S + m\left(x_S^2 + z_S^2\right)\\
J_{zz} &= \left(J_{z'z'}\right)_S + m\left(x_S^2 + y_S^2\right)
\end{aligned}
\qquad (10.3)
$$

Insbesondere für die Berechnung der Deviationsmomente eines zusammengesetzten Körpers, die grundsätzlich in der gleichen Weise geschieht wie die der axialen Massenträgheitsmomente, spielt der analoge Steiner'sche Satz für Deviationsmomente eine wichtige Rolle. Dieser Satz hilft bei der Berechnung der Deviationsmomente des Körpers beim Übergang von drei orthogonalen Ebenen durch den Schwerpunkt des Körpers zu drei entsprechenden parallelen Ebenen durch einen anderen Punkt O. Mit den lotrechten Abständen x_S, y_S und z_S zwischen den Ebenen, siehe Abbildung 10.3, werden die Gleichungen des Steiner'schen Satzes angeschrieben:

$$
\begin{aligned}
J_{xy} &= \left(J_{x'y'}\right)_S + m x_S y_S\\
J_{yz} &= \left(J_{y'z'}\right)_S + m y_S z_S\\
J_{zx} &= \left(J_{z'x'}\right)_S + m z_S x_S
\end{aligned}
\qquad (10.4)
$$

Die Herleitung dieser Formeln ist ähnlich der beim klassischen Steiner'schen Satz, *Abschnitt 6.1*.

Die Dynamik der Raumfähre auf ihrer Umlaufbahn um die Erde kann nur beherrscht werden, wenn die axialen Massenträgheitsmomente und die Deviationsmomente des Flugkörpers bekannt sind.

Trägheitstensor Die Trägheitseigenschaften eines Körpers werden durch neun Größen vollständig bestimmt, sechs davon sind voneinander unabhängig. Diese Größen sind in den Gleichungen (10.1) und (10.2) definiert und bilden die Koordinaten des *Trägheitstensors* $\mathbf{\Phi}_S$, eines Tensors 2. Stufe, hier bezogen auf ein Koordinatensystem mit dem Ursprung im Schwerpunkt S. Die Koordinaten bezüglich gegebener Richtungen, z.B. für ein x,y,z-Koordinatensystem, werden üblicherweise in einer Matrix dargestellt:

$$
\mathbf{\Phi}_S = \begin{pmatrix} J_{xx} & -J_{xy} & -J_{xz} \\ -J_{yx} & J_{yy} & -J_{yz} \\ -J_{zx} & -J_{zy} & J_{zz} \end{pmatrix}_{x,y,z} = \begin{pmatrix} J_{xx} & -J_{xy} & -J_{xz} \\ \vdots & J_{yy} & -J_{yz} \\ \text{symm.} & \cdots & J_{zz} \end{pmatrix}_{x,y,z}
$$

Die Matrix ist *symmetrisch*, d.h. es gilt $J_{ji} = J_{ij}$, $i,j = 1,2,3$. Oft wird durch eine Indizierung der Matrix auf das zugrunde liegende Koordinatensystem, hier x,y,z, hingewiesen. Zweckmäßigerweise wählt man ein Koordinatensystem, das *körperfest* ist, sodass die axialen Massenträgheitsmomente und die Deviationsmomente konstante (zeitunabhängige) Koordinaten des Trägheitstensors sind. Für einen Körper ist dieser bei beliebiger gegebener Lage des Ursprungs O und beliebiger gegebener Ausrichtung der Koordinatenachsen eindeutig. Ändert man den Bezugspunkt oder die Orientierung der Koordinatenachsen, dann ergeben sich natürlich geänderte Massenträgheitsmomente und damit eine geänderte Trägheitsmatrix, wie dies bei Parallelverschiebung der Achsen mittels des Steiner'schen Satzes bereits nachgewiesen wurde.

Bei geänderter Ausrichtung des Koordinatensystems trifft dies auch zu. Wie schon in anderem Zusammenhang[2] gezeigt, existieren insbesondere für jeden Bezugspunkt O und damit auch für den Schwerpunkt S in eindeutiger Weise so genannte *Hauptträgheitsachsen* ξ, η, ζ, die aus ursprünglichen x,y,z-Achsen durch eine wohldefinierte Drehung hervorgehen, für welche die Deviationsmomente des Körpers null sind und die axialen Massenträgheitsmomente Extremwerte annehmen. Für diese Achsen ξ, η, ζ nimmt die Trägheitsmatrix Diagonalgestalt an:

$$\mathbf{\Phi}_S = \begin{pmatrix} J_\xi & 0 & 0 \\ 0 & J_\eta & 0 \\ 0 & 0 & J_\zeta \end{pmatrix}_{\xi,\eta,\zeta}$$

Dabei sind $J_\xi = J_{\xi\xi}$, $J_\eta = J_{\eta\eta}$ und $J_\zeta = J_{\zeta\zeta}$ die axialen *Hauptträgheitsmomente* des Körpers. Eines der drei Hauptträgheitsmomente ist das maximale, ein anderes das minimale Hauptträgheitsmoment des Körpers.

Die mathematische Bestimmung der Richtungen der Hauptträgheitsachsen wird hier nicht diskutiert (siehe *Aufgabe 10.21*), sie verläuft aber analog zur Berechnung der Hauptachsen des Spannungs- und Verzerrungstensors. In vielen Fällen der technischen Praxis können die Hauptträgheitsachsen aus Symmetrieeigenschaften direkt aus der Anschauung erkannt werden. So folgt beispielsweise, dass bei einer Orientierung der Koordinatenachsen, bei der *zwei* der drei orthogonalen Ebenen *Symmetrie*ebenen des Körpers sind, alle Deviationsmomente des Körpers bezüglich der Koordinatenebenen gleich null und somit die Koordinatenachsen die Hauptträgheitsachsen sind. Zum Beispiel sind die x,y,z-Achsen in Abbildung 10.2b die Hauptträgheitsachsen des Zylinders im Punkt O.

2 Siehe z.B. die Berechnung des Spannungs- und Verzerrungstensors, insbesondere bei Drehung der zugrunde liegenden Koordinatenachsen, Hibbeler: Technische Mechanik 2 – Festigkeitslehre.

Massenträgheitsmoment um eine beliebige Achse Betrachten wir den Körper in Abbildung 10.4, für den die neun Elemente der Trägheitsmatrix im x,y,z-Koordinatensystem mit dem Ursprung in O berechnet wurden. Nun wollen wir das Massenträgheitsmoment des Körpers um die Achse Oa bestimmen, deren Richtung durch den Einheitsvektor $\mathbf{u}_a$ festgelegt wird. Per Definition ist $J_{Oa} = \int b^2 dm$, worin b der *lotrechte Abstand* von dm zur Achse Oa ist. Wird die Lage von dm mit Hilfe des Ortsvektors $\mathbf{r}$ angegeben, dann gilt $b = r\sin\theta$, d.h. der *Betrag* des Kreuzproduktes $\mathbf{u}_a \times \mathbf{r}$. Somit wird das Massenträgheitsmoment

$$J_{Oa} = \int_m \left|(\mathbf{u}_a \times \mathbf{r})\right|^2 dm = \int_m (\mathbf{u}_a \times \mathbf{r}) \cdot (\mathbf{u}_a \times \mathbf{r}) dm$$

Gilt $\mathbf{u}_a = u_x\mathbf{i} + u_y\mathbf{j} + u_z\mathbf{k}$ und $\mathbf{r} = x\mathbf{i} + y\mathbf{j} + z\mathbf{k}$, sodass $\mathbf{u}_a \times \mathbf{r} = (u_y z - u_z y)\mathbf{i} + (u_z x - u_x z)\mathbf{j} + (u_x y - u_y x)\mathbf{k}$ ist, dann ergibt sich – nach Einsetzen und Berechnen des Skalarproduktes – für das gesuchte Massenträgheitsmoment

$$\begin{aligned} J_{Oa} &= \int_m \left[(u_y z - u_z y)^2 + (u_z x - u_x z)^2 + (u_x y - u_y x)^2\right] dm \\ &= u_x^2 \int_m (y^2 + z^2) dm + u_y^2 \int_m (z^2 + x^2) dm + u_z^2 \int_m (x^2 + y^2) dm \\ &\quad - 2u_x u_y \int_m xy\, dm - 2u_y u_z \int_m yz\, dm - 2u_z u_x \int_m zx\, dm \end{aligned}$$

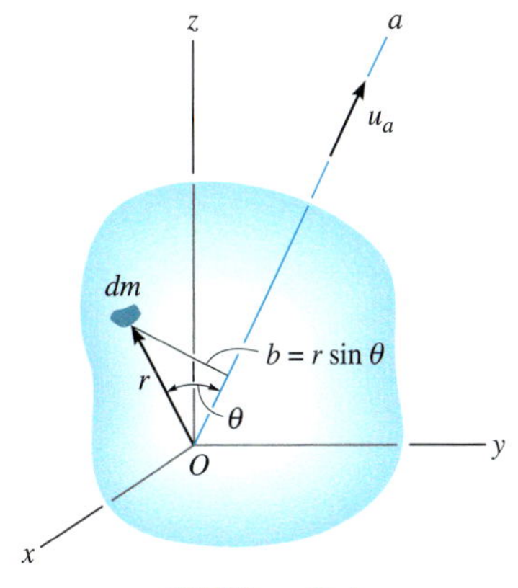

Abbildung 10.4

Die Integrale sind die Massenträgheitsmomente und Deviationsmomente gemäß den Gleichungen (10.1) und (10.2), sodass wir

$$J_{Oa} = J_{xx}u_x^2 + J_{yy}u_y^2 + J_{zz}u_z^2 - 2J_{xy}u_x u_y - 2J_{yz}u_y u_z - 2J_{zx}u_z u_x \qquad (10.5)$$

erhalten. Wird die Trägheitsmatrix also für das x,y,z-Koordinatensystem angegeben, dann kann das Massenträgheitsmoment des Körpers um die geneigte Achse Oa mit Gleichung (10.5) gefunden werden. Zur Berechnung müssen die Richtungskosinus u_x, u_y, u_z der Achsen bestimmt werden. Diese Terme geben die Kosinus der Richtungswinkel α, β, γ zwischen der positiven Achse Oa und der positiven x-, y- bzw. z-Achse an (siehe *Anhang C*).

Beispiel 10.1

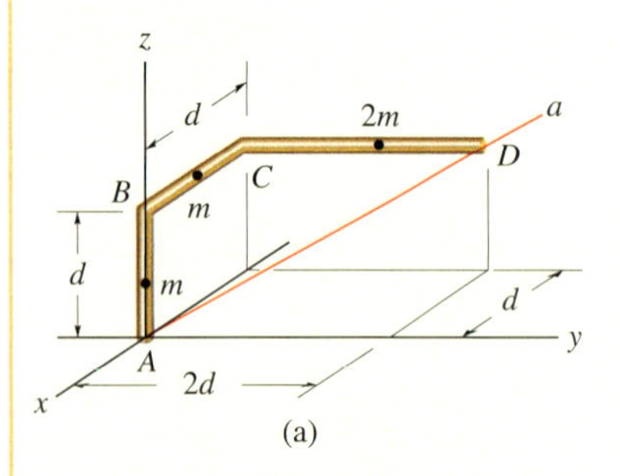

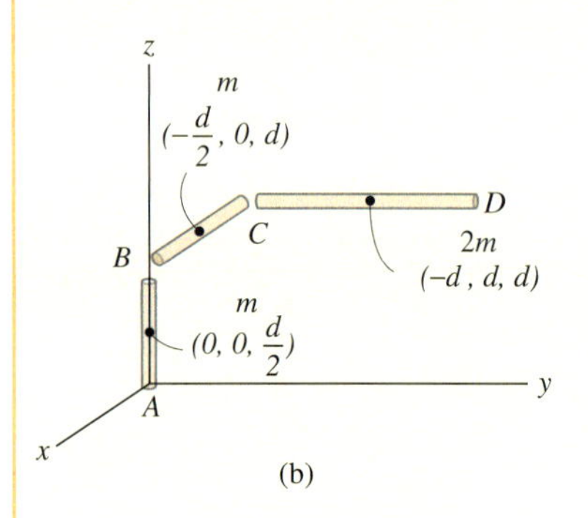

Abbildung 10.5

Bestimmen Sie das Massenträgheitsmoment des abgewinkelten Stabes in Abbildung 10.5a um die Achse Aa.

$m = 2$ kg, $d = 0{,}2$ m

Lösung

Vor Anwendung von Gleichung (10.5) müssen zunächst die Massenträgheitsmomente und Deviationsmomente des Stabes um die x,y,z-Achsen bestimmt werden. Dies erfolgt mit der Gleichung für das Massenträgheitsmoment eines schlanken Stabes bezüglich Achsen durch den Schwerpunkt, die senkrecht auf der Stablängsachse stehen, $J = \frac{1}{12}ml^2$, und dem Satz von Steiner, Gleichungen (10.3) und (10.4). Wir teilen den Stab in drei Abschnitte, geben die Lage ihrer Schwerpunkte an, Abbildung 10.5b, und erhalten

$$J_{xx} = \left[\frac{1}{12}md^2 + m\left(\frac{d}{2}\right)^2\right] + \left[0 + md^2\right] + \left[\frac{1}{12}2m(2d)^2 + 2m\left(d^2 + d^2\right)\right]$$
$$= 0{,}480 \text{ kgm}^2$$

$$J_{yy} = \left[\frac{1}{12}md^2 + m\left(\frac{d}{2}\right)^2\right] + \left[\frac{1}{12}md^2 + m\left(\left(-\frac{d}{2}\right)^2 + d^2\right)\right]$$
$$+\left[0 + 2m\left((-d)^2 + d^2\right)\right] = 0{,}453 \text{ kgm}^2$$

$$J_{zz} = [0+0] + \left[\frac{1}{12}md^2 + m\left(\frac{d}{2}\right)^2\right] + \left[\frac{1}{12}2m(2d)^2 + 2m\left((-d)^2 + d^2\right)\right]$$
$$= 0{,}400 \text{ kgm}^2$$

$$J_{xy} = [0+0] + [0+0] + \left[0 + 2m(-d)d\right] = -0{,}160 \text{ kgm}^2$$

$$J_{yz} = [0+0] + [0+0] + [0 + 2mdd] = 0{,}160 \text{ kgm}^2$$

$$J_{zx} = [0+0] + \left[0 + m(d)\left(-\frac{d}{2}\right)\right] + \left[0 + 2m(d)(-d)\right] = -0{,}200 \text{ kgm}^2$$

Die Achse Aa wird durch den Einheitsvektor $\mathbf{u}_{Aa}$ bestimmt:

$$\mathbf{u}_{Aa} = \frac{\mathbf{r}_D}{r_D} = \frac{-d\mathbf{i} + 2d\mathbf{j} + d\mathbf{k}}{\sqrt{(-d)^2 + (2d)^2 + d^2}} = -0{,}408\mathbf{i} + 0{,}816\mathbf{j} + 0{,}408\mathbf{k}$$

Damit ergeben sich die Richtungskosinus

$$u_x = -0{,}408 \qquad u_y = 0{,}816 \qquad u_z = 0{,}408$$

Wir setzen diese Werte in Gleichung (10.5) ein und erhalten

$$J_{Oa} = J_{xx}u_x^2 + J_{yy}u_y^2 + J_{zz}u_z^2 - 2J_{xy}u_xu_y - 2J_{yz}u_yu_z - 2J_{zx}u_zu_x$$
$$= 0{,}169 \text{ kgm}^2$$

10.2 Drehimpuls

In diesem Abschnitt werden wir die notwendigen Gleichungen zur Ermittlung des Drehimpulses eines starren Körpers bezüglich eines beliebigen Punktes aufstellen und auswerten. Die erhaltenen Beziehungen dienen zur Herleitung des Schwerpunktsatzes und des Drallsatzes als Basis der eigentlichen Bewegungsgleichungen bei der allgemein räumlichen Bewegung eines starren Körpers.

Betrachten wir den starren Körper in Abbildung 10.6 mit der Masse m und dem Schwerpunkt in S. Das X,Y,Z-Koordinatensystem beschreibt ein Inertialsystem, dessen Achsen raumfest sind oder translatorisch mit konstanter Geschwindigkeit bewegt werden. Der im Inertialsystem dargestellte Drehimpuls soll bezüglich des Punktes A bestimmt werden. Der Ortsvektor $\mathbf{r}_A$ wird vom Ursprung des Koordinatensystems zum Punkt A und der Streckenvektor $\boldsymbol{\rho}_A$ von A zum i-ten Massenelement gezeichnet. Mit der Masse Δm_i des Massenpunktes beträgt der Drehimpuls um Punkt A

$$(\Delta \mathbf{H}_A)_i = \boldsymbol{\rho}_A \times \Delta m_i \mathbf{v}_i$$

wobei $\mathbf{v}_i$ die Geschwindigkeit des Massenelements bezüglich des X,Y,Z-Koordinatensystems ist. Beträgt die Winkelgeschwindigkeit des Körpers bezüglich des Inertialsystems zum betrachteten Zeitpunkt $\boldsymbol{\omega}$, dann kann mit Gleichung (9.7) eine Beziehung zwischen $\mathbf{v}_i$ und der Geschwindigkeit von A aufgestellt werden:

$$\mathbf{v}_i = \mathbf{v}_A + \boldsymbol{\omega} \times \boldsymbol{\rho}_A$$

Damit ergibt sich

$$\begin{aligned}(\Delta \mathbf{H}_A)_i &= \boldsymbol{\rho}_A \times \Delta m_i (\mathbf{v}_A + \boldsymbol{\omega} \times \boldsymbol{\rho}_A) \\ &= (\boldsymbol{\rho}_A \Delta m_i) \times \mathbf{v}_A + \boldsymbol{\rho}_A \times (\boldsymbol{\omega} \times \boldsymbol{\rho}_A) \Delta m_i\end{aligned}$$

Die Berechnung des Drehimpulses des gesamten Körpers erfordert eine Integration in Verbindung mit dem Grenzübergang $\Delta m_i \rightarrow dm$:

$$\mathbf{H}_A = \left(\int_m \boldsymbol{\rho}_A dm \right) \times \mathbf{v}_A + \int_m \boldsymbol{\rho}_A \times (\boldsymbol{\omega} \times \boldsymbol{\rho}_A) dm \qquad (10.6)$$

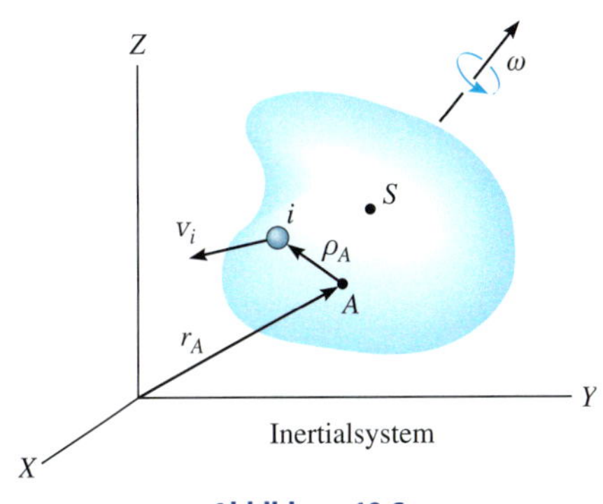

Abbildung 10.6

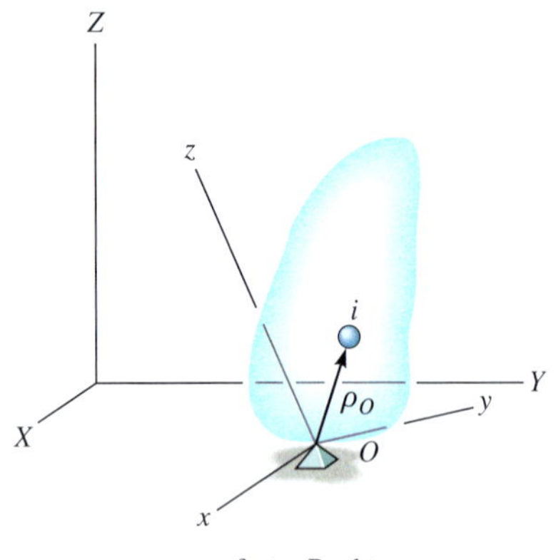

raumfester Punkt
(a)

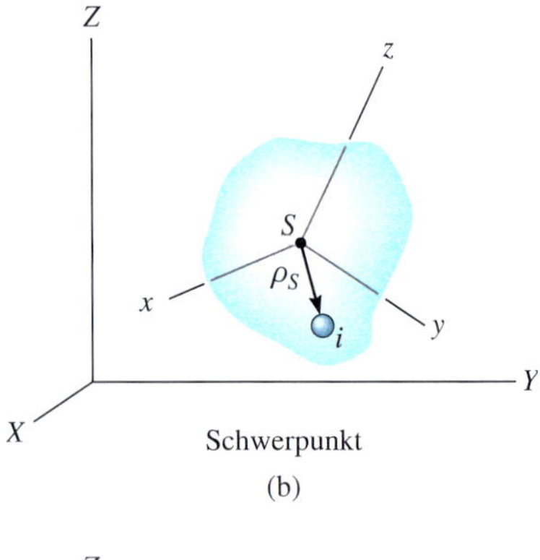

Schwerpunkt
(b)

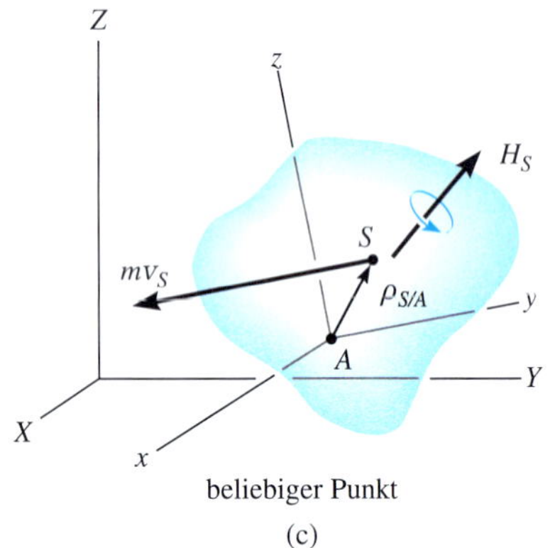

beliebiger Punkt
(c)

Abbildung 10.7

Raumfester Punkt O Wird der beliebige Punkt A als ein *raumfester Punkt* O spezifiziert, Abbildung 10.7a, dann ist $\mathbf{v}_A = \mathbf{0}$ und Gleichung (10.6) vereinfacht sich auf

$$\mathbf{H}_O = \int_m \boldsymbol{\rho}_O \times (\boldsymbol{\omega} \times \boldsymbol{\rho}_O)\, dm \tag{10.7}$$

Schwerpunkt S Wird A als körperfester *Schwerpunkt* S des starren Körpers gewählt, Abbildung 10.7b, dann ist $\int_m \boldsymbol{\rho}_A\, dm = \mathbf{0}$ und

$$\mathbf{H}_S = \int_m \boldsymbol{\rho}_S \times (\boldsymbol{\omega} \times \boldsymbol{\rho}_S)\, dm \tag{10.8}$$

Beliebiger Punkt A Punkt A muss nicht ein Fixpunkt O oder der bewegte Körperschwerpunkt S sein, Abbildung 10.7c. Auch dann kann Gleichung (10.6) vereinfacht werden und erhält die Form

$$\mathbf{H}_A = \boldsymbol{\rho}_{S/A} \times m\mathbf{v}_S + \mathbf{H}_S \tag{10.9}$$

Der Drehimpuls besteht in diesem Fall aus zwei Teilen: der Vektorsumme aus dem Impulsmoment von $m\mathbf{v}_S$ um den Punkt A und dem Drehimpuls $\mathbf{H}_S$. Gleichung (10.9) kann natürlich auch zur Berechnung des Drehimpulses des Körpers bezüglich des raumfesten Punktes O dienen. Die Ergebnisse der Gleichungen (10.9) und (10.7) sind identisch, Gleichung (10.7) bietet aber den einfacheren Weg.

Auswertung des Dralls in kartesischen Koordinaten Die Auswertung der Gleichungen (10.7) bis (10.9) erfolgt am besten skalar, indem ein körperfestes[3] Bezugssystem eingeführt wird, das wir mit kartesischen Koordinaten beschreiben. Dieses Bezugssystem dreht sich gegenüber dem X,Y,Z-Inertialsystem, wobei momentan beide eine beliebige Orientierung zueinander haben, Abbildung 10.7. Um zunächst in der Formulierung allgemein zu bleiben, machen wir davon Gebrauch, dass beide Gleichungen (10.7) und (10.8) die gleiche Form

$$\mathbf{H} = \int_m \boldsymbol{\rho} \times (\boldsymbol{\omega} \times \boldsymbol{\rho})\, dm$$

haben. Werden $\mathbf{H}$, $\boldsymbol{\rho}$ und $\boldsymbol{\omega}$ im x,y,z-Koordinatensystem ausgedrückt, so ergibt sich

$$H_x\mathbf{i} + H_y\mathbf{j} + H_z\mathbf{k} = \int_m (x\mathbf{i} + y\mathbf{j} + z\mathbf{k}) \times \left[(\omega_x\mathbf{i} + \omega_y\mathbf{j} + \omega_z\mathbf{k}) \times (x\mathbf{i} + y\mathbf{j} + z\mathbf{k}) \right] dm$$

3 Grundsätzlich ist an dieser Stelle die Festlegung auf ein körperfestes Bezugssystem noch nicht zwingend. Wird allerdings die Auswertung der auftretenden Integrale über die Masse des Körpers vollständig durchgeführt, dann führt sie in der Regel nur bei einem körperfesten Koordinatensystem zu zeitunabhängigen konstanten Integralwerten, siehe die Diskussion in *Abschnitt 10.4*.

Nach Auswertung der Kreuzprodukte und Ordnen der Terme erhalten wir

$$
\begin{aligned}
H_x\mathbf{i}+H_y\mathbf{j}+H_z\mathbf{k} &= \left[\omega_x \int_m \left(y^2+z^2\right)dm-\omega_y \int_m xy\,dm-\omega_z \int_m xz\,dm\right]\mathbf{i} \\
&+\left[-\omega_x \int_m yx\,dm+\omega_y \int_m \left(x^2+z^2\right)dm-\omega_z \int_m yz\,dm\right]\mathbf{j} \\
&+\left[-\omega_x \int_m zx\,dm-\omega_y \int_m zy\,dm+\omega_z \int_m \left(x^2+y^2\right)dm\right]\mathbf{k}
\end{aligned}
$$

Gleichsetzen der entsprechenden **i**,**j**,**k**-Koordinaten unter Berücksichtigung der Tatsache, dass die Integrale die axialen Massenträgheitsmomente und Deviationsmomente sind, führt auf

$$
\begin{aligned}
H_x &= J_{xx}\omega_x - J_{xy}\omega_y - J_{xz}\omega_z \\
H_y &= -J_{yx}\omega_x + J_{yy}\omega_y - J_{yz}\omega_z \\
H_z &= -J_{zx}\omega_x - J_{zy}\omega_y + J_{zz}\omega_z
\end{aligned}
\tag{10.10}
$$

Diese drei Gleichungen ergeben in skalarer Form die körperfesten kartesischen **i**,**j**,**k**-Koordinaten von $\mathbf{H}_O$ oder $\mathbf{H}_S$ (Vektorform in *Gleichungen (10.7)* und *(10.8)*). Der Drehimpuls des Körpers um den beliebigen Punkt A kann ebenfalls skalar geschrieben werden, worauf hier jedoch nicht eingegangen werden soll.

Die Gleichungen (10.10) können weiter vereinfacht werden, wenn die körperfesten x,y,z-Koordinatenachsen so ausgerichtet sind, dass sie *Hauptträgheitsachsen* ξ, η, ζ des Körpers in dem betreffenden Punkt sind. Dann gilt für die Deviationsmomente: $J_{\xi\eta} = J_{\xi\zeta} = J_{\eta\zeta} = 0$. Werden die axialen Hauptträgheitsmomente bezüglich der ξ, η, ζ-Hauptträgheitsachsen mit $J_\xi = J_{\xi\xi}$, $J_\eta = J_{\eta\eta}$, $J_\zeta = J_{\zeta\zeta}$ angeschrieben, so erhalten wir für die drei Drehimpulskoordinaten

$$
\begin{aligned}
H_\xi &= J_\xi \omega_\xi \\
H_\eta &= J_\eta \omega_\eta \\
H_\zeta &= J_\zeta \omega_\zeta
\end{aligned}
\tag{10.11}
$$

Mit der Matrix $\mathbf{\Phi}_S$ der Koordinaten des Trägheitstensors und der Spaltenmatrix $\boldsymbol{\omega}$ der Koordinaten des Winkelgeschwindigkeitsvektors, die mit dem gleichen Symbol wie der Vektor selbst belegt werden soll, gilt damit allgemein in körperfesten Achsen, z.B. auch in Trägheitshauptachsen, $\mathbf{H}_S = \mathbf{\Phi}_S \boldsymbol{\omega}$, d.h. der Drehimpuls ist eine lineare Vektorfunktion der Winkelgeschwindigkeit. Es gibt damit eine Analogie zwischen Impuls, für den $\mathbf{p} = m\,\mathbf{v}$ gilt, und Drehimpuls in der Form $\mathbf{H} = \mathbf{\Phi}\cdot\boldsymbol{\omega}$ im Sinne eines Tensorproduktes von Trägheitstensor $\mathbf{\Phi}$, einem Tensor zweiter Stufe, mit der Winkelgeschwindigkeit $\boldsymbol{\omega}$, einem Tensor erster Stufe.

Die Bewegung des Astronauten wird durch kleine Richttriebwerke am Anzug gesteuert. Die Impulse dieser Ausstöße sind genau einzustellen, damit keine Taumelbewegung auftritt oder gar die Orientierung verloren geht.

Impuls- und Drallsatz Nach der Herleitung der Gleichung für den Drehimpuls des Körpers können mit *Impuls- und Drehimpulssatz* in integraler Form aus *Abschnitt 8.2* kinetische Aufgaben gelöst werden, die *Kraft bzw. Moment, Geschwindigkeit bzw. Winkelgeschwindigkeit* und *Zeit* miteinander verknüpfen. Dafür stehen die zwei Vektorgleichungen

$$m(\mathbf{v}_S)_1 + \sum \int_{t_1}^{t_2} \mathbf{F}\, dt = m(\mathbf{v}_S)_2 \tag{10.12}$$

$$(\mathbf{H}_O)_1 + \sum \int_{t_1}^{t_2} \mathbf{M}_O\, dt = (\mathbf{H}_O)_2 \tag{10.13}$$

zur Verfügung. Die Beziehung (10.12) stimmt mit Gleichung (8.11) überein, während (10.13) eine vektorielle Verallgemeinerung von Gleichung (8.13) darstellt. Dass sie tatsächlich richtig ist, werden wir nochmals in *Abschnitt 10.4* diskutieren. In skalarer Schreibweise ergeben sich insgesamt *sechs Gleichungen*. Drei sind Beziehungen zwischen Impuls und Kraftstoß, die anderen drei zwischen Drehimpuls und Momentenstoß zweckmäßig in den Hauptachsenrichtungen ξ, η, ζ. Vor Anwendung der Gleichungen (10.12) und (10.13) zur Lösung von Aufgaben sollte der Lehrstoff der *Abschnitte 8.2 und 8.3* nochmals wiederholt werden.

10.3 Kinetische Energie

Eine weitere wichtige Voraufgabe zur Lösung konkreter Aufgaben bei allgemein räumlicher Bewegung eines starren Körpers ist die Bestimmung seiner kinetischen Energie. Betrachten wir dazu den Körper in Abbildung 10.8 mit der Masse m und dem Schwerpunkt S. Die kinetische Energie des i-ten Massenelementes des Körpers mit der Masse Δm_i und der Geschwindigkeit $\mathbf{v}_i$ im X,Y,Z-Inertialsystem beträgt

$$\Delta T_i = \frac{1}{2}\Delta m_i v_i^2 = \frac{1}{2}\Delta m_i (\mathbf{v}_i \cdot \mathbf{v}_i)$$

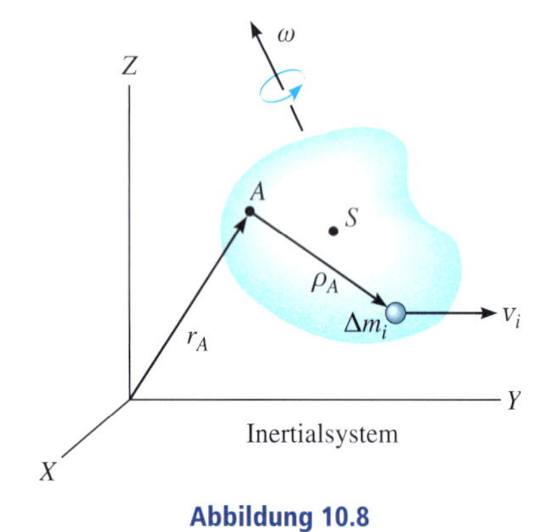

Abbildung 10.8

Ist die Geschwindigkeit eines beliebigen Bezugspunktes A auf dem Körper bekannt, dann kann $\mathbf{v}_i$ mit der kinematischen Grundgleichung $\mathbf{v}_i = \mathbf{v}_A + \boldsymbol{\omega} \times \boldsymbol{\rho}_A$ mit $\mathbf{v}_A$ verknüpft werden. $\boldsymbol{\omega}$ ist die Winkelgeschwindigkeit des Körpers relativ zum X,Y,Z-Referenzsystem und $\boldsymbol{\rho}_A$ der Streckenvektor von A zum Massenelement Δm_i. Mit diesem Ausdruck für $\mathbf{v}_i$ kann die kinetische Energie des Massenelements in der Form

$$\begin{aligned}\Delta T_i &= \frac{1}{2}\Delta m_i (\mathbf{v}_A + \boldsymbol{\omega}\times\boldsymbol{\rho}_A)\cdot(\mathbf{v}_A + \boldsymbol{\omega}\times\boldsymbol{\rho}_A)\\ &= \frac{1}{2}(\mathbf{v}_A \cdot \mathbf{v}_A)\Delta m_i + v_A \cdot (\boldsymbol{\omega}\times\boldsymbol{\rho}_A)\Delta m_i + \frac{1}{2}(\boldsymbol{\omega}\times\boldsymbol{\rho}_A)\cdot(\boldsymbol{\omega}\times\boldsymbol{\rho}_A)\Delta m_i\end{aligned}$$

geschrieben werden. Die kinetische Energie für den gesamten Körper ergibt sich daraus mit dem Grenzübergang $\Delta m_i \to dm$ durch Integration über die gesamte Masse des Körpers.

Mit $\int dm = m$ folgt so

$$T=\frac{1}{2}m(\mathbf{v}_A\cdot\mathbf{v}_A)+\mathbf{v}_A\cdot\left(\boldsymbol{\omega}\times\int_m\boldsymbol{\rho}_A dm\right)+\frac{1}{2}\int_m(\boldsymbol{\omega}\times\boldsymbol{\rho}_A)\cdot(\boldsymbol{\omega}\times\boldsymbol{\rho}_A)dm$$

Der letzte Term auf der rechten Seite kann gemäß dem Entwicklungssatz der Vektorrechnung auch durch die Vektorgleichung $(\mathbf{a}\times\mathbf{b})\cdot\mathbf{c} = \mathbf{a}\cdot(\mathbf{b}\times\mathbf{c})$ mit $\mathbf{a} = \boldsymbol{\omega}$, $\mathbf{b} = \boldsymbol{\rho}_A$ und $\mathbf{c} = \boldsymbol{\omega} \times \boldsymbol{\rho}_A$ ausgedrückt werden. Das Endergebnis lautet

$$T=\frac{1}{2}m(\mathbf{v}_A\cdot\mathbf{v}_A)+\mathbf{v}_A\cdot\left(\boldsymbol{\omega}\times\int_m\boldsymbol{\rho}_A dm\right)+\frac{1}{2}\boldsymbol{\omega}\cdot\int_m\boldsymbol{\rho}_A\times(\boldsymbol{\omega}\times\boldsymbol{\rho}_A)dm$$

d.h.

$$\begin{aligned}T&=\frac{1}{2}m(\mathbf{v}_A\cdot\mathbf{v}_A)+\mathbf{v}_A\cdot\left(\boldsymbol{\omega}\times\int_m\boldsymbol{\rho}_A dm\right)+\frac{1}{2}\boldsymbol{\omega}\cdot\mathbf{H}_A\\&=\frac{1}{2}m(\mathbf{v}_A\cdot\mathbf{v}_A)+m\mathbf{v}_A\cdot(\boldsymbol{\omega}\times\boldsymbol{\rho}_S)+\frac{1}{2}\boldsymbol{\omega}\cdot\mathbf{H}_A\end{aligned}\qquad(10.14)$$

Die kinetische Energie setzt sich also im Allgemeinen aus einer Translationsenergie, einer Wechselenergie und einer Rotationsenergie zusammen.

Diese Gleichung wird üblicherweise derart verwendet, dass der allgemeine Bezugspunkt A entweder als raumfester Punkt O oder als Schwerpunkt S spezifiziert wird.

Raumfester Punkt O Ist A ein *raumfester Punkt O*, Abbildung 10.7a, dann ist $\mathbf{v}_A = \mathbf{0}$ und mit Gleichung (10.7) ergibt Gleichung (10.14) das einfache Ergebnis

$$T=\frac{1}{2}\boldsymbol{\omega}\cdot\mathbf{H}_O$$

Ist O der Ursprung des körperfesten ξ, η, ζ-Hauptachsensystems, wobei die zugehörigen Einheitsvektoren immer noch $\mathbf{i},\mathbf{j},\mathbf{k}$ genannt werden sollen, dann gilt $\boldsymbol{\omega} = \omega_\xi\mathbf{i} + \omega_\eta\mathbf{j} + \omega_\zeta\mathbf{k}$ und $\mathbf{H}_O = J_\xi\omega_\xi\mathbf{i} + J_\eta\omega_\eta\mathbf{j} + J_\zeta\omega_\zeta\mathbf{k}$. Einsetzen und Ausführen des Skalarproduktes führt auf

$$T=\frac{1}{2}J_\xi\omega_\xi^2+\frac{1}{2}J_\eta\omega_\eta^2+\frac{1}{2}J_\zeta\omega_\zeta^2\qquad(10.15)$$

Schwerpunkt S Wird als Bezugspunkt A der *Schwerpunkt S* des Körpers gewählt, Abbildung 10.7b, dann ist $\int\boldsymbol{\rho}_A\,dm = m\boldsymbol{\rho}_S = \mathbf{0}$ und mit Gleichung (10.8) nimmt Gleichung (10.14) die Form

$$T=\frac{1}{2}mv_S^2+\frac{1}{2}\boldsymbol{\omega}\cdot\mathbf{H}_S$$

an. Ähnlich wie bei der Wahl $A = O$ kann der letzte Term auf der rechten Seite skalar geschrieben werden, sodass sich mit dem Hauptachsen-System ξ, η, ζ insgesamt

$$T=\frac{1}{2}mv_S^2+\frac{1}{2}J_\xi\omega_\xi^2+\frac{1}{2}J_\eta\omega_\eta^2+\frac{1}{2}J_\zeta\omega_\zeta^2\qquad(10.16)$$

ergibt. Man sieht, dass die kinetische Energie aus zwei Teilen besteht, der Translationsenergie $\frac{1}{2}mv_S^2$ und der Rotationsenergie $\frac{1}{2}J_\xi\omega_\xi^2 + \frac{1}{2}J_\eta\omega_\eta^2 + \frac{1}{2}J_\zeta\omega_\zeta^2$ des Körpers.

Arbeitssatz Mit der Bestimmungsgleichung der kinetischen Energie des starren Körpers kann wieder der *Arbeitssatz* formuliert und in kinetischen Aufgaben verwendet werden, in denen *Kraft bzw. Moment*, *Geschwindigkeit bzw. Winkelgeschwindigkeit* und *Verschiebung bzw. Winkeldrehung* verknüpft werden. Es tritt dann wie bekannt eine skalare Gleichung für den starren Körper auf, die gegenüber Gleichung (7.13) in *Abschnitt 7.4* unverändert bleibt, nämlich

$$T_1 + \sum W_{1-2} = T_2 \tag{10.17}$$

Vor Anwendung dieser Gleichung sollte der Lehrstoff von *Kapitel 7* nochmals wiederholt werden.

Beispiel 10.2

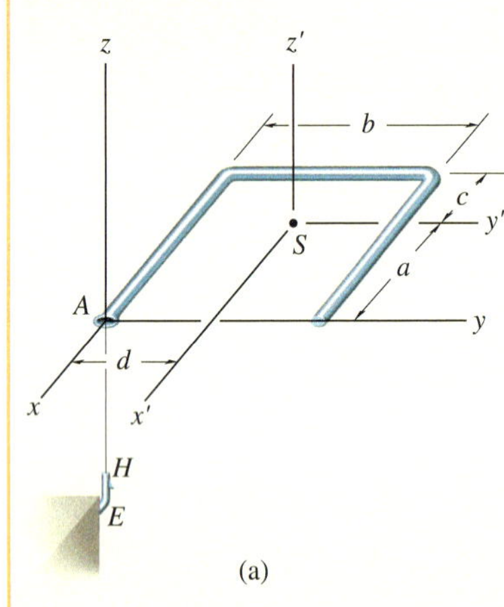

(a)

Abbildung 10.9

Der abgewinkelte Stab in Abbildung 10.9a hat das konstante Gewicht q_G pro Längeneinheit und fällt vertikal nach unten. Bestimmen Sie seine Winkelgeschwindigkeit unmittelbar nachdem das Ende A an den Haken E gestoßen ist. Der Haken stellt aufgrund des Schnappverschlusses H eine dauerhafte Verbindung des Stabes her. Unmittelbar vor dem Auftreffen auf dem Haken hat der Winkelstab die Geschwindigkeit $(v_S)_1$.

$q_G = 25$ N/m, $a = 0{,}2$ m, $b = 0{,}3$ m, $c = 0{,}1$ m, $d = 0{,}15$ m, $(v_S)_1 = 3$ m/s

Lösung

Da ein Stoß auftritt, werden Impuls- bzw. Drallsatz angewendet.

Impuls- und Kraftstoßdiagramme Abbildung 10.9b. In der Stoßzeit Δt verändert die Impulsreaktion $\mathbf{F}$ auf den Winkelstab bei A den Impuls desselben. (Der Kraftstoß $\int \mathbf{G}\,dt$ des Stabgewichts $\mathbf{G}$ ist im Vergleich zu $\int \mathbf{F}\,dt$ klein, sodass das Gewicht als nichtimpulsrelevante Kraft betrachtet werden kann.) Der Drehimpuls des Winkelstabes um Punkt A bleibt erhalten, denn das Moment von $\int \mathbf{F}\,dt$ um A ist null.

Drehimpulserhaltung Gleichung (10.9) dient zur Berechnung des Drehimpulses des Winkelstabes, denn A wird *erst nach* Abschluss der Impulsübertragung auf den Haken ein *raumfester Punkt*. Mit Bezug auf Abbildung 10.9b schreiben wir $(\mathbf{H}_A)_1 = (\mathbf{H}_A)_2$ oder

$$\mathbf{r}_{S/A} \times m(\mathbf{v}_S)_1 = \mathbf{r}_{S/A} \times m(\mathbf{v}_S)_2 + (\mathbf{H}_S)_2 \tag{1}$$

Gemäß Abbildung 10.9a ist $r_{S/A} = -a\mathbf{i} + (b/2)\mathbf{j}$. Weiterhin sind die x',y',z'-Achsen Hauptträgheitsachsen des Stabes, denn es gilt $J_{x'y'} = J_{x'z'} = J_{z'y'} = 0$. Aus Gleichung (10.11) folgt dann $(\mathbf{H}_S)_2 = J_{x'}\omega_{x'}\mathbf{i} + J_{y'}\omega_{y'}\mathbf{j} + J_{z'}\omega_{z'}\mathbf{k}$. Die Hauptträgheitsmomente sind $J_{x'} = 0{,}1338$ kgm^2, $J_{y'} = 0{,}0765$ kgm^2 und $J_{z'} = 0{,}2102$ kgm^2 (siehe *Aufgabe 10.13*).

Einsetzen in Gleichung (1) führt auf

$$\left(-a\mathbf{i}+\frac{b}{2}\mathbf{j}\right)\times\left[\left(\frac{G}{g}\right)\left[-(v_S)_1\mathbf{k}\right]\right]=\left(-a\mathbf{i}+\frac{b}{2}\mathbf{j}\right)\times\left[\left(\frac{G}{g}\right)\left[-(v_S)_2\mathbf{k}\right]\right] + J_{x'}\omega_{x'}\mathbf{i}+J_{y'}\omega_{y'}\mathbf{j}+J_{z'}\omega_{z'}\mathbf{k}$$

wobei $G = q_G(2a+2c+b)$ ist. Auswerten und Gleichsetzen der entsprechenden $\mathbf{i}$-, $\mathbf{j}$- und $\mathbf{k}$-Koordinaten ergibt

$$-\frac{bG(v_S)_1}{2g}=-\frac{bG(v_S)_2}{2g}+J_{x'}\omega_{x'} \qquad (2)$$

$$-\frac{aG(v_S)_1}{g}=-\frac{aG(v_S)_2}{g}+J_{y'}\omega_{y'} \qquad (3)$$

$$0=J_{z'}\omega_{z'} \qquad (4)$$

Kinematik Es gibt in den drei Gleichungen vier Unbekannte. Durch Aufstellen einer *kinematischen* Beziehung zwischen $\boldsymbol{\omega}$ und $(\mathbf{v}_S)_2$ erhält man eine vierte Gleichung. Mit $\omega_z = 0$ (Gleichung (4)) und aufgrund der Drehung des Stabes unmittelbar nach dem Stoß um den raumfesten Punkt A, gilt Gleichung (9.3) und man erhält: $(\mathbf{v}_S)_2 = \boldsymbol{\omega} \times \mathbf{r}_{S/A}$ oder

$$-(v_S)_2\mathbf{k}=\left(\omega_{x'}\mathbf{i}+\omega_{y'}\mathbf{j}\right)\times\left(-a\mathbf{i}+\frac{b}{2}\mathbf{j}\right)$$

$$-(v_S)_2=\frac{b}{2}\omega_{x'}+a\omega_{y'} \qquad (5)$$

Die Auflösung der Gleichungen (2) bis (5) führt auf

$$(v_S)_2=\frac{\frac{G}{g}\left(b^2J_{y'}+4a^2J_{x'}\right)}{4J_{x'}J_{y'}+\frac{G}{g}\left(b^2J_{y'}+4a^2J_{x'}\right)}(v_S)_1$$

$$\omega_{x'}=-\frac{2b\frac{G}{g}J_{y'}(v_S)_1}{4J_{x'}J_{y'}+\frac{G}{g}\left(b^2J_{y'}+4a^2J_{x'}\right)}$$

$$\omega_{y'}=-\frac{4a\frac{G}{g}J_{x'}(v_S)_1}{4J_{x'}J_{y'}+\frac{G}{g}\left(b^2J_{y'}+4a^2J_{x'}\right)}$$

$$\omega_{z'}=0$$

d.h.

$$(\mathbf{v}_S)_2 = \{-1{,}84\mathbf{k}\}\ \text{m/s}$$

$$\omega = \{-2{,}98\mathbf{i} - 6{,}96\mathbf{j}\}\ \text{rad/s}$$

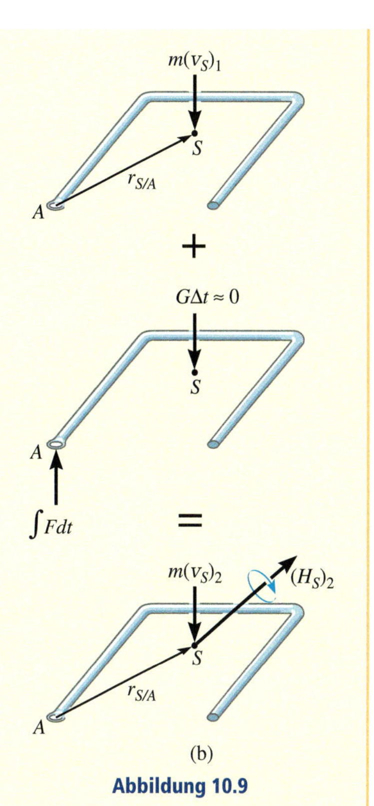

Abbildung 10.9

Beispiel 10.3

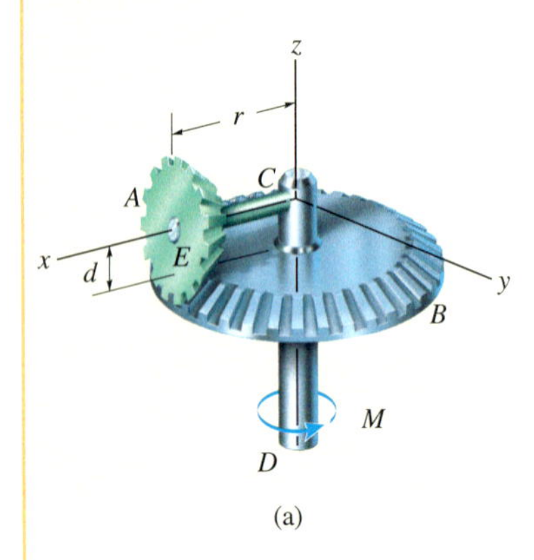

(a)

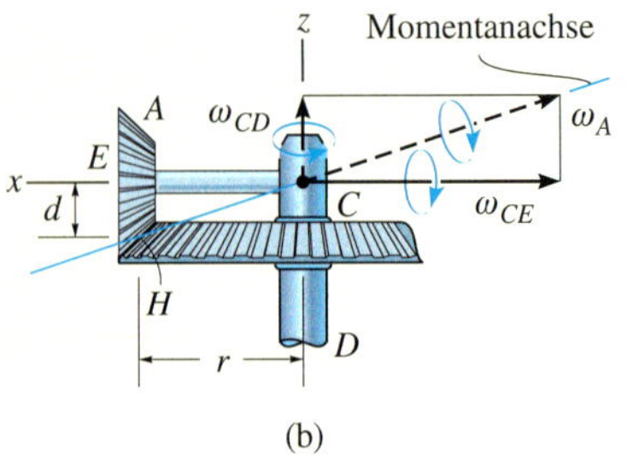

(b)

Abbildung 10.10

Ein Drehmoment M treibt die vertikale Welle CD und damit auch die horizontale Achse CE in Abbildung 10.10a an. Das Zahnrad A der Masse m ist auf der Achse CE frei drehbar gelagert und rollt dadurch auf dem raumfesten Zahnrad B ab. Nehmen Sie an, dass A aus der Ruhe mit der Bewegung beginnt, und bestimmen Sie die Winkelgeschwindigkeit von CD nach zwei Umdrehungen. Vernachlässigen Sie die Masse der Welle CD und der Achse CE und nehmen Sie näherungsweise an, dass das Zahnrad A eine dünne Scheibe ist.

$M = 5\ \mathrm{Nm}$, $d = 0{,}1\ \mathrm{m}$, $r = 0{,}3\ \mathrm{m}$, $m = 10\ \mathrm{kg}$

Lösung

Der Arbeitssatz kann hier benutzt werden. Warum?

Arbeit Werden Welle CD, Achse CE und Zahnrad A als System verbundener Körper betrachtet, so leistet nur das aufgebrachte Moment M Arbeit. Bei zwei Umdrehungen von CD beträgt diese Arbeit $\sum W_{1-2} = M(4\pi)$.

Kinetische Energie Da das Zahnrad ursprünglich in Ruhe ist, ist seine kinetische Energie am Anfang gleich null. Ein kinematisches Diagramm für das Zahnrad ist in Abbildung 10.10b dargestellt. Wird die Winkelgeschwindigkeit der vertikalen Welle $\boldsymbol{\omega}_{CD}$ genannt und die Winkelgeschwindigkeit des Zahnrades A relativ zu CD $\boldsymbol{\omega}_{CE}$, dann beträgt die Winkelgeschwindigkeit des Zahnrades A gegenüber dem Inertialsystem $\boldsymbol{\omega}_A = \boldsymbol{\omega}_{CD} + \boldsymbol{\omega}_{CE}$. Das Zahnrad kann man sich (zusammen mit der Achse CE) als Teil eines Körpers vorstellen, der um den *raumfesten Punkt* C dreht. Die momentane Drehachse für diesen Körper verläuft entlang der Geraden CH, weil beide Punkte C und H auf dem Körper (Zahnrad plus Achse) die Geschwindigkeit null haben und daher auf dieser Achse liegen müssen. Dies erfordert, dass die Komponenten $\boldsymbol{\omega}_{CD}$ und $\boldsymbol{\omega}_{CE}$ gemäß der Rollbedingung $r\omega_{CD} - d\omega_{CE} = 0$, d.h. $\omega_{CE} = (r/d)\,\omega_{CD}$ in Beziehung stehen. Damit ergibt sich

$$\boldsymbol{\omega}_A = -\omega_{CE}\mathbf{i} + \omega_{CD}\mathbf{k} = -(r/d)\omega_{CD}\mathbf{i} + \omega_{CD}\mathbf{k} \tag{1}$$

Die x,y,z-Achsen in Abbildung 10.10a sind die *Hauptträgheitsachsen* in C für das Zahnrad. Da Punkt C ein raumfester Punkt der Drehung ist, kann mit Gleichung (10.15) die kinetische Energie bestimmt werden:

$$T = \frac{1}{2}J_x\omega_x^2 + \frac{1}{2}J_y\omega_y^2 + \frac{1}{2}J_z\omega_z^2 \tag{2}$$

Die gewünschten Massenträgheitsmomente des Zahnrades um Punkt C berechnen sich als

$$J_x = \frac{1}{2}md^2 = 0{,}05\ \mathrm{kgm}^2$$

$$J_y = J_z = \frac{1}{4}md^2 + mr^2 = 0{,}925\ \mathrm{kgm}^2$$

wenn für J_y und J_z der Steiner'sche Satz angewandt wird.
Mit $\omega_x = -\omega_{CE} = -(r/d)\,\omega_{CD}$, $\omega_y = 0$ und $\omega_z = \omega_{CD}$ liefert Gleichung (2)

$$T_2 = \frac{1}{2}J_x\left(-\frac{r}{d}\omega_{CD}\right)^2 + 0 + \frac{1}{2}J_z(\omega_{CD})^2 = \frac{1}{2}\left(\left(\frac{r}{d}\right)^2 J_x + J_z\right)\omega_{CD}^2$$

Arbeitssatz Der Arbeitssatz $T_1 + \sum W_{1-2} = T_2$ kann damit ausgewertet werden:

$$0 + M(4\pi) = \frac{1}{2}\left(\left(\frac{r}{d}\right)^2 J_x + J_z\right)\omega_{CD}^2$$

$$\omega_{CD} = \sqrt{\frac{M(4\pi)}{\frac{1}{2}\left(\left(\frac{r}{d}\right)^2 J_x + J_z\right)}} = 9{,}56 \text{ rad/s}$$

10.4 Bewegungsgleichungen

Nachdem wir die Verfahren kennen gelernt haben, wie die Trägheitseigenschaften und der Drehimpuls eines Körpers bestimmt werden, können wir im Folgenden die Bewegungsgleichungen aufstellen.

Zählt man die unabhängigen Bewegungsmöglichkeiten, d.h. die Freiheitsgrade ab, dann gelingt dies am einfachsten mit der Überlegung, dass die Lage von drei körperfesten Punkten die Lage des starren Körpers im Raum eindeutig bestimmt. Ein erster Punkt P_1 besitzt gemäß der Kinetik von Massenpunkten drei Freiheitsgrade, siehe *Kapitel 2*, für den Punkt P_2 kommen zwei weitere dazu, weil sich P_2 – wie wir bereits in *Abschnitt 9.1* erkannten – auf einer Kugeloberfläche um P_1 bewegen kann, und schließlich tritt für P_3 zusätzlich noch ein weiterer Freiheitsgrad auf, da P_3 nur noch um die Verbindungslinie $P_1 - P_2$ drehen kann. Damit besitzt ein Starrkörper in allgemein räumlicher Bewegung 3+2+1 = 6 Freiheitsgrade. Wird ein Punkt festgehalten, erhält man so genannte Kreisel mit drei Freiheitsgraden, siehe *Abschnitt 10.5 und 10.6*, liegt eine feste Drehachse vor, reduziert sich die Zahl der Freiheitsgrade auf eins.

Wir werden hier die Herleitung der Bewegungsgleichungen für eine allgemein räumliche Bewegung mit sechs Freiheitsgraden vornehmen und dann in *Abschnitt 10.5 und 10.6* auf die wichtigen Kreiselbewegungen eingehen.

Schwerpunktsatz für translatorische Bewegung Die *translatorische Bewegung* eines Starrkörpers wird über die Beschleunigung des Schwerpunktes des Körpers bezüglich des X,Y,Z-Inertialsystems formuliert. Die dynamische Grundgleichung der translatorischen Bewegung ist wie bei der räumlichen Bewegung von Massenpunktsystemen, siehe Gleichung (2.7), oder bei der ebenen Bewegung von Starrkörpern, siehe *Abschnitt 6.2*, der entsprechende Impulssatz in differenzieller Form

$$\sum \mathbf{F} = m\mathbf{a}_S \tag{10.18}$$

in Vektorschreibweise oder skalar

$$\begin{aligned} \sum F_x &= m(a_S)_x \\ \sum F_y &= m(a_S)_y \\ \sum F_z &= m(a_S)_z \end{aligned} \tag{10.19}$$

Die Herleitung bietet gegenüber Früherem nichts Neues. Der Schwerpunktsatz kann natürlich auch in Form dynamischer Gleichgewichtsbedingungen im Sinne d'Alemberts geschrieben werden. Dabei ist $\sum \mathbf{F} = \sum F_x \mathbf{i} + \sum F_y \mathbf{j} + \sum F_z \mathbf{k}$ die Summe aller äußeren Kräfte auf den Körper, d.h. aller eingeprägten Kräfte und Zwangskräfte.

Drallsatz für Drehbewegung In *Abschnitt 4.7* wurde Gleichung (4.25) als Axiom angegeben:

$$\sum \mathbf{M}_O = \dot{\mathbf{H}}_O \tag{10.20}$$

Sie bedeutet hier, dass die Summe der Momente aller äußeren Kräfte (und eventuell weiterer freier Momente) auf das System aller Massenelemente des betrachteten starren Körpers um den raumfesten Punkt O gleich der zeitlichen Änderung des gesamten Drehimpulses des Körpers um den Punkt O ist.

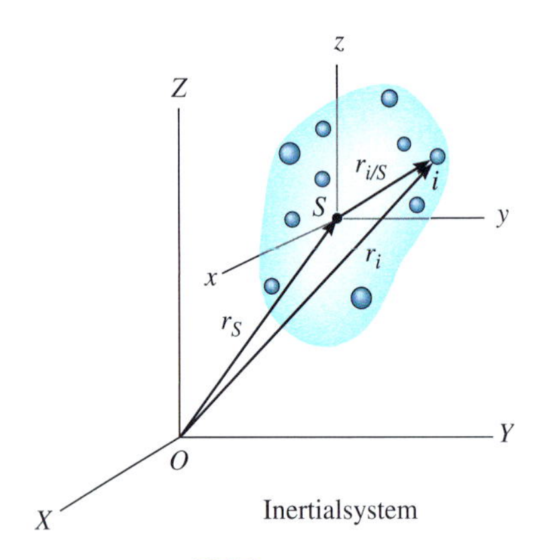

Abbildung 10.11

Werden die Momente aller äußeren Kräfte auf das System der Massenelemente um den bewegten Schwerpunkt S aufsummiert, ergibt sich die gleiche einfache Form der Gleichung (10.20), nunmehr als Beziehung zwischen der Momentensumme $\sum \mathbf{M}_S$ und dem Drehimpuls $\mathbf{H}_S$. Zur Wiederholung betrachten wir das System von Massenelementen in Abbildung 10.11 mit dem Inertialsystem X,Y,Z und dem x,y,z-Koordinatensystem mit seinem Ursprung in S, das relativ zu X,Y,Z im Rahmen dieser Wiederholung *translatorisch* verschoben wird. Normalerweise *beschleunigt* der Schwerpunkt S, daher ist laut Definition das translatorisch verschobene System kein Inertialsystem. Der Drehimpuls des i-ten Massenelements der Masse Δm_i bezüglich dieses Bezugssystems ist

$$\left(\Delta \mathbf{H}_i\right)_S = \mathbf{r}_{i/S} \times \Delta m_i \mathbf{v}_{i/S}$$

Dabei geben $\mathbf{r}_{i/S}$ und $\mathbf{v}_{i/S}$ die relative Lage und relative Geschwindigkeit des i-ten Massenelementes bezüglich S an. Die Zeitableitung führt auf

$$\left(\Delta \dot{\mathbf{H}}_i\right)_S = \dot{\mathbf{r}}_{i/S} \times \Delta m_i \mathbf{v}_{i/S} + \mathbf{r}_{i/S} \times \Delta m_i \dot{\mathbf{v}}_{i/S}$$

Gemäß Definition gilt $\mathbf{v}_{i/S} = \dot{\mathbf{r}}_{i/S}$. Daher ist der erste Term auf der rechten Seite gleich null, denn das Kreuzprodukt gleicher Vektoren ist null. Ebenso gilt $\mathbf{a}_{i/S} = \dot{\mathbf{v}}_{i/S}$ und somit ist

$$\left(\dot{\mathbf{H}}_i\right)_S = \mathbf{r}_{i/S} \times \Delta m_i \mathbf{a}_{i/S}$$

Die Summation über alle Massenelemente führt auf

$$\dot{\mathbf{H}}_S = \sum \left(\mathbf{r}_{i/S} \times \Delta m_i \mathbf{a}_{i/S}\right)$$

Dabei ist $\dot{\mathbf{H}}_S$ die Änderung des gesamten Drehimpulses des Körpers bezüglich seines Schwerpunktes S mit der Zeit.

Die relative Beschleunigung des i-ten Massenelements wird durch die Gleichung $\mathbf{a}_{i/S} = \mathbf{a}_i - \mathbf{a}_S$ definiert, $\mathbf{a}_i$ und $\mathbf{a}_S$ sind dabei die Beschleunigungen des i-ten Massenelements bzw. des Schwerpunktes S bezüglich des *Inertialsystems*. Einsetzen und Entwickeln mit dem Distributivgesetz des Vektorkreuzproduktes führt auf

$$\dot{\mathbf{H}}_S = \sum(\mathbf{r}_{i/S} \times \Delta m_i \mathbf{a}_i) - (\sum \Delta m_i \mathbf{r}_{i/S}) \times \mathbf{a}_S$$

Gemäß Definition des Schwerpunktes ist die Summe $(\sum \Delta m_i \mathbf{r}_{i/S})$ gleich null. Somit ist der letzte Term in der Gleichung gleich null. Mit dem Newton'schen Grundgesetz kann das Produkt $\Delta m_i \mathbf{a}_i$ durch die Resultierende aller auf das i-te Massenelement einwirkenden Kräfte ersetzt werden. Unter Beachtung des Axioms gemäß Gleichung (4.24) in *Abschnitt 4.7*, dass die inneren Wechselwirkungskräfte in der Summe keinen Beitrag zum resultierenden Moment liefern, d.h. dass in der Form $\sum \mathbf{M}_S = (\sum \mathbf{r}_{i/S} \times \mathbf{F}_i)$ nur die *äußeren* Kräfte $\mathbf{F}_i$ auf die einzelnen Massenelemente verbleiben, ergibt sich schließlich

$$\sum \mathbf{M}_S = \dot{\mathbf{H}}_S \tag{10.21}$$

Die Auswertung schließt nun an Gleichung (10.20) oder Gleichung (10.21) an. In skalarer Schreibweise steht der Drehimpuls $\mathbf{H}_O$ bzw. $\mathbf{H}_S$ durch das Ergebnis der Gleichung (10.10) oder – falls die Hauptträgheitsachsen in Punkt O oder Punkt S gelegt werden – durch Gleichung (10.11) zur Verfügung. Werden diese Koordinaten bezüglich der x,y,z-Achsen berechnet, die mit der Winkelgeschwindigkeit $\boldsymbol{\Omega}$ *ungleich* der Winkelgeschwindigkeit $\boldsymbol{\omega}$ des Körpers *drehen*, muss die Zeitableitung $\dot{\mathbf{H}} = d\mathbf{H}/dt$ in den Gleichungen (10.20) und (10.21) die Drehung der x,y,z-Achsen bezüglich des X,Y,Z-Inertialsystems berücksichtigen. Die Zeitableitung von $\mathbf{H}$ muss mit Gleichung (9.6) ermittelt werden, womit sich für die Gleichungen (10.20) und (10.21) die Beziehungen

$$\begin{aligned} \sum \mathbf{M}_O &= (\dot{\mathbf{H}}_O)_{xyz} + \boldsymbol{\Omega} \times \mathbf{H}_O \\ \sum \mathbf{M}_S &= (\dot{\mathbf{H}}_S)_{xyz} + \boldsymbol{\Omega} \times \mathbf{H}_S \end{aligned} \tag{10.22}$$

ergeben. Dabei ist $(\dot{\mathbf{H}})_{xyz}$ die zeitliche Änderung von $\mathbf{H}$ bezüglich des bewegten x,y,z-Koordinatensystems.

Es gibt drei Fälle, wie das Bezugssystem mit seinen x,y,z-Achsen im Inertialsystem rotiert:

1. Die Orientierung gegenüber dem Inertialsystem ist konstant, d.h. die x,y,z-Koordinatenachsen rotieren überhaupt nicht: $\boldsymbol{\Omega} = \mathbf{0}$.
2. Das Bezugssystem ist körperfest, sodass die x,y,z-Koordinatenachsen mit der Winkelgeschwindigkeit $\boldsymbol{\Omega} = \boldsymbol{\omega}$ rotieren.
3. Das Bezugssystem rotiert mit einer Winkelgeschwindigkeit $\boldsymbol{\Omega}$, die von null verschieden ist, aber auch nicht mit $\boldsymbol{\omega}$ übereinstimmt.

Prinzipiell sollte das Bezugssystem so gewählt werden, dass die Auswertung möglichst einfach wird. In vielen Fällen ist das ein körperfestes Bezugssystem, da dann der Drall leicht formuliert werden kann. Bei symmetrischen Körpern ist es allerdings zum Teil einfacher, ein Bezugssystem zu wählen, das nicht körperfest ist, sondern bei dem eine Achse in Richtung der Symmetrieachse zeigt und $\boldsymbol{\omega} \neq \boldsymbol{\Omega}$ gilt.

Nichtrotierendes Bezugssystem, $\Omega = 0$ Führt der Körper eine allgemein räumliche Bewegung aus, so kann dennoch ein *nichtrotierendes* Bezugssystem verwendet werden, bei dem der Ursprung des kartesischen x,y,z-Koordinatensystems mit dem Schwerpunkt S übereinstimmt. Das x,y,z-Koordinatensystem bewegt sich also nur *translatorisch* im X,Y,Z-Inertialsystem. Der Drallsatz gemäß Gleichung (10.22) vereinfacht sich durch diese Wahl, weil dann $\mathbf{\Omega} = \mathbf{0}$ gilt. Der Körper selbst rotiert jedoch bei einer allgemein räumlichen Bewegung, sodass die Koordinaten der Winkelgeschwindigkeit des Körpers bezüglich der x,y,z-Achsen von null verschieden und die zugehörigen axialen Massenträgheitsmomente und Deviationsmomente – außer bei einigen Sonderfällen, z.B. homogene Kugel oder homogener Würfel – *zeitabhängig* sind. Die Integralauswertung ist deshalb bei allgemeinen Fällen derart schwierig, dass diese Wahl der Achsen dafür nicht in Frage kommt.

Körperfestes Bezugssystem, $\Omega = \omega$ Wird ein *körperfestes* Bezugssystem gewählt, *bewegen* sich die zugehörigen x,y,z-Achsen *mit dem Körper*. Die axialen Massenträgheitsmomente und die Deviationsmomente sind deshalb während der gesamten Bewegung *konstant*. Mit $\mathbf{\Omega} = \boldsymbol{\omega}$ ergibt sich anstelle der Gleichung (10.22)

$$\begin{aligned} \sum \mathbf{M}_O &= \left(\dot{\mathbf{H}}_O\right)_{xyz} + \boldsymbol{\omega} \times \mathbf{H}_O \\ \sum \mathbf{M}_S &= \left(\dot{\mathbf{H}}_S\right)_{xyz} + \boldsymbol{\omega} \times \mathbf{H}_S \end{aligned} \tag{10.23}$$

Diese Vektorgleichungen können unter Verwendung von Gleichung (10.10) in Form dreier skalarer Gleichungen geschrieben werden. Wir lassen die Indizes O und S weg und erhalten

$$\begin{aligned} \sum M_x &= J_{xx}\dot{\omega}_x - \left(J_{yy} - J_{zz}\right)\omega_y\omega_z - J_{xy}\left(\dot{\omega}_y - \omega_z\omega_x\right) \\ &\quad - J_{yz}\left(\omega_y^2 - \omega_z^2\right) - J_{zx}\left(\dot{\omega}_z + \omega_x\omega_y\right) \\ \sum M_y &= J_{yy}\dot{\omega}_y - \left(J_{zz} - J_{xx}\right)\omega_z\omega_x - J_{yz}\left(\dot{\omega}_z - \omega_x\omega_y\right) \\ &\quad - J_{zx}\left(\omega_z^2 - \omega_x^2\right) - J_{xy}\left(\dot{\omega}_x + \omega_y\omega_z\right) \\ \sum M_z &= J_{zz}\dot{\omega}_z - \left(J_{xx} - J_{yy}\right)\omega_x\omega_y - J_{zx}\left(\dot{\omega}_x - \omega_y\omega_z\right) \\ &\quad - J_{xy}\left(\omega_x^2 - \omega_y^2\right) - J_{yz}\left(\dot{\omega}_y + \omega_z\omega_x\right) \end{aligned} \tag{10.24}$$

Für einen starren Körper, der bezüglich der x,y-Bezugsebene symmetrisch ist und eine allgemein ebene Bewegung in dieser Ebene ausführt, gilt $J_{xz} = J_{yz} = 0$ und $\omega_x = \omega_y = d\omega_x/dt = d\omega_y/dt = 0$. Das Ergebnis gemäß Gleichung (10.24) vereinfacht sich dann auf $\sum M_x = \sum M_y = 0$ und $\sum M_z = J_{zz}\alpha_z$, wenn $\alpha_z = \dot{\omega}_z$ gesetzt wird. Dies ist praktisch die dritte der *Gleichungen (6.18) und (6.19)* je nach Wahl des Punktes O und S für die Momentensumme, was zu erwarten war.

Werden die körperfesten x,y,z-Achsen als *Hauptträgheitsachsen* ξ,η,ζ gewählt, sind die Deviationsmomente gleich null, $J_{\xi\eta} = 0$ usw., und mit der vereinfachten Indizierung der Hauptträgheitsmomente, $J_{\xi\xi} = J_\xi$ usw., vereinfachen sich Gleichungen (10.24) auf

$$\begin{aligned} \sum M_\xi &= J_\xi \dot{\omega}_\xi - \left(J_\eta - J_\zeta\right)\omega_\eta \omega_\zeta \\ \sum M_\eta &= J_\eta \dot{\omega}_\eta - \left(J_\zeta - J_\xi\right)\omega_\zeta \omega_\xi \\ \sum M_\zeta &= J_\zeta \dot{\omega}_\zeta - \left(J_\xi - J_\eta\right)\omega_\xi \omega_\eta \end{aligned} \tag{10.25}$$

Diese Gleichungen heißen *Euler'sche Gleichungen* nach dem Schweizer Mathematiker Leonhard Euler, der sie herleitete. Sie gelten *nur* bei Bezug auf einen Fixpunkt O oder auf den bewegten Schwerpunkt S.

Bei der Anwendung der Euler'schen Kreiselgleichungen ist zu beachten, dass $\dot{\omega}_\xi, \dot{\omega}_\eta, \dot{\omega}_\zeta$ die Zeitableitungen der ξ,η,ζ-Koordinaten von $\boldsymbol{\omega}$ bezüglich der Achsen ξ,η,ζ sind. Da sich diese ξ,η,ζ-Hauptachsen mit $\boldsymbol{\Omega} = \boldsymbol{\omega}$ drehen, gilt gemäß Gleichung (9.6) $\dot{\boldsymbol{\omega}} = (\dot{\boldsymbol{\omega}})_{\xi\eta\zeta} + \boldsymbol{\omega} \times \boldsymbol{\omega}$. Aus $\boldsymbol{\omega} \times \boldsymbol{\omega} = \mathbf{0}$ folgt $\dot{\boldsymbol{\omega}} = (\dot{\boldsymbol{\omega}})_{\xi\eta\zeta}$. Dieses wichtige Ergebnis zeigt, dass die erforderliche Zeitableitung von $\boldsymbol{\omega}$ entweder durch Bestimmung der Koordinaten von $\boldsymbol{\omega}$ im körperfesten ξ,η,ζ-Hauptachsensystem *und anschließender* Berechnung der Zeitableitung der Koordinaten, d.h. $(\dot{\boldsymbol{\omega}})_{\xi\eta\zeta}$, bestimmt werden kann oder durch Ermittlung der Zeitableitung der Koordinaten von $\boldsymbol{\omega}$ bezüglich des X,Y,Z-Inertialsystems, d.h. $\dot{\boldsymbol{\omega}}$, und anschließender Umrechnung in die Koordinaten $\dot{\omega}_\xi, \dot{\omega}_\eta, \dot{\omega}_\zeta$. Welcher Weg der einfachere ist, hängt vom Problem ab, siehe dazu *Beispiel 10.6*.

Bezugssystem mit Winkelgeschwindigkeit $\Omega \neq \omega$ Falls es ein *nicht körperfestes* Bezugssystem gibt, das im Interialsystem mit der Winkelgeschwindigkeit $\boldsymbol{\Omega} \neq \boldsymbol{\omega}$ rotiert und für das es ein x,y,z-Koordinatensystem gibt, bezüglich dem die axialen Massenträgheitsmomente zeitlich konstant sind und die Deviationsmomente verschwinden, dann können diese Hauptachsen zur Auswertung des Drallsatzes besonders geeignet sein. Ein Beispiel ist der in Abbildung 10.12 dargestellte Körper. Die körperfesten Achsen ξ,η,ζ rotieren um die Figurenachse bezüglich des bewegten x,y,z-Koordinatensystems, das im X,Y,Z-Inertialsystem die Winkelgeschwindigkeit $\boldsymbol{\Omega}$ hat. Solche Körper heißen Kreisel oder Gyroskope, bei denen oft so genannte rahmenfeste Bezugssysteme Verwendung finden.[4] Für diesen Fall haben die drei skalaren Gleichungen des Drallsatzes ein ähnliches Aussehen wie die Gleichungen (10.25)[5], nämlich

$$\begin{aligned} \sum M_x &= J_x \dot{\omega}_x - J_y \Omega_z \omega_y + J_z \Omega_y \omega_z \\ \sum M_y &= J_y \dot{\omega}_y - J_z \Omega_x \omega_z + J_x \Omega_z \omega_x \\ \sum M_z &= J_z \dot{\omega}_z - J_x \Omega_y \omega_x + J_y \Omega_x \omega_y \end{aligned} \tag{10.26}$$

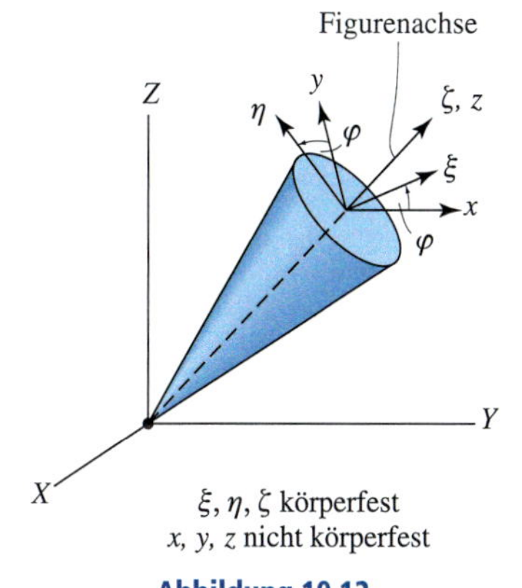

Abbildung 10.12

4 Solche Kreisel werden in *Abschnitt 10.5* genauer behandelt.

5 Siehe *Aufgabe 10.41*.

Dabei sind Ω_x, Ω_y, Ω_z die x,y,z-Koordinaten der Winkelgeschwindigkeit $\boldsymbol{\Omega}$ des Bezugssystems x,y,z gegenüber dem Inertialsystem und ω_x, ω_y, ω_z die x,y,z-Koordinaten der Winkelgeschwindigkeit $\boldsymbol{\omega}$ des Körpers im Inertialsystem. Entsprechend bezeichnen $\dot{\omega}_x, \dot{\omega}_y, \dot{\omega}_z$ die Zeitableitungen der Koordinaten ω_x, ω_y, ω_z, siehe *Beispiel 10.6*. Wir weisen explizit darauf hin, dass die Gleichungen (10.26) nur dann gelten, wenn die axialen Massenträgheitsmomente bezüglich der x,y,z-Achsen zeitunabhängig sind und die Deviationsmomente verschwinden.

Alle Kreiselgleichungen (10.24), (10.25), (10.26) zur Beschreibung der Drehbewegung sind kompliziert gekoppelt, denn die Winkelgeschwindigkeitskoordinaten kommen rechtsseitig in allen Termen vor. In manchen Fällen sind die Kreiselgleichungen auch noch mit den Schwerpunktsätzen gemäß Gleichung (10.19) gekoppelt. Analog zur Aussage, dass die linke Seite der Schwerpunktsätze gemäß Gleichung (10.19) auch die Zwangskräfte enthält, ist festzuhalten, dass die linken Seiten der Kreiselgleichungen gemäß Gleichung (10.24), (10.25) oder (10.26) die resultierenden Momente aller freien Momente und aller äußeren Kräfte, einschließlich der Zwangskräfte, darstellen.

Um zu den eigentlichen, maximal sechs Bewegungsgleichungen zu gelangen, die drei Differenzialgleichungen 2. Ordnung zur Beschreibung der Translationsbewegung und drei in jedem Falle nichtlineare Differenzialgleichungen 1. Ordnung zur Beschreibung der räumlichen Drehung des Starrkörpers darstellen, sind die Zwangskräfte aus sämtlichen Beziehungen zu eliminieren. Zwangskräfte am starren Einzelkörper treten natürlich nur dann auf, wenn die Zahl der Freiheitsgrade und damit die Zahl der Bewegungsgleichungen < 6 ist. Die Lösung hängt dann davon ab, welche und wie viele Unbekannte letztlich auftreten. Der einfachste Fall sind kräfte- und momentenfreie Bewegungen, siehe *Abschnitt 10.6* bei Kreiseln. Schwierigkeiten treten beim Auflösen nach den unbekannten Koordinaten von $\boldsymbol{\omega}$ auf, wenn die äußeren Momente als Funktionen der Zeit gegeben sind. Sind die Kreiselgleichungen mit den drei skalaren Gleichungen der translatorischen Bewegung, Gleichungen (10.19), gekoppelt, sind weitere Komplikationen beim Lösen der Bewegungsgleichungen zu erwarten, z.B. aufgrund kinematischer Einschränkungen, welche die Drehung des Körpers in ihrer Verknüpfung mit der translatorischen Bewegung des Schwerpunktes besitzen kann. Ein Beispiel dafür ist ein Reifen, der ohne Gleiten allgemein rollt. Die angesprochenen Probleme, bei denen mehrere gekoppelte, nichtlineare Differenzialgleichungen gelöst werden müssen, erfordern im Allgemeinen numerische Verfahren und Computerunterstützung.

Bei vielen technischen Problemstellungen sind allerdings häufig nur die am Körper angreifenden Momentenwirkungen für eingeschränkte oder vorgegebene, bekannte Bewegungen zu bestimmen. Oft können diese Aufgaben direkt und ohne Computerunterstützung gelöst werden.

Lösungsweg

Aufgaben zur räumlichen Bewegung eines starren Körpers können folgendermaßen gelöst werden:

Freikörperbild

- Zeichnen Sie ein *Freikörperbild* des Körpers zum betrachteten Zeitpunkt in allgemeiner Lage für einen beliebigen Zeitpunkt und legen Sie ein x,y,z-Koordinatensystem fest. Der Ursprung dieses Bezugssystems liegt im Schwerpunkt S des Körpers oder im raumfesten Punkt O, der ein Körperpunkt sein kann oder auf einer gedanklichen Verlängerung des Körpers liegt.
- Unbekannte Zwangskräfte werden mit positivem Richtungssinn dargestellt.
- Je nach Art der Aufgabe ist zu entscheiden, welche Art von Drehbewegung $\mathbf{\Omega}$ das x,y,z-Koordinatensystem hat, d. h, ob $\mathbf{\Omega} = \mathbf{0}$, $\mathbf{\Omega} = \boldsymbol{\omega}$ oder $\mathbf{\Omega} \neq \boldsymbol{\omega}$ gelten soll. Bei der Wahl ist zu beachten, dass die Kreiselgleichungen sich vereinfachen, wenn die Achsen immer Hauptträgheitsachsen des Körpers sind.
- Berechnen Sie die erforderlichen axialen Massenträgheitsmomente und die Deviationsmomente des Körpers relativ zu den x,y,z-Achsen.

Kinematische Gleichungen

- Bestimmen Sie die x,y,z-Koordinaten der Winkelgeschwindigkeit des Körpers und berechnen Sie die Zeitableitung von $\boldsymbol{\omega}$.
- Für $\mathbf{\Omega} = \boldsymbol{\omega}$ gilt $\dot{\boldsymbol{\omega}} = (\dot{\boldsymbol{\omega}})_{xyz}$. Die Koordinaten von $\dot{\boldsymbol{\omega}}$ in Richtung der x,y,z-Achsen werden bestimmt, indem die Zeitableitungen der Koordinaten des Vektors $(\boldsymbol{\omega})_{xyz}$ ermittelt werden. Eine zweite Möglichkeit besteht darin, die Koordinaten der Winkelgeschwindigkeit $\omega_X, \omega_Y, \omega_Z$ bezüglich der X,Y,Z-Achsen zu bestimmen, diese nach der Zeit abzuleiten und den Vektor $\dot{\boldsymbol{\omega}}$ dann wieder in die Koordinaten $\dot{\omega}_x, \dot{\omega}_y, \dot{\omega}_z$ bezüglich der x,y,z-Achsen zu zerlegen.

Schwerpunktsatz und Kreiselgleichungen

- Es gelten die beiden Vektorgleichungen (10.18) und (10.22) bzw. die sechs skalaren Gleichungen (10.19) und (10.25) bzw (10.26), ausgewertet im gewählten x,y,z-Koordinatensystem. Die eigentlichen Bewegungsgleichungen findet man innerhalb der Betrachtung einer allgemeinen Lage zu einem beliebigen Zeitpunkt nach Elimination der Zwangskräfte.

Beispiel 10.4

Das Zahnrad in Abbildung 10.13a mit der Masse m ist mit der Schiefstellung γ auf der drehenden Welle vernachlässigbarer Masse montiert. Bestimmen Sie für die gegebenen Werte und die konstante Winkelgeschwindigkeit ω die Kräfte der Stützlager A und B auf die Welle im dargestellten Augenblick.

$m = 10$ kg, $b = 0{,}2$ m, $c = 0{,}25$ m, $J_x = J_y = 0{,}05$ kgm², $J_z = 0{,}1$ kgm², $\gamma = 10°$, $\omega = 30$ rad/s

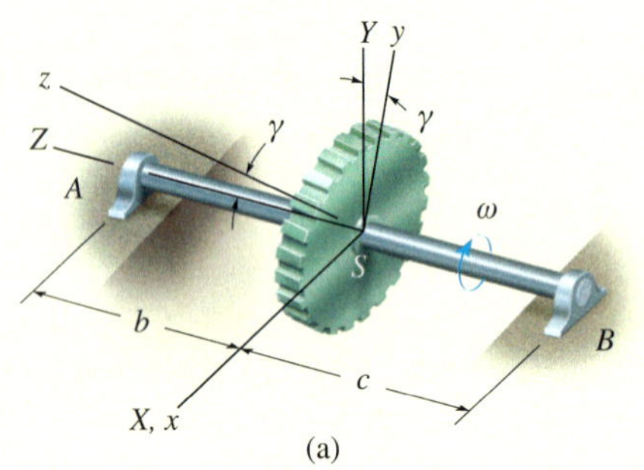

(a)

Abbildung 10.13

Lösung

Freikörperbild Abbildung 10.13b. Der Ursprung des x,y,z-Koordinatensystems befindet sich im raumfesten Schwerpunkt S des Zahnrades. Die Achsen sind körperfest und drehen sich mit dem Zahnrad, d.h. es gilt $\mathbf{\Omega} = \boldsymbol{\omega}$. Damit sind diese Achsen die Hauptträgheitsachsen des Zahnrades.

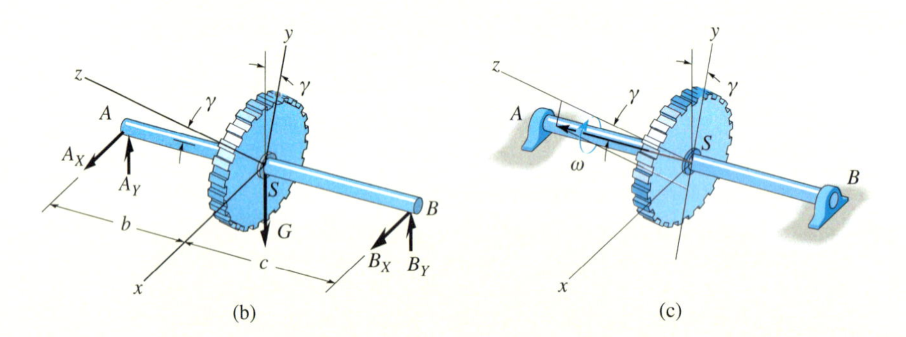

Kinematische Gleichungen Wie in Abbildung 10.13c dargestellt, ist die Winkelgeschwindigkeit betragsmäßig konstant und immer entlang der Wellenachse AB gerichtet. Da dieser Vektor damit bezüglich des X,Y,Z-Inertialsystems gegeben ist, gilt für eine beliebige Lage der x,y,z-Achsen

$$\omega_x = 0 \qquad \omega_y = -\omega \sin\gamma \qquad \omega_z = \omega \cos\gamma$$

Diese Koordinaten sind konstant, unabhängig von der Orientierung der x,y,z-Achsen, d.h. es gilt $\dot{\omega}_x = \dot{\omega}_y = \dot{\omega}_z = 0$. Damit ist $(\dot{\boldsymbol{\omega}})_{xyz} = \mathbf{0}$ und wegen $\mathbf{\Omega} = \boldsymbol{\omega}$ gilt $\dot{\boldsymbol{\omega}} = (\dot{\boldsymbol{\omega}})_{xyz}$ und somit auch $\dot{\boldsymbol{\omega}} = \mathbf{0}$. Auch aus der Tatsache, dass $\boldsymbol{\omega}$ im Inertialsystem ein konstanter Vektor mit konstantem Betrag und konstanter Richtung ist, folgt sofort $\dot{\boldsymbol{\omega}} = \mathbf{0}$. Da S ein raumfester Punkt ist, gilt weiterhin $(a_S)_x = (a_S)_y = (a_S)_z = 0$.

Kreiselgleichungen und Schwerpunktsatz Die Gleichungen (10.25) ($\Omega = \omega$) liefern

$$\sum M_x = J_x\dot{\omega}_x - (J_y - J_z)\omega_z\omega_y$$
$$-A_Y b + B_Y c = 0 - (J_y - J_z)(-\omega\sin\gamma)(\omega\cos\gamma)$$
$$A_Y = \frac{1}{b}\left[B_Y c - (J_y - J_z)\omega^2 \sin\gamma\cos\gamma\right] \qquad (1)$$

$$\sum M_y = J_y\dot{\omega}_y - (J_z - J_x)\omega_z\omega_x$$
$$A_X b\cos\gamma - B_X c\cos\gamma = 0 + 0$$
$$A_X = \frac{c}{b}B_X \qquad (2)$$

$$\sum M_z = J_z\dot{\omega}_z - (J_x - J_y)\omega_x\omega_y$$
$$A_X b\sin\gamma - B_X c\sin\gamma = 0 + 0$$
$$A_X = \frac{c}{b}B_X \qquad (2')$$

Die Gleichungen (10.19) ergeben

$$\sum F_X = m(a_S)_X; \qquad A_X + B_X = 0 \qquad (3)$$

$$\sum F_Y = m(a_S)_Y; \qquad A_Y + B_Y - G = 0 \qquad (4)$$

$$\sum F_Z = m(a_S)_Z; \qquad 0 = 0$$

Lösen der Gleichungen (1) bis (4) führt auf

$$A_X = B_X = 0$$
$$A_Y = \frac{1}{b+c}\left[Gc + (J_z - J_y)\omega^2 \sin\gamma\cos\gamma\right] = 71{,}6\ \text{N}$$
$$B_Y = \frac{1}{b+c}\left[Gb - (J_z - J_y)\omega^2 \sin\gamma\cos\gamma\right] = 26{,}5\ \text{N}$$

Dabei ist darauf zu achten, dass nur der jeweilige Gewichtsanteil in den Lagerkräften ständig in die raumfeste Y-Richtung zeigt, während der jeweils zweite Anteil, proportional zu ω^2 mit ω umläuft und nur im betrachteten Augenblick entlang der Y-Achse gerichtet ist. Eine eigentliche Bewegungsgleichung gibt es hier nicht, weil die Winkelgeschwindigkeit vorgegeben ist und keine Translationsbewegung auftritt.

Beispiel 10.5

Das Flugzeug in Abbildung 10.14a fliegt momentan eine Kurve in der horizontalen Ebene, beschrieben durch die Winkelgeschwindigkeit ω_P um die vertikale Achse. Während dieser Bewegung dreht der Propeller, der zwei Rotorblätter hat, mit ω_S. Bestimmen Sie das resultierende Moment, das die Propellerwelle auf den Propeller ausübt, wenn die Rotorblätter gerade in der vertikalen Position sind. Nehmen Sie zur Vereinfachung an, dass die Rotorblätter schlanke Stäbe mit dem Massenträgheitsmoment J um die auf den Rotorblättern senkrechte Achse durch ihren Mittelpunkt sind und dass das Massenträgheitsmoment um die Längsachse des Propellers gleich null ist.

Lösung

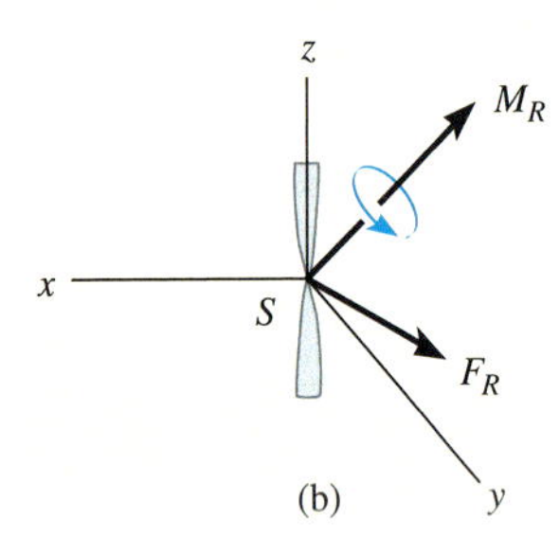

Freikörperbild Abbildung 10.14b. Die Wirkung der Verbindungswelle auf den Propeller wird durch die resultierenden Kräfte $\mathbf{F}_R$ und Momente $\mathbf{M}_R$ repräsentiert. (Das Gewicht des Propellers wird vernachlässigt.) Die x,y,z-Achsen werden körperfest in den Propeller gelegt, denn dann sind diese Achsen unabhängig von der Bewegung die Hauptträgheitsachsen des Propellers. Somit gilt $\boldsymbol{\Omega} = \boldsymbol{\omega}$. Die Massenträgheitsmomente J_x und J_y sind gleich ($J_x = J_x = J$) und $J_z = 0$.

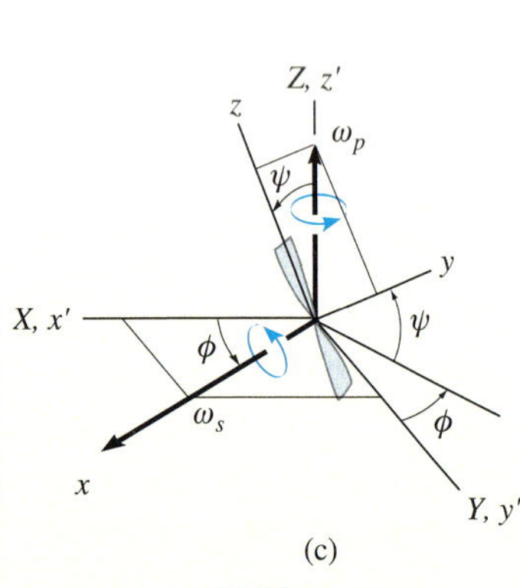

Abbildung 10.14

Kinematische Gleichungen Bei der Bestimmung der Winkelgeschwindigkeit $\boldsymbol{\omega}$ des Propellers im Inertialsystem wird zunächst ein x',y',z'-Bezugssystem eingeführt, siehe Abbildung 10.14c, das fest mit dem Flugzeug verbunden ist. Dieses rotiert im Inertialsystem mit der Winkelgeschwindigkeit $\boldsymbol{\omega}_P$, deren Betrag ω_P durch $\dot{\phi}$ gegeben ist und die in Richtung der Z- bzw. z'-Achse weist. Das propellerfeste Bezugssystem mit den x,y,z-Achsen rotiert gegenüber dem Flugzeug mit der Winkelgeschwindigkeit $\boldsymbol{\omega}_S$. Die Winkelgeschwindigkeit $\boldsymbol{\omega}$ des Propellers ist somit durch $\boldsymbol{\omega} = \boldsymbol{\omega}_S + \boldsymbol{\omega}_P$ gegeben. Die Koordinaten von $\boldsymbol{\omega}$ bezüglich der körperfesten x,y,z-Achsen berechnen sich zu

$$\omega_x = \omega_S$$
$$\omega_y = \omega_P \sin\psi$$
$$\omega_z = \omega_P \cos\psi$$

Wegen $\dot{\boldsymbol{\omega}} = (\dot{\boldsymbol{\omega}})_{xyz}$ ergeben sich für die Koordinaten der Winkelbeschleunigung bezüglich der x,y,z-Achsen

$$\dot{\omega}_x = 0$$
$$\dot{\omega}_y = \omega_P \dot{\psi} \cos\psi = \omega_P \omega_S \cos\psi$$
$$\dot{\omega}_z = -\omega_P \dot{\psi} \sin\psi = -\omega_P \omega_S \sin\psi$$

Kreiselgleichungen Die Gleichungen (10.25) ergeben

$$\sum M_x = J_x\dot{\omega}_x - \left(J_y - J_z\right)\omega_y\omega_z$$
$$M_x = J(0) - (J-0)(0)\left(\omega_P \sin\psi\right)\left(\omega_P \cos\psi\right) = -J\omega_P^2 \sin\psi\cos\psi$$

$$\sum M_y = J_y\dot{\omega}_y - \left(J_z - J_x\right)\omega_z\omega_x$$
$$M_y = J\left(\omega_P\omega_S \cos\psi\right) - (0-J)\left(\omega_P \cos\psi\right)\left(\omega_S\right) = 2J\omega_P\omega_S \cos\psi$$

$$\sum M_z = J_z\dot{\omega}_z - \left(J_x - J_y\right)\omega_x\omega_y$$
$$M_z = 0\left(-\omega_P\omega_S \sin\psi\right) - (J-J)\left(\omega_S\right)\left(\omega_P \sin\psi\right) = 0$$

Für die angegebene Stellung $\psi = 0$ erhalten wir

$$M_x = 0$$
$$M_y = 2J\omega_S\omega_P$$
$$M_z = 0$$

Beispiel 10.6

Das Schwungrad in Form einer dünnen Scheibe der Masse m in Abbildung 10.15a dreht sich mit konstanter Winkelgeschwindigkeit ω_S um die masselose Welle (Eigendrehung). Gleichzeitig dreht sich der Rahmen mit der Welle (Präzession) mit der Winkelgeschwindigkeit ω_P um die vertikale Achse durch den Lagerpunkt A. Die Welle ist in A in einem Spurlager, und in B in einem Radiallager gestützt. Bestimmen Sie die Lagerkräfte an beiden Lagern aufgrund der Bewegung und des Eigengewichts der Scheibe.

$m = 10$ kg, $l = 1$ m, $r = 0{,}2$ m, $\omega_S = 6$ rad/s, $\omega_P = 3$ rad/s

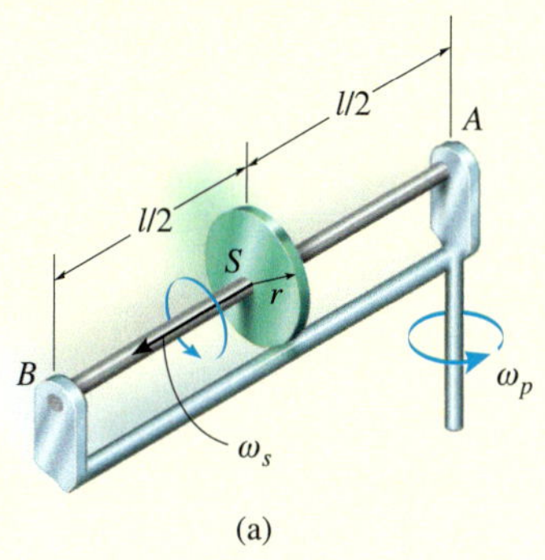

Abbildung 10.15

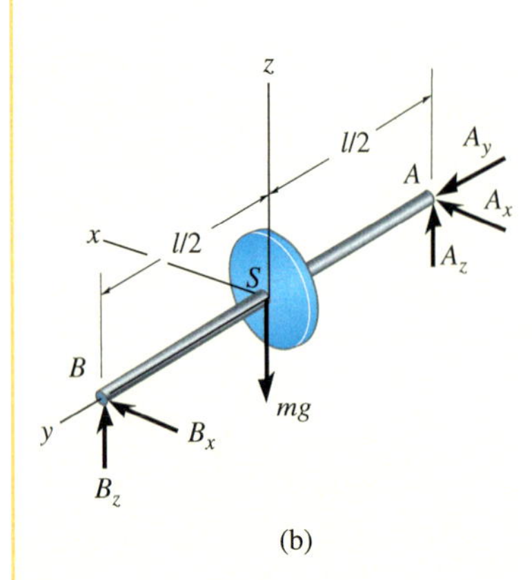

(b)

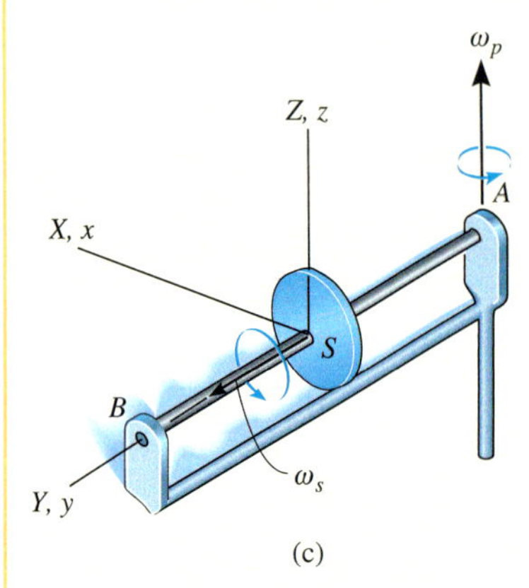

(c)

Abbildung 10.15

Lösung I

Freikörperbild Abbildung 10.15b. Der Ursprung des x,y,z-Koordinatensystems liegt im Schwerpunkt S des Schwungrades und wird rahmenfest gewählt. Es dreht sich demnach mit der Winkelgeschwindigkeit $\mathbf{\Omega} = \boldsymbol{\omega}_P$. Das Schwungrad dreht sich zwar noch relativ bezüglich dieser Achsen, die Massenträgheitsmomente sind aber wegen der Rotationssymmetrie bezüglich der x,y,z-Achsen im nicht körperfesten Bezugssystem dennoch *konstant* (und die Deviationsmomente verschwinden) :[6]

$$J_x = J_z = (1/4)mr^2 = 0{,}1\ \mathrm{kgm}^2$$

$$J_y = (1/2)mr^2 = 0{,}2\ \mathrm{kgm}^2$$

Kinematische Gleichungen Im betrachteten Augenblick sollen das X,Y,Z-Inertialsystem und das x,y,z-Bezugssystem zusammenfallen, Abbildung 10.15c. Damit hat das Schwungrad die Winkelgeschwindigkeit $\boldsymbol{\omega} = \omega_S\,\mathbf{j} + \omega_P\,\mathbf{k}$ und es ist

$$\omega_x = 0 \qquad \omega_y = \omega_S \qquad \omega_z = \omega_P$$

Die Zeitableitung von $\boldsymbol{\omega}$ muss relativ zu den x,y,z-Achsen bestimmt werden, d.h. es müssen die Koordinaten ω_x, ω_y, ω_z nach der Zeit abgeleitet werden. Weil sich in diesem Fall die Winkelgeschwindigkeiten ω_P und ω_S betragsmäßig nicht ändern, ergibt sich

$$\dot{\omega}_x = 0 \qquad \dot{\omega}_y = 0 \qquad \dot{\omega}_z = 0$$

Kreiselgleichungen und Schwerpunktsätze Die Gleichungen (10.26) ($\mathbf{\Omega} \neq \boldsymbol{\omega}$) liefern

$$\sum M_x = J_x\dot{\omega}_x - J_y\Omega_z\omega_y + J_z\Omega_y\omega_z$$
$$-A_z\frac{l}{2} + B_z\frac{l}{2} = 0 - (J_y)(\omega_P)(\omega_S) + 0 = -J_y\omega_P\omega_S$$

$$\sum M_y = J_y\dot{\omega}_y - J_z\Omega_x\omega_z + J_x\Omega_z\omega_x$$
$$0 = 0 - 0 + 0$$

$$\sum M_z = J_z\dot{\omega}_z - J_x\Omega_y\omega_x + J_y\Omega_x\omega_y$$
$$A_x\frac{l}{2} - B_x\frac{l}{2} = 0 - 0 + 0 = 0$$

Die Gleichungen (10.19) ergeben

$$\sum F_x = m(a_S)_x; \qquad A_x + B_x = 0$$

$$\sum F_y = m(a_S)_y; \qquad A_y = -m\frac{l}{2}\omega_P^2$$

$$\sum F_z = m(a_S)_z; \qquad A_z + B_z - mg = 0$$

6 Das gilt übrigens nicht für den Propeller in *Beispiel 10.5*.

Die Auflösung dieser Gleichungen führt auf

$$A_x = B_x = 0$$

$$A_y = -m\frac{l}{2}\omega_P^2 = -45{,}0\text{N}$$

$$A_z = \frac{1}{2}mg + \frac{1}{l}J_y\omega_P\omega_S = 52{,}6\text{N}$$

$$B_z = \frac{1}{2}mg - \frac{1}{l}J_y\omega_P\omega_S = 45{,}4\text{N}$$

Ohne die Präzessionsdrehung $\boldsymbol{\omega}_P$ wären die Lagerkräfte in A und B gleich gewesen, nämlich $A = B = mg/2 = 49{,}05$ N. Der Unterschied der Lagerkräfte wird durch das „Kreiselmoment" erzeugt, wenn ein rotierender Körper eine Präzessionsbewegung um eine andere als die Eigendrehachse ausführt. Wir untersuchen diesen Effekt im nächsten *Abschnitt 10.5* noch genauer.

Lösung II

Als zweite Lösungsmöglichkeit können wir die Euler'schen Kreiselgleichungen (10.25) verwenden. In diesem Falle wird ein mitrotierendes x,y,z-Koordinatensystem zugrunde gelegt, siehe Abbildung 10.15d, das sich gegenüber dem x',y',z'-Koordinatensystem mit der Winkelgeschwindigkeit $\boldsymbol{\omega}_S$ dreht (das x,y,z-Koordinatensystem im Lösungsweg I entspricht jetzt dem x',y',z'-Koordinatensystem). Die x,y,z-Koordinaten der Winkelgeschwindigkeit $\boldsymbol{\omega}$ sind durch

$$\omega_x = -\omega_P \sin\psi$$

$$\omega_y = \omega_S$$

$$\omega_z = \omega_P \cos\psi$$

mit $\omega_S = \dot{\psi}$ gegeben. Wegen $\dot{\boldsymbol{\omega}} = (\dot{\boldsymbol{\omega}})_{xyz}$ gilt

$$\dot{\omega}_x = -\omega_P\dot{\psi}\cos\psi = -\omega_P\omega_S\cos\psi$$

$$\dot{\omega}_y = 0$$

$$\dot{\omega}_z = -\omega_P\dot{\psi}\sin\psi = -\omega_P\omega_S\sin\psi$$

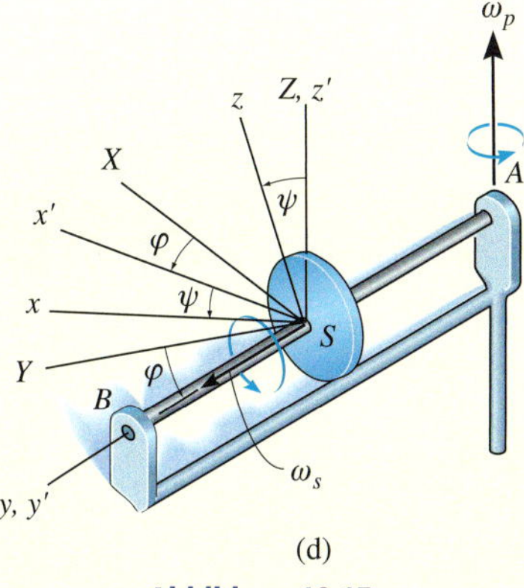

(d)

Abbildung 10.15

Da wir uns auf körperfeste Achsen beziehen, benötigen wir noch die entsprechenden Koordinaten der äußeren Momente. Mit

$$M_{x'} = \frac{l}{2}\left(-A_{z'} + B_{z'}\right)$$
$$M_{y'} = 0$$
$$M_{z'} = \frac{l}{2}\left(A_{x'} - B_{x'}\right)$$

siehe Abbildung 10.15e, folgt

$$M_x = M_{x'} \cos\psi - M_{z'} \sin\psi$$
$$M_y = M_{y'}$$
$$M_z = M_{x'} \sin\psi + M_{z'} \cos\psi$$

und damit

$$\sum M_x = J_x \dot{\omega}_x - \left(J_y - J_z\right)\omega_z \omega_y$$
$$M_{x'} \cos\psi - M_{z'} \sin\psi = -J_x \omega_P \omega_S \cos\psi - \left(J_y - J_z\right)\omega_S \omega_P \cos\psi \quad (1)$$

$$\sum M_y = J_y \dot{\omega}_y - \left(J_z - J_x\right)\omega_z \omega_x$$
$$0 = 0 - 0 \quad (2)$$

$$\sum M_z = J_z \dot{\omega}_z - \left(J_x - J_y\right)\omega_x \omega_y$$
$$M_{x'} \sin\psi + M_{z'} \cos\psi = J_z\left(-\omega_P \omega_S \sin\psi\right) - \left(J_x - J_y\right)\left(-\omega_P \omega_S \sin\psi\right) \quad (3)$$

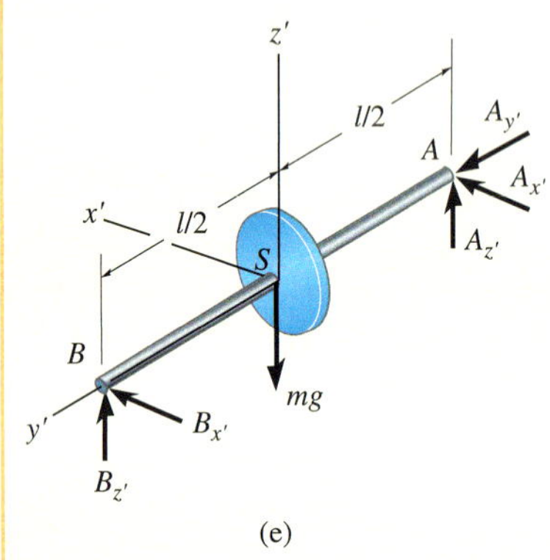

Abbildung 10.15

Nach Ersetzen der Momente $M_{x'}$, $M_{z'}$ in den Gleichungen (1) und (3) durch die Lagerkräfte $A_{x'}$, $A_{z'}$, $B_{x'}$, $B_{z'}$ lassen sich zusammen mit den Impulsbilanzen die Lagerreaktionen bestimmen. Im vorliegenden Fall können wir die Gleichungen (1) und (3) aber noch vereinfachen. Dazu wird Gleichung (1) mit $\cos\psi$ und Gleichung (3) mit $\sin\psi$ multipliziert und dann beide erhaltenen Beziehungen addiert. Dies führt mit $J_z = J_x$ auf

$$M_{x'} = -J_x \omega_P \omega_S - \left(J_y - J_x\right)\omega_S \omega_P = -J_y \omega_S \omega_P$$

Analog ergibt $(3)\cos\psi - (1)\sin\psi$

$$M_{z'} = 0$$

sodass die Auswertung für die Kräfte $A_{x'}$, $A_{z'}$, $B_{x'}$, $B_{z'}$ auf dasselbe Ergebnis führt wie Lösungsweg I.

Beispiel 10.7 Der symmetrische Rotor in Abbildung 10.16a rotiert gegenüber dem Rahmen 2 mit der Eigendrehung ω_S um die Figurenachse. Rahmen 2 kann sich gegenüber dem Rahmen 1 um den Winkel θ verdrehen. Zwischen den beiden Rahmen wirkt eine Drehfeder, die für $\theta = \pi/2$ entspannt ist. Das Rückstellmoment der Drehfeder in allgemeiner Lage θ beträgt $M_F = c_d(\theta - \pi/2)$. Der Rahmen 1 wird zwangsgeführt und dreht sich mit der konstanten Winkelgeschwindigkeit ω_P um eine raumfeste vertikale Achse. Die Rahmen besitzen eine vernachlässigbare Masse, das Massenträgheitsmoment des Rotors bezüglich der Figurenachse ist J_1, das Massenträgheitsmoment um eine Achse senkrecht dazu durch den Schwerpunkt J_2. Bestimmen Sie die Bewegungsgleichung des Rotor-Rahmen-Systems in θ. Wie groß muss das Antriebsmoment M_A sein, damit $\omega_P = \text{konst}$ ist? Ist ω_S konstant?

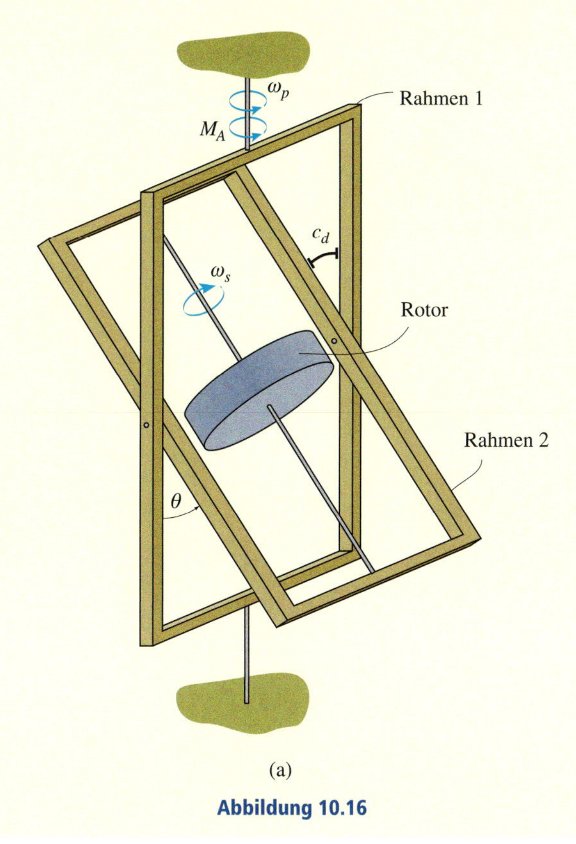

(a)

Abbildung 10.16

Lösung

Freikörperbild Wir führen zunächst ein nicht körperfestes Hauptachsensystem mit den Koordinatenachsen x,y,z auf Rahmen 2 ein, siehe Abbildung 10.16b. Vom Rahmen 1 wirken auf den Rahmen 2 und damit auf den Rotor die Kräfte A_y, A_z, B_y, B_z sowie das Moment M_F. Eine Kraft in x-Richtung ist nicht erforderlich, da der Schwerpunkt S des Rotors sich nicht bewegt!

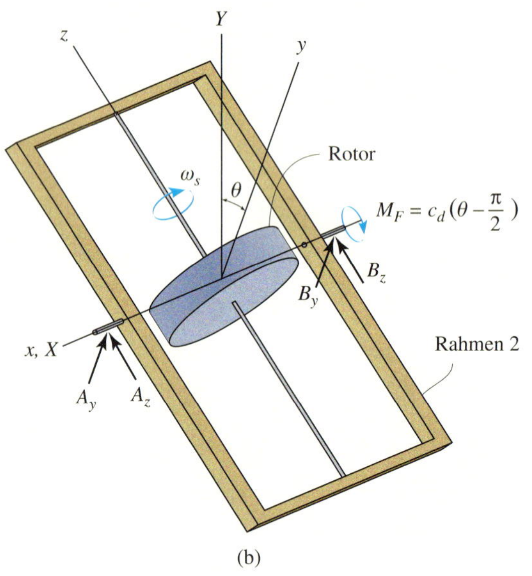

Abbildung 10.16

Kinematische Gleichungen Mit dem Einheitsvektor $\mathbf{i}_1$ in Richtung der raumfesten vertikalen Achse, dem Einheitsvektor $\mathbf{i}_2$ in Richtung der $X = x$-Achse und dem Einheitsvektor $\mathbf{e}_3$ in Richtung der z-Achse, folgt die Winkelgeschwindigkeit $\mathbf{\Omega}$ des mit Rahmen 2 verbundenen x,y,z-Koordinatensystems

$$\mathbf{\Omega} = \omega_P \mathbf{i}_1 + \dot{\theta}\,\mathbf{i}_2$$

sowie die Winkelgeschwindigkeit des Rotors

$$\boldsymbol{\omega} = \omega_P \mathbf{i}_1 + \dot{\theta}\,\mathbf{i}_2 + \omega_S \mathbf{e}_3$$

Für die x,y,z-Koordinaten ergibt sich nach Zerlegung von $\mathbf{i}_1$ in Richtung der y,z-Achsen

$$\Omega_x = \dot{\theta} \qquad \Omega_y = \omega_P \sin\theta \qquad \Omega_z = \omega_P \cos\theta$$
$$\omega_x = \dot{\theta} \qquad \omega_y = \omega_P \sin\theta \qquad \omega_z = \omega_P \cos\theta + \omega_S$$

Kreiselgleichungen Eine Auswertung um die x-Achse liefert

$$\sum M_x = J_x \dot{\omega}_x - J_y \Omega_z \omega_y + J_z \Omega_y \omega_z$$
$$c_d(\theta - \pi/2) = J_2 \ddot{\theta} - J_2 \omega_P \cos\theta\, \omega_P \sin\theta + J_1 \omega_P \sin\theta \left(\omega_P \cos\theta + \omega_S\right) \quad (1)$$

Eine Betrachtung der körperfesten ξ,η,ζ-Hauptachsen mit $\zeta = z$ führt über

$$\omega_\zeta = \omega_z = \omega_P \cos\theta + \omega_S$$
$$J_\zeta = J_1$$
$$J_\xi = J_\eta = J_2$$

und die Euler'sche Gleichung

$$\sum M_\zeta = \dot{\omega}_\zeta J_\zeta - \left(J_\xi - J_\eta\right)\omega_\xi \omega_\eta$$

auf

$$0 = J_\zeta \dot{\omega}_\zeta, \text{ d.h. } -\omega_P \dot{\theta} \sin\theta + \dot{\omega}_S = 0 \qquad (2)$$

Bei den Gleichungen (1) und (2) handelt es sich um zwei gekoppelte, nichtlineare Bewegungsgleichungen zur Bestimmung von θ und ω_S, wobei die Lösung im Allgemeinen nur noch numerisch erfolgen kann.

Wir erkennen, dass eine konstante Winkelgeschwindigkeit ω_S des Rotors gegenüber Rahmen 2 nur dann möglich ist, wenn $\dot{\theta}\sin\theta \equiv 0$ ist. Für $\theta = \theta_0 = \text{const.}$ folgt aus Gleichung (1)

$$c_d\left(\theta_0 - \pi/2\right) = -J_2 \omega_P \cos\theta_0 \omega_P \sin\theta_0 + J_1 \omega_P \sin\theta_0 \left(\omega_P \cos\theta_0 + \omega_S\right)$$

Diese Gleichung ist nur für bestimmte Werte von θ_0 bei gegebenem ω_S erfüllt. Im Allgemeinen ist deshalb ω_S zeitabhängig.

Zur Bestimmung des erforderlichen Antriebsmomentes müssen zunächst die Momente M_y und M_z aus den Euler'schen Kreiselgleichungen bestimmt werden. Wie diese mit den Lagerkräften A_y, A_z, B_y, B_z zusammenhängen, muss nicht explizit ausgewertet werden, da für die Berechnung von M_A lediglich die Momente M_y und M_z in Richtung von M_A und senkrecht dazu zerlegt werden müssen:

$$\sum M_y = J_y \dot{\omega}_y - J_z \Omega_x \omega_z + J_x \Omega_z \omega_x$$
$$M_y = J_2 \omega_P \dot{\theta} \cos\theta - J_1 \dot{\theta}\left(\omega_P \cos\theta + \omega_S\right) + J_2 \omega_P \dot{\theta} \cos\theta$$

$$\sum M_z = J_z \dot{\omega}_z - J_x \Omega_y \omega_x + J_y \Omega_x \omega_y$$
$$M_z = J_1\left(-\omega_P \dot{\theta} \sin\theta + \dot{\omega}_S\right) - J_2 \omega_P \dot{\theta} \sin\theta + J_2 \dot{\theta} \omega_P \sin\theta$$
$$= J_1\left(-\omega_P \dot{\theta} \sin\theta + \dot{\omega}_S\right)$$

Da vom Rahmen 2 auf den Rotor um die z-Achse kein Moment übertragen werden kann, ist $M_z = 0$. Für das Antriebsmoment M_A ergibt sich so

$$M_A = M_y \sin\theta$$

wobei an dieser Stelle M_y nicht explizit eingesetzt wird.

10.5 Kreiselbewegung

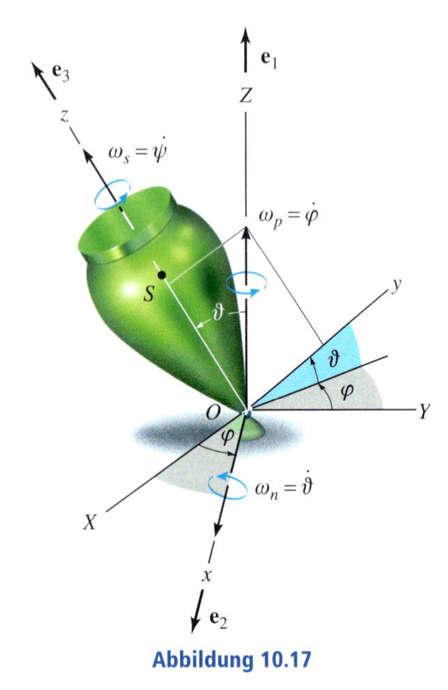

Abbildung 10.17

In diesem Abschnitt werden die Gleichungen, welche die Bewegung eines achsensymmetrischen Körpers (Kreisels) bestimmen, der sich um einen raumfesten Punkt auf der Symmetrieachse dreht, aus den allgemeinen dynamischen Grundgleichungen des vorangehenden Abschnitts abgeleitet. Solche symmetrischen Kreisel werden wie bereits erwähnt auch als Gyroskope bezeichnet.

Wir wollen für sie die Euler'schen Kreiselgleichungen mittels der bereits in *Abschnitt 9.1* definierten Eulerwinkel φ, ϑ und ψ verwenden. Die Winkelgeschwindigkeitsanteile $\dot{\varphi}, \dot{\vartheta}, \dot{\psi}$ (Präzession, Nutation und Spin) sind mit ihren positiven Richtungen in Abbildung 10.17 eingetragen. Wie bereits in *Abschnitt 9.1* mit Gleichung (9.3) festgestellt, ist mit diesen Größen der resultierende Winkelgeschwindigkeitsvektor $\boldsymbol{\omega}$ zwar darstellbar, allerdings in drei unterschiedlichen Basen, die nicht senkrecht aufeinander stehen. Die daraus folgenden Winkelgeschwindigkeitskoordinaten in körperfesten Achsen sind durch Gleichung (9.4) bestimmt.

Im hier betrachteten Fall ist der Körper (Kreisel) bezüglich der z- oder Spinachse, die man in der Regel als *Figurenachse* bezeichnet, symmetrisch. In diesem Fall kann dann ein nicht körperfestes Bezugssystem mit den x,y,z-Koordinatenachsen eingeführt werden, dessen Winkelgeschwindigkeit $\boldsymbol{\Omega}$ durch

$$\boldsymbol{\Omega} = \boldsymbol{\omega}_P + \boldsymbol{\omega}_N = \dot{\varphi}\,\mathbf{e}_1 + \dot{\vartheta}\,\mathbf{e}_2$$

gegeben ist. Die Winkelgeschwindigkeit $\boldsymbol{\omega}$ des Körpers beträgt

$$\boldsymbol{\omega} = \boldsymbol{\omega}_P + \boldsymbol{\omega}_N + \boldsymbol{\omega}_S = \dot{\varphi}\,\mathbf{e}_1 + \dot{\vartheta}\,\mathbf{e}_2 + \dot{\psi}\,\mathbf{e}_3$$

Die Koordinaten von $\boldsymbol{\Omega}$ und $\boldsymbol{\omega}$ bezüglich des der Nutation und Präzession folgenden x,y,z-Koordinatensystems berechnen sich zu

$$\Omega_x = \dot{\vartheta}, \quad \Omega_y = \dot{\varphi}\sin\vartheta, \quad \Omega_z = \dot{\varphi}\cos\vartheta \tag{10.27}$$

und

$$\omega_x = \dot{\vartheta}, \quad \omega_y = \dot{\varphi}\sin\vartheta, \quad \omega_z = \dot{\varphi}\cos\vartheta + \dot{\psi} \tag{10.28}$$

Die x,y,z-Achsen in Abbildung 10.17 sind wegen der Rotationssymmetrie des Kreisels *Hauptträgheitsachsen* des Körpers für eine *beliebige* Eigendrehung des Körpers um die Figurenachse. Die Massenträgheitsmomente sind konstant, sie werden mit $J_{xx} = J_{yy} = J$ und $J_{zz} = J_z$ bezeichnet. Mit $\boldsymbol{\Omega} \neq \boldsymbol{\omega}$ sind die Kreiselgleichungen (10.26) zur Beschreibung der Drehbewegung maßgebend. In diese Gleichungen werden die entsprechenden Winkelgeschwindigkeitskomponenten gemäß Gleichung (10.27) und (10.28) eingesetzt. Wir erhalten

$$\begin{aligned}
\sum M_x &= J\left(\ddot{\vartheta} - \dot{\varphi}^2 \sin\vartheta\cos\vartheta\right) + J_z\dot{\varphi}\sin\vartheta\left(\dot{\varphi}\cos\vartheta + \dot{\psi}\right)\\
\sum M_y &= J\left(\ddot{\varphi}\sin\vartheta + 2\dot{\varphi}\dot{\vartheta}\cos\vartheta\right) - J_z\dot{\vartheta}\left(\dot{\varphi}\cos\vartheta + \dot{\psi}\right)\\
\sum M_z &= J_z\left(\ddot{\psi} + \ddot{\varphi}\cos\vartheta - \dot{\varphi}\dot{\vartheta}\sin\vartheta\right)
\end{aligned} \tag{10.29}$$

Links haben wir die resultierenden Momente um die *Knotenlinie*, die so genannte *Lotlinie* und die Figurenachse. Die Gleichungen beschreiben die Kreiselbewegung vollständig bei Bezug auf den Fixpunkt O und sind dann auch direkt die eigentlichen Bewegungsgleichungen des Problems, da die Lagerkraft am Punkt O einen verschwindenden Hebelarm bezüglich des Bezugspunktes O hat und die resultierenden Momente nur Momente eingeprägter Kräfte bzw. eingeprägte Drehmomente sein können.[7] Die Gleichungen (10.29) sind nichtlineare, gekoppelte Differenzialgleichungen 2. Ordnung, für die im Allgemeinen eine vollständige analytische Lösung nicht möglich ist. Mit computergestützten Näherungsverfahren können jedoch Lösungen für die Eulerwinkel φ, ϑ und ψ ermittelt werden.

Es gibt einen Sonderfall, für den die Gleichungen (10.29) allerdings eine sehr einfache Form annehmen. Er heißt *stationäre Präzession* und tritt auf, wenn der Nutationswinkel ϑ, die Präzession $\dot{\varphi}$ und der Spin $\dot{\psi}$ *konstant* sind. Die Gleichungen (10.29) vereinfachen sich dann auf

$$\sum M_x = -J\dot{\varphi}^2 \sin\vartheta\cos\vartheta + J_z\dot{\varphi}\sin\vartheta\left(\dot{\varphi}\cos\vartheta + \dot{\psi}\right) \qquad (10.30)$$

$$\sum M_y = 0$$
$$\sum M_z = 0$$

An dieser Stelle kann ein einfacher Sonderfall diskutiert werden, der sich ergibt, wenn keine Eigendrehung auftritt:

$$\dot{\psi} = 0 \quad \Rightarrow \quad \sum M_x = \left(J_z - J\right)\dot{\varphi}^2 \sin\vartheta\cos\vartheta = \frac{1}{2}\left(J_z - J\right)\dot{\varphi}^2 \sin 2\vartheta$$

worin die Größe $M_T = -\left(J_z - J\right)\dot{\varphi}^2 \sin 2\vartheta / 2$ *Schleudermoment* genannt wird und die Wirkung der Trägheitswirkungen des Kreisels auf die Umgebung darstellt. Diese tritt also selbst dann auf, wenn der Körper nur eine einzige Drehung in Form einer konstanten Präzession ausführt.

Im allgemeineren Fall ergibt sich übrigens

$$M_T = -\left[J_z\dot{\psi} + \left(J_z - J\right)\dot{\varphi}\cos\vartheta\right]\dot{\varphi}\sin\vartheta$$

und man nennt dann M_T *Kreiselmoment*. Dafür kann Gleichung (10.30) mit $\omega_z = \dot{\varphi}\cos\vartheta + \dot{\psi}$ gemäß Gleichung (10.28) weiter vereinfacht werden:

$$\sum M_x = -J\dot{\varphi}^2 \sin\vartheta\cos\vartheta + J_z\dot{\varphi}\omega_z \sin\vartheta$$

d.h.

$$\sum M_x = \dot{\varphi}\sin\vartheta\left(J_z\omega_z - J\dot{\varphi}\cos\vartheta\right) \qquad (10.31)$$

7 Die Kreiselgleichungen (10.29) gelten natürlich auch bezüglich des Schwerpunktes S des Körpers, dann sind allerdings die entsprechenden 3 skalaren Gleichungen des Schwerpunktsatzes zur Beschreibung der Translationsbewegung hinzuzufügen und im Allgemeinen werden dann in den insgesamt 6 Gleichungen auch Zwangskräfte enthalten sein.

Die Wirkung der Eigendrehung $\dot{\psi}$ auf das Moment um die Knotenachse x ist interessant. Betrachten wir dazu den drehenden Rotor in Abbildung 10.18, bei dem $\vartheta = 90°$ ist. Gleichung (10.31) vereinfacht sich dann auf

$$\sum M_x = J_z \dot{\varphi} \dot{\psi}$$

d.h. unter Beachten von Gleichung (10.28)

$$\sum M_x = J_z \Omega_y \omega_z \qquad (10.32)$$

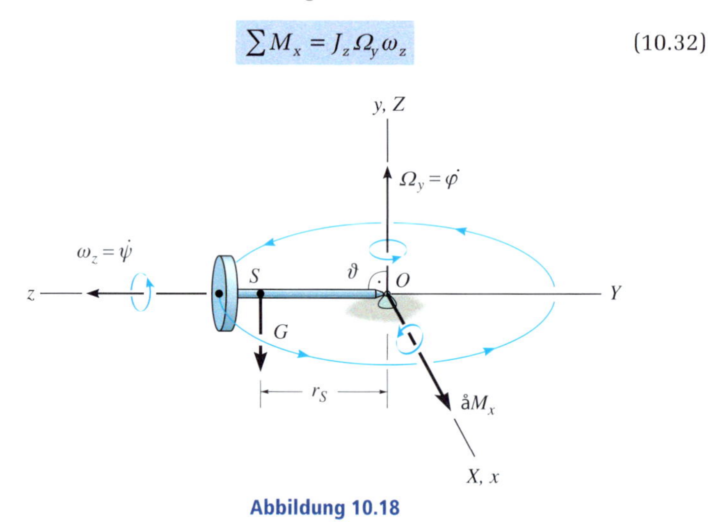

Abbildung 10.18

In der Abbildung ist zu erkennen, dass die Vektoren $\sum \mathbf{M}_x$, $\mathbf{\Omega}_y$ und $\boldsymbol{\omega}_z$ immer in jeweils *positiver* Richtung wirken und daher aufeinander senkrecht stehen. Aus dem Gefühl heraus würde man meinen, dass der Rotor aufgrund der Schwerkraft nach unten fällt. Dies geschieht aber nicht, wenn das Produkt $J_z \Omega_z \omega_z$ so gewählt wird, dass es das Moment $\sum M_x = G r_S$ des Rotorgewichtes um O aufhebt. Dieser Effekt heißt *Kreiselwirkung*.

Ein noch faszinierenderes Beispiel für die Kreiselwirkung ist die Betrachtung eines *schnellen Kreisels*. Dabei handelt es sich um einen Rotor, der sich mit sehr hoher Winkelgeschwindigkeit um seine Figurenachse dreht. Diese Eigendrehung ist dann deutlich größer als seine Präzessionswinkelgeschwindigkeit um die vertikale Achse. In der Praxis kann dann die Richtung des Dralles mit guter Genauigkeit entlang seiner Figurenachse angenommen werden. Somit gilt für den schnellen Kreisel in Abbildung 10.19 $\omega_z \gg \Omega_y$ und der Betrag des Dralles bezüglich Punkt O gemäß den Gleichungen (10.11) vereinfacht sich auf $H_O = J\omega_z$.

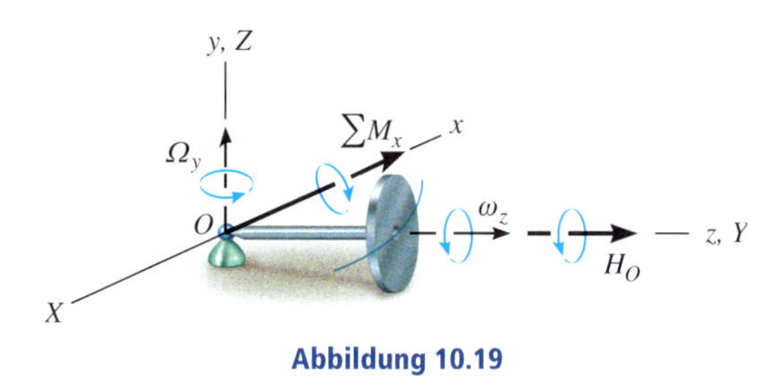

Abbildung 10.19

Da Betrag und Richtung von $\mathbf{H}_O$ bezüglich x,y,z konstant sind. führt die direkte Anwendung von (10.22) auf

$$\sum \mathbf{M}_x = \mathbf{\Omega}_y \times \mathbf{H}_O \tag{10.33}$$

Bei Anwendung der Rechte-Hand-Regel auf das Kreuzprodukt wird klar, dass $\mathbf{\Omega}_y$ den Drall $\mathbf{H}_O$ (oder die Winkelgeschwindigkeitskomponente $\boldsymbol{\omega}_z$) immer in die Richtung von $\sum \mathbf{M}_x$ schwenkt. Im Endeffekt ist die *Änderung* des Dralles $d\mathbf{H}_O$ aufgrund der *Richtungsänderung* des Kreisels äquivalent dem Momentenstoß seines Gewichtes bezüglich des Bezugspunktes O, d.h. $d\mathbf{H}_O = \sum \mathbf{M}_x \, dt$, Gleichung (10.20). Mit $H_O = J\omega_z$ und weil $\sum \mathbf{M}_x$, $\mathbf{\Omega}_x$ und $\mathbf{H}_O$ paarweise aufeinander senkrecht stehen, vereinfacht sich Gleichung (10.33) auf (10.32).

Wird der Kreisel kardanisch aufgehängt, Abbildung 10.20, wird er in seiner Wirkung auf die Umgebung *momentenfrei*. Somit wird bei Drehung der Basis der resultierende Drall $\mathbf{H}$ des Kreisels theoretisch keine Präzessionsbewegung hervorrufen, sondern stattdessen eine feste Orientierung des Kreisels in Richtung der Figurenachse bewirken. Dieser so genannte *freie Kreisel* dient als Kreiselkompass, wenn seine Figurenachse nach Norden ausgerichtet wird. In der Praxis ist die kardanische Aufhängung aber nie reibungsfrei und das Gerät ist nur für die lokale Navigation von Schiffen und Flugzeugen nützlich. Die Kreiselwirkung kann auch zur Stabilisierung der Schlingerbewegung von Schiffen im Meer und der Flugbahnen von Flugkörpern und Geschossen dienen. Weiterhin ist dieser Effekt bei der Konstruktion von Wellen und Lagern für Rotoren mit erzwungener Präzession von großer Bedeutung.

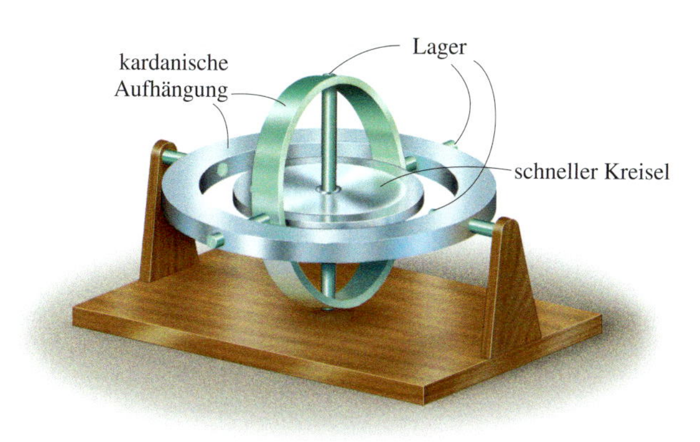

Abbildung 10.20

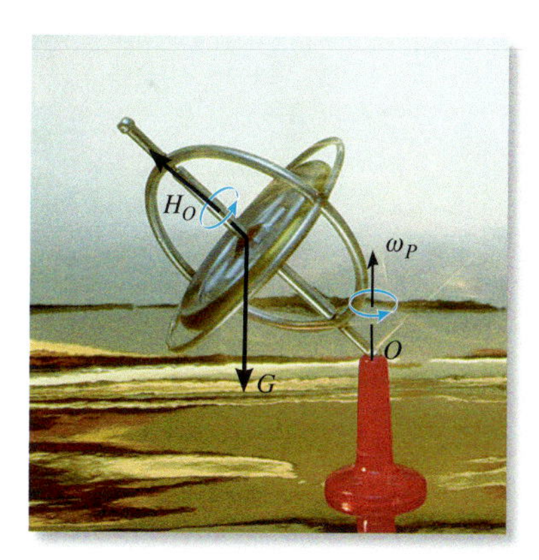

Die schnelle Eigendrehung des Kreisels in der kardanischen Aufhängung erzeugt den Drehimpuls $\mathbf{H}_O$, der seine Richtung ändert, wenn der Rahmen die Präzessionsdrehung ω_P um die vertikale Achse hat. Der Kreisel fällt nicht herunter, da das Moment des Gewichtes G um den Lagerungspunkt O des Rahmens durch die Richtungsänderung des Dralles $\mathbf{H}_O$ ausgeglichen wird.

Beispiel 10.8

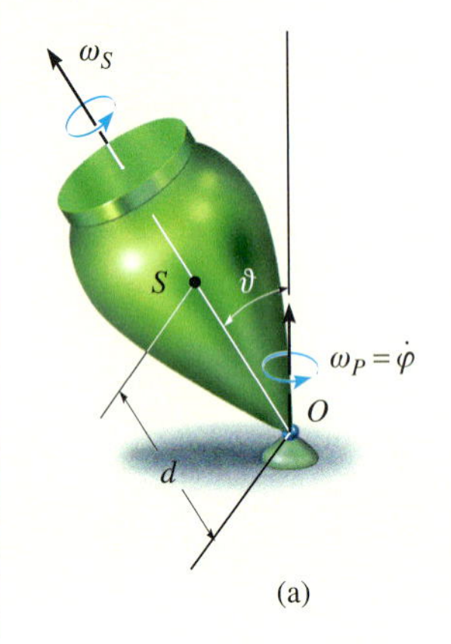

(a)

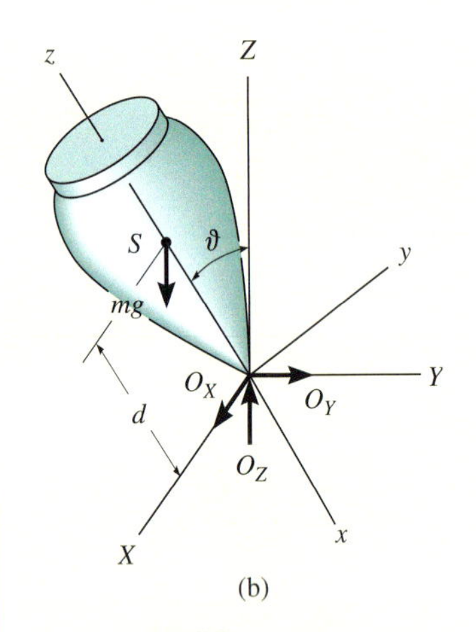

(b)

Abbildung 10.21

Der Kreisel in Abbildung 10.21a hat die Masse m und führt unter dem konstanten Winkel ϑ eine Präzessionsbewegung um die vertikale Achse aus. Seine Eigendrehung ist ω_S. Bestimmen Sie die Präzessionsdrehung ω_P. Die axialen Massenträgheitsmomente des Kreisels bezüglich der Figurenachse und quer dazu bezüglich des raumfesten Punktes O sind gegeben.

$m = 0{,}5$ kg, $d = 50$ mm, $J_z = 0{,}45\ (10^{-3})$ kgm^2, $J = 1{,}20\ (10^{-3})$ kgm^2, $\vartheta = 60°$, $\omega_S = 100$ rad/s

Lösung

Dazu wird Gleichung (10.30) verwendet, denn es handelt sich um eine *stationäre Präzession*. Wie im Freikörperbild, Abbildung 10.21b, dargestellt, werden die Koordinatensysteme in üblicher Weise gewählt, d.h. mit der positiven z-Achse in Richtung der Figurenachse, der positiven Z-Achse in Richtung der Präzession und der positiven Knotenachse x mit Bezug auf Abbildung 10.17 in Richtung des Momentes $\sum M_x$. Somit ergibt sich

$$\sum M_x = -J\dot{\varphi}^2 \sin\vartheta\cos\vartheta + J_z\dot{\varphi}\sin\vartheta\left(\dot{\varphi}\cos\vartheta + \dot{\psi}\right)$$

$$mgd\sin\vartheta = -J\dot{\varphi}^2 \sin\vartheta\cos\vartheta + J_z\dot{\varphi}\sin\vartheta\left(\dot{\varphi}\cos\vartheta + \omega_S\right)$$

Dies ist eine quadratische Gleichung für die Präzessionsdrehung

$$\dot{\varphi}^2\left(J_z\sin\vartheta\cos\vartheta - J\sin\vartheta\cos\vartheta\right) + J_z\sin\vartheta\omega_S\dot{\varphi} - mgd\sin\vartheta = 0$$

Nach Einsetzen der Zahlenwerte ergeben sich die Lösungen

$$\dot{\varphi} = 114 \text{ rad/s} \qquad \text{(hohe Präzession)}$$

und

$$\dot{\varphi} = 5{,}72 \text{ rad/s} \qquad \text{(niedrige Präzession)}$$

In der Realität wird normalerweise die niedrige Präzession beobachtet, denn die hohe Präzession erfordert eine höhere kinetische Energie.

Beispiel 10.9 Die Scheibe mit der Masse m_S in Abbildung 10.22 rotiert mit konstanter Winkelgeschwindigkeit ω_D um ihre Achse. Die Masse m_B kann durch Einstellung der Position s die Präzession der Scheibe um den Zapfen in O verändern. Bestimmen Sie die Position s, die eine konstante Präzessionswinkelgeschwindigkeit ω_P der Scheibe bewirkt. Vernachlässigen Sie das Gewicht der Welle.

$m_S = 1$ kg, $m_B = 2$ kg, $d = 200$ mm, $r = 50$ mm, $\omega_D = 70$ rad/s, $\omega_P = 0{,}5$ rad/s

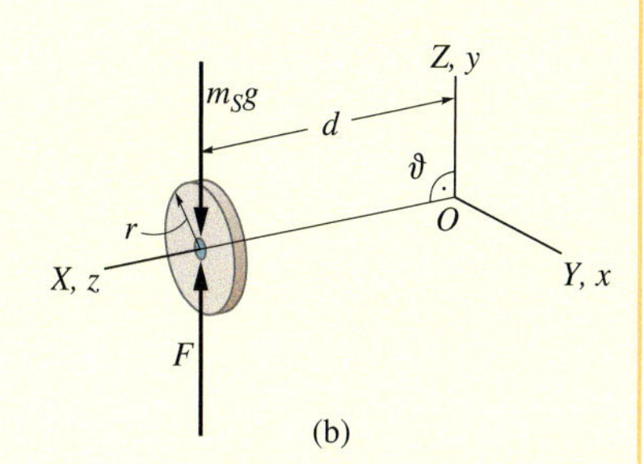

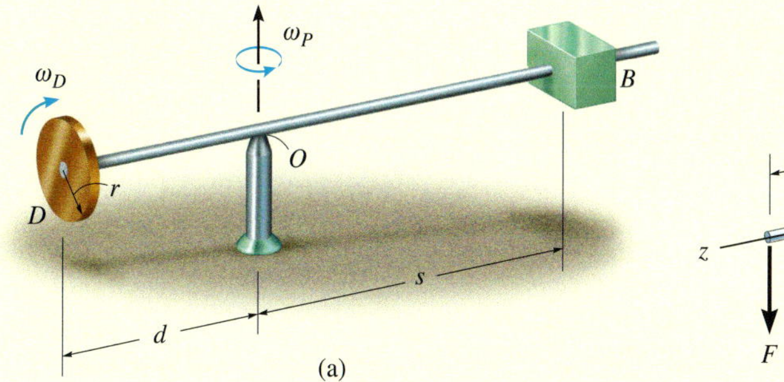

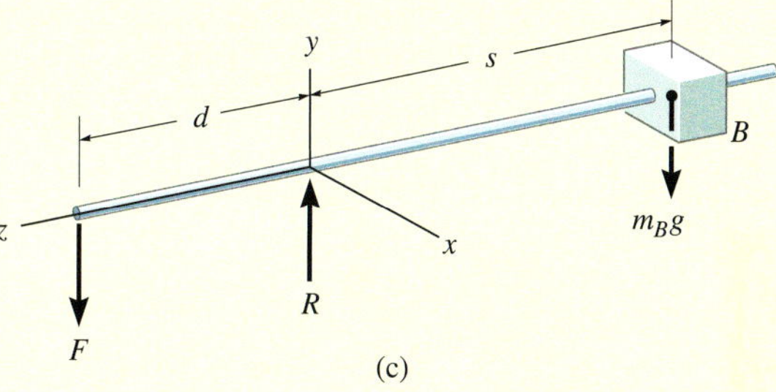

Abbildung 10.22

Lösung

Das Freikörperbild der Scheibe ist in Abbildung 10.22b dargestellt. F ist darin die Reaktionskraft der Welle auf die Scheibe. Der jeweilige Ursprung des x,y,z- und des X,Y,Z-Bezugssystems liegt in Punkt O, einem bezüglich der Scheibe *raumfesten Punkt*. (Auch wenn der Punkt nicht auf der Scheibe liegt, ist er auf der Basis einer gedanklichen, masselosen Erweiterung der Scheibe bis zu diesem Punkt geeignet.) Konventionsgemäß wird die Z-Achse entlang der Präzessionsachse gewählt, die z-Achse entlang der Figurenachse. Somit ergibt sich $\vartheta = 90°$. Da es sich um eine *stationäre Präzession* handelt, dient Gleichung (10.31) zur Lösung. Sie vereinfacht sich auf

$$\sum M_x = \dot{\varphi} J_z \omega_z$$

nämlich die Gleichung (10.32). Wir setzen die Werte ein und erhalten

$$m_S g d - F d = \omega_P \left[\frac{1}{2} m_S r^2\right](-\omega_D)$$

$$F = m_S g + \frac{m_S r^2}{2d}\omega_P \omega_D = 10{,}0\ \text{N}$$

Aus dem Freikörperbild der Welle mit Klotz gemäß Abbildung 10.22c mit der Reaktionskraft R von der Stütze auf die Stange in O kann aus der Momentenbilanz um die Knotenachse x, die durch O hindurch geht, das gesuchte Maß s berechnet werden:

$$m_B g\, s = F d$$

$$s = \frac{F d}{m_B g} = 102\ \text{mm}$$

*10.6 Kräftefreie Kreisel

Fehlen äußere Momente, wird die allgemeine Bewegung des Körpers *kräftefreie Bewegung* genannt. Dann liefert der Drallsatz bei Drehung um einen festen Punkt O gemäß Gleichung (10.20)

$$\dot{\mathbf{H}}_O = \mathbf{0} \quad \Rightarrow \quad \mathbf{H}_O = \text{konstanter Vektor}$$

und in körperfesten Hauptachsen

$$\mathbf{H}_O = J_\xi \omega_\xi \mathbf{i} + J_\eta \omega_\eta \mathbf{j} + J_\zeta \omega_\zeta \mathbf{k} = \text{konstanter Vektor}$$

Der einfachste Fall liegt vor, wenn der Winkelgeschwindigkeitsvektor $\boldsymbol{\omega}$ in Richtung einer der Hauptachsen weist, z.B. in Richtung der ζ-Achse:

$$\omega_\xi = \omega_\eta = 0 \quad \Rightarrow \quad H_{O\xi} = H_{O\eta} = 0$$

$$\omega_\zeta \neq 0 \quad \Rightarrow \quad H_{O\zeta} = J_\zeta \omega_\zeta = \text{const.} \quad \Rightarrow \quad \omega_\zeta = \text{const.}$$

Dabei gilt, wie ohne Beweis festgehalten werden soll, dass permanente Drehungen eines Kreisels nur um die Achsen des *kleinsten* oder *größten* axialen Hauptträgheitsmoments *stabil* sind.

Komplizierter wird die Situation, wenn die Winkelgeschwindigkeit $\boldsymbol{\omega}$ in einer durch zwei Hauptachsen gebildeten Ebene liegt. Dieser Fall wird in abgewandelter Form für einen Kreisel betrachtet, an dem nur Gravitationskräfte (im Massenmittelpunkt) angreifen. Bei Bezug auf den Massenmittelpunkt S liegt dann nämlich ein kräftefreier Kreisel vor. Diese Bewegungsart ist typisch für Planeten, Satelliten und Projektile, wenn der Luftwiderstand vernachlässigt wird.

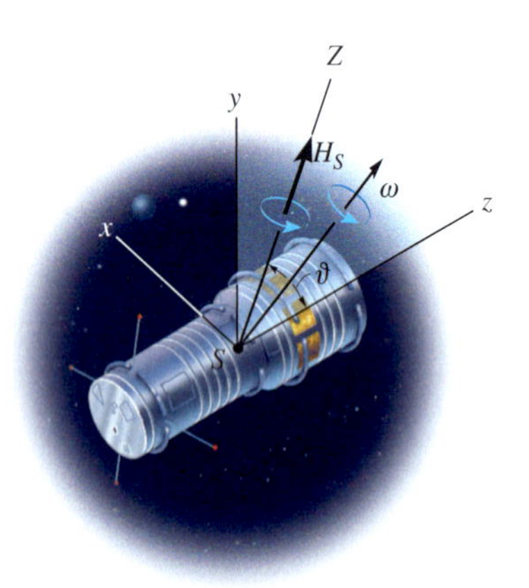

Abbildung 10.23

Zur Beschreibung der Eigenschaften der sich einstellenden Bewegung wird die Verteilung der Masse des Körpers als *achsensymmetrisch* angenommen. Der Satellit in Abbildung 10.23 ist ein Beispiel dafür, wobei die z-Achse eine Symmetrieachse ist. Der Ursprung des x,y,z-Koordinatensystems wird in den Massenmittelpunkt S gelegt, sodass für den Körper $J_{zz} = J_z$ und $J_{xx} = J_{yy} = J$ gelten möge. Da die Gravitationskraft die einzige äußere Kraft ist, ist das resultierende Moment des Körpers bezüglich S gleich null. Gemäß Gleichung (10.21) muss damit der Drehimpuls des Körpers konstant sein:

$$\mathbf{H}_S = \text{const.}$$

Zum betrachteten Zeitpunkt wird angenommen, dass das Inertialsystem so ausgerichtet ist, dass die positive Z-Achse entlang $\mathbf{H}_S$ zeigt und die y-Achse in der Ebene liegt, die von der z- und der Z-Achse aufgespannt wird, siehe Abbildung 10.23.

Der Eulerwinkel zwischen Z und z ist ϑ, daher kann für diese Achsen das Drehimpuls wie folgt geschrieben werden:

$$\mathbf{H}_S = H_S \sin\vartheta \mathbf{j} + H_S \cos\vartheta \mathbf{k}$$

Mit den Gleichungen (10.11) ergibt sich

$$\mathbf{H}_S = J\omega_x \mathbf{i} + J\omega_y \mathbf{j} + J\omega_z \mathbf{k}$$

Dabei sind ω_x, ω_y, ω_z die Koordinaten der Winkelgeschwindigkeit des Körpers. Gleichsetzen der **i**-, **j**- und **k**-Koordinaten der erhaltenen beiden Gleichungen führt auf

$$\omega_x = 0,\ \omega_y = \frac{H_S \sin\vartheta}{J},\ \omega_z = \frac{H_S \cos\vartheta}{J_z} \tag{10.34}$$

oder

$$\boldsymbol{\omega} = \frac{H_S \sin\vartheta}{J}\mathbf{j} + \frac{H_S \cos\vartheta}{J_z}\mathbf{k} \tag{10.35}$$

In ähnlicher Weise werden die entsprechenden **i**-, **j**- und **k**-Koordinaten der Gleichung (10.28) mit denen der Gleichung (10.34) gleichgesetzt:

$$\begin{aligned}\dot{\vartheta} &= 0\\ \dot{\varphi}\sin\vartheta &= \frac{H_S \sin\vartheta}{J}\\ \dot{\varphi}\cos\vartheta + \dot{\psi} &= \frac{H_S \cos\vartheta}{J_z}\end{aligned}$$

Daraus ergibt sich die Lösung

$$\begin{aligned}\vartheta &= \text{const.}\\ \dot{\varphi} &= \frac{H_S}{J}\\ \dot{\psi} &= \frac{J - J_z}{J J_z} H_S \cos\vartheta\end{aligned} \tag{10.36}$$

Offensichtlich ist für die kräfte- und momentenfreie Bewegung eines achsensymmetrischen Körpers der Winkel ϑ zwischen dem Drallvektor und der Eigendrehung des Körpers konstant. Neben dem konstanten Drehimpulsvektor $\mathbf{H}_S$ sind auch die Präzession $\dot{\varphi}$ und der Spin $\dot{\psi}$ während der Bewegung konstant. Elimination von H_S aus der zweiten und dritten Beziehung in Gleichung (10.36) führt auf eine interessante Beziehung zwischen Spin und Präzession:

$$\dot{\psi} = \frac{J - J_z}{J_z}\dot{\varphi}\cos\vartheta \tag{10.37}$$

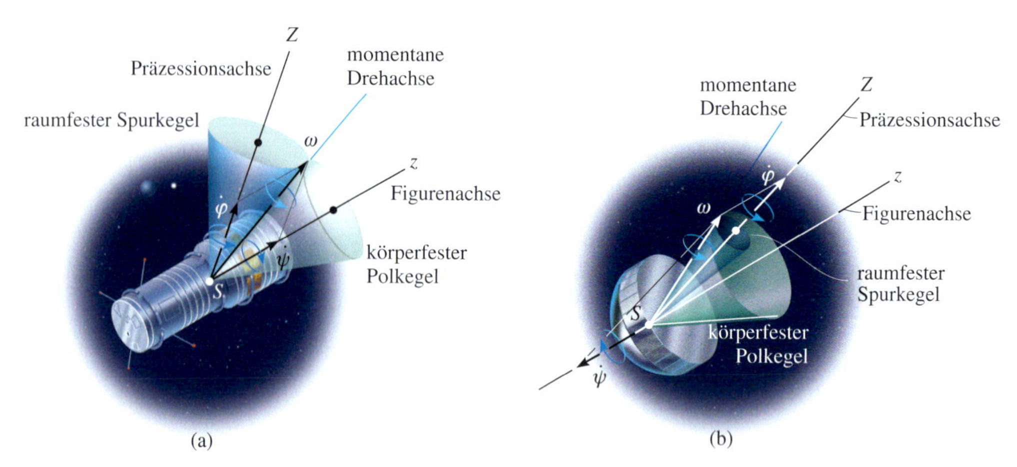

Abbildung 10.24

Satelliten erhalten häufig vor dem Start einen Spin. Ist ihr Drehimpuls nicht kollinear mit der Figurenachse, dann führen sie eine Präzession aus. Im oberen Foto handelt es sich um eine reguläre Präzession, denn es gilt $J > J_z$. Im unteren Foto tritt gegenläufige Präzession auf, weil $J < J_z$ ist.

Wie in Abbildung 10.24a gezeigt, führt der Körper eine Präzession um die Z-Achse aus, deren Richtung raumfest ist, während er um die z-Achse rotiert. Diese beiden Komponenten der Drehbewegung können mit aufeinander abrollenden Kegeln veranschaulicht werden. Der *raumfeste Spurkegel*, der die Präzession definiert, dreht sich nicht, denn die Präzession hat eine feste Richtung. Der *körperfeste Polkegel* dagegen rollt ohne Gleiten auf der äußeren Mantelfläche des raumfesten Kegels. Der konstante Innenwinkel jedes Kegels ist so zu wählen, dass die resultierende Winkelgeschwindigkeit des Körpers entlang der Kontaktlinie der beiden kreisförmigen Drehkegel weist. Diese Kontaktlinie ist die momentane Drehachse der Rotation des körperfesten Polkegels. Somit muss die momentane Richtung der Winkelgeschwindigkeit beider Kegel entlang dieser Linie zeigen. Da der Spin eine Funktion der Massenträgheitsmomente J und J_z des Körpers ist, Gleichung (10.37), beschreibt das Kegelmodell in Abbildung 10.24a die Bewegung korrekt, wenn $J > J_z$ gilt. Kräfte- und momentenfreie Bewegungen, die diese Bedingung erfüllen, heißen *reguläre Präzession*. Für $J < J_z$ wird der Spin bei positiver Präzession negativ. Eine Veranschaulichung für diese Satellitenbewegung ($J < J_z$) ist in Abbildung 10.24b dargestellt, wobei im Rahmen des verwendeten Kegelmodells jetzt allerdings die innere Mantelfläche des körperfesten Polkegels auf der äußeren Mantelfläche des raumfesten Spurkegels rollt, damit die Vektoraddition von Spin und Präzession die korrekte Winkelgeschwindigkeit ω liefert. Diese Bewegung wird *gegenläufige Präzession* genannt.

Beispiel 10.10 Die Bewegung eines Footballs wird in Zeitlupe betrachtet, wobei man feststellt, dass der Spin des Balles den Winkel γ mit der Horizontalen einschließt, siehe Abbildung 10.25a. Die konstante Präzession des Balles um die vertikale Achse beträgt $\dot{\varphi}$. Das Verhältnis c des axialen Massenträgheitsmomentes um die Figurenachse des Footballs und quer dazu ist bezüglich des Schwerpunktes gegeben. Bestimmen Sie den Spin und die resultierende Winkelgeschwindigkeit des Balles. Vernachlässigen Sie den Luftwiderstand.

$\gamma = 30°$, $c = 1/3$, $\dot{\varphi} = 3 \text{ rad/s}$, $\vartheta = 60°$

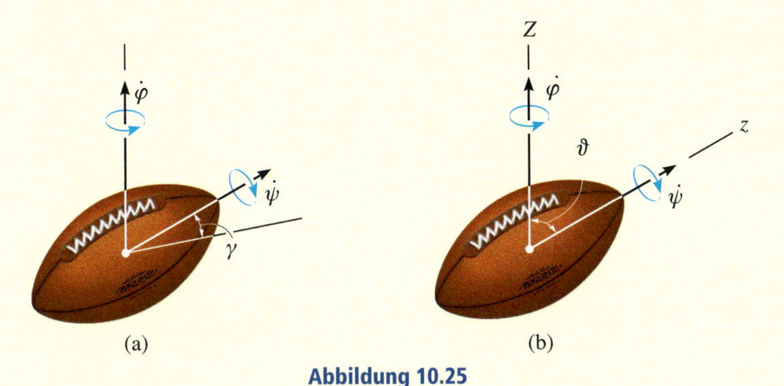

Abbildung 10.25

Lösung

Da nur die Gewichtskraft des Footballs wirkt, handelt es sich (bezüglich des Schwerpunktes) um eine momentenfreie Bewegung. Konventionsgemäß werden die z-Achse entlang der Figurenachse und die Z-Achse entlang der Präzessionsachse gelegt, siehe Abbildung 10.25b. Dann gilt $\vartheta = 60°$. Mit Gleichung (10.37) ergibt sich für den Spin

$$\dot{\psi} = \frac{J - J_z}{J_z}\dot{\varphi}\cos\vartheta = \frac{J - cJ}{cJ}\dot{\varphi}\cos\vartheta = \frac{1-c}{c}\dot{\varphi}\cos\vartheta = 3 \text{ rad/s}$$

Mit Gleichung (10.34) und $H_S = \dot{\varphi} J$ (Gleichung (10.36)) erhält man

$$\omega_x = 0$$

$$\omega_y = \frac{H_S \sin\vartheta}{J} = \frac{\dot{\varphi} J \sin\vartheta}{J} = \dot{\varphi}\sin\vartheta = 2{,}60 \text{ rad/s}$$

$$\omega_z = \frac{H_S \cos\vartheta}{J_z} = \frac{\dot{\varphi} J \cos\vartheta}{c J} = \frac{1}{c}\dot{\varphi}\cos\vartheta = 4{,}50 \text{ rad/s}$$

Daraus ergibt sich

$$\omega = \sqrt{(\omega_x)^2 + (\omega_y)^2 + (\omega_z)^2}$$
$$= 5{,}20 \text{ rad/s}$$

*10.7 Systeme starrer Körper

Ein allgemeines *Mehrkörpersystem* ist ein System von m endlich vielen Starrkörpern, die untereinander in Wechselwirkung stehen. Wie bei Massenpunktsystemen existieren an den Koppelstellen geometrische bzw. kinematische Bindungen, die durch Gelenke (beispielsweise Schub- oder Scharniergelenke), undehnbare Seile, oder gegenseitiges Abrollen entstehen können und physikalische Bindungen infolge von allgemeinen Kraftelementen, nämlich Federn, Dämpfer, elektrische oder magnetische Aktoren, siehe auch *Abschnitt 11.2*.

Je nach Zahl der Freiheitsgrade in einem Gelenk, die im allgemeinsten Fall den sechs Koordinaten der Relativbewegung in diesem Gelenk entspricht, nämlich drei der Translation und drei der Rotation, unterscheidet man unterschiedliche Typen von Gelenken, z.B.

- 1-wertiges Scharniergelenk, das nur einen Drehfreiheitsgrad besitzt,
- 1-wertiges Schubgelenk mit einem Translationsfreiheitsgrad,
- 3-wertiges Kugelgelenk mit drei Drehfreiheitsgraden,

usw.

Damit kann eine Aussage über die Zahl der Freiheitsgrade des Gesamtsystems, d.h. die Zahl der voneinander unabhängigen Bewegungskoordinaten, gemacht werden. Da ein einzelner Starrkörper sechs Freiheitsgrade bei allgemein räumlicher Bewegung besitzt, siehe *Abschnitt 10.4*, ist die Zahl der Freiheitsgrade f für das Gesamtsystem

$$f = 6m - r$$

wenn insgesamt r kinematisch-geometrische Bindungen vorliegen.[8]

Kinematik Für jeden aus dem Gesamtverband heraus gelösten j-ten Teilkörper gilt die Kinematik des Einzelkörpers, siehe *Kapitel 5 und 9*. Die direkte Formulierung ist jedoch bei Vorliegen kinematischer Bindungen oft schwierig. Die Beschreibung der Relativkinematik in den Gelenken ist dagegen stets vergleichsweise übersichtlich. Der Übergang auf die Absolutkinematik der Teilkörper gelingt dann für jeden Teilkörper durch Zusammenfassen von Relativgrößen.

Deshalb ist die Relativkinematik bewegter Starrkörper und insbesondere von Gelenkkomponenten wichtig.

Ziel. Gesucht ist in jedem Falle die Angabe der absoluten Beschleunigung $\ddot{\mathbf{r}}_{S_j}$ des j-ten Schwerpunkts S_j und die absolute Winkelgeschwindigkeit $\boldsymbol{\omega}_j$ des j-ten Körpers gegenüber dem Inertialsystem für alle $j = 1,2,\dots,m$. Hier werden dazu nur einige wenige grundsätzliche Aspekte angesprochen.

8 Der Unterschied holonomer und nichtholonomer Bindungen wird in *Abschnitt 11.2* besprochen.

Ausgangspunkt. Die Kinematik eines auf dem Körper j gelegenen Gelenkpunktes G'_{ij} im Gelenk G_{ij} zum Vorgängerkörper i des Gelenks sei gegeben:

$$\mathbf{r}_{G'_{ij}} \quad \mathbf{v}_{G'_{ij}} \quad \mathbf{a}_{G'_{ij}} \quad \boldsymbol{\omega}_j$$

Hierin bedeuten

$\mathbf{r}_{G'_{ij}}$ = Ortsvektor des Gelenkpunktes G'_{ij} von Körper j im Inertialsystem
$\mathbf{v}_{G'_{ij}}$ = Geschwindigkeit des Gelenkpunktes G'_{ij} von Körper j im Inertialsystem
$\mathbf{a}_{G'_{ij}}$ = Beschleunigung des Gelenkpunktes G'_{ij} von Körper j im Inertialsystem
$\boldsymbol{\omega}_j$ = Winkelgeschwindigkeit von Körper j im Inertialsystem

Zweiter Schritt. Es wird die Kinematik eines allgemeinen Punktes P auf dem Körper j berechnet, siehe Abbildung 10.26. Dies bedeutet, dass als Nächstes

$$\mathbf{r}_{P_j} \quad \mathbf{v}_{P_j} \quad \mathbf{a}_{P_j} \quad \boldsymbol{\alpha}_j$$

zu bestimmen sind:

$$\mathbf{r}_{P_j} = \mathbf{r}_{G'_{ij}} + \mathbf{r}_{P/G'_{ij}}$$

$$\mathbf{v}_{P_j} = \mathbf{v}_{G'_{ij}} + \boldsymbol{\omega}_j \times \mathbf{r}_{P/G'_{ij}}$$

$$\mathbf{a}_{P_j} = \mathbf{a}_{G'_{ij}} + \dot{\boldsymbol{\omega}}_j \times \mathbf{r}_{P/G'_{ij}} + \boldsymbol{\omega}_j \times \left(\boldsymbol{\omega}_j \times \mathbf{r}_{P/G'_{ij}}\right)$$

$$\boldsymbol{\alpha}_j = \dot{\boldsymbol{\omega}}_j$$

Hierin bedeuten

$\mathbf{r}_{P_j}$ = Lage des beliebigen Punktes im Inertialsystem
$\mathbf{v}_{P_j}$ = Geschwindigkeit des beliebigen Punktes im Inertialsystem
$\mathbf{a}_{P_j}$ = Beschleunigung des beliebigen Punktes im Inertialsystem
$\boldsymbol{\alpha}_j$ = Winkelbeschleunigung von Körper j im Inertialsystem

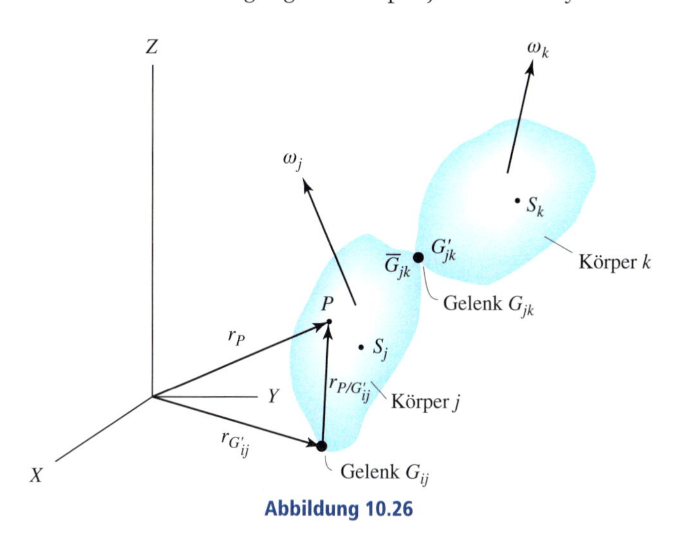

Abbildung 10.26

Wird für P der Schwerpunkt S_j von Körper j eingesetzt, so erhalten wir die Kinematik des j-ten Schwerpunkts.

Wird die Winkelgeschwindigkeit $\boldsymbol{\omega}_j$ bezüglich eines körperfesten x,y,z-Koordinatensystems angegeben, dann können wegen

$$\dot{\boldsymbol{\omega}}_j = \left(\dot{\boldsymbol{\omega}}_j\right)_{x_j y_j z_j} + \boldsymbol{\omega}_j \times \boldsymbol{\omega}_j = \left(\dot{\boldsymbol{\omega}}_j\right)_{x_j y_j z_j}$$

einfach die Koordinaten der Winkelgeschwindigkeit nach der Zeit abgeleitet werden, um die x,y,z-Koordinaten der Winkelbeschleunigung zu erhalten.

Wird für P der Gelenkpunkt $\bar{G}_{jk}$ des Körpers j eingesetzt, an dem sich das Gelenk G_{jk} zum Körper k befindet, so ergibt sich die Kinematik von $\bar{G}_{jk}$ auf dem Gelenk G_{jk} zum Nachfolgekörper k.

Dritter Schritt. Als Nächstes wird die Relativkinematik des Gelenkes G_{jk} betrachtet. Da die Winkelgeschwindigkeiten $\boldsymbol{\omega}_j$ und $\boldsymbol{\omega}_k$ verschieden sein können, z.B. bei einem Scharnier- oder einem Kugelgelenk, tritt im Gelenk G_{jk} zwischen beiden Körpern die Relativwinkelgeschwindigkeit ${}^j\boldsymbol{\omega}^k$ auf. Bei vielen Gelenktypen kann diese in körperfesten Achsen sehr leicht angegeben werden. Zusätzlich kann im Gelenk eine Relativgeschwindigkeit der beteiligten Kontaktpunkte vorliegen, z.B. bei einem Schub- oder einem Schraubengelenk. Der Punkt $\bar{G}_{jk}$ des Körpers j, an dem sich das Gelenk G_{jk} momentan befindet, hat dann zwar den gleichen Ortsvektor wie der Punkt G'_{jk} des Körpers k, jedoch sind Geschwindigkeit und Beschleunigung der beiden Punkte unterschiedlich. Wir führen deshalb die Relativgeschwindigkeit ${}^j\mathbf{v}^k$ und die Relativbeschleunigung ${}^j\mathbf{a}^k$ zwischen den Punkten ein. Aus diesem Grund wurde konsequent zwischen den Punkten $\bar{G}_{jk}$ und G'_{jk} unterschieden. Sowohl ${}^j\boldsymbol{\omega}^k$ als auch ${}^j\mathbf{v}^k$ und ${}^j\mathbf{a}^k$ lassen sich für ein gegebenes Gelenk über die zugehörigen Gelenkfreiheitsgrade angeben.

Letzter Schritt. Mit der Kenntnis der Gelenkkinematik, bestimmt durch ${}^j\boldsymbol{\omega}^k$, ${}^j\mathbf{v}^k$ und ${}^j\mathbf{a}^k$, werden Geschwindigkeit und Beschleunigung des Gelenkpunktes G'_{jk} sowie die Winkelgeschwindigkeit $\boldsymbol{\omega}_k$ von Körper k bestimmt:

$$\begin{aligned}
\mathbf{v}_{G'_{jk}} &= \mathbf{v}_{\bar{G}_{jk}} + {}^j\mathbf{v}^k \\
\mathbf{a}_{G'_{jk}} &= \mathbf{a}_{\bar{G}_{jk}} + {}^j\mathbf{a}^k + 2\boldsymbol{\omega}_j \times {}^j\mathbf{v}^k \\
\boldsymbol{\omega}_k &= \boldsymbol{\omega}_j + {}^j\boldsymbol{\omega}^k
\end{aligned}$$

Damit ist der Ausgangspunkt, jetzt für den Körper k, wieder erreicht.

Der dargestellte Formalismus gewinnt an Bedeutung, wenn eine größere oder gar eine sehr große Anzahl starrer Körper das Mehrkörpersystem bildet. Für viele Beispiele, wie man sie in einem einführenden Buch zur Technischen Mechanik findet, bestehen Mehrkörpersysteme aus zwei oder maximal drei Körpern, oft auch noch in Form ebener Probleme, sodass in diesen Fällen die vorgestellte systematische Vorgehensweise nicht notwendig ist.

Kinetik Bei Beschränkung auf die dynamischen Grundgleichungen eines aus dem Gesamtsystem frei geschnittenen Teilkörpers ergibt sich gegenüber der Kinetik des Einzelkörpers, siehe *Kapitel 6* und *Abschnitt 10.4* nichts Neues. Es gelten der Schwerpunktsatz

$$m_j \ddot{\mathbf{r}}_{S_j} = \mathbf{F}_j + \sum_{k=1}^{m} \mathbf{F}_{jk}, \quad j = 1, 2, \ldots, m$$

für jeden Teilkörper und der Drallsatz

$$\dot{\mathbf{H}}_{S_j} = \mathbf{M}_{S_j}$$

wobei die Ableitung im Inertialsystem zu berechnen ist, die über

$$\dot{\mathbf{H}}_{S_j} = \left(\dot{\mathbf{H}}_{S_j}\right)_{xyz} + \boldsymbol{\omega}_j \times \mathbf{H}_{S_j}$$

bestimmt werden kann. Hierin bedeuten

m_j = Masse von Körper j

$\ddot{\mathbf{r}}_{S_j}$ = Beschleunigung von S_j im Inertialsystem

$\mathbf{F}_j$ = alle äußeren am Körper j angreifenden Kräfte

$\mathbf{F}_{jk}$ = alle von den anderen umgebenden Körpern auf Körper j einwirkenden Kräfte

$\mathbf{H}_{S_j}$ = Drehimpuls von Körper j bezüglich S_j

$\mathbf{M}_{S_j}$ = resultierendes Moment aller am Körper j angreifenden Kräfte $\mathbf{F}_j$ und $\mathbf{F}_{jk}$ bezüglich S_j und aller am Körper j angreifenden freien Momente

Hinzu treten Bindungsgleichungen, sodass nach Elimination aller Zwangskräfte $6m - r$ Bewegungsgleichungen formuliert werden können.

Stoßvorgänge Bei Stoßvorgängen in Mehrkörpersystemen ist die Ausdehnung der Körper sowohl für die Geometrie der Stoßsituation als auch für die Kinetik wichtig. Betrachten wir z.B. den schiefen, exzentrischen Stoß zweier starrer Körper A und B in der Ebene gemäß Abbildung 10.27.

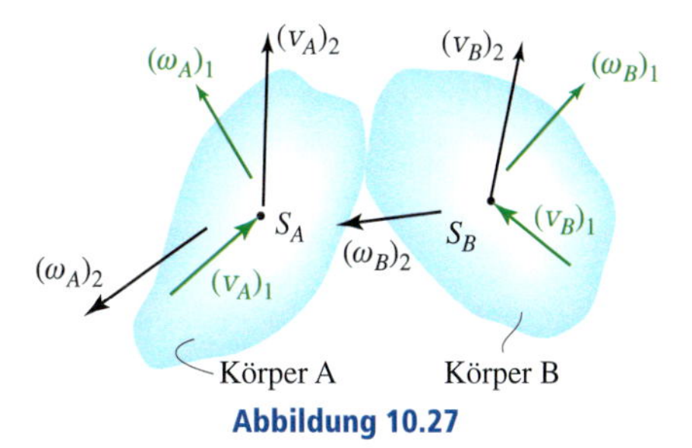

Abbildung 10.27

Die Geschwindigkeiten $(\mathbf{v}_A)_1, (\mathbf{v}_B)_1$ und die Winkelgeschwindigkeiten $(\boldsymbol{\omega}_A)_1, (\boldsymbol{\omega}_B)_1$ der beiden Körper unmittelbar vor dem Stoß sind bekannt, die entsprechenden Größen unmittelbar nach dem Stoß (gekennzeichnet durch den Index 2) sind gesucht. Die Problemstellung ist ähnlich wie bei ebenen Stoßvorgängen. Wiederum müssen Zusatzannahmen getroffen werden, um alle Unbekannten zu bestimmen.

Lösungsweg

In Erweiterung der Vorgehensweise, die wir in Abschnitt 4.4 für Massenpunkte und in Abschnitt 8.4 in eingeschränkter Weise zu Starrkörpern kennen lernten, hat man im Allgemeinen drei Lösungsschritte auszuführen:

1 Der Impulssatz und der Drehimpulssatz in integraler Form sind unter Beachtung aller stoßrelevanten Kräfte für *jeden* beteiligten Teilkörper bezüglich seines Schwerpunktes S_j, $j = 1, 2, \ldots, m$ anzuschreiben.

2 Es sind Zusatzgleichungen über Stoßzahlgleichungen in Richtung der jeweiligen Stoßnormalen und senkrecht dazu (bei Reibstößen) zu formulieren. Gegebenenfalls sind kinematische Zusatzgleichungen aufgrund von kinematischen Bindungen aufzustellen.

3 Es ist eine Auswertung vorzunehmen, nachdem man sorgfältig die Zahl der Unbekannten mit der Zahl der verfügbaren Gleichungen verglichen hat. Insbesondere bei räumlichen Problemen mit Reibung gibt es nach wie vor offene Probleme.

ZUSAMMENFASSUNG

- ***Axiale Massenträgheitsmomente und Deviationsmomente*** Ein Körper besitzt sechs unabhängige Massenträgheitsmomente für jedes beliebige x,y,z-Koordinatensystem. Drei davon sind Massenträgheitsmomente um diese Achsen, J_x, J_y und J_z, und drei sind Deviationsmomente, definiert von jeweils zwei orthogonalen Ebenen, J_{xy}, J_{yz} und J_{xz}. Wenn eine oder beide Ebenen Symmetrieebenen sind, dann sind die Deviationsmomente bezüglich dieser Ebene gleich null.

  Die axialen Massenträgheitsmomente und die Deviationsmomente können durch direkte Integration oder aus Tabellenwerten ermittelt werden. Sollen diese Größen bezüglich bestimmter Achsen und Ebenen, die nicht durch den Massenmittelpunkt gehen, berechnet werden, dann ist der Steiner'sche Satz zu verwenden.

  Sind die sechs Trägheitskomponenten bekannt, dann wird das Massenträgheitsmoment um eine beliebige Achse mit der Transformationsgleichung

$$J_{Oa} = J_{xx}u_x^2 + J_{yy}u_y^2 + J_{zz}u_z^2 - 2J_{xy}u_xu_y - 2J_{yz}u_yu_z - 2J_{zx}u_zu_x$$

  bestimmt.

$$\begin{pmatrix} J_x & 0 & 0 \\ 0 & J_y & 0 \\ 0 & 0 & J_z \end{pmatrix}$$

- ***Hauptträgheitsmomente*** In einem beliebigen Punkt auf oder außerhalb des Körpers kann das x,y,z-Koordinatensystem so ausgerichtet werden, dass die Deviationsmomente gleich null sind. Die resultierenden axialen Massenträgheitsmomente sind Extremwerte und heißen Hauptträgheitsmomente. Dabei gibt es ein minimales und ein maximales axiales Massenträgheitsmoment des Körpers.

■ ***Impuls- und Drallsatz*** Der Drehimpuls eines Körpers kann um einen beliebigen Punkt A bestimmt werden. Dazu dient die Gleichung

$$\mathbf{H}_A = \boldsymbol{\rho}_{S/A} \times m\mathbf{v}_S + \mathbf{H}_S$$

Soll er bezüglich kartesischer Achsen x,y,z, deren Ursprung im Schwerpunkt des Körpers oder in einem beliebigen raumfesten Punkt liegt, ermittelt werden, dann erhält man für die Koordinaten des Drehimpulses

$$\begin{aligned} H_x &= J_{xx}\omega_x - J_{xy}\omega_y - J_{xz}\omega_z \\ H_y &= -J_{yx}\omega_x + J_{yy}\omega_y - J_{yz}\omega_z \\ H_z &= -J_{zx}\omega_x - J_{zy}\omega_y + J_{zz}\omega_z \end{aligned}$$

Sind die x,y,z-Achsen Hauptachsen, ergibt sich das vereinfachte Ergebnis

$$\begin{aligned} H_x &= J_x\omega_x \\ H_y &= J_y\omega_y \\ H_z &= J_z\omega_z \end{aligned}$$

Nach Formulierung des Impulses und des Drehimpulses für den Körper können mit dem Impuls- und dem Drehimpulssatz in integraler Form Aufgaben gelöst werden, in denen Kraft bzw. Moment und Geschwindigkeit bzw. Winkelgeschwindigkeit innerhalb einer gewissen Zeitspanne verknüpft sind. Impuls- und Drehimpulssatz lauten

$$m(\mathbf{v}_S)_1 + \sum\int_{t_1}^{t_2} \mathbf{F}\,dt = m(\mathbf{v}_S)_2 \qquad (\mathbf{H}_O)_1 + \sum\int_{t_1}^{t_2} \mathbf{M}_O\,dt = (\mathbf{H}_O)_2$$

■ ***Arbeitssatz*** Die kinetische Energie des Körpers wird in der Regel bezüglich eines raumfesten Punktes oder bezüglich des Schwerpunktes ermittelt. Sind die verwendeten x,y,z-Koordinatenachsen Hauptträgheitsachsen, dann gilt für einen Fixpunkt

$$T = \frac{1}{2}J_x\omega_x^2 + \frac{1}{2}J_y\omega_y^2 + \frac{1}{2}J_z\omega_z^2$$

während bezüglich des Schwerpunktes

$$T = \frac{1}{2}mv_S^2 + \frac{1}{2}J_x\omega_x^2 + \frac{1}{2}J_y\omega_y^2 + \frac{1}{2}J_z\omega_z^2$$

zu nehmen ist. Diese Gleichungen dienen mit dem Arbeitssatz zur Lösung von Aufgaben, in denen Kraft bzw. Moment, Geschwindigkeit bzw. Winkelgeschwindigkeit und Verschiebung bzw. Winkeldrehung verknüpft sind. Diese Gleichung lautet

$$T_1 + \sum W_{1-2} = T_2$$

■ ***Schwerpunktsatz und Drallsatz*** Bei allgemein räumlicher Bewegung gibt es drei skalare Gleichungen für die Translationsbewegung

$$\begin{aligned} \sum F_x &= m(a_S)_x \\ \sum F_y &= m(a_S)_y \\ \sum F_z &= m(a_S)_z \end{aligned}$$

und drei weitere skalare Gleichungen für die Drehbewegung, deren Aufbau von der Bewegung des gewählten Bezugssystems abhängt. Meistens werden solche x,y,z-Koordinatenachsen zugrunde gelegt, dass sie Hauptträgheitsachsen werden. Sind sie körperfest und haben damit dieselbe Winkelgeschwindigkeit $\boldsymbol{\omega}$ wie der Körper, dann heißen die skalaren Gleichungen des Drallsatzes im zugehörigen ξ,η,ζ-Bezugssystem Euler'sche Kreiselgleichungen

$$\sum M_\xi = J_\xi \dot{\omega}_\xi - \left(J_\eta - J_\zeta\right)\omega_\eta \omega_\zeta$$
$$\sum M_\eta = J_\eta \dot{\omega}_\eta - \left(J_\zeta - J_\xi\right)\omega_\zeta \omega_\xi$$
$$\sum M_\zeta = J_\zeta \dot{\omega}_\zeta - \left(J_\xi - J_\eta\right)\omega_\xi \omega_\eta$$

Gilt für die Drehung der Achsen $\boldsymbol{\Omega} \neq \boldsymbol{\omega}$, dann ergibt sich für den Fall, dass die nicht körperfesten x,y,z-Achsen Hauptachsen mit zeitlich konstanten axialen Massenträgheitsmomenten und verschwindenden Deviationsmomenten sind,

$$\sum M_x = J_x \dot{\omega}_x - J_y \Omega_z \omega_y + J_z \Omega_y \omega_z$$
$$\sum M_y = J_y \dot{\omega}_y - J_z \Omega_x \omega_z + J_x \Omega_z \omega_x$$
$$\sum M_z = J_z \dot{\omega}_z - J_x \Omega_y \omega_x + J_y \Omega_x \omega_y$$

Die Anwendung dieser Gleichungen erfordert immer das Zeichnen eines Freikörperbildes.

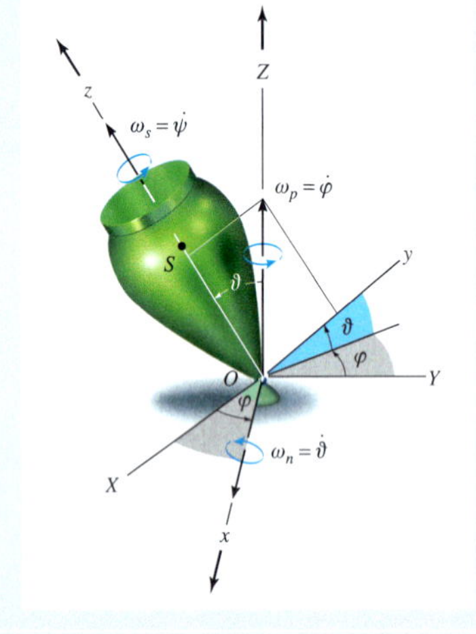

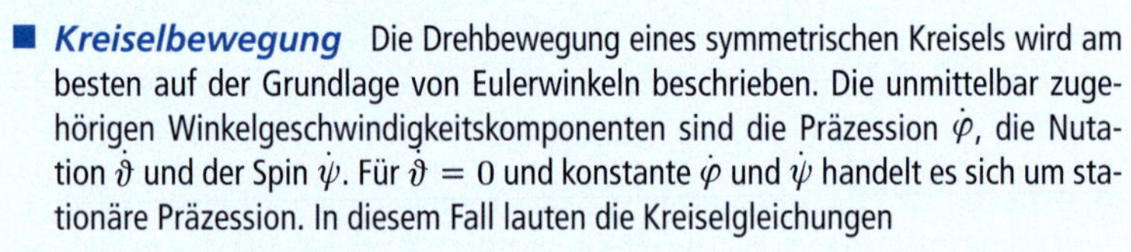

■ ***Kreiselbewegung*** Die Drehbewegung eines symmetrischen Kreisels wird am besten auf der Grundlage von Eulerwinkeln beschrieben. Die unmittelbar zugehörigen Winkelgeschwindigkeitskomponenten sind die Präzession $\dot{\varphi}$, die Nutation $\dot{\vartheta}$ und der Spin $\dot{\psi}$. Für $\dot{\vartheta} = 0$ und konstante $\dot{\varphi}$ und $\dot{\psi}$ handelt es sich um stationäre Präzession. In diesem Fall lauten die Kreiselgleichungen

$$\sum M_x = -J\dot{\varphi}^2 \sin\vartheta\cos\vartheta + J_z \dot{\varphi}\sin\vartheta\left(\dot{\varphi}\cos\vartheta + \dot{\psi}\right)$$
$$\sum M_y = 0$$
$$\sum M_z = 0$$

Die Eigendrehung des Kreisels verhindert, dass er durch sein Eigengewicht herunterfallen kann und bewirkt, dass er um die vertikale Achse eine Präzessionsdrehung ausführt. Diese kommt durch die Kreiselwirkung zustande.

■ ***Kräftefreie Kreisel*** Greift an einem rotationssymmetrischen Körper nur die Gravitationskraft an, dann wirken keine Momente um seinen Massenmittelpunkt. Bei Bezug auf den Schwerpunkt handelt es sich deshalb für die Drehbewegung um eine kräftefreie Bewegung. Der Drehimpuls des Körpers ist konstant. Daher hat der Körper Spin und Präzession. Das Bewegungsverhalten hängt vom Massenträgheitsmoment des Körpers um die Figurenachse J_z und demjenigen quer zu dieser Achse J ab. Für $J > J_z$ tritt reguläre Präzession und für $J < J_z$ gegenläufige Präzession auf.

Aufgaben zu 10.1

Ausgewählte Lösungswege

Lösungen finden Sie in *Anhang C*.

***10.1** Zeigen Sie, dass die Summe der Massenträgheitsmomente eines Körpers, $J_{xx} + J_{yy} + J_{zz}$, unabhängig von der Ausrichtung der x,y,z-Achsen ist und nur von der Lage des Ursprungs abhängt.

10.2 Bestimmen Sie das Massenträgheitsmoment des Zylinders bezüglich der a-a-Achse. Der Zylinder hat die Masse m.

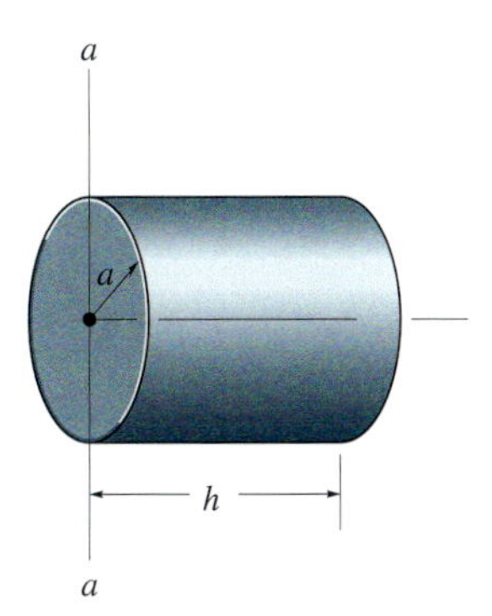

Abbildung A 10.2

10.3 Bestimmen Sie das Massenträgheitsmoment J_y des dargestellten Rotationskörpers. Die Dichte des Werkstoffes beträgt ρ.

Gegeben: $r = 2\ \text{m}, \rho = 5000\ \text{kg/m}^3, y^2 = ax, a = r/2$

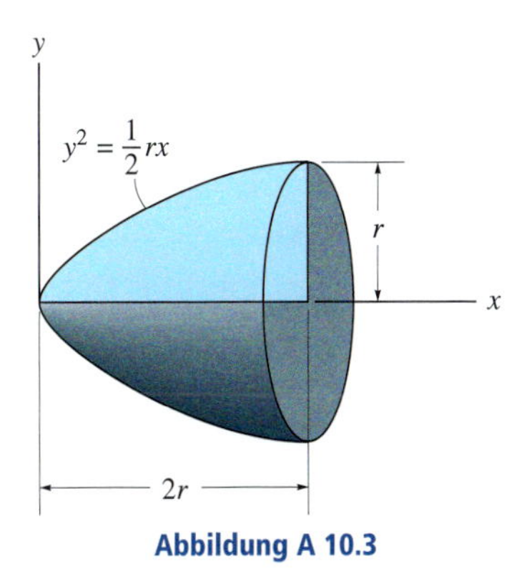

Abbildung A 10.3

***10.4** Bestimmen Sie das Deviationsmoment J_{xy} des dargestellten Rotationskörpers, der durch Rotation der schraffierten Fläche um eine Achse $x = a + b$ entsteht. Schreiben Sie das Ergebnis als Funktion der Dichte ρ des Werkstoffs an.

Gegeben: $a = 3\ \text{m}, b = 2\ \text{m}, y^2 = kx, k = 3\text{m}$

10.5 Bestimmen Sie das Massenträgheitsmoment J_y des dargestellten Rotationskörpers, der durch Rotation der schraffierten Fläche um eine Achse $x = a + b$ entsteht. Schreiben Sie das Ergebnis als Funktion der Dichte ρ des Werkstoffs an.

Gegeben: $a = 3\ \text{m}, b = 2\ \text{m}, y^2 = kx, k = 3\text{m}$

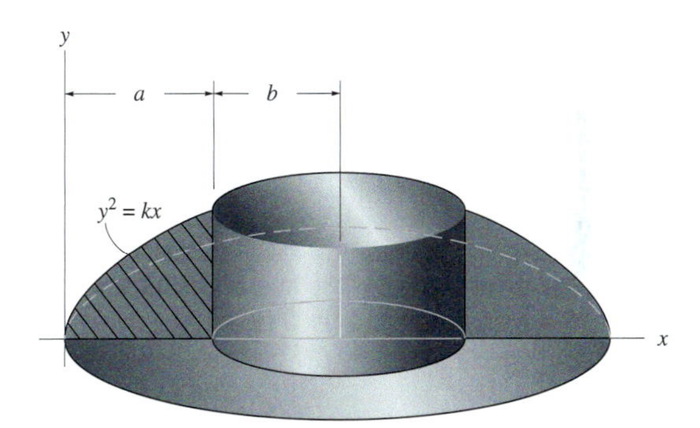

Abbildung A 10.4/10.5

10.6 Bestimmen Sie das Deviationsmoment J_{yz} des homogenen Prismas durch direkte Integration. Die Dichte des Werkstoffs beträgt ρ. Schreiben Sie das Ergebnis als Funktion der Masse m des Prismas.

10.7 Bestimmen Sie das Deviationsmoment J_{xy} des homogenen Prismas durch direkte Integration. Die Dichte des Werkstoffs beträgt ρ. Schreiben Sie das Ergebnis als Funktion der Masse m des Prismas.

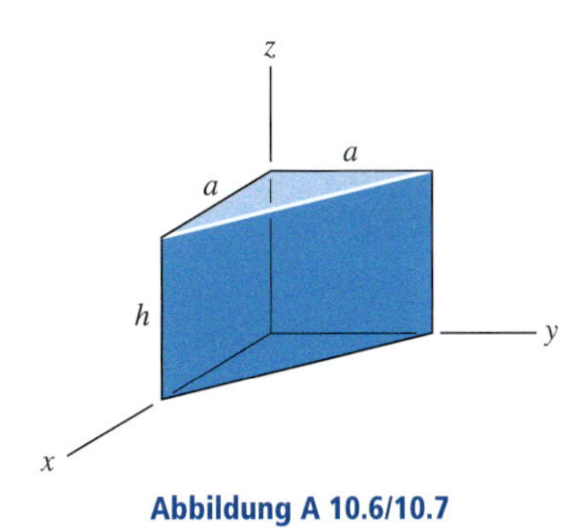

Abbildung A 10.6/10.7

***10.8** Bestimmen Sie die Trägheitsradien k_x und k_y des dargestellten Rotationskörpers. Die Dichte des Werkstoffes beträgt ρ.

Gegeben: $r = 4\ \text{m}$, $d = 0{,}25\ \text{m}$, $xy = k$, $k = 1\ \text{m}^2$

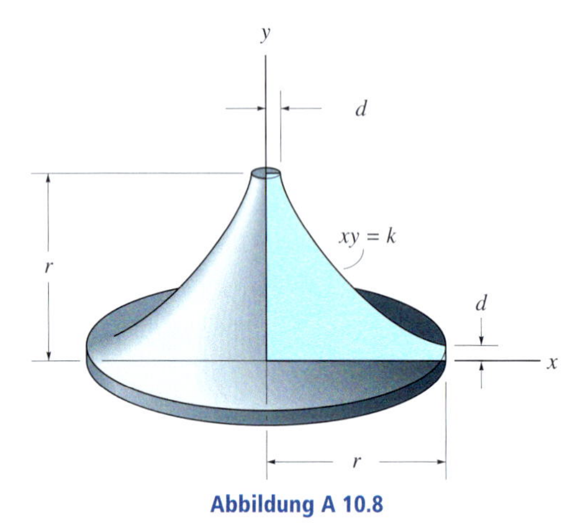

Abbildung A 10.8

10.9 Bestimmen Sie das Massenträgheitsmoment der homogenen Masse m bezüglich der Hauptachse x'.

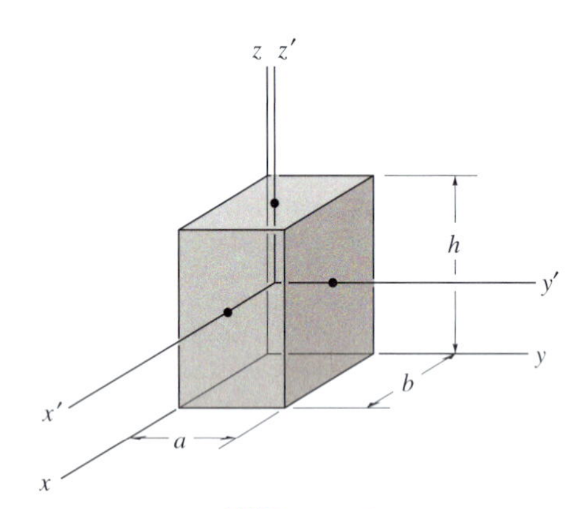

Abbildung A 10.9

10.10 Bestimmen Sie die Elemente der Trägheitsmatrix für den Würfel bezüglich des x,y,z-Koordinatensystems. Die Masse des Würfels ist m.

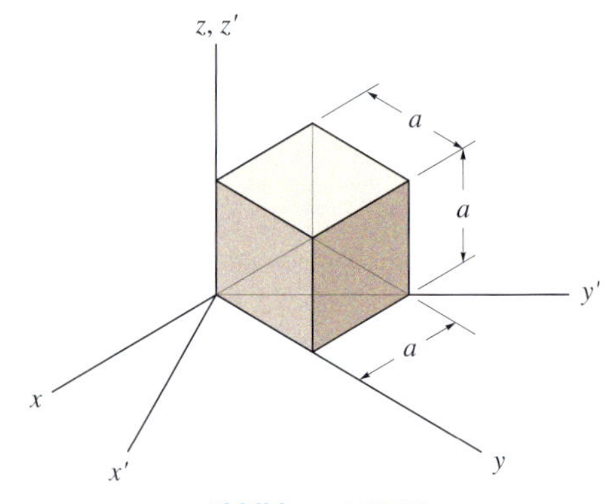

Abbildung A 10.10

10.11 Bestimmen Sie die Massenträgheitsmomente der Stabanordnung bezüglich der x,y und z-Achsen. Die Masse pro Länge der Stäbe ist $\bar{m}$.

Gegeben: $a = 1\ \text{m}$, $\bar{m} = 0{,}75\ \text{kg/m}$, $\beta = 30°$

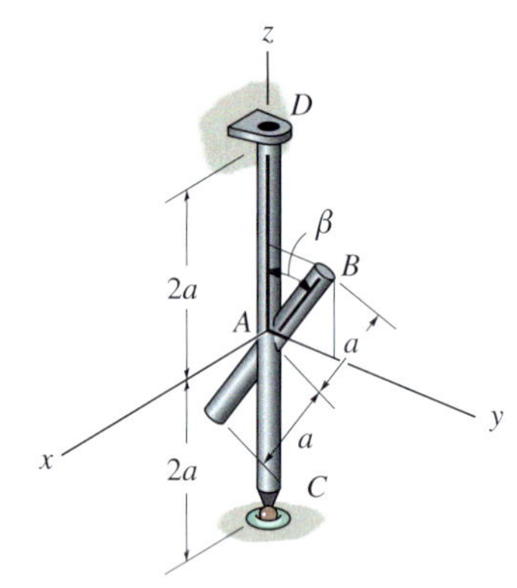

Abbildung A 10.11

***10.12** Bestimmen Sie das Massenträgheitsmoment des Kegels bezüglich der z'-Achse.

Gegeben: $h = 1{,}5\ \text{m}$, $r = 0{,}5\ \text{m}$, $m = 15\ \text{kg}$

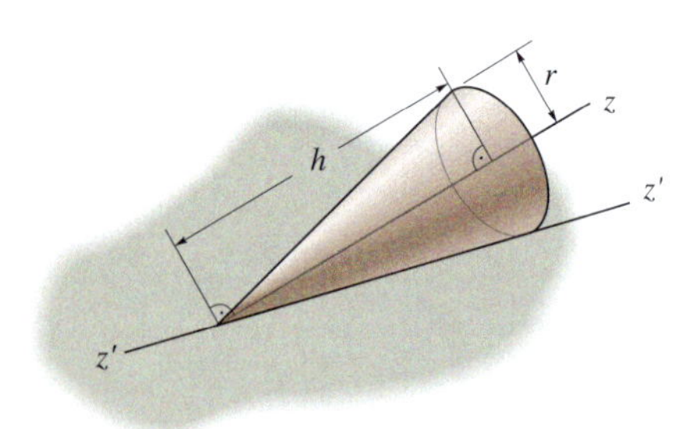

Abbildung A 10.12

10.13 Der abgewinkelte Stab hat das Gewicht pro Länge q_G. Geben Sie die Lage des Schwerpunktes $S(\overline{x}, \overline{y})$ an und bestimmen Sie die Hauptträgheitsmomente $J_{x'}$, $J_{y'}$ und $J_{z'}$ des Stabes bezüglich der x',y' und z'-Achsen.

Gegeben: $a = 0{,}3$ m, $q_G = 25$ N/m

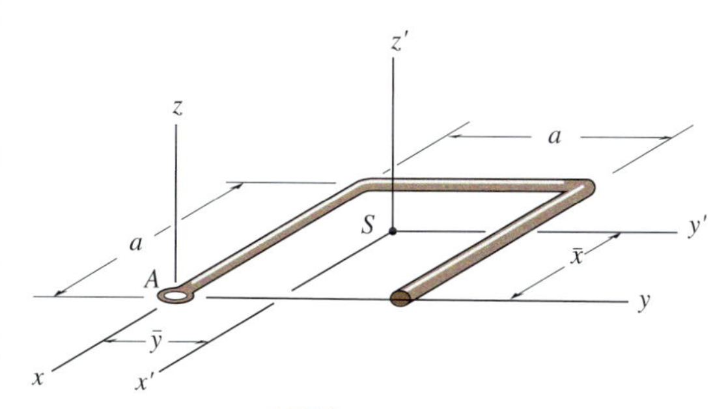

Abbildung A 10.13

10.14 Bestimmen Sie das Massenträgheitsmoment von Stab und Scheibe bezüglich der z'-Achse.

Gegeben: $l = 300$ mm, $r = 100$ mm, $m_{Stab} = 1{,}5$ kg, $m_{Scheibe} = 4$ kg

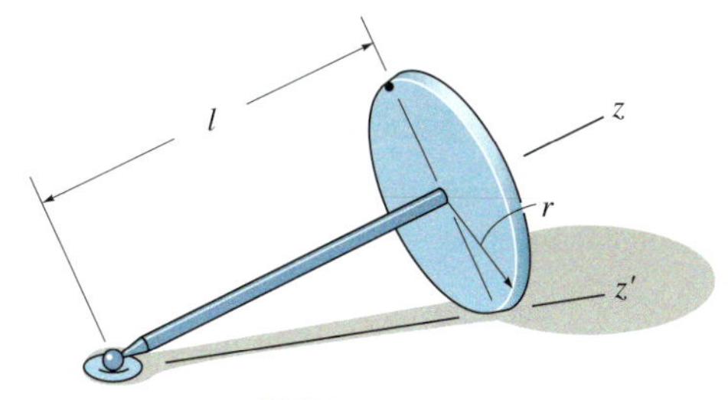

Abbildung A 10.14

10.15 Bestimmen Sie das Massenträgheitsmoment J_x der Plattenanordnung. Die Platten haben die Masse $\overline{m}$ pro Fläche.

Gegeben: $a = 0{,}5$ m, $\overline{m} = 30$ kg/m^2

***10.16** Bestimmen Sie das Deviationsmoment J_{yz} der Plattenanordnung. Die Platten haben die Masse $\overline{m}$ pro Fläche.

Gegeben: $a = 0{,}5$ m, $\overline{m} = 30$ kg/m^2

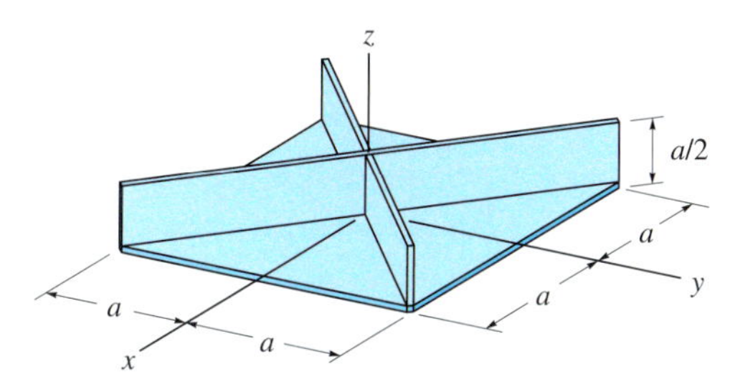

Abbildung A 10.15/10.16

10.17 Bestimmen Sie das Massenträgheitsmoment des zusammengesetzten Körpers um die Achse a–a. Der Zylinder hat das Gewicht G_Z, die Halbkugeln haben jeweils das Gewicht G_H.

Gegeben: $d = h = 2$ m, $G_Z = 20$ kN, $G_H = 10$ kN

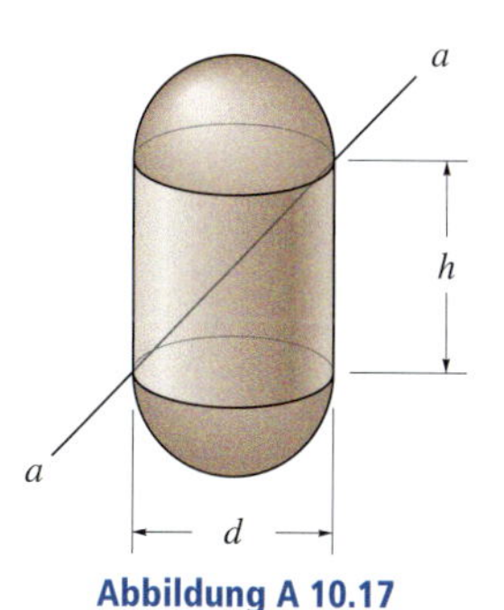

Abbildung A 10.17

10.18 Bestimmen Sie das Massenträgheitsmoment der Anordnung aus Stäben und dünnem Ring bezüglich der z-Achse. Die Masse pro Länge von Stäben und Ring beträgt $\overline{m}$.

Gegeben: $l = 500$ mm, $h = 400$ mm, $\gamma = 120°$, $\overline{m} = 2$ kg/m

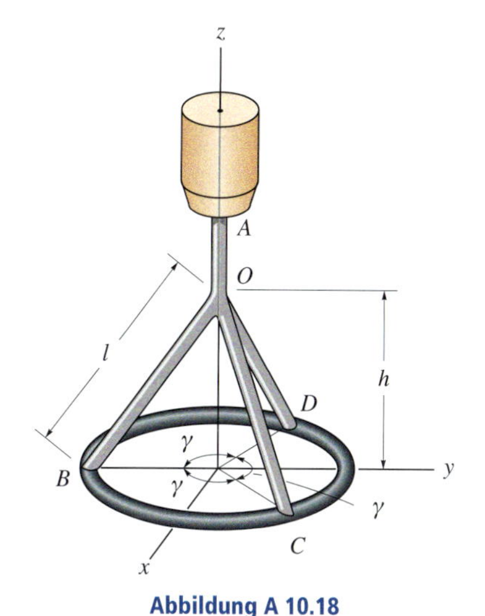

Abbildung A 10.18

10.19 Die Anordnung besteht aus der Platte A der Masse m_A, der Platte B der Masse m_B und vier Stäben mit jeweils der Masse m_{St}. Bestimmen Sie die Massenträgheitsmomente der Anordnung bezüglich der x-,y- und z-Hauptachsen.

Gegeben: $h = 4\ \text{m}$, $r_A = 1\ \text{m}$, $r_B = 4\ \text{m}$, $m_A = 150\ \text{kg}$, $m_B = 40\ \text{kg}$, $m_{St} = 70\ \text{kg}$

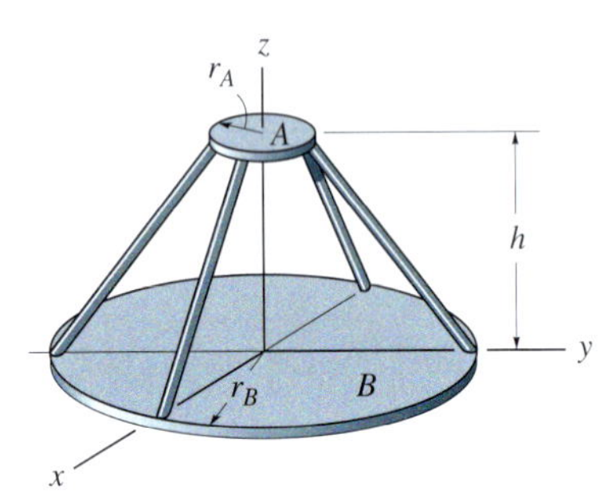

Abbildung A 10.19

***10.20** Der abgewinkelte Stab hat eine Masse pro Länge $\bar{m}$. Bestimmen Sie das Massenträgheitsmoment des Stabes um die Achse Oa.

Gegeben: $a = 0{,}6\ \text{m}$, $h = 0{,}4\ \text{m}$, $\bar{m} = 4\ \text{kg/m}$

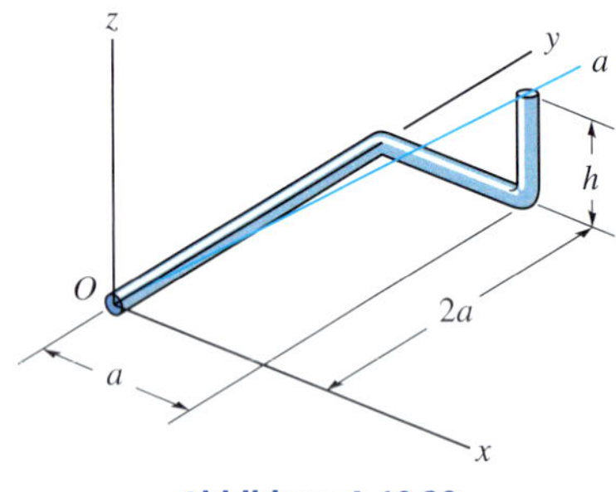

Abbildung A 10.20

Aufgaben zu 10.2 und 10.3

Ausgewählte Lösungswege

Lösungen finden Sie in *Anhang C*.

***10.21** Enthält ein Körper *keine Symmetrieebenen*, können die Hauptträgheitsmomente mathematisch bestimmt werden. Zur Darstellung des Verfahrens betrachten wir einen starren Körper, der entlang einer seiner Hauptträgheitsachsen mit der Winkelgeschwindigkeit $\boldsymbol{\omega}$ rotiert. Ist das Hauptträgheitsmoment um diese Achse J, ergibt sich für den Drehimpuls $\mathbf{H} = J\omega_x\mathbf{i} + J\omega_y\mathbf{j} + J\omega_z\mathbf{k}$. Die Koordinaten von $\mathbf{H}$ können z.B. mit Gleichung (10.10) bestimmt werden, für die der Trägheitstensor bekannt sein muss. Setzen Sie die $\mathbf{i}$-, $\mathbf{j}$- und $\mathbf{k}$-Komponenten beider Gleichungen für $\mathbf{H}$ gleich und nehmen Sie ω_x, ω_y und ω_z als unbekannt an. Diese drei Gleichungen können gelöst werden, wenn die Koeffizientendeterminante gleich null ist. Zeigen Sie, dass die Auswertung der Determinante auf folgende kubische Gleichung führt:

$$J^3 - \left(J_{xx} + J_{yy} + J_{zz}\right)J^2 + \left(J_{xx}J_{yy} + J_{yy}J_{zz} + J_{zz}J_{xx} - J_{xy}^2 - J_{yz}^2 - J_{zx}^2\right)J - \left(J_{xx}J_{yy}J_{zz} - 2J_{xy}J_{yz}J_{zx} - J_{xx}J_{yz}^2 - J_{yy}J_{zx}^2 - J_{zz}J_{xy}^2\right) = 0$$

Die drei positiven Wurzeln für J der Lösung dieser Gleichung sind die Hauptträgheitsmomente J_x, J_y und J_z.

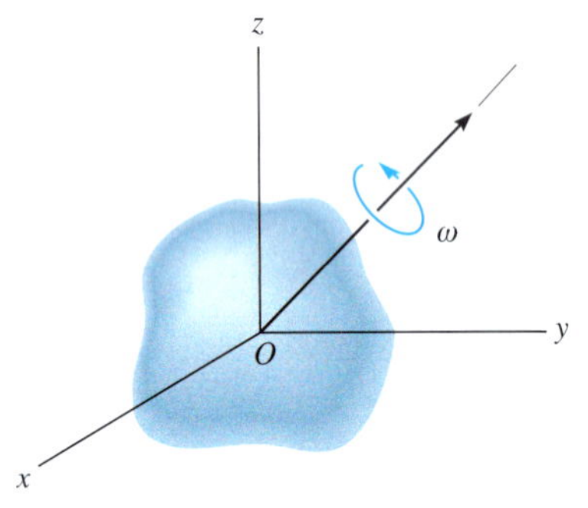

Abbildung A 10.21

***10.22** Zeigen Sie, dass der Drehimpuls $\mathbf{H}_A$ bezüglich eines beliebigen Punktes A durch Gleichung (10.9) ausgedrückt werden kann. Dazu muss $\boldsymbol{\rho}_A = \boldsymbol{\rho}_S + \boldsymbol{\rho}_{S/A}$ in Gleichung (10.6) eingesetzt und diese ausgewertet werden. Beachten Sie dabei, dass aufgrund der Definition des Schwerpunktes und $\mathbf{v}_S = \mathbf{v}_A + \boldsymbol{\omega} \times \boldsymbol{\rho}_{S/A}$ die Gleichung $\int \boldsymbol{\rho}_S \, dm = \mathbf{0}$ gilt.

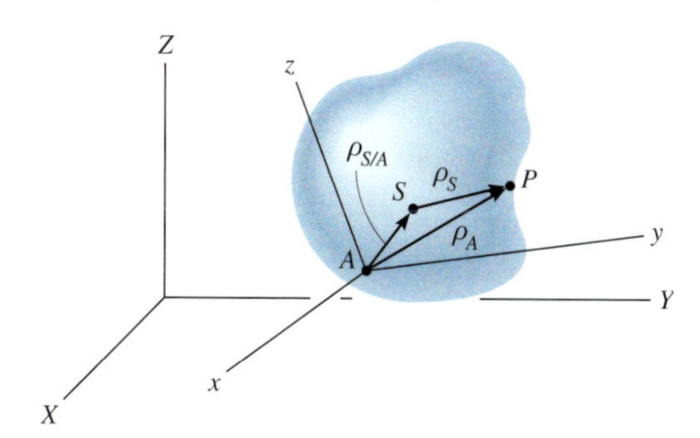

Abbildung A 10.22

10.23 Das Zahnrad der Masse m_A rollt auf dem raumfesten Zahnrad C. Bestimmen Sie die Winkelgeschwindigkeit des Stabes OB um die z-Achse nach Starten aus der Ruhe und einer Umdrehung um die z-Achse. Am Stab greift ein konstantes Moment M an. Vernachlässigen Sie die Masse des Stabes OB. Nehmen Sie an, dass das Zahnrad A eine homogene Scheibe mit dem Radius r_A ist.

Gegeben: $M = 5$ Nm, $m_A = 2$ kg, $r_A = 100$ mm, $r_C = 300$ mm

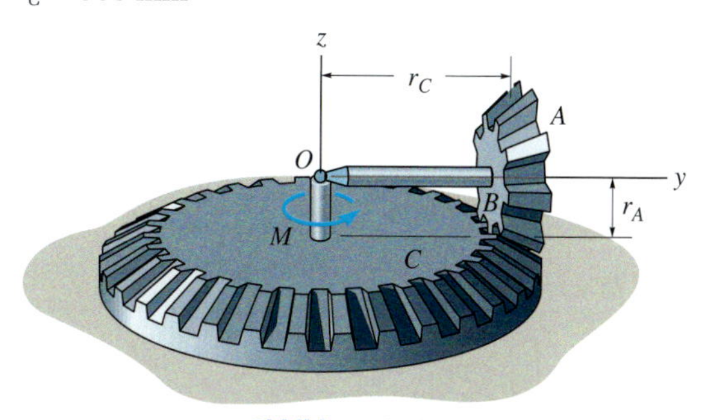

Abbildung A 10.23

***10.24** Die Enden des Stabes AB der Masse m sind mit zwei Kugelgelenken an zwei glatten Buchsen befestigt. Buchse A senkt sich mit der Geschwindigkeit v_A ab. Bestimmen Sie die kinetische Energie des Stabes im dargestellten Augenblick. Nehmen Sie an, dass die Winkelgeschwindigkeit des Stabes momentan senkrecht zur Stabachse gerichtet ist.

Gegeben: $m = 6$ kg, $l = 7$ cm, $z_A = 3$ cm, $x_B = 2$ cm, $y_B = 6$ cm, $v_A = 8$ cm/s

10.25 Im dargestellten Augenblick hat die Buchse in A die Geschwindigkeit v_A. Bestimmen Sie die kinetische Energie des Stabes nach Absenken der Buchse um d. Vernachlässigen Sie die Reibung und die Dicke des Stabes. Vernachlässigen Sie die Masse der Buchse. Sie ist mit Kugelgelenken am Stab befestigt.

Gegeben: $m = 6$ kg, $l = 7$ cm, $d = 3$ cm, $z_A = 3$ cm, $x_B = 2$ cm, $y_B = 6$ cm, $v_A = 8$ cm/s

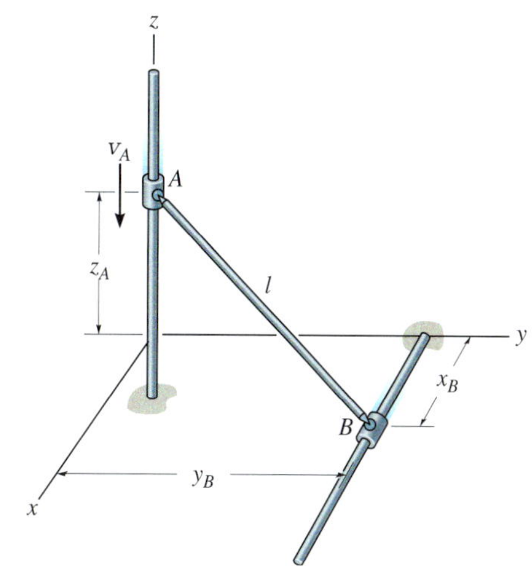

Abbildung A 10.24/10.25

10.26 Der Kegel der Masse m rollt ohne Gleiten auf der raumfesten Kegelfläche und hat die Winkelgeschwindigkeit ω um die vertikale Achse. Bestimmen Sie die kinetische Energie des Kegels aufgrund dieser Bewegung.

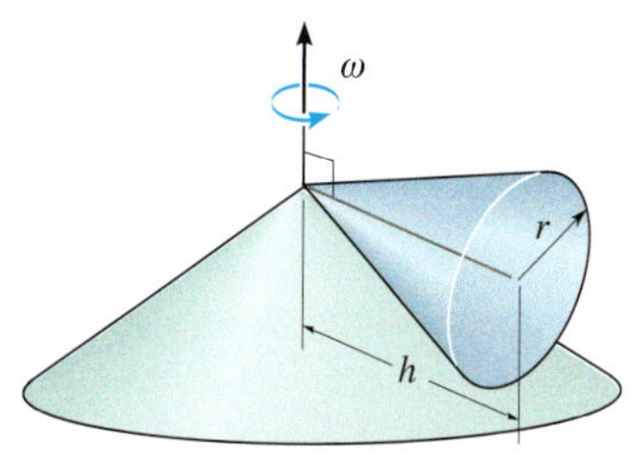

Abbildung A 10.26

10.27 Der Stab mit der Masse pro Länge $\bar{m}$ ist in A und B an parallelen Seilen aufgehängt. Der Stab hat im dargestellten Augenblick die Winkelgeschwindigkeit ω um die z-Achse. Wie hoch hebt sich der Mittelpunkt des Stabes bis zu dem Moment, wenn er kurzzeitig zur Ruhe kommt?

Gegeben: $\bar{m} = 9\ \mathrm{kg/m}$, $l = 6\ \mathrm{m}$, $\omega = 2\ \mathrm{rad/s}$

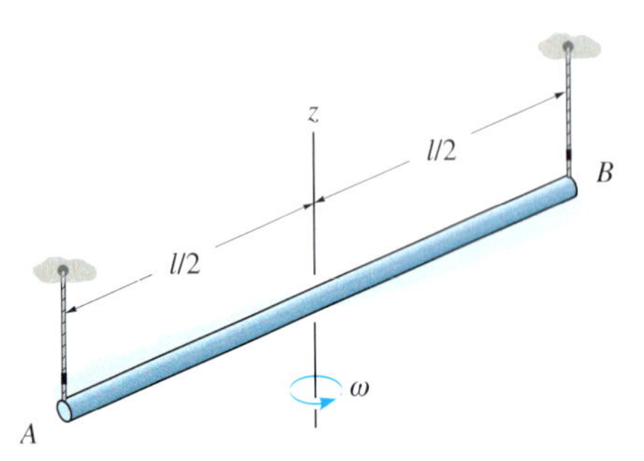

Abbildung A 10.27

***10.28** Die Scheibe der Masse m_B ist an dem schlanken Stab der Masse m_A befestigt. Das System ist in A über ein Kugelgelenk mit der Umgebung verbunden, und es greift das Moment M an. Bestimmen Sie die Winkelgeschwindigkeit des Stabes um die z-Achse nach Starten aus der Ruhe und zwei Umdrehungen um die z-Achse. Die Scheibe rollt ohne Gleiten.

Gegeben: $l = 1{,}5\ \mathrm{m}$, $m_B = 5\ \mathrm{kg}$, $m_A = 3\ \mathrm{kg}$, $M = 5\ \mathrm{Nm}$, $r = 0{,}2\ \mathrm{m}$

10.29 Die Scheibe der Masse m_B ist an dem schlanken Stab der Masse m_A befestigt. Das System ist in A über ein Kugelgelenk mit der Umgebung verbunden, und das Moment M ruft die Winkelgeschwindigkeit ω_z um die z-Achse hervor. Bestimmen Sie den Drehimpuls des Systems um A.

Gegeben: $l = 1{,}5\ \mathrm{m}$, $m_B = 5\ \mathrm{kg}$, $m_A = 3\ \mathrm{kg}$, $M = 5\ \mathrm{Nm}$, $r = 0{,}2\ \mathrm{m}$, $\omega_z = 2\ \mathrm{rad/s}$

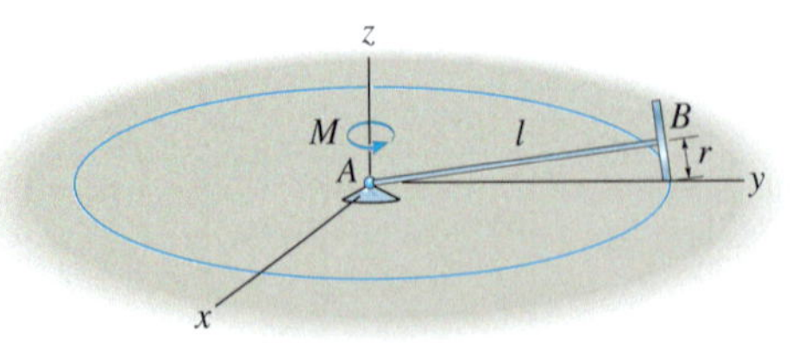

Abbildung A 10.28/10.29

10.30 Die kreisrunde, horizontal ausgerichtete Scheibe mit der Masse m und dem Durchmesser d fällt aus der Ruhe nach unten auf den Haken in S, der eine dauerhafte Verbindung herstellt. Bestimmen Sie die Geschwindigkeit des Schwerpunktes der Scheibe unmittelbar nachdem die Verbindung mit dem Haken hergestellt ist.

Gegeben: $d = 1{,}5\ \mathrm{m}$, $h = 2{,}5\ \mathrm{m}$

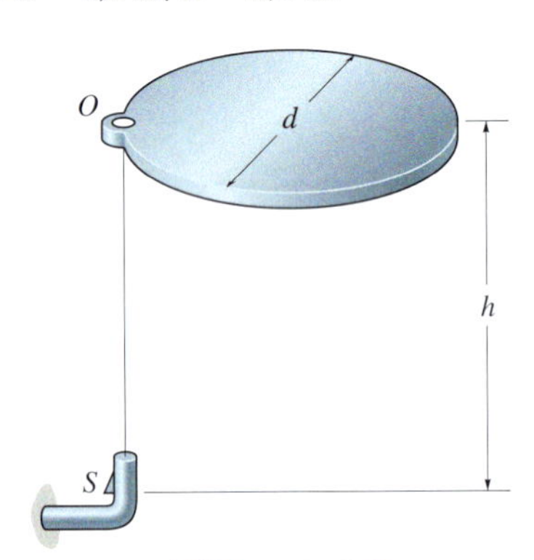

Abbildung A 10.30

10.31 Die dünne Scheibe der Masse m ist mit dem schlanken Stab verbunden, der in A über ein Drehgelenk mit der Umgebung verbunden ist. In der dargestellten Lage wird die Vorrichtung aus der Ruhe freigegeben. Bestimmen Sie die Eigendrehung der Scheibe um den Stab, wenn die Scheibe die tiefste Lage erreicht. Vernachlässigen Sie die Masse des Stabes. Die Scheibe rollt ohne Gleiten.

Gegeben: $m = 2\ \mathrm{kg}$, $l = 0{,}5\ \mathrm{m}$, $r = 0{,}1\ \mathrm{m}$, $\alpha = 30°$

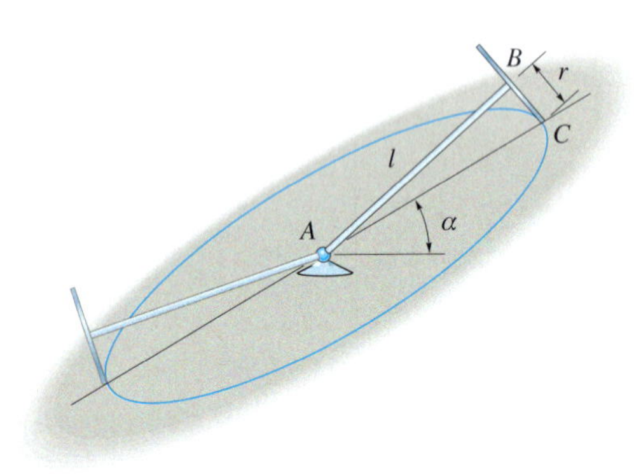

Abbildung A 10.31

***10.32** Der Stab AB der Masse m ist an den Enden mit zwei Kugelgelenken an zwei glatten Buchsen befestigt. Buchse A senkt sich für $z = z_1$ mit der Geschwindigkeit $(v_A)_1$ ab. Bestimmen Sie die Geschwindigkeit von A für $z = z_0$. Die Feder hat die ungedehnte Länge l_0. Vernachlässigen Sie die Masse der Buchsen. Nehmen Sie an, dass die Winkelgeschwindigkeit des Stabes AB senkrecht zur Stabachse gerichtet ist.

Gegeben: $m = 6$ kg, $l = 7$ cm, $z_1 = 3$ cm, $z_0 = 0$, $x_B = 2$ cm, $y_B = 6$ cm, $(v_A)_1 = 8$ cm/s, $c = 40$ N/cm

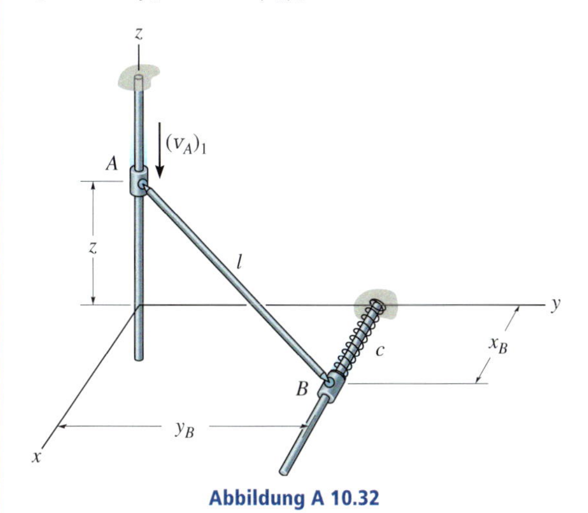

Abbildung A 10.32

10.33 Die kreisrunde Scheibe mit der Masse m ist wie abgebildet unter dem Winkel γ auf der Welle AB montiert. Ein konstantes Moment M greift an der Welle an, die anfänglich mit der Winkelgeschwindigkeit ω_0 rotiert. Bestimmen Sie die Winkelgeschwindigkeit der Welle zum Zeitpunkt $t = t_1$.

Gegeben: $m = 15$ kg, $r = 0{,}8$ m, $\gamma = 45°$, $\omega_0 = 8$ rad/s, $t_1 = 3$ s, $M = 2$ Nm

10.34 Die kreisrunde Scheibe mit der Masse m ist wie abgebildet unter dem Winkel γ auf der Welle AB montiert. Ein zeitabhängiges Moment $M(t)$ greift an der Welle an, die anfänglich mit der Winkelgeschwindigkeit ω_0 rotiert. Bestimmen Sie die Winkelgeschwindigkeit der Welle zum Zeitpunkt $t = t_1$.

Gegeben: $m = 15$ kg, $r = 0{,}8$ m, $\gamma = 45°$, $\omega_0 = 8$ rad/s, $t_1 = 2$ s, $M = be^{ct}$, $b = 4$ Nm, $c = 0{,}1$ s^{-1}

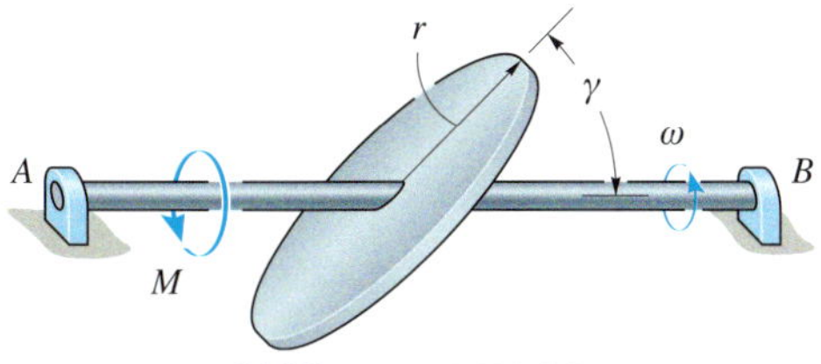

Abbildung A 10.33/10.34

10.35 Die rechteckige Platte der Masse m_P dreht sich aufgrund der Lagerung in A und B frei um die y-Achse. Die Platte befindet sich in der vertikalen Überkopflage im Gleichgewicht. Dann wird eine Kugel der Masse m_K mit der Geschwindigkeit v senkrecht zur Oberfläche in die Platte geschossen. Berechnen Sie die Winkelgeschwindigkeit der Platte nach Drehung um den Winkel $\Delta\theta$. Bleibt die Winkelgeschwindigkeit gleich, wenn die Kugel mit der gleichen Geschwindigkeit auf die Ecke in D geschossen wird? Begründen Sie die Antwort.

Gegeben: $d = 150$ mm, $m_P = 15$ kg, $m_K = 3$ g, $v = 2000$ m/s, $\Delta\theta = 180°$

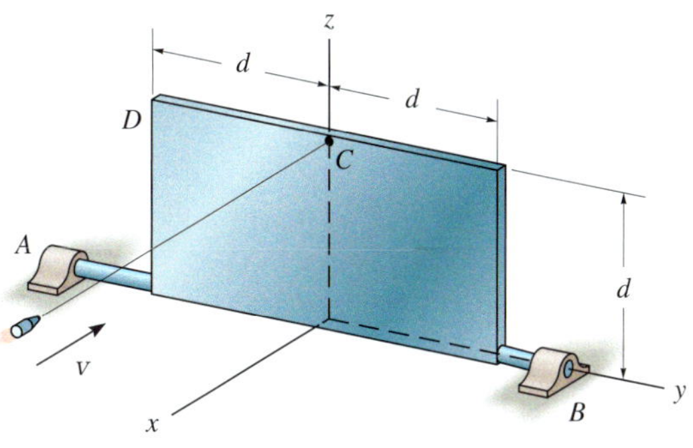

Abbildung A 10.35

***10.36** Die Rohranordnung wird in S von einem Kugelgelenk gehalten. Die Masse ist gleichmäßig als konstante Masse pro Länge $\bar{m}$ verteilt. Die Anordnung ist ursprünglich in Ruhe und ein Kraftstoß I wird in D aufgebracht. Bestimmen Sie die Winkelgeschwindigkeit der Anordnung unmittelbar nach dem Stoß.

Gegeben: $\bar{m} = 5$ kg/m, $b = 0{,}5$ m, $I = 8$ Ns

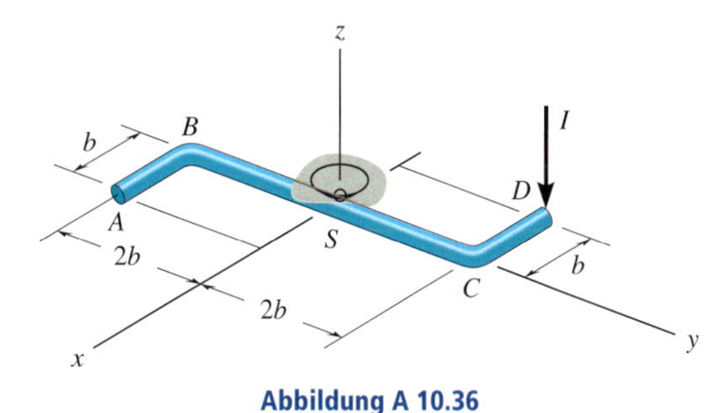

Abbildung A 10.36

10.37 An der Platte der Masse m greift die Kraft F an, die immer senkrecht zur Plattenfläche gerichtet ist. Die Platte ist ursprünglich in Ruhe. Bestimmen Sie ihre Winkelgeschwindigkeit nach einer Umdrehung. Die Platte wird von Kugelgelenken in A und B gestützt.

Gegeben: $m = 150$ kg, $b = 0{,}4$ m, $F = 0{,}8$ kN

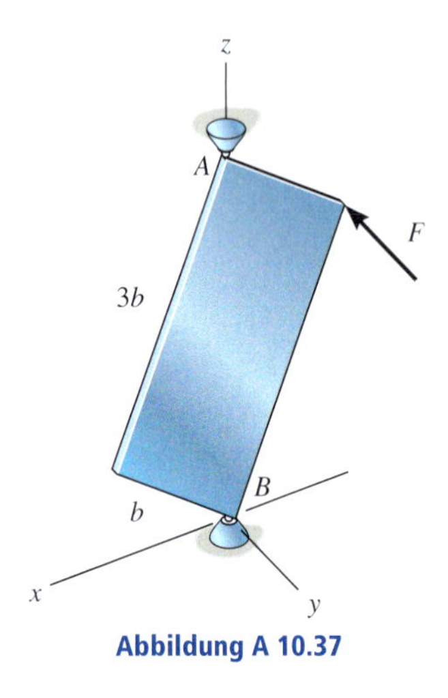

Abbildung A 10.37

10.38 Die Raumkapsel hat die Masse m_S und die Trägheitsradien k_x, k_y, k_z und fliegt mit der Geschwindigkeit v_S. Berechnen Sie ihre Winkelgeschwindigkeit unmittelbar nachdem sie von einem Meteoriten der Masse m_M mit der Geschwindigkeit v_M getroffen wurde. Nehmen Sie an, dass der Meteorit in Punkt A in die Kapsel eindringt und dass die Kapsel ursprünglich keine Winkelgeschwindigkeit hat.

Gegeben: $m_S = 3500$ kg, $m_M = 0{,}60$ kg, $k_x = k_z = 0{,}8$ m, $k_y = 0{,}5$ m, $v_S = 600$ m/s, $\mathbf{v}_M = \{-200\mathbf{i} - 400\mathbf{j} + 200\mathbf{k}\}$ m/s, $b = 1$ m

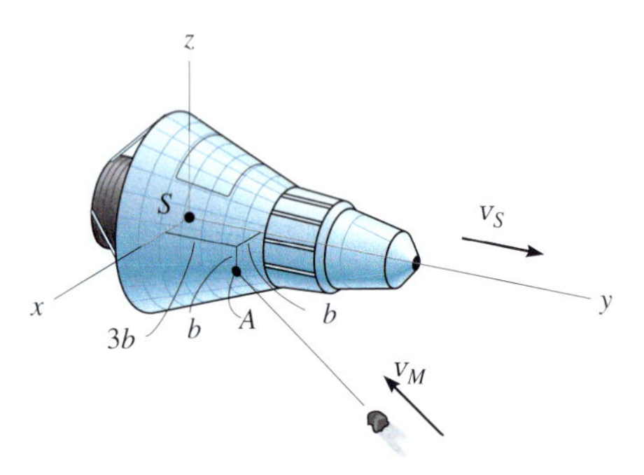

Abbildung A 10.38

Aufgaben zu 10.4

Ausgewählte Lösungswege

Lösungen finden Sie in *Anhang C*.

10.39 Leiten Sie die skalare Kreiselgleichung für die Rotation eines Starrkörpers um die x-Achse für $\boldsymbol{\Omega} \neq \boldsymbol{\omega}$ und *nicht konstante* axiale Massenträgheitsmomente und Deviationsmomente des Körpers her.

***10.40** Leiten Sie die skalare Kreiselgleichung für die Rotation eines Starrkörpers um die x-Achse für $\boldsymbol{\Omega} \neq \boldsymbol{\omega}$ und *konstante* axiale Massenträgheitsmomente und Deviationsmomente des Körpers her.

***10.41** Leiten Sie die Euler'schen Bewegungsgleichungen für $\boldsymbol{\Omega} \neq \boldsymbol{\omega}$, d.h. die Gleichungen (10.26), her.

10.42 Das Schwungrad (Scheibe) der Masse m wird im Abstand d vom Schwerpunkt S auf der Welle angebracht. Die Welle dreht sich mit konstanter Winkelgeschwindigkeit ω. Bestimmen Sie die maximalen Lagerkräfte in A und B.

Gegeben: $r = 500$ mm, $\omega = 8$ rad/s, $d = 20$ mm, $b = 0{,}75$ m, $c = 1{,}25$ m, $m = 40$ kg

10.43 Das Schwungrad (Scheibe) der Masse m wird im Abstand d vom Schwerpunkt S auf der Welle angebracht. Die Welle dreht sich mit konstanter Winkelgeschwindigkeit ω. Bestimmen Sie die minimalen Lagerkräfte in A und B während der Bewegung.

Gegeben: $r = 500$ mm, $\omega = 8$ rad/s, $d = 20$ mm, $b = 0{,}75$ m, $c = 1{,}25$ m, $m = 40$ kg

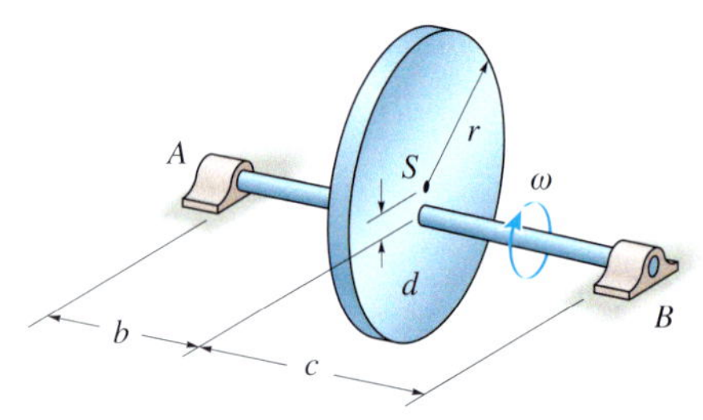

Abbildung A 10.42/10.43

***10.44** Die Scheibe der Masse m ist auf einer horizontalen Welle AB so montiert, dass ihre Ebene mit der Vertikalen den Winkel γ einschließt. Die Welle rotiert mit der Winkelgeschwindigkeit ω. Bestimmen Sie die vertikalen Reaktionskräfte in den Lagern für die dargestellte Lage der Scheibe.

Gegeben: $l = 4\ \text{m}$, $r = 0{,}5\ \text{m}$, $\omega = 3\ \text{rad/s}$, $\gamma = 10°$, $m = 20\ \text{kg}$

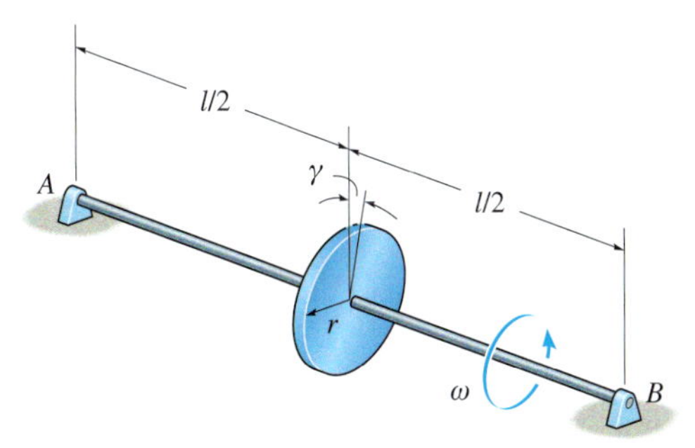

Abbildung A 10.44

10.45 Der Stab der Masse m ruht auf den glatten Ecken der offenen Kiste. Im dargestellten Augenblick hat die Kiste die Geschwindigkeit v und die Beschleunigung a. Bestimmen Sie die x,y,z-Koordinaten der Kräfte, die die Ecken der Kiste auf den Stab ausüben.

Gegeben: $b = 2\ \text{m}$, $c = 1\ \text{m}$, $v = 3\ \text{m/s}$, $a = 6\ \text{m/s}^2$

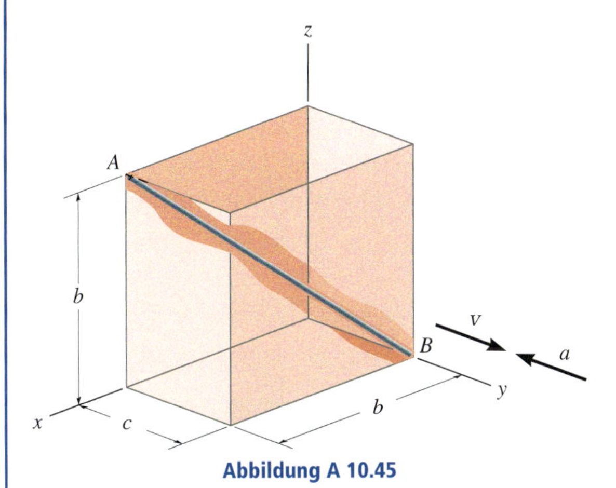

Abbildung A 10.45

10.46 Das Pendel besteht aus einem Stab der Masse m und der Länge l, das am Ende A in einer Aufhängung frei drehbar gelagert ist. Die Aufhängung dreht sich um die vertikale Achse mit der Winkelgeschwindigkeit ω. Bestimmen Sie den Winkel θ, den der Stab mit der Vertikalen bei der Rotation einschließt. Bestimmen Sie die Komponenten der Lagerkraft.

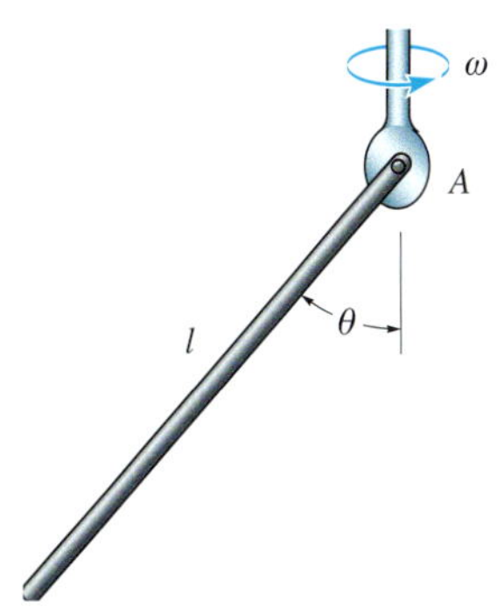

Abbildung A 10.46

10.47 Die Platte der Masse m ist auf der Welle AB so montiert, dass ihre Ebene mit der Vertikalen den Winkel θ einschließt. Die Welle dreht sich mit der Winkelgeschwindigkeit ω. Bestimmen Sie die vertikalen Reaktionskräfte in den Lagern A und B für die dargestellte Lage der Platte.

Gegeben: $l = 3\ \text{m}$, $b = 0{,}5\ \text{m}$, $\omega = 25\ \text{rad/s}$, $\theta = 30°$, $m = 20\ \text{kg}$

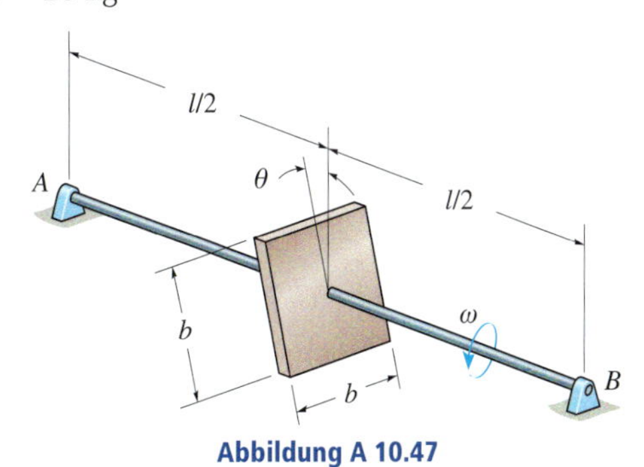

Abbildung A 10.47

***10.48** Das Auto fährt durch eine Kurve mit dem Radius ρ und sein Schwerpunkt hat dabei die konstante Geschwindigkeit v_S. Stellen Sie die Kreiselgleichungen bezüglich der x,y,z-Achsen auf. Nehmen Sie an, dass die sechs axialen Massenträgheitsmomente und Deviationsmomente des Wagens bezüglich dieser Achsen bekannt sind.

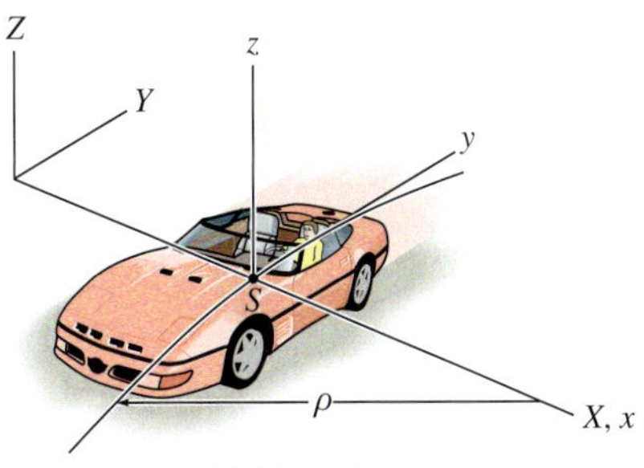

Abbildung A 10.48

10.49 Die Stabanordnung wird von einem Kugelgelenk in C und einem Radiallager in D, das nur x- und y-Reaktionskräfte ausüben kann, gestützt. Die Stäbe haben die Masse pro Länge $\bar{m}$. Bestimmen Sie die Winkelbeschleunigung der Stäbe und die Koordinaten der Lagerkräfte im dargestellten Augenblick, wenn die Anordnung mit der Winkelgeschwindigkeit ω rotiert.

Gegeben: $b = 2$ m, $M = 50$ Nm, $\omega = 8$ rad/s, $\bar{m} = 0{,}75$ kg/m

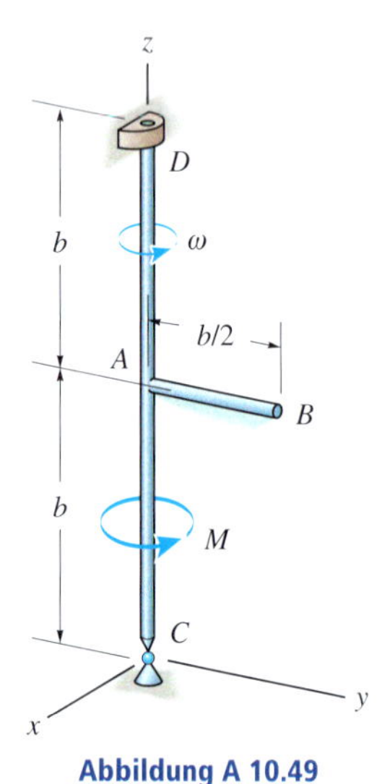

Abbildung A 10.49

10.50 Die Stabanordnung wird von Radiallagern in A und B gestützt, die nur Reaktionskräfte in x- und z-Richtung ausüben. Die Welle AB dreht sich mit ω in der dargestellten Richtung. Bestimmen Sie die Lagerkräfte im dargestellten Augenblick. Wie groß ist die momentane Winkelbeschleunigung der Welle? Die Masse pro Länge $\bar{m}$ der Stäbe ist gegeben.

Gegeben: $b = 500$ mm, $c = 300$ mm, $d = 400$ mm, $\omega = 5$ rad/s, $\bar{m} = 1{,}5$ kg/m

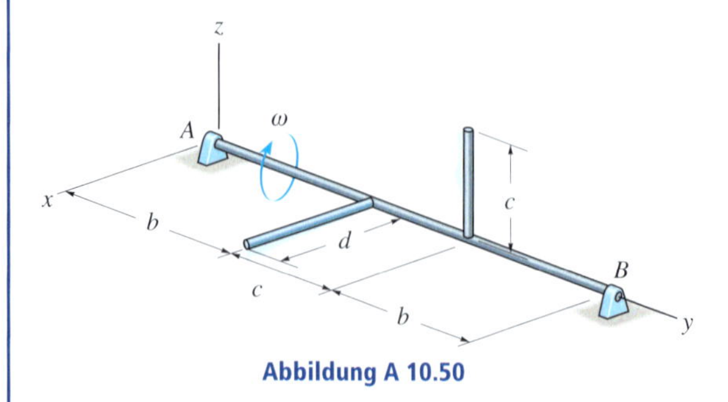

Abbildung A 10.50

10.51 Die Rohre der Anordnung haben eine Masse pro Länge $\bar{m}$. Das System wird in B von einem reibungsfreien Radiallager, das nur x- und y-Reaktionskräfte ausübt, und in A von einem reibungsfreien Spurlager, das x-, y- und z-Reaktionskräfte ausüben kann, gestützt. An der Welle AB greift das Moment M an. Bestimmen Sie die Koordinaten der Lagerkräfte im dargestellten Augenblick, in dem die Winkelgeschwindigkeit gerade ω beträgt.

Gegeben: $b = 1$ m, $M = 50$ Nm, $\omega = 10$ rad/s, $\bar{m} = 5$ kg/m

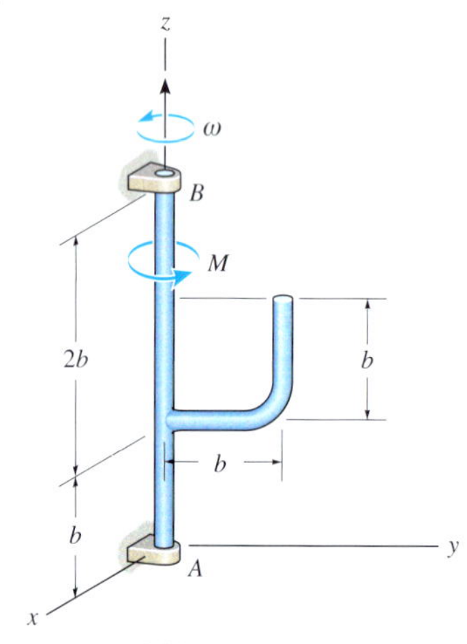

Abbildung A 10.51

***10.52** Die Scheibe mit der Masse m ist am Stab BCD befestigt, der eine vernachlässigbar kleine Masse hat. Bestimmen Sie das Moment T, das an der vertikalen Welle wirken muss, damit diese die Winkelbeschleunigung α hat. Die Welle kann sich in den Lagern frei drehen.

Gegeben: $b = 1$ m, $\alpha = 6$ rad/s^2, $m = 250$ kg

10.53 Lösen Sie Aufgabe 10.52 wenn der Stab BCD die Massenverteilung $\bar{m}_{BCD}$ besitzt.

Gegeben: $\bar{m}_{BCD} = 20$ kg/m

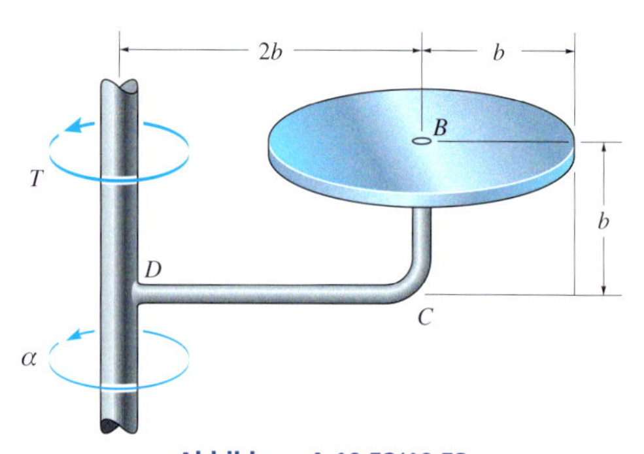

Abbildung A 10.52/10.53

10.54 Der *dünne Stab* hat die Masse m und die Gesamtlänge l. Er dreht sich mit $\dot{\theta}$ um seinen Mittelpunkt und der Tisch, auf dem seine Achse A befestigt ist, mit ω. Bestimmen Sie die x,y,z-Koordinaten des Momentes, das von der Achse auf den Stab in einer allgemeinen Lage θ ausgeübt wird.

Gegeben: $m = 0{,}8$ kg, $l = 150$ mm, $\dot{\theta} = 6$ rad/s, $\omega = 2$ rad/s

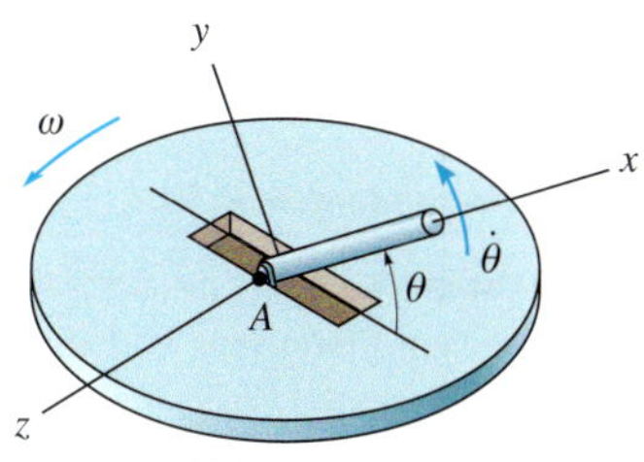

Abbildung A 10.54

10.55 Die dünne, homogene Platte mit der Masse m rotiert mit konstanter Winkelgeschwindigkeit ω um ihre vertikal ausgerichtete Diagonale AB. Die Person, die mit dem Finger eine Ecke der Platte festhält, lässt sie in dem Moment los und sie fällt um. Bestimmen Sie das erforderliche Moment M, welches das Fallen der Platte verhindern würde.

Gegeben: $b = 150$ mm, $m = 0{,}4$ kg

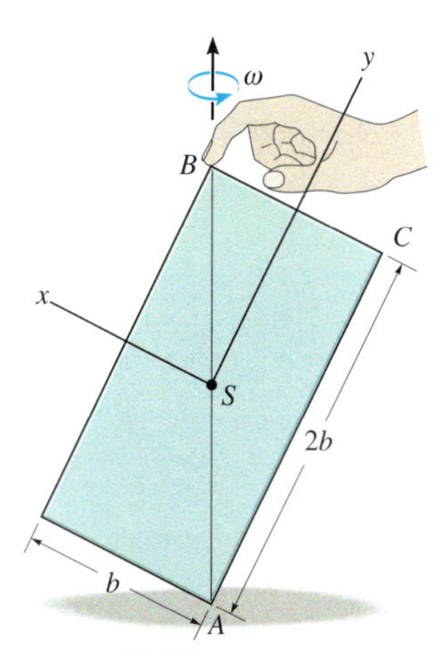

Abbildung A 10.55

***10.56** Der Zylinder hat die Masse m und ist auf einer Achse befestigt, die von den Lagern in A und B gehalten wird. Die Achse dreht mit der Winkelgeschwindigkeit ω. Wie groß sind die Koordinaten der Kräfte in vertikaler Richtung auf die Lager zu diesem Zeitpunkt?

Gegeben: $b = 1{,}5$ m, $l = 2$ m, $d = 0{,}5$ m, $\omega = 40$ rad/s, $m = 30$ kg

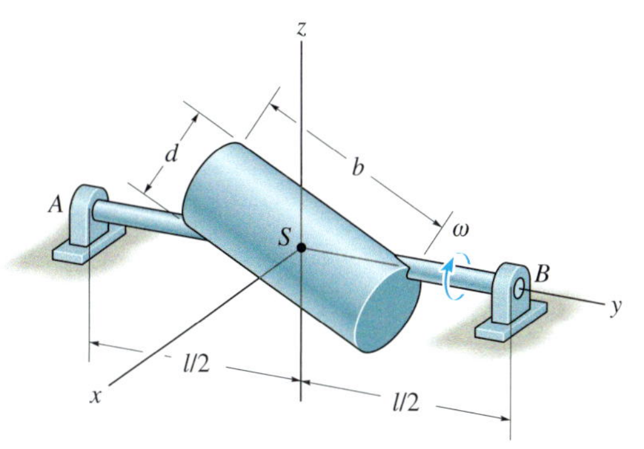

Abbildung A 10.56

10.57 Die homogene Lukentür mit der Masse m und dem Schwerpunkt in S wird in der horizontalen Ebene von den Lagern in A und B gehalten. In dieser Stellung wirkt die vertikale Kraft F. Bestimmen Sie die vertikalen Kraftkoordinaten in den Lagern und die Winkelbeschleunigung der Tür. Das Lager in A überträgt auch Kräfte in y-Richtung, das Lager in B hingegen nicht. Nehmen Sie für die Berechnung an, dass die Tür eine dünne Platte ist und vernachlässigen Sie die Abmessungen der Lager. Die Tür ist anfangs in Ruhe.

Gegeben: $b = 100$ mm, $c = 150$ mm, $d = 30$ mm, $F = 300$ N, $m = 15$ kg

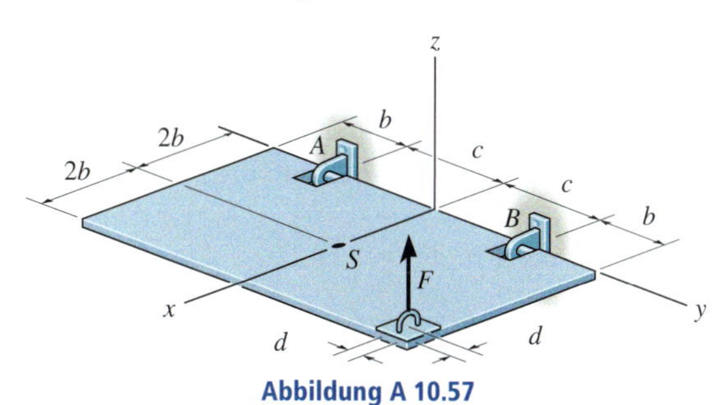

Abbildung A 10.57

10.58 Der Mann sitzt auf einem Drehstuhl, der mit konstanter Winkelgeschwindigkeit ω dreht und hält den homogenen Stab der Masse m in horizontaler Lage. Plötzlich erhält der Stab die Winkelbeschleunigung α relativ zum Mann. Bestimmen Sie die dazu erforderlichen Kraft- und Momentenkomponenten am Griff A. Wählen Sie ein x,y,z-Koordinatensystem im Schwerpunkt S des Stabes, wobei die positive z-Achse nach oben und die positive y-Achse entlang der Stabachse in Richtung A verläuft.

Gegeben: $b = 0{,}9$ m, $d = 0{,}6$ m, $m = 2{,}5$ kg, $\omega = 3$ rad/s, $\alpha = 2$ rad/s^2

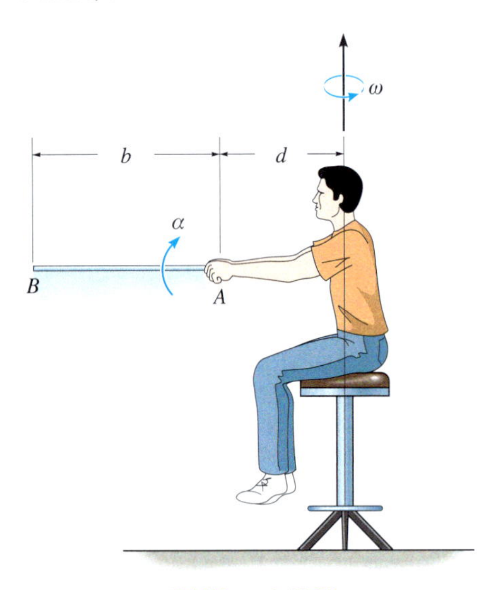

Abbildung A 10.58

10.59 Vier Kugeln sind an der Welle AB befestigt. Bestimmen Sie für die gegebenen Massen m_C und m_E die Massen von D und F sowie die Winkel der Stäbe θ_D und θ_F, für die der Stab dynamisch im Gleichgewicht ist. Das bedeutet, dass die Lager in A und B nur vertikale Reaktionskräfte durch das Gewicht auf die drehende Welle ausüben. Vernachlässigen Sie die Masse der Stäbe.

Gegeben: $d = 0{,}1$ m, $m_C = 1$ kg, $m_E = 2$ kg, $\theta_E = 30°$

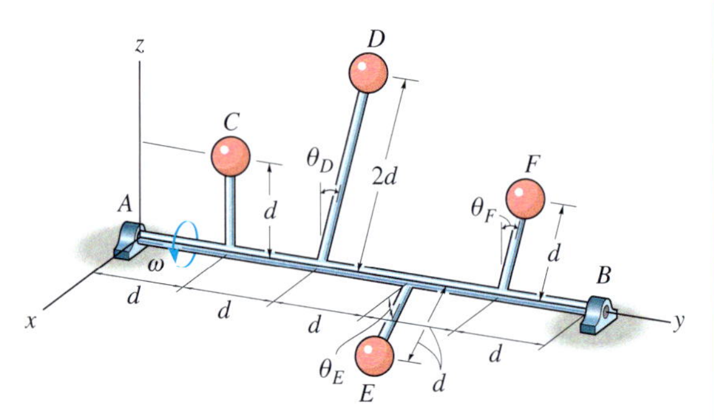

Abbildung A 10.59

***10.60** Der Winkelstab ACD hat die Massenbelegung $\bar{m}$ und wird in A von einem Drehgelenk und von B aus durch ein Seil gehalten. Die vertikale Welle dreht mit konstanter Winkelgeschwindigkeit ω. Bestimmen Sie die x,y,z-Koordinaten von Kraft und Moment in A sowie die Seilkraft.

Gegeben: $b = 1$ m, $\bar{m} = 5$ kg/m, $\omega = 20$ rad/s

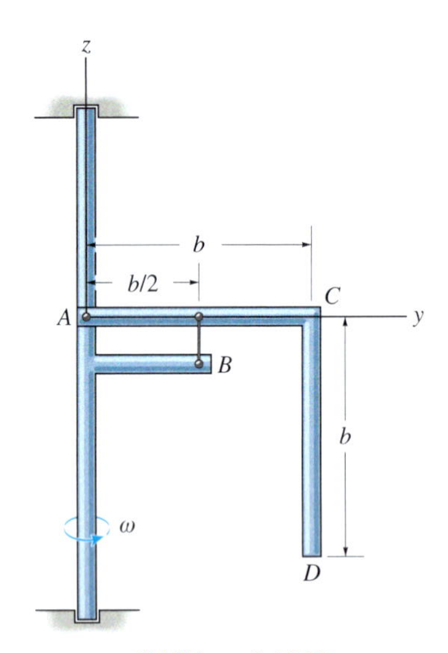

Abbildung A 10.60

Aufgaben zu 10.5 und 10.6

Ausgewählte Lösungswege 

Lösungen finden Sie in *Anhang C*.

***10.61** Zeigen Sie, dass für die Winkelgeschwindigkeit eines Körpers in Euler'schen Winkeln die Beziehung

$$\boldsymbol{\omega} = \left(\dot{\varphi}\sin\vartheta\sin\psi + \dot{\vartheta}\cos\psi\right)\mathbf{i} + \left(\dot{\varphi}\sin\vartheta\cos\psi - \dot{\vartheta}\sin\psi\right)\mathbf{j} + \left(\dot{\varphi}\cos\vartheta + \dot{\psi}\right)\mathbf{k}$$

gilt, wenn die Einheitsvektoren $\mathbf{i}$, $\mathbf{j}$, $\mathbf{k}$ in Richtung der x,y,z-Achsen zeigen, wie in *Abbildung 9.2*.

10.62 Die Längsachse eines dünnen Stabes fällt ursprünglich mit der Z-Achse zusammen, bevor er drei Drehungen mit den angegebenen Euler'schen Winkeln in der Reihenfolge φ, ϑ, ψ ausführt. Bestimmen Sie die Richtungswinkel α, β, γ der Stabachse bezüglich der X,Y,Z-Achsen. Ergeben sich dieselben Richtungswinkel für eine andere Reihenfolge der Drehungen? Warum?

Gegeben: $\varphi = 30°$, $\vartheta = 45°$, $\psi = 60°$

10.63 Die Schiffsturbine hat die Masse m und ist durch die Lager A und B gestützt. Ihr Schwerpunkt liegt in S, ihre Trägheitsradien k_z und $k_x = k_y$ sind gegeben. Die Turbine dreht mit der Winkelgeschwindigkeit ω_A. Bestimmen Sie die vertikalen Reaktionskräfte in den Lagern für die verschiedenen Bewegungen des Schiffes: (a) Schlingern, ω_1, (b) Rollen, ω_2 und (c) Nicken, ω_3.

Gegeben: $m = 400$ kg, $k_x = k_y = 0{,}5$ m, $k_z = 0{,}3$ m, $c = 0{,}8$ m, $b = 1{,}3$ m, $\omega_A = 200$ rad/s, $\omega_1 = 0{,}2$ rad/s, $\omega_2 = 0{,}8$ rad/s, $\omega_3 = 1{,}4$ rad/s

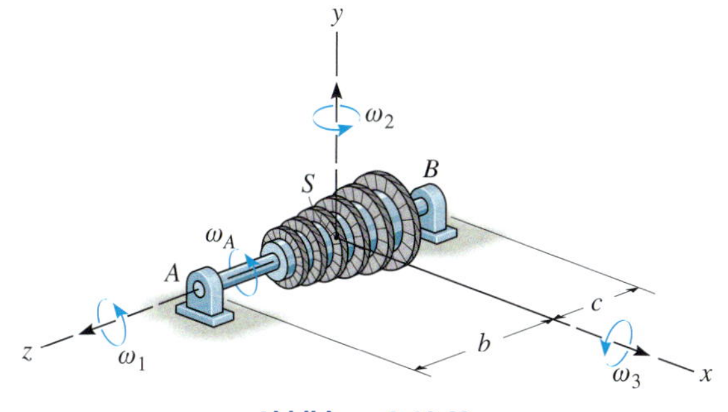

Abbildung A 10.63

***10.64** Die Scheibe der Masse m rollt ohne Gleiten und hat den Trägheitsradius k_{AB} um die Achse AB. Die vertikale Antriebswelle dreht mit der Winkelgeschwindigkeit ω. Bestimmen Sie die Normalkraft des Rades auf den Boden im Punkt C.

Gegeben: $m = 30$ kg, $r = 1{,}8$ m, $d = 3$ m, $k_{AB} = 1{,}2$ m, $\omega = 8$ rad/s

10.65 Das Rad der Masse m rollt ohne Gleiten und hat den Trägheitsradius k_{AB} um die Achse AB. Bestimmen Sie die Winkelgeschwindigkeit von AB so, dass die Normalkraft in C den Betrag F hat.

Gegeben: $m = 30$ kg, $r = 1{,}8$ m, $d = 3$ m, $k_{AB} = 1{,}2$ m, $F = 600$ N

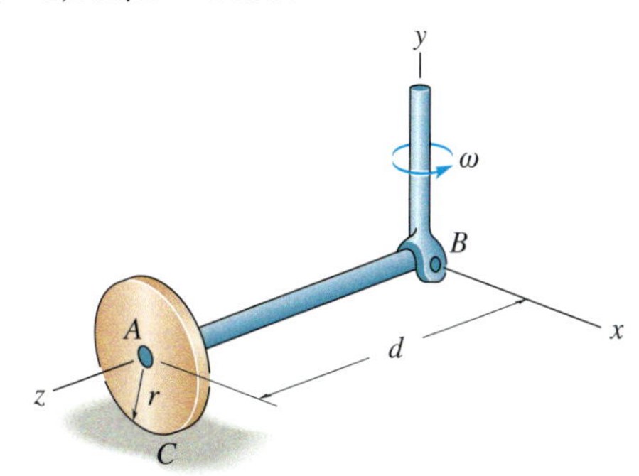

Abbildung A 10.64/65

10.66 Die Scheibe der Masse m dreht mit der Winkelgeschwindigkeit ω_S um ihren Mittelpunkt, die tragende Achse dreht mit der Rate ω_y. Bestimmen Sie das durch die Reaktionskräfte des Zapfens A auf die Scheibe entstehende Kreiselmoment aufgrund der Bewegung.

Gegeben: $m = 20$ kg, $r = 150$ mm, $\omega_S = 20$ rad/s, $\omega_y = 6$ rad/s

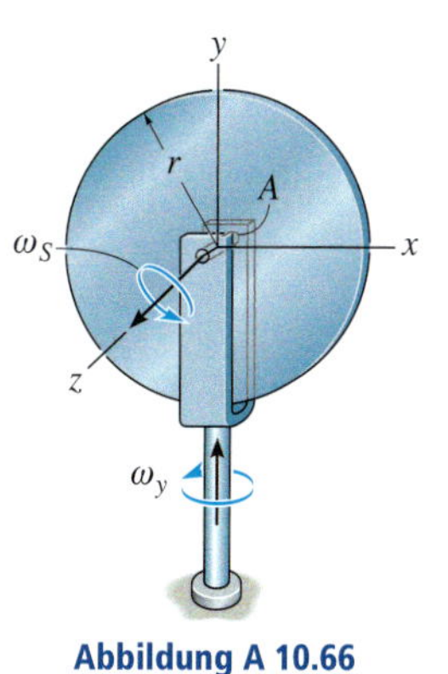

Abbildung A 10.66

10.67 Der Motor hat das Gewicht G und den Trägheitsradius k_z um die z-Achse. Die Motorwelle wird von den Lagern in A und B gestützt und dreht mit der Winkelgeschwindigkeit ω_S, der Rahmen mit ω_y. Bestimmen Sie das aufgrund der Bewegung entstehende Moment der Lagerkräfte in A und B auf die Welle.

Gegeben: $G = 50$ kN, $c = 0{,}5$ m, $k_z = 0{,}2$ m, $\omega_S = 100$ rad/s, $\omega_y = 2$ rad/s

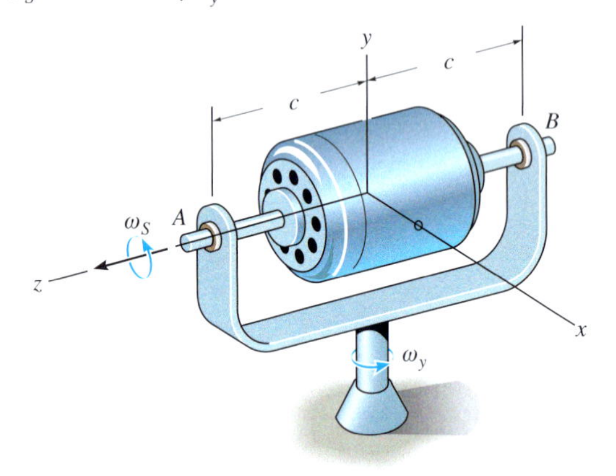

Abbildung A 10.67

***10.68** Der kegelförmige Kreisel hat die Masse m und die Massenträgheitsmomente $J_x = J_y$ und J_z. Er rotiert mit der Winkelgeschwindigkeit ω_S reibungsfrei im Kugelgelenk A. Berechnen Sie die Präzession des Kreisels um die Achse der Welle AB.

Gegeben: $m = 0{,}8$ kg, $J_x = J_y = 3{,}5(10^{-3})$ kgm^2, $J_z = 0{,}8(10^{-3})$ kgm^2, $d = 100$ mm, $\omega_S = 750$ rad/s, $\gamma = 30°$

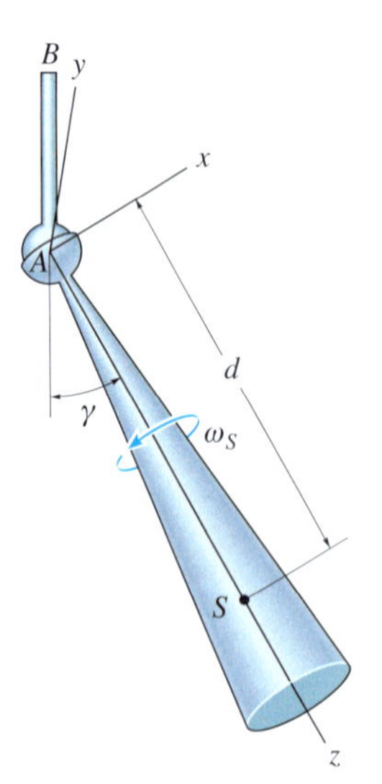

Abbildung A 10.68

10.69 Ein Rad mit der Masse m und dem Radius r rollt mit konstantem Spin ω auf einer Kreisbahn mit dem Radius a. Der Neigungswinkel beträgt θ. Bestimmen Sie die Präzessionswinkelgeschwindigkeit $\dot{\varphi}$. Betrachten Sie das Rad als dünnen Ring. Gleiten tritt nicht auf.

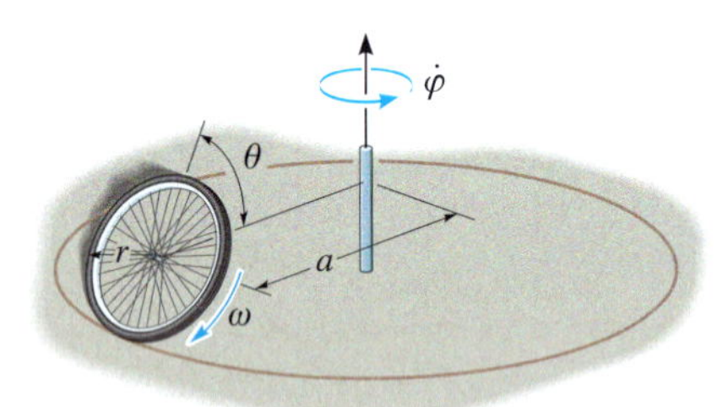

Abbildung A 10.69

10.70 Der Kreisel besteht aus einer dünnen Scheibe mit dem Gewicht G und dem Radius r. Der Stab hat eine vernachlässigbar kleine Masse und die Länge l. Der Kreisel besitzt die Eigendrehung ω_S. Bestimmen Sie die Winkelgeschwindigkeit ω_P der stationären Präzession des Stabes für einen konstanten Neigungswinkel θ.

Gegeben: $G = 8$ N, $r = 0{,}3$ m, $l = 0{,}5$ m, $\omega_S = 300$ rad/s, $\theta = 40°$

10.71 Lösen Sie Aufgabe 10.70 für $\theta = 90°$.

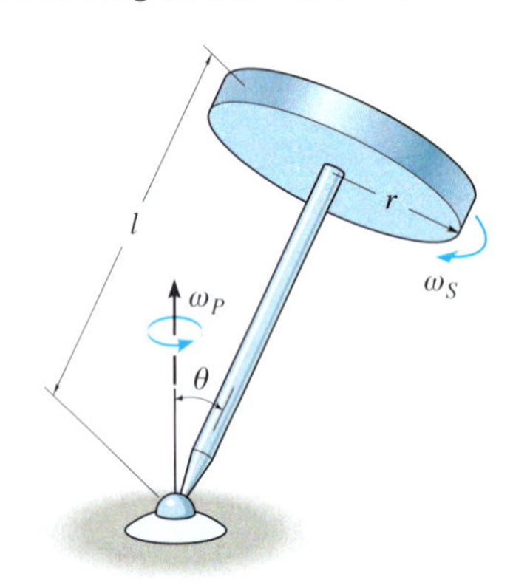

Abbildung A 10.70/10.71

***10.72** Der Kreisel mit der Masse m kann als zylindrischer Vollkegel betrachtet werden. Eine Präzession mit konstantem ω_P wird beobachtet. Bestimmen Sie seinen Spin ω_S.

Gegeben: $m = 30$ kg, $h = 6$ m, $r = 1{,}5$ m, $\omega_P = 5$ rad/s, $\gamma = 30°$

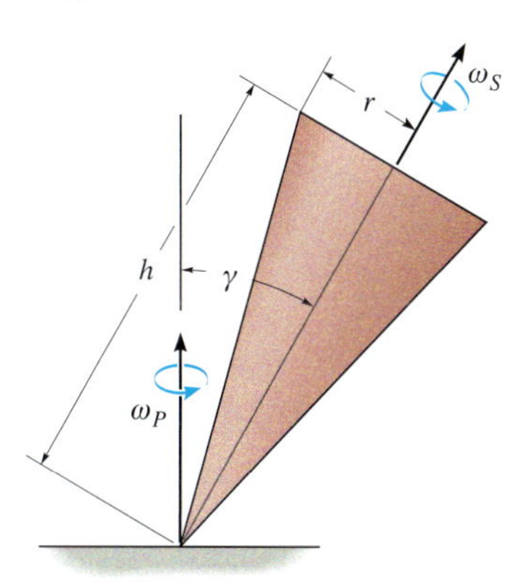

Abbildung A 10.72

10.73 Der Spielkreisel besteht aus einem Rotor, der in einem Rahmen vernachlässigbarer Masse aufgehängt ist. Die Präzession ω_P des Rahmens um den Lagerpunkt O wird beobachtet. Bestimmen Sie die Winkelgeschwindigkeit ω_R des Rotors. Die Achse OA bewegt sich in der horizontalen Ebene. Der Rotor hat die Masse m und den Trägheitsradius k_{OA} um OA.

Gegeben: $m = 200$ g, $d = 30$ mm, $k_{OA} = 20$ mm, $\omega_P = 2$ rad/s

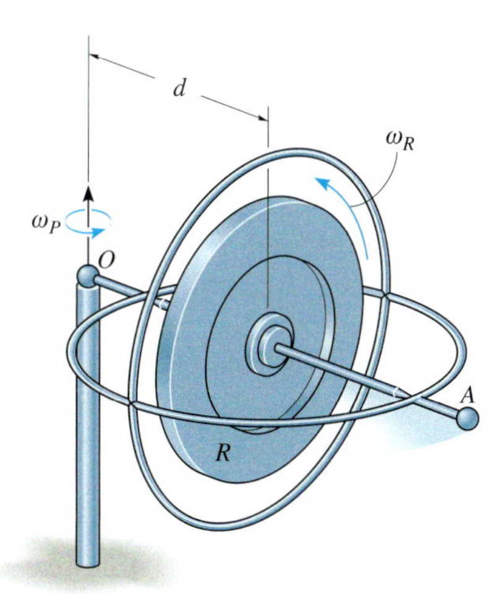

Abbildung A 10.73

10.74 Der Wagen fährt mit der Geschwindigkeit v_C um die horizontale Kurve mit dem Radius ρ. Die Räder haben jeweils die Masse m, den Trägheitsradius k_S um ihre Drehachse und den Radius r. Bestimmen Sie den Unterschied zwischen den Normalkräften der Hinterräder aufgrund der Kreiselwirkung. Der Abstand der Räder d ist gegeben.

Gegeben: $m = 16$ kg, $d = 1{,}30$ m, $k_S = 300$ mm, $r = 400$ mm, $\rho = 80$ m, $v_C = 100$ km/h

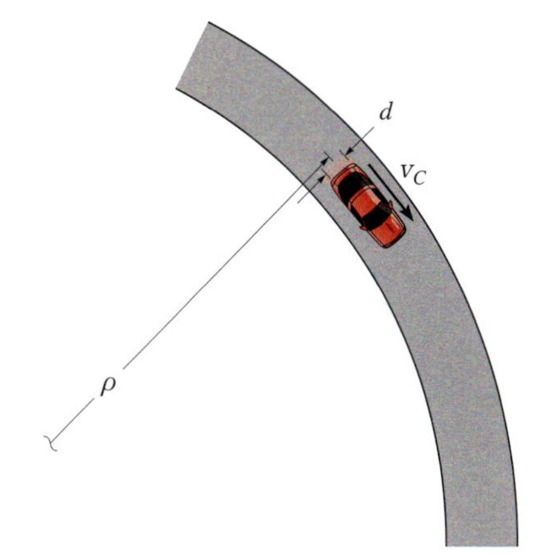

Abbildung A 10.74

***10.75** Das dargestellte Geschoss führt eine kräftefreie Bewegung aus. Die transversalen und axialen Trägheitsmomente sind J bzw. J_z. θ ist der Winkel zwischen der Präzessionsachse Z und der Symmetrieachse z, β der Winkel zwischen der Winkelgeschwindigkeit $\boldsymbol{\omega}$ und der z-Achse. Zeigen Sie, dass für die Beziehung zwischen β und θ die Gleichung $\tan\theta = (J/J_z)\tan\beta$ gilt.

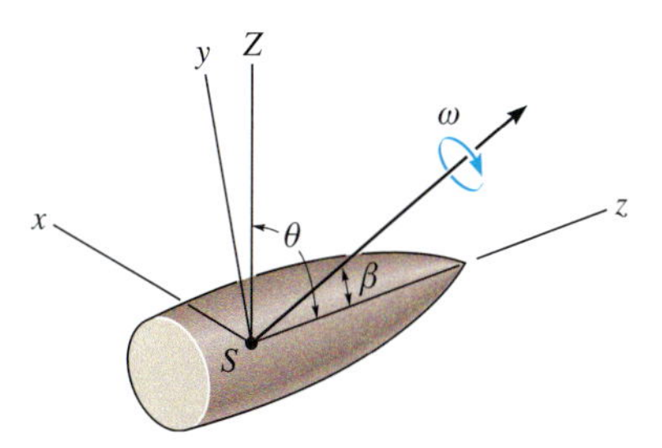

Abbildung A 10.75

***10.76** Im freien Flug hat die Rakete einen Spin ω_S und die Präzession um eine um den Winkel γ zur Figurenachse geneigte Achse. Das Verhältnis des axialen zum transversalen Trägheitsmoment der Rakete ist für Achsen durch den Massenmittelpunkt S gleich c. Bestimmen Sie den Winkel, den die resultierende Winkelgeschwindigkeit mit der Figurenachse einschließt. Konstruieren Sie den Körper und die zur Beschreibung der Bewegung erforderlichen raum- bzw. körperfesten Spur- bzw. Polkegel. Ist die Präzession regulär oder gegenläufig?

Gegeben: $\omega_S = 3\ \text{rad/s}$, $\gamma = 10°$, $c = 1/15$

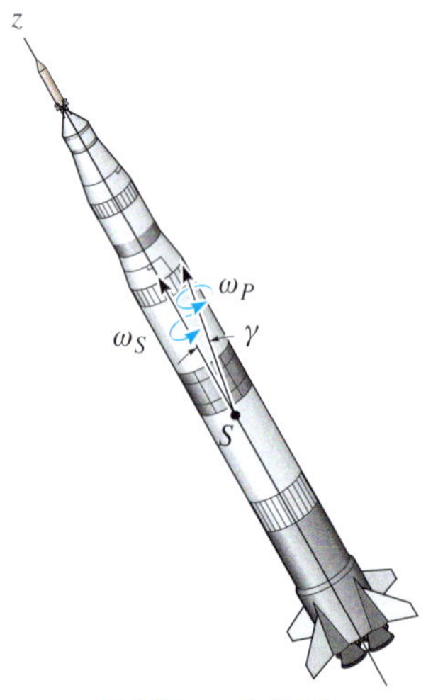

Abbildung A 10.76

10.77 Der Football der Masse m wird mit dem Spin ω_z geworfen. Berechnen Sie für den gegebenen Wert des Neigungswinkels θ die Präzession um die Z-Achse.

Gegeben: $m = 0{,}2\ \text{kg}$, $\theta = 60°$, $\omega_z = 35\ \text{rad/s}$

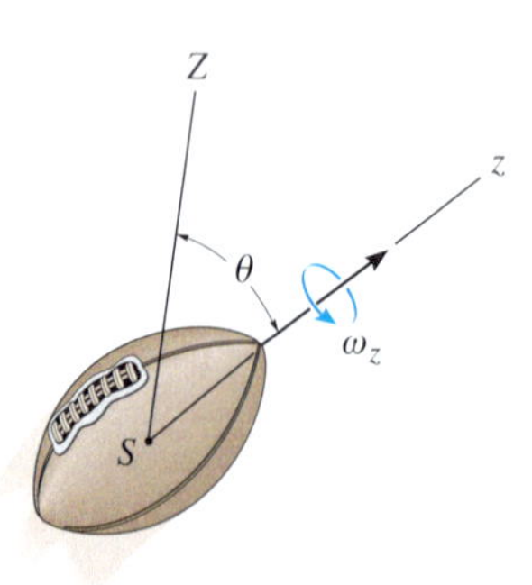

Abbildung A 10.77

10.78 Die Raumkapsel hat die Masse m und um die Achsen durch den Massenmittelpunkt S die axialen und transversalen Trägheitsradien k_z bzw. k_t. Sie rotiert mit dem Spin ω_S. Bestimmen Sie den Drehimpuls. Präzession tritt um die Z-Achse auf.

Gegeben: $m = 3200\ \text{kg}$, $k_z = 0{,}90\ \text{m}$, $k_t = 1{,}85\ \text{m}$, $\gamma = 6°$, $\omega_S = 0{,}8\ \text{U/s}$

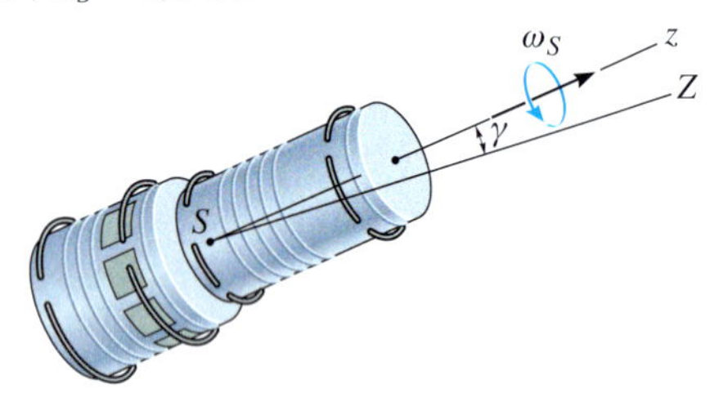

Abbildung A 10.78

10.79 Die Scheibe der Masse m wird mit dem Spin ω_z geworfen. Berechnen Sie für den gegebenen Wert des Neigungswinkels θ die Präzession um die Z-Achse.

Gegeben: $m = 4\ \text{kg}$, $\theta = 160°$, $\omega_z = 6\ \text{rad/s}$, $r = 125\ \text{mm}$

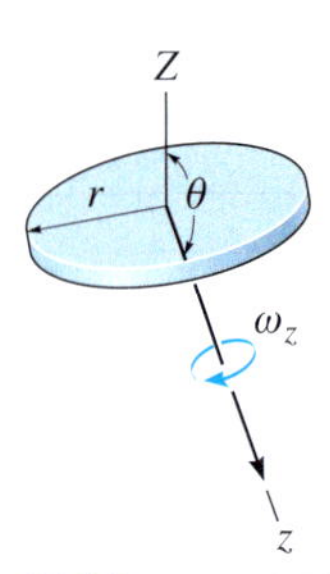

Abbildung A 10.79

10.80 Die Rakete hat die Masse m und die Trägheitsradien k_z bzw. k_y. Sie rotiert mit ω_z um die z-Achse, als ein Meteorit M sie im Punkt A trifft und den Impuls I in Richtung der x-Achse erzeugt. Bestimmen Sie die Präzessionsachse nach dem Zusammenstoß.

Gegeben: $m = 4000\ \text{kg}$, $k_z = 0{,}85\ \text{m}$, $k_y = 2{,}3\ \text{m}$, $\omega_z = 0{,}05\ \text{rad/s}$, $I = 300\ \text{Ns}$, $d = 3\ \text{m}$

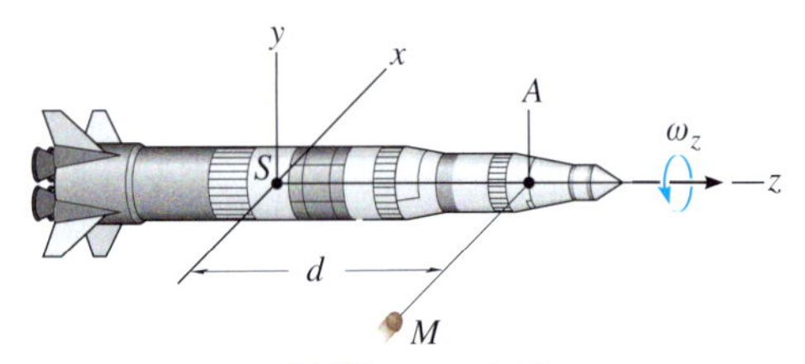

Abbildung A 10.80

Vermischte Aufgaben

Lösungen finden Sie in *Anhang C*.

10.81 Eine rechteckige Platte mit den Seitenlängen d und $2d$ ist auf einer rotierenden Scheibe drehbar befestigt. Die Verdrehung der Platte gegenüber der Scheibe wird mit Hilfe des Winkels θ beschrieben, wobei durch die Drehfeder von der Scheibe auf die Platte ein Rückstellmoment $M = c_d\theta$ ausgeübt wird. Die Scheibe selbst rotiert mit der konstanten Winkelgeschwindigkeit ω_A im Inertialsystem um die vertikale z-Achse. Geben Sie die Bewegungsgleichung für den Winkel θ an.

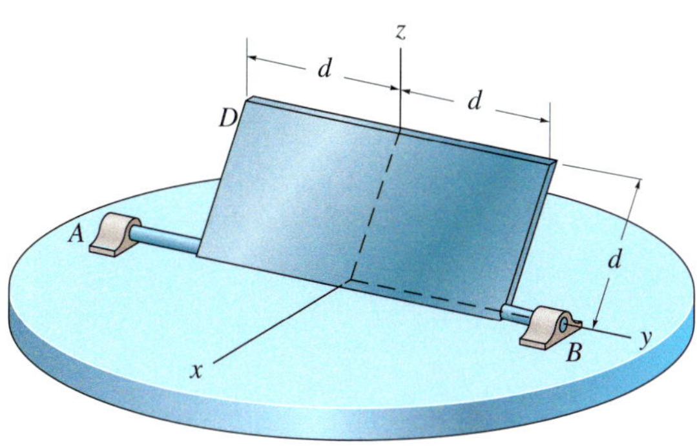

Abbildung A 10.81

10.82 Eine Scheibe der Masse m ist reibungsfrei drehbar auf einem masselosen Stab im Abstand l vom Lagerpunkt A gelagert. Zwischen Scheibe und Stab ist eine Drehfeder angebracht, sodass vom Stab auf die Scheibe ein Rückstellmoment $M = c_d\varphi$ wirkt, wenn φ die Verdrehung der Scheibe gegenüber dem Stab kennzeichnet. Die Scheibe rollt auf der Unterlage ohne Gleiten. Der Stab ist in A so gelagert, dass er sich um die z-Achse drehen kann. Bestimmen Sie die Bewegungsgleichung der Scheibe in φ.

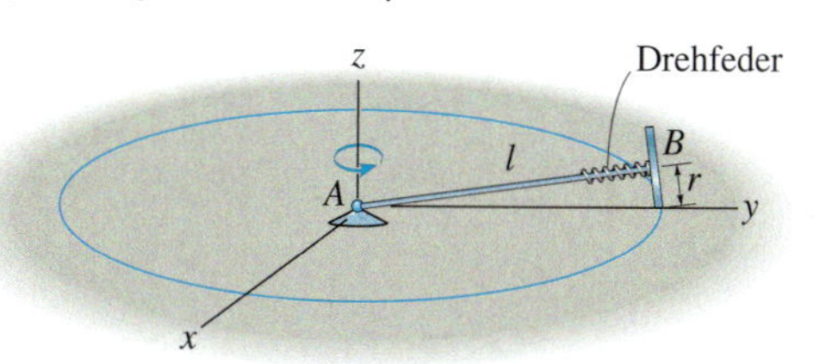

Abbildung A 10.82

10.83 Eine Scheibe mit dem Radius r und der Masse m kann sich auf einem masselosen Stab der Länge l reibungsfrei drehen. Der Stab ist in A über ein Kugelgelenk gelagert. Die Scheibe rollt ohne Gleiten auf einer Ebene, die gegenüber der Horizontalen um den Winkel γ geneigt ist. Die Lage des Kontaktpunktes C wird durch den Winkel φ gemessen. Für $\varphi = 0$ befindet sich der Kontaktpunkt am höchsten Punkt. Bestimmen Sie Bewegungsgleichung in φ.

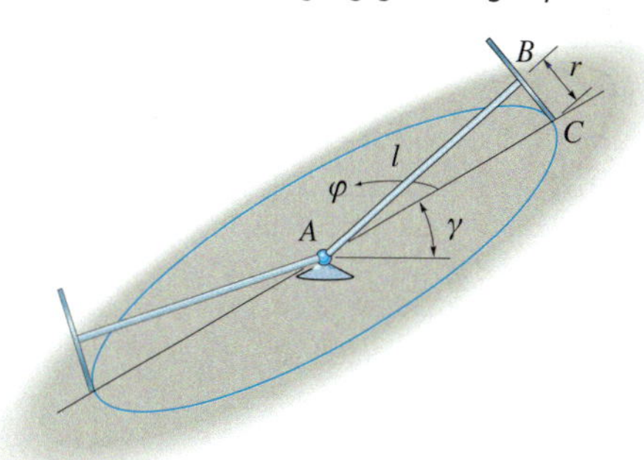

Abbildung A 10.83

***10.84** Eine Scheibe mit dem Radius r und der Masse m ist auf einer Welle so befestigt, dass sie sich um eine wellenfeste x-Achse drehen kann. Dieser Drehung wirkt eine Drehfeder mit der Drehfederkonstanten c_d entgegen. Die Verdrehung wird durch den Winkel θ beschrieben, wobei die Feder für $\theta = 0$ entspannt ist. Die Welle dreht sich mit der konstanten Winkelgeschwindigkeit ω_1. Geben Sie die Bewegungsgleichung für den Winkel θ an. Was ändert sich, wenn ω_1 nicht konstant vorgegeben wird und kein Antriebsmoment um die Wellenachse an der Welle wirkt?

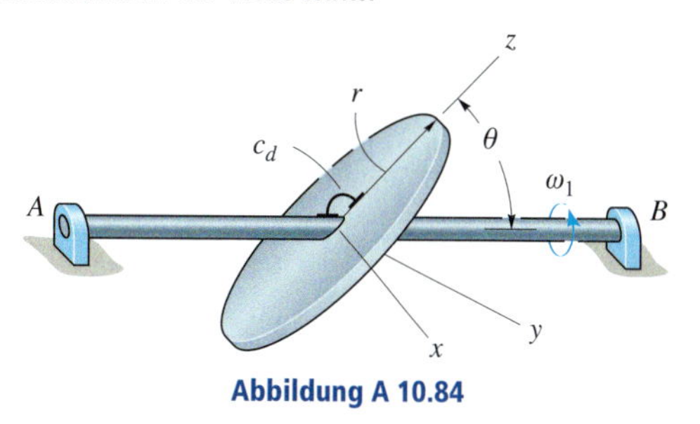

Abbildung A 10.84

Zusätzliche Übungsaufgaben mit Lösungen finden Sie auf der Companion Website (CWS) unter *www.pearson-studium.de*

Analytische Prinzipien

11

ÜBERBLICK

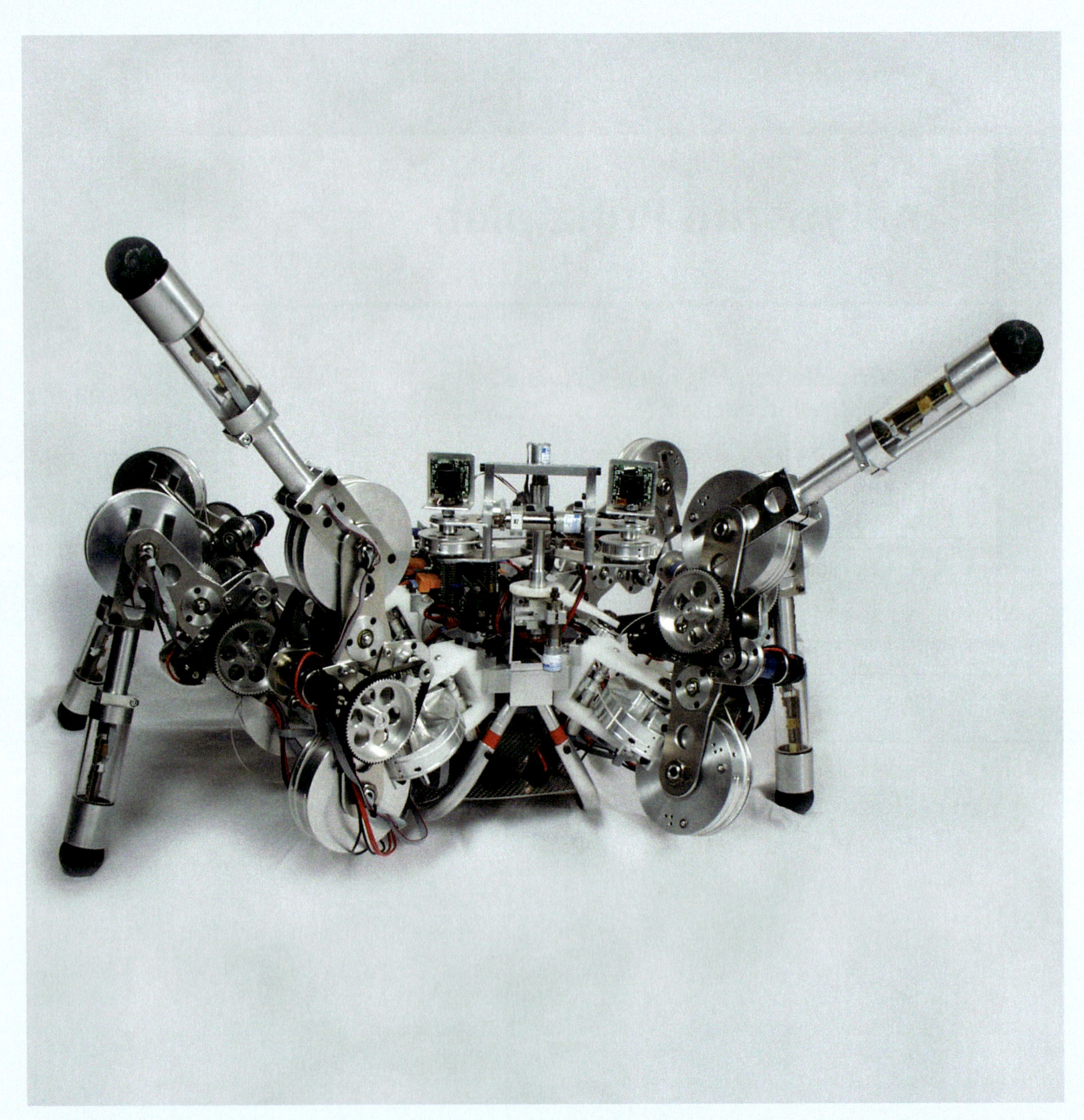

Die Bewegungsgleichungen für diese sehr komplexe sechsbeinige Gehmaschine sind mit analytischen Methoden sehr elegant und effizient herzuleiten (die Gehmaschine LAURON II ist eine gemeinsame Entwicklung des Forschungszentrums Informatik [FZI] und des Instituts für Technische Mechanik [ITM] an der Universität Karlsruhe aus dem Jahre 1996).

Lernziele

- Wiederholung des Begriffes „virtuelle Verrückungen“ aus der analytischen Statik und Einführung des Begriffes „virtuelle Geschwindigkeiten“
- Formulierung des Prinzips von d'Alembert in Lagrange'scher Fassung als eine Variante des Prinzips der virtuellen Arbeit in der Kinetik
- Formulierung der Lagrange'schen Gleichungen 1. Art mit der analytischen Einarbeitung von Nebenbedingungen bei geführten Bewegungen ausgehend von den Bewegungsgleichungen der ungebundenen Bewegung
- Erklärung der Begriffe „generalisierte Koordinaten“ und „generalisierte Kräfte“, Herleitung der Lagrange'schen Gleichungen zweiter Art, um direkt Bewegungsgleichungen holonomer Systeme zu erhalten, ohne dass Zwangskraftgleichungen in Erscheinung treten
- Konkrete Berechnung der Bewegungsgleichungen in verschiedenen Koordinatensystemen und Vergleich der hergeleiteten analytischen Methoden untereinander und mit synthetischen Verfahren

11.1 Virtuelle Verrückungen, virtuelle Geschwindigkeiten

Bereits im Band 1 des vorliegenden dreibändigen Werkes zur Technischen Mechanik, in den Abschnitten 11.1 und 11.2 wurde der Begriff *virtuelle Verrückung* definiert, ohne dabei auf den *zeitlichen Ablauf* der Bewegung einzugehen: Die Begriffe „Geschwindigkeit“ und „Beschleunigung“ wurden nicht benötigt.

Damit wurden virtuelle Verrückungen $\delta\mathbf{r}$ von Systempunkten eingeführt, die keine realen, sondern gedachte, infinitesimal kleine, ansonsten beliebige Verschiebungen oder Verdrehungen darstellen, die mit den Bindungen des Systems durch Lagerungen, Führungen, etc. verträglich, d.h. geometrisch möglich sind, siehe Abbildung 11.1.[1]

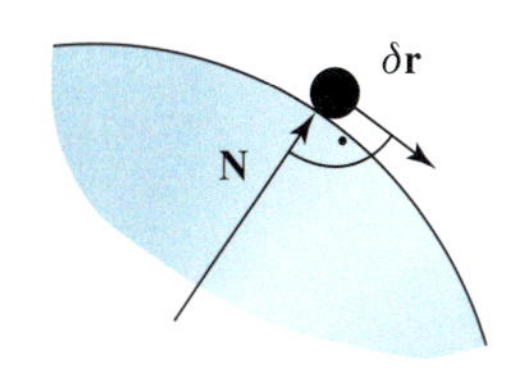

(a)

Abbildung 11.1

1 Die Zwangskräfte in den Gelenken treten jeweils paarweise entgegengesetzt auf, die virtuellen Verrückungen der Gelenkpunkte sind jedoch gleich, so dass die zugehörigen virtuellen Arbeiten sich später gegenseitig aufheben. Die Gelenkkräfte sind deshalb in Abbildung 11.1b nicht mit eingezeichnet.

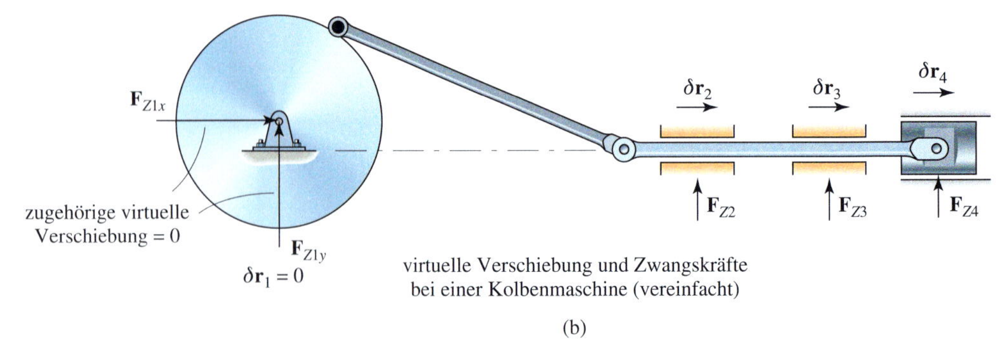

(b)

Abbildung 11.1

In der Kinetik können Zwangsbedingungen (Bindungen) beispielsweise in kartesischen Koordinaten in der Form

$$\varphi(x,y,z,t)=0 \tag{11.1}$$

auftreten, die explizit von der Zeit abhängen und die man *rheonom* nennt. Dabei müssen virtuelle Verrückungen dahingehend präzisiert werden, dass bei physikalisch als Funktion der Zeit ablaufenden Bewegungen zur Berechnung der virtuellen Verrückung die Zeit durch „Einfrieren" gedanklich festzuhalten ist.

Im Folgenden betrachten wir ein System aus k Massenpunkten, sodass insgesamt $3k$ (kartesische) Bewegungskoordinaten vorliegen. Wir nehmen an. dass sie p Bindungsgleichungen der Art

$$\varphi_j(x_1,y_1,z_1,\dots,x_k,y_k,z_k,t)=0, \quad j=1,2,\dots,p \tag{11.2}$$

erfüllen.

Da die Zwangsbedingungen – anders als in der Statik – zeitabhängig sein können, erhält man für eine mögliche, differenziell kleine Verschiebung $d\mathbf{r}$, die durch ihre Koordinaten dx_1, dy_1, dz_1, ..., dz_k bestimmt ist, die Beziehung

$$d\varphi_j=\frac{\partial\varphi_j}{\partial x_1}dx_1+\frac{\partial\varphi_j}{\partial y_1}dy_1+\frac{\partial\varphi_j}{\partial z_1}dz_1+\dots+\frac{\partial\varphi_j}{\partial z_k}dz_k+\frac{\partial\varphi_j}{\partial t}dt=0$$

Entsprechend ergibt sich für eine zweite mögliche Verschiebung $\overline{d\mathbf{r}}$ mit den zugehörigen Koordinaten $\overline{dx_1},\overline{dy_1},\overline{dz_1},\dots,\overline{dz_k}$ der Zusammenhang

$$\overline{d\varphi_j}=\frac{\partial\varphi_j}{\partial x_1}\overline{dx_1}+\frac{\partial\varphi_j}{\partial y_1}\overline{dy_1}+\frac{\partial\varphi_j}{\partial z_1}\overline{dz_1}+\dots+\frac{\partial\varphi_j}{\partial z_k}\overline{dz_k}+\frac{\partial\varphi_j}{\partial t}dt=0$$

sodass für die virtuelle Verschiebung $\delta\mathbf{r}$ als Differenz der beiden möglichen Verschiebungen

$$\begin{aligned}\delta\varphi_j=d\varphi_j-\overline{d\varphi_j}&=\frac{\partial\varphi_j}{\partial x_1}\left(dx_1-\overline{dx_1}\right)+\dots+\frac{\partial\varphi_j}{\partial z_p}\left(dz_k-\overline{dz_k}\right)\\&=\frac{\partial\varphi_j}{\partial x_1}\delta x_1+\dots+\frac{\partial\varphi_j}{\partial z_k}\delta z_k=0\end{aligned}$$

gilt. Man erkennt, dass die Zeitabhängigkeit der Bindungsgleichung keine Rolle spielt, da dt in beiden Fällen gleich groß ist. Eine virtuelle Verschiebung $\delta\mathbf{r}$ entspricht deshalb einer möglichen Verschiebung $d\mathbf{r}$ bei „festgehaltener Zeit".

Wir nehmen hier und im Folgenden an, dass die Zwangsbedingungen als Gleichungen zwischen den Koordinaten gegeben sind oder sich auf solche zurückführen lassen. Es gibt jedoch auch mechanische Systeme, bei denen in Verallgemeinerung der Gleichung (11.1) Bindungsgleichungen der Form

$$\varphi(x, y, z, \dot{x}, \dot{y}, \dot{z}, t) = 0 \tag{11.3}$$

vorliegen, die Geschwindigkeiten enthalten und die nicht integriert werden können. Ein Beispiel ist die in Abbildung 11.2b in der Draufsicht dargestellte Schlittschuhkufe aus Abbildung 11.2a, deren Lage in der x,y-Ebene durch die Koordinaten x, y und ψ vollständig bestimmt ist. *Im Kleinen* existiert allerdings eine Bindungsgleichung

$$\tan\psi = \frac{dy}{dx}, \quad \text{d.h.} \quad \dot{x}\tan\psi - \dot{y} = 0$$

die sich tatsächlich nicht integrieren lässt.

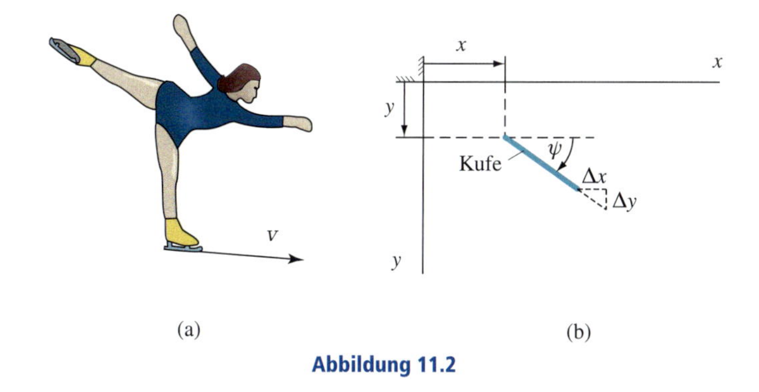

Abbildung 11.2

Diese so genannten *nichtholonomen* Bindungen werden hier und im Folgenden ausgeschlossen. Es werden nur noch *holonome* Systeme betrachtet, bei denen sich im Falle geschwindigkeitsabhängiger Zwangsbedingungen diese integrieren und damit auf die Form gemäß Gleichung (11.1) bzw. (11.2) bringen lassen.

Da Gleichung (11.2) für alle Zeiten erfüllt sein soll, liefert eine Differenziation bezüglich der Zeit t

$$\frac{\partial\varphi_j}{\partial x_1}\dot{x}_1 + \frac{\partial\varphi_j}{\partial y_1}\dot{y}_1 + \frac{\partial\varphi_j}{\partial z_1}\dot{z}_1 + \ldots + \frac{\partial\varphi_j}{\partial x_k}\dot{x}_k + \frac{\partial\varphi_j}{\partial y_k}\dot{y}_k + \frac{\partial\varphi_j}{\partial z_k}\dot{z}_k + \frac{\partial\varphi_j}{\partial t} = 0 \tag{11.4}$$

$j = 1, 2, \ldots, p$

Diese Gleichung besagt, dass für ein gebundenes System (d.h. ein System, das Bindungen unterliegt) die Geschwindigkeiten der einzelnen Massenpunkte nicht unabhängig voneinander sind, sondern auch ein entsprechendes Gleichungssystem erfüllen müssen. Die Geschwindigkeitskoordinaten treten offensichtlich nur linear in diesen Gleichungen auf. In Matrizenschreibweise können wir daher Gleichung (11.4) in der Form

$$\mathbf{Gv} = -\mathbf{h} \tag{11.5}$$

schreiben. Hierin ist $\mathbf{G}$ die $p \times 3k$-Matrix

$$\mathbf{G} = \begin{bmatrix} \frac{\partial \varphi_1}{\partial x_1} & \frac{\partial \varphi_1}{\partial y_1} & \cdots & \frac{\partial \varphi_1}{\partial z_k} \\ \vdots & \vdots & & \vdots \\ \frac{\partial \varphi_p}{\partial x_1} & \frac{\partial \varphi_p}{\partial x_y} & \cdots & \frac{\partial \varphi_p}{\partial z_k} \end{bmatrix}$$

während $\mathbf{v}$ und $\mathbf{h}$ $3k$- bzw. p-Spaltenmatrizen

$$\mathbf{v} = \left(\dot{x}_1, \dot{y}_1, \dot{z}_1, \ldots, \dot{x}_k, \dot{y}_k, \dot{z}_k\right)^T = \left(v_{1x}, v_{1y}, v_{1z}, \ldots, v_{kx}, v_{ky}, v_{kz}\right)^T$$

bzw.

$$\mathbf{h} = -\left(\frac{\partial \varphi_1}{\partial t}, \frac{\partial \varphi_2}{\partial t}, \ldots, \frac{\partial \varphi_p}{\partial t}\right)^T$$

sind.

Spaltenmatrizen $\mathbf{v}$, die Gleichung (11.5) erfüllen, entsprechen Geschwindigkeitszuständen, die mit den (auch zeitabhängigen) Bindungen des Systems verträglich, d.h. kinematisch möglich sind. Eine derartige Spaltenmatrix $\mathbf{v}$ nennt man deshalb auch *mögliche* Geschwindigkeit.

Werden die *Lage* des Systems *und* die *Zeit* festgehalten und ähnlich wie bei den möglichen Verschiebungen zwei mögliche Geschwindigkeiten $\mathbf{v}$ und $\overline{\mathbf{v}}$ betrachtet, so erfüllen beide Gleichung (11.5). Für die virtuellen Geschwindigkeiten $\delta\mathbf{v}$ als Differenz zweier möglicher Geschwindigkeiten gilt

$$\mathbf{G}\delta\mathbf{v} = \mathbf{0} \tag{11.6}$$

Im Allgemeinen sind die virtuellen Geschwindigkeiten keine möglichen Geschwindigkeiten und die möglichen sind keine virtuellen. Lediglich bei *skleronomen* Bindungen

$$\varphi(x, y, z) = 0 \tag{11.7}$$

die zeitunabhängig sind, erfüllen die virtuellen und die möglichen Geschwindigkeiten dieselben Gleichungen.

Beispiel 11.1 Ein mathematisches Pendel besteht aus einer masselosen Stange der Länge l und einem daran befestigten Massenpunkt der Masse m, Abbildung 11.3. Die Pendelbewegung wird durch den Winkel ψ beschrieben, während bezüglich der zusätzlichen vertikalen Bewegung des Fußpunktes zwei Möglichkeiten gegenübergestellt werden.

Zum einen soll der Fußpunkt über eine elastische Dehnfeder mit der Federkonstanten c an der Umgebung befestigt sein. Dabei wird der Fußpunkt in Querrichtung unverschiebbar geführt und kann eine Vertikalbewegung s ausführen. Für $s = 0$ soll die Feder unverformt sein, siehe Abbildung 11.3a und b.

Alternativ soll der Fußpunkt neben seiner Unverschiebbarkeit in Querrichtung in vertikaler Richtung eine vorgeschriebene zeitabhängige Bewegung $s(t)$ ausführen, siehe Abbildung 11.3c.

Für beide Fälle sind nacheinander die möglichen und virtuellen Geschwindigkeiten des Massenpunktes sowie seine differenziellen und virtuellen Verrückungen anzugeben.

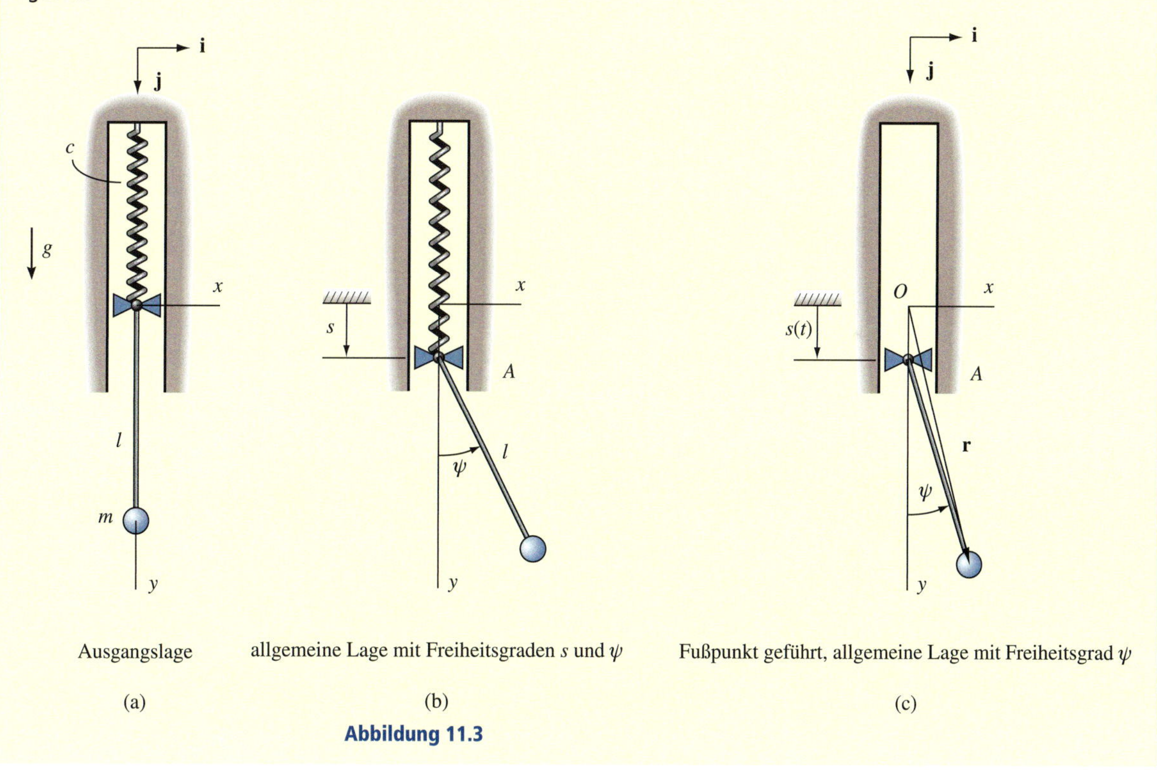

Abbildung 11.3

Lösung

Ausgangspunkt der Rechnung in beiden Fällen ist der Ortsvektor vom gewählten Koordinatenursprung O, der hier mit dem Befestigungspunkt der Feder mit der Stange für die unverformte Feder übereinstimmen soll. Der Ortsvektor lässt sich dann aus Abbildung 11.3 zu

$$\mathbf{r} = l\sin\psi\,\mathbf{i} + \left(s + l\cos\psi\right)\mathbf{j} \tag{1}$$

entnehmen, wobei die beiden betrachteten Fälle sich dadurch unterscheiden, dass im Fall a) zwei Freiheitsgrade ψ und s vorliegen, während im Fall b) durch die explizite Zeitabhängigkeit $s(t)$ die Zahl der Freiheitsgrade auf eins eingeschränkt wird.

Fall a) Durch Differenziation gewinnt man aus dem Lagevektor $\mathbf{r}$ den Geschwindigkeitsvektor

$$\mathbf{v} = \dot{\mathbf{r}} = l\dot{\psi}\cos\psi\,\mathbf{i} + \left(\dot{s} - l\dot{\psi}\sin\psi\right)\mathbf{j}$$

woraus die differenzielle Verschiebung in der Form

$$d\mathbf{r} = l\cos\psi\,d\psi\,\mathbf{i} + \left(ds - l\sin\psi\,d\psi\right)\mathbf{j}$$

unmittelbar folgt.

Die möglichen und die virtuellen Geschwindigkeiten stimmen hier überein und sind die x- und die y-Koordinaten des Geschwindigkeitsvektors $\mathbf{v}$:

$$v_x = l\dot{\psi}\cos\psi \qquad v_y = \dot{s} - l\dot{\psi}\sin\psi$$

$$\delta v_x = l\cos\psi\delta\dot{\psi} \qquad \delta v_y = \delta\dot{s} - l\sin\psi\delta\dot{\psi}$$

Auch die virtuellen Verrückungen fallen mit den differenziellen (möglichen) Verschiebungen zusammen, hier koordinatenweise angegeben:

$$dr_x = l\cos\psi\,d\psi \qquad dr_y = ds - l\sin\psi\,d\psi$$

$$\delta r_x = l\cos\psi\delta\psi \qquad \delta r_y = \delta s - l\sin\psi\delta\psi$$

Fall b) Geschwindigkeitsvektor und differenzielle Verschiebung bleiben unverändert, nur die zweckmäßige Angabe der expliziten Zeitabhängigkeit von $s(t)$ weist auf den Unterschied hin:

$$\mathbf{v} = \dot{\mathbf{r}} = l\dot{\psi}\cos\psi\,\mathbf{i} + \left(\dot{s}(t) - l\dot{\psi}\sin\psi\right)\mathbf{j}$$

$$d\mathbf{r} = l\cos\psi\,d\psi\,\mathbf{i} + \left(ds(t) - l\sin\psi\,d\psi\right)\mathbf{j}$$

Während somit die möglichen Geschwindigkeiten und differenziellen Verschiebungen ebenfalls unverändert bleiben,

$$v_x = l\dot{\psi}\cos\psi \qquad v_y = \dot{s}(t) - l\dot{\psi}\sin\psi$$

$$dr_x = l\cos\psi\,d\psi \qquad dr_y = ds(t) - l\sin\psi\,d\psi$$

ergeben sich jetzt für die virtuellen Geschwindigkeiten und die virtuellen Verschiebungen durch das Einfrieren der Zeit entscheidende Änderungen:

$$\delta v_x = l\cos\psi\delta\dot{\psi} \qquad \delta v_y = -l\sin\psi\delta\dot{\psi} \tag{2}$$

$$\delta r_x = l\cos\psi\delta\psi \qquad \delta r_y = -l\sin\psi\delta\psi \tag{3}$$

Der Fall b) soll noch mit einer komplizierteren Koordinatenwahl diskutiert werden und zwar soll die Pendelbewegung nicht durch den Pendelwinkel ψ, sondern durch die kartesischen Koordinaten x und y beschrieben werden. Die Koordinaten des Massenpunktes erfüllen dann die Bindungsgleichung

$$\varphi(x,y,t) = l^2 - x^2 - [y - s(t)]^2 = 0$$

die natürlich durch Wahl des Pendelwinkels ψ anstelle x und y gemäß Gleichung (1) automatisch erfüllt wird. Mit den Koordinaten $v_x = \dot{x}$, $v_y = \dot{y}$ der möglichen Geschwindigkeiten folgt

$$-xv_x - [s(t) - y]\dot{s}(t) + [s(t) - y]v_y = 0 \tag{4}$$

Dies ist eine inhomogene Gleichung für die Koordinaten v_x, v_y der möglichen Geschwindigkeiten. Die Koordinaten der virtuellen Geschwindigkeit erfüllen die homogene Gleichung

$$-x\delta v_x - [y - s(t)]\delta v_y = 0 \tag{5}$$

d.h. auch hier wird erkennbar, dass mögliche und virtuelle Geschwindigkeiten wegen der Zeitabhängigkeit der Bindungen verschieden sind.

Die Gleichung besagt, dass der Vektor $\delta\mathbf{v} = \delta v_x\mathbf{i} + \delta v_y\mathbf{j}$ senkrecht auf dem Vektor $\mathbf{r}_{AP} = x\mathbf{i} + (y - s(t))\mathbf{j}$ vom Stangenfußpunkt A zum Massenpunkt steht. Die virtuelle Geschwindigkeit $\delta\mathbf{v}$ ist die Geschwindigkeit des Massenpunktes bei festgehaltener Zeit, d.h. bei festgehaltenem Fußpunkt A. Eine Lösung ist

$$\frac{\delta v_x}{\delta v_y} = \frac{y - s(t)}{-x}$$

Die Richtung von $\delta\mathbf{v}$ (senkrecht auf $\mathbf{r}_{AP}$) lässt sich auch Gleichung (2) entnehmen und stimmt mit der Richtung von $\delta\mathbf{r} = \delta r_x\mathbf{i} + \delta r_y\mathbf{j}$ gemäß Gleichung (3) überein. Offenbar stehen die virtuellen Geschwindigkeiten und die virtuellen Verrückungen senkrecht auf der resultierenden Zwangskraft am Massenpunkt, die im vorliegenden Fall als Stangenkraft $\mathbf{S}$ in Richtung der Stange entlang der Verbindung vom Fußpunkt A zum Massenpunkt weist. Diesem Sachverhalt kann man durch ein verschwindendes Skalarprodukt

$$\mathbf{S}\cdot\delta\mathbf{v} = 0 \quad \text{bzw.} \quad \mathbf{S}\cdot\delta\mathbf{r} = 0$$

Rechnung tragen, eine Beziehung, die man auch bei anderen Beispielen immer wieder bestätigt findet.

11.2 Prinzip von d'Alembert in Lagrange'scher Fassung

Aus *Kapitel 2* ist eine Einteilung der auftretenden Kräfte – und dies gilt sinngemäß auch für Momente – in

1. eingeprägte Kräfte,
2. Zwangskräfte und
3. Trägheitskräfte

geläufig.

Dabei sind Zwangskräfte $\mathbf{F}_Z$ Reaktionskräfte, die bei geführter Bewegung die Bindung an die Führung bewirken, damit die Bewegung einschränken und bei der Bewegung eines *einzelnen Massenpunktes* aller Erfahrung nach *stets senkrecht* auf der Bewegungsbahn stehen, siehe auch *Kapitel 2.2*. Für einzelne starre Körper gilt diese Aussage sinngemäß gleichermaßen, wenn man die Bewegung des Kontaktpunktes mit einer Führung ins Auge fasst. Bei Massenpunktsystemen (oder allgemeineren Mehrkörpersystemen) ist diese Aussage bei der Betrachtung von Kontaktpunkten mit umgebenden Führungen ebenfalls richtig, bei Zwangskräften der beteiligten Massenpunkte oder Körper untereinander trifft dies allerdings nicht mehr zu: Man muss dann die auftretenden Zwangskräfte, die ja innere Kräfte sind und gemäß „actio = reactio" immer paarweise auftreten, gleichzeitig in die Rechnung einbeziehen.

Betrachtet man dementsprechend zunächst einen einzelnen Massenpunkt, kann man dem erläuterten Sachverhalt unter Benutzung der im voran gegangenen Abschnitt eingeführten virtuellen Verrückungen $\delta\mathbf{r}$ oder virtuellen Geschwindigkeiten $\delta\mathbf{v}$ Rechnung tragen, indem man feststellt, dass die virtuelle Arbeit oder die virtuelle Leistung der Zwangskräfte stets null ist:

$$\mathbf{F}_Z \cdot \delta\mathbf{r} = 0 \quad \text{bzw.} \quad \mathbf{F}_Z \cdot \delta\mathbf{v} = 0 \tag{11.8}$$

Mit der Aufteilung der resultierenden äußeren Kraft im Prinzip von d'Alembert, hier zur Herleitung für einen Massenpunkt gemäß Gleichung (2.5),

$$\mathbf{F}_e + \mathbf{F}_Z + \mathbf{F}_T = \mathbf{0} \text{ mit } \mathbf{F}_T = -m\mathbf{a} = -m\ddot{\mathbf{r}},$$

folgt dann

$$\mathbf{F}_Z = -(\mathbf{F}_e + \mathbf{F}_T)$$

und nach Einsetzen gemäß Gleichung (11.8)

$$\begin{aligned} (\mathbf{F}_e + \mathbf{F}_T) \cdot \delta\mathbf{r} = 0 \quad &\text{bzw.} \quad (\mathbf{F}_e + \mathbf{F}_T) \cdot \delta\mathbf{v} = 0 \\ (\mathbf{F}_e - m\ddot{\mathbf{r}}) \cdot \delta\mathbf{r} = 0 \quad &\text{bzw.} \quad (\mathbf{F}_e - m\ddot{\mathbf{r}}) \cdot \delta\mathbf{v} = 0 \end{aligned} \tag{11.9}$$

als alternatives Axiom anstelle des Newton'schen Grundgesetzes. In der Formulierung als verschwindende virtuelle Arbeit aller eingeprägten Kräfte und Trägheitskräfte nennt man diese Aussage das Prinzip von d'Alembert[2] in der Lagrange'schen Fassung.[3] Auch der Namen „verallgemeinertes Prinzip der virtuellen Verrückungen" ist geläufig. Die zweite Variante nennt man in der Regel „Prinzip der virtuellen Geschwindigkeiten" oder auch „Prinzip von Jourdain"[4].

Führt man abschließend noch die virtuelle Arbeit bzw. die virtuelle Leistung der eingeprägten Kräfte und der Trägheitskräfte ein,

$$\delta W_e = \mathbf{F}_e \cdot \delta\mathbf{r}, \delta W_T = \mathbf{F}_T \cdot \delta\mathbf{r} \quad \text{bzw.} \quad \delta P_e = \mathbf{F}_e \cdot \delta\mathbf{v}, \delta P_T = \mathbf{F}_T \cdot \delta\mathbf{v},$$

so schreibt sich das Prinzip von d'Alembert in Lagrange'scher Fassung bzw. das Prinzip von Jourdain in der Form

$$\delta W_e + \delta W_T = 0 \quad \text{bzw.} \quad \delta P_e + \delta P_T = 0 \tag{11.10}$$

als „verallgemeinertes Prinzip der virtuellen Arbeit" bzw. „Prinzip der virtuellen Leistung": Die Bewegung $\mathbf{r}(t)$ verläuft so, dass bei einer virtuellen Verrückung $\delta\mathbf{r}$ bzw. einer virtuellen Geschwindigkeit $\delta\mathbf{v}$ die Summe der virtuellen Arbeiten bzw. Leistungen der eingeprägten Kräfte und der Trägheitskräfte zu jedem Zeitpunkt null ist.

Im Folgenden wollen wir nur noch das Prinzip von d'Alembert in Lagrange'scher Fassung weiterverfolgen. Auch in den Beispielen und Übungsaufgaben soll allein auf dieses verallgemeinerte Prinzip der virtuellen Arbeit Bezug genommen werden.

Um die Betrachtungen auf Massenpunktsysteme auszudehnen, ist die gegenseitige Wechselwirkung der Massenpunkte im Hinblick auf dadurch hervorgerufene Zwangskräfte noch genauer zu klassifizieren. Je nach Art der Kopplung, die zwischen den Massenpunkten auftreten kann, unterscheidet man

1. *geometrische* und *kinematische* Bindungen einerseits und
2. *physikalische* Bindungen andererseits.

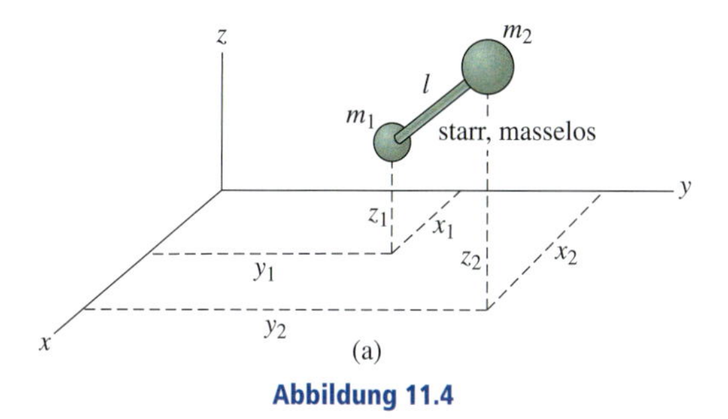

Abbildung 11.4

Geometrische Bindungen beschränken die *Lage* des Systems, siehe beispielsweise die in Abbildung 11.4a gezeigte Hantel aus zwei Massen-

2 Nach dem französischen Mathematiker und Physiker Jean Baptiste le Rond (1717–1783), genannt d'Alembert.

3 Benannt nach dem italienischen Mathematiker Joseph Louis de Lagrange (1736–1813).

4 Nach dem britischen Mathematiker Philip Edward Bertrand Jourdain (1879–1919).

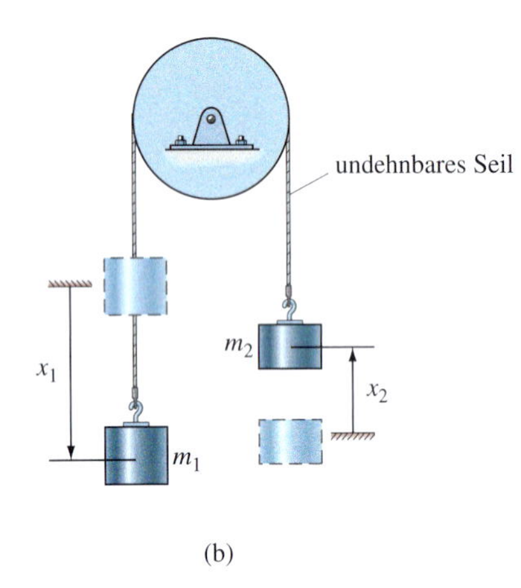

(b)

punkten im Raum. Wird diese als starr angenommen, dann ist der Abstand zwischen den beiden Massen unveränderlich,

$$(x_2 - x_1)^2 + (y_2 - y_1)^2 + (z_2 - z_1)^2 = l^2$$

sodass im Speziellen eine so genannte *starre* Bindung vorliegt. Kinematische Bindungsgleichungen werden in natürlicher Weise durch einen *geschwindigkeitsabhängigen* Zusammenhang beschrieben, siehe das in Abbildung 11.4b dargestellte System aus zwei über ein undehnbares Seil verbundene Massen mit zylindrischer, hier masseloser Umlenkrolle, wie es typisch für abhängige Bewegungen von Systemen ist, die bereits in *Kapitel 1 und 2* diskutiert wurden. Bei den angenommenen Bewegungsrichtungen lautet sie

$$\dot{x}_1 = \dot{x}_2$$

Die in diesem Buch verwendeten kinematischen Bindungsgleichungen sind, wie bereits in *Abschnitt 11.1* diskutiert und wie für das betrachtete Beispiel zutreffend, integrierbar und damit letztendlich auch geometrischer Natur. Gemeinsam stellen sie die Klasse holonomer Bindungen dar.

Die Zahl der Massenpunkte und die Zahl der kinematischen Bindungen bestimmt nun die Zahl der Freiheitsgrade f eines Systems, d.h. die Zahl der *unabhängigen* Koordinaten, um die Lage des Systems, hier jedes Massenpunktes, vollständig zu beschreiben. Beispielsweise sind für das einfache System aus zwei Massenpunkten gemäß Abbildung 11.4b zunächst zwei Koordinaten x_1 und x_2 zur Beschreibung der Lage einzuführen, allerdings gibt es noch eine Bindungsgleichung $\dot{x}_1 = \dot{x}_2$, sodass das System 1 Freiheitsgrad besitzt. Im Beispiel gemäß Abbildung 11.4a ergeben sich $2 \times 3 = 6$ Bewegungskoordinaten (je 3 für einen Massenpunkt im Raum), die durch eine Bindungsgleichung auf 5 Freiheitsgrade eingeschränkt werden. Im Allgemeinen existieren für n Massenpunkte $3n$ kartesische Koordinaten, um die Lage zu beschreiben. Liegen dann r geometrische oder kinematische Bindungsgleichungen vor, ergeben sich

$$f = 3n - r$$

Freiheitsgrade. In der Ebene wird die Lage eines Massenpunktes durch 2 kartesische Koordinaten beschrieben, woraus

$$f = 2n - r$$

folgt.

Eine *physikalische* Bindung dagegen erfolgt über Kraftelemente zwischen den Massen, die wechselseitig Kräfte auf die Massenpunkte ausüben. Diese Kräfte sind über eine physikalische Gesetzmäßigkeit von den Bewegungskoordinaten (oder deren Zeitableitungen) der Massen abhängig. Die Bindungskraft

$$F_{12} = c\Delta l$$

einer zwei Massen verbindenden Feder gemäß Abbildung 11.4c in Richtung der Verbindungslinie, wobei Δl die Längenänderung der Feder gegenüber der ungespannten Länge bedeutet, entspricht einer derartigen

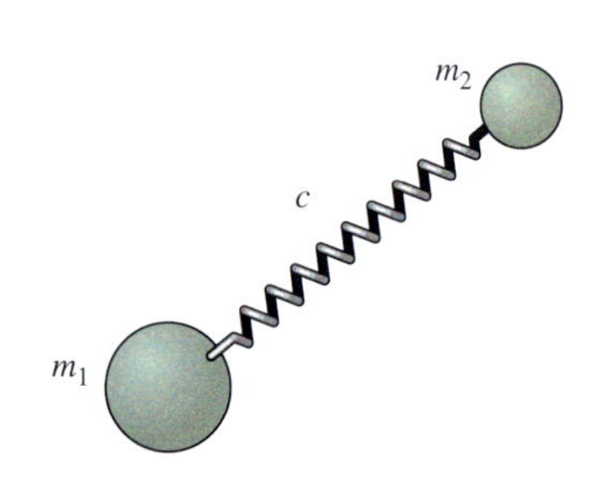

(c)

Abbildung 11.4

physikalischen Bindung. Weitere Beispiele sind Dämpfungskräfte zwischen Systemkomponenten und Gravitationskräfte zwischen Sonne und Erde oder Satelliten und Planeten.

Das für einen einzelnen Massenpunkt formulierte Prinzip von d'Alembert in Lagrange'scher Fassung gemäß Gleichung (11.9) oder auch (11.10) gilt ohne besondere Modifikationen auch für ein Massenpunktsystem mit *starren* Bindungen, wenn die Abstände der beteiligten Massenpunkte unveränderlich sind. Um dies zu zeigen, formuliert man auf der Grundlage des Prinzips von d'Alembert in Lagrange'scher Fassung

$$\mathbf{F}_i + \mathbf{f}_i = m_i \mathbf{a}_i, \quad i = 1,2,\ldots, n \tag{11.11}$$

für einen beliebigen i-ten Massenpunkt eine Verallgemeinerung der Beziehung gemäß Gleichung (11.8) für einzelne Massenpunkte in der Weise, dass bei einer virtuellen Verrückung $\delta\mathbf{r}_i$ aller Massenpunkte die *gesamte* virtuelle Arbeit der Zwangskräfte $\mathbf{F}_{Z,i}$ null wird, d.h.

$$\sum_i \mathbf{F}_{Z,i} \cdot \delta\mathbf{r}_i = 0 \tag{11.12}$$

gelten soll. Nach Multiplikation der Bewegungsgleichungen (11.11) mit $\delta\mathbf{r}_i$ und Aufsummieren über alle Massenpunkte unter Berücksichtigung von Gleichung (11.12) ergibt sich die zu Gleichung (11.9) analoge Beziehung

$$\sum_i \left(\mathbf{F}_{e,i} - m_i \ddot{\mathbf{r}}_i\right) \cdot \delta\mathbf{r}_i = 0 \tag{11.13}$$

Mit

$$\sum_i \mathbf{F}_{e,i} \cdot \delta\mathbf{r}_i = \delta W_e \quad \text{und} \quad \sum_i \mathbf{F}_{T,i} \cdot \delta\mathbf{r}_i = \delta W_T$$

erhält man daraus wieder das verallgemeinerte Prinzip der virtuellen Arbeit gemäß Gleichung (11.10).

Da das Prinzip von d'Alembert in Lagrange'scher Fassung die Zwangskräfte nicht enthält, führt es grundsätzlich direkt zu den Bewegungsgleichungen eines Systems, ohne dass in einem zusätzlichen Rechenschritt die Zwangskräfte noch eliminiert werden müssen. Dies ist insbesondere bei Systemen aus vielen Massenpunkten, aber wenigen Freiheitsgraden ein beachtlicher Vorteil, weil dann nämlich diese Elimination im Allgemeinen sehr rechenintensiv werden kann. Ist man allerdings neben den Bewegungsgleichungen auch noch an der Dimensionierung der Verbindungselemente, wie Gelenke, Seile, etc., interessiert – dies ist in der Praxis häufig der Fall – kommt man um das Freischneiden der entsprechenden Systemkomponente und der Auswertung der dynamischen Gleichgewichtsbedingungen in Richtung der wirkenden Zwangskraft nicht herum.

Zur konkreten Berechnung der Bewegungsgleichungen sind alle $\delta\mathbf{r}_i$ durch die virtuellen Änderungen δs_j der n Freiheitsgrade s_j, $j = 1, \ldots, n$ auszudrücken. Damit kann Gleichung (11.13) in die Form

$$(\ldots)\delta s_1 + (\ldots)\delta s_2 + \ldots + (\ldots)\delta s_n = 0$$

gebracht werden, die nur dann erfüllt werden kann, wenn die Klammern einzeln verschwinden. Diese n Gleichungen sind die gesuchten Bewegungsgleichungen. Hat ein kompliziertes System nur einen Freiheitsgrad, d.h. $n = 1$, dann erweist sich das Prinzip von d'Alembert in Lagrange'scher Fassung als besonders effektiv.

Das verallgemeinerte Prinzip der virtuellen Arbeit gemäß Gleichung (11.10) gilt sinngemäß auch für einzelne starre Körper oder gar Systeme starrer Körper. Die zugehörige Formulierung des Prinzips von d'Alembert in Lagrange'scher Fassung hat man unter Berücksichtigung der Tatsache, dass die starren Körper sowohl eine Translation als auch eine Rotation ausführen, entsprechend zu modifizieren. Für einen einzelnen starren Körper in allgemein räumlicher Bewegung gilt dann

$$\begin{gathered}\left(\mathbf{F}_e + \mathbf{F}_T\right)\cdot\delta\mathbf{r}_S + \left(\mathbf{M}_e^{(S)} + \mathbf{M}_T^{(S)}\right)\cdot\delta\boldsymbol{\varphi} = 0 \\ \mathbf{F}_T = -m\ddot{\mathbf{r}}_S, \quad \mathbf{M}_T^{(S)} = -\left[\boldsymbol{\Phi}_S\dot{\boldsymbol{\omega}} + \boldsymbol{\omega}\times\left(\boldsymbol{\Phi}_S\cdot\boldsymbol{\omega}\right)\right]\end{gathered} \tag{11.14}$$

Hierin ist $\mathbf{r}_S$ der Ortsvektor zum Schwerpunkt des starren Körpers, $\boldsymbol{\omega}$ dessen Winkelgeschwindigkeit und $\boldsymbol{\Phi}_S$ der Trägheitstensor bezüglich des Schwerpunktes.

Der Sonderfall reiner Drehung starrer Körper lässt sich daraus einfach extrahieren, wenn man allein den zweiten Summanden beibehält und den Index „S" (Schwerpunkt) durch den Drehpunkt O ersetzt.

Für einfache Systeme, die von Hause aus durch eine Bewegungskoordinate charakterisiert werden, ist die konkrete Herleitung der Bewegungsgleichungen im Rahmen des Prinzips von d'Alembert in der Lagrange'schen Fassung ohne Besonderheiten. Man hat ein Koordinatensystem festzulegen, in dem die Aufgabe zweckmäßig bearbeitet wird und hat anschließend für alle angreifenden eingeprägten Kräfte und auch die Trägheitskräfte die virtuelle Arbeit δW zu berechnen und gleich null zu setzen. Zwangskräfte können von Anfang an unbeachtet bleiben.

Hat ein System mehrere Freiheitsgrade, so ist die Zahl der voneinander unabhängigen virtuellen Verrückungen gleich der Zahl der Freiheitsgrade. Das Prinzip der virtuellen Arbeit gemäß Gleichung (11.10) bzw. (11.13) oder (11.14) liefert dann wie ausgeführt gerade so viele Bewegungsgleichungen, wie Freiheitsgrade vorliegen. Sind dabei mehrere Massenpunkte oder starre Körper beteiligt, wird – wie gerade für Massenpunktsysteme mit starren Bindungen gezeigt – über alle beteiligten Komponenten aufsummiert. Auch hier hat man zu Beginn ein Koordinatensystem zu wählen, in dem die Rechnung auszuführen ist. Anschließend hat man als kinematische Voraufgabe die Bewegungskoordinaten mit einer entsprechenden Zahl von Bindungsgleichungen auf die Zahl der Freiheitsgrade zu reduzieren.

Für Systeme mit mehr als einem Freiheitsgrad hat allerdings das Prinzip von d'Alembert in Lagrange'scher Fassung gegenüber den in *Abschnitt 11.4* vorgestellten Lagrange'schen Gleichungen 2. Art keine rechentechnischen Vorteile, sodass diese dann üblicherweise bevorzugt werden. Das Prinzip von d'Alembert in Lagrange'scher Fassung ist insbesondere zur Aufstellung der Bewegungsgleichungen abhängiger Bewegungen von Mehrkörpersystemen geeignet, die durch eine Reihe starrer Bindungen letztlich auf einen Freiheitsgrad reduziert werden können.

Lösungsweg

Bei abhängigen Bewegungen lässt sich das Prinzip von d'Alembert in Lagrange'scher Fassung besonders elegant für die Aufstellung der Bewegungsgleichungen nutzen. Ausgangspunkt ist ein Freikörperbild des insgesamt von der Umgebung frei geschnittenen Systems ohne die Bindungen zu lösen und die Teilkörper einzeln freizuschneiden, da diese inneren Reaktionskräfte *in der Summe* keine virtuelle Arbeit verrichten.

Freikörperbild

- Ausgangspunkt der Betrachtungen in dem gewählten Koordinatensystem ist ein Freikörperbild des *Gesamtsystems* einschließlich der Trägheitswirkungen. Zwangskräfte müssen nicht unbedingt eingetragen werden.

Kinematische Gleichungen

- Sind die Körper durch undehnbare Seile miteinander verbunden oder kommt es zu Abrollbedingungen, können kinematische Zusammenhänge (zweckmäßig auf Geschwindigkeitsebene) formuliert werden, welche die Zahl der anfänglich gewählten Bewegungskoordinaten möglichst auf eine unabhängige reduzieren.
- Anschließend sind die virtuellen Verrückungen der Kraftangriffspunkte durch die virtuelle Verrückung der einen generalisierten Koordinate auszudrücken.

Verallgemeinertes Prinzip der virtuellen Arbeit

- Berechnen Sie dann die Summe der virtuellen Arbeiten aller virtuelle Arbeit leistenden Kräfte und Momente einschließlich der Trägheitswirkungen.
- Setzen Sie die virtuelle Arbeit gleich null und finden Sie die Bewegungsgleichung des Systems mit einem Freiheitsgrad nach Ausklammern der virtuellen Verrückung der generalisierten Koordinate.

Beispiel 11.2

Zwei starre Körper der Massen m_1 und m_2 bewegen sich im Schwerkraftfeld der Erde auf jeweils einer rauen schiefen Ebene (Neigungswinkel α_1 und α_2, Gleitreibungskoeffizienten μ_1, μ_2) in der vertikalen x,z-Ebene unter dem Einfluss der auf die Masse m_2 einwirkenden konstanten Antriebskraft F_0, Abbildung 11.5a. Die Körper sind über ein undehnbares masseloses Seil miteinander verbunden, das reibungsfrei über eine kleine unverschiebbar gelagerte Rolle vernachlässigbar kleiner Masse geführt wird.

$m_1 = 10$ kg, $m_2 = 5$ kg, $F_0 = 20$ N, $\alpha_1 = 30°$, $\alpha_2 = 60°$, $\mu_1 = 0{,}1$, $\mu_2 = 0{,}1$

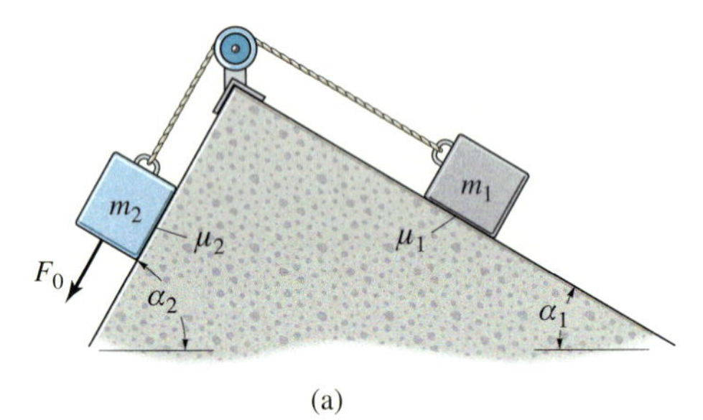

(a)

Abbildung 11.5

Lösung

Kinematik Es liegen zwei Bewegungskoordinaten x_1 und x_2 vor. Das System hat offenbar aber nur einen Freiheitsgrad, weil bei der angenommenen Koordinatenwahl durch das undehnbare Seil die Geschwindigkeiten der beiden Körper nach Betrag und Richtung gleich sind:

$$\dot{x}_1 = \dot{x}_2 = \dot{x} \tag{1}$$

Infolge der kinematischen Bindungsgleichung (1) sind auch die virtuellen Verrückungen δx_1 und δx_2 entsprechend dieser Gleichung miteinander verknüpft:

$$\delta x_1 = \delta x_2 = \delta x$$

Prinzip von d'Alembert in Lagrange'scher Fassung Das Freikörperbild des Gesamtsystems mit allen eingeprägten Kräften und Trägheitskräften, ohne die Zwangskräfte von den schiefen Ebenen auf die Körper, ist in Abbildung 11.5b dargestellt. Beachten Sie, dass die Normalkräfte von den schiefen Ebenen auf die Massen Zwangskräfte sind, die zugehörigen Reibungskräfte R_1und R_2 jedoch eingeprägte Kräfte. Warum?

Die virtuelle Arbeit ergibt sich damit sofort in skalarer Schreibweise zu

$$\delta W = (-R_1 - m_1 g \sin\alpha_1 - m_1\ddot{x} - R_2 + m_2 g \sin\alpha_2 - m_2\ddot{x} + F_0)\delta x = 0$$

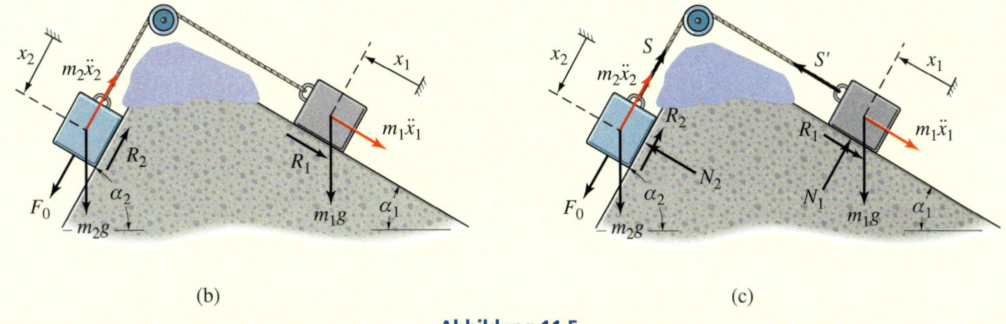

Abbildung 11.5

Die Reibkräfte R_1 und R_2 stehen über das Coulombsche Gesetz

$$R_1 = \mu_1 N_1, \quad R_2 = \mu_2 N_2$$

mit entsprechenden Normalkräften von den schiefen Ebenen auf die beiden Körper senkrecht zur Unterlage im Zusammenhang. Man erkennt, dass hier die Gleichgewichtsbedingungen der frei geschnittenen Körper in zu den schiefen Ebenen senkrechten Richtungen – siehe die entsprechenden Freikörperbilder in Abbildung 11.5c einschließlich der Zwangskräfte im Seil und von den Führungen auf die Körper – zusätzlich heranzuziehen sind. Dieser Sachverhalt ist typisch für Probleme mit Reibung und zerstört in gewisser Weise die rein analytische Vorgehensweise. Hier erhalten wir zwei Beziehungen

$$N_1 = m_1 g \cos\alpha_1, \quad N_2 = m_2 g \cos\alpha_2$$

welche die Reibungskräfte durch bekannte Größen ausdrücken.

Bewegungsgleichung Nach Einsetzen in die virtuelle Arbeitsgleichung folgt mit $\delta x \neq 0$, dass

$$-\mu_1 m_1 g \cos\alpha_1 - m_1 g \sin\alpha_1 - m_1\ddot{x} - \mu_2 m_2 g \cos\alpha_2 + m_2 g \sin\alpha_2 - m_2\ddot{x} + F_0 = 0$$

sein muss, woraus die Bewegungsgleichung, hier als unmittelbare Bestimmungsgleichung der Beschleunigung,

$$\ddot{x} = \frac{1}{m_1 + m_2}\left[F_0 + g\left(m_2 \sin\alpha_2 - m_1 \sin\alpha_1\right) - g\left(\mu_1 m_1 \cos\alpha_1 + \mu_2 m_2 \cos\alpha_2\right)\right]$$

folgt. Setzt man alle zahlenmäßig gegebenen Systemdaten ein, ergibt sich

$$\ddot{x} = 0{,}165 \text{ m/s}^2$$

d.h. tatsächlich eine beschleunigte Bewegung nach links, wie angenommen.

Beispiel 11.3

Eine starre, homogene Seiltrommel (Radien r_1, r_2, Masse M, Massenträgheitsmoment bezüglich ihres Mittelpunktes J_S) rollt auf horizontaler Unterlage nach rechts, siehe Abbildung 11.6a. Sie ist über ein undehnbares Seil, das mittels einer kleinen Rolle umgelenkt wird, mit einem Körper der Masse m verbunden, der sich reibungsfrei nach unten bewegt.

$r_1 = 10$ cm, $r_2 = 30$ cm, $m = 5$ kg, $M = 10$ kg, $J_S = 0{,}5$ kgm^2

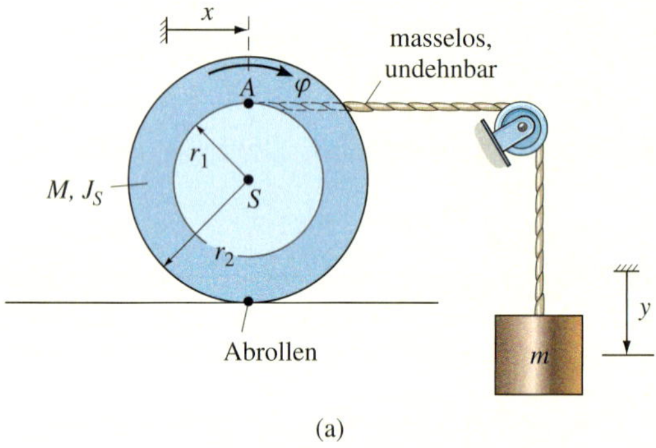

(a)

Abbildung 11.6

Lösung

Kinematik Zur Beschreibung der Bewegung führen wir die Koordinaten x und φ für die Trommel und y für den Klotz ein. Da die Trommel rollt, gilt gemäß einer Geschwindigkeitsbetrachtung für den Momentanpol, dem Berührpunkt von Trommel und horizontaler Unterlage, der kinematische Zusammenhang

$$\dot{x} - r_2\dot{\varphi} = 0, \quad \text{d.h.} \quad \dot{x} = r_2\,\dot{\varphi} \quad \text{und} \quad \ddot{x} = r_2\ddot{\varphi}$$

Da das Seil undehnbar ist, muss die Geschwindigkeit des Klotzes gleich der Geschwindigkeit des Ablaufpunktes A auf der Seiltrommel sein, die sich wiederum durch die Schwerpunktgeschwindigkeit $\dot{x}$ der Trommel und ihre Winkelgeschwindigkeit $\dot{\varphi}$ ausdrücken lässt:

$$\dot{y} = \dot{x}_A = \dot{x} + r_1\dot{\varphi} = (r_1 + r_2)\dot{\varphi}, \quad \text{d.h.} \quad \ddot{y} = (r_1 + r_2)\ddot{\varphi}$$

Auch dieses System hat also einen Freiheitsgrad, sodass sich die virtuellen Verrückungen δx und δy (z.B.) ebenfalls über $\delta\varphi$ ausdrücken lassen:

$$\delta x = r_2\delta\varphi, \quad \delta y = (r_1 + r_2)\delta\varphi$$

Prinzip von d'Alembert in Lagrange'scher Fassung Das Freikörperbild des Gesamtsystems mit allen eingeprägten Kräften und Trägheitskräften (ohne die Zwangskräfte) ist in Abbildung 11.6b dargestellt.

Die Summe aller virtuellen Arbeiten (skalare Schreibweise) ist

$$\delta W = \left(mg - m\ddot{y}\right)\delta y + \left(-M\ddot{x}\delta x - J_S\ddot{\varphi}\delta\varphi\right)$$

Unter Verwendung der Kinematik lautet dann das Prinzip von d'Alembert in Lagrange'scher Fassung

$$\delta W = \left[mg\left(r_1 + r_2\right) - m\left(r_1 + r_2\right)^2 \ddot{\varphi} - Mr_2^2\ddot{\varphi} - J_S\ddot{\varphi}\right]\delta\varphi = 0$$

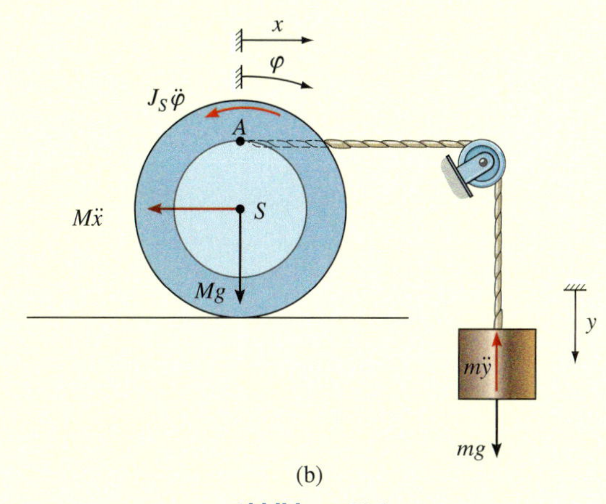

(b)

Abbildung 11.6

Bewegungsgleichung Mit $\delta\varphi \neq 0$ ergibt die verschwindende Klammer die Bewegungsgleichung

$$\ddot{\varphi} = \frac{m\left(r_1 + r_2\right)}{m\left(r_1 + r_2\right)^2 + Mr_2^2 + J_S} g$$

und nach Einsetzen der Zahlenwerte

$$\ddot{\varphi} = 8{,}92\,\mathrm{rad/s^2}$$

11.3 Lagrange'sche Gleichungen 1. Art

Die Lagrange'schen Gleichungen 1. Art bieten eine elegante Möglichkeit zur Herleitung der Bewegungsgleichungen, wenn die Bewegung durch *Nebenbedingungen* infolge von Zwangsbedingungen durch Führungen eingeschränkt ist, und die Bewegungsgleichungen für die ungebundene Bewegung ohne Führungsbahnen, d.h. unter alleiniger Einwirkung eingeprägter Kräfte, bekannt sind. Hier werden wir die Überlegungen am Beispiel eines einzelnen Massenpunktes darlegen.

Die Bewegungsgleichungen für die allgemeine ungebundene Bewegung eines Massenpunktes auf einer krummlinigen, räumlichen Bahn können leicht angegeben werden. Legt man beispielsweise der Rechnung kartesische Koordinaten zugrunde, siehe Abbildung 11.7a, und nennt die angreifende resultierende eingeprägte Kraft $\mathbf{F}_e$, dann können die Bewegungsgleichungen durch die dynamischen Gleichgewichtsbedingungen

$$\mathbf{F}_e + \mathbf{F}_T = \mathbf{0} \text{ mit } \mathbf{F}_T = -m\mathbf{a}$$

repräsentiert werden.

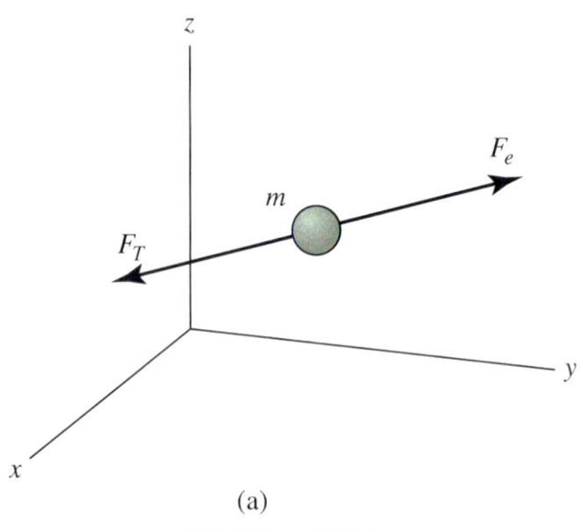

(a)

Abbildung 11.7

Ist die Bewegung allerdings durch eine Führung eingeschränkt, müssen die kartesischen Koordinaten noch die holonome, skleronome Nebenbedingung

$$\varphi(x,y,z)=0 \tag{11.15}$$

gemäß Gleichung (11.7) erfüllen, die eine räumliche Fläche im Raum festlegt, auf der die geführte Bewegung des Massenpunktes ablaufen soll und die zu einer zusätzlichen Zwangskraft $\mathbf{F}_Z$ führt.

Ziel ist es jetzt, diese Zwangskraft abhängig von der Nebenbedingung φ darzustellen und in die dynamischen Gleichgewichtsbedingungen

$$\mathbf{F}_e + \mathbf{F}_Z + \mathbf{F}_T = \mathbf{0} \text{ mit } \mathbf{F}_T = -m\mathbf{a} \tag{11.16}$$

einzusetzen.

Wie in den beiden vorangehenden Abschnitten ausführlich dargelegt, weiß man aus Erfahrung, dass bei der Bewegung eines einzelnen Massenpunktes die Zwangskraft $\mathbf{F}_Z$ senkrecht auf der Bewegungsbahn, d.h. senkrecht auf der Schmiegebene, in der so genannten Tangentialebene am Massenpunkt steht, siehe Abbildung 11.7b, die durch Gleichung (11.15) beschrieben wird. Man bildet dazu zunächst einmal den Gradientenvektor

$$\text{grad}\varphi = \frac{\partial\varphi}{\partial x}\mathbf{i} + \frac{\partial\varphi}{\partial y}\mathbf{j} + \frac{\partial\varphi}{\partial z}\mathbf{k} \tag{11.17}$$

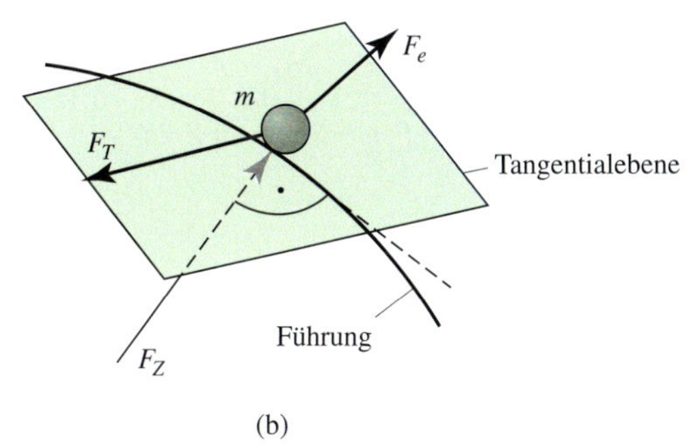

(b)

Abbildung 11.7

Wegen Gleichung (11.15) muss auch ihr totales Differenzial $d\varphi$ null sein:

$$d\varphi = \frac{\partial\varphi}{\partial x}dx + \frac{\partial\varphi}{\partial y}dy + \frac{\partial\varphi}{\partial z}dz = 0 \tag{11.18}$$

Unter Verwendung der Lageänderung $d\mathbf{r} = dx\mathbf{i} + dy\mathbf{j} + dz\mathbf{k}$, die ebenfalls in der Tangentialebene liegt, und Gleichung (11.17) erkennt man, dass man Gleichung (11.18) auch in der Form

$$d\varphi = \frac{\partial\varphi}{\partial x}dx + \frac{\partial\varphi}{\partial y}dy + \frac{\partial\varphi}{\partial z}dz = \text{grad}\varphi \cdot d\mathbf{r} = 0 \tag{11.19}$$

schreiben kann. Damit ist gezeigt, dass der Vektor $\text{grad}\,\varphi$ wie der Zwangskraftvektor $\mathbf{F}_Z$ senkrecht auf der Tangentialebene steht, denn das Skalarprodukt von $\text{grad}\,\varphi$ und $d\mathbf{r}$ verschwindet gemäß Gleichung (11.19). Da sich damit $\text{grad}\,\varphi$ und $\mathbf{F}_Z$ nur noch in der Länge und in den Einheiten unterscheiden können, kann über die Beziehung

$$\mathbf{F}_Z = \lambda\, \text{grad}\,\varphi \tag{11.20}$$

die unbekannte Zwangskraft $\mathbf{F}_Z$ über den skalaren Streckungsfaktor λ mit der Nebenbedingung gemäß Gleichung (11.15) in Zusammenhang gebracht werden. In der Mathematik wird dieser Faktor zur Kennzeichnung von Nebenbedingungen Lagrange'scher Multiplikator bezeichnet.

Nach Einsetzen der Beziehung (11.20) in die dynamischen Gleichgewichtsbedingen (11.16) erhalten wir die so genannten Lagrange'schen Gleichungen 1. Art[5]

$$\mathbf{F}_e + \lambda \operatorname{grad}\varphi + \mathbf{F}_T = \mathbf{0} \text{ mit } \mathbf{F}_T = -m\mathbf{a} \tag{11.21}$$

d.h. in Koordinaten

$$\left(F_e\right)_x + \lambda \frac{\partial \varphi}{\partial x} - m\ddot{x} = 0$$

$$\left(F_e\right)_y + \lambda \frac{\partial \varphi}{\partial y} - m\ddot{y} = 0$$

$$\left(F_e\right)_z + \lambda \frac{\partial \varphi}{\partial z} - m\ddot{z} = 0$$

mit der Nebenbedingung

$$\varphi\left(x, y, z\right) = 0$$

d.h. insgesamt vier Gleichungen für die vier Unbekannten x,y,z (bzw. Ableitungen davon) und λ.

Die Auswertung der Lagrange'schen Gleichungen 1. Art in anderen Koordinaten, wie z.B. Zylinder- oder Kugelkoordinaten, bereitet keine Schwierigkeiten. Liegen die dynamischen Gleichgewichtsbedingungen der ungebundenen Bewegung vor, und dies ist wie bereits in kartesischen Koordinaten gezeigt, eine elementare Reduktion, indem man die eventuellen Zwangskräfte einfach unbeachtet lässt, dann gilt die Vektorform der Lagrange'schen Gleichungen 1. Art gemäß Gleichung (11.21) unabhängig von der Wahl der Koordinaten, in denen man rechnen will. Man muss allein die Vektoroperation $\operatorname{grad}\varphi$ in dem entsprechenden Koordinatensystem zur Verfügung haben, um sie auf die in den betreffenden Koordinaten zu formulierende Nebenbedingung anzuwenden. Wir gehen darauf hier nicht näher ein, einige der Übungsaufgaben sind aber darauf zugeschnitten.

Ebenfalls ohne weiter darauf einzugehen, kann hier festgestellt werden, dass eine Erweiterung auf beispielsweise zwei Nebenbedingungen $\varphi_1(x,y,z) = 0$ und $\varphi_2(x,y,z) = 0$ einfach ist,

$$\mathbf{F}_e + \lambda_1 \operatorname{grad}\varphi_1 + \lambda_2 \operatorname{grad}\varphi_2 + \mathbf{F}_T = \mathbf{0} \text{ mit } \mathbf{F}_T = -m\mathbf{a}$$

Die Nebenbedingungen werden entsprechend ihrer Abhängigkeit von den Bewegungskoordinaten und der Zeit in einer Weise klassifiziert, wie dies in *Abschnitt 11.1* ausgeführt wurde.

5 Benannt nach dem italienischen Mathematiker Joseph Louis de Lagrange (1736–1813).

Lösungsweg

Die Lagrange'schen Gleichungen 1. Art bieten sich zur Aufstellung der Bewegungsgleichungen dann an, wenn durch komplizierte Führungen die bekannten Bewegungsgleichungen der ungebundenen Bewegung durch Zwangskräfte verkoppelt werden und die geometrische Form der Führung als Gleichung aber problemlos formuliert werden kann.

Freikörperbild

- Ausgangspunkt der Betrachtungen in dem gewählten Koordinatensystem ist ein Freikörperbild des Problems für seine ungebundene Bewegung ohne Führungen.

Nebenbedingung

- Formulieren Sie in dem gewählten Koordinatensystem die Nebenbedingungen der vorliegenden Führungen.
- Berechnen Sie in dem gewählten Koordinatensystem $\operatorname{grad}\varphi$, bei mehreren Nebenbedingungen $\operatorname{grad}\varphi_1$, $\operatorname{grad}\varphi_2$, ...

Bewegungsgleichung

- Formulieren Sie die Lagrange'schen Gleichungen 1. Art; fügen Sie die Nebenbedingungen als weitere Gleichungen hinzu.
- Durch Elimination der Lagrange'schen Multiplikatoren ermitteln Sie die eigentlichen Bewegungsgleichungen des Problems.

Beispiel 11.4 Ein Massenpunkt der Masse m bewegt sich auf einer glatten, schiefen Ebene mit dem Neigungswinkel α in der vertikalen x,z-Ebene, Abbildung 11.8. Er wird an einer Hooke'schen[6] Dehnfeder (Federkonstante c) befestigt, deren linker Fußpunkt reibungsfrei vertikal so geführt wird, dass die Federkraft immer horizontal ist. Für $x = 0$ (dann ist $z = h$) ist die Feder spannungslos.

$m = 5$ kg, $h = 1$ m, $\alpha = 30°$, $c = 10$ N/m

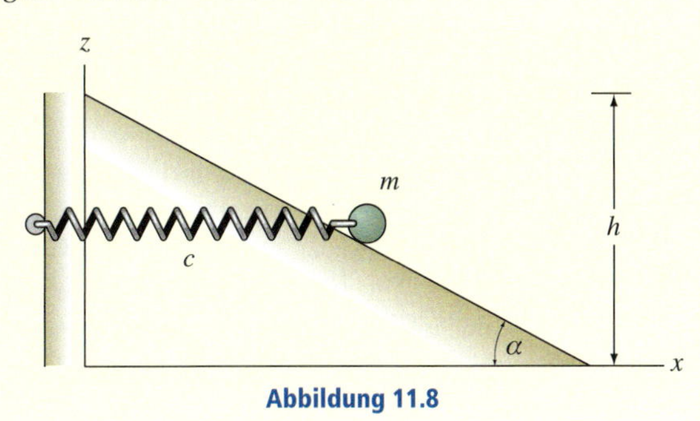

Abbildung 11.8

6 Nach dem britischen Physiker und Mathematiker Robert Hooke (1635–1703).

Lösung

Die dynamischen Gleichgewichtsbedingungen der ungebundenen Bewegung können sofort angegeben werden:

$$-cx - m\ddot{x} = 0$$
$$-mg - m\ddot{z} = 0$$

Die Bindungsgleichung $\varphi(x,z) = 0$ ist hier die Geradengleichung der schiefen Ebene

$$z = h - x\tan\alpha$$

d.h.

$$z - h + x\tan\alpha = 0 \tag{1}$$

Vorbereitend für die spätere Rechnung differenzieren wir die Nebenbedingung auf Lageebene zweimal nach der Zeit. Damit kann die Beschleunigung in z-Richtung in Abhängigkeit von der Beschleunigung in x-Richtung angegeben werden:

$$\ddot{z} + \ddot{x}\tan\alpha = 0 \tag{2}$$

Wir berechnen in den kartesischen x,z-Koordinaten $\operatorname{grad}\varphi$, d.h.

$$\frac{\partial\varphi}{\partial x} = \tan\alpha, \quad \frac{\partial\varphi}{\partial z} = 1$$

und erhalten für die geführte Bewegung auf der schiefen Ebene die Lagrange'schen Gleichungen 1. Art

$$\begin{aligned} -cx + \lambda\tan\alpha - m\ddot{x} &= 0 \\ -mg + \lambda\cdot 1 - m\ddot{z} &= 0 \end{aligned} \tag{3}$$

Zusammen mit der Nebenbedingung, Gleichung (1), sind dies drei Gleichungen für die Unbekannten λ, x und z. Man eliminiert λ und z, indem man aus der zweiten Gleichung in (3) den Lagrange'schen Multiplikator bestimmt,

$$\lambda = m(\ddot{z} + g)$$

ihn mit (2) als Funktion von x angibt,

$$\lambda = m(-\ddot{x}\tan\alpha + g)$$

und in die erste der Gleichungen (3) einsetzt:

$$m\ddot{x} + cx = m(-\ddot{x}\tan\alpha + g)\tan\alpha$$
$$m(1 + \tan^2\alpha)\ddot{x} + cx = mg\,\tan\alpha$$

Aufgrund der Führung hat die Bewegung des Massenpunktes, die ursprünglich in x und z abläuft, und mit zwei (elementaren) Bewegungsgleichungen beschrieben wird, nur noch einen Freiheitsgrad x. Für die Einarbeitung der Nebenbedingung braucht man nur die explizite Form dieser Nebenbedingung, die restliche Rechnung bis zur resultierenden Bewegungsgleichung erfolgt auf dem hier gezeigten Weg.

11.4 Lagrange'sche Gleichungen 2. Art

Die Lagrange'schen Gleichungen 2. Art gehen durch äquivalente Umformungen aus dem Prinzip von d'Alembert in Lagrange'scher Fassung hervor. Deshalb liefern auch die Lagrange'schen Gleichungen ohne zusätzliche Rechenschritte zur Elimination der Zwangskräfte direkt die Bewegungsgleichungen. Für Systeme mit vielen Freiheitsgraden werden sie in Theorie und Praxis dem Prinzip von d'Alembert in Lagrange'scher Fassung oft vorgezogen. Die Rechnung basiert nämlich nicht durchgängig auf dem Begriff der virtuellen Arbeit, sondern die kinetische und die potenzielle Energie des gesamten Systems rücken in den Vordergrund.

Die Herleitung der Lagrange'schen Gleichungen 2. Art führen wir hier wieder für Massenpunktsysteme durch. Für Systeme starrer Körper wird nur das Ergebnis angegeben.

Bevor jedoch die Umformung des Prinzips von d'Alembert in Lagrange'scher Fassung konkret angegangen wird, führen wir zunächst die Begriffe *generalisierte Koordinaten* und *generalisierte Kräfte* ein.

Generalisierte Koordinaten sind unabhängige Lagekoordinaten q_i $(i = 1,2,\ldots,n)$ zur Beschreibung der Systemlage. Sie heißen deswegen *generalisierte* Koordinaten, weil außer Längen auch beispielsweise Winkel die Systemlage kennzeichnen können. Besitzt ein System n Freiheitsgrade, dann existieren genau n generalisierte Koordinaten. Strenggenommen können auch mehr als n generalisierte Koordinaten verwendet werden, die dann noch Zwangsbedingungen erfüllen müssen. Wir beschränken uns jedoch auf den Fall, dass die Zahl der generalisierten Koordinaten gleich der Zahl der Freiheitsgrade ist. Man spricht dann auch von Minimalkoordinaten. Zu jeder generalisierten Koordinate $q_i \neq 0$ gehört eine virtuelle Verrückung $\delta q_i \neq 0$, da vorgegebene Verschiebungen $s(t)$ beispielsweise keine Freiheitsgrade und damit keine generalisierten Koordinaten darstellen.

Generalisierte Kräfte folgen aus der virtuellen Arbeit beliebiger am System angreifender Kräfte. Liegen z.B. N solcher Kräfte $\mathbf{F}_j$ $(j = 1,2,\ldots,N)$ vor, dann ergibt sich die gesamte virtuelle Arbeit zu

$$\delta W = \sum_{j=1}^{N} \mathbf{F}_j \cdot \delta \mathbf{r}_j \tag{11.22}$$

mit $\delta \mathbf{r}_j$ als der virtuellen Verrückung des jeweiligen Kraftangriffspunktes. Treten Momente auf, gilt eine entsprechende Erweiterung und dies ist auch der Grund, warum man von *generalisierten* Kräften spricht.

Mit $\delta \mathbf{r}_j$ ausgedrückt in den virtuellen Verrückungen δq_i der generalisierten Koordinaten $(i = 1,2,\ldots,n)$

$$\delta \mathbf{r}_j = \sum_{i=1}^{n} \frac{\partial \mathbf{r}_j}{\partial q_i} \delta q_i \tag{11.23}$$

erhält man

$$\delta W = \sum_{j=1}^{N} \mathbf{F}_j \cdot \sum_{i=1}^{n} \frac{\partial \mathbf{r}_j}{\partial q_i} \delta q_i = \sum_{i=1}^{n} \left(\sum_{j=1}^{N} \mathbf{F}_j \frac{\partial \mathbf{r}_j}{\partial q_i} \right) \delta q_i$$

Mit der Abkürzung

$$Q_i = \sum_{j=1}^{N} \mathbf{F}_j \frac{\partial \mathbf{r}_j}{\partial q_i} \tag{11.24}$$

die *generalisierte Kraft* genannt wird, weil sie oft beispielsweise auch die Dimension eines Momentes besitzt, wird daraus

$$\delta W = \sum_{i=1}^{n} Q_i \delta q_i \tag{11.25}$$

wobei n der Zahl der Freiheitsgrade entspricht. Die gesamte am System verrichtete virtuelle Arbeit ist demnach die Summe aus den generalisierten Kräften Q_i multipliziert mit den zugehörigen virtuellen Verrückungen δq_i.

Beispiel 11.5

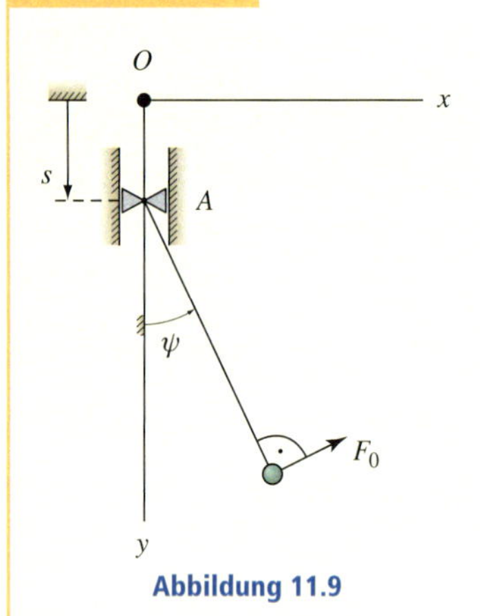

Abbildung 11.9

Wir greifen *Beispiel 11.1 aus Abschnitt 11.1* nochmals auf und betrachten das System mit zwei Freiheitsgraden ψ und s unter einer äußeren Kraft $\mathbf{F}$, Abbildung 11.9, die immer senkrecht auf der Pendelstange steht,

$$\mathbf{F} = F_0 \cos\psi \mathbf{i} - F_0 \sin\psi \mathbf{j}$$

und einen konstanten Betrag F_0 besitzt. Dann können die generalisierten Kräfte gemäß folgender Vorgehensweise systematisch bestimmt werden.

Lösung

Im ersten Schritt berechnet man die virtuelle Arbeit der betreffenden Kraft unter Beachtung der virtuellen Verrückung ihres Kraftangriffspunktes, siehe *Gleichung (11.21)*:

$$\delta W = \mathbf{F} \cdot \delta \mathbf{r} \tag{1}$$

Ermittelt man für die vorgegebene Kraft gemäß den Überlegungen in *Beispiel 11.1* die virtuelle Verrückung ihres Angriffspunktes

$$\delta \mathbf{r} = l \cos\psi \delta\psi \mathbf{i} + (\delta s - l \sin\psi \delta\psi) \mathbf{j}$$

dann erhält man

$$\delta W = F_0 l \delta\psi - F_0 \sin\psi \delta s$$

Im nächsten Schritt wendet man die formale *Gleichung (11.22)* auf das vorgelegte Problem an, d.h. hier

$$\delta W = \sum_{i=1}^{n} Q_i \delta q_i = Q_s \delta s + Q_\psi \delta\psi$$

Im dritten und letzten Schritt vergleichen wir die Koeffizienten und erhalten in diesem Beispiel

$$Q_s = -F_0 \sin\psi, \quad Q_\psi = F_0 l$$

Ausgangspunkt ist das Prinzip von d'Alembert in Lagrange'scher Fassung für Massenpunktsysteme gemäß Gleichung (11.13)

$$\sum_j \left(\mathbf{F}_{e,j} - m_j \ddot{\mathbf{r}}_j\right) \cdot \delta \mathbf{r}_j = 0$$

für N Massen, worin $\mathbf{F}_{e,j}$ die am j-ten Massenpunkt angreifende, resultierende eingeprägte Kraft, $\ddot{\mathbf{r}}_j$ seine Absolutbeschleunigung und $\delta \mathbf{r}_j$ seine virtuelle Verrückung darstellen. Mit dem Übergang auf generalisierte Koordinaten q_i ($i = 1,2,...,n$), worin n die Zahl der Freiheitsgrade ist, erhalten wir unter Verwendung der Beziehung (11.23)

$$\sum_{j=1}^{N} \left(\mathbf{F}_{e,j} - m_j \ddot{\mathbf{r}}_j\right) \sum_{i=1}^{n} \frac{\partial \mathbf{r}_j}{\partial q_i} \delta q_i = 0$$

oder

$$\sum_{i=1}^{n} \left[\sum_{j=1}^{N} \mathbf{F}_{e,j} \frac{\partial \mathbf{r}_j}{\partial q_i} - \sum_{j=1}^{N} m_j \ddot{\mathbf{r}}_j \frac{\partial \mathbf{r}_j}{\partial q_i} \right] \delta q_i = 0$$

Hierin bedeuten

$$\sum_{j=1}^{N} \mathbf{F}_{e,j} \cdot \frac{\partial \mathbf{r}_j}{\partial q_i} = Q_i$$

die generalisierten Kräfte gemäß Definition (11.24). Wesentlich für das Folgende ist die Umformung des zweiten Summanden

$$m_j \ddot{\mathbf{r}}_j \cdot \sum_{i=1}^{n} \frac{\partial \mathbf{r}_j}{\partial q_i} \delta q_i$$

mit dem Ziel der Darstellung durch Ableitungen der kinetischen Energie. Vorbereitend betrachten wir die Identität

$$\ddot{\mathbf{r}}_j \frac{\partial \mathbf{r}_j}{\partial q_i} = \dot{\mathbf{v}}_j \frac{\partial \mathbf{r}_j}{\partial q_i} = \frac{d}{dt}\left(\mathbf{v}_j \frac{\partial \mathbf{r}_j}{\partial q_i}\right) - \mathbf{v}_j \frac{d}{dt}\left(\frac{\partial \mathbf{r}_j}{\partial q_i}\right)$$

sodass sich der angesprochene Term in der Summe als

$$\sum_{j=1}^{N} m_j \dot{\mathbf{v}}_j \sum_{i=1}^{n} \frac{\partial \mathbf{r}_j}{\partial q_i} \delta q_i = \sum_{i=1}^{n} \left[\frac{d}{dt}\left(\sum_{j=1}^{N} m_j \mathbf{v}_j \frac{\partial \mathbf{r}_j}{\partial q_i} \right) - \sum_{j=1}^{N} m_j \mathbf{v}_j \frac{d}{dt}\left(\frac{\partial \mathbf{r}_j}{\partial q_i}\right) \right] \delta q_i$$

schreiben lässt. Da die Geschwindigkeit $\mathbf{v}_j$ die Zeitableitung des Ortsvektors $\mathbf{r}_j(q_1, q_2, \ldots, q_n, t)$ ist, gilt

$$\mathbf{v}_j = \dot{\mathbf{r}}_j = \sum_{i=1}^{n} \frac{\partial \mathbf{r}_j}{\partial q_i} \dot{q}_i + \frac{\partial \mathbf{r}_j}{\partial t}$$

Wird die Geschwindigkeit $\mathbf{v}_j$ nach einer beliebigen generalisierten Geschwindigkeit $\dot{q}_i$ differenziert, so folgt

$$\frac{\partial \mathbf{v}_j}{\partial \dot{q}_i} = \frac{\partial}{\partial \dot{q}_i} \left(\sum_{k=1}^{n} \frac{\partial \mathbf{r}_j}{\partial q_k} \dot{q}_k + \frac{\partial \mathbf{r}_j}{\partial t} \right) = \frac{\partial \mathbf{r}_j}{\partial q_i}$$

d.h. die partielle Ableitung der Geschwindigkeit $\mathbf{v}_j$ nach der generalisierten Geschwindigkeit $\dot{q}_i$ kann durch die partielle Ableitung des Lagevektors $\mathbf{r}_j$ nach der zugehörigen generalisierten Koordinate q_i dargestellt werden. Damit gilt

$$\sum_{j=1}^{N} m_j \mathbf{v}_j \frac{\partial \mathbf{r}_j}{\partial q_i} = \sum_{j=1}^{N} m_j \mathbf{v}_j \frac{\partial \mathbf{v}_j}{\partial \dot{q}_i} = \frac{\partial}{\partial \dot{q}_i} \sum_{j=1}^{N} \frac{m_j}{2} \mathbf{v}_j^2 = \frac{\partial T}{\partial \dot{q}_i}$$

weil sich die kinetische Energie T des gesamten Massenpunktsystems über

$$T = \sum_{j=1}^{N} \frac{m_j}{2} \mathbf{v}_j^2$$

berechnet. Andererseits ergibt sich

$$\frac{\partial}{\partial q_i}(\mathbf{v}_j) = \frac{\partial}{\partial q_i}\left[\sum_{k=1}^{n} \frac{\partial \mathbf{r}_j}{\partial q_k}\dot{q}_k + \frac{\partial \mathbf{r}_j}{\partial t}\right] = \sum_{k=1}^{n} \frac{\partial^2 \mathbf{r}_j}{\partial q_k \partial q_i}\dot{q}_k + \frac{\partial^2 \mathbf{r}_j}{\partial t \partial q_i}$$
$$= \sum_{k=1}^{n} \frac{\partial}{\partial q_k}\left(\frac{\partial \mathbf{r}_j}{\partial q_i}\right)\dot{q}_k + \frac{\partial}{\partial t}\left(\frac{\partial \mathbf{r}_j}{\partial q_i}\right) = \frac{d}{dt}\left(\frac{\partial \mathbf{r}_j}{\partial q_i}\right)$$

und damit

$$-\sum_{j=1}^{N} m_j \mathbf{v}_j \frac{d}{dt}\left(\frac{\partial \mathbf{r}_j}{\partial q_i}\right) = -\sum_{j=1}^{N} m_j \mathbf{v}_j \frac{\partial \mathbf{v}_j}{\partial q_i} = -\frac{\partial}{\partial q_i} \sum_{j=1}^{N} \frac{m_j}{2} \mathbf{v}_j^2 = -\frac{\partial T}{\partial q_i}$$

Also wird aus

$$\sum_{j=1}^{N} \left(\mathbf{F}_{ej} - m_j \ddot{\mathbf{r}}_j\right) \sum_{i=1}^{n} \frac{\partial \mathbf{r}_j}{\partial q_i} \delta q_i = 0$$

nach Einsetzen der erhaltenen Zwischenergebnisse

$$\sum_{i=1}^{n} \left(Q_i - \frac{d}{dt}\frac{\partial T}{\partial \dot{q}_i} + \frac{\partial T}{\partial q_i}\right)\delta q_i = 0$$

d.h.

$$\left(Q_1 - \frac{d}{dt}\frac{\partial T}{\partial \dot{q}_1} + \frac{\partial T}{\partial q_1}\right)\delta q_1 + \left(Q_2 - \frac{d}{dt}\frac{\partial T}{\partial \dot{q}_2} + \frac{\partial T}{\partial q_2}\right)\delta q_2 + \ldots$$
$$\ldots + \left(Q_n - \frac{d}{dt}\frac{\partial T}{\partial \dot{q}_n} + \frac{\partial T}{\partial q_n}\right)\delta q_n = 0$$

Werden ab jetzt ausschließlich Systeme mit holonomen Bindungen betrachtet, eine in der Praxis nicht besonders starke Einschränkung, dann sind gemäß *Abschnitt 11.1* alle virtuellen Verrückungen δq_i in den generalisierten Koordinaten, d.h. die Zusammenhänge im Kleinen, voneinander unabhängig, sodass zur Erfüllung der hergeleiteten Gleichung alle Klammern einzeln null werden müssen:

$$\frac{d}{dt}\frac{\partial T}{\partial \dot{q}_i}-\frac{\partial T}{\partial q_i}=Q_i, \quad i=1,2,\ldots,n \tag{11.26}$$

Diese Gleichungen heißen *Lagrange'sche Gleichungen 2. Art.*

Eine letzte Umformung wird häufig noch durchgeführt. Unterscheidet man nämlich zweckmäßigerweise konservative und nichtkonservative Kräfte, dann kann man diejenigen Kräfte, die gemäß *Kapitel 3* ein Potenzial besitzen, anstatt über ihre virtuelle Arbeit δW in der Form

$$\delta W=-\delta V=-\sum_{i=1}^{n}\frac{\partial V}{\partial q_i}\delta q_i=\sum_{i=1}^{n}Q_i^{(V)}\delta q_i$$

erfassen. Damit wird aus den Lagrange'schen Gleichungen (11.26)

$$\frac{d}{dt}\frac{\partial T}{\partial \dot{q}_i}-\frac{\partial T}{\partial q_i}=Q_i+Q_i^{(V)}=Q_i-\frac{\partial V}{\partial q_i}, \quad i=1,2,\ldots,n$$

oder

$$\frac{d}{dt}\frac{\partial T}{\partial \dot{q}_i}-\frac{\partial (T-V)}{\partial q_i}=Q_i, \quad i=1,2,\ldots,n$$

worin die Q_i nur noch die potenziallosen, generalisierten Kräfte umfassen. Weil stets

$$\frac{\partial V}{\partial \dot{q}_i}=0$$

gilt, da Kräftepotenziale *nicht* von den Geschwindigkeiten abhängen, gilt auch

$$\frac{d}{dt}\frac{\partial T}{\partial \dot{q}_i}=\frac{d}{dt}\frac{\partial (T-V)}{\partial \dot{q}_i}$$

Mit der Abkürzung $L=T-V=L(q_i.\dot{q}_i,t)$, die *kinetisches Potenzial* oder *Lagrange-Funktion* genannt wird, erhält man schließlich die Lagrange' schen Gleichungen in der Form

$$\frac{d}{dt}\frac{\partial L}{\partial \dot{q}_i}-\frac{\partial L}{\partial q_i}=Q_i, \quad i=1,2,\ldots,n$$
$$\text{mit } L=T-V \text{ und } Q_i \text{ aus } \delta W=\sum_{i=1}^{n}Q_i\delta q_i \tag{11.27}$$

Hierin bedeuten $L(q_i.\dot{q}_i,t)=T-V$ kinetisches Potenzial als Funktion der generalisierten Koordinaten q_i und der generalisierten Geschwindigkeiten $\dot{q}_i$, (i = 1,2,...,n), und eventuell auch der Zeit t, wobei

- n die Zahl der Freiheitsgrade des Systems ist.
- T ist die kinetische und
- V die potenzielle Energie des Systems,
- Q_i sind die generalisierten Kräfte infolge *potenzialloser* Kräfte und Momente.

Obwohl die Gleichungen für Massenpunktsysteme hergeleitet wurden, umfasst der *Gültigkeitsbereich* sowohl holonome Systeme aus Massenpunkten als auch aus starren Körpern mit n endlich vielen Freiheitsgraden. Bei N starren Körpern muss beachtet werden, dass die kinetische Energie durch die Summe

$$T = \sum_{i=1}^{N} \left[T_{i,trans} + T_{i,rot} \right]$$

aus den Anteilen der Teilkörper besteht, worin gemäß früheren Abschnitten die Energieanteile des i-ten Teilkörpers über

$$T_{i,trans} = \frac{1}{2} m_i \mathbf{v}_{i,S}^2$$

$$T_{i,rot} = \frac{1}{2} \boldsymbol{\omega}_i^T \boldsymbol{\Phi}_i^{(S)} \boldsymbol{\omega}_i$$

berechnet werden. Darin sind

m_i die gesamte Masse des i-ten Teilkörpers,
$\mathbf{v}_{i,S}$ seine Schwerpunktgeschwindigkeit,
$\boldsymbol{\Phi}_i^{(S)}$ der Trägheitstensor bezüglich seines Schwerpunktes und
$\boldsymbol{\omega}_i$ seine Winkelgeschwindigkeit.

Damit lassen sich auch die Bewegungsgleichungen für die allgemein räumliche Bewegung von Mehrkörpersystemen bestimmen.

Wichtige Punkte zur Lösung von Aufgaben

- Die Lagrange'schen Gleichungen 2. Art sind eine Alternative zur Herleitung von Bewegungsgleichungen mit Hilfe des Newton'schen Grundgesetzes oder des Prinzips von d'Alembert in Lagrange'scher Fassung.
- Ausgangspunkt sind die skalaren Größen kinetische und potenzielle Energie des Systems und die virtuelle Arbeit der potenziallosen Kräfte und Momente.
- Von besonderem Vorteil ist, dass Zwangskräfte in den Gleichungen nicht auftreten und die Bewegungsgleichungen direkt aus den genannten Energiegrößen durch Differenziation folgen.
- Werden Zwangskräfte ebenfalls benötigt, beispielsweise zu Dimensionierungszwecken, müssen diese allerdings dann abschließend mittels Freischneiden eines Teilsystems und der zugehörigen dynamischen Gleichgewichtsbedingungen ermittelt werden.

Die Methode zur Herleitung der Bewegungsgleichungen mittels der Lagrange'schen Gleichungen läuft unabhängig von der Koordinatenwahl nach einem einheitlichen Schema ab. Die Zahl der Freiheitsgrade erhöht den Rechenaufwand, beeinflusst die Methode aber nicht grundsätzlich.

Lösungsweg

Die Lagrange'schen Gleichungen (2. Art) bieten sich zur Aufstellung der Bewegungsgleichungen dann an, wenn Systeme mit mehreren Freiheitsgraden vorliegen und die Zwangskräfte nicht vordergründig von Interesses sind.

Koordinatensystem

- Ausgangspunkt der Betrachtungen ist ein zweckmäßig gewähltes Koordinatensystem.

Generalisierte Koordinaten

- Formulieren Sie die eventuell vorliegenden Bindungsgleichungen, um die Zahl der Bewegungskoordinaten auf die gewählten generalisierten Koordinaten q_i zur Festlegung der n Freiheitsgrade zu reduzieren.

Kinetisches Potenzial

- Bestimmen Sie den Lagevektor zu den Schwerpunkten der Teilkörper, ermitteln Sie daraus die zugehörigen Geschwindigkeiten und geben Sie die kinetischen Energien T_i der Teilkörper sowie des Gesamtsystems an.
- Berechnen Sie ebenso die potenzielle Energie V_i der Teilkörper und des Gesamtsystems.
- Mit $T - V$ ergibt sich damit das kinetische Potenzial L des Gesamtsystems.

Generalisierte Kräfte

- Identifizieren Sie die potenziallosen Kräfte und Momente und die virtuellen Verrückungen ihrer Angriffspunkte.
- Mittels energetischer Argumente (Energie wird dem System zugeführt oder durch Dissipation abgeführt) berechnen Sie die virtuelle Arbeit δW aller auftretenden nichtkonservativen Kräfte und Momente auch vorzeichenrichtig.
- Durch Koeffizientenvergleich der berechneten virtuellen Arbeit mit

$$\delta W = \sum_{i=1}^{n} Q_i \delta q_i$$

ermitteln Sie die generalisierten Kräfte Q_i, $i = 1,2,...,n$.

Bewegungsgleichungen

- Führen Sie die gemäß Gleichung (11.26) erforderlichen Differenziationen aus. Beachten Sie, dass sich dabei Terme gegenseitig aufheben können.
- Zusammen mit den generalisierten Kräften erhält man so die n Bewegungsgleichungen als System gekoppelter, im Allgemeinen nichtlinearer Differenzialgleichungen in den n generalisierten Koordinaten q_i, $i = 1,2,...,n$.

Beispiel 11.6

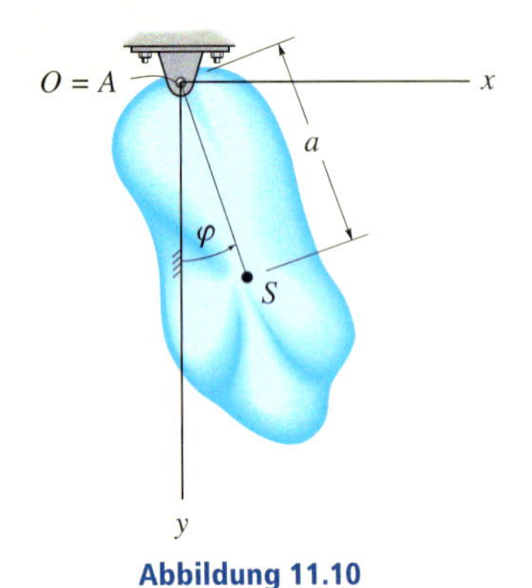

Abbildung 11.10

Das physikalische Pendel (Masse m, Massenträgheitsmoment J_A bezüglich Punkt A, Abstand a des Punktes A vom Schwerpunkt S) gemäß Abbildung 11.10 ist in $O = A$ reibungsfrei drehbar aufgehängt und kann freie Drehschwingungen um den Aufhängepunkt ausführen. Man wähle eine geeignete Bewegungskoordinate und ermittle die Bewegungsgleichung.

Lösung

Koordinatensystem und generalisierte Koordinaten Die Abbildung zeigt sowohl ein kartesisches x,y-Koordinatensystem als auch den Winkel φ von der vertikalen y-Achse zur Verbindenden der körperfesten Punkte A und S. Warum ist der Winkel φ als Bewegungskoordinate besonders gut geeignet? Das System hat einen Freiheitsgrad $n = 1$, als generalisierte Koordinate wird $q_1 = \varphi$ gewählt, welche die Drehung um eine raumfeste Achse durch den Koordinatenursprung O beschreibt.

Kinetisches Potenzial Die kinetische Energie ist

$$T = \frac{1}{2} J_A \dot{\varphi}^2$$

und bei Wahl des Nullniveaus in Höhe des Aufhängepunktes ergibt sich als potenzielle Energie

$$V = -mga\cos\varphi$$

Damit folgt das kinetische Potenzial zu

$$L = T - V = \frac{1}{2} J_A \dot{\varphi}^2 + mga\cos\varphi$$

Generalisierte Kräfte Da keine potenziallosen Kräfte am System wirken, ist deren virtuelle Arbeit null und damit verschwinden auch die generalisierten Kräfte:

$$Q_\varphi = 0$$

Bewegungsgleichung Die Ausführung der einzelnen Differenziationsschritte liefert nacheinander

$$\frac{\partial L}{\partial \dot{\varphi}} = J_A \dot{\varphi}, \quad \frac{d}{dt}\frac{\partial L}{\partial \dot{\varphi}} = J_A \ddot{\varphi}$$

$$\frac{\partial L}{\partial \varphi} = -mga\sin\varphi$$

woraus die Bewegungsgleichung

$$J_A \ddot{\varphi} + mga\sin\varphi = 0$$

folgt. Im Sinne des Prinzips von d'Alembert sind die Rückstellung durch das Eigengewicht und das Trägheitsmoment im dynamischen Gleichgewicht.

Beispiel 11.7 Das in Abbildung 11.11 dargestellte Rohr dreht sich in der horizontalen Ebene mit konstanter Winkelgeschwindigkeit ω. Im Rohr kann sich dabei ein Massenpunkt der Masse m geradlinig entlang der Rohrachse bewegen. Diese Relativbewegung wird durch die Koordinate x beschrieben, die vom Mittelpunkt des Rohres (entspricht dem Drehpunkt) aus gezählt wird. Eine Feder mit der Federkonstanten c und ein geschwindigkeitsproportionaler Dämpfer (Dämpferkonstante k) sind in der dargestellten Weise zwischen Rohr und Massenpunkt befestigt. Für $x = 0$ ist die Feder spannungslos. Ermitteln Sie die Bewegungsgleichung des Massenpunktes in x.

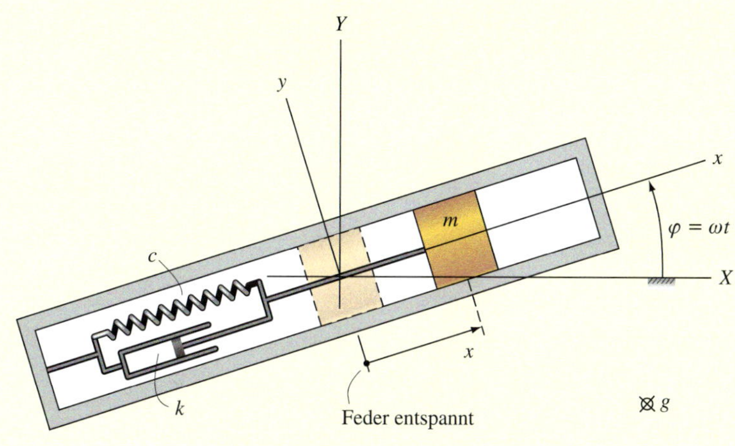

Abbildung 11.11

Lösung

Koordinatensystem und generalisierte Koordinaten Die Abbildung zeigt ein raumfestes kartesisches X, Y-Koordinatensystem und ein am Rohr befestigtes körperfestes x,y-Koordinatensystem. Das System hat einen Freiheitsgrad $n = 1$, die generalisierte Koordinate ist zweckmäßigerweise $q_1 = x$.

Kinetisches Potenzial Bei der Berechnung der kinetischen Energie des Massenpunktes geht man vom Ortsvektor

$$\mathbf{r} = x\cos\omega t\,\mathbf{i} + x\sin\omega t\,\mathbf{j}$$

zur Beschreibung seiner Lage im inertialen X, Y-Koordinatensystem mit den Einheitsvektoren $\mathbf{i}$ und $\mathbf{j}$ aus. Daraus wird seine Geschwindigkeit berechnet:

$$\mathbf{v} = (\dot{x}\cos\omega t - x\omega\sin\omega t)\,\mathbf{i} + (\dot{x}\sin\omega t + x\omega\cos\omega t)\,\mathbf{j}$$

und damit schließlich seine kinetische Energie

$$T=\frac{1}{2}m\mathbf{v}^2=\frac{m}{2}\left[\left(\dot{x}\cos\omega t-x\omega\sin\omega t\right)^2+\left(\dot{x}\sin\omega t+x\omega\cos\omega t\right)^2\right]$$
$$=\frac{m}{2}\left(\dot{x}^2+x^2\omega^2\right)$$

wobei auf die Mitnahme des konstanten Anteils an kinetischer Energie für die Scheibe verzichtet wird. Warum? Da die Bewegung in der horizontalen Ebene stattfindet, hat das Gewicht keinen Einfluss, und es verbleibt als potenzielle Energie

$$V=\frac{c}{2}x^2$$

Damit ergibt sich das kinetische Potenzial zu

$$L=T-V=\frac{m}{2}\left(\dot{x}^2+x^2\omega^2\right)-\frac{c}{2}x^2$$

Generalisierte Kräfte Die Dämpferkraft ist die einzige nichtkonservative Kraft, deren virtuelle Arbeit

$$\delta W=-k\dot{x}\delta x$$

einfach angegeben werden kann. Andererseits ist formal

$$\delta W=Q_x\delta x$$

sodass der Koeffizientenvergleich die generalisierte Kraft

$$Q_x=-k\dot{x}$$

liefert.

Bewegungsgleichung Die Ausführung der einzelnen Differenziationsschritte liefert nacheinander

$$\frac{\partial L}{\partial\dot{x}}=m\dot{x},\quad \frac{d}{dt}\frac{\partial L}{\partial\dot{\varphi}}=m\ddot{x}$$
$$\frac{\partial L}{\partial x}=m\omega^2x-cx$$

woraus die Bewegungsgleichung

$$m\ddot{x}+k\dot{x}+\left(c-m\omega^2\right)x=0$$

ohne Kenntnis der Führungs-, der Relativ- und der Coriolisbeschleunigung folgt.

Beide Beispiele bestätigen, dass die Zwangskräfte nicht auftreten; die Vorgehensweise führt immer direkt zu den eigentlichen Bewegungsgleichungen. Dies wird auch in dem folgenden dritten Beispiel so sein, das darüber hinaus für ein etwas komplizierteres Problem auch einen Vergleich des Rechenaufwandes beider Vorgehensweisen im Rahmen des Prinzips von d'Alembert in Lagrange'scher Fassung und der Lagrange'schen Gleichungen erlaubt.

Beispiel 11.8 Das in Abbildung 11.12a dargestellte System besteht aus einem dünnen, homogenen Stab mit der Länge l, der Masse m und dem Massenträgheitsmoment J_S bezüglich seines Schwerpunktes S_S und einem Wagen der Masse M, der reibungsfrei auf horizontaler Unterlage fährt. Er wird bei seiner Bewegung x entlang der Unterlage durch eine vorgegebene Kraft $F(t)$ in horizontaler Richtung angetrieben und ist andererseits mit einer immer horizontal gerichteten Feder verbunden, deren linker Fußpunkt nach dem vorgeschriebenen Weg-Zeit-Gesetz $u(t)$ ebenfalls in horizontale Richtung bewegt wird. Zwischen Wagen und Stange, deren Drehbewegung um den Gelenkpunkt S_W durch den von der Vertikalen gemessenen Drehwinkel φ beschrieben wird, wirkt ein winkelgeschwindigkeitsproportionaler Drehdämpfer mit der Dämpferkonstanten k_d. Für $x = 0$, $u(t) = 0$ ist die Feder spannungslos. Ermitteln Sie die Bewegungsgleichungen des Systems.

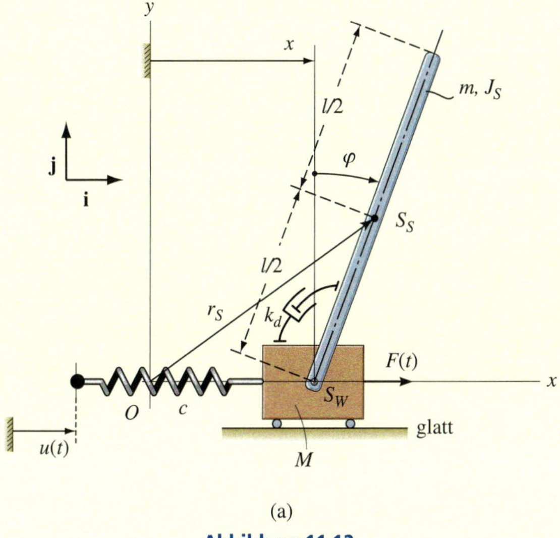

(a)

Abbildung 11.12

Lösung I
(Prinzip von d'Alembert in Lagrange'scher Fassung)

Kinematik Zur Beschreibung der Bewegung verwenden wir die beiden Koordinaten x und φ, sodass die Bindungen des Systems infolge der horizontalen Unterlage und der Drehung der Stange um S_W in natürlicher Weise erfüllt werden. Diese beiden Koordinaten kennzeichnen auch die beiden Freiheitsgrade des Systems ($n = 2$) und stellen somit zudem die generalisierten Koordinaten dar: $q_1 = x$ und $q_2 = \varphi$.

Zur Ermittlung der Absolutbeschleunigung von S_S gehen wir von dessen Lagevektor

$$\mathbf{r}_S = \left(x + \frac{l}{2}\sin\varphi\right)\mathbf{i} + \frac{l}{2}\cos\varphi\,\mathbf{j}$$

aus, woraus durch Differenziation unter Verwendung der Kettenregel die Geschwindigkeit

$$\mathbf{v}_S = \left(\dot{x} + \frac{l}{2}\dot{\varphi}\cos\varphi\right)\mathbf{i} + \left(-\frac{l}{2}\dot{\varphi}\sin\varphi\right)\mathbf{j}$$

d.h. auch die virtuelle Verrückung

$$\delta\mathbf{r}_S = \delta r_{Sx}\mathbf{i} + \delta r_{Sy}\mathbf{j} = \left(\delta x + \frac{l}{2}\cos\varphi\delta\varphi\right)\mathbf{i} + \left(-\frac{l}{2}\sin\varphi\delta\varphi\right)\mathbf{j}$$

und die Beschleunigung

$$\mathbf{a}_S = \ddot{r}_{Sx}\mathbf{i} + \ddot{r}_{Sy}\mathbf{j} = \left[\ddot{x} + \frac{l}{2}\left(\ddot{\varphi}\cos\varphi - \dot{\varphi}^2\sin\varphi\right)\right]\mathbf{i} + \left[-\frac{l}{2}\left(\ddot{\varphi}\sin\varphi + \dot{\varphi}^2\cos\varphi\right)\right]\mathbf{j}$$

folgen.

Prinzip von d'Alembert in Lagrange'scher Fassung Das Freikörperbild des Gesamtsystems mit allen eingeprägten Kräften und Trägheitskräften ohne die Zwangskräfte ist in Abbildung 11.12b dargestellt. Beachten Sie, dass das Dämpfermoment sowohl an der Stange als auch am Wagen angreift. Es ist ein inneres Moment, jedoch kein Zwangsmoment, sodass es explizit angegeben werden muss.

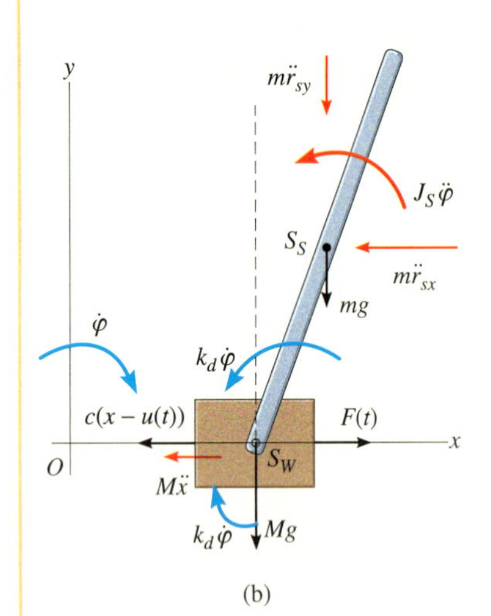

Abbildung 11.12

Die Summe aller virtuellen Arbeiten, hier sofort in skalarer Schreibweise angegeben, ist

$$\delta W = \left[F(t) - M\ddot{x} - c(x-u(t))\right]\delta x + \left[-mg\delta r_{Sy} - m\ddot{r}_{Sx}\delta r_{Sx} - m\ddot{r}_{Sy}\delta r_{Sy} - J_S\ddot{\varphi}\delta\varphi - k_d\dot{\varphi}\delta\varphi\right]$$

Einsetzen der virtuellen Verrückungen und der Beschleunigungen führt auf

$$\begin{aligned}\delta W = &\left[F(t) - (M+m)\ddot{x} - cx + cu(t) - \frac{ml}{2}\left(\ddot{\varphi}\cos\varphi - \dot{\varphi}^2\sin\varphi\right)\right]\delta x\\ &+\left[-k_d\dot{\varphi} - J_S\ddot{\varphi} - \frac{ml}{2}\cos\varphi\left(\ddot{x} + \frac{l}{2}\ddot{\varphi}\cos\varphi - \frac{l}{2}\dot{\varphi}^2\sin\varphi\right)\right.\\ &\left.+ mg\frac{l}{2}\sin\varphi - m\frac{l^2}{4}\sin\varphi\left(\ddot{\varphi}\sin\varphi + \dot{\varphi}^2\cos\varphi\right)\right]\delta\varphi\end{aligned}$$

woraus nach Ordnen

$$\begin{aligned}\delta W = &\left[F(t) - (M+m)\ddot{x} - cx + cu(t) - \frac{ml}{2}\left(\ddot{\varphi}\cos\varphi - \dot{\varphi}^2\sin\varphi\right)\right]\delta x\\ &+\left[-k_d\dot{\varphi} - J_S\ddot{\varphi} - \frac{ml}{2}\cos\varphi\ddot{x} - \frac{ml^2\ddot{\varphi}}{4}\left(\cos^2\varphi + \sin^2\varphi\right)\right.\\ &\left.+ mg\frac{l}{2}\sin\varphi + m\frac{l^2}{4}\dot{\varphi}^2\left(\cos\varphi\sin\varphi - \sin\varphi\cos\varphi\right)\right]\delta\varphi\end{aligned}$$

folgt. Man erkennt, dass einer der Klammerausdrücke gleich eins ist und ein zweiter null ergibt. Das Prinzip von d'Alembert in Lagrange'scher Fassung sagt schließlich aus, dass diese virtuelle Arbeit null sein muss.

Bewegungsgleichung Die Schreibweise

$$\delta W = [\ldots]\delta x + [\ldots]\delta\varphi = 0$$

im Sinne des genannten Prinzips liefert dann wegen $\delta x \neq 0, \delta\varphi \neq 0$ unmittelbar die beiden Bewegungsgleichungen

$$(M+m)\ddot{x} + cx + \frac{ml}{2}\left(\ddot{\varphi}\cos\varphi - \dot{\varphi}^2\sin\varphi\right) = cu(t) + F(t)$$

$$\left(J_S + \frac{ml^2}{4}\right)\ddot{\varphi} + k_d\dot{\varphi} + m\frac{l}{2}\left(\ddot{x}\cos\varphi - g\sin\varphi\right) = 0$$

Lösung II (Lagrange'sche Gleichungen)

Koordinatensystem und generalisierte Koordinaten Innerhalb der *Lösung I* haben wir erkannt, dass die Zahl der Freiheitsgrade $n = 2$ ist und die generalisierten Koordinaten mit $q_1 = x$ und $q_2 = \varphi$ eingeführt werden können.

Kinetisches Potenzial Die Geschwindigkeit $\mathbf{v}_S$ des Stangenschwerpunktes S_S ist schon bei der Berechnung der entsprechenden Beschleunigung ermittelt worden. Damit kann auch das Quadrat

$$\mathbf{v}_S^2 = \dot{x}^2 + \frac{l^2}{4}\dot{\varphi}^2 + \dot{x}l\dot{\varphi}\cos\varphi$$

einfach angegeben werden und daraus die gesamte kinetische Energie des Systems

$$\begin{aligned}T &= \frac{1}{2}m\mathbf{v}_S^2 + \frac{1}{2}J_S\dot{\varphi}^2 + \frac{1}{2}M\dot{x}^2 \\ &= \frac{M+m}{2}\dot{x}^2 + \frac{1}{2}\left(J_S + \frac{ml^2}{4}\right)\dot{\varphi}^2 + \frac{1}{2}ml\dot{x}\dot{\varphi}\cos\varphi\end{aligned}$$

Die potenzielle Energie setzt sich aus einem Gewichts- und einem Federanteil zusammen,

$$V = mgr_{Sy} + \frac{c}{2}(x-u(t))^2 = mg\frac{l}{2}\cos\varphi + \frac{c}{2}(x-u(t))^2$$

woraus das kinetische Potenzial sich in der Form

$$\begin{aligned}L &= T - V \\ &= \frac{M+m}{2}\dot{x}^2 + \left(\frac{J_S}{2} + \frac{ml^2}{8}\right)\dot{\varphi}^2 + \frac{1}{2}ml\dot{x}\dot{\varphi}\cos\varphi - mg\frac{l}{2}\cos\varphi - \frac{c}{2}(x-u(t))^2\end{aligned}$$

ergibt.

Generalisierte Kräfte Die Antriebskraft und das rückstellende Dämpfermoment sind nichtkonservativ; ihre virtuelle Arbeit ist

$$\delta W = F(t)\delta x - k_d\dot{\varphi}\delta\varphi$$

Formal gilt

$$\delta W = Q_x\delta x + Q_\varphi\delta\varphi$$

sodass die generalisierten Kräfte

$$Q_x = F(t), \quad Q_\varphi = -k_d\dot{\varphi}$$

resultieren.

Bewegungsgleichungen Die Ausführung der einzelnen Differenziationsschritte liefert nacheinander

$$\begin{aligned}
\frac{\partial L}{\partial \dot{x}} &= (M+m)\dot{x} + \frac{ml}{2}\dot{\varphi}\cos\varphi \\
\frac{d}{dt}\frac{\partial L}{\partial \dot{x}} &= (M+m)\ddot{x} - \frac{ml}{2}\dot{\varphi}^2\sin\varphi + \frac{ml}{2}\ddot{\varphi}\cos\varphi \\
\frac{\partial L}{\partial x} &= -c(x-u(t)) \\
\frac{\partial L}{\partial \dot{\varphi}} &= \left(J_S + \frac{ml^2}{4}\right)\dot{\varphi} + \frac{1}{2}ml\dot{x}\cos\varphi \\
\frac{d}{dt}\frac{\partial L}{\partial \dot{\varphi}} &= \left(J_S + \frac{ml^2}{4}\right)\ddot{\varphi} + \frac{1}{2}ml\ddot{x}\cos\varphi - \frac{1}{2}ml\dot{x}\dot{\varphi}\sin\varphi \\
\frac{\partial L}{\partial \varphi} &= -\frac{1}{2}ml\dot{x}\dot{\varphi}\sin\varphi + mg\frac{l}{2}\sin\varphi
\end{aligned}$$

woraus noch ausführlich geschrieben die beiden Bewegungsgleichung in der Form

$$\begin{aligned}
&(M+m)\ddot{x} + cx - \frac{ml}{2}\dot{\varphi}^2\sin\varphi + \frac{ml}{2}\ddot{\varphi}\cos\varphi = F(t) + cu(t) \\
&\left(J_S + \frac{ml^2}{4}\right)\ddot{\varphi} + k_d\dot{\varphi} + \frac{1}{2}ml\ddot{x}\cos\varphi - \frac{1}{2}ml\dot{x}\dot{\varphi}\sin\varphi \\
&\qquad + \frac{1}{2}ml\dot{x}\dot{\varphi}\sin\varphi - mg\frac{l}{2}\sin\varphi = 0
\end{aligned}$$

folgen. Spätestens jetzt erkennt man, dass die Differenziationsschritte, die auf die beiden vorletzten Summenden der zweiten Bewegungsgleichung führten, überflüssig waren, weil sie in der Summe null ergeben.

Während demnach die erste der Bewegungsgleichungen schon ihre endgültige Form angenommen hat, lässt sich die zweite nach dem Gesagten noch auf

$$\left(J_S + \frac{ml^2}{4}\right)\ddot{\varphi} + k_d\dot{\varphi} + \frac{1}{2}ml\ddot{x}\cos\varphi - mg\frac{l}{2}\sin\varphi = 0$$

vereinfachen. Die Bewegungsgleichungen stimmen natürlich mit denen überein, die mit dem Prinzip von d'Alembert in Lagrange'scher Fassung ermittelt wurden.

Anhand des vorangehenden Beispiels kann man sehr klar den Rechenaufwand beider Methoden erkennen und daraus ableiten, welche der Methoden bei kleineren Problemen, die von Hand gerechnet werden, vorzuziehen ist. Außerdem kann man erkennen, ob sich bei großen Problemen, wenn rechnerunterstützte Methoden angewandt werden, die Aussagen möglicherweise umkehren.

Für kleinere Probleme, die üblicherweise von Hand gerechnet werden, ist das Sortieren der Terme und ihre Zuordnung zu den virtuellen Verrückungen, ausgedrückt in generalisierten Koordinaten, innerhalb des Prinzips von d'Alembert in Lagrange'scher Fassung langwierig, während „überflüssige" Differenziationen und damit verbundene Vereinfachungen – Terme kompensieren sich zu null oder lassen sich zusammenfassen – bei den Lagrange'schen Gleichungen noch nicht besonders ins Gewicht fallen. *Insgesamt* sind dann die Lagrange'schen Gleichungen dem Prinzip von d'Alembert in Lagrange'scher Fassung zur Herleitung der Bewegungsgleichungen vorzuziehen. Bei einer computergestützten symbolischen Generierung der Bewegungsgleichungen großer Systeme ist es umgekehrt: Sortieren und Zuordnen sind für den Computer problemlos, zusätzliche Differenziationen und Vereinfachungen von Termen in der genannten Form benötigen Zeit, d.h. dann ist wohl das Prinzip von d'Alembert in Lagrange'scher Fassung oder das Prinzip von Jourdain zweckmäßiger.

ZUSAMMENFASSUNG

Die vorgestellten analytischen Methoden, das Prinzip von d'Alembert in Lagrange'scher Fassung und die Lagrange'schen Gleichungen 2. Art, dienen zur direkten Herleitung von Bewegungsgleichungen für mechanische Systeme, ohne dass noch eine Elimination eventuell auftretender Zwangskräfte notwendig ist. Im Gegensatz zu synthetischen Verfahren auf der Basis des Newton'schen Grundgesetzes und des Drallsatzes in Verbindung mit dem Schnittprinzip, die mit vektoriellen Kraft- und Momentengrößen arbeiten, werden hier Energie- und Arbeitsausdrücke an den Anfang gestellt.

Ausgangspunkt ist die Tatsache, dass Zwangskräfte in der Summe keine virtuelle Arbeit leisten.

- ***Prinzip von d'Alembert in Lagrange'scher Fassung*** Die Methode arbeitet mit der Aussage, dass die virtuelle Arbeit aller am System angreifenden eingeprägten Kräfte und Momente und aller Trägheitswirkungen null ist:

$$\delta W_e + \delta W_T = 0$$

Für einen einzelnen Massenpunkt bedeutet dies

$$(\mathbf{F}_e + \mathbf{F}_T)\cdot\delta\mathbf{r} = 0, \quad \text{d.h.} \quad (\mathbf{F}_e - m\ddot{\mathbf{r}})\cdot\delta\mathbf{r} = 0$$

für ein System von Massenpunkten

$$\sum_i (\mathbf{F}_{e,i} - m_i\ddot{\mathbf{r}}_i)\cdot\delta\mathbf{r}_i = 0$$

und schließlich für einen einzelnen Starrkörper

$$(\mathbf{F}_e + \mathbf{F}_T)\cdot\delta\mathbf{r}_S + \left(\mathbf{M}_e^{(S)} + \mathbf{M}_T^{(S)}\right)\cdot\delta\boldsymbol{\varphi} = 0$$

$$\mathbf{F}_T = -m\ddot{\mathbf{r}}_S, \quad \mathbf{M}_T^{(S)} = -\left[\boldsymbol{\Phi}_S\dot{\boldsymbol{\omega}} + \boldsymbol{\omega}\times(\boldsymbol{\Phi}_S\cdot\boldsymbol{\omega})\right]$$

Liegen allgemeine Mehrkörperprobleme vor, kommt man wieder durch Summation über alle beteiligten Körper analog zum Übergang vom einzelnen Massenpunkt zum Massenpunktsystem zum Ziel.

- ***Lagrange'sche Gleichungen*** Die Methode formt die Aussage der verschwindenden virtuellen Arbeit aller am System angreifenden eingeprägten Kräfte und Momente und aller Trägheitswirkungen weiter um und gelangt zu einer Formulierung, welche die kinetische und die potenzielle Energie des Gesamtsystems in den Mittelpunkt stellt und mit der Berechnung der so genannten generalisierten Kräfte durch Differenziation des kinetischen Potenzials $L = T - V$ die Bewegungsgleichungen generiert:

$$\frac{d}{dt}\frac{\partial L}{\partial \dot{q}_i} - \frac{\partial L}{\partial q_i} = Q_i, \quad i = 1,2,\ldots,n$$

$$\text{mit } L = T - V \text{ und } Q_i \text{ aus } \delta W = \sum_{i=1}^{n} Q_i \delta q_i$$

Dabei setzt sich die kinetische Energie des Systems bei insgesamt N Körpern aus

$$T = \sum_{i=1}^{N}\left[T_{i,trans} + T_{i,rot}\right]$$

zusammen, und die Einzelanteile des i-ten Körpers lassen sich in der Form

$$T_{i,trans} = \frac{1}{2} m_i \mathbf{v}_{i,S}^2 \quad \text{bzw.} \quad T_{i,rot} = \frac{1}{2}\boldsymbol{\omega}_i^T \boldsymbol{\Phi}_i^{(S)} \boldsymbol{\omega}_i$$

berechnen.

Aufgaben zu 11.3

Ausgewählte Lösungswege 

Lösungen finden Sie in *Anhang C*.

Zur Herleitung der Bewegungsgleichung(en) ist hier das Prinzip von d'Alembert in Lagrange'scher Fassung zu verwenden.

11.1 Das Ende des undehnbaren masselosen Seiles wird in A mit der vorgegebenen konstanten Kraft F_0 nach unten gezogen. Ermitteln Sie die Bewegungsgleichung für den Anhebevorgang des Klotzes B der Masse m im Schwerkraftfeld der Erde. Die Seilrolle C mit dem Radius R hat das Massenträgheitsmoment J bezüglich ihres Aufhängepunktes, die andere Rolle besitzt eine vernachlässigbare Masse. Das Seil ist masselos und undehnbar. Wie groß ist die Geschwindigkeit des Klotzes zum Zeitpunkt $t = t_1$?

Gegeben: $R = 10 \text{ cm}$, $m = 2 \text{ kg}$, $J = 0{,}2 \text{ kgm}^2$,
$F_0 = 40 \text{ N}$, $t_1 = 2 \text{ s}$

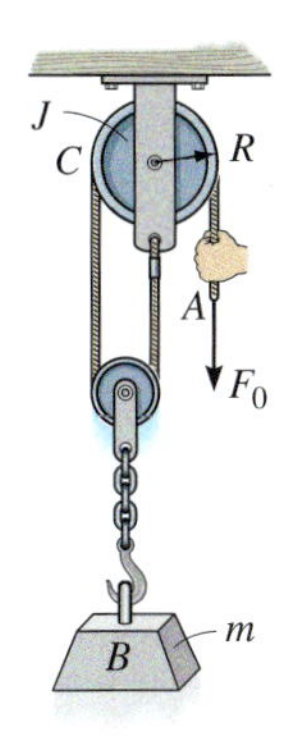

Abbildung A 11.1

11.2 Der Klotz B der Masse M gleitet entlang der horizontalen Unterlage. Der Gleitreibungskoeffizient zwischen Unterlage und Klotz ist μ. Über undehnbare masselose Seile, die über zwei Umlenkrollen vernachlässigbarer Masse laufen, ist er mit zwei starren Körpern A und B der Masse m_A und m_B verbunden, die sich im Schwerkraftfeld der Erde ab- bzw. aufwärts bewegen. Ermitteln Sie die Bewegungsgleichung des Systems und geben Sie die Beschleunigung zahlenmäßig an.

Gegeben: $M = 20 \text{ kg}$, $m_A = 10 \text{ kg}$, $m_C = 6 \text{ kg}$, $\mu = 0{,}1$

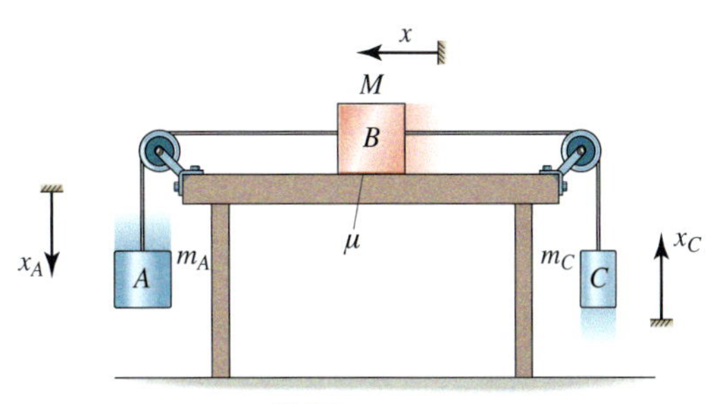

Abbildung A 11.2

11.3 Die Massen A und B sind über ein masseloses, undehnbares Seil und eine Seilrolle C mit dem Radius R, der Masse M und dem Massenträgheitsmoment J bezüglich ihres Mittepunktes verbunden, das über zwei kleine Rollen vernachlässigbarer Masse so umgelenkt wird, dass sich die Masse A unter dem Einfluss der Schwerkraft abwärts bewegt. Sie erfährt dabei eine geschwindigkeitsproportionale Widerstandskraft $F_W = d\dot{y}$. Weitere Bewegungswiderstände und Reibungseinflüsse werden vernachlässigt. Die Bewegung beginnt mit der Anfangsgeschwindigkeit v_{A0}. Bestimmen Sie die Bewegungsgleichung des Systems und berechnen Sie die Geschwindigkeit der Masse A nach Durchlaufen des Weges $y = h$.

Gegeben: $m_A = 2 \text{ kg}$, $m_B = 3 \text{ kg}$, $M = 1 \text{ kg}$,
$J = 0{,}3 \text{ kgm}^2$, $d = 20 \text{ Ns/m}$, $v_{A0} = 2 \text{ m/s}$, $h = 0{,}3 \text{ m}$

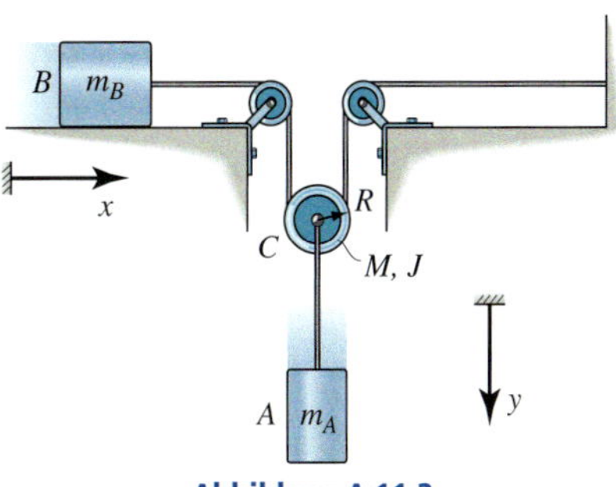

Abbildung A 11.3

11.4 Die dargestellte glatte Buchse C mit der Masse m ist an einer Feder mit der Federkonstanten c und der ungedehnten Länge l_0 befestigt. Die Buchse wird aus der Ruhe in A losgelassen. Bestimmen Sie die Bewegungsgleichung und die Normalkraft des Rundstabes auf die Buchse an der Stelle $y = y_1$.

Gegeben: $m = 2$ kg, $c = 3$ N/m, $l_0 = 0{,}75$ m, $y_1 = 1$ m

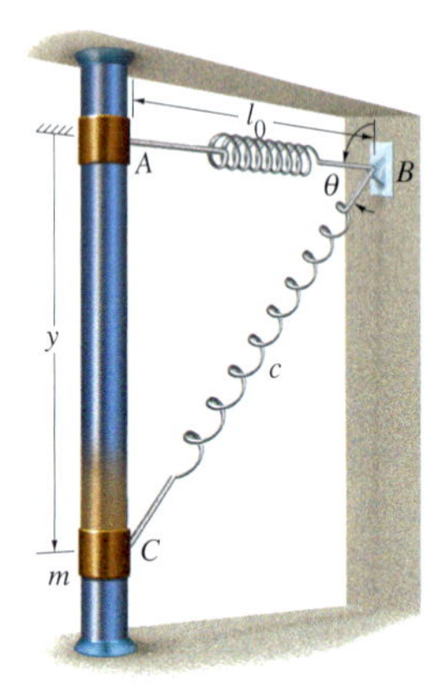

Abbildung A 11.4

11.5 Der Klotz A mit dem Gewicht G_A bewegt sich durch die Abwärtsbewegung des Klotzes B mit dem Gewicht G_B nach rechts. Der Gleitreibungskoeffizient zwischen Klotz A und der Ebene ist mit μ_g gegeben. Ermitteln Sie die Bewegungsgleichung des Systems unter der Voraussetzung eines masselosen, undehnbaren Seiles und kleiner Umlenkrollen vernachlässigbarer Masse. Bestimmen Sie die Geschwindigkeit von Klotz A, nachdem er die Strecke s_A zurückgelegt hat und anfänglich eine Geschwindigkeit v_0 besitzt.

Gegeben: $G_A = 100$ N, $G_B = 200$ N, $\mu_g = 0{,}2$, $v_0 = 1$ m/s, $s_A = 2$ m

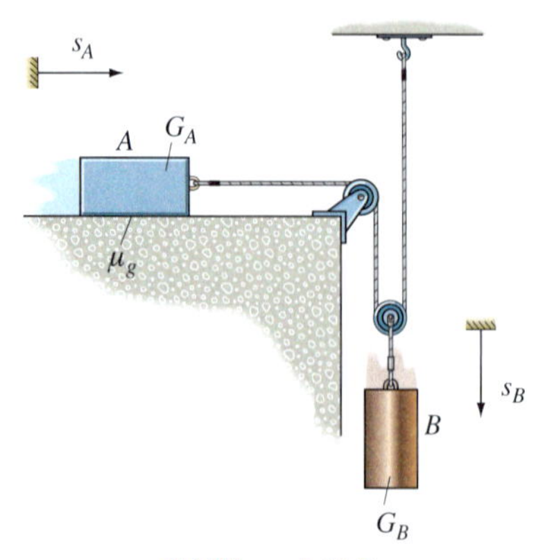

Abbildung A 11.5

11.6 Die Welle CA mit der Masse m ist in B in einem reibungslosen Gleitzapfenlager gelagert. Im Ausgangszustand $s_0 = s_0'$ sind die frei beweglich um die Welle gewundenen Federn (Federkonstanten c_{CB} und c_{AB}) ungedehnt und die Welle ist in Ruhe. Bestimmen Sie die Bewegungsgleichung des Systems, wenn eine horizontale Kraft F angreift. Die Federfußpunkte sind am Lager B und an den Endkappen C und A befestigt.

Gegeben: $m = 2$ kg, $F = 100$ N, $c_{CB} = 3$ kN/m, $c_{AB} = 2$ kN/m, $s_0 = s_0' = 250$ mm

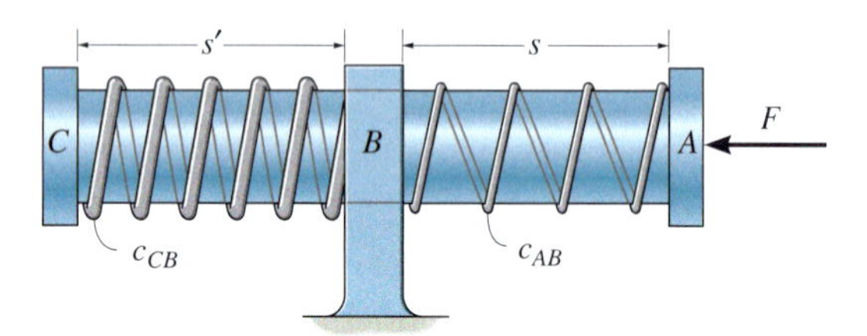

Abbildung A 11.6

11.7 Die Buchse C mit dem Gewicht G passt frei beweglich auf die glatte Welle. Bei $s = 0$ wird die Feder mit der Federkonstanten c nicht gedehnt. Die Buchse wird durch eine konstante Kraft F_0 nach rechts bewegt. Bestimmen Sie die Bewegungsgleichung der Buchse. Welche Geschwindigkeit wird nach Durchlaufen der Strecke $s = s_1$ erreicht, wenn anstelle der Kraft F_0 der Buchse eine Anfangsgeschwindigkeit v_0 verliehen wird?

Gegeben: $G = 20$ N, $l_0 = 1$ m, $c = 100$ N/m, $v_0 = 5$ m/s, $s_1 = 0{,}4$ m

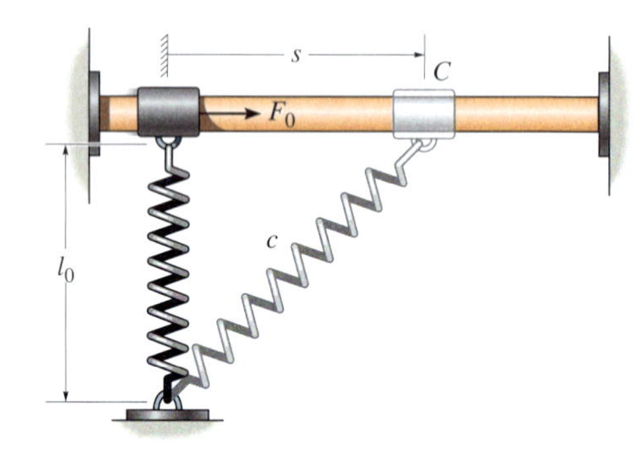

Abbildung A 11.7

11.8 Eine horizontale Kraft P wirkt auf Klotz A. Bestimmen Sie die Bewegungsgleichung des Systems aus den Klötzen A und B. Vernachlässigen Sie die Reibung.

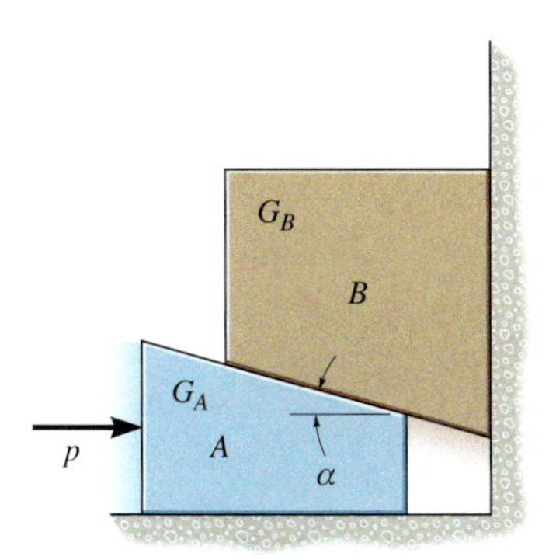

Abbildung A 11.8

11.9 Die dargestellte kleine Scheibe D mit der Masse m ist am Ende des masselosen Seiles der Länge R befestigt. Das andere Seilende ist an einem Kugelgelenk in der Mitte der großen Scheibe befestigt. Diese rotiert sehr schnell und nimmt die kleine Scheibe auf ihr aus der Ruhe heraus mit sich. Bestimmen Sie die Bewegungsgleichung der kleinen Scheibe. Der Gleitreibungskoeffizient zwischen großer und kleiner Scheibe ist μ.

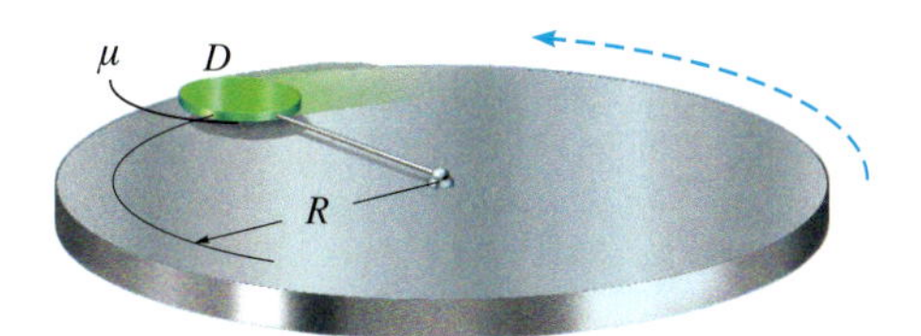

Abbildung A 11.9

11.10. Pakete mit jeweils der Masse m werden wie abgebildet mit der Geschwindigkeit v_0 von einem Förderband auf eine glatte runde Rampe transportiert. Der maßgebliche Radius der Rampe ist mit r gegeben. Man ermittle die Bewegungsgleichung eines Paketes während seiner reibungsfreien Bewegung auf der Rampe unter dem Einfluss der Schwerkraft. Wie groß ist der Winkel θ_{max}, bei dem die Pakete von der Rampe abheben?

Gegeben: $m = 2$ kg, $v_0 = 1$ m/s, $r = 0{,}5$ m

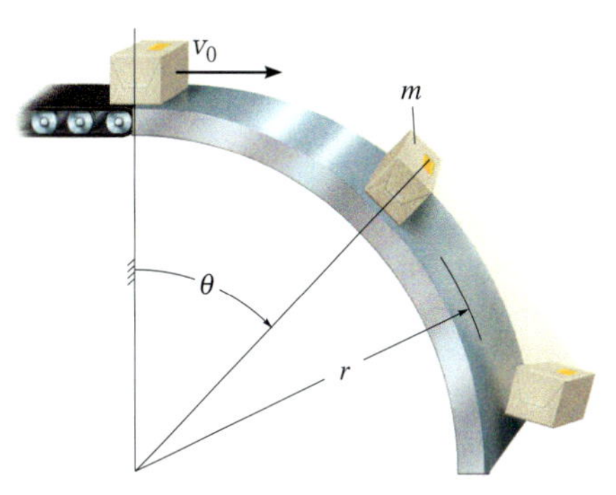

Abbildung A 11.10

***11.11** Ein Akrobat mit der Masse m sitzt auf einem masselosen Stuhl oben auf einer vertikal ausgerichteten masselosen Stange im Schwerkraftfeld der Erde. Aufgrund einer Störung kommt er aus dem Gleichgewicht und beginnt sich auf einer Kreisbahn aus der Winkellage $\theta = 0$ abwärts zu bewegen. Der untere Klotz der Masse M bleibt dabei infolge Haftreibung in Ruhe. Bestimmen Sie die Bewegungsgleichung des Akrobaten. Ermitteln Sie die modifizierten Bewegungsgleichungen des Systems, wenn die Unterlage glatt ist und die entsprechende horizontale Bewegungskoordinate des Klotzes x genannt wird. Der Abstand vom Drehpunkt O zum Schwerpunkt S des Akrobaten beträgt ρ.

Gegeben: $m = 75$ kg, $M = 500$ kg, $\rho = 3$ m

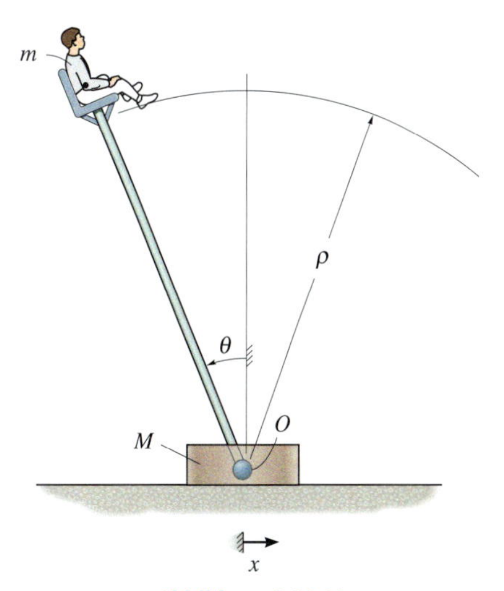

Abbildung A 11.11

11.12 Die Buchse S mit der Masse m passt spielfrei beweglich auf den abgewinkelten Rundstab (Neigungswinkel α, Gleitreibungskoeffizient μ). Sie befindet sich zunächst im Abstand d vom Punkt A und wird von dort aus der Ruhe heraus losgelassen. Infolge der konstanten Winkelgeschwindigkeit Ω des Rundstabes um die vertikale Achse kann sich die Buchse im Schwerkraftfeld der Erde entlang der geneigten Führung, beschrieben durch die Koordinate s, aufwärts bewegen. Stellen Sie die zugehörige Bewegungsgleichung auf.

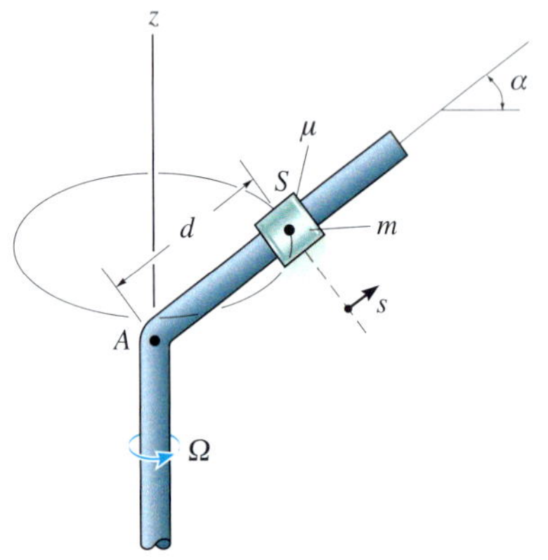

Abbildung A 11.12

11.13 Der Klotz mit dem Gewicht G gleitet in der horizontalen Nut einer mit der konstanten Winkelgeschwindigkeit Ω um die vertikale Achse rotierenden Scheibe. Die Bewegung wird durch die Koordinate x beschrieben. Der Gleitreibungskoeffizient zwischen Klotz und Scheibe (Boden und Seitenwand) ist μ. Die Feder mit der Federkonstanten c hat ungedehnt die Länge l_0. Wie lautet die Bewegungsgleichung des Klotzes in x?

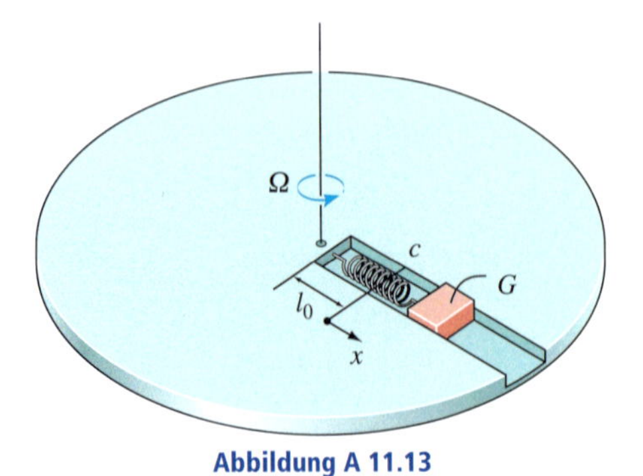

Abbildung A 11.13

11.14 Die Hülse mit der Masse m bewegt sich auf dem reibungslosen kreisförmigen Rundstab in der horizontalen Ebene. Die Feder mit der Federkonstanten c hat ungedehnt die Länge l_0. Wie lautet die Bewegungsgleichung der Hülse unter Verwendung der Bewegungskoordinate θ?

Gegeben: $m = 5$ kg, $c = 40$ N/m, $l_0 = 1$ m, $r = 1$ m

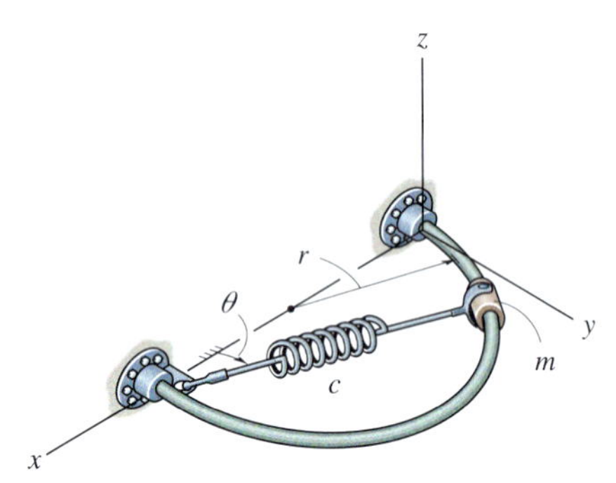

Abbildung A 11.14

11.15 Der Massenpunkt mit der Masse m wird im Schwerkraftfeld der Erde durch die Bewegung des reibungsfrei drehbar gelagerten Arms OA mit der Masse M, der Länge L und dem Massenträgheitsmoment J bezüglich seines Drehpunktes O reibungsfrei entlang einer horizontalen Nut geführt. Die Bewegung des Arms wird durch den Winkel θ, die Bewegung des Massenpunktes durch x beschrieben. Bestimmen Sie die Bewegungsgleichung des Systems in θ. Nehmen Sie an, dass der Massenpunkt immer nur eine Seite der Nut berührt, der vertikale Abstand der Führungsnut vom Drehpunkt des Arms ist R.

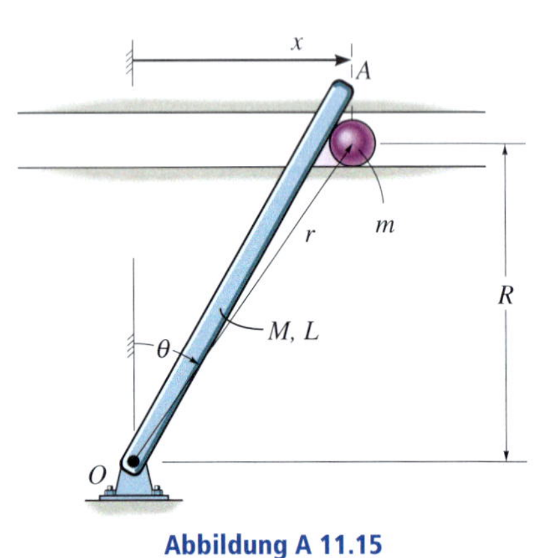

Abbildung A 11.15

11.16 Der kleine Ball hat die Masse m und bewegt sich mit einer konstanten Winkelgeschwindigkeit $\dot{\theta}_0$ auf der kreisförmigen Bahn mit dem Radius r_0. Jetzt wird das Seil ABC durch die Kraft F durch das Loch nach unten gezogen. Der veränderliche Radius r und die Winkelkoordinate θ charakterisieren die Bewegung des Massenpunktes. Die Bewegungsgleichungen des Massenpunktes sind anzugeben.

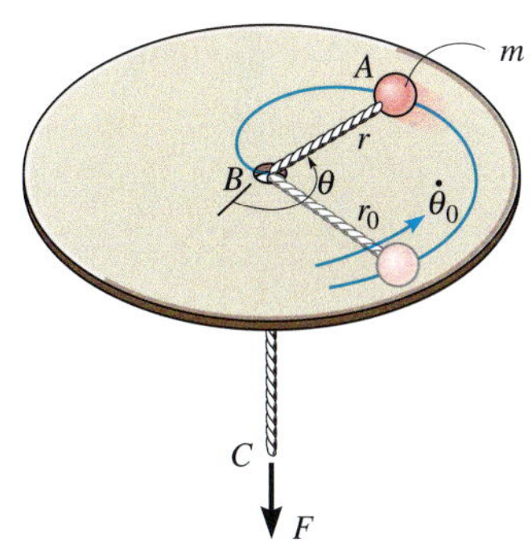

Abbildung A 11.16

11.17 Die Hülse der Masse m ist durch eine Feder mit der Federkonstanten c mit dem Aufhängepunkt A verbunden und gleitet reibungsfrei an dem in A reibungsfrei drehbar gelagerten Rundstab entlang. Die Bewegung des Rundstabes in der vertikalen Ebene im Schwerkraftfeld der Erde wird durch den Pendelwinkel θ beschrieben, die Bewegung der Hülse entlang dem Stab durch die Wegkoordinate x. Für $x = 0$ und $\theta = 0$ ist das System im statischen Gleichgewicht. Geben Sie die Bewegungsgleichungen des Systems in x und θ für kleine Winkel $\theta \ll 1$ an.

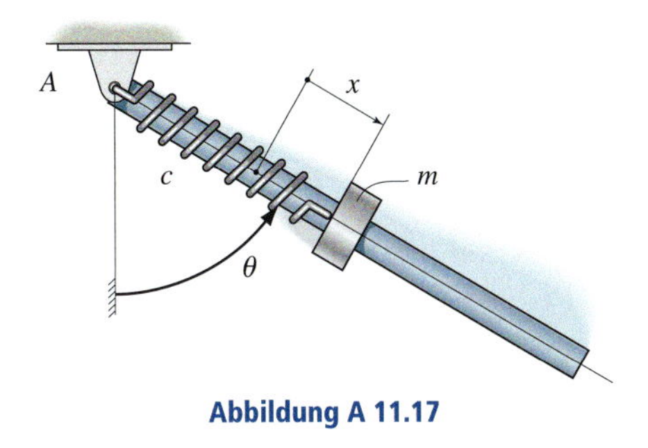

Abbildung A 11.17

11.18 Ein System aus zwei Seilrollen C und D und zwei masselosen, undehnbaren Seilstücken dient der Bewegung der Last A durch die Masse B im Schwerkraftfeld der Erde. Die Seilrollen haben jeweils den Radius r, die Masse m und das Massenträgheitsmoment J bezüglich des Mittelpunktes. Die Massen der Lasten A und B sind m_A und m_B. Man stelle die Bewegungsgleichung des Systems auf und berechne die Geschwindigkeit der Masse m_A zum Zeitpunkt $t = t_1$, wenn ihre Bewegung aus der Ruhe beginnt.

Gegeben: $m_A = 75$ kg, $m_B = 200$ kg, $m = 15$ kg, $J = 1$ kgm^2, $r = 10$ cm, $t_1 = 5$ s

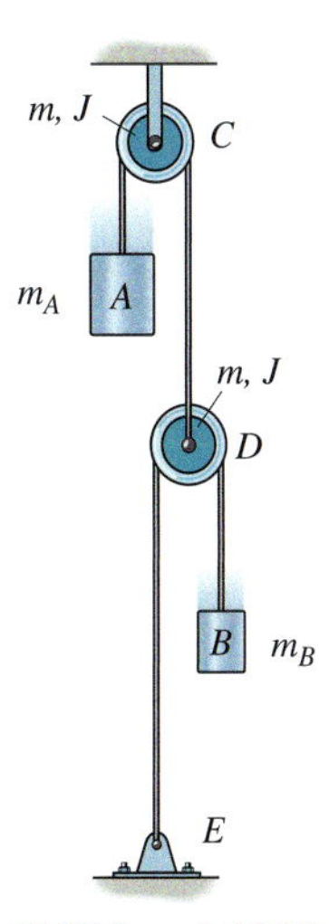

Abbildung A 11.18

11.19 Ein Riementrieb besteht aus einem masselosen undehnbaren Treibriemen und zwei Riemenscheiben A und C mit den Radien r_A und r_C sowie den Massenträgheitsmomenten J_A und J_C. Die Scheibe A wird durch das konstante Moment M_A angetrieben, die Scheibe C ist mit einer Seiltrommel D mit dem Radius r_D fest verbunden, über die ein masseloses undehnbares Seil geschlungen ist, das eine Last B der Masse m_B im Schwerkraftfeld der Erde nach oben transportiert. Die Last ist für $t = 0$ in der Höhe $y = h$ in Ruhe. Man ermittle die Bewegungsgleichung des Systems in y und berechne die Geschwindigkeit der Last zum Zeitpunkt $t = t_1$.

Gegeben: $J_A = 15\ \text{kgm}^2$, $J_B = 30\ \text{kgm}^2$, $m_L = 15\ \text{kg}$, $r_A = 15\ \text{cm}$, $r_C = 45\ \text{cm}$, $r_D = 15\ \text{cm}$, $M_A = 150\ \text{Nm}$, $t_1 = 5\ \text{s}$

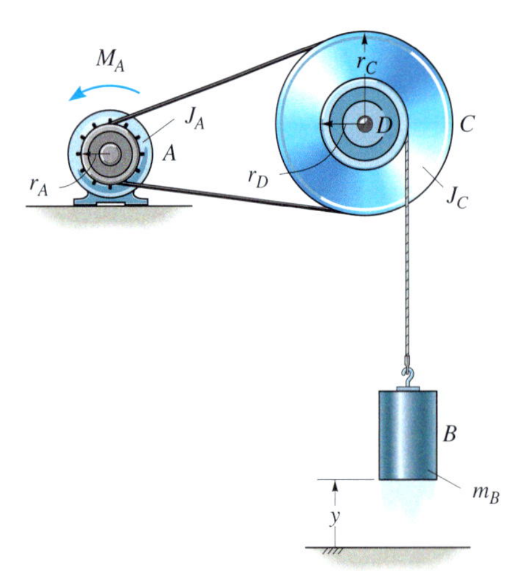

Abbildung A 11.19

11.20 Eine homogene Scheibe A mit dem Radius r_A und der Masse m_A rollt im Schwerkraftfeld der Erde auf einem feststehenden Zylinder B mit dem Radius r_B ab. Die dünne Verbindungsstange CD der Masse m wird dabei reibungsfrei entsprechend mitgenommen. Die Bewegung der Stange wird durch die Winkelkoordinate φ beschrieben. Man ermittle die Bewegungsgleichung des Systems in φ.

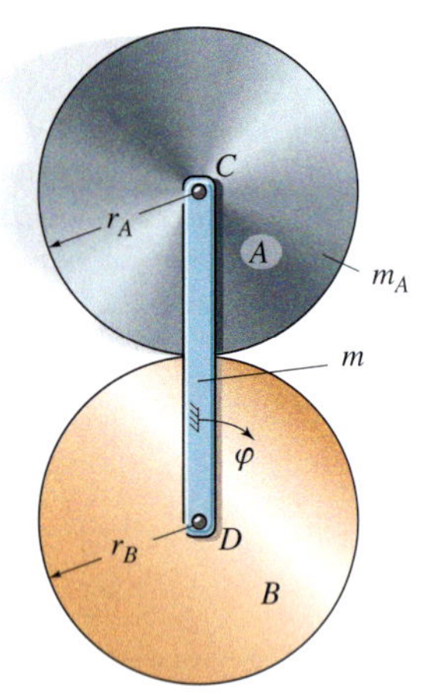

Abbildung A 11.20

***11.21** Die Anordnung besteht aus einer reibungsfrei drehbar gelagerten Kreisscheibe mit dem Radius R und dem Massenträgheitsmoment J sowie einem über den am Scheibenumfang befestigten Stift B und die masselose Umlenkrolle C reibungsfrei geführten masselosen undehnbaren Seil, an dem im Schwerkraftfeld der Erde die Last der Masse m hängt. Die Kreisscheibe, beschrieben durch die Bewegungskoordinate φ, wird durch ein konstantes Moment M_A angetrieben. Man ermittle die Bewegungsgleichung des Systems in φ. Die Bewegungskoordinate y der Last ist null, wenn φ gleich null ist.

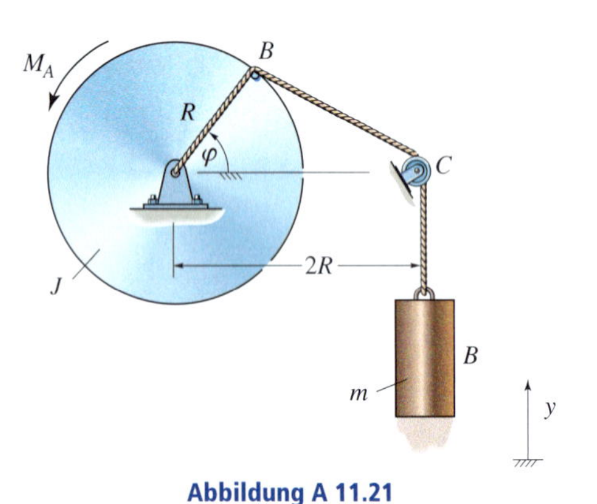

Abbildung A 11.21

11.22 Der Mechanismus besteht aus zwei vertikal und horizontal geführten Buchsen A und B der Masse m_A und der Masse m_B sowie einer dünnen homogenen Stange ABC der Masse m_S und der Längen a und b, die sich zusammen im Schwerkraftfeld der Erde reibungsfrei bewegen. Die Stangenbewegung wird durch die Winkelkoordinate φ gegen die Vertikale beschrieben. Man ermittle die Bewegungsgleichung des Systems in φ.

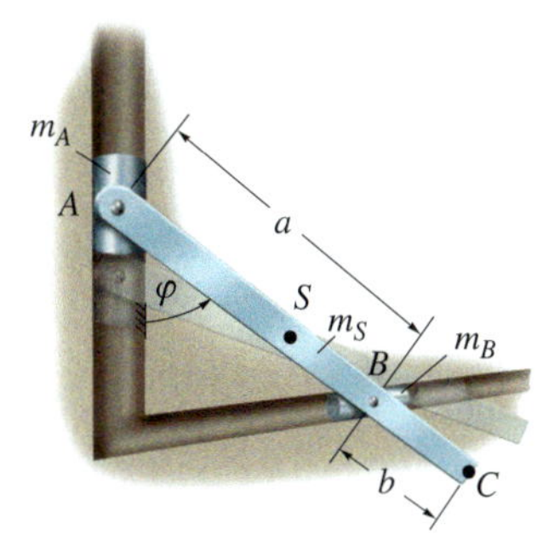

Abbildung A 11.22

11.23 Das Planetenradgetriebe besteht aus einem feststehenden Hohlrad R, einem in E frei drehbar gelagerten Sonnenrad S und zwei Planetenrädern A und B. Die Planetenräder mit jeweils der Masse m_P, dem Massenträgheitsmoment J_P bezüglich ihrer Schwerpunkte und dem Radius r_P sind an den Endpunkten C und D einer Verbindungsstange mit dem Massenträgheitsmoment J_V frei drehbar gelagert. Das Sonnenrad hat den Radius r_S und das Massenträgheitsmoment J_S. Die Stange CD, deren Drehbewegung durch die Winkelkoordinate φ beschrieben wird, wird durch ein vorgegebenes Moment $M(t)$ angetrieben. Verluste werden auch bezüglich der Drehung der Stange über ein winkelgeschwindigkeitsproportionales Moment (Proportionalitätskonstante k_d) berücksichtigt. Ermitteln Sie die Bewegungsgleichung des Systems in φ.

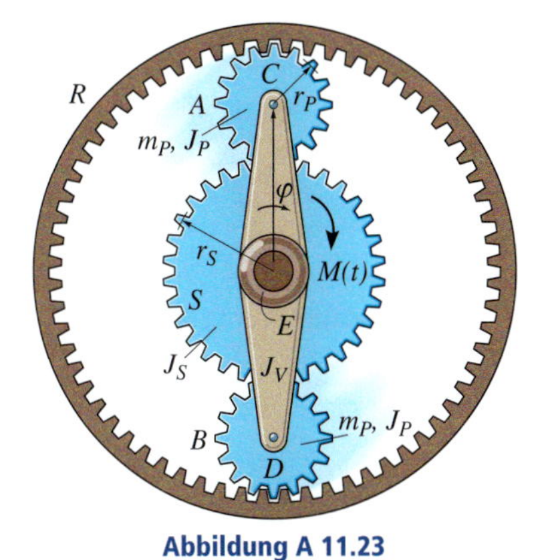

Abbildung A 11.23

11.24 Die Schaukel besteht aus einem homogenen starren Stab BD der Masse M und der Länge L und zwei weiteren homogenen Stäben AB und CD mit jeweils der Masse m und der Länge l, die sich zusammen im Schwerkraftfeld der Erde bewegen. Diese Bewegung wird durch den Winkel φ der Stangen AB und CD gegen die Vertikale beschrieben. Im Lager A kennzeichnet ein zwischen der Stange AB und Umgebung angebrachter winkelgeschwindigkeitsproportionaler Drehdämpfer (Proportionalitätskonstante k_d) die Verluste im System, der Antrieb erfolgt durch eine im Mittelpunkt der Stange BD angreifende Horizontalkraft $F(t)$. Man ermittle die Bewegungsgleichung des Systems in φ.

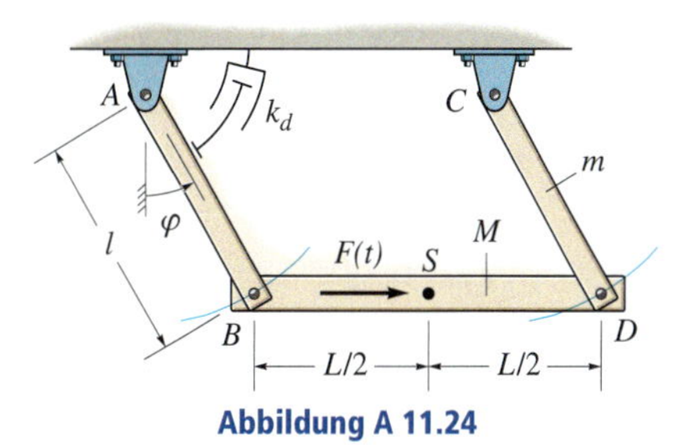

Abbildung A 11.24

11.25 Eine Spule mit dem Außenradius r_1, Masse m und dem Massenträgheitsmoment J_S bezüglich ihres Massenmittelpunktes S rollt auf einer horizontalen Unterlage unter dem Einfluss einer Horizontalkraft P, die an einem undehnbaren, masselosen Seil angreift, das um die Spule geschlungen ist. Der Abwickelradius ist dabei mit r_2 gegeben. Man ermittle die Bewegungsgleichung des Systems in der Verschiebungskoordinate x des Massenmittelpunktes S der Spule.

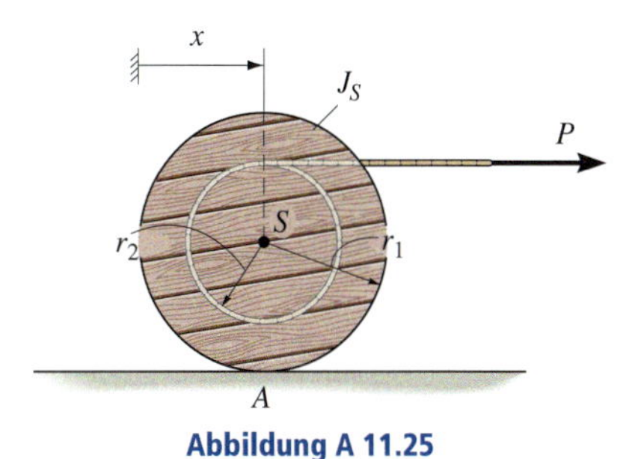

Abbildung A 11.25

***11.26** Die Anordnung besteht aus einer auf der horizontalen Unterlage rollenden homogenen Kreisscheibe mit dem Radius R und der Masse M und zwei homogenen starren Stäben AB und BS mit jeweils der Masse m und der Länge l. Die Stäbe sind in A und C sowie in B miteinander reibungsfrei verbunden, an der Umgebung bei A und an der Scheibe in S reibungsfrei drehbar gelagert. Zwischen A und C ist eine Dehnfeder mit der Federkonstanten c befestigt, die in der Ausgangslage $\varphi = \varphi_0$ spannungslos ist. Die Bewegungsgleichung für die Schwingungen des Systems im Schwerkraftfeld der Erde in φ ist zu ermitteln.

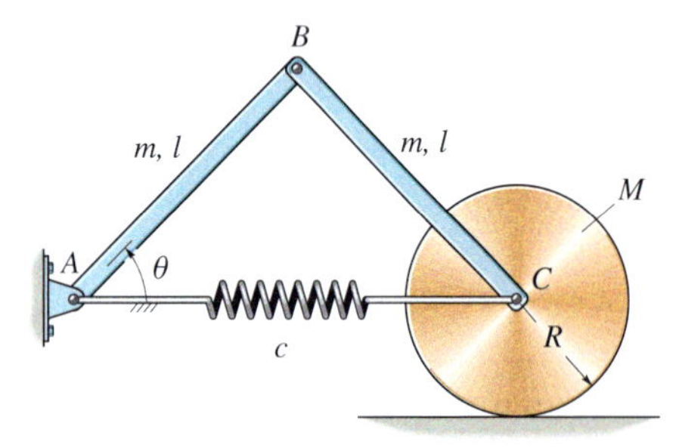

Abbildung A 11.26

***11.27** Die Getriebeeinheit besteht aus einem feststehenden Zahnrad A, einem darauf abrollenden Kegelrad B und einem um die vertikale Achse rotierenden Zahnradträger S. Das feststehende Zahnrad A hat den mittleren Radius r_A, das Kegelrad B die Masse m_B, das Massenträgheitsmoment J_B und den mittleren Radius r_B. Das Massenträgheitsmoment des Zahnradträgers S bezüglich der vertikalen Drehachse ist mit J_S gegeben. Das Zahnrad B ist auf dem Träger S reibungsfrei drehbar gelagert. Der Träger wird um die vertikale Achse durch ein vorgegebenes Moment $M(t)$ angetrieben. Verluste werden bezüglich der Drehung des Trägers berücksichtigt und sind winkelgeschwindigkeitsproportional (Proportionalitätskonstante k_d). Ermitteln Sie die Bewegungsgleichung des Systems in der Bewegungskoordinate φ des Zahnradträgers um die vertikale Achse.

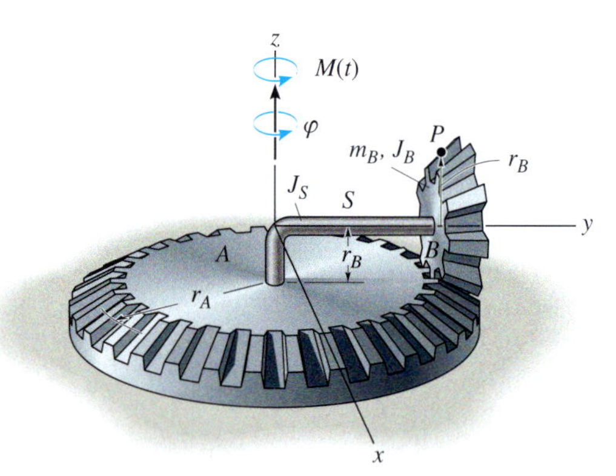

Abbildung A 11.27

***11.28** Der masselos angenommene Stab AB wird bei seiner räumlichen Bewegung an seinen Enden A und B in kleinen starren Hülsen mit jeweils der Masse m_H vertikal und horizontal geführt. Die untere Hülse ist mit einer Feder der Federkonstanten c an der Umgebung befestigt. In deren Anfangslage $\bar{x} = 0$ ist die Feder entspannt. Durch den Gewichtseinfluss im Schwerkraftfeld der Erde kommt das System in Bewegung. Reibungseinflüsse werden vernachlässigt. Ermitteln Sie die Bewegungsgleichung in der Bewegungskoordinate $\bar{x}$ für $\bar{x} \ll l$.

Gegeben: $x_0 = 2$ cm, $y_0 = 6$ cm, $z_0 = 3$ cm, $m_H = 10$ kg, $c = 40$ N/cm

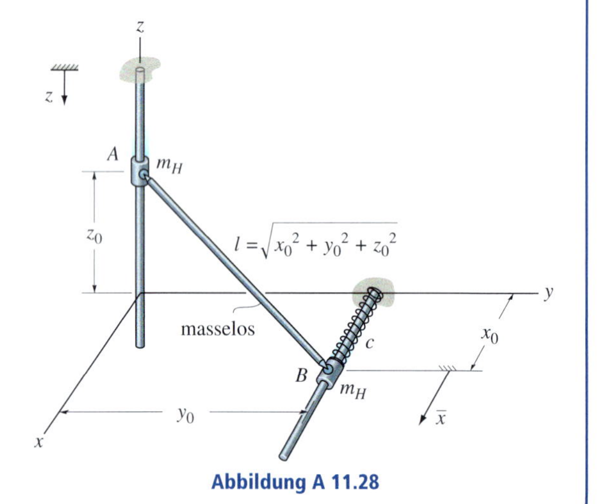

Abbildung A 11.28

Aufgaben zu 11.4

Ausgewählte Lösungswege 

Lösungen finden Sie in *Anhang C*.

Die Bewegungsgleichungen sind mit Hilfe der Lagrange'schen Gleichungen 1. Art herzuleiten.

11.29 Der Massenpunkt M bewegt sich unter dem Einfluss der Schwerkraft reibungsfrei auf der Ebene E, die durch folgende Gleichung gegeben ist: $z + x/2 + y - b = 0$. Man ermittle die resultierenden Bewegungsgleichungen des Massenpunktes. Wie lauten die Lösungen der Bewegungsgleichungen in x und y für den Fall, dass der Massenpunkt zur Zeit $t = 0$ im Durchstoßpunkt der z-Achse mit der Ebene E aus der Ruhe seine Bewegung beginnt? Zu welchem Zeitpunkt $t = t_1$ und in welchem Punkt (x_1,y_1) trifft der Massenpunkt die x,y-Ebene?

Gegeben: $b = 20$ m

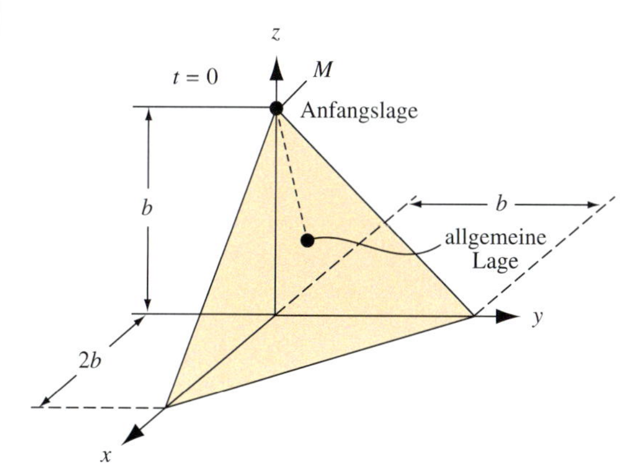

Abbildung A 11.29

11.30 Ein Minigolfspieler will seinen Ball im Schwerkraftfeld der Erde mit einem Schlag über eine schiefe Ebene mit dem Neigungswinkel α zur Horizontalen in das Loch P schlagen. Die Abmessungen a und b sind gegeben. Man ermittle die resultierenden Bewegungsgleichungen des Balles in x und y. Man bestimme die Abschlaggeschwindigkeit $\mathbf{v}_0$ nach Betrag und Richtung so, dass die Bahn des Balles im Punkt P eine zur y-Achse parallele Tangente besitzt.

Gegeben: $\alpha = 30°$, $a = 5$ m, $b = 4$ m

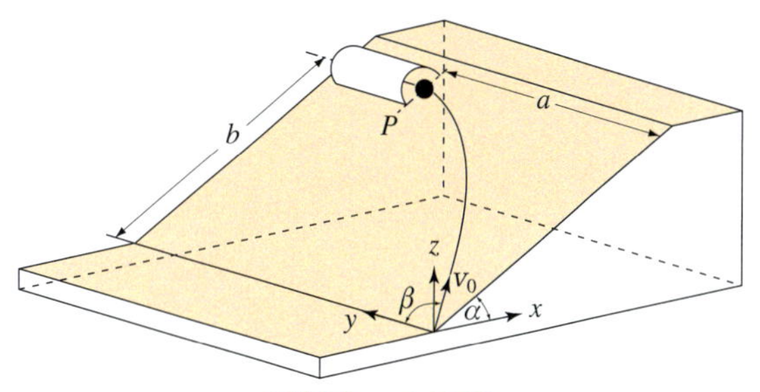

Abbildung A 11.30

11.31 Der Massenpunkt m gleitet unter dem Einfluss der Schwerkraft reibungsfrei in einem zunächst horizontalen Rohr, das ab $x = 0$ gemäß der Gleichung $y = ax^2$ nach oben gebogen ist. Man ermittle die resultierende Bewegungsgleichung des Massenpunktes in x und ermittle die Geschwindigkeit $v(x)$.

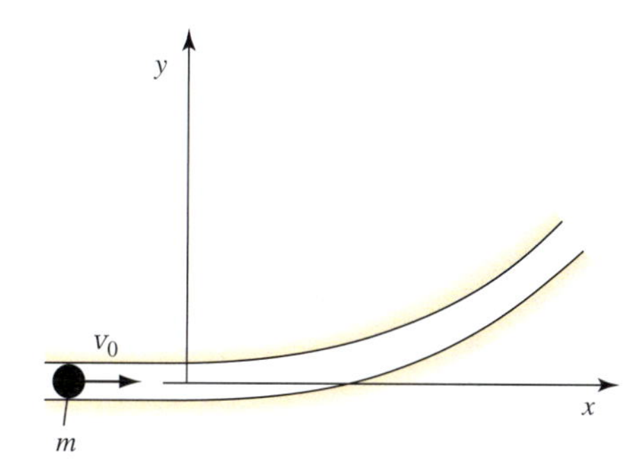

Abbildung A 11.31

***11.32** Leiten Sie die Bewegungsgleichung für die Problemstellung gemäß Aufgabe 11.4 her.

***11.33** Leiten Sie die Bewegungsgleichung für die Problemstellung gemäß Aufgabe 11.7 her.

***11.34** Leiten Sie die Bewegungsgleichung für die Problemstellung gemäß Aufgabe 11.14 her.

11.35 Der Massenpunkt m gleitet unter dem Einfluss der Schwerkraft reibungsfrei entlang dem Stab AB. Das Lager A wird in dem angegebenen kartesischen Koordinatensystem durch den Punkt $(x_A,0,z_A)$ gekennzeichnet, das Lager B durch $(0,y_B,0)$. Man ermittle die resultierende Bewegungsgleichung des Massenpunktes in x.

Gegeben: $x_A = 2$ m, $z_A = 4$ m, $y_B = 3{,}2$ m

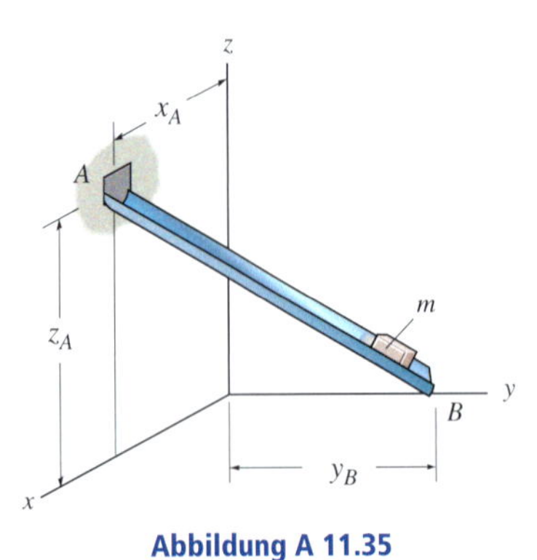

Abbildung A 11.35

11.36 Der Hülse H mit dem Gewicht G gleitet unter dem Einfluss der Schwerkraft und einer an ihr und im Koordinatenursprung O eines kartesischen Koordinatensystems befestigten masselosen Feder mit der Federkonstanten c reibungsfrei entlang dem dargestellten Rohr AB. Die Anfangslage der Hülse auf der Stange wird in dem angegebenen kartesischen Koordinatensystem durch den Punkt $(x_A, -y_A, z_A)$ gekennzeichnet, das Lager B durch $(-x_B, y_B, z_B)$. Man ermittle die resultierende Bewegungsgleichung des Massenpunktes in x.

Gegeben: $x_A = 0{,}5$ m, $y_A = 2$ m, $z_A = 3$ m, $x_B = 0{,}5$ m, $y_B = 1{,}5$ m, $z_B = 1$ m, $G = 25$ N, $c = 30$ N/m

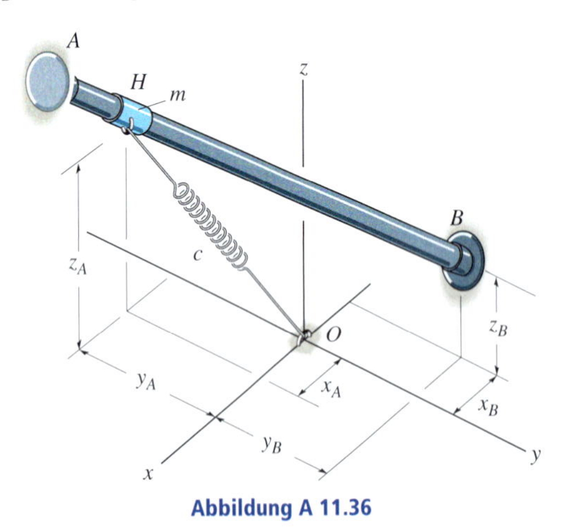

Abbildung A 11.36

11.37 Leiten Sie die Bewegungsgleichung der Gleithülse in der Problemstellung gemäß *Aufgabe 11.17* unter der Voraussetzung her, dass der Pendelwinkel θ eine vorgegebene Zeitfunktion $\theta(t)$ ist.

11.38 Der Klotz der Masse m gleitet unter dem Einfluss der Schwerkraft reibungsfrei entlang der geneigten Rampe mit dem Neigungswinkel α, die in dem angegebenen kartesischen Koordinatensystem mit konstanter Geschwindigkeit v_0 entlang der horizontalen x-Achse fährt. Zum Zeitpunkt $t = 0$ befindet sich der Klotz im Punkt A der Rampe im Abstand b vom unteren Begrenzungspunkt B in Höhe der x-Achse. Man ermittle die Bewegungsgleichung des Massenpunktes in x.

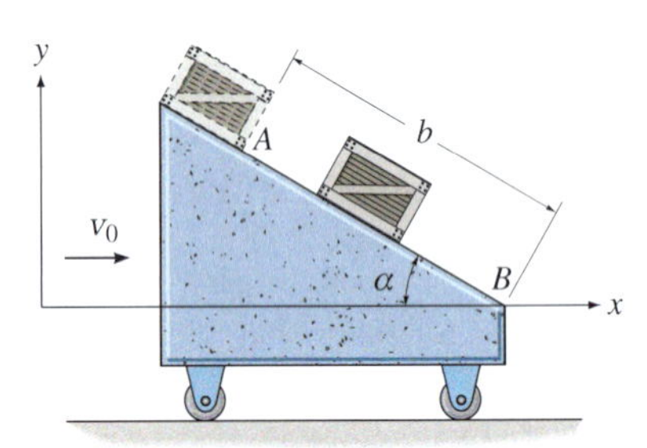

Abbildung A 11.38

11.39 Die beiden Klötze A und B mit den Massen m_A und m_B gleiten unter dem Einfluss der Schwerkraft reibungsfrei entlang der vertikalen und horizontalen Führung. Sie sind dabei über eine masselose Dehnfeder der Federkonstanten c miteinander verbunden. Zunächst befindet sich der Klotz A am oberen Anschlag der vertikalen Führung in Höhe des Klotzes B, der Abstand zwischen ihnen ist b. Die Feder ist in dieser Ausgangslage unverformt. Ausgehend von den Bewegungsgleichungen zur Beschreibung der ungebundenen Bewegung der beiden Klötze in der vertikalen x,y-Ebene formuliere man entsprechende Nebenbedingungen zur Kennzeichnung der jeweiligen Führung und leite die endgültigen Bewegungsgleichungen des Schwingungssystems in x für den Klotz B und y für den Klotz B her.

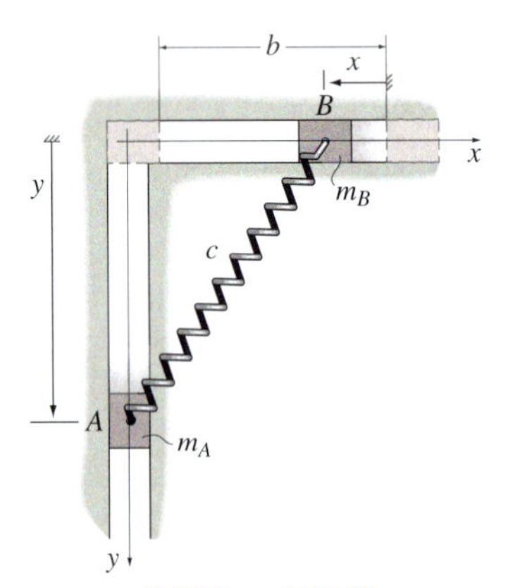

Abbildung A 11.39

Aufgaben zu 11.6

Ausgewählte Lösungswege 

Lösungen finden Sie in *Anhang C*.

Die Bewegungsgleichungen sind mit Hilfe der Lagrange'schen Gleichungen 2. Art herzuleiten.

11.40 Lösen Sie die Problemstellung gemäß Aufgabe 11.1.

11.41 Leiten Sie die Bewegungsgleichung für die Problemstellung gemäß Aufgabe 11.3 her.

11.42 Lösen Sie die Problemstellung gemäß Aufgabe 11.4.

11.43 Leiten Sie die Bewegungsgleichung für die Problemstellung gemäß Aufgabe 11.5 her.

11.44 Untersuchen Sie die Problemstellung gemäß Aufgabe 11.6.

11.45 Untersuchen Sie die Problemstellung gemäß Aufgabe 11.8.

11.46 Untersuchen Sie die Problemstellung gemäß Aufgabe 11.10.

11.47 Untersuchen Sie die Problemstellung gemäß Aufgabe 11.11.

11.48 Untersuchen Sie die Problemstellung gemäß Aufgabe 11.12.

11.49 Untersuchen Sie die Problemstellung gemäß Aufgabe 11.13.

11.50 Untersuchen Sie die Problemstellung gemäß Aufgabe 11.15.

11.51 Untersuchen Sie die Problemstellung gemäß Aufgabe 11.17.

11.52 Leiten Sie die Bewegungsgleichung für die Problemstellung gemäß Aufgabe 11.19 her.

11.53 Untersuchen Sie die Problemstellung gemäß Aufgabe 11.20.

11.54 Untersuchen Sie die Problemstellung gemäß Aufgabe 11.21.

11.55 Untersuchen Sie die Problemstellung gemäß Aufgabe 11.22.

11.56 Untersuchen Sie die Problemstellung gemäß Aufgabe 11.23.

11.57 Untersuchen Sie die Problemstellung gemäß Aufgabe 11.24.

11.58 Untersuchen Sie die Problemstellung gemäß Aufgabe 11.25.

***11.59** Untersuchen Sie die Problemstellung gemäß Aufgabe 11.26.

***11.60** Untersuchen Sie die Problemstellung gemäß Aufgabe 11.27.

11.61 Das dargestellte Yo-Yo besteht aus einer Garnrolle und wird im Schwerkraftfeld der Erde über den masselosen, undehnbaren Faden durch eine vorgegebene Vertikalbewegung $y(t)$ vertikal nach oben bewegt. Es wird angenommen, dass sich auch der Schwerpunkt der Garnrolle in vertikaler Richtung bewegt, beschrieben durch die Bewegungskoordinate x, und sich am Faden auf- oder abwickelt, beschrieben durch die Winkelkoordinate φ. Die Garnrolle hat den Wickelradius r, die Masse m und das Massenträgheitsmoment J_S bezüglich des Schwerpunktes S. Ermitteln Sie die Bewegungsgleichung des Yo-Yos in x.

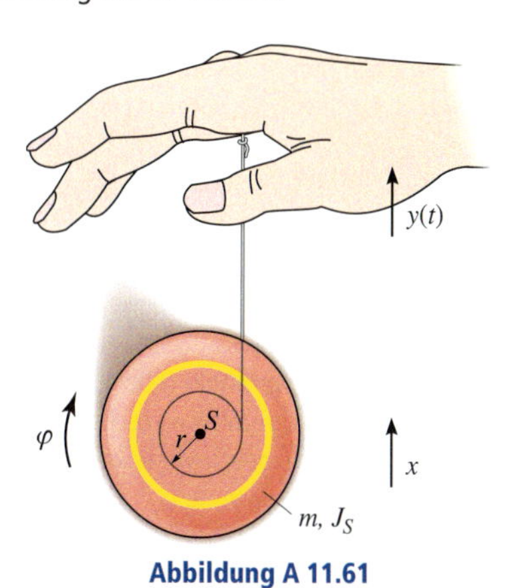

Abbildung A 11.61

11.62 Das dargestellte System besteht aus zwei Seilrollen mit jeweils dem Radius R, der Masse m und dem Massenträgheitsmoment J_S bezüglich der Schwerpunkte S_A und S_B, die sich im Schwerkraftfeld der Erde bewegen. Sie sind über ein umschlingendes, undehnbares masseloses Seil miteinander verbunden. Die obere Seilrolle ist über ein weiteres Seil an der Decke aufgehängt, ihre Drehung wird durch die Winkelkoordinate φ beschrieben. Die untere Seilrolle wickelt sich am verbindenden Seil ab, ihre vertikale Schwerpunktbewegung wird durch die Wegkoordinate y und die Drehung durch die Winkelkoordinate ψ gekennzeichnet. Wählen Sie die generalisierten Koordinaten und stellen Sie die maßgebenden Bewegungsgleichungen des Systems auf.

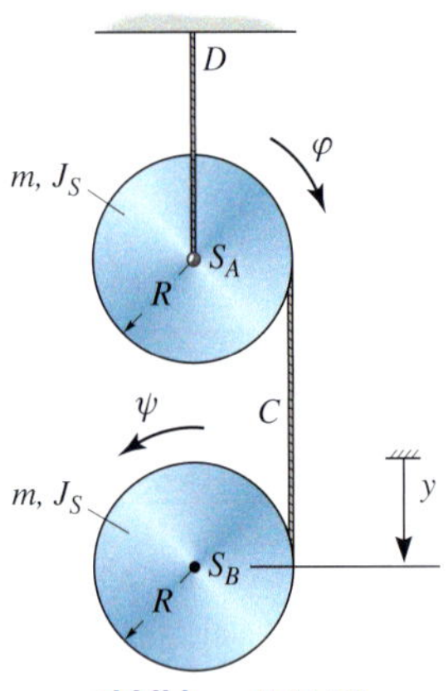

Abbildung A 11.62

11.63 Das dargestellte Rohr mit dem Massenträgheitsmoment J_A bezüglich der Drehachse durch den Mittelpunkt A des Rohres dreht sich in der horizontalen Ebene infolge eines vorgegebenen Antriebsmomentes $M(t)$. Diese Drehbewegung wird durch die Winkelkoordinate φ beschrieben, wobei ein winkelgeschwindigkeitsproportionaler Drehwiderstand, Proportionalitätskonstante k_d, auftritt. Im Rohr kann sich während der Drehbewegung ein Massenpunkt der Masse m geradlinig entlang der Rohrachse bewegen. Diese Relativbewegung wird durch die Koordinate x beschrieben, die vom Mittelpunkt des Rohres aus gezählt wird. Eine Feder mit der Federkonstanten c und ein geschwindigkeitsproportionaler Dämpfer mit der Dämpferkonstanten k sind in der dargestellten Weise zwischen Rohr und Massenpunkt befestigt. Für $x = 0$ ist die Feder spannungslos. Man ermittle die Bewegungsgleichungen des Systems in x und φ.

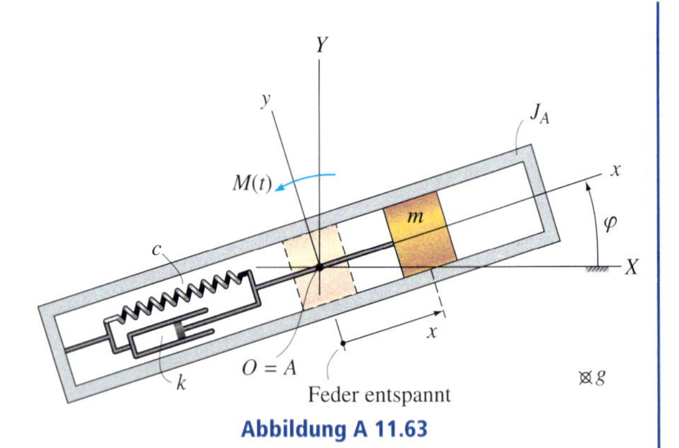

Abbildung A 11.63

11.64 Der dargestellte Zylinder mit dem Radius R, der Masse M und dem Massenträgheitsmoment J_S bezüglich seines Schwerpunktes S rollt zwischen zwei horizontal reibungsfrei bewegten homogenen starren Stäben D und E mit jeweils der Masse m und der Länge l. Der obere Stab ist mit seinem linken Ende über eine Dehnfeder der Federkonstanten c an der Umgebung befestigt, und seine horizontale Bewegung wird über die Wegkoordinate x beschrieben. Der untere Stab, dessen horizontale Bewegung über die Wegkoordinate y beschrieben wird, wird durch die vorgegebene Horizontalkraft $F(t)$ angetrieben. In der Ausgangslage $x = y = 0$ sind der Drehwinkel φ und die Wegkoordinate z zur Beschreibung der Rollbewegung des Zylinders ebenfalls null, und die Feder ist spannungslos. Wählen Sie entsprechende generalisierte Koordinaten und leiten Sie die entsprechenden Bewegungsgleichungen des Systems her.

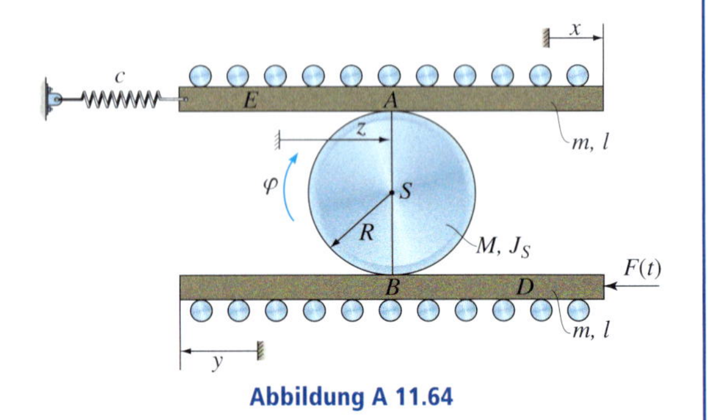

Abbildung A 11.64

11.65 Das dargestellte System besteht aus einem Klotz der Masse m und einer zylindrischen starren Walze mit dem Radius R, der Masse M und dem Massenträgheitsmoment J_S bezüglich ihres Schwerpunktes S. Die Walze ist auf zwei kleinen Lagerrollen vernachlässigbarer Masse im Klotz reibungsfrei drehbar gelagert. Ihre Drehbewegung wird durch die Winkelkoordinate φ gekennzeichnet, die Horizontalbewegung des Klotzes auf glatter Unterlage durch die Wegkoordinate x. Das System wird durch die Seilkraft $S(t)$ in Bewegung gesetzt. Die Seilkraft, die um den Winkel α gegen die Horizontale geneigt ist, wirkt auf die Walze im Abstand r vom Mittelpunkt so, dass ein Abheben der Walze von den Lagerrollen ausgeschlossen ist. Ermitteln Sie die Bewegungsgleichungen des Systems in φ und x.

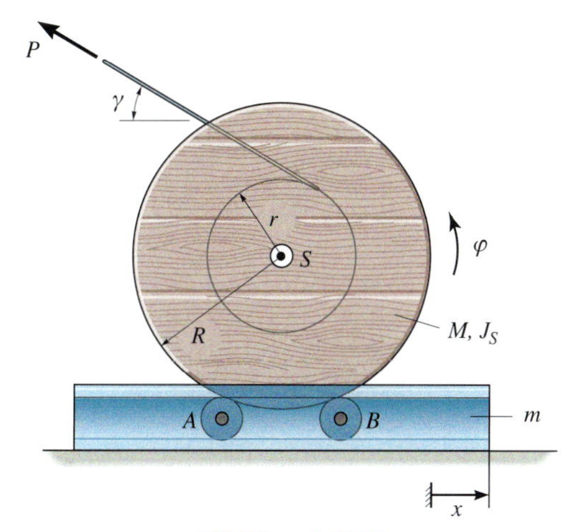

Abbildung A 11.65

11.66 Das dargestellte Doppelpendel besteht aus zwei homogenen starren Stäben der Längen L und l sowie der Massen M und m. Es führt im Schwerkraftfeld der Erde Schwingungen aus, die über die Winkelkoordinate φ und ψ der beiden Stangen gegenüber der Vertikalen gemessen werden. Die Aufhängung bei A und die Verbindung bei B sind reibungsfreie, spielfreie Gelenke. Die obere Pendelstange wird durch ein vorgegebenes Moment $M(t)$ angetrieben. Ermitteln Sie die Bewegungsgleichungen des Systems in φ und ψ.

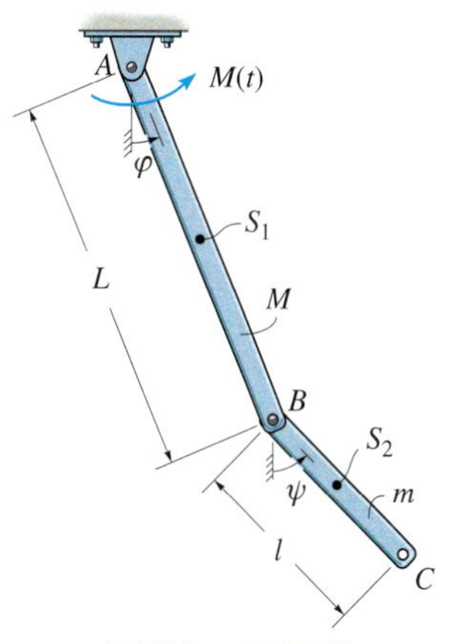

Abbildung A 11.66

***11.67** Das dargestellte System besteht aus einem Halbzylinder und einem Block mit glatten Kontaktflächen. Der Halbzylinder hat den Radius R, die Masse m und das Massenträgheitsmoment J_{S1} bezüglich seines Schwerpunktes S_1, während der Block die Masse m und das Massenträgheitsmoment J_{S2} bezüglich seines Schwerpunktes S_2 hat. Das System bewegt sich im Schwerkraftfeld der Erde, wobei der Halbzylinder auf der horizontalen Unterlage rollt. Die Lage des Halbzylinders wird durch die Schwerpunktkoordinaten x_1 und y_1 und durch den Winkel φ beschrieben. Der Klotz kann sich gegenüber dem Halbzylinder entlang der Kontaktflächen verschieben, beschrieben durch die Koordinate x_2. In der gezeigten Ausgangslage sind die Wegkoordinaten x_1 und x_2 und auch die Winkelkoordinate φ, gemessen gegen die Vertikale, null, für die vertikale Lagekoordinate gilt dann gerade $y_{10} = R(1-4/(3\pi))$. Ermitteln Sie die Bewegungsgleichungen des Systems in x_1 und x_2 für jene Bewegungsphase, bei der noch kein Verkippen der Körper gegeneinander auftritt.

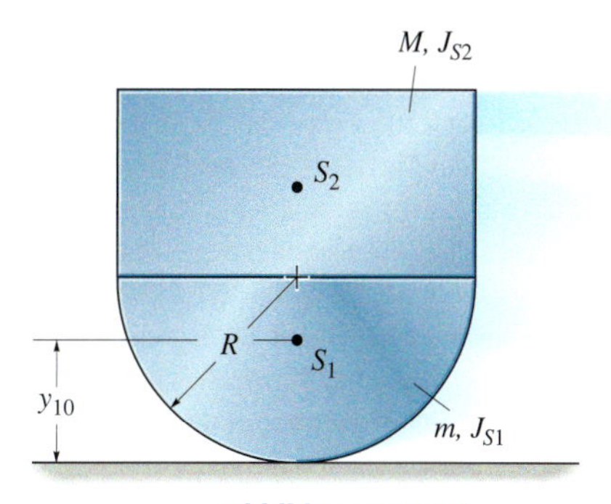

Abbildung A 11.67

11.68 Das dargestellte dreiteilige Pendel besteht aus einem homogenen starren Stab AB, einem weiteren homogenen, starren Stab BD und einer kleinen Hülse, die reibungsfrei entlang dem Stab BD gleiten kann. Der Stab AB hat die Länge L und die Masse M, der Stab BD die Länge l und die Masse m. Die Masse der Hülse ist mit m_H gegeben. Ihre Bewegung entlang dem Stab AB wird durch die Bewegungskoordinate s beschrieben. Zwischen Hülse und Ende B des Stabes BD ist eine masselose Feder mit der Federkonstanten c befestigt, die für $s = 0$, wenn die Hülse sich in der Mitte des Stabes BD befindet, spannungslos ist. Die Stange BD dreht sich um das Ende der Pendelstange AB mit konstanter Winkelgeschwindigkeit ω, während die Pendelbewegung des Stabes AB durch die Winkelkoordinate φ gegen die Vertikale gemessen wird. Die Bewegung verläuft unter dem Einfluss der Schwerkraft. Ermitteln Sie die Bewegungsgleichungen des Systems in φ und x.

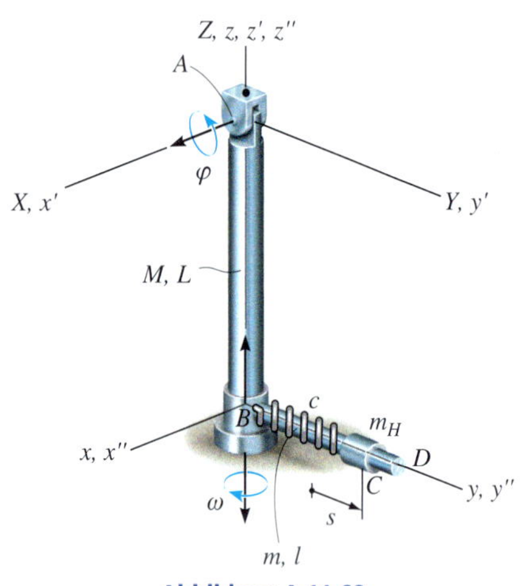

Abbildung A 11.68

11.69 Das dargestellte System besteht aus einer kreisförmigen Führung, deren Radius mit R und deren Massenträgheitsmoment bezüglich der Längsachse mit J gegeben sind, und einem Massenpunkt der Masse m, der spiel- und reibungsfrei entlang der Führung gleiten kann. Die Bewegung entlang der Führung wird durch die Winkelkoordinate θ beschrieben. Der Pendelwinkel der Führung ist φ, und in der Ausgangslage gilt $\varphi = \theta = 0$. Die Bewegung verläuft unter dem Einfluss der Schwerkraft. Ermitteln Sie die Bewegungsgleichungen des Systems in φ und θ, wenn Bewegungswiderstände proportional zur Winkelgeschwindigkeit $\dot{\theta}$ auftreten (Proportionalitätskonstante k_d).

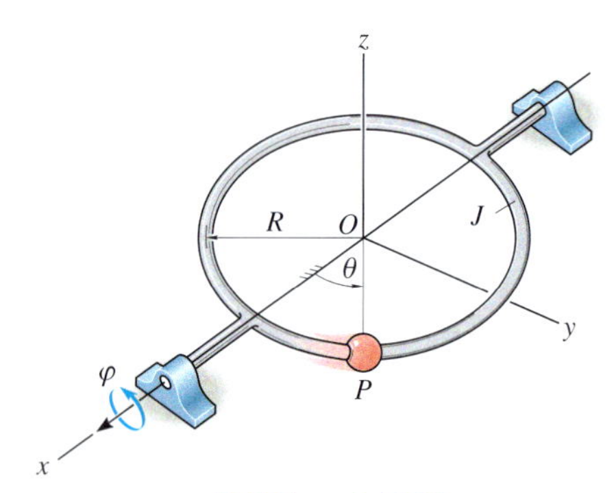

Abbildung A 11.69

11.70 Der dargestellte Drehschwinger besteht aus einem um die vertikale Achse frei drehbar gelagerten Führungsrahmen mit dem Massenträgheitsmoment J_R, einem auf einer masselosen Welle angeordneten, in A und B reibungsfrei drehbar gelagerten scheibenförmigen Rotor der Masse m und dem Massenträgheitsmoment J_S bezüglich seiner Figurenachse. Die Rotorscheibe kann zusätzlich reibungsfrei entlang einer Führungsnut in der Welle gleiten, beschrieben durch die Koordinate x. An der Scheibe und dem Wellenlager A ist eine masselose Feder der Federkonstanten c befestigt, die, wenn die Scheibe mittig angeordnet ist, für $x = 0$ spannungslos ist. Der scheibenförmige Rotor läuft mit einer vorgegebenen Winkelgeschwindigkeit $\omega(t)$ um und regt das System zu gekoppelten Schwingungen φ und x an, wobei die Drehung φ um die Hochachse durch eine masselose Drehfeder mit der Federkonstanten c_d und einen masselosen, winkelgeschwindigkeitsproportionalen Drehdämpfer mit der Dämpferkonstante k_d beeinflusst wird. Legen Sie die generalisierten Koordinaten fest und ermitteln Sie die entsprechenden Bewegungsgleichungen des Systems.

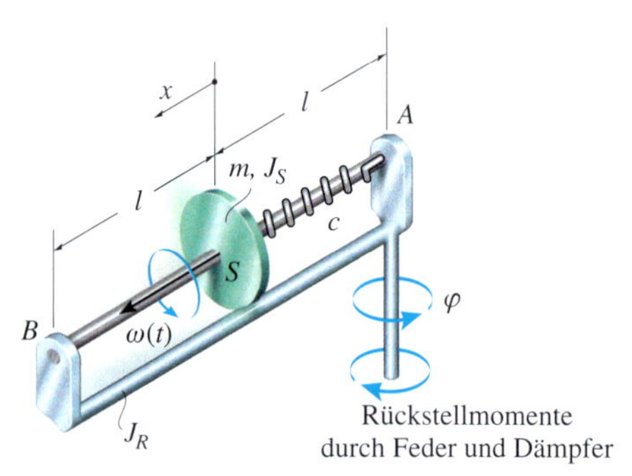

Abbildung A 11.70

***11.71** Der dargestellte Kreisel besteht aus einer mit konstanter Winkelgeschwindigkeit ω um die stabförmige starre Welle umlaufenden dünnen, homogenen Scheibe und einem masselosen Zapfen Z, der mit konstanter Winkelgeschwindigkeit Ω um die Hochachse umläuft. Die Welle hat die Länge L und die Masse M, die Scheibe den Radius r und die Masse m. Unter dem Einfluss der Schwerkraft kann das System Pendelschwingungen θ ausführen, wobei eine masselose Drehfeder mit der Federkonstanten c_d ein winkelproportionales Rückstellmoment hervorruft. Für $\theta = 0$ ist diese Feder spannungslos. Legen Sie die generalisierte Koordinate fest und ermitteln Sie die entsprechende Bewegungsgleichung des Kreiselsystems. Wie ist der Lösungsweg zu modifizieren, wenn Ω eine vorgegebene Zeitfunktion $\Omega(t)$ ist bzw. sich infolge eines vorgegebenen Antriebsmoments $M(t)$ um die Hochachse entsprechend einstellt?

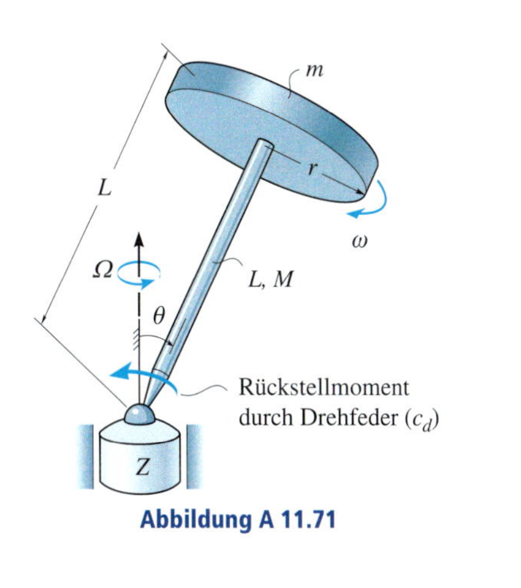

Abbildung A 11.71

Zusätzliche Übungsaufgaben mit Lösungen finden Sie auf der Companion Website (CWS) unter *www.pearson-studium.de*

Schwingungen

12

ÜBERBLICK

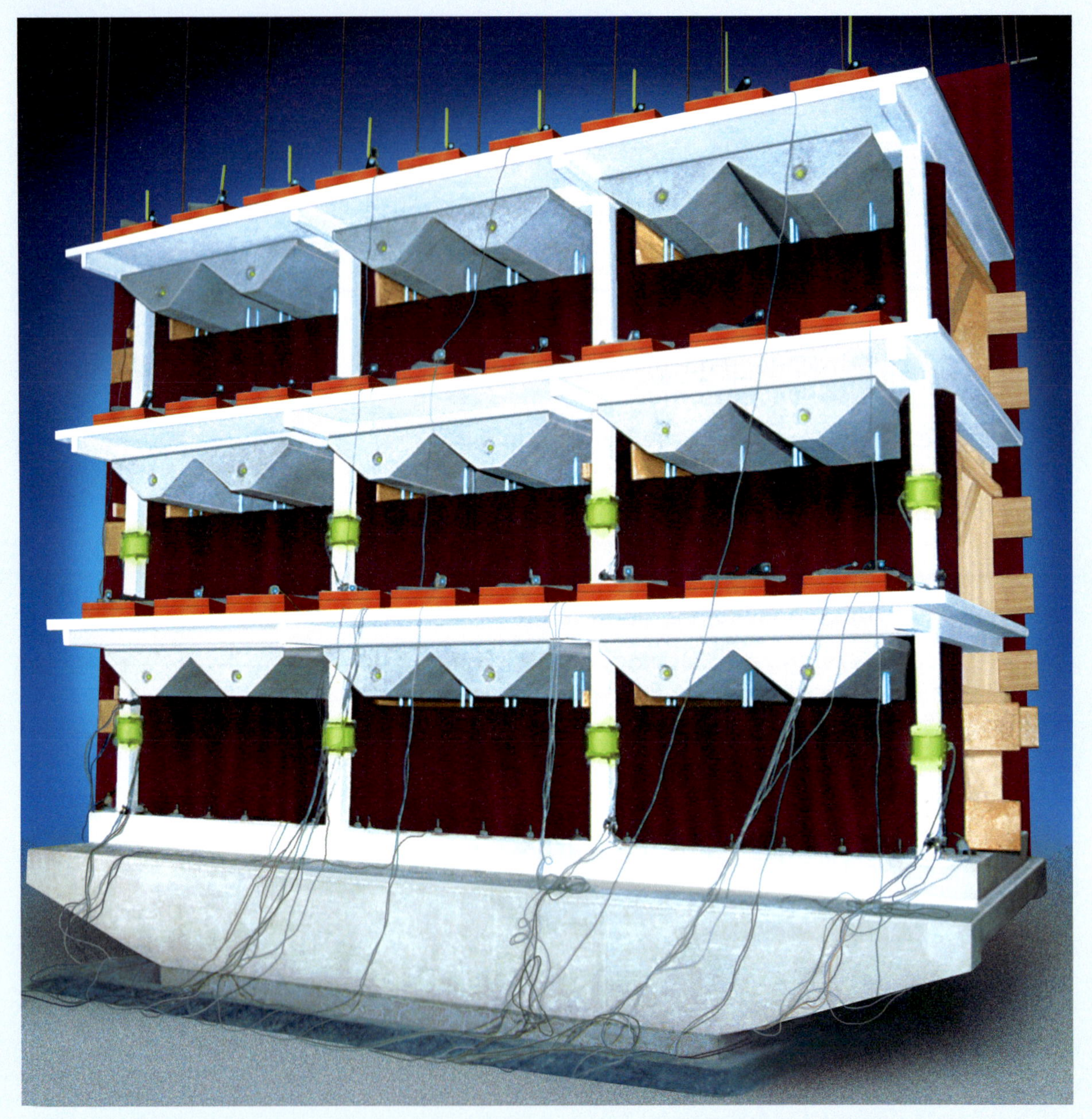

Die Berechnung von Schwingungen ist bei der Untersuchung von erdbebengefährdeten Gebäuden wichtig.

Lernziele

- Diskussion ungedämpfter Schwingungen eines Systems mit einem Freiheitsgrad mit Hilfe der Lösung der zugehörigen Bewegungsgleichung und mittels Energiemethoden
- Berechnung ungedämpfter erzwungener Schwingungen und viskos gedämpfter erzwungener Schwingungen eines Systems mit einem Freiheitsgrad mit Hilfe der Frequenzgangrechnung
- Analogien zum elektrischen Schwingkreis
- Herleitung der Bewegungsgleichungen von Schwingungssystemen mit endlich vielen Freiheitsgraden und Erklärung der Phänomene Resonanz und Tilgung
- Einführung in das Gebiet schwingender Kontinua

12.1 Schwinger mit einem Freiheitsgrad: Erscheinungsformen

Alle mechanischen Systeme mit Trägheit und Rückstellung sind schwingungsfähig. Jedes Bauteil, das eine endliche Masse oder ein endliches Massenträgheitsmoment besitzt, ist träge. Wenn ein Körper frei drehbar aufgehängt ist, entsteht eine Rückstellung durch das Eigengewicht. Andere Rückstellungen werden durch die Wirkung von Dehn- und Torsionsfedern hervorgerufen.

Eine *Schwingung* ist eine Bewegungsform physikalischer Systeme mit der Wiederkehr gewisser Merkmale im Verlauf der Zeit, d.h. es kommt zu mehr oder minder regelmäßigen Schwankungen des betrachteten Zeitsignals. Als Beispiele seien Gebäudeschwingungen durch Wind, die Schwingungen einer Turbinenschaufel durch die Anströmung oder die elektrisch erzeugten Anregungskräfte eines Shakers zur Untersuchung von Fahrzeugen genannt. Dabei unterscheidet man *harmonische, periodische* und *nichtperiodische* Schwingungen. Je nach Typ der Differenzialgleichung, die das Schwingungssystem beschreibt, spricht man von *linearen* oder *nichtlinearen* Schwingungssystemen. Wir beschränken uns auf lineare Schwinger, also Systeme, die durch lineare Bewegungsgleichungen beschrieben werden.

Eine *periodische Schwingung* liegt vor, wenn sich nach einer konstanten Zeitspanne T das Schwingungssignal wiederholt und

$$x(t+T)=x(t) \tag{12.1}$$

gilt. Damit gilt auch

$$x(t+nT)=x(t), \quad n=2,3,\ldots$$

Die kleinste Zeit T, für welche die Beziehung gemäß Gleichung (12.1) noch gilt, heißt *Schwingungsdauer* T. Ein Zeitintervall der Länge T wird *Periode* genannt.

Eine harmonische Schwingung hat einen sinus- oder kosinusförmigen Verlauf als Funktion der Zeit. Sie ist in der Form

$$x(t) = A\sin(\omega t + \alpha) \quad \text{bzw.} \quad x(t) = B\cos(\omega t + \beta)$$

der einfachste periodische Schwingungsverlauf, der durch drei Größen charakterisiert ist:

- Die *Amplitude* A bzw. B ist der Größtwert der Schwingung und kennzeichnet die Stärke der Schwingung,
- Die *Kreisfrequenz* ω kennzeichnet das Tempo der Schwingung und zeigt an, wie schnell oder langsam sich der Vorgang wiederholt. Sie hat die Einheit rad/s.
- Der *Nullphasenwinkel* α bzw. β mit der Einheit rad bestimmt den Signalwert zu Anfang der Zeitzählung für $t = 0$.

Die Schwingungsdauer T hängt gemäß

$$\omega T = 2\pi \tag{12.2}$$

mit der Kreisfrequenz zusammen. In der Praxis wird anstelle der Kreisfrequenz üblicherweise die Frequenz f benutzt, welche die Zahl der Schwingungen pro Zeiteinheit, d.h. pro s, bezeichnet und durch

$$f = 1/T \tag{12.3}$$

definiert ist. Frequenz und Kreisfrequenz sind somit über die Beziehung

$$\omega = 2\pi f \tag{12.4}$$

verknüpft. Frequenzen werden in Hertz (Hz)[1] gemessen.

Es gibt mehrere Möglichkeiten, auftretende Schwingungen zu klassifizieren. So kann man z.B. die Zahl der Freiheitsgrade des schwingenden Systems als typisches Klassifizierungsmerkmal wählen. Dieser Einteilung in Schwinger mit einem, zwei oder allgemein n Freiheitsgraden werden wir hier auch folgen, uns aber im Wesentlichen auf Schwinger mit einem bzw. mit zwei Freiheitsgraden beschränken und dabei in aller Regel auch nur mechanische Schwingungssysteme betrachten. Mit der Beschränkung auf zwei Freiheitsgrade lassen sich bereits die wesentlichen Erscheinungen bei Schwingungen beschreiben, der Blick auf elektrische Schwingkreise in *Abschnitt 12.8* soll zeigen, dass Schwingungen in vielen physikalischen Disziplinen bedeutsam sind.

Im Folgenden werden anhand von Beispielen Erscheinungsformen von Schwingern mit einem Freiheitsgrad vorgestellt.

1 Die Einheit Hertz (Hz) ist benannt nach dem deutschen Physiker Heinrich Rudolf Hertz (1857–1894).

Mathematisches Pendel Ein mathematisches Pendel ist die Abstraktion eines physikalischen Pendels[2] und besteht aus einer masselosen Stange der Länge l und einem Massenpunkt m am unteren Ende der Stange. Das obere Ende des Stabes ist bei A unverschiebbar und frei drehbar gelagert. Im Gleichgewicht hängt das Pendel im Schwerkraftfeld der Erde vertikal nach unten, siehe Abbildung 12.1a. Schneidet man den Massenpunkt in allgemeiner Lage, die zweckmäßig durch den Winkel θ von der vertikalen Ruhelage gemessen wird, frei, Abbildung 12.1b, greift im Schwerpunkt S die Gewichtskraft G an, die eine *Rückstellkraft* $mg\sin\theta$ auf den Massenpunkt bewirkt. Der Massenpunkt bewegt sich auf einer Kreisbahn, wobei der tangentiale Beschleunigungsanteil a_t in Richtung des *zunehmenden Winkels* θ weist, der normale Anteil a_n zum Aufhängepunkt. Damit kann das Freikörperbild im Sinne d'Alemberts vervollständigt und die dynamischen Gleichgewichtsbedingungen in tangentialer und normaler Richtung angeschrieben werden. Interessiert man sich nicht für die Stangenkraft S, dann ist die Kräftebilanz in tangentialer Richtung

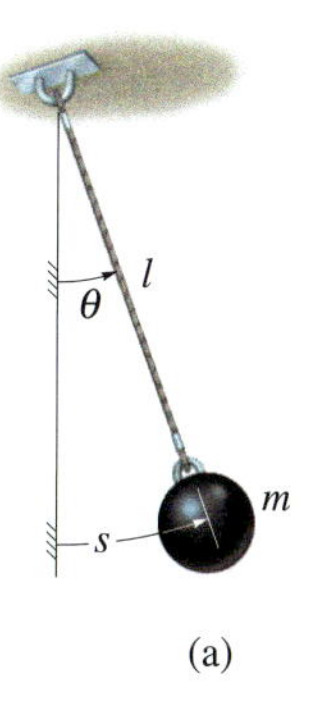

(a)

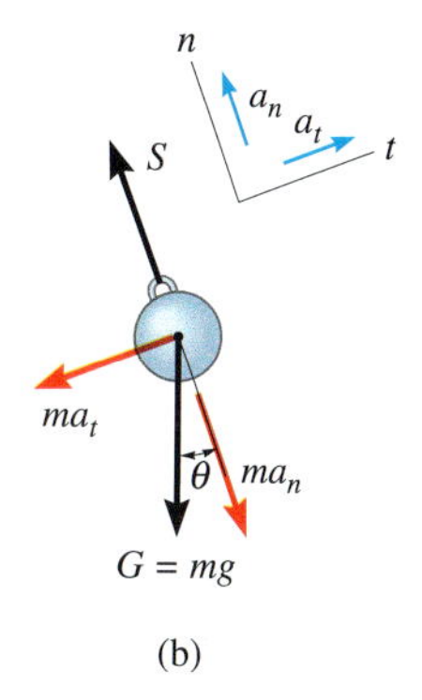

(b)

Abbildung 12.1

$$\sum F_t - ma_t = 0; \qquad -mg\sin\theta - ma_t = 0$$

Es gilt $a_t = \ddot{s}$ und mit $s = l\theta$ ergibt sich $a_t = l\ddot{\theta}$. Somit vereinfacht sich die angegebene Beziehung auf

$$-ml\ddot{\theta} - mg\sin\theta = 0$$

oder

$$\ddot{\theta} + \frac{g}{l}\sin\theta = 0$$

Dies ist die eigentliche Bewegungs(differenzial)gleichung des Problems. Es handelt sich um eine nichtlineare, homogene Differenzialgleichung zweiter Ordnung, die bei Systemen mit endlich vielen Freiheitsgraden immer gewöhnlich ist, weil die einzige unabhängige Variable die Zeit t ist und demnach nur Zeitableitungen auftreten können.

Für kleine Schwingungen $\theta \ll 1$ kann die Bewegungsgleichung linearisiert werden, d.h. es gilt $\sin\theta \approx \theta$, woraus

$$\ddot{\theta} + \frac{g}{l}\theta = 0$$

resultiert. Dies ist eine lineare, homogene Differenzialgleichung mit konstanten Koeffizienten zur Beschreibung freier Schwingungen ohne äußere Anregung, wobei stets $\theta \equiv 0$ als triviale Lösung möglich ist.

2 Ein physikalisches Pendel ist ein starrer Körper, der im Schwerkraftfeld in einem raumfesten Lagerpunkt frei drehbar aufgehängt ist und Pendelschwingungen, beschrieben durch den Winkel θ, ausführen kann.

Flüssigkeit in Rohrleitung Es wird ein vertikal aufgestelltes U-Rohr mit der konstanten Querschnittsfläche A betrachtet, das mit einer inkompressiblen Flüssigkeit der Dichte ρ gefüllt ist. Die Flüssigkeitssäule hat die Länge l und ist zunächst in der Ruhelage im Gleichgewicht. Sie wird um z aus dieser Ruhelage ausgelenkt, siehe Abbildung 12.2, und dann freigegeben. Dadurch kommt es zu Schwingbewegungen z, die reibungsfrei verlaufen sollen.

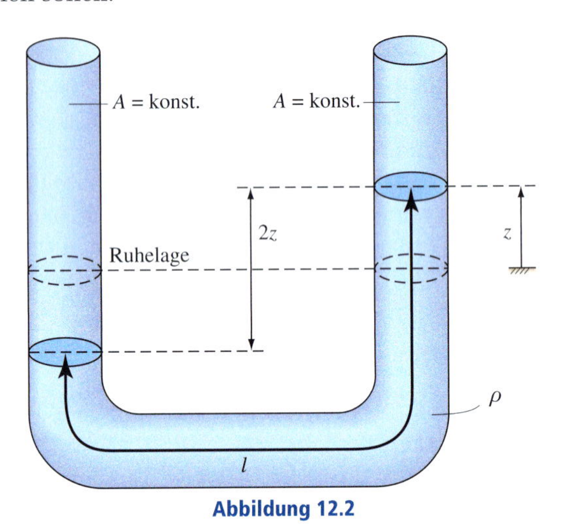

Abbildung 12.2

Die gesamte schwingende Masse der Flüssigkeitssäule ist offensichtlich $m = \rho A l$, während das Übergewicht als Rückstellung durch $2zA\rho g$ gegeben ist. Gemäß dem Prinzip von d'Alembert gilt damit

$$-m\ddot{z} - 2zA\rho g = 0$$

d.h.

$$\ddot{z} + 2\frac{g}{l}z = 0$$

Vernachlässigt man Reibungseffekte, hat man also selbst bei großen Amplituden eine streng lineare Differenzialgleichung. Wieder ist die Differenzialgleichung homogen, d.h. es werden auch hier freie Schwingungen ohne äußere Anregung diskutiert.

Schwingungsfundament Als praktische Anwendung betrachten wir die in Abbildung 12.3a und b dargestellten Schwingungsfundamente. Sie können häufig als Starrkörper mit großer Masse modelliert werden und dienen bei der so genannten *Aktivabschirmung* dem Schutz der Umgebung vor großen Erregerkräften $F(t)$, die durch auf dem Fundament aufgestellte Maschinen verursacht werden und über die federnde und dämpfende Abstützung des Fundamentes in den Boden geleitet werden. Man kann zeigen, dass für eine bestimmte Abstimmung der Feder- und Dämpferparameter und der Fundamentmasse die in den Boden geleiteten Kräfte tatsächlich klein gehalten werden können. Entsprechend wird bei der *Passivabschirmung* der Schutz eines auf dem Fundament betriebenen hochempfindlichen Messgerätes vor Erschütterungen $u(t)$ der Umgebung sichergestellt, wenn auch hier das Fundament auf der Umgebung federnd und dämpfend gelagert ist. Bemerkenswerterweise sind die geforderten Abstimmbedingungen für beide Abschirmungsprobleme die gleichen und aus der entsprechenden Lösung der zugehörigen Bewegungsgleichung kann ein entsprechendes Gütekriterium hergeleitet werden.

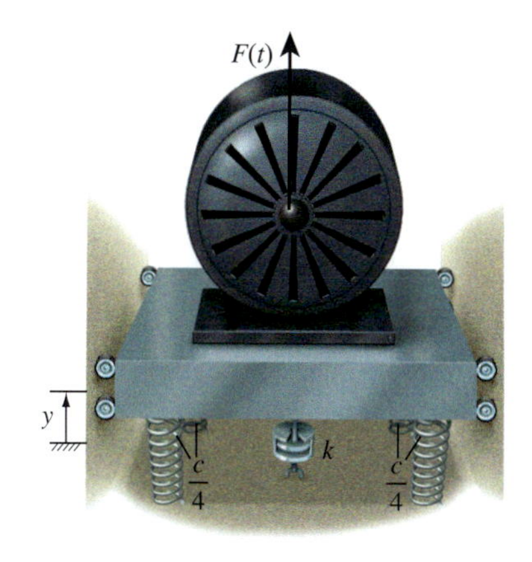

(a)

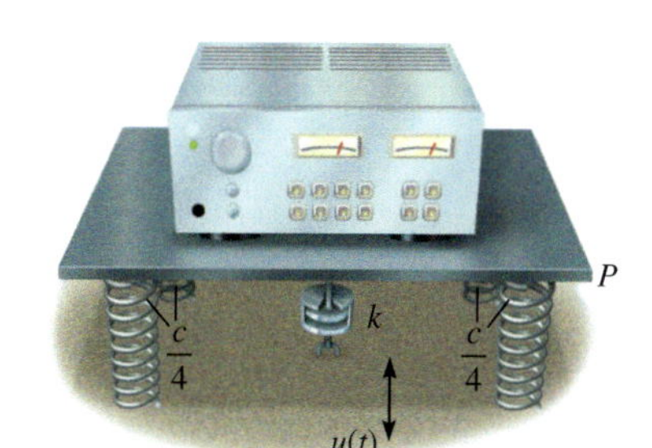

(b)

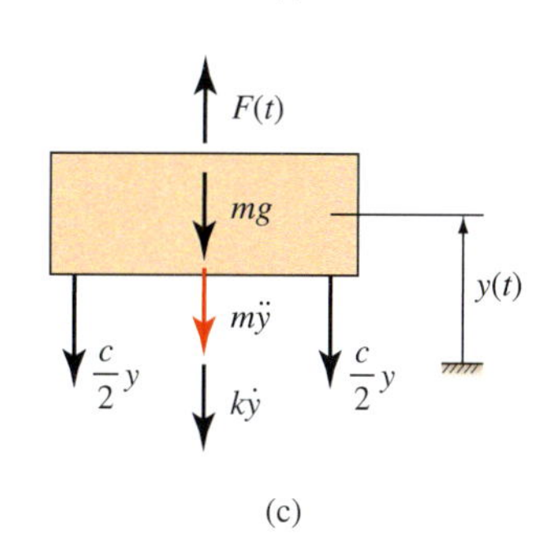

(c)

Abbildung 12.3

Wir wollen hier die Bewegungsgleichung für die Aktiventstörung herleiten und zwar unter Berücksichtigung von Dämpfungskräften, die der Geschwindigkeit proportional sind. Das in allgemeiner Lage y frei geschnittene Fundament ist für diesen Zweck mit allen Kräften in vertikaler Richtung einschließlich der Trägheitswirkungen in Abbildung 12.3c zu sehen. Für $y = 0$ sind die beiden resultierenden Federn links und rechts mit der jeweiligen Federkonstanten $c/2$ spannungslos, zusätzlich wird ein geschwindigkeitsproportionaler Dämpfer mit der Dämpferkonstanten k benutzt. Das Prinzip von d'Alembert liefert die dynamische Gleichgewichtsbedingung in vertikaler Richtung

$$F(t) - mg - cy - k\dot{y} - m\ddot{y} = 0$$

Zur Berechnung der statischen Gleichgewichtslage $y = y_0$ mit $\dot{y}_0 = 0$, $\ddot{y}_0 = 0$ soll auch $F(t) = 0$ sein, sodass dort

$$mg - cy_0 = 0$$

verbleibt und für die Bewegung Δy um die statische Gleichgewichtslage gemäß

$$y = y_0 + \Delta y, \quad \dot{y} = \Delta\dot{y}, \quad \ddot{y} = \Delta\ddot{y}$$

sich eine Kräftebilanz

$$F(t) - mg - c\left(y_0 + \Delta y\right) - k\Delta\dot{y} - m\Delta\ddot{y} = 0$$

oder

$$m\Delta\ddot{y} + k\Delta\dot{y} + c\Delta y = F(t)$$

ergibt. Diese Bewegungsgleichung ist eine lineare, inhomogene Differenzialgleichung zweiter Ordnung mit konstanten Koeffizienten zur Beschreibung erzwungener Schwingungen des Schwingungsfundaments unter vorgegebener Erregerkraft $F(t)$. Im Gegensatz zu freien Schwingungen ist jetzt die Lösung $\Delta y \equiv 0$ wegen $F(t) \neq 0$ nicht mehr möglich.

Der Zeitverlauf der vorgegebenen Erregerkraft $F(t)$ kann sehr unterschiedlich sein. Ein harmonischer Zeitverlauf

$$F(t) = \hat{F}\sin\Omega t \quad \text{oder} \quad F(t) = \hat{F}\cos\Omega t \tag{12.5}$$

mit Ω als der Erregerkreisfrequenz ist der wichtigste Fall, weil er häufig zumindest angenähert in der Praxis auftritt und weil die ebenfalls praxisrelevanten periodischen Erregerkräfte gemäß Fourier-Zerlegung[3] in eine Summe von harmonischen Anregungen zerlegt werden können. Darüber hinaus gilt für die hier vorausgesetzten linearen Systeme das Superpositionsprinzip, sodass auch die Systemantworten auf die einzelnen Erregungen einfach überlagert werden können. Die ausschließliche Betrachtung harmonischer Anregungen stellt deshalb keine besondere Einschränkung dar. Aber auch bei harmonischen Kraftverläufen ist es sinnvoll, drei verschiedene Fälle zu unterscheiden:

Krafterregung Der Fall liegt vor, wenn die Kraftamplitude $\hat{F} = F_0 =$ const. ist. Die praktische Realisierung geschieht über eine so genannte *Federfußpunktanregung*, wie sie in Abbildung 12.4a dargestellt ist. Wird die federnd und dämpfend gelagerte Masse zusätzlich mit einer zweiten Feder mit der Federkonstanten c_0 versehen, deren rechtes Ende sich nach dem vorgegebenen harmonischen Weg-Zeit-Gesetz

$$u(t) = u_0 \sin\Omega t$$

hin- und herbewegt, dann zeigt ein dynamisches Kräftegleichgewicht, dass sich eine Erregerkraftamplitude

$$\hat{F} = c_0 u_0 \tag{12.6}$$

d.h. eine von Ω unabhängige Kraftamplitude ergibt. Masse und Dämpferkonstante bleiben in der Bewegungsgleichung unverändert, die resultierende Federkonstante der Rückstellung erhöht sich auf $c + c_0$, wie man sich leicht anhand eines Freikörperbildes klarmacht.

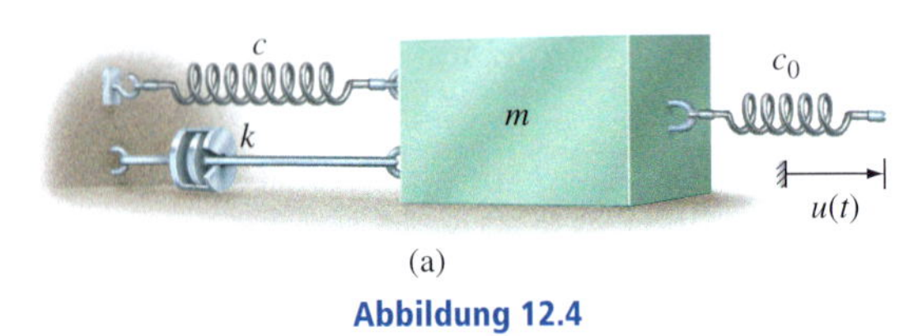

(a)

Abbildung 12.4

3 Benannt nach dem französischen Mathematiker Jean Baptiste Joseph Fourier (1768–1830).

Dämpfungskrafterregung Dieser Fall ergibt sich, wenn die Kraftamplitude $\hat{F}$ proportional Ω ist. Er liegt vor, wenn an die Stelle der Feder c_0 ein geschwindigkeitsproportionaler Dämpfer mit der Dämpferkonstanten k_0 tritt, siehe Abbildung 12.4b, dessen rechter Fußpunkt wie vorher gemäß

$$u(t) = u_0 \sin \Omega t$$

hin- und herbewegt wird. Zeigen Sie, dass sich eine Erregerkraftamplitude

$$\hat{F} = k_0 u_0 \Omega \tag{12.7}$$

einstellt.[4] Weil steifigkeitsfreie Dämpfer in der Praxis nicht realisiert werden können, ist dieser Fall nicht so interessant. Masse und Federkonstante bleiben unverändert, die resultierende Dämpferkonstante auf der linken Seite der Bewegungsgleichung erhöht sich auf $k + k_0$.

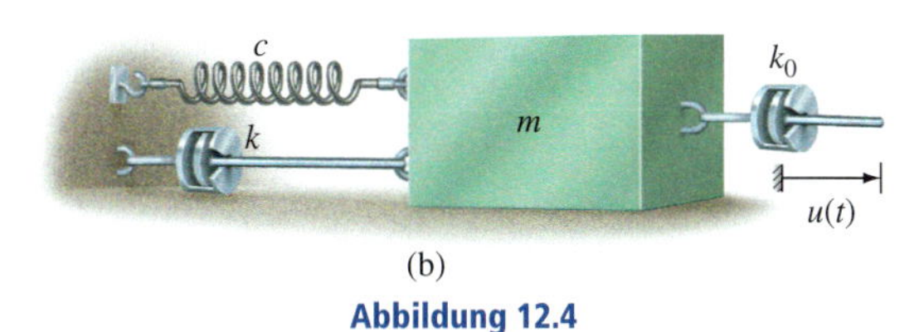

(b)

Abbildung 12.4

Massenkrafterregung Diese Art der Erregung ist besonders wichtig, denn sie tritt in der Technik häufig im Zusammenhang mit rotierenden Unwuchten auf, siehe Abbildung 12.4c. Rotiert innerhalb der Trägermasse eine Unwucht der Masse m_0 auf einem konstanten Radius r_0, so zeigt sich, dass die Kraftamplitude proportional Ω^2 ist, im vorliegenden Fall

$$\hat{F} = m_0 r_0 \Omega^2 \tag{12.8}$$

Dämpfer- und Federkonstante bleiben unverändert, die resultierende Masse auf der linken Seite der Bewegungsgleichung vergrößert sich auf $m + m_0$.

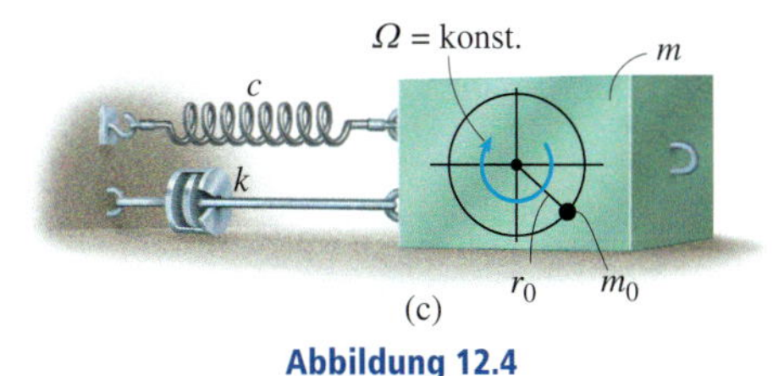

(c)

Abbildung 12.4

4 Allerdings ist der zugehörige Zeitverlauf von der Form $\cos \Omega t$.

In allen drei Fällen ergibt sich eine Differenzialgleichung mit harmonischer Erregung, z.B. in der Form

$$m\ddot{x} + k\dot{x} + cx = F(t) = \hat{F}(\Omega)\sin\Omega t \qquad (12.9)$$

wobei, wie bereits erwähnt, m, k und c Anteile von m_0, k_0 oder c_0 enthalten können, je nachdem, welche Erregerart vorliegt. Die erhaltene Gleichung (12.9) wird im Folgenden als Prototyp des Schwingers mit einem Freiheitsgrad angesehen, worin

x = Weg- oder Winkelkoordinate
m = Masse oder Massenträgheitsmoment
k = Dämpfer- oder Drehdämpferkonstante
c = Feder- oder Drehfederkonstante
$F(t)$ = Erregerkraft oder Erregermoment

12.2 Freie ungedämpfte Schwingungen eines 1-Freiheitsgrad-Systems

Freie Schwingungen treten auf, wenn die Erregerkraft in der zugehörigen Bewegungsgleichung (12.8) identisch verschwindet, d.h. $F(t) \equiv 0$ wird. Es liegt damit eine homogene Differenzialgleichung vor:

$$m\ddot{x} + k\dot{x} + cx = 0 \qquad (12.10)$$

Ruhe ist möglich, denn $x = 0$ ist die triviale Lösung. Interessant sind allein nichttriviale Lösungen $x(t) \neq 0$, z.B. in Form von Schwingungen.

Ungedämpfte Schwingungen setzen ein konservatives System voraus, bei dem der Energieerhaltungssatz gilt. Dissipative Effekte, z.B. in Form von Gleitreibung, werden vernachlässigt. Neben $F(t) = 0$ gilt zusätzlich $k = 0$, sodass aus Gleichung (12.10)

$$m\ddot{x} + cx = 0$$

resultiert.

Dividiert man die Gleichung durch die Masse m, wird man auf die Normalform

$$\ddot{x} + \omega_0^2 x = 0 \qquad (12.11)$$

der homogenen Schwingungsgleichung mit

$$\omega_0 = \sqrt{\frac{c}{m}} \qquad (12.12)$$

als Abkürzung geführt. Gleichung (12.12) ergibt sich auch für die in *Abschnitt 12.1* betrachteten Beispiele eines mathematischen Pendels und einer Flüssigkeitsschwingung in Rohrleitungen.

Die allgemeine, nichttriviale Lösung der erhaltenen Differenzialgleichung (12.12) zweiter Ordnung ist

$$x(t) = C_1 \sin\omega_0 t + C_2 \cos\omega_0 t \qquad (12.13)$$

d.h. eine harmonische Schwingung mit der *systemeigenen* Kreisfrequenz ω_0, die deshalb als *Eigenkreisfrequenz* bezeichnet wird.

Aus der Eigenkreisfrequenz, die in der Theorie bevorzugt wird, kann man auch die *Eigenfrequenz*

$$f_0 = \frac{\omega_0}{2\pi} = \frac{1}{2\pi}\sqrt{\frac{c}{m}} \qquad (12.14)$$

bestimmen. Aus Gleichung (12.13) berechnet man die Geschwindigkeit und die Beschleunigung durch entsprechende Zeitableitungen

$$v = \dot{x} = C_1\omega_0 \cos\omega_0 t - C_2\omega_0 \sin\omega_0 t \qquad (12.15)$$

$$a = \ddot{x} = -C_1\omega_0^2 \sin\omega_0 t - C_2\omega_0^2 \cos\omega_0 t \qquad (12.16)$$

Nach Einsetzen der beiden Beziehungen (12.13) und (12.16) in Gleichung (12.11) erkennt man, dass die Differenzialgleichung identisch erfüllt ist, d.h. dass mit Gleichung (12.13) tatsächlich die allgemeine Lösung von Gleichung (12.11) angegeben worden war.

Die Integrationskonstanten C_1 und C_2 in Gleichung (12.13) werden aus den zugehörigen *zwei* Anfangsbedingungen

$$x(t=0) = x_0, \quad \dot{x}(t=0) = v_0$$

bestimmt. Einsetzen von $x = x_0$ für $t = 0$ in Gleichung (12.13) führt auf $C_2 = x_0$ und $v = v_0$ für $t = 0$ ergibt mit Gleichung (12.15) den Wert $C_1 = v_0/\omega_0$. Damit ist die allgemeine Lösung

$$x(t) = \frac{v_0}{\omega_0}\sin\omega_0 t + x_0 \cos\omega_0 t \qquad (12.17)$$

Die allgemeine Lösung gemäß Gleichung (12.13) kann in Analogie zu *Abschnitt 12.1* alternativ auch als reine Sinusbewegung

$$x(t) = A\sin(\omega_0 t + \alpha) \qquad (12.18)$$

mit der Amplitude A und dem Nullphasenwinkel α formuliert werden. Wieder gibt es *zwei* Integrationskonstanten, nämlich A und α. Die Lösung gemäß Gleichung (12.18) kann mit einem der bekannten Additionstheoreme in

$$x(t) = A\sin\omega_0 t\cos\alpha + A\cos\omega_0 t\sin\alpha$$

umgeschrieben werden. Da diese Lösung jener gemäß Gleichung (12.13) gleichwertig sein muss, gilt

$$C_1 = A\cos\alpha \qquad C_2 = A\sin\alpha \qquad (12.19)$$

woraus umgekehrt

$$A = \sqrt{C_1^2 + C_2^2}, \quad \tan\alpha = \frac{C_2}{C_1} \tag{12.20}$$

folgt.

Der Graph der Lösung gemäß Gleichung (12.17) ist in Abbildung 12.5 dargestellt. Die maximale Verschiebung der Masse aus der Gleichgewichtslage ist mit der Definition in *Abschnitt 12.1* die Schwingungsamplitude, die gemäß Gleichung (12.19) gleich der Konstanten A ist. Der Nullphasenwinkel α gibt die Verschiebung der Sinuskurve für $t = 0$ aus dem Ursprung an. Die Sinuskurve führt in der Periode bzw. während der Schwingungsdauer T eine volle Schwingung aus, die gemäß Gleichung (12.2) in der Form

$$T = \frac{2\pi}{\omega_0} = 2\pi\sqrt{\frac{m}{c}} \tag{12.21}$$

mit der Eigenkreisfrequenz ω_0 bzw. den Systemdaten c und m verknüpft ist.

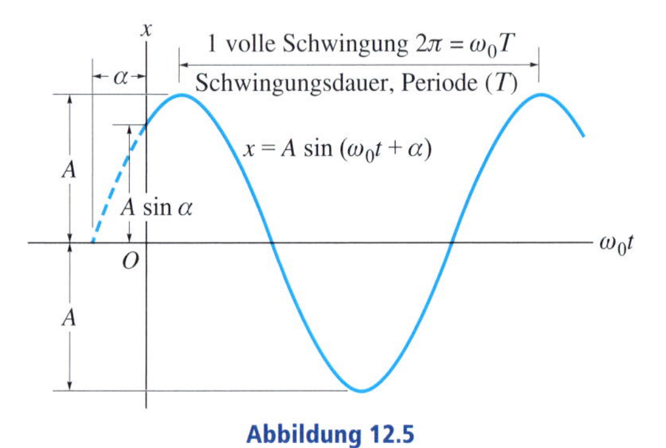

Abbildung 12.5

Erfährt der Schwinger eine Anfangsverschiebung aus der Gleichgewichtslage und wird dann mit der Anfangsgeschwindigkeit in Bewegung gesetzt, so schwingt er mit der Eigenkreisfrequenz ω_0. Ist diese Kreisfrequenz ω_0 des Schwingers bekannt, werden die Schwingungsdauer T, die Eigenfrequenz f_0 und der Schwingungsverlauf mit Hilfe der Gleichungen (12.13) bis (12.21) ermittelt.

Wichtige Punkte zur Lösung von Aufgaben

- Eine freie Schwingung tritt auf, wenn die Bewegung durch eine Anfangsauslenkung oder eine Anfangsgeschwindigkeit hervorgerufen wird.
- Die Amplitude ist die maximale Verschiebung oder Winkelverdrehung des Körpers bei einer harmonischen Schwingung.
- Die Periode ist die für eine vollständige Schwingung erforderliche Zeit.
- Die Frequenz ist die Anzahl der Schwingungen pro Zeiteinheit.
- Die Bewegungsgleichung eines Schwingers mit einem Freiheitsgrad wird demnach durch eine zeitabhängige Veränderliche beschrieben.

Lösungsweg

Wie bei einem einfachen Feder-Masse-System wird die Eigenkreisfrequenz ω_0 eines Schwingers mit einem Freiheitsgrad folgendermaßen bestimmt:

Freikörperbild

- Zeichnen Sie das Freikörperbild des Körpers in einer *allgemeinen* Lage, üblicherweise von der *Gleichgewichtslage* aus gemessen.
- Beschreiben Sie die Lage des Körpers mit einer geeigneten *Koordinate*. Der Richtungssinn der Beschleunigung $\mathbf{a}_S$ des Massenmittelpunktes bzw. der Winkelbeschleunigung α des Körpers sollte der *positiven Richtung* der Lagekoordinate entsprechen, sodass die Einbeziehung der Trägheitswirkungen $-m(\mathbf{a}_S)_x$, $-m(\mathbf{a}_S)_y$ und $-J_S\alpha$ in das Freikörperbild im Sinne d'Alemberts problemlos ist.

Gleichgewichtsbedingungen

- Geben Sie die dynamischen Gleichgewichtsbedingungen für die Kräfte oder die Momente an.

Bewegungsgleichung und Eigenkreisfrequenz

- Eliminieren Sie Zwangskräfte und geben Sie unter Verwendung entsprechender kinematischer Beziehungen die Bewegungsdifferenzialgleichung des Systems an.
- Vernachlässigen Sie gegebenenfalls auftretende Dämpfungs- und Erregerkräfte. Linearisieren Sie unter Umständen die Bewegungsgleichung um eine Ruhelage.
- Bestimmen Sie die Eigenkreisfrequenz ω_0 durch Umstellen der Gleichung in ihre Standardform gemäß Gleichung (12.11).

Beispiel 12.1

Bestimmen Sie die Schwingungsdauer des mathematischen Pendels gemäß Abbildung 12.1a aus *Abschnitt 12.1*, hier noch einmal als Abbildung 12.6 angegeben.

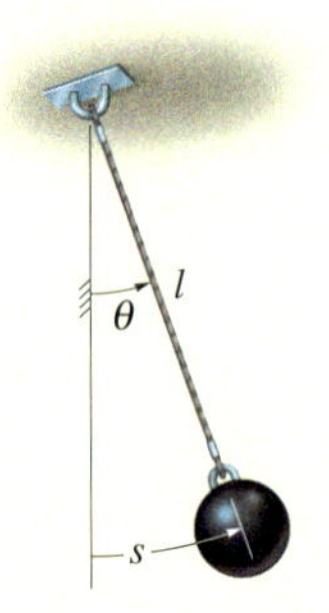

Abbildung 12.6

Lösung

Freikörperbild, tangentiale Gleichgewichtsbedingung und die linearisierte Bewegungsgleichung wurden bereits ausführlich in *Abschnitt 12.1* diskutiert. Vergleicht man die Bewegungsgleichung

$$\ddot{\theta} + \frac{g}{l}\theta = 0$$

mit der Normalform (Gleichung (12.11)): $\ddot{x} + \omega_0^2 x = 0$ der Schwingungsgleichung eines Schwingers mit einem Freiheitsgrad, so sieht man, dass

$$\omega_0 = \sqrt{g/l}$$

ist. Aus Gleichung (12.21) ergibt sich die zugehörige Schwingungsdauer

$$T = \frac{2\pi}{\omega_0} = 2\pi\sqrt{\frac{l}{g}}.$$

Dieses interessante Ergebnis, das zuerst von Galileo Galilei (1564–1642) experimentell gefunden wurde, bedeutet, dass die Periode nur von der Seillänge und nicht von der Pendelmasse oder dem Winkel θ abhängt, solange die Winkelausschläge klein ($\ll 1$) sind.

Die Lösung der Bewegungsgleichung ist beispielsweise durch die Beziehung (12.13) bestimmt, wenn $\omega_0 = \sqrt{g/l}$ und θ für x eingesetzt wird. Damit können dann auch die Konstanten C_1 und C_2 ermittelt werden, wenn z.B. die Auslenkung und die Winkelgeschwindigkeit des Pendels zu Anfang vorgegeben sind.

Beispiel 12.2 Die rechteckige Platte der Masse m in Abbildung 12.7a ist im Mittelpunkt an einer Stange mit der Drehfederkonstanten c_d aufgehängt. Bestimmen Sie die Periode der Plattenschwingung, beschrieben durch die Winkeldrehung θ in der Plattenebene.

$m = 10$ kg, $c_d = 1{,}5$ Nm/rad, $a = 0{,}2$ m, $b = 0{,}3$ m

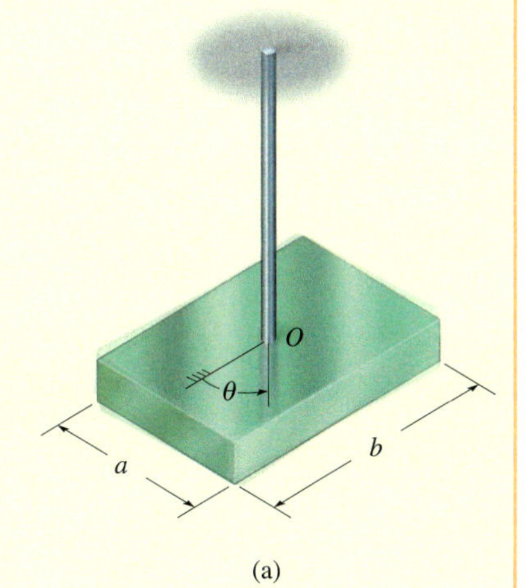

(a)

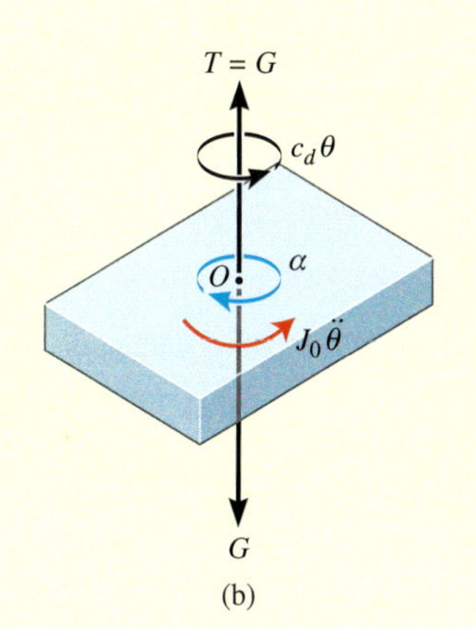

(b)

Abbildung 12.7

Lösung

Verallgemeinertes Freikörperbild Abbildung 12.7b. Da die Platte in der eigenen Ebene verdreht wird, beträgt das *Torsionsrückstellmoment* $M = c_d\theta$. Dieses Moment wirkt der Winkelverdrehung θ entgegen. Die positive Winkelbeschleunigung $\alpha = \ddot{\theta}$ wird in Richtung eines *positiven* Winkels θ angenommen, womit die Trägheitswirkung $J_O\ddot{\theta}$ entgegen dem Winkel θ einzutragen ist.

Bewegungsgleichung Das Momentengleichgewicht im Sinne d'Alemberts liefert

$$\sum M_O - J_O\alpha = 0; \qquad -c_d\theta - J_O\ddot{\theta} = 0$$

oder

$$\ddot{\theta} + \frac{c_d}{J_O}\theta = 0$$

Da diese Gleichung die Standardform hat, beträgt die Eigenkreisfrequenz

$$\omega_0 = \sqrt{\frac{c_d}{J_O}}$$

Der Tabelle am Ende des Buches entnehmen wir das Massenträgheitsmoment der Platte um die Hochachse, die mit der Stange zusammenfällt:

$$J_O = \frac{1}{12}m\left(a^2 + b^2\right)$$

Somit ergibt sich

$$J_O = \frac{1}{12}(10 \text{ kg})\left[(0{,}2)^2 + (0{,}3)^2\right]\text{m}^2$$
$$= 0{,}108 \text{ kgm}^2$$

Die Periodendauer ist damit

$$T = \frac{2\pi}{\omega_0} = 2\pi\sqrt{\frac{J_O}{c_d}} = 2\pi\sqrt{\frac{0{,}108}{1{,}5}} \text{ s}$$
$$= 1{,}69 \text{ s}$$

Beispiel 12.3

Der abgewinkelte Stab in Abbildung 12.8a hat eine vernachlässigbare Masse und trägt am Ende eine Buchse der Masse m. Bestimmen Sie die Schwingungsdauer des Systems. Hebel und Massenpunkt bewegen sich in einer horizontalen Ebene, sodass keine Gewichtskraft auftritt. Die Feder ist in der dargestellten Lage spannungslos.

$m = 5$ kg, $b = 100$ mm, $c = 400$ N/m

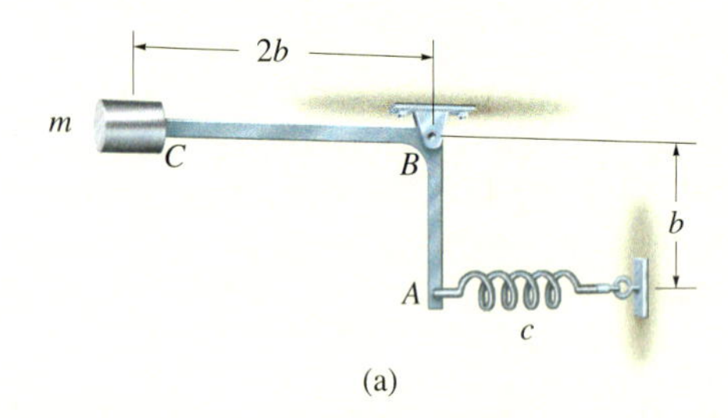

(a)

Lösung

Verallgemeinertes Freikörperbild Abbildung 12.8b. Die Stange wird in einer allgemeinen Lage θ betrachtet, wobei θ von der horizontalen Gleichgewichtslage des Stabteils BC aus gemessen wird. Die Winkelverdrehung θ bewirkt eine Verschiebung x des Federendpunktes und eine Verschiebung y des Massenpunktes. Beide Verschiebungen sind für kleine Winkel θ durch $x = \theta\, b$, $y = 2\theta\, b$ gegeben. Die positive Beschleunigung a_y der Masse weist in positive y-Richtung, entsprechend dem positiven Neigungswinkel θ. Die Trägheitskraft ma_y weist also nach unten.

Bewegungsgleichung Es wird eine Momentenbilanz im Sinne d'Alemberts um Punkt B formuliert, damit die unbekannte Reaktionskraft im Lager B eliminiert wird. Da θ klein sein soll, gilt

$$\sum M_B + \sum (M_T)_B = 0; \quad -cxb - ma_y(2b) = 0$$

Kinematik Abbildung 12.8c. Aus $y = 2\theta\, b$ folgt $a_y = \ddot{y} = 2b\ddot{\theta}$ und Einsetzen führt auf

$$c(b\theta)b + m(2b\ddot{\theta})2b = 0$$

d.h. die Standardform

$$\ddot{\theta} + \left(\frac{c}{4m}\right)\theta = 0$$

Durch Vergleich mit $\ddot{x} + \omega_0^2 x = 0$ (Gleichung (12.11)) erhalten wir

$$\omega_0^2 = c/(4m) = \frac{400\text{N/m}}{4 \cdot 5\text{kg}} = 20[\text{rad/s}]^2$$

$$\omega_0 = 4{,}47 \text{ rad/s}$$

Die Periode ist somit

$$T = \frac{2\pi}{\omega_0} = 1{,}40 \text{ s}$$

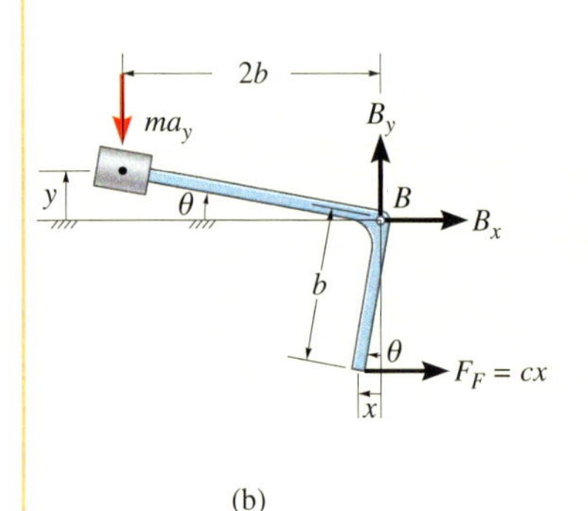

(b)

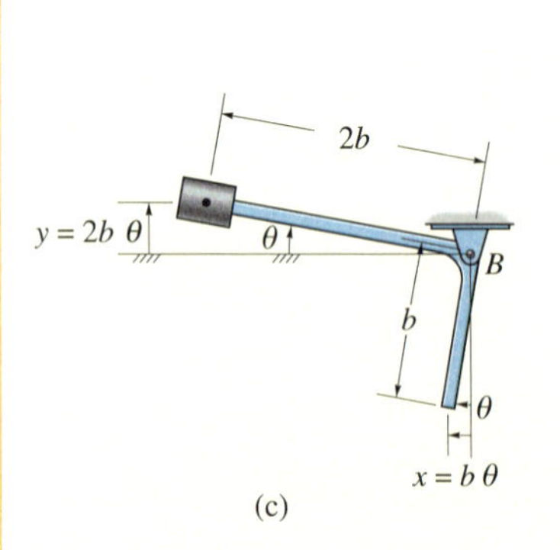

(c)

Abbildung 12.8

Beispiel 12.4 Eine Last der Masse m ist an einem Seil aufgehängt, das über eine Scheibe der Masse m_S läuft, siehe Abbildung 12.9a. Die Feder hat die Federkonstante c. Bestimmen Sie die Schwingungsperiode des Systems.

$m = 5$ kg, $m_S = 7{,}5$ kg, $r = 0{,}25$ m, $c = 3500$ N/m

Lösung

Verallgemeinertes Freikörperbild Abbildung 12.9b. Das *System* besteht aus der Scheibe, die eine durch den Winkel θ definierte Drehbewegung entgegen dem Uhrzeigersinn ausführt, wobei die Lastmasse sich um s nach unten verschiebt. Der Winkel θ und die Verschiebung s werden von der statischen Gleichgewichtslage aus gemessen. Das Trägheitsmoment $J_O\ddot{\theta}$ wirkt in negative Winkelbeschleunigungsrichtung, d.h. der Winkelverdrehung θ entgegen. Entsprechend ergibt sich eine Trägheitskraft $m\ddot{s}$ in negative s-Richtung.

Bewegungsgleichung Zur Elimination der Reaktionskräfte O_x und O_y im Lager O wird eine Momentenbilanz im Sinne d'Alemberts um Punkt O aufgestellt. Mit $J_O = \frac{1}{2}m_S r^2$ ergibt sich

$$\sum M_O + \sum (M_T)_O = 0; \quad (mg)r - F_F r - \frac{1}{2}m_S r^2\ddot{\theta} - m\ddot{s}r = 0 \tag{1}$$

Kinematik Wie im kinematischen Diagramm, Abbildung 12.9c, gezeigt, verursacht eine kleine positive Verdrehung θ der Scheibe das Absenken der Masse um $s = r\theta$, wodurch $\ddot{s} = r\ddot{\theta}$ gilt. Für $\theta = 0$ beträgt die für das *statische Gleichgewicht* der Scheibe erforderliche Federkraft mg. Sie wirkt nach rechts. In allgemeiner Lage $\theta \neq 0$ vergrößert sich die nach rechts gerichtete Federkraft auf $F_F = cr\theta + mg$. Einsetzen in Gleichung (1) und Vereinfachen führt auf

$$\ddot{\theta} + \frac{2c}{m_S + 2m}\theta = 0$$

woraus die Eigenkreisfrequenz abgelesen werden kann:

$$\omega_0 = \sqrt{\frac{2c}{m_S + 2m}} = 20 \text{ rad/s}$$

Die Periodendauer ist somit

$$T = \frac{2\pi}{\omega_0} = 0{,}314 \text{ s}$$

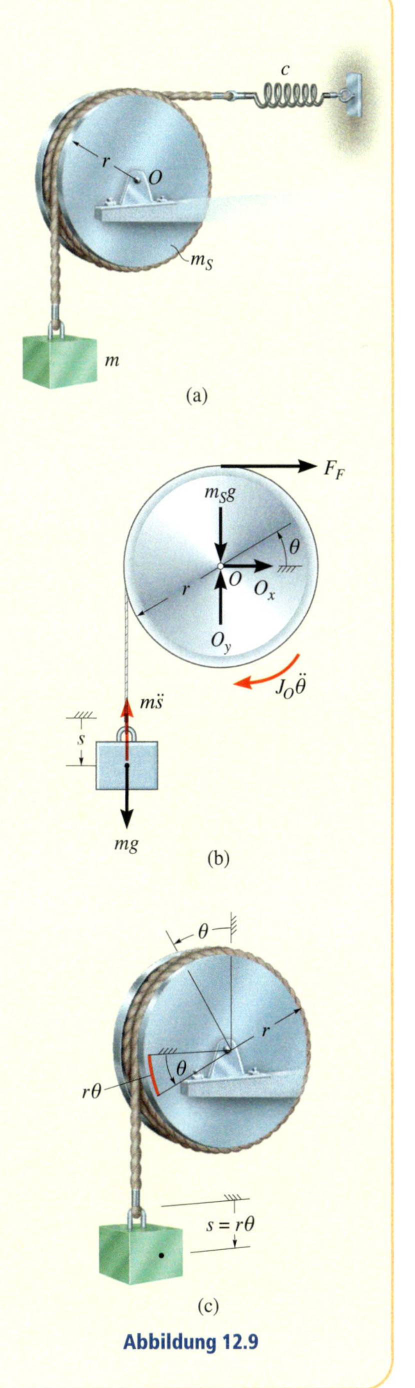

Abbildung 12.9

*12.3 Energiemethoden beim Schwinger mit einem Freiheitsgrad

Bisher wurden freie ungedämpfte Schwingungen von Systemen mit einem Bewegungsfreiheitsgrad diskutiert. Da es sich hierbei um *konservative* Systeme handelt, kann die Eigenkreisfrequenz oder die Schwingungsperiode des Schwingers auch mit Hilfe des Energieerhaltungssatzes bestimmt werden. Zur Erläuterung dieser Methode betrachten wir den einfachsten Fall eines Feder-Masse-Systems gemäß Abbildung 12.10. Wird die Masse aus der Ruhelage $x = 0$, in der die Feder spannungslos sein soll, in die allgemeine Lage $x \neq 0$ verschoben, dann beträgt die kinetische Energie

$$T = \frac{1}{2}mv^2 = \frac{1}{2}m\dot{x}^2$$

und die potenzielle Energie $V = \frac{1}{2}cx^2$. Gemäß dem Energieerhaltungssatz, Gleichung (3.21), muss

$$T + V = \text{const.}$$

$$\frac{1}{2}m\dot{x}^2 + \frac{1}{2}cx^2 = \text{const.} \tag{12.22}$$

gelten.

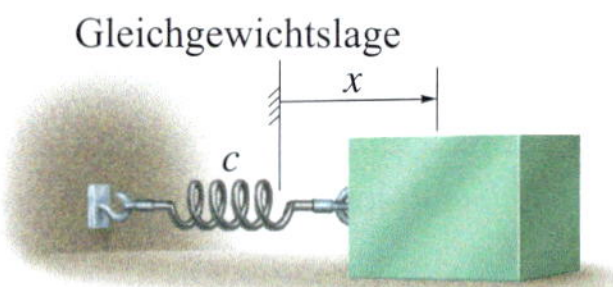

Abbildung 12.10

Die Bewegungsdifferenzialgleichung, welche die *beschleunigte Bewegung* der Masse beschreibt, erhält man durch *Differenziation* dieser Gleichung nach der Zeit:

$$m\dot{x}\ddot{x} + cx\dot{x} = 0$$

$$\dot{x}(m\ddot{x} + cx) = 0$$

Da die Geschwindigkeit $\dot{x}$ in einem schwingenden System im Allgemeinen ungleich null ist, ergibt sich

$$\ddot{x} + \omega_0^2 x = 0 \qquad \omega_0 = \sqrt{c/m}$$

Dies entspricht der Bewegungsgleichung (12.11) mit der Eigenkreisfrequenz gemäß Gleichung (12.12).

Wird der Energieerhaltungssatz für ein *konservatives System verbundener Körper mit einem Freiheitsgrad* angeschrieben, kann die Bewegungsgleichung und damit auch die Eigenkreisfrequenz durch Zeitableitung aufgestellt werden. Dann ist es *nicht notwendig*, die Systemkomponenten einzeln freizuschneiden und die Wechselwirkungskräfte zu ermitteln, die keine Arbeit leisten.

Die Aufhängung des Eisenbahnwaggons besteht aus einem Satz Federn zwischen dem Fahrzeugrahmen und dem Laufradsatz. Dadurch wird der Waggon zu einem schwingungsfähigen System mit einer Eigenkreisfrequenz, die berechnet werden kann.

Lösungsweg

Die Eigenkreisfrequenz ω_0 eines Schwingers mit einem Freiheitsgrad, bestehend aus einem Einzelkörper oder einem System verbundener Körper, kann mit dem Energieerhaltungssatz wie folgt bestimmt werden:

Energieerhaltungssatz

- Zeichnen Sie den Körper in einer von der Gleichgewichtslage aus gemessenen allgemeinen Lage unter Verwendung einer entsprechenden Lagekoordinate q.
- Stellen Sie den Energieerhaltungssatz $T + V = \text{const.}$ in Abhängigkeit von Lage- und Geschwindigkeitskoordinate q und $\dot{q}$ auf.
- Die kinetische Energie muss die Translations- und die Rotationsenergie des Körpers,

$$T = \frac{1}{2} m v_S^2 + \frac{1}{2} J_S \omega^2$$

  siehe *Gleichung (7.2)*, berücksichtigen.
- Die potenzielle Energie ist die Summe des Schwere- und des Federpotenzials des Körpers, $V = V_G + V_F$, *Gleichung (7.16)*. V_G wird üblicherweise bezüglich eines Nullniveaus angegeben, das mit $q = 0$ (der Gleichgewichtslage) korrespondiert.

Zeitableitung

- Bestimmen Sie durch Ableiten des Energieerhaltungssatzes nach der Zeit unter Verwendung der Kettenregel eine Beziehung, worin die gemeinsamen Terme auszuklammern sind. Die resultierende Differenzialgleichung ist die Bewegungsgleichung des Systems. Die Eigenkreisfrequenz ω_0 kann dann nach Umstellen in die Standardform, $\ddot{q} + \omega_0^2 q = 0$, direkt abgelesen werden.

Beispiel 12.5

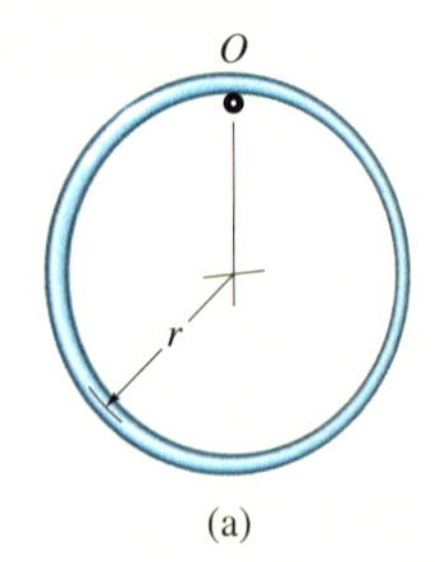

(a)

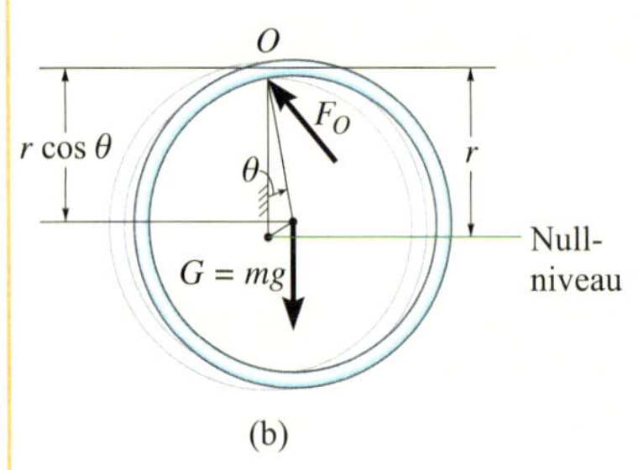

(b)

Abbildung 12.11

Der dünne Reifen der Masse m in Abbildung 12.11a wird vom Haken in O gehalten. Bestimmen Sie die Schwingungsperiode für kleine Schwingungen.

Lösung

Energieerhaltungssatz Der Reifen, der um $(q =)\,\theta$ aus der Gleichgewichtslage ausgelenkt ist, ist in Abbildung 12.11b dargestellt. Mit der Tabelle am Ende des Buches und dem Steiner'schen Satz wird sein Massenträgheitsmoment J_O bezüglich des Aufhängepunktes bestimmt und die kinetische Energie angeschrieben:

$$T = \frac{1}{2}J_O\omega^2 = \frac{1}{2}\left[mr^2 + mr^2\right]\dot{\theta}^2 = mr^2\dot{\theta}^2$$

Das Nullniveau wird in Höhe der Gleichgewichtslage des Schwerpunktes für $\theta = 0$ gelegt. Der Schwerpunkt befindet sich dann in allgemeiner Lage um $r(1 - \cos\theta)$ oberhalb dieses Nullniveaus. Für *kleine Winkel* kann $\cos\theta$ durch die ersten beiden Terme der Potenzreihenentwicklung $\cos\theta = 1 - \theta^2/2 + \ldots$ ersetzt werden. Daher gilt für die potenzielle Energie in erster Näherung

$$V = mgr\left[1 - \left(1 - \frac{\theta^2}{2}\right)\right] = mgr\frac{\theta^2}{2}$$

Die Gesamtenergie des Systems beträgt

$$T + V = mr^2\dot{\theta}^2 + mgr\frac{\theta^2}{2}$$

Zeitableitung Eine Zeitableitung führt auf

$$mr^2 2\dot{\theta}\ddot{\theta} + mgr\theta\dot{\theta} = 0$$

$$mr\dot{\theta}\left(2r\ddot{\theta} + g\theta\right) = 0$$

Weil $\dot{\theta}$ im Allgemeinen ungleich null ist, erhalten wir aus dem verschwindenden Klammerausdruck

$$\ddot{\theta} + \frac{g}{2r}\theta = 0$$

Somit ergibt sich

$$\omega_0 = \sqrt{\frac{g}{2r}}$$

und

$$T = \frac{2\pi}{\omega_0} = 2\pi\sqrt{\frac{2r}{g}}$$

Beispiel 12.6 Die Last der Masse m_1 ist an einem Seil, das um die Scheibe der Masse m_2 läuft, aufgehängt, siehe Abbildung 12.12a. Bestimmen Sie bei gegebener Federkonstanten c die Schwingungsdauer des Systems.

$m_1 = 10$ kg, $m_2 = 5$ kg, $c = 200$ N/m, $r = 0{,}15$ m

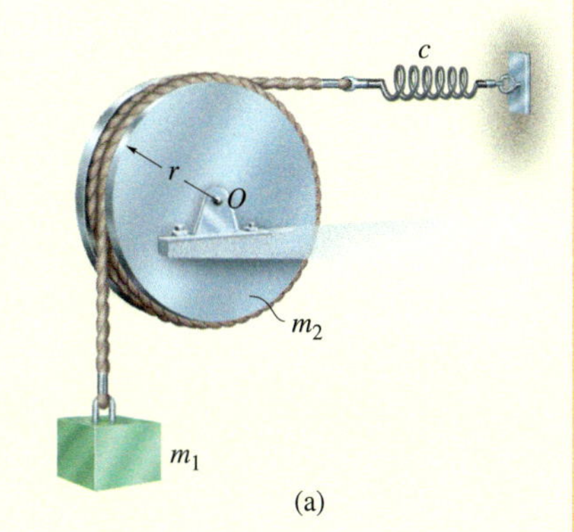

(a)

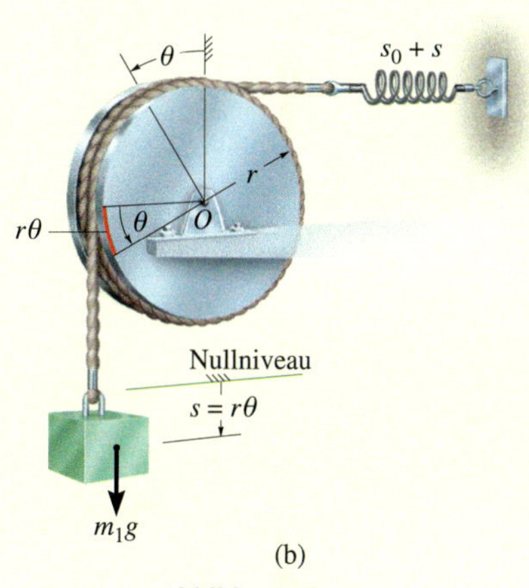

(b)

Abbildung 12.12

Lösung

Energieerhaltungssatz Das System aus Last und Scheibe in allgemeiner Lage s und θ von der Gleichgewichtslage aus gemessen, ist in Abbildung 12.12b dargestellt. Mit $s = r\theta$ ergibt sich für die kinetische Energie des Systems

$$T = \frac{1}{2}m_1 v_1^2 + \frac{1}{2}J_O\omega_2^2$$
$$= \frac{1}{2}m_1\left(r\dot{\theta}\right)^2 + \frac{1}{2}\left(\frac{1}{2}m_2 r^2\right)\dot{\theta}^2$$
$$= \frac{1}{2}r^2\left(m_1 + \frac{1}{2}m_2\right)\dot{\theta}^2$$

Mit dem Nullniveau in der Gleichgewichtslage der Lastmasse und der dabei auftretenden Federauslenkung s_0 schreiben wir für die potenzielle Energie

$$V = \frac{1}{2}c\left(s_0 + s\right)^2 - Gs$$
$$= \frac{1}{2}c\left(s_0 + r\theta\right)^2 - m_1 g r\theta$$

Die Gesamtenergie des Systems ist daher

$$T + V = \frac{1}{2}r^2\left(m_1 + \frac{1}{2}m_2\right)\dot{\theta}^2 + \frac{1}{2}c\left(s_0 + r\theta\right)^2 - m_1 g r\theta$$

Zeitableitung Eine Zeitableitung ergibt

$$r^2\left(m_1 + \frac{1}{2}m_2\right)\dot{\theta}\ddot{\theta} + c\left(s_0 + r\theta\right)r\dot{\theta} - m_1 g r\dot{\theta} = 0$$

Mit $s_0 = m_1 g/c$ vereinfacht sich diese Gleichung auf die Standardform

$$\ddot{\theta} + \frac{2c}{2m_1 + m_2}\theta = 0$$

Daraus folgt

$$\omega_0 = \sqrt{\frac{2c}{2m_1 + m_2}} = 4 \text{ rad/s}$$

und

$$T = \frac{2\pi}{\omega_0} = \frac{2\pi}{4 \text{rad/s}} = 1{,}57 \text{ s}$$

12.4 Freie gedämpfte Schwingungen eines 1-Freiheitsgrad-Systems

Jetzt werden der Realität entsprechend, dass alle Schwingungen im Lauf der Zeit abklingen, dissipative Einflüsse bei den freien Schwingungen berücksichtigt, sodass kein konservatives System mehr vorliegt und der Energieerhaltungssatz nicht mehr gültig ist. Von den möglichen Reibungs- und Dämpfungseffekten werden hier ausschließlich die bereits in *Abschnitt 12.1* kennen gelernten viskosen Dämpfer mit geschwindigkeitsproportionalen Rückstellkräften

$$F_D = k\dot{x} \tag{12.23}$$

behandelt, wobei die Konstante k üblicherweise die Einheit [Ns/m] hat.

Die maßgebende Bewegungsgleichung wurde bereits mit Gleichung (12.10) hergeleitet:

$$m\ddot{x} + k\dot{x} + cx = 0$$

Sie kann unter Verwendung der Eigenkreisfrequenz des ungedämpften Systems $\omega_0 = \sqrt{c/m}$ und der als *Abklingmaß* bezeichneten Abkürzung

$$2\delta = \frac{k}{m} \tag{12.24}$$

in die Form

$$\ddot{x} + 2\delta\dot{x} + \omega_0^2 x = 0$$

umgeschrieben werden. Üblicher ist die Verwendung des so genannten *Dämpfungsgrades* bzw. *Lehr'schen Dämpfungsmaßes*[5]

$$D = \frac{\delta}{\omega_0} = \frac{k}{2\sqrt{cm}} \tag{12.25}$$

mit dem sich die Standardform der Bewegungsgleichung zur Beschreibung freier gedämpfter Schwingungen ergibt:

$$\ddot{x} + 2D\omega_0\dot{x} + \omega_0^2 x = 0 \tag{12.26}$$

Die Lösungen dieser linearen, homogenen Differenzialgleichung zweiter Ordnung (in der auch die erste Ableitung auftritt) finden wir über einen Exponentialansatz

$$x(t) = Ae^{\lambda t} \tag{12.27}$$

Darin ist e die Basis des natürlichen Logarithmus und A sowie der Exponent λ sind noch zu bestimmende Konstanten. Der Wert von λ wird durch Einsetzen des Lösungsansatzes (12.27) in Gleichung (12.26) ermittelt:

$$\lambda^2 Ae^{\lambda t} + 2D\omega_0\lambda Ae^{\lambda t} + \omega_0^2 Ae^{\lambda t} = 0$$

oder

$$Ae^{\lambda t}\left(\lambda^2 + 2D\omega_0\lambda + \omega_0^2\right) = 0$$

---

5 Benannt nach dem deutschen Ingenieur Ernst Lehr.

Da für nichttriviale Lösungen $x(t) \neq 0$ die Größe $Ae^{\lambda t}$ niemals gleich null ist, erfüllt der Lösungsansatz (12.27) die Differenzialgleichung (12.26) nur, wenn λ eine Lösung der so genannten *charakteristischen Gleichung*

$$\lambda^2 + 2D\omega_0\lambda + \omega_0^2 = 0 \qquad (12.28)$$

ist. Gleichung (12.28) hat zwei Lösungen, die so genannten *Eigenwerte* λ, die aus der Lösungsformel quadratischer Gleichungen berechnet werden können:

$$\begin{aligned} \lambda_1 &= -D\omega_0 + \omega_0\sqrt{D^2-1} \\ \lambda_2 &= -D\omega_0 - \omega_0\sqrt{D^2-1} \end{aligned} \qquad (12.29)$$

Jeder dieser λ-Werte entspricht mit dem Lösungsansatz (12.27) einer Lösung der Differenzialgleichung (12.26). Die allgemeine Lösung der Bewegungsgleichung (12.26) ist daher eine lineare Kombination von zwei Exponentialfunktionen:

$$x(t) = A_1 e^{\lambda_1 t} + A_2 e^{\lambda_2 t}$$

A_1, A_2 sind zwei Integrationskonstanten zur Anpassung an die Anfangsbedingungen. Je nach Wert des Dämpfungsgrades zeigt die Lösung $x(t)$ ein sehr unterschiedliches Verhalten. Deshalb wird eine Fallunterscheidung vorgenommen:

a. Starke Dämpfung (überkritische Dämpfung): $D > 1$, d.h. $\delta^2 > \omega_0^2$

Dann sind *beide* Eigenwerte $\lambda_{1,2}$ *reell und negativ*, und die Lösung $x(t)$ ist eine reelle, abklingende Exponentialfunktion mit $x(t) \to 0$ für $t \to \infty$. Je nach Anfangsbedingungen ergibt sich ein Funktionsverlauf gemäß Abbildung 12.13a. Man erkennt, dass keine eigentlichen Schwingungen, sondern Kriechbewegungen vorliegen.

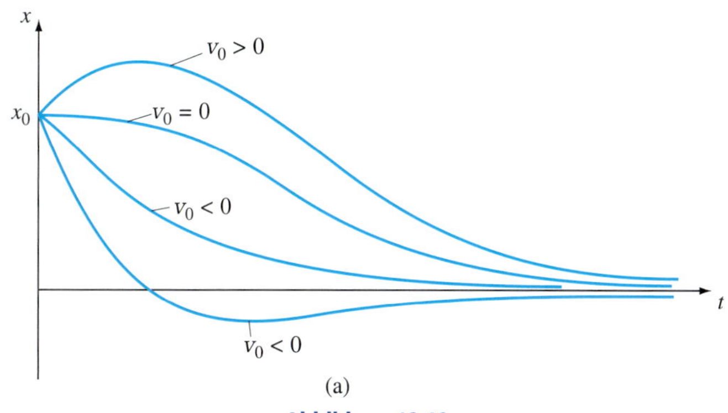

Abbildung 12.13

b. **Aperiodischer Grenzfall (kritische Dämpfung):** $D = 1$, **d.h.** $\delta^2 = {\omega_0}^2$

Dieser Fall ist nur von theoretischer Bedeutung. Die Eigenwerte sind nach wie vor beide reell und negativ und darüber hinaus gleich, d.h. $\lambda_1 = \lambda_2 = -D\omega_0 = -\delta$ oder

$$\left(\frac{k}{2m}\right)^2 - \frac{c}{m} = 0$$

woraus ein *kritischer* Dämpfungswert

$$k_{krit} = 2m\sqrt{\frac{c}{m}} = 2m\omega_0 \tag{12.30}$$

bestimmt werden kann. Der Bewegungsverlauf $x(t)$ ist qualitativ immer noch der gleiche wie unter a), d.h. es liegt eine Kriechbewegung mit $x(t) \to 0$ für $t \to \infty$ vor. Mathematisch kann gezeigt werden, dass infolge der zusammenfallenden Eigenwerte die Lösung von Gleichung (12.26) nur noch *einen* Anteil entsprechend dem Lösungsansatz gemäß Gleichung (12.27) enthält und sie insgesamt die Form

$$x(t) = (C_1 + C_2 t)e^{-\omega_0 t}$$

annimmt.

c. **Schwache Dämpfung (unterkritische Dämpfung):** $D < 1$, **d.h.** $\delta^2 < {\omega_0}^2$

Dies ist der interessanteste und in der Praxis am häufigsten auftretende Fall. Sehr oft gilt nicht nur $D < 1$, sondern sogar $D \ll 1$. Die Eigenwerte ergeben sich dann in der Form

$$\lambda_{1,2} = -D\omega_0 \pm i\omega_0\sqrt{1-D^2} \quad \text{mit} \quad i = \sqrt{-1}$$

d.h. sie sind konjugiert-komplex mit negativem Realteil, und auch die Lösung ist jetzt eine *komplexe* Exponentialfunktion

$$x(t) = e^{-D\omega_0 t}\left(A_1 e^{i\omega_0\sqrt{1-D^2}t} + A_2 e^{-i\omega_0\sqrt{1-D^2}t}\right)$$

Mit der Euler'schen Formel $e^{iz} = \cos z + i \sin z$ folgt daraus

$$\begin{aligned} x(t) = e^{-D\omega_0 t}\Big[& A_1\left(\cos\omega_0\sqrt{1-D^2}t + i\sin\omega_0\sqrt{1-D^2}t\right) \\ & + A_2\left(\cos\omega_0\sqrt{1-D^2}t - i\sin\omega_0\sqrt{1-D^2}t\right)\Big] \\ = e^{-D\omega_0 t}\Big[& (A_1 + A_2)\cos\omega_0\sqrt{1-D^2}t + i(A_1 - A_2)\sin\omega_0\sqrt{1-D^2}t\Big] \end{aligned}$$

und mit der Umbenennung $A_1 + A_2 = C_1$ sowie $i(A_1 + A_2) = C_2$ erhalten wir

$$x(t) = e^{-D\omega_0 t}\left[C_1 \cos\omega_0\sqrt{1-D^2}t + C_2 \sin\omega_0\sqrt{1-D^2}t\right] \tag{12.31}$$

Die erhaltene Lösung für freie, gedämpfte Schwingungen enthält zwei reelle Konstanten C_1, C_2 zur Anpassung der Lösung an die Anfangsbedingungen.

Eine mathematisch gleichwertige Darstellung ist

$$x(t) = Ae^{-D\omega_0 t}\sin\left(\omega_0\sqrt{1-D^2}\,t+\phi\right) \tag{12.32}$$

wobei die beiden Integrationskonstanten jetzt durch A und ϕ gegeben sind und die Bedeutung einer Amplitude und eines Nullphasenwinkels haben.

Es gilt wieder der Zusammenhang $A = \sqrt{C_1^2 + C_2^2}$ und $\tan\phi = C_1 / C_2$. Die Größe

$$\omega_d = \omega_0\sqrt{1-D^2} = \sqrt{\frac{c}{m} - \left(\frac{k}{2m}\right)^2} < \omega_0 \tag{12.33}$$

ist die so genannte Eigenkreisfrequenz des gedämpften Systems (kurz auch gedämpfte Eigenkreisfrequenz genannt) und ist diejenige Kreisfrequenz, mit der die gedämpfte Schwingung $x(t)$ gemäß Gleichung (12.31) oder (12.32) schwingt.

Der Kurvenverlauf von Gleichung (12.32) ist in Abbildung 12.13b dargestellt. Die „Amplitude" A der Bewegung nimmt mit jeder Schwingung ab, denn die Bewegung verläuft innerhalb der Grenzen der Exponentialfunktion. Mit der gedämpften Eigenkreisfrequenz ω_d gilt für die Periode der gedämpften Schwingung

$$T_d = \frac{2\pi}{\omega_d} > T \tag{12.34}$$

Da $\omega_d < \omega_0$ gilt, Gleichung (12.33), ist die Periode der gedämpften Schwingung T_d größer als die der freien, ungedämpften Schwingung, $T = 2\pi/\omega_0$.

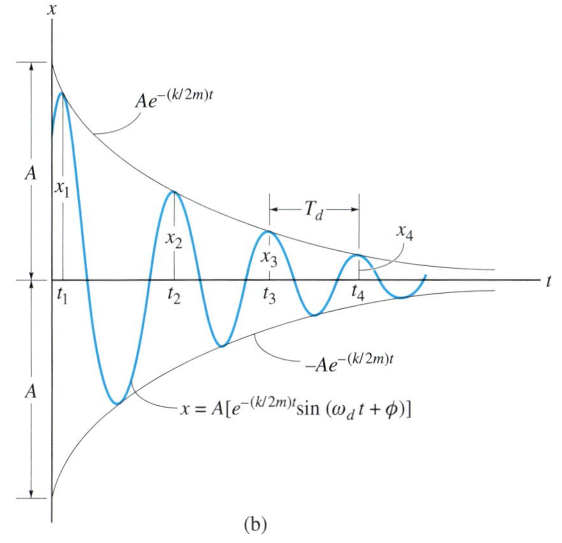

Abbildung 12.13

Die Schwingung ist allerdings *nicht* mehr *periodisch*, d.h.

$$x(t+T_d) \neq x(t), \text{ denn } \frac{x(t)}{x(t+T_d)} = e^{D\omega_0 T_d} = e^{\delta T_d} \neq 1$$

Der Logarithmus dieses Verhältnisses

$$\ln\frac{x(t)}{x(t+T_d)} = \delta T_d = \delta\frac{2\pi}{\omega_d} = 2\pi\frac{D}{\sqrt{1-D^2}}$$

wird *logarithmisches Dekrement* genannt, das im Ausschwingversuch beispielsweise durch Messung zweier aufeinander folgender Maxima einfach zu messen ist, sodass auch der Dämpfungsgrad D bestimmt werden kann.

Ist das System sehr schwach gedämpft, $D \ll 1$, dann verändern sich diese Maxima zwischen zwei Nulldurchgängen kaum und es wird $\omega_d \approx \omega_0$. Die Messung des logarithmischen Dekrements kann man dann verbessern, indem man nicht mit unmittelbar aufeinander folgenden Maxima die Bestimmungsgleichung auswertet, sondern beispielsweise ein erstes mit dem später folgenden n-ten Maximum verknüpft. Der zeitliche Abstand zwischen zwei Nulldurchgängen bei sehr schwacher Dämpfung ist dann in erster Näherung ebenfalls wie beim ungedämpften System: $T_d \approx T_0$.

Abschließend sei festgestellt, dass freie Schwingungen in der Praxis fast immer bedeutungslos sind, da sie (für einen Schwinger mit einem Freiheitsgrad) stets abklingen. Die Kenntnis der Eigenkreisfrequenz ω_0 ist jedoch auch für erzwungene Schwingungen wichtig, weil dann Resonanz auftreten kann, siehe *Abschnitt 12.5 und 12.6*.

12.5 Erzwungene Schwingungen eines ungedämpften 1-Freiheitsgrad-Systems

Erzwungene Schwingungen sind in der Technik wichtig, weil damit Dauerschwingungen von Gebäuden, Maschinenelementen und maschinellen Anlagen beherrscht werden können, die bei deren Bemessung eine große Rolle spielen.

Periodische Kraft In *Abschnitt 12.1* wurde beispielsweise im Zusammenhang mit aktiver Schwingungsabschirmung die zugehörige Bewegungsgleichung in Gleichung (12.9) bereits angegeben:

$$m\ddot{x} + k\dot{x} + cx = F(t) = \hat{F}(\Omega)\sin\Omega t \qquad (12.35)$$

Wie ebenfalls schon erwähnt, handelt es sich um eine inhomogene Differenzialgleichung zweiter Ordnung. Im Gegensatz zur zugehörigen homogenen Differenzialgleichung ist jetzt $x(t) \equiv 0$ keine Lösung mehr, auch nicht für $t \to \infty$.

Aus der Mathematik ist bekannt, dass die allgemeine Lösung einer inhomogenen Differenzialgleichung in der Form

$$x(t) = x_h(t) + x_p(t) \tag{12.36}$$

aus der allgemeinen Lösung $x_h(t)$ der homogenen Differenzialgleichung *plus einer* partikulären Lösung $x_p(t)$ besteht. Die *Lösung der homogenen Differenzialgleichung* wurde in *Abschnitt 12.2 und 12.4* bereits ausführlich erörtert. Sie besteht aus zwei Lösungsanteilen mit zwei Integrationskonstanten zur Anpassung an zwei Anfangsbedingungen. Eine *partikuläre Lösung* findet man über die Methode „Variation der Konstanten" oder oft einfacher und schneller mit einem „Ansatz vom Typ der rechten Seite".

Wir beschränken uns hier – wie bereits in Gleichung (12.35) eingearbeitet – auf eine harmonische Erregung und behandeln zunächst den ungedämpften Fall

$$m\ddot{x} + cx = F(t) = \hat{F}(\Omega)\sin\Omega t \tag{12.37}$$

Da die Erregung periodisch und sogar harmonisch ist, suchen wir die *partikuläre Lösung* von Gleichung (12.37) mit dem Ansatz

$$x_p(t) = \hat{X}\sin\Omega t \tag{12.38}$$

der in Gleichung (12.37) auf

$$-\hat{X}\Omega^2\sin\Omega t + \frac{c}{m}\left(\hat{X}\sin\Omega t\right) = \frac{\hat{F}}{m}\sin\Omega t$$

führt. Ausklammern von $\sin\Omega t$ und Auflösen nach $\hat{X}$ ergibt

$$\hat{X} = \frac{\hat{F}/m}{(c/m) - \Omega^2} = \frac{\hat{F}/c}{1-(\Omega/\omega_0)^2} \tag{12.39}$$

Wir setzen dieses Zwischenergebnis in den Lösungsansatz gemäß Gleichung (12.38) ein und erhalten die partikuläre Lösung

$$x_p = \frac{\hat{F}/c}{1-(\Omega/\omega_0)^2}\sin\Omega t \tag{12.40}$$

Die *Gesamtlösung* lautet somit

$$x(t) = x_h(t) + x_p(t) = C_1\sin\omega_0 t + C_2\cos\omega_0 t + \frac{\hat{F}/c}{1-(\Omega/\omega_0)^2}\sin\Omega t \tag{12.41}$$

Rütteltische werden zu erzwungenen Schwingungen angeregt und dienen zum Trennen von Granulaten.

$x(t)$ ist demnach die Überlagerung der *freien Schwingungen* $x_h(t)$, die von der Kreisfrequenz $\omega_0 = \sqrt{c/m}$ und den Konstanten C_1 und C_2, Abbildung 12.14a, abhängt, und der *erzwungenen Schwingungen* $x_p(t)$ aufgrund der Kraft $F(t) = \hat{F}\sin \Omega t$, Abbildung 12.14b. Die Werte für C_1 und C_2 werden aus Gleichung (12.41) zum Zeitpunkt $t = 0$ bei vorgegebener Anfangsverschiebung und Anfangsgeschwindigkeit berechnet. Die resultierende Schwingung $x(t)$ ist in Abbildung 12.14c dargestellt. Da bei allen schwingenden Systemen in der Praxis infolge Dämpfung oder Reibung *Dissipation* auftritt, wird die freie Schwingung $x_h(t)$ mit der Zeit gedämpft. Aus diesem Grund wird die freie Schwingung *transient* und die erzwungene Schwingung *stationär* genannt, denn nur diese Schwingung bleibt tatsächlich (infolge Dämpfung) als Dauerschwingung übrig, Abbildung 12.14d.

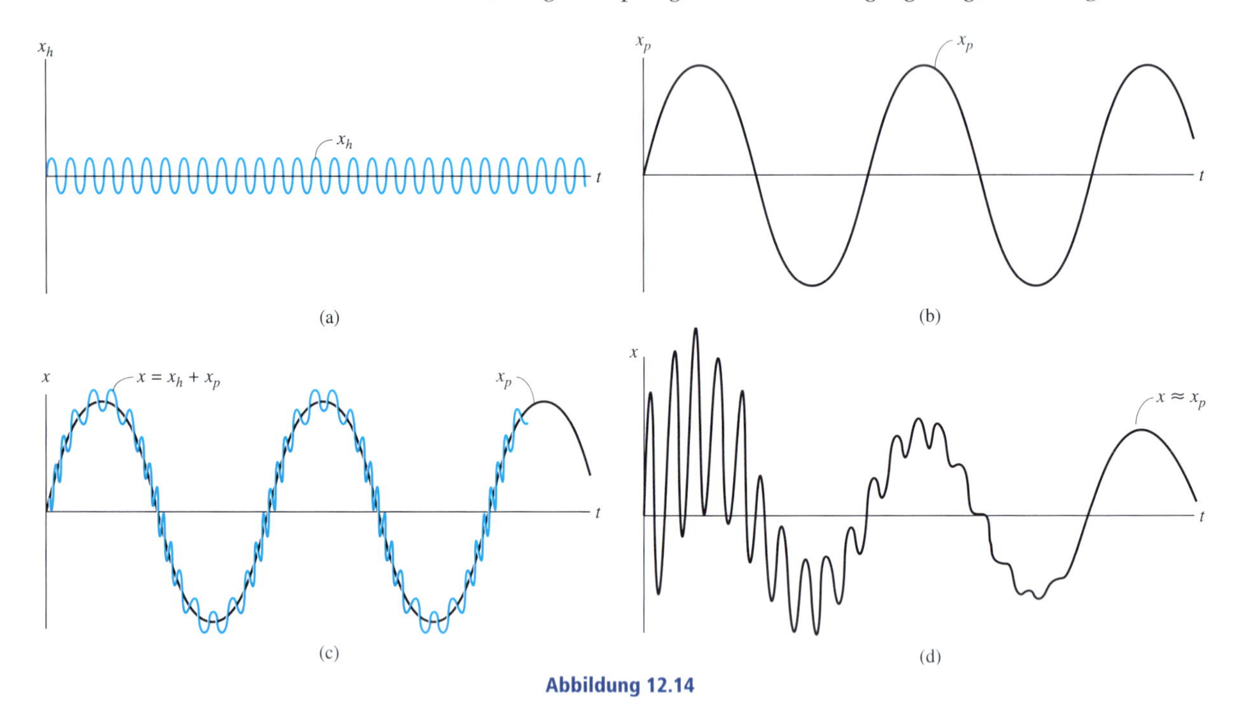

Abbildung 12.14

Das Verdichtungsgerät arbeitet mit der von einem internen Motor erzeugten erzwungenen Schwingung. Dabei darf die Erregerkreisfrequenz nicht in der Nähe der Eigenkreisfrequenz liegen, die nach Abschalten des Motors bestimmt werden kann. Wenn beide Frequenzen nahe beieinander liegen, tritt Resonanz auf und die Maschine ist nicht mehr kontrollierbar.

Aus Gleichung (12.39) ist ersichtlich, dass im Falle $\Omega = \omega_0$ der Lösungsansatz (12.38) keine partikuläre Lösung liefert. Dies bedeutet nicht, dass es dann keine partikuläre Lösung gibt, sondern nur, dass die inhomogene Differenzialgleichung dann nicht durch eine Funktion wie in Gleichung (12.38) gegeben ist. Eine genaue Untersuchung ergibt, dass für $\Omega = \omega_0$ sich Lösungen in Form von Schwingungen ergeben, deren Amplitude linear mit der Zeit anwächst. Da, wie wir später sehen, bei einem gedämpften System der Fall $\Omega = \omega_0$ sich nicht von $\Omega \neq \omega_0$ unterscheidet und reale Systeme stets gedämpft sind, gehen wir an dieser Stelle nicht näher auf die partikuläre Lösung des ungedämpften Systems für $\Omega = \omega_0$ ein. Ansonsten zeigt Gleichung (12.39), dass die *Amplitude* der erzwungenen Schwingung vom Frequenzverhältnis $\eta = \Omega/\omega_0$ abhängt. Der *Vergrößerungsfaktor VF*(η) ist definiert als Verhältnis der Amplitude $\hat{X}$ der stationären Schwingung $x_p(t)$ zur *statischen Verformung* $x_s = \hat{F}/c$ der Feder unter der Lastamplitude $\hat{F}$. Damit ergibt sich aus Gleichung (12.40)

$$VF(\eta) = \frac{\hat{X}}{\hat{F}/c} = \frac{1}{1-\eta^2} \tag{12.42}$$

Dieses Ergebnis ist in Abbildung 12.15 dargestellt. Für $\eta \to 0$, d.h. für eine sehr tieffrequente Anregung $\Omega \to 0$, geht $VF \to 1$ und aufgrund der sehr geringen Erregerkreisfrequenz $\Omega \ll \omega_0$ oszilliert die Erregerkraft $F(t)$ sehr langsam, sodass die Systemantwort $x(t)$ mit der Kraft $F(t)$ in Phase ist. Diese Gleichphasigkeit von Erregung und Antwort bleibt für den Betrieb $\Omega < \omega_0$ bestehen, und mit wachsendem Frequenzverhältnis steigt der Vergrößerungsfaktor VF an. Regt die Kraft $F(t)$ das System mit einer Kreisfrequenz Ω an, die nahe bei der Eigenkreisfrequenz ω_0 des Systems liegt, d.h. gilt $\eta \approx 1$, dann wird die Schwingungsamplitude $\hat{X}$ und damit VF sehr groß und wächst im ungedämpften Fall für $\eta \to 1$ über alle Grenzen. Dieses Phänomen wird als *Resonanz* bezeichnet. In der Realität kann der Resonanzbetrieb in Bauteilen sehr hohe mechanische Wechselspannungen und damit ein schnelles Versagen derselben verursachen. Beim überkritischen Betrieb, $\Omega > \omega_0$, ist der Vergrößerungsfaktor VF negativ und zeigt dadurch an, dass die Schwingungsantwort in Gegenphase mit der Kraft ist. Unter diesen Betriebsbedingungen wird beispielsweise eine schwingende Masse nach rechts verschoben, während die Erregerkraft nach links wirkt und umgekehrt. Bei stark überkritischem Betrieb, $\Omega \gg \omega_0$, bleibt das Schwingungssystem fast in Ruhe, während die Erregerkraft mit vorgegebener Amplitude sehr schnell oszilliert. Der negative Vergrößerungsfaktor VF strebt für $\eta \to \infty$ gegen null.

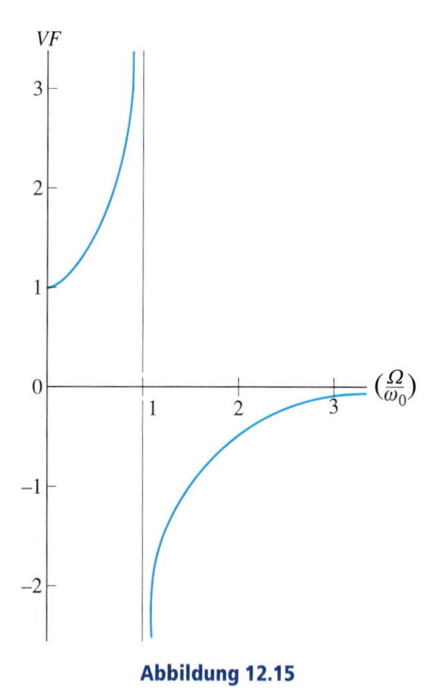

Abbildung 12.15

Periodische Fußpunktanregung Wird die bereits in *Abschnitt 12.1* gemäß Abbildung 12.4a diskutierte Federfußpunktanregung ohne die federnde und dämpfende Abstützung gegen die Umgebung betrieben, siehe Abbildung 12.16a, dann kann die periodische Schwingung der dargestellten Masse aufgrund der harmonischen Fußpunktbewegung $u(t) = u_0 \sin \Omega t$ auch mit Hilfe der vorgestellten Methoden behandelt werden. Das verallgemeinerte Freikörperbild der Masse zeigt Abbildung 12.16b. Die Koordinate x wird so gewählt, dass für $u(t) = 0$ und $x = 0$ die Feder spannungslos ist, Abbildung 12.16a. Daher beträgt die Längenänderung der Feder in allgemeiner Lage $x > u$ gerade $x - u_0 \sin \Omega t$. Die Bewegungsgleichung gewinnt man aus der Kräftebilanz in x-Richtung:

$$F_x - ma_x = 0; \qquad -c\left(x - u_0 \sin \Omega t\right) - m\ddot{x} = 0$$

Damit erhalten wir

$$\ddot{x} + \frac{c}{m} x = \frac{cu_0}{m} \sin \Omega t \tag{12.43}$$

mit einer Erregeramplitude, die in *Abschnitt 12.1* bereits angegeben wurde, siehe Gleichung (12.5).

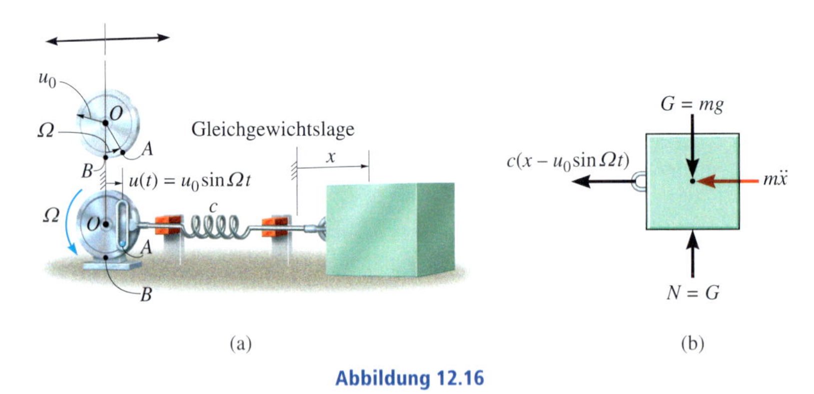

Abbildung 12.16

Durch Vergleich stellt man fest, dass diese Gleichung mit der Form der Gleichung (12.37) identisch ist, wenn $\hat{F}$ *durch* cu_0 *ersetzt* wird. Nimmt man dann in sämtlichen Ergebnissen diese Substitution vor, Gleichungen (12.39) bis (12.42), dann können diese auch zur Charakterisierung der Zwangsschwingungen eines Systems mit Fußpunktanregung unverändert übernommen werden.

Beispiel 12.7 Das Gerät in Abbildung 12.17 liegt unverrückbar auf der Plattform P, die wiederum von *vier* Federn mit der jeweiligen Federkonstanten c gestützt wird. Zu Beginn ist die Plattform in Ruhe und der Boden erfährt die zeitabhängige Verschiebung $u(t)$. Die Gesamtmasse von Gerät und Plattform beträgt m. Bestimmen Sie die vertikale Schwingungsantwort y der Bühne als Funktion der Zeit gemessen von der Gleichgewichtslage. Bei welcher Erschütterungsfrequenz tritt Resonanz auf?

$m = 20$ kg, $c = 800$ N/m, $u(t) = u_0 \sin \Omega t$, $u_0 = 10$ mm, $\Omega = 8$ rad/s

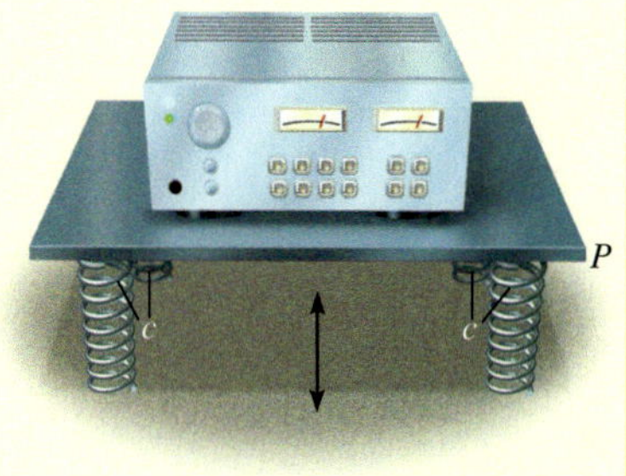

Abbildung 12.17

Lösung

Da die induzierte Schwingung der Plattform mit Messgerät über die Fußpunktbewegung der vier Federn hervorgerufen wird, kann die Bewegung durch Gleichung (12.41) beschrieben werden, worin $\hat{F}$ durch $c_{res}u_0$ und c durch c_{res} mit $c_{res} = 4c$ ersetzt wird:

$$y = C_1 \sin \omega_0 t + C_2 \cos \omega_0 t + \frac{u_0}{1-\left(\frac{\Omega}{\omega_0}\right)^2} \sin \Omega t \qquad (1)$$

Dabei ist

$$\omega_0 = \sqrt{\frac{c_{res}}{m}} = \sqrt{\frac{4(800\ \text{N/m})}{20\ \text{kg}}} = 12{,}6\ \text{rad/s}$$

Aus Gleichung (12.40) folgt, dass sich wiederum nach Einsetzen von $c_{res}u_0$ für $\hat{F}$ und c_{res} anstelle von c für die Schwingungsamplitude $\hat{Y}$ durch die Bodenverschiebung das Ergebnis

$$\hat{Y} = \frac{u_0}{1-\left(\frac{\Omega}{\omega_0}\right)^2} = \frac{10\text{mm}}{1-\left(\frac{8\ \text{rad/s}}{12{,}6\ \text{rad/s}}\right)^2} = 16{,}7\ \text{mm} \qquad (2)$$

ergibt. Somit lauten Gleichung (1) und ihre Zeitableitung

$$y = C_1 \sin \omega_0 t + C_2 \cos \omega_0 t + \frac{u_0}{1-\left(\frac{\Omega}{\omega_0}\right)^2} \sin \Omega t$$

$$\dot{y} = C_1 \omega_0 \cos \omega_0 t - C_2 \omega_0 \sin \omega_0 t + \frac{\Omega u_0}{1-\left(\frac{\Omega}{\omega_0}\right)^2} \cos \Omega t$$

Die Konstanten C_1 und C_2 werden aus diesen Gleichungen zum Zeitpunkt $t = 0$ mit den zugehörigen Anfangsbedingungen $y(0) = 0$ und $\dot{y}(0) = 0$ bestimmt:

$$0 = 0 + C_2 + 0 \qquad C_2 = 0$$

$$0 = C_1 \omega_0 - 0 + \frac{\Omega u_0}{1-\left(\frac{\Omega}{\omega_0}\right)^2} \qquad C_1 = \frac{-\left(\frac{\Omega u_0}{\omega_0}\right)}{1-\left(\frac{\Omega}{\omega_0}\right)^2} = -10{,}5\,\text{mm}$$

Die Schwingungsbewegung wird somit durch

$$y = \frac{-\left(\frac{\Omega u_0}{\omega_0}\right)}{1-\left(\frac{\Omega}{\omega_0}\right)^2}\sin\omega_0 t + \frac{u_0}{1-\left(\frac{\Omega}{\omega_0}\right)^2}\sin\Omega t$$

$$= -10{,}5\,\mathrm{mm}\cdot\sin\,\left(12{,}6\ \mathrm{rad/s}\right)t + 16{,}7\,\mathrm{mm}\cdot\sin\left(8\,\mathrm{rad/s}\right)t$$

beschrieben.

Resonanz tritt auf, wenn die Amplitude der Schwingungsantwort unendlich groß wird. Gemäß Gleichung (2) muss dafür

$$\Omega = \omega_0 = 12{,}6\ \mathrm{rad/s}$$

gelten.

12.6 Erzwungene Schwingungen eines gedämpften 1-Freiheitsgrad-Systems

Jetzt wird der allgemeine Fall eines Schwingers mit einem Freiheitsgrad gemäß Gleichung (12.9) bzw. Gleichung (12.35) betrachtet:

$$m\ddot{x} + k\dot{x} + cx = F(t) = \hat{F}(\Omega)\sin\Omega t \tag{12.44}$$

Wie bereits in *Abschnitt 12.1* ausführlich diskutiert, unterscheiden wir je nach Art der Erregerkraftamplitude $\hat{F}$ Kraft-, Dämpferkraft- und Massenkraftanregung, wobei die beiden erst genannten durch Feder- bzw. Dämpferfußpunktanregung realisiert werden.

In *Abschnitt 12.5* wurde bereits festgestellt, dass die Gesamtlösung die Summe der allgemeinen Lösung $x_h(t)$ der homogenen Differenzialgleichung plus einer partikulären Lösung $x_p(t)$ ist. Die allgemeine Lösung der homogenen Differenzialgleichung wurde in *Abschnitt 12.4* ermittelt und liegt für den Fall schwacher Dämpfung, der im Weiteren ausschließlich behandelt wird, mit den Ergebnissen gemäß Gleichung (12.31) oder (12.32) vor. Da diese Lösung mit der Zeit exponentiell abklingt, bleibt nur die partikuläre Lösung zur Beschreibung *stationärer Schwingungen* des Systems übrig. Infolge der harmonischen Erregerkraftfunktion machen wir gemäß dem Ansatz vom Typ der rechten Seite für die partikuläre Lösung einen Ansatz in Form einer harmonischen Schwingung. Allerdings führt aufgrund der Dämpfung ein gleich-frequenter Sinus- (oder auch Kosinus-)Lösungsansatz gemäß Gleichung (12.37) nicht zu einer Lösung. Stattdessen muss ein Lösungsansatz in der Form

$$x_p(t) = \hat{X}\sin\left(\Omega t - \varepsilon\right) \tag{12.45}$$

verwendet werden, worin jetzt neben der unbekannten Amplitude $\hat{X}$ noch eine Phasenverschiebung ε zwischen der Erregerkraft und der Verschiebung x als zweite Unbekannte auftritt. Eine äquivalente Form des Lösungsansatzes (12.45) ist

$$x_p(t) = X_1 \sin\Omega t + X_2 \cos\Omega t \tag{12.46}$$

mit den beiden Unbekannten $X_{1,2}$ anstatt $\hat{X}$, ε.

Bevor wir den Lösungsansatz (12.46) in die Differenzialgleichung (12.44) einsetzen, erscheint es allerdings zweckmäßig, die Fälle von Kraft-, Dämpfungskraft- und Massenkraftanregung auf eine gemeinsame Form zu bringen, damit dann durch einen einzigen Lösungsansatz sämtliche drei Fälle erfasst sind. Dazu dividiert man Gleichung (12.44) durch die Masse m und erhält

$$\ddot{x} + 2D\omega_0 \dot{x} + \omega_0^2 x = \omega_0^2 E y_0 \sin\Omega t \tag{12.47}$$

mit

$$2D\omega_0 = \frac{k}{m}, \quad \omega_0^2 = \frac{c}{m}, \quad \eta = \frac{\Omega}{\omega_0}$$

sowie

$$y_0 = \begin{cases} \dfrac{F_0}{c} \quad \text{bzw.} \quad \dfrac{c_0 u_0}{c + c_0} & \text{bei Krafterregung} \\ \dfrac{k_0 u_0}{k + k_0} & \text{bei Dämpfungskrafterregung} \\ \dfrac{m_0}{m + m_0} r & \text{bei Massenkrafterregung} \end{cases}$$

und

$$E = \begin{cases} 1 & \text{bei Krafterregung} \\ 2D\eta & \text{bei Dämpfungskrafterregung} \\ \eta^2 & \text{bei Massenkrafterregung} \end{cases}$$

Auch die Lösungsansätze werden entsprechend modifiziert:

$$x_p(t) = V y_0 \sin(\Omega t - \varepsilon) \tag{12.48}$$

bzw.

$$x_p(t) = V_1 y_0 \sin\Omega t + V_2 y_0 \cos\Omega t \tag{12.49}$$

Die Größen V bzw. $V_{1,2}$ geben an, um wie viel die Amplituden $\hat{X}$ bzw. $X_{1,2}$ der Partikulärlösung $x_p(t)$ größer sind als die statische Amplitude y_0 der Erregung: Sie werden deshalb als *Vergrößerungsfunktion* oder auch als *Amplitudengang* bezeichnet. ε ist die *Phasenverschiebung* zwischen Schwingungsantwort und Erregung, auch *Phasengang* genannt, und wird hier der Erwartung entsprechend, nämlich der Erregung nacheilend (deshalb das Minuszeichen), angesetzt.

Wir verarbeiten im Weiteren zunächst den Lösungsansatz gemäß Gleichung (12.49). Durch Zeitableitung ermitteln wir neben x_p auch $\dot{x}_p$ sowie $\ddot{x}_p$ und setzen sämtliche erhaltenen Ausdrücke in Gleichung (12.49) ein. Nach Vereinfachung ergibt sich

$$\begin{aligned}&\left(-V_1\Omega^2-2D\omega_0\Omega V_2+\omega_0^2V_1\right)y_0\sin\Omega t\\&+\left(-V_2\Omega^2+2D\omega_0\Omega V_1+\omega_0^2V_2\right)y_0\cos\Omega t=\omega_0^2Ey_0\sin\Omega t\end{aligned}$$

Da diese Gleichung zu jedem Zeitpunkt erfüllt sein muss, können die Vorfaktoren von $\sin\Omega t$ und $\cos\Omega t$ gleichgesetzt werden:

$$\begin{aligned}&\left(\omega_0^2-\Omega^2\right)V_1-2D\omega_0\Omega V_2=\omega_0^2E\\&2D\omega_0\Omega V_1+\left(\omega_0^2-\Omega^2\right)V_2=0\end{aligned}$$

Wir lösen nach V_1 und V_2 auf und erhalten

$$\begin{aligned}V_1&=\frac{\left(\omega_0^2-\Omega^2\right)\omega_0^2E}{\left(\omega_0^2-\Omega^2\right)^2+\left(2D\omega_0\Omega\right)^2}\\V_2&=\frac{-2D\omega_0\Omega\omega_0^2E}{\left(\omega_0^2-\Omega^2\right)^2+\left(2D\omega_0\Omega\right)^2}\end{aligned}\qquad(12.50)$$

Beachtet man in Analogie zur äquivalenten Darstellung harmonischer Schwingungen gemäß Gleichung (12.13) und (12.18) aus *Abschnitt 12.2*, dass die resultierende Amplitude V über

$$V=\sqrt{V_1^2+V_2^2}=\frac{\omega_0^2E}{\sqrt{\left(\omega_0^2-\Omega^2\right)^2+\left(2D\omega_0\Omega\right)^2}}$$

und die *Phasenverschiebung* ε in der Form

$$\tan\varepsilon=\frac{V_2}{V_1}=\frac{2D\omega_0\Omega}{\omega_0^2-\Omega^2}$$

mit V_1 und V_2 zusammenhängen, dann sind auch die unbekannten Größen des Lösungsansatzes gemäß Gleichung (12.49) bestimmt. Dasselbe Ergebnis erhalten wir natürlich auch, wenn wir vom Lösungsansatz gemäß Gleichung (12.48) ausgehen, diesen zweimal nach der Zeit differenzieren und nach Einsetzen von x_p, $\dot{x}_p$ und $\ddot{x}_p$ in die zu lösende Bewegungsgleichung (12.47) eine ähnliche Rechnung wie eben ausführen.

Führt man abschließend in die erhaltenen Ergebnisse für V und ε das Frequenzverhältnis $\eta=\Omega/\omega$ ein, so erhalten wir endgültig

$$V=\frac{E}{\sqrt{\left(1-\eta^2\right)^2+\left(2D\eta\right)^2}}\qquad(12.51)$$

und

$$\varepsilon=\arctan\frac{2D\eta}{1-\eta^2}\qquad(12.52)$$

als Bestimmungsgleichungen für die Lösung gemäß Lösungsansatz (12.48). Die Phasenverschiebung ε gemäß Gleichung (12.52) ist bei positivem Ergebnis einer Auswertung eine Phasennacheilung der Schwingungsantwort gegenüber der Erregung. Die Vergrößerungsfunktion V ist im Gegensatz zum Vergrößerungsfaktor VF aus *Abschnitt 12.5*, der die Phaseninformation im Vorzeichen enthält, immer positiv; die Phaseninformation ist hier separat durch die Phasenverschiebung ε wiedergegeben.

Es ist offensichtlich, dass der *Phasengang* $\varepsilon(\eta)$ von der Art der Erregung E unabhängig ist. Allerdings entspricht der Winkel ε im Falle der Erregung über einen Dämpfer der Phasenverschiebung zwischen der Verschiebung x und der Geschwindigkeit des Dämpferendpunktes. Er ist in Abbildung 12.18a dargestellt. Der Kurve ist zu entnehmen, dass die Phasennacheilung mit steigender Erregerkreisfrequenz Ω zunimmt, dass sie im Resonanzfall $\Omega = \omega_0$, d.h. $\eta = 1$ gleich $\pi/2$, d.h. 90° ist[6] und für stark überkritischen Betrieb $\Omega \gg \omega_0$, d.h. $\eta \gg 1$ bzw. $\eta \to \infty$ gegen π, d.h. 180° strebt. Im Betrieb unterhalb der Resonanz $\Omega < \omega_0$, d.h. $\eta < 1$, sind Schwingungsantwort und Erregung insbesondere für sehr kleine Dämpfung D in Phase, während sie im überkritischen Betrieb oberhalb der Resonanz $\Omega > \omega_0$, d.h. $\eta > 1$, insbesondere erneut bei sehr kleiner Dämpfung oder für $\Omega \gg \omega_0$, d.h. $\eta \gg 1$ gegenphasig sind.

Für den Amplitudengang $V(\eta)$ ist dagegen eine Fallunterscheidung notwendig, weil dieser von der Art der Erregung E abhängt.

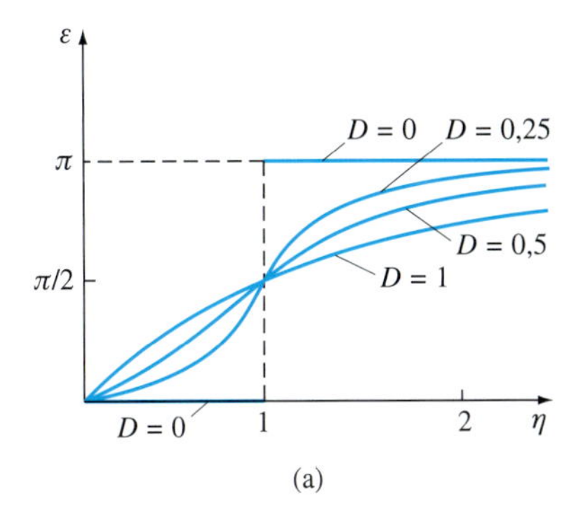

a. Krafterregung ($E = 1$)

Der Verlauf der Vergrößerungsfunktion

$$V_a = \frac{1}{\sqrt{\left(1-\eta^2\right)^2 + \left(2D\eta\right)^2}} \tag{12.53}$$

als Funktion des Frequenzverhältnisses η ist in Abbildung 12.18b zu sehen. Für eine verschwindende Erregerkreisfrequenz $\Omega \to 0$, d.h. $\eta \to 0$, gilt $V_a = 1$. Mit steigendem Frequenzverhältnis nimmt die Vergrößerungsfunktion bei hinreichend kleiner Dämpfung $D \leq \sqrt{2}/2$ zu, erreicht in der Nähe der Resonanz $\Omega = \omega_0$, d.h. in der Nähe von $\eta = 1$ ihr Maximum, um dann mit weiter steigendem η monoton abzunehmen und zwar strebt $V_a \to 0$, wenn $\Omega \to \infty$, d.h. $\eta \to \infty$ gehen. Ist die Dämpfung hinreichend groß, $D > \sqrt{2}/2$, nimmt V_a vom Startwert $V_a = 1$ bei $\eta \to 0$ ausgehend mit wachsendem η monoton ab. Mit abnehmender Dämpfung D (unterhalb $D \leq \sqrt{2}/2$) steigt der Maximalwert $V_{a,\,max}$ der Vergrößerungsfunktion V_a in der Nähe der Resonanz $\Omega = \omega_0$, d.h. $\eta = 1$ stark an und führt beispielsweise für einen Dämpfungswert $D = 10^{-2}$ auf eine Überhöhung der statischen Auslenkung um das 50-fache. Die Frequenz bzw. der η-

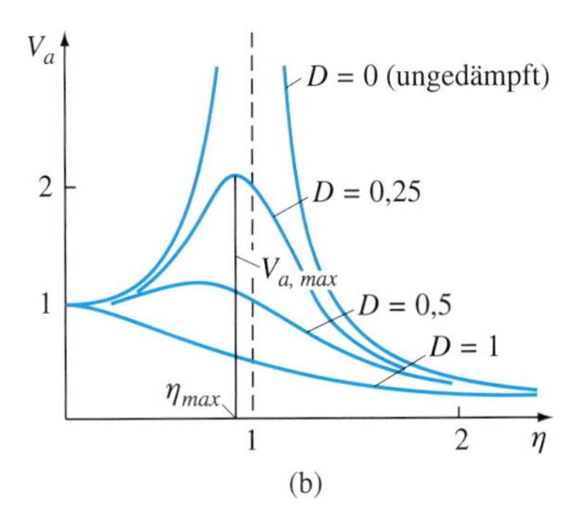

Abbildung 12.18

6 Diese Tatsache kann messtechnisch als Indikator für Resonanz ausgenutzt werden.

Wert, bei dem das absolute Maximum $V_{a,max}$ der Vergrößerungsfunktion (für $D \leq \sqrt{2}/2$) auftritt, ist

$$\eta_{max} = \sqrt{1-2D^2}$$

Es liegt also geringfügig links von der Resonanzstelle $\eta = 1$, das Maximum selbst ist dann

$$V_{a,max} = \frac{1}{2D\sqrt{1-D^2}}$$

Direkt in der Resonanz bei $\eta = 1$ hat V_a einen Wert von $1/(2D)$, der sich bei kleinen Dämpfungswerten D von dem bei η_{max} nur wenig unterscheidet.[7]

b. Dämpferkrafterregung ($E = 2D\eta$)

Dieser Fall mit der Vergrößerungsfunktion

$$V_b = \frac{2D\eta}{\sqrt{\left(1-\eta^2\right)^2 + \left(2D\eta\right)^2}} \tag{12.54}$$

ist als Funktion des Frequenzverhältnisses η in Abbildung 12.18c dargestellt. Da ein ungefederter Dämpfer in der Praxis nicht realisiert werden kann, ist diese Art von Erregung nur von akademischem Interesse. Der Größtwert der Vergrößerungsfunktion wird im Resonanzbetrieb erreicht und hat den Wert eins. Es kommt also im Gesamtbereich der Erregerkreisfrequenz nie zu einer Verstärkung der statischen Auslenkung x_0, sondern immer zu einer mehr oder minder großen Abschwächung.

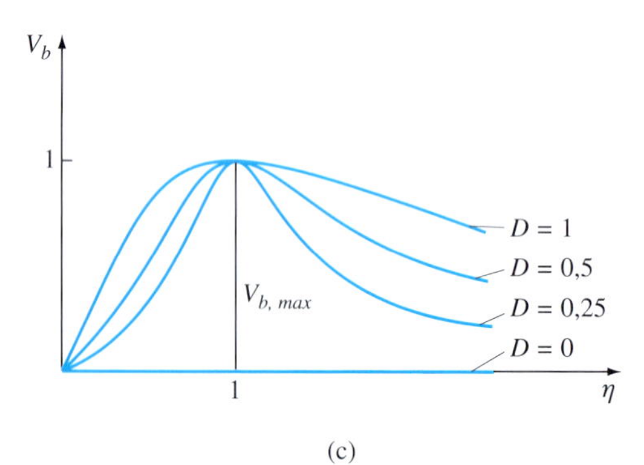

(c)

Abbildung 12.18

7 Es ist deshalb gerechtfertigt, den bei kleinen Dämpfungswerten gefährlichen Resonanzbetrieb dämpfungsunabhängig durch $\eta = 1$ und nicht durch $\eta = \eta_{max}$ festzulegen.

c. Massenkrafterregung ($E = \eta^2$)

Dies ist der praktisch wichtigste Fall mit dem Verlauf der Vergrößerungsfunktion

$$V_c = \frac{\eta^2}{\sqrt{\left(1-\eta^2\right)^2 + \left(2D\eta\right)^2}} \tag{12.55}$$

als Funktion des Frequenzverhältnisses η in Abbildung 12.18d. Offensichtlich ist der Kurvenverlauf bei Massenkrafterregung im Vergleich zur Krafterregung gewissermaßen spiegelbildlich zur Resonanzgeraden $\eta = 1$. Für eine verschwindende Erregerkreisfrequenz $\Omega \to 0$, d.h. $\eta \to 0$, gilt $V_c = 0$. Mit steigendem Frequenzverhältnis nimmt die Vergrößerungsfunktion wiederum bei hinreichend kleiner Dämpfung $D \le \sqrt{2}/2$ zu, erreicht in der Nähe der Resonanzstelle $\Omega = \omega_0$, d.h. in der Nähe von $\eta = 1$ ihr Maximum, um dann bei kleinen Dämpfungswerten mit weiter steigendem η monoton abzunehmen. Für $\Omega \to \infty$, d.h. $\eta \to \infty$ strebt $V_c \to 1$. Ist die Dämpfung hinreichend groß, $D > \sqrt{2}/2$, nimmt V_c vom Startwert $V_c = 0$ bei $\eta \to 0$ ausgehend mit wachsendem η monoton zu und erreicht asymptotisch ebenfalls den Wert $V_c = 1$. Mit abnehmender Dämpfung D (unterhalb $D \le \sqrt{2}/2$) steigt der Maximalwert $V_{c,max}$ der Vergrößerungsfunktion V_c in der Nähe der Resonanz $\Omega = \omega_0$, d.h. $\eta = 1$ ähnlich wie bei Krafterregung stark an. Der η-Wert, bei dem das absolute Maximum $V_{c,max}$ der Vergrößerungsfunktion auftritt, ist jetzt

$$\eta_{max} = \frac{1}{\sqrt{1-2D^2}}$$

und liegt damit geringfügig rechts von der Resonanz $\eta = 1$. Das Maximum selbst ist durch

$$V_{c,max} = \frac{1}{2D\sqrt{1-D^2}} = V_{a,max}$$

gegeben. Direkt in der Resonanz bei $\eta = 1$ hat V_c wie bereits V_a ebenfalls den Wert $1/(2D)$.

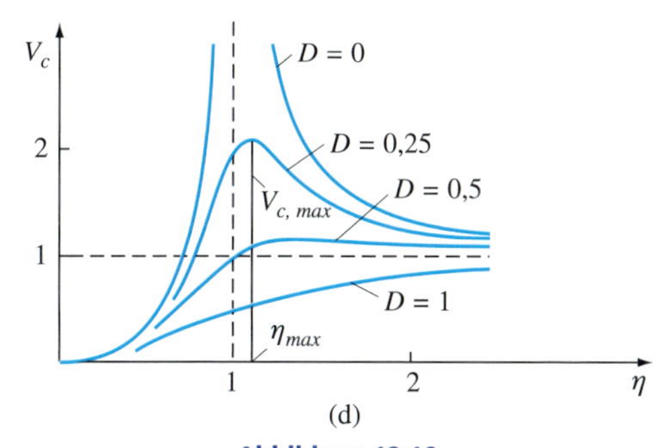

Abbildung 12.18

In beiden Fällen der Kraft- und der Massenkrafterregung führt der Resonanzbetrieb in der Nähe von $\eta = 1$ zu sehr großen, in der Praxis in der Regel gefährlich großen Amplituden, die es möglichst zu vermeiden gilt.

Beispiel 12.8

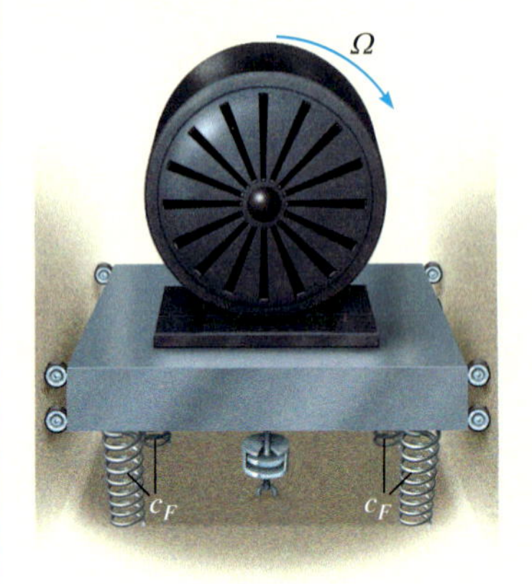

Abbildung 12.19

Der Elektromotor der Masse m_M einschließlich seines Fundamentes in Abbildung 12.19 wird von *vier* Federn mit jeweils der Federkonstanten c_F gehalten. Der Rotor R ist nicht ausgewuchtet, was man sich derart vorstellen kann, dass eine Zusatzmasse m_A im Abstand r_0 von der Drehachse des Motors mit konstanter Winkelgeschwindigkeit Ω umläuft. Bestimmen Sie die Schwingungsamplitude des Fundamentes samt Motor bei einer zahlenmäßig vorgegebenen Winkelgeschwindigkeit $\Omega = \Omega_1$ des Motors. Der Dämpfungsfaktor D ist gegeben.

$m_M = 30$ kg, $m_A = 4$ kg, $c_F = 200$ N/m, $r_0 = 60$ mm, $\Omega_1 = 10$ rad/s, $D = 0{,}15$

Lösung

Die periodische Kraft, welche die Schwingung des Motors zusammen mit dem Fundament bewirkt, ist die Zentrifugalkraft aufgrund der Drehung des unwuchtigen Rotors. Diese Kraft hat den Betrag

$$\hat{F} = ma_n = m_A r_0 \Omega_1^2$$

Es gilt $F(t) = \hat{F}\sin\Omega_1 t$.

Die resultierende Federkonstante des Systems der vier Federn beträgt $c = 4c_F = 800$ N/m, und es ergibt sich für die Eigenkreisfrequenz

$$\omega_0 = \sqrt{\frac{c}{m_M + m_A}} = 4{,}85 \text{ rad/s}$$

Es liegt Massenkrafterregung, hier im überkritischen Betrieb

$$\eta = \frac{\Omega}{\omega_0} = \frac{\Omega_1}{\omega_0} = \frac{10}{4{,}85} = 2{,}062$$

vor, sodass der sich einstellenden Schwingungsamplitude die Vergrößerungsfunktion V_c zugrunde liegt. Für die angegebenen Zahlenwerte erhalten wir

$$\begin{aligned} V_c &= \frac{\eta^2}{\sqrt{\left(1-\eta^2\right)^2 + \left(2D\eta\right)^2}} \\ &= \frac{(10/4{,}85)^2}{\sqrt{\left[1-(10/4{,}85)^2\right]^2 + \left[2\cdot 0{,}15(10/4{,}85)\right]^2}} \\ &= 1{,}28 \end{aligned}$$

und damit für die Schwingungsamplitude

$$\hat{X} = V_c y_0 = V_c \frac{m_A r_0}{m_M + m_A} = 1{,}28 \frac{4\cdot 0{,}06\,\text{m}}{30+4} = 9{,}068\,\text{mm}$$

12.7 Frequenzgangrechnung

Die Methode der Frequenzgangrechnung dient der Berechnung erzwungener Schwingungen unter harmonischer und periodischer Anregung und ist als Alternative zur Vorgehensweise in *Abschnitt 12.5 und 12.6* in der Technischen Schwingungslehre, der Mess- und Regelungstechnik und der Systemdynamik ganz allgemein weit verbreitet. Sie verlangt etwas mehr Abstraktionsvermögen als die bisher kennen gelernte Methodik, ist aber aus einer weiterführenden Behandlung dynamischer Systeme nicht mehr wegzudenken. Am Beispiel eines einfachen Schwingers wird sie deshalb hier einführend ebenfalls diskutiert.

Die Basis bildet das Rechnen mit komplexen Zahlen, das in der Wechselstromlehre der Elektrotechnik weit verbreitet ist und von dort aus in der Regelungstechnik und auch Schwingungstheorie Einzug gehalten hat. Sinnvollerweise beschränkt man sich auf *lineare* Systeme, was wir sowieso vorausgesetzt haben.

Bei der Betrachtung der komplexen Zahlenebene, siehe Abbildung 12.20, ergibt die Projektion eines mit konstanter Winkelgeschwindigkeit Ω umlaufenden Zeigers $a(t)$ auf die reelle oder die imaginäre Achse jeweils eine harmonische Zeitfunktion. Im Einzelnen folgt nämlich aus der Darstellung

$$a(t) = Ae^{i\varphi} = Ae^{i(\Omega t+\alpha)}$$

mit der Euler'schen Formel die Zerlegung

$$a(t) = A\left[\cos(\Omega t+\alpha) + i\sin(\Omega t+\alpha)\right]$$

d.h für die Projektionen gilt

$$\begin{aligned}\mathrm{Re}\{a(t)\} &= A\cos(\Omega t+\alpha)\\ \mathrm{Im}\{a(t)\} &= A\sin(\Omega t+\alpha)\end{aligned}$$

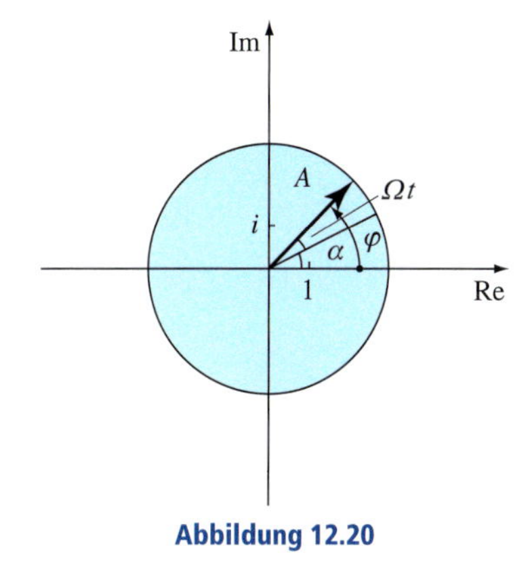

Abbildung 12.20

Da die Zeigerlänge nicht von der Zeit abhängt und konstant ist, wird die Differenziation besonders einfach:

$$\begin{aligned}a &= Ae^{i(\Omega t+\alpha)}\\ \dot{a} &= (i\Omega)e^{i(\Omega t+\alpha)} = (i\Omega)a\\ \ddot{a} &= (i\Omega)^2 e^{i(\Omega t+\alpha)} = -\Omega^2 e^{i(\Omega t+\alpha)} = -\Omega^2 a\end{aligned}$$

Zur Anwendung auf erzwungene Schwingungen eines Systems mit einem Freiheitsgrad, siehe *Abschnitt 12.6*,

$$\ddot{x} + 2D\omega_0\dot{x} + \omega_0^2 x = \omega_0^2 E y_0 \begin{cases}\sin\Omega t\\ \cos\Omega t\end{cases} \tag{12.56}$$

werden als erstes die bisher kennen gelernten Begriffe

Erregung – Schwinger – Zwangsschwingung

im Sinne der linearen Systemtheorie abstrahiert und ersetzt durch

Eingang – System – Ausgang,

siehe auch die zugehörige „Black-box"-Darstellung in Abbildung 12.21.

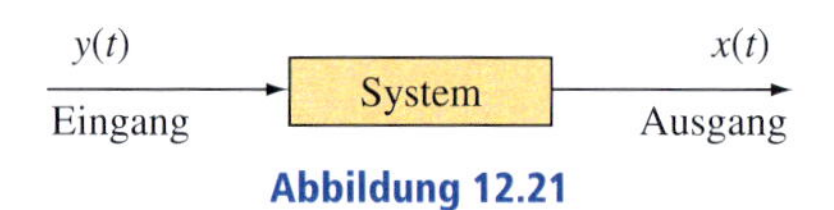

Abbildung 12.21

Das Eingangssignal $y(t)$ in der Bewegungsgleichung (12.56) ist gegeben, z.B. in der Form

$$y(t) = y_0 \sin \Omega t = \operatorname{Im}\left\{y_0 e^{i\Omega t}\right\}$$

und wird dann als

$$y(t) = y_0 e^{i\Omega t} \tag{12.57}$$

verallgemeinert, ebenso die Antwort. Sie war in *Abschnitt 12.6* durch

$$x_p(t) = V y_0 \sin(\Omega t - \varepsilon)$$

gegeben und wird hier in der Form[8]

$$x_p(t) = \operatorname{Im}\left\{V y_0 e^{i(\Omega t - \varepsilon)}\right\} = \operatorname{Im}\left\{V e^{-i\varepsilon} y_0 e^{i\Omega t}\right\} = \operatorname{Im}\left\{F(i\Omega)\, y(t)\right\} \tag{12.58}$$

unter Verwendung des so genannten *komplexen Frequenzgangs*

$$F(i\Omega) = V e^{-i\varepsilon} \tag{12.59}$$

äquivalent umgeschrieben und auf

$$x_p(t) = F(i\Omega)\, y(t) = F(i\Omega)\, y_0 e^{i\Omega t} = x_0 e^{i\Omega t}$$

verallgemeinert. Der komplexe Frequenzgang charakterisiert das dynamische System im Frequenzbereich; die multiplikative Verknüpfung von Systemeingang und Frequenzgang liefert den Systemausgang. Umgekehrt kann man bei gegebener harmonischer Erregung als Systemeingang bei Messung des harmonischen Ausgangssignals den komplexen Frequenzgang durch das Verhältnis von Systemausgang und -eingang (wobei das gemeinsame Zeitverhalten sich heraushebt und nur noch Amplituden verbleiben) sehr einfach ermitteln. Der komplexe Frequenzgang kann in Real- und in Imaginärteil aufgeteilt werden.

8 An dieser Stelle wird nochmals darauf hingewiesen, dass bei einer Frequenzgangrechnung das Eingangssignal stets harmonisch vorausgesetzt wird.

Zum Eingang (der Erregung)

$$y_0 e^{i\Omega t}$$

gehört der Ausgang (die Zwangsschwingung)

$$x_0 e^{i\Omega t} = F(i\Omega) y_0 e^{i\Omega t}$$

mit dem gemeinsamen Zeitverhalten $e^{i\Omega t}$; ein Sachverhalt, der durch das in Abbildung 12.22 dargestellte „Black-box"-Diagramm im Frequenzbereich mit der Verknüpfung der Ein- und Ausgangsamplituden y_0 und x_0 veranschaulicht wird.

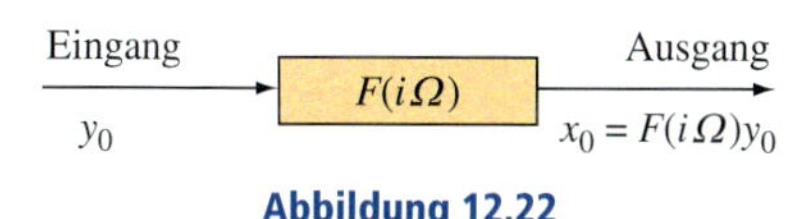

Abbildung 12.22

Für allgemeine nichtperiodische Ein- und Ausgangssignale kommt man nach Fourier-Transformation der Signale übrigens zu einer entsprechenden Verknüpfung. Für jeden Frequenzanteil gilt

$$X(\Omega) = F(i\Omega) \cdot Y(\Omega)$$

d.h. Anteile des Eingangssignals mit unterschiedlichen Frequenzen werden durch das System unterschiedlich übertragen.

Trägt man den komplexen Frequenzgang als Funktionsverlauf mit Ω als Parameter in der komplexen Zahlenebene auf, so erhalten wir die so genannte *Ortskurve*, siehe Abbildung 12.23, worin ein Kurvenpunkt $F(i\Omega)$ durch den zugehörigen Wert der Vergrößerungsfunktion

$$V(\Omega) = |F(i\Omega)|$$

als Länge des dargestellten Zeigers und den Winkel

$$\varepsilon = \arctan\left(-\frac{\mathrm{Im}\{F(i\Omega)\}}{\mathrm{Re}\{F(i\Omega)\}}\right)$$

zwischen der reellen Achse und dem Zeiger charakterisiert wird. Der Winkel wird aufgrund des Minuszeichens positiv gemessen.

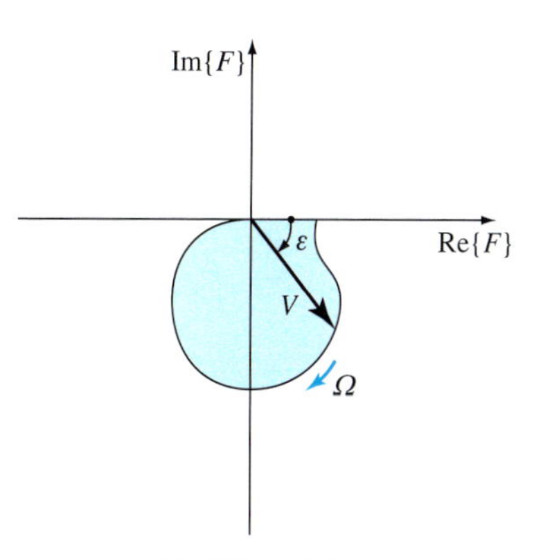

Abbildung 12.23

Die explizite Bestimmung des komplexen Frequenzganges $F(i\Omega)$ erfolgt durch Einsetzen der komplexen Ansätze in die maßgebende Bewegungsgleichung (12.56) in komplexer Erweiterung. Aus

$$\ddot{x} + 2D\omega_0 \dot{x} + \omega_0^2 x = \omega_0^2 E y_0 e^{i\Omega t}$$

folgt so

$$\left[(i\Omega)^2 + 2D\omega_0 (i\Omega) + \omega_0^2\right] F(i\Omega) y_0 e^{i\Omega t} = \omega_0^2 E y_0 e^{i\Omega t}$$

und damit

$$F(i\Omega) = \frac{\omega_0^2 E}{(i\Omega)^2 + 2D\omega_0 (i\Omega) + \omega_0^2}$$

bzw. unter Verwendung des Frequenzverhältnisses

$$F(i\eta) = \frac{E}{1-\eta^2 + i2D\eta} \tag{12.60}$$

Für Krafterregung mit $E = 1$ ergibt sich beispielsweise

$$\begin{aligned} F_a(i\eta) &= \frac{1}{1-\eta^2 + i2D\eta} \\ &= \frac{1-\eta^2}{\left(1-\eta^2\right)^2 + \left(2D\eta\right)^2} - i\frac{2D\eta}{\left(1-\eta^2\right)^2 + \left(2D\eta\right)^2} \end{aligned} \tag{12.61}$$

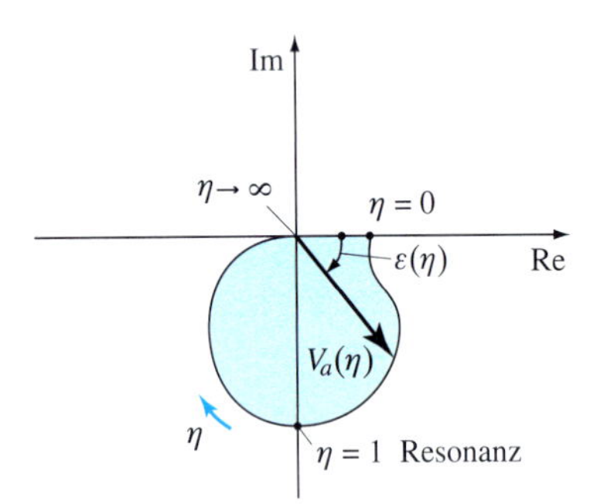

Abbildung 12.24

mit einer Ortskurve gemäß Abbildung 12.24, der Vergrößerungsfunktion

$$V_a(\eta) = \left|F_a(i\eta)\right| = \sqrt{\mathrm{Re}^2\left\{F_a\right\} + \mathrm{Im}^2\left\{F_a\right\}} = \frac{1}{\sqrt{\left(1-\eta^2\right)^2 + \left(2D\eta\right)^2}}$$

und dem Phasenwinkel

$$\varepsilon(\eta) = \arctan\frac{2D\eta}{1-\eta^2}$$

die beide aus *Abschnitt 12.6* bekannt sind.

Damit ist die Zwangsschwingung

$$x_p(t) = F(i\Omega)\, y_0 e^{i\Omega t}$$

berechnet, wobei allerdings bei der vorgegebenen sinusförmigen Anregung

$$y(t) = y_0 \sin\Omega t = \mathrm{Im}\left\{y_0 e^{i\Omega t}\right\}$$

nur der Imaginärteil

$$\begin{aligned} x_p(t) &= \mathrm{Im}\left\{F(i\Omega)\, y_0 e^{i\Omega t}\right\} \\ &= V(\Omega)\, y_0 \sin\left[\Omega t - \varepsilon(\Omega)\right] \end{aligned}$$

zu nehmen ist. Bei kosinusförmiger Anregung kann analog vorgegangen werden.

Abschließend wird festgestellt, dass im Rahmen der Frequenzgangrechnung nur eine Partikulärlösung ermittelt wird. Stets ist noch die allgemeine Lösung der homogenen Differenzialgleichung hinzuzufügen und die Gesamtlösung *anschließend* an die Anfangsbedingungen anzupassen.

*12.8 Analogien zum elektrischen Schwingkreis

Die dynamischen Eigenschaften eines schwingenden mechanischen Systems können durch einen elektrischen Schaltkreis repräsentiert werden. Betrachten wir dazu den Schaltkreis in Abbildung 12.25a, der aus einer Induktivität L, einem Widerstand R und einem Kondensator C besteht. Die Klemmenspannung $U(t)$ wird angelegt und ein Strom i fließt durch den Stromkreis. Der Strom durch die Induktivität verursacht den Spannungsabfall Ldi/dt, entsprechend ergibt sich beim Widerstand ein Spannungsabfall Ri und schließlich am Kondensator $\int i\,dt/C$. Da durch einen Kondensator kein Strom fließt, kann man dort nur die Ladung q, die sich auf dem Kondensator befindet, messen. Die Ladung kann aber über die Gleichung $i = dq/dt$ mit dem Strom verknüpft werden. Die Spannungsabfälle an Induktivität, Widerstand und Kondensator betragen somit Ld^2q/dt^2, $R\,dq/dt$ bzw. q/C. Gemäß dem Kirchhoff'schen Maschensatz ist die angelegte Spannung $U(t)$ gleich der Summe der Spannungsabfälle. Es gilt also

$$L\frac{d^2q}{dt^2}+R\frac{dq}{dt}+\frac{1}{C}q=U(t) \tag{12.62}$$

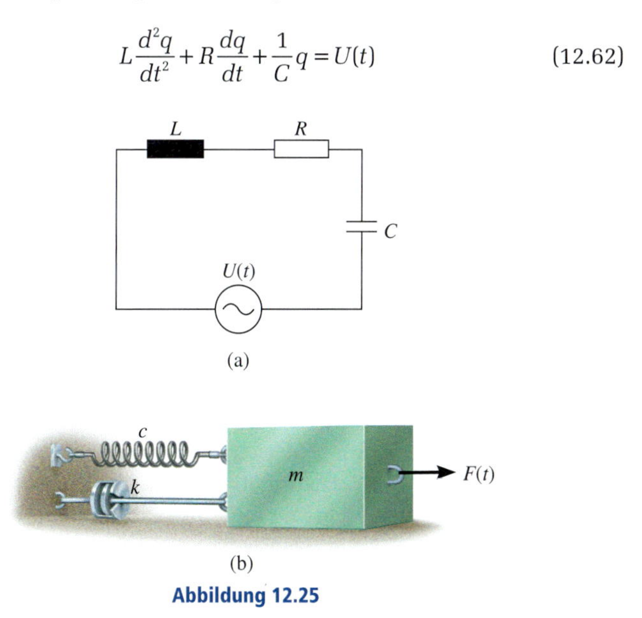

Abbildung 12.25

Betrachten wir zum Vergleich das bereits mehrfach diskutierte Modell eines mechanischen Schwingungssystems mit einem Freiheitsgrad, Abbildung 12.25b, an dem eine allgemeine Kraftfunktion $F(t)$ wirkt. Die Bewegungsgleichung ist bekannt und lautet

$$m\frac{d^2x}{dt^2}+k\frac{dx}{dt}+cx=F(t) \tag{12.63}$$

Die Gleichungen (12.62) und (12.63) haben offensichtlich die gleiche Form, und mathematisch ist damit die Berechnung der Lösung eines elektrischen Schwingkreises das Gleiche wie die Berechnung der Lösung eines schwingenden mechanischen Systems. Die Entsprechungen beider Gleichungen sind abschließend in Tabelle 12.1 aufgeführt.

Tabelle 12.1

Elektromechanische Analogien

elektrisches System		mechanisches System	
elektrische Ladung	q	Verschiebung	x
elektrische Stromstärke	i	Geschwindigkeit	dx/dt
Spannung	$U(t)$	Kraft	$F(t)$
Induktivität	L	Masse	m
Widerstand	R	Dämpfungskoeffizient	k
reziproker Wert der Kapazität	$1/C$	Federkonstante	c

Die vorgestellte Analogie hat insofern Bedeutung, als bei elektromechanischen Systemen häufig so vorgegangen wird, dass man an deren Stelle rein mechanische oder rein elektrische Ersatzsysteme untersucht.

12.9 Schwingungen eines Systems mit mehreren Freiheitsgraden

In vielen Fällen der technischen Praxis reicht es aus, Schwingungsprobleme anhand einfachster Modelle, d.h. anhand eines 1-Freiheitsgrad-Systems, zu untersuchen. Häufig ist es jedoch notwendig, eine feinere Modellierung im Sinne eines Schwingers mit endlich vielen Freiheitsgraden vorzunehmen. Im vorliegenden Buch sollen Erweiterungen am Beispiel eines Systems mit *zwei* Freiheitsgraden für den *ungedämpften* Fall dargelegt werden. An einigen wenigen Stellen werden Verallgemeinerungen auf Schwinger mit n Freiheitsgraden angesprochen, die generelle Verallgemeinerung soll jedoch hier nicht vorgenommen werden.

Wir betrachten im Folgenden die in Abbildung 12.26 dargestellte Schwingerkette, bestehend aus den beiden Massen m_1 und m_2, die über zwei Federn mit den Federkonstanten c_1 und c_2 mit der Umgebung und untereinander verbunden werden und durch eine zeitabhängige Kraft, die an der zweiten Masse angreift, zu Schwingungen x_1 und x_2 angeregt werden. Die Federn sind in der Ausgangslage $x_1 = 0$ und $x_2 = 0$ ungedehnt. Dämpfungseinflüsse werden vernachlässigt.

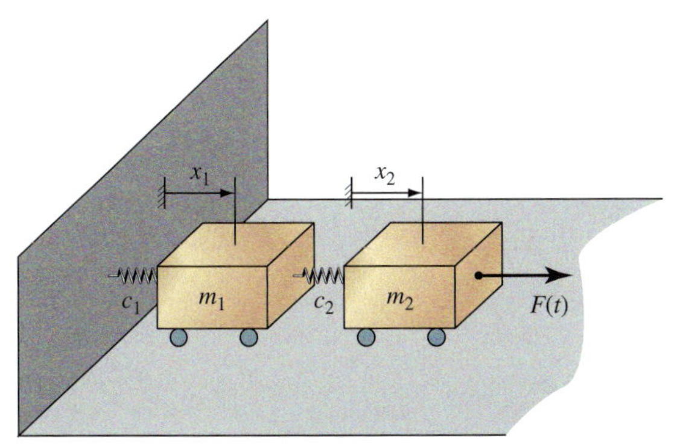

Abbildung 12.26

Zur Herleitung der Bewegungsgleichungen wenden wir hier die Lagrange'schen Gleichungen an. Dazu ermittelt man die kinetische Energie

$$T = \frac{m_1}{2}\dot{x}_1^2 + \frac{m_2}{2}\dot{x}_2^2$$

und die potenzielle Energie

$$V = \frac{c_1}{2}x_1^2 + \frac{c_2}{2}(x_2 - x_1)^2$$

des Systems in allgemeiner Lage, ebenso die virtuelle Arbeit

$$\delta W = F(t)\delta x_2$$

Damit können gemäß *Abschnitt 11.4* die zwei gekoppelten Bewegungsdifferenzialgleichungen hergeleitet werden. Wir erhalten

$$\begin{aligned} m_1\ddot{x}_1 + c_1x_1 - c_2(x_2 - x_1) &= 0 \\ m_2\ddot{x}_2 + c_2(x_2 - x_1) &= F(t) \end{aligned} \tag{12.64}$$

wozu im Allgemeinen noch die Anfangsbedingungen

$$x_1(t=0) = x_{10},\; x_2(t=0) = x_{20},\; \dot{x}_1(t=0) = v_{10},\; \dot{x}_2(t=0) = v_{20} \tag{12.65}$$

notwendig sind. Offensichtlich liegt ein gekoppeltes System von zwei Differenzialgleichungen jeweils zweiter Ordnung vor, hier inhomogen und linear. Werden Dämpfungseinflüsse berücksichtigt, treten auch geschwindigkeitsproportionale Kräfte auf. Liegen n Freiheitsgrade vor, ergeben sich n gekoppelte Differenzialgleichungen des vorliegenden Typs. Abhängig von der Koordinatenwahl können im Gegensatz zum vorliegenden Fall, in dem die Gleichungen über Lagegrößen gekoppelt sind, auch beschleunigungsgekoppelte Systeme auftreten, und im Falle von gedämpften Systemen sind auch Kopplungen in den Geschwindigkeiten möglich. Ob eine Kopplung in den Beschleunigungen oder in Lagegrößen auftritt, ist in jedem Falle keine physikalische Eigenschaft des Systems, sondern abhängig von den gewählten Koordinaten. Geschwindigkeitsabhängige Terme können auch auftreten, wenn die Bewegungsgleichungen in drehenden Bezugssystemen formuliert werden, die im Allgemeinen zu Coriolis-Anteilen führen.

Abschließend sei noch die Matrizenschreibweise erwähnt, die in der linearen Systemtheorie weite Verbreitung gefunden hat und auch zur Beschreibung linearer Schwinger mit endlich vielen Freiheitsgraden sehr geeignet ist. Mit den Matrizen

$$\mathbf{M} = \begin{bmatrix} m_1 & 0 \\ 0 & m_2 \end{bmatrix}, \quad \mathbf{K} = \begin{bmatrix} c_1 + c_2 & -c_2 \\ -c_2 & c_2 \end{bmatrix}$$

und den Spaltenmatrizen

$$\mathbf{q} = \begin{bmatrix} x_1 \\ x_2 \end{bmatrix} \Rightarrow \ddot{\mathbf{q}} = \begin{bmatrix} \ddot{x}_1 \\ \ddot{x}_2 \end{bmatrix}, \quad \mathbf{f}(t) = \begin{bmatrix} 0 \\ F(t) \end{bmatrix}$$

lassen sich die Bewegungsgleichungen (12.64) nämlich als Matrizendifferenzialgleichung

$$\mathbf{M}\ddot{\mathbf{q}} + \mathbf{K}\mathbf{q} = \mathbf{f}(t)$$

sehr kompakt schreiben, und auch die Anfangsbedingungen lassen sich matriziell formulieren:

$$\mathbf{q}(t=0) = \mathbf{q}_0, \quad \dot{\mathbf{q}}(t=0) = \mathbf{v}_0 \quad \text{mit} \quad \mathbf{q}_0 = \begin{bmatrix} x_{10} \\ x_{20} \end{bmatrix}, \quad \mathbf{v}_0 = \begin{bmatrix} v_{10} \\ v_{20} \end{bmatrix}$$

Die quadratischen 2×2-Matrizen $\mathbf{M}$ und $\mathbf{K}$ bezeichnet man als Massenmatrix und Steifigkeitsmatrix, die 2×1-Vektoren $\mathbf{q}$, $\ddot{\mathbf{q}}$ und $\mathbf{f}(t)$ werden Lage- und Beschleunigungsvektor sowie Erregervektor genannt. Es ist problemlos, durch Einführung einer korrespondierenden Dämpfungsmatrix $\mathbf{D}$ auch gedämpfte Systeme zu erfassen und die Erweiterung auf Systeme mit n Freiheitsgraden durch Einführung entsprechender $n \times n$-Matrizen und $n \times 1$-Vektoren vorzunehmen. Die im Folgenden besprochene Lösungstheorie lässt sich besonders elegant auch im Rahmen der vorgestellten Matrizenschreibweise formulieren, dies soll aber hier nicht weiter verfolgt werden.

Freie (ungedämpfte) Schwingungen Dann liegt keine Erregung vor, d.h. es gilt $F(t) \equiv 0$ und somit für das betrachtete Beispiel

$$\begin{aligned} m_1\ddot{x}_1 + c_1x_1 - c_2(x_2 - x_1) &= 0 \\ m_2\ddot{x}_2 + c_2(x_2 - x_1) &= 0 \end{aligned} \tag{12.66}$$

Hinzu kommen noch die Anfangsbedingungen. Das System von Differenzialgleichungen besitzt zwar die triviale Lösung $x_1 \equiv 0$, $x_2 \equiv 0$, allein interessant sind aber wie bereits beim einfachen Schwinger nichttriviale Lösungen $x_1 \neq 0$, $x_2 \neq 0$. Die dazu gehörende Lösungstheorie von Systemen gekoppelter Differenzialgleichungen mit konstanten Koeffizienten basiert auf Lösungsansätzen in Exponentialform

$$x_k(t) = C_k e^{\lambda t}$$

worin die Konstanten C_k und der Exponent λ so zu bestimmen sind, dass die Differenzialgleichungen und die Anfangsbedingungen beide zugleich erfüllt werden.

Da keine Dämpfung vorhanden ist, können harmonische Schwingungen, z.B.

$$x_k(t) = C_k \sin \omega t \tag{12.67}$$

oder auch in Kosinus-Form, d.h. allgemein $C_k \sin(\omega t + \alpha_k)$, erwartet werden, worin jetzt die Konstanten C_k und die Kreisfrequenz ω zu bestimmen sind. Nach Einsetzen erhalten wir

$$\begin{aligned} (c_1 + c_2 - m_1\omega^2)C_1 - c_2C_2 &= 0 \\ -c_2C_1 + (c_2 - m_2\omega^2)C_2 &= 0 \end{aligned} \tag{12.68}$$

d.h. ein homogenes, *algebraisches* lineares Gleichungssystem für die beiden Konstanten C_1, $C_2 \neq 0$, wobei ω ein ebenfalls noch unbekannter Parameter ist. Weil die triviale Lösung $x_1 = 0$, $x_2 = 0$ nicht interessiert, ist auch $C_1 = 0$, $C_2 = 0$ uninteressant. Die notwendige Bedingung für nichttriviale, d.h. von null verschiedene Lösungen C_1, $C_2 \neq 0$ ist, dass die Koeffizientendeterminante verschwindet:

$$\Delta(\omega) = 0$$

Liegen n Freiheitsgrade vor, bleibt die Argumentation gleich: Man hat dann nur anstatt zwei entsprechend der Zahl der Freiheitsgrade n algebraische Gleichungen und die zugehörige Systemmatrix hat nicht die „Größe" 2×2, sondern $n \times n$. In unserem Beispiel ergibt sich

$$\Delta(\omega) = \begin{vmatrix} c_1 + c_2 - m_1\omega^2 & -c_2 \\ -c_2 & c_2 - m_2\omega^2 \end{vmatrix} = 0 \tag{12.69}$$

Die Auswertung der Determinante führt auf die *charakteristische Gleichung*

$$m_1m_2\omega^4 - (m_1c_2 + m_2c_1 + m_2c_2)\omega^2 + c_1c_2 = 0$$

eine *quadratische* Gleichung für ω^2. Bei n Freiheitsgraden ist diese Gleichung eine Gleichung n-ter Ordnung für ω^2. Man kann mit den Vieta'schen Wurzelsätzen zeigen, dass beide Lösungen $\omega_{1,2}^2 > 0$ sind und die Werte ω_1, ω_2 damit in der Form $\omega_2 > \omega_1$ geordnet werden können. $\omega_{1,2}$ sind die beiden Eigenkreisfrequenzen des Systems. Für ein System mit n Freiheitsgraden erhält man entsprechend n Eigenkreisfrequenzen.

Die Konstanten $C_{1,2}$ sind dabei allerdings nicht *unabhängig*. Einsetzen von $\omega_i (i = 1,2)$ in die Gleichungen (12.68) zeigt, dass für beide ω-Werte die Gleichungen linear abhängig sind. Wird ω_i z.B. in die erste der Gleichungen (12.68) eingesetzt, erhalten wir

$$(c_1 + c_2 - m_1\omega_i^2)C_{1i} - c_2C_{2i} = 0$$

woraus das „Amplitudenverhältnis“

$$\kappa_i = \frac{C_{2i}}{C_{1i}} = \frac{c_1 + c_2 - m_1\omega_i^2}{c_2}$$

folgt. Einsetzen in die zweite der Gleichungen ergibt formelmäßig einen anderen Ausdruck, der jedoch numerisch auf das identische Ergebnis führt.

Damit haben wir im Sinne des Lösungsansatzes (12.67) die Gesamtlösung

$$x_1(t) = C_{11}\sin\omega_1 t + C_{12}\sin\omega_2 t,$$
$$x_2(t) = C_{11}\kappa_1\sin\omega_1 t + C_{12}\kappa_2\sin\omega_2 t$$

Wird anstatt des ursprünglichen Sinus- ein Kosinus-Lösungsansatz verwendet, ergeben sich zwei weitere linear unabhängige Lösungen. Unter Umbenennung der Konstanten liegt damit die vollständige Lösung der homogenen Differenzialgleichungen (12.66)

$$\begin{aligned} x_1(t) &= A_1\sin\omega_1 t + B_1\cos\omega_1 t + A_2\sin\omega_2 t + B_2\cos\omega_2 t, \\ x_2(t) &= \kappa_1\left(A_1\sin\omega_1 t + B_1\cos\omega_1 t\right) + \kappa_2\left(A_2\sin\omega_2 t + B_2\cos\omega_2 t\right) \end{aligned} \qquad (12.70)$$

mit insgesamt vier Integrationskonstanten zur Anpassung an die vier Anfangsbedingungen gemäß Gleichung (12.65) vor.

Bei passender Wahl der Anfangsbedingungen werden in der allgemeinen Lösung gemäß Gleichung (12.70) alle Integrationskonstanten bis auf eine einzige gleich null. Dann schwingen beide Massen sinusförmig (bzw. kosinusförmig) *nur* mit der ersten oder *nur* mit der zweiten Eigenkreisfrequenz ω_1 oder ω_2. Diese Schwingungen nennt man *Hauptschwingungen*.

Das Gleichungssystem (12.68) wird *Eigenwertproblem* genannt, da es nur für die *Eigenwerte* ω_i^2 von null verschiedene Lösungen besitzt. Die zugehörigen Amplitudenvektoren bezeichnet man als *Eigenvektoren*.

Erzwungene Schwingungen Im Falle erzwungener Schwingungen gilt $F(t) \neq 0$. Wir beschränken uns hier auf eine harmonische Erregung, z.B. in der Form

$$F(t) = F_0\sin\Omega t = c_0 y_0\sin\Omega t$$

Eine partikuläre Lösung erhalten wir mit den Lösungsansätzen

$$x_1(t) = V_1 y_0\sin\left(\Omega t - \varepsilon_1\right)$$
$$x_2(t) = V_2 y_0\sin\left(\Omega t - \varepsilon_2\right)$$

die völlig analog zu jenem beim Schwinger mit einem Freiheitsgrad sind und worin $V_{1,2}$ und $\varepsilon_{1,2}$ entsprechende Vergrößerungsfunktionen und Phasenverschiebungen bezeichnen.

Für ein ungedämpftes System ergibt sich eine Phasenverschiebung null oder π, hier beispielsweise null gesetzt, sodass die Lösungsansätze einem Ansatz vom Typ der rechten Seite entsprechen. Einsetzen in die inhomogenen Bewegungsgleichungen (12.64) führt auf

$$\begin{aligned} \left(c_1 + c_2 - m_1 \Omega^2\right) V_1 - c_2 V_2 &= 0 \\ -c_2 V_1 + \left(c_2 - m_2 \Omega^2\right) V_2 &= c_0 \end{aligned} \tag{12.71}$$

ein algebraisches, *inhomogenes* Gleichungssystem für V_1 und V_2. Die Lösung findet man im Rahmen der hier angestrebten analytischen Lösung am einfachsten mit der Cramer'schen Regel[9] in Determinantenform

$$V_{1,2} = \frac{\Delta_{1,2}(\Omega)}{\Delta(\Omega)}$$

mit der Koeffizientendeterminante

$$\begin{aligned} \Delta(\Omega) &= \begin{vmatrix} c_1 + c_2 - m_1 \Omega^2 & -c_2 \\ -c_2 & c_2 - m_2 \Omega^2 \end{vmatrix} \\ &= m_1 m_2 \left[\Omega^4 - \frac{m_1 c_2 + m_2 c_1 + m_2 c_2}{m_1 m_2} \Omega^2 + \frac{c_1 c_2}{m_1 m_2} \right] \end{aligned} \tag{12.72}$$

die mit jener der charakteristischen Gleichung bei der Behandlung freier Schwingungen übereinstimmt, wenn man Ω durch ω ersetzt, und

$$\Delta_1 = \begin{vmatrix} 0 & -c_2 \\ c_0 & c_2 - m_2 \Omega^2 \end{vmatrix} = c_0 c_2, \quad \Delta_2 = \begin{vmatrix} c_1 + c_2 - m_1 \Omega^2 & 0 \\ -c_2 & c_0 \end{vmatrix} = c_0 \left(c_1 + c_2 - m_1 \Omega^2\right)$$

Da $[\cdots] = 0$ in Gleichung (12.72) die Lösungen $\Omega_1^2 = \omega_1^2$ und $\Omega_2^2 = \omega_2^2$ besitzt, kann $[\cdots]$ auch in der Form

$$\left(\Omega^2 - \omega_1^2\right)\left(\Omega^2 - \omega_2^2\right)$$

geschrieben werden, sodass

$$\Delta(\Omega) = m_1 m_2 \left(\Omega^2 - \omega_1^2\right)\left(\Omega^2 - \omega_2^2\right)$$

gilt und die Ergebnisse

$$V_1 = \frac{\dfrac{c_0 c_2}{m_1 m_2}}{\left(\Omega^2 - \omega_1^2\right)\left(\Omega^2 - \omega_2^2\right)}, \quad V_1 = \frac{\dfrac{c_0 \left(c_1 + c_2 - m_1 \Omega^2\right)}{m_1 m_2}}{\left(\Omega^2 - \omega_1^2\right)\left(\Omega^2 - \omega_2^2\right)} \tag{12.73}$$

folgen.

9 Die Cramer'sche Regel ist benannt nach dem Schweizer Mathematiker Gabriel Cramer (1704–1752).

Diskutiert man den Verlauf der Vergrößerungsfunktion $V_{1,2}$ als Funktion der Erregerkreisfrequenz Ω, wodurch die Zwangsschwingungen $x_{1,2}(t)$ im Wesentlichen bestimmt sind, siehe Abbildung 12.27, so sind zwei wesentliche Phänomene herauszuheben:

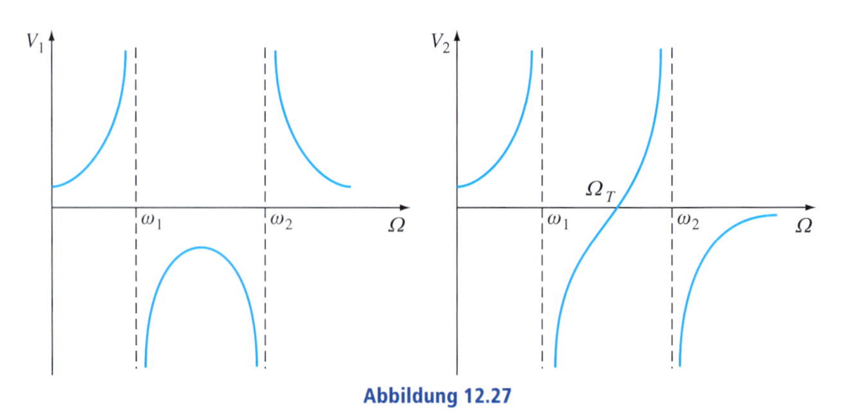

Abbildung 12.27

1 Resonanz ($\Delta_{1,2} \neq 0,\ \Delta = 0$)

Es wird dann $\Omega = \omega_1$ oder $\Omega = \omega_2$ und die Vergrößerungsfunktionen $V_{1,2}$ und damit die Lösungen $x_{1,2}$ wachsen über alle Grenzen. Mit anderen Worten: in diesen beiden Fällen versagt der Lösungsansatz gemäß Gleichung (12.67). Da der dämpfungsfreie Fall untersucht wird, ist dieses Ergebnis auch nicht weiter verwunderlich. Bedingt durch die beiden Eigenkreisfrequenzen des Systems treten zwei Resonanzzustände auf, in deren Nähe auch bei vorhandener, hinreichend kleiner Dämpfung gefährlich große Schwingungsausschläge auftreten.

2 Tilgung (Δ_1 **oder** $\Delta_2 = 0,\ \Delta \neq 0$)

Im vorliegenden Beispiel, bei dem die erregende Kraft an der Masse m_2 angreift, kann nur $\Delta_2 = 0$ werden, womit bei der so genannten Tilgerkreisfrequenz

$$\Omega = \Omega_T = \sqrt{\frac{c_1 + c_2}{m_1}}$$

die Vergrößerungsfunktion V_2 und damit die Lösung x_2 (im ungedämpften Fall) identisch verschwindet, während die Vergrößerungsfunktion V_1 dort eine endliche Größe besitzt. Dies bedeutet, dass also die erregte Masse trotz angreifender Kraft in Ruhe bleibt, d.h. ihre Schwingbewegung wird *getilgt*, während die andere Masse, die man in diesem Zusammenhang dann als *Tilgermasse* bezeichnet, mit endlicher Amplitude schwingt.

Es soll abschließend zu diesem Abschnitt festgestellt werden, dass auch bei erzwungenen Schwingungen von Systemen mit mehr als zwei Freiheitsgraden, insbesondere im gedämpften Fall, die komplexe Frequenzgangrechnung sehr effizient eingesetzt werden kann.

Beispiel 12.9 Ein einfaches Modell einer auskragenden Gebäudedecke ist durch zwei Einzelmassen $m_1 = m_2 = m$ gegeben, die an einem masselosen Biegebalken mit der Biegesteifigkeit EI befestigt sind, siehe Abbildung 12.28a. Bestimmen Sie die Eigenkreisfrequenzen und die so genannten Eigenschwingungsformen unter Vernachlässigung von Gewichtseinflüssen.

$m = 30$ kg, $l = 1$ m, $EI = 200$ Nm^2

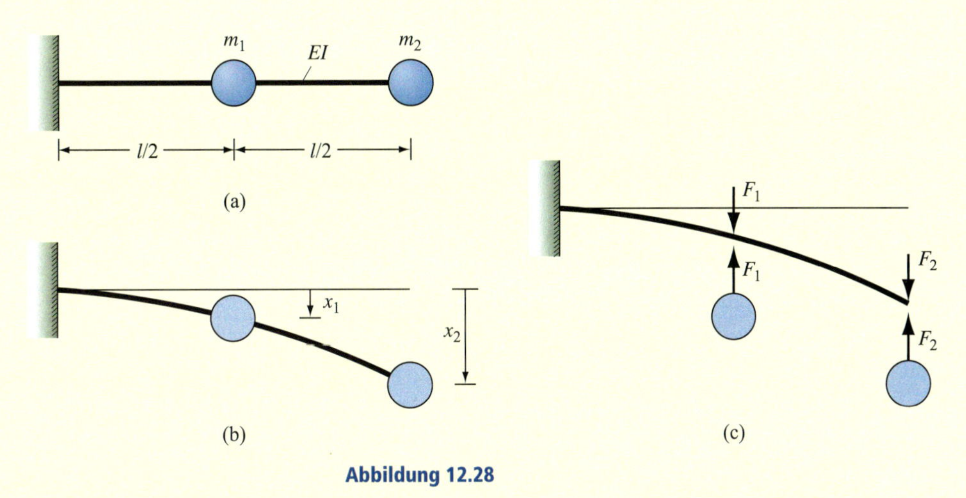

Abbildung 12.28

Lösung

Die Lage des Systems ist durch die Angabe der Verschiebungen x_1 und x_2 der beiden Massen, Abbildung 12.28b, eindeutig bestimmt. Das System hat demnach zwei Freiheitsgrade.

Bei einer Auslenkung wirken auf die Massen die Rückstellkräfte F_1 und F_2, Abbildung 12.28c. Damit lauten die Bewegungsgleichungen

$$-F_1 - m_1\ddot{x}_1 = 0, \quad -F_2 - m_2\ddot{x}_2 = 0 \tag{1}$$

Der Zusammenhang zwischen den Kräften $F_{1,2}$ und den Durchbiegungen $x_{1,2}$ ergibt sich mit den Methoden der Elastostatik[10] in der Form

$$x_1 = \alpha_{11}F_1 + \alpha_{12}F_2, \quad x_2 = \alpha_{21}F_1 + \alpha_{22}F_2 \tag{2}$$

mit den Einflusszahlen α_{ik}, die gleichbedeutend sind mit der Absenkung x_i an der Stelle i infolge einer Einheitslast an der Stelle k. Wenn wir die Kräfte gemäß Gleichung (2) in die Bewegungsgleichungen (1) einsetzen, erhalten wir

$$\alpha_{11}m_1\ddot{x}_1 + \alpha_{12}m_2\ddot{x}_2 + x_1 = 0,$$
$$\alpha_{21}m_1\ddot{x}_1 + \alpha_{22}m_2\ddot{x}_2 + x_2 = 0$$

10 Siehe dazu den zweiten Band dieses Lehrwerks von Russell C. Hibbeler: *Technische Mechanik 2 – Festigkeitslehre*, 5., überarbeitete und erweiterte Auflage, Pearson Studium 2005.

Die Bewegungsgleichungen dieses Beispiels sind also nicht in den Lagegrößen, sondern in den Beschleunigungen gekoppelt. Die nachfolgende Rechnung wird allerdings dadurch nicht beeinflusst. Mit

$$\alpha_{11} = \frac{l^3}{24EI}, \quad \alpha_{22} = \frac{l^3}{3EI}, \quad \alpha_{12} = \alpha_{21} = \frac{5l^3}{48EI}$$

und der Abkürzung

$$\alpha = \frac{l^3}{48EI}$$

sowie unter Berücksichtigung von $m_1 = m_2 = m$ folgt

$$2\alpha m\ddot{x}_1 + 5\alpha m\ddot{x}_2 + x_1 = 0$$
$$5\alpha m\ddot{x}_1 + 16\alpha m\ddot{x}_2 + x_2 = 0$$

Die Ansätze

$$x_1 = C_1 \sin\omega t, \quad x_2 = C_2 \sin\omega t$$

führen auf das algebraische Gleichungssystem

$$\begin{aligned} \left(1 - 2\alpha m\omega^2\right)C_1 - 5\alpha m\omega^2 C_2 &= 0 \\ -5\alpha m\omega^2 C_1 + \left(1 - 16\alpha m\omega^2\right)C_2 &= 0 \end{aligned} \qquad (3)$$

und die zugehörige charakteristische Gleichung

$$7\alpha^2 m^2\omega^4 - 18\alpha m\omega^2 + 1 = 0$$

Die Auswertung liefert die Eigenkreisfrequenzen

$$\omega_1^2 = \frac{9 - \sqrt{74}}{7\alpha m} = \frac{0,0568}{\alpha m}$$

$$\omega_2^2 = \frac{9 + \sqrt{74}}{7\alpha m} = \frac{2,514}{\alpha m}$$

Die Amplitudenverhältnisse folgen durch Einsetzen der Eigenkreisfrequenzen in (3) zu

$$\kappa_1 = \frac{C_{21}}{C_{11}} = \frac{1 - 2\alpha m\omega_1^2}{5\alpha m\omega_1^2} = 3,12$$
$$\kappa_2 = \frac{C_{22}}{C_{12}} = \frac{1 - 2\alpha m\omega_2^2}{5\alpha m\omega_2^2} = -0,32$$

Schwingen die Massen nur mit der ersten Eigenkreisfrequenz ω_1 (erste Hauptschwingung), so haben die Ausschläge wegen $\kappa_1 > 0$ immer das gleiche Vorzeichen, d.h. die beiden Massen schwingen gleichphasig. Dagegen sind bei einer Schwingung mit der zweiten Eigenkreisfrequenz ω_2 (zweite Hauptschwingung) die Vorzeichen von x_1 und x_2 wegen $\kappa_2 < 0$ zu jedem Zeitpunkt verschieden, d.h. die beiden Massen schwingen gegenphasig. Abbildung 12.28d zeigt für beide Fälle die Durchbiegungen des Balkens zu einem bestimmten Zeitpunkt. Dies sind die zu bestimmenden Eigen(schwingungs)formen des vorliegenden Beispiels.

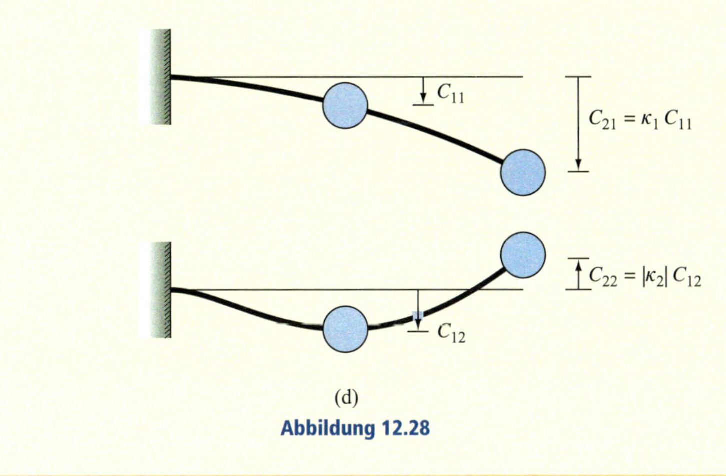

(d)

Abbildung 12.28

*12.10 Schwingende Kontinua

In manchen praktischen Anwendungen reicht die Modellbildung als System mit endlich vielen Freiheitsgraden nicht mehr aus und es ist, beispielsweise bei Turbinenschaufeln, zweckmäßig, die Bauteile als schwingende Kontinua zu beschreiben. Die einfachsten derartigen Strukturmodelle sind Stäbe, die Längs-, Biege- und Torsionsschwingungen ausführen können. Technisch am wichtigsten, z.B. bei Turbinenschaufeln, sind Biegeschwingungen. Einfacher zu behandeln sind jedoch Stablängsschwingungen, z.B. für den in Abbildung 12.29a dargestellten Stab, der einseitig bei $x = 0$ unverschiebbar befestigt sein soll, während das andere Ende bei $x = l$ frei ist. Er wird durch eine orts- und zeitabhängige Streckenlast $p(x,t)$ in Längsrichtung des Stabes zu Längsschwingungen $u(x,t)$ angeregt.

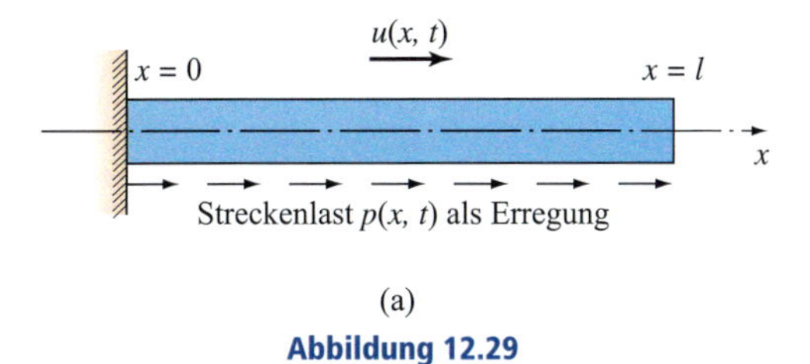

(a)

Abbildung 12.29

Die Behandlung dieses Schwingungsproblems ist komplizierter als für Systeme mit endlich vielen Freiheitsgraden.

- Da die Verschiebung eines Stabpunktes sowohl von der Längskoordinate als auch von der Zeit abhängt, sind auch Orts- und Zeitableitungen zu erwarten, d.h. die Bewegungsgleichungen sind *partielle* Differenzialgleichungen.
- Zu den Anfangsbedingungen, hier für $0 \leq x \leq l$ in der Form vorzugebender Verschiebung $u(x,0)$ und Geschwindigkeit $v(x,0)$ bei $t = 0$ kommen noch *Randbedingungen* für $t \geq 0$ bei $x = 0$ und $x = l$ hinzu. Wir haben also eine so genannte Anfangs-Randwert-Aufgabe zu lösen.

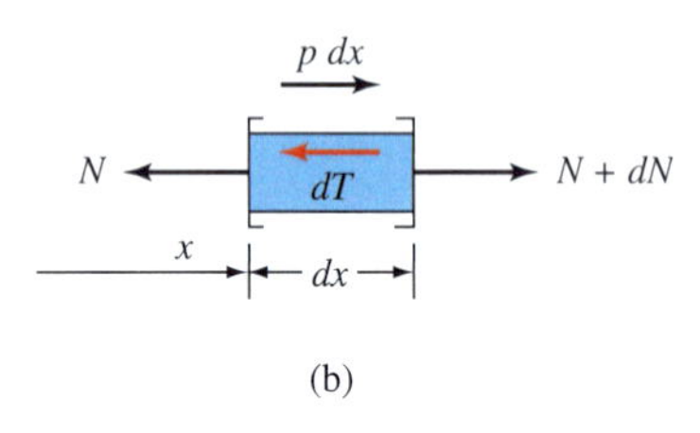

(b)

Abbildung 12.29

Die Bewegungsgleichung leiten wir aus einem verallgemeinerten Kräftegleichgewicht im Sinne d'Alemberts für ein frei geschnittenes Massenelement dm her, siehe Abbildung 12.29b. Vernachlässigen wir erneut Dämpfungseinflüsse und beachten, dass die Normalkraft N am linken Schnittufer des Massenelements an der Stelle x beim Übergang zum rechten Schnittufer bei $x + dx$ einen Zuwachs auf $N + dN$ erfährt, dann lautet das erwähnte Kräftegleichgewicht in Richtung der Stablängsachse

$$\sum F_x = 0; \qquad -N - dT + N + dN + pdx = 0$$

dT ist darin die Trägheitswirkung des Masseelements der Länge dx, pdx der differenzielle Erregerkraftanteil. Die Normalkraft ist über

$$N = \sigma A$$

worin A die Querschnittsfläche des Stabes bezeichnet, mit der Normalspannung σ an der betreffenden Schnittstelle des Stabes verknüpft. Für elastische Stäbe gilt das Hooke'sche Gesetz

$$\sigma = E\epsilon$$

mit dem Elastizitätsmodul E und der Dehnung ϵ. Wenn man schließlich den bekannten Zusammenhang zwischen Verzerrung und Verschiebung

$$\epsilon = \frac{\partial u}{\partial x} = u_x$$

berücksichtigt, worin tief gestellte x Ableitungen nach der Ortskoordinate x bezeichnen, erhält man insgesamt für die Normalkraft

$$N = EAu_x$$

Der differenzielle Zuwachs dN der Normalkraft kann damit im Sinne einer Taylor-Entwicklung als

$$dN = \frac{\partial N}{\partial x} dx = \left(EAu_x\right)_x dx$$

ausgedrückt werden und für die Trägheitskraft dT des differenziellen Massenelements $dm = \rho\, dV = \rho\, Adx$ der Dichte ρ gilt

$$dT = dm \frac{\partial^2 u}{\partial t^2} = u_{tt} dm = \rho A u_{tt} dx$$

worin tief gestellte t Ableitungen nach t bezeichnen.

Einsetzen ergibt unter Verwendung der Masse pro Länge $\mu = \rho A$ das Zwischenergebnis

$$\left[-\mu u_{tt} + \left(EAu_x\right)_x + p(x,t)\right]dx = 0$$

und wegen $dx \neq 0$ nach entsprechendem Sortieren die Bewegungsgleichung

$$\mu u_{tt} - \left(EAu_x\right)_x = p(x,t) \tag{12.74}$$

Dies ist eine lineare, partielle Differenzialgleichung zweiter Ordnung in Ort und Zeit. In ihrer homogenen Form mit konstanten Stabdaten μ und EA

$$\mu u_{tt} - EAu_{xx} = 0$$

ist diese Gleichung als *Wellengleichung* bekannt und ist die Grundgleichung der Elastodynamik, die auch zwei- und dreidimensional verallgemeinert werden kann.

Die zugehörigen Randbedingungen sind für das vorgelegte Beispiel aus der Anschauung einfach ermittelbar: Das linke Stabende bei $x = 0$ ist unverschiebbar gelagert, sodass dort die *geometrische* Randbedingung

$$u(x=0,t) = 0 \tag{12.75}$$

vorliegt, während das andere Stabende bei $x = l$ kräftefrei ist, d.h. es liegt eine *dynamische* Randbedingung vor und die Normalkraft verschwindet:

$$EAu_x\big|_{x=l} = 0 \Rightarrow u_x(x=l,t) = 0 \tag{12.76}$$

Nur die freien Schwingungen sollen abschließend noch kurz behandelt werden. Bei Systemen mit zwei Freiheitsgraden hatten wir dafür einen Lösungsansatz verwendet, bei dem die beiden Schwingungskoordinaten harmonische Zeitfunktionen gleicher Kreisfrequenz ω, jedoch unterschiedlicher Amplituden waren. Zur Beschreibung der freien Längsschwingungen eines Kontinuums benötigen wir die Verschiebungen *aller* Körperpunkte. Da der Körper beliebig viele Punkte entlang der Stabachse hat, besitzen solche Systeme mit verteilten Parametern demnach unendlich viele Freiheitsgrade. Anstelle des Amplituden*verhältnisses* κ in *Abschnitt 12.9* ergibt sich hier eine ortsabhängige Amplituden*verteilung*. Dementsprechend machen wir hier den Lösungsansatz

$$u(x,t) = U(x)\sin\omega t \tag{12.77}$$

mit der unbekannten Funktion $U(x)$, welche die Amplitudenverteilung entlang des Stabes repräsentiert, und der ebenfalls noch unbekannten Kreisfrequenz ω. Nach Einsetzen in das Anfangs-Randwertproblem und Abspalten der Zeitfunktion führt dieser Ansatz auf das Randwertproblem

$$U'' + \beta^2 U = 0, \quad U(0) = 0, U'(l) = 0 \quad \text{mit} \quad \beta^2 = \frac{\mu\omega^2}{EA} \tag{12.78}$$

Hierbei wurde zur rechentechnischen Vereinfachung vorausgesetzt, dass die Dehnsteifigkeit EA und die Massenverteilung μ entlang dem Stab konstant sind. Zusätzlich ist nach Lösen dieses Randwertproblems, das aus einer gewöhnlichen Differenzialgleichung zweiter Ordnung in der Ortsfunktion $U(x)$ und insgesamt zwei Randbedingungen bei $x = 0$ und bei $x = l$ besteht, an die Anfangsbedingungen anzupassen. Hochgestellte Striche bezeichnen gewöhnliche Ableitungen nach der x-Koordinate. Wesentliche Teilaufgabe zur Berechnung der freien Schwingungen ist also die Lösung des erhaltenen so genannten *Eigenwertproblems* gemäß Gleichung (12.78).

Die allgemeine Lösung der Differenzialgleichung in (12.78) ist

$$U(x) = C_1 \sin \beta x + C_2 \cos \beta x \tag{12.79}$$

Die Anpassung an die Randbedingungen in (12.78) ergibt ein homogenes algebraisches Gleichungssystem

$$\begin{aligned} U(0) &= C_1 \cdot 0 + C_2 \cdot 1 = 0 \\ U'(l) &= C_1 \beta \cos \beta l - C_2 \beta \sin \beta l = 0 \end{aligned} \tag{12.80}$$

dessen Koeffizientendeterminante $\Delta(\beta)$ als notwendige Bedingung für nichttriviale Lösungen $U_{1,2}(x)$ verschwinden muss:

$$\Delta(\beta) = -\beta \cos \beta l = 0 \tag{12.81}$$

Die mögliche Lösung $\beta = 0$ der *charakteristischen Gleichung* (12.81) führt mit der Differenzialgleichung in (12.78) nicht auf die Lösung gemäß Gleichung (12.79), sondern auf ein Polynom in x. Ohne hier näher darauf einzugehen, kann gezeigt werden, dass für die vorliegende Lagerung des Stabes dieses Polynom die Randbedingungen für $U(x) \neq 0$ *nicht* erfüllen kann. Der Wert $\beta = 0$ ist deshalb *keine* zulässige Lösung der charakteristischen Gleichung (12.81). Es verbleibt deshalb

$$\cos \beta l = 0$$

als so genannte *Eigenwertgleichung*, die im Gegensatz zur charakteristischen Gleichung bei Systemen mit endlich vielen Freiheitsgraden kein Polynom enthält, sondern eine *transzendente* Gleichung mit den *abzählbar unendlich vielen* Lösungen

$$\beta_k l = \frac{2k-1}{2}\pi, \quad k = 1,2,\ldots$$

darstellt.

Geht man in die Bestimmungsgleichungen (12.80) für die Konstanten zurück, so ergibt die erste Gleichung $C_1 = 0$, während die zweite Konstante $C_2 \neq 0$ unbestimmt bleibt und damit auf die zugehörigen *Eigenfunktionen*

$$U_k(x) = C_k \sin \beta_k x, \quad k = 1,2,\ldots \tag{12.82}$$

mit der Konstanten C_k führt, die man noch geeignet normieren kann. Aus der Definition des Parameters β gemäß Gleichung (12.78) folgt damit für die Eigenkreisfrequenzen der Längsschwingungen eines einseitig unverschiebbar gelagerten, am anderen Ende freien Stabes

$$\omega_k = \frac{2k-1}{2}\frac{\pi}{l}\sqrt{\frac{EA}{\mu}}, \quad k = 1,2,\ldots \tag{12.83}$$

Zu jeder der Eigenkreisfrequenzen ω_k gemäß Gleichung (12.83) gehört eine Eigenfunktion $U_k(x)$ gemäß Gleichung (12.82), die hier an die Stelle der endlich vielen Amplitudenverhältnisse κ_i aus *Abschnitt 12.9* treten. Damit lautet der ursprüngliche Ansatz gemäß Gleichung (12.77)

$$u_k(x,t) = C_k \sin \frac{2k-1}{2}\frac{\pi}{l} x \cdot \sin \frac{2k-1}{2}\frac{\pi}{l}\sqrt{\frac{EA}{\mu}} t, \quad k = 1,2,\ldots$$

Dies sind die so genannten *Eigen-* oder *Hauptschwingungen* des Problems. Die allgemeinen freien Schwingungen erhält man durch Superposition, wobei zu berücksichtigen ist, dass eine allgemeine Lösung gemäß Gleichung (12.77) noch einen Phasenwinkel α enthalten kann. Dieser Phasenwinkel kann für jede Hauptschwingung verschieden sein, sodass sich letztlich als Gesamtlösung

$$u(x,t) = \sum_{k=1}^{\infty} C_k \sin \frac{2k-1}{2}\frac{\pi}{l} x \cdot \sin\left(\frac{2k-1}{2}\frac{\pi}{l}\sqrt{\frac{EA}{\mu}} t + \alpha_k\right)$$

ergibt. Die Größen C_k, α_k, $k = 1,2,\ldots$ sind Integrationskonstanten zur Anpassung an die Anfangsbedingungen $u(x,0) = u_0(x)$ und $u_t(x,0) = v_0(x)$ bei $t = 0$.

ZUSAMMENFASSUNG

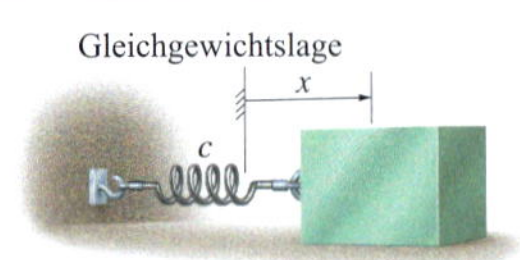

■ ***Ungedämpfte freie Schwingungen*** Ein Körper schwingt frei, wenn nur Gewichtskräfte oder elastische Rückstellkräfte die Bewegung bewirken. Diese Bewegung ist ungedämpft, wenn Reibungskräfte vernachlässigt werden. Für Schwinger mit *einem Bewegungsfreiheitsgrad* kann die sich ergebende periodische Bewegung mit Hilfe der resultierenden Bewegungsdifferenzialgleichung der Form

$$\ddot{x} + \omega_0^2 x = 0$$

beschrieben werden. Dabei ist ω_0 die Eigenkreisfrequenz des Schwingers. Bei bekannter Eigenkreisfrequenz beträgt die Periodendauer

$$T = 2\pi/\omega_0.$$

Die Frequenz, d.h. die Anzahl der Schwingungen pro Zeiteinheit beträgt

$$f = \omega_0/(2\pi)$$

Für Schwinger mit n *endlich vielen Freiheitsgraden* gibt es n Eigenkreisfrequenzen ω_k und entsprechend nicht nur eine harmonische Schwingung als allgemeine freie Schwingung, sondern n so genannte Hauptschwingungen, deren Superposition die allgemeinen freien Schwingungen beschreibt.

Schwingende *Kontinua* besitzen abzählbar unendlich viele Eigenkreisfrequenzen ω_k und entsprechend viele Eigen- oder Hauptschwingungen, die sich aus den Eigenfunktionen und harmonischen Zeitfunktionen multiplikativ zusammensetzen. Auch hier erhält man die allgemeine Lösung der freien Schwingungen durch lineare Überlagerung der Eigenschwingungen.

■ ***Energiemethode*** Für ungedämpfte Schwinger mit einem Freiheitsgrad kann aus der Energieerhaltung die einfache harmonische Bewegung ermittelt werden. Dazu werden in allgemeiner Lage des Körpers die kinetische Energie und die potenzielle Energie aufgestellt. Die Zeitableitung dieser Gleichung lässt sich in die Standardform $\ddot{x} + \omega_0^2 x = 0$ einer Schwingungsgleichung umstellen. Mit der ablesbaren Eigenkreisfrequenz ω_0 sind dann auch die anderen Kennwerte der Bewegung bestimmt.

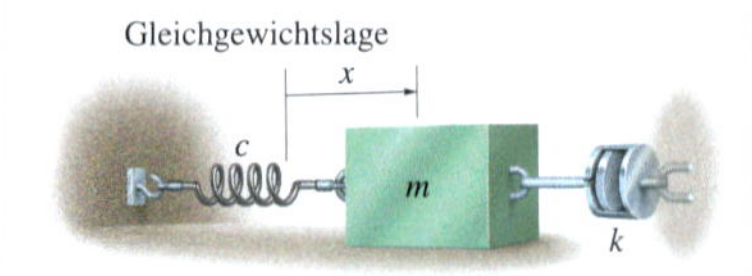

■ ***Gedämpfte freie Schwingungen*** Dämpfungskräfte entstehen durch Scherung von Flüssigkeiten in viskosen Dämpfern oder Gleitreibungsvorgänge zwischen Festkörpern. Oft kann man in guter Näherung die Widerstandskraft proportional zur Geschwindigkeit ansetzen, d.h. beim Schwinger mit einem Freiheitsgrad beispielsweise in der Form $F_D = k\dot{x}$. Dabei ist k der Dämpfungskoeffizient. Durch Vergleich dieses Wertes mit dem kritischen Dämpfungskoeffizienten $k_{krit} = 2m\omega_0$ wird der entstehende Schwingungstyp deutlich. Für $k > k_{krit}$ ist das System stark gedämpft, bei $k = k_{krit}$ liegt der so genannte aperiodische Grenzfall vor und für $k < k_{krit}$ ist das System schwach gedämpft.

■ ***Ungedämpfte erzwungene Schwingungen*** Wird die Bewegungsgleichung für einen Körper unter der Einwirkung periodischer Kräfte oder einer periodischen Fußpunktanregung mit der Erregerkreisfrequenz Ω aufgestellt, dann erhält man eine inhomogene Bewegungsdifferenzialgleichung, deren vollständige Lösung sich aus der allgemeinen Lösung der homogenen Differenzialgleichung und einer partikulären Lösung zusammensetzt. Die homogene Lösung beschreibt den transienten Einschwingvorgang und kann meistens vernachlässigt werden. Die partikuläre Lösung repräsentiert die erzwungene Dauerschwingung. Resonanz tritt auf, wenn die Eigenkreisfrequenz ω_0 und die Erregerkreisfrequenz Ω zusammenfallen. Bei schwacher Dämpfung treten dann in der Nähe der Resonanz gefährlich große Ausschläge auf, die es zu vermeiden gilt, weil die Bewegung dann unkontrollierbar wird. Bei Systemen mit n Freiheitsgraden gibt es n Resonanzstellen, wenn eine der Eigenkreisfrequenzen ω_k mit der Erregerkreisfrequenz Ω zusammenfällt.

■ ***Gedämpfte erzwungene Schwingungen*** Wird ein gedämpftes System harmonisch erregt, dann ergibt sich im eingeschwungenen Zustand ein ebenfalls harmonischer Verlauf. Die Vergrößerungsfunktion und die Phasenverschiebung zwischen Schwingungsantwort und Erregung als Funktion des Frequenzverhältnisses $\eta = \Omega/\omega_0$ mit dem Dämpfungsgrad D als Parameter bestimmen die stationäre Schwingung vollständig. Bei kleiner Dämpfung ist der Resonanzfall immer noch sehr gefährlich. Ist das Dämpfungsmaß $D > \sqrt{2}\,/\,2$, gibt es keine Resonanz mehr. Die komplexe Frequenzgangrechnung ist ein sehr effizientes Hilfsmittel zur Berechnung gedämpfter Zwangsschwingungen.

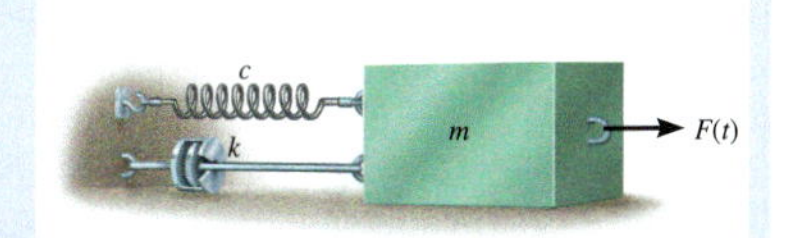

■ ***Schwingungen von Systemen mit endlich vielen Freiheitsgraden*** Schwinger mit n Freiheitsgraden werden durch n gekoppelte, gewöhnliche Differenzialgleichungen zweiter Ordnung in der Zeit mit $2n$ zugehörigen Anfangsbedingungen beschrieben. Freie Schwingungen werden durch n Eigenkreisfrequenzen ω_n und zugehörige n Eigenschwingungsformen charakterisiert. Bei erzwungenen Schwingungen und harmonischer Anregung sind n Resonanzstellen möglich, und das Phänomen der Tilgung kann auftreten.

■ ***Schwingende Kontinua*** Systeme mit räumlich verteilten Parametern werden durch partielle Differenzialgleichungen beschrieben. Neben entsprechenden Anfangsbedingungen sind insbesondere die zugehörigen Randbedingungen wichtig. Eine Separation in Orts- und Zeitfunktionen führt auf Eigenwertprobleme, deren Lösung auf abzählbar unendlich viele Eigenwerte und zugehörige Eigenfunktionen führt.

Aufgaben zu 12.2

Ausgewählte Lösungswege 

Lösungen finden Sie in *Anhang C*.

12.1 Eine Masse m_1 wird an eine Feder gehängt und dehnt diese um s. Bestimmen Sie die Eigenfrequenz und die Schwingungsperiode einer Masse m_2, die an die gleiche Feder gehängt wird.

Gegeben: $m_1 = 2$ kg, $m_2 = 0{,}5$ kg, $s = 40$ mm

12.2 Eine Masse m wird an eine Feder mit der Federkonstanten c gehängt, um s aus der Gleichgewichtslage gehoben und losgelassen. Geben Sie die zugehörige Bewegungsgleichung an.

Gegeben: $m = 4$ kg, $s = 50$ mm, $c = 600$ N/m

12.3 Wird die Masse m_1 an einer Feder aufgehängt, so dehnt sie sich um s. Bestimmen Sie die Eigenfrequenz und die Schwingungsperiode für eine Masse m_2 an dieser Feder.

Gegeben: $m_1 = 3$ kg, $m_2 = 0{,}2$ kg, $s = 60$ mm

***12.4** Eine Masse m wird an eine Feder mit der Federkonstanten c gehängt und dann losgelassen. Die Masse erfährt die nach oben gerichtete Geschwindigkeit v, wenn sie sich im Abstand s über der Gleichgewichtslage befindet. Geben Sie die zugehörige Bewegungsgleichung an und berechnen Sie die maximale Verschiebung der Masse aus der Gleichgewichtslage. Nehmen Sie an, dass die positive Verschiebung nach unten gerichtet ist.

Gegeben: $m = 8$ kg, $s = 90$ mm, $c = 80$ N/m, $v = 0{,}4$ m/s

12.5 Eine Masse m wird an eine Feder mit der Federkonstanten c gehängt und um s aus der Gleichgewichtslage gehoben und dann freigegeben. Geben Sie die zugehörige Bewegungsgleichung an. Wie groß sind Amplitude und Eigenfrequenz der Schwingung?

Gegeben: $m = 2$ kg, $s = 25$ mm, $c = 800$ N/m

12.6 Eine Masse m wird an eine Feder mit der Federkonstanten c gehängt. Die Masse hat die nach oben gerichtete Geschwindigkeit v, wenn sie sich im Abstand s über der Gleichgewichtslage befindet. Geben Sie die zugehörige Bewegungsgleichung an und berechnen Sie die maximale Verschiebung der Masse aus der Gleichgewichtslage. Nehmen Sie an, dass die positive Verschiebung nach unten gerichtet ist.

Gegeben: $m = 6$ kg, $s = 50$ mm, $c = 1200$ N/m, $v = 6$ m/s

12.7 Eine Masse m wird an eine Feder mit der Federkonstanten c gehängt. Die Masse erfährt die nach oben gerichtete Geschwindigkeit v, wenn sie sich im Abstand s über der Gleichgewichtslage befindet. Geben Sie die zugehörige Bewegungsgleichung an und berechnen Sie die maximale Verschiebung der Masse aus der Gleichgewichtslage. Nehmen Sie an, dass die positive Verschiebung nach unten gerichtet ist.

Gegeben: $m = 6$ kg, $s = 75$ mm, $c = 200$ N/m, $v = 0{,}4$ m/s

***12.8** Eine Masse m wird an eine Feder mit der Federkonstanten c gehängt und um s aus der Gleichgewichtslage gehoben und dann freigegeben. Geben Sie die zugehörige Bewegungsgleichung an. Wie groß sind Amplitude und Eigenfrequenz der Schwingung? Nehmen Sie an, dass die positive Verschiebung nach unten gerichtet ist.

Gegeben: $m = 3$ kg, $s = 50$ mm, $c = 200$ N/m

12.9 Bestimmen Sie die Eigenfrequenz der schwingenden Masse. Die Federn sind anfangs um Δ gestaucht bzw. gedehnt.

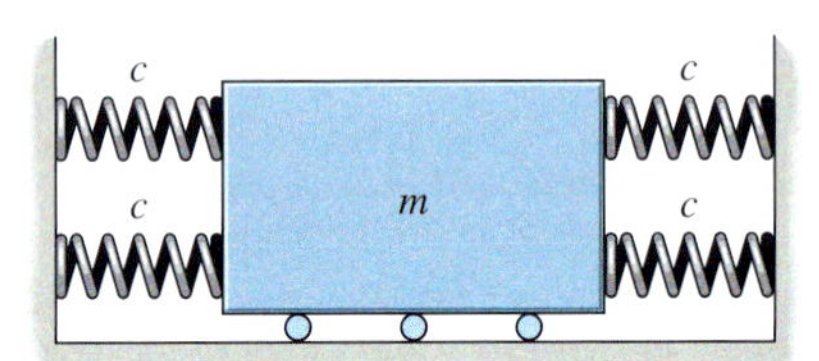

Abbildung A 12.9

12.10 Ein mathematisches Pendel besteht aus einem Seil der Länge l und hat in der Lage $\theta = \theta_1$ die tangentiale Geschwindigkeit v senkrecht zur Seilrichtung. Stellen Sie die zugehörige Bewegungsgleichung auf, welche die Winkelbewegung beschreibt.

Gegeben: $l = 0{,}4$ m, $v = 0{,}2$ m/s, $\theta_1 = 0{,}3$ rad

12.11 Der Geldschrank der Masse m ist an einem Seil aufgehängt, das mit v abgesenkt wird, als der Motor des Seiles plötzlich aussetzt und anhält. Bestimmen Sie die maximale Zugkraft im Seil und die Frequenz, mit welcher der Geldschrank schwingt. Vernachlässigen Sie die Masse des Seiles und nehmen Sie an, dass es dehnbar ist. Bei einer Zugkraft von F dehnt es sich um Δs.

Gegeben: $m = 800$ kg, $v = 6$ m/s, $F = 4$ kN, $\Delta s = 20$ mm

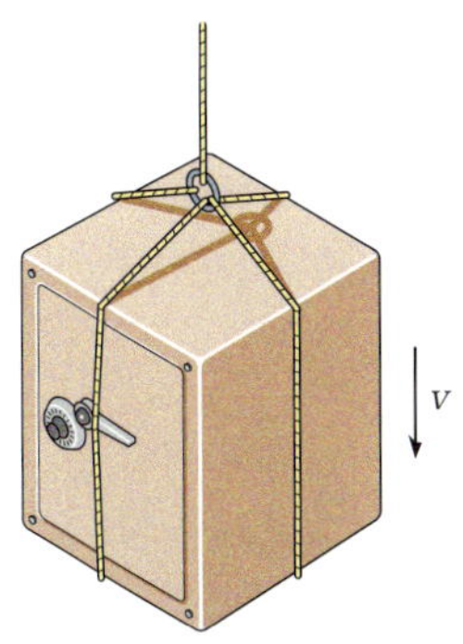

Abbildung A 12.11

***12.12** Der homogene starre Balken wird an den Enden von den beiden Federn A und B mit jeweils der Federkonstanten c gehalten. Befindet sich keine weitere Masse auf dem Balken, beträgt die Periode der vertikalen Schwingung T_1. Wird die Zusatzmasse m darauf befestigt, beträgt die Periode T_2. Berechnen Sie die Federkonstante und die Masse des Balkens.

Gegeben: $T_1 = 0{,}83$ s, $T_2 = 1{,}52$ s, $m = 50$ kg

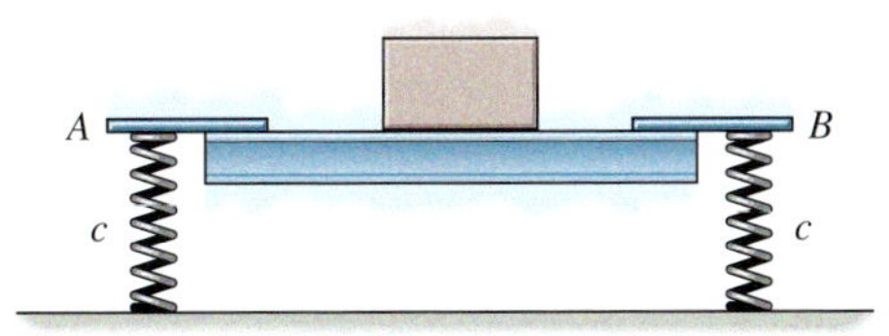

Abbildung A 12.12

12.13 Ein starrer Körper beliebiger Form hat die Masse m, den Massenmittelpunkt S und den Trägheitsradius k_S bezüglich S. Er wird um den kleinen Winkel $\theta = \theta_1$ aus der Gleichgewichtslage ausgelenkt und losgelassen. Bestimmen Sie die Periodendauer der Schwingung.

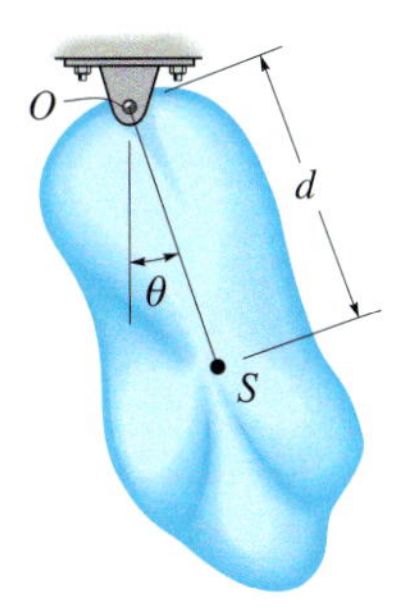

Abbildung A 12.13

12.14 Der dünne Reifen der Masse m ist auf einer Schneide gelagert. Bestimmen Sie die Periodendauer für kleine Schwingungen.

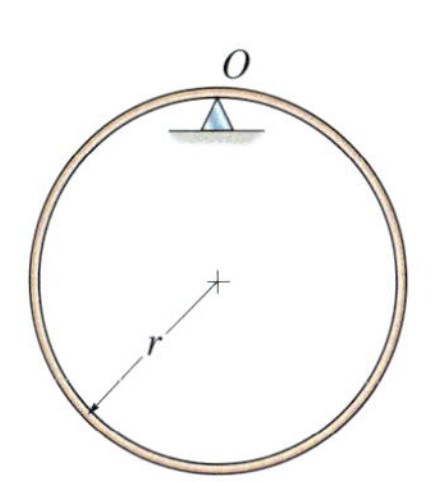

Abbildung A 12.14

12.15 Die halbrunde Scheibe hat das Gewicht G. Bestimmen Sie die Schwingungsdauer für kleine Schwingungen.

Gegeben: $G = 200$ N, $r = 1$ m

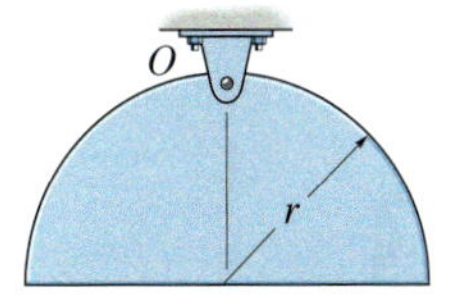

Abbildung A 12.15

***12.16** Die quadratische Platte hat die Masse m und ist an einer Ecke im Gelenklager O frei drehbar aufgehängt. Bestimmen Sie die Periode für kleine Schwingungen.

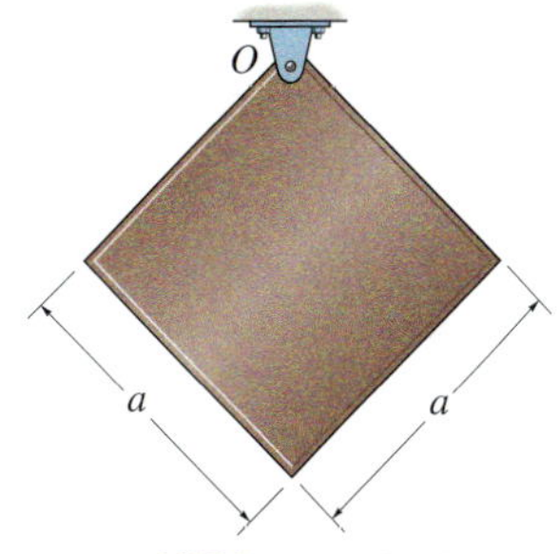

Abbildung A 12.16

12.17 Die Scheibe mit der Masse m rollt ohne Gleiten auf der horizontalen Unterlage um ihre Gleichgewichtslage $\theta = 0$. Stellen Sie die zugehörige Bewegungsgleichung für die Drehbewegung auf, wenn die Amplitude θ_{max} vorliegt.

Gegeben: $r = 1$ m, $m = 10$ kg, $c = 1000$ N/m, $\theta_{max} = 0{,}4$ rad

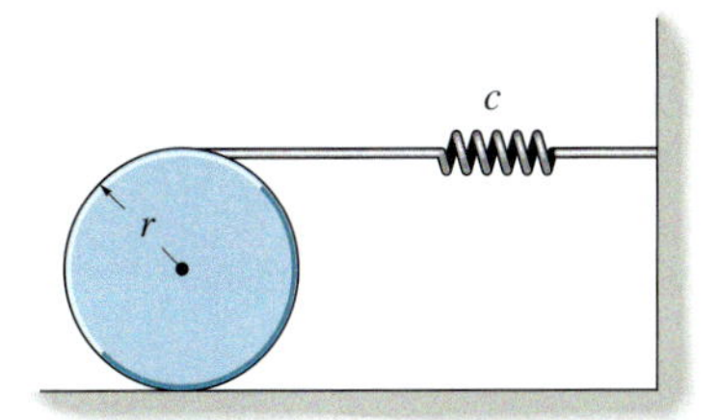

Abbildung A 12.17

12.18 Der Zeiger des Metronoms hält eine Hülse A der Masse m_A, die sich im festen Abstand d vom Drehpunkt O des Zeigers befindet. Wird der Zeiger ausgelenkt, so übt die Torsionsfeder in O das Rückstellmoment $M_F = c_d\theta$ auf den Zeiger aus, wobei θ der Auslenkungswinkel aus der Vertikalen ist. Bestimmen Sie die Periodendauer des Zeigers für kleine Schwingungen θ. Vernachlässigen Sie die Masse des Zeigers.

Gegeben: $m_A = 0{,}2$ kg, $d = 75$ mm, $c_d = 1{,}8$ Nm/rad

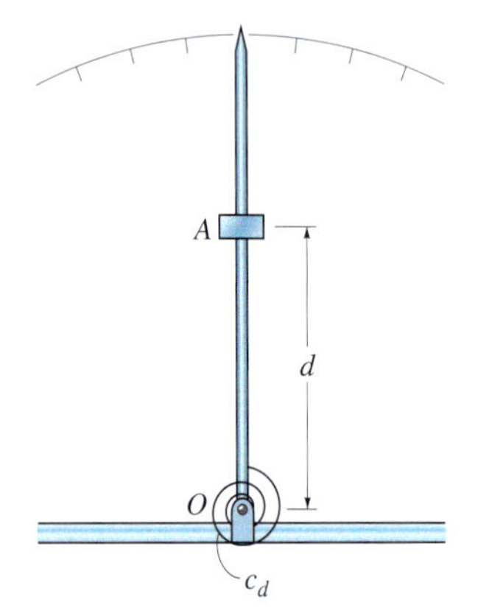

Abbildung A 12.18

12.19 Die Kurbel ist auf einer Schneide in A gelagert und die Schwingungsperiode beträgt T_A. Sie wird um 180° gedreht und dann auf der Schneide in B gelagert. Dann beträgt die Schwingungsperiode T_B. Bestimmen Sie die Lage d des Schwerpunktes S, und berechnen Sie den Trägheitsradius k_S.

Gegeben: $l = 250$ mm, $T_A = 3{,}38$ s, $T_B = 3{,}96$ s

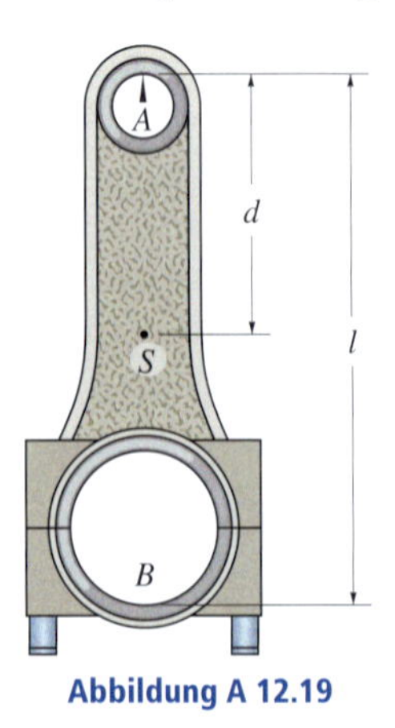

Abbildung A 12.19

***12.20** Die Scheibe mit dem Gewicht G ist im Mittelpunkt O frei drehbar gelagert und hält die Last A mit dem Gewicht G_A. Das Seil über der Scheibe kann auf der Kontaktfläche nicht gleiten. Bestimmen Sie die Periodendauer des Systems.

Gegeben: $G = 15$ kN, $G_A = 3$ kN, $r = 0{,}75$ m, $c = 80$ kN/m

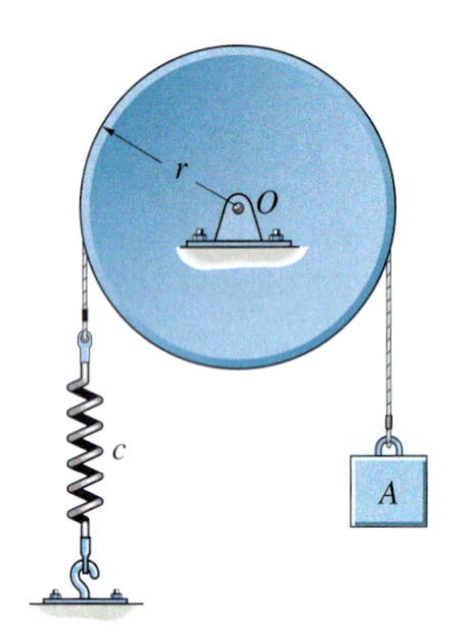

Abbildung A 12.20

12.21 Ein Mann steht in einem Aufzug und hält ein Pendel, das aus einem Seil der Länge l und einer Masse m besteht. Der Aufzug fährt mit der Beschleunigung a nach unten. Bestimmen Sie die Periodendauer der kleinen Pendelschwingungen.

Gegeben: $l = 0{,}45$ m, $m = 0{,}25$ kg, $a = 1{,}2$ m/s²

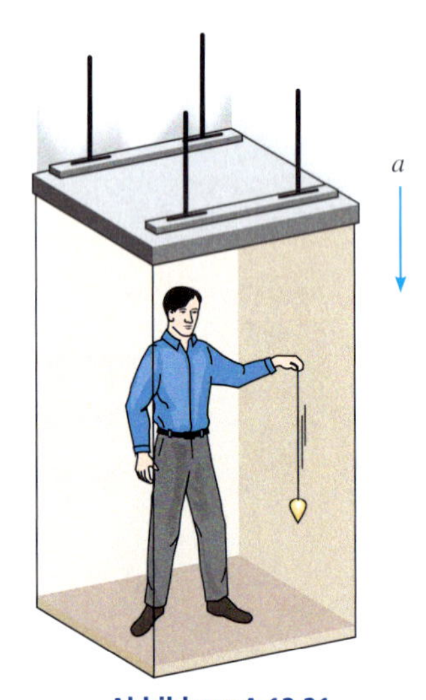

Abbildung A 12.21

12.22 Die Rolle der Masse m mit dem Trägheitsradius k_S ist an zwei Federn befestigt. Sie wird aus der Ruhelage ausgelenkt und dann losgelassen. Bestimmen Sie die Schwingungsdauer. Sie rollt ohne Gleiten.

Gegeben: $m = 50$ kg, $k_S = 1{,}5$ m, $r_i = 1$ m, $r_a = 2$ m, $c_1 = 30$ N/m, $c_2 = 10$ N/m

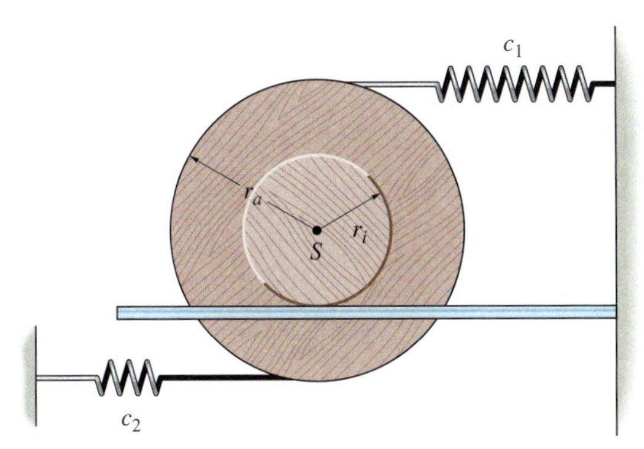

Abbildung A 12.22

12.23 Die Bühne AB hat unbeladen die Masse m_1, den Schwerpunkt S_1 und die Schwingungsdauer T_1. Mit dem Auto der Masse m_2 und dem Schwerpunkt S_2 beträgt die Schwingungsdauer T_2. Bestimmen Sie das Massenträgheitsmoment des Autos um eine Achse durch S_2.

Gegeben: $m_1 = 400$ kg, $T_1 = 2{,}38$ s, $m_2 = 1200$ kg, $T_2 = 3{,}16$ s, $h_1 = 1{,}83$ m, $h_2 = 2{,}50$ m

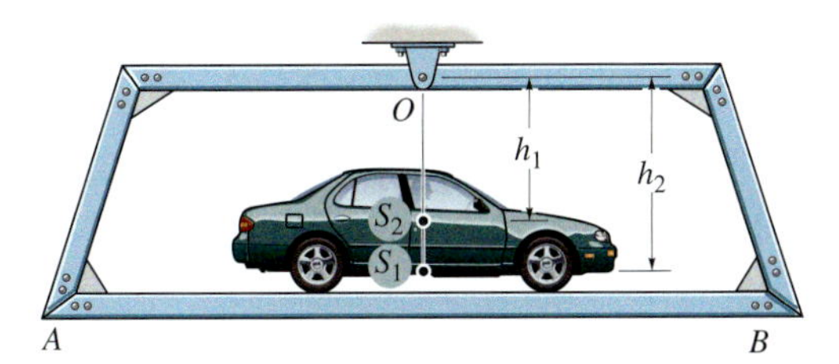

Abbildung A 12.23

***12.24** Der homogene Stab der Masse m wird im Gelenklager O frei drehbar gestützt. Der Stab wird um einen kleinen Winkel ausgelenkt und losgelassen. Bestimmen Sie die Schwingungsdauer. Die Federn sind in der dargestellten Lage des Stabes ungedehnt.

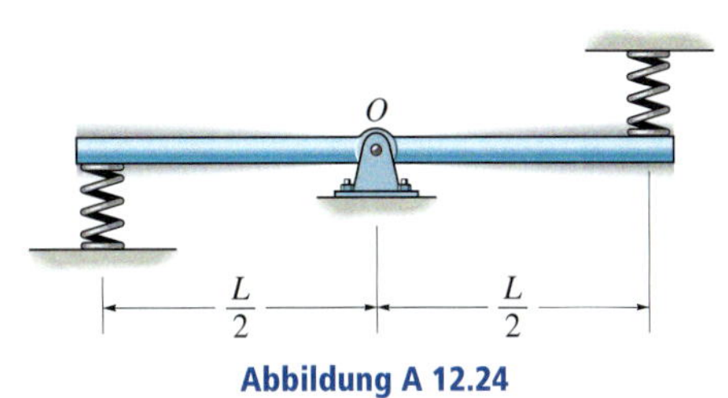

Abbildung A 12.24

12.25 Das Rad der Masse m hat den Trägheitsradius k_S bezüglich des Schwerpunktes. Bestimmen Sie die Eigenfrequenz für kleine Schwingungen. Nehmen Sie an, dass kein Gleiten auftritt.

Gegeben: $m = 50$ kg, $k_S = 0{,}7$ m, $d = 0{,}4$ m, $c = 200$ N/m, $r = 1{,}2$ m

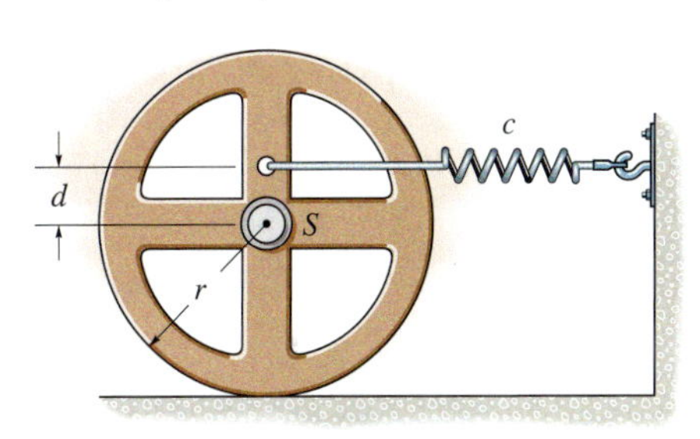

Abbildung A 12.25

Aufgaben zu 12.3

Ausgewählte Lösungswege

Lösungen finden Sie in *Anhang C*.

12.26 Lösen Sie Aufgabe 12.13 mit der Energiemethode.

12.27 Lösen Sie Aufgabe 12.15 mit der Energiemethode.

***12.28** Lösen Sie Aufgabe 12.16 mit der Energiemethode.

12.29 Lösen Sie Aufgabe 12.20 mit der Energiemethode.

12.30 Der homogene Stab der Masse m wird in A frei drehbar gelagert und mit einer Feder in B gehalten. Das Ende B wird aus der horizontalen statischen Gleichgewichtslage nach unten ausgelenkt und losgelassen. Bestimmen Sie die Periodendauer der sich einstellenden Schwingung.

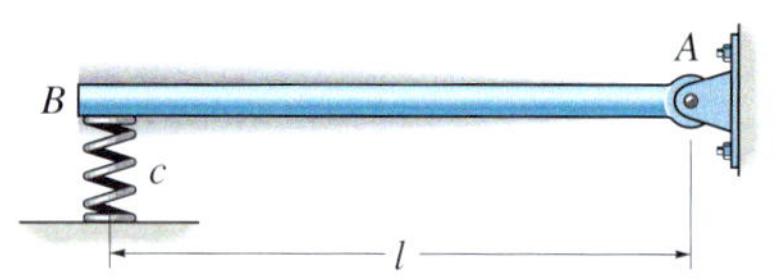

Abbildung A 12.30

12.31 Geben Sie die Bewegungsgleichung des dargestellten Schwingers der Masse m an, wenn der Klotz aus der Ruhelage, in der die Federn ungedehnt sind, ausgelenkt und freigegeben wird. Die Unterlage ist glatt.

Gegeben: $m = 3$ kg, $c = 500$ N/m

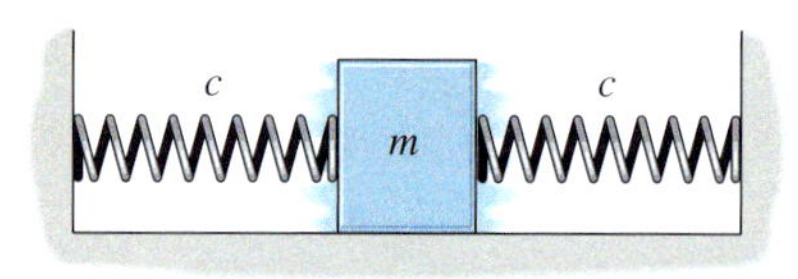

Abbildung A 12.31

***12.32** Die Maschine der Masse m wird von *vier* Federn mit jeweils der Federkonstanten c ohne Neigung gehalten. Bestimmen Sie die Periodendauer der Schwingung in vertikaler Richtung.

Abbildung A 12.32

12.33 Die Scheibe der Masse m ist in ihrem Mittelpunkt frei drehbar gelagert. Die Federn bringen eine so große Zugkraft auf, dass das Seil gegenüber der schwingenden Scheibe nicht rutscht. Bestimmen Sie die Schwingungsdauer der Scheibenschwingung. *Hinweis:* Nehmen Sie an, dass die Anfangsdehnung jeder Feder δ_0 beträgt. Dieser Term fällt bei der Differenziation der Energiegleichung nach der Zeit heraus.

Gegeben: $m = 7$ kg, $r = 100$ mm, $c = 600$ N/m

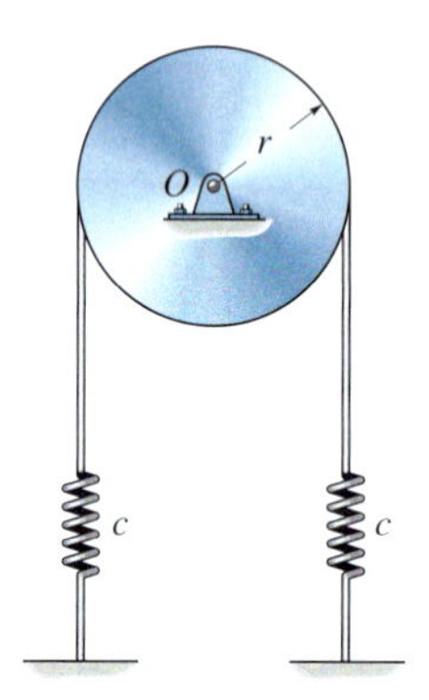

Abbildung A 12.33

12.34 Bestimmen Sie die Periodendauer der Pendelschwingung. Betrachten Sie die beiden Stangen als schlanke Stäbe mit jeweils dem Gewicht q_G pro Länge.

Gegeben: $l = 2$ m, $q_G = 8$ N/m

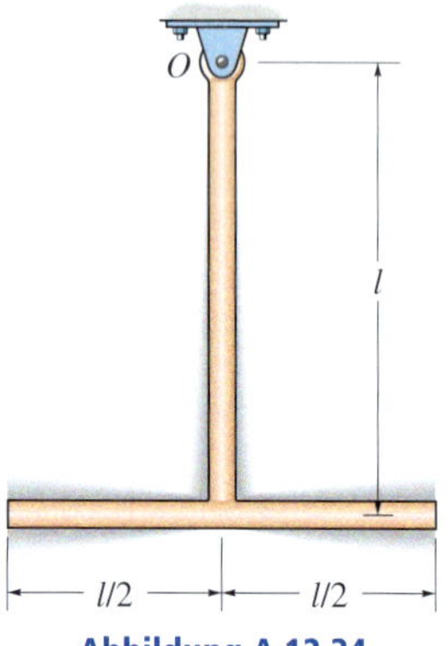

Abbildung A 12.34

12.35 Bestimmen Sie die Periodendauer der schwingenden Scheibe mit der Masse m und dem Radius r, wenn diese über eine elastische Feder der Federkonstanten c an der Umgebung befestigt ist und auf der Unterlage ohne Gleiten rollt.

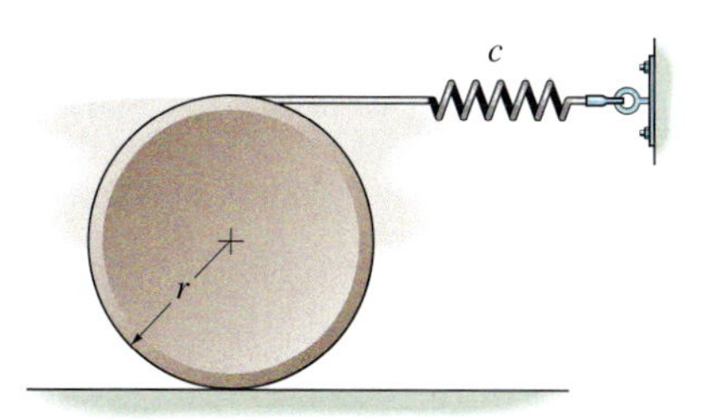

Abbildung A 12.35

***12.36** Bestimmen Sie die Periodendauer des schwingenden Pendels mit einer Kugel der Masse m. Vernachlässigen Sie die Masse des Stabes und die Größe der Kugel.

Gegeben: $m = 3$ kg, $d = 300$ mm, $c = 500$ N/m

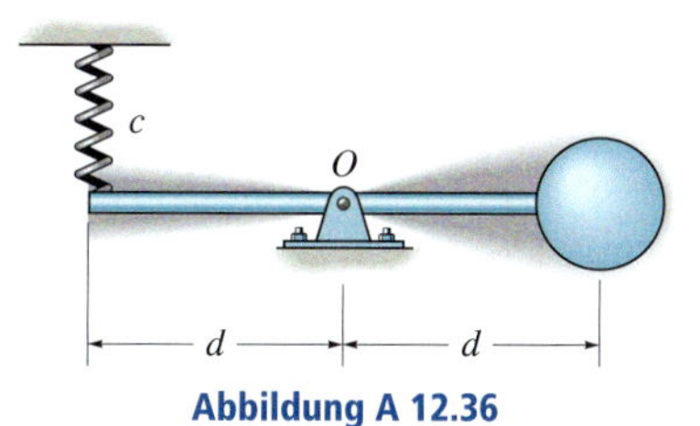

Abbildung A 12.36

12.37 Der schlanke Stab der Masse m ist am Ende O frei drehbar gelagert. In der senkrechten Lage sind die Federn nicht gedehnt. Bestimmen Sie die Periodendauer der sich einstellenden Schwingung.

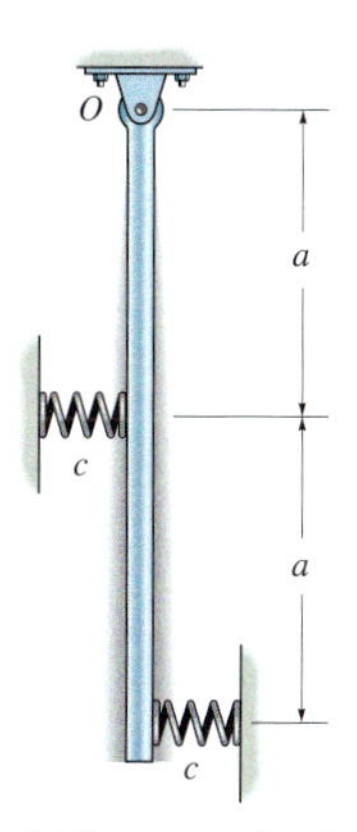

Abbildung A 12.37

12.38 Bestimmen Sie die Eigenfrequenz der um ihre Gleichgewichtslage schwingenden Scheibe mit der Masse m. Nehmen Sie an, dass die Scheibe auf der schiefen Ebene eine reine Rollbewegung ausführt und nicht gleitet.

Gegeben: $m = 20$ kg, $c = 1200$ N/m, $r = 1$ m, $\gamma = 30°$

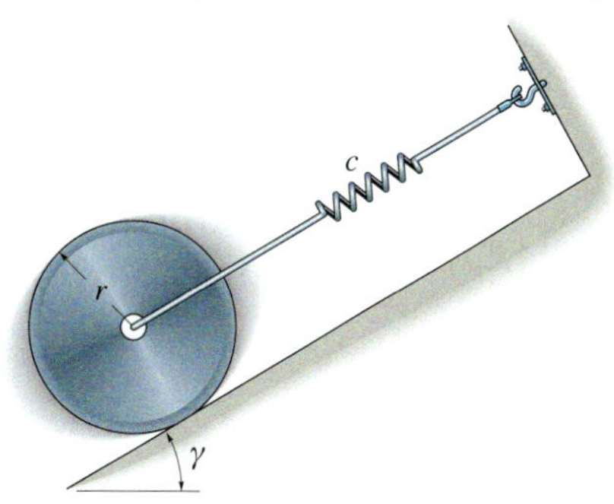

Abbildung A 12.38

12.39 Bestimmen Sie die Eigenfrequenz der schwingenden Scheibe der Masse m. Die Federn sind in der Ruhelage nicht gedehnt.

Gegeben: $m = 8$ kg, $r = 100$ mm, $c = 400$ N/m

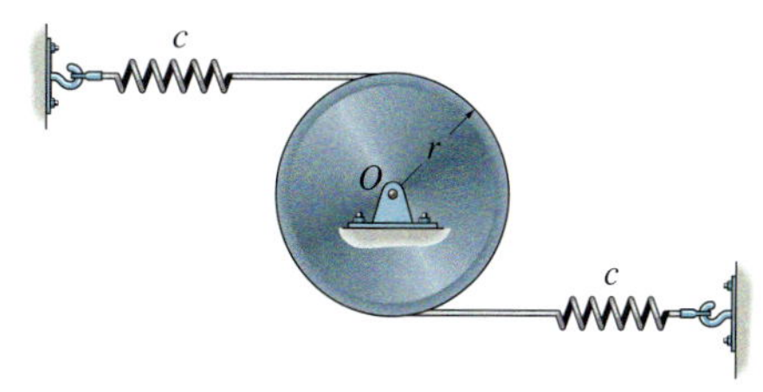

Abbildung A 12.39

***12.40** Geben Sie die Bewegungsgleichung der schwingenden Rolle der Masse m an. Nehmen Sie an, dass sie beim Schwingen auf der Kontaktfläche eine reine Rollbewegung ausführt. Der Trägheitsradius k_S der Rolle bezüglich des Schwerpunktes ist gegeben.

Gegeben: $m = 3$ kg, $r_i = 100$ mm, $r_a = 200$ mm, $k_S = 125$ mm, $c = 400$ N/m

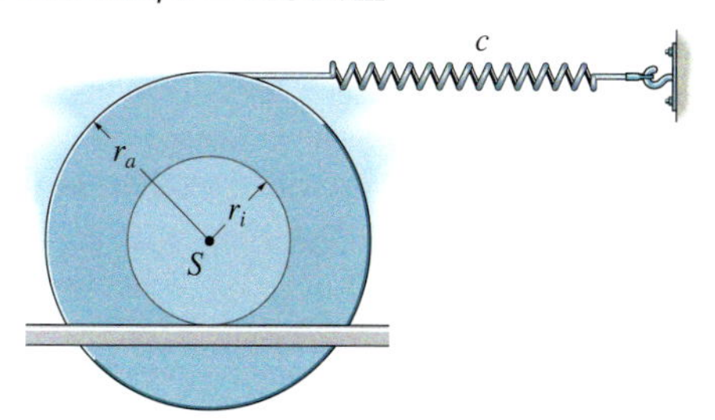

Abbildung A 12.40

Aufgaben zu 12.4 bis 12.8

Ausgewählte Lösungswege

Lösungen finden Sie in *Anhang C*.

12.41 Die dargestellte Masse m wird ausgelenkt und losgelassen. Die Federkonstante c ist gegeben. Zwei aufeinander folgende positive Extremwerte x_1 und x_2 der Schwingung $x(t)$ werden gemessen. Bestimmen Sie den Dämpfungskoeffizienten k.

Gegeben: $m = 20$ kg, $c = 600$ N/m, $x_1 = 150$ mm, $x_2 = 87$ mm

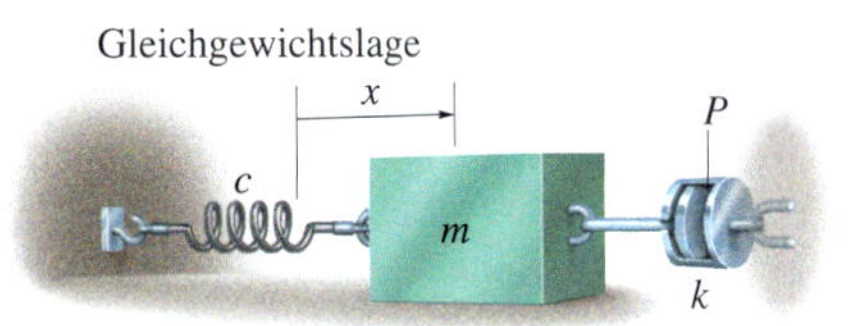

Abbildung A 12.41

12.42 Die Masse m ist über eine Feder mit der Federkonstanten c an die Umgebung angeschlossen. Die harmonische Kraft $F(t)$ greift an der Masse an. Bestimmen Sie die maximale Geschwindigkeit der Masse, nachdem sich eine stationäre Schwingung eingestellt hat.

Gegeben: $m = 20$ kg, $c = 200$ N/m, $F(t) = F_0 \cos\Omega t$, $\Omega = 2$ rad/s, $F_0 = 60$ N

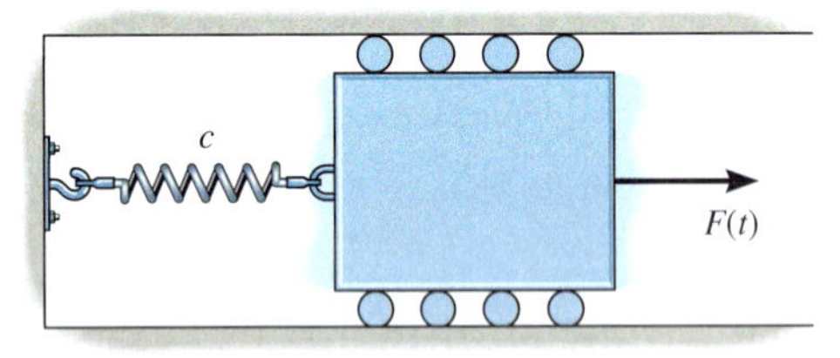

Abbildung A 12.42

12.43 Die Masse m ist an einer Feder mit der Federkonstanten c aufgehängt und wird um d nach unten aus der Gleichgewichtslage gezogen und bei $t = 0$ freigegeben. Der Aufhängepunkt bewegt sich mit der vorgegebenen Verschiebung $u(t)$. Geben Sie die Lösung der Bewegungsgleichung der schwingenden Masse an. Nehmen Sie an, dass die positive Verschiebung nach unten gerichtet ist.

Gegeben: $m = 4$ kg, $d = 50$ mm, $u(t) = u_0 \sin\Omega t$, $u_0 = 10$ mm, $\Omega = 4$ rad/s, $c = 600$ N/m

***12.44** An der Masse greift die harmonische Kraft $F(t) = F_0 \cos\Omega t$ an. Zeigen Sie, dass die Bewegungsdifferenzialgleichung $\ddot{y} + (c/m)y = (F_0/m)\cos\Omega t$ lautet, wobei y bezüglich der Gleichgewichtslage der Masse gemessen wird. Wie lautet die allgemeine Lösung dieser Gleichung?

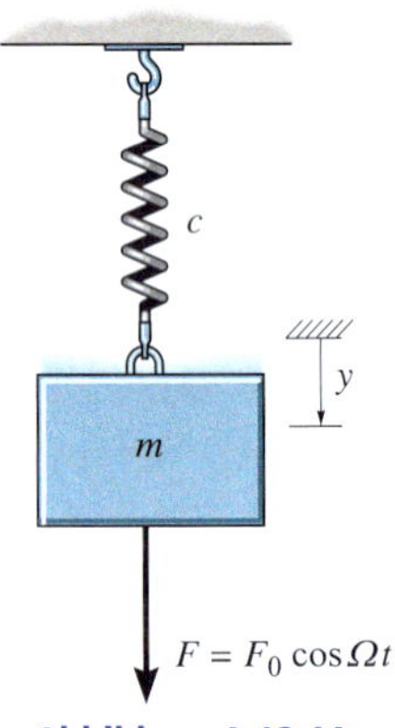

Abbildung A 12.44

12.45 Der masselose elastische Stab hält eine Kugel der Masse m. Greift die vertikale Kraft F an der Kugel an, verschiebt sich diese um die Strecke d. Die Wand oszilliert harmonisch mit der Erregerfrequenz f und hat die vorgegebene Amplitude u_0. Bestimmen Sie die Schwingungsamplitude der Kugel.

Gegeben: $m = 4$ kg, $F = 18$ N, $d = 14$ mm, $f = 2$ Hz, $u_0 = 15$ mm, $l = 0{,}75$ m

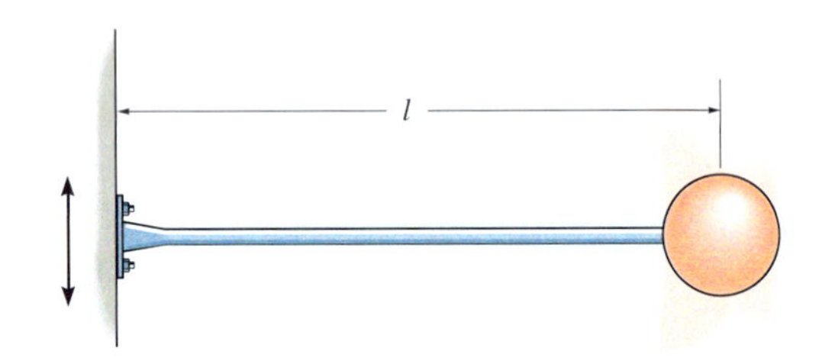

Abbildung A 12.45

12.46 Die Masse m hängt an einer Feder mit der Federkonstanten c. Ein geschwindigkeitsproportionaler Dämpfer erzeugt die Dämpfungskraft F_D, wenn die Geschwindigkeit der Masse v ist. Bestimmen Sie die Periode der freien gedämpften Schwingung.

Gegeben: $m = 0{,}8$ kg, $c = 120$ N/m, $F_D = 2{,}5$ N, $v = 0{,}2$ m/s

12.47 Die Masse m hängt an einer Feder mit der Federkonstanten c. An der Masse greift die vertikale harmonische Kraft $F(t)$ an. Geben Sie die Lösung der zugehörigen Bewegungsgleichung an, wenn diese um d aus der Gleichgewichtslage heruntergezogen und bei $t = 0$ freigegeben wird. Nehmen Sie an, dass die positive Verschiebung nach unten gerichtet ist.

Gegeben: $m = 5$ kg, $c = 300$ N/m, $F(t) = F_0 \sin\Omega t$, $\Omega = 8$ rad/s, $F_0 = 7$ N, $d = 100$ mm

Abbildung A 12.47

***12.48** Der Elektromotor mit der Masse m und seine Unterlage werden von *vier Federn* gehalten, jede hat die Federkonstante c. Der Motor dreht eine Scheibe D, deren Mittelpunkt exzentrisch in der Entfernung d auf der Drehachse angebracht ist, mit der konstanten Winkelgeschwindigkeit Ω. Wie groß muss diese sein, damit Resonanz auftritt. Nehmen Sie an, dass der Motor nur in vertikaler Richtung schwingt.

Gegeben: $m = 50$ kg, $c = 100$ N/m, $d = 20$ mm

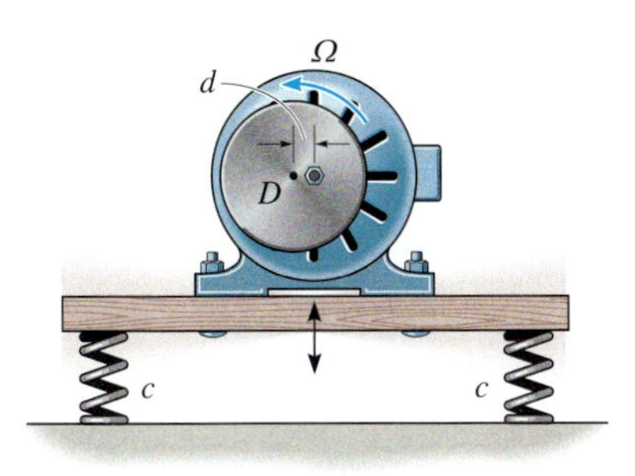

Abbildung A 12.48

12.49 Das Gerät ist mittig auf der Platte P angeordnet, die von *vier* Federn mit jeweils der Federkonstanten c gehalten wird. Die Bodenerschütterung hat eine Frequenz f und die Amplitude u_0. Bestimmen Sie die Amplitude der Schwingung von Bühne und Gerät. Das Gerät und die Platte haben zusammen die Masse m.

Gegeben: $c = 130$ N/m, $m = 1{,}8$ kg, $f = 7$ Hz, $u_0 = 0{,}17$ m

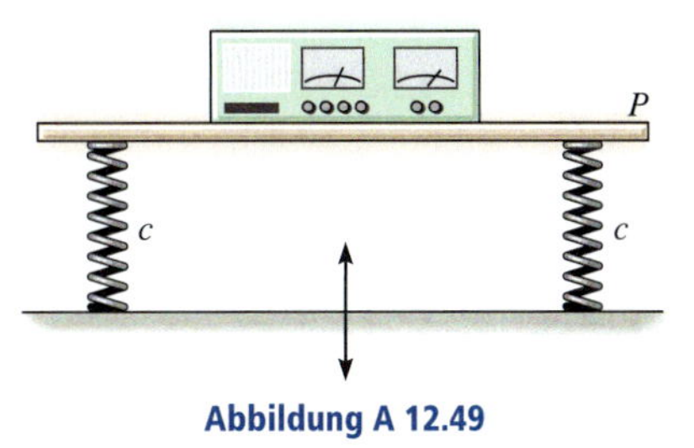

Abbildung A 12.49

12.50 Der Lüfter mit der Masse m_L ist am Ende eines horizontalen Balkens vernachlässigbarer Masse befestigt. Der Lüfterflügel ist exzentrisch auf der Welle angebracht, sodass die Wirkung äquivalent einer drehenden Masse m_1 im Abstand d_1 von der Drehachse ist. Die statische Auslenkung des Balkens aufgrund des Gewichtes des Lüfters beträgt s. Bestimmen Sie die Amplitude der stationären Schwingung des Lüfters, wenn die Winkelgeschwindigkeit des Lüfters Ω_{L0} beträgt.

Gegeben: $m_L = 25$ kg, $m_1 = 3{,}5$ kg, $d_1 = 100$ mm, $s = 50$ mm, $\Omega_{L0} = 10$ rad/s

12.51 Wie groß ist die Amplitude der stationären Schwingung des Lüfters aus Aufgabe 12.50 für eine Winkelgeschwindigkeit Ω_{L1}?

Gegeben: $m_L = 25$ kg, $m_1 = 3{,}5$ kg, $d_1 = 100$ mm, $s = 50$ mm, $\Omega_{L1} = 18$ rad/s

Abbildung A 12.50/12.51

***12.52** Der elektrische Motor dreht ein exzentrisches Schwungrad, das so auf der Welle angebracht ist, dass die Wirkung äquivalent einem Gewicht G_1 im Abstand d_1 von der Drehachse ist. Die statische Auslenkung des Balkens aufgrund des Gewichts G_M des Motors beträgt s. Bestimmen Sie die Winkelgeschwindigkeit des Schwungrades, bei der Resonanz auftritt. Vernachlässigen Sie die Masse des Balkens.

Gegeben: $G_1 = 1$ N, $d_1 = 0{,}2$ m, $s = 0{,}02$ mm, $G_M = 600$ N

12.53 Wie groß ist die Amplitude der stationären Schwingung des Motors in Aufgabe 10.52, wenn sein Schwungrad die Winkelgeschwindigkeit Ω_0 besitzt?

Gegeben: $G_1 = 1$ N, $d_1 = 0{,}2$ m, $s = 0{,}02$ mm, $G_M = 600$ N, $\Omega_0 = 20$ rad/s

12.54 Bestimmen Sie die Winkelgeschwindigkeit des Schwungrades in Aufgabe 10.52, bei der die Schwingungsamplitude a_0 beträgt.

Gegeben: $G_1 = 1$ N, $d_1 = 0{,}2$ m, $s = 0{,}02$ mm, $G_M = 600$ N, $a_0 = 0{,}005$ m

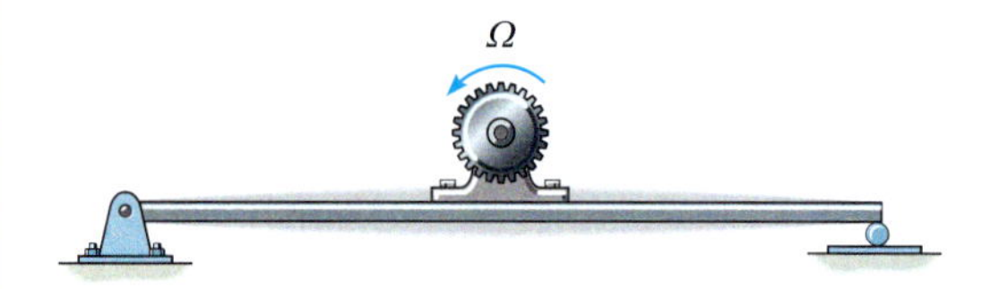

Abbildung A 12.52/12.53/12.54

12.55 Die Maschine ist auf einer federgestützten Grundplatte montiert. Berechnen Sie die stationäre Schwingung des Systems. Masse und Maschine haben das Gesamtgewicht G und die laufende Maschine bringt die Kraft $F(t)$ auf. Nehmen Sie an, dass das System nur in vertikaler Richtung schwingt, die positive Verschiebung nach unten gerichtet ist, und dass die Gesamtfederkonstante der Federn c beträgt.

Gegeben: $G = 7500$ N, $F(t) = F_0 \sin\Omega t$, $c = 30$ kN/m, $F_0 = 250$ N, $\Omega = 2$ rad/s

***12.56** Bestimmen Sie die Winkelgeschwindigkeit Ω der Maschine in Aufgabe 12.55, bei der Resonanz auftritt.

Gegeben: $G = 7500$ N, $c = 30$ kN/m

Abbildung A 12.55/12.56

12.57 Das Gewicht G wird in eine Flüssigkeit getaucht, sodass eine Dämpfungskraft $F(v)$ wirkt. Es wird um d nach unten gezogen und aus der Ruhe freigegeben. Bestimmen Sie die Lage des Gewichtes als Funktion der Zeit. Die Federkonstante ist mit c gegeben. Nehmen Sie an, dass die positive Verschiebung nach unten gerichtet ist.

Gegeben: $G = 15$ N, $F(v) = b|v|$, $b = 0{,}8$ kg/s, $d = 0{,}8$ m, $c = 40$ N/m

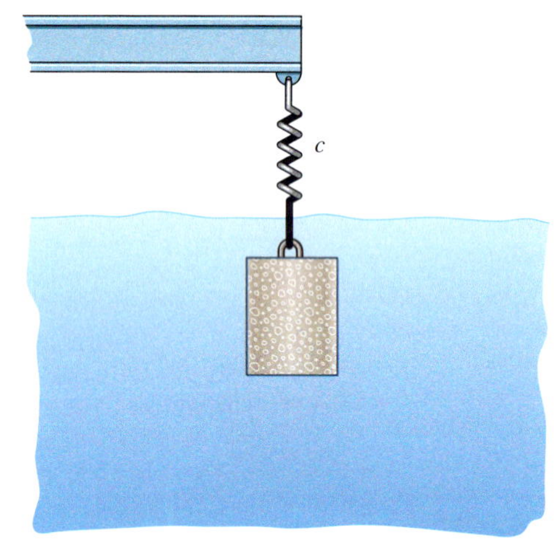

Abbildung A 12.57

12.58 Die Masse m hängt an einer Feder mit der Federkonstanten c. Der Fußpunkt der Feder führt eine harmonische Bewegung $u(t)$ aus. Das Dämpfungsmaß D ist gegeben. Berechnen Sie die sich einstellende Phasenverschiebung.

Gegeben: $m = 7$ kg, $c = 225$ N/m, $u(t) = u_0 \sin\Omega t$, $u_0 = 0{,}45$ m, $\Omega = 2$ rad/s, $D = 0{,}8$

12.59 Bestimmen Sie den Wert der Vergrößerungsfunktion des Masse-Feder-Dämpfer-Systems aus Aufgabe 12.58, der sich bei der Erregerkreisfrequenz Ω einstellt.

Gegeben: $m = 7$ kg, $c = 225$ N/m, $u(t) = u_0 \sin\Omega t$, $u_0 = 0{,}45$ m, $\Omega = 2$ rad/s, $D = 0{,}8$

***12.60** Die Masse m ist an zwei Federn mit der Federkonstanten c befestigt und die Kraft $F(t)$ greift daran an. Bestimmen Sie die maximale Geschwindigkeit der Masse im stationären Schwingungszustand.

Gegeben: $m = 15$ kg, $c = 150$ N/m, $F(t) = F_0 \cos\Omega t$, $F_0 = 40$ N, $\Omega = 3$ rad/s

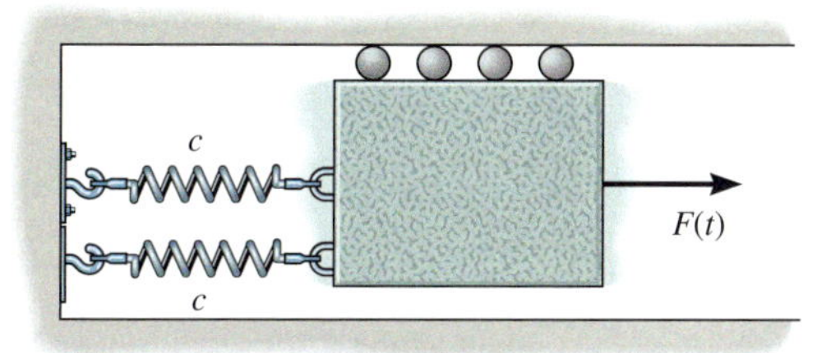

Abbildung A 12.60

12.61 Eine Masse m hängt an einer Feder mit der Federkonstanten c. Die Masse hat bei $t = 0$ in der Gleichgewichtslage die nach oben gerichtete Geschwindigkeit v_0. Bestimmen Sie ihre Lage als Funktion der Zeit. Nehmen Sie an, dass die positive Verschiebung der Masse nach unten gerichtet ist und dass die Bewegung in einem Medium stattfindet, das die Dämpfungskraft F_D erzeugt.

Gegeben: $m = 7$ kg, $c = 600$ N/m, $F_D = b|v|$, $b = 50$ kg/s, $v_0 = 0{,}6$ m/s

12.62 Das Dämpfungsmaß D wird experimentell durch Messen aufeinander folgender Maximalwerte der Schwingungen eines Systems ermittelt. Zwei dieser Maximalwerte der Verschiebung, x_1 und x_2, können gemäß Abbildung 12.13b approximiert werden. Zeigen Sie, dass für das Verhältnis

$$\ln(x_1/x_2) = 2\pi D/\sqrt{1-D^2}$$

gilt.

12.63 Zeichnen Sie den elektrischen Schaltkreis, der äquivalent zum dargestellten mechanischen System ist. Geben Sie die Differenzialgleichung an, welche die Ladung q im Schaltkreis beschreibt.

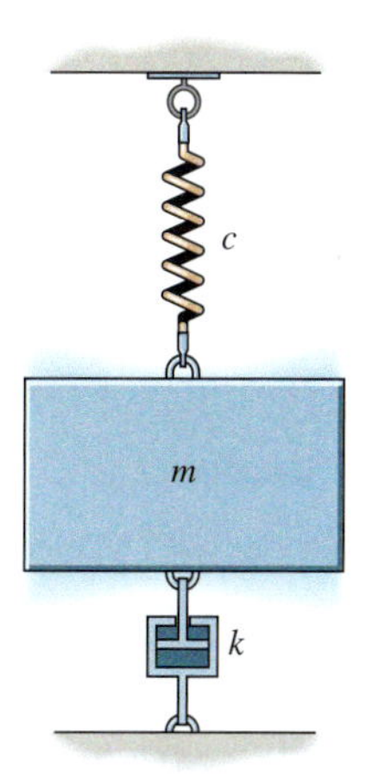

Abbildung A 12.63

***12.64** An der Masse m greift die harmonische Kraft $F(t)$ an. Geben Sie die Lösung der Gleichung an, welche die stationäre Bewegung beschreibt.

Gegeben: $m = 20$ kg, $c = 400$ N/m, $F(t) = F_0 \cos\Omega t$, $F_0 = 90$ N, $\Omega = 6$ rad/s, $k = 125$ Ns/m

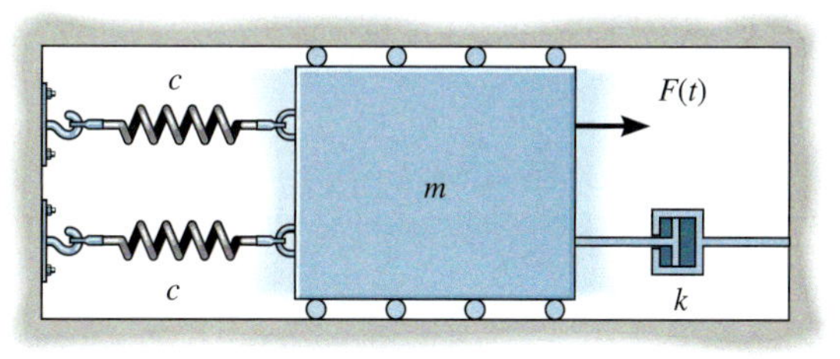

Abbildung A 12.64

12.65 Bestimmen Sie die Bewegungsdifferenzialgleichung für das dargestellte gedämpfte, schwingende System. Welche Art der Bewegung tritt auf?

Gegeben: $c = 100\ \text{N/m}$, $k = 200\ \text{Ns/m}$, $m = 25\ \text{kg}$

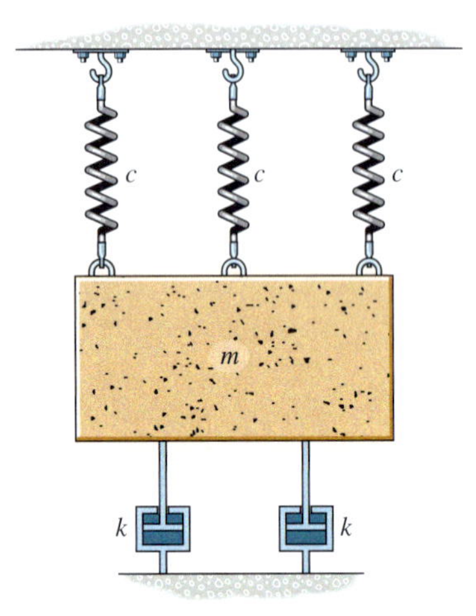

Abbildung A 12.65

12.66 Die freien Schwingungen des Masse-Feder-Dämpfer-Systems werden untersucht. Die Masse m wird um x_1 ausgelenkt und aus der Ruhe freigegeben. Bestimmen Sie die erforderliche Zeit zur Rückkehr in die Lage x_0.

Gegeben: $m = 10\ \text{kg}$, $c = 60\ \text{N/m}$, $k = 80\ \text{Ns/m}$, $x_0 = 2\ \text{mm}$, $x_1 = 50\ \text{mm}$

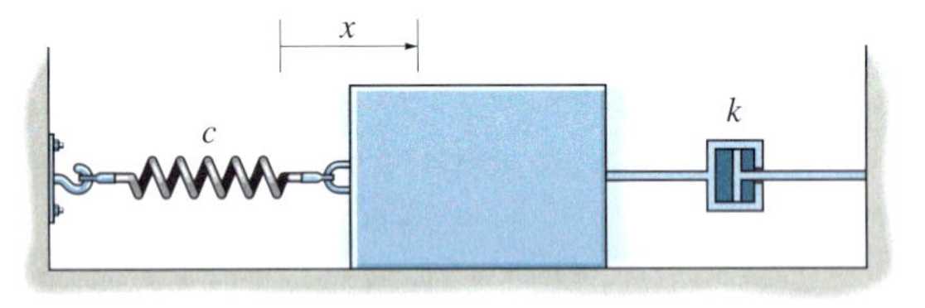

Abbildung A 12.66

12.67 Bestimmen Sie das logarithmische Dekrement des dargestellten Verlaufs der Schwingungsantwort eines frei schwingenden, gedämpften Systems.

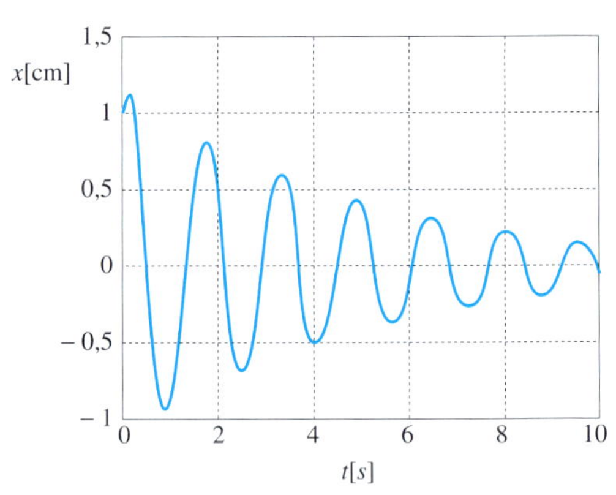

Abbildung A 12.67

12.68 Bestimmen Sie für den dargestellten elektrischen Schwingkreis die Eigenkreisfrequenz.

Gegeben: $C = 10\ \mu\text{F}$, $L = 4\ \text{mH}$

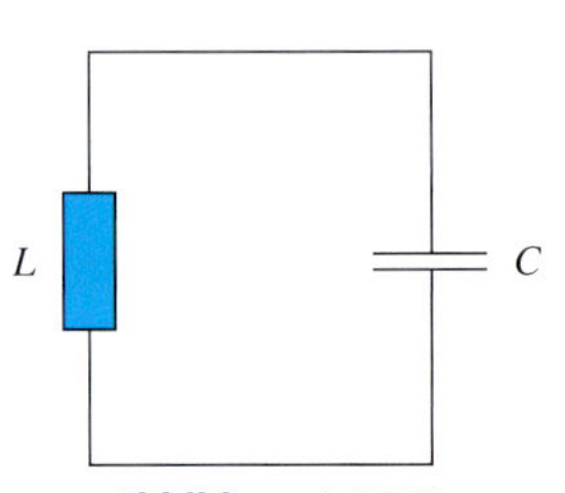

Abbildung A 12.68

12.69 Bestimmen Sie den Dämpfungsgrad für den dargestellten elektrischen Schwingkreis.

Gegeben: $C = 10\ \mu\text{F}$, $L = 4\ \text{mH}$, $R = 100\ \Omega$

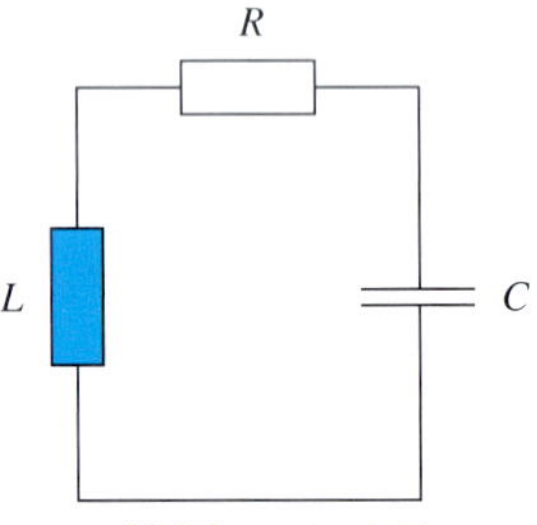

Abbildung A 12.69

Aufgaben zu 12.9

Ausgewählte Lösungswege

Lösungen finden Sie in *Anhang C*.

12.70 Zwei Pendel mit jeweils der Masse m und der Länge l sind über eine Feder der Federkonstanten c verbunden. Bestimmen Sie die Eigenkreisfrequenzen und die zugehörigen Amplitudenvektoren für kleine Schwingungen. Die Feder ist für $\theta_1 = 0$ und $\theta_2 = 0$ entspannt.

Gegeben: $m = 1 \text{ kg}$, $l = 2 \text{ m}$, $c = 100 \text{ N/m}$

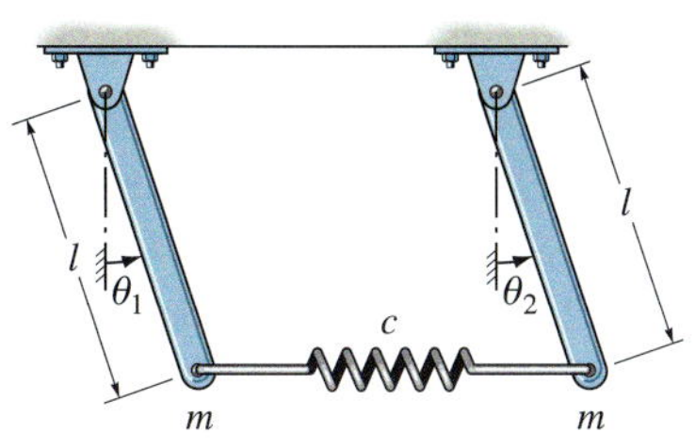

Abbildung A 12.70

12.71 Ein Wagen der Masse m ist über eine Feder der Steifigkeit c mit der Umgebung verbunden und bewegt sich reibungsfrei auf der horizontalen Unterlage. An ihm ist ein dünner Stab der Masse m und der Länge l reibungsfrei drehbar befestigt. Bestimmen Sie die Eigenkreisfrequenzen für freie kleine Schwingungen.

Gegeben: $m = 1 \text{ kg}$, $l = 1 \text{ m}$, $c = 100 \text{ N/m}$

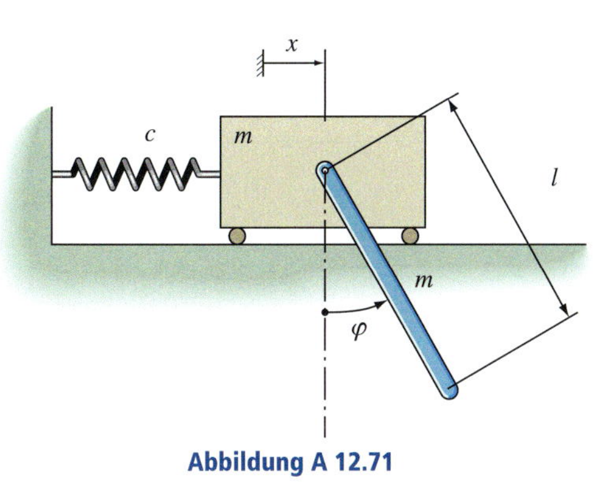

Abbildung A 12.71

12.72 Zwei Walzen rollen ohne Gleiten auf der Unterlage ab. Die Walze 1 (Masse m und Radius r) ist über eine Feder der Federkonstanten c_1 mit der Umgebung verbunden. An ihrem Mittelpunkt ist eine zweite Feder der Federkonstanten c_2 befestigt, die am anderen Ende am Mittelpunkt der zweiten Walze (Masse $2m$, Radius r) angebracht ist. Für $x_1 = x_2 = 0$ sind beide Federn entspannt. Leiten Sie die Bewegungsgleichungen für kleine Schwingungen her und bestimmen Sie die Eigenkreisfrequenzen des Systems.

Gegeben: $m = 2 \text{ kg}$, $r = 10 \text{ cm}$, $c_1 = 100 \text{ N/m}$, $c_2 = 200 \text{ N/m}$

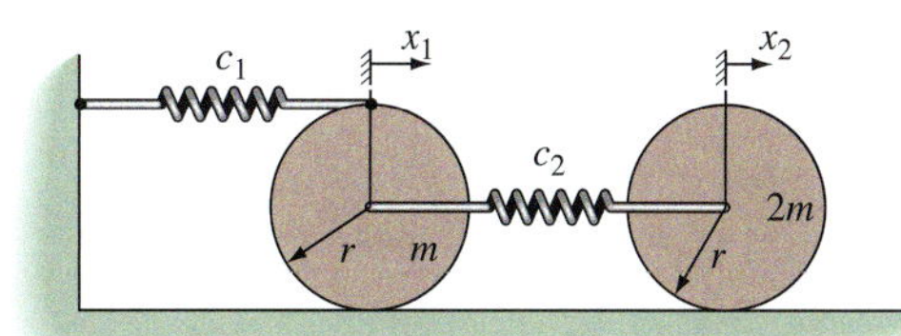

Abbildung A 12.72

12.73 Zwei Pendel sind wie dargestellt über eine Feder der Steifigkeit c gekoppelt. Das erste Pendel besteht aus einer schlanken Stange der Masse m und der Länge l, während das zweite Pendel die doppelte Masse besitzt und doppelt so lang ist. Geben Sie die Bewegungsgleichungen für kleine Winkel φ_1 und φ_2 an und bestimmen Sie die Eigenkreisfrequenzen sowie die zugehörigen Amplitudenvektoren. Die Feder ist für $\varphi_1 = \varphi_2 = 0$ spannungslos.

Gegeben: $m = 2 \text{ kg}$, $l = 50 \text{ cm}$, $c = 200 \text{ N/m}$

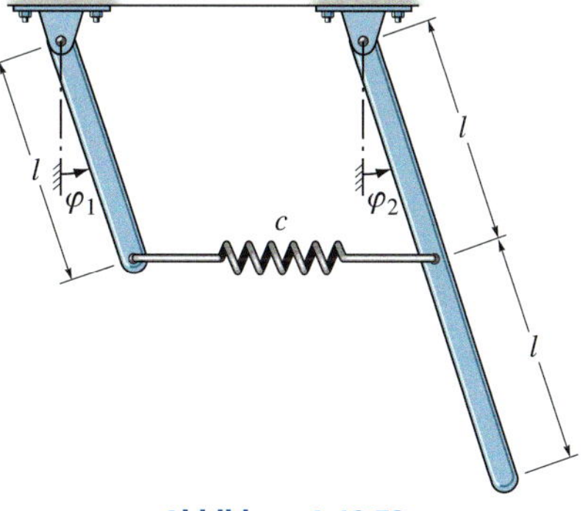

Abbildung A 12.73

12.74 Eine Scheibe wird über einen Stift entlang einer Nut geführt. Am Rande der Scheibe mit dem Radius r und der Masse m ist eine Feder der Steifigkeit c befestigt. Das andere Ende der Feder wird mit $u(t) = u_0 \sin \Omega t$ verschoben. Bestimmen Sie die Amplitude der Verschiebung x des Scheibenmittelpunktes und die Amplitude der Winkelverdrehung φ der Scheibe unter der Annahme, dass die Gleichungen linearisiert werden können. Zu Beginn für $t = 0$, dann gilt auch $\varphi = 0$ und $x = 0$, ist die Feder entspannt, Gewichtseinflüsse können vernachlässigt werden.

Gegeben: $m = 1$ kg, $r = 20$ cm, $c = 100$ N/m, $\Omega = 5$ rad/s, $u_0 = 0{,}1$ mm

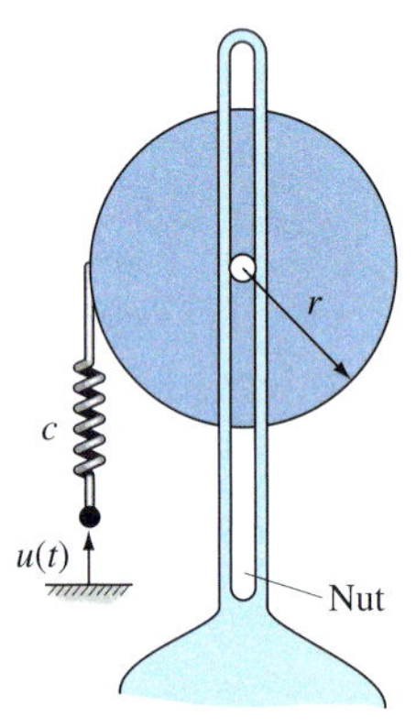

Abbildung A 12.74

***12.75** Das Modell einer Ampel besteht aus dem dargestellten masselosen Rahmen und den Massenpunkten m_1 und m_2. Es werden nur Verformungen infolge Biegung in der Rahmenebene berücksichtigt, wobei die beiden Rahmenabschnitte die Biegesteifigkeit EI besitzen. Bestimmen Sie die Eigenkreisfrequenzen der freien Schwingungen.

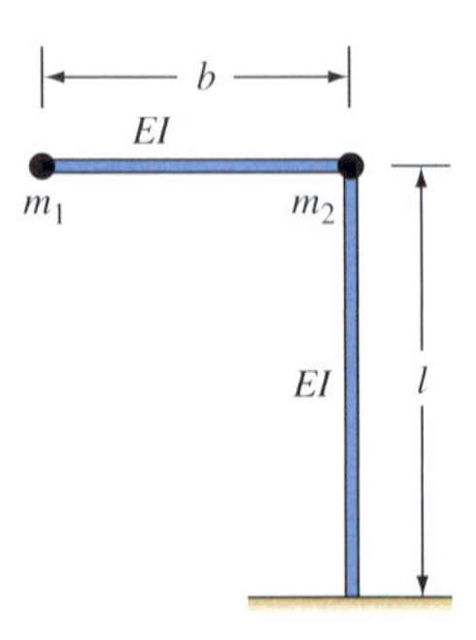

Abbildung A 12.75

12.76 Das System besteht aus drei Massen, die reibungsfrei auf der horizontalen Unterlage gleiten. Sie sind untereinander und mit der Umgebung über Federn verbunden. Bestimmen Sie die Eigenkreisfrequenzen der freien Schwingungen.

Gegeben: $m_1 = 1$ kg, $m_2 = 2$ kg, $m_3 = 3$ kg, $c_1 = 300$ N/m, $c_2 = 200$ N/m, $c_3 = 100$ N/m

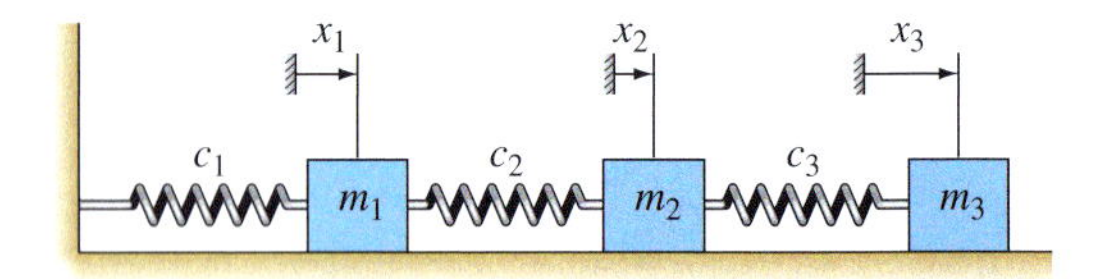

Abbildung A 12.76

***12.77** Untersucht werden sollen die Hub- und die Nickschwingungen eines Fahrzeuges. Es wird angenommen, dass die Räder über einen sinusförmigen Verlauf der Bodenunebenheiten $u(x) = u_0 \sin kx$ fußpunkterregt werden. Das Fahrzeug bewegt sich mit der konstanten Geschwindigkeit v_0. Wie groß sind die Amplituden der Hubbewegung (vertikale Verschiebung des Fahrzeugschwerpunkts S) und die Nickbewegung (Neigungswinkel des Fahrzeugs) bei (a) $k = 6\pi$/m, (b) $k = 3\pi$/m, (c) $k = 4{,}5\pi$/m?

Gegeben: $m = 1000$ kg, $J_S = 2000$ kgm^2, $c_1 = 100000$ N/m, $c_2 = 200000$ N/m, $l_1 = 2$ m, $l_2 = 1$ m, $v_0 = 20$ m/s, $u_0 = 0{,}03$ m

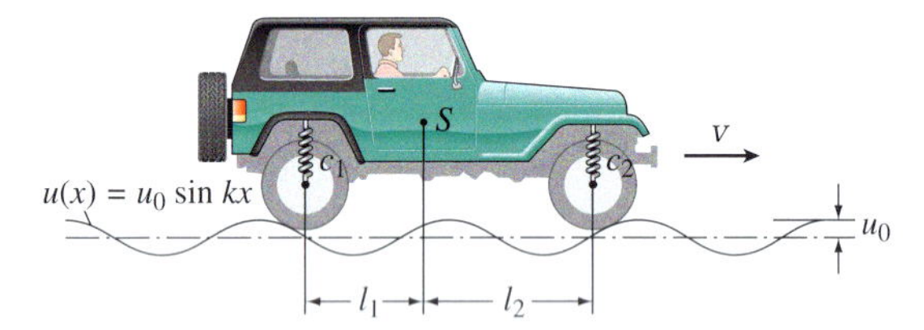

Abbildung A 12.77

***12.78** Als Modell eines Gebäudes unter Erdbebenerschütterung dient das dargestellte Tragwerk. Es besteht aus einer Bodenplatte, die mit $u(t) = u_0 \sin\Omega t$ horizontal erregt wird. Darüber befinden sich zwei Stockwerke mit der jeweiligen Masse m, deren Horizontalbewegungen durch die Koordinaten x_1 und x_2 beschrieben werden. Sie sind untereinander durch jeweils vier Holzpfosten der Länge l und einem quadratischen Querschnitt der Seitenlänge s verbunden. Es kann angenommen werden, dass die Pfosten an den Decken bzw. der Bodenplatte fest eingespannt sind. Bestimmen Sie die Schwingungsamplituden der Deckenplatten bei gegebener Erregung der Bodenplatte.

Gegeben: $m = 10000$ kg, $s = 0{,}15$ m, $l = 3$ m, $u_0 = 5$ cm, $\Omega = 5$ rad/s, $E_{Holz} = 80000$ N/m^2

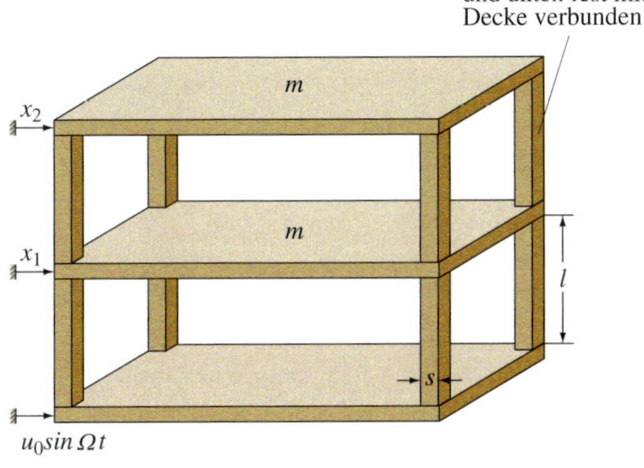

Abbildung A 12.78

12.79 Ein einfaches Modell für eine Gitarrensaite besteht aus zwei Massenpunkten und drei Federn. Im ungedehnten Zustand haben die Federn insgesamt die Länge l. Bestimmen Sie die Eigenkreisfrequenzen für kleine Schwingungen x_1 und x_2, wenn die Federn um das Maß l_0 vorgespannt werden.

Gegeben: $m = 0{,}05$ kg, $c = 1000$ N/m, $l = 1$ m, $l_0 = 5$ cm

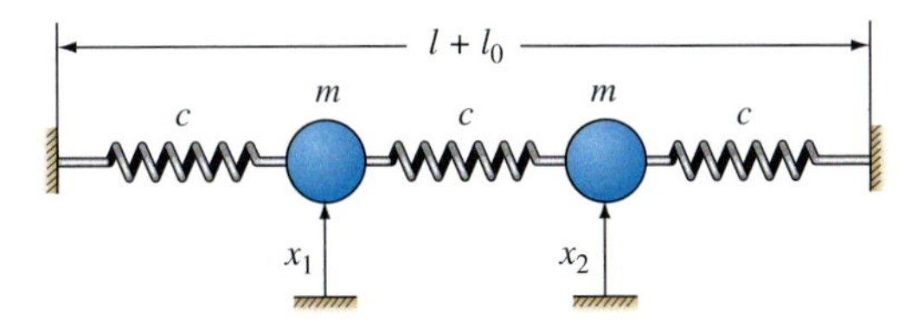

Abbildung A 12.79

12.80 Eine Saite ist an den beiden Enden unverschiebbar befestigt. Sie hat die Länge l, eine Masse pro Länge ρA und ist mit einer konstanten Längskraft T_0 vorgespannt. Die Bewegungsgleichung für kleine Querschwingungen $w(x,t)$ ist durch

$$\rho A\ddot{w}(x,t) - T_0 w''(x,t) = 0$$

gegeben, wobei hochgestellte Punkte Zeitableitungen und hochgestellte Striche Ortsableitungen bezeichnen. Geben Sie die Eigenkreisfrequenzen an. Bestimmen Sie näherungsweise für ρA und T_0 Werte, die denen in Aufgabe 12.79 entsprechen, und vergleichen Sie die Ergebnisse.

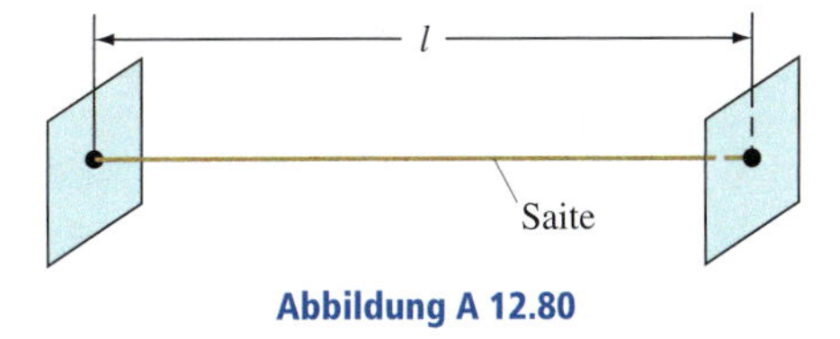

Abbildung A 12.80

Zusätzliche Übungsaufgaben mit Lösungen finden Sie auf der Companion Website (CWS) unter *www.pearson-studium.de*

Wiederholung 3: Kreiseldynamik, Analytische Prinzipien, Schwingungslehre

W3

Die Kapitel der räumlichen Kinematik und Kinetik starrer Körper, der alternativen Herleitung von Bewegungsgleichungen mittels analytischer Methoden und der Einführung in die Schwingungslehre, die in den letzten vier Kapiteln des vorliegenden Buchses behandelt wurden, werden zusammengefasst.

Kinematik der räumlichen Bewegung starrer Körper Auch bei kinematischen Aufgaben der räumlichen Bewegung starrer Körper betrachten wir nur die Geometrie der Bewegung und nicht die Kräfte und Momente, welche die Bewegung verursachen. Die Klassifizierung der *Art der Bewegung* ist der wesentliche erste Schritt beim konkreten Lösen: handelt es sich um eine *reine räumliche Drehung um einen Fixpunkt* oder eine Überlagerung von *räumlicher Drehung* und *räumlicher Translation*. Neues ergibt sich insbesondere bei der Betrachtung endlicher Drehungen, die keine Vektorgrößen mehr darstellen.

Räumliche Drehung um einen Fixpunkt Dreht sich ein starrer Körper um einen raumfesten Punkt O, dann bewegen sich alle körperfesten Punkte auf Bahnkurven, die auf der Oberfläche von Kugeln liegen. Infinitesimale Drehungen sind Vektorgrößen, endliche Drehungen dagegen nicht.

Zur Beschreibung der Winkellage des Körpers bei endlichen Drehungen verwendet man häufig sogenannte Eulerwinkel. Die resultierende Winkellage ergibt sich durch drei hintereinander geschaltete Elementardrehungen um bestimmte Koordinatenachsen.

Die Winkelgeschwindigkeit ist bei infinitesimalen Drehungen einfach die Zeitableitung des resultierenden Verdrehwinkels, bei endlichen Drehungen kann man beispielsweise unter Verwendung von Eulerwinkeln die resultierende Winkelgeschwindigkeit aus entsprechenden Anteilen gemäß den Elementardrehungen zusammensetzen; die Winkelgeschwindigkeitskoordinaten sind jedoch keine Ableitungen irgendwelcher Winkel mehr.

Die Winkelbeschleunigung $\boldsymbol{\alpha}$ ist die Zeitableitung der Winkelgeschwindigkeit, unabhängig davon, ob infinitesimal kleine oder endliche Drehwinkel zugrunde liegen. Allgemein kann man aber feststellen, dass bei der Berechnung der Ableitung Betrags- und Richtungsänderungen von $\boldsymbol{\omega}$ berücksichtigt werden müssen, sodass im Allgemeinen die Richtung der Winkelbeschleunigung nicht mit der momentanen Drehachse (d.h. der Richtung der Winkelgeschwindigkeit) zusammenfällt.

Sind $\boldsymbol{\omega}$ und $\boldsymbol{\alpha}$ bekannt, können Geschwindigkeit und Beschleunigung eines beliebigen Körperpunktes P mithilfe der Beziehungen

$$\mathbf{v} = \boldsymbol{\omega} \times \mathbf{r} \qquad \mathbf{a} = \boldsymbol{\alpha} \times \mathbf{r} + \boldsymbol{\omega} \times (\boldsymbol{\omega} \times \mathbf{r})$$

bestimmt werden, wobei $\mathbf{r}$ der Vektor vom Fixpunkt zum Punkt P ist.

Allgemein räumliche Bewegung Führt der Körper eine allgemeine Bewegung mit Translation und Rotation aus, dann kann ein Zusammenhang zwischen der Bewegung eines beliebigen Körperpunktes B und der Bewegung eines Bezugspunktes A mithilfe eines in A angehefteten, translatorisch bewegten Koordinatensystems aufgestellt werden. Die Beziehungen lauten

$$\mathbf{v}_B = \mathbf{v}_A + \boldsymbol{\omega} \times \mathbf{r}_{B/A} \qquad \mathbf{a}_B = \mathbf{a}_A + \boldsymbol{\alpha} \times \mathbf{r}_{B/A} + \boldsymbol{\omega} \times (\boldsymbol{\omega} \times \mathbf{r}_{B/A})$$

Relativbewegung in translatorisch und rotatorisch bewegten Bezugssystemen Aufgaben zur Kinematik der Bewegung zweier Punkte A und B auf unterschiedlich räumlich gekrümmten Bahnkurven oder von Punkten auf unterschiedlichen Körpern werden zweckmäßig mit den Gesetzen der Relativmechanik bezüglich translatorisch und rotatorisch bewegter Bezugssysteme gelöst. Die kinematischen Gleichungen zur Bestimmung der absoluten Bewegung lauten

$$\mathbf{v}_B = \mathbf{v}_A + \boldsymbol{\Omega} \times \mathbf{r}_{B/A} + (\mathbf{v}_{B/A})_{xyz}$$

$$\mathbf{a}_B = \mathbf{a}_A + \boldsymbol{\alpha} \times \mathbf{r}_{B/A} + \boldsymbol{\Omega} \times (\boldsymbol{\Omega} \times \mathbf{r}_{B/A}) + 2\boldsymbol{\Omega} \times (\mathbf{v}_{B/A})_{xyz} + (\mathbf{a}_{B/A})_{xyz}$$

wenn ein bewegtes Bezugssystem mit Ursprung in A verwendet wird, das sich gegenüber dem Inertialsystem mit der Winkelgeschwindigkeit $\boldsymbol{\Omega}$ dreht und dessen Winkelbeschleunigung $\boldsymbol{\alpha}$ ist.

Kinetik der räumlichen Bewegung starrer Körper Zunächst sollte man Verfahren kennenlernen, die Trägheitseigenschaften und den Drehimpuls eines starren Körpers zu ermitteln. Eine weitere wichtige Voraufgabe ist die Bestimmung seiner kinetischen Energie, weil damit die Grundlage für die Anwendung von Arbeitssatz und Energieerhaltungssatz für die allgemeine Bewegung eines starren Körpers gelegt wird. Sodann können die Kräfte und Momente, welche die Bewegung hervorrufen, mit den Grundgesetzen der Kinetik mit Kinematikgrößen der Bewegung verknüpft werden. Zur Formulierung des Schwerpunktsatzes für die translatorische Bewegung und des Dallsatzes für die Drehbewegung müssen wieder ein geeignetes Koordinatensystem und entsprechende positive Achsenrichtungen festgelegt werden.

Massenträgheitsmomente Ein Körper besitzt sechs Massenträgheitsmomente für jedes beliebige x,y,z-Koordinatensystem:

$$J_{xx} = \int_m (y^2 + z^2)\, dm \qquad J_{xy} = J_{yx} = \int_m xy\ dm$$

$$J_{yy} = \int_m (x^2 + z^2)\, dm \qquad J_{yz} = J_{zy} = \int_m yz\ dm$$

$$J_{zz} = \int_m (x^2 + y^2)\, dm \qquad J_{xz} = J_{zx} = \int_m xz\ dm$$

Drei davon, nämlich J_{xx}, J_{yy} und $J_{zz,}$ sind Massenträgheitsmomente um die jeweiligen Achsen und drei sind Deviationsmomente, definiert von jeweils zwei orthogonalen Ebenen: J_{xy}, J_{yz} und J_{xz}. Wenn eine oder beide Ebenen Symmetrieebenen sind, dann sind die Deviationsmomente bezüglich dieser Ebene gleich null.

Die axialen Massenträgheitsmomente und die Deviationsmomente können durch direkte Integration oder aus Tabellenwerten ermittelt werden. Sollen diese Größen bezüglich bestimmter Achsen und Ebenen, die nicht durch den Massenmittelpunkt gehen, berechnet werden, dann ist der Steinersche Satz zu verwenden.

In einem beliebigen Punkt auf oder außerhalb des Körpers kann das x,y,z-Koordinatensystem so ausgerichtet werden, dass die Deviationsmomente gleich null sind. Die resultierenden axialen Massenträgheitsmomente sind Extremwerte und heißen Hauptträgheitsmomente. Dabei gibt es ein minimales und ein maximales Massenträgheitsmoment des Körpers.

Impuls- und Drallsatz in integraler Form Der Drehimpuls eines Körpers bezüglich eines beliebigen Punktes A lautet

$$(\mathbf{H}_A) = \left(\int_m \boldsymbol{\rho}_A dm\right) \times \mathbf{v}_A + \int_m \boldsymbol{\rho}_A \times (\boldsymbol{\omega} \times \boldsymbol{\rho}_A) dm$$

Für einen raumfesten Punkt O oder den bewegten Schwerpunkt S vereinfacht sich das Ergebnis:

$$\mathbf{H}_O = \int_m \boldsymbol{\rho}_O \times (\boldsymbol{\omega} \times \boldsymbol{\rho}_O) dm \qquad \mathbf{H}_S = \int_m \boldsymbol{\rho}_S \times (\boldsymbol{\omega} \times \boldsymbol{\rho}_S) dm$$

Bezüglich der Achsen durch den Schwerpunkt erhält man koordinatenweise

$$\begin{aligned} H_x &= J_{xx}\omega_x - J_{yx}\omega_y - J_{xz}\omega_z \\ H_y &= -J_{yx}\omega_x + J_{yy}\omega_y - J_{yz}\omega_z \\ H_z &= -J_{zx}\omega_x - J_{zy}\omega_y - J_{zz}\omega_z \end{aligned}$$

Nach Formulierung des Impulses und des Drehimpulses können mit dem Impuls- und Drehimpulssatz in integraler Form

$$m(\mathbf{v}_S)_1 + \sum_{t_1}^{t_2} \mathbf{F} dt = m(\mathbf{v}_S)_2 \qquad (\mathbf{H}_O)_1 + \sum \int_{t_1}^{t_2} \mathbf{M}_O dt = (\mathbf{H}_O)_2$$

Aufgaben gelöst werden, in denen Kraft bzw. Moment und Geschwindigkeit bzw. Winkelgeschwindigkeit innerhalb einer gewissen Zeitspanne verknüpft sind.

Arbeits- und Energieerhaltungssatz Die kinetische Energie eines starren Körpers wird in der Regel derart berechnet, dass der allgemeine Bezugspunkt entweder als raumfester Punkt oder als Schwerpunkt spezifiziert wird. Sind die verwendeten Koordinatenachsen Hauptträgheitsachsen, dann gilt für einen Fixpunkt als Bezugspunkt

$$T = \frac{1}{2} J_X \omega_x^2 + \frac{1}{2} J_y \omega_y^2 + \frac{1}{2} J_z \omega_z^2$$

während bei Verwendung des Schwerpunktes als Bezugspunkt

$$T = \frac{1}{2} m v_S^2 + \frac{1}{2} J_x \omega_x^2 + \frac{1}{2} J_y \omega_y^2 + \frac{1}{2} J_z \omega_z^2$$

zu nehmen ist. Diese Gleichungen dienen mit dem Arbeits- bzw. dem Energieerhaltungssatz

$$T_1 + \sum W_{1-2} = T_2 \text{ bzw. } T_1 + V_1 = T_2 + V_2$$

zur Lösung von Aufgaben, in denen Kraft bzw. Moment und Geschwindigkeit bzw. Winkelgeschwindigkeit mit Verschiebung bzw. Winkeldrehung verknüpft sind.

Schwerpunktsatz und Drallsatz in differenzieller Form Bei allgemein räumlicher Bewegung gibt es drei skalare Gleichungen

$$\sum F_x = m(a_S)_x$$

$$\sum F_y = m(a_S)_y$$

$$\sum F_z = m(a_S)_z$$

für die Translationsbewegung und drei weitere skalare Gleichungen für die Drehbewegung, deren Aufbau von der Bewegung des gewählten Bezugssystems abhängt. In körperfesten Hauptachsen heißen die resultierenden Gleichungen

$$\sum M_x = J_x\dot{\omega}_x - (J_y - J_z)\omega_y\omega_z$$

$$\sum M_y = J_y\dot{\omega}_y - (J_z - J_x)\omega_z\omega_x$$

$$\sum M_z = J_z\dot{\omega}_z - (J_x - J_y)\omega_x\omega_y$$

Eulersche Kreiselgleichungen. Gilt für die Drehung der Achsen $\boldsymbol{\Omega} \neq \boldsymbol{\omega}$, dann ergibt sich für den Fall, dass diese nicht körperfesten Achsen Hauptachsen mit zeitlich konstanten Hauptträgheitsmomenten sind,

$$\sum M_x = J_x\dot{\omega}_x - J_y\Omega_z\omega_y + J_z\Omega_y\omega_z$$

$$\sum M_y = J_y\dot{\omega}_y - J_z\Omega_x\omega_z + J_x\Omega_z\omega_x$$

$$\sum M_z = J_z\dot{\omega}_z - J_x\Omega_y\omega_x + J_y\Omega_x\omega_y$$

Mit den hergeleiteten 6 dynamischen Grundgleichungen können nach Elimination der Zwangskräfte und -momente die Bewegungsgleichungen für die allgemein räumliche Bewegung starrer Körper angegebenen werden.

Kreiselbewegung Ein Kreisel ist ein Körper, bei dem ein Punkt unverschiebbar gelagert ist. Die Drehbewegungen eines achsensymmetrischen Kreisels werden häufig auf der Basis von Eulerwinkeln beschrieben. Die zugehörigen Winkelgeschwindigkeitskomponenten sind dann die Präzession $\dot{\varphi}$, die Nutation $\dot{\vartheta}$ und der Spin $\dot{\psi}$. Für den Fall $\dot{\vartheta} = 0$ und konstante $\dot{\varphi}$ und $\dot{\psi}$ handelt es sich um stationäre Präzession. In diesem Fall lauten die Kreiselgleichungen

$$\sum M_x = -J\dot{\varphi}^2 \sin\vartheta \cos\vartheta + J_z\dot{\varphi} \sin\vartheta \left(\dot{\varphi}\cos\vartheta + \dot{\psi}\right)$$

$$\sum M_y = 0$$

$$\sum M_z = 0$$

Ist der Lagerpunkt des Kreisels nicht mit dem Schwerpunkt identisch, dann verhindert die Eigendrehung des Kreisels, dass er durch sein Eigengewicht herunterfallen kann und bewirkt, dass er um die vertikale Achse eine Präzessionsbewegung ausführt.

Greift an einem rotationssymmetrischen Körper nur die Gewichtskraft an, dann wirken bezüglich seines Schwerpunktes keine Momente. In diesem Fall handelt es sich um eine kräftefreie Bewegung. Der Drehimpuls des Körpers ist konstant, und der Körper führt eine Spin- und Präzessionsbewegung aus, wobei das Bewegungsverhalten vom Massenträgheitsmoment um die Figurenachse und jenem quer dazu abhängt.

Analytische Prinzipien Die vorgestellten Methoden, das Prinzip von d'Alembert in Lagrangescher Fassung und die Lagrangeschen Gleichungen (zweiter Art) dienen zur direkten Herleitung von Bewegungsgleichungen mechanischer Systeme, ohne dass noch eine Elimination eventuell auftretender Zwangskräfte und -momente notwendig ist. Das Prinzip von d'Alembert in Lagrangescher Fassung wird zweckmäßig für mechanische Systeme angewendet, für die eine Reihe von Bindungsgleichungen vorliegen, aber letztlich nur ein einziger Freiheitsgrad relevant ist. Wesentlich ist in diesem Fall die Formulierung der virtuellen Arbeit aller eingeprägten und Zwangskräfte als Funktion der einen maßgebenden virtuellen Verrückung. Bei den Lagrangeschen Gleichungen bilden kinetische Energie und potenzielle Energie sowie die virtuelle Arbeit aller potenziallosen Kräfte als Funktion der sogenannten generalisierten Koordinaten den Ausgangspunkt.

Prinzip von d'Alembert in Lagrangescher Fassung Die Methode beruht auf der Aussage, dass die virtuelle Arbeit aller am System angreifenden eingeprägten Kräfte und Momente und aller Trägheitswirkungen null ist:

$$\delta W_e + \delta W_T = 0$$

Für den einzelnen Massenpunkt bedeutet dies

$$(\mathbf{F}_e + \mathbf{F}_T) \cdot \delta\mathbf{r} = 0 \text{ , d.h. } (\mathbf{F}_e - m\ddot{\mathbf{r}}) \cdot \delta\mathbf{r} = 0$$

für ein System von Massenpunkten

$$\sum_i (\mathbf{F}_{e,i} - m_i\ddot{\mathbf{r}}_i) \cdot \delta\mathbf{r}_i = 0$$

und schließlich für einen einzelnen Starrkörper

$$(\mathbf{F}_e + \mathbf{F}_T) \cdot \delta\mathbf{r}_S + (\mathbf{M}_e^{(S)} + \mathbf{M}_T^{(S)}) \cdot \delta\boldsymbol{\varphi} = 0$$

$$\mathbf{F}_T = -m\ddot{\mathbf{r}}_S \text{ , } \quad \mathbf{M}_T^{(S)} = -\left[\boldsymbol{\Phi}^{(S)}\dot{\boldsymbol{\omega}} + \boldsymbol{\omega} \times (\boldsymbol{\Phi}^{(S)} \cdot \boldsymbol{\omega})\right]$$

Lagrangesche Gleichungen Die Methode ist eine äquivalente Umformung des Prinzips von d'Alembert in Lagrangescher Fassung in eine Form, welche die kinetische und potenzielle Energie des Gesamtsystems in den Mittelpunkt stellt. Nach Berechnung der sogenannten generalisierten Kräfte aus der virtuellen Arbeit aller potenziallosen Kräfte und Momente werden durch Differenziation des kinetischen Potenzials L die Bewegungsgleichungen generiert:

$$\frac{d}{dt}\frac{\partial L}{\partial \dot{q}_i} - \frac{\partial L}{\partial q_i} = Q_i, \; i = 1, 2, ..., n$$

$$\text{mit } L = T - V \text{ und } Q_i \text{ aus } \delta W = \sum_{i=1}^{n} Q_i \delta q_i$$

Dabei setzt sich die kinetische Energie des Systems bei insgesamt N Körpern aus

$$T = \sum_{i=1}^{N} \left[T_{i,trans} + T_{i,rot}\right]$$

zusammen, und die Einzelbestandteile des i-ten Körpers lassen sich in der Form

$$T_{i,trans} = \frac{1}{2} m_i \mathbf{v}_{i,S}^2 \text{ bzw. } T_{i,rot} = \frac{1}{2} \boldsymbol{\omega}_i^T \boldsymbol{\Phi}_i^{(S)} \boldsymbol{\omega}_i$$

berechnen.

Schwingungslehre Alle mechanischen Systeme mit Trägheit und Rückstellung sind schwingungsfähig. Da dies für zahlreiche Systeme zutrifft und Schwingungen in der Praxis sowohl nützlich sein aber häufig auch störend oder gar sehr gefährlich werden können, ist die Lösung von Bewegungsgleichungen, die Schwingungen beschreiben, besonders wichtig. In realen Systemen spielen komplizierend noch Reibungseinflüsse eine Rolle, die am einfachsten als eine geschwindigkeitsproportionale Dämpfung modelliert werden.

Freie Schwingungen Die Normalform der zugehörigen Schwingungsdifferenzialgleichung bei Schwingern mit einem Freiheitsgrad lautet

$$\ddot{x} + 2D\omega_0\dot{x} + \omega_0^2 x = 0$$

Sie ist zweiter Ordnung in der Zeit und homogen; neben dem ersten Summanden, der die Trägheit repräsentiert, weist sie zwei weitere Summanden auf, die für den Einfluss der Dämpfung und der Rückstellung stehen. Dabei ist ω_0 die sogenannte Eigenkreisfrequenz (des ungedämpften Systems) und D der sogenannte Dämpfungsgrad. In der Praxis arbeitet man anstelle der Eigenkreisfrequenz häufig mit der Eigenfrequenz $f_0 = \omega_0/2\pi$. Wird Dämpfung vernachlässigt, hat die auftretende Lösung einen harmonischen Zeitverlauf mit einer bestimmten Amplitude und einem Nullphasenwinkel, die beide aus den Anfangsbedingungen für Lage und Geschwindigkeit bestimmt werden. Gedämpfte freie Schwingungen klingen im Lauf der Zeit ab und sind damit nicht mehr periodisch.

Schwinger mit n endlich vielen Freiheitsgraden werden durch n gekoppelte, gewöhnliche Differenzialgleichungen zweiter Ordnung in der Zeit beschrieben. Es gibt n Eigenkreisfrequenzen und damit im ungedämpften Fall entsprechend nicht nur eine harmonische Schwingung als allgemeine Lösung der homogenen Differenzialgleichung, sondern n sogenannte Hauptschwingungen, deren Superposition die allgemeinen freien Schwingungen beschreibt.

Schwingende Kontinua werden durch partielle Differenzialgleichungen in Ort und Zeit beschrieben. Neben den Anfangsbedingungen sind insbesondere die zugehörigen Randbedingungen wichtig. Schwingende Kontinua besitzen abzählbar unendlich viele Eigenkreisfrequenzen und entsprechend viele Eigen- oder Hauptschwingungen, die sich im ungedämpften Fall aus den Eigenformen und harmonischen Zeitfunktionen multiplikativ zusammensetzen. Auch hier erhält man die allgemeine Lösung der freien Schwingungen durch lineare Überlagerung der Eigenschwingungen.

Erzwungene Schwingungen Betrachtet man zunächst den Fall eines Schwingers mit einem Freiheitsgrad, dann ist die beschreibende Bewegungsdifferenzialgleichung in der Form

$$\ddot{x} + 2D\omega_0\dot{x} + \omega_0^2 x = \omega_0^2 E y_0 \sin \Omega t$$

inhomogen mit harmonischer Erregung, wenn wir uns hier auf diesen wichtigen Fall beschränken. Die vollständige Lösung setzt sich aus der allgemeinen Lösung der homogenen Differenzialgleichung und einer partikulären Lösung zusammen. Die homogene Lösung beschreibt hier den transienten Einschwingvorgang und kann meistens weggelassen werden. Die Partikulärlösung repräsentiert die erzwungene Dauerschwingung. Sie verläuft im Allgemeinen harmonisch mit der Erregerkreisfrequenz Ω Resonanz tritt auf, wenn Erregerkreisfrequenz und Eigenkreisfrequenz praktisch zusammenfallen. Bei ungedämpften Schwingern wachsen dann die Schwingungsausschläge über alle Grenzen, sie sind aber bei schwacher Dämpfung auch noch gefährlich groß. Im unterkritischen Betrieb $\Omega < \omega_0$

sind bei kleiner Dämpfung Schwingungsantwort und Erregung im Wesentlichen in Phase, im überkritischen Betrieb $\Omega > \omega_0$ dagegen im Wesentlichen in Gegenphase.

Bei Systemen mit n Freiheitsgraden gibt es bei harmonischer Anregung n Resonanzstellen, wenn Erregerkreisfrequenz und eine der Eigenkreisfrequenzen zusammenfallen. Es kann das Phänomen der Tilgung auftreten.

Mathematische Ausdrücke

A

ÜBERBLICK

Quadratische Gleichungen

Für $ax^2+bx+c=0$ gilt $x=\dfrac{-b\pm\sqrt{b^2-4ac}}{2a}$

Hyperbolische Funktionen

$$\sinh x=\frac{e^x-e^{-x}}{2},\ \cosh x=\frac{e^x+e^{-x}}{2},\ \tanh x=\frac{\sinh x}{\cosh x}$$

Trigonometrische Umformungen

$$\sin\theta=\frac{A}{C},\ \csc\theta=\frac{C}{A}$$

$$\cos\theta=\frac{B}{C},\ \sec\theta=\frac{C}{B}$$

$$\tan\theta=\frac{A}{B},\ \cot\theta=\frac{B}{A}$$

$$\sin^2\theta+\cos^2\theta=1$$

$$\sin(\theta\pm\phi)=\sin\theta\cos\phi\pm\cos\theta\sin\phi$$

$$\sin 2\theta=2\sin\theta\cos\theta$$

$$\cos(\theta\pm\phi)=\cos\theta\cos\phi\mp\sin\theta\sin\phi$$

$$\cos 2\theta=\cos^2\theta-\sin^2\theta$$

$$\cos\theta=\pm\sqrt{\frac{1+\cos 2\theta}{2}},\ \sin\theta=\pm\sqrt{\frac{1-\cos 2\theta}{2}}$$

$$\tan\theta=\frac{\sin\theta}{\cos\theta}$$

$$1+\tan^2\theta=\sec^2\theta,\ 1+\cot^2\theta=\csc^2\theta$$

Potenzreihenentwicklungen

$$\sin x=x-\frac{x^3}{3!}+....,\ \cos x=1-\frac{x^2}{2!}+....$$

$$\sinh x=x+\frac{x^3}{3!}+....,\ \cosh x=1+\frac{x^2}{2!}+....$$

Differenziationsregeln

$$\frac{d}{dx}\left(u^n\right)=nu^{u-1}\frac{du}{dx}$$

$$\frac{d}{dx}(uv)=u\frac{dv}{dx}+v\frac{du}{dx}$$

$$\frac{d}{dx}\left(\frac{u}{v}\right)=\frac{v\dfrac{du}{dx}-u\dfrac{dv}{dx}}{v^2}$$

$$\frac{d}{dx}(\sin u)=\cos u\frac{du}{dx}$$

$$\frac{d}{dx}(\cos u)=-\sin u\frac{du}{dx}$$

$$\frac{d}{dx}(\tan u)=\sec^2 u\frac{du}{dx}$$

$$\frac{d}{dx}(\cot u)=-\csc^2 u\frac{du}{dx}$$

$$\frac{d}{dx}(\sec u)=\tan u\sec u\frac{du}{dx}$$

$$\frac{d}{dx}(\csc u)=-\csc u\cot u\frac{du}{dx}$$

$$\frac{d}{dx}(\sinh u)=\cosh u\frac{du}{dx}$$

$$\frac{d}{dx}(\cosh u)=\sinh u\frac{du}{dx}$$

Integrale

$$\int x^n dx = \frac{x^{n+1}}{n+1} + C,\ n \neq -1$$

$$\int \frac{dx}{a+bx} = \frac{1}{b}\ln(a+bx) + C$$

$$\int \frac{dx}{a+bx^2} = \frac{1}{2\sqrt{-ba}}\ln\left[\frac{a+x\sqrt{-ab}}{a-x\sqrt{-ab}}\right] + C,\ ab < 0$$

$$\int \frac{xdx}{a+bx^2} = \frac{1}{2b}\ln\left(bx^2+a\right) + C$$

$$\int \frac{x^2dx}{a+bx^2} = \frac{x}{b} - \frac{a}{b\sqrt{ab}}\tan^{-1}\frac{x\sqrt{ab}}{a} + C,\ ab > 0$$

$$\int \sqrt{a+bx}\,dx = \frac{2}{3b}\sqrt{(a+bx)^3} + C$$

$$\int x\sqrt{a+bx}\,dx = \frac{-2(2a-3bx)\sqrt{(a+bx)^3}}{15b^2} + C$$

$$\int x^2\sqrt{a+bx}\,dx = \frac{2\left(8a^2-12abx+15b^2x^2\right)\sqrt{(a+bx)^3}}{105b^2} + C$$

$$\int \sqrt{a^2-x^2}\,dx = \frac{1}{2}\left[x\sqrt{a^2-x^2} + a^2\sin^{-1}\frac{x}{a}\right] + C,\ a > 0$$

$$\int x\sqrt{a^2-x^2}\,dx = -\frac{1}{3}\sqrt{\left(a^2-x^2\right)^3} + C$$

$$\int x^2\sqrt{a^2-x^2}\,dx = -\frac{x}{4}\sqrt{\left(a^2-x^2\right)^3} + \frac{a^2}{8}\left[x\sqrt{a^2-x^2} + a^2\sin^{-1}\frac{x}{a}\right] + C,\ a > 0$$

$$\int \sqrt{x^2 \pm a^2}\,dx = \frac{1}{2}\left[x\sqrt{x^2 \pm a^2} \pm a^2\ln\left(x+\sqrt{x^2 \pm a^2}\right)\right] + C$$

$$\int x\sqrt{x^2 \pm a^2}\,dx = \frac{1}{3}\sqrt{\left(x^2 \pm a^2\right)^3} + C$$

$$\int x^2\sqrt{x^2 \pm a^2}\,dx = \frac{x}{4}\sqrt{\left(x^2 \pm a^2\right)^3} \mp \frac{a^2}{8}x\sqrt{x^2 \pm a^2} - \frac{a^4}{8}\ln\left(x+\sqrt{x^2 \pm a^2}\right) + C$$

$$\int \frac{dx}{\sqrt{a+bx}} = \frac{2\sqrt{a+bx}}{b} + C$$

$$\int \frac{xdx}{\sqrt{x^2 \pm a^2}} = \sqrt{x^2 \pm a^2} + C$$

$$\int \frac{dx}{\sqrt{a+bx+cx^2}} = \frac{1}{\sqrt{c}}\ln\left[\sqrt{a+bx+cx^2} + x\sqrt{c} + \frac{b}{2\sqrt{c}}\right] + C,\ c > 0$$

$$= \frac{1}{\sqrt{-c}}\sin^{-1}\left(\frac{-2cx-b}{\sqrt{b^2-4ac}}\right) + C,\ c < 0$$

$$\int \sin x dx = -\cos x + C$$

$$\int \cos x dx = \sin x + C$$

$$\int x\cos(ax)dx = \frac{1}{a^2}\cos(ax) + \frac{x}{a}\sin(ax) + C$$

$$\int x^2\cos(ax)dx = \frac{2x}{a^2}\cos(ax) + \frac{a^2x^2-2}{a^3}\sin(ax) + C$$

$$\int e^{ax}dx = \frac{1}{a}e^{ax} + C$$

$$\int xe^{ax}dx = \frac{e^{ax}}{a^2}(ax-1) + C$$

$$\int \sinh x dx = \cosh x + C$$

$$\int \cosh x dx = \sinh x + C$$

Vektorrechnung

B

ÜBERBLICK

Im Folgenden geben wir einen kurzen Überblick über die Vektorrechnung. In *Kapitel 2 und 4 des Bandes 1 der Technischen Mechanik – Statik* wurde dieses Thema ausführlich dargestellt.

B.1 Darstellung von Vektoren

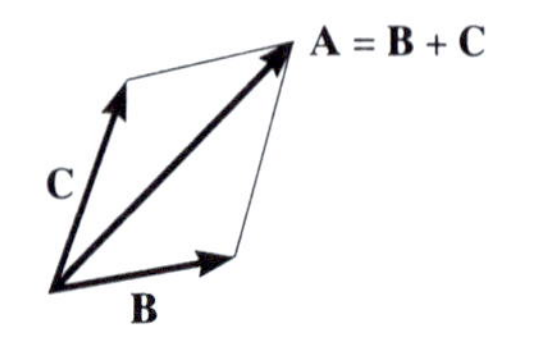

Abbildung B.1

Vektor Ein Vektor **A** ist eine Größe, die einen Betrag und eine Richtung mit Richtungssinn hat. Vektoren werden gemäß der Parallelogramm-Regel addiert. Wie in Abbildung C.1 dargestellt, gilt $\mathbf{A} = \mathbf{B} + \mathbf{C}$, wobei **A** die *Resultierende* und **B** und **C** die *Komponenten* sind.

Einheitsvektor Ein Einheitsvektor hat den Betrag „eins" und weist in Richtung von **A**. Man erhält ihn durch Division von **A** durch seinen Betrag A, d.h.

$$\mathbf{u}_A = \frac{\mathbf{A}}{A} \tag{B.1}$$

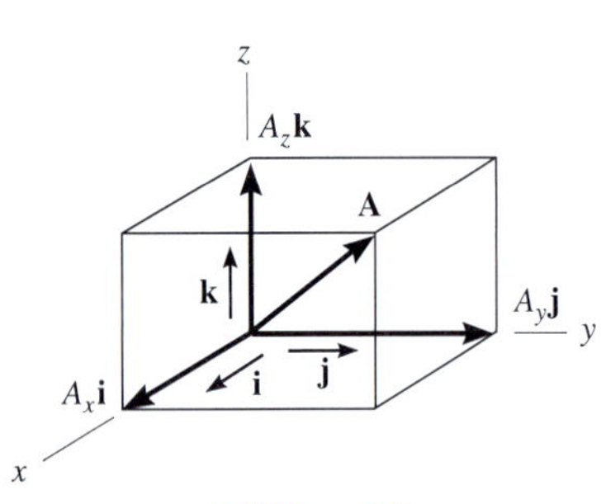

Abbildung B.2

Kartesische Vektordarstellung Die Richtungen der positiven x,y,z-Achsen werden durch die kartesischen Einheitsvektoren **i**, **j** bzw. **k** festgelegt.

Wie in Abbildung B.2 gezeigt, wird der Vektor **A** durch die Addition seiner x,y,z-Komponenten dargestellt,

$$\mathbf{A} = A_x\mathbf{i} + A_y\mathbf{j} + A_z\mathbf{k} \tag{B.2}$$

die durch das Produkt der zugehörigen Koordinate und des entsprechenden Einheitsvektors bestimmt sind.

Der *Betrag* von **A** wird gemäß

$$A = \sqrt{A_x^2 + A_y^2 + A_z^2}$$

aus den Koordinaten berechnet. Die *Richtung* von **A** wird mit Hilfe der *Richtungswinkel* α, β, γ zwischen dem *Vektor* **A** und den *positiven* x,y,z-*Achsen* definiert, siehe Abbildung B.3. Diese Winkel werden aus den Richtungskosinus bestimmt, die durch die **i**,**j**,**k**-Koordinaten des Einheitsvektors $\mathbf{u}_A$ bestimmt sind, d.h. aus den Gleichungen (B.1) und (B.2):

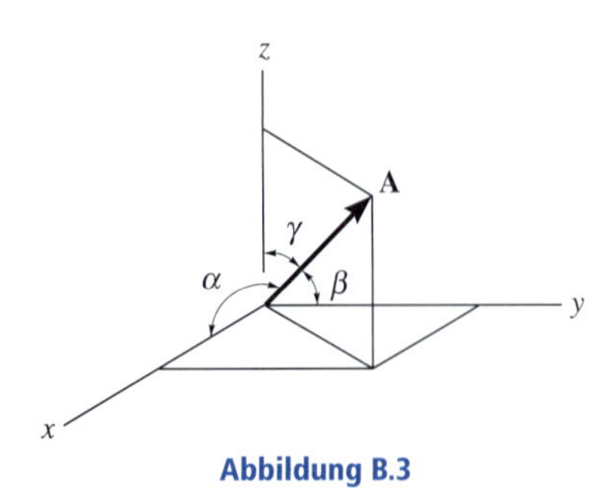

Abbildung B.3

$$\mathbf{u}_A = \frac{A_x}{A}\mathbf{i} + \frac{A_y}{A}\mathbf{j} + \frac{A_z}{A}\mathbf{k} \tag{B.4}$$

Die Richtungskosinus sind damit wie folgt erklärt:

$$\cos\alpha = \frac{A_x}{A} \qquad \cos\beta = \frac{A_y}{A} \qquad \cos\gamma = \frac{A_z}{A} \tag{B.5}$$

Somit ist $\mathbf{u}_A = \cos\alpha\mathbf{i} + \cos\beta\mathbf{j} + \cos\gamma\mathbf{k}$ und mit Gleichung (B.3) sieht man, dass

$$\cos^2\alpha + \cos^2\beta + \cos^2\gamma = 1 \tag{B.6}$$

gilt.

B.2 Produkte von Vektoren

Kreuzprodukt Das Kreuzprodukt der beiden Vektoren **A** und **B** liefert den resultierenden Vektor **C**, der als

$$\mathbf{C} = \mathbf{A} \times \mathbf{B} \tag{B.7}$$

geschrieben und **C** gleich **A** „kreuz“ **B** gelesen wird. Der *Betrag* C von **C** ist gleich

$$C = AB \sin\theta \tag{B.8}$$

wobei θ der Winkel zwischen den Vektoren **A** und **B** ($0° \leq \theta \leq 180°$) ist. Die Richtung von **C** wird mit der Rechte-Hand-Regel ermittelt. Dazu werden die Finger der rechten Hand *von* **A** *nach* **B** gekrümmt, wobei der Daumen in Richtung von **C** weist, siehe Abbildung B.4.

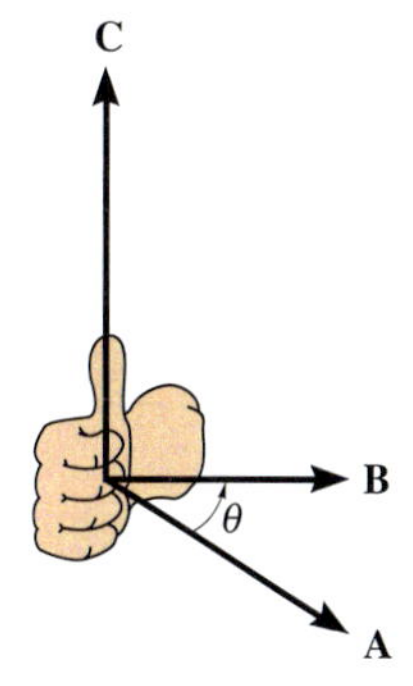

Abbildung B.4

Für das Vektorkreuzprodukt gilt das Kommutativgesetz *nicht*, d.h. $\mathbf{A} \times \mathbf{B} \neq \mathbf{B} \times \mathbf{A}$, sondern vielmehr

$$\mathbf{A} \times \mathbf{B} = -\mathbf{B} \times \mathbf{A} \tag{B.9}$$

Das Distributivgesetz allerdings gilt:

$$\mathbf{A} \times (\mathbf{B} + \mathbf{D}) = \mathbf{A} \times \mathbf{B} + \mathbf{A} \times \mathbf{D} \tag{B.10}$$

Das Kreuzprodukt kann in beliebiger Weise mit einem Skalar m multipliziert werden, d.h.

$$m(\mathbf{A} \times \mathbf{B}) = (m\mathbf{A}) \times \mathbf{B} = \mathbf{A} \times (m\mathbf{B}) = (\mathbf{A} \times \mathbf{B})m \tag{B.11}$$

Mit Gleichung (B.7) kann das Kreuzprodukt eines beliebigen Paares kartesischer Einheitsvektoren bestimmt werden. Für $\mathbf{i} \times \mathbf{j}$ ist der Betrag $(i)(j) \sin 90° = (1)(1)(1) = 1$; zur Ermittlung der Richtung ($+\mathbf{k}$) wird die Rechte-Hand-Regel auf $\mathbf{i} \times \mathbf{j}$ angewendet, siehe Abbildung B.2. Das einfache Schema in Abbildung B.5 ist dabei hilfreich. Gemäß dem dargestellten Kreis führt das „Kreuzen“ zweier Einheitsvektoren *gegen den Uhrzeigersinn* auf einen *positiven* dritten Einheitsvektor, z.B. $\mathbf{k} \times \mathbf{i} = \mathbf{j}$. „Kreuzen“ *im Uhrzeigersinn* führt auf einen *negativen* Einheitsvektor, z.B. $\mathbf{i} \times \mathbf{k} = -\mathbf{j}$.

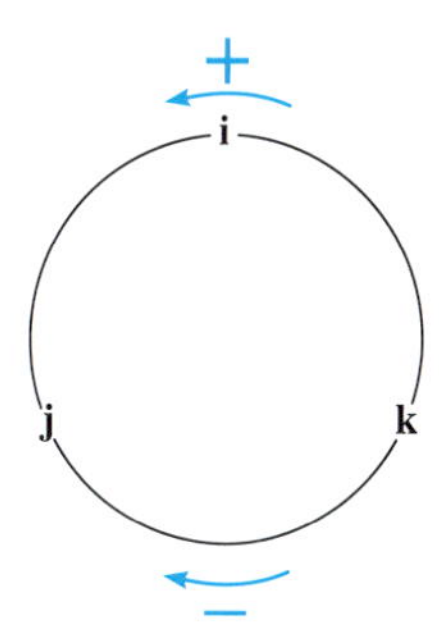

Abbildung B.5

Wenn **A** und **B** mit kartesischen Koordinaten dargestellt werden, kann das Kreuzprodukt, Gleichung (B.7), mittels Determinantenrechnung ermittelt werden:

$$\mathbf{C} = \mathbf{A} \times \mathbf{B} = \begin{vmatrix} \mathbf{i} & \mathbf{j} & \mathbf{k} \\ A_x & A_y & A_z \\ B_x & B_y & B_z \end{vmatrix} \tag{B.12}$$

Dies führt auf:

$$\mathbf{C} = (A_yB_z - A_zB_y)\mathbf{i} + (A_zB_x - A_xB_z)\mathbf{j} + (A_xB_y - A_yB_x)\mathbf{k}.$$

Mit dem Kreuzprodukt wird in der Statik das Moment einer Kraft **F** bezüglich des Punktes O berechnet. Es gilt

$$\mathbf{M}_O = \mathbf{r} \times \mathbf{F} \tag{B.13}$$

Dabei ist **r** ein Ortsvektor vom Punkt O zu einem *beliebigen Punkt* auf der Wirkungslinie von **F**.

Skalarprodukt Das *Skalarprodukt* zweier Vektoren **A** und **B** führt auf einen Skalar und ist definiert als

$$\mathbf{A} \cdot \mathbf{B} = AB \cos\theta \tag{B.14}$$

Der Winkel θ wird von den Vektoren **A** und **B** eingeschlossen:

$$(0° \leq \theta \leq 180°)$$

Für das Skalarprodukt gelten das Kommutativgesetz, d.h.

$$\mathbf{A} \cdot \mathbf{B} = \mathbf{B} \cdot \mathbf{A} \tag{B.15}$$

und das Distributivgesetz, d.h.

$$\mathbf{A} \cdot (\mathbf{B} + \mathbf{D}) = \mathbf{A} \cdot \mathbf{B} + \mathbf{A} \cdot \mathbf{D} \tag{B.16}$$

Die Multiplikation mit einem Skalar m kann in beliebiger Weise erfolgen, d.h.

$$m(\mathbf{A} \cdot \mathbf{B}) = (m\mathbf{A}) \cdot \mathbf{B} = \mathbf{A} \cdot (m\mathbf{B}) = (\mathbf{A} \cdot \mathbf{B})m \tag{B.17}$$

Mit Gleichung (B.14) kann das Skalarprodukt eines beliebigen Paares kartesischer Einheitsvektoren ermittelt werden. Es gilt $\mathbf{i}\cdot\mathbf{i} = (1)(1)\cos 0° = 1$ und $\mathbf{i}\cdot\mathbf{j} = (1)(1)\cos 90° = 0$.

Werden **A** und **B** in kartesischen Koordinaten dargestellt, dann wird das Skalarprodukt (Gleichung B.14) gemäß

$$\mathbf{A} \cdot \mathbf{B} = A_x B_x + A_y B_y + A_z B_z \tag{B.18}$$

ausgewertet.

Mit dem Skalarprodukt kann der *Winkel θ zwischen zwei Vektoren* bestimmt werden. Aus Gleichung (B.14) folgt nämlich

$$\theta = \arccos\left(\frac{\mathbf{A} \cdot \mathbf{B}}{AB}\right) \tag{B.19}$$

Die *Komponente eines Vektors in eine gegebene Richtung* kann ebenfalls mit dem Skalarprodukt ermittelt werden. Der Betrag der Komponente (oder der Projektion) des Vektors **A** in Richtung **B**, Abbildung B.6, beträgt $A\cos\theta$. Gemäß Gleichung (B.14) ist der Betrag

$$A\cos\theta = \mathbf{A} \cdot \frac{\mathbf{B}}{B} = \mathbf{A} \cdot \mathbf{u}_B \tag{B.20}$$

Dabei ist $\mathbf{u}_B$ ein Einheitsvektor in Richtung von **B**, Abbildung B.6.

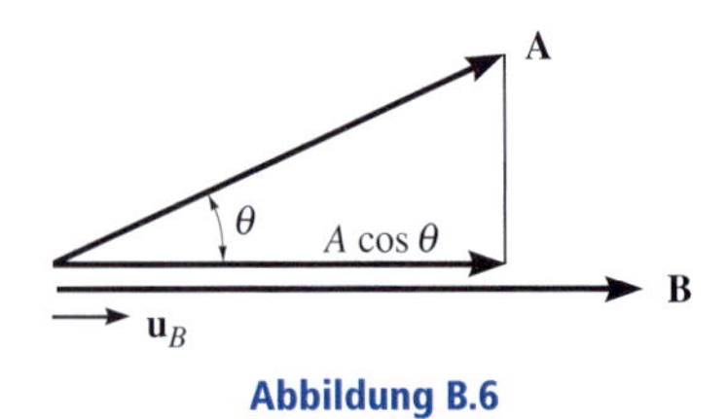

Abbildung B.6

B.3 Differenziation und Integration von Vektorfunktionen

Die Regeln zur Differenziation und Integration der Summen und Produkte von Skalarfunktionen gelten auch für Vektorfunktionen. Betrachten wir z.B. die beiden Vektorfunktionen $\mathbf{A}(s)$ und $\mathbf{B}(s)$. Sind diese Funktionen für alle s stetig und stetig differenzierbar, dann ist

$$\frac{d}{ds}(\mathbf{A}+\mathbf{B})=\frac{d\mathbf{A}}{ds}+\frac{d\mathbf{B}}{ds} \tag{B.21}$$

$$\int(\mathbf{A}+\mathbf{B})ds=\int\mathbf{A}ds+\int\mathbf{B}ds \tag{B.22}$$

Für das Kreuzprodukt gilt

$$\frac{d}{ds}(\mathbf{A}\times\mathbf{B})=\left(\frac{d\mathbf{A}}{ds}\times\mathbf{B}\right)+\left(\mathbf{A}\times\frac{d\mathbf{B}}{ds}\right) \tag{B.23}$$

und in gleicher Weise für das Skalarprodukt

$$\frac{d}{ds}(\mathbf{A}\cdot\mathbf{B})=\left(\frac{d\mathbf{A}}{ds}\cdot\mathbf{B}\right)+\left(\mathbf{A}\cdot\frac{d\mathbf{B}}{ds}\right) \tag{B.24}$$

Lösungen ausgewählter Aufgaben

C

ÜBERBLICK

Kapitel 1

1.1 $a_0 = 1{,}74\ m/s^2$, $t = 4{,}80\ s$

1.2 $a_0 = 1{,}6\ m/s^2$, $t = 12{,}5\ s$

1.3 $v = 16{,}3\ m/s^2$, $t = 1{,}20\ s$

1.5 $t = 30\ s$, $s = 792\ m$

1.6 $s = 41{,}0\ m$, $a = 1{,}00\ m/s^2$

1.7 $a_{max} = 12{,}6\ m/s^2$, $v_{max} = 40{,}5\ m/s$

1.9 $\Delta t = 21{,}9\ s$

1.10 $a = 0{,}554\ m/s^2$

1.11 $v = 32\ m/s$, $s = 67\ m$, $d = 66\ m$

1.13 $s = -5{,}4\ m$, $s_{ges} = 13{,}8\ m$

1.14 $s = -18\ m$, $s_{ges} = 46\ m$

1.15 $s = 7{,}87\ m$

1.17 $d_A = 41{,}0\ m$, $d_B = 200\ m$, $\Delta s_{AB} = 152\ m$

1.18 $a = 1{,}06\ m/s^2$

1.19 $\Delta s = 14{,}72\ m$

1.21 $k = -10{,}2\ s^{-2}$, $s = 1{,}56\ m$

1.22 $v = 322\ m/s^2$, $\Delta t = 19{,}3\ s$

1.23 $\Delta t = 5{,}62\ s$

1.25 $v = 1{,}29\ m/s$

1.26 $v_B = 9{,}48\ m/s$

1.29 $\Delta s = 3{,}56\ m$

1.30 $v = 1{,}29\ m/s$

1.31 $t = 48{,}3\ s$

1.33 a) $v_1 = 45{,}5\ m/s$,
b) $v_E = 100\ m/s$

1.34 $v_{min} = 11{,}2\ km/s$

1.35 $v = 3{,}02\ km/s$

1.38 $\Delta t = 7{,}48\ s$

1.39 $t' = 27{,}3\ s$

1.41 $v_{max} = 0{,}89\ m/s$, $t' = 0{,}447\ s$

1.45 $t' = 33{,}3\ s$

1.46 $\Delta s = 114\ m$

1.47 $\Delta s = 1080$ m, $v_m = 9$ m/s

1.49 $a_{max} = 2{,}4$ m/s^2

1.50 $v_m = 11{,}3$ m/s, $s_T = 340$ m

1.51 $\Delta s = 144$ s

1.53 $d = 87{,}5$ m

1.55 Für $s = 75$ m ist $v = 27{,}4$ m/s,
für $s = 100$ m ist $v = 31{,}62$ m/s,
für $s = 125$ m ist $v = 82{,}3$ m/s

1.58 $t = 9{,}88$ s

1.59 Für $s = 50$ m ist $a = 0{,}32$ m/s^2,
für $s = 150$ m ist $a = -0{,}32$ m/s^2

1.62 Für $s = 100$ m ist $a = 16$ m/s^2,
für $s = 150$ m ist $a = 4{,}5$ m/s^2

1.63 Für $s = 40$ m ist $v = 12{,}7$ m/s,
für $s = 90$ m ist $v = 22{,}8$ m/s,
für $s = 200$ m ist $v = 36{,}1$ m/s

1.65 Für $s = 15$ m ist $v = 6{,}7$ m/s,
für $s = 45$ m ist $v = 11{,}6$ m/s,
für $s = 60$ m ist $v = 14{,}2$ m/s

1.66 (4;2;6) m

1.67 $a = 80{,}2$ m/s^2, (42,7; 16,0; 14,0) m

1.69 $v = 9{,}68$ m/s, $a = 16{,}8$ m/s^2

1.70 $\Delta r = 3{,}61$ km, $d = 5$ km

1.71 $v_d = 4{,}28$ m/s

1.73 $\mathbf{a}_{AB} = \{0{,}404\mathbf{i} + 7{,}07\mathbf{j}\}$ m/s^2, $\mathbf{a}_{AC} = \{2{,}50\mathbf{i}\}$ m/s^2

1.74 $v_x = 0{,}398$ m/s, $v_y = 3{,}98$ m/s

1.75 $a_y = c,\ a_x = \dfrac{c}{2k}\left(y + ct^2\right)$

1.77 $v_x = v_0\left[1+\left(\dfrac{\pi}{L}c\right)^2\cos^2\left(\dfrac{\pi}{L}x\right)\right]^{-\frac{1}{2}},\ v_y = \dfrac{v_0\pi c}{L}\cos\left(\dfrac{\pi}{L}x\right)\left[1+\left(\dfrac{\pi}{L}c\right)^2\cos^2\left(\dfrac{\pi}{L}x\right)\right]^{-\frac{1}{2}}$

1.78 $d = 4{,}00$ m, $a = 37{,}8$ m/s^2

1.79 $v = 201$ m/s, $a = 405$ m/s^2

1.81 $h = 2{,}87$ m, $s_x = 19{,}9$ m/s^2

1.82 $t = 3{,}55$ s, $v = 32{,}0$ m/s

1.83 $h = 3{,}33$ m

1.85 $v_A = 21{,}16$ m/s, $\theta = 56{,}5°$

1.86 $v_A = 8{,}24$ m/s

1.87 $v_A = 11{,}1$ m/s, $h = 3{,}45$ m

1.89 $a = g = -9{,}81$ m/s², $v_B = 19{,}5$ m/s

1.90 $d = 49{,}11$ m

1.91 $v_A = 19{,}4$ m/s, $t_{AB} = 4{,}54$ s

1.93 $x = 4{,}0$ m, $y = -2{,}13$ m

1.94 $v_A = 5{,}0$ m/s, $v_B = 8{,}825$ m/s

1.95 $v_A = 13{,}1$ m/s, $s = 2{,}38$ m

1.97 Die beiden Wurzeln sind $\theta_D = 14{,}7°$, $\theta_C = 75{,}3°$; $\Delta t = 1{,}45$ s

1.98 $x = 9{,}62$ m, $y = 1{,}806$ m, $v = 21{,}7$ m/s

1.99 $d = 8{,}21$ m, $v_B = 6{,}0$ m/s

1.101 $a = 6{,}49$ m/s², $\Delta s = 12{,}15$ m

1.102 $a_t = 10{,}5$ m/s², $\rho = 791{,}8$ m

1.103 $a = 2{,}23$ m/s²

1.105 $v = 1{,}96$ m/s, $a = 0{,}930$ m/s²

1.106 $a = 0{,}921$ m/s²

1.107 $v = 5{,}66$ m/s, $a = 1{,}02$ m/s²

1.109 $a = 4{,}52$ m/s², $\Delta s = 4{,}2$ m

1.110 $v = 19{,}9$ m/s, $a = 24{,}2$ m/s²

1.111 $a_t = 3{,}62$ m/s², $\rho = 29{,}6$ m

1.113 $v = 29{,}2$ m/s, $a = 12{,}8$ m/s²

1.114 $v = 34{,}6$ m/s, $a = 17{,}5$ m/s²

1.115 $v = 4{,}58$ m/s, $a = 0{,}653$ m/s²

1.117 $a_n = 5{,}02$ m/s²

1.118 $v = 17{,}0$ m/s, $a = 3{,}44$ m/s²

1.119 $v_B = 3{,}68$ m/s, $a_B = 4{,}98$ m/s²

1.121 $a = 8{,}61$ m/s²

1.122 $y = -0{,}0766x^2$, $v = 8{,}37$ m/s, $a_n = 9{,}38$ m/s², $a_t = 2{,}88$ m/s²

1.123 $v_n = 0$, $v_t = 7{,}21$ m/s, $a_n = 0{,}555$ m/s², $a_t = 2{,}77$ m/s²

1.125 a) $s_A = 1{,}40$ m, $s_B = 3$ m, b) $\mathbf{r}_A = \{1{,}38\mathbf{i} + 0{,}195\mathbf{j}\}$ m, $\mathbf{r}_B = \{-2{,}82\mathbf{i} + 0{,}873\mathbf{j}\}$ m, c) $\Delta r = 4{,}26$ m

1.126 $t = 14{,}3$ s, $a_B = 0{,}45$ m/s²

1.127 $t = 1{,}21$ s

1.129 $v_x = \dfrac{v_0}{\sqrt{1+b^2}}, v_y = \dfrac{v_0 b}{\sqrt{1+b^2}}, a_n = \dfrac{2cv_0^2}{\left(1+b^2\right)^{3/2}}$

1.130 $y = \{0{,}839x - 0{,}131x^2\}$ m, $a_t = 3{,}94$ m/s², $a_n = 8{,}98$ m/s²

1.131 $d = 17{,}0$ m, $a_A = 190$ m/s², $a_B = 12{,}8$ m/s²

1.133 $v = 4{,}58$ m/s, $a = 0{,}653$ m/s²

1.134 $a = 10{,}5$ m/s², $s = 20{,}1$ m

1.135 $\alpha = 52{,}5°, \beta = 142°, \gamma = 85{,}1°$ oder $\alpha = 128°, \beta = 37{,}9°, \gamma = 94{,}9°$

1.137 $v_r = -1{,}66$ m/s, $v_\theta = -2{,}07$ m/s, $a_r = -4{,}20$ m/s², $a_\theta = 2{,}97$ m/s²

1.138 $a = 14{,}3$ m/s²

1.139 $v = 40$ m/s, $a = 25{,}6$ m/s²

1.141 $v_r = -2{,}33$ m/s, $v_\theta = 7{,}91$ m/s, $a_r = -158$ m/s², $a_\theta = -18{,}6$ m/s²

1.142 $a = 2{,}32$ m/s²

1.143 $v_r = 16{,}0$ m/s, $v_\theta = 1{,}94$ m/s, $a_r = 7{,}76$ m/s², $a_\theta = 1{,}94$ m/s²

1.145 $a_r = -6{,}67$ m/s², $a_\theta = 3$ m/s²

1.146 $a = 48{,}3$ cm/s²

1.147 $v_r = 1{,}20$ m/s, $v_\theta = 1{,}26$ m/s, $a_r = -3{,}77$ m/s², $a_\theta = 7{,}20$ m/s²

1.149 $v_r = 1{,}20$ m/s, $v_\theta = 1{,}50$ m/s, $a_r = -4{,}50$ m/s², $a_\theta = 7{,}20$ m/s²

1.150 $v = 12{,}6$ m/s, $a = 83{,}2$ m/s²

1.151 $\mathbf{v} = \{-116\mathbf{u}_r - 163\mathbf{u}_z\}$ mm/s, $\mathbf{a} = \{-5{,}81\mathbf{u}_r - 8{,}14\mathbf{u}_z\}$ mm/s²

1.153 $a = 0{,}217$ m/s²

1.154 $v_r = -0{,}212$ m/s, $v_\theta = 0{,}812$ m/s, $a_r = -0{,}703$ m/s², $a_\theta = 0{,}838$ m/s²

1.155 $v_r = -2{,}80$ m/s, $v_\theta = 19{,}80$ m/s

1.157 $v = 1{,}98$ m/s, $a = 1{,}15$ m/s²

1.158 $v = 7{,}23$ m/s, $a = 2{,}45$ m/s²

1.160 $v = 164$ mm/s, $a = 668$ mm/s²

1.161 $\dot{\theta} = 0{,}0178$ rad/s

1.162 $\ddot{\theta} = 0{,}00404$ rad/s²

1.163 $v_r = -\dfrac{6}{\sqrt{1+\theta^2}}$ m/s, $v_\theta = -\dfrac{6\theta}{\sqrt{1+\theta^2}}$ m/s

für $\theta = 1$ rad sind $v_r = -4{,}24$ m/s und $v_\theta = 4{,}24$ m/s

1.165 $v_r = 0{,}242$ m/s, $v_\theta = 0{,}943$ m/s, $a_r = -2{,}32$ m/s², $a_\theta = 1{,}74$ m/s²

1.166 $a = 6{,}54$ m/s²

1.167 $\dot{\theta} = 0{,}75$ rad/s

1.169 $v = 7{,}83\ \text{m/s},\ a = 2{,}27\ \text{m/s}^2$

1.170 $v = 0{,}242\ \text{m/s},\ a = 0{,}169\ \text{m/s}^2,\ v_x = 0{,}162\ \text{m/s},\ v_y = 0{,}180\ \text{m/s}$

1.171 $v = 6{,}0\ \text{m/s},\ a = 22{,}4\ \text{mm/s}^2$

1.173 $v_B = 0{,}5\ \text{m/s}$

1.174 $v_A = 4\ \text{m/s}$

1.175 $t = 160\ \text{s}$

1.177 $v_P = 3{,}6\ \text{m/s}$

1.178 $\Delta s_B = 0{,}5\ \text{m}$

1.179 $v_A = 0{,}3\ \text{m/s},\ a_A = 0{,}15\ \text{m/s}^2$

1.181 $v_B = 0{,}3\ \text{m/s}$

1.182 $v_{B/C} = 10\ \text{m/s}$

1.183 $v_E = 0{,}250\ \text{m/s}$

1.185 $v_C = 0{,}45\ \text{m/s}$

1.186 $v_C = 0{,}667\ \text{m/s}$

1.187 $\dot{s}_B = 0{,}36\ \text{m/s},\ \ddot{s}_B = 0{,}334\ \text{m/s}^2$

1.189 $v_C = 1{,}2\ \text{m/s},\ a_C = 0{,}512\ \text{m/s}^2$

1.190 $\dot{x}_B = 1{,}82\ \text{m/s}$

1.191 $v_B = 1{,}41\ \text{m/s}$

1.193 $v_A = -v_B\left(1+\left(\frac{h}{s_A}\right)^2\right)^{\frac{1}{2}},\ a_A = -a_B\left(1+\left(\frac{h}{s_B}\right)^2\right)^{\frac{1}{2}} + \frac{v_A v_B h^2}{s_A^3}\left(1+\left(\frac{h}{s_A}\right)^2\right)^{-\frac{1}{2}}$

1.194 $\Delta s_C = 0{,}6\ \text{m}$

1.195 $v_{A/C} = 2{,}40\ \text{m/s},\ \theta = 50{,}3°$

1.197 $v_{B/A} = 42{,}3\ \text{km/h},\ \theta = 40{,}9°,\ a_{B/A} = 2{,}87\cdot 10^3\ \text{km/h}^2,\ \theta = 72{,}0°$

1.198 $a_{B/A} = 3128\ \text{km/h}^2,\ \theta = 0{,}767°$

1.199 $v_{A/B} = 6{,}51\ \text{m/s},\ \theta = 18{,}0°,\ t = 36{,}9\ \text{s}$

1.201 $v_{A/B} = 6{,}69\ \text{m/s},\ \theta = 53{,}3°,\ a_{A/B} = 1{,}52\ \text{m/s}^2,\ \theta = 41{,}9°$

1.202 $v_{B/A} = 45{,}6\ \text{km/h},\ \theta = 44{,}5°,\ a_{B/A} = 5469\ \text{km/h}^2,\ \theta = 80{,}6°$

1.203 $v_{A/B} = 29{,}5\ \text{m/s},\ \theta = 67{,}6°,\ a_{A/B} = 5{,}94\ \text{m/s}^2,\ \theta = 57{,}4°$

1.205 $v_{abs} = 6{,}21\ \text{m/s},\ t = 11{,}4\ \text{s}$

1.206 $v_r = 34{,}6\ \text{km/h}$

1.207 $v_B = 5{,}75\ \text{m/s},\ v_{C/B} = 17{,}8\ \text{m/s},\ \theta = 76{,}2°,\ a_{C/B} = 9{,}81\ \text{m/s}^2$

Kapitel 2

2.1 $F = 199{\cdot}10^{18}$ N

2.2 $v = 13{,}0$ m/s, $s = 17{,}0$ m

2.3 $t_B = 1{,}09$ s, $t_C = 1{,}54$ s, $t_D = 2{,}32$ s

2.5 $a = 0{,}19$ m/s^2

2.6 $a = 0{,}343$ m/s^2, $a = 0{,}436$ m/s^2

2.7 $S = 3{,}01$ kN

2.9 $a = 1{,}66$ m/s^2

2.10 $a = 1{,}75$ m/s^2

2.11 $v_2 = 19{,}226$ m/s

2.13 $s = 227{,}8$ m

2.14 $a_A = \frac{P}{2m} - 2\mu g$

2.15 $a = 1{,}04$ m/s

2.17 Für $0 \leq t \leq 10$ s: $F = 3211$ N,
für $10 \leq t \leq 30$ s: $F = 535$ N

2.18 $a = 4{,}50$ m/s^2

2.19 $R = 1{,}33$ m, $t = 1{,}65$ s

2.21 $T = 4{,}92$ kN

2.22 $v = 4{,}68$ m/s

2.23 $s = 19{,}6$ m

2.25 $m_A = 13{,}7$ kg

2.26 $a_A = 0{,}75$ m/s^2, $T = 1{,}32$ kN

2.27 $a_B = 0{,}7$ m/s^2

2.29 $s = 5{,}43$ m

2.30 $a_A = 1{,}51$ m/s^2, $T_A = 90{,}6$ N, $a_B = 6{,}04$ m/s^2, $T_B = 22{,}6$ N

2.31 $v = 30$ m/s

2.33 $a_C = 7{,}49$ m/s^2, $\theta = 22{,}8°$

2.34 a) $T = 200$ N,
b) $T = 297{,}9$ N

2.35 $A_x = 361{,}2$ N, $A_y = 2361$ N, $M_A = 2722$ Nm

2.37 $t = 2{,}04$ s

2.38 $v = 11{,}1$ m/s

2.39 $v_B = 4{,}52$ m/s

2.41 $a_B = 2{,}30\ \text{m/s}^2$

2.42 $P = 2mg\tan\theta$

2.43 $P = 2mg\left(\dfrac{\sin\theta + \mu_h\cos\theta}{\cos\theta - \mu_h\sin\theta}\right)$

2.45 $x = \dfrac{mv_0}{k}\cos\theta_0\left(1 - e^{-(k/m)t}\right),\ y = -\dfrac{mgt}{k} + \dfrac{m}{k}\left(v_0\sin\theta_0 + \dfrac{mg}{k}\right)\left(1 - e^{-(k/m)t}\right),$

$x_{max} = \dfrac{mv_0\cos\theta_0}{k}$

2.46 $T = 1{,}63\ \text{kN}$

2.47 $T = 1{,}80\ \text{kN}$

2.49 $x = d,\ v = \sqrt{\dfrac{cd^2}{(m_A + m_B)}}$

2.50 $x = d$

2.51 $d = \dfrac{(m_A + m_B)g}{c}$

2.53 $v_{max} = 24{,}4\ \text{m/s}$

2.54 $v_{min} = 12{,}2\ \text{m/s}$

2.55 3,13 m/s

2.57 $T = 9{,}09\ \text{kN},\ \theta = 43{,}3°$

2.59 $a_t = 4{,}905\ \text{m/s}^2,\ T = 175{,}8\ \text{N}$

2.61 $\theta = 72{,}2°$

2.62 $\theta = 69{,}2°$

2.63 $v = 31{,}3\ \text{m/s}$

2.65 $N = 1170\ \text{N},\ F = 191\ \text{N}$

2.66 $\theta = 47{,}0°$

2.67 $v = 6{,}30\ \text{m/s},\ F_n = 283\ \text{N},\ F_t = 0,\ F_b = 490\ \text{N}$

2.69 $a_t = 3{,}36\ \text{m/s}^2,\ T = 361\ \text{N}$

2.70 $v_C = 5{,}42\ \text{m/s},\ N_C = 78{,}24\ \text{N},\ v_B = 5{,}72\ \text{m/s}$

2.71 $\rho_{min} = 9{,}32\ \text{m}$

2.73 $F_f = 3{,}51\ \text{kN},\ N = 6{,}73\ \text{kN}$

2.74 $v = 2{,}10\ \text{m/s}$

2.75 $N = 57{,}64\ \text{N},\ a_t = 7{,}0\ \text{m/s}^2$

2.77 $v = 1{,}48\ \text{m/s}$

2.78 $t = 7{,}39$ s

2.79 $N = 1{,}02$ kN

2.81 $a_t = 8{,}9$ m/s², $N = 347{,}2$ N

2.82 $a = 7{,}32$ m/s², $N = 59{,}2$ N

2.83 $F_r = -240$ N, $F_\theta = 66$ N, $F_z = -3{,}28$ N

2.85 $F_A = 42{,}50$ N

2.86 $(F_A)_{max} = 42{,}50$ N, $(F_A)_{min} = 29{,}50$ N

2.87 $(F_z)_{min} = 15{,}6$ N, $(F_z)_{max} = 23{,}6$ N

2.89 $N = 30{,}34$ N

2.90 $F = 4{,}71$ N

2.91 $N = 5{,}79$ N, $F = 1{,}78$ N

2.93 $N = 59{,}3$ N, $P = 17{,}8$ N

2.94 $F = -0{,}509$ N

2.95 $F = -0{,}353$ N

2.97 $F = 7{,}67$ N

2.98 $F = 7{,}82$ N

2.99 $F_r = -20{,}0$ N, $F_\theta = 0$, $F_z = 2{,}45$ kN

2.101 $\dot{\theta} = 4{,}00$ rad/s, $T = 8$ N

2.102 $N = 24{,}8$ N, $F = 24{,}8$ N

2.103 $N = 54{,}4$ N, $F = 54{,}4$ N

2.105 $T = 3340$ N

2.106 $a_t = 12$ m/s², 5,71°

2.107 $a_t = 11{,}0$ m/s², 5,71°

2.109 $P = 206{,}8$ N, $N = 69{,}3$ N

2.110 $N = 597{,}1$ N

2.111 $r = 0{,}198$ m

2.114 $v_B = 7{,}71$ km/s, $v_A = 4{,}63$ km/s

2.115 $v_P = 7{,}31$ km/s

2.117 a) $r = 317 \cdot 10^3$ km,
b) $r = 640 \cdot 10^3$ km,
c) $317 \cdot 10^3 \text{ km} < r < 640 \cdot 10^3$ km,
d) $r > 640 \cdot 10^3$ km

2.118 $v_{r/s} = 1{,}68$ km/s

2.119 $v_0 = 7{,}45$ km/s

2.121 $v_P = 7{,}47$ km/s

2.122 $v_a = 3{,}94$ km/s, $t = 46{,}1$ min

2.123 $\Delta v_A = -466$ m/s, $\Delta v_B = -2{,}27$ km/s

2.125 $v_A = 6{,}11$ km/s, $\Delta v_B = -2{,}37$ km/s

2.126 $v_B = 1{,}20$ km/s, $\Delta v_A = -2{,}17$ km/s

2.127 $t = 2{,}90$ h, $v = 4{,}42$ km/s, $\Delta v = 578$ m/s

Kapitel 3

3.1 $W_G = 4{,}12$ kJ, $W_N = -2{,}44$ kJ; Der Unterschied ist auf eine unterschiedliche kinetische Energie zurückzuführen.

3.2 $s = 59{,}7$ m

3.3 $v = 12{,}6$ m/s

3.5 $v = 0{,}090$ m/s

3.6 $v_2 = 2{,}12$ km/s (näherungsweise)

3.7 $k = 15{,}0$ MN/m^2

3.9 $d = 12$ m

3.10 $s = 179$ m

3.11 $s = 3{,}41$ m

3.13 $v_2 = 6{,}08$ m/s im Bezugssystem A,
$v_2 = 4{,}08$ m/s im Bezugssystem B

3.14 $v = 2{,}64$ m/s, $T = 115$ N

3.15 $v_A = 1{,}77$ m/s

3.17 $v_C = 1{,}37$ m/s

3.18 $h = 47{,}5$ m

3.19 $v_2 = 15{,}4$ m/s

3.21 $s = 2{,}29$ m

3.22 $v_A = 1{,}12$ m/s

3.23 $v_B = 2{,}18$ m/s, $N_B = 135{,}8$ N, $v_C = 5{,}13$ m/s, $N_C = 664$ N, $v_D = 5{,}50$ m/s

3.25 $c_B = 11{,}1$ kN/m

3.26 $s = 0{,}510$ m, $T_A = 360$ N

3.27 $s_{ges} = 3{,}185$ m

3.29 $\rho = 17{,}64$ m

3.30 $v_A = 28{,}3$ m/s

3.31 $s = 0{,}730\ \mathrm{m}$

3.33 $y = 0{,}815\ \mathrm{m}$, $N = 568\ \mathrm{N}$, $a = 6{,}23\ \mathrm{m/s^2}$

3.34 $s = 1{,}67\ \mathrm{m}$

3.35 $v_D = 17{,}7\ \mathrm{m/s}$, $R = 33{,}0\ \mathrm{m}$

3.37 $s = 0{,}5724\ \mathrm{m}$

3.38 $v_A = 3{,}82\ \mathrm{m/s}$

3.39 $v_C = 2{,}36\ \mathrm{m/s}$

3.41 $P_{mittel} = 200\ \mathrm{kW}$

3.42 zugeführte Leistung = $9{,}23\ \mathrm{kW}$

3.43 $\Delta t = 5{,}10\ \mathrm{s}$

3.45 zugeführte Leistung = $102\ \mathrm{kW}$

3.46 $P_{max} = 118\ \mathrm{kW}$

3.47 $s = 34{,}0\ \mathrm{m}$

3.49 $P_{min} = 531{,}2\ \mathrm{W}$

3.50 $s = \dfrac{mv^3}{3P}$

3.51 $t = 51{,}4\ \mathrm{min}$

3.53 $P_{ab} = 35{,}4\ \mathrm{kW}$

3.54 $P_{ab} = 1{,}12\ \mathrm{kW}$

3.55 $P_{zu} = 22{,}2\ \mathrm{kW}$

3.57 $P_{zu} = 483\ \mathrm{kW}$

3.58 $P_{zu} = 622\ \mathrm{kW}$

3.59 $P_{zu} = 1{,}35\ \mathrm{kW}$

3.61 $P = 0{,}174\ \mathrm{kW}$

3.62 Für $0 \le t \le 0{,}2\mathrm{s}$: $P = 53{,}3t\ \mathrm{kW/s}$,
für $0{,}2\mathrm{s} \le t \le 0{,}3\mathrm{s}$: $P = (160 \cdot 1/\mathrm{s}\ t - 533 \cdot 1/\mathrm{s}^2\ t^2)\ \mathrm{kW}$, $W = 1{,}69\ \mathrm{kJ}$

3.63 $P_{max} = 10{,}7\ \mathrm{kW}$

3.65 $v_A = 1{,}765\ \mathrm{m/s}$

3.66 $v = 1{,}37\ \mathrm{m/s}$

3.67 $s = 0{,}730\ \mathrm{m}$

3.69 $v_B = 2{,}18\ \mathrm{m/s}$, $N_B = 135{,}8\ \mathrm{N}$, $v_C = 5{,}13\ \mathrm{m/s}$, $N_C = 664\ \mathrm{N}$, $v_D = 5{,}50\ \mathrm{m/s}$

3.70 $c_B = 287\ \mathrm{N/m}$

3.71 $v_B = 8{,}86\ \mathrm{m/s}$

3.73 $v_2 = 8{,}43\ \mathrm{m/s}$

3.74 $v_2 = 4{,}53$ m/s

3.75 $v_A = 2{,}45$ m/s

3.77 $v = 3{,}796$ m/s, $N_C = 94{,}6$ N

3.78 $v_C = 9{,}8$ m/s

3.79 $h = 24{,}5$ m, $N_B = 0$, $N_C = 16{,}8$ kN

3.81 $v_C = 7{,}58$ m/s, kurz vor Stoß mit B: $T = 1{,}56$ kN, kurz nach Stoß mit B: $T = 2{,}90$ kN

3.82 $v_B = 10{,}6$ m/s

3.83 $l_0 = 30$ m, $h = 73{,}0$ m, $a = 147{,}2$ m/s^2

3.85 $v = 40{,}44$ m/s, $N_S = 6473$ N

3.86 $\theta = 22{,}3°$, $s = 0{,}587$ m

3.87 $x = 8{,}86$ m, $y = 4{,}43$ m

3.89 $d = 8{,}53$ m, $v_D = 10$ m/s

3.90 $\theta = 48{,}2°$

3.91 $v = 9{,}78$ m/s

3.93 Nur eine Feder wird gestaucht, um $s = 63$ mm

3.94 $s_A = 1{,}515$ m

Kapitel 4

4.1 $v = 10{,}3$ m/s

4.2 $t = 0{,}306$ s, $v_B = 5{,}20$ m/s

4.3 $t = 0{,}432$ s

4.5 $I = 450$ Ns

4.6 $I = 0{,}706$ Ns, 40°

4.7 $I = 1{,}02$ Ns

4.9 $I = 63{,}4$ Ns

4.10 $I = 2{,}61$ Ns, 30°

4.11 $v = 8{,}85$ m/s

4.13 $F_0 = 2{,}67$ kN

4.14 $v = 7{,}40$ m/s im Bezugssystem A, $v = 5{,}40$ m/s im Bezugssystem B

4.15 $t = 8{,}77$ s

4.17 $F = 24$ kN, $T = 24$ kN

4.18 $F_{mittel} = 19{,}9$ kN

4.19 $I = 63{,}4$ Ns

4.21 $v = -28{,}0$ m/s

4.22 $v = 20{,}4$ m/s

4.23 $I = 8{,}49$ Ns

4.25 $v_A = -6{,}54$ m/s, $v_B = 6{,}54$ m/s

4.26 $t = 5{,}47$ s

4.27 $v_{A1} = -3{,}22$ m/s

4.29 $v_2 = 21{,}8$ m/s

4.30 $v_2 = 3{,}44$ m/s

4.31 $v_1 = 7{,}65$ m/s

4.33 $v = 0{,}200$ m/s

4.34 $v = 1{,}75$ m/s

4.35 $\theta = \phi = 9{,}52°$

4.37 $v = 0{,}178$ m/s, $N = 771$ N

4.38 $v_L = 0{,}0577$ m/s, $t = 3{,}06$ s

4.39 $s = 9{,}09$ m

4.41 $t = 0{,}510$ s, $d = 0{,}0510$ m

4.42 $v_2 = 1{,}64$ m/s

4.43 $G_B = 375$ N

4.45 $R = 29{,}8$ m

4.46 a) $v = 0{,}390$ m/s,
b) $v = 0{,}390$ m/s

4.47 $d = 6{,}87$ mm

4.49 $v = 1$ m/s, $t = 0{,}510$ s

4.50 $t = 0{,}510$ s, $s = 0{,}255$ m

4.51 $\mathbf{v}_K = (-1{,}10\,\mathbf{i})$ m/s, d.h. $v_K = 1{,}10$ m/s,
$\mathbf{v}_B = [4{,}40\,\mathbf{i} + 3{,}18\,\mathbf{j}]$ m/s, d.h. $v_B = 5{,}43$ m/s

4.53 $v_{B/W} = 0{,}632$ m/s

4.54 $v_A = 3{,}29$ m/s, $v_B = 2{,}19$ m/s

4.55 $e = 0{,}901$

4.57 $(v_A)_2 = 1{,}53$ m/s, $(v_B)_2 = 1{,}27$ m/s

4.58 $(v_A)_2 = 0{,}3322$ m/s, $(v_B)_3 = 0{,}307$ m/s, $(v_C)_3 = 3{,}79$ m/s

4.61 a) $v_{A2} = 7{,}46$ m/s, $v_{P2} = 3{,}70$ m/s,
b) $s = 0{,}652$ m

4.62 $h = 1{,}204$ m

4.63 $\left(v_C\right)_2 = \dfrac{v\left(1+e\right)^2}{4}$

4.65 $d = 6{,}915$ m

4.66 $e = 0{,}394$, $d = 2{,}62$ m

4.67 $h = 21{,}8$ mm

4.69 $e = \dfrac{\sin\phi}{\sin\theta}\left(\dfrac{\cos\theta - \mu\sin\theta}{\mu\sin\phi + \cos\phi}\right)$

4.70 $\mu = 0{,}25$

4.71 a) $(v_A)_2 = 0{,}600$ m/s, $(v_B)_2 = 3{,}40$ m/s,
b) $s = 304$ mm

4.73 $v_A = 8{,}859$ m/s, $v_{B2} = 10{,}0$ m/s, $\theta = 27{,}7°$

4.74 $v_A = 8{,}859$ m/s, $v_{B2} = 10{,}23$ m/s, $e = 0{,}770$

4.75 $h = 0{,}390$ m

4.77 $v_{B3} = 3{,}24$ m/s, $\theta = 43{,}9°$

4.78 $s = 0{,}426$ m

4.79 $v_K = \dfrac{(1+e)}{7}v$

4.81 $d = 0{,}328$ m, $h = 0{,}220$ m

4.82 $\left(v_B\right)_2 = \dfrac{\sqrt{3}}{4}(1+e)v, \Delta T = \dfrac{3mv^2}{16}\left(1-e^2\right)$

4.83 $(v_B)_2 = 0{,}298$ m/s, $(v_A)_2 = 0{,}766$ m/s

4.85 $v_A = 1{,}35$ m/s, $v_B = 5{,}89$ m/s, $\theta = \arctan\dfrac{v_{By}}{v_{Bx}} = 32{,}9°$

4.86 $e = 0{,}0113$

4.87 $v_B = 3{,}50$ m/s, $v_A = 6{,}47$ m/s

4.89 $\theta = 90°$

4.90 $\mathbf{H}_O = \{-58{,}9\mathbf{i} - 29{,}4\mathbf{k}\}$ kgm²/s

4.91 $\mathbf{H}_O = \{42\mathbf{i} + 21\mathbf{k}\}$ kgm²/s

4.93 $(H_A)_P = -57{,}6$ kgm²/s, $(H_B)_P = 94{,}4$ kgm²/s, $(H_C)_P = -41{,}2$ kgm²/s

4.94 $\mathbf{H}_O = \{-540\mathbf{i} + 480\mathbf{j} - 760\mathbf{k}\}$ kgm²/s

4.95 $\mathbf{H}_P = \{-460\mathbf{i} - 300\mathbf{j} - 1120\mathbf{k}\}$ kgm²/s

4.97 $(H_A)_O = 72{,}0$ kgm²/s, $(H_B)_O = 59{,}5$ kgm²/s

4.98 $(H_A)_P = 66{,}0$ kgm²/s, $(H_B)_P = 73{,}9$ kgm²/s

4.99 $v = 3{,}47$ m/s

4.101 $v = 13{,}4$ m/s

4.102 $v_2 = 0{,}6$ m/s

4.103 $v_B = 10{,}2$ km/s, $r_B = 13{,}8$ Mm

4.105 $v_2 = 4{,}6$ m/s, $\sum W_{1-2} = 24{,}5$ J

4.106 $r_2 = 0{,}761$ m, $\Delta t = 0{,}739$ s

4.107 $v_2 = 2{,}30$ m/s

4.109 $v = 6{,}17$ m/s, $h = 1{,}94$ m

4.110 $h = 196$ mm, $\theta = 75{,}0°$

4.111 $F_t = 103{,}2$ m, $F_n = 864$ N

4.113 $A_x = 3{,}98$ kN, $A_y = 3{,}81$ kN, $M = 1{,}99$ kNm

4.114 $F_h = 51{,}9$ N, $F_v = 26{,}0$ N

4.115 $T = 3{,}914$ N

4.117 $F_x = 409$ N, $F_y = 8{,}334$ N

4.118 $a = 0{,}528$ m/s^2

4.119 $p = 452$ Pa

4.121 $F = v_0^2 \rho_W A$ in allen drei Fällen

4.122 $F = 163$ N

4.123 $T = 9{,}72$ N

4.125 $v_{max} = 165{,}3$ m/s

4.126 $F = 3{,}49$ kN

4.127 $a = 0{,}0476$ m/s^2

4.129 $\frac{dm}{dt} = m_0 \left(\frac{(a_0 + g)}{v_{R/a}} \right) e^{[(a_0+g)/v_{R/a}]t}$

4.130 $F_D = 11{,}5$ kN

4.131 $a = -10{,}9$ m/s^2

4.133 $F = q_G\, v^2$

4.134 $F = (7{,}85t + 0{,}320)$ N (t in s)

Wiederholungskapitel 1

W1.1 $t_{min} = 23{,}8$ s

W1.2 $y = 0{,}0208x^2\,\text{m}^{-1} + 0{,}333x$

W1.3 $v_B = 16{,}8$ m/s, $v_A = 8{,}4$ m/s

W1.5 $v = 13{,}4$ m/s

W1.6 a) $\Delta t = 1{,}07$ s,
b) $v_{A/B} = 5{,}93$ m/s

W1.7 $t = 5$ s

W1.9 $a = 0{,}343$ m/s², $a = 0{,}436$ m/s²

W1.10 $y = 3\ln\left(\frac{\sqrt{x^2+4}+x}{2}\right)$ m mit x in [m]

W1.11 $v_B = 1$ m/s, $v_{B/C} = 4$ m/s

W1.13 $s = 1{,}84$ m

W1.14 $s = 980$ m

W1.15 $P = 946$ kW

W1.17 $v = 4{,}38$ m/s

W1.18 $x = 25{,}9$ cm

W1.19 $v_B = 10{,}4$ m/s

W1.21 $(v_B)_2 = 0{,}575$ m/s, 71,5°, $\Delta T = -6{,}18$ J

W1.22 $a = 29{,}0$ m/s²

W1.23 $v_B = 0{,}5$ m/s

W1.25 $(v_A)_{min} = 0{,}838$ m/s, $(v_A)_{max} = 1{,}76$ m/s

W1.26 $v = 1{,}04$ m/s

W1.27 $v = 9{,}29$ m/s

W1.29 $a = 322$ m/s²

W1.30 $F = 38{,}5$ N

W1.31 $s = 640$ m

W1.33 $N_x = 1199$ N

W1.34 $v_B = 15{,}2$ m/s

W1.35 $e = 0{,}901$

W1.37 $v_2 = 5{,}44$ m/s

W1.38 $T = 158$ N

W1.39 $s = 20{,}0$ m

W1.41 $v_A = 8{,}34$ m/s

W1.42 $t' = 27{,}3$ s

W1.43 $P_i = 5{,}54$ kW

W1.45 a) $a_B = a_A = 0{,}857$ m/s²,
b) $a_A = 2{,}94$ m/s², $a_B = 1{,}18$ m/s²

W1.46 $s = 0{,}933$ m

W1.47 $v_2 = 31{,}7$ m/s

W1.49 $v_2 = 6{,}86$ m/s

W1.50 $a_A = 0{,}755$ m/s^2, $a_B = 1{,}51$ m/s^2, $T_A = 90{,}6$ N, $T_B = 45{,}3$ N

W1.51 $v = 2{,}10$ m/s

Kapitel 5

5.1 $\theta = 3{,}32$ Umdr, $t = 1{,}67$ s

5.2 $a_t = 0{,}169$ m/s^2, $a_n = 1080$ m/s^2, $s = 900$ m

5.3 $v_A = 2{,}60$ m/s, $a_A = 9{,}35$ m/s^2

5.5 $\omega_B = 22{,}3$ rad/s

5.6 $\alpha = 10{,}0$ rad/s^2, $\omega = 35{,}4$ rad/s, $\theta = 35{,}3$ Umdr

5.7 $\theta = 5443$ Umdr, $\omega = 740$ rad/s, $\alpha = 8$ rad/s^2

5.9 $v_P = 12{,}60$ cm/s, $a_P = 20{,}0$ cm/s^2, $(v_P)_{max} = 32$ cm/s

5.10 $v_A = 22$ m/s, $v_B = 16{,}5$ m/s, $a_n = 242$ m/s^2, $a_t = 12$ m/s^2

5.11 $v_A = 29{,}32$ m/s, $v_B = 22{,}0$ m/s, $a_n = 322$ m/s^2, $a_t = 9$ m/s^2

5.13 $v_B = 1{,}37$ m/s, $a_B = 0{,}472$ m/s^2

5.14 $v = 52{,}0$ cm/s, $a_t = 12{,}0$ cm/s^2, $a_n = 1{,}35 \cdot 10^3$ cm/s^2

5.15 $t = 100$ s

5.17 $v_P = 390$ cm/s, $a_P = 25{,}3(10^3)$ cm/s^2

5.18 $v_B = 14{,}7$ m/s

5.19 $v_B = 1{,}34$ m/s

5.21 $v_F = 0{,}318$ mm/s

5.22 $\omega_B = 465$ rad/s

5.23 $\omega_B = 12$ rad/s

5.25 $(a_P)_n = 4267$ m/s^2, $(a_P)_t = 20{,}7$ m/s^2

5.26 $v_A = v_B = 0{,}72$ m/s, $a_A = 0{,}12$ m/s^2, $a_B = 5{,}185$ m/s^2

5.27 $\omega_H = 126$ rad/s

5.29 $(\omega_B)_{max} = 8{,}49$ rad/s, $v_C = 0{,}6$ m/s

5.30 $(\omega_B)_2 = 10{,}6$ rad/s

5.31 $a = \dfrac{\omega^2}{2\pi}\left(\dfrac{r_2 - r_1}{L}\right)d$

5.33 $v_{AB} = \omega l \cos\theta$, $a_{AB} = -\omega^2 l \sin\theta$

5.34 $\dot{y} = 0{,}6\cot\theta$

5.35 $v_{CD} = -\omega l\sin\theta$, $a_{CD} = -\omega^2 l\cos\theta$

5.37 $v = -\left(\dfrac{r_1^2\omega\sin 2\theta}{2\sqrt{r_1^2\cos^2\theta + r_2^2 + 2r_1r_2}} + r_1\omega\sin\theta\right)$

5.38 $v_P = 18{,}5$ m/s

5.39 $\omega = 8{,}70$ rad/s, $\alpha = -50{,}5$ rad/s^2

5.41 $\omega' = -\dfrac{(R-r)\omega}{r}, \alpha' = -\dfrac{(R-r)\alpha}{r}$

5.42 $\omega = \dfrac{-v(\sin\phi)}{l\cos(\phi-\theta)}, \alpha = \dfrac{-v^2\sin^2\phi\sin(\phi-\theta)}{l^2\cos^3(\phi-\theta)}$

5.43 $\omega = -\left(\dfrac{r}{x\sqrt{x^2-r^2}}\right)v_A, \alpha = \left[\dfrac{r(2x^2-r^2)}{x^2(x^2-r^2)^{3/2}}\right]v_A^2$

5.45 $v_C = L\omega$, $a_C = 0{,}577L\omega^2$

5.46 $\omega = 1{,}08$ rad/s, $v_B = 4{,}39$ m/s

5.47 $v_B = \dfrac{15\omega\sin\theta}{(34-30\cos\theta)^{1/2}}$ m

$$a_B = \left[\frac{15(\omega^2\cos\theta + \alpha\sin\theta)}{(34-30\cos\theta)^{1/2}} - \frac{225\omega^2\sin^2\theta}{(34-30\cos\theta)^{3/2}}\right] \text{m}$$

5.49 $\omega_A = 2\left(\dfrac{\sqrt{2}\cos\theta - 1}{3-2\sqrt{2}\cos\theta}\right)$ rad/s

5.50 $v_B = 25{,}2$ cm/s, $\theta = \arctan\dfrac{v_{By}}{v_{Bx}} = 65{,}7°$

5.51 $v_C = 50$ m/s

5.53 $\omega = 20$ rad/s, $v_A = 1$ m/s

5.54 $v_C = 1{,}64$ m/s

5.55 $v_C = 1{,}70$ m/s

5.57 $\omega_{AB} = 2{,}00$ rad/s

5.58 $\omega_{CD} = 4{,}03$ rad/s

5.59 $\omega_A = 32{,}0$ rad/s

5.61 $v_S = 9$ m/s

5.62 $\omega = 5{,}33$ rad/s

5.63 $\omega_P = 5$ rad/s, $\omega_A = 1{,}67$ rad/s

5.65 $\omega_A = 0$

5.66 $v_A = 0{,}95$ m/s

5.67 $\omega_{CB} = 2{,}45$ rad/s, $v_C = 2{,}20$ m/s

5.69 $v_S = 5t$ m/s, t in s

5.70 $\omega = 6$ rad/s

5.71 $v_A = -0{,}173$ m/s

5.73 $v_D = 7{,}07$ m/s

5.74 $\omega_R = 11{,}4$ rad/s

5.75 $v_C = 0{,}776$ m/s, $v_D = 1{,}06$ m/s

5.77 $v_E = 8{,}84$ cm/s

5.78 $v_C = 50$ m/s

5.79 $v_C = 1{,}64$ m/s

5.81 $v_S = 9$ m/s

5.82 $\omega = 5{,}33$ rad/s

5.83 $\omega_P = 5$ rad/s, $\omega_A = 1{,}67$ rad/s

5.85 $v_A = 0{,}95$ m/s

5.87 $\omega_{BC} = 6{,}79$ rad/s

5.89 $v_B = 2{,}2$ m/s, $v_A = 0{,}849$ m/s (Betrag), $\theta = 45°$ (Richtung)

5.90 $\omega_{AB} = 6$ rad/s, $v_E = 4{,}76$ m/s (Betrag), $\theta = 40{,}9°$ (Richtung)

5.91 $\omega_{BC} = 5{,}77$ rad/s, $\omega_{CD} = 2{,}17$ rad/s

5.93 $v_A = 18$ m/s, $v_C = 66$ m/s, $v_B = 48{,}37$ m/s (Betrag), $\theta = 60{,}3°$ (Richtung)

5.94 $\omega_{CB} = 7{,}81$ rad/s, $v_C = 2{,}45$ m/s

5.95 $\omega_{AB} = 13{,}1$ rad/s

5.97 $v_C = 2{,}50$ m/s, $v_E = 7{,}91$ m/s

5.98 $v_C = 0{,}897$ m/s

5.99 $v_D = 0{,}518$ m/s

5.101 $v_D = 5{,}72$ m/s, $\theta = 36{,}2°$ (Richtung)

5.102 $\omega_C = 26{,}7$ rad/s, $\omega_B = 28{,}75$ rad/s, $\omega_A = 14{,}0$ rad/s

5.103 $\omega_{AB} = 7{,}17$ rad/s

5.105 $\alpha = 1{,}47$ rad/s^2, $a_B = 12{,}5$ m/s^2

5.106 $\alpha = 0{,}0962$ rad/s^2, $a_A = 0{,}193$ m/s^2

5.107 $\alpha = 0{,}332$ rad/s^2, $a_B = 7{,}88$ cm/s^2

5.109 $a_B = 3{,}84$ m/s^2 (Betrag), $\theta = 8{,}80°$ (Richtung)

5.110 $a_A = 12{,}5$ m/s^2

5.111 $\alpha_{AB} = 0{,}75\ \text{rad/s}^2$, $\alpha_{BC} = 3{,}94\ \text{rad/s}^2$

5.113 $a_B = 2{,}25\ \text{m/s}^2$ (Betrag), $\theta = 32{,}6°$ (Richtung)

5.114 $a_D = 10{,}0\ \text{m/s}^2$ (Betrag), $\theta = 2{,}02°$ (Richtung)

5.115 $a_A = 5{,}94\ \text{m/s}^2$ (Betrag), $\theta = 53{,}9°$ (Richtung)

5.117 $\alpha_{BC} = 5{,}21\ \text{rad/s}^2$

5.118 $\alpha_W = 0{,}231\ \text{rad/s}^2$

5.119 $\omega = 2\ \text{rad/s}$, $\alpha = 7{,}68\ \text{rad/s}^2$

5.121 $v_C = 9{,}38\ \text{cm/s}$, $a_C = 54{,}7\ \text{cm/s}^2$

5.122 $\alpha = 10{,}67\ \text{rad/s}^2$, $a_D = 14{,}1\ \text{cm/s}^2$

5.123 $\omega_F = 10{,}7\ \text{rad/s}$, $\omega_{AC} = 0$, $\alpha_{AC} = 28{,}7\ \text{rad/s}^2$

5.125 $v_B = 1{,}58\omega a$, $a_B = 1{,}58\alpha a - 1{,}77\omega^2 a$

5.126 $a_A = 73{,}0\ \text{cm/s}^2$, $80{,}5°$, $a_B = 113\ \text{cm/s}^2$, $\alpha_{AB} = 18\ \text{rad/s}^2$

5.127 $\alpha_{AB} = 36\ \text{rad/s}^2$

5.129 $\omega = 4{,}73\ \text{rad/s}$, $\alpha = 131\ \text{rad/s}^2$

5.130 $\omega = 0{,}25\ \text{rad/s}$, $v_B = 5{,}00\ \text{cm/s}$, $\alpha = 0{,}875\ \text{rad/s}^2$, $a_B = 1{,}51\ \text{cm/s}^2$ (Betrag), $\theta = 85{,}2°$ (Richtung)

5.131 $\mathbf{a}_A = \{-5{,}60\mathbf{i} - 16\mathbf{j}\}\ \text{m/s}^2$

5.133 $\mathbf{v}_A = \{-2{,}50\mathbf{i} + 2{,}00\mathbf{j}\}\ \text{m/s}$, $\mathbf{a}_A = \{-3{,}00\mathbf{i} + 1{,}75\mathbf{j}\}\ \text{m/s}^2$

5.134 $\mathbf{v}_B = \{-12{,}0\mathbf{i} + 5{,}77\mathbf{j}\}\ \text{m/s}$, $\mathbf{a}_B = \{-28{,}9\mathbf{i} - 70{,}0\mathbf{j}\}\ \text{m/s}^2$

5.135 $\mathbf{v}_m = \{2\mathbf{i} - 2\mathbf{j}\}\ \text{m/s}$, $\mathbf{a}_m = \{2\mathbf{i} + 0{,}2\mathbf{j}\}\ \text{m/s}^2$

5.137 a) $\mathbf{a}_B = \{-1\mathbf{i}\}\ \text{m/s}^2$,
b) $\mathbf{a}_B = \{-1{,}69\mathbf{i}\}\ \text{m/s}^2$

5.138 a) $\mathbf{a}_B = \{-1\mathbf{i} + 0{,}2\mathbf{j}\}\ \text{m/s}^2$,
b) $\mathbf{a}_B = \{-1{,}69\mathbf{i} + 0{,}6\mathbf{j}\}\ \text{m/s}^2$

5.139 $v_C = 2{,}40\ \text{m/s}$, $\mathbf{a}_C = \{-14{,}4\mathbf{j}\}\ \text{m/s}^2$

5.141 $\omega_{CD} = 0{,}750\ \text{rad/s}$, $\alpha_{CD} = 1{,}95\ \text{rad/s}^2$

5.142 $\mathbf{v}_C = \{-0{,}944\mathbf{i} + 2{,}20\mathbf{j}\}\ \text{m/s}$, $\mathbf{a}_C = \{-11{,}2\mathbf{i} - 4{,}15\mathbf{j}\}\ \text{m/s}^2$

5.143 $\omega_{DC} = 3{,}22\ \text{rad/s}$, $\alpha_{DC} = 7{,}26\ \text{rad/s}^2$

5.145 $\omega_{BC} = 0{,}720\ \text{rad/s}$, $\alpha_{BC} = 2{,}02\ \text{rad/s}^2$

5.146 $\omega_{CD} = 0{,}87\ \text{rad/s}$, $\alpha_{CD} = 3{,}23\ \text{rad/s}^2$

5.147 $\mathbf{v}_C = \{-3{,}5\mathbf{i} + 8{,}66\mathbf{j}\}\ \text{m/s}$, $\mathbf{a}_C = \{-17{,}32\mathbf{i} - 7{,}55\mathbf{j}\}\ \text{m/s}^2$

5.149 $\mathbf{v}_C = \{-3{,}75\mathbf{i} - 18{,}5\mathbf{j}\}\ \text{m/s}$, $\mathbf{a}_C = \{42{,}5\mathbf{i} - 3{,}75\mathbf{j}\}\ \text{m/s}^2$

5.150 $\mathbf{v}_D = \{-15{,}75\mathbf{i} - 6{,}50\mathbf{j}\}\ \text{m/s}$, $\mathbf{a}_D = \{6{,}5\mathbf{i} - 39{,}75\mathbf{j}\}\ \text{m/s}^2$

Kapitel 6

6.1 $J_y = \frac{1}{3} ml^2$

6.2 $J_z = mR^2$

6.3 $J_x = \frac{3}{10} mr^2$

6.5 $k_y = 1{,}56$ cm

6.6 $J_x = \frac{2}{5} mr^2$

6.7 $J_z = m\left(R^2 + \frac{3}{4}a^2\right)$

6.9 $J_y = 0{,}0294$ kgm²

6.10 $J_x = \frac{93}{70} mb^2$

6.11 $J_y = \frac{m}{6}\left(a^2 + h^2\right)$

6.13 $L = 6{,}39$ m, $J_0 = 53{,}2$ kgm²

6.14 $J_0 = 6{,}99$ kgm²

6.15 $J_A = 7{,}67$ kgm²

6.17 $J_O = \frac{1}{2} ma^2$

6.18 $J_A = 106{,}65$ kgm²

6.19 $k_O = 3{,}15$ m

6.21 $J_O = 13{,}4$ kgm²

6.22 $J_x = 2947$ kgm²

6.23 $J_O = 6{,}23$ kgm²

6.25 $a_{max} = 4{,}73$ m/s²

6.26 $a_S = 1{,}84$ m/s²

6.27 $F_{CD} = 289$ kN

6.29 $N_A = 568$ N, $N_B = 544$ N

6.30 $a = 3{,}96$ m/s²

6.31 $N_B = 475$ N, $N_A = 525$ N, $s = 2{,}94$ m

6.33 $M_A = 78{,}8 \cdot 10^3$ Nm

6.34 $T = 1{,}52$ kN, $\theta = 18{,}6°$

6.35 $T = 2{,}38$ kN, $a = 1{,}33$ m/s²

6.37 $T = 15{,}7$ kN, $C_x = 8{,}92$ N, $C_y = 16{,}3$ kN

6.38 Für Hinterradantrieb: $t_{min} = 17{,}5$ s, für Allradantrieb: $t_{min} = 11{,}3$ s

6.39 $N_A = 6969$ N, $N_B = 4281$ N, $t = 2{,}68$ s

6.41 $a_S = 0{,}327\ \mathrm{m/s^2}$, $N_B = 433{,}3\ \mathrm{N}$, $N_A = 1066{,}7\ \mathrm{N}$

6.43 $a = 29{,}4\ \mathrm{m/s^2}$

6.45 $s = 24{,}5\ \mathrm{m}$ mit Ladung oder leer

6.46 $a = 2{,}01\ \mathrm{m/s^2}$, die Kiste gleitet

6.47 $N_A{}' = 383\ \mathrm{N}$, $N_B{}' = 620\ \mathrm{N}$

6.49 $N_B = 402\ \mathrm{N}$, $N_A = 391\ \mathrm{N}$

6.50 $\alpha = 5{,}95\ \mathrm{rad/s^2}$

6.51 $\alpha = 9{,}82\ \mathrm{rad/s^2}$

6.53 $A_x = 0$, $A_y = 262\ \mathrm{N}$

6.54 $\omega = 56{,}2\ \mathrm{rad/s}$, $A_x = 0$, $A_y = 98{,}1\ \mathrm{N}$

6.55 $\omega = 20{,}8\ \mathrm{rad/s}$

6.57 $P = 39{,}6\ \mathrm{N}$, $N_A = N_B = 325\ \mathrm{N}$

6.58 $\omega = 8{,}35\ \mathrm{rad/s}$

6.59 $\omega_A = 6{,}03\ \mathrm{rad/s}$

6.61 $\alpha = 7{,}28\ \mathrm{rad/s^2}$

6.62 $t = 6{,}71\ \mathrm{s}$

6.63 $\omega = 2{,}71\ \mathrm{rad/s}$

6.66 $r_P = 2{,}67\ \mathrm{m}$, $A_x = 0$

6.67 $\alpha = 14{,}7\ \mathrm{rad/s^2}$, $a_S = 4{,}90\ \mathrm{m/s^2}$

6.69 $\omega = 150\ \mathrm{rad/s}$

6.70 $A_x = 11{,}25\ \mathrm{kN}$, $A_y = 18{,}75\ \mathrm{kN}$

6.71 $a_C = 8{,}82\ \mathrm{m/s^2}$

6.73 $F_{CB} = 193\ \mathrm{N}$, $t = 3{,}11\ \mathrm{s}$

6.74 $\alpha = \dfrac{2mg}{R(M+2m)}$, $v = \sqrt{\dfrac{8mgR}{M+2m}}$

6.75 $a = \dfrac{g(m_B - m_A)}{\frac{1}{2}M + m_B + m_A}$

6.77 $M = 0{,}3gml$

6.78 $v = 0{,}548\ \mathrm{m/s}$

6.79 $A_x = 89{,}2\ \mathrm{N}$, $A_y = 66{,}9\ \mathrm{N}$, $t = 1{,}26\ \mathrm{s}$

6.81 $\theta = 29{,}8°$

6.82 $t = 3{,}57\ \mathrm{s}$

6.83 $N = q_0 x\left[\dfrac{\omega^2}{g}\left(L - \dfrac{x}{2}\right) + \cos\theta\right]$, $V = q_0 x \sin\theta$, $M_A = \dfrac{1}{2} q_0 x^2 \sin\theta$

6.85 $\omega = 800\ \text{rad/s}$

6.89 Gleiten tritt nicht auf.

6.90 $\alpha = 0{,}250\ \text{rad/s}^2$, $a_B = 14{,}93\ \text{m/s}^2$ (Betrag), $\theta = 80{,}3°$ (Richtung)

6.91 $a_S = 3{,}924\ \text{m/s}^2$, $\alpha = 2{,}35\ \text{rad/s}^2$

6.93 $\alpha = 1{,}25\ \text{rad/s}^2$, $T = 2{,}32\ \text{kN}$

6.94 $T = 3{,}13\ \text{kN}$, $\alpha = 1{,}684\ \text{rad/s}^2$, $a_C = 1{,}35\ \text{m/s}^2$

6.95 $\alpha = 1{,}30\ \text{rad/s}^2$

6.97 $\alpha = 15{,}6\ \text{rad/s}^2$

6.98 $\omega = 5{,}22\ \text{rad/s}$

6.99 $T = 5{,}61\ \text{N}$, $\alpha = 28{,}0\ \text{rad/s}^2$

6.101 $a_A = 51\ \text{m/s}^2$

6.102 $\alpha = 5{,}01\ \text{rad/s}^2$

6.103 $B_x = 166{,}7\ \text{N}$, $B_y = 187{,}5\ \text{N}$, $C_y = 312{,}5\ \text{N}$

6.105 $\alpha = \dfrac{6P}{mL},\ a_B = \dfrac{2P}{m}$

6.106 $\alpha = \dfrac{3g}{2l}\cos\theta$

6.107 $s = 1{,}19\ \text{m}$

6.109 $A_y = 150\ \text{N}$, $A_x = 15{,}29\ \text{N}$, $a_s = 1{,}00\ \text{m/s}^2$

6.110 $A_y = 118\ \text{N}$

6.111 $\alpha = 13{,}4\ \text{rad/s}^2$

6.113 $B_y = 97{,}86\ \text{N}$, $\alpha = 7{,}13\ \text{rad/s}^2$

6.114 $\left(\dfrac{3}{2}m_W l^2\sin^2\theta + \dfrac{1}{3}m_S l^2 + m_C l^2\cos\theta\right)\ddot{\theta} + \left(\dfrac{3}{2}m_W - m_C\right)l^2\sin\theta\cos\theta\dot{\theta}^2 + gl\left(m_C + \dfrac{m_S}{2}\right)\cos\theta = 0$

6.115 $\dfrac{5}{2}ml^2\ddot{\theta} + \left(2ml^2 + 6Ml^2\right)\left(\ddot{\theta}\sin^2\theta + \dot{\theta}^2\sin\theta\cos\theta\right) + mgl\cos\theta - 2cl\sin\theta\left(2l\cos\theta - \sqrt{2}l\right) = 0$

6.116 $\dfrac{3}{2}m\ddot{x} + cx = mg\sin\alpha + \dfrac{M(t)}{r}$

6.117 $\left[\dfrac{m}{3}a^2 + (a+r)^2 + \dfrac{Mr^2}{2}\right]\ddot{\varphi} + c(a+r)^2\sin\varphi\cos\varphi = mg(a+r)\cos\varphi$

6.118 $mr\ddot{\varphi} - \dfrac{m}{2}\ddot{x} = 0,\quad \dfrac{3}{2}m\ddot{x} - \dfrac{m}{2}r\ddot{\varphi} = mg$

6.119 $\left(m_B + \dfrac{m_S}{3}\right)l^2\ddot{\theta} + \left(m_B + \dfrac{m_S}{2}\right)gl\cos\theta + cl^2\sin\theta\cos\theta = 0$

Kapitel 7

7.2 $\omega = 14{,}1 \text{ rad/s}$

7.3 $T = 1687{,}5 \text{ Nm}$

7.5 $T = 0{,}0087 \text{ Nm}$

7.6 $\omega = 8{,}35 \text{ rad/s}$

7.7 $\omega = 6{,}03 \text{ rad/s}$

7.9 $\omega = 2{,}02 \text{ rad/s}$

7.10 $\omega = 5{,}65 \text{ rad/s}$

7.11 $s = 0{,}250 \text{ m}$

7.13 $\omega_2 = 2{,}83 \text{ rad/s}$

7.14 $v_A = 14{,}7 \text{ m/s}$

7.15 $W = 237 \text{ J}$

7.17 $\omega = 11{,}2 \text{ rad/s}$

7.18 $v = 4{,}97 \text{ m/s}$

7.19 $v = 5{,}34 \text{ m/s}$

7.21 $v = 2{,}10 \text{ m/s}$

7.22 $\omega = 11{,}0 \text{ rad/s}$

7.23 $s = 2{,}00 \text{ m}$

7.25 $\omega_{AB} = 3{,}70 \text{ rad/s}$

7.26 $\omega = 0{,}731 \text{ rad/s}$

7.27 $\theta = 8{,}53°$

7.29 $n = 0{,}891$ Umdr., unabhängig von der Orientierung

7.30 $\omega_{AB} = 2{,}36 \text{ rad/s}$

7.31 $\theta_0 = 1{,}66 \text{ rad}$

7.33 $v_S = 3\sqrt{\frac{3}{7}gR}$

7.34 $v_A = 4{,}29 \text{ m/s}$

7.35 $\omega = 2{,}83 \text{ rad/s}$

7.37 $\omega_{AB} = 2{,}36 \text{ rad/s}$

7.38 $s = 0{,}250 \text{ m}$

7.39 $v_S = v_A = 4{,}29 \text{ m/s}$

7.41 $s = 0{,}301 \text{ m}$, $S = 163 \text{ N}$

7.42 $c = 42{,}8$ N/m

7.43 $\omega = 1{,}01$ rad/s

7.45 $\omega_{AB} = \omega_{BC} = \sqrt{\frac{3g}{L}\sin\theta}$

7.46 $\omega = 19{,}8$ rad/s

7.47 $v_A = 1{,}40$ m/s

7.49 $\omega = 0{,}962$ rad/s

7.50 $v = 1{,}52$ m/s

7.51 $\theta = 70{,}5°$

7.53 $\omega = 5{,}02$ rad/s

7.54 $\omega = 41{,}8$ rad/s

7.55 $\omega = 39{,}3$ rad/s

7.57 $\omega = 2{,}17$ rad/s

7.58 $\theta = 32{,}3°$

7.59 $c = 1668$ N/m

Kapitel 8

8.5 $\omega = 20{,}8$ rad/s

8.6 $\omega = 56{,}2$ rad/s, $A_x = 0$, $A_y = 98{,}1$ N

8.7 $\omega = 150$ rad/s

8.9 $T_{BC} = 193$ N, $t = 3{,}11$ s

8.10 $\omega = 18{,}7$ rad/s

8.11 $\omega = 2{,}32$ rad/s, $(v_S)_2 = 377$ m/s

8.13 $\omega = 6{,}13$ rad/s

8.14 $\omega_B = 3{,}56$ rad/s, $t = 5{,}12$ s

8.15 $\int M\,dt = 0{,}833$ kgm²/s

8.17 $\omega = 27{,}9$ rad/s

8.18 $v_A = 24{,}1$ m/s

8.19 $\omega = 3{,}88$ rad/s

8.21 $t = 5{,}08$ s

8.22 $\omega_2 = 16{,}35$ rad/s

8.23 $v_B = 10{,}25$ m/s

8.25 $\omega = 37{,}0$ rad/s, $v_S = 20{,}2$ m/s (Betrag), $\theta = 22{,}5°$ (Richtung)

8.26 $\theta = \arctan(3{,}5\mu_h)$

8.27 $v_B = 1{,}30$ m/s

8.29 $\omega_0 = 2{,}5\left(\frac{v_0}{r}\right)$

8.30 $y = \frac{\sqrt{2}}{3}a$

8.31 $\int F\,dt = 15{,}2\ \text{kNs}$

8.33 $v_0 = \sqrt{\frac{2gdm_S}{m}\sin\theta}$

8.34 $\omega = \frac{m_A k_A^2 \omega_A + m_B k_B^2 \omega_B}{m_A k_A^2 + m_B k_B^2}$

8.35 $\omega = 0{,}175$ rad/s

8.37 $\omega' = \frac{11}{3}\omega_1$

8.38 $(\omega_z)_2 = 6{,}75$ rad/s

8.39 a) $\omega_M = 0$,

b) $\omega_M = \frac{J}{J_z}\omega$, c) $\omega_M = \frac{2J}{J_z}\omega$

8.41 $\omega = 0{,}0906$ rad/s

8.42 $\omega = 0{,}0708$ rad/s

8.43 $\omega_2 = \frac{1}{3}\omega_1$

8.45 $\omega_1 = 7{,}37$ rad/s

8.46 $h = \frac{7}{5}r$

8.47 $\theta = 17{,}9°$

8.49 $\omega = 3{,}23$ rad/s, $\theta = 32{,}8°$

8.50 $\theta = 22{,}4°$

8.51 $(v_K)_2 = 3{,}36$ m/s

8.53 $\omega_2 = 7{,}73$ rad/s

8.54 $\omega_1 = 1{,}02\sqrt{\frac{g}{r}}$

8.55 $\theta = \arctan\left(\sqrt{\frac{7}{5}e}\right)$

Wiederholungskapitel 2

W2.1 $a_A = 12{,}5\ \text{m/s}^2$

W2.2 $v_W = 7{,}13\ \text{m/s},\ a_W = 0{,}13\ \text{m/s}^2$

W2.3 $\omega = 28{,}6\ \text{rad/s},\ \theta = 24{,}1\ \text{rad},\ v_P = 7{,}16\ \text{m/s},\ a_P = 205\ \text{m/s}^2$

W2.5 $h = 1{,}80\ \text{m}$

W2.6 $\omega = 0{,}275\ \text{rad/s},\ \alpha = 0{,}0922\ \text{rad/s}^2$

W2.7 a) $C_y = 7{,}22\ \text{N},\ B_y = 7{,}22\ \text{N},$
b) $C_y = 14{,}77\ \text{N},\ B_y = 14{,}77\ \text{N}$

W2.9 $v_C = 25{,}3\ \text{cm/s}$ (Betrag), $\theta_v = 63{,}4°$ (Richtung); $a_C = 73{,}8\ \text{cm/s}^2$ (Betrag), $\theta_a = 32{,}5°$ (Richtung)

W2.10 $\alpha = 8{,}89\ \text{rad/s}^2$

W2.11 $\omega = 25{,}0\ \text{rad/s}$

W2.13 $v = -r\omega \sin\theta,\ a = -r\omega^2 \cos\theta$

W2.14 $a_A = 17{,}86\ \text{m/s}^2$

W2.15 $a = \dfrac{s}{2\pi}\omega^2$

W2.17 $v = 4{,}78\ \text{m/s}$

W2.18 $\theta = \arctan\left[\dfrac{\mu\left(k_O^2 + r^2\right)}{k_O^2}\right]$

W2.19 $d = 7{,}92\ \text{m}$

W2.21 $T = 218\ \text{N},\ \alpha = 21{,}0\ \text{rad/s}^2$

W2.22 $v = -r_1\omega\sin\theta - \dfrac{r_1^2\omega\sin 2\theta}{2\sqrt{\left(r_1 + r_2\right)^2 - \left(r_1\sin\theta\right)^2}}$

W2.23 $L = 7111\ \text{kgm}^2$

W2.25 $v_B = 0{,}860\ \text{m/s}$

W2.26 $a_B = 8{,}00\ \text{m/s}^2$

W2.27 $\alpha = 8\ \text{rad/s}^2,\ F = 150\ \text{N}$

W2.29 $\omega = 656\ \text{rad/s}$

W2.30 $\omega = 76{,}8\ \text{rad/s},\ T = 95{,}9\ \text{N},\ T' = 243{,}3\ \text{N}$

W2.31 $P = 240\ \text{N},\ a_S = 0{,}981\ \text{m/s}^2,\ N_B = 146{,}7\ \text{N},\ N_A = 653{,}3\ \text{N}$

W2.33 $B_y = 180\ \text{N},\ A_y = 252\ \text{N},\ A_x = 139\ \text{N}$

W2.34 $B_y = 143\ \text{N},\ A_y = 200\ \text{N},\ A_x = 34{,}3\ \text{N}$

W2.35 $\alpha = 14{,}2\ \text{rad/s}^2$

W2.37 $F_C = 61{,}2\ \text{N},\ N_B = 15{,}4\ \text{kN},\ N_A = 6{,}57\ \text{kN},\ F_A - 336{,}1\ \text{N}$

W2.38 $\omega_A = 3{,}47$ rad/s, $\omega_B = 10{,}4$ rad/s

W2.39 $E_x = 3177$ N, $E_y = 2908$ N, $M_E = 4362$ Nm

W2.41 $F_B = 4{,}50$ kN, $N_A = 1{,}78$ kN, $N_B = 5{,}58$ kN

W2.42 $a(h \neq 0) = 1{,}41$ m/s², $a(h = 0) = 1{,}38$ m/s²

W2.43 $N_A = 383$ kN, $N_B = 620$ kN

W2.45 $a_A = 17{,}81$ m/s², $a_B = 12{,}66$ m/s² (Betrag), $\theta = 50{,}8°$ (Richtung)

W2.46 $\theta_2 = 39{,}2°$

W2.47 $a_B = 2{,}26$ m/s², $N_B = 226$ N, $N_A = 559$ N, $N_B = 454$ N

W2.49 $s_1 = 0{,}661$ m

W2.50 $s_1 = 0{,}859$ m

W2.51 $v_1 = 3{,}46$ m/s

Kapitel 9

9.1 $\mathbf{v}_A = \{-1{,}56\mathbf{i} - 3{,}6\mathbf{j} + 6{,}24\mathbf{k}\}$ m/s, $\mathbf{a}_A = \{-7{,}23\mathbf{i} - 4{,}0\mathbf{j} - 2{,}16\mathbf{k}\}$ m/s²

9.2 $\mathbf{v}_A = \{-1{,}56\mathbf{i} - 3{,}6\mathbf{j} + 6{,}24\mathbf{k}\}$ m/s, $\mathbf{a}_A = \{-1{,}0\mathbf{i} - 6{,}40\mathbf{j} + 2{,}0\mathbf{k}\}$ m/s²

9.3 $\boldsymbol{\omega} = \{-5{,}66\mathbf{j} + 6{,}26\mathbf{k}\}$ rad/s, $\boldsymbol{\alpha} = \{-3{,}39\mathbf{i}\}$ rad/s²

9.5 $\mathbf{v}_C = \{-0{,}800\mathbf{i} + 0{,}400\mathbf{j} + 0{,}800\mathbf{k}\}$ m/s, $\mathbf{a}_C = \{-10{,}3\mathbf{i} - 3{,}84\mathbf{j} + 0{,}320\mathbf{k}\}$ m/s²

9.6 $\omega = 41{,}2$ rad/s, $v_P = 4{,}00$ m/s, $\alpha = 400$ rad/s², $a_P = 100$ m/s²

9.7 $\mathbf{v}_A = \{-2{,}60\mathbf{i} - 0{,}75\mathbf{j} + 1{,}30\mathbf{k}\}$ m/s, $\mathbf{a}_A = \{2{,}77\mathbf{i} - 11{,}7\mathbf{j} + 2{,}34\mathbf{k}\}$ m/s²

9.9 $\mathbf{v}_B = \{-7{,}06\mathbf{i} - 7{,}52\mathbf{k}\}$ m/s, $\mathbf{a}_B = \{77{,}3\mathbf{i} - 28{,}3\mathbf{j} + 0{,}657\mathbf{k}\}$ m/s²

9.10 $\omega_A = \left(\frac{r_C}{h_1}\right)\left(\frac{r_B h_1 \omega}{r_C h_2 + r_B h_1}\right)\mathbf{j} + \left(\frac{r_B h_1 \omega}{r_C h_2 + r_B h_1}\right)\mathbf{k}$

9.11 $\boldsymbol{\omega}_P = \{-40\mathbf{j}\}$ rad/s, $\boldsymbol{\alpha} = \{-6400\mathbf{i}\}$ rad/s²

9.13 $\boldsymbol{\omega} = \{4{,}35\mathbf{i} + 12{,}7\mathbf{j}\}$ rad/s, $\boldsymbol{\alpha} = \{-26{,}1\mathbf{k}\}$ rad/s²

9.14 $\mathbf{v}_A = \{-1{,}80\mathbf{i}\}$ m/s, $\mathbf{a}_A = \{-0{,}720\mathbf{i} - 0{,}831\mathbf{k}\}$ m/s²

9.15 $\mathbf{v}_A = \{-2{,}60\mathbf{i} + 2{,}40\mathbf{j} - 4{,}17\mathbf{k}\}$ m/s, $\mathbf{a}_A = \{-7{,}44\mathbf{i} + 2{,}49\mathbf{j} - 9{,}27\mathbf{k}\}$ m/s²

9.17 $\omega_A = 47{,}8$ rad/s, $\omega_B = 7{,}78$ rad/s

9.18 $\boldsymbol{\omega}_{BD} = \{-2{,}00\mathbf{i}\}$ rad/s

9.19 $\boldsymbol{\omega}_{BD} = \{-2{,}00\mathbf{i}\}$ rad/s, $\boldsymbol{\alpha}_{BD} = \{34{,}5\mathbf{i}\}$ rad/s²

9.21 $\mathbf{a}_B = \{-96{,}5\mathbf{i}\}$ cm/s²

9.22 $v_B = 1{,}875$ m/s

9.23 $a_B = -6{,}57$ m/s²

9.25 $\omega_{BC} = \{0{,}769\mathbf{i} - 2{,}31\mathbf{j} + 0{,}513\mathbf{k}\}$ rad/s, $\mathbf{v}_B = \{-0{,}333\mathbf{j}\}$ m/s

9.26 $\mathbf{v}_A = \{-2{,}50\mathbf{i}\}$ cm/s, $\mathbf{v}_C = \{4{,}33\mathbf{i} + 2{,}17\mathbf{j} - 2{,}50\mathbf{k}\}$ cm/s

9.27 $v_B = 4{,}71$ cm/s, $\boldsymbol{\omega}_{AB} = \{1{,}17\mathbf{i} + 1{,}27\mathbf{j} - 0{,}779\mathbf{k}\}$ rad/s

9.29 $\omega = \{1{,}50\mathbf{i} + 2{,}60\mathbf{j} + 2{,}00\mathbf{k}\}$ rad/s, $\mathbf{v}_C = \{10{,}4\mathbf{i} - 7{,}79\mathbf{k}\}$ m/s

9.30 $\mathbf{a}_C = \{99{,}6\mathbf{i} - 117\mathbf{k}\}$ m/s², $\alpha = \{10{,}4\mathbf{i} + 30{,}0\mathbf{j} + 3\mathbf{k}\}$ rad/s²

9.31 $\mathbf{v}_C = \{-1{,}00\mathbf{i} + 5{,}00\mathbf{j} + 0{,}800\mathbf{k}\}$ m/s, $\mathbf{a}_C = \{-28{,}8\mathbf{i} - 5{,}45\mathbf{j} + 32{,}3\mathbf{k}\}$ m/s²

9.33 $\mathbf{v}_A = \{5{,}20\mathbf{i} - 5{,}20\mathbf{j} - 3{,}00\mathbf{k}\}$ m/s, $\mathbf{a}_A = \{25\mathbf{i} - 26{,}8\mathbf{j} + 8{,}78\mathbf{k}\}$ m/s²

9.34 $\mathbf{v}_C = \{-6{,}75\mathbf{i} - 6{,}25\mathbf{j}\}$ m/s, $\mathbf{a}_A = \{28{,}75\mathbf{i} - 26{,}25\mathbf{j} - 4\mathbf{k}\}$ m/s²

9.35 $\mathbf{v}_B = \{-5{,}20\mathbf{i} + 5{,}64\mathbf{j} + 3\mathbf{k}\}$ m/s, $\mathbf{a}_B = \{-5{,}73\mathbf{i} + 7{,}2\mathbf{j} - 2{,}6\mathbf{k}\}$ m/s²

9.37 $\mathbf{v}_P = \{2\mathbf{i} + 20\mathbf{j}\}$ m/s, $\mathbf{a}_P = \{-101\mathbf{i} - 14{,}8\mathbf{j}\}$ m/s²

9.38 $\mathbf{v}_B = \{-10{,}2\mathbf{i} - 30\mathbf{j} + 52{,}0\mathbf{k}\}$ m/s, $\mathbf{a}_B = \{-31{,}0\mathbf{i} - 161\mathbf{j} - 90\mathbf{k}\}$ m/s²

9.39 $\mathbf{v}_B = \{-10{,}2\mathbf{i} - 28\mathbf{j} + 52{,}0\mathbf{k}\}$ m/s, $\mathbf{a}_B = \{-33{,}0\mathbf{i} - 159\mathbf{j} - 90\mathbf{k}\}$ m/s²

9.41 $\mathbf{v}_P = \{-25{,}5\mathbf{i} - 13{,}4\mathbf{j} + 20{,}5\mathbf{k}\}$ m/s, $\mathbf{a}_P = \{161\mathbf{i} - 249\mathbf{j} - 39{,}6\mathbf{k}\}$ m/s²

9.42 $\mathbf{v}_P = \{-25{,}5\mathbf{i} - 13{,}4\mathbf{j} + 20{,}5\mathbf{k}\}$ m/s, $\mathbf{a}_P = \{161\mathbf{i} - 243\mathbf{j} - 33{,}9\mathbf{k}\}$ m/s²

9.43 $\mathbf{v}_P = \{-0{,}849\mathbf{i} + 0{,}849\mathbf{j} + 0{,}566\mathbf{k}\}$ m/s, $\mathbf{a}_P = \{-5{,}09\mathbf{i} - 7{,}35\mathbf{j} - 6{,}79\mathbf{k}\}$ m/s²

9.45 $\mathbf{v}_C = \{2{,}80\mathbf{i} - 5{,}60\mathbf{k}\}$ m/s, $\mathbf{a}_C = \{-56\mathbf{i} + 2{,}1\mathbf{j}\}$ m/s²

9.46 $\mathbf{v}_C = \{2{,}80\mathbf{i} - 5{,}60\mathbf{k}\}$ m/s, $\mathbf{a}_C = \{-56\mathbf{i} + 2{,}1\mathbf{j} - 140\mathbf{k}\}$ m/s²

9.47 $\mathbf{v}_A = \{-8{,}66\mathbf{i} + 2{,}26\mathbf{j} + 2{,}26\mathbf{k}\}$ m/s, $\mathbf{a}_P = \{-22{,}6\mathbf{i} - 47{,}8\mathbf{j} - 4{,}53\mathbf{k}\}$ m/s²

Kapitel 10

10.2 $J_{zz} = \frac{m}{12}\left(3a^2 + 4h^2\right)$

10.3 $J_y = 1089033$ kgm²

10.5 $J_y = 4{,}48 \cdot 10^3\ \mathrm{m}^5 \rho$

10.6 $J_{yz} = \frac{m}{6} ah$

10.7 $J_{xy} = \frac{m}{12} a^2$

10.9 $J_{x'} = \frac{m}{12}\left(a^2 + h^2\right)$

10.10 $\Phi = \begin{pmatrix} \frac{2}{3}ma^2 & \frac{1}{4}ma^2 & \frac{1}{4}ma^2 \\ \frac{1}{4}ma^2 & \frac{2}{3}ma^2 & -\frac{1}{4}ma^2 \\ \frac{1}{4}ma^2 & -\frac{1}{4}ma^2 & \frac{2}{3}ma^2 \end{pmatrix}$

10.11 $J_x = 4{,}50$ kgm², $J_y = 4{,}38$ kgm², $J_z = 0{,}125$ kgm²

10.13 $\bar{y} = 0{,}15$ m, $\bar{x} = -0{,}20$ m, $J_{x'} = 0{,}134$ kgm², $J_{y'} = 0{,}0701$ kgm², $J_{z'} = 0{,}147$ kgm²

10.14 $J_{z'} = 0{,}0595$ kgm²

10.15 $J_x = 4{,}71$ kgm²

10.17 $J_{aa} = 3703{,}5$ kgm²

10.18 $J_z = 0{,}429$ kgm²

10.19 $J_z = 5235$ kgm², $J_x = J_y = 6510{,}8$ kgm²

10.23 $\omega_{OB} = 15{,}1$ rad/s

10.25 $T_2 = 0{,}904$ J

10.26 $T = \dfrac{9mh^2}{20}\left[1 + \dfrac{r^2}{6h^2}\right]\omega^2$

10.27 $h = 0{,}612$ m

10.29 $H_A = 26{,}9$ kgm²/s

10.30 $v_S = \{-5{,}6\mathbf{k}\}$ m/s

10.31 $\omega_2 = 26{,}2$ rad/s

10.33 $\omega_2 = 9{,}67$ rad/s

10.34 $\omega_2 = 10{,}46$ rad/s

10.35 $\omega_{AB} = 21{,}4$ rad/s, sie ist gleich

10.37 $\omega = 32{,}5$ rad/s

10.38 $\boldsymbol{\omega} = \{0{,}0536\mathbf{i} + 0{,}0536\mathbf{k}\}$ rad/s

10.39 $\sum M_x = \dfrac{d}{dt}\left(J_x\omega_x - J_{xy}\omega_y - J_{xz}\omega_z\right) - \Omega_z\left(J_y\omega_y - J_{yz}\omega_z - J_{yx}\omega_x\right) + \Omega_y\left(J_z\omega_z - J_{zx}\omega_x - J_{zy}\omega_y\right)$

10.42 $F_A = 277$ N, $F_B = 166$ N

10.43 $F_A = 213$ N, $F_B = 128$ N

10.45 $A_x = -19{,}62$ N, $A_y = -2{,}16$ N, $B_x = 19{,}62$ N, $B_y = -21{,}81$ N

10.46 $\theta = \arccos\left(\dfrac{3g}{2L\omega^2}\right)$

10.47 $F_A = 41{,}7$ N, $F_B = 154{,}5$ N

10.49 $D_y = -12{,}9$ N, $\dot{\omega}_z = 200$ rad/s², $D_x = -37{,}5$ N, $C_x = -37{,}5$ N, $C_y = -11{,}1$ N, $C_z = 36{,}8$ N

10.50 $\dot{\omega}_y = 25{,}9$ rad/s², $B_x = -0{,}0791$ N, $B_z = 12{,}3$ N, $A_x = -1{,}17$ N, $A_z = 12{,}3$ N

10.51 $B_y = -133{,}3$ N, $B_x = -12{,}5$ N, $A_x = -15{,}6$ N, $A_y = -2866{,}7$ N, $A_z = 490{,}5$ N

10.53 $T = 7550$ Nm

10.54 $\sum M_x = 0$, $\sum M_y = (-0{,}036 \sin\theta)$ Nm, $\sum M_z = (0{,}003 \sin 2\theta)$ Nm

10.55 $M_z = -0{,}9\cdot 10^{-3}\,\omega^2$ Nms²

10.57 $\dot{\omega}_y = -102$ rad/s², $A_x = B_x = 0$, $A_y = 0$, $A_z = 297$ N, $B_z = -143$ N

10.58 $A_x = 0$, $A_y = 23{,}63$ N, $A_z = 26{,}78$ N, $M_x = -12{,}39$ Nm, $M_y = 0$, $M_z = 0$

10.59 $\theta_D = 139°$, $m_D = 0{,}661$ kg, $\theta_F = 40{,}9°$, $m_F = 1{,}32$ kg

10.62 $\alpha = 90°$, $\beta = 135°$, $\gamma = 45°$, nein

10.63 a) $A_y = 1{,}49$ kN, $B_y = 2{,}43$ kN,
b) $A_y = -1{,}24$ kN, $B_y = 5{,}17$ kN,
c) $A_y = 1{,}49$ kN, $B_y = 2{,}43$ kN

10.65 $\omega = 3{,}57$ rad/s

10.66 $M_x = 27{,}0$ Nm

10.67 $M_x = 400$ Nm, $M_y = 0$, $M_z = 0$

10.69 $\dot{\phi} = \left(\dfrac{2g\cot\phi}{a + r\cos\theta}\right)^{1/2}$

10.70 $\omega_P = 0{,}365$ rad/s (niedrige Präzession), $\omega_P = 77{,}1$ rad/s (hohe Präzession)

10.71 $\omega_P = 0{,}363$ rad/s

10.73 $\omega_R = 368$ rad/s

10.74 $\Delta F = 53{,}4$ N

10.77 $\dot{\phi} = 23{,}3$ rad/s

10.78 $H_S = 17{,}2\cdot 10^3$ kgm²/s

10.79 $\dot{\phi} = 12{,}8$ rad/s

10.80 $\mathbf{u}_{H_S} = \dfrac{\mathbf{H}_S}{H_S} = 0{,}99\mathbf{i} + 0{,}16\mathbf{k}$

10.81 $\dfrac{m}{3} d^2\ddot{\theta} - \dfrac{m}{3} d^2\omega_A^2 \sin\theta\cos\theta + c_d\theta = 0$

10.82 $\left[\dfrac{1}{2} mr^2\cos^4\alpha + \left(\dfrac{1}{4} mr^2 + ml^2\right)\sin^2\alpha\cos^2\alpha\right]\ddot{\varphi} + c_d\varphi = 0$

10.83 $\left[\dfrac{1}{2} mr^2\left(\dfrac{\cos^2\alpha}{\sin\alpha}\right)^2 + \left(\dfrac{1}{4} mr^2 + ml^2\right)\cos^2\alpha\right]\ddot{\varphi} - mgl\sin\gamma\cos\alpha\sin\varphi = 0$

Kapitel 11

11.1 $v(t_1) = 1{,}47 \text{ m/s}$

11.2 $a = 0{,}545 \text{ m/s}^2$

11.3 $\ddot{y} + \dfrac{d}{4m_B + m_A + J/R^2}\dot{y} = \dfrac{m_A + M}{4m_B + m_A + J/R^2}g$

11.4 $v_1 = 1{,}90 \text{ m/s}$

11.5 $(4m_A + m_B)\ddot{s}_A + (4\mu_g m_A - 2m_B)g = 0$

11.6 $m\ddot{x} + (c_A + c_B)x = -F$

11.7 $v = 4{,}97 \text{ m/s}$

11.8 $(m_A + m_B \tan^2\alpha)\ddot{x} = P - m_B g \tan\alpha$

11.9 $\ddot{\varphi} - \dfrac{\mu m g}{R} = 0$

11.10 $\theta_{max} = \arccos\left(2 - \dfrac{v_0^2}{rg}\right)$

11.12 $m\ddot{s} - 2\mu m\Omega\dot{s}\cos\alpha + ms\Omega^2\cos^2\alpha = -mg\sin\alpha + md\Omega^2\cos^2\alpha - \mu mg\cos\alpha$

11.13 $\ddot{x} + 2\mu\Omega\dot{x} + \left(\dfrac{c}{m} - \Omega^2\right)x = l_0\Omega^2 - \mu g$

11.14 $\ddot{\theta} + \dfrac{c}{2m}(1 - 2\cos\theta)\sin\theta = 0$

11.15 $\left(J + \dfrac{mR^2}{\cos^4\theta}\right)\ddot{\theta} + 2mR^2\dfrac{\sin\theta}{\cos^5\theta}\dot{\theta}^2 - \dfrac{M}{2}g$

11.16 $r\ddot{\varphi} + 2\dot{r}\dot{\varphi} = 0$

11.17 $\left[J_A + m(l+x)^2\right]\ddot{\theta} + 2m(l+x)\dot{x}\dot{\theta} + mg(l+x)\theta + MgL\theta/2 = 0,$

$\ddot{x} + \left(\dfrac{c}{m} - \dot{\theta}^2\right)x - l\dot{\theta}^2 = 0$

11.18 $\ddot{x} = \dfrac{m + 2m_B - m_A}{\dfrac{2J}{r^2} + m + m_A + 2m_B}g$

11.19 $\left[\dfrac{J_A}{r_A^2}\left(\dfrac{r_C}{r_D}\right)^2 + \dfrac{J_C}{r_D^2} + m_B\right]\ddot{y} + m_B g = M_A\dfrac{r_C}{r_A r_D}$

11.20 $\left[\left(\dfrac{3}{2}m_A + \dfrac{m}{3}\right)(r_A + r_B)\right]\ddot{\varphi} - g(m_A + m/2)\sin\varphi = 0$

11.22 $$\left[\left(m_A \sin^2\varphi + m_B \cos^2\varphi\right)a^2 + \frac{m_S}{4}(a+b)^2 - m_S ab \sin^2\varphi + J_S\right]\ddot{\varphi}$$
$$+\left[\left(m_A - m_B\right)a - m_S b\right]a \sin\varphi \cos\varphi \dot{\varphi}^2 - \frac{m_S g}{2}(a-b)\sin\varphi = 0$$

11.23 $$\frac{r_S^2}{4}\left(2m_P + \frac{2J_P}{r_P^2} + \frac{J_V}{R^2} + \frac{J_S}{r_S^2}\right)\ddot{\varphi} + k_d\dot{\varphi} = M_A$$

11.24 $$\frac{2m+3M}{3}l^2\ddot{\varphi} + (M+m)gl\sin\varphi = F(t)l\cos\varphi$$

11.25 $$\left(\frac{J_1}{r_1} + mr_1\right)\ddot{x} = \left(r_1 + r_2\right)P$$

11.29 $x\left(t_1\right) = 2b/5 = 8\,\text{m}, \quad y\left(t_1\right) = 4b/5 = 16\,\text{m}$

11.30 $v_0 = 7{,}39\,\text{m/s}, \quad \tan\beta = 8/5$

11.31 $$v(x) = \sqrt{\frac{v_0^2 - 2ax^2 g}{4ax^2 + 1}}$$

11.35 $$\ddot{x} = -\frac{z_A x_A}{x_A^2 + y_B^2 + z_A^2}g$$

11.36 $$m\ddot{x} - \frac{dG}{1+a^2+d^2} + c\left(1 - \frac{l_0}{l(x)}\right)\left(x - \frac{ab+de}{1+a^2+b^2}\right) = 0,$$
$$a = \frac{y_A + y_B}{x_A + x_B},\ b = ax_A - y_{A,}\ \ d = \frac{z_B - z_A}{x_A + x_B},\ e = dx_A + zy_{A,}$$
$$l(x) = \sqrt{\left(1+a^2+d^2\right)x^2 - 2(ab+de)x + b^2 + e^2}$$

11.37 $$\left[J_A + m(l+x)^2\right]\ddot{\theta} + 2m(l+x)\dot{x}\dot{\theta} + mg(l+x)\theta + MgL\theta/2 = 0,$$
$$\ddot{x} + \left(\frac{c}{m} - \dot{\theta}^2\right)x - l\dot{\theta}^2 = 0$$

11.38 $\ddot{x} = g\sin\alpha\cos\alpha$

11.39 $$m_A\ddot{y}_A + c\frac{\sqrt{\left(x_B - b\right)^2 + y_A^2} - b}{\sqrt{\left(x_B - b\right)^2 + y_A^2}}y_A - m_A g = 0,$$
$$m_B\ddot{x}_B + c\frac{\sqrt{\left(x_B - b\right)^2 + y_A^2} - b}{\sqrt{\left(x_B - b\right)^2 + y_A^2}}\left(x_B - b\right) = 0$$

11.40 $v\left(t_1\right) = 1{,}47\ \text{m/s}$

11.41 $$\ddot{y} + \frac{d}{4m_B + m_A + J/R^2}\dot{y} = \frac{m_A + M}{4m_B + m_A + J/R^2}g$$

11.42 $v_1 = 1{,}90\ \text{m/s}$

11.43 $(4m_A + m_B)\ddot{s}_A + (4\mu_g m_A - 2m_B)g = 0$

11.44 $m\ddot{x} + (c_A + c_B)x = -F$

11.45 $(m_A + m_B \tan^2\alpha)\ddot{x} = P - m_B g \tan\alpha$

11.46 $\theta_{max} = \arccos\left(2 - \frac{v_0^2}{rg}\right)$

11.47 $m\ddot{s} - 2\mu m\Omega\dot{s}\cos\alpha + ms\Omega^2\cos^2\alpha = -mg\sin\alpha + md\Omega^2\cos^2\alpha - \mu mg\cos\alpha$

11.48 $\ddot{x} + 2\mu\Omega\,\dot{x} + \left(\frac{c}{m} - \Omega^2\right)x = l_0\Omega^2 - \mu g$

11.49 $\ddot{\theta} + \frac{c}{2m}(1 - 2\cos\theta)\sin\theta = 0$

11.50 $\left(J + \frac{mR^2}{\cos^4\theta}\right)\ddot{\theta} + 2mR^2\frac{\sin\theta}{\cos^5\theta}\dot{\theta}^2 - \frac{M}{2}g$

11.51 $\left[J_A + m(l+x)^2\right]\ddot{\theta} + 2m(l+x)\dot{x}\dot{\theta} + mg(l+x)\theta + MgL\theta/2 = 0,$

$\ddot{x} + \left(\frac{c}{m} - \dot{\theta}^2\right)x - l\dot{\theta}^2 = 0$

11.52 $\left[\frac{J_A}{r_A^2}\left(\frac{r_C}{r_D}\right)^2 + \frac{J_C}{r_D^2} + m_B\right]\ddot{y} + m_B g = M_A\frac{r_C}{r_A r_D}$

11.53 $\left[m_1 l^2 + J_A\left(\frac{l}{r_A}\right)^2 + J_{St}\right]\ddot{\varphi} - gl(m_A + m/2)\sin\varphi = 0$

11.54 $\left[(m_A\sin^2\varphi + m_B\cos^2\varphi)a^2 + \frac{m_S}{4}(a+b)^2 - m_S ab\sin^2\varphi + J_S\right]\ddot{\varphi}$

$+\left[(m_A - m_B)a - m_S b\right]a\sin\varphi\cos\varphi\dot{\varphi}^2 - \frac{m_S g}{2}(a-b)\sin\varphi = 0$

11.55 $\frac{r_S^2}{4}\left(2m_P + \frac{2J_P}{r_P^2} + \frac{J_V}{R^2} + \frac{J_S}{r_S^2}\right)\ddot{\varphi} + k_d\dot{\varphi} = M_A$

11.56 $\frac{2m+3M}{3}l^2\ddot{\varphi} + (M+m)gl\sin\varphi = F(t)\,l\cos\varphi$

11.57 $\frac{2m+3M}{3}l^2\ddot{\varphi} + (M+m)gl\sin\varphi = F(t)\,l\cos\varphi$

11.58 $\left(\frac{J_1}{r_1} + mr_1\right)\ddot{x} = (r_1 + r_2)P$

11.61 $\ddot{x} = -\frac{J_S}{J_S + mr^2}\ddot{y}(t) - \frac{mr^2}{J_S + mr^2}g$

11.62 $2J_S\ddot{\varphi}-\frac{J_S}{R}\ddot{y}=0, \quad \left(m+\frac{J_S}{R^2}\right)\ddot{y}-\frac{J_S}{R}\ddot{\varphi}+mg=0$

11.63 $(J_A+mx^2)\ddot{\varphi}+mx\dot{x}\dot{\varphi}=M(t),$

$m\ddot{x}-mx\dot{\varphi}^2+cx+k\dot{x}=0$

11.64 $\left[(M+m)R^2+J_S\right]\ddot{\varphi}+MR^2\ddot{y}+cR^2\varphi=0,$

$(M+m)\ddot{y}+MR\ddot{\varphi}=F(t)$

11.65 System hat 1 Freiheitsgrad: $\ddot{\varphi}=\frac{P(t)(R+r)\cos\alpha}{J_S+(M+m)R^2}$

11.66 Linearisiert: $\left(\frac{ML^2}{3}+mL^2\right)\ddot{\varphi}_1+mLl\ddot{\varphi}_2+\frac{gL}{2}(M+2m)\varphi_1=M(t),$

$\frac{ml^2}{3}\ddot{\varphi}_2+mLl\ddot{\varphi}_1+\frac{mgl}{2}\varphi_2=0$

11.68 $\left(\frac{ML^2}{3}+m_H\left(L^2+x^2\right)+m\left(L^2+l^2/3\right)\right)\ddot{\varphi}+2m_Hx\dot{x}\dot{\varphi}+Mg\frac{L}{2}\sin\varphi$

$+mg\left(L\sin\varphi-\frac{l}{2}\cos\varphi\right)+m_Hg(L\sin\varphi-x\cos\varphi)=0,$

$m_H\ddot{x}-m_H\dot{\varphi}^2x-m_Hg\sin\varphi-m_H\omega^2x+c\left(x-\frac{l}{2}\right)=0$

11.69 $J\ddot{\varphi}+mR^2\left(2\dot{\theta}\dot{\varphi}\sin\theta\cos\theta+\ddot{\theta}\sin^2\theta\right)-mgR\sin\theta\sin\varphi=0,$

$mR^2\ddot{\theta}-mR^2\sin\theta\,\dot{\varphi}^2+mgR\cos\theta\cos\varphi+k_d\dot{\theta}=0$

11.70 $m\ddot{x}-m(l+x)\dot{\varphi}^2+cx=0,$

$\left(J_R+\frac{J_S}{2}+(l+x)^2\right)\ddot{\varphi}+2m(l+x)\dot{\varphi}\,\dot{x}+c_d\varphi+k_d\dot{\varphi}=0$

Kapitel 12

12.1 T = 0,201 s, f = 4,985 Hz

12.2 $x = -0{,}05\cos(12{,}2t\ \mathrm{s}^{-1})$ m

12.3 f = 7,88 Hz, T = 0,127 s

12.5 f = 3,18 Hz, C = 25 mm, $y = (0{,}025\cos 19{,}7t\ \mathrm{s}^{-1})$ m

12.6 $y = [-0{,}424\sin(14{,}1t\ \mathrm{s}^{-1})) - 0{,}050\cos(14{,}14t\ \mathrm{s}^{-1})]$ m, C = 0,427 m

12.7 $x = [-0{,}0693\sin(5{,}77t\ \mathrm{s}^{-1}) - 0{,}075\cos(5{,}77t\ \mathrm{s}^{-1})]$ m, C = 0,102 m

12.9 $f=\frac{1}{\pi}\sqrt{\frac{c}{m}}$

12.10 $\theta = [-0{,}101\sin(4{,}95t\ \mathrm{s}^{-1}) + 0{,}3\cos(4{,}95t\ \mathrm{s}^{-1})]$ rad

12.11 $f = 2{,}52\ \text{Hz},\ T_{max} = 83{,}7\ \text{kN}$

12.13 $T = 2\pi\sqrt{\dfrac{k_S^2 + d^2}{gd}}$

12.14 $T = 2\pi\sqrt{\dfrac{2r}{g}}$

12.15 $T = 2{,}13\ \text{s}$

12.17 $\theta = 0{,}4\cos\left(11{,}55t\ \text{s}^{-1}\right)\ \text{rad}$

12.18 $T = 0{,}164\ \text{s}$

12.19 $k_S = 0{,}627\ \text{m},\ d = 146\ \text{mm}$

12.21 $T = 1{,}27\ \text{s}$

12.22 $T = 4{,}79\ \text{s}$

12.23 $J_{S2} = 2{,}50 \cdot 10^3\ \text{kgm}^2$

12.25 $f = 0{,}367\ \text{Hz}$

12.26 $T = 2\pi\sqrt{\dfrac{k_S^2 + d^2}{gd}}$

12.27 $T = 2{,}13\ \text{s}$

12.29 $T = 0{,}727\ \text{s}$

12.30 $T = 2\pi\sqrt{\dfrac{m}{3c}}$

12.31 $\ddot{x} + \omega_0^2 x = 0 \quad \text{mit} \quad \omega_0^2 = 333\ (\text{rad/s})^2$

12.33 $T = 0{,}339\ \text{s}$

12.34 $T = 2{,}757\ \text{s}$

12.35 $T = 3{,}85\sqrt{\dfrac{m}{c}}$

12.37 $T = \dfrac{4\pi}{\sqrt{3}}\left(\dfrac{ma}{5ca + mg}\right)^{\frac{1}{2}}$

12.38 $f = 1{,}01\ \text{Hz}$

12.39 $f = 2{,}25\ \text{Hz}$

12.41 $k = 18{,}9\ \text{Ns/m}$

12.42 $v_{max} = 1{,}0\ \text{m/s}$

12.43 $y = \left[-3{,}66\sin\left(12{,}25t\ \text{s}^{-1}\right) + 50\cos\left(12{,}25t\ \text{s}^{-1}\right) + 11{,}2\sin\left(4t\ \text{s}^{-1}\right)\right]\ \text{mm}$

12.45 $(x_P)_{max} = 29{,}5\ \text{mm}$

12.46 $T_d = 0{,}666\ \text{s}$

12.47 $y = [361 \sin(7{,}75t\ s^{-1}) + 100 \cos(7{,}75t\ s^{-1}) - 350 \sin(8t\ s^{-1})]$ mm

12.49 $(x_P)_{max} = 29{,}86$ mm

12.50 $(x_P)_{max} = 14{,}6$ mm

12.51 $(x_P)_{max} = 35{,}5$ mm

12.53 $C = 1{,}47$ mm

12.54 $\omega = 21{,}44$ rad/s

12.55 $x_P = [0{,}00928 \sin(2t\ s^{-1})]$ m

12.57 $y = 0{,}801 \mid e^{-0{,}262t/s} \sin(5{,}108t\ s^{-1} + 1{,}52) \mid$ mm

12.58 $\phi' = 32{,}81°$

12.59 $VF = 0{,}960$

12.61 $y = [-0{,}0702\ e^{-3{,}57t/s} \sin(8{,}54t\ s^{-1})]$ mm

12.63 $L\ddot{q} + R\dot{q} + \frac{1}{C}q = 0$

12.65 $\ddot{y} + 2D\omega_0\dot{y} + \omega_0^2 y = 0$ mit $2D\omega_0 = 16\text{rad/s}, \omega_0 = \sqrt{12}$ rad/s, ist überdämpft

12.66 $\Delta t = 3{,}99$ s

12.67 $\Lambda = 0{,}30$

12.68 $\omega_0 = 1/\sqrt{LC} = 5000\,\text{rad/s}$

12.69 $D = 2{,}5$

12.70 $\omega_1 = 2{,}21\,\text{rad/s}, \quad \omega_2 = 14{,}31\,\text{rad/s},$

$$\mathbf{q}_1 = \begin{bmatrix} 1 \\ 1 \end{bmatrix}, \qquad \mathbf{q}_2 = \begin{bmatrix} 1 \\ -1 \end{bmatrix}$$

12.71 $\omega_1 = 3{,}61\,\text{rad/s}, \quad \omega_2 = 9{,}52\,\text{rad/s}$

12.72 $\omega_1 = 4{,}57\,\text{rad/s}, \quad \omega_2 = 14{,}57\,\text{rad/s}$

12.73 $\omega_1 = 2{,}20\,\text{rad/s}, \quad \omega_2 = 13{,}51\,\text{rad/s},$

$$\mathbf{q}_1 = \begin{bmatrix} 1 \\ 1{,}066 \end{bmatrix}, \qquad \mathbf{q}_2 = \begin{bmatrix} 1 \\ -0{,}117 \end{bmatrix}$$

12.74 $\hat{x} = 1{,}265 \cdot 10^{-6}\,\text{m}, \quad \hat{\varphi} = -2{,}53 \cdot 10^{-7}\,\text{rad}$

12.76 $\omega_1^2 = 15{,}46(\text{rad/s})^2, \quad \omega_2^2 = 117{,}51(\text{rad/s})^2, \quad \omega_3^2 = 550{,}36(\text{rad/s})^2$

12.79 $\omega_1^2 = 2857(\text{rad/s})^2, \quad \omega_2^2 = 8571(\text{rad/s})^2$

12.80 $\omega_1^2 = 2984(\text{rad/s})^2, \quad \omega_2^2 = 11936(\text{rad/s})^2$

Literatur

Assmann, B., Selke, P., *Technische Mechanik, Bd. 3: Kinematik und Kinetik,* 13. Auflage, Oldenbourg Wissenschaftsverlag, München 2004

Balke, H., *Einführung in die Technische Mechanik: Kinetik,* Springer, Berlin, 2006.

Böge, A., Böge, G., Böge, W., Schlemmer, W., Weißbach, W., *Technische Mechanik*, 26. Auflage, Vieweg, Braunschweig, 2003

Dankert, J., Dankert, H.., *Technische Mechanik,* 3. Auflage, Teubner, Wiesbaden, 2004

Gross, D., Hauger, W., Schnell, W., Schröder, J., *Technische Mechanik, Bd. 3: Kinetik,* 8. Aufl., Springer, Berlin, 2004

Hagedorn, P., *Technische Mechanik, Bd. 3: Dynamik,* 2. Auflage, Verlag Harri Deutsch, Frankfurt/M., 2003

Hauger, W., Lippmann, H., Mannl, V., Wall, W., Werner, E., *Aufgaben zur Technischen Mechanik 1-3*, 8. Auflage, Springer, Berlin, 2004

Hibbeler; R. C., *Technische Mechanik 1 – Statik,* 10., überarbeitete Auflage, Pearson Studium, München, 2005.

Hibbeler; R. C., *Technische Mechanik 2 – Festigkeitslehre,* 5., überarbeitete und erweiterte Auflage, Pearson Studium, München, 2005.

Mayr, M., Technische Mechanik, 4. Auflage, Carl Hanser Verlag, München, 2003

Meyer, H., Schumpich, G., *Technische Mechanik 2: Kinematik und Kinetik,* 8. Auflage, Teubner, Wiesbaden, 2000

Müller, W.H., Ferber, F., *Technische Mechanik für Ingenieure*, Carl Hanser Verlag, München, 2003

Szabo, I., *Einführung in die Technische Mechanik,* 8. Auflage (Nachdruck), Berlin, Springer, 2003

Register

A

B

C

D

E

F

G

H

I

K

L

M

N

O

P

R

S

T

U

V

W

Z

Geometrische Eigenschaften von Linien- und Flächenelementen

Linien- bzw. Flächenschwerpunkt	Flächenschwerpunkt
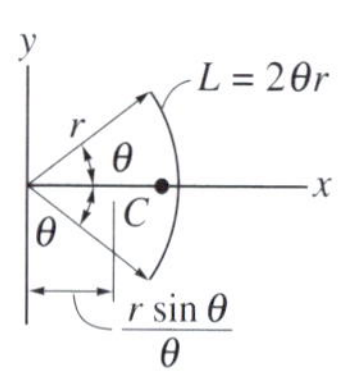 Kreisbogen	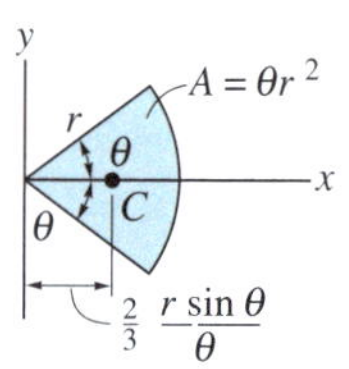 Kreissektorfläche
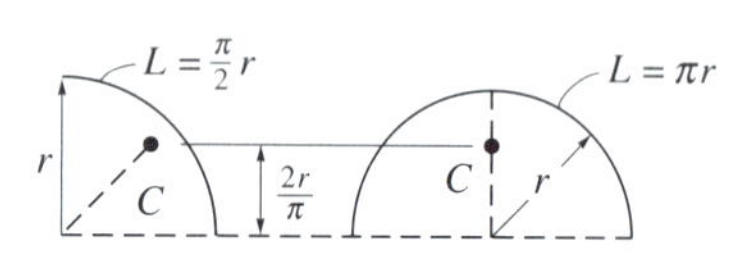 Viertel- und Halbkreisbogen	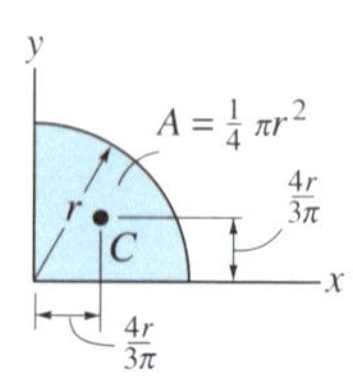 Viertelkreisfläche
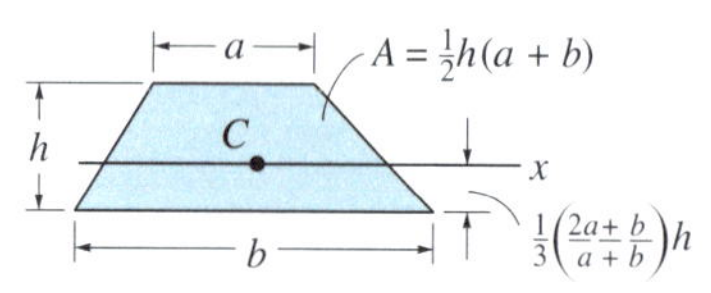 Trapezfläche	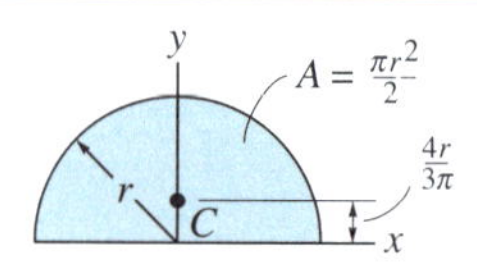 Halbkreisfläche
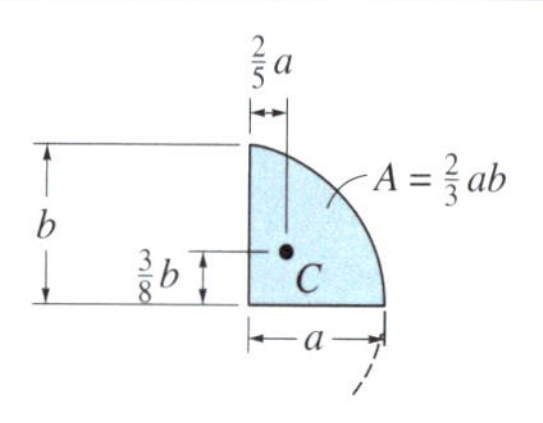 Halbparabelfläche	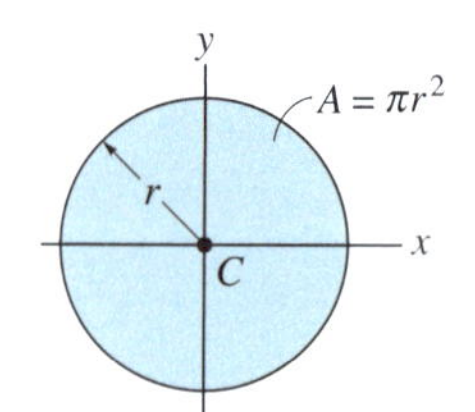 Kreisfläche
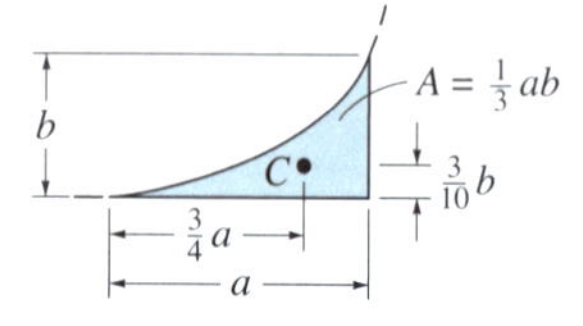 Parabelachsabschnitt	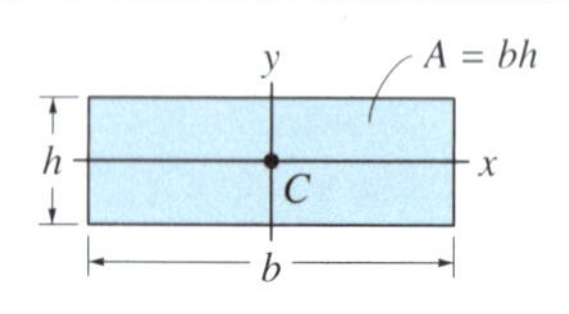 Rechteckfläche
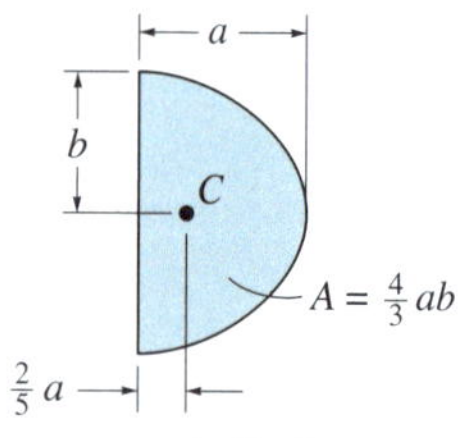 Parabelfläche	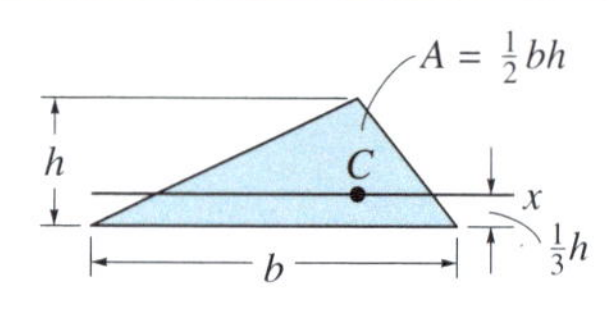 Dreiecksfläche